Z

8450

ENCYCLOPÉDIE

MÉTHODIQUE,

OU

PAR ORDRE DE MATIERES;

PAR UNE SOCIÉTÉ DE GENS DE LETTRES,
DE SAVANS ET D'ARTISTES;

Précédée d'un Vocabulaire universel, *fervant de Table pour tout* l'Ouvrage, *ornée des Portraits de MM.* DIDEROT & D'ALEMBERT, *premiers Éditeurs de* l'Encyclopédie.

ENCYCLOPÉDIE

MÉTHODIQUE.

AGRICULTURE,

Par MM. Tessier, Thouin & Bosc, de l'Institut de France.

TOME SIXIÈME.

A PARIS,

Chez Mme. Veuve Agasse, Imprimeur-Libraire, rue des Poitevins, n°. 6.

M. DCCCXVI.

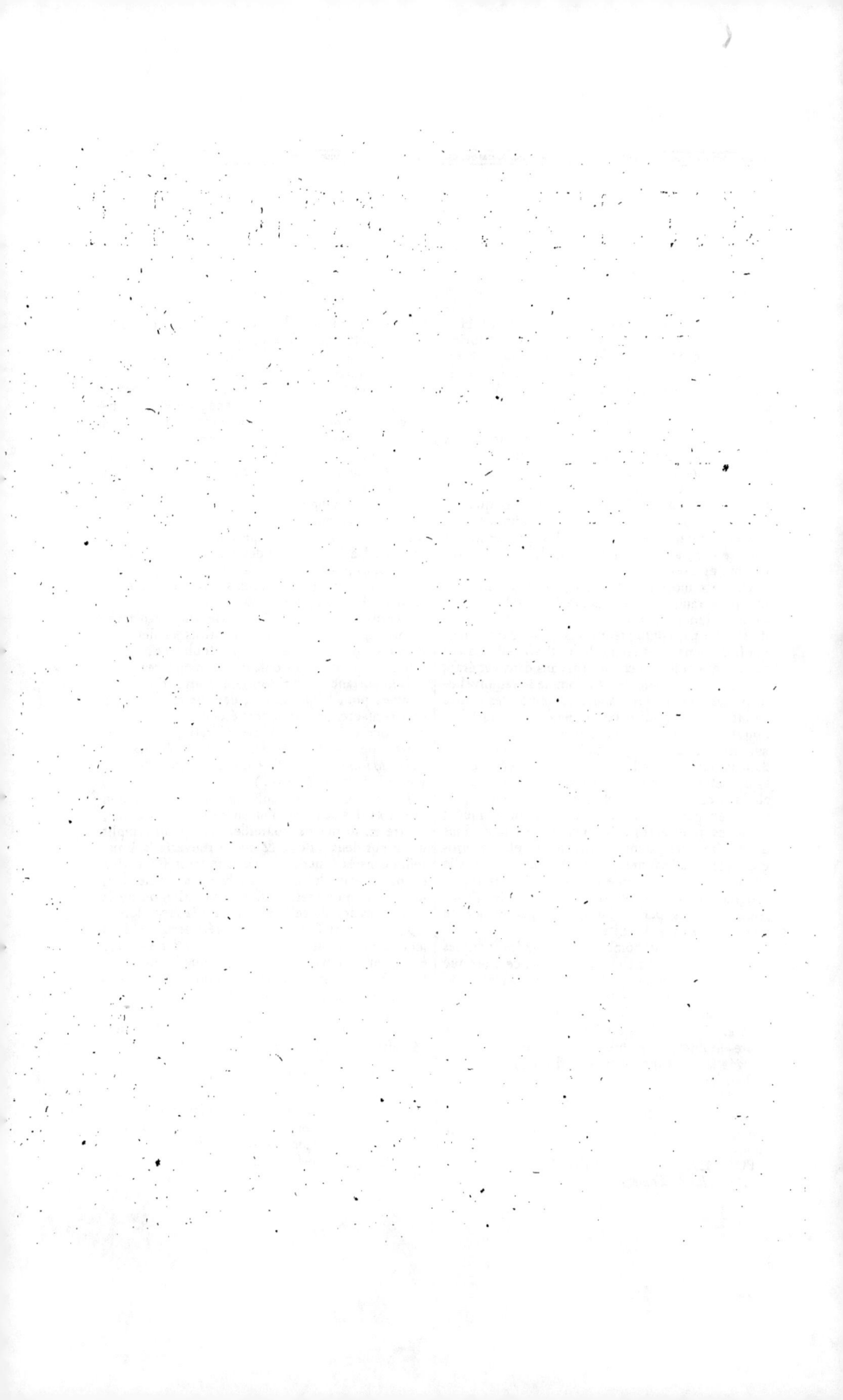

POM

POMMELIÈRE : maladie qui enlève tous les ans beaucoup de vaches, mais qui n'est ni épizootique, ni contagieuse. Au rapport de M. Huzard, auquel on doit un excellent Mémoire sur ce qui la concerne, elle est le résultat d'une inflammation lente, chronique, souvent répétée, quelquefois gangréneuse des poumons, qui dégénère en véritable phthisie pulmonaire : elle se distingue fort bien de la PÉRIPNEUMONIE.

Toutes les bêtes à cornes peuvent être attaquées de la Pommelière : elle est même héréditaire ; mais ce sont principalement les vaches complétement nourries à l'étable qui en périssent, parce qu'elles sont affoiblies par le défaut d'exercice, & qu'elles respirent le plus souvent un air corrompu. Celles des nourrisseurs de Paris sont plus que les autres dans ce cas ; aussi ces nourrisseurs la regardent-ils comme épizootique.

On reconnoît l'existence de la Pommelière à une toux rauque, qui n'empêche pas les vaches de faire leurs fonctions comme à l'ordinaire, & de fournir par conséquent un lait abondant. Quelquefois même elles engraissent. Il est telle de ces vaches qui reste deux ou trois ans dans cet état; mais une cause quelconque, comme le renouvellement des saisons, les grandes chaleurs, les grands froids, une humidité continuelle, des fourrages nouveaux, &c., amène toujours une crise qui augmente l'embarras, dont les suites sont une inflammation lente de la poitrine qui se termine par l'obstruction complète des poumons, ou par un abcès à ce viscère. Quelquefois ces vaches guérissent en partie pour être de nouveau attaquées quelques mois après, & encore plus tard. Plus une vache a été attaquée souvent, & plus les progrès de la maladie sont rapides. On reconnoît qu'elle est à son dernier terme lorsque le lait tarit, la maigreur arrive, le pouls se ralentit, des écoulemens fétides, par la bouche & par le nez se montrent. Voyez VACHE.

Quel que soit le nombre des remèdes indiqués pour guérir la Pommelière, l'expérience a prouvé qu'elle étoit incurable, & que le mieux étoit de livrer aux bouchers les vaches qui en étoient attaquées pendant que leur embonpoint le permet encore. La viande qu'elles fournissent est sans doute moins savoureuse, mais elle peut être mangée sans nul inconvénient. Il en est de même de leur lait.

M. Huzard a remarqué que les vaches attaquées de la Pommelière devenoient plus souvent en chaleur que les autres, mais qu'elles ne retenoient point. (Bosc.)

POMMETTE : fruit de l'AZÉROLIER.

Agriculture. Tome VI.

POMMIER. MALUS.

Genre de plantes de l'icosandrie pentagynie & de la famille des Rosacées, qui renferme plusieurs arbres, tous cultivés, ou susceptibles de l'être en pleine terre, dans le climat de Paris, & dont l'un offre une grande quantité de variétés, dont le fruit est susceptible d'être mangé, ou d'être employé à faire du cidre. Il en sera longuement parlé dans le *Dictionnaire des Arbres & Arbustes*. (Bosc.)

POMPE : machine destinée à élever l'eau, & dont les cultivateurs font fréquemment dans le cas de faire usage.

Il y a un grand nombre de sortes de Pompes, les unes plus simples & moins coûteuses, les autres plus compliquées & plus chères. Leur destination est d'élever l'eau des puits, des citernes, des étangs, des mares, des rivières, pour les usages domestiques, pour les arrosemens, pour les desséchemens, &c.

Les diverses sortes de Pompes se rangent, d'après le principe de leur action, en trois classes; les Pompes aspirantes, les Pompes foulantes, & les Pompes aspirantes & foulantes en même temps.

L'importance dont sont ou peuvent être les Pompes pour l'agriculture, devroit m'engager à leur consacrer un article fort étendu ; mais comme elles ont été prises en considération sous tous leurs rapports dans les *Dictionnaires de Physique & de Mécanique*, je dois me contenter d'y renvoyer le lecteur. (Bosc.)

POMPE. On donne aussi ce nom à la réunion de deux vases de terre, l'un en forme de soucoupe, l'autre en forme de bouteille. Lorsqu'on remplit d'eau ces deux vases, & qu'on renverse la bouteille dans la soucoupe, l'eau se tient suspendue en partie dans la première, & ne s'écoule dans la seconde qu'à mesure de l'évaporation ou de la consommation de celle qui est dans la seconde.

Cet appareil se place assez fréquemment dans les colombiers, les poulaillers, les volières, &c., parce qu'il fournit aux oiseaux une boisson que leurs excrémens ne peuvent altérer. Voyez PIGEON, POULE, VOLIÈRE. (Bosc.)

POMPON : espèce de ROSIER.

PONTIS. C'est, dans quelques lieux, la balle des céréales. Voyez PAILLES MENUES.

PONÆA. PONÆA.

Arbre de la Guiane, qu'Aublet a décrit & figuré sous le nom de TOULICIE, & qui seul forme un genre dans l'octandrie trigynie.

Il n'est pas cultivé en Europe. (Bosc.)

A

PONCEAU : nom vulgaire du PAVOT coquelicot.

PONCI des Indes. C'est l'OLIVIER à feuilles échancrées.

PONCIRADE. On appelle ainsi la MÉLISSE dans quelques lieux.

PONCIRE. : espèce de gros citron. *Voyez* ORANGER.

PONGAMIER. PONGAMIA.

Arbre des Indes qu'on cultive dans nos serres, & qui, avec deux autres, encore imparfaitement connus, forme un genre dans la diadelphie décandrie & dans la famille des *Légumineuses*. Il est figuré pl. 603 des *Illustrations des genres de* Lamarck, & a été successivement placé dans les genres ROBINIER, GUADELUPA & DALBERGE. *Voyez* ces mots.

Culture.

Le Pongamier glabre est toujours vert, & orne les serres. Malheureusement il y est rare, attendu qu'on ne le multiplie que de graines, & qu'il en donne peu souvent dans nos climats. Une terre consistante, qu'on renouvelle en partie tous les ans, & des arrosemens peu abondans en hiver, fréquens en été, sont ce qui lui convient. Le tranchant de la serpette doit rarement le toucher. (*Bosc*.)

PONGA.

Arbre des Indes décrit & figuré par Rumphius, mais sur lequel on n'a que des renseignemens fort incomplets. Nous ne le possédons pas dans nos jardins. (*Bosc*.)

PONGATI. PONGATIUM.

Plante du Malabar, qui seule forme un genre dans la pentandrie monogynie, & qui ne se voit pas encore dans nos jardins.

Je n'ai rien à ajouter à cette indication. (*Bosc*.)

PONGÉLION. AYLANTHUS.

Arbre du Malabar, fort voisin des sumachs, auquel il avoit d'abord été réuni, & qui aujourd'hui forme seul un genre dans la monœcie décandrie & dans la famille des *Térébinthacées*. Comme cet arbre se cultive en pleine terre dans le climat de Paris, il en sera question dans le *Dictionnaire des Arbres & Arbustes*. (*Bosc*.)

PONGOLOTE. C'est la même chose que le GUADELUPA. *Voyez* ce mot.

PONTEDÈRE. PONTEDERIA.

Genre de plantes de l'hexandrie monogynie &

de la famille des *Liliacées*, qui réunit six espèces, dont une se cultive dans nos écoles de botanique & dans les collections des amateurs. Il est figuré pl. 99 des *Illustrations des genres* de Lamarck.

Espèces.

1. La PONTEDÈRE à feuilles en cœur.
Pontederia cordata. Linn. ♃ De l'Amérique septentrionale.

2. La PONTEDÈRE à feuilles rondes.
Pontederia rotundifolia. Linn. ♃ De Cayenne.

3. La PONTEDÈRE azurée.
Pontederia azurea. Swartz. ♃ De la Jamaïque.

4. La PONTEDÈRE limoneuse.
Pontederia limosa. Swartz. ♃ De la Jamaïque.

5. La PONTEDÈRE hastée.
Pontederia hastata. Linn. ♃ des Indes.

6. La PONTEDÈRE vaginale.
Pontederia vaginalis. Linn. ♃ Des Indes.

Culture.

La première espèce est celle qui se cultive en France. Dans son pays natal, où j'en ai observé d'immenses quantités, elle ne prospère que dans les eaux limoneuses, c'est-à-dire, semblables à celles où croît en Europe le SPARGANION. (*Voyez* ce mot.) Ici il faut la mettre dans une situation semblable ; mais comme elle craint les fortes gelées du climat de Paris, il convient mieux de la planter dans un pot rempli de limon, & de placer ce pot dans un bassin où il plonge entièrement. Aux approches de l'hiver, on retire ce pot pour le rentrer dans l'orangerie, où la plante, qui alors n'a pas de feuilles, ne demande d'autres soins que quelques arrosemens. Je l'ai vue passer plusieurs années consécutives dans les bassins de Trianon, où elle fleurissoit & se faisoit remarquer par la singulière disposition de sa feuille & de son épi. Au midi de la France, il est possible de la conserver toujours ainsi. En Caroline elle est constamment respectée par les bestiaux.

Rarement les graines de la Pontedère, envoyées d'Amérique, lèvent en France, ainsi que je m'en suis assuré personnellement, en ayant apporté une grande quantité ; mais cette plante se multiplie avec la plus grande facilité par le déchirement de ses vieux pieds, déchirement qui s'effectue au printemps, & dont les résultats donnent souvent des fleurs dès la même année.

Je desire que cette plante devienne plus commune & s'emploie à orner les pièces d'eau des jardins paysagers. (*Bosc*.)

POOURRE : nom des jeunes chevaux dans le département du Var.

POPULAGE. CALTHA.

Genre de plantes de la polyandrie olyginie &

de la famille des *Renonculacées*, qui comprend quatre espèces, dont une est commune dans nos marais & se cultive quelquefois dans nos jardins. Il est figuré pl. 500 des *Illustrations des genres* de Lamarck.

Espèces.

1. Le POPULAGE des marais.
Caltha palustris. Linn. ♃ Indigène.
2. Le POPULAGE nageant.
Caltha natans. Gmel. ♃ De la Sibérie.
3. Le POPULAGE sagitté.
Caltha sagittata. Cav. ♃ Des îles Falkland.
4. Le POPULAGE appendiculé.
Caltha appendiculata. Perf. ♃ Du détroit de Magellan.

Culture.

Le Populage des marais est remarquable, tant par la grandeur, la forme & la couleur de ses feuilles & de ses fleurs, que par la précocité du développement des unes & des autres. Il orne les marais & les prairies aquatiques dès le milieu d'avril, époque où nulle des plantes de sa taille ne pousse encore. C'est donc une bonne acquisition à faire, que de le transporter dans les jardins paysagers & de le planter dans tous les lieux où il peut se plaire. Il faut qu'il ait toujours le pied dans l'eau pour prospérer; & il prospérera d'autant plus, que la terre sera plus limoneuse. On le multiplie par le semis de ses graines en place aussitôt qu'elles sont récoltées, & par le déchirement des vieux pieds, en automne & en hiver. Ce dernier moyen fournissant beaucoup, suffit ordinairement pour les besoins.

Une variété à fleurs doubles, acquise il y a déjà long-temps, est ordinairement préférée au type de l'espèce, pour placer ainsi dans les jardins; mais quoiqu'elle possède incontestablement l'avantage d'avoir des fleurs plus grandes & plus durables, elle m'a paru faire moins d'effet que le type sauvage en bon état de végétation.

De tous les animaux domestiques, il n'y a que les cochons qui mangent le Populage des marais. On ne peut les mettre dans les prairies où il croît, car ils en bouleverseroient le sol.

La largeur des feuilles de cette plante gênant la pousse des bonnes plantes, il est d'une sage administration de l'arracher; ce qu'on fait très-facilement au printemps, lorsqu'il commence à pousser, avec une pioche à fer large de trois pouces. Les pieds, ainsi arrachés, seront donnés aux cochons.

On confit les boutons de Populage au vinaigre pour l'usage de la table, & on colore le beurre avec ses pétales pilés. (*Bosc.*)

POQUET : synonyme d'AUGET. *Voyez* ce mot.

PORANE. *PORANA.*

Arbuste grimpant des Indes, qui seul forme un genre dans la pentandrie monogynie.

Cet arbuste n'étant pas cultivé dans nos jardins, je n'ai rien à en dire de plus. (*Bosc.*)

PORAQUELE. *BARRERIA.*

Grand arbre de la Guiane, qui seul forme un genre dans la pentandrie monogynie & dans la famille des *Vinettiers.* Il est figuré pl. 134 des *Illustrations des genres* de Lamarck.

On ne le cultive pas dans nos jardins. (*Bosc.*)
PORC : un des noms du COCHON.

PORCELIE *PORCELIA.*

Persoon a donné ce nom à un genre établi par Michaux, aux dépens des corossols, sous le nom d'ORCHIDOCARPE, & qui renferme six arbrisseaux de l'Amérique septentrionale, dont trois ou quatre sont cultivés en pleine terre dans les jardins de Paris.

J'en parlerai, sous ce dernier nom, dans le *Dictionnaire des Arbres & Arbustes.* (*Bosc.*)

PORCELLE. *HYPOCHÆRIS.*

Genre de plante de la syngénésie égale & de la famille des *Chicoracées,* dans lequel se rangent sept espèces, dont la plupart sont communes dans nos campagnes, & se cultivent dans nos écoles de botanique. Il est figuré pl. 656 des *Illustrations des genres* de Lamarck.

Espèces.

1. La PORCELLE tachée.
Hypochæris maculata. Linn. ♃ Indigène.
2. La PORCELLE à longues racines.
Hypochæris radicata. Linn. ♃ Indigène.
3. La PORCELLE glabre.
Hypochæris glabra. Linn. ♃ Indigène.
4. La PORCELLE uniflore.
Hypochæris helvetica. Willd. ♃ Des Alpes.
5. La PORCELLE variable.
Hypochæris dimorpha. Perf. Du Portugal.
6. La PORCELLE arachnoïde.
Hypochæris arachnoides. Desf. De la Barbarie.
7. La PORCELLE minime.
Hypochæris minima. Cyril. De l'Italie.

Culture.

Les quatre premières espèces sont les plus communes en France, & celles que nous voyons dans nos écoles de botanique. Leur culture se réduit à semer leurs graines en place; à éclaircir & à sarcler le plant qui en provient. La plus mauvaise terre est celle où elles se plaisent le mieux. Tous les bestiaux les mangent; mais comme leurs feuilles sont étalées sur la terre, ils ont, excepté les moutons, beaucoup de peine à les atteindre. (*Bosc.*)

PORELLE. *Porella.*

Genre de plantes établi par Linnæus dans la cryptogamie & dans la famille des *Algues*, mais qui ne diffère pas des JUNGERMANES. *Voyez* ce mot. (*Bosc.*)

PORES : trous tantôt visibles, tantôt invisibles, qui existent sur toutes les parties extérieures des animaux & des végétaux, par lesquels sont absorbés les gaz atmosphériques & exhalés ceux qui se forment en eux. Ils donnent aussi issue à la sueur, ainsi qu'aux écoulemens de la séve ou des sucs propres.

Il y a quatre sortes de Pores dans les végétaux : les cellulaires, les radicaux, les corticaux & les glandulaires. *Voyez* le *Dictionnaire de Physiologie végétale.*

Comme étant des organes absorbans & excréteurs, il est important que les Pores fassent le mieux possible leurs fonctions ; c'est pour cela qu'on étrille les chevaux, les bœufs, &c.; c'est pour cela que, dans les serres, où les eaux de pluie ne lavent pas les feuilles des plantes, il faut le faire avec une éponge. Il est même utile de laver celles des plantes précieuses qui sont en pleine terre, lorsqu'elles sont couvertes de MIELAT. *Voyez* ce mot.

Les plantes étiolées n'offrent presque pas de Pores, & en reprennent lorsqu'elles cessent de l'être. Ce phénomène est très-remarquable. *Voyez* ÉTIOLEMENT. (*Bosc.*)

PORION : nom vulgaire du NARCISSE DES BOIS.

PORLIÈRE. *Porliera.*

Arbrisseau du Pérou, dont le bois est fort employé comme sudorifique, & dont les feuilles sont hygrométriques ; il forme seul un genre dans l'octandrie tétragynie. Comme il n'est pas cultivé dans nos jardins, je n'en dirai rien de plus. (*Bosc.*)

PORPHYRE. *Porphyra.*

Arbrisseau de la Chine, qui seul forme un genre dans la tétrandrie monogynie, fort rapproché des CALICARPES. (*Voyez* ce mot.) Nous ne le possédons pas dans nos jardins. (*Bosc.*)

PORREAU. *Voyez* POIREAU.

PORT D'UNE PLANTE. C'est la disposition générale de toutes ses parties, disposition qui varie dans des limites très-circonscrites, & qui permet de la distinguer à la première vue & de loin.

Souvent on ne peut décrire le Port d'une plante, mais on le saisit toujours très-facilement, puisque la plupart des cultivateurs ne connoissent que par son moyen les objets de leurs cultures. En effet, il en est peu qui puissent dire pourquoi de l'avoine est de l'avoine, un chou un chou, un orme un orme, &c. Les botanistes mêmes se dé-

cident souvent par le Port à nommer les plantes qu'on leur présente. (*Bosc.*)

PORTE-BANDEAU : nom vulgaire de l'ETHULIE NODIFLORE.

PORTE-CHAPEAU. *Voyez* PALIURE.

PORTE-COLLIER. On appelle quelquefois ainsi l'OSTÉOSPERME MONILIFORME.

PORTE-FEUILLE. *Voyez* RAPETTE VULGAIRE.

PORTE-NOIX. On appelle ainsi le *caryocar* à Cayenne.

PORTÉE DES ANIMAUX. *Voyez* GESTATION.

PORTÉSIE. *Portesia.*

Arbrisseau de Saint-Domingue, dont Cavanilles a fait un genre qui depuis a été réuni aux TRICHILIES. *Voyez* ce mot.

PORTLANDE. *Portlandia.*

Genre de plantes de la pentandrie monogynie & de la famille des *Rubiacées*, dans lequel se placent cinq espèces, dont une se voit dans nos serres. Il est figuré pl. 162 & 257 des *Illustrations des genres* de Lamarck.

Espèces.

1. Le PORTLANDE à grandes fleurs.
Portlandia grandiflora. Linn. ♄ De la Jamaïque.
2. Le PORTLANDE à fleurs écarlates.
Portlandia coccinea. Swartz. ♄ De la Jamaïque.
3. Le PORTLANDE couturé.
Portlandia hexandra. Swartz. ♄ De Cayenne.
4. Le PORTLANDE à quatre étamines.
Portlandia tetrandra. Linn. ♄ Des îles de la mer du Sud.
5. Le PORTLANDE à fleurs en corymbes.
Portlandia corymbosa. Ruiz & Pav. ♄ Du Pérou.

Culture.

Le Portlande à grandes fleurs est un des plus beaux des arbrisseaux qu'on possède dans nos serres ; malheureusement il y est rare & n'y fleurit pas souvent. Il lui faut une terre consistante, qu'on renouvelle par moitié tous les ans, & des arrosemens modérés, excepté pendant la plus grande activité de sa végétation. Une chaleur constamment élevée lui est indispensable : en conséquence il ne doit sortir de la serre que pendant le fort de l'été. Sa multiplication a lieu principalement par graines tirées de son pays natal, & par boutures faites au printemps sur couches & sous châssis : boutures qui réussissent rarement, mais qu'il est toujours bon de tenter. (*Bosc.*)

PORTULACAIRE. *Portulacaria.*

Arbuste d'Afrique, qui faisoit jadis partie des

CLAYTONES, & dont on a fait un genre dans la pentandrie tryginie & dans la famille des *Portulacées*.

Cet arbuste se cultive dans nos écoles de botanique, où il se fait remarquer par ses feuilles analogues à celles du pourpier & toujours vertes. Il exige l'orangerie pendant l'hiver & des arrosemens fréquens pendant l'été. Une terre légère lui est la plus convenable. On le multiplie de boutures, qui se font au printemps sur couches & sous châssis, & qui toujours sont reprises en automne. Les jeunes pieds sont traités comme les vieux, qui presque tous périssent par suite de l'humidité permanente des orangeries, & qui, en conséquence, doivent être mis dans le voisinage des jours, & nullement arrosés pendant l'hiver. (*Bosc.*)

POSOQUERI. *Cyrtanthus & Solena.*

Grand arbre de la Guiane, qui seul forme un genre dans la pentandrie monogynie & dans la famille des *Rubiacées*. Il est figuré pl. 163 des *Illustrations des genres* de Lamarck.

Le Posoqueri à longues fleurs ne se cultive pas dans nos jardins. (*Bosc.*)

POSSIRE. *Swartzia.*

Genre de plantes de la polyandrie digynie & de la famille des *Légumineuses*, dans lequel se trouvent six espèces, dont aucune n'est cultivée dans nos jardins. Il est figuré pl. 461 des *Illustrations des genres* de Lamarck.

Observations.

Ce genre a été aussi appelé RITTÈRE.

Espèces.

1. Le POSSIRE à trois feuilles, vulgairement *bois à flèches*.
   Swartzia triphylla. Willd. ♄ De la Guiane.
2. Le POSSIRE à feuilles simples.
   Swartzia simplex. Willd. ♄ De la Guiane.
3. Le POSSIRE à grandes fleurs.
   Swartzia grandiflora. Willd. ♄ De l'île de la Trinité.
4. Le POSSIRE dodécandre.
   Swartzia dodecandra. Willd. ♄ De l'Amérique méridionale.
5. Le POSSIRE à feuilles pinnées.
   Swartzia pinnata, Vahl. ♄ De l'île de la Trinité.
6. Le POSSIRE tounalé.
   Swarzia alata. Willd. ♄ De la Guiane. (*Bosc.*)
POT : vase dans lequel on peut mettre de la terre en assez grande quantité pour nourrir une plante qu'une raison quelconque forcera à transporter ailleurs pendant le cours de sa végétation.

Les grands Pots de métal, de marbre, de faïence, ou non peints, &c., qu'on place dans les jardins, plus pour l'ornement que pour l'utilité, s'appellent des VASES. *Voyez* ce mot.

Je ne parlerai ici que des Pots en terre recouverte (faïence) & en terre non recouverte, d'une dimension telle qu'on en faire usage dans la pratique ordinaire de la culture.

Le *Dictionnaire des Arts & Manufactures* décrivant les procédés de la fabrication des Pots, ainsi je n'ai rien à en dire.

Les Pots de faïence étoient, il y a quelques années, beaucoup plus recherchés qu'aujourd'hui; ils sont, ou ornés de bas-reliefs, de peintures, de dorures, &c., ou unis & entièrement blancs, bleus, rouges, &c. Leur destination est généralement bornée, vu leur prix élevé, à recevoir les fleurs dont on garnit les fenêtres, les terrasses, les boulingins & autres lieux voisins de l'habitation, c'est-à-dire, où on se promène le plus souvent.

C'est sur les Pots de terre que roulent les neuf dixièmes de la culture dite en Pot, & c'est par conséquent sur eux que je dois m'étendre le plus.

La grandeur des Pots de terre varie autant que leur forme, mais cependant dans certaines limites. Ceux d'un diamètre & d'une hauteur de six à huit pouces, sont les plus employés, comme servant d'intermédiaires entre les grands & les petits.

Il est des Pots plus hauts que larges, & des Pots plus larges que hauts; les uns & les autres ne sont pas d'un usage fréquent. Lorsque ces derniers sont fort larges & peu profonds, on les appelle des TERRINES (*voyez* ce mot). Il y en a aussi de carrés à leur ouverture pour ne pas laisser de terrain perdu lorsqu'on les place les uns à côté des autres.

Il est des Pots dont on coupe le quart par une section qui passe au milieu de leur hauteur. Leur usage est d'être placés, renversés, sur des plantes qui craignent le soleil ou la sécheresse. C'est exclusivement dans les écoles de botanique & dans les jardins des cultivateurs de plantes étrangères qu'on les voit.

Généralement on donne au bord supérieur des Pots de terre une épaisseur double du reste, afin qu'il soit fortifié contre les accidens qui menacent sans cesse dans le service. Il en est cependant quelques-uns à qui on le refuse, & ce sont ceux qui sont destinés à être enterrés dans une couche, parce qu'il est fort économique d'en placer le plus possible dans un espace donné.

Ordinairement un Pot dont l'ouverture est de six pouces, en a trois à son fond, & les autres proportionnellement.

Comme il faut donner issue à l'eau surabondante des pluies & des arrosemens, les Pots sont percés au fond, & quelquefois sur les côtés, d'un ou plusieurs petits trous, quelquefois d'espèces de fentes de largeur & longueur variables. Lorsqu'il n'y a qu'un trou unique, & au centre, on le fait plus grand, fauf à-le recouvrir d'une petite pierre plate ou d'un teffon (fragment de pot) pour empêcher la terre de tomber.

L'expérience a prouvé que les plantes, toutes chofes égales d'ailleurs, pouffoient moins bien dans les Pots que dans les caiffes de bois. On peut expliquer ce fait par la confidération que la terre dont ils font compofés eft un meilleur conducteur de la chaleur que le bois, & que celle qu'ils reçoivent du foleil pendant le jour, fe difperfe plus facilement pendant la nuit. *Voyez* CHALEUR.

L'approvifionnement en Pots étant une dépenfe importante pour certains jardins, pour ceux des cultivateurs de plantes étrangères furtout, il faut favoir reconnoître ceux qui font les moins caffans & les moins altérables par l'air, par l'eau, la chaleur, &c.

Les mauvais Pots font ceux qui font fabriqués avec une argile contenant beaucoup de calcaire, & ceux qui, étant d'une argile convenable, n'ont pas été affez cuits. Les premiers fe reconnoiffent fouvent à leur couleur blanche, les feconds à leur couleur jaune, tous deux au fon foible qu'ils rendent lorfqu'on les frappe, & furtout à leur prompte deftruction quand on les enterre dans une couche ou une tannée.

Le peu de foin que la plupart des jardiniers prennent des Pots qui ne fervent pas, m'a trop fréquemment fcandalifé pour que je n'invite pas les amateurs de veiller févèrement à leur confervation. Pour diminuer leur caffe, il faut faire raffembler, à mefure qu'ils deviennent vides, tous ceux de la même grandeur, les mettre par douzaines les uns dans les autres, ces douzaines les unes fur les autres, & les renfermer dans une ferre qui ferme à clef, & où les chiens & les chats ne puiffent pénétrer. Chaque grandeur fera mife à part, & ce fera toujours le même ouvrier qui fera chargé de les enlever & de les remettre. *Voyez*, pour le furplus, le mot REMPOTAGE. (BOSC.)

POTAGE : fynonyme de SOUPE, c'eft-à-dire, pain trempé dans un liquide chaud, légèrement falé, chargé ou des principes extractifs de la viande, ou de beurre, ou d'huile, ou de graiffe feule, ou de beurre & de graiffe, avec des légumes d'une ou de plufieurs fortes. On fait auffi des Potages au lait, des Potages au riz, au gruau, &c.

Comme nourriffant beaucoup & coûtant peu, les Potages doivent être la principale nourriture des cultivateurs, & ils le font en effet dans la plus grande partie de la France.

Le Potage au gras eft celui qui eft fait avec de la viande de bœuf ; on y met le plus fouvent quelques feuilles de choux, quelques oignons, quelques poireaux, quelques panais, quelques carottes, quelques raves, quelques cloux de girofle, &c. Dans certains lieux on y ajoute des herbes hachées, c'eft-à-dire, de l'ofeille & du cerfeuil, quelquefois on le colore avec du caramel.

Ce n'eft pas en mettant beaucoup de viande dans le pot qu'on rend le Potage meilleur, mais en le faifant bouillir avec une extrême lenteur & également. Une marmite de terre, placée fur un fourneau à ce fpécialement confacré, eft le moyen le plus certain d'arriver au but.

On a propofé, à diverfes époques, de faire des Potages avec des os, mais il a été reconnu que ce mode donnoit un bouillon de mauvais goût & d'un ufage dangereux, à raifon des phofphates qu'il contenoit.

Dans le midi de l'Europe, les Potages fe font avec du mouton.

Partout quelques perfonnes mettent du veau, du lard ou de la volaille dans leurs Potages, ou même ne font leurs Potages, dans certaines circonftances, qu'avec du veau, du lard ou des volailles.

Quand on veut avoir un Potage parfait, on ne le *trempe* qu'avec de la croûte de pain cuite à l'excès.

Les Potages au maigre varient fans fin, & je ne crois pas devoir en détailler ici les divers modes ; ceux dans lefquels entrent enfemble ou féparément des pois, des haricots, des carottes, des panais, des oignons, des navets, &c., fe diftinguent par leur qualité nourriffante & par leur bon goût.

Il eft bien à defirer que les cultivateurs fe perfuadent de la néceffité de ne manger que de bons Potages maigres, pour conferver leur force & même leur fanté. Combien j'ai gémi fouvent de voir la mauvaife qualité de ceux dont ils faifoient ufage! *Voyez*, pour le furplus, le *Dictionnaire économique*. (BOSC.)

POTAGER : fynonyme de jardin légumier, c'eft-à-dire, jardin, ou portion de jardin, dans lequel on cultive fpécialement les plantes propres à la nourriture de l'homme.

Les Potagers des environs de Paris, dont les produits font deftinés à la vente, s'appellent des MARAIS. *Voyez* ce mot.

Quoique la culture des Potagers foit du nombre des plus importantes, cet article fera court, parce que les objets qui devroient y être traités, le font à l'article JARDIN & à ceux des plantes qu'on y cultive, tels que, AIL, ARROCHE, ARTICHAUT, ASPERGE, BETTE, CAROTTE, CÉLERI, CERFEUIL, CHERVIS, CHICORÉE, CHOU, CONCOMBRE, CRESSON, ÉPINARD, FÉVE, FRAISE, HARICOT, LAITUE, LENTILLE, LUPIN, MELON, MORELLE, OSEILLE, PANAIS, PERSIL, PIMENT, PIMPRENELLE, POIREAU, POIS, POURPIER, RAIFORT, RAVE, SALSIFIS, SCORSONÈRE, TOPINAMBOUR, MÂCHE. *Voyez* ces mots.

La dépenfe de la culture d'un Potager étant toujours confidérable, il faut que fon étendue foit rigoureufement proportionnée à la confommation de fon propriétaire, plus pour parer aux accidens, un petit fuperflu qui, lorfqu'il n'eft pas employé, fert à aider de pauvres voifins. Ce n'eft qu'à force de travail & d'économie que ceux qui fe livrent à la culture des légumes par fpéculation peuvent y trouver du bénéfice. En effet, auprès des grandes villes, ces légumes, à raifon de la concurrence, fe vendent fouvent moins qu'ils ont coûté, & loin d'elles ils ne trouvent point d'acquéreurs; & cependant, comme ils ne peuvent pas fe conferver, il faut s'en défaire lorfqu'ils font arrivés à point, quel que foit le prix qu'on en offre.

Pour économifer fur la dépenfe de leur jardin, quelques propriétaires l'abandonnent à un jardinier, à condition qu'il entretiendra leur table de légumes; mais ce jardinier leur en donne le moins poffible, de la plus médiocre qualité, & ce encore lorfque leur abondance en rend la vente moins fructueufe; ce qui amène des difcuffions & des reproches fans ceffe renouvelés. Auffi combien de temps fubfiftent les arrangemens de cette efpèce? une ou deux années au plus. Alors le jardin eft repris, parce qu'on en a réellement peu joui pendant ce temps. J'ai vu un de ces jardiniers trouver mauvais que la fille de la maifon cueillît des framboifes en fe promenant. (*Bosc.*)

POTALIE. *Potalia.*

Grand arbre de la Guiane, qui feul forme un genre dans la décandrie monogynie & dans la famille des *Gentianées.* Il fe voit figuré pl. 348 des *Illuftrations des genres* de Lamarck.

On ne cultive pas en Europe la Potalie amère. (*Bosc.*)

POTAMOT. *Potamogeton.*

Genre de plantes de la tétrandrie tétragynie & de la famille des *Naïades* ou des *Alifmacées,* qui réunit feize efpèces, toutes vivant dans l'eau, & dont les cultivateurs peuvent tirer un parti utile. Il eft figuré pl. 89 des *Illuftrations des genres* de Lamarck.

Efpèces.

1. Le Potamot nageant.
Potamogeton natans. Linn. ♃ Indigène.
2. Le Potamot flottant.
Potamogeton fluitans. Willd. ♃ Indigène.
3. Le Potamot hétérophylle.
Potamogeton heterophyllum. Willd. ♃ Indigène.
4. Le Potamot perfolié.
Potamogeton perfoliatum. Linn. ♃ Indigène.
5. Le Potamot à feuilles rapprochées.
Potamogeton denfum. Linn. ♃ Indigène.
6. Le Potamot fétacé.
Potamogeton fetaceum. Linn. ♃ Indigène.
7. Le Potamot luifant.
Potamogeton lucens. Linn. ♃ Indigène.

8. Le Potamot crépu.
Potamogeton crifpum. Linn. ♃ Indigène.
9. Le Potamot denticulé.
Potamogeton ferratum. Lam. ♃ Indigène.
10. Le Potamot ftrié.
Potamogeton ftriatum. Ruiz & Pav. Du Pérou.
11. Le Potamot à tiges comprimées.
Potamogeton compreffum. Linn. ♃ Indigène.
12. Le Potamot à feuilles de gramen.
Potamogeton gramineum. Linn. ♃ Indigène.
13. Le Potamot fluet.
Potamogeton pufillum. Linn. ☉ Indigène.
14. Le Potamot marin.
Potamogeton marinum. Linn. ☉ Indigène.
15. Le Potamot pectiné.
Potamogeton pectinatum. Linn. ☉ Indigène.
16. Le Potamot à feuilles de zooftère.
Potamogeton zoofteræfolium. Schen. ♃ Du nord de l'Europe.

Culture.

Toutes ces efpèces peuvent être introduites dans les écoles de botanique, en en apportant des pieds en mottes & en les plaçant dans des cuves de pierre remplies d'eau, qu'on renouvelle d'autant plus fouvent qu'il fait plus chaud. Cependant, foit défaut de ce foin ou autrement, il eft rare qu'elles s'y confervent deux ans.

Il n'en eft pas de même lorfqu'on les met dans des baffins dont l'eau fe renouvelle, attendu qu'elles s'y trouvent dans leur pofition naturelle, & qu'il n'y a pas d'autres motifs pour qu'elles périffent, que ceux qui agiffent fur elles dans l'état ordinaire. Cependant la cinquième & la huitième efpèce veulent des eaux pures, fortement courantes, & d'une température peu variable; enfin, celle des fontaines.

Les deux premières efpèces peuvent être placées dans les lacs & les rivières des jardins payfagers, dont elles embelliffent la furface pendant l'été; mais il ne faut pas qu'elles y foient trop abondantes.

Toutes les efpèces font utiles aux poiffons pour fe garantir des feux du foleil de l'été, & pour fe cacher aux regards de leurs ennemis. Sous ces deux rapports, il n'eft pas bon de les enlever des étangs; cependant, comme elles en élèvent annuellement le fond en y laiffant leurs débris, & que, quelques foins qu'on apporte à leur deftruction, il en refte toujours affez pour remplir ces deux objets, je crois qu'il ne faut pas fe refufer à en tirer un parti utile.

Ainfi on doit partout les arracher du fond des eaux, pendant les grandes chaleurs de l'été, avec des râteaux à long manche, & les employer, foit de fuite, foit après les avoir laiffé fe décompofer à l'air, en tas ou feuls, ou ftratifiés avec de la terre, avec du fumier, à porter la fertilité dans les champs. Quand on confidère l'immenfe quanlité qui en exiſte, on ne peut ſe refuſer à croire à l'étendue du ſupplément d'engrais qu'ils peuvent fournir aux parties de la France les plus pourvues de rivières & d'étangs. Les frais d'extraction conſiſtent en quelques journées de femmes & d'enfans en été, & quelques journées d'hommes & de chevaux au printemps ſuivant. Le terreau qui en provient eſt principalement applicable aux terres maigres & ſèches, ſur leſquelles il produit des effets qui durent pluſieurs années, ainſi qu'il a été conſtaté en Angleterre, où on ne laiſſe pas perdre ces plantes comme chez nous. Je fais des vœux pour que, mieux éclairés ſur leurs vrais intérêts, les agriculteurs français en faſſent de même. (Bosc.)

POTASSE : alcali végétal mêlé d'autres ſels & de terre, qu'on retire par la leſſivation des cendres des végétaux qui n'ont pas crû dans un ſol ſalé. Voyez ALCALI & SOUDE.

Toutes les plantes, & chaque plante aux diverſes époques de ſa végétation, ne donnent pas la même quantité de Potaſſe par incinération; celles qui ſont âcres, & celles qui commencent à ſe développer, en donnent généralement davantage.

Comme étant d'un emploi fort étendu dans la fabrication du verre, du ſavon, de la poudre à tirer, dans le leſſivage du linge, &c., la Potaſſe eſt toujours d'un prix élevé; ainſi il eſt de l'intérêt des cultivateurs de ſpéculer ſur ſa production.

On peut fabriquer de la Potaſſe ou avec les cendres, réſultat de la combuſtion du bois, ou exprès, ou dans les foyers & dans les uſines, ou avec celles des arbuſtes & des grandes plantes repouſſées par les beſtiaux & croiſſant le long des chemins, des haies, dans les champs abandonnés, dans les bois, &c., plantes qu'on coupe à cet effet, ou enfin avec des plantes ſpécialement cultivées dans ce but.

Le terreau réſultant de la pourriture des chênes, fournit, d'après M. de Sauſſure, un quart de ſon poids en Potaſſe. Ce fait explique celui ſi anciennement connu, qu'en mettant le feu dans l'intérieur des arbres creux, on obtenoit plus de Potaſſe qu'en brûlant leur totalité. Il eſt probable auſſi que la lenteur de la combuſtion, dans ce cas, concourt à en augmenter la quantité.

La cherté actuelle du bois ne permet plus d'en brûler exprès pour en obtenir la Potaſſe. Ramaſſer chez chaque cultivateur la partie des cendres de ſon foyer, dont il ne fait pas emploi pour ſes leſſives, eſt une entrepriſe fort coûteuſe & fort longue, à laquelle on ne peut ſe livrer que dans les pays abondans & où par conſéquent on ne le ménage pas. C'eſt cependant le moyen par lequel le commerce ſe procure preſque toute la Potaſſe qui ſe fabrique en France.

Il eſt en France des cantons où on ramaſſe les arbuſtes, les plus grandes plantes vivaces, parmi leſquelles ſe diſtingue la fougère proprement dite (*pteris aquilina* Linn.), pour les brûler & retirer de la Potaſſe de leurs cendres; mais ces cantons ſont peu nombreux.

J'obſerve, en paſſant, qu'on a cru juſqu'à ces derniers temps que la fougère étoit la plante qui fourniſſoit le plus de Potaſſe, mais que Darcet fils a prouvé, par une analyſe rigoureuſe, que c'étoient des ſels neutres, principalement des ſulfates, qui avoient induit en erreur les fabricans, & que la fougère étoit une des plus mauvaiſes plantes à employer pour obtenir de la Potaſſe.

Nulle part, à ma connoiſſance, on ne ſe livroit, avant les derniers temps, à la culture des plantes dans le ſeul but de les brûler pour en obtenir de la Potaſſe. Aujourd'hui il y a deux ou trois propriétaires qui ont entrepris cette ſpéculation, à l'égard de laquelle j'ai provoqué un prix à la Société pour l'encouragement de l'induſtrie nationale.

On doit à Théodore de Sauſſure la preuve d'un fait qui éclaire beaucoup en ce moment la fabrication de la Potaſſe; c'eſt que plus elles ſont jeunes (ou leurs parties), & plus elles en fourniſſent par leur incinération. On croyoit tout le contraire autrefois; ainſi donc on peut cultiver avec profit, pour cet objet, les plantes qui pouſſent de bonne heure & vigoureuſement, & que pluſieurs coupes ſucceſſives dans la même année n'affoibliſſent pas ſenſiblement.

Braconnot nous a appris que les plantes les plus âcres ſont celles qui, toutes choſes égales d'ailleurs, donnent le plus de Potaſſe. C'eſt d'après cette donnée que je propoſe la liſte des plantes ci-deſſous aux cultivateurs qui voudroient ſpéculer ſur la fabrication de ce ſel.

La buniade orientale.
La paſſe-rage à larges feuilles.
Le ſiſymbre à ſiliques grêles.
L'aſclépiade de Syrie.
L'aſter de la Nouvelle-Angleterre.
L'aſter de la Nouvelle-Belgique.
L'aſter oſier.
L'aſter à tiges pourpres.
La verge-d'or très-élevée.
La verge-d'or toujours verte.
La verge-d'or du Canada.
L'hélianthe tubéreux, ou *topinambour*.
L'hélianthe vocaſſan.
L'hélianthe multiflore.
La vergerette âcre.
La vergerette glutineuſe.
L'armoiſe commune.
L'armoiſe eſtragon.
L'armoiſe abſinthe.
La tanaiſie commune.
Le ſureau yèble.
Le phytolacca décandre ou raiſin d'Amérique.

Toutes ces plantes ſont d'une facile multiplication, d'une rapide croiſſance, & peuvent, pour la plupart, proſpérer dans un terrain au-deſſous du médiocre. La quantité de Potaſſe qu'a fournie la leſſive

leſſive de leurs cendres, varie ſelon les terrains (les terrains argileux en fourniſſent moins que les terrains ſablonneux, & ceux-ci que les terrains calcaires); ſelon les années (les années froides & pluvieuſes ſont moins favorables à ſa production que les années chaudes & ſèches); ſelon les ſaiſons (les coupes d'été ſont plus avantageuſes que celles du printemps & d'automne). Leur culture ſe réduit, après leur plantation, à deux ou trois binages par an.

Parmi ces plantes, la dernière peut devenir un moyen de fortune, puiſqu'elle fournit, d'après les expériences faites en grand par mon frère, moitié de ſon poids en Potaſſe, & qu'elle eſt dans le cas d'être coupée quatre fois par an, ſans inconvéniens remarquables. Le ſeul reproche qu'on puiſſe lui faire, c'eſt de ſécher difficilement; mais il eſt facile de l'affoiblir, ſoit par un appareil convenable, ſoit en la mélangeant avec d'autres plantes d'une nature moins aqueuſe, avec le topinambour, par exemple, qui donne également beaucoup de ſel.

Je n'ai point parlé des plantes annuelles, telles que le tabac, telles que le tourneſol, telles que la morelle noire, &c., qui donnent auſſi beaucoup de Potaſſe, parce que les frais de leur culture étant plus conſidérables que ceux de celles dont je viens de parler, elles ont néceſſairement du déſavantage ſur elles.

Je n'ai point non plus parlé des feuilles des arbres, comme celles du noyer, de l'orme, du ſureau, qui fourniſſent beaucoup de Potaſſe, parce que leur récolte ſeroit trop coûteuſe. Il eſt cependant poſſible qu'il devînt avantageux de cultiver le ſureau comme les plantes vivaces, parce qu'on peut couper ſes bourgeons deux ou trois fois par an ſans faire périr les pieds.

Pour obtenir économiquement la Potaſſe des grandes plantes repouſſées par les beſtiaux, qui ſont répandues dans toutes les parties d'un domaine, il faut les brûler ſur place, & en conſéquence ſe pourvoir d'un fourneau portatif. Il peut être une ſimple caiſſe de tôle fixée ſur un brancard; on peut auſſi le bâtir en briques, en le poſant ſur une charette. C'eſt faute d'avoir pris cette meſure & de connoître les eſpèces de plantes qui donnent le plus de Potaſſe, que pluſieurs cultivateurs ſe ſont trouvés en perte; les ſeuls frais de tranſport des plantes à la foſſe où on doit les brûler abſorbent ſouvent les produits de la vente.

La pratique ordinaire dans la fabrication de la Potaſſe conſiſte à creuſer en terre, dans un lieu ſec, une foſſe plus profonde que large, & proportionnée à la quantité de plantes qu'on a à brûler. En général, il y a de l'avantage à la faire plutôt petite que grande. On fera dans le fond un petit feu de bois ſec, & lorſque ſes parois ſeront un peu deſſéchées, on y entaſſera les plantes à moitié deſſéchées. L'art conſiſte à les faire brûler ſans

flamme. On parvient à ce but en comprimant de temps en temps le tas, & en le chargeant de nouvelles plantes dès qu'on voit le feu arriver à ſa ſurface, plantes qu'on peut mouiller dans l'occaſion. Jamais on ne doit jeter de l'eau dans la foſſe. Comme certaines plantes brûlent plus rapidement que certaines autres, il faut que leur mélange ſoit combiné de manière à rendre la combuſtion la plus égale poſſible. Une plaque de tôle plus grande que la foſſe, & au moyen de laquelle on peut la couvrir, ſeroit toujours fort utile; cependant on s'en paſſe le plus ſouvent.

Une fois en train, le fourneau doit être alimenté jour & nuit, juſqu'à ce que toutes les plantes récoltées ſoient conſommées; après quoi on le couvre avec la plaque de tôle ci-deſſus ou des planches mouillées, & on le laiſſe refroidir. Ce n'eſt qu'après deux à trois jours qu'on doit enlever les cendres pour les porter au magaſin, ou les livrer au commerce.

Dans cet état, les cendres peuvent être utiliſées pour les leſſives, la fabrication des verres communs & des bouteilles, &c. Lorſqu'on veut en retirer la Potaſſe pure, on les met dans un tonneau défoncé par le haut, & percé de petits trous par le bas; puis on y verſe de l'eau chaude, qui, après avoir diſſous la Potaſſe, eſt reçue dans un baquet inférieur & tranſvaſée dans une chaudière placée ſur un fourneau, où elle eſt entièrement évaporée.

Le réſidu de cette évaporation s'appelle *ſalin.* Il eſt coloré en brun par une matière extractive qu'on ne peut lui enlever que par une nouvelle calcination dans un fourneau de réverbère bien propre; après quoi on le diſſout, on le filtre & on évapore de nouveau comme il a été dit précédemment. Il ſort blanc & criſtalliſé de la chaudière; alors c'eſt de l'alcali, ou, pour parler plus exactement, du carbônate de Potaſſe.

La Potaſſe ayant la propriété d'attirer l'eau de l'air, il faut, pour qu'elle ne ſe perde pas, la mettre dans des vaſes imperméables, tels que des barils ou des tonneaux, & la dépoſer dans un lieu ſec.

La théorie actuelle de la végétation nous fait regarder la Potaſſe pure comme le plus puiſſant des amendemens: elle diſſout en effet complètement l'humus ou terreau, ainſi que l'avoient entrevu les chimiſtes du dernier ſiècle, & que l'a prouvé, il y a quelques années, le chimiſte Braconnot, déjà cité. Si elle frappe de mort toutes les plantes qui ſont expoſées à ſon action, ſi elle rend infertiles pour pluſieurs années les terrains ſur leſquels on la répand, c'eſt parce que ſon énergie eſt trop vive, & qu'il faut exceſſivement l'affoiblir pour pouvoir l'utiliſer ſous ce rapport. La chaux qui coûte fort peu, la marne qui coûte encore moins, la ſuppléent avantageuſement dans les cultures; auſſi ne l'emploie-t-on nulle part. *Voyez* CHAUX & HUMUS. (*Boſc.*)

POTELÉE: nom vulgaire de la JUSQUIAME.

POTELET. C'eſt la JACINTHE des bois dans quelques cantons.

POTENTILLE. *POTENTILLA.*

Genre de plantes de l'icoſandrie polyandrie & de la famille des *Roſacées*, dans lequel ſe rangent cinquante-une eſpèces, dont pluſieurs ſont communes dans nos campagnes, & dont beaucoup ſe cultivent dans nos écoles de botanique. Il eſt figuré pl. 442 des *Illuſtrations des genres* de Lamarck.

Obſervations.

Ce genre ſe rapproche infiniment de celui des fraiſiers, & une de ſes eſpèces a même long-temps fait partie de ce dernier, ſous le nom de *fraiſier ſtérile. Voyez* FRAISIER; *voyez* auſſi PENTAPHYLLE.

Eſpèces.

Potentilles à feuilles preſqu'ailées.

1. La POTENTILLE fruteſcente.
Potentilla frutefcens. Linn. ♄ Du nord de l'Europe.
2. La POTENTILLE argentine.
Potentilla anferina. Linn. ♃ Indigène.
3. La POTENTILLE ſoyeuſe.
Potentilla fericea. Linn. ♃ De la Sibérie.
4. La POTENTILLE multifide.
Potentilla multifida. Linn. ♃ Des Alpes.
5. La POTENTILLE verticillée.
Potentilla verticillaris. Willd. ♃ De la Sibérie.
6. La POTENTILLE à feuilles de fraiſier.
Potentilla fragarioides. Linn. ♃ De la Sibérie.
7. La POTENTILLE du Nord.
Potentilla ruthenica. Willd. ♃ De la Sibérie.
8. La POTENTILLE des rochers.
Potentilla rupeſtris. Linn. ♃ Des Alpes.
9. La POTENTILLE bifurquée.
Potentilla bifurcata. Linn. ♃ De l'Orient.
10. La POTENTILLE à feuilles de pimprenelle.
Potentilla pimpinellioides. Linn. ♃ De l'Orient.
11. La POTENTILLE à feuilles de ciguë.
Potentilla cicutariæfolia. Willd. ♃ De l'Orient.
12. La POTENTILLE de Penſylvanie.
Potentilla penſylvanica. Linn. ♃ De l'Amérique ſeptentrionale.
13. La POTENTILLE couchée.
Potentilla ſupina. Linn. ☉ Indigène.

Potentilles à feuilles digitées.

14. La POTENTILLE à tiges droites.
Potentilla recta. Linn. ♃ Indigène.
15. La POTENTILLE argentée.
Potentilla argentea. Linn. ♃ Indigène.
16. La POTENTILLE à feuilles de géranion.
Potentilla geranioides. Willd. ♃ De l'Orient.
17. La POTENTILLE mitoyenne.
Potentilla intermedia. Linn. ♃ Du midi de la France.

18. La POTENTILLE velue.
Potentilla hirta. Linn. ♃ Du midi de la France.
19. La POTENTILLE inclinée.
Potentilla inclinata. Vill. ♃ Du midi de la France.
20. La POTENTILLE à tiges filiformes.
Potentilla opaca. Linn. ♃ Du midi de la France.
21. La POTENTILLE à grandes ſtipules.
Potentilla ſtipularis. Linn. ♃ De la Sibérie.
22. La POTENTILLE printanière.
Potentilla verna. Linn. ♃ Indigène.
23. La POTENTILLE à tiges rougeâtres.
Potentilla rubens. Vill. ♃ Des Alpes.
24. La POTENTILLE naine.
Potentilla pumila. Lam. ♃ De l'Amérique ſeptentrionale.
25. La POTENTILLE dorée.
Potentilla aurea. Linn. ♃ Des Alpes.
26. La POTENTILLE d'Aſtracan.
Potentilla aſtracanica. Jacq. ♃ De la Sibérie.
27. La POTENTILLE rampante.
Potentilla reptans. Linn. ♃ Indigène.
28. La POTENTILLE du Canada.
Potentilla canadenſis. Linn. ♃ De l'Amérique ſeptentrionale.
29. La POTENTILLE de Caroline.
Potentilla caroliniana. Lam. ♃ De l'Amérique ſeptentrionale.
30. La POTENTILLE à poils rudes.
Potentilla hirſuta. Mich. ♃ De l'Amérique ſeptentrionale.
31. La POTENTILLE ſimple.
Potentilla ſimplex. Mich. ♃ De l'Amérique ſeptentrionale.
32. La POTENTILLE à fleurs blanches.
Potentilla alba. Linn. ♃ Du midi de la France.
33. La POTENTILLE à feuilles d'alchimille.
Potentilla alchimilloides. Lapeyr. ♃ Des Alpes.
34. La POTENTILLE cauleſcente.
Potentilla cauleſcens. Linn. ♃ Des Alpes.
35. La POTENTILLE des Alpes.
Potentilla valderia. Linn. ♃ Des Alpes.
36. La POTENTILLE à feuilles de lupin.
Potentilla lupinoides. Willd. ♃ Des Alpes.
37. La POTENTILLE luiſante.
Potentilla nitida. Linn. ♃ Des Alpes.
38. La POTENTILLE de Cluſius.
Potentilla cluſiana. Jacq. ♃ De l'Allemagne.
39. La POTENTILLE inciſée.
Potentilla inciſa. Deſf. ♃ de la Barbarie.

Potentilles à feuilles ternées.

40. La POTENTILLE à grandes fleurs.
Potentilla grandiflora. Linn. ♃ Indigène.
41. La POTENTILLE de Montpellier.
Potentilla monſpelienſis. Linn. ☉ Du midi de la France.
42. La POTENTILLE fraiſier.
Potentilla fragaria. Lam. ♃ Indigène.

43. La POTENTILLE de Norwège.
Potentilla norvegica. Linn. ☉ Du nord de l'Europe.

44. La POTENTILLE neigeuse.
Potentilla nivea. Linn. ♃ Des Alpes.

45. La POTENTILLE à feuilles de bétoine.
Potentilla betonicæfolia. Lam. ♃ De la Sibérie.

46. La POTENTILLE élégante.
Potentilla elegans. Willd. ♄ De l'île de Crète.

47. La POTENTILLE à folioles ovales.
Potentilla ovata. Lam. ♃ Des Alpes.

48. La POTENTILLE à petites feuilles.
Potentilla micrantha. Decand. ♃ Des Pyrénées.

49. La POTENTILLE tridentée.
Potentilla tridentata. Vahl. ♃ Du nord de l'Europe.

50. La POTENTILLE glaciale.
Potentilla frigida. Vill. ♃ Des Alpes.

51. La POTENTILLE à tiges très-courtes.
Potentilla subcaulis. Linn. ♃ Du midi de la France.

Culture.

La seule espèce de ce genre qui soit employée à la décoration des jardins, est la première, qui forme des touffes de deux à trois pieds de haut, & qui fleurit presque tout l'été. Tout terrain qui n'est pas marécageux, & toute exposition qui n'est pas trop brûlante, lui conviennent ; cependant elle prospère mieux dans la terre de bruyère & à l'exposition du nord. Elle se multiplie de graines qu'on sème en pleine terre, & qui donnent des produits propres à être repiqués au bout de deux ans, & mis en place au bout de quatre ; mais ces graines avortent fréquemment dans le climat de Paris. Elle se multiplie aussi par marcottes, par rejetons & par déchirement des vieux pieds, marcottes & rejetons qu'on lève, & déchirement qu'on exécute en automne, encore à raison de la précocité de sa végétation. Les nouveaux pieds qui résultent de ces opérations donnent quelquefois des fleurs dès l'année suivante, & se traitent comme les vieux.

Quelquefois on fait monter les jeunes pieds de Potentille frutescente sur une seule tige, pour lui donner l'apparence d'un petit arbre à tête globuleuse. Pour cela on coupe successivement ses branches inférieures à un ou deux pouces, jusqu'à ce qu'on soit arrivé à la hauteur convenable, hauteur qui ne peut guère excéder un pied.

Les gelées du printemps saisissent quelquefois cette espèce lorsqu'elle est entrée en végétation, & l'empêchent non-seulement de porter des graines, mais la mutilent au point qu'il devient nécessaire de la recéper en terre pour lui faire pousser de nouvelles tiges. Cette opération est même utile, sans cette circonstance, tous les quatre à cinq ans, lorsqu'on les tient en touffes, car elle perd de sa beauté en vieillissant, c'est-à-dire, que ses fleurs deviennent moins grandes & ses feuilles moins nombreuses.

On place cette Potentille dans les parterres & dans les jardins paysagers. Dans le premier cas, on la taille pour lui donner ou conserver une forme régulière, non au croissant, comme le font quelques jardiniers ignorans, parce que cela l'empêche de porter des fleurs, mais en s'opposant, au moyen de la serpette, à ce que les pousses trop vigoureuses s'y refusent ; dans le second cas on l'abandonne à elle même. Elle produit aussi des effets agréables palissadée, contre les murs de terrasse qui n'excèdent pas sa hauteur.

La culture de cette Potentille se réduit à des binages de propreté pendant l'été, & à un léger labour pendant l'hiver.

Les autres Potentilles que les cultivateurs doivent prendre en considération, à raison de leur fréquence dans les campagnes, sont :

1°. La Potentille argentine, vulgairement appelée l'*argentine*, qui croît principalement sur les bords des rivières & des étangs dont le sol est léger & humide. Les cochons aiment beaucoup ses racines, & on doit les mettre à même de s'en nourrir toutes les fois qu'il n'y a pas de motifs pour s'y refuser ; mais ses feuilles ne sont point du goût des autres bestiaux. Le principal point de-vue sous lequel on doit la considérer, c'est comme propre à fixer les terres par ses racines traçantes & fibreuses, & ses feuilles nombreuses & étalées ; cependant nulle part, à ma connoissance, on ne les sème, ou plante, à cette intention. Les gazons qu'elle forme sont d'un aspect assez agréable pour qu'on doive en garnir les bords des eaux des jardins paysagers.

2°. La Potentille argentée se trouve dans les lieux sablonneux & arides ; les bestiaux ne la recherchent pas ; ainsi elle est dans le cas d'être détruite, & on y parvient facilement par les labours.

3°. La Potentille printanière embellit les pâturages des montagnes, principalement des montagnes calcaires primitives, dès que la fonte des neiges est terminée. Je me rappelle toujours avec attendrissement les douces sensations que son aspect faisoit naître en moi dans les jours de ma jeunesse. On ne doit jamais manquer de la faire entrer dans la composition des gazons des jardins paysagers, dont le terrain lui convient, & il suffit d'y en placer quelques pieds, pour que, deux où trois ans après, ces gazons en soient suffisamment garnis, car ses fleurs sont très-nombreuses & ses graines très-abondantes.

Les bestiaux, surtout les moutons & les chèvres, mangent cette espèce.

4°. La Potentille rampante, appelée généralement *quintefeuille*, surabonde dans les jardins, les vergers, autour des maisons, le long des haies des villages dont le sol n'est pas trop aride. Elle est souvent une peste d'autant plus difficile à détruire, qu'il ne faut que la plus petite racine ou un seul nœud des tiges pour la reproduire. Ce n'est que par des sarclages continuels & soignés, qu'on peut s'en débarraffer. On en fait un fréquent ufage en médecine, comme fébrifuge & aftringente. Tous les beftiaux la mangent, & même, dans quelques cantons, on a foin de la ramaffer au printemps pour la donner aux vaches & aux cochons.

5°. La Potentille fraifier, autrement le *fraifier ftérile*, croît dans les mêmes lieux, & fleurit en même temps que la Potentille printanière; mais fes fleurs étant blanches, petites & peu nombreufes, elle offre moins d'agrément. Du refte, ce que j'ai dit de cette dernière s'y applique.

Ces cinq efpèces & celles qui font infcrites fous les n°s. 3, 4, 6, 8, 9, 10, 12, 13, 14, 18, 25, 32, 34, 36, 37, 39, 40, 41, 43 & 49, fe voient dans nos écoles de botanique. Toutes fe fèment en place & ne demandent d'autres foins que des farclages de propreté. Il en eft cependant, comme les 9e., 10e., 32e., 34e., 36e. & 49e. qui demandent à être abritées du grand foleil, & même arrofées dans les féchereffes. Quoique ces dernières foient toutes d'un afpect agréable, aucune d'elles n'eft dans le cas d'être cultivée pour l'ornement. (*Bosc.*)

POTHOS. *Pothos.*

Genre de plantes de la tétrandrie monogynie & de la famille des *Aroïdes*, qui renferme douze efpèces, dont quatre fe cultivent dans nos ferres. Il eft figuré pl. 738 des *Illuftrations des genres* de Lamarck.

Efpèces.

1. Le Pothos à feuilles en cœur.
Pothos cordata. Linn. ♃ De l'Amérique méridionale.

2. Le Pothos à nervures épaiffes.
Pothos craffinervia. Jacq. ♃ De l'Amérique méridionale.

3. Le Pothos à feuilles lancéolées.
Pothos lanceolata. Linn. ♃ De l'Amérique méridionale.

4. Le Pothos fétide.
Pothos fetida. Aiton. ♃ De l'Amérique méridionale.

5. Le Pothos violet.
Pothos violacea. Swartz. ♃ De la Jamaïque.

6. Le Pothos grimpant.
Pothos fcandens. Linn. ♃ Des Indes.

7. Le Pothos à feuilles crénelées.
Pothos crenata. Linn. ♃ De l'Île Saint-Thomas.

8. Le Pothos à grandes feuilles.
Pothos grandifolia. Jacq. ♃ De l'Amérique méridionale.

9. Le Pothos palmé.
Pothos palmata. Linn. ♃ De la Martinique.

10. Le Pothos à feuilles ailées.
Pothos pinnata. Linn. ♃ Des Indes.

11. Le Pothos digité.
Pothos digitata. Jacq. ♃ De l'Amérique méridionale.

12. Le Pothos acaule, vulgairement *queue-de-rat.*
Pothos acaulis. Linn. ♃ De la Martinique.

Culture.

Les quatre premières efpèces fe voient dans nos écoles de botanique; elles exigent la ferre chaude, une terre confiftante & fertile, & des arrofemens multipliés, furtout pendant qu'elles pouffent, car elles proviennent de lieux marécageux. On les multiplie par graines, qui mûriffent quelquefois dans nos climats, & par rejetons dont elles fourniffent affez fouvent. Les premières fe fèment, auffitôt qu'elles font mûres, dans la ferre chaude, ou mieux fous bache, & les féconds s'éclatent au printemps, pour être mis feul à feul dans un pot fur couche & fous châffis.

Les Pothos fe font remarquer par la grandeur de leurs feuilles, qui perfiftent toute l'année, par la grandeur de leurs touffes, & par la fingulière difpofition de leurs fleurs fur un axe fouvent fort long; mais du refte on ne peut pas dire que ce foient de belles plantes.

Leur terre fe renouvelle en partie tous les ans. (*Bosc.*)

POTIRON ou POTURON : variété de COURGE.

Les fauvages de l'Amérique feptentrionale fèment une grande quantité de Potirons pour les manger, non-feulement frais, mais encore fecs. Pour les deffécher, ils les coupent en tranches minces, les expofent au foleil, & les confervent dans des paniers à l'abri de l'humidité. Ces tranches fe mettent journellement, pendant l'hiver & le printemps, dans leurs bouillons pour les épaiffir. (*Bosc.*)

POU : genre d'infectes aptères, dont plufieurs efpèces tourmentent fréquemment les cultivateurs, leurs beftiaux, leurs volailles, & dont il eft par conféquent bon que je dife ici un mot.

Il eft des perfonnes qui foutiennent que les Poux font utiles à la fanté. Elles ont peut-être raifon en ce que les piqûres qu'ils font aux hommes & aux animaux fervant d'excitant à la peau, tiennent lieu d'un léger véficatoire; mais il n'en eft pas moins blâmable de les laiffer fe multiplier; car outre que leur grand nombre empêche le fommeil, diminue la maffe du fang, ils répugnent à tous ceux qui ont reçu quelqu'éducation, & indiquent l'ignorance, la pareffe & la mifère.

On fe débarraffe du Pou du corps en fe lavant & en changeant fréquemment de linge; de celui de la tête, en fe peignant tous les jours avec un peigne fin, en fe tenant les cheveux courts, en les poudrant ou les lavant avec des fubftances âcres, comme le ftaphifaigre, le tabac, &c., en les huilant, graiffant, &c. Ces moyens font très-communs & très-pratiqués.

Il n'en eft pas de même des Poux des animaux domeftiques, fort peu de cultivateurs s'occupent de les en débarraffer; cependant il n'en eft pas qui n'en nourriffent plufieurs, & fouvent ils font en fi grande abondance, qu'ils fucent le plus pur de leur fang, ce qui les fait maigrir ou les empêche de groffir.

C'eft en faifant fréquemment nettoyer, pendant l'été, les Écuries, les Étables, les Bergeries, même les Toits a porcs, en conduifant les quadrupèdes à l'eau, en les frottant avec des décoctions de plantes âcres, en les Étrillant, qu'on peut les débarraffer des Poux. Voyez ces mots.

Quant aux oifeaux, qui en font encore plus tourmentés que les quadrupèdes, furtout les pigeons, dont ils font quelquefois périr & toujours maigrir les petits, on n'a de reffource que dans une conftante propreté dans les Poulaillers & les Colombiers. Voyez ces mots. (Bosc.)

POUDET : forte de ferpette propre à tailler la vigne, ufitée dans le Var.

POUDRE. C'eft, dans le Médoc, une jeune jument.

POUDRE SÉMINALE. Voyez Pollen.

POUDRE DE LA PROVIDENCE : Poudre qu'on vendoit autrefois à Paris pour empêcher la production de la carie dans le froment. M. Cadet de Vaux a reconnu que c'étoit de la potaffe mafquée & mêlée avec du fel marin & du fel de nitre; elle faifoit miracle. Aujourd'hui que fa compofition eft connue, on la dédaigne; c'eft cependant un excellent moyen, quoiqu'un peu cher, pour arriver au but. Voyez Carie & Chaulage. (Bosc.)

POUDRETTE. On appelle ainfi, à Paris, les excrémens humains defféchés & réduits en poudre, pour être rendus tranfportables & fervir fans dégoût à l'engrais des terres.

De tous les engrais, les excrémens humains font les plus actifs; ainfi un cultivateur qui ne les utilife pas, eft coupable envers la fociété. En France, cependant, il n'en eft point dont on laiffe perdre une plus grande quantité. Je ne connois, en effet, que quelques points du royaume où on en faffe un emploi convenable. La caufe en eft fans doute au dégoût qu'ils infpirent; par conféquent, tout moyen de diminuer ce dégoût eft propre à en étendre l'ufage; par conféquent, la fabrication de la Poudrette eft dans le cas d'être encouragée par les amis de notre profpérité agricole.

Les réfultats de la vidange des foffes d'aifances de Paris font tranfportés dans deux larges baffins creufés à Montfaucon, & qui fe déchargent dans trois autres qui leur font inférieurs. C'eft dans ces derniers qu'on fait écouler la partie liquide des vidanges, lorfqu'après un long repos elle a dépofé la prefque totalité de fes parties folides.

Un des premiers baffins eft en repos pendant que l'autre fe remplit chaque jour.

Lorfque les matières du baffin le plus anciennement rempli font affez fèches pour être enlevées à la bêche, on les tranfporte dans un emplacement voifin, où, au moyen de ce qu'on les retourne fouvent, elles achèvent promptement de fe deffécher, prennent une teinte gris-verdâtre; après quoi on les tranfporte fous un hangar, où elles reftent amoncelées, s'échauffent, fermentent & perdent leur mauvaife odeur pour en prendre une analogue à celle de la tourbe & du tan.

La fermentation achevée, on réduit ces matières en poudre & on les paffe à la claie. C'eft dans cet état qu'on les livre, dans des facs, aux cultivateurs.

Il eft évident que, par ce procédé, on perd la plus grande partie des urines qui s'infiltrent dans la terre, & la plus grande partie des gaz qui s'élèvent dans l'atmofphère; ainfi la fabrication de la Poudrette peut être confidérée comme une mauvaife opération quand on la compare à l'emploi des excrémens felon la mode ufitée en Flandre & en Dauphiné, c'eft-à-dire, au fortir de la foffe, ou, au moins, peu après leur enlèvement. Cependant, je le répète, la facilité qu'elle donne de tranfporter au loin aifément, & avec peu de frais, un engrais excellent & qui feroit fans cela de nulle utilité, doit lui mériter des encouragemens.

On peut garder indéfiniment la Poudrette lorfqu'on la met dans des tonneaux défoncés & dans un lieu fec & abrité de la pluie, ce qui eft encore un avantage.

Il a été calculé que chaque individu fournif-foit chaque année deux boiffeaux de Poudrette.

Vingt-quatre boiffeaux de vingt-quatre livres font, terme moyen, la quantité de Poudrette qu'on répand ordinairement, par arpent, fur les terres qui n'ont pas été fumées depuis long-temps.

L'emploi de la Poudrette s'étend de jour en jour: bientôt fa fabrication ne pourra plus fuffire à fa demande. C'eft pricipalement la ci-devant Normandie qui confomme celle de Paris.

Comme la Poudrette eft prefqu'entièrement compofée d'humus à l'état foluble, on doit ne l'employer, pour n'en point perdre l'effet, que fur les plantes en état actuel de végétation. Son action eft d'abord extrêmement marquée, mais elle s'affoiblit bientôt : rarement même elle eft fenfible fur les récoltes de l'année fuivante; auffi convient-il d'en mettre tous les ans.

C'eft fur les fols maigres & fecs qu'elle produit les effets les plus marqués, ainfi que l'ont obfervé un grand nombre de cultivateurs.

La gadoue dégoûte les beftiaux de l'herbe des prairies, foit naturelles, foit artificielles, fur lefquelles on la répand; mais la Poudrette ne produit pas cet effet; auffi doit-on ne pas craindre de d'employer à leur ENGRAIS. *Voyez* ce dernier mot. (*Bosc.*)

POUILLEUX. C'eſt le thym aux environs de Boulogne.

POUILLOT : nom ſpécifique d'une MENTHE. (*Bosc.*)

POULAILLER : logement des poules.

Il eſt néceſſaire d'avoir dans chaque exploitation rurale un local uniquement deſtiné aux poules, non-ſeulement pour qu'elles ſoient, pendant la nuit, à l'abri des injures de l'air, & qu'elles y pondent toujours de préférence; mais encore pour qu'elles s'accoutument à ne pas s'écarter le ſoir, époque où les renards, les fouines, les belettes, &c., les guettent pour les manger.

La poſition & le mode de conſtruction d'un Poulailler ne ſont rien moins qu'indifférens; en effet, il doit être le plus éloigné poſſible des fumiers & des mares: les volailles pondent plus tard & moins lorſqu'il eſt au nord & à l'oueſt, parce qu'il eſt trop froid; au midi, elles ſont tourmentées par les puces, les poux, & autres inſectes ſuceurs; s'il eſt humide, elles y gagnent des rhumatiſmes qui les rendent percluſes des pattes. Ainſi, c'eſt au levant qu'il convient le mieux de placer ſa porte; ainſi on l'élevera de pluſieurs pieds au-deſſus du ſol, ſi ce ſol eſt humide. Toujours il offrira une fenêtre finement grillée, à l'oppoſé de ſa porte, fenêtre qu'on ne fermera que dans les grands froids, afin d'entretenir dans l'intérieur un courant d'air ſalubre.

La grandeur d'un Poulailler eſt proportionnée au nombre de poules qu'on poſſède; s'il a douze pieds de large ſur vingt de long, il pourra contenir cent cinquante volailles. Il eſt toujours plus avantageux qu'il ſoit plutôt trop grand que trop petit. Sa forme eſt ou carrée ou parallélogramique; l'épaiſſeur de ſes murs aſſez conſidérable pour que le froid ne puiſſe y pénétrer. Le ſol en ſera pavé, à chaux & à ciment, avec de larges pierres, & les murs exactement recrépis.

Outre la porte, qui doit ſe fermer à clef & ne s'ouvrir que pour ramaſſer les œufs ou nettoyer le ſol, on fait une ouverture de ſix à huit pouces carrés pour l'entrée & la ſortie des poules. Tantôt cette ouverture, qui ſe ferme le ſoir par le moyen d'une planche à couliſſe, eſt pratiquée dans la partie inférieure de la porte, tantôt dans le mur à côté de cette porte; le mieux eſt de la placer à côté, & à quatre à cinq pieds du ſol, afin que les poules, en entrant, puiſſent directement ſauter ſur des juchoirs dont je parlerai dans l'inſtant, & qu'il y ait un obſtacle de plus aux fouines, aux belettes & aux rats, pour pénétrer dans l'intérieur, ſi par haſard on oublioit de tirer la planche. Elles montent à cette ouverture par le moyen d'une échelle à un ſeul ou à deux montans.

L'intérieur des Poulaillers eſt pourvu de juchoirs & de nids.

Les juchoirs ſont des chevrons arrondis ſur les angles, ou des perches de trois pouces au moins de diamètre, qu'on place ordinairement parallèlement à la porte, en les ſcellant dans les murs; tantôt ils ſont à la même hauteur, & à un pied & demi les uns des autres, tantôt en échelons, le plus bas en avant & à trois pieds du ſol, ce qui gêne beaucoup le ſervice, le plus haut à deux pieds du plancher.

Quelques perſonnes, & M. de Perthuis eſt de leur avis, ſubſtituent aux juchoirs fixes des juchoirs mobiles, qu'on peut par conſéquent enlever à volonté lorſqu'on veut nettoyer à fond le Poulailler. L'important eſt qu'ils ne ſoient pas au-deſſus les uns des autres, & au-deſſus des nids, afin que les excrémens ne les ſaliſſent pas.

Les nids ſont ou des paniers d'oſier iſolés, placés contre les murs à environ trois pieds du ſol, ou des crèches de bois, ſéparées par des cloiſons & placées à la même hauteur, ou des auges de pierre, élevées d'un pied au-deſſus du ſol. Les premiers ſont le réceptacle des punaiſes, des poux, des puces & autres vermines pendant l'été; les ſeconds, qu'on recouvre ordinairement, à la diſtance d'un pied, d'une planche oblique pour empêcher les excrémens d'y tomber, ſont ſans contredit les meilleurs; les troiſièmes ſont froids à la fin de l'hiver, époque de la plus grande & de la plus importante ponte, ce qui peut la retarder. Tous ces nids ſe garniſſent de paille douce ou de foin bien ſec, qu'il eſt bon de renouveler deux ou trois fois dans le courant de l'été; on y laiſſe toujours un œuf vrai ou factice, qu'on appelle *niot*. Il eſt à remarquer que ceux qui ſont dans les places les plus ſombres ſont les plus fréquentés, ce qui indique qu'il eſt bon de donner peu de jour au Poulailler. Le nombre de ces nids doit être calculé ſur celui des poules, c'eſt-à-dire, de manière qu'un quart d'entr'elles puiſſent y être placées en même temps. Généralement on n'en met que deux rangs.

Il eſt bon qu'il y ait dans le Poulailler, ſous un toit de planches, une petite auge remplie d'eau qu'on renouvelle tous les deux ou trois jours en été, & toutes les ſemaines en hiver.

Les acceſſoires des Poulaillers ſont deux chambres, l'une pour les couveuſes, l'autre pour les pouſſins. Lorſque ces chambres peuvent être au-deſſus d'un four dans lequel on cuit ſouvent, ou pourvues d'un poêle exempt de fumée, on y gagne une plus grande précocité & une plus grande ſûreté dans la reproduction.

Beaucoup de cultivateurs laiſſent leurs poules dans une conſtante mal-propreté, ce qui nuit beaucoup à leur ſanté & à leur ponte. Loin donc de ne nettoyer leur Poulailler que tous les ſix mois & même tous les ans, ceux qui réfléchiſſent, l'approprient tous les quinze jours en hiver & toutes les ſemaines en été. Dans cette dernière ſaiſon il doit y avoir deux ou trois nettoyages plus rigoureux que les autres, c'est-à-dire, à la suite desquels on lavera les paniers, les crèches, les juchoirs, les murs, le pavé enfin, à grande eau bouillante, pour enlever toutes les parcelles d'ordures qui s'y trouveroient fixées, & faire périr les PUNAISES, les POUX, les PUCES, &c., qui alors tourmentent si fort les volailles. *Voyez* PIGEON.

Quelques cultivateurs, & ils doivent être imités, font répandre de la terre sèche sur le sol de leur Poulailler, afin qu'elle absorbe les excrémens des poules.

Ces excrémens s'appellent la *pouline* dans quelques lieux; ils font un excellent engrais, qui ne le cède qu'aux excrémens humains & à ceux des pigeons. On doit donc les réunir avec soin pour les utiliser sur les terres les plus froides de l'exploitation. En général, cependant, on se réduit, à raison de leur peu d'abondance, à les réunir aux fumiers.

Dans quelques fermes, les oies & les canards couchent dans le Poulailler; mais comme ces oiseaux ne se juchent pas, ils font exposés à être salis par les excrémens des poules au-dessous desquelles ils se trouvent. Il vaut beaucoup mieux avoir pour eux une pièce particulière, qui n'a besoin que d'être élevée de trois pieds, & qu'on appelle souvent *toit*.

Quant aux dindes, aux paons & aux peintades, ils supportent difficilement d'être enfermés la nuit, & on leur élève des juchoirs en plein air.

Le Poulailler doit être fermé tous les soirs, dès que les poules font toutes rentrées, & ouvert le matin au petit jour. On y pénètre entre onze heures & midi pour la première levée des œufs, & vers quatre heures pour la seconde.

Voyez, pour le surplus, au mot POULE. (*Bosc.*)

POULAIN : jeune CHEVAL. *Voyez* ce mot.

POULARDE : poule à laquelle on a enlevé les ovaires, pour, en la rendant impropre à la ponte, augmenter sa disposition à engraisser. *Voyez* POULE.

POULE : espèce d'oiseau, originaire de la haute Asie, que la bonté de sa chair & de ses œufs, ainsi que la facilité de sa multiplication, déterminent à élever, en grande quantité, dans toutes les contrées de l'Univers où elle a pu être portée. Son mâle s'appelle COQ.

C'est à Sonnerat qu'on doit de connoître le type de la Poule domestique. *Voyez* son *Voyage aux Indes* & le *Dictionnaire d'Ornithologie.*

Comme soumise de toute ancienneté à la domesticité, la Poule a dû présenter & présente en effet une grande quantité de variétés, dont la plupart font devenues des races, & se propagent constamment par la génération avec fort peu de modifications. Énumérer toutes ces variétés, seroit superflu pour les cultivateurs français; mais je dois leur indiquer ici les plus communes, & faire connoître les avantages & les inconvéniens dont elles font pourvues.

La Poule commune : sa grosseur est moyenne, son plumage varie sans fin; c'est celle qui pond le plus tôt & le plus long-temps, qui couve avec le plus de constance, qui conduit ses petits avec le plus de soin; aussi c'est celle qu'on préfère dans toutes les exploitations rurales montées, en même temps, pour le produit des œufs & des poulets. La sous-variété à pieds noirs est plus estimée que celle à pieds jaunes.

La Poule huppée est plus grosse que la précédente, & se fait remarquer par plus d'élégance; mais elle pond moins. C'est une fort belle race qui varie également dans ses couleurs, & qu'on recherche beaucoup depuis quelques années. Une sous-variété d'Angleterre est encore plus grosse & plus haute sur jambes.

La Poule ardoisée ou périnette est une race distincte, également huppée, qui n'est pas commune.

La Poule de Caux ou du Mans, ou de Bresse, ou d'Italie, est la plus grosse race qui se trouve en France; elle atteint quelquefois la taille d'une dinde. C'est elle qui fournit ces chapons & ces poulardes qu'on vend si cher à Paris, & qui méritent leur réputation, non-seulement par leur volume, mais encore par leur bonté. Elle pond un petit nombre d'œufs qui font presque tous employés à la reproduction.

La Poule pattue de France, la Poule pattue d'Angleterre, font recherchées dans quelques fermes, quoique leur grosseur ne surpasse pas celle de la Poule commune & qu'elles pondent moins, parce qu'elles font plus attachées à la cour & plus douces de caractère. On en voit de toutes les couleurs.

Les Poules naine de France, naine d'Angleterre, naine pattue, ne font bonnes que pour l'amusement, quelle que soit leur fécondité, attendu que leurs œufs ne font pas plus gros que ceux des pigeons, & qu'elles coûtent plus à nourrir que la commune, parce qu'elles ne vont pas chercher leur vie au loin.

Les Poules frisées, ainsi que les Poules de soie ou à duvet, font des monstruosités qui peuvent être remarquables, mais qui ne devront jamais être élevées pour le produit. Il en est de même de la Poule négresse, dont la peau & la chair font noires.

Il est des Poules qui changent de plumage à leur seconde année, même plusieurs fois dans leur vie.

Je renverrai aux ouvrages de Buffon ceux qui voudront lire une pompeuse description du coq & de la Poule, une agréable peinture de leurs amours, &c. Ici je dois me renfermer uniquement dans ce qu'il convient aux cultivateurs de savoir.

Dans les grandes exploitations rurales, il y a une domestique uniquement destinée à soigner les volailles, & qu'on appelle *fille de basse-cour* : elle doit d'abord être douce & adroite pour s'attacher les Poules, pouvoir circuler parmi elles sans les inquiéter; ensuite être vigilante pour pourvoir à leurs besoins à toutes les époques de la journée,

& furtout le matin, pour étudier la manière d'être de chacune d'elles, fous les rapports de la tranquillité générale, de la ponte, de la couvaifon, de l'éducation des petits, &c. Ce n'eft pas une petite tâche qu'elle a fi elle veut la bien remplir. Il convient qu'elle fache chaponner. Ce que je vais dire eft ce qu'elle doit faire.

Le choix du coq eft très-important, puifque c'eft lui qui décide des qualités des générations futures. Il commence à fervir les Poules à trois mois, & fe conferve vigoureux pendant trois à quatre ans; après quoi il eft bon de le renouveler, quoiqu'il puiffe vivre jufqu'à dix & même quinze. On dit communément qu'un feul fuffit à vingt Poules; &, par principe d'économie, c'eft feulement au printemps, c'eft-à-dire, lorfque fe fait la ponte deftinée à la couvaifon, qu'il faut avoir plus de coqs, pour que tous les œufs foient dans le cas d'y être employés avec certitude de fuccès.

Dans chaque race, les coqs les plus beaux, les plus vifs, ceux dont la voix eft la plus franche, font ceux qui doivent être préférés.

Le choix de la Poule n'eft pas moins important, & même, fous le rapport de la groffeur & du nombre des œufs, il mérite le plus d'attention: car, quoique les races qui donnent les plus gros œufs, celles de Caux, par exemple, font celles qui en font le moins, il eft toujours bon, dans chaque race, de chercher à en obtenir de plus gros, foit pour la perfectionner, foit pour améliorer la vente. Voyez Œuf. D'ailleurs, il eft dans chaque race, furtout dans les groffes, des individus qui pondent beaucoup moins que les autres, & même point du tout, d'autres qui font méchantes, d'autres qui prennent des habitudes vicieufes, d'autres enfin qui font attaquées de goutte ou autre maladie incurable; & ces individus doivent être rejetés dès qu'on les connoît.

Une pratique qui ne fe fuit pas affez, & qui mériteroit cependant d'être généralifée, c'eft celle de mettre à part, dans une grande exploitation, moins ou plus, felon la quantité d'élèves qu'on veut faire, deux ou trois des plus beaux coqs & une cinquantaine des plus belles Poules, coqs & Poules qu'on nourriroit plus abondamment, & qu'on feroit coucher dans un lieu plus chaud, dès le mois de janvier, pour en employer les œufs uniquement à la reproduction.

L'expérience prouve que, fous le rapport du produit, il n'eft pas avantageux de mélanger les variétés dans la même cour. Ainfi dans les pays où les grains font à bon compte & de bonne qualité (le maïs, par exemple), où les débouchés affurent une vente avantageufe aux beaux poulets de tous les âges, on meublera fa ferme de Poules huppées ou de Poules de Caux. Partout ailleurs on préférera la Poule commune, parce qu'elle pond le plus & s'accommode mieux d'une nourriture peu abondante & de médiocre qualité.

Ici, je dois obferver que les Poules trop graffes & les Poules trop maigres pondent moins, & qu'ainfi il faut les entretenir dans un état moyen.

Il eft des exploitations rurales, furtout celles qui font tenues par des métayers, où on ne donne rien à manger aux Poules pendant l'été, & où elles font obligées, par conféquent, d'aller au loin chercher leur nourriture dans les champs, le long des haies, &c. Cette coutume eft dans le cas d'être repouffée, 1°. parce que les Poules, ainfi forcées de courir au loin, font de grands dégâts; 2°. parce qu'elles font plus fujettes à être mangées par les renards, les fouines, les milans, les bufes, &c.; 3°. parce qu'elles pondent fouvent dans les buiffons, & que leurs œufs font perdus; 4°. parce qu'elles pondent moins, & que leurs œufs font inférieurs en qualité. Voyez Œuf.

Dans les grandes fermes, les Poules font journellement nourries avec des criblures des céréales qu'on y bat, criblures qui feroient de peu de valeur fi on vouloit les vendre, & elles trouvent dans les pailles une quantité confidérable de grains qui a échappé au fléau & qui feroit perdue fi elles n'en profitoient pas. Ce font ces Poules qui donnent le plus d'œufs & les meilleurs œufs.

Généralement on donne à manger aux Poules le matin, à leur fortie du Poulailler, & le foir peu avant leur rentrée: feulement on diminue plus ou moins la quantité en été. Ces diftributions, outre l'objet de leur nourriture, ont celui d'augmenter leur ponte & de les attacher à la cour.

Une Poule nourrie avec du grain acheté ou fufceptible d'être vendu, quelque bonne pondeufe & couveufe qu'elle foit, ne peut, dans l'état actuel de l'agriculture françaife, payer fa dépenfe par le produit de fes œufs & de fes poulets. Je fais cette remarque pour l'inftruction des perfonnes qui vivent à la campagne fans y avoir d'exploitation rurale, & qui veulent cependant pofféder une baffe-cour.

Quoiqu'effentiellement granivores, les Poules mangent des herbes, des fruits, des infectes, des vers & même de la viande quand elles en trouvent. Il eft bon de varier leur régime, pour qu'elles fe confervent en fanté. Ainfi, on leur jettera les débris des falades, des choux, des raves, des viandes crues & cuites employées dans la maifon. Dans beaucoup d'exploitations rurales, on fait pour elles une Verminière. Voyez ce mot.

Cependant, comme un régime animal trop exclufif altère la couleur & la qualité de leurs œufs, il n'eft pas bon de les y affujettir pendant la durée de la ponte. Voyez Œuf.

La fécondité de la Poule varie dans la même efpèce, foit par fuite de l'organifation des individus, foit par circonftance, comme la faifon froide, le manque de nourriture, la vieilleffe, &c. Ainfi, fi on voit des Poules communes pondre tous les jours & fix ou huit mois de l'année, on en voit auffi ne pondre que tous les trois à quatre jours,

&

& feulement pendant un mois, & même feulement quinze jours : le plus grand nombre pondent
tous les deux jours pendant trois mois au printemps, & un mois & demi en automne.

Les jeunes Poules pondent des œufs plus petits
que celles d'un an & plus. Lorfque ces œufs ne
furpaffent pas ceux d'un pigeon, on les appelle
œufs de coq.

Soit fous le rapport de la vente des œufs, foit
fous celui de l'éducation des poulets, il eft fort
avantageux que les Poules pondent de bonne heure
au printemps : cela a lieu naturellement dans les
fermes en terrain fec & à l'expofition du midi,
lorfque les Poules y font convenablement nourries.
Dans celles à terrain humide & au nord, il faut
donc les provoquer par une nourriture échauffante,
telle que le chenevis, l'avoine, la vefce, &c.

Généralement, c'eft entre neuf heures du matin
& trois heures après midi que pondent les Poules;
cependant il en eft quelques-unes qui anticipent
fur la première de ces époques, & qui dépaffent
la feconde. Elles pondent plus tôt chaque jour en
été & dans les pays chauds : très-rarement avant
la fortie du poulailler. Ce n'eft qu'après cette
fortie que les coqs exécutent l'acte de la fécondation.

Il eft d'une importance majeure d'accoutumer
les Poules, dès leur premier âge, à aller pondre
dans le poulailler, pour ne pas être expofé à perdre
leurs œufs. Celles qui s'y refufent obftinément
doivent être réformées fans miféricorde, c'eft-à-
dire, vendues ou mangées, l'exemple pouvant
devenir contagieux, comme je l'ai vu dans quelques lieux. Pour les déterminer à y pondre, on
doit le tenir, 1°. bien propre, car la vermine les fatigue, principalement quand elles font en repos fur
leur nid; 2°. garni d'une fuffifante quantité de paniers ou de cafes; car deux Poules qui fe placent
dans le même panier ou la même cafe, fe nuifent
réciproquement. Chaque panier ou cafe fera toujours pourvu d'un œuf vrai ou factice, parce que,
par leur nature, elles doivent pondre dans le lieu
où elles ont déjà pondu, & cet œuf fera lavé dans
le befoin, parce que les Poules ne doivent pas le
reconnoître lorfqu'il eft fale.

Les œufs fe lèvent une & même deux fois par
jour, felon la faifon, c'eft-à-dire, plus fouvent
au printemps, pendant le fort de la ponte; à dix
heures, à deux & à fix. On les apporte enfuite
à la maifon, où on les conferve dans des paniers
placés en lieu tempéré. *Voyez* ŒUF.

Lorfqu'on veut avoir des œufs pendant les temps
froids, même pendant le fort de l'hiver, il faut
faire coucher les Poules fur le cul d'un four, dans
une écurie ou une étable, ou une bergerie bien
garnie de bétail, ou établir un poêle dans leur
poulailler. C'eft par ces procédés que les fermiers
du pays d'Auge ont des poulets fufceptibles d'être
mangés dès le mois d'avril, époque où on com-

Agriculture. Tome VI.

mence feulement à faire couver dans les fermes
des environs de Paris, quoiqu'elles foient plus au
midi. Il feroit à defirer que la méthode des poêles
fût plus connue aux environs des grandes villes,
où le luxe ne craint pas de payer convenablement
les œufs frais.

Le moment où les Poules demandent à couver
varie, 1°. felon le temps qu'il fait; la chaleur le rapproche; 2°. felon la manière dont on traite les Poules : celles dont on enlève trop régulièrement les
œufs, pondent plus long-temps; 3°. felon leur nature : il en eft qui ne couvent pas tous les ans, &
même jamais. Ces dernières, lorfqu'elles font connues, devroient être facrifiées; mais généralement il fe trouve affez de couveufes dans une
grande baffe-cour, & on eft rarement forcé de
faire attention à cette circonftance.

Ainfi que je l'ai déjà obfervé, il y a prefque
toujours de l'avantage à avoir des poulets précoces :
auffi les ménagères faififfent-elles avec empreffement les premiers fignes de l'envie de couver que
donnent leurs Poules. Ces fignes font un cri particulier, appelé GLOUSSEMENT, une démarche in-
quiète, un plus long féjour dans les paniers ou les
cafes où elles pondent, la difpofition à empêcher
de lever les œufs qui font fous elles. Alors, c'eft
le plus fouvent, on les tranfporte dans un lieu particulier, appelé *chambre à couver,* lieu qui, au premier printemps, eft plus convenablement placé
fur un four, à raifon de la chaleur qui y exifte,
ou, ce qui feroit toujours mieux, à côté du poulailler & chauffé par le même poêle, qui, à cet
effet, feroit placé dans le mur, la porte s'ouvrant
dans cette chambre.

Et qu'on ne croie pas que ce poêle foit un objet
de grande dépenfe, foit d'acquifition, foit de confommation de combuftible, puifqu'il n'eft pas befoin qu'il ait plus d'un pied cube, & qu'on ne
le chauffe qu'environ deux mois, & feulement
deux heures chaque jour à l'entrée de la nuit.

Les jeunes Poules font généralement meilleures
pondeufes que les vieilles.

Dans toutes les baffes-cours, furtout celles des
petites fermes où on ne les nourrit pas fuffifamment, où on ne nettoie pas régulièrement leur
poulailler, où il n'y a pas affez de nids, il fe trouve,
comme je l'ai déjà annoncé, des Poules qui ne pondent pas dans le poulailler. Les unes le font dans
les écuries, dans les greniers, les autres s'écartent
pour le faire dans les haies, les buiffons, les prés,
les champs. Il faut les faire furveiller par un enfant,
les épouvanter, les tourmenter pour leur faire
perdre cette mauvaife habitude, & fi elles perfiftent, les facrifier; car la plûpart des œufs qu'elles
difperfent ainfi, ou les petits qui en naiffent, font
la proie des voleurs, des animaux deftructeurs,
des accidens de tous genres.

Je dois dire cependant que fouvent ces couvées
arrivent mieux à bien que celles qui font les plus
foignées, & ce parce qu'elles ne font pas foumifes

C

aux erreurs de conduite que l'ignorance caufe fouvent.

Il eft des Poules chez qui l'envie de couver paffe avant d'être mifes fur des œufs ; d'autres qui ne tiennent pas ; c'eft-à-dire, qui quittent leurs œufs après les avoir couvés un ou plufieurs jours. Des caufes accidentelles ou une prédifpofition naturelle peuvent être la caufe de ces méfaits. Le premier, dans une nombreufe baffe-cour, fe remarque à peine ; mais fi le fecond fe renouvelle deux fois de fuite, il faut facrifier la Poule, à raifon des pertes d'œufs qu'elle peut occafionner.

Ainfi que je l'ai déjà obfervé, il eft fouvent avantageux de faire des couvées hâtives, & quelquefois, dans certains cantons expofés au nord, dans certaines années froides, elles font naturellement très-tardives. Là donc il peut être utile de forcer les Poules à couver, & je dois indiquer quelques-uns des moyens propres à conduire à ce but.

Une nourriture échauffante, un lieu chaud, une irritation fur le ventre après l'avoir plumé, font les moyens les plus généralement employés. On favoit depuis long-temps qu'il fuffifoit fouvent de mettre une Poule fur des œufs, dans un lieu obfcur, pour la déterminer à couver. Mademoifelle Portebois a perfectionné ce moyen en y ajoutant deux circonftances, l'une de mettre les œufs dans une caiffe tellement étroite, que la Poule ne puiffe s'y retourner ; l'autre de fixer au cou de la Poule, avec de la ficelle, un morceau de planche pefant environ une demi-livre, planche qui leur couvre le dos. L'obfcurité, l'impoffibilité de fe débarraffer de la planche, l'inquiétude qu'elle lui caufe, détermine la Poule à s'attacher à fes œufs, de manière qu'au bout de cinq à fix jours on peut enlever la planche fans qu'elle les quitte. J'ai été témoin des expériences de mademoifelle Portebois, en qualité de commiffaire de l'Inftitut, & j'ai eu lieu d'être très-fatisfait de leurs réfultats. Une Poule a couvé deux ou trois fois de fuite, & une dinde quatre fois fans aucun intervalle, les petits ayant été, le jour même de leur naiffance, remis à d'autres couveufes. Je dois obferver que ces couveufes n'avoient pas cette efpèce de fièvre qui fe montre dans celles qui couvent naturellement, fièvre qui augmente leur chaleur propre, qui les difpenfe de manger auffi fouvent, &c.

On donne fouvent des œufs de Poules à couver à des dindes, parce que ces dernières étant plus groffes, en recouvrent davantage, & parce qu'elles font d'excellentes couveufes. Voyez DINDE.

Les chapons peuvent auffi être ftylés à couver par de mêmes moyens ; mais je n'aime pas à voir violenter la nature à ce point.

Par contre on donne fouvent à couver aux Poules des œufs de CANARDS, des œufs de PINTADES, des œufs de FAISANS, de PERDRIX, &c. Voyez ces mots.

En général, les vieilles Poules font meilleures couveufes que les jeunes ; auffi, dans les fermes bien montées, n'emploie-t-on pas ces dernières.

Souvent il paroît difficile d'empêcher une Poule qui veut couver, & dont on veut que la ponte continue, de refter fur un nid lors même qu'il n'y a pas d'œufs. Parmi tous les moyens employés, celui qui eft le plus fimple & le plus certain, confifte à la mettre, les pieds liés, fous un cuvier renverfé, dans une chambre baffe, dont le fol a été mouillé, & de l'y laiffer pendant vingt-quatre heures. Le tourment & l'inquiétude changent ordinairement fes difpofitions pendant ce temps, quelque court qu'il foit : elle cède toujours à la feconde épreuve.

Comme on l'a vu plus haut, il faut que les couveufes, pour bien exécuter l'incubation de leurs œufs, foient dans un nid ifolé, fur de la paille ou du foin, en lieu fec & même chaud, un peu fombre, éloigné du bruit & de la vue des autres volailles. C'eft donc toujours un avantage que d'avoir une chambre uniquement deftinée à cet objet. Les Poules y feront féparées les unes des autres par des planches de deux pieds carrés, pofées de champ à la diftance de deux pieds. Les pauvres mettent fouvent leurs couveufes dans un coin de leur chambre, dans une caiffe ou dans un baril défoncé d'un côté. Le pire enfin eft de les laiffer dans le poulailler, où elles font tourmentées par les autres volailles, par la vermine, &c.

Le nid des couveufes doit être de foin très-fin, ou de paille bien froiffée. Il eft des Poules qui y introduifent des plumes & de la laine, ce qu'il feroit à defirer que toutes fiffent, & qu'on devroit toujours faire pour elles, ces fubftances étant de mauvais conducteurs de la chaleur. Dans beaucoup de pays on y place un morceau de fer, dans la perfuafion qu'il empêchera l'effet du tonnerre fur les œufs, effet dont les fuites font de tuer le germe, de décompofer en un inftant le jaune & le blanc, de les rendre clairs, punais. Quelle que foit l'influence reconnue des métaux fur l'électricité, il n'eft pas encore prouvé que ce fer rende le fervice qu'on en efpère. Fermer toutes les fenêtres au moment de l'orage, eft un moyen plus affuré d'arriver au but.

Placée fur fes œufs, la Poule y refte jour & nuit ; à peine s'en éloigne-t-elle quelques inftans pour aller chercher fa nourriture, & furtout fa boiffon, qu'on doit mettre à fa portée. Cette nourriture fera abondante & choifie ; la mouiller, pour en rendre la digeftion plus facile, eft avantageux. Au refte, il y a des Poules moins bonnes couveufes, furtout parmi les jeunes, qui quittent leurs œufs après quelques jours d'une couvaifon affidue ; ces Poules doivent être marquées, & fi, l'année fuivante, elles fe conduifent de même, il faut les facrifier fans miféricorde.

Chaque jour la couveufe retourne fes œufs, afin que la chaleur les pénètre également : vouloir la fuppléer dans ce foin eft toujours fuperflu & fouvent nuifible.

J'ai indiqué, au mot INCUBATION, les phénomènes qui fe paffent jour par jour dans l'œuf placé fous une couveufe ; j'y renvoie le lecteur.

Au bout de vingt-un jours, un jour plus tôt, un jour plus tard, fuivant la faifon, la localité, &c., le petit caffe la coquille de fon œuf, au moyen d'un tubercule offeux qu'il a au-deffus du bout de la mandibule fupérieure de fon bec. L'aider eft auffi fouvent nuifible qu'utile ; ainfi c'eft encore ici le cas de laiffer agir la nature.

Les poulets n'ont pas befoin de manger le jour même de leur naiffance ; il faut que l'humidité furabondante qu'ils recèlent fe foit évaporée, & qu'ils fe foient fuffifamment fortifiés. C'eft de la chaleur qu'il leur faut, & la mère leur en donne fuffifamment ; cependant il eft affez généralement d'ufage de leur donner quelques gouttes de vin chaud. Le lendemain on met à leur portée de la mie de pain trempée dans du vin, ou mêlée avec des jaunes d'œufs & du lait. Quelques jours plus tard ils font déjà en état de manger du grain amolli par un féjour de vingt-quatre heures dans l'eau, enfin du grain tel qu'il fort de l'épi.

Des pommes de terre, des raves, des carottes cuites, font auffi de bons alimens pour les poulets du premier âge, & en général pour toutes les volailles ; mais il ne faut les leur donner exclufivement, car exerçant peu leurs facultés digeftives, ces alimens les affoibliroient.

Il en eft de même des vers de terre, des larves d'infectes, des infectes, & de la viande crue ou cuite. C'eft le cas d'ouvrir la verminière dont il a été parlé plus haut.

Les foins que prennent les Poules de leurs pouffins, ont de tout temps excité l'enthoufiafme des obfervateurs dont le cœur eft fenfible. Je ne les décrirai cependant pas, leur peinture fe trouvant dans l'article correfpondant du *Dictionnaire d'Ornithologie*. Je dirai feulement qu'il y en a qui font moins bonnes mères que d'autres, qui même abandonnent leurs petits plus ou moins de temps après leur naiffance. Ces Poules doivent être de fuite facrifiées, pour que le même inconvénient ne fe renouvelle plus.

L'important pour la confervation des poulets pendant les premiers jours de leur vie, c'eft qu'ils foient dans un endroit chaud & fec. On doit, en conféquence, les laiffer dans la chambre où ils font éclos, fi le temps eft froid & pluvieux. S'il y a plufieurs couvées de différens âges, on les féparera en les mettant avec leur mère, chacune fous une grande cage d'ofier ou de lattes, afin que les gros ne dévorent pas la nourriture deftinée aux petits ; car il eft extrêmement important qu'ils ne fouffrent pas de la faim dans le premier âge. Par la même raifon, lorfqu'on les laiffera venir dans la cour, on mettra leur manger fous une cage femblable, affez foulevée d'un côté feulement, pour que ceux des premiers âges puiffent y entrer. Sans cette précaution, ce manger feroit, à mefure qu'on le leur donneroit, la proie des groffes volailles. Dans les premiers jours, la mère eft renfermée fous cette cage, pour qu'elle puiffe y attirer fes petits & les y garantir du froid & de la pluie ; mais quand ils commencent à être forts, elle en eft exclue, pour qu'elle ne confomme pas la nourriture choifie qui leur eft deftinée.

Les pouffins qui ont la faculté de courir partout avec leur mère ne doivent être lâchés le matin que lorfque la rofée eft difparue, & il faut les faire rentrer le foir avant le coucher du foleil.

Au refte, fi les poulets qu'on laiffe ainfi vaguer font plus expofés à périr par des circonftances atmofphériques & par des accidens, ou à tomber entre les griffes des renards, des fouines, des oifeaux de proie, des voleurs, ils font plus robuftes que ceux qu'on élève plus délicatement : ainfi il y a compenfation.

Les poulets boivent fouvent & beaucoup : par conféquent il faut toujours mettre fous leur cage un vafe plein d'eau, qu'on renouvellera tous les jours. Cette précaution eft principalement de rigueur, quand on les nourrit exclufivement de graines fèches ; ce qu'on ne doit cependant pas faire, ainfi que je l'ai déjà obfervé, ces graines fe digérant plus lentement & les conftipant.

Des ménagères, pour augmenter le nombre de leurs pondeufes, réuniffent deux couvées de même âge en une, lorfque les pouffins ont dix à douze jours & que le temps eft chaud. Cette pratique eft dans le cas d'être imitée ; car alors les pouffins n'ont plus auffi befoin d'être réchauffés fous la mère.

D'autres ménagères chargent de ce foin des DINDES, & alors leur donnent jufqu'à trois couvées. (*Voyez* ce mot.) D'autres, enfin, les confient à des CHAPONS. *Voyez* ce mot.

Pour déterminer les chapons à fe transformer en conducteurs de pouffins, il faut employer des moyens violens ; car leur nature ne les y porte pas, comme on peut bien le penfer. Tantôt donc on les plume foue le ventre ; on les flagelle avec des orties ; on les enivre avec du vin ou avec de l'eau-de-vie ; on les tient renfermés dans une caiffe étroite & obfcure, & ce pendant deux ou trois jours de fuite ; puis on leur donne fucceffivement des poulets & on les met fous une cage : tantôt on fe contente de les tenir dans la caiffe & de les y laiffer un peu plus long-temps. Cette dernière méthode étant moins barbare & plus fimple, doit être préférée. Je crois que la manière de mademoifelle Portebois, indiquée plus haut, conduiroit même plus directement au but. Un chapon une fois dreffé, l'eft pour toute fa vie, &, en le nourriffant bien, il peut avoir toujours des poulets à conduire.

Environ fix femaines après leur naiffance, plus tôt ou plus tard, felon leur vigueur & la chaleur de la faifon, les poulets ont une crife qui en fait périr beaucoup; c'eft celle de la puberté, qu'on appelle vulgairement le *rouge*, parce que leur crête fe colore en rouge. Pour en diminuer le danger, on les tiendra renfermés, s'il fait froid ou s'il pleut, & on leur donnera fucceffivement des nourritures échauffantes & de facile digeftion, telles que du chenevis, des vers, des pommes de terre cuites, & du vin pour boiffon. Ce font principalement les couvées tardives qui font expofées à fouffrir par l'effet de cette crife, parce qu'elle arrive, pour elles, au commencement des froids.

Vers la même époque on commence prefque partout à manger les poulets; mais alors ils n'ont pas encore acquis la moitié de la groffeur à laquelle ils doivent parvenir, & leur chair eft prefque fans faveur. Les cultivateurs qui raifonnent leur conduite, attendent généralement qu'ils aient trois mois; même plufieurs fe refufent à les vendre avant quatre à cinq mois, c'eft-à-dire, avant qu'ils foient parvenus à toute leur groffeur, que leur *viande foit faite*, pour me fervir de l'expreffion vulgaire.

Avant de commencer la confommation des poulets, il eft à defirer qu'on faffe marquer ceux, tant mâles que femelles, qui s'annoncent devoir être les plus beaux, afin de les réferver pour la reproduction; car il eft prefque général de tuer d'abord les plus beaux, & de n'avoir par conféquent que des coqs foibles & des Poules de petite ftature: ce qui abâtardit la plus belle race en peu d'années.

C'eft lorfqu'ils ont environ trois mois qu'on chaponne les mâles pour rendre leur chair plus tendre & plus fufceptible d'engrais. Je ne dirai pas, avec quelques auteurs, plus favoureufe; car il eft certain que la CASTRATION (*voyez* ce mot) produit généralement l'effet contraire.

L'opération du chaponnement fe fait ordinairement par la fille de baffe-cour, un abfurde préjugé s'oppofant partout à ce que les hommes s'en chargent, même y foient préfens. Elle n'eft point difficile, puifqu'il ne s'agit que d'incifer le ventre du poulet vers fon extrémité, à droite ou à gauche, mais plus ordinairement de ce dernier côté, de tirer les deux tefticules avec le doigt, de les couper, de recoudre la plaie, de la frotter d'huile & faupoudrer de cendres. On coupe auffi ordinairement la crête, pour pouvoir plus facilement diftinguer les chapons des coqs. Cela fait, on les renferme pendant deux à trois jours dans une chambre fraîche & aérée, & on les nourrit avec de la mie de pain trempée dans du vin, des pommes de terre cuites, des vers, &c. Rarement il en meurt lorfque l'opération a été bien faite; mais elle ne l'eft pas toujours, à raifon de l'impéritie des opérateurs.

Ce font les groffes variétés, principalement celle appelée de *Caux*, qu'on foumet au chaponnement, parce que ce font celles qui fe vendent le mieux.

Les chapons des premières couvées font conftamment plus beaux, meilleurs & moins fujets à mourir que ceux des dernières: auffi un cultivateur qui fait calculer n'en fait-il plus après le mois de juin.

Il paroît que le goût pour les chapons eft moindre aujourd'hui qu'il ne l'étoit il y a une cinquantaine d'années. On préfère aujourd'hui ce qu'on appelle les *coqs vierges*, probablement d'après la confidération de plus grande faveur de leur chair.

On pourroit châtrer les poulettes en leur enlevant les ovaires, de la même manière qu'on enlève les tefticules aux poulets; mais nulle part on le fait en grand. *Voyez* CASTRATION dans le *Dictionnaire de Médecine*.

Les poulets, comme tous les autres animaux, ne commencent à devenir gras que lorfqu'ils ont ceffé de groffir: c'eft donc peine & dépenfe perdues que de chercher à les engraiffer avant cette époque, comme tant de perfonnes le font par ignorance des lois de la nature.

L'engrais des coqs vierges, des chapons & des poulardes, eft le même: feulement celui des coqs eft un peu plus long, & celui des chapons un peu plus court que celui des poulardes. Cette obfervation fouffre cependant beaucoup d'exceptions, y ayant des individus plus difficiles à engraiffer, fans qu'on puiffe deviner pourquoi.

Trois conditions font néceffaires pour accélérer l'engrais des volailles: un affoibliffement mufculaire, un repos abfolu, une nourriture furabondante & très-facile à digérer.

En conféquence, il faut faigner ces volailles, ou les purger plufieurs jours de fuite, & les placer dans une chambre chaude, obfcure, éloignée de tout bruit, dans une épinette dont les cafes foient trop étroites pour qu'elles puiffent fe retourner.

On appelle *épinette* une caiffe d'une longueur indéterminée, & d'une hauteur ainfi que d'une largeur d'un pied & demi, à claire-voie fur le devant & dans le bas, portée fur quatre pieds & divifée dans fa longueur en cafes de quatre, cinq à fix pouces de large. Au-devant de cette caiffe eft une augette en planche dans laquelle fe mettent le manger & le boire, auxquels les volailles peuvent atteindre en paffant leur tête à travers la claire-voie perpendiculaire. Leurs excrémens tombent à terre à travers la claire-voie horizontale.

Dans quelques lieux on fubftitue l'épinette des boîtes ifolées, où les volailles font accroupies la tête & la queue dehors.

Dans d'autres, c'eft dans des poteries cylindriques, poteries qu'on caffe quand les volailles font engraiffées.

Je ne parle pas des anciennes méthodes de leur crever les yeux, de leur contourner les ailes, de leur lier les pieds, de leur clouer les ailes étendues sur une planche percée pour le passage des pattes, &c., parce que, faisant souffrir l'animal, elles doivent nécessairement éloigner du but.

Des alimens très-substantiels & d'une facile digestion, le plus souvent moulus & ramollis dans l'eau, sont ceux qui conviennent le mieux pour l'engrais des poulets, quoique tous puissent être employés. Parmi eux on préfère, avec raison, les farines de sarrasin, d'orge & de maïs; c'est à cette dernière qu'est due la supériorité incontestée des poulardes de Bresse & du Mans. Les pommes de terre cuites, quoique peu usitées, méritent aussi quelqu'attention, à raison de leur peu de valeur & de leur rapide effet. Le son, dont on fait si fréquemment usage, est le pire de tous les moyens, attendu qu'il contient d'autant moins de matière nutritive, qu'il provient de moulins mieux conduits. (*Voyez* SON.) L'important, c'est que les alimens soient chaque jour variés plusieurs fois, afin que les volailles soient déterminées par la variété même à en manger davantage, & que leur action sur l'estomac soit plus active. *Voyez* DIGESTION dans le *Dictionnaire de Physiologie animale.*

Avec ces précautions, l'engrais est terminé en moitié moins de temps que dans la pratique ordinaire, c'est-à-dire, en huit à dix jours.

Il est encore une autre méthode d'engraisser les volailles. On la pratiquoit beaucoup plus généralement autrefois qu'actuellement : c'est par l'emboquement. Il a lieu de deux manières : ou on ouvre le bec à l'animal, & on y introduit à la main du grain dans le gosier ou des boules de pâte de farine d'orge, de maïs, &c., ou on lui ouvre le bec, & on y fait entrer le bout d'un entonnoir fixé dans un banc, & on lui pousse le grain ou la pâte au moyen d'un refouloir.

La quantité de nourriture à donner aux volailles à l'engrais ne peut être fixée, puisqu'elle varie selon l'espèce de volaille, selon les individus, selon la saison, selon l'époque de l'engrais, &c. &c. Celui qui opère apprend bientôt, par sa propre expérience, ce qu'il convient de faire à cet égard. Il n'y a jamais de mal à craindre tant que la volaille est libre de manger à son appétit, parce qu'elle s'arrête lorsqu'il y auroit du danger à continuer; mais il arrive souvent que l'emboquement leur donne des indigestions mortelles, ou les étouffe en comprimant les voies aériennes.

Les secrets si vantés par le charlatanisme pour accélérer l'engrais des volailles, sont pour la plupart ou inutiles ou nuisibles; il faut donc les dédaigner.

On reconnoît que l'engrais des volailles est terminé, aux pelotes de graisse qu'elles offrent sous les ailes, & à la graisse dont leur croupion est chargé.

Une volaille grasse doit être tuée, car le plus souvent elle meurt d'obstructions ou d'obésité.

Rarement on engraisse les coqs, les chapons & les poulardes pour leur foie, mais on le pourroit en employant les moyens indiqués au mot OIE.

Les vieilles volailles s'engraissent plus difficilement que les jeunes, & sont toujours dures; en conséquence on ne peut spéculer sur leur ventre. Elles sont consommées dans la maison, principalement bouillies, comme étant en cet état meilleures que rôties.

L'intérêt des cultivateurs est de vendre leurs jeunes volailles le plus tôt possible, parce que plus ils les gardent, & plus elles consomment; c'est ce qui fait qu'elles tombent de prix, par la concurrence, au mois de décembre, époque où la plupart sont dans le cas d'être mangées, & il arrive souvent que l'argent qu'on en retire ne dédommage pas de celui qu'elles ont coûté.

Les coqs & les Poules peuvent vivre dix à douze ans & plus; mais quoiqu'en avançant en âge ces dernières deviennent meilleures couveuses, il est assez ordinaire de les renouveler après leur troisième année, & les coqs après leur seconde.

Outre leurs œufs & leur chair, les Poules & les coqs donnent des plumes qui, quoiqu'inférieures à celles d'oie, sont de quelque valeur dans le commerce. Celles de la queue des coqs & des chapons se recherchent particulièrement pour orner la tête de nos guerriers & housser les meubles de nos appartemens. J'ai indiqué au mot PLUME leurs usages, ainsi que les moyens de les préparer & de les conserver. Je dirai seulement ici, que généralement les cultivateurs négligent trop de tirer parti de leurs Poules sous ce rapport, qui, entre des mains soigneuses, seroit de quelqu'importance pour eux, quoique je ne conseille pas, avec quelques écrivains, de plumer les Poules vivantes, comme on plume les oies, attendu que cette opération doit nécessairement diminuer leur ponte, qui est l'objet principal de leur éducation.

Les maladies des Poules sont assez nombreuses & le plus souvent hors du domaine de la médecine vétérinaire, à raison de l'incertitude & de la dépense de leur guérison. Aussi presque toujours doit-on plutôt les tuer que de les soumettre à un traitement.

J'ai déjà parlé de la poussée du rouge, qui enlève beaucoup de Poules, principalement dans les lieux froids & humides.

La mue est aussi une crise annuelle qui en enlève souvent. Alors il faut les laisser dans le poulailler les jours de pluie, leur donner une nourriture plus fortifiante, du chenevis, par exemple, & même, de loin en loin, du pain trempé dans du vin.

C'est au milieu de l'été, plus tôt ou plus tard, selon le climat, l'état de l'atmosphère, l'âge de l'individu, &c., qu'elle se développe.

La pepie est une des maladies les plus communes

des volailles. On dit même qu'elle eſt quelquefois épizootique. Elle s'annonce par un état d'affoibliſſement remarquable, ainſi que par le refus de prendre des alimens, & elle ſe caractériſe par une pellicule blanche cornée, qui recouvre l'extrémité de la langue. Toutes les cauſes qui lui ont été attribuées ſont ſuſceptibles d'être regardées comme peu fondées.

On la prévient par la propreté dans les poulaillers, par une nourriture abondante, par une boiſſon ſaine, un peu ſalée ou nitrée, ou acidulée avec du vinaigre.

On la guérit en enlevant, avec une épingle, la pellicule du bout de la langue, & en frottant ce bout avec du vinaigre.

Une petite tumeur blanche naît ſouvent ſur l'extrémité du croupion des volailles, & les met dans le même état que la pepie. On en ignore également la cauſe. La guériſon s'opère par l'ouverture de cette tumeur lorſqu'elle eſt arrivée à ſa complète maturité, la ſortie de la matière puriforme qu'elle contient, & à l'application du vinaigre. On fera bien de tenir les volailles opérées renfermées pendant quelques jours, &, afin de les rafraîchir, de leur donner pour nourriture de la laitue, de la poirée, des choux & autres plantes, avec de la bouillie épaiſſe de farine de ſeigle, d'orge ou de ſarrafin.

Les temps froids & pluvieux, une nourriture de mauvaiſe qualité, &c. développent la dyſſenterie chez les Poules, quelquefois épizootiquement. Les tenir renfermées, leur donner du bon grain & du pain trempé dans du vin ou dans une décoction légèrement aſtringente, ſuffiſent ordinairement pour rétablir l'eſtomac dans toutes ſes fonctions.

Aſſez communément les Poules ont des inflammations aux yeux. Un régime rafraîchiſſant & des purgatifs doux paroiſſent les moyens les plus efficaces pour les combattre; ainſi on leur donnera de la farine d'orge délayée dans l'eau & unie à une petite quantité de manne.

Les mêmes moyens s'emploient contre la conſtipation, maladie à laquelle elles ſont également aſſez ſouvent ſujettes.

Une eſpèce de catarre, indiqué par un râlement particulier & les efforts pour rejeter les mucoſités qui embarraſſent leur goſier, s'obſerve quelquefois dans les Poules. Des boiſſons ſudorifiques & la diète ſont les moyens d'y apporter remède.

Des ulcères ſe font voir ſur le corps des Poules, & ils ſe guériſſent avec des lotions de leſſive.

On combat par le même moyen la vermine, qui tourmente ſi fort les Poules qui ne ſont pas logées dans un poulailier tenu ſuffiſamment propre, & qui les fait maigrir. Voyez POULAILLER & POU.

L'éthiſie eſt ordinairement dans les Poules la compagne de la phthiſie : ſouvent auſſi elle dérive d'obſtructions au foie, aux inteſtins. Tuer le plus tôt poſſible, pour les manger, les Poules qui en

ſont affectées, eſt le ſeul conſeil que je puiſſe donner.

Enfin, la goutte & les rhumatiſmes affectent ſouvent les Poules. J'en ai vu dont les articulations des pattes avoient acquis une groſſeur monſtrueuſe & une immobilité complète. On prévient cette maladie en tenant le poulailler auſſi ſec & auſſi propre qu'il eſt néceſſaire; mais on ne la guérit pas. Au reſte, elle ne cauſe pas la mort des Poules, mais elle les fait beaucoup ſouffrir, & les empêche de pondre & de couver. Il n'y a donc qu'à les tuer à la première occaſion pour les manger.

Il eſt des Poules dont la coque des œufs ceſſe d'être ſolide. Ce phénomène eſt attribué, je crois, avec raiſon, à leur trop d'embonpoint. Dans ce cas donc il convient de les enfermer & de diminuer leur ration de nourriture. Mouiller cette nourriture & la ſaupoudrer de craie eſt encore un moyen de plus d'arriver promptement au but.

Je finis en obſervant que, quelque nombreuſes que ſoient les volailles en France, elles ne le ſont pas encore autant qu'il ſeroit à déſirer pour le bien-être des cultivateurs. Ainſi je fais des vœux pour que, plus éclairés ſur les moyens de les nourrir économiquement pendant une partie de l'année avec des pommes de terre cuites, les cantons pauvres en élèvent autant que les cantons riches. (Bosc.)

POULE. Voyez POULAIN.

POULIN ou POULAIN: jeune cheval & jeune âne.

POUPARTIE. *Poupartia.*

Arbre de l'Ile-Bourbon, qui ſeul fait un genre dans le décandrie pentagynie & dans la famille des *Térébinthacées.* Nous ne le poſſédons pas dans nos jardins. On l'appelle vulgairement *bois de poupart* dans ſon pays natal. (Bosc.)

POUPÉE. A raiſon de ſa forme, on donne ce nom à une maſſe de terre entourée de mouſſe, de linge ou d'écorce, qui ſe place autour des greffes en fente ou en couronne, dans le but de garantir la plaie du contact de l'air & d'entretenir la greffe dans une humidité propre à la conſerver en état de végétation juſqu'à ce qu'elle tire de la nourriture du ſujet.

Il faut que la terre d'une Poupée ſe ſoit ni trop tenace ni trop légère, que la mouſſe n'y ſoit ni pas aſſez ni trop abondante, que ſes enveloppes ne ſoient ni trop ſerrées ni trop lâches, à raiſon de ce que la terre tenace & les enveloppes ſerrées mettent obſtacle à l'accroiſſement de la greffe & du ſujet; en ce que trop de mouſſe y entretient une humidité trop conſtante & trop conſidérable; à raiſon de ce que la terre légère & des enveloppes mal ſerrées ne ſe ſoutiennent pas bien; en ce que peu de mouſſe n'empêche pas l'action deſſéchante de l'air ſur la greffe. On diminue les inconvéniens de la terre trop tenace avec une plus grande quantité de mouffe, & ceux d'une terre trop peu confiftante par de la boufe de vache.

La groffeur des branches greffées détermine celle des Poupées. L'épaiffeur d'un pouce, à compter de l'écorce, fuffit ordinairement.

Mon collègue Thouin s'eft affuré, par un grand nombre d'expériences, que les Poupées faites avec d'autres matières que la terre n'affurent pas autant la reprife de la greffe que celles que je viens de décrire; cependant, dans les grandes pépinières d'arbres fruitiers, on leur fubftitue des enduits réfineux avec un grand fuccès; mais les fujets font toujours jeunes, & les greffes font toujours faites précifément au moment indiqué par l'afflux de la SÈVE. *Voyez* ce mot & ceux GREFFE, PÉPINIÈRE, POIRIER, POMMIER, PRUNIER, &c.

Généralement on laiffe les Poupées en place jufqu'à leur deftruction naturelle, qui n'a ordinairement lieu que dans le courant de la feconde année; cependant lorfqu'on s'apperçoit qu'elles gênent la croiffance de la greffe, il faut les brifer, fauf, fi cette greffe n'eft pas fuffifamment foudée, à en refaire une autre plus légère. (*Bosc.*)

POURCADE: troupeau de COCHONS.

POURCEAU: fynonyme de COCHON.

POURCEAU. (Pain de). *Voyez* CYCLAME.

POURGET: mélange de boufe de vache & de cendres, dont on enduit l'intérieur des RUCHES d'ofier. *Voyez* ce mot.

POUROUMIER. *POUROUMEA.*

Arbre de Cayenne (encore imparfaitement connu), qui feul conftitue un genre dans la dioécie & dans la famille des *Orties.* On ne le cultive pas dans nos jardins. (*Bosc.*)

POURPAIROLE. C'eft le SORGHO dans les environs d'Angoulême.

POURPIER. *PORTULACA.*

Genre de plantes de la dodécandrie monogynie & de la famille des *Portulacées*, qui raffemble fix efpèces, dont une eft cultivée dans nos jardins, pour l'ufage de la cuifine. Il eft figuré pl. 402 des *Illuftrations des genres* de Lamarck.

Obfervations.

Les efpèces dont la capfule eft de trois valves, ont été féparées de ce genre pour former celui des TALINS. *Voyez* ce mot.

Efpèces.

1. Le POURPIER cultivé.
Portulaca oleracea. Linn. ☉ Du midi de l'Europe.

2. Le POURPIER velu.
Portulaca villofa. Linn. ☉ De l'Amérique méridionale.

3. Le POURPIER cruciforme.
Portulaca quadrifida. Linn. ☉ De l'Égypte.

4. Le POURPIER à feuilles de joubarbe.
Portulaca halimoides. Linn. ☉ De la Jamaique.

5. Le POURPIER méridien.
Portulaca meridiana. Linn. ☉ Des Indes.

6. Le POURPIER à fleurs axillaires.
Portulaca axilliflora. Sch. ☉ de Ceylan.

Culture.

Le Pourpier cultivé, comme les autres plantes qu'il a été de l'intérêt de l'homme de reproduire fans ceffe, outre le type de l'efpèce qui eft petit, rampant, d'un vert très-foncé, offre plufieurs variétés, dont deux feules font recherchées; ce font le Pourpier commun & le Pourpier doré. Ce dernier eft conftitué par des tiges plus groffes, plus hautes, par des feuilles plus grandes, plus nombreufes & d'une couleur moins verte, préférable, fous tous les rapports, au commun, qui n'a pour lui que de réfifter davantage aux froids & aux effets d'une mauvaife culture.

Ce font les terres légères & humides, même les fables, qui paroiffent le mieux convenir au Pourpier, puifque c'eft là qu'on le voit croître naturellement en grande abondance. On doit donc l'y placer de préférence lorfqu'on le cultive, mais les bien fumer.

Dans les parties méridionales de la France on fème le Pourpier fort épais en pleine terre, dès que les gelées ne font plus à craindre, dans un lieu bien expofé, en rayons efpacés de quatre à cinq pouces, & on l'arrofe abondamment. Sa graine ne veut pas être enterrée; ainfi il faut fe contenter de la répandre, laiffant aux pluies ou aux arrofemens à faire le refte. Comme il germe & pouffe rapidement, on peut, quelquefois commencer à en faire la récolte quinze jours après; plus tard (car il faut en femer tous les quinze jours), on le placera loin des abris, & en été, au nord ou à l'ombre; car, je le répète, il aime la fraîcheur.

La récolte du Pourpier fe fait en le coupant à un pouce de terre avant l'épanouiffement de fes fleurs, foit avec l'ongle, foit avec un couteau. Comme il ne tarde pas à repouffer s'il fait chaud & qu'on l'arrofe, on peut en faire une feconde récolte huit ou dix jours après; après quoi il faut l'arracher, parce que fa troifième pouffe eft très-foible.

Aux environs de Paris, où les gelées fe prolongent jufqu'en avril, on eft obligé de femer les premiers Pourpiers fur couche, garnie tantôt de châffis, tantôt de cloches, tantôt feulement de paillaffons. Dans tous ces cas, on le fème auffi prefque toujours en rayons. L'important, lorfque le plant eft levé, eft d'empêcher les gelées de le frapper, & c'eft par une attention continuelle aux variations de l'atmofphère, pour ne lever les châfsis, les cloches ou les paillassons, qu'on y parvient. *Voyez* COUCHE, CHASSIS, CLOCHE & PAIL-LASSON.

Rarement on cherche à profiter de la repousse du Pourpier sur couche, parce qu'elle ne dédommageroit pas de la perte du terrain; on l'arrache donc, lorsqu'il a acquis quatre à cinq pouces de haut, pour laisser de la place aux melons ou autres plantes qu'on a semées avec lui ou qu'on veut lui substituer.

Ordinairement les seconds semis de Pourpier, c'est-à-dire, ceux qu'on garantit par paillassons, se font sur des couches sourdes, & la récolte à laquelle ils donnent lieu peut, avec moins d'inconvéniens, être suivie d'une seconde.

Les couches communiquent souvent une saveur désagréable au Pourpier; ainsi il faut n'employer à la formation de celles sur lesquelles on veut en semer, que du fumier de cheval peu consommé.

Il ne paroît pas qu'il y ait de l'avantage à semer le Pourpier en pleine terre aux environs de Paris, puisqu'on ne le fait jamais, quoiqu'il y ait lieu d'espérer de nombreuses récoltes depuis la fin de juin jusqu'à la fin d'août. La cause en est sans doute, qu'il faut non-seulement beaucoup de chaleur, mais encore beaucoup d'eau & d'engrais pour donner lieu à une pousse vigoureuse de cette plante.

On estimoit autrefois beaucoup plus le Pourpier qu'à présent, car j'en voyois souvent paroître sur les tables dans ma jeunesse, & il y a plusieurs années que j'ai eu occasion d'en manger. Sa réputation comme remède est également passée.

Les capsules du Pourpier mûrissant successivement, il se répand toujours assez de grains dans le terrain où on en a mis une fois pour le reproduire pendant un grand nombre d'années; aussi est-il, dans tous les jardins des pays chauds, une mauvaise herbe qu'on a bien de là peine à détruire.

Les trois premières espèces se cultivent dans nos écoles de botanique, où elles ne demandent qu'à être semées, éclaircies & sarclées: (*Bosc.*)

POURRÉTIE. *Pourretia.*

On a donné ce nom à un genre qui depuis a été réuni aux PITCAIRNES. *Voyez* ce mot.

Il a été ensuite appliqué à un arbre du Pérou appartenant à la monadelphie polyandrie, & à la famille des *Malvacées*, d'abord placé parmi les *Cavanillésies*, arbre que nous ne possédons pas dans nos jardins, & sur lequel je n'ai par conséquent nullement besoin de m'étendre davantage. (*Bosc.*)

POURRITURE ou CACHEXIE AQUEUSE: sorte d'altération qu'éprouvent des parties d'animaux ou de végétaux pendant leur vie, & le plus souvent; la totalité de leur individu après leur mort. Je dis, dans ce dernier cas, le plus souvent, parce que, 1°. l'homme peut empêcher la Pourriture

de se développer par des procédés particuliers; 2°. que les corps des animaux enterrés en grande masse, à l'abri de l'action des eaux pluviales, se transforment en adipocire; 3°. que les végétaux enfouis dans les eaux salées se transforment en charbon de terre; dans les eaux douces, en tourbe; dans la terre, au moyen de certaines circonstances encore inconnues, en lignite, en pierre, en pyrite.

Je traiterai aux mots PHLEGMON, ABCÈS, ULCÈRE, BUBON, CHARBON, SQUIRRE, CÁNCER, GANGRÈNE, &c., les affections externes qui offrent les caractères de la Pourriture.

On appelle proprement *Pourriture* une maladie chronique des animaux domestiques, principalement des moutons, qui est souvent épizootique & quelquefois enzootique, & qui en enlève d'immenses quantités dans les années froides & humides; elle se reconnoît à des symptômes généraux & particuliers, tels que la tristesse, l'abattement, la lenteur dans la marche, le dégoût des alimens solides & liquides, la diminution & même la cessation de la rumination, le flux par les naseaux & la grosseur du ventre; les seconds sont, la pâleur ou la jaunisse de la conjonctive & de la membrane clignotante, la couleur blafarde des lèvres & de la membrane interne de la bouche, la matière limoneuse qui recouvre ces dernières parties, la sécheresse de la laine produite par la diminution du suint, son peu d'adhérence à la peau, la constipation ou la diarrhée, une soif inextinguible, enfin une tuméfaction molle, froide & indolente, qu'on appelle la *bouteille*, tuméfaction qui paroît & disparoît, & augmente insensiblement au point d'occuper entièrement la partie inférieure du cou.

Les causes principales de cette maladie sont, le pâturage dans les marais ou seulement dans les prairies qui ont été inondées pendant l'été, la température froide & humide de l'été, l'usage de foins ou de pailles rouillées & moisies, la mauvaise qualité des eaux, les bergeries basses & humides, le subit passage de la nourriture sèche à la nourriture verte, le manque ou la surabondance de toute espèce de nourriture, enfin l'engrais.

Il y a déjà long-temps qu'on a remarqué que les moutons arrivés au dernier degré d'obésité mouroient de la Pourriture si on ne les tuoit pas; mais ce fait n'est pas encore suffisamment appuyé sur l'expérience.

L'Anglais Blackawell, célèbre par son talent pour engraisser les moutons, ne voulant pas mettre entre les mains de ses concurrens la précieuse race qu'il possédoit, & qu'il avoit reconnue la plus propre à prendre promptement & surabondamment l'engrais, avoit soin, chaque été, de faire inonder un de ses prés, & d'y envoyer, en automne, les beliers & les brebis dont il vouloit se défaire, afin de leur donner la maladie de la Pourriture; &

les

les empêcher ainsi de servir à la propagation, ce qui lui réussissoit toujours.

Les moyens préservatifs de cette maladie se réduisent à éloigner le plus possible les causes qui la font naître. Ainsi on ne fera jamais paître les bêtes à laine dans les marais & même les prairies humides; ainsi on ne les conduira aux champs qu'après la disparition de la rosée, & on les rentrera avant la pluie, avant le brouillard & avant la chute du serein; ainsi on ne leur donnera pas à la bergerie exclusivement & abondamment une nourriture trop aqueuse, comme du trèfle, de la luzerne, &c., sans l'avoir laissé faner, ou sans l'avoir légèrement arrosée d'eau salée; ainsi les bergeries seront vastes, bien aérées & fréquemment nettoyées; ainsi on ne leur fera boire que de la bonne eau, &c. Voyez MOUTON & BÊTES A LAINE.

Les bœufs, les vaches, les chevaux, les ânes, sont aussi sujets à la Pourriture; mais il est rare qu'ils en soient atteints.

On reconnoît généralement aujourd'hui que la Pourriture déclarée ne peut se guérir; en conséquence, comme la viande des bêtes qui en sont attaquées ne diffère pas, dans les premiers temps, de celle des bêtes saines, le mieux est de les livrer au boucher aussitôt qu'elle est reconnue. Plus tard, leur viande seroit moins savoureuse; mais jamais elle n'est d'un usage dangereux, ainsi que l'expérience de tous les jours le prouve; car en certains pays elle est fréquente parmi les moutons gras qui sont envoyés à la boucherie.

Cependant, si on vouloit tenter un traitement, après avoir fait cesser la cause de la maladie, on emploiroit des opiates de gentiane & autres amers, de limaille de fer & autres styptiques; on donneroit pour nourriture des fourrages secs, légèrement aspergés d'eau salée, & pour boisson une eau légèrement acidulée avec du vinaigre. Je me dispense de rappeler les nombreuses formules prescrites par l'ignorance ou le charlatanisme, qui n'a pour véritable objet que de soutirer l'argent des cultivateurs.

Peu après la mort, s'il fait chaud & humide, le corps, dans ce cas, se tuméfie, sa peau devient livide, il s'établit une sorte de réaction de ses humeurs les unes sur les autres, & sur les muscles, réaction qu'on appelle *fermentation putride*. Bientôt il y a alteration de la peau du ventre, absorption d'oxigène & dégagement d'azote, émanation d'une odeur très-fétide, odeur caractérisée du nom de *cadavereuse*, puis production d'ammoniaque, affaissement des viscères, coloration & altération de la peau; enfin, décomposition totale de toutes les parties molles, & augmentation de la fétidité. Diverses espèces de mouches, de boucliers & autres insectes viennent déposer sur ce cadavre des œufs d'où naissent des larves qui se nourrissent de sa sanie & accélèrent sa décomposition.

Le résultat définitif de cette décomposition est

du terreau presqu'entièrement soluble, & par conséquent extrêmement propre à la production des végétaux; aussi les charognes sont-elles, comme personne ne l'ignore, un des plus puissans engrais; aussi devroit-on éviter de les laisser perdre, comme cela a lieu si fréquemment. Voyez VOIRIE.

Mais, observera-t-on, le lieu où a été déposée une charogne perd son herbe aussi complétement que si on y avoit fait du feu. Oui, mais c'est l'excès de la fertilité même qui cause cette infertilité momentanée. Tous les engrais, comme le fumier, les excrémens de l'homme & des animaux, présentent le même phénomène lorsqu'ils surabondent. Voyez ENGRAIS.

La nature & l'art offrent plusieurs moyens de retarder, même de suspendre pendant des siècles l'action de la Pourriture sur les corps ou portion de corps des animaux: par exemple, le concours de la chaleur & de l'humidité étant nécessaire, tant que ces corps seront gelés, tant qu'ils seront complètement desséchés, ils ne se décomposeront pas. Qui ne sait qu'on peut garder la viande des mois entiers à l'air pendant l'hiver, & dans des glacières pendant l'été? Qui ne sait qu'en desséchant la viande, & la plaçant convenablement, on peut également la conserver pendant un temps indéterminé? Le fait le plus remarquable qu'offre le premier cas, c'est la conservation des chairs des éléphans & des rhinocéros, enfouis & gelés sur les bords de la mer du Nord, à l'extrémité de la Sibérie, le jour même de la grande révolution qui a changé l'axe de révolution du globe terrestre, révolution qui date de bien des centaines de milliers d'années. Rien n'empêche qu'on ne trouve des exemples approchans du second cas; car on connoît des cadavres humains qui avoient plusieurs siècles de dessiccation, tels que ceux des cordeliers de Toulouse. Je ne parle pas des momies d'Egypte, ni de celles des Guanches; parce qu'on peut dire qu'elles doivent leur conservation à leur embaumement. Voyez GELÉE, DESSICCATION & VIANDE.

En imprégnant les viandes de sel, on les préserve de la Pourriture, comme la pratique journalière le prouve; mais on ignore encore comment le sel jouit de cette importante propriété.

Il en est de même du nitre.

Je ne parlerai pas des sels mercuriels, des sels arsenicaux, également propres à conserver les chairs, mais qui ne peuvent être employés dans l'usage habituel.

Je ne parlerai pas davantage de l'ammoniaque, qui sert à conserver la nacre des poissons, dont sont fabriquées les perles artificielles, ni des résines aromatiques, si employées par les anciens dans la préparation des embaumemens.

En exposant légèrement la viande au feu, on retarde sa putréfaction; on la retarde encore en l'enfouiffant dans du charbon ou dans du terreau.

Les acides végétaux, diffous dans l'eau, confervent auffi, pendant un affez long efpace de temps, les viandes qu'on y plonge ; on applique furtout le vinaigre à cet objet dans notre économie domeftique.

Le confervateur par excellence des matières animales eft l'alcool ou efprit de vin ; mais on ne peut plus confommer fans dégoût celles qui y ont été plongées.

Dans les plantes, la Pourriture fuit une marche analogue à celle que je viens de mettre fous les yeux du lecteur ; mais les phénomènes qu'elle préfente font fort différens.

J'ai décrit aux mots CARIE, GOUTTIÈRE, MOISISSURE, CHANCISSURE, les principales circonftances qui accompagnent la Pourriture des plantes vivantes, & indiqué les moyens d'en retarder les effets.

Après leur mort, tous les végétaux & toutes les parties de végétaux font dans le cas de fe pourrir & de fe changer en terreau ; mais il y a une grande différence entre le moment où cela arrive chez chacun d'eux, foit qu'ils reftent expofés à l'air, foit qu'ils foient mis à l'abri de fon action.

Quoique j'aie eu foin de noter à chaque article les moyens de conferver plus long-temps exempts de Pourriture les produits de nos cultures, je crois devoir les reproduire ici d'une manière générale.

La marche de la Pourriture dans les bois coupés eft extrêmement lente, même à l'air, dans quelques efpèces, & extrêmement rapide dans d'autres. Prefque tous pourriffent plus promptement dans l'eau qu'à l'air ; cependant le chêne & l'aune s'y confervent davantage, témoins les pilotis de certains ponts, les fafcinages de certains terrains.

Un des moyens les plus employés pour empêcher les bois de pourrir, c'eft de les couvrir d'une couche de goudron ou de terre colorée, mêlée avec de l'huile (peinture à l'huile). Un commencement de carbonifation, comme on le pratique dans tant de lieux pour les pieux, loin de retarder leur décompofition, l'accélère au contraire, comme Duhamel l'a prouvé par des obfervations irrécufables, obfervations dont j'ai vérifié la plupart.

Les écorces des arbres, qui font fréquemment réfineufes ou gommeufes, fe confervent plus longtemps que les bois.

Il eft des feuilles d'une décompofition fort lente, d'autres qui pourriffent auffitôt qu'elles font féparées de la tige qui les portoit. Tantôt on peut les conferver en les mettant dans l'eau, tantôt ce moyen hâte leur deftruction felon les efpèces. Celles qui fervent à la médecine fe deffèchent ordinairement pour en avoir toute l'année fous la main ; il en eft de même de celles ra-

maffées pour la nourriture des beftiaux. (*Voyez* PRAIRIE.) La plupart de celles que l'homme mange habituellement, principalement l'ofeille, fe cuifent & fe gardent dans des pots ; d'autres, comme les choux, font mifes à aigrir pour être rendues d'une plus longue confervation. *Voyez* CHOU-CROUTE.

Un grand nombre de racines charnues, comme les raves, les carottes, les panais, &c., quelques plantes feuillues, comme les efcaroles, fe mettent à l'abri de la Pourriture en les tenant dans une SERRE A LÉGUME (*voyez* ce mot), ou autre lieu qui ne foit ni trop fec ni trop humide, & où la température foit conftamment la même. La même pratique a lieu pour certains fruits, tels que les poires & les pommes, les coings, &c.

Il eft un commencement de Pourriture (appelé *blofiffement*), qui eft propre aux poires, aux azeroles, aux nèfles, & qu'on fait naître pour diminuer leur âcreté & pouvoir les manger.

Je dois obferver que la Pourriture fe gagne par communication avec une racine ou un fruit déjà attaqué, & qu'il convient par conféquent de les ifoler tous.

La Pourriture attaque d'autant plus facilement les fruits, que l'année a été plus froide & plus humide, c'eft-à-dire, que le principe fucré y eft moins développé.

Les autres fruits peuvent fe ranger en deux féries : l'une renfermant ceux qu'on appelle *graines*, comme celles des plantes céréales, légumineufes, textiles, huileufes, &c., qui ne craignent l'humidité que lorfqu'ils font dans un lieu très-humide, ou qu'ils ont été fouvent ou fortement mouillés ; l'autre comprenant les fruits pulpeux, qui, comme les abricots, les pêches, les figues, les prunes, les cerifes, les fraifes, &c., font très-aqueux, & ne peuvent fe conferver qu'au moyen de la defficcation ou de l'immerfion dans une liqueur alcoolique, ou par leur union avec le fucre.

Les réfultats de la décompofition de tous les végétaux eft encore de l'humus ; mais il eft bien moins fertilifant & bien moins foluble que celui fourni par les végétaux. La plus grande quantité qui s'en produit chaque année compenfe cet avantage & bien au-delà. On peut dire, en général, que la végétation naît de la VÉGÉTATION. *Voyez* ce mot. (*Bosc.*)

POURRITURE DES PIEDS DES MOUTONS. *Voyez* PESOGNE & FOURCHET.

POUSSE (*Médecine vétérinaire*) : maladie propre au cheval & à l'âne, & qui eft caractérifée par une refpiration pénible, & accompagnée d'une forte contention des mufcles abdominaux : tantôt l'animal touffe, tantôt il ne touffe pas ; il eft fans fièvre ; fes nafeaux laiffent fouvent fluer une matière floconneufe. Lorfqu'il court ou monte, fon expiration devient fonore.

Cette maladie, plus marquée dans certains jours

que dans d'autres, eſt une de celles qui a été prévue par la loi, c'eſt-à-dire, qui autoriſe à rendre l'animal qui en eſt affecté. *Voyez* REDHIBITOIRE.

C'eſt en le faiſant courir en montant qu'on apprend ſi un cheval qu'on eſt dans l'intention d'acheter eſt pouſſif, parce que, comme je viens de l'obſerver, cette maladie développe ſes ſymptômes à la ſuite d'un violent exercice.

La Pouſſe peut être héréditaire ou acquiſe, mais dans l'un ou l'autre cas elle eſt incurable. On ne peut qu'en adoucir les ſymptômes & les pallier par des délayans & des béchiques, tels que les décoctions de mauve, de guimauve, de bouillon-blanc, de bourrache, de pas-d'âne, de lierre terreſtre, d'hyſſope, la gomme adragant, la gomme ammoniaque, le ſavon, la térébenthine, l'oxymel ſcillitique, des ſétons, des véſicatoires, &c.

Les chevaux au vert ſont moins pouſſifs que ceux qu'on nourrit à l'écurie avec du foin & de l'avoine.

Au reſte, ſi ces chevaux pouſſifs ne peuvent être employés à des ſervices de luxe, à des travaux forcés, ils ſont toujours propres à traîner des charettes, à porter du bois, &c. (*Bosc.*)

POUSSE DES PLANTES : commencement ou renouvellement de la végétation.

Sans AIR, ſans CHALEUR & ſans HUMIDITÉ, il n'y a pas de Pouſſe dans les plantes. La TERRE & la LUMIÈRE ſont également indiſpenſables à toute bonne végétation, à quelques exceptions près.

Les plantes herbacées n'ont qu'une Pouſſe par an, mais la plupart des ligneuſes en offrent deux, celle du printemps & celle d'automne : toutes deux concourent à l'augmentation en groſſeur & en longueur du tronc, des branches & des racines; cependant la première ſe porte davantage ſur les branches, & la ſeconde davantage ſur les racines.

L'époque où les plantes commencent à pouſſer varie dans toutes les eſpèces. Il en eſt qui ſe développent même pendant l'hiver, les jours de gelée ſeuls exceptés. C'eſt cependant au printemps que le plus grand nombre montrent leurs premiers BOURGEONS. *Voyez* ce mot.

L'inſtant où les plantes commencent à pouſſer décide ordinairement de la vigueur qu'elles doivent montrer dans tout le cours de leur végétation. Les cultivateurs doivent alors craindre la GELÉE & la SÉCHERESSE. *Voyez* ces mots.

Outre la gelée, les jeunes Pouſſes ſont expoſées à être froiſſées ou détachées par les vents dans les pépinières, par les animaux, &c. &c.; on les attache, en conſéquence, fréquemment à un TUTEUR. *Voyez* ce mot.

Des complémens à cet article ſe trouveront à ceux GERMINATION, VÉGÉTATION, TURION, AOUTER. (*Bosc.*)

POUSSIER DE FOIN. On appelle ainſi, dans les environs de Paris, les fragmens de tiges & de feuilles, mêlés avec les graines mûres ou non, qui ſe trouvent dans les fenils & dans les greniers après qu'on en a retiré le foin.

Ce Pouſſier, ou ſe donne aux poules, ou ſe jette ſur le fumier, ou ſert à ſemer ou regarnir les prairies naturelles.

Les poules y trouvent généralement peu à manger. Réuni au fumier, il porte dans les récoltes une quantité de mauvaiſes herbes qui nuiſent à la beauté de leurs produits : employé au ſemis des prés, il remplit très-imparfaitement ſon objet, 1°. en ce que la plus grande partie des graines qu'il renferme ne ſont pas mûres & ne lèvent que par places; 2°. en ce que ſouvent ces graines ſont celles de plantes qui appartiennent à un ſol tout différent de celui où on les place; 3°. en ce qu'elles ſont toujours mélangées de graines d'eſpèces inutiles & même nuiſibles.

Un bon cultivateur ſe contentera de mêler ce Pouſſier avec les criblures de ſes céréales pour en faire des PRAIRIES MOMENTANÉES. (*Voyez* ce mot.) Lorſqu'il voudra ſemer un pré naturel, il réſervera une partie de pré, renfermant le plus poſſible de bonnes plantes, ne la coupera qu'après la complète maturité de leurs graines, en vannera & nettoiera le plus poſſible la graine, &c. *Voy.* PRÉ.

POUSSIÈRE. On donne ce nom à toute matière extrêmement diviſée, & que le vent peut facilement tranſporter d'un lieu dans un autre, mais plus généralement à la terre très-deſſéchée & réduite en poudre impalpable.

En avalant continuellement de la Pouſſière, les hommes & les animaux domeſtiques ſont expoſés à la TOUX, à l'INFLAMMATION de la gorge, à l'ASTHME, à la PHTHISIE, &c. (*Voyez* ces mots.) Parmi les agens de l'agriculture, les BATTEURS & les SERANCEURS ſont les plus expoſés à ces inconvéniens.

Les arbres plantés ſur le bord des routes n'ont jamais une auſſi belle apparence que les autres, parce que la Pouſſière bouche les pores des feuilles & s'oppoſe à ce qu'elles rempliſſent leurs fonctions. *Voyez* FEUILLE.

Il eſt bon d'enlever tous les jours, & par la même raiſon, la Pouſſière qui s'eſt fixée ſur le corps des animaux domeſtiques. *Voyez* PANSEMENT à la main.

Beaucoup de cultivateurs ne touchent jamais à la Pouſſière de leurs écuries, de leurs étables, de leurs bergeries, de leurs granges, &c., & cependant cette Pouſſière, portée ſur les fourrages, altère leur ſaveur & nuit à la ſanté des beſtiaux qui les conſomment. Je dois donc leur conſeiller de l'enlever au moins deux fois par an, au moyen d'un nettoyage général & rigoureux.

Par la même raiſon on doit conſtamment battre le foin & la paille, cribler l'avoine, au moment où on les donne aux beſtiaux, afin d'en faire ſortir la Pouſſière.

Mêlée avec une grande quantité d'eau, la Pouſſière devient de la BOUE. *Voyez* ce mot. (*Bosc.*)

POUSSIÈRE FÉCONDANTE OU SÉMINALE : synonyme de POLLEN. *Voyez* ce mot.

POUSSIN : petit de la poule dans son plus jeune âge.

POUTERIER. *Labbatia.*

Genre de plantes de la tétrandrie monogynie & de la famille des *Plaqueminiers*, dans lequel se rangent deux espèces, dont aucune ne se cultive en Europe. Il est figuré pl. 72 des *Illustrations des genres* de Lamarck.

Espèces.

1. Le POUTERIER de la Guiane. *Labbatia pedunculata.* Willd. ♄ De Cayenne.

2. Le POUTERIER à feuilles sessiles. *Labbatia sessilifolia.* Willd. ♄ De Cuba.

(*Bosc.*)

POUTRE. On appelle ainsi une jeune jument dans le midi de la France.

POUTRE : arbre équarri & qui est employé à soutenir les planchers dans les bâtimens. Il doit être choisi bien sain & employé bien sec.

Nos pères vouloient des Poutres d'une seule pièce : aujourd'hui on préfère celles qui sont composées de plusieurs. La solidité & l'économie y gagnent.

Je ne m'étendrai pas davantage sur les Poutres, attendu qu'elles doivent être l'objet d'un article dans le *Dictionnaire d'Architecture.* (*Bosc.*)

POUTURE : dénomination vulgaire de l'engrais des bestiaux, uniquement fait avec des graines farineuses.

Cette sorte d'engrais est reconnue donner le meilleur goût à la chair & le plus de qualité au suif, mais elle est très-coûteuse. *Voyez* aux mots ENGRAIS, BŒUF, MOUTON & COCHON. (*Bosc.*)

POUZOLANE : déjection des volcans qui se présente sous l'aspect d'un gravier irrégulier, poreux & léger, de couleur noirâtre.

Je ne cite ici la Pouzolane que parce que c'est, pour les cultivateurs peu éloignés des montagnes volcaniques, la meilleure substance qu'ils puissent employer pour bâtir sous l'eau, & que c'est un excellent amendement pour les terres argileuses & humides. *Voyez* VOLCANS. (*Bosc.*)

PRAIRIE, PRÉ : lieu consacré à la multiplication du foin ou du fourrage destiné à la nourriture des bestiaux dans les lieux, ainsi que dans les temps, où ils ne peuvent aller à la PATURE. *Voyez* ce mot.

Il y a des Prairies qu'on appelle *naturelles*, parce qu'elles se font le plus souvent formées sans le secours de l'homme.

Il y en a qu'on appelle *artificielles*, parce qu'elles font le résultat de l'industrie agricole.

Ces définitions, quoique fondées sur l'usage, ne sont cependant pas tellement rigoureuses, qu'il n'y ait souvent des Prairies naturelles provenant de semis artificiels, comme je le dirai plus bas.

Toujours les Prairies naturelles sont composées d'une grande variété de plantes différentes qui se substituent sans cesse les unes aux autres. Les meilleures sont celles où les graminées dominent. Le plus souvent, les Prairies artificielles n'offrent qu'une seule espèce de plante, & presque toujours cette plante appartient à la famille des légumineuses.

Les Prairies naturelles ne coûtant rien, ni à former ni à entretenir, ont déjà un avantage sur les artificielles ; mais elles exigent une excellente terre, & ne sont très-productives que lorsqu'elles sont susceptibles d'irrigation. Elles ont de plus un autre avantage fort important, celui de fournir une herbe mélangée, dans laquelle les graminées doivent prédominer, & par conséquent d'être plus saines pour les bestiaux, de donner un meilleur lait aux vaches, & une meilleure graisse aux bœufs.

Les Prairies artificielles sont coûteuses à établir, coûteuses à entretenir : le lait des vaches, la graisse des bœufs qui s'en nourrissent exclusivement, sont inférieurs en qualité ; mais on peut en avoir partout, & leurs produits sont beaucoup plus abondans.

Il résulte de ces considérations que, partout où on peut avoir des Prairies naturelles, on doit en profiter, en cherchant à en tirer le meilleur parti possible pour la fabrication en grand du beurre & du fromage, & pour l'engrais des bœufs à l'herbe, & que partout où on ne le peut pas, il ne faut pas négliger de semer des Prairies artificielles.

Je dois ajouter que ces dernières, relativement à l'augmentation des bestiaux & au perfectionnement d'un bon système d'assolement, sont tellement importantes, qu'on ne peut trop les préconiser, & que c'est à elles que l'Europe moderne doit ou devra son moyen de richesse le plus certain & le plus durable.

Je vais successivement entretenir le lecteur de ces deux sortes de Prairies.

Prairies naturelles. Dans l'origine des sociétés, lorsque les peuples étoient encore nomades, tout lieu dégarni de bois étoit un pré, où les bestiaux pâturoient en commun ou successivement, parce qu'il y croissoit des herbes de leur goût. Aujourd'hui les Prairies sont des propriétés particulières, dont au moins la première herbe est réservée pour celui auquel elles appartiennent.

La prospérité du bétail, & par suite celle du cultivateur, tient trop à la bonne qualité & à l'abondance des Prairies, pour que tous les amis de leur pays ne forment pas des vœux pour qu'elles se multiplient proportionnellement aux besoins, afin que ces disettes de fourrage qui se font sentir de loin au loin, & qui maigrissent & par suite affoiblissent tant d'animaux, les font même périr, n'arrivent plus. *Voyez* BÊTES A CORNES & BÊTES A LAINE.

On diſtingue trois principales ſortes de Prairies naturelles, qui chacune ſe ſubdiviſent au moins en trois autres ſortes : les Prairies hautes, les Prairies de plaine & les Prairies baſſes.

Les Prairies hautes ſont celles qui ſe trouvent ſur les montagnes ou dans des terrains ſecs. Il y a des Prairies alpines, celles des hautes Alpes ; les Prairies des montagnes du ſecond ordre, & les Prairies des collines, dans leſquelles ſe rangent toutes celles qui ſont en terrain ſec. Les plantes qui compoſent ces trois ſortes de Prairies hautes ſont de meilleure qualité, mais moins abondantes que celles des Prairies de plaine : généralement on ne les fauche qu'une fois par an, après quoi on y laiſſe paître les beſtiaux, c'eſt-à-dire, qu'on les transforme alors en PATURAGE. *Voyez* ce mot.

Les montagnes du ſecond ordre offrent encore, quant à leurs Prairies hautes, des différences marquées, relatives au terrain, par conſéquent aux plantes qui les compoſent : ainſi les granitiques, les calcaires, les ſablonneuſes & les argileuſes doivent être diſtinguées par les cultivateurs, puiſqu'elles le ſont par les naturaliſtes & les botaniſtes.

Certaines de ces Prairies péuvent être arroſées à volonté par la déviation des ſources, & par-là elles jouiſſent d'un grand avantage, comme je le ferai voir plus bas.

On range ſous la dénomination de Prairies de plaine toutes celles qui ſont en plaine, ſur le bord des rivières, le fond des vallées, & qui ne conſervent pas d'eau pendant l'été. Il y en a en terrain excellent, en terrain médiocre, en terrain mauvais, en terrain ſablonneux, en terrain argileux ; de ſuſceptibles d'être inondées naturellement tous les hivers, d'autres naturellement pendant l'été, ſoit avec des eaux claires, ſoit avec des eaux troubles ; de ſuſceptibles d'être arroſées artificiellement à volonté pendant le cours de l'année ; ce qui fait autant de ſubdiviſions importantes à prendre en conſidération.

Ces Prairies ſont les plus abondantes en productions, & cela doit être, puiſque le plus ſouvent elles ſont dans les meilleurs terrains. On y fait ordinairement deux, & quelquefois trois coupes de foin ; tantôt elles ſont conſervées dans le même état pendant des ſiècles, tantôt on les laboure de loin en loin pour les renouveler.

Quant aux Prairies baſſes, ce ſont celles qui conſervent de l'eau pendant toute l'année ; elles ſe ſubdiviſent en Prairies humides, en Prairies aquatiques & en Prairies marécageuſes. Le foin qu'elles donnent eſt de mauvaiſe qualité, & convient tout au plus aux bêtes à cornes.

Les diverſes ſortes de Prairies ſe lient entre elles par des nuances inſenſibles, de ſorte qu'il eſt ſouvent difficile d'aſſigner un rang à celle ſur laquelle on ſe trouve ; mais il n'en eſt pas moins utile de ſavoir les diſtinguer pour en tirer le meilleur parti poſſible.

Une Prairie baſſe peut être transformée en Prairie de plaine par ſon DESSÈCHEMENT (*voyez* ce mot), & une Prairie de plaine peut devenir une Prairie baſſe par ſon inondation permanente ; mais ce ſeroit duperie que de vouloir transformer une Prairie de plaine, & à plus forte raiſon une Prairie baſſe en Prairie haute, en y ſemant les graines des plantes propres à cette dernière ſorte de Prairie, parce que les produits de ces ſemis ne pourroient y ſubſiſter plus de deux ou trois ans, celles propres au ſol devant toujours prédominer à la longue.

Je donne ici la liſte des plantes qui croiſſent en France dans les Prairies, en les plaçant ſous les trois diviſions précitées, quoique rigoureuſement parlant cela ne puiſſe ſe faire d'une manière régulière, puiſqu'il en eſt qui ſe voient dans deux de ces diviſions & même dans toutes. Je me ſuis déterminé par la connoiſſance que j'ai à leur plus ou moins d'abondance dans telle ou telle de ces diviſions. J'aurois bien voulu diſtinguer de plus les eſpèces qui ne croiſſent que ſur les hautes montagnes, de celles qui forment les Prairies des collines & des coteaux, parce que ces dernières intéreſſent le plus grand nombre des cultivateurs ; mais je n'ai point trouvé moyen de le faire. J'ai ſeulement pu écarter celles qui, par leur peu de hauteur, doivent être appelées plantes de PATURAGES. *Voyez* ce mot.

PRAIRIES HAUTES.

Mouſſes.
Fougères.
Fiouve odorante.
Phléole des Alpes.
—— de Gérard.
Phalaride phléole.
—— des Alpes.
Panic pied-de-poule.
Agroſtide des Alpes.
—— vulgaire.
Stipe empennée.
—— jonc.
—— chevelue.
Mélique ciliée.
Avoine toujours verte.
—— pubeſcente.
—— à deux rangs.
—— bigarrée.
—— amethyſte.
—— en alène.
—— canche.
—— jaunâtre.
—— molle.
—— odorante.
Canche pâle.
—— flexueuſe.
Fétuque tardive.

Fétuque dorée.
—— des brebis.
—— rougeâtre.
—— dure.
—— cendrée.
—— glauque.
—— naine.
—— fuiffe.
—— de Haller.
—— velue.
Paturin comprimé.
—— bulbeux.
—— élégant.
—— de Molineri.
—— à deux rangées.
—— millet.
—— en crête.
Brize à gros épillets. ☉
—— vulgaire. ☉
—— verdâtre. ☉
Brome mollet. ☉
Cynofure à crête.
Seflerie bleuâtre.
—— à petite tête.
Nard ferré.
Ivraie menue.
Elyme d'Europe.
Orge queue-de-fouris. ☉
Barbon pied-de-poule,
—— double épi.
Laiche des fables.
—— courbée.
—— étoilée.
—— en deuil.
—— noire.
—— en pointe.
—— roide.
—— précoce.
—— cotonneufe.
—— de montagne.
—— des bruyères.
—— à épi radical.
—— pied d'oifeau.
—— redreffée.
—— brune.
—— ferme.
—— des Alpes.
—— à épi court.
—— des frimats.
—— capillaire.
—— fauve.
Luzule blanc-de-neige.
—— blanchâtre.
—— jaune.
—— marron.
—— des champs.
—— en épi.
—— en grappe.
Jonc de Jacquin.
—— à trois braftées.

Jonc bulbeux.
—— des Alpes.
Vérâtre blanc.
—— noir.
Colchique des Alpes.
—— des montagnes.
Iris des prés.
Orchis globuleux.
—— pyramidal.
—— punais.
—— en cafque.
—— finge.
—— taché.
—— odorant.
—— à longs éperons.
—— noir.
Ophrys à un feul tubercule.
—— des Alpes.
—— mouche.
—— araignée.
Serapias à languette.
Renouée biftorte.
—— vivipare.
—— des Alpes.
Plantain moyen.
—— des Alpes.
—— des montagnes.
Statice gazon d'Olymphe.
Globulaire commune.
Polygala commun.
—— amer.
Euphraife officinale. ☉
—— dentée. ☉
Rhinanthe velue. ☉
Pédiculaire à toupet.
—— à épi.
—— feuillé.
—— en faifceau.
—— tronquée.
Orobanche vulgaire.
—— bleuâtre.
Sauge des prés.
Bugle pyramidale.
Thym ferpollet.
—— commun.
Brunelle vulgaire.
Linaire commune.
Vipérine commune.
Grénil officinal.
Cynogloffe officinale.
Chirone centaurée. ☉
Afclépiade dompte-venin.
—— noire.
Campanule à feuilles rondes.
Raiponce en épi.
Épervière rongée.
—— orangée.
—— dorée.
—— des Alpes.
—— de Haller.

Épervière de Schrader.
—— velue.
—— pilofelle.
—— à bouquet.
—— des montagnes.
—— à grandes fleurs.
—— fauffe-blataire.
Battefie des Alpes.
Thrinée hériffée.
—— tubéreufe.
Liondent écailleux.
—— blanchâtre.
Scorfonère humble.
Centaurée noire.
—— plumeufe.
—— uniflore.
—— de montagne.
Cyrfe des Pyrénées.
—— des prés.
Achillée des Alpes.
—— à feuilles de tanaifie.
Scabieufe colombaire.
Afpérule des teinturiers.
—— à l'efquinançie.
—— des montagnes.
Boucage faxifrage.
Impératoire oftruthium.
Bubon de Macédoine. ♂
Angélique livèche.
—— à feuilles d'ancholie.
Livèche mutelline.
—— meum.
Berle des Pyrénées.
—— des Alpes.
Selin des Pyrénées.
Pimprenelle fanguiforbe.
Sanguiforbe officinale.
Alchimille commune.
—— des Alpes.
Potentille des Pyrénées.
—— dorée.
—— printanière.
—— argentée.
—— à grandes fleurs.
—— blanche.
Genêt des teinturiers.
—— à tige ailée.
Ononis des champs.
Anthyllide vulnéraire.
—— de montagne.
Trèfle des hautes Alpes.
—— des baffes Alpes.
—— de Hongrie.
—— de montagne.
Mélilot officinal. ☉
Luzerne à faucille.
Lotier corniculé.
Phaca aftragale.
—— des montagnes.
—— des campagnes.

Aftragale hypoglotte.
—— efparcette.
—— régliffe.
Geffe fauvage.
Orobe jaune.
—— blanchâtre.
Vefce de Gérard.
Coronille bigarrée. ☉
Sainfoin à bouquets.
—— cultivé.
—— des montagnes.
—— couché.
—— tête-de-coq.
Syfimbre des Pyrénées.
Tabouret des Alpes.
—— des montagnes.
Lychnide des Alpes.
—— dicique.
Ceraifte commun.
—— des Alpes.
Lin purgatif.
Pigamon mineur.
—— à feuilles étroites.
—— à feuilles d'ancholie.
Anémone printanière.
—— de Haller.
—— pulfatille.
—— des prés.
—— des Alpes.
—— à fleurs de narciffe.
Renoncule des Pyrénées.
—— aconit.
—— déchirée.
—— des montagnes.
—— laineufe.
—— cerfeuil.

PRAIRIES DE PLAINE.

Mouffes.
Vulpin des prés.
—— des champs.
Phléole des prés.
Avoine des prés.
—— élevée.
—— laineufe.
Paturin rude.
—— des prés.
—— à feuilles étroites.
—— annuel. ☉
Brome des champs. ☉
—— des prés.
—— élancé.
Dactyle pelotonné.
Froment rampant.
Ivraie vivace.
Orge faux-feigle. ☉
Colchique d'automne.
Narciffe des poëtes.
Orchis deux feuilles.
—— mâle.

Orchis brûlé.
—— militaire.
—— panaché.
Ophrys antropophora.
Ortie dioïque.
Oseille des prés.
Plantain à grandes feuilles.
—— lancéolé.
Primevère officinale.
Rhinanthe glabre. ⊙
Mélampyre des prés. ⊙
Crépide bisannuelle. ♂
—— des toits. ⊙
—— de Dioscoride. ⊙
Pissenlit dent-de-lion.
Salsifis des prés.
Centaurée jacée.
Seneçon jacobée.
Chrysanthème grande marguerite.
Paquerette vivace.
Achillée millefeuille.
Gaillet jaune.
Carotte commune.
Potentille rampante.
Trèfle rampant.
—— rouge.
—— des prés.
Luzerne cultivée.
—— houblon. ⊙
Renoncule rampante.
—— âcre.
—— bulbeuse.

PRAIRIES BASSES.

Mousses.
Fougères.
Prêles.
Vulpin genouillé.
Phléole noueuse.
Agrostide des chiens.
—— blanche.
—— rouge.
—— traçante.
—— colorée.
—— lancéolée.
Roseau commun.
Fétuque fausse-ivraie.
—— élevée.
—— roseau.
—— sans arête.
Paturin flottant.
—— aquatique.
—— des marais.
—— canche.
Laiche dioïque.
—— de daval.
—— puce.
—— à deux rangées.
—— jaunâtre.
—— divisée.

Laiche paradoxale.
—— en panicule.
—— ovale.
—— courte.
—— en gazon.
—— grêle.
—— filiforme.
—— glauque.
—— hérissée.
—— jaune.
—— distante.
—— bourbeuse.
—— pâle.
—— en vessie.
—— ampoulée.
—— des marais.
—— des rives.
Linaigrette à plusieurs épis.
—— à feuilles étroites.
—— grêle.
—— en gaîne.
—— en tête.
—— des Alpes.
Scirpe des marais.
—— en gazon.
—— des tourbières.
—— des lacs.
—— triangulaire.
—— faux-carex.
—— maritime.
—— épingle.
—— jonc.
Choin noirâtre.
—— blanc.
—— brun.
—— marisque.
Souchet jonc.
—— brun.
—— jaunâtre.
—— long.
Jonc aggloméré.
—— épars.
—— des crapauds.
—— articulé.
Abama des marais.
Fluteau plantain d'eau.
Sagittaire en flèche.
Scheuczère des marais.
Troscart des marais.
Tofieldie des marais.
Iris faux-açore.
Orchis lâche.
—— à larges feuilles.
—— verdâtre.
Néottie d'été.
Epipactis des marais.
Renouée amphibie.
—— persicaire. ⊙
Patience à feuilles aiguës.
—— aquatique.

Lyfimaque commune.
—— nummulaire.
Primevère élevée.
Samole de Valeriandus.
Véronique mouron.
—— beccabunga.
Pédiculaire des marais.
—— incarnate.
—— verticillée.
—— arquée.
—— rofe.
—— tachée.
—— tubéreufe.
Lycope européen.
Menthe à feuilles rondes.
—— verte.
—— hériffée.
—— pouliot.
Épiaire des marais.
Scrophulaire aquatique.
Gratiole officinale.
Confoude officinale.
Myofote vivace.
Laitron des marais.
Épervière des marais.
Liondent fer-de-lance.
Cyrfe des marais.
—— épineux.
—— comeftible.
Eupatoire à feuilles de chanvre.
Inule dyffentérique.
Achillée fternutatoire.
Scabieufe mors du diable.
Valériane dioïque.
Gaillet des marais.
—— mollugine.
—— fangeux.
Ache des marais.
Cicutaire aquatique.
Œnanthe phellandre.
—— fiftuleufe.
—— peucedane.
—— pimprenelle.
—— à fuc jaune.
Berle rampante.
—— verticillée.
Berce branc-urfine.
Selin des marais.
Peucedane officinale.
—— Silaüs.
Hydrocotyle commune.
Salicaire commune.
Peffe commune.
Epilobe hériffé.
—— moller.
Spirée ulmaire.
Lotier filiqueux.
Geffe des prés.
—— des marais.
Syfimbre creffon.

Agriculture. Tome VI.

Syfimbre fauvage.
—— amphibie.
Cardamine des prés.
Parnaffie des marais.
Pigamon fimple.
—— jaunâtre.
Renoncule fcélérate.
—— langue.
—— flammule.
Populage des marais.

J'ai indiqué, à l'article de chacune de ces plantes, le terrain qui lui convient le mieux, & le degré d'appétence que les beftiaux ont pour elle ; ainfi je n'ai pas befoin de le répéter ici.

L'ancienne Société d'Agriculture de Rennes a calculé que, 1°. dans les Prairies hautes, fur trente-huit efpèces de plantes il ne s'en trouvoit que huit dans le cas de fervir à la nourriture des beftiaux ; 2°. que dans les Prairies en plaine, fur quarante-deux efpèces il n'y en avoit que dix-fept qui fuffent applicables ; 3°. que, dans les Prairies baffes, fur vingt-neuf plantes il y en avoit feulement quatre propres à remplir le même objet. Je cite ce calcul, quoique nullement dans le cas d'être appliqué aux autres parties de la France, pour fervir de modèle à ceux que tout propriétaire ou fermier devroit faire fur fa propriété ou fur fa ferme en y entrant.

Avant le milieu du fiècle dernier, les Prairies naturelles étoient regardées dans toute la France comme le bien-fonds qui donnoit le revenu en même temps le plus élevé & le plus affuré ; auffi les recherchoit-on d'autant plus, que, ne pouvant fubfifter éternellement, comme on le vouloit alors, que dans les meilleurs terrains, ce n'étoit que dans des cantons privilégiés, principalement fur le bord des grandes rivières, dans le bas des vallées fujettes aux alluvions, qu'elles étoient conftamment productives au même degré : auffi n'y en avoit-il pas généralement affez pour fatisfaire aux befoins de la confommation ; auffi les cantons d'une vafte étendue en manquoient même complétement, ce qui avoit fouvent forcé la légiflation de les favorifer par des exemptions de dîmes & d'autres impôts. Aujourd'hui que les principes des affolemens font bien connus, que les avantages des Prairies artificielles ne font plus conteftés, leur importance eft partout diminuée. Cependant elles font toujours fort recherchées, & avec raifon, parce qu'elles exigent peu de dépenfe d'entretien, & que le foin que fourniffent celles qui font fur des coteaux & en plaine, eft toujours la meilleure nourriture qu'on puiffe donner aux beftiaux, à raifon de ce que beaucoup d'efpèces de plantes le compofent, & que celles de la famille des graminées y dominent.

Les Prés hauts font ceux qui fourniffent de meilleur foin, & les Prés bas ceux qui fourniffent le plus mauvais. Les Prés en plaine en donnent le plus.

La bonté du foin des Prés hauts tient à la na-

E

ture des plantes qui y croissent, à leur grande variété, à leur plus de saveur, à leur plus d'abondance de principe nutritif sous un volume donné. Il convient à tous les bestiaux. Le lait des vaches qui s'en nourrissent est excellent ; c'est celui qui conserve le mieux les brebis en bon état de santé ; il se vend le plus cher dans les villes où on est à portée de le comparer à celui des deux autres sortes. On doit donc desirer avoir des Prés hauts dans toutes les exploitations rurales où le permet la disposition du sol.

Je ne parlerai pas ici des Prés hauts situés sur les parties les plus élevées des montagnes, sur celles qui sont couvertes de neige pendant six mois de l'année, quoiqu'on les fauche chaque année, parce qu'ils se rapprochent tant des pâturages ; qu'excepté cette récolte, ils peuvent sans inconvénient être considérés comme tels. *Voyez* PATURAGE.

Certains Prés qui se voient sur des montagnes, même en pente fort rapide, doivent être rangés parmi les Prés bas, parce qu'ils sont continuellement abreuvés par des sources superficielles qui en rendent le sol marécageux, & qui y appellent des plantes peu du goût des bestiaux. Il est souvent impossible & toujours fort dispendieux de dessécher ces Prés, ou mieux ces parties de Prés, car il est rare que les espèces de marais dont je parle, soient d'une grande étendue. *Voyez* ULIGINEUX.

Les produits des Prés hauts, comme je l'ai déjà observé, sont bien moindres que celui des Prés en plaine ; mais il est un cas où on peut considérablement les élever, c'est lorsqu'ils sont susceptibles d'IRRIGATION. (*Voyez* ce mot.) On doit donc toujours faire les dépenses nécessaires pour leur procurer cet important avantage. C'est ce que savent bien faire les cultivateurs de certaines des parties montueuses de la France, principalement ceux des Cévennes, des Alpes & des Pyrénées.

Ces Prés hauts, arrosables directement par des eaux de sources, ont de plus l'avantage de donner des récoltes très-anticipées, à raison de la température toujours égale de ces eaux, & il est des circonstances où cet avantage est très-précieux. *Voyez* SOURCE.

Mais si les arrosemens sont avantageux aux Prairies, lorsqu'ils ne sont pas prolongés au-delà de la nécessité, ils sont très-nuisibles dans le cas contraire, en ce qu'ils pourrissent les racines des plantes : c'est principalement en été que la surveillance à cet égard doit être active, parce qu'alors l'eau stagnante se corrompt promptement, à l'aide de la chaleur & du principe mucilagineux des plantes mortes, & que l'eau corrompue fait de suite périr les plantes vivantes. *Voyez* INONDATION.

On doit donc constamment, lorsqu'on projette une irrigation, calculer d'avance les moyens d'absorption & d'écoulement de l'eau, parce que c'est ordinairement par suite de mécomptes à cet égard que les pertes contre lesquelles je cherche

à mettre les cultivateurs en garde, ont le plus souvent lieu.

Les rigoles pour l'irrigation doivent être entretenues en bon état, &, à cet effet, visitées souvent, car c'est d'elles que dépend le succès. Il en est de même des vannes ou autres moyens de retenir l'eau, pour la lâcher à volonté. Faire ces retenues avec des gazons, comme on le pratique en tant de lieux, est blâmable à raison de leur peu de solidité, du temps qu'elles consomment & du foin qu'elles font perdre.

J'ajouterai encore que l'irrigation, long-temps continuée ou fréquemment répétée, change souvent la nature de l'herbe des Prairies hautes, parce que plusieurs des plantes qui y croissent, veulent un terrain sec. Je fais cette remarque, parce que ces plantes sont généralement celles qui plaisent le plus aux chevaux & aux moutons.

L'exposition qui, dans les Prés en plaine & dans les Prés bas, est fort peu dans le cas d'être considérée, est importante dans les Prés hauts, puisque la sécheresse étant souvent à craindre pour eux, ceux au nord y sont moins exposés que ceux au midi. Des haies élevées, ou des lignes de grands arbres dirigées du levant au couchant, sont les moyens les plus certains d'améliorer ces derniers. *Voyez* MONTAGNE & EXPOSITION.

Lorsque les Prairies hautes ne sont pas susceptibles d'irrigation, elles risquent de devenir improductives dans les printemps très-secs. J'en ai vu qui, dans ce cas, se distinguoient à peine d'un pâturage, tant leur herbe étoit courte & rare. Il falloit cependant en payer la rente au propriétaire & l'impôt à l'État. (On ne pouvoit en tirer quelque parti qu'en y mettant les bestiaux.)

Les eaux pluviales, surtout celles des orages, tendent continuellement à enlever la terre des Prairies hautes, surtout l'humus qui se forme journellement à sa surface par la destruction des parties des plantes qui les composent. Pour les conserver au même état de fertilité, il faut donc empêcher l'action de ces eaux, ou réparer annuellement les dégâts qu'elles causent.

Le moyen le plus fréquemment employé pour arriver au but, c'est la construction, ou de petites terrasses en pierre sèche, ou de fossés déviateurs des eaux. (*Voy.* TERRASSE & FOSSÉ.) Le moyen que je crois le meilleur, c'est la plantation de haies parallèles & perpendiculaires à la pente, haies qui seront d'autant plus rapprochées que cette pente sera plus rapide. J'ai vu de trop avantageux résultats être la suite de cette pratique, pour ne pas desirer la voir s'établir partout. *Voyez* HAIES.

Qu'on n'objecte pas que les haies feront perdre un terrain précieux, qu'elles nuiront par leur ombre à la qualité de foin, parce qu'il est possible de ne les composer que par deux rangs d'arbrisseaux rapprochés de six pouces, & de les tenir aussi basses qu'on le veut. Un seul rang pourroit même suffire dans beaucoup de cas.

Pour arriver au second but, il faut fe livrer à des dépenfes fi confidérables, qu'il n'y a que les cultivateurs qui ne calculent pas leur temps, ou ceux qui veulent à tout prix avoir du foin, qui y tendent. Il y a plufieurs moyens à employer.

1°. On creufe au bas du Pré une foffe plus ou moins longue, plus ou moins large, plus ou moins profonde, dans laquelle fe rendent les eaux pluviales qui l'ont traverfé, & où elles dépofent la terre & l'humus dont elles fe font chargées. A la fin de l'hiver, on la reporte au haut à dos d'homme ou de cheval.

2°. On lève dans les bois, dans les terrains vagues, fur les chemins, dans les marais, la terre de la furface, pour l'apporter à la même époque fur le Pré. On peut fubftituer à cette terre des curures de mares, de rivières, d'étangs.

3°. On creufe au-deffus du Pré ou dans fon voifinage, lorfque le terrain a du fond, un trou dont on apporte la terre fur fa furface, & qu'on remplit enfuite de pierres.

Ces trois moyens raniment la végétation de l'herbe du Pré ; les deux premiers, en fourniffant aux plantes qui la compofent, furtout aux graminées, une nouvelle terre & une terre remuée, dans laquelle leurs racines peuvent pénétrer & trouver l'humus néceffaire ; le dernier, en produifant les mêmes effets que la MARNE. Voyez ce mot.

Outre cela, il devient néceffaire, lorfqu'on veut obtenir des récoltes paffables de ces prés, de les fumer de temps en temps, à l'iffue de l'hiver, avec du fumier bien confommé & répandu avec le plus d'égalité poffible. Il vaut mieux en mettre fouvent que beaucoup à la fois, car il porte toujours, lorfqu'il eft abondant, fa faveur défagréable fur les plantes, ce qui en éloigne les beftiaux.

La CHAUX & les CENDRES, furtout fi on les unit avec le fumier, font auffi d'excellens amendemens. Je renvoie à leurs articles, ceux qui voudront connoître le mode de leur action.

Une opération qu'exigent fouvent les Prés hauts, c'eft celle de leur épierrement. C'eft pendant l'hiver qu'on s'y livre. Les pierres qu'on en enlève, fe mettent en tas fur leurs bords ou dans les trous dont j'ai parlé plus haut. Voyez ÉPIERREMENT & MERGERS.

Rarement les Prés hauts fe fauchent plus d'une fois, parceque leur feconde herbe ne paieroit pas la façon de la coupe. Cela tient, & à la nature ordinairement pauvre du fol, & à fon état habituel de féchereffe ; auffi, lorfqu'on peut les fumer & les arrofer, en obtient-on deux récoltes comme des Prés en plaine : on les appelle vulgairement Prés à une herbe.

La coupe & la defficcation du foin des Prés hauts ne diffèrent pas de celle des Prés en plaine ; feulement elles font plus faciles, à raifon de ce qu'il eft moins épais & moins chargé d'eau de végétation.

On reconnoît facilement le foin des Prés hauts

à la fineffe des feuilles & au peu de hauteur des chaumes des graminées qui le compofent en plus grande partie. J'ai déjà obfervé que les beftiaux le préfèrent ; on le réferve ordinairement pour les chevaux ou pour la vente. Comme ce font les Prés hauts qui, à raifon de la nature même de leur fol, fe trouvent le mieux des opérations agricoles, dont je dois confeiller l'exécution pour le plus grand avantage des propriétaires, je vais en parler, avant d'entretenir le lecteur de ceux en plaine.

Par la loi des affolemens, toutes les plantes épuifent plus ou moins promptement le fol des fucs, qui leur font propres, & finiffent par périr pofitivement de faim. Alors la même efpèce ne peut profpérer dans la même place qu'après un laps de temps proportionné à celui où elle y a vécu. Les graminées, qui forment ou doivent former le fond des Prairies, font plus que les autres plantes dans le cas de fubir fréquemment cette loi, à raifon du peu de longueur de leurs racines ; auffi eft-il rare qu'elles vivent plus de trois à quatre ans dans les Prés hauts, & plus de cinq à fix dans les bons Prés en plaine. Il faut donc que l'efpace de terrain qui les a portées, nourriffe pendant le même temps des plantes moins avantageufes, ou des mouffes, ou point de plantes : ce qui eft une perte évidente pour le propriétaire & pour la fociété en général. Empêcher cette perte eft donc une chofe à defirer ; or, cela eft très-facile, puifqu'il ne s'agit que de labourer la Prairie, après l'avoir fumée s'il fe peut, d'y femer de fuite en fa place une avoine mêlée de graine de fainfoin ou de luzerne, felon la nature du fol, fainfoin ou luzerne qui épuifera le fol à fon tour, & qui fera remplacé par de nouvelles graminées, dont les graines feront ou portées par les vents des Prés voifins, ou prifes fur le grenier & répandues exprès à la fin de l'hiver. Si la pente eft peu rapide, on fera bien de cultiver pendant deux ou trois ans d'autres objets dans le terrain pour éloigner d'autant le retour de la Prairie, car plus rarement la même plante reparoît, & plus elle profpère. Voyez ASSOLEMENT & SUCCESSION DE CULTURE.

Les cultivateurs fuiffes, qui font dans le bon ufage de rompre leurs Prés de loin en loin, ont remarqué que l'épeautre favorifoit mieux que le froment la pouffe de l'herbe, qu'on femoit avec lui lorfqu'on vouloit rétablir la Prairie. Il eft difficile d'expliquer ce fait autrement qu'en obfervant que l'épeautre talle moins, fe fème plus clair que le froment, & par conféquent épuife moins.

D'après ces réfultats, qui font ceux de l'expérience, je ne conçois pas comment nos pères avoient établi en principe qu'un Pré ne devoit jamais être changé de nature. Ce principe prédomine encore dans beaucoup de lieux ; auffi à peine peut-on diftinguer d'un pâturage ceux qui s'y voient, & fouvent leur récolte ne paie pas la façon.

Les Anglais favent que les Prairies deftinées à être pâturées au printemps doivent être compofées de plantes différentes de celles dont on veut récolter le foin; en conféquence ils fèment les premières en ivraie vivace, en trèfle blanc & en plantain lancéolé, plantes regardées comme d'une médiocre bonté chez nous.

En Angleterre, au rapport d'Arthur Young & de Marshall, on fait pâturer les Prairies femées de l'année précédente par des moutons pour qu'elles fe gazonnent mieux, & en effet le tallement, qui eft la fuite de cette pratique, doit produire l'effet defiré. *Voyez* TALLER.

On penfe différemment en France, car on y croit généralement que la dent des moutons nuit beaucoup aux Prairies.

J'ai plufieurs fois fuivi des troupeaux de moutons paiffant dans des Prairies naturelles, & je n'ai jamais vu qu'ils arrachaffent l'herbe comme on les en accufe.

C'eft donc après le pâturage des moutons qu'il eft le plus avantageux de charger une Prairie de terre. Une Prairie qui vient d'être chargée de terre doit être de fuite roulée, pour écrafer les mottes & égalifer la furface.

A l'aide de cette transformation des terres labourables en Prairies de légumineufes, & de ces dernières en Prairies de graminées, on peut avoir partout des Prairies artificielles qui ne différeront pas des Prairies naturelles, & qui rivaliferont avantageufement avec elles, puifqu'elles feront plus garnies de plus belle herbe.

Par Prés en plaine j'entends non-feulement ceux d'une vafte étendue qui fe trouvent fur le bord des grandes rivières, mais encore ceux, fouvent fi petits, qui fe voient dans des vallées pourvues d'un maigre ruiff. au, parce qu'ils font compofés des mêmes plantes, que les mêmes circonftances peuvent s'y montrer, & qu'on doit leur appliquer le même mode de culture.

Le nombre des plantes qui croiffent dans les Prés en plaine eft bien moindre dans les catalogues préfentés plus haut, que ceux de celles qui compofent les Prés hauts & les Prés bas; mais je dois obferver que plufieurs de celles qui font indiquées comme propres à ces derniers peuvent s'y trouver, le paffage entr'eux étant infenfible, comme je l'ai déjà fait remarquer.

Au refte, ce nombre fuffit, puifque ces Prés font généralement fort garnis de graminées, & donnent des récoltes fort abondantes.

D'antiques alluvions, en entaffant fur le bord des rivières, tantôt l'humus produit par les végétaux crûs fur les montagnes dont elles fortent, tantôt les détritus des rochers qui compofoient ces mêmes montagnes, ont formé le fol de la plupart des Prairies en plaine. Ce fol eft donc tantôt excellent, tantôt médiocre, tantôt mauvais. *Voyez* ALLUVION, MONTAGNE, RIVIÈRE, SABLE.

D'après ce que j'ai dit plus haut, on devroit croire qu'on ne voit de Prairies naturelles que dans les premiers de ces terrains, les feuls où elles puiffent profpérer; mais la crainte des débordemens ne permettant pas de cultiver des céréales dans beaucoup des derniers, on eft forcé de les laiffer également fe couvrir d'herbe.

Il faut donc que je donne des indications fur ce qu'il convient de faire pour tirer le meilleur parti poffible des Prairies exiftantes fur ces trois fortes de terrains.

Les bonnes Prairies ont quelquefois plufieurs toifes de profondeur d'excellentes terres: elles devroient donc être fertiles jufqu'à la fin des fiècles; mais comme les racines des graminées n'ont que quelques pouces de longueur, & que celles des autres plantes qui entrent dans leur compofition (la luzerne peut être exceptée), ne s'étendent guère au-delà d'un pied, leur furface s'épuife comme celle des Prairies hautes; elles font par conféquent foumifes à la loi de l'affolement; & par fuite devroient être, comme elles, labourées de loin en loin pour recevoir une culture de plantes différentes. Jadis on craignoit de les ROMPRE (*voyez* ce mot), parce qu'elles ne payoient pas la dîme tant que la charrue ne les avoit pas retournées, mais y étoient affujetties ds qu'elles avoient produit une récolte de céréales.

Dans beaucoup de lieux, ces excellentes terres font recouvertes d'une grande épaiffeur de fables peu ou point fertiles, & il faudroit, pour les en débarraffer ou les mélanger avec elles, une trop forte dépenfe pour qu'il foit profitable de l'entreprendre.

J'appelle, dans le cas préfent, terres médiocres celles qui font mélangées avec plus de moitié de ce fable, & terres mauvaifes, celles qui font compofées de fable prefque pur.

Ces deux dernières fortes de terres ne peuvent s'améliorer que par des engrais, & de la même manière que les Prairies hautes, hors le cas fuivant.

Le plus fouvent les Prairies des bords des rivières tiennent la place d'une partie du lit ancien de ces rivières, lit qu'elles ont abandonné à mefure que l'abaiffement des montagnes, que la multiplicité des défrichemens rendoit moindre le volume de leurs eaux. (*Voyez* EAU & PLUIE.) Mais il arrive fréquemment qu'à la fuite des fontes de neige ou des grandes pluies, à la fuite des violens orages, ces rivières reprennent momentanément l'ancien volume de leurs eaux, & recouvrent plus ou moins long-temps le terrain qu'elles avoient abandonné. *Voyez* DÉBORDEMENT.

Mais un débordement pouvant arriver à toutes les époques de l'année, pouvant durer quelques heures, quelques jours, quelques femaines, même quelques mois, pouvant fe faire avec lenteur ou avec violence, pouvant être formé d'eau claire, d'eau boueufe, d'eau chariant des fables, agit fur les trois fortes de Prairies dont il eft queftion en ce moment, de beaucoup de manières différentes.

Ainfi, s'il a lieu en hiver, feulement d'eau claire & lentement, il ne fera qu'introduire dans la terre des Prairies une humidité avantageufe, s'il ne dure pas trop long-temps, ou s'il ceffe au moment où les plantes entrent en végétation.

Le même, pendant l'été, altérera, même pourrira le foin s'il n'eft pas coupé, & le difperfera s'il l'eft.

Le même, à quelqu'époque que ce foit, s'il a lieu avec violence, creufera des ravines, entraînera les terres, déracinera les arbres, &c. *Voyez* TORRENT.

Ainfi, s'il a lieu en hiver avec de l'eau boueufe, & lentement, outre cette humidité, il dépofe fur les Prairies une vafe fertilifante dont les effets fe font fentir avantageufement, fouvent pendant plufieurs années.

Le même, pendant l'été, rouillera au moins le foin non coupé, & tortillera, pourrira, difperfera celui qui le fera; s'il fe fait avec violence, il caufera les mêmes dégâts que celui de l'hiver.

Mais il y a deux fortes de foins rouillés, celui qui l'eft par le dépôt vafeux d'une inondation, & celui qui l'eft par la préfence d'une efpèce de champignon parafite interne. *Voyez* ROUILLE.

A quelqu'époque de l'année que ce foit, les débordemens qui tranfportent des fables nuifent aux Prairies qu'ils recouvrent. *Voyez* ALLUVION.

Sur les Prairies médiocres & mauvaifes, les débordemens d'eau boueufe font, comme on peut bien le croire, fort avantageux, puifqu'ils augmentent la couche de bonne terre à leur fuperficie, & que c'eft là qu'il eft le plus important qu'elle fe trouve. Au contraire, ceux qui tranfportent des fables dégradent leur bonne nature.

On doit encore confidérer les Prairies en plaine comme pouvant être ou ne pouvant pas être arrofées à volonté par la déviation d'une rivière, d'un ruiffeau, d'un étang, ou par des machines hydrauliques qui vont chercher l'eau dans la terre, &c.

Quoique les avantages de l'irrigation pour les Prairies en bon fonds foient moins marqués que pour les Prairies hautes, cependant ils font indubitables. Il faut donc s'y livrer lorfqu'on le peut, mais avec modération; car les meilleures efpèces de plantes qui peuplent ces Prés font voifines de celles des Prés hauts, & les plus mauvaifes voifines de celles des Prés bas. En exagérant les arrofemens, on rifque donc de faire périr les unes & de favorifer la production des autres. J'ai quelquefois vu de ces arrofemens inconfidérés, furtout de ceux faits après la première coupe, pour favorifer la pouffe du regain, dénaturer complétement une bonne Prairie, ou la rendre dangereufe pour les moutons pendant tout le refte de la faifon.

Les époques où on doit mettre l'eau dans les Prés font, 1°. à la fin de l'hiver, avant la pouffe des herbes; elle y reftera long-temps pour que la terre en foit profondément imbibée : on fuit affez généralement cette pratique, quoiqu'elle ait l'inconvénient de retarder la pouffe; 2°. lorfque l'herbe eft à moitié de fa croiffance; c'eft principalement dans les années fèches & les terrains arides qu'on le fait; 3°. après la coupe des foins pour la recrue des regains.

Une irrigation de fix pouces de hauteur d'eau, non-feulement produit l'effet defiré, mais même, en mettant les racines à l'abri des variations de l'atmofphère, accélère la pouffe du foin au printemps. Ce fait eft connu en Italie, mais je ne l'ai jamais entendu citer en France, quoique je l'y aie remarqué. Je ne parle pas ici des irrigations par eau de fources, dont il a été parlé plus haut, mais uniquement de celles fournies par les rivières & les étangs.

Ce que je viens de dire ne s'applique pas autant aux Prairies des plaines dont le fol eft fablonneux, parce que cette forte ne garde pas l'eau auffi long-temps.

Je ne parlerai point des diverfes manières d'arrofer les Prairies, en ayant affez longuement traité au mot IRRIGATION.

Répandre, à la fin de l'hiver, des balles de céréales (menue paille) fur les Prés, pour en garantir l'herbe pouffante des effets du hâle & de la déperdition de la chaleur, eft d'autant meilleur qu'il en réfulte de plus un engrais. *Voyez* PAILLE MENUE.

Prefque partout on profcrit les arbres des Prés, fous prétexte qu'ils altèrent par leur ombre l'herbe qui les entoure. En effet, l'ombre l'étiole plus ou moins; mais cet étiolement ne peut être regardé comme nuifant à fa qualité d'une manière remarquable, que lorfque l'ombre eft permanente, par exemple, au nord d'une haie fort élevée; en conféquence, je voudrois que les Prairies en plaine, comme les Prairies hautes & les Prairies baffes, fuffent entourées de haies. Les excellentes Prairies de Normandie, où on engraiffe tant de bœufs, ne font-elles pas dans ce cas, & s'en plaint-on, quoiqu'il y ait dans ces haies des arbres de la plus haute ftature ?

Par des lois qui remontent aux fiècles de la barbarie, beaucoup de Prairies en plaine font indivifes entre leur propriétaire & tous les habitans de la commune, & fouvent de beaucoup de communes, c'eft-à-dire, qu'il n'a que la coupe de la première herbe, & que, dès qu'elle eft fauchée, ces habitans ont le droit d'envoyer leurs beftiaux fur ces Prairies jufqu'au printemps fuivant. Dans d'autres lieux, ce droit s'exerce par les habitans qu'après la coupe de la feconde herbe. Avec de tels droits, on n'aura jamais une bonne Prairie ; auffi eft-il bien à defirer que le Code rural en détruife l'effet, foit en autorifant le rachat forcé, lorfqu'ils font fondés fur un titre, foit en les fupprimant fans indemnité, lorfque l'ufage feul les a établis.

On fuit dans quelques exploitations en Angleterre, & j'en ai vu en France des expériences, la méthode de tenir les Prés, tant les naturels que les artificiels, en rangées ou mieux en bandes de deux pieds de large, alternant avec des bandes de même largeur, cultivées en pommes de terre, en féves de marais, en haricots & autres plantes qui exigent des binages d'été. Malgré la beauté des récoltes qui doivent réfulter & qui réfultent réellement de cette méthode, je ne crois pas qu'elle doive être préconifée, à raifon de la difficulté d'empêcher l'herbe de fe verfer fur ces parties labourées, & de s'oppofer à la culture des plantes qui y ont été plantées ou femées.

Le malheureux état actuel des Prairies foumifes au parcours pourroit être amélioré par une mefure qui feroit dans les intérêts des perfonnes qui y ont droit; c'eft de ne mettre les beftiaux dans ces Prairies qu'après qu'elles auroient été arrofées & que le regain auroit acquis la plus grande partie de fa hauteur. On en agit ainfi dans les herbages de la ci-devant Normandie, & dans tous ceux appartenant à des particuliers éclairés, où on élève des chevaux ou des bêtes à cornes, où on engraiffe des bœufs. *Voyez* ENGRAIS.

Dans ce cas la Prairie feroit partagée en autant d'enclos qu'il feroit néceffaire pour que les beftiaux, après être reftés une femaine dans l'un d'eux, paffaffent dans un autre, & ne revinffent au premier que lorfque l'herbe y feroit revenue. *Voyez* PATURAGE & FEUILLE.

Les produits des Prairies de toutes les fortes fe confomment en vert ou en fec, & dans le premier cas, ou fur le Pré ou dans l'écurie.

Le dernier de ces modes n'eft pas ici dans le cas d'être difcuté, parce qu'on ne peut fe refufer à donner du foin fec pendant l'hiver lorfqu'il n'y a pas d'herbe, fur les routes, dans les villes, enfin, quand cela convient, & que de plus il eft reconnu qu'il nourrit mieux que l'herbe.

Mais on n'eft pas même d'accord fur la queftion de favoir s'il vaut mieux mettre les beftiaux dans les Prairies que de les nourrir au vert à la maifon.

Les beftiaux qui paiffent dans les Prairies leur nuifent, 1°. en en mangeant l'herbe avant fa maturité, & en en retardant par conféquent la repouffe; 2°. en en arrachant quelques pieds & en en écrafant de manière à les faire périr en bien plus grand nombre; 3°. en en rendant la furface inégale par leur piétinement. Ces inconvéniens font compenfés par l'économie qu'il y a de laiffer les beftiaux dans le Pré, par leur bon état de fanté, par leur chair plus favoureufe, leur graiffe plus ferme, leur lait plus chargé de beurre, &c. D'ailleurs, on peut les diminuer par les précautions dont il a déjà été, & dont il fera encore queftion. Auffi le nombre des cultivateurs qui font

faucher l'herbe pour la donner à la maifon eft-il fort borné, malgré qu'il foit certain qu'on gagne à cette méthode une moindre perte de fourrage, un engrais plus prompt, un lait plus abondant & plus de fumier.

On a propofé de diminuer ces inconvéniens en établiffant des crèches & des râteliers portatifs pour les placer le long des chemins, dans le voifinage des Prairies, pour y dépofer à moins de frais le foin coupé, & pour faire faire de l'exercice & prendre l'air aux beftiaux qu'on y conduiroit; mais cette modification eft encore impraticable en grand.

Je fuis donc d'avis qu'il ne faut employer la nourriture à la maifon que dans des circonftances particulières, à moins qu'on n'ait que peu de beftiaux, & que le befoin de fumier fe faffe impérieufement fentir.

Je ne veux pas pour cela qu'on fe refufe de donner de l'herbe aux beftiaux à l'écurie, foit le foir, foit pour fuppléer à la trop petite quantité de nourriture qu'ils ont trouvée dans les pâturages, foit les jours de pluies, foit lorfqu'ils font malades, lorfqu'ils viennent de mettre bas, &c. &c.

L'herbe qu'on donne aux beftiaux dans l'écurie, furtout fi elle contient beaucoup de trèfle ou de luzerne, furtout fi c'eft pour des bêtes à laine, doit être fèche & fanée, à raifon des dangers des INDIGESTIONS ou des MÉTÉORISATIONS. *Voyez* ces mots.

Les jeunes animaux & les bêtes à laine font ceux qui fouffrent le plus par fuite de la nourriture à la maifon, malgré que les poulains de luxe foient ainfi élevés en Angleterre. *Voyez* CHEVAL.

La manière de brouter l'herbe varie dans chaque efpèce d'animal, & cette manière influe fur la confervation des Prairies, ou au moins fur la conduite à fuivre à leur égard : par exemple, les bêtes à cornes embraffent une poignée d'herbe avec leur langue & la caffent par un mouvement de torfion; il faut donc que cette herbe foit haute & ferrée; le cheval pince l'herbe avec fes dents, & la coupe très-court, par poignées : il en eft de même de la brebis, quoique, comme les bêtes à cornes, elle n'ait pas de dents à la mâchoire fupérieure; mais c'eft brin à brin. Ainfi on peut mettre d'abord les vaches & les bœufs dans un Pré, enfuite les chevaux, enfin les moutons. Les chevaux paffent, avec raifon, pour nuire le plus aux Prairies; auffi dans les herbages de Normandie, deftinés à l'engrais des bœufs, les baux ne permettent-ils qu'un certain nombre de chevaux par arpent.

Toujours il eft à defirer qu'un Pré en plaine, comme un Pré haut, foit clos de haies ou de foffés entretenus avec foin pour empêcher les délits; que fa furface foit auffi unie que poffible pour favorifer le fauchage, & en conféquence débarraffé chaque printemps des taupinières qui auroient pu s'y former pendant l'hiver. Outre les pierres, dont il ne doit pas refter une feule, il faut encore avoir foin d'enlever les branches d'arbres & autres objets volumineux qui pourroient nuire à l'action de la faux, lors de la coupe des Prairies, & furtout les feuilles fèches d'une certaine largeur, comme celles des peupliers, des érables, des chênes, parce qu'elles s'oppofent à la croiffance de l'herbe, & que quelques-unes, telles que celles de chêne, y portent de plus un principe d'infertilité. Chaque année, lorfque l'herbe n'aura pas encore acquis plus de quatre à cinq pouces, on y enverra quelques ouvriers intelligens, armés d'une pioche à fer étroit ou d'une houlette à farcler, pour couper entre deux terres, & par-là détruire les grandes plantes nuifibles à la croiffance des autres, & impropres à la nourriture des beftiaux, comme le COLCHIQUE d'automne, le NARCISSE des poètes, les ORCHIS & OPHRYS, l'ORTIE, le PLANTAIN à grandes feuilles, la PRIMEVÈRE officinale, le SENEÇON JACOBÉE, la CHRYSANTHÈME, les RENONCULES. (*Voyez* ces mots.) Si ces plantes font trop multipliées, on labourera le Pré pour les faire difparoître en maffe. Je ne parle pas de l'enlèvement des buiffons, parce que je fuppofe qu'il ne s'en trouve pas dans une Prairie bien tenue de longue main, mais je dois recommander celui des ACCRUS, qui auroient pu être la fuite du voifinage des haies & des arbres fruitiers. *Voyez* ce mot.

C'eft encore à la même époque qu'on fait réparer les foffés, combler les trous formés par les pieds des beftiaux, éparpiller les crottes des chevaux & les boufes des bêtes à cornes. Ces opérations faites, on met dans les Prés l'eau trouble, fi on en a à fa difpofition, finon on fe contente d'eau claire. *Voyez* IRRIGATION.

Quand on nourrit fes beftiaux à l'écurie & à l'étable, & qu'on eft obligé de leur donner de l'herbe verte tous les jours, on commence à faucher les Prairies dès que la faux peut mordre. (*Voyez* NOURRITURE des animaux.) Quand c'eft pour en faire du foin, il faut, pour en couper l'herbe, qu'elle foit arrivée au point de maturité convenable.

Mais quel eft ce point de maturité convenable? Cette queftion a été l'objet de longues difcuffions, lorfqu'on ne jugeoit de l'agriculture que d'après des procédés de pratique ou des idées vagues d'une théorie menfongère. Aujourd'hui que l'obfervation s'appuie fur la botanique, la chimie, la phyfique, la phyfiologie végétale & animale, il ne fera pas difficile de la décider. Je dirai donc avec affurance: il faut couper les foins où les graminées dominent, environ à l'époque où ces graminées ont fini de fleurir, parce que c'eft alors qu'elles ont acquis toute leur hauteur & qu'elles contiennent le plus de matière fucrée, matière qui eft leur principe véritablement nutritif. Si on les coupoit plus tôt, on perdroit fur la quantité & fur la qualité; fi on les coupoit plus tard, on gagneroit en quantité & on perdroit en qualité, parce que la partie fucrée

auroit été employée à perfectionner la graine, laquelle tomberoit dans les opérations du fauchage, bottelage, tranfport, &c. C'eft à raifon de plus grand poids & du moins de retraite par la defficcation, que tant de cultivateurs (foit par ignorance, foit par avidité) attendent, pour faucher, l'époque de la maturité complète des graminées. Quant aux Prairies où les graminées ne dominent pas, on procède bien en les fauchant, lorfque les fruits de ces graminées commencent à mûrir; ou, s'il y a de la luzerne, lorfque la moitié des fleurs des principaux épis de cette plante font tombées.

L'époque de la coupe des foins ne peut donc être fixée d'une manière générale pour toute la France, même pour un canton particulier, puifqu'elle varie chaque année, felon la température du printemps & de l'été, & dans chaque localité, felon les efpèces de plantes qui y dominent, la nature du fol, l'expofition, &c.

Il eft des cultivateurs qui veulent qu'on laiffe mûrir l'herbe des Prairies avant de la couper, fous le prétexte que ces graines la regarniront; mais ils ne favent pas que cette graine ne lèvera pas, ou fi elle lève, le plant qu'elle aura donné ne fubfiftera pas, puifque le fol eft fatigué d'en porter, ainfi que je l'ai déjà fait remarquer. *Voyez* ASSOLEMENT & SUBSTITUTION DE CULTURE.

Deux ou trois jours de plus ou de moins font de peu d'importance pour l'opération de la coupe des foins, comparativement à la certitude de n'avoir pas de pluies pendant fa durée & celles qui en font la fuite, comme le fanage, le bottelage, le tranfport, &c. Ainfi il faut confulter le baromètre, confulter les PRONOSTICS (*voyez* ce mot), lorfqu'on juge être dans le cas de l'entreprendre & agir d'après leurs indications.

Le jour fixé, le cultivateur raffemble les faucheurs & les faneurs qu'il a arrêtés d'avance, & les met à l'ouvrage d'après les bafes développées aux mots FAUCHER, FAUCHEUR.

Le foin fauché eft laiffé en ondains ou *andins* un ou deux jours, felon la chaleur de la faifon, puis fané, c'eft-à-dire, retourné, éparpillé autant que befoin pour préfenter toutes fes furfaces au foleil.

Lorfque le temps eft incertain pendant la fauchaifon, il vaut mieux laiffer le foin en *ondains* ou éparpillé que de le mettre en *petites meules*, ou *mulons*, ou *veillotes*, parce que, dans le cas de pluie, il fe deffèche plus vîte lorfqu'il eft épars.

L'action d'un foleil trop brûlant n'eft point avantageufe au fanage des foins, furtout à celui de la luzerne & du trèfle, parce qu'il rend les tiges trop caffantes & fait tomber les feuilles. Ce cas exiftant, on fufpend l'opération pendant la grande chaleur du jour. L'art du faneur, c'eft de l'avancer fans la précipiter, & on y parvient en laiffant le foin en couches plus épaiffes.

Auffitôt que le beau temps eft revenu, on retourne les ondins, puis on les fait *fauter*, c'eft-à-dire éparpiller, pour que le foin fe deffèche plus rapidement & qu'on puiffe plus tôt le rentrer.

De la deffication du foin dépend fa bonté & fa confervation. On ne peut donc la trop furveiller. *Voyez* FANER.

Il n'eft jamais bon, comme on le fait en tant de lieux, d'économifer fur le nombre des faneurs, parce qu'il peut arriver un orage, & que le foin rifque d'être gâté s'il n'eft pas mis au moins en petites meules, même perdu ; car il arrive quelquefois que le vent le pouffe dans la rivière ou le difperfe tellement fur les champs voifins, qu'on ne peut le réunir.

Les débordemens momentanés des rivières, fuite de ces orages, font auffi fréquemment perdre beaucoup de foin coupé.

Lorfque le foin eft jugé fuffifamment fec, ou que, ne l'étant pas fuffifamment, on a lieu de craindre la pluie, on le met en petites meules, c'eft-à-dire en cônes obtus de trois pieds de large & de haut, meules qu'on étend de nouveau dans le fecond cas, lorfque le temps eft redevenu beau ; puis, au bout de quelques jours, on réunit un certain nombre de ces petites meules pour en former des grandes, c'eft-à-dire, qui aient huit à dix pieds de large & de haut. On le laiffe ainfi difpofé jufqu'à ce qu'on ait le temps de le conduire à la maifon. Sa furface fe décolore un peu par l'action des rayons du foleil & par l'effet des pluies, mais cela difparoît à la fuite du mélange dans l'action du bottelage.

Il eft des lieux ou des années où, faute de place dans les fenils ou les granges, on eft obligé de laiffer la totalité ou une partie des meules de foin au milieu ou fur le bord des Prés, malgré les inconvéniens qui en réfultent pour le Pré, dont l'herbe qui eft fous ces meules meurt, & relativement au foin dont la furface s'altère au point de n'être plus bonne qu'à titre de la litière, & même que du fumier. Pour parer à ce dernier inconvénient, on les couvre de paille de la même manière que les MEULES de blé. *Voyez* ce mot.

A-t-on l'intention de tranfporter de fuite le foin à la maifon, on fait arriver les chars, qui ont été vifités & réparés, quinze jours à l'avance, jufqu'auprès des meules ; & on les charge avec des fourches.

Dans l'opération de la fauche, & encore plus dans celles du fanage, de la réunion en meules, &c. toutes les graines menues des plantes qui compofent le foin, tombent & fervent à regarnir le Pré, lorfqu'elles ne deviennent pas la proie des oifeaux & des compagnols, mulots, fouris, &c. Celles qui tombent fur le fenil font donc prefque toutes mauvaifes : de-là vient le peu de réuffite des femis faits avec ce qu'on appelle du *pouffier de foin*.

Arrivé à la maifon, le foin s'amoncèle dans les fenils au moyen d'une fourche & à bras d'homme. (*Voyez* FENIL & FOURCHE.) Là, il refte jufqu'à la confommation ou la vente fans qu'on y touche ;

mais il feroit bien à defirer qu'on pût le changer de place trois mois après, uniquement pour le remuer, car cette opération lui eft toujours utile.

Il eft des cultivateurs qui font trépigner le foin dans les fenils, afin qu'il tienne moins de place ; mais ils rifquent qu'il s'échauffe & s'altère par fuite de cette opération, ainfi que je le dirai plus bas.

Cette manière de procéder eft celle qu'on employoit généralement & qu'on emploie encore dans les cantons de petite culture ; mais aujourd'hui on trouve plus avantageux, & relativement à la confervation du foin, & relativement à l'économie ou à la furveillance de fon emploi, de le botteler fur le Pré même, malgré que cette opération foit alors plus chère, & que fes fuites foient la néceffité d'un plus grand local.

Le foin bottelé fe conferve mieux ; parce que l'air peut circuler entre les bottes, & que chaque botte eft pour ainfi dire ifolée de fes voifines. On peut d'ailleurs plus facilement le changer de place.

Il eft plus économique, parce qu'on fait mieux la quantité qu'on en donne chaque jour aux beftiaux, & que les valets, lorfqu'il eft en tas, font toujours déterminés à croire qu'ils ne leur en donnent pas affez.

On peut furveiller plus certainement fon emploi ; car fachant ce qu'on a récolté, ce qu'on a de beftiaux, & ce que chacun d'eux doit confommer par jour, il eft toujours facile de favoir s'il y a eu ou non infidélité ou gafpillage.

On doit recommander aux botteleurs d'enlever rigoureufement les chardons & autres grandes plantes qui pourroient bleffer le palais des beftiaux ou nuire à la vente du foin.

Quelque fimple que foit le bottelage, il exige un ouvrier fort exercé, pour être bien fait. On gagne toujours à payer les bons quelque chofe de plus. Dans les pays de grande culture, il eft des hommes qui fe confacrent uniquement à cette opération. Le taux légal des bottes eft cinq livres ; & il eft étonnant avec quelle précifion ces hommes jugent la quantité de foin qu'il eft néceffaire de prendre pour former ce poids. C'eft avec un double crochet de fer, dont le manche eft très-court, qu'ils opèrent. Les liens font de foin cordelé, & au nombre de deux ou trois. Il y a long-temps qu'on a renoncé à ceux de bois aux environs de Paris ; mais on en fait encore ufage dans beaucoup de départemens, au préjudice des forêts. *Voyez* HART.

Une méthode très-avantageufe à employer lorfqu'on a des foins peu fecs qu'on eft forcé de rentrer, c'eft de les ftratifier avec de la paille, c'eft-à-dire, de mettre alternativement une couche de paille & une couche de foin, fans les taffer. Le foin communique une partie de fon odeur & de fa faveur à la paille, & la rend plus agréable à manger. C'eft furtout pour les regains deftinés à la nourriture des brebis pendant l'hiver, que je confeille de l'employer ; parce que ces regains
fèchent

sèchent ordinairement fort mal, & qu'on a alors de la paille d'avoine en grande quantité à sa disposition.

On reconnoît que le foin est bien préparé lorsqu'il est très-vert, très-sec & très-odorant.

Le foin nouveau passe pour être nuisible aux bestiaux, & surtout aux chevaux; en conséquence on ne le leur donne, à moins qu'on ne puisse faire autrement, que quelques mois après sa récolte. Il est même des entrepreneurs de charrois, de diligences, &c. qui n'en consomment jamais que d'un an de coupe. Je ne chercherai ni à appuyer ni à combattre ce résultat de l'expérience, parce que cela me meneroit trop loin, & que j'ai encore bien des choses à prendre en considération avant de finir cet article.

Après trois ans, le foin perd sa saveur, son odeur, & même, à ce qu'il paroît, sa faculté nutritive. Pour le rendre moins désagréable aux bestiaux, on le mêle alors avec un tiers de nouveau, s'il est destiné à des vaches ou à des brebis, ou on le mouille avec de l'eau salée. Rien n'est meilleur que le sel pour rendre sain le foin altéré, quelle que soit la cause de son altération.

Les domestiques qui distribuent le foin aux bestiaux, doivent être prévenus qu'il faut le battre ou le secouer pour faire tomber la poussière qui auroit pu s'y mêler dans le fenil; car cette poussière les fait tousser; ce qui les fatigue, & peut devenir l'origine d'une maladie grave.

La quantité de foin qu'on doit distribuer journellement aux bestiaux, varie suivant sa qualité, suivant leur espèce, leur grosseur, le travail qu'on exige d'eux, les autres sortes de nourritures qu'on leur donne ou qu'ils sont mis à portée de prendre. Je ne puis par conséquent pas indiquer quelque chose de précis à cet égard. Je dirai seulement que, lorsque les chevaux en mangent trop, ils sont exposés à devenir FOURBUS. Voyez ce mot.

Amoncelé sans être bottelé, trop vert ou mouillé, dans un fenil, le foin court risque de moisir, de pourrir & même de s'enflammer, & ce d'autant plus certainement qu'il est plus rapproché par le trépignement; & que le fenil est plus exactement fermé.

Le foin moisi est repoussé par les bestiaux; & lorsqu'ils sont forcés par la faim d'en manger, il leur cause des nausées & des douleurs d'entrailles, dont les suites peuvent devenir très-graves. Son odeur seule leur répugne, & la poussière qui s'en échappe leur cause souvent une toux convulsive. Lorsqu'on le lave & le sale, on diminue un peu de ces inconvéniens; mais on ne les anéantit pas. En général, il vaut mieux, après l'avoir lavé, puis séché pour en enlever la poussière, l'employer à faire de la litière, que de tenter de l'employer à leur nourriture. Il fournit un excellent fumier, à raison de la plus grande partie de principe sucré qu'il contient.

Le foin pourri, s'il l'est peu, peut être utilisé

Agriculture. Tome VI.

de la même manière; s'il l'est beaucoup, on le portera directement sur le fumier.

Les incendies par l'amoncelement du foin mouillé sont bien plus communs qu'on ne pense, parce qu'on est disposé à les attribuer plutôt à la malveillance ou à l'inattention; ils s'annoncent à l'avance dans le grenier, par une grande chaleur, par le développement d'une odeur particulière & d'une vapeur humide, circonstances auxquelles les agens inférieurs de la culture font généralement peu d'attention : cet événement est plus rare dans les fenils dont le foin est bottelé, & il ne doit jamais avoir lieu dans ceux où il est stratifié.

La seconde coupe des Prés s'appelle REGAIN. (*Voyez* ce mot.) Lorsqu'il y a trois ou un plus grand nombre de coupes, on les appelle première, deuxième, & regain la dernière.

Les regains ne font jamais ni aussi abondans ni aussi nourrissans que la première herbe. Ils sont généralement foibles dans les hauts Prés par l'effet de la sécheresse, & dans les bas Prés par l'effet du peu d'élévation de leur température : aussi est-il rare qu'on ne les livre pas au pâturage. Cependant, lorsqu'on a coupé la première herbe de bonne heure, qu'on a pu arroser, ou qu'il a plu à propos & que la chaleur s'est long-temps soutenue, leur coupe ne laisse pas que d'être avantageuse. C'est dans les départemens méridionaux qu'ils acquièrent le plus de valeur.

Aux environs de Paris & plus au nord, les regains sont principalement destinés à la nourriture des vaches & des moutons. Rarement on les met dans un commerce, autre que celui de voisin à voisin.

La dessiccation des foins de regain est plus difficile que celle de ceux de première herbe, parce que la chaleur du soleil est moindre à l'époque où on les coupe. C'est pour eux que la pratique de la stratification avec la paille est principalement dans le cas d'être recommandée.

Jamais les regains ne doivent être mêlés avec les foins, qu'ils altèrent, sous la considération de leur valeur vénale, comme sur celle de leur valeur réelle. Un fenil particulier doit leur être consacré.

M. Yvart recommande de faire fermenter le regain en tas avant de le faire dessécher, parce que la fermentation accélère beaucoup sa dessiccation. Il assure que ce regain est mangé avec plaisir par les bestiaux, & qu'il leur est très-profitable.

Un article de gazette proposoit de le mettre dans des tonneaux & de le saler.

Dans certains cantons d'Angleterre, on réserve les regains pour les faire pâturer à la fin de l'hiver; leur herbe, quoique devenue jaune, étant encore très-bonne à cette époque. Il est à désirer que cette pratique s'établisse en France, où on est si sujet à manquer, au printemps, de nourriture pour les bestiaux.

Il est reconnu qu'un arpent de Pré de plaine, de qualité moyenne, doit donner, année commune, environ trois mille livres de foin fec à fa première coupe, & moitié de regain.

Les intermédiaires entre les Prés en plaine & les Prés bas, dont il me refte encore à traiter, font auffi infenfibles que celui des premiers avec les Prés hauts. On ne fait non plus comment indiquer le point de féparation entre les Prés bas, les tour-bières & les marais, lorfque ces derniers n'offrent pas de buiffons, & qu'ils font en partie defféchés: beaucoup d'entr'eux font même réellement des marais pendant l'hiver. *Voyez* MARAIS & TOUR-BIÈRE.

Les Prairies baffes fe reconnoiffent, lors même que les chaleurs de l'été les ont complétement defféchées, à l'abondance des laiches à feuilles coupantes, des fcirpes & des joncs à tiges dures qui s'y montrent. Le fourrage qu'elles donnent eft appelé *aigle* dans beaucoup de lieux, & ce nom eft bien appliqué: il eft coriace & peu nourriffant; fouvent il conferve, même après fa defficcation, une odeur marécageufe qui en éloigne les beftiaux, furtout les brebis. Les buffles feuls s'en accom-modent fort bien. Il donne fréquemment aux mou-tons, qui le mangent en vert, la maladie appelée la POURRITURE. *Voyez* ce mot.

Étant froides par leur pofition enfoncée, froides par les eaux qui les abreuvent, les Prai-ries baffes font bien plus tardives que les autres. On ne les coupe que quinze jours, un mois même après les Prairies de plaine, & rarement on peut en efpérer un regain de quelqu'importance: auffi les abandonne-t-on très-généralement à la pâture, lorfqu'elles ont été fauchées. Lorfqu'elles fe rap-prochent des Prairies de plaine, leur foin peut fe donner feul aux bœufs & aux vaches; mais quand elles font prefque marécageufes, il faut le mêler avec de l'autre pour le rendre appétiffant même à ces animaux. Quelquefois il ne peut fervir qu'à faire de la litière, comme celui de marais.

Le fol des Prairies baffes eft prefque toujours argileux; il peut quelquefois, avec peu de dé-penfe, être defféché, au moins pour l'été, par des FOSSÉS, des PIERRÉES, des FASCINAGES (*voyez* ces mots), & même par des inondations d'eau trouble (*voyez* au mot MARAIS). D'autres fois cela ne peut avoir lieu fans des dépenfes fu-périeures à fa valeur. Cet objet a été traité au long au mot DESSÉCHEMENT: j'y renvoie le lecteur.

Lorfqu'une Prairie baffe a été defféchée, il faut là labourer & cultiver fur fon fol des céréales, des plantes à graines huileufes, des fèves de ma-rais, &c., afin de faire périr les herbes de ma-rais qui s'y trouvoient. On y fème enfuite de la luzerne, &, au bout de quelques années, des graines de Prés de plaine, afin de la transformer en bon Pré.

Le plus fouvent labourer les Prés bas eft une opération avantageufe à entreprendre fur ceux qui ne peuvent fe deffécher, mais dont l'eau s'éva-

pore en plus grande partie à l'époque des chaleurs de l'été, parce que par-là on change, au moins en partie, la nature des herbes qui s'y perpé-tuoient.

C'eft encore les améliorer que de détruire, par les moyens que j'ai indiqués à l'occafion des Prairies hautes, les grandes plantes qui tiennent la place de celles que les beftiaux préfèrent, ou celles qui font des poifons pour eux.

Celles des plantes qu'il faut principalement dé-truire font le FLÛTEAU, la SAGITTAIRE, l'IRIS, la PATIENCE, le LICOPE, la SCROPHULAIRE, la CONSOUDE, les CYRSES, l'EUPATOIRE, la BERCE, la SALICAIRE, la SPIRÉE, l'ÉPILOBE, le PIGAMON, le POPULAGE; & pour le dan-ger dont elles font pour les beftiaux, la CICU-TAIRE, les ŒNANTHES & les RENONCULES.

Au refte, il eft dans ces Prés bas de très-bonnes plantes, comme les GRAMINÉES proprement di-tes, même le ROSEAU, que les beftiaux aiment beaucoup dans fa jeuneffe, les VÉRONIQUES, le LAITRON des marais, l'ÉPERVIÈRE des marais, les BERLES rampante & verticillée, les GESSES des Prés & des marais. *Voyez* tous ces mots.

Il eft une famille de plantes qui fe fubftitue tou-jours aux bonnes plantes des prairies lorfque le ter-rain eft fatigué de les porter, & qu'on accufe de les faire périr, c'eft celle des MOUSSES. (*Voy.* ce mot.) Partout on dit que la mouffe *mange l'herbe*, mais on ne dit nulle part que l'herbe mange la mouffe, quoi-que cela foit auffi vrai. Il fuffit de garnir de fumier confommé une Prairie haute, d'arrofer par irri-gation une Prairie de plaine, de faupoudrer une Prairie baffe de chaux, pour en faire difparoître la mouffe. Dans ces trois fortes de Prairies, les mouffes dont on fe plaint font différentes, mais agiffent de la même manière: fi elles paroiffent plus tôt & font plus abondantes dans les mauvais fols, c'eft que ce fol eft plus tôt fatigué de porter de la bonne herbe; s'il en eft de même dans les lieux ombragés, furtout au nord des murs, des haies, c'eft que, comme je l'ai déjà fait remarquer plus haut, les bonnes plantes étant affoiblies dans ces lieux par un commencement d'étiolement, elles font moins fufceptibles de réfifter aux fuites de l'épuifement du fol. Je dois de plus ajouter que là les mouffes fe plaifent mieux qu'au foleil, & prennent pour elles ce qui auroit appartenu aux bonnes plantes, des fucs qui conviennent gé-néralement à toutes; car il eft de fait que lorf-qu'on enlève les mouffes d'une Prairie, l'herbe y acquiert momentanément un peu de vigueur nou-velle.

Quoique je ne blâme point l'opération d'enle-ver les mouffes des Prairies, furtout fi l'on veut tirer un parti quelconque de ces mouffes; je crois qu'il eft beaucoup plus fûr de ranimer la vigueur des bonnes herbes par les moyens que j'ai indiqués plus haut, ou de labourer le terrain. Je rappelle fpécialement ici, à l'occafion des Prairies baffes, parce qu'il y a, à raifon de la furabondance d'hu-mus non foluble qui s'y trouve, parmi ces moyens la chaux, cet amendement fi puiffant, fi peu coû-teux, & cependant fi peu employé en France. *Voyez* CHAUX & MOUSSE.

Une autre opération qu'on devroit toujours exécuter dans les parties des Prairies naturelles qui font dégarnies d'herbe, immédiatement après l'enlèvement des mouffes, enlèvement qui doit avoir lieu vers la fin de l'hiver, c'est le femis de graines de plantes différentes de celles qui s'y trouvent. Ainfi, fi les graminées y dominent, on y répandra de la graine de légumineufes, & *vice verfâ*. N'y plaçât-on que des plantes annuelles, que de l'avoine, que de la vefce, par exemple, on gagneroit déjà beaucoup, puifqu'on retireroit un revenu d'un terrain qui n'en eût point donné.

M. Daelle ayant femé de l'avoine fur une Prai-rie baffe qu'il avoit recouverte d'un demi-pouce de terre, obtint une belle coupe de cette avoine, & de plus, environ deux mois plus tard, une belle coupe de foin. Il femble qu'en les grattant avec une herfe à dents de fer, on pourroit étendre cette pratique aux Prairies en plaine avec un grand avantage. Je follicite les propriétaires éclairés de faire des effais à cet égard.

Ainfi que je l'ai déjà obfervé plufieurs fois de-puis le commencement de cet article, & ainfi qu'on a dû le conclure bien plus fouvent, les Prairies naturelles font peu avantageufes dans les terrains qui ne font pas fertiles ou fufceptibles d'êtres arrofés. On a donc dû fentir de tout temps l'avantage d'en former d'artificielles; cependant il ne paroît pas, d'après les documens qui nous reftent, qu'on en ait beaucoup établi dans l'anti-quité : elles n'étoient pas connues en France avant Olivier de Serres qui les a fpécialement confeillées, & qui leur a donné le nom qu'elles portent. Ce n'eft que depuis le milieu du dernier fiècle qu'elles ont acquis la faveur dont elles jouiffent en ce moment, faveur qui s'étend chaque année, & qui fe perpétuera fans doute.

Quand on confidère les immenfes avantages que l'agriculture retire aujourd'hui des Prairies arti-ficielles, on ne conçoit pas comment elles ont pu être dédaignées des cultivateurs antérieurs à notre âge, comment il en eft encore qui perfiftent à les repouffer. En effet, n'eft-il pas évident qu'avec elles on peut avoir partout telle quantité de beftiaux qu'on defire, & qu'avec beaucoup de beftiaux on fe procure beaucoup de fumier, & par fuite des récoltes abondantes en céréales & en tout autre genre de culture? Je ne parle pas du puiffant moyen qu'elles offrent de perfectionner les affolemens, parce que la théorie des affole-mens n'eft connue que depuis un petit nombre d'années, qu'elle ne pouvoit pas l'être lorfque les élémens de la phyfique, de la chimie & de la phyfiologie végétale étoient ignorés. *Voyez* ASSO-LEMENT & SUCCESSION DE CULTURE.

Je devrois peut-être développer ici tout le bien qui réfulte des Prairies artificielles, n'en ayant parlé plus haut que d'une manière générale; ce-pendant leur importance fe déduit de tant d'ar-ticles de ce Dictionnaire, que cela me paroît fu-perflu. D'ailleurs, les développemens dans lefquels il faut que j'entre encore fur ce qui les concerne, fuffira pour convaincre les plus incrédules.

Dans une exploitation convenablement réglée, les Prairies artificielles doivent être d'autant plus étendues que le terrain eft plus mauvais; ce-pendant ce terrain exige plus d'engrais & par confé-quent de beftiaux. Un excès en plus eft bien moins à craindre qu'un excès en moins. *Voyez* ENGRAIS.

Il y a trois fortes de Prairies artificielles : 1°. celles qui font formées, comme les Prairies naturelles, d'un grand nombre d'efpèces de plantes, parmi lefquelles les graminées & les légumineufes doi-vent toujours prédominer ; ce font les Prés gazons de quelques auteurs ; 2°. celles dans lefquelles on ne fait entrer qu'une feule efpèce, ou au plus deux ou trois efpèces de plantes; ce font, lorf-qu'une légumineufe les forme, celles auxquelles on applique le plus particulièrement le nom; 3°. celles compofées de plantes annuelles ou de plantes vivaces, qui font deftinées à ne donner qu'une récolte. On les appelle plus communé-ment PRAIRIES TEMPORAIRES.

Un Pré naturel, labouré & rétabli de fuite, en y femant les graines des mêmes efpèces de plantes qui y croiffoient, femble ne pas devoir être rangé parmi les artificiels; cependant, comme l'art a concouru à fon établiffement, beaucoup de per-fonnes foutiennent qu'il fait partie de leur caté-gorie, &, avant la révolution, la loi les diftin-guoit en effet, puifqu'ils étoient affujettis, en cette qualité, à la dîme & autres impôts, au moins dans certains cantons, dans le Lyonnois, par exemple.

Un Pré labouré, lorfque les traces de l'action de la charrue font effacées, ne diffère plus d'un Pré véritablement naturel que par la fupériorité de fes récoltes; ainfi il ne demande pas d'autres foins annuels.

J'ai déjà parlé de l'utilité qu'on retire de l'opé-ration de labourer de loin en loin les Prés, même les meilleurs, pour renouveler la furface de leur fol, le rendre plus perméable aux racines des plantes. Je ne crois pas devoir infifter fur cette utilité, qui eft prouvée par l'expérience & appuyée fur la théorie la plus rigoureufe.

Il ne doit donc être ici queftion que des Prés formés fur des terres qui n'en offroient pas de temps immémorial.

Pour établir un Pré dans un champ, il faut le la-bourer le plus profondément poffible avant l'hi-ver, puis légèrement à l'iffue de cette faifon, pour, après l'avoir débarraffé de fes mottes, ni-velé & herfé, le femer en graines de foin & en-fuite le rouler.

F ij

Je dis de le herfer avant de le femer, parce que la graine de foin ne doit pas être enterrée fi on veut qu'elle lève toute.

Généralement la graine de foin qu'on amaffe fur le fol des fenils, n'eft pas bonne ; en conféquence il faut en forcer la quantité.

Cultiver à part les bonnes plantes des Prairies naturelles pour en récolter la graine, & l'employer à un femis, feroit fort defirable ; mais l'embarras & la dépenfe en éloignent. Je n'en recommanderai pas moins cette utile pratique, ne fût-ce que pour pouvoir facilement regarnir chaque année les vieux Prés.

La graine de foin ne tarde pas à lever fi le terrain eft humide, ou qu'il pleuve. *Voyez* GAZON.

Un Pré ainfi femé & levé demande à être garanti des beftiaux pendant fa première année. Vers la fin de l'été, un homme armé d'une pioche à fer étroit, ou d'un facloir, en parcourra toute l'étendue pour couper entre deux terres les plantes qui, par leur grandeur & leur inutilité, doivent en être exclues. Un autre homme en enlevera, auffi rigoureufement que dans les Prairies naturelles, les pierres groffes & petites, car elles nuifent beaucoup, & à la croiffance, & à la coupe de l'herbe. (*Voyez* ÉPIERREMENT.) On n'en coupera pas l'herbe cette première année, d'après le principe que les feuilles nourriffent les racines ; & que les racines font pouffer les tiges. L'année fuivante on la traitera, fous ce rapport, comme une vieille Prairie.

Les beftiaux feront févèrement écartés du pâturage de ces Prés, au moins pendant les deux premières années, pour donner le temps au fol de fe confolider ; car quelque bien roulé qu'il ait été, il fera toujours dans le cas d'être altéré par le piétinement des beftiaux gros & petits.

Cette Prairie fera d'autant plus belle que cé terrain fera meilleur, ou aura été plus fumé, qu'elle fera fufceptible d'irrigation, de terreautement, &c. Si la graine, par fuite de fa mauvaife nature ou de la féchereffe de la faifon, n'avoit pas bien levé, il faudroit regarnir les places vides en automne, après les avoir grattées avec un râteau.

Un tel Pré peut fubfifter un nombre d'années indéterminé ; mais il eft certainement profitable de le détruire dès qu'il commence à fe dégarnir.

Il eft des cantons où ces fortes de Prés font en faveur ; mais ces cantons ne font pas auffi nombreux que les amis de la profpérité agricole de la France peuvent le defirer.

Plufieurs perfonnes penfent, & je ne m'éloigne pas de leur idée, que ces fortes de Prés doivent toujours commencer par une Prairie artificielle compofée de légumineufes.

Des deux fortes de Prairies comprifes dans la feconde catégorie, l'une, celle compofée uniquement de graminées, encore plus d'une feule ef-

pèce de graminée, ne peut fubfifter long-temps, parce que les racines des plantes de cette famille s'approfondiffant peu & s'étendant beaucoup à la furface du fol, elles l'épuifent promptement : elles ne tardent donc pas à rentrer dans celles dont je viens de parler. On dit qu'il s'en établit fouvent en Angleterre ; mais je ne fache pas qu'on en ait formé en France dans d'autre but que celui de faire des expériences, & d'avoir de la graine pure de bonnes efpèces pour regarnir celles qui font détériorées.

Quelquefois on forme auffi des Prairies artificielles avec d'autres efpèces de plantes vivaces, parmi lefquelles les plus fréquentes font la PIMPRENELLE & la CHICORÉE. *Voyez* ces deux mots ; *voyez* auffi PASTEL, TOPINAMBOUR.

Les Anglais ont remarqué que ces fortes de Prés duroient moins que les autres ; mais ils n'en ont pas indiqué la caufe, qui eft l'épuifement plus prompt du fol, épuifement dont j'ai déjà parlé plufieurs fois.

Par oppofition, ce font les Prairies artificielles compofées d'une feule efpèce de légumineufe qu'on multiplie le plus, & avec raifon, puifque, toutes chofes égales d'ailleurs, ce font elles qui fourniffent davantage de fourrage.

Les plantes qui font le plus employées à la formation des Prairies artificielles proprement dites, font la luzerne dans les terres fertiles, fraîches & profondes ; le fainfoin dans les terres maigres, fèches & calcaires ; le trèfle dans les terres légères comme dans les terres fortes ; mais il ne fubfifte que deux à trois ans au plus, & il eft préférable de détruire, dès la feconde année, les Prairies qu'il compofe.

L'étendue des détails dans lefquels je fuis entré, à l'égard de ces trois plantes, me difpenfe d'en parler ici longuement ; ainfi je renvoie le lecteur aux mots LUZERNE, SAINFOIN & TRÈFLE.

Toujours un grattage avec une herfe à dents de fer plus ou moins lourde, felon la nature de la terre, eft une bonne opération pour les Prairies, quelle que foit leur nature, parce qu'elle rend la terre plus perméable aux influences atmofphériques & aux eaux des pluies. Cette opération eft fi fimple, fi promptement exécutée, fi évidemment profitable, qu'on a lieu de s'étonner qu'elle ne foit pas généralement exécutée.

Toutes les autres indications données à l'occafion des Prairies naturelles, pour rétablir leur bon état, s'appliquent à celles-ci ; ainfi je n'en entretiendrai pas le lecteur.

Dans aucun temps on ne doit permettre aux animaux domeftiques d'entrer dans les Prairies artificielles, à raifon non-feulement des dommages qu'ils peuvent y occafionner, mais encore parce qu'en mangeant avec excès, ils s'expofent à la MÉTÉORISATION, & par fuite à la mort. (*Voyez* ce mot.) C'eft pendant que la rofée exifte que cet accident eſt le plus à craindre , parce que l'herbe eſt plus froide.

Les premières coupes des Prairies artificielles font conſtamment les plus abondantes , mais auſſi les plus fournies de plantes étrangères à leur compoſition primitive , ſurtout de brome des champs & d'orge des murs. Cette dernière circonſtance fait qu'on doit réſerver la ſeconde pouſſe, preſque toujours très-nette, pour renouveler ſa proviſion de ſemence , quoique cela ſoit contre les principes ; ceux qui conſacrent ſeulement la troiſième herbe à cet objet font blâmables , puiſqu'elle eſt la plus foible , & que, dans chaque eſpèce, les petites graines donnent généralement de médiocres produits.

Tout ſemis de plante annuelle , fait dans l'intention d'en donner les feuilles & les tiges aux beſtiaux , ſoit vertes , ſoit sèches , peut être appelé *Prairie temporaire*; ainſi la VESCE, la GESSE, la LUPULINE, la FAROUCHE, les POIS GRIS, les FÉVES, le FROMENT, l'ORGE, l'AVOINE, le MAÏS, &c. , en forment.

Cependant on donne plus ſpécialement ce nom à celles qui ſont compoſées de pluſieurs de ces plantes réunies , ſurtout lorſqu'il y entre des légumineuſes & des graminées, ces dernières ſervant de ſupport aux premières.

Conſidérées relativement à ce dernier mode , les Prairies artificielles temporaires ſont connues depuis peu d'années, & leur emploi n'eſt pas encore fort étendu : elles font néceſſairement partie d'un judicieux aſſolement; car elles fourniſſent le moyen de remplir pluſieurs objets à la fois, tels que, 1°. celui de tirer deux récoltes par an du même terrain, & cependant de l'améliorer par l'humidité qu'elles y entretiennent & les débris qu'elles y laiſſent; 2°. celui de fournir aux beſtiaux, & ſurtout aux moutons; une nourriture précoce, ſaine & abondante, ſoit qu'on les faſſe pâturer ſur place, ſoit qu'on les coupe pour les leur apporter à la maiſon , ſoit qu'on les faſſe ſécher pour la proviſion de l'hiver.

Un des motifs qui doit le plus fortement déterminer l'établiſſement des Prairies artificielles, de quelques eſpèces qu'elles ſoient, c'eſt de favoriſer les aſſolemens à longs retours; ainſi il ne faut pas, en oppoſition à la loi ſur laquelle ils ſont fondés, en ſemer deux fois de ſuite dans le même terrain. *Voyez* ASSOLEMENT & SUCCESSION DE CULTURE.

Un grand nombre d'animaux nuiſent aux Prairies.

Les beſtiaux, lorſqu'elles ne font pas cloſes par des haies ou des foſſés, y entrent ſouvent, & d'un côté en mangent l'herbe , & d'un autre côté la trépignent. Des lois de police rurale aſſez sévères font deſtinées à réprimer les délits de ce genre; mais elles font rarement bien exécutées.

Les animaux ſauvages, comme les cerfs, les chevreuils, les daims, les ſangliers, les lièvres,

les lapins, n'y cauſent pas moins de dommages dans certains lieux. Les tuer eſt le meilleur moyen de répreſſion quand il eſt permis de le mettre en pratique.

Les campagnols & les taupes font ſouvent beaucoup de mal aux Prairies; les premiers en les perforant de trous & en coupant l'herbe voiſine de ces trous, & celle qui gêne leur communication avec les autres trous; les ſecondes en ſoulevant la terre de diſtance en diſtance, & en rendant par-là leur fauchage plus difficile. *Voyez* CAMPAGNOLS & TAUPES.

Comme l'opération d'enlever les taupinières & les fourmilières avec une houe à main ne laiſſe pas que d'être longue & par conſéquent coûteuſe, quelques cultivateurs emploient une ratiſſoire à cheval, à fer long de deux pieds & même plus, ratiſſoire qui tranche pluſieurs taupinières ou fourmilières à la fois, & qui unit même la ſol. *Voyez* RATISSOIRE.

Au reſte, les Prairies arroſables ne ſont pas infeſtées par les campagnols, les taupes & les fourmis, parce que l'eau les chaſſe ou les tue. C'eſt un avantage de plus que je n'avois pas encore cité, mais qui doit être très-fort pris en conſidération par les cultivateurs.

Parmi les oiſeaux, il n'y a guère que l'oie qui nuiſe aux Prés, en en mangeant l'herbe & en y laiſſant ſa fiente & ſes plumes. *Voyez* OIE.

C'eſt parmi les inſectes que ſe trouvent les ennemis les plus nombreux, les plus acharnés & les plus indeſtructibles des Prairies. Les courtilières, les vers blancs, les larves de pluſieurs eſpèces tipules , & ſans doute de beaucoup d'autres eſpèces, coupent ou rongent les racines. D'autres d'un grand nombre de ſortes, comme les CHENILLES, les SAUTERELLES, les GRILLONS (*voyez* ces mots), mangent les feuilles. Il en eſt d'autres, enfin, qui rongent l'intérieur des tiges, les fleurs, les graines; aucune partie des plantes n'eſt à l'abri de leur voracité.

Les fourmis élèvent des monticules qui, comme les taupinières, nuiſent au fauchage.

Je ne ſignalerai, parmi les vers, que le lombric ou ver de terre, qui mange l'humus de la terre & diminue par conſéquent ſa fertilité. Il eſt vrai que lorſqu'il meurt dans cette même terre, il lui rend avec uſure ce qu'il lui a pris.

Les grandes plantes nuiſent aux Prairies, comme je l'ai déjà obſervé, par leur nombre, & en tenant la place de bonnes eſpèces. Elles ont de plus à redouter l'OROBANCHE , & ſurtout la CUSCUTE. *Voyez* ces mots; *voyez* auſſi le mot CHIENDENT.

La queſtion de ſavoir quelle doit être la Proportion des Prairies artificielles dans une exploitation rurale, a été pluſieurs fois agitée. Gilbert, à qui on doit un bon Traité ſur ces ſortes de Prairies, établit qu'elle doit être inverſe de la richeſſe du fonds & des reſſources locales, relatives

à la fubfiftance des animaux. Ce principe eft généralement vrai; mais fon application, à ce qu'il
me paroît, eft fujette à des exceptions nombreufes.

Une fois qu'on a admis, avec Gilbert, que
c'eft principalement fur l'engrais des terres qu'eft
fondée la plus grande utilité des Prairies artificielles, voici comme il croit qu'on peut arriver
à la fixation de l'étendue pour une exploitation
donnée.

1°. Calculer le nombre d'arpens de terres labourables, & les fortes de récoltes qu'on leur
demande;

2°. La quantité de fumier néceffaire pour fumer
ces terres;

3°. Le nombre des beftiaux néceffaire pour
fournir ce fumier;

4°. La durée de l'effet de l'engrais;

5°. Le produit moyen de chaque arpent;

6°. La confommation de chaque tête de bétail.

S'il y a des Prairies naturelles, on doit en outre
les comparer avec les Prairies artificielles, fous
les rapports de la quantité & de la qualité.
(Bosc.)

PRASION. *Prasium.*

Genre de plantes de la didynamie gymnofpermie
& de la famille des *Labiées*, dans lequel fe trouvent rangées fix efpèces, dont deux fe cultivent
dans nos écoles de botanique. *Voyez* les *Illuftrations
des genres* de Lamarck, pl. 516.

Efpèces.

1. Le PRASION élevé.
Prafium majus. Linn. ♄ Du midi de l'Italie.
2. Le PRASION à doubles crénelures.
Prafium minus. Linn. ♄ Du midi de l'Italie.
3. Le PRASION velu.
Prafium hirfutum. Lam. ♃ De.....
4. Le PRASION à fleurs purpurines.
Prafium purpureum. Walt. De l'Amérique feptentrionale.
5. Le PRASION incarnat.
Prafium incarnatum. Walt. ☉ De l'Amérique
feptentrionale.
6. Le PRASION à fleurs écarlates.
Prafium coccineum. Walt. De l'Amérique feptentrionale.

Culture.

Les deux premières efpèces font les feules qui
appartiennent certainement au genre, & les feules
qui fe voient dans nos jardins, quoique j'aie abondamment rapporté des graines des trois dernières;
elles exigent l'orangerie pendant l'hiver, mais du
refte font fort peu délicates; la terre franche, renouvelée tous les deux ans, eft celle où elles profpèrent le mieux; on leur donne des arrofemens
abondans pendant l'été; leur multiplication a lieu

feulement par déchirement des vieux pieds ou par
boutures au printemps, car leurs graines avortent
prefque toujours dans le climat de Paris. Ce font
des arbuftes de peu d'effet. (*Bosc.*)

PRATIQUE : action répétée d'une opération.
L'agriculture-pratique eft celle qui eft exercée par
les iaboureurs, les jardiniers & autres.

On dit partout que *la Pratique fuffit pour faire
un bon cultivateur*, qu'il *n'appartient qu'à un praticien d'écrire avec fruit fur l'agriculture*, que *la
théorie en agriculture ne fert qu'à la ruine de ceux qui
s'y livrent.*

Mais en parlant ainfi, s'entend-on bien? N'y
auroit-il pas deux fortes de théorie, l'une enfant
d'une imagination déréglée, l'autre fondée fur
l'expérience des fiècles? De ces deux théories, la
feconde peut-elle avoir les mêmes réfultats que la
première? Non, fans doute, car elle fuppofe de la
Pratique & des connoiffances acquifes dans toutes
les fciences qui fe rattachent à l'agriculture; elle
fuppofe encore un efprit accoutumé à réfléchir
fur ce qu'il voit, fur ce qu'il fait. Sans doute, dans
le fiècle dernier, on a fait beaucoup de théories
de la première forte, ce qui a nui aux progrès
de l'agriculture; mais actuellement il n'eft plus à
craindre qu'on en faffe, parce qu'elles ne feroient
plus accueillies par perfonne.

La divifion du travail entre plufieurs hommes
affure toujours fa perfection, & elle s'applique à
l'agriculture comme aux autres arts.

En effet, eft-ce un laboureur conduifant toute
la journée le manche de fa charrue, dont l'efprit
eft continuellement fixé fur la marche de fes chevaux, fur la direction de fon foc, & dont, à la fin
de la journée, le corps a un extrême befoin de nourriture & de repos, qui puiffe méditer fur le perfectionnement de fon art? Il ne s'occupe donc pas
des moyens de rendre fa charrue moins fatigante
pour lui & fes chevaux, d'améliorer la race de ces
derniers, de foumettre fes champs à des affolemens
réguliers, de les rendre plus fertiles par des engrais ou des amendemens inufités.

Sans doute, ce que le praticien fait bien par fuite
d'un long exercice, le théoricien le fera mal d'a-
bord; mais ce dernier, en voyant opérer le premier
quelques minutes feulement, reconnoîtra pourquoi
fa charrue ne retourne pas convenablement la terre,
& il lui confeillera de changer la forme de fon
verfoir; pourquoi fes chevaux fatiguent beaucoup
relativement à l'ouvrage qu'ils font, & il lui confeillera de rapprocher la ligne de tirage du point
de la réfiftance, &c. Que de faits de ce genre je
pourrois ici citer fi je voulois parcourir la férie de
tous les procédés de l'agriculture!

Confidérée comme la connoiffance de l'enfemble
des procédés de la Pratique des cultivateurs de
tous les temps & de tous les lieux, la théorie
élève l'efprit, généralife les faits, diftingue les
ciconftances. La fimple Pratique individuelle ré-

trécit au contraire l'intelligence, ne permet pas de faire des applications justes, de saisir les moyens d'amélioration qui se préfentent. Qui a pu s'inftruire auprès d'un fimple laboureur en le queftionnant ? C'eft la coutume dans ce pays, *mon père m'a appris à faire ainfi*, font les feules réponfes qui m'ont été bien fouvent faites. J'ai toujours trouvé plus d'avantage, relativement à mon inftruction, à les voir opérer qu'à les engager à en détailler les motifs.

On appelle *routine* la Pratique non éclairée, & cette routine s'applique aux bons comme aux mauvais procédés. Le fermier des environs de Lille ne fait pas mieux pourquoi il agit que celui de la baffe Bretagne; cependant l'un cultive auffi bien que poffible, & l'autre ne tire pas de fa terre le quart de ce qu'elle pourroit lui fournir. Il eft heureux que les extrêmes foient rares dans l'objet dont je m'occupe, comme en tant d'autres, c'eftà-dire, qu'il y ait peu de praticiens fans quelques élémens de théorie, furtout dans les pays de montagnes, où la variété des cultures & la multiplicité des caufes qui peuvent nuire à leurs réfultats obligent les plus pauvres cultivateurs à réfléchir fur ce qu'ils font. Que peut-on attendre, en effet, d'un valet de charrue qui ne fait ni lire ni écrire, à qui on ne demande que de tracer des fillons, conduire une voiture & panfer fes chevaux, lorfqu'il eft fi difficile à un feul homme, quelqu'inftruit qu'on le fuppofe, d'embraffer l'enfemble des élémens fur lefquels repofe la fcience agricole ! Ce n'eft que des propriétaires aifés, qui ont paffé une partie de leur jeuneffe dans les grandes villes, qu'on doit attendre le perfectionnement de l'agriculture, parce que ce font eux qui font les plus habitués à obferver & à faire des expériences.(*Bosc.*)

PRÉ. *Voyez* PRAIRIE.

PRÉBOUIN : altération de PROVIN. *Voyez* ce mot.

PRÉCEPTE : règle établie dans une phrafe courte ou des vers peu nombreux.

Toujours les Préceptes font fuppofés repofer fur l'expérience, & par conféquent n'avoir pas befoin de preuves; mais combien d'entr'eux font fondés fur d'abfurdes préjugés, fur des jeux de mots, &c.! D'ailleurs, tel Précepte peut être bon pour une année, pour une localité, pour un genre de culture, & ne rien valoir pour une autre. La coupe d'une forêt, la defficcation d'un marais, peuvent modifier la marche de la végétation dans ce canton, & rendre faux le Précepte jufqu'alors le plus certain. *Voyez* ABRI & HUMIDITÉ.

Un cultivateur éclairé ne doit donc pas fe diriger d'après des Préceptes, mais doit les étudier pour s'affurer de leur convenance ou de leur inconvenance.

Les Préceptes ne doivent pas être confondus avec les principes; car leurs réfultats font totalement oppofés, les premiers rétréciffant, & les feconds développant l'intelligence.

Beaucoup d'ouvrages anciens d'agriculture font fondés fur des Préceptes; aujourd'hui, la plupart repofent fur des PRINCIPES. *Voy.* ce mot. (*Bosc.*)

PRÉCOCE, PRÉCOCITÉ. Une fleur eft précoce lorfqu'elle s'épanouit plus tôt que les autres; un fruit eft précoce lorfqu'il mûrit avant l'époque naturelle de la maturité de la plupart; une année eft précoce quand on récolte plus tôt le produit des cultures.

Il eft des Précocités d'efpèces, tantôt naturelles, tantôt artificielles. Ainfi la violette fleurit avant le muguet; ainfi la fleur des lilas s'épanouit avant celle du rofier, fans que l'art s'en mêle; mais on peut de beaucoup devancer l'époque de leur floraifon, en plaçant ces plantes dans une ferre, fous un châffis, & même fimplement à l'abri d'un mur expofé au midi.

Il eft des Précocités de variétés qui fuivent les deux mêmes lois : ainfi le pois Michaux, femé en plein champ, fe mange plus tôt que le pois Clamart; ainfi la poire de Madeleine mûrit plus tôt en plein vent que la poire de bon chrétien; mais on peut auffi, à leur égard, avancer le moment d'en jouir, en femant les pois, en paliffadant les poiriers contre la partie méridionale d'un mur élevé.

Il y a des Précocités de climat : ainfi les plantes ci-deffus mûriffent plus tôt à Marfeille qu'à Paris, à Naples qu'à Marfeille.

Il eft enfin des Précocités de fol. Par exemple, toutes les cultures avancent plus rapidement dans une terre légère & fèche, que dans une terre tenace & humide; dans une terre noire, que dans une terre blanche, &c.

Les herbes qui font baignées par une eau de fource, pouffent pendant les gelées.

Les grands abris naturels font auffi des moyens de Précocité; c'eft pourquoi les récoltes fe font plus tôt à Gênes qu'à Montpellier, quoique cette dernière ville foit au midi de la première.

L'intérêt des cultivateurs les porte prefque toujours à defirer que leurs récoltes foient précoces, 1°. parce qu'ils ont moins à craindre les accidens qui peuvent les leur enlever; 2°. parce qu'ils jouiffent plus tôt de leurs produits; 3°. parce qu'ils retirent plus tôt leurs avances & l'intérêt de ces avances; 4°. parce qu'ils font plus tôt en poffibilité de placer d'autres cultures fur la même portion du fol; mais c'eft furtout autour des grandes villes pour les légumes, les fleurs & les fruits, que cela devient important : auffi les MARAICHERS, les FLEURISTES & les PÉPINIÉRISTES des faubourgs de Paris ne s'occupent-ils que des moyens d'arriver à ce but. *Voyez* ces trois mots.

Dans les grandes cultures, où l'économie eft une des premières bafes du fuccès, on ne peut rechercher la Précocité que par le moyen des variétés précoces; c'eft pourquoi on doit préférer le froment lammas au froment blanc, le trèfle de Hollande au trèfle commun; &c. Cependant il eft, d'après ce que j'ai dit plus haut, toujours des différences entre la maturité de leurs céréales & celle des céréales des cantons limitrophes. La plupart des vallées qui ne font pas au nord des grandes chaînes, préfentent ce phénomène.

Les moyens les plus affurés d'obtenir dans nos jardins des récoltes précoces, c'eft de faire ufage des PAILLASSONS, des CLOCHES, des CHÂSSIS, des COUCHES, des BACHES, des SERRES chaudes. *Voyez* ces mots.

Tout ce qui eft le produit de l'art eft moins parfait que ce qui fuit les loix de la nature : auffi les légumes & les fruits qu'on vend fi chers dans les marchés de Paris, paffent-ils, & ce d'autant plus, qu'ils ont été produits par des moyens plus forcés, pour être inférieurs en faveur & pour être moins fains que les légumes & les fruits qui font venus en leur temps. *Voyez* PRIMEUR.

Des moraliftes atrabilaires fe font élevés contre la production des primeurs, prétendant qu'il étoit blâmable de manger des petits pois à 300 francs le litre, des cerifes à 6 fous pièce; mais je ne penfe point comme eux. En effet, elles font un des moyens de faire rentrer l'argent des riches dans la circulation, de faire vivre beaucoup d'individus qui exercent leur induftrie fur les moyens de les faire naître, & de favorifer les progrès de la fcience agricole. (*Bosc.*)

PRÉJUGÉ. C'eft un jugement avant examen. *Voyez* le *Dictionaire des Sciences morales.*

Les cultivateurs font d'autant plus foumis aux Préjugés, qu'ils font plus ignorans & ifolés : auffi font-ils le plus grand obftacle au perfectionnement de l'agriculture. Une éducation plus étendue & des voyages, font les deux moyens les plus certains de les faire difparoître. (*Bosc.*)

PREMNA. *Premna. Voyez* ANDARÈSE.

PRENANTHE. *Prenanthes.*

Genre de plantes de la fyngénéfie égale & de la famille des *Chicoracées*, fort voifin des *Condrilles*, & même réuni à eux par quelques botaniftes. Comme M. de Lamarck eft du nombre de ces derniers, les efpèces qui lui appartenoient à l'époque où l'article des CONDRILLES a été rédigé, fe trouvent mentionnées à leur article. (*Bosc.*)

PRÉOU. C'eft la PRÉSURE dans le midi de la France.

PRÉPARATION. Ce mot eft fréquemment employé en agriculture pour indiquer des opérations qui doivent être exécutées avant d'autres. Par exemple, répandre du fumier, labourer, chauler, &c. font des Préparations au femis des blés.

Un cultivateur qui ne prépare pas d'avance tous les objets néceffaires à l'exécution de fes travaux, fe trouve fouvent dans le cas de les exécuter mal, de les exécuter trop tard, & même de ne pouvoir les exécuter. Il n'eft pas néceffaire d'établir la preuve de cette vérité; car il n'eft

personne qui n'en ait acquis la conviction par fa propre expérience.

C'eft furtout au moment des récoltes que le manque de foin à cet égard a des réfultats défaftreux. Combien de blé perdu chaque année, parce qu'on n'a pas réparé les voitures, les granges, les greniers, &c.! Combien de vin gâté ou écoulé, pour s'être refufé à nettoyer les preffoirs, les cuves, pour ne s'être pas pourvu d'un affez grand nombre de tonneaux neufs, n'avoir pas fait affez foigneufement réparer les tonneaux vieux, &c.! (*Bosc.*)

PRESLE. *Equisetum.*

Genre de plantes de la cryptogamie & de la famille des *Fougères*, lequel réunit onze efpèces, la plupart fort communes dans les campagnes, & intéreffant les cultivateurs, au moins comme mauvaifes herbes. On en cultive plufieurs dans les écoles de botanique. *Voyez* les *Illuftrations des genres*, pl. 862.

Efpèces.

1. La PRESLE des bois, vulgairement *queue de cheval.*
Equifetum filvaticum. Linn. ♃ Indigène.
2. La PRESLE à rameaux nombreux.
Equifetum ramofiffimum. Desf. ♃ De la Barbarie.
3. La PRESLE géante.
Equifetum giganteum. Linn. ♃ De l'Amérique.
4. La PRESLE des champs.
Equifetum arvenfe. Linn. ♃ Indigène.
5. La PRESLE campanulée.
Equifetum campanulatum. Linn. ♃ Du midi de la France.
6. La PRESLE des fleuves.
Equifetum fluviatile. Linn. ♃ Indigène.
7. La PRESLE à gros épis.
Equifetum macroftachion. Lam. ♃ De la Barbarie.
8. La PRESLE des marais.
Equifetum paluftre. Linn. ♃ Indigène.
9. La PRESLE des limons.
Equifetum limofum. Linn. ♃ Indigène.
10. La PRESLE d'hiver.
Equifetum hiemale. Linn. ♃ Indigène.
11. La PRESLE fétacée.
Equifetum fetaceum. Mich. ♃ De l'Amérique feptentrionale.

Culture.

Toutes les efpèces indigènes peuvent fe cultiver dans les écoles de botanique, en les y apportant en mottes de la campagne, & en les mettant dans les circonftances les plus rapprochées poffibles de celles où elles étoient. Ainfi celles des bois, des champs & d'hiver, feront mifes dans une terre argileufe; & celles des fleuves, des marais & des limons, feront difpofées de manière à pouvoir conferver

conferver plufieurs pouces d'eau fur leurs racines : là, elles fubfifteront plus ou moins de temps fans aucune culture; toutes craignant béaucoup d'être tourmentées.

La Prefle des bois eft affez élégante pour mériter d'être placée dans les maffifs des jardins payfages, & fes tiges affez abondantes dans certains bois humides pour mériter la peine d'être coupées & apportées fur le fumier, dont elles augmenteront la maffe.

La Prefle des champs devient, par fa grande abondance dans certains champs argileux & humides, un fléau pour l'agriculture. Elle fleurit immédiatement après la fonte des neiges, & fes feuilles ne fe développent qu'au commencement de l'été; de forte qu'on ne s'aperçoit de fes inconvéniens, quand on ne la connoît pas en fleur, que lorfqu'il n'eft plus temps de chercher à la détruire. Au refte, cette opération n'eft pas facile; car la charrue ne peut pénétrer affez bas pour atteindre fes racines, & un défoncement à la pioche ou à la bêche eft trop coûteux. Le moyen le plus affuré, mais qui ne peut avoir fon effet complet qu'au bout de quelques années, c'eft de foumettre les champs à une rotation de culture, telle qu'à des céréales fuccèdent des récoltes qui exigent des binages d'été, & à ces dernières des prairies artificielles, principalement de luzerne, qui, pouffant de bonne heure & très-ferrée, étouffe les pieds que les farclages multipliés n'ont pas fait périr. *Voyez* ASSOLEMENT & SUCCESSION DE CULTURE.

Les beftiaux ne mangent point cette efpèce; mais on peut en tirer parti en la coupant à la fin de l'été pour en faire de la litière, ou augmenter la maffe des fumiers.

La Prefle des fleuves eft fouvent fort abondante fur le bord des rivières & des étangs. Les Romains en eftimoient beaucoup les jeunes pouffes en guife d'afperges, & encore aujourd'hui on les mange ainfi dans quelques cantons de l'Italie. Les beftiaux, & principalement les vaches, les aiment beaucoup, & dans un grand nombre de lieux on les récolte pour les leur donner; mais le lait qu'elles fourniffent eft fans goût, & le beurre qui en provient eft couleur de plomb; les cochons recherchent auffi fes racines.

Les Prefles des marais & des limons, que quelques botaniftes regardent comme des variétés, paroiffent puiffamment concourir à l'élévation & à la confolidation des marais; elles nuifent quelquefois beaucoup aux prés bas, & on ne peut les détruire qu'en defféchant & cultivant ces marais pendant quelques années en céréales. On doit les couper pour faire de la litière; car elles furabondent quelquefois au point qu'elles ne fouffrent aucunes autres plantes avec elles.

La Prefle d'hiver a des tiges cannelées & rudes, qui, deffechées, fervent aux menuifiers & aux orfèvres, fous le nom d'*afprèle*, pour polir le bois

Agriculture. Tome VI.

& les métaux; elles font par conféquent l'objet d'un petit commerce pour les habitans des campagnes. (*Bosc.*)

PRESSE. Dans un grand nombre d'occafions les cultivateurs ont befoin d'exprimer le jus des fruits, de tenir comprimé le linge, &c. Il feroit donc bon qu'ils euffent toujours une petite Preffe portative au nombre de leurs meubles.

Une Preffe a généralement pour principe une ou deux vis; mais on peut en faire dont l'action foit fondée fur un ou plufieurs leviers, fur un ou plufieurs coins.

Les Preffes à vis varient fans fin dans leur forme, leur grandeur, le mode de leur emploi, l'objet de leur fervice. Je n'entreprendrai pas de les décrire, puifquelles le font dans le *Dictionnaire des Arts mécaniques.*

Les Preffes à levier & à coins font les plus fimples & les plus économiques; elles peuvent être conftruites par l'ouvrier le moins habile.

Une planche de fix pieds de long, d'un pied de large & d'un pouce d'épaiffeur, conftitue la bafe d'une des premières, de moyenne grandeur, & à chaque extrémité de cette planche eft un anneau de fer folidement fixé; une autre planche de même épaiffeur, & d'un pied carré, au-deffus de laquelle eft fixé un trapézoïde de quatre pouces de hauteur, d'un côté, & de trois de l'autre, conftitue la feconde pièce; enfin, la troifième eft un bâton inflexible, de fix pieds de long, à chaque extrémité duquel eft un anneau de fer très-folidement fixé.

Lorfqu'on veut employer cette Preffe, on attache enfemble un des anneaux du bâton, ou un des anneaux de la grande planche; on place la petite planche à un pied de ces anneaux, la partie la plus baffe du trapézoïde tournée de leur côté; on met ce qu'on veut preffer entre les deux planches, & en faifant paffer deux fois dans les anneaux oppofés de la planche & du bâton, une corde qu'on ferre avec le plus de force poffible, on opère une compreffion confidérable.

Les Preffes à coins font encore plus fimples, & leur effet eft plus grand, mais ne peut être auffi facilement gradué. Une moyenne eft formée, 1°. d'un cadre fait avec des planches de deux pouces d'épaiffeur, quatre pouces de largeur & un pied de longueur, dont les angles inférieurs font à mortoifes, & fortifiés par des équerres de fer, & dont le côté fupérieur gliffe dans une rainure, & peut fe foutenir à différentes hauteurs, à l'aide de deux tringles de fer de quatre lignes de diamètre, qui, au moyen de trous convenables, traverfent les montans. Sur la bafe de ce cadre eft fixée une planche d'un pouce d'épaiffeur & d'un pied carré. C'eft fur cette planche qu'on pofe les objets qu'on veut preffer, objets qu'on recouvre d'une autre planche parfaitement femblable; puis on approche la traverfe mobile, & on pofe les tringles de fer dans les trous des mou-

G

tans, qui en font les plus voifins. Cela fait, on introduit en fens contraire, & à égale diftance, entre la planche fupérieure & la traverfe mobile, deux coins parfaitement égaux, d'un pied de long & de trois pouces de haut à la tête, & on les chaffe au refus de maillet, en frappant alternativement de petits coups fur leur tête; l'effort eft immenfe : auffi faut-il, je le répète, que le cadre foit bien folide. Lorfqu'on veut ceffer de preffer, on frappe dans le fens contraire fur les coins.

Il faut faire en forte que les coins ne fe mouillent pas, car alors ils fe gonfleroient, augmenteroient la preffion au point de faire rompre le cadre, ou de rendre impoffible leur defferrement.

Dans le cas où on ne pourroit empêcher cette circonftance, il faudroit fe fervir de coins de fer.

Plus les coins font larges, & plus également ils compriment.

Voyez, pour le furplus, le mot PRESSOIR. (*Bosc.*)

PRESSÉ. On nomme ainfi, dans les hautes Alpes, l'état que prennent les céréales lorfqu'après leur floraifon elles font frappées de mort par fuite d'un coup de foleil ou d'une féchereffe prolongée. Le premier effet produit eft le changement de leur couleur en blanc.

Le plus fouvent la Preffe fe fait remarquer dans les champs où la couche de terre eft peu profonde, & qui font expofés au midi. *Voyez* FROMENT.

PRESSOIR : machine deftinée à faire fortir la partie fluide, foit aqueufe, foit huileufe, qui fe trouve dans les fruits, & lieu où cette machine eft placée.

Le bâtiment dans lequel un Preffoir eft placé, doit être affez grand, non-feulement pour le contenir, mais encore pour recevoir tous les uftenfiles acceffoires, & pour pouvoir faire le fervice fans gêne. Il fera toujours avantageux que les voitures puiffent entrer, au moins en partie, dans fon intérieur, afin d'éviter & les frais & les pertes, fuites néceffaires des tranfports en petites maffes. La propreté y fera conftamment entretenue, même hors des temps de fervice, car elle eft effentiellement confervatrice.

Les Preffoirs qui font le plus communément dans le cas d'être conftruits pour le compte des cultivateurs proprement dits, font ceux à vin, ceux à cidre & poiré, & ceux à huile. Les Preffoirs à vin & à cidre peuvent fe fuccéder; ceux à huile font généralement plus petits, & ne peuvent être employés à d'autres ufages, à caufe de l'huile qui s'imprègne dans les bois dont ils font compofés; & qui, ranciffant, porte fa mauvaife odeur dans les matières preffées enfuite.

Je n'entrerai point dans la defcription détaillée des Preffoirs à vin, cela regardant le *Dictionnaire des machines*; mais je dois dire un mot des avantages & des inconvéniens de ceux qui font le plus généralement employés.

Tous les Preffoirs ont une bafe ordinairement

carrée, qu'on appelle la *mai*, autour de laquelle, pour l'écoulement du liquide, eft creufée une rainure plus ou moins profonde, plus ou moins large, qui fe dégorge au milieu ou fur les côtés, dans le fens de l'inclinaifon. Tantôt cette bafe eft en pierres de taille jointes à chaux & à ciment; tantôt des madriers de quatre pouces d'épaiffeur, à intervalles rigoureufement calfatés, portés fur des poutres d'un pied d'équarriffage.

Le *Preffoir à cage ou à teffon* a pour moyen de preffion un levier compofé d'une ou de deux très-groffes poutres jointes enfemble, qui gliffent dans deux forts cadres établis fur les bords de la mai, parallèlement à fa ligne d'inclinaifon. Un des bouts paffe librement dans les cadres, à l'un defquels il s'attache cependant à volonté; l'autre eft taraudé & reçoit une forte vis tournante fur un pivot inférieur, & armée d'une roue ou de quatre bras pour la faire tourner, foit par l'effort des hommes, foit par celui des chevaux: cette vis ne fert qu'à faire defcendre (& remonter) la poutre & à la maintenir. Plus la poutre eft longue, & par conféquent la vis éloignée de la mai, & plus la preffe eft puiffante; mais il faut que les cadres foient d'une conftruction extrêmement folide, car la réaction de la poutre fur eux, furtout fur le point le plus éloigné de la vis, eft extrêmement confidérable. Pour la diminuer, on pourroit attacher une chaîne à une barre de fer fixée aux pieds du cadre le plus éloigné & à un fort anneau fixé à la poutre, mais je ne l'ai jamais vu faire. *Voyez* PRESSE.

La vendange étant fur la mai, dans l'épaiffeur la plus exactement égale qu'il eft poffible, on la charge de larges madriers qui fe touchent; & fur ces madriers on met, en fens contraire, des folives efpacées d'un demi-pied; puis fur ces dernières, dans le fens des madriers, d'autres folives femblables, écartées d'un pied: c'eft fur ces derniers que preffe la poutre qui fait levier. Le tout s'appelle un *chantier*.

On a prétendu que ces Preffoirs fourniffoient plus de vin que les fuivans; mais fi cet avantage eft réel, chofe encore douteufe, il eft compenfé par la plus grande dépenfe de fa conftruction, de fes opérations & de fon emploi, qui eft d'ailleurs plus lent.

Le *Preffoir à étiquet* a pour moyen direct de preffion une vis qui eft placée entre deux montans, tantôt fimples, tantôt doubles, fixés comme à l'autre, aux deux côtés de la mai, parallèlement à fa ligne d'inclinaifon. Ces montans font armés de deux traverfes, une fupérieure, très-forte, fortifiée par des liens & taraudée dans fon milieu pour le paffage de la vis; l'autre inférieure, gliffant dans une rainure pratiquée dans l'épaiffeur de chaque montant, & ayant dans fon milieu une crapaudine de cuivre dans laquelle tourne l'axe de fer de la vis.

La vis porte à fa partie inférieure une roue à

larges jantes, au moyen de laquelle, à l'aide d'une corde qui y eſt fixée d'un côté, tandis qu'elle l'eſt de l'autre à l'arbre d'un treuil ou d'un cabeſtan, établi à quelque diſtance de la mai, on fait deſcendre ou monter la vis à volonté.

On établit un chantier comme dans le Preſſoir précédent, & c'eſt ſur lui que preſſe la traverſe inférieure.

Cette ſorte de Preſſoir eſt aujourd'hui, que les groſſes poutres ſont devenues rares & chères, bien plus commune que la première ; elle exige d'ailleurs moins de place, de plus rares réparations, & moins de bras pour être miſe en action. Plus le diamètre de la roue eſt grand, & moins il faut de force pour produire le même effet.

Le *Preſſoir à double coffre.* Ce Preſſoir conſiſte principalement en deux coffres de trois pieds de large & de haut, ſur ſix pieds de long, formés de madriers de trois pouces d'épaiſſeur, percés au fond & ſur les longs côtés d'un grand nombre de trous de deux à trois lignes de diamètre. Ces coffres ſont établis ſur deux mais rapprochées & dans la même ligne, moins ſolides que celles dont il a été ci-devant queſtion, parce qu'elles n'ont point d'efforts à ſoutenir, mais d'ailleurs conſtruites de même. Dans l'intervalle s'élèvent deux cadres ſolides & ſolidement aſſemblés, entre leſquels jouent, 1°. une grande roue verticale à dents, mais ſans lanterne, qui fait preſſer les vis, & eſt inférieure à toutes les autres ; 2°. une roue moins grande, mais ſemblable, ayant une lanterne qui fait tourner la première ; 3°. une roue encore moins grande, pourvue d'une lanterne qui fait tourner la ſeconde roue ; 4°. une lanterne qui fait tourner la troiſième roue au moyen d'une manivelle. Un ſeul homme, en tournant cette manivelle, fait mouvoir les vis & opère une preſſion auſſi forte, & même plus forte que celle des autres Preſſoirs.

C'eſt dans ces deux coffres, extérieurement fortifiés par des clés, des équerres, &c., munis chacun, à cet égard, d'un diaphragme mobile, contre lequel agit la vis, & de petites planches qui ſe reculent les unes ſur les autres à meſure que le diaphragme recule, que ſe place la vendange.

Je n'ai point vu ce Preſſoir exécuté en grand & travaillant ; mais j'ai fait des eſſais avec un modèle qui a parfaitement rempli l'objet.

On dit qu'il en exiſte à Château-Thierry, & autres vignobles de Champagne.

Les trois ſortes de Preſſoirs que je viens d'indiquer, ſont figurés pl. 21 & 22 de l'*Art aratoire*, qui fait partie de l'Encyclopédie.

Quant à la preſſée du vin & aux autres opérations qui ſe font ſur le Preſſoir, j'en parlerai en détail à l'article VIN.

Quoiqu'en principe les Preſſoirs à vin, réduits à de plus petites proportions, puiſſent ſervir à extraire l'huile des olives & des graines qui en donnent, cependant partout on en emploie de différens.

Dans la ci-devant Provence, on fait uſage de pluſieurs ſortes de moulins à huile, dont les plus dans le cas d'être cités, ſont :

1°. Le *Preſſoir à Martin.* Il eſt formé par quatre montans, fixés deux par deux ſur une eſpèce de mai : ces montans ſont évidés dans une partie de leur hauteur, par leur côté, pour recevoir des bûches lorſqu'on n'a pas aſſez d'olives pour faire une preſſée complète. Vers le ſommet de ceux de ces montans qui ſont les plus rapprochés, ſe placent deux traverſes qui ſupportent un levier horizontal, fait avec une ſolive de ſix à huit pieds de long, dont un des bouts ſaille ; une autre ſolive ſemblable eſt libre entre les montans ; mais ſon extrémité ſaillante eſt traverſée par une vis qui tourne en haut dans la ſolive ſupérieure, & en bas dans une crapaudine de fer fixée dans le ſol.

Les cabas renfermant les olives moulues ſe placent ſur la mai ſous cette ſolive, qu'on abaiſſe au moyen de la vis & des efforts des quatre hommes qui la font mouvoir par le moyen de deux leviers placés convenablement. Cette preſſe rentre par conſéquent dans le principe du Preſſoir que j'ai décrit le premier.

On ſe ſert auſſi, dans ce pays, de ſimples preſſes agiſſant par le moyen d'un bâton qu'on fait ſucceſſivement entrer dans des trous pratiqués dans la partie inférieure de cette vis.

Ce qu'on appelle généralement moulin hollandais à huile, où du moins la principale pièce de ce moulin, eſt un véritable Preſſoir dans lequel la puiſſance eſt celle du coin, combinée de la manière la plus ingénieuſe. Il eſt beaucoup à déſirer que l'uſage de ces Preſſoirs ſe multiplie en France pour le grand avantage de l'agriculture.

Le plus grand inconvénient de cette machine, c'eſt ſa complication & ſon haut prix de conſtruction, parce qu'outre les deux Preſſoirs, il y entre ordinairement des roues verticales tournantes, deſtinées à faire agir des pilons pour écraſer les graines, ces parties étant indiſpenſables aux opérations préliminaires à l'extraction de l'huile.

La partie qui conſtitue eſſentiellement le Preſſoir dans le moulin hollandais, s'appelle le *tordoir* ; elle ſe place dans une excavation carrée, pratiquée dans un aſſemblage de poutres ; elle eſt compoſée de ſix pièces de bois : 1°. les *couſſins*, qui ſont deux morceaux trapézoïdes, dont le côté oblique eſt en dedans & en ſens inverſe ; 2°. *coin à déſerrer* ; c'eſt un triangle iſocèle terminé par une tête cubique ; il ſert à détruire la preſſion produite par le coin ; 3°. *deux gliſſoirs* ; ce ſont deux planches qui s'appliquent ſur la pâte dont on veut extraire l'huile, & entre leſquelles on chaſſe le coin ; 4°. le *coin* : il n'eſt coin qu'à ſon extrémité ; ſa partie ſupérieure eſt terminée par une queue.

C'eſt par le moyen d'un mouton élevé par une roue à eau, où par un moulin à vent, ou par un manège à cheval, qu'on frappe ſur le coin, juſqu'à ce qu'il ſoit arrivé juſqu'au bas des gliſſoirs,

& que l'huile contenue dans la pâte qui eft derrière eux fe foit écoulée. Cette opération faite, un autre mouton frappe fur le coin à défermer, qui eft en fens contraire du précédent, & qui par fon refort fait détraquer l'autre, & par fuite l'enfemble des quatre pièces annoncées plus haut, de manière qu'on peut enlever fans effort la pâte épuifée d'huile & en remettre de la nouvelle. Pour qui connoît la puiffance réunie du coin & du mouton, les deux plus fortes dont il foit donné à l'homme de difpofer, le Preffoir hollandais fera celui qui produira le mieux l'effet qu'on en attend, c'eft-à-dire, la plus complète extraction de l'huile que contenoit la graine. (*Bosc.*)

PRÉSURE. C'eft le lait caillé qui fe trouve dans l'eftomac des jeunes veaux, & qui s'emploie, foit tel qu'il eft, foit defféché & préparé, pour déterminer la formation du fromage dans le lait frais, c'eft-à-dire, contenant toute la crême. *Voyez* FROMAGE.

Le choix de la Préfure & la quantité qu'on emploie, influent extrêmement fur la qualité & la durée des fromages.

Chaque fois qu'on en a une nouvelle, elle différe dans fes effets des précédentes, fur chaque lait, à toutes les époques de l'année & felon la quantité de lait. Il eft abfolument impoffible de donner des règles propres à fixer ce choix : c'eft à celui qui opère à tâtonner pour arriver au but avec le plus de certitude poffible. Je dirai feulement qu'il eft plus nuifible d'en mettre trop que de n'en mettre pas affez, & que la plus nouvelle eft toujours la meilleure.

On conferve fort bien la Préfure dans l'eftomac même du veau, en la falant & en la fufpendant au plancher dans un lieu fec & exempt d'émanations. Pour en faire ufage, ou on coupe l'eftomac defféché en petits morceaux, qu'on met dans le lait en entier, ou on en détache la Préfure au moyen de la pointe d'un couteau, ou on en fait diffoudre dans un peu d'eau chaude qu'on verfe enfuite dans le lait. Cette dernière pratique eft préférable ; les autres ont le grave inconvénient d'agir lentement, à raifon du temps qu'il faut à la Préfure pour fe diffoudre & fe répandre dans toute la maffe du lait. Dans les grandes fabriques de fromage, on met la Préfure encore fraîche dans du vinaigre falé, qui fe renferme dans des bouteilles & fe conferve à la cave. Il eft des lieux où on en imprègne du paio, qu'on fait fécher & qu'on réduit enfuite en poudre, pour l'introduire en cet état dans le lait ; & il m'a paru qu'il y avoit de l'avantage à fuivre cette dernière méthode.

La recommandation que j'ai faite plus haut de ne pas expofer la Préfure fèche aux émanations, eft fondée fur ce qu'elle prend très-facilement, & communique enfuite au fromage le goût du fumier, de graillon, de fumée, de renfermé, &c.

Lorfque la Préfure fe trouve dépofée dans un lieu humide, elle moifit & fe pourrit ; ce qui la rend impropre à fon objet. (*Bosc.*)

PRIMAIRE : fynonyme de PRIMEUR.

PRIME : fynonyme de PRIMEUR.

PRIMEROLE : fynonyme de PRIMEVÈRE.

PRIMEUR. Tout légume, toute graine, tout fruit qui fe mange avant l'époque fixée par la nature, porte ce nom, lorfque c'eft par art qu'on eft parvenu à fe le procurer. *Voyez* PRÉCOCE.

Généralement les objets de Primeurs font moins bons que les objets venus en leur temps : auffi n'eft-ce pas la gourmandife qui les fait rechercher du plus grand nombre, mais la vanité, c'eft-à-dire, le défir de montrer fon opulence ; auffi n'eft-ce qu'autour des villes où le luxe règne dans toute fa plénitude, que leur culture eft en faveur. On en voit davantage fur les marchés de Londres que fur ceux de Paris, & plus fur ceux de Paris que fur ceux de Vienne, Berlin, &c.

Sans doute la culture des Primeurs ne doit pas être encouragée par les gouvernemens ; mais elle ne doit pas non plus être profcrite par eux, comme quelques perfonnes le prétendent. Perfonne, en principe, n'a droit d'empêcher ce qui ne nuit pas aux autres ; & fi la dépenfe de l'acquifition des Primeurs concourt à la ruine de quelques individus, elle en fait vivre un grand nombre d'autres qui fe confacrent à leur production.

Faire naître des Primeurs eft la partie la plus favante de l'agriculture, au moins celle qui fe perfectionne le plus rapidement. Il n'eft point de production agricole qui donne habituellement une plus grande valeur à la terre. Il ne faut qu'un châffis de quatre pieds carrés pour obtenir quatre à cinq melons, dont le premier fe vendra 50 & 60 francs, & le dernier 20 à 30. Le même châffis donne le même revenu en fraifes, en petits pois, &c.

Quoique je reconnoiffe, comme je l'ai annoncé plus haut, que les Primeurs ne font pas pourvus de toute la faveur dont jouiffent les mêmes productions crues naturellement, je me crois en état de prouver, par le fait, qu'il eft poffible de les en faire approcher de fi près, qu'il feroit difficile de leur reconnoître une infériorité notable, attendu que c'eft pour avoir employé trop de fumier, pour n'avoir pas donné affez d'air, pour avoir arrofé avec excès, que tel ou tel légume a un mauvais goût ou eft fans goût. *Voyez* COUCHE, CHASSIS, SERRE, FUMIER, &c.

Dans les climats chauds, la culture des Primeurs eft beaucoup plus facile & beaucoup moins coûteufe que dans les climats contraires. Paris fe trouve pofitivement dans l'intermédiaire : auffi ce qui s'y pratique peut-il, avec quelques légères modifications, être appliqué partout. *Voyez* CLIMAT. (*Bosc.*)

PRIMEVÈRE. *Auricula.*

Genre de plantes de la pentandrie monogynie & de la famille des *Lyfimachies*, dans lequel on compte vingt-quatre espèces, dont trois sont l'objet d'une culture assez étendue dans nos jardins, & dont une est trop commune dans nos campagnes pour ne pas attirer l'attention des cultivateurs. Il est figuré pl. 98 des *Illuftrations des genres* de Lamarck.

Obfervations.

Une des espèces de ce genre, vulgairement appelée l'*oreille d'ours*, étant une des fleurs cultivées avec le plus de foin, j'ai dû en traiter dans un article particulier auquel je renvoie le lecteur.

Efpèces.

1. La PRIMEVÈRE officinale, vulgairement *fleur de coucou, primerole, braiète.*
Primula officinalis. Linn. ♃ Indigène.

2. La PRIMEVÈRE plane.
Primula elatior. Willd. ♃ Indigène.

3. La PRIMEVÈRE à grandes fleurs.
Primula acaulis. Lam. ♃ Indigène.

4. La PRIMEVÈRE farineufe.
Primula farinofa. Linn. ♃ Des Alpes.

5. La PRIMEVÈRE à oreillettes.
Primula auriculata. Lam. ♃ Du Levant.

6. La PRIMEVÈRE à longues fleurs.
Primula longiflora. Allioni. ♃ Des Alpes.

7. La PRIMEVÈRE des neiges.
Primula nivalis. Pall. ♃ De la Sibérie.

8. La PRIMEVÈRE glutineufe.
Primula glutinofa. Linn. ♃ Des Alpes.

9. La PRIMEVÈRE verticillée.
Primula verticillata. Forsk. ♃ De l'Arabie.

10. La PRIMEVÈRE oreille d'ours.
Primula auricula. Linn. ♃ Du midi de l'Europe.

11. La PRIMEVÈRE de Sibérie.
Primula fibirica. Jacq. ♃ De la Sibérie.

12. La PRIMEVÈRE à feuilles entières.
Primula integrifolia. Linn. ♃ Des Alpes.

13. La PRIMEVÈRE velue.
Primula villofa. Jacq. ♃ Des Alpes.

14. La PRIMEVÈRE crénelée.
Primula crenata. Lam. ♃ Des Alpes.

15. La PRIMEVÈRE de la Carniole.
Primula carniolica. Jacq. ♃ Des Alpes.

16. La PRIMEVÈRE géante.
Primula gigantea. Jacq. ♃ De la Sibérie.

17. La PRIMEVÈRE de Norwège.
Primula norvegica. Retz. ♃ Du nord de l'Europe.

18. La PRIMEVÈRE à feuilles de cortufe.
Primula cortufoides. Linn. ♃ De la Sibérie.

19. La PRIMEVÈRE de Miffaffin.
Primula miftaffinica. Mich. ♃ De l'Amérique feptentrionale.

20. La PRIMEVÈRE pygmée.
Primula minima. Linn. ♃ Des Alpes.

21. La PRIMEVÈRE aizoïde.
Primula vitaliana. Linn. ♃ Des Alpes.

22. La PRIMEVÈRE de Palinure.
Primula Palinuri. Patag. ♃ Du midi de l'Italie.

23. La PRIMEVÈRE de Finmarche.
Primula finmarchia. Ait. ♃ Du nord de l'Europe.

24. La PRIMEVÈRE de Suiffe.
Primula helvetica. Ait. ♃ Des Alpes.

Culture.

Les espèces qui se cultivent dans nos écoles de botanique, font celles inscrites fous les n°s. 1, 2, 3, 4, 5, 7, 8, 10, 12, 13, 14, 18, 23 & 24. Excepté la cinquième, qui est d'orangerie, toutes fe contentent de la pleine terre: auffi, lorsqu'elles font en place, elles n'ont plus befoin que des binages de propreté en ufage dans les jardins bien tenus. Les terres légères & fèches font celles qu'elles préfèrent. Les années pluvieufes leur font défavorables. On les multiplie rarement de graines, quoique leurs femis réuffiffent fort bien, furtout dans la terre de bruyère & à l'expofition du levant, parce que ce moyen eft lent, & que le déchirement des vieux pieds eft facile, donne des jouiffances dès la même année, & fuffit aux befoins. C'eft en automne qu'il convient le mieux de faire cette opération, attendu la précocité de la floraifon de la plupart des efpèces.

Celles des efpèces qui croiffent naturellement fur les hautes Alpes, craignent les grands froids du climat de Paris, & demandent à être couvertes pendant leur durée, foit par des feuilles fèches, foit au moyen d'un pot à fleur renverfé & à moitié recouvert de terre. Elles craignent également les grandes chaleurs, & ont befoin d'être abritées du foleil pendant leur durée. (*Voyez* PARASOL.) En général, il eft difficile de les conferver plufieurs années, à moins qu'on ne les multiplie outre mefure, pour étendre les chances favorables.

La Primevère à grandes fleurs, ou *Primevère fans tige*, eft, avec l'OREILLE D'OURS ou *auricule*, celle qu'on voit le plus abondamment dans nos jardins. Ses variétés fimples & doubles font fi nombreufes dans les nuances du rouge, du jaune & du blanc, que je ne puis les énumérer; &, lorfqu'on fait les oppofer les unes aux autres, on leur fait produire, foit dans les parterres, foit dans les jardins payfagers, des effets prefque magiques. Le terrain des maffifs de ces derniers jardins devroit toujours en être parfemé. On les difpofe auffi en bordures avec beaucoup d'avantages. Quoique, comme les autres efpèces, elle préfère

les terrains légers & les expofitions à demi ombragées, elle s'accommode fort bien du liéu où
on la met, quel qu'il foit. Épuifant beaucoup le
fol, il devient néceffaire de la relever tous les
quatre à cinq ans, pour diminuer la groffeür de
fes touffes, la changer de place ou lui donner
de la nouvelle terre. C'eft en automne qu'il eft le
plus convenable de faire cette opération.

Cette efpèce, ainfi que les autres, ne fe multiplie guère que par déchirement des vieux pieds,
déchirement qui en produit immenfément de jeunes;
mais fi on vouloit fe pourvoir de nouvelles variétés, il faudroit faire des femis avec des graines
prifes fur les plus perfectionnées de celles qu'on
poffède, à l'expofition du levant, dans une terre
légère, abondamment mêlée avec du terreau de
couche, ou même dans du terreau de couche pur,
pourvu qu'il ait trois ans de fabrication. Le plant
produit par ces femis feroit relevé & répiqué à fix
pouces à fa feconde année, & à fa troifième on
pourroit juger de la beauté de fes fleurs, & à la
quatrième il feroit dans le cas d'être mis en place.
Pendant tout ce temps, il ne demanderoit que des
farclages & des binages. Des arrofemens pendant
les grandes féchereffes feroient avantageux.

La Primevère officinale eft fi multipliée dans
certains prés, que les beftiaux n'y touchant pas,
elle eft nuifible à leurs produits en foin; elle indique les prairies épuifées, c'eft-à-dire, qui doivent
être labourées & femées en céréales ou en plantes
qui exigent des binages d'été. (Voyez Substitution de culture & Prairie.) On peut auffi
la détruire, en enlevant au printemps fes touffes
avec une pioche à fer étroit.

Cette efpèce fe cultive auffi dans quelques parterres, & devroit être plus multipliée dans les jardins payfagers; elle offre quelques variétés de grandeur & de couleur, variétés qui fe confondent
quelquefois avec celles de la primevère fans tige,
& qui ont fait croire qu'elles appartenoient au
même type; opinion que je ne partage pas. (Bosc.)

PRIMITIF (Terrain): fol formé de granit, de
gneifs, de fchifte, de marbre, d'argile fèche, &c.,
qui a été évidemment formé avant le fol calcaire
ou argileux, dans lequel on trouve des coquilles
analogues à celles des mers actuelles.

Entre ces deux fols s'en montre un troifième
appelé de tranfition, principalement formé de
pierres calcaires, argilefés, d'argile & de grès,
tous contenant des coquilles qui, comme les
cornes d'ammon, les bélemnites, les nummulaires, les gryphites, &c., n'exiftent plus dans
nos mers.

Le terrain primitif a pour l'agriculteur des caractères propres, & par conféquent demande une
culture particulière. Il manque généralement de
profondeur, de confiftance, & eft prefque toujours en pente: auffi eft-il fec le lendemain d'une
pluie; auffi les eaux pluviales entraînent-elles dans
les vallées l'humus qui s'y forme annuellement par

la deftruction des végétaux qui y croiffent, de
forte qu'il eft toujours ce qu'on appelle maigre.
Le feigle, le farrafin, les raves, la navette, la
fpergule, les pommes de terre, font les productions qu'on leur demande ordinairement; & leurs
récoltes font des plus chétives toutes les fois qu'il
n'a pas plu fréquemment, & qu'il n'a pas été
abondamment fumé. Il demande à être rechargé
de loin en loin, c'eft-à-dire, qu'on rapporte à
dos de cheval, fur les pentes, les terres qui en
ont été entraînées, & qu'on faffe des travaux pour
retarder l'entraînement poftérieur des mêmes terres; c'eft-à-dire, des terraffes, des foffés, des bordures en pierres, en arbres; &c. Y faire des femis
dans l'intention d'enterrer leurs produits lorfqu'ils
font arrivés à la moitié de leur croiffance, eft le
moyen le plus économique pour les améliorer, &
on doit l'exécuter au moins une fois en trois ans.
Le farrafin & les raves font à préférer dans ce
cas.

On trouvera aux mots Granit, Gneiss,
Schiste, Marbre, Roche & Montagne, les
fupplémens néceffaires à cet article, que j'aurois
pu beaucoup étendre. (Bosc.)

PRINTANIÈRES. On appelle ainfi les plantes
qui croiffent naturellement, fleuriffent ou fructifient à la fin de l'hiver.

Les ellébores, les violettes, les primevères,
font des plantes printanières.

Il y a la différence entre printanier & Précoce,
que ce dernier mot fuppofe le fecours de l'art.
Voyez fon article, ainfi que ceux Hatif & Primeur.

C'eft toujours une grande jouiffance pour le
cultivateur que l'apparition des plantes printanières; auffi doit-on les multiplier autant que poffible dans toutes les fortes de jardins, furtout dans
les Jardins payfagers. Voyez ce mot. (Bosc.)

PRINTEMPS: la première des quatre faifons
de l'année, celle pendant laquelle la végétation fe
ranime, & les cultivateurs commencent la férie
de leur pénibles travaux. L'époque où on y entre,
varie felon les latitudes, felon les expofitions, les
années, &c. Ainfi il arrive plus tôt à Marfeille
qu'à Paris, contre un mur expofé au midi que
contre un mur expofé au nord, dans une année
où la bife ne fouffle pas long-temps que dans celle
où elle dure. Dans le calendrier elle renferme les
mois d'Avril, de Mai & de Juin; mais dans
la nature, pour la plus grande partie de la France,
& furtout pour les départemens méridionaux, elle
fe montre bien plus tôt. Voyez les articles des mois
précités, & ceux de Janvier, Février & Mars.

Le Printemps ranime la nature, & donne des
jouiffances aux ames fenfibles qui favent fentir fes
beautés. Il a été chanté par les poëtes, qu'il eft
plus dans le cas d'infpirer qu'aucune des autres
faifons.

Les cultivateurs s'accordent à dire que, pour
qu'un Printemps foit favorable aux récoltes fu-

tures , il faut qu'il ne foit ni trop froid, ni trop chaud , ni trop fec , ni trop pluvieux. *Voyez* FROID, CHALEUR, SÉCHERESSE, HUMIDITÉ & PLUIE.

C'eft vers fa fin que mûriffent les CERISES & les FRAISES, que fe récoltent les foins des prairies hautes.

L'obfervation femble faire croire que les Printemps actuels font plus tardifs & moins chauds que ceux d'autrefois, ce qui eft dû à l'affoibliffement des abris réfultant du déboifement des hautes montagnes. L'art diminue cet inconvénient dans les jardins, mais il ne le peut dans la grande culture qu'en choififfant les variétés PRÉCOCES. *Voyez* ce mot. (*Bosc.*)

PRISE D'EAU : lieu où il fe trouve naturellement une maffe d'eau ftagnante ou coulante, & d'où on la dirige artificiellement pour arrofer un pré, pour faire tourner un moulin, pour alimenter un jet d'eau, une cafcade, un baffin, &c.

Une Prife d'eau eft toujours plus élevée que l'endroit où elle doit être conduite; tantôt c'eft par une rigole fimple ou maçonnée, couverte ou non couverte, tantôt par des conduits en bois, en terre, en plomb, que l'eau fe rend à fa deftination. *Voyez* NIVELLEMENT.

Les eaux des fontaines & des petites rivières appartenant aux propriétaires du terrain fur lequel elles fe trouvent, & les rivières navigables faifant partie du domaine public, on ne peut prendre de l'eau hors fa propriété fans un arrangement avec fon voifin, ou fans une autorifation du Gouvernement, furtout fi les effets de cette Prife doivent être permanens. *Voyez* EAU, ETANG, FONTAINE, RUISSEAU & RIVIÈRE. (*Bosc.*)

PRISMATOCARPE. *PRISMATOCARPUS.*

Nom donné par Lhéritier à un genre qu'il avoit formé aux dépens des campanules, voifines de la campanule miroir de Vénus. C'eft le même que le genre *Legouzia* de Durande. *Voyez* CAMPANULE.

PRIVA. *PRIVA.*

Genre de plantes établi aux depens de celui des verveines, & qui réunit cinq efpèces, dont plufieurs ont formé feules ou font entrées dans les genres BUSSERIE, BLAIRIE, TORTULE & CARTELLIE. *Voyez* ces mots.

Efpèces.

1. Le PRIVA lappulacé.
Priva lappulacea. Jacq. ♃ De la Jamaïque.
2. Le PRIVA denté.
Priva dentata. Vahl. ♃ De l'Arabie.
3. Le PRIVA du Mexique.
Priva mexicana. Willd. ♃ Du Mexique.

4. Le PRIVA à épi filiforme.
Priva leptoftachya. Willd. ♃ Des Indes.
5. Le PRIVA uni.
Priva levis. Juff. ♃ Du Bréfil.

Culture.

La troifième efpèce eft la feule qui fe voie dans nos jardins. C'eft une affez belle plante, qui, dans le climat de Paris, peut refter en pleine terre dans les hivers doux, mais qu'il eft prudent de tenir en terre pour la rentrer dans l'orangerie aux approches des froids. Elle demande une terre de moyenne confiftance & des arrofemens fréquens en été. Sa multiplication a lieu par graines, dont elle donne abondamment dans nos jardins, graines qu'on fème dans des pots fur couche nue, dès que les gelées ne font plus à craindre, par boutures plantées de même, & par déchirement des vieux pieds.

On ne voit cette plante que dans les écoles de botanique & dans les grandes collections. (*Bosc.*)

PROCKIA. *PROCKIA.*

Genre de plantes de la polyandrie monogynie & de la famille des *Rofacées*, dans lequel fe rangent huit efpèces. Il fe rapproche beaucoup des LIGHTFOOTES & des LITSEES, & eft figuré pl. 465 des *Illuftrations des genres* de Lamarck.

Efpèces.

1. Le PROCKIA de Sainte-Croix.
Prockia Crucis. Willd. ♄ De l'île Sainte-Croix.
2. Le PROCKIA deltoïde.
Prockia deltoides. Lam. ♄ De l'Ile-Bourbon.
3. Le PROCKIA théiforme.
Prockia theiformis. Willd. ♄ Des Indes.
4. Le PROCKIA à feuilles entières.
Prockia integrifolia. Willd. ♄ Des Indes.
5. Le PROCKIA denté.
Prockia ferrata. Willd. ♄ De l'Ile-de-France.
6. Le PROCKIA lacinié.
Prockia laciniata. Lam. ♄ De l'Ile-Bourbon.
7. Le PROCKIA lobé.
Prockia lobata. Lam. ♄ De.....
8. Le PROCKIA ovale.
Prockia ovata. Lam. ♄ De l'Ile-de-France.

Culture.

Cette dernière efpèce eft la feule qui fe voie dans nos jardins; on la tient toute l'année dans la ferre chaude : elle demande une terre de moyenne confiftance & peu d'arrofemens. Il ne paroît pas qu'elle puiffe fe multiplier de boutures, & elle ne donne pas de graines en France. (*Bosc.*)

PROCRIS. *PROCRIS.*

Genre de plantes de la monœcie tétrandrie &

de la famille des *Urticées*, qui diffère extrêmement peu des ORTIES & des BŒHEMÈRES. (*Voyez* le premier de ces mots.) Il est figuré pl. 763 des *Illustrations des genres* de Lamarck. Aucune des huit espèces qu'il renferme n'est cultivée dans nos jardins.

Espèces.

1. Le PROCRIS à feuilles d'ortie.
Procris urticæfolia. Lam. ♄ De Saint-Domingue.
2. Le PROCRIS céphalide.
Procris cephalida. Lam. ♃ De l'Ile-Bourbon.
3. Le PROCRIS ridé.
Procris rugosa. Lam. Du Pérou.
4. Le PROCRIS des rivages.
Procris littoralis. Swartz. De Saint-Domingue.
5. Le PROCRIS à trois nervures.
Procris trinervata. Lam. De Saint-Domingue.
6. Le PROCRIS tacheté.
Procris maculata. Lam. De Java.
7. Le PROCRIS acuminé.
Procris acuminata. Lam. De Java.
8. Le PROCRIS à feuilles de hêtre.
Procris fagifolia. Lam. De l'Ile-Bourbon.

(*Bosc.*)

PROLIFÈRE (Fleur) : fleur du centre de laquelle il sort une ou plusieurs autres fleurs.

On trouve des fleurs prolifères dans la campagne ; mais c'est seulement dans nos jardins qu'elles sont communes. Cette monstruosité est fort estimée de quelques cultivateurs ; cependant elle n'est que remarquable, car excepté la rose à cent feuilles & l'œillet à carte, je n'en connois pas qui soit pourvue d'une véritable beauté. On la multiplie par greffe, par bouture, par marcotte, & même quelquefois par graine. *Voyez* ROSE & ŒILLET.

Les fleurs prolifères sont plus communes dans les terrains gras & humides, & lors des printemps pluvieux, ce qui fait qu'on les attribue, & ce avec raison, à la surabondance de la sève.

Retrancher toutes les feuilles & tous les boutons d'une plante, peu avant sa floraison, les produit presque toujours, parce que la nouvelle pousse se développe, à raison de l'augmentation de la chaleur solaire, avec beaucoup plus d'exubérance. Au reste, cette singulière modification de l'activité organique a encore besoin d'être étudiée.

On voit aussi des fruits prolifères qui, à mon avis, méritent encore moins l'attention des simples amateurs que les fleurs. *Voyez* MONSTRUOSITÉ & FLEURS DOUBLES. (*Bosc.*)

PRONOSTICS. On donne ce nom aux signes tirés de l'aspect de l'atmosphère, de celui des corps terrestres, de celui des animaux & des végétaux, pour prévoir les changemens de temps. *Voyez* MÉTÉOROLOGIE.

L'art des Pronostics n'a aucun rapport avec celui de l'astrologie. Le premier repose sur l'obser-

vation des faits, & le dernier sur des suppositions gratuites. C'est donc bien mal-à-propos qu'on les a alliés. Il n'est point d'habitant des campagnes qui ne connoisse un certain nombre de Pronostics, & qui ne se règle sur les indications qu'ils leur donnent avec une confiance justifiée par les résultats. Je crois donc qu'il est bon que j'en inscrive ici la liste, en ne les donnant cependant que pour leur valeur réelle, reconnoissant que, quoique fondés en général, ils offrent des anomalies nombreuses & inexpliquées.

On doit à Aratus, médecin grec qui vivoit il y a 2084 ans, un poème sur les Pronostics qui renferme peu d'erreurs. Toaldo, physicien italien du siècle dernier, a réuni tout ce qui avoit été écrit avant lui sur cet objet : c'est de son ouvrage que j'ai extrait ce qui suit.

Pronostics tirés de l'atmosphère.

Les étoiles qui perdent leur clarté, sans qu'il paroisse de nuages dans le ciel, indiquent l'orage.

Les étoiles paroissant plus grandes qu'à l'ordinaire, ou plus près les unes des autres, sont le signe d'un changement de temps.

Le beau temps & la chaleur sont indiqués par des éclairs à l'horizon sans nuages.

Les tonnerres du matin amènent le vent ; ceux de midi, la pluie, & ceux du soir l'orage.

Une bourrasque ou un très-fort orage sont indiqués par un tonnerre continuel.

C'est une continuité de pluie qu'annonce un arc-en-ciel bien coloré ou double.

La couleur bleuâtre qui entoure le soleil, la lune & les étoiles, sont un signe de pluie.

Si la pluie fume en tombant, c'est signe qu'il pleuvra long-temps & abondamment ; ou autrement, lorsqu'après une petite pluie on aperçoit un petit brouillard sur la terre, c'est signe qu'il tombera beaucoup de pluie.

Les nuages qui, après la pluie, descendent près de terre & semblent rouler sur les champs, annoncent le beau temps.

Un brouillard qui survient après le mauvais temps doit faire espérer sa prompte cessation.

Mais si le brouillard survient pendant le beau temps, & qu'il s'élève en laissant des nuages, le mauvais temps est immanquable.

Deux soleils (une parélie) annoncent la neige & le froid.

Les éclairs, en hiver, font préjuger qu'il y aura bientôt de la neige ou du vent.

Les nuages moutonnés (qui ressemblent à la laine sur le corps des moutons) sont, en été, l'indice du vent, & en hiver, l'indice de la neige.

Un horizon dépourvu de nuages & sans vent, ou avec le vent du nord, assure la permanence du beau temps.

Lorsqu'après du vent il survient une gelée blanche qui se dissipe en brouillard, on est assuré d'un temps mauvais & mal-sain.

Le

Le vent du fud-oueft eft celui qui amène le plus fouvent la pluie, & le vent de l'eft, celui qui l'amène le plus rarement dans le climat de Paris.

Pronoftics tirés des corps terreftres.

Si la flamme d'une chandelle étincelle ou fi elle forme un champignon, il y a grande probabilité de pluie.

La fuie qui fe détache naturellement des cheminées annonce également la pluie.

Une braife plus ardente qu'à l'ordinaire & une flamme plus agitée font les avant-coureurs du vent.

Le fon des cloches entendu de plus loin qu'à l'ordinaire, eft un figne de vent ou de changement de temps.

Une odeur bonne ou mauvaife, qui femble plus forte que la veille, eft un figne de pluie. Les lieux d'aifances offrent régulièrement ce phénomène.

Lorfque le vent change fréquemment de direction, on doit s'attendre à une bourrafque.

Si le fel, le marbre, le fer, les vitres, deviennent humides, fi les bois des portes & des fenêtres fe gonflent, fi les cors aux pieds deviennent douloureux, c'eft figne de pluie ou de dégel.

Un vent qui commence à fouffler après le lever du foleil, eft plus fort & plus durable qu'un vent qui commence pendant la nuit.

La gelée qui commence par un vent d'eft dure long-temps.

Lorfque le vent ne change pas, on doit efpérer ou craindre que le temps refte long-temps beau ou mauvais.

Pronoftics tirés des animaux.

L'abondance des chauves-fouris annonce un temps chaud & ferein pour le lendemain; c'eft le contraire quand elles volent en petit nombre.

Si la chouette crie pendant le mauvais temps, on peut s'attendre qu'il va changer.

Les corbeaux qui crient le matin annoncent la même chofe.

C'eft un indice de pluie & d'orage lorfque les oies & les canards volent, crient, fe plongent dans l'eau pendant le beau temps.

La pluie eft affurée dans la journée fi les abeilles ne s'écartent pas beaucoup de leur ruche le matin, & dans la nuit fi elles y rentrent le foir de très-bonne heure.

De même, lorfque les pigeons rentrent tard au colombier, c'eft figne de pluie pour le lendemain.

Les moineaux qui gazouillent plus qu'à l'ordinaire & fe raffemblent en plus grand nombre, doivent faire prévoir le mauvais temps.

Il en eft de même lorfque les poules fe roulent dans la pouffière avec plus d'ardeur, lorfque les coqs chantent le foir, lorfque les hirondelles rafent la furface de la terre & de l'eau.

Agriculture. Tome VI.

La fréquence & la vivacité de la piqûre des mouches annonce un orage.

Quand les petites tipules fe réuniffent en grande quantité avant le coucher du foleil & tourbillonnent en colonnes, c'eft l'indication du beau temps pour le lendemain.

Si les grenouilles coaffent plus qu'à l'ordinaire, fi les crapauds fortent le foir & en grand nombre de leurs trous, fi les vers de terre fe montrent à la furface du fol, fi les taupes labourent plus que de coutume, fi les dindons fe raffemblent, il y a prefque certitude de pluie.

La pluie eft également probable fi les chevaux, les bœufs, les vaches, & furtout les brebis, mangent plus vîte & plus qu'à l'ordinaire.

Pronoftics tirés des plantes.

Lorfque les fleurs du fouci, & en général de la plupart des compofées, ne s'ouvrent pas, c'eft qu'il doit bientôt pleuvoir.

L'exaltation de l'odeur des plantes a toujours lieu lorfqu'il fe prépare un orage.

Obfervations générales.

On dit généralement que lorfqu'il pleut le 3 de mai, il n'y aura pas de noix; que lorfqu'il pleut le 15 juin, il n'y aura pas de raifin. On peut également fixer pour tous les fruits ou graines qui font l'objet de nos cultures, un jour de pluie dont l'influence fur le produit eft remarquable, parce que ce jour eft celui où les fleurs doivent être en majorité épanouies, & qu'il n'y a pas de fécondation pendant la pluie.

En hiver, une grande quantité de neige promet une année abondante, & beaucoup de pluie le contraire, parce que la neige empêche la déperdition des gaz qui fe forment dans la terre, & que les pluies font pourrir beaucoup de plantes.

Si le printemps & l'été font tous deux trop fecs ou tous deux trop pluvieux, on fera menacé de difette, parce que la végétation n'aura pas pu fe développer convenablement.

Un automne pluvieux fait que le vin eft mauvais. Un bel automne doit faire croire que l'hiver fera venteux.

Les printemps & les étés pluvieux font ordinairement fuivis d'un bel automne, & au contraire. (*Bosc.*)

PROPOLIS. C'eft ainfi qu'on appelle la matière réfineufe avec laquelle les abeilles bouchent les ouvertures de la partie fupérieure de leurs ruches, ouvertures qui, en donnant paffage aux eaux des pluies & aux infectes, nuiroient néceffairement à leurs travaux. Ils l'emploient auffi à confolider les appendices par lefquels leurs rayons font attachés aux parois de la ruche, & à quelques autres ufages moins remarquables.

On a long-temps ignoré de quelle plante les

H

abeilles retiroient la Propolis. Comme elle a quelques rapports de couleur, d'odeur, de consistance avec la résine qui flue entre les écailles des boutons du peuplier, on a cru que les abeilles alloient l'y chercher ; mais il n'y a pas des peupliers partout, & partout les abeilles trouvent de la Propolis.

C'est à un membre de l'Académie de Turin, qu'on doit de savoir que la Propolis est fournie aux abeilles par les fleurs des plantes de la famille des *Chicoracées*, principalement des pissenlits, des épervières, des crépides, des scorsonères, tous genres dont les espèces sont communes partout. Elle transsude de leurs pétales, pendant les premiers momens de leur épanouissement, en petits grains que les abeilles attachent à leurs poils en se roulant sur les fleurs, & qu'elles portent ainsi dans leurs ruches; où d'autres abeilles les prennent pour les employer.

M. Huber, dans la nouvelle édition de ses Observations sur les abeilles, nous apprend que la Propolis ne sert pas seulement à fermer les trous des ruches & à consolider les attaches des rayons, mais qu'elle s'emploie encore à fortifier le bord des alvéoles, lorsque ces dernières sont complétement terminées. Cette découverte peut avoir des conséquences dans la pratique.

Comme une connoissance plus approfondie de la Propolis n'est pas nécessaire aux cultivateurs, je renvoie aux Mémoires de l'Académie du Turin, ceux qui voudroient de plus grands développemens à son égard. (*Bosc.*)

PROPRETÉ : vertu peu connue des cultivateurs de quelques parties de la France, & sur laquelle reposent cependant la santé & l'agrément des rapports sociaux.

C'est généralement à la misère & à la surcharge de leurs occupations, qu'on attribue cette malpropreté; mais la misère empêche-t-elle de se baigner de temps en temps, de laver sa chemise, sa veste, sa culotte, ses bas, sa jupe, son bonnet, &c. toutes les semaines ? de nettoyer sa maison, ses ustensiles de cuisine, &c. aussi souvent que besoin y est ? Combien de temps les femmes & les filles perdent chaque jour, & qu'elles pourroient employer à ces objets !

La véritable cause de la mal-propreté provient de l'éducation. Tant que les pauvres cultivateurs ne seront pas convaincus, dès leur première enfance, des avantages, je dirai même de la nécessité de la Propreté, ils resteront toute leur vie aussi sales qu'on les voit aujourd'hui. Or, c'est de l'établissement des écoles primaires qu'on doit attendre petit à petit ces améliorations, en tant cependant qu'elles seroient tenues par des hommes & par des femmes capables. (*Bosc.*)

PROPRIÉTAIRE DE TERRE. C'est sur la propriété que repose l'organisation sociale. Le titre de Propriétaire est donc le premier de tous,

puisqu'il n'en est pas d'autre qui n'en émane & ne s'y rattache en dernière analyse.

Relativement à l'agriculture, on peut diviser les Propriétaires en trois classes : 1°. ceux qui ne s'occupent de leurs propriétés que pour les louer & en toucher la rente; ce sont généralement les plus riches; 2°. ceux qui font cultiver sous leurs yeux, soit par des maîtres valets à gage, soit par des métayers avec lesquels ils partagent les fruits; 3°. enfin, ceux qui cultivent par leurs propres mains, & ce sont les plus pauvres & les plus nombreux.

Il est à désirer, pour la prospérité de l'agriculture, que les Propriétaires des deux premières classes vivent plus habituellement sur leurs propriétés; car c'est à eux qu'il appartient seulement d'y faire de grandes améliorations, d'y introduire de nouvelles cultures, &c. (*Bosc.*)

PROPRIÉTÉS DES PLANTES. On appelle ainsi la faculté qu'ont certaines plantes d'agir en bien ou en mal sur l'économie animale, principalement lorsqu'on les applique à la guérison des maladies des hommes & des animaux. *Voyez* PLANTE dans les *Dictionnaires de Botanique*, *de Physiologie végétale & de Médecine*.

Il est des plantes dont les Propriétés sont incontestables ; il en est d'autres qui en ont de douteuses ; il en est d'autres qui n'en ont point de connues. La culture s'exerce sur toutes.

Si j'ai plus parlé des Propriétés économiques des plantes que de leurs Propriétés médicinales, c'est que le *Dictionnaire de Médecine* est destiné à les prendre en considération spéciale. (*Bosc.*)

PROSOPIS. *Prosopis.*

Arbre épineux des Indes, qui seul forme un genre dans la décandrie monogynie & dans la famille des *Légumineuses*, genre qui est figuré dans les *Illustrations des genres* de Lamarck, pl. 340.

Cet arbre n'est pas cultivé en Europe; ainsi je n'ai rien à en dire de plus. (*Bosc.*)

PROTÉE. *Protea.*

Genre de plantes de la tétrandrie monogynie & de la famille de son nom, dans lequel se rassemblent quatre-vingt-onze espèces, dont plusieurs se cultivent dans nos jardins, & s'y font remarquer par la beauté & la singularité de leurs fleurs. Il est figuré pl. 53 des *Illustrations des genres* de Lamarck.

Observations.

Smith a séparé une espèce de ce genre pour établir celui qu'il a appelé LAMBERTIE *Voyez* ce mot.

Protées à feuilles entières & larges de plusieurs lignes au moins.

1. Le PROTÉE à feuilles en cœur.
Protea cordata. Thunb. ♄ Du Cap de Bonne-Espérance.

2. Le PROTÉE à tige très-courte.
Protea acaulis. Linn. ♄ Du Cap de Bonne-Espérance.

3. Le PROTÉE en tête d'artichaut.
Protea cynaroides. Linn. ♄ Du Cap de Bonne-Espérance.

4. Le PROTÉE à grandes fleurs.
Protea grandiflora. Thunb. ♄ Du Cap de Bonne-Espérance.

5. Le PROTÉE à longues fleurs.
Protea longiflora. Lam. ♄ Du Cap de Bonne-Espérance.

6. Le PROTÉE veiné.
Protea venosa. Lam. ♄ Du Cap de Bonne-Espérance.

7. Le PROTÉE à feuilles de myrte.
Protea myrtifolia. Thunb. ♄ Du Cap de Bonne-Espérance.

8. Le PROTÉE à fleurs axillaires.
Protea hirta. Linn. ♄ Du Cap de Bonne-Espérance.

9. Le PROTÉE conifère.
Protea strobilina. Linn. ♄ Du Cap de Bonne-Espérance.

10. Le PROTÉE oblique.
Protea obliqua. Linn. ♄ Du Cap de Bonne-Espérance.

11. Le PROTÉE pubescent.
Protea pubera. Linn. ♄ Du Cap de Bonne-Espérance.

12. Le PROTÉE concave.
Protea concava. Lam. ♄ Du Cap de Bonne-Espérance.

13. Le PROTÉE spatulé.
Protea spathulata. Thunb. ♄ Du Cap de Bonne-Espérance.

14. Le PROTÉE dichotome.
Protea dichotoma. Lam. ♄ Du Cap de Bonne-Espérance.

15. Le PROTÉE à petites fleurs.
Protea parviflora. Linn. ♄ Du Cap de Bonne-Espérance.

16. Le PROTÉE divergent.
Protea divaricata. Linn. ♄ Du Cap de Bonne-Espérance.

17. Le PROTÉE imbriqué.
Protea imbricata. Linn. ♄ Du Cap de Bonne-Espérance.

18. Le PROTÉE lévisan.
Protea levisanus. Linn. ♄ Du Cap de Bonne-Espérance.

19. Le PROTÉE à calice court.
Protea totta. Linn. ♄ Du Cap de Bonne-Espérance.

20. Le PROTÉE à crête.
Protea speciosa. Linn. ♄ Du Cap de Bonne-Espérance.

21. Le PROTÉE étoilé.
Protea stellaris. Dum.-Courf. ♄ De.....

22. Le PROTÉE globuleux.
Protea globosa. Dum.-Courf. ♄ De.....

23. Le PROTÉE visqueux.
Protea viscosa. Dum.-Courf. ♄ De.....

24. Le PROTÉE couronné.
Protea coronata. Lam. ♄ Du Cap de Bonne-Espérance.

25. Le PROTÉE mellifère.
Protea mellifera. Thunb. ♄ Du Cap de Bonne-Espérance.

26. Le PROTÉE rampant.
Protea repens. Thunb. ♄ Du Cap de Bonne-Espérance.

27. Le PROTÉE scolyme.
Protea scolymus. Thunb. ♄ Du Cap de Bonne-Espérance.

28. Le PROTÉE globulaire.
Protea globularis. Lam. ♄ Du Cap de Bonne-Espérance.

29. Le PROTÉE blanc.
Protea alba. Thunb. ♄ Du Cap de Bonne-Espérance.

30. Le PROTÉE soyeux.
Protea sericea. Thunb. ♄ Du Cap de Bonne-Espérance.

31. Le PROTÉE argenté.
Protea argentea. Linn. ♄ Du Cap de Bonne-Espérance.

32. Le PROTÉE à feuilles de saule.
Protea saligna. Thunb. ♄ Du Cap de Bonne-Espérance.

33. Le PROTÉE conifère.
Protea conifera. Linn. ♄ Du Cap de Bonne-Espérance.

34. Le PROTÉE pâle.
Protea pallens. Linn. ♄ Du Cap de Bonne-Espérance.

35. Le PROTÉE camelé.
Protea chamelea. Linn. ♄ Du Cap de Bonne-Espérance.

36. Le PROTÉE linéaire.
Protea linearis. Thunb. ♄ Du Cap de Bonne-Espérance.

37. Le PROTÉE à ombelle.
Protea umbellata. Thunb. ♄ Du Cap de Bonne-Espérance.

38. Le PROTÉE aulacé.
Protea aulacea. Thunb. ♄ Du Cap de Bonne-Espérance.

39. Le PROTÉE cendré.
Protea cinerea. Ait. ♄ Du Cap de Bonne-Espérance.

40. Le Protée d'Abyssinie.
Protea abyssinica. Willd. ♄ De l'Abyssinie.
41. Le Protée plumeux.
Protea plumosa. Ait. ♄ Du Cap de Bonne-Espérance.
42. Le Protée cilié.
Protea ciliata. Dum.-Courf. ♄ De.....
43. Le Protée à feuilles glauques.
Protea glaucophylla. Dum.-Courf. ♄ De.....

Protées à feuilles entières, filiformes ou subulées.

44. Le Protée à feuilles de pin.
Protea pinifolia. Linn. ♄ Du Cap de Bonne-Espérance.
45. Le Protée bractéolé.
Protea bracteata. Linn. ♄ Du Cap de Bonne-Espérance.
46. Le Protée à feuilles courbées.
Protea incurva. Thunb. ♄ Du Cap de Bonne-Espérance.
47. Le Protée en queue.
Protea caudata. Thunb. ♄ Du Cap de Bonne-Espérance.
48. Le Protée à grappes.
Protea racemosa. Linn. ♄ Du Cap de Bonne-Espérance.
49. Le Protée laineux.
Protea lanata. Thunb. ♄ Du Cap de Bonne-Espérance.
50. Le Protée à corymbes.
Protea corymbosa. Thunb. ♄ Du Cap de Bonne-Espérance.
51. Le Protée rosacé.
Protea rosacea. Linn. ♄ Du Cap de Bonne-Espérance.
52. Le Protée à fleurs purpurines.
Protea purpurea. Linn. ♄ Du Cap de Bonne-Espérance.
53. Le Protée prolifère.
Protea prolifera. Thunb. ♄ Du Cap de Bonne-Espérance.
54. Le Protée chevelu.
Protea comosa. Thunb. ♄ Du Cap de Bonne-Espérance.
55. Le Protée en alène.
Protea acerosa. Dum.-Courf. ♄ De.....
56. Le Protée acuminé.
Protea acuminata. Dum. Courf. ♄ De.....
57. Le Protée mucroné.
Protea mucronifolia. Dum.-Courf. ♄ De.....
58. Le Protée tortillé.
Protea torta. Thunb. ♄ Du Cap de Bonne-Espérance.

Protées à feuilles dentées à leur sommet.

59. Le Protée hypophylle.
Protea hypophylla. Thunb. ♄ Du Cap de Bonne-Espérance.

60. Le Protée hétérophylle.
Protea heterophylla. Thunb. ♄ Du Cap de Bonne-Espérance.
61. Le Protée tomenteux.
Protea tomentosa. Thunb. ♄ Du Cap de Bonne-Espérance.
62. Le Protée cucullé.
Protea cucullata. Thunb. ♄ Du Cap de Bonne-Espérance.
63. Le Protée conocarpe.
Protea conocarpa. Thunb. ♄ Du Cap de Bonne-Espérance.
64. Le Protée chevelu.
Protea crinita. Thunb. ♄ Du Cap de Bonne-Espérance.

Protées à feuilles pinnées ou profondément découpées.

65. Le Protée à feuilles de cétérach.
Protea asplenifolia. Dum.-Courf. ♄ De.....
66. Le Protée à feuilles de radula.
Protea radulifolia. Dum.-Courf. ♄ De.....
67. Le Protée couché.
Protea decumbens. Thunb. ♄ Du Cap de Bonne-Espérance.
68. Le Protée montant.
Protea ascendens. Lam. ♄ Du Cap de Bonne-Espérance.
69. Le Protée cyanoïde.
Protea cyanoides. Linn. ♄ Du Cap de Bonne-Espérance.
70. Le Protée à tête ronde.
Protea sphærocephala. Linn. ♄ Du Cap de Bonne-Espérance.
71. Le Protée phylicoïde.
Protea phylicoides. Thunb. ♄ Du Cap de Bonne-Espérance.
72. Le Protée étalé.
Protea patula. Thunb. ♄ Du Cap de Bonne-Espérance.
73. Le Protée glomérulé.
Protea glomerata. Linn. ♄ Du Cap de Bonne-Espérance.
74. Le Protée en thyrse.
Protea thyrsoides. Lam. ♄ Du Cap de Bonne-Espérance.
75. Le Protée triterné.
Protea triternata. Thunb. ♄ Du Cap de Bonne-Espérance.
76. Le Protée à feuilles d'aurone.
Protea serraria. Linn. ♄ Du Cap de Bonne-Espérance.
77. Le Protée à épi.
Protea spicata. Linn. ♄ Du Cap de Bonne-Espérance.
78. Le Protée lagopède.
Protea lagopus. Thunb. ♄ Du Cap de Bonne-Espérance.
79. Le Protée élégant.
Protea pulchella. Schr. ♄ De la Nouvelle-Hollande.

80. Le PROTÉE dichotome.
Protea dichotoma. Cavan. ♄ De la Nouvelle-Hollande.

81. Le PROTÉE tridactyle.
Protea tridactylides. Cavan. ♄ De la Nouvelle-Hollande.

82. Le PROTÉE en aiguilles.
Protea acufera. Cavan. ♄ De la Nouvelle-Hollande.

83. Le PROTÉE à bouquets.
Protea florida. Thunb. ♄ Du Cap de Bonne-Espérance.

84. Le PROTÉE en sceptre.
Protea sceptrum. Thunb. ♄ Du Cap de Bonne-Espérance.

85. Le PROTÉE de Gustave.
Protea gustaviana. Lam. ♄ Du Cap de Bonne-Espérance.

86. Le PROTÉE blanchâtre.
Protea candicans. Thunb. ♄ Du Cap de Bonne-Espérance.

87. Le PROTÉE velu.
Protea villosa. Thunb. ♄ Du Cap de Bonne-Espérance.

88. Le PROTÉE odorant.
Protea odorata. Thunb. ♄ Du Cap de Bonne-Espérance.

89. Le PROTÉE à feuilles d'anémone.
Protea anemonæfolia. Dum.-Courf. ♄ De.....

90. Le PROTÉE à feuilles de ciste marine.
Protea crithmifolia. Dum.-Courf. ♄ De.....,

91. Le PROTÉE à feuilles coupées.
Protea ferraria. Thunb. ♄ Du Cap de Bonne-Espérance.

Culture.

Les espèces que nous possédons dans nos jardins, sont celles inscrites sous les nᵒˢ. 1, 2, 4, 8, 9, 10, 11, 13, 15, 16, 17, 18, 19, 20, 21, 22, 23, 25, 26, 27, 29, 30, 31, 32, 34, 36, 37, 38, 41, 42, 43, 44, 46, 47, 48, 49, 51, 52, 55, 56, 57, 58, 59, 61, 63, 65, 66, 67, 70, 72, 73, 75, 78, 79, 84, 89, 90 & 91. Plusieurs d'entr'elles sont de très-belles plantes, soit par la grandeur & la couleur de leurs fleurs, soit par la forme, la disposition ou la couleur de leurs feuilles. Malheureusement leur culture est difficile, & rarement elles sont pourvues en Europe des avantages qui les distinguent dans leur pays natal.

Tous ces Protées demandent la même sorte de terre, qui est celle de bruyère, mêlée avec un tiers de terre franche. Ils craignent le terreau de fumier, les arrosemens trop abondans ou trop fréquens, & les gelées. Une orangerie sèche & bien éclairée, ou mieux une serre tempérée, est indispensable pour assurer leur conservation pendant l'hiver. Les pots dans lesquels on les place doivent être, d'après l'observation de Dumont-Courset,

plutôt trop petits que trop grands, afin que leurs racines puissent seulement atteindre les parois dans l'année; car s'ils poussent trop en été, ils périssent immanquablement dans le courant de l'hiver suivant. Quoiqu'en général peu délicats, ils sont très-sensibles à l'opération du rempotément, & la plupart de ceux qu'on perd meurent de ses suites. Le Protée argenté, si remarquable par sa grandeur & le brillant de son feuillage, est principalement dans ce cas : le seul cahotement d'une voiture suffit même pour causer sa mort, comme j'en ai eu des preuves. Le principe général de leur culture est donc de chercher seulement à les maintenir en bon état de végétation, & non à les faire croître rapidement. Dès qu'on les a rempotés, il faut les placer à l'ombre & leur donner un fort arrosement. Un soleil trop ardent, un vent trop violent, leur sont également nuisibles; ainsi on fait bien, pendant tout l'été, de les abriter de l'un & de l'autre.

La multiplication de la plupart des Protées ne peut avoir lieu que par le semis de leurs graines tirées de leur pays natal, & mises, seules à seules, aussitôt leur arrivée, dans de petits pots, qu'on enterre jusqu'à leur bord dans une couche à châssis. Quelques-unes de ces graines sont trois ou quatre, & même cinq ans à lever : ainsi, aux approches de chaque hiver, il faut rentrer les pots où elles n'auront pas levé, dans une orangerie pour les remettre sur couche au printemps suivant.

Quelques espèces de Protées, principalement de celles appartenant à la seconde division, donnent de bonnes graines dans nos climats, & celles-là lèvent le plus communément l'année de leur semis; ce qui indique que celles récoltées au Cap de Bonne-Espérance devroient être envoyées stratifiées dans de la terre.

Il vaut mieux laisser pendant deux ou trois ans les Protées provenus de semis dans leur pot que de les repiquer, comme le font trop souvent les cultivateurs qui ignorent les dangers de leur dépotement dans leur premier âge; & c'est pour n'être pas forcé à les courir les risques, que j'ai dit qu'il falloit mettre les graines seules à seules dans de petits pots, malgré la dépense qui en résulte, au lieu de les répandre en grand nombre dans de larges terrines.

Il est un certain nombre de Protées qui se multiplient de marcottes, & encore plus de boutures.

Les marcottes ne s'enracinent quelquefois qu'au bout de plusieurs années, & les pieds qu'elles fournissent, périssent souvent à la transplantation. On peut les faire en tout temps, mais cependant plutôt en automne qu'à aucune autre époque.

Les boutures se font seules à seules dans des pots, au printemps, sur couches & sous châssis, ou sous cloches; elles sont plus sûres & plus promptes à la reprise que les marcottes, mais il ne faut pas les forcer, comme disent les jardiniers, c'est-à-dire, vouloir accélérer leur reprise, car cela les feroit manquer. La patience, & un degré de chaleur & d'humidité modéré, font les garans du fuccès. Placer ces boutures en grand nombre dans le même pot, eft fujet aux mêmes inconvéniens que les femis, & même plus, à raifon de la longueur des premières racines qui fe développent.

Il eût été fans doute utile de détailler la culture de chacune des efpèces de Protées que nous poffédons ; mais n'en ayant eu qu'un petit nombre, & des plus robuftes, fous ma direction, je ne puis décrire les procédés qu'elles exigent, & qui ne diffèrent que par des nuances imperceptibles. Je crois que les généralités précédentes fuffiront pour guider ceux qui à l'avenir pofféderont des Protées. En ce moment les belles efpèces font encore fort rares en France. (Bosc.)

PROVENÇALE : variété de Giroflée.

PROVENDE : mélange de pois gris, de vefce, d'avoine & d'autres grains, qui fe donne aux moutons pour les engraiffer, & aux brebis pour augmenter leur lait. Voyez Bêtes a laine.

PROVIGNER : l'action de faire des Provins.

PROVINS : forte de marcotte qui eft principalement appliquée à la vigne dans certains pays ; elle diffère des autres en ce qu'on ne fe contente pas de courber quelques rameaux, mais qu'on couche toute la tige ou toutes les tiges, de forte qu'on ne voit plus que l'extrémité ou les extrémités des rameaux qui font relevés hors de terre.

Tantôt les Provins n'ont pour but que de regarnir de ceps un efpace qui en manque, & alors, lorfque les Provins ont pris racine, c'eft-à-dire, deux ans après leur établiffement, on les fépare de leur mère en coupant une partie de leur tige, celle qui eft la plus voifine du pied dont ils fortent.

Tantôt, comme en Bourgogne, on les couche pour multiplier les racines & conferver les vignes auffi long-temps que poffible avec l'apparence de la jeuneffe, & alors on les exécute toujours du même côté, & on ne les fépare jamais de leur mère. Voyez Vigne. (Bosc.)

PRUNE ; fruit du Prunier. Voyez ce mot.

PRUNEAU : prune defféchée de manière à être confervée bonne à manger. Voyez Prunier dans le Dictionnaire des Arbres & Arbuftes.

PRUNE COTON. On donne ce nom au fruit de l'Icaquier.

PRUNE DES Anses. C'eft encore le fruit de l'Icaquier.

PRUNE D'Espagne : nom vulgaire du fruit du Mombin.

PRUNE MOMBIN : fruit du Mombin.

PRUNELLE. Le fruit du Prunier épineux porte ce nom.

PRUNELLIER ; fynonyme de Prunier épineux.

PRUNES DES INDES. Voyez Myrobolan.

PRUNIER. Prunus.

Genre de plantes de l'icofandrie monogynie & de la famille des Rofacées, qui réunit une quarantaine d'efpèces d'arbres, prefque tous dans le cas d'être cultivés en pleine terre dans le climat de Paris, & dont l'un eft un objet de culture de première importance dans toute l'Europe. Il en fera fait mention dans le Dictionnaire des Arbres & Arbuftes. (Bosc.)

PRUNIER épineux d'Amérique, C'eft le Ximène épineux.

PRUNIER jaune d'œuf : efpèce du genre Lucuma.

PSELION. Pselium.

Arbriffeau grimpant de la Cochinchine, qui conftitue feul un genre dans la diœcie hexandrie, & qui offre la fingularité d'avoir les feuilles en cœur dans les pieds mâles, ovales & peltées dans les pieds femelles.

Cet arbriffeau ne fe cultive pas dans les jardins d'Europe. (Bosc.)

PSIADIE. Psiadia.

Arbriffeau vifqueux de l'Ile-de-France, qu'on cultive dans nos orangeries, & qui a fait partie des vergerolles, des verges-d'or & des conyfes. Aujourd'hui il forme un genre particulier dans la fyngénéfie fuperflue. Il en a été queftion au mot Conyse, fous le nom de Conyse visqueuse. (Bosc.)

PSORALIER. Psoralea.

Genre de plantes de la diadelphie décandrie & de la famille des Légumineufes, dans lequel font réunies quarante-deux efpèces, dont une croît naturellement en France, & dix-neuf autres fe cultivent dans nos orangeries ou nos ferres. Il eft figuré pl. 614 des Illuftrations des genres de Lamarck.

Observations.

Les genres Dalier & Pétalostomes ont été établis aux dépens de celui-ci ; & comme il n'a pas été queftion du premier, je l'ai rappelé à l'article du dernier, auquel je renvoie le lecteur.

Espèces.

Pforaliers à feuilles fimples.

1. Le Psoralier non feuillé.
Pforalea aphylla. Linn. ♄ Du Cap de Bonne-Efpérance.
2. Le Psoralier à feuilles de coudrier.
Pforalea corylifolia. Linn. ♄ Des Indes.

3. Le PSORALIER à feuilles arrondies.
Pforalea rotundifolia. Linn. ♄ Du Cap de Bonne-Espérance.

Pforaliers à feuilles ternées.

4. Le PSORALIER à feuilles étroites.
Pforalea tenuifolia. Linn. ♄ Du Cap de Bonne-Espérance.

5. Le PSORALIER à feuilles filiformes.
Pforalea filiformis. Lam. ♄ De.....

6. Le PSORALIER verruqueux.
Pforalea verrucofa. Willd. ♄ Du Cap de Bonne-Espérance.

7. Le PSORALIER capité.
Pforalea capitata. Linn. ♄ Du Cap de Bonne-Espérance.

8. Le PSORALIER triflore.
Pforalea triflora. Thunb. ♄ Du Cap de Bonne-Espérance.

9. Le PSORALIER axillaire.
Pforalea axillaris. Linn. ♄ Du Cap de Bonne-Espérance.

10. Le PSORALIER bitumineux, vulgairement *trèfle bitumineux.*
Pforalea bituminofa. Linn. ♄ Du midi de la France.

11. Le PSORALIER frutefcent.
Pforalea frutefcens. Lam. ♄ De.....

12. Le PSORALIER glanduleux.
Pforalea glandulofa. Linn. ♄ Du Pérou.

13. Le PSORALIER cullen.
Pforalea cullen. Mol. ♄ Du Pérou.

14. Le PSORALIER d'Amérique.
Pforalea americana. Linn. ♄ De l'Amérique méridionale.

15. Le PSORALIER de la Palestine.
Pforalea paleftina. Linn. ♄ De l'Orient.

16. Le PSORALIER pubefcent.
Pforalea pubefcens. Lam. ♄ Du Pérou.

17. Le PSORALIER à épi.
Pforalea fpicata. ♄ Du Cap de Bonne-Espérance.

18. Le PSORALIER blanchâtre.
Pforalea canefcens. Mich. ♄ De l'Amérique septentrionale.

19. Le PSORALIER foyeux.
Pforalea fericea. Lam. ♄ Du Cap de Bonne-Espérance.

20. Le PSORALIER à larges feuilles.
Pforalea bracteata. Linn. ♄ Du Cap de Bonne-Espérance.

21. Le PSORALIER aiguillonné.
Pforalea aculeata. Linn. ♄ Du Cap de Bonne-Espérance.

22. Le PSORALIER velu.
Pforalea hirta. Linn. ♄ Du Cap de Bonne-Espérance.

23. Le PSORALIER ononoïde.
Pforalea ononoides. Lam. ♄ Du Cap de Bonne-Espérance.

24. Le PSORALIER rampant.
Pforalea repens. Linn. ♄ Du Cap de Bonne-Espérance.

25. Le PSORALIER à gouffes triangulaires.
Pforalea tetragonoloba. Linn. ♃ De l'Arabie.

26. Le PSORALIER à feuilles de mélilot.
Pforalea melilotoides. Mich. ♃ De l'Amérique septentrionale.

27. Le PSORALIER ftachide.
Pforalea ftachydis. Linn. ♄ Du Cap de Bonne-Espérance.

28. Le PSORALIER argenté.
Pforalea argentata. Thunb. ♄ Du Cap de Bonne-Espérance.

29. Le PSORALIER ftrié.
Pforalea ftriata. Thunb. ♄ Du Cap de Bonne-Espérance.

30. Le PSORALIER couché.
Pforalea decumbens. Ait. ♄ Du Cap de Bonne-Espérance.

31. Le PSORALIER en buiffon.
Pforalea multicaulis. Jacq. ♃ De.....

32. Le PSORALIER à involucres.
Pforalea involucrata. Willd. ♄ Du Cap de Bonne-Espérance.

Pforaliers à feuilles digitées.

33. Le PSORALIER à cinq feuilles.
Pforalea pentaphylla. Linn. ♄ Du Mexique.

34. Le PSORALIER à feuilles de lupin.
Pforalea lupinellus. Mich. ♃ De l'Amérique septentrionale.

Pforaliers à feuilles ailées.

35. Le PSORALIER pinné.
Pforalea pinnata. Linn. ♄ Du Cap de Bonne-Espérance.

36. Le PSORALIER de Carthagène.
Pforalea carthaginenfis. Jacq. ♄ De l'Amérique méridionale.

37. Le PSORALIER à neuf folioles.
Pforalea enneaphylla. Linn. ♄ De l'Amérique méridionale.

38. Le PSORALIER à feuilles liffes.
Pforalea lævigata. Linn. ♄ Du Cap de Bonne-Espérance.

39. Le PSORALIER très-odorant.
Pforalea odoratiffima. Jacq. ♄ Du Cap de Bonne-Espérance.

40. Le PSORALIER rougeâtre.
Pforalea rubefcens. Lour. ♄ De la Cochinchine.

41. Le PSORALIER fcutellé.
Pforalea fcutellata. Lour. ♄ De la Cochinchine.

42. Le PSORALIER traînant.
Pforalea proftrata. Linn. ♄ Du Cap de Bonne-Espérance.

Culture.

De ces espèces nous en avons possédé peut-être plus de la moitié, à différentes époques, mais nous n'en possédons plus qu'environ vingt-cinq; savoir : celles inscrites sous les nos. 1, 2, 6, 10, 11, 12, 14, 15, 16, 17, 20, 21, 22, 24, 26, 30, 31, 35, 37, 39.

Comme plusieurs de ces plantes demandent une culture différente des autres, je vais les passer en revue, en groupant celles qui se rapprochent sous ce rapport.

Le Psoralier non feuillé se tient en pot rempli de terre franche, pour pouvoir le rentrer dans l'orangerie aux approches des froids. On renouvelle cette terre par moitié tous les deux ans; il craint une trop permanente humidité; on le multiplie de graines, dont il donne presque tous les ans, & par séparation des vieux pieds. Les graines se sément dans des pots, sur couche nue, & le plant qui en provient se repique en automne dans d'autres pots. Pendant l'été il se place contre un mur exposé au levant ou au midi sous un léger ombrage.

Cette espèce est de nul agrément.

Le Psoralier à feuilles de coudrier exige la serre chaude & une terre semblable à celle du précédent. Les arrosemens trop fréquens ou trop abondans lui sont également nuisibles; sa multiplication a lieu par les mêmes moyens. Pendant l'été il peut, sans inconvénient, rester en plein air à une bonne exposition.

La culture du Psoralier verruqueux ne diffère pas de celle du premier.

Le Psoralier bitumineux passe souvent l'hiver en pleine terre dans le climat de Paris, soit avec, soit sans couverture; mais il est rare que ce soit sans être mutilé. Son aspect n'est pas sans agrément lorsqu'il est en fleur; mais l'odeur forte qu'il répand dans la chaleur, ou quand on le froisse, en éloigne; aussi n'est-il pas fréquent de le voir dans les jardins. On le multiplie de graines dont il donne abondamment; graines qu'on sème dans des pots, sur couche nue, & dont on repique le plant à la seconde année. Ce n'est qu'à la quatrième qu'il est prudent de le mettre en pleine terre, encore en doit-on réserver plusieurs pieds en pots, pour pouvoir les rentrer dans l'orangerie, & parer, par ce moyen, aux événemens d'un hiver trop rigoureux.

Lorsque ce Psoralier a été trop mutilé par les gelées pour être digne de continuer de figurer dans la place où il se trouve, on le coupe rez de terre, & il repousse en buisson, souvent d'un aspect plus agréable que la tige qu'il remplace.

Les soins à donner aux pieds en pleine terre consistent en des binages de propreté pendant l'été, & en un bon labour en hiver.

Cette espèce, & généralement toutes celles de ce genre, ne vit pas long-temps; ainsi il faut se mettre à portée, par des semis annuels, de remplacer les pieds qui périssent. Peut-être pourroit-on prolonger sa durée en la transplantant, ou en lui donnant de la nouvelle terre d'après le principe des ASSOLEMENS. *Voyez* ce mot.

Le Psoralier frutescent se cultive de même & lui est préférable; mais il est peut-être un peu plus délicat.

C'est un arbrisseau fort estimé au Pérou que le Psoralier cullen, vulgairement connu sous le nom de *thé du Paraguay*, & le Psoralier glanduleux en diffère si peu qu'on peut croire qu'il a les mêmes propriétés. Ce dernier se voit fréquemment dans nos orangeries, qu'il orne par sa verdure permanente & par ses nombreux épis de fleurs : sa culture diffère peu de celle de la première espèce; seulement, à raison du grand nombre de ses feuilles & de sa continuelle végétation, il faut le placer dans les endroits les plus secs, les plus éclairés & les plus aérés, si on ne veut pas voir moisir, & par suite périr tous ses rameaux. On le multiplie aussi de graines semées sur couche & sous châssis.

Il n'y a point de différence entre la culture du Psoralier d'Amérique & celle de l'espèce dont je viens de parler.

Le Psoralier de la Palestine ne demande pas une autre culture que le Psoralier bitumineux, quoiqu'il ne soit pas frutescent; car ses racines passent fort bien les hivers ordinaires en pleine terre, dans le climat de Paris, pour peu qu'on les couvre de feuilles sèches ou de fougère. Il produit chaque année à peu près les mêmes effets qui résultent de la repousse du Psoralier glanduleux lorsqu'on l'a recépé.

Je rappelle la culture du Psoralier glanduleux à l'occasion de celle du Psoralier pubescent, à raison de ce qu'elles sont semblables.

Les Psoraliers à épi, à larges feuilles, à aiguillons velus & rampans, originaires du Cap de Bonne-Espérance, doivent être traités comme le Psoralier non feuillé.

J'ai observé que le Psoralier à feuilles de mélilot venoit, dans son pays natal, exclusivement dans les sables analogues à la terre de bruyère : c'est donc dans cette dernière qu'il faut le planter. Du reste, je crois qu'on doit le traiter positivement comme le Psoralier de la Palestine, c'est-à-dire, en tenir la moitié des pieds en pleine terre, en leur donnant une couverture pendant l'hiver, & l'autre en pots pour parer à la perte des premiers.

Les Psoraliers couché, en buisson & pinné, demandent encore la même culture que la première espèce.

Le Psoralier à neuf folioles exige la serre chaude, & se conduit comme le Psoralier à feuilles de coudrier, dont j'ai parlé plus haut.

Le Psoralier très-odorant mérite, par la qualité qui lui a fait donner le nom qu'il porte,
d'être

d'être plus généralement cultivé. Les foins qu'il demande ne diffèrent pas de ceux indiqués à l'occasion de la première espèce. (*Bosc.*)

PSORICE ; nom de la SCABIEUSE.

PSYCHINE. *Psychine.*

Plante annuelle, originaire de la Barbarie, qui se rapproche infiniment des thlaspis, mais que Desfontaines croit devoir former seule un genre dans la tétradynamie filiqueufe & dans la famille des *Crucifères.*

Cette plante a été cultivée dans nos jardins; elle se femoit dans des pots remplis de terre légère, pots qu'on plaçoit d'abord fur couche nue, & ensuite contre un mur expofé au midi. (*Bosc.*)

PSYCHOTRE. *Psychotria.*

Génre de plantes de la pentrandrie monogynie & de la famille des *Rubiacées*, dans lequel se réuniffent foixante-onze efpèces, dont une, d'un usage fréquent en médecine, est l'objet d'un commerce important, & dont une autre se cultive dans nos jardins. Il est figuré pl. 161 des *Illustrations des genres* de Lamarck.

Observations.

Les genres PAVETTE, RONABE, SMIRA, MAPURI, NONATÉLIE, PALICOUR (*voyez* ces mots), ont été réunis à celui-ci.

Espèces.

1. Le PSYCHOTRE d'Afie.
Psychotria afiatica. Linn. ♄ Des Indes.
2. Le PSYCHOTRE à feuilles de laurier.
Psychotria laurifolia. Swartz. ♄ De la Jamaïque.
3. Le PSYCHOTRE à feuilles obtufes.
Psychotria obtusifolia. Lam. ♄ De Madagafcar.
4. Le PSYCHOTRE velu.
Psychotria hirfuta. Swartz. ♄ De la Jamaïque.
5. Le PSYCHOTRE fétide.
Psychotria fœtens. Swartz. ♄ De la Jamaïque.
6. Le PSYCHOTRE à feuilles de citronnier.
Psychotria citrifolia. Swartz. ♄ De l'Amérique méridionale.
7. Le PSYCHOTRE à bordure.
Psychotria marginata. Swartz. ♄ De la Jamaïque.
8. Le PSYCHOTRE à petites feuilles.
Psychotria tenuifolia. Swartz. ♄ Du Mexique.
9. Le PSYCHOTRE nerveux.
Psychotria nervofa. Swartz. ♄ De la Jamaïque.
10. Le PSYCHOTRE à feuilles de myrte.
Psychotria myrtifolia. Swartz. ♄ De la Jamaïque.

Agriculture. Tome VI.

11. Le PSYCHOTRE de Carthagène.
Psychotria carthaginenfis. Jacq. ♄ De l'Amérique feptentrionale.
12. Le PSYCHOTRE à panicule lâche.
Psychotria laxa. Swartz. ♄ De la Jamaïque.
13. Le PSYCHOTRE parafite.
Psychotria parafitica. Swartz. ♄ De Saint-Domingue.
14. Le PSYCHOTRE horizontal.
Psychotria horizontalis. Swartz. ♄ Du Mexique.
15. Le PSYCHOTRE penché.
Psychotria nutans. Swartz. ♄ Du Mexique.
16. Le PSYCHOTRE branchu.
Psychotria brachiata. Swartz. ♄ De la Jamaïque.
17. Le PSYCHOTRE élevé.
Psychotria grandis. Swartz. ♄ De la Jamaïque.
18. Le PSYCHOTRE étalé.
Psychotria patens. Swartz. ♄ De la Jamaïque.
19. Le PSYCHOTRE à corymbes.
Psychotria corymbofa. Sw. ♄ De la Jamaïque.
20. Le PSYCHOTRE pubefcent.
Psychotria pubefcens. Swartz. ♄ De la Jamaïque.
21. Le PSYCHOTRE à feuilles molles.
Psychotria mollis. Lamarck. ♄ De l'Amérique méridionale.
22. Le PSYCHOTRE pédonculé.
Psychotria pedunculata. Swartz. ♄ De la Jamaïque.
23. Le PSYCHOTRE fafrané.
Psychotria crocea. Swartz. ♄ De l'Amérique méridionale.
24. Le PSYCHOTRE des hautes montagnes.
Psychotria alpina. Swartz. ♄ De la Jamaïque.
25. Le PSYCHOTRE-pavette.
Psychotria pavetta. Swartz. ♄ De l'Amérique méridionale.
26. Le PSYCHOTRE à feuilles étroites.
Psychotria anguftifolia. Lam. ♄ De Saint-Domingue.
27. Le PSYCHOTRE coriace.
Psychotria coriacea. Lam. ♄ De l'Amérique méridionale.
28. Le PSYCHOTRE barbu.
Psychotria barbata. Lam. ♄ De la Martinique.
29. Le PSYCHOTRE à feuilles de phytolacca.
Psychotria phytolacca. Lam. ♄ De l'Amérique méridionale.
30. Le PSYCHOTRE à longues fleurs.
Psychotria longifolia. Lam. ♃ De Cayenne.
31. Le PSYCHOTRE à feuilles de taberné.
Psychotria tabernæfolia. Lam. ♄ De Saint-Domingue.
32. Le PSYCHOTRE herbacé.
Psychotria herbacea. Jacq. ♃ De l'Amérique méridionale.
33. Le PSYCHOTRE émétique, vulgairement *ipécacuanha.*
Psychotria emetica. Swartz. ♃ De l'Amérique méridionale.

34. Le PSYCHOTRE fangeux.
Pſychotria uliginoſa. Swartz. ♃ De la Jamaïque.
35. Le PSYCHOTRE rampant.
Pſychotria repens. Linn. ♃ Des Indes.
36. Le PSYCHOTRE élégant.
Pſychotria ſpecioſa. Forſt. ♄ Des îles de la mer du Sud.
37. Le PSYCHOTRE glabre.
Pſychotria glabrata. Swartz. ♄ De la Jamaïque.
38. Le PSYCHOTRE ronabe.
Pſychotria axillaris. Swartz. ♄ De Cayenne.
39. Le PSYCHOTRE ſmire.
Pſychotria parvuloſa. Willd. ♄ De Cayenne.
40. Le PSYCHOTRE mapuri.
Pſychotria nitida. Willd. ♄ De Cayenne.
41. Le PSYCHOTRE nonateli.
Pſychotria flexuoſa. Willd. ♄ De Cayenne.
42. Le PSYCHOTRE violet.
Pſychotria violacea. Willd. ♄ De Cayenne.
43. Le PSYCHOTRE en tête.
Pſychotria capitata. Ruiz & Pav. Du Pérou.
44. Le PSYCHOTRE poileux.
Pſychotria piloſa. Ruiz & Pav. Du Pérou.
45. Le PSYCHOTRE cotonneux.
Pſychotria ſubtomentoſa. Ruiz & Pav. Du Pérou.
46. Le PSYCHOTRE ſerpentant.
Pſychotria ſerpens. Linn. Des Indes.
47. Le PSYCHOTRE à gros pied.
Pſychotria macropoda. Ruiz & Pav. Du Pérou.
48. Le PSYCHOTRE fluet.
Pſychotria gracilis. Ruiz & Pav. Du Pérou.
49. Le PSYCHOTRE à grandes feuilles.
Pſychotria macrophylla. Ruiz & Pav. Du Pérou.
50. Le PSYCHOTRE réticulé.
Pſychotria reticulata. Ruiz & Pav. Du Pérou.
51. Le PSYCHOTRE amethyſte.
Pſychotria amethyſtina. Ruiz & Pav. Du Pérou.
52. Le PSYCHOTRE à groſſes graines.
Pſychotria macrobotrys. Ruiz & Pav. Du Pérou.
53. Le PSYCHOTRE à fleurs en thyrſe.
Pſychotria thyrſiflora. Ruiz & Pav. Du Pérou.
54. Le PSYCHOTRE à feuilles ſpatulées.
Pſychotria obovata. Ruiz & Pav. Du Pérou.
55. Le PSYCHOTRE ſulfuré.
Pſychotria ſulfurea. Ruiz & Pav. Du Pérou.
56. Le PSYCHOTRE blanc.
Pſychotria alba. Ruiz & Pav. Du Pérou.
57. Le PSYCHOTRE en cime.
Pſychotria cymoſa. Ruiz & Pav. Du Pérou.
58. Le PSYCHOTRE velu.
Pſychotria villoſa. Ruiz & Pav. Du Pérou.
59. Le PSYCHOTRE à fleurs alvéolaires.
Pſychotria faveolata. Ruiz & Pav. Du Pérou.
60. Le PSYCHOTRE à feuilles minces.
Pſychotria mitis. Ruiz & Pav. Du Pérou.
61. Le PSYCHOTRE verge.
Pſychotria virgata. Ruiz & Pav. Du Pérou.
62. Le PSYCHOTRE trifide.
Pſychotria trifida. Ruiz & Pav. Du Pérou.

63. Le PSYCHOTRE à fleuilles ſinuées.
Pſychotria repanda. Ruiz & Pav. Du Pérou.
64. Le PSYCHOTRE palicoure.
Pſychotria palicurea. Swartz ♄ De Cayenne.
65. Le PSYCHOTRE jaune.
Pſychotria lutea. Willd. ♄ De Cayenne.
66. Le PSYCHOTRE à longues fleurs.
Pſychotria longiflora. Willd. ♄ De Cayenne.
67. Le PSYCHOTRE bleu.
Pſychotria carulea. Ruiz & Pav. Du Pérou.
68. Le PSYCHOTRE à teinture.
Pſychotria tinctoria. Ruiz & Pav. Du Pérou.
69. Le PSYCHOTRE jaune-verdâtre.
Pſychotria luteo-virens. Ruiz & Pav. Du Pérou.
70. Le PSYCHOTRE vert.
Pſychotria viridis. Ruiz & Pav. Du Pérou.
71. Le PSYCHOTRE à feuilles ondées.
Pſychotria undata. Jacq. ♄ De l'Amérique méridionale.

Culture.

La dernière de ces eſpèces eſt celle que nous poſſédons dans nos jardins, & même y eſt-elle rare ; elle exige la ſerre chaude pendant toute l'année. La terre qu'on lui donne doit être de moyenne conſiſtance, & renouvelée par moitié tous les deux ans. Sa multiplication a lieu, 1°. de boutures faites au printemps ſur couche & ſous châſſis, boutures qui s'enracinent aſſez facilement; 2°. de rejetons qu'elle pouſſe aſſez fréquemment du collet de ſes racines, & auxquels il ne faut qu'une fibrille pour reprendre.

La cauſe qui rend les Pſychotres, malgré leur beauté, ſi rares en Europe, eſt que leurs graines, comme celles de toutes les rubiacées, ſe racorniſſent par la deſſiccation, & par conſéquent ne lèvent pas, ſi on ne les ſème peu après leur récolte. Ainſi, ſi on veut en envoyer au loin, il faut les ſtratifier dans de la terre légèrement humide, dans du bois pourri, dans de la mouſſe, &c. pour qu'elles arrivent encore fraîches. *Voyez* GRAINES & STATIFICATION.

Le Pſychotre émétique, dont les racines donnent le meilleur des émétiques employés en Europe, ne ſe cultive pas dans ſon pays natal; on le cherche dans les bois. La grande chaleur qu'il exige ne permet pas d'eſpérer qu'il puiſſe être introduit en Europe d'une manière utile à la médecine.

Il en eſt de même des autres eſpèces dont les arts tirent parti. (*Bosc.*)

PSYLE. CHERMES.

Genre d'inſectes de l'ordre des hémiptères, qui raſſemble un grand nombre d'eſpèces vivant aux dépens de la ſève des plantes, & qui, à raiſon de leur abondance & de leur rapide multiplication, nuifent fouvent beaucoup aux produits de nos cultures. *Voyez* le *Dictionnaire des Insectes.*

On confond facilement les Pfyles avec les pucerons ; aussi quelques écrivains les ont-ils appelées *faux pucerons :* cependant elles se rapprochent davantage des cochenilles & même des punaises ; elles sautent comme les puces.

La Psyle du Buis fait recoquiller, par sa piqûre, les jeunes feuilles de buis, ce qui nuit à la croissance des bourgeons, & défigure les palissades qui en font faites. Le seul moyen de s'en délivrer pour les années suivantes, ou du moins d'en diminuer assez le nombre pour qu'on ne puisse pas s'en plaindre, c'est de tondre les buis au commencement de l'été, époque où les larves font dans les boules formées par les réunions des feuilles à l'extrémité des bourgeons, & de brûler le résultat de la tonte. *Voyez* Buis.

La Psyle de l'Orme pique les feuilles de l'orme & les fait crisper. Il est de années où la beauté des ormes des allées des jardins est beaucoup détériorée par leur fait ; mais il est rare que leur croissance en souffre, attendu que ce ne font pas exclusivement les feuilles de l'extrémité des rameaux qu'elles attaquent. Le moyen précédemment indiqué est encore le seul à employer pour diminuer leur nombre ; mais il est moins efficace que fur le buis. *Voyez* Orme.

La Psyle du Poirier produit à peu près les mêmes effets sur le poirier.

La Psyle du Pêcher sembleroit devoir être la cause de la cloque ; cependant les efforts que j'ai faits pour le constater n'ont pas eu de résultats satisfaisans. *Voyez* Pêcher & Cloque.

La Psyle du Sapin produit sur les jeunes pousses de l'épicea une altération qui les change, d'un côté feulement, en des tubérosités alongées, écailleuses, garnies de cellules renfermant chacune une larve. Ces tubérosités, très-remarquables par la régularité de leur forme, font quelquefois si abondantes qu'elles nuifent beaucoup à la croissance des jeunes épiceas dans les pépinières, comme j'ai eu plusieurs fois l'occasion de le voir dans celles de Versailles. Couper les pousses qui en font chargées, avant l'ouverture des cellules, c'est-à-dire, en juillet, pour les brûler de suite, est le feul moyen d'en faire diminuer le nombre les années suivantes. J'engage les propriétaires à ne pas le négliger.

La Psyle du Frêne produit probablement ces excroissances ligneuses, irrégulières, qui fe voient souvent à l'extrémité des branches du frêne ; mais quelque peine que je me fois donné pour m'en affurer, je n'ai pu arriver à mon but.

On voit fur les faules des tubérosités à peu près femblables, qui en déforment l'aspect, & qui font probablement dues à une Psyle.

Voyez aux mots Cochenille, Puceron, Diplolèpe & Punaise, des supplémens à cet article. *(Bosc.)*

PSYLION. *Psylium.*

Genre établi aux dépens des Plantains. *Voyez* ce mot.

Il comprenoit les plantains annuels & rameux, tels que le Plantain pucier.

PTARMIQUE : espèce d'Achillée.

PTÉRANTHE. *Pteranthus.*

Plante annuelle, originaire de Barbarie, qui feule forme un genre dans la tétrandrie monogynie & dans la famille des *Orties*, genre qui a été appelé Louiche par Lhéritier, & qui est figuré pl. 764 des *Illustrations des genres* de Lamarck.

Cette plante, que d'autres botanistes ont rangée parmi les Camphrées (*voyez* ce mot), se cultive dans nos écoles de botanique, où on la sème lorfque les gelées ne font plus à craindre, dans un pot rempli de terre de bruyère, pot qu'on enfonce dans une couche nue. Lorfque le plant a acquis quelques feuilles, on l'éclaircit s'il en est befoin, ou bien on le repique en place, où il ne demande plus que les foins généraux dus à tout jardin bien tenu.

Cette plante, au moyen de ces précautions, donne constamment de la bonne graine dans le climat de Paris. (*Bosc.*)

PTÉLÉE. *Ptelea.*

Genre de plante de la tétrandrie monogynie & de la famille des *Térébinthacées*, qui réunit trois espèces d'arbres, dont une est fréquemment cultivée dans nos jardins. Il en fera question dans le *Dictionnaire des Arbres & Arbustes. Voyez* pl. 84 des *Illustrations des genres* de Lamarck. (*Bosc.*)

PTÉRIDE. *Pteris.*

Genre de plantes de la famille des *Fougères*, qui réunit cent huit espèces, dont une est extrêmement commune dans les bois & les pays montagneux, & dont plusieurs autres font cultivées dans les écoles de botanique. Il est figuré pl. 869 des *Illustrations des genres* de Lamarck.

Observations.

Quelques espèces ont été nouvellement enlevées à ce genre, pour former celui appelé Vitarie. (*Voyez* ce mot.) On lui a réuni des espèces des genres Polypode, Hémionite, Onoclée, Adiante, Acrostique & Lonchite.

Espèces.

Ptérides à feuilles simples.

1. La Ptéride à feuilles simples. *Pteris graminea*, Lamarck. ♃ de l'Île-de-France.

2. La PTÉRIDE à feuilles de piloselle.
Pteris pilofelloides. Linn. ♃ Des Indes.
3. La PTÉRIDE lancéolée.
Pteris lanceolata. Linn. ♃ De Saint-Domingue.
4. La PTÉRIDE rubanée.
Pteris lineata. Linn. ♃ De Saint-Domingue.
5. La PTÉRIDE à trois pointes.
Pteris tricufpidata. Linn. ♃ de Saint-Domingue.
6. La PTÉRIDE fourchue.
Pteris furcata. Linn. ♃ De Saint-Domingue.
7. La PTÉRIDE elliptique.
Pteris elliptica. Willd. ♃ de Ceylan.
8. La PTÉRIDE fcolopendre.
Pteris fcolopendrina. Bory-Saint-Vincent. ♃ De l'Ile-Bourbon.
9. La PTÉRIDE à feuilles aiguës.
Pteris angufifolia. Swartz. ♃ De Saint-Domingue.

Ptérides à feuilles palmées ou lobées.

10. La PTÉRIDE palmée.
Pteris palmata. Willd. ♃ De l'Amérique méridionale.
11. La PTÉRIDE pédiaire.
Pteris pedata. Linn. ♃ De la Jamaïque.
12. La PTÉRIDE unicolore.
Pteris concolor. Langds. ♃ De Nukatriwa.
13. La PTÉRIDE à cinq lobes.
Pteris pentaphylla. Willd. ♃ De l'Ile-Bourbon.
14. La PTÉRIDE poilue.
Pteris pilofa. Swartz. ♃ De l'Ile-de-France.
15. La PTÉRIDE à quatre feuilles.
Pteris quadrifoliata. Linn. ♃ des Indes.
16. La PTÉRIDE à feuilles rondes.
Pteris rotundifolia. Forft. ♃ de la Nouvelle-Zélande.
17. La PTÉRIDE à feuilles de trichomanes.
Pteris trichomanoides. Linn. ♃ De Saint-Domingue.
18. La PTÉRIDE dorée.
Pteris aurea. Lam. ♃ Du Pérou.
19. La PTÉRIDE orbiculaire.
Pteris orbiculata. Lam. ♃ Du Pérou.
20. La PTÉRIDE en croiffant.
Pteris lunata. Retz. ♃ Des Indes.
21. La PTÉRIDE variable.
Pteris varia. Swartz. ♃ Des Indes.
22. La PTÉRIDE auriculée.
Pteris auriculata. Swartz. ♃ Du Cap de Bonne-Efpérance.
23. La PTÉRIDE des Indes.
Pteris indica. Lam. ♃ Des Indes.
24. La PTÉRIDE à grandes feuilles.
Pteris grandifolia. Linn. ♃ De Saint-Domingue.
25. La PTÉRIDE à longues feuilles.
Pteris longifolia. Linn. ♃ De Saint-Domingue.
26. La PTÉRIDE enfiforme.
Pteris enfifolia. Desf. ♃ De l'Espagne.

27. La PTÉRIDE bandelette.
Pteris vittata. Linn. ♃ De la Chine.
28. La PTÉRIDE à ftipule.
Pteris ftipularis. Linn. ♃ De Saint-Domingue.
29. La PTÉRIDE à feuilles droites.
Pteris ftriata. Lam. ♃ De l'Ile-de-France.
30. La PTÉRIDE à nervures.
Pteris nervofa. Thunb. ♃ Du Japon.
31. La PTÉRIDE pectinée.
Pteris pectinata. Swartz. ♃ Des îles Marianes.
32. La PTÉRIDE à trois pointes.
Pteris cufpidata. Thunb. ♃ Du Cap de Bonne-Efpérance.
33. La PTÉRIDE de la montagne de la Table.
Pteris tabularis. Thunb. ♃ Du Cap de Bonne-Efpérance.
34. La PTÉRIDE à côtes.
Pteris coftata. Bory. ♃ De l'Ile-Bourbon.
35. La PTÉRIDE à forme variée.
Pteris difformis. Lam. ♃ Des Indes.
36. La PTÉRIDE rude.
Pteris afpera. Lam. ♃ De Cayenne.
37. La PTÉRIDE de Crète.
Pteris cretica. Linn. ♃ Des îles de la Grèce.
38. La PTÉRIDE à fept pinnules.
Pteris heptaphyllos. Lam. ♃ Du Cap de Bonne-Efpérance.
39. La PTÉRIDE à feuilles en fcie.
Pteris ferrulata. Linn. ♃ De Saint-Domingue.
40. La PTÉRIDE crénelée.
Pteris crenata. Swartz. ♃ De Ceylan.
41. La PTÉRIDE en aile.
Pteris alata. Lam. ♃ Des Indes.
42. La PTÉRIDE demi-ailée.
Pteris femipinnata. Linn. ♃ De la Chine.
43. La PTÉRIDE mutilée.
Pteris mutilata. Linn. ♃ De Saint-Domingue.
44. La PTÉRIDE polypode.
Pteris polypodioides. Lam. ♃ De l'Amérique méridionale.
45. La PTÉRIDE à feuilles de laitue.
Pteris lactuca. Lam. ♃ De la Guadeloupe.
46. La PTÉRIDE à grandes feuilles.
Pteris grandifolia. Linn. ♃ De Saint-Domingue.
47. La PTÉRIDE à larges feuilles.
Pteris latifolia. Willd. ♃ De l'Amérique méridionale.
48. La PTÉRIDE nerveufe.
Pteris nervofa. Thunb. ♃ Du Japon.
49. La PTÉRIDE argentée.
Pteris cræfus. Bory. ♃ de l'Ile-Bourbon.
50. La PTÉRIDE denticulée.
Pteris denticulata. Swartz. ♃ De Saint-Domingue.
51. La PTÉRIDE ferrée.
Pteris ferraria. Swartz. ♃ Du Cap de Bonne-Efpérance.
52. La PTÉRIDE du Pérou.
Pteris fubverticillata. Swartz. ♃ Du Pérou.

53. La PTÉRIDE noire-rouge.
Pteris atro-purpurea. Linn. ⚥ De l'Amérique feptentrionale.

54. La PTÉRIDE dure.
Pteris dura. Willd. ⚥ De l'Ile-Bourbon.

55. La PTÉRIDE agréable.
Pteris gracilis. Mich. ⚥ De l'Amérique feptentrionale.

56. La PTÉRIDE anguleufe.
Pteris angulofa. Bory. ⚥ De l'Ile-Bourbon.

Ptérides à feuilles deux ou un plus grand nombre de fois ailées.

57. La PTÉRIDE noire.
Pteris nigra. Ruiz. ⚥ De la Chine.

58. La PTÉRIDE farineufe.
Pteris farinofa. Forsk. ⚥ De l'Arabie.

59. La PTÉRIDE d'un blanc de neige.
Pteris nivea. Lam. ⚥ Du Pérou.

60. La PTÉRIDE élégante.
Pteris elegans. Lam. ⚥ Des Indes.

61. La PTÉRIDE velue.
Pteris hirfuta. Lam. ⚥ Des Indes.

62. La PTÉRIDE polymorphe.
Pteris polymorpha. Lam. ⚥ De l'Ile-de-France.

63. La PTÉRIDE décurrente.
Pteris decurfiva. Forft. ⚥ De l'Égypte.

64. La PTÉRIDE aquiline.
Pteris aquilina. Linn. ⚥ Indigène.

65. La PTÉRIDE à queue.
Pteris caudata. Linn. ⚥ De Saint-Domingue.

66. La PTÉRIDE à larges pinnules.
Pteris biaurita. Linn. ⚥ De Saint-Domingue.

67. La PTÉRIDE délicate.
Pteris arguta. Vahl. ⚥ Des Canaries.

68. La PTÉRIDE en doloir.
Pteris dolabreformis. Willd. ⚥ De Saint-Domingue.

69. La PTÉRIDE élevée.
Pteris altiffima. Lam. ⚥ De l'Amérique méridionale.

70. La PTÉRIDE finuée.
Pteris finuata. Thunb. ⚥ Du Japon.

71. La PTÉRIDE des marais.
Pteris paluftris. Lam. ⚥ Du Portugal.

72. La PTÉRIDE demi-ovale.
Pteris femiovata. Lam. ⚥ Des Indes.

73. La PTÉRIDE à quatre oreillettes.
Pteris quadriaurita. Retz. ⚥ De Ceylan.

74. La PTÉRIDE à pinnules linéaires.
Pteris linearis. Lam. ⚥ De l'Ile-Bourbon.

75. La PTÉRIDE haftée.
Pteris haftata. Swartz. ⚥ Du Cap de Bonne-Efpérance.

76. La PTÉRIDE atténuée.
Pteris attenuata. Swartz. ⚥ De l'île de Java.

77. La PTÉRIDE à longue queue.
Pteris macroura. Willd. ⚥ De Saint-Domingue.

78. La PTÉRIDE dimidiée.
Pteris dimidiata. Willd. ⚥ Des Indes.

79. La PTÉRIDE chevelue.
Pteris comans. Forft. ⚥ De la Nouvelle-Zélande.

80. La PTÉRIDE gigantefque.
Pteris gigantea. Willd. ⚥ De l'Amérique méridionale.

81. La PTÉRIDE confluente.
Pteris confluens. Thunb. ⚥ Du Cap de Bonne-Efpérance.

82. La PTÉRIDE orangée.
Pteris aurantiaca. Willd. ⚥ Du Mexique.

83. La PTÉRIDE jaune.
Pteris lutea. Cav. ⚥ Du Mexique.

84. La PTÉRIDE roide.
Pteris rigida. Cav. ⚥ Du Mexique.

85. La PTÉRIDE hériffée.
Pteris fcabra. Bory. ⚥ De l'Ile-Bourbon.

86. La PTÉRIDE piquante.
Pteris pungens. Willd. ⚥ De Saint-Domingue.

87. La PTÉRIDE à folioles étroites.
Pteris angufta. Bory. ⚥ De l'Ile-de-France.

88. La PTÉRIDE à demi pinnée.
Pteris femipinnata. Linn. ⚥ De la Chine.

89. La PTÉRIDE faux-lonchite.
Pteris pfeudolonchitis. Bory. ⚥ De l'Ile-Bourbon.

90. La PTÉRIDE glauque.
Pteris glauca. Swartz. ⚥ Du Mexique.

91. La PTÉRIDE habillée.
Pteris involuta. Swartz. ⚥ Du Cap de Bonne-Efpérance.

92. La PTÉRIDE adiantoïde.
Pteris adiantoides. Bory. ⚥ De l'Ile-Bourbon.

93. La PTÉRIDE du Cap.
Pteris capenfis. Thunb. ⚥ Du Cap de Bonne-Efpérance.

94. La PTÉRIDE en cœur.
Pteris cordata. Cav. ⚥ Du Mexique.

95. La PTÉRIDE fagittée.
Pteris fagittata. Cav. ⚥ Du Mexique.

96. La PTÉRIDE mertenfioïde.
Pteris mertenfioides. Willd. ⚥ D'Amboine.

97. La PTÉRIDE hétérophylle.
Pteris heterophylla. Linn. ⚥ De Saint-Domingue.

98. La PTÉRIDE noirâtre.
Pteris nigricans. Willd. ⚥ De Saint-Domingue.

99. La PTÉRIDE en éventail.
Pteris flabellata. Thunb. ⚥ Du Cap Bonne-Efpérance.

100. La PTÉRIDE incifée.
Pteris incifa. Thunb. ⚥ Du Cap de Bonne-Efpérance.

101. La PTÉRIDE aiguillonnée, vulgairement *fougère en arbre.*
Pteris aculeata. Willd. ♄ De Saint-Domingue.

102. La PTÉRIDE marginaire.
Pteris marginata. Bory. ♄ De l'Ile-Bourbon.

103. La Ptéride chauve-souris.
Pteris vespertilionis. Billard. ♃ De la Nouvelle-Hollande.
104. La Ptéride de l'Ascension.
Pteris Adscensionis. Swartz. ♃ de l'île de l'Ascension.
105. La Ptéride tripartite.
Pteris tripartita. Swartz. ♃ De l'île de Java.
106. La Ptéride esculente.
Pteris esculenta. Forst. ♃ Des îles de la Société.
107. La Ptéride lanugineuse.
Pteris lanuginosa. Bory. ♃ De l'Ile-Bourbon.
108. La Ptéride cornue.
Pteris cornuta. Beauvois. ♃ D'Afrique.

Culture.

La soixante-cinquième espèce, c'est-à-dire, la Ptéride aquiline, est celle qui intéresse le plus les cultivateurs, à raison de son abondance dans les bois & les pâturages des montagnes granitiques & sablonneuses ; elle est plus rare sur celles qui sont calcaires : en général elle indique un mauvais sol. Elle trace excessivement, & un seul pied couvre souvent un grand espace : c'est proprement, pour beaucoup de personnes, la *fougère femelle* des anciens botanistes. Les bestiaux pâturans y touchent rarement ; mais les cochons en aiment beaucoup les racines, & la détruiroient promptement dans les pays où on les laisse une partie de l'année dans les bois, si elles n'étoient pas à une telle profondeur, qu'il ne leur est pas toujours facile d'y atteindre.

On peut en tirer & on en tire, dans beaucoup de pays, un parti avantageux en la coupant au milieu de l'été pour en faire de la litière, pour chauffer le four, cuire la chaux, le plâtre, les briques. Les jardiniers & les pépiniéristes en font un fréquent usage pour couvrir les artichauts, les semis, le plant & les jeunes arbres qui craignent les gelées de l'hiver. (*Voyez* COUVERTURE.) L'emploi auquel on l'a de tout temps le plus appliqué, est la fabrication de la potasse, si nécessaire aux verreries, aux blanchisseries & à d'autres arts d'une grande importance pour la société. Pour cela on la coupe au commencement de l'été, c'est-à-dire, au moment où elle est parvenue à toute sa hauteur, & on la brûle, dès qu'elle est assez sèche, dans des fosses à ce destinées. (*Voyez* POTASSE.) Je dois dire cependant que, d'après les expériences de M. Darcet, elle est moins avantageuse qu'on l'a cru jusqu'à présent, le sel qu'elle donne n'étant pas de la potasse pure, mais un mélange de potasse avec des sels sulfuriques, muriatiques, &c.

La raison qui détermine la différence de l'époque de la coupe de la Ptéride aquiline dans les deux cas précités, c'est que, lorsqu'on veut l'employer pour faire de la litière, des couvertures, ou pour donner du feu, il faut qu'elle soit la plus

consistante possible, & qu'elle ne parvient à cet état qu'après que sa fructification est effectuée, & que, pour en tirer la potasse, on en obtient d'autant plus, d'après les belles expériences de Théodore de Saussure, qu'on la coupe plus jeune.

Il est rare qu'on voie de la Ptéride aquiline dans les champs en plaine ; mais elle nuit souvent dans ceux des montagnes, qui sont mal cultivés. La profondeur à laquelle parviennent ses racines ne permet pas de l'arracher par les labours à la charrue, & les défoncemens à la houe sont trop chers pour être employés dans les mauvais terrains avec profit, à moins qu'on ne veuille former un jardin ou une culture de luxe. Le meilleur moyen qu'on puisse employer pour s'en débarrasser, est de faire succéder aux céréales des récoltes qui exigent des binages d'été, comme les pommes de terre, les haricots, le maïs, &c., ou des cultures de fourrages étouffans, comme les pois gris, la vesce, & à celle-ci des prairies artificielles. *Voyez* ASSOLEMENT.

L'élégance de la Ptéride aquiline, surtout quand elle se développe, autorise à la placer dans les massifs, ou mieux, autour des massifs des jardins paysagers, & à cet effet d'y transporter des pieds levés dans les bois ; ils ne demandent ensuite aucune culture. On procède de même pour les introduire dans les écoles de botanique ; car le semis des graines de fougère réussit rarement.

Les espèces de Ptérides exotiques qui se voient dans nos jardins, sont la 25e., la 39e., la 53e., la 65e. & la 67e. La 39e. & la 65e. demandent la serre chaude ; la 25e. exige l'orangerie ; la 53e. & la 67e. se contentent de la pleine terre. Toutes demandent une bonne terre de bruyère & des arrosemens légers, mais fréquens. On les multiplie par le déchirement des vieux pieds.

Au reste, ces plantes sont rares, & n'ont de mérite qu'aux yeux des botanistes. (*Bosc.*)

PTÉROCARPE. *Pterocarpus.*

Genre de plantes de la diadelphie décandrie & de la famille des *Légumineuses*, qui rassemble vingt espèces, dont plusieurs se cultivent dans nos serres. Il est figuré pl. 602 des *Illustrations des genres* de Lamarck.

Observations.

On a fait aux dépens de ce genre ceux appelés *Amerimnum* & *Ecastaphyllum* ; mais ils n'ont pas été adoptés par la plupart des botanistes.

Espèces.

1. Le Ptérocarpe dragon.
Pterocarpus draco. Linn. ♄ Des Indes.
2. Le Ptérocarpe à feuilles veloutées.
Pterocarpus ecastaphyllum. Linn. ♄ De l'Amérique méridionale.

3. Le PTÉROCARPE fantal.
Pterocarpus fantalina. Linn. ♄ Des Indes.
4. Le PTÉROCARPE moutouchi.
Pterocarpus moutouchi. Lam. ♄ De Ceylan.
5. Le PTÉROCARPE hériffon.
Pterocarpus erinacea. Lam. ♄ Du Sénégal.
6. Le PTEROCARPE apalatoa.
Pterocarpus Rhorii. Vahl. ♄ De Cayenne.
7. Le PTÉROCARPE amerimnon.
Pterocarpus amerimnum. Lamarck. ♄ De la Jamaïque.
8. Le PTÉROCARPE en croiffant.
Pterocarpus lunatus. Linn. ♄ De l'Amérique méridionale.
9. Le PTÉROCARPE hémiptère.
Pterocarpus hemiptera. Gærtn. ♄ De.....
10. Le PTÉROCARPE aptère.
Pterocarpus aptera. Gærtn. ♄ De.....
11. Le PTÉROCARPE du Coromandel.
Pterocarpus marfupium. Roxb. ♄ Des Indes.
12. Le PTÉROCARPE pubefcent.
Pterocarpus pubefcens. Lam. ♄ De l'Amérique méridionale.
13. Le PTÉROCARPE grimpant.
Pterocarpus fcandens. Lam. ♄ de l'Amérique méridionale.
14. Le PTÉROCARPE de l'Inde.
Pterocarpus indica. Linn. ♄ Des Indes.
15. Le PTEROCARPE échiné.
Pterocarpus echinata. Perf. ♄ Des Indes.
16. Le PTÉROCARPE à petits fruits.
Pterocarpus microcarpus. Perf. ♄ Des Indes.
17. Le PTÉROCARPE de Plumier.
Pterocarpus Plumerii. Perf. ♄ De l'Amérique méridionale.
18. Le PTÉROCARPE de Richard.
Pterocarpus Richardii. Perf. ♄ De Cayenne.
19. Le PTÉROCARPE à larges feuilles.
Pterocarpus latifolia. Jacq. ♄ De l'Amérique méridionale.
20. Le PTÉROCARPE à feuilles de buis.
Pterocarpus evenus. Wild. ♄ de l'Amérique méridionale.

Culture.

Les efpèces infcrites fous les n°s. 2, 8 & 20, font celles qui fe voient dans nos jardins, & encore fort rarement ; elles exigent toutes la ferre chaude. On ne les multiplie que de graines tirées de leur pays natal, & femées, dès leur arrivée, dans des pots remplis de terre à demi confiftante, & enfoncés jufqu'à leur bord dans une couche à châffis. La dernière a déjà été mentionnée fous le nom d'*afpalat à bois noir* dans le premier volume de ce Dictionnaire ; mais alors elle ne fe voyoit pas encore en Europe. Ce font des arbres ou des arbriffeaux à végétation lente, & qui craignent d'être tourmentés ; en conféquence il ne faut leur donner de la nouvelle terre que tous les deux ans,

& leur ménager le plus poffible les coups de ferpette. Trop d'humidité & trop de féchereffe leur font également nuifibles.

La première efpèce fournit une des gommes rouges qui portent dans le commerce le nom de *fang de dragon*.

On croit être certain que c'eft de la troifième que provient le véritable *bois de fantal*. (*Bosc.*)

PTÉRONE. *PTERONIA.*

Genre de plantes de la fyngénéfie égale & de la famille des *Cynarocéphales*, qui raffemble vingt-huit efpèces, dont trois font cultivées dans nos jardins. Il eft figuré pl. 667 des *Illuftrations des genres* de Lamarck.

Efpèces.

1. La PTÉRONE camphrée.
Pteronia camphorata. Linn. ♄ Du Cap-de Bonne-Efpérance.
2. La PTÉRONE à feuilles graffes.
Pteronia craffifolia. Lam. ♄ Du Cap de Bonne-Efpérance.
3. La PTÉRONE à feuilles de chryfocome.
Pteronia chryfocomifolia. Lam. ♄ Du Cap de Bonne-Efpérance.
4. La PTÉRONE épineufe.
Pteronia fpinofa. Linn. ♄ Du Cap de Bonne-Efpérance.
5. La PTÉRONE à petites fleurs.
Pteronia minuta. Linn. ♄ Du Cap de Bonne-Efpérance.
6. La PTÉRONE fcarieufe.
Pteronia fcariofa. Linn. ♄ Du Cap de Bonne-Efpérance.
7. La PTÉRONE pâle.
Pteronia pallens. Linn. ♄ Du Cap de Bonne-Efpérance.
8. La PTÉRONE uniflore.
Pteronia uniflora. Lam. ♄ Du Cap de Bonne-Efpérance.
9. La PTÉRONE à feuilles oppofées.
Pteronia oppofitifolia. Linn. ♄ Du Cap de Bonne-Efpérance.
10. La PTÉRONE fafciculée.
Pteronia fafciculata. Linn. ♄ Du Cap de Bonne-Efpérance.
11. La PTÉRONE à groffe tête.
Pteronia cephalotes. Linn. ♄ Du Cap de Bonne-Efpérance.
12. La PTÉRONE à fleurs ramaffées.
Pteronia ftricta. Ait. ♄ Du Cap de Bonne-Efpérance.
13. La PTÉRONE échinée.
Pteronia echinata. Thunb. ♄ Du Cap de Bonne-Efpérance.
14. La PTÉRONE à tiges coudées.
Pteronia flexicaulis. Thunb. ♄ Du Cap de Bonne-Efpérance.

15. La PTÉRONE faſtigiée.
Pteronia faſtigiata. Thunb. ♄ Du Cap de Bonne-Eſpérance.

16. La PTÉRONE à feuilles glabres.
Pteronia glabrata. Thunb. ♄ Du Cap de Bonne-Eſpérance.

17. La PTÉRONE âpre.
Pteronia aſpera. Thunb. ♄ Du Cap de Bonne-Eſpérance.

18. La PTÉRONE hériſſée.
Pteronia hirſuta. Linn. ♄ Du Cap de Bonne-Eſpérance.

19. La PTÉRONE cendrée.
Pteronia cinerea. Linn. ♄ Du Cap de Bonne-Eſpérance.

20. La PTÉRONE viſqueuſe.
Pteronia viſcoſa. Thunb. ♄ Du Cap de Bonne-Eſpérance.

21. La PTÉRONE glauque.
Pteronia glauca. Thunb. ♄ Du Cap de Bonne-Eſpérance.

22. La PTÉRONE ciliée.
Pteronia ciliata. Thunb. ♄ Du Cap de Bonne-Eſpérance.

23. La PTÉRONE agglomérée.
Pteronia glomerata. Linn. ♄ Du Cap de Bonne-Eſpérance.

24. La PTÉRONE à feuilles contournées.
Pteronia retorta. Thunb. ♄ Du Cap de Bonne-Eſpérance.

25. La PTÉRONE à fleurs recourbées.
Pteronia inflexa. Thunb. ♄ Du Cap de Bonne-Eſpérance.

26. La PTÉRONE membraneuſe.
Pteronia membranacea. Linn. ♄ Du Cap de Bonne-Eſpérance.

27. La PTÉRONE cotonneuſe.
Pteronia tomentoſa. Lour. ♄ De la Chine.

28. La PTÉRONE porophylle.
Pteronia porophyllum. Cav. ☉ Du Mexique.

Culture.

Les eſpèces indiquées ſous les n°ˢ. 1, 9 & 12, ſont celles qui ſe voient dans nos écoles de botanique. Ce ſont des arbuſtes de fort peu d'effet, qui demandent l'orangerie, la terre de bruyère, & qui ſe multiplient de graines envoyées de leur pays natal, ou de boutures faites ſur couche & ſous châſſis. (*Bosc.*)

PTÉROSPERME. *Pterospermum.*

Genre de plantes de la monadelphie dodécandrie & de la famille des *Malvacées*, établi aux dépens des PENTAPÈTES, & qui renferme deux eſpèces.

Eſpèces.

1. Le PTÉROSPERME à feuilles de liége.
Pteroſpermum ſuberifolia. Willd. ♄ Des Indes.
2. Le PTÉROSPERME à feuilles d'érable.
Pteroſpermum acerifolium. Willd. ♄ Des Indes.

Culture.

Ces deux eſpèces ſe voient dans quelques jardins. La ſerre chaude leur eſt indiſpenſable pendant huit mois de l'année : leur culture eſt la même que celle des PENTAPÈTES & des KETMIES. *Voyez* ces mots. (*Bosc.*)

PTEROTE. *Pterotum.*

Arbriſſeau rampant de la Cochinchine, qui ſeul forme un genre dans la dodécandrie monogynie.
Cet arbriſſeau n'eſt pas encore introduit dans nos jardins. (*Bosc.*)

PTÉRYGODION. *Pterygodium.*

Genre établi par Swartz pour placer quelques eſpèces d'OPHRYDES du Cap de Bonne-Eſpérance, qui ne poſſèdent pas complètement les caractères des autres. *Voyez* OPHRYDES.

PTILION. *Ptilium.*

Un des noms donnés au genre de l'IMPÉRIALE. *Voyez* ce mot.

PUCCINIE. *Puccinia.*

Genre de plantes de la cryptogamie & de la famille des *Champignons*, qui fait partie de la diviſion que Decandolle a appelée *Champignons paraſites internes*, parce que les bourgeons ſéminiformes des eſpèces qui la compoſent, ſont portés ſous l'épiderme des feuilles par la ſève, s'y développent, & que les plantes nouvelles qui en proviennent ſe développent & s'accroiſſent aux dépens de cette ſève. *Voyez* au mot ROUILLE.

En abſorbant, pour leur accroiſſement, une partie de la ſève deſtinée à celui des plantes ſur leſquelles elles ſe trouvent, les Puccinies les affoibliſſent extrêmement : auſſi celles de ces plantes qui en offrent beaucoup, & il en eſt qui en ſont couvertes, ne ſe développent-elles pas complètement, n'amènent-elles pas leurs fleurs à fécondation, leurs fruits à maturité, & périſſent-elles même quelquefois.

Les genres ÆCIDIE & URÉDO ont beaucoup de rapport à celui-ci. Bulliard l'avoit confondu avec les moiſiſſures, dont il ſe diſtingue facilement.

L'exiſtence des Puccinies eſt indiquée par des plaques gélatineuſes de diverſes couleurs qui ſe forment ſur les feuilles ; & dès qu'elles ſortent, dans

dans la maturité, des tubercules pédicellés, divisés en deux ou un plus grand nombre de loges.

Quelque étendues que soient les recherches d'Hedwig, de Bulliard, de Persoon & de Decandolle, les espèces de ce genre sont loin d'être connues. On ignore encore les moyens de les empêcher de naître, malgré le jour que Bénédicte Prévot & Decandolle ont dernièrement jeté sur le mode de leur organisation & de leur multiplication. Les plus fréquemment sous les yeux des cultivateurs, parmi les Puccinies, sont celles :

1°. Du rosier : elle est noire & a quatre loges.

2°. De l'orme : elle est brune, velue & a trois loges.

3°. Du jasmin : souvent elle couvre toute la surface inférieure des feuilles du jasmin ; elle est à trois loges ; sa couleur est brune.

4°. De l'œillet : sa couleur est jaune, & elle a trois loges.

5°. Du groseiller rouge : ses tubercules sont bruns, & offrent deux loges.

6°. Des pruniers : elle se développe en petits points bruns, à deux loges.

7°. Des graminées : elle se développe en lignes d'abord jaunâtres, ensuite noires ; elle se distingue de la rouille.

8°. Des haricots : sa couleur est d'abord rousse, ensuite noire ; ses tubercules n'ont qu'une loge ; elle couvre quelquefois les feuilles des haricots en dessus & en dessous, & nuit beaucoup à leurs produits en grains.

9°. Des pois : elle offre des pustules brunes, uniloculaires, quelquefois si multipliées, qu'elles s'opposent à la fructification.

10°. Du trèfle : elle offre des tubercules roux également uniloculaires, répandus sur toutes les parties des feuilles, & nuisant beaucoup à leur développement.

Les années & les localités humides & froides sont bien plus favorables au développement des Puccinies que les autres. J'ai inutilement tenté de les faire disparaître, en enlevant toutes les feuilles des arbres qui en étoient affectées. La chaux que j'ai mise au pied des mêmes arbres n'a pas produit des effets plus satisfaisans.

Peut-être un jour ces plantes étant mieux connues, pourront-elles être atteintes par l'industrie humaine, comme l'ont été la CARIE & le CHARBON, qui sont de la même famille & bien plus dangereux. Voyez ces mots. (Bosc.)

PUCE. Pulex.

Insecte de l'ordre des aptères, que personne n'ignore faire le tourment de toutes les classes de la société, & surtout des cultivateurs, à qui leur pauvreté ne permet pas de tenir leur demeure au degré de propreté convenable, & de changer souvent d'habit, ainsi que de linge de corps & de lit. Il m'est arrivé plusieurs fois

de ne pouvoir dormir pendant mes voyages en Italie, en Espagne & dans le midi de la France, par l'excès du nombre de celles qui m'assailloient dans les chaumières où j'étois reçu pour passer la nuit. Le moyen d'en diminuer la quantité, car dans les palais même on ne peut s'en débarrasser entièrement, c'est, comme on peut le présumer par ce que je viens de dire, une grande propreté dans les appartemens & sur soi.

Mais c'est moins par rapport directement aux cultivateurs que j'ai jugé nécessaire de parler ici de la Puce, que relativement aux animaux domestiques de toutes sortes, qui sont quelquefois si tourmentés de leurs piqûres, qu'ils en maigrissent, & ne rendent pas les services qu'on en attend. On voit journellement, pendant l'été, les chiens, les chats, les chasser avec leurs ongles, & les premiers se jeter à l'eau, & tous deux se vautrer, ainsi que les poules, dans la poussière pour produire le même effet. Mais les chevaux qui ne sont pas journellement étrillés, les ânes, les bœufs, les vaches, les chèvres qui ne peuvent aller à l'eau, n'ont que leurs dents & leurs pieds dont l'effet est très-circonscrit ; de sorte qu'ils en souffrent prodigieusement.

Je conseille donc à ceux qui sont jaloux d'avoir leurs bestiaux toujours en bon état, de faire fréquemment nettoyer leurs écuries & leurs étables pendant l'été, de faire alors, une fois au moins par an, dégager de l'acide muriatique, ou brûler du soufre, & d'envoyer tous leurs bestiaux à l'eau le plus souvent possible.

Les brebis, à raison de l'épaisseur de leur laine, & les cochons, à cause de la dureté de leur peau, souffrent moins des Puces ; mais les pigeons, & surtout leurs petits, en sont tourmentés plus qu'aucune autre volaille, lorsque le colombier n'est pas tenu très-propre, & ils doivent être l'objet de soins très-actifs, si on veut en obtenir tous les produits possibles. Voyez COLOMBIER. (Bosc.)

PUCERON. Aphis.

Genre d'insectes de l'ordre des hémiptères, qui comprend beaucoup d'espèces, sur plusieurs desquelles les cultivateurs sont forcés de fixer leur attention à raison des dommages qu'elles leur causent en suçant la séve des plantes qu'ils cultivent, & en les empêchant par conséquent de se développer avec toute l'amplitude qui leur est naturelle.

Ce n'est pas par leur grosseur, rarement au-dessus de deux lignes, que les Pucerons se rendent redoutables, mais par leur nombre, suite de l'incroyable rapidité avec laquelle ils se reproduisent. Qui n'a pas vu, en été, des branches d'arbres, des plantes herbacées presqu'entières, en être tellement couvertes qu'on n'auroit pas pu en mettre un de plus ? Tous sont constamment occupés à soutirer la séve, non-seulement pour leur nourri-

K

ture, mais encore pour celle des fourmis, & la déperdition qui s'enfuit eſt immenſe, ainſi que le prouve l'humidité des tiges & des feuilles.

Les plantes très-garnies de Pucerons ne pouſſent plus que foiblement, prennent des formes contournées ou monſtrueuſes; leurs fleurs s'épanouiſſent foiblement ou même pas du tout; leurs fruits ſont ſans ſaveur, n'arrivent pas à toute leur groſſeur, & même tombent avant l'époque de leur maturité.

Les Pucerons offrent des faits très-remarquables : ils font des petits vivant pendant tout l'été, & des œufs en automne. Une ſeule fécondation ſuffit pour toutes les générations vivipares, c'eſt-à-dire, que la fécondation de la mère continue d'agir ſur ſes enfans, ſes petits-enfans, &c., juſqu'à la ponte des œufs. Bonnet a vu neuf générations vivipares, ainſi reproduites ſans accouplement pendant l'eſpace de trois mois, & chaque individu pondoit vingt petits par jour. Quelle fécondité ! *Voyez* leur hiſtoire dans le *Dictionnaire des Inſectes.*

C'eſt principalement ſur les jeunes pouſſes des plantes, comme plus tendres & plus chargées de ſéve, que ſe portent les Pucerons. Leur ſuccion eſt ſi active, principalement pendant le mois de mai, que les deux cornes ou mamelons placés à l'extrémité de leur corps ſemblent deux fontaines jailliſſantes. Le réſultat de cet écoulement eſt une eſpèce de miélat, qu'il faut bien diſtinguer de celui qui eſt directement le produit de la ſecrétion des feuilles. *Voyez* MIÉLAT & SÈVE.

Cet écoulement diminue & même ceſſe pendant la nuit, durant les jours froids & les grandes ſéchereſſes. Les fourmis ſavent le provoquer momentanément pendant ces circonſtances pour leur avantage perſonnel (*voyez* FOURMI), & ce n'eſt que de cette manière que la plupart de ces derniers inſectes nuiſent aux plantes.

Il eſt des eſpèces de Pucerons dont la piqûre fait naître de groſſes galles creuſes, dans leſquelles leurs générations vivipares ſuccèdent. L'orme & le peuplier ſont quelquefois chargés de ces galles, qui leur donnent un aſpect déſagréable & retardent beaucoup leur croiſſance.

Il en eſt d'autres qui toujours cauſent une altération monſtrueuſe dans l'organiſation de certaines parties. Je citerai pour exemple la forme contournée des pouſſes de quelques ceriſiers, & la transformation des pétales en feuilles. Il en eſt enfin d'autres qui s'attachent aux racines, & qui font périr ſouvent des plantes ſans qu'on en devine la cauſe. Les fourmis ont l'induſtrie de faire multiplier ces Pucerons pour qu'ils leur fourniſſent abondamment de la nourriture à leur portée.

L'influence nuiſible des Pucerons ſur la végétation ſe fait principalement remarquer dans les années ſèches, c'eſt-à-dire, dans celles où la ſéve eſt peu abondante, & où la perte d'une petite

quantité eſt ſenſible à la plante ſur laquelle ils ſe trouvent.

Parmi les nombreux moyens qui ont été indiqués pour ſe débarraſſer des Pucerons, je me contenterai de citer les ſuivans comme les plus avantageux.

Dans les ſerres, les orangeries, & pour les plantes précieuſes, on les tue directement, ſoit avec les doigts, ſoit avec une broſſe.

Les huiles eſſentielles, principalement celle de térébenthine, les font immanquablement mourir; mais leur emploi eſt difficile & coûteux.

La vapeur du ſoufre : elle remplit complétement ſon objet lorſqu'on peut entourer la plante d'un linge qui la concentre, mais elle nuit aux jeunes pouſſes & aux fleurs.

La fumée de tabac, de feuilles de ſureau, de feuilles de noyer & autres plantes âcres. Ses inconvéniens ſont preſque nuls, mais auſſi ſes effets ſont rarement complets, parce que les Pucerons ſavent s'y ſouſtraire, & que le vent s'y oppoſe. C'eſt ſur les eſpaliers qu'on peut le plus avantageuſement faire uſage de ce moyen, parce qu'il eſt poſſible de les recouvrir d'une toile, & pouſſer la fumée deſſous à l'aide d'un ſoufflet inventé pour cela. *Voyez* SOUFFLET.

Les diſſolutions de ſel marin, l'eau des leſſives, des fumiers, le vinaigre, les décoctions de tabac, de feuilles de ſureau, de feuilles de noyer & autres plantes âcres, répandues en forme de pluie, ſoit avec un arroſoir, ſoit avec une pompe à main, ont des réſultats toujours avantageux, mais jamais complets. Il faut qu'on les renouvelle très-fréquemment ſi on veut faire périr entièrement les Pucerons.

La chaux récente, réduite en poudre impalpable, malgré quelques inconvéniens, eſt certainement le moyen le plus certain & le plus commode pour ſe débarraſſer des Pucerons. Il ſuffit d'en ſaupoudrer les plantes à deux ou trois repriſes. Tous ceux qui en ſont atteints périſſent dans l'inſtant. L'eau des pluies lave enſuite ce qui reſte de chaux ſur les feuilles & les tiges, & il en réſulte un engrais pour le ſol. Un lait de chaux auroit des réſultats ſemblables, mais ſon application ſeroit plus difficile & ſes ſuites plus long-temps viſibles.

Mais de tous ces moyens, aucun n'eſt ſuſceptible d'être uſité en grand, & de fait il n'y en a pas de praticable pour détruire tous les Pucerons d'un vignoble, d'un verger d'une pièce de luzerne. C'eſt aux variations de l'atmoſphère, principalement aux pluies froides, aux grandes ſéchereſſes, que les cultivateurs doivent s'en rapporter pour diminuer leurs ravages. Ce ſont principalement ces cauſes qui font que la pouſſe d'automne des arbres fruitiers eſt moins fatiguée par eux que celle du printemps. Ils ont auſſi un très-grand nombre d'ennemis parmi les inſectes : deux d'entr'eux ont même été appelés *lions des Pucerons*, à raiſon de la grande deſtruction qu'ils en font; ce font les larves de l'HÉMEROBE & de deux ou trois-SYRPHES. *Voyez* ces mots.

Les caractères qui distinguent les Pucerons font fi peu faillans, que la plupart ne peuvent être distingués que par le nom de la plante fur laquelle ils vivent. En général, chaque espèce en affecte une particulière, mais il en eft qui vivent fur plusieurs, même de genre & de famille différente. Les plus gros font ceux des pins. (*Bosc.*)

PUGIONION. *Pugionium.*

Plante de la Sibérie, qui fe rapproche beaucoup des buniades, mais que Gærtner & quelques autres botanistes croient devoir constituer un genre dans la tetradynamie filiculeufe & dans la famille des *Crucifères.*

PUISARD. Il eft beaucoup de lieux où les eaux ont fi peu d'écoulement, que les habitations feroient noyées ou infeftées fi celles des pluies, des laviers, des fumiers, n'étoient pas reçues dans un réfervoir fouterrain appelé *Puifard*, d'où on les enlève à des époques fixes, ou dans lequel elles s'infiltrent à travers les couches de la terre.

La forme des Puifards eft le plus fouvent circulaire; on en voit auffi de carrés : leur largeur & leur profondeur dépendent de la quantité préfumée d'eau qu'ils doivent recevoir. Leurs dimenfions ne peuvent donc être fixées.

Il eft des Puifards qui font creufés dans la roche, & dont les parois fe foutiennent par eux-mêmes : il en eft de creufés dans la terre, que l'économie détermine à ne pas revêtir de maçonnerie; mais ils fe dégradent rapidement. Ordinairement, cependant, on conftruit contre les parois de ceux-ci un mur, foit en pierres fèches, lorfqu'on eft dans l'intention qu'ils abforbent les eaux, ou de pierres liées avec un mortier, lorfqu'on veut qu'ils conferventces eaux. Leur fommet, dans ce cas, eft voûté, tandis que dans les deux autres il ne l'eft pas toujours. C'eft dans ce fommet qu'eft réfervée l'ouverture par laquelle entrent les eaux.

Quelque bien fait que foit un Puifard, qu'il laiffe infiltrer ou non fes eaux, il s'exhale de fon ouverture, furtout pendant la chaleur, une vapeur infecte fort dangereufe à refpirer, & qui a une influence fort nuifible fur les viandes & le laitage qui y font expofés. Un moyen d'empêcher ces effets relativement furtout aux Puifards fitués dans l'intérieur des cuifines, des laiteries, des caves, &c., étoit donc fort defirable à trouver, & il l'a été par M. de Parcieux, il y a plus de quarante ans; mais je ne l'ai nulle part vu à exécution. Le voici :

Avoir une cuvette de pierre, de dix-huit pouces de long, d'un pied de large & de fix pouces de profondeur, toutes mefures prifes dans l'intérieur.

L'un des petits côtés de cette cuvette (c'eft celui qui doit être placé du côté du Puifard) eft de deux pouces plus bas que les trois autres.

Cette cuvette fe place fur le bord de l'ouverture du Puifard, & on fixe perpendiculairement, vers fon milieu, une dalle de pierre qui y entre de trois pouces; enfuite on ferme l'ouverture du Puifard avec de la maçonnerie qui fe lie intimement avec la dalle de pierre, de manière que l'intérieur du Puifard ne communique avec l'extérieur que par l'ouverture que laiffe cette dalle au fond de la cuvette.

Lorfqu'on remplit d'eau la cuvette, la dalle de pierre fe trouve y plonger de trois pouces, & par conféquent il n'y a plus de paffage pour les gaz qui s'élèvent du Puifard. Or, par fa difpofition, cette cuvette doit toujours être pleine d'eau, fauf ce que l'évaporation en enlève, ce qui eft peu de chofe, puifqu'il n'y a moins de fix pouces de long & un pied de large expofé à l'air. Le feul inconvénient eft que cette eau, qui eft en communication avec celle de l'intérieur, fe corrompe dans les chaleurs; mais un feau d'eau fraîche qu'on jetteroit dans le Puifard, la feroit difparoître.

La dépenfe de cette conftruction ajoute trop peu à celle du Puifard, pour qu'on doive fe refufer à la faire.

On peut auffi regarder comme des efpèces de Puifards, les PIERRÉES ou les FASCINAGES qu'on fait dans la même intention qu'eux, & qui en effet rempliffent le même but avec plus d'économie. *Voyez* ces mots.

Voyez auffi les mots CITERNE & PUITS.

Les curures des Puifards, furtout de ceux qui reçoivent les eaux des laviers, font un excellent engrais. On ne doit donc pas ~~ fe livrer à la dépenfe de leur enlèvement, puifqu'à la diminution des inconvéniens dont ils font pourvus, fe joint un avantage pofitif. Ainfi plus ou moins fouvent, felon la grandeur du Puifard, la nature des eaux qu'il reçoit, on y fera defcendre un ouvrier par l'ouverture laiffée à la voûte, & au moyen de feaux élevés par une poulie fixée temporairement au-deffus de cette ouverture, on en extraira toute la partie boueufe. Il faudra feulement faire attention aux gaz délétères qui peuvent exifter dans le Puifard, gaz qui compromettroient la vie de cet ouvrier. (*Bosc.*)

PUITS : excavation très-profonde & peu large, deftinée à réunir, de manière à pouvoir en tirer au befoin, l'eau qui coule au-deffous de la furface de la terre, foit en nappe, foit en filet. *Voy.* EAU.

Partout où il y a une fource ou une grande rivière, on eft difpenfé de creufer un Puits; mais c'eft, comparativement à la furface de la France, le plus petit nombre de lieux. Dans les cantons les plus arrofés, on doit même conftruire des Puits pour éviter les tranfports d'eau toujours fi fatigans ou fi coûteux : auffi font-ils exceffivement communs en France; prefque toutes les maifons de certaines villes, de certains villages, en ont un: Il eſt une grande quantité de jardins où il s'en trouve pluſieurs.

Les CITERNES & les MARES ſuppléent, dans beaucoup d'endroits, aux Puits, mais rarement avec avantage. *Voyez* ces mots.

L'eau des Puits paſſe pour inférieure en bonté à celle des fontaines ; mais cela n'eſt fondé que ſur ce que, dans beaucoup de lieux, elle contient de la ſélénite ou de la terre calcaire en diſſolution ; car généralement elle n'offre d'autre différence que d'être moins aérée & moins rapprochée de la température de l'atmoſphère. Je ne parle pas des eaux des Puits voiſins des fumiers, des latrines, de ceux creuſés dans des marais, ni de ceux qu'on ne nettoie jamais, ou dans leſquels on a jeté des matières végétales ou animales.

Il eſt des pays où la conſtruction d'un Puits eſt l'affaire d'une journée & d'une dépenſe de quelques francs. Il en eſt où cette opération exige, ſoit à raiſon de la nature du ſol, de la profondeur où ſe trouve l'eau, des acceſſoires, &c., des années de travail & des dépenſes très-conſidérables.

J'ai dit plus haut que les eaux ſe trouvoient dans la terre en nappe ; en effet, dans le voiſinage des rivières qui coulent en plaine, & où il y a des couches de ſable repoſant ſur des couches d'argile, les eaux provenant de ces rivières s'arrêtent ſur les couches d'argile. Il en eſt de même dans les plaines qui ſe trouvent à la baſe de la plupart des mo▮▮▮▮▮, où les eaux ſouterraines, deſcendant de▮▮▮montagnes, peuvent s'étendre de niveau ſur une couche d'argile. Ainſi, il eſt un extrêmement grand nombre de lieux où il ſuffit de creuſer un Puits▮▮▮ ou moins profondément pour avoir de l'eau ▮▮▮dance ; & comme ordinairement, dans ces deux cas, ſurtout dans le premier, la profondeur où ſe trouve l'eau eſt peu conſidérable, & que les couches ſupérieures de la terre ſont de ſable, de marne ou de pierre calcaire tendre, la dépenſe de leur établiſſement n'eſt pas hors des moyens des plus pauvres cultivateurs, comme le prouve le Mémoire que j'ai publié dans la *Bibliothèque des propriétaires ruraux*, relativement à ceux des plaines de Houilles & de Monteſſon, ſur les bords de la Seine, où un homme & une-femme en creuſent un dans une journée.

Quelquefois ces nappes s'établiſſent ſur un-lit de roche, même entre pluſieurs lits de roches ; &, dans ce dernier cas, il peut arriver que, deſcendant d'un lieu beaucoup plus élevé, & ſe trouvant remplir complétement l'intervalle des roches, il ne faille que percer la roche ſupérieure pour la faire ſortir en jailliſſant, & arriver juſqu'à la ſurface du ſol. C'eſt parce que la plaine d'Arras a une telle diſpoſition de roches, qu'on peut y creuſer ces Puits ſi célèbres, appelés *Puits artéſiens* ; mais ils ſe ſont bien trompés ceux qui ont cru qu'on pouvoit en creuſer partout de tels, car les deux circonſtances auxquelles ils

ſont dus, ſont fort rares à rencontrer : on ne cite, après Arras, que Bologne en Italie, où elles ſoient connues.

Mais dans les pays de montagnes, où les eaux coulent dans la terre en filets ſemblables à des ruiſſeaux, même à de petites rivières, à travers les fentes des rochers ou dans les déflexions de leurs couches, pour creuſer un Puits il faut reconnoître le lieu où doit ſe trouver un de ces filets, & on n'eſt jamais certain de ne pas ſe tromper. La conſidération des Puits déjà exiſtans, celle de la dépreſſion ou de la pente de la ſurface du ſol, d'une humidité plus ſenſible pendant les grandes ſéchereſſes, d'une végétation plus forte, &c., ſont les indices d'après leſquels on peut travailler avec quelqu'apparence de ſuccès. S'il y avoit dans le voiſinage une ſonde de minéralogiſte, & c'eſt ici le lieu de faire le vœu pour qu'il y en ait une dans chaque chef-lieu de préfecture & de ſous-préfecture, on devroit l'employer pour acquérir toute la certitude néceſſaire. *Voyez* SONDE.

Heureuſement pour les cultivateurs que les pays où les Puits ſont les plus incertains & les plus coûteux à creuſer, les pays de montagnes, ſont ceux où ils ſont les moins ſouvent néceſſaires, ces pays étant ordinairement bien pourvus de ſources.

Souvent, dans les montagnes, lorſque la pente eſt rapide, il eſt poſſible de transformer un Puits en fontaine, ſoit en creuſant une galerie qui aille chercher la ſource à ſon niveau, ſoit en bouchant l'ouverture par où l'eau s'écouloit, ce qui la force à monter juſqu'à la ſurface du ſol. J'ai vu pluſieurs exemples de ces deux moyens dans la ci-devant haute Bourgogne.

Ceci me conduit à obſerver que la maçonnerie même la mieux faite, avec la chaux & le ciment, n'eſt pas toujours ſuffiſante pour empêcher les eaux d'un Puits creuſé dans la roche de perdre ſon eau. Il faut auparavant boucher, à refus de maillet, les trous par où elle s'échappe avec du bois tendre & extrêmement ſec, du bois de ſaule, par exemple, les premiers morceaux ayant environ un pied de long, & les derniers, qui peuvent être plus courts, ayant la forme de coin, parce que ce bois ſe gonflant par l'humidité, ferme les plus petites iſſues. On appelle la manière de boucher les trous des rochers pour empêcher l'entrée ou la ſortie de l'eau, *piquage*, en terme de mineur.

Lorſqu'on eſt dans le cas de creuſer un Puits dans le voiſinage d'une maiſon, il faut calculer la poſſibilité que les eaux des latrines & celles des fumiers s'y infiltrent, car la dépenſe de ſa fabrication ſeroit perdue ſi cela arrivoit. Je dis calculer, car il eſt très-fréquent de voir des Puits dans l'intérieur des maiſons & des baſſes-cours ; mais alors ils ſont placés au-deſſus de l'écou-

lement naturel de eaux pluviales, & leur rava-
lement eſt à chaux & à ciment.

La forme qu'on donne aux Puits eſt le plus ordinairement la circulaire; je dis le plus ordinairement, parce que, lorſque l'un d'eux eſt deſtiné à
ſervir à deux locaux ſéparés par un ſimple mur,
on le fait ovale, & que ceux d'une très-grande
dimenſion ſont quelquefois carrés ou parallélogramiques.

La largeur des Puits doit être d'environ trois
à quatre pieds, ſans y comprendre le revêtement
lorſqu'il y en a, lequel ſe compte le plus ſouvent
pour deux pieds, largeur ſuffiſante pour le jeu de
deux ſeaux, l'un montant & l'autre deſcendant;
cependant, dans les lieux où on eſt obligé de percer
une roche très-dure pour arriver à l'eau, on ne
leur en donne, par économie, qu'une de deux
pieds à deux pieds & demi, ce qui force à n'employer qu'un ſeau, & l'expoſe à des frottemens
contre les parois qui l'uſent très-rapidement.

Le creuſement d'un Puits ſe fait par deux ou
trois hommes, au moyen de la pioche ou du
pic, quelquefois du ciſeau & de la poudre. On
ne peut jamais établir ſa dépenſe que ſur celle
qu'ont occaſionnée ceux du voiſinage. Quelquefois leurs déblais ſont de bons amendemens ſur
les terres fortes, & par-là diminuent un peu ce
qu'ils coûtent. Je n'entrerai pas dans le détail
de l'opération, qui eſt fort ſimple, & ne ſe rattache qu'indirectement à l'agriculture.

Arrivé à la nappe ou au filet d'eau, on creuſe
encore, ſi on le juge néceſſaire, deux ou trois
pieds plus bas pour avoir une cuvette toujours
pleine d'eau, & propre à la retenir ſi elle n'eſt
pas abondante, ou ſi elle eſt ſujette à diminuer
dans les temps de ſécereſſe; après quoi, ſi le ſol
n'eſt pas une roche, on deſcend des bouts de
madriers de chêne, qu'on diſpoſe circulairement,
& ſur leſquels on établit les premières affiſes du
revêtement du Puits.

On appelle revêtement un mur en pierres de
taillé, plus ou moins groſſes, qu'on élève contre
les parois du Puits, lorſque ces parois ne ſont pas
creuſées dans la roche, pour empêcher leur éboulement, & par ſuite le prompt comblement de
ſon fond. C'eſt un objet de grande dépenſe, qu'on
évite quelquefois dans les pays où l'eau eſt à peu
de profondeur, en y ſubſtituant des tonneaux défoncés par les deux bouts, même ſeulement un
tonneau défoncé par le haut, & percé de trous
latéraux pour recevoir l'eau d'un côté, & arrêter
les débris de la paroi de l'autre, auquel cas le Puits
doit avoir deux ou trois pieds de plus de largeur
que le tonneau. C'eſt ce qu'on pratique dans la
plaine des environs de Paris, déjà citée.

Le plus ordinairement, & on devroit toujours
le faire, à raiſon des accidens qui peuvent réſulter
du manque de ce ſoin pour les hommes & les
animaux, on élève le revêtement à trois pieds
au moins au deſſus de la ſurface de la terre, &

on recouvre ſa dernière affiſe d'une ſeule pierre
percée, ou de pluſieurs pierres liées les unes aux
autres pour éviter les dégradations; c'eſt ce qu'on
appelle une *margelle*.

Il eſt toujours préférable de laiſſer les Puits découverts, parce que la circulation de l'air s'y exécute plus complètement, & que l'eau s'en améliore d'autant. Ainſi, lorſqu'il y a des motifs de
les couvrir, ſoit pour éviter les accidens, ſoit
pour empêcher d'y jeter des immondices, on
doit le faire avec un grillage plutôt qu'avec des
planches.

Les mêmes conſidérations exiſtent pour les Puits
placés dans les caves, dans les cuiſines, &c. On
ne doit en creuſer dans de tels endroits que lorſqu'on a des raiſons majeures, & on ne doit en
employer l'eau à la boiſſon des hommes & des
animaux, ainſi qu'aux arroſemens, que dans l'impoſſibilité de faire autrement.

Il exiſte un grand nombre de moyens de tirer
l'eau d'un Puits. Le plus ſimple eſt un ſeau qu'on
deſcend dans le Puits, attaché à un crochet ou à
une corde, & qu'on retire par le ſeul effort du
bras; il eſt fatigant, dangereux, & uſe très-rapidement la corde. Un autre également ſimple, qui,
comme les deux précédens, ne peut s'appliquer
qu'aux Puits peu profonds, c'eſt un levier dont le
côté le plus long eſt terminé par une perche à crochet qui eſt ſuſpendue au centre du Puits, & dont
le côté le plus court eſt garni de poids tellement
combinés, que le ſeul effort de la main ſuffit pour
faire ſortir le ſeau plein d'eau. Le plus uſité & le
plus ſuſceptible d'être appliqué à tous les Puits,
c'eſt une groſſe poulie fixée à environ ſix pieds au-
deſſus des bords du Puits & ſon centre, poulie
autour de laquelle paſſe une corde portant un ſeul
ſeau, ou deux, un à chacune de ſes extrémités,
ſeaux dont l'un deſcend vide lorſque l'autre monte
plein, par l'action de deux bras qui tirent du côté
vide. Dans beaucoup de lieux on ſubſtitue un treuil
à la poulie, ce qui rend l'opération moins fatigante, mais plus lente. Souvent, dans les lieux
où on a beſoin de beaucoup d'eau, c'eſt un cabeſtan mu par un cheval qui fait monter & deſcendre les ſeaux. Ces moyens peuvent être combinés & variés de beaucoup de manières, que je
ne crois pas devoir développer ici.

Tantôt on emploie des cordes de chanvre, ce
ſont les plus durables & les plus lourdes, tantôt
des cordes d'écorce de tilleul, ce ſont les plus
économiques & les plus légères: on ſubſtitue quelquefois des chaînes aux cordes.

Au lieu de ſeaux on attache quelquefois des
godets, ou petits ſeaux, de diſtance en diſtance,
tout le long de la corde, & un manège fait tourner le tout: on appelle cette diſpoſition un *noria*
en Eſpagne & en Italie, où elle eſt fort uſitée.

Une ſimple corde, ou une chaîne tournant
rapidement, fait également monter l'eau; c'eſt la
machine de Vera.

Il eſt un très-grand nombre de ſortes de pompes foulantes ou aſpirantes, ou l'une & l'autre à la fois, qui ſont également uſitées pour élever au-deſſus de la ſurface de la terre l'eau des Puits : la plupart n'ont contre elles que leur dépenſe d'établiſſement & d'entretien ; pluſieurs ont de plus celle de leur moteur. J'en dirai un mot au mot POMPE.

Ce n'eſt pas tout d'avoir un Puits, il faut veiller à ce qu'il ne ſe dégrade pas, à ce que ſon eau ſoit toujours au même degré de pureté, & malheureuſement c'eſt à quoi les cultivateurs penſent le moins : auſſi voi-on ſouvent leur revêtement s'éfondrer, & encore plus leur eau prendre un goût déſagréable, devenir même mal-ſaine, faute de les nettoyer, c'eſt-à-dire, d'enlever de temps en temps la boue que les infiltrations ont néceſſairement dû y amener, & les immondices que les enfans & même les grandes perſonnes y ont jetées. Que de morts, parmi les hommes & les beſtiaux, n'ont pas eu d'autre cauſe ! Comment peut-on croire que l'eau d'un Puits, & il en eſt beaucoup de tels, où un homme ne peut deſcendre ſans être aſphixié, ne participe pas des qualités délétères des gaz qui s'y trouvent, à moins que ce ne ſoit du gaz acide carbonique ? J'invite donc les cultivateurs à faire viſiter & nettoyer leurs Puits de loin en loin.

Il eſt des Puits qu'il faut d'ailleurs approfondir de temps en temps, ſoit parce que leur fond eſt une argile que l'eau diviſe, ſoit parce que l'eau ceſſe d'y venir en même quantité.

Dans beaucoup de lieux, les Puits tariſſent pendant les ſéchereſſes de l'été. Là, il faut augmenter le réſervoir du fond, afin qu'il s'y conſerve aſſez d'eau pour les uſages journaliers, lorſque cette circonſtance arrive.

De plus, le peu d'air atmoſphérique que contiennent les eaux de Puits les empêche de déſaltérer autant que celles des rivières, & s'oppoſe à ce qu'elles laiſſent précipiter les carbonates terreux qui s'y trouvent. La baſſe température qu'elles ont pendant l'été, donne lieu à des ſuppreſſions de tranſpiration, à des fluxions de poitrine & autres maladies, chez ceux qui en boivent lorſqu'ils ont chaud : il en de même dans les jardins, car une eau froide, employée aux arroſemens, retarde néceſſairement la végétation : de-là le conſeil de ne les boire ou donner à boire aux animaux que vingt-quatre heures après les avoir tirées, & mieux encore après les avoir long-temps battues. Ainſi, dans une ferme bien montée, il y a autour des Puits deux, trois & même quatre auges deſtinées à conſerver l'eau tirée. Il ſeroit même deſirable que ces auges fuſſent à une grande diſtance du Puits, afin d'y faire couler l'eau, en lui ménageant, s'il eſt poſſible, de petites caſcades dans ſa route. *Voyez* BOISSON.

Quelques jardiniers croient améliorer l'eau de leurs Puits, tirée pour arroſer, en y mêlant du fumier, mais ils n'en obtiennent pas les réſultats qu'ils attendent ; au contraire, ces eaux deviennent quelquefois mortelles pour les plantes. *Voyez* ARROSEMENT.

PULE. *FUNIS PULASSARIUS.*

Arbre de l'Inde, de la famille des *Apocinées*, figuré par Rumphius, mais encore imparfaitement connu des botaniſtes.

Il ne ſe trouve pas dans les jardins d'Europe. (*Bosc.*)

PULICAIRE : eſpèce de plantain dont quelques botaniſtes ont fait un genre. *Voyez* PLANTAIN.

PULMONAIRE. *PULMONARIA.*

Genre de plantes de la pentandrie monogynie & de la famille des *Borraginées*, qui réunit huit eſpèces cultivées dans nos écoles de botanique. *Voyez* les *Illuſtrations des genres* de Lamarck, pl. 93.

Obſervations.

Un genre appelé MERTENSIE a été établi aux dépens de celui-ci, mais la plupart des botaniſtes le repouſſent.

Eſpèces.

1. La PULMONAIRE officinale. *Pulmonaria officinalis.* Linn. ♃ Indigène.
2. La PULMONAIRE à feuilles étroites. *Pulmonaria anguſtifolia.* Linn. ♃ Indigène.
3. La PULMONAIRE fruteſcente. *Pulmonaria ſuffruticoſa.* Linn. ♄ De Sicile.
4. La PULMONAIRE de Virginie. *Pulmonaria virginica.* Linn. ♃ De l'Amérique ſeptentrionale.
5. La PULMONAIRE paniculée. *Pulmonaria paniculata.* Ait. ♃ De l'Amérique ſeptentrionale.
6. La PULMONAIRE à petites-fleurs. *Pulmonaria parviflora.* Mich. ♃ De l'Amérique ſeptentrionale.
7. La PULMONAIRE de Sibérie. *Pulmonaria ſibirica.* Linn. ♃ De la Sibérie.
8. La PULMONAIRE maritime. *Pulmonaria maritima.* Linn. ♃ Des bords de la mer.

Culture.

La troiſième & la ſixième ſont les ſeules que nous ne poſſédions pas dans nos jardins.

La première eſpèce, vulgairement connue ſous les noms de *grande Pulmonaire*, *d'herbe aux poumons*, *d'herbe du cœur*, *d'herbe au lait de Notre-Dame*, de *ſauge de Jéruſalem*, croît abondamment dans les bois en terrain ſec, & fleurit dès les premiers jours du printemps. Les fleurs du même pied ſont d'abord rouges, & deviennent enſuite bleues ; de forte qu'il y en a toujours de ces deux couleurs fur chaque pied : quelquefois elles font toutes blanches. Ses feuilles font tantôt de couleur uniforme, tantôt rachées de blanc, felon qu'elle eft à l'ombre ou au foleil.

Cette plante a joui autrefois d'une grande célébrité en médecine ; mais aujourd'hui on en fait fort peu d'ufage. On en mange les feuilles en guife d'épinards dans quelques cantons. Les moutons & les chèvres font les feuls des beftiaux qui s'en nourriffent. Les abeilles recherchent beaucoup fes fleurs, parce qu'elles font très-abondantes en miel. Elle eft d'un afpect affez agréable pour qu'on foit déterminé, furtout en confidérant l'époque de fa floraifon, à l'introduire dans les parterres, & encore plus dans les peloufes & fur le bord des maffifs des jardins payfagers. On la multiplie de graines & par déchirement des vieux pieds, déchirement qui s'effectue en automne. Une fois en place dans les jardins payfagers, elle ne demande plus d'autre foin que des farclages ou des binages de propreté.

Ce que je viens de dire s'applique également à la Pulmonaire à feuilles étroites : celle-ci eft même plus élégante que la précédente.

La Pulmonaire de Virginie eft la plus belle du genre, & celle qu'en effet on voit le plus fréquemment employer à l'ornement des jardins : fon feul défaut eft de perdre fes feuilles dès le commencement de l'été. Elle eft très-ruftique, c'eft-à-dire, qu'elle ne craint pas les gelées, & qu'elle s'accommode de tous les terrains & de toutes les expofitions ; cependant elle profite mieux dans les bas fonds ombragés. On la multiplie avec la plus grande facilité par le déchirement des vieux pieds en automne.

La Pulmonaire de Sibérie eft encore une très-belle plante, propre à orner les parterres & les jardins payfagers pendant les premiers mois du printemps ; elle fe fait remarquer par fes feuilles qui font glabres & glauques, circonftances rares dans cette famille de plantes : elle n'eft pas auffi multipliée qu'il feroit à defirer qu'elle le fût. On la reproduit par femences & par déchirement des vieux pieds, déchirement qui, à raifon de fa difpofition à tracer, fournit plus que les befoins. Il m'a paru qu'elle aimoit les fols argileux & frais.

Les Pulmonaires paniculée & maritime ne fe voient pas hors des écoles de botanique & des grandes collections d'amateurs. Leur culture & leur multiplication fe font de même. (Bosc.)

PULMONAIRE DE CHÊNE : efpèce du genre Lichen.

PULMONAIRE DES FRANÇAIS : nom vulgaire d'une efpèce d'Épervière.

PULPE : partie charnue des fruits à noyau & à pepin, & même de certaines feuilles. Ainfi la chair des pêches, des prunes, des poires, des melons, &c., le milieu des feuilles de la joubarbe, des ficoïdes, &c. eft pulpeufe.

C'eft toujours un tiffu cellulaire qui conftitue la matière pulpeufe ; mais ce tiffu varie dans chaque fruit, dans chaque feuille. Voyez le Dictionnaire de Phyfiologie végétale.

L'art de la culture peut, jufqu'à un certain point, changer la nature de la Pulpe dans fa couleur, fa faveur ; il peut augmenter fon épaiffeur, diminuer fa fermeté, &c. &c., ainfi que le prouvent les fruits de nos jardins, comparés à ceux qui croiffent naturellement dans nos bois. Voyez FRUIT & GRAINE. (Bosc.)

PULSATILLE : efpèce d'ANÉMONE.

PULTENÉE. *Pultenæa.*

Genre de plantes de la décandrie monogynie & de la famille des *Légumineufes*, qui réunit douze efpèces, dont plufieurs fe cultivent dans nos écoles de botanique & dans les collections des amateurs.

Obfervations.

Ce genre fe rapproche fi fort de celui des DAVIÉSIES, que plufieurs de leurs efpèces ont paffé de l'un à l'autre ; & comme il n'a pas été queftion de ce dernier à la lettre D, je mentionnerai ici les efpèces qui y entrent. Voyez au mot MIRBÉLIE l'indication d'une autre efpèce qui en a auffi fait partie.

Efpèces.

1. La PULTENÉE ftipulaire.
Pultenæa ftipularis. Smith. ♄ De la Nouvelle-Hollande.

2. La PULTENÉE à feuilles de lin.
Pultenæa linophylla. Willd. ♃ De la Nouvelle-Hollande.

3. La PULTENÉE à feuilles de bruyère.
Pultenæa ericoides. Vent. ♄ De la Nouvelle-Hollande.

4. La PULTENÉE à feuilles de daphné.
Pultenæa daphnoides. Willd. ♄ De la Nouvelle-Hollande.

5. La PULTENÉE à paillettes.
Pultenæa paleacea. Willd. ♃ De la Nouvelle-Hollande.

6. La PULTENÉE velue.
Pultenæa villofa. Willd. ♄ De la Nouvelle-Hollande.

7. La PULTENÉE tuberculée.
Pultenæa tuberculata. Perf. ♄ De la Nouvelle-Hollande.

8. La PULTENÉE à petites feuilles.
Pultenæa microphylla. Hort. Angl. ♄ De la Nouvelle-Hollande.

9. La PULTENÉE à feuilles de houx.
Pultenæa illicifolia. Andr. ♄ De la Nouvelle-Hollande.

10. La PULTENÉE naine.

Pultenæa nana. Andr. ♄ De la Nouvelle-Hollande.

11. La PULTENÉE jonc.

Pultenæa juncea. Willd. ♄ De la Nouvelle-Hollande.

12. La PULTENÉE à feuilles d'ajonc.

Pultenaa ulicifolia. Andr. ♄ De la Nouvelle-Hollande.

Culture.

Excepté les 5e. & 7e., nous poffédons toutes ces efpèces. Ce font des arbuftes d'un médiocre effet, & fort difficiles à conferver, furtout après qu'ils ont fleuri ; ils craignent le chaud, le froid & furtout l'humidité : la terre de bruyère leur eft indifpenfable : les arrofemens doivent leur être extrêmement ménagés en hiver. On les multiplie de graines, dont ils donnent affez fouvent dans nos ferres tempérées, qui leur conviennent mieux que les orangeries, & quelquefois, mais difficilement, de boutures. Les graines fe fèment, & les boutures fe placent, au printemps, fur couche à châffis. Le plant des premières & les pieds enracinés des fecondes font fi délicats, qu'il ne faut qu'un coup de foleil, ou un petit froid, ou un arrofement exagéré pour les faire périr ; c'eft pourquoi il faut les difperfer fous plufieurs châffis, & les multiplier au-delà du befoin pour être fûr de les conferver. Le repiquage du plant & des boutures s'exécute au printemps de l'année fuivante, & le remontement des vieux pieds tous les deux ans. (*Bosc.*)

PUNAISE. CIMEX.

Genre d'infectes de l'ordre des hémiptères, qui renferme un grand nombre d'efpèces, dont quelques-unes font fi communes, qu'il n'eft pas permis aux cultivateurs de fe refufer à les connoître, & dont quelques-autres font nuifibles aux objets de leurs récoltes, foit en vivant à leurs dépens, foit en portant fur eux l'odeur infecte qui eft propre à la plupart. *Voyez* le *Dictionnaire entomologique.*

Fabricius, & enfuite Latreille, ont transformé ce genre en une famille qui contient une douzaine de nouveaux genres ; mais les cultivateurs n'étant pas au courant des progrès de la fcience, je le confidérerai ici comme n'ayant pas été divifé.

Le fang des animaux eft la nourriture d'un grand nombre de Punaifes ; mais, fous ce rapport, une feule eft dans le cas d'attirer l'attention des cultivateurs. La plupart vivent au dépens du fuc des fruits ou de la fève des plantes, & par ce motif beaucoup font dans le cas d'être ici prifes en confidération.

La Punaife des lits fait le tourment des cultivateurs dans une grande partie de l'Europe ; principalement dans le Midi, & par fes piqûres aiguës

& par fon odeur infecte. C'eft dans les fentes des murs & des meubles, fous les étoffes & dans leurs replis, qu'elle fe tient cachée pendant le jour. La nuit elle va chercher une victime fouvent fort loin de fon refuge, car elle eft indubitablement attirée par les émanations des corps vivans. Son activité eft d'autant plus à redouter qu'il fait plus chaud, & qu'il y a plus long-temps qu'elle s'eft gorgée de fang ; on ne peut échapper alors à fa rapacité qu'en fe privant de fommeil ou en allumant une chandelle. Des milliers de recettes ont été indiquées pour en débarraffer les appartemens, mais il n'y en a pas d'autres qu'une rigoureufe attention à fermer tous leurs repaires dans les murs & les boiferies, foit qu'il fait plus fant de papier collé, foit en les couvrant de deux couches de peinture à l'huile, foit par tout autre moyen, & à laver à l'eau bouillante tout ce qui eft fufceptible de l'être, comme bois & ciel-de-lit, paillaffes, matelas, &c.

Les pauvres, qui n'ont pas le moyen de faire ces opérations, ne peuvent donc pas fe débarraffer entièrement de ces défagréables infectes ; mais il leur eft facile d'en diminuer affez le nombre pour pouvoir fupporter leurs piqûres, en tenant, pendant tout l'été, une petite claie d'ofier derrière le chevet de leur lit, claie qu'ils battront tous les matins pour faire tomber les Punaifes qui s'y feront réfugiées, & les écrafer.

Cette Punaife s'eft auffi introduite dans les colombiers, où elle fatigue les pigeons, & furtout leurs petits, au point de forcer les premiers à coucher dehors, & de faire maigrir & peut-être même faire périr les feconds qui ne peuvent échapper à leurs piqûres. C'eft en tenant le colombier dans un état conftant de propreté, & en y faifant développer, au moins une fois chaque été, du gaz acide muriatique, ou du gaz acide fulfureux, qu'on peut efpérer de les faire difparoître. *Voy.* PIGEON.

La Punaife du choux (*Cimex ornatus* Fab.) vit aux dépens de la fève des choux, des raves & autres plantes de la famille des *Crucifères* qui fe cultivent ; elle doit leur nuire, mais je ne l'ai jamais vue affez nombreufe pour qu'il fût poffible de s'en plaindre. C'eft fa mauvaife odeur, odeur qu'elle tranfmet quelquefois aux feuilles fur lefquelles elle fe trouve, qui la fait le plus redouter.

La Punaife des potagers, bien plus petite que la précédente, eft auffi plus abondante fur les plantes de la famille des *Crucifères*. Je crois que les cultivateurs de navette & de colza ont quelquefois lieu de fe plaindre du tort qu'elle leur fait.

La Punaife des baies vit du fuc des fraifes, des grofeilles, des cerifes & autres fruits en baies, & leur communique fa détestable odeur. Un jardinier jaloux de faire fon devoir, en fera la recherche pendant tout l'été pour l'écrafer, & par-là en diminuer le nombre.

Les

Les Punaife rufipède, grife, verte & à antennes noires, font au contraire les auxiliaires
des cultivateurs, en ce qu'elles font une chaffe
très-active & très-deftructive aux chenilles qui
mangent les feuilles des arbres. Quelle que foit la
mauvaife odeur qu'elles répandent, il faut donc
craindre de les écrafer.

Certaines Punaifes, comme la bordée (*Cimex
marginatus* Linn.) & la nugace (*Cimex nugax*
Linn.), vivent, la première aux depens de la
tanaife, la feconde fur la menthe, & , au contraire des autres, exhalent, dans la chaleur, une
odeur agréable , approchante de celle de la
pomme reinette.

Il eft un grand nombre de petites efpèces de
Punaifes qui fe trouvent fur les plantes des prés,
& que les beftiaux font fréquemment expofés
à avaler en pâturant; mais aucune n'eft dans le
cas de les faire mourir, comme on l'a cru : fort
peu fentent mauvais.

Je finis par la Punaife du poirier (*Acanthia pyri*
Fab.), vulgairement connue fous les noms de
tigre, de *puceron du poirier*. C'eft de la fève de
cet arbre qu'elle vit , & elle eft fréquemment fi
abondante fur ceux en efpalier, qu'elle empêche
les poires de l'année de groffir & de prendre de la
faveur, ainfi que celles de l'année fuivante de
nouer, même qu'elle peut occafionner la mort de
l'arbre : c'eft deffous les feuilles qu'elle fe tient.
On reconnoît un arbre qui en eft infefté à la couleur grife, inégale de fes feuilles, & aux excrémens dont elles font couvertes. Toutes les recettes
indiquées dans les ouvrages du jardinage pour
la détruire, ou ne rempliffent pas fuffifamment
leur objet, ou nuifent aux arbres fur lefquels on
en fait l'effai, & je crois qu'il faut fe borner à
l'écrafer, en paffant le pouce fous toutes les
feuilles, ou, fi on ne craint pas de facrifier deux
récoltes de fruits, couper avec précaution, au
moyen d'une paire de cifeaux, toutes les feuilles
avant la chute de la rofée, & les brûler. *Voyez*
Feuille.

Cette opinion, je la forme fur l'obfervation que
la fumée & la vapeur du foufre ne font tomber
qu'une partie des tigres; que l'infufion de feuilles
de noyer, de feuilles de tabac & autres plantes
âcres, feringuée fur les feuilles, ne peut les atteindre tous; que l'eau chaude, l'eau de chaux,
l'huile, produifent plus de mal que de bien, &c.

Ces infectes, comme tous les autres, difparoiffent quelquefois inftantanément à la fuite d'une
pluie froide ; d'autres fois le deffèchement des
feuilles avant leur ponte, deffèchement caufé par
eux, les fait mourir de faim. Dans ces deux cas, on
s'en trouve ordinairement débarraffé pour plufieurs années , leur nombre feul étant à craindre.
Il paroît que ce font les bons-chrétiens en efpalier
& au midi qui en font les plus chargés. *Voyez*
Poirier dans le *Dictionnaire des Arbres & Arbuftes.* (*Bosc.*)

Agriculture. Tome VI.

PUNAISE D'ORANGER. On appelle vulgairement ainfi la Cochenille de l'oranger. *Voyez*
ce mot.

PUNGAMIE. *Pungamia.*

Genre de plantes figuré pl. 603 des *Illuftrations
des genres* de Lamarck, mais qui ne paroît pas différer des Ptérocarpes. *Voyez* ce mot.

PUNNA. *Mala pænna.*

Arbre de l'Inde imparfaitement connu des
botaniftes, quoiqu'il foit figuré dans Rumphius.
Il ne fe cultive pas en Europe. (*Bosc.*)

PURGATIF : remède propre à faire évacuer
plus promptement les matières fécales, & à accélérer la fecrétion des divers fluides qui concourent à la digeftion des alimens.

Chaque forte de Purgatif agit d'une manière
qui lui eft propre : ainfi leur choix n'eft pas
indifférent ; mais les notions fur lefquelles il doit
être établi, font encore fort incertaines.

A la difficulté de reconnoître la manière d'agir
des Purgatifs, fe joint celle de juger avec certitude des cas où ils doivent être prefcrits.

Tantôt il faut que les Purgatifs rempliffent rapidement, tantôt il faut qu'ils rempliffent lentement leur objet. Dans certains cas il eft même bon
que leur action foit tumultueufe pour donner une
fecouffe à tout le corps, & pouvoir enfuite rétablir l'équilibre des humeurs.

On rejette l'emploi des Purgatifs dans les maladies inflammatoires & dans les maladies nerveufes,
quoiqu'il y ait des faits qui prouvent qu'ils peuvent quelquefois être avantageux.

C'eft ordinairement fur la fin d'une maladie
qu'on les ordonne , & en cela on fuit les indications de l'expérience plus que celles du raifon-
nement.

Le tempérament, l'âge, la force du fujet, ainfi
que la faifon , doivent être pris en confidération
lorfqu'on veut purger.

Généralement on fait précéder les Purgatifs
d'une diète plus ou moins rigoureufe, d'un jour
au moins.

Les Purgatifs fe donnent en breuvage, en pilules, en opiates & en lavement.

Il y a deux manières de faire prendre les Purgatifs en breuvage aux animaux domeftiques.
Lorfqu'ils ont peu de faveur, on les mêle avec
leur boiffon, & ils les avalent de plein gré.
Lorfqu'ils feront repouffés par eux , à raifon de
leur mauvais goût & de leur mauvaife odeur, &
c'eft le cas le plus commun, on les leur fait prendre par force, en leur levant la tête, en leur ouvrant la bouche & en les verfant dans leur gorge
avec les précautions convenables. La plupart des
vétérinaires ont pour cet objet une groffe corne
de bœuf, percée au petit bout, & ils font dans le

L

cas d'être imités par les cultivateurs, car elle remplit toutes les indications desirables.

Les pilules font d'autant plus groffes que l'animal a le gofier plus large. Le volume d'une noix pour les bœufs & les chevaux, & d'une noifette pour les autres beftiaux, eft celui qui doit être fixé. On lève la tête de l'animal, on ouvre fa bouche, on jette la pilule à l'entrée de fa gorge, & le plus ordinairement elle defcend fans difficulté.

Quant aux opiates, on les porte à l'entrée de la gorge avec une fpatule, & l'animal les avale le plus fouvent fans répugnance, à raifon du miel qui y entre.

La manière de donner les Purgatifs en lavement ne diffère pas de celle de donner des LAVEMENS fimples. Voyez ce mot.

Les ruminans ne peuvent être purgés par la bouche qu'avec des pilules ou des opiates, à raifon de l'organifation de leur fyftème digeftif. On les leur donne le matin à jeun, & on les fait boire quatre à cinq heures après. Il faut avoir attention qu'ils n'aient ni trop chaud ni trop froid.

L'action des Purgatifs eft lente dans les grands animaux. Ordinairement il ne produifent leur effet, dans le cheval, que vingt-quatre heures après qu'ils ont été pris.

L'économie oblige de n'employer, pour purger les animaux domeftiques, que des drogues peu coûteufes & d'une action puiffante. Voici la lifte des principales, & les dofes auxquelles on les prefcrit.

Le plus employé de tous les Purgatifs dans la médecine vétérinaire, & même pour les grands animaux, eft l'aloès, à la dofe depuis un gros jufqu'à deux onces, felon la taille, l'âge, la conftitution, l'objet qu'on a en vue, & encore felon la plus ou moins grande pureté de l'aloès.

Le fel d'Epfom (fulfate de magnéfie) pour le cheval & le bœuf, depuis trois jufqu'à douze onces.

Le fel végétal (tartrite de potaffe) pour les gros animaux, depuis trois jufqu'à neuf onces; pour les brebis, les cochons, les chiens, les chats, depuis un gros jufqu'à une once.

Le fel de Glauber (fulfate de foude), mêmes dofes. Il eft préféré au précédent pour les petits animaux.

Le fel de duobus (fulfate de potaffe); ce font encore à peu près les mêmes dofes.

La manne. On la donne au chien & au chat, à la dofe de trois à quinze gros.

La rhubarbe; elle n'eft purgative que pour le chien, & à la dofe de trois gros.

Le féné; il ne purge auffi que les animaux carnivores, y compris le cochon.

Le jalap. Le mouton, le cochon, le chien, le chat, font purgés par lui à la dofe de vingt grains à trois gros.

La fcammonée eft principalement en ufage pour le chien, depuis fix grains jufqu'à un gros.

La gomme-gutte. On ne l'emploie non plus que

pour les petits animaux, & feulement de deux à fix grains. Daubenton la préféroit aux autres Purgatifs pour les moutons. (Bosc.)

PURIN. Ce nom fe donne également aux urines qui s'écoulent des écuries ou des étables dans un trou extérieur deftiné à les recevoir, ou aux eaux de fumier réunies dans un trou creufé exprès.

Ces deux fortes de Purins font d'excellens engrais; mais il eft néceffaire de ne les répandre qu'au moment des femailles & de ne pas les employer en furabondance, car dans ce dernier cas ils pourroient devenir une caufe d'infertilité. Il faut encore moins, comme on le pratique fi fouvent, en faire ufage pour arrofer les plantes avant de les avoir étendus d'une grande quantité d'eau, & pour la même raifon. Voyez ENGRAIS, URINE & EAU DE FUMIER. (Bosc.)

PUROT: nom des trous deftinés à recevoir le purin. Ils varient en grandeur & en forme; quelquefois, & ce font les meilleurs, c'eft une petite citerne voûtée. On doit defirer que tous les manoirs ruraux aient un Purot; car la perte des urines & des eaux de fumier caufe à la France un dommage incalculable. Voyez FUMIER. (Bosc.)

PUTIER: nom vulgaire du CERISIER MAHALEB ou bois de Sainte-Lucie. Voy. le Dictionnaire des Arbres & Arbuftes.

PUTOIS: quadrupède fort voifin de la fouine par fa forme & fes mœurs, qui fe fait reconnoître par l'odeur fétide qu'il exhale, odeur qui fe communique à tout ce qu'il touche. Voyez le Dictionnaire des Quadrupèdes.

Je me trouve dans le cas de dire un mot de cet animal, parce qu'il eft tantôt l'ennemi des cultivateurs, dont il mange la volaille, tantôt leur auxiliaire, puifqu'il fait une guerre à outrance aux RATS, aux SOURIS, aux LÉROTS, aux CAMPAGNOLS, aux MULOTS, aux TAUPES, aux HANNETONS, &c. Voyez tous ces mots.

D'après cela, il eft évident que le Putois eft plus utile que nuifible aux cultivateurs, puifqu'il ne s'agit, pour l'empêcher de nuire, que de fermer exactement les poulaillers & les colombiers, furtout pendant l'hiver, époque où il fe fixe fouvent autour des fermes, & même dans l'intérieur des fermes; cependant on cherche partout à le détruire.

Les diverfes fortes de chaffe qu'on fait au Putois étant décrites dans le Dictionnaire des Chaffes, je n'ai pas à m'en occuper ici. (Bosc.)

PUTORIE. Putoria.

Nom donné par Perfoon au genre qu'Aublet avoit appelé ORÉLIE, & par Linnæus ALLAMANDE. Voyez le premier de ces mots. (Bosc.)

PUYA. *Puya.*

Plante vivace du Chili, qui feule forme un genre dans l'hexandrie monogynie & dans la famille des *Broméloïdes.* Elle fe cultive dans fon pays natal pour le miel que diftillent fes fleurs, & pour la partie intérieure de fa tige, qui remplace le liége. Cette plante n'étant pas cultivée dans nos jardins, ne peut donner lieu à un article plus étendu, malgré l'importance dont elle pourroit être. (*Bosc.*)

PYCNANTHÈME. *Pycnanthemum.*

Genre de plantes de la didynamie gymnofpermie & de la famille des *Labiées,* établi par Michaux aux dépens des *Chataires* & des *Clinôpodes,* & qui, y compris les *Brachyftèmes,* autre genre du même auteur qui s'en rapproche infiniment, renferme fix efpèces, dont deux, la première & la feconde, fe cultivent dans nos jardins, & ont été citées aux articles CHATAIRE & CLINOPODE.

Efpèces.

1. Le PYCNANTHÈME de Virginie.
Pycnanthemum virginicum. Mich. ♃ De l'Amérique feptentrionale.
2. Le PICNANTHÈME blanchâtre.
Pycnanthemum incanum. Mich. ♃ De l'Amérique feptentrionale.
3. Le PYCNANTHÈME monardelle.
Pycnanthemum monardella. Mich. ♃ De l'Amérique méridionale.
4. Le PYCNANTHÈME verticillé.
Pycnanthemum verticillatum. Mich. ♃ De l'Amérique méridionale.
5. Le PYCNANTHÈME imberbe.
Pynanthemum muticum. Mich. ♃ De l'Amérique feptentrionale.
6. Le PYCNANTHÈME thym.
Pycnanthemum thymoides. Mich. ♃ De l'Amérique feptentrionale.

Culture.

J'ai obfervé dans leur pays natal prefque toutes ces efpèces, qui croiffent dans les bonnes terres légères & fe font remarquer par leur bonne odeur; elles craignent les fortes gelées de nos climats; mais au moyen d'une couverture pendant l'hiver, elles peuvent être cultivées en pleine terre. On les multiplie par le femis de leurs graines, par le déchirement de leurs vieux pieds, &, au befoin, par boutures faites en été fur couche & fous châffis. (*Bosc.*)

PYRALE. *Pyralis.*

Genre d'infectes de l'ordre des lépidoptères,

qui renferme plus de deux cents efpèces, appelées *phalènes rouleufes* par Linnæus, parce que beaucoup proviennent des chenilles qui roulent les feuilles des plantes, & *phalènes chapes* par Geoffroy, parce que leur forme fe rapproche de celle de la chape des prêtres. *Voyez* le *Dictionnaire des Infectes.*

Il eft dans les forêts des arbres qui nourriffent de fi grandes quantités de chenilles de Pyrales, que lorfqu'on frappe fur une de leurs branches, on les voit tomber par milliers, fufpendues à un fil au moyen duquel elles remontent dès que le danger eft paffé. Je citerai le chêne : mais je ne veux parler ici que des efpèces qui nuifent le plus aux plantes cultivées.

Certainement la plus à redouter de toutes eft celle de la vigne, que j'ai le premier fait connoître dans les Mémoires de l'ancienne Société d'agriculture de Paris, trimeftre d'été de 1786; elle dépofe en été fes œufs probablement fur la fouche de la vigne, & il en naît au printemps fuivant, lorfque les feuilles font à moitié développées, des chenilles qui roulent ces feuilles après les avoir fait faner en coupant à moitié leur pétiole pour vivre à leurs dépens à l'abri de leurs ennemis : ce font les *vers de la vigne* des vignerons. Si chaque chenille n'attaquoit qu'une feuille & n'en mangeoit que ce qui eft néceffaire à fon accroiffement, il n'y auroit que demi-mal; mais la feuille attaquée fe defféchant, fouvent la même chenille en va attaquer une feconde, puis une troifième, & quelquefois plus; de forte que les ceps, privés ainfi de leurs moyens d'accroiffement, languiffent & n'amènent pas leurs fruits à groffeur & à faveur. (*Voyez* FEUILLE.) Ce n'eft pas tout : fouvent la chenille prend le pédoncule de la grappe pour le pétiole de la feuille, c'eft-à-dire, le coupe à moitié, ce qui opère le defféchement, & par fuite la perte de la grappe. Dans mes premières obfervations, j'ai vu des ceps qui ne confervoient que les deux ou trois feuilles fupérieures, dont toutes les grappes étoient coupées, & qui, par conféquent, ne devoient rien produire de l'année, & fort peu l'année fuivante, à raifon de l'épuifement des racines. Or, il eft des années où la plus grande partie des ceps d'un vignoble font ainfi traités. Quel trifte avenir pour les vignerons & les propriétaires !

C'eft furtout dans les grands vignobles du centre & du midi que la chenille de cette Pyrale fait de grands ravages. Il paroît que l'irrégularité des faifons, dans le climat de Paris, nuit beaucoup à fa multiplication; car plufieurs fois j'ai appris qu'elle dévaftoit les environs de Beaune, de Mâcon, de Valence, de Montpellier, lorfqu'elle étoit fort rare à Argenteuil & à Montmorency.

J'ai remarqué que les chenilles de la Pyrale de la vigne, d'abord rares, augmentoient en nombre chaque année pendant environ trois ans, & qu'enfuite elles redevenoient rares. En effet, leur furabondance doit être une des plus puiſſantes cauſes de leur deſtruction, puiſque, comme la TEIGNE du pommier (*voyez* ce mot), cette ſurabondance les met dans le cas de mourir de faim, & par conſéquent de ne pas donner de nouvelles générations. Souvent auſſi une pluie froide de quelques jours de durée en fait périr la plus grande partie par ſuite de la dyſſenterie qu'elle leur cauſe.

Les moyens de deſtruction de la chenille de la Pyrale de ſa vigne ne ſont pas bien puiſſans. On ne peut l'écraſer dans la feuille contournée où elle eſt cachée, attendu que cette feuille eſt fort large, que la chenille ſe laiſſe tomber dès qu'on y touche, & qu'il y a beaucoup de feuilles vides. Les faire tomber après leur chute, en frappant deſſus, & les tuer, ſeroit extrêmement long & d'un réſultat fort incomplet. Couper les feuilles au-deſſus d'un panier, ſeroit, pour l'année actuelle & la ſuivante, un remède pire que le mal.

C'eſt à la deſtruction des inſectes parfaits, que les propriétaires de vignobles doivent tendre. Les prendre avec des filets à inſectes ſeroit trop incertain, trop long, & par conſéquent trop coûteux. Il faut donc, pour arriver au but, profiter de la ſingulière tendance que les Pyrales ont, encore plus que les autres lépidoptères nocturnes, à ſe porter vers le feu & à s'y brûler. Dans le Mémoire où j'ai ſignalé la Pyrale, je n'ai pas manqué d'indiquer ce moyen, auquel tout autre doit céder, & depuis il a été mis en pratique dans le Mâconnais par Roberjot ; enſuite, d'après les ſuccès de ce dernier, par des propriétaires de vignes en Champagne, en Bourgogne, dans le Lyonnais, le Dauphiné, &c. &c.

Ainſi donc, dans les vignobles infeſtés de la Pyrale de la vigne, lorſque les inſectes parfaits ſortiront de leur chryſalide, c'eſt-à-dire, depuis le 1er juillet juſqu'au 15 août, plus tôt ou plus tard ſelon la chaleur de l'année & celle du climat, on établira, lorſque l'air ſera ſerein & chaud, autour des vignes, dans les lieux les plus apparens, avec des ramaſſis de brouſſailles, d'herbe ſèche, de paille, &c. de petits feux de flamme tourbillonnante à l'entrée de la nuit. On verra les Pyrales y accourir de loin, s'y précipiter & s'y brûler. L'important, c'eſt de choiſir le moment convenable, & c'eſt ce que ne peuvent pas faire les ſimples vignerons. Deux ou trois feux par arpent doivent ſuffire s'ils ſont bien placés, & leur dépenſe eſt preſque réduite au ſalaire de leur établiſſement, puiſque leurs matériaux exiſtent preſque partout ſur place ou dans les environs. D'ailleurs, ne pourroit-on pas réſerver dans les vignobles, où il n'y a pas de haies ou de buiſſons, le bois provenant de l'aiguiſage des échalas, ou ſacrifier quelques fagots, achetés, à cet important objet ?

Sans doute toutes les Pyrales ne viendront pas ſe brûler à ces feux, & les générations des années ſuivantes, en s'accumulant, renouvelleront le mal ;

mais il eſt hors de la puiſſance de l'homme d'anéantir les petites eſpèces d'animaux : & n'eſt-ce rien que de gagner une ou deux années ? D'ailleurs, en opérant de même tous les ans, on maintiendra le nombre des Pyrales dans une telle circonſcription, qu'elles ne cauſeront que des dommages inappréciables. *Voyez* VIGNE dans le *Dictionnaire des Arbres & Arbuſtes.*

La Pyrale faſciane nuit auſſi aux vignobles, mais ſes ravages ſont rarement remarqués ; ce ſont les grains de raiſin qu'elle mange, & c'eſt en août qu'on peut la détruire. Les procédés indiqués plus haut lui ſeroient applicables, ſi elle devenoit très-commune.

Les autres Pyrales qui peuvent plus ou moins nuire aux objets de nos cultures, ſont :

1°. La *Pyrale clorane :* ſa chenille vit ſur l'oſier vert (*ſalix viminalis*), &, en liant ſes feuilles terminales, en mangeant les bourgeons qu'elles entourent, elle empêche cet oſier d'acquérir toute la hauteur à laquelle il devoit parvenir. J'ai vu des oſeraies dont peu de pouſſes étoient exemptes d'une de ces chenilles. On la tue facilement, en comprimant l'extrémité des pouſſes de cet oſier, & c'eſt à ce moyen facile & expéditif qu'on doit ſe borner.

2°. La *Pyrale uncane :* ſa chenille fait, ſur la luzerne, la même opération que la précédente ſur l'oſier. J'ignore s'il eſt des lieux où elle eſt aſſez commune pour cauſer du dommage aux récoltes de cette plante ; mais je ne l'ai jamais vue être dans ce cas aux environs de Paris. D'ailleurs, la fréquence des coupes de la luzerne doit s'oppoſer à ſa trop grande multiplication.

3°. La *Pyrale zoëgane :* ſa chenille vit auſſi aux dépens de la luzerne ; mais comme je ne l'ai jamais obſervée, je ne puis dire ſi elle peut lui nuire.

4°. La *Pyrale cynoſbane :* ſa chenille courbe les feuilles terminales des bourgeons du roſier, & mange le ſommet de ces bourgeons ; ce qui l'empêche de donner des fleurs. Elle nuit ainſi beaucoup à l'objet pour lequel on cultive cet arbriſſeau. L'écraſer, après avoir détaché les feuilles qu'elle avoit liées, ou en preſſant l'extrémité de ces bourgeons, ſont des moyens aſſurés de la détruire.

5°. La *Pyrale du roſier :* ſa chenille ſe contente de plier les feuilles du roſier, & par conſéquent elle nuit moins que la précédente à cet arbriſſeau ; mais elle eſt beaucoup plus commune. On doit donc lui faire une chaſſe à outrance.

6°. Les *Pyrales holmiane, gnomane & oporane :* leurs chenilles vivent aux dépens des feuilles des pommiers, ſurtout des pommiers en eſpaliers ou en contr'eſpaliers, & cauſent ſouvent, par leur abondance, une importante diminution dans la récolte de leurs fruits, & même la perte entière de cette récolte : c'eſt au mois de mai qu'elles ſont dans toute leur force. Alors, lorſqu'on frappe ſubitement fur une branche avec un gros bâton, elles fe laiffent toutes tomber, fufpendues à un fil; & lorfqu'on coupe ce fil (on le peut facilement au moyen du bâton), elles remontent rarement de fuite, & périffent de faim ou deviennent la proie des oifeaux & des infectes. Un coup de fufil tiré dans l'arbre produit fur tout l'arbre le même effet que le bâton fur la branche. Ces Pyrales viennent auffi au feu, & on peut l'employer pour en débarraffer un jardin ou un verger.

7°. La *Pyrale des pommes* : fa chenille vit dans l'intérieur des pommes, & les rend VERREUSES. (*Voy.* ce mot.) Il eft des années où peu de pommes échappent à fa voracité, & où par conféquent elle nuit beaucoup aux récoltes. Je ne connois aucun moyen de la détruire : des feux de flamme amèneroient fans doute la deftruction des infectes parfaits; mais je ne fache pas qu'on les ait employés. Je ne puis expliquer pourquoi cet infecte parfait eft fi rare, tandis que fa chenille eft fi commune; car je n'en trouve que quelques individus chaque année. (*Bosc.*)

PYRAMIDE : arbre fruitier garni de branches dès fa bafe, & taillé de manière à repréfenter une Pyramide, ou mieux un cône, c'eft-à-dire, dont les branches font d'autant plus courtes qu'elles fe rapprochent du fommet, qui eft terminé en pointe par la pouffe de l'année.

Cette difpofition eft connue depuis le milieu du dernier fiècle; mais il n'y a guère qu'une trentaine d'années qu'elle eft en faveur.

Quelques perfonnes confondent les Pyramides avec les quenouilles; mais elles offrent des différences très-faciles à faifir, puifqu'on ne permet pas à ces dernières de s'élever au-deffus de cinq à fix pieds, & que leurs branches latérales font toutes laiffées de la même longueur. *Voyez* QUENOUILLE.

Il n'en eft pas moins vrai cependant que toute Pyramide a été quenouille pendant fes deux ou trois premières années, & que toute quenouille peut être transformée en Pyramide, en changeant le mode de fa taille.

Sans doute les Pyramides vivent moins & ne rapportent pas autant que les pleins-vents; mais, greffées fur cognaffier, elles commencent le plus fouvent à porter du fruit à leur troifième année, en donnent plus régulièrement toutes les années, & il eft généralement plus gros & plus précoce. De plus, elles n'occafionnent, foit par leurs racines, foit par leur ombre, qu'une fort petite perte de terrain, comparée à celle occafionnée par les PLEINS-VENTS. *Voyez* ce mot.

Les avantages des Pyramides fur les quenouilles font de durer plus long-temps, de fournir une plus grande quantité de fruits, & d'offrir un coup d'œil plus agréable. La facilité qu'on trouve à les rapprocher fans inconvéniens & à en cueillir les fruits à la main, les rendent très-propres à être

placées dans les écoles : auffi celles du Jardin du Muféum d'hiftoire naturelle & de la pépinière du Luxembourg font-elles compofées de Pyramides.

De tous les arbres fruitiers, le poirier eft celui qui fe prête avec le plus de complaifance à la forme pyramidale : par fa difpofition à fe faire une tête arrondie, le pommier s'y foumet plus difficilement. Les pruniers, les cerifiers & les abricotiers, par fuite de leur taille, alors trop rigoureufe, pouffent des branches vigoureufes qui fouftraient leurs fruits aux bénignes influences du foleil. A raifon de ce que les amandiers & les pêchers portent leurs fruits fur des branches particulières, ils s'y refufent obftinément. D'après cela, on peut préjuger qu'il n'y a que les poiriers & quelques variétés de pommiers qui doivent être mis en Pyramide.

Je ne connois pas de Pyramide qui ait plus de trente ans d'âge; mais celles de cette époque font reftées affez vigoureufes pour faire croire qu'elles vivront encore au moins autant : & un arbre qui a rapporté du fruit pendant cet efpace de temps, n'a-t-il donc pas affez bien rempli fa deftination pour qu'on doive regretter la dépenfe de fon remplacement? Les reproches qu'on leur a fait de ne pas durer affez long-temps, doivent donc retomber fur les jardiniers qui les taillent, car tout arbre mal conduit s'affoiblit néceffairement.

On place ordinairement les Pyramides autour des carrés des jardins potagers : alors on doit les planter à douze pieds au moins les unes des autres, pour que leur ombre ne nuife pas aux légumes qui fe cultivent dans les carrés. L'intervalle pourra recevoir un nain, ou un rofier, ou une touffe de plante vivace. Quelquefois on les difpofe en quinconce dans les carrés mêmes, & à la même diftance. Si on n'en formoit qu'une ligne, que le terrain fût très-bon, & qu'on ne craignît pas leur ombre pour les cultures voifines, on pourroit fe contenter de la moitié de cette diftance. L'important pour elles, comme pour toutes les autres fortes de difpofitions d'arbres, eft qu'elles aient fuffifamment d'efpace pour leurs racines, & qu'elles ne s'ombragent pas trop les unes les autres.

Comme je l'ai dit plus haut, les Pyramides de poiriers greffés fur cognaffier donnent très-fréquemment du fruit l'année qui fuit celle de leur plantation. Celles greffées fur franc, & encore plus celles greffées fur fauvageon, reftent quelquefois cinq à fix ans & même le double fans en porter : cela dépend & du terrain & de la variété. On emploie, pour rapprocher leur mife à fruit, tous les moyens employés pour les autres difpofitions d'arbres. *Voyez* METTRE A FRUIT.

Pour établir une Pyramide, on choifit dans la pépinière une quenouille de trois ou quatre ans de greffe au plus, qui foit bien régulièrement garnie de branches; on la met en place & on la taille à fix pouces dans le bas, & en diminuant progreſſivement de bas en haut, où les branches ſeront raccourcies juſqu'à deux pouces. La branche terminale ſera rabattue à deux ou trois yeux, ſuivant la variété & le terrain. En général, dans cette première taille, il faut viſer à multiplier les fourchures pour égaliſer la diſpoſition des branches autour du tronc : ainſi il eſt telle branche qui devra être taillée plus courte, telle autre taillée plus longue, uniquement dans ce but, ſauf à corriger, aux tailles ſuivantes, l'irrégularité de celle-ci. La taille de l'année ſuivante ſe fait dans le même principe, excepté qu'on alonge davantage, ſi le pied a pris de la vigueur. Plus tard, cette taille ne diffère de celle des autres formes d'arbres, que par la néceſſité toujours ſubſiſtante, de mettre le plus d'égalité poſſible dans la diſpoſition des branches, & de retarder le plus poſſible leur accroiſſement en largeur & en hauteur. Elle varie donc ſelon le ſol, ſelon la variété, ſelon les circonſtances de l'année précédente, &c. *Voyez* TAILLE.

A toutes les époques de l'année, une Pyramide bien conduite eſt agréable à voir, mais elle eſt ſurtout ſuperbe lorſqu'elle eſt bien garnie de fruits : ces fruits ſe cueillent en grande partie à la main, ce qui évite les accidens trop communs lorſqu'on cueille ceux des pleins-vents ; ils ſont plus gros & plus tôt mûrs dans chaque variété ; mais il eſt vrai de dire qu'ils ſont moins ſavoureux & moins ſuſceptibles de garde, ſurtout lorſqu'ils ſe trouvent au nord ou près du tronc, & qu'ils ont par conſéquent moins profité des rayons du ſoleil. (*Bosc.*)

PYRAMIDE : conſtruction en pierres de taille, qu'on élevoit autrefois au point de réunion des allées, des jardins & des parcs, & qui n'avoit d'autre objet que de repoſer la vue & d'indiquer la richeſſe du propriétaire.

Ordinairement les Pyramides, qu'on appelle auſſi OBÉLISQUES, étoient très-hautes (de douze à vingt pieds), & peu larges (d'environ deux pieds). Leur forme étoit le plus ſouvent quadrangulaire, quelquefois tronquée ſur les angles. Un piédeſtal plus ou moins élevé, plus ou moins orné, les ſupportoit généralement. On les enrichiſſoit quelquefois de médaillons, de guirlandes & autres ſculptures ; leur pointe offroit une prolongation en fer ou en cuivre doré.

Aujourd'hui on a renoncé à ce genre de luxe, les jardins donnant lieu à aſſez de dépenſe depuis qu'on y a introduit les cultures de primeurs & celle des plantes étrangères ; de ſorte qu'on n'y voit plus que des Pyramides très-baſſes & très-larges, triangulaires & carrées, ſervant à couvrir un regard, une glacière, un tombeau.

Dans ces derniers cas, les pyramides équilatérales ſont à préférer : rarement on les charge d'ornemens, ou les ſurmonte d'une pointe. Leur bon état d'entretien fait tout leur luxe.

Lorſque ces Pyramides étoient en pierres dures, elles ſubſiſtoient long-temps ſans avoir beſoin de réparation ; mais ſi j'en juge par celles que j'ai vues dans ma jeuneſſe, elles étoient rarement pourvues de cet avantage, & demandoient des réparations fréquentes & coûteuſes, à raiſon de l'altération qui étoit la ſuite de leur iſolement.

La conſtruction des Pyramides ne diffère pas de celle des murs de pierres de taille ; tantôt elle eſt en pierres ſèches, tantôt en pierres liées avec du mortier : les premières ſont plus ſuſceptibles de dégradations, à raiſon de ce que leurs joints reçoivent l'eau des pluies. (*Bosc.*)

PYRÈTHRE. *PYRETHRUM*.

Genre de plantes de la ſyngénéſie ſuperflue & de la famille des *Corymbifères*, qui a été établi aux dépens des MARGUERITES & des MATRICAIRES, & qui, quoiqu'il n'ait pas été adopté par tous les botaniſtes, me paroît devoir être mentionné ici pour faciliter aux cultivateurs la recherche des eſpèces, qui ſont fort nombreuſes & difficiles à bien caractériſer.

Obſervations.

Comme il faut avoir les eſpèces ſous les yeux pour pouvoir les rapporter à un des trois genres ci-deſſus, je ſuis obligé de me contenter de citer celles indiquées par Willdenow, en en ſouſtrayant la véritable matricaire, dont j'ai parlé à ſon article.

Eſpèces.

Pyrèthres à rayons blancs.

1. Le PYRÈTHRE fruteſcent.
Pyrethrum fruteſcens. Willd. ♄ Des Canaries.

2. Le PYRÈTHRE à feuilles ſimples.
Pyrethrum ſimplicifolium. Willd. ☉ De l'Amérique méridionale.

3. Le PYRÈTHRE à feuilles de ptarmique.
Pyrethrum ptarmicæfolium. Willd. ♃ Du Caucaſe.

4. Le PYRÈTHRE tardif.
Pyrethrum ſerotinum. Willd. ♃ De l'Amérique ſeptentrionale.

5. Le PYRÈTHRE de Haller.
Pyrethrum Halleri. Willd. ♃ Des Alpes.

6. Le PYRÈTHRE des Alpes.
Pyrethrum alpinum. Willd. ♃ Des Alpes.

7. Le PYRÈTHRE balſamite.
Pyrethrum balſamita. Willd. ♃ De l'Orient.

8. Le PYRÈTHRE des marais.
Pyrethrum paluſtre. Willd. ♃ De l'Orient.

9. Le PYRÈTHRE pinnatifide.
Pyrethrum pinnatifidum. Willd. ♃ De.....

10. Le PYRÈTHRE à larges feuilles.
Pyrethrum macrophyllum. Willd. ♃ De la Valaquie.

11. Le PYRÈTHRE à fleurs en corymbes.
Pyrethrum corymbofum. Willd. ⚥ Des Alpes.
12. Le PYRÈTHRE à feuilles de matricaire,
Pyrethrum parthenifolium. Willd. ⚥ De.....
13. Le PYRÈTHRE du Caucafe.
Pyrethrum caucaficum. Willd. ⚥ Du Caucafe.
14. Le PYRÈTHRE fauve.
Pyrethrum fufcatum. Willd. ⚥ De la Barbarie.
15. Le PYRÈTHRE inodore.
Pyrethrum inodorum. Willd. ⊙ Indigène.
16. Le PYRÈTHRE maritime.
Pyrethrum maritimum. Willd. ⚥ Indigène.
17. Le PYRÈTHRE à pétites feuilles.
Pyrethrum parvifolium. Willd. ⊙ De.....

Pyrèthres à rayons jaunes.

18. Le PYRÈTHRE très-rameux.
Pyrethrum multicaule. Willd. ⚥ De la Barbarie.
19. Le PYRÈTHRE à feuilles fourchues.
Pyrethrum furcatum. Willd. ⚥ De la Barbarie.
20. Le PYRÈTHRE de Boccone.
Pyrethrum Bocconi. Willd. ⚥ De l'Efpagne.
21. Le PYRÈTHRE d'Orient.
Pyrethrum orientale. Willd. De l'Orient.
22. Le PYRÈTHRE millefeuille.
Pyrethrum millefoliatum. Willd. ⚥ De la Sibérie.
23. Le PYRÈTHRE bipinné.
Pyrethrum bipinnatum. Willd. ⚥ De la Sibérie.

Culture.

Les efpèces que nous poffédons dans nos jardins fe réduifent à celles des nᵒˢ. 1, 3, 4, 5, 6, 8, 9, 10, 15 & 16.

Le Pyrèthre frutefcent exige l'orangerie, qu'il orne d'autant plus que fes feuilles & fes fleurs font d'un afpect agréable, & qu'on jouit toute l'année des unes & des autres; il lui faut beaucoup de jour, & des foins continuels pour empêcher fes pouffes de moifir. On lui donne une terre à demi confiftante, qu'on renouvelle par moitié tous les ans, & des arrofemens légers, mais fréquens, même en hiver. Sa multiplication s'exécute par le femis de fes graines, par rejetons, par marcottes, par déchirement des vieux pieds & par racines. C'eft au printemps que fe font toutes ces opérations, qui font très-faciles, & manquent rarement lorfqu'on fait ufage furtout d'une couche à châffis. Rarement on emploie les femis, comme donnant des réfultats trop longs à attendre. Les boutures font le moyen qu'on préfère au défaut des rejetons; car elles donnent fouvent des fleurs dès la même année.

Chaque pied, pour produire tout fon effet, doit avoir une tige d'environ un pied de haut, tige qu'on forme en élaguant les branches inférieures dès la feconde année.

Donner artificiellement une belle forme au Pyrèthre frutefcent eft defirable, car il tend naturellement à avoir une tête irrégulière. On y parvient, dans fa jeuneffe, en pinçant convenablement l'extrémité des bourgeons, & en empêchant enfuite, par ce même moyen, ceux qui pouffent le plus vigoureufement de s'étendre à volonté. Il eft fouvent avantageux, quand fes rameaux deviennent trop longs ou trop diffus, de les couper à un ou deux pouces du tronc, pour qu'il en pouffe de nouveaux, dont on fixera le nombre & réglera la longueur par le procédé dont je viens de parler.

Une manière de jouir de toute la beauté du Pyrèthre frutefcent, dont on ne fait pas affez d'ufage à Paris, c'eft de le mettre en pleine terre au printemps, & de le relever pour le rentrer dans l'orangerie aux approches de l'hiver. Alors il donne, pendant toute la belle faifon, une immenfité de fleurs qui fe fuccèdent fans interruption; mais il en offre enfuite moins pendant l'hiver.

Je l'ai vu fouvent paffer cette faifon en pleine terre, avec la feule précaution de l'entourer de fougère ou de paille.

Les autres efpèces de Pyrèthre que nous cultivons dans nos écoles de botanique fe contentent de la pleine terre, quoique quelques-unes foient un peu fenfibles aux fortes gelées; mais il eft facile de les en garantir au moyen de couvertures. On les multiplie par le déchirement de leurs vieux pieds, au printemps: l'inodore, qui eft annuelle, fe fème en place. (*Bosc.*)

PYRGUE. *Pyrgus.*

Arbriffeau de la Cochinchine, qui forme feul un genre dans la pentandrie monogynie, fort voifin du BLADHIE. *Voyez* ce mot.

Comme cet arbriffeau ne fe cultive pas dans nos jardins, je n'en dirai rien de plus. (*Bosc.*)

PYROLE. *Pyrola.*

Genre de plantes de la décandrie monogynie & de la famille des *Bicornes*, qui réunit huit efpèces, dont trois font affez communes dans nos bois, & fe cultivent dans nos écoles de botanique. Il eft figuré pl. 367 des *Illuftrations des genres* de Lamarck.

Efpèces.

1. La PYROLE à feuilles rondes.
Pyrola rotundifolia. Linn. ⚥ Indigène.
2. La PYROLE à fleurs unilatérales.
Pyrola fecunda. Linn. ⚥ Indigène.
3. La PYROLE à ftyle droit.
Pyrola minor. Linn. ⚥ Indigène.
4. La PYROLE à une feule fleur.
Pyrola uniflora. Linn. ⚥ Indigène.
5. La PYROLE à feuilles de cabaret.
Pyrola afarifolia. Mich. ⚥ De l'Amérique feptentrionale.

6. La PYROLE urcéolée.

Pyrola urceolata. Lam. ♃ De l'Amérique feptentrionale.

7. La PYROLE maculée.

Pyrola maculata. Linn. ♃ De l'Amérique feptentrionale.

8. La PYROLE ombellée.

Pyrola umbellata. Linn. ♃ Des Alpes.

Culture.

De ces efpèces, il n'y a que la cinquième & la
fixième que nous ne poffédions pas dans nos écoles
de botanique. Semer la graine des autres donne
des réfultats fi incertains & fi longs, qu'on ne
cherche pas à les avoir par ce moyen. C'eft en
enlevant des pieds dans les bois avec leur motte,
en les mettant en place, qu'on fe les procure. Le
difficile, c'eft de les conferver, & on y parvient
en les ombrageant conftamment & en les arrofant
fréquemment en été; car c'eft toujours dans les
bois humides que les Pyroles croiffent naturellement. Malgré ces foins, on ne peut pas efpérer
qu'elles exiftent la feconde, encore moins la troifième année.

Quoique petites, les Pyroles font agréables
par leurs feuilles toujours vertes & par leurs
fleurs en grappes. Il eft defirable que la nature du
local puiffe permettre de les introduire fous les
maffifs des jardins payfagers. Dès que quelques
pieds y ont été placés, & qu'ils s'y plaifent, on

doit être certain qu'ils s'y multiplieront rapidement, foit par leurs graines, foit par leurs racines,
qui tracent d'autant plus que le fol eft plus léger
& meilleur. (*Bosc.*)

PYROSTRE. *PYROSTRIA.*

Arbriffeau de l'Ile-Bourbon, qui feul forme un
genre dans la tétrandrie mononynie, & de la famille des *Rubiacées.* Il eft figuré pl. 68 des *Illuftrations des genres* de Lamarck.

Cet arbriffeau n'eft pas cultivé dans nos jardins.
(*Bosc.*)

PYRULAIRE. *PYRULARIA :* fynonyme d'HA-
MILTONE. *Voyez* ce mot.

PYTAGORÉE. *PYTAGOREA.*

Arbriffeau de la Cochinchine, qui, felon Loureiro, doit feul former un genre dans l'oftandrie
monogynie.

Cet arbre n'étant pas cultivé en Europe, ne
peut être l'objet d'un plus long article. (*Bosc.*)

PYXIDANTHÈRE. *PYXIDANTHERA.*

Arbufte de la Caroline, qui, felon Michaux,
forme feul un genre dans la pentandrie monogynie
& dans la famille des *Bicornes.*

Cet arbufte n'eft pas encore cultivé dans nos
jardins. (*Bosc.*)

QUA

QUADRETTE. *Rhexia.*

GENRE de plantes de l'octandrie monogynie & de la famille des *Mélastomes*, dans lequel se rangent vingt-huit espèces, dont quelques-unes se cultivent dans nos écoles de botanique. Il est figuré pl. 283 des *Illustrations des genres* de Lamarck.

Observations.

Ce genre se rapproche infiniment des MÉLASTOMES; aussi plusieurs de ses espèces lui ont-elles été réunies, & réciproquement. Les genres ACISANTHÈRE de Brown & TIBOUCHINA d'Aublet n'en diffèrent pas.

Espèces.

Quadrettes à feuilles sessiles.

1. La QUADRETTE de Virginie.
Rhexia virginica. Linn. ♃ De l'Amérique septentrionale.
2. La QUADRETTE de Maryland.
Rhexia mariana. Linn. ♃ De l'Amérique septentrionale.
3. La QUADRETTE lancéolée.
Rhexia lanceolata. Lam. ♃ De l'Amérique méridionale.
4. La QUADRETTE à feuilles linéaires.
Rhexia linearifolia. Lam. ♃ De l'Amérique septentrionale.
5. La QUADRETTE de Jussieu.
Rhexia jussieuoides. Linn. ♃ De Cayenne.
6. La QUADRETTE alifane.
Rhexia alifana. Lam. ♃ De l'Amérique septentrionale.
7. La QUADRETTE glutineuse.
Rhexia glutinosa. Linn. ♃ Du Mexique.
8. La QUADRETTE à fleurs jaunes.
Rhexia lutea. Walt. ♃ De l'Amérique septentrionale.
9. La QUADRETTE ciliée.
Rhexia ciliosa. Mich. ♃ De l'Amérique septentrionale.
10. La QUADRETTE trichotome.
Rhexia trichotoma. Vahl. ♃ De Cayenne.
11. La QUADRETTE bivalve.
Rhexia bivalvis. Vahl. ♃ De Cayenne.
12. La QUADRETTE trivalve.
Rhexia trivalvis. Vahl. ♃ De Cayenne.

Quadrettes à feuilles pétiolées.

13. La QUADRETTE aquatique.
Rhexia aquatica. Swartz. ♃ De Cayenne.
Agriculture. Tome VI.

14. La QUADRETTE à larges feuilles.
Rhexia latifolia. Aubl. ♄ De Cayenne.
15. La QUADRETTE à longues feuilles.
Rhexia longifolia. Vahl. De l'Amérique méridionale.
16. La QUADRETTE uniflore.
Rhexia uniflora. Vahl. ♃ De Cayenne.
17. La QUADRETTE acisanthère.
Rhexia acisanthera. Linn. ♄ De la Jamaïque.
18. La QUADRETTE variable.
Rhexia inconstans. Willd. ♄ De la Guadeloupe.
19. La QUADRETTE glomérulée.
Rhexia glomerata. Roetb. ♃ De Cayenne.
20. La QUADRETTE courbée.
Rhexia recurva. Lam. ♃ De Cayenne.
21. La QUADRETTE à feuilles de millepertuis.
Rhexia hypericoides. Willd. ☉ De Cayenne.
22. La QUADRETTE à cinq nervures.
Rhexia quinquenervia. Ruiz & Pav. ♄ du Pérou.
23. La QUADRETTE à feuilles de romarin.
Rhexia rosmarinifolia. Ruiz & Pav. Du Pérou.
24. La QUADRETTE jaunâtre.
Rhexia lutescens. Ruiz & Pav. ♄ Du Pérou.
25. La QUADRETTE dicrananthère.
Rhexia dicrananthera. Ruiz & Pav. Du Pérou.
26. La QUADRETTE échinée.
Rhexia echinata. Ruiz & Pav. ♄ Du Pérou.
27. La QUADRETTE âpre.
Rhexia aspera. Willd. ♄ De Cayenne.
28. La QUADRETTE velue.
Rhexia villosa. Willd. ♄ De Cayenne.

Culture.

J'ai rapporté en abondance des graines de toutes les espèces indiquées propres à l'Amérique septentrionale; mais il ne se voit aujourd'hui dans nos jardins que les deux premières, encore y sont-elles rares & mal venantes. Comme les mélastomes, ce sont des plantes d'une culture très-difficile & d'une durée peu prolongée; elles demandent la terre de bruyère, une exposition chaude & des arrosemens fréquens, mais peu abondans en été. C'est de graines, tirées de leur pays natal & semées dans des pots sur couche nue, qu'on les multiplie; car elles n'en ont point encore donné, à ma connoissance, dans le climat de Paris. Ces graines sont quelquefois deux ans à lever, surtout quand on les enterre trop & qu'on ne les arrose pas assez souvent. Le plant levé se repique seul à seul dans d'autres pots qu'on place contre un mur exposé au midi, & qu'on rentre dans l'orangerie aux approches des froids.

Lorsqu'on rempote les Quadrettes, on ne doit

M

pas toucher à leurs racines. Leur multiplication par déchirement des vieux pieds réuſſit difficilement, & amène ſouvent leur perte. (Boſc.)

QUADRIE. QUADRIA.

Arbre du Pérou, où il eſt connu ſous le nom de *Nèbre* ; c'eſt le GUEVINA de Molina. Il ſe rapproche des EMBOTHRIONS. *Voyez* ces mots. (Boſc.)

QUADRUPÈDES : nom des animaux à quatre pieds.

Dans un ouvrage ſur l'Hiſtoire naturelle, l'article des Quadrupèdes ſeroit fort étendu : ici il ſuffit de l'indiquer.

Les Quadrupèdes que les cultivateurs ſont dans la néceſſité d'étudier le mieux, ſont d'abord ceux qu'ils entretiennent pour s'en aider dans leurs travaux, ou pour ſe nourrir de leur chair, tels que le CHEVAL, l'ÂNE, le MULET, le BŒUF, la VACHE, le MOUTON, la CHÈVRE, le COCHON, le LAPIN, le CHIEN : j'en ai traité fort au long. Enſuite ceux qui peuvent leur nuire, ſoit en mangeant les premiers, ſoit en dévaſtant les récoltes, comme le LOUP, le RENARD, la FOUINE, le PUTOIS, le CERF, le CHEVREUIL, le SANGLIER, le LIÈVRE, le SURMULOT, le LÉROT, le LOIR, le CAMPAGNOL, la SOURIS, la TAUPE, &c. : je leur ai conſacré de courts articles, en renvoyant au *Dictionnaire des Quadrupèdes*, ceux qui voudroient les connoître complétement. (Boſc.)

QUAKITE. BLADHIA.

Genre de plantes de la pentandrie monogynie & de la famille des *Apocinées*, dans lequel on trouve trois eſpèces, dont aucune n'eſt cultivée en Europe. Il eſt figuré pl. 133 des *Illuſtrations des genres* de Lamarck.

Eſpèces.

1. La QUAKITE du Japon.
Bladhia japonica. Thunb. ♄ Du Japon.
2. La QUAKITE crépue.
Bladhia criſpa. Thunb. ♄ Du Japon.
3. La QUAKITE glabre.
Bladhia glabra. Thunb. ♄ Du Japon. (Boſc.)

QUALIER. QUALEA.

Genre de plantes de la monandrie monogynie, lequel raſſemble deux eſpèces qui ne ſe voient pas encore dans nos jardins. Il eſt figuré pl. 4 des *Illuſtrations des genres* de Lamarck.

Eſpèces.

1. Le QUALIER à fleurs rouges.
Qualea roſea. Aubl. ♄ De Cayenne.
2. Le QUALIER à fleurs bleues.
Qualea cærulea. Aubl. ♄ De Cayenne. (Boſc.)

QUAMOCLIT. IPOMEA.

Genre de plantes de la pentandrie monogynie & de la famille des *Liſerons*, dans lequel ſe placent quarante eſpèces, dont pluſieurs ſe cultivent dans nos jardins. Il eſt figuré pl. 104 des *Illuſtrations des genres* de Lamarck.

Obſervations.

Ce genre ne diffère pas réellement de celui des liſerons ; auſſi pluſieurs de ſes eſpèces ont-elles été placées parmi ces derniers, & réciproquement. Le liſeron jalap lui appartient certainement ; auſſi Michaux, qui ne l'avoit pas reconnu, l'a-t-il placé ſous le nom de QUAMOCLIT A GROSSES RACINES (*ipomea machrorhiza*). Il en eſt de même du LISERON PATATE (*convolvulus batatas* Linn.). Dans l'embarras d'éclaircir leur claſſification, je m'en tiendrai aux eſpèces décrites dans le *Dictionnaire de Botanique*. *Voyez* LISERON.

Eſpèces.

1. Le QUAMOCLIT empenné.
Ipomea quamoclit. Linn. ⊙ Du Mexique.
2. Le QUAMOCLIT écarlate.
Ipomea coccinea. Linn. ⊙ De Saint-Domingue.
3. Le QUAMOCLIT à trois folioles.
Ipomea ternifolia. Cav. ♃ Du Mexique.
4. Le QUAMOCLIT lacinié.
Ipomea diſſecta. Willd. ♃ De la Guinée.
5. Le QUAMOCLIT à ombelle.
Ipomea umbellata. Linn. ♃ De l'Amérique méridionale.
6. Le QUAMOCLIT digité.
Ipomea digitata. Linn. ♃ De l'Amérique méridionale.
7. Le QUAMOCLIT jaune.
Ipomea luteola. Jacq. ⊙ De l'Amérique méridionale.
8. Le QUAMOCLIT tubéreux, vulgairement *liane à tonnelle*.
Ipomea tuberoſa. Linn. ♃ De l'Amérique méridionale.
9. Le QUAMOCLIT du Sénégal.
Ipomea ſenegalenſis. Lam. ♄ Du Sénégal.
10. Le QUAMOCLIT pied-de-tigre.
Ipomea pes tigris. Linn. ⊙ Des Indes.
11. Le QUAMOCLIT papiru.
Ipomea papiru. Ruiz & Pav. ♃ Du Pérou.
12. Le QUAMOCLIT tuberculeux.
Ipomea ſtipulacea. Jacq. ♃ De l'Ile-de-France.
13. Le QUAMOCLIT anguleux.
Ipomea angulata. Lam. ♄ De l'Ile-de-France.
14. Le QUAMOCLIT lacuneux.
Ipomea lacunoſa. Linn. ⊙ De l'Amérique ſeptentrionale.
15. Le QUAMOCLIT épineux.
Ipomea bona nox. Linn. ⊙ Du Mexique.

16. Le Quamoclit à feuilles glauques.
Ipomea glaucifolia. Linn. De l'Amérique méridionale.

17. Le Quamoclit hasté.
Ipomea hastata. Linn. Des Indes.

18. Le Quamoclit de deux couleurs.
Ipomea bicolor. Lam. Du Cap de Bonne-Espérance.

19. Le Quamoclit pubescent.
Ipomea pubescens. Lam. De l'Amérique méridionale.

20. Le Quamoclit hédéracé.
Ipomea hederacea. Lam. De l'Amérique méridionale.

21. Le Quamoclit à fleurs blanches.
Ipomea leucantha. Jacq. ⊙ De l'Amérique méridionale.

22. Le Quamoclit à feuilles d'hépatique.
Ipomea hepaticifolia. Linn. Des Indes.

23. Le Quamoclit à feuilles de morelle.
Ipomea solanifolia. Linn. De l'Amérique méridionale.

24. Le Quamoclit sétifère.
Ipomea setifera. Lam. De Cayenne.

25. Le Quamoclit sagitté.
Ipomea sagittata. Desf. ♃ De la Barbarie.

26. Le Quamoclit couleur de chair.
Ipomea carnea. Jacq. ♄ De l'Amérique méridionale.

27. Le Quamoclit à bractées colorées.
Ipomea bracteata. Cavan. Du Mexique.

28. Le Quamoclit à cinq lobes.
Ipomea quinqueloba. ♃ De l'Amérique méridionale.

29. Le Quamoclit rampant.
Ipomea repens. Lam. ♄ Des Indes.

30. Le Quamoclit aquatique.
Ipomea aquatica. Lam. ♃ De l'Arabie.

31. Le Quamoclit verticillé.
Ipomea verticillata. Forst. De l'Arabie.

32. Le Quamoclit campanulé.
Ipomea campanulata. Linn. Des Indes.

33. Le Quamoclit anguleux.
Ipomea angulata. Ruiz & Pav. ⊙ Du Pérou.

34. Le Quamoclit à angles aigus.
Ipomea acutangula. Ruiz & Pav. ⊙ Du Pérou.

35. Le Quamoclit cuspidé.
Ipomea cuspidata. Ruiz & Pav. ⊙ Du Pérou.

36. Le Quamoclit velu.
Ipomea villosa. Ruiz & Pav. ⊙ Du Pérou.

37. Le Quamoclit glanduleux.
Ipomea glandulosa. Ruiz & Pav. ♃ Du Pérou.

38. Le Quamoclit simple.
Ipomea simplex. Thunb. Du Cap de Bonne-Espérance.

39. Le Quamoclit sanguin.
Ipomea sanguinea. Vahl. De......

40. Le Quamoclit stolonifère.
Ipomea stolonifera. Cyrill. ♃ De Naples.

Culture.

Les espèces indiquées sous les nos. 1, 2, 7, 8, 10, 12, 14, 20, 21, 28, sont celles qui se voient en ce moment dans nos écoles de botanique & chez les amateurs; mais il s'y est vu un plus grand nombre d'autres qui n'ont pas pu s'y conserver.

Les deux premières sont les plus belles, tant par leurs feuilles que par leurs fleurs : elles donnent toujours de bonnes graines dans le climat de Paris. On sème leur graines sur couche nue, dès que les gelées ne sont plus à craindre, dans des pots remplis de terre de bruyère, mêlée avec moitié de terre franche. Le plant, arrivé à six pouces de haut, se repique seul à seul dans d'autres pots qu'on enterre au pied d'un mur exposé au midi, mur contre lequel se palissadent les tiges à mesure qu'elles s'élèvent. En Italie on les repique en pleine terre, & on les fait recouvrir des berceaux. Une fois en place, elles ne demandent plus aucun soin.

La huitième espèce est généralement employée au même objet dans nos colonies d'Amérique; de-là le nom vulgaire qu'elle porte : on y emploie aussi des liserons, dont quelques-uns ont été placés dans le genre dont je traite en ce moment, principalement le Liseron a fleurs pourpres. *Voyez* ce mot.

La culture des autres espèces annuelles ne diffère pas de celle que je viens d'indiquer. Quant aux deux espèces vivaces, savoir, la douzième & la vingt-huitième, il leur faut la serre chaude pendant une partie de l'année; au reste, leur culture ne diffère pas de celle des liserons de cette température. (*Bosc.*)

QUAPALIER. Sloanea.

Genre de plantes de la polyandrie monogynie & de la famille des *Liliacées*, qui se rapproche beaucoup des Apeiba, mais que la plupart des botanistes ne distinguent cependant pas. Il renferme trois espèces; dont une est figurée pl. 469 des *Illustrations des genres* de Lamarck.

Espèces.

1. Le Quapalier denté.
Sloanea dentata. Linn. ♄ De Cayenne.

2. Le Quapalier de Sinnmari.
Sloanea sinemariensis. Linn. ♄ de Cayenne.

3. Le Quapalier de Masson.
Sloanea Massoni. Swartz. ♄ des îles de l'Amérique.

Culture.

La première espèce se voit dans quelques jardins de l'Europe : on ne l'obtient que de graines tirées de son pays natal, & semées dans des pots remplis de terre à demi confiſtante, placés ſur couche & ſous châſſis, où dans une bache. Le plant, arrivé à quelques pouces de hauteur, ſe repique dans d'autres pots qu'on ne ſort de la ſerre que pendant les trois ou quatre mois les plus chauds. Il ne faut point lui faire ſentir ſans néceſ-ſité le tranchant de la ſerpette, & on ne doit l'arroſer que lorſqu'il en a un éminent beſoin : on lui donne de la nouvelle terre tous les deux ans. (Bosc.)

QUAPOYER. *Xanthe.*

Genre de plantes de la diœcie monadelphie, fort voiſin des Cluſies, qui renferme deux eſpèces, dont aucune n'eſt cultivée dans nos jardins. Il eſt figuré pl. 831 des *Illuſtrations des genres* de Lamarck.

Eſpèces.

1. Le Quapoyer grimpant.
Xanthe ſcandens. Willd. ♄ de Cayenne.
2. Le Quapoyer à petites fleurs.
Xanthe parviflora. Willd. ♄ de Cayenne.
(Bosc.)

QUARANTAIN : nom commun à pluſieurs plantes qui ſont ſuppoſées parcourir leur évolu-tion complète en quarante jours, telles que la Navette d'été, une variété de Giroflée & une de Maïs. *Voyez* ces mots.

QUARARIBÉ. *Myrodia.*

Genre de plantes de la monadelphie polyandrie & de la famille des *Malvacées*, dans lequel ſe rangent deux eſpèces, ni l'une ni l'autre cul-tivée dans les jardins en Europe. Il eſt figuré pl. 571 des *Illuſtrations des genres* de Lamarck.

Eſpèces.

1. Le Quararibé de la Guiane.
Myroaia longiflora. Willd. ♄ de la Guiane.
2. Le Quararibé turbiné.
Myrodia turbinata. Swartz. ♄ des îles de l'Amé-rique. (Bosc.)

QUARRÉ ou CARRÉ. Une diſpoſition, dont la raiſon n'a pas encore été développée d'une manière ſatisfaiſante, détermine les hommes à donner une figure régulière ou ſymétrique aux ouvrages de leurs mains, lorſqu'ils ne ſont pas dé-terminés par une cauſe prédominante à agir au-trement. Ainſi, lorſqu'ils conſtruiſent un jardin, ils le diviſent, par des allées propres à en faciliter le ſervice, en parties auxquelles ils donnent la forme quarrée ou parallélogramique ; ce n'eſt que lorſqu'ils y ſont forcés par des obſtacles qu'ils en adoptent un autre : de-là le nom de Quarré donné par les jardiniers à ces diviſions, quelle que ſoit leur forme.

Le contour des Quarrés eſt ordinairement planté de Contr'espaliers, de Quenouilles, de Pyramides, de Buiſſons, & bordé d'Oseille, de Persil, de Cerfeuil, de Ciboulette, de Pimprenelle, de Sauge, de Thym, de La-vande, de Buis, &c. Leur intérieur ſe ſubdi-viſe chaque année en planches, dont la largeur ne doit pas être de plus de quatre à cinq pieds, & dont les productions doivent varier le plus ſou-vent poſſible. *Voyez* Planche & Assolement.

Les allées qui ſéparent les Quarrés ſeront aſſez larges pour le paſſage au moins d'une brouette, & leur ſuperficie ſera conſolidée avec des pierres ou du ſable, de manière à ce qu'on puiſſe y marcher en tout temps à pied ſec. *Voyez* Allée & Jardin. (Bosc.)

QUARTZ. Les Allemands ont les premiers donné ce nom à toutes les pierres qui ont une apparence vitreuſe & qui font feu avec le bri-quet : les plus pures d'entr'elles s'appellent Cris-tal de roche. *Voyez* les *Dictionnaires de Miné-ralogie & de Géologie.*

Le Quartz entre pour beaucoup dans la com-poſition des Granits : il forme preſqu'exclu-ſivement les Jaspes, les Grès, les Silex, &c. *Voyez* ces mots.

Des pays d'une vaſte étendue étant formés du produit de la décompoſition des montagnes gra-nitiques, des roches de grès, des collines con-tenant des ſilex, cette ſorte de pierre a une grande influence ſur leur agriculture ; mais c'eſt moins à raiſon de ſa nature que comme Pierres, Galet, Gravier, Sablon & Sable. *Voyez* ces mots.

Les pierres quartzeuſes impures ſe décompo-ſent à l'air, ainſi qu'on peut le voir principale-ment ſur les ſilex ; preſque toujours recouverts d'une croûte blanchâtre qui eſt une véritable ar-gile. Ainſi elles diminuent chaque année en groſ-ſeur, & par ſuite en quantité ; mais cette décom-poſition eſt fort lente, & ſon action ſur l'agriculture n'a pas encore été étudiée. *Voyez* Montagne & Roche. (Bosc.)

QUASSIER. *Quassia.*

Genre de plantes de la décandrie monogynie & de la famille des *Magnoliers*, dans lequel ſe ran-gent trois eſpèces, toutes fourniſſant des médica-mens importans, mais dont aucune n'eſt cultivée dans les jardins en Europe. Il eſt figuré pl. 343 de *Illuſtrations des genres* de Lamarck.

Eſpèces.

1. Le Quassier amer.
Quaſſia amara. Linn. ♄ De Cayenne.
2. Le Quassier ſimarouba.
Quaſſia ſimarouba. Linn. ♄ De Cayenne.
3. Le Quassier élevé.
Quaſſia excelſa. Swartz. ♄ De la Jamaïque.
(Bosc.)

QUATELÉ. LECYTHIS.

Genre de plantes de la polyandrie monogynie & de la famille des *Myrtes*, qui réunit huit espèces, dont aucune n'est cultivée en Europe. Il est figuré pl. 476 des *Illustrations des génres* de Lamarck.

Observations.

Ce genre se rapproche beaucoup du COUROU-PITE. (*Voyez* ce mot.) Les amandes de la plupart de ses espèces sont bonnes à manger, & on fait, presque sans travail, des boîtes, des vases avec leurs capsules.

Espèces.

1. Le QUATELÉ à grandes fleurs. *Lecythis grandiflora*. Aubl. ♄ De Cayenne.
2. Le QUATELÉ amer. *Lecythis amara*. Aubl. ♄ De Cayenne.
3. Le QUATELÉ a petites fleurs. *Lecythis parviflora*. Aubl. ♄ De Cayenne.
4. Le QUATELÉ idatimon. *Lecythis idatimon*. Aubl. ♄ De Cayenne.
5. Le QUATELÉ zabucaïe, vulgairement *marmite de singe*. *Lecythis zabucaïe*. Aubl. ♄ De Cayenne.
6. Le QUATELÉ lancéolé. *Lecythis lanceolata*. Lam. ♄ Du Brésil.
7. Le QUATELÉ à feuilles dentées. *Lecythis minor*. Linn. ♄ De l'Amérique méridionale.
8. Le QUATELÉ à feuilles sessiles. *Lecythis ollaria*. Linn. ♄ Du Brésil. (*Bosc.*)

QUEBITE. QUEBITEA.

Plante vivace de Cayenne, qui se rapproche des DRACONTES, & qui, selon Aublet, forme seule un genre, dont les caractères sont encore inconnus.

Cette plante, dont les racines passent pour guérir de la morsure des serpens, n'est pas cultivée dans nos jardins. (*Bosc.*)

QUENNEÇON : nom de la CAMOMILLE PUANTE aux environs de Boulogne.

QUENOUILLE. CNICUS.

Genre de plantes fort voisin des chardons, & qui, selon qu'il a été considéré par les botanistes, a changé dans l'expression de ses caractères, & par suite dans le nombre de ses espèces; quelques-uns d'eux, comme Lamarck, l'ont même totalement supprimé pour reporter ses espèces dans ceux CHARDON & CARTHAME. Je renvoie donc le lecteur à ces deux mots.

QUENOUILLE : arbre fruitier de six à huit pieds de hauteur au plus, dont le tronc est garni, dans toute sa hauteur, de branches qu'on taille tous les ans à peu près à la même longueur.

Si on laisse annuellement s'élever une Quenouille & qu'on taille ses branches inférieures plus longues que ses branches supérieures, elle prend le nom de PYRAMIDE. *Voyez* ce mot.

Comme toute pyramide a été Quenouille dans ses premières années, beaucoup de personnes les confondent.

Il y a moins d'un siècle que les Quenouilles sont connues. On les a d'abord considérées comme très-avantageuses, & ensuite dénigrées avec passion. Le vrai est que les variétés foibles de poiriers, surtout lorsqu'elles sont greffées sur cognassier, donnent plus promptement, plus abondamment & de plus beaux fruits, relativement à leur taille, dans cette disposition que dans aucune autre, mais qu'elles durent peu, douze à quinze ans au plus.

Aucun autre arbre ne se prête aussi bien à la disposition en Quenouil e que le POIRIER & le PRUNIER. *Voyez* ces mots dans le *Dictionnaire des Arbres & Arbustes*.

Des arbres abandonnés à eux-mêmes dans leurs premières années, ne peuvent être employés à faire des Quenouilles : c'est donc des pépinières qu'elles sortent toutes. Pour les établir, on greffe rez terre, & le jet qui sort la première année est arrêté à deux ou trois pieds, selon sa force; puis, l'année suivante, on coupe à deux yeux toutes les branches latérales qu'il a fournies, & à quatre ou six, le nouveau jet perpendiculaire.

Ordinairement les Quenouilles sortent de la pépinière à leur troisième année; plus tard, leurs branches inférieures s'affoiblissent par manque de lumière & d'air. On doit toujours préférer celles qui sont bien garnies de branches, & de branches également distantes. Les autres sont ébourgeonnées pour faire des DEMI-TIGES ou des TIGES. *Voyez* ces mots.

Il ne faut pas croire les pépiniéristes qui veulent vous engager à recevoir des Quenouilles mal garnies de branches, sous le prétexte qu'il sera facile de placer des greffes sur les places vides. Le vrai est, qu'à raison de la disposition de la sève à gagner le haut, ces greffes réussissent fort rarement. *Voyez* GREFFE.

Les Quenouilles se placent, ou dans les plantes-bandes des jardins potagers, qu'elles ornent, ou en quinconce dans les carrés de ces mêmes jardins, toujours au moins à six pieds de distance. On les place aussi contre des murs, & alors on leur donne une taille un peu différente. *Voyez* PALMETTE.

La plantation des Quenouilles ne diffère pas de celle des autres arbres. *Voyez* PLANTATION.

Une plus grande vigueur différencie seule la taille des Quenouilles de celle des autres arbres fruitiers. Cette nécessité fait qu'elles offrent toujours beaucoup de branches irrégulières, des CHICOTS, des CALUS, des EXOSTOSES. (*Voyez* ces mots.) Auffi, lorfqu'elles font vieilles, font-elles d'un afpect fort défagréable. *Voyez* TAILLE.

Je préfère beaucoup les pyramides aux Quenouilles ; mais je ne profcris pas, malgré cela, ces dernières, qui peuvent fort bien remplir les vues des cultivateurs dans quelques cas, principalement lorfque le terrain eft mauvais. Toujours on doit les renouveler avant qu'elles foient trop détériorées, c'eft-à-dire, avant leur fixième, ou au plus leur huitième année. Si on veut les remplacer de fuite, il faudra enlever trois pieds cubes de terre du lieu où elles étoient, & en fubftituer de l'autre, prife au milieu des carrés à légumes.

Quelquefois on eft déterminé par des convenances locales à transformer une Quenouille en demi-tige, en vafe, en contr'efpalier, & cela n'eft pas ordinairement difficile ; mais les pieds ainfi transformés ne font jamais auffi beaux ni auffi bons que ceux qu'on a dirigés dans le même fens la première année de leur fortie de la PÉPINIÈRE. *Voyez* ce mot.

Voyez auffi les mots POIRIER, POMMIER, PRUNIER, CERISIER, &c., dans le *Dictionnaire des Arbres & Arbuftes*. (*Bosc*.)

QUENOUILLETTE. ATRACTILIS.

Genre de plantes de la fyngénéfie égale & de la famille des *Cynarocéphales*, qui, comme le précédent, a changé plufieurs fois de caractère, & augmenté & diminué en nombre d'efpèces. En dernier lieu, Willdenow a fait à fes dépens les genres ACARNE & ONOSÈRE. Comme il n'a pas été queftion du premier de ces mots à fa lettre, je mentionnerai ici les efpèces de Quenouillettes qu'il rappelle. *Voyez* les *Illuftrations des genres* de Lamarck, pl. 660.

Efpèces.

1. La QUENOUILLETTE gummifère.
Atractilis gummifera. Linn. ♃ De la Barbarie.
2. La QUENOUILLETTE à tige courte.
Atractilis humilis. Linn. ♂ Du midi de l'Europe.
3. La QUENOUILLETTE cancellée, vulgairement chardon prifonnier.
Atractilis cancellata. Linn. ☉ Du midi de l'Europe.
4. La QUENOUILLETTE en gazon.
Atractilis cafpitofa. Desf. ♃ De la Barbarie.
5. La QUENOUILLETTE amplexicaule.
Atractilis amplexicaulis. Lam. ♃ Du Cap de Bonne-Efpérance.
6. La QUENOUILLETTE à fleurs jaunes.
Atractilis flava. Desf. ♃ De la Barbarie.
7. La QUENOUILLETTE à grandes fleurs.
Atractilis macrophylla. Desf. ♃ De la Barbarie.
8. La QUENOUILLETTE à feuilles ovales.
Atractilis ovata. Thunb. Du Japon.

9. La QUENOUILLETTE lancéolée.
Atractilis lancea. Thunb. Du Japon.
10. La QUENOUILLETTE du Mexique.
Atractilis mexicana. Linn. Du Mexique.

Culture.

Nous poffédons dans nos écoles de botanique les trois premières de ces efpèces.

La Quenouillette gummifère fe fème dans des pots remplis de terre à demi légère, pots qu'on place fur une couche nue dès que les gelées ne font plus à craindre. Le plant levé fe repique feul à feul dans d'autres pots qu'on place contre un mur expofé au midi, & qu'on n'arrofe que lorfque cela devient indifpenfable. Aux approches des gelées, on les rentre dans l'orangerie ou mieux dans la ferre tempérée ; car cette plante craint beaucoup l'humidité de l'hiver. Rarement elle donne de bonnes graines dans le climat de Paris. En la mettant en pleine terre, elle pouffe beaucoup mieux, mais périt pendant l'hiver, moins par le froid que par la furabondance des pluies. Je ne lui ai jamais vu laiffer fluer de gomme ; mais j'ai mangé une fois de fes réceptacles, & je les ai trouvés plus agréables que ceux des ARTICHAUTS. *Voyez* ce mot.

La Quenouillette à tige courte fe reproduit & fe traite comme la précédente ; mais elle périt auffitôt qu'elle a fleuri ; auffi faut-il faire venir, de temps en temps, de fes graines.

La Quenouillette cannelée étant annuelle ne craint point les froids du climat de Paris, & y donne, chaque année, de bonnes graines. On fème ces graines, ou en place dans une expofition chaude, ou dans des pots fur couche nue. Une terre légère & fèche eft celle qui convient le mieux au plant qui en provient, plant qu'on laiffe dans les pots ou qu'on repique en pleine terre, à l'expofition fufdite.

Cette plante fe fait remarquer par fon élégance & la fingulière difpofition de fes fleurs. (*Bosc*.)

QUERIE. QUERIA.

Genre de plantes de la triandrie trigynie & de la famille des *Caryophyllées*, qui raffemble trois efpèces, dont une fe cultive dans nos écoles de botanique.

Efpèces.

1. La QUERIE d'Efpagne.
Queria hifpanica. Linn. ☉ De l'Efpagne.
2. La QUERIE du Canada.
Queria canadenfis. Linn. ☉ Du Canada.
3. La QUERIE trichotome.
Queria trichotoma. Thunb. Du Japon.

Culture.

La feconde efpèce eft celle que nous poffédons; elle fe fème en place & ne demande d'autres foins que des éclaircis, des farclages, & la récolte de fes graines. (*Bosc.*)

QUEUE : extrémité du corps des animaux. *Voyez* les *Dictionnaires de Phyfiologie animale* & *d'Anatomie.*

Je ne parlerai ici de la Queue que pour m'élever contre cette mode de couper la Queue aux chevaux, aux chiens & aux chats, mode qui les déforme, qui empêche le cheval de chaffer les ftomoxes, les taons, les coufins & autres infectes qui le tourmentent, qui le fait fouffrir longtemps, & qui en enlève fouvent pendant & par les fuites de l'opération.

En effet, qui n'admire pas l'élégance d'un cheval pourvu de fa queue lorfqu'il bondit dans la prairie ?

En effet, qui ne gémit pas de voir les efforts impuiffans que font les chevaux privés de Queue, lorfqu'ils font, pendant l'été, dans les bois, affaillis par des millions d'infectes fuceurs de leur fang ?

En effet, quelle douleur ne doit pas éprouver un cheval à qui on fait la *Queue à l'anglaife*, c'eft-à-dire, à qui on a coupé la Queue à huit ou dix pouces de fa bafe, dont on a taillardé dans trois ou quatre endroits le deffous de cette Queue, dont on fufpend le tronçon, ainfi mutilé, pendant pendant quinze jours & plus, pour qu'il fe tienne relevé ?

Je ne combattrai pas l'abfurde préjugé qui règne encore dans tant de lieux, & qui fait croire que fi on ne coupoit pas l'extrémité de la Queue aux chiens & aux chats, le ver qui s'y trouve pénétreroit dans le corps & feroit mourir l'animal : ce ver, c'eft la moelle épinière.

Quant à l'amputation de la Queue des mérinos, fon but eft utile, puifqu'il eft d'empêcher que leurs excrémens & la boue s'y attachent, & foient de-là portés fur le refte du corps. Il en a été fuffifamment queftion aux articles BÊTES A LAINE & MÉRINOS. (*Bosc.*)

QUEUE des feuilles & des fruits. *Voy.* PÉTIOLE & PÉDONCULE.

QUEUE-DE-CHEVAL. *Voyez* PRESLE.

QUEUE-DE-LION. On donne ce nom à une PHLOMIDE.

QUEUE-DE-RENARD. Ce nom fe donne, dans quelques lieux, aux LILAS.

QUIEN-BIENDENT : nom du fruit de l'AMBELANIER.

QUIGNONS : tas de lin qu'on forme dans les champs, & qu'on couvre de paille : leur objet eft que la maturité de la tige & de la graine du lin fe complète. *Voyez* LIN.

QUIINIER. *QUIINEA.*

Arbre de Cayenne, qui, felon Aublet, forme feul un genre, dont on ne connoît pas encore les parties de la fleur; fes fruits font des baies agréables au goût. Il ne fe cultive pas dans nos jardins.

QUILLAI. *QUILLAJA.*

Genre de plantes qui a été réuni à celui des SMEGMADERINOS. *Voyez* ce mot.

QUINAIRE. C'eft le VAMPY de Sonnerat, le KOOKIE de Retzius.

QUINAQUINA : plante du Pérou, qui guérit la fièvre. Juffieu la rapporte aux mirofpermes, & Lambert l'a figurée dans les Actes de la Société linnéenne de Londres. Son nom a été tranfporté par erreur à un genre d'arbres dont l'écorce guérit également la fièvre, à notre quinquina, qu'on appelle dans le pays *Cafcara de Loxa. Voyez* QUINQUINA.

QUINCHAMALI. *QUINCHAMALIUM.*

Plante bifannuelle, qui feule forme un genre dans la pentandrie monogynie & dans la famille des *Eléagnoïdes*. Elle eft figurée pl. 141 des *Illuftrations des genres* de Lamarck. On ne la cultive pas dans nos jardins. (*Bosc.*)

QUINCONCE : plantation d'arbres à des diftances rigoureufement égales fur tous les fens, & dont l'effet eft de préfenter des lignes droites, quelle que foit la direction dans laquelle on la regarde.

On plante des Quinconces pour l'agrément dans les jardins, & pour l'utilité dans les jardins & dans la campagne.

L'agrément des Quinconces confifte dans leur régularité & l'ombre qu'ils procurent aux promeneurs : tantôt le terrain où ils font plantés eft fablé, tantôt il eft gazonné. Dans ce dernier cas, il faut que les arbres foient plus écartés, afin que la lumière du foleil puiffe faire profpérer le gazon.

L'utilité des Quinconces réfulte principalement de ce que les arbres étant à des diftances égales, leurs racines & leurs têtes fe nuifent le moins poffible; auffi ces arbres font-ils tous de même groffeur & portent-ils la même quantité de fruits.

Je ne puis fixer la diftance à laquelle il convient de placer les arbres d'un Quinconce, parce que cette diftance varie fans fin, felon le caprice du propriétaire, la nature du fol, l'efpèce d'arbres, &c. En général, on les plante trop ferrés, d'où il réfulte d'abord la néceffité d'élaguer lorfque les arbres commencent à prendre de la force, & par fuite une moins belle végétation & une moins longue durée.

Pour planter un Quinconce, on commence par placer les arbres des quatre coins, car il faut toujours les commencer comme s'ils étoient carrés;

ensuite trois hommes, outre les ouvriers planteurs, alignent en même temps les arbres sur une ligne directe, sur une ligne transversale, sur une ligne diagonale. Quelquefois, c'est-à-dire, quand le Quinconce n'est pas d'une très-grande étendue, on trace les lignes sur le terrain avec un cordeau, ce qui évite l'embarras de l'opération que je viens de mentionner.

Il n'y a, au reste, nulle différence entre la plantation d'un Quinconce & toute autre. *Voyez* PLANTATION.

Nos pères plantoient beaucoup plus de Quinconces d'agrément que nous, & nous en plantons plus d'utiles. Je trouve qu'on ne plante pas encore assez de ces derniers. *Voyez* VERGER. (*Bosc.*)

QUINQUINA. *Cinchona.*

Genre de plantes de la pentandrie monogynie & de la famille des *Rubiacées*, qui réunit vingt-deux espèces, dont l'écorce est en général amère & plus ou moins propre à guérir la fièvre, à prévenir la gangrène, &c. Il est figuré pl. 164 des *Illustrations des genres* de Lamarck.

Observations.

Ce genre ne diffère pas essentiellement du PINCKNEYE de Michaux; aussi l'écorce de ce dernier est-elle également propre à guérir la fièvre. *Voyez* ce mot.

Les espèces à grandes fleurs & à divisions de la corolle acuminées forment aujourd'hui le genre COSMIBUÈNE.

Espèces.

1. Le QUINQUINA des Caraïbes. *Cinchona caribea*, Linn. ♄ Des îles de l'Amérique.

2. Le QUINQUINA à longues fleurs. *Cinchona longiflora*. Lam. ♄ Des îles de l'Amérique.

3. Le QUINQUINA à fleurs nombreuses, vulgairement *Quinquina piton*. *Cinchona floribunda*. Vahl. ♄ Des îles de l'Amérique.

4. Le QUINQUINA à grosses côtes. *Cinchona brachycarpa*. Vahl. ♄ De la Jamaïque.

5. Le QUINQUINA à feuilles étroites. *Cinchona angustifolia*. Swartz. ♄ du Mexique.

6. Le QUINQUINA à feuilles coriaces. *Cinchona coriacea*. Lam. ♄ Du Pérou.

7. Le QUINQUINA à grandes feuilles. *Cinchona grandifolia*. Ruiz & Pav. ♄ Du Pérou.

8. Le QUINQUINA à petites fleurs. *Cinchona micrantha*. Ruiz & Pav. ♄ Du Pérou.

9. Le QUINQUINA à feuilles lancéolées. *Cinchona lanceolata*. Ruiz & Pav. ♄ Du Pérou.

10. Le QUINQUINA à grandes fleurs. *Cinchona grandiflora*. Ruiz & Pav. ♄ Du Pérou.

11. Le QUINQUINA à fleurs roses. *Cinchona rosea*. Ruiz & Pav. ♄ Du Pérou.

12. Le QUINQUINA dichotome. *Cinchona dichotoma*. Ruiz & Pav. ♄ Du Pérou.

13. Le QUINQUINA officinal. *Cinchona officinalis*. Ruiz & Pav. ♄ Du Pérou.

14. Le QUINQUINA pubescent. *Cinchona pubescens*. Vahl. ♄ du Pérou.

15. Le QUINQUINA à gros fruits. *Cinchona macrocarpa*. Vahl. ♄ Du Mexique.

16. Le QUINQUINA hérissé. *Cinchona hirsuta*. Ruiz & Pav. ♄ Du Pérou.

17. Le QUINQUINA pourpre. *Cinchona purpurea*. Ruiz & Pav. ♄ Du Pérou.

18. Le QUINQUINA à feuilles aiguës. *Cinchona angustifolia*. Ruiz & Pav. ♄ Du Pérou.

19. Le QUINQUINA glandulifère. *Cinchona glandulifera*. Ruiz & Pav. ♄ Du Pérou.

20. Le QUINQUINA philippique. *Cinchona philippica*. Cav. ♄ Du Mexique.

21. Le QUINQUINA linéate. *Cinchona lineata*. Vahl. ♄ De Saint-Domingue.

22. Le QUINQUINA acuminé. *Cinchona acuminata*. Ruiz & Pav. ♄ Du Pérou.

Culture.

La première espèce est la seule qui se cultive dans nos jardins, encore y est-elle extrêmement rare. La cause de cette pénurie vient de ce que les graines des Quinquinas demandent à être semées aussitôt qu'elles sortent de la capsule, & que les pieds veulent en même temps un degré de chaleur fort élevé, beaucoup d'air & une constante humidité. Il semble qu'ils doivent se multiplier de boutures, de marcottes & de racines; mais ne les ayant pas cultivées, je ne puis que renvoyer à ce que j'ai dit à l'occasion du PINCKNEYE. *Voyez* ce mot. (*Bosc.*)

QUINTEFEUILLE: espèce du genre POTENTILLE.

QUINTEL. On donne ce nom, dans le département de Lot & Garonne, aux tas de dix gerbes de blé qu'on fait dans les champs après la moisson, afin de ne pas se tromper dans le compte de ces gerbes.

QUIRIVEL. *Quirivelia.*

Arbrisseau de Ceylan, qui paroît appartenir au genre CYNANQUE, ou devoir former un genre particulier

ticulier dans la famille des *Apocinées*. Nous ne le cultivons pas. (*Bosc.*)

QUISQUALE. *Quisqualis.*

Arbre des Indes, qui seul forme un genre dans la décandrie monogynie & dans la famille des *Thymelées*. Il est figuré pl. 377 des *Illustrations des genres* de Lamarck. Nous ne le possédons pas dans nos jardins. (*Bosc.*)

QUIVI. *Quivisia.*

Genre de plantes de la décandrie monogynie & de la famille des *Azedaracs*, qui renferme qua-

tre espèces, dont aucune n'est cultivée en Europe.

Espèces.

1. La QUIVI à dix étamines.
Quivisia decandra. Cav. ♄ de l'Ile-de-France.
2. La QUIVI à feuilles opposées.
Quivisia oppositifolia. Cav. ♄ De l'Ile-de-France.
3. La QUIVI ovale.
Quivisia ovata. Cav. ♄ De l'Ile-Bourbon.
4. La QUIVI hétérophylle.
Quivisia heterophylla. Cav. ♄ De l'Ile-Bourbon.
(*Bosc.*)

QUOIMIO : sorte de fraisier qui a donné son nom à une division de ce genre, comprenant tous ceux d'Amérique. *Voyez* FRAISIER.

RAB

RABAISSER : synonyme de RABATTRE.

RABANA : un des noms de la MOUTARDE sauvage. *Voyez* ce mot.

RABATTRE. C'est couper une partie de la tige ou une partie de chaque branche, ou seulement d'une des branches d'un arbre.

Cette opération a souvent lieu, 1°. dans les pépinières, pour faire pousser à un jeune plant une tige plus droite (*voyez* REBOTTER, RECÉPER), pour faire porter toute la séve du sujet dans une greffe en écusson (voy. GREFFE & RAPPROCHER); 2°. dans les jardins, ou pour renouveler la tête d'un arbre en PLEIN VENT qui pousse foiblement (*voyez* ce mot & celui RAJEUNISSEMENT), ou pour rétablir l'équilibre entre les deux membres d'un ESPALIER. *Voyez* ce mot & celui TAILLE. (*Bosc.*)

RABATTRE LA TERRE. C'est l'unir, soit avec une HERSE, soit avec un RATEAU. *Voy.* ces mots.

RABES, RABETTE : synonymes de RAVE & de NAVETTE.

RABÈS. C'est la CARLINE sans tiges dans quelques lieux.

RABIOLES. On donne ce nom à la NAVETTE dans quelques départemens.

RABIOULE. La plus grosse des RAVES s'appelle ainsi dans certains lieux.

RABOUGRI. On dit qu'un arbre est rabougri lorsque ses rameaux sont contournés, noueux, poussant foiblement, & que son tronc s'élève & grossit avec lenteur.

Les deux principales causes du rabougrissement des arbres sont, la mauvaise nature du sol, la perte annuelle de leurs pousses par les gelées du printemps ou de l'automne, par le broutement des bestiaux, par le ciseau du jardinier, par la destruction de leurs feuilles par les chenilles, &c.; des blessures graves au tronc ou aux racines, &c.

Quelquefois les arbres naissent & demeurent rabougris par un vice de conformation, que l'on ne peut le plus souvent reconnoître.

Hors ce dernier cas, les arbres rabougris peuvent être remis en disposition de croître avec plus de vigueur, en les coupant rez terre & en supprimant toutes leurs pousses, excepté la plus belle, dès la première année qui suit cette opération; car c'est principalement parce que leur séve fait beaucoup de détours avant d'arriver à l'extrémité des rameaux, qu'ils végètent foiblement. *Voyez* SÈVE.

Généralement les arbres rabougris, ne sont bons qu'à brûler; cependant il en est dont les courbures & les nodosités peuvent être plus avantageusement utilisées. Il en est aussi qui produisent de bons effets dans les jardins paysagers, & qui doivent y être par conséquent conservés.

Les Chinois ont l'art de rendre les arbres rabougris au point que, quelque petite que soit leur taille, ils paroissent extrêmement vieux. Nous ne savons pas les moyens qu'ils emploient pour arriver à ce résultat; mais il est probable que c'est en ne leur laissant, pendant un certain nombre d'années, que la quantité de racines & de rameaux indispensable pour les empêcher de mourir. *Voyez* VÉGÉTATION, FEUILLES & RACINES. (*Bosc.*)

RABUZE : maladie des bêtes à laine, qui paroît n'être connue que dans les environs de Toulouse. Les bêtes qui en sont attaquées perdent l'appétit, ont la fièvre, marchent la tête basse. La vésicule de leur fiel devient longue & grosse comme un épi de maïs; elle se recouvre d'une membrane très-mince, finit par se crever, & l'animal périt. Les bergers pensent qu'elle provient de la nourriture du *genista segetalis* ou du retard de la tonte. On prétend la guérir avec une décoction d'*hypnum palustre* & de *tussilago farfara*.

RACARIER. *Racaria*.

Arbrisseau de Cayenne, dont la fructification est incomplètement connue. Il paroît devoir former un genre dans la famille des *Savoniers*.

Cet arbrisseau n'est pas encore introduit dans nos cultures. (*Bosc.*)

RACE : variété, soit dans les animaux, soit dans les végétaux, qui se propage par la génération. *Voyez* ESPÈCE & VARIÉTÉ.

Les individus d'une même espèce, parmi les animaux & les plantes sauvages, varient dans des limites si étroites, que l'homme ne peut pas le plus souvent les distinguer; mais il n'en est pas de même parmi les animaux soumis depuis long-temps à la domesticité, & parmi les plantes cultivées; aussi offrent-ils des variétés si remarquables qu'on est tenté de les regarder comme des espèces. De plus, les variations de ces derniers & de ces dernières, lorsqu'elles se propagent par la génération, ce qui n'a pas toujours lieu, conservent, lorsque les circonstances dans lesquelles elles se trouvent ne changent pas trop, une certaine somme de caractères communs, qui fait qu'on les reconnoît comme provenant de telle souche.

Cette tendance des variétés à rester permanentes, est très-remarquable & très-difficile à expliquer.

Lorsque deux espèces voisines sont susceptibles

de fe propager l'une avec l'autre, le produit de leur copulation eft intermédiaire, c'eft-à-dire, a des caractères externes & internes entre les leurs, ce produit s'appelle Métis dans l'homme, Mulet dans les animaux, & Hybride dans les plantes. (*Voyez* ces mots.) De plus, l'expérience a prouvé que, dans ce cas, l'extérieur tenoit plus de la mère, & l'intérieur du père.

On peut dire, avec vérité, que les Races font le produit de la civilifation ; car elles font d'autant plus nombreufes, foit dans les animaux, foit dans les végétaux, que la culture eft plus perfectionnée. C'eft certainement mal-à-propos que quelques écrivains ont indiqué des Races dans les animaux & les plantes fauvages ; il n'y a que des variétés.

Comme il eft généralement reconnu que certaines Races font fupérieures à certaines autres pour tel ou tel objet particulier, les cultivateurs éclairés ont dû mettre & ont en effet toujours mis beaucoup d'importance à avoir les meilleures Races, foit parce que les individus de ces Races fe vendent mieux, foit parce qu'ils en tirent un meilleur parti pour leur ufage. Ainfi le cheval arabe, de la Race la meilleure pour la courfe, fe vend mille fois plus cher que le cheval champenois, qui n'eft bon qu'à porter des choux au marché : donc on doit faire tout ce qu'il eft poffible pour s'en rapprocher par des croifemens ; c'eft par fon moyen que les Anglais ont amélioré leur Race. En France, il eft deux Races de chevaux beaucoup fupérieures aux autres ; ce font celle du Limoufin pour la felle, & celle de Normandie pour le trait. Que de bénéfices elles procurent aux cultivateurs de ces contrées qui les ont confervées pures, puifqu'il n'eft pas rare qu'ils en vendent les produits de choix cent fois plus (& même davantage) que le cheval champenois dont j'ai parlé plus haut ! *Voyez* Cheval.

Il en eft de même des Anes, des Vaches, des Moutons, des Cochons, des Chèvres, des Lapins, des Dindes, des Oies, des Canards, des Poules, des Pigeons, &c. *Voyez* ces mots.

Les Races des beurrés, des reinettes, des pavies, des reines-claudes, parmi les poires, les pommes, les pêches, les prunes ; des pois nains, des laitues flagellées, &c. ne font-elles pas préférables aux autres ?

Une Race ne fe propage qu'autant que le mâle & la femelle lui appartiennent. Si l'un ou l'autre provient d'une race différente, il fe fait ce qu'on appelle un Croisement. *Voyez* ce mot.

Croifer une Race fupérieure avec une Race inférieure, conduit néceffairement à améliorer cette dernière. Long-temps, en France, on a cru qu'il falloit remonter celles des chevaux par ce moyen ; & le réfultat de cette opération n'a pas été celui qu'on attendoit, parce qu'on croyoit avoir tout fait par ce croifement, & qu'on ne s'occupoit plus de foutenir les produits qui en étoient ré-

fultés par de nouveaux croifemens du même genre. Aujourd'hui que les principes font fixés, les hommes éclairés, les Chabert, les Teffier, les Huzard, &c. ne croient pas qu'il faille continuer à croifer les Races, ce qui tend à les abâtardir toutes ; mais ils penfent qu'on doit employer tous les moyens pour relever, & enfuite foutenir les deux belles & excellentes Races que j'ai citées plus haut, c'eft-à-dire, celle du Limoufin & celle de la Normandie & je ne puis être que de leur avis.

Pour relever & foutenir une Race, il eft indifpenfable de toujours choifir, tant pour mâle que pour femelle, les plus beaux individus qui lui appartiennent ; car, lorfqu'ils font au-deffus de l'état primitif de l'efpèce, ils tendent toujours, étant abandonnés à eux-mêmes, à fe rapprocher de cet état. Le plus petit défaut de naiffance, qu'il foit externe ou interne, doit exclure un individu, quelque propre qu'il paroiffe à cet objet, fous tous les autres rapports. J'appelle défaut interne, non-feulement ceux qui tiennent évidemment à l'organifation, comme la pulmonie, le cornage, la cécité, confidérés comme héréditaires, &c., mais encore ceux qui paroiffent appartenir au moral, tels que la difpofition à être rétifs, méchans, peureux, &c. confidérés de même.

De nouvelles Races peuvent être créées & fe créer réellement. Par exemple, il fuffit qu'un poulain & une pouliche, pourvus de caractères faillans, foient ifolés, & que leurs enfans l'étant également, ne fe propagent qu'entr'eux, pour qu'ils deviennent l'origine d'une Race qui fe perpétuera tant qu'elle reftera dans les circonftances femblables. Il réfulte de ce fait que, moins les nations & les habitans des diverfes parties d'une même nation fe mêlent entr'eux, & plus les Races de leurs animaux domeftiques font caractérifées : auffi, depuis un fiècle que les communications entre celles de l'Europe font devenues plus fréquentes & plus intimes, beaucoup de Races de chevaux ont-elles difparu ; auffi les événemens de la révolution en vont-ils encore faire difparoître d'autres. Déjà on ne trouve plus que difficilement de purs limoufins, de purs normands, les Races franc-comtoife, picarde, &c. font fondues les unes dans les autres.

J'infifte fur ce que les circonftances foient femblables pour qu'une Race fe conferve, parce qu'un climat chaud & fec, & un climat froid & humide, des alimens fubftantiels & aqueux, furtout abondans ou rares, influent à la longue fur elles par la puiffante action qu'ils exercent d'abord un peu fur les pères & mères, & enfuite beaucoup fur les enfans pendant leur jeune âge.

Ainfi un climat chaud & fec rendant la fibre mufculaire plus élaftique, les chevaux qui y vivront, deviendront un peu plus petits, beaucoup plus vifs & plus propres à la courfe.

Ainfi un climat froid & humide rendant la fibre mufculaire plus molle, les chevaux qui y pafferont leur vie, deviendront plus gros, plus lourds, plus propres à traîner lentement des voitures très-chargées.

De ces confidérations, les cultivateurs doivent conclure que, s'ils veulent introduire le fang arabe en France, ce n'eft pas dans les gras pâturages de la Normandie qu'ils doivent placer leur haras, mais dans les plaines du Languedoc ou les montagnes du Limoufin. Au contraire, ils ne conduiront pas dans ces derniers cantons, mais dans le premier, les étalons & les jumens de la groffe Race du Holftein, qu'ils feroient jaloux de propager.

Perfonne ne peut douter de l'influence de la qualité & de la quantité des alimens fur les petits des animaux, principalement relativement à leur groffeur, foit qu'ils foient encore dans le ventre de leur mère, foit qu'ils tetent fon lait, foit qu'ils commencent à manger feuls. Par conféquent une forte Race ne peut fubfifter fur un fol véritablement marécageux, fur un fol extrêmement maigre. C'eft pour n'avoir pas fait attention à cette confidération, que tant de cultivateurs, propriétaires de mauvais pâturages ou de pâturages peu abondans, fe font fourvoyés lorfqu'ils ont voulu fpéculer fur l'élève des chevaux normands, des vaches fuiffes, des moutons de Beauce, &c.

Donc les pays dont le climat & les pâturages font différens, ne doivent point échanger leurs Races, mais chercher à les perfectionner par les moyens indiqués plus haut.

Il eft des Races qu'on recherche pour un objet fecondaire, & fur lefquelles l'influence des climats & des pâturages peut être moins fenfible; telles font celles des moutons mérinos, des chèvres d'Angora.

Les Races qui font plus fpécialement fous la main de l'homme, fe reffentent encore moins de cette influence, comme celles des chiens, des chats, des poules, des pigeons de volière. Il eft parmi les chiens des Races tellement éloignées par leur forme extérieure & leur caractère, qu'elles répugnent à fe prêter à la copulation, & qu'elles ne reconnoiffent pas toujours leurs petits lorfque cette copulation a eu lieu. Je citerai fpécialement le barbet & la levrette. Voyez CHIEN.

La fupériorité de certaines Races fur les autres eft tellement reconnue, qu'il n'eft pas néceffaire que je la prouve. J'ai déjà cité celle des chevaux arabes, limoufins, normands, danois; celle des vaches de Suiffe; celle des moutons mérinos, des chèvres d'Angora. Je citerai celle des ânes du Poitou, fi groffe; des cochons à oreilles pendantes, fi facile à engraiffer; celle des lapins à longs poils, fi recherchés pour la filature & la fabrication des chapeaux; celle des dindons blancs, dont la chair eft plus tendre; des oies à ventre faillant, plus productives en plumes; des canards barboteux, plus faciles à élever; des poules de Caux, plus groffes; des pigeons patus, qui font huit à dix couvées par an; du chou quintal, dix fois plus

pefant; de la laitue romaine, plus fufceptible de braver la chaleur, &c.

Il y a en Angleterre une Race de bœufs, celle de Crawen, dont la peau eft beaucoup plus épaiffe qu'à l'ordinaire, ce qui fait qu'elle fe vend un tiers de plus.

Le chien prouve que plus les efpèces font rapprochées de l'homme, & plus les Races qui en découlent font nombreufes & différentes en forme & en qualité. On diftingue auffi facilement à la vue qu'au genre de leur utilité, le chien de berger, le chien mâtin, le chien courant, le chien couchant, le chien levrier, le chien barbet, le chien épagneul, &c. Voyez CHIEN.

Les cultivateurs ne font généralement pas affez attention au perfectionnement de leurs Races, & c'eft feulement de celles des chevaux dont le Gouvernement s'eft occupé (voyez HARAS). Leur intérêt cependant femble devoir les engager à empêcher que les accouplemens fe faffent fans choix, comme prefque partout, puifque, même dans les Races les plus vulgaires, un bel individu fe vend plus cher qu'un laid. Je voudrois donc qu'ils n'accouplaffent, comme je l'ai déjà dit, que les plus beaux individus mâle & femelle, nonfeulement de leurs CHEVAUX, mais de leurs ANES, de leurs VACHES, de leurs BREBIS, de leurs CHÈVRES, de leurs COCHONS, de leurs CHIENS, de leurs CHATS, de leurs LAPINS, de leurs DINDES, de leurs OIES, de leurs CANARDS, de leurs POULES, de leurs PIGEONS (voyez tous ces mots), où je dénombre les Races de ces animaux, & indique les qualités dont elles font pourvues.

Quelques perfonnes font fans doute dans la perfuafion que j'ai tort de mettre de l'importance à l'accouplement des chiens; mais je les prie de confidérer, 1°. que tous ceux de ces chiens qui n'ont pas la totalité des caractères qui font propres à leur Race, ne rempliffent qu'incomplètement l'objet pour lequel on les nourrit; qu'ainfi le produit d'un chien de berger avec un chien de chaffe n'eft ni auffi bon pour la garde des beftiaux que fon père, ni fi propre à la chaffe que fa mère; 2°. que cette maladie nerveufe, héréditaire, qu'on appelle *maladie des chiens*, qui les rend impropres à prefque tous les fervices, qui les fait périr au milieu de leur carrière, qui eft fi commune que plus de la moitié d'entr'eux en font affectés, ne fe perpétue que par l'infouciance des maîtres.

Je ne me diffimule pas qu'il eft difficile d'empêcher les animaux qui font en liberté de s'accoupler contre le gré des propriétaires des femelles, & les chiens par-deffus tout; mais il eft cependant des moyens de régler leurs difpofitions à cet égard, moyens que je n'indiquerai pas, tant ils font aifés à imaginer.

Tout repos produit la graiffe. Ainfi, lorfqu'on veut créer une Race de bœufs & de moutons pour la boucherie, il faudra toujours choifir, pour l'accouplement, des individus tranquilles & doux.

Le célèbre anatomiste Hunter ayant remarqué que les personnes graffes avoient généralement les os minces, Blakewell a choisi, pour établir les Races qui lui ont fait une si grande réputation & une fortune si coloffale, des taureaux, des vaches, des beliers, des brebis, des verras & des truies qui avoient cette qualité.

Que de chofes j'aurois encore à dire fur cet important sujet! Il faut pourtant que je m'arrête pour ne pas faire de double emploi. (*Bosc.*)

RACEO : variété de FROMENT cultivé aux environs de Nantes.

RACHE. On appelle ainfi le CLAVEAU dans quelques cantons.

RACHITISME : maladie qui attaque les animaux ainfi que les végétaux, & qui fe caractérife par le défaut de développement d'une ou de plufieurs de leurs parties.

Le Rachitifme reconnoît un grand nombre de caufes qu'il n'eft pas dans la nature de cet ouvrage de rechercher.

On tente rarement la guérifon du Rachitifme dans les animaux domeftiques, attendu que la dépenfe d'un traitement long & incertain furpafferoit leur valeur; on préfère envoyer à la boucherie ceux qui en font fufceptibles, & de tuer les autres.

Il eft affez fréquent de voir des plantes rachitiques, qu'on confond avec les plantes RABOUGRIES. *Voyez* ce mot.

C'eft dans le blé que le Rachitifme a été le plus remarqué, & véritablement c'eft là qu'il fait le plus de mal.

Le blé rachitique a les tiges plus groffes & moins longues, les feuilles rudes & contournées, furtout à leur extrémité; les grains font plus gros, plus ronds, plus ridés : ils ne donnent point de farine.

On a attribué le Rachitifme du blé aux vibrions, anguille qu'on trouve toujours dans les nœuds & les grains des pieds attaqués de cette maladie; mais comme cet animalcule microfcopique fe trouve dans la plupart des altérations organiques des végétaux, on doit regarder fa préfence comme effet, plutôt que comme caufe.

Il n'y a pas de remèdes avoués par une faine phyfique contre le Rachitifme du blé, quoique des charlatans en aient indiqué un grand nombre. Détruire le femis qui en eft trop infefté, eft le meilleur confeil à donner dans ce cas. Il eft bon auffi de changer de femences, & de ne pas remettre du blé de long-temps dans le champ. (*Bosc.*)

RACINE. Les cultivateurs doivent confidérer les Racines, d'abord fous les rapports de leur importance comme organes de la nutrition & de la fixation des plantes, enfuite comme moyen de les multiplier.

L'action nutritive des Racines n'a lieu que par leurs extrémités, extrémités qui font toujours molles & vifqueufes, & qui s'alongent toutes les années. Dire comment s'exécute cette action, eft chofe impoffible dans l'état actuel de nos connoiffances. Le manque de PORES apparens (*voyez* ce mot) a fait fuppofer qu'ils étoient fi petits, que l'aliment devoit y pénétrer fous forme gazeufe; mais on ne peut adopter cette fuppofition quand on confidère que les plantes contiennent des terres, des oxides, des fels, &c. *Voyez* le *Dictionnaire de Phyfiologie végétale.*

L'action fixante des Racines eft trop évidente pour perdre du temps à la prouver; elle eft, le plus fouvent, proportionnée aux befoins de la plante, c'eft-à-dire, que les grandes plantes ont généralement les plus groffes ou les plus hombreufes Racines, & que, dans les arbres, il y a un rapport néceffaire entr'elles & les BRANCHES. *Voyez* ce mot.

Toujours la Racine a commencé par être une RADICULE. *Voyez* ce mot.

La plupart des Racines offrent une partie principale qui s'enfonce perpendiculairement en terre, c'eft le PIVOT, & une grande quantité de parties latérales fecondaires, terriaires, &c., c'eft le CHEVELU. *Voyez* ces deux mots.

Il y a des Racines BULBEUSES, des Racines TUBÉREUSES & des Racines FIBREUSES (*voyez* ces mots dans le *Dictionnaire de Botanique*); mais les deux premières, convenablement analyfées, fe rapportent en définitif à la dernière, qui eft donc la Racine proprement dite. *Voyez* auffi les mots PATTE & GRIFFE.

Les cultivateurs doivent confidérer les Racines, 1°. fous les rapports de leur durée, en annuelles qui ne vivent qu'un an, en bifannuelles qui ne vivent que dix-huit mois, & en vivaces qui vivent plus de deux ans; 2°. fous les rapports de leur confiftance, en herbacées & ligneufes, qui fe diftinguent cependant moins peut-être par cette confiftance que parce que les tiges formées par les herbacées meurent chaque année, & que celles qui fortent des ligneufes perfiftent auffi long-temps qu'elles.

On appelle *collet de la racine* la partie qui l'unit à la tige : cette partie, qui ne fe diftingue point à la vue, eft très-importante, puifque c'eft elle qui eft le centre de la vie des plantes, ainfi que le prouve l'obfervation.

Il y a peu de différence entre l'organifation des Racines & celle des tiges; leur accroiffement en longueur & en groffeur, & leurs ramifications, ont lieu pofitivement de la même manière, ainfi que l'a établi Duhamel par des expériences rigoureufes; elles n'ont point de moelle; mais, chofe furprenante, elles en prennent une lorfqu'elles végètent à l'air pendant deux ou trois ans. Par oppofition, une tige qu'on met en terre devient complétement Racine; mais tous les arbres ne fe prêtent pas également à cette expérience. *Voyez* BOUTURE & MARCOTTE.

Les Racines étant d'autant plus groffes ou plus nõmbreufes que la terre où elles fe trouvent eft plus meublée, & la groffeur & le nombre des Racines décidant de la groffeur ou du nombre des branches, on en doit conclure qu'il eft avantageux, à égalité de fertilité, de préférer de cultiver les terres légères; qu'il eft avantageux, dans les terres fortes, de multiplier les LABOURS & les BINAGES. *Voyez* ces mots.

Lorfqu'une Racine pénètre dans l'eau, elle fe divife & fe fubdivife en une infinité de chevelus qu'on appelle *queue de renard*, & dont l'extrémité, au moins, eft enduite d'une matière gélatineufe qui la garantit de l'action diffolvante de l'eau. Ces queues de renard n'ont pas été auffi étudiées qu'il eût été néceffaire pour les progrès de la phyfiologie végétale.

Certaines plantes, comme les AÉRIDES, le FIGUIER des pagodes, le MANGLE, ont des Racines qui reftent en partie à l'air; d'autres qui nagent dans l'eau, comme celles de la LENTICULE, de la PISTIE. Quelques-unes vivent de la SÈVE des arbres, comme le GUI, l'OROBANCHE; d'autres qui, après avoir pouffé dans la terre, s'implantent dans les tiges des autres végétaux, comme la CUSCUTE. *Voyez* tous ces mots.

On prend quelquefois pour des Racines, des vrilles qui en ont l'apparence; le LIERRE, la VIGNE-VIERGE en montrent des exemples. *Voyez* VRILLE.

Si une Racine rencontre un corps dur, une pierre, par exemple, elle fe détourne de fa direction pour tourner plus ou moins autour. Le plus fouvent elle fe divife alors & l'embraffe: fi c'eft un pivot qui rencontre une roche, il s'épate.

Quoique les Racines s'enfoncent jufqu'à huit à dix pieds & peut-être plus en terre, elles ont befoin, pour végéter, de l'influence de la chaleur folaire & de l'air; auffi, lorfque, dans une tranfplantation, on les enterre beaucoup plus qu'elles l'étoient dans le lieu d'où elles ont été levées, on rifque de les voir périr, ainfi que la tige; mais il en pouffe le plus fouvent de nouvelles au bas de cette tige, qui les remplacent & les confervent. *Voyez* PLANTATION.

Il faut cependant diftinguer, car c'eft une bonne opération, 1°. que d'élever, pendant l'hiver, la terre autour du pied des plantes dont on veut avoir des fleurs ou des fruits précoces, & encore plus d'en mettre au printemps, le foir, pour l'enlever le matin, à raifon de ce que cette terre empêche la déperdition de la chaleur qui doit agir fur les Racines; 2°. que d'élever la terre autour des tiges des plantes qui prennent facilement des Racines, pour augmenter leur fruit comme dans le MAIS, leurs feuilles comme dans les CHOUX, leurs tubercules comme dans la POMME DE TERRE. *Voyez* ces mots & celui BUTTAGE.

En général, & fans doute d'après le principe ci-deffus, joint à la confidération d'une plus grande fertilité, les Racines, le pivot ou ce qui en tient lieu excepté, rampent à la furface de la terre. Les plus près de cette furface font les plus groffes ou les plus longues.

Les baliveaux qu'on laiffe en coupant une futaie fe couronnent quelquefois l'année même qui fuit celle de la coupe, parce que le terrain deffeché par le foleil & les vents ne fournit plus affez d'humidité aux Racines fuperficielles de ces baliveaux. Ce fait fe remarque principalement dans les terrains maigres & légers.

Du fait qu'il y a conftamment un rapport néceffaire entre l'étendue des Racines & celle des branches, on doit conclure qu'en coupant des Racines on affoiblit les branches, & en coupant les branches on affoiblit les Racines; & c'eft ce que prouve l'expérience. Il eft cependant un cas où le contraire arrive: ce cas eft celui où, en coupant des Racines ou en coupant des branches, on détermine le développement d'une plus grande quantité de CHEVELU & de FEUILLES. (*Voy.* ces mots.) C'eft même fur ce principe & fur la confidération que, plus il y a de Racines, & plus la végétation eft active, que font fondées les pratiques de couper le pivot des arbres fruitiers, de changer de place tous les ans les arbres réfineux des pépinières, dans le but d'accélérer leur accroiffement & de les rendre plus fûres à la reprife. *Voyez* PÉPINIÈRE & PLANT.

C'eft ici le moment d'obferver qu'il vaut mieux couper une Racine que de la mettre en terre dans une pofition forcée; car dans le premier cas elle pouffera du chevelu, & dans le fecond elle périra. *Voyez* PLANTATION, HABILLER LE PLANT.

Ce réfultat, qu'on obferve fi fouvent dans la pratique, s'appuie même fur une obfervation de Dumont-Courfet. C'eft que, lorfqu'on met dans un plus grand pot un arbufte dont les racines font contournées, toutes ces Racines meurent dans le courant de l'année fuivante; de forte que cet arbufte, qui n'avoit pas d'abord paru fouffrir, languit & même fe deffèche quelquefois.

Au refte, l'art peut profiter de cet effet pour mettre à fruit les arbres trop vigoureux.

Il y a lieu de foupçonner, d'après les expériences de Duhamel, que le chevelu de beaucoup d'arbres, d'arbriffeaux & d'arbuftes, périt à l'automne & repouffe au printemps. Cela eft inconteftable pour les plantes bulbeufes & tubéreufes. *Voyez* RENONCULE, ANÉMONE, TULIPE, LIS, IMPERIALE, ORCHIS, &c.

Les arbres réfineux fe trouvent, à cet égard, dans une catégorie différente, c'eft-à-dire, que leur chevelu ne fe régénère pas plus que leurs branches: de-là les inconvéniens de le couper en les plantant; de-là l'avantage de le multiplier par l'effet de plufieurs tranfplantations effectuées dans leur jeuneffe. *Voyez* PLANT, PIN, SAPIN, MÉLÈZE & CÈDRE.

Quelque certain qu'il soit qu'on empêche les Racines de s'alonger & de groffir lorfqu'on coupe le tronc ou les branches tous les ans, il eſt cependant de principe que c'eſt une bonne opération pour renouveler la vigueur de la végétation, que de les couper de loin en loin. C'eſt ſur ce principe que ſont fondées les pratiques appelées RÉCÉPAGE, RAPPROCHEMENT, RAJEUNISSE-MENT (voyez ces mots). Il s'explique par la conſidération que les nouvelles tiges ou branches ſont plus nombreuſes, ont de plus larges feuilles qui attirent la ſéve, & de plus larges canaux qui font qu'elles en conſomment davantage; de ſorte que les Racines profitent mieux qu'auparavant.

Toujours les Racines tendent à ſe porter dans les parties de terrain les plus nouvellement remuées, les plus abondamment fumées, les plus conſtamment humides. Il eſt bon que les cultivateurs aient toujours cette circonſtance préſente à la mémoire, pour éviter de faire des opérations des ſuites deſquelles ils auroient à ſe plaindre, telles que de regarnir une haie avec des plants de la même eſpèce, de labourer trop près d'une haie, de diriger des irrigations vers une haie. Voyez HAIE.

Il eſt encore un cas où, ſans y être forcées par un obſtacle inſurmontable, tel qu'un rocher, un mur, un foſſé, les Racines ſe portent d'un côté plutôt que d'un autre; c'eſt celui où quelques branches ſont plus favoriſées de l'influence de la lumière que les autres; car alors ces branches pouſſant plus vigoureuſement, les Racines correſpondantes pouſſeront de même (voyez ÉTIOLE-MENT). Ce cas eſt très-fréquent ſur le bord des maſſifs des jardins, contre les murs, ſur la liſière des bois, & dans les clairières qui ſe trouvent dans leur intérieur, &c.

Puiſque les Racines s'alongent proportionnellement aux branches, & que c'eſt ſeulement l'extrémité de leur chevelu qui ſoutire les ſucs de la terre, on devroit, pour favoriſer leur extenſion, leur multiplication & leur ſuccion, labourer la totalité de la ſurface de la terre dont elles ſont recouvertes, & non pas ſeulement, comme cela a lieu ſi généralement, uniquement le pied de l'arbre. La plus belle végétation des arbres qui ſont plantés dans les plates-bandes ou les carrés des jardins, & même au milieu des champs, auroit dû mettre ſur la voie. Approfondir ce labour, qui doit toujours être fait au commencement de l'hiver, juſqu'aux Racines, vers leur extrémité, & même couper, en le faiſant, celles de ces extrémités qui ſe trouveroient ſous la bêche, ſeroit certainement fort avantageux d'après les principes poſés plus haut. On fait ſubir au moins tous les trois ans cette ſuppreſſion de l'extrémité du chevelu aux arbres, arbriſſeaux & arbuſtes en caiſſe ou en pot, & on s'en trouve bien. Voyez REN-CAISSEMENT & REMPOTAGE.

On voit ſouvent des Racines éclater des rochers dans les fentes deſquels elles ſe ſont introduites, renverſer des murs à travers deſquels elles ont pénétré. Les bornes de leur force ne ſont pas encore connues.

L'opinion que les Racines pourries nuiſent à celles de la même eſpèce qu'on veut forcer à croître dans le lieu où elles ſe trouvent, n'eſt ſans doute établie que ſur le principe des aſſolemens, qui ne veut pas que certaines plantes ſe perpétuent excluſivement dans les mêmes lieux.

Quant à celle qui tend à faire ſuppoſer que les excrétions de quelques-unes ſont nuiſibles à quelques autres, je ne la crois nullement fondée.

Puiſqu'elles croiſſent en même temps que les branches, les Racines doivent mourir en même temps qu'elles : auſſi remarque-t-on que les arbres couronnés ont l'extrémité de leurs plus longues Racines pourries. Voilà pourquoi ces arbres ſont plus expoſés à être renverſés par les vents.

La privation de l'humidité eſt la plus fréquente cauſe de la mort des Racines : c'eſt un fait aſſez fréquent de voir des arbres plantés dans un ſol maigre, périr du jour au lendemain pendant les chaleurs ou les ſéchereſſes de l'été. Les baliveaux laiſſés lors de la coupe des futaies ſe couronnent ordinairement, ainſi que je l'ai déjà obſervé plus haut, parce que leurs Racines ne trouvent plus dans le ſol la même quantité d'humidité qu'elles y trouvoient auparavant. Voyez EAU, HUMIDITÉ, ARROSEMENT, HALE, SÉCHERESSE, SABLON-NEUX.

L'excès d'humidité produit auſſi quelquefois le même effet ſur les plantes qui ne ſont pas deſtinées à croître dans les marais, ſurtout ſi cette humidité ſurabondante eſt due à de l'eau corrompue. Voilà pourquoi ſi peu d'arbres peuvent proſpérer dans les marais, ſi peu de ſemis peuvent y réuſſir. Voyez TOURBE & MARAIS.

Les gelées ont des effets fort variables ſur les Racines : tantôt ils ſont nuls, tantôt très-ſenſibles. Celles de l'orme ſur pied ſe brave, quelque fortes qu'elles ſoient; celles de l'orme arraché ſont frappées de mort par la plus foible d'entr'elles. En général, celles des plantes des pays chauds ſont les plus expoſées à leur action; mais cependant il y a de grandes anomalies à cet égard. La connoiſſance de leur plus ou moins grande ſuſceptibilité eſt une des plus néceſſaires de celles qu'on exige d'un jardinier ou d'un pépiniériſte, ſurtout s'il eſt deſtiné à cultiver des plantes étrangères.

On affoiblit l'effet des gelées ſur les Racines des plantes des pays chauds par le moyen des COU-VERTURES. Voyez ce mot.

Les maladies des Racines ne diffèrent pas de celles des tiges & des branches, du moins autant qu'on en peut juger dans l'état actuel de nos connoiſſances. Outre les paraſites, viſibles à la ſurface de la terre, qui vivent à leur dépens, il en eſt deux de la famille des *Champignons*, qui doivent être citées ici : l'une eſt le SCLÉROTE (voyez ce mot) ; l'autre, une espèce de BYSSH, que je décrirai au mot POMMIER, dans le *Dictionnaire des Arbres & Arbustes*, parce que c'est sur les Racines de cet arbre que je l'ai d'abord observée.

Quoiqu'on ne puisse pas le démontrer directement, il n'est pas difficile de reconnoître que la séve d'août, qui est celle qui concourt le plus à l'alongement & au grossissement des Racines, & qu'on a, avec raison, appelée la *séve descendante*, se fixe dans leurs vaisseaux pour remonter au printemps, & opérer le développement des feuilles & des fleurs. *Voyez* SÉVE.

L'expérience qui prouve le mieux la réalité de la séve descendante est celle-ci : on coupe au premier printemps, avant le développement de ses boutons, à un arbre, une de ses Racines superficielles de la grosseur du doigt, à deux pieds de son tronc. Les deux portions sont relevées jusqu'à ce que leur extrémité sorte de terre, & chacune reçoit une greffe en fente de la même espèce, ou d'espèce analogue ; la greffe de la portion de la Racine qui ne tient plus à l'arbre pousse de suite, ou mieux peu après que l'arbre a commencé à développer ses bourgeons : celle de la portion qui tient au corps de l'arbre ne pousse qu'à la séve d'août.

On voit par cette expérience, due à M. Thouin, qu'on peut greffer sur Racine ; & si on ne le fait pas souvent, c'est que l'occasion ne s'en présente pas. Ce n'est que dans les pépinières d'arbres étrangers que cela est quelquefois nécessité par la rareté des sujets. *Voyez* GREFFE.

La multiplication des plantes vivaces par Racines est très-employée dans nos jardins, & ce avec raison, car elle est presque toujours sûre, & donne des jouissances plus promptes que celle par MARCOTTES & par BOUTURES, & surtout que celle par GRAINES. (*Voyez* ces mots.) Il suffit, pour la plupart des plantes vivaces, de les diviser en plus ou moins de morceaux, soit en les déchirant avec la main, soit en les séparant avec la bêche ou un couteau, ayant soin que chaque morceau conserve un ou plusieurs yeux, origine des tiges nouvelles. Pour d'autres, il faut éclater avec soin chacun de ces yeux avec la pointe d'un couteau ou d'une serpette. *Voyez* ARTICHAUT.

Les arbres, les arbrisseaux & les arbustes, en poussant naturellement des rejetons de leurs Racines, fournissent un moyen également sûr, mais ni aussi rapide, ni aussi exempt d'inconvénient que le précédent, ces rejetons étant généralement plus foibles que les pieds venus de graine, & étant très-sujets à tracer. On en détermine la sortie en blessant les Racines, & encore mieux en leur faisant une ligature ou une incision annulaire. *Voyez* REJETONS.

Si on arrache un arbre en hiver en coupant ses Racines près du tronc, les portions laissées en terre, poussent une grande quantité de rejetons qu'on peut enlever un ou deux ans après, en laissant des portions de Racines qui en fourniront encore.

Un arbre qu'on ne doit pas arracher peut, malgré cela, être multiplié par Racines, en coupant une (ou plusieurs) de ses Racines superficielles, & en relevant, jusqu'à la surface, celle des portions qui ne tient plus à la tige, pour lui laisser pousser, en place, une nouvelle tige, ou en levant entièrement cette portion pour la couper en morceaux longs de six à huit pouces, & les placer un peu obliquement en terre dans un lieu frais ou ombragé. Dans ces deux cas on augmente la promptitude, & dans le dernier on fortifie la certitude de la reprise, en greffant en fente le gros bout de la Racine.

Sans ces moyens de multiplication, il est beaucoup de plantes étrangères, soit herbacées, soit ligneuses, que nous ne pourrions pas conserver dans nos jardins. Je dois dire cependant qu'il est des espèces, dans les unes comme dans les autres, qui ne s'y prêtent que difficilement, & même point du tout.

Le bois de quelques Racines, comme celui de celle du buis, est préféré dans les arts de la marqueterie ou du tour, comme plus agréablement marbré.

Beaucoup de Racines sont employées en médecine : c'est avant que leurs tiges soient fleuries pour les plantes annuelles, & pendant l'hiver pour les plantes vivaces, qu'il convient de les arracher pour cet emploi.

L'homme & les animaux domestiques trouvent dans plusieurs sortes de Racines un moyen de nourriture d'autant plus précieux que ces Racines sont moins sujettes aux intempéries, & varient avantageusement les assolemens. Les plus importans de celles qui se cultivent en France sont, dans l'ordre de cette importance, la POMME DE TERRE, la RAVE, la CAROTTE, la BETTERAVE, le PANAIS, le TOPINAMBOUR, le CÉLERI, l'OIGNON, l'AIL, l'ECHALOTTE, le POIREAU, le CHOU-RAVE, le RADIS, le SALSIFIS, la SCORSONÈRE, la RAIPONCE, le CHERVI, la GESSE TUBÉREUSE, le SOUCHET COMESTIBLE, l'ORCHIDE, &c.

On remplace, dans les pays chauds, ces plantes par la PATATE, l'IGNAME, le GOUET ESCULENT, le MANIHOT. *Voyez* ces mots. (*Bosc.*)

RACINES. Ce nom, dans l'usage ordinaire, s'applique aux Racines employées à la nourriture de l'homme. *Voyez* la fin de l'article précédent.

RACINE D'AMÉRIQUE. C'est celle du MABOUIA, qui sert de massue aux sauvages.

RACINE D'ARMÉNIE. Il y a lieu de croire que c'est la GARANCE.

RACINE DU BRÉSIL. On a donné ce nom à celle du PSYCHOTRE EMÉTIQUE. *Voyez* ce mot.

RACINE

RACINE DE CHARCIS. C'est celle de la DORS-
TÈNE CONTRAYERBA.

RACINE DE CHINE. *Voyez* SMILACE CHINA.

RACINE DE COLOMBO. On apporte cette Racine en Europe pour l'usage de la médecine,
mais on ignore à quelle plante elle appartient.

RACINE DE DICTAME BLANC. *Voyez* DIC-
TAME.

RACINE DE DISETTE. On a donné ce nom à
une variété de la BETTERAVE. *Voyez* ce mot.

RACINE DE DRACK. C'est la même chose que
Racine de CHARCIS.

RACINE DE FLORENCE. *Voyez* IRIS DE FLO-
RENCE.

RACINE INDIENNE. *Voyez* RACINE DE SAINT-
CHARLES.

RACINE JAUNE. *Voyez* RACINE D'OR.

RACINE DE MÉCHOACAN. *Voyez* MÉ-
CHOACAN.

RACINE D'OR. C'est celle d'un PIGAMON de
la Chine, qui est employée en médecine.

RACINE DES PHILIPPINES. C'est la DORSTÈNE
contrayerba.

RACINE DE RHODES. *Voyez* RHODIOLE.

RACINE DE SAFRAN. C'est le CURCUMA.

RACINE DE SAINT-CHARLES. Racine du Brésil,
dont on ne connoît pas l'origine.

RACINE DU SAINT-ESPRIT. C'est celle de
l'ANGÉLIQUE des boutiques.

RACINE DE SAINTE-HÉLÈNE. *Voyez* AÇORE
ODORANT.

RACINE SALIVAIRE. On appelle ainsi les Racines des CAMOMILLES pyrèthre & des CANARIES.

RACINE DE SANAGROEL. Il paroît que c'est
celle de l'ARISTOLOCHE serpentaire.

RACINE DE SERPENT : nom vulgaire de l'O-
PHYOSE de l'Inde.

RACINE DE SERPENT A SONNETTE. *Voyez* au
mot POLYGALA SENECA.

RACINE DE SOLOR. C'est celle d'un GOUET.

RACINE DE THYMELEA. C'est celle d'un LAU-
RÉOLE.

RACINE VIERGE. On donne ce nom à la Racine
de la BRYONE & à celle du TAMINIER. *Voyez*
ces mots.

RACINE DE VIRGINIE : nom de la QUAMO-
CLITE de Virginie. *Voyez* ce mot.

RACK ou ARAC. C'est l'eau-de-vie qui provient de la distillation du riz qui a fermenté avec
la pulpe de l'arec ou d'autres fruits de palmiers :
on en fait une grande consommation dans l'Inde.
Voyez EAU-DE-VIE. (*Bosc.*)

RACLE. *CENCHRUS.*

Genre de plantes de la polygamie digynie & de
la famille des *Graminées*, dans lequel se placent
dix-sept espèces, dont plusieurs se cultivent dans
les écoles de botanique. Il est figuré pl. 838 des
Illustrations des genres de Lamarck.

Agriculture. Tome VI.

Observations.

Il a été nouvellement établi un genre aux dépens
de celui-ci, & il a été appelé PÉNISETTE. *Voyez*
ce mot.

Espèces.

1. La RACLE épineuse.
Cenchrus tribuloides. Linn. ⊙ De l'Amérique
septentrionale.

2. La RACLE hérissone.
Cenchrus echinatus. Linn. ⊙ De l'Amérique septentrionale.

3. La RACLE capitée.
Cenchrus capitatus. Linn. ⊙ Du midi de l'Europe.

4. La RACLE bardanière.
Cenchrus lappaceus. Linn. ⊙ Des Indes.

5. La RACLE mucronée.
Cenchrus muricatus. Linn. ⊙ Des Indes.

6. La RACLE recourbée.
Cenchrus inflexus. Lam. ⊙ De Cayenne.

7. La RACLE à feuilles rudes.
Cenchrus hordeiformis. Linn. ♃ De l'Afrique.

8. La RACLE ovale.
Cenchrus ovatus. Lam. Du Cap de Bonne-Espérance.

9. La RACLE tomenteuse.
Cenchrus tomentosus. Lam. Du Cap de Bonne-
Espérance.

10. La RACLE roussâtre.
Cenchrus rufescens. Desf. De la Barbarie.

11. La RACLE rameuse.
Cenchrus ramosissimus. Lam. De l'Égypte.

12. La RACLE à petites fleurs.
Cenchrus parviflorus. Lam. De l'Amérique méridionale.

13. La RACLE à grappes.
Cenchrus racemosus. Linn. ⊙ Du midi de l'Europe.

14. La RACLE purpurine.
Cenchrus purpurascens. Thunb. ♃ Du Japon.

15. La RACLE géniculée.
Cenchrus geniculatus. Thunb. Du Cap de Bonne-
Espérance.

16. La RACLE caliculée.
Cenchrus caliculatus. Cavan. De l'Amérique
méridionale.

17. La RACLE porte-épine.
Cenchrus spinifex. Cavan. De l'Amérique méridionale.

Culture.

Les espèces 2, 3, 4 & 13 sont les seules qui se
cultivent en ce moment dans les écoles de botanique de France; mais j'en ai vu plusieurs autres
s'y cultiver également, puis disparoître.

Les graines de ces quatre espèces se sèment au
printemps dans des pots remplis de terre franche

mêlée de terre de bruyère, pots qu'on enfonce dans une couche nue. Le plant levé s'éclaircit & s'arrose au befoin. Lorfqu'il a acquis deux pouces de haut, on enlève les pots de deffus la couche pour les placer dans le lieu où ils doivent être, ou mieux contre un mur expofé au midi, où on continue de les arrofer de loin en loin. (*Bosc.*)

RACLONS. On appelle ainfi, aux environs de Genève, la terre enlevée le long des chemins, dans les cours, &c., pour améliorer celle des jardins, des vignes, &c.

C'eft une excellente pratique. *Voyez* ENGRAIS.

RACOUBÉ. Genre de plantes établi par Aublet, & depuis réuni aux ACOMATS par Swartz. *Voyez* ce mot.

RACQUE : nom du marc de raifin dans quelques lieux.

RACUANCAJA : nom vulgaire du BALISIER du Bréfil.

RADICULE : partie qui fort de la graine & qui s'enfonce en terre, c'eft-à-dire, origine des racines. Elle eft dans le cas de mériter l'attention des cultivateurs, à raifon de fon importance & de l'influence qu'elle exerce fur l'avenir de la plante.

Il faut veiller, quand on fème, à ce que la graine foit affez enterrée, afin qu'elle trouve, en germant, une humidité fuffifante pour que la Radicule ne fe deffèche pas; ou il faut, dans le cas contraire, l'arrofer fréquemment. C'eft parce qu'on ne fait pas attention à cette circonftance que les femis des graines très-fines, du bouleau, par exemple, qui ne veulent pas être enterrées, ne profpèrent jamais dans nos pépinières. Couvrir ces femis de mouffe ou de menue paille, eft un des moyens les plus certains de parer à ces inconvéniens. *Voyez* SEMIS & GRAINE.

Je dois faire remarquer que la Radicule tire fa fubfiftance des cotylédons dans les premiers jours de fon développement.

La pofition renverfée d'une groffe graine ou d'une petite graine plate, retarde toujours fa germination; mais lorfqu'elle eft petite & ronde, la Radicule fe recourbe pour gagner la terre & fait tourner la graine.

D'après cette remarque, il eft toujours avantageux de mettre les amandes, les noyaux d'abricots, de pêches, de prunes, &c., en terre fur l'arête la plus tranchante, & un peu obliquement. Quant aux noix & aux noifettes, elles doivent être enfoncées par la pointe.

Comme le pivot n'eft que la Radicule groffie & alongée, on arrête toujours la croiffance en longueur du premier, en caffant l'extrémité de la dernière. C'eft ce que font les pépiniériftes lorfqu'ils plantent des amandes, des noix & autres groffes graines, après les avoir, au préalable, fait germer dans du fable humide. *Voyez* PIVOT & GERMOIR. (*Bosc.*)

RADIOLE : plante du genre des lins, que quelques botaniftes croient devoir fervir de type à un genre. *Voyez* LIN.

RADIS ou RADIX. *Voyez* RAIFORT.

RADULIER : grand arbre de l'Inde, figuré par Rumphius, vol. 3, pl. 129, & dont les fleurs font odorantes. Il paroît former feul un genre; mais fa fructification eft encore imparfaitement connue.

Cet arbre n'a pas été introduit dans nos cultures; ainfi je n'en dirai pas davantage fur ce qui le concerne. (*Bosc.*)

RAFLE. On donne ce nom, dans beaucoup de lieux, au réfidu de la vendange, après qu'on en a extrait tout le moût fous le preffoir, & dans d'autres, à la portion des grappes qui furnage la cuve en fermentation, qui en forme le chapeau. *Voyez* VIGNE & VIN dans le *Dictionnaire des Arbres & Arbuftes.*

Ce nom fe donne encore à un filet de dix à douze pieds carrés, à petites mailles, étendu fur deux bâtons perpendiculaires, que deux perfonnes foutiennent, à l'extrémité d'une haie, pendant les nuits obfcures, tandis qu'une autre perfonne, placée quelques pas derrière, élève un flambeau allumé, & que deux autres, partant de l'autre extrémité de la haie, chaffent tout doucement les oifeaux qui s'y font réfugiés, lefquels viennent s'emmailler dans le filet.

J'indique ce moyen, d'après mon expérience, comme le plus économique pour détruire les moineaux qui caufent des dommages aux cultivateurs dans les pays de plaines. (*Bosc.*)

RAFNIE. *Rafnia.*

Genre de plantes de la diadelphie décandrie & de la famille des *Légumineufes*, établi aux dépens des crotalaires, des borbones, des fpartions, des liparies & des cytifes, qui renferme feize efpèces, dont une feule eft cultivée dans nos jardins.

Efpèces.

1. La RAFNIE perfoliée.

Rafnia perfoliata. Willd. ♃ De la Caroline.

2. La RAFNIE amplexicaule.

Rafnia amplexicaulis. Thunb. ♄ Du Cap de Bonne-Efpérance.

3. La RAFNIE elliptique.

Rafnia elliptica. Thunb. ♄ Du Cap de Bonne-Efpérance.

4. La RAFNIE à feuilles en coin.

Rafnia cuneifolia. Thunb. ♄ Du Cap de Bonne-Efpérance.

5. La RAFNIE triflore.

Rafnia triflora. Thunb. ♄ Du Cap de Bonne-Efpérance.

6. La RAFNIE à fleurs oppofées aux feuilles.

Rafnia oppofita. Thunb. ♄ Du Cap de Bonne-Efpérance.

7. La RAFNIE axillaire.

Rafnia axillaris. Thunb. ♄ Du Cap de Bonne-Efpérance.

8. La RAFNIE anguleufe.

Rafnia angulata. Thunb. ♄ Du Cap de Bonne-Efpérance.

9. La RAFNIE en épi.

Rafnia fpicata. Thunb. ♄ Du Cap de Bonne-Efpérance.

10. La RAFNIE à feuilles étroites.

Rafnia anguftifolia. Thunb. ♄ Du Cap de Bonne-Efpérance.

11. La RAFNIE à feuilles filiformes.

Rafnia filifolia. Thunb. ♄ Du Cap de Bonne-Efpérance.

12. La RAFNIE à rameaux recourbés.

Rafnia retroflexa. Thunb. ♄ Du Cap de Bonne-Efpérance.

13. La RAFNIE droite.

Rafnia erecta. Thunb. ♄ Du Cap de Bonne-Efpérance.

14. La RAFNIE diffufe.

Rafnia diffufa. Thunb. ♄ Du Cap de Bonne-Efpérance.

15. La RAFNIE émouffée.

Rafnia retufa. Vent. ♄ De la Nouvelle-Hollande.

16. La RAFNIE triflore.

Rafnia triflora. Vent. ♄ Du Cap de Bonne-Efpérance.

Culture.

La première s'eft vue au Jardin du Muféum pendant plufieurs années, provenant des graines que j'avois rapportées de la Caroline, mais elle a péri. Elle ne fe multiplie que de graines tirées de fon pays natal, & femées dans des pots remplis de terre de bruyère, pots qu'on met fur couche & fous châffis. Les pieds levés fe repiquent feul à feul dans d'autres pots qu'on place contre un mur expofé au midi, & qu'on rentre dans l'orangerie pendant l'hiver.

Les deux dernières efpèces fe voient dans les collections des amateurs. On les multiplie de graines femées comme il vient d'être dit, ainfi que par boutures, qui, quoique difficiles à la reprife, réuffiffent cependant. Elles demandent plutôt la ferre tempérée que l'orangerie pendant l'hiver. (*Bosc.*)

RAFRAICHIR LES RACINES. Les jardiniers donnent ce nom à l'opération de couper l'extrémité des racines, qu'ils pratiquent toujours avant de planter, foit un arbre, foit une plante herbacée, opération contre laquelle on s'eft beaucoup élevé, mais qui n'en eft pas moins bonne. Il ne s'agit que de ne pas l'outrer. *Voyez* les mots RACINE, PLANT, PLANTATION, HABILLER LE PLANT. (*Bosc.*)

RAGE : maladie, à ce qu'il paroît, exclufivement propre aux efpèces du genre chien, mais qui fe communique, par leur morfure, à tous les autres quadrupèdes & à l'homme. *Voyez* le *Dictionnaire de Médecine.*

Les fymptômes principaux de la Rage font, l'envie de mordre & l'horreur de l'eau. La trifteffe, le dégoût, l'œil hagard, &c., lui font communs avec beaucoup d'autres maladies.

Cependant il faut que je dépeigne un chien enragé, pour que les cultivateurs, en faveur de qui je rédige cet article, puiffent reconnoître celui qui l'eft.

Un chien enragé a le regard louche & morne; fa langue fort de fa gueule, fa bouche écume, fes yeux pleurent; il murmure plutôt qu'il n'aboie; il s'éloigne des autres chiens, ou court après pour les mordre fans y être provoqué; il porte, en marchant, fes oreilles & fa queue plus baffes qu'à l'ordinaire; il femble dormir; il ne veut ni boire ni manger.

Il paroît aujourd'hui prouvé que la morfure d'un homme, d'un cheval, d'un bœuf, &c., enragé, ne donne pas la Rage; mais il ne faut pas tellement fe fier à ce réfultat, qu'on ne prenne pas les précautions convenables dans l'occafion. C'eft la bave, ce qui eft la même chofe que la falive, qui eft le véritable virus de la rage : tant qu'il n'en eft pas entré dans une plaie, il n'y a pas à craindre que la maladie fe déclare.

Quelque confidérables que foient les écrits qui ont la Rage pour objet, il s'en faut de beaucoup qu'on foit éclairé fur fa nature.

On ne fait pas encore d'une manière pofitive fi la Rage peut naître fpontanément chez les chiens, les loups, les renards, &c.; car les faits pour & contre font également nombreux.

La feule chofe qui foit certaine, c'eft que lorfqu'un animal eft mordu au fang par un chien ou un loup enragé, il y a tout à craindre qu'il devienne enragé au bout de quelques jours, de quelques femaines, même de quelques mois; car il y a la plus grande irrégularité dans l'époque de l'invafion des premiers fymptômes.

La plaie qui réfulte de la morfure d'un animal enragé, eft le plus ordinairement, en apparence, peu inquiétante; elle fe guérit bientôt; mais cette guérifon n'empêche pas l'homme qui l'a reçue de perdre fa gaieté, de devenir inquiet, rêveur, de bâiller fouvent, de reffentir des douleurs par tout le corps. Cet état fe prolonge quinze jours ou trois femaines; la plaie alors fe gonfle, devient rouge; on y éprouve des élancemens, elle s'ouvre, & il en découle une humeur noirâtre & fétide. Cette époque eft le premier degré de la Rage déclarée, appelée *Ragemuë*; elle eft caractérifée par un engourdiffement général, par un froid continu, par des foubrefauts dans les tendons, un grand refferrement aux hypocondres, & une grande difficulté de refpirer : l'horreur pour l'eau & pour tous les liquides, ainfi que pour tout ce qui eft brillant, fe prononce; la foif devient ardente, les vomiffemens commencent, la fièvre furvient, la raifon s'égare, la vue fe trouble, &c. Le fecond degré de la Rage confirmée, appelée *Rage blanche*, n'est que l'exaltation de ces symptômes ; alors des pleurs brûlantes ou un délire furieux, des douleurs atroces, l'envie de tout détruire, jusqu'à eux-mêmes, la suppression de la plupart des secrétions, excepté celle de la salive, la perte de la voix, amènent la mort.

C'est pendant les chaleurs de l'été, lorsque la soif est le plus pénible à supporter, & le plus difficile à satisfaire, à raison de la rareté de l'eau, que la Rage se déclare le plus généralement dans les chiens & dans les loups. On en a conclu que le défaut de boisson la faisoit naître ; mais si cela est, pourquoi n'y a-t-il que quelques chiens, que quelques loups qui deviennent enragés dans le canton ? Pourquoi la Rage n'existe-t-elle pas dans l'Orient, où les chiens sont si nombreux, la chaleur si considérable & l'eau si rare ? Pourquoi n'existe-t-elle pas non plus en Amérique ?

Quoi qu'il en soit, la Rage existe, cela n'est malheureusement que trop vrai, & l'expérience des siècles prouve que lorsqu'elle est déclarée, elle ne se guérit pas. Il faut donc d'abord tuer tous les chiens qui en sont, non-seulement certainement atteints, mais même soupçonnés, & ensuite appliquer, le plus tôt possible, un fer rouge sur les plaies des hommes ou des animaux domestiques qui ont été mordus.

Mais il y a, dira-t-on, mille & mille remèdes d'indiqués contre la Rage : tel roi en a acheté un fort cher, d'après des expériences qui ont constaté son efficacité ; mais on dit qu'un tel, qu'un tel ont été mordus, & ils se portent bien cependant ; erreur. Je le repète d'après les meilleurs médecins, les observateurs les plus éclairés, la Rage ne se guérit pas dès qu'elle est déclarée. Il faut donc l'empêcher de se déclarer ; il faut donc cautériser, avec le fer rouge, les plaies produites par les morsures des chiens ou des loups enragés, le plus tôt possible après qu'elles ont été faites.

Ainsi, aussitôt qu'une personne, ou un animal autre qu'un chien, car celui-là toujours être tué, quelqu'attaché qu'on lui soit, sa morsure pouvant donner la Rage, aura été mordu, on lavera, à plusieurs reprises, & en les faisant fortement saigner, les plaies avec de l'eau dans laquelle on aura fait dissoudre du sel marin ; puis on y introduira un fer chauffé à blanc, le bout du manche d'un poële à feu, par exemple, afin de cautériser toute la partie entamée. Il ne faut craindre d'aller trop avant que lorsqu'on peut rencontrer une grosse artère, une grosse veine, un gros tendon, car la guérison en sera plus assurée. Plus le fer sera chaud, & moins la douleur sera vive, c'est un fait reconnu ; ainsi, il ne faudra pas craindre non plus de le faire rougir. Les deux circonstances dont il faut le plus s'occuper, c'est de faire l'opération le plus tôt possible, & de la faire complète. On reconnoît qu'elle est complète à la profondeur du trou, comparativement à celle de la plaie & à sa noirceur.

Jamais on n'ouvrira, on ne scarifiera les plaies, parce que leur agrandissement ne serviroit qu'à faire pénétrer plus facilement le virus.

Les plaies se guérissent ensuite comme celles ordinaires.

Le feu doit être préféré à tout autre cautère, parce qu'il agit plus rapidement & plus complétement ; cependant, si un homme avoit trop de répugnance à se le voir appliquer, on pourroit lui substituer le beurre d'antimoine (*muriate d'antimoine*), la pierre infernale (*muriate d'argent*), la pierre à cautère (*chaux pure*).

Un homme de l'art fera toujours mieux ces applications qu'un autre ; mais quelque désirable qu'il soit qu'on puisse l'employer, on doit y renoncer s'il faut plus d'un quart d'heure pour qu'il arrive.

Quant au traitement à faire à un homme qui auroit été mordu & à qui on n'auroit pas cautérisé les plaies à temps, il est entièrement du ressort de la médecine.

D'après ce que j'ai dit plus haut, un homme peut être mordu à sang par un chien enragé, sans pour cela gagner la Rage, parce que la bave de ce chien se sera arrêtée dans ses habillemens ; ce chien peut aussi n'être pas enragé, quoiqu'il le paroisse, quelques maladies, particulièrement la phrénésie & la paraphrénésie, offrant des symptômes fort peu différens de la Rage. (*Voyez* PLEURÉSIE.) Ce sont des morsures faites, sans communication de virus, par des chiens véritablement enragés, & des morsures faites par des chiens qui n'étoient pas véritablement enragés, qui ont fait croire à des guérisons de la Rage sans cautérisation préalable.

M. Desplas, dans un excellent article sur la Rage, cite des chevaux qui avoient tous les symptômes de la Rage, mais qui n'étoient cependant qu'attaqués de phrénésie.

Ces chevaux avoient les yeux hagards, fixes & ardens, la respiration forte & fréquente, les flancs très-agités ; ils suoient beaucoup, trépignoient fortement, mordoient, avoient une grande horreur de l'eau : toutes les personnes qui en approchoient les regardoient comme enragés. Ces chevaux moururent dans la journée, & leur ouverture prouva qu'ils étoient attaqués d'une inflammation du foie & du diaphragme. Aucun des chevaux qu'ils avoient mordus ne fut malade.

Des corps étrangers, engagés dans le pilore, occasionnèrent des symptômes semblables dans un cheval & dans deux chiens.

Quelques faits semblent faire croire à la possibilité de prendre le virus de la Rage déposé sur un corps étranger par un animal enragé ; mais il faut pour cela que ce virus soit introduit dans une plaie.

Il n'est pas certain que la chair d'un animal mort enragé, donne la Rage à celui qui en mange ; mais il n'est jamais nécessaire d'en manger. (*Bosc.*)

RAGOUMINIER : nom vulgaire d'un cerifier originaire du Canada, & qui se cultive en pleine terre dans nos jardins. *Voyez* CERISIER dans le *Dictionnaire des Arbres & Arbustes*. (Bosc.)

RAGRÉER. C'est unir, au moyen de la serpette, la plaie faite à une branche ou à un tronc d'arbre avec une scie, une serpe ou une hache. Le but de cette opération est de favoriser l'écoulement des eaux pluviales, qui, en séjournant dans les irrégularités de la plaie, pourroient donner lieu à la CARIE. *Voyez* ce mot. (Bosc.)

RAGUS : synonyme de POURRITURE DES BÊTES A LAINE. *Voyez* ces mots.

RAIE ou ROYE : petite fosse qui résulte de l'enlèvement de la terre & de son renversement par l'action de la charrue. On l'appelle SILLON dans quelques lieux, quoique ce nom s'applique, dans d'autres, à la terre renversée & par conséquent saillante. *Voyez* SILLON & LABOUR.

La largeur des Raies est déterminée par celle du soc, ou mieux de l'oreille qui lui sert de prolongement. Leur profondeur dépend du plus ou moins d'inclinaison que la disposition de la charrue ou son conducteur donne à la pointe de ce même soc. *Voyez* CHARRUE.

L'important, dans la formation des sillons, est qu'ils soient droits & partout de même profondeur.

La profondeur des Raies est communément de quatre à huit pouces, selon le terrain & l'objet de la culture ; mais au moyen d'une forte charrue, traînée par un puissant attelage, ou d'une charrue plus foible, mais ayant deux socs qui se suivent à une hauteur différente, on peut les former de douze, & même, dit-on, de quatorze pouces.

Lorsque les Raies sont larges, profondes, irrégulières, & destinées uniquement à l'écoulement des eaux, on les appelle des ÉGOUTS, des MAÎTRES. *Voyez* ces mots.

Dans quelques cantons, ce mot est synonyme de labour ; car on y dit *semer sur une Raie*, au lieu de dire sur un seul labour ; *Raie au blé*, c'est-à-dire, troisième labour sur lequel on sème. (Bosc.)

RAIFORT. *Raphanus.*

Genre de plantes de la tétradynamie siliqueuse & de la famille des *Crucifères*, qui renferme quatorze espèces, dont une est extrêmement commune dans nos champs & nuit souvent au produit des récoltes, & dont une autre, ainsi que ses variétés, se cultive dans nos jardins pour l'usage de la table. Il est figuré pl. 566 des *Illustrations des genres* de Lamarck.

Espèces.

1. Le RAIFORT sauvage, vulgairement *faux raifort*. *Raphanus raphanistrum*. Linn. ⊙ Indigène.
2. Le RAIFORT cultivé, vulgairement le *radis*, la *petite rave*. *Raphanus sativus*. Linn. ⊙ De la Perse & de la Chine.
3. Le RAIFORT pileux. *Raphanus pilosus*. Willd. De la Guinée.
4. Le RAIFORT de Sibérie. *Raphanus sibiricus*. Linn. ⊙ De la Sibérie.
5. Le RAIFORT à longues siliques. *Raphanus caudatus*. Linn. ⊙ De Final.
6. Le RAIFORT lancéolé. *Raphanus lanceolatus*. Willd. De l'Amérique méridionale.
7. Le RAIFORT à siliques arquées. *Raphanus arcuatus*. Willd. ⊙ De.....
8. Le RAIFORT fluet. *Raphanus tenellus*. Pall. ⊙ De la Sibérie.
9. Le RAIFORT à feuilles de roquette. *Raphanus ericoides*. Linn. ♂ De l'Italie.
10. Le RAIFORT à feuilles en lyre. *Raphanus lyratus*. Forskh. De l'Égypte.
11. Le RAIFORT recourbé. *Raphanus recurvatus*. Pers. De l'Égypte.
12. Le RAIFORT à grosses siliques. *Raphanus turgidus*. Pers. De l'Égypte.
13. Le RAIFORT à siliques ailées. *Raphanus pterocarpus*. Pers. De l'Égypte.
14. Le RAIFORT à feuilles de giroflée. *Raphanus charantifolius*. Willd. ♂ De l'Égypte.

Culture.

Les deux premières espèces, ainsi que la huitième & quatorzième, sont les seules qui se cultivent dans nos écoles de botanique. On les sème généralement en place, & lorsque le plant est levé, on l'éclaircit & on l'arrose dans la chaleur. La dernière cependant prospère mieux si on la sème dans un pot sur couche nue, pour en repiquer le plant en motte, lorsqu'il a acquis deux ou trois pouces de haut, contre un mur exposé au midi.

La première espèce, à raison de son abondance dans les champs cultivés en céréales, doit être regardée comme une mauvaise herbe, & en conséquence extirpée par tous les moyens possibles. On la confond généralement avec la moutarde des champs, dont elle se distingue cependant au premier coup d'œil par ses fleurs plus grandes, d'un jaune plus pâle & striées de brun, & principalement par son fruit, qui ne se sépare pas en deux valves. Ce que j'ai dit de cette moutarde s'applique complétement au Raifort en question ; je n'en entretiendrai donc pas plus longuement le lecteur.

L'ancienneté de la culture dans nos jardins de la seconde espèce, l'a mise dans le cas d'offrir de nombreuses variétés, dont quelques-unes sont si différentes des autres en groffeur & en couleur, qu'on a beaucoup de peine à croire qu'elles dérivent l'une de l'autre. Elles fe divifent en trois groupes ; les *longues*, les *rondes* & les *groffes*.

Les premières, qui font les *petites raves* des maraichers de Paris, & qu'il faudroit appeler *ravioles* pour les diftinguer de la rave véritable, comprennent les fous-variétés fuivantes :

La RAVIOLE ROUGE ou *ravé de corail :* fa longueur eft de quatre à cinq pouces, & fa groffeur de fix lignes.

La RAVIOLE ROUGE hâtive : diffère extrêmement peu de la précédente.

La RAVIOLE SAUMONÉE. La couleur de fa chair fe rapproche de celle de la chair du faumon ; elle eft fort eftimée aujourd'hui à Paris.

La RAVIOLE BLANCHE : fa chair paffe pour plus dure & plus fibreufe que celle des précédentes.

Les fécondes, que les maraichers de Paris appellent *petits radis*, offrent pour principales fous-variétés.

Le RADIS BLANC. Il parvient rarement à plus d'un pouce de diamètre. On ne l'eftime que lorfqu'il n'a que la moitié de cette groffeur.

Le RADIS ROUGE. Il y en a de *rouge-foncé*, de *rouge-pâle*, de *violet-foncé*, de *rouge* en dedans.

Le RADIS SAUMONÉ : ainfi que la raviole du même nom, il eft très-recherché fur les bonnes tables de Paris.

Le RADIS ALONGÉ BLANC : fait le paffage entre les ravioles & les radis par fa forme, & entre les radis & les Raiforts par fa groffeur, qui eft fouvent de plus d'un pouce. C'eft en automne qu'il fe fème de préférence.

Les troifièmes, généralement appelées *Raiforts*, ne préfentent que trois fous - variétés bien diftinctes.

Le GROS RAIFORT NOIR : fa longueur eft quelquefois d'un pied, fa groffeur de quatre à cinq pouces, mais ordinairement feulement de la moitié. Il eft d'un noir plus ou moins foncé à l'extérieur ; fa chair eft dure, caffante, très-piquante : c'eft en automne & en hiver qu'il fe mange.

Le PETIT RAIFORT GRIS : moins gros & moins noir que le précédent, paffe pour plus délicat. -

Le GROS RAIFORT BLANC ou *radis d'Augsbourg :* reffemble au premier pour la forme & la groffeur, mais il eft blanc à l'extérieur.

En coupant la racine d'une de ces variétés, groffe ou petite, on reconnoît qu'elle eft compofée d'une enveloppe épaiffe, fufceptible d'être facilement féparée en une feule pièce, plus folide & plus piquante que la chair. Arrivée à toute fa groffeur, cette chair devient dure, filandreufe, enfuite fpongieufe & enfin creufe ; alors elle n'eft plus mangeable. Une température fèche & chaude, accélérant leur montée en graine, eft le plus fouvent la caufe de cette altération.

On fème les Raiforts, ravioles & radis l'hiver, fur des couches à châffis ou à cloche ; pendant la première partie du printemps, fur couche nue ; pendant la feconde partie du printemps, au midi & au levant, & pendant l'été à l'expofition du nord, & tous les quinze jours. Les Raiforts proprement dits fe mangeant en automne, ne fe fèment qu'au milieu de l'été, en pleine terre & à toutes les expofitions.

Des arrofemens abondans en tout temps, & principalement pendant les chaleurs, font indifpenfables pour adoucir & attendrir les Raiforts, ravioles & radis, ainfi que pour les empêcher de devenir creux & de monter en graine. C'eft parce qu'on ne les ménage pas dans les jardins des maraichers, qu'ils y offrent conftamment ces deux qualités.

Comme toutes les plantes à racines charnues, les Raiforts profpèrent mieux dans une terre profonde, légère & fraîche, que dars toute autre. Elle ne doit pas être fumée avec du fumier frais, parce qu'ils en prennent très-facilement le goût, comme ne le favent que trop ceux qui ont habité Paris. C'eft du terreau bien confommé qui doit le remplacer, fi des engrais font néceffaires.

On ne peut garder plus d'un jour, fans qu'ils s'altèrent, les Raiforts, ravioles & radis ; mais les Raiforts peuvent fe conferver plufieurs mois dans un endroit frais. Généralement on arrache ces derniers aux approches des gelées, pour les dépofer dans du fable, dans une ferre à légume, un cellier, une cave, &c.

On met de côté quelques-uns des plus beaux pieds de Raifort pour porter graines. Ils fe replantent au printemps dans un lieu abrité, & dans le voifinage de la maifon, afin que les oifeaux, qui font friands de leur graine, foient plus facilement écartés. C'eft des premiers femis en pleine terre des autres variétés, femis dont on conferve un certain nombre de pieds, qu'on retire la graine néceffaire à la reproduction. Il ne faut la recueillir que lorfque les filiques font complètement blanches. Elle fe conferve mieux qu'autrement dans ces filiques laiffées fur les tiges & fufpendues au grenier ; mais, malgré cette précaution, il ne faut pas en femer de plus de deux ans.

Toutes les variétés de Raifort paffent pour apéritives & antifcorbutiques au premier degré. Les eftomacs foibles les digèrent cependant avec beaucoup de difficulté, & même point du tout. Leurs feuilles font très-bonnes en falade & cuites avec des viandes ; mais on ne les emploie en France qu'à la nourriture des vaches & des cochons.

En Chine, on retire de l'huile de la graine d'une variété de Raifort ; mais je ne crois pas, malgré l'autorité de la Société patriotique de Milan, qu'il foit avantageux d'en cultiver en France pour cet objet, attendu que toutes ces graines donnent fort peu de graines, comparativement au colza, à la navette, à la moutarde, &c., & que cette graine eft beaucoup plus coûteuse à extraire de ses siliques que celle des plantes que je viens de citer.

Le gros Raifort noir pourroit être cultivé en place de la rave, pour servir de pâture aux bestiaux pendant l'hiver, & pour améliorer le sol par ses débris. (*Bosc.*)

RAIFORT SAUVAGE. C'est le CRANSON. *Voyez* ce mot.

RAINGUIN : synonyme d'ANTENOIS. *Voyez* ce mot & ceux BÊTES A LAINE, BREBIS, MOUTON, BELIER, MÉRINOS.

RAIPONCE : espèce de campanule dont la racine se mange en salade, & qu'on cultive à cet effet. *Voyez* CAMPANULE.

La mâche porte aussi ce nom dans quelques lieux. *Voyez* MACHE. (*Bosc.*)

RAISIN : fruit de la VIGNE. *Voyez* ce mot dans le *Dictionnaire des Arbres & Arbustes.*

Le principal emploi des Raisins est la fabrication du VIN. *Voyez* ce mot.

Ses emplois secondaires sont d'être mangé, de servir à faire du RAISINÉ & du SIROP. *Voyez* ces deux derniers mots.

Ici je ne traiterai donc des Raisins que comme fruit susceptible d'être mangé.

On mange les Raisins frais & secs.

Les Raisins frais se mangent aussitôt qu'on les a cueillis, ou ils se conservent pour être mangés pendant l'hiver.

Tous les Raisins ne sont pas également bons à manger ; les uns sont âpres ; les autres acides, les autres sans goût. On doit donc faire un choix dans chaque pays. Quoique le chasselas soit généralement regardé, & avec raison, comme la variété la plus propre à être mangée, je crois devoir donner ici la liste de celles cultivées à la pépinière du Luxembourg, & étudiées par moi, qui m'ont paru, dans cette pépinière, propres à entrer en concurrence avec lui sous ce rapport.

J'observerai cependant que la chaleur du soleil developant une saveur sucrée dans les Raisins, beaucoup de variétés, cultivées dans le midi de la France, peuvent ne m'avoir pas paru bonnes dans le climat de Paris, & que d'ailleurs je n'ai pas goûté de toutes celles qui se trouvent dans cette pépinière, beaucoup n'y ayant pas encore donné de fruit.

Raisins muscats.

Muscat d'Alexandrie.
—— d'Espagne.
—— blanc, du Pô.
—— blanc, de Seine & Marne.
—— blanc, ou chasselas musqué, Jura.
—— rouge, Seine & Marne.
—— rouge, Loir & Cher.
—— noir, Pô.
—— noir, Jura. Précoce.
Cari, Pô.
Caillabas, Hautes-Pyrénées. Précoce.

Muscatelle, Lot.
Malvoisie blanche, Pô.
—— rouge, Pô.
Panse musquée, Bouches du Rhône.

Chasselas.

Chasselas doré ou de Fontainebleau.
—— commun.
—— rouge.
—— violet, Pô.
—— gros blanc, Moselle.

Raisins rouges.

Berardi grand, Vaucluse.
Bordelais, Mayenne.
Dolceto, Pô.
Connoise, Drôme.
Épicier, petite espèce, Vienne.
Espar, Hérault.
Luisant vert, Doubs.
Mauzac noir, Lot.
Madeleine, précoce.
Morillon, Jura. Précoce.
—— Doubs. Précoce.
Perlosette, Drôme.
Pied-de-perdrix, Hautes-Pyrénées.
Pineau, Côte-d'Or.
Plant sauvage, Vaucluse.
Pineau noir, Côte-d'Or.
—— noir, Yonne.
—— noir, Doubs.
Trousseau, Jura.

Raisins blancs.

Amadon, Charente-Inférieure.
Bonblanc, Doubs.
Blanc doux, Landes.
Blanquette, Lot & Garonne.
Bonboulenque, Vaucluse.
Boutigue, Tarn.
Concassé, Pyrénées-Orientales.
Brounesque, Aude.
Doucet, Lot & Garonne.
Fié jaune, Vienne.
—— vert, idem.
Folle blanche, Charente-Inférieure.
Guilandoux, Lot & Garonne.
Guillin, Charente-Inférieure.
Maurelot, Tarn.
Mauzac, Tarn.
Picardan, Hérault.
Pied sain, Mayenne.
Pincadrille, Aude.
Pineau blanc, Côte-d'Or.
Raisin de crapaud, Lot.
—— d'Espagne, Maine & Loire.

Rivefalte , Charente.
Saint-Rabier , idem.
Roux ergot blanc , Gard.
Sauvignon , Hautes-Pyrénées.
Sparfe menu , Vauclufe.
Trifot blanc , Doubs.
Variété blanche , Bas-Rhin.
Uliade blanche , Hérault.

Raifins violets ou gris.

Blanquette violette , Pyrénées-Orientales.
Gentil brun , Bas-Rhin.
Pineau gris , Côte-d'Or.
Cruchon , Landes.
Fié bon à manger , Vienne.

Plus le Raifin eft avancé dans fa maturité , & plus il eft mangeable. Pour être excellent , il faut qu'il ait dépaffé cette maturité , parce que le principe muqueux continue à fe changer en fucre , jufqu'à ce que le grain foit deffeché ou pourri : ce font donc toujours les plus mûrs qu'il faut préférer pour manger.

Dans beaucoup de lieux des parties feptentrionales de la France , on enlève les feuilles de la vigne qui font autour des grappes , pour que ces dernières , étant frappées des rayons du foleil , fe colorent & mûriffent plus tôt. Cette pratique remplit ce but , lorfqu'on n'ôte que quelques feuilles ; mais quand on en enlève beaucoup , encore plus quand on les enlève prefque toutes , les grains diminuent de groffeur & de faveur , parce qu'il n'y entre prefque plus de fève , & que le fucre ceffe de s'y former. Voyez FEUILLE.

Le Raifin cueilli de la veille eft meilleur que celui mangé au pied de la vigne , parce qu'il a perdu un peu de la furabondance de fon eau de végétation , & que le fucre s'y eft développé.

C'eft principalement pendant la plus grande chaleur du jour qu'il convient de cueillir le Raifin qu'on doit manger le lendemain , & ce , encore , par la raifon que je viens d'indiquer.

Dans le nord de la France , les Raifins ne parviennent pas toujours facilement à une maturité complète ; on les laiffe fur pied jufqu'aux approches des gelées ; & pour empêcher les oifeaux de les manger , on enveloppe chaque grappe dans un fac de papier ou de crin : ceux de crin valent mieux , parce qu'ils ne craignent point la pluie , laiffent paffer l'air & durent fort long-temps. Leur mife en fac nuit toujours à leur faveur & à leur coloration. Je préfère en conféquence des épouvantails , dont le plus fimple & le plus efficace font des ficelles tendues horizontalement , & portant , de diftance en diftance , des plumes d'aile de volaille de différentes couleurs , plumes que le vent fait tourner continuellement , & font croire être un piége.

Comme les précautions à prendre pour cueillir & manger les Raifins pendant l'automne font fort fimples & connues de tout le monde , je paffe aux moyens de les conferver frais pendant une partie de l'hiver , & même du printemps.

Après les gelées , le Raifin perd une partie de fa faveur & ne fe conferve plus. C'eft donc avant leur arrivée qu'il faut le cueillir.

La cueillette des Raifins doit fe faire , autant que poffible , par un temps fec & chaud. On coupera les grappes le plus près poffible du farment , foit avec une ferpette , foit avec des cifeaux , & on les dépofera , avec toute la précaution poffible , dans un panier plat à anfes hautes , affez grand pour qu'il mérite un voyage à la maifon , car rien n'altère plus les grains que de les changer plufieurs fois de fuite de panier.

Quelques perfonnes , en cueillant les Raifins , les pofent directement fur des claies garnies de paille , claies qu'elles portent au fruitier , après les avoir laiffées au grand air , à l'abri du foleil & de la pluie , pendant un ou deux jours , pour qu'ils perdent leur furabondance d'eau de végétation.

La paille eft préférable à la mouffe , parce qu'elle abforbe moins l'humidité & qu'elle eft un mauvais conducteur de la chaleur.

Si on ne veut conferver les Raifins qu'un à deux mois après la récolte , on pourra fe contenter de les pofer , dans le fruitier , fur des planches garnies de paille longue , ayant foin de les retourner deux fois par femaine dans les premiers temps , & une fois enfuite. En les retournant , on aura foin de les changer de place , d'enlever tous les grains gâtés.

Il eft toujours préférable d'avoir un fruitier confacré exclufivement au Raifin , car l'excès d'humidité & l'odeur que donnent les autres fruits ne font point favorables à fa bonne confervation.

La fenêtre du fruitier fera tenue ouverte chaque jour pendant quelques heures dans les premiers temps , enfuite une fois par femaine , s'il ne gèle pas ; car un air renouvelé eft fort utile , foit pour empêcher la pourriture des grains , foit pour empêcher l'altération de leur faveur.

On changera la paille dès qu'on s'apercevra qu'elle fera devenue trop humide , qu'elle commencera à prendre une mauvaife odeur , & furtout à fe moifir.

Mettre peu de grappes de Raifin dans un grand appartement eft favorable à leur confervation ; mais l'évaporation y étant trop confidérable , les grains fe rident d'abord avec excès , & finiffent par fe deffécher. Le talent eft de faire en forte qu'elles s'altèrent le moins poffible , & on y parvient en balançant tellement la chaleur & la fécherefle , le froid & l'humidité dans le fruitier , que ces circonftances s'y trouvent toujours dans l'état moyen.

Quelques perfonnes ferment avec de la cire d'Efpagne ou du goudron le bout coupé de la grappe ; mais quoique cette opération doive néceffairement retarder un peu l'évaporation de la

fève

féve, l'expérience prouve qu'elle eſt plus em-
barraſſante qu'utile.

La méthode la plus généralement ſuivie eſt
celle de ſuſpendre les grappes par le gros bout,
ſoit ſeules, ſoit deux à deux, avec des fils, à des
baguettes ou à des cordes qui traverſent le fruitier,
à peu de diſtance du plafond. Pour plus de raffine-
ment, quelquefois on les ſuſpend par le petit
bout, afin que les grains ſoient écartés les uns
des autres par l'effet de leur propre poids. Par cette
méthode on évite les effets de la compreſſion
des grains ſur la paille, mais on accélère l'évaporation de leur ſuc, de ſorte qu'il y a compenſation
entre les avantages & les inconvéniens.

Les vignerons ſont généralement dans l'uſage
de couper quelques ſarmens biens garnis de grappes, & de les ſuſpendre dans leur demeure pour
manger plus tard ces Raiſins ; mais la forte évaporation qui a lieu par les feuilles & par les tiges
occaſionne la prompte deſſiccation des grappes,
dont les grains ne ſont plus reconnoiſſables au
bout de huit jours.

Dans le midi de la France, ce ſont des variétés
de Raiſin à gros grains, dont la peau eſt très-
épaiſſe, telles que la panſe, le moutardier, &c.
qu'on conſerve le plus généralement. Ils reſtent
frais, dit-on, tout l'hiver & une partie du printemps. Aux environs de Paris, c'eſt preſqu'excluſivement le chaſſelas. Il eſt à obſerver que les
Raiſins très-acides augmentent d'acidité dans ce
cas, & deviennent quelquefois peu mangeables,
par la perte d'une partie de leur eau de végétation ; de ſorte que ce ne ſont que ceux qui ſont
doux qu'on doit tenter de conſerver ainſi.

Excepté à Paris & dans quelques autres grandes
villes, les Raiſins conſervés en état frais ſont con-
ſommés par ceux qui les ont cultivés ; ils ne peuvent, à raiſon de la difficulté de leur tranſport,
devenir un article de commerce de quelqu'importance. C'eſt donc à les bien deſſécher que doivent
tendre ceux qui veulent exporter au loin les produits de leur récolte.

Ce n'eſt pas ſeulement pour les deſſerts d'hiver
qu'on doit provoquer la deſſiccation des Raiſins
dans les parties méridionales de la France, mais
pour la fabrication du vin & du vinaigre dans le
nord, pour l'uſage des liquoriſtes & des confiſeurs.
Si les braſſeurs en mettoient une certaine quantité
dans leurs cuves, la bière ſeroit beaucoup plus ſpi-
ritueuſe. M. Puymaurin a vu fabriquer à Londres,
par leur moyen, avec de la drèche, un vin qu'il a
trouvé fort agréable, & ſa déclaration doit faire
autorité.

De l'obſervation faite plus haut, que les Raiſins
acides ſont peu mangeables étant à demi deſſéchés,
on doit conclure qu'ils ſont immangeables quand ils
le ſont tout-à-fait ; auſſi ne peut-on pas en deſſécher
avec profit dans le Nord. Ce ſont excluſivement ceux où domine le principe ſucré qu'on doit

Agriculture. Tome VI.

employer à la deſſiccation, & il ne s'en trouve de
tels que dans les pays chauds.

Les Anciens ont connu les avantages de faire deſſécher les Raiſins pour les conſerver, & encore aujourd'hui on en deſſèche d'immenſes quantités dans
tout le midi de l'Europe, en Turquie, en Perſe,
en Egypte & ſur la côte de Barbarie.

Dans beaucoup de ménages du midi & même
de l'orient de la France, on prépare des Raiſins ſecs
pour l'uſage de la famille : là, on ſe contente d'expoſer ſur des claies, au ſoleil, les variétés reconnues les plus propres à cet objet, en les retournant pluſieurs fois dans le courant de la journée,
& en les rentrant le ſoir ; quelquefois même on
les met quelques inſtans dans un four dont on vient
de retirer le pain, pour accélérer leur deſſiccation.
Ces ſortes de Raiſins, ou mieux les Raiſins ainſi
deſſéchés, ſe reconnoiſſent à leurs grains ridés,
caſſans & acides.

Les lieux où l'on s'occupe, en France, de la deſſiccation des Raiſins pour les mettre dans le commerce, ne ſont pas très-multipliés : celui où on
les prépare le mieux eſt Roquevaire, entre Aix &
Toulon. Indiquer les procédés qu'on y ſuit, ſuffira
pour guider en tout pays dans la deſſiccation des
Raiſins ſecs proprement dits, autrement appelés
Raiſins de caiſſe.

On ne fait ſécher que des Raiſins blancs. La variété la plus propre à la deſſiccation eſt la PANSE,
Raiſin à grain ovale, de quatre à ſix lignes de diamètre, dont la pulpe eſt épaiſſe. Après elle viennent
le *verdal*, l'*arraignan*, le *gros ſicilien blanc*, que je
ne connois pas. La panſe muſquée, que ſon nom
caractériſe aſſez, eſt auſſi employée, mais peu.

Une parfaite maturité eſt la condition prépara-
toire la plus eſſentielle pour avoir de bons Raiſins
ſecs, & c'eſt à ſa poſition abritée que le village de
Roquevaire doit ſes avantages à cet égard, avantages dont on croit accélérer la jouiſſance en ef-
feuillant les vignes.

Arrivés au degré convenable de maturité, ces
Raiſins ſont cueillis, débarraſſés des grains gâtés
qui s'y trouvent, & plongés, l'un après l'autre,
dans une leſſive bouillante, juſqu'à ce que leurs
grains commencent à ſe rider, ce qui a lieu en peu
d'inſtans.

La leſſive ſe prépare avec des cendres communes,
& doit être portée & entretenue entre douze &
quinze degrés de l'aréomètre de Beaumé.

On n'a pas encore cherché à reconnoître, par
des expériences rigoureuſes, quelle eſt l'influence
de l'alcali & de la chaleur de l'eau dans cette opération. Il eſt très-probable que l'alcali neutraliſe le
peu d'acidité qui ſe trouve encore dans la peau du
grain, exalte la ſaveur de toutes ſes parties, &
qu'un commencement de cuiſſon favoriſe l'action
de cet alcali, ainſi que la deſſiccation.

Dès que les grappes ſont ſorties de la leſſive,
elles ſe placent ſur un plan incliné pour qu'elles s'y
égouttent. Ce plan incliné, qui peut être auſſi bien

P

& plus économique que nulle autre chose, une simple planche polie, déverse le superflu de la lessive absorbée par les grappes, dans un vase d'où elle est reportée dans la chaudière.

Après qu'elles ont été bien égouttées, les grappes se placent sur des claies ou des assemblages de roseaux d'environ cinq pieds de long sur deux de large, & on les expose au soleil depuis le matin jusqu'au soir. A la nuit, on les rentre à la maison ou sous des hangars. Dix jours suffisent pour les amener à point, quand le ciel est constamment beau, mais les pluies prolongent ce temps. Il est même des années où l'automne est pluvieux, au point de s'opposer entièrement à la dessiccation. On ne dit point qu'on supplée, dans ce cas, à l'action du soleil par des étuves, ce qui seroit cependant peu coûteux & certain.

Les Raisins secs sont une branche importante de commerce pour la Calabre. La variété qu'on préfère dans ce pays pour la dessiccation est le zibillo : elle est blanche, ovale, de près d'un pouce de diamètre : sa peau est dure.

Les grappes sont cueillies très-mûres, mondées de leurs grains gâtés ou encore verts : on les réunit ensuite en les attachant par le petit bout avec des ficelles par liasses de douze à quinze livres, qu'on suspend à des perches horizontales, élevées d'environ quatre pieds au-dessus du sol.

Ensuite on met une partie de chaux vive avec quatre parties de cendres de bois, & on y ajoute la quantité d'eau que l'expérience indique être convenable; on agite le tout; on décante l'eau lorsqu'elle s'est éclaircie par le repos, & on la fait bouillir dans un chaudron : l'eau étant bouillante, on y plonge les liasses les unes après les autres pendant deux ou trois secondes seulement, & on les remet sur les perches, où, en les retournant souvent, les grappes se dessèchent en moins de quinze jours de beau temps : on les met à l'abri pendant les jours de pluie & pendant les nuits froides.

Trois cents livres de Raisins préparés de cette manière produisent cent livres de Raisins secs.

On dessèche aussi des Raisins muscats, mais ils sont inférieurs aux zibillo.

Aux îles de Lipari, on suit, pour dessécher les Raisins, le même procédé qu'en Calabre, & ceux qui en sortent sont de qualité supérieure. Il y en a de blancs & de rouges.

L'Espagne fournit des Raisins secs qui seroient excellens si on apportoit plus de soins dans leur fabrication & dans leur encaissement.

Les meilleurs Raisins secs sont ceux de Damas : ils ont une très-belle couleur & un très-bon goût, & presque point de pepins. Les uns sont en grappes, les autres en grains : on peut les conserver deux ans. Il en vient encore de la même ville, dont les grains sont très-petits & sans pepins : ils sont encore plus exquis que les autres.

Je n'ai plus à parler que des Raisins de Corinthe, dont on fait un fréquent usage en médecine & dans la cuisine, surtout en Angleterre. C'est dans les îles de Lipari & de Zante qu'on les prépare : ceux de la dernière de ces îles sont beaucoup mieux soignés; aussi se vendent-ils plus cher. Ils sont égrappés, petits, noirâtres & acidules; leur parfum tient du muscat & de la violette; ils ont des pepins : ainsi ils ne sont pas préparés avec les Raisins qui portent ce nom en France. On peut les conserver deux & même trois ans, quand les barriques qui les contiennent sont bien conditionnées. (Bosc.)

RAISIN D'AMÉRIQUE : nom vulgaire du PHYTOLACA DÉCANDRE. Voyez ce mot.

RAISIN DES BOIS. C'est le fruit de l'AIRELLE MYRTILE. Voyez ce mot.

RAISIN DE MER. Voyez UVETTE.

RAISIN DE MER GRIMPANT. Voyez ANABASE.

RAISIN D'OURS : nom vulgaire de l'ARBOUSIER TRAINANT.

RAISIN DE RENARD. On donne ce nom à la PARISETTE. Voyez ce mot.

RAISINÉ : suc de raisin évaporé jusqu'à consistance d'extrait, soit seul, soit mélangé avec d'autres fruits. Voyez EXTRAIT & CONFITURE dans le Dictionnaire d'Economie domestique.

Ainsi, il y a des Raisinés simples & des Raisinés composés.

Les Anciens ont connu le Raisiné. Les peuples du Midi en font encore le plus grand cas. On en fabrique en France dans tous les pays de vignobles; mais combien sa consommation est inférieure à ce qu'elle devroit être dans nos campagnes !

On ne peut trouver une confiture plus saine, plus susceptible de se conserver, plus appropriée à la fortune des cultivateurs que le Raisiné. Toutes les mères de famille devroient en avoir en provision pour l'usage de leurs enfans, de leurs malades, surtout pendant les chaleurs de l'été, époque où les fièvres se développent, où les maladies putrides sont à craindre.

Toutes sortes de raisins peuvent être employées à la confection du Raisiné; mais en chaque pays il est bon de choisir.

Dans le midi de la France, les variétés trop sucrées donnent un Raisiné trop doux, auquel beaucoup de personnes répugnent. Il faut donc préférer celles qui le sont le moins, ou cueillir les premières avant leur maturité.

Dans le nord, c'est tout le contraire ; les variétés sucrées sont préférables, & il faut les cueillir dans leur plus grande maturité possible.

C'est parce qu'on ne fait pas partout éviter ces deux extrêmes, que le Raisiné de Bourgogne, qui est intermédiaire, & par conséquent au point convenable, est le plus recherché. Le pineau est la variété avec laquelle il se confectionne.

La manière la plus défectueuse de fabriquer le Raisiné est celle qu'on suit le plus généralement :

elle confifte à prendre dans la cuve, ou fous la rigole du preffoir, la quantité de moût qu'on defire, & de le faire évaporer dans des chaudrons. On doit préjuger, en effet, que ce moût, réfultat de beaucoup de variétés de raifins, dans lequel fe trouve le fuc des grains pourris, des grains verts, de la grappe même, qui peut déjà avoir éprouvé un commencement de fermentation, ne doit pas fournir un Raifiné auffi parfait qu'il eft poffible de l'obtenir par un choix approprié.

Quelques perfonnes qui fentent les inconvéniens de cette pratique, & qui veulent cependant économifer, en préfèrent une qui ne vaut pas mieux; elles égrappent le raifin, & mettent les grains entiers dans le chaudron; mais le moût réagit fur la peau, réagit fur les pepins, & le Raifiné qui en provient eft acerbe. Ajoutez qu'il eft difficile de l'empêcher de prendre le goût de brûlé.

Le véritable moyen de faire un Raifiné auffi parfait que poffible, eft de choifir la variété reconnue comme préférable, & elle doit être rarement la même dans les vignobles éloignés, un peu avant fa maturité dans le midi, & lorfqu'elle eft mûre avec excès dans le nord; de la laiffer deux ou trois jours étendue fur des planches ou fur de la paille, d'en enlever tous les grains pourris un à un, d'en exprimer le fuc, foit à la main, foit au foulage, foit à la preffe, de paffer le jus à travers une étoffe claire, & de le mettre de fuite évaporer.

Les chaudrons qu'on emploie le plus généralement pour évaporer le moût du raifin font trop profonds & pas affez larges. Il faut leur fubftituer des baffines de cuivre rouge bien étamées, comme étant moins fufceptibles d'être attaquées par l'acide libre du moût, & comme offrant une plus grande furface à l'évaporation.

Ordinairement on procède en deux temps à l'évaporation. Par exemple, fi on a cinquante livres de moût à évaporer, on n'en met d'abord que la moitié dans la baffine, & lorfque le bouillon eft en train, on l'abaiffe à diverfes reprifes en y introduifant le refte. On écume felon le befoin, & on paffe lorfqu'il ne fe forme plus d'écume. Après quoi on remet le moût fur le feu & on continue l'évaporation, en remuant fans difcontinuer avec une fpatule de bois, jufqu'à ce qu'il ait acquis une confiftance convenable, ce qu'on reconnoît en en verfant une cuillerée fur une affiette.

La conduite du feu dans l'opération de la fabrication du Raifiné eft très-importante. Il ne faut pas qu'il foit trop foible; il ne faut pas qu'il foit trop fort.

On doit craindre furtout le brûlé.

L'expérience feule peut guider convenablement dans ce cas.

Si le Raifiné n'eft pas affez cuit, il ne fe conferve pas; s'il eft trop cuit, il eft moins agréable.

Les Raifinés doux du midi fe confervent moins

bien que les Raifinés acides du nord. On peut retarder leur altération en les faifant cuire de nouveau au printemps.

Jamais on ne doit laiffer refroidir le Raifiné dans les vafes de cuivre, à raifon du danger; ainfi, dès qu'il eft jugé fuffifamment cuit, on le retire de la baffine pour le mettre dans des vafes de terre non verniffés.

Après qu'il eft refroidi, on couvre les pots de Raifiné d'une feuille de papier & d'un parchemin, puis on les dépofe dans un lieu fec à l'abri de la lumière.

Dans le midi de la France, on prépare le plus généralement le Raifiné uniquement avec le moût de raifin. Celui de Montpellier, dans lequel la variété de raifin appelée *afpirant* entre de préférence, eft un des plus réputés. On l'aromatife avec des écorces de citron ou de cédrat, foit râpées, foit fimplement divifées en lanières.

Les fruits qu'on veut introduire dans le Raifiné, fi ce font des poires ou des pommes, feront pelés & coupés en quartiers; fi ce font des prunes ou des raifins, ils feront entiers ou privés de leur noyau, de leurs pepins. Ils fe mettent dans la baffine après que le moût a été complétement écumé. Il faut remuer encore plus que lorfqu'on fait du Raifiné fimple, mais plus doucement, pour que les morceaux ne fe déforment pas. Au refte, cette dernière circonftance dépend du goût du fabricant ou du confommateur, car il y en a qui préfèrent qu'il foit en marmelade complète.

Quand on a été forcé de cuire les fruits à part & de les réduire en état de pulpe, on ne les introduit dans le moût que lorfqu'il eft aux trois quarts cuit.

L'opinion varie relativement à la queftion de favoir s'il eft plus avantageux de mettre dans le Raifiné les fruits en quartiers, ou après les avoir fait cuire & écrafer. Je ne prendrai pas parti dans cette querelle, car j'ai mangé d'excellens Raifinés préparés de l'une & de l'autre manière.

Dans le nord, la fabrication du Raifiné doit être légèrement modifiée, à raifon du peu de maturité que les raifins y acquièrent, & de ce qu'ils contiennent peu de fucre & beaucoup de tartre.

Ainfi, quand le moût eft réduit aux deux tiers, on l'ôte de la baffine pour le difféminer dans des terrines fort évafées, & le dépofer pendant deux fois vingt-quatre heures dans une cave ou un cellier. Il fe forme fur ce moût une croûte de tartre qu'on enlève avec une écumoire, & enfuite on achève les opérations comme il a été dit plus haut.

Si l'année a été peu favorable à la maturité du raifin, cette fouftraction de tartre ne fuffit pas. Il faut employer, à la même époque de l'évaporation, de la craie en poudre, projetée par petites parties dans le moût, en remuant continuellement jufqu'à ce que fon acidité ait difparu, ce qu'on juge au goût. On laiffe repofer pendant vingt-quatre heures : le tartrite de chaux qui s'eſt formé, & qui eſt inſoluble, ſe dépoſe, & on en ſépare le moût par la décantation. La petite quantité qui reſte dans le moût ne doit pas arrêter.

Les Raiſinés du nord doivent être plus cuits que ceux du midi, à raiſon de la moins grande quantité de matière ſucrée qu'ils renferment.

Mettre du ſucre, de la caſſonade, de la marmelade, du miel même dans le Raiſiné pour l'adoucir, n'eſt jamais économique. Les perſonnes qui veulent abſolument en avoir de leur fabrique ſont les ſeules à qui cela ſoit permis.

Courtenai eſt le village de la baſſe Bourgogne (département de l'Yonne) où on fait le plus de Raiſiné, & où on le fait le mieux.

Dans le midi on préfère introduire dans le Raiſiné des fruits acides pour lui donner une ſaveur relevée ; dans le nord, au contraire, il faut choiſir ceux qui ſont les plus ſucrés. La poire de meſſire-jean eſt celle qui poſſède le plus cette qualité ; auſſi eſt-ce celle qu'on y conſacre généralement ; après elle vient celle de martin-ſec. Les rouſſelets y ſont fort bien. Rarement les pommes ſont employées. J'ai mangé du Raiſiné au melon qui étoit excellent.

Quelquefois, après que le Raiſiné eſt convenablement cuit, on le met ſur des aſſiettes, dans un four dont on a ôté le pain, & où il achève de prendre une conſiſtance propre à le diſpoſer en diſques ou en parallélépipèdes ſolides. Ces diſques ou parallélépipèdes ſe remettent une ſeconde fois dans le même four ſur des planches recouvertes de feuilles de papier, après quoi on peut les conſerver dans une armoire ou autre lieu ſec, enveloppés d'un ſimple papier.

Quelque bon marché que ſoit le Raiſiné, on le falſifie à Paris, en y mêlant tous les fruits ſecs altérés qui ne ſont pas de vente, comme raiſins, figues, pruneaux, poires tapées, en y ajoutant du mauvais miel, de la mauvaiſe mélaſſe, & en faiſant recuire le tout.

Les Raiſinés de l'année précédente peuvent être rajeunis, en les mêlant avec du nouveau moût & en les faiſant cuire de nouveau ; mais s'ils ont fermenté, s'ils ſont moiſis, il faut les jeter. Tous les moyens indiqués pour les rétablir ne ſont que des palliatifs coûteux.

Dans les pays à cidre & à poiré, on fabrique auſſi des Raiſinés avec le moût de ces fruits, préalablement clarifié, au moyen du repos & des blancs d'œufs, par le dépôt de la fécule qu'il contient toujours. On les appelle pommé ou poirée. On y ajoute ſouvent du ſucre ou du miel. Tantôt ils ſont ſimples, tantôt on y ajoute des poires, qu'on fait cuire le plus généralement & réduire en pulpe avant de les introduire dans le moût.

Il eſt des eſpèces de marmelades faites avec des prunes, des abricots, des ceriſes, &c. qui portent auſſi, mais à tort, le nom de Raiſiné. (*Bosc.*)

RAISINIER. *Coccoloba.*

Genre de plantes de l'oĉtandrie trigynie & de la famille des *Polygonées*, dans lequel ſe rangent dix-ſept eſpèces, dont ſept ſe cultivent dans nos écoles de botanique. Il ſe trouve figuré pl. 316 des *Illuſtrations des genres* de Lamarck.

Eſpèces.

1. Le RAISINIER à grappes.
Coccoloba uvifera. Linn. ♄ De l'Amérique méridionale.

2. Le RAISINIER à larges feuilles.
Coccoloba latifolia. Lam. ♄ De l'Amérique méridionale.

3. Le RAISINIER pubeſcent.
Coccoloba pubeſcens. Linn. ♄ De la Martinique.

4. Le RAISINIER à feuilles variées.
Coccoloba diverſifolia. Jacq. ♄ De Saint-Domingue.

5. Le RAISINIER jaunâtre.
Coccoloba flaveſcens. Jacq. ♄ De Saint-Domingue.

6. Le RAISINIER à écorce fine.
Coccoloba excoriacea. Linn. ♄ De l'Amérique méridionale.

7. Le RAISINIER à fruits blancs.
Coccoloba nivea. Swartz. ♄ De Saint-Domingue.

8. Le RAISINIER ponĉtué.
Coccoloba punĉtata. Mill. ♄ De l'Amérique méridionale.

9. Le RAISINIER à feuilles membraneuſes.
Coccoloba tenuifolia. Linn. ♄ De la Jamaïque.

10. Le RAISINIER des Barbades.
Coccoloba barbadenſis. Linn. ♄ Des Barbades.

11. Le RAISINIER échancré.
Coccoloba emarginata. Linn. ♄ De l'Amérique méridionale.

12. Le RAISINIER à feuilles obtuſes.
Coccoloba ootuſtfolia. Jacq. ♄ De l'Amérique méridionale.

13. Le RAISINIER à petits épis.
Coccoloba microſtachia. Willd. ♄ De l'Amérique méridionale.

14. Le RAISINIER à petites feuilles.
Coccoloba parvifolia. Lam. ♄ De l'Amérique méridionale.

15. Le RAISINIER ſagitté.
Coccoloba ſagittata. Lam. ♄ Du Pérou.

16. Le RAISINIER auſtral.
Coccoloba auſtralis. Forſt. ♄ Des îles de la mer du Sud.

17. Le RAISINIER à feuilles de laurier.
Coccoloba laurifolia. Jacq. ♄ De l'Amérique méridionale.

Culture.

Nous poſſédons dans nos écoles de botanique les

efpèces nᵒˢ. 1, 2, 3, 4, 6, 7 & 17. Toutes demandent la ferre chaude pendant prefque toute l'année, une terre confiftante & peu d'arrofemens en hiver. Elles fe multiplient de graines tirées de leur pays natal, de marcottes & de boutures.

Les graines fe fèment dans des pots placés fur couche & fous châffis. Lorfque le plant qu'elles ont produit a acquis deux à trois pouces de haut, on le repique feul à feul dans d'autres pots qu'on remet fous châffis. L'automne fuivant on les rentre dans la ferre.

Les marcottes fe font dans des cornets en l'air, & s'enracinent affez rapidement. Lorfqu'elles ont été féparées de leur mère, on les traite comme les vieux pieds.

Les boutures fe placent dans des pots fur couche & fous châffis, en avril, & le plus fouvent réuffiffent. On les traite en automne comme les marcottes. (Bosc.)

RAJANE. *Rajana.*

Genre de plantes de la diœcie hexandrie & de la famille des *Afperges*, dans lequel fe rangent dix efpèces, dont une feule fe cultive dans nos écoles de botanique. Il fe voit figuré pl. 818 des *Illuftrations des genres* de Lamarck.

Efpèces.

1. La RAJANE haftée.
Rajana haftata. Linn. ♄ De Saint-Domingue.
2. La RAJANE lobée.
Rajana lobata. Lam. Du Pérou.
3. La RAJANE en cœur.
Rajana cordata, Linn. ♃ De l'Amérique méridionale.
4. La RAJANE flexueufe.
Rajana flexuofa. Lam. Du Pérou.
5. La RAJANE ovale.
Rajana ovata. Swartz. ♄ De Saint-Domingue.
6. La RAJANE à feuilles étroites.
Rajana anguftifolia. Swartz. ☉ Du Mexique.
7. La RAJANE quintefeuille.
Rajana quinquefolia. Linn. ♄ De Saint-Domingue.
8. La RAJANE à cinq folioles.
Rajana quinata. Thunb. Du Japon.
9. La RAJANE à fix folioles.
Rajana hexaphylla. Thunb. Du Japon.
10. La RAJANE mucronée.
Rajana mucronata. Willden. ♃ De Saint-Domingue.

Culture.

La troifième fe voit dans les ferres du Muféum d'hiftoire naturelle de Paris, où fa culture confifte à lui donner de la nouvelle terre tous les deux ans en automne. Elle n'y produit pas de graines & s'y multiplie difficilement : elle demande beau-

coup de chaleur & des arrofemens abondans en été, époque où elle eft en végétation.

Les graines de ces plants, lorfqu'on en envoie, doivent être femées, auffitôt leur arrivée, dans des terrines remplies de terre à demi confiftante, terrines qu'on place au printemps fuivant fur une couche à châffis. Le plant levé & parvenu à un pouce ou deux de hauteur, fe repique feul à feul dans d'autres pots qu'on remet fur couche & qu'on rentre dans la ferre aux approches de l'hiver. Il fe traite enfuite comme les vieux pieds. (*Bosc.*)

RAJEUNISSEMENT. Les arbres en général,

& particulièrement les arbres fruitiers, font dans le cas, lorfqu'ils font parvenus à un certain âge, de ne plus pouffer avec la même vigueur, de ne plus donner que de petits fruits, parce que la fève ne monte plus avec la même abondance à l'extrémité de leurs rameaux ; or, il eft d'expérience que lorfqu'on coupe un arbre, il repouffe des jets qui, étant réduits dès l'automne fuivant, ou à un petit nombre, ou à un feul, raniment, à raifon de la largeur de leurs vaiffeaux & de la direction perpendiculaire de leurs rameaux, de la grandeur de leurs feuilles, la force de végétation des racines, qui enfuite réagiffent de la même manière fur les branches.

C'eft d'après ce principe qu'eft fondée l'opération appelée du Rajeuniffement, & qui ne confifte qu'à couper les principales branches d'un arbre à un pied ou deux de leur infertion fur le tronc.

Il eft des cas où on eft forcé de rajeunir des arbres dans la force de l'âge, & même fort jeunes ; c'eft lorfqu'ils ont eu leurs branches gelées, ou mutilées par la grêle.

L'hiver eft la faifon où on exécute cette opération : il faut la faire en prenant les précautions convenables, foit avec une ferpe, foit avec une fcie, & recouvrir les plaies avec de l'onguent de Saint-Fiacre, ou tout autre englumen. Entre les deux fèves de l'année fuivante, on enlèvera les pouffes les plus foibles & les plus mal placées, en en laiffant au moins deux, & au plus fix fur chaque tronçon, felon fa groffeur : après quoi l'arbre ne demandera plus d'autres foins que ceux donnés à fes voifins.

Toujours il fera utile de labourer le pied de l'arbre rajeuni dans un rayon égal à l'étendue des branches qu'on aura coupées, & d'améliorer le fol par des engrais.

Un arbre rajeuni ne porte des fruits qu'au bout de deux ou trois ans, & encore ces fruits font-ils en petit nombre ; mais ils font plus gros qu'ils l'étoient auparavant, & ils s'accroiffent en nombre chacune des années fuivantes.

La mort anticipée de l'arbre eft fouvent la fuite de la tentative de fon Rajeuniffement ; mais par-là on perd peu, puifque cet accident eft la preuve qu'il n'eût vécu qu'un ou deux ans de plus.

Certains arbres fe prêtent mieux au Rajeuniffement que certains autres, & ce ne font pas toujours ceux qui fouffrent le plus difficilement la taille; ainfi on rajeunit prefque toujours avec fuccès le NOYER, le CHATAIGNER, le CERISIER, le PRUNIER, & on ne réuffit pas toujours fur le POIRIER, le POMMIER, le PÊCHER & l'ABRICOTIER. *Voyez* ces mots dans le *Dictionnaire des Arbres & Arbuftes.*

L'étêtement des arbres foreftiers & la coupe des bois font de véritables Rajeuniffemens. *Voyez* TETARD & FORÊT. (*Bosc.*)

RAME : branche d'arbre qui fert, après l'avoir fichée en terre, à foutenir les pois, les haricots & autres plantes grimpantes, afin qu'elles puiffent fe développer en liberté, & jouir de toutes les influences de la lumière & de l'air.

Comme les Rames font généralement de jeunes branches, elles pourriffent rapidement; auffi peut-on rarement fe fervir des mêmes plus de deux ans de fuite. Il eft des lieux garnis de bois où elles coûtent peu, mais il en eft d'autres où elles font fort rares.

Tous les arbres peuvent fournir des Rames, mais plus appropriées les unes que les autres à leur objet. Les meilleures font fans contredit celles provenant des pouffes d'ormes de l'année précédente, à raifon de ce que leurs branches fecondaires font alternativement placées fur les deux côtés oppofés; auffi ne puis-je trop inviter les propriétaires de réferver quelques pieds de vieux ormes, coupés rez terre, pour leur en fournir annuellement. Après les avoir employées une fois, on les fera fervir à chauffer le four, car elles pourriffent plus rapidement que celles formées des rameaux plus âgés.

Les Rames doivent être fichées fortement en terre, & à cet effet aiguifées par leur gros bout, car le vent a beaucoup de prife contre elles lorfqu'elles font garnies. Il eft des jardiniers qui les inclinent du côté de la planche pour rendre plus praticables les fentiers. Je les blâme, parce que cette inclinaifon fait que les rangs intérieurs font étouffés; d'autres, au contraire, les inclinent en dehors, en laiffant le fentier plus large que de coutume. Je les blâme encore, parce qu'ils font perdre du terrain inutilement; je crois donc qu'il faut les placer perpendiculairement, & fi ce font des rameaux d'orme, leur largeur fera dirigée du midi au nord, afin de permettre aux rayons du foleil de pénétrer entr'elles.

J'ai vu prefque toujours employer des Rames trop courtes, ce qui nuifoit beaucoup à la production du fruit. *Voyez* POIS.

Dans beaucoup de lieux on préfère, comme plus durables, les échalas aux Rames pour les haricots, cependant, quoiqu'ils rempliffent bien leur objet, ils ne fatisfont pas auffi bien que les Rames à toutes les données défirables. (*Bosc.*)

RAMEAU. Ce mot n'a pas partout la même expreffion; tantôt c'eft fimplement une BRANCHE (*voyez* ce mot), tantôt c'eft une branche moyenne, tantôt une petite branche garnie de fes feuilles.

RAMEAU D'OR. *Voyez* GIROFLÉE JAUNE.

RAMÉE : rameaux très-garnis de branches fecondaires. *Voyez* ARBRE.

RAMIER : efpèce de pigeon de paffage qui ne caufe aucun dommage fenfible aux cultivateurs, le commencement & la fin de l'hiver étant les époques de fes apparitions en France. On en prend de grandes quantités dans les Pyrénées. *Voyez* les *Dictionnaires d'Ornithologie* & *des Chaffes.*

RAMILLE : très-petite branche, c'eft-à-dire, diminutif de RAMEAU & de RAMÉE.

RAMISOLE : fynonyme de BASAL.

RAMONDIE. *HYDROGLOSSUM.*

Genre de plantes établi par Mirbel dans la famille des *Fougères,* aux dépens des OPHYOGLOSSES de Linnæus (*voyez* ce mot). Il a été appelé HYDROGLOSSE par Willdenow, LYGODE par Swartz, UGÈNE par Cavanilles, & CTEISION par Michaux. Le premier de ces auteurs y réunit quinze efpèces, dont aucune n'eft cultivée dans nos jardins. J'en ai rapporté une vivante de l'Amérique feptentrionale, mais elle n'a pas fubfifté long-temps à Paris.

Efpèces.

1. La RAMONDIE grimpante.
Hydrogloffum fcandens. Willd. ♃ Des Indes.

2. La RAMONDIE voluble.
Hydrogloffum volubile. Willd. ♃ De la Jamaïque.

3. La RAMONDIE polycarpe.
Hydrogloffum polycarpum. Willd. ♃ des îles de la Société.

4. La RAMONDIE haftée.
Hydrogloffum haftatum. Willd. ♃ Du Bréfil.

5. La RAMONDIE hériffée.
Hydrogloffum hirfutum. Willd. ♃ De l'Amérique méridionale.

6. La RAMONDIE pinnatifide.
Hydrogloffum pinnatfidum. Willd. ♃ Des Indes.

7. La RAMONDIE à épi folitaire.
Hydrogloffum oligoftachyon. Willd. ♃ De Saint-Domingue.

8. La RAMONDIE du Japon.
Hydrogloffum japonicum. Willd. ♃ Du Japon.

9. La RAMONDIE dichotome.
Hydrogloffum dichotomum. Willd. ♃ Des Philippines.

10. La RAMONDIE à longues feuilles.
Hydrogloffum longifolium. Willd. ♃ Des Indes.

11. La RAMONDIE en zigzag.
Hydrogloffum flexuofum. Willd. ♃ Des Indes.

12. La RAMONDIE à feuilles rondes.
Hydrogloſſum circinatum. Willd. ♃ D'Amboine.

13. La RAMONDIE à feuilles pédiaires.
Hydrogloſſum pedatum. Willd. ♃ De Java.

14. La RAMONDIE auriculée.
Hydrogloſſum auriculatum. Villd. ♃ Des Philippines.

15. La RAMONDIE palmée.
Hydrogloſſum palmatum. Willd. ♃ De la Caroline.

Un autre genre, fait aux dépens des MOLÈNES, porte auſſi ce nom. *Voyez* ce mot. (*Bosc.*)

RAMONTCHI. *FLÁCURTIA.*

Arbriſſeau de Madagaſcar, qui ſeul forme un genre dans la diœcie polyandrie & dans la famille des *Tilliacées,* genre qui eſt figuré pl. 826 des *Illuſtrations des genres* de Lamarck.

Le Ramontchi, vulgairement appelé le *Prunier de Madagaſcar,* à raiſon de la forme & de la couleur de ſes fruits, & des uſages qu'on en fait, ſe cultive dans nos jardins.

RAMPANTE (Plante). C'eſt celle dont la tige eſt longue & naturellement couchée ſur la terre.

La COURGE, le MELON, le FRAISIER, la VIOLETTE, ſont les plantes rampantes les plus cultivées en Europe, & elles demandent, à raiſon de cette diſpoſition, quelques modifications dans leur culture, qui ſeront indiquées à leurs articles.

Quoique les pois, les haricots, les geſſes, les veſces, &c., rampent lorſque leurs tiges ne ſont pas ſoutenues, on les appelle cependant *plantes grimpantes,* parce que leur nature les porte à s'élever ſur les buiſſons. *Voyez* GRIMPANTE. (*Bosc.*)

RANCE. Toutes les graiſſes & la plupart des huiles ſont dans le cas de devenir rances avec le temps, ſurtout ſi elles ſont expoſées à l'air, & que la température ſoit au-deſſus de la glace. *Voyez* GRAISSE & HUILE.

La rancidité a lieu par l'abſorption de l'oxigène de l'air, oxigène qui, ſe combinant avec les principes de l'huile, forme d'un côté, ou de l'acide ſébacé, ou de l'acide acéteux, ou tous les deux enſemble, & de l'autre met à nu un peu d'hydrogène carboné.

On reconnoît la graiſſe & les huiles rances à leur odeur forte, à leur ſaveur âcre, odeur & ſaveur qui déplaiſent ſouverainement à la plupart des hommes, mais auxquelles des peuples entiers s'accoutument fort bien.

Plus elles préſentent de ſurface à l'air, plus la température eſt élevée, & plus les graiſſes & les huiles ſont diſpoſées à rancir. Ainſi, pour éloigner ce moment, il faut les renfermer dans des vaſes à ouverture étroite, & les placer dans des lieux où la chaleur ne pénètre pas, dans des caves, par exemple.

Les matières gélatineuſes, albumineuſes, mucilagineuſes ou autres, qui ſe trouvent dans les graiſſes & dans les huiles, favoriſent le développe-

ment de leur rancidité : de-là vient que le ſaindoux ſe conſerve mieux que l'axonge, le beurre fondu que le beurre non fondu, les huiles purifiées que les huiles non purifiées.

Les graiſſes & les huiles chauffées une fois ou deux ſont plus diſpoſées à devenir rances que celles qui ne l'ont pas été ; cependant, quand on les a fait chauffer ſouvent, elles prennent une propriété contraire, témoins les fritures.

Le ſel marin & le nitre ſuſpendent les diſpoſitions à la rancidité des graiſſes & des huiles ; auſſi les ſale-t-on, principalement le lard & le beurre, pour les conſerver. *Voyez* SALAISON.

On a remarqué que les huiles provenant d'olives ou de graines peu mûres ſe conſervoient mieux que celles faites avec les olives ou les graines trop mûres. Ce fait, qu'on a attribué à la ſurabondance du mucilage dans les huiles, eſt réellement dû, à mon avis, au commencement de rancidité qu'ont porté quelques olives, quelques graines déjà rances dans la totalité de la preſſée ; car il eſt prouvé par l'expérience qu'une goutte d'huile qui ſ'eſt, occaſionne rapidement l'altération de celle du baril dans lequel on la met. On a même ſoutenu qu'il ſuffiſoit de placer un vaſe plein d'huile rance dans une chambre où il y en avoit pluſieurs d'huile nouvelle, pour occaſionner la rancidité de celle de ces derniers.

Les graiſſes & les huiles rances ne peuvent pas être rétablies entièrement dans leur premier état ; mais il eſt pluſieurs moyens de diminuer leur mauvaiſe odeur & leur mauvais goût : ainſi, en verſant dans du beurre fort chaud, dans de l'huile fort chaude, de l'eſprit de vin, & en agitant le tout, on enlève la plus grande partie de leur rancidité. On produit le même effet, mais plus foiblement, au moyen du vinaigre, de l'eau douce, de l'eau ſalée. Ces graiſſes & ces huiles réparées doivent être, au reſte, employées de ſuite, parce qu'elles s'altèrent bientôt de nouveau plus énergiquement.

La rancidité nuit peu à l'emploi des graiſſes & des huiles dans les arts ; en conſéquence on réſerve le ſain-doux rance pour favoriſer l'action des roues ; le beurre rance pour empêcher les écumes de s'élever au-deſſus de la chaudière dans certaines opérations ; les huiles rances pour peindre ou pour brûler, &c. (*Bosc.*)

RANDIE. *RANDIA.*

Genre de plantes qui a été réuni aux GARDÈNES. *Voyez* ce mot.

RANENTI : ſynonyme de MARSILE.

RANGÉE : plantes diſpoſées ſur une ligne droite.

Lorſqu'il y a pluſieurs Rangées, elles doivent être d'autant plus éloignées, que les plantes qui les compoſent ſont ſuſceptibles de devenir plus grandes, & que le terrain eſt meilleur, parce qu'elles ſont, dans ce cas, plus expoſées à ſe nuire

réciproquement par leur ombre & par leurs racines; car c'est principalement à raison de ce que
les plantes jouissent mieux de la lumière solaire,
& peuvent plus facilement étendre leurs racines
au loin, dans cette disposition, qu'elles y prospèrent davantage.

De tout temps on a planté des arbres par Rangées,
on a semé, dans les jardins, des légumes par Rangées; mais c'est Tull qui le premier a conseillé, dans
ses écrits, & a pratiqué sur ses terres, il y a une
soixantaine d'années, les cultures par Rangées,
ou, pour parler plus exactement, par *bandes*, de
la plupart des objets de la grande culture, principalement des céréales & des prairies.

Comme, dans cette culture, il se trouve nécessairement deux bandes vides pour une bande
pleine, ces deux bandes vides peuvent être binées,
même labourées, soit à la houe, soit à la charrue;
ce qui fait qu'aux avantages énumérés plus haut,
on doit réunir ceux qui sont la suite des deux dernières opérations. *Voyez* les mots BINAGE & LA-
BOUR.

Aujourd'hui on cultive beaucoup par Rangées
en Angleterre, & les agronomes de cette île en
vantent beaucoup les avantages; mais, à ma connoissance, nulle part elle n'a lieu en France; malgré que les essais faits par des cultivateurs éclairés
aient rempli complètement leur attente.

Il n'y a pas de doute pour moi que la culture
par Rangées donne, dans ces Rangées, des produits supérieurs à ceux de la culture pleine; mais
il n'est pas également certain qu'elle profite toujours, en définitif, à raison du terrain non employé
& de l'augmentation des frais. En effet, y ayant une
grande variété dans les terrains, dans les plantes,
dans l'influence des circonstances atmosphériques,
dans les prix de la main-d'œuvre, &c., il doit
aussi y en avoir dans les résultats.

Dans les terrains secs & peu profonds, la culture par Rangées doit être moins avantageuse, parce
qu'elle augmente l'influence de l'action desséchante des rayons du soleil & des vents avides
d'humidité.

Les céréales qui donnent peu d'ombre, qui,
dès qu'elles ont passé fleur, ne vivent presque
plus par leurs feuilles, ne gagnent presque rien à
ce mode de culture.

Les raves, les carottes, les panais, les bettes,
qui ne s'élèvent que de quelques pouces, & qu'on
peut biner à la main lorsqu'elles sont suffisamment
espacées, n'y trouvent que l'économie résultante
de la possibilité de les biner à la charrue ou à la
houe à cheval.

Les fourrages, tels que la vesce, la gesse, les
pois, le sainfoin & la luzerne, prospèrent singulièrement par la culture en question; mais leurs
tiges deviennent si grosses & si dures, que les bestiaux ne peuvent plus les manger, & qu'on est réduit à les employer à augmenter la masse des fumiers. Il en est de même pour les prairies naturelles.

Les semis par Rangées se font de trois manières
différentes.

Ou on répand la graine dans les sillons avec la
main;

Ou on la fait tomber d'un semoir conduit par
des chevaux;

Ou on la disperse à la volée & on en reporte
la moitié (plus ou moins) sur la partie qui doit
être garnie, en y versant la terre au moyen d'une
charrue à grande oreille.

Toutes ces méthodes ont leurs avantages & leurs
inconvéniens, comme je le ferai voir aux mots
SEMIS & SEMOIR.

La bonne culture par Rangées doit être, je le
répète, toujours accompagnée du binage à la
charrue ou à la houe à cheval, des intervalles
vides, & en conséquence ces intervalles sont assez
larges pour qu'un cheval puisse y passer; cependant,
quand l'étendue de la culture de cette sorte est
médiocre, on peut fort économiquement faire
ces binages à la houe, & par conséquent donner
moins de largeur aux intervalles.

La largeur entre les Rangées est d'autant plus
considérable que les plantes sont plus basses; mais,
dans aucun cas, elle ne doit excéder un pied,
sans quoi l'objet principal ne seroit pas rempli:
celle du froment doit être de neuf pouces.

En résumé, je crois que la culture par Rangées
doit être tentée par tous les propriétaires éclairés,
& comparée à la culture pleine, afin de voir si elle
peut être profitable dans leur terrain, & pour les
plantes sur lesquelles ils spéculent.

Dans quelques cantons du midi de la France, &
principalement dans le Médoc, les vignes sont
disposées en Rangées & binées à la charrue. Il est
fort à desirer que cette excellente méthode soit
usitée partout où le sol n'est pas trop en pente &
est assez profond.

La culture par Rangées a constamment lieu pour
les arbres dans les PÉPINIÈRES (*voyez* ce mot),
& peut s'appliquer avec un grand avantage aux bois;
surtout lorsqu'ils sont dans les terrains arides,
parce que non-seulement les arbres trouvent plus
d'air, plus de lumière, plus d'espace pour étendre
leurs branches & leurs racines, mais que l'intervalle de leurs Rangées, supposé ni trop petit ni
trop grand, éprouvant une moindre évaporation,
à raison de l'obstacle que les branches garnies de
feuilles opposent à l'action desséchante du soleil &
du vent, produit des coupes bien plus avantageuses.
J'ai été en position d'observer, dans un grand nombre
de lieux, les excellens résultats de cette méthode,
à laquelle les propriétaires avoient été conduits par
hasard, c'est-à-dire, par des motifs étrangers,
au but dont il est ici question, & la théorie est
toute en sa faveur. (*Voyez* ABRI, ENCLOS &
HAIE.) M. Hartig, dont les ouvrages sur l'administration forestière sont si estimés, & M. Sageret,
dont j'aime toujours citer les expériences agricoles, ont mis en pratique cette sorte de culture,

l'un

l'un pour les arbres réfineux, & l'autre pour les taillis. *Voyez* AMÉNAGEMENT DES BOIS & COUPE ENTRE DEUX TERRES.

RAPANE. *Rapanea.*

Arbriffeau de Cayenne, qui feul conftitue un genre dans la pentandrie monogynie & dans la famille des *Vinetiers.* Il eft figuré pl. 122 des *Illuftrations des genres* de Lamarck. On ne le cultive pas dans nos jardins. (*Bosc.*)

RAPAT : arbriffeau de l'Inde, dont on voit la figure vol. 5, pl. 29 de l'*Herbier d'Amboine*, par Rumphius, mais dont les parties de la fructification font encore inconnues.

On ne le cultive pas dans les jardins d'Europe. (*Bosc.*)

RAPATE. *Rapatea.*

Plante marécageufe de Cayenne, qui feule conftitue un genre dans l'hexandrie monogynie & dans la famille des *Joncs*, genre qui eft figuré pl. 226 des *Illuftrations des genres* de Lamarck.

Comme cette plante n'eft pas cultivée en Europe, je n'en dirai rien de plus. (*Bosc.*)

RAPE. On donne ce nom, dans quelques lieux, à l'axe de l'épi du froment & du feigle *Voyez* GRAMINÉE.

RAPATÉE. *Mnasium.*

Plante aquatique de Cayenne, qui feule forme un genre dans l'hexandrie monogynie.

Nous ne la poffédons pas dans nos jardins. (*Bosc.*)

RAPÉ, ou mieux GRAPÉ : forte de boiffon qui fe fabrique en mettant dans un tonneau vide, jufqu'à moitié de fa contenance, de la rafle, c'eft à-dire, du réfidu des grappes & des grains de raifin auffi privé de vin que poffible, & le rempliffant d'eau. Une nouvelle fermentation fe développe, &, après un mois de féjour dans le tonneau, l'eau prend un goût aigrelet & une qualité rafraîchiffante. C'eft le PETIT VIN, la BOISSON, la PIQUETTE, felon les lieux. Jufque-là, cela eft bien ; mais mettre de la nouvelle eau dans le tonneau, à mefure qu'on tire celle qui y eft, indique un état de mifere qu'il eft pénible de favoir exifter encore dans les campagnes.

Au refte, je le dis avec fatisfaction, on fabrique aujourd'hui beaucoup moins de Rapé qu'autrefois ; ce qui indique une amélioration dans la fortune des cultivateurs, ou une plus grande inftruction ; car une bouteille de cette boiffon n'équivaut pas, pour fes effets fur l'économie animale, à un demi-verre de vin.

Le Rapé de copeau eft celui qui réfulte de l'eau mife fur les copeaux employés à clarifier le vin. Comme le progrès des lumières a fait abandonner cette manière de clarifier lès vins, on n'en fabrique plus aujourd'hui. (*Bosc.*)

Agriculture. Tome VI.

RAPETTE. *Asperugo.*

Plante annuelle extrêmement commune dans certains champs foumis à la jachère abfolue, & nuifant fouvent aux récoltes. On la connoît, dans quelques lieux, fous le nom de *porte-feuille.* Tous les beftiaux la mangent. Comme toutes fes parties font charnues & qu'elle pouffe rapidement, elle eft très-propre à améliorer le fol dans lequel on l'enfouit : auffi fuis-je perfuadé qu'il feroit avantageux de la femer uniquement pour cet objet. *Voyez* RÉCOLTES ENTERRÉES POUR ENGRAIS.

Pour faire difparoître la Rapette d'un champ, il faut l'affujettir à l'affolement le plus rigoureux, c'eft-à-dire, faire fuccéder aux récoltes de céréales des cultures de plantes fourrageufes ; & à ces dernières des plantes qui exigent des binages d'été, comme fèves de marais, haricots, pommes de terre, &c.

La Rapette forme feule, felon Linnæus, un genre dans la pentandrie monogynie & dans la famille des *Borraginées* ; mais Lamarck la range parmi les BUGLOSSES. *Voyez* ce mot. (*Bosc.*)

RAPHANISTRE. *Raphanistrum.*

Plante très-commune dans nos champs, que Linnæus a placée parmi les raiforts ; mais que quelques botaniftes croient devoir fervir de type à un genre particulier. J'en parlerai à l'article des RAIFORTS. *Voyez* ce mot. (*Bosc.*)

RAPHIS. *Raphis.*

Genre de plantes de la polygamie monœcie & de la famille des *Palmiers*, qui contient trois efpèces, dont j'ai fait mention à l'article PALMETTE. *Voyez* ce mot.

Loureiro a donné le même nom à une plante annuelle qui feule forme un genre dans la monœcie triandrie & dans la famille des *Graminées*, plante que nous ne poffédons pas dans nos jardins, & dont, par conféquent, je n'ai rien de dire de plus. (*Bosc.*)

RAPINIE. *Rapinia.*

Loureiro a donné ce nom à une plante de la Cochinchine, qui feule forme un genre dans la pentandrie monogynie, plante que nous ne poffédons pas dans nos jardins, & fur la culture de laquelle je n'ai rien à apprendre. (*Bosc.*)

RAPISTRE. *Rapistrum.*

Genre de plante établi par Tournefort, & que Linnæus a réuni aux MYAGRES. *Voyez* ce mot.

RAPONCE. Tournefort avoit donné ce nom aux plantes que Linnæus a depuis appelées LOBÉLIES. *Voyez* ce mot.

RAPONCULE. *Voyez* PHYTEUME.

RAPONTIQUE : efpèce de RHUBARBE. *Voyez* ce mot.

Q

RAPONTIQUE DES MONTAGNES. C'eſt la PATIENCE. *Voyez* ce mot.

RAPONTIQUE VULGAIRE. On donne quelquefois ce nom à la JACÉE.

RAPPELER UN ARBRE. Ce terme, employé par quelques jardiniers, ſignifie tailler un arbre qui a été abandonné à lui-même pendant une ou pluſieurs années, ſoit parce que ſa vigueur étoit trop conſidérable, ſoit par toute autre cauſe. *Voyez* TAILLE.

RAPPROCHEMENT : opération qui a pour effet de raccourcir des tiges ou des branches des arbres.

Lorſque le Rapprochement s'exécute ſur un arbre fruitier, dans l'intention de lui faire pouſſer du nouveau bois, on l'appelle RAJEUNISSEMENT. *Voyez* ce mot.

Quand ſon objet eſt de profiter du bois retranché pour brûler ou pour un autre objet économique, il ſe nomme ÉTÊTEMENT. *Voyez* TÉTARD.

La véritable acception de ce mot eſt donc celle que lui donnent les pépiniériſtes & les jardiniers. Or, ce ne ſont, 1°. que les jeunes tiges, ſurtout celles provenant des greffes qu'ils rapprochent pour leur faire pouſſer des branches latérales; 2°. que les branches des eſpaliers, lorſqu'on les taille très-court pour rétablir l'équilibre entr'elles, pour renouveler leur bois, pour regarnir les places vides, &c. *Voyez* ESPALIER.

Tantôt le Rapprochement eſt une bonne, tantôt une mauvaiſe opération, ſelon qu'elle a été faite avec intelligence & en temps convenable. J'en développerai les principes au mot TAILLE.

Le nom de Rapprochement a été auſſi appliqué à la greffe par approche d'une ou de pluſieurs tiges d'arbres, afin de faire profiter l'une d'elles de la nourriture fournie par les racines de toutes, & par ce moyen augmenter la rapidité de ſon accroiſſement en groſſeur & en hauteur. *Voyez* GREFFE & ARBRE. (*Bosc.*)

RAPUTIER. SCIURIS.

Arbriſſeau aromatique de Cayenne, qui ſeul forme dans la diandrie monogynie un genre qui eſt figuré pl. 10 des *Illuſtrations des genres* de Lamarck.

Cet arbriſſeau n'étant pas cultivé dans nos jardins, n'eſt pas dans le cas d'un plus long article. (*Bosc.*)

RAQUETTE : eſpèce du genre CACTIER. *Voyez* ce mot.

On donne auſſi ce nom à des ſarmens de vigne courbés dans le but de leur faire produire plus de raiſins. *Voyez* VIGNE.

C'eſt encore celui d'un piége qui prend ſeul les oiſeaux qui mangent les ceriſes, les groſeilles, les graines de choux, &c., dans les jardins.

Ce piége conſiſte en une branche, ordinaire-ment de coudrier, comme plus élaſtique, qu'on courbe en arc, & au petit bout de laquelle on fixe une ficelle qui paſſe dans un trou carré, formé à l'extrémité du gros bout, trou où elle eſt retenue à peine, à l'aide du morceau de bois de ſix pouces de long, équarri, à la faveur d'un nœud qui a ſervi à doubler l'extrémité de cette ficelle.

Pour tendre ce piége, on le fixe perpendiculairement, ſoit ſur un arbre, ſoit ſur terre, la corde en haut; on étend ſur le morceau de bois carré la portion doublée de la ficelle; enſuite on attache au gros bout quelques fruits ou quelques bouquets de graines.

Lorſque les oiſeaux viennent ſe poſer ſur le morceau de bois carré, il tombe, l'arc ſe détend, & ils ſe trouvent arrêtés par les pattes contre le trou, au moyen de la ficelle. *Voyez* le *Dictionnaire des Chaſſes.* (*Bosc.*)

RASCLE. C'eſt le lichen PARELLE.

RASCLE : nom de la HERSE dans les environs de Touloufe.

RASE : huile eſſentielle, retirée de la réſine du PIN.

RASETTE. *Voyez* RATISSOIRE.

RASSET : ſynonyme de SON. *Voyez* ce mot.

RASTOUL. On appelle ainſi le CHAUME dans quelques cantons.

RAT : nom de trois petits quadrupèdes qui font ſouvent beaucoup de tort aux cultivateurs, & qu'ils ſont par conſéquent intéreſſés à détruire. *Voyez* le *Dictionnaire des Quadrupèdes.*

Le RAT COMMUN vit dans le voiſinage des maiſons, & y entre, principalement pendant l'hiver, pour y vivre aux dépens du grain qui eſt amoncelé dans les granges, dans les greniers. Il tue quelquefois les poulets, les pigeons. Le moindre mal qu'il puiſſe faire, c'eſt de couper la paille & le foin, au travers deſquels il ſe creuſe des galeries dans leſquelles il établit ſon nid. Il multiplie beaucoup, & n'eſt cependant jamais en grand nombre. Les chats le tuent & ne le mangent pas. C'eſt avec de grandes ſouricières appelées *ratières*, avec de petits piéges à reſſort & autres engins, qu'on le prend. On l'empoiſonne auſſi avec la graine de méniſperme, ou de l'oxide d'arſenic mélangé avec ce qu'il aime le mieux. *Voyez* SOURIS.

Le RAT SURMULOT eſt preſque du double plus grand que le précédent & plus fort, ainſi que plus courageux que lui. Il ſe bat contre les chats & leur échappe ſouvent. Quoiqu'il mange de tout, il préfère la chair : auſſi fait-il une guerre perpétuelle aux poulets, aux perdrix. C'eſt autour des grandes villes & ſur le bord des rivières qu'il ſe plaît le plus. Il creuſe, dans les fondemens des maiſons, des trous qui les affoibliſſent au point de faire craindre pour leur ſolidité. On le détruit par les mêmes moyens que le précédent.

Le RAT D'EAU habite excluſivement ſur le bord des eaux, où il vit de poiſſons, de racines & de graines. Je n'en parle ici qu'à raison du dommage qu'il cause aux étangs près desquels il est multiplié, & pour inviter les propriétaires à s'en débarrasser par les moyens ci-dessus indiqués. (*Bosc.*)

RAT BLANC. C'est le LÉROT. *Voyez* ce mot.

RAT DES BOIS. *Voyez* MULOT.

RAT DES CHAMPS (grand). C'est encore le MULOT.

RAT DES CHAMPS (petit). C'est le CAMPAGNOL.

RAT LOIR. *Voyez* LOIR.

RATAFIA : liqueur de table, dont la base est l'eau-de-vie, & l'excipient des feuilles, des fleurs, des fruits; on y ajoute du sucre en plus ou moins grande quantité.

Les Ratafias n'ayant pas besoin d'une nouvelle distillation, sont, pour la facilité de leur fabrication, & à raison de leur bas prix, à la portée de tous les cultivateurs; ils s'améliorent pour la plupart par la vétusté. On accélère cette amélioration en les enfouissant, en bouteilles, dans le fumier, & en les y laissant plusieurs mois. *Voyez* le *Dictionnaire de Chimie*. (*Bosc.*)

RATAN : synonyme de ROTIN. *Voyez* ce mot.

RATEAU. *BISSERULA.*

Petite plante annuelle du midi de l'Europe, qui seule forme, dans la diadelphie décandrie & dans la famille des *Légumineuses*, un genre figuré pl. 622 des *Illustrations des genres* de Lamarck.

Cette plante se voit dans tous les jardins de botanique, où sa culture se réduit à semer ses graines en place, à éclaircir, ainsi qu'à sarcler le plant qui en provient, & à récolter ses graines. (*Bosc.*)

RATEAU. *Voyez* BINETTE.

RATEAU : instrument dont les cultivateurs & les jardiniers se servent pour divers objets, & dont ils doivent toujours avoir provision.

Il est essentiellement composé de dents fixées parallèlement sur une traverse à laquelle s'adapte un manche arrondi, de quatre à six pieds de long : tantôt il est de bois; tantôt ses dents font de fer, un peu courbées; celui-ci est presque toujours simple.

Il est des Râteaux de grandes dimensions; il en est qui n'ont que six dents. Chaque pays a son mode de grandeur, de forme, de fixation du manche, &c.

Les deux plus forts Râteaux sont, 1°. celui à épierrer; 2°. celui à ramasser le foin dans les prés; leurs dents sont de fer, longues de trois à quatre pouces, & fort rapprochées. L'un & l'autre se mettent en action par le moyen d'un cheval & d'une double corde : leur longueur varie entre quatre & huit pieds.

Le Râteau dont les cultivateurs font le plus souvent usage, est celui à dents de bois des deux

côtés de la traverse, & à manche oblique, consolidé par une fiche : sa longueur est communément de deux pieds.

Celui qui est le plus employé par les jardiniers, est à dents de fer un peu recourbées, longues de deux pouces, écartées d'un; son manche est perpendiculaire à la traverse. Il y en a aussi tout en fer, excepté le manche, mais ils font peu communs.

Le bois dont on fabrique les Râteaux varie selon les pays; il est rarement le même dans leurs diverses parties. Généralement la traverse est en frêne, les dents en charme ou en cormier, & le manche en tilleul. Il est en effet à désirer que la traverse ne se fende pas, que les dents résistent aux efforts de la main, & que le manche soit léger.

Je puis reprocher aux cultivateurs, comme aux jardiniers, de ne pas prendre assez de soin des Râteaux. Pendant qu'on ne s'en sert pas, ils traînent de tous côtés, exposés aux accidens, à la pourriture, &c.; de sorte que quand on en a besoin, ils ne font plus en état.

Des expériences multipliées ont prouvé qu'il étoit souvent fort utile au succès des semis, de promener légèrement le Râteau à dents de fer sur les planches, lorsque ces semis commencent à prendre de la force; par-là on leur donne un léger binage qui favorise les influences atmosphérique & ameublit les terres. *Voyez* HERSAGE. (*Bosc.*)

RATEGAL. *MATHIOLA.*

Arbre des parties chaudes de l'Amérique, qui, selon Linnæus, constitue un genre dans la pentandrie monogynie & dans la famille des *Rubiacées*; mais qui, selon Ventenat & autres botanistes modernes, doit être réuni aux GUETTARDES. (*Voyez* ce mot.) Il est figuré pl. 156 des *Illustrations des genres* de Lamarck.

Le RATEGAL RAYÉ, *Mathiola scabra*, se cultive dans nos serres; il y demande une chaleur constante & des arrosemens fréquens en été; sa terre doit être à demi consistante. On le multiplie exclusivement de graines tirées de son pays natal. (*Bosc.*)

RATELIER : longues pièces de bois fixées horizontalement aux murs ou au milieu d'une écurie, d'une étable ou d'une bergerie, & liées entr'elles par des traverses plus ou moins longues, plus ou moins nombreuses.

L'objet d'un Râtelier est de recevoir le foin ou la paille destinée à la nourriture des bestiaux, & de les empêcher d'en prendre une trop grande quantité à la fois.

Il a été mis en question si les Râteliers n'étoient pas plus nuisibles qu'utiles. On ne s'en servoit pas dans l'origine des sociétés agricoles, & encore aujourd'hui des peuples entiers ne les connoissent point. On ne peut se diffimuler qu'ils forcent les beftiaux qui s'en fervent à prendre une pofition fatigante, & qu'ils les couvrent fouvent de pouffière ; mais ces inconvéniens font de beaucoup compenfés par l'économie dans la confommation du fourrage, qui eft la fuite de leur adoption, furtout lorfque les beftiaux font en grand nombre dans le même local. Aujourd'hui il ne feroit plus poffible de s'en paffer dans les grandes exploitations rurales.

La largeur la plus commune d'un Râtelier eft de deux pieds & demi, & l'écartement de fes barreaux de fix pouces pour les chevaux & les bêtes à cornes, & de quatre pouces pour les brebis. On doit apporter la plus févère attention à ce que toutes fes parties ne préfentent aucun angle aigu, & foient rigoureufement polies. Le mieux eft de faire les barreaux ronds, & fufceptibles de tourner au moindre effort dans les trous qui les reçoivent.

Le cœur de chêne eft le meilleur bois qu'on puiffe employer pour faire des Râteliers, parce que c'eft celui qui pourrit le plus lentement, & qui eft le moins fujet aux vers.

La hauteur à laquelle il convient de placer les Râteliers, eft, pour les chevaux, à deux pieds & demi ; pour les bêtes à cornes, à un demi ; & pour les brebis, à fix pouces, terme moyen foible ; car c'eft toujours avec peine que je vois les beftiaux tenir la tête levée pour manger, ce qui eft contre nature. Leur diftance du mur n'eft ordinairement que de fix pouces en bas, & fouvent de deux pieds & plus en haut ; mais cette inclinaifon eft trop forte, ainfi que les agronomes éclairés, & en particulier M. de Perthuis, l'ont reconnu, parce que la tête des chevaux fe trouvant tout entière fous le foin ou la paille, la pouffière & les menues pailles tombent dans leurs yeux. Le mieux eft que la partie fupérieure ne foit écartée du mur que de quatorze à quinze pouces.

Tantôt on fixe la partie inférieure du Râtelier contre un mur élevé à cet effet, tantôt fur des pilaftres de bois ou de pierre, efpacés convenablement ; tantôt fur des traverfes fcellées dans le mur. La partie fupérieure eft retenue par des traverfes de fer ou de bois également fcellées dans le mur.

Lorfque les Râteliers font placés au milieu du bâtiment, on les fait prefque toujours doubles, *Voyez* ÉCURIE, ÉTABLE & BERGERIE.

Une mangeoire eft un acceffoire indifpenfable aux Râteliers des écuries, ainfi qu'à ceux des étables où on nourrit les bœufs & les vaches avec des racines crues ou cuites ; elle eft moins néceffaire dans les bergeries. C'eft une efpèce d'auge en pierre ou en bois, de la longueur du Râtelier, de fix à huit pouces de largeur au fond, de dix à douze à l'ouverture, & de huit à dix pouces de profondeur, dans laquelle on met l'avoine, le fon, les racines, &c. Le plus fouvent ce font des madriers de deux à trois pouces d'épaiffeur qui la compofent. *Voyez* AUGE & CRÈCHE.

Les Râteliers & les mangeoires font plus fouvent au milieu de la bergerie que le long des murs. *Voyez* BÊTES A LAINE, MOUTON & MÉRINOS.

Il eft extrêmement utile à la confervation de la fanté des beftiaux de tenir conftamment propres les Râteliers, & furtout les mangeoires des beftiaux. En conféquence il faut les épouffeter une fois par mois, & les laver à grande eau bouillante deux fois par an. Quand on confidère que c'eft par le contact des Râteliers, & encore plus des mangeoires, que les chevaux prennent la morve, le farcin & autres maladies contagieufes, on ne doit pas fe refufer au léger embarras de cette opération. (*Bosc.*)

RATISSAGE. Ce mot a trois acceptions en agriculture.

Dans la première, il fignifie ramaffer le foin, les herbes, les petites pierres, les ordures, &c., au moyen d'un RATEAU. *Voyez* ce mot.

Dans la feconde, il veut dire recouvrir avec un râteau les femences confiées à la terre.

Dans la troifième, il indique l'action de gratter les allées fablées avec une ratiffoire, pour arracher les herbes qui s'y trouvent, & de les en retirer enfuite au moyen d'un râteau. *Voyez* RATISSOIRE.

Il femble que ratiffer foit une opération qu'on puiffe exécuter d'abord auffi bien que par la fuite ; mais il n'en eft pas moins vrai qu'elle demande de l'intelligence & de l'habitude.

Des trois manières de ratiffer, la première eft fans contredit la plus facile ; cependant il fuffit d'obferver plufieurs perfonnes agiffant fur un pré, pour juger que tel individu fait plus d'ouvrage, du meilleur ouvrage, en moins de temps, & en fe fatiguant moins que tel autre. On doit donc préférer, lorfqu'on a le choix, des ouvriers formés à ceux qui ne le font pas : cette attention paroîtra furtout importante à ceux qui confidéreront que la confervation d'une récolte entière de foin, étendue fur le pré, dépend fouvent, aux approches de l'orage, de la célérité de fon enlèvement ; or, le préliminaire de cet enlèvement eft toujours le Ratiffage.

Dans quelques cantons où les prairies font bien de niveau, on ratiffe les foins avec de grands râteaux à un, deux & même trois rangs de dents, traînés par plufieurs hommes ou un cheval, & on y trouve une grande économie de temps & de main-d'œuvre.

On eft dans l'ufage, en certains lieux, d'arracher les chaumes, de gratter les prairies naturelles & artificielles pour en enlever la mouffe, & on dit qu'on les ratiffe.

L'habitude dont j'ai parlé plus haut eft encore plus néceffaire dans le Ratiffage des terres enfemencées, parce qu'il faut faire attention, non-feulement aux circonftances qui l'accompagnent, mais encore, à celles qui les précèdent & qui les suivent : ainsi il faut choisir le jour où la terre n'est ni trop sèche ni trop humide, parce qu'il ne s'exécute pas bien dans ces deux cas ; on doit aussi prévoir la possibilité qu'une pluie douce vienne favoriser la germination des graines qu'il a recouvertes. *Voyez* SEMIS.

Cette sorte de Ratissage se subdivise en *Ratissage léger* & en *Ratissage appuyé*, subdivisions dont la différence est indiquée par les noms. Il faut donc encore considérer que la première s'applique aux terrains légers & aux semences fines, & le second par conséquent aux terrains argileux & aux semences qui demandent à être beaucoup enterrées.

Quelquefois on ratisse avec le dos du râteau, soit lorsqu'on appuie très-peu, seulement pour unir davantage le terrain, soit lorsqu'on appuie fortement, pour remplir le même objet & tasser le terrain : dans ce dernier cas on doit le considérer comme un léger PLOMBAGE. *Voyez* ce mot.

Il est encore un cas où on ratisse de même ; c'est lorsqu'on sème en rayon & qu'on craint que les dents du râteau ne dérangent les graines de la ligne où elles ont été placées.

Un bon labour est constamment un préliminaire désirable pour un bon Ratissage.

Souvent on doit ratisser avant & ratisser après les semailles : cela est principalement nécessaire lorsque le terrain est chargé de grosses mottes, de beaucoup de pierres, de beaucoup d'herbes, de racines, &c.

Comme l'enlèvement des objets étrangers est un des objets du Ratissage, il faut laisser le moins possible de ceux que je viens d'énoncer, en conséquence les réunir d'abord en petits tas sur le bord des allées, & ensuite, excepté les mottes qu'on brisera, les transporter dans la FOSSE AUX DÉBRIS. *Voyez* ce mot.

Le Ratissage en grand des champs semés en céréales, en plantes fourrageuses, &c., est basé sur les mêmes principes, mais il se fait avec un instrument différent, qu'on appelle HERSE. *Voyez* ce mot & celui HERSAGE.

Le Ratissage des allées des jardins demande encore plus nécessairement à être fait lorsque la terre n'est ni trop sèche ni trop mouillée, parce que, dans le premier cas, la RATISSOIRE ne pourroit pas mordre dessus, & que, dans le second cas, le RATEAU ne pourroit pas convenablement enlever les herbes. *Voyez* ces deux mots.

Les ratissoires à pousser expédient mieux la besogne & font un meilleur ouvrage, parce qu'on les voit agir ; ce sont donc celles que je conseille de préférer ; cependant, quand la terre est trop molle, celle à tirer à l'avantage, parce qu'elle s'enfonce moins.

La profondeur à laquelle doit parvenir un bon Ratissage est six lignes, parce qu'elle suffit pour que toutes les herbes soient coupées au-dessous du collet de leurs racines, & que si elle étoit plus grande, les allées seroient dans le cas d'être gâcheuses ou dégarnies de sable à la première pluie. Je n'ai ici en vue que celles qui sont solides, car s'il y avoit trois à quatre pouces de sable, il faudroit ratisser au-dessous de la profondeur indiquée.

Lorsqu'une allée a été sillonnée par l'enlèvement d'une partie de son sable, ou en partie recouverte de sable provenant des allées qui l'avoisinent, il est presque toujours bon de lui donner un binage avec une houe à large fer avant de la ratisser. *Voyez* ALLÉE.

L'opération finie, on laisse les herbes coupées se dessécher, sans y toucher, pendant vingt-quatre heures, après quoi on les change de place par un Ratissage irrégulier, appelé BROUILLE. Ce n'est qu'après le même espace de temps que, si la saison est favorable, on les enlève à la suite d'un nouveau Ratissage, fait avec soin & régularité, c'est-à-dire, qui enlève tous les objets étrangers, & qui reste indiqué par des lignes parallèles aux bords de l'allée.

Un jardin dont les allées sont bien ratissées annonce un jardinier actif & ami de l'ordre ; celles qui sont en terrain ni sec ni humide, & suffisamment garni de sable, exigent, pour être convenablement tenues, six Ratissages par an, savoir, deux au printemps, deux en été, deux en automne, & un en hiver. Dans la plupart on se contente de quatre, & ils suffisent lorsqu'on fait choisir le moment le plus propice ; ceux qui sont en terrain très-sec en demandent moins, & un par mois ne suffit pas toujours pour ceux dont le sol est humide & l'exposition chaude. Au reste, si la propreté est agréable dans les jardins, l'excès de cette propreté est ridicule, car il est des personnes qui ne veulent pas que leurs domestiques, leurs enfans s'y promènent, crainte d'effacer les marques du Ratissage, & qui ne s'y promènent pas elles-mêmes sans se faire suivre par un ouvrier pour effacer les traces de leurs pas.

On a aussi, pour ratisser les allées des jardins, des ratissoires à tirer ou à pousser, dont le fer est quatre à cinq fois plus long que celui de celles dont je viens de parler, & dont l'assemblage se rapproche de celui des charrues, c'est-à-dire, ont un manche & un timon, ou un brancard, avec une ou deux roues. Le travail qu'elles exécutent, qu'elles soient mises en mouvement, soit par des hommes, soit par un cheval, est fort rapide, mais il n'est pas toujours bon ; c'est principalement pour les terrains sablonneux & humides qu'elles conviennent. (*Bosc.*)

RATISSOIRE : lame de fer aiguisée d'un côté & épaisse de l'autre, dont la longueur est de dix à douze pouces, & la largeur de trois à quatre, laquelle porte sur le milieu, du côté le plus épais, une douille destinée à recevoir un manche de bois de cinq à six piéds de long fur un pouce de diamètre.

Pour que le fer des Ratiffoires dure long-temps, il faut qu'il foit ni trop doux, parce qu'il s'uferoit, ni trop dur, parce qu'il fe cafferoit : les meilleures font faites avec de vieilles faux.

Le manche des Ratiffoires eft oblique à la lame, afin que l'ouvrier ne foit pas obligé de fe pencher pour s'en fervir.

Il y a deux fortes de Ratiffoires :

1°. La Ratiffoire à pouffer, qui eft la plus employée, & de fait la plus expéditive & la moins fatigante, dont le fer agit dans la direction du manche, c'eft-à-dire, en pouffant.

2°. La Ratiffoire à tirer, dont la douille eft recourbée, & dont le fer agit en le tirant à foi. *Voyez* RATISSAGE.

Toutes deux font figurées *pl. XXIII, fig. 7 & 8* de l'*Art aratoire*, qui fait partie de l'*Encyclopédie*.

Il y a des Ratiffoires dont le fer eft quatre à cinq fois plus long que celui de celles dont je viens de parler, & qu'il ne feroit pas poffible de faire agir comme les précédentes : en conféquence, au moyen de deux branches de fer d'un pied de longueur, on les fixe à une traverfe qui, d'un côté, porte un manche de charrue, & de l'autre un timon avec une roue ou un brancard avec deux roues. Tantôt on fait ufage de ces grandes Ratiffoires à la main, & en pouffant ; tantôt on y attèle deux hommes ou un cheval, & on les emploie en tirant. Elles expédient beaucoup de befogne dans les grands jardins ; mais leur effet trop régulier nuit fouvent au but, foit parce qu'il y a des places où la terre eft plus dure que dans d'autres, foit parce qu'il en eft où il n'eft pas néceffaire de le faire agir ; d'ailleurs, elles remuent en général trop profondément le fable, ce qui eft un inconvénient.

En Angleterre, ces fortes de Ratiffoires ont été tranfportées dans la grande culture, & concourent puiffamment à fa perfection. En effet, elles fervent à biner, même à labourer dans un très-grand nombre de cas, & ce avec une rapidité d'exécution & une économie toujours defirable & malheureufement fort peu connue en France. On voit une de ces grandes Ratiffoires figurée *planche XXIII, n°. 1* de l'*Art aratoire*, ci-deffus cité.

Comme l'effet des Ratiffoires à cheval eft le même que celui des HOUES A CHEVAL, dont elles ne diffèrent que parce qu'il n'y a qu'un fer, & qu'il eft long, je renverrai le lecteur à l'article qui concerne ces dernières, ainfi qu'aux articles CHARRUE, LABOUR, BINAGE. (*Bosc.*)

RATONCULE. MYOSURUS.

Petite plante annuelle qui croît en Europe dans les lieux fablonneux & humides, & qui feule forme un genre dans la pentandrie polygynie &

dans la famille des *Renonculacées*. Elle eft vulgairement connue fous le nom de *queue de fouris*, à raifon de la forme de fon réceptacle. Sa figure fe voit pl. 221 des *Illuftrations des genres* de Lamarck.

Cette plante fe cultive dans les écoles de botanique, & n'y demande d'autre foin que d'être femée en place, éclaircie, farclée & arrofée dans les féchereffes. (*Bosc.*)

RATTE-CONETTE. On appelle ainfi le CAMPAGNOL aux environs de Dijon.

RAULE : fynonyme d'ONDAIN. *Voyez* ce mot.

RAUVOLFE. RAUVOLFIA.

Genre de plantes de la pentandrie monogynie & de la famille des *Apocinées*, dans lequel fe rangent neuf efpèces, dont trois fe cultivent dans nos jardins. Il eft figuré pl. 172 des *Illuftrations des genres* de Lamarck.

Efpèces.

1. La RAUVOLFE luifante.
Rauvolfia nitida. Linn. ♄ De l'Amérique méridionale.

2. La RAUVOLFE blanchâtre.
Rauvolfia canefcens. Linn. ♄ De l'Amérique méridionale.

3. La RAUVOLFE épineufe.
Rauvolfia fpinofa. Cavan. ♄ Du Pérou.

4. La RAUVOLFE cotonneufe.
Rauvolfia tomentofa. Jacq. ♄ De l'Amérique méridionale.

5. La RAUVOLFE flexueufe.
Rauvolfia flexuofa. Ruiz & Pav. ♄ Du Pérou.

6. La RAUVOLFE à grandes feuilles.
Rauvolfia macrophylla. Ruiz & Pav. ♄ Du Pérou.

7. La RAUVOLFE à feuilles glabres.
Rauvolfia glabra. Linn. ♄ De l'Amérique méridionale.

8. La RAUVOLFE à feuilles luifantes.
Rouvolfia nitida. Linn. ♄ De Saint-Domingue.

9. La RAUVOLFE ftriée, vulgairement *bois jaune*.
Rauvolfia ftriata. Lam. ♄ De l'Ile-de-France.

Culture.

Les trois premières efpèces font celles que nous cultivons. On les obtient de graines tirées de leur pays natal, graines qu'on fème fur couche & fous châflis, dans des pots remplis de terre à demi confiftante, & qui ne lèvent ordinairement que la feconde année. Les pieds provenant de ces femis fe repiquent au printemps de l'année fuivante, feuls à feuls, dans d'autres pots qu'on tient dans la terre chaude pendant fix mois de l'année, & pendant les fix autres mois dans un lieu abrité, en les arrofant au befoin. On leur donne de la nouvelle terre tous les deux ans.

Les Rauvolfes, parvenues à une fuffifante grandeur, fe multiplient auffi de marcottes & de boutures, ces dernières faites fur couche & fous chaffis, & les nouveaux pieds fe traitent de fuite comme les anciens. (*Bosc.*)

RAVALE : inftrument propre à APPLANIR rapidement un terrain. *Voyez* ce mot.

C'eft une efpéce de caiffe carrée, en planche, de deux ou trois pieds de large fur un de haut, dont un des côtés eft courbé de manière à s'oblitérer & à devenir tranchant : toujours on devroit armer ce tranchant d'une lame d'acier. Sur deux de fes côtés eft une cheville qui y fixe une limonière, & fur le troifième, c'eft-à-dire, celui oppofé au tranchant, eft un manche de trois pieds de long.

Pour faire agir cet inftrument, on y attèle un cheval & on le promène fur la terre nouvellement labourée, en faifant mordre le tranchant plus ou moins profondément, au moyen des manches, felon qu'il s'agit d'enlever plus de terre dans un endroit pour la porter dans un autre voifin.

L'objet qu'on a en vue eft bien rempli par cette opération ; mais on ne peut fe diffimuler qu'elle eft longue & fatigante : auffi la Ravale eft-elle d'un ufage peu commun. On préfère des labours faits avec intelligence. (*Bosc.*)

RAVALER LA TERRE. C'eft l'unir, la mettre de niveau.

On ravale la terre, foit avec l'inftrument dont il vient d'être parlé, foit avec la PIOCHE, la BÊCHE, le RATEAU, la HERSE, le ROULEAU. *Voyez* tous ces mots.

Il eft des terres, les fablonneufes, qui fe ravalent fouvent d'elles-mêmes par le feul effet des pluies. (*Bosc.*)

RAVE : efpéce du genre des choux, qui offre deux variétés principales, celle à racine ronde, qu'on appelle auffi *turneps*, & celle à racine longue, qui porte généralement le nom de *navet*.

Ces deux variétés font nombreufes fous-variétés font l'objet d'une culture très-importante, foit dans les jardins, foit dans les champs, culture qui a été décrite à la fuite de l'article CHOU. *Voyez* ce mot.

RAVENALA. *URANIA.*

Très-bel arbre de Madagafcar, qui feul forme un genre dans l'hexandrie monogynie & dans la famille des *Bananiers.* Il eft figuré pl. 22 des *Illuftrations des genres* de Lamarck. On le cultive dans quelques jardins d'Europe.

Cet arbre demande la terre chaude toute l'année dans le climat de Paris, & beaucoup d'eau pendant l'été. C'eft ordinairement dans de grands pots ou dans des caiffes remplies de terre à demi confiftante qu'on le place ; mais pour en avoir de beaux pieds, il vaut mieux le mettre en pleine terre dans la ferre. Comme il ne fructifie pas en Europe, c'eft exclufivement de rejetons, dont il fournit de temps en temps, qu'on le multiplie, rejetons qu'on

lève lorfqu'ils font bien enracinés, & qu'on met dans des pots qui font enfoncés de fuite dans une tannée nouvelle. Il faut changer la terre des pots tous les ans en automne, lorfque la végétation eft fufpendue. *Voyez*, pour le furplus, au mot BANANIER. (*Bosc.*)

RAVENELLE. C'eft, aux environs de Touloufe, le RAIFORT SAUVAGE, & pour quelques jardiniers la GIROFLÉE JAUNE. *Voyez* ces mots.

RAVENSARA. *AGATHOPHYLLUM.*

Arbre de Madagafcar, qui feul forme un genre dans la dodécandrie monogynie. Il eft figuré pl. 825 des *Illuftrations des genres* de Lamarck. Ses feuilles font odorantes & fuppléent aux autres aromates dans la préparation des alimens, non-feulement dans fon pays natal, mais encore aux îles de France & de Bourbon, où il a été tranfporté.

Comme on ne le cultive pas dans nos jardins, je n'ai rien à en dire de plus. (*Bosc.*)

RAVIN : excavation plus ou moins large, plus ou moins profonde, toujours très-longue, fouvent fort irrégulière, qui eft formée par les eaux pluviales dans les lieux en pente, en enlevant la couche de terre qui les recouvre.

Quatre circonftances concourent aux deux premières dimenfions des Ravins : 1°. la hauteur de l'élévation ; 2°. le degré de fon inclinaifon ; 3°. la nature de fon fol ; 4°. l'abondance de la pluie & la violence de fa chute.

Un Ravin dans lequel l'eau coule pendant un certain nombre de jours après que la pluie a ceffé, prend le nom de TORRENT. *Voyez* ce mot & ceux MONTAGNE, CÔTE, COTEAU, VALLÉE, RIVIÈRE, RUISSEAU.

C'eft principalement dans les terres cultivées en céréales ou en vignes, que l'inconvénient des Ravins fe fait fentir, parce que la furface de la terre étant remuée annuellement par les labours, fe prête davantage à l'effet des eaux. Une petite dépreffion au fommet de la pente, une raie de labour plus profonde que les autres, déterminent la formation & la direction des Ravins ; c'eft pourquoi il eft fi important de laiffer la partie la plus élevée des montagnes garnie de bois, ou la femer en prairies naturelles ou artificielles, ou, dans le cas contraire, de labourer dans le fens de la largeur de la montagne, & de planter, de diftance en diftance, des haies baffes dans la même direction. *Voyez* LABOUR & HAIE.

On peut prefque toujours, avec une fimple pelletée de terre, une pierre, une fafcine, empêcher la formation d'un Ravin lorfqu'on fe trouve à fon origine au moment de la chute de la pluie. *Voyez* ORAGE & INONDATION.

Il eft fouvent très-coûteux & fréquemment inutile, à raifon des prochaines récidives, devenues plus faciles par le défaut de liaifon de la maffe , de combler un Ravin en y rapportant les terres qui en ont été entraînées ou celles du voifinage. Au rapport de Chaptal, vérifié par moi, les habitans des Cévennes favent les rendre à la culture par un moyen plus économique, c'eſt-à-dire, en conſtruiſant dans leur lit des murs en pierre fèche qui arrêtent l'impétuofité des eaux, & les forcent de dépoſer les terres dont elles font chargées. Les terre-pleins qui ſe forment ainſi derrière ces murs, font enſuite plantés d'arbres ou d'arbuftes, & par cela feul conſolidés pour un fiècle.

Les natures de terres les plus fufceptibles de l'action des eaux pluviales, font les SABLES PURS, les MARNES CALCAIRES, & furtout certaines déjections des VOLCANS. Voyez ces trois mots. (Bosc.)

RAVONAILLES : nom collectif des plantes de la famille des Cruciferes qui ſe rapprochent de la RAVE, telles que le COLZA, la NAVETTE, la MOUTARDE, &c. Voyez ces mots.

RAYES : rayons de vieilles roues qui fervent à Montreuil, en les fcellant au-deffus des murs, à attacher les paillaſſons deſtinés à préſerver les eſpaliers des effets de la gelée. Ces rayons font préférables à toute autre choſe, parce qu'ils coûtent peu & durent fort long-temps. (Bosc.)

RAYEUX. Les terrains anciennement défrichés portent ce nom dans le département de la Meurthe.

RAY-GRASS. Les Anglais donnent ce nom à toutes les graminées cultivées pour fourrage, & principalement à l'IVRAIE vivace & à l'AVOINE élevée, Voyez ces deux mots & celui PRAIRIE.

RAYON. Ce nom eſt fynonyme de fillon dans le labour à la charrue. Voyez RAIE & LABOUR.

Il s'applique, dans le jardinage, aux enfoncemens peu larges qu'on creuſe avec l'extrémité d'un bâton, avec une pioche ou autrement, pour femer des graines en RANGÉE. Voyez ce mot & celui SEMIS.

On le donne auſſi aux gâteaux de cire que conſtruifent les ABEILLES. Voyez ce mot & celui RUCHE.

Les Rayons médullaires font des fibres ligneuſes qui partent de la moelle & vont ſe terminer à l'écorce; ils fervent à lier entr'elles les différentes couches de bois. Le chêne en a de très-gros, & le châtaigner de très-petits; auſſi ce dernier arbre eſt-il très-fujet à la ROULURE. Voyez ce mot.

Les Rayons médullaires augmentent à meſure que l'arbre groffit; ainſi il n'y en a qu'un petit nombre, ordinairement-fix ou huit, à qui ce nom convienne réellement. Voyez MOELLE. (Bosc.)

RAZE. Dans le département du Puy-de-Dôme on donne ce nom aux PIERRÉES deſtinées à deſfécher, ou les terres marécaufeufes, ou celles qui retiennent l'eau des pluies. (Bosc.)

RÉAGE. Ce mot paroît fynonyme d'affolement ou de fole. On l'emploie dans le département

d'Indre & Lo're. Là, la coutume eſt de diviſer les terres labourables d'une exploitation rurale en quatre Réages, dont les deux premiers font femés en froment, le troifième en orge ou avoine, & le quatrième fe repoſe : on ne met d'engrais qu'au premier. Il eſt difficile de choifir un plus mauvais fyſtème de rotation de culture ; auſſi, dans ce département, les blés produifent-ils peu & font-ils abondamment fouillés de mauvaifes graines. (Bosc.)

RÉAUMUR. *Reaumuria*.

Arbufte fort reffemblant à la foude frutefcente, qui croît dans le royaume d'Alger, fur les bords de la mer, & qui forme feul un genre dans la polyandrie pentagynie & dans la famille des Ficoïdes. Il eſt figuré pl. 489 des *Illuſtrations des genres* de Lamarck.

Cet arbufte fe cultive dans nos orangeries, où il ne fe fait nullement remarquer. Il demande une terre légère & fort peu d'arrofemens en tout temps, mais furtout pendant l'hiver. On le multiplie de boutures qui reprennent affez difficilement, & de graines tirées de fon pays natal.

Une autre efpèce rapportée de Syrie par Labillardière, comme appartenant au genre des millepertuis, a été réunie à celle-ci. Nous ne la poffédons pas dans nos jardins. (Bosc.)

RÈBLE ou RIÈBLE : un des noms du CAILLELAIT ACCROCHANT. Voyez ce mot.

REBOTTER. On rebotte un arbre dont la greffe a manqué, pour lui faire pouffer une nouvelle tige fur laquelle on pourra tenter de nouveau la greffe ; on rebotte une greffe lorfque fa tête a péri, pour déterminer une plus vigoureuſe pouſſe fur fon œil inférieur.

Le mot Rebotter doit donc être regardé comme fynonyme de RECÉPER, RABATTRE, RABAISSER, RAPPROCHER & TAILLER; cependant il offre une nuance d'expreffion relative au but qu'on fe propose.

Il eſt poffible que ce mot vienne de *rebuter*, car tous les arbres qui ont été rebottés font dans le cas d'être rebutés par les jardiniers, parce que leur feve étant forcée de faire une, deux & même quelquefois trois déviations dans une longueur de quelques pouces, n'arrive pas à la tige en même affluence que fi elle fuivoit des canaux directs; auſſi les arbres rebottés font-ils foibles, de peu de durée, & offrent-ils fouvent des exoſtofes monſtrueuſes ou des irrégularités choquantes à leur pied. Le feul avantage qu'ils aient, c'eſt de fe mettre plus promptement à fruits, avantage qui, il eſt vrai, eſt déterminant pour beaucoup de propriétaires de jardins.

Comme les pépinériſtes livrent aux jardiniers les arbres rebottés à un taux inférieur, ils font toujours déterminés à les préférer lorfqu'ils font chargés du repeuplement de leur jardin.

Il eſt des années où, par défaut d'attention des

pépinériſtes ;

pépiniériftes, ou par fuite de l'intempérie de la faifon, un tiers, ou même une moitié des greffes en fente manquent, & où il faut, par conféquent, faire de nombreux rebottages. Dans ce cas je préférerai toujours recéper le fujet entre deux terres, pour le greffer en fente ou pour lui faire pouffer un jet nouveau qui fe redreffera bien plus promptement, à raifon de ce qu'il eft plus près de la racine & plus fraîchement ; deux circonftances qui agiffent fur la vigueur de la végétation.

Au refte, actuellement qu'on greffe prefque tous les arbres fruitiers en écuffon, à œil dormant, le rebottage eft moins commun, vu que, lorfque la greffe manque, on en eft quitte pour recommencer, l'année fuivante, un peu plus haut ou un peu plus bas.

J'obferve que le pêcher, greffé fur amandier, eft l'arbre le plus fréquemment dans le cas d'être rebotté, parce que, craignant la grande féchereffe comme la grande humidité, fes greffes font très-fujettes à périr.

Les arbres deux fois rebottés ne doivent plus fervir, à mon avis, qu'à brûler, ou à planter dans des bois ou dans des haies, comme fauvageons. (Bosc.)

REBOURS. Les menuifiers donnent ce nom au bois dont les fibres ont plufieurs directions, & qui, par conféquent, font difficiles à foumettre au rabot. Comme il fe fend plus difficilement, il eft recherché par les charrons & autres ouvriers qui n'ont befoin que de cette qualité. Voyez BOIS.

REBUGA. On donne ce nom à l'élagage des arbres dans le département de Lot & Garonne.

REBUT. Dans les pâturages de la ci-devant Normandie on donne ce nom aux herbes que les bœufs refufent de manger fur pied, & qu'on fauche pour les leur donner fèches pendant l'hiver. Voyez PRAIRIE.

RECALLEI. C'eft ainfi qu'on appelle l'action de nettoyer les foffés dans le département des Deux-Sèvres.

RECÉPER : couper un arbre rez terre.

On recèpe le jeune plant dans les bois & les pépinières, dans le but de lui faire pouffer des jets plus droits & plus vigoureux que les anciens.

Cette opération eft fondée, 1°. fur ce que, moins un arbre a de hauteur, plus il repouffe vigoureufement ; 2°. fur ce que moins la fève trouve d'obftacles dans fon cours, & plus fes canaux font larges.

Un jeune orme eft-il gêné dans fa croiffance par une caufe quelconque, un jeune poirier eft-il brouté par les beftiaux, un jeune pommier rongé par les chenilles, un jeune chêne frappé par les gelées du printemps, il ne pouffe plus que foiblement, il devient RABOUGRI (voyez ce mot) ; mais fi on le coupe entre deux terres, à la fin de l'hiver, il pouffera au printemps un certain nom-

bre de rejets qui, réduits aux deux plus forts au mois de juin, & au plus fort des deux au mois d'août, arrivera avant l'hiver à une élévation de beaucoup fupérieure à celle de l'arbre coupé.

Non-feulement c'eft le jet le plus fort qu'il faut conferver, mais le jet le plus droit, & d'après le principe émis au commencement de cet article.

Fréquemment j'ai vu des ormes de trois ans qui n'avoient que deux à trois pieds de haut, s'élever, l'année de leur recepage, à cinq & fix pieds, & offrir une tige de la groffeur d'un pouce, auffi droite que poffible, qui difpenfoit de TUTEUR. Voyez ce mot.

Certains arbres ont prefque toujours befoin d'être recépés, parce qu'ils pouffent d'abord foiblement & irrégulièrement ; ce font principalement les ormes, les tilleuls, les acacias, les châtaigniers, les gaîniers, furtout le micocoulier. Il ne faut recéper certains autres, tels que les érables, les frênes, les marroniers, &c., arbres ayant une flèche & pouffant toujours naturellement droit, tels que les peupliers, les faules, &c., arbres à bois mou & pouffant rapidement, fe redreffant aifément, que quand on eft forcé par quelque caufe particulière. Enfin, il en eft dont le recepage caufe immanquablement la mort ; ce font les arbres réfineux. Voyez PIN, SAPIN, MÉLÈZE, &c. Les différences que préfentent à cet égard les diverfes efpèces d'arbres, doivent être connues des pépiniériftes ; auffi ai-je foin de les indiquer à chacun des articles de ces arbres.

Le recepage n'a lieu dans les pépinières d'arbres greffés que dans un petit nombre de cas, parce que l'ufage y a prévalu de greffer la plupart des pieds, à une petite diftance de terre, & que, coupant la tête du fujet immédiatement au-deffus de la greffe, cette dernière jouit de tous les avantages de cette opération ; auffi eft-il de ces greffes qui s'élèvent la première année à quatre ou cinq pieds. Voyez GREFFE.

Les travaux qui fuivent le recepage fe trouvent également indiqués au mot PÉPINIÈRE.

Plufieurs perfonnes s'élèvent contre le recepage, difant qu'il retarde la croiffance des arbres, mais elles font dans l'erreur. Il y a toujours à gagner à le faire, fous ce rapport, quand on confidère une plantation de quelqu'étendue, parce que les nouvelles pouffes offrent des canaux plus larges & plus droits, & que la fève y abonde.

C'eft la feconde ou la troifième année de la plantation qu'on doit effectuer le recepage dans les pépinières ; il doit être retardé d'un an dans les mauvais fols, afin de donner le temps aux racines de s'étendre, ainfi que pour les efpèces qui, comme le CHÊNE, comme le MICOCOULIER, pouffent très-lentement. Si on attend davantage, il ne remplit plus le but, qui eft de mettre plus promptement les arbres en état d'être plantés ou vendus.

Comme, dans les bois, la végétation eft plus

lente, & que l'objet n'eſt pas d'avoir une ſeule tige, mais une trochée, on ne recèpe les plantations qu'à cinq, ſix & même dix ans. *Voyez* FORÊT.

La fin de l'hiver eſt l'époque la plus convenable pour recéper les plants des pépinières & même des bois, parce que plus tôt on peut craindre l'effèt des gelées ſur la plaie, & plus tard la perte de la fève, qui peut avoir lieu par la plaie : cette plaie ſera tournée, autant que poſſible, du côté du nord, & très-oblique.

Après le recepage il faut toujours donner un labour, ou au moins un bon BINAGE. *Voyez* ce mot.

Il ſera queſtion du recepage dans un grand nombre d'autres articles qui traitent d'opérations baſées ſur les mêmes principes. *Voyez* REBOTTER, RAJEUNIR, RAPPROCHER, RABATTRE & TAILLER. (*Bosc.*)

RÉCHAUD, ou mieux RÉCHAUF : fumier de cheval en état complet de fermentation, dont on entoure, en certaine épaiſſeur, une couche qui commence à perdre de ſa chaleur, afin qu'il lui communique de la ſienne. *Voyez* COUCHE.

Il eſt toujours préférable de calculer l'épaiſſeur d'une couche, de manière qu'on ſoit aſſuré qu'elle conſervera juſqu'à la fin le degré de chaleur néceſſaire, plutôt que d'être obligé de la garnir d'un Réchaud ; car quelque peu conſidérable qu'il ſoit, il coûte toujours plus que l'effet qu'il produit le comporte.

Lorſque les couches ont pluſieurs toiſes de largeur & de longueur, il n'eſt pas néceſſaire de leur donner un Réchaud, qui d'ailleurs ne produiroit preſque pas d'effet. Au contraire, lorſqu'il y en a pluſieurs à côté les unes des autres, & ſéparées par un intervalle ſeulement d'un à deux pieds, on les emploie avec avantage, parce qu'il ſe perd fort peu de leur chaleur.

On dit qu'il eſt fréquent de voir, en Allemagne, des couches à Réchaud ſuſceptibles d'être renouvelées à volonté, & de produire tout l'effet déſirable. A cet effet on établit des claies ſur trois murs élevés de deux pieds, & ſur ces claies, d'abord une épaiſſeur de ſix pouces de long fumier, & enſuite une autre épaiſſeur ſemblable de terreau ; puis on met ſous ces claies, par le côté où il n'y pas de mur, en le taſſant autant qu'il eſt néceſſaire, du fumier qu'on enlève lorſqu'il a produit tout ſon effet, pour en mettre de l'autre. Par ce moyen on peut entretenir la couche au même degré de chaleur pendant tout un été.

J'ai regretté de n'avoir pas pu faire conſtruire des couches d'après ce principe, qui eſt en concordance complète avec la théorie de la chaleur (*Bosc.*)

RÉCHAUSSER. Ce mot eſt, dans quelques cas, ſynonyme de BUTTER (*voyez* ce mot) ; dans d'autres il a une acception un peu différente.

Ainſi on rechauſſe un arbre nouvellement planté, dont les racines ont été miſes à nu en partie, parce que les pluies ont opéré le taſſement ou entraîné la terre qui les recouvroit.

Ainſi on rechauſſe un pied de tabac qui avoit été chauſſé, mais que des accidens ont déchauſſé. *Voyez* CHAUSSER.

RÉCISE. On donne ce nom à la BENOITE. *Voyez* ce mot.

RÉCOLTE. C'eſt le but & le réſultat des avances & des travaux des cultivateurs.

Tant que la Récolte n'eſt pas rentrée, on a craindre les effets des orages, des inondations, des ravages des animaux, &c. &c.

Chaque eſpèce de culture a une époque & un mode particulier de Récolte, que j'ai eu ſoin d'indiquer à l'article qui la concerne ; ainſi ce ſeroit faire un double emploi que d'en parler ici. J'obſerverai ſeulement que cette époque & ce mode varient partout, & même chaque année, ſelon le climat & les circonſtances atmoſphériques.

Il ſemble que les Récoltes devroient être faites avec tout le ſoin poſſible ; mais quiconque a vécu à la campagne, ſait combien de négligence on y apporte généralement. Ainſi on les commence, ou avant la maturité complète, ce qui donne des produits inférieurs, ou long-temps après cette maturité, ce qui expoſe à de nombreuſes pertes ; ainſi on emploie de mauvais inſtrumens, des agens peu habiles ou fort lents, d'où il réſulte de nouvelles pertes de toutes natures. Il eſt, dans certains lieux, des uſages qu'il ſeroit impoſſible de changer, & qui, le plus ſouvent, ſont au détriment des propriétaires, uſages que la puiſſance de la loi devroit abroger.

Les trois principales Récoltes de la grande culture ſont la fenaiſon, la moiſſon & les vendanges. On doit choiſir, pour les faire, un temps ſec & des ouvriers en tel nombre qu'on puiſſe eſpérer de les terminer très-promptement, parce que la pluie eſt à craindre pendant leur durée. Une funeſte économie eſt ſouvent la cauſe de grandes pertes.

Les agens de la coupe des foins ſont des faucheurs, des faneurs, des botteleurs, des chargeurs & des voituriers. Souvent les premiers font auſſi le travail des autres.

Après les foins viennent les moiſſons, bien plus importantes par leurs réſultats. Les céréales ſe coupent à la faucille ou à la faux. Ce dernier moyen eſt préférable comme plus expéditif, même pour le froment : c'eſt faute d'habileté des ouvriers lorſqu'il cauſe une plus grande perte de grain que le ſciage à la faucille. L'époque des moiſſons eſt celle des orages ; ainſi il ne faut les laiſſer ſur terre que juſte le temps néceſſaire pour effectuer leur deſſiccation. La déteſtable pratique du JAVELAGE doit être repouſſée de tous les cultivateurs inſtruits. *Voyez* ce mot.

On a calculé que la Récolte d'un arpent en froment, dans les années ordinaires & dans les bas terrains, donnoit deux cents gerbes ou fix facs de grain, & que la moitié de ce produit devoit être employé à folder les frais de la culture; l'autre moitié repréfente donc la rente du propriétaire, le profit du fermier & l'impofition.

Dans une partie de la France on eft dans l'ufage de mettre les foins & les grains en gros tas coniques ou pyramidaux, foit dans le champ même d'où ils ont été enlevés, foit dans les environs de l'habitation, au lieu de les rentrer dans les fenils & les granges. J'ai indiqué, au mot MEULE, les moyens à employer pour opérer convenablement.

Des vendangeurs pour couper le raifin, des porteurs pour le tranfporter fur les animaux ou les charettes qui doivent le conduire au preffoir ou à la cuve, des tonneaux en nombre fuffifant, &c., doivent être arrêtés avant de commencer les vendanges. Plus encore que pour la fenaifon & la moiffon, il faut craindre d'épargner les bras; car jamais cuve chargée à différentes reprifes n'a fourni de bon vin.

Il eft à remarquer que la coupe des foins fe faifant au printemps, eft accompagnée d'une joie douce dont l'amour eft fouvent la fuite; que celle du raifin, ayant lieu en automne, offre une bruyante joie qui fe développe principalement à table; enfin, que celle des céréales s'exécutant pendant la plus grande chaleur de l'année, eft trifte. Dormir, eft ce que defirent le plus les moiffonneurs.

Les autres Récoltes fe font dans les intervalles de celles dont il vient d'être queftion; elles ne demandent pas, pour la plupart, un appel extraordinaire d'agens. Les plus importantes font celles des chanvres, des graines huileufes & des pommes de terre.

On fait encore, dans le midi de la France, deux Récoltes de première importance: ce font celles du MAïS & des OLIVES. Voyez ces mots.

Les produits des JARDINS fe fuccèdent toute l'année & fe recueillent chaque jour, à mefure du befoin, quelques LÉGUMES & quelques FRUITS d'automne feuls exceptés. Voyez ces trois mots. (Bosc.)

RÉCOLTE DÉROBÉE. On appelle ainfi, dans quelques cantons, les fecondes Récoltes qui fe font fur les terres qui en ont déjà porté une.

Les Récoltes dérobées font ordinairement des raves, de la fpargule, des choux, de la navette d'hiver, de la cameline, du farrafin, des carottes, des panais, &c.

Partout on doit faire des Récoltes dérobées, principalement pour augmenter la maffe des fourrages verts, des racines propres à nourrir les beftiaux, des plantes les plus avantageufes pour être enterrées pour engrais. Loin de nuire, comme on le croit communément, à la fertilité de la terre, elles la favorifent en y fixant les gaz qui circulent dans l'atmofphère; & en empêchant l'é-

vaporation de ceux qui s'y forment par la décompofition des débris des végétaux.

Il eft certaines cultures, comme celles des haricots, de la vefce, de la geffe, de la navette d'hiver, des prairies temporaires, &c. qui rendent plus facile l'introduction des Récoltes dérobées dans les affolemens. Toutes les variétés hâtives des grains & des légumes font dans le même cas, & ce doit être, dans beaucoup de circonftances, un motif de plus pour les préférer aux variétés tardives. Voyez VARIÉTÉ. (Bosc.)

RÉCOLTES AMÉLIORANTES. On donne ce nom à toutes les Récoltes qu'on ne laiffe pas grainer fur la terre, & qui, foit en la garantiffant de l'action des rayons du foleil, foit en étouffant les mauvaifes herbes, foit en y laiffant une partie de leurs débris, la rendent plus propre à produire des blés ou d'autres objets de culture l'année fuivante.

Les Récoltes améliorantes font principalement celles des prairies artificielles qu'on ne laiffe pas porter graine, & des plantes annuelles de la famille des Légumineufes, qui fe coupent quand elles font en fleur. (Bosc.)

RÉCOLTES ENTERRÉES POUR ENGRAIS. Toute plante tirant de l'atmofphère la plus grande partie des principes qui entrent dans fa compofition, rend à la terre, lorfqu'elle fe décompofe après fa mort; beaucoup plus qu'elle n'en a tiré: ainfi, dans l'état naturel, la terre doit augmenter de fertilité chaque année, & c'eft ce qui a lieu en effet dans les lieux inhabités; mais partout où l'homme coupe les bois à des époques plus ou moins éloignées, où il fauche les prés une ou deux fois par an; où furtout il cultive des plantes annuelles pour leurs graines, cette augmentation de fertilité n'a plus lieu, même il y a détérioration plus ou moins rapide, felon la nature du fol, la difpofition du local, &c.

Il faut donc que les cultivateurs rendent aux terres arables au moins une partie de l'humus que les Récoltes leur ont enlevé; & c'eft ce qu'ils font par les ENGRAIS, & principalement par le meilleur de tous, après les matières animales, c'eft-à-dire, par du FUMIER. Voyez ces mots.

Cependant le fumier n'eft prefque jamais affez abondant pour fatisfaire aux befoins de la culture: fouvent les terres fur lefquelles on doit le répandre, font à une telle diftance du lieu où on le confectionne, que les frais de tranfport effraient. Il eft donc à defirer qu'on puiffe trouver les moyens de le fuppléer, dans ces cas, en tout où en partie. Or, de tous ceux, en affez grand nombre, qui ont été imaginés, le plus fimple & le plus économique eft certainement l'enfouiffement des plantes annuelles femées fur le terrain même.

Les anciens ont connu le mode de réparer les pertes de la terre. On trouve dans les écrits des agronomes romains, qu'on employoit principalement le lupin au lieu de fumier ; & encore aujourd'hui, c'eft lui qu'on préfère, pour cet objet, en Italie & en Efpagne.

Les plantes, à l'époque de leur floraifon, contiennent, d'après Théodore de Sauffure, plus de potaffe qu'à aucune autre de leur vie : ainfi, non-feulement elles agiffent comme engrais, mais encore comme AMENDEMENT. *Voyez* ce dernier mot, & ceux POTASSE & CHAUX.

Elles agiffent encore, même lorfqu'elles font plus jeunes, de deux autres manières comme amendement, c'eft-à-dire, qu'elles portent dans les terres fèches toute l'humidité dont elles font pourvues (humidité qui eft plus permanente que celle produite par les pluies), & qu'elles foulèvent les terres fortes, les rendent plus légères, avantages très-précieux, puifque la végétation ne fe développe bien qu'autant que la terre eft humide & perméable aux racines.

Enterrer des plantes pour engrais, eft donc toujours très-favorable aux fuccès des cultures ; & cependant il eft peu de cultivateurs qui faffent habituellement cette opération.

Dans toutes efpèces de terre, la première condition à obferver, c'eft que les plantes à enterrer pouffent très-rapidement, & offrent beaucoup de tiges & de feuilles, afin qu'on puiffe les femer comme RÉCOLTE DÉROBÉE (*voyez* ce mot), ou au moins qu'elles ne faffent perdre qu'une Récolte fur trois. Or, le nombre des plantes, objets actuels de nos cultures, qui rempliffent le mieux cette condition, fe réduit à douze ; favoir : 1°. dans le nord de la France, pour les terrains fecs & légers, la RAVE, la NAVETTE, la MOUTARDE, le SARRASIN, le TRÈFLE, la SPERGULE ; pour les terrains humides & argileux, la FÈVE DE MARAIS, le POIS & la VESCE ; 2°. dans le midi, le LUPIN & le CHICHE. *Voyez* ces mots.

Les amis de la profpérité agricole de la France doivent défirer que, dans toutes les exploitations rurales, il y ait, chaque année, une certaine étendue de terrain confacrée à être améliorée par le femis d'une des plantes ci-deffus, femis fait immédiatement après la première Récolte, afin qu'on puiffe mettre une plus grande quantité de fumier fur celle deftinée à porter le froment ou autre Récolte de première importance.

Je puis difficilement établir ici la proportion d'engrais qu'une Récolte enterrée tranfmet à un champ d'une étendue donnée, puifque cette proportion dépend de l'efpèce de la plante enterrée, de fon plus ou moins de grandeur, de fon plus ou moins d'écartement, &c. Il fuffit, dans la plupart des cas, de favoir qu'elle augmentera les produits de celle qu'on lui fubftituera, de manière à payer les frais & à donner un bénéfice. Il eft cependant quelques obfervations qui permettent d'évaluer d'un quart à une demi-fumure l'amélioration produite par une bonne Récolte enterrée en fleur.

Si on tardoit d'enterrer une Récolte jufqu'à l'époque où fa graine approcheroit de fa maturité, l'amélioration feroit augmentée, parce que les graines contiennent bien plus de carbone que les feuilles & les tiges ; mais il eft très-rare qu'il ne foit pas plus fructueux, à raifon du temps qu'on a devant foi pour la culture fubféquente, de l'enterrer, comme je l'ai indiqué plus haut, lorfqu'elle eft en pleine fleur, qu'elle a acquis toute fa croiffance en hauteur.

Tantôt on enterre les Récoltes pour engrais en les labourant immédiatement, foit à la charrue, foit à la bêche ; tantôt après les avoir coupées à la faux pour les coucher à la fourche dans les fillons. Les pois & les vefces, dont les tiges grimpantes s'embarraffent entr'elles & avec la charrue, font principalement dans le cas d'être coupées.

En Angleterre, on a imaginé une charrue qui porte en avant un rouleau propre à coucher ces plantes parallèlement aux raies, & qui favorife par conféquent leur enfouiffement total. *Voyez* CHARRUE.

Les TRÈFLES qu'on rompt à leur feconde année, les LUZERNES & les SAINFOINS auxquels on fait fubir cette opération de la fixième à la douzième année, peuvent être regardés comme des Récoltes enterrées par la quantité de débris qu'ils laiffent dans la terre. *Voyez* ces mots & PRAIRIES ARTIFICIELLES.

Il en eft de même des CHAUMES très-garnis d'herbes & des PRAIRIES TEMPORAIRES, dont la pâture a été incomplète. *Voyez* ces mots. (*Bosc.*)

RÉCOLTES ÉPUISANTES. Ce font celles qui, en fourniffant des graines, enlèvent à la terre plus de principes fertilifans que leurs débris n'en laiffent ; les céréales, principalement le froment & l'orge, les oléifères, telles que le colza, le pavot, le chanvre, &c., donnent lieu à des Récoltes épuifantes. *Voyez* ASSOLEMENT. (*Bosc.*)

RÉCOLTE MORTE. On appelle ainfi, dans quelques cantons, les Récoltes qui ont manqué par fuite des intempéries de la faifon, ou d'une inondation, & dont les produits ne peuvent pas payer les frais.

Un cultivateur intelligent ne fouffre pas de Récolte morte dans fon exploitation, parce que, dès qu'il eft affuré de l'altération des femis, à quelque époque que ce foit, il les laboure & les remplace par d'autres cultures, ne fût-ce que par une RÉCOLTE ENTERRÉE. *Voyez* ce mot & ceux GELÉE, PLUIE, ORAGE, INONDATION. (*Bosc.*)

RECOQUILLÉES (Feuilles). Ce font celles qui fe contournent irrégulièrement fur elles-mêmes.

Une altération organique, un coup de foleil, la piqûre d'un infecte, &c. peut caufer le recoquillement.

Les feuilles recoquillées n'exécutent pas complétement leurs fonctions : aussi les cultivateurs soigneux les enlèvent-ils à mesure qu'ils les reconnoissent. *Voyez* CLOQUE.

RECOTONNER. Ce mot est synonyme de TALLER.

RECOULER : nom du troisième labour donné aux terres à blé.

RECOUPE & RECOUPETTE. Ce font la seconde & la troisième farine qu'on retire du son remoulu, dans la mouture économique. *Voyez* FARINE & MOULIN.

RECOURADEN : araire à deux versoirs, employé dans le Médoc pour chausser le blé. *Voyez* CHARRUE.

RECOURIR. C'est, dans la ci-devant Bourgogne, le second ébourgeonnement qu'on donne aux VIGNES. *Voyez* ce mot.

RECRUE. Ce nom s'applique à la repousse d'un bois qu'on vient de couper. *Voyez* FORÊT dans le *Dictionnaire des Arbres & Arbustes*.

RECUITE : un des synonymes du SERAI, c'est-à-dire, du fromage qu'on tire du petit-lait après la fabrication des fromages de Gruyère, du Cantal, &c. *Voyez* FROMAGE.

RECURE-CHAPEAU : nom vulgaire de l'ÉLATINE ALSINASTRE.

REDONDE : cercle de dix pouces de diamètre, fait avec des branches d'orme ou de chêne entrelacées, qui, dans les montagnes de l'est de la France, se passe, en forme de collier, dans le cou des bœufs pour les atteler.

Le peu de solidité des Redondes, & les blessures qu'elles font aux bœufs, doivent les faire proscrire de toute exploitation bien montée. Elles annoncent la misère & l'ignorance. *Voyez* BŒUF & JOUG.

REDOUL. *CORIARIA*.

Genre de plantes de la diœcie décandrie, qui réunit six espèces, dont une est fort abondante dans les terrains incultes des parties méridionales de la France, & s'emploie dans les arts. Il est figuré pl. 822 des *Illustrations des genres* de Lamarck.

Espèces.

1. Le REDOUL à feuilles de myrte. *Coriaria myrtifolia*. Linn. ♄ Du midi de l'Europe.

2. Le REDOUL à feuilles de fragon. *Coriaria ruscifolia*. Linn. ♄ Du Chili.

3. Le REDOUL à petites feuilles. *Coriaria microphylla*. Lam. ♄ Du Pérou.

4. Le REDOUL à feuilles de phylique. *Coriaria phylicifolia*. Willd. ♄ Du Pérou.

5. Le REDOUL à feuilles de thym. *Coriaria thymifolia*. Willd. ♄ Du Pérou.

6. Le REDOUL sarmenteux. *Coriaria sarmentosa*. Forst. ♄ De la Nouvelle-Zélande.

Culture.

La première espèce est extrêmement commune dans les lieux où elle croît naturellement. On en coupe tous les deux ans une certaine quantité, au milieu de l'été, pour l'usage de la teinture & de la tannerie, où elle supplée la noix de galle & l'écorce de chêne, ses feuilles & l'écorce de ses tiges contenant une assez grande proportion de tannin. C'est un poison pour les hommes & les animaux qui en mangent, poison qui passe pour agir sur le système nerveux.

On cultive cette espèce dans toutes les écoles de botanique & dans quelques jardins paysagers ; elle craint les fortes gelées du climat de Paris, mais il est rare que ses racines en soient affectées. On peut en garantir ses tiges par des couvertures de fougère ou de feuilles sèches ; mais le plus souvent on ne le fait pas, à raison de ce que, coupées rez terre, elles repoussent au printemps, & les nouvelles tiges forment des touffes plus belles que les anciennes. C'est sur le bord des massifs, au milieu des gazons, contre les fabriques exposées au midi, qu'elle se place le plus ordinairement, parce qu'elle s'y fait mieux remarquer par sa belle couleur verte.

Une terre légère & un peu humide est celle où elle se plaît le plus. Elle craint le grand soleil, &, dit-on, les grands vents secs.

La multiplication de Redoul, dans le climat de Paris, a lieu par le moyen de ses graines semées dans des pots sur couche nue, pots qu'on rentre dans l'orangerie l'hiver suivant. Au printemps on repique le plant en pleine terre, & il ne demande plus d'autres soins que ceux propres à tout jardin bien tenu. Dès qu'on en a un pied de quelque force, on peut le multiplier bien plus rapidement par ses rejets, qui sont ordinairement nombreux, & par éclats de racines, moyens qui fournissent, dès la même année, de fortes touffes, & le plus souvent en plus grande quantité qu'il n'est nécessaire aux besoins. Il faut éviter de mettre ces pieds dans les terres sujettes à être couvertes d'eau, parce que cette situation est mortelle pour eux. (*Bosc.*)

REDRUGER : synonyme de RECOURIR. *Voyez* ce mot.

REDUTÉE. *REDUTEA*.

Plante annuelle de l'île de Saint-Thomas, qui seule forme un genre dans la monadelphie polyandrie & dans la famille des *Malvacées*. Elle est figurée par Ventenat, pl. 11 du *Jardin de Cels*.

Culture.

Les graines de cette plante se sèment dans des pots remplis de terre à demi consistante, pots qu'on place sur couche & sous châssis, & qu'on arrose au besoin. Le plant levé se repique seul à seul dans d'autres pots ou contre un mur exposé au midi, où on ne lui donne pour tout soin que des arrofemens & des farclages. Pour affurèr fa fructification, on fera bien de le rentrer dans la ferre chaude dès la fin d'août.

Quoiqu'affez belle, cette plante n'eft pas fufceptible d'entrer comme ornement dans nos jardins, à raifon du haut degré de chaleur qu'elle exige. (*Bosc.*)

REFAIRE, ou REFENDRE, ou REFERIS-SAGE. C'eft, aux environs de Lyon, le troifième labour qu'on donne aux terres deftinées à porter du froment. *Voyez* LABOUR.

REFROIDIS : cultures qui fe font pendant l'année de jachère. Faire du Refroidis, c'eft fupprimer momentanément la JACHERE. *Voyez* ce mot & le mot ASSOLEMENT.

REFROIDISSEMENT. On doit faire en forte que les chevaux qui font en fueur fe refroidiffent graduellement, car les fuppreffions de tranfpiration, qui font la fuite d'un Refroidiffement fubit, font fouvent fort dangereufes : ainfi il faut éviter de les faire entrer dans une écurie humide, de les laiffer expofés à un courant d'air froid, encore moins de les mener à l'eau : on les fera donc promener pendant quelques inftans, on les couvrira avec une couverture, on les bouchonnera avec de la paille, on les paffera au couteau de chaleur, &c. *Voyez* HYGIÈNE & CHEVAL. (*Bosc.*)

REFROISSE : fe dit des terres en jachères, qui fe cultivent en trèfle, en luzerne ou autrement : c'eft le fynonyme de REFROIDIS. *Voyez* ce mot & ceux JACHÈRES, ALTERNER & SUCCESSION DE CULTURE.

REFROUCHIS. On appelle ainfi, dans le département des Ardennes, une terre fur laquelle on ne fait pas de JACHÈRES. *Voyez* ce mot & celui SUCCESSION DE CULTURE.

REGAGNON : variété de froment, remarquable par la groffeur de fon grain, qui fe cultive dans le département des Hautes-Alpes. *Voyez* FROMENT.

REGAIN. Ce nom s'applique généralement à la feconde herbe que donnent les prairies naturelles, & à la dernière des prairies artificielles : je dis généralement, parce que, dans quelques lieux, on n'appelle pas Regain la feconde herbe lorfqu'on la fait pâturer fur place. *Voyez* PRAIRIE & FOIN.

A raifon de l'époque où il fe fauche & de fa nature aqueufe, le Regain ne fe deffèche pas toujours facilement : dans ce cas, pour éviter qu'il moififfe, il faut le ftratifier avec de la paille d'avoine ou de froment, paille à laquelle il communique une partie de fon odeur & de fa faveur, & qu'il rend un manger plus agréable pour les beftiaux. (*Bosc.*)

RÉGISSEUR : fynonyme d'ÉCONOME. *Voyez* ce mot.

Un Régiffeur femble cependant avoir reçu une éducation plus diftinguée, & furveiller une plus grande étendue de bien.

Il feroit bien à defirer que les propriétaires n'employaffent pour Régiffeurs que des perfonnes inftruites en agriculture & en économie rurale.

Avoir paffé deux ou trois ans chez un procureur, eft aujourd'hui le titre qu'on fait valoir le plus communément pour obtenir la préférence, & on n'apprend chez un procureur que les détours de la chicane. (*Bosc.*)

REGISTRE à l'ufage des cultivateurs. *Voyez* ÉCONOME.

RÉGLISSE. GLYCYRRHIZA.

Genre de plantes dont il fera queftion dans le *Dictionnaire des Arbres & Arbuftes*, attendu que les efpèces qui le compofent font ligneufes & fe cultivent en pleine terre dans les parties méridionales de la France. (*Bosc.*)

RÉGLISSE SAUVAGE. C'eft l'ASTRAGALE. *Voyez* ce mot.

RÈGNE. On donne ce nom, dans le département de la Haute-Garonne, au fillon qu'ouvre la charrue.

Lorfque le laboureur vient toujours commencer le fillon au même bout, on dit *Règne perdu*, & en effet c'eft perdre inutilement beaucoup de temps fans utilité. *Voyez* LABOUR. (*Bosc.*)

RÈGNES DE LA NATURE. On a donné ce nom aux trois grandes divifions des corps naturels, favoir, les MINÉRAUX, les VÉGÉTAUX & les ANIMAUX. *Voyez* ces mots.

Aujourd'hui ce nom ne devroit plus s'employer que dans le ftyle figuré; cependant, par l'effet de l'habitude, on en fait encore ufage dans les fciences exactes : c'eft pourquoi j'ai dû le rendre l'objet d'un article. (*Bosc.*)

REGREFFER, ou greffer une feconde fois.

On regreffe les arbres dont la greffe a manqué, & ceux dont on veut changer l'efpèce ou la variété. *Voyez* GREFFE.

Quelques écrivains, & entr'autres Roziers, s'étoient perfuadé qu'en regreffant un arbre fur lui-même, on améliororoit chaque fois fon fruit, & qu'ainfi on pouvoit arriver à une perfection illimitée en multipliant fans fin cette opération. Le vrai eft que la greffe n'améliore ni ne détériore directement la qualité des fruits, & que toutes les expériences comparatives qui ont été citées pour appuyer l'opinion contraire manquoient d'exactitude, c'eft-à-dire, qu'on n'avoit fait attention ni à la différence du terrain, ni à celle des expofitions, ni à celle des circonftances atmofphériques, ni même au choix de la variété. Qui ne fait, en effet, qu'un beurré crû dans un terrain fec & à l'expofition du midi, eft meilleur que celui crû dans un terrain humide & à l'expofition de l'oueft? Qui ne fait que, dans les années froides & pluvieufes, les beurrés font moins bons que dans les années chaudes & fèches?

Je fuis d'une opinion contraire, car la théorie & la pratique prouvent que les efpèces & les variétés se propagent sans changer par la greffe : aussi je ne crois pas, quoique Roziers l'assure, qu'un marronnier d'Inde, greffé sept à huit fois sur lui-même, ait donné des fruits mangeables. *Voyez* GREFFE & VARIÉTÉ. (*Bosc.*)

RACINE DES BOIS. La DIANELLE porte ce nom à l'Ile-de-France.

REINE MARGUERITE : espèce d'ASTÈRE qui nous vient de la Chine, & qu'on cultive abondamment dans nos jardins. *Voyez* ce mot.

REINE DES PRÉS : nom vulgaire de la SPIRÉE ULMAIRE.

REINS ou ROGNONS : organes de la sécrétion des urines, & partie du corps sous laquelle ces organes sont situés.

Les Reins, dans les animaux domestiques, comme dans l'homme, sont sujets à des maladies qui leur sont propres, principalement aux obstructions, aux pierres, maladies qui se guérissent rarement par des remèdes.

Les chevaux qui ont les Reins courts sont plus résistans à la fatigue que ceux qui les ont longs, mais ces derniers sont plus rapides à la course.

Un cheval qui a les Reins naturellement foibles, ou chez qui ils ont été affoiblis par un travail anticipé ou exagéré, qui a pris un *effort de Reins*, se berce en trottant, ce qui est un défaut grave. *Voyez* CHEVAL. (*Bosc.*)

REJET, REJETON. Ces mots ne devroient signifier que des pousses sortant des racines postérieurement au développement de la tige, ou des tiges principales ; mais il s'applique aussi quelquefois aux bourgeons qui naissent sur les tiges mêmes. *Voyez* BOURGEONS.

Les cultivateurs tirent fréquemment parti des rejetons pour multiplier les végétaux. Il en est qui se reproduisent plus souvent ainsi que par graines, même dans l'état naturel. Il en est d'étrangers à l'Europe, qu'on ne se procure que par ce moyen dans nos jardins. Parmi ces derniers, je citerai le GYMNOCLADE & l'AYLANTE. *Voyez* ces mots.

Mais les arbres provenans de la multiplication par Rejet s'élèvent moins, & vivent moins longtemps que ceux qui sont le résultat d'un semis de graine. De plus, n'ayant jamais de pivot, leurs racines tracent par conséquent d'une manière nuisible aux productions voisines, & font exposés à être renversés par les vents. Il est donc bon de n'employer ce moyen de multiplication que lorsqu'on ne peut pas faire autrement ; cependant les pépiniéristes, qui gagnent deux & trois ans à le préférer, en mettent le plus souvent, surtout pour les cerifiers & les pruniers, même pour les ormes, quoiqu'ils n'y gagnent rien. Les graines de ces derniers se sèment en juin de l'année de leur production, & peuvent donner pour l'hiver suivant du plant de deux pieds de haut. *Voyez* ORME.

La multiplication des Rejetons est favorisée par la section des racines, par la ligature des racines, par les blessures des racines. On emploie fréquemment ces artifices dans les pépinières d'arbres, d'arbustes & d'arbrisseaux étrangers. *Voyez* PEPINIÈRE & RACINE.

Souvent il pousse des Rejets sur une racine sans qu'il y pousse en même temps du chevelu. En levant ces Rejets dans cet état, il y a tout à craindre pour le succès de leur reprise. Dans ce cas on ne les lève que l'année suivante, parce qu'alors on doit être certain qu'il aura poussé du chevelu directement de la nouvelle tige.

Toujours il est utile de supprimer, lorsqu'on le peut, la portion de la racine qui a donné naissance à un Rejet, parce qu'il ne peut fournir autant de nourriture à la tige que les racines directes, & qu'il s'oppose au développement de ces dernières.

En partant du même principe, j'observerai qu'il vaut beaucoup mieux donner aux Rejets le temps de grossir en pépinière, que de les laisser en place ; en conséquence, ceux de plus de deux ans d'âge doivent être rebutés. *Voyez* PLANTATION.

Les arbres qui donnent beaucoup de Rejets sont souvent nuisibles aux cultures voisines, parce que les labours multiplient ces Rejets outre mesure. L'orme, le cerisier, le prunier & le prunellier sont dans ce cas plus que les autres arbres indigènes. On parvient quelquefois à arrêter le mal en levant & coupant toutes celles de leurs racines qui rampent à une petite distance de la surface de la terre, & on doit d'abord employer ce moyen. S'il ne réussit pas, il n'y a plus qu'à arracher l'arbre, dont les racines restées en terre produisent souvent encore le même inconvénient pendant quelques années. (*Bosc.*)

REJET. C'est la même chose que RAQUETTE. *Voyez* ce mot.

RELAISSE : herbe que les bœufs refusent de manger pendant l'été dans les pâturages de la ci-devant Normandie, & qu'on fauche pour la leur donner pendant l'hiver. *Voyez* REBUT & PRAIRIE.

RELEVER UN ARBRE RENVERSE PAR LE VENT. C'est le rétablir dans sa position perpendiculaire.

Si un arbre est jeune, l'effort du bras suffit ; s'il est gros, il faut des cordes, des poulies, des moufles.

Dans ce dernier cas, il est toujours nécessaire de faire un trou, pour recevoir les racines, du côté opposé à celui où le tronc est couché.

Il est bon de rapprocher les branches d'un arbre relevé, & parce que les racines ne pourroient plus les nourrir aussi bien, & parce qu'il faut favoriser la recrue des racines, & que rien mieux que cette opération ne produit un tel effet. *Voyez* RACINE & FEUILLE.

Un tuteur, si l'arbre est petit, & des cordes attachées à un arbre voisin ou à des pieux éloignés de quelques pieds, eſt néceſſaire juſqu'à la recrue des racines, pour l'empêcher d'être renverſé de nouveau par un foible coup de vent.

Les pépiniériſtes diſent relever le plant mis en rigole, tandis qu'ils diſent lever le plant dans la planche de ſemis, & cette diſtinction eſt fort bonne. *Voyez* PLANTATION, RIGOLE, LEVER. (*Bosc.*)

RELHAMIE. *Voyez* CURTIS.

RELHANIE. *RELHANIA.*

Genre de plantes de la ſyngénéſie égale & de la famille des *Corymbifères*, fort voiſin des ATHANASES & des LEYSERIES (*voyez* ces mots), qui réunit dix-neuf eſpèces, dont deux ſe cultivent dans nos écoles de botanique.

Eſpèces.

1. La RELHANIE ſcarieuſe. *Relhania ſquarroſa.* Lhérit. ♄ Du Cap de Bonne-Eſpérance.

2. La RELHANIE à feuilles de genêt. *Relhania geniſtifolia.* Lhérit. ♄ Du Cap de Bonne-Eſpérance.

3. La RELHANIE à petites feuilles. *Relhania microphylla.* Lhérit. ♄ Du Cap de Bonne-Eſpérance.

4. La RELHANIE à feuilles de paſſerine. *Relhania paſſerinoides.* Lhérit. ♄ Du Cap de Bonne-Eſpérance.

5. La RELHANIE viſqueuſe. *Relhania viſcoſa.* Lhérit. ♄ Du Cap de Bonne-Eſpérance.

6. La RELHANIE lâche. *Relhania laxa.* Lhérit. ☉ Du Cap de Bonne-Eſpérance.

7. La RELHANIE pédonculée. *Relhania pedunculata.* Lhérit. ☉ Du Cap de Bonne-Eſpérance.

8. La RELHANIE à fleurs latérales. *Relhania lateriflora.* Lhérit. ☉ Du Cap de Bonne-Eſpérance.

9. La RELHANIE cunéiforme. *Relhania cuneata.* Lhérit. Du Cap de Bonne-Eſpérance.

10. La RELHANIE effilée. *Relhania virgata.* Lhérit. ♄ Du Cap de Bonne-Eſpérance.

11. La RELHANIE paléacée. *Relhania paleacea.* Lhérit. ♄ Du Cap de Bonne-Eſpérance.

12. La RELHANIE à feuilles de ſantoline. *Relhania ſantolinoides.* Lhérit. ♄ Du Cap de Bonne-Eſpérance.

13. La RELHANIE piquante. *Relhania pungens.* Lhérit. ♄ Du Cap de Bonne-Eſpérance.

14. La RELHANIE à feuilles croiſées. *Relhania decuſſata.* Lhérit. ♄ Du Cap de Bonne-Eſpérance.

15. La RELHANIE à grand calice. *Rhelania calycina.* Lhérit. ♄ Du Cap de Bonne-Eſpérance.

16. La RELHANIE tomenteuſe. *Relhania bellidiaſtrum.* Lhérit. ♄ Du Cap de Bonne-Eſpérance.

17. La RELHANIE à trois nervures. *Relhania trinervia.* Thunb. ♄ Du Cap de Bonne-Eſpérance.

18. La RELHANIE à cinq nervures. *Relhania quinquenervis.* Thunb. Du Cap de Bonne-Eſpérance.

19. La RELHANIE pinnée. *Relhania pinnata.* Thunb. Du Cap de Bonne-Eſpérance.

Culture.

Les eſpèces des n°s. 1 & 10 ſont les ſeules que nous poſſédions en ce moment; mais il en eſt pluſieurs autres qui ont été cultivées dans nos jardins & qui en ont diſparu : toutes ſe multiplient d'abord de graines tirées de leur pays natal, graines qui ſe ſèment dans des pots remplis de terre de bruyère, & qu'on place ſur une couche à châſſis dès que les gelées ne ſont plus à craindre. Aux approches des froids on rentre ces pots dans l'orangerie, & au printemps ſuivant on iſole, dans d'autres pots, les plants qu'ils contiennent.

Deux ou trois ans après on peut eſpérer de voir fleurir les Relhanies, qui d'ailleurs n'offrent quelqu'intérêt qu'aux yeux des botaniſtes.

On multiplie auſſi ces plantes par boutures faites en mai, dans des pots, ſur couche & ſous châſſis. Ce moyen réuſſit aſſez généralement, mais ſes produits durent peu.

La terre des pots qui contiennent des Relhanies doit être renouvelée tous les deux ans, & arroſée fréquemment pendant les chaleurs de l'été. *Voyez*, pour le ſurplus, au mot ATHANASE. (*Bosc.*)

RELIER UN TONNEAU. *Voyez* au mot TONNEAU.

REMANANE : menu bois qui n'eſt pas de vente, qu'on brûle dans les forêts, après leur exploitation, pour en faire de la cendre & en tirer de la POTASSE. *Voyez* ce mot.

REMIRE. *MIEGIA.*

Plante vivace qui croît à Cayenne, ſur les bords de la mer, & qui ſeule forme un genre dans la triandrie digynie & dans la famille des *Graminées.* Elle eſt figurée pl. 37 des *Illuſtrations des genres de Lamarck.*

Comme on ne la cultive pas dans nos jardins, je n'ai rien à en dire de plus. (*Bosc.*)

REMISE : petit bouquet de bois taillis qu'on plante au milieu des plaines pour que le gibier puiſſe

puiſſe s'y mettre à l'abri du ſoleil, & ſatisfaire à l'inſtinct qui le porte à ſe cacher.

On doit préférer les arbriſſeaux, principalement ceux à graines, tels que le caragana & le baguenaudier, pour faire des Remiſes, parce qu'ils ſont plus touffus, & donnent de la nourriture aux faiſans & aux perdrix.

Lorſqu'elles ſont compoſées de grands arbres, il faut les couper tous les huit à dix ans, ſelon la nature du ſol. *Voyez* TAILLIS. (*Bosc.*)

REMONTER LA TERRE. C'eſt, à Montreuil, un ſynonyme de BINER. *Voyez* ce mot.

On remonte, dans les vignobles fort en pente, la terre que les pluies, aidées des labours, ont entraînées dans le bas des coteaux. Cette opération très-coûteuſe ſe fait, ou à dos d'homme ou à dos de cheval, tous les quatre, ſix ou dix ans. Il vaudroit mieux la faire tous les ans. *Voyez* VIGNE. (*Bosc.*)

REMPLACEMENT : terme employé, à Montreuil, pour déſigner une très-bonne & très-ſavante opération qui n'eſt guère pratiquée que par les cultivateurs de ce célèbre village.

Lorſqu'on taille longues les branches à fruit du pêcher, on a beaucoup de pêches ; mais ces branches longues n'en donnent plus l'année d'après, & périſſent même le plus ſouvent ; ce qui fait qu'on n'eſt jamais ſûr, dans ce cas, d'avoir du fruit deux années de ſuite. Pour éviter cet inconvénient, les cultivateurs de Montreuil taillent courtes les branches à fruits, c'eſt-à-dire, qu'ils ne leur laiſſent au plus que les deux boutons à bois, les plus inférieurs ; mais ils taillent, immédiatement après la cueillette des pêches, les branches à bois, afin de favoriſer le développement des branches à fruits ; c'eſt ce qu'ils appellent le *Remplacement*, parce qu'en effet ils remplacent une branche à fruit épuiſée.

Au printemps, l'année ſuivante, l'arbre eſt taillé ſelon la règle.

Voyez les mots PÊCHER & TAILLE. (*Bosc.*)

REMPOTAGE. Dans l'état naturel, les plantes prolongent chaque année leurs racines, de manière qu'elles ont aux deux ſéves, mais plus à celle d'automne qu'à celle du printemps, conſtamment de la nouvelle terre à leur diſpoſition, juſqu'à l'époque fixée par la nature pour le terme de leur faculté aſſimilatrice. *Voyez* VEGETATION, RACINE & SÈVE.

Mais lorſque les plantes ſont reſſerrées dans des pots ou dans des caiſſes, cet effet n'a lieu que juſqu'au moment où les racines ſont arrivées aux parois du pot : alors elles ſe contournent, reviennent ſur elles-mêmes pour chercher de la terre nouvelle, & quand elles ont épuiſé tous les ſucs contenus dans celle du pot, elles périſſent de faim.

Il y a deux moyens de retarder, & même d'em-

pêcher la mort des plantes en pot. Le premier, c'eſt de leur donner de la terre ſurchargée de principes nutritifs ; c'eſt ce qu'on fait pour les orangers & quelques autres arbres (*voyez* ORANGER, TERRE A ORANGER, HUMUS & RENCAISSEMENT) ; le ſecond, c'eſt de changer ſouvent la terre des pots. Ce dernier ſe pratique pour la plus grande partie des plantes vivaces, des arbriſſeaux & arbuſtes cultivés en POT. *Voyez* ce mot.

Une plante en pot annonce qu'elle a beſoin de nouvelle terre lorſque ſes pouſſes ſont foibles & ſes feuilles jaunes, lorſque ſes fleurs avortent & ſes fruits tombent avant leur maturité.

Il eſt des plantes qui ne demandent à être rempotées que tous les deux ou trois ans, d'autres qui l'exigent deux fois par an. Ces dernières ſont rarement ligneuſes.

Le principe annoncé plus haut que la plus grande pouſſe des racines a lieu à la fin d'août, autoriſe à croire que c'eſt avant l'époque de cette ſève qu'il convient le plus généralement de rempoter ; cependant il y a beaucoup d'exceptions qui tiennent à l'eſpèce de plante, à la nature de la terre, à la grandeur du pot, à l'objet qu'on a en vue, &c. &c. Dans les petits jardins, & pour les eſpèces les plus précieuſes, on rempote, même pendant que la ſève eſt en action ; & dans les grands, on le fait tantôt avant la montée de la ſève du printemps, tantôt avant celle de l'automne, principalement avant cette dernière.

Pour rendre les Rempotages moins pénibles, on les exécute ordinairement ſur une table à hauteur d'appui. Un gros tas de terre, appropriée, paſſée à la claie & à demi ſèche, ſe trouve au milieu ; à gauche ſe dépoſent les *pots préparés*, & à droite, ceux qui ſont regarnis.

Les pots préparés ſont ceux au fond deſquels on a mis, ou un teſſon, ou une pierre plate, ou une poignée de ſable, & qu'on a remplis à moitié de terre. L'objet du teſſon ou de la pierre plate eſt de boucher le trou du pot pour empêcher que la terre ſoit entraînée par les arroſemens ; celui du ſable eſt de favoriſer l'écoulement de l'eau ſurabondante des arroſemens ; celui de la terre, pour que le travail aille plus vîte.

Par ce dernier motif il eſt bon que trois perſonnes travaillent ſimultanément, ſavoir, une qui ôte les plantes des pots & enlève autour de leurs racines, avec les mains ou un couteau peu coupant, la portion de terre convenable ; une qui met les plantes dans le nouveau pot, en ſépare les rejetons, les caïeux, les marcottes, &c. ; en diſpoſe les branches, retranche celles qui doivent l'être, &c. ; une qui enlève le pots vides, les pots garnis, & apporte ceux qui ſont demandés, & dont la grandeur varie ſelon la force de la plante qu'on va replanter, le principe général étant que chaque plante ſoit miſe dans un pot un peu plus grand que celui d'où elle ſort. *Voyez* POT & CAISSE.

Pour faciliter le Rempotage, on arrose les plantes une ou deux heures auparavant ; car la terre trop sèche s'éboule sous la main de l'ouvrier, & il faut qu'il n'enlève que la portion strictement nécessaire.

L'opération se fait ainsi : celui qui doit dépoter prend le pot de la main gauche, &, s'il y en a une, la tige de la plante de la main droite, & tire cette dernière. S'il ne peut faire sortir la plante du pot par cet effort, ou qu'il n'y ait pas de tige, il renverse le pot & frappe son bord, plus ou moins fort, sur celui de la table, en soutenant la terre avec la main droite. Ordinairement la terre cède à cette percussion ; si elle ne le fait pas, on a encore la ressource de cerner la terre avec un couteau, sinon il faut casser le pot.

Quelquefois la plante ne vient pas hors du pot, parce que ses racines ont trouvé le trou de son fond : dans ce cas il faut couper ces racines rez du trou, & repousser le chicot avec un bâton.

La plante enlevée, on retranche avec la main, toujours à plusieurs reprises & avec précaution, la terre qui entoure ses racines : si ces dernières avoient atteint le fond & les bords du pot, on les couperoit dans la longueur d'un à deux pouces & plus, selon la grosseur de la motte & l'espèce de plante, avec un couteau.

Il n'est pas possible d'indiquer ici toutes les déterminations que peut prendre celui qui rempote, car les circonstances varient à chaque plante, & chaque année. En général, on laisse des mottes grosses aux grandes plantes, & on les met dans de plus grands pots ; mais souvent on est forcé d'économiser la terre, & alors on fait la motte plus petite & on la remet dans le même pot. La valeur de la plante entre aussi pour beaucoup dans la détermination ; celle qui est commune, ou facile à multiplier, n'est pas traitée avec autant de soin que celle qui est rare & chère.

Quelques personnes croiront peut-être que c'est un mal que de couper les racines, mais c'est qu'elles ignorent plus leurs fonctions dans le fait que par l'extrémité de ces racines, que cette extrémité s'alonge tous les ans deux fois, comme je l'ai déjà observé plus haut, & que plus il y a de ces extrémités, & plus la plante prospère. *Voyez* RACINE.

Ce sont surtout les racines contournées qu'il faut retrancher sans miséricorde, parce qu'elles ne rempliront plus leurs fonctions dans le nouveau pot ; qu'elles périssent même toutes la seconde année, d'après l'observation de Dumont-Courset. *Voyez* PLANTATION & TRANSPLANTATION.

Les seules précautions à prendre en mettant la plante dans un nouveau pot, c'est qu'elle soit bien au milieu ; que sa tige, si elle en a une, soit rigoureusement perpendiculaire, & qu'il y ait une certaine distance entr'elle & le fond du pot, afin que les racines inférieures trouvent à vivre comme les latérales.

On tasse la terre nouvellement mise autour d'une plante, d'abord en frappant quelques coups du cul du pot sur la table, ensuite en la comprimant sur les bords du pot avec le pouce.

Dès que les plantes sont rempotées, elles se rangent dans un lieu abrité du soleil & des vents, & s'arrosent légèrement. Cet arrosement se renouvelle tous les jours jusqu'à ce que toute la terre soit imbibée. Si on leur donnoit d'abord trop d'eau, on risqueroit de causer la pourriture des racines, qui, étant alors mutilées, y sont plus sujettes ; si on ne leur donnoit pas assez d'eau, elles se faneroient, souffriroient long-temps, même finiroient par mourir.

C'est alors qu'on donne de nouveaux tuteurs aux plantes qui en ont besoin.

Lorsque le rempotement a été bien fait & que le temps a été favorable, les plantes rempotées ne se sentent plus de l'opération au bout de huit jours, & elles recommencent à pousser avec plus de vigueur qu'auparavant. (*Bosc.*)

RENANTHÈRE. *Renanthera.*

Plante parasite de la Cochinchine, fort voisine des ANGRECS, qui, selon Loureiro, forme seule un genre dans la gynandrie monogynie.

Cette plante n'est pas cultivée dans nos jardins, & ne l'y sera sans doute jamais. (*Bosc.*)

RENARD : quadrupède du genre des chiens, dont les cultivateurs ne peuvent trop provoquer la destruction, attendu qu'il fait une guerre perpétuelle aux volailles, qu'il mange les raisins, le miel, &c. *Voyez* le *Dictionnaire des Quadrupèdes.*

Cependant, je dois le dire, il leur rend aussi service en mangeant également les LIÈVRES, les PERDRIX, les CAILLES, les ALOUETTES, les FOUINES, les BELETTES, les TAUPES, les LOIRS, les LEROTS, les RATS, les MULOTS, les CAMPAGNOLS, les HANNETONS, les SAUTERELLES, les GUÊPES, &c. *Voyez* tous ces mots.

La faculté de se creuser un terrier & de s'y retirer dans le danger, est aussi nuisible qu'utile au Renard, parce qu'il indique le lieu où il faut le chercher, & que, quelque défiant & rusé qu'il soit, il finit par succomber aux attaques multipliées auxquelles il est exposé.

Les Renards se tuent à l'affût en faisant crier une poule ; ils se chassent avec des petits chiens à jambes torses, qui entrent dans leurs terriers, & les forcent d'en sortir quand, comme cela est le plus ordinaire, ces terriers ont plusieurs issues. On les enfume, soit en brûlant de la paille mouillée, soit en brûlant du soufre : on les fouille en enlevant la terre, lorsque la nature du terrain le comporte.

Des lacets de fil de laiton servent à les prendre par le cou ; des lacets de corde, attachés à un arbre recourbé, à les prendre par la patte : on leur tend des pièges de fer à ressorts, amorcés de diverfes matières. *Voyez*, pour le furplus, au mot Loup.

La peau du Renard, tué pendant l'hiver, forme une fourrure fort eftimée; en conféquence il faut que les cultivateurs les confervent avec foin jufqu'à la vente. (*Bosc.*)

RENCAISSAGE. On appelle ainfi l'action de remettre dans une caiffe plus grande, & quelquefois dans la même, l'arbre, ou l'arbriffeau, ou l'arbufte, ou la plante vivace qui en a été ôtée, après lui avoir enlevé une portion de la terre qui entoure fes racines, & avoir coupé de toutes fes racines. *Voyez* Caisse.

Comme les principes du Rencaiffage ne diffèrent pas de ceux du Rempotage, & que je les ai fuffifamment développés à ce dernier mot, j'y renvoie le lecteur.

Il eft cependant des caiffes d'une telle grandeur, qu'il n'eft pas poffible de fuivre à leur égard les mêmes procédés. Ce que j'en dirai au mot Oranger, qui eft l'arbre le plus fréquemment placé dans les grandes caiffes, fuppléera à ce qui ne fe trouve pas à l'article précité. *Voyez* Plantation & Transplantation. (*Bosc.*)

RENEAULME. *Renealmia.*

Grande plante de l'Inde, qui feule forme un genre dans la monandrie monogynie & dans la famille des *Balifiers*: fes fruits fe mangent.

Cette plante ne fe cultive pas dans nos jardins, mais bien dans ceux d'Angleterre & d'Allemagne; fa culture ne doit pas différer de celle des Amomes. *Voyez* ce mot. (*Bosc.*)

RENONCULE. *Ranunculus.*

Genre de plantes de la polyandrie polygynie & de la famille des *Renonculacées*, qui renferme près de cent efpèces, dont une trentaine, & principalement une, fe cultivent dans nos jardins, & dont plufieurs font très-abondantes dans nos campagnes. Il eft figuré dans les *Illuftrations des genres* de Lamarck, pl. 498.

Obfervations.

Ce genre a de nombreux rapports avec celui des Anémones *Voyez* ce mot.

Une de fes efpèces forme aujourd'hui le genre Ficaire. *Voyez* ce mot.

Efpèces.

1. La Renoncule petite douve.
Ranunculus flammula. Linn. ♃ Indigène.
2. La Renoncule baffe.
Ranunculus pufillus. Lam. ♃ De la Caroline.
3. La Renoncule radicante.
Ranunculus reptans. Linn. ♃ Indigène.
4. La Renoncule filiforme.
Ranunculus filiformis. Mich. ♃ De l'Amérique feptentrionale.

5. La Renoncule grande douve.
Ranunculus lingua. Linn. ♃ Indigène.
6. La Renoncule nodiflore.
Ranunculus nodiflorus. Linn. ♃ Indigène.
7. La Renoncule à feuilles de gramen.
Ranunculus gramineus. Linn. ♃ Du midi de la France.
8. La Renoncule à feuilles de parnaffie.
Ranunculus parnaffifolius. Linn. ♃ Des Alpes.
9. La Renoncule de Buenos-Ayres.
Ranunculus bonarienfis. Lam. ♃ Du Bréfil.
10. La Renoncule amplexicaule.
Ranunculus amplexicaulis. Linn. ♃ Des Alpes.
11. La Renoncule des Pyrénées.
Ranunculus pyreneus. Linn. ♃ Du midi de la France.
12. La Renoncule des falines.
Ranunculus falfiginofus. Pall. ♃ De la Sibérie.
13. La Renoncule ophioglose.
Ranunculus ophiogloffifolius. Willd. ♃ Des Alpes.
14. La Renoncule des hautes montagnes.
Ranunculus frigidus. Willd. De la Sibérie.
15. La Renoncule grumeleufe.
Ranunculus bullatus. Linn. ♃ Du midi de l'Europe.
16. La Renoncule vénéneufe.
Ranunculus thora. Linn. ♃ Indigène.
17. La Renoncule ficaire.
Ranunculus ficaria. Linn. ♃ Indigène.
18. La Renoncule à feuilles crénelées.
Ranunculus crenatus. Kit. ♃ De la Hongrie.
19. La Renoncule du Pérou.
Ranunculus peruvianus. Perf. ♃ Du Pérou.
20. La Renoncule de Crète.
Ranunculus creticus. Willd. ♃ De l'île de Candie.
21. La Renoncule de Ténériffe.
Ranunculus Teneriffæ. Willd. ♃ De l'île de Ténériffe.
22. La Renoncule à grandes feuilles.
Ranunculus macrophyllus. Desf. ♃ De la Barbarie.
23. La Renoncule afcendante.
Ranunculus afcendens. Brot. ♃ Du Portugal.
24. La Renoncule des jardins, vulgairement renoncule.
Ranunculus afiaticus. Linn. ♃ Du Levant.
25. La Renoncule à épi.
Ranunculus fpicatus. Desf. ♃ De la Barbarie.
26. La Renoncule des marais.
Ranunculus paludofus. Poir. ♃ De la Barbarie.
27. La Renoncule de Caffubie.
Ranunculus caffubicus. Linn. ♃ Du nord de l'Allemagne.
28. La Renoncule avorton.
Ranunculus abortivus. Linn. ♃ De l'Amérique feptentrionale.
29. La Renoncule lanugineufe.
Ranunculus lanuginofus. Linn. ♃ Des Alpes.
30. La Renoncule foyeufe.
Ranunculus fericeus. Lam. ♃ De l'Ile-de-France.

S ij

31. La RENONCULE hispide.
Ranunculus hispidus. Mich. ♃ De l'Amérique septentrionale.
32. La RENONCULE flabellée.
Ranunculus flabellatus. Desf. ♃ De la Barbarie.
33. La RENONCULE dorée.
Ranunculus auricomus. Linn. ♃ Indigène.
34. La RENONCULE de Montpellier.
Ranunculus monspeliacus. Linn. ♃ Du midi de l'Europe.
35. La RENONCULE de Gouan.
Ranunculus Gouani. Willd. ♃ Du midi de l'Europe.
36. La RENONCULE cerfeuil.
Ranunculus chærophyllus. Linn. ♃ Du midi de l'Europe.
37. La RENONCULE roussâtre.
Ranunculus rufulus. Brot. ♃ Du Portugal.
38. La RENONCULE millefeuille.
Ranunculus millæfoliatus. Desf. ♃ De la Barbarie.
39. La RENONCULE rampante, vulgairement pied-de-poule dans la campagne, & bouton d'or dans les jardins.
Ranunculus repens. Linn. ♃ Indigène.
40. La RENONCULE âcre, vulgairement bassinet dans les champs, & bouton d'or dans les jardins.
Ranunculus acris. Linn. ♃ Indigène.
41. La RENONCULE bulbeuse, vulgairement grenouillette dans la campagne, & bouton d'or dans les jardins.
Ranunculus bulbosus. Linn. ♃ Indigène.
42. La RENONCULE multiflore.
Ranunculus polyanthemos. Linn. ♃ Indigène.
43. La RENONCULE couchée.
Ranunculus prostratus. Lam. ♃ Indigène.
44. La RENONCULE à feuilles luisantes.
Ranunculus lucidus. Lam. ♃ Du Levant.
45. La RENONCULE oxysperme.
Ranunculus oxyspermum. Willd. ☉ De la Sibérie.
46. La RENONCULE fasciculée.
Ranunculus polyrhizos. Willd. ☉ De la Sibérie.
47. La RENONCULE de Cappadoce.
Ranunculus cappadocicus. Willd. ♃ Du Levant.
48. La RENONCULE du Japon.
Ranunculus japonicus. Thunb. ♃ Du Japon.
49. La RENONCULE des jachères.
Ranunculus gregarius. Brot. ♃ Du Portugal.
50. La RENONCULE moyenne.
Ranunculus intermedius. Lam. ☉ Indigène.
51. La RENONCULE scélérate.
Ranunculus sceleratus. Linn. ☉ Indigène.
52. La RENONCULE en faucille.
Ranunculus falcatus. Linn. ☉ Du midi de l'Europe.
53. La RENONCULE sardonique.
Ranunculus sardonus. Crantz. ☉ Du midi de la France.
54. La RENONCULE velue.
Ranunculus philonotis. Retz. ☉ De l'Allemagne.

55. La RENONCULE à feuilles de platane.
Ranunculus platanifolius. Linn. ♃ Du midi de la France.
56. La RENONCULE à feuilles d'aconit, vulgairement bouton d'argent.
Ranunculus aconitifolius. Linn. ♃ De.....
57. La RENONCULE de Pensylvanie.
Ranunculus pensylvanicus. ☉ De l'Amérique septentrionale.
58. La RENONCULE d'Illyrie.
Ranunculus illyricus. Linn. ♃ Du midi de l'Europe.
59. La RENONCULE à feuilles de peucedan.
Ranunculus peucedanoides. Desf. Du midi de la France.
60. La RENONCULE à feuilles de rue.
Ranunculus rutæfolius. Linn. ♃ Des Alpes.
61. La RENONCULE agraire.
Ranunculus agrarius. Lam. ♃ Des Alpes.
62. La RENONCULE bilobée.
Ranunculus alpestris. Linn. ♃ Des Alpes.
63. La RENONCULE glaciale.
Ranunculus glacialis. Linn. ♃ Des Alpes.
64. La RENONCULE des frimats.
Ranunculus nivalis. Linn. ♃ Du nord de l'Europe.
65. La RENONCULE des rochers.
Ranunculus breynisius. Crantz. ♃ Des Alpes.
66. La RENONCULE des montagnes.
Ranunculus montanus. Willd. ♃ Des Alpes.
67. La RENONCULE de Laponie.
Ranunculus lapponicus. Linn. ♃ De la Laponie.
68. La RENONCULE hyperboréenne.
Ranunculus hyperboreus. Retz. ♃ De la Sibérie.
69. La RENONCULE à grandes fleurs.
Ranunculus grandiflorus. Linn. ♃ De l'Orient.
70. La RENONCULE septentrionale.
Ranunculus septentrionalis. Lam. ♃ De l'Amérique septentrionale.
71. La RENONCULE de Seguier.
Ranunculus Seguieri. Vill. ♃ Des Alpes.
72. Le RENONCULE recourbée.
Ranunculus recurvatus. Lam. ♃ De l'Amérique septentrionale.
73. La RENONCULE ailée.
Ranunculus pinnatus. Lam. ♃ Des Indes.
74. La RENONCULE déchiquetée.
Ranunculus multifidus. Lam. ♃ De l'Égypte.
75. La RENONCULE vernissée.
Ranunculus nitidus. Walt. ♃ De l'Amérique septentrionale.
76. La RENONCULE de Maryland.
Ranunculus marylandicus. Lam. ♃ De l'Amérique septentrionale.
77. La RENONCULE tomenteuse.
Ranunculus tomentosus. Lam. ♃ De l'Amérique septentrionale.
78. La RENONCULE d'Orient.
Ranunculus orientalis. Willd. ☉ De l'Orient.

79. La Renoncule ventrue.
Ranunculus ventricofus. Vent. ♃ Du Bréfil.
80. La Renoncule à fruits membraneux.
Ranunculus alatus. Lam. ♃ Du Bréfil.
81. La Renoncule petite.
Ranunculus parvulus. Linn. ☉ Indigène.
82. La Renoncule à petites fleurs.
Ranunculus parviflorus. Linn. ☉ Du midi de l'Europe.
83. La Renoncule échinée.
Ranunculus echinatus. Vent. ♃ De l'Amérique feptentrionale.
84. La Renoncule hériffée.
Ranunculus muricatus. Linn. ☉ Du midi de l'Europe.
85. La Renoncule des champs.
Ranunculus arvenfis. Linn. ☉ Indigène.
86. La Renoncule trilobée.
Ranunculus trilobus. Desf. ♃ De la Barbarie.
87. La Renoncule polyphylle.
Ranunculus polyphyllus. Willd. ☉ De la Hongrie.
88. La Renoncule à feuilles de lierre.
Ranunculus hederaceus. Linn. ♃ Indigène.
89. La Renoncule aquatique.
Ranunculus aquaticus. Linn. ♃ Indigène.
90. La Renoncule flottante.
Ranunculus pumilus. Lam. ♃ Indigène.

Culture.

Les Renoncules petite douve, radicante, grande douve & nodiflore croiffent dans les marais & autres lieux inondés une partie de l'année : elles paffent pour caufer la mort aux beftiaux qui en mangent ; mais ce n'eft réellement que lorfqu'ils s'en nourriffent exclufivement qu'elle produit cet effet, car elles font, la première furtout, fi communes dans certains prés, qu'il ne feroit pas poffible d'y laiffer entrer un cheval, un bœuf, un mouton fans être affuré de fa mort, quoique ces animaux fachent fort bien l'éviter en broutant. On doit à M. de Lafteyrie l'obfervation que, mangées en petite quantité, elles ftimuloient l'eftomac par fuite de leur âcreté, & favorifoient ainfi la digeftion. Il eft probable qu'on leur attribue les qualités délétères des marais dans lefquels elles croiffent. *Voyez* MARAIS.

Pour détruire ces quatre efpèces de Renoncules, il faut d'abord deffécher le terrain, & enfuite le labourer & le cultiver pendant quelques années, d'abord en avoine & en froment, enfuite en féves de marais, en pommes de terre & autres objets qui demandent des binages d'été, enfin en trèfle ou en luzerne, auxquels fuccède naturellement une nouvelle prairie.

La culture de ces efpèces dans les écoles de botanique confifte à les femer ou planter dans un pot rempli de vafe de marais, pot qu'on enfonce à moitié dans une terrine remplie d'eau, qu'on re-nouvelle d'autant plus fouvent qu'il fait plus chaud. Elles ne demandent plus d'autre foin que des farclages de propreté, & le renouvellement de la vafe tous les deux à trois ans. La Renoncule grande douve eft affez belle, lorfqu'elle eft en fleur, pour mériter d'être placée, le pied dans l'eau, fur le bord des baffins des jardins payfagers.

Les Renoncules à feuilles de gramen & à feuilles de parnaffie fe placent dans une terre à demi confiftante, la première au foleil, la feconde à l'ombre, & fe multiplient par leurs graines, dont elles donnent dans le climat de Paris. Il n'y a que les très-fortes gelées qui leur nuifent ; & comme on peut les craindre chaque année, on a foin, dans les écoles bien conduites, d'en tenir quelques pieds en pots pour pouvoir les rentrer dans l'orangerie aux approches de l'hiver.

La Renoncule grumeleufe fe tient toujours en pot dans le même but.

Les Renoncules amplexicaule & des Pyrénées fe cultivent en pleine terre, mais ne redoutent pas les gelées : elles aiment l'ombre & une terre à demi confiftante. On les obtient de leurs graines tirées des lieux où elles croiffent naturellement, graines qui fe fèment, ou dans des pots fur couche nue, ou en pleine terre. Une fois arrivées à l'âge de deux ans, on les multiplie avec la plus grande facilité par la divifion de leurs pieds en hiver.

La Renoncule vénéneufe fourniffoit, dit-on, la matière avec laquelle nos ancêtres empoifonnoient leurs flèches : elle n'eft pas commune dans l'état fauvage, & il eft difficile de la conferver long-temps dans les jardins ; elle veut un terrain frais & de l'ombre. Sa reproduction peut rarement avoir lieu autrement que par graines tirées des montagnes où elle croît, attendu qu'elle donne fort peu de rejetons.

La Renoncule ficaire tapiffe le fol de certains bois en terrain léger & frais, dès les premiers jours du printemps. La beauté de fes feuilles & de fes fleurs doit faire defirer de l'introduire en plus grande quantité poffible dans les maffifs des jardins payfagers, dont elle feroit difparoître la nudité du fol, fi trifte à cette époque de l'année. Dès que fes graines font mûres, c'eft-à-dire, dès la fin de mai, elle difparoît entièrement : on la multiplie par fes graines & par les bulbes de fes racines, femées ou plantées en automne. Elle ne demande aucune culture ; fes feuilles fe mangent en guife d'épinards dans le nord de l'Europe. Les cochons recherchent partout fes bulbes.

Les Renoncules de Crète, à épi, lanugineufe & cerfeuil, s'introduifent, fe multiplient & fe confervent dans les écoles de botanique, de la même manière que les Renoncules amplexicaule & des Pyrénées, dont il a été queftion plus haut.

La Renoncule dorée croît abondamment dans les bois, & fleurit une des premières au printemps. Comme la Renoncule ficaire, elle est dans le cas de concourir à l'ornement des jardins paysagers : c'est presqu'exclusivement de graines qu'on la multiplie, car elle donne rarement des rejetons. Les vaches & les chevaux la mangent.

La Renoncule rampante est une des plantes les plus communes des prés argileux & humides, auxquels elle nuit beaucoup en tenant la place d'autres plantes plus du goût des bestiaux, car il n'y a que les chevaux & les moutons qui s'en accommodent, encore n'est-ce que lorsqu'elle est jeune. Ses tiges prenant racine à chaque nœud, & chaque nœud devenant l'origine d'un nouveau pied, elle se multiplie avec une effrayante rapidité. Un pré qui en est trop infesté doit donc être promptement labouré & cultivé, comme je l'ai indiqué plus haut, afin de la détruire ; mais c'est ce que malheureusement on fait trop peu souvent. Elle n'est pas sans élégance, soit en feuilles, soit en fleurs ; aussi la voit-on quelquefois servir d'ornement aux parterres, où, lorsque ses fleurs sont doubles, elle porte le nom de *bouton d'or*. Elle devroit aussi se placer, par la même raison, sur le bord des allées, dans les corbeilles des jardins paysagers, si elle n'y étoit pas naturellement si commune : on la multiplie avec la plus grande facilité par le déchirement des vieux pieds pendant l'hiver.

La Renoncule âcre ressemble beaucoup à la précédente ; & quoiqu'elle ne se multiplie pas aussi rapidement, elle est aussi abondante qu'elle dans les prés qui sont en bon sol, ni sec ni aquatique : son âcreté est telle, qu'en appliquant ses feuilles sur la peau, elles y causent une excoriation ; aussi la plupart des bestiaux la repoussent-ils. Tout ce que j'ai dit à l'occasion de la précédente lui convient. La culture la fait aussi doubler.

La Renoncule bulbeuse est également très-commune dans certains prés ; elle est encore plus âcre que la précédente : aussi ses racines sont-elles mortelles pour les campagnols & les mulots qui en mangent : par conséquent il est fort important de la détruire par rapport aux bestiaux, & on y parvient par les moyens indiqués plus haut. Sa variété double se voit aussi dans les parterres & dans les jardins paysagers.

Il est à observer que les feuilles de ces trois espèces, & en général de toutes les Renoncules, perdent leur âcreté par leur dessiccation, & qu'ainsi elles peuvent entrer dans le foin sans nul inconvénient.

Ces trois Renoncules, ainsi que la Renoncule couchée ; une fois mises en place dans les écoles de botanique, n'y demandent d'autres soins que ceux de propreté.

La Renoncule scélérate croît sur le bord des eaux croupissantes ; elle est si âcre, qu'on emploie ses racines pour vésicatoires : aussi, quoique les moutons & les chèvres s'en nourrissent, quoique ses feuilles cuites se mangent dans quelques pays du Nord, passe-t-elle pour être un poison très-redoutable. J'ai lieu de croire qu'elle absorbe l'air délétère des marais, & qu'ainsi elle rend service aux habitans de leurs bords. Son abondance est quelquefois telle, qu'il peut être avantageux de l'arracher au milieu de l'été pour la transporter sur le fumier, dont elle augmentera la masse, ou en former un compost sur le bord même du marais.

Dans les écoles de botanique, les graines de cette espèce se sèment en place. Le plant levé s'éclaircit & ne demande plus que des arrosemens abondans pendant les chaleurs. Elle ne devient jamais aussi belle dans ces jardins que dans les lieux où il est de sa nature de croître ; mais cela n'est pas nécessaire pour l'étude de ses caractères.

Les Renoncules moyenne, en faucille & velue, sont annuelles & ne se cultivent que dans le écoles de botanique, où elles se sèment en place, s'éclaircissent & se sarclent. Les terrains légers sont ceux qu'elles préfèrent.

Les Renoncules à feuilles de platane, à feuilles d'aconit, de Pensylvanie & d'Illyrie, sont trois grandes & élégantes plantes qui peuvent contribuer à l'ornement des parterres, quoique la seconde seule, dont les fleurs sont blanches, y soit employée, & encore n'est-ce que sa variété double. Elles aiment un terrain un peu frais. On les multiplie par le semis de leurs graines, &, quand on les possède, par le déchirement de leurs vieux pieds en hiver, déchirement dont le résultat donne des fleurs dès la même année.

Les Renoncules à feuilles de rue, glaciale & des frimats, ainsi que les autres qui croissent également sur les hautes montagnes, étant la moitié de l'année sous la neige, semblent pouvoir être cultivées sans difficulté en pleine terre ; cependant elles y périssent presque toujours par suite des gelées de l'hiver ou du printemps, gelées dont elles sont garanties par la neige dans leur lieu natal. En conséquence, on est obligé de les tenir en pot pour pouvoir les rentrer dans une orangerie : comme les autres Renoncules vivaces, on les multiplie & par graines & par déchirement des vieux pieds.

Les Renoncules à petites fleurs, hérissée & des champs, sont annuelles & se sèment en place dans les écoles de botanique ; elles se plaisent dans les terrains sablonneux & nuisent aux bestiaux. Eclaircir leur plant & le sarcler, sont toute la culture qu'elles demandent.

La seconde de ces espèces a des fruits garnis d'épines qui blessent les cultivateurs qui marchent nus pieds. La dernière, qui est très-vénéneuse, d'après les expériences de Brugnone & Krapf, est quelquefois si abondante dans les céréales, qu'elle nuit à leurs produits. Pour la détruire, il faut introduire dans le champ un bon système d'assolement, c'est-à-dire, faire succéder des prairies artificielles aux céréales; & à ces prairies des cultures qui exigent des binages d'été.

La Renoncule à feuilles de lierre croît dans l'eau des petites fontaines. Pour la conserver dans les écoles de botanique, il faut la semer dans un pot dont on tient constamment le fond dans un bassin d'eau pure. Comme ses tiges sont traînantes, on la multiplie très-facilement par le déchirement des vieux pieds, dès qu'une fois on l'a obtenue de graines.

La Renoncule aquatique, & les variétés qu'on y rapporte, si ce ne sont les espèces, est excessivement abondante dans les eaux stagnantes qui ont peu de profondeur; elle offre par conséquent aux cultivateurs qui manquent de fumier, une ressource; car il suffit de l'arracher pendant les chaleurs de l'été, époque où les eaux sont ordinairement basses, avec des râteaux de fer à long manche, & de la déposer sur les bords de ces eaux, pour avoir, au printemps suivant, un excellent engrais qu'on peut répandre avantageusement sur les terres, principalement si elles sont sablonneuses & maigres.

Par son feuillage flottant & ses nombreuses fleurs blanches, la Renoncule aquatique embellit les eaux où elle croît. On fera donc bien d'en placer quelques pieds dans celles des jardins paysagers. Les poissons aiment à frayer sur ses tiges & à se cacher entr'elles, soit pour se garantir de leurs ennemis, soit pour éviter l'action des rayons du soleil. Il y a lieu de croire que les carpes mangent ses graines.

On récolte ses feuilles dans quelques lieux pour les donner vertes ou sèches aux bestiaux.

On conserve la Renoncule aquatique dans les écoles de botanique, en la plantant dans un pot qu'on enfonce en entier dans un autre pot plein d'eau.

J'ai vu dans les collections des jardins de Paris, des Renoncules en plus grand nombre que je viens d'en énumérer, parce qu'elles sont sujettes à périr sans causes apparentes.

Actuellement je vais entrer dans des détails étendus sur la culture de la Renoncule des jardins, qui, ainsi que je l'ai déjà observé, est l'objet des soins d'une classe de cultivateurs qu'on appelle FLEURISTES. *Voyez* ce mot.

C'est du Levant que provient la Renoncule des jardins ou Renoncule asiatique, comme on l'a vu dans le catalogue des espèces. Sa culture a pris faveur à Constantinople vers le milieu du seizième siècle, & en France quelques années plus tard; elle a été plus ou moins à la mode à différentes époques, mais principalement sur la fin du règne de Louis XIV & le commencement de celui de Louis XV. Aujourd'hui le goût des plantes étrangères l'a fait un peu tomber; mais elle est encore l'objet des soins de beaucoup d'amateurs. M. Feburier, membre de la Société d'agriculture de Versailles, à qui on doit un fort bon Traité sur ce qui les concerne, Traité dont j'ai beaucoup profité, est au nombre de ceux qui lui sont restés fidèles.

La racine de la Renoncule des jardins s'appelle GRIFFE. (*Voyez* ce mot.) Elle est formée par la réunion de six à huit tubercules fusiformes, souvent courbés, qui convergent dans le même point, dont la longueur est de quatre à six lignes, & la couleur brun-clair. Sa partie supérieure offre un disque couvert de poils, dont sortent un, deux, trois & même quatre yeux, qui sont les rudimens d'autant de tiges. Comme la plupart des racines charnues, celle-ci contient de l'amidon susceptible d'être employé à la nourriture.

La végétation des Renoncules commence par la sortie de plusieurs racines de la base des yeux: elles sont blanches, sétacées, & de quatre à cinq pouces de long. Bientôt leur base se renfle & elles se changent en une nouvelle griffe, supérieure à l'ancienne, qui se dessèche lorsque les nouvelles entourent complétement l'œil; elles se subdivisent par la destruction de cet œil en plusieurs autres griffes ayant chacune un œil nouveau. Ainsi cette plante, quoique vivace, renouvelle, comme la TULIPE (*voyez* ce mot), ses racines tous les ans, & même elle fournit des espèces de caïeux lesquels on la multiplie, comme je le dirai plus bas.

Pendant que les racines précitées s'alongent, il sort des yeux d'abord trois tuniques, ensuite deux, trois ou quatre feuilles; enfin, une, deux, trois ou quatre tiges, portant chacune une feuille & une fleur: rarement ces tiges se ramifient.

Lorsqu'on multiplie les Renoncules de semence, la griffe est deux ans à se former, & la troisième elle donne des fleurs. Si on ne la relevoit pas après la floraison, celle qui la remplace s'éleveroit jusqu'à la surface & périroit. De-là on peut conclure que, dans l'état de nature, la plupart des pieds de Renoncules des jardins périssent la seconde année après leur semis, & que, dans l'état de culture, on peut les conserver aussi long-temps qu'on le desire en les relevant tous les ans, afin de les replanter à la profondeur requise pour qu'elles puissent former une nouvelle griffe au-dessus de l'ancienne.

Sous l'influence de la culture, la Renoncule des jardins a fourni une quantité innombrable de variétés, parmi lesquelles il ne faut pas placer, comme les botanistes s'obstinent à le faire, la *pivoine* ou *pièvre* (Ranunculus sanguineus Miller), qui est une véritable espèce originaire d'Afrique, qui a aussi ses variétés, mais au nombre de quatre seulement, savoir, la *pivoine rouge* ou *rouma*, la *pivoine jaune jonquille* ou *séraphique d'Alger*, la *pivoine orange* ou *souci doré*, ou *merveilleuse*, la *pivoine rouge panachée de jaune*, ou *turban doré*, parce qu'elles nous ont été transmises doubles par les Arabes, & qu'il n'a pu par conséquent s'en former de nouvelles.

On divise les Renoncules en simples, semi-doubles & doubles. Les amateurs ne font aucu-

cas des premières, attendu qu'elles subsistent peu de temps en fleur.

Les secondes ont été pendant long-temps l'objet de leurs prédilections par le nombre & la grandeur de leurs fleurs, par la vivacité de la couleur de ces fleurs, &c. Aujourd'hui ce font les troisièmes qui font le plus généralement préférées.

Cependant, comme les doubles ne donnent point de graines, il faut toujours cultiver les secondes pour en avoir.

Généralement on ne met pas en ordre les Renoncules semi-doubles, soit parce que, comme l'assure M. Feburier, elles dégénèrent après trois ou quatre floraisons, soit parce qu'on ne juge pas qu'elles en méritent la peine. On se contente de marquer celles qui, par leur vigueur & la vivacité de leurs couleurs, méritent d'être conservées de préférence.

C'est par leurs couleurs, leurs formes, leur feuillage, qu'on distingue les Renoncules à fleurs doubles. Il ne leur manque que le bleu de ciel pour qu'elles les réunissent toutes : on n'en trouve pas deux qui soient parfaitement semblables. Celles dont le centre est noir s'appellent *gueule noire.*

Les amateurs, dit M. Feburier, recherchent une Renoncule quand sa tige est forte & soutient très-bien sa fleur, lorsque cette dernière a un grand nombre de pétales larges, épais, arrondis comme ceux de la rose, avec laquelle une belle Renoncule a de grands rapports. Ils exigent en outre que les couleurs soient nettes, vives, & que, si la fleur en réunit plusieurs, elles tranchent bien avec le fond. Si une Renoncule réunit à ces qualités un joli feuillage, bien découpé & d'un beau vert, elle est parfaite. Ils n'insistent pas sur la hauteur de la tige, parce qu'ils veulent que leurs fleurs soient d'inégales hauteurs, afin que, leurs planches étant plates, ces fleurs fassent le dos-d'âne. Quant aux couleurs, ils recherchent les plus foncées : une Renoncule noire (c'est-à-dire d'un brun bien foncé) est une merveille à leurs yeux. La manie des couleurs foncées étoit telle, il y a vingt ans, en Normandie, qu'il y avoit des planches qui ressembloient à des draps mortuaires. Aujourd'hui les vertes & les bleues de ciel font le sujet des recherches des cultivateurs, qui n'en possèdent pas encore de cette dernière couleur.

Une terre légère & substantielle est celle qui convient le mieux aux Renoncules. Toutes ces compositions dispendieuses qu'on rencontre dans les livres, ne font d'aucune importance dès qu'on trouve ces deux conditions dans celle où on cultive. Je dois observer cependant qu'il ne faut pas que cette terre soit assez peu consistante pour que l'eau n'y séjourne pas; car la Renoncule aime la fraîcheur, & les arrosemens lui nuisent, surtout pendant la floraison; même M. Lelieur de Ville-sur-Arce pense qu'elle prospère mieux dans les terres fortes. Cette terre, pour être parfaitement convenable, sera donc

plus forte au midi & plus légère au nord; si on la compose, ce sera simplement avec moitié de terre franche & de terre de bruyère, auquel mélange on ajoutera par suite, chaque année, la quantité de terreau de couche, ou de détritus de feuilles, qui sera jugée nécessaire d'après l'aspect de la végétation de l'année précédente, en observant que trop d'engrais fait pousser en feuilles & en tiges aux dépens des fleurs. *Voyez* TERRE.

M. Feburier répand du sel sur ses planches de Renoncules, & s'en trouve bien.

La terre bien labourée, bien débarrassée de toutes grosses mottes, & surtout de toutes pierres, est ratissée & sillonnée de raies écartées de six pouces, au moyen du manche d'un râteau qu'on fait glisser le long d'un cordeau; puis les griffes des Renoncules font placées dans ces raies, à la même distance les unes des autres, terme moyen; je dis terme moyen, parce qu'il y a des variétés dont les feuilles font moins grandes, & qui peuvent être placées sans inconvénient à quatre pouces & même à trois, & que, par contre, d'autres ont les feuilles si longues qu'elles ne font pas trop espacées à huit pouces.

Mais à quelle époque convient-il de planter les Renoncules? On ne peut la fixer d'une manière absolue : non-seulement elle doit varier selon les climats, mais encore selon les terrains & les expositions. Dans le Midi on les plante avec avantage dès le mois de septembre; dans le Nord on est souvent forcé de retarder jusqu'en mars. Comme les griffes en végétation craignent également les grands froids, les grands chauds, les grandes sécheresses & les grandes pluies, il y a toujours des risques à courir en les plantant un jour plutôt qu'un autre. M. Feburier, qui habite Versailles, plante les siennes en janvier, lorsque le temps le lui permet, sinon le plus tôt possible après : on peut donc planter pendant près de six mois. Le principe est, que plus long-temps les griffes restent en végétation, & plus les tiges font hautes, les fleurs grandes & vivement colorées.

Quelques amateurs, dans l'intention d'avoir des Renoncules en fleur pendant deux ou trois mois, en plantent en automne, en hiver & au printemps; mais ils gagnent peu à cela, à moins que l'année ne soit très-favorable à leurs vues, car il arrive quelquefois qu'elles fleurissent toutes en même temps, ou presqu'en même temps.

Les Renoncules pivoines & quelques variétés de l'espèce d'Asie, telles que l'*orangère*, la *blanche de culture* & la *lucrèce*, demandent plus impérieusement d'être plantées avant l'hiver; en conséquence c'est contre un mur exposé au midi, & sur un ados, qu'il convient de les placer.

Il faut choisir un beau jour, après plusieurs, pour effectuer la plantation, afin que la terre soit convenablement ressuyée, & qu'on puisse opérer avec toute la facilité désirable.

Les amateurs ont deux méthodes de disposition des

des Renoncules : les uns mélangent les variétés pour qu'elles se faffent valoir réciproquement par le contrafte des couleurs, des formes, &c. ; les autres compofent chaque ligne de la même variété. On appelle la première méthode *planter en mélange*, & la feconde, *planter par ordre*. Les Renoncules femi-doubles font, comme je l'ai déjà remarqué, plus d'effet en mélange, parce qu'elles fe voient de plus loin, à raifon de leur grandeur & de la vivacité de leurs couleurs. Les fleuriftes, par goût ou par profeffion, préfèrent les mettre par ordre pour favoir retrouver leurs variétés avant & après la floraifon, furtout après la levée des griffes, afin de pouvoir les échanger ou les vendre fans craindre de fe tromper.

Quelques perfonnes fe contentent de tracer les rayons, & y enfoncent les griffes par l'effet de la main, même au moyen d'un plantoir. Ces méthodes, furtout la dernière, font vicieufes, en ce qu'elles taffent la terre, & par conféquent détruifent l'effet des labours. *Voyez* PLANTOIR.

Celle de M. Feburier, qui eft complétement dans les principes de la théorie, eft préférable fous tous les rapports.

J'emploie les propres expreffions de M. Feburier.

« Si c'eft une planche d'ordre, j'y fais autant de rayons qu'il y a de rangs ; ces rayons n'ont que deux pouces de profondeur. Quand la planche eft rayonnée, je la mefure pour m'affurer du nombre de griffes qu'elle doit contenir ; fi la longueur de ma planche contient quarante griffes, je la divife des deux côtés en huit parties, au moyen de piquets que j'enfonce dans les deux rayons des bords. Il eft facile d'efpacer cinq griffes dans chaque divifion, & les divifions des bords fuffifent pour régler celles des rayons du centre : cette marche difpenfe de tracer toute la planche. Les marques reftent en terre jufqu'au moment de la fleur, &, fi on ne les étiquette pas, on s'en fert également pour relever les griffes. On doit avoir l'attention de varier les nuances, & de mettre une couleur claire auprès d'une couleur fombre ; l'une fert à donner de l'éclat à l'autre. Si on fait un catalogue en règle de ces fleurs, on y a marqué leur hauteur ; on met, dans ce cas, les plus hautes dans les rangs du centre, & les baffes fur les côtés. On s'évite par-là le défagrément de bomber les planches, en donnant plus d'élévation au centre qu'au côté, pour donner plus d'agrément aux fleurs, qui, par ce moyen comme par l'autre, forment le dos-d'âne ; mais ce dernier moyen a l'inconvénient de donner plus d'humidité aux griffes des côtés de la planche qu'à celles du centre, & ne doit être employé que pour les Renoncules placées au mois d'octobre dans les climats pluvieux. On a alors l'attention de relever les planches fur les bords, à trois pouces au moins au-deffus des fentiers. Si je plante par famille ou en mélange, après avoir fait les rayons, j'y place

mes griffes fans rien tracer ; j'ai feulement l'attention d'efpacer davantage les groffes griffes, & de rapprocher les petites. Quand j'ai des griffes fortes & foibles dans les familles ou dans le mélange, j'en mets une petite entre deux groffes ; on donne enfuite le coup de râteau pour unir la planche qui eft plate, à l'exception d'un petit rebord que je laiffe tout autour pour conferver les eaux pluviales & d'arrofement, & pour les bien diftinguer des fentiers. Je recouvre enfuite d'un demi-pouce de terreau. »

Les griffes des Renoncules craignent beaucoup le froid lorfqu'elles font en lait, c'eft-à-dire, qu'elles entrent en végétation. Ainfi, après les huit premiers jours de la plantation, il faut les garantir des fortes gelées en les couvrant (plus ou moins, felon la rigueur de ces gelées) avec de la fougère, des feuilles fèches, de la paille, &c., objets qu'on enlevera avec le râteau lors du dégel. Au printemps, lorfque les feuilles feront hors de terre, ces dernières craignant également les gelées, on doit les couvrir avec des paillaffons fupportés par des cadres élevés de trois pouces au-deffus du fol ; & fi les gelées font fortes, par des feuilles fèches au-deffus de ces paillaffons.

Quand les gelées ne font plus à redouter, on donne un léger SERFOUISSAGE (*voyez* ce mot) aux planches de Renoncules ; & on remplace, par des pieds placés à cet effet dans des pots, ceux qui manquent.

Je dois remarquer à cette occafion que la Renoncule ne fupporte pas la tranfplantation pendant qu'elle végète, & qu'ainfi il faut mettre en terre celles dont je viens de parler, avec toute leur motte.

Si le terrain où font plantées les Renoncules eft trop fec ou trop expofé aux effets du hâle, il fera bon de le PAILLER ou MOUSSER, c'eft-à-dire, de le couvrir de paille courte ou de mouffe. *Voyez* ces mots.

Il n'y a plus alors, après ces opérations, à s'occuper des Renoncules, jufqu'à leur floraifon, que pour enlever les mauvaifes herbes qui peuvent croître dans la planche, donner la chaffe aux limaces, aux courtilières, aux vers blancs, &c., & pour les arrofer en cas de féchereffe. Cette dernière opération a befoin d'être faite avec précaution, c'eft-à-dire, avec un arrofoir à pomme, percé de très-petits trous, & en y revenant à plufieurs reprifes ; car les feuilles, & par conféquent la plante entière, fouffrent fi elles font couchées par fuite d'un arrofement trop fort ou trop rapide.

Enfin, les fleurs paroiffent, & elles dédommagent, par leur afpect, des foins & des dépenfes auxquelles elles ont donné lieu. Je ne décrirai pas les jouiffances dont elles font la fource, parce que je ne le ferois que fort imparfaitement. C'eft feulement autour des planches bien garnies & bien coordonnées qu'il eft poffible de fe for-

T

mer une jufte idée de la magie de l'enfemble & de la beauté des détails.

Pour prolonger la durée des fleurs des Renoncules, on les couvre de toiles pendant la grande chaleur du jour ; car l'ardeur du foleil accélère beaucoup leur évolution. Ces toiles fe tendent depuis dix heures jufqu'à quatre, fur des piquets élevés de deux pieds au-deſſus des planches.

On eſt quelquefois, à raiſon de la féchereſſe de la faiſon, obligé d'arroſer les Renoncules pendant qu'elles font en fleur, ce qu'il faut exécuter avec les mêmes précautions indiquées plus haut ; mais, dès que cette époque eſt paſſée, on ne doit plus le faire, cela pouvant donner lieu à un renouvellement de végétation qui feroit perdre beaucoup de griffes.

Les griffes des Renoncules fe lèvent dès que les feuilles font deſſéchées. On procède à cette opération en prenant la tige & les feuilles d'une main, & en paſſant de l'autre une houlette à long fer & à court manche pour la foulever : puis on fecoue la terre qui reſte attachée à la griffe ; on fépare les reſtes de la tige & des feuilles par un fimple effort fi elles tiennent peu, & en les coupant fi elles réfiſtent, puis on les jette dans un caſier fi elles font par ordre, ou dans un panier fi elles font en mélange.

Quelques cultivateurs, & Rozier en particulier, veulent qu'on attende la deſſiccation des griffes pour les nettoyer & les féparer ; d'autres font d'avis qu'on doit faire ces opérations le jour même qu'elles font forties de terre. M. Feburier obferve que, par ces deux méthodes, on eſt expoſé à caſſer facilement les tubercules en faiſant des efforts pour féparer les griffes doubles, triples, &c. ; par la première, à raiſon de ce que ces tubercules font caſſans ; dans la feconde, à raiſon de ce qu'ils font trop ferrés ou trop enchevêtrés. Le moment véritable, felon lui, eſt celui où elles font à moitié deſſéchées, parce qu'alors elles ont diminué de volume & font devenues molles. Il fuffit d'obferver une griffe dans cet état, pour être convaincu qu'il eſt fondé dans fon opinion.

Il y a deux manières d'enlever la terre des griffes de Renoncules : la première, à la main, elle eſt fort longue & fort incomplète dans fes réfultats ; la feconde, en les lavant à grande eau dans des paniers à claire-voie, & fans y employer la main, le jour même qu'on les fort de terre : elle s'exécute avec rapidité, & remplit bien fon objet. C'eſt celle que pratique M. Feburier.

Les griffes lavées, on les expoſe à l'air pendant un jour, & enfuite on les porte dans un appartement ; & lorſqu'elles font à moitié deſſéchées, on divife les doubles & triples ; on enlève les reſtes des feuilles, des racines, &c., &, après leur deſſéchement complet, on les renferme ou dans le caſier, ou dans des boîtes, ou dans des facs qu'on conferve dans un lieu fec jufqu'à la plantation, qui peut être retardée jufqu'à la feconde

année, même avec avantage, puiſqu'il eſt reconnu que celles qui fe font ainſi repoſées, font moins fujettes à dégénérer.

M. Feburier a conſervé, pendant trois ans, cinq cents griffes de Renoncules fans les planter ; elles pouſſèrent lentement & ne donnèrent pas une fleur ; cependant elles produiſirent des griffes aſſez bien nourries. Elles ne fleurirent pas davantage l'année fuivante, mais elles donnèrent des griffes très-belles. Ce ne fut qu'à la troiſieme année qu'elles portèrent des fleurs, & ces fleurs étoient plus doubles qu'à l'ordinaire.

La dégénération des Renoncules a plus généralement lieu, d'après les obſervations de M. Feburier, lorſque les hivers & les printemps font pluvieux, que dans le cas contraire. Cette dégénération a lieu dans les aſiatiques par la perte d'une grande partie de leurs pétales du centre & de leurs panaches, & dans les pivoines, par leur retour à la couleur rouge.

Dès qu'un amateur voit un pied dégénéré dans une planche, il doit l'arracher, parce qu'il eſt probable que fa dégénération fe perpétuera, ou au moins reviendra fouvent. Il doit également arracher tous les pieds dont les feuilles font petites, recoquillées, & qui ne donnent pas de fleurs ou qui ne donnent que des fleurs irrégulières, parce qu'il eſt encore plus rare qu'elles fe rétabliſſent, la cauſe de cette altération étant organique.

Il ne me reſte plus, pour terminer ce que j'ai à dire fur les Renoncules des jardins, que de parler du femis de fes graines.

J'ai dit plus haut qu'il falloit cultiver des Renoncules femi-doubles, quoiqu'elles ne foient plus de mode, afin d'en recueillir la graine pour la femer & en obtenir de nouvelles variétés doubles. Dans ce cas, celles de ces femi-doubles dont les pétales font larges, bien arrondis, épais & vivement colorés, doivent être préférées.

Si on employoit la graine des Renoncules fimples, on obtiendroit des plantes vigoureuſes, mais en partie feulement femi-doubles. Voyez FLEURS DOUBLES.

La maturité de la graine des Renoncules fe reconnoît à fa décoloration : alors on coupe les tiges & on les dépoſe dans un lieu fec. Quelques jours après, on peut en féparer les graines en frottant les têtes entre les mains, & les femer de fuite ; mais, à raiſon des dangers de l'hiver, il eſt bon de n'opérer alors que fur la moitié de la récolte, & de réferver le reſte pour le printemps.

Si on ne fème les graines de Renoncules qu'un an après leur récolte, il y a lieu d'efpérer une plus grande quantité de fleurs doubles, parce que leur germe fe fera affoibli. Voyez FLEURS DOUBLES.

Les dangers de l'hiver étant preſque toujours certains dans le climat de Paris, on fème, en automne, la graine de Renoncule dans des terrines remplies de terre légère, pour pouvoir les rentrer dans l'orangerie s'il arrive de grands froids. La graine y eſt répandue fort clair, ſi elle eſt bonne, & recouverte d'une ligne d'épaiſſeur de terreau. On les couvre de paille ou de mouſſe ; on les dé-poſe à l'ombre, & on les arroſe toutes les fois que cela eſt jugé néceſſaire. La graine lève vers le quarantième jour. Lorſque les terrines ſont dans le cas d'être rentrées dans l'orangerie, on les place auprès des fenêtres, & on leur donne de l'air toutes les fois qu'on le peut. Ces terrines ſont ſorties de bonne heure au printemps, & miſes contre un mur au levant, après avoir été éclaircies, terreautées de nouveau, en faiſant attention à ce que les feuilles ne reſtent pas enterrées. (*Voyez* TER-REAUTER.) Pendant tout le temps de la végéta-tion de ce plant, on le ſarcle & l'arroſe au beſoin. On lève ou on ne lève pas les griffes cette pre-mière année, ſelon qu'on le juge bon.

Les mêmes ſoins ſont néceſſaires aux ſemis faits au printemps, ſoit en terrines, ſoit en pleine terre, excepté qu'il faut faire la chaſſe aux limaces & aux inſectes, & ſarcler plus ſouvent. Si on ne veut pas lever les jeunes griffes, on pourra les recou-vrir d'un demi-pouce de terre & d'un lit de fougère.

Ce n'eſt qu'à la troiſième année que la plus grande partie des jeunes Renoncules commencent à fleurir ; je dis la plus grande partie, parce que quelques-unes fleuriſſent dès la ſeconde, & d'au-tres ſeulement la quatrième. Celles qui ont fleuri la ſeconde année ne méritent aucune attention.

Le choix des pieds à conſerver peut donc ſe faire à la troiſième année ; mais on ne peut les juger définitivement qu'après deux ou trois autres floraiſons, parce que pluſieurs dégénèrent.

« Dans le principe, obſerve M. Feburier, on ne rechercoit que des Renoncules doubles à une ſeule couleur, comme des blanches, des roſes, des rouges, des feux, des jaunes-orange, des jon-quilles, des ſoufres, des olives, des brunes & des noires. Quand on a été ſatisfait ſous ce rapport, on a voulu des plantes des couleurs ci-deſſus avec des cœurs verts, enfin des plantes panachées. Un amateur ſage réunit toutes les belles Renon-cules ; ſoit qu'elles n'aient qu'une couleur, ſoit qu'elles en aient deux, bordées ou panachées. S'il a du goût & qu'il les mêle avec art, il établit des contraſtes qui leur donnent un nouvel éclat, & cette harmonie des couleurs, ſi je puis m'exprimer ainſi, contribue à ſes jouiſſances & à celles de tous les amateurs éclairés qui viennent admirer ſa col-lection & l'ordre qu'il y a établi. » (*Bosc.*)

RENONCULIER. Quelques perſonnes appel-lent ainſi le MERISIER à fleurs doubles. *Voyez* CERISIER dans le *Dictionnaire des Arbres & Ar-buſtes.*

RENOUÉE. *POLYGONUM.*

Genre de plantes de l'octandrie trigynie & de la famille des *Polygonées*, dans lequel ſe rangent cinquante-huit eſpèces, dont une eſt l'objet d'une grande culture, & pluſieurs autres ſont ſi abon-dantes dans nos champs ou nos marais, qu'il n'eſt pas permis aux cultivateurs de ſe refuſer à les connoître. *Voyez* pl. 315 des *Illuſtrations des genres* de Lamarck, où il eſt figuré.

Eſpèces.

Renouées à tige fruteſcente.

1. La RENOUÉE en arbriſſeau.
Polygonum fruteſcens. Linn. ♄ De la Sibérie.
2. La RENOUÉE à grandes fleurs.
Polygonum grandiflorum. Willd. ♄ De l'Orient.
3. La RENOUÉE polygame.
Polygonum polygamum. Vent. ♄ De la Caroline.
4. La RENOUÉE ſétacée.
Polygonum ſetoſum. Jacq. ♄ Du Levant.
5. La RENOUÉE à feuilles d'oſeille.
Polygonum acetoſafolium. Vent. ♄ Du Bréſil.

Renouées à tige herbacée.

6. La RENOUÉE biſtorte.
Polygonum biſtorta. Linn. ♃ Des Alpes.
7. La RENOUÉE vivipare.
Polygonum viviparum. Linn. ♃ Des Alpes.
8. La RENOUÉE de Virginie.
Polygonum virginianum. Linn. ♃ De l'Améri-que ſeptentrionale.
9. La RENOUÉE à feuilles de patience.
Polygonum lapathifolium. Linn. ♃ Indigène.
10. La RENOUÉE amphibie.
Polygonum amphibium. Linn. ♃ Indigène.
11. La RENOUÉE vaginale.
Polygonum ochroatum. Linn. ♃ De la Sibérie.
12. La RENOUÉE poivre d'eau.
Polygonum hydropiper. Linn. ☉ Indigène.
13. La RENOUÉE faux poivrier.
Polygonum hydropiperoides. Mich. ☉ De l'Amé-rique ſeptentrionale.
14. La RENOUÉE à tige baſſe.
Polygonum puſillum. Linn. ☉ Des Alpes.
15. La RENOUÉE perſicaire.
Polygonum perſicaria. Linn. ☉ Indigène.
16. La RENOUÉE à feuilles étroites.
Polygonum anguſtifolium. Lam. ☉ De.....
17. La RENOUÉE à fleurs vertes.
Polygonum viridiflorum. Lam. De l'Amérique.
18. La RENOUÉE tomenteuſe.
Polygonum incanum. Schr. ☉ In ligène.
19. La RENOUÉE des teinturiers.
Polygonum tinctorium. Lour. ♂ De la Cochin-chine.
20. La RENOUÉE filiforme.
Polygonum filiforme. Thunb. Du Japon.
21. La RENOUÉE barbue.
Polygonum barbatum. Linn. ♃ Des Indes.
22. La RENOUÉE glabre.
Polygonum glabrum. Willd. Des Indes.

REN

23. La Renouée tomenteufe.
Polygonum tomentofum. Willd. Des Philippines.
24. La Renouée velue.
Polygonum hirfutum. Walth. ♃ De l'Amérique méridionale.
25. La Renouée de Penfylvanie.
Polygonum penfylvanicum. Linn. ☉ De l'Amérique feptentrionale.
26. La Renouée à feuilles dentées.
Polygonum ferratum. Lam. Des Indes.
27. La Renouée d'Orient.
Polygonum orientale. Linn. ☉ De l'Orient.
28. La Renouée maritime.
Polygonum maritimum. Linn. ♃ Du midi de l'Europe.
29. La Renouée traînaffe.
Polygonum aviculare. Linn. ☉ Indigène.
30. La Renouée fluette.
Polygonum tenue. Mich. ☉ De l'Amérique feptentrionale.
31. La Renouée auftrale.
Polygonum auftrale. Perf. De la Nouvelle-Hollande.
32. La Renouée droite.
Polygonum erectum. Linn. ☉ De l'Amérique feptentrionale.
33. La Renouée des fables.
Polygonum arenarium. Perf. De la Hongrie.
34. La Renouée très-rameufe.
Polygonum ramofiffimum. Mich. De l'Amérique feptentrionale.
35. La Renouée géniculée.
Polygonum geniculatum. Lam. De l'Italie.
36. La Renouée de Bellard.
Polygonum Bellardi. Allion. De l'Italie.
37. La Renouée articulée.
Polygonum articulatum. Linn. ☉ De l'Amérique feptentrionale.
38. La Renouée divariquée.
Polygonum divaricatum. Linn. ♃ De la Sibérie.
39. La Renouée raboteufe.
Polygonum fcabrum. Poir. De la Barbarie.
40. La Renouée des Alpes.
Polygonum alpinum. Allion. ♃ Des Alpes.
41. La Renouée ondulée.
Polygonum undulatum. Willd. ♃ De la Sibérie.
42. La Renouée glanduleufe.
Polygonum glandulofum. Lam. De l'ouest de la France.
43. La Renouée foyeufe.
Polygonum fericeum. Pall. De la Sibérie.
44. La Renouée en corymbe.
Polygonum corymbofum. Willd. De Java.
45. La Renouée de la Chine.
Polygonum chinenfe. Linn. De la Chine.
46. La Renouée branchue.
Polygonum brachiatum. Lam. Des Indes.
47. La Renouée fagittée.
Polygonum fagittatum. Linn. ☉ De l'Amérique feptentrionale.

48. La Renouée à feuilles d'arum.
Polygonum arifolium. Linn. ☉ De l'Amérique feptentrionale.
49. La Renouée à feuilles graffes.
Polygonum craffifolium. Murr. Des Indes.
50. La Renouée perfoliée.
Polygonum perfoliatum. Lam. Des Indes.
51. La Renouée farrafin, vulgairement *blé noir.*
Polygonum fagopyrum. Linn. ☉ De la haute Afie.
52. La Renouée de Tartarie.
Polygonum tataricum. Linn. ☉ De la Tartarie.
53. La Renouée liferon.
Polygonum convolvulus. Linn. ☉ Indigène.
54. La Renouée des buiffons.
Polygonum dumetorum. Linn. ☉ Indigène.
55. La Renouée échancrée.
Polygonum emarginatum. Roth. ☉ De la Sibérie.
56. La Renouée grimpante.
Polygonum fcandens. Linn. ☉ De l'Amérique feptentrionale.
57. La Renouée à nœuds ciliés.
Polygonum cilinode. Mich. De l'Amérique feptentrionale.
58. La Renouée multiflore.
Polygonum multiflorum. Thunb. Du Pérou.

Culture.

Nous cultivons vingt-quatre de ces efpèces, que je vais fucceffivement prendre en confidération, parce que leur culture diffère fenfiblement.

C'eft à moi qu'on doit d'avoir apporté les graines de la Renouée polygame, qui a été cultivée chez M. Cels pendant quelques années. On la tenoit dans un pot rempli de terre de bruyère, & on la mettoit l'hiver dans l'orangerie; elle ne fe voit plus actuellement dans ce jardin ni dans aucun autre.

La Renouée à feuilles d'ofeille fe cultive pofitivement de même.

Toutes deux fe multiplient fort aifément de marcottes.

La graine des Renouées biftorte, vivipare, de Virginie & à feuilles de patience fe fème en pleine terre dans les écoles de botanique, & les pieds qui en proviennent, s'éclairciffent & fe farclent lorfqu'il en eft befoin, mais du refte ne demandent aucun foin. Il eft cependant bon de les arrofer pendant les féchereffes, car ils aiment l'eau.

Au rapport de Gilbert, on cultive la Renouée biftorte pour fourrage dans quelques parties de la Suiffe, du Jura, &c. Il eft fans doute beaucoup de lieux dans les montagnes du centre de la France où il pourroit être également avantageux de le faire.

La Renouée amphibie veut avoir le pied dans l'eau au moins une partie de l'année; ainfi, pour l'avoir belle, il faut femer fes graines dans un pot dont on laisse tremper le fond dans un autre pot rempli d'eau qu'on renouvelle de temps en temps.

Cette plante est d'un assez bel aspect, lorsqu'elle est en fleur, pour mériter d'être placée dans les pièces d'eau des jardins paysagers; elle fleurit au milieu de l'été & subsiste long-temps dans cet état. Excepté les vaches, les Bestiaux la mangent, même les chevaux la recherchent, mais elle est pour eux une mauvaise nourriture. Le meilleur parti que les cultivateurs puissent en tirer, c'est de la faucher, soit dans l'eau, soit sur le bord de l'eau dans les lieux où elle est très-abondante, & ces lieux sont fréquens dans les pays marécageux, pour l'apporter sur le fumier & en augmenter la masse.

On sème les graines de la Renouée poivre d'eau, vulgairement appelée *persicaire brûlante*, *piment brûlant*, *poivre d'âne*, *curage*, à raison de l'âcreté dont elle est pourvue, & de la possibilité de substituer ses semences au poivre dans la préparation des alimens, positivement comme celles de la précédente; mais comme elle est annuelle, il faut faire cette opération tous les printemps. Aucun animal domestique n'y touche. Elle fournit une couleur jaune-verdâtre, solide par sa décoction, dont on a autrefois tiré parti, mais qu'on néglige depuis qu'on cultive la GAUDE (*voyez* ce mot), qui en fournit une semblable, à laquelle on donne, avec raison, la préférence : son abondance dans quelques lieux doit déterminer à l'utiliser aussi pour augmenter la masse des engrais.

La Renouée persicaire est également fort abondante dans certains fossés, dans certaines mares, qui se dessèchent en partie pendant l'été. Les bêtes à cornes & les cochons la repoussent, mais les autres bestiaux s'en accommodent fort bien. Les volailles trouvent dans ses graines un supplément fort avantageux à la nourriture qu'on leur donne à la maison. Ses graines se sèment en place dans les écoles de botanique, & les pieds qui en proviennent, après avoir été éclaircis, ne demandent plus que des arrosemens pendant l'été, surtout si cette saison est chaude ou sèche. Ce que j'ai dit des précédentes, relativement à leur emploi pour engrais, s'applique complétement à celle-ci.

Cette espèce donne beaucoup de potasse, & pourroit être exploitée avec profit sous ce rapport dans les lieux où elle est abondante.

Peut-être fourniroit-elle une fécule semblable à celle de la suivante.

On cultive positivement de même la Renouée à feuilles étroites dans les écoles de botanique.

La Renouée des teinturiers demande l'orangerie. Si, comme l'annonce Loureiro, elle donne, par sa décoction, une fécule bleue semblable à celle de l'indigo, il seroit extrêmement avantageux de la multiplier pour en tirer parti sous ce rapport; mais quoiqu'existant dans quelques jardins, je n'ai pas encore eu occasion de la voir, &

encore moins, par conséquent, de la soumettre à quelques expériences.

Les Renouées barbue, tomenteuse & velue se confondent fréquemment : on les cultive, dans les écoles de botanique, en pots qu'on rentre dans l'orangerie aux approches des froids. Leurs fleurs se développent fort tard en automne, & leurs graines arrivent rarement à maturité dans le climat de Paris. C'est à moi que sont dues celles de la dernière, qui est excessivement commune en Caroline.

J'avois également rapporté des graines de la Renouée de Pensylvanie, graines qui ont bien levé dans le Jardin du Muséum & autres; mais les pieds qu'elles ont donnés n'en ont point fourni de nouvelles pour la reproduire.

La Renouée d'Orient, à raison de sa grandeur, de son élégance & de la belle couleur de ses épis de fleurs, se cultive généralement comme plante d'ornement. On peut l'obtenir par le semis de ses graines en pleine terre, & même elle se perpétue toute seule dans les jardins dont le sol est en même temps léger & humide, & dont l'exposition est chaude; cependant, comme elle pousse fort tard, & qu'elle est souvent frappée de la gelée lorsqu'elle est encore dans tout l'éclat de la beauté, il vaut mieux la semer, dans le climat de Paris, pour l'avancer, dans des pots sur couche nue, & la replanter, avec la motte, à l'abri des vents froids & dès grands vents. Le plus souvent on en laisse deux ou trois pieds dans chaque pot; mais comme ils tirent de grands avantages de leur grandeur, & qu'ils se gênent mutuellement, il vaut mieux n'en laisser qu'un. Ces pieds s'ombrent & s'arrosent pendant quelques jours après leur transplantation, après quoi ils ne demandent plus aucun autre soin que des binages de propreté. J'en ai vu acquérir la grosseur du bras à la base, & de dix à douze pieds de hauteur. Quand elle n'y est pas trop prodiguée, elle produit de beaux effets dans les parterres & dans les jardins paysagers. C'est dans les corbeilles construites au milieu des gazons ou le long des allées de ces derniers, qu'il faut ordinairement la placer; car elle veut une terre meuble & privée d'autres plantes. Elle offre une variété à fleurs blanches, bien inférieure à mon avis, & qu'on devroit en conséquence détruire partout où elle se montre.

Les graines de cette plante sont fort du goût des volailles, & elle pourroit être cultivée pour leur usage, si nous n'avions pas le SARRASIN. *Voyez* ce mot.

La Renouée maritime croît dans les sables des bords de la mer, dans lesquels elle s'étend souvent à plusieurs pieds de profondeur & de largeur. On peut, si j'en juge par quelques observations qui me sont propres, l'employer avec succès à la consolidation des DUNES. (*Voyez* ce mot.) Elle se cultive en pleine terre dans les écoles de botanique, mais elle n'y subsiste pas long-temps. En conféquence, il faut fe pourvoir de temps en temps de graines dans les pays où elle croît naturellement, pour renouveler fes pieds. La terre de bruyère eft celle où elle fe plaît le plus. On devroit l'arrofer de loin en loin avec de l'eau falée.

Il eft peu de plantes plus communes & plus généralement répandues que la Renouée traînaffe, qu'on connoît auffi fous les noms de *centinode*, de *fauffe cenille*, de *herniole*, de *rénue*, de *langue de paffereau*, d'*herbe des Saints-Innocens*. Elle couvre fouvent, en automne, la totalité des chaumes, & fournit alors un excellent pâturage aux bêtes à cornes, aux bêtes à laine, aux chevaux, aux cochons, aux lapins, &c. Plus tard, elle offre fes innombrables graines aux volailles & aux petits oifeaux, dont beaucoup, fans elle, périroient de faim pendant l'hiver. Dans beaucoup de lieux on la ramaffe, au moyen de forts râteaux à dents de fer, pour la donner aux beftiaux à l'écurie; dans d'autres, pour la faire fervir de litière & l'employer à l'augmentation des fumiers.

Cette plante étant annuelle, & ne pouffant vigoureufement qu'à l'époque de la maturité des céréales, ne leur eft nullement nuifible, & elle ne s'empare des prairies artificielles que lorfqu'il eft convenable de les rompre. Il n'y a guère que les femis de raves & de navette d'hiver qu'on fait fur les chaumes, qui fouffrent beaucoup de fa préfence: auffi fon abondance eft-elle regardée comme un bien dans quelques lieux, foit comme fourniffant un pâturage au commencement de l'hiver, foit comme engraiffant la terre par le produit de la décompofition de fes tiges & de fes feuilles. Cependant, indiquant néceffairement une mauvaife culture, j'aime à la voir détruire; ce à quoi on parvient par un affolement bien combiné, c'eft-à-dire, en entre-mêlant des cultures de céréales, de prairies artificielles & de plantes exigeant des binages d'été, ou en labourant immédiatement après la moiffon, c'eft-à-dire, au moment de fa floraifon. Ses graines, profondément enterrées, peuvent fubfifter, fufceptibles de germination, un nombre d'années indéterminé; de forte que ce n'eft qu'après dix à douze ans qu'on peut regarder un champ comme prêt à en être nettoyé.

Une cochenille propre à la teinture, & qu'on y employoit autrefois fous le nom de *cochenille de Pologne*, vit fur le collet des racines de cette Renouée.

La Renouée divariquée fe cultive dans les écoles de botanique & en pleine terre: ce que j'ai dit des Renouées biftorte, vivipare & autres, lui eft applicable.

Quelques botaniftes regardent la Renouée de la Chine comme diftincte de celle des teinturiers, quoiqu'elle donne auffi de la teinture; c'eft pourquoi j'en fais mention ici. S'il eft vrai qu'elle foit annuelle, on doit femer fes graines dans un pot fur couche, & en mettre le plant contre un mur expofé au midi.

J'ai rapporté d'Amérique une grande quantité de graines des Renouée fagittée, & à feuilles d'arum, qui ont fourni les moyens de garnir les jardins du Muféum, & autres, de pieds de ces deux plantes; mais quand ces graines ont été épuifées, ils ont difparu, parce qu'ils n'ont pas amené leurs graines à maturité. On les femoit dans des pots remplis de terre de bruyère, placés fur couche nue, & le plant qui en provenoit fe plaçoit contre un mur au midi, où il étoit arrofé fouvent pendant les chaleurs.

L'étendue & l'importance de la culture des Renouées farrafin & de Tartarie me déterminent à les rendre l'objet d'un article particulier. *Voyez* SARRASIN.

Les Renouées liferon & des buiffons font du goût des beftiaux, furtout des vaches, & leurs graines font fi recherchées par les volailles, qu'il feroit avantageux de les cultiver en grand pour leur nourriture, malgré que nous poffédions le farrafin, parce qu'elles ne craignent pas la gelée & qu'elles font beaucoup plus productives fous les deux rapports de leurs fanes & de leurs graines. La feule difficulté eft qu'elles exigent d'être ramées; mais il eft facile de la faire difparoître en femant avec elles des féves de marais, ou en plantant d'avance des topinambours, &c. *Voyez* MÉLANGE.

Dans les jardins de botanique, on fème en place les graines de ces deux efpèces; on éclaircit, on donne un tuteur au plant qui en provient, & on l'abandonne enfuite à lui-même.

Les Renouées échancrée & grimpante fe cultivent de même dans ces jardins. J'ai obfervé, dans fon pays natal, que la dernière étoit annuelle, quoique Linnæus l'ait jugée vivace.

J'ai vu cultiver plufieurs autres efpèces de Renouées au Jardin du Muféum; mais elles en ont difparu par les caufes que j'ai indiquées plus haut. (*Bosc.*)

RENOUELLE. *Eriogonum.*

Plante vivace, qui croît dans les fables des parties méridionales de l'Amérique feptentrionaie, & qui feule forme un genre dans l'ennéandrie monogynie & dans la famille des *Polygonées*. Elle eft figurée pl. 1, vol. 2 de la *Flore d'Amérique*, par Michaux.

On ne la cultive pas dans nos jardins. (*Bosc.*)

RENTOUILLER. On donne ce nom, dans le département de la Meurthe, à la mauvaife pratique de faire porter deux fois de fuite du blé au même terrain. *Voyez* ASSOLEMENT & SUCCESSION DE CULTURE.

RENVERSEMENT DE LA MATRICE. Les vaches & les brebis font très-fujettes à cet accident. Il arrive plus rarement aux cavales & aux autres animaux domeftiques. *Voyez* PART.

Le feul moyen à employer, & il doit l'être le plus promptement possible, pour prévenir la mort, c'eft de remettre le vifcère à fa place & de l'y maintenir.

A cet effet on place l'animal, en creufant un trou fous fes pieds de devant, de manière que fa croupe foit très-élevée au-deffus de l'eau avant-train, puis deux aides foulèvent la matrice avec une ferviette, enfuite on vide l'inteftin rectum, foit avec la main fi c'eft une cavale ou une vache, foit avec un lavement fi c'eft un animal plus petit; après quoi l'opérateur lave la matrice avec de l'eau tiède, détache le placenta (délivre), fi, comme cela a fouvent lieu, il tient encore à la matrice, lave de nouveau avec de l'eau aiguifée, foit de vin, foit de vinaigre, foit d'eau-de-vie, ou avec des décoctions de plantes aromatiques, des infufions de fleurs de fureau. S'il y a hémorragie, on devra rechercher foigneufement le point dont elle fort, & l'étuver, à diverfes reprifes, avec du vin chaud ou de l'eau-de-vie. Cela fait, on remonte la matrice jufqu'à l'orifice de la vulve, & avec les poings on la force à rentrer en elle-même & dans la vulve, en commençant par le fond de la grande branche, puis par la petite branche, & enfin fucceffivement toutes les autres parties.

On doit prendre garde de faire ufage des doigts, crainte que les ongles bleffent les parties, & agir lentement; car les animaux réfiftent toujours à l'opération.

La réduction faite, il n'y a plus qu'à maintenir l'animal dans la pofition élevée fur le derrière qu'il a, pendant cinq à fix jours, après avoir fait à la vulve quatre ou cinq points de future avec un fort fil ciré, en prenant beaucoup de chair à chaque point, & avoir de plus foutenu ces points par une large fangle qu'on paffe fous la queue, fangle qui porte une pelotte qui comprime exactement l'ouverture de la vulve. Cette fangle s'attache à une autre qui entoure le corps & fe prolonge autour du poitrail.

Un régime reftaurant & tonique, des lavemens fortifians, foit dans les inteftins, foit dans la vulve, feront le complément de cette opération.

Ce n'eft qu'après plufieurs jours, c'eft-à-dire, quand la matrice fera complétement défenflée, & que la bête aura repris fon appétit, qu'on pourra fans inconvénient ôter le bandage, couper les points de future & remettre les pieds de devant au niveau de ceux de derrière. En général, il vaut mieux attendre trop de temps que de fe preffer pour rétablir les chofes dans leur état naturel.

Les femelles qui ont eu une defcente de matrice, font expofées à en avoir encore : ainfi il faut furveiller leur part avec plus de foin que celui des autres. *Voyez* VACHE. (*Bosc.*)

RÉPARATION. Quand on voit le mauvais état de tant de maifons rurales, de tant de murs de clôture, de tant d'inftrumens aratoires, d'uftenfiles de ménage, &c., on fe demande fi tous les cultivateurs font, en France, dans la plus extrême pénurie ; & on eft fort étonné d'apprendre que c'eft fouvent le réfultat de l'éducation, quelquefois l'effet de l'infouciance de caractère, plus rarement celui de la mifère. Quand on confidère cependant les pertes qui font toujours la fuite du défaut de Réparations, & du peu de dépenfes auxquelles la plupart auroient obligé dans l'origine, les amis de la profpérité publique s'affligent. Que de grains perdus chaque année parce qu'on ne fait pas monter, pour économifer 12 francs, un couvreur fur le toit, couvreur qui auroit remis quelques tuiles, & par-là empêché la pluie de pénétrer dans la grange ! Que de dégâts les fouris caufent dans les greniers, parce qu'on fe refufe à payer une journée de maçon pour faire boucher leurs trous ! Que de fatigues & de temps inutilement employés pour faire un mauvais labour, parce que le trou du moyeu d'une roue à la charrue eft devenu trop large ! Que de voyages à la fontaine on éviteroit par an, fi le feau ne couloit pas ! &c.

Le véritable économe vifite tous les ans chaque partie de fes bâtimens, & fait réparer de fuite ce qui a befoin de l'être ; car il fait que ce qui lui coûtera dans l'origine qu'une fort petite fomme, lui coûtera le double l'année fuivante, le quadruple deux ans après. Il envoie chez le charron, chez le maréchal, chez le tonnelier, chez le ferrurier, &c. tous les articles auxquels il manque quelque chofe, dès le moment qu'il s'en apperçoit.

J'aurois honte de m'appefantir davantage fur cet objet. (*Bosc.*)

RÉPARER. Faire difparoître, avec une ferpe ou une ferpette, les inégalités qui réfultent de la fracture ou du fciage d'une branche, s'appelle *réparer la plaie*. Cette opération a pour but, 1°. d'empêcher les eaux pluviales de féjourner dans les inégalités de la plaie & d'y faire naître un CHANCRE (*voyez* ce mot) ; 2°. de faciliter le recouvrement de la plaie par l'ÉCORCE. *Voyez* ce mot. (*Bosc.*)

REPEUPLEMENT DES FORÊTS. *Voyez* le mot FORÊT dans le *Dictionnaire des Arbres & Arbuftes*.

REPIQUER. On repique le plant d'un à deux ans provenant des femis des pépinières, les légumes ou les fleurs femées en planche ou fur couche. *Voyez* SEMIS, PÉPINIÈRE & PLANTATION.

Le but du repiquage eft d'efpacer davantage le plant, de lui donner de la nouvelle terre & de la terre nouvellement labourée, & de déterminer la formation d'une plus grande quantité de chevelus ; car chacune de ces trois circonftances, &

à plus forte raifon lorfqu'elles font réunies ; accélère beaucoup la croiffance des plants. Certains arbres même, principalement les réfineux, ne font affurés à la reprife, lorfqu'ils ont acquis un certain âge, que lorfqu'ils ont été repiqués plufieurs fois dans leur jeuneffe. *Voyez* PIN, SAPIN, GENEVRIER, &c.

Cependant le repiquage a, pour les grands arbres, le grave inconvénient de faire difparoître le PIVOT. *Voyez* ce mot.

Quoique le mot Repiquer indique que cette opération doit être faite avec un piquet, cependant elle réuffit beaucoup mieux lorfqu'on y emploie la pioche. J'en ai fait connoître la caufe aux mots PLANTOIR & PLANÇON. *Voyez* ces mots.

Rarement, hors les grandes pépinières & les jardins bien montés, on procède au repiquage d'une manière convenable : auffi, combien de milliers de plantes périffent chaque année par fes fuites ! Pour être bon, il faut le faire en terre bien préparée, & favoir choifir le moment. A moins qu'il ne pleuve, il eft toujours utile & fouvent néceffaire d'arrofer le plant repiqué pendant quelques jours, furtout s'il a des feuilles ; mais dans les grandes pépinières, cela devient trop difpendieux. Souvent, en outre, dans le cas où il y a des feuilles, on l'ombre pour empêcher l'évaporation, & de la féve par ces feuilles, & de la terre.

Voyez, pour le furplus, aux mots PLANT, PLANTATION, TRANSPLANTATION, HABILLER LE PLANT, &c. (*Bosc.*)

REPIS. Dans le département de la Haute-Garonne, c'eft le fecond trait de la charrue. *Voyez* LABOUR.

REPLANTER. On replante un terrain qui étoit ci-devant planté ; on replante un arbre qu'on veut changer de place ; fi cet arbre étoit très jeune, on dit REPIQUER. *Voyez* ce mot.

Dans fa première acception, la plus importante des confidérations que préfente ce mot, c'eft qu'il ne faut jamais remettre dans un terrain qu'on veut replanter, la même efpèce qui y étoit précédemment. *Voyez* ASSOLEMENT & SUCCESSION DE CULTURE.

Dans la feconde acception il n'offre pas d'autres circonftances que celles des PLANTATIONS ; ainfi je renvoie à ce mot & à ceux LABOUR, LEVER, HABILLER, RACINE, PIVOT, RAFRAICHIR, ALIGNER, &c. (*Bosc.*)

RÉPONCE : efpèce de CAMPANULE dont on mange les racines & les feuilles.

REPOS DES TERRES. L'expérience prouve que quand on fème plufieurs années de fuite la même efpèce de graine dans le même champ, fes produits s'affoibliffent fucceffivement, & finiffent par être prefque nuls ; mais que lorfqu'on laiffe un intervalle d'un an, ou plus, entre les femis, furtout en labourant la terre plufieurs fois, elle reprend, fans engrais, une partie de fa fertilité. On a conclu de-là qu'il falloit laiffer repofer les terres, & on les a généralement laiffé repofer une année fur trois. *Voyez* JACHÈRE.

Mais les terres qui portent des forêts, qui portent des prairies naturelles, ne fe repofent pas, & elles produifent cependant tous les ans. Il faut donc que l'acception du mot Repos des terres ne foit pas analogue à celle de Repos des animaux, & en effet il n'y a aucun rapport.

Une terre qui ne produit pas pendant une ou plufieurs années, ne donne enfuite des récoltes fupérieures à celles qu'on lui compare, & qui a été femée tous les ans, qu'autant qu'on y a mis la même plante, furtout fi cette plante eft cultivée pour fes graines. Toujours on peut fuppléer à ce Repos par des engrais ; toujours on peut l'éviter en changeant chaque année l'objet de la culture. De ce dernier principe réfulte la théorie des ASSOLEMENS. *Voyez* ce mot & celui SUCCESSION DE CULTURE.

Ce n'eft que depuis peu d'années qu'on fait, au moins en partie, quelle eft la caufe de l'effet du Repos des terres ; car c'eft M. Braconnot qui nous l'a appris, fans cependant nous le dire, en faifant l'analyfe du TERREAU (*voyez* ce mot), c'eft-à-dire, en remarquant que le terreau abandonné à l'air, après avoir été épuifé de toutes fes parties folubles par l'eau diftillée, en reprenoit de nouvelles au bout d'un certain temps, & cela jufqu'à ce qu'il ait difparu entièrement. Or, la végétation ne s'effectuant, fous un rapport, qu'aux dépens de la partie foluble du terreau, elle doit ceffer d'avoir lieu dès que cette partie eft confommée : donc il faut, ou la reftituer par des ENGRAIS (*voy.* ce mot), ou attendre qu'elle fe reproduife.

Mais comment le terreau devient-il diffoluble à l'air ? c'eft que je ne puis dire pofitivement, quoiqu'il foit probable que c'eft par une combinaifon de l'oxigène avec lui. Je rappellerai feulement que la POTASSE ou la SOUDE diffout rapidement tout le terreau, & que la CHAUX en diffout une petite partie. *Voyez* ces trois mots.

On fait actuellement que les plantes fe nourriffent, dans leur jeuneffe, principalement aux dépens des gaz qui circulent dans l'air, & qu'enfuite elles confomment d'autant plus d'humus qu'elles amènent plus de graines à maturité. Ainfi, fi un champ ne renferme que douze parties d'humus, parmi lefquelles deux feulement foient folubles, ces deux parties ne feront qu'au quart confommées par le froment qu'il porte lorfqu'on le coupera avant fa floraifon ; mais elles le feront complètement lorfqu'on ne le coupera qu'après fa maturité. On devra donc, pour y faire un nouveau femis de la même graminée, ou lui reftituer, par des engrais, celles qui ont été confommées, ou attendre que deux autres parties de fon humus foient devenues folubles ; mais la décompofition de l'humus par l'air eft fort lente, & une année n'eft pas de trop pour l'obtenir. C'eft fur ce fait, obfervé

de

de toute anciénneté, qu'eſt fondée la pratique des JACHÈRES. *Voyez* ce mot.

Les jachères ſont donc dans la nature, & doivent être néceſſairement en faveur dans les pays pauvres & ignorans, où on ne peut ſe procurer des engrais, ou ſuppléer à des engrais par des ASSOLEMENS bien combinés. *Voyez* ce mot.

Je pourrois beaucoup développer la théorie du Repos des terres; mais comme cette queſtion eſt traitée en détail aux articles auxquels je renvoie plus haut, je me borne à ce que je viens de dire, dans la vue d'éviter de doubles emplois. (*Bosc.*)

REPRISE : nom vulgaire de l'ORPIN. *Voyez* ce mot.

REPRISE DES PLANTES. On dit qu'une plante eſt repriſe, lorſqu'après avoir été tranſplantée, elle a commencé à végéter, c'eſt-à-dire, que ſes feuilles ſe ſont développées, ou que ſa tige s'eſt ſenſiblement alongée.

Chaque plante a une manière propre de ſe montrer dans cette circonſtance : les unes reprennent très-promptement & très-facilement, les autres très-difficilement & très-lentement.

La chaleur & l'humidité ſont les circonſtances les plus eſſentielles à la Repriſe des plantes ; cependant trop de chaleur & trop d'humidité lui nuiſent ſouvent. La ſéchereſſe de la terre & de l'air eſt conſtamment un obſtacle à cette Repriſe ; auſſi, arroſer & abriter du ſoleil & du vent ſont-ils des opérations indiſpenſables au ſuccès des plantations.

La Repriſe des arbres eſt plus lente lorſqu'on enterre trop leurs racines. J'ai vu, dans ce cas, des poiriers & des pommiers reſter deux ans entiers ſans pouſſer, & le faire enſuite. Il eſt très-commun que ces arbres ne pouſſent que l'année ſuivante lorſqu'ils ſont plantés un peu tard dans un lieu froid & dans une terre argileuſe.

Couper toutes les branches d'un arbre retarde ſa Repriſe, parce qu'il faut qu'il ſe forme, ſous l'écorce de ſon tronc, dès boutons adventifs, & de plus, que ces boutons acquièrent aſſez de force pour percer l'écorce. *Voy.* TETARD & PLANÇON.

Lorſque les racines d'une plante ne ſont pas convenablement étendues, c'eſt-à-dire, qu'elles ſont contournées, pliées, &c., il y a encore retard dans la Repriſe ; c'eſt pourquoi il eſt quelquefois avantageux d'HABILLER LE PLANT. *Voyez* ce mot.

J'ai indiqué au mot PLANTATION toutes les circonſtances qui, dans cette opération, aſſurent la Repriſe ; ainſi ce ſeroit un double emploi que d'étendre davantage cet article. (*Bosc.*)

RÉQUEURIE. *Requeuria.*

Arbriſſeau du Pérou que nous ne poſſédons pas dans nos jardins, & qui ſeul forme un genre dans la tétrandrie tétragynie. (*Bosc.*)

Agriculture, Tome VI.

RÉRÉMOULY. C'eſt la BIGNONE griffe de chat.

RÉSÉDA. *Reseda.*

Genre de plantes de la dodécandrie pentandrie & de la famille des *Câpriers*, qui réunit quatorze eſpèces, dont une eſt l'objet d'une culture en grand, une autre d'une culture en petit dans les jardins, & huit autres d'une culture encore plus en petit, dans les écoles de botanique. Il eſt figuré pl. 410 des *Illuſtrations des genres* de Lamarck.

Eſpèces.

1. Le RÉSÉDA des teinturiers, vulgairement *la gaude.*
Reſeda luteola. Linn. ♂ Indigène.
2. Le RÉSÉDA blanchâtre.
Reſeda caneſcens. Linn. ♃ Du midi de l'Europe.
3. Le RÉSÉDA glauque.
Reſeda glauca. Linn. ♃ Du midi de la France.
4. Le RÉSÉDA à deux pétales.
Reſeda diptala. Ait. ♂ Du Cap de Bonne-Eſpérance.
5. Le RÉSÉDA à fleurs purpurines.
Reſeda purpuraſcens. Linn. Du midi de l'Europe.
6. Le RÉSÉDA étoilé.
Reſeda ſeſamoides. Linn. ☉ Du midi de la France.
7. Le RÉSÉDA ſous-ligneux.
Reſeda fruticuloſa. Linn. ♃ De l'Eſpagne.
8. Le RÉSÉDA blanc.
Reſeda alba. Linn. ☉ Du midi de la France.
9. Le RÉSÉDA ondulé.
Reſeda undulata. Linn. ☉ Du midi de la France.
10. Le RÉSÉDA calicinal.
Reſeda phyteuma. Linn. ☉ Du midi de l'Europe.
11. Le RÉSÉDA jaune.
Reſeda lutea. Linn. ☉ Indigène.
12. Le RÉSÉDA de la Méditerranée.
Reſeda mediterranea. Linn. ☉ De l'Orient.
13. Le RÉSÉDA effilé.
Reſeda ſtricta. Perſ. De l'Eſpagne.
14. Le RÉSÉDA odorant.
Reſeda odorata. Linn. ☉ De l'Égypte.

Culture.

Le Réſéda des teinturiers étant l'objet d'une culture de quelqu'importance, j'ai dû en parler particulièrement au mot GAUDE.

Les Réſédas blanchâtre, glauque & à deux pétales, ſe cultivent dans les écoles de botanique, où l'on ſème leurs graines dans des pots remplis de terre à demi conſiſtante, qu'on place ſur une couche nue, & dont on repique le plant ſeul à ſeul dans d'autres pots, pour pouvoir les rentrer dans l'orangerie pendant l'hiver. Les pieds devenus forts peuvent auſſi être multipliés par le déchirement de leurs racines, & par bouturès faites ſur couche & ſous châſſis. En été on les met contre un mur expoſé au midi, & on les arroſe fortement dans les chaleurs.

V

Les Réfédas étoilé, blanc, ondulé & calicinal, étant annuels, se sèment dans des pots, sur couche nue; & lorsque leur plant a acquis deux ou trois pouces de haut, on le repique, ou dans d'autres pots ou en pleine terre, à une exposition chaude, & on l'arrose dans le besoin.

Le Réféda jaune est extrêmement commun dans les champs en jachère, sur le revers des fossés, parmi les décombres: les bestiaux n'y touchent pas. Son aspect est assez élégant pour lui mériter une place, dans les parterres & dans les jardins paysagers, où il suffit de semer ses graines en place & d'éclaircir le plant qu'elles ont fourni; il ne craint point la sécheresse.

Cette plante est assez grande, assez garnie de tiges & de feuilles, & pousse assez vîte pour qu'il puisse être souvent avantageux de la semer dans les terrains secs, pour l'enterrer en fleur & suppléer au manque des fumiers. Voyez RÉCOLTES ENTERRÉES.

Le Réféda odorant se multiplie presque toujours seul dans les jardins, où il a été introduit, par la dissémination naturelle; de sorte qu'il suffit de ménager, dans les labours du printemps, les pieds les plus convenablement placés pour en avoir pendant tout l'été; cependant on préfère généralement semer ses graines. L'odeur très-suave de ses fleurs, odeur qui se fait principalement sentir pendant la chaleur, engage même à en semer beaucoup, quoique ses touffes soient d'un aspect peu agréable, & que la plus petite gelée suffise pour les détruire. Comme il est désirable d'en avoir de bonne heure au printemps, on en sème dès le commencement de mars, dans des pots remplis de terre légère, sur une couche nue, ce qui avance d'un mois sa végétation; le plant levé s'éclaircit, se couvre de paillassons pendant la nuit, s'arrose, &c. Lorsque les gelées ne sont plus à craindre, on enterre les pots à une exposition chaude, ou on les place sur les terrasses, sur les rampes des escaliers, sur les fenêtres, &c. En avril on peut semer ses graines en pleine terre, contre un abri naturel ou artificiel, soit en rayon, soit à la volée: là on éclaircit aussi, & beaucoup, & le plant qu'elles donnent, car il est plus avantageux d'avoir un petit nombre de forts pieds que beaucoup de chétifs. Une terre trop fumée, trop arrosée & trop ombragée le fait pousser en feuilles & diminue son odeur; cependant il demande, pour prospérer, & un bon fonds & des arrosemens, ou de l'ombre pendant les chaleurs; il subsiste jusqu'aux gelées. Quoiqu'annuel, on peut le conserver plusieurs années en en coupant les tiges avant la maturité des graines, & le rentrant dans l'orangerie pendant l'hiver. On peut aussi le multiplier de boutures & de marcottes qui s'enracinent promptement, mais on le fait très-rarement.

Ne profitant jamais autant lorsqu'il a été transplanté, il faut éviter, le plus possible, de faire subir cette opération au Réféda; & lorsqu'on y est forcé, on doit lui conserver une motte.

L'odeur du Réféda n'est pas aussi agréable de près que de loin, & elle se perd très-promptement sur les rameaux séparés des pieds; ainsi il n'est pas avantageux de faire entrer ces rameaux dans la composition des bouquets.

Les abeilles trouvent à butiner sur ses fleurs, de sorte qu'on fera bien d'en semer dans le voisinage des ruches. (Bosc.)

RÉSERVE. On appelle ainsi une portion de bois où on laisse croître les arbres au-delà du temps fixé pour la coupe des taillis.

Une Réserve ancienne prend le nom de FUTAIE. Voyez ce mot.

Varennes de Fenilles a prouvé qu'il n'y avoit d'avantages à former des Réserves que dans les bons fonds. S'il est beaucoup plus long que large, il s'appelle un CANAL. (Voyez ce mot.) Lorsqu'il est très-petit & manque d'écoulement, sa désignation est MARE. Voyez ce mot, dans le Dictionnaire des Arbres & Arbustes. (Bosc.)

RÉSERVOIR: ramas d'eau opéré par la main de l'homme pour alimenter des cascades, des jets d'eau, des pièces d'eau, tant pour l'agrément que pour conserver le poisson destiné à l'usage journalier de la table, pour arroser les terres; &c.

Un Réservoir d'une certaine grandeur porte le nom d'ÉTANG. (Voyez ce mot.) S'il est beaucoup plus long que large, il s'appelle un CANAL. (Voyez ce mot.) Lorsqu'il est très-petit & manque d'écoulement, sa désignation est MARE. Voyez ce mot.

C'est, ou en maçonnerie ou en terre grasse corroyée, que se construisent les Réservoirs: il y a, dans certains cas, beaucoup de difficultés à les empêcher de perdre l'eau. Je renverrai, pour les détails de leur formation, aux mots ÉTANG & MARE, où j'ai traité cette matière.

Il seroit fort avantageux, dans les pays secs & chauds, de creuser des Réservoirs sur le penchant des montagnes, pour pouvoir en diriger les eaux dans les parties basses; mais la grande dépense de cette opération & la division des propriétés s'y opposent presque partout. Je suis si persuadé des grands résultats qu'ils offriroient relativement à l'augmentation de nos revenus territoriaux, que je voudrois que l'autorité intervint pour les établir, quelqu'éloigné que je sois de la voir se mêler des affaires agricoles. (Bosc.)

RÉSERVOIR. L'acception de ce mot varie en agriculture, c'est-à-dire, que l'amas d'eau qu'il indique a pour objet, ou l'irrigation des terres, ou l'alimentation des jets d'eau ou des fontaines factices des jardins, ou le dépôt du poisson destiné à la consommation journalière.

Dans le premier cas, un Réservoir ne diffère d'un étang que par son but principal; mais il doit être placé dans un endroit élevé, afin qu'on puisse en distribuer les eaux sur le plus grand nombre possible de points de l'exploitation. Généralement, c'est dans la partie supérieure d'une vallée peu profonde, qu'il est avantageux de les placer, parce qu'on peut en conduire les eaux le long des coteaux qui la forment, & arrofer une plus grande quantité de terre.

Les Réfervoirs pour l'irrigation peuvent être alimentés par des eaux de fource ou par des eaux pluviales. Ces dernières font préférables, parce qu'elles font chargées des matières extractives qu'elles ont enlevées aux terres fur lefquelles elles ont paffé, & qu'elles font toujours plus voifines de la température que celles des premières.

C'eft dans les pays fecs & chauds que les Réfervoirs pour l'irrigation font les plus utiles. Là, quelque difpendieufe qu'en foit la conftruction, il y a prefque toujours de l'économie à en former. On pourroit furtout, par leur moyen, cultiver le riz fans inconvéniens pour la fanté, dans une infinité de lieux du midi de la France, qui en ce moment ne rapportent prefque rien. Il eft donc à defirer qu'il s'en établiffe.

La conftruction des Réfervoirs ne diffère pas, au refte, de celle des ÉTANGS (voyez ce mot); feulement les canaux de fortie des eaux doivent toujours, 1°. être aux deux extrémités de la chauffée, points les plus élevés, afin, comme je l'ai déjà obfervé, que ces eaux puiffent être conduites fur une plus grande étendue de terre; 2°. au-deffous du niveau habituel du Réfervoir, afin qu'on puiffe difpofer d'une grande quantité d'eau à la fois.

Beaucoup de moyens de donner iffue aux eaux des Réfervoirs pour irrigation peuvent être indiqués. Une fimple vanne pour l'écoulement journalier à l'une ou aux deux extrémités de la chauffée, deux ou un plus grand nombre de bondes pour l'écoulement de circonftance, font les plus fimples. Ceux indiqués par M. Carena, dans fon Mémoire fur la forte de Réfervoirs dont il eft ici queftion, Mémoire qui fe trouve parmi ceux de l'Académie de Turin, font trop difpendieux & trop compliqués.

Indépendamment de ces vannes & de ces bondes, il doit y avoir une de ces dernières dans la partie la plus baffe du Réfervoir, pour pouvoir le mettre à fec, foit dans le but de pêcher du poiffon, car tout doit engager à y en mettre, foit pour le nettoyer lorfque cela devient néceffaire.

Dans le fecond cas, les Réfervoirs ont prefque toujours leurs côtés revêtus d'un mur à chaux & ciment. Leur fond eft glaifé lorfque cela devient néceffaire; leur placement dépend de la localité. Voyez CANAL, BASSIN, JET D'EAU & JARDIN.

Il en eft de même dans le troifième cas, excepté qu'il faut qu'ils foient dans une enceinte, ou au moins affez voifins de la maifon pour qu'on puiffe avoir l'œil fur eux, parce que leur peu d'étendue, relativement à la quantité & à la groffeur du poiffon, invite les voleurs à s'emparer de ce qui s'y trouve. Voyez VIVIER. (Bosc.)

RÉSINE : produit immédiat de quelques végétaux, qui jouit de la propriété de brûler par le contact d'un corps déjà embrafé, & de fe diffoudre dans l'alcool ainfi que dans les huiles, & non dans l'eau. On les obtient, foit lorfqu'elles fluent naturellement de l'écorce des arbres, foit en faifant des bleffures à l'aubier des arbres.

Quelques perfonnes confondent les Réfines avec les gommes, qui font également un produit de quelques végétaux, mais qui ne s'enflamment que lorfqu'on les met dans un grand feu.

Il y a des Réfines qui naturellement contiennent de la gomme, & des gommes qui naturellement contiennent de la Réfine; elles jouiffent plus ou moins des propriétés des unes & des autres. On les appelle GOMMES-RÉSINES.

Parmi le grand nombre de fortes de Réfines qui exiftent, dont les unes font caffantes, d'autres molles comme de la pâte, d'autres liquides, il en eft qui font utiles à la médecine feulement, d'autres à la médecine & aux arts, d'autres enfin aux arts feulement. On trouvera leur énumération complète à l'article correfpondant à celui-ci, dans le Dictionnaire des Drogues.

Les Réfines propres à l'Europe fe retirent toutes d'arbres de la famille des Conifères.

La Réfine proprement dite, ou poix-réfine de Bourgogne, s'obtient du pin fylveftre ou pin d'Ecoffe.

La Réfine jaune fe fabrique dans les landes de Bordeaux, en faifant fondre enfemble le BARRAS & le GALIPOT, fournis par le pin maritime.

Le pin d'Alep donne les mêmes produits fur les côtes de la Méditerranée.

Le mélèfe fournit la térébenthine de Venife, & le fapin celle de Strasbourg.

Le brai gras, le brai fec, la poix noire, le goudron, font des Réfines obtenues par la combuftion des bois des PINS & des SAPINS (voyez tous ces mots), où j'indiquerai les procédés propres à obtenir ces fubftances, qui offrent un objet de commerce de quelqu'importance pour la France.

Les arbres dont on a tiré les Réfines font, au rapport de Malus, auffi propres à tous les fervices que ceux qui n'en ont pas fourni.

RÉSINE ANIMÉE. L'une vient d'Orient, & on ne fait quel arbre la fournit; l'autre vient d'Amérique, & découle du COURBARIL. (Voyez ce mot.) On les emploie dans la médecine vétérinaire.

RÉSINE COPALE. Elle eft produite par le GANITRE, & contient un peu de gomme. Son ufage eft fréquent dans l'art du vernifleur. On en fait auffi ufage dans la médecine vétérinaire.

RÉSINE ÉLÉMI. On en reçoit d'Égypte & d'Amérique. On obtient la dernière, & probablement auffi la première, d'incifions faites à l'écorce

V ij

d'un balſamier : ſon uſage en médecine eſt aſſez fréquent. Elle entre auſſi dans les parfums.

RÉSINE DE GAÏAC. Elle eſt d'uſage en médecine, & provient de l'arbre de ſon nom. Voyez ſon article.

RÉSINE DE GENÉVRIER. Elle eſt rare & peu utile.

RÉSINE TACAMAQUE. Le peuplier de ce nom, qui croît dans l'Amérique ſeptentrionale, la fournit. L'emploi qu'on en fait en médecine eſt borné. Celle qui vient de l'Inde eſt la même choſe que le baume vert.

RÉSINE DE VERNIS. C'eſt le ſandaraque qui ſe retire, dans le royaume de Maroc, du thuya articulé. On en fait une aſſez grande conſommation pour les vernis, & pour empêcher le papier gratté d'abſorber l'encre de l'écriture. (Bosc.)

RESPICE : paille trop briſée dans l'opération du DÉPICAGE, & qui ne peut ſervir à rien qu'à augmenter la maſſe des fumiers. Voyez DÉPICAGE & BATTAGE.

RESSUYÉE (Terre). C'eſt celle qui a perdu, par infiltration ou par évaporation, la ſurabondance d'eau qu'elle avoit acquiſe par ſuite des pluies violentes ou permanentes.

Un bon cultivateur ne doit jamais labourer ſa terre avant qu'elle ſoit reſſuyée, parce que le travail y ſeroit fatigant pour ſes chevaux, & ne rempliroit qu'imparfaitement le but.

On facilite le reſſuiement des terres par des FOSSÉS, des ÉGOUTS, des RIGOLES, des PIERRÉES, des PUISARDS. Voyez ces mots.

Des labours profonds, des tranſports de ſable ou de marne, produiſent encore le même effet.

C'eſt une culture très-coûteuſe & très-incertaine que celle qui s'exécute ſur les terres qui ne ſont pas promptes à ſe reſſuyer.

Il eſt des terres beaucoup plus longues à ſe reſſuyer que d'autres, ſoit parce que, par leur nature, elles retiennent mieux l'eau, ſoit parce qu'elles ſont moins expoſées à l'action deſſéchante des rayons du SOLEIL & des VENTS. Voyez ces mots & le mot SÉCHERESSE. (Bosc.)

RESTIAIRE. RESTIARIA.

Grand arbriſſeau de la Cochinchine, qui, ſelon Loureiro, forme ſeul un genre dans la diœcie, mais que nous ne poſſédons pas dans nos jardins. Son écorce ſert à faire des cordes propres à tranſporter le feu, à raiſon de la lenteur de leur combuſtion. (Bosc.)

RESTIO. RESTIO.

Genre de plantes de la diœcie triandrie & de la famille des Joncs, qui réunit quarante-deux eſpèces, dont deux ſont cultivées dans quelques jardins d'Europe. Il eſt figuré pl. 804 des Illuſtrations des genres de Lamarck.

Obſervations.

Ce genre a été diviſé en deux dans ces derniers temps ; mais comme celui formé à ſes dépens a été appelé ÉLÉGIE, il n'a pu en être queſtion à ce mot : en conſéquence je le conſidérerai ici comme encore entier ; je lui réunirai même le CALOPHORA de Labillardière, qui en diffère fort peu.

Eſpèces.

1. Le RESTIO dichotome. *Reſtio dichotomus.* Rott. ♃ Du Cap de Bonne-Eſpérance.

2. Le RESTIO à longs rameaux. *Reſtio vimineus.* Rott. ♃ Du Cap de Bonne-Eſpérance.

3. Le RESTIO pauciflore. *Reſtio pauciflorus.* Linn. ♃ Du Cap de Bonne-Eſpérance.

4. Le RESTIO paniculé. *Reſtio paniculatus.* Linn. ♃ Du Cap de Bonne-Eſpérance.

5. Le RESTIO effilé. *Reſtio virgatus.* Rott. ♃ Du Cap de Bonne-Eſpérance.

6. Le RESTIO à balais. *Reſtio ſcopa.* Thunb. ♃ Du Cap de Bonne-Eſpérance.

7. Le RESTIO luiſant. *Reſtio lucens.* Lam. ♃ Du Cap de Bonne-Eſpérance.

8. Le RESTIO verticillé. *Reſtio verticillaris.* Linn. ♃ Du Cap de Bonne-Eſpérance.

9. Le RESTIO digité. *Reſtio digitatus.* Thunb. ♃ Du Cap de Bonne-Eſpérance.

10. Le RESTIO comprimé. *Reſtio compreſſus.* Rott. ♃ Du Cap de Bonne-Eſpérance.

11. Le RESTIO recourbé. *Reſtio incurvatus.* Thunb. ♃ Du Cap de Bonne-Eſpérance.

12. Le RESTIO aggloméré. *Reſtio glomeratus.* Thunb. ♃ Du Cap de Bonne-Eſpérance.

13. Le RESTIO fromenté. *Reſtio triticeus.* Rott. ♃ Du Cap de Bonne-Eſpérance.

14. Le RESTIO tétragone. *Reſtio tetragonus.* Thunb. ♃ Du Cap de Bonne-Eſpérance.

15. Le RESTIO triflore. *Reſtio triflorus.* Linn. ♃ Du Cap de Bonne-Eſpérance.

16. Le RESTIO élégant.
Restio elegans. Lam. ⚇ Du Cap de Bonne-Espérance.

17. Le RESTIO distique.
Restio distichus. Rott. ⚇ Du Cap de Bonne-Espérance.

18. Le RESTIO à tiges simples.
Restio simplex. Thunb. ⚇ Du Cap de Bonne-Espérance.

19. Le RESTIO frutescent.
Restio fruticosus. Thunb. ⚇ Du Cap de Bonne-Espérance.

20. Le RESTIO scarieux.
Restio scariosus. Thunb. ⚇ Du Cap de Bonne-Espérance.

21. Le RESTIO imbriqué.
Restio imbricatus. Thunb. ⚇ Du Cap de Bonne-Espérance.

22. Le RESTIO vaginal.
Restio vaginatus. Thunb. ⚇ Du Cap de Bonne-Espérance.

23. Le RESTIO filiforme.
Restio filiformis. Lam. ⚇ Du Cap de Bonne-Espérance.

24. Le RESTIO à deux épillets.
Restio distachyos. Rott. ⚇ Du Cap de Bonne-Espérance.

25. Le RESTIO arisé.
Restio aristatus. Thunb. ⚇ Du Cap de Bonne-Espérance.

26. Le RESTIO raboteux.
Restio squarrosus. Lam. ⚇ Du Cap de Bonne-Espérance.

27. Le RESTIO à fleurs pendantes.
Restio cernuus. Thunb. ⚇ Du Cap de Bonne-Espérance.

28. Le RESTIO ombellé.
Restio umbellatus. Thunb. ⚇ Du Cap de Bonne-Espérance.

29. Le RESTIO à gros épillets.
Restio spicigerus. Thunb. ⚇ Du Cap de Bonne-Espérance.

30. Le RESTIO des toits.
Restio tectorum. Linn. De.....

31. Le RESTIO acuminé.
Restio acuminatus. Thunb. ⚇ Du Cap de Bonne-Espérance.

32. Le RESTIO à petites fleurs.
Restio parviflorus. Thunb. ⚇ Du Cap de Bonne-Espérance.

33. Le RESTIO à panicules droites.
Restio erectus. Thunb. ⚇ Du Cap de Bonne-Espérance.

34. Le RESTIO argenté.
Restio argenteus. Thunb. ⚇ Du Cap de Bonne-Espérance.

35. Le RESTIO à grappes.
Restio racemosus. Lam. ⚇ Du Cap de Bonne-Espérance.

36. Le RESTIO en thyrse.
Restio thyrsifer. Rott. ⚇ Du Cap de Bonne-Espérance.

37. Le RESTIO articulé.
Restio articulatus. Retz. ⚇ De l'Inde.

38. Le RESTIO osier.
Restio thamnocarpus. Thunb. ♄ Du Cap de Bonne-Espérance.

39. Le RESTIO tétragone.
Restio tetragonus. Thunb. ♄ Du Cap de Bonne-Espérance.

40. Le RESTIO à quatre feuilles.
Restio tetraphyllus. Labill. ⚇ De la Nouvelle-Hollande.

41. Le RESTIO à écailles pointues.
Restio cuspidatus. Thunb. ⚇ Du Cap de Bonne-Espérance.

42. Le RESTIO à tiges alongées.
Restio calorophus. Labill. ⚇ De la Nouvelle-Hollande.

Culture.

Les espèces de ce genre se tiennent dans des pots remplis de terre de bruyère, pots qu'on rentre dans l'orangerie aux approches des froids. On les multiplie de graines tirées de leur pays natal, & semées sur couche & sous châssis. On peut, lorsqu'on en possède de vieux pieds, les multiplier encore par leur déchirement : ce sont ; au reste, des plantes peu agréables à la vue, & qui n'ont de mérite qu'aux yeux des botanistes. Les tiges de plusieurs espèces sont employées au Cap de Bonne-Espérance pour couvrir les maisons des nègres esclaves. (*Bosc.*)

RESTIOLE. *WILLDENOWIA.*

Genre de plantes de la triandrie monogynie & de la famille des *Graminées*, qui rassemble trois espèces, dont aucune n'est cultivée dans les jardins en Europe.

Espèces.

1. La RESTIOLE cylindrique.
Willdenowia cylindrica. Thunb. Du Cap de Bonne-Espérance.

2. La RESTIOLE comprimée.
Willdenowia compressa. Thunb. Du Cap de Bonne-Espérance.

3. La RESTIOLE striée.
Willdenowia striata. Thunb. Du Cap de Bonne-Espérance. (*Bosc.*)

RESTOUBLE. On donne ce nom au chaume dans le département du Var.

RETAILLER. C'est, dans beaucoup de lieux, exécuter le second labour des terres à blé. *Voyez* LABOURER.

RETERSAGE. C'est le second labour de la vigne dans le département de la Haute-Saône.

RETIAU : fynonyme de RATEAU.

RÉTICULAIRE. *Reticularia.*

Genre de plantes cryptogames, de la famille des *Champignons*, qui a renfermé un grand nombre d'efpèces, mais qui depuis a été divifé en plufieurs autres, tels que ÉCIDIE, SCLÉROTE & URÉDO. C'eft dans ce dernier genre qu'eft actuellement la Réticulaire des blés de Bulliard. *Voyez* ces mots & les *Illuftrations des genres* de Lamarck, pl. 889.

Efpèces.

1. La RÉTICULAIRE des jardins, *Reticularia hortenfis.* Bull. ☉ Indigène.
2. La RÉTICULAIRE jaune. *Reticularia lutea,* Bull. ☉ Indigène.
3. La RÉTICULAIRE charnue. *Reticularia carnofa.* Bull. ☉ Indigène.
4. La RÉTICULAIRE rofe, *Reticularia rofea.* Bull. ☉ Indigène.
5. La RÉTICULAIRE fphéroïde, *Reticularia fpheroidalis.* Bull. ☉ Indigène.
6. La RÉTICULAIRE noire. *Reticularia nigra.* Bull. ♃ Indigène.
7. La RÉTICULAIRE finueufe. *Reticularia finuofa.* Bull. ♃ Indigène.
8. La RÉTICULAIRE hémifphérique. *Reticularia hemifpharica.* Bull. ♃ Indigène.

Culture.

Les deux premières de ces Réticulaires font communes dans les ferres, fur les couches & autres endroits des jardins où il y a du fumier, mais on ne peut les faire naître là où on voudroit qu'elles fuffent ; auffi n'en voit-on que la repréfentation en terre cuite & peinte dans les écoles de botanique. Elles fe font remarquer, dans leur jeuneffe, par leur couleur vive & leur confiftance écumeufe ; & dans leur vieilleffe, par leur couleur noire & leur nature pulvérulente ; elles ne font périr les plantes que lorfque, par circonftance, elles en embraffent le pied.

La noire, qui croît fur les arbres, caufe quelquefois le deffèchement de leurs branches. (*Bosc.*)

RETILLIER. On appelle ainfi, dans le département des Ardennes, l'action de ratiffer & de réunir en meule le foin qu'on vient de couper.

RETOIRE : feu mort. Les vétérinaires donnoient autrefois ce nom aux véficatoires & aux fubftances cautérifantes autres que le feu. Aujourd'hui ils emploient de préférence les termes ufités dans la chirurgie. *Voyez* VÉSICATOIRE & CAUTÈRE. (*Bosc.*)

RETOUR (Arbres fur le). Ce font les arbres qui ceffent de croître en hauteur, & même dont l'extrémité des branches fupérieures eft morte.

Ils font dans le cas d'être coupés, car alors leur intérieur ne tarde pas à fe carier, & leur aubier à être dévoré par les larves des cerfs-volans, des priones, des capricornes & autres infectes.

RETOURS : ce font des fcions qui fortent du vieux bois de la vigne, & qu'on réferve pour la taille de l'année fuivante. *Voyez* VIGNE.

Les racines des arbres fur le Retour pourriffent comme leurs branches ; ils font, de plus, très-expofés à être renverfés par les vents. *Voyez* ARBRE dans le *Dictionnaire des Arbres & Arbuftes.* (*Bosc.*)

RETRAIT (Blé). C'eft un blé qui n'étoit pas parvenu à toute fa groffeur lors de fon deffèchement. On le reconnoît principalement par les rides dont il eft chargé.

La farine que fournit le blé retrait eft peu abondante & de qualité inférieure. On ne doit jamais l'employer pour femence, parce que fes productions font plus foibles.

Beaucoup de caufes peuvent rendre les blés retraits, parmi lefquelles les plus communes font une grande féchereffe en juillet, ou une coupe anticipée.

Toutes les SEMENCES font dans le cas d'éprouver le même accident. *Voyez* ce mot. (*Bosc.*)

RETRAITE : maladie des pieds des chevaux, qui ne diffère de l'enclouure que parce que la pointe du clou s'eft divifée en deux parties, dont l'une atteint le vif & l'autre fort à l'ordinaire, & peut être brochée.

Pour guérir cet accident il faut enlever la corne, retirer la pointe du clou, & panfer comme dans l'ENCLOUURE fimple. *Voyez* ce mot. (*Bosc.*)

RETRANCHER. Ce nom fe donne, dans quelques lieux, aux labours croifés, labours fort vantés par quelques agronomes, mais qui n'ont aucun avantage quand on fait bien faire les LABOURS fimples. *Voyez* ce mot. (*Bosc.*)

RETZIE. *Retzia.*

Arbriffeau du Cap de Bonne-Efpérance, qui feul forme un genre dans la pentandrie monogynie & dans la famille des *Liferons.* Il eft figuré pl. 103 des *Illuftrations des genres* de Lamarck. Comme il ne fe cultive pas dans nos jardins, je n'en dirai rien de plus. (*Bosc.*)

RÉVEILLE-MATIN : nom vulgaire de l'EUPHORBE ÉSULE. *Voyez* ce mot.

REVENUE. C'eft la pouffe des arbres qui ont été coupés l'hiver précédent.

La beauté de la Revenue décide de celle du taillis & même de celle de la futaie, dont elle eft le commencement ; ainfi il eft à defirer qu'elle fe faffe dans les circonftances les plus favorables, & qu'on puiffe s'oppofer aux dégâts qui peuvent lui nuire. Si elle eft frappée de la gelée, il vaut mieux la recéper de fuite, ou l'hiver fuivant, felon l'époque de cet accident, que de la laiffer mutilée.

Voyez FORÊT dans le *Dictionnaire des Arbres & Arbustes.*

REVERDIR. Ce mot a plusieurs acceptions ; mais je le prends ici dans celle où il signifie qu'un arbre prend de nouvelles feuilles, & même quelquefois de nouvelles fleurs, après avoir perdu les siennes par l'effet d'une sécheresse prolongée. Les arbres plantés dans les terrains arides, & ceux qui sont parvenus à une grande vieillesse, sont plus sujets que les autres à cet événement. Il est aussi des espèces qui l'offrent plus souvent que les autres ; je citerai les tilleuls & les marronniers d'Inde. J'ai vu plusieurs de ces derniers fleurir constamment deux fois ; j'ai vu aussi des pruniers & des poiriers présenter annuellement le même phénomène, sans doute par suite de leur organisation. *Voyez* SÈVE. (*Bosc.*)

REY. On appelle ainsi le soc de la CHARRUE dans le département du Var.

REYNOUTRIE. REYNOUTRIA.

Plante du Japon, qui, selon Houttuyne, forme seule un genre dans la décandrie monogynie. Nous ne la cultivons pas dans nos jardins.(*Bosc.*)

REZE : sillons profonds qui séparent les billons & qui servent à l'écoulement des eaux. *Voyez* LABOUR & BILLON. (*Bosc.*)

RHACOME. RHACOMA.

Arbre de la Jamaïque, que quelques botanistes rangent parmi les mygindes, & que d'autres considèrent comme formant un genre particulier. Je l'ai mentionné au mot MYGINDE. (*Bosc.*)

RHAGADIOLE. RHAGADIOLUS.

Genre de plantes de la syngénésie égale & de la famille des *Chicoracées*, qui a été établi aux dépens des LAPSANES (*voyez* ce mot), & qui réunit trois espèces, qui se cultivent dans nos écoles de botanique. Il est figuré pl. 655 des *Illustrations des genres* de Lamarck.

Espèces.

1. La RHAGADIOLE comestible. *Rhagadiolus edulis.*Willd. ☉ Du midi de l'Europe.

2. La RHAGADIOLE en étoile. *Rhagadiolus stellatus.*Willd. ☉ Du midi de l'Europe.

3. La RHAGADIOLE kœlpinie. *Rhagadiolus kœlpinia.* Willd. ☉ De la Sibérie.

Culture.

Les feuilles de la première espèce se mangent dans l'Orient, soit crues, soit cuites, positivement comme ici la chicorée.

La dernière espèce forme seule le genre appelé KŒLPINIE par Pallas.

Toutes se sément dans des pots remplis de terre à demi consistante, pots qui se placent, lorsque les gelées ne sont plus à craindre, sur une couche nue. Le plant levé & arrivé à deux pouces de hauteur, se repique, soit en pleine terre, à une exposition chaude, soit dans d'autres pots qu'on place contre un mur au midi. Il ne demande plus ensuite que des arrosemens dans les sécheresses. (*Bosc.*)

RHANTÈRE. RHANTERIUM.

Arbuste qui croît sur le bord de la mer, dans le voisinage de Tunis, & qui seul forme un genre dans la syngénésie superflue & dans la famille des *Corymbifères*. Il est figuré pl. 240 de la *Flore atlantique* de Desfontaines.

Les graines envoyées par Desfontaines n'ayant pas levé, on ne le cultive pas dans nos jardins. (*Bosc.*)

RAPHIE. RAPHIA. *Voyez* SAGOUTIER.

RHAPONTIQUE. RHAPONTICUM.

Genre de plantes établi pour placer quelques espèces de centaurées qui n'offrent pas tous les caractères des autres. Il en a été parlé au mot CENTAURÉE, auquel je renvoie le lecteur. (*Bosc.*)

RHASUT. On appelle ainsi l'ARISTOLOCHE d'Alep dans son pays natal.

RHEDHIBITION. Il est, dans les objets qui se vendent, certains défauts cachés qui sont d'une telle importance, que l'acquéreur ne les eût point achetés, ou en eût donné une valeur fort inférieure, s'il les eût connus ; & il a paru juste au législateur d'indiquer les cas où elle devoit être reconnue ; ces cas s'appellent *cas rhedhibitoires*, & leur effet *Rhedhibition*. *Voyez* le *Dictionnaire de Jurisprudence.*

Les cultivateurs sont fréquemment dans le cas d'avoir besoin de connoître cet article du Code lorsqu'ils achètent des bestiaux, & surtout des chevaux qui sont sujets à des vices ou à des maladies que le vendeur a intérêt de cacher.(*Bosc.*)

RHENNE : quadrupède du genre des cerfs, propre aux contrées les plus septentrionales de l'Europe, de l'Asie & de l'Amérique, & dont, en le rendant domestique, les habitans qui ne peuvent élever nos bestiaux, tirent le parti le plus avantageux pour traîner leurs personnes & leurs effets, & pour se nourrir de leur chair & de leur lait.

Conformément au plan de cet ouvrage, je devrois m'étendre sur le Rhenne autant que sur les chevaux & sur les bœufs, puisqu'il rend aux peuples du Nord les mêmes services que nous rendent ces derniers ; mais en considérant que toutes les tentatives qui ont été faites pour l'introduire, non pas seulement dans le midi de l'Europe, mais même à Stockholm & Saint-Pétersbourg, ont été sans succès, tant sa nature exige le froid, je puis croire que cela seroit superflu, & que ce qui se lit à son article, dans le *Dictionnaire des Quadrupèdes*, suffit aux agriculteurs, de quelque partie de l'Europe que ce soit, qui sont desireux de le connoître.

La dernière importation de Rhennes qui ait eu lieu en France, date de 1780; elle fut placée à l'école vétérinaire d'Alfort, où je l'ai vue. Le dernier mort n'y vécut pas un an entier.

On attèle les Rhennes à peu près comme les chevaux, c'est-à-dire, par le cou. Les guides s'attachent aux cornes; tantôt on les place de front, tantôt à la file: la plupart peuvent courir cinq à six jours de suite en s'arrêtant toutes les deux ou trois heures, pendant quelques instans, pour manger. On les nourrit, pendant l'hiver, de foin, de branches d'arbres, & surtout du lichen qui porte leur nom. L'été, ils pâturent à volonté, n'y ayant aucune culture dans les contrées qu'ils habitent.

Les femelles des Rhennes entrent en chaleur en mai, portent huit mois, & ne font qu'un petit. La plupart des mâles se châtrent à la fin de leur première année, pour les rendre plus dociles & empêcher, ce qui est important d'après ce que j'ai dit plus haut, leurs cornes de tomber tous les étés.

La chair du Rhenne châtré & gras est excellente.

Le lait des femelles est fort bon, donne des fromages également bons, mais son beurre a l'aspect & la consistance du suif.

La peau du Rhenne est un objet de commerce important, attendu qu'elle est une de celles qui, passée en mégisserie, confectionne les meilleurs gants, les meilleures culottes, & autres objets de ce genre. (*Bosc.*)

RHEXIA : genre de plantes que Lamarck a appelé QUADRETTE en françois. *Voyez* ce mot.

RHINION. *Voyez* TÉTRACÈRE.

RHIPSALÈS. *Rhipsales.*

Genre établi aux dépens des cassytes. La seule espèce qu'il contient, la cassyte polysperme, n'étant pas cultivée dans nos jardins, quoiqu'elle le soit en Angleterre, je n'en dirai rien de plus. (*Bosc.*)

RHIZOBOLE : nom donné par Gærtner au PE-KÉE d'Aublet, que quelques botanistes ont cru devoir réunir aux CARYOCAR. *Voyez* ces mots.

RHIZOPHORE. *Rhizophora.*

Genre de plantes de l'octandrie monogynie & de la famille des *Caprifoliacées*, dans lequel se placent

six espèces, dont aucune n'est cultivée en Europe. Il est figuré pl. 396 des *Illustrations des genres* de Lamarck.

Observations.

La dernière espèce est regardée comme le type d'un genre par M. Lamarck, qui l'appelle BRU-GUIERA.

Espèces.

1. Le RHIZOPHORE manglier, vulgairement *mangle, palétuvier.*
Rhizophora mangle. Linn. ♄ De l'Inde.
2. Le RHIZOPHORE mucroné.
Rhizophora mucronata. Lam. ♄ De l'Ile-de-France.
3. Le RHIZOPHORE à fruits cylindriques.
Rhizophora cylindrica. Linn. ♄ Des Indes.
4. Le RHIZOPHORE conjugué.
Rhizophora conjugata. Linn. ♄ De Ceylan.
5. Le RHIZOPHORE candel.
Rhizophora candel. Linn. ♄ Des Indes.
6. Le RHIZOPHORE de Bruguières.
Rhizophora gymnorhiza. Linn. ♄ Des Indes.
(*Bosc.*)

RHODIOLE. *Rhodiola.*

Plante vivace des hautes montagnes, que Linnæus & plusieurs autres botanistes ont placée parmi les orpins, mais qui offre des caractères assez saillans pour en faire un genre particulier, puisqu'elle est dioique. Elle est figurée pl. 819 des *Illustrations des genres* de Lamarck.

La racine de cette plante exhale, surtout lorsqu'elle est fraîche, une odeur analogue à celle de la rose: de-là le nom quelle porte.

On cultive la Rhodiole odorante dans les écoles de botanique, & on pourroit la cultiver également dans les jardins d'agrément, attendu qu'elle forme des touffes d'un très-joli aspect. Une terre fraîche & une exposition ombragée lui conviennent mieux que toutes autres; cependant elle vient bien partout. Les plus fortes gelées n'ont aucune action sur elle: sa multiplication a lieu par le semis de ses graines en automne, & plus communément par le déchirement des vieux pieds à la fin de l'hiver. Il faut la changer de place tous les trois à quatre ans pour l'avoir toujours aussi belle que possible. (*Bosc.*)

RHODORE. *Rhodora.*

Arbuste du Canada, qui se cultive en pleine terre dans le climat de Paris, & qui, en conséquence, sera l'objet d'un article dans le *Dictionnaire des Arbres & Arbustes.* (*Bosc.*)

RHUBARBE. *Rheum.*

Genre de plantes de l'ennéandrie triandrie & de la famille des *Polygonées*, dans lequel se trouvent

vent placées dix efpèces, dont les racines font plus ou moins l'objet d'un commerce de quelqu'étendue, & peuvent devenir celui d'une culture importante. Il eſt figuré pl. 324 des *Illuſtrations des genres de Lamarck.*

Efpèces.

1. La RHUBARBE rapontic, vulgairement *rapontique, rhubarbe anglaiſe.*
Rheum rhaponticum. Linn. ♃ De l'Orient.
2. La RHUBARBE ondulée, vulgairement *rhubarbe de Moſcovie.*
Rheum undulatum. Linn. ♃ De la Sibérie.
3. La RHUBARBE compacte.
Rheum compactum. Linn. ♃ De la Tartarie.
4. La RHUBARBE palmée, vulgairement *rhubarbe de la Chine.*
Rheum palmatum. Linn. ♃ De la Tartarie.
5. La RHUBARBE pulpeuſe.
Rheum ribes. Linn. ♃ De l'Orient.
6. La RHUBARBE de Tartarie.
Rheum tataricum. Linn. ♃ De la Tartarie.
7. La RHUBARBE hybride.
Rheum hybridum. Linn. ♃ De la Sibérie.
8. La RHUBARBE de Sibérie.
Rheum ſibiricum. Ait. ♃ De la Sibérie.
9. La RHUBARBE penchée.
Rheum nutans. Ait. ♃ De la Sibérie.
10. La RHUBARBE à racines blanches.
Rheum leucorrhizum. Pall. ♃ De la Sibérie.

Culture.

Nous poffédons toutes ces efpèces, excepté la dernière, dans nos écoles de botanique; nous cultivons en grand, dans quelques lieux, les feconde & troiſième, & nous devrions cultiver de même les quatrième & cinquième.

Les Rhubarbes ne craignent point les froids du climat de Paris, & en conféquence peuvent y reſter en pleine terre toute l'année; cependant la cinquième eſpèce demande à être couverte, pendant les fortes gelées, avec des feuilles sèches ou de la fougère pour être garantie de leur action, car elle en eſt quelquefois atteinte.

Une terre profonde & de moyenne confiſtance, c'eſt-à-dire, où le ſable ne domine pas ſur l'argile, & qui par conféquent ſe defsèche lentement, eſt celle qui convient le mieux aux Rhubarbes; cependant elles viennent bien dans toutes celles qui ne ſont pas très-arides ou très-aquatiques. Elles ne craignent ni l'ombre des arbres, ni l'expoſition au nord; leur multiplication a lieu par le ſemis de leurs graines & par le déchirement des vieux pieds.

Le ſemis des graines des Rhubarbes s'exécute peu après qu'elles ſont récoltées, dans une planche bien préparée, autant que poſſible à l'expoſition du levant: il doit être très-clair. Des arroſemens

pendant les chaleurs de l'été ſuivant ſont très-avantageux au plant. Ce plant ſe couvre de feuilles sèches ou de fougère, par prudence, pendant les deux hivers qu'il reſte dans la planche, & ſe repique en place à la fin du ſecond.

On effectue la multiplication des Rhubarbes par le moyen du déchirement des vieux pieds, également à la fin de l'hiver, car ils pouſſent de très-bonne heure, ſouvent en mars. Plus les pieds ſont vieux, & plus ils ont d'œilletons ſuſceptibles d'être ſéparés ſans nuire à la ſouche. Malgré cela on riſque ſouvent d'en perdre, & même le pied ſur lequel on les enlève, lorſqu'on ne prend pas les précautions néceſſaires; précautions indiquées au mot ŒILLETON. Ces œilletons ſe mettent en place abſolument comme le plant.

La culture qu'on donne aux Rhubarbes ſe réduit à deux ou trois binages pendant le cours de l'été, & un labour pendant l'hiver. Couper leurs feuilles eſt toujours une opération nuiſible aux racines, & ne doit par conféquent avoir lieu que par un motif prédominant.

Les pieds des Rhubarbes vivent environ dix à douze ans dans un bon fonds, & ſeulement la moitié moins dans un mauvais. Ils commencent à pourrir par le centre, & c'eſt dès qu'ils montrent cette altération qu'il convient de les arracher & de tranſporter leurs œilletons dans une autre place. Ceux de ces pieds qui ſont provenus d'œilletons ſubſiſtent moins long-temps que ceux qui ſont le réſultat du ſemis des graines.

Toutes les Rhubarbes font un bel effet dans les jardins payſagers, par la grandeur de leurs feuilles, la hauteur de leurs tiges & le nombre de leurs fleurs. On ne doit jamais manquer de placer quelques pieds des eſpèces les plus communes, c'eſt-à-dire, des trois premières, ſur le bord des allées de ces jardins, autour des fabriques, même au milieu des gazons.

On n'eſt pas bien certain quelle eſt l'eſpèce de Rhubarbe qui fournit au commerce celle dont on fait un ſi fréquent uſage en médecine; mais il y a lieu de croire que c'eſt, ou la troiſième, ou la quatrième, ou peut-être l'une & l'autre. Dans leur pays natal on ne les cultive pas; mais pendant l'automne, au moment de la chute de leurs feuilles, les habitans ſe répandent, ſous l'autorité du Gouvernement, dans les déferts, & arrachent les pieds qui ſont arrivés à toute leur perfection, ſavoir, ceux qui ont quatre à cinq ans d'âge, ce dont ils jugent facilement par la ſeule inſpection. Ces racines ont quelquefois deux pieds de long, & ſix pouces de diamètre. Dès qu'elles ſont arrachées, on les pèle, on les coupe par tranches, qu'on expoſe à l'air ſur des tables, dans des tentes, où elles commencent à ſe defsécher, &, au bout de cinq à ſix jours, on les enfile dans des ficelles pour les ſuſpendre ſous les mêmes tentes, où elles achèvent de ſe defsécher en deux mois. Par cette opé-

X

ration , ces tranches perdent fix feptièmes de leur poids.

Depuis un temps immémorial on cultive la première efpèce de ce genre dans les jardins, furtout dans ceux des moines, pour l'ufage de la pharmacie ; mais ce n'eft que depuis une trentaine d'années qu'on s'eft imaginé de cultiver en grand, pour mettre leurs racines dans le commerce, les feconde, troifième & quatrième, cette dernière moins que les autres, quoique peut-être préférable, parce qu'elle donne rarement de bonnes graines & fort peu d'œilletons.

La culture de ces Rhubarbes a partout fort bien réuffi ; mais on s'en eft bientôt dégoûté, parce que les droguiftes, fous le prétexte que fes pro'uits étoient inférieurs aux racines venant de la Ruffie & de la Chine, n'ont pas voulu les payer au prix convenable. Aujourd'hui, je ne connois plus qu'un propriétaire qui s'y livre, & ce propriétaire jouit de la faculté d'envoyer fes produits dans un port de mer, d'où on les expédie dans l'intérieur comme venant de la Chine.

Je ne doute pas, pour avoir comparé les produits de plufieurs cultivateurs des environs de Paris avec la Rhubarbe du commerce, qu'il n'y ait beaucoup de différence extérieure entr'elles, foit que cela tienne à l'efpèce, à l'âge, à la culture, à la préparation, &c. Il paroît qu'il y en a également dans leurs effets médicinaux, d'après le rapport des médecins, en qui j'ai confiance ; mais mon collègue Pinel, qui en cultive conftamment dans fon jardin à la Salpétrière, m'a dit qu'à double dofe cette dernière rempliffoit complétement le but, & il doit être cru. Or, fi les riches craignent de prendre deux fois plus de Rhubarbe, lorfqu'ils peuvent l'éviter en la payant plus cher, les hôpitaux doivent-ils calculer de même ? & n'eft-ce pas une grande dépenfe épargnée à ceux de Paris, par exemple, que de n'y employer que celle qui provient de nos cultures ? Auffi avois-je projeté, lorfque j'étois à la tête de ces hôpitaux, d'en faire cultiver, avec cette intention, dans les terrains qui leur appartenoient. Je n'étendrai pas davantage ces réflexions ; mais je crois devoir encore ajouter que toute augmentation dans l'efpèce de la culture étant avantageufe à l'agriculture en général, il eft defirable que celle de la Rhubarbe s'établiffe. Voyez ASSOLEMENT & SUCCESSION DE CULTURE.

Comme les Rhubarbes provenant des femis font plus long-temps à donner leurs produits que celles réfultant de la plantation des œilletons, & que d'ailleurs, comme je l'ai déjà particulièrement obfervé pour l'une, leurs graines avortent fouvent, c'eft par ce dernier moyen qu'on multiplie le plus généralement celles qu'on cultive en grand. Ainfi il faut d'abord fe procurer un certain nombre de pieds par femis, & attendre qu'ils foient en état de pouvoir fournir des œilletons en affez

grande abondance pour pouvoir effectuer la plantation.

Par la fuite on ne fait de nouvelles plantations de Rhubarbe que lorfqu'on en détruit une ancienne, & alors on a autant d'œilletons qu'on peut en defirer, une racine de quatre à cinq ans en donnant jufqu'à trente & plus. Il fuffit qu'il y ait un demi-pouce de racine à ces œilletons pour que leur reprife foit probable. C'eft, ainfi que je l'ai déjà annoncé plus haut, à la fin de l'hiver, un peu avant le retour de leur végétation, qu'on les enlève & qu'on les replante après les avoir laiffé fe faner pendant un jour, afin que leur plaie fe cicatrife. La diftance à laquelle il convient de les mettre, lorfqu'on les difpofe en quinconce, & on le doit le plus fouvent, eft de fix pieds, terme moyen, plus ou moins, fuivant que le terrain eft meilleur ou moins bon ; car les feuilles de toutes, excepté la première, ont une grande amplitude. En temps fec, des arrofemens font avantageux à leur reprife ; mais des pluies durables caufent la pourriture de beaucoup de pieds.

Deux binages & un labour, chaque année, font néceffaires au fuccès de la plantation, ainfi que je l'ai déjà annoncé.

Les feuilles des pieds de Rhubarbe ne rempliffant pas, pendant les deux premières années, tout l'efpace laiffé entr'eux, il eft bon, pour ne pas perdre le terrain, d'y planter des légumes, comme pois nains, haricots nains, pommes de terre, &c.

Couper les feuilles des pieds de Rhubarbe eft toujours nuifible, parce que ce feroit retarder le groffiffement des racines. Voyez FEUILLE & ÉCIMAGE.

Mais couper leurs tiges, ou mieux les pincer à un pied de terre, pour les empêcher de monter plus haut, eft le plus fouvent utile. Voyez PINCEMENT & GRAINE.

La récolte des racines de Rhubarbe a lieu la quatrième ou la cinquième année, plus tôt dans les terrains fecs & chauds, plus tard dans ceux qui font humides & froids, même dans le même champ, felon la marche différente de la végétation dans certains pieds. Récolter les pieds d'un champ en deux ans, eft donc avantageux à la quantité des produits. Lorfqu'on fait trop tôt cette récolte, la chair de la racine eft molle, peu réfineufe, & fufceptible de perdre onze douzièmes de fon poids par la defficcation ; lorfqu'on la fait trop tard, les racines fe creufent & même fe pourriffent au centre, deviennent filandreufes à leurs bords, donnent un déchet confidérable lorfqu'on les épluche, & n'offrent plus l'apparence de la Rhubarbe du commerce lorfqu'elles font deffechées.

C'eft en automne, lorfque les feuilles font entièrement deffechées, qu'on doit s'occuper de la récolte des racines de Rhubarbe. Après qu'elles font arrachées & lavées, on les pèle, on les épluche, on les coupe en fegmens de la groffeur du poing au plus, & on fait fécher ces fegmens ainfi qu'il a été indiqué plus haut.

Il n'a pas encore été fait d'expériences pofitives à l'effet de conftater quelle culture devoit être préférée après celle de la Rhubarbe ; mais il y a lieu de croire que celles qui exigent des labours profonds, & toute abfence de mauvaifes herbes, feroient convenables.

La Rhubarbe pulpeufe, qui eft rare dans nos jardins, malgré la grande quantité de femences fucceffivement apportées par Michaux, Labillardière & Olivier, eft l'objet d'une culture dans ceux d'une partie de la Turquie d'Afie & de la Perfe, à raifon de la faveur agréablement acide des pétioles de fes feuilles & de fes jeunes tiges ; ces pétioles & ces tiges fe mangent crus, affaifonnés avec du fel & du vinaigre, après en avoir enlevé l'écorce, ou fe confifent au fucre, foit entiers, foit réduits en pulpe ; on les fait blanchir en les buttant avec de la terre, ou en les entourant de feuilles fèches. J'ai goûté de ces pétioles, & je les ai trouvés très-dignes d'entrer dans la férie de nos alimens ; mais jufqu'à préfent cette efpèce s'eft refufée à fournir des moyens abondans de multiplication. Les deux feuls pieds qui exiftent au Jardin du Muféum de Paris ne donnent jamais de bonnes graines, quoiqu'ils fleuriffent prefque tous les ans, & les deux ou trois œilletons qu'ils offrent, n'ont pas paru pouvoir être enlevés fans danger pour leur confervation.

Il eft probable que cette efpèce feroit plus facile à multiplier dans un climat plus chaud que celui de Paris, & je fais des vœux pour qu'elle s'introduife dans le midi de la France. (*Bosc.*)

RHUBARBE : forte de fromage fabriqué à Roquefort avec les râclures de ceux qu'on deftine au commerce ; ils font globuleux & fe confomment dans le pays. (*Bosc.*)

RIBE. On donne ce nom, aux environs de Befançon, à une meule conique tournant horizontalement fur elle-même à la furface d'une large pierre circulaire, au moyen d'un manège. Cette meule eft deftinée à broyer le CHANVRE & le LIN rouis, pour en féparer la filaffe. *Voyez* ces deux mots.

L'emploi du Ribe, pour fuppléer à la mâche ou ferançoir & au tillage, n'a pas encore été foumis à des expériences comparatives régulières, de forte qu'on varie beaucoup d'opinion fur fes avantages ou fes inconvéniens. Si on ne favoit combien les habitans des campagnes tiennent à leurs ufages, on diroit que le peu d'étendue des pays où il eft connu parle contre lui. Il eft évidemment coûteux & exige un grand emplacement, ce qui font de grands inconvéniens, mais il doit rapidement expédier. (*Bosc.*)

RIBELIER. *EMBELIA.*

Arbre de l'Inde, qui feul forme un genre dans la pentandrie monogynie. Il eft figuré pl. 133 des *Illuftrations des genres* de Lamarck.

On ne le cultive pas en Europe. (*Bosc.*)

RICCIE. *RICCIA.*

Genre de plantes cryptogames, de la famille des *Hépatiques*, qui renferme une douzaine d'efpèces qui ne font d'aucun intérêt pour les cultivateurs, mais qu'on doit trouver dans les écoles de botanique. Il eft figuré pl. 877 des *Illuftrations des genres* de Lamarck.

Efpèces.

1. La RICCIE criftalline.
Riccia cryftallina. Linn. ♃ Indigène.

2. La RICCIE glauque.
Riccia glauca. Linn. ♃ Indigène.

3. La RICCIE petite.
Riccia minima. Linn. ♃ Indigène.

4. La RICCIE flottante.
Riccia fluitans. Linn. ♃ Indigène.

5. La RICCIE nageante.
Riccia natans. Linn. ♃ Indigène.

6. La RICCIE fruticuleufe.
Riccia fruticulofa. Œder. ♃ Du nord de l'Europe.

7. La RICCIE pyramidale.
Riccia pyramidalis. Willd. ♃ De l'Allemagne.

8. La RICCIE toile d'araignée.
Riccia arachnoides. Œder. ♃ Du nord de l'Europe.

9. La RICCIE veinée.
Riccia venofa. Roth. ♃ De l'Allemagne.

10. La RICCIE tuberculée.
Riccia tuberculata. Lam. ♃ Indigène.

11. La RICCIE réticulée.
Riccia reticulata. Linn. ♃ Indigène.

Culture.

Pour conferver ces plantes dans les écoles de botanique, il faut les mettre dans une fituation analogue à celle où elles fe trouvent dans l'état naturel, c'eft-à-dire, après les y avoir tranfportées en mottes, rendre le fol conftamment humide & ombragé, par un fuintement d'eau & des abris ; du refte, elles ne demandent aucun foin. (*Bosc.*)

RICHARDIE. *RICHARDIA.*

Genre de plantes de l'hexandrie monogynie & de la famille des *Rubiacées*, dans lequel fe placent deux efpèces, dont aucune n'eft cultivée dans nos jardins. Il eſt figuré pl. 254 dès *Illuſtrations des genres* de Lamarck.

Eſpèces.

1. La RICHARDIE à feuilles rudes.
Richardia aſpera. Linn. ♃ De l'Amérique méridionale.

2. La RICHARDIE velue.
Richardia piloſa. Ruiz & Pav. ☉ Du Pérou.
(*Bosc.*)

RICHERIE. *RICHERIA.*

Arbre de la Guadeloupe, qui ſeul forme un genre dans la polygamie diœcie, mais que nous ne cultivons pas dans nos jardins. (*Bosc.*)

RICIN. *RICINUS.*

Genre de plantes de la monœcie polyandrie & de la famille des *Euphorbes*, qui réunit dix eſpèces, dont ſont d'un très-bel aſpect, & fourniſſent, par leurs graines, une huile fort eſtimée en médecine. Il eſt figuré pl. 792 des *Illuſtrations des genres* dè Lamarck.

Eſpèces.

1. Le RICIN commun, vulgairement *palma chriſti*.
Ricinus communis. Linn. ☉ Des Indes.
2. Le RICIN d'Amérique.
Ricinus americanus. Mill. ☉ De l'Amérique.
3. Le RICIN vert.
Ricinus viridis. Willd. ☉ Des Indes.
4. Le RICIN d'Afrique.
Ricinus africanus. Desf. ♄ De la Tartarie.
5. Le RICIN livide.
Ricinus lividus. Jacq. ♄ Du Cap de Bonne-Eſpérance.
6. Le RICIN à capſules unies.
Ricinus inermis. Jacq. ♄ Des Indes.
7. Le RICIN fort beau.
Ricinus ſpecioſus. Burm. De Java.
8. Le RICIN globuleux.
Ricinus globoſus. Willd. ♄ De la Jamaïque.
9. Le RICIN tanare.
Ricinus tanaricus. Linn. ♄ De l'île d'Amboine.
10. Le RICIN dioïque.
Ricinus dioicus. Forſt. ♄ Des îles de la mer du Sud.

Culture.

Pluſieurs de ces Ricins ont été cultivés dans les jardins de Paris, mais ils ne s'y ſont pas conſervés; on n'y voit plus que le Ricin commun & celui d'Amérique, dont les graines ſe ſèment au printemps, ſur couche nue, dans des pots remplis de terre à demi conſiſtante & bien fumée. Lorſque le plant a acquis ſix pouces de haut, on le repique ſeul à ſeul dans d'autres pots ou contre un mur expoſé au midi. Il demande de fréquens arroſémens dans la chaleur. On rentre les pots dans l'orangerie lorſque les nuits commencent à devenir froides, afin que les pieds qu'ils contiennent, qui ordinairement ſont encore en fleurs, perfectionnent leurs graines : les autres périſſent par ſuite de la première gelée.

Cette plante eſt d'un ſuperbe aſpect, & ſeroit très-propre à orner nos parterres & nos jardins payſagers, ſi elle ne demandoit pas autant de chaleur pour arriver à toute ſa hauteur.

En Amérique on ne cultive pas proprement cette plante, ainſi que je l'ai obſervé; mais on conſerve les pieds qui croiſſent naturellement dans les jardins, les champs, autour des maiſons, pour en recueillir la graine, de laquelle on tire une huile très-bonne à brûler, & que ſa qualité purgative rend l'objet d'un petit commerce avec l'Europe. Là, les pieds, lorſqu'ils ſont en bon fonds, arrivent à la groſſeur du bras & à l'amplitude d'un petit arbre. Ils fourniſſent immenſément de graines; mais comme ces graines mûriſſent ſucceſſivement ſur chaque épi, & ſe diſperſent au loin au moment de leur maturité, par l'effet de la contraction des valves de la capſule dans laquelle elles ſont contenues, la plupart ne peuvent être recueillies. Pour n'en point perdre, il faudroit les cueillir une à une, lorſque leurs capſules commencent à changer de couleur, ce qui n'eſt pas facile, à raiſon de la grandeur des pieds & de la fragilité des rameaux : en conſéquence on préfère couper les grappes entières, qui ne fourniſſent alors que le quart ou même le ſixième de la graine qu'elles auroient donnée, lors même que, comme on le fait toujours, on laiſſe les graines terminer leur évolution ſur les épis, à cet effet dépoſés en petits tas & couverts de toiles pour retarder leur deſſiccation. Celles de ces graines qui ont acquis la groſſeur du bout du doigt, & dont la peau eſt fortement marbrée de gris, doivent être triées comme contenant l'huile la plus perfectionnée; car la ſurabondance du mucilage des autres altéreroit celle qu'on retireroit de la totalité. *Voyez* HUILE.

Lorſque les pieds de Ricin ſe trouvent ſur un terrain dépourvu d'autres plantes, la meilleure méthode d'en récolter les graines, c'eſt de les ramaſſer après leur chute, parce qu'alors on n'a que celles qui ſont parvenues à toute leur maturité.

En Amérique on ne tire généralement l'huile des graines de Ricin que par leur ébullition dans l'eau, après les avoir torréfiées & pilées; mais ce mode eſt très-déſavantageux ſous les rapports de la qualité & de la quantité. Il vaudroit mieux employer le mode uſité en Europe, c'eſt-à-dire, l'expreſſion, mais il n'y a pas de moulins à huile dans les pays intertropicaux.

La difficulté des relations commerciales entre l'Inde, ou l'Amérique & la France, avoit, dans ces derniers temps, rendu ſi rare dans les phar-

macies l'huile de Ricin néceſſaire à la médecine, que deux ou trois perſonnes ont ſpéculé,
dans le Midi, ſur la culture de la plante qui la
fournit, & leur ſpéculation a été fructueuſe; au
moins pour deux d'entr'elles, MM. Fournier &
Bernard, apothicaires à Nîmes & à Beziers,
qui ont vendu en 1813 ſix mille trois cents bouteilles d'huile. Cette huile eſt plus foible dans
ſon action purgative que celle venue d'Amérique; mais, en en doublant la doſe, on en obtient les mêmes réſultats.

Pour cultiver avec avantage le Ricin dans le
midi de la France, il faut choiſir un terrain léger & chaud, le bien fumer, le bien labourer,
& y ſemer les graines de Ricin à un mètre de
diſtance (trois dans le même auget, pour enlever
les deux plants les plus foibles, ſi elles réuſſiſſent
toutes) lorſque les gelées ne ſont plus à craindre.
Le plant levé ſe bine, d'abord lorſqu'il a acquis
un pied de haut, & enſuite lorſqu'il eſt parvenu
au double de cette hauteur, après quoi on n'y
touche plus.

La récolte des graines de Ricin commence vers
le milieu d'août, & eſt indiquée par le changement de la couleur des capſules les plus inférieures de chaque épi, leſquelles ſont portées
trois ou deux enſemble ſur de petites grappes par-
tielles. On la renouvelle toutes les ſemaines juſqu'aux approches des gelées, qu'on coupe tous
les épis pour les apporter à la maiſon, où quelques-unes des graines qui y reſtent, complètent
leur maturité. Chaque pied, ainſi conduit, donne
environ une livre & demie de bonne graine, ce
qui, à un franc la livre, prix de 1813, eſt
un fort bon produit.

Les débris de la fabrication de l'huile de Ricin
& les tiges de la plante ſont un excellent engrais.

La culture du Ricin en France doit néceſſairement être bornée, puiſque la conſommation de
l'huile pour les uſages médicaux eſt très-peu conſidérable, & qu'elle ne peut entrer avantageuſement
en concurrence, pour les uſages économiques,
avec celles de colza, de navette, de lin, de ché-
nevis, &c.; mais comme elle diſſout fort bien
le copal, elle peut être utiliſée dans l'art du
verniſſeur.

En Toſcane on emploïe les feuilles du Ricin,
en les appliquant ſur le ſein, pour faire paſſer le
lait des nourrices.

L'expérience a appris que la culture du Ricin
pouvoit fort bien alterner avec celle du mais,
du paſtel, du froment, des prairies artificielles.
Voyez Assolement & Succession de culture. (*Bosc.*)

RICINELLE. *Acalypha.*

Genre de plantes de la monœcie monadelphie &
de la famille des *Euphorbes*, dans lequel ſe placent

quarante-trois eſpèces, dont pluſieurs ſe cultivent
dans nos écoles de botanique. Il eſt figuré pl. 789
des *Illuſtrations des genres* de Lamarck.

Eſpèces.

1. La Ricinelle à feuilles de charme.
Acalypha carpinifolia. Linn. ♄ De Saint-Domingue.
2. La Ricinelle à feuilles de tilleul.
Acalypha tiliafolia. Lam. ♄ De Saint-Domingue.
3. La Ricinelle à feuilles d'aune.
Acalypha alnifolia. Lam. ♄ Des Indes.
4. La Ricinelle tubulée.
Acalypha corenſis. Jacq. ♄ De Saint-Domingue.
5. La Ricinelle à grandes feuilles.
Acalypha grandifolia. Lam. ♄ De Madagaſcar.
6. La Ricinelle veinée.
Acalypha venoſa. Lam. ♄ De Madagaſcar.
7. La Ricinelle à feuilles ſeſſiles.
Acalypha ſeſſilis. Lam. ♄ De.....
8. La Ricinelle velue.
Acalypha villoſa. Linn. ♄ De l'Amérique méridionale.
9. La Ricinelle ailée.
Acalypha pinnata. Lam. ♄ De l'Amérique méridionale.
10. La Ricinelle frutescente.
Acalypha fruticoſa. Forsk. ♄ De l'Égypte.
11. La Ricinelle effilée.
Acalypha virgata. Linn. ♄ De la Jamaïque.
12. La Ricinelle à longs épis.
Acalypha ſpiciflora. Burm. ♄ Des Indes.
13. La Ricinelle de Virginie.
Acalypha virginica. Linn. ⊙ De l'Amérique
ſeptentrionale.
14. La Ricinelle des Indes.
Acalypha indica. Linn. ⊙ Des Indes.
15. La Ricinelle queue-de-renard.
Acalypha alopecuroides. Jacq. ⊙ De l'Amérique
méridionale.
16. La Ricinelle de Caroline.
Acalypha caroliniana. Mich. ⊙ De l'Amérique
ſeptentrionale.
17. La Ricinelle à gros épis.
Acalypha macroſtachya. Lam. ⊙ De l'Amérique
méridionale.
18. La Ricinelle à feuilles d'ortie.
Acalypha urticafolia. Lam. ⊙ De l'Amérique
méridionale.
19. La Ricinelle ciliée.
Acalypha ciliata. Forsk. ⊙ De l'Arabie.
20. La Ricinelle rude.
Acalypha ſcabroſa. Swartz. ♄ De la Jamaïque.
21. La Ricinelle à feuilles d'hernandier.
Acalypha hernandifolia. Swartz. ♄ De la Jamaïque.
22. La Ricinelle elliptique.
Acalypha elliptica. Swartz. ♄ De la Jamaïque.

23. La Ricinelle à feuilles liſſes.
Acalypha lævigata. Swartz. ♄ De la Jamaïque.
24. La Ricinelle laineuſe.
Acalypha tomentoſa. Swartz. ♄ De Saint-Domingue.
25. La Ricinelle à feuilles aiguës.
Acalypha anguſtifolia. Swartz. ♄ De la Jamaïque.
26. La Ricinelle à feuilles de bouleau.
Acalypha betulina. Forsk. ♄ De l'Arabie.
27. La Ricinelle phléoïde.
Acalypha phleoides. Cavan. ♄ De l'Amérique
méridionale.
28. La Ricinelle rampante.
Acalypha reptans. Swartz. ♄ De la Jamaïque.
29. La Ricinelle hériſſée.
Acalypha hispida. Willd. ♄ Des Indes.
30. La Ricinelle à feuilles pointues.
Acalypha cuspidata. Jacq. ♄ De l'Amérique
méridionale.
31. La Ricinelle à un ſeul épi.
Acalypha monoſtachya. Willd. ♄ Du Mexique.
32. La Ricinelle à feuilles diverſes.
Acalypha diverſifolia. Willd. ♄ De l'Amérique
méridionale.
33. La Ricinelle lancéolée.
Acalypha lanceolata. Willd. ☉ Des Indes.
34. La Ricinelle à feuilles de corette.
Acalypha corchorifolia. Willd. ♄ De la Martinique.
35. La Ricinelle poilue.
Acalypha pilosa. Cav. ☉ De l'Amélique méridionale.
36. La Ricinelle en tête.
Acalypha capitata. Willd. ♄ Des Indes.
37. La La Ricinelle glanduleuſe.
Acalypha glandulosa. Cavan. Du Mexique.
38. La Ric'nelle mappe.
Acalypha mappa. Willd. ♄ Des Moluques.
39. La Ricinelle vagante.
Acalypha vagans. Cavan. ♄ Du Mexique.
40. La Ricinelle de Carthagène.
Acalypha carthaginensis. Jacq. ♄ De l'Amérique
méridionale.
41. La Ricinelle très-velue.
Acalypha hirſutiſſima. Willd. ♄ De l'Amérique
méridionale.
42. La Ricinelle à pluſieurs épis.
Acalypha polyſtachia. Jacq. ☉ De l'Amérique
méridionale.
43. La Ricinelle à feuilles entières.
Acalypha integrifolia. Linnæus. ♄ De l'Ile-de-
France.

Culture.

Nous poſſédons dans nos jardins les eſpèces
indiquées ſous les nᵒˢ. 13, 14, 15, 16, 17, 30
& 32.
Les cinq premières étant annuelles, peuvent
être placées en pleine terre; mais il n'en faut pas
moins, pour avancer l'époque de leur floraiſon

ſemer leurs graines dans des pots ſur couche
nue, & repiquer leur plant, lorſqu'il a acquis
deux pouces de haut, dans une terre légère &
dans une expoſition méridienne. La première
cependant peut être ſemée en pleine terre, & ſe
ſème même ſeule lorſqu'elle eſt dans un terrain
qui lui convient, c'eſt-à-dire, léger & frais.
Les deux dernières exigent la ſerre chaude.
On les obtient de graines tirées de leur pays
natal, car elles n'en donnent jamais dans le climat de Paris, qu'on ſème dans des pots ſur couche
à châſſis. Le plant levé ſe repique l'année ſuivante dans d'autres pots, remplis de terre à
demi conſiſtante, & ſe rentre dans la ſerre dès
le commencement de l'automne : là, il demande
le voiſinage du jour & peu d'arroſemens. Ce ſont
des arbuſtes de nul agrément. (*Bosc.*)

RICINOÏDE. *Voyez* Médicinier.

RICOTIE. *Ricotia.*

Plante annuelle d'Égypte, qui ſeule forme un
genre dans la tétradynamie monogynie & dans la
famille des *Crucifères.* Elle eſt figurée pl. 561
des *Illuſtrations des genres* de Lamarck. On la cultive
dans nos écoles de botanique, où ſes graines ſe
ſèment dans un pot rempli de terre à demi conſiſtante, pot qu'on place ſur une couche nue. Le
plant levé s'éclaircit & ſe repique, lorſqu'il a
deux pouces de haut, ſoit dans d'autres pots,
ſoit en pleine terre, à l'expoſition du midi, où
il ne demande d'autres ſoins que des arroſemens
dans l'extrême ſéchereſſe.
Cette plante eſt ſans agrément & n'eſt d'aucune
utilité. (*Bosc.*)

RIDEAU. Ce nom ſe donne à des plantations
d'arbres & d'arbuſtes faites tantôt dans le but
de donner de l'ombre à des Semis ou à des Repiquages (*voyez* ces mots) ; tantôt pour cacher
une vue déſagréable, ou éloigner, en apparence,
un objet.
Sous le premier rapport, les Thuya, les
Génevriers & les Peupliers d'Italie (*voyez*
ces mots) conviennent beaucoup.
On trouvera aux mots Abri, Ombre, la
théorie d'après laquelle les Rideaux s'établiſſent.
Voyez ces mots. (*Bosc.*)

RIEBBE : variété de rave cultivée dans le département de la Vendée. *Voyez* Rave.

RIÈBLE : nom vulgaire du Caille-lait
accrochant. *Voyez* ce mot.

RIEDLÉE. *Riedlea.*

Nom donné par Mirebel à un genre établi aux
dépens des onoclées de Linnæus : ce nom n'a pas
été adopté par Willdenow. *Voyez* Onoclée.

RIGÉE. On appelle ainſi, dans le département des Deux-Sèvres, le plant de vigne mis en
pépinière.

RIGOLE : foſſé peu large & peu profond, deſtiné à donner écoulement aux eaux, ou à recevoir, dans les pépinières, le plant trop foible pour être mis en place, &, dans les jardins, les graines dont on veut que le produit ſoit aligné.

Non-ſeulement on fait des Rigoles dans la grande agriculture pour l'écoulement des eaux ſuperflues, mais encore pour diriger celles deſtinées aux irrigations : les unes & les autres ſe creuſent ſoit au moyen de la charrue, ſoit au moyen de la bêche ou de la pioche. Voyez FOSSÉS & IRRIGATION.

Il eſt des Rigoles temporaires, il eſt des Rigoles permanentes : toutes, & ſurtout les dernières, doivent être entretenues avec ſoin.

Les Rigoles pour amener l'eau des irrigations peuvent être plus rapidement faites avec un coupegazon roulant qu'avec la pioche ou la bêche : on devroit donc avoir cet inſtrument dans toutes les exploitations rurales où on a des prés à arroſer. Voyez COUPE-GAZON.

C'eſt ſurtout dans les pays plats & argileux que les Rigoles pour l'écoulement des eaux ſont néceſſaires. On en fait de toutes longueurs. Beaucoup de cultivateurs les appellent des ÉGOUTS, des MAITRES. (Voyez ces mots & le mot DESSÉCHEMENT.) En ménager le nombre ou l'étendue par des motifs d'économie, eſt preſque toujours le réſultat d'un mauvais calcul.

L'uſage de mettre le petit plant en Rigole eſt peu ancien dans les pépinières. C'eſt une très-utile invention, en ce que, quoique tenant beaucoup moins de place, il profite autant que s'il étoit diſpoſé en quinconce. Ordinairement, dans ce cas, les Rigoles ont ſix pouces de large & de profondeur. Le plant s'y diſpoſe près à près, c'eſt-à-dire, au plus à deux pouces. On les comble fort expéditivement avec la terre qui en a été tirée ou qu'on doit tirer de celle qu'on creuſe à côté, terre qu'on ſe gardera bien de trépigner avec les pieds, comme le font certains pépiniériſtes ignorans. Il ne doit y reſter qu'un an, ou au plus deux ; car, à raiſon de ſa proximité, il ne profiteroit plus au-delà de ce terme. Voyez PÉPINIÈRE & PLANT.

Les Rigoles pour les ſemis ſe font ou avec le manche de la ratiſſoire, ou avec une pioche à fer étroit. Leur largeur & leur profondeur ſurpaſſent rarement deux pouces. C'eſt toujours dans de la terre nouvellement labourée qu'elles s'établiſſent. On les remplit avec le râteau agiſſant par ſes pointes ou par ſon dos. Voy. SEMIS & RANGÉE.

Ces deux dernières ſortes de Rigoles ſont preſque toujours tirées au CORDEAU. Voyez ce mot. (Boſc.)

RIGOLER. C'eſt faire des rigoles dans les prés qu'on veut arroſer par IRRIGATION. Voyez ce mot.

RIMBOT : nom donné par Adanſon à l'ON-COBA de Forſkal. Il eſt figuré pl. 471 des Illuſtrations des genres de Lamarck.

RINCOTTE. On appelle ainſi la bouillie de maïs dans le département de Lot & Garonne. Voyez GAUDÉ & MAÏS.

RINORE. RINOREA.

Arbre de Cayenne, qui ſeul forme un genre dans la pentandrie monogynie & dans la famille des Vinettiers. Il eſt figuré pl. 134 des Illuſtrations des genres de Lamarck. Son introduction dans les jardins de l'Europe n'a pas encore eu lieu. (Boſc.)

RIORTE. On donne ce nom aux HARTS dans le département des Deux-Sèvres. Voyez ce mot.

RIPOGONE. RIPOGONUM.

Plante grimpante, originaire des îles de la mer du Sud, qui, ſelon Forſter, forme ſeule un genre dans l'hexandrie monogynie & dans la famille des Aſperges.

Cette plante n'étant pas cultivée, je ne puis en rien dire de plus. (Boſc.)

RIQUEURE. RIQUEURIA.

Arbriſſeau du Pérou, qui ſeul conſtitue un genre dans la tétrandrie tétragynie. Nous ne le cultivons pas encore dans nos jardins. (Boſc.)

RITTÈRE. RITTERA.

Genre établi par Vahl, & depuis réuni aux POSSIRES. Swartia.

RIVELLE (troncs) : petits chênes bien droits & bien dégarnis de branches, qu'on réſerve, dans les coupes de bois, pour l'uſage du charronnage. Lorſque les charrons ne les achètent pas, on en fait des ſolives en les équarriſſant. (Boſc.)

RIVERAIN. Ce mot s'applique directement à celui dont la propriété eſt ſur le bord de la rivière ; mais il s'étend, dans une grande partie de la France, à tous les tenans & aboutiſſans d'une propriété : ainſi, tel champ eſt riverain d'un bois, d'une vigne, d'une route. Voyez LIMITE & BORNE. (Boſc.)

RIVIÈRE : courant perpétuel d'eau douce, dont l'influence eſt plus ou moins grande ſur l'agriculture. Voyez EAU.

Une petite Rivière ſe nomme un RUISSEAU, & une grande, un FLEUVE. Voyez ces mots.

Lorſqu'une Rivière eſt très-petite, même ſans eau pendant les gelées & pendant les grandes chaleurs, ou qu'elle groſſit rapidement à la fonte des neiges ou après les grandes pluies, on l'appelle un TORRENT. Voyez ce mot.

Toute Rivière tire ſon origine d'une FONTAINE ou d'un amas d'eau de PLUIE. Voyez ces mots.

On dit qu'une Rivière eſt navigable lorſqu'elle eſt aſſez large & aſſez profonde pour porter bateau.

C'eſt au domaine public qu'appartiennent. en France toutes les Rivières navigables & leurs bords, dans une largeur de quatre à cinq mètres. Les particuliers ne peuvent en dévier l'eau, ni y pêcher, ni y faire des travaux quelconques ſans une permiſſion légale.

C'eſt aux particuliers ſur le fonds deſquels elles paſſent, ou par moitié à ceux dont elles longent la propriété, qu'appartiennent toutes les Rivières non navigables. Ils ſont les maîtres d'en dévier l'eau pour leur uſage & d'y pêcher à volonté; mais ils ne peuvent y établir des uſines ſans permiſſion légale, d'après la conſidération qu'une uſine peut nuire aux propriétés inférieures.

Les avantages des Rivières pour l'agriculture ſont d'influer, par leur humidité, ſur la fertilité des terres voiſines, de donner la facilité d'a-breuver les hommes & les animaux, de faire des irrigations, de fournir, par leurs poiſſons, un ſup-plément de nourriture aux riverains, de donner moyen d'établir beaucoup de ſortes de fabriques utiles, comme moulins, forges, papeteries, blan-chiſſeries, &c.; enfin, lorſqu'elles ſont navi-gables, à favoriſer l'exportation des produits bruts & ouvragés.

Les inconvéniens des Rivières ſont de répandre quelquefois, c'eſt-à-dire, lorſqu'elles ſont trop encaiſſées ou trop garnies d'arbres, une humidité ſurabondante & par conſéquent mal-ſaine, & d'être quelquefois ſujettes aux DÉBORDEMENS, aux INONDATIONS. Voyez ces mots.

Ce ſont ces débordemens, leurs ſuites étant ſouvent très-graves, qui ſont qu'on dit prover-bialement, qu'une Rivière eſt un mauvais voiſin. Cependant il arrive quelquefois qu'elles dépoſent ſur les terres un LIMON réparateur; qu'elles for-ment ſur telle propriété une ALLUVION fruc-tueuſe. Voyez ces mots.

Autrefois, c'eſt-à-dire, lorſque les montagnes étoient ſix à huit fois plus élevées qu'aujourd'hui, les Rivières rempliſſoient, au moins dans leurs débordemens, les vallées dans leſquelles elles coulent, vallées qu'elles ont évidemment creu-ſées, & dont elles n'occupent plus qu'une très-petite partie. De plus, beaucoup d'entr'elles tra-verſoient des LACS qui ſe ſont deſſechés. Ainſi Paris eſt placé ſur le bord d'un de ces anciens lacs. Il en eſt de même de Lyon; il en eſt de même de Montbriſſon.

Une entrepriſe bien avantageuſe ſeroit celle de redreſſer & d'encaiſſer le bord de toutes les Ri-vières, pour rendre leurs débordemens moins fréquens & moins déſaſtreux. Sans doute elle ſeroit extrêmement coûteuſe, ſi on vouloit la terminer en peu d'années & l'exécuter entière-ment à bras d'hommes; mais, avec du temps, on parviendroit à ce réſultat par le ſeul effet de plantations bien combinées. Cet objet eſt d'une utilité ſi évidente & ſi générale, qu'il eſt au nombre de ceux dans leſquels l'autorité publique doit intervenir, pour forcer les propriétaires ré-calcitrans à ſe conformer au vœu de la majorité. Voyez ENCAISSEMENT. (Bosc.)

RIVINE. Rivinia.

Genre de plantes de l'octandrie monogynie & de la famille des Arroches, qui renferme ſix eſpèces, dont quatre ſe cultivent dans nos écoles de bota-nique. Il eſt figuré pl. 81 des Illuſtrations des genres de Lamarck.

Eſpèces.

1. La RIVINE pubeſcente. Rivinia humilis. Linn. ♄ De l'Amérique méri-dionale.
2. La RIVINE glabre. Rivinia lævis. Linn. ♄ De l'Amérique méridio-nale.
3. La RIVINE dodécandrique, vulgairement liane à baril. Rivinia dodecandra. Linn. ♄ De l'Amérique méridionale.
4. La RIVINE du Bréſil. Rivinia braſilienſis. Rocc. ♄ De l'Amérique méridionale.
5. La RIVINE à larges feuilles. Rivinia latifolia. Lam. ♄ De Madagaſcar.
6. La RIVINE à fleurs unilatérales. Rivinia ſecunda. Ruiz & Pav. ♄ Du Pérou.

Culture.

Nous cultivons les quatre premières eſpèces; elles demandent une terre conſiſtante, la ſerre chaude pendant la moitié de l'année, & des ar-roſemens fréquens en été. Leur multiplication a lieu par graines qui mûriſſent fort bien dans le climat de Paris, & qu'on ſème dans des pots ſur couche & ſous châſſis. Le plant ſe repique au printemps de la ſeconde année. On renouvelle la terre des pots, où ſe trouvent des vieux pieds, tous les ans au commencement de l'automne, car ils pouſſent avec vigueur.

Ces arbriſſeaux étant toujours verts & en fleurs pendant long-temps, concourent à l'embelliſſe-ment des ſerres, quoique leurs fleurs ſoient peu remarquables. (Bosc.)

RIZ. Oryza.

Plante annuelle qui conſtitue ſeule un genre dans l'hexandrie digynie & dans la famille des Graminées, & dont je ne puis mieux caractériſer l'importance qu'en diſant que ſon grain nourrit les deux tiers de la population du globe, & qu'il eſt plus productif qu'aucun autre lorſqu'il ſe trouve dans des circonſtances favorables, que ſa culture eſt convenablement appropriée au cli-mat,

mat, au fol. *Voyez* pl. 363 des *Illuſtrations des genres* de Lamarck, où elle eſt figurée.

On ignore poſitivement le lieu d'où le Riz eſt originaire; mais ce lieu doit être le ſud-eſt de l'Aſie, vers le tropique du cancer, la Chine peut-être; ſa culture remontant à l'origine des ſociétés, a été établie partout où elle a pu proſpérer: en conſéquence, elle a dû produire un grand nombre de variétés en Aſie, en Afrique & même en Amérique, où un petit nombre avoient été portées. De ces variétés, les unes ſont préférables à raiſon de leur groſſeur, les autres à raiſon de leur bonté, les autres à raiſon de leur plus grand produit, les autres à raiſon de leur précocité, de leur moindre ſenſibilité au froid, à la ſéchereſſe, &c. Il ſeroit très-utile d'avoir un travail bien fait ſur ces variétés; mais comment l'exécuter? Il faudroit qu'un botaniſte très-inſtruit & un deſſinateur très-habile voyageaſſent à cet effet pendant toute leur vie, ou qu'un gouvernement, & celui d'Angleterre eſt le ſeul en poſition propre, fît venir de tous les lieux d'Europe, d'Aſie, d'Afrique & d'Amérique où on cultive le Riz, ſuffiſamment de graines dans une colonie intertropicale, pour les y cultiver comparativement, ainſi que pour les y décrire & deſſiner.

Les variétés de Riz que j'ai vues vivantes, ſe réduiſent au Riz à barbe & à grain long & plat, au Riz ſans barbe & à grain large & plat, au Riz ſans barbe, à grain long & rond, au Riz ſans barbe, à grain rouge, au Riz à barbe & vivace: ce dernier n'eſt pas réellement plus vivace que les autres; mais il pouſſe des drageons avant la maturité de ſon épi, qui, prenant racine, ſe conſervent juſqu'à l'année ſuivante, & peuvent ſervir à le multiplier. On ne le cultive nulle part en grand à ma connoiſſance.

Le Riz eſt une plante, non des marais, comme on le dit ordinairement, mais des lieux bas, ſujets aux inondations pendant l'été: il faut par conſéquent qu'il ait le pied dans l'eau au moins pendant une partie du temps de ſa végétation. Sa culture ne doit donc reſſembler à aucune de celles uſitées en Europe. On a beaucoup parlé de *Riz ſecs*, c'eſt-à-dire, de Riz qui pouvoient proſpérer ſans irrigations; mais ces Riz provenoient des hautes montagnes intertropicales, montagnes où il tombe chaque jour, pendant l'été, des torrens de PLUIE. *Voyez* ce mot.

J'ai ſuivi, pendant deux ans, la culture du Riz en Caroline, & j'ai viſité les rizières du nord de l'Italie: ainſi je puis parler en connoiſſance de cauſe de ſon mode dans les pays ſitués au-delà des tropiques, & même ſous le quarante-cinquième degré, dernière zône où elle ſoit poſſible, encore ſeulement dans les lieux abrités des vents du nord par de hautes montagnes.

Les peuples qui ſe ſont le plus appliqués à la culture du Riz, ſont les Indiens, les Malais, les

Chinois & les habitans des îles voiſines, parce que ce ſont ceux qui s'en nourriſſent le plus excluſivement. La quantité qui s'en produit chaque année dans ces pays eſt immenſe. Lorſqu'il manque, la famine ne tarde pas à exercer ſes ravages, & quelquefois pluſieurs milliers d'hommes en ſont la victime dans le court eſpace de quelques mois. Les triſtes réſultats des préjugés qui empêchent la plupart des Indiens de manger de la viande, ainſi que de l'ignorance qui s'oppoſe à ce qu'ils cultivent une grande variété de végétaux dont quelques-uns proſpéreroient par les cauſes qui nuiſent au Riz, pourroient être diminués, s'ils ſavoient ſeulement qu'il y a des variétés de Riz qui mûriſſent un mois plus tôt, & des variétés qui mûriſſent un mois plus tard; mais dans chaque pays on ne cultive qu'une variété, ou mieux, on ne met aucune importance au choix des variétés.

Cette grande conſommation du Riz dans l'Inde, & par conſéquent la certitude, ainſi que l'étendue des bénéfices qui ſont la ſuite de ſa culture, font que, non-ſeulement on le cultive dans les lieux ſuſceptibles d'être inondés par des ſaignées faites aux rivières, aux étangs, &c., mais encore dans tous ceux où on peut conduire de l'eau par des machines, dans tous ceux où il pleut beaucoup. A la Chine, on le cultive même ſur les rivières & les lacs, au moyen de radeaux de bambou couverts de terre.

Je vais d'abord parler des différens modes employés par les Indiens pour cultiver le Riz dans les terrains ſuſceptibles d'inondation; enſuite je donnerai une idée des moyens employés par eux & les autres peuples de l'Aſie, pour ſuppléer aux irrigations.

Les terres à Riz doivent être nivelées, mais un peu en pente du côté de l'écoulement des eaux, & diviſées en planches plus ou moins larges, plus ou moins longues, ſelon le local; mais, en général, au plus d'un arpent d'étendue, pour la facilité de leur deſſéchement.

On nivèle les terres à Riz par le moyen de la pioche. Cette opération eſt très-coûteuſe dans quelques localités, mais très-importante pour le ſuccès de la plantation, & ſes effets ſont, pour ainſi dire, éternels. Souvent on eſt obligé de tranſporter des terres à de grandes diſtances, pour abaiſſer le ſol dans quelques places; ſouvent on eſt obligé d'en aller chercher fort loin, pour combler des creux d'une largeur & d'une profondeur conſidérable. Donner des indications particulières à cet égard, ſeroit ſuperflu, puiſque les circonſtances varient dans chaque localité, & qu'il faut agir d'après ces circonſtances. Quoique l'économie de temps ou d'argent ſoit à recommander ici comme dans tout autre travail agricole, cependant il ne faut pas faire les choſes à demi, à raiſon de l'impérieuſe néceſſité d'avoir partout une profondeur d'eau égale, & de la plus grande dépenſe qu'entraîneroit l'obligation de recommencer deux ou trois ans après.

Un moyen de mettre de niveau certains terrains susceptibles de recevoir une culture de Riz, c'est d'y diriger des eaux troubles, qui, y devenant stagnantes, déposent le limon dont elles sont chargées, en remplissant les parties basses. Les petites digues qui entourent les champs à Riz, doivent avoir au moins un pied de hauteur & de largeur dans les parties latérales, & au moins le double dans les parties supérieure & inférieure qui doivent supporter la poussée des eaux, & sur lesquelles on est dans le cas de passer plus souvent.

Quelquefois on donne une très-grande largeur aux digues des champs à Riz, & cette largeur est cultivée ou en plantes qui aiment les terres sèches, ou plantée en arbres & arbustes.

Les digues offrent, dans les parties les plus hautes & les plus basses des champs, des ouvertures qui se ferment avec des gazons, ou mieux avec des vannes, lorsqu'on veut empêcher l'eau d'y entrer ou d'en sortir. Le dernier moyen est préférable, & est préféré par les cultivateurs éclairés ; mais ce ne sont pas les plus nombreux.

Cette culture du Riz se rapprochant de celle des céréales d'Europe, exige aussi impérieusement qu'elle des engrais, des assolemens variés. On ne doit donc la pratiquer que tous les quatre à cinq ans dans le même lieu, & la faire précéder d'une bonne fumure. Je ne suis pas en état d'indiquer quelles sont les plantes qu'il convient le mieux de mettre avant ou après le Riz, parce que, dans aucun pays intertropical, on n'a, à ma connoissance, fait d'expériences comparatives pour mettre sur la voie.

Partout où on cultive le Riz par arrosemens, on reconnoît l'avantage, 1°. de le semer en place plutôt que de le semer en pépinière, pour le repiquer lorsqu'il a acquis trois ou quatre pouces de haut ; 2°. de faire tremper deux ou trois jours la graine dans l'eau avant de la répandre ; 3°. de mouiller plus fortement la terre quand cette graine vient d'être répandue que lorsque le germe est sorti de terre.

Il est des lieux où on regarde les arbres comme nuisant, par leur ombre, à la végétation du Riz ; il en est d'autres où on croit que l'abri qu'ils fournissent ou contre les vents violens, ou contre les vents froids, leur est favorable. On peut avoir raison dans les uns & dans les autres.

Dans certains pays, comme à Java, on laboure les planches destinées à porter du Riz en y faisant entrer un troupeau de bisons, qui, par leur trépignement, en remuent la vase. Dans la plupart on exécute cette opération au moyen de la houe. Partout où les cultivateurs connoissent la charrue, ils l'emploient de préférence, comme plus expéditive, lorsqu'ils le peuvent, c'est-à-dire, lorsque les planches sont susceptibles d'être à volonté complétement desséchées.

En général, la vigueur de la végétation dans les pays chauds, & la bonté ordinaire du sol des lieux marécageux, dispensent de donner aux champs de Riz des labours aussi parfaits qu'aux champs de blé ; cependant de bonnes façons ne nuisent jamais.

C'est au printemps, plus tôt ou plus tard selon la latitude, l'élévation, l'exposition, &c., qu'on ensemence les champs de Riz. Dans la plupart des lieux, on procède à cette opération à volonté ; dans d'autres, principalement en Chine, on fait usage du SEMOIR (*voyez* ce mot); dans d'autres, enfin, comme à Java, on sème le Riz en pépinière & on le transplante à la main, dans des trous faits au moyen d'un plantoir ou d'une pioche, lorsqu'il a acquis trois à quatre pouces de haut.

Lorsqu'on plante le Riz au moyen du plantoir, on ne met ordinairement que deux ou trois pieds dans le même trou, & on feroit mieux de n'y en mettre jamais qu'un. Lorsqu'on fait usage de la houe, on en met cinq, six & huit dans chacun des trous, qui sont alors plus espacés.

On ne peut nier que la plantation du Riz n'ait des avantages relativement aux produits; mais elle ne doit s'exécuter que dans les pays très-peuplés & où la main-d'œuvre est à bon compte, parce que sa dépense est, dans toute autre circonstance, supérieure à l'augmentation du bénéfice qu'elle procure.

Tantôt le semis du Riz n'est pas recouvert, tantôt il l'est, ou par le piétinement des buffles, ou par le moyen de grands râteaux, ou à l'aide de herses armées ou non de branches d'arbres. Veiller sur les oiseaux, est d'une obligation indispensable.

Dans les terres complétement desséchées, on met l'eau sur le Riz dès qu'il est semé, afin de favoriser sa germination ; dans celles qui sont toujours humides, on retarde à le faire jusqu'au moment où il a acquis deux ou trois pouces de haut. Les cultivateurs sont peu d'accord sur l'époque de cette opération, sur la hauteur qu'on doit donner à l'eau, sur le temps qu'elle doit rester sur le champ ; & en effet, il est impossible de fixer une règle générale sur ces objets, la latitude, le terrain, l'année, devant les faire varier sans cesse.

Dans la culture du Riz, comme dans toutes les autres qui ont pour but une récolte de graines, le succès dépend de la lenteur de la végétation des pieds dans leur première jeunesse ; ainsi c'est alors qu'il faut les tenir le plus long-temps submergés.

Une attention qu'on doit avoir, autant que possible s'entend, c'est d'augmenter l'eau dans les rizières à mesure que le Riz s'élève, de manière qu'il n'y ait jamais que deux à trois pouces de longueur de feuille au-dessus de son niveau. Je dis autant que possible, parce qu'il est un grand nombre de localités où il n'y a pas moyen d'élever ainsi l'eau, soit parce qu'on en manque, soit parce qu'on ne peut la diriger ou l'arrêter à la hauteur defirée. Il paroît même que cette attention eft plus néceffaire dans les pays froids, probablement parce qu'une grande profondeur d'eau conferve les racines dans une température plus élevée.

Des SARCLAGES font toujours néceffaires au Riz, foit qu'on les faffe feulement en arrachant les mauvaifes herbes, foit, ce qui vaut beaucoup mieux, qu'ils réfultent d'un BINAGE. (*Voyez* ces deux mots.) Il eft des pays où on ne fe donne pas ce foin ; mais il en eft d'autres où on fait jufqu'à trois binages, afin d'augmenter d'autant plus la récolte : les cultures dirigées par les Européens en reçoivent un ou deux. Il eft des lieux en Chine où on les fait à la charrue, généralement c'eft à la pioche. Pour les exécuter, on retire l'eau pendant quelques jours.

Lorfque les épis commencent à blanchir, on ôte l'eau des rizières pour ne l'y plus remettre ; c'eft alors que les oifeaux commencent à fe jeter fur les grains, & il eft des lieux où on ne récolteroit rien fi on ne favoit employer plufieurs moyens pour les tuer, ou au moins les éloigner. Je les ai vus tomber par milliers à la fois dans les rizières de la Caroline, & on m'a dit qu'il n'étoit pas rare d'en tuer cinquante à foixante d'un coup de fufil chargé de petit plomb. Généralement ce font des enfans qui font employés à les chaffer, parce que leur deftruction avec le fufil feroit trop coûteufe, qu'ils fe prennent en petit nombre aux piéges qu'on leur tend, & qu'ils s'accoutument promptement aux épouvantails qu'on leur oppofe, quelle que foit la forme qu'ils offrent, ou le bruit qu'ils faffent.

Le Riz étant complétement mûr, on le coupe foit avec la faux, foit avec la faucille, comme nous coupons nos blés dans les pays où ces inftrumens font connus ; mais le plus généralement c'eft avec une ferpette ou un couteau, & épi par épi, ce qui feroit fort long & fort coûteux dans ceux où la population feroit moins nombreufe & plus occupée. Il eft même des lieux où le manque abfolu d'inftrumens de fer oblige de tordre les épis à la main, ou d'arracher les trochées les unes après les autres.

Comme on fait rarement du fumier dans les climats où on cultive le plus le Riz, on eft déterminé, par la plus grande facilité de l'opération, à couper le plus haut poffible. Le chaume, après avoir été piétiné par les beftiaux pendant quelques jours, s'enterre par un labour, & fert d'engrais à la terre. *Voyez* RÉCOLTES ENTERRÉES.

En Caroline, en Italie & autres lieux qui terminent la zone où le Riz peut fe cultiver, les inconftances atmofphériques ne permettent pas toujours d'attendre fa complète maturité pour le récolter. Alors fes racines repouffent & fourniffent un excellent fourrage, que, le plus fouvent, on abandonne aux vaches, aufquelles il procure

un lait abondant & excellent, duquel on tire un beurre & des fromages fort eftimés, comme j'ai pu en juger dans les deux pays cités plus haut. Quelques auteurs lui ont même attribué la fupériorité du fromage *Parmefan*, mais je me fuis affuré qu'on en faifoit également dans les fermes où on ne cultivoit pas le Riz.

Le mode de battage du Riz varie encore plus que celui de fa récolte. Dans les pays les moins civilifés, comme à Sumatra, on fait ufage des pieds des hommes ; dans d'autres, de ceux des beftiaux ; plus généralement de bâton & de perches. En Chine, en Amérique & en Europe, on préfère le fléau. *Voyez* BATTAGE.

La groffe paille fe fépare du grain, après le battage, au moyen de la main, au moyen de fourches, de râteaux, &c., comme on le fait en Europe pour le blé.

Pour débarraffer le grain des menues pailles, des graines étrangères, de la terre, &c. qui s'y trouvent toujours mêlées, on le foumet, encore comme le blé en Europe, à deux opérations : la première confifte, le plus fouvent, à le jeter par pelletées contre le vent, ou à le faire tomber d'une certaine élévation dans un courant d'air. Les parties les plus légères font entraînées au loin, & les lourdes reftent près, & le bon grain entredeux. On emploie auffi le vanage, quoique moins expéditif, furtout dans les cultures dirigées par les Chinois & les Européens. *Voyez* VANAGE.

Voilà le Riz propre à être emmagafiné, & il l'eft après quelques jours d'expofition à l'air, foit dans des facs de feuilles de palmier, de chanvre, &c., foit dans des coffres de bois de rotang, &c., foit en tas, dans des chambres ou des greniers, mais il n'eft pas encore propre à être mangé ; il faut encore le débarraffer des enveloppes (balles) qui lui reftent intimement unies, comme dans l'orge & l'avoine.

Les moyens employés pour enlever les enveloppes au Riz, varient infiniment. Le plus fimple, le plus ufité, mais le plus long & le plus coûteux, c'eft de l'égruger légèrement dans un grand mortier de bois avec un pilon de même matière. Dans les pays éclairés, on a, ou des mécaniques mues par un ou plufieurs chevaux, bœufs, chameaux, &c., & mieux par l'eau, par le vent, qui font agir un grand nombre de pilons, ou une ou plufieurs meules de bois ou de pierre, lefquelles rempliffent parfaitement & économiquement leur objet.

Après avoir été dépouillé, le Riz eft vanné de nouveau. Le grain brifé eft confommé de fuite dans la maifon, ou donné aux beftiaux & aux volailles, & celui refté entier eft gardé pour l'ufage ou livré au commerce.

Le Riz dépouillé ayant perdu fon germe, n'eft pas propre aux femis : ainfi il ne faut pas toucher à celui deftiné à ceux de l'année fuivante.

On a remarqué, dans les pays où croît le Riz, que celui qui étoit anciennement dépouillé avoit

perdu de fa délicateſſe ; en conſéquénce, les riches ſont dépouiller, à meſure du beſoin, celui
qui eſt néceſſaire à leur conſommation. Au reſte,
même dépouillé, il ſe conſerve un grand nombre
d'années, pourvu qu'il ſoit tenu dans un lieu ſec
& à l'abri des charançons & autres inſectes qui
vivent à ſes dépens.

Dans quelques lieux on ſale le Riz, ſoit pour
augmenter ou conſerver ſa ſaveur, ſoit ſeulement pour frauder ſur le poids.

Le charançon du Riz ne diffère de celui du blé
que parce qu'il eſt un peu plus petit, & eſt pourvu
d'une tache rouge ſur chacune de ſes élytres ; il
n'attaque pas celui qui eſt entier & pourvu de
ſes enveloppes, ce qui eſt un motif ſuffiſant pour
ne le dépouiller qu'à meſure que cela devient néceſſaire. Voyez CHARANÇON.

Actuellement je reviens à la culture du Riz dans
les cantons où il ne peut pas être inondé par les
déviations de ruiſſeaux, de rivières, d'étangs, &c.,
& où on doit, par conſéquent, ſe borner à l'arroſer le plus ſouvent & le plus abondamment
poſſible, ſoit par irrigation, ſoit à bras d'homme,
ſoit au moyen de machines mues par des hommes,
par des animaux, par le vent ou par l'eau.

Ainſi que je l'ai déjà fait remarquer plus haut,
ces moyens ne peuvent être employés avec ſuccès
dans les pays où la température de l'été eſt ſeulement celle néceſſaire à la croiſſance du Riz :
auſſi n'en fait-on uſage que ſous la ligne & pays
voiſins. Je ne les ai vu pratiquer ni en Caroline ni
en Italie.

Il eſt, entre le tropique, une infinité d'endroits
où on cultive le Riz ſans nul inconvénient pour
la ſanté des hommes, en tirant chaque jour l'eau
néceſſaire à ſon irrigation, ſoit d'une rivière, ſoit
d'un étang, ſoit de tout autre réſervoir naturel
ou artificiel. Il eſt même des lieux en Eſpagne,
en Italie, peut-être même en France, où la chaleur eſt aſſez forte pour permettre de le cultiver
de même, ſurtout ſi le RÉSERVOIR étoit formé
d'eaux pluviales. Voyez ce mot.

Dans le midi de la Chine & de l'Inde, dans
toutes les îles qui en dépendent, & dans quelques parties de l'Afrique où le Riz fait la baſe de
la nourriture, on le cultive partout où on peut
creuſer un puits, former un étang, même une
mare, où on peut amener un filet d'eau tirée
d'un ruiſſeau, d'une rivière, d'un étang inférieur.

La culture du Riz dans l'eau paroît peu épuiſer
la terre, car il arrive fréquemment qu'on en met
pluſieurs années de ſuite dans le même champ,
ſans que la récolte en ſoit affoiblie ; cela eſt ſans
doute dû au grand nombre d'animaux & de plantes
qui y vivent avec lui, & dont les dépouilles en-
graiſſent la terre. L'eau, en empêchant la diſper-
ſion dans l'atmoſphère des gaz qui proviennent
de la décompoſition de ces animaux & de ces
plantes, y concourt ſans doute auſſi.

Les eaux de ſources & de ruiſſeaux, dont la

température eſt, pendant l'été, inférieure à celle
de la terre & de l'air, retardent la pouſſe du Riz ;
ainſi on ne doit les employer qu'après les avoir
arrêtées pendant quelques jours dans des réſer-
voirs peu profonds, afin qu'elles prennent cette
température.

Sonnerat a repréſenté, dans ſon Voyage aux
Indes, deux cultivateurs qui, 1°. au moyen de
quatre cordes attachées aux anſes d'une corbeille
rendue imperméable par un enduit de bouſe de
vache, arroſent un champ de Riz avec l'eau
d'une mare creuſée dans ce champ même ; 2°. au
moyen d'une baſcule, tirent l'eau d'un puits pour
remplir le même objet. Ces moyens ſont ſans
doute les plus ſimples, mais ils ne peuvent être
mis en uſage que par les peuples nombreux, &
chez qui la main-d'œuvre eſt peu élevée.

On voit fréquemment ſur les papiers peints qui
nous viennent de la Chine, des roues à augets,
des roues à pompes, &c., employées à élever
de quelques pieds, par l'effet du courant d'une
rivière, une quantité d'eau ſuffiſante pour arroſer
les rizières établies ſur ſes bords.

Le noria, qui eſt une corde ſans fin, garnie de
diſtance en diſtance de pots de terre ou de boîtes
de bois ouvertes en haut, tournant autour, ou
d'une roue, ou d'une poulie, ou d'un treuil, eſt
généralement employée en Egypte pour remplir
la même intention.

Enfin, il eſt une infinité de machines plus ou
moins compliquées, plus ou moins propres à remplir leur objet, qui ſont uſitées, en petit ou en
grand, pour élever l'eau au-deſſus de ſon niveau,
à l'effet d'arroſer le Riz. Je n'en parlerai pas ici,
parce qu'elles ont été décrites dans le Dictionnaire
des Machines.

Le Riz qu'on deſtine à faire croître ainſi dans
des lieux d'où ſa nature l'avoit éloigné, s'arroſe
tous les jours où il ne pleut pas ; il croît plus
vîte, reſte plus court, a le grain moins abondant,
moins gros, mais plus favoureux que celui qui a
crû dans l'eau. C'eſt ce qui fait que le Riz d'E-
gypte eſt meilleur que ceux de Caroline & du
Piémont : ces trois riz ſont ceux dont on con-
ſomme le plus en Europe.

On doit, autant que poſſible, diſpoſer les communications entre les diverſes planches à Riz, de
manière que l'eau qui a ſervi à inonder la première
puiſſe ſucceſſivement inonder toutes les autres,
& ce, tant parce que l'eau eſt toujours à ménager dans les pays à Riz, que parce qu'ayant pris
une plus haute température ſur cette première
planche que celle qu'elle avoit dans le lieu d'où
elle vient, elle ne retarde pas la végétation des
autres, & que, s'étant ſaturée de ſes principes ſo-
lubles de fertilité, elle les porte ſur elles.

Quelques perſonnes ont écrit que les marais un
peu ſalés ſont plus productifs en Riz que les autres, & en effet j'ai vu que ceux conquis ſur la
mer par les cultivateurs de la Caroline, don-

noient de plus belles récoltes que les autres, mais c'étoit feulement lorfqu'ils n'offroient plus au goût aucun indice de fel : l'abondance d'humus qu'ils offroient fuffit pour expliquer leur grande fertilité.

M. Poivre, dans fon ouvrage intitulé *Voyages d'un philofophe*, s'eft beaucoup étendu fur une variété de Riz qui fe cultive en Cochinchine dans les lieux fecs, & qu'il croit pouvoir fuppléer partout le Riz ordinaire ; il l'a appelée *Riz fec*, & en a diftribué de la graine partout où il a pu. Long-temps M. Ceré l'a confervée à l'Ile-de-France, en la cultivant comme il vient d'être dit ; mais elle n'a profpéré que dans les pays très-chauds, & nulle part lorfqu'on ne l'a pas continuellement arrofée. Il paroît que cette variété a moins befoin d'eau que la plupart des autres, mais que fi elle réuffit fur les montagnes de la Cochinchine, fans arrofemens, c'eft qu'il y pleut tous les jours comme dans tant d'autres lieux intertropicaux. Les grains qui me furent envoyés de l'Ile-de-France, & que je fis paffer en Piémont, n'y ont rien produit de bon. Il faut donc beaucoup rabattre des éloges que lui a donnés M. Poivre.

Ce qui portoit cet ami des hommes, cet excellent adminiftrateur, à mettre tant d'importance à la fubftitution de cette variété aux autres, c'eft que, dans les pays tempérés, tels que la Caroline, le Piémont, l'Efpagne, &c., la culture du Riz eft mortelle pour la population, & que partout, dans ces pays, on a été forcé de borner fon étendue, & de l'éloigner des villes & des routes très-fréquentées. Cependant il ne paroît pas qu'elle foit auffi malfaifante dans les climats intertropicaux, quoique la théorie indique qu'elle doive l'être davantage ; je dis il ne paroît pas, parce que je n'ai à cet égard que des renfeignemens négatifs. *Voyez* MARAIS.

Je n'entrerai pas ici dans le détail des maladies auxquelles donne lieu le féjour des rizières ou de leur voifinage ; je dirai feulement que les noirs font moins fujets à leurs atteintes que les blancs, ainfi que j'ai été à portée de le vérifier pendant mon féjour en Caroline. La première fois que j'entrai dans une grande rizière de ce pays, c'étoit aux environs de Georges-Town & pendant la récolte ; je fus fubitement faifi, après un quart d'heure d'obfervation, d'un violent mal de tête, & cinq minutes après, d'une forte fièvre qui n'eut pas de fuite, parce que je me fauvai à la courfe, & que quand j'eus rejoint mon cheval, je m'éloignai, le même jour, de plufieurs lieues. Les habitans de Georges-Town font prefque tous attaqués de la fièvre chaque année, & ils la gardent quelquefois fix mois.

M. Lafteyrie, dans un excellent Mémoire fur la culture du Riz en France, établit que les marais, transformés en Rizières, feroient moins dans le cas de caufer des maladies, & en effet, ce n'eft que lorfque les rizières n'ont que deux ou trois

pouces d'eau, ou lorfqu'elles font mifes à fec, qu'elles deviennent dangereufes.

La culture du Riz en Piémont devant intéreffer plus particulièrement les Français, puifqu'elle fournit le plus à leur confommation, & pouvant fervir d'exemple pour celle de tous les pays voifins du terme où elle ceffe d'être poffible, je crois devoir en détailler les procédés d'après M. Choifeul-Gouffier, quoique, ainfi que je l'ai déjà annoncé, je l'aie étudiée moi-même pendant le voyage que j'ai fait dans le nord de l'Italie. L'expofé fuivant fervira d'ailleurs de complément à ce que j'ai rapporté plus haut des cultures intertropicales, dont je n'ai pu préciser les opérations, à raifon de la différence de climat, de fol, d'afpect, de variété, de génie des peuples, &c. &c.

« Pour une rizière on choifit un terrain uni, bien expofé au foleil, légèrement incliné, de manière que la partie la plus élevée foit voifine d'une rivière, d'un lac ou d'un étang ; en général, un terrain où on peut mettre l'eau & la retirer à volonté, eft préférable à un fol trop marécageux qu'on ne pourroit-deffécher qu'avec beaucoup de peine. On ne laiffe ni arbres ni haies auprès des rizières, à caufe de l'ombre qu'ils y porteroient, & parce qu'ils donneroient afyle aux oifeaux qui caufent beaucoup de dommage au Riz.

C'eft au printemps qu'on laboure les champs dans lefquels on veut femer le Riz. Le labour fe fait à la charrue, lorfque le fol peut fe deffécher complètement, & à la bêche, lorfqu'il refte marécageux : il ne doit être, en aucun cas, fort profond, & moins dans les terres médiocres.

Les labours finis, on divife la pièce en carrés, autour defquels on élève de petits épaulemens ou banquettes d'une hauteur & d'une largeur convenables ; la grandeur des carrés eft toujours proportionnée au plus ou moins de pente du terrain, c'eft-à-dire, que plus il eft incliné & plus ils font petits, parce que s'ils étoient plus grands il faudroit tenir l'eau trop profonde dans leur partie inférieure, & pas affez dans leur partie fupérieure, ce qui nuiroit à la culture. On ne fouffre point d'herbe fur les épaulemens, pour que leurs graines n'infeftent pas la rizière.

C'eft en avril qu'on enfemence les nouvelles rizières ; celles qui ont porté l'année précédente le font en mai : la raifon de cette différence eft que ces dernières étant encore imbibées d'eau, ont befoin d'être réchauffées par le foleil.

On met l'eau dans les rizières avant de les femer, & lorfqu'elle eft répandue fur toute la furface des carrés, on y jette le grain ; après quoi un homme monté fur une planche de neuf à dix pieds de long fur quinze pouces de large & deux d'épaiffeur, unit la terre & recouvre la femence avec fon pied.

Au bout de quinze jours le Riz commence à paroître ; à mefure qu'il croît, on augmente l'eau pour qu'il n'y ait jamais que la pointe des feuilles à l'air. Vers la mi-juin, c'est-à-dire, quand il y a déjà un nœud de formé, on ôte l'eau de la rizière pendant quelques jours. Cette privation de l'eau paroît le faire souffrir ; mais aussitôt qu'on la lui rend, il pousse avec plus de vigueur qu'auparavant. Peu après cette nouvelle inondation, on sarcle & on augmente l'eau de manière qu'il n'y ait toujours que l'extrémité des feuilles à l'air.

On écime le Riz à la faux vers la mi-juillet, pour, dit-on, faire fleurir tous les pieds le même jour, & par conséquent égaliser la maturité des graines. (*Voyez* ÉCIMAGE.) Quinze jours après, l'épi, ou mieux la panicule, se montre & fleurit ; c'est le moment d'employer toute l'eau qu'on a en réserve, en la tenant cependant à moitié de la hauteur des tiges ; car plus on la change souvent, en la tenant constamment à cette hauteur, & plus la récolte est avantageuse, surtout lorsqu'on est secondé par une forte chaleur.

Dès qu'on s'aperçoit que la paille change de couleur, qu'elle devient jaune, on dessèche les carrés, c'est-à-dire, qu'on détruit ou enlève les fermetures des ouvertures des carrés inférieurs, & successivement des autres, de manière qu'il n'y reste plus d'eau ; mais cela doit se faire lentement, car une dessiccation trop rapide crisperoit le grain en tout ou en partie, ce qui en diminueroit la valeur.

Le Riz n'est, en Europe, affecté que par la rouille, que les Piémontais attribuent au vent appelé par eux *sirroco* : ce qui nuit le plus à l'abondance de ses récoltes, c'est la COULURE complète ou incomplète. (*Voyez* ce mot.) Le Riz à demi avorté s'appelle *annebiato* en Toscane (*retrait*). *Voyez* RETRAIT.

La couleur jaune-foncée de l'épi du Riz annonce sa complète maturité. L'époque de sa récolte varie selon les années, les localités, la conduite des inondations, &c. ; mais elle a lieu généralement à la fin de septembre. On la coupe avec la faucille, à moitié de sa hauteur, puis on en forme de petites bottes, qu'on lie avec de la paille de blé ou avec de l'osier.

La plupart des cultivateurs de Riz ont, au milieu ou auprès de leurs rizières, des hangars destinés à le recevoir, & une aire destinée à le battre ; ils évitent par-là des transports coûteux. *Voyez* HANGAR & AIRE.

On se sert de chevaux pour battre le Riz. Pour cela on fixe solidement un poteau au milieu de l'aire, & on range autour les bottes bien serrées, les épis tournés en haut, en spirale ; puis on dispose huit à dix chevaux sur une file, dont le premier est attaché au poteau, & le dernier est dirigé par un homme qui les fait tous tourner : lorsque la paille est bien brisée d'un côté, on retourne les bottes & on recommence. *Voyez* DÉPICAGE.

Quand les bottes sont entièrement égrainées, on retire les pailles, qu'on met en tas à part, puis on ramasse le grain & on le vanne, ensuite on le porte sous le hangar & on l'étend pour le faire sécher. On le remue de temps en temps avec des râteaux. Quelquefois, lorsque le temps est beau, on le fait sécher sur l'aire même, en le remuant également ; on le passe plus tard par différens cribles, afin de le nettoyer entièrement.

Dans cet état, le Riz est encore recouvert de sa balle & s'appelle *rizon*. Pour le blanchir, on le porte à un moulin que fait mouvoir un cheval ou un cours d'eau : ce moulin est composé d'une roue, d'un rouet & d'une rangée de pilons & de mortiers. On met le Riz dans ces derniers, & les avant-derniers, en tombant & s'élevant alternativement, détachent son enveloppe. Il faut que les pilons ne soient pas trop lourds, parce qu'ils écraseroient les grains ; il ne faut pas qu'ils soient trop légers, parce qu'ils ne produiroient pas assez d'effet. On détermine le temps que le Riz doit rester sous leur action en le regardant d'heure en heure, car beaucoup de circonstances retardent ou accélèrent cette action.

Le Riz qui sort des mortiers est vanné pour enlever les fragmens des balles. S'il reste des grains non blanchis, ils se placent au-dessus des autres dans le van, & on les enlève avec la main pour les remettre dans un mortier.

Rarement le Riz se vend complètement blanchi & exempt de toutes matières étrangères ; ce sont ceux qui l'achètent en gros qui lui donnent la dernière façon.

Les balles de Riz se donnent aux chevaux, & les grains de déchets à la volaille. La longue paille ne sert qu'à faire de la litière, encore n'est-elle pas très-bonne pour cet objet, à raison de sa roideur.

Généralement les terres à Riz rendent six fois plus que les terres à froment ; aussi établiroit-on des rizières partout où cela est possible, si les réglemens de police ne s'y opposoient pas.

On ne suit aucun principe pour les assolemens ; la nature des terres, reconnue par l'expérience, en décide seule. Il est des terres où le Riz se sème sans inconvéniens six années de suite, d'autres où il pousse moins bien dès la seconde. Généralement on fait une jachère complète la troisième ou la quatrième année.

Les voyageurs s'accordent à dire que le meilleur Riz vient du Japon. Il y en a d'excellent en Chine & dans l'Inde. Parmi ceux dont j'ai mangé, j'ai distingué celui d'Égypte & celui de Saint-Domingue. On ne fait pas assez attention à la variété, ou mieux on confond les résultats bons ou mauvais de la variété avec ceux du climat ou de la culture.

Il seroit à désirer que les propriétaires éclairés

des pays où le Riz se cultive, imitassent cet empereur de la Chine, cité par Lasteyrie, qui, observant dans un champ un épi plus haut, plus garni de grains & plus avancé dans sa maturité que les autres, en fit cultiver les produits & enrichir son empire d'une variété nouvelle, plus avantageuse qu'aucune autre sous les rapports précités.

Le Riz est une nourriture très-saine, mais qui se digère trop facilement & qui donne peu de force. Lorsque je voyageois dans l'intérieur de la Caroline, & que je ne mangeois que du Riz sans viande pour mon déjeûner, j'éprouvois une grande faim deux ou trois heures après, & j'avois peine à marcher pour gagner le gîte où je devois dîner. C'est à cette cause qu'on attribue principalement, & sans doute avec raison, l'indolence & la lâcheté des peuples de l'Inde, à qui leur religion ne permet pas de mêler de la chair avec le Riz pour contre-balancer son action débilitante. Généralement les esclaves & les pauvres, de qui il est presque le seul aliment, le mangent simplement cuit à l'eau & assaisonné de quelques grains de sel. Les riches lui adjoignent du sucre, du piment, des aromates, du lait, du beurre, de l'huile, de la graisse, des viandes de toutes les sortes, du poisson, &c. Le fameux pilau des Turcs n'est qu'une volaille cuite avec du Riz. En Europe on ne le consomme guère que cuit avec du lait, soit en bouillie simple, soit en gâteau sucré & aromatisé, ou avec des viandes, des graisses qui lui servent de condiment. Il remplace souvent le pain dans les potages.

L'analyse ne démontre aucune parcelle de matière glutineuse dans le Riz ; ainsi on ne peut en fabriquer du pain semblable à celui du froment; mais on en forme, après qu'il a été cuit, des masses qui se conservent deux ou trois jours & qui se coupent par morceaux : sa farine, mêlée avec celle de froment, ne nuit point aux opérations qu'on fait subir à cette dernière, pourvu qu'il n'y en ait pas plus de la moitié. Le pain qui en résulte est très-agréable au goût, & reste frais plus long-temps.

Le Riz, réduit en farine, cuit beaucoup plus promptement que lorsqu'il est en grain. On le donne ainsi aux malades & aux convalescens, comme plus facile à digérer.

En Chine on fait fermenter le Riz en le mettant dans l'eau, sans doute avec un peu de mélasse ou autres matières muqueuses, & on en tire, par la distillation, une liqueur alcoolique qu'on appelle *arrak* ou *rac*. Cette liqueur y remplace notre eau-de-vie. Dans ce même pays on en fait usage en guise d'amidon, & même on en compose, en le comprimant dans des moules après qu'il a été cuit, des ouvrages de sculpture d'une grande dureté & d'une grande blancheur. (*Bosc.*)

Riz DU CANADA. On a donné ce nom à la zizanie, dont on mange le grain comme le Riz; ce qui a fait croire à quelques écrivains qu'on cultivoit le véritable Riz dans cette partie de l'Amérique. *Voyez* ZIZANIE.

RIZOA. *RIZOA.*

Plante vivace, originaire de l'archipel de Chiloé, laquelle, selon Cavanilles, forme seule un genre dans la didynamie angiospermie.

Nous ne possédons pas cette plante dans nos jardins. (*Bosc.*)

ROBERGIE. *ROBERGIA.*

Arbrisseau de Cayenne, appelé *rouxèle* par Aublet, & qui seul constitue un genre dans la décandrie pentagynie.

On ne le cultive pas dans les jardins de l'Europe. (*Bosc.*)

ROBINET : nom vulgaire de la lychnide dioïque dans quelques cantons.

ROBINIER. *ROBINIA.*

Genre de plantes de la diadelphie décandrie & de la famille des *Légumineuses*, qui reçoit une trentaine d'espèces, dont douze ou quinze sont cultivées dans nos jardins. Il est figuré pl. 606 des *Illustrations des genres* de Lamarck.

J'en parlerai fort en détail dans le *Dictionnaire des Arbres & Arbustes*. (*Bosc.*)

ROCAMBOLLE : espèce d'AIL qu'on cultive dans les jardins pour l'usage de la cuisine. *Voyez* ce mot.

ROCAME. *ROCAMA.*

Genre de plantes établi par Forskal, mais qui paroît devoir être réuni aux AMARANTHINES. *Voyez* ce mot.

ROCHE. L'acception de ce mot varie, en agriculture, selon les localités. Dans la plus grande partie de la France, il signifie la masse solide de pierres sur laquelle repose la terre végétale, soit immédiatement, soit par l'intermédiaire de l'ARGILE, de la MARNE, de la CRAIE, du SABLE, du GRAVIER, &c. Dans quelques cantons il se restreint aux grosses PIERRES isolées qui se montrent au-dessus de la surface de la terre. *Voyez* ces mots.

Le mot ROCHER s'applique plus particulièrement aux grosses masses continues de roches qui forment la base des MONTAGNES, & qui sont visibles dans une partie de leur étendue. Il s'applique encore aux simulacres de ces roches qu'on construit dans les JARDINS paysagers. *Voyez* ces mots.

La nature des Roches varie considérablement, mais l'agriculteur n'est appelé à considérer que celles qui constituent le sol dont il cultive la surface. Or, celles qui sont le plus communément dans ce cas sont, dans l'ordre de leur superposition, & par conféquent de l'ancienneté de leur formation, le GRANIT, le GNEISS, le SCHISTE, le CALCAIRE PRIMITIF, la CRAIE, le GRÈS PRIMITIF, le CALCAIRE SECONDAIRE, le GRÈS SECONDAIRE, le CALCAIRE TERTIAIRE, les LAVES & autres produits des VOLCANS. *Voy.* tous ces mots, tant dans ce Dictionnaire que dans ceux de *Minéralogie* & de *Géologie*.

Les Roches font, tantôt compofées de maſſes informes d'une groffeur incommenfurable, tantôt compofées de fragmens anguleux ou arrondis, liés par une pâte (dans ces deux derniers cas on les appelle des BRÈCHES ou des POUDINGS) (*voyez* ces mots), tantôt en lits plus ou moins épais, plus ou moins inclinés, plus ou moins étendus. Les gneiſſ, les fchiſtes, les chaux carbonatées primitive & fecondaire, ainſi que certains grès, préfentent la plus fouvent cette dernière difpofition, qui influe fur les cultures plus que les autres.

On doit confidérer les Roches comme jouiſſant, fous le rapport agricole, de propriétés communes & de propriétés propres.

Ainſi, formant le noyau de prefque toutes les montagnes, ce font elles qui fourniffent en réalité des ABRIS à nos récoltes, un lit imperméable aux eaux qui forment les FONTAINES. *Voyez* ces mots.

Ainſi, fe décompofant toutes plus ou moins promptement, foit par la réaction de leurs principes conftituans, foit par l'alternative de la féchereffe & de l'humidité, du froid & du chaud, &c., ou elles fe changent en argile, en marne, en calcaire friable, ou, par fuite de l'action des eaux pluviales, elles defcendent dans les vallées & de-là dans les plaines, & y forment des bancs énormes de CAILLOUX ROULÉS, de GRAVIERS, de SABLE, &c. *Voyez* ces mots; *voyez* auſſi les mots GALET, ALLUVION, LAISSE de mer.

Un fait très-digne de remarque, c'eſt que ce ne font pas les Roches les plus tendres qui fe décompofent le plus facilement; témoins les montagnes de granit, qui, d'après un grand nombre d'obfervations, dont quelques-unes me font propres, font aujourd'hui de beaucoup inférieures aux montagnes fchiſteuſes ou calcaires qui fe font originairement formées contre leurs flancs.

Il y a lieu de croire que les LICHENS, en entretenant une humidité conftante fur la furface des Roches, favorifent beaucoup leur décompofition. *Voyez* ce mot.

Cette décompofition des Roches eſt donc en même temps nuifible & utile à l'agriculture; elle eſt encore très-active dans les hautes Alpes, furtout du côté du midi, comme j'ai pu m'en affurer perfonnellement. Elle eſt prefque nulle dans les baſſes Alpes, c'eſt-à-dire, qu'elle ne ceſſe que lorfque les fommets des montagnes fe font arrondis, fe font couverts de terre & de végétation. *Voyez* PLUIE & RIVIÈRE.

Si l'excès de la dépenfe n'arrêtoit pas fouvent les cultivateurs, il leur feroit toujours poffible d'accélérer artificiellement la décompofition des Roches, en la réduifant en petits fragmens au moyen du pic & en cultivant ces fragmens. L'île de Malte eſt depuis long-temps célèbre par fon induftrie à cet égard. Plufieurs cantons de la France ne font pas en retard avec elle. Ce font furtout les Roches calcaires de la décompofition defquelles on peut tirer le meilleur parti, en convertiffant leurs fragmens en CHAUX. *Voyez* ce mot.

Les gros fragmens de Roches qui fe trouvent dans les terrains en culture nuifent beaucoup à leur labour : on doit donc, chaque année, employer quelqu'argent & quelques journées de travail pour les faire difparoître, foit en les culbutant dans un trou profond, creufé à leur pied, foit en les brifant au moyen de la poudre, du pic, &c.

Quant aux Roches plus petites, elles fe confondent avec les PIERRES. *Voyez* ce mot & le mot ÉPIERREMENT.

Les Roches, divifées en fragmens plus ou moins gros, fervent à la bâtiſſe & à une infinité d'autres ufages d'économie rurale & domeftique. Les endroits où on opère cette divifion s'appellent CARRIÈRE.

Lorfqu'il y a une épaiſſeur fuffifante de terre au-deſſus des Roches, elles ne nuifent pas à la culture ; mais dans beaucoup de localités, où elles font à fleur de terre, elles ne permettent pas aux céréales de prendre un développement convenable, foit parce que leurs racines ne peuvent pénétrer aſſez avant, foit, & c'eſt le cas le plus commun, parce que l'humidité ne pouvant fe conferver autour d'elles, elles fe deſſèchent immanquablement. Les buiſſons, & même les arbres, fubfiftent cependant fouvent dans de telles localités, parce que les Roches y font féndillées, & que les racines de ces buiſſons & de ces arbres pénètrent dans leurs interftices. (*Bosc.*)

ROCHE POURRIE. On appelle ainfi, dans quelques cantons, une marne folide, remplie de pierres calcaires de différentes groſſeurs. Cette nature de terre eſt complettement infertile, mais elle concourt à augmenter la fertilité des autres terres, furtout lorfque ces dernières contiennent de l'humus. *Voyez* MARNE.

Dans d'autres cantons on donne le même nom aux fchiſtes en décompofition. *Voyez* SCHISTE.

ROCHÉE. *Rochea.*

Genre de plantes établi par Decandolle, aux dépens des craſſules de Linnæus. Il renferme plufieurs efpèces, dont une feule fe cultive dans nos jardins. C'eſt la ROCHÉE EN FAUX, figurée dans l'ouvrage de Redouté fur les plantes graſſes & originaires du Cap de Bonne-Efpérance.

Cette

Cette plante, qui est fort belle lorsqu'elle est en fleur, & elle y est une grande partie de l'année, exige l'orangerie ou mieux la serre tempérée. On la multiplie de boutures qui se font sur couche & sous chassis, dans des pots remplis de terre de bruyère, & qui manquent rarement. Souvent ces boutures fleurissent la même année ; elles demandent peu d'arrosement, surtout en hiver. (*Bosc.*)

ROCHEFORTIE. ROCHEFORTIA.

Genre de plantes de la pentandrie digynie & de la famille des *Nerpruns*, qui renferme deux espèces, dont aucune n'est encore cultivée dans nos jardins.

Espèces.

1. La ROCHEFORTIE à feuilles en coin. *Rochefortia cuneata.* Swartz. ♄ De la Jamaïque.
2. La ROCHEFORTIE à feuilles ovales. *Rochefortia ovata.* Swartz. ♄ De la Jamaïque. (*Bosc.*)

ROCHER. Dans quelques cantons ce mot est synonyme de celui de roche, pris dans son acception la plus générale ; dans d'autres, il se restreint aux roches nues, c'est-à-dire, qui se montrent au-dessus de la surface de la terre. Aux environs de Paris il s'entend principalement des assemblages artificiels de pierres, qui, dans les jardins paysagers, figurent en petit des portions de roches naturelles. *Voyez* l'article ROCHE.

De quelque nature que soient les Rochers, leur aspect produit toujours, dans les hommes accoutumés à réfléchir sur leurs sensations, des impressions d'autant plus fortes, qu'ils sont plus élevés, qu'ils sont mieux accompagnés d'eaux & de bois. Ce sont eux principalement qui attirent chaque année, en Suisse, tant d'amans de la belle nature.

Lorsque le bon goût a été substitué au mauvais dans les jardins, on a dû chercher à y introduire des Rochers, surtout des Rochers accompagnés d'arbres & d'eaux courantes ou stagnantes ; mais pour les avoir construits d'une manière mesquine, relativement à l'objet qu'on avoit en vue, on est souvent tombé dans le ridicule.

Les localités où on peut tirer parti des Rochers naturels à l'embellissement des jardins ne sont pas très-communs, parce que d'autres considérations repoussent les habitations de leur voisinage ; cependant j'en ai vu beaucoup de telles dans les montagnes de l'intérieur de la France, en Suisse, en Italie & en Espagne. Dire comment il faut s'y prendre pour approprier ces Rochers naturels à l'ordonnance générale, est une chose impossible, puisque les circonstances varient sans fin ; c'est au propriétaire, ou à l'architecte en qui il a mis sa confiance, à se déterminer d'après elles.

Comme c'est autour des grandes villes que les

riches font le plus de dépense pour l'embellissement de leurs jardins, & que la plupart d'entr'elles font en plaine, on est obligé, lorsqu'on veut qu'il s'y trouve des Rochers, de les composer de toutes pièces. Or, il y a deux moyens d'y parvenir : l'un avec des pierres taillées, offrant des irrégularités, des inégalités semblables à celles de la nature ; le Rocher des bains d'Apollon à Versailles en offre un exemple ; l'autre avec des pierres quartzeuses brutes, telles que les granits, les grès, les meulières. On en voit beaucoup d'exemples en grès & en meulières aux environs de Paris.

Ces derniers Rochers étant presqu'inaltérables, méritent la préférence toutes les fois qu'on peut se procurer des pierres assez grosses ; d'ailleurs, elles imitent toujours mieux la nature, puisque l'art n'agit que pour leur placement les unes sur les autres.

Très-souvent on pratique des cavernes sous les Rochers des jardins paysagers, & leur intérieur peut être disposé de bien des manières : tantôt ce sont des salles garnies de bancs, ayant du jour par quelqu'ouverture ou par la porte ; tantôt des galeries tortueuses ayant plusieurs issues. Je n'entrerai pas dans le détail de leur formation, qui dépend plus du caprice que d'autre chose.

Un petit lac au pied d'un Rocher produit toujours un fort bon effet ; mais si ce lac est alimenté par une forte cascade qui tombe du haut de ce Rocher à travers les pointes dont il est hérissé, l'effet est encore meilleur : c'est le but auquel on doit constamment tendre lorsqu'on a à sa disposition une quantité d'eau suffisante. *Voyez* CASCADE.

Jamais les Rochers artificiels ne doivent être dénués de végétation, puisque la végétation fait le charme des naturels : en conséquence, non-seulement leur sommet portera une certaine épaisseur de terre pour recevoir des arbres, des arbustes, des plantes grimpantes, mais encore on réservera dans leurs anfractuosités des cavités destinées au même objet. Quelques pins, quelques sapins ou épiceas, quelques plantes vivaces propres aux Rochers naturels ne doivent pas être oubliés. Ceux qui font pourvus d'une cascade en demandent quelques-unes de celles qui ne prospèrent qu'auprès des eaux. (*Bosc.*)

ROCOUIER ou ROUCOYER. BIXA.

Arbrisseau originaire de l'Amérique méridionale, & qui se cultive aujourd'hui dans tous les pays intertropicaux à raison de la pulpe rouge qui entoure ses semences, pulpe qui, étant propre à la teinture, est devenue l'objet d'un commerce important. Il forme seul, dans la polyandrie monogynie & dans la famille des *Tiliacées*, un genre qui est figuré pl. 469 des *Illustrations des genres* de Lamarck.

Z

On cultive le Rocouier dans nos ferres de graines tirées de fon pays natal, graines qu'on fème dans des pots remplis de terre fubftantielle, & qu'on place fur une couche à châffis. Les jeunes pieds fe repiquent l'année fuivante feuls à feuls dans d'autres pots; fi on les laiffe paffer l'été dans la ferre, ils ne tardent pas à prendre de la force. On les arrofe abondamment pendant cette faifon. Une terre nouvelle doit leur être donnée tous les deux ans. Ils ne fleuriffent jamais dans nôtre climat, quel que foit le degré de chaleur artificielle où on les tient.

Dans fon pays natal, ainfi que dans les parties de l'Inde où on le cultive, le Rocouier ne fe reproduit de même que par graines. On les fème depuis janvier jufqu'en mai dans une terre nouvellement labourée, à la diftance de quatre à cinq pieds en tous fens, par groupes de deux à trois enfemble. Les pieds levés, on arrache les plus foibles de chaque groupe & on bine. L'année fuivante on rabat les pieds reftans, s'ils fe font trop élevés, à la hauteur de deux ou trois pieds de terre, & on les tient à cette hauteur pour pouvoir cueillir facilement la graine.

Ordinairement on ne donne que deux binages par an aux plantations de Rocouiers; mais il y auroit certainement à gagner à leur en donner trois. *Voyez* BINAGE.

Ce n'eft qu'à leur feconde année que les plantations de Rocouier font dans toute leur force, & elles durent ainfi trois ans, après quoi on les détruit.

On fait, à Saint-Domingue, la récolte du roucou deux fois l'année; favoir, en juin & en décembre. Tantôt on cueille les grappes de fruits dès qu'une ou deux de leurs capfules commencent à rougir; tantôt on attend que la plupart des capfules foient rouges. Le réfultat de la première manière s'appelle *roucou vert* : il donne un tiers plus de fécule, & de la plus belle fécule, mais il faut le travailler dans la quinzaine. Le réfultat de la feconde fe nomme *roucou fec* : on peut attendre fix mois les opérations qu'on doit lui faire fubir.

Les graines du roucou vert ne peuvent fe féparer de la capfule qu'à la main, en ouvrant cette capfule par le bas, & tirant le placenta fur lequel elles font attachées. On obtient celle du roucou fec par le battage avec des baguettes, fur un terrain uni.

Après que les graines font nettoyées par le vannage, on les met dans des baquets d'une certaine dimenfion, car l'opération ne fe fait pas fi bien dans les petits, & on les écrafe groffièrement avec des pilons, puis on les recouvre d'un demi-pied d'eau pure. Cette graine y refte huit à dix jours & y eft remuée deux fois par jour, un quart d'heure chaque fois; après quoi on la retire pour la mettre dans un nouveau baquet, où on la pile complétement, puis on la couvre de nouvelle eau,

& au bout de deux heures on la frotte entre les mains. L'eau qui a fervi à ces deux opérations fe garde féparément.

La graine de roucou, féparée de fa feconde eau, fe met à fec dans un autre baquet couvert de feuilles, & y refte jufqu'à ce qu'elle commence à moifir, c'eft-à-dire, fept à huit jours, ce qu'on appelle *reffuyer*; enfuite elle eft lavée en la frottant de nouveau dans deux eaux qu'on réunit.

Toutes ces opérations étant terminées, on paffe féparément les trois eaux à travers une toile claire ou un tamis, & on les mêle enfemble de manière qu'elles contiennent une même quantité de fécule, c'eft-à-dire, qu'on met une partie de la première dans la feconde, & deux dans la troifième. On paffe de nouveau ces eaux, & on les verfe dans de grandes chaudières fous lefquelles on entretient un feu vif.

Les mains des travailleurs & tous les uftenfiles qui ont fervi, fe lavent dans de l'eau qui fert pour une autre opération, afin de ne perdre aucune portion de fécule.

A mefure que des écumes fe montrent fur la furface de l'eau de la chaudière, on les enlève pour les mettre dans un baquet à ce deftiné. Si les écumes montent trop vîte, on diminue le feu. L'eau qui ne fournit plus d'écume eft ôtée de la chaudière & jetée ou gardée pour tremper de nouvelles grianes, & la chaudière eft remplie de nouveau.

Les écumes font reprifes & mifes dans une autre chaudière qu'on appelle *batterie*, & remuées continuellement dans tous les fens. On diminue le feu dès que les écumes montent trop; quand elles fautent & pétillent, on le diminue encore; enfin, quand elles ceffent de pétiller, le roucou eft formé, on ceffe le feu. Plus le roucou s'épaiffit, & plus il faut le remuer rapidement, pour qu'il ne s'attache pas aux parois de la chaudière. Sa cuiffon ne fe termine au bout de douze heures.

On reconnoît que le roucou eft cuit lorfqu'en le touchant avec un doigt mouillé, il ne s'y attache pas.

Quoique la cuiffon foit complète, on laiffe le roucou dans la chaudière, en le remuant de temps en temps pour commencer fa defficcation.

En enlevant le roucou de la chaudière, on a foin de ne pas mêler avec lui le *gratin*, ou roucou impur qui eft au fond, & qui n'eft bon qu'à repaffer dans les premières eaux.

Le refroidiffement du roucou s'opère, fur des planches, en lits d'une certaine épaiffeur. Le lendemain on en fait des pains.

Pour mettre le roucou en pains, les ouvriers doivent fe frotter les mains de graiffe ou d'huile, à raifon de fa caufticité. Ces pains font des efpèces de miches de deux livres de poids chacune, qui s'enveloppent de feuilles & qui fe mettent à fécher dans des hangars. Ces pains restent deux mois à se dessécher, & perdent près de moitié par suite de cette opération.

Dans cet état, le roucou est marchand ; & c'est ainsi que nous le recevons en Europe pour l'usage de la teinture.

Les opérations que je viens de décrire n'ont pas toujours un résultat favorable : tantôt les graines pourrissent dans le ressuyage, tantôt le roucou brûle dans sa cuisson, tantôt il fermente après avoir été mis en pains, &, dans tous ces cas, il perd de sa qualité, même n'est plus bon qu'à jeter ; de sorte que, vu le peu d'importance que mettent les ouvriers à bien faire (ce sont toujours des esclaves), on perd le plus souvent la moitié des cuites.

Cette incertitude dans les résultats a déterminé des personnes éclairées à rechercher ce qu'on gagnoit à faire subir au roucou les préparations qui viennent d'être décrites ; & on s'est assuré qu'il n'y avoit aucun autre avantage que de le débarrasser des graines qu'il recouvroit, c'est-à-dire, de diminuer son poids des deux tiers, & par conséquent d'autant les frais de son transport en Europe : car les teintures faites avec les graines telles qu'elles sortent de la capsule, soit avant, soit après leur desiccation, ont paru plus belles. Or, vu seulement la dépense des opérations, il n'y a pas de doute qu'il est plus avantageux aux cultivateurs de livrer au commerce du roucou simplement desséché, à plus forte raison si on fait entrer en ligne de compte les manques si fréquens de réussite.

Je crois donc, je le répète, qu'il est de leur intérêt, comme de celui des teinturiers, que le roucou soit envoyé en Europe en graine simplement desséchée.

On frelate fréquemment les pains de roucou avec la brique pilée ou de la terre rouge ; ce qu'on ne pourroit pas faire, si les graines, en nature, étoient mises dans le commerce.

Le roucou donne une teinture de petit teint, c'est-à-dire, susceptible d'être altérée par la lumière, l'air, les acides & les alcalis : en conséquence sa consommation est bornée ; mais comme sa couleur est très-brillante, il est difficile de s'en passer dans beaucoup de circonstances pour aviver celles qui sont les plus solides. *Voyez* le *Dictionnaire des Manufactures & Arts.*

Les habitans des îles de l'Amérique, à l'arrivée des Européens, se servoient du roucou pour se teindre le corps, en le mêlant avec de l'huile : pour cela ils le tiroient directement des graines mûres en les frottant à sec dans les mains, au préalable huilées, & ils se procuroient par ce moyen une fécule bien plus belle que celle qui est dans le commerce ; & il est remarquable que les premiers planteurs européens ne les aient pas imités, malgré les inconvéniens qui sont, pour les noirs, la suite de cette opération, c'est-à-dire,

des maux de tête & des excoriations, inconvéniens qui peuvent être réduits à peu de chose en prenant des précautions, & surtout en ne laissant pas long-temps travailler les mêmes ouvriers.

C'est de Cayenne que vient aujourd'hui le meilleur roucou.

Le bois du Roucouier ne sert qu'à brûler ; son écorce peut être utilisée pour faire des cordes à puits. (*Bosc.*)

RODRIGUÈZE. *RODRIGUEZIA.*

Genre de plantes de la gynandrie diandrie & de la famille des *Orchidées,* qui renferme deux espèces originaires du Pérou, ni l'une ni l'autre cultivées dans nos jardins, & sur lesquelles je n'ai par conséquent rien à dire. (*Bosc.*)

ROELLE. *ROELLA.*

Genre de plantes de la pentandrie monogynie & de la famille des *Campanulacées,* dans lequel se trouvent placées neuf espèces, dont quatre se cultivent dans nos écoles de botanique. Il est figuré pl. 123 des *Illustrations des genres* de Lamarck.

Espèces.

1. La ROELLE ciliée.
Roella ciliata. Linn. ♄ De l'Afrique.
2. La ROELLE pédonculée.
Roella pedunculata. Berg. ♄ Du Cap de Bonne-Espérance.
3. La ROELLE filiforme.
Roella filiformis. Lam. ♄ Du Cap de Bonne-Espérance.
4. La ROELLE glabre.
Roella glabra. Lam. ♄ Du Cap de Bonne-Espérance.
5. La ROELLE à épi.
Roella spicata. Linn. ♄ Du Cap de Bonne-Espérance.
6. La ROELLE réticulée.
Roella reticulata. Lam. ♄ Du Cap de Bonne-Espérance.
7. La ROELLE décurrente.
Roella decurrens. Lhérit. ☉ Du Cap de Bonne-Espérance.
8. La ROELLE squarreuse.
Roella squarrosa. Linn. ♃ Du Cap de Bonne-Espérance.
9. La ROELLE moussette.
Roella muscosa. Linn. ☉ Du Cap de Bonne-Espérance.

Culture.

Ce sont les espèces indiquées sous les n°s. 1, 7, 8 & 9 que nous possédons.

La première, qui est frutescente, doit passer l'hiver dans la serre tempérée & près des jours,

Z ij

car elle craint beaucoup l'excès de l'humidité. On les multiplie, la première de boutures qui réussissent difficilement, quoique faites sur couche & sous châssis. La septième, perdant ses tiges, se contente de l'orangerie; c'est par le déchirement des vieux pieds qu'on la reproduit. Les deux autres, comme annuelles, peuvent se semer en pleine terre, contre un mur exposé au midi. Toutes veulent la terre de bruyère & des arrosemens modérés. (*Bosc.*)

ROGNE: petites & nombreuses excroissances qui se développent sur les branches de l'olivier, & qui nuisent à la production de son fruit; elles ne diffèrent pas des EXOSTOSES, au dire de Giovene. *Voyez* ce mot & celui OLIVIER.

ROGNON. *Voyez* MAL DE ROGNON.

ROGNURES. Ce sont, dans quelques cantons, les herbes de marais, que les bestiaux refusent; dans d'autres, celles des prés qui sont dans le même cas. On les coupe pour faire de la litière.

Souvent les Rognures sont l'effet d'une bouse de vache, d'une pièce de charogne, &c. *Voyez* ENGRAIS & EXCRÉMENT.

Un PRÉ qui contient beaucoup de Rognures doit être labouré. *Voyez* ce mot.

ROKEJEKE. *Rokejeka*.

Genre de plantes établi par Forskal, lequel ne renferme qu'une espèce qui ne se cultive pas dans nos jardins. Il appartient à la pentandrie monogynie. (*Bosc.*)

ROLANDRE. *Rolandra*.

Plante de la Jamaïque qui, selon Swartz, forme seule un genre dans la syngénésie polygamie.

On ne la cultive pas dans nos jardins; ainsi je n'ai rien à en dire de plus. (*Bosc.*)

ROMAINE: variété de LAITUE.

ROMARIN. *Rosmarinus*.

Arbuste de la didynamie gymnospermie & de la famille des *Labiées*, qui croît naturellement dans les parties méridionales de la France, & qui se cultive dans les jardins du nord. Il est figuré pl. 15 des *Illustrations des genres* de Lamarck.

Je le rendrai l'objet d'un article dans le *Dictionnaire des Arbres & Arbustes*. (*Bosc.*)

ROMPIERRE: nom vulgaire de la SAXIFRAGE des pierres. *Voyez* ce mot.

ROMULÉE. *Romulea*.

Genre établi aux dépens des IXIES, mais qui n'a pas été adopté. *Voyez* ce mot.

RONABE. *Ronabea*.

Genre de plantes établi par Aublet, & depuis

réuni aux PSYCHOTRES. Il est figuré pl. 166 des *Illustrations des genres* de Lamarck.

RONCE. *Rubus*.

Genre de plantes de l'icosandrie polygynie & de la famille des *Rosacées*, qui renferme un grand nombre d'espèces qui seront mentionnées dans le *Dictionnaire des Arbres & Arbustes*.

On le divise en Ronces proprement dites & en FRAMBOISIERS. *Voy.* ce mot dans le même Dictionnaire.

Il est figuré pl. 440 des *Illustrations des genres* de Lamarck. (*Bosc.*)

RONCINELLE. *Dalibarda*.

Genre de plantes de la polyandrie polygynie & de la famille des *Rosacées*, établi aux dépens des RONCES de Linnæus, & qui renferme trois espèces, dont deux sont cultivées dans nos jardins. *Voyez* les *Illustrations des genres* de Lamarck, pl. 441, n°. 3, où il est figuré.

Espèces.

1. La RONCINELLE rampante. *Dalibarda repens.* Linn. ♃ Du Canada.

2. La RONCINELLE étoilée. *Dalibarda stellata.* Smith. ♃ Du Canada.

3. La RONCINELLE à feuilles de fraisier. *Dalibarda fragarioides.* Mich. ♃ Du Canada.

Culture.

Les deux premières de ces espèces sont celles qui se voient dans nos jardins; elles exigent l'exposition du nord, la terre de bruyère & des arrosemens multipliés en été. On les multiplie par le déchirement de leurs vieux pieds en hiver. Elles donnent rarement de bonnes graines dans le climat de Paris. *Voyez*, pour le surplus, le mot RONCE. (*Bosc.*)

RONDACHINE. *Hydropeltis*.

Plante vivace & aquatique de la Caroline, figurée par Michaux, pl. 29 de sa *Flore de l'Amérique septentrionale*, qui seule forme un genre dans la polyandrie polygynie.

Cette plante n'est pas & ne pourra probablement jamais être cultivée en France; mais je suis déterminé à annoncer, à raison de la singularité du phénomène, qu'elle est, avant sa floraison, couverte dans toutes ses parties d'un mucilage de plus d'une ligne d'épaisseur, en apparence semblable au frai de grenouille, mucilage qui ne permet pas de tenir ses tiges dans la main, &

qui difparoît après la fécondation des fleurs; ainfi elle végète dans l'eau hors des atteintes de ce fluide. (*Bosc.*)

RONDELLE , RONDETTE : noms vulgaires de l'ASARET & de la TERRETTE. *Voyez* ces mots.

RONDELÉTIE ou RONDELIER. *Rondeletia.*

Genre de plantes de la pentandrie monogynie & de la famille des *Rubiacées*, qui raffemble dix-fept efpèces, dont trois font cultivées dans nos ferres. Il eft figuré pl. 162 des *Illuftrations des genres de Lamarck.*

Efpèces.

1. La RONDELÉTIE pileufe. *Rondeletia pilofa.* Swartz. ♄ De l'Amérique méridionale.

2. La RONDELÉTIE effilée. *Rondeletia virgata.* Swartz. ♄ De l'Amérique méridionale.

3. La RONDELÉTIE à petites fleurs. *Rondeletia parviflora.* Lam. ♄ De la Martinique.

4. La RONDELÉTIE d'Amérique. *Rondeletia americana.* Linn. ♄ De l'Amérique méridionale.

5. La RONDELÉTIE odorante. *Rondeletia odorata.* Linn. ♄ De l'Amérique méridionale.

6. La RONDELÉTIE à feuilles de buis. *Rondeletia buxifolia.* Lam. ♄ De l'Amérique méridionale.

7. La RONDELÉTIE trifoliée. *Rondeletia trifoliata.* Linn. ♄ De la Jamaïque.

8. La RONDELETIE à fleurs en thyrfe. *Rondeletia thyrfoidea.* Swartz. ♄ De la Jamaïque.

9. La RONDELETIE à grappes. *Rondeletia racemofa.* Swartz. ♄ De la Jamaïque.

10. La RONDELÉTIE tomenteufe. *Rondeletia tomentofa.* Swartz. ♄ De la Jamaïque.

11. La RONDELÉTIE à feuilles de laurier. *Rondeletia laurifolia.* Swartz. ♄ De la Jamaïque.

12. La RONDELÉTIE ombellée. *Rondeletia umbellata.* Swartz. ♄ De la Jamaïque.

13. La RONDELÉTIE blanchâtre. *Rondeletia incana.* Swartz. ♄ De la Jamaïque.

14. La RONDELÉTIE hériffée. *Rondeletia hirta.* Swartz. ♄ De la Jamaïque.

15. La RONDELÉTIE velue. *Rondeletia hirfuta.* Swartz. ♄ De la Jamaïque.

16. La RONDELÉTIE en cime. *Rondeletia cymofa.* Willd. ♄ Des Indes.

17. La RONDELÉTIE à deux femences. *Rondeletia difperma.* Jacq. ♄ De l'Amérique méridionale.

Culture.

Les efpèces que nous cultivons font les 4ᵉ., 14ᵉ.,

15ᵉ.; elles exigent la ferre chaude pendant la plus grande partie de l'année, une terre très-confiftante & fubftantielle, & des arrofemens fréquens en été. On les multiplie de boutures faites au printemps, dans des pots fur couche & fous châffis, & de rejetons dont les vieux pieds donnent affez fouvent.

Ces plantes font de peu d'agrément , & rarement leurs fleurs s'épanouiffent complétement dans nos ferres. (*Bosc.*)

RONDIER. *Borassus.*

Genre de plantes de la diœcie hexandrie & de la famille des *Palmiers*, qui raffemble quatre efpèces, dont une fe cultive dans nos ferres. Il eft figuré pl. 898 des *Illuftrations des genres de Lamarck.*

Efpèces.

1. Le RONDIER flabelliforme. *Boraffus flabelliformis.* Linn. ♄ Des Indes.

2. Le RONDIER gomute. *Boraffus gomutus.* Lour. ♄ De la Cochinchine.

3. Le RONDIER des roches. *Boraffus caudata.* Lour. ♄ De la Cochinchine.

4. Le RONDIER tuniqué. *Boraffus tunicata.* Lour. ♄ Des Indes.

Culture.

La première efpèce eft la feule que nous cultivions. On fe la procure de graines tirées de fon pays natal ou par rejetons qu'elle pouffe quelquefois du collet de fes racines. Les graines fe fèment, à leur arrivée , dans des pots remplis de terre confiftante , pots qu'on place fur une couche à châffis. Le plant levé fe repique la feconde ou la troifième année, feul à feul, dans d'autres pots. Les rejetons fe repiquent de même au printemps. Tous les deux ans il faut changer de pots les pieds de Rondier , pour leur donner de la nouvelle terre & recouvrir le collet de leurs racines qui tend toujours à s'élever. Dans cette opération on eft obligé de raccourcir les racines; mais cela eft fans conféquence.

Ce palmier a un très-beau port , mais il remplit un grand efpace dans les ferres, de forte qu'on ne peut en avoir beaucoup.

Dans leur pays natal les Rondiers fe réfervent (car on fe contente de ceux qui croiffent naturellement, & on ne leur donne aucun foin), à raifon des fervices qu'on tire de leurs diverfes parties. En effet, comme plufieurs autres palmiers, on mange la pulpe & l'amande de leurs fruits ; on obtient des bleffures faites à leur fpadix, une liqueur agréable, fufceptible de fe transformer en vin ou de fournir du fucre : les intervalles des fibres de leur tronc contiennent un fagou fort nourriffant. On fait des cordes & des filets avec les filamens qui entourent la bafe de leurs feuilles. Ces dernières font employées à fabriquer des nattes, à couvrir les maifons, &c. &c. (*Bosc.*)

RONGEURS : famille d'animaux qu'en tous pays les cultivateurs font dans le cas de redouter. *Voyez* le *Dictionnaire des Quadrupèdes.*

Les principales efpèces de cette famille qui fe trouvent en France, font le LIÈVRE, le LAPIN, l'ÉCUREUIL, le LÉROT, le LOIR, le RAT, la SOURIS, le MULDT & le CAMPAGNOL. *Voyez* ces mots. (*Bosc.*)

ROPOURIER. *Camax.*

Arbriffeau originaire de Cayenne, qui eft connu fous le nom de *bois à gaulette*, de l'ufage qu'on fait de fes tiges. Il forme feul, dans la pentandrie monogynie, un genre qui eft figuré pl. *121* des *Illuftrations des genres* de Lamarck. On ne le cultive pas dans nos jardins. La pulpe de fes fruits eft bonne à manger & fe fert fur les tables. (*Bosc.*)

ROQUETTE. *Brassica eruca.* Linn.

Efpèce du genre des choux, qu'on cultive quelquefois dans les jardins pour l'ufage de la médecine.

Comme elle eft annuelle, & qu'elle n'eft bonne que fraîche, on fème de fa graine tous les mois, l'hiver excepté, dans une terre convenablement labourée, & on éclaircit, farcle & arrofe au befoin le plant qui en provient. *Voy.* CHOU. (*Bosc.*)

ROQUETTE SAUVAGE : efpèce du genre SYSIMBRE, *fyfimbrium tenuifolium.* Linn. *Voyez* ce mot.

RORAGE. *Voyez* ROUISSAGE.

RORELLE. Quelques botaniftes donnent ce nom aux ROSSOLIS. *Voyez* ce mot.

RORIDULE. *Roridula.*

Arbufte du Cap de Bonne-Efpérance, qui feul forme un genre dans la pentandrie monogynie, & qui eft figuré pl. 141 des *Illuftrations des genres* de Lamarck.

Comme cet arbufte n'eft pas cultivé dans nos jardins, je n'en dirai rien de plus. (*Bosc.*)

ROSACÉES : famille de plantes qui intéreffe extrêmement les cultivateurs en Europe, attendu que c'eft parmi les genres qui y entrent que fe trouvent ceux qui contiennent le plus d'efpèces d'arbres ou d'arbriffeaux fourniffant des fruits bons à manger, & par conféquent étant le plus dans le cas de mériter leurs foins.

Les POMMIERS, les POIRIERS, les COIGNASSIERS, les CERISIERS, les PRUNIERS, les AMANDIERS, les ABRICOTIERS, les PÊCHERS, les ALISIERS, les SORBIERS, les RONCES, les ROSIERS en font partie. *Voyez* le *Dictionnaire de Botanique.* (*Bosc.*)

ROSAGE. *Rhododendron.*

Genre de plantes de la décandrie monogynie & de la famille de fon nom, qui reçoit une quinzaine d'efpèces, dont la moitié, à peu près, font cultivées en pleine terre dans nos jardins. Il eft figuré pl. 364 des *Illuftrations des genres* de Lamarck. J'en parlerai en détail dans le *Dictionnaire des Arbres & Arbuftes.* (*Bosc.*)

ROSE. *Voyez* ROSIER.

ROSE DE CAYENNE. On appelle quelquefois ainfi la KETMIE des jardins.

ROSE DE GUELDRE : nom vulgaire de l'OBIER à fleurs ftériles.

ROSE DU JAPON. C'eft l'HORTENSIE.

ROSE DE JÉRICO. *Voyez* JÉROSE.

ROSE DE NOEL. Ce nom fe donne vulgairement à l'ELLÉBORE à fleurs rofes.

ROSE D'OUTREMER ou ROSE TRÉMIÈRE. C'eft l'ALCÉE ROSE. *Voyez* ce mot.

ROSEAU. *Arundo.*

Genre de plantes de la triandrie digynie & de la famille des *Graminées*, qui réunit vingt-une efpèces, dont plufieurs croiffent naturellement en France, & doivent être, fous plufieurs rapports, l'objet des confidérations des cultivateurs; elles fe cultivent d'ailleurs dans nos écoles de botanique. Il eft figuré pl. 46 des *Illuftrations des genres* de Lamarck.

Obfervations.

Ce genre fe rapproche infiniment de celui des BAMBOUX, & peut-être n'en doit-il pas être diftingué, puifque le nombre des étamines varie. Il fe rapproche encore plus de l'ARUNDINAIRE de Michaux. Un ALPISTE lui a été réuni. *Voyez* ces mots.

Efpèces.

1. Le ROSEAU à quenouille, vulgairement *grand rofeau.*
Arundo donax. Linn. ♃ Du midi de l'Europe.
2. Le ROSEAU ftolonifère.
Arundo ftolonifera. Bofc. ♃ De l'Égypte.
3. Le ROSEAU à balai.
Arundo phragmites. Linn. ♃ Indigène.
4. Le ROSEAU à fleurs de fétuque.
Arundo feftucoides. Desf. ♃ De la côte de Barbarie.

5. Le ROSEAU diftique.
Arundo bifaria. Retz. ♃ Des Indes.
6. Le ROSEAU à fleurs d'aira.
Arundo airoides. Lam. ♃ De l'Amerique feptentrionale.

7. Le ROSEAU du Bengale.
Arundo bengalis. Retz. ♃ Du Bengale.

8. Le ROSEAU vert-jaunâtre.

Arundo flavescens. Lam. ♃ De l'Amérique méridionale.

9. Le ROSEAU à petites fleurs.

Arundo micrantha. Lam. ♃ De la côte de Barbarie.

10. Le ROSEAU kark.

Arundo karka. Retz. ♃ Des Indes.

11. Le ROSEAU plumeux.

Arundo calamagrostis. Linn. ♃ Indigène.

12. Le ROSEAU des bois.

Arundo epigejos, Linn. ♃ Indigène.

13. Le ROSEAU des fables, vulgairement *oyat*.

Arundo arenaria. Linn. ♃ Indigène.

14. Le ROSEAU panaché.

Arundo bicolor. Desf. ♃ De la Barbarie.

15. Le ROSEAU à panicule roide.

Arundo stricta. Roth. ♃ De l'A'lemagne.

16. Le ROSEAU du Canada.

Arundo canadensis. Mich. ♃ De l'Amérique septentrionale.

17. Le ROSEAU rugi.

Arundo rugi. Mol. ♃ Du Chili.

18. Le ROSEAU quila.

Arundo quila. Mol. ♃ Du Chili.

19. Le ROSEAU de Valdivia.

Arundo Valdivia. Mol. ♃ Du Chili.

20. Le ROSEAU à longue arête.

Arundo conspicua. Forst. ♃ Des îles de la mer du Sud.

21. Le ROSEAU fagitté.

Arundo sagittata. Aubl. ♃ De Cayenne.

Culture.

Le Roseau en quenouille se cultive très-abondamment sur le bord des eaux, ou dans les terres fraîches, profondes & légères, dans les parties méridionales de l'Europe, où ses tiges servent à un grand nombre d'usages, entr'autres pour faire des palissades, des claies, des échalas, ce à quoi elles font très-propres par leur solidité & leur durée; elles se coupent tous les ans pendant l'hiver; car si on les laissoit sur pied, outre qu'elles grossiroient pas, elles se brancheroient de manière à n'être plus aussi avantageusement employées.

A raison de la disposition traçante de ses racines, ce Roseau est très-propre à défendre de la dévastation des eaux les bords des torrens. Cette disposition fait qu'il faut souvent les arrêter, sans quoi elles s'empareroient de tout le terrain environnant. Ses feuilles font fort du goût des bestiaux, surtout dans leur jeunesse.

Le département des Bouches-du-Rhône est celui où on le cultive le plus abondamment, & c'est lui qui en fournit à tout le nord de la France; cependant ses tiges n'y mûrissent pas également bien tous les ans, & alors il faut les tirer du midi de l'Italie ou du midi de l'Espagne.

On reconnoît qu'une tige de Roseau à quenouille a été cueillie en complète maturité, à sa couleur d'un jaune-paille foncé, sans nulle partie verdâtre ou brunâtre.

Ce Roseau abandonné à lui même fleurit au bout de quelques années, mais on n'emploie jamais ses graines pour le multiplier; ce sont ses rejetons, levés pendant l'hiver, qui servent exclusivement à cet usage. Les nouvelles plantations ne commencent à donner de bons produits qu'à la troisième année, & ne subsistent en complète valeur que six à huit ans, à moins qu'on les laisse s'étendre sur leurs bords & périr au centre.

Quelqu'abondant que soit le Roseau à quenouille dans le Midi, il ne l'est pas encore assez pour les besoins du commerce, & il est à desirer que le nombre des personnes qui se livrent à sa culture s'augmente.

A Paris & au nord, cette espèce de Roseau n'a pas assez de chaleur pour amener ses tiges à maturité, de sorte qu'il n'y est qu'une culture d'agrément. L'effet qu'il produit dans les jardins paysagers doit engager à l'y introduire, quoiqu'il n'y fleurisse jamais. On le place dans le voisinage des eaux, contre une fabrique exposée au midi. Ses tiges se coupent aux approches des froids. Pour pouvoir défendre ses racines de l'effet des gelées, on les couvre de fougère, de feuilles sèches ou de litière. Sa multiplication a lieu comme dans le Midi; mais elle ne réussit pas aussi bien, & souvent même, lever des œilletons autour d'un vieux pied, suffit pour la faire périr.

Peut-être seroit-il avantageux de planter ce Roseau dans les sables humides, pour employer ses feuilles à la nourriture des bestiaux. On pourroit probablement les couper deux fois dans le courant de l'été, sans faire périr les pieds.

Il existe une variété à feuilles panachées du Roseau à quenouille, qui vient de l'Inde, qui est beaucoup plus foible & plus sensible au froid que lui; on doit le tenir en pot, lui donner tous les ans de la nouvelle terre, & la rentrer dans l'orangerie pendant l'hiver. Les œilletons avec lesquels on la reproduit, exigent une couche à châssis pour reprendre.

Le Roseau stolonifère a été apporté par les botanistes qui faisoient partie de l'expédition militaire d'Egypte. Il se cultive au Jardin du Muséum, où il est frappé par les premières gelées de l'automne. Il ressemble beaucoup au précédent, mais a la tige moins grosse & les feuilles moins larges. Ce qui l'en distingue le plus, c'est qu'il pousse, outre ses tiges droites, des tiges couchées, qui, l'année suivante, prennent racines à tous leurs nœuds, de manière qu'un seul pied peut couvrir, en peu d'années, une surface considérable. Je ne doute pas qu'il seroit d'un emploi fort avantageux pour fixer les sables des bords de la mer dans les pays chauds.

Le Roseau à balai est extrêmement abondant

dans toutes les eaux stagnantes & peu profondes de l'Europe. Il ne tarde pas à s'emparer des étangs, fur les bords defquels on le laiffe croître, parce qu'il trace beaucoup, & pouffe une fi grande quantité de tiges, que quelquefois les quadrupèdes & les oifeaux d'eau ne peuvent paffer entre elles; il élève le fol par fes débris. C'eft principalement lui qui forme les dernières couches des tourbières. Les beftiaux recherchent fes feuilles au printemps. Dans quelques pays, l'homme même mange fes jeunes pouffes. La médecine fait un fréquent ufage de fes racines. Son nom fpécifique vient de l'ufage qu'on fait de fes panicules, coupées avant l'épanouiffement de leurs fleurs. Avec fes tiges entières, on fabrique des flûtes de Pan, des bobêches pour filer le coton, &c. ; avec fes tiges fendues, des nattes, des peignes de tifferand & autres petits objets d'économie domeftique. Les eaux boueufes & profondes d'un à deux pieds font celles où il profpère le mieux; car là fes tiges atteignent à fix pieds de hauteur, & à la groffeur du petit doigt.

On devroit couper les tiges de ce Rofeau, avec des faux, deux fois chaque été, pour les donner aux beftiaux, dans les étangs & dans les marais où il eft poffible d'aller en bateau, ou dans lefquels on peut entrer jambes nues, à raifon de l'excellence du fourrage qu'il fournit; mais on ne le coupe, & encore pas partout, qu'au commencement de l'automne, & même feulement lorfque les eaux font gelées. Dans ces derniers cas il ne peut plus fervir qu'à couvrir les maifons, à faire des nattes, des paillaffons, des clôtures, des abris, &c., ufages auxquels il eft très-propre. Il eft des lieux où il devient l'objet d'un commerce de quelqu'importance, comme dans les îles de la Loire-Inférieure.

La maffette fe trouve fouvent croître avec le Rofeau, & fe confond avec lui, quoiqu'elle foit fort différente dans toutes fes parties. Voyez au mot MASSETTE.

A voir la plupart des étangs fi garnis de Rofeaux, il fembleroit qu'ils y font néceffaires. Le vrai eft qu'ils fourniffent aux poiffons un afyle contre la voracité des brochets, & une ombre tutélaire pendant les chaleurs de l'été; mais ces avantages font de beaucoup compenfés par la retraite qu'ils donnent aux loutres, aux rats d'eau, aux oifeaux aquatiques de toutes les efpèces, qui y font d'autant plus nuifibles qu'il y a peu d'eau, & qu'il y eft plus facile de couper la retraite aux poiffons. Ainfi donc un bon économe doit tendre à les détruire; mais ce n'eft pas en les arrachant qu'il doit le tenter, parce que la dépenfe feroit énorme & fes effets de peu de durée, chaque petite racine, reftée en terre, fuffifant pour reproduire un pied. Le véritablement bon moyen, c'eft de deffécher l'étang, &, après avoir mis le feu aux racines des Rofeaux, de cultiver le fol pendant cinq à fix ans à la charrue. Voy. ETANG.

Lorfqu'il eft en groupes peu garnis, ce Rofeau produit de bons effets dans les pièces d'eau des jardins payfagers, & doit y être placé; mais fi on ne le furveille pas avec une extrême féverité, il s'empare bientôt d'un grand efpace. Je confeille, en conféquence, de le planter dans une moitié de tonneau remplie de vafe, qu'on enterrera dans le fol.

Les Rofeaux plumeux & des bois font regardés, par quelques botaniftes, comme des variétés l'une de l'autre. Ils croiffent abondamment dans certains fols fablonneux. Tous les beftiaux les repouffent. On dit même que lorfqu'ils en mangent avec d'autres plantes, ils leurs donnent la dyffenterie. Tout le parti qu'on en peut tirer fe réduit à le faucher pour en faire de la litière. Ce font fes feuilles qui fervent le plus communément pour faire des appeaux de pipée.

Le Rofeau des fables croît dans les fables des bords de la mer, & fert dans beaucoup de lieux à les fixer, ce à quoi il eft très-propre par la longueur & le nombre de fes racines, & par l'avantage d'avoir fans inconvéniens le collet de fes racines recouvert d'une grande épaiffeur de fable. On l'appelle HOYA fur les côtes de la Manche. C'eft de drageons qu'il fe multiplie le plus communément, parce que fes graines font facilement emportées par les vents, & que les pieds qu'elles donnent ne font en état de réfifter à ces vents & aux eaux qu'à leur troifième année. On met ces drageons en pépinière pendant un an ou deux, pour leur donner le temps de pouffer des racines, & on les plante enfuite en place à la diftance d'un pied. Arracher des drageons dans une place pour les replanter dans une autre, eft une mauvaife pratique, parce que, d'un côté, on affoiblit le lieu d'où on les prend, &, de l'autre, ils n'ont pas affez de racines pour affurer leur reprife. Voyez DUNE & SABLE.

Je ne puis trop recommander aux propriétaires de terrains mouvans d'employer ce moyen, ne fût-ce que pour préparer à planter en bois des terrains qui ne font d'aucune utilité à leur propriétaire. Il eft bon d'admettre avec le Rofeau l'élyme des fables, qui a la même propriété que lui, parce qu'ils fe défendent mutuellement.

Le Rofeau coloré, *phalaris arundinacea* Linn., a été mentionné au mot ALPISTE. (*Bosc.*)

ROSEAU EPINEUX : efpèce de ROTANG.

ROSEAU A FLÈCHE. C'eft le GALANGA.

ROSEAU DES INDES. On donne ce nom au BAMBOU.

ROSEAU ODORANT. L'AÇORE ODORANT porte ce nom.

ROSEAU DE LA PASSION : nom vulgaire de la MASSETTE. Voyez ce mot.

ROSÉE. L'air tient toujours en diffolution une plus ou moins grande quantité d'EAU, laquelle, dans les hautes régions, fe change en NUAGE & enfuite en PLUIE, & dans les baffes régions, en BROUILLARD,

BROUILLARD, en SEREIN & en ROSÉE. *Voyez* tous ces mots.

On appelle Rosée des gouttes d'eau rassemblées sur les plantes & autres corps solides par suite de la précipitation des brouillards, & plus souvent du serein, précipitation produite par le refroidissement de l'atmosphère. (*Voyez* AIR & FROID.) On a encore une Rosée dépendante de la transpiration des plantes, mais dont les effets ne sont bien sensibles que pendant la grande force de la végétation, c'est-à-dire, au printemps. *Voyez* TRANSPIRATION.

Il y a d'autant plus de Rosée que l'air est plus chargé d'eau, & qu'il fait plus chaud le jour & plus froid la nuit.

La forme globuleuse de la Rosée provient de la première molécule aqueuse, qui, ayant cette forme, attire sur tous les points de sa surface celles qui passent à la portée de sa sphère d'attraction. Cette régularité est dérangée quand la Rosée est abondante & quand il fait du vent, parce que les gouttes se réunissent.

D'après cela, il y a davantage de Rosée en automne qu'en été, davantage dans les lieux abrités que dans ceux battus par les vents, dans le voisinage des eaux que dans les pays secs. Il n'y en a pas lorsque l'air est desséchant, lorsqu'à un vent froid succède un vent chaud, lorsque la température de la terre est plus haute que celle de l'air.

N'étant que de l'eau distillée, la Rosée doit être pure comme elle lorsqu'elle est reçue sur du verre; au plus contient-elle quelques atomes d'acide carbonique; mais lorsqu'elle s'est déposée sur les plantes, elle se charge quelquefois de leurs principes extractifs.

On a attribué à la Rosée beaucoup de qualités malfaisantes; mais elle n'agit sur les hommes & les animaux que comme eau froide, c'est-à-dire, qu'elle peut leur causer, pendant l'été, des SUPPRESSIONS de transpiration & des INDIGESTIONS (*voyez* ces mots), & sur les plantes qu'en donnant lieu à une sorte de BRULURE. *Voyez* ce mot.

La ROUILLE est produite par un champignon parasite du genre UREDO (*voyez* ce mot) & non par la Rosée, comme on l'a cru pendant long-temps; cependant on ne peut nier que cette maladie ne soit plus fréquente dans les années & dans les lieux sujets aux brouillards que dans les autres lieux.

Les avantages de la Rosée, sous les rapports agricoles, sont indubitables. Elle supplée chez nous aux pluies, & les remplace dans quelques contrées, comme la haute Égypte, le bas Pérou. Les plantes des terrains secs sont plus garnies de poils que celles des marais, parce qu'elles ont besoin de plus de moyens d'absorber la Rosée. Il paroît même qu'elle produit des effets plus prompts & plus intenses que la pluie; car, de deux plantes d'orangerie d'égale force, fanées, celle qui fut exposée à la Rosée reprit plus promptement vi-

Agriculture. Tome VI.

gueur que celle qui fut copieusement arrosée.

Il est très-rare que l'abondance de la Rosée soit à redouter. On doit donc regarder sa production comme un bienfait.

Une forte Rosée par un temps sec, est l'annonce de la pluie. Il en est de même lorsqu'une Rosée abondante disparoît subitement.

L'homme ne pouvant influer en rien sur la production de la Rosée, & les cas où il peut s'opposer à ses effets étant très-circonscrits (*voyez* ABRIS), je ne m'étendrai pas plus au long sur ce qui la concerne; & je renvoie en conséquence à son article dans le *Dictionnaire de Physique*, ceux qui voudroient de plus grands détails. (*Bosc.*)

ROSÉE DU SOLEIL. *Voyez* ROSSOLIS.

ROSENIE. *Rosenia.*

Arbrisseau du Cap de Bonne-Espérance, qui forme seul un genre dans la syngénésie superflue & dans la famille des *Corymbifères.*

Cet arbrisseau n'ayant pas encore été transporté en Europe, je n'en dirai rien de plus. (*Bosc.*)

ROSETTE : synonyme de LAMBOURDE. *Voyez* ce mot & ceux POIRIER & PRUNIER dans le *Dictionnaire des Arbres & Arbustes.*

ROSIER. *Rosa.*

Genre de plantes de la polyandrie monogynie & de la famille des *Rosacées*, dans lequel se placent un grand nombre d'espèces, dont la plupart, ainsi que leurs nombreuses variétés, se cultivent dans nos jardins, à raison de la beauté & de l'odeur suave de leurs fleurs. Il est figuré pl. 440 des *Illustrations des genres* de Lamarck.

Je le rendrai l'objet d'un article fort étendu dans le *Dictionnaire des Arbres & Arbustes*. (*Bosc.*)

ROSIER DU JAPON. C'est le CAMELIA.

ROSINAIRE. *Arundinaria.*

Plante qui croît dans les marais des parties méridionales de l'Amérique, & qui seule, selon Michaux, forme un genre dans la polygamie triandrie & dans la famille des *Graminées.*

Cette plante n'étant pas cultivée dans nos jardins, n'est pas dans le cas d'un plus long article. (*Bosc.*)

ROSSE. C'est un vieux cheval maigre & incapable d'un bon service : de-là *battage à la Rosse* pour DÉPIQUAGE. *Voyez* ce mot.

ROSSOLIS. *Drosera.*

Genre de plantes de la pentandrie pentagynie, dans lequel se rangent douze espèces, dont deux sont indigènes & se placent dans nos écoles de botanique. Il eſt figuré pl. 220 des *Illuſtrations des genres* de Lamarck.

Eſpèces.

1. Le ROSSOLIS à fleur radicale. *Droſera acaulis.* Linn. ⊙ Du Cap de Bonne-Eſpérance.

2. Le ROSSOLIS à longues feuilles. *Droſera longifolia.* Linn. ⊙ Indigène.

3. Le ROSSOLIS à hampes capillaires. *Droſera capillaris.* Lam. ⊙ De la Caroline.

4. Le ROSSOLIS à feuilles rondes. *Droſera rotundifolia.* Linn. ⊙ Indigène.

5. Le ROSSOLIS à feuilles en coin. *Droſera cuneifolia.* Linn. ⊙ Du Cap de Bonne-Eſpérance.

6. Le ROSSOLIS de Burmann. *Droſera Burmanni.* Vahl. ⊙ De Ceylan.

7. Le ROSSOLIS du Cap. *Droſera copenſis.* Thunb. ⊙ Du Cap de Bonne-Eſpérance.

8. Le ROSSOLIS à fleurs de ciſte. *Droſera ciſtiflora.* Linn. ⊙ Des Indes.

9. Le ROSSOLIS des Indes. *Droſera indica.* Linn. ⊙ Des Indes.

10. Le ROSSOLIS pelté. *Droſera-peltata.* Thunb. ⊙ De la Nouvelle-Hollande.

11. Le ROSSOLIS de Portugal. *Droſera luſitanica.* Linn. ⊙ Du Portugal.

12. Le ROSSOLIS pédiaire. *Droſera pedata.* Perſ. ⊙ De la Nouvelle-Hollande.

Culture.

Les Roſſolis croiſſent dans les parties des marais qui ſont toujours humides ſans être jamais couvertes d'eau, c'eſt-à-dire, que leur culture eſt preſqu'impoſſible. En effet, toutes les tentatives faites pour les introduire dans les jardins de botanique d'une manière permanente, ont été ſans ſuccès. Il faut donc ſe contenter d'en aller chercher des pieds dans les marais, un peu avant leur floraiſon, & les apporter dans les jardins avec une très-groſſe motte, qu'on mettra dans un pot qui ſera placé dans un autre à moitié plein d'eau, & qu'on abritera des rayons du ſoleil. Par ce moyen, la végétation continuera dans ces pieds; ils fleuriront, même amèneront leurs graines à maturité, mais ils ne diſſémineront pas utilement ces graines. (*Bosc.*)

ROTAIN. *Voyez* ROTANG.

ROTALE. *ROTALA.*

Plante annuelle de l'Inde, qui ſeule forme un genre dans la triandrie monogynie & dans la famille des *Caryophyllées.*

Elle ne ſe cultive pas dans nos jardins.

ROTANG. *CALAMUS.*

Genre de plantes de l'hexandrie trigynie & de la famille des *Palmiers*, dans lequel ſe rangent douze eſpèces, dont quelques-unes ſont très-utiles dans leur pays natal, mais dont aucune n'eſt cultivée dans nos jardins. Il eſt figuré pl. 770 des *Illuſtrations des genres* de Lamarck.

Eſpèces.

1. Le ROTANG à piques. *Calamus petraus.* Lour. ♄ Des Indes.

2. Le ROTANG à cannes. *Calamus ſcipionum.* Lour. ♄ Des Indes.

3. Le ROTANG à cordes. *Calamus rudentum.* Lour. ♄ Des Indes.

4. Le ROTANG à meuble. *Calamus verus.* Lour. ♄ Des Indes.

5. Le ROTANG à fleurs ſecondaires. *Calamus ſecundiflorus.* Beauv. ♄ De l'Afrique.

6. Le ROTANG amer. *Calamus amarus.* Lour. ♄ Des Indes.

7. Le ROTANG ſang-de-dragon. *Calamus draco.* Willd. ♄ Des Indes.

8. Le ROTANG noir. *Calamus niger.* Willd. ♄ Des Indes.

9. Le ROTANG oſier. *Calamus viminalis.* Willd. ♄ De Java.

10. Le ROTANG à fouet. *Calamus equeſtris.* Willd. ♄ De l'île d'Amboine.

11. Le ROTANG dioïque. *Calamus dioicus.* Lour. ⊙ De la Cochinchine.

12. Le ROTANG zalac. *Calamus zalucca.* Gærtn. ⊙ Des Indes.

Culture.

On a ſouvent apporté des graines de ces plantes en Europe, & elles y ont levé; mais les pieds qui en ſont réſultés n'ont point vécu. C'eſt la ſerre chaude qu'ils exigeoient. Il leur falloit une bonne terre de conſiſtance moyenne, & des arroſemens fréquens & abondans.

Les noms des diverſes eſpèces précitées indiquent les uſages auxquels elles ſont propres, c'eſt-à-dire, qu'on fait avec leurs tiges des manches de pique, des cannes, des cordes, des liens, des ſiéges, des nattes, enfin tout ce qu'on peut fabriquer avec de l'oſier. C'eſt principalement la ſeconde eſpèce qui fournit ces cannes, jadis ſi à la mode, appelées *joncs* ou *jetts* & la quatrième faiſoit la matière de ces chaiſes à jour, également jadis à la mode, qu'on appeloit *chaiſes de jonc.*

On fait auſſi, avec les racines de ces eſpèces, les badines noueuſes & pliantes, appelées de leur nom *Rotang*, & dont la mode nous eſt venue d'Angleterre.

Outre ces ſervices, les Rotangs fourniſſent un aliment dans leurs jeunes tiges & dans leurs fruits,

& une boisson dans la liqueur qui découle des plaies faites à leur spadix.

Les fruits du Rotang sang-de-dragon sont recouverts d'une gomme-résine rouge qui est employée en médecine, & est, par conséquent, l'objet d'un commerce de quelque'importance. (*Bosc.*)

ROTATION DE CULTURE : synonyme de SUCCESSION DE CULTURE. *Voyez* ce mot & celui ALTERNER.

ROTHE. *ROTHIA.*

Deux genres de plantes portent ce nom.

Le premier, établi par Lamarck, a été mentionné sous le nom d'HYMENOPAPE que lui a donné Lhéritier.

Le second, établi par Schreber aux dépens des ANDRYALES, n'est pas adopté par tous les botanistes. La culture des trois espèces que Willdenow lui rapporte, est indiquée au mot ANDRYALE. (*Bosc.*)

ROTTBOLLE. *ROTTBOLLA.*

Genre de plantes de la triandrie digynie & de la famille des *Graminées*, qui réunit vingt espèces, dont plusieurs se cultivent dans nos écoles de botanique. Il est figuré pl. 48 des *Illustrations des genres* de Lamarck.

Espèces.

1. La ROTTBOLLE courbée.
Rottbolla incurvata. Linn. ☉ Du midi de la France.

2. La ROTTBOLLE biflore.
Rottbolla biflora. Spreng. ☉ De la Hongrie.

3. La ROTTBOLLE filiforme.
Rottbolla filiformis. Roth. ♃ Du midi de la France.

4. La ROTTBOLLE cylindrique.
Rottbolla cylindrica. Willd. ♃ Du midi de la France.

5. La ROTTBOLLE stolonifère.
Rottbolla stolonifera. Lam. Du Brésil.

6. La ROTTBOLLE lisse.
Rottbolla lævis. Retz. Des Indes.

7. La ROTTBOLLE hérissonnée.
Rottbolla muricata. Retz. Des Indes.

8. La ROTTBOLLE sanguine.
Rottbolla sanguinea. Retz. De la Chine.

9. La ROTTBOLLE élevée.
Rottbolla exaltata. Linn. Des Indes.

10. La ROTTBOLLE à corymbes.
Rottbolla corymbosa. Linn. Des Indes.

11. La ROTTBOLLE fasciculée.
Rottbolla fasciculata. Desf. ♃ De la Barbarie.

12. La ROTTBOLLE à une étamine.
Rottbolla monandra. Cavan. ☉ De l'Espagne.

13. La ROTTBOLLE pileuse.
Rottbolla pilosa. Willd. Des Indes.

14. La ROTTBOLLE soyeuse.
Rottbolla hirsuta. Vahl. ♃ De l'Égypte.

15. La ROTTBOLLE velue.
Rottbolla villosa. Lam. Des Indes.

16. La ROTTBOLLE du Bengale.
Rottbolla cymbachne. Willd. Des Indes.

17. La ROTTBOLLE fromentacée.
Rottbolla dimidiata. Linn. De l'Amérique.

18. La ROTTBOLLE tripsicoïde.
Rottbolla tripsacoides. Lam. Des Indes.

19. La ROTTBOLLE rampante,
Rottbolla repens. Forst. Des îles de la mer du Sud.

20. La ROTTBOLLE à épi bleu.
Rottbolla cœlorachis. Forst. Des îles de la mer du Sud.

Culture.

Il n'y a qu'une espèce indiquée dans le catalogue du Jardin du Muséum, comme cultivée dans cet établissement, c'est la première ; mais j'y en ai vu plusieurs autres qui ne s'y sont pas conservées, parce que leurs graines n'y venoient pas à maturité. On en trouve quatre de citées dans celui du Jardin de Berlin.

Toutes les graines de ces plantes se sèment dans des pots sur couche nue. Les espèces annuelles se repiquent en mottes, contre un mur exposé au midi, lorsque le plant a acquis deux ou trois pouces de haut.

Les espèces vivaces sont laissées dans leur pot pour pouvoir les rentrer dans l'orangerie pendant l'hiver. (*Bosc.*)

ROTTLÈRE. *ROTTLERA.*

Arbre des Indes qui sert à la teinture, & qui seul forme un genre dans la diœcie icosandrie.

On ne le cultive pas en Europe ; ainsi je n'ai rien à en dire de plus. (*Bosc.*)

ROUBRÈLLE. *ROBERGIA.*

Arbre de Cayenne, qui seul constitue dans la décandrie pentagynie un genre figuré pl. 184 des *Illustrations des genres* de Lamarck.

Comme cet arbre n'a pas encore été introduit dans nos cultures, je n'ai rien à en dire de plus. (*Bosc.*)

ROUCHI. On appelle ainsi les LAICHES dans quelques lieux ; dans d'autres, les ROSEAUX ; dans d'autres, ce nom s'applique à la RONCE. *Voyez* ces mots.

ROUDON : altération du mot REDOUL.

ROUENS. En Angleterre on donne ce nom, probablement parce qu'on le pratiquoit autrefois auprès de la ville de ce nom, à des prés dont on a conservé le regain pour le faire pâturer au premier printemps par les bestiaux.

Cette manière de tirer parti des prés peut avoir des avantages, & pour les bestiaux, & pour les herbes, & pour le sol; cependant je ne l'ai vu usiter nulle part en France. *Voyez* PRAIRIE. (*Bosc.*)

ROUESSE. Ce sont, dans les environs de Moulins, de petites parties de bois qu'on réserve, dans chaque exploitation rurale, pour le pâturage des bœufs pendant les grandes chaleurs. *Voyez* PATURAGE & BŒUF. (*Bosc.*)

ROUGE-BÉ : c'est la CAMELINE aux environs de Laon. *Voyez* ce mot.

ROUGE-HERBE : ce nom s'applique, dans beaucoup de lieux, au MELAMPYRE DES CHAMPS. *Voyez* ce mot.

ROUGEOLE : nom vulgaire du MELAMPYRE DES CHAMPS. On nomme aussi de même le CLAVEAU. *Voyez* ces mots.

ROUGEOLE ou MALADIE ROUGE. On appelle ainsi, dans le département de la Creuse, une maladie du seigle, produite, selon M. Rougier de la Bergerie, par le manque de chaleur pendant sa floraison, qui s'arrête avant l'époque voulue par la nature; elle est caractérisée par une ou plusieurs longues taches rouges sur les épis : ses suites sont une grande diminution dans la production des grains. On peut la prévenir par des ABRIS. *Voyez* ce mot & ceux HAIE, SEIGLE, MONTAGNE & BOIS.

Comme le manque de nourriture fait aussi que la fécondation ne se termine pas dans les plantes, il seroit possible que cette cause produisît également la Rougeole; mais M. Rougier de la Bergerie n'a pas pris cette circonstance en considération. Dans ce cas, des engrais ou un changement dans l'assolement seroient des remèdes infaillibles.

J'ai vu, à ce que je crois, des épis de seigle attaqués de la Rougeole dans les environs de Paris; mais comme il y en a peu, & qu'on ne s'en plaint pas, je l'ai regardée comme une simple altération accidentelle, & j'y ai fait peu d'attention. (*Bosc.*)

ROUGETTE : c'est la MELAMPYRE DES CHAMPS dans quelques lieux.

Dans d'autres, ce sont des terres franches de couleur rougeâtre, qui, lorsqu'elles ont du fond, sont propres à toutes sortes de culture. Elles sont plus ou moins légères, plus ou moins sèches, & fort faciles à labourer en tout temps. *Voyez* TERRE. (*Bosc.*)

ROUGISSURE : maladie des fraisiers, qui est due, comme la ROUILLE, à un UREDO. *Voyez* ces mots.

ROUGO. *HARUNGANA.*

Arbre de Madagascar, sur lequel M. de Lamarck a établi un genre dans la polyadelphie pentandrie, & qu'il a figuré pl. 645 de ses *Illustrations des genres.*

Comme cet arbre n'est pas cultivé dans nos jardins, je n'ai rien à en dire de plus. (*Bosc.*)

ROUHAMON. *LASIOSTOMA.*

Arbrisseau grimpant de Cayenne, qui seul constitue un genre dans la tétrandrie monogynie; lequel est figuré pl. 81 des *Illustrations des genres* de Lamarck.

Cet arbrisseau n'étant pas cultivé dans nos jardins, ne peut être ici l'objet d'un plus long article.

Il est possible que le genre POLYOZE doive être réuni à celui-ci. (*Bosc.*)

ROUILLE : premier degré de l'oxidation du fer, caractérisé par une poussière jaunâtre.

C'est l'oxigène de l'air, qui, se combinant avec le fer par l'intermède de l'eau, fait naître la Rouille. *Voyez* FER & OXIDE.

Comme le fer se ronge en s'oxidant, & qu'il peut ainsi se détruire complètement, il est bon que les cultivateurs garantissent le plus possible du contact de l'eau ou de l'air humide leurs instrumens de fer, en les rentrant tous les soirs dans une chambre, ou sous un hangar, & qu'ils fassent peindre à l'huile, ou goudronner, ceux des ferremens de leurs voitures, de leurs maisons, &c., qui n'éprouvent pas des frottemens habituels.

On peut aussi, dans beaucoup de cas, produire les mêmes résultats avec de la graisse de porc (sain-doux), mélangée de plombagine en poudre.

La Rouille de fer ne diffère de l'ocre jaune que parce que cette dernière contient de l'argile & de la silice. Toutes deux peuvent être employées à la peinture, & transformées en rouge par le moyen de la calcination.

On marque en jaune, d'une manière indélébile, le gros linge, comme sacs, bannes, &c., en y appliquant de la Rouille détrempée dans une petite quantité d'huile. Ce moyen devroit être plus usité qu'il ne l'est dans les exploitations rurales. (*Bosc.*)

ROUILLE : taches plus ou moins nombreuses, plus ou moins larges, formées par une poussière jaune, analogue en apparence à la Rouille du fer, qui se montrent sur les feuilles & autres parties de beaucoup de plantes, surtout dans les années froides & humides, & dans les lieux voisins des bois ou des marais.

Les cultivateurs attribuant la Rouille aux brouillards, on a, pendant des siècles, bâti des systèmes pour expliquer sa reproduction. Aujourd'hui on sait qu'elle est due à un champignon parasite interne, du genre UREDO. *Voyez* ce mot & ceux CARIE & CHARBON.

Il est des années où la Rouille diminue considérablement la récolte du froment & autres céréales, & même des lieux où elle a forcé d'en abandonner la culture. J'ai connu en France des vallées marécageuses, situées au milieu des bois, qui fe trouvoient dans ce cas. Les tentatives faites pour introduire la culture du froment dans la baffe Caroline, dont l'air eft toujours furchargé d'humidité, ont été rendues infructueufes par la même caufe, ainfi que j'ai été dans le cas de m'en affurer pendant le féjour que j'y ai fait.

Le pain fait avec le froment rouillé eft moins bon.

La paille rouillée eft une fort mauvaife nourriture pour les beftiaux, & le fumier dans laquelle on la fait entrer eft inférieur.

L'analogie fembleroit indiquer le chaulage comme moyen d'empêcher la reproduction de la Rouille; mais les bourgeons féminiformes du champignon qui la forme ne s'attachent pas aux grains comme ceux de la carie & du charbon; ils tombent fur la terre avant la récolte, & s'y conservent jufqu'à l'année fuivante, qu'ils montent avec la féve dans les nouvelles plantes, & ce d'autant plus abondamment, comme je l'ai déjà dit, que l'année ou l'expofition eft plus humide.

Les deux feuls moyens de diminuer les effets défaftreux de la Rouille font:

1°. De faucher, avant qu'elles montent en tige, les feuilles des céréales qui en offrent affez pour faire craindre leur influence fur les produits de la récolte, l'expérience prouvant que celles qui les remplacent en offrent peu ou point; & ces feuilles étant enlevées avant la maturité des bourgeons féminiformes du champignon qui la caufe, il y en a moins pour l'année fuivante.

2°. D'alonger les retours des céréales dans le même terrain; car, quoiqu'on ne fache pas combien d'années les bourgeons féminiformes de la Rouille peuvent fe conferver vivans dans la terre, il eft probable que plus on attend, & plus il en périt. Voyez SUCCESSION DE CULTURE.

Les engrais puiffans, en favorifant l'activité de la végétation, empêchent la Rouille de fe développer; de-là ce paffage de Columelle: *Ubi vel alia peftis fegetem mecat, ibi columbinum ftercus convenit.*

Quelques obfervations faites en Angleterre femblent conftater qu'en femant épais les céréales, on diminue la production de la Rouille. Ce fait eft difficile à expliquer.

Quelques cultivateurs prétendent que les fromens barbus font moins fujets à la Rouille que les autres.

Au refte, il y a prefque toujours quelque peu de Rouille fur les feuilles des céréales, même dans les terrains fecs & très-expofés aux vents, de forte qu'on doit croire impoffible de la détruire dans la grande culture, quels que foient les moyens employés. (*Bosc.*)

ROUILLE DES FOINS. Lorfque les prairies ont été, peu avant leur récolte, ou après leur coupe, inondées avec une eau chargée de terre, une partie de cette terre s'attache aux tiges des plantes, & on dit que le foin en eft rouillé. Voyez PRAIRIE.

Les foins très-rouillés font repouffés par les beftiaux, & ne peuvent plus fervir qu'à faire de la litière, ou à être jetés fur le fumier. Les bœufs & les vaches mangent quelquefois ceux qui font peu rouillés, mais ils peuvent leur occafionner des maladies graves. Voyez HYGIÈNE.

On peut diminuer les inconvéniens de la rouillure des foins en les battant en plein air avec de longs bâtons, ou des fléaux, ainfi qu'en les lavant dans les eaux courantes. Les mouiller avec un peu d'eau falée les fait manger plus volontiers par les bêtes à cornes.

Il eft une forte de Rouille des foins qui n'eft pas auffi vifible que la précédente, mais qui n'en éloigne pas moins les beftiaux: c'eft celle produite par les matières extractives animales ou végétales contenues dans les eaux qui les ont inondées; ce font principalement les eaux d'étangs, & encore plus de marais qui la produifent. Laver plufieurs foifles foins à grande eau, eft le feul moyen qu'on puiffe employer avec quelqu'apparence de fuccès pour faire difparoître leur mauvaife odeur & leur mauvais goût. (*Bosc.*)

ROUISSAGE: opération à laquelle on foumet le CHANVRE & le LIN pour en ifoler les fibres & pouvoir en former de la filaffe, & par fuite du fil & de la toile. Voyez les deux mots précités.

C'eft ordinairement dans l'eau & à fa température naturelle, qu'on rouit; mais on le fait cependant auffi quelquefois fur l'herbe, dans la terre, & au moyen d'agens chimiques.

Le but du Rouiffage eft de diffoudre, ou mieux de décompofer le gluten qui unit les fibres des plantes, lequel eft compofé, par livre d'écorce, de quatre gros dix-huit grains de réfine, & trois onces trois gros & demi de gomme. C'eft donc une gomme-réfine; or, les gommes-réfines font décompofables par l'eau-de-vie, par les alcalis, les favons, la chaux en diffolution, & enfin par la fermentation de la partie gommeufe.

De tous ces moyens de décompofer le gluten des écorces du chanvre & du lin, il n'y a que le dernier qui foit affez économique pour être employé en grand d'une manière profitable, & c'eft auffi celui qui l'eft exclufivement.

La méthode la plus ordinaire d'exécuter le Rouiffage confifte à mettre le chanvre ou le lin, au préalable lié en petites bottes & débarraffé de fes racines, dans une eau ftagnante ou peu courante, & de l'y tenir fubmergé, au moyen de piquets ou de groffes pierres. Le lieu où on met rouir s'appelle ROUTOIR ou ROUISSOIR. Voyez ces mots.

Dans l'arrangement des bottes de chanvre ou de lin dans le routoir, il faut faire en forte que les bafes des tiges d'un rang foient fous les têtes des tiges des deux autres, afin qu'il y ait plus d'égalité dans l'opération, les bafes rouiffant plus promptement que les têtes, & fourniffant du ferment à ces dernières.

On fixe les bottes dans les rivières, après en avoir lié un certain nombre ensemble au moyen de harts d'ofier, en les traverfant de piquets enfoncés dans la vafe, à refus de maillet. Pour plus de fécurité, on place encore des piquets en dehors du tas, au moins au-deffous du courant.

Il eft des cantons en France, comme le Forêt, où, lorfqu'une maffe de chanvre, rouiffant dans une rivière, eft entraînée par de groffes eaux, elle devient la propriété de ceux qui peuvent l'arrêter ou s'emparer de fes débris.

Tantôt on met le chanvre ou le lin à rouir auffitôt après qu'il eft arraché, & tantôt on attend plufieurs jours, même plufieurs mois, foit faute de temps, foit faute de routoir difponible; celui qui eft mis dans l'eau avant fa complète defficcation rouit bien plus promptement; mais il eft des perfonnes qui penfent que la filaffe eft plus caffante que celle de celui qui a été laiffé fe deffécher auparavant. Il eft probable, en effet, que la filaffe perfectionne fa maturité dans la defficcation, & qu'elle eft par conféquent meilleure dans ce dernier cas.

Lorfqu'on met le chanvre ou le lin, nouvellement arraché, au routoir fans toutes fes feuilles, le Rouiffage eft encore plus accéléré, parce que ces feuilles portent dans l'eau un principe extractif qui favorife la fermentation de la gomme de l'écorce; mais la filaffe qui réfulte de l'opération, dans ce cas, eft très-colorée. Ainfi il faut laiffer, ou ôter les feuilles, felon l'objet auquel on veut employer la filaffe. En général on ôte une partie des feuilles, même la plus grande partie, & on coupe les têtes au chanvre femelle, dont les calices des fleurs produifent un femblable effet.

Dès le lendemain du jour où on a mis du chanvre dans le routoir, on voit, s'il fait chaud, & que l'eau vienne d'un étang ou d'une rivière, des bulles d'air atmofphérique crever à fa furface; le lendemain c'eft de l'air chargé d'une furabondance d'acide carbonique, & le troifième jour de l'air chargé d'hydrogène fulfuré; alors l'eau eft trouble, colorée, & exhale une odeur défagréable qui porte à la tête. Les infectes & les poiffons qui s'y trouvent, périffent après être venus à la furface pour refpirer un air moins vicié.

Les hommes & les animaux domeftiques font rarement dans le cas d'être affectés en buvant de l'eau des routoirs garnis de chanvre, parce que l'odeur & la faveur de cette eau les repouffent. Il en eft de même de celle des rivières dans lefquelles on opère le Rouiffage, vu la petite quantité qu'on en boit, & le peu de principes délétères qu'elle contient : au plus pourroit-elle être légèrement narcotique & purgative. Voyez CHANVRE.

Lorfqu'il fait froid, ou qu'on emploie de l'eau de fontaine ou de puits, le Rouiffage eft retardé, & fa durée fe prolonge plus ou moins, fuivant l'intenfité de ce froid. C'eft cette circonftance qui détermine le placement des routoirs au midi, & l'emploi des eaux dont la température foit celle de l'atmofphère. C'eft encore elle qui oblige de rouir une partie des chanvres & des lins après l'hiver, lorfque la récolte eft très-abondante, & les routoirs petits ou peu nombreux.

Une grande maffe de chanvre eft, toutes chofes égales d'ailleurs, bien plus tôt rouie qu'une petite, & de deux maffes égales, celle qu'on aura placée dans une eau qui aura déjà fervi au Rouiffage, le fera plus tôt. Dans ces deux cas, l'accélération eft due à la plus grande quantité de principe extractif muqueux qui fe trouve dans la plante ou dans l'eau.

Par la même raifon, le Rouiffage eft plus lent dans les eaux courantes, puifqu'une partie confidérable de ce principe eft emportée avant d'avoir produit fon effet. On y gagne une plus grande blancheur dans la filaffe, ce qui eft toujours déterminant pour le lin, dont le fil & la toile fouffrent plus des procédés du blanchiffage, & appellent plus fréquemment cette dernière opération.

Il eft cependant des cas où de la filaffe très-noire, ainfi que le fil & la toile qui en font fabriqués, fe blanchiffent plus vite que de la blanche.

Non-feulement le temps du Rouiffage du chanvre & du lin eft fujet à varier par les caufes ci-deffus énumérées, mais encore par leur degré de maturité, par la groffeur de leurs tiges, par chaque portion de la tige, même, dans le chanvre, par le fexe. Ainfi, celui qui eft encore vert fe rouit plus tôt que celui qui eft devenu jaune; ainfi le gros, plus tôt que celui qui eft court; la partie voifine des racines, plus tôt que la partie voifine de la tête; le chanvre femelle plus tôt que le chanvre mâle.

On doit conclure, de ce dernier fait, qu'il eft prefque toujours avantageux de faire rouir le chanvre mâle (celui qui porte les étamines, s'entend) immédiatement après fa récolte, qui précède celle du chanvre femelle (celui qui porte la graine) de près d'un mois, & s'exécute par conféquent avant les temps froids & pluvieux de l'automne.

Le moment où le chanvre ou le lin doit être retiré du routoir ne pouvant être indiqué d'une manière abfolue, il faut apprendre à le connoître, chaque fois, par l'examen d'une botte prife dans le fond, & d'une botte prife à la furface. Il s'agit donc de favoir quels font les caractères qu'il offre quand il eft roui. En général, il eft bien roui lorfque les fibres fe féparent fans difficulté & de l'écorce & les unes des autres; mais il y a des nuances fans nombre dans cette faculté de fe féparer. Il faut fe déterminer d'après l'emploi probable de la filaffe qu'on efpère, en n'oubliant pas que moins le Rouiffage eft complet, & plus la filaffe a de force; & plus il l'eft, & plus a de fineffe : ainfi le chanvre deftiné à faire des cordes fera moins roui que celui deftiné à faire des toiles fines; ainfi le lin cultivé pour fabriquer de la dentelle, fera plus roüi que celui qu'on se propose de confectionner en toile commune.

Pour ne pas dépasser le point le plus avantageux, un rouisseur entendu visite tous les soirs son chanvre ou son lin, & juge à l'odeur, à la couleur de l'eau, quels sont les progrès de la fermentation (un jour de tonnerre l'avance quelquefois de deux à trois); il tire aujourd'hui un brin dans un endroit, demain un second dans un autre. Rarement celui qui est exercé se trompe assez pour que son chanvre ou son lin soit altéré d'une manière sensible.

A raison de l'insalubrité de l'eau des routoirs, c'est le matin, avant que l'action de la chaleur du soleil ait augmenté cette insalubrité, qu'il faut procéder à retirer le chanvre ou le lin roui. Cette opération se fait à la main, en entrant dans l'eau : l'usage des instrumens de fer ou de bois cassant les tiges, emmêlant les fibres, cause des pertes qu'il est toujours bon de chercher à éviter.

Comme le chanvre ou le lin roui est souvent sali par les débris des feuilles, par la boue, &c., il est fort avantageux de le laver dans une eau courante, ou au moins dans une eau stagnante moins sale & plus abondante que celle du routoir. Une petite dépense, dans ce cas, n'est jamais à regretter; en conséquence, je conseille d'aller chercher cette eau, lorsqu'elle n'est pas très-éloignée, soit en y portant le chanvre, soit en en transportant dans des tonneaux près le routoir. La filasse d'un chanvre ou d'un lin non lavé prend plus difficilement le blanc, & s'affoiblit nécessairement dans les procédés qui y concourent.

Le chanvre ou le lin qui n'a pas été assez roui peut être remis de suite, ou long-temps après dans l'eau, de sorte qu'il n'y a que la main-d'œuvre de perdue (cependant celui qui a été retiré de l'eau & ensuite desséché, ne peut plus se rouir avec la même égalité); mais celui qui l'a été trop donne une filasse noire, cassante, courte, qui se transforme presqu'entièrement en étoupe dans les opérations du sérançage & du peignage.

Dès que le chanvre ou le lin est retiré de l'eau, on l'expose à l'air, soit en le plaçant debout, par le moyen de l'écartement, en trois parties, de sa base, soit en l'appuyant contre une haie, un mur; & même le couchant sur un pré, afin qu'il se dessèche; & lorsqu'il est desséché, on réunit plusieurs bottes en une pour le transporter sous un hangar, dans un grenier, où il attend, à l'abri de la pluie, qu'on puisse le TILLER ou le SERANCER. Voyez ces deux mots.

Le chanvre ou le lin desséché au soleil est un peu inférieur à celui qui l'a été à l'ombre, parce que les fibres qui sont vis-à-vis cet astre; surtout lorsqu'elles ne sont pas débarrassées de toute leur résine, se collent, cèdent moins facilement au peignage, ce qui occasionne plus de déchets dans cette dernière opération.

L'eau de mer stagnante rouit plus lentement le chanvre & le lin que l'eau douce, mais les rouit aussi bien.

La chaux, mise dans l'eau du routoir, accélère singulièrement le Rouissage; cependant, comme il le dit, devoir conserver à la filasse toute sa force & sa souplesse, & donner à la toile qu'on en fabrique une grande disposition à blanchir. Il consiste à placer le chanvre & le lin, préalablement desséchés, sur un grillage qui trempe dans l'eau provenant d'une chute d'un mètre & demi de haut.

Le Rouissage à la rosée s'exécute principalement pour le lin dans les climats septentrionaux. Pour cela, on débottèle le lin & on l'étend exactement sur l'herbe. Il se retourne tous les jours ou tous les deux jours. Ce mode de Rouissage remplit assez bien son objet lorsque la saison est favorable, ou qu'on peut arroser, s'il ne pleut pas, pendant la grande chaleur du jour. On prétend même que la filasse qui en résulte, est plus forte & plus blanche. Quant au chanvre, on le rouit rarement de cette manière, attendu, 1°. qu'il faut un mois & plus pour terminer l'opération, & que, pendant tout ce temps, il est exposé à mille accidens qui détériorent la filasse; 2°. que le Rouissage est rarement égal; 3°. que, lorsqu'il se fait sur un pré, il en altère l'herbe, de manière à ne pouvoir de long-temps servir à la nourriture des bestiaux.

Ce n'est que dans les pays secs & chauds, qui manquent d'eau, qu'on rouit le chanvre & le lin dans la terre. Pour cela on fait, à portée d'un puits ou d'une citerne, un trou semblable à un routoir; on y range les bottes; on les recouvre de deux pieds de la terre qu'on en a tirée, & on arrose le tout d'autant d'eau qu'il est possible. Le Rouissage s'accomplit plus tôt par la pourriture de la partie gommeuse de l'écorce que par sa fermentation. Si on renouveloit l'eau, il y auroit retard dans l'opération, à raison du froid qu'elle apporteroit. Il faut, pour terminer cette sorte de Rouissage, le double de temps que pour terminer celui dans l'eau. On juge que le chanvre ou le lin est dans le cas d'être retiré, en examinant une botte. Il se sèche à l'air sans en enlever la terre, qui, à moins qu'elle ne soit ferrugineuse, & alors il ne faut pas y rouir, se sépare dans les opérations du sérançage & du peignage. Les résultats de ce mode de Rouissage sont souvent préférables, dit-on, à ceux des autres. J'observe cependant que la marche de la décomposition de la gomme-résine doit être fort irrégulière, & qu'elle doit marcher quelquefois, à raison de la variation de la tempéra-

M. Dhondt d'Arcy a proposé un moyen de rouir le chanvre qui ne peut pas s'exécuter partout, mais qui paroît, comme il le dit, devoir conserver à la filasse toute sa force & sa souplesse, & donner à la toile qu'on en fabrique une grande disposition à blanchir. Il consiste à placer le chanvre & le lin, préalablement desséchés, sur un grillage qui trempe dans l'eau provenant d'une chute d'un mètre & demi de haut.

ture de l'air, avec une très-grande rapidité ; ce qui peut occafionner dans la filaffe des altérations qu'il n'eft pas facile de prévoir, & par conféquent de prévenir.

De grandes précautions doivent être prifes lorfqu'on vide les foffes où le chanvre a roui de cette manière, à raifon des gaz mortels qui s'y trouvent. C'eft toujours avant le lever du foleil qu'on doit y procéder, & fe mettre, en opérant, au-deffus du vent.

La terre qui a recouvert le chanvre & le lin dans ces fortes de routoirs, ainfi que celle qui remplit le fond des routoirs à eaux, eft un excellent engrais, qu'on ne doit jamais fe refufer à utilifer. *Voyez* ENGRAIS.

Aujourd'hui, en Angleterre, l'eau même dans laquelle le chanvre ou le lin a roui, eft employée à l'engrais des terres; & une expérience conftate qu'un champ produifant 10 francs, en a produit 50 lorfqu'on l'a arrofé avec elle. (*Bosc.*)

ROULAGE. En agriculture, ce mot fignifie l'action de faire paffer un cylindre de bois, de pierre ou de fer, tournant fur un axe & traîné par un cheval fur les terres arables, foit lorfqu'elles font légères pour les PLOMBER, foit lorfqu'elles font fortes pour en écrafer les MOTTES, recouvrir la SEMENCE qui a été répandue, CHAUSSER le pied des céréales qui y végètent], les faire TALLER. *Voyez* ces mots & celui ROULEAU

L'utilité du Roulage, dans ces cinq cas, eft fi évidente, qu'on ne peut concevoir comment il fe trouve des pays où il eft inconnu.

Dans quelques cantons on fait précéder le Roulage d'une opération qu'on appelle DOSSER, & qui confifte à promener le dos de la herfe fur le terrain nouvellement labouré, afin de commencer à rompre les parties faillantes & à remplir les creux. On ne peut qu'approuver cette opération, quoiqu'un léger binage avec une houe à cheval, munie de plufieurs focles, doive remplir mieux l'objet qu'elle a en vue, & ne foit pas plus coûteux.

Ainfi on peut rouler immédiatement après le labour, immédiatement après le femis & après l'hiver, felon le but qu'on fe propofe. Quelquefois on roule avant & après le femis, avant & après l'hiver.

Le Roulage après l'hiver eft furtout avantageux dans les terres qui fe foulèvent par l'effet des gelées, comme les granitiques & les tourbeufes. *Voyez* TERRES LEVÉES.

Pour que le Roulage s'exécute convenablement, il faut que la terre ne foit ni trop fèche ni trop humide, parce que, dans le premier cas, elle ne fe plombe pas & que les mottes réfiftent, & que, dans le fecond, la terre fe plombe trop & s'attache au rouleau.

Les terres qui fe cultivent en billons font plus difficiles à plomber que celles qui fe cultivent en planches; cependant, au moyen d'un rouleau

court & d'un plus grand nombre d'opérations, on y parvient fort bien. *Voyez* BILLON. (*Bosc.*)

ROULEAU. Deux inftrumens d'agriculture qui varient dans leur emploi, & de chacun defquels il eft plufieurs fortes, portent ce nom.

L'un eft de bois, de pierre ou de fonte de fer, & fert à PLOMBER les terres arables, à brifer leurs MOTTES, &c. *Voyez* ces deux mots & celui ROULAGE.

L'autre eft toujours de bois, quelquefois cependant armé de fer, & a pour objet le DÉPIQUAGE ou BATTAGE des graines. *Voyez* ces deux mots.

La longueur & la groffeur du Rouleau à plomber varient felon la nature des terres, le mode du labourage & la matière dont il eft compofé. Ceux en bois doivent être plus gros que ceux en pierre ou en fer; ceux deftinés à agir fur des terres argileufes, plus gros que ceux deftinés à agir fur des terres fablonneufes. Ils doivent être plus courts lorfqu'on laboure en billons, que lorfqu'on laboure en planches.

C'eft ordinairement en chêne dans les pays où il y a des forêts, & en orme dans ceux où il n'y en pas, qu'on fait les Rouleaux. Le hêtre, le frêne & le charme fervent auffi quelquefois. Les garnir de trois cercles & de trois bandes de fer, eft une précaution très-favorable pour affurer leur durée, & qu'on ne prend pas affez généralement.

On ne peut faire de bons Rouleaux en pierre que dans les pays de montagnes, la pierre des pays à couche étant généralement trop tendre: ceux de granit font les meilleurs relativement à la durée.

Il a été fait aux environs de Lyon; fous les yeux de M. Chancey, des expériences fur les différentes fortes de Rouleaux, defquelles il eft réfulté que le Rouleau conique & uni, en pierre, faifoit plus d'ouvrage & de meilleur ouvrage dans le même temps, que les Rouleaux cylindriques & que les Rouleaux de bois & de pierre crénelés. Il y a plus de moitié d'économie dans les frais, & la paille eft meilleure pour les beftiaux.

Il fe fabrique des Rouleaux de fonte pleins & des Rouleaux de fonte creux : ces derniers font les plus communs; on les remplit de bois : ils font généralement plus courts que ceux de bois & de pierre. C'eft en Angleterre qu'on en voit le plus. La préférence qu'ils méritent eft évidente pour ceux qui en ont fait ufage.

Lorfqu'on arme les Rouleaux de bois ou de fonte, de pointes de fer obtufes, longues de deux à trois pouces, & écartées d'autant, ils brifent bien plus facilement les mottes, & peuvent donner, avec la plus grande rapidité, une efpèce de labour qui fuffit dans beaucoup de cas. Les amis de la profpérité agricole de la France doivent defirer que leur ufage s'étende.

Les propriétaires des grands jardins ont auffi des Rouleaux gros & courts en pierre ou en fer,

pour

pour unir leurs allées & leurs gazons, & pour faire taller ces derniers. *Voyez* GAZON.

Dans la ferme expérimentale du roi d'Angleterre à Windsor, on fait usage, pour semer en rangées, d'un Rouleau garni de distance en distance d'anneaux triangulaires de fer fondu, anneaux qui creusent des sillons où tombe la semence qu'on répand à la volée. Je ne crois pas cet ingénieux instrument employé en France. *Voyez* RANGÉES.

Ces différentes sortes de Rouleaux offrent, au centre de chacun de leurs bouts, un boulon de fer au moyen duquel ils tournent dans des trous percés aux extrémités d'un brancard auquel est attaché le cheval qui les fait mouvoir.

On ne prend pas assez de précautions pour conserver les Rouleaux lorsqu'ils ne servent pas : ceux en bois restent toute l'année dans les champs, ou dans la cour, exposés à la pluie & au soleil. On devroit les faire peindre à l'huile de temps en temps, & les rentrer sous un hangar dès qu'on n'en fait plus usage.

La forme des Rouleaux à dépiquer varie infiniment.

Dans quelques lieux ce sont des roues transformées en octogones, à l'essieu desquelles sont attachées deux cordes.

Dans d'autres, ce sont des cônes tronqués, creusés longitudinalement de manière à former huit, dix, douze & même un plus grand nombre de vives arêtes.

De tous ces Rouleaux, il en est un qui paroît mieux adapté à son objet, c'est celui en usage dans quelques parties de l'Italie, & introduit depuis quelques années dans les départemens du midi de la France. En donner la description suffira pour faire connoître les principes d'après lesquels ils doivent tous être construits.

J'observe d'abord que le battage du grain par le moyen des Rouleaux ne s'exécute que dans les pays secs & chauds, parce qu'il ne seroit pas suffisant, dans les pays humides & froids, pour obtenir tout ce qu'on a droit d'en attendre. (*Voyez* BATTAGE.

Un bois trop lourd & un bois trop léger sont également à repousser lorsqu'on veut construire un Rouleau à dépiquer. Le frêne paroît celui qui fournit le bois dont le poids est le plus convenable.

Le Rouleau en question est un cône tronqué de trois à quatre pieds de long, sur vingt pouces de diamètre d'un côté & seize de l'autre, à la surface duquel sont solidement fixées huit barres ou jumelles arrondies d'un côté, de même longueur & de six pouces de haut sur quatre de large ; à travers passe un essieu de fer d'un pouce de diamètre, qui fait saillie de quatre pouces à chaque bout. Cet essieu sert à fixer le Rouleau dans un cadre dont les côtés sont recourbés en haut, & aux extrémités antérieures duquel sont fixés

Agriculture. Tome VI.

deux crochets de fer, qui servent à attacher les cordes destinées à faire mouvoir le tout par un cheval.

Cette machine est dirigée sur les céréales, au préalable déliées & étendues circulairement sur l'aire, par un homme placé au centre, & tenant, au moyen d'un court bâton attaché près son mords, le cheval qu'il fait tourner ; d'autres hommes retournent les céréales, les ôtent & en apportent de nouvelles selon le besoin. Chaque fois qu'une jumelle quitte la surface de l'aire, sa suivante tombe sur les céréales avec une force proportionnelle, & à leur distance respective & au poids total de la machine. Il en résulte d'abord une percussion & ensuite une compression qui font sortir le grain de sa balle. La seule attention à avoir, c'est de ne faire marcher le cheval ni trop vîte, ni trop lentement.

Des expériences faites à Toulouse constatent qu'il y a à gagner un vingtième à dépiquer par le moyen de ce Rouleau, sur le dépiquage par les pieds des animaux, que la paille est moins brisée, moins salie, & conserve par conséquent plus de valeur. De plus, l'opération est plus rapide. (*Bosc.*)

ROULURE. On appelle ainsi un accident causé aux arbres par les grands vents qui en tordent les fibres, & à une maladie dont le résultat est la disjonction d'une ou de plusieurs couches ligneuses, soit dans toute ou une partie seulement de leur longueur & de leur tour.

Cette seconde sorte de Roulure peut avoir plusieurs causes, dont les deux principales paroissent être la sécheresse & la gelée, portées à un assez haut degré pour désorganiser l'intervalle entre l'aubier & l'écorce, c'est-à-dire, le LIBER de Duhamel (*voyez* ce mot) : du moins les arbres qui croissent dans des terrains secs y sont plus sujets que les autres, & on a remarqué que ceux qui ont été coupés après le fameux hiver de 1709, en étoient presque tous atteints.

On trouve rarement de jeunes arbres attaqués de Roulure ; ce qui prouve que la foiblesse de la végétation concourt également à la produire. Il est des espèces qui y sont plus sujettes d'autres, le châtaignier par exemple, ce qui est dû à la petitesse des fibres qui vont de la moelle à l'écorce.

Au reste, il n'y a pas moyen d'empêcher la production de la Roulure, & on ne la peut reconnoître que lorsqu'on travaille dans la charpente, ou la menuiserie, les bois qui en sont affectés. Si elle diminue beaucoup la valeur des bois destinés à ces deux services, elle n'affoiblit pas celle de ceux qu'on doit brûler. *Voyez* COUCHES LIGNEUSES, AUBIER, LIBER, GÉLIVURE, CADRAN. (*Bosc.*)

ROUPALE. *Rupalea.*

Genre de plantes de la tétrandrie monogynie & de la famille des *Protées*, dans lequel se trouvent placés trois arbriffeaux, dont aucun n'eft cultivé dans nos jardins. Ce genre eft figuré pl. 55 des *Illuftrations des genres* de Lamarck.

Efpèces.

1. Le ROUPALE de montagne.
Rupalea montana. Aubl. ♄ De Cayenne.
2. Le ROUPALE à feuilles feffiles.
Rupalea feffilifolia. Aubl. ♄ De Cayenne.
3. Le ROUPALE à feuilles ailées.
Rupalea pinnata. Lam. ♄ De Cayenne. (*Bosc.*)
ROUREA. *Voyez* ROBERGIE.

ROUSSAILLE. On donne ce nom à tout le petit poiffon qui réfulte de la pêche des étangs, & qu'on ne peut manger que frit. *Voyez* ÉTANG.
ROUSSAILLE: fynonyme de JAMBOSIER.

ROUSSEAU. *Rousseau.*

Arbriffeau grimpant de l'île-de-France, qui feul forme un genre dans la tétrandrie monogynie, & qui eft figuré pl. 75 des *Illuftrations des genres* de Lamarck.

Cet arbriffeau n'étant pas cultivé en Europe, n'eft pas dans le cas de donner lieu à un article plus étendu. (*Bosc.*)
ROUSSELE. C'eft un des noms du BOLET ORANGE.
ROUSSIE. Dans quelques cantons on appelle ainfi les trous ou réfervoirs dans lefquels fe rendent les eaux des fumiers. *Voyez* FUMIER & ENGRAIS.
ROUSSIN. Ce nom fe donne aux ânes & aux petits chevaux mal faits, dont on ne retire pas plus de fervice que d'un ANE. *Voyez* ce mot & celui CHEVAL.
ROUTE. On appelle ainfi le défrichement des landes dans le département du Var.
ROUTES, CHEMINS (Plantation des). Les arbres ifolés donnent un bois meilleur pour la charpente, & furtout pour le charronnage, que ceux qui ont crû en maffe. Les futaies pleines font devenues extrêmement rares en France, & les coupes dans les futaies fur taillis y ont été partout anticipées pour fatisfaire aux befoins de la marine & de la guerre. Le mouvement des feuilles des arbres améliore l'air atmofphérique; l'ombre qu'elles fourniffent eft agréable aux voyageurs. Ce font ces confidérations qui ont déterminé le Gouvernement, au commencement du fiècle dernier, à faire planter les bas côtés des grandes Routes, d'arbres foreftiers ou fruitiers; & aujourd'hui la plupart le font plus ou moins bien, felon les localités, le zèle des adminiftrateurs, &c.

Les plantations d'arbres des deux côtés des Routes ont cependant quelques inconvéniens; l'un, c'eft l'ombre qu'ils projettent, & fur les Routes mêmes, ce qui retarde leur defficcation après la pluie, & fur les cultures voifines, ce qui retarde

leur maturité, les expofe davantage aux effets des gelées, de la coulure, &c. : cet inconvénient peut être réduit prefqu'à rien, en écartant fuffifamment les arbres l'un de l'autre, de dix-huit pieds par exemple, & en les élaguant convenablement; l'autre, ce font les racines qu'ils envoient dans les cultures voifines, qui en appauvriffent le fol, & fouvent le couvrent de rejetons. Planter les arbres avec leur pivot, ou faire un foffé de trois pieds de profondeur, à fix pieds de diftance du côté de ces cultures, font prefque les feuls moyens de diminuer celui-ci.

Comme fourniffant le meilleur bois pour le charronnage, comme devenant promptement défenfable par fa feule groffeur, comme s'accommodant de prefque tous les terrains, comme réparant promptement les accidens qui lui arrivent, l'orme a d'abord mérité la préférence dans tous les lieux où il étoit connu; mais les premiers plantés font morts, & ceux qu'on leur a fubftitué n'ont pas profpéré, parce qu'ils ont trouvé le fol épuifé des fucs néceffaires à leur végétation : il faut donc les remplacer par d'autres efpèces, d'après le principe des ASSOLEMENS. *Voyez* ce mot.

J'ajouterai que l'orme eft fujet à être ralenti dans fa végétation par la larve de la GALÉRUQUE qui porte fon nom, & à périr avant d'être arrivé à toute fa groffeur par celle du BOMBICE coffus. (*Voyez* ces deux mots.) Les ravages de la dernière font fi multipliés aux environs de Paris, qu'il eft très-rare qu'un orme fubfifte cinquante ans, & que la plupart commencent à être attaqués dès l'âge de huit ans.

Dans beaucoup de lieux on aftreint les propriétaires riverains à planter la même efpèce, & on s'appuie fur l'agrément de l'uniformité, comme fi l'agrément devoit paffer avant l'utilité, comme s'il étoit prouvé, pour tous les hommes, malgré l'opinion prédominante, que l'uniformité foit un agrément. J'ai voyagé fur des Routes où les efpèces d'arbres étoient très-mélangées, & le temps ne m'y a pas paru plus long que fur les autres, & j'y ai trouvé également l'ombre que l'ardeur du foleil pouvoit me faire defirer.

Voici la notice des arbres qui peuvent être fubftitués à l'orme, avec l'indication de leurs avantages & de leurs inconvéniens.

Si le CHÊNE étoit moins difficile à la reprife, lorfqu'il eft affez gros pour fe défendre par lui-même, ou au moins à l'aide d'un fimple fagot d'épine, contre les atteintes des hommes malfaifans ou des beftiaux, il devroit être préféré dans beaucoup de lieux; mais pour qu'il réuffiffe, il faut le planter au plus de la groffeur du doigt, & il croît avec beaucoup de lenteur; de forte que ce n'eft qu'au bout de huit à dix ans qu'il ne craint plus que la hache.

Après l'orme, c'eft le FRÊNE qui fe voit le plus fréquemment fur les Routes; & en effet, comme lui, il peut se planter avec succès, lorsqu'il a acquis deux à trois pouces de diamètre; mais il ne vient beau que dans les terrains frais. On pourroit lui substituer, dans les terrains secs, le frêne à fleur, quoique ce dernier ne croisse pas aussi rapidement & ne s'élève pas autant.

Je n'ai pas besoin de faire connoître l'utilité du bois de ces deux espèces d'arbres.

Dans quelques cantons on plante des CHARMES sur les Routes dont le sol n'est pas trop sec; cependant, comme son bois est peu employé dans le charronnage, il ne faut l'y placer que lorsqu'on ne peut faire autrement.

Encore plus que le chêne, le HÊTRE se refuse à la transplantation lorsqu'il a acquis une grosseur suffisante pour se défendre; aussi ne le voit-on pas souvent sur les Routes : c'est dommage, car son aspect est agréable, & son bois d'un grand usage dans l'économie rurale & domestique.

Il est fâcheux que le CHATAIGNIER ne s'accommode pas de tous les terrains, car il seroit très-convenable pour garnir les Routes; mais il refuse de croître dans ceux qui sont calcaires, & ce sont les plus fréquens en France. On pourroit cependant l'utiliser sous ce rapport, au moins dans les montagnes primitives du centre du royaume, telles que celles du Limousin, des Cévennes, &c.

Quoique moins important que le précédent, le BOULEAU, qui également ne prospère pas dans les sols calcaires, pourroit lui être substitué. Son bois peut être employé à un grand nombre d'usages, même au charronnage.

La beauté du feuillage de l'ÉRABLE SYCOMORE, la facilité de sa transplantation quand il est devenu défensable, le fait fréquemment planter le long des Routes; cependant le peu d'utilité de son bois doit l'en repousser toutes les fois qu'on a d'autres espèces à y placer.

Ce que je viens de dire s'applique complétement au TILLEUL, dont le bois est même d'un service encore plus circonscrit.

Dans beaucoup de départemens on garnit les Routes de POIRIERS & de POMMIERS à cidre, & même à fruits bons à manger. On ne peut qu'applaudir à cet usage, quoique les produits de ces arbres soient généralement fort diminués par les délits des passans, & qu'ils puissent même être quelquefois ébranlés par suite de ces délits.

On voit sur beaucoup de Routes dont le sol n'est pas trop aride, le PEUPLIER NOIR, le PEUPLIER BLANC & le PEUPLIER d'ITALIE, & ils y produisent de bons effets. Il seroit plus avantageux de leur substituer les peupliers du Canada & de Virginie, dont la croissance est plus prompte & le bois de meilleure qualité.

L'AUNE ne vient bien que dans les sols humides, & il peut être placé sur les Routes qui traversent les marais ou qui sont bordées par des canaux. Son bois sert à faire des sabots.

Parmi les arbres acclimatés qu'on trouve sur quelques Routes, je citerai, 1°. le PLATANE, qui est si majestueux, & dont le bois est si propre à la marqueterie; 2°. l'ACACIA, dont on a trop vanté les avantages, & qui a surtout le grave inconvénient d'être facilement brisé par les vents; 3°. l'AYLANTHE, qui est dans le même cas; 4°. l'ÉRABLE ROUGE & l'ÉRABLE A FEUILLES DE FRÊNE, auxquels ce que j'ai dit de l'érable sycomore s'applique complétement; 5°. les NOYERS COMMUN, NOIR & CENDRÉ, dont le bois est si excellent pour la menuiserie.

Il seroit très à désirer qu'on mît des PINS, des SAPINS, des ÉPICEA & autres arbres résineux sur les Routes; mais encore comme le hêtre, ils ne peuvent être plantés quand ils sont assez gros pour se défendre, & plus qu'eux ils sont exposés à être mutilés par les passans.

Dans les parties méridionales de la France, les Routes sont souvent garnies de MICOCOULIERS, de MURIERS, d'AMANDIERS, qui tous peuvent se planter défensables. Le bois des premiers de ces arbres est excellent. On tire un grand parti des feuilles des seconds pour la nourriture des vers à soie. Les fruits des troisièmes sont l'objet d'un commerce de quelqu'importance.

Une des causes qui se sont opposées à ce que les Routes fussent partout plantées d'arbres, c'est la difficulté de s'en procurer du plant, faute de pépinières à proximité, & par la mauvaise nature de celui levé dans les bois (voyez PLANT); mais l'influence de ce motif diminue chaque jour par la multiplication de ces établissemens, soit au compte du commerce, soit au compte du Gouvernement.

Généralement on plante les arbres le long des Routes, en faisant, quelques mois d'avance, des trous de trois à quatre pieds carrés & d'un peu moins de profondeur, & en cela on suit les indications d'une sage économie; mais il n'en seroit pas moins meilleur de faire, de chaque côté, une tranchée de cette largeur, & du double plus profonde, dans toute la longueur de la Route, parce que les arbres pousseroient plus vigoureusement dans les premières années de leur plantation, & que leurs racines seroient plus disposées à suivre les tranchées qu'à se jeter dans les terres cultivées.

Les arbres sont plantés dans ces trous avant, pendant, ou après l'hiver, alignés les uns sur les autres, & leurs racines sont recouvertes au plus d'un pied de terre, prise ainsi que celle qui remplit le fond du trou, à la surface du sol, celle qui en a été tirée devant être étendue sur les bas côtés de la route, ou sur les champs voisins, parce qu'étant moins mêlée de débris des végétaux, & n'ayant pas reçu les influences atmosphériques, elle eſt moins propre à favoriſer le développement des arbres.

On doit à M. Raſt-Maupas le projet d'une plantation de Route, qu'il appelle *perpétuelle*, & qui mérite d'être pris en ſérieuſe conſidération par ceux qui ſont appelés à en ordonner; car quelle que ſoit la prédominance du principe qui veut que les arbres des Routes ſoient utiliſés pour le charronnage, il ne faut pas craindre d'en employer une partie au ſimple chauffage.

Ce projet conſiſte à planter entre deux arbres de grande dimenſion, & très-écartés (de trente-ſix pieds, par exemple), un arbre de ſeconde & deux arbres de troiſième grandeur, &, après que ces trois arbres auront été ſucceſſivement coupés, leur ſubſtituer trois arbres de grande dimenſion; puis, dans leurs intervalles, des arbres de ſeconde & troiſième dimenſion, & ainſi de ſuite à perpétuité.

Dans tous les lieux où la nature du ſol le permet, on fait une foſſe de deux à trois pieds de large, & d'un pied à ſon fond, dans l'intervalle de tous les arbres, laquelle eſt deſtinée à recevoir les eaux pluviales qui tombent ſur la Route, & à arrêter les terres qu'elles entraînent; on les recure tous les ſix, huit ou dix ans. Ces foſſes ſont très-utiles à la Route; mais elles font quelquefois périr les arbres, ſavoir, dans les terrains ſablonneux, parce qu'elles favoriſent la mort des racines dans les étés ſecs & chauds, comme je m'en ſuis aſſuré; &, dans les terrains argileux, en entretenant autour d'elles un excès d'humidité qui les fait pourrir.

La mauvaiſe pratique de couper complètement la tête aux arbres qu'on plante ſur les Routes, eſt preſque générale, & donne lieu ſouvent à leur perte lorſque le terrain eſt fort ſecs, parce qu'alors les racines de ces arbres n'ont pas aſſez de force aſpirante pour conduire au ſommet du tronc la ſève néceſſaire pour faire ſortir des boutons adventifs à travers l'écorce épaiſſe de ce ſommet. Je préfère donc couper les groſſes branches de ces arbres à quelque diſtance du tronc, & laiſſer les plus petites entières, afin que leurs boutons puiſſent ſe développer ſans difficulté, quelque peu de ſève qui y arrive. *Voyez* PLANTATION.

Pour empêcher les beſtiaux d'ébranler les arbres des Routes en ſe frottant contre, on eſt dans l'uſage de les entourer de quelques branches d'épine, fixées au moyen d'un hart ou d'un fil de fer. Ce dernier a ſouvent l'inconvénient de ſe conſerver après que les branches d'épine ſont pourries, & d'étrangler l'écorce : il faut veiller à ce que cela n'arrive pas.

Aſſez généralement on laiſſe croître les branches des arbres plantés ſur les Routes, pendant trois à quatre ans, ſans y toucher; ordinairement, alors, on retranche toutes les branches qui ont crû le long du tronc, & on ne laiſſe que les deux ou trois plus fortes du ſommet. Il réſulte de cette conduite, des arbres qui pouſſent foiblement & qui ont beaucoup de peine à reprendre une flèche, c'eſt-à-dire, une pouſſe perpendiculaire prédominante. Voici ce que je conſeille de faire.

Au mois d'août de l'année de la plantation, on enlevera à la main, à chaque arbre, & à trois intervalles de huit jours, en commençant par le bas, les pouſſes qui ont percé ſur la tige. L'hiver ſuivant on coupera avec la ſerpette, à ſix pouces de leur baſe pour les plus groſſes, & à un pied pour les plus petites, toutes les pouſſes du ſommet, excepté celle qui approche le plus de la perpendiculaire. Cette opération détermine la ſève à ſe porter avec plus de force dans cette branche perpendiculaire qui doit continuer le tronc, & l'arbre pouſſe avec plus de vigueur; par la ſuite on n'a plus qu'à couper d'abord chaque deux ans, enſuite chaque cinq à ſix ans, avec un croiſſant, l'extrémité des branches latérales inférieures pour que l'arbre devienne de la plus grande beauté, c'eſt-à-dire, prenne le plus rapidement poſſible toutes les dimenſions dont il eſt ſuſceptible, ſoit à raiſon de ſa nature, ſoit à raiſon du ſol où il ſe trouve.

Je voudrois que les arbres des Routes fuſſent conduits de cette manière pendant toute la durée de leur vie; mais le deſir d'en tirer du bois de chauffage détermine à les élaguer, ce qui retarde leur croiſſance en groſſeur, & rend leur aſpect déſagréable. Cependant, quoique repouſſant l'élagage, je ne puis me refuſer à reconnoître que ſes inconvéniens ſont, ſur les Routes, compenſés par deux avantages : le premier, qu'il favoriſe le deſſéchement des Routes; le ſecond, qu'il donne lieu à des nœuds dans le bois, & que ces nœuds rendent meilleurs les moyeux, rendent plus beaux les meubles qu'on en fabrique. Ce n'eſt pas, au reſte, l'élagage tel qu'on le fait ordinairement, celui à la ſuite duquel il ne reſte qu'un petit bouquet de branches au ſommet, que je tolère, mais celui qui n'enlève que la moitié des branches. *Voyez* ÉLAGAGE.

La chenille du bombice commun dévore quelquefois les ormes des Routes, & dans ce cas il faut que ces arbres ſoient échenillés pendant l'hiver, conformément aux lois de la police rurale.

Le commencement du couronnement des arbres des Routes indique le moment où il eſt convenable de les arracher pour en tirer le parti le plus avantageux; mais rarement ils arrivent naturellement à ce terme, les bleſſures qu'on leur fait, en élaguant, occaſionnant des ULCÈRES qui ſe changent en GOUTTIÈRES (*voyez* ces mots), de ſorte qu'on eſt forcé de les couper à moitié de l'âge qu'ils ſont ſuſceptibles d'atteindre par ſuite de leur nature & du ſol où ils ont crû.

On trouvera aux articles des arbres dont j'ai parlé dans le cours de celui-ci, des complémens propres à guider ceux qui voudroient des détails

plus éten lus fur les plantations des Routes. *Voyez*
le *Dictionnaire des Arbres & Arbustes.* (Bosc,)

ROUTINE EN AGRICULTURE. On appelle
ainfi une férie de pratiques dont ne peuvent rendre raifon ceux qui les exécutent.

Il y a de bonnes, il y a de mauvaifes Routines.

Telle Routine eft bonne dans un lieu & eft
mauvaife dans un autre; &, au contraire, telle
eft mauvaife dans un lieu, qui devient bonne dans
un autre.

Toute Routine fuppofe défaut d'inftruction ou
pareffe d'efprit.

C'eft en agriculture que les mauvaifes Routines
font les plus nuifibles, parce qu'il n'y a pas d'art
où les procédés foient plus influencés par les caufes
variables, où on opère fur un plus grand nombre d'objets, où les agens directs foient moins
éclairés; auffi peut-on fuppofer que, foit en occafionnant des pertes, foit en empêchant les améliorations, les mauvaifes Routines caufent à la
France une diminution de moitié dans les produits
annuels du fol : elles font par conféquent pour
nous le plus terrible des fléaux.

L'inftruction du jeune âge peut feule faire difparoître les mauvaifes Routines. *Voyez* PRATIQUE
& THÉORIE. (Bosc.)

ROUTOIR ou ROUISSOIR. C'eft ainfi que
s'appellent les lieux deftinés à faire rouir le CHANVRE & le LIN. *Voyez* ces deux mots & celui
ROUISSAGE.

D'après cette définition on ne devroit pas donner ce nom aux endroits des rivières & des étangs
où on fait quelquefois rouir les plantes textiles
au grand détriment des poiffons & même des animaux domeftiques, des hommes qui boivent l'eau
de ces RIVIÈRES & de ces ÉTANGS. *Voyez* ces
mots.

Des mares ou des foffés creufés dans le but du
deffécbement des terres marécageufes, de l'écoulement des eaux pluviales, étant fouvent employés
à rouir, portent également ce nom pendant la
durée de cette opération; mais ce ne font pas encore de véritables Routoirs ou Rouiffoirs.

Ces derniers font des foffés au moins de fix
pieds de longueur & de largeur fur trois de profondeur, creufés à quelque diftance d'un cours
ou d'un amas d'eau, même près d'un puits, de
manière qu'on puiffe y conduire facilement la
quantité d'eau néceffaire.

Comme le rouiffage fe fait mieux en grande
qu'en petite maffe, on peut augmenter autant
qu'on veut ces dimenfions, excepté la profondeur qui ne doit pas furpaffer quatre pieds.

L'expofition du midi eft une circonftance defirable pour un Routoir.

Les Routoirs en fol argileux confomment moins
d'eau, mais font peut-être moins bons que ceux
en fol perméable à ce liquide.

Plufieurs Routoirs à la fuite les uns des autres,

& alimentés fucceffivement par la même eau,
font partout à defirer.

C'eft toujours un avantage que de pouvoir établir un petit courant d'eau dans un Routoir & de
le mettre à fec à volonté, mais il n'eft pas trèscommun d'en jouir.

Dans quelques cantons les Routoirs font pavés,
& leurs parois font revêtues de maçonnerie. Cette
difpendieufe conftruction a un avantage & un inconvénient : l'avantage, c'eft que la filaffe en fort
plus blanche ; l'inconvénient eft que l'opération
eft plus longue.

Les émanations des Routoirs, quand ils font
garnis, font défagréables à l'odorat & nuifibles
à la fanté; ainfi on doit, autant que faire fe peut,
les établir à quelque diftance des habitations. *Voy.*
MARAIS & HYDROGÈNE.

Les eaux les plus favorables au rouiffement font
celles qui font à la température de l'atmofphère,
& même un peu plus chaudes. Ainfi celles des
étangs font préférables à celles des rivières, &
ces dernières à celles des ruiffeaux, & encore plus
des fontaines & des puits.

Je puis dire qu'en général les Routoirs de France
font mal creufés, mal placés & mal conduits,
ce qui caufe un déchet, ou au moins une défectuofité confidérable dans le chanvre & le lin qu'on
y met, c'eft-à-dire, en réfultat, une grande perte
annuelle fur les profits de leur culture.

Il y avoit autrefois, dans quelques communes,
des Routoirs bannaux qui avoient quelques avantages tirés de leur grandeur & de la fucceffion
des opérations qui s'y faifoient, mais dont les
inconvéniens étoient fi nombreux qu'il n'eft pas
à defirer de les voir rétablir.

On doit, chaque année, enlever la terre qui
s'eft dépofée au fond des Routoirs. Cette opération fe fait au printemps, & fes produits, qui
font un excellent engrais, fe répandent fur les
terres. (Bosc.)

ROUVET. Osyris.

Arbriffeau du midi de l'Europe, qui, avec un
autre originaire du Japon, forme un genre dans la
diœcie triandrie & dans la famille des *Chalefs.* Il
eft figuré pl. 802 des *Illuftrations des genres* de Lamarck.

Culture.

Cet arbriffeau n'a aucun agrément & n'eft employé qu'à brûler : auffi n'eft-ce que dans les
écoles de botanique qu'on le cultive.

On fème fes graines dans des pots remplis de
terre à demi confiftante, pots qu'on place au printemps fur couche nue. Lorfque le plant eft levé,
on tranfporte les pots contre un mur expofé au
midi, où ils paffent tout l'été ; ils demandent
peu d'arrofemens. Aux approches des froids, ces
pots font rentrés dans l'orangerie; & au printemps

fuivant, le plant qu'ils contiennent eft repiqué feul à feul dans d'autres pots, qui font remis fur couche jufqu'à ce qu'ils foient repris. On les remet enfuite à une bonne expofition, & on les rentre dans l'orangerie comme je viens de le dire.

Je ne crois pas que cet arbriffeau puiffe fe multiplier de marcottes ou de boutures. (*Bosc.*)

ROUX-VENTS. Ce nom s'applique, dans quelques cantons, aux vents d'eft ou de nord-eft, qui, étant fecs & froids, nuifent au printemps aux cultivateurs, en empêchant les grains de germer, les bourgeons de s'épanouir, la fécondation des fleurs de s'effectuer. *Voyez* VENT & HALE.

On ne peut diminuer les défaftreux effets des Roux-vents dans la grande culture; mais dans celle des jardins, on leur oppofe avec fuccès les ABRIS & les ARROSEMENS. *Voyez* ces mots.

On appelle *lune rouffe* celle pendant laquelle les Roux-vents foufflent le plus ordinairement: c'eft celle d'avril. (*Bosc.*)

ROUX-VIEUX: efpèce de dartre qui, dans le cheval, l'âne & le mulet, fe développe entre les plis de la peau de l'encolure, fous la crinière.

On range ordinairement le Roux-vieux parmi les gales; mais comme on n'y trouve jamais des infectes de la famille des *Acarides*, il n'eft pas exact de le faire. *Voyez* GALE.

Comme les chevaux entiers qui ne fervent pas d'étalons, font le plus fouvent attaqués du Roux-vieux, on en a conclu que la réforption de la liqueur féminale étoit une des caufes de fon éruption.

Il y a différens degrés de Roux-vieux; c'eft-à-dire, que ce n'eft d'abord que quelques écailles blanches qui fe féparent de la peau, & que, fur la fin, ce font des crevaffes multipliées qui émettent une fanie âcre & fétide.

Les vétérinaires regardent le Roux-vieux comme contagieux: ainfi la première indication à donner feroit de féparer les animaux malades des fains; mais comme on voit très-communément ces derniers travailler avec les premiers fans prendre la maladie, il eft probable que ce n'eft que dans les derniers degrés, & lorfque la partie malade eft en contact immédiat avec un animal fain, qu'elle peut fe communiquer.

Un régime rafraîchiffant, accompagné de purgatifs légers & rapprochés, de fréquentes ablutions de décoction de mauve ou autre plante émolliente, dans lequel l'emploi de la broffe ne fera pas ménagé, un panfement de la main plus fréquent & plus rigoureux qu'à l'ordinaire, font les moyens les plus affurés de guérir le Roux-vieux.

Il eft affez ordinaire de voir les chevaux les plus affectés de Roux-vieux fe guérir prefque fans traitement, lorfqu'on les abandonne jour & nuit dans les pâturages fans leur demander de travail. (*Bosc.*)

ROUZELLO. C'eft, aux environs de Touloufe, le PAVOT COQUELICOT. *Voyez* ce mot.

ROXBURGH. *ROXBURGIA.*

Plante vivace de l'Inde, qui conftitue un genre dans l'octandrie monogynie.

Comme elle ne fe cultive pas dans nos jardins, je n'en dirai rien de plus. (*Bosc.*)

ROYE. *Voyez* RAIE & SILLON.

ROYÈNE. *ROYENA.*

Genre de plantes de la décandrie digynie & de la famille des *Plaqueminiers*, qui contient neuf efpèces, dont fix fe cultivent dans nos orangeries. Il eft figuré pl. 370 des *Illuftrations des genres* de Lamarck.

Efpèces.

1. La ROYÈNE à feuilles luifantes. *Royena lucida.* Linn. ♄ Du Cap de Bonne-Efpérance.

2. La ROYÈNE velue. *Royena villofa.* Linn. ♄ Du Cap de Bonne-Efpérance.

3. La ROYÈNE ambiguë. *Royena ambigua.* Vent. ♄ Du Cap de Bonne-Efpérance.

4. La ROYÈNE hériffée. *Royena hirfuta.* Linn. ♄ Du Cap de Bonne-Efpérance.

5. La ROYÈNE à feuilles en coin. *Royena cuneata.* Lam. ♄ Des Indes.

6. La ROYÈNE à feuilles glabres. *Royena glabra.* Linn. ♄ Du Cap de Bonne-Efpérance.

7. La ROYÈNE pâle. *Royena pallens.* Thunb. ♄ Du Cap de Bonne-Efpérance.

8. La ROYÈNE à feuilles étroites. *Royena anguftifolia.* Willd. ♄ Du Cap de Bonne-Efpérance.

9. La ROYÈNE à feuilles ovales. *Royena polyandra.* Linn. ♄ Du Cap de Bonne-Efpérance.

Culture.

Les efpèces qui fe cultivent en France font celles des n°s. 1, 2, 3, 4, 6, 9: toutes exigent l'orangerie ou mieux la ferre tempérée, & une terre de confiftance moyenne. On les arrofe très-peu en hiver & beaucoup en été. Ce font, en général, des arbuftes d'un beau feuillage, qui, étant perfiftant, décore les orangeries pendant l'hiver. Elles ne fleuriffent que de loin en loin. Leur multiplication a lieu, 1°. par graines, qui fe fèment auffitôt qu'elles font récoltées, dans des pots qui fe placent au printemps fur une couche à châffis, & dont le plant fe repique l'année fuivante feul à feul dans d'autres pots; 2°. par marcottes dont l'enracinement n'a ordinairement pas lieu la même année, & qu'on eft fouvent obligé de LIGATURER ou d'INCISER (*voyez* ces mots); 3°. par boutures faites au printemps fur couches & fous châffis, & qui manquent rarement, furtout celles de la pre- mière efpèce; 4°. par rejetons dont quelques-unes, principalement la fixième, donnent quelquefois, rejetons qu'on lève au printemps & qu'on plante comme les boutures. (*Bosc.*)

ROYER. C'eft établir des tranchées pour l'Ir- rigation des prairies. *Voyez* ces mots.

Royer : fynonyme de Rouir.

ROYOTER : labour à la bêche qui fe donne tous les fix à huit ans, dans quelques cantons de la Belgique, aux terres à froment. Il fe fait tantôt de la main droite, tantôt de la main gauche. *Voyez* Défoncement & Labour. (*Bosc.*)

RU : fynonyme de Ruisseau.

RUBANIER ou RUBAN D'EAU. *Sparganium.*

Genre de plantes de la monœcie triandrie & de la famille des *Typhoïdes*, dans lequel on place quatre efpèces, dont une eft extrêmement com- mune dans nos eaux ftagnantes ou peu courantes. Il eft figuré pl. 748 des *Illuftrations des genres* de Lamarck.

Efpèces.

1. Le Ruban'er à feuilles droites. *Sparganium erectum.* Linn. ♃ Indigène.

2. Le Rubanier à rameaux fimples. *Sparganium fimplex.* Smith. ♃ De l'Angleterre.

3. Le Rubanier flottant. *Sparganium natans.* Linn. ♃ Indigène.

4. Le Rubanier à feuilles étroites. *Sparganium anguftifolium.* Mich. ♃ De l'Amé- rique feptentrionale.

Culture.

Le Rubanier à feuilles droites ne croît que dans les eaux qui ont moins d'un pied de profondeur, & dont le fond eft une vafe épaiffe. Il couvre quel- quefois exclufivement des efpaces confidérables; &, quoique les cochons & même les chevaux mangent fes feuilles, elles reftent prefque toujours intactes, & on doit regretter qu'on n'en tire pas un parti utile en les coupant, au milieu de l'été, pour en faire de la litière & par fuite du fumier, ce à quoi elles font très-propres. On peut auffi les employer avec avantage pour emballer les chofes cafuelles, pour couvrir les chaumières, rembour- rer les paillaffons, les chaifes, pour fervir de couvertures aux plantes délicates pendant les gelées, pour lier les greffes, &c.

Dans l'économie de la nature, le Rubanier fert d'abord à former de la tourbe, & enfuite à éle- ver le fol des marais & à le transformer en terres fufceptibles de culture, tant par les nombreux débris qu'il y laiffe, que par la terre des allu- vions qu'il retient autour de fes racines. En con- féquence, 1°. quand il fe trouve au milieu des champs une mare qu'on veut combler, fur le bord des rivières une flaque qu'on veut faire dif-

paroître, il ne s'agit que d'y femer ou d'y planter des Rubaniers & favoir attendre; 2°. quand on veut employer cette mare ou cette flaque à pro- duire de loin en loin un engrais d'excellente qua- lité, on y fème encore ou on y plante des Ru- baniers, & tous les trois ou quatre ans on les cure pour en porter la vafe fur les terres voifines. (*Bosc.*)

RUBAT. On donne ce nom au rouleau à dépi- quer aux environs de Touloufe.

RUBENTIE. *Voyez* Olivettier.

RUBÉOLE. *Scherardia.*

Genre de plantes de la tétrandrie monogynie & de la famille des *Rubiacées*, dans lequel on compte quatre efpèces, dont deux font très-communes en France. Il eft figuré pl. 61 des *Illuftrations des genres* de Lamarck.

Obfervations.

Ce genre eft peu caractérifé; en conféquence il a été fupprimé par quelques botaniftes, & a varié dans fes efpèces felon qu'on y portoit celles des genres Gaillet & Asperule. *Voyez* ces mots.

Efpèces.

1. La Rubéole des champs. *Scherardia arvenfis.* Linn. ☉ Indigène.

2. La Rubéole des murs. *Scherardia muralis.* Linn. ☉ Indigène.

3. La Rubéole fétide. *Scherardia fœtida.* Lam. ♄ De la Calabre.

4. La Rubéole frutefcente. *Scherardia frutefcens.* Linn. ♄ De l'île de l'Af- cenfion.

Culture.

Les deux premières efpèces font fi petites, qu'à peine les remarque-t-on dans les lieux où elles croiffent. On les fème en place, au printemps, dans les écoles de botanique, & on ne s'en oc- cupe plus que pour les éclaircir & les farcler fi befoin eft.

La troifième eft cultivée au Jardin du Muféum de Paris. On la tient en pot pour la rentrer dans l'orangerie aux approches de l'hiver. Sa culture eft indiquée au mot Asperule de Calabre. (*Bosc.*)

RUCHE : logement des Abeilles. *Voyez* ce mot.

Ce qui eft dit à cet article fuffiroit fans doute, fi, depuis qu'il eft rédigé, il n'avoit été fait des découvertes d'une très grande importance fur les mœurs des abeilles, & fi ces découvertes n'in- fluoient pas autant fur les foins qu'on doit leur donner pour en tirer le plus grand parti poffible. Je dois donc lui donner ici un fupplément, & je fuivrai, dans fa rédaction, l'ordre employé par mon collaborateur Teffier.

Des différentes fortes d'abeilles.

Il a été prouvé par des expériences nombreufes, que j'ai vérifiées, qu'il n'y a jamais qu'une femelle libre dans les Ruches. Dès qu'il s'en préfente une feconde, elles fe battent entr'elles fans que les ouvrières fe mêlent de leur querelle, jufqu'à ce que l'une d'elles foit tuée d'un coup d'aiguillon. Il eft extrêmement rare qu'elles périffent toutes deux. Lors de l'époque des effaims, il y a plufieurs femelles deftinées à remplacer leur mère, qui doit accompagner le premier effaim; mais les ouvrières les empêchent d'un côté de fortir de l'alvéole où elles ont été élevées, jufqu'à l'inftant de l'effaimage, &, de l'autre, s'oppofent à ce que leur mère vienne les tuer à travers le trou pratiqué dans leur alvéole.

Les femelles s'accouplent toujours dans l'air, & moins de vingt-deux jours après leur naiffance. Celles qui s'accouplent plus tard ne pondent plus que des mâles, & périffent à la fin de la faifon. C'eft pour affurer la réuffite de ces accouplemens, qui n'ont lieu que dans les beaux jours, & de onze heures à deux, que les mâles ou bourdons font fi nombreux dans chaque Ruche.

Les mulets font aujourd'hui, d'après les obfervations de M. Huber, généralement regardés comme des femelles dont les organes de la génération ont été oblitérés pour avoir été logées, dès leur première enfance, dans une alvéole trop étroite, & pour avoir reçu une nourriture peu fubftantielle. Cela eft fi certain que, lorfqu'on enlève la femelle mère à une Ruche, les ouvrières s'en procurent de fuite une autre en agrandiffant l'alvéole dans laquelle il y a un œuf ou une larve d'ouvrière de moins de trois jours, & en nourriffant cette larve avec la bouillie dite royale. Si elles prenoient une larve de plus de trois jours, la femelle qui en réfulteroit, acquerroit également la groffeur des femelles ordinaires; mais elle ne feroit fufceptible de pondre que des œufs de mâle, parce que fon organifation auroit déjà été dérangée.

Par contre, les ouvrières qui fe trouvent placées près des grandes alvéoles, fpécialement conftruites pour les femelles, ayant pu profiter de quelques parcelles de bouillie royale, prennent affez de confiftance pour, quoique reftées petites, pouvoir être fécondées & pondre des œufs de mâles : ce font les petites femelles de Réaumur & autres écrivains.

M. Huber nous a dernièrement appris qu'il y avoit deux fortes d'ouvrières, les unes deftinées à aller récolter le miel & le pollen fur les fleurs, les autres à refter dans la Ruche pour travailler à la fabrication des rayons & à l'éducation des petits. Il paroît que ces dernières font celles qui font forties de leur alvéole par un temps pluvieux, &, qui, n'ayant pu faire ufage de leurs organes immédiatement, font enfuite hors d'état de s'en fervir pour élaborer le miel, le convertir en cire, comme je le dirai plus bas; auffi ne ne fortent-elles que dans certains cas, comme pour effaimer, pour défendre les Ruches, &c.

La ponte de la femelle paroît jufqu'à un certain point volontaire, puifqu'elle peut l'augmenter lorfque le temps devient chaud, & la reftreindre lorfqu'il devient froid, lorfqu'il devient fec, enfin dans toutes les circonftances où le miel & le pollen diminuent dans la campagne.

Des effaims.

Malgré les découvertes faites depuis quelques années, on n'eft pas plus en état d'expliquer la caufe de l'effaimage, que lorfque l'article ABEILLE a été rédigé : toutes les théories publiées à cet égard font dans le cas d'être contredites par les faits.

Mais aujourd'hui on doute moins qu'alors de l'utilité des effaims artificiels, non feulement, comme le dit mon collaborateur Teffier, parce qu'on évite par leur moyen les pertes qui font la fuite de l'effaimage naturel, mais parce que, n'étant pas fujets aux variations des faifons, on les obtient, certaines années, un mois, & généralement quinze jours avant les naturels; ce qui eft un avantage immenfe, puifque c'eft de leur précocité que dépend la force qu'aura la Ruche aux approches de l'hiver, & que les Ruches les plus fortes font celles qui craignent le moins cette faifon, qui donnent les récoltes les plus abondantes, & qui fourniffent le plus d'effaims.

Aujourd'hui on n'emploie plus que deux moyens pour faire des effaims artificiels, celui par le renverfement de la Ruche pleine & le placement d'une Ruche vide fur fa bafe; celui de M. de Gelieu, un peu amélioré par moi, ou mieux par Huber.

Travail des abeilles hors de la Ruche.

La reffemblance de la propolis avec la réfine qui fuinte des boutons du peuplier a fait croire que c'étoit cette réfine même, fans faire attention qu'il eft de vaftes étendues de pays où il n'y a pas de peupliers, & où cependant les abeilles récoltent de la propolis. On trouve dans les Mémoires de l'Académie de Turin, des obfervations rigoureufes qui conftatent que ce font les fleurs des chicoracées, comme celles du piffenlit, de la laitue, du laitron, &c. qui le fourniffent, mais feulement pendant la grande chaleur du jour; or, il n'eft pas de pays, tel circonfcrit qu'il foit, où il ne fe trouve abondamment des plantes de cette famille.

Le doute émis par mon collaborateur Teffier, fur l'origine de la cire, a été, depuis la rédaction

de

de son article, complétement confirmé par M. Huber. Il s'est assuré par des expériences positives, expériences que j'ai vérifiées en présence de la Société d'Agriculture de Versailles, que la cire étoit le résultat de la digestion du miel par les abeilles, ou mieux une altération du miel dans un des estomacs des abeilles. Lui & moi avons obtenu cette conviction, en tenant des abeilles enfermées pendant quelque temps dans une Ruche qu'on changeoit deux à trois fois, pour qu'on ne pût pas dire qu'elles avoient, comme quand elles essaiment naturellement, une provision de cire dans leur estomac, & non-seulement en les nourrissant exclusivement de miel, mais encore en les nourrissant exclusivement de sucre raffiné, dans lequel on ne pouvoit pas soupçonner un atome de cire.

On doit donc aujourd'hui regarder comme certain que le pollen que récoltent les abeilles est employé à la nourriture de leurs larves.

M. Huber pense que les abeilles ont un estomac pour digérer le miel qu'elles mangent pour leur nourriture, différent du réservoir où entre celui qu'elles desirent transformer en cire. Ce n'est pas par la bouche, sous forme liquide, comme l'a cru Réaumur, que la cire sort de leur corps, mais par des organes placés sous le second & le troisième anneau de leur ventre, & sous forme solide.

Il est reconnu que le miel, tel qu'il est dans les alvéoles, diffère extrêmement peu de celui pris directement dans le nectaire des fleurs; & en effet, il ne reste dans l'estomac des ouvrières que le temps nécessaire pour son accumulation, son transport à la Ruche, son dégorgement dans les alvéoles; aussi toutes les fois qu'une sorte de fleur domine & qu'elle a un miel de saveur particulière, cette saveur se retrouve dans le miel de la Ruche.

C'est à la fleur d'orange que le miel de Cuba, des îles Baléares, de Malte, &c., doit d'être aussi bon; c'est à celle du romarin que celui de Narbonne doit sa supériorité, à celle du sarrasin que celui de Bretagne doit son infériorité.

J'observe ici, quoique j'eusse pu le faire aussi bien plus loin, que les miels blancs sont renfermés dans des alvéoles dont la cire ne peut être blanchie, & que plus les miels sont colorés, & plus la cire, qu'ils ont servi à former, est recherchée par les fabricateurs de bougie.

Travaux des abeilles dans l'intérieur de leur Ruche.

On doit encore à M. Huber de très-intéressantes observations sur la construction des alvéoles, sur la ponte de la femelle, &c.; mais comme leur résultat n'influe en rien sur la conduite des abeilles, ce que mon collaborateur Tessier a rédigé suffit aux cultivateurs.

Agriculture. Tome VI.

Ennemis des abeilles.

Il est aujourd'hui certain que les véritables pillages d'une Ruche par les abeilles d'une autre, c'est-à-dire, précédés d'un combat, sont extrêmement rares, s'ils ont jamais lieu. Je déclare pour mon compte que, quoique possédant des abeilles depuis plus de trente ans, je n'en ai jamais vu de tels, mais fréquemment des pillages à la suite de la mort d'une femelle; pillages auxquels concourent les abeilles de la Ruche pillée, & à la faveur desquels elles sont reçues dans les autres Ruches pourvues de femelles. Loin de se plaindre de ces pillages, les propriétaires doivent s'en réjouir, puisque par-là ils conservent leurs abeilles & une partie du miel qu'elles auroient consommé avant de mourir.

M. Tessier ne met pas au nombre des ennemis des abeilles le PHILANTHE APIVORE, parce qu'il n'étoit pas connu lorsqu'il a rédigé son article. *Voyez* ce mot.

Il a oublié le PIC-VERT, qui, pendant l'hiver, cause quelquefois de grands ravages dans les Ruches. *Voyez* le *Dictionnaire d'Ornithologie.*

Le plus dangereux ennemi des abeilles est certainement la fausse-teigne, qui comprend deux espèces, appelées GALERIE DE LA CIRE & GALERIE ALVÉOLAIRE par Fabricius. *Voyez* ce mot.

Maladies des abeilles.

Je n'ai rien à ajouter à ce paragraphe.

Manière de nourrir & de soigner les abeilles.

Un moyen facile & sans inconvéniens de donner du miel aux abeilles qui en manquent, c'est de le mettre, recouvert d'une toile claire, sur une assiette qu'on élève, jusqu'à ce que le rayon le plus long le touche. Quand on se contente de mettre l'assiette sur le tablier, même dans l'intérieur, les abeilles n'y viennent que lorsque la température est assez douce pour les engager à sortir, & elles meurent quelquefois de faim pendant les grands froids.

Voyages des abeilles.

Je ne puis qu'appuyer ce que dit mon collaborateur Tessier en faveur de l'usage de faire voyager les abeilles. C'est surtout sur le bord des rivières navigables & dans les pays de montagnes qu'il est avantageux de suivre ses avis.

Soins des abeilles pendant tous les mois de l'année.

Manière de transvaser les Ruches.

Je ne puis rien ajouter à ce que contiennent ces deux paragraphes.

Des ruchers.

L'expérience a prouvé que les abeilles prospéroient mieux lorsque les Ruches étoient en plein air, & seulement recouvertes d'un surtout, que lorsqu'elles étoient dans un rucher, dont le seul avantage est de conserver plus long-temps les Ruches.

Des Ruches.

La Ruche écossaise, figurée avec les détails nécessaires, pl. 37 de l'*Art aratoire*, faisant partie de l'*Encyclopédie méthodique*, les Ruches de M. Palteau, de M. Boisjugan, de M. Ducarne de Blangy, &c., sont du nombre de celles qu'on appelle *à hausses*. On les a beaucoup préconisées, surtout sous le rapport de la facilité d'en faire la récolte sans nuire aux abeilles; cependant, quoique beaucoup de propriétaires éclairés en aient fait usage, nulle part elles sont devenues usuelles. Le vrai est que, 1°. dans celles à deux hausses, comme la Ruche écossaise, il ne reste ordinairement pas assez de miel, quand on a enlevé la supérieure, pour la nourriture des abeilles jusqu'à la récolte prochaine, si on fait cet enlèvement avant l'hiver, & qu'on y trouve peu de miel, si on ne l'exécute qu'au printemps; 2°. dans celles à trois, & encore plus dans celles à quatre ou un plus grand nombre de hausses, le miel, d'un côté, est plus mauvais, soit à raison de son ancienneté, soit à raison de ce qu'il est mêlé avec les débris des larves qui ont été précédemment placées dans les mêmes alvéoles; de l'autre côté il est moins abondant, parce que ces mêmes débris ont rétréci la capacité des alvéoles.

M. Lombard a paré aux inconvéniens de ces Ruches dans la composition de la sienne, qu'il appelle *Ruche villageoise*, mais qui réellement n'est que la Ruche écossaise, dont la hausse supérieure a été diminuée des trois quarts en hauteur, & a changé de forme & de destination.

Voici la description abrégée de cette Ruche.

Le corps de la Ruche a quinze pouces d'élévation, & est composé de dix-sept à dix-neuf rouleaux de paille de neuf à dix lignes de grosseur, liés entr'eux, de pouce en pouce, par de l'osier refendu; le tout forme un cylindre creux d'un pied de diamètre.

Au-dessus du dernier rouleau se trouve fixé un plancher fait avec des rouleaux de paille de cinq à six lignes de diamètre, disposés en spirale, & ayant un trou au centre. Les bords de ce plancher offrent dix fentes, dont cinq de trois à quatre pouces de longueur sur cinq à six lignes d'ouverture, & cinq autres moins grandes.

Sous le plancher traverse une baguette de quatre lignes d'épaisseur sur huit lignes de largeur, saillante de dix-huit lignes. D'un côté elle sert à soulever la Ruche avec les deux mains, & de l'autre elle donne la facilité d'attacher le couvercle sur la Ruche, ce couvercle ayant également une baguette en saillie, qui correspond à celle dont il vient d'être question.

Les trois premiers rouleaux du couvercle sont du même diamètre que celui de la Ruche; les autres rentrent insensiblement, de manière que ce couvercle offre un bombement de cinq pouces. Au sommet on laisse une ouverture pour y insérer un manche conique, long de dix pouces, & attaché en dessous par deux petites traverses en croix; la partie de ce manche qui est engagée dans le couvercle, est plus petite que celle qui y touche, afin d'éviter les infiltrations d'eaux pluviales.

Deux ou trois baguettes croisées, distantes de trois pouces, traversent la Ruche & servent à soutenir les rayons; on les arrache du dehors avec des tenailles, lorsqu'il s'agit de dépouiller la Ruche.

Au bas de la Ruche sont deux ouvertures opposées, d'environ deux pouces de long, sur six lignes de haut, pour la sortie des abeilles; une d'elles reste ordinairement bouchée.

Le bois est préférable à la pierre pour faire le tablier, parce que sa température est moins variable. Ce tablier est cloué sur trois pieux formant triangle, & déborde la Ruche de quatre pouces.

La Ruche est enduite d'un pourget composé de deux parties de bouse de vache & d'une de cendres, afin de la garantir des injures de l'air. On se sert de la même composition pour luter la Ruche sur le tablier, & le couvercle sur la Ruche.

Cette Ruche de M. Lombard est peu coûteuse, facile à fabriquer, & de longue durée; elle maintient la température la plus égale possible dans son intérieur, à raison de son épaisseur. Au moyen du plancher, les rayons du couvercle se joignent rarement à ceux de la Ruche, de sorte que les derniers ne sont pas brisés par l'enlèvement de ceux du premier, qui ne sont remplis que de miel, & qu'on peut laisser en partie si on le juge à propos.

Comme les couvercles doivent s'adapter successivement à plusieurs Ruches, il faut qu'ils soient, ainsi que les Ruches, rigoureusement du même diamètre.

J'observe que si la capacité de la Ruche de M. Lombard paroît petite, c'est qu'elle est calculée pour les environs de Paris, qui sont fort peu favorables aux abeilles, à raison des grandes variations de l'atmosphère & des écarts fréquens des saisons, écarts qui s'opposent à la récolte du miel par ces insectes. On pourroit augmenter cette capacité dans les pays de montagnes boisées & dans les départemens méridionaux; mais en général il est préférable en tous pays, & j'en ai l'expérience, que les Ruches soient plutôt trop petites que trop grandes; car les abeilles mettent moins de zèle à remplir une vaste capacité, & elles y éprouvent davantage les effets du froid & les ravages de la fausse-teigne.

Selon l'abondance de la récolte du miel, M. Lombard enlève, une ou deux fois par an, le couvercle de ses Ruches. Tous les trois ou quatre ans, pour renouveler les rayons & en tirer profit, il fait passer les abeilles dans une nouvelle Ruche, par la simple opération de souder pendant six mois une de ces dernières sur une ancienne, dont il a, au préalable, enlevé le couvercle. Cette opération est commandée par la multiplication des fausses-teignes, par le rétrécissement des alvéoles qui ont reçu plusieurs fois du couvain, & par la diminution du nombre de ces alvéoles, qui sont remplies de pollen incapable d'être utilisé.

On ne peut nier que la Ruche de M. Lombard soit bien conçue, & remplit aussi bien que possible son objet ; aussi a-t-elle été adoptée par un grand nombre de cultivateurs qui se louent de la facilité de son usage & de sa longue durée, lorsqu'elle est constamment tenue, au reste, sous une chemise de paille bien disposée.

Il est probable que les premiers qui voulurent étudier les mœurs des abeilles se contentèrent de placer des verres à différentes parties des Ruches, comme on le fait encore en tant de lieux ; mais les abeilles ne travaillent plus dès qu'on éclaire leurs opérations, que leur grand nombre empêcheroit, au surplus, de voir. J'ai eu aussi des Ruches vitrées, mais j'y ai bien promptement renoncé, comme étant complètement inutiles à leur objet. La seule qui puisse donner quelques résultats, c'est celle composée de deux verres écartés seulement de vingt lignes, & dans laquelle on force les abeilles à construire leurs rayons parallèlement aux verres. On lui donne ordinairement trente pouces de haut sur quinze de large ; les verres sont fixés en dehors, seulement avec de petits clous & du papier, pour pouvoir les lever à volonté & les nettoyer ; l'ouverture pour le passage des abeilles est creusée dans le tablier ; on recouvre le tout d'un surtout en bois, qui se lève pour l'observation seulement. Deux fois j'ai possédé de ces Ruches, & chaque fois je n'ai pu y conserver un essaim plus que l'année. Au reste, lorsque les verres n'étoient pas ternis par une vapeur aqueuse, ou par la cire que les abeilles y colloient pour faciliter leur marche, je pouvois assez bien observer tout ce qui s'y passoit, ou mieux ce qui s'y étoit passé ; car les abeilles cessoient leurs travaux dès que je levois le surtout.

On doit à M. Huber d'avoir imaginé une Ruche qui donne, aussi bien en verre, la connoissance de tout ce qui s'y fait, & qui n'a aucun de ses inconvéniens ; c'est celle qu'il a appelée *Ruche à feuillets* : elle est composée de douze cadres de bois de dix-huit pouces de haut & de large, & de seize lignes d'épaisseur ; cette dernière dimension rigoureusement exacte, dont les deux extérieurs sont fermés, d'un côté, par une planche, & qui tous sont réunis, soit par une corde, soit par des crochets, des clavettes, &c. La porte peut être, ou dans une des planches latérales, ce qui vaut mieux, ou dans la partie inférieure de la ligne de réunion d'un des cadres du milieu.

Lorsqu'on veut ouvrir cette Ruche vide, il ne s'agit que de délier les cordes, tourner les crochets, enlever les clavettes & écarter les cadres. On le pourra donc également, lorsqu'elle sera pleine, en déterminant les abeilles à faire leurs rayons parallèlement aux lignes de jonction, & en les empêchant de piquer. C'est dans ce but qu'il a donné rigoureusement seize lignes de largeur à chaque cadre ; car les rayons, dans leur état naturel, ayant quatorze lignes d'épaisseur, elles ne pourront en placer qu'un dans chaque cadre, & laisser une ligne de chaque côté pour le passage. Or, il a observé qu'en fixant exactement au milieu du côté supérieur d'un des cadres du centre, un petit morceau de gâteau, à l'aide de deux crochets, de deux fils de fer, &c., on détermineroit l'essaim placé dans la Ruche à construire les alvéoles nouvelles à la suite de ce morceau de gâteau, & les nouveaux rayons parallèlement à celui-ci, c'est-à-dire, un dans chaque cadre.

De plus, quand on fait entrer de la fumée de vieux linge dans la Ruche, & qu'on ferme son ouverture, les abeilles, après s'être disposées à la défense, voyant qu'il n'y a pas moyen de surmonter les obstacles, ne pensent plus qu'à couvrir la femelle de leur corps, & se mettent, ce que j'ai appelé en état de *bruissement*, c'est-à-dire, qu'elles se groupent en élevant leur ventre & agitant leurs ailes, & ne cherchent plus ni à piquer ni à s'envoler, à moins qu'on ne les y force.

Je suis certainement le premier qui ait construit, en France, des Ruches en feuillets, car c'étoit peu de jours après avoir reçu par la poste l'ouvrage de M. Huber ; elles ont fait ma consolation lorsque, proscrit par Robespierre, je vivois dans les solitudes de la forêt de Montmorency, où se trouvoient alors placées mes Ruches. J'ai pu répéter & j'ai en effet répété presque toutes ses expériences, je dirai les découvertes ; ainsi je puis en certifier & j'en certifie l'exactitude.

Mais une Ruche de douze feuillets est coûteuse à construire, difficile à manier, d'une courte durée, &c. Il en faut une plus simple aux cultivateurs, & c'est ce qui m'a déterminé à ne composer mes Ruches, pour l'usage ordinaire, que de deux boîtes de dix-huit pouces de haut, sur un pied de large & six pouces de profondeur, formées de planches de sapin d'un pouce d'épaisseur, percées chacune, dans leur partie inférieure, d'un trou d'un pouce de long, sur trois lignes de hauteur. Deux fiches de six pouces, fixées l'une au-dessus de l'autre, & écartées de six pouces, servent à assurer les rayons contre leur propre poids ou les secousses. Je détermine les essaims que j'introduis dans ces Ruches à conftruire leur premier rayon à deux lignes du plan de féparation des boîtes, & par conféquent les autres parallèlement au plan, en fixant un morceau de rayon à cette diftance. Je les fufpends à un mur, à une branche d'arbre; je les enfile à une perche portée fur deux fourches; enfin, je les place, comme à l'ordinaire, fur un tablier, & je les recouvre d'une chemife de paille.

Ces Ruches ne diffèrent de celles à la Gelieu, que parce qu'elles n'ont point de féparation intérieure, & elles ont en cela un avantage marqué fur ces dernières, dans lefquelles les abeilles font fouvent déterminées, dans les années de difette, à ne travailler que dans une des deux capacités.

M. Feburier, dans fon *Effai fur les Abeilles*, leur a donné mon nom, & a propofé de les améliorer en donnant de l'obliquité à leur côté fupérieur pour faciliter l'écoulement des eaux externes & internes.

Ces Ruches font certainement les plus avantageufes poffibles, & pour affurer la multiplication des abeilles, & pour profiter de leurs dépouilles avec le moins d'inconvénient.

Ainfi, dès que je vois fortir des mâles de la Ruche, c'eft-à-dire, quelquefois, aux environs de Paris, où les effaims naturels ne commencent ordinairement à fortir que vers la mi-mai, dès le milieu d'avril, je fépare, après les avoir enfumées, les deux parties de ma Ruche, & les réunis à deux parties vides. Les abeilles de celle de ces parties pleines où eft placée la femelle, continuent de travailler comme fi on ne l'avoit pas féparée, & ne tardent pas à remplir la partie vide, la faifon étant alors favorable; celles de la partie où il n'y a pas de femelle fe hâtent d'en faire une, & l'ont au bout de huit jours au plus tard, & quelquefois au bout de quatre; car dès qu'il y a des mâles de nés, il y a certainement des femelles en éducation; mais, je le répète, il faut avoir vu des mâles avant d'opérer.

Quel avantage n'y a-t-il pas d'avoir des effaims un mois plus tôt, furtout dans les climats où, comme celui de Paris, ils font fouvent retardés de fix femaines, fouvent totalement empêchés par l'effet des intempéries? & la perte des effaims naturels & celle du temps employé à les furveiller! Jamais les effaims artificiels faits à cette époque n'ont d'inconvéniens; ce font ceux faits en juin, & encore plus en juillet, qui affoibliffent les Ruches, qui font expofés à avoir des femelles mal conftituées, c'eft-à-dire, qui ne pondent que des mâles, & qui périffent au printemps fuivant.

Ce feul avantage devroit faire adopter parfout l'ufage de ma Ruche.

Par fon moyen un feul effaim pris dans les bois, en mars, m'avoit donné, en Caroline, vingt-une Ruches à la fin de novembre, époque où je quittai le pays, & j'ai lieu de croire avoir perdu plufieurs effaims qui font fortis naturellement en mon abfence; mais auffi quelle quantité de fleurs fe

voient dans les bois, quelle activité mettent les abeilles au travail lorfque le thermomètre marque plus de 40 degrés! Une demi-boîte vide étoit remplie le lendemain de fa jonction avec une pleine, & deux jours plus tard je pouvois la féparer de nouveau: fi j'en avois eu le temps, j'aurois pu fans doute tripler le nombre cité de mes Ruches. Quelle fortune feroit donc un cultivateur de nos colonies à fucre, où on cultive beaucoup d'orangers & autres arbres à fleurs odorantes, qui emploîroit ma méthode! Il faut, comme moi, ainfi que je l'ai déjà obfervé, avoir mangé du miel provenant des orangers, pour juger combien il eft fupérieur à celui fi vanté de Narbonne. Les gourmets le paieroient, à Paris, au poids de l'or fi on y en envoyoit habituellement.

Lorfqu'on veut faire la récolte de ma Ruche, on l'ouvre après l'avoir enfumée; les abeilles qui fe trouvent fur les deux rayons, en vue, fe hâtent de fe fauver derrière, & il eft facile, par l'étendue de miel qu'offrent ces deux rayons, de juger de la quantité totale qui fe trouve dans les autres, ces deux rayons en ayant le plus, & les autres d'autant moins qu'ils s'en éloignent davantage. On peut donc toujours n'enlever que le fuperflu, ne jamais commettre de ces erreurs qui, dans les Ruches communes, dans celles à hauffes & même dans celles de M. Lombard, caufent fi fréquemment la perte des abeilles.

Dans les bonnes années, en faifant l'opération en août, on peut toujours enlever la totalité de la cire & du miel d'une des boîtes, parce que les abeilles trouveront, pendant les mois fuivans, de quoi réparer leur perte, au moins en partie, pour peu que la faifon leur foit favorable. En Caroline, je pouvois faire cette opération prefque tous les huit jours pendant les mois d'avril, mai & juin, & enfuite deux fois par mois.

Sans doute dans les Ruches à hauffes & dans celles de M. Lombard, la récolte du miel eft plus facile que dans la mienne; mais c'eft de fi peu, que cela ne mérite pas la peine d'y faire attention. En effet, ma Ruche ouverte, & les abeilles ayant difparu, je cerne le rayon en vue avec un couteau, & fuppofé qu'il ne foit pas attaché aux fiches, je l'enlève entier; s'il eft fixé aux fiches, je le cerne autour d'elles ou je le partage en trois morceaux, & s'il y a du couvain je le laiffe attaché à ces fiches. Les abeilles alors fe fauvent derrière le fecond rayon, que je traite de même; enfin, au dernier, la plupart d'entr'elles tombent à terre & vont rejoindre la Ruche que bientôt j'ai remife en place.

Il eft cependant bon de chercher à connoître fi la femelle ne feroit pas tombée (ce qui eft facile), pour la reporter, foit feule, foit avec le groupe fous lequel elle eft cachée. Une grande feuille, une petite planche, une bêche, peuvent être employées fi on craint les piqûres, qui alors font cependant peu à redouter.

Marquer la portion non coupée eſt néceſſaire lorſqu'on ne fait pas la diſtinguer, parce que, ainſi que je l'ai déjà annoncé, il eſt bon de ne jamais laiſſer plus d'un an les rayons dans la Ruche.

Bien ſouvent, quand j'étois retiré dans la forêt de Montmorency, je régalois de miel nouveau les naturaliſtes qui venoient me voir, en apportant une de mes Ruches ſur la table, & en en prenant avec une cuiller, à différentes places, ſur les rayons en vue. C'eſt ainſi que j'ai convaincu beaucoup d'entr'eux que le miel le plus nouveau étoit le meilleur, dans l'acception générale, mais que ſa qualité dépendoit de l'eſpèce de plante dont les fleurs dominoient alors. *Voyez* MIEL.

On peut donc, avec ma Ruche, faire la récolte du miel à toutes les époques de l'année, même pendant la force de la ponte de la femelle, ce qu'il ſeroit très-dangereux de tenter avec toutes les autres, celle de M. Lombard exceptée.

Ma Ruche a encore un autre avantage dont j'ai peu cherché à profiter, mais dont j'ai cependant acquis la certitude par des expériences multipliées, ſurtout en Amérique; c'eſt qu'il eſt facile d'y forcer les abeilles à travailler en cire plutôt qu'en miel, ce qui n'eſt poſſible dans aucune autre. Pour cela on rend ſuſceptibles d'être facilement enlevées les deux planches des côtés. Le rayon le plus voiſin de chacune de ces planches eſt conſtamment celui où il y a le moins de miel & de couvain; ainſi lorſque la Ruche eſt pleine, bien peuplée, & que les fleurs ſont abondantes, on peut l'enlever ſans inconvénient & renouveler cet enlèvement, de même ſans inconvénient, auſſi ſouvent qu'il eſt refait. Dans la forêt de Montmorency, extrêmement avantageuſe pour les abeilles, j'ai pu l'ôter juſqu'à trois fois par mois dans le fort de la ſaiſon. En Amérique, j'aurois pu le faire deux fois par jour. Quelle augmentation de produit, puiſque, lorſque le miel vaut 15 ſous la livre, la cire ſe vend 3 francs, c'eſt-à-dire, trois fois plus!

J'invite donc les cultivateurs à faire emploi de ma Ruche, & s'ils ſont dans un climat chaud & dans un pays abondant en fleurs, à ſpéculer principalement ſur la production de la cire.

Les rayons reſtant au plus un an dans ma Ruche, la fauſſe-teigne ne peut y faire de grands progrès: auſſi n'ai-je jamais eu beaucoup à m'en plaindre, & n'ai-je pas toujours trouvé à en donner les inſectes parfaits aux entomologiſtes qui m'en demandoient. Les alvéoles des rayons intermédiaires ne reçoivent des larves d'abeilles que pendant le même eſpace de temps: ainſi elles ne ſont pas ſenſiblement rétrécies, & ne communiquent pas un mauvais goût au miel, qui peut y être mis en automne; & celles du haut n'en reçoivent preſque jamais. Autres mérites encore bons à noter.

Achat des Ruches.

Mon collaborateur Teſſier n'inſiſte pas aſſez, dans ce paragraphe, ſur l'examen des Ruches, relativement à la fauſſe-teigne, dont l'abondance diminue ſi conſidérablement la valeur des Ruches.

En général il vaut toujours mieux, quand on veut monter un rucher, acheter des eſſaims que des vieilles Ruches. (*Bosc.*)

RUCHOTTER: terme employé dans la ci-devant Belgique pour indiquer un labour annuel en billons très-profonds, dont l'objet eſt de changer de place en huit ans, alternativement à droite & à gauche, la terre d'un champ. Cette manière de faire les labours n'a pas, ou au moins ne paroît pas avoir d'avantages réels, lorſque d'ailleurs ceux ordinaires ſont exécutés avec les précautions convenables; car à quoi ſert à la végétation que telle molécule de terre ſoit ici ou ſoit là? C'eſt ſeulement à une grande diviſion de la terre que doivent tendre les LABOURS. *Voyez* ce mot.

RUDBÈQUE. *RUDBECKIA.*

Genre de plantes de la ſyngéneſie fruſtranée & de la famille des *Corymbifères*, dans lequel ſe rangent douze eſpèces, dont la plupart ſe cultivent dans nos écoles de botanique & même dans nos jardins d'agrément. Il eſt figuré pl. 705 des *Illuſtrations des genres* de Lamarck.

Eſpèces.

1. La RUDBÈQUE laciniée.
Rudbeckia laciniata. Linn. 4 De l'Amérique ſeptentrionale.

2. La RUDBÈQUE à feuilles ailées.
Rudbeckia pinnata. Mich. 4 De l'Amérique ſeptentrionale.

3. La RUDBÈQUE digitée.
Rudbeckia digitata. Ait. 4 De l'Amérique ſeptentrionale.

4. La RUDBÈQUE trilobée.
Rudbeckia triloba. Linn. ♂ De l'Amérique ſeptentrionale.

5. La RUDBÈQUE purpurine.
Rudbeckia purpurea. Linn. 4 De l'Amérique ſeptentrionale.

6. La RUDBÈQUE amplexicaule.
Rudbeckia amplexicaulis. Boſc. ♂ De l'Amérique ſeptentrionale.

7. La RUDBÈQUE hériſſée, vulgairement obéliſcaire.
Rudbeckia hirta. Linn. 4 De l'Amérique ſeptentrionale.

8. La RUDBÈQUE luiſante.
Rudbeckia fulgida. Ait. 4 De l'Amérique ſeptentrionale.

9. La RUDBÈQUE à feuilles oppoſées.
Rudbeckia oppoſitifolia. Linn. 4 De l'Amérique ſeptentrionale.

10. La RUDBÈQUE à feuilles étroites.
Rudbeckia anguſtifolia. Linn. 4 De l'Amérique ſeptentrionale.

11. La RUDBÈQUE fpatulée.
Rudbeckia fpathulata. Mich. ♃ De l'Amérique feptentrionale.

12. La RUDBÈQUE à tige nue.
Rudbeckia nudicaulis. Perf. ♃ Du Bréfil.

Culture.

Les deux dernières font les feules qui ne fe voient pas dans nos jardins.

Toutes les Rudbèques aiment les terres à demi confiftantes & les expofitions chaudes : elles craignent une humidité permanente, mais fort peu les froids ordinaires de nos hivers ; elles fe font remarquer par leur grandeur & par la belle couleur de leur fleurs, plus que par leur élégance. La purpurine eft la plus digne d'être cultivée pour l'ornement ; mais auffi c'eft la plus délicate & la plus difficile à multiplier. La plus commune dans nos jardins payfagers eft la première, qu'on place dans les corbeilles, à quelque diftance des maffifs, au pied des fabriques, le long des allées, &c.

La multiplication des Rudbèques a lieu, 1°. par le femis de leurs graines, qui, excepté celles de la cinquième, mûriffent fort bien dans le climat de Paris ; 2°. par le déchirement des vieux pieds ; 3°. par boutures.

Les graines fe fèment au printemps pour les vivaces, & en automne pour les bifannuelles, dans des pots remplis de terre moitié de bruyère & moitié franche, qu'on place fur couche nue. Lorfque le plant qui en eft provenu a acquis trois à quatre feuilles, outre les féminales, on le repique en pleine terre, ou en pépinière, ou dans le lieu où il doit définitivement refter.

Les pieds des bifannuelles font laiffés dans des pots pour pouvoir les rentrer l'hiver dans l'orangerie.

Le déchirement des vieux pieds a lieu en hiver : il ne réuffit pas également bien pour toutes, principalement pour la cinquième. Les œilletons qui en proviennent fe plantent en pépinière ou en place, felon qu'on le juge à propos.

Les boutures fe font en été, dans des pots fur couche à châffis ; elles prennent généralement racine avec promptitude. On peut les repiquer en pleine terre dès la même année ; mais il eft prudent, furtout pour la cinquième, de ne le faire qu'au printemps fuivant.

La culture des pieds adultes fe réduit à des binages de propreté & à couper les tiges aux approches des froids.

Quand on fème les bifannuelles au printemps, elles fleuriffent la même année & ne donnent pas d'auffi beaux pieds. (*Bosc.*)

RUDOLPHE. *RUDOLPHIA.*

Genre des plantes de la diadelphie décandrie & de la famille des *Légumineufes*, qui réunit quatre

efpèces, dont aucune n'eft cultivée dans nos jardins. Il faifoit partie des érythrines de Linnæus ; il a été réuni aux BUTÉES par Perfoon. Je le confidère ici comme ce dernier botanifte, le genre BUTÉE n'ayant pas été rappelé à la lettre B.

Efpèces.

1. La RUDOLPHE touffue.
Rudolphia denfa. Roxb. ♄ Des Indes.

2. La RUDOLPHE élégante.
Rudolphia fuperba. Roxb. ♄ Des Indes.

3. La RUDOLPHE grimpante.
Rudolphia fcandens. Willd. ♄ Du Bréfil.

4. La RUDOLPHE peltée.
Rudolphia peltata. Willden. ♄ de Saint-Domingue. (*Bosc.*)

RUE. *RUTA.*

Genre de plantes de la décandrie monogynie & de la famille de fon nom, dans lequel on a réuni onze efpèces, la plupart originaires du midi de l'Europe, dont une eft très-connue à raifon de fes propriétés médicinales, & dont plufieurs fe cultivent dans nos écoles de botanique. Il eft figuré pl. 345 des *Illuftrations des genres* de Lamarck.

Efpèces.

1. La RUE fétide.
Ruta graveolens. Linn. ♄ Du midi de la France.

2. La RUE des montagnes.
Ruta montana. Linn. ♄ De l'Efpagne.

3. La RUE à feuilles étroites.
Ruta anguftifolia. Morif. ♄ Du midi de la France.

4. La RUE d'Orient.
Ruta chalepenfis. Linn. ♄ De l'Orient.

5. La RUE de Padoue.
Ruta patavina. Linn. ♃ De l'Italie.

6. La RUE à feuilles de lin.
Ruta linifolia. Linn. ♃ De l'Efpagne.

7. La RUE de Buxbaume.
Ruta Buxbaumii. Lam. Des côtes de la Barbarie.

8. La RUE frutefcente.
Ruta fruticulofa. Labill. ♄ De la Syrie.

9. La RUE tuberculée.
Ruta tuberculata. Forsk. De l'Arabie.

10. La RUE ailée.
Ruta pinnata. Linn. ♄ Des Canaries.

11. La RUE à feuilles de romarin.
Ruta rofmarinifolia. Perf. ♃ De l'Efpagne.

Culture.

Les efpèces indiquées aux n°s. 1, 2, 3, 4, 6 & 10 fe cultivent dans nos jardins ; les trois premières en pleine terre, & les autres en pot pour pouvoir les rentrer dans l'orangerie aux approches de l'hiver.

C'eft dans les terrains les plus fecs & aux expofitions les plus chaudes, que fe place la première efpèce, qui eft la plus généralement cultivée. La forme arrondie de fes touffes, la permanence & la couleur de fon feuillage, la rendent propre à fervir à l'ornement des parterres & des jardins payfagers. Les grands froids & les longues pluies nuifent fouvent à fes tiges; mais fes racines en font rarement affectées, & il fuffit de couper les premières pour que le mal foit réparé à la fin de la feconde année. Ce n'eft point prévenir le mal que de couvrir les pieds avec de la fougère ou des feuilles fèches, parce que ces matières occafionnent la pourriture des feuilles & des jeunes rameaux, pourriture qui eft également la fuite de la gelée. On la multiplie de graines, dont elle donne abondamment dans les années favorables, graines qui fe difféminent fouvent d'elles-mêmes, & qu'en bonne culture on doit préférer femer dans des pots fur couche nue, afin d'avoir des pieds plus forts, & par conféquent plus propres à braver les froids de l'hiver. Beaucoup de cultivateurs laiffent ces pieds en pot jufqu'au printemps de l'année fuivante, pour pouvoir les rentrer dans l'orangerie, & ils font bien.

Ce n'eft qu'à la quatrième année que ces pieds font propres à figurer avantageufement dans les jardins. Ces vieux pieds ne demandent d'autre culture que des farclages de propreté & la fuppreffion de leurs tiges mortes. Couper toutes les tiges rez terre, tous les cinq à fix ans, eft auffi une opération avantageufe.

Les efpèces d'orangerie fe conduifent comme les plants de celle-ci, & fe multiplient également de graines femées fur couche nue. (*Bosc.*)

RUE DE CHÈVRE. *Voyez* GALÉGA.

RUE DE MURAILLE. C'eft une efpèce d'ADIANTE.

RUE DES PRÉS. On appelle vulgairement ainfi le PIGAMON.

RUELLIE. *Ruellia.*

Genre de plantes de la didynamie angiofpermie & de la famille des *Acanthoïdes*, qui réunit plus de foixante efpèces, dont plufieurs fe cultivent dans nos jardins. Il eft figuré pl. 550 des *Illuftrations des genres* de Lamarck. Quelques botaniftes l'ont appelé CRUSTOL en françois.

Efpèces.

1. La RUELLIE pyramidale.
Ruellia blechum. Linn. ⚥ De la Jamaïque.

2. La RUELLIE en épi.
Ruellia blechioides. Swartz. ♄ De la Jamaïque.

3. La RUELLIE bruyante.
Ruellia ftrepens. Linn. ⚥ De l'Amérique feptentrionale.

4. La RUELLIE à feuilles ovales.
Ruellia ovata. Cavan. ⚥ Du Mexique.

5. La RUELLIE à feuilles étroites.
Ruellia anguftifolia. Swartz. De l'Amérique méridionale.

6. La RUELLIE étalée.
Ruellia patula. Jacq. ♄ Des Indes.

7. La RUELLIE à feuilles d'anferine.
Ruellia chenopodifolia. Lam. De la Guadeloupe.

8. La RUELLIE pâle.
Ruellia pallida. Vahl. De l'Arabie.

9. La RUELLIE ventrue.
Ruellia ventricofa. Lam. ♄ De Cayenne.

10. La RUELLIE à fleurs rouges.
Ruellia rubra. Aubl. ♄ De Cayenne.

11. La RUELLIE violette.
Ruellia violacea. Aubl. ♄ De Cayenne.

12. La RUELLIE à grandes fleurs.
Ruellia grandiflora. Lam. De la Guadeloupe.

13. La RUELLIE de Madère.
Ruellia maderenfis. Lam. ♄ De Madère.

14. La RUELLIE blanche.
Ruellia lactea. Cavan. ⚥ Du Mexique.

15. La RUELLIE clandeftine.
Ruellia clandeftina. Linn. ⚥ De l'Amérique méridionale.

16. La RUELLIE à grandes feuilles.
Ruellia macrophylla. Vahl. De l'Amérique méridionale.

17. La RUELLIE mouchetée.
Ruellia guttata. Forsk. ♄ De l'Arabie.

18. La RUELLIE imbriquée.
Ruellia imbricata. Forsk. ♄ De l'Arabie.

19. La RUELLIE ariftée.
Ruellia ariftata. Vahl. ♄ De l'Arabie.

20. La RUELLIE en voûte.
Ruellia intrufa. Forsk. ⚥ De l'Arabie.

21. La RUELLIE paniculée.
Ruellia paniculata. Linn. ⚥ De l'Amérique méridionale.

22. La RUELLIE tubéreufe.
Ruellia tuberofa. Linn. ⚥ De la Jamaïque.

23. La RUELLIE à deux fleurs.
Ruellia biflora. Linn. ⚥ De l'Amérique feptentrionale.

24. La RUELLIE crépue.
Ruellia crifpa. Linn. ⚥ Des Indes.

25. La RUELLIE fafciculée.
Ruellia fafciculata. Vahl. De Ceylan.

26. La RUELLIE à feuilles molles.
Ruellia molliffima. Vahl. De Madagafcar.

27. La RUELLIE ondulée.
Ruellia undulata. Vahl. Des Indes.

28. La RUELLIE à collerette.
Ruellia involucrata. Vahl. ⚥ Des Indes.

29. La RUELLIE finuée.
Ruellia repanda. Linn. ☉ Des Indes.

30. La RUELLIE en mafque.
Ruellia ringens. Linn. Des Indes.
31. La RUELLIE rampante.
Ruellia repens. Linn. Des Indes.
32. La RUELLIE couchée.
Ruellia depreffa. Linn. Du Cap de Bonne-Efpérance.
33. La RUELLIE à fleurs écarlates.
Ruellia coccinea. Vahl. De l'Amérique méridionale.
34. La RUELLIE des marais.
Ruellia uliginofa. Des Indes.
35. La RUELLIE en cœur.
Ruellia cordifolia. Vahl. Des Indes.
36. La RUELLIE à fleurs unilatérales.
Ruellia fecunda. Vahl. Des Indes.
37. La RUELLIE du Japon.
Ruellia japonica. Du Japon.
38. La RUELLIE queue-de-renard.
Ruellia alopecuroides. Vahl. De l'Amérique méridionale.
39. La RUELLIE barbue.
Ruellia barbata. Vahl. Des Indes.
40. La RUELLIE à feuilles de faule.
Ruellia falicifolia. Vahl. Des Indes.
41. La RUELLIE odorante.
Ruellia balfamea. Linn. ⊙ Des Indes.
42. La RUELLIE à longues fleurs.
Ruellia longiflora. Vahl. ♄ De l'Arabie.
43. La RUELLIE irrégulière.
Ruellia difformis. Linn. Des Indes.
44. La RUELLIE radicante.
Ruellia humiftrata. Mich. De l'Amérique feptentrionale.
45. La RUELLIE à feuilles oblongues.
Ruellia oblongifolia. Mich. De l'Amérique feptentrionale.
46. La RUELLIE tentaculée.
Ruellia tentaculata. Linn. Des Indes.
47. La RUELLIE couchée.
Ruellia proftrata. Lam. Des Indes.
48. La RUELLIE des rochers.
Ruellia rupeftris. Swartz. ♃ De l'Amérique méridionale.
49. La RUELLIE pileufe.
Ruellia pilofa. Linn. Du Cap de Bonne-Efpérance.
50. La RUELLIE à feuilles rudes.
Ruellia fcabrofa. Swartz. De l'Amérique méridionale.
51. La RUELLIE variable.
Ruellia variabilis. Vent. ♄ Des Indes.
52. La RUELLIE à petites feuilles.
Ruellia parvifolia. Lam. ♄ Des Indes.
53. La RUELLIE fuave.
Ruellia fragrans. Forft. Des îles de la mer du Sud.
54. La RUELLIE d'Otahiti.
Ruellia reptans. Forft. Des îles de la mer du Sud.

55. La RUELLIE auftrale.
Ruellia auftralis. Cavan. De la Nouvelle-Hollande.
56. La RUELLIE épineufe.
Ruellia fpinefcens. Thunb. Du Cap de Bonne-Efpérance.
57. La RUELLIE fétigère.
Ruellia fetigera. Thunb. Du Cap de Bonne-Efpérance.
58. La RUELLIE douce.
Ruellia dulcis. Cavan. Du Chili.
59. La RUELLIE à feuilles de bafilic.
Ruellia occimoides. Orteg. ♃ Du Mexique.
60. La RUELLIE microphylle.
Ruellia microphylla. Cavan. Du Mexique.
61. La RUELLIE à tiges rouges.
Ruellia rubricaulis. Cavan. Du Mexique.
62. La RUELLIE à feuilles ovales.
Ruellia ovata. Cavan. Du Mexique.
63. La RUELLIE jaune.
Ruellia flava. Perf. Des Indes.
64. La RUELLIE humifufe.
Ruellia humifufa. Perf. Des îles de la mer des Indes.
65. La RUELLIE à feuilles alongées.
Ruellia elongata. Beauv. De l'Afrique.
66. La RUELLIE oblique.
Ruellia obliqua. Perf. Des Indes.
67. La RUELLIE bleue.
Ruellia varians. Vent. ♄ Des Indes.

Culture.

Les efpèces que nous cultivons font celles des n°ˢ. 1, 3, 6, 14, 15, 22, 23, 57, 60 & 65; mais j'en ai pu voir plufieurs autres dans les jardins du Muféum d'Hiftoire naturelle, de Cels, dans les pépinières de Verfailles, &c., qui ne s'y font pas confervées. Ce font, en général, des plantes de peu d'agrément, quoique quelquesunes aient d'affez grandes fleurs, & que d'autres, comme la dernière, foient conftamment en fleurs.

Toutes ces efpèces demandent la ferre chaude, & la plupart pendant fix à huit mois. Une terre confiftante eft celle qui leur convient le mieux. On doit leur donner de fréquens arrofemens lorfqu'elles font en végétation, époque où elles veulent beaucoup d'air & de lumière.

C'eft ordinairement de graines qu'on les multiplie, la plupart en donnant de bonnes dans nos climats; mais on peut auffi multiplier les frutefcentes par boutures, & les herbacées par déchirement des vieux pieds.

Les graines fe fèment dans des pots, qu'au printemps on place fur couche à châffis, & le plant qui en provient eft féparé l'année fuivante.

Les boutures & les réfultats des déchiremens fe font à la même époque & fe placent de même.

Il eft fréquent que les plants provenant de ces deux derniers moyens fleuriffent la même année.

Quelques-unes

Quelques-unes de ces plantes étant toute l'année en végétation, veulent être mises dans de grands pots ou souvent changées de pots : la dernière est principalement dans ce cas. (*Bosc.*)

RUISSEAU : foible courant d'eau provenant le plus souvent d'une source, mais sortant quelquefois d'une rivière, d'un étang, d'une mare, &c.

Un Ruisseau peut toujours être considéré comme une rivière en petit, puisqu'il n'y a que le volume d'eau qui les distingue, & que toute rivière l'a été à sa source.

C'est généralement un avantage pour un cultivateur d'avoir un ou plusieurs Ruisseaux sur sa propriété, parce que, lors même qu'il ne pourroit pas ou ne voudroit pas en tirer parti pour former un étang, pour construire un moulin, pour arroser ses prairies, il y trouve au moins l'eau nécessaire à la boisson de ses bestiaux, au blanchissage de son linge, &c. &c.

Souvent, surtout dans les pays de montagnes, les plus petits Ruisseaux sont peuplés d'écrevisses, de loches, de chevannes, de vairons, de lottes & de truites, tous poissons d'un excellent goût, qui augmentent leur importance pour leur propriétaire lorsqu'il peut s'en réserver la pêche exclusive, conformément à ses droits.

Un paysage est toujours embelli par un Ruisseau, surtout lorsque ses bords sont plantés de SAULES ou d'AUNES, ou de FRÊNES. *Voyez* ces mots.

Les jardins paysagers tirent de grands agrémens des Ruisseaux qui les traversent, tantôt en tombant en cascades de quelque point élevé, tantôt en serpentant dans des prairies émaillées de fleurs, dans de sombres bosquets, tantôt en se perdant sous terre pour reparoître plus loin en forme de fontaine, &c.; des ponts de plusieurs sortes les traversent, des fabriques véritables ou simulées les accompagnent. Entre les mains d'un compositeur habile, ils changent d'aspect à chaque pas. Il ne faut cependant pas chercher à mésuser des moyens d'agrément qu'ils offrent, car tout ce qui n'a pas un but ennuie à la longue. *Voyez* JARDIN. (*Bosc.*)

RUIZE. *Ruizia.*

On a donné ce nom à deux genres de plantes, l'un de la monadelphie polyandrie, & l'autre de la dioecie icosandrie : ce dernier a été appelé PEUMO. *Voyez* ce mot.

Les espèces du premier sont au nombre de trois, qui toutes se cultivent en Europe.

Espèces.

1. La RUIZE à feuilles en cœur, vulgairement *bois de senteur blanc.*
Ruizia cordata. Cavan. ♄ De l'Ile-Bourbon.
Agriculture. Tome VI.

2. La RUIZE variable, vulgairement *bois de senteur bleu.*
Ruizia variabilis. Jacq. ♄ De l'Ile-Bourbon.
3. La RUIZE lobée.
Ruizia lobata. Cavan. ♄ De l'Ile-Bourbon.

Culture.

Ces arbrisseaux demandent la serre chaude & une terre légère. On ne les possède pas encore en France, mais ils ont été apportés en Angleterre. Je suppose qu'ils ne se multiplient que de boutures ou de marcottes. (*Bosc.*)

RULINGIA : synonyme de TALN. *Voyez* ce mot.

RUM ou RHUM : nom anglais de l'eau-de-vie qu'on retire du sucre.

RUMINANS. Ce nom indique collectivement les animaux qui mâchent deux fois leurs alimens, & qui en conséquence offrent une modification particulière de l'organe digestif; modification dont la base est quatre estomacs, ou un estomac divisé en quatre cavités distinctes.

Les Ruminans qui intéressent les cultivateurs sont le TAUREAU, le BŒUF & la VACHE, le BELIER, le MOUTON & la BREBIS, enfin le BOUC & la CHÈVRE. *Voyez* ces mots.

Le mécanisme de la rumination intéressant peu les cultivateurs, je renverrai aux *Dictionnaires de Physiologie & de Médecine* ceux qui voudront la connoître. (*Bosc.*)

RUMINATION : l'action de ruminer. *Voyez* l'article précédent.

RUMPHIE. *Rumphia.*

Arbre des Indes, qui seul forme un genre dans la triandrie monogynie & dans la famille des *Térébinthes.* Il est figuré pl. 25 des *Illustrations des genres* de Lamarck.

Comme il ne se cultive pas dans nos jardins, je n'ai rien à en dire de plus. (*Bosc.*)

RUOTTE. On donne ce nom, dans la ci-devant Flandre, à des rigoles faites à la bêche entre les rangées de colza, & dont la terre est destinée à chauffer le pied de cette plante. Cette opération, outre l'avantage qui en résulte pour le colza, en faveur duquel on la fait principalement, offre encore celui de ramener à la surface & de considérablement diviser la terre, de manière que les récoltes suivantes en profitent également.

On ruotte aussi pour les pommes de terre, & on devroit le faire pour toutes les cultures qui en sont susceptibles. (*Bosc.*)

RUPALE. *Rupala.*

Genre de plantes de la tétrandrie monogynie, qui réunit deux espèces, dont aucune n'est cul-

D d

tivée dans les jardins de France. Il se rapproche des EMBOTRYONS. *Voyez* ce mot.

Espèces.

1. La RUPALE des montagnes.
Rupala montana. Willd. ♄ De Cayenne.
2. La RUPALE à feuilles sessiles.
Rupala sessilifolia. Rich. ♄ De Cayenne.
(*Bosc.*)

RUPINIE. *RUPINIA.*

Genre de plantes cryptogames, de la famille des *Algues*, qui ne renferme qu'une espèce originaire de l'Amérique méridionale.

On ne cultive pas dans nos jardins cette plante, qui ressemble à une MARCHANTIA. (*Bosc.*)

RUPPIE. *RUPPIA.*

Plante complétement aquatique, c'est-à-dire, vivant sous l'eau, qui seule forme un genre dans la tétrandrie tétragynie & dans la famille des *Fluviales.*

Cette plante, qui vit également dans les eaux douces & dans les eaux salées, ne peut se cultiver; ainsi il faut se contenter d'en apporter des pieds dans les bassins des jardins de botanique, pieds qui y subsisteront quelques mois, & qui même s'y reproduiront par le semis de leurs graines. (*Bosc.*)

RUSE. C'est le FRAGON PIQUANT.

RUSQUE. On appelle ainsi le liége dans le département du Var.

RUSSEL. *RUSSELIA.*

Nom donné par Linnæus à une plante du Cap de Bonne-Espérance, que Thunberg a depuis appelée VAHLIE. *Voyez* ce mot.

RUSTIQUE. Un arbre est appelé rustique lors-

qu'il s'accommode de toutes les sortes de terrains, lorsqu'il brave le froid & le chaud, la sécheresse & l'humidité. *Voyez* VÉGÉTATION.

RUTABAGA ou NAVET DE SUÈDE : variété de rave qui provient du Nord, & dont la culture est très-avantageuse dans le Midi pour la nourriture des bestiaux, à raison de sa précocité. De plus, elle est plus consistante & plus sucrée que la rave ou le navet, surtout quand elle est cuite. Les plus mauvais terrains lui suffisent : sa culture ne diffère pas de celle de la RAVE. *Voyez* ce mot.

D'abord on a cultivé les Rutabagas avec enthousiasme en Angleterre comme en France ; mais on y a renoncé, parce qu'ils ne produisent pas autant que les turneps, qu'ils ne se prêtent pas aussi bien qu'eux aux assolemens, que leur dureté empêche les animaux âgés de les manger.

Il ne faut pas le confondre, comme le font beaucoup de personnes, avec le chou-navet de Laponie, car il s'en distingue fort aisément à ses feuilles d'un vert-foncé, & rudes au toucher. *Voyez* CHOU. (*Bosc.*)

RUYSCHE. *RUYSCHIA.*

Genre de plantes de la pentandrie monogynie, qui renferme deux arbrisseaux sarmenteux, dont aucun n'est cultivé dans nos jardins. Il est figuré pl. 135 des *Illustrations des genres* de Lamarck.

Espèces.

1. La RUYSCHE à feuilles de clusier.
Ruyschia clusiæfolia. Jacq. ♄ De la Martinique.
2. La RUYSCHE de la Guiane.
Ruyschia souroubea. Swartz. ♄ De Cayenne.
(*Bosc.*)

RYANE. *RYANA.*

Arbre remarquable par la beauté de ses fleurs, qui a aussi été appelé PATRISIE. *Voyez* ce mot.

SAAMOUNA : nom de pays du FROMAGER.

SABAL. *SABAL.*

Petit palmier de la Caroline, qui a été tantôt placé parmi les CHAMEROPS, tantôt parmi les CORYPHES, & qu'on cultive dans quelques orangeries des enviro s de Paris. Il en a été fait mention à l'article du dernier de ces genres. (*Bosc.*)

SABDARIFA : nom fpécifique d'une KETMIE.

SABE. C'eft, felon Olivier de Serres, le moût de vin réduit à moitié, pour l'employer à l'affaifonnement des viandes. *Voyez* RAISINÉ.

SABE : fynonyme de SÈVE.

SABICE. *SCHWENKENFELDIA.*

Genre de plantes de la pentandrie monogynie & de la famille des *Rubiacées*, qui renferme trois efpèces, dont aucune n'eft cultivée dans les jardins d'Europe. Il eft figuré pl. 165 des *Illuftrations des genres* de Lamarck.

Efpèces.

1. La SABICE cendrée.
Schwenkenfeldia cinerea. Willd. ♄ De Cayenne.
2. La SABICE hériffée.
Schwenkenfeldia hirta. Willd. ♄ De la Jamaïque.
3. La SABICE rude.
Schwenkenfeldia afpera. Willd. ♄ De Cayenne.
(*Bosc.*)

SABINE : efpèce du genre GENEVRIER. *Voyez* ce nom dans le *Dictionnaire des Arbres & Arbuftes.*

SABLE. L'acception de ce mot varie : tantôt c'eft un affemblage de très-petits fragmens anguleux (quelquefois criftallifés) de pierres quartzeufes, furtout de GRÈS (*voyez* ce mot), tantôt de fragmens roulés de pierre, foit quartzeufes, foit calcaires, foit argileufes : ces derniers fragmens s'appellent cependant plus ordinairement GRAVIER. *Voyez* ce mot.

C'eft un peu plus de groffeur dans les grains qui fait diftinguer le gravier du Sable.

Prefque tous les terrains fablonneux proviennent de la décompofition des montagnes primitives ; quoiqu'eux-mêmes conftituent quelquefois entièrement des montagnes d'une grande hauteur & d'une grande longueur. Il s'en forme encore tous les jours, ainfi qu'on peut s'en affurer dans les alpes de la Suiffe & autres grandes chaînes, mais beaucoup moins qu'autrefois. *Voyez* MONTAGNE.

Le Sable, lorfqu'il eft pur & fec, eft rendu mobile par les vents, & alors il eft peu fufceptible de culture. Ces Sables s'appellent *mouvans.* Ils ne font pas très-communs ni très-étendus en France, mais ils conftituent de grandes plaines dans diverfes parties de l'Afrique. *Voyez* DUNE.

Les habitans d'Aigues-Mortes, au rapport de Decandolle, couvrent, pour les fixer, les Sables mouvans qu'ils poffèdent, de joncs qu'ils font piétiner par des moutons, & y fèment du feigle qui germe & profpère : cette pratique eft dans le cas d'être imitée.

Généralement le Sable eft plus ou moins mêlé d'argile qui lui donne quelque confiftance, qui lui permet de conferver une certaine humidité, & par conféquent de nourrir un affez grand nombre d'efpèces de plantes, & de donner des récoltes de céréales plus ou moins importantes. Cependant il eft des cantons où la couche d'argile eft à une profondeur telle, que la couche de Sable qui lui eft fuperpofée ne peut être humectée par l'eau qu'elle pompe. Je citerai, pour le premier cas, les environs de Courances, où on cultive avec tant de fuccès des choux, des oignons, des échalottes, des aulx, des melons, des potirons, des afperges, &c. ; & pour exemple du fecond, les environs de San-Lucar de Barrameda en Efpagne, où, au rapport de Lafteyrie, les Sables les plus arides en apparence, creufés jufqu'à deux pieds au-deffus des eaux du Guadalquivir, donnent trois à quatre récoltes par an.

Je traiterai de la culture des terrains où dominent ces fortes de Sables, ainfi que de celle de ceux qui font formés de fablon ou de gravier également mêlé avec de l'argile, au mot SABLONNEUX.

La TERRE DE BRUYÈRE (*voyez* ce mot) eft un compofé de Sable très-fin, mêlé uniquement avec des détritus de végétaux ; elle eft, dans la plupart des lieux où elle fe trouve, regardée comme infertile, par exemple dans les LANDES (*voyez* ce mot) ; cependant, lorfqu'elle eft tranfportée dans nos jardins, & convenablement arrofée, elle devient des plus productives.

Les Sables font fouvent colorés ; ceux qui font très-jaunes, doivent cette couleur à l'oxide du fer : ce font les moins fufceptibles de culture.

On appelle *Sables volcaniques* ceux qui font formés par la décompofition des ROCHES VOLCANIQUES : ils offrent ou une grande infertilité, ou une grande fertilité, felon qu'ils font purs & fecs, mêlés de terre végétale & humides. *Voyez* VOLCAN.

Dd ij

Lorsqu'on mêle le Sable le plus infertile avec des terres argileuses également infertiles, il devient pour elles un AMENDEMENT (*voyez* ce mot), parce qu'il divise leurs molécules & facilite par conséquent l'introduction de l'eau & des racines des plantes. Il est fâcheux que ce mélange, en proportion convenable, soit si coûteux à opérer, car ses effets sont puissans & permanens.

Il est, immédiatement sur les bords de la mer, des Sables imprégnés de sels & de matières animales & végétales en décomposition, qui, dans ce cas, agissent non-seulement comme amendement, mais encore comme ENGRAIS. (*Voyez* ce mot.) Partout où on peut se les procurer à bon compte, il ne faut pas négliger de les employer.

En semant du seigle sur les Sables les plus arides, pour le consommer pendant l'hiver ou au printemps comme fourrage, on peut les améliorer d'une manière très-rapide, ainsi que le prouvent beaucoup d'expériences positives. *Voyez* SUCCESSION DE CULTURE.

La bâtisse fait fréquemment usage du Sable pur pour le mêler avec la chaux ou avec l'argile.

Dans quelques cantons on met du Sable dans les écuries, les étables & les bergeries, en place de litière; & on le porte ensuite sur les terres argileuses, qu'il fume & amende en même temps.

En Angleterre & en Hollande, on en couvre tous les matins les escaliers & les salles basses, pour y entretenir la sécheresse & la propreté.

Il est également fort employé pour enterrer le vin en bouteilles dans les mauvaises caves, & les légumes d'hiver dans la serre; enfin, l'économie industrielle & domestique en tire un parti tel, qu'elle auroit de la peine à s'en passer. (*Bosc.*)

SABLER. On sable une allée de jardin, une cour, &c., en y apportant du SABLE ou du GRAVIER (*voyez* ces mots) : ce dernier est préféré partout où on peut s'en procurer, parce que ses grains étant plus gros, ils s'enfoncent plus difficilement dans la terre sur laquelle il repose.

On tire le sable & le gravier, ou de la terre ou des rivières; les dernières, contenant peu ou point d'argile, sont de beaucoup préférables. Le gravier de rivière est presque le seul dont on fasse usage dans les jardins & les cours de Paris.

On a deux motifs en sablant : le premier, de pouvoir se promener sans se mouiller, immédiatement après la pluie; le second, de retarder la pousse des herbes dont le sol recèle les racines ou les graines. *Voyez* ALLÉE.

Pour rendre plus durables les effets de cette opération, on commence, après avoir *dressé le terrain*, c'est-à-dire, après avoir donné à sa surface la forme desirée, par le recouvrir de pierres posées de champ les unes à côté des autres, ou de larges fragmens de pierres, ou de GRAVAS (*voyez* ce mot), & ce sont ces matières qu'on recouvre de sable ou de gravier.

Le premier de ces accessoires est le plus durable, mais le plus coûteux : le dernier, les gravas, est le plus mauvais, & cependant celui qui s'emploie le plus fréquemment.

Il y a, & il doit en effet y avoir de grandes variations dans l'épaisseur de la couche de sable ou de gravier qu'on place sur les allées ou dans les cours, puisque cette épaisseur dépend & de la cherté de la matière, & de sa bonté, & de la nature du sol, & de l'objet qu'on a en vue. Comme, lorsqu'elle est trop considérable, la marche devient plus fatigante, il vaut mieux la recharger, même tous les ans, que de lui donner d'abord toute l'épaisseur projetée.

Les allées & les cours sablées se grattent & se ratissent plus facilement que les autres. On répète ordinairement cette opération quatre fois par an; savoir : en mars ou avril, en mai ou juin, en juillet ou août, en septembre ou octobre; mais quelques propriétaires la font faire tous les quinze jours, même toutes les semaines. *Voyez* RATISSAGE.

Autrefois on recherchoit beaucoup le sable coloré pour mettre sur les allées, & on varioit sa couleur soit dans la même, soit dans plusieurs allées. Il y en a de rouges, de jaunes & de noirs, couleurs dues aux oxides de fer : le blanc est pur. Aujourd'hui on estime peu cette bigarrure. (*Bosc.*)

SABLIER. *HURA.*

Grand arbre de l'Amérique méridionale, qui seul forme un genre dans la monœcie monadelphie & dans la famille des *Euphorbiacées*. Il est figuré pl. 793 des *Illustrations des genres* de Lamarck.

Cet arbre, vulgairement appelé *pet-du-diable*, *noyer d'Amérique*, *buis-de-sable*, se cultive dans nos serres, mais il ne s'y conserve que long-temps. On le multiplie de graines tirées de son pays natal, graines qu'on sème seule à seule dans des pots remplis de terre franche, pots qui se placent dans une couche à châssis, ou mieux dans une bache à tannée. Il demande beaucoup de chaleur & des arrosemens fréquens en été. Des pots plutôt petits que grands, des changes de terre plutôt rares que fréquentes, lui sont avantageux; alors il croît rapidement. Ce n'est que dans sa jeunesse qu'il a, dans nos serres, un aspect agréable. Je ne sache pas qu'il ait jamais fleuri à Paris. (*Bosc.*)

SABLIÈRE : lieu d'où on tire du sable ou du gravier.

Presque toujours les Sablières sont à ciel ouvert, à raison des dangers de l'éboulement, lorsqu'on les exploite par galeries ou par chambres. Le grand emploi qu'on fait du sable dans la bâtisse, dans les jardins & pour l'amendement des terres, les multiplie beaucoup dans certains pays, & elles font autant de terrains perdus pour l'agriculture. Je voudrois que, pour diminuer cet inconvénient, on les approfondît autant que possible, & qu'on plantât dans leurs déblais des arbres, ou au moins des buissons propres à donner du fagotage, & sur leurs bords des arbustes grimpans, comme la VIGNE, la CLÉMATITE, le LICIET, &c. (*voyez* ces mots), dont les branches seroient dirigées contre leurs parois.

Autant que le permet sa fortune, il est d'un bon citoyen de combler les Sablières dont on ne fait plus usage, pour pouvoir les rendre à la culture.

Une vieille Sablière, tournée au midi & voisine de l'eau, est précieuse pour avoir des primeurs, établir des couches, construire une serre, parce que l'abri qu'elle offre est plus chaud que tout autre. *Voyez* SABLONNEUX. (*Bosc.*)

SABLIÈRE. *ARENARIA.*

Genre de plantes de la décandrie trigynie & de la famille des *Caryophyllées*, dans lequel se placent cinquante-quatre espèces, dont beaucoup croissent naturellement en France, & beaucoup se cultivent dans les écoles de botanique. Il est figuré pl. 378 des *Illustrations des genres* de Lamarck.

Espèces.

1. La SABLIÈRE à feuilles charnues.
Arenaria peploides. Linn. ♃ Du nord de l'Europe.

2. La SABLIÈRE à fleurs en tête.
Arenaria tetraquetra. Linn. ♃ Du midi de la France.

3. La SABLIÈRE à deux fleurs.
Arenaria biflora. Linn. ♃ du midi de la France.

4. La SABLIÈRE à fleurs latérales.
Arenaria lateriflora. Linn. ♃ De la Sibérie.

5. La SABLIÈRE à trois nervures.
Arenaria trinervia. Linn. ⊙ Indigène.

6. La SABLIÈRE à feuilles de buis.
Arenaria buxifolia. Lam. ♃ De l'Amérique septentrionale.

7. La SABLIÈRE ciliée.
Arenaria ciliota. Linn. ♃ Du midi de la France.

8. La SABLIÈRE à tiges nombreuses.
Arenaria multicaulis. Linn. ♃ Du midi de la France.

9. La SABLIÈRE à feuilles de ceraiste.
Arenaria cerastoides. Poir. ⊙ De la Barbarie.

10. La SABLIÈRE de Majorque.
Arenaria balearica. Linn. ♃ Des îles Baléares.

11. La SABLIÈRE à feuilles de serpolet.
Arenaria serpillifolia. Linn. ⊙ Indigène.

12. La SABLIÈRE à feuilles de fragon.
Arenaria ruscifolia. Lam. De.....

13. La SABLIÈRE géniculée.
Arenaria geniculata. Poir. ♃ De la Barbarie.

14. La SABLIÈRE des montagnes.
Arenaria montana. Linn. ♃ Du midi de la France.

15. La SABLIÈRE à feuilles linéaires.
Arenaria linearifolia. Poir. De l'Espagne.

16. La SABLIÈRE à fleurs rougeâtres.
Arenaria rubra. Linn. ⊙ Indigène.

17. La SABLIÈRE à semences ailées.
Arenaria media. Linn. ⊙ Indigène.

18. La SABLIÈRE à trois fleurs.
Arenaria triflora. Linn. ♃ Indigène.

19. La SABLIÈRE d'Autriche.
Arenaria austriaca. Linn. ♃ Du midi de la France.

20. La SABLIÈRE de Bavière.
Arenaria bavarica. Linn. ♃ De l'Allemagne.

21. La SABLIÈRE à feuilles d'œillet.
Arenaria dianthoides. Smith. ♃ De l'Arménie.

22. La SABLIÈRE à feuilles de behen.
Arenaria cucuballoides. Smith. ♃ De l'Arménie.

23. La SABLIÈRE calicinale.
Arenaria calicina. Poir. ⊙ De la Barbarie.

24. La SABLIÈRE glabre.
Arenaria glabra. Mich. De l'Amérique septentrionale.

25. La SABLIÈRE de roche.
Arenaria saxatilis. Linn. ♃ Indigène.

26. La SABLIÈRE squarreuse.
Arenaria squarrosa. Mich. De l'Amérique septentrionale.

27. La SABLIÈRE printanière.
Arenaria verna. Linn. ♃ Du midi de la France.

28. La SABLIÈRE gypsophile.
Arenaria gypsophilloides. Linn. ♃ Du Levant.

29. La SABLIÈRE à petites feuilles.
Arenaria tenuifolia. Linn. ⊙ Indigène.

30. La SABLIÈRE étalée.
Arenaria patula. Mich. De l'Amérique septentrionale.

31. La SABLIÈRE visqueuse.
Arenaria viscosa. Thuill. ⊙ Indigène.

32. La SABLIÈRE de Gérard.
Arenaria Gerardi. Willd. ♃ Du midi de la France.

33. La SABLIÈRE à feuilles de mélèze.
Arenaria laricifolia. Linn. ♃ Du midi de la France.

34. La SABLIÈRE à feuilles recourbées.
Arenaria recurva. Jacq. Des Alpes.

35. La SABLIÈRE striée.
Arenaria striata. Linn. ♃ Des Alpes.

36. La SABLIÈRE à tiges roides.
Arenaria stricta. Mich. De l'Amérique septentrionale.

37. La SABLIÈRE filiforme.
Arenaria filifolia. Vahl. ♃ De l'Arabie.

38. La SABLIÈRE fasciculée.
Arenaria fasciculata. Linn. ⊙ Du midi de la France.

39. La SABLIÈRE hispide.
Arenaria hispida. Linn. Du midi de la France.

40. La SABLIÈRE hérissonnée.
Arenaria echinata. Poir. Des Alpes.

41. La SABLIÈRE raboteuse.
Arenaria scabra. Lam. ♃ des Alpes.

42. La SABLIÈRE verticillée.
Arenaria verticillata. Willd. De l'Arménie.

43. La SABLIÈRE à feuilles de genevrier.
Arenaria juniperina. Linn. ♃ De l'Arménie.

44. La SABLIÈRE à feuilles de renouée.
Arenaria polygonoides. Jacq. ☉ Des Alpes.

45. La SABLIÈRE de Caroline.
Arenaria caroliniana. Walt. De l'Amérique septentrionale.

46. La SABLIÈRE à grandes fleurs.
Arenaria grandiflora. Linn. ♃ Du midi de la France.

47. La SABLIÈRE à fleurs de lin.
Arenaria liniflora. Linn. ♃ Du midi de la France.

48. La SABLIÈRE lancéolée.
Arenaria lanceolata. Allion. ♃ Des Alpes.

49. La SABLIÈRE prismatique.
Arenaria cherlerioides. Vill. ♃ Des Alpes.

50. La SABLIÈRE capillaire.
Arenaria capillaris. Lam. De la Sibérie.

51. La SABLIÈRE sétacée.
Arenaria setacea. Thuill. ♃ Indigène.

52. La SABLIÈRE couchée.
Arenaria procumbens. Vahl. ♃ De l'Égypte.

53. La SABLIÈRE de Villars.
Arenaria Villarsii. Vill. Des Alpes.

54. La SABLIÈRE à feuilles obtuses.
Arenaria obtusifolia. Allion. Des Alpes.

Culture.

Une quinzaine de ces espèces seulement se cultivent au Jardin du Muséum de Paris, mais j'y en ai vu cultiver d'autres qui ne s'y sont pas conservées. Toutes peuvent se conserver en pleine terre, pourvu que cette terre soit sablonneuse & dans une exposition chaude. On multiplie par graines & par déchirement des vieux pieds celles de ces espèces qui sont vivaces, & seulement par le premier de ces moyens celles qui sont annuelles. Aucune ne se recommande par sa beauté; mais la dixième forme un gazon épais, qui n'est pas sans agrément. Les espèces les plus communes sont peu du goût des bestiaux, excepté la seizième. (*Bosc.*)

SABLON. Il paroît qu'on ne doit appeler ainsi que le sable à grains très-petits, qui provient de la décomposition des GRÈS (*voyez* ce mot); je dis à ce qu'il paroît, car il est des lieux où on donne ce nom à toutes les espèces de SABLE. *Voyez* ce mot.

C'est le Sablon plutôt que le sable qui fait la base de la composition du verre, qui entre dans celle des poteries, qu'on emploie pour servir de moule dans la fonte des métaux, pour polir ces métaux, pour nettoyer les ustensiles de cuisine, &c. &c.

Pour l'agriculteur, le Sablon diffère peu du sable. *Voy.* SABLONNEUX & TERRE DE BRUYÈRE; *voyez* aussi DUNE & LANDE. (*Bosc.*)

SABLONNEUX (Terrains). Ce sont ceux où dominent des fragmens de quartz plus ou moins gros, mais de moins d'un pouce de diamètre. Il y a aussi des terrains sablonneux formés par des fragmens de roches calcaires & de roches argileuses, mais ils sont rares.

Ainsi, les terrains sablonneux peuvent être formés de SABLON, de SABLE ou de GRAVIER. (*Voyez* ces trois mots.) Lorsque les pierres sont en majeure partie de plus d'un pouce de diamètre, on dit que le terrain est CAILLOUTEUX, qu'il est formé de PIERRES ROULÉES ou de GALETS. *Voyez* ces mots.

Mais il est rare que les terrains sablonneux, lorsque des graviers surtout les constituent, ne contiennent que de petits fragmens : ils en offrent de toute grosseur, même de plusieurs pieds de diamètre; seulement les gros y sont rares, & d'autant plus qu'ils le sont davantage. *Voyez* ROCHE.

Pour peu qu'on examine la nature des pierres des terrains sablonneux & la position de ces terrains, relativement aux montagnes primitives & aux rivières qui en descendent, on ne peut se refuser à reconnoître qu'ils sont les produits de la décomposition de ces montagnes, produits entraînés par les eaux & déposés dans les vallées & dans les plaines en fragmens d'autant plus petits, qu'ils s'éloignent davantage de leur origine. Aujourd'hui cette décomposition des montagnes est lente; mais elle étoit très-active lorsque les Alpes, par exemple, avoient six à huit fois plus de hauteur, & que les fleuves qui en découlent rouloient six à huit fois plus de volume d'eau. *Voyez* MONTAGNE, ROCHE & TORRENT.

Presque partout les sables & les graviers de ces terrains sont mélangés d'argile pure ou d'argile mêlée avec du calcaire, qui provient aussi de la déposition physique, & chimique des mêmes montagnes. *Voyez* GALET & ROCHE.

Lorsque les terrains sablonneux contiennent de l'argile & du calcaire en proportion convenable, qu'ils renferment de plus, à leur surface, une certaine quantité d'HUMUS ou *terre végétale*, ils sont les plus fertiles, parce que le sable & le gravier, par l'effet des labours, laissent entr'eux de petits interstices où les racines des plantes pénètrent pour aller au loin chercher la nourriture qui leur est nécessaire : dans ce cas, on dit que la terre est ARABLE, est FRANCHE, est BONNE, &c.; elle est excellente si la portion d'humus est plus considérable. *Voyez* TERRE.

Ici ce font les terres fablonneufes avec excès de fable ou de gravier, celles qui contiennent fort peu d'humus, qui laiffent paffer ou évaporer très-rapidement les eaux des pluies, que je dois excluſivement confidérer : on les appelle TERRES LÉGÈRES, TERRES A SEIGLE, TERRES A SARRASIN. *Voyez* ces mots & celui TERRE DE BRUYÈRE.

Comme il y a des terres fablonneufes dans leſquelles le fable domine dans toutes les proportions, il faut les divifer en trois qualités, celles qui font très-fablonneufes, celles qui font peu fablonneufes, & celles qui font entre les deux. Il eſt bon auffi de faire attention à leur plus ou moins de profondeur, parce que cette circonſtance influe fur leurs productions, & doit influer par conféquent fur leur culture. La plaine des Sablons près Paris, par exemple, où l'épaiffeur fablonneufe eſt de trente à quarante pieds, ne peut être traitée comme les landes de Bordeaux, où cette épaiffeur n'eſt que de fix pouces, terme moyen. *Voyez* LANDES.

Ainfi que je l'ai déjà dit plufieurs fois, c'eſt l'argile qui manque aux terres fablonneufes : ainfi, c'eſt en y en apportant qu'on peut les améliorer; mais le tranfport de cette argile eſt fouvent impoffible ; & lorſqu'il eſt poffible, il devient fi coûteux, qu'on ne peut l'effectuer que pour de petites portions confacrées à la culture des légumes ou à des plantations d'arbres précieux.

L'argile manquant, les eaux pluviales ne féjournent pas dans les fols fablonneux auffi long-temps qu'il feroit néceffaire à la bonne végétation des plantes qu'on y cultive : on peut donc les rendre auffi productives que de plus argileufes, en les arrofant foit à la main, foit avec des machines hydrauliques, foit par des déviations d'eaux d'étangs, de rivières, de fontaines ; moyens qui, comme dans le cas précédent, ne font pas toujours praticables, & qui, quand ils le font, deviennent fouvent fort coûteux. *Voyez* ARROSEMENT & IRRIGATION.

C'eſt donc, la plupart du temps, à tirer parti des terres fablonneufes dans leur état naturel, que doit tendre le cultivateur qui travaille pour le profit.

Il eſt beaucoup de plantes & même d'arbuſtes qui, par leur organiſation, font appelés à croître dans les terrains fablonneux : un bon cultivateur faura d'abord en tirer parti pour y établir des PATURAGES, foit permanens, foit temporaires (*voyez* ce mot), pour les couvrir de buiſſons qui fourniront au moins des fagots propres à chauffer le four & faire bouillir la marmite.

Le pâturage des terrains fablonneux eſt peu abondant, mais de très-bonne nature : il convient principalement aux moutons.

Les plus communs des arbres, arbriſſeaux & arbuſtes qui fe plaifent dans les lieux fablonneux, font les PINS maritime, Laricio, d'Ecoffe, du Nord, de Genève, d'Alep; les CHÊNES rouvre & toza; l'ORME; le PEUPLIER blanc; le BOULEAU; l'ÉRABLE commun & celui de Montpellier; le SAULE marſault; celui des fables; le FRÊNE à fleur; le SUREAU; le CHALEF; le TAMARIX; le GENÊT; le LILAS; le LICIÊT; l'ÉPINE-VINETTE. Plufieurs de ces arbres font de première grandeur & d'un bois de première qualité. Il eſt donc poffible de créer des forêts dans les terrains fablonneux, & on y en voit fouvent. Pourquoi donc tant de terrains de ce genre font-ils improductifs ? Parce que leurs propriétaires font ignorans ou trop peu riches pour faire les avances néceffaires.

Je dois dire de plus que les plantations de bois dans les terrains fablonneux manquent fouvent, parce qu'on ne prend pas, dans les deux ou trois premières années, les précautions néceffaires pour en affurer la réuffite. Ce font les féchereffes de l'été qui font périr le plant encore peu pourvu de racines ; eh bien, préfervez-le de ces féchereffes par des plantations de genêt, de ronces, de grandes plantes vivaces, affez rapprochées pour garantir la furface du fol de l'action deffé-chante des rayons du foleil. Parmi ces plantes, je recommande particulièrement le topinambour, qui, femé près à près en rayons, du levant au couchant, rayons efpacés de quatre à fix pieds, remplira toutes les conditions & donnera de plus une récolte de tiges propres à faire de la potaffe, & une demi-récolte de tubercules fort du goût des beſtiaux.

Toutes les plantes annuelles dont la récolte fe fait de bonne heure au printemps, font cultivées avec plus d'avantages que les autres dans les terrains fablonneux, parce qu'elles font moins dans le cas de craindre les féchereffes, puifque c'eſt principalement dans l'été qu'elles font les plus fréquentes & les plus intenſes : ajoutez à cela que ces terrains, à raifon de la petite quantité d'eau qu'ils conſervent & de la perméabilité de leurs molécules par les rayons du foleil, font, toutes chofes égales d'ailleurs, beaucoup plus précoces que ceux qui font argileux : auffi, parmi les céréales, eſt-ce le feigle, eſt-ce l'orge d'hiver qui y réuffiffent le mieux ; parmi les plantes à graines huileufes, la navette d'hiver ; parmi les légumes, les pois, les haricots de primeur. Il eſt, dans les environs de Paris, des terrains qui ailleurs ne rapportent pas trois francs de revenu, dont on tire trois cents francs & plus, par le moyen de ces dernières cultures. *Voyez* POIS & HARICOT.

La grandeur des bénéfices que produit la culture des primeurs dans les environs de Paris y a introduit un genre de culture qui n'eſt pas connu autre part, & que j'ai le premier décrit dans la *Bibliothèque des propriétaires ruraux*. Elle eſt principalement en faveur dans les communes de Houilles & de Monteffon, fituées au bas de la terraffe de Saint-Germain. Là, deux hommes, en fix heures de temps, creufent, dans le gravier, des puits de huit à dix pieds de profondeur fur quatre de large, au fond defquels ils placent un tonneau, & ils établiffent, au point de réunion de trois perches, fichées en terre à égale diftance, fur les bords, une poulie fur laquelle roule la corde qui fait monter & defcendre le feau. L'ouverture eft en partie recouverte par deux ou trois planches. Au moyen de ces puits & de conduites de bois fort légères, qui durent trois ou quatre ans, parce qu'on les rapporte, ainfi que les perches & les planches, à la maifon pendant l'hiver, les cultivateurs de ces communes arrofent très-rapidement & très-économiquement les objets de leurs cultures, & en augmentent par-là les produits. Les puits.ne durent qu'une faifon ; on les comble au commencement de l'hiver, & on les creufe de nouveau dans d'autres places au printemps fuivant.

Aux environs de San-Lucar de Barrameda, fur les bords du Guadalquivir, au rapport de Lafteyrie, on procède d'une manière encore plus ingénieufe pour utilifer des terrains fablonneux. En effet, on creufe dans ces terrains, qui s'élèvent à huit ou dix pieds au-deffus de la riviere, de larges & longues foffes, dont le fond n'eft que de deux pieds au-deffus du niveau de l'eau; de forte que les racines des plantes qu'on y cultive fe trouvent dans une humidité conftante, tandis que leurs tiges font dans une étuve d'autant plus chaude, qu'elles font garanties des vents par les parois de la foffe. C'eft là où on obtient jufqu'à quatorze récoltes de luzerne par an, où on obtient des courges de plus d'un quintal de poids, &c.

Puifqu'ils font plus perméables aux racines que les autres, les terrains fablonneux doivent être très-avantageux à employer à la culture des racines nourriffantes, & c'eft auffi ce qui eft. A égalité d'arrofémens & d'engrais, ils donnent de plus belles productions en pommes de terre, en topinambours, en carottes, en panais, en raves, en betteraves, &c. : je dirai plus, ces productions font bien plus favoureufes, parce que la chaleur y a davantage développé le principe fucré. Il feroit donc défirable qu'on pût établir tous les jardins dans de tels terrains, plutôt que dans ceux qui font argileux & humides (voyez JARDIN) ; il le feroit également que tous les femis y fuffent faits, que tous les arbres y fuffent repiqués dans leur première jeuneffe. Voyez PÉPINIÈRE.

Beaucoup de terrains fablonneux placés fur le bord des rivières, à la bafe des montagnes, étant de très-nouvelle formation, contiennent fort peu d'humus ; c'eft pourquoi ils ne donnent que de foibles productions ; ils ne peuvent principalement être cultivés en froment. Augmenter la quantité de cet humus, eft donc ce à quoi doivent tendre les cultivateurs. Or, pour arriver à ce but, il n'y a que les tranfports de terres furchargées d'humus, les fumiers & les plantes enterrées en fleur. Le premier de ces moyens ne peut être employé partout, & eft fort coûteux ; le fecond eft également fort coûteux, quand on confidère le peu de valeur de certaines terres fablonneufes ; refte le dernier, qu'on peut mettre en pratique en tout pays, qui ne coûte que de la main d'œuvre & de la femence, & qui réellement eft celui qu'on doit préférer, quoique fes effets foient les moins durables. Voyez RÉCOLTES ENTERRÉES POUR ENGRAIS.

Le fumier de vache, comme confervant plus long-temps l'humidité que celui de cheval, doit être préféré pour les terrains fablonneux. Les GRAVAS, contenant des fels déliquefcens, favorifent beaucoup la végétation des productions qu'on leur confie. On les MARNE toujours avec avantage, furtout fi la marne eft argileufe, mais il faut leur ménager la CHAUX. Voyez ces mots.

Les labours font on ne peut plus faciles dans les terrains fablonneux. Au dire de beaucoup de perfonnes, ils n'ont que l'inconvénient de beaucoup ufer le foc des charrues ; mais ils offrent celui, bien plus grave, d'affoiblir la puiffance végétative de ces terrains, en ce qu'ils y favorifent l'évaporation de l'eau & la décompofition de l'humus foluble : on doit donc les leur ménager le plus poffible, furtout pendant la féchereffe. Voyez LABOUR.

Semer & planter ces terrains de végétaux à larges feuilles ou à tiges nombreufes, qui empêchent, pendant l'été, la déperdition de leur humidité, l'altération de leur humus, eft donc agir conformément aux vues de la nature & à l'intérêt du cultivateur. (Voyez TERRES BRULÉES.) Plus qu'aucune autre, elles ne doivent donc pas être foumifes au fyftème des jachères, & malheureufement ce font celles qu'on y affujettit les plus généralement. Voyez JACHÈRE & SUCCESSION DE CULTURE ; voyez auffi ÉCOBUAGE.

L'amélioration des terrains fablonneux eft généralement plus facile que celle des terrains argileux, & ce font ceux qu'un agriculteur inftruit doit préférer d'acquérir, lorfqu'il veut opérer par lui-même : il n'en eft point qu'on ne puiffe, en peu d'années, fans dépenfes extraordinaires, transformer en terres à froment, & dont on ne puiffe par conféquent augmenter les produits du double.

Lorfque les terrains fablonneux font traverfés par des rivières, lorfqu'ils font fitués fur des pentes rapides, ils font fort fujets à être dégradés par les inondations, par les eaux pluviales. J'ai donné aux mots TORRENT & ORAGE, des indications propres à prévenir & à réparer les fuites de ces dégradations ; j'y renvoie le lecteur. (Bosc.)

SABOT. CYPRIPEDIUM.

Genre de plantes de la gynandrie diandrie & de la famille des Orchidées, dans lequel fe placent neuf

neuf espèces, dont plusieurs se cultivent dans les écoles de botanique & dans les collections des amateurs, quoiqu'elles n'y subsistent pas long-temps. Il est figuré pl. 729 des *Illustrations des genres* de Lamarck.

Espèces.

1. Le Sabot de Vénus.
Cypripedium calceolus. Linn. ♃ Des Alpes.
2. Le Sabot jaunâtre.
Cypripedium flavescens. Redout. ♃ De l'Améri-que septentrionale.
3. Le Sabot du Canada.
Cypripedium canadense. Mich. ♃ De l'Amérique septentrionale.
4. Le Sabot à fleurs blanches.
Cypripedium album. Ait. ♃ De l'Amérique sep-tentrionale.
5. Le Sabot du Japon.
Cypripedium juponicum. Thunb. ♃ Du Japon.
6. Le Sabot à hampe nue.
Cypripedium acaule. Mich. ♃ De l'Amérique septentrionale.
7. Le Sabot bulbeux.
Cypripedium bulbosum. Linn. ♃ De la Sibérie.
8. Le Sabot ventru.
Cypripedium ventricosum. Gmel. ♃ De la Sibérie.
9. Le Sabot taché.
Cypripedium guttatum. Willd. De la Sibérie.

Culture.

Comme la plupart des orchidées, les Sabots se multiplient si difficilement de graines, que je ne sache pas qu'on soit encore parvenu à se les pro-curer par ce moyen : en conséquence, c'est en levant leurs racines dans les bois & en les trans-portant dans les jardins, qu'on peut les y cultiver. J'y ai vu celle des Alpes & toutes celles d'Amé-rique. On doit les placer dans la terre de bruyère, au nord du mur, & les abandonner à elles-mêmes. Plus souvent on les touche, & plus tôt elles périssent : au reste, le plus long-temps que je les aie vu subsister, est trois ans ; c'est dommage, car ce sont des plantes fort remarquables par la grandeur & la forme de leurs fleurs. (*Bosc.*)

SABOT : nom de la partie extérieure de l'extré-mité du pied du cheval, composée de corne, qui se renouvelle à mesure qu'elle s'use par le frotte-ment, & à laquelle s'attache le fer destiné à em-pêcher son usure. *Voyez* PIED & FER.

SABRE : instrument tranchant d'acier, long de deux à trois pieds, garni d'un manche de bois de même longueur, qu'on substitue quelquefois au CROISSANT pour la tonte des charmilles. *Voyez* ce mot.

Un Sabre de guerre peut remplir le même but.

SAC. On distingue de plusieurs sortes.

Les plus importants par la mise dehors qu'ils exigent, sont les Sacs à blé. On fabrique une sorte

de toile analogue au satin ou à la calmande, qui leur devroit être exclusivement consacrée, car il y a de l'économie à l'employer, quoique plus chère, à raison de sa grande durée.

Que de pertes les cultivateurs éprouvent chaque année pour n'avoir pas assez de Sacs, ou pour en avoir de mauvais ! En effet, dans ces cas, ou le froment se mange par la teigne, les charançons, &c., les graines huileuses moisissent, la farine s'é-chauffe, &c., ou il s'en échappe de grandes quan-tités, qui font la proie des oiseaux ou des souris.

Ces derniers animaux sont une des causes les plus communes de la détérioration des Sacs ; aussi ne peut on trop prendre de précautions pour ga-rantir de leurs atteintes ceux qui sont pleins, ou ceux qui, étant vides, sont imprégnés de l'odeur du froment, ou saupoudrés de farine.

Une bonne ménagère passe en revue ses Sacs au moins une fois par mois, & fait, de suite, rac-commoder ceux qui en ont besoin : deux ou trois points faits à propos arrêtent presque toujours une détérioration majeure.

Outre ces grands Sacs, il faut en avoir un certain nombre de plus petits, de différentes grandeurs, pour serrer, non-seulement des graines, mais beau-coup d'autres produits des récoltes qui se con-servent mieux quand ils sont ensachés qu'autre-ment : ceux-ci peuvent être de toile ordinaire, & d'autant plus fine qu'ils sont plus petits.

On fait aussi des Sacs avec du sparte, des feuilles de palmier, des joncs, des scirpes, des roseaux, des écorces d'arbres, mais ils portent plus particulièrement le nom de *balles*.

Les Sacs de papier, grands & petits, sont également d'un grand emploi dans les exploita-tions rurales, quoique le plus souvent on n'y en trouve pas un seul. C'est cependant de l'ordre que découle l'économie la plus réelle, & les soins de toute nature la favorisent puissamment.

Les Sacs à fruits sont de petits Sacs de papier, de toile ou de crin, dans lesquels on introduit les raisins lorsqu'ils commencent à mûrir, pour les garantir du bec des oiseaux, des mandibules des guêpes & des abeilles, & de la trompe des mou-ches. On n'en fait guère usage qu'autour des grandes villes. Ceux en papier sont les moins coû-teux, mais les plus désavantageux sous le rapport de leur durée & de leur influence nuisible sur la saveur des grains : on diminue un peu leurs incon-véniens en les huilant & en ne les fermant qu'in-complétement.

Les Sacs de crin sont préférables, en ce qu'ils se tiennent toujours roides, ne privent pas les grappes du contact de l'air, & durent un grand nombre d'années quand on les soigne convenable-ment : ceux de couleur noire accélèrent même la maturité du raisin, tandis que ceux en papier blanc la retardent. (*Bosc.*)

E e

SAFRAN. CROCUS.

Genre de plantes de la triandrie monogynie & de la famille des *Liliacées*, dans lequel se rangent huit espèces, dont une est l'objet d'une culture importante pour quelques pays, & dont plusieurs se voient dans nos jardins ou nos écoles de botanique. Il est figuré pl. 30 des *Illustrations des genres de Lamarck*.

Espèces.

1. Le SAFRAN cultivé.
Crocus sativus. Linn. ⚳ Du midi de l'Europe.
2. Le SAFRAN printanier.
Crocus vernus. Linn. ⚳ Des Alpes.
3. Le SAFRAN jaune.
Crocus luteus. Lam. ⚳ De Alpes.
4. Le SAFRAN d'automne.
Crocus autumnalis. Lam. ⚳ Du midi de l'Europe.
5. Le SAFRAN à stigmate déchiré.
Crocus multifidus. Ram. ⚳ Des Pyrénées.
6. Le SAFRAN à deux fleurs.
Crocus biflorus. Redout. ⚳ De....
7. Le SAFRAN de Suze.
Crocus suzianus. Redout. ⚳ De l'Asie mineure.
8. Le SAFRAN nain.
Crocus minimus. Redout. ⚳ De la Corse.

Culture.

Toutes ces espèces se cultivent dans nos jardins ou dans nos écoles de botanique. Les plus communes sont les trois premières, & la plus belle la seconde. Long-temps on a confondu les six dernières avec celle-ci, connue des jardiniers sous le nom latin de *crocus*.

La culture des Safrans dans les jardins se borne à les planter soit en touffes en automne, soit en bordures, & à relever leurs oignons tous les trois à quatre ans pour les changer de place & séparer les caïeux, car ils épuisent la terre comme toutes les autres plantes. De plus, ils se gênent réciproquement lorsqu'ils sont trop nombreux. Rarement on les multiplie par des semis de leurs graines, attendu que les pieds provenant de ces semis ne fleurissent qu'au bout de trois à quatre ans. Une terre légère, sèche & maigre, est celle qui leur convient le mieux, car ils poussent difficilement dans une forte, pourrissent promptement dans une humide, & ne donnent point de fleurs dans une trop fumée. Il n'y a que les très-fortes gelées & les pluies permanentes de l'hiver qui leur soient quelquefois nuisibles.

Le Safran printanier offre des variétés plus ou moins violettes, plus ou moins fortement striées. Il fait, ainsi que le jaune, un fort joli effet pendant tout le mois de mars, & ne doit pas être ménagé dans les parterres, ainsi que le long des al-

lées ou dans les corbeilles des jardins paysagers.

Leur précocité rend ces deux Safrans très-propres à être cultivés en pot sur les cheminées pendant l'hiver ; aussi s'en fait-il, chaque année, une grande consommation à Paris pour cet objet. Tous les oignons qui se vendent sont dans le cas de donner des fleurs ; & s'ils n'en donnent pas toujours, c'est qu'on les a mis dans une trop bonne terre, qu'on les a ou trop arrosés, ou trop privés de la lumière.

On appelle *Safran* toute la plante, lorsqu'elle est en terre ; on appelle de même seulement le pistil de la fleur, lorsqu'il est desséché & propre à être mis dans le commerce. Je suivrai cette nomenclature, quelque vicieuse qu'elle soit, dans le cours de cet article ; ainsi il faudra que le lecteur y fasse attention.

Les usages du stigmate de la première espèce de Safran dans la médecine, dans la cuisine & dans les arts, la rendent, de temps immémorial, l'objet d'une culture importante dans l'Orient, & même en France. Les lieux où on s'y livre avec le plus de succès dans ce dernier pays, sont les environs d'Albi, les environs d'Angoulême, les environs de Nemours & les environs de Caen.

La consommation du Safran étant beaucoup affoiblie en France, parce qu'on a cessé d'en mettre journellement dans les sauces, sa culture a diminué dans tous ces lieux, & a même presque disparu du premier & du dernier.

Le Safran exigeant beaucoup de main-d'œuvre, & l'opération de sa cueillette devant être exécutée, ainsi que celle de son desséchement, en peu de temps, sa culture ne peut être entreprise qu'en petit dans des pays populeux, & par des cultivateurs de profession, c'est-à-dire, qui puissent la surveiller à tous les instans. Lorsque les propriétaires riches la font faire par des ouvriers à leurs gages, les résultats en sont toujours, en définitif, désavantageux au bout de quelques années. Il est cependant à désirer que les terres de ces propriétaires soient plantées en Safran, car elles se louent, lorsqu'on les reconnoît propres à cette culture, trois ou quatre fois plus cher que pour les céréales.

Ainsi que je l'ai déjà observé, les terres légères, non pierreuses, non humides, d'une fertilité moyenne, sont les seules propres à la culture en grand du Safran.

Jamais on ne multiplie le Safran de graines : ainsi, celui qui veut le cultiver pour la première fois, doit se procurer des bulbes ou oignons. On en distingue de deux sortes : les uns larges & aplatis, qui donnent peu de caïeux ; les autres petits & ronds, qui donnent plus de fleurs ; sortes que je crois n'être que des variétés de circonstance, & qui varient dans les nuances du fauve-clair, ou fauve-rouge, ou fauve-brun. Tous les bestiaux, & principalement les cochons, les aiment avec passion. Les campagnols les recherchent beaucoup, & en font une grande destruction lorsqu'on ne les surveille pas sans cesse. Une scolopendre vit aussi à leurs dépens. On en tire un fort bel amidon.

Les feuilles du Safran se développent après la floraison, c'est-à-dire, pendant tout l'hiver & le printemps. On les coupe ordinairement à la fin de cette dernière saison, lorsqu'on juge qu'elles sont presque devenues inutiles à l'accroissement des bulbes; mais la théorie dit qu'à quelqu'époque qu'on le fasse, cette opération est toujours nuisible. (*Voy.* FEUILLE.) On les donne aux bestiaux, qui en font fort avides.

Le succès d'une culture de Safran dépend principalement de la bonté du labour qu'on a donné à la terre qu'on y destine. On fait ce labour à la bêche ou à la houe, mieux de cette dernière manière, & on l'approfondit de neuf à dix pouces, ce qui est presqu'un DÉFONCEMENT. (*Voyez* ce mot.) C'est à la fin de l'hiver & au printemps qu'on l'exécute.

Un fertile terrain faisant trop pousser le Safran en feuilles, un terrain fortement fumé doit produire le même effet; ainsi il ne faut pas mettre d'engrais dans celui qui est destiné à cette culture; cependant, s'il étoit au-dessous du médiocre, on pourroit l'améliorer avec des curures de mares ou d'étangs, des feuilles ramassées dans les bois, du marc de raisin, &c.

La quantité de bulbes qu'employent les cultivateurs pour garnir un arpent est environ six cent mille dans le Gâtinois, & quatre cent mille dans l'Angoumois : sans doute les uns & les autres ont raison, car la quantité doit dépendre de la nature de la terre. Cependant, en principe général, il vaut mieux en employer moins que trop.

L'espace de temps qu'on doit mettre entre la levée des bulbes & leur replantation a été l'objet des considérations de Duhamel, à qui on doit un excellent Traité sur la culture du Safran, & il est résulté de ses expériences qu'il falloit qu'il fût le plus court possible, non parce que, ainsi que quelques cultivateurs le pensent, un commencement de dessiccation soit nuisible à ces bulbes, mais parce que leur action végétative se développant alors plus tard, ils donnent de moins belles fleurs.

La plantation du Safran a lieu à la fin de juillet ou au commencement de septembre, & se fait dans des tranchées de six à sept pouces de profondeur, écartées d'autant. On y place les bulbes à deux pouces seulement les unes des autres. La terre enlevée pour faire la seconde tranchée sert à remplir la première, & ainsi de suite; la dernière l'est avec des terres levées de côté & d'autre.

Il est des cultivateurs qui enlèvent tous les caïeux des bulbes, ce qui quelquefois les affoiblit, les petits caïeux ne le pouvant être sans occasionner une large plaie; le mieux est donc de les laisser. Quant aux enveloppes sèches, qu'on appelle *les robes*, il est complètement inutile de les en débarrasser, attendu qu'elles ne tardent pas à pourrir.

Les fleurs du Safran se développent & sortent de terre immédiatement après les premières pluies d'automne : du moment où elles commencent à paroître, on donne un binage.

C'est ordinairement dans les premiers jours d'octobre que commence la récolte du Safran : elle se continue pendant environ trois semaines. Comme les fleurs passent promptement, & que le pistil perd de son odeur, de sa saveur & de sa couleur lorsque l'acte de la fécondation est terminé, il faut que toute la population, ou au moins toute la famille, & le plus possible de femmes & d'enfans gagés, se transportent tous les jours, ceux de grande pluie exceptés, avant le lever du soleil, dans les champs, pour l'effectuer dans le moins de temps que possible.

Voici comme on opère.

Chaque cueilleur, ayant un panier qu'il tient de la main gauche, se met à califourchon sur une rangée de Safran, & de la main droite, avec l'ongle du pouce, ou coupe toute la fleur, ou seulement le pistil des fleurs qui sont épanouies, & on met l'un ou l'autre dans le panier.

Il faut, autant que possible, que la récolte soit terminée avant la chute entière de la rosée; mais quand elle est dans toute sa force, & qu'on manque de monde, on est obligé de la prolonger après ce moment, même de la recommencer le soir.

Lorsqu'on cueille les fleurs, on les range régulièrement dans le panier, & on les transporte à la maison, où des éplucheuses les étendent sur des tables, & les prennent une à une pour en couper les stigmates, un peu au-dessous de leur point de réunion, au moyen de l'ongle, & les mettre dans une assiette placée à leur droite. Les fleurs sont jetées sous la table & données le soir aux bestiaux. Une ouvrière habile peut ainsi éplucher une livre de stigmates, qui prennent alors seuls le nom de *safran*; mais il faut qu'elle veille scrupuleusement à n'y laisser s'introduire aucune portion des pétales, parce que, se moisissant facilement, ils altéreroient le Safran & diminueroient sa valeur effective & sa valeur commerciale. Il en est de même des étamines, quoique ces dernières soient moins nuisibles.

On doit toujours tendre à faire le plus promptement possible, dans la soirée, l'épluchage du Safran; mais si on ne pouvoit se procurer assez d'éplucheuses, on pourroit, en le couvrant d'une toile, attendre au lendemain; seulement, à raison de ce qu'il seroit fané, l'opération seroit plus longue & moins bien faite.

Lorsqu'on ne cueille que les pistils des fleurs du Safran, il ne reste plus, après qu'on les a apportés à la maison & nettoyés des matières étrangères qui auroient pu s'y mélanger, que de les étendre sur des claies couvertes de linge ou de papier, ou sur des planches bien propres, & les

E e ij

faire fécher dans un four très-légèrement chauffé, en les retirant tous les quarts d'heure pour les retourner, à l'effet de quoi la bouche du four est laiffée toujours ouverte.

J'indique ce moyen, quoiqu'il foit fort peu ufité, parce que c'est le plus expéditif & le meilleur, puifqu'il n'eft fujet qu'à l'inconvénient d'une trop forte chaleur, qu'il eft facile de prévenir.

Le plus communément on fait fécher le Safran, foit fur des tamis de crin fufpendus au-deffus d'un brafier, ce qui l'expofe à fentir la fumée, foit fur de larges plaques de cuivre ou de grands plats de terre repofant fur de la cendre mêlée de braife.

Dès que le Safran devient caffant, il d it être retiré de deffus le feu, & renfermé, après fon complet refroidiffement, en petite quantité & fans trop le preffer, dans des fa s de papier, qu'on place dans des boîtes ou des caiffes au lieu le plus fec de la maifon. Cinq livres de Safran vert n'en fourniffent qu'une de Safran fec.

En renfermant ainfi le Safran dans du papier & dans des boîtes, on peut le conferver trois à quatre ans, fans qu'il perde fenfiblement fa belle couleur & fa bonne odeur, tandis que fi on le laiffoit expofé à l'air, furtout à l'air humide, il s'altéreroit fous ces deux rapports dès le premier hiver.

Le Safran fe fraude quelquefois pour le poids, en le mouillant au moment de la vente; & pour la couleur, en le mélangeant avec le fafranum. On reconnoît la première de ces fraudes par le toucher, & la feconde à la coloration de la bafe de chaque piftil, cette bafe étant blanche dans le Safran non fraudé.

Mais il faut revenir à la culture du Safran, dont j'ai été éloigné, à fa cueillette & fa préparation.

Le Safran ne produit guère, la première année, que quatre à cinq livres de piftils fecs par arpent; mais à la feconde, fa récolte monte à quinze ou feize, & à la troifième à vingt ou vingt-cinq, après quoi on relève les bulbes pour les replanter ailleurs.

Pendant les deux années fuivantes, outre le binage & le fauchage indiqués plus haut, on donne deux labours de trois pouces de profondeur, l'un vers la mi-juin, l'autre vers la mi-août.

Les caufes qui déterminent les cultivateurs à relever après la troifième récolte (rarement après la quatrième) les bulbes du Safran, c'eft, 1°. qu'ils ont épuifé la terre des fucs qui les nourriffent; 2°. que, périffant tous les ans, après leur floraifon, & de nouveaux fe formant au-deffus des anciens, ils arriveroient à la furface de la terre; 3°. qu'ils fe garniffent d'une quantité de caieux telle, qu'ils fe gênent dans leur développement.

Dès la feconde année les fleurs du Safran font moins belles; mais comme elles font plus nombreufes, leur récolte eft plus fructueufe : à la troifième, elles augmentent encore en quantité; mais à la quatrième elles diminuent fous ces deux rapports, non-feulement par l'effet des caufes indiquées plus haut, mais encore parce que les bulbes étant remontées de trois pouces, font expofées aux effets de la gelée, aux ravages des campagnols & aux accidens produits par les labours.

Dans l'état ordinaire, c'eft-à dire, lorfqu'il n'y a aucune mauvaife chance, chaque boiffeau de bulbes en a produit vingt lorfqu'on relève la plantation.

La deftruction d'une fafranière s'opère à la fin du printemps, lorfque les feuilles commencent à fe deffécher. On l'exécute au moyen de la bêche ou de la pioche. Lorfqu'elle eft effectuée, on reprend toutes les trochées une à une, on en fépare les caieux & on en fait deux lots, celui des gros deftinés à être replantés de fuite, celui des petits deftinés à être mis en pépinière, près à près, pour leur donner le temps de groffir. Comme le premier lot fuffit le plus communément aux befoins de la culture, à raifon de ce que cette culture diminue plutôt qu'elle n'augmente, le fecond eft généralement donné aux cochons ou aux vaches.

Le fainfoin fe fubftitue très-avantageufement au Safran, & il facilite l'application du principe qui doit empêcher qu'on n'en remette dans le même terrain avant quinze à vingt ans, puifqu'il l'utilife pendant la moitié de ce temps.

Lorfque le Safran vaut cinquante francs la livre, & cela arrive fouvent, fes trois récoltes donnent, par arpent, un produit net de 1500 fr., ce qui eft un des plus hauts revenus que puiffe donner la terre; mais il eft des accidens qui diminuent fouvent une ou plufieurs de ces récoltes, tels que les premières gelées de l'automne, les pluies prolongées pendant la récolte, fa trop rapide floraifon lorfqu'on manque de bras, enfin les maladies.

Il eft trois maladies principales qui nuifent beaucoup aux cultivateurs de Safran.

La première, la luette ou le fauffet, eft une excroiffance, fouvent alongée en forme de cône, que Duhamel compare à un anévrifme, mais qu'on doit plutôt regarder comme une exoftofe. Elle caufe une diminution dans le produit des fleurs, & même caufe la mort des bulbes, mais elle eft rare. Il fuffiroit d'extirper cette excroiffance, lors de la replantation, pour la guérir; mais il vaut mieux donner aux cochons les bulbes qui l'offrent.

La feconde s'appelle tacon : c'eft un véritable ulcère d'abord rouge, enfuite jaune, & enfin noir, qui eft produit par des pluies furabondantes, furtout pendant le mois de mai. Il fe montre plus fréquemment par conféquent dans les terres naturellement humides ou argileufes. On peut fauver les bulbes qui en font affectées, lorfque le cœur n'eft pas encore frappé, en extirpant la partie malade avec la pointe d'un couteau, & en les plantant féparément. Le mieux eft de les jeter au feu lorfqu'on en a fuffifamment de fains pour la plantation, l'opération ne réuffiffant pas toujours & la maladie étant contagieufe.

Long-temps on a ignoré la caufe de la troifième, qu'on nomme *la mort :* aujourd'hui on fait, par fuite des obfervations de Bulliard, vérifiées, depuis lui, par plufieurs naturaliftes, que cette maladie eft due à un champignon qu'il a appelé TRUFFE PARASITE, & dont Perfoon a formé le genre SCLEROTE. (*Voyez* ce dernier mot.) Elle caufe de grandes pertes aux cultivateurs de Safran, parce qu'elle fe propage avec une grande rapidité dans les plantations dont une feule bulbe s'en trouve attaquée, en gagnant circulairement de l'une à l'autre, & que fes élémens (les bourgeons féminiformes) fe confervent dans la terre un grand nombre d'années. On dit que quelques autres plantes, comme la bugrane, l'yèble, l'afperge, & furtout le liferon des champs, en font également affectés; mais la nature de la racine de ces derniers peut faire croire que c'eft une autre efpèce de champignon parafite qui produit fur elles les mêmes effets.

Il n'eft aucun moyen connu de fauver les bulbes de Safran attaquées de la mort; mais on fauve toujours ceux qui ne le font pas, en les féparant des premiers par une tranchée circulaire, profonde d'un pied au moins, large de la moitié, commencée à deux pieds au moins des bulbes les plus foiblement attaquées, tranchée dont la terre fera rejetée dans l'intérieur du cercle, car une feule pellerée de terre infectée peut propager la maladie dans tous les lieux où il en tombe des molécules. On ne mettra plus qu'après trente ans du Safran dans un champ où elle aura régné. C'eft depuis le mois de mars jufqu'au mois de mai qu'elle fe montre avec le plus de fureur. (*Bosc.*)

SAFRAN BATARD. *Voyez* CARTHAME.

SAFRAN DES INDES. *Voyez* CURCUMA.

SAFRAN DES PRES. On appelle ainfi le COLCHIQUE D'AUTOMNE dans quelques lieux.

SAFFRE. C'eft, aux environs de Marseille, une efpèce de TUF, qui fe trouve immédiatement fous la terre végétale. *Voyez* ce mot.

SAGAPENUM : gomme-réfine qui vient de l'Orient, & qu'on croit produite par une efpèce du genre FÉRULE. *Voyez* ce mot & le *Dictionnaire de Pharmacie.*

SAGINE. *SAGINA.*

Genre de plantes de la tétrandrie tétragynie & de la famille des *Caryophyllées,* dans lequel fe rangent fix efpèces, dont trois fe cultivent dans les écoles de botanique. Il eft figuré pl. 90 des *Illuftrations des genres* de Lamarck.

Efpèces.

1. La SAGINE couchée.
Sagina procumbeas. Linn. ⊙ Indigène.
2. La SAGINE droite.
Sagina erecta. Linn. ⊙ Indigène.

3. La SAGINE apétale.
Sagina apetala. Linn. ⊙ Indigène.
4. La SAGINE fafciculée.
Sagina fafciculata. Lam. ♃ De la Barbarie.
5. La SAGINE à feuilles de ceraifte.
Sagina ceraftoides. Smith. ⊙ De l'Ecoffe.
6. La SAGINE de Virginie.
Sagina virginica. Linn. ⊙ De l'Amérique feptentrionale.

Culture.

Ces plantes n'ont d'intérêt que pour les botaniftes; auffi ne les cultive-t-on que dans les écoles. Là on les fème en place, & on ne s'occupe plus d'elles que pour les farcler fi befoin eft. Tous les beftiaux les mangent; mais elles font fi petites & fi peu multipliées, que leur importance eft nulle fous le rapport du pâturage. (*Bosc.*)

SAGONE. *REICHELIA.*

Plante de Cayenne, qui feule forme un genre dans la pentandrie trigynie, & qui eft figurée pl 212 des *Illuftrations des genres* de Lamarck.

Elle ne fe cultive pas dans nos jardins. (*Bosc.*)

SAGOU : fécule qui fe trouve dans le tronc de plufieurs efpèces de palmier, entr'autres du SAGOUTIER. *Voyez* ce mot.

SAGOU DE BROWN. On appelle ainfi, en Angleterre, la farine du HARICOT MUNGO. *Voyez* ce mot.

SAGOUIER ou SAGOUTIER. *SAGUS.*

Genre de plantes de la monoecie hexandrie & de la famille des *Palmiers,* dans lequel les botaniftes placent quatre efpèces, toutes importantes pour les habitans des pays intertropicaux, mais qui fe cultivent rarement dans nos climats. Il eft figuré pl. 771 des *Illuftrations des genres* de Lamarck.

Efpèces.

1. Le SAGOUIER raphia.
Sagus raphia. Willd. ♄ De l'Afrique.
2. Le SAGOUIER farinifère.
Sagus farinifera. Gærtn. ♄ Des Indes.
3. Le SAGOUIER de Rumphius.
Sagus Rumphii. Willd. ♄ Des Moluques.
4. Le SAGOUIER bache.
Sagus americana. Lam. ♄ de Cayenne.

Culture.

Comme la plupart des palmiers, les Sagouiers fourniffent de grandes reffources aux hommes; mais, plus que dans la plupart d'entr'eux, la fécule, connue fous le nom de *fagou,* furabonde entre les fibres de leur tronc. *Voyez* PALMIER.

Pour retirer le fagou de ce tronc, on le fend,

on fépare & on écrafe fes fibres; enfuite on les frotte entre les mains dans de grands baquets pleins d'eau : la fécule fe précipite fous forme de poudre d'un blanc-fale, & fe réunit en maffe au fond du baquet; on la délaie de nouveau dans un peu d'eau; on la fait paffer, au moyen d'une certaine quantité de nouvelle eau, dans un tamis, pour la laver & féparer complétement les portions de fibres qui auroient pu être entraînées avec elle; puis, après avoir décanté l'eau, on fait paffer la pâte à travers une lame de métal perforée, pour la former en grains de la groffeur de ceux du blé, & on la fait complétement fécher. Ces grains font le fagou du commerce; ils font roux, parce qu'on les fait fécher au foleil le plus vif.

Le fagou eft fans faveur; mais lorfqu'on le met fur le feu avec du bouillon ou du lait, il fe diffout, forme une efpèce de gelée très-nourriffante & très-facile à digérer, & par conféquent très-avantageufe dans les convalefcences. *Voy.* AMIDON & FECULE.

On fait toujours une grande confommation du fagou dans l'Inde; mais aujourd'hui on lui fubftitue, en Europe, la fécule de pomme de terre, qui en diffère à peine, & qui eft à bien meilleur marché. *Voyez* POMME DE TERRE.

On tire auffi des pétioles des Sagouiers & de leurs fruits fermentés, une liqueur vineufe très-agréable & une eau-de-vie très-enivrante.

La culture des Sagouiers, dans leur pays natal, fe réduit à en planter les femences dans le voifinage des habitations, lorfque ces dernières font fur le bord des eaux; mais le plus fouvent ils proviennent de la diffémination naturelle des graines. Plufieurs des graines envoyées en Europe dans de la terre humide, y font arrivées en état de germination & y ont donné naiffance à des pieds qui n'ont pas fubfifté long-temps. Aujourd'hui je ne connois aucun jardin où il s'en trouve. Une grande chaleur humide eft indifpenfable à leur confervation. (*Bosc.*)

SAIGNÉE : ouverture d'une veine fuperficielle dans l'intention de donner fortie à une portion du fang d'un animal.

On faigne rarement aux artères, à raifon de la difficulté qu'éprouve la plaie à fe fermer, & de la crainte d'un anévrifme qui en eft très-fouvent la fuite.

Celles des veines des animaux domeftiques furlefquelles on pratique le plus fouvent la Saignée, font les jugulaires, les céphaliques, les thorachiques, les fcaphènes, les temporales, les palatines, la caudale, celle du paturon & celle de la pince.

Les gros vaiffeaux s'ouvrent avec une lancette large & courte qu'on appelle *flamme*, & les petits avec celle qui eft employée pour l'homme.

Lorfque la Saignée fe fait dans un lieu où il eft facile d'appliquer un bandage, on emploie ce moyen pour arrêter la fortie du fang; dans les autres cas, on ferme l'ouverture avec une épingle

qu'on paffe à travers les deux lèvres de la plaie, qu'on réunit par fon moyen, à l'aide d'un ou de deux crins ou deux bouts de gros fil. L'amadou eft quelquefois employé.

Le but de la Saignée eft d'affoiblir l'animal & de diminuer par conféquent les dangers des excitations contre nature, qui compromettent fa vie; c'eft principalement dans les inflammations qu'elle eft conftamment bien indiquée. Mais combien de chevaux périffent chaque année pour avoir été faignés mal à propos! Pour la plupart des maréchaux, cette opération eft un remède à tous les maux; ils faignent même pour préparer les chevaux à la fatigue, pour faciliter la digeftion de ceux qui ont trop mangé d'avoine (qui font fourbus), pour réparer leurs forces épuifées par l'excès du travail, quelqu'abfurde que cela paroiffe aux efprits les moins éclairés. Heureufement cette déteftable pratique paffe; car ce n'eft pas celle qu'on enfeigne dans les écoles vétérinaires.

Comme j'ai indiqué aux articles des maladies celles qui exigent la Saignée, je me crois difpenfé de m'étendre davantage fur ce qui la concerne. *Voyez* SAIGNÉE & SANG dans le *Dictionnaire de Médecine.* (*Bosc.*)

SAIGNÉE : petit foffé qu'on creufe, foit à la bêche, foit à la charrue, pour favorifer l'écoulement des eaux d'une rivière ou d'un étang, dans un pré, un champ, &c., ou au contraire pour faciliter l'écoulement au dehors de celles qui fe trouvent dans un pré, un champ, &c.

On ne fait pas ufage des Saignées auffi fouvent qu'il feroit néceffaire, & ce uniquement par ignorance; car leur formation eft le plus fouvent très-peu coûteufe ou très-peu fatigante.

Ordinairement les Saignées font temporaires, & il fuffit quelquefois d'une feule motte de gazon pour faire ceffer leur effet.

Voyez EAU, PLUIE, ORAGE, ÉGOUT, MAITRE, INONDATION, IRRIGATION. (*Bosc.*)

SAINBOIS ou GAROU : efpèce de L'AUREOLE. *Voyez* ce mot.

SAIN-DOUX : graiffe qui fe dépofe autour des vifcères abdominaux du cochon, & qui, avant d'être purifiée, s'appelle AXONGE, & après être rancie s'appelle VIEUX-OING. *Voy.* ces mots & les mots COCHON & GRAISSE.

SAINFOIN. *HEDYSARUM.*

Genre de plantes de la diadelphie décandrie & de la famille des *Légumineufes*, dans lequel fe rangent cent quarante-deux efpèces, dont beaucoup font propres à la nourriture des beftiaux, & dont deux font, en Europe, l'objet d'une culture de grande importance. Il eft figuré pl. 828 des *Illuftrations des genres* de Lamarck.

Obfervations.

Les Sainfoins ont les plus grands rapports avec

les SESBANS, *æschynomene* (*voyez* ce mot); aussi quelques botanistes, entr'autres Lamarck, les ont-ils réunis.

Tournefort avoit établi deux genres avec les espèces que Linnæus a confondues dans celui-ci, & avoit appelé l'autre *onobrychis*; mais ce dernier n'a pas été adopté par les botanistes modernes. Depuis peu on en a établi quatre aux dépens de celui de Linnæus; savoir: STYLOSANTHE, HALLIE, ZORNIE & LASPÉDÈZE. *Voy.* ces mots, excepté le dernier, dont les espèces sont énumérées ci-dessous.

Espèces.

Sainfoins à feuilles simples ou conjuguées.

1. Le SAINFOIN agul.
Hedysarum alaghi. Linn. ♄ De l'Orient.
2. Le SAINFOIN à feuilles de buplèvre.
Hedysarum buplevrifolium. Linn. ♃ Des Indes.
3. Le SAINFOIN à feuilles de gramen.
Hedysarum gramineum. Retz. ♄ Des Indes.
4. Le SAINFOIN glumacé.
Hedysarum glumaceum. Vahl. ♃ De l'Arabie.
5. Le SAINFOIN ridé.
Hedysarum rugosum. Willd. ♃ De la Guinée.
6. Le SAINFOIN hérissonné.
Hedysarum erinaceum. Lam. ♃ Des Indes.
7. Le SAINFOIN en chapelet.
Hedysarum moniliferum. Linn. ♃ Des Indes.
8. Le SAINFOIN à feuilles de nummulaire.
Hedysarum nummularifolium. Linn. ⊙ Des Indes.
9. Le SAINFOIN à feuilles d'alibousier.
Hedysarum styracifolium. Linn. ♄ Des Indes.
10. Le SAINFOIN à feuilles en rein.
Hedysarum reniforme. Linn. ♃ Des Indes.
11. Le SAINFOIN velouté.
Hedysarum velutinum. Willd. ♄ De l'Amérique méridionale.
12. Le SAINFOIN à gousses cachées.
Hedysarum latebrosum. Linn. ♄ Des Indes.
13. Le SAINFOIN terminal.
Hedysarum terminale. Rich. De Cayenne.
14. Le SAINFOIN vaginal.
Hedysarum vaginale. Linn. ⊙ Des Indes.
15. Le SAINFOIN à gousses cylindriques.
Hedysarum cylindricum. Lam. ⊙ Des Indes.
16. Le SAINFOIN à tiges triangulaires.
Hedysarum triquetrum. Linn. ♃ Des Indes.
17. Le SAINFOIN du Gange.
Hedysarum gangeticum. Linn. ⊙ Des Indes.
18. Le SAINFOIN tacheté.
Hedysarum maculatum. Linn. ⊙ Des Indes.
19. Le SAINFOIN à ailes de chauve-souris.
Hedysarum vespertilionis. Linn. ⊙ Des Indes.
20. Le SAINFOIN sagitté.
Hedysarum sagittatum. Lam. Des Indes.
21. Le SAINFOIN tardif.
Hedysarum serotinum. Willd. ♃ De ....
22. Le SAINFOIN à feuilles variées.
Hedysarum diversifolium. Lamarck. ♄ De Madagascar.

Sainfoins à feuilles ternées.

23. Le SAINFOIN élégant.
Hedysarum pulchellum. Linn. ♄ Des Indes.
24. Le SAINFOIN à feuilles de spartion.
Hedysarum spartium. Willd. ⊙ Des Indes.
25. Le SAINFOIN en ombelle.
Hedysarum umbellatum. Linn. ♄ Des Indes.
26. Le SAINFOIN diffus.
Hedysarum diffusum. Willd. ♄ Des Indes.
27. Le SAINFOIN dichotome.
Hedysarum dichotomum. Willd. ♄ Des Indes.
28. Le SAINFOIN strié.
Hedysarum striatum. Thunb. Du Japon.
29. Le SAINFOIN soyeux.
Hedysarum sericeum. Thunb. ♄ Du Japon.
30. Le SAINFOIN rude.
Hedysarum asperum. Lam. De....
31. Le SAINFOIN à feuilles sinuées, vulgairement *pois à gratter*.
Hedysarum repandum. Vahl. ♄ De l'Ile Bourbon.
32. Le SAINFOIN à feuilles d'érythrine.
Hedysarum erythrinæfolium. Juss. De l'Amérique méridionale.
33. Le SAINFOIN visqueux.
Hedysarum viscidum. Linn. ♄ Des Indes.
34. Le SAINFOIN hérissé.
Hedysarum hirtum. Linn. De.....
35. Le SAINFOIN à gousses pendantes.
Hedysarum retroflexum. Linn. ♄ Des Indes.
36. Le SAINFOIN méridional.
Hedysarum australe. Willd. ♄ De l'île de Tanna.
37. Le SAINFOIN à crochet.
Hedysarum lappaceum. Vahl. ♄ De l'Arabie.
38. Le SAINFOIN tomenteux.
Hedysarum tomentosum. Thunb. Du Japon.
39. Le SAINFOIN à gousses échancrées.
Hedysarum emarginatum. Lam. ♃ De la Martinique.
40. Le SAINFOIN à fruits courts.
Hedysarum trichocarpon. Willd. ♄ De la Sibérie.
41. Le SAINFOIN glutineux.
Hedysarum glutinosum. Willd. ♃ De la Caroline.
42. Le SAINFOIN pied-de-lièvre.
Hedysarum lagopodioides. Linn. Des Indes.
43. Le SAINFOIN tortueux.
Hedysarum tortuosum. Swartz. ♄ De l'Amérique méridionale.
44. Le SAINFOIN à feuilles molles.
Hedysarum molle. Vahl. ♄ De l'Amérique méridionale.
45. Le SAINFOIN à gousses nombreuses.
Hedysarum polycarpon. Lam. Des Indes.
46. Le SAINFOIN paniculé.
Hedysarum paniculatum. Linn. ♃ De la Caroline.

47. Le Sainfoin à rameaux souples.
Hedysarum junceum. Linn. De la Sibérie.
48. Le Sainfoin réticulé.
Hedysarum reticulatum. Willd. ♃ De la Caroline.
49. Le Sainfoin divergent.
Hedysarum divergens. Willd. ♃ De la Caroline.
50. Le Sainfoin couché.
Hedysarum supinum Swartz. ♄ De la Jamaïque.
51. Le Sainfoin à fleurs sessiles.
Hedysarum sessiliflorum. Mich. ♃ De la Caroline.
52. Le Sainfoin à fleurs violettes.
Hedysarum violaceum. Linn. ♃ De la Caroline.
53. Le Sainfoin laspédèze.
Hedysarum lafpedeza. Lam. ♃ De la Caroline.
54. Le Sainfoin à fleurs agglomérées.
Hedysarum conglomeratum. Lam. ♃ De la Caroline.
55. Le Sainfoin à grappes.
Hedysarum racemosum. Thunb. ♄ Du Japon.
56. Le Sainfoin jaunâtre.
Hedysarum lutescens. Lam. De la Chine.
57. Le Sainfoin à feuilles obtuses.
Hedysarum obtusum. Willd. ♃ De l'Amérique septentrionale.
58. Le Sainfoin à petites feuilles.
Hedysarum microphyllum. Willd. ♄ Du Japon.
59. Le Sainfoin blanchâtre.
Hedysarum canescens, Willd. ♃ De la Caroline.
60. Le Sainfoin glabre.
Hedysarum glabrum. Mich. ♃ De la Caroline.
61. Le Sainfoin à feuilles coriaces.
Hedysarum coriaceum. Lam. ♃ De l'Amérique septentrionale.
62. Le Sainfoin à tête conique.
Hedysarum conicum. ♄ De Ceylan.
63. Le Sainfoin du Canada.
Hedysarum canadense. Linn. ♃ De l'Amérique septentrionale.
64. Le Sainfoin du Maryland.
Hedysarum marylandicum. Linn. ♃ De l'Amérique septentrionale.
65. Le Sainfoin à deux articulations.
Hedysarum biarticulatum. Linn. ♄ Des Indes.
66. Le Sainfoin veiné.
Hedysarum lineatum. Linn. De Ceylan.
67. Le Sainfoin à gousses irrégulières.
Hedysarum heterocarpon. Linn. ♄ Des Indes.
68. Le Sainfoin en gazon.
Hedysarum cæspitosum. Lam. ♃ De l'Ile-de-France.
69. Le Sainfoin stolonifère.
Hedysarum stoloniferum. Rich. De Cayenne.
70. Le Sainfoin courant.
Hedysarum reptans. Lam. De Saint-Domingue.
71. Le Sainfoin à feuilles de cytise.
Hedysarum laburnifolium. Lam. De Java.
72. Le Sainfoin à feuilles de saule.
Hedysarum salicifolium. Lam. ♄ Des Indes.
73. Le Sainfoin oscillant.
Hedysarum gyrans. Linn. ♂ Des Indes,

74. Le Sainfoin rampant.
Hedysarum repens. Linn. ♃ De la Caroline.
75. Le Sainfoin à feuilles en cœur renversé.
Hedysarum obcordatum. Lam. De Java.
76. Le Sainfoin ascendant.
Hedysarum ascendens. Swartz. ♄ De la Jamaïque.
77. Le Sainfoin de l'île Maurice.
Hedysarum mauritianum. Willd. ♃ De l'Ile-de-France.
78. Le Sainfoin scarieux.
Hedysarum squarrosum. Thunb. Du Cap de Bonne-Espérance.
79. Le Sainfoin en spirale.
Hedysarum spirale. Swartz. ♄ De la Jamaïque.
80. Le Sainfoin axillaire.
Hedysarum axillare. Swartz. ♃ De la Jamaïque.
81. Le Sainfoin cuspidé.
Hedysarum cuspidatum. Willd. ♃ De l'Amérique septentrionale.
82. Le Sainfoin en queue.
Hedysarum caudatum. Thunb. Du Japon.
83. Le Sainfoin tubéreux.
Hedysarum tuberosum. Willd. ♄ Des Indes,
84. Le Sainfoin cilié.
Hedysarum ciliare. Willd. ♃ De l'Amérique septentrionale.
85. Le Sainfoin pileux.
Hedysarum pilosum. Thunb. Du Japon.
86. Le Sainfoin en scorpion.
Hedysarum scorpiurus. Swartz. ♃ De la Jamaïque.
87. Le Sainfoin à deux fleurs.
Hedysarum biflorum. Willd. ♃ Des Indes.
88. Le Sainfoin couché.
Hedysarum prostratum. Willd. ♃ De l'Amérique septentrionale.
89. Le Sainfoin hérissonné.
Hedysarum lappaceum. Vahl. ♄ De l'Arabie.
90. Le Sainfoin cilié.
Hedysarum ciliatum. Thunb. Du Cap de Bonne-Espérance.
91. Le Sainfoin blanchâtre.
Hedysarum incanum. Swartz. ♄ De la Jamaïque.
91. Le Sainfoin à poils crochus.
Hedysarum uncinatum. Jacq. ♄ De l'Amérique méridionale.
93. Le Sainfoin grimpant.
Hedysarum trigonum. Swartz. ♄ De la Jamaïque.
94. Le Sainfoin à fleurs vertes.
Hedysarum viridiflorum. Linn. ♃ De la Caroline.
95. Le Sainfoin à fleurs nues.
Hedysarum nudiflorum. Linn. ♃ De l'Amérique septentrionale.
96. Le Sainfoin à folioles arrondies.
Hedysarum rotundifolium. Mich. ♃ De la Caroline.
97. Le Sainfoin bractéolé.
Hedysarum bracteosum. Mich. ♃ De la Caroline.
98. Le Sainfoin barbu.
Hedysarum barbatum. Linn. De la Jamaïque.

99. Le

99. Le SAINFOIN à larges gouffes.
Hedyfarum latifiliquum. Lam. Du Pérou.
100. Le SAINFOIN grimpant.
Hedyfarum volubile. Linn. De l'Amérique feptentrionale.

Sainfoins à feuilles ailées.

101. Le SAINFOIN commun.
Hedyfarum onobrychis. Linn. ♃ Indigène.
102. Le SAINFOIN à fleurs blanches.
Hedyfarum album. Willd. ♃ De la Hongrie.
103. Le SAINFOIN des roches.
Hedyfarum faxatile. Linn. ♃ Du midi de la France.
104. Le SAINFOIN du Caucafe.
Hedyfarum petræum. Willd. ♃ Du Caucafe.
105. Le SAINFOIN cornu.
Hedyfarum cornutum. Linn. ♄ De l'Orient.
106. Le SAINFOIN tête-de-coq.
Hedyfarum caput galli. Linn. ⊙ Du midi de la France.
107. Le SAINFOIN crête-de-coq.
Hedyfarum crifta galli. Linn. ⊙ Du midi de la France.
108. Le SAINFOIN à crinière.
Hedyfarum crinitum. Linn. ♄ Des Indes.
109. Le SAINFOIN chevelu.
Hedyfarum comofum. Vahl. Des Indes.
110. Le SAINFOIN à fleurs touffues.
Hedyfarum confertum. Desf. ♃ De la Barbarie.
111. Le SAINFOIN veiné.
Hedyfarum venofum. Desf. ♃ De la Barbarie.
112. Le SAINFOIN nain.
Hedyfarum pumilum. Linn. ♄ De l'Espagne.
113. Le SAINFOIN à gouffes orbiculaires.
Hedyfarum circinatum. Willd. ♃ De l'Orient.
114. Le SAINFOIN de Tournefort.
Hedyfarum Tournefortii. Willd. ♃ De l'Orient.
115. Le SAINFOIN de Pallas.
Hedyfarum Pallafii. Willd. ♃ De l'Orient.
116. Le SAINFOIN élégant.
Hedyfarum coronatum. Willd. ♃ Du Levant.
117. Le SAINFOIN à bouquets, vulgairement *fainfoin d'Efpagne.*
Hedyfarum coronarium. ♃ Du midi de la France.
118. Le SAINFOIN luifant.
Hedyfarum nitidum. Willd. ♃ Du Levant.
119. Le SAINFOIN à fleurs variées.
Hedyfarum varium. Willd. ♃ Du Levant.
120. Le SAINFOIN à feuilles de féné.
Hedyfarum fenoides. Willd. ♄ Des Indes.
121. Le SAINFOIN à fleurs incarnates.
Hedyfarum incarnatum. Thunb. Du Japon.
122. Le SAINFOIN de Crimée.
Hedyfarum tauricum. Pall. ♃ De la Crimée.
123. Le SAINFOIN de Suiffe.
Hedyfarum obfcurum. Linn. ♃ Des Alpes.
124. Le SAINFOIN de Sibérie.
Hedyfarum alpinum. Linn. ♃ De la Sibérie.

Agriculture. Tome VI.

125. Le SAINFOIN à tiges baffes.
Hedyfarum humile. Linn. ♃ Du midi de la France.
126. Le SAINFOIN argenté.
Hedyfarum argenteum. Linn. ♃ De la Sibérie.
127. Le SAINFOIN à feuilles panachées.
Hedyfarum pictum. Jacq. ♄ De la Guinée.
128. Le SAINFOIN à feuilles pâles.
Hedyfarum pallidum. Desf. ♃ De la Barbarie.
129. Le SAINFOIN ligneux.
Hedyfarum fruticofum. Linn. ♄ De la Sibérie.
130. Le SAINFOIN à fleurs en tête.
Hedyfarum capitatum. Desf. ♃ De la Barbarie.
131. Le SAINFOIN charnu.
Hedyfarum carnofum. Desf. ♃ De la Barbarie.
132. Le SAINFOIN flexueux.
Hedyfarum flexuofum. Linn. ⊙ De l'Orient.
133. Le SAINFOIN à petites fleurs.
Hedyfarum micranthos. Lam. De Madagafcar.
134. Le SAINFOIN épineux.
Hedyfarum fpinofiffimum. Linn. ⊙ De l'Espagne.
135. Le SAINFOIN hériffé.
Hedyfarum muricatum. Jacq. ♃ De l'Amérique méridionale.
136. Le SAINFOIN ponctué.
Hedyfarum punctatum. Lam. De l'Amérique méridionale.
137. Le SAINFOIN à feuilles de pimprenelle.
Hedyfarum pimpinellifolium. Lam. Du Pérou.
138. Le SAINFOIN à fleurs de deux couleurs.
Hedyfarum bicolorum. Lam. De l'Amérique méridionale.
139. Le SAINFOIN en faux.
Hedyfarum falcatum. Lam. De l'Amérique méridionale.
140. Le SAINFOIN à fruits pendans.
Hedyfarum pendulum. Lam. De l'Amérique méridionale.
141. Le SAINFOIN de Virginie.
Hedyfarum virginicum. Linn. ♃ De la Virginie.
142. Le SAINFOIN argenté.
Hedyfarum argenteum. Willd. ♃ De la Sibérie.

Culture.

De ce grand nombre d'espèces, nous ne poffédons en ce moment qu'environ le tiers dans nos jardins, mais j'en ai vu plufieurs autres s'y montrer & n'y pas fubfifter. Celles qui y font reftées font les efpèces indiquées fous les n°s. 1, 8, 16, 17, 18, 19, 26, 34, 41, 42, 43, 46, 47, 52, 53, 54, 59, 63, 64, 67, 73, 81, 83, 94, 101, 103, 106, 107, 108, 117, 124, 127, 129 & 142.
La première efpèce eft de pleine terre dans le climat de Paris; mais comme elle craint les gelées de l'hiver, il eft bon de la couvrir de feuilles fèches ou de fougère pendant cette faifon, & outre cela d'en tenir quelques pieds en pot pour les rentrer dans l'orangerie. Elle y donne rarement des fruits, quoiqu'elle fleuriffe affez fouvent; auffi ne la multiplie-t-on guère que par

le déchirement des vieux pieds, déchirement qui a lieu au printemps, & qui réussit presque toujours, ses racines étant traînantes. Comme elle ne possède aucun agrément, on la cultive uniquement dans les écoles de botanique, où elle ne demande d'autres soins, pendant l'été, que des sarclages de propreté.

Cette plante, dans son pays natal, les déserts de la Tartarie & de la Turquie, laisse fluer, pendant les grandes chaleurs de l'été, une manne fluide qui se condense par la fraîcheur de la nuit, & qui se récolte avant le lever du soleil pour l'usage de la médecine. On a prétendu que c'étoit la manne dont faisoient usage les Ifraélites dans le défert; mais si cela est, il falloit que leur estomac fût fort différent de celui des habitans actuels des mêmes déserts, qu'elles purgent violemment.

Les chameaux & autres bêtes de somme broutent l'alhagi sans inconvénient autre que les piqûres causées par les épines dont il est pourvu.

Les espèces des nos. 8, 16, 17, 18 & 19 étant annuelles, se sèment tous les ans dans des pots placés sur couche à châssis, & se repiquent dans d'autres pots qu'on remet encore sous châssis. Ce n'est que dans les jours les plus chauds qu'on peut les laisser à l'air, même seulement pendant le jour. Aux approches du froid on doit les placer dans une bonne serre, afin qu'elles y perfectionnent leurs graines. La dernière est la plus remarquable & la plus recherchée, à raison de la forme de ses feuilles & de l'élégance de son port; cependant on ne la voit guère que dans les écoles de botanique.

L'espèce du no. 73 est fort célèbre par la propriété qu'ont ses folioles latérales d'osciller alternativement pendant la chaleur & à l'aspect du soleil: en conséquence, tous les amateurs & les professeurs des écoles de botanique la cultivent avec soin. On la traite comme les espèces annuelles des pays chauds, quoiqu'elle soit bisannuelle. La rentrer de bonne heure dans la serre & l'y placer près du jour est indispensable lorsqu'on veut qu'elle donne de bonnes graines, & on doit le vouloir toujours. Elle craint beaucoup l'humidité.

En général, tous les Sainfoins demandent peu d'arrosemens, surtout en hiver.

La serre chaude est nécessaire aux espèces des nos. 43, 67, 83 & 127 : du reste on les conduit comme les précédentes.

C'est encore en pleine terre qu'on sème & qu'on conserve toute l'année les espèces des nos. 47, 63, 64, 81. On les multiplie aussi, à défaut de graines tirées de leur pays natal, par le déchirement des vieux pieds.

Celles des nos. 101, 103, 106, 107, 108, 117, 124, 129, 142, sont dans le même cas; mais elles fournissent plus fréquemment des graines, au moyen desquelles on peut les reproduire. Je reviendrai plus bas sur la culture en grand des espèces

nos. 101 & 117, qui a lieu pour l'une par toute la France, pour l'autre seulement dans le midi.

Les espèces des nos. 26, 34, 41, 42, 46, 52, 53, 54, 59 & 94 peuvent quelquefois passer l'hiver en pleine terre dans le climat de Paris; mais il est plus prudent de les tenir en pot pour les rentrer dans l'orangerie aux approches des grands froids. Comme elles ne donnent presque jamais de graines dans ce climat, on n'a d'autre moyen de les multiplier, lorsqu'on n'en reçoit pas de leur pays natal, que par le déchirement des vieux pieds, déchirement qui s'effectue au printemps, & qui réussit le plus ordinairement.

Quoiqu'originaire du midi de la France, le Sainfoin commun, qu'on appelle aussi *esparcette & bourgogne*, étoit encore peu cultivé du temps du patriarche de notre agriculture, Olivier de Serres: aujourd'hui il couvre des espaces considérables dans presque toutes les parties de la France, & cependant il est à desirer qu'il s'étende encore davantage; car, 1°. tous les bestiaux l'aiment, soit en vert, soit en sec, & il a sur le trèfle & la luzerne les avantages de donner plus de vigueur aux chevaux, plus de fermeté & de saveur à la chair des bœufs, un lait de meilleure qualité aux vaches, d'éviter aux bêtes à laine la météorisation & la pourriture; 2°. il est extrêmement propre à entrer dans l'assolement des terrains secs & brûlés par le soleil, principalement lorsque ces terrains sont calcaires, & n'y peut être remplacé que fort imparfaitement par toute autre plante.

C'est surtout pour les montagnes de calcaire primitif que le Sainfoin est un magnifique présent de la nature, en ce que ces montagnes ont ordinairement une fort petite épaisseur de terre, & qu'il fait pénétrer dans les fissures de la roche pour aller chercher sa nourriture là où les autres plantes cultivées ne peuvent la puiser. En effet, Tull rapporte qu'il a vu ses racines atteindre jusqu'à trente pieds, & Gilbert en a mesuré qui avoient six pieds & demi. J'en ai fréquemment observé qui approchoient de cette dernière dimension. Ainsi, là il brave les chaleurs les plus fortes, les sécheresses les plus prolongées. Ce n'est que depuis qu'il a été introduit dans les basses Pyrénées, dans les basses Alpes, dans les Cévennes, dans le Jura, dans la ci-devant Bourgogne, dans la ci-devant Champagne, que l'agriculture de ces pays est devenu florissante. J'ai vu dans les propriétés de ma famille, situées sur la chaîne calcaire primitive qui s'étend de Langres à Autun, des terres qui ne rapportoient que de chétives récoltes de seigle ou d'avoine tous les deux ou trois ans, & ne se louoient en conséquence qu'entre un & deux francs l'arpent, rapporter entre les mains de mon père quarante à cinquante francs tous frais faits, après qu'il eut fait entrer le Sainfoin, & par suite le froment & l'orge dans leur assolement.

Au moyen de ses longues racines, de ses nom-

breufes tiges, le Sainfoin retarde confidérablement l'entrainement des terres des pentes dans les
vallées ; c'eft pourquoi il doit toujours entrer
dans l'affolement de ces pentes.

Quoique tout porte à cultiver le Sainfoin principalement dans les terres précitées, il ne faut
pas pour cela l'exclure des fables & des argiles fèches ; il ne faut même pas fe refuser à en mettre de
temps en temps dans les bonnes terres qui ne font
pas trop humides, ne fût-ce que pour éloigner les
retours du trèfle & de la luzerne. Il dure peu dans
les fables, mais y produit de paffables récoltes pendant les deux ou trois premières années. La même
obfervation s'applique à certaines terres crayeufes,
à certaines terres argileufes, lorfqu'il y réuffit,
ce qui n'arrive pas toujours, à raifon de ce qu'elles
retiennent les eaux pluviales qui le pourriffent
avant qu'il ait acquis la force néceffaire pour réfifter à leurs atteintes. Ses recoltes font excellentes
dans les bons terrains, mais cependant moins que
celles de la luzerne ; ce qui doit y faire le plus
fouvent préférer cette dernière.

Il fe fubftitue très-avantageufement aux vignes
qu'on a été forcé d'arracher.

Au rapport de Decandolle, qui a parcouru la
France en obfervateur éclairé des procédés de
l'agriculture, le Sainfoin commun vient mal fur les
montagnes trop élevées & aux expofitions trop
froides. Il propofe de lui fubftituer, dans ces deux
cas, le Sainfoin des Alpes, qui croît fpontanément
à plus de mille toifes de hauteur, & qui en diffère
peu par la qualité & l'abondance du produit.

Quoique l'on fente plus généralement que jamais les avantages de la culture du Sainfoin, que
cette culture, comme je l'ai déjà obfervé, s'é-
tende de jour en jour, elle n'en eft pas pour cela
mieux foignée. Arthur Young avoit déjà remarqué, il y a trente ans, que dans la ci-devant Bourgogne cette plante ne duroit que fix ans au plus,
& que fouvent on étoit obligé de la retourner la
feconde ou la troifième année, tandis qu'en Angleterre il fubfifte ordinairement douze à quinze
ans. Cette foible durée tient, felon cet obfervateur, à la courte durée des baux, au préjugé que
la production du blé doit être préférée à toute
autre, au peu d'importance qu'on met à la multiplication des beftiaux, enfin au peu de foin qu'on
apporte à nettoyer la terre qu'on lui deftine, des
mauvaifes herbes, par des récoltes antérieures de
plantes étouffantes, comme de vefce, de pois
gris & de plantes qui exigent des binages d'été,
comme de pommes de terre, de haricots, &c.

Pour voir profpérer une pièce de Sainfoin, il
eft donc bon de faire précéder fon femis, 1°. d'une
récolte de pommes de terre; 2°. d'une récolte
de vefce ou de pois gris; 3°. de deux & même
trois labours auffi profonds & auffi parfaits que
poffible.

Enterrer la récolte de vefce en vert, ou lui faire
fuccéder, fi c'eft de la vefce d'hiver, un femis de

farrafin, un femis de navette, de rave, &c. pour
en enterrer également les réfultats, eft encore
un moyen de réuffite qui ne cède qu'à une fumure
complète. J'infifte pour améliorer par des engrais
la terre deftinée au Sainfoin, quoique généralement on ne la fume pas, parce que la quantité &
la durée font la fuite de cette opération, & que fi
l'économie eft à defirer en agriculture, la léfinerie
n'y peut être approuvée. *Voyez* RECOLTES EN-
TERRÉES.

Des amendemens, tels que la fuie, la cendre,
la chaux, la marne, font fouvent fort utiles, &
doivent être donnés lorfqu'on a calculé fi leur dépenfe ne couvrira pas l'augmentation du produit
qu'ils peuvent faire efpérer.

Quant aux labours, on fent bien qu'ils doivent
être faits avec foin, puifque leurs effets doivent
durer plufieurs années, & que de plus les racines
du Sainfoin font pivotantes. *Voyez* LABOUR.

Dans la ci-devant Bourgogne, on fait prefque
toujours fuccéder le Sainfoin aux vieilles vignes
qu'on eft forcé d'arracher, & le labour qu'on
donne à la terre, à la main, n'eft prefque qu'un
binage, parce que l'arrachage de la vigne eft un
véritable DÉFONCEMENT. *Voyez* ce mot.

On prétend généralement qu'il faut douze ou
quinze boiffeaux de graine de Sainfoin par arpent, c'eft-à-dire, un peu plus du double de ce
qu'il faudroit de froment fur la même étendue de
terrain ; mais cette quantité ne peut être regardée
que comme une moyenne, car elle dépend de la
nature du fol & de la qualité de la graine. En
effet, à qualité égale il en faut moins fur les bonnes
terres, plus fur les mauvaifes, & il eft des récoltes
de graines qui n'en offrent pas moitié fufceptible
de lever, comme je le prouverai plus bas. La
quantité qui ne lève pas parce qu'elle eft reftée
fur la furface, où elle a été mangée par les campagnols & par les oifeaux, doit auffi entrer en
ligne de compte.

Les femis à la volée font les feuls pratiqués
pour le Sainfoin, parce qu'on s'eft affuré par des
expériences directes, faites en Angleterre, avec
tout le foin poffible, qu'il n'étoit pas avantageux
de les faire en rangées, attendu que les tiges devenoient, dans ce cas, fi groffes & fi dures, qu'elles
ne pouvoient plus être mangées par les beftiaux.

Généralement on fème le Sainfoin avec du feigle, de l'orge ou de l'avoine, tant pour payer la
rente de la terre & les frais de culture de la première année, où il ne produit rien, que pour
l'abriter, dans fa jeuneffe, de l'influence deffé-
chante des rayons directs du foleil. Alors la graine
de ces céréales doit être en quantité moindre de
moitié qu'à l'ordinaire, afin que les feuilles des
pieds qu'elle doit produire n'étouffent pas ceux
de Sainfoin.

Une terre nouvellement remuée & un temps

pluvieux font des circonftances favorables au femis de la graine du Sainfoin, attendu qu'elle lève plus vîte, qu'il y a alors moins de pertes à craindre, & plus de vigueur à efpérer dans le jeune plant.

Mais à quelle époque doit on femer? Dans le midi de la France, c'eft toujours en automne, parce que le plant n'ayant à craindre ni des gelées ni des pluies continues, fe fortifie pendant l'hiver. Dans le nord, à raifon de ces craintes, c'eft prefque toujours au printemps, c'eft-à-dire, à la fin de mars ou au commencement d'avril.

Un bon HERSAGE & un ROULAGE bien appuyé concourent puiffamment à la réuffite d'un femis de Sainfoin, en ce qu'ils enterrent tous les grains & retardent l'évaporation de l'humidité de la furface de la terre, humidité néceffaire à la germination. *Voyez* les mots indiqués.

Par un temps favorable, la graine de Sainfoin ne tarde pas à lever.

Lorfqu'un femis de Sainfoin, fait avant l'hiver, n'a pas réuffi, ou n'a réuffi qu'en partie, on peut le recommencer au printemps fur un fimple herfage. Si c'eft au printemps, il faut le remplacer par une autre plante, fauf à recommencer l'année fuivante.

Les progrès d'un femis de Sainfoin font peu marqués la première année. Celui fait au printemps offre rarement plus de trois feuilles lorfqu'on coupe la céréale qui le protégoit. On doit en éloigner les beftiaux, & ne lui pas faire fentir le tranchant de la faux. Celui fait avant l'hiver pourra donner, fans grands inconvéniens, une foible récolte à la fin de l'été fuivant.

Dans le climat de Paris, on peut déjà couper deux fois le Sainfoin femé l'année précédente. Cependant il vaut mieux ne le couper qu'une fois pour favorifer l'accroiffement des racines, accroiffement qui eft toujours proportionné au nombre des feuilles. On s'en tient ordinairement à ces deux récoltes; mais dans le midi de la France, & encore mieux en Efpagne & en Italie, on le coupe trois, quatre & cinq fois par an, felon la nature du fol. Il eft même des terres fufceptibles de recevoir des irrigations, où on peut en tirer, dit-on, jufqu'à dix récoltes, produit prodigieux, fans doute, mais croyable quand on confidère la puiffance de la chaleur & de l'humidité fur la végétation.

La fauchaifon du Sainfoin doit avoir lieu au moment où la plus grande partie des épis commence à fleurir; fi on attendoit que les graines fuffent formées, on perdroit une partie des feuilles qui fe feroient déjà defféchées, & la plupart des tiges feroient fi dures que les beftiaux ne pourroient pas les manger, les moutons furtout. Il faut recommander aux faucheurs de couper un peu haut, afin de ne pas entamer le collet des racines; car toutes les fois que ce collet, qui fort

quelquefois d'un pouce & plus de terre, eft enlevé, le pied meurt. Cette pratique d'ailleurs ne nuit pas aux produits, & eft avantageufe au fol, puifque la bafe des tiges n'eft pas mangée par les beftiaux, & que, pourriffant fur pied, elle fournit de l'humus pour les récoltes futures.

C'eft ici le lieu de dire que, plus que les autres fourrages, à raifon de cette difpofition à élever hors de terre le collet de fes racines, le Sainfoin gagne beaucoup à être terré la feconde ou la troifième année de fon exiftence, c'eft-à-dire, recouvert, pendant l'hiver, d'un à deux pouces d'épaiffeur de terre. J'ai vu des effets prodigieux, tant pour l'abondance des coupes que pour la durée, réfulter de cette utile opération. *Voyez* TERRAGE.

L'emploi du plâtre en poudre fur les Sainfoins qui font au tiers de leur croiffance, eft très-avantageux à l'accélération de cette croiffance & à l'abondance des produits. On ne doit donc pas le négliger toutes les fois que le prix du plâtre le permet. (*Voyez* PLATRE.) Je dois dire cependant que leur nature plus fèche rend l'effet de cet amendement moins puiffant fur eux que fur le trèfle & la luzerne.

La floraifon du Sainfoin a lieu en juin; elle contribue beaucoup à l'embelliffement d'un payfage. Auffi doit-on faire entrer cette plante dans la compofition des prairies des jardins en terrain fec; fouvent même on doit en compofer entièrement ces prairies, quelque peu agréables qu'elles foient, pendant les quinze jours qui fuivent leur fauchaifon.

Autant que poffible il faut choifir un beau jour pour faucher les Sainfoins, afin qu'ils puiffent être féchés en peu de temps. Plus ils reftent fur la terre, & plus ils noirciffent, & plus ils perdent de leurs feuilles & de leurs fleurs. Cette confidération doit auffi engager, en toutes circonftances, de les botteler de fuite, même un peu avant qu'ils foient complètement defféchés, fauf à laiffer un peu plus long-temps les bottes ifolées ou réunies en petits groupes, pour que le refte de leur humidité s'évapore.

Quelques cultivateurs ftratifient leurs Sainfoins, avant complète defficcation, avec de la paille de froment ou d'avoine, & par-là ils favorifent leur defficcation, & la communication de leur odeur à la paille, ce qui augmente l'appétence des beftiaux pour elle. Ils font donc très-fort dans le cas d'être imités par tous ceux qui font jaloux de perfectionner leur économie domeftique.

C'eft dans des fenils ou dans des greniers bien abrités de la pluie qu'on conferve le Sainfoin; il y doit être le moins taffé poffible: fa confervation en gerbier n'eft point avantageufe, au moins dans le nord de la France.

On ne doit pas chercher à garder plus de deux ans le produit des récoltes de Sainfoin, parce que plus il eft vieux, & plus il perd facilement fes feuilles, & plus fes principes nutritifs fe détériorent.

Les tiges de Sainfoin refufées par les beftiaux peuvent s'employer à chauffer le four, mais le plus communément on les raffemble fur le fumier dont elles augmentent la maffe.

Beaucoup de cultivateurs fe contentent de la première coupe de leurs Sainfoins, qui eft réellement la meilleure, & les font paître enfuite par leurs beftiaux. Prefque toujours cette pratique eft l'effet d'un mauvais calcul de leur part ; car, en la fuivant, ils tirent annuellement moins de nourriture de ces Sainfoins, & ils durent moins long-temps, par le principe que les feuilles concourent à l'augmentation des racines, & les racines à l'augmentation des feuilles. Il eft cependant des cas où il eft bon d'employer ce moyen ; c'eft lorfque la feconde ou la troifième récolte eft trop foible pour mériter les frais du fauchage, ou qu'elle eft trop tardive, ou trop accompagnée de pluies pour qu'on puiffe efpérer de la deffécher convenablement.

De tous les beftiaux, ce font les moutons qui nuifent le plus aux femis de Sainfoin, parce qu'ils mangent le collet de la racine, & font par-là périr les pieds.

La feconde coupe des Sainfoins eft affez généralement celle qu'on confacre à la reproduction de la graine ; auffi, ainfi que je l'ai remarqué plus haut, un quart, un tiers & même moitié de celle qu'on achète ne vaut-elle ordinairement rien, parce que les graines des plantes dont la végétation a été interrompue, font peu nourries & fouvent avortées. Voyez GRAINES.

Quelques perfonnes facrifient la première coupe des vieux Sainfoins, qu'elles veulent rompre, à cet important objet ; mais le même inconvénient en eft la fuite, quoiqu'à un moindre degré, puifque la vieilleffe amène toujours la foibleffe, & de plus la graine de ces vieux Sainfoins eft toujours mélangée, avec quelque foin qu'on la nettoie, d'une partie de celle des mauvaifes herbes qui ont crû au milieu d'eux.

Je voudrois donc que, dans chaque grande exploitation, on confacrât, dans un bon terrain, un efpace fuffifant au femis d'un Sainfoin, dont la première récolte feroit toujours réfervée pour la reproduction de la graine : Ainfi on en auroit conftamment de la meilleure qualité poffible, & on trouveroit au centuple, dans de plus belles productions, la petite dépenfe qu'occafionneroit de plus cette méthode. Voyez GRAINE.

Comme les graines de chaque épi du Sainfoin mûriffent fucceffivement, le point où il faut les récolter eft celui où il y en a la moitié de mûres : plus tard on perdroit les premières, qui font toujours les meilleures, parce qu'arrivées à leur terme, elles tombent facilement. Il faut donc

fe réfoudre à perdre la portion de ces graines qui eft encore impropre à la reproduction.

Pour éviter la perte des graines les plus mûres, il eft bon de couper les Sainfoins deftinés à en donner le matin, avant la chute de la rofée, & les mettre de fuite fur des chars garnis de toiles pour les tranfporter dans la grange ou fur le grenier, où on les retournera deux fois par jour pour achever leur deffication qui eft prompte, s'y trouvant moins de feuilles.

On bat le Sainfoin pour graines quand on en a le temps, mais feulement huit ou dix jours après fa récolte. Le fléau ou la perche peuvent également être employés à cette opération, qu'il eft avantageux de ne pas pouffer à l'excès, puifque les graines qui fe détachent difficilement ne valent rien. Voyez BATTAGE.

La graine détachée fe vanne à l'ordinaire, quoique plus difficilement que celle des céréales, à raifon des afpérités qui garniffent fa furface. Lorfqu'elle eft débarraffée de toutes les matières étrangères, on la vanne une feconde fois, par petites parties, pour féparer la mauvaife, qui eft plus blanche & plus légère que la bonne. Cette dernière, quand la coupe a été faite à propos, doit faire les deux tiers de la totalité.

Mais ce n'eft pas véritablement la graine qu'on voit après ces vannages, c'eft la gouffe. Rarement on met la graine à nu, parce que ce feroit une opération coûteufe, nuifible à fa confervation, & qui favoriferoit fort peu fa germination.

Cette graine tenue dans un lieu fec, à l'abri des ravages des fouris, fe conferve bonne pendant plufieurs années.

La mauvaife graine de Sainfoin bouillie dans l'eau, & mêlée avec du fon, des raves, des pommes de terre, &c., fe donne aux vaches ou aux cochons, qu'elle concourt à nourrir & même à engraiffer.

Les volailles, & furtout les pigeons, aiment la graine de Sainfoin dépouillée de fa gouffe.

On peut utilifer de même, mais avec moins d'avantage, après les avoir hachées menues, les groffes tiges de Sainfoin refufées par les moutons, & celles provenant de la coupe pour graines.

On voit par ce que je viens de dire, combien la culture de Sainfoin, lorfqu'elle eft bien combinée, peut être fructueufe pour les cultivateurs en général, & en particulier pour ceux des pays fecs & montueux, furtout s'ils font calcaires, & combien font mal confeillés ceux qui dédaignent de s'y livrer. Elle a puiffamment aidé au fuccès de M. Yvart, dans les terres fablonneufes de fon exploitation de Maifons près Paris.

Quoique j'aie annoncé que le pâturage du Sainfoin nuifoit à fa repouffe, je n'ai pas voulu m'oppofer à ce qu'on mît les beftiaux après la première coupe dans les champs qui en font femés, lorfque quelques confidérations étrangères à fa nature y obligeoient. On trouve fouvent à cette pratique des avantages confidérables; feulement alors il convient de laiffer fubfifter d'autant moins long-temps tel Sainfoin, qu'il aura été plus détérioré. En général, il vaut toujours mieux avancer que reculer le terme de fa durée.

Trois ans paroiffent le moindre, & douze ans le plus long terme qu'on doive donner de durée au Sainfoin.

Regarnir un vieux Sainfoin, en y femant de la graine, eft toujours une mauvaife opération.

Il exifte plufieurs variétés de Sainfoin connues: l'une a les fleurs blanches; l'autre eft plus grande dans toutes fes parties; une troifième eft plus précoce; ces deux-ci font préférables au type : la dernière furtout pouvant donner une coupe de plus dans les départemens du Nord, doit y être exclufivement cultivée. Déjà elle fe voit abondamment, fous le nom de *Sainfoin chaud*; dans les environs de Péronne, où elle a été introduite par mon excellent ami Debuire de Pincepré. On peut en trouver de la graine chez M. Vilmorin, grainetier à Paris.

A raifon de la hauteur de fes tiges & de la largeur de fes feuilles, le Sainfoin à bouquets, ou Sainfoin d'Efpagne, doit être plus avantageux à cultiver que le précédent dans tous les climats où les gelées de l'hiver, auxquelles il eft extrêmement fenfible, ne peuvent l'affecter. C'eft lui qu'on cultive avec tant de fuccès à Malte, fous le nom de *fulla*, & dont mon célèbre ami Roland de la Platière a fait un fi bel éloge dans fes *Lettres fur l'Italie*, ouvrage trop peu connu, quoique rempli d'obfervations nouvelles & de confidérations importantes fur l'agriculture & les arts.

Ainfi que le Sainfoin ordinaire, le Sainfoin à bouquets fe plaît dans les terres calcaires les plus fèches & les plus brûlées par le foleil, & y donne de très-riches récoltes. C'eft un bienfait principalement pour l'île de Malte, dont l'aridité eft paffée en proverbe. Sans lui on ne pourroit y nourrir d'autres beftiaux que quelques moutons & quelques chèvres, encore ceux-ci feroient-ils expofés à mourir de faim pendant l'été, époque où la plupart des plantes fourrageufes fe deffèchent complétement, au lieu qu'on y voit paffablement de chevaux de luxe, des mulets en affez grand nombre, & fuffifamment de vaches pour l'ufage des habitans.

Quelque favante que foit, fous la confidération du profit, la fabrication des terres dans l'île de Malte (1), l'ignorance de la culture s'y fait remarquer relativement au fulla, dont on fe contente de répandre la graine fur le chaume, après la récolte, au lieu de la femer fur un bon labour. Auffi les produits qu'il fournit font-ils bien infé-

----

(1) Dans cette île on fabrique réellement de la terre en pulvérifant les rochers.

rieurs à ce qu'ils devroient être, quoiqu'ils foient fort confidérables fi on les compare à l'aridité du fol & aux autres fourrages cultivés dans les meilleures terres de cette île.

En Calabre, on fait fuivre cette vicieufe opération d'une autre encore plus vicieufe, c'eft de l'incinération des chaumes, incinération dont la fuite eft la deftruction des abris & de l'humus fournis par ces chaumes.

Quand une fois le fulla a été femé dans un champ, on en obtient, l'année de jachère, une récolte abondante, au rapport de M. Grimaldi; mais cette récolte prouve que les cultivateurs de ce pays font fort peu inftruits des vrais principes; car elle ne peut avoir lieu que parce qu'on a laiffé grainer des pieds au milieu des céréales pendant les deux années qu'elles ont couvert le fol.

Il feroit bien plus avantageux de faire fuccéder le froment & autres céréales au fulla, que de femer ce dernier fur le chaume; mais dans le midi de l'Europe, & même dans la plupart des pays chauds, on croît encore, comme on croyoit il y a cent ans dans toute l'Europe, que la culture du froment devoit toujours être la principale, celle à laquelle il falloit recourir le plus fouvent. *Voyez* ASSOLEMENT & SUCCESSION DE CULTURE.

Quelquefois la graine de fulla, favorifée par les pluies, lève en peu de jours, & alors le femis prend, avant l'hiver, une force fuffifante pour pouvoir réfifter aux petites gelées qui quelquefois fe font reffentir à Malte; dans le cas contraire, les frais du femis font perdus en partie ou en totalité.

La mauvaife culture dont j'ai déjà parlé, fait que les champs de Malte font infeftés de chiendent, dont la multiplication nuit beaucoup à la croiffance du fulla. Il faut donc le farcler, & on le farcle; mais combien cette opération doit être peu fructueufe! Ce n'eft pas en le farclant qu'on peut le détruire; c'eft par des cultures antérieures, d'abord étouffantes, enfuite farclées. *Voyez* MAUVAISES HERBES & CHIENDENT.

C'eft ordinairement en mai qu'on fait la première coupe du fulla; cependant, comme plus on en fait & plus les profits font grands, comme plus on le coupe de bonne heure, & moins fes tiges font dures, il eft plus convenable d'en faire la première récolte dès que les fleurs commencent à s'épanouir, ce qui a lieu en avril.

Étant vivace, le fulla peut, comme le Sainfoin, donner des récoltes pendant plufieurs années, celles de la feconde étant plus abondantes que celles de la première; mais à Malte on le cultive, comme en France le trèfle, c'eft-à-dire, qu'on ne le laiffe fubfifter qu'un an. Ainfi, après la feconde coupe, on le retourne pour mettre une autre culture à fa place, le plus fouvent le froment ou l'orge.

La coupe & la confervation du fulla ne diffèrent pas de celles du Sainfoin commun.

On a le bon efprit, dans l'île de Malte, de ré-

ferver une portion de champ pour donner exclufivement de la graine de fulla.

Tout ce que j'ai dit plus haut, à l'occasion des
foins à donner à la récolte, au nettoiement & à
la conservation de la graine du Sainfoin commun,
s'applique à celle-ci.

Il eft à defirer que la culture du Sainfoin à bouquets s'étende dans les parties méridionales de la
France, où elle n'eft connue que dans un petit
nombre de lieux, parce que fes réfultats font bien
plus profitables que ceux du Sainfoin commun.

On a, à différentes époques, tenté d'introduire
la culture de cette efpèce dans les départemens
feptentrionaux; mais comme on ne peut femer fa
graine qu'au printemps, à caufe des fortes gelées
ou des pluies fréquentes de l'hiver, on n'en obtient qu'une récolte, encore n'eft-ce que lorfque
les étés & les automnes font chauds; ce qui arrive rarement. Là donc on fe borne à en femer
quelques graines en pots, qu'on placé fur une
couche à châffis, & dont on repique le plant,
lorfqu'il a cinq à fix feuilles, dans un lieu expofé
au midi, pour jouir, en automne, de fes belles
fleurs. (Bosc.)

SAINT-ÉTIENNE : variété de FROMENT.

SAINT-GERMAIN : variété de POIRE. Voyez
POIRIER dans le Dictionnaire des Arbres & Arbuftes.

SAINTE-NEIGE. On donne ce nom au CHIEN-
DENT dans le Médoc.

SAJORE. La PLUKENÉTIE porte ce nom.

SAISON : divifion de l'année en quatre parties,
d'après le cours du foleil & l'influence de fon action fur la végétation, & par conféquent fur les
travaux de l'agriculteur.

Les quatre Saifons s'appellent le PRINTEMPS,
l'ÉTÉ, l'AUTOMNE & l'HIVER. Voyez ces mots.

Les Saifons, dans la théorie, ne coïncident
pas rigoureufement avec leurs correfpondantes
dans la pratique : ainfi, aftronomiquement parlant, le printemps commence toujours au 20 mars,
l'été au 20 juin, l'automne au 20 feptembre,
& l'hiver au 20 décembre; mais pour le cultivateur elles varient dans tous les climats, c'eft-à-
dire, fous toutes les latitudes, & chaque année
dans le même climat. Par exemple, lorfqu'il ne
gèle plus, il dit que le printemps eft arrivé; &
cette époque, à Paris, eft quelquefois retardée
jufqu'à la mi-mai.

On ne peut donc confidérer les Saifons d'une
manière abfolue dans un ouvrage fur l'agriculture
en général; & lorfqu'on eft obligé de le citer,
il faut toujours indiquer le lieu qu'on a en vue.

Très-fréquemment le mot Saifon a une acception détournée dans le langage des cultivateurs;
ainfi il fignifie l'année dans cette phrafe, j'enfemence douze arpens de froment par Saifon, phrafe
ufitée fréquemment dans les pays où la culture
triennale avec jachère eft encore en faveur; ainfi,
lorfqu'un maraicher des fauxbourgs de Paris dit, je

commence aujourd'hui ma feconde Saifon, il entend
qu'il couvre pour la feconde fois fon terrain de
productions annuelles deftinées à être confommées avant leur complète évolution. Voyez JA-
CHÈRE & MARAICHER.

La fortune des cultivateurs dépend de la fucceffion régulière des Saifons plus que de toute autre
circonftance, parce qu'ils ne peuvent la prévoir,
& par conféquent y apporter des remèdes, du
moins en grand, lorfqu'elle ne lui eft pas favorable. Il eft impoffible d'ailleurs que cette fucceffion
foit complétement conforme aux defirs de tous,
puifqu'elle ne peut être la même, avec avantage,
non-feulement dans tous les climats, mais encore
dans le même climat pour toutes les expofitions,
les natures des terres, les fortes de cultures, &c.

Les Saifons font ou trop froides, ou trop
chaudes, ou trop fèches, ou trop humides; le
tout dans des combinaifons fans nombre, relativement aux climats, aux expofitions, aux natures
des terres, aux fortes de cultures. La plus avantageufe eft celle où la chaleur la plus convenable
alterne avec des pluies fuffifantes.

Comme c'eft le froment qui eft l'article le plus
précieux de nos cultures, je le prendrai pour
exemple : or, il eft reconnu que, dans le climat de
Paris, lorfque l'hiver eft trop fec ou trop froid,
il ne prend pas affez de corps; s'il eft trop humide,
il pourrit plus dans les terres fortes, dans les expofitions feptentrionales; s'il eft trop court ou
trop chaud, il pouffe trop en herbe. Si le printemps eft en même temps chaud & humide, il pouffe
encore plus en herbe, ou devient fujet à verfer,
ou donne peu de grains; s'il eft fec ou froid, la végétation fe ralentit, & il eft faifi par les premières
chaleurs, de manière à donner & peu de paille &
peu de grains. Si l'été eft trop humide, les grains
mûriront tard, & feront expofés à germer dans leur
balle; s'il eft trop fec, ces grains refteront petits,
feront retraits, &c.

Toutes les cultures font foumifes aux mêmes
inconvéniens, ainfi qu'on le verra aux articles
qui les concernent.

Ce dont je viens de traiter eft fufceptible de confidérations fort étendues; mais comme ces confidérations font l'objet de la plupart des articles
fpéciaux de cet ouvrage, je me difpenfe de les
rappeler ici.

Les travaux de l'agriculteur varient felon les
Saifons, & leur énumération feroit ici indifpenfable, fi je n'avois eu foin de les indiquer à chacun des douze mois de l'année, aux articles defquels je renvoie le lecteur. (Bosc.)

SALACE. SALACIA.

Arbriffeau de la Chine encore imparfaitement
connu, mais qui paroît devoir conftituer feul un
genre dans la gynandrie triandrie.

Cet arbriſſeau n'a pas encore été introduit dans nos cultures. (*Bosc.*)

SALADE : mets aſſaiſonné avec du ſel, du poivre, du vinaigre & de l'huile.

Par extenſion on appelle ſouvent du même nom des plantes dont on mange les feuilles ſouvent les feuilles crues, aſſaiſonnées de cette manière.

Ces plantes ſont, en France, la LAITUF, la CHICORÉE, le PISSENLIT, l'ENDIVE, le CRESSON, la MACHE, le CHOU, le CÉLERI & le POURPIER, plantes auxquelles on mêle quelquefois le CERFEUIL, le PERSIL, la CIBOULE, l'OIGNON, la BACCILE, la PIMPRENELLE, la MENTHE & le BASILIC.

La conſommation des Salades eſt telle à Paris, que leur culture eſt l'article le plus important des maraichers des environs de cette ville. (*Voyez* MARAICHERS.) Le but qu'ils ſe propoſent d'atteindre, eſt de produire le plus promptement le plus grand nombre de pieds, ayant les feuilles les plus grandes & les plus douces poſſible. Ils y arrivent au moyen des ENGRAIS, des ABRIS & des ARROSEMENS, ainſi que par le choix des VARIÉTÉS (*voyez* ces mots); mais leurs Salades ſont expoſées à être ſans ſaveur, & même à avoir une ſaveur de fumier très-déſagréable, tandis que, dans les jardins des particuliers, où les Salades ſont plus lentes à pouſſer, plus petites & plus dures, elles n'offrent pas ces inconvéniens. *Voyez* JARDINS. (*Bosc.*)

SALADELLE. On donne ce nom au STATICE MARITIME dans la Camargue.

SALAISON : chair conſervée en état d'être mangée au moyen d'une ſurabondance de ſel.

Toute chair eſt ſans doute ſuſceptible de cette préparation; mais dans l'uſage de la vie on n'y emploie guère en Europe, parmi les quadrupèdes, que celle du bœuf & du cochon; parmi les oiſeaux, que celle de l'oie; & parmi les poiſſons, que celle du ſaumon, de l'eſturgeon, du thon, de la morue, du maquereau, du hareng, de la ſardine & de l'anchois.

Les profits des grandes pêches ſeroient conſidérablement diminués, ſi on ne pouvoit en tranſporter au loin les produits au moyen de la Salaiſon ou de la fumaiſon.

C'eſt principalement pour la nourriture des gens de mer, qui ne peuvent renouveler leurs proviſions tant qu'ils n'abordent pas, & pour les peuples du Nord, qui ſont ſix mois ſous la neige, que les Salaiſons ſont néceſſaires. Les habitans des pays chauds ne les recherchent que par ſuite d'une dépravation de goût; car il paroît certain que leur uſage habituel y donne ſouvent lieu à des maladies putrides.

Les cultivateurs, qui ſouvent vivent iſolés, & ne peuvent par conſéquent ſe procurer de la viande fraîche tous les jours, doivent d'autant plus ſe pourvoir de viande ſalée, que cette viande ayant toujours moins d'un an de préparation,

n'eſt nullement mal-ſaine, & que d'ailleurs ils ont des végétaux en abondance pour contre-balancer ſes effets diététiques. Je deſire donc que non-ſeulement ils ſalent des cochons, comme ils le font aſſez généralement, mais encore des bœufs, & qu'ils ſe pourvoient en plus grande abondance de poiſſons ſalés.

La Salaiſon des poiſſons n'étant pas du domaine de l'agriculteur, je n'en parlerai pas ici, mais je renverrai au *Dictionnaire d'Ichthyologie* ceux qui voudront en connoître les procédés.

Il peut paroître auſſi facile de ſaler de la viande de bœuf que de la viande de cochon, que tout le monde parvient à faire également bien. Cependant deux ſeules localités, toutes deux dans le Nord, le Holſtein & l'Irlande, ont acquis la réputation de ſaler complétement bien le bœuf, & les efforts faits juſqu'à préſent en France, pour arriver au même réſultat, n'ont point été ſatisfaiſans; circonſtance qui a engagé la Société d'encouragement à propoſer un prix ſur cet objet.

Voici rigoureuſement la manière avec laquelle on procède à Hambourg pour la préparation du bœuf ſalé & fumé.

Les appareils néceſſaires conſiſtent en un *cellier*, en un *ſaloir*, quelques *baquets* & un *ſéchoir*, dans lequel on place les viandes qui ont reçu le degré convenable de Salaiſon.

Le cellier eſt ordinairement au-deſſous du niveau du ſol, & il a peu de jour, afin que la température y ſoit toujours douce & égale. Sa grandeur varie.

Le ſaloir conſiſte en une table de madrier de chêne, avec des rebords, ſur trois de ſes côtés, de quatre pouces de hauteur.

Les baquets ſont en douves cerclées, pour éviter la perte de la ſaumure; ils ont une rondelle munie d'une anſe.

Le ſéchoir eſt le plus ſouvent une chambre en planches, faiſant partie d'un grenier; elle a une fenêtre & trois ouvertures ſuſceptibles d'être fermées; ſes parois ſont armées de crochets, & ſa partie ſupérieure eſt garnie de perches tranſverſales. Le tuyau d'un poêle, placé au rez de chauffée, y aboutit. La bouche de ce tuyau eſt pourvue d'un couvercle qu'on ouvre à volonté.

La viande qui fournit les meilleures Salaiſons eſt celle médiocrement graſſe. On la coupe, ſelon l'art, en morceaux de ſeize à vingt-quatre livres, en en enlevant les plus gros os, & on la laiſſe ſe mortifier pendant deux à trois jours, afin de l'attendrir, dans un lieu froid & obſcur, mais non humide. Ces morceaux ſont enſuite apportés ſur le ſaloir, ſaupoudrés de ſel & fortement frottés avec une pierre rude & plate, afin qu'il y pénètre mieux. Ces deux opérations ſe répètent juſqu'à ce que la viande n'abſorbe plus de ſel.

Cela fait, on met les morceaux dans un des baquets, au fond duquel ſe trouve une forte ſaumure; on les couvre de ſel, enſuite de la rondelle.

delle, fur laquelle on place de groffes pierres ou des cubes de fonte.

Environ trois femaines après on retire la viande des baquets, on la laiffe égoutter & on la porte au féchoir, où elle refte de quinze jours à trois femaines expofée à la fumée de petits morceaux de chêne fec en combuftion.

La longueur du tuyau concourt à la bonté de l'opération, parce que la fumée fe débarraffe, pendant le trajet, d'une partie de fon acide, de fon huile & de fa chaleur, & n'exerce par conféquent fon action fur la viande que petit à petit; de forte que fa furface eft moins altérée & fon intérieur plus modifié. Peu de bois en combuftion produit le même effet. Les bois réfineux donnent une faveur défagréable.

Pour ce qu'on appelle le *bœuf à l'écarlate*, on ne laiffe la viande que fept à huit jours dans les baquets, ou bien on mêle un tiers de falpêtre ou de fel, mais cette addition durcit la viande.

Le bœuf fumé fe conferve dans un endroit fec & aéré. Lorfqu'on l'exporte, on le met dans des caiffes ou dans des barils, dont on remplit les vides avec des cendres tamifées ou du fon.

Avant de faire cuire la viande falée & fumée, on la lave dans de l'eau chaude & on la fait tremper vingt-quatre heures dans l'eau fraîche. Des légumes, & furtout des choux, l'adouciffent beaucoup. Elle ne plaît pas aux perfonnes qui n'y font pas accoutumées.

Les jambons, les fauciffes, les andouilles, &c. fe préparent de même.

Une confidération à laquelle on ne fait pas généralement affez d'attention, eft le choix du fel. Il paroît en effet certain que celui qui fort des marais falans du Midi, n'eft point auffi convenable que celui qui a été expofé pendant au moins un an à l'air, c'eft-à-dire, qui a perdu, par l'effet des pluies, la plus grande partie des fels à bafes terreufes qui s'y trouvoient unis (les muriates de chaux & de magnéfie).

Il femble, d'après cela, que laver, dans une petite quantité d'eau douce, le fel qu'on va employer à une Salaifon, feroit toujours une opération avantageufe.

Une autre circonftance qui influe auffi beaucoup fur la bonté & la longue confervation de la viande falée, c'eft qu'elle ait été bien faignée; ainfi il faut favorifer la fortie du fang des bêtes que l'on tue par tous les moyens connus, principalement en l'empêchant de cailler à l'ouverture de la plaie qui lui donne iffue.

C'eft par la fynovie, c'eft-à-dire, l'efpèce de graiffe fluide qui favorife le jeu des articulations, que commence toujours l'altération de la viande: il faudroit donc fe refufer à conferver les os dans les Salaifons deftinées à être confervées pendant plus d'une année.

Les temps froids & fecs font les plus propres au fuccès des Salaifons de toutes fortes, parce

qu'alors la viande fe corrompt plus difficilement & perd plus promptement la furabondance de lymphe qui s'y trouve: donc c'eft lorfque les vents de l'eft ou du nord foufflent, furtout aux approches de l'hiver & pendant fa durée, qu'on doit les faire. On trouve de plus que cette époque eft celle où les animaux font le plus fouvent arrivés à tout leur embonpoint.

L'animal tué, dépouillé de fa peau, débarraffé de fes vifcères, eft d'abord laiffé au moins vingt-quatre heures fufpendu par les pieds de derrière, pour que fes chairs puiffent s'égoutter & fe raffermir (1); enfuite, fi c'eft un bœuf, on le découpe (felon l'art) en morceaux de cinq à fix livres au moins, rejetant la tête, & même la plus grande partie des os. Ces morceaux font expofés à un courant d'air dans une chambre, fur des planches, pendant encore vingt-quatre heures, pendant lefquelles on les retourne une fois, puis on les frotte de fel fous toutes leurs faces. On les remet pendant le même temps fur les mêmes planches, où ils font de nouveau frottés de fel & retournés, après quoi on les frotte encore de fel & on place fur eux d'autres planches, qu'on charge de groffes pierres.

C'eft le plus fouvent avec la paume de la main, & en appuyant fortement, qu'on imprègne de fel les morceaux de bœuf; mais quelques perfonnes préfèrent les mettre dans un fac avec une quantité furabondante de fel, & les fecouer fortement à deux.

Les morceaux reftent encore vingt-quatre heures fous la preffion, fauf l'inftant où on les retourne & où on les imprègne de nouveau fel; puis ils font mis dans le faloir ou le baril où ils doivent refter.

On doit avoir plufieurs planches, parce que, chaque fois qu'on retourne les morceaux de viande, il faut les changer de place, & que les planches qui ont fervi doivent être lavées & féchées avant d'être employées de nouveau.

Le fel pour les Salaifons doit être réduit en très-petites parcelles (fortement égrugé) & employé le plus fec poffible, à l'effet de quoi il eft toujours bon de le faire féjourner pendant une nuit dans un four dont on vient de retirer le pain.

Les morceaux font placés dans le faloir de manière à n'y laiffer que des vides de peu d'importance, vides qu'on remplit de fel. Ils font tous recouverts d'une petite épaiffeur de fel, & comprimés de nouveau, autant que poffible, foit au moyen de groffes pierres repofant fur une planche, foit, ce qui vaut mieux, au moyen d'une preffe fabriquée exprès, après quoi on ferme le faloir ou le baril le plus exactement poffible, & on

_____

(1) Cook étant dans les îles Sandwick, a obfervé que la chair des cochons que lui fourniffoient les habitans, prenoit mieux le fel quand elle étoit encore chaude, que quand elle étoit refroidie; ce qui eft contraire à la pratique généralement adoptée en Europe.

le conferve dans un lieu peu aéré, ni trop humide ni trop fec.

La quantité de fel qui eft dans le cas d'être employée pour telle quantité de viande ne peut être arbitrée, parce qu'elle dépend de la qualité de la viande, & fans-doute de l'état de l'atmofphère. Les faleurs de profeffion favent juger de celle qu'ils doivent employer par fuite de leur habitude; mais ceux qui ne falent que par circonftance ne peuvent fe guider que fur leur palais, qui eft fouvent un guide trompeur. Il y a moins d'inconvéniens à en mettre trop que pas affez. Le fuperflu, après la confommation de la Salaifon, peut être repris, purifié & employé à d'autres Salaifons, ou donné en nature aux beftiaux.

Une once de nitre (falpêtre purifié) par livre de fel employé, concourt à l'amélioration des Salaifons, principalement en leur confervant une belle couleur rouge qui les rapproche de la viande fraîche. Il ne faut donc jamais négliger de l'ajouter. On ne connoît pas encore la théorie de l'action de ce nitre.

Il fera bon de vifiter le faloir au bout de deux mois, pour, fi malgré les précautions ci-deffus, le fel s'eft trop fondu, retirer les morceaux, les faire fécher & les faupoudrer de nouveau fel, puis enfuite les remettre en place, après avoir nettoyé le faloir.

On doit defirer que les faleurs en grand aient tous des faloirs en madriers de chêne d'environ trois pieds de large fur fix de long, dans lefquels ils mettent d'abord leurs Salaifons, pour, au bout de deux à trois mois, les en retirer, &, après avoir opéré comme je viens de le dire, les renfermer dans des barils & les livrer ainfi au commerce.

Du bœuf de bonne qualité, ainfi préparé, peut fe conferver bon trois ou quatre ans, & mangeable pendant fix.

Lorfqu'on veut faler du bœuf, feulement pour le garder fix mois, ou au plus un an, & c'eft à quoi doivent fe borner les cultivateurs, plufieurs des foins ci-deffus peuvent être négligés fans grands inconvéniens. Ainfi, la plus grande partie des os fera confervée, on ne foumettra pas les morceaux à la première compreffion, on diminuera la quantité de fel employée.

Une autre manière plus expéditive & beaucoup plus économique de faler les viandes, c'eft la faumure. Pour la mettre en pratique, on fait fondre dans la quantité d'eau bouillante, indiquée par la grandeur du faloir & le poids de la viande, autant de fel que poffible; on l'écume & on le verfe dans le faloir où la viande a été au préalable placée, fans être preffée, & on le ferme. Pour plus grande fûreté, au bout d'un mois on retire toute la faumure, on la fait bouillir de nouveau, en y ajoutant du nouveau fel, & on la remet fur la viande, dont tous les morceaux auront été changés de place.

Cette manière de faire les Salaifons doit être, à raifon de fon économie, préférée par les cultivateurs qui ne veulent conferver les viandes que quelques femaines, ou au plus quelques mois. Elle feroit infuffifante pour celles qui font deftinées à fervir à la nourriture des gens de mer pendant de longs voyages.

Dans quelques pays, principalement dans le nord de l'Europe, après que la viande de bœuf a féjourné un ou deux mois dans le fel, on l'en retire pour la fufpendre dans des bâtimens conftruits exprès, où elle s'imprègne de l'acide de la fumée, & prend le nom de *viande fumée*. Alors elle peut fe conferver long-temps fans altération, pourvu qu'elle foit fufpendue dans un lieu fec & aéré.

Quand on a le projet de fumer de la viande, on ne lui donne que la moitié du fel qu'elle auroit employé pour une Salaifon complète.

La viande fumée ne plaît qu'à ceux qui y font habitués.

Le cochon eft l'animal le plus employé aux Salaifons en France & dans le refte de l'Europe, & même dans le Monde. Il fe divife en deux parties, le lard & la chair, & elles fe falent féparément, quoique fouvent dans le même vafe. Tout ce que j'ai dit de la Salaifon du bœuf s'y applique, excepté que les os étant d'un petit volume, ils fe laiffent prefque tous. Le lard fe lève & fe coupe en morceaux les plus grands poffible, quelquefois feulement en deux. La viande fe dépèce (felon l'art) en morceaux de deux ou trois livres. Le plus fouvent on met le tout immédiatement dans le faloir, foit avec du fel fec, foit avec de la faumure, & au bout de trois mois on en retire le lard, pour, après l'avoir faupoudré de nouveau fel, s'il a été dans la faumure, le fufpendre dans un appartement fec, même dans une cheminée, jufqu'à complète confommation. Les jambons, c'eft-à-dire, les cuiffes de derrière, fe difpofent de même, & plus fréquemment dans la cheminée. (*Voyez* JAMBONS.). Le mieux eft, lorfqu'on tue plufieurs cochons à la fois, de faler le lard féparément. La viande garnie d'os, connue fous le nom de *petit falé*, fe mange la première.

Dans la préparation du lard deftiné à être falé, on a foin de ne laiffer que le moins de chair poffible. On calcule ordinairement fur une livre de fel fec & pilé pour dix livres de lard.

Quand on veut préparer le lard & le petit falé pour les voyages de long cours, on doit les traiter pofitivement comme le bœuf.

Rarement on fale le mouton, & encore moins la chèvre, probablement parce que le goût défagréable qui leur eft naturel fe développe par cette opération. Je fonde cette conjecture fur ce que toutes les fois que j'ai mangé de leur viande falée, je lui ai trouvé ce goût.

On pourroit fans doute avantageufement faler

toutes les volailles ; mais, comme je l'ai obſervé plus haut, il n'y a que l'oie & le mulet du canard ordinaire, avec la canne dite *de Barbarie*, qu'on ſoumette à cette opéaration, encore peu ſouvent, leur préparation au moyen de la graiſſe que fourniſſent ces oiſeaux, ou celle du cochon (le ſain-doux) étant plus uſitée (*voyez* OIE & CANARD) : c'eſt en ſaumure qu'on les met le plus communément.

On pourroit auſſi regarder comme des Salaiſons les viandes & les poiſſons qu'on fait cuire à moitié, & qu'on plonge dans du vinaigre fortement ſalé, fortement épicé & fortement aromatiſé.

Tantôt on fait cuire les Salaiſons au ſortir du ſaloir, ſoit dans une ſeule, ſoit dans deux eaux, tantôt on les deſſale auparavant, en les faiſant tremper plus ou moins long-temps dans de l'eau douce : rarement on les mange rôties, ſans leur avoir fait ſubir cette dernière opération.

Les Salaiſons, même les mieux faites, pour peu qu'elles ſoit anciennes, ont un goût particulier qui déplaît à ceux qui n'y ſont pas habitués. On diminue beaucoup, & même ſouvent on fait diſparoître totalement ce goût, en mettant dans l'eau où on la fait cuire, une certaine quantité de charbon de bois. (*Bosc.*)

SALANQUET. C'eſt, dans la Camargue, l'ANSERINE MARITIME.

SALAXIS. *SALAXIS.*

Genre de plantes fort voiſin des bruyères, établi par Willdenow ; pour placer trois eſpèces que Bory Saint-Vincent nous a fait connoître, mais qui ne ſe trouvent dans aucun jardin en Europe.

Eſpèces.

1. Le SALAXIS arboreſcent.
Salaxis arboreſcens. Willd. ♄ De l'Ile-Bourbon.
2. Le SALAXIS des montagnes.
Salaxis montana. Willd. ♄ De l'Ile-Bourbon.
3. Le SALAXIS à feuilles de pin.
Salaxis abietina. Willd. ♄ De l'Ile-Bourbon.
(*Bosc.*)

SALEP. Les racines deſſéchées, dans le Levant, de pluſieurs eſpèces d'orchis portent ce nom dans le commerce.

On fait, en France, un aſſez fréquent uſage du Salep pour nourrir les convaleſcens. Pourquoi donc n'en prépare-t-on point, quoique les orchis y ſoient très-abondans ? Je ne puis réſoudre cette queſtion qu'en rappelant la difficulté d'introduire un nouvel uſage, un nouveau procédé dans les campagnes. *Voyez* ORCHIS.

SALICAIRE. *LYTHRUM.*

Genre de plantes de la dodécandrie monogynie & de la famille de ſon nom, dans lequel ſe placent vingt-quatre eſpèces, dont une eſt très-commune ſur le bord des eaux, & pluſieurs autres ſe cultivent dans nos écoles de botanique. Il eſt figuré pl. 408 des *Illuſtrations des genres* de Lamarck.

Obſervations.

Le genre CUPHÉE, qui faiſoit partie de ce genre, n'ayant pas été traité à ſon article, je le joindrai à celui-ci.

Eſpèces.

1. La SALICAIRE commune, vulgairement *lyſimachie rouge.*
Lythrum ſalicaria. Linn. ♃ Indigène.
2. La SALICAIRE effilée.
Lythrum virgatum. Linn. ♃ Du nord de l'Europe.
3. La SALICAIRE acuminée.
Lythrum acuminatum. Willd. ♃ De l'Orient.
4. La SALICAIRE à fleurs verticillées.
Lythrum verticillatum. Linn. ♃ De l'Amérique ſeptentrionale.
5. La SALICAIRE à feuilles linéaires.
Lythrum lineare. Linn. ♃ De l'Amérique ſeptentrionale.
6. La SALICAIRE à feuilles d'hyſſope.
Lythrum hyſſopifolia. Linn. ☉ Indigène.
7. La SALICAIRE à feuilles de thym.
Lythrum thymifolia. Linn. ☉ Du midi de la France.
8. La SALICAIRE à feuilles de nummulaire.
Lythrum nummularifolia. Perſ. De l'eſt de la France.
9. La SALICAIRE pétiolée.
Lythrum petiolatum. Linn. De l'Amérique ſeptentrionale.
10. La SALICAIRE à feuilles ciliées.
Lythrum ciliatum. Swartz. ♄ De la Jamaïque.
11. La SALICAIRE à feuilles en cœur.
Lythrum cordifolium. Swartz. De Saint-Domingue.
12. La SALICAIRE à trois fleurs.
Lythrum triflorum. Linn. ♃ De l'Amérique méridionale.
13. La SALICAIRE à deux pétales.
Lythrum dipetala. Linn. ♄ De l'Amérique méridionale.
14. La SALICAIRE pemphis.
Lythrum pemphis. Linn. ♄ De Madagaſcar.
15. La SALICAIRE parſonſie.
Lythrum parſonſia. Linn. ♃ De la Jamaïque.
16. La SALICAIRE mélanie.
Lythrum melanium. Linn. ♃ De la Jamaïque.
17. La SALICAIRE à grappes.
Lythrum racemoſum. Linn. ♃ De l'Amérique méridionale.
18. La SALICAIRE cuphée.
Lythrum cuphea. Jacq. ☉ Du Bréſil.
19. La SALICAIRE couchée.
Lythrum procumbens. Cavan. ☉ Du Mexique.

20. La SALICAIRE grêle.
Lythrum strictum. Cavan. ⊙ Du Mexique.
21. La SALICAIRE en épi.
Lythrum spicatum. Cavan. Du Pérou.
22. La SALICAIRE à feuilles sagittées.
Lythrum sagittifolium. Ruiz & Pav. Du Pérou.
23. La SALICAIRE poilue.
Lythrum pilosum. Ruiz & Pav. Du Pérou.
24. La SALICAIRE à pétales égaux.
Lythrum aquipetalum. Cavan. Du Mexique.

Culture.

Nous possédons dans nos écoles de botanique les espèces 1, 2, 4, 5, 6, 7, 9, 10, 12 & 18.
La première, qui est si commune dans les prés humides, dans les marais, sur les bords des étangs, des rivières, &c, est assez belle, lorsqu'elle est en fleurs, pour servir à l'ornement des jardins paysagers, où elle trouve le terrain qui lui est propre.
En France, on ne l'emploie qu'en médecine; mais au Kamtchatka, elle est un article important d'économie domestique, puisqu'on y mange sa moelle, soit crue, soit cuite; puisque cette moelle, après avoir fermenté dans l'eau, fait du vin qui se change en vinaigre, & dont on tire de de l'eau-de-vie; puisqu'on mange ses feuilles en guise d'épinards, qu'on en boit la décoction en guise de thé. Elle est du goût de tous les bestiaux, mais n'en est pas moins nuisible dans les prairies, à raison de la grande étendue de terrain qu'elle y occupe. On doit par conséquent l'en extirper, ce qui est facile, au moyen d'une pioche à fer étroit.
Cette espèce se sème en place, dans les écoles de botanique, & n'y demande aucun autre soin que d'être arrosée pendant l'été.
Il en est de même des espèces 2ᵉ., 5ᵉ., 6ᵉ., 7ᵉ. & 9ᵉ.
Celles des nᵒˢ. 4, 10 & 18, veulent l'orangerie pendant l'hiver. En conséquence, leurs graines se sèment dans des pots, sur couche & sous châssis, & lorsque le plant qui en est provenu a acquis quelques pouces de haut, on le replante seul à seul dans d'autres pots, qu'on arrose fréquemment, & dont on renouvelle la terre tous les deux ans au moins.
La quatrième espèce est une très-belle plante, dont j'avois rapporté beaucoup de graine, mais qui n'a pas subsisté, dans nos jardins, au-delà de deux à trois ans. (*Bosc.*)

SALICOR ou SALICORNE. *Salicornia.*

Genre de plantes de la monandrie monogynie & de la famille des *Arroches*, qui renferme onze espèces, toutes croissant naturellement dans les terrains salés, & dont on peut tirer parti pour faire de la soude. Il est figuré pl. 4 des *Illustrations des genres* de Lamarck.

Espèces.

1. La SALICORNE herbacée.
Salicornia herbacea. Linn. ⊙ Des bords de la mer & des fontaines salées.
2. La SALICORNE ligneuse.
Salicornia fruticosa. Linn. ♃ Des côtes du midi de l'Europe.
3. La SALICORNE des Indes.
Salicornia indica. Linn. De la côte des Indes.
4. La SALICORNE en cône.
Salicornia strobilacea. Pall. ♄ Des bords de la Mer-Caspienne.
5. La SALICORNE de Virginie.
Salicornia virginica. Linn. Des côtes de l'Amérique septentrionale.
6. La SALICORNE d'Arabie.
Salicornia arabica. Linn. ♄ Des côtes de la Mer-Rouge.
7. La SALICORNE feuillée.
Salicornia foliata. Linn. ♄ Des plaines salées de la Sibérie.
8. La SALICORNE amplexicaule.
Salicornia amplexicaulis. Vahl. ♄ Des côtes de la Barbarie.
9. La SALICORNE caspienne.
Salicornia caspica. Pall. ♄ Des bords de la Mer-Caspienne.
10. La SALICORNE en croix.
Salicornia cruciata. Forsk. ♄ Des bords de la Mer-Rouge.
11. La SALICORNE vivace.
Salicornia perennans. Pall. ♃ Des plaines salées de la Sibérie.

Culture.

Les espèces des nᵒˢ. 1, 2 & 6, sont les seules qui se voient dans nos écoles de botanique.
La première est de pleine terre & se sème en place. Il seroit bon de lui donner, pendant l'été, quelques arrosemens d'eau salée; mais du reste elle ne demande aucun soin.
La forme singulière de la seconde la fait remarquer; aussi la place-t-on comme ornement dans quelques jardins paysagers. Elle se multiplie, ou de graines qu'elle donne annuellement dans le climat de Paris, ou mieux de boutures qui se font au printemps sur couche & sous châssis, & qui réussissent presque toujours. C'est la terre de bruyère qui lui convient le mieux, & on la lui change tous les ans. Les plus vieux pieds sont ceux qui font le plus d'effet, mais il ne faut pas qu'ils soient défigurés par une taille trop exagérée.
La troisième espèce est rare. Sa multiplication & sa culture ne diffèrent pas de celle de la précédente.
Ainsi que les soudes, toutes les Salicornes donnent du sel de soude par leur incinération. La première, la seule qui se trouve sur les côtes de France, y est employée, & même a été, pendant

quelques années, femée exprès pour cet objet à l'embouchure du Rhône. En Espagne, on brûle habituellement la feconde dans le même but.

Comme ce que j'ai dit de la culture des foudes annuelles & des foudes vivaces convient rigou-reufement à ces deux Salicornes, je renvoie le lecteur au mot SOUDE. (*Bosc.*)

SALICOR. On donne ce nom tantôt aux SOU-DES herbacées, tantôt à la SALICORNE. *Voyez* ces mots.

SALIETTE : nom de la CONISE ÉMOUSSÉE à l'île de la Réunion.

SALIGOT. Ce nom s'applique à la MACRE & à la TRIBULE. *Voyez* ces mots.

SALIQUOT : nom vulgaire de la MACRE. *Voy.* ce mot.

SALISBURI. *SALISBURIA.*

Arbre du Japon, qu'on cultive en pleine terre aux environs de Paris, & dont il fera parlé dans le *Dictionnaire des Arbres & Arbuftes.*

SALLE DE VERDURE : enceinte d'arbres plantés à égale diftance, dont les branches du côté extérieur font fupprimées chaque année pour faire augmenter d'autant celles du côté intérieur & leur faire former berceau.

Les Salles de verdure font quelquefois un bon effet dans les jardins, même dans les jardins pay-fagers; mais il ne faut pas qu'elles foient trop multipliées ni trop vaftes. Souvent elles entourent un baffin; fouvent des ftatues les ornent : un vafe en marque fouvent le centre. Tantôt le fol en eft fablé dans toute fon étendue, tantôt le milieu eft gazonné. *Voyez* JARDIN.

SALMATIE : fynonyme de TACHIBOTE.

SALMIE. La SANSEVIÈRE s'appelle ainfi. *Voyez* ce mot.

SALOIR. On donne ce nom, ou à de petites boîtes qui, dans les campagnes, fe fufpendent aux murs des cuifines, le plus fouvent dans la che-minée, & qui fervent à contenir féchement le fel dont on fait journellement ufage, ou à d'autres boîtes offrant le plus fouvent la forme pyramidale, ayant un pied carré de bafe & trois pieds de haut, dans lefquelles on met la provifion de fel de l'année, ou enfin à d'autres boîtes au moins deux fois plus grandes, fouvent de la forme de ces dernières, quelquefois cubiques ou parallélogramiques, dans lefquelles on place les morceaux de viande, furtout le lard qu'on veut faler.

Un cultivateur économe doit avoir de ces trois fortes de Saloirs, les deux derniers fermant à clef : on ne peut employer à leur conftruction du bois trop fain & trop fec. Il les placera dans un endroit fec & peu aéré.

Les Saloirs à falaifons doivent être en planches de chêne d'un pouce d'épaiffeur, jointes par des rainures, & fermés par un couvercle de même matière. Il eft toujours bon de fortifier leurs angles par de longues équerres en fer. Leur grandeur &

leur nombre feront proportionnés à la quantité de falaifons qu'on doit faire & conferver. Ils feront vifités fouvent quand ils feront remplis, afin de s'op-pofer, avec du fuif, du maftic, des bandes de pa-pier, &c., au fuintement de faumure qui pour-roit fe faire par les jointures. *Voyez* SALAISONS & SEL. (*Bosc.*)

SALOMON. *SALOMONIA.*

Plante annuelle de la Chine, qui conftitue un genre dans la monandrie monogynie, mais que nous ne cultivons pas dans les jardins de l'Europe. (*Bosc.*)

SALPÊTRE : fel qu'on retire des décombres des maifons, des terres des caves, des écuries, &c., & qui eft compofé de plufieurs autres, dont les principaux font les nitrates de potaffe, de foude, de chaux, de magnéfie; les muriates & les fulfates de même bafe.

C'eft principalement pour le nitrate de potaffe, ou fimplement le nitre, qu'on exploite les dé-combres & les terres, parce que c'eft avec lui qu'on fabrique la poudre à canon, dont, malheu-reufement pour elles, les nations de l'Europe font une fi prodigieufe confommation. *Voyez* NITRE.

Il pourroit être fouvent avantageux aux culti-vateurs d'extraire le Salpêtre de leurs bâtimens, foit fous le rapport de la confervation de ces bâ-timens, foit fous celui du produit de fa vente; mais en France le Gouvernement s'eft attribué le droit exclufif de fa fabrication.

Le Salpêtre fe reconnoît à fa faveur fraîche & à fa propriété de brûler avec éclat (fufer) lorf-qu'on le met fur un charbon ardent.

Les animaux domeftiques aiment beaucoup le Salpêtre, les ruminans furtout : on devroit leur en donner préférablement au fel marin dans les pays où on élève beaucoup de bœufs, de vaches ou de moutons. Les pigeons en font fi friands, qu'on peut les attirer dans un colombier unique-ment par fon moyen.

Tout le Salpêtre retiré par le houffage des murs, des écuries, des étables, des bergeries, des caves, &c., devroit être réfervé pour ces objets ou jeté fur le fumier pour en augmenter la bonté.

Les cultivateurs n'emploient le Salpêtre, lorf-qu'il eft purifié, que pour les falaifons, auxquelles il donne une plus belle apparence, & pour la mé-decine humaine & vétérinaire. Toujours il eft bon qu'ils en aient une petite provifion. (*Bosc.*)

SALPIGLOSSE. *SALPIGLOSSA.*

Plante herbacée du Pérou, qui, fuivant Ruiz & Pavon, forme feule un genre dans la tétrandrie monogynie.

Cette plante n'étant pas cultivée dans nos jar-

dins, n'eſt pas dans le cas d'un article plus étendu.
(Bosc.)

SALSA : plante du Pérou., qui appartient au genre HERRERIE de Ruiz & Pavon.

SALSEPAREILLE. SMILAX.

Genre de plantes de la diœcie hexandrie & de la famille des *Aſperges*, qui réunit quarante-huit eſpèces, dont une eſt indigène à la France, & pluſieurs autres ſe cultivent dans nos écoles de botanique. Il eſt figuré pl. 817 des *Illuſtrations des genres* de Lamarck.

Eſpèces.

Salſepareilles à tiges anguleuſes & armées d'épines.

1. La SALSEPAREILLE piquante.
Smilax aſpera. Linn. ♄ Du midi de la France.
2. La SALSEPAREILLE de Mauritanie.
Smilax mauritanica. Poir. ♄ De la Barbarie.
3. La SALSEPAREILLE à longues tiges.
Smilax excelſa. Linn. ♄ Du Levant.
4. La SALSEPAREILLE de Catalogne.
Smilax catalonica. Poir. ♄ De l'Eſpagne.
5. La SALSEPAREILLE épineuſe.
Smilax ſpinoſa. Poir. ♄ Des Indes.
6. La SALSEPAREILLE de Ceylan.
Smilax ʒeylanica. Linn. ♄ Des Indes.
7. La SALSEPAREILLE officinale.
Smilax ſarſaparilla. Linn. ♄ De la Caroline.
8. La SALSEPAREILLE perfoliée.
Smilax perfoliata. Lour. ♄ De la Cochinchine.
9. La SALSEPAREILLE papyracée.
Smilax papyracea. Poir. ♄ De Cayenne.
10. La SALSEPAREILLE à feuilles de gui.
Smilax viſcifolia. Poir. ♄ De Saint-Domingue.
11. La SALSEPAREILLE du Pérou.
Smilax obliquata. Poir. ♄ Du Pérou.
12. La SALSEPAREILLE à feuilles lancéolées.
Smilax lanceolata. Walt. ♄ De la Caroline.
13. La SALSEPAREILLE noire.
Smilax nigra. Willd. ♄ De l'Eſpagne.
14. La SALSEPAREILLE quadrangulaire.
Smilax quadrangularis. Willd. ♄ De la Caroline.
15. La SALSEPAREILLE à longues feuilles.
Smilax longifolia. Rich. ♄ De Cayenne.
16. La SALSEPAREILLE de l'Orénoque.
Smilax maypurenſis. Willd. ♄ De l'Amérique méridionale.
17. La SALSEPAREILLE à feuilles oblongues.
Smilax oblongata. Swartz. ♄ De la Guadeloupe.
18. La SALSEPAREILLE hériſſonnée.
Smilax lappacea. Willd. ♄ De l'Amérique méridionale.
19. La SALSEPAREILLE à feuilles en cœur.
Smilax cordifolia. Willd. ♄ Du Mexique.

Salſepareilles à tiges cylindriques & armées d'épines.

20. La SALSEPAREILLE ſquine.
Smilax china. Linn. ♄ De la Chine.

21. La SALSEPAREILLE à feuilles rondes.
Smilax rotundifolia. Linn. ♄ De la Caroline.
22. La SALSEPAREILLE à feuilles de laurier.
Smilax laurifolia. Linn. ♄ De la Caroline.
23. La SALSEPAREILLE tamnoïde.
Smilax tamnoides. Linn. ♄ De la Caroline.
24. La SALSEPAREILLE à feuilles caduques.
Smilax caduca. Linn. ♄ Du Canada.
25. La SALSEPAREILLE à feuilles cuſpidées.
Smilax cuſpidata. Poir. ♄ De l'Amérique méridionale.
26. La SALSEPAREILLE glauque.
Smilax glauca. Mich. ♄ De la Caroline.
27. La SALSEPAREILLE à fleurs preſque ſeſſiles.
Smilax ſubſeſſiliflora. Poir. ♄ Du Bréſil.
28. La SALSEPAREILLE ſyphilitique.
Smilax ſyphilitica. Willd. ♄ De l'Amérique méridionale.
29. La SALSEPAREILLE de la Havane.
Smilax havanenſis. Jacq. ♄ De Cuba.

Salſepareilles à tiges anguleuſes & non épineuſes.

30. La SALSEPAREILLE ciliée.
Smilax bona nox. Linn. ♄ De la Caroline.
31. La SALSEPAREILLE herbacée.
Smilax herbacea. Linn. ♃ De la Caroline.
32. La SALSEPAREILLE à feuilles haſtées.
Smilax haſtata. Willd. ♄ De la Caroline.
33. La SALSEPAREILLE à tiges comprimées.
Smilax anceps. Willd. ♄ De l'Ile-de-France.
34. La SALSEPAREILLE à tiges rudes.
Smilax ſcabriuſcula. Willd. ♄ De l'Amérique méridionale.
35. La SALSEPAREILLE de Cumana.
Smilax cumanenſis. Willd. ♄ De l'Amérique méridionale.
36. La SALSEPAREILLE de Saint-Domingue.
Smilax domingenſis. Willd. ♄ De Saint-Domingue.

Salſepareilles à tiges cylindriques & non épineuſes.

37. La SALSEPAREILLE fauſſe-ſquine.
Smilax pſeudo-china. Linn. ♄ De la Caroline.
38. La SALSEPAREILLE à très-grandes feuilles.
Smilax megalophylla. Poir. ♄ De l'Amérique méridionale.
39. La SALSEPAREILLE à feuilles de tamne.
Smilax tamnifolia. Mich. ♄ De la Caroline.
40. La SALSEPAREILLE pulvérulente.
Smilax pulverulenta. Mich. ♄ De la Caroline.
41. La SALSEPAREILLE pubeſcente.
Smilax pubera. Mich. ♄ De la Caroline.
42. La SALSEPAREILLE à feuilles lancéolées.
Smilax lanceolata. ♄ De la Caroline.
43. La SALSEPAREILLE à trois nervures.
Smilax triplinervia. Willd. ♄ De l'Amérique méridionale.

44. La SALSEPAREILLE ripogóne.
Smilax ripogonum. Forſt. ♄ De la Nouvelle-
Zélande.

45. La SALSEPAREILLE purpurine.
Smilax purpurea. Forſt. ♄ De la Nouvelle-Calédonie.

46. La SALSEPAREILLE des Canaries.
Smilax canarienſis. Willd. ♄ Des Canaries.

47. La SALSEPAREILLE cotonneuſe.
Smilax mollis. Willd. ♄ Du Mexique.

48. La SALSEPAREILLE ſucrée.
Smilax dulcis. Desfont. ♄ De la Nouvelle-
Hollande.

Culture.

On voit dans nos écoles de botanique une douzaine de ces eſpèces ; ſavoir : les 1ʳᵉ., 6ᵉ., 7ᵉ.,
12ᵉ., 17ᵉ., 20ᵉ., 21ᵉ., 22ᵉ., 23ᵉ., 30ᵉ., 31ᵉ. &
48ᵉ.

La première offre, dans les lieux où elle croît
naturellement, des variétés ſans nombre, dont l'aſpeʄt eſt très-pittoreſque. Je l'ai vue en Italie garnir avec beaucoup d'avantage le pied des haies
en terrain ſec & chaud. On la cultive dans nos
orangeries ; mais elle y donne rarement du fruit,
quoiqu'elle y fleuriſſe tous les ans. C'eſt par le
déchirement des vieux pieds qu'elle ſe multiplie
le plus ordinairement, & ce moyen ſuffit bien au-
delà aux beſoins de la culture. Une terre légère,
qu'on renouvelle tous les deux ou trois ans, eſt
celle qui lui convient le mieux. Elle ne demande
des arroſemens abondans que pendant les grandes
chaleurs.

Les autres eſpèces ſe cultivent & ſe multiplient
de même, à l'exception de la ſixième, qui exige la
ſerre chaude.

Les graines des Salſepareilles étant cornées, demandent à être ſemées avant leur deſſéchement,
ou, lorſqu'on les envoie au loin, à être ſtratifiées
dans de la terre humide. Malgré ces précautions,
elles ne lèvent le plus ſouvent que la ſeconde année ; à moins qu'on mette les pots qui les contiennent ſous une bache bien chaude. Les pieds
qu'elles donnent ſe ſéparent la ſeconde année,
pouſſent lentement pendant deux ou trois ans,
& enſuite s'élèvent avec rapidité.

J'ai obſervé en Caroline la plupart des eſpèces
indiquées comme propres à cette contrée. La plus
belle eſt la 22ᵉ., avec laquelle on feroit des tonnelles du plus brillant aſpeʄt, ſi elle pouvoit ſuppor-
ter le froid de nos hivers. La plus commune eſt la
7ᵉ., qui forme dans les lieux marécageux des fourrés ſouvent d'une grande longueur, impénétra-
bles aux plus petits animaux. Sa racine eſt l'objet d'un commerce important, à raiſon du grand
uſage qu'on en fait en médecine. (*Bosc.*)

SALSIFIS ou CERCIFI. *TRAGOPOGON.*

Genre de plantes de la ſyngénéſie égale & de la
famille des *Chicoracées*, dans lequel on a réuni dix-
ſept eſpèces, dont une eſt l'objet d'une culture
fort étendue dans les jardins, & dont pluſieurs
autres ſe voient dans les écoles de botanique. Il
eſt figuré pl. 646 des *Illuſtrations des genres* de Lamarck.

Obſervations.

On a établi aux dépens de ce genre, celui appelé UROSPERMUM, BAREOUQUINE en françaiſ ;
mais comme il n'a pas été mentionné à ce dernier
mot, je le regarde ici comme non avenu.

Eſpèces.

1. Le SALSIFIS des prés, vulgairement *barbe de
bouc.*
Tragopogon pratenſe. Linn. ♂ Indigène.

2. Le SALSIFIS à grandes fleurs.
Tragopogon majus. Jacq. ♂ De l'Autriche.

3. Le SALSIFIS variable.
Tragopogon mutabilis, Jacq. ♂ De la Sibérie.

4. Le SALSIFIS des jardins.
Tragopogon porrifolium. Linn. ♂ Du midi de
la France.

5. Le SALSIFIS à feuilles ondulées.
Tragopogon undulatum. Jacq. ♂ De l'Orient.

6. Le SALSIFIS blanchâtre.
Tragopogon incanum. Willd. ♂ De la Hongrie.

7. Le SALSIFIS d'Orient.
Tragopogon orientale. Linn. ♂ De l'Orient.

8. Le SALSIFIS du Cap.
Tragopogon capenſe. Jacq. ♂ Du Cap de Bonne-
Eſpérance.

9. Le SALSIFIS à feuilles de ſafran.
Tragopogon crocifolium. Linn. ♂ Du midi de
la France.

10. Le SALSIFIS de Dalechamp.
Tragopagon Dalechampii. Linn. ♃ Du midi de
la France.

11. Le SALSIFIS picride.
Tragopogon picroides. Linn. ☉ Du midi de la
France.

12. Le SALSIFIS rude.
Tragopogon aſperum. Linn. ☉ Du midi de la
France.

13. Le SALSIFIS dandelion.
Tragopogon dandélion. Linn. De l'Amérique
ſeptentrionale.

14. Le SALSIFIS laineux.
Tragopogon lanatum. Linn. Du Levant.

15. Le SALSIFIS de Virginie.
Tragopogon virginicum. Linn. ♃ De l'Amérique
ſeptentrionale.

16. Le SALSIFIS à feuilles pointues.
Tragopogon anguſtifolium. Willd. Du midi de
la France.

17. Le SALSIFIS velu.
Tragopogon villoſum. Linn. ♂ De l'Eſpagne.

Culture.

Le Salfifis des prés eft commun dans les prés ni trop fecs ni trop humides, dont le fol eft gras & profond. Les touffes qu'il forme font extrêmement du goût des beftiaux, & en conféquence on doit plutôt chercher à les multiplier qu'à les détruire, quoique, lorfqu'on coupe le foin, elles aient perdu une partie de leurs feuilles. Ces feuilles, dans leur jeuneffe, le mangent dans beaucoup de lieux, ou crues & en falade, ou cuites avec des viandes, & font très-bonnes, ainfi que j'en ai acquis la preuve perfonnelle; de forte que je ne puis deviner pourquoi on n'en fait pas un ufage plus général. Il femble qu'on pourroit le cultiver dans les jardins, pour fa racine, comme celui dont il fera queftion; cependant je fuppofe que ce dernier eft préférable.

Sa culture, dans les écoles de botanique, fe borne à le femer tous les ans en place, & l'éclaircir, le farcler & l'arrofer au befoin.

On cultive pofitivement de même, dans ces écoles, les Salfifis à grandes fleurs, à feuilles ondulées, des jardins, blanchâtre, à feuilles de fafran, picride, rude & velu, quoique plufieurs d'entr'eux foient dans le cas de craindre les hivers rigoureux, parce qu'on réferve des graines pour renouveler les femis au printemps, fi les plantes qui n'ont pas fleuri périffent pendant la première de ces faifons.

Quant aux Salfifis de Dalechamp & de Virginie, comme ils font vivaces, il faut les tenir en pot pour pouvoir les rentrer dans l'orangerie aux approches des gelées. Ces derniers fe multiplient par déchirement des vieux pieds, déchirement qui fe fait au printemps, & qui eft toujours d'une réuffite certaine.

C'eft pour fa racine qu'on cultive le Salfifis des jardins. Cette racine, blanche en dehors, fouvent de la groffeur du pouce & de la longueur du pied, eft d'un excellent goût. Si on lui préfère, dans beaucoup de lieux, celle de la SCORSONÈRE (voyez ce mot), c'eft parce que cette dernière devient moins promptement creufe, & peut par conféquent fervir à la nourriture après l'époque où elle eft arrivée à toute fa croiffance.

Quoique cultivé de toute ancienneté, le Salfifis n'offre pas de variétés affez remarquables pour être préférées par les cultivateurs fous un rapport quelconque; ainfi c'eft de la bonté du terrain & des foins de la culture que dépendent la groffeur & la faveur de fes racines.

Pour que le Salfifis puiffe acquérir toutes les qualités defirables, il faut que la terre où on le fème foit en même temps légère, profonde, fraîche, bien labourée & bien amendée; cependant, comme il prend très-facilement le goût du fumier, des boues des villes, &c., il faut, ou n'amender cette terre qu'avec du terreau bien confommé,

ou n'employer que celle qui a été amendée un an à l'avance.

Ceux qui, dans le climat de Paris, font une grande confommation de Salfifis, en fèment dès la fin de mars, & continuent à en femer tous les huit jours, afin que fi le plant des premiers femis eft frappé par les dernières gelées, celui des fuivantes puiffe le remplacer. Plus le femis eft précoce, & plus les racines deviennent belles. Couvrir ces femis avec des paillaffons ou des planches pendant les nuits froides, eft un furcroît de prudence qu'on devroit avoir plus généralement.

Le femis du Salfifis s'exécute foit en rangées efpacées de huit à dix pouces, foit à la volée. Le premier mode eft préférable, parce qu'il permet des binages, & que les binages concourent toujours au groffiffement plus rapide ou plus confidérable du plant. Dans le fecond, il faut que les graines foient à trois pouces environ de diftance les unes des autres, afin que les pieds ne fe gênent pas réciproquement, car il y a à gagner à avoir de groffes & longues racines, plutôt qu'un grand nombre de racines.

Le plant levé s'éclaircit & fe farcle au befoin; on le bine deux ou trois fois lorfqu'il eft difpofé en rangées; on le ferfouit au moins une fois dans le cas contraire, & on l'arrofe abondamment pendant les féchereffes. Tous les pieds qui montent en fleurs doivent être arrachés auffitôt qu'on s'en aperçoit. Il eft des perfonnes qui coupent les feuilles à la fin de l'été pour les donner aux beftiaux, qui les aiment beaucoup; mais elles agiffent contre leur but, puifque c'eft principalement par elles que les racines fe nourriffent. Voyez FEUILLE.

Généralement on peut commencer à manger les racines de Salfifis vers les premiers jours de feptembre; cependant il vaut mieux, lorfqu'on le peut, attendre un mois plus tard, car ce n'eft qu'alors qu'elles ont acquis toute leur groffeur & leur faveur.

Comme ce n'eft que les très fortes gelées qui frappent les racines de Salfifis laiffées en terre, & qu'il s'y conferve meilleur que dans les ferres à légumes, & encore mieux que dans les caves, il eft bon de ne l'arracher qu'à mefure du befoin; cependant, fi ces fortes gelées étoient annoncées par quelques fignes certains, il faudroit lever la totalité pour l'enterrer près à près horizontalement dans du fable à moitié fec, dans un des abris ci-deffus, ou dans une foffe de trois à quatre pieds de profondeur, qu'on recouvriroit d'un pied & demi de terre. On les mange jufqu'à ce que la végétation fe ranime en elles, c'eft-à-dire, jufqu'en mars ou avril, époque ou toutes deviennent creufes.

Les racines de Salfifis qui font devenues creufes, ou qu'on ne peut pas confommer, fe donnent aux vaches ou aux cochons qui les aiment avec paffion. On doit laiffer en terre les pieds deftinés à

porter

porter des graines, parce que la tranfplantat'on les affoiblit toujours, & que c'eft de la beauté des pieds que dépend la bonté des femences, à l'effet de quoi on couvre ces pieds d'une épaiffe couche de fougère ou de feuilles fèches. (*Voyez* COU-VERTURES.) Dans le cas où on a été obligé de les lever, on choifit les plus belles pour les planter, à un pied de diftance, dans un lieu expofé au midi.

La graine de Salfifis fe recueille chaque jour, à mefure qu'elle fe montre, & elle fe conferve dans des facs de papier dépofés dans un lieu fec. Elle refte bonne pendant trois ans & plus.

Il feroit à defirer que la culture du Salfifis fe fît en grand, mais je ne fache pas un feul endroit, même aux environs de Paris, où elle foit ainfi faite. (*Bosc.*)

SALSIFIS D'ESPAGNE. C'eft la SCORSONÈRE. *Voyez* ce mot.

SALSIGRAME : un des noms du GÉROPOGON. *Voyez* ce mot.

SALUBRITÉ DES LIEUX D'HABITATION ET DES BÂTIMENS RURAUX. Dans les temps anciens où l'ignorance regnoit fans oppofition fur toutes les claffes de la fociété, & encore aujourd'hui dans les contrées où les lumières n'ont pas pé-nétré, on ne portoit aucune attention dans le choix des lieux d'habitation & dans la difpofition interne des bâtimens ruraux. Cependant la con-fervation de la fanté & même de la vie, non-feu-lement des hommes, mais encore des animaux domeftiques, dépend beaucoup de la Salubrité de ces lieux & de ces bâtimens.

On n'eft pas toujours le maître, dans l'état actuel de la fociété, de choifir le lieu le plus fa-lubre d'une contrée pour y bâtir fa demeure, puifqu'il faudroit en être le propriétaire ; mais on peut prefque toujours en choifir la place fur tel domaine, & furtout l'améliorer intérieurement fous le rapport de la Salubrité.

Ainfi l'humidité permanente étant la principale caufe des maladies de l'été & de l'automne, on peut, ou choifir l'endroit le plus fec & le plus aéré, ou rendre plus fain par le defféchement des terres, des marais, des étangs, par l'abatis des bois, par l'expofition au midi ou au levant de la principale façade, par la grandeur des pièces inté-rieures, par les le nombre des croifées, par l'éten-due des caves, &c., celui qu'on eft forcé d'adopter.

Mais les cultivateurs n'ont malheureufement pas toujours le moyen de fe bâtir des habitations affez vaftes, de facrifier de grandes fommes à l'affainiffement du terrain environnant. Dans ce cas ils doivent fe borner à élever le fol, ou à élever leur chambre d'habitation à quelque dif-tance du fol, & à laiffer autour un efpace vide d'arbres.

Quoique je parle de coupe de bois, d'efpace vide d'arbres, ce n'eft pas que je regarde la végé-tation comme mal-faine ; au contraire, il eft tou-jours avantageux d'avoir auprès d'une habitation

quelques arbres ou quelques bouquets d'arbres qui épurent l'air par l'abforption des gaz délétères, qui le rafraîchiffent par l'agitation de leurs feuil-les ; mais j'ai en vue ces maffes qui arrêtent les vents, &, en s'oppofant à l'action des rayons du foleil, entretiennent une humidité conftante.

Lorfque la chambre d'habitation eft au rez de chauffée & qu'il n'y a pas de caves, il faut en garnir le fol, d'un pied d'épaiffeur au moins, de cailloux ou de petites pierres, recouvrir cet af-femblage de charbon de bois groffièrement pilé, & le charbon d'un pavé en pierres ou en briques, à chaux ou à ciment.

On dira peut-être que la plupart des maifons rurales font fituées dans des lieux humides, que le plancher de leur unique chambre eft le plus fouvent le fol même, que même quelquefois cette chambre n'a pas de fenêtre, ou n'en a qu'une fort petite, & que cependant la famille qui l'habite eft bien portante, élève beaucoup d'enfans. Cela eft fré-quemment vrai, parce que l'habitude eft une fe-conde nature, & que les pauvres cultivateurs font plus fouvent hors que dans leur maifon ; mais fui-vez cette famille pendant plufieurs années, & vous prendrez une opinion différente. En effet, les cultivateurs pauvres font très-fujets aux fièvres tierces & quartes produites par la chaleur humide, & ils fuccombent fréquemment après des mois & même des années de perte de temps & de dé-penfe au-deffus de leurs moyens.

Si les ÉCURIES & les ÉTABLES gagnent tou-jours à être pavées comme je viens de l'indiquer, cela eft indifpenfable pour les BERGERIES, pour les POULAILLERS & les COLOMBIERS, parce que les animaux qui les habitent craignent l'humidité. Les TOITS A PORCS même doivent l'être par une autre raifon. (*Voyez* ces mots.) En général, tous ces bâtimens font mieux placés lorfqu'ils font à l'expofition de l'eft ou à celle du midi. (*Bosc.*)

SALVADORE. *SALVADORA.*

Genre de plantes de la tétrandrie monogynie, & de la famille des *Arroches*, formé par une feule efpèce originaire de Perfe, & qui ne fe cultive pas dans nos jardins. Il eft figuré pl. 81 des *Illuftrations des genres* de Lamarck.

SALVINIE. *SALVINIA.*

Plante annuelle qui flotte fur les eaux dor-mantes des parties méridionales de la France, &, avec trois autres, originaires de l'Amérique mé-ridionale, forme un genre dans la famille des *Fougères*. Elle eft figurée pl. 869 des *Illuftrations des genres* de Lamarck.

Cette plante n'eft pas cultivée dans nos jardins. Lorfqu'on veut la poffèder dans les écoles de bo-tanique, on va la chercher dans les marais & on la met dans un baquet plein d'eau, où elle fubfifte jufqu'à la fin de fon évolution naturelle, mais où elle ne fe reproduit pas. (*Bosc.*)

SAMADÈRE. *Voyez* VITTMANN.

SAMANDURE. *Samandura.*

Genre de plantes de la polygamie monœcie, établi par Linnæus, mais dont Aiton a changé le nom en celui d'HÉRITIÈRE, qui appartient déjà à un autre. Les deux efpèces qu'il contient ne fe cultivent pas dans nos jardins.

Efpèces.

1. La SAMANDURE des rivages.
Samandura liitoralis. Linn. ♄ De Ceylan.
2. La SAMANDURE d'Ava.
Samandura fomes. Symes. ♄ Des Indes.
(*Bosc.*)

SAMARE. *Samara.*

Genre de plantes de la tétrandrie monogynie & de la famille des *Nerpruns*, qui comprend deux efpèces, dont aucune n'eft cultivée dans nos jardins. Il eft figuré pl. 74 des *Illuftrations des genres* de Lamarck.

Efpèces.

1. La SAMARE des Indes.
Samara læta. Linn. ♄ Des Indes.
2. La SAMARE coriace.
Samara coriacea. Swartz. ♄ De la Jamaïque.
Quant à la SAMARE PENTANDRE d'Aiton, originaire du Cap de Bonne-Efpérance, & qui paroît devoir former un genre particulier, elle fe voit dans nos orangeries, mais elle y eft fort rare. On la multiplie de graines tirées de fon pays natal. Un mélange de terre de bruyère & de terre franche lui convient. On ne lui donne que de foibles arrofemens.
Voyez pour le furplus le mot RAPANÉE. (*Bosc.*)

SAMBONE : bois odoriférant dont on ne connoît pas l'origine.

SAMENA : fynonyme de SEMER.

SAMENO : arbre de l'Inde, figuré par Rheed, mais qui n'eft pas encore affez complètement connu pour être claffé.
On ne le cultive pas dans nos jardins. (*Bosc.*)

SAMOLE. *Samolus.*

Plante vivace qui feule forme un genre dans la pentandrie monogynie & dans la famille des *Lyfimachies*. Elle eft figurée pl. 101 des *Illuftrations des genres* de Lamarck.

Cette plante n'a aucun agrément ; en conféquence elle ne fe cultive que dans les jardins de botanique, où on la fème dans un pot rempli de terre, pot qu'on place dans un autre pot plus grand, à moitié rempli d'eau. Le plant qui provient de ce femis ne demande qu'à être éclairci & farclé au befoin.

Les beftiaux mangent la Samole fans la rechercher. Elle croît ifolément par petits groupes dans nos marais, & encore plus fréquemment dans les lieux ULIGINEUX (*voyez* ce mot), & elle ne domine nulle part les autres plantes. (*Bosc.*)

SAMOLOÏDE. On dit que c'eft, dans quelques parties de l'Angleterre, la VÉRONIQUE OFFICINALE.

SAMPA.: nom d'un AVOIRA de Cayenne.

SAMYDE. *Samyda.*

Genre de plantes de la décandrie monogynie, & dont la famille n'eft pas encore déterminée. Il renferme vingt efpèces, dont deux fe cultivent dans nos ferres. Sa figure fe voit pl. 355 des *Illuftrations des genres* de Lamarck.

Obfervations.

Ce genre fe rapproche beaucoup des ANAVINGES, des AQUILAIRES, des CASÉARIES, genres qui ont été faits à fes dépens. Comme les deux derniers ne font pas traités à leur article, je citerai ici les efpèces qui leur appartiennent.

Efpèces.

1. La SAMYDE à feuilles luifantes.
Samyda nitida. Linn. ♄ De la Jamaïque.
2. La SAMYDE à fleurs nombreufes.
Samyda multiflora. Cav. ♄ De Saint-Domingue.
3. La SAMYDE velue.
Samyda villofa. Swartz. ♄ De la Jamaïque.
4. La SAMYDE à feuilles glabres.
Samyda glabrata. Swartz. ♄ De la Jamaïque.
5. La SAMYDE pubefcente.
Samyda pubefcens. Linn. ♄ De l'Amérique méridionale.
6. La SAMYDE denticulée.
Samyda ferrulata. Linn. ♄ De Saint-Domingue.
7. La SAMYDE polyandrique.
Samyda polyandra. Willd. ♄ De la Nouvelle-Calédonie.
8. La SAMYDE à grandes feuilles.
Samyda macrophylla. Willd. ♄ Des Indes.
9. La SAMYDE à petites épines.
Samyda fpinefcens. Swartz. ♄ De Saint-Domingue.
10. L'AQUILAIRE ovale.
Aquilaria ovata. Cavan. ♄ Des Indes.
11. La CASÉARIE épineufe.
Cafearia fpinofa. Willd. ♄ De Saint-Domingue.
12. La CASÉARIE à feuilles crénelées.
Cafearia crenata. Lam. ♄ Du Mexique.
13. La CASÉARIE tomenteufe.
Cafearia tomentofa. Swartz. ♄ De la Jamaïque.

14. La CASÉARIE à petites fleurs.
Casearia parviflora. Willd. ♄ De Cayenne.
15. La CASÉARIE à petites feuilles.
Casearia parvifolia. Willd. ♄ De la Martinique.
16. La CASÉARIE sauvage.
Casearia sylvestris. Swartz. ♄ De la Jamaïque.
17. La CASÉARIE pitombier.
Casearia pitumba. Lam. ♄ De Cayenne.
18. La CASÉARIE de l'île de Névis.
Casearia neviana. Lam. ♄ Des Antilles.
19. La CASÉARIE hérissée.
Casearia hirsuta. Swartz. ♄ De la Jamaïque.
20. La CASÉARIE à fleurs verdâtres.
Casearia viridiflora. Lam. ♄ Des Indes.

Culture.

La quatrième & la cinquième espèce sont celles que nous possédons. Elles demandent une terre substantielle, beaucoup de chaleur, & de fréquens arrosemens pendant qu'elles sont en végétation. On les multiplie de boutures faites au printemps, dans des pots sur couche à châssis. Il faut renouveler leur terre tous les deux ans au moins. (*Bosc.*)

SANA. On appelle ainsi, dans le département de Lot & Garonne, l'action de faire écouler les eaux des prairies. *Voyez* IRRIGATION.

SANCHÈZE. *SANCHEZIA.*

Genre de plantes de la diandrie monogynie & de la famille des *Scrophulaires*, qui renferme deux espèces, ni l'une ni l'autre cultivée en Europe.

Espèces.

1. La SANCHÈZE hérissée.
Sanchezia hirsuta. Ruiz & Pav. ♃ Du Pérou.
2. La SANCHÈZE glabre.
Sanchezia glabra. Ruiz & Pav. ♃ Du Pérou.
(*Bosc.*)

SANCHITE. *BLADHIA.*

Genre de plantes de la pentandrie monogynie & de la famille des *Apocinées*, qui réunit quatre espèces, dont aucune ne se cultive dans nos jardins. Il est figuré pl. 133 des *Illustrations des genres* de Lamarck.

Espèces.

1. La SANCHITE glabre.
Bladhia glabra. Thunb. ♄ Du Japon.
2. La SANCHITE velue.
Bladhia villosa. Thunb. ♄ Du Japon.
3. La SANCHITE du Japon.
Bladhia japonica. Thunb. ♄ Du Japon.
4. La SANCHITE à feuilles crépues.
Bladhia crispa. Thunb. ♄ Du Japon. (*Bosc.*)

SANDAL. *Voyez* SANTAL.

SANDARAQUE : résine qui découle du THUYA sans feuilles, décrit par Desfontaines dans sa *Flore atlantique*, & qu'on emploie dans les vernis & pour empêcher le papier gratté d'absorber l'encre. *Voyez* THUYA.

SANELLE : un des noms de la BINETTE.

SANG : liquide qui circule dans le corps des animaux, & dans lequel réside essentiellement leur principe de vie. Un physiologiste célèbre l'a appelé une chair liquide, & en effet il ne diffère pas des muscles par ses principes constituans, ainsi que l'analyse l'a prouvé. *Voyez* ce mot dans les Dictionnaires de *Chimie* & de *Médecine*.

Tirer du Sang a été autrefois le système le plus en vogue parmi les vétérinaires comme parmi les médecins; mais aujourd'hui on le ménage davantage, & avec raison; c'est seulement lorsqu'une grave inflammation menace les organes, lorsque le cerveau s'engorge, qu'on se permet la SAIGNÉE. *Voyez* ce mot. (*Bosc.*)

SANG, MAL DU SANG, MALADIE ROUGE, MALADIE DES MOUTONS DE LA SOLOGNE ou MALADIE DE LA SOLOGNE. On donne ce nom à une maladie des bêtes à laine, dont le principal symptôme est un écoulement de Sang, ou mieux d'humeur sanguine, par les naseaux, par les yeux, par les urines, par l'anus. Sa durée est relative à la force des animaux qui en sont attaqués; elle varie entre trois & douze jours : presque toujours elle est mortelle.

De grandes variations dans la température de l'atmosphère, telles que de fortes chaleurs, de grandes sécheresses, de longues pluies, une nourriture insuffisante ou mal-saine, la privation de la boisson ou une boisson de mauvaise qualité, sont les causes les plus ordinaires de la maladie du Sang. C'est parce que la Sologne est un pays sec pendant l'été, aquatique pendant le reste de l'année, parce que les habitans y sont généralement pauvres & ignorans, qu'elle y règne presque tous les ans, c'est-à-dire, qu'elle y est épidémique & enzootique en même temps.

Les remèdes à employer contre la maladie du Sang sont les toniques, principalement le fer oxidé; mais ils produisent rarement leur effet, parce que lorsqu'elle s'annonce par le symptôme cité plus haut, elle est déjà presqu'incurable, & que les autres sont les mêmes que ceux de la plupart des maladies, comme la tristesse, la lenteur de la marche, la chaleur de la bouche, la dureté du pouls. Ce sont donc des moyens préservatifs qu'on doit employer, & ces moyens consistent à tenir les bêtes à laine dans les bergeries pendant les grandes chaleurs, les grandes sécheresses, les grandes pluies, à les bien nourrir, & à leur donner pour boisson de l'eau légèrement salée ou aiguisée par du vinaigre. *Voyez* BÊTES A LAINE, MERINOS & MOUTONS.

Cette maladie est une véritable décomposition

Hh ij

du Sang ; auffi, à l'ouverture des cadavres, trouve-t-on des engorgemens de Sang noir & des taches gangreneufes fur les vifcères ; auffi la putridité s'établit-elle promptement dans toutes leurs parties.

Les étables où des moutops font morts de la maladie du Sang doivent être exactement nettoyées, lavées & définfectées par les moyens indiqués par Guyton-Morveau. (Bosc.)

SANG DE DRAGON : réfine rouge qui s'emploie en médecine & dans la peinture. Elle provient, foit du DRAGONIER, foit d'un PTÉROCARPE, foit d'un ROTANG, Voyez ces mots.

SANG DE RATE. C'est la même chofe que la maladie DU SANG. Voyez ce mot & ceux BÈTES A LAINE, MOUTON & MÉRINOS. (Bosc.)

SANGA : arbre figuré par Rumphius, & dont les Chinois retirent un vernis qu'ils eftiment beaucoup.

Cet arbre.eft peu connu des botaniftes, & ne fé cultive pas en Europe. (Bosc.)

SANGLIER : type fauvage du cochon domeftique.

Cet animal eft un des plus dangereux ennemis des cultivateurs, car il caufe des dégâts très-confidérables dans les champs de céréales, dans les vignes, &c., autant par fon paffage que par la nourriture qu'il y prend. Ils doivent donc lui faire une guerre à outrance, non en le chaffant, comme les grands feigneurs, avec une meute de gros chiens à ce uniquement deftinée, mais en le tirant à l'affût, en lui tendant des piéges de toutes les fortes.

Celui de ces piéges qui convient le mieux eft un lacet horizontal attaché à un jeune arbre, qui fe relève lorfque la mécanique qui le tient courbé eft détendue par les pieds de l'animal, lequel fe trouve ainfi fufpendu par un de fes pieds de devant ou de derrière.

Les Sangliers concourent, en labourant continuellement le fol, au repeuplement des forêts. Voyez les Dictionnaires des Quadrupèdes & des Chaffes. (Bosc.)

SANGSUE : genre de la claffe des vers qui renferme plufieurs efpèces, dont deux font communes dans les eaux ftagnantes, & peuvent être utiles ou nuifibles aux animaux domeftiques. Il eft donc bon que j'en dife un mot ici, renvoyant, pour les détails relatifs à leur organifation & à leurs mœurs, au Dictionnaire des Vers.

Souvent les chevaux, les vaches, &c., en allant boire ou en traverfant les eaux, font piqués au mufeau, aux jambes, au ventre par des Sang-fues. J'en ai vu qui portoient ainfi une douzaine de ces vers, ce qui les tourmentoit beaucoup & inquiétoit leurs propriétaires. Le premier mouvement eft de les ôter de force ou de les couper en deux avec des cifeaux ; mais, dans le premier cas, on rifque que la tête de la Sangfue refte dans la chair & donne lieu à un ulcère, & dans le fecond

qu'il fe produife une hémorragie. Une pincée de fel ou de tabac, mife fur leur corps, dans le voifinage de leur tête, fuffifant pour les faire tomber en peu de fecondes, ce moyen eft beaucoup préférable ; & c'eft celui que je confeille, fi, à raifon du voifinage de la maifon, on eft à portée de l'employer. Dans le cas contraire, il convient mieux de laiffer les Sangfues fe gorger de fang & tomber naturellement, que de les ôter de force, car ce n'eft pas douze de ces animaux qui peuvent enlever affez de fang à un cheval ou à une vache pour lui nuire.

On accufe quelquefois les Sangfues d'entrer dans l'eftomac des chevaux & des vaches avec l'eau que ces quadrupèdes avalent ; mais il fuffit d'avoir obfervé ces animaux pendant qu'ils boivent, pour être convaincu que cela eft fort difficile, fi ce n'eft pas impoffible à croire. Les morts attribuées à cette caufe font donc réellement dues à une autre.

Les petites Sangfues plates qu'on trouve fréquemment dans les fontaines, & qu'on appelle aujourd'hui des PLANAIRES, font encore plus dans le même cas, puifqu'elles ne cherchent jamais à s'attacher aux quadrupèdes, & que la plupart du temps elles font cachées fous les pierres.

On appelle encore Sangfues de petits foffés établis dans les champs & dans les prairies, foit au moyen de la charrue, foit au moyen de la bêche, pour donner de l'écoulement aux eaux pluviales. Voyez ÉGOUT DES TERRES. (Bosc.)

SANGUINAIRE. SANGUINARIA.

Plante vivace, originaire de l'Amérique feptentrionale, qui feule conftitue un genre dans la polyandrie monogynie & dans la famille des Papavéracées. Il eft figuré pl. 449 des Illuftrations des genres de Lamarck.

J'ai obfervé de grandes quantités de Sanguinaires dans fon pays natal, où elle embellit les forêts en terrains fablonneux dès les premiers jours du printemps, époque où elle entre en fleurs. On la cultive en pleine terre dans nos jardins, mais non avec l'abondance qu'appelle fon élégance. C'eft dans une plate-bande de terre de bruyère & au nord d'un mur qu'elle doit être placée. On la multiplie, foit de graines, dont elle donne fouvent dans notre climat, foit par déchirement des racines, qui tracent beaucoup. Les femis doivent fe faire au printemps dans des terrines placées au nord. Le déchirement des racines a lieu à la fin de l'été, époque où elles ne végètent pas. Le fecond de ces moyens eft préférable, parce qu'il donne des jouiffances dès l'année fuivante. Les vieux pieds ne demandent aucun foin ; mais il faut les indiquer, après la mort de la tige, par des piquets, pour ne pas être expofé à les enlever en labourant. (Bosc.)

SANGUINELLE : nom vulgaire du COR-
NOUILLER SANGUIN.

SANGUINOLE : variétés de PÊCHE & de
POIRE. *Voyez* PÊCHER & POIRIER dans le *Dictionnaire des Arbres & Arbustes.*

SANGUISORBE. *Voyez* PIMPRENELLE.

SANICLE. SANICULA.

Genre de plantes de le pentandrie diandrie &
de la famille des *Ombellifères*, dans lequel se réunissent quatre espèces, dont une est commune
dans nos bois & s'utilise dans la médecine vétérinaire. Il est figuré pl. 181 des *Illustrations des
genres* de Lamarck.

Espèces.

1. La SANICLE d'Europe.
Sanicula europæa. Linn. ⚥ Indigène.
2. La SANICLE de Maryland.
Sanicula marylandica. Linn. ⚥ De l'Amérique
septentrionale.
3. La SANICLE du Canada.
Sanicula canadensis. Linn. ⚥ De l'Amérique
septentrionale.
4. La SANICLE à feuilles de bacile.
Sanicula critmifolia. Pall. ⚥ De la Sibérie.

Culture.

La première espèce croît dans les bois argileux,
où on la recueille pour l'usage de la médecine.
Les bestiaux la repoussent ; cependant dans l'est de
la France, où elle est connue sous le nom d'*herbe
du défaut*, on la donne aux vaches qui viennent de
vêler pour provoquer la sortie de l'arrière-faix.
Sa culture dans les écoles de botanique se borne
à la semer en place, à la sarcler au besoin & à l'a-
briter des rayons du soleil qu'elle craint beaucoup.
On y traite de la même manière la Sanicle du
Maryland, qui y a été introduite depuis plusieurs
années. (*Bosc.*)
SANICLE DE MONTAGNE. On donne ce nom à
la BENOITE. *Voyez* ce mot.
SANICLE FEMELLE. C'est l'ASTRANCE.
SANKERA : plante du Japon qu'on ne peut
rapporter à aucun genre.

SANSEVIÈRE. SANSEVERIA.

Genre de plantes établi aux dépens des ALE-
TRIS, & qui renferme trois espèces.

Espèces.

1. La SANSEVIÈRE de Ceylan.
Sanseveria zeylanica. Willd. ⚥ De Ceylan.
2. La SANSEVIÈRE de Guinée.
Sanseveria guineensis. Willd. ⚥ De l'Afrique.

3. La SANSEVIÈRE lanugineuse.
Sanseveria lanuginosa. Willd. ⚥ Des Indes.
Voyez, pour la culture, au mot ALETRIS.
(*Bosc.*)
SANSONNET : nom vulgaire de l'ÉTOUR-
NEAU. *Voyez* ce mot.

SANSOUÏRE. C'est le nom qu'on donne, aux
environs d'Arles, à une terre végétale imprégnée
de sel dans sa couche inférieure.
Lorsque, par un labour profond, on ramène la
couche salée à la surface, on rend cette surface infertile pour plusieurs années.
C'est la SOUDE & le TAMARIX qu'on doit
cultiver dans cette terre. *Voyez* ces mots & ceux
SEL MARIN & MARAIS-SALÉS. (*Bosc.*)

SANTALIN. SANTALUM.

Arbre de l'Inde, qui seul constitue un genre
dans la tétrandrie monogynie & dans la famille
des *Onagres.* Il est figuré pl. 74 des *Illustrations des
genres* de Lamarck.
Le bois de cet arbre est odorant & s'emploie
pour les parfums & la médecine, sous le nom de
santal blanc.
Comme le Santalin ne se cultive pas dans nos
jardins, je n'ai rien à en dire de plus. (*Bosc.*)

SANTOLINE. SANTOLINA.

Genre de plantes de la syngénésie égale & de la
famille des *Corymbifères*, dans lequel se rangent
treize espèces, dont plusieurs se cultivent dans
les écoles de botanique. Il est figuré pl. 671 des
Illustrations des genres de Lamarck.

Espèces.

1. La SANTOLINE à feuilles de cyprès, vulgairement *garde-robe*, *petit cyprès.*
Santolina chamæcyparissus. Linn. ♄ Du midi
de la France.
2. La SANTOLINE à feuilles de romarin.
Santolina rosmarinifolia. Linn. ⚥ Du midi de
la France.
3. La SANTOLINE à feuilles de bruyère.
Santolina ericoides. Lam. ♄ Du midi de l'Europe.
4. La SANTOLINE verte.
Santolina viridis. Lam. ♄ Du midi de l'Europe.
5. La SANTOLINE très-velue.
Santolina villosissima. Lam. ♄ Du midi de la
France.
6. La SANTOLINE blanchâtre.
Santolina incana. Lam. ♄ Du midi de la
France.
7. La SANTOLINE très-odorante.
Santolina fragrantissima. Vahl. ♄ De l'Arabie.

8. La SANTOLINE à feuilles de ptarmica.
Santolina ptarmicoides. Lam. ♄ Du Levant.
9. La SANTOLINE maritime.
Santolina maritima. Lam. ♃ Du midi de la
France.

10. La SANTOLINE droite.
Santolina erecta. Linn. ♃ Du midi de l'Europe.
11. La SANTOLINE à feuilles d'anthemis.
Santolina anthemoides. Linn. ♃ Du midi de
l'Europe.

12. La SANTOLINE ériosperme.
Santolina eriosperma. Perf. De l'Italie.
13. La SANTOLINE des teinturiers.
Santolina tinctoria. Mol. ☉ Du Chili.

Culture.

Nous cultivons dans les jardins de Paris les efpèces des nᵒˢ. 1, 2, 3, 4, 5, 9, 10, 11 & 12. A
la rigueur, toutes peuvent paſſer en pleine terre
les hivers ordinaires, pourvu qu'elles ſoient dans
un ſol ſec & abrité; mais il n'y a guère que la
première qu'on y mette, parce que c'eſt celle
qui eſt la plus recherchée & la plus ruſtique.
Les plus délicates ſont celles des nᵒˢ. 10 & 11.
Toutes demandent une terre à demi conſiſtante
& peu d'arroſemens, ſurtout pendant l'hiver,
cat c'eſt moins au froid qu'à l'excès d'humidité
qu'elles ſont ſenſibles. Une opération qu'on ne
pratique pas aſſez ſur elles, ſoit qu'elles paſſent
l'hiver en pleine terre, ſoit qu'on les rentre alors
dans l'orangerie, c'eſt de couper preſque tous les
jeunes rameaux, bien perſuadé qu'elles en pouſ-
feront de nouveaux & d'un aſpect plus agréable
au printemps, parce qu'alors elles craignent moins
la CHANCISSURE. *Voyez* ce mot.

On multiplie les Santolines frutefcentes par
graines, par rejetons & par boutures; & les Santolines herbacées, par graines & par déchirement
des vieux pieds.

Les ſemis & les boutures ſe font dans des pots
ſur couche à châſſis. Les rejetons & les portions
de racines peuvent ſe planter immédiatement en
pleine terre.

La plupart des Santolines ſont d'un aſpect agréable, & contraſtent, à raiſon de leur couleur
blanche, avec les autres plantes. On en fait uſage
en médecine comme vermifuges, anticalculeuſes,
&c. Leur odeur forte paſſe pour éloigner les
teignes qui rongent les habits & les meubles.
(*Bosc.*)

SANVITALE. *SANVITALIA.*

Plante annuelle de l'Amérique méridionale,
qui ſeule forme un genre dans la ſyngénéſie ſuperflue & dans la famille des *Corymbifères.* Elle
eſt figurée pl. 686 des *Illuſtrations des genres* de
Lamarck.

Culture.

Les graines de cette plante ſe ſement dans des
pots remplis de terre à demi conſiſtante, pots
qu'on enfonce dans une couche nue. Le plant levé
s'éclaircit d'abord, puis ſe ſépare pour être mis, ſoit
ſeul à ſeul dans d'autres pots, ſoit en pleine terre
à une expoſition méridionale. Elle fleurit depuis
la fin de l'été juſqu'aux premières gelées, qui la
frappent ſans rémiſſion pendant qu'elle eſt dans
tout le luxe de ſa végétation. Les pieds en pots
ſont rentrés dans l'orangerie pour fournir de la
graine, quoique les premières fleurs des pieds en
pleine terre puiſſent amener la leur à maturité.

Cette plante, en couvrant des eſpaces d'un à
deux pieds de diamètre de ſes fleurs noires au
centre & jaunes à la circonférence, peut être très-
propre à l'embelliſſement des parterres dans les
pays méridionaux; mais dans le climat de Paris
elle fleurit trop tard, & eſt trop facilement atteinte par les premières gelées, pour être employée à cet objet. (*Bosc.*)

SAOUARI : arbre de Cayenne, dont les fruits
ſe mangent. Il paroît devoir conſtituer un genre
dans la polyandrie tétragynie, mais il a beſoin
d'être encore étudié. On ne le cultive pas en Europe. (*Bosc.*)

SAOURVUNA. C'eſt le FROMAGER. *Voyez*
ce mot.

SAOUZE : nom du SAULE en Provence.

SAPAN : eſpèce du genre BRÉSILLET. *Voyez*
ce mot.

SAPERDE. *SAPERDA.*

Genre d'inſectes de l'ordre des coléoptères,
qu'il eſt bon que les cultivateurs connoiſſent à raiſon de quelques-unes de ſes eſpèces, dont les larves rongent l'intérieur du tronc ou des branches
des arbres, & ſont par conſéquent dans le cas de
nuire lorſqu'elles ſont multipliées. *Voyez* ce mot
dans le *Dictionnaire des Inſectes.*

La SAPERDE CARCHARIAS : ſa larve, qui eſt
groſſe, vit principalement dans la tige des peupliers, qu'elle perfore dans tous les ſens vers
la racine.

La SAPERDE SCALAIRE : ſa larve, quoique
plus petite, produit les mêmes effets dans le tronc
de l'érable ſycomore.

La SAPERDE OCULÉE : ce que je viens de dire
convient encore à la larve de celle-ci, qui vit
dans le bois du ſaule.

Ces trois eſpèces ſont généralement trop rares
pour qu'on ſe plaigne de leurs ravages; mais il n'en
n'eſt pas de même des ſuivantes, qui cauſent ſouvent la mort des branches des arbres.

La SAPERDE CYLINDRIQUE : ſa larve vit aux
dépens de la moelle des branches des poiriers,
des pommiers & des pruniers, branches qu'elle
fait preſque toujours périr. C'eſt dans le Midi
qu'elle cauſe le plus de pertes.

La SAPERDE DU PEUPLIER : fa larve furabonde quelquefois tant dans les branches des peupliers de Hollande & tremble, plantés en terrains fecs, de forte qu'elle empêche ces arbres de s'élever, & les déforme complétement. On reconnoît fa préfence à des nodofités ovoides plus ou moins groffes, qui entourent les branches; elle vit deux ans. Lorfqu'elle eft fortie & que la branche n'eft pas morte, cette dernière fe caffe facilement, par l'effet des vents, au trou qu'elle a laiffé. Elle nuit beaucoup aux greffes dans les pépinières de Verfailles.

La SAPERDE DU TREMBLE : fa larve dévore également la moelle des trembles & des peupliers, principalement dans le midi de la France. Il y a quelques années qu'elle a caufé de grands dommages dans les promenades des environs de Touloufe.

On ne connoît que deux moyens de mettre obftacle aux ravages des Saperdes : le premier, c'eft de faire la chaffe aux infectes parfaits pour les tuer ; mais il eft difficile à mettre en pratique; le fecond, qui ne s'applique qu'aux trois dernières efpèces, c'eft de couper les branches qui offrent des nodofités, mais il eft prefqu'infructueux lorfque les cultivateurs voifins ne font pas de même. (Bosc.)

SAPIN. ABIES.

Genre d'arbres qui renferme plufieurs efpèces, dont deux croiffent naturellement en France, & dont, outre ces deux, fix ou fept fe cultivent en pleine terre dans le climat de Paris. Il en fera fait mention en détail dans le *Dictionnaire des Arbres & Arbuftes.*

SAPINETTES : efpèces du genre précédent, qui croiffent en Amérique.

SAPONAIRE. SAPONARIA.

Genre de plantes de la décandrie digynie & de la famille des *Caryophyllées,* qui eft conftitué par neuf efpèces, dont une eft commune dans nos campagnes, & dont la plupart fe cultivent dans nos écoles de botanique. Il eft figuré pl. 376 des *Illuftrations des genres* de Lamarck.

Efpèces.

1. La SAPONAIRE officinale.
Saponaria officinalis. Linn. 4 Indigène.
2. La SAPONAIRE rampante.
Saponaria ocymoides. Linn. 4 Du midi de la France.
3. La SAPONAIRE de Crète.
Saponaria cretica. Linn. De Candie.
4. La SAPONAIRE à fleurs pendantes.
Saponaria porrigens. Linn. ⊙ Du Levant.
5. La SAPONAIRE d'Illyrie.
Saponaria illyrica. Linn. De l'Illyrie.

6. La SAPONAIRE à fleurs rouges.
Saponaria vaccaria. Linn. ⊙ Du midi de la France.
7. La SAPONAIRE d'Orient.
Saponaria orientalis. Linn. ⊙ Du Levant.
8. La SAPONAIRE à fleurs jaunes.
Saponaria lutea. Linn. 4 Des Alpes.
9. La SAPONAIRE à feuilles de paquerette.
Saponaria bellidifolia. Smith. 4 De l'Italie.

Culture.

La première efpèce croît dans les terrains argileux, & y forme des touffes d'un bel afpect lorfqu'elle eft en fleurs. Les beftiaux n'y touchent jamais : en conféquence, comme elle ne peut être utilifée qu'en l'employant pour augmenter la maffe des fumiers, ou pour en faire de la potaffe, il eft le plus fouvent avantageux de la détruire; ce qui n'eft pas facile, la plus petite portion de racine reftée en terre fuffifant pour la renouveler. On l'a tranfportée dans les jardins, où elle a doublé, & où elle fe place au milieu des plates-bandes des parterres, dans les jardins réguliers & le long des fentiers, fur le bord des eaux, contre les fabriques dans les jardins payfagers. A mon avis, l'efpèce eft préférable à la variété double, mais la plupart des jardiniers ne penfent pas de même; auffi eft-ce cette dernière qu'on cultive le plus généralement. Une fois en place, elle ne demande plus d'autres foins que ceux propres à tout jardin bien foigné, c'eft-à-dire, d'être binée en été, coupée en automne, & arrêtée dans fes envahiffemens en hiver.

Cette efpèce tire fon nom de la propriété qu'on lui a attribuée de pouvoir être fubftituée au favon pour le lavage du linge, mais les effais que j'ai tentés n'ont offert aucun réfultat utile.

La feconde efpèce fe cultive dans les écoles de botanique comme celle dont il vient d'être queftion.

Les efpèces des n°s. 4, 6 & 7, qui s'y trouvent auffi, étant annuelles, doivent être femées dans des pots fur couche nue, &, après avoir été mifes en pleine terre, à une expofition chaude. (Bosc.)

SAPOTIER. Voyez l'article fuivant.

SAPOTILLIER. ACHRAS.

Genre de plantes de la pentandrie monogynie & de la famille du même nom, qui renferme cinq efpèces, dont les fruits fe mangent dans les pays intertropicaux, & dont deux fe cultivent dans nos ferres. Il eft figuré pl. 255 des *Illuftrations des genres* de Lamarck.

Obfervations.

Ce genre a beaucoup varié dans le nombre de fes efpèces, felon qu'on mettoit plus ou moins d'importance à la présence ou à l'absence de tel ou tel caractère. Ainsi Jussieu a fait à ses dépens le genre LUCUME. Ainsi Swartz en a placé dans son genre BUMÉLIE ; d'autres botanistes dans les genres CAIMITIER & ARGAN. Ici je suivrai l'opinion de Willdenow & de Persoon.

Espèces.

1. Le SAPOTILLIER commun.
Achras sapota. Linn. ♄ De l'Amérique méridionale.

2. Le SAPOTILLIER marmelade, vulgairement *jaune-d'œuf.*
Achras mammosa. Linn. ♄ De.....

3. Le SAPOTILLIER balate, vulgairement *bois de natte.*
Achras balata. Aubl. ♄ De Cayenne.

4. Le SAPOTILLIER caïmite.
Achras caïmito. Ruiz & Pav. ♄ Du Pérou.

5. Le SAPOTILLIER à feuilles découpées.
Achras dissecta. Pers. ♄ Des Philippines.

Culture.

Le fruit de la première espèce est l'objet d'une grande consommation dans les Antilles & autres parties de l'Amérique méridionale. Il est très-agréable au goût, & très-sain lorsqu'il est complétement mûr. On en distingue plusieurs variétés de forme, & sans doute de grosseur & de qualité.

Le Sapotillier est non-seulement un arbre utile, mais aussi un arbre agréable ; aussi est-il fort multiplié dans tous les pays où il peut croître.

La culture du Sapotillier dans nos colonies se borne au semis de ses graines dans les jardins ou dans le voisinage des habitations. Il aime une terre substantielle, ni trop sèche ni trop humide. Sa croissance est lente jusqu'à deux ou trois ans, après quoi il arrive promptement à toute sa hauteur, qui ne surpasse pas celle d'un prunier. On ne le taille pas, mais on supprime ses branches sèches & ses chicots.

En Europe, le Sapotillier se multiplie de graines tirées de son pays natal, semées dans des pots remplis de terre à demi consistante, & enterrés dans une bache. Le plant levé se met l'année suivante seul à seul dans d'autres pots, & est encore laissé dans la bache pendant deux ans, après quoi on le place dans la serre chaude. Il demande des pots plutôt trop petits que trop grands, & des arrosemens modérés. On lui donne de la nouvelle terre tous les deux ans. Une chaleur élevée & constante, ainsi que beaucoup d'air & de lumière, lui sont indispensables : son bel effet dans les serres sera toujours proportionné à la rigueur de ces précautions.

La seconde espèce se cultive dans son pays natal & en Europe, positivement comme celle

dont il vient d'être question. Ses fruits sont peu estimés.

L'écorce de la troisième espèce sert à faire des cordes. (*Bosc.*)

SAPPADILLE. C'est le COROSSOL. *Voyez* ce mot.

SAPPAL : grand arbre des Indes, qui, quoique décrit & figuré par Rumphius, est encore fort peu connu. Son écorce est odorante.
On ne le cultive pas en Europe. (*Bosc.*)

SAR. C'est le VAREC.

SARAC. *SARACA.*

Arbre de l'Inde, qui seul forme un genre dans la diadelphie hexandrie.

Comme il ne se cultive pas dans nos jardins, je n'ai rien à en dire de plus. (*Bosc.*)

SARACA : arbre des Indes que nous a fait connoître Burman. Il appartient à la diadelphie hexandrie & à la famille des *Légumineuses.*
Je ne sache pas qu'il ait encore été cultivé en Europe. (*Bosc.*)

SARACADA. C'est le SANTAL ROUGE.

SARAIGNET : variété de froment barbu, à chaume grêle, qu'on cultive dans le département du Gers ; elle réussit dans les terres légères & verse souvent dans les bonnes. Le pain qu'on en fait est très-blanc. (*Bosc.*)

SARANNA : nom kamschadale du lis, qui sert de nourriture aux habitans du nord de l'Asie. *Voyez* LIS.

SARAQUIER. *SARACHA.*

Genre de plantes établi pour placer plusieurs espèces qui sont intermédiaires entre les BELLADONES & les ALKEKENGES. (*Voyez* ces mots.) Il en renferme huit, dont une est figurée pl. 114, n°. 2 des *Illustrations des genres* de Lamarck.

Espèces.

1. Le SARAQUIER arborescent.
Saracha arborescens. Pers. ♄ De la Jamaïque.
2. Le SARAQUIER frutescent.
Saracha frutescens. Pers. ♄ De l'Espagne.
3. Le SARAQUIER ponctué.
Saracha punctata. Ruiz & Pav. ♄ Du Pérou.
4. Le SARAQUIER solané.
Saracha solanacea. Pers. ♄ Du Cap de Bonne-Espérance.
5. Le SARAQUIER à deux fleurs.
Saracha biflora. Ruiz & Pav. ♄ Du Pérou.
6. Le SARAQUIER denté.
Saracha dentata. Ruiz & Pav. ♃ Du Pérou.
7. Le SARAQUIER couché.
Saracha procumbens. Ruiz & Pav. ☉ Du Pérou.
8. Le SARAQUIER à pédoncules tors.
Saracha contorta. Ruiz & Pav. ☉ Du Pérou.

Culture.

Culture.

Nous cultivons dans nos orangeries les efpèces des n°. 1, 2, 3, 4, 5, 6, 7 & 8.

Les foins à prendre des quatre premières font indiqués aux mots BELLADONE & COQUERET.

Les autres fe fèment fur couche, dans des pots remplis de terre à demi confiftante, & le plant qui en provient fe rentre dans l'orangerie aux approches des froids, la cinquième pour y être garantie des atteintes de la gelée, les deux dernières pour y perfeCtionner la maturité de leurs fruits.

Ce font des plantes de peu d'effet, qu'on ne voit, en conféquence, que dans les écoles de botanique ou dans les grandes collections. (*Bosc.*)

SARCELLE : efpèce du genre canard, qui vit dans les grands étangs, & qu'on a quelquefois réduite en domefticité, quoique fa petiteffe la rende moins profitable que le CANARD domeftique. *Voyez* ce mot.

SARCLER. C'eft arracher ou couper, entre deux terres, les plantes étrangères aux objets de nos cultures, & qui croiffent dans les champs, les jardins, les prairies, afin qu'elles ne nuifent pas à ces objets, foit en leur enlevant une partie des fucs nutritifs qui font dans la terre, foit en les étouffant fous leur ombre, foit en entrant avec eux, en tout ou en partie, dans la récolte pour en diminuer la qualité.

On farcle avec la main en arrachant, on farcle avec une efpèce de houlette appelée SARCLOIR (*voyez* ce mot), on farcle en coupant les racines entre deux terres avec une petite ou une large pioche, on farcle en binant la terre. *Voyez* BINER, BINETTE & PIOCHE.

Le premier & le fecond moyen s'emploient indifféremment dans les céréales : le premier & le troifième dans les jardins ; le fecond dans les prairies naturelles ou artificielles; le troifième dans les vignes, les plantations d'arbres, les cultures des grandes plantes annuelles, comme pois, haricots, fèves, pommes de terre, tabac, betteraves, &c. &c.

On farcle auffi quelquefois avec la charrue ou le HOUE à cheval, principalement lorfqu'on cultive par rangées.

Ainfi, le farclage eft tantôt fimple, tantôt combiné avec le binage : ce dernier a tant d'avantages, que, toutes les fois qu'il eft poffible, on doit le préférer. *Voyez* LABOURAGE, SARCLAGE, SERFOUISSAGE, RATISSAGE.

Il peut paroître furprenant que quelque rigoureufement qu'on farcle depuis un temps immémorial, un jardin, un champ, une vigne, il y naiffe toujours des plantes nuifibles. Plufieurs caufes concourent à ce phénomène : 1°. les graines de beaucoup de plantes peuvent fe conferver un nombre d'années indéterminé dans la terre, lorfqu'elles font à plus de fix pouces de

profondeur, fans perdre leur faculté végétative, & elles pouffent lorfque les labours les ramènent à la furface du fol ; 2°. il eft beaucoup de graines qui font transportées par les vents, par les animaux, entraînées par les pluies ; 3°. plufieurs fe difperfent, au moment de leur maturité, par l'élafticité dont font pourvues leurs capfules ; 4°. il en eft qui mûriffent fucceffivement fur des pieds fi jeunes, qu'on ne fe doute pas de leur maturité lorfqu'on farcle ces pieds.

Un avantage du farclage des céréales, auquel on n'a pas jufqu'à préfent donné toute l'attention qu'il mérite, c'eft d'empêcher les mauvaifes herbes de concourir à favorifer la pourriture, ou au moins la germination des graines encore dans l'épi verfé. J'ai fait des obfervations qui prouvent qu'il y a moitié à gagner fous ce rapport. *Voyez* VERSEMENT.

Quoique les farclages foient évidemment utiles en principe général, il eft cependant des cas où ils font nuifibles : ce font ceux où les plantes, objets de la culture, ont befoin d'ombre dans leur jeuneffe. Souvent j'ai vu les raves, les navettes, les camelines les plus négligées, profpérer le plus, furtout dans les terrains fecs & les années peu pluvieufes. Un femis de pins, un femis de bouleaux, par exemple, fouffre fi on le farcle. Dans les pépinières il eft prefque toujours néceffaire d'ombrer les femis de plantes délicates lorfqu'on ne les fait pas au nord, & on les ombre avec des arbres, des arbriffeaux & de grandes plantes bien mieux qu'avec des paillaffons, des claies ou des toiles. Il ne faut donc farcler qu'après avoir combiné les avantages & les inconvéniens de cette opération, & même avoir calculé fi la dépenfe fera couverte par une augmentation dans les produits.

La circonftance la plus avantageufe pour les farclages par arrachis eft une petite pluie, parce que d'un côté ils font moins fatigans, les racines cédant plus facilement, parce que la terre eft moins tenace; de l'autre, parce qu'on rifque moins d'enlever avec la motte des pieds du femis, ou au moins de les ébranler. C'eft tout le contraire par le farclage à la houe, au moins dans les terres légères, parce qu'alors les plantes, enlevées de leur place, fèchent promptement, ne font pas expofées à reprendre racines ; je dis au moins dans les terres légères, parce que les binages dans les terres fortes font toujours mauvais, lorfque ces terres font durcies par la féchereffe. Dans les jardins on peut farcler en tout temps, en arrofant fortement les planches la veille du jour où on veut opérer. Là, un arrofement également copieux après le farclage eft toujours utile, parce qu'il recouvre de terre les racines dénudées, comble les cavités ou les crevaffes qui ont été formées.

C'eft principalement au premier printemps qu'on farcle dans tous les genres de culture, ou on le fait dans les jardins & les pépinières pendant presque toute l'année.

Les plantes qu'on sarcle le plus ordinairement dans les céréales sont l'IVRAIE, le CHARDON, la MOUTARDE, le COQUELICOT, l'AGROSTÈME, le BLUET, le MÉLAMPYRE, la CAUCALIDE, toutes plantes fort peu du goût des bestiaux; aussi le plus souvent les laisse-t-on sur le lieu, d'où il résulte souvent que beaucoup de leurs graines étant mûres ou très-voisines de leur maturité, elles les reproduisent. Un cultivateur soigneux doit donc ou les faire enterrer, ou les faire brûler dans un bout du champ. *Voyez* CENDRE.

Les sarclages sont moins nécessaires dans la culture alterne que dans celle avec jachère, quoique les partisans de cette dernière fassent beaucoup valoir ses avantages pour la destruction des mauvaises herbes. Il suffit, en effet, de comparer des champs voisins, soumis aux deux méthodes, pour en être convaincu. La cause en est qu'aux cultures des céréales succèdent des cultures binées, comme les POMMES DE TERRE, les NAVETS, les BETTERAVES, & à ces dernières des cultures de plantes étouffantes, comme la VESCE, la GESSE, le POIS GRIS, ou des prairies artificielles, comme le TRÈFLE, la LUZERNE, le SAINFOIN : or, telle mauvaise herbe qui prospère sous l'influence d'une de ces cultures, périt toujours sous l'autre.

Un soin que doivent avoir les agriculteurs qui veulent s'éviter la dépense du sarclage, c'est de ne semer que des graines bien nettoyées. *Voyez* GRAINES & SEMIS. (*Bosc.*)

SARCLOIR ou SARCLET. Tantôt c'est une espèce de houlette plus ou moins longuement emmanchée, tantôt une lame de couteau non coupante, avec lesquelles on sarcle dans la grande culture & dans les jardins. *Voyez* l'article précédent. (*Bosc.*)

SARCOCÈLE : engorgement d'une des tuniques des testicules dans les chevaux, produit ou par des coups, des blessures ou autres causes extérieures, ou par un vice interne, comme la morve, le farcin, &c.

Les chevaux affligés d'un Sarcocèle marchent difficilement & éprouvent des douleurs très-aiguës.

Dès qu'un cheval est reconnu atteint d'un Sarcocèle, il faut cesser d'exiger de lui un grand travail, le mettre à la diète & appliquer sur ses testicules un emplâtre composé de savon, aiguisé par une surabondance de potasse, c'est-à-dire, auquel on a réuni moitié de son poids de carbonate de potasse. Si ce puissant résolutif ne produit pas l'effet désiré, il n'y a plus qu'à opérer la destruction de la membrane engorgée au moyen du feu ou des autres caustiques, ou mieux, si le cheval n'est pas un étalon de grande valeur, qu'à faire l'opération de la castration.

Les Sarcocèles qui ont pour cause un vice re-

connu dans les humeurs, se guérissent souvent par les remèdes internes dirigés contre ce vice; ainsi il ne faut les opérer qu'à la dernière extrémité. (*Bosc.*)

SARCOCOLIER. *PENÆA.*

Genre de plantes de la tétrandrie monogynie & de la famille des *Bruyères*, qui réunit treize espèces, dont deux se cultivent dans nos orangeries. Il est figuré pl. 70 des *Illustrations des genres* de Lamarck.

Espèces.

1. Le SARCOCOLIER résineux.
Penæa sarcocolla. Linn. ♄ Du Cap de Bonne-Espérance.

2. Le SARCOCOLIER mucroné.
Penæa mucronata. Linn. ♄ Du Cap de Bonne-Espérance.

3. Le SARCOCOLIER à feuilles de myrte.
Penæa myrtoides. Linn. ♄ Du Cap de Bonne-Espérance.

4. Le SARCOCOLIER écailleux.
Penæa squamosa. Linn. ♄ Du Cap de Bonne-Espérance.

5. Le SARCOCOLIER fruticuleux.
Penæa fruticulosa. Linn. ♄ Du Cap de Bonne-Espérance.

6. Le SARCOCOLIER brun.
Penæa fuscata. Linn. ♄ Du Cap de Bonne-Espérance.

7. Le SARCOCOLIER à fleurs latérales.
Penæa lateriflora. Linn. ♄ Du Cap de Bonne-Espérance.

8. Le SARCOCOLIER cannelé.
Penæa cneorum. Lam. ♄ Du Cap de Bonne-Espérance.

9. Le SARCOCOLIER marginé.
Penæa marginata. Linn. ♄ Du Cap de Bonne-Espérance.

10 Le SARCOCOLIER à longues fleurs.
Penæa longiflora. Murr. ♄ Du Cap de Bonne-Espérance.

11. Le SARCOCOLIER tomenteux.
Penæa tomentosa. Thunb. ♄ Du Cap de Bonne-Espérance.

12. Le SARCOCOLIER à feuilles luisantes.
Penæa nitida. Lour. ♄ De la Cochinchine.

13. Le SARCOCOLIER grimpant.
Penæa scandens. Lour. ♄ De la Cochinchine.

Culture.

La première espèce fournit dans l'Abyssinie une gomme qui est mise dans le commerce sous le nom de *sarcocolle*, & dont l'emploi est fréquent en médecine.

Nous cultivons dans nos écoles de botanique les seconde & quatrième espèces, mais elles y sont rares. C'est d'abord de graines tirées de leur pays natal que nous nous les sommes procurées, & aujourd'hui c'est par marcottes & par boutures que nous les multiplions. Elles exigent la terre de bruyère, l'orangerie pendant l'hiver, & une température sèche en tout temps. (*Bosc.*)

SARCOPHYLLE. *Sarcophyllum.*

Arbrisseau du Cap de Bonne-Espérance, qui seul constitue un genre dans la diadelphie décandrie & dans la famille des *Légumineuses.*

Cet arbrisseau n'étant pas cultivé dans nos jardins, ne peut devenir l'objet d'un article plus étendu. (*Bosc.*)

SARCOPTE. *Sarcoptes.*

Genre d'insecte de la famille des *Mittes*, qui renferme plusieurs espèces, dont deux intéressent l'homme, puisque l'une cause une sorte de gale dont il est affecté, & l'autre celle qui nuit si souvent au succès de l'éducation des moutons. *Voyez* au mot GALE dans ce Dictionnaire & dans celui de *Médecine.*

On doit au docteur Galès une fort bonne thèse sur le Sarcopte de la gale de l'homme, & à M. Valtz un excellent Mémoire sur celui du mouton. Je les ai observés tous deux. Leur multiplication est extrêmement rapide, & a lieu pendant toute l'année.

Les moyens de faire mourir les Sarcoptes dans les vésicules mêmes qu'ils ont formés sur la peau sont nombreux, & plusieurs sont certains. Les préparations mercurielles, telles que l'onguent gris, l'onguent citrin, sont souvent dangereuses. Les savons avec excès de potasse ou de soude font quelquefois cruellement souffrir. Le soufre en pommade a une odeur désagréable & durable. Tous demandent une série d'applications fatigantes. La vapeur du gaz acide sulfureux n'a aucun de ces inconvéniens, & guérit quelquefois par une seule application, & au plus après trois ou quatre. Honneur soit rendu au docteur Galès qui l'a le premier proposée, & qui la pratique avec le plus grand succès. (*Bosc.*)

SARDE : variété d'ORGE cultivée dans le département du Gers. Elle croît dans les plus mauvais fonds, mais son grain n'est bon que pour les animaux. (*Bosc.*)

SARGASSE. C'est le VAREC FLOTTANT.

SARGASSO : plante de l'Inde qui croît dans les eaux, & dont on mange les fruits. Elle paroît devoir former un genre particulier; mais quoique décrite & figurée par Rumphius, elle est encore fort imparfaitement connue. On ne la cultive pas dans les jardins d'Europe.

SARIOLLE : nom donné par Poiret à l'ISANTHE.

SARISSE. *Sarissus.*

Arbre de Ceylan qui doit former un genre, mais dont la fleur n'est pas connue.

Nous ne le cultivons pas dans nos jardins. (*Bosc.*)

SARMENT. Les bourgeons de la vigne prennent ce nom, lorsqu'après avoir perdu leurs feuilles, ils sont dans le cas, soit d'être courbés pour faire des SAUTERELLES ou ARCEAUX, soit d'être couchés en terre pour faire des MARCOTTES, soit d'être coupés pour faire des boutures ou pour brûler. *Voyez* au mot VIGNE.

On donne souvent, dans les départemens méridionaux, où les fourrages sont exposés à manquer, le bois de Sarment coupé en petits morceaux, à la fin de l'hiver, aux chevaux & aux bœufs.

Il résulte d'observations faites auprès de Besançon, que ce bois, réduit en pâte sous une meule ou un moulin à tan, nourrit mieux & plaît davantage à ces animaux que la paille.

Probablement que les jeunes branches de beaucoup d'arbres & d'arbrisseaux traités de même produiroient des résultats également avantageux.

Je sollicite les cultivateurs à se livrer à des expériences à cet égard. En effet, quelle ressource dans certaines localités, lorsque les fourrages ont manqué, & presque partout quelle économie! (*Bosc.*)

SARMIENTE. *Sarmienta.*

Plante parasite grimpante du Chili, qui seule forme un genre dans la gynandrie diandrie & dans la famille des *Orchidées.*

On ne la cultive pas en Europe. (*Bosc.*)

SAROTHRE. *Sarothra.*

Plante annuelle qui croît naturellement en Caroline, & dont on a fait un genre dans la pentandrie trigynie & dans la famille des *Caryophyllées*; cependant l'ayant observée sur le vivant, je crois qu'elle doit appartenir à celle des *Gentianes.* Elle est figurée pl. 215 des *Illustrations des genres* de Lamarck.

Quoique j'aie apporté une grande quantité de graines de cette plante, elle ne se trouve dans aucun jardin des environs de Paris. Comme celles de toutes les gentianes, ces graines, pour lever, doivent être semées aussitôt qu'elles sont récoltées. Je n'ai donc rien à en dire de plus. (*Bosc.*)

SARPOLO : bel arbre du Malabar figuré par Rheede, mais encore fort peu connu.

Il ne se cultive pas dans nos jardins. (*Bosc.*)

SARRACÈNE. *Sarracenia.*

Genre de plantes de la polyandrie monogynie, & dont la famille n'est pas encore fixée. Il est figuré pl. 476 des *Illustrations des genres* de Lamarck. On y trouve réunies cinq espèces, dont trois ou quatre ont été cultivées en diverses reprises dans les jardins des environs de Paris, mais ne s'y sont pas conservées.

Espèces.

1. La SARRACÈNE à fleurs purpurines.
Sarracenia purpurea. Linn. ♃ De l'Amérique septentrionale.

2. La SARRACÈNE à fleurs jaunes.
Sarracenia flava. Linn. ♃ De l'Amérique septentrionale.

3. La SARRACÈNE naine.
Sarracenia minor. Walt. ♃ De l'Amérique septentrionale.

4. La SARRACÈNE en bec de perroquet.
Sarracenia psytacina. Mich. ♃ De la Caroline.

5. La SARRACÈNE à fleurs rouges.
Sarracenia rubra. Vahl. ♃ De la Caroline.

Culture.

J'ai observé en Amérique & cultivé dans les pépinières de Versailles les trois premières de ces espèces; ainsi je puis en parler en connoissance de cause.

Toutes les cinq ont des feuilles tubulées, qui, quoique plus ou moins recouvertes à leur ouverture par un appendice recourbé, reçoivent & conservent long-temps les eaux des pluies, de sorte qu'elles donnent aux hommes & aux animaux un moyen d'appaiser leur soif, qu'elles fourniffent à divers infectes, surtout aux coufins, une ressource pour déposer leurs œufs. Cette organisation des feuilles des Sarracènes a excité l'admiration de ceux qui l'ont observée les premiers; mais il n'est pas vrai, comme ils l'ont dit, que l'eau qu'elles recèlent provienne de la plante même. *Voyez* NÉPENTE.

La Sarracène à fleurs purpurines ne croît pas dans les marais, comme disent tous les auteurs, mais dans les lieux sablonneux continuellement imbibés d'eau pure, c'est-à-dire, où sourdent de petits filets d'eau, où s'épanchent des fontaines. C'est celle dans la cavité des feuilles de laquelle il y a le plus souvent de l'eau, & cela tient à leur forme plus évafée, à leur position plus inclinée, & à la direction de leur opercule. Il lui faut absolument, dans les jardins, un terrain analogue à celui où elle croît naturellement, pour qu'elle puisse & subsister, ou lui donner tous les jours, surtout pendant l'été, deux ou trois forts arrosemeens, ou la placer dans des pots dont le fond est dans l'eau pure. Je ne pouvois pas mieux la conserver dans celui que je dirigeois en Caroline, que dans les pépinières de Versailles. La terre de bruyère est la seule qui lui convienne. La grande quantité de graines que j'ai rapportée n'a servi de rien pour la multiplier, parce que ces graines demandent à être femées immédiatement après qu'elles ont été récoltées. Tous les pieds qui ont été cultivés en France, & qui n'y ont vécu qu'un à deux ans, y ont été importés en nature; ils y craignent plus le soleil que la gelée.

La Sarracène à fleurs jaunes & la Sarracène naine ont été long-temps confondues par les botaniftes, mais elles se diftinguent fort bien par la différence de grandeur de leurs feuilles, & par la forme de leur appendice. Toutes deux croissent dans les terrains qui font inondés pendant les fix mois d'hiver, & très-secs pendant les fix mois d'été. Ce temps d'inondation est fi nécessaire, que toujours elles forment autour des mares, fi communes au milieu des bois de pins de la Caroline, & dont l'eau ne diminue que par l'évaporation, des cercles réguliers qui n'ont pas fix pieds de largeur.

La culture, en France, de ces deux espèces est encore plus difficile que celle de l'espèce dont je viens de parler. Je n'ai pas pu conserver, quelques soins que j'aie pris, plus d'une année, & encore avec une végétation très-foible, les pieds envoyés d'Amérique.

Il est fâcheux que ces fingulières plantes n'aient pas encore été plantées, en France, dans des lieux femblables à ceux où elles croissent en Caroline. Il y en a de tels dans la forêt de Montmorency pour la première; mais les projets dont je les avois rendus l'objet n'ont pu être mis à exécution. (*Bosc.*)

SARRASIN ou BLÉ NOIR : espèce du genre des RENOUÉES. (*Voyez* ce mot.) C'est l'*ocymum* des Anciens.

Cette plante est originaire de la Perse, contrée dont Olivier, de l'Institut, en a rapporté des graines cueillies dans des lieux où on ne la cultivoit pas; de-là elle a été transportée en Égypte, & par les Sarrafins, en Espagne. Aujourd'hui elle est généralement cultivée dans les parties méridionales & moyennes de la France, mais pas autant qu'il feroit à défirer. Si on la voit moins fréquemment dans le nord, c'est qu'elle craint les gelées, & que les derniers froids du printemps, lorsqu'on la fème de bonne heure, & les premiers froids de l'automne, lorsqu'on la fème tard, la font également périr.

Ce qui diftingue le plus le Sarrafin des autres plantes que nous cultivons en grand, ce font fes feuilles, & furtout fes tiges épaisses & aqueuses.

Les principaux avantages du Sarrafin font de croître rapidement, de produire considérablement, de s'accommoder des plus mauvaises terres, de nettoyer les terres des mauvaises herbes en les étouffant, de donner un grain très-nourrissant & une farine utile à différens emplois.

Ses principaux inconvéniens font de craindre le froid, la trop grande fécheresse, la trop grande humidité, de couler fréquemment, de s'égrener aisément, & (fa farine) de ne pas fe panifier.

Les pays où la température & l'humidité de l'air varient peu, font ceux où la culture du Sarrafin est la plus profitable, & où fa graine a le meilleur goût : tels font les montagnes du centre de la France & les bords de l'Océan. J'ai vu, en effet, dans les Cévennes, des champs où il atteignoit trois pieds de haut, & M. Feburier m'a affuré en avoir vu en Bretagne qui en avoit quatre & cinq. Rarement, aux environs de Paris, parvient-il à deux pieds.

Les terres médiocres font celles où on cultive le plus généralement le Sarrafin ; cependant il réuffit mieux dans les bonnes. Il n'y a que les excellentes, celles dites *à froment*, où il pouffe plus en feuilles qu'en graines, & celles trop humides où il pourrit. Le voifinage des bois, des marais, des étangs, des rivières, lui convient cependant, parce que fi fes racines craignent l'eau, les feuilles, comme je l'ai déjà fait remarquer, aiment un air frais.

Ce font donc les terres légères, dites *terres à feigle*, qui doivent être confacrées en tout pays à la culture du Sarrafin, foit parce qu'il produit davantage, foit parce qu'il peut s'alterner avec cette céréale, foit enfin parce qu'on ne peut lui préférer une culture plus avantageufe.

J'ai toujours vu, dans les montagnes primitives, le Sarrafin profpérer dans les fables provenant du détritus des granits ou des gneifs, où le feigle & même l'avoine ne pouvoient venir. C'eft donc principalement dans ces montagnes qu'il convient de le cultiver, tantôt comme récolte principale, tantôt comme récolte fecondaire ; enfin ; très-fouvent, comme récolte propre à être enterrée.

La valeur du Sarrafin dans le commerce étant inférieure à celle de la plupart des autres grains, on ne peut faire, pour le produire, les mêmes dépenfes que pour eux. C'eft par ce principe qu'on fume rarement la terre qui lui eft deftinée, quelle que foit l'augmentation de produit qu'on doive attendre de cette opération. Je fuis bien, en général, de cet économique avis ; mais on met du Sarrafin dans des terres fi maigres, qu'on ne peut raifonnablement fe refufer à les améliorer, pour peu qu'on veuille en obtenir une récolte paffable. Si le fumier eft trop cher, qu'on les engraiffe avec lui-même, comme je le dirai plus bas.

En couvrant la terre de fes larges & nombreufes feuilles, le Sarrafin y conferve la fraîcheur & empêche les gaz qui s'y forment de fe perdre par la végétation en s'élevant dans l'atmofphère ; c'eft pourquoi fa culture, bien entendue, peut devenir une fource de richeffes pour les parties méridionales de la France, où le plus fouvent on ne peut obtenir qu'une feule récolte, par l'impoffibilité de labourer & de femer pendant l'été, à raifon du defféchement du fol.

Aucune autre plante de la famille des *Renouées*, autre que le Sarrafin, n'étant cultivée en grand, il devient fort précieux fous le rapport des affolemens, dont il prolonge la férie. Arthur Young a recherché le premier après quelles récoltes il profpéroit le mieux, & il a trouvé que c'étoit après les pommes de terre, les raves, les pois ; qu'il

fourniffoit moins de graines après les céréales. On ne peut que s'en rapporter aux obfervations de ce célèbre agriculteur.

Il a de plus été reconnu que cette plante épuifoit moins le fol que la plupart de celles que nous cultivons, ce qui provient certainement de ce qu'elle fe nourrit plus par fes feuilles que par fes racines.

Ce que je viens de dire indique qu'un fimple binage à la main ou à la houe à cheval, & même à la herfe de fer, fuffit pour le Sarrafin qu'on veut femer dans une terre légère, &, en s'y bornant, on remplit le but d'économie dont j'ai parlé plus haut. Cette obfervation trouve principalement fon application aux femis d'été & d'automne, qui, comme je le dirai plus bas, fe font dans l'intention d'en donner les réfultats aux beftiaux ou de les enterrer en fleurs.

Les terres argileufes fèches, qu'on cultive auffi en feigle, & fur lefquelles le Sarrafin réuffit également, doivent recevoir au moins deux labours, le dernier le jour même des femailles.

Quant aux terres argileufes humides dans lefquelles on eft quelquefois obligé de le placer, il faut les labourer en billon, parce que, conformément à leur nature, elles font dans le cas de retenir long-temps l'eau des pluies, & de plus on doit donner de l'écoulement à cette eau par des Égouts, &c. *Voyez* ce mot & celui Billon.

Dans les exploitations où on veut que le Sarrafin forme une récolte principale, on le fème toujours au printemps, dès que les gelées ne font plus à craindre ; mais dans celles des contrées méridionales, ainfi que dans celles où on n'a en vue que d'en obtenir du fourrage, on peut le femer plus tard fur les terres qui ont déjà produit une autre récolte, telle que de la navette d'hiver, des vefces, du feigle, &c. Dans le premier cas on peut la remplacer la même année par des raves, du feigle, &c.

C'eft cette faculté d'être précédé ou fuivi d'une autre récolte, qui le rend fi précieux pour ceux qui favent en tirer parti.

La graine du Sarrafin peut donc être femée en tout temps, hors celui où les gelées font à craindre. On la répand à la volée & très-clair lorfqu'on a pour objet la récolte de la graine, parce que plus les racines ont d'efpace pour étendre leurs fuçoirs & les tiges pour étendre leurs ramifications, & plus fa fructification eft abondante. C'eft le contraire quand le but eft du fourrage ou l'enfouiffage de la fane, parce qu'alors plus il y a de tiges, & mieux il eft rempli.

On a effayé, en Angleterre, de cultiver le Sarrafin par rangées, & par-là de lui donner des binages ; mais quoique le réfultat ait été favorable, la dépenfe doit éloigner de ce mode les cultivateurs qui travaillent dans la vue du profit.

Fixer ici la quantité de Sarrafin à employer eft impoffible, puifqu'outre le cas précédent, on doit fe déterminer d'après la qualité de la terre ; je dirai donc feulement qu'il en faut, terme moyen, un demi-fetier par arpent, plus dans les mauvaifes terres, moins dans les bonnes.

La femence répandue, on donne à la terre un bon herfage & un bon roulage.

Si la terre eft humide & l'air chaud, le Sarrafin lève en peu de jours. Le feul foin qu'il demande jufqu'à la récolte eft d'empêcher les hommes & les animaux d'entrer dans le champ, car tout pied foulé eft mort. La plus petite gelée lui eft extrêmement dommageable.

Les fleurs du Sarrafin s'épanouiffent fucceffivement pendant environ deux mois, de forte qu'elles fe montrent encore bien long-temps après que les premières graines font mûres. La plupart d'entr'elles coulent, foit, dans les mauvaifes terres, parce qu'elles n'ont pas affez de nourriture; foit, dans les bonnes, parce que les feuilles attirent une partie de la nourriture dont elles auroient befoin. (Voyez FEUILLE & ÉCIMAGE.) En ajoutant à ces deux graves inconvéniens celui que les graines tombent facilement, on aura la raifon du mince produit que fournit un champ qui avoit la plus belle apparence, lorfque les circonftances atmofphériques deviennent défavorables, ou qu'on ne fait pas la récolte en temps opportun ou avec les précautions favorables.

Dans les terrains arides & dans les étés fans pluie, les épis du Sarrafin font expofés à fe deffécher en tout ou en partie, & à ne produire par conféquent que peu de graines.

On prévient cet inconvénient en le femant plus tard, en juin par exemple, & on y remédie en le fauchant à quelques pouces de terre. Les nouvelles tiges qui fe développent, produifent de petites graines, mais elles en fourniffent affez pour donner un profit.

Les abeilles & autres infeﾟtes favorifent la fécondation des fleurs du Sarrafin, comme celles de toutes les autres plantes. C'eft donc bien mal-à-propos qu'on les accufe de l'empêcher; c'eft donc par l'effet de l'ignorance, plus que de la méchanceté, que quelques cultivateurs, comme j'en ai perfonnellement acquis la preuve, mettent autour de leurs champs des affiettes couvertes de miel empoifonné, afin de faire périr ces précieux infeﾟtes. Voyez ABEILLE & FECONDATION.

Quelques précautions qu'on prenne, il faut fe réfoudre à perdre les premières graines de Sarrafin qui font arrivées à maturité, parce qu'elles tombent, foit par l'effet des vents, foit par le paffage des animaux (des chiens de chaffe furtout), foit par la récolte. L'important donc, pour en tirer le meilleur parti poffible, c'eft de choifir, pour faire cette récolte, le moment où il y a le plus de graines mûres, & où la rofée ou une petite pluie a raffermi les graines dans le calice. C'eft ce qu'apprend l'expérience mieux que les indications les plus détaillées.

On peut diminuer la perte qui réfulte de la dif-

perfion de la graine de Sarrafin dans les champs; en y envoyant, auffitôt après la récolte, un troupeau de dindons; car ces volailles, comme les poules, favent bien la trouver & en profiter.

On procède de deux manières à la récolte, c'eftà-dire, que, ou on arrache les pieds un à un à la main, ou on les coupe avec la faucille ou avec la faux. Dans ces deux cas il faut les fecouer le moins poffible, & en former de fuite des bottes qu'on réunit, la tête en haut, en tas ou meules de trois à quatre pieds de diamètre, & qu'on couvre de paille ou de foin. Là, les graines qui ne font pas encore mûres terminent leur évolution à l'abri du bec des oifeaux, & lorfque les tiges font en partie deffféchées, on les bat dans le lieu même fur des toiles, avec les gaules, ou on les tranfporte dans la grange, dans des chars garnis de toile, pour leur y faire fubir cette opération.

L'important dans la fabrication de ces tas ou meules, c'eft que les bottes foient peu ferrées & écartées, afin que l'air circule dans l'intérieur. Si les tiges moififfoient, la graine s'altéreroit; fi elles pourriffoient, elle feroit toute perdue.

Beaucoup de cultivateurs font, avec la bêche, des foffés d'un pied de profondeur & de fix à huit pouces de largeur autour de ces tas ou meules pour empêcher que les mulots, les campagnols & autres rongeurs, qui tous aiment beaucoup la graine de Sarrafin, ne viennent la manger. Ces foffés font préférables aux appâts empoifonnés que d'autres emploient pour arriver au même but. Voyez MULOT.

Je ne puis indiquer le temps pendant lequel le Sarrafin doit refter en meule, puifqu'il dépend de la féchereffe du climat ou de la faifon, ainfi que de fon degré de maturité. On juge qu'il eft bon à battre, à l'infpeﾟtion.

Il eft des cultivateurs qui battent légèrement le Sarrafin auffitôt qu'il eft arraché ou coupé, pour le battre une feconde fois à fond lorfqu'il eft deffféché. Par-là, ils obtiennent plus de graines; mais la première n'eft pas auffi bonne, parce qu'elle n'eft pas toute également mûre, & qu'elle ne mûrit plus.

La féparation des graines du Sarrafin, des débris des tiges & des feuilles, ainfi que des matières étrangères qui s'y trouvent mêlées, s'effectue au moyen du van, & n'eft pas plus difficile que celle des céréales (voyez VANAGE); mais il n'en eft pas de même de la féparation des graines non mûres, de celles qui le font. Il faut une grande habitude d'opérer pour y bien faire, & encore beaucoup de bonnes graines fortent-elles avec les mauvaifes, ou beaucoup de mauvaifes reftent-elles avec les bonnes. Le premier cas eft préférable quand la graine eft deftinée à être femée ou à être réduite en farine; car la mauvaife graine donne toujours des productions plus foibles, & fa farine s'altère aifément. Le fecond cas eft fans conféquence lorfque la graine eft deftinée à la nourriture des beftiaux ou des oifeaux. Rarement la bonne graine fait plus du tiers de la totalité.

La graine de Sarrafin vannée s'étend fur des toiles à l'air, ou fur le plancher d'un grenier, & fe remue d'abord tous les jours, enfuite tous les deux ou trois jours, toutes les femaines, jufqu'à ce qu'elle foit complétement fèche; après quoi on la met dans des facs ou dans des tonneaux défoncés d'un bout.

Autant que poffible on doit faire emploi de la graine de Sarrafin dans les dix-huit mois qui fuivent fa récolte; cependant on peut la garder jufqu'à deux ans, mais alors elle a perdu une partie de fes bonnes qualités. Elle n'eft pas fufceptible d'être employée à l'approvifionnement des vaiffeaux pour les voyages de long cours.

La graine de Sarrafin eft du goût de tous les beftiaux & de toutes les volailles; elle engraiffe rapidement les uns & les autres. Quelque grand que foit fon emploi en France fous ces rapports, il eft à defirer qu'il s'étende encore davantage. Sa farine eft médiocrement blanche; on ne peut la foumettre à la fermentation panaire (*voyez* PAIN), mais on en fait de la fort bonne bouillie, furtout au dire des perfonnes qui y font accoutumées dès l'enfance, & des galettes fort nourriffantes. C'eft, comme je l'ai déja annoncé, dans les montagnes du centre de la France & fur les côtes de la ci-devant Bretagne qu'elle eft meilleure & qu'on l'aime le plus. Je n'ai jamais pu deviner pourquoi elle eft amère dans quelques cantons. Elle fe garde peu de temps au même degré de bonté, un mois de plus, de forte qu'il faut n'envoyer la graine au moulin qu'à mefure du befoin.

Cette farine, délayée dans l'eau tiède, eft préférable au grain pour l'engrais des beftiaux & des volailles. *Voyez* ENGRAIS, BŒUF, MOUTON, COCHON, POULE, DINDON & OIE.

Les beftiaux ne recherchent pas infiniment la fane du Sarrafin lorfqu'elle eft verte; elle a même des inconvéniens pour eux, puifque fes fleurs les enivrent; cependant tous la mangent.

Aux environs de Mortagne, le Sarrafin fe cultive uniquement pour le couper en vert & le donner aux bœufs qu'on veut engraiffer.

Dans beaucoup d'autres lieux on en nourrit les cochons, quoiqu'il foit connu qu'il les enivre lorfqu'ils en mangent pour la première fois, & qu'il procure peu de confiftance à leur lard.

On a propofé de couper toujours les pieds du Sarrafin au lieu de les arracher, afin que, repouffant, ils donnent un pâturage; mais fous la confidération de la quantité & de la qualité de la graine, il eft mieux des les arracher; & fi on les coupe, il eft plus profitable d'enterrer leur repouffe que de la faire manger.

Les fanes fèches, lorfqu'elles ne font pas moifies, fe donnent aux beftiaux, foit feules, foit mêlées avec d'autres fourrages, & il ne paroît pas qu'elle leur caufe du mal. Lorfqu'elles font

moifies, on les jette fur le fumier, dont elles améliorent beaucoup la qualité, ou on les brûle pour chauffer le four, & encore mieux pour en faire de la potaffe, dont elles donnent plus du quart de leur poids, d'après les expériences de Vauquelin. *Voyez* POTASSE.

Les fleurs du Sarrafin fecrètent beaucoup de miel; elles font abondantes, & elles durent jufqu'aux approches des gelées; auffi les pays où on cultive beaucoup cette plante font-ils riches en miel; auffi les propriétaires d'abeilles doivent-ils en femer exprès pour elles. Le miel récolté fur le Sarrafin n'eft pas très-blanc, témoin celui du Gâtinois, fi connu à Paris, & encore plus celui de Bretagne, mais il eft bon. La cire qu'il donne eft la plus facile à blanchir. *Voyez* MIEL, CIRE & ABEILLE.

Je reviens à l'emploi du Sarrafin comme engrais, en l'enterrant en vert, emploi dont je n'ai pas encore parlé affez au long.

La préférence que mérite cette plante, fous ce rapport, eft fondée, 1°. fur ce qu'elle croît rapidement; 2°. fur ce qu'elle tire la plus grande partie de fa fubftance de l'air; 3°. fur ce qu'elle a des feuilles nombreufes & des tiges épaiffes; 4°. fur ce que fes feuilles & fes tiges font très-aqueufes, fe pourriffent rapidement, & portent en même temps dans la terre & l'humidité & les principes nutritifs fi néceffaires à toute bonne végétation.

C'eft principalement à raifon de ces deux dernières circonftances que l'emploi du Sarrafin, comme engrais, eft fi avantageux dans les terres fèches & arides, foit qu'elles foient fablonneufes, foit qu'elles foient argileufes.

J'ai dit plus haut que le Sarrafin, pour être enterré comme engrais, devoit être femé plus épais que celui pour autres cultures; j'ajouterai qu'il doit l'être d'autant plus, qu'on doit l'enterrer plus tôt. En effet, on peut enfouir le Sarrafin pour engrais, foit au moment où il commence à entrer en fleur, foit lorfque la plupart de fes graines font formées: dans le premier cas il refte peu de temps fur pied, ce qui peut être convenable relativement aux autres cultures; dans le fecond, il fournit un engrais plus puiffant. (*Voy.* GRAINE.) Il eft des cultivateurs qui, dans la même année, le font fervir d'engrais à lui-même, c'eft-à-dire, en fèment fur la même terre au printemps pour être enterré, & en été pour donner de la graine.

Quelle que foit l'époque où on juge devoir enterrer le Sarrafin, il faut au préalable le rouler ou le faire piétiner par un troupeau de bœufs, par un troupeau de moutons, afin que les tiges n'embarraffent pas la marche de la charrue & fe placent dans les fillons parallèlement les unes aux autres. Quelques cultivateurs le fauchent pour remplir les mêmes indications; mais c'eft, à mon avis, une dépenfe fuperflue.

Quelle augmentation de richeffes la France retireroit-elle de ſes mauvaiſes terres, ſi la pratique de ſemer du Sarraſin pour engrais devenoit plus générale! Par ſon moyen, par celui des raves, & par un aſſolement bien combiné, preſque toutes les terres à ſeigle peuvent être transformées en terres à FROMENT. *Voyez* ce mot & celui SUC-CESSION DE CULTURE.

On cultive encore dans quelques parties de la France, mais moins aujourd'hui qu'il y a trente ans, une ſeconde eſpèce de Sarraſin qu'on appelle *de Tartarie, de Sibérie*, des lieux dont elle eſt originaire. Elle poſſède l'avantage d'être plus précoce, moins ſenſible aux gelées, & de donner une plus grande quantité de graines; mais ces graines tombent plus facilement & donnent une farine conſtamment plus amère. Malgré cela, il eſt fâcheux qu'on n'ait pas continué à la cultiver, ne fût-ce que pour l'engrais des beſtiaux & des volailles, ſurtout des pigeons, auxquels elle convient mieux par ſon moindre volume.

Au reſte, ſa culture ne diffère pas de celle de l'eſpèce dont je viens de parler. (*Bosc.*)

SARRETTE. *Serratula.*

Genre de plantes de la ſyngénéſie égale & de la famille des *Cynarocéphales*, qui renferme un grand nombre d'eſpèces, dont pluſieurs ſont ſi peu caractériſées, qu'on peut les placer avec autant de raiſon, comme l'on fait quelques botaniſtes, parmi les CHARDONS, les QUENOUILLES, les STÆHÉLINES, les LIATRIS, les VERNONIES, & même les CENTAURÉES. (*Voyez* ces mots.) Il eſt figuré pl. 666 des *Illustrations des genres* de Lamarck.

Observations.

La Sarrette des champs fait aujourd'hui partie des CHARDONS. *Voyez* ce mot.

Espèces.

1. SARRETTE des teinturiers.
Serratula tinctoria. Linn. ⚹ Indigène.
2. La SARRETTE couronnée.
Serratula coronata, Linn. ⚹ De la Sibérie.
3. La SARRETTE à cinq feuilles.
Serratula quinquefolia. Willd. ⚹ De la Perſe.
4. La SARRETTE à tige baſſe.
Serratula humilis, Desf. ⚹ De la Barbarie.
5. La SARRETTE molle.
Serratula mollis. Cavan. ⚹ De l'Eſpagne.
6. La SARRETTE ſans tiges.
Serratula ſubacaulis, Lam. ⚹ Du midi de la France.
7. La SARRETTE à tiges ſimples.
Serratula uniflora. Lam. ⚹ De l'Allemagne.
8. La SARRETTE pygmée.
Serratula pygmæa. Willd. ⚹ De l'Allemagne.
9. La SARRETTE des Alpes.
Serratula alpina. Linn. ⚹ Des Alpes.

10. La SARRETTE à feuilles de ſaule.
Serratula ſalicifolia. Linn. ⚹ De la Sibérie.
11. La SARRETTE multiflore.
Serratula multiflora. Linn. ⚹ De la Sibérie.
12. La SARRETTE des Indes.
Serratula indica. Willd. ⚹ Des Indes.
13. La SARRETTE caſpienne.
Serratula capſica. Pall. ⚹ Des bords de la Mer-Caſpienne.
14. La SARRETTE mucronée.
Serratula mucronata. Desf. ⚹ De la Barbarie.
15. La SARRETTE amère.
Serratula amara. Linn. ⚹ De la Sibérie.
16. La SARRETTE ailée.
Serratula alata. Lam. ⚹ De ....
17. La SARRETTE à feuilles aiguës.
Serratula acutifolia. Lam. Du Bréſil.
18. La SARRETTE à petites fleurs.
Serratula parviflora. Lam. De la Sibérie.
19. La SARRETTE à feuilles de centaurée.
Serratula centauroides. Linn. ⚹ De la Sibérie.
20. La SARRETTE du Japon.
Serratula japonica. Thunb. Du Japon.
21. La SARRETTE à feuilles luiſantes.
Serratula lucida. Lam. ⚹ De .....
22. La SARRETTE de Numidie.
Serratula numidica. Lam. ⚹ De la Barbarie.
23. La SARRETTE ſoyeuſe.
Serratula ſetoſa. Willd. ♂ De la Siléſie.
24. La SARRETTE ciliée.
Serratula ciliata. Vahl. De l'Egypte.
25. La SARRETTE blanchâtre.
Seratula albida. Perſ. ♄ Du Bréſil.
26. La SARRETTE du Bréſil.
Serratula bifrons. Perſ. ♄ Du Bréſil.
27. La SARRETTE pédonculée.
Serratula pedunculata. Perſ. ♄ Du Bréſil.

Culture.

La première eſpèce ſe trouve dans les bois argileux de la plus grande partie de la France. Les beſtiaux, excepté les bœufs, la mangent volontiers. Autrefois on en faiſoit uſage pour teindre en jaune-verdâtre les étoffes de laine. Il ne paroît pas qu'on l'utiliſe aujourd'hui ſous ce rapport dans nos grandes manufactures, ce qui eſt à regretter; car ſa couleur eſt très-ſolide & s'obtient par la ſimple décoction.

Cette plante ne ſe cultive que dans les écoles de botanique, où on la ſème en place, & où tous les ſoins qu'elle demande ſe réduiſent à des ſarclages ou des binages de propreté.

Les autres eſpèces que nous cultivons également dans les écoles de botanique ſont les 2e, 9e. & 19e. Elles ſe ſèment de même en place & n'y exigent pas plus de ſoins. (*Bosc.*)

SARRETTE DES CHAMPS. On appelle ainſi le CHARDON hémorroïdal dans quelques ouvrages ſur l'agriculture. *Voyez* ce mot.

SARRETTE

257

SARRETTE DES JARDINS. Quelques jardiniers nomment ainfi le CHRYSANTHÈME des parterres. *Voyez* ce mot.

SARRIETTE. *Satureja.*

Genre de plantes de la didynamie gymnofpermie & de la famille des *Labiées*, qui réunit treize efpèces, dont plufieurs croiffent naturellement en France, & fe cultivent dans les écoles de botanique. Il eft figuré pl. 504 des *Illuftrations des genres* de Lamarck.

Efpèces.

1. La SARRIETTE des jardins.
Satureja hortenfis. Jacq. ⊙ Du midi de la France.
2. La SARRIETTE julienne.
Satureja juliana. Linn. ♄ De l'Italie.
3. La SARRIETTE de Grèce.
Satureja græca. Linn. ♃ Des îles de la Grèce.
4. La SARRIETTE filiforme.
Satureja filiformis. Desf. ♄ De la Barbarie.
5. La SARRIETTE de montagne.
Satureja montana. Linn. ♄ Du midi de la France.
6. La SARRIETTE de Crète.
Satureja thymbra. Linn. ♄ Des îles de la Grèce.
7. La SARRIETTE des rochers.
Satureja rupeftris. Jacq. ♃ Du midi de l'Europe.
8. La SARRIETTE capitée.
Satureja capitata. Linn. ♄ Du midi de la France.
9. La SARRIETTE globulifère.
Satureja globulifera. Desf. ♄ De l'Amérique feptentrionale.
10. La SARRIETTE effilée.
Satureja viminea. Linn. ♄ De la Jamaïque.
11. La SARRIETTE d'Amérique.
Satureja americana. Lam. ♄ De l'Amérique méridionale.
12. La SARRIETTE épineufe.
Satureja fpinofa. Linn. ♄ De Crète.
13. La SARRIETTE nerveuse.
Satureja nervofa. Desf. ♄ De la Barbarie.

Culture.

La première efpèce fe cultive fréquemment dans les jardins pour fes feuilles qui entrent comme condiment dans les ragoûts, qui font d'ufage en médecine, & qui fervent à la compofition des fachets odorans. Sa culture eft des plus fimples, puifqu'il ne s'agit que de femer fes graines, d'éclaircir & de farcler le plant qui en provient ; ordinairement même on eft difpenfé de la femer, par le nombre des pieds qui proviennent de la diffémination naturelle. On la place quelquefois dans les parterres, où les promeneurs aiment la bonne odeur qu'elle exhale dans la chaleur. Son afpect, d'ailleurs, n'a rien de remarquable. Si on veut la tranfplanter, ce doit être avec fa

Agriculture. Tome VI.

motte, car elle fouffre beaucoup de cette opération lorfqu'elle eft faite fans cette précaution.

Quoique les efpèces 2, 3, 5, 6, 7, 8 & 9 puiffent, dans le climat de Paris, paffer l'hiver en pleine terre, avec quelques précautions, il eft plus prudent de les tenir en pot pour pouvoir les rentrer dans une orangerie aux approches des gelées. Toutes demandent une terre peu confiftante, de la chaleur & des arrofemens modérés, même en été. C'eft l'humidité des orangeries qui leur fait le plus de mal ; en conféquence, il faut les éloigner des autres plantes, & leur fournir le plus de jour poffible. Elles fe multiplient de graines, dont elles donnent fouvent, par rejetons & par déchirement des vieux pieds. Leur odeur eft très-agréable, & leur afpect eft affez élégant lorfqu'elles font en fleurs. (*Bosc.*)

SARRON. C'eft l'ANSERINE bon-henry dans les Pyrénées.

SART. Le VAREC (*voyez* ce mot) s'appelle ainfi aux environs de la Rochelle, où on l'emploie à fumer les vignes.

SARTS : terres qu'on eft dans l'ufage d'écobuer de loin en loin. C'eft de ce mot que vient celui d'ESSARTER, bien plus connu que lui.

SASSA : efpèce d'ACACIE de Nubie, qui fournit une gomme peu différente de celle appelée *arabique*, fi elle n'eft pas la même.

SASSAFRAS : efpèce du genre LAURIER. *Voyez* ce mot dans le *Dictionnaire des Arbres & Arbuftes.*

SASSIE. *Saffia.*

Genre de plantes de l'octandrie monogynie, qui renferme deux efpèces qui ne fe voient pas encore dans les jardins en Europe.

Efpèces.

1. La SASSIE des teinturiers.
Saffia tinctoria. Mol. Du Chili.
2. La SASSIE aux perdrix.
Saffia perdicaria. Mol. Du Chili. (*Bosc.*)

SATAJO : plante parafite du Malabar, figurée par Rheede, mais dont le genre n'eft pas encore connu.

Elle ne fe cultive pas en Europe. (*Bosc.*)

SATIRE. *Phallus.*

Genre de plantes que Linnæus avoit confondu avec celui des MORILLES (*voyez* ce mot), mais qui en eft fuffifamment diftingué. Il renferme neuf efpèces, dont deux ont été décrites par moi dans les Mémoires de l'Académie de Berlin pour l'année 1812. Aucune n'eft ni ne peut être cultivée. *Voyez* les *Illuftrations des genres* de Lamarck, pl. 885.

K k

Espèces.

1. Le SATIRE fétide.
Phallus impudicus. Linn. ⊙ Indigène.
2. Le SATIRE à double coiffe.
Phallus hadriani. Vent. ⊙ De la Hollande.
3. Le SATIRE de la Guiane.
Phallus indusiatus. Vent. De la Guiane.
4. Le SATIRE duplicate.
Phallus duplicatus. Bosc. ⊙ De la Caroline.
5. Le SATIRE rubicond.
Phallus rubicundus. Bosc. ⊙ De la Caroline.
6. Le SATIRE de chien.
Phallus caninus. Hud. ⊙ De l'Angleterre.
7. Le SATIRE mokusin.
Phallus mokusin. Linn. ⊙ De la Chine.
8. Le SATIRE ridé.
Phallus corrugatus. Vent. ⊙ De l'Allemagne.
9. Le SATIRE grillé.
Phallus cancellatus. Vent. ⊙ De la Suède,
(*Bosc.*)

SATIRION. *SATYRIUM.*

Genre de plantes de la gynandrie diandrie & de la famille des *Orchidées*, qui rassemble quarante-une espèces, la plupart originaires d'Europe, & cependant très-difficiles à cultiver dans les jardins. Il est figuré pl. 716 des *Illustrations des genres* de Lamarck.

Espèces.

1. Le SATIRION fétide.
Satyrium hircinum. Linn. ♃ Indigène.
2. Le SATIRION à fleurs verdâtres.
Satyrium viride. Linn. ♃ Indigène.
3. Le SATIRION à fleurs noirâtres.
Satyrium nigrum, Linn. ♃ Des Alpes.
4. Le SATIRION blanchâtre.
Satyrium albidum. Linn. ♃ Des Alpes.
5. Le SATIRION orchidé.
Satyrium orchioides. Linn. ♃ Des Indes.
6. Le SATIRION hérissé.
Satyrium hirsutum. Swartz. De l'Amérique.
7. Le SATIRION maculé.
Satyrium maculatum. Desf. ♃ De la Barbarie.
8. Le SATIRION bâillant.
Satyrium hians. Linn. ♃ Du Cap de Bonne-Espérance.
9. Le SATIRION à feuilles d'orobanche.
Satyrium orobanchoides. Linn. ♃ Du Cap de Bonne-Espérance.
10. Le SATIRION pédicellé.
Satyrium pedicellatum. Linn. ♃ Du Cap de Bonne-Espérance.
11. Le SATIRION en spirale.
Satyrium spirale. Swartz. ♃ De l'Amérique méridionale.

12. Le SATIRION à feuilles de plantain.
Satyrium plantagineum. Linn. ♃ De l'Amérique méridionale.
13. Le SATIRION épipoge.
Satyrium epipogium. Linn. ♃ Des Alpes.
14. Le SATIRION du Cap.
Satyrium capense. Linn. ♃ Du Cap de Bonne-Espérance.
15. Le SATIRION rampant.
Satyrium repens. Linn. ♃ Des Alpes.
16. Le SATIRION à petites fleurs.
Satyrium parviflorum. Balb. ♃ Des Alpes.
17. Le SATIRION à court éperon.
Satyrium obsoletum. Pers. ♃ De l'Amérique septentrionale.
18. Le SATIRION à bractées.
Satyrium bracteatum. Pers. ♃ De l'Amérique septentrionale.

Espèces faisant partie des disa.

19. Le SATIRION à grandes fleurs.
Satyrium grandiflorum. Thunb. ♃ Du Cap de Bonne-Espérance.
20. Le SATIRION cornu.
Satyrium cornutum. Thunb. ♃ Du Cap de Bonne-Espérance.
21. Le SATIRION nain.
Satyrium micrantha. Swartz. De.....
22. Le SATIRION à longue corne.
Satyrium longicorne. Thunb. Du Cap de Bonne-Espérance.
23. Le SATIRION dragon.
Satyrium draconis. Thunb. ♃ Du Cap de Bonne-Espérance.
24. Le SATIRION roussâtre.
Satyrium rufescens. Thunb. ♃ Du Cap de Bonne-Espérance.
25. Le SATIRION ferrugineux.
Satyrium ferrugineum. Thunb. ♃ Du Cap de Bonne-Espérance.
26. Le SATIRION épais.
Satyrium porrectum. Thunb. ♃ Du Cap de Bonne-Espérance.
27. Le SATIRION penché.
Satyrium cernuum. Thunb. ♃ Du Cap de Bonne-Espérance.
28. Le SATIRION physode.
Satyrium physode. Thunb. ♃ Du Cap de Bonne-Espérance.
29. Le SATIRION à épi doré.
Satyrium chrystachia. Swartz. De.....
30. Le SATIRION tors.
Satyrium tortium. Thunb. ♃ Du Cap de Bonne-Espérance.
31. Le SATIRION en zigzag.
Satyrium flexuosum. Thunb. ♃ Du Cap de Bonne-Espérance.

32. Le Satirion bifide.
Satyrium bifidum. Thunb. ♃ Du Cap de Bonne-Espérance.

33. Le Satirion grêle.
Satyrium tenellum. Thunb. ♃ Du Cap de Bonne-Espérance.

34. Le Satirion fagittale.
Satyrium fagittalis. Thunb. ♃ Du Cap de Bonne-Espérance.

35. Le Satirion déchiré.
Satyrium lacerum. Swartz. De.....

36. Le Satirion tacheté.
Satyrium maculatum. Swartz. De.....

37. Le Satirion unilatéral.
Satyrium fecundum. Thunb. ♃ Du Cap de Bonne-Espérance.

38. Le Satirion élevé.
Satyrium excelfum. Swartz. De.....

39. Le Satirion cylindrique.
Satyrium cylindricum. Swartz. ♃ De.....

40. Le Satirion mélaleuque.
Satyrium melaleuca. Thunb. ♃ Du Cap de Bonne-Espérance.

41. Le Satirion ouvert.
Satyrium patens. Thunb. ♃ Du Cap de Bonne-Espérance.

Culture.

On ne cultive & on ne peut cultiver que les efpèces d'Europe, ou celles dont on envoie, les bulbes vivantes des pays d'outre-mer, attendu que leurs graines ne lèvent jamais, même lorfqu'elles font femées au fortir de leur capfule, & avec toutes les précautions poffibles. Pour pouvoir les offrir aux étudians dans les écoles de botanique, on doit donc les aller lever dans les bois, avec la motte, avant leur floraifon; &, malgré ce foin, il eft rare qu'elles y fubfiftent plus d'une année. *Voy.* pour le furplus au mot ORCHIDE. (*Bosc.*)

SATURIER. *Psatura.*

Arbriffeau de l'Ile-Bourbon, qui feul forme un genre dans l'hexandrie monogynie, & qui eft figuré pl. 260 des *Illuftrations des genres* de Lamarck.

Il ne fe cultive pas dans nos jardins. (*Bosc.*)

SATYRION : efpèce du genre *Orchis,* dont on fait du falep dans l'Orient. *Voyez* ORCHIS.

SAUGE. *Salvia.*

Genre de plantes de la diandrie monogynie & de la famille des *Labiées,* dans lequel fe placent cent trente-fix efpèces, dont plufieurs font naturelles à la France, & un grand nombre fe cultivent dans nos jardins & dans nos écoles de botanique. Il eft figuré pl. 10 des *Illuftrations des genres* de Lamarck.

Efpèces.

1. La Sauge cultivée.
Salvia officinalis. Linn. ♄ Du midi de la France.
2. La Sauge de Crète.
Salvia cretica. Linn. ♄ De l'île de Crète.
3. La Sauge à feuilles de lavande.
Salvia lavandulefolia. Vahl. ♄ De l'Efpagne.
4. La Sauge d'Égypte.
Salvia ægyptiaca. Linn. ⊙ De l'Égypte.
5. La Sauge à feuilles de marrube.
Salvia marrubioides. Vahl. ♄ Du Levant.
6. La Sauge pomifère.
Salvia pomifera. Linn. ♄ Du Levant.
7. La Sauge à tiges nombreufes.
Salvia multicaulis. Vahl. ♃ Du Levant.
8. La Sauge à trois lobes.
Salvia triloba. Linn. ♄ Du Levant.
9. La Sauge dentée.
Salvia dentata. Ait. ♄ Du Cap de Bonne-Efpérance.
10. La Sauge ciliée.
Salvia ciliata. Desf. ♃ De.....
11. La Sauge crénelée.
Salvia circinata. Cavan. ♃ Du Mexique.
12. La Sauge amère.
Salvia amariffima. Hort. ♃ Du Mexique.
13. La Sauge en lyre.
Salvia lyrata. Linn. ♃ De l'Amérique feptentrionale.
14. La Sauge fauvage.
Salvia fylveftris. Linn. ♃ Du midi de la France.
15. La Sauge des bois.
Salvia nemorofa. Linn. ♃ De l'eft de l'Europe.
16. La Sauge de Valence.
Salvia valentina. Vahl. ♃ De l'Efpagne.
17. La Sauge hormin.
Salvia hormineum. Linn. ⊙ Du midi de l'Europe.
18. La Sauge lancéolée.
Salvia lanceolata. Linn. ♄ Du Cap de Bonne-Efpérance.
19. La Sauge verte.
Salvia viridis. Desf. ⊙ De la Barbarie.
20. La Sauge d'Efpagne.
Salvia hifpanica. Linn. ⊙ Du midi de l'Europe.
21. La Sauge fans tige.
Salvia acaulis. Vahl. Des Indes.
22. La Sauge d'Occident.
Salvia occidentalis. Swartz. ⊙ Des Indes.
23. La Sauge couchée.
Salvia procumbens. Lam. ♃ De la Jamaïque.
24. La Sauge à fleurs courtes.
Salvia parviflora. Vahl. Du Levant.
25. La Sauge à feuilles de calament.
Salvia calamenthæfolia. Vahl. ♄ De Saint-Domingue.
26. La Sauge des Antilles.
Salvia dominica. Linn. ♃ Des Antilles.

27. La SAUGE tardive.
Salvia serotina. Linn. ♄ Des îles de la Grèce.
28. La SAUGE à petites fleurs.
Salvia micrantha. Vahl. ♃ De l'Amérique méridionale.
29. La SAUGE recourbée.
Salvia incurvata. Ruiz & Pav. ♃ Du Pérou.
30. La SAUGE fluette.
Salvia tenella. Swartz. ☉ De l'Amérique méridionale.
31. La SAUGE des Indes.
Salvia indica. Linn. ♃ Des Indes.
32. La SAUGE glutineufe.
Salvia glutinofa. Linn. ♃ Des Alpes.
33. La SAUGE des prés.
Salvia pratenfis. Linn. ♃ Indigène.
34. La SAUGE fanguine.
Salvia hæmatodes. Linn. ♃ Du midi de l'Europe.
35. La SAUGE des Pyrénées.
Salvia pyrenaica. Linn. ♃ Des Pyrénées.
36. La SAUGE vifqueufe.
Salvia vifcofa. Jacq. ♃ De l'Italie.
37. La SAUGE effilée.
Salvia virgata. Ait. ♃ Du Levant.
38. La SAUGE à feuilles concaves.
Salvia bullata. Ort. ♃ De Cuba.
39. La SAUGE de deux couleurs.
Salvia bicolor. Desf. ♂ De la Barbarie.
40. La SAUGE fétide.
Salvia fetida. Lam. ♄ Du Levant.
41. La SAUGE d'Alger.
Salvia algerienfis. Desf. ☉ De la Barbarie.
42. La SAUGE à larges feuilles.
Salvia latifolia. Vahl. De la Barbarie.
43. La SAUGE à odeur forte.
Salvia graveolens. Vahl. ♄ De l'Égypte.
44. La SAUGE épineufe.
Salvia fpinofa. Linn. ♃ De l'Égypte.
45. La SAUGE comprimée.
Salvia compreffa. Vent. ♂ De la Perfe.
46. La SAUGE laineufe.
Salvia æthiopis. Linn. ♂ Du midi de la France.
47. La SAUGE orvale.
Salvia fclarea. Linn. ♂ Du midi de la France.
48. La SAUGE à feuilles de verveine.
Salvia verbenaca. Linn. ♃ Du midi de la France.
49. La SAUGE clandeftine.
Salvia clandeftina. Linn. ♂ Du midi de l'Europe.
50. La SAUGE pubefcente.
Salvia difermas. Vahl. ♃ De l'Orient.
51. La SAUGE de Portugal.
Salvia lufitanica. Vahl. ♃ De l'Éfpagne.
52. La SAUGE d'Abyffinie.
Salvia abyffinica. Linn. ♃ De l'Afrique.
53. La SAUGE de Nubie.
Salvia nubia. Ait. ♃ De l'Afrique.
54. La SAUGE à tige nue.
Salvia nudicaulis. Vahl. De l'Arabie.

55. La SAUGE de Syrie.
Salvia fyriaça. Linn. ♄ Du Levant.
56. La SAUGE du Nil.
Salvia nilotica. Jacq. ♃ De l'Égypte.
57. La SAUGE rohcinée.
Salvia runcinata. Linn. ♃ Du Cap de Bonne-Efpérance.
58. La SAUGE verticillée.
Salvia verticillata. Linn. ♃ Du midi de l'Europe.
59. La SAUGE à feuilles de navet.
Salvia napifolia. Linn. ♃ Du midi de la France.
60. La SAUGE à feuilles de bétoine.
Salvia betonicæfolia. Lam. ☉ De.....
61. La SAUGE à feuilles d'ortie.
Salvia urticifolia. Linn. ♃ De l'Amérique feptentrionale.
62. La SAUGE amplexicaule.
Salvia amplexicaulis. Lam. ♃ De.....
63. La SAUGE à feuilles de tilleul.
Salvia tiliæfolia. Vahl. ♃ De l'Amérique méridionale.
64. La SAUGE à feuilles étalées.
Salvia patens. Cavan. Du Mexique.
65. La SAUGE plumeufe.
Salvia plumofa. Ruiz & Pav. ♄ Du Pérou.
66. La SAUGE à feuilles deltoïdes.
Salvia regla. Cavan. Du Mexique.
67. La SAUGE à longues fleurs.
Salvia longiflora. Ruiz & Pav. Du Pérou.
68. La SAUGE léonuroïde.
Salvia leonuroides. Glox. ♄ Du Pérou.
69. La SAUGE luifante.
Salvia fulgens. Cavan. ♃ Du Mexique.
70. La SAUGE écarlate.
Salvia coccinea. Linn. ♄ Du Mexique.
71. La SAUGE fcarlatine.
Salvia pfeudo-coccinea. Jacq. ♄ De l'Amérique méridionale.
72. La SAUGE à petits calices.
Salvia microcalix. Lam. Du Mexique.
73. La SAUGE amethyfte.
Salvia amethyftina. Smith. Du Mexique.
74. La SAUGE à fleurs tubulées.
Salvia tubiflora. Smith. Du Pérou.
75. La SAUGE à deux fleurs.
Salvia biflora. Ruiz & Pav. ♃ Du Pérou.
76. La SAUGE acuminée.
Salvia acuminata. Ruiz & Pav. ♃ Du Pérou.
77. La SAUGE pileufe.
Salvia pilofa. Vahl. ♄ Du Pérou.
78. La SAUGE cufpidée.
Salvia cuspidata. Ruiz & Pav. ♄ Du Pérou.
79. La SAUGE à feuilles aiguës.
Salvia acutifolia. Ruiz & Pav. ♄ Du Pérou.
80. La SAUGE incifée.
Salvia incifa. Ruiz & Pav. Du Pérou.
81. La SAUGE à grappes.
Salvia racemofa. Ruiz & Pav. ♄ Du Pérou.

82. La SAUGE à fleurs roses.
Salvia rosea. Vahl. ♄ Des Indes.
83. La SAUGE à fleurs opposées.
Salvia oppositifolia. Ruiz & Pav. ♃ Du Pérou.
84. La SAUGE douce.
Salvia mitis. Ruiz & Pav. ♄ Du Pérou.
85. La SAUGE à long tube.
Salvia tubifera. Cavan. ♃ Du Mexique.
86. La SAUGE papilionacée.
Salvia papilionacea. Cavan. ♃ Du Mexique.
87. La SAUGE du Mexique.
Salvia mexicana. Linn. Du Mexique.
88. La SAUGE coiffée.
Salvia involucrata. Cavan. ♃ Du Mexique.
89. La SAUGE à fleurs purpurines.
Salvia purpurea. Cavan. ♃ Du Mexique.
90. La SAUGE glanduleuse.
Salvia glandulifera. Cavan. Du Pérou.
91. La SAUGE à fleurs violettes.
Salvia violacea. Ruiz & Pav. ⊙ Du Pérou.
92. La SAUGE radicante.
Salvia radicans. Lam. ♃ Du Pérou.
93. La SAUGE à feuilles rhomboïdales.
Salvia rhombifolia. Ruiz & Pav. Du Pérou.
94. La SAUGE hérissonnée.
Salvia hirtella. Vahl. Du Pérou.
95. La SAUGE en casque.
Salvia galeata. Ruiz & Pav. ♄ Du Pérou.
96. La SAUGE à grandes bractées.
Salvia bracteata. Lam. ♄ Du Mexique.
97. La SAUGE ponctuée.
Salvia punctata. Ruiz & Pav. ♄ Du Pérou.
98. La SAUGE à feuilles de chamedrys.
Salvia chamædrioides. Cavan. ♃ Du Mexique.
99. La SAUGE à feuilles entières.
Salvia integrifolia. Ruiz & Pav. ♄ Du Pérou.
100. La SAUGE à grosses rides.
Salvia corrugata. Vahl. ♄ Du Pérou.
101. La SAUGE à fleurs blanches.
Salvia leucantha. Cavan. ♃ Du Mexique.
102. La SAUGE roulée.
Salvia revoluta. Ruiz & Pav. ♄ Du Pérou.
103. La SAUGE à feuilles étroites.
Salvia angustifolia. Cavan. ♃ Du Mexique.
104. La SAUGE azurée.
Salvia azurea. Lam. ♃ De l'Amérique septentrionale.
105. La SAUGE élevée.
Salvia elata. Lam. De l'Amérique septentrionale.
106. La SAUGE dorée.
Salvia aurea. Linn. ♄ Du Cap de Bonne-Espérance.
107. La SAUGE d'Afrique.
Salvia africana. Linn. ♄ Du Cap de Bonne-Espérance.
108. La SAUGE colorée.
Salvia colorata. Linn. ♄ Du Cap de Bonne-Espérance.

109. La SAUGE barbue.
Salvia barbata. Lam. ♄ Du Cap de Bonne-Espérance.
110. La SAUGE paniculée.
Salvia paniculata. Linn. ♄ Du Cap de Bonne-Espérance.
111. La SAUGE sagittée.
Salvia sagittata. Ruiz & Pav. ♃ Du Pérou.
112. La SAUGE des Canaries.
Salvia canariensis. Linn. ♄ Des Canaries.
113. La SAUGE barrelière.
Salvia Barrelieri. Etling. ♃ De l'Espagne.
114. La SAUGE argentée.
Salvia argentea. Linn. ♂ Du Levant.
115. La SAUGE diffuse.
Salvia patula. Desf. ♂ De la Barbarie.
116. La SAUGE blanche.
Salvia candidissima. Vahl. Du Levant.
117. La SAUGE à feuilles de phlomis.
Salvia phlomoides. Vahl. ♄ De l'Espagne.
118. La SAUGE rustique.
Salvia inamœna. Vahl. De l'Espagne.
119. La SAUGE d'Autriche.
Salvia austriaca. Linn. ♃ De l'Allemagne.
120. La SAUGE à fleurs panachées.
Salvia varia. Vahl. De l'Arménie.
121. La SAUGE cératophylle.
Salvia ceratophylla. Linn. ♂ De la Perse.
122. La SAUGE à feuilles chagrinées.
Salvia exasperata. Cavan. De l'Égypte.
123. La SAUGE laciniée.
Salvia ceratophylloides. Lam. ♂ De la Barbarie.
124. La SAUGE ailée.
Salvia pinnata. Linn. ♂ De Crète.
125. La SAUGE à feuilles de scabieuse.
Salvia scabiosæfolia. Lam. Du Levant.
126. La SAUGE à feuilles d'anthyllis.
Salvia vulnerariæfolia. Willd. ♄ Du Levant.
127. La SAUGE de la Taurique.
Salvia habliziana. Willd. ♃ De la Taurique.
128. La SAUGE à feuilles de rose.
Salvia rosæfolia. Mich. ♃ Du Levant.
129. La SAUGE à fleurs incarnates.
Salvia incarnata. Etling. ♃ Du Levant.
130. La SAUGE à feuilles interrompues.
Salvia interrupta. Schousb. ♄ De la Barbarie.
131. La SAUGE en coupe.
Salvia acetabulosa. Linn. ♄ Du Levant.
132. La SAUGE de Forskhal.
Salvia Forskhalii. Linn. ♃ Du Levant.
133. La SAUGE penchée.
Salvia nutans. Linn. ♃ De la Russie.
134. La SAUGE hastée.
Salvia hastata. Etling. De.....
135. La SAUGE pendante.
Salvia pendula. Vahl. ♃ De la Russie.
136. La SAUGE tingitane.
Salvia tingitana. Willd. ♄ De la Barbarie.

Culture.

Nous cultivons dans nos jardins quarante à cinquante de ces efpèces, & je traiterai, en les groupant, de la culture qui leur convient, après avoir parlé de la Sauge officinale & de la Sauge des prés, qui font d'un intérêt plus général pour les cultivateurs.

La Sauge officinale préfente plufieurs variétés, dont quatre, à raifon de la grandeur, de la difpofition & de la couleur de leurs feuilles, font recherchées; favoir, celle à *feuilles frifées*, celle à *feuilles panachées*, celle à *feuilles tricolores*; celle à *feuilles étroites* ou *Sauge de Catalogne*, qui eft peut-être une efpèce, fe cultive aufli pour l'agrément, & de plus pour fes ufages médicinaux, à raifon de l'odeur plus fuave de toutes fes parties. Il eft des départemens où il eft d'ufage d'en avoir un ou deux pieds au moins dans chaque jardin. Les trois premières variétés font plus d'effet que l'efpèce dans les parterres & dans les jardins payfagers, mais elles fleuriffent moins abondamment. Comme plus délicates que le type, elles ne profpèrent que dans les terrains fecs & légers, & dans les expofitions découvertes & chaudes. Ceci s'applique encore plus à la quatrième.

En général, la Sauge officinale fouffre, fous le climat de Paris, dans les hivers très-froids & dans les hivers très-humides; mais il eft rare qu'elle périffe entièrement. Lorfqu'elle fe trouve dans les circonftances dont je viens de parler, il ne s'agit que de couper foit fes branches près de la tige, foit fes tiges rez terre, pour qu'on ne s'aperçoive pas du mal fix mois après. Le plus fouvent on la laiffe en buiffon, quelquefois on l'élève fur une feule tige. C'eft au fecond rang des plates-bandes des parterres & le long des allées des jardins payfagers qu'on doit la placer. Tous les trois ou quatre ans il faut en relever les pieds pour replanter à une autre place leur partie la plus vigoureufe, parce qu'elle épuife la terre, & eft moins agréable lorfqu'elle offre des branches mourantes ou mortes.

La multiplication de la Sauge officinale a lieu par graines, par marcottes, par boutures & par déchirement des vieux pieds : ce dernier moyen eft le plus employé, parce qu'il donne des jouiffances plus promptes & qu'il fuffit bien au-delà du befoin du commerce.

Pour que les femis réuffiffent bien, pour que les boutures reprennent avec certitude, il eft bon de les faire fur couche.

Entr'ouvrir les rameaux d'une touffe dans les premiers jours du printemps, & jeter dans fon centre deux ou trois pelletées de terre, eft le moyen le plus employé pour avoir, à pareille époque de l'année fuivante, autant de belles marcottes qu'il y avoit de rameaux.

Le déchirement des vieux pieds fe fait pendant l'hiver; il n'offre aucune difficulté quand c'eft une main exercée qui l'exécute. La principale at-tention qu'il faut avoir, c'eft de ne replanter que les rejets les plus nouveaux & les racines qui leur appartiennent.

L'infufion fucrée des feuilles de la Sauge officinale, furtout de fa variété à feuilles étroites, eft très-employée pour ranimer les forces vitales, exciter les fueurs. Son goût eft fi agréable, qu'il eft étonnant qu'on n'en faffe pas un ufage aufli général que du thé. On rapporte que les Chinois s'étonnent qu'ayant une aufli excellente feuille, nous allions chercher la leur.

La Sauge des prés eft abondante le long des chemins, dans les pâturages, dans les prés fecs, qu'elle orne quand elle eft en fleurs. On doit en placer quelques touffes au milieu des gazons & le long des allées des jardins payfagers, certain qu'elle y produira de bons effets. Les moutons & les chèvres la mangent avec plaifir, mais les autres beftiaux n'y touchent pas. Comme fes larges feuilles radicales s'oppofent à la croiffance des graminées, des légumineufes & autres bonnes plantes fourrageufes, il eft utile de la détruire partout où elle fe trouve, furtout dans les prés; ce à quoi on parvient facilement, foit en coupant fes racines entre deux terres, foit en labourant le fol. Elle peut être employée à augmenter la maffe des fumiers ou à faire de la potaffe. Sa culture dans les écoles de botanique fe réduit au femis de fes graines en place & aux farclages ou binages de propreté.

Les Sauges annuelles qui fe voient dans nos écoles de botanique font celles indiquées fous les nᵒˢ. 1, 17, 19, 20 & 60. On en fème les graines dans des pots remplis de terre à demi confiftante, & on enterre ces pots dans une couche nue lorfque les gelées ne font plus à craindre. Le plant, arrivé à quelques pouces de hauteur, fe repique feul à feul dans d'autres pots ou dans un terrain fec & expofé au midi. Parmi elles, la 17ᵉ. fe fait remarquer par fes bractées colorées, & fe cultive quelquefois dans les parterres.

On trouve dans les mêmes écoles, en Sauges bifannuelles, celles des nᵒˢ. 39, 45, 46, 49, 114, 121, 123 & 124. Toutes appartiennent à des pays chauds, fe fèment dans des pots fur couche, & leur plant fe repique en pot afin de le rentrer pendant l'hiver dans l'orangerie. On peut, & on le fait fouvent, les repiquer en pleine terre le printemps fuivant pour avoir de plus beaux pieds.

Les Sauges vivaces cultivées dans nos écoles fe divifent en Sauges de pleine terre, Sauges d'orangerie & Sauges de ferre chaude.

Les premières font celles des nᵒˢ. 11, 12, 13, 14, 15, 36, 48, 58, 59, 119, 133 & 135; elles fe fèment en place comme la Sauge des prés, & ne demandent pas plus de foin. En automne on coupe leurs tiges rez terre. Une fois obtenues, on les multiplie par le déchiremen des vieux pieds. Plufieurs font élégantes & méritent d'être introduites dans les jardins payfagers, le long des allées, autour des fabriques, &c. Il faut les relever tous les deux à trois ans pour les changer de lieu où leur donner de la nouvelle terre.

Les fecondes font indiquées fous les nos. 10, 27, 37, 40, 50, 86, 88, 98 & 103. On les fème dans des pots fur couche, & elles fe repiquent dans d'autres pots, qu'on rentre dans l'orangerie aux approches des froids. On les multiplie auffi par déchirement des vieux pieds.

Les troifièmes fe rapportent aux nos. 27, 31, 44, 52, 53 & 56. On les fème dans des pots fur couche à châffis, & leur plant, repiqué, fe rentre dans la ferre chaude lorfque les gelées commencent à fe faire craindre, c'eft-à-dire, dans le climat de Paris, vers le milieu d'octobre.

Toutes les Sauges frutefcentes qui fe voient dans nos écoles de botanique & dans les collections des amateurs peuvent être confidérées comme d'orangerie, quoique quelques-unes puiffent paffer les hivers doux en pleine terre, & que quelques autres ne profitent bien qu'en ferre chaude : ce font celles des nos. 2, 5, 6, 8, 27, 40, 55, 70, 96, 106, 107, 110, 112, 117 & 136. Il leur faut, comme aux précédentes, une terre à demi confiftante & fort peu d'arrofemens, hors le moment de leur entrée en végétation. L'humidité & le défaut de lumière font leurs plus grands ennemis ; en conféquence, c'eft près des jours & loin des plantes graffes qu'il faut les placer. Diminuer leurs rameaux par une taille rigoureufe eft fouvent une excellente opération pour prévenir leur chanciffure. On les multiplie de graines femées dans des pots fur couche à châffis, de boutures & de marcottes : les deux derniers de ces moyens font les plus employés.

Plufieurs de ces Sauges fe font remarquer par la beauté de leurs fleurs. (Bosc.)

SAULE. Salix.

Genre de plantes qui renferme plus de cent efpèces d'arbres, foit naturels à la France, foit fufceptibles d'y être cultivés en pleine terre, & dont plufieurs intéreffent éminemment les cultivateurs, foit à raifon de la rapidité de leur croiffance, foit à raifon de la flexibilité de leurs rameaux. Il en fera queftion dans le Dictionnaire des Arbres & Arbuftes.

SAUPOUDRER. Quelquefois on faupoudre les femis avec du terreau, de la terre de bruyère, & alors ce mot eft fynonyme de TERREAUTER.

Quelquefois on faupoudre les champs cultivés en céréales ou en fourrages de POUDRETTE, de COLOMBINE, de CHAUX, de PLATRE. Voyez ces mots.

SAURURE. Saururus.

Plante vivace qui croît dans les marais de la Caroline, & qui feule forme un genre dans l'heptandrie tétragynie & dans la famille des Naïades. Elle eft figurée pl. 276 des Illuftrations des genres de Lamarck.

Cette plante, dont j'ai obfervé d'immenfes quantités dans fon pays natal, fe cultive en Europe dans les écoles de botanique & les collections des amateurs. Pour l'obtenir d'abord, on fème fes graines dans un pot rempli de terre de bruyère, pot qu'on place fur couche nue & qu'on arrofe abondamment. Le plant levé fe repique dans d'autres pots, qu'on place dans des terrines à moitié pleines d'eau, & à une expofition méridienne. Les pieds provenant de ce plant tracent beaucoup, de forte que, dès l'année fuivante, on peut les divifer pour les multiplier, & ainfi de fuite tous les printemps.

Les gelées ne font nullement à craindre pour la Saurure, de forte que fi on a une place un peu marécageufe fur le bord des eaux dans les jardins payfagers, on peut l'y planter, bien certain qu'elle s'y fera remarquer, pendant fa floraifon, par fes longs épis recourbés. Il y en a eu beaucoup autrefois à Trianon. (Bosc.)

SAUSSAIE : lieu planté en SAULE. Voyez ce mot.

SAUT DE LOUP. C'eft ainfi qu'on appelle, en terme de jardinage, un foffé prefque toujours revêtu de murs, au moins d'un côté, qui fe creufe à l'extrémité des allées, à l'effet d'empêcher d'entrer dans les jardins, & cependant de ne pas s'oppofer à la vue. Il doit avoir au moins huit pieds de large & de profondeur.

Les Sauts de loup, jadis fort à la mode dans les jardins français, font rarement employés dans les jardins payfagers ; on les fupplée par des monticules de terre ou par des conftructions en maçonnerie plus élevées que les murs, d'où l'on jouit de la vue de toute la campagne environnante. Voyez JARDIN. (Bosc.)

SAUTELLE ou SAUTERELLE. Dans quelques vignobles c'eft un tas d'échalas, dans d'autres les marcottes faites dans l'intention de regarnir une place vide, dans d'autres enfin, les farmens courbés en arcs dans l'intention de leur faire produire une plus grande quantité de raifin.

Dans quelques vignes des environs de Paris on couche les Sautelles en terre, c'eft-à-dire, qu'on en fait de véritables marcottes, qui fe relèvent & fe coupent l'hiver fuivant.

Cette pratique, en fourniffant plus de racines & plus d'humidité aux grappes, eft excellente dans les mauvais terrains ou les terrains épuifés, pour favorifer le groffiffement des grains ; mais elle ne doit pas concourir à l'amélioration du vin, puifqu'elle affimile le raifin des vieilles vignes à celui des jeunes.

Voyez ÉCHALAS, MARCOTTE, COURBURE
DES BRANCHES & VIGNE.

SAUTELLE : instrument de chasse. *Voyez* RA-
QUETTE.

SAUTER LE FOIN : opération qui a pour but
d'accélérer la dessiccation du foin.

Pour l'exécuter, on soulève une petite quantité de foin ou éparpillé sur le sol, ou réuni en
meulettes, avec la fourche, & on le jette à un
ou deux pieds en l'air, de manière qu'il s'épar-
pille davantage en retombant dans une autre place.
Voyez PRAIRIE.

SAUTERELLE. *Locusta.*

Genre d'insectes de l'ordre des orthoptères,
qui renferme une cinquantaine d'espèces connues,
dont une dixaine sont propres à la France, parmi
lesquelles les deux plus communes sont la SAU-
TERELLE VERTE & la SAUTERELLE RONGE-
VERRUE, dont les dégâts ne sont même jamais
remarquables : c'est dans les prés qu'elles se trouvent.

On voit, par ce que je viens de dire, que ces
Sauterelles ne sont pas celles que beaucoup d'écrivains ont citées comme étant le fléau de plusieurs
contrées d'Asie & d'Afrique ; & en effet, ces
dernières appartiennent au genre GRILLON de
Fabricius, ou CRIQUET de Geoffroy, genre très-
voisin, mais qui se distingue de celui-ci par des
antennes courtes & de même grosseur dans toute
leur longueur.

Ce genre grillon de Fabricius, qu'il faut distinguer du grillon de Geoffroy, renferme plus de
soixante espèces, dont quinze appartiennent à
la France.

Celle qui est la plus fameuse par l'étendue des
dommages qu'elle cause aux cultures, est le CRI-
QUET ÉMIGRANT, *gryllus migratorius* Fab., qui
est très-rare aux environs de Paris, plus commun
dans le midi de la France, & fort multiplié sur la
côte d'Afrique. Dans ce dernier pays, & même
quelquefois en Espagne & en Italie, les bandes que
forme ce criquet sont si nombreuses, qu'elles obs-
curcissent en volant, la lumière du jour, qu'elles
dévorent en peu d'heures toute la verdure d'un
canton, & qu'elles causent des maladies par les
émanations de leurs cadavres. On les mange dans
les déserts. Le seul moyen de les détruire, c'est
de les tuer à coups de bâton ; mais que peuvent
quelques hommes contre des millions de ces insectes ? Au reste, une pluie froide, un vent violent & la disette, suite de leur grand nombre,
en débarrassent souvent une contrée pour plusieurs
années. *Voyez* pour le surplus le *Dictionnaire des
Insectes.*

Les espèces les plus communes en France sont
les CRIQUETS STRIDULÉ, AZURÉ & BIMOU-
CHETÉ. Ils vivent par milliers dans les endroits secs
& chauds. C'est une excellente nourriture pour

les jeunes volailles, surtout pour les dindons &
les canards. Lorsque les poules en mangent trop,
le jaune de leurs œufs devient noirâtre & prend un
mauvais goût. C'est principalement par leur multitude que l'élève des volailles devient économique & certain dans les landes, telles que celles
de la Sologne, du Maine, &c.

Il y a encore les CRIQUETS GROS & VERT
qui se trouvent dans les marais, & qui y sont aussi
quelquefois très-abondans. (*Bosc.*)

SAUTERELLE. *Voyez* SAUTELLE.

SAUVAGEONS : nom des arbres fruitiers ou
autres, crûs dans les forêts, & transportés dans
les jardins & les vergers pour recevoir la greffe
des variétés perfectionnées ou des espèces étrangères analogues. Il en sera traité dans le *Dictionnaire des Arbres & Arbustes. Voyez* FRANC & PÉ-
PINIÈRE.

SAUVAGÈSE. *Sauvagesia.*

Genre de la pentandrie monogynie & d'une famille inconnue, qui renferme trois espèces, ni
l'une ni l'autre cultivée dans les jardins d'Europe.
Il est figuré pl. 140 des *Illustrations des genres* de
Lamarck.

Espèces.

1. La SAUVAGÈSE de Cayenne.
Sauvagesia adima. Aubl. ⊙ De Cayenne.
2. La SAUVAGÈSE des Antilles.
Sauvagesia erecta. Jacq. ⊙ De Saint-Domingue.
3. La SAUVAGÈSE fluette.
Sauvagesia tenella. Lam. ⊙ De Cayenne.
(*Bosc.*)

SAUVE-VIE : espèce de DORADILLE. *Voyez*
ce mot.

SAUX : synonyme de SAULE.

SAVANNE : espace dégarni de bois, dans lequel
on laisse paître les bestiaux, dans les colonies.
Quelquefois les Savannes sont entourées de haies,
de fossés, de barrières en bois ; le plus souvent
elles sont ouvertes d'un, de deux ou de tous les
côtés.

Les Savannes remplacent, dans nos colonies, ce
que nous appelons ici des *pâturages.* On ne les soigne pas davantage ; aussi ne profitent-elles pas plus
à leur propriétaire. Il seroit cependant, là comme
ici, facile de les améliorer en les cultivant de
loin en loin, & en y semant des graines de plantes plus du goût des bestiaux que celles qui y
croissent naturellement. Je ne connois pas les Savannes de Saint-Domingue, mais j'ai pu juger de
la mauvaise nature de celles de la Caroline, que des
colons disoient en différer fort peu. *Voyez* PA-
TURAGE. (*Bosc.*)

SAVARTS. Les terres incultes qui servent de
pâture s'appellent ainsi dans le département des
Ardennes. *Voyez* PATURAGE.

SAVASTANE.

SAVASTANE. *Savastana.*

Genre de plantes établi par Schrank dans la triandrie digynie, mais fur lequel on n'a pas de renfeignemens. (*Bosc.*)

SAVIA. *Savia.*

Arbriffeau de la Jamaïque, fort voifin des crotons, mais que Willdenow penfe devoir fervir de type à un genre particulier dans la diœcie triandrie & dans la famille des *Euphorbes.*

Comme il ne fe cultive pas dans nos jardins, je n'en dirai rien de plus. (*Bosc.*)

SAVINIER : fynonyme de Sabine, efpèce du genre Genevrier. *Voyez* ces mots dans le *Dictionnaire des Arbres & Arbuftes.*

SAVON : combinaifon d'un alcali & d'une huile, qu'on emploie généralement au blanchiffage du linge, & quelquefois dans la médecine vétérinaire. *Voyez* Alcali, Huile & Graisse.

Le Savon ne paroît pas avoir été connu des Anciens, mais auffi leurs vêtemens étoient-ils rarement de lin, & encore plus rarement de chanvre.

Le meilleur Savon du commerce eft celui dit *de Marfeille*, qui eft fabriqué avec la foude & l'huile d'olives; celui qui eft le produit de la combinaifon du même alcali avec la graiffe vient enfuite; ceux formés d'huile de colza & de potaffe, dit *Savon vert*, ou d'huile de poiffon & de potaffe, dit *Savon noir*, ne fervent guère qu'au dégraiffage des étoffes de laine qui fortent de deffus le métier.

Il n'eft jamais économique de faire du Savon en petit. Ainfi les cultivateurs doivent s'en pourvoir dans les villes, en choififfant le plus fec & le plus dépourvu de mauvaife odeur; mais s'ils poffèdent des huiles rances, des fuifs dont ils ne fachent que faire, ils peuvent, avec avantage, en les mettant dans une forte eau de leffive bouillante, former une eau de Savon très-propre à tous les emplois du Savon. *Voyez* Lessive.

Comme contenant un excellent engrais, l'huile, & le plus puiffant des amendemens, l'alcali, le Savon ou l'eau de Savon eft très-propre à être employé en agriculture; mais il faut en ménager l'ufage, car il brûle toutes les plantes qu'il touche lorfqu'il eft en trop grande quantité. Que dire donc de ces ménagères, & c'eft le plus grand nombre, qui jettent à la porte leurs eaux de Savon, leurs eaux de leffive qui font très-favonneufes, au lieu de les répandre fur leurs terres, au lieu de les jeter fur leur fumier qu'elles amélioreroient tant? *Voyez* Engrais.

L'ufage du Savon dans la médecine vétérinaire eft affez étendu, foit à l'intérieur, foit à l'extérieur. Il fait la bafe des compofitions deftinées à empêcher les infectes de manger les peaux, les laines & les plumes.

Bernard de Paliffy a dit que les fucs de la terre

étoient des Savons qui, diffous par l'eau à l'aide de la chaleur, montoient dans les plantes par leurs racines. Rozier a renouvelé cette opinion, quoiqu'elle ne foit pas rigoureufement exacte, puifque le terreau, véritable principe de la nutrition des végétaux, n'eft pas une huile. Je l'ai fait auffi fervir de bafe, dans cet ouvrage, à la théorie de la Végétation. *Voyez* ce mot & ceux Terreau, Alcali, Chaux. (*Bosc.*)

SAVONIER. *Sapindus.*

Genre de plantes de l'octandrie trigynie & de la famille de fon nom, dans lequel fe rangent treize efpèces, dont trois fe cultivent dans nos ferres. Il eft figuré pl. 307 des *Illuftrations des genres* de Lamarck.

Obfervation.

La Koelreuterie a fait partie de ce genre fous le nom de *Savonier de la Chine.*

Efpèces.

1. Le Savonier mouffeux.
Sapindus faponaria. Linn. ♄ Des Antilles.
2. Le Savonier roide.
Sapindus rigida. Vahl. ♄ De l'Ile-Bourbon.
3. Le Savonier épineux.
Sapindus fpinofa. Linn. ♄ De la Jamaïque.
4. Le Savonier des Indes.
Sapindus indica. Lam. ♄ Des Indes.
5. Le Savonier à feuilles de laurier.
Sapindus laurifolia. Vahl. ♄ Des Indes.
6. Le Savonier à feuilles échancrées.
Sapindus emarginata. Vahl. ♄ Des Indes.
7. Le Savonier rouillé.
Sapindus rubiginofa. Roxb. ♄ Des Indes.
8. Le Savonier à fruits anguleux.
Sapindus angulata. Lam. ♄ De.....
9. Le Savonier de Surinam.
Sapindus furinamenfis. Lam. ♄ De Cayenne.
10. Le Savonier arborefcent.
Sapindus arborefcens. Aubl. ♄ De Cayenne.
11. Le Savonier frutefcent.
Sapindus frutefcens. Aubl. ♄ De Cayenne.
12. Le Savonier à longues feuilles.
Sapindus longifolia. Vahl. ♄ Des Indes.
13. Le Savonier à quatre feuilles.
Sapindus tetraphylla. Perf. ♄ Des Indes.

Culture.

Les efpèces qui fe cultivent en Europe font les 1re., 2e., 3e. & 4e. On les obtient de graines tirées de leur pays natal, femées dans des pots remplis de terre à demi confiftante, & placées fur une couche à châffis. Le plant fe fépare & fe plante ifolément dans d'autres pots qu'on place dans la tannée d'une ferre chaude pendant l'hiver,

& à une exposition méridienne pendant l'été. On leur donne de la nouvelle terre tous les ans , en automne , & on ne les arrose que lorsqu'elles en indiquent le besoin. Une fois arrivées à six pieds de hauteur , on les ôte de la tannée, afin de retarder leur accroissement, car sans cela elles atteindroient bientôt le plafond de la Serre. (Bosc.)

SAVONIÈRE : synonyme de SAPONAIRE.

SAVORÉE. La SARRIETTE porte ce nom dans quelques lieux.

SAXIFRAGE. Saxifraga.

Genre de plantes de la décandrie digynie & de la famille de son nom., dans lequel se trouvent réunies soixante-quatorze espèces, dont la plupart sont très-communes sur les montagnes élevées de l'Europe, & peuvent par conséquent plus ou moins facilement se cultiver dans les écoles de botanique. Il est figuré pl. 372 des Illustrations des genres de Lamarck.

Espèces.

Saxifrages à feuilles entières & à tiges presque nues.

1. La SAXIFRAGE cotylédone.
Saxifraga cotyledon. Linn. ♃ Des Alpes.
2. La SAXIFRAGE pyramidale.
Saxifraga pyramidalis. Lapeyr. ♃ Des Pyrénées.
3. La SAXIFRAGE aizoon.
Saxifraga aizoon. Jacq. ♃ Des Alpes.
4. La SAXIFRAGE métamorphosée.
Saxifraga mutata. Linn. ♃ Des Alpes.
5. La SAXIFRAGE à longues feuilles.
Saxifraga longifolia. Lapeyr. ♃ Des Pyrénées.
6. La SAXIFRAGE moyenne.
Saxifraga media. Gouan. ♃ Des Pyrénées.
7. La SAXIFRAGE de Pensylvanie.
Saxifraga pensylvanica. Linn. ♃ De l'Amérique septentrionale.
8. La SAXIFRAGE à feuilles d'épervière.
Saxifraga hieracifolia. Willd. ♃ De la Hongrie.
9. La SAXIFRAGE bleuâtre.
Saxifraga androsacea. Linn. ♃ Des Alpes.
10. La SAXIFRAGE de Virginie.
Saxifraga virginiensis. Mich. ♃ De l'Amérique septentrionale.
11. La SAXIFRAGE à feuilles d'orpin.
Saxifraga sedoides. Linn. ♃ Des Alpes.
12. La SAXIFRAGE d'un jaune-pourpre.
Saxifraga luteo-purpurea. Lapeyr. ♃ Des Pyrénées.
13. La SAXIFRAGE arétioïde.
Saxifraga aretioides. Lapeyr. ♃ Des Pyrénées.
14. La SAXIFRAGE césia. Linn. ♃ Des Alpes.
15. La SAXIFRAGE à feuilles planes.
Saxifraga planifolia. Lapeyr. ♃ Des Alpes.

16. La SAXIFRAGE bursienne.
Saxifraga burseriana. Linn. ♃ Des Alpes.
17. La SAXIFRAGE fluette.
Saxifraga tenella. Jacq. ♃ De l'Allemagne.
18. La SAXIFRAGE bryoïde.
Saxifraga bryoides. Linn. ♃ Des Alpes.
19. La SAXIFRAGE rude.
Saxifraga aspera. Linn. ♃ Des Alpes.
20. La SAXIFRAGE de Gmelin.
Saxifraga branchialis. Gmel. ♃ De la Sibérie.
21. La SAXIFRAGE à feuilles de leucanthème.
Saxifraga leucanthemifolia. Lapeyr. ♃ Des Pyrénées.
22. La SAXIFRAGE étoilée.
Saxifraga stellaris. Linn. ♃ Des Alpes.
23. La SAXIFRAGE ombragée, vulgairement amourette.
Saxifraga umbrosa. Linn. ♃ Des Alpes.
24. La SAXIFRAGE en coin.
Saxifraga cuneifolia. Linn. ♃ Des Alpes.
25. La SAXIFRAGE velue.
Saxifraga hirsuta. Linn. ♃ Des Alpes.
26. La SAXIFRAGE mignonette.
Saxifraga geum. Linn. ♃ Des Alpes.
27. La SAXIFRAGE à grandes feuilles.
Saxifraga crassifolia. Linn. ♃ De la Sibérie.
28. La SAXIFRAGE des hautes montagnes.
Saxifraga nivalis. Linn. ♃ Des alpes de la Laponie.
29. La SAXIFRAGE sarmenteuse.
Saxifraga sarmentosa. Linn. ♃ De la Chine.
30. La SAXIFRAGE de Bellard.
Saxifraga Bellardi. Allion. ♃ Des Alpes.
31. La SAXIFRAGE de Daourie.
Saxifraga daourica. Willd. ♃ De la Sibérie.
32. La SAXIFRAGE ponctuée.
Saxifraga punctata. Linn. ♃ De la Sibérie.
33. La SAXIFRAGE droite.
Saxifraga recta. Lapeyr. ♃ Des Pyrénées.

Saxifrages à feuilles entières & à tiges feuillées.

34. La SAXIFRAGE à feuilles opposées.
Saxifraga oppositifolia. Linn. ♃ Des Alpes.
35. La SAXIFRAGE biflore.
Saxifraga biflora. Lapeyr. ♃ Des Pyrénées.
36. La SAXIFRAGE rétuse.
Saxifraga retusa. Lapeyr. ♃ Des Pyrénées.
37. La SAXIFRAGE de Magellan.
Saxifraga magellanica. Lam. ♃ Du détroit de Magellan.
38. La SAXIFRAGE à fleurs jaunes.
Saxifraga hirculus. Linn. ♃ Des Alpes.
39. La SAXIFRAGE aizoïde.
Saxifraga aizoides. Linn. ♃ Des Alpes.
40. La SAXIFRAGE d'automne.
Saxifraga autumnalis. Linn. ♃ Des Alpes.
41. La SAXIFRAGE à feuilles rondes.
Saxifraga rotundifolia. Linn. ♃ Des Alpes.

42. La Saxifrage à feuilles fpatulées.
Saxifraga fpathulata, Desf. ♃ De la Barbarie.
43. La Saxifrage rude.
Saxifraga afpera. Linn. ♃ Des Alpes.

Saxifrages à feuilles lobées ou incifées.

44. La Saxifrage granulée.
Saxifraga granulata. Linn. ♃ Indigène.
45. La Saxifrage à feuilles de géranion.
Saxifraga geranioides. Linn. ♃ Des Pyrénées.
46. La Saxifrage palmée.
Saxifraga palmata. Lapeyr. ♃ Des Pyrénées.
47. La Saxifrage à feuilles de bugle.
Saxifraga ajugæfolia. Linn. ♃ Des Pyrénées.
48. La Saxifrage de Sternbergius.
Saxifraga Sternbergii. Willd. ♃ De l'Allemagne.
49. La Saxifrage de Sibérie.
Saxifraga fibirica. Linn. ♃ De la Sibérie.
50. La Saxifrage des rochers.
Saxifraga rupeftris. Willd. ⊙ De l'Allemagne.
51. La Saxifrage tridactyle.
Saxifraga tridactylites. Linn. ⊙ Indigène.
52. La Saxifrage des pierres.
Saxifraga petrea. Linn. ⊙ Des Alpes.
53. La Saxifrage afcendante.
Saxifraga afcendens. Linn. ♃ Des Alpes.
54. La Saxifrage mufquée.
Saxifraga mofchata. Willd. ♃ Des Alpes.
55. La Saxifrage nerveufe.
Saxifraga nervofa. Lapeyr. ♃ Des Pyrénées.
56. La Saxifrage à cinq digitations.
Saxifraga pentadactylis. Lepeyr. ♃ Des Pyrénées.
57. La Saxifrage mufcoïde.
Saxifraga mufcoides. Willd. ♃ Des Alpes.
58. La Saxifrage en gazon.
Saxifraga cefpitofa. Linn. ♃ Des Alpes.
59. La Saxifrage à trois pointes.
Saxifraga tricufpidata. Willd. ♃ Du Groenland.
60. La Saxifrage hypnoïde.
Saxifraga hypnoides. Linn. ♃ Des Alpes.
61. La Saxifrage globulifère.
Saxifraga globulifera. Desf. ♃ De la Barbarie.
62. La Saxifrage à feuilles de cymbalaire.
Saxifraga cymbalaria. Linn. ⊙ Du Levant.
63. La Saxifrage à feuilles de lierre.
Saxifraga hederacea. Linn. ⊙ De l'Île de Crète.
64. La Saxifrage du Levant.
Saxifraga orientalis. Willd. Du Levant.
65. La Saxifrage cunéiforme.
Saxifraga cuneata. Willd. De l'Efpagne.
66. La Saxifrage à fleur recourbée.
Saxifraga cernua. Linn. ♃ De la Laponie.
67. La Saxifrage rivulaire.
Saxifraga rivularis. Linn. ⊙ De la Laponie.
68. La Saxifrage aquatique.
Saxifraga aquatica. Lapeyr. ♃ Des Pyrénées.
69. La Saxifrage à fleurs en tête.
Saxifraga capitata. Lapeyr. ♃ Des Pyrénées.

70. La Saxifrage du Piémont.
Saxifraga pedmontana. Allion. ♃ Des Alpes.
71. La Saxifrage caffante.
Saxifraga decipiens. Perf. ♃ De l'Angleterre.
72. La Saxifrage emmêlée.
Saxifraga intricata. Lapeyr. ♃ Des Pyrénées.
73. La Saxifrage mixte.
Saxifraga mixta. Lapeyr. ♃ Des Pyrénées.
74. La Saxifrage à fleurs en cime.
Saxifraga cymofa. Perf. ♃ De la Hongrie.

Culture.

De ce nombre de Saxifrages, nous ne cultivons guère qu'une trentaine dans nos écoles de botanique, à raifon de la difficulté de les tenir dans la fituation où elles fe trouvent dans leur lieu natal. Cette confidération eft le réfultat, & des obfervations que j'ai faites fur la ftation des efpèces qui croiffent dans les Alpes, & fur les fuites de leur tranfplantation dans le Jardin du Muféum de Paris, où plufieurs fois il en eft arrivé des collections prefqu'entières. La plupart veulent en effet un terrain frais fans être marécageux, un air vif, ni trop chaud ni trop froid, & la préfence conftante du foleil.

Les efpèces indiquées fous les nᵒˢ. 1, 2, 3, 14, 23, 24, 25, 26, 27, 29, 32, 38, 41, 44 & 45, font affez agréables, dans différens genres, pour être cultivées, furtout dans les jardins payfagers.

Les trois premières fleuriffent rarement; mais lorfqu'elles le font, elles offrent un thyrfe d'un très-bel effet. Pour rapprocher les époques de leur floraifon, il faut les mettre dans des pots remplis de mauvaife terre ou de terre épuifée, parce que, dans les bons terrains, elles ne pouffent que des rofettes de feuilles. Ces pots fe placent contre un mur expofé au levant & s'arrofent fouvent, mais peu abondamment.

On peut multiplier ces efpèces par le femis de leurs graines & par la féparation des petites rofettes, qui, chaque année, fe reproduifent autour des grandes : ce dernier moyen eft le plus employé, comme le plus prompt & le plus certain. Elles produifent de fort agréables effets fur les rochers des jardins payfagers.

Les efpèces 14, 23, 24, 25 & 26, quoique moins grandes, font également remarquables ; elles demandent la même culture.

La 27ᵉ, c'eft-à-dire, la Saxifrage à grandes feuilles, demande une culture un peu différente. Un terrain argileux & humide, une expofition ombragée, lui font plus favorables. On la plante en touffes & en bordures dans les parterres, où elle fe fait remarquer, dès les premiers jours du printemps, par fes grappes de fleurs d'un beau rouge, & toute l'année par la grandeur & l'épaiffeur de fes feuilles. Elle fait fort bien dans les fentes des rochers qui forment cafcades, fur le bord des torrens & dans les jardins paysagers. On la multiplie par le semis de ses graines au printemps, & plus communément par le déchirement de ses vieux pieds en automne, déchirement qui, chaque année, fournit bien au-delà des besoins. Cette espèce n'est pas encore aussi répandue qu'elle mérite de l'être.

La 29ᵉ. craint les froids du climat de Paris; en conséquence, il est bon d'en tenir des pieds en pot, pour les rentrer dans l'orangerie aux approches de l'hiver. La disposition de ses fleurs la rend d'un aspect fort singulier.

Les espèces nᵒˢ. 32, 38 & 41 sont moins remarquables. Il leur faut un terrain toujours humecté pour qu'elles prospèrent. On les multiplie aussi par le déchirement des vieux pieds.

La 44ᵉ., ou la Saxifrage granulée, croît dans les terrains en même temps sablonneux & argileux des environs de Paris. Quoiqu'avec une tige un peu maigre pour sa hauteur, elle ne laisse pas que d'être d'un aspect élégant. On en cultive fréquemment dans les jardins une variété à fleurs doubles, qui me semble inférieure à l'espèce, mais qui a l'avantage de durer plus long-temps. On la multiplie par les tubercules qui se forment tous les ans autour du collet de sa racine, & qui fournissent immensément. C'est en touffes qu'elle se place dans les parterres & dans les jardins paysagers; on en forme aussi des bordures.

La Saxifrage muscoïde a un autre genre d'agrément; c'est comme formant des gazons très-serrés, & qui s'augmentent chaque année en largeur, tandis qu'ils périssent par le centre, qu'on la cultive dans les jardins d'agrément, & surtout dans les jardins paysagers. Elle a encore plus besoin d'un sol humide que les autres. On la multiplie par ses tiges, qui s'enracinent toutes seules. Elle produit un bon effet sur les rochers d'où coule une cascade, sur le bord des eaux, &c.

Je ne parlerai pas des autres espèces qu'on cultive, parce que leur culture ne diffère pas de celle que je viens de citer, & qu'elles entrent & sortent des jardins presque tous les ans, comme je l'ai dit au commencement de cet article.

J'ai déjà cité la Saxifrage à grandes feuilles & la Saxifrage sarmenteuse comme espèces étrangères cultivées dans nos jardins. Je citerai encore la Saxifrage du Canada, qui demande un terrain analogue à celui de la Saxifrage granulée.

Je ne dois pas non plus oublier la Saxifrage tridactyle, plante qui a rarement un pouce de haut, quelquefois seulement une ligne, & qui se voit abondamment en fleurs, dès les premiers jours du printemps, sur les murs de clôture des environs de Paris, où sa couleur rouge la fait remarquer. (*Bosc.*)

SAXIFRAGE DORÉE. *Voyez* DORINE.

SAXIFRAGE DES PRÉS. C'est la LIVÈCHE. *Voyez* ce mot.

SAXIFRAGE MARITIME. La CRISTE MARINE porte ce nom dans quelques lieux.

SCABIEUSE. *Scabiosa.*

Genre de plantes de la tétrandrie monogynie & de la famille des *Dipsacées*, qui réunit cinquante-sept espèces, dont beaucoup se cultivent dans nos écoles de botanique. Il est figuré pl. 57 des *Illustrations des genres* de Lamarck.

Espèces.

Scabieuses à corolle à quatre divisions.

1. La SCABIEUSE des Alpes.
Scabiosa alpina. Linn. ♃ Des Alpes.

2. La SCABIEUSE à tête de centaurée.
Scabiosa centauroides. Lam. ♃ Du midi de la France.

3. La SCABIEUSE roide.
Scabiosa rigida. Linn. ♄ De l'Éthiopie.

4. La SCABIEUSE amincie.
Scabiosa attenuata. Linn. ♄ Du Cap de Bonne-Espérance.

5. La SCABIEUSE rude.
Scabiosa scabra. Linn. ♃ Du Cap de Bonne-Espérance.

6. La SCABIEUSE de Syrie.
Scabiosa syriaca. Linn. ☉ Du Levant.

7. La SCABIEUSE de Sibérie.
Scabiosa sibirica. Linn. ☉ De la Sibérie.

8. La SCABIEUSE à fleurs blanches.
Scabiosa leucantha. Linn. ♃ Du midi de la France.

9. La SCABIEUSE corniculée.
Scabiosa corniculata. Waldst. De la Hongrie.

10. La SCABIEUSE de Transilvanie.
Scabiosa transilvanica. Linn. ☉ De la Transilvanie.

11. La SCABIEUSE mors du diable.
Scabiosa succisa. Linn. ♃ Indigène.

12. La SCABIEUSE à feuilles entières.
Scabiosa integrifolia. Linn. ☉ Du midi de la France.

13. La SCABIEUSE amplexicaule.
Scabiosa amplexicaulis. Linn. ☉ De.....

14. La SCABIEUSE des bois.
Scabiosa sylvatica. Linn. ♃ Indigène.

15. La SCABIEUSE à longues feuilles.
Scabiosa longifolia. Waldst. De la Hongrie.

16. La SCABIEUSE de la Tartarie.
Scabiosa tatarica. Linn. ♂ De la Tartarie.

17. La SCABIEUSE des champs.
Scabiosa arvensis. Linn. ♃ Indigène.

18. La SCABIEUSE brune.
Scabiosa ustulata. Thunb. Du Cap de Bonne-Espérance.

19. La SCABIEUSE à petites fleurs.
Scabiosa parviflora. Desf. D'Alger.

20. La SCABIEUSE humble.
Scabiofa humilis. Thunb. Du Cap de Bonne-Ef-
pérance.
21. La SCABIEUSE à feuilles décurrentes.
Scabiofa decurrens. Thunb. Du Cap de Bonne-
Efpérance.
22. La SCABIEUSE des monts Ourals.
Scabiofa uralenfis. Murr. ☉ De la Sibérie.
23. La SCABIEUSE blanchâtre.
Scabiofa canefcens. Waldft. ♃ De la Hongrie.
24. La SCAB EUSE des Pyrénées.
Scabiofa pyrenaica. Willd. ♃ Des Pyrénées.

Scabieufes à corolles à cinq divifions.

25. La SCABIEUSE colombaire.
Scabiofa côlumbaria. Linn. ♃ Du midi de l'Eu-
rope.
26. La SCABIEUSE de Gramont.
Scabiofa gramuntica. Linn. ♃ Du midi de la
France.
27. La SCABIEUSE luifante.
Scabiofa lucida. Willd. ♃ Du midi de la France.
28. La SCABIEUSE jaunâtre.
Scabiofa ochroleuca. Linn. ♂ Du midi de la
France.
29. La SCABIEUSE de Saxe.
Scabiofa banatica. Waldft. De la Saxe.
30. La SCABIEUSE urcéolée.
Scabiofa urceolata. Desf. ♃ De la Barbarie.
31. La SCABIEUSE à involucres de carotte.
Scabiofa daucoides. Desf. ♃ De la Barbarie.
32. La SCABIEUSE à grandes fleurs.
Scabiofa grandiflora. Desf. ♃ De la Barbarie.
33. La SCABIEUSE de Sicile.
Scabiofa ficula. Linn. ☉ De la Sicile.
34. La SCABIEUSE maritime.
Scabiofa maritima. Linn. ☉ Du midi de la
France.
35. La SCABIEUSE à petites fleurs.
Scabiofa parviflora. Desf. De la Barbarie.
36. La SCABIEUSE à tige fimple.
Scabiofa fimplex. Desf. ☉ De la Barbarie.
37. La SCABIEUSE étoilée.
Scabiofa ftellata. Linn. ☉ Du midi de la France.
38. La SCABIEUSE prolifère.
Scabiofa prolifera. Linn. ☉ De la Barbarie.
39. La SCABIEUSE des veuves.
Scabiofa atropurpurea. Linn. ☉ Des Indes.
40. La SCABIEUSE argentée.
Scabiofa argentea. Linn. ♃ Du Levant.
41. La SCABIEUSE tomenteufe.
Scabiofa tomentofa. Cavan. De l'Efpagne.
42. La SCABIEUSE d'Afrique.
Scabiofa africana. Linn. ♄ Du Cap de Bonne-
Efpérance.
43. La SCABIEUSE à tiges dures.
Scabiofa indurata. Linn. De l'Afrique.
44. La SCABIEUSE à feuilles de ftatice.
Scabiofa limonifolia. Linn. ♄ De la Sicile.

45. La SCABIEUSE de Paleftine.
Scabiofa paleftina. Linn. ♃ Du Levant.
46. La SCABIEUSE en lyre.
Scabiofa lyrata. Forsk. Du Levant.
47. La SCABIEUSE d'Ukraine.
Scabiofa ucranica. Linn. ♃ De la Sibérie.
48. La SCABIEUSE d'Ifet.
Scabiofa ifetenfis. Linn. ♃ De la Sibérie.
49. La SCABIEUSE naine.
Scabiofa pumila. Linn. ♃ Du Cap de Bonne-Ef-
pérance.
50. La SCABIEUSE fétifère.
Scabiofa fetifera. Lam. ♃ Du midi de la France.
51. La SCABIEUSE à aigrette.
Scabiofa pappofa. Linn. ☉ De Crète.
52. La SCABIEUSE ptérocéphale.
Scabiofa pterocephala. Linn. ♄ De la Grèce.
53. La SCABIEUSE de Crète.
Scabiofa cretica Linn. ♄ Du Levant.
54. La SCABIEUSE à feuilles de graminée.
Scabiofa gramineifolia. Linn. ♃ Du midi de la
France.
55. La SCABIEUSE des rochers.
Scabiofa faxatilis. Cavan. ♃ De l'Efpagne.
56. La SCABIEUSE maritime.
Scabiofa maritima. Perf. ☉ Du midi de la France.
57. La SCABIEUSE en lyre.
Scabiofa lyrata. Vahl. Du Levant.

Culture.

Vingt de ces efpèces, favoir, celles des nos. 1,
3, 4, 6, 8, 11, 12, 14, 16, 17, 25, 26, 28,
30, 33, 34, 37, 38, 39, 40, 42, 45, 50,
51, 53 & 54 fe cultivent dans nos écoles de
botanique. Quatre d'entr'elles, favoir, celles des
nos. 3, 4, 40 & 53 font d'orangerie, & demandent en conféquence à être tenues en pot;
toutes les autres font de pleine terre; mais parmi
ces dernières il en eft, celles qui font originaires
de l'Orient ou des parties méridionales de l'Europe, qui gagnent à être femées de très-bonne
heure au printemps dans des pots fur couche nue,
& repiquées, en place, à une expofition chaude,
lorfqu'elles ont acquis quelques feuilles: d'ailleurs,
tous les terrains leur conviennent.
Les efpèces annuelles indigènes doivent être de
préférence femées en place, & également de très-
bonne heure, afin qu'elles aient le temps de fe
développer.
Toutes les vivaces peuvent fe multiplier avec
la plus grande facilité par le déchirement des
vieux pieds au printemps, & la 53e. de boutures
faites à la même époque fur couche & fous
châffis.
Les Scabieufes font d'affez jolies plantes, mais
elles font peu propres à l'ornement des jardins.
Celle qui eft indiquée fous le no. 39 eft la feule
qui fe cultive dans les parterres, où fa couleur a
plus ou moins varié en intenfité. On la fème fort

clair, au commencement de mai, dans une plate-
bande expofée à l'ombre ; on l'éclaircit & on la
farcle au befoin pendant l'été & l'automne : les
hivers trop rudes ou trop pluvieux la font fouvent
périr vers la même époque. Elle demande une
terre meuble & fertile, & des arrofemens fréquens pour profpérer. Si on la femoit plus tôt, on
rifqueroit de voir fleurir une partie des pieds la
même année, & toutes les plantes bifannuelles, qui
fe trouvent dans ce cas, n'offrent pas la même
beauté que celles qui ont parcouru le cercle naturel de leur végétation.

Par fa grandeur, la Scabieufe des Alpes eft
propre à être employée à la décoration des jardins payfagers, où on la place à quelque diftance
des maffifs, le long des allées, des gazons, des
fabriques. Une fois en place, elle ne demande
plus que des foins de propreté.

Les efpèces indigènes qui font dans le cas
d'intéreffer les cultivateurs font la Scabieufe mors
du diable, la Scabieufe des champs & la Scabieufe
colombaire.

La première efpèce eft exceffivement commune dans les pâturages & les bois en fol argileux ; elle fleurit à la fin de l'automne. Tous les
beftiaux mangent fes feuilles à l'époque de leur
développement, mais les repouffent plus tard.
Partout on doit donc la détruire, puifqu'elle tient
la place de plantes plus utiles, & on y parvient
très-facilement par des labours fuivis de cultures
de céréales ou de plantes qui exigent des binages
d'été.

Les feuilles de cette plante contiennent une
fécule verte propre à teindre la laine, mais dont
on ne fait cependant aucun ufage dans les manufactures.

La Scabieufe des champs croît dans les prairies,
les champs, les bois qui font en bon fonds. Les
beftiaux la recherchent plus que la précédente ;
auffi la cultive-t-on comme fourrage dans quelques cantons des Cevennes. On répand douze
ou quinze livres de fes graines par arpent. Semée
trop tôt, elle fleurit la première année, ce qui
l'affoiblit pour toujours. La première année on
ne la coupe qu'une fois, mais les fuivantes on
peut le faire jufqu'à trois fois. Son principal ufage
eft pour l'engrais des moutons : les cochons feuls
n'en veulent pas.

La troifième croît dans les pâturages en terrains
calcaires & arides, & y eft quelquefois auffi commune que les autres le font dans les fols qui
lui font propres. Les déferts de la Champagne
pouilleufe en font couverts. Elle eft très-élégante
dans ces lieux ; mais elle perd de cet agrément
lorfqu'on la cultive dans les jardins, par fuite de
fa plus grande vigueur. Tous les beftiaux, &
furtout les moutons, la recherchent au printemps, & la dédaignent en automne. (*Bosc.*)

SCABRITE. *Scabrita.* Nom donné par Gærtner au NICTANTE.

SCADICACALI : nom indien de l'EUPHORBE
TIRUCALI.

SCAMONÉE : nom fpécifique d'un LISERON
dont la racine eft d'un grand ufage en médecine.

SCAMONÉE D'ALLEMAGNE. C'eft le LISERON
DES HAIES.

SCAMONÉE D'AMÉRIQUE. *Voyez* MECKOA-
CAN.

SCAMONÉE DE MONTPELLIER. *Voyez* CY-
NANQUE.

SCANDIX. *Scandix.*

Genre de plantes que quelques botaniftes regardent comme diftinct, & que d'autres, particulièrement Lamarck, penfent devoir être réuni
aux CERFEUILS. *Voyez* ce mot. (*Bosc.*)

SCARABÉ. *Scarabæus.*

Genre d'infectes qui a renfermé plus ou moins
d'efpèces, felon qu'on a jugé devoir étendre ou
reftreindre fes caractères. Les HANNETONS en
ont fait partie. Les anciens naturaliftes appeloient
de ce nom tous les coléoptères. *Voyez* le *Dictionnaire des Infectes.*

Je confidère ici ce genre tel qu'il étoit dans
les premières éditions de Fabricius, c'eft-à-dire,
en y comprenant les GÉOTRUPES, les BOUZIERS,
les ONITIS, les ATEUCUS & les APHODIES.

Le SCARABÉ NASICORNE dépofe fes œufs
dans les bois pourris, les fumiers, les couches,
& furtout les tannées des ferres, & les groffes
larves qu'ils produifent font très-connues des cultivateurs fous le nom de *ver blanc*, ou *man*,
nom qui appartient proprement à celles des hannetons ; mais ces dernières caufent de grands dommages, parce qu'elles mangent les racines, &
celle-ci ne vit que d'humus.

Les SCARABÉS PHALANGISTE, STERCORAIRE,
VERNAL, PILULAIRE, de SCHÆFER, NUCHI-
CORNE, TAUREAU, FOSSOYEUR, FIMETAIRE,
SALE, &c. &c., dépofent leurs œufs dans les
excrémens des animaux, & les larves qui en naiffent, vivant aux dépens de ces excrémens, les
rendent plutôt propres à fervir à l'engrais des
terres, ce qui eft un avantage pour les agriculteurs. (*Bosc.*)

SCARABÉ DE L'ASPERGE ET DU LIS. Ce font
des CRIOCÈRES. *Voyez* le *Dictionnaire des Infectes.*

SCARABÉ TORTUE. C'eft la COCCINELLE.

SCARABÉ A TROMPE. Ce font les ATTELABES
& les CHARANÇONS.

SCARIFICATIONS : incifions longitudinales
peu profondes qu'on exécute fur les animaux domeftiques pour tenir lieu d'une faignée locale,
ou pour déterminer une légère fuppuration.

On pratique actuellement moins les Scarifications qu'autrefois.

Le même nom a été donné aux incifions du

même genre faites fur l'écorce des arbres, principalement du cerifier, pour accélérer leur groffiffement, même aux Incisions annulaires.
Voyez ce dernier mot & celui Écorce. (Bosc.)

SCAVISSON. C'eft l'écorce de Laurier
cassie.

SCEAU DE NOTRE-DAME. Voyez Taminier.

Sceau de Salomon : nom vulgaire d'une
efpèce de Muguet.

SCECACHUL : nom arabe du Panais a
feuilles découpées de Ventenat.

SCÉLERI. Voyez Celeri.

SCEURA : genre de plantes établi par Forf-
kal, mais qui rentre dans celui des Avicennes.

SCHÆFFÉRIE. Schæfferia.

Genre de plantes de la diœcie tétrandrie, qui
réunit deux efpèces, ni l'une ni l'autre cultivée
en Europe. Il eft figuré pl. 809 des *Illuftrations des
genres* de Lamarck.

Efpèces.

1. La Schæfférie complète.
Schefferia completa. Swartz. ♄ De la Jamaïque.
2. La Schæfférie à fleurs latérales.
Schefferia lateriflora. Swartz. ♄ De Saint-Domingue.

SCHEFFIELDE. Scheffieldia.

Genre de plantes établi par Forfter dans la
pentandrie monogynie & dans la famille des
Primulacées, fort voifin des Samoles.
Nous n'en poffédons aucune efpèce dans nos
jardins. (Bosc.)

SCHEFFLÈRE. Schefflera.

Plante de la Nouvelle-Zélande, fort voifine
des Aralies, qui feule conftitue, felon Forfter,
un genre dans la pentandrie décagynie.
Nous ne poffédons pas cette plante dans nos
jardins; ainfi je n'en dirai rien de plus. (Bosc.)

SCHENAUTÉ : nom fpécifique d'un Barbon.
Voyez ce mot.

SCHEUZÈRE. Scheuzera.

Plante vivace du midi de l'Europe, qui feule
conftitue un genre dans l'hexandrie trigynie &
dans la famille des *Joncs.* Elle eft figurée pl. 268
des *Illuftrations des genres* de Lamarck.
Cette plante fe cultive très-difficilement dans
les écoles de botanique, feuls jardins où fon peu
d'agrément n'empêche pas de l'introduire : le
mieux à faire, c'eft de la tranfplanter en motte

dans ces écoles, & de la placer dans un pot dont le
fond plonge dans une terrine à moitié pleine
d'eau. On la multiplie par la féparation de fes
vieux pieds ou par le femis de fes graines. (Bosc.)

SCHIMA. Schima.

Plante vivace originaire de l'Arabie, qui,
felon Forskal, forme feule un genre dans la
polygamie triandrie & dans la famille des *Graminées*.
Cette plante ne fe cultive pas dans nos jardins.
(Bosc.)

SCHISANDRE. Schisandra.

Arbriffeau grimpant des parties méridionales
de l'Amérique feptentrionale, qui feule conftitue un genre dans la monœcie fyngénéfie.
Cet arbriffeau, découvert par Michaux, &
que j'ai le premier rapporté en France, fe cultive aujourd'hui dans nos pépinières, où il paffe,
quoique difficilement, l'hiver en pleine terre; en
conféquence, il faut toujours en conferver quelques pieds en pot pour parer aux accidens. La
terre de bruyère & une expofition chaude lui
conviennent beaucoup. Il demande peu d'arrofemens. On peut le multiplier très-facilement de
marcottes & de boutures faites au printemps,
de racines enlevées à la même époque & par déchirement des vieux pieds. Je lui ai vu donner des
fleurs mâles, mais pas encore des fleurs femelles.
En Caroline, où j'ai également cultivé le Schifandre, il pouvoit former des tonnelles d'une
vafte étendue, que le grand nombre de fes fingulières fleurs rouges & la permanence du beau
vert de fes feuilles rendoient fort agréables. Là,
il fourniffoit fort peu de graines, parce que fes
fleurs femelles avortoient pour la plupart.
C'eft feulement dans les départemens méridionaux que le Schifandre pourra être cultivé avec
le même avantage, mais il n'y eft pas encore
connu. (Bosc.)

SCHISTE : forte de Roche qui entre dans
la compofition des Montagnes primitives, &
qui s'eft formée après le Granit & le Gneiss
qu'elle recouvre, & avant le Calcaire ancien,
qui lui eft toujours fuperpofé. Voyez ces mots.
Les montagnes fchifteufes font très-multipliées
fur le flanc des Alpes, des Pyrénées, des Vofges,
du Beaujolois, de l'Auvergne, des Cevennes,
dans quelques parties de l'Anjou, de la Bretagne, de la Normandie & du Boulonnois. Leur
agriculture eft toujours pauvre, mais il eft poffible de l'améliorer.
On reconnoît le Schifte à fon tiffu feuilleté &
à fa couleur plus ou moins noire. L'Ardoise
en eft une variété, qui ne fe trouve que dans les
pays de troifième formation. Voyez les Dictionnaires de *Minéralogie* & de *Géologie*.

Les terres quartzeuse, argileufe & magnéfienne, en proportions qui varient fans fin, forment les Schiftes ; auffi y en a-t-il de très-durs & de très-tendres, de difficile & de facile décompofition, de très-colorés & de peu colorés : fouvent-ils contiennent des pyrites, du mica, du calcaire, &c. &c.

Les Schiftes durs font incultivables ; lorfque leurs feuillets font très-épais, on les emploie à la bâtiffe & à entourer les champs, en plantant leurs fragmens les uns à la fuite des autres par la tranche : ils font la matière des pierres à rafoirs.

Les Schiftes tendres ont l'apparence de la fertilité ; cependant le défaut d'humus & d'humidité permanente rend leurs productions très-chétives ; mais à raifon de la couleur noire, ces productions font très-hâtives, ce qui eft un avantage que j'ai, je crois, indiqué le premier. Lorfqu'ils font couverts de bois, les arbres font écartés & rabougris ; lorfqu'on y fème des céréales, elles parviennent rarement à la moitié de leur hauteur ordinaire ; lorfqu'on les tranfporte fur des terres argileufes, ils en augmentent la fécondité, en les rendant plus légères. *Voyez* AMPELITE.

On emploie ces Schiftes à faire de l'alun & des crayons noirs.

Prefque toutes les mines de HOUILLE font encaiffées dans des Schiftes provenant de la décompofition de roches de même nature placées plus haut, & fur lefquelles croiffoient les arbres qui ont formé les HOUILLES. *Voyez* ce mot.

Deux confidérations doivent principalement guider dans la culture des terrains fchifteux, en approfondir la couche labourable, & l'enrichir de la plus grande quantité d'humus poffible. On parvient au premier but par des DÉFONCEMENS à la pioche, appelés MINAGES (*voyez* ces mots), & au fecond, foit en y portant des fumiers en furabondance, ou, ce qui eft moins coûteux, en y femant prefque tous les ans du farrafin, de la navette, des raves, &c. pour les enterrer en fleur. *Voyez* RÉCOLTE ENTERRÉE.

Beaucoup de Schiftes tendres infertiles donneroient de belles récoltes, fi on pouvoit les arrofer pendant les chaleurs de l'été.

Du refte, la culture des terrains fchifteux fe rapproche infiniment des terrains granitiques. *Voyez* GRANIT. (*Bosc.*)

SCHIZANTHE. Schizanthus.

Plante herbacée du Pérou, qui feule conftitue un genre dans la diandrie monogynie.

Nous ne la poffédons pas dans nos jardins. (*Bosc.*)

SCHIZÉE. Schizæa.

Genre de plantes de la famille des *Fougères*, qui renferme huit efpèces, ou enlevées aux ACROSTIQUES, ou nouvelles, & dont nous ne cultivons aucune dans nos jardins.

Efpèces.

1. La SCHIZÉE pectinée. *Acrofticum pectinatum.* Linn. ♃ Du Cap de Bonne-Efpérance.

2. La SCHIZÉE fiftuleufe. *Schizæa fiftulofa.* Bill. ♃ De la Nouvelle-Hollande.

3. La SCHIZÉE à pinceaux. *Schizæa penicellata.* Bonpl. ♃ De l'Amérique méridionale.

4. La SCHIZÉE digitée. *Acrofticum digitatum.* Linn. ♃ Des Indes.

5. La SCHIZÉE bifide. *Schizæa bifida.* Willd. ♃ De la Nouvelle-Hollande.

6. La SCHIZÉE dichotome. *Acrofticum dichotomum.* Linn. ♃ De la Chine.

7. La SCHIZÉE en Crète. *Schizæa criftata.* Willd. ♃ Des îles de la Société.

8. La SCHIZÉE élégante. *Acrofticum elegans.* Vahl. ♃ De l'île de la Trinité. (*Bosc.*)

SCHKUHRIE. Schkuhria.

Plante annuelle du Mexique, qui faifoit jadis partie des PECTIS (*voyez* ce mot), mais qui aujourd'hui conftitue un genre particulier.

La SCHKUHRIE ABROTANOIDE, *Pectis pinnata* Lamarck, a été cultivée dans nos jardins, mais n'a pas fructifié dans une année où l'automne fut froide & pluvieufe.

On avoit femé la graine de cette plante dans des pots remplis de terre à demi confiftante, & le plant qu'elle fournit fut repiqué en pleine terre, à une bonne expofition. (*Bosc.*)

SCHLECHTENDALE. Schlechtendalia.

Plante qu'on a auffi appelée WILLEDENOW & ADENOPHILLE. Elle eft originaire du Mexique & vivace. On en a fait un genre dans la fyngénéfie fuperflue, qui eft figuré pl. 685 des *Illuftrations des genres* de Lamarck.

Sa culture n'eft pas encore établie dans nos jardins ; ainfi je n'en dirai rien de plus. (*Bosc.*)

SCHLEICHÈRE. Schleichera.

Grand arbre de Ceylan, qui conftitue feul un genre dans la polygamie dioecie.

Il ne fe cultive pas en Europe. (*Bosc.*)

SCHMIEDELE. Schmiedela.

Arbriffeau des Indes, qui feul forme un genre dans

dans l'octandrie digynie, genre qui est figuré pl. 312 des *Illustrations des genres* de Lamarck, mais qui depuis a été réuni aux ORNITRO-PHES.

Nous ne le possédons pas dans nos jardins. (*Bosc.*)

SCHOLLÈRE. SCHOLLERA.

Nom d'un genre de plantes établi par Rhote pour placer l'AIRELLE CANNEBERGE, mais qui n'a pas été adopté par les autres botanistes. (*Bosc.*)

SCHOPFIE. SCHOPFIA.

Arbrisseau des îles de l'Amérique, autrement appelé *codomion*, qui seul constitue un genre dans la pentandrie monogynie.

Il ne se voit pas dans nos jardins. (*Bosc.*)

SCHOTE. SCHOTIA.

Arbrisseau du Sénégal, qui a fait partie des GAIACS, mais qui aujourd'hui constitue, dans la décandrie monogynie & dans la famille des *Légumineuses*, un genre qui est figuré pl. 331 des *Illustrations des genres* de Lamarck.

Nous cultivons cet arbre dans nos serres tempérées; il y fleurit quelquefois, & je l'y ai vu amener ses graines à maturité, mais généralement il y pousse avec une extrême lenteur. On le multiplie de marcottes qui s'enracinent difficilement; aussi est-il rare dans les collections. La terre des pots dans lesquels il est planté doit être à demi consistante, & renouvelée seulement tous les trois ans.

Il est fâcheux que cet arbrisseau soit si difficile à faire pousser & à multiplier, car il est d'un aspect fort agréable. (*Bosc.*)

SCHOUALBÉ. SCHWALBEA.

Plante vivace, qui seule forme un genre dans la didynamie angiospermie & dans la famille des *Scrophulaires*.

Cette plante croît dans les bois sablonneux de la Caroline, où j'en ai observé de grandes quantités. Les graines que Michaux & moi en avons rapportées n'ont pas levé, de sorte qu'on ne la cultive pas dans nos jardins. (*Bosc.*)

SCHOUINQUE. SCHWENKIA.

Plante bisannuelle de la Guiane, qui seule forme un genre dans la didynamie angiospermie & dans la famille des *Personnées*.

On ne la cultive pas dans nos jardins; ainsi je n'ai rien à en dire de plus. (*Bosc.*)

SCHOUSBŒA. C'est le CACOUCIER. *Voyez* ce mot.

Agriculture. Tome VI.

SCHRADÈRE. SCHRADERA.

Genre de plantes de la pentandrie monogynie & de la famille des *Onagres*, fort voisin des FUCHIES, dans lequel se placent deux espèces, ni l'une ni l'autre cultivée dans nos jardins.

Espèces.

1. La SCHRADÈRE à fleurs en tête.
Schradera capitata. Vahl. ♄ De l'île de Mont-Serrat.
2. La SCHRADÈRE de la Jamaïque.
Schradera cephalotes. Willd. ♄ de la Jamaïque.
- (*Bosc.*)

SCHRANKE. SCHRANKIA.

Genre établi pour placer quelques GOUETS, mais qui n'a pas été adopté des botanistes. (*Bosc.*)

SCHREBÈRE. SCHREBERA.

Arbre des Indes, fort voisin des MANGUIERS & des CELASTRES, mais qui constitue seul un genre dans la pentandrie monogynie & dans la famille des *Nerpruns*.

Nous ne possédons pas ce genre dans les jardins d'Europe. (*Bosc.*)

SCIER LE BLÉ : synonyme de couper les blés avec la faucille. *Voyez* MOISSON.

On dit dans quelques cantons *foyer le blé*.

Avant la révolution, le préjugé, fondé sur l'usage, faisoit croire qu'il y avoit plus d'avantage à couper les céréales avec la faucille, relativement à la perte du grain, qu'avec la faux; mais la rareté des bras ayant forcé d'employer ce dernier instrument dans beaucoup de cantons, on n'a pas tardé à s'apercevoir que cet avantage n'existoit pas : en conséquence on coupe aujourd'hui, dans beaucoup de lieux, les céréales, soit avec la faux ordinaire, soit, ce qui vaut mieux, avec la FAUX à main; & on s'en trouve si bien, qu'il est probable qu'on ne reviendra pas à la FAUCILLE. *Voyez* ces deux mots. (*Bosc.*)

SCILLE. SCILLA.

Genre de plantes de l'hexandrie monogynie & de la famille des *Asphodèles*, qui réunit vingt-huit espèces, dont plusieurs se cultivent dans nos écoles de botanique. Il est figuré pl. 238 des *Illustrations des genres* de Lamarck.

Espèces.

1. La SCILLE maritime.
Scilla maritima. Linn. ♃ Du midi de l'Europe.
2. La SCILLE d'Italie.
Scilla italica. Linn. ♃ De l'Italie.

M m

3. La Scille de Portugal.
Scilla lusitanica. Linn. ♃ Du Portugal.
4. La Scille élégante.
Scilla amœna. Linn. ♃ Du Levant.
5. La Scille à racines de lis.
Scilla hyacinthus. Linn. ♃ Du midi de la France.
6. La Scille en ombelle.
Scilla umbellata. Ram. ♃ Des Pyrénées.
7. La Scille printanière.
Scilla verna. Ait. ♃ De l'Espagne.
8. La Scille précoce.
Scilla precox. Willd. ♃ Du Japon.
9. La Scille du Japon.
Scilla japonica. Thunb. ♃ Du Japon.
10. La Scille de Byzance.
Scilla byzantina. Poir. ♃ Du Levant.
11. La Scille du Pérou.
Scilla peruviana. Linn. ♃ Du Portugal.
12. La Scille hyacinthe.
Scilla hyacinthoides. Linn. ♃ Du Levant.
13. La Scille campanulée.
Scilla campanulata Ait. ♃ De l Espagne.
14. La Scille de Numidie.
Scilla numidica. Poir. ♃ De la Barbarie.
15. La Scille anthéricoïde.
Scilla anthericoides. Poir. ♃ De la Barbarie.
16. La Scille d'automne.
Scilla autumnalis. Linn. ♃ Indigène.
17. La Scille à feuilles obtuses.
Scilla obtusifolia. Poir. ♃ De la Barbarie.
18. La Scille ondulée.
Scilla undulata. Desf. ♃ De la Barbarie.
19. La Scille lingulée.
Scilla lingulata. Poir. ♃ De la Barbarie.
20. La Scille velue.
Scilla villosa. Desf. ♃ De la Barbarie.
21. La Scille à deux feuilles.
Scilla bifolia. Linn. ♃ Indigène.
22. La Scille à une feuille.
Scilla unifolia. Linn. ♃ Du Portugal.
23. La Scille à quatre feuilles.
Scilla tetraphylla. Linn. ♃ De l'Afrique.
24. La Scille orientale.
Scilla orientalis. Willd. ♃ Du Japon.
25. La Scille à fleurs géminées.
Scilla biflora. Ruiz & Pav. ♃ Du Pérou.
26. La Scille de Sibérie.
Scilla sibirica. Curt. ♃ De la Sibérie.
27. La Scille à feuilles courtes.
Scilla brevifolia. Curt. ♃ Du Cap de Bonne-Espérance.
28. La Scille penchée.
Scilla nutans. Curt. ♃ De l'Angleterre.

Culture.

Nous cultivons la moitié de ces espèces, savoir, celles des n.ᵒˢ 1, 2, 3, 4, 7, 8, 11, 12, 16, 18, 21, 26, 27 & 28. La 1.ʳᵉ, la 9.ᵉ, la 18.ᵉ. & la 27.ᵉ. sont d'orangerie. Parmi

les autres espèces, les 3.ᵉ., 11.ᵉ. & 12.ᵉ. sont sensibles aux gelées, & doivent être couvertes de fougère ou de feuilles sèches pendant l'hiver. Toutes se plaisent dans des terres légères, cependant substantielles. Celles d'orangerie demandent peu d'arrosemens. Ce sont, en général, d'assez belles plantes lorsqu'elles sont en fleurs, & parmi elles se distinguent, sous ce rapport, la seconde, qui est odorante, la onzième & la douzième, dont l'épi est très-garni de fleurs. Poiret vante l'aspect de la première sur les côtes de Barbarie, & je ne me rappelle pas sans émotion les jouissances que me donnoit celui de la vingt-unième pendant mon enfance dans les bois des montagnes de la ci-devant Bourgogne, où elle est fort commune.

L'oignon de la première est d'un fréquent usage dans la médecine humaine & vétérinaire.

Toutes les Scilles se multiplient par leurs graines, moyen lent & incertain, & par la séparation de leurs caïeux, moyen rapide & assuré. Je dois dire cependant qu'il en est quelques-unes qui donnent rarement des graines dans notre climat, & que quelques autres se refusent à produire suffisamment des caïeux. En général elles ne sont pas aussi abondantes dans nos jardins qu'il seroit à désirer pour leur agrément, probablement à raison des accidens qui surviennent aux oignons par suite des labours d'hiver. (*Bosc*.)

SCIODAPHYLLE. *Actinophyllum*.

Genre de plantes de l'heptandrie heptagynie & de la famille des *Aralies*, qui réunit cinq espèces, dont aucune n'est cultivée dans nos jardins.

Espèces.

1. Le Sciodaphylle anguleux.
Actinophyllum angulatum. Ruiz & Pav. ♄ Du Pérou.
2. Le Sciodaphylle pédicellé.
Actinophyllum pedicellatum. Ruiz & Pav. ♄ Du Pérou.
3. Le Sciodaphylle conique.
Actinophyllum conicum. Ruiz & Pav. ♄ Du Pérou.
4. Le Sciodaphylle acuminé.
Actinophyllum acuminatum. Ruiz & Pav. ♄ Du Pérou.
5. Le Sciodaphylle à cinq étamines.
Actinophyllum pentandrum. Ruiz & Pav. ♄ Du Pérou. (*Bosc*.)

SCIPOULE : nom vulgaire de la Scille maritime.

SCIRPE. *Scirpus*.

Genre de plantes de la triandrie monogynie & de la famille des *Souchets*, qui réunit cent dix espèces, dont plusieurs sont très-communes dans nos étangs & nos marais, & dont un assez grand nombre se cultivent dans nos écoles de botanique. Il est figuré pl. 38 des *Illustrations des genres* de Lamarck.

Espèces.

Scirpes à un seul épi.

1. Le SCIRPE des marais.
Scirpus palustris. Linn. ♃ Indigène.
2. Le SCIRPE à épi panaché.
Scirpus variegatus. Linn. ♃ De Madagascar.
3. Le SCIRPE fistuleux.
Scirpus fistulosus. Poir. ♃ De Madagascar.
4. Le SCIRPE à trois feuilles.
Scirpus trigynus. Linn. ♃ Des Indes.
5. Le SCIRPE variable.
Scirpus-mutatus. Linn. ♃ De la Jamaïque.
6. Le SCIRPE à tige triangulaire.
Scirpus quadrangulatus. Mich. ♃ De la Caroline.
7. Le SCIRPE en gazon.
Scirpus cæspitosus. Linn. ♃ Indigène.
8. Le SCIRPE des tourbières.
Scirpus bæothryon. Linn. ♃ Indigène.
9. Le SCIRPE radicant.
Scirpus radicans. Retz. ♃ De Port-Ricco.
10. Le SCIRPE des champs.
Scirpus campestris. Roth. ♃ Du midi de la France.
11. Le SCIRPE capillacé.
Scirpus capillaceus. Mich. ♃ De l'Amérique septentrionale.
12. Le SCIRPE à feuilles de fétuque.
Scirpus festucoides. Poir. ♃ De Madagascar.
13. Le SCIRPE en épingle.
Scirpus acicularis. Linn. ♃ Indigène.
14. Le SCIRPE en crin.
Scirpus crinitus. Poir. ♃ De Madagascar.
15. Le SCIRPE à feuilles recourbées.
Scirpus retroflexus. Poir. ♃ De Porto-Ricco.
16. Le SCIRPE tuberculeux.
Scirpus tuberculosus. Mich. ♃ De l'Amérique septentrionale.
17. Le SCIRPE capité.
Scirpus capitatus. Linn. ♃ De l'Amérique méridionale.
18. Le SCIRPE flottant.
Scirpus fluitans. Linn. ♃ Indigène.
19. Le SCIRPE ovale.
Scirpus ovatus. Roth. ☉ Indigène.
20. Le SCIRPE conservoïde.
Scirpus conservoides. Poir. ♃ De Madagascar.
21. Le SCIRPE pygmé.
Scirpus pygmæus. Lam. ♃ Des Indes.
22. Le SCIRPE géniculé.
Scirpus geniculatus. Linn. ♃ De l'Amérique méridionale.
23. Le SCIRPE plantaginé.
Scirpus plantagineus. Retz. ♃ De l'Amérique méridionale.

24. Le SCIRPE conifère.
Scirpus coniferus. Poir. ♃ De Madagascar.
25. Le SCIRPE en spirale.
Scirpus spiralis. Roth. ♃ Des Indes.
26. Le SCIRPE jaunâtre.
Scirpus flavescens. Poir. ♃ De Porto-Ricco.
27. Le SCIRPE penché.
Scirpus nutans. Retz. ♃ De Malaca.
28. Le SCIRPE polytrix.
Scirpus polytrichoides. Retz. ♃ De Ceylan.
29. Le SCIRPE monandrique.
Scirpus monader. Retz. ♃ Des Indes.
30. Le SCIRPE à plusieurs tiges.
Scirpus multicaulis. Mich. ♃ De l'Amérique septentrionale.
31. Le SCIRPE rampant.
Scirpus reptans. Thuill. ♃ Indigène.
32. Le SCIRPE à épi renflé.
Scirpus turgidus. Thuill. ♃ Indigène.

Scirpes à plusieurs épis sessiles & réunis.

33. Le SCIRPE sétacé.
Scirpus setaceus. Linn. ♃ Indigène.
34. Le SCIRPE scarieux.
Scirpus squarrosus. Linn. ♃ Des Indes.
35. Le SCIRPE de Vahl.
Scirpus Vahlii. Lam. ♃ De l'Amérique méridionale.
36. Le SCIRPE de Micheli.
Scirpus michelianus. Linn. ♃ Du midi de la France.
37. Le SCIRPE nain.
Scirpus nanus. Poir. ♃ Du Sénégal.
38. Le SCIRPE à trois épis.
Scirpus tristachyos. Linn. ♃ Du Cap de Bonne-Espérance.
39. Le SCIRPE des Hottentots.
Scirpus hottentotus. Linn. ♃ Du Cap de Bonne-Espérance.
40. Le SCIRPE antarctique.
Scirpus antarcticus. Linn. ♃ Du Cap de Bonne-Espérance.
41. Le SCIRPE barbu.
Scirpus barbatus. Lam. ♃ Des Indes.
42. Le SCIRPE couché.
Scirpus supinus. Linn. ♃ Indigène.
43. Le SCIRPE droit.
Scirpus erectus. Poir. ♃ De Madagascar.
44. Le SCIRPE à grosse tête.
Scirpus cephalotes. Linn. ♃ De Cayenne.
45. Le SCIRPE à deux têtes.
Scirpus capitatus. Poir. ♃ Du Cap de Bonne-Espérance.
46. Le SCIRPE pubescent.
Scirpus pubescens. Desf. ♃ De la Barbarie.
47. Le SCIRPE mucroné.
Scirpus mucronatus. Linn. ♃ Du midi de la France.

48. Le SCIRPE de Sparmann.
Scirpus Sparmannii. Lam. ♃ Du Cap de Bonne-
Espérance.

49. Le SCIRPE argenté.
Scirpus argenteus. Rotb. ♃ Du Cap de Bonne-
Espérance.

50. Le SCIRPE de Buenos-Ayres.
Scirpus bonariensis. Poir. ♃ De l'Amérique méridionale.

51. Le SCIRPE articulé.
Scirpus articulatus. Linn. ♃ Des Indes.

52. Le SCIRPE à tige alongée.
Scirpus prælongatus. Poir. ♃ Des Indes.

53. Le SCIRPE austral.
Scirpus australis. Linn. ♃ Du midi de la France.

54. Le SCIRPE de Saint-Domingue.
Scirpus domingensis. Perf. ♃ De Saint-Domingue.

Scirpes à plusieurs épis pédonculés & écartés.

55. Le SCIRPE à tête ronde.
Scirpus holoschænus. Linn. ♃ Du midi de la
France.

56. Le SCIRPE muriqué.
Scirpus muricatus. Lam. ♃ De l'Amérique méridionale.

57. Le SCIRPE dipsacé.
Scirpus dipsaceus. Rotb. ♃ Des Indes.

58. Le SCIRPE globuleux.
Scirpus globulosus. Retz. ♃ Des Indes.

59. Le SCIRPE latéral.
Scirpus lateralis. Retz. ♃ Des Indes.

60. Le SCIRPE aggloméré.
Scirpus glomeratus. Retz. ♃ De Ceylan.

61. Le SCIRPE renversé.
Scirpus retrofractus. Linn. ♃ De l'Amérique septentrionale.

62. Le SCIRPE romain.
Scirpus romanus. Jacq. ♃ Du midi de l'Europe.

63. Le SCIRPE intermédiaire.
Scirpus intermedius. Poir. ♃ Du midi de la
France.

64. Le SCIRPE à feuilles pubescentes.
Scirpus puberulus. Poir. ♃ De Madagascar.

65. Le SCIRPE ombellaire.
Scirpus umbellaris. Lam. ♃ De.....

66. Le SCIRPE tétragone.
Scirpus tetragonus. Poir. ♃ De Madagascar.

67. Le SCIRPE maritime.
Scirpus maritimus. Linn. ♃ Indigène.

68. Le SCIRPE tubéreux.
Scirpus tuberosus. Desf. ♃ Du midi de la France.

69. Le SCIRPE glauque.
Scirpus glaucus. Lam. ♃ Du Sénégal.

70. Le SCIRPE bivalve.
Scirpus bivalvis. Lam. ♃ De Madagascar.

71. Le SCIRPE de Caroline.
Scirpus carolinianus. Lam. ♃ De l'Amérique
septentrionale.

72. Le SCIRPE miliacé.
Scirpus miliaceus. Linn. ♃ Des Indes.

73. Le SCIRPE d'Égypte.
Scirpus ægyptiacus. Forsk. ♃ De l'Égypte.

74. Le SCIRPE des bois.
Scirpus sylvaticus. Linn. ♃ Indigène.

75. Le SCIRPE réticulé.
Scirpus reticulatus. Lam. ♃ De l'Amérique septentrionale.

76. Le SCIRPE mucroné.
Scirpus mucronatus. Mich. ♃ De l'Amérique
septentrionale.

77. Le SCIRPE cariné.
Scirpus lineatus. Mich. ♃ De l'Amérique septentrionale.

78. Le SCIRPE luzule.
Scirpus luzula. Linn. ♃ Des Indes.

79. Le SCIRPE à grosse tige.
Scirpus grossus. Linn. ♃ Des Indes.

80. Le SCIRPE hérisson.
Scirpus echinatus. Linn. ♃ Des Indes.

81. Le SCIRPE globifère.
Scirpus globiferus. Linn. ♃ De Ténériffe.

82. Le SCIRPE anomal.
Scirpus anomalus. Retz. ♃ Des Indes.

83. Le SCIRPE spathacé.
Scirpus spathaceus. Mich. ♃ De l'Amérique septentrionale.

84. Le SCIRPE capillaire.
Scirpus capillaris. Linn. ♃ Des Indes.

85. Le SCIRPE à corymbes.
Scirpus corymbosus. Linn. ♃ Des Indes.

86. Le SCIRPE annuel.
Scirpus annuus. Linn. ⊙ Du midi de l'Europe.

87. Le SCIRPE onciné.
Scirpus uncinatus. Willd. ♃ Des Indes.

88. Le SCIRPE d'automne.
Scirpus autumnalis. Linn. ♃ De la Jamaïque.

89. Le SCIRPE trigone.
Scirpus triqueter. Linn. ♃ Du midi de l'Europe.

90. Le SCIRPE brun.
Scirpus castaneus. Mich. ♃ De l'Amérique septentrionale.

91. Le SCIRPE cilié.
Scirpus ciliaris. Linn. ♃ Des Indes.

92. Le SCIRPE des étangs.
Scirpus lacustris. Linn. ♃ Indigène.

93. Le SCIRPE entre-mêlé.
Scirpus intricatus. Linn. ♃ Des Indes.

94. Le SCIRPE à feuilles obtuses.
Scirpus obtusifolius. Lam. ♃ Des Indes.

95. Le SCIRPE à style frangé.
Scirpus fimbriatus. Mich. ♃ De l'Amérique
septentrionale.

96. Le SCIRPE visqueux.
Scirpus viscosus. Lam. ♃ De l'Amérique méridionale.

97. Le SCIRPE arisé.
Scirpus aristatus. Willd. ♃ Des Indes.

98. Le Scirpe en cime.
Scirpus cymosus. Lam. ♃ Des Indes.
99. Le Scirpe dichotome.
Scirpus dichotomus. Lam. ♃ Des Indes.
100. Le Scirpe rouge-brun.
Scirpus spadiceus. Linn. ♃ De Porto-Ricco.
101. Le Scirpe couleur de rouille.
Scirpus ferrugineus. Linn. ♃ De la Jamaïque.
102. Le Scirpe velu.
Scirpus villosus. Poir. ♃ De Porto-Ricco.
103. Le Scirpe d'été.
Scirpus æstivalis. Retz. ♃ De Ceylan.
104. Le Scirpe odorant.
Scirpus fragrans. Ruiz & Pav. ♃ Du Pérou.
105. Le Scirpe des campagnes.
Scirpus arvensis. Retz. ♃ De Ceylan.
106. Le Scirpe noueux.
Scirpus nodosus. Rotb. ♃ Du Cap de Bonne-Espérance.
107. Le Scirpe à deux fo'ioles.
Scirpus diphyllus. Retz. ♃ Des Indes.
108. Le Scirpe à deux tranchans.
Scirpus anceps. Poir. ♃ De Madagascar.
109. Le Scirpe des laves.
Scirpus lavarum. Poir. ♃ De l'Ile-Bourbon.
110. Le Scirpe à feuilles d'iris.
Scirpus iridifolius. Poir. ♃ De Madagascar.

Culture.

Nous ne possédons au Jardin du Muséum de
Paris qu'une vingtaine de ces espèces; mais un
bien plus grand nombre y ont été cultivées. Ces
plantes, qui presque toutes font marécageuses, ne
se prêtent pas facilement aux soins qu'on prend
d'elles, soins qui font le plus souvent en contradiction avec leur naturel : celles des pays chauds
exigent, ou l'orangerie ou la serre chaude. La
meilleure manière de les cultiver, c'est de placer
le pot dans lequel elles font dans un autre pot au
tiers plein d'eau, qu'on renouvelle dès qu'elle
commence à s'altérer. C'est encore ainsi qu'on
doit placer toutes les espèces indigènes qui vivent
habituellement dans l'eau, lorsque le jardin n'est
pas pourvu d'un bassin disposé de manière à les recevoir. Il en est quelques-unes, telles que la 67ᵉ.
& la 74ᵉ., qui se contentent d'une terre humide
& ombragée.

Les Scirpes se multiplient, 1°. par le semis de
leurs graines, exécuté au printemps dans des pots
disposés comme on vient d'être indiqué, graines
qui lèvent promptement, & dont le plant n'a besoin que d'être repiqué seul à seul ou éclairci;
2°. par le déchirement de leurs vieux pieds, déchirement qui a lieu à la même époque, & qui
manque rarement de fournir des pieds qui fleurissent
la même année.

Les espèces annuelles se sèment de même que les
vivaces; mais comme elles sont originaires des pays
chauds, il faut mettre les pots qui contiennent

leurs graines sur une couche nue, jusqu'à ce que
la chaleur de la saison permette de les placer comme
il a été dit plus haut.

Parmi les Scirpes indigènes, il en est trois qui
font dans le cas de fixer l'attention des cultivateurs, & dont je dois par conséquent parler plus
spécialement.

Le premier est le Scirpe des étangs, qui
croît si abondamment dans les lacs, les étangs, les
mares, les rivières peu rapides, &c. Il lui faut
un sol vaseux, & ni moins d'un pied d'eau, ni
plus de trois pour prospérer. Quelquefois il couvre
des étendues considérables & sert de refuge aux
oiseaux d'eau. Ses jeunes tiges se mangent dans
quelques lieux : les cochons en font extrêmement
friands, ainsi que de ses racines. On emploie ses
vieilles tiges, c'est-à-dire, celles coupées à la fin
de l'été, car elles font annuelles, à fabriquer des
nattes, des paniers, à rembourer des chaises, à
couvrir les chaumières, & à quelques autres objets d'économie moins importans; elles peuvent
servir de litière aux bestiaux & augmenter par
conséquent la masse des fumiers. Lorsqu'on ne
les coupe qu'en hiver, ce à quoi on est déterminé par la facilité de le faire lorsque l'eau est
gelée, elles ne font plus propres qu'à ce dernier
service.

Cette plante est une de celles qui concourent
le plus puissamment & le plus rapidement au
comblement des étangs par l'élévation du sol,
ses tiges & ses racines étant très-nombreuses & se
renouvelant tous les ans; ainsi elle joue un grand
rôle dans l'économie de la nature. (*Voyez* Tour-
bière.) Elle est d'un assez bel aspect pour qu'on
doive en placer quelques touffes dans les lacs des
jardins paysagers, mais il faut arrêter rigoureusement leur disposition à s'étendre, car elles les
rempliroient bientôt.

Le Scirpe des marais est excessivement
abondant dans certains marais; il s'élève au plus
à un pied. Les cochons font aussi friands de sa
racine que de celle du précédent, & de plus, les
chevaux & les vaches recherchent ses tiges, de
sorte qu'il pourroit devenir l'objet d'une grande
culture dans certaines localités. On devroit surtout
l'employer pour fixer le sol des terrains sujets à
inondation, pour utiliser le fond des fossés où il
ne coule que peu d'eau. Une seule touffe d'un
pouce carré peut acquérir un pied carré dans le
cours d'une année, si le terrain lui convient, tant
il trace rapidement. On peut aussi le semer sur un
seul labour en automne.

Le Scirpe des bois s'élève à un pied & demi.
Sa forme pittoresque le rend propre à orner les
jardins paysagers en terrain humide, & le bord des
eaux. Les chevaux l'aiment beaucoup quand il est
jeune. On le multiplie par graines & par déchirement des vieux pieds. (*Bosc.*)

SCIURIS. Ce genre a fourni quelques espèces
à celui des Scléries. (*Bosc.*)

SCIZANTHE. *Scizanthus.*

Plante du Chili, qui feule conftitue un genre dans la didynamie angiofpermie.

Elle n'eft pas cultivée dans nos jardins. (*Bosc.*)

SCLARÉE : efpèce du genre des SAUGES.

SCLÉRIE. *Scleria.*

Genre de plantes de la monœcie triandrie & de la famille des *Graminées*, dans lequel on range trente efpèces. Il eft figuré pl. 48 des *Illuftrations des genres* de Lamarck.

Obfervations.

Ce genre a été établi aux dépens de ceux des CHOINS, des SCIRPES & des LAICHES. *Voyez* ces mots.

Efpèces.

1. La SCLÉRIE flabelliforme,
Scleria flabelliformis. Swartz. ♃ De l'Amérique méridionale.
2. La SCLÉRIE à larges feuilles.
Scleria latifolia. Swartz. ♃ De la Jamaïque.
3. La SCLÉRIE non épineufe.
Scleria mitis. Berg. ♃ De l'Amérique méridionale.
4. La SCLÉRIE mucronée.
Scleria mucronata. Poir. ♃ De.....
5. La SCLÉRIE de Ceylan.
Scleria zeylanica. Poir. ♃ De Ceylan.
6. La SCLÉRIE à femence réticulaire.
Scleria reticularis. Mich. ♃ De la Caroline.
7. La SCLÉRIE filiforme.
Scleria filiformis. Swartz. ♃ De la Jamaïque.
8. La SCLÉRIE à feuilles fétacées.
Scleria fetacea. Poir. ♃ De Porto-Ricco.
9. La SCLÉRIE à fleurs diftantes.
Scleria diftans. Poir. ♃ De Porto-Ricco.
10. La SCLÉRIE interrompue.
Scleria interrupta. Rich. ♃ De Cayenne.
11. La SCLÉRIE à gaînes purpurines.
Scleria purpurea. Poir. ♃ De l'île Saint-Thomas.
12. La SCLÉRIE oliganthe.
Scleria oligantha. Mich. ♃ De la Caroline.
13. La SCLÉRIE hériffée.
Scleria hirtella. Swartz. ♃ De la Jamaïque.
14. La SCLÉRIE à trois paquets.
Scleria triglomerata. Mich. ♃ De la Caroline.
15. La SCLÉRIE à trois ailes.
Scleria trialata. Poir. ♃ De Madagafcar.
16. La SCLÉRIE à grappes.
Scleria racemofa. Poir. ♃ De Madagafcar.
17. La SCLÉRIE porte-perle.
Scleria margaritifera. Willd. ♃ De l'île de Tana.
18. La SCLÉRIE granuleufe.
Scleria verrucofa. Willd. ♃ De l'Amérique méridionale.
19. La SCLÉRIE à bractées.
Scleria bracteata. Willd. ♃ De l'Amérique méridionale.
20. La SCLÉRIE unie.
Scleria levis. Retz. ♃ Des Indes.
21. La SCLÉRIE de Sumatra.
Scleria fumatrenfis Retz. ♃ De Sumatra.
22. La SCLÉRIE rude.
Scleria fcabra. Willd. ♃ De l'Amérique méridionale.
23. La SCLÉRIE teffelée.
Scleria teffelata. Willd. ♃ Des Indes.
24. La SCLÉRIE lithofperme.
Scleria lithofperma. Willd. ♃ Des Indes.
25. La SCLÉRIE grêle.
Scleria tenuis. Retz. ♃ De Ceylan.
26. La SCLÉRIE paturin.
Scleria poeformis. Retz. ♃ Des Indes.
27. La SCLÉRIE verticillée.
Scleria verticillata. Willd. ♃ De la Caroline.
28. La SCLÉRIE ciliée.
Scleria ciliata. Willd. ♃ De la Caroline.
29. La SCLÉRIE pauciflore.
Scleria pauciflora. Willd. ♃ De la Caroline.
30. La SCLÉRIE en tête.
Scleria capitata. Willd. ♃ De l'Amérique méridionale.

Culture.

Aucune de ces efpèces n'exifte dans nos jardins, mais j'y en ai vu cultiver plufieurs, entr'autres trois dont j'avois apporté les graines de Caroline. La caufe de cette pénurie eft due au peu d'importance dont elles font pour tout autre qu'un botanifte, & à la néceffité où on eft de les tenir en pot pour pouvoir les rentrer l'hiver dans l'orangerie, dont elles redoutent beaucoup l'humidité habituelle. Les graines de toutes doivent être femées dans des pots fur couche auffitôt leur arrivée : on pourroit auffi les multiplier par le déchirement des vieux pieds.

Les beftiaux mangent, en Caroline, les feuilles encore jeunes de ces plantes, mais les repouffent après leur floraifon. (*Bosc.*)

SCLÉROCARPE. *Sclerocarpus.*

Plante annuelle, originaire de Guinée, qui fe cultive dans nos écoles de botanique, & qui feule forme un genre dans la fyngénéfie fruftranée & dans la famille des *Corymbifères.*

Les graines de cette plante fe fement dans des pots remplis de terre à demi confiftante, qu'on plonge dans une couche nue lorfque les gelées ne font plus à craindre. Le plant levé fe repique, ou en pleine terre, à une expofition chaude, ou dans des pots qu'on place au midi d'un mur : on l'arrofe au befoin.

Cette plante n'eft d'aucun agrément. (*Bosc.*)

SCLÉROTE. Sclerotium.

Genre de plantes de la famille des *Champignons*, fort voisin des TRUFFES (*voyez* ce mot), qui rassemble plusieurs espèces, dont deux sont très-nuisibles aux cultivateurs.

La première est la SCLÉROTE DU SAFRAN, plus connue sous le nom de *Mort du safran*, qui en fait périr de si grandes quantités.

La seconde est la SCLÉROTE DE LA LUZERNE, qui, au rapport de Decandolle, qui l'a fait connoître le premier, dégrade la plus belle prairie.

Ces deux espèces offrent des tubérosités irrégulières, qui naissent sur les racines du safran & de la luzerne, s'y nourrissent de leur séve & les font promptement périr. Leur multiplication est très-rapide & se fait de deux manières, c'est-à-dire, 1°. par des filets qui partent de la surface des tubercules existans, & vont s'insérer dans les racines des pieds de safran ou de luzerne les plus voisins, où ils donnent naissance à de nouveaux tubercules qui se propagent de même ; 2°. par les bourgeons séminiformes qui résultent de leur décomposition, & qui restent dans la terre jusqu'à ce qu'ils y trouvent une racine pour s'y développer. Des observations positives ne permettent pas de douter que des bourgeons séminiformes de la Sclérote du safran se sont conservés ainsi pendant vingt ans. *Voyez* SAFRAN.

Dans le premier mode de multiplication, les Sclérotes qui ont attaqué un pied de safran ou de luzerne se portent successivement aux voisins : il en résulte des places circulaires où tous les pieds sont morts, places qui s'étendent chaque jour jusqu'à ce qu'il n'y ait plus de racines à attaquer ; aussi, dès qu'on s'aperçoit de l'existence de cette peste, faut-il creuser à une demi-toise au moins du cercle attaqué, une fosse circulaire d'un pied de large & de deux pieds de profondeur, dont la terre sera rejetée au centre, ou, si on veut remettre du safran ou de la luzerne quelques années après dans la même place, enlever, en la jetant directement dans un tombereau pour la porter sur un chemin, toute la terre du cercle à la profondeur susdite, & en rapporter ensuite de la nouvelle.

Duhamel, auquel on doit les premières observations qui aient été faites sur la mort du safran, dit l'avoir vu attaquer aussi les racines de l'asperge ; mais il est possible que ce soit une espèce distincte.

J'ai observé sur les racines des arbres une espèce de byssus, c'est-à-dire, des filamens blancs, ayant l'odeur des champignons, qui naissoient & se propageoient comme les Sclérotes, & faisoient des ravages analogues ; mais je n'ai jamais pu y voir des tubercules. Le moyen préservatif des tranchées m'a réussi. (*Bosc.*)

SCOLOPENDRE : nom spécifique d'une plante du genre des DORADILLES. *Voyez* ce mot.

SCOLOPIER. Scolopia.

Arbuste des Indes, qui seul forme un genre dans l'icosandrie monogynie, & de la famille des *Orangers*.

On ne le cultive pas dans nos jardins ; ainsi je n'ai rien à en dire. (*Bosc.*)

SCOLOSANTHE. Scolosanthus.

Arbrisseau de l'île de Sainte-Croix, qui seul constitue, dans la tétrandrie monogynie, un genre fort voisin des CATESBÉES.

Nous ne le cultivons pas dans nos jardins. (*Bosc.*)

SCOLYME. Scolymus.

Genre de plantes de la syngénésie égale & de la famille des *Chicoracées*, dans lequel se rangent trois espèces, qui toutes se cultivent dans nos écoles de botanique. Il est figuré pl. 659 des *Illustrations des genres* de Lamarck.

Espèces.

1. Le SCOLYME à grandes fleurs.
Scolymus grandiflorus. Desfont. ♃ De la Barbarie.

2. Le SCOLYME d'Espagne.
Scolymus hispanicus. Linn. ♂ Du midi de l'Europe.

3. Le SCOLYME maculé, vulgairement *épine jaune*.
Scolymus maculatus. Linn. ☉ Du midi de la France.

Culture.

Ces trois espèces demandent une terre à demi consistante, une exposition chaude & des arrosemens rares, même en été. La première est plus sensible au froid & à l'humidité que les deux autres : aussi est-il bon d'en tenir quelques pieds en pot pour remplacer ceux qui pourroient périr en pleine terre. On les multiplie de graines tirées de leur pays natal, ou, dans les années chaudes, récoltées sur les pieds cultivés, graines qu'on sème dans des pots sur couche nue. Le plant produit par ces graines se repique lorsqu'il a deux ou trois pouces de haut. Il est bon de ne mettre en pleine terre celui de la première que la seconde année.

Ces plantes se font remarquer par leurs feuilles épineuses & par leurs fleurs grandes & d'un jaune-vif. La première étant vivace, peut être employée à orner les jardins paysagers placés en terrain sec. Dans son pays natal on mange ses tiges cuites avec de la viande. (*Bosc.*)

SCOPAIRE. Scoparia.

Genre de plantes de la tétrandrie monogynie &
de la famille des Scrophulaires, qui réunit trois
espèces, dont une est cultivée dans nos écoles de
botanique. Il est figuré pl. 85 des Illustrations des
genres de Lamarck.

Espèces.

1. La Scopaire à trois feuilles.
Scoparia dulcis. Linn. ☉ De l'Amérique méridionale.
2. La Scopaire couchée.
Scoparia procumbens. Jacq. ☉ De l'Amérique
méridionale.
3. La Scopaire en arbre.
Scoparia arborea. Linn. ♃ Du Cap de Bonne-Espérance.

Culture.

C'est la première espèce qui se voit dans les
écoles de botanique. On sème ses graines dans
un pot rempli de terre légère, pot qu'on plonge
dans une couche nue. Lorsque le plant a acquis
deux à trois pouces de haut, on le repique seul
à seul dans d'autres pots qu'on remet sur la couche, ou qu'on place contre un mur exposé au
midi : on les arrose au besoin. Quelques pieds se
rentrent de bonne heure dans la serre chaude
pour leur donner les moyens de perfectionner la
maturité de leurs graines. C'est une plante de peu
d'intérêt pour tous ceux qui ne s'occupent pas de
l'étude de la botanique. (Bosc.)

SCOPOLIER. Toddalia.

Genre de plantes de la pentandrie monogynie,
qui renferme deux espèces, dont une avoit été
placée parmis les Paullinies. (Voyez ce mot.)
Il est figuré pl. 130 des Illustrations des genres de
Lamarck.

Espèces.

1. Le Scopolier aiguillonné.
Toddalia acuminata. Smith. ♄ Des Indes.
2. Le Scopolier sans épines.
Toddalia inermis. Willd. ♄ De l'Ile-Bourbon.
(Bosc.)
SCORDIUM : nom spécifique d'une plante du
genre des Germandrées. Voyez ce mot.
SCORPIONE. Voyez Myosote.

SCORSONÈRE. Scorzonera.

Genre de plantes de la syngénésie égale & de la
famille des Chicoracées, dans lequel se rassemblent
trente-sept espèces, dont une est l'objet d'une
culture fort étendue dans nos jardins potagers. Il

est figuré pl. 647 des Illustrations des genres de
Lamarck.

Observations.

Quelques botanistes ont établi le genre Picridie
aux dépens de celui-ci, mais il n'a pas été généralement adopté, d'autres ayant placé les espèces
qui y entroient parmi les Laitrons. Voy. ce mot.

Espèces.

1. La Scorsonère d'Espagne, ou salsifis noir.
Scorzonera hispanica. Linn. ♃ Du midi de la
France.
2. La Scorsonère à feuilles purpurines.
Scorzonera purpurea. Linn. ♃ De l'Allemagne.
3. La Scorsonère à feuilles ondulées.
Scorzonera undulata. Desf. ♃ De la Barbarie.
4. La Scorsonère laciniée.
Scorzonera laciniata. Linn. ♃ Indigène.
5. La Scorsonère octangulaire.
Scorzonera octangularis. Willd. ♃ Du midi de
la France.
6. La Scorsonère à feuilles de réséda.
Scorzonera resedifolia. Linn. ♃ Du midi de la
France.
7. La Scorsonère corne-de-cerf.
Scorzonera coronopifolia. Desf. ♃ De la Barbarie.
8. La Scorsonère à feuilles de chausse-trape.
Scorzonera calcitrapifolia. Vahl. ♃ De la Barbarie.
9. La Scorsonère à feuilles de chondrille.
Scorzonera chondrilloides. Willd. ♃ De l'Espagne.
10. La Scorsonère d'Orient.
Scorzonera orientalis. Linn. ♃ De l'Orient.
11. La Scorsonère tubéreuse.
Scorzonera tuberosa. Pall. ♃ De l'Orient.
12. La Scorsonère tomenteuse.
Scorzonera tomentosa. Linn. ♃ De l'Arménie.
13. La Scorsonère à feuilles étroites.
Scorzonera angustifolia. Linn. ♃ Indigène.
14. La Scorsonère à feuilles de pin.
Scorzonera pinifolia. Willd. ♃ Du midi de la
France.
15. La Scorsonère nerveuse.
Scorzonera nervosa. Lam. ♃ Indigène.
16. La Scorsonère à feuilles de gramen.
Scorzonera graminifolia. Linn. ♃ De la Sibérie.
17. La Scorsonère à feuilles de pastel.
Scorzonera glastifolia. Willd. ♃ De l'Allemagne.
18. La Scorsonère à petites feuilles.
Scorzonera parvifolia. Jacq. ♃ De l'Allemagne.
19. La Scorsonère à feuilles de laiche.
Scorzonera caricifolia. Pall. ♃ De la Sibérie.
20. La Scorsonère grêle.
Scorzonera pusilla. Pall. ♃ Des bords de la Mer-
Caspienne.
21. La Scorsonère à semences velues.
Scorzonera eriosperma. Marsch. ♃ Des bords de
la Mer-Caspienne.
22. La

22. La Scorsonère de Crète.

Scorzonera cretica. Willd. ♃ De l'île de Crète.

23. La Scorsonère velue.

Scorzonera hirsuta. Linn. ♃ Du midi de la France.

24. La Scorsonère rude.

Scorzonera aspera. Desf. ♃ Du Levant.

25. La Scorsonère hispide.

Scorzonera asperrima. Desf. ♃ Du Levant.

26. La Scorsonère à fleurs de crépis.

Scorzonera crepioides. Poir. De la Barbarie.

27. La Scorsonère naine.

Scorzonera pumila. Willd. ⊙ De l'Espagne.

28. La Scorsonère à feuilles de pissenlit.

Scorzonera taraxacifolia. Jacq. ♃ De la Bohême.

29. La Scorsonère alongée.

Scorzonera elongata. Willd. De l'île de Crète.

30. La Scorsonère dichotome.

Scorzonera dichotoma. Vahl. ♃ De la Barbarie.

31. La Scorsonère du Cap.

Scorzonera capensis. Thunb. Du Cap de Bonne-Espérance.

32. La Scorsonère pinnatifide.

Scorzonera pinnatifida. Mich. ♃ De la Caroline.

33. La Scorsonère aristée.

Scorzonera aristata. Decand. ♃ Des Pyrénées.

34. La Scorsonère fistuleuse.

Scorzonera fistulosa. Brot. ♃ Du Portugal.

35. La Scorsonère à long style.

Scorzonera stylosa. Pers. ♃ De.....

36. La Scorsonère hérissée.

Scorzonera muricata. Decand. ♃ Des Alpes.

37. La Scorsonère petite.

Scorzonera humilis. Linn. ♃ Indigène.

Culture.

Nous ne possédons en ce moment que neuf espèces de ce genre dans nos jardins, mais il s'y en est u d'autres qui ne s'y sont pas conservées : ces neuf sont celles des n°s 1, 2, 4, 5, 6, 13, 21, 24, 37. Toutes se contentent de la pleine terre, quoique celles qui ne sont pas indigènes craignent les gelées du climat de Paris, dont on les garantit par des couvertures de feuilles sèches ou de fougère pendant l'hiver.

La Scorsonère laciniée croît le long des chemins & sur les pâturages. C'est dommage qu'elle soit peu commune, car les bestiaux l'aiment beaucoup : elle est principalement utile aux brebis, qui peuvent plus facilement la pincer.

Les Scorsonères nerveuse & petite, qui croissent dans les pâturages ULIGINEUX (*voyez* ce mot), sont encore très-recherchées des bestiaux, surtout des cochons, qui sont surtout avides de leurs racines ; mais elles sont également très-peu abondantes dans les lieux où elles croissent, lieux qui sont eux-mêmes peu communs.

Les Turcs mangent les racines de la Scorsonère tubéreuse, qu'on dit d'un excellent goût, ce qui devroit engager à la cultiver dans nos jardins potagers.

Mais c'est la première espèce qui doit principalement fixer ici l'attention, parce que c'est elle qui se cultive pour sa racine, qui est une nourriture fort saine & fort agréable.

Comme Olivier de Serres ne fait pas mention de la Scorsonère dans l'énumération des plantes qu'il faut placer dans le potager, il est probable que sa culture n'avoit pas encore lieu en France à l'époque où il vivoit. Aujourd'hui on la préfère presque partout au SALSIFIS (*voyez* ce mot) ; aussi est-il peu de jardins où on n'en voie pas au moins une planche.

La racine de la Scorsonère d'Espagne peut se manger dès le premier hiver qui suit le semis de ses graines, & alors elle est très-tendre & très-délicate ; mais comme elle n'a pas encore acquis toute sa grosseur, beaucoup de personnes préfèrent n'en faire usage qu'à la fin de la seconde année, quoiqu'elle acquière de la dureté & de l'âcreté avec l'âge. Pour combiner ces deux avantages, au lieu de semer la graine, comme on le fait ordinairement, dès le commencement d'avril, on retarde jusqu'en août ; alors aucune tige ne s'élève la première année, & les racines, dix-huit mois après, sont grosses, tendres & savoureuses, car c'est la floraison qui leur donne les mauvaises qualités précitées.

Pour que la Scorsonère prospère, il faut que la terre où on la sème soit en même temps légère & un peu humide. Il faut de plus qu'elle soit profondément labourée & fortement engraissée avec du terreau très-consommé, car ses racines prennent facilement le goût du fumier frais.

Généralement on sème la graine de Scorsonère par rangées, pour faciliter les binages du plant qui en provient, binages qui concourent si puissamment à la croissance de ce dernier, & qu'on ne doit pas par conséquent ménager ; cependant, surtout lorsqu'on la sème en avril pour consommer le plant en octobre, on peut la semer à la volée. On doit arroser les semis lorsque la sécheresse se prolonge, car la graine a besoin de beaucoup d'eau pour germer. Dans la même circonstance on arrosera également le plant, si le terrain n'est pas naturellement humide.

Dès que le plant provenu du semis a acquis des feuilles de deux à trois pouces de long, on l'éclaircit, en arrachant tous les pieds qui sont à moins de deux à trois pouces des autres, puisque ce n'est qu'autant que les pieds pourront s'étendre aisément qu'ils prendront toute la grosseur désirable. Cette pratique n'est pas la plus générale je le sais ; mais elle est certainement la meilleure. On donne ensuite un binage, & successivement trois à quatre autres.

Les tiges qui se montreront, seront rigoureusement pincées près du collet de la racine, pour les empêcher de s'élever & de fleurir, par la raison indiquée plus haut.

Couper les feuilles des Scorfonères, comme on le fait fi fouvent, eft certainement nuifible au groffiffement & à la faveur des racines. *Voyez* FEUILLE.

On ne commence à manger les racines de la Scorfonère qu'à la fin d'octobre, & on continue jufqu'à celle de mars. Lorfque les gelées ne font pas à craindre, on les laiffe en terre pour ne les lever qu'à mefure du befoin; mais, dans le cas contraire, on les arrache toutes pour les rentrer dans une ferre à légumes, où on les dépofe par lits alternatifs avec du fable.

Les planches qu'on veut garder pour l'hiver fuivant font recouvertes alors d'une couche de feuilles fèches ou de fougère, couche qu'on enlève dès que le temps eft devenu doux. *Voyez* COUVERTURE.

Paffé la feconde année, les racines de Scorfonère deviennent ligneufes & fe couvrent de chancres qui leur donnent de l'amertume.

Les beftiaux aiment beaucoup les racines & les feuilles de la Scorfonère. Elles donnent beaucoup de lait aux vaches & aux brebis.

Pour avoir de bonnes graines l'année fuivante, il faut laiffer en place les plus beaux pieds, les couvrir pendant l'hiver de feuilles fèches, comme je l'ai indiqué plus haut. On cueille cette graine tous les matins, vers onze heures, c'eft-à-dire, au moment où elle fe montre hors du calice qui la recouvroit, & on la dépofe de fuite dans des facs de papier, où elle fe deffèche & fe conferve bonne pendant trois à quatre ans : celle des premières fleurs épanouies eft la meilleure; celle des dernières doit être rejetée. (*Bosc.*)

SCOTIE. *Voyez* SCHOTIE.

SCOURJON : fynonyme d'efcourjeon. *Voyez* ORGE.

SCROPHULAIRE. SCROPHULARIA.

Genre de plantes de la didynamie angiofpermie & de la famille de fon nom, dans lequel fe rangent trente-quatre efpèces, dont plufieurs font communes en France, & dont un grand nombre fe cultivent dans nos écoles de botanique. On le trouve figuré pl. 533 des *Illuftrations des genres* de Lamarck.

Efpèces.

1. La SCROPHULAIRE noueufe, vulgairement *herbe aux écrouelles*.
Scrophularia nodofa. Linn. ♃ Indigène.

2. La SCROPHULAIRE du Maryland.
Scrophularia marylandica. Linn. ♃ De l'Amérique feptentrionale.

3. La SCROPHULAIRE aquatique, vulgairement *herbe du fiége*.
Scrophularia aquatica. Linn. ♂ Indigène.

4. La SCROPHULAIRE auriculée.
Scrophularia auriculata. Linn. ♃ Du midi de l'Europe.

5. La SCROPHULAIRE appendiculée.
Scrophularia appendiculata. Jacq. ♃ De la côte de Barbarie.

6. La SCROPHULAIRE à feuilles de méliffe.
Scrophularia fcorodonia. Linn. ♃ Du midi de l'Europe.

7. La SCROPHULAIRE glabre.
Scrophularia glabrata. Ait. ♂ Des Canaries.

8. La SCROPHULAIRE à feuilles de bétoine.
Scrophularia betonicifolia. Linn. ♃ Du midi de l'Europe.

9. La SCROPHULAIRE du Levant.
Scrophularia orientalis. Linn. ♃ Du Levant.

10. La SCROPHULAIRE frutefcente.
Scrophularia frutefcens. Linn. ♄ Du midi de l'Europe.

11. La SCROPHULAIRE des rochers.
Scrophularia rupeftris. Willd. ♃ De la Crimée.

12. La SCROPHULAIRE hétérophylle.
Scrophularia heterophylla. Willd. ♄ De Crète.

13. La SCROPHULAIRE de Sibérie.
Scrophularia altaica. Willd. ♃ De la Sibérie.

14. La SCROPHULAIRE précoce.
Scrophularia vernalis. Linn. ♂ Du midi de la France.

15. La SCROPHULAIRE élégante.
Scrophularia arguta. Ait. ☉ De Madère.

16. La SCROPHULAIRE trifoliée.
Scrophularia trifoliata. Linn. ♃ De la Corfe.

17. La SCROPHULAIRE à feuilles de fureau.
Scrophularia fambucifolia. Linn. ♃ Du midi de la France.

18. La SCROPHULAIRE mellifère.
Scrophularia mellifera. Desf. ♃ De la côte de Barbarie.

19. La SCROPHULAIRE hifpide.
Scrophularia hifpida. Desf. ♃ De la côte de Barbarie.

20. La SCROPHULAIRE canine.
Scrophularia canina. Linn. ☉ Du midi de la France.

21. La SCROPHULAIRE ailée.
Scrophularia pinnata. Mich. ♂ Du midi de l'Europe.

22. La SCROPHULAIRE luifante.
Scrophularia lucida. Linn. ♃ Du midi de l'Europe.

23. La SCROPHULAIRE variée.
Scrophularia variegata. Marfch. De la Sibérie.

24. La SCROPHULAIRE de la Chine.
Scrophularia chinenfis. Linn. ♃ De la Chine.

25. La SCROPHULAIRE méridionale.
Scrophularia meridionalis. Linn. De la Nouvelle-Grenade.

26. La SCROPHULAIRE écarlate.
Scrophularia coccinea. Linn. ♂ De l'Amérique méridionale.

27. La SCROPHULAIRE voyageufe.
Scrophularia peregrina. Linn. ♃ Du midi de la France.

28. La SCROPHULAIRE à feuilles de tanaifie.
Scrophularia tanacetifolia. Willd. ♂ De la Crimée.

29. La SCROPHULAIRE laciniée.
Scrophularia laciniata. Willd. ♃ De la Hongrie.

30. La SCROPHULAIRE glanduleufe.
Scrophulairia glandulofa. Dum.-Courf. ♃ De.....

31. La SCROPHULAIRE furdentée.
Scrophularia biferrata. Willd. ♃ De.....

32. La SCROPHULAIRE afcendante.
Scrophularia afcendens. Willd. ♃ De.....

33. La SCROPHULAIRE à feuilles de marguerite.
Scrophularia chryfanthemifolia. Willd. ♃ De la Crimée.

34. La SCROPHULAIRE en lyre.
Scrophularia lyrata. Willd. ♃ Du Portugal.

Culture.

Nous poffédons dans nos jardins vingt-fix de ces efpèces : celles indiquées fous les nᵒˢ. 1, 2, 3, 4, 5, 6, 8, 9, 13, 14, 17, 18, 19, 29, 30, 31, 32, 33 & 34 font de pleine terre ; celles des nᵒˢ. 7, 10, 15, 16, 18, d'orangerie, & celle du nᵒ. 26 de ferre chaude.

On fème les efpèces de pleine terre en placé, foit qu'elles foient vivaces, bifannuelles ou annuelles, dans une terre de moyenne confiftance ; on éclaircit leur plant & on le bine au befoin. Pour profpérer, la première demande une expofition ombragée, la troifième un terrain marécageux, & la vingtième un terrain brûlé par le foleil. Toutes font de grandes plantes, mais d'un afpect peu agréable & d'une odeur nauféabonde. La huitième & la quatorzième peuvent cependant être placées avantageufement dans les jardins payfagers, l'une à raifon de fon port, & l'autre à raifon de la précocité de fa floraifon.

Les efpèces indigènes font repouffées par tous les beftiaux, & ne fervent qu'à la médecine.

Les efpèces d'orangerie & celles de ferre fe fèment dans des pots fur couche nue, & fe repiquent au milieu de l'été dans d'autres pots qu'on place contre un mur expofé au midi ; ce n'eft qu'aux approches des froids qu'on les rentre. (*Bosc.*)

SCUTULE. *Scutula.*

Genre de plantes de l'octandrie monogynie, qui renferme deux arbuftes de la Cochinchine que nous ne cultivons pas dans nos jardins. (*Bosc.*)

SCYPHOPHORE. *Scyphophorus.*

Genre de plantes de la famille des *Lichens*, qui renferme deux efpèces originaires de l'Amérique

septentrionale, favoir, le SCYPHOPHORE SULFURÉ & le SCYPHOPHORE VERTICILLÉ.

Comme on ne les cultive pas, même comme on ne peut pas les cultiver dans nos jardins, je n'en dirai rien de plus. (*Bosc.*)

SCYTALIE : nom donné par Gærtner au genre LITCHI.

SEBÉ. On appelle ainfi l'OIGNON à Toulon.

SÉBESTIER. *Cordia.*

Genre de plantes de la pentandrie monogynie & de la famille des *Borraginées*, dans lequel fe placent trente efpèces, dont huit fe cultivent dans nos ferres. Il eft figuré pl. 26 des *Illuftrations des genres* de Lamarck.

Obfervations.

Le genre PATAGONULE a été établi aux dépens de celui-ci.

Efpèces.

1. Le SÉBESTIER domeftique.
Cordia mixta. Linn. ♄ Des Indes.

2. Le SÉBESTIER à grandes fleurs.
Cordia febeftena. Linn. ♄ De Saint-Domingue.

3. Le SÉBESTIER à feuilles dentées.
Cordia ferrata. Poir. ♄ Des Indes.

4. Le SÉBESTIER en cœur.
Cordia fubcordata. Lam. ♄ Des Indes.

5. Le SÉBESTIER à coques.
Cordia collocca. Linn. ♄ De la Jamaïque.

6. Le SÉBESTIER à quatre feuilles.
Cordia tetraphylla. Aubl. ♄ De la Guiane.

7. Le SÉBESTIER verbenacé.
Cordia gerafcantus. Linn. ♄ De la Jamaïque.

8. Le SÉBESTIER noueux, vulgairement *achira mouron.*
Cordia nodofa. Lam. ♄ De Cayenne.

9. Le SÉBESTIER jaunâtre.
Cordia flavefcens. Aubl. ♄ De Cayenne.

10. Le SÉBESTIER épineux.
Cordia fpinefcens. Linn. ♃ Des Indes.

11. Le SÉBESTIER à quatre étamines.
Cordia tetrandra. Aubl. ♄ De Cayenne.

12. Le SÉBESTIER velu.
Cordia toquevé. Aubl. ♄ De Cayenne.

13. Le SÉBESTIER à grandes feuilles.
Cordia macrophylla. Linn. ♃ De la Jamaïque.

14. Le SÉBESTIER monique.
Cordia monoica. Roxb. ♄ Des Indes.

15. Le SÉBESTIER du Pérou, vulgairement *membriléfo.*
Cordia lutea. Lam. ♄ Du Pérou.

16. Le SÉBESTIER à feuilles de fauge.
Cordia falvifolia. Juff. ♄ De.....

17. Le SÉBESTIER de Saint-Domingue.
Cordia domingenfis. Lam. ♄ De Saint-Domingue.

18. Le SÉBESTIER liffe.
Cordia levigata. Lam. ♄ De Saint-Domingue.

19. Le Sébestier du Sénégal.
Cordia senegalensis. Juss. ♄ Du Sénégal.
20. Le Sébestier à feuilles de buis.
Cordia buxifolia. Juss. ♄ De....
21. Le Sébestier élevé.
Cordia exaltata. Lam. ♄ De Cayenne.
22. Le Sébestier nerveux.
Cordia nervosa. Lam. ♄ De Cayenne.
23. Le Sébestier à feuilles rondes.
Cordia rotundifolia. Ruiz & Pav. ♄ Du Pérou.
24. Le Sébestier denté.
Cordia dentata. Poir. ♄ De Curaçao.
25. Le Sébestier à petites fleurs.
Cordia micranthus. Swartz. ♄ De la Jamaïque.
26. Le Sébestier de la Chine.
Cordia sinensis. Lam. ♄ De la Chine.
27. Le Sébestier de l'Inde.
Cordia indica. Lam. ♄ De l'Inde.
28. Le Sébestier à feuilles elliptiques.
Cordia elliptica. Swartz. ♄ De la Jamaïque.
29. Le Sébestier à feuilles rudes.
Cordia aspera. Forst. ♄ Des îles de la mer du Sud.
30. Le Sébestier dichotome.
Cordia dichotoma. Forst. ♄ Des îles de la mer du Sud.

Culture.

Nous cultivons dans nos serres les espèces numérotées 1, 2, 5, 7, 10, 13, 25 & 28. Les deux premières sont les plus communes ; elles demandent une terre consistante, des arrosemens fréquens en été, & d'être rempotées tous les ans. Ce sont de très-belles plantes qui ornent bien les serres quand elles sont en fleurs. Il leur faut beaucoup de chaleur ; cependant, quand elles sont un peu grandes, il est bon, pour les fortifier, de leur faire passer deux mois de l'été à l'air, dans une bonne exposition. *Voyez* ÉTIOLEMENT.

On multiplie les Sébestiers par le semis de leurs graines, tirées de leur pays natal, dans des pots sur couche & sous châssis, & par boutures placées de même : ce dernier moyen est le plus employé, & réussit toujours. Le plant & les boutures doivent avoir plus de chaleur que les vieux pieds.

Les fruits des Sébestiers domestique & à grandes fleurs se mangent, s'emploient fréquemment en médecine, & servent, en les pilant dans l'eau, à faire une excellente glu ; mais l'objet le plus direct qu'on a en les cultivant, c'est la beauté de leur port & de leurs fleurs, & la bonne odeur de ces dernières dans la première des espèces. (*Bosc.*)

SÉBIFÈRE. Sebifera.

Grand arbre de la Chine, dont le bois sert à la construction des maisons, dont les feuilles fournissent, en les écrasant dans l'eau, un très-beau vernis, & dont les fruits donnent, par expression, une huile qui s'épaissit & sert à faire des chandelles.

Cet arbre, si utile, forme un genre particulier

selon Loureiro, & appartient aux Litsées selon Jussieu. On ne le cultive pas en Europe. (*Bosc.*)

SECACUL. *Voyez* SECCACHUL & PANAIS.

SÉCHERESSE. L'eau étant un des véhicules les plus nécessaires à la végétation, toutes les fois qu'elle manque, c'est-à-dire, qu'il y a Sécheresse, la végétation doit souffrir, & même être totalement suspendue. *Voyez* EAU, PLUIE & ARROSEMENS.

Jamais la Sécheresse n'est absolue, mais elle est souvent si intense, qu'elle frappe les plantes de mort.

L'infiltration des eaux pluviales d'un côté & leur évaporation de l'autre, soit par l'effet des rayons du soleil, soit par celui des vents privés d'humidité (*voyez* HALE), ainsi qu'un retour très-long des pluies, sont les causes des Sécheresses ; en conséquence elles doivent être & sont en effet plus nuisibles dans les terres légères, dans les expositions méridiennes, dans les lieux non abrités.

Les terres sablonneuses, parce qu'elles laissent plus facilement passer l'eau des pluies, les terres crayeuses & les terres argileuses en pente, parce qu'elles ne la laissent pas entrer, sont les plus sujettes à la Sécheresse. Celles qui la bravent le mieux sont les végétales, c'est-à-dire, celles pourvues d'une grande abondance d'humus, parce qu'elles absorbent beaucoup d'eau, & qu'elles la laissent difficilement s'infiltrer & s'évaporer. *Voy.* HUMUS.

Après elles viennent les TERRES FRANCHES, c'est-à-dire, composées à peu près par moitié de SABLE fin & d'ARGILE intimement mélangés.

Certains terrains secs par leur nature sont cependant fertiles, parce qu'à une petite profondeur se trouve une nappe d'eau qui fournit aux racines des plantes qu'on y cultive, l'humidité qui leur est nécessaire.

Une Sécheresse prolongée rend les terres légères poudreuses, & les terres fortes si dures, que la charrue ne peut plus les entamer : ces dernières se fendent, & par leur écartement cassent les racines des végétaux. Cette dureté de la terre, pendant l'été, est un des plus grands obstacles à l'établissement d'un bon système d'assolement dans le midi de l'Europe, sur les côtes d'Afrique & dans la partie moyenne de l'Asie.

Labourer la terre pendant les Sécheresses amène plus ou moins leur détérioration. On appelle TERRES BRULÉES, dans le midi de la France, celles qui sont dans ce cas. *Voyez* LABOUR.

Il arrive souvent qu'une longue Sécheresse détruit l'herbe, de sorte que les bestiaux meurent de faim au milieu des pâturages.

Un autre effet des Sécheresses trop grandes & trop prolongées, c'est le tarissement des FONTAINES & des PUITS, le dessèchement des CITERNES, des MARES, des ÉTANGS, des petits RUISSEAUX, des RIVIÈRES & des FLEUVES. *Voyez* tous ces mots.

Des mortalités fur les hommes & fur les animaux en font fréquemment la fuite. *Voyez* ÉPIZOOTIE.

L'influence des Sécherefles fe fait plus fentir fur les femis, fur les plantes annuelles, fur les plantes des marais, que fur les arbres, que fur les plantes des terrains fablonneux ou calcaires.

Deux effets principaux font là fuite de la Séchereffe fur les SEMIS (*voyez* ce mot) : 1°. celui de retarder la germination des graines, & par-là les laiffer plus long-temps expofées aux ravages des oifeaux, de les empêcher même de lever; de donner moins de temps au plant qui doit en réfulter pour parcourir les phafes de fa végétation; auffi les agriculteurs redoutent-ils beaucoup les Sécherefles au commencement de l'automne & au milieu du printemps; 2°. celui de faire périr le jeune plant, ou du moins de retarder fa croiffance de manière à ce qu'il refte foible le refte de la faifon, & quelquefois même toute fa vie. *Voyez* RADICULE.

Les plantes annuelles qui doivent parcourir le cercle de leurs évolutions en quelques mois, fouffrent fouvent tellement de la Séchereffe dans leur premier âge, qu'elles reftent rabougries, ne fleuriffent pas, ou donnent des fleurs petites & peu nombreufes.

Quant aux plantes des marais, elles doivent être plus fenfibles à la Séchereffe que les autres; mais ce n'eft pas à raifon de leur contexture feulement, car les plantes graffes, comme les ficoïdes, les joubarbes, le pourpier, les bravent.

Ceci me conduit à obferver que certaines plantes, au contraire, font deftinées par la nature à braver la Séchereffe, foit à raifon de leur contexture, foit parce que leurs racines vont chercher l'humidité à une grande profondeur : la PINPRENELLE, le SAINFOIN, & encore plus la LUZERNE, font dans ce dernier cas.

Toutes les plantes font expofées à la COULURE de leurs fleurs, à la chute de leurs fruits, à la RETRAITE de leurs GRAINES, par fuite de la Séchereffe. *Voyez* ces mots.

Il eft des climats où une Séchereffe de plufieurs mois règne toutes les années, le midi de la France. Il en eft d'autres où on a rarement occafion de s'en plaindre, la Hollande.

Il eft des années, des faifons, des mois, des jours, des heures où l'action de la Séchereffe eft plus à craindre, & les cultivateurs doivent chercher à les prévoir d'avance, foit en étudiant les PRONOSTICS, foit en confultant fouvent la GIROUETTE & le BAROMÈTRE. *Voyez* ces mots.

L'homme ne peut avoir d'action fur le foleil, fur les vents qui amènent la Séchereffe, mais il peut, jufqu'à un certain point, diminuer les inconvéniens de cette dernière, même les fufpendre complétement fur un efpace de terrain plus ou moins étendu, par un grand nombre de moyens. Ainfi, des plantations de grands arbres,

en abritant un champ des rayons du foleil, des toiles, des claies, en couvrant une planche de jardin; ainfi une haie, un mur, des paillaffons, en rompant le cours des vents, confervent de la fraîcheur dans ce champ, dans cette planche.

Toutes les plantes qui, par la largeur de leurs feuilles, ou par la difpofition rampante de leurs tiges, ou par l'épaiffeur de leurs femis, s'oppofent à l'action du foleil ou des vents fur la furface de la terre, diminuent les effets de la Séchereffe.

Le grand, l'immanquable moyen de rendre nul les effets de la Séchereffe, ce font les ARROSEMENS, foit à la main, foit par IRRIGATIONS. Les détails dans lefquels je fuis entré à leur égard à ces deux mots, me difpenfe ici de plus longs développemens.

L'homme & les animaux domeftiques fe reffentent auffi directement des Sécherefles, les maladies inflammatoires en étant fouvent la fuite.

Cependant, fi les Sécherefles prolongées ou trop fortes nuifent confidérablement aux produits des récoltes de toute efpèce, celles qui font modérées améliorent ordinairement ces produits. Qui ne s'eft pas affuré, par fa propre expérience, que les légumes, que les fruits de toutes fortes font plus favoureux dans les terrains fecs, dans les années fèches, que les fleurs y ont plus d'éclat & plus d'odeur?

C'eft toujours par un temps fec qu'on doit defirer pouvoir rentrer fes foins, fes blés, faire fa vendange, récolter fes fruits : la bonne confervation des premiers de ces objets tenant à leur parfaite defficcation, & une furabondance d'humidité étant nuifible à la qualité du vin. (*Bosc.*)

SÉCHERONS. Ce font, dans la Haute-Saône, les prés fitués fur les hauteurs. *Voyez* PRÉS & PATURAGE.

SECHI ou SECHION. SECHIUM.

Plante annuelle de la Jamaïque, qui faifoit partie des SICYOS, qu'on cultive dans cette île à caufe de fes fruits, qui fe mettent dans les ragoûts, comme la TOMATE. Elle forme feule un genre dans la monœcie monogynie & dans la famille des *Euphorbes*. Nous ne la poffédons pas dans nos jardins.

La culture du SECHI COMESTIBLE n'eft pas connue (*Bosc.*)

SÉCHOIRS POUR LES GRAINS. Dans les hautes Alpes & dans le voifinage du cercle polaire, où la température de l'été eft à peine fuffifante pour amener les grains des céréales à maturité, & où la terre eft conftamment imbibée d'une humidité furabondante, on eft obligé de fécher le produit des récoltes à l'air. Pour cela on conftruit des échelles larges & hautes de douze ou quinze pieds, qu'on incline en face du midi, qu'on foutient du côté du nord par deux perches fourchues. C'eft fur les échelons de ces échelles qu'on fixe le foin & les céréales pour opérer leur defficcation par l'effet combiné du foleil & des vents, & les mettre en état d'être rentrés dans le fenil ou la grange.

J'ai vu de ces Séchoirs fur le Saint-Gothard, & j'ai plaint les cultivateurs de ces froides montagnes d'en faire ufage, car leur fervice eft difpendieux, pénible & incertain; je dis incertain, parce que les tempêtes, très-fréquentes fur toutes les hautes Alpes, les renverfent fouvent & difperfent le fruit des travaux de l'année, quelquefois même de deux années, car là le froment refte ordinairement dix-huit mois en terre.

Il eft cependant des années où il feroit avantageux que les cultivateurs des plaines fuffent pourvus de Séchoirs femblables; car qui ne fait combien de pertes font la fuite des étés pluvieux pour les FOINS, les SEIGLES, les FROMENS, les ORGES & les AVOINES? *Voyez* ces mots. (*Bosc.*)

SECONDINE. C'eft l'arrière-faix dans quelques cantons. *Voyez* PART.

SECRÉTION. On donne ce nom à la formation des différens fluides qui font féparés du fang dans les animaux, & de la féve dans les végétaux, par l'intermédiaire d'organes particuliers, tels que le foie, le pancréas, les glandes, &c.

Le principe des Secrétions tenant à l'organifation, n'eft pas & ne pourra probablement jamais être connu.

L'importance de certaines Secrétions eft telle, qu'une mort plus ou moins prompte eft la fuite de leur fuppreffion; mais fi elles doivent être l'objet des méditations des phyfiologiftes, la plupart font peu dans le cas de fixer l'attention des cultivateurs. Il n'y a guère que la TRANSPIRATION, dont la fuppreffion caufe la perte de tant de chevaux, fur laquelle ils doivent porter leurs regards. *Voyez* ce mot.

Voyez auffi le mot SÉVE. (*Bosc.*)

SECURELLE. *SECURELLA.*

Genre établi pour placer la CORONILLE DES JARDINS, qui ne poffède pas complétement les caractères des autres. *Voyez* ce mot. (*Bosc.*)

SECURIDACA. *SECURIDACA.*

Genre de plantes de la diadelphie octandrie & de la famille des *Légumineufes*, dans lequel fe rangent quatre efpèces, dont deux font cultivées dans nos ferres. Il eft figuré pl. 599 des *Illuftrations des genres* de Lamarck.

Efpèces.

1. Le SECURIDACA à tige grimpante. *Securidaca fcandens.* Linn. ♄ De l'Amérique méridionale.

SEI

2. Le SECURIDACA à tige droite. *Securidaca erecta.* Linn. ♄ De l'Amérique méridionale.

3. Le SECURIDACA à rameaux effilés. *Securidaca virgata.* Swartz. ♄ De la Jamaïque.

4. Le SECURIDACA à fleurs paniculées. *Securidaca paniculata.* Poir. ♄ De Cayenne.

Culture.

Les deux premières efpèces font celles que nous cultivons. On fe les procure de graines tirées de leur pays natal, & femées dans des pots placés fur une couche à châffis. Elles demandent une terre à demi confiftante, qu'on renouvelle en partie tous les deux ans, & peu d'arrofemens en hiver. Leur agrément eft nul pour tout autre que pour les botaniftes, & elles fleuriffent fort rarement; auffi ne les voit-on que dans les écoles les mieux montées. (*Bosc.*)

SECURIDACA. *Voyez* CORONILLE.

SECURINEGA. *SECURINEGA.*

Genre de plantes établi par Juffieu dans la dioecie pentandrie & dans la famille des *Euphorbes*, pour un feul arbre de l'Ile-de-France, dont le bois eft très-dur.

Nous ne le cultivons pas dans nos jardins. (*Bosc.*)

SEDIER : fynonyme de MAGNANIER. *Voyez* VER A SOIE.

SEGAIRES. C'eft ainfi qu'on appelle les faucheurs dans le département du Var.

SEGUE : nom des haies dans le département de Lot & Garonne.

SEGUIER. *SEGURA.*

Arbriffeau de l'Amérique méridionale, qui feul forme un genre dans la polyandrie monogynie. On ne le cultive pas dans nos jardins. (*Bosc.*)

SEHU : fynonyme de SUREAU.

SEIGLAGE ou ESSEIGLAGE : nom d'une opération que pratiquent les bergers dans la vue de détourner les humeurs qui fe portent fur les yeux des moutons. Elle confifte à introduire un épi de feigle, ou au moins fa partie inférieure, avec une petite longueur de chaume, dans un finus frontaux de ces animaux. Cet épi y fait l'office de véficatoire, en y excitant, par fes barbes, une irritation qui eft fuivie d'inflammation, & même de fuppuration.

M. Dumont d'Épluches a cru parvenir, par le moyen du Seiglage, à faire périr les HYDATIDES qui caufent le tournis & enlèvent chaque année tant de bêtes à laine; mais la théorie n'appuie pas les réfultats de fes expériences. *Voyez*

BÊTES A LAINE, MOUTON, MÉRINOS, TOUR-
NIS & HYDATIDE. (*Bosc.*)

SEIGLE. Secale.

Genre de plantes de la triandrie digynie & de
la famille des *Graminées*, dans lequel se placent
quatre espèces, dont une est l'objet d'une très-
importante culture, & doit par conséquent être
ici celui d'un article étendu. Il est figuré pl. 49
des *Illustrations des genres* de Lamarck.

Espèces.

1. Le SEIGLE commun.
Secale cereale. Linn. ☉ De la haute Asie.
2. Le SEIGLE velu.
Secale villosum. Linn. ☉ Du midi de la France.
3. Le SEIGLE hérissé.
Secale hirtum. Lam. ☉ Du midi de l'Europe.
3. Le SEIGLE de Crète.
Secale creticum. Linn. ☉ De l'île de Crète.

Culture.

Nos écoles de botanique n'offrent que les deux
premières espèces, & leur culture s'y réduit à
les semer en place en automne ou au printemps,
à les éclaircir & à les sarcler au besoin.

C'est la première de ces espèces qui se cultive
pour la nourriture des hommes & des animaux domestiques. On l'appelle *blé*, *petit blé*, dans quelques
lieux.

Des plantes cultivées de toute ancienneté, le
Seigle est celle qui a le moins varié. On n'en connoît point en France, car ce qu'on y appelle *petit
Seigle*, *Seigle trémois*, *Seigle de mars*, *Seigle mar-
sais*, *Seigle de Pâques*, *Seigle du printemps*, est celui
d'automne rendu plus petit par la moindre durée
de sa végétation. Les agronomes anglais en ci-
tent deux, la noire & la blanche, comme cultivées chez eux, la seconde plus que la première,
& les agronomes allemands autant, le Seigle à
épi multiple (*secale compositum* Kœler.), analogue
sans doute au froment de miracle, & le Seigle dit
de la Saint-Jean, de l'époque où il se recueille.
Cette dernière variété, la seule que je connoisse,
a été cultivée en France à diverses reprises, mais
jamais d'une manière générale. J'en ai vu en 1814,
chez M. Vilmorin, une touffe provenant de graines apportées de la haute Saxe, & ayant crû dans
un sable pur des environs d'Étampes, qui offroit
cinquante tiges de six à sept pieds de haut. Quelle
supériorité sur l'espèce ! Je donnerai plus bas
quelques autres indications sur les avantages que
présente cette variété.

On a remarqué que le Seigle de mars, semé en
automne, produit beaucoup la première année,
tandis que le Seigle d'automne, semé en mars, ne
donne des récoltes passables qu'après quelques

années, comme si cette variété se prêtoit plus facilement à une végétation lente.

Ce que les agronomes de l'antiquité nous disent du Seigle, semble prouver qu'ils n'en faisoient
pas un très-grand cas. Il n'étoit guère en meilleure
recommandation du temps d'Olivier de Serres ;
aujourd'hui sa culture est fort étendue, & beaucoup de pays sont fort heureux de la posséder.
En effet, il croît avec succès dans des terres où
le froment ne réussit pas, &, après lui, donne le
meilleur pain. Par son moyen, on peut tirer un
bon parti des terrains maigres & des montagnes
élevées. Sans lui, les habitans du cercle polaire
mourroient de faim. Il craint peu les froids de
l'hiver ; & arrive de très-bonne heure à maturité. Combien de fois a-t-il, par suite de cette
dernière propriété, empêché de devenir désas-
treuses les disettes causées par l'insuffisance des
récoltes de l'année précédente !

Tous les terrains, lorsqu'ils ne sont pas très-
argileux ou très-marécageux, conviennent au Seigle ; mais le froment lui étant supérieur en produit & en qualité, on doit le semer exclusivement dans ceux qui sont maigres, c'est-à-dire,
peu fournis d'humus & d'une nature sèche, soit
qu'ils soient sablonneux, crayeux ou argileux.

Cependant les cultivateurs éclairés doivent,
même dans les terres à froment, consacrer chaque année quelques champs à sa production, à
raison de ce que la farine de son grain, introduite
dans le pain de froment, le rend plus agréable &
plus sain, tant par son acidité que par sa qualité
rafraîchissante, & sa propriété de se dessécher
moins rapidement.

Le Seigle jouit de ces avantages, 1°. parce
qu'il a le grain plus petit que celui du froment,
& qu'il consomme par conséquent moins de principes nutritifs ; 2°. parce qu'il parcourt plus
promptement les phases de sa végétation, & mûrit
par conséquent avant les sécheresses ; 3°. parce
qu'il demande un moindre degré de chaleur pour
croître, & profite par conséquent lorsque le froment reste stationnaire.

Les AMENDEMENS & les ENGRAIS, qui favorisent la production du froment, s'emploient
pour le Seigle ; mais comme son grain est presque
toujours d'un prix inférieur, on est obligé de les
leur économiser davantage ; ce qui est au reste de
plus commandé par l'observation qu'il consomme
moins de ces derniers.

Ces deux remarques s'appliquent également aux
labours ; car les Seigles, comme je l'ai déjà observé, se sèment généralement dans les terres
légères, & deux coups de charrue suffisent ordinairement pour les ameublir convenablement, surtout si elles ont été bien préparées par des cultures antérieures.

D'après le principe aujourd'hui généralement
reconnu, que plus les plantes annuelles se développent avec lenteur, & plus elles acquièrent de

force, & plus elles donnent de graines, il est très-important de semer le Seigle le plus tôt que faire se peut, c'est-à-dire, en août, ou au plus tard en septembre.

Pour peu que la terre ait de la consistance, il ne faut pas enterrer la semence du Seigle; ainsi la herse la plus légère suffit pour la recouvrir. Ce n'est que dans les sables les plus arides que le roulage peut devenir nécessaire.

Ordinairement le Seigle est levé au bout de huit jours. On le distingue alors du froment à sa couleur rougeâtre; plus tard, c'est à sa feuille plus pointue & plus large. Les progrès qu'il fait alors sont en raison de la chaleur de l'automne. Il végète sous la neige lorsque la terre n'est pas gelée, & une partie de ses feuilles périssent. Les hivers très-pluvieux & les debordemens lui sont beaucoup plus nuisibles qu'au froment. Quand les circonstances lui ont été favorables, il repousse avec tant de vigueur au printemps, que, pour l'empêcher de verser plus tard, on est obligé, à la fin de mars ou au commencement d'avril, de l'affoiblir en coupant l'extrémité de ses feuilles. Voyez EFFANER.

Lorsque le terrain n'a pas été convenablement nettoyé des mauvaises herbes par les cultures antérieures, ou que la semence étoit infestée des graines de ces mauvaises herbes, il faut sarcler dans le commencement d'avril. Voyez SARCLAGE.

Selon le climat, le sol, la température de l'air, dit mon collaborateur Tessier, les Seigles fleurissent plus tôt ou plus tard; mais ordinairement dans le courant du mois d'avril. Les diverses époques où ils ont été semés établissent peu de différence dans l'accélération ou le retardement de cette époque. Après la floraison, ils continuent encore à s'élever, mais c'est de fort peu.

Les Seigles de mars sont presqu'inconnus en France, & en effet ils y donnent rarement de bonnes récoltes, parce que, lorsque le printemps est sec ou que les chaleurs commencent de bonne heure, ils ne tallent pas, s'élèvent médiocrement; & lorsque leurs épis n'avortent pas, ils fournissent peu de grains & des grains fort petits. On les estime plus dans le Nord, parce que les deux circonstances défavorables dont je viens de parler, s'y présentent moins souvent.

On emploie environ cent vingt livres de graines de Seigle, terme moyen, par arpent, dans les terres médiocres. Il en faut un peu plus dans les mauvaises, & un peu moins dans les excellentes; un peu plus quand on le destine à fournir de la paille, que quand on a principalement le grain en vue. On doit toujours rechercher la plus belle graine pour les semis, attendu que, ainsi que je l'ai déjà observé, de la forte végétation de l'automne dépend la richesse de la récolte, & que plus la germination d'une plante est vigoureuse, & plus elle pousse rapidement dans sa première jeunesse. Quelle qu'elle soit, on ne doit la semer qu'après l'avoir

nettoyée, autant que possible, de celle des MAUVAISES HERBES. Voyez ce mot.

Les chaumes (tiges) du Seigle acquièrent souvent six pieds & plus dans les bonnes terres & dans les années favorables; ils sont d'autant moins gros que le semis a été plus épais, & d'une couleur d'autant plus pâle que le terrain est plus sec.

Les épis du Seigle sont longs & plats: il n'est pas rare d'en voir de quatre à cinq pouces, qui contiennent plus de soixante grains bien formés. Ordinairement ceux de la base & du sommet sont RETRAITS & même AVORTÉS. Voyez ces deux mots.

L'époque de la maturité du Seigle dépend, comme sa floraison, de beaucoup de circonstances; elle a souvent lieu, pour le climat de Paris, dans le milieu de juillet. Lorsque le printemps a été trop sec, elle est avancée; lorsqu'il a été trop pluvieux, elle est retardée, &, dans ces deux cas, le grain est petit & donne une farine inférieure.

Le grain du Seigle tient peu dans l'épi; aussi doit-on en faire la récolte avant son complet desséchement, choisir le matin pour le MOISSONNER, pour le BOTTELER, pour le CHARGER, & le laisser peu long-temps en JAVELLES. Voy. ces mots.

Dans l'extrême nord de l'Europe, ainsi que sur les hautes montagnes de la Suisse, de l'Allemagne, des Pyrénées, &c., le Seigle n'arrive presque jamais à maturité complète: on le coupe donc dès que son grain est consolidé, & on le fait sécher artificiellement pour pouvoir le battre. (Voyez SÉCHOIR.) Le pain qu'on fabrique avec ce grain est sucré & très-mat. Il faut renouveler chaque année la SEMENCE. Voyez ce mot.

Les opérations de la récolte du Seigle ne diffèrent pas assez de celles du froment pour mériter une description particulière.

Il est beaucoup de lieux où on cultive le Seigle uniquement pour en faire manger la fane aux bestiaux, soit sur place, soit à la maison. C'est aux environs de Paris, où règne l'opinion qu'il est nécessaire de mettre les chevaux de luxe au vert, au printemps, pour consolider leur santé, une spéculation d'autant plus fructueuse, que par son moyen on peut toujours obtenir deux récoltes du même terrain dans l'année. Une aussi excellente pratique devroit être plus générale dans les pays pauvres & arides, où tant de bestiaux souffrent & même périssent au printemps, faute de nourriture; mais le préjugé qu'il ne faut pas leur donner ce qui peut être mangé par l'homme, s'y oppose. Là on doit accoutumer les non propriétaires à voir semer du Seigle pour cet objet, en y établissant d'abord des PRAIRIES TEMPORAIRES. Voyez ce mot.

Le Seigle ordinaire, semé pour fourrage, peut être coupé deux fois dans le courant d'avril; & pâturé ensuite, sans nuire aux cultures de pommes de terre, de haricots, de pois gris, de vesce, de chanvre, de navette, &c.; mais le Seigle d'Allemagne, appelé de la Saint-Jean, est bien plus

avantageux

avantageux fous ce rapport, puifqu'une expérience faite fous mes yeux, aux environs de Saint-Germain-en-Laye, prouve qu'en le femant le 27 juin, on peut en obtenir une première coupe de vingt pouces de longueur le 1er. feptembre, une feconde plus foible le 20 du même mois, & l'année fuivante une récolte de grain plus abondante que celle provenant d'un champ voifin de même étendue, femé en Seigle commun, & non coupé.

Il paroît, par un paffage de Pline, que les Anciens fempient le Seigle pour l'enterrer au moment où il entre en fleurs. *Voyez* RÉCOLTE EN-TERRE.

Au rapport de beaucoup de cultivateurs, le Seigle rapporte un fixième de plus que le froment dans les terres qui lui font fpécialement con'acrées, & que, de fon nom, on appelle TERRES A SEIGLE. Cette proportion eft quelquefois inverfe dans les excellentes terres, parce qu'il y pouffe trop en feuilles, & que fes épis y font peu nombreux & peu chargés de grains. *Voyez* FEUIL-LES & AVORTEMENT.

Plus on laiffe long-temps le Seigle dans fon épi, & plus il s'améliore; auffi les bons cultivateurs ne le font-ils battre qu'à mefure du befoin.

Le grain du Seigle fert à faire du pain moins nourriffant que celui du froment, mais peut-être plus fain. On le reconnoît à fes yeux plus petits, à fon odeur & à fa faveur plus acides. Il fe digère bien plus facilement, & fe deffèche plus lentement. Quand on a bien nettoyé & convenablement fait moudre le grain, qu'on a employé à la fabrication du pain toute l'attention néceffaire, il eft d'une couleur dorée & très-agréable au goût; autrement il eft noir & pefant. *Voyez* FARINE & PAIN.

C'eft avec la farine de Seigle qu'on fabrique le PAIN D'ÉPICE. *Voyez* ce mot.

On emploie encore le grain du Seigle pour faire du GRUAU qu'on mange en bouillie, de la BIÈRE & de l'EAU-DE-VIE. *Voyez* ces mots.

Priver les habitans du nord de l'Europe de la faculté de diftiller leurs Seigles pour ce dernier objet, eft toujours nuire à leur fortune, & par conféquent diminuer d'autant la richeffe des pays qu'ils habitent. On ne peut pas raifonnablement arguer de la néceffité d'affurer la fubfiftance du peuple pour défendre cette diftillation, puifqu'elle doit ceffer d'elle-même dès que le prix des grains eft porté à un taux tel qu'il y a plus d'avantages à vendre le grain en nature. Les Gouvernemens qui veulent en favoir plus, à cet égard, que les cultivateurs, agiffent réellement contre leurs vrais intérêts, & font le plus fouvent victimes de l'intrigue.

Les beftiaux recherchent moins la paille du Seigle que celle du froment, parce qu'elle eft plus fèche & moins favoureufe; cependant ils la mangent. On peut la leur rendre plus agréable en la ftratifiant ou mélangeant avec du trèfle, de la lu-

Agriculture. Tome VI.

zerne, du fainfoin, du foin naturel, &c.; la mouiller légèrement eft encore un moyen de la rendre plus mangeable. Dans tous les pays où on a affez de foin ou d'autres pailles pour la nourriture des beftiaux, on en fait de la LITIÈRE. *Voyez* ce mot.

C'eft la meilleure paille qu'on puiffe employer pour couvrir les maifons, pour faire des paillaffons, fabriquer des nattes, rembourrer les chaifes, &c. *Voyez* PAILLE. On en confomme tant pour faire des liens de toutes fortes, que, dans beaucoup de cantons où le Seigle n'eft pas la culture principale, on en fème exprès pour ce feul objet. Quelquefois, pour éviter de la brifer, on ne délie pas les bottes dans l'opération du battage; quelquefois même on les bat au tonneau. *Voyez* BATTAGE.

Là où la paille de Seigle eft d'un meilleur produit que le grain, on doit faire la moiffon un peu avant fa maturité, parce que cette paille, qui porte le nom de GLUYS, eft alors plus dure, plus forte & plus blanche, & par conféquent plus propre aux fervices qu'on en attend.

En confeillant cette excellente pratique, je dois obferver qu'elle occafionne la dégénérefcence du grain, & qu'il ne faut par conféquent jamais employer ce grain à la reproduction. *Voy.* SEMENCE.

On fait des chapeaux & beaucoup de petits ouvrages d'agrément avec de la paille de Seigle ou de froment. Les chapeaux fins d'Italie, qui fe vendent jufqu'à 60 francs pièce, font de paille de froment, ainfi que Lafteyrie nous l'a appris.

Aucune obfervation ne conftate que le Seigle foit fufceptible d'être attaqué de la CARIE; mais il l'eft, quoique rarement, du CHARBON. (*Voy.* ces mots.) La rouille le frappe fouvent fans lui être très-nuifible.

La maladie qui a le plus d'influence fur le produit de fes récoltes eft l'ERGOT. *Voyez* ce mot.

Les épis de Seigle d'une fouche font quelquefois tous recourbés en demi-cercle, & n'offrent que des grains retraits. Mon collaborateur Teffier n'a pu reconnoître la caufe de cette monftruofité.

Au rapport de Rougier de Labergerie, on appelle rougeole, maladie rouge, dyffenterie, une autre maladie du Seigle, qui caufe tous les ans de grandes pertes aux cultivateurs du département de la Creufe. Je ne connois pas plus celle-ci que la précédente.

Les oifeaux recherchent moins les grains du Seigle que ceux du froment; les volailles ne font pas auffi difficiles; cependant il en eft qui ne les mangent que faute d'autres.

La PHALÈNE du Seigle femble devoir nuire aux récoltes dans le nord de l'Europe, mais je ne l'ai jamais trouvée aux environs de Paris. C'eft dans la chaume que fa larve fe loge.

Les infectes qui dévorent fon grain ne diffèrent pas de ceux qui dévorent ceux du froment, c'eft-à-dire, les CHARANÇONS & les ALUCITES. *Voy.* ces mots.

On fème quelquefois le Seigle & le froment enfemble, fous le fpécieux prétexte que fi la terre ou la faifon ne conviennent pas à l'un, elles conviendront à l'autre. On appelle ce mélange MÉTEIL. Il est repouffé par les cultivateurs éclairés, à raifon de l'inégalité de l'époque de maturité des grains, & de l'impoffibilité de les moudre convenablement fans une grande perte de temps ou de matière. *Voyez* MOUTURE. (*Bosc.*)

SEIGLE BATARD. C'est la FÉTUQUE.

SEILLÈTE : variété de froment qu'on cultive dans le Midi ; elle est barbue. *Voyez* FROMENT.

SEIME. On donne ce nom à une fente longitudinale du fabot du cheval, depuis fa couronne jufqu'en bas.

Cette fente peut avoir lieu dans toute la circonférence du fabot : elle peut être fuperficielle ou incomplète. Il y en a fouvent plufieurs fur le même fabot.

On appelle *pied-de-bœuf* la Seime en pince, c'est-à-dire, celle qui fe forme dans le milieu du fabot ; les pieds de derrière y font plus fujets que ceux de devant.

On appelle *Seime-quarte* celle qui fe forme fur les quartiers (côtés) ; les pieds de devant l'offrent le plus fouvent.

La Seime aux talons fe guérit facilement par une opération fort fimple.

Les chevaux dont les fabots font creux ou étroits, font plus fujets au pied-de-bœuf que les autres.

Lorfque les pieds font cerclés, ont les quartiers foibles ou encaftelés, ils font très-expofés à la Seime-quarte.

Quelquefois les Seimes fuperficielles ou incomplètes fe guériffent d'elles-mêmes par le repos ; mais quand la divifion de l'ongle est complète, que la chair fe trouve pincée entre fes deux parties, elle fait éprouver au cheval de vives douleurs, qui d'abord le font boiter, & qui déterminent enfuite l'inflammation de la fole charnue, d'où réfulte une fuppuration, même quelquefois la gangrène ou la carie de l'os.

Autrefois on prétendoit guérir la Seime en lui appliquant un fer rouge de la forme d'un S ; mais il a été reconnu que ce moyen est infuffifant pour la Seime pied-de-bœuf, & donne lieu très-fouvent au javart encorné pour la Seime-quarte.

Aujourd'hui donc, d'après le célèbre Defplas, l'opération de la Seime fe fait de la manière fuivante.

D'abord il faut bien parer le pied, c'est-à-dire, amincir fa corne, qui fera recouverte d'un cataplafme émollient, afin de mettre toutes les

parties dans le relâchement, & enfuite la garnir d'un fer convenable.

Le fer deftiné à concourir à la guérifon de la Seime doit varier felon l'efpèce de cette maladie ; ainfi celui pour la Seime en pince aura les branches alongées pour fervir de points d'appui au bandage, & celui pour la Seime-quarte ne fe prolongera du côté du mal que jufqu'à la fente.

Cela fait, on enlève environ un demi-pouce de corne, plus ou moins, felon l'étendue du mal, de chaque côté de la divifion, ce qui met à découvert la chair qui est au-deffous. Si les chairs ne font pas altérées, la cure ne confifte plus que dans l'application de l'appareil & dans les panfemens ; fi la chair est noire, on la coupe jufqu'au vif ; fi l'os est carié, on enlève toute la partie qui l'est.

Des étoupes imbibées d'eau-de-vie ou de teinture d'aloès font d'abord employées pour le panfement, enfuite des étoupes fèches. M. Defplas a reconnu que la térébenthine & les huiles effentielles étoient nuifibles.

L'appareil est enfuite maintenu par plufieurs tours de bandes recouvertes d'un linge & d'une feconde ligature.

On doit laiffer en repos les chevaux opérés, les nourrir peu, mais bien, & leur faire tous les jours de la litière neuve.

Ce n'est qu'au bout de quatre à cinq jours qu'on lève le premier appareil : quelquefois il ne faut que quinze jours pour effectuer la guérifon complète.

Les chevaux opérés de la Seime ne doivent pas être employés de fuite à tirer de trop lourds fardeaux, furtout fur le pavé. On les mettra donc pendant un mois à la charrue, ou on leur fera faire des tranfports à dos.

Il est affez fréquent que la fièvre foit la fuite de l'opération de la Seime ; on la combattra par une faignée & un régime rafraîchiffant : ordinairement elle cède au bout de deux jours. (*Bosc.*)

SEL. Pour les chimiftes, c'est la combinaifon d'un acide avec une bafe ou alcaline, ou terreufe, ou métallique. Pour les agriculteurs, c'est prefque toujours celle de ces combinaifons qui a pour bafes l'acide muriatique & la foude.

Les eaux de la MER (*voyez* ce mot) font le grand réfervoir d'où on tire le muriate de foude, plus connu fous le nom de *Sel marin.* On en obtient auffi de quelques fontaines & de quelques mines fituées dans l'intérieur des continens : ce dernier s'appelle *Sel gemme.*

Il s'en forme dans les écuries, les étables, les bergeries & autres parties des habitations rurales où il y a des matières animales & végétales en décompofition. *Voyez* SALPÊTRE.

Le *Dictionnaire de Chimie* donne les indications néceffaires pour reconnoître les différens Sels employés dans l'économie domeftique & dans l'agriculture; ainfi je dois me contenter de dire un mot de leurs ufages.

La plupart des peuples fe fervent du Sel marin pour augmenter la faveur de leurs alimens & augmenter la force digeftive de leur eftomac. La confommation qui s'en fait en France, pour ce feul objet, eft très-confidérable. Par l'effet de l'habitude, il devient prefqu'impoffible de manger certains mets lorfqu'ils n'en contiennent pas. Plufieurs animaux, principalement les ruminans, l'aiment avec paffion, & y trouvent un remède à plufieurs de leurs maladies. Il jouit de l'importante propriété de garantir les VIANDES de la POURRITURE, les GRAISSES de la RANCIDITÉ. *Voyez* ces mots.

D'abord la foif, enfuite l'acreffance des humeurs, enfin le fcorbut, font les fuites d'un emploi trop exagéré ou trop long-temps continué du Sel dans les alimens.

✦ Cette précieufe production, fi abondante dans la nature & fi facile à retirer des eaux de la mer, dont on devroit fe pourvoir partout peu au-delà des frais de transport, eft devenue fort chère dans tous les États de l'Europe, parce qu'on l'a rendue l'objet d'un impôt exagéré, de forte que fa confommation eft bien inférieure à ce qu'elle devroit être pour l'avantage de l'agriculture.

Chaque cultivateur doit avoir une provifion de Sel, non-feulement pour l'ufage journalier de fon ménage, mais encore pour celui de fes beftiaux & pour faire des SALAISONS. *Voyez* ce mot.

Dans les exploitations rurales bien montées, le Sel fe conferve, en grande maffe, dans des coffres épais de bois de chêne, plus hauts que larges, & fermant à clef, coffres qu'on place dans un lieu très-fec & qu'on n'ouvre qu'une fois par femaine pour en tirer la provifion de la femaine fuivante.

Ce qui détermine à placer ainfi la provifion de Sel dans un coffre bien fermé & dans un lieu fec, c'eft qu'il attire l'humidité de l'air, & que, comme tout le monde le fait, il fe fondroit bientôt dans un vafe ouvert & dans un lieu humide.

Le Sel pur eft blanc; & fi celui du commerce eft gris, c'eft qu'il fe trouve fouillé par de la terre, dont on le débarraffe facilement en le faifant fondre à grande eau dans des vafes au fond defquels la terre fe précipite, & en faifant évaporer l'eau après l'avoir décantée. Ce Sel gris contient de plus des Sels muriatiques à bafe de magnéfie & de chaux, qui le rendent encore plus fufceptible d'attirer l'humidité de l'air.

Dans tous les lieux où le Sel eft à bon compte, on en donne journellement aux bœufs, aux vaches & aux moutons, en le faifant diffoudre dans une petite quantité d'eau, & en afpergeant leur fourrage de cette eau. Dans ceux où il eft plus cher, on fe contente de leur en donner quand ils font malades, pour réveiller leur appétit, ou quand on veut les déterminer à manger des fourrages moifis ou altérés d'une autre manière.

Les lieux abandonnés depuis peu par la mer font toujours infertiles, ou mieux ne peuvent recevoir les objets ordinaires de nos cultures, car les SOUDES, les TAMARIS, quelques ARROCHES, quelques ANSERINES y profpèrent. (*Voyez* ces mots & celui MARAIS SALÉ.) Il en eft de même des places où on met une grande quantité de Sel qui eft bientôt fondu & entraîné par l'eau des pluies. C'eft d'après cette obfervation que les Anciens femoient du Sel fur les terres qu'ils vouloient vouer à l'infertilité par une loi ou un acte de l'autorité militaire.

Cependant il eft des cantons en France, la ci-devant Bretagne, par exemple, où on emploie le Sel comme amendement fur les terres à blé & autres, ainfi qu'il eft conftaté, non-feulement par des rapports authentiques, mais encore par des expériences faites aux environs de Paris, aux environs de Marfeille & autres lieux.

Que doit-on donc penfer du réfultat de celles entreprifes par M. Raft-Maupas à Lyon, Teffier à Rambouillet, Arthur Young en Angleterre? Probablement on doit reconnoître avec M. Maurice de Genève, que le Sel marin, agiffant comme ftimulant, produit tantôt de bons, tantôt de mauvais effets, felon la nature du fol, la faifon, l'efpèce de culture, &c.

M. Feburier, qui eft Breton, qui a vu employer le Sel par fes fermiers comme par tous les autres, m'a dit que tantôt ils le femoient avec le blé, que tantôt ils le combinoient avec les fumiers, furtout ceux de vache, & que c'eft principalement fur les terrains froids & humides qu'il produit de bons effets. Cet habile cultivateur en fème toujours fur les planches de RENONCULES, d'ANÉMONES, de TULIPES & autres fleurs qu'il cultive avec tant de fuccès à Verfailles.

La proportion de Sel qu'il convient de répandre fur les terres n'eft point encore fixée; il paroît qu'elle doit varier fans ceffe & dans des limites fort étendues, le climat, la nature du fol, l'efpèce de la culture devant être prifes en confidération. Ce que l'expérience femble démontrer, c'eft qu'il faut en général en répandre plus fur les terres argileufes & tourbeufes, principalement lorfqu'elles font humides, que fur les terres fablonneufes, crayeufes, &c., furtout lorfqu'elles font fèches. M. Pluchet, au rapport de M. Silveftre, penfe que trois cents livres par arpent font un terme moyen convenable fur les terres fortes & humides.

Je ne chercherai pas à expliquer quel eft le mode de l'action du fel, parce que je ne pourrois que me livrer à des conjectures; mais cependant j'obferverai qu'il feroit poffible que cette action fût non-feulement ftimulante, mais encore diffolvante de l'humus (*voyez* POTASSE & SOUDE), & que s'il eft conftaté, ce que je ne fais pas, que le Sel blanc foit moins fertilifant que le gris, on peut de plus croire que les Sels terreux, qui attirent davantage l'humidité, & qui se décomposent si facilement, jouent aussi leur rôle dans ce cas.

Un des meilleurs moyens de faire périr les pucerons, les cochenilles & autres insectes qui nuisent aux semis ou aux nouvelles pousses des arbres, c'est de faire tomber sur eux, avec une seringue ou un arrosoir, une pluie légèrement salée.

Quant aux moyens de dessaler les terres qu'on veut cultiver en céréales ou autres objets, voyez l'article des MARAIS SALÉS.

Aujourd'hui on fait décomposer le Sel marin & en retirer d'un côté l'acide, qui, ainsi que Darcet vient de le démontrer, peut servir à retirer la gélatine des os des animaux, soit pour la nourriture de l'homme, soit pour l'usage des arts (voyez GÉLATINE & COLLE-FORTE), & de l'autre la soude, dont l'usage est si étendu dans les verreries, les teintureries, les buanderies, &c. Voy. SOUDE. (Bosc.)

SEL NEUTRE. L'ancien langage de la chimie employoit cette expression pour indiquer les Sels dont aucune des deux bases n'étoit reconnoissable, c'est-à-dire, étoit dans une si parfaite combinaison, que leurs propriétés particulières avoient disparu.

Il paroissoit, par le résultat de quelques expériences d'Ingenhouze, que les Sels neutres, & principalement le sulfate de soude, produisoient des effets prodigieux, comme amendement; mais depuis, d'autres expériences ont constaté que ces effets varioient comme ceux du Sel marin, & qu'on ne pouvoit jamais compter sur eux. Il est possible que le sulfate de soude, qui est quelquefois avec excès d'acide, agisse par cet acide, qui véritablement est très-fertilisant lorsqu'il est suffisamment étendu d'eau, comme le prouvent les fleurs de SOUFRE & les CENDRES VITRIOLIQUES. Voyez ces mots & encore le mot PLATRE. (Bosc.)

SELS DE LA TERRE ET DE L'AIR. Il y a un siècle qu'on attribuoit toute fertilité aux Sels qui se trouvoient fixés dans la terre ou qui se tenoient suspendus dans l'air, lesquels entroient en fermentation les uns avec les autres, ou avec la terre. Aujourd'hui que les progrès des lumières en général, & de la chimie en particulier, ont appris que ces dénominations n'étoient fondées sur rien de réel, on a abandonné cette explication des phénomènes de la végétation: j'en parle ici parce qu'elles se trouvent dans de vieux livres.

Certainement les alcalis, & la chaux qui s'en rapproche tant, augmentent la fertilité de la terre, en rendant promptement soluble l'HUMUS qu'elle contient. (Voyez ce mot.) Probablement le muriate de soude (Sel marin), le sulfate de soude, augmentent la vigueur des plantes, en stimulant les organes; mais ces Sels ne se montrent point dans l'air, au moins en nature; on n'y trouve que leurs élémens. Voyez SALPÊTRE. (Bosc.)

SÉLAGINE. SELAGO.

Genre de plantes de la tétrandrie monogynie & de la famille des Gatiliers, qui réunit trente-trois espèces, dont plusieurs se cultivent dans nos écoles de botanique. Lamarck en a donné la figure pl. 121 de ses Illustrations des genres.

Espèces.

1. La SÉLAGINE à corymbe. Selago corymbosa. Linn. ♄ Du Cap de Bonne-Espérance.

2. La SÉLAGINE à plusieurs épis. Selago polystachia. Linn. ♄ Du Cap de Bonne-Espérance.

3. La SÉLAGINE à feuilles de verveine. Selago verbenacea. Linn. ♄ Du Cap de Bonne-Espérance.

4. La SÉLAGINE à feuilles de raiponce. Selago rapunculoides. Linn. ♄ Du Cap de Bonne-Espérance.

5. La SÉLAGINE bâtarde. Selago spuria. Linn. ♂ Du Cap de Bonne-Espérance.

6. La SÉLAGINE dentée. Selago dentata. Poir. ♄ Du Cap de Bonne-Espérance.

7. La SÉLAGINE capitée. Selago capitata. Linn. ♄ Du Cap de Bonne-Espérance.

8. La SÉLAGINE fasciculée. Selago fasciculata. Linn. ♂ Du Cap de Bonne-Espérance.

9. La SÉLAGINE à feuilles de polygala. Selago polygaloides. Linn. ♄ Du Cap de Bonne-Espérance.

10. La SÉLAGINE à épis ovales. Selago ovata. Ait. ♄ Du Cap de Bonne-Espérance.

11. La SÉLAGINE écarlate. Selago coccinea. Linn. ♄ Du Cap de Bonne-Espérance.

12. La SÉLAGINE à tiges roides. Selago stricta. Berg. ♄ Du Cap de Bonne-Espérance.

13. La SÉLAGINE à feuilles triangulaires. Selago triquetra. Linn. ♄ Du Cap de Bonne-Espérance.

14. La SÉLAGINE frutescente. Selago fruticosa. Linn. ♄ Du Cap de Bonne-Espérance.

15. La SÉLAGINE à dents de scie. Selago serrata. Berg. ♄ Du Cap de Bonne-Espérance.

16. La SÉLAGINE à épi cylindrique. Selago spicata. Dum.-Cours. ♄ Du Cap de Bonne-Espérance.

17. La SÉLAGINE luisante.

Selago lucida. Vent. ♄ Du Cap de Bonne-Espérance.

18. La SÉLAGINE blanchâtre.

Selago canescens. Thunb. ♄ Du Cap de Bonne-Espérance.

19. La SÉLAGINE divariquée.

Selago divaricata. Thunb. ♄ Du Cap de Bonne-Espérance.

20. La SÉLAGINE géniculée.

Selago geniculata. Thunb. ♄ Du Cap de Bonne-Espérance.

21. La SÉLAGINE en arbre.

Selago frutescens. Thunb. ♄ Du Cap de Bonne-Espérance.

22. La SÉLAGINE articulée.

Selago articulata. Thunb. ♄ Du Cap de Bonne-Espérance.

23. La SÉLAGINE hispide.

Selago hispida. Thunb. ♄ Du Cap de Bonne-Espérance.

24. La SÉLAGINE diffuse.

Selago diffusa. Thunb. ♄ Du Cap de Bonne-Espérance.

25. La SÉLAGINE rude.

Selago scabrida. Thunb. ♄ Du Cap de Bonne-Espérance.

26. La SÉLAGINE glomérulée.

Selago glomerata. Thunb. ♄ Du Cap de Bonne-Espérance.

27. La SÉLAGINE paniculée.

Selago paniculata. Thunb. ♄ Du Cap de Bonne-Espérance.

28. La SÉLAGINE à feuilles étroites.

Selago angustifolia. Thunb. ♄ Du Cap de Bonne-Espérance.

29. La SÉLAGINE hétérophylle.

Selago heterophylla. Thunb. ♄ Du Cap de Bonne-Espérance.

30. La SÉLAGINE naine.

Selago pusilla. Thunb. ♄ Du Cap de Bonne-Espérance.

31. La SÉLAGINE à grosse tête.

Selago cephalofora. Thunb. ♄ Du Cap de Bonne-Espérance.

32. La SÉLAGINE à feuilles en cœur.

Selago cordata. Thunb. ♄ Du Cap de Bonne-Espérance.

33. La SÉLAGINE couchée.

Selago decumbens. Thunb. ♄ Du Cap de Bonne-Espérance.

Culture.

De toutes ces espèces, nous ne cultivons que les 1ʳᵉ., 5ᵉ., 8ᵉ., 10ᵉ., 16ᵉ. & 17ᵉ.

Ce sont des plantes qui demandent la terre de bruyère & qui craignent l'humidité.

La première est la plus commune & la plus belle; elle se multiplie de graines, de marcottes, & même de boutures faites sur une couche à châssis,

Elle est en végétation pendant toute l'année; aussi doit-on la placer près des jours dans l'orangerie. Sa durée, malgré tous les soins qu'on puisse en prendre, ne s'étend pas au-delà de trois à quatre ans : ainsi il faut en faire tous les ans quelques nouveaux pieds, si on ne veut pas rester exposé à la perdre.

Les 5ᵉ. & 8ᵉ. étant bisannuelles, doivent être semées tous les ans dans des pots sur couche & sous châssis, & leur plant, repiqué, doit être mis contre un mur exposé au midi. Il faut les rentrer dans l'orangerie aux approches de l'hiver, pour sauver les pieds qui n'ont pas fleuri, & donner aux autres les moyens de perfectionner leurs graines. (*Bosc.*)

SÉLÉNITE : sel composé d'acide sulfurique & de chaux, qui constitue souvent, presque seul, la pierre qu'on appelle *plâtre*, & qu'on retrouve très-souvent dissous dans les eaux de fontaine & de puits. *Voyez* PLATRE dans ce Dictionnaire & dans ceux de *Minéralogie* & de *Géologie*.

Je ne dois parler ici de la Sélénite que sous le dernier rapport.

Les caractères des eaux séléniteuses sont de ne pas dissoudre le savon, de ne pas cuire les légumes à écorce, comme les pois, les haricots, &c., d'avoir une saveur, d'être pesantes sur l'estomac, enfin de former un dépôt dans les vases où on les fait évaporer. Elles ne conviennent ni aux hommes, ni aux animaux domestiques, ni aux plantes.

Lorsque les cultivateurs ont le malheur d'être obligés d'employer de telles eaux, il faut qu'ils fassent tous leurs efforts pour diminuer leurs inconvéniens, & ils y parviennent par leur exposition à l'air libre, par une agitation long-temps continuée, en y jetant de la soude ou de la potasse, qui décomposent le sel & en forment un autre qui est purgatif, mais seulement à haute dose.

Lorsque ces eaux sont destinées à l'arrosement, ce sont quelques poignées de cendres qu'il faut mettre dedans, parce qu'on en a toujours sous la main.

Le mouvement faisant précipiter la Sélénite, les eaux des rivières en offrent moins que celles des ruisseaux, ces dernières moins que celles des fontaines : voilà pourquoi les premières sont meilleures pour tous les usages. *Voyez* EAU, RIVIÈRE, FONTAINE & PUITS. (*Bosc.*)

SELIN. *SELINUM.*

Genre de plantes de la pentandrie digynie & de la famille des *Ombellifères*, dans lequel se rangent vingt-quatre espèces, la plupart européennes, & qui se cultivent dans nos écoles de botanique. Il est figuré pl. 200 des *Illustrations des genres* de Lamarck.

Observations.

Ce genre se rapproche extrêmement de celui

des ATHAMANTHES & de celui des MULINONS;
auſſi, pluſieurs de ſes eſpèces avoient-elles été
placées parmi ces dernières. *Voyez* ces mots.

Eſpèces.

1. Le SELIN ſauvage.
Selinum ſylveſtre. Linn. ♃ Des montagnes du
centre de la France.

2. Le SELIN des marais.
Selinum paluſtre. Linn. ♃ Indigène.

3. Le SELIN d'Autriche.
Selinum auſtriacum. Linn. ♃ De l'eſt de l'Europe.

4. Le SELIN de Sibérie.
Selinum ſibiricum. Retz. ♃ De la Sibérie.

5. Le SELIN de Monnier.
Selinum Monnieri. Linn. ☉ Du midi de la
France.

6. Le SELIN perſillé.
Selinum aureoſelinum. Linn. ♃ Indigène.

7. Le SELIN glauque, vulgairement *perſil de montagne.*
Selinum glaucum. Lam. ♃ Du midi de la France.

8. Le SELIN variable.
Selinum decipiens. Willd. ♄ De.....

9. Le SELIN anguleux.
Selinum carvifolia. Linn. ♃ Indigène.

10. Le SELIN de Chabrée.
Selinum Chabrei. Linn. ♃ Indigène.

11. Le SELIN de Seguier.
Selinum Seguieri. Linn. ♃ De l'Italie.

12. Le SELIN du Canada.
Selinum canadenſe. Mich. De l'Amérique ſeptentrionale.

13. Le SELIN à feuilles linéaires.
Selinum lineare. Schum. ♃ Du nord de l'Europe.

14. Le SELIN d'Italie.
Selinum appianum. Viv. ♃ De l'Italie.

15. Le SELIN de montagne.
Selinum montanum. Schl. ♃ Des Alpes.

16. Le SELIN pélerin.
Selinum peregrinum. Willd. ♃ De.....

17. Le SELIN du Baïkal.
Selinum baikalenſe. Rheed. ♃ De la Sibérie.

18. Le SELIN à larges feuilles.
Selinum latifolium. Rieb. ♃ Du Caucaſe.

19. Le SELIN élégant.
Selinum elegans. Balb. ♃ De.....

20. Le SELIN tortueux.
Selinum tortuoſum. ♃ Indigène.

21. Le SELIN à feuilles variées.
Selinum hippomaraſtrum. ♄ De l'Allemagne.

22. Le SELIN ammoïde.
Selinum ammoides. Linn. ☉ Du midi de la
France.

23. Le SELIN à feuilles barbues.
Selinum ariſtatum. Ait. ♄ Des Pyrénées.

24. Le SELIN annuel.
Selinum annuum. Linn. ☉ Indigène.

Culture.

Dix-huit de ces eſpèces ſe cultivent dans nos
écoles de botanique : toutes, quoique quelques-
unes ſoient ſenſibles au froid, ſe contentent de la
pleine terre, & une fois en place ne demandent
pas d'autres ſoins que ceux de propreté uſités
dans tous les jardins. Les annuelles & les biſannuelles ſe ſèment tous les ans en place. On multiplie les vivaces preſqu'excluſivement par graines,
mais on pourroit le faire auſſi par le déchirement
des vieux pieds.

Ces plantes ſe font remarquer par la grandeur
& la découpure de leurs feuilles, & peuvent ſervir à la décoration des jardins payſagers; mais du
reſte la médecine ſeule en tire parti, car les beſtiaux n'y touchent pas. (*Bosc.*)

SELLER : ſynonyme de TERRE ARGILEUSE
dans quelques cantons.

SELLIÈRE. *SELLIERA.*

Plante vivace des îles du Chili, qui ſeule forme,
dans la pentandrie monogynie, un genre fort voiſin des SÉVOLES & des GOODÉNIES.

Nous ne la poſſédons pas dans nos jardins.
(*Bosc.*)

SEMAILLES. Le ſemis des céréales porte aſſez
généralement ce nom : par extenſion on le donne
au temps où ſe fait ce ſemis.

On ne peut trop attirer l'attention des cultivateurs ſur les Semailles, car preſque partout elles
ſe font avec la plus grande négligence, quoique
ce ſoit de leur bonté que dépend le plus ſouvent
celle des récoltes.

Chaque climat, chaque nature de terre, chaque
ſorte de plantes offrent des différences dans l'époque & le mode des Semailles. Ne pouvant entrer
dans tous les détails qu'exigeroit ce ſujet, je me
contenterai de donner ici des généralités, & renverrai aux articles particuliers des terres & des
plantes pour l'application des détails.

D'abord j'obſerverai que plus tôt on fait les Semailles du ſeigle & du froment avant l'hiver, &
plus tôt ces céréales ont le temps de ſe fortifier
pour réſiſter aux gelées & aux pluies, & plus
elles pouſſent vigoureuſement au printemps, d'où
il réſulte qu'elles tallent davantage, donnent de
plus longs épis qui perfectionnent leurs grains
avant l'arrivée des chaleurs. C'eſt donc toujours
un avantage que de les ſemer en ſeptembre plutôt qu'en octobre dans les pays froids & pluvieux.
Si on ne les ſème ſouvent qu'en novembre dans le
climat de Paris, c'eſt qu'on y eſt forcé par le manque de pluie, par la longue durée des pluies, par
la ſurcharge des travaux, &c.

Comme plus précoces & devant être placés de
préférence dans les terres ſèches & légères, les
ſeigles ſe ſèment toujours avant les fromens.

La néceſſité de diſtribuer le plus également

possible les travaux de l'agriculture dans chaque saison, a déterminé, dans la plus grande partie des exploitations rurales, la fixation des Semailles des avoines & des orges au printemps : de-là le nom de *mars* qu'elles portent. Je ne m'éleverai pas contre l'usage ; mais je dirai d'exécuter ces Semailles plutôt en février qu'en avril, si on en a la possibilité, & cela par les raisons émises plus haut, & fortifiées par la considération que si une sécheresse trop constante, suivie d'une chaleur anticipée, contrarie la végétation, les plantes ne s'élèvent point, donnent fort peu de grains, & des grains très-petits. *Voyez* RETRAIT.

Il est des cultivateurs qui pensent que c'est parce qu'elles n'ont pas été assez enterrées, que les céréales se déchaussent pendant l'hiver ; mais le vrai est que la principale cause est due à la nature de la terre, qui se soulève par l'effet des gelées. *Voyez* GELÉE & TERRE LEVÉE.

C'est parce que le froment dit *de mars* est semé à cette époque, qu'il est de moitié moins productif que celui d'automne.

Les circonstances atmosphériques qui accompagnent les Semailles influent aussi beaucoup sur le succès des récoltes. Ainsi, si la terre est humide lorsqu'on les fait, ou s'il pleut peu après qu'elles sont faites, si les chaleurs se soutiennent encore quelque temps, les grains germent bien plus tôt & prennent plus promptement de la vigueur.

Étant reconnu que les plantes germantes vivent d'abord aux dépens de la graine qui les produit, plus cette graine est grosse dans son espèce, & plus son produit doit être vigoureux : de-là la nécessité de préférer constamment la plus belle Semence : tout ce qu'on peut alléguer contre ce principe ne peut être fondé que sur une erreur.

Beaucoup de cultivateurs soutiennent qu'il est avantageux de changer de temps en temps la semence ; mais toutes les expériences citées à l'appui de leur opinion n'ont servi qu'à prouver la vérité du principe précédent, c'est-à-dire, que les plus belles semences donnent les plus belles récoltes : aussi toujours, dans ce cas, n'achète-t-on que celle qui a cette qualité. *Voyez* SUBSTITUTION DE SEMENCE.

La netteté de la semence est encore un point important : ainsi il ne faut point regretter la dépense d'un criblage nouveau lorsqu'il s'y trouve quelques graines de MAUVAISES HERBES. *Voyez* ce mot.

On pourroit, dans les sols légers, semer les céréales sur un seul labour ; mais on ne le fait généralement que sur plusieurs, excepté pour l'avoine. Dans les terres fortes on en donne quatre & même cinq. *Voyez* LABOUR.

Tantôt les Semailles se font avant, tantôt après le dernier de ces labours ; c'est ce qu'on appelle *semer sous raie* & *semer sur raie*. La question de savoir laquelle de ces deux méthodes est la préférable, a été souvent discutée ; mais faute de

remonter aux principes & de distinguer les cas, elle n'a pas encore été résolue.

Les principes sont que les graines les plus petites sont celles qui doivent être les moins enterrées, & qu'à grosseur égale, elles doivent l'être davantage dans les terres légères que dans les terres fortes ; ainsi les graines des céréales étant de grosseur moyenne, elles demandent à l'être à environ un pouce dans les premières & à environ six lignes dans les secondes de ces terres. Les recouvrir de six pouces, comme cela peut avoir lieu pour beaucoup lorsqu'on sème sous raie, est donc les mettre dans le cas de pourrir ou de ne lever que l'année suivante, lorsqu'un nouveau labour les aura ramenées à la surface. C'est en effet ce qui a le plus souvent lieu, surtout dans les terres fortes, où la charrue retourne des mottes extrêmement larges, qui ne se fendent qu'au printemps, c'est-à-dire, trois mois après que le froment auroit dû être germé : de plus, dans ce cas, les graines qui lèvent, le font les unes après les autres ; savoir, les moins enterrées, les premières ; & les plus profondément placées, les dernières ; ce qui est un inconvénient grave.

Quoiqu'à six pouces, les graines peuvent quelquefois pousser, à raison des cavités que les mottes laissent entr'elles. *Voyez* GRAINES.

Je dois dire encore que, dans les années où les Semailles sont suivies d'une longue sécheresse, dans les pays où il y a beaucoup de gibier, dans les terres très-garnies de pierres, sur lesquelles la herse a peu d'action, cette méthode a quelques avantages, en ce que, dans le premier cas, les graines les plus enterrées trouvent l'humidité nécessaire à leur germination ; & dans le second, qu'elles sont moins exposées aux dévastations des poules, des pigeons, des perdrix, des cailles, des corbeaux, des campagnols, des mulots, &c.

Dans les Semailles sur raie, les graines étant recouvertes seulement par la herse, se trouvent presque toutes à la même profondeur ; aussi germent-elles plus promptement, lorsque l'humidité est au point convenable. Ce défaut d'humidité, dans certaines années, doit engager à semer le jour même du labour, pour profiter de celle de la terre qui a été ramenée à la surface par suite de ce labour.

On a proposé de semer l'avoine sur raie, &, lorsqu'elle aura germé, de labourer le champ, pour la placer sous raie. Cette pratique, outre sa dépense, doit avoir plus d'inconvéniens que d'avantages.

Enterrer la semence semée sur raie, par le moyen d'une houe à cheval, à plusieurs socs, semble un moyen d'accorder les partisans des deux méthodes précitées. En effet, par ce moyen, la graine est moins enterrée que par un labour, & plus enterrée que par un herfage. Je le recommande fortement aux méditations des cultivateurs. *Voyez* HOUE A CHEVAL.

« Dans la ci-devant Auvergne, dit Duhamel, *Elémens d'agriculture*, on appelle, 1°. femer à toutes raies quand, en faifant le labour des Semailles, on répand la femence dans toutes les raies que le foc forme, & quand cette femence eft recouverte par la même charrue lorfqu'elle fait la raie voifine; 2°. femer à raies perdues, lorfqu'on répand la femence dans une raie, qu'on en forme une autre fans y mettre de femence, qu'on en répand enfuite dans la raie fuivante, de forte que, dans toute l'étendue du champ, il y a alternativement une raie femée & une qui ne l'eft pas, ce qui donne plus d'efpace au grain pour étendre fes racines, raffembler de la nourriture & former de groffes tailes, & de plus, ce qui permet de donner à la houe un léger labour entre les rangées. »

Cette dernière manière de femer paroît d'une difficile exécution, & devoir céder à celle par rangées, ufitée dans plufieurs pays, principalement en Angleterre, & dont j'ai développé les avantages & les inconvéniens au mot RANGÉE.

M. de Barbançois a obfervé que lorfqu'on labouroit en billons, & qu'on répandoit immédiatement & le fumier & la femence, l'un & l'autre tomboient dans la raie, le dernier fur la première, & fe trouvoient difpofées en rangées, & dans les circonftances les plus favorables pour donner de grands produits. Je ne puis qu'applaudir à cette excellente pratique, & engager les cultivateurs à l'adopter immédiatement après les SEMAILLES. *Voyez* ce mot.

Mouiller les graines avant de les femer a été propofé & effayé un grand nombre de fois, mais nulle part employé généralement, à raifon de la plus grande difficulté de leur diffémination & des pertes qui font la fuite d'une prolongation de SÉCHERESSE après l'enfemencement. *Voyez* ce mot.

Les diverfes manières de répandre la femence peuvent fe réduire aux fuivantes.

La plus générale, c'eft de la jeter par poignées en marchant à pas comptés & en lui faifant décrire un arc de cercle de droite à gauche. Il eft étonnant avec quelle égalité certains cultivateurs, qui ont de l'intelligence & de la pratique, difféminent la femence par ce moyen, dont la rapidité ne laiffe rien à defirer. Pour opérer, la graine eft mife dans une efpèce de fac peu profond, que le femeur attache à fes reins. Comme c'eft la quantité de graine de blé qui peut tenir dans la main qui le guide, lorfqu'il veut femer une graine plus fine, il y mêle du fable ou de la terre fèche. Quand il veut femer plus épais, il ralentit fa marche. Lorfqu'il a parcouru la longueur du champ, il revient en fuivant une direction parallèle à la première, en s'écartant d'environ cinq pas, plus ou moins, felon que le femis doit être clair ou ferré. Quelques jours de pratique en apprennent plus que des volumes de préceptes.

On appelle *femer à deux doigts & à jets croifés*, une autre manière de femer les graines fines.

Pour l'exécuter, on prend la graine entre le pouce & le doigt du milieu, & étendant l'index on tend fortement le poignet en répandant la graine. Lorfque le femeur eft arrivé au bout de la pièce, il s'écarte d'un pas & forme, en revenant, un nouveau jet qui croife le premier, & ainfi de fuite jufqu'à ce que la pièce foit femée. Ce mode s'emploie principalement pour les raves, les navettes, le colza, la cameline, &c.; cependant, dans beaucoup de pays, on préfère, ainfi que je l'ai dit plus haut, mêler de la terre avec la graine de ces plantes.

Le femis par le moyen des femoirs eft, à ce qu'il paroît, habituel en Chine. Il a été vanté par Duhamel & autres écrivains français & anglais; mais malgré les bonnes raifons qui militent en faveur de ces machines, ceux qui en ont fait ufage y ont conftamment renoncé. Eft-ce la faute de leur conftruction? Je le crois; car, plaçant la femence à des diftances rigoureufement égales, ils l'économifent beaucoup & la mettent dans les circonftances les plus favorables à la croiffance du plant qu'elle doit produire. Je décrirai au mot SEMOIR celles de ces machines qui m'ont paru les plus fimples, les moins coûteufes & les plus propres à remplir le but.

Encore en Chine, on fème quelquefois le froment, le riz, &c., en le mettant grain par grain dans des trous, au moyen d'un plantoir compofé, c'eft-à-dire, formé par un manche & une traverfe portant fix, huit, dix pointes. On a cherché à préconifer en France cette méthode, qui a encore inconteftablement l'avantage de difpofer régulièrement la femence & de l'enterrer également; mais fa lenteur & fa dépenfe ne permettront jamais de l'exécuter en grand. Les pays très-populeux & où la main-d'œuvre eft peu chère, comme la Chine, font les feuls où elle puiffe être ufitée.

Il eft rarement avantageux de femer enfemble deux efpèces de graines deftinées à en reproduire dans le même champ, parce que l'une l'emportant toujours fur l'autre, cette dernière refte plus foible que la première. Le feul cas peut-être où on doive le faire, c'eft lorfqu'il eft queftion d'établir des PRAIRIES TEMPORAIRES. *Voy.* ce mot.

L'expérience a prouvé que, pour le femis du MÉTEIL (*voyez* ce mot), il valoit mieux répandre les graines feparément que de les mélanger d'avance, parce que la différence de leur pefanteur fpécifique fait que les unes font portées moins loin que les autres par la main du femeur.

Généralement, en France, on fème trop épais. Il eft de fait que cette mauvaife pratique eft l'origine de grandes pertes pour les cultivateurs, & même pour la fociété en général, moins par fuite de l'emploi d'une plus grande quantité de femence qui auroit pu être utilement employée d'une autre manière, que par la diminution des

produits

produits. En effet, les pieds qui fe trouvent trop près les uns des autres fe nuifent par leurs racines, qui ne trouvent pas affez d'humus foluble à leur portée, par leurs tiges & leurs feuilles qui s'ombragent réciproquement & fe difputent les gaz atmofphériques ; auffi les céréales & autres plantes trop rapprochées font-elles plus grêles & donnent-elles des graines plus petites & de plus mauvaife qualité. Bien des millions de francs font perdus chaque année par fuite de cette malheureufe habitude, contre laquelle les cultivateurs, même les plus inftruits, ont de la peine à fe défendre.

Ces faits ne font pas feulement les réfultats de la théorie, mais encore ceux d'expériences comparatives très-nombreufes & très-rigoureufes. Je citerai feulement celle dont parle Arthur Young, parce qu'elle doit fuffire à tous les bons efprits.

Dans la même terre, la même année, par acre, deux boiffeaux de froment ont produit . . . . 24 boiffeaux.
Deux & demi 23
Trois 22
Trois & demi 21
Trois boiffeaux d'orge ont produit 32
Quatre 33
Cinq 27
Trois boiffeaux d'avoine ont produit 35
Quatre 40
Cinq 39
Trois boiffeaux de pois ont produit 23
Quatre 22
Cinq 22
Trois boiffeaux de féves ont produit 37
Quatre 29
Cinq 26

Ces réfultats, outre l'objet principal, prouvent que chaque forte de graine demande une proportion différente dans font emis ; qu'il faut, par exemple, employer plus d'orge que de froment, plus d'avoine que de pois.

Les cultivateurs romains ne s'accordoient pas fur la queftion de favoir s'il étoit bon de répandre plus de femence fur les terres fertiles que fur les terres maigres. Palladius tenoit pour l'affirmative, & Columelle pour la négative. Dans les temps modernes, Olivier de Serres penfoit comme le premier, & Valerius comme le fecond.

Il fembleroit qu'on devroit femer plus épais dans une terre fertile, puifque l'humus y eft plus abondant ; mais les plantes y font plus vigoureufes, y tallent ou y ramifient davantage, & fe nuifent bien plus par leur ombre, de forte qu'elles s'étiolent, pouffent trop en feuilles, &c. Si on fème plus épais dans une terre maigre, où il n'y a pas de tallement à efpérer, & moins de hauteur de tige & de largeur de feuilles, on a un plus grand

Agriculture. Tome VI.

nombre de tiges, & l'humidité du fol fe conferve mieux pendant les fécherefles ; auffi ai-je toujours reconnu que c'étoit l'opinion de Columelle & de Valerius qui devoit être adoptée.

Lorfqu'on cultive des plantes pour fourrage, les Semailles trop épaiffes ont des inconvéniens moins graves, ou mieux leurs inconvéniens font compenfés par quelques avantages, comme de donner des tiges plus tendres, d'étouffer les mauvaifes herbes, de conferver la terre fraîche, &c.

Dans la petite culture on peut auffi femer plus épais, quand on n'eft pas fûr de-la bonté de la femence, parce qu'il eft toujours poffible d'éclaircir le plant lorfqu'il a acquis une certaine force.

Je m'arrête ici, renvoyant, pour le furplus, aux articles des principales cultures, telles que SEIGLE, FROMENT, ORGE, AVOINE, TRÈFLE, LUZERNE, RAVE, COLZA, &c. (*Bosc.*)

SEMARILLARE. SEMARILLARIA.

Genre de plantes de l'octandrie trigynie, qui fe rapproche des PAULLINIES, & qui renferme deux ou trois arbres du Pérou, dont aucun n'eft cultivé dans nos jardins. (*Bosc.*)

SEMARTER. Ce font, dans le département des Vofges, les labours préparatoires à l'enfemencement.

SEMECARPE. *Voyez* ANACARDE.

SEMENCE. On donne généralement ce nom à la graine réfervée pour être femée. Pour quelques perfonnes, ce mot eft fynonyme de graine.

La beauté ou la vigueur des plants, & par fuite l'abondance & l'excellence de la récolte dépendant de la bonté des graines, un cultivateur éclairé met beaucoup d'importance à leur choix. Ainfi, ce fera toujours la plus mûre, la plus lourde, la plus groffe qu'il préférera. *Voyez* GRAINE, SEMIS & SEMAILLE.

J'ai dit un mot dans l'article précédent, & je parlerai plus au long à celui SUBSTITUTION DE SEMENCE, de l'inutilité de changer de loin en loin la Semence des objets de fa culture, toutes les fois qu'on prend le foin de réferver toujours pour les femailles la plus belle de fa propre récolte.

Cependant les feigles, les fromens, les orges, &c., qui ont crû dans des terrains trop humides, ou feulement même ceux crûs dans les terres trop fumées ou trop ombragées, ayant trop pouffé en feuilles, offrent généralement un grain moins nourri. On ne doit donc pas l'employer à l'enfemencement. *Voy.* FEUILLE & ÉTIOLEMENT.

Pour avoir la meilleure Semence poffible, il faut la prendre fur des plantes crues dans un terrain ni trop gras, ni trop maigre, ni trop fec, ni trop humide ; ne battre ces plantes qu'à moitié, par le principe que les plus mûres & les plus groffes tombent les premières. Celles qui proviennent des feconde & troifième coupes des prairies artificielles formées de plantes vivaces, celles des

P p

plantes herbacées ou frutescentes très-jeunes ou très-âgées, font inférieures aux autres.

Il convient de bien nettoyer les Semences des graines étrangères. *Voyez* MAUVAISES HERBES.

La faculté de germer se perd à la longue dans toutes les Semences. On peut les diviser sous ce rapport en deux séries, les *farineuses*, comme celles des céréales, des légumineuses, &c.; les *huileuses*, comme celles des rosacées, des crucifères, &c.; les premières parce qu'elles se raccornissent par leur dessiccation, & les secondes parce que leur huile rancit. L'époque de leur altération varie, dans les unes comme dans les autres, d'une telle manière, qu'il faut la fixer pour chaque espèce, & c'est ce que j'ai fait aux articles qui les concernent. La plupart cessent de pouvoir germer à la fin de l'année qui suit leur récolte; mais telle n'est plus bonne au bout de quinze jours d'exposition à un air sec, tandis que telle autre est encore susceptible d'être employée vingt à trente ans après. On peut retarder leur altération en les laissant dans leurs enveloppes, en les déposant dans un lieu frais, privé de lumière & peu aéré, & surtout en les mettant en terre assez profondément pour que la chaleur du soleil ne puisse pas les atteindre.

C'est une mauvaise pratique que de renfermer les graines dans des vases de verre ou de métal, de manière qu'elles n'aient aucune communication avec l'air. Les conserver dans l'eau, dans l'huile & autre liquide, est encore plus nuisible à leur conservation.

Les graines les plus vieilles font constamment préférables lorsqu'on a en vue la production des fleurs doubles (*voyez* ANÉMONE), ou de certains fruits. *Voyez* MELON.

En général, les vieilles Semences lèvent plus lentement que les nouvelles, & ce parce qu'étant plus desséchées, elles ont plus de difficulté à absorber l'eau nécessaire au développement de leur germe. C'est un grave inconvénient dans la grande culture des plantes annuelles, parce qu'elles font plus exposées à être mangées par les animaux, & que le plant qu'elles donnent a moins de temps pour terminer son évolution. *Voyez* SEIGLE, FROMENT, ORGE, AVOINE, CHANVRE, COLZA, NAVETTE, &c.

Cependant il est des cas où il est plus avantageux, ainsi que l'a prouvé mon collaborateur Tessier, par des expériences directes, dont les résultats font consignés dans le *Journal d'Agriculture*, d'employer des Semences de deux & trois ans.

Aussi généralement, pour les céréales, sème-t-on les graines de la dernière récolte, à moins qu'on ne puisse faire autrement.

Les mauvaises Semences font le plus souvent dans le cas d'être utilisées pour la nourriture des bestiaux & des volailles. Lorsqu'ils les refusent, il ne reste plus qu'à les jeter sur le fumier, dont elles augmenteront beaucoup la bonté, étant abondamment pourvues de CARBONE, c'est-à-dire, des élémens de la VÉGÉTATION. *Voyez* ces deux mots. (*Bosc.*)

SEMENCINE ou SEMEN-CONTRA : nom officinal d'une espèce d'ABSINTHE.

SEMEUR. Celui qui est chargé de semer les seigles, les fromens, les orges, les avoines, &c., porte ce nom dans les exploitations de grande culture.

L'opération des semailles est si importante, que le plus souvent c'est le maître qui l'exécute. Lorsqu'il ne peut pas s'en charger, il la fait faire par le plus intelligent de ses valets, par celui qui mérite le plus sa confiance sous tous les rapports.

Ce n'est pas sans doute un art bien difficile que celui de semer; cependant, comme tous les autres, il demande de la pratique. Celui qui connoît bien la nature du sol, la grosseur de la semence, les accidens qu'elle peut éprouver avant & après sa germination, fera de meilleure besogne que celui qui agit au hasard.

Pour bien semer, il ne faut pas embrasser un trop long espace : six à sept pieds de chaque côté font le terme moyen de la dispersion de la semence. *Voyez* SEMAILLE.

Un Semeur habile & d'une bonne constitution peut semer jusqu'à dix arpens de froment en un jour; mais ordinairement, aux environs de Paris, il se borne à six pour ne pas trop multiplier ses attelages de hersage.

On ne peut trop payer un bon Semeur, puisque le succès des récoltes dépend en grande partie de lui. (*Bosc.*)

SEMI-DOUBLE (Fleur). Les fleurs semi-doubles font intermédiaires entre les simples & les doubles, & jouissent des avantages des unes & des autres. *Voyez* FLEURS DOUBLES.

Toujours il faut que les fleurs passent par l'état de fleurs semi-doubles avant de devenir fleurs doubles; aussi est-ce d'elles que l'on tire les graines pour obtenir ces dernières. *Voyez* ANÉMONE & RENONCULE.

Les arbres dont les fleurs font semi-doubles, donnent souvent du fruit; mais il n'est ni aussi abondant, ni aussi gros, ni aussi favoreux que celui de ceux à fleurs simples : on voit évidemment qu'elles offrent un commencement d'affoiblissement général. (*Bosc.*)

SÉMINATION : dispersion naturelle des graines des plantes. *Voyez* GRAINE, SEMIS, SEMAILLE, SEMENCE & DISSÉMINATION.

Les plantes sauvages ne donnent pas tous les ans des graines en même abondance, par suite de l'état de l'atmosphère à l'époque de leur floraison, de la multiplication des insectes qui vivent à leurs dépens, &c. Après une année de grande production, les arbres principalement, elles en offrent une ou deux de nul ou de foible rapport. (*Voyez* CHÊNE & HÊTRE.) C'est par ces combinaisons, qui

varient à l'infini, que la nature opère la fubftitution des efpèces les unes aux autres dans le même
lieu; fubftitution qui eft générale, mais qui ne
s'opère, dans les grands arbres, qu'après des fiècles. *Voyez* ASSOLEMENT & SUBSTITUTION.

Toutes les graines qui arrivent à maturité ne
donnent pas naiffance à une plante; la plus grande
partie, ou font mangées par les animaux, ou tombent dans des lieux où elles ne peuvent germer;
c'eft pourquoi leur nombre eft fi immenfe dans la
plupart des efpèces, & que les efpèces qui en
fourniffent peu fe reproduifent toutes par quelques autres moyens, comme par des racines traçantes (la garance), comme par des tiges ftolonifères (le fraifier).

Chaque efpèce de plante varie dans fa manière
de difperfer fes graines : tantôt elles font lancées
au loin par l'élafticité de leur enveloppe, la balfamine, le concombre fauvage, le lilas; tantôt
les vents les tranfportent au loin, foit par le
moyen d'ailes, comme le frêne, l'érable, foit par
le moyen d'aigrettes foyeufes, le piffenlit, la laitue, le falfifis; tantôt elles s'accrochent aux animaux qui paffent près d'elles, comme la bardane,
l'aigremoine, le bident; tantôt les quadrupèdes,
les oifeaux, les poiffons, qui fe nourriffent de
leur enveloppe, les rendent encore propres à germer; tantôt les eaux pluviales, les eaux des ruiffeaux & des rivières les entraînent au loin. La
plupart tombent près le pied qui les a produites.
Voyez DISSÉMINATION.

Mais les graines tombées fur la terre ne fe trouvent pas dans les circonftances propres à les faire
germer. Il faut, pour la plus grande partie, qu'elles
entrent dedans. Or, la nature y a pourvu: tantôt elles font portées par les vents, ou entraînées par les pluies dans des fentes, dans des cavités que ces mêmes vents, que ces mêmes pluies
comblent la terre; tantôt les animaux qui les
mangent, comme les mulots, les campagnols, les
enfouiffent pour leur ufage & les oublient, ou,
pour en manger une, en recouvrent dix, comme
les cochons; tantôt les taupes, les lombrics, &c.,
en ramenant la furface de la terre inférieure, produifent le même effet; tantôt les feuilles des arbres, les tiges des herbes, en pourriffant, rempliffent cet objet.

Je dois ici faire remarquer que les plantes étrangères cultivées échappent prefque toujours à ces
moyens de multiplication. Ainfi nous ne voyons
pas le feigle, le froment, l'orge, l'avoine, l'épinard, l'oignon, le haricot, l'abricotier, le prunier, le noyer, &c. &c., qui font depuis tant de
fiècles l'objet de nos foins, être naturellement
propagés dans nos plaines ou dans nos bois. Rendre raifon de ce phénomène n'eft pas chofe facile.

Il eft des plantes qui, quoiqu'abondamment
pourvues de graines, reftent rares, même dans les
lieux qui leur conviennent le plus. Je citerai certains ORCHIS pour exemple.

Beaucoup de plantes font tellement cantonnées,
qu'au-delà de l'efpace, quelquefois très-circonf-
crit, qu'elles occupent, on ne les retrouve plus
dans le refte de l'Univers. *Voyez* GÉOGRAPHIE
AGRICOLE.

La culture, qui a pour objet de multiplier telle
plante plutôt que telle autre, a fait difparoître de
tel canton certaines efpèces depuis le premier défrichement; ainfi nous ne voyons plus dans nos
champs le muguet, la pervenche, l'airelle, &c.,
qui croiffoient fi abondamment dans le bois qui les
occupoit auparavant, & n'y reparoître peut-être jamais, lors même qu'on y planteroit un nouveau
bois, parce que leurs graines ne peuvent être portées au loin.

Par contre, la culture appelle dans ces champs
des plantes qui n'y auroient jamais crû fans elle,
comme la moutarde, le bluet, le coquelicot, l'i-
vraie, &c.

Je pourrois beaucoup étendre ces diverfes confidérations, car il en eft peu qui préfentent autant
de motifs de méditation; mais comme elles ne
font pas d'une utilité directe aux cultivateurs, je
m'arrêterai ici. (*Bosc.*)

SEMIS : mife en terre, par la main de l'homme,
de graines des productions defquelles il a pour
objet de tirer un parti utile ou agréable. *Voyez*
SEMAILLES & SÉMINATION.

Par extenfion on appelle auffi *Semis*, en terme de
jardinage, les jeunes plantes provenantes d'un Semis.

Certaines plantes fe propagent par drageons,
par fections de racines, par marcottes, par boutures, par greffes; mais c'eft feulement par graines
qu'on les reproduit toutes. Si la voie du Semis eft
la plus longue, elle eft la plus naturelle; c'eft par
fon moyen qu'on obtient les fujets en plus grand
nombre, de la plus belle venue, de la plus longue
durée : on doit donc toujours l'employer de préférence. De plus elle procure feule les variétés, &
on fait que parmi elles il y en a de tellement fupérieures à l'efpèce en qualités utiles ou agréables, que le cultivateur eft engagé à les préférer.

Il eft fort peu de plantes annuelles qui foient
fufceptibles d'être multipliées autrement que par
le Semis de leurs graines, & les moyens de l'éclat
du collet des racines & des boutures font les feuls
qui leur foient applicables.

Pour être bonnes à femer, les graines doivent
être arrivées à maturité complète; les plus groffes
dans la même efpèce font toujours les meilleures,
excepté quand on veut obtenir des fleurs doubles,
qui font, quoi qu'on en dife, des avortons de
nature. *Voyez* FLEURS DOUBLES.

Beaucoup de graines avortent naturellement,
foit par des caufes fortuites, comme un temps
froid ou pluvieux au moment de la floraifon,
comme les piqûres d'infectes, &c. &c., foit par
fuite de l'âge ou de l'organifation de la plante
qui les porte. Ainfi celles des jeunes arbres,
ainfi celles des extrémités des cônes, des fili-

ques, font dans le même cas ; ainfi toutes les fois qu'une graine fe développe plus tôt que fa voifine, elle s'oppofe, en la comprimant, à fon accroiffement.

On juge de la bonté des graines par leur coloration & par leur poids ; mais chaque efpèce ayant une coloration & un poids différent, il n'eft pas poffible de les indiquer ici. C'eft une des mille & une circonftances où l'expérience feule peut guider avec quelque certitude. Je dirai cependant qu'en général les graines les plus mauvaifes furnagent, & qu'ainfi on peut les féparer des autres par l'immerfion de la totalité dans l'eau.

Il eft d'obfervation que lorfqu'on veut avoir des produits vigoureux & bien garnis de feuilles, on doit femer des graines de la dernière récolte ; mais que quand on veut obtenir des fleurs, des fruits ou des racines, il eft préférable d'employer de vieilles graines. Ce principe s'applique principalement aux ANÉMONES, aux MELONS, aux OIGNONS. *Voyez* ces mots.

La graine de froment de la plus belle apparence porte quelquefois fur elle le germe de la deftruction des produits qu'on en attend, c'eft-à-dire, les bourgeons féminiformes de la CARIE & du CHARBON. Il faut, avant de la femer, détruire ces bourgeons au moyen des cauftiques, tels que la CHAUX, la POTASSE, le SULFATE DE CUIVRE, &c. *Voyez* ces mots.

La plûpart des Semis fe font avec des graines dépouillées de leurs enveloppes, mais il en eft qu'on met en terre avec ces enveloppes. Pour ce dernier cas, je citerai principalement le SAINFOIN. *Voyez* ce mot.

Il eft des graines, même en affez grand nombre, qui perdent la faculté de germer par leur deffication : celles-là doivent donc être femées auffitôt que récoltées, ou mifes dans de la terre jufqu'à ce que le temps de les femer foit arrivé. *Voyez* GERMOIR & STRATIFICATION.

Les cultivateurs de l'Amérique feptentrionale, plus réfléchis, & par conféquent plus inventifs que les nôtres, ont penfé qu'en mettant de vieilles graines dans une eau mêlée de boufe de vache, & entretenue pendant plufieurs jours, au moyen du feu, dans une température élevée de trente à quarante degrés, on en faciliteroit la germination, & l'expérience a prouvé la juftefle de cette idée, au dire d'un journal de cette contrée.

Puifque l'eau eft néceffaire à la germination des graines, il faut, autant que poffible, ne femer qu'après la pluie ou fur une terre nouvellement labourée. Tremper les graines dans l'eau avant de les femer eft bon dans la petite culture, où l'on peut arrofer à volonté, mais a de grands inconvéniens dans la grande, fi la SÉCHERESSE fe prolonge. *Voy.* ce mot.

Plus les terres où on fait des Semis font meubles, & plus on doit être affuré de la réuffite de ces Semis, pourvu que la féchereffe & le froid ne fur-

viennent pas. C'eft principalement ce qui rend fi néceffaires les nombreux labours dans les terres fortes. Pour diminuer les effets de la féchereffe, on ROULE ou PLOMBE les terres légères. *Voyez* ces mots.

C'eft parce que la terre de bruyère eft trèsmeuble, que tous les Semis y profpèrent lorfqu'on peut les arrofer. (*Voyez* TERRE.) Cependant les groffes graines lèvent auffi fort bien dans les terres compactes, parce que leur RADICULE & leur PLUMULE ont affez de force pour les pénétrer. *Voyez* ces mots & celui GERMINATION.

Des plantes dont on mange les feuilles gagnent à être femées dans les terres fertiles, parce qu'elles y pouffent plus vigoureufement, & celles dont on mange les racines ou les fruits dans les terres médiocres, parce que les premières y font meilleures & les fecondes plus productives. *Voyez* FEUILLES.

La groffeur des graines détermine le degré de profondeur où il faut les enterrer. Une noix lève quoiqu'elle ait quatre pouces d'épaiffeur de terre fur elle, & une graine de bouleau pourrit fi elle en a feulement une ligne. La connoiffance des faits relatifs à cet objet eft néceffaire aux cultivateurs. Les très-petites graines ne doivent même pas être enterrées Pour les garantir de la féchereffe pendant leur germination, on couvre la terre de mouffe, de menue paille, de branches d'arbres garnies de feuilles. *Voyez* HALE.

La terre eft-elle très-humide, enterrez peu votre grain. Ce principe s'applique principalement aux graines qui lèvent rapidement, telles que celles de COLZA, de NAVETTE, de CHANVRE, &c.

Si des graines font enterrées de manière à ne pas reffentir affez puiffamment les influences de la chaleur folaire, elles ne germent point & fe confervent un laps de temps indéterminé ; les labours ou les défoncemens les ramènent-ils à la furface, elles reprennent leurs facultés. C'eft pourquoi on voit les champs les mieux farclés, les mieux binés, donner toujours de mauvaifes herbes.

L'air eft néceffaire à la germination des graines ; mais quelques-unes, comme celles des bruyères, demandent qu'il foit prefque ftagnant. *Voy.* AIR.

L'ombre eft avantageux au même objet ; cependant il ne faut pas qu'il approche de l'obfcurité. *Voyez* OMBRE.

Les Semis des graines fines doivent furtout être abrités des rayons du foleil de midi avec des toiles, des claies, des branches d'arbres, &c. Pour fe difpenfer de ce foin, on les fème fouvent dans les pépinières, au nord d'un mur, ou derrière des paliffades d'arbuftes peu ferrés, à travers lefquelles quelques rayons de foleil peuvent paffer.

Lorfqu'on veut avancer la germination des graines des légumes pour avoir des PRIMEURS, on les fème dans un terrain fec, ou dans une BACHE, ou fous un CHASSIS, fur une COUCHE nue, fur un ADOS, contre un MUR expofé au midi. On l'avance encore en couvrant les Semis, pendant la nuit, avec des CAISSES, avec des CLOCHES, avec des PAILLASSONS, &c. (*Voy.* ces mots.) On agit de même à l'égard des graines des pays intertropicaux qui ont besoin d'un haut degré de chaleur pour germer. Si au contraire on veut retarder la germination des graines, ce qui est rare, on les sème au nord, on les enterre beaucoup, on les arrose avec des eaux de puits ou de fontaine.

Les différens modes de semer s'appellent, en PLEINE TERRE, sur COUCHE, en CAISSE, en TERRINE, à la VOLÉE, en RAYONS ou RANGÉES, SEUL A SEUL. Ce dernier ne s'applique ordinairement qu'aux grosses graines des arbres dont on veut enlever le PIVOT. *Voyez* ce mot.

M. Dumont-Courset, qui a porté l'attention des pépiniéristes sur tant de pratiques nouvelles, observe que, lorsqu'on sème en terrine ou en pot, il est avantageux de répandre la graine circulairement à un pouce des bords, afin qu'elle profite davantage de la chaleur de la couche, & qu'il soit plus facile de séparer le plant lorsqu'il faudra le repiquer. *Voyez* COUCHE & TERRINE.

Lorsqu'on ne veut pas transplanter les produits d'un Semis, on dit qu'il est fait *à demeure*.

Certains Semis doivent être très-serrés par un motif étranger à la culture, comme ceux de LIN & de CHANVRE pour faire des toiles fines, ceux des PRAIRIES ARTIFICIELLES, des plantes destinées à être enterrées pour ENGRAIS (*voyez* ces mots); mais tous ceux destinés à produire de la graine doivent être toujours peu épais, à raison de ce que les plantes trop rapprochées s'affament réciproquement par leurs racines, s'étiolent réciproquement par leur ombre, & restent par conséquent toujours foibles. (*Voy.* RACINE & ÉTIOLEMENT.) On ne répare pas entièrement le mal, comme le croient la plupart des cultivateurs, en éclaircissant le plant par l'enlèvement d'un nombre de pieds plus ou moins considérable, parce que le plant qui a poussé foiblement dans sa première jeunesse reste foible long-temps, & même toute sa vie. Il est cependant, je ne puis m'empêcher de l'avouer, un grand nombre de cas où on ne peut se dispenser de semer épais; c'est lorsqu'on n'est pas certain de la bonté de la graine, lorsqu'on craint les ravages des oiseaux ou des campagnols.

Ceux qui spéculent, en Normandie, sur la vente du plant de pommier & de poirier, évaluent à 300,000 celui qu'ils retirent d'un arpent semé en graines de ces arbres. Les plants d'orme, de robinier, doivent être à peu près dans la même proportion; mais ceux de châtaignier, de chêne, de frêne, d'érable, en moindre nombre.

Beaucoup de circonstances influent sur l'époque de la levée des graines. Quoique quelques-unes aient déjà été indiquées, je dois les remettre ici sous les yeux du lecteur : 1°. la nature de la graine, toutes variant à cet égard; 2°. celle de la terre, les Semis faits dans les terrains secs & chauds étant plus précoces que ceux faits dans les terrains humides & froids; 3°. la proportion de l'humidité de la terre avec la nature de la graine, trop peu ou trop étant également défavorable; 4°. la chaleur de l'atmosphère ou de la terre, chaleur dont chaque espèce exige un degré différent; 5°. la profondeur à laquelle chaque graine est enterrée.

Les Semis des plantes qui ne craignent pas la gelée peuvent se faire toute l'année; mais c'est en automne & au printemps qu'on en fait le plus. Cependant ces derniers donnent généralement des productions plus foibles, parce que ces productions parcourent trop rapidement leur évolution, qu'elles sont frappées par les sécheresses ou les chaleurs avant d'être parvenues à toute leur grandeur. Les FROMENS de mars, les VESCES d'été, les PIEDS-D'ALOUETTES montrent annuellement ce résultat.

C'est surtout dans les terres légères & sèches, exposées au midi, que les Semis d'automne doivent être préférés, parce que là les pluies de l'hiver & la végétation qui a lieu pendant cette saison, permettent aux plants qui en résultent d'approfondir leurs racines, & de braver les sécheresses du printemps & de l'été.

Dans les terrains trop fertiles ou trop fumés, on sème les fromens plus tard pour éviter, ou qu'ils donnent plus de paille que de grains, ou qu'ils versent au printemps; ce qui prouve que c'est les affoiblir que de les semer ainsi dans ces terres, & encore plus dans celles qui sont maigres ou non fumées.

Des irrigations ou des arrosemens à main d'homme sont souvent utiles à la réussite du Semis, comme on a pu le juger d'après ce que j'ai dit précédemment; mais il ne faut pas les prodiguer, parce qu'ils refroidissent la terre, &, ou font pourrir les graines, ou occasionnent l'étiolement du plant. On appelle *plant poussé à l'eau* celui qui a été trop arrolé; il est long, mais foible. Un bon cultivateur doit le repousser de ses plantations, surtout dans les terrains secs, à raison de l'incertitude de sa reprise & du peu de vigueur des arbres qu'il forme lorsqu'il reprend.

Une pluie battante dérange souvent les Semis, & même entraîne la graine au loin; elle déchausse le jeune plant & cause par-là sa perte. Il est difficile de prévenir ses désordres autrement qu'en faisant de petites digues de six pouces de hauteur & de base autour des planches, & c'est ce qu'on pratique ordinairement dans les pépinières bien montées.

La gelée nuit souvent au produit des Semis, même des plantes indigènes. Cela tient à ce que le plant est plus aqueux que la plante faite. On prévient ses effets en semant dans des SERRES, dans des BACHES, sous des CHASSIS, sous des CLOCHES, en couvrant ce plant avec des PAILLASSONS, de la FOUGÈRE, de la MOUSSE, &c.

Les MULOTS & les CAMPAGNOLS ne détrui-sent pas seulement les Semis en en mangeant les graines, mais en les bouleversant. Les TAUPES, les COURTILLIÈRES, les VERS DE TERRE ou LOMBRICS, en agissent de même. Les larves des HANNETONS, certaines CHENILLES, mangent les racines des plantes; d'autres CHENILLES, les ALTISES, les GALERUQUES, les LIMACES, les HELICES, mangent leurs feuilles. Il faut faire une chasse à outrance à tous ces ennemis.

Toutes les volailles, & principalement les pou-les, doivent être écartées des Semis par tous les moyens possibles. *Voyez*, pour le surplus, les mots SEMAILLE & SEMENCE. (*Bosc.*)

SEMOIR. Ce nom se donne à deux instrumens d'agriculture.

Le premier est un demi-sac en toile que les semeurs attachent autour de leurs reins, & dans lequel ils mettent la semence qu'ils vont ré-pandre à la volée.

La forme & la grandeur de cette sorte de Se-moir varient suivant les lieux, mais sont indiffé-rentes, ou presqu'indifférentes au succès du semis. Il suffit qu'il contienne une suffisante quan-tité de grain, quantité qui doit être calculée pour tant de terrain, & qu'on puisse le prendre par poignées avec la main droite sans aucune dif-ficulté.

Lorsque le Semoir est vide, le semeur va le remplir aux sacs qu'il a déposés à la tête du champ.

De toute antiquité, dit-on, les Chinois font usage de Semoirs de la seconde sorte: ce sont des machines souvent fort compliquées, avec lesquelles on répand la semence à des distances égales, & par le moyen desquelles on la recouvre en même temps. Il en est même qui versent du fumier avant la semence, & placent sur lui cette dernière.

Les Semoirs chinois ont excité l'enthousiasme des agronomes français, dès qu'ils en ont eu con-noissance; aussi cherchèrent-ils à les imiter & à en construire sur des principes différens. La des-cription de beaucoup d'entr'eux a été publiée; la figure de plusieurs se voit sur les planches 6, 7, 8, 9 & 11 de l'*Art aratoire*, faisant partie de l'*Encyclopédie par ordre de matières*.

Si on considère les avantages qu'il y a à enterrer & à espacer également les Semences, si on consi-dère surtout ceux que doivent trouver les plantes qu'elles produisent à n'être gênées, ni par leurs racines, ni par leurs tiges, on est déterminé à croire, même sans mettre en ligne de compte l'é-conomie des semences, qu'un Semoir qui place ces semences juste où il faut pour qu'elles ne soient ni trop ni trop peu espacées, est une source de fortune pour chaque cultivateur qui en fait usage, & pour la société en général; cependant, en ré-fléchissant qu'un Semoir tel que la plupart de ceux qui ont été décrits, est un objet de grande dépense, soit pour son acquisition, soit pour son

entretien, qu'il est sujet à se détraquer au mo-ment où on en a le plus besoin, qu'il ne peut pas agir dans toutes les sortes de terres, les pier-reuses par exemple, avec la facilité désirable, qu'il faut, pour le conduire, un homme plus intel-ligent que la plupart des valets de charrue, on est porté à reconnoître qu'au définitif ses inconvé-niens surpassent ses avantages.

On peut surtout appliquer le Semoir à la cul-ture par rangées, culture qui offre souvent de si importans résultats. *Voyez* RANGÉE.

Ceux qui, dans la première moitié du dernier siècle, provoquèrent en France avec le plus de bonne foi l'emploi des Semoirs, sont Duhamel, & après lui Châteauvieux, Montfui, Diancourt, Thomé, Blanchet & Devillers. Le désir de les ap-pliquer à la grande agriculture régna avec en-core plus de force en Angleterre; aussi depuis Tull, qui fit construire le premier qui ait paru dans cette île jusqu'à la guerre de la révolution, en a-t-on imaginé une grande quantité de sortes, dont la dernière, au dire de l'inventeur, devoit n'avoir aucun des inconvéniens reprochés aux premiers.

Quelque ingénieux que soient plusieurs de ces Semoirs, avec quelque chaleur qu'ils aient été vantés, ils n'ont servi qu'à faire quelques expé-riences, leurs inventeurs ayant été les premiers à les mettre sous la remise, & à revenir à la mé-thode commune, c'est-à-dire, au semis à la main.

Je n'entreprendrai pas ici de décrire ces Se-moirs, tous plus compliqués les uns que les au-tres, & d'un prix hors de la portée des simples cultivateurs; mais je donnerai une idée de trois de ceux qui ont été imaginés dans ces derniers temps, l'un en Pologne, l'autre aux environs de Paris, & l'autre aux environs de Marseille, parce qu'ils sont les plus simples, les moins coûteux & les mieux appropriés à leur objet.

Une trémie, un cylindre, deux montans, deux roues, deux brancards & deux châssis sont les pièces dont se compose le Semoir polonais.

La trémie est destinée à contenir le grain qu'on veut semer; elle a quatre pieds & demi de lon-gueur, deux pieds de largeur & quatorze pouces d'ouverture par le bas. Cette trémie pose sur le cy-lindre, dont la largeur est la même que son ouver-ture, & en embrasse la moitié. Toute la sur-face du cylindre est parsemée de petits trous ou alvéoles disposés en échiquier, à quatre pouces environ les uns des autres, & ayant à peu près la forme des grains qu'on veut semer. Ces grains jetés dans la trémie remplissent ces trous, le cy-lindre, en tournant, les lâche, & ils tombent sur la terre disposés comme ils l'étoient dans ces trous, c'est-à-dire, à égale distance.

La trémie & le cylindre sont réunis par deux montans, dont la partie inférieure est percée pour le jeu de l'axe du cylindre.

En dehors de la trémie & vers chaque extré-mité du cylindre, sont deux roues fixes qui font corps, & qui tournent avec lui : elles ont deux pieds trois pouces de hauteur. Les brancards font fixés dans la partie supérieure de la trémie à travers laquelle ils passent. Une traverse les fortifie.

Les deux châssis sont des planches qui s'appliquent sur les côtés antérieurs & postérieurs de la trémie; on les enfonce ou les élève à volonté; leur bord inférieur est garni d'une grossière étoffe de laine : ils ont pour objet d'empêcher les grains de blé de passer entre les bords de la trémie & le cylindre.

Ce Semoir est traîné par un cheval. Il ne verse jamais, qu'il aille lentement ou rapidement, que la même quantité de semence. Lorsqu'on veut semer des grains plus gros ou plus petits, on change le cylindre.

C'est à M. Hayot, fermier près Paris, qu'on doit l'invention de la herse-Semoir dont il va être question. Je l'ai fréquemment vu marcher, & j'en ai toujours été très-satisfait.

Cette herse est composée de cinq morceaux de bois, de trois pouces de large, deux pouces d'épaisseur & cinq pieds de long; chacun de ces morceaux est armé, sur le devant, de deux dents de fer, dont la première doit avoir sept pouces de long, & la seconde huit. En suivant la même direction, est fixé un morceau de bois à dos de carpe renversé, représentant à peu près la quille d'un vaisseau; il doit avoir huit pouces de haut & deux pieds de long, être percé, dans sa partie postérieure, d'un trou oblique, destiné à recevoir le grain & à le conduire au fond de la raie ouverte; ensuite se voient deux dents placées obliquement & en sens inverse pour rabattre les deux bords de la raie ouverte, & recouvrir ce grain. En tête de cette herse est un timon fixé à la herse par un boulon de fer, qui traverse les cinq morceaux de bois qui forment le corps de la herse.

Le Semoir qui y est adapté représente une espèce de coffre, d'où la partie basse, qui touche à la herse, est cintrée; la partie haute, carrée & fermée d'un couvercle un peu bombé, recouvert d'une toile cirée pour que l'eau ne puisse pas entrer dans l'intérieur, ce qui seroit nuisible à l'opération.

L'intérieur de ce coffre est garni de cinq roues de fer-blanc, représentant à peu près la roue d'un moulin à godets, mais tournant en sens inverse: elle ramasse le grain, en remplit ses petits godets, qui sont au nombre de seize, & le verse dans un entonnoir qui le conduit dans la raie ouverte. Ces cinq roues sont adaptées à un arbre tournant, qui, sortant environ de six pouces à l'extérieur du coffre, présente une forme carrée où s'adapte une roue à huit pointes garnies de fer à l'extrémité, pointes qui entrent de trois pouces en terre. Cette roue doit avoir trente-six pouces de diamètre, & les petites roues à godets dix-huit. C'est cette roue à pointes qui, lorsque la herse marche, doit nécessairement tourner &

faire tourner les petites roues à godets, ce qui ne manque jamais, à moins que la roue à pointes ne rencontre une cavité qui l'empêche d'arriver jusqu'à terre, ce qui n'est pas ordinaire, puisque, avant de se servir de la herse-Semoir, il faut que la terre soit préalablement labourée & hersée.

C'est de la grandeur des godets que dépend la quantité de semence; ainsi, on peut les augmenter & les diminuer à volonté, suivant la qualité de la terre, ou l'idée du cultivateur. On doit avoir l'attention de mettre du grain dans la trémie un peu plus qu'il n'en faut pour aller & revenir. Il est nécessaire de commencer par la gauche de la pièce, la roue qui fait marcher celles à godets se trouvant à droite, afin qu'elle ne se trouve pas dans la défrayure, ce qui feroit manquer son effet. Arrivé à l'extrémité de la pièce, on arrête les chevaux de manière à ce que ce qui ne sera pas rempli puisse l'être par deux tours de la herse-Semoir, ce qui formera la fourrière. Plus la pièce est grande, & plus l'opération est facile. Avant de tourner, il faut enlever la roue à pointes, qui doit se retirer facilement, n'étant retenue que par une chevillette. Les chevaux sont tournés de manière qu'ils puissent suivre rigoureusement une direction parallèle à la première, & à une distance égale à celle qui est entre deux dos de carpe. Avant de recommencer, on remet la roue à pointes, on examine si les trous par où sort la semence ne sont pas bouchés, surtout du côté qui a pivoté en tournant, & on continue ainsi de suite.

Je le répète, cette herse-Semoir opère très-bien, & dispose le grain en lignes bien régulières qui se remplissent immédiatement, de sorte qu'il est également enterré, & ne craint point le bec des pigeons & autres oiseaux qui grattent pas comme les poules. Les campagnols mêmes peuvent difficilement en manger des quantités assez notables pour être remarquées.

Le Semoir à main de M. Delyle-Saint-Martin, qu'il emploie avec succès pour semer les œillères de ses vignes, aux environs de Marseille, consiste en un coffre fait en planches minces & légères, un peu courbé dans sa longueur du côté inférieur, ayant un pied & demi de long, quatre pouces de large & six de hauteur. Il est percé d'un rang de trous dans son côté inférieur, pourvu d'une large ouverture fermant à coulisse dans son côté supérieur, & attaché à une anse demi-circulaire ou parallélogramique de huit à dix pouces de hauteur, fixée aux deux extrémités de sa partie supérieure.

Pour faire usage de ce Semoir, on le tient de la main droite dans le sens de sa longueur, à une petite distance de terre, & on l'agite, également dans le sens de sa longueur; le grain tombe en ligne, ou presqu'en ligne, & à des espaces à peu près égaux.

Ce Semoir, au reste, paroît plus propre à semer dans un jardin que dans un champ; mais on fait que les cultures des céréales aux environs de Marseille sont de fort peu d'importance. (*Bosc.*)

SEMOULE. Lorsqu'on tient les meules des moulins assez écartées pour que les fragmens produits par la première action de ces meules sur le grain ne soient pas de nouveau atteints, & on les tient toujours ainsi dans les moulins montés à l'économie, ces fragmens isolés par le blutage s'appellent du GRUAU; & lorsqu'on a ôté les plus gros par un second blutage, on les nomme de la SEMOULE.

La fabrication de la Semoule a commencé à être connue en Italie : on la prépare avec les fromens à grains durs & à chaume solide, & on l'emploie à la fabrication des vermicelles, des macaronis & autres pâtes. Aujourd'hui on en fabrique beaucoup en France, surtout à Paris ; mais comme c'est avec les blés tendres, elle est de beaucoup inférieure à celle d'Italie.

La Semoule devroit toujours entrer, en plus ou moins grande quantité, dans les approvisionnemens des cultivateurs, attendu qu'avec elle on fait, en peu d'instans, des potages ou des bouillies très-salubres. *Voy.* MOUTURE, FARINE, BOUILLIE. (*Bosc.*)

SENACIE. SENACIA.

Genre établi pour placer le CÉLASTRE A FEUILLES ONDULÉES, qui n'a pas rigoureusement les mêmes caractères que les autres. (*Bosc.*)

SÉNÉ : espèce du genre des CASSES. *Voyez* ce mot.

SÉNÉ BATARD. On appelle ainsi la CORONILLE des jardiniers.

SÉNÉ FAUX : nom que quelques jardiniers donnent au BAGUENAUDIER.

SÉNÉBIÈRE. SENEBIERA.

Genre de plantes de la didynamie siliculeuse & de la famille des *Crucifères*, dans lequel se réunissent quatre espèces, dont deux se cultivent dans nos écoles de botanique. Il est figuré pl. 558 des *Illustrations des genres* de Lamarck, sous le nom de *coronopus*.

Observations.

Ce genre est formé avec des espèces enlevées aux genres PASSE-RAGE & CRANSON. *Voyez* ces mots.

Espèces.

1. La SÉNÉBIÈRE corne-de-cerf.
Senebiera coronopus. Poir. ☉ Indigène.
2. La SÉNÉBIÈRE pinnatifide.
Senebiera pinnatifida. Decand. ☉ De l'Europe, de l'Asie, de l'Afrique & de l'Amérique.
3. La SÉNÉBIÈRE à feuilles entières.
Senebiera integrifolia. Déc. De Madagascar.

4. La SÉNÉBIÈRE à dents de scie.
Senebiera serrata. Poir. ♃ De l'Amérique méridionale.

Culture.

Ce sont les deux premières espèces que nous cultivons.

Comme elles sont annuelles, leur culture consiste à les semer en place, à une exposition chaude, & à les éclaircir & sarcler lorsque le plant est parvenu à quelques pouces d'élévation.

La seconde a besoin d'un peu plus de chaleur que la première ; aussi, dans les écoles de botanique, la sème-t-on dans des pots qu'on plonge dans une couche.

Ainsi que j'en ai acquis personnellement la preuve, cette dernière, qu'on appelle *cresson de Savane* à Saint-Domingue, est beaucoup meilleure en salade que le cresson alénois ; aussi fais-je des vœux pour qu'elle soit mise au nombre des plantes de nos jardins.

Une terre sablonneuse est celle qui lui convient le mieux. (*Bosc.*)

SENECILLE. SENECILLIS.

Genre de plantes établi pour placer deux CINÉRAIRES, mais qui n'a pas été adopté par les botanistes. (*Bosc.*)

SENECKA : espèce de POLYGALA. *Voyez* ce mot.

SENEÇON. SENECIO.

Genre de plantes de la syngénésie superflue & de la famille des *Corymbifères*, qui réunit un grand nombre d'espèces, dont plusieurs sont fort communes dans les champs, les prairies, les bois, & dont beaucoup se cultivent dans nos écoles de botanique. Il est figuré pl. 676 des *Illustrations des genres* de Lamarck.

Observations.

Quelques botanistes, à l'imitation de Tournefort, ont établi le genre JACOBÉE avec les Seneçons, qui ont les fleurs radiées.

Espèces.

Seneçons à fleurs flosculeuses.

1. Le SENEÇON commun.
Senecio vulgaris. Linn. ☉ Indigène.
2. Le SENEÇON d'Arabie.
Senecio arabica. Linn. ♂ De l'Egypte.
3. Le SENEÇON à feuilles de peucedane.
Senecio peucedanoides. Linn. ♄ Du Cap de Bonne-Espérance.
4. Le SENEÇON à tiges nues.
Senecio pseudo-china. Linn. ♃ Des Indes.

4. Le

5. Le SENEÇON du Japon,
Seneci> japonicus. Thunb. Du Japon.

6. Le SENEÇON rougeâtre.
Senecio rubescens. Ait. ☉ Du Cap de Bonne-Espérance.

7. Le SENEÇON divariqué.
Senecio divaricatus. Linn. De la Chine.

8. Le SENEÇON paniculé.
Senecio paniculatus. Berg. ♄ Du Cap de Bonne-Espérance.

9. Le SENEÇON à feuilles d'épervière.
Senecio hieracifolius. Linn. ☉ De l'Amérique septentrionale.

10. Le SENEÇON très-feuillé.
Senecio vestitus. Thunb. ♄ Du Cap de Bonne-Espérance.

11. Le SENEÇON à feuilles de verveine.
Senecio verbenæfolius. Willd. ☉ De l'Égypte.

12. Le SENEÇON de Croatie.
Senecio croaticus. Willd. ♃ De l'Allemagne.

13. Le SENEÇON à fleurs penchées.
Senecio cernuus. Linn. ☉ Des Indes.

14. Le SENEÇON à feuilles de pêcher.
Senecio persicifolius. Linn. ♄ Du Cap de Bonne-Espérance.

15. Le SENEÇON à feuilles étroites.
Senecio angustifolius. Thunb. ♄ Du Cap de Bonne-Espérance.

16. Le SENEÇON blanc de neige.
Senecio niveus. Thunb. ♄ Du Cap de Bonne-Espérance.

17. Le SENEÇON mucroné.
Senecio mucronatus. Willd. ♄ Du Cap de Bonne-Espérance.

18. Le SENEÇON bidenté.
Senecio bidentatus. Thunb. ♄ Du Cap de Bonne-Espérance.

19. Le SENEÇON à feuilles rudes.
Senecio scaber. Thunb. Du Cap de Bonne-Espérance.

20. Le SENEÇON biflore.
Senecio biflorus. Vahl. ♄ De l'Arabie.

21. Le SENEÇON à feuilles recourbées.
Senecio reclinatus. Linn. ♃ Du Cap de Bonne-Espérance.

22. Le SENEÇON à fleurs purpurines.
Senecio purpureus. Linn. ♃ Du Cap de Bonne-Espérance.

23. Le SENEÇON effilé.
Senecio virgatus. Linn. ♄ Du Cap de Bonne-Espérance.

24. Le SENEÇON à quatre dents.
Senecio quadridentatus. Labill. ♃ De la Nouvelle-Hollande.

25. Le SENEÇON à feuilles rouges.
Senecio hæmatophyllus. Willd. ♄ De.....
Agriculture. Tome VI.

Seneçons à fleurs radiées, dont les demi-fleurons sont roulés en dehors.

26. Le SENEÇON des forêts.
Senecio sylvaticus. Linn. ☉ Indigène.

27. Le SENEÇON visqueux.
Senecio viscosus. Linn. ☉ Indigène.

28. Le SENEÇON à feuilles de marguerite.
Senecio leucanthemifolius. Poir. ☉ De la Barbarie.

29. Le SENEÇON à feuilles grasses.
Senecio crassifolius. Willd. ☉ Du midi de la France.

30. Le SENEÇON à tiges basses.
Senecio humilis. Desf. ☉ De la Barbarie.

31. Le SENEÇON à petites corolles.
Senecio nebrodensis. Linn. ☉ Du midi de l'Europe.

32. Le SENEÇON géant.
Senecio giganteus. Desf. ♃ De la Barbarie.

33. Le SENEÇON auriculé.
Senecio auriculatus. Desf. ☉ De la Barbarie.

34. Le SENEÇON d'Égypte.
Senecio egyptius. Linn. ☉ De l'Égypte.

35. Le SENEÇON à trois fleurs.
Senecio triflorus. Linn. ☉ De l'Égypte.

36. Le SENEÇON de Java.
Senecio javanicus. Willd. Des Indes.

37. Le SENEÇON cendré.
Senecio cinerascens. Ait. ♄ Du Cap de Bonne-Espérance.

38. Le SENEÇON multifide.
Senecio multifidus. Burm. De Java.

39. Le SENEÇON corne-de-cerf.
Senecio coronopifolius. Desfont. ☉ De la Barbarie.

40. Le SENEÇON austral.
Senecio australis. Willd. ♃ De la Nouvelle-Zélande.

41. Le SENEÇON de la Nouvelle-Zélande.
Senecio lautus. Forst. De la Nouvelle-Zélande.

42. Le SENEÇON livide.
Senecio lividus. Linn. ☉ De l'Espagne.

43. Le SENEÇON à trois lobes.
Senecio trilobus. Linn. ☉ De l'Espagne.

44. Le SENEÇON à feuilles de téléphium.
Senecio telephifolius. Jacq. ☉ Du Cap de Bonne-Espérance.

45. Le SENEÇON à feuilles glauques.
Senecio glaucus. Linn. ♂ De l'Egypte.

46. Le SENEÇON variqueux.
Senecio varicosus. Linn. ☉ De l'Egypte.

47. Le SENEÇON sans écailles.
Senecio exsquammeus. Brot. ☉ Du Portugal.

Seneçons à demi-fleurons étalés; feuilles pinnatifides.

48. Le SENEÇON élégant, vulgairement *seneçon d'Afrique.*
Senecio elegans. Linn. ☉ Du Cap de Bonne-Espérance.

49. Le Seneçon mignon.
Senecio venuſtus. Ait. ♂ Du Cap de Bonne-
Eſpérance.
50. Le Seneçon ruſtique.
Senecio ſqualidus. Linn. ⊙ Du midi de la France.
51. Le Seneçon à feuilles de roquette.
Senecio erucæfolius. Linn. ♃ Indigène.
52. Le Seneçon jacobé.
Senecio jocobæa. Linn. ♃ Indigène.
53. Le Seneçon aquatique.
Senecio aquaticus. Smith. ⊙ Indigène.
54. Le Seneçon à feuilles d'aurone.
Senecio abrotanifolius. Linn. ♃ Des Alpes.
55. Le Seneçon à feuilles fines.
Senecio tenuifolius. Linn. ♃ Indigène.
56. Le Seneçon à feuilles de dauphinelle.
Senecio delphinifolius. Desf. De la Barbarie.
57. Le Seneçon du Canada.
Senecio canadenſis. Linn. ♃ Du Canada.
58. Le Seneçon à grandes fleurs.
Senecio grandiflorus. Berg. Du Cap de Bonne-
Eſpérance.
59. Le Seneçon à feuilles de chryſanthème.
Senecio chryſanthemifolius. Poir. ♃ De la Sicile.
60. Le Seneçon haſté.
Senecio heſtatus Linn. De l'Afrique.
61. Le Seneçon laineux.
Senecio pubigerus. Linn. Du Cap de Bonne Eſpérance.
62. Le Seneçon uniflore.
Senecio uniflorus. Allion. ♃ Des Alpes.
63. Le Seneçon blanchâtre, vulgairement génépi
jaune.
Senecio incanus. Linn. ♃ Des Alpes.
64. Le Seneçon de la Carniole.
Senecio carniolicus. Willd. ♃ Des Alpes.
65. Le Seneçon à petites fleurs.
Senecio parviflorus. Allion. ♃ Des Alpes.
66. Le Seneçon doré.
Senecio aureus. Linn. ♃ De l'Amérique ſeptentrionale.
67. Le Seneçon balſamite.
Senecio balſamita. Willd. ♃ De l'Amérique
ſeptentrionale.
68. Le Seneçon ovale.
Senecio obovatus. Willd. ♃ De l'Amérique ſeptentrionale.
69. Le Seneçon printanier.
Senecio vernalis. Willd. ⊙ De l'Allemagne.
70. Le Seneçon des montagnes.
Senecio montanus. Willd. ⊙ De l'Allemagne.
71. Le Seneçon en lyre.
Senecio lyratus. Linn. Du Cap de Bonne-Eſpérance.
72. Le Seneçon denté.
Senecio dentatus. Jacq. ♂ Du Cap de Bonne-Eſpérance.
73. Le Seneçon des rochers.
Senecio rupeſtris. Willd. ♃ De l'Allemagne.

74. Le Seneçon rongé.
Senecio eroſus. Linn. ♃ Du Cap de Bonne-Eſpérance.
75. Le Seneçon brillant.
Senecio ſpecioſus. Willd. ♃ De la Chine.
76. Le Seneçon des Alpes.
Senecio alpinus. Linn. ♃ Des Alpes.
77. Le Seneçon ombellé.
Senecio umbellatus. Linn. ♃ Du Cap de Bonne-
Eſpérance.
78. Le Seneçon appendiculé.
Senecio appendiculatus. Vahl. De l'Arabie.
79. Le Seneçon grêle.
Senecio pauperculus. Mich. De l'Amérique ſep-
tentrionale.
80. Le Seneçon glabre.
Senecio glabellus. Mich. ⊙ De l'Amérique ſep-
tentrionale.
81. Le Seneçon à feuilles ailées.
Senecio venuſtus. Ait. ♂ Du Cap de Bonne-
Eſpérance.
82. Le Seneçon fendu.
Senecio inciſus. Thunb. Du Cap de Bonne-Eſ-
pérance.
83. Le Seneçon abrupte.
Senecio abruptus. Thunb. Du Cap de Bonne-
Eſpérance.
84. Le Seneçon à feuilles de ſpirée.
Senecio ſpiræfolius. Thunb. Du Cap de Bonne-
Eſpérance.

*Seneçons à fleurs radiées, dont les demi-fleurons ſont
étalés & les feuilles entières.*

85. Le Seneçon à feuilles de lin.
Senecio linifolius. Linn. ♃ Du midi de l'Europe.
86. Le Seneçon à feuilles de genevrier.
Senecio juniperifolius. Linn. ♄ Du Cap de
Bonne-Eſpérance.
87. Le Seneçon à feuilles de romarin.
Senecio rofmarinifolius. Linn. ♄ Du Cap de
Bonne-Eſpérance.
88. Le Seneçon à feuilles rudes.
Senecio aſper. Ait. ♄ Du Cap de Bonne-Eſ-
pérance.
89. Le Seneçon à feuilles relevées.
Senecio rigeſcens. Jacq. ♄ Du Cap de Bonne-
Eſpérance.
90. Le Seneçon en croix.
Senecio cruciatus. Linn. Du Cap de Bonne-
Eſpérance.
91. Le Seneçon tomenteux.
Senecio tomentoſus. Mich. De la Caroline.
92. Le Seneçon de l'Yémen.
Senecio hadienſis. Vahl. ♄ De l'Arabie.
93. Le Seneçon des marais.
Senecio paludoſus. Linn. ♃ Indigène.
94. Le Seneçon des bois.
Senecio nemorenſis. Linn. ♃ Du midi de la
France.

95. Le SENEÇON à feuilles ovales.
Senecio ovatus. Willd. ♃ De l'Allemagne.

96. Le SENEÇON farrafin.
Senecio farracchicus. Linn. ♃ Du midi de la France.

97. Le SENEÇON coriace.
Senecio coriaceus. Ait. ♃ Du Levant.

98. Le SENEÇON charnu.
Senecio doria. Linn. ♃ Du midi de la France.

99. Le SENEÇON d'Orient.
Senecio orientalis. Willd. ♃ Du Levant.

100. Le SENEÇON doronic.
Senecio doronicum. Linn. ♃ Des Alpes.

101. Le SENEÇON de Barrelier.
Senecio Barrelieri. Gouan. ♃ Des Pyrénées.

102. Le SENEÇON du mont Baldo.
Senecio baldensis. Poir. ♃ Des Alpes.

103. Le SENEÇON à feuilles de paftel.
Senecio glaſtifolius. Linn. Du Cap de Bonne-Eſpérance.

104. Le SENEÇON en lance.
Senecio lanceus. Ait. ♄ Du Cap de Bonne-Eſpérance.

105. Le SENEÇON d'automne.
Senecio oporinus. Willd. ♃ Du Cap de Bonne-Eſpérance.

106. Le SENEÇON de Byzance.
Senecio byzantinus. Linn. ♂ Du Levant.

107. Le SENEÇON à feuilles roides.
Senecio rigidus. Linn. ♄ Du Cap de Bonne-Eſpérance.

108. Le SENEÇON à longues feuilles.
Senecio longifolius. Linn. ♃ Du Cap de Bonne-Eſpérance.

109. Le SENEÇON à feuilles d'arroche.
Senecio halimifolius. Linn. ♄ Du Cap de Bonne-Eſpérance.

110. Le SENEÇON hétérophylle.
Senecio heterophyllus. Thunb. ♄ Du Cap de Bonne-Eſpérance.

111. Le SENEÇON à feuilles molles.
Senecio mollis. Willd. ♃ Du Levant.

112. Le SENEÇON de Sibérie.
Senecio ſibiricus. Linn. ♃ De la Sibérie.

113. Le SENEÇON à feuilles d'yeufe.
Senecio ilicifolius. Linn. ♂ Du Cap de Bonne-Eſpérance.

114. Le SENEÇON à feuilles en cœur.
Senecio cordifolius. Linn. Du Cap de Bonne-Eſpérance.

115. Le SENEÇON à feuilles de peuplier.
Senecio populifolius. Linn. ♄ Du Cap de Bonne-Eſpérance.

116. Le SENEÇON ombreux.
Senecio umbrofus. Waldft. & Kit. ♃ De la Hongrie.

117. Le SENEÇON de deux couleurs.
Senecio difcolor. Dum.-Courf. ♄ De.....

Culture.

Nous cultivons de ces efpèces, dans les écoles de botanique, celles infcrites fous les n°s. 1, 4, 5, 6, 9, 13, 21, 22, 25, 27, 34, 35, 37, 42, 48, 51, 52, 53, 54, 55, 59, 60, 63, 66, 69, 70, 72, 73, 81, 85, 87, 88, 91, 92, 93, 94, 96, 97, 98, 104, 107, 108, 113, 115 & 117. Beaucoup fe contentent de la pleine terre; quelques unes demandent l'orangerie, & un petit nombre la ferre chaude.

Les efpèces de pleine terre fe divifent en Seneçons annuels & en Seneçons vivaces; les premiers, ce font les efpèces n°s. 1, 6, 9, 13, 26, 27, 34, 35, 42, 48, 69 & 70, fe fèment en place, & le plant qui en provient, s'éclaircit & fe farcle, mais du refte ne demande aucun foin extraordinaire. Cependant celles d'entr'elles qui font du Cap de Bonne-Efpérance ou de Barbarie, & même du midi de l'Europe, furtout la 48e., demandent une expofition chaude; & pour faire certainement arriver leurs graines à maturité, il convient d'en tenir quelques pieds en pots, pour les rentrer dans l'orangerie aux approches des froids.

Les efpèces d'orangerie font principalement celles du Cap de Bonne-Efpérance. On les tient en pots remplis de terre à demi confiſtante, & on les place, pendant l'été, à une expofition chaude. Les ligneufes fe multiplient de boutures, & les herbacées par déchirement des vieux pieds. Rarement on fème leurs graines lorfqu'elles en donnent, ce qui n'eft pas fréquent : ces efpèces font les 5e., 21e., 22e., 37e., 87e., 88e., 108e., 109e., 113e., 115e. & 117e.

Il eft quelques efpèces biſannuelles, comme les 72e. & 81e., qui doivent auffi être rentrées dans l'orangerie.

Les efpèces infcrites fous les n°s. 4, 25, 60 & 117, font de ferre chaude. Leur culture & leur multiplication font les mêmes que celles des efpèces d'orangerie.

Actuellement je vais dire un mot des Seneçons indigènes & de ceux qui fe cultivent pour l'ornement des jardins.

Le Seneçon commun eft fort abondant dans les terres cultivées qui font fraîches & fertiles. Il eft en fleur & en fruit toute l'année, même fous la neige; auffi eft-il très-difficile de le détruire par les farclages & les labours les plus multipliés. Tous les beftiaux, excepté les cochons, le dédaignent. On l'emploie en médecine. L'apporter fur le fumier, pour en augmenter la maffe, feroit une bonne opération dans les pays où il furabonde; fi on n'y apportoit pas en même temps fes femences qui le reproduiroient au centuple.

Les Seneçons des forêts & vifqueux font fi communs en certains lieux fablonneux & ombragés, qu'il peut être profitable de les arracher pour les enterrer dans les champs exposés au soleil, afin d'en augmenter la fertilité. On n'a pas à craindre leurs semences comme celles du précédent, parce que les pieds qu'elles produiroient dans ces champs périroient dans le premier âge.

Le Seneçon élégant est le seul des exotiques qu'on cultive à raison de l'agrément de ses fleurs. Pour qu'il jouisse de tous ses avantages, il faut le semer dans des pots remplis de terre de bruyère, mêlée avec moitié de terreau, & placer ces pots, dès le mois d'avril, dans une couche nue. Lorsque le plant a acquis deux pouces de haut, on le repique seul à seul, ou dans d'autres pots, ou en pleine terre, à une bonne exposition. On le multiplie aussi de boutures qu'on peut faire pendant tout l'été. Il ne faut pas lui ménager les arrosemens pendant les chaleurs. Les plus petites gelées le font périr; en conséquence, on doit rentrer de bonne heure dans l'orangerie les pieds qui sont en pots, pour qu'ils puissent donner de la graine. Les pieds provenant de boutures passent également l'hiver dans l'orangerie, & commencent à y fleurir, pourvu qu'ils soient près des jours, pour continuer de le faire à l'air jusqu'à l'hiver suivant.

C'est réellement une plante d'un aspect fort élégant lorsqu'elle est abondamment garnie de fleurs, & elle l'est toujours, lorsqu'elle est bien conduite. Elle offre une variété à fleurs blanches, qui est ordinairement plus garnie de fleurs, & de fleurs plus grandes; mais je trouve qu'elle lui est inférieure en beauté.

Le Seneçon jacobé est fort commun dans les prés, les bois, le long des routes, &c., dont le sol est argileux & frais. Il ne manque pas d'agrément lorsqu'il est en fleur; aussi doit-on le placer le long des allées, autour des massifs des jardins paysagers. Souvent il est si multiplié, qu'il étouffe toutes les autres plantes. Les bestiaux n'y touchent pas, mais la médecine en fait assez souvent usage. Ses tiges doivent être ramassées, soit pour être réunies au fumier, soit pour chauffer le four, soit pour fabriquer de la potasse. Comme il nuit aux prairies, y tenant la place de bonnes plantes, on doit l'en extirper, soit en les labourant, s'il y est très-abondant, soit en coupant ses touffes entre deux terres avec une pioche à fer étroit.

Le Seneçon doré est une plante fort remarquable par sa grandeur & la beauté de toutes ses parties. On doit le multiplier dans les jardins paysagers, sur les bords des massifs, en avant des fabriques, le long des allées. Une fois en place, il ne demande que des soins de propreté.

Le Seneçon des marais jouit des mêmes avantages, & peut, par conséquent, lui être adjoint; seulement il demande un terrain humide, ce qui indique que sa place est sur le bord des eaux. J'en dirai autant des Seneçons coriace, charnu & doronic.

Tous ces Seneçons sont très-rustiques & se multiplient avec la plus grande facilité par la division de leurs pieds, division dont les produits donnent des fleurs dès la même année.

Il faut changer les pieds de ces Seneçons de place de loin en loin, parce qu'ils épuisent la terre. (Bosc.)

SENEÇON EN ARBRE. C'est la BACCHANTE.

SÉNÉGRÉ : un des noms de la TRIGONELLE FENU-GREC.

SENEVÉ. On appelle ainsi la MOUTARDE dans quelques lieux.

SENRÉE. SENRA.

Plante originaire d'Arabie, qui seule constitue un genre dans la monadelphie monandrie & dans la famille des *Malvacées*.

Nous ne la cultivons pas dans nos jardins. (Bosc.)

SENSITIVE : espèce du genre des ACACIES, remarquable par la faculté dont jouissent ses feuilles de se replier au plus petit attachement. *Voyez* le *Dictionnaire de Physiologie végétale*. (Bosc.)

SENTIER : trace du passage des personnes à pied, que ceux qui viennent ensuite sont déterminés à suivre.

Il est des Sentiers qui le sont depuis des siècles, & qui, par conséquent, appartiennent bien au public; mais il s'en forme journellement pour communiquer d'une maison nouvellement bâtie aux autres ou au grand chemin : tous, mais principalement ces derniers, lèsent les propriétaires & donnent souvent lieu à des rixes ou à des actions judiciaires, les lois étant en contradiction avec l'usage, & même, je dois le dire, avec le droit naturel.

Quand on pense à la grande quantité de terrain cultivable que les Sentiers, d'autant plus multipliés que la population est plus nombreuse, enlèvent à l'agriculture, on ne peut que gémir & faire des vœux pour qu'ils soient réduits au strict nécessaire. Les conseils municipaux, sous l'autorité des départementaux, devroient être chargés, par une loi, de constater leur utilité & de faire supprimer ceux qui seroient jugés superflus.

Un des meilleurs moyens que les propriétaires puissent employer, non pour supprimer les Sentiers qui sont autorisés par un long usage, mais au moins pour empêcher d'en établir de nouveaux, c'est la clôture de leurs champs par des HAIES ou des FOSSÉS bien entretenus. *Voyez* ces mots & celui CLÔTURE.

Je dois encore insister pour que, dans les champs où il y a des Sentiers qui ne peuvent être supprimés, ils soient indiqués par un large sillon tiré en ligne droite, parce qu'on y gagnera au moins l'économie du terrain qui résulte de la disparition des courbures, de l'irrégularité de la largeur, souvent des doubles traces, &c. (Bosc.)

SEOUCLA. C'est SARCLER dans le département du Var.

SEP : partie de la charrue qui porte le foc, & à laquelle l'age & le manche font attachés. *Voyez* CHARRUE.

On écrit fouvent *cep*, mais il faut réferver ce mot pour indiquer les pieds de vigne.

SEPTADE. *Septas.*

Genre de plantes de l'heptandrie heptagynie & de la famille des *Joubarbes*, qui réunit deux efpèces qui fe cultivent dans nos jardins. Il eft figuré pl. 276 des *Illuftrations des genres* de Lamarck.

Efpèces.

1. La SEPTADE du Cap.
Septas capenfis. Linn. ♃ Du Cap de Bonne-Efpérance.

2. La SEPTADE globuleufe.
Septas globularis. Curt. ♃ Du Cap de Bonne-Efpérance.

Culture.

Ces deux plantes ont des racines tubéreufes; elles veulent une terre légère, l'orangerie pendant l'hiver, & peu d'arrofemens en tout temps. On les multiplie par la féparation de leurs tubercules. Elles font encore rares, quoiqu'affez jolies quand elles font en fleurs. (*Bosc.*)

SEPTEMBRE. C'eft le dernier mois de l'été, celui où les arbres commencent à perdre leurs feuilles, où fe termine la feconde pouffe, qu'on appelle *pouffe d'août*. *Voyez* AOÛTER.

Pendant fa durée, le laboureur fème fes feigles, donne la dernière façon aux terres deftinées à recevoir fes fromens, coupe fes regains, les vendanges commencent, les huiles de graines fe preffent, les premiers cidres fe font, on bat les fromens pour femence, &c.

Dans les jardins on cueille les fruits d'automne, on repique les légumes d'hiver, on butte le céleri, les cardons, on lie la chicorée, &c.

Dans les pépinières, les greffes fe defferrent, les orangers & les plantes en pots reçoivent de la nouvelle terre, on commence à repiquer les femis, à planter les arbres qui fe dépouillent, à faire les trous pour ceux qui feront mis plus tard en terre, &c. *Voyez* ÉTÉ & AUTOMNE. (*Bosc.*)

SEPTENTRION. *Voyez* NORD.

SEPTMONCEL : forte de fromage des montagnes du Jura, compofé d'un fixième de lait de vache & de cinq fixièmes de lait de brebis. Il fe rapproche du Roquefort, mais il eft moins bon. On en mange quelquefois à Paris. (*Bosc*)

SÉQUENCE. En Savoie & dans quelques autres cantons, ce mot eft fynonyme d'ALTERNAT ou d'ASSOLEMENT. *Voyez* ces mots.

SERAI. On donne ce nom à la partie cafeufe

qui refte diffoute dans le petit-lait après qu'on en a retiré les fromages dits *de gruyère*, & qu'on en fépare par une opération particulière. Cette même partie s'appelle *brocotte* dans les Vofges, & *céracte* dans la Savoie.

Le Serai diffère très-peu du fromage par fes principes conftituans; c'eft un aliment très-fain & qui nourrit beaucoup. Celui qui le premier a trouvé les moyens de l'obtenir, n'eft pas connu.

On appelle *aify* la préfure qui fert à coaguler le Serai; ce n'eft autre chofe que la cuite aigrie. Pour fe la procurer, on place auprès de la cheminée où l'on fait les fromages, un vafe qui contient environ quatre fois autant de petit-lait qu'on en emploie chaque jour, & on le remplit de cuite chaude qui ne tarde pas à s'aigrir.

La cuite eft le petit-lait complétement privé de Serai.

Chaque jour on tire du tonneau la quantité d'aify néceffaire, & on la remplace par la cuite du même jour.

Quand on commence un établiffement & qu'on n'a pas de petit-lait aigri, on le fupplée par des vins blancs acides ou du cidre aigre.

Un tonneau qui a fourni de l'aify pendant quinze jours, offre un dépôt qui donne au Serai une mauvaife odeur & une faveur défagréable. En conféquence, on en établit un nouveau tous les dix à douze jours.

La dofe ordinaire de l'aify eft de fix à huit pour cent, mais on peut l'augmenter fans inconvéniens; il eft même reçu en pratique qu'il ne faut pas l'épargner. En été on y ajoute un quart d'eau fraîche.

Pour retirer le Serai du petit-lait qui y eft refté, on le replace fur le feu dès qu'on a enlevé le fromage de la chaudière; & lorfqu'il eft arrivé à quarante ou quarante-cinq degrés, on y ajoute le lait de beurre & le lait fufpect qu'on n'a pas voulu employer à la fabrication du fromage. On pouffe le feu, & le liquide entre en ébullition; alors on verfe l'aify. Le Serai ne tarde pas à monter à la furface fous la forme d'une écume blanche, qui s'agglomère par la cuiffon. On retire la chaudière du feu quand l'agglomération eft complète, on enlève une écume qui eft à la furface, puis avec l'écumoire on fépare cette croûte en gros morceaux qu'on jette dans le moule placé fur l'égouttoir. En fe refroidiffant, le Serai s'affaiffe, & lorfqu'il eft froid, il devient une maffe cohérante qui conferve fa forme.

On fale le Serai en le mettant fur une planche entre deux lits de fel, & enfuite on le dépofe dans un lieu très-fec. Quand le fel eft abforbé, & que le volume eft diminué d'un tiers, il eft devenu mangeable & commerçable.

Il eft à defirer que la fabrication du Serai, complétement inconnu dans les pays de plaines, y prenne faveur, puifque c'eft une augmentation confidérable de produit, une vache fuiffe bien nourrie pouvant en fournir cent foixante-feize livres par an. *Voyez* VACHE, LAIT, FROMAGE, FRUITIÈRE. (*Bosc.*)

SERANCER : opération qui consiste à diviser, au moyen d'un peigne de fer à longues dents, fixé sur un banc ou une table, les filamens du chanvre ou du lin, pour les mettre en état d'être filés. Elle se fait ordinairement chez les cultivateurs, mais par des ouvriers étrangers qui parcourent les villages pendant l'hiver. Ainsi, je dois renvoyer au *Dictionnaire des Manufactures & Arts*, ceux qui voudront apprendre à la connoître. (*Bosc.*)

SERANÇOIR. On devroit donner exclusivement ce nom à une espèce de peigne de fer à longues dents, fixé sur un banc ou une table, & destiné à SERANCER le CHANVRE & le LIN. (*Voyez* ces trois mots.) Cependant, dans quelques pays, il se donne aussi à la BROYE ou MACHE, instrument de bois qui sert à briser les tiges du chanvre ou du lin pour en séparer la filasse. Je renvoie, pour la description & la manière de se servir de cet instrument, au *Dictionnaire des Manufactures & Arts.* (*Bosc.*)

SERATONE. CROTONOPSIS.

Plante annuelle de la Caroline, qui seule forme un genre dans la monœcie pentandrie & dans la famille des *Euphorbes.*

Les graines de cette plante, que j'ai rapportées de la Caroline, ont levé dans nos jardins; mais comme les pieds qu'elles ont produits n'en ont point donné, elle n'y a subsisté qu'un an. On les avoit semées en avril dans des pots remplis de terre de bruyère, enterrés dans une couche nue, & le plant avoit été mis contre un mur, à l'exposition du midi. (*Bosc.*)

SEREIN. On nomme ainsi l'humidité qui résulte, le soir, de la condensation des vapeurs élevées, pendant le jour, par suite du refroidissement de l'air produit par l'absence du soleil.

En tout pays, le Serein nuit aux hommes qui n'y sont pas journellement exposés, parce qu'il suspend leur transpiration, & cet effet est plus marqué dans les pays chauds & marécageux, à raison des gaz délétères qui se précipitent en même temps.

On se garantit des effets du Serein en se tenant bien couvert, en se renfermant dans des appartemens fermés & en allumant des feux clairs.

Il est probable que le Serein agit aussi sur les plantes, mais ses effets sont peu appréciables.

Ce n'est pas toujours au Serein qu'il faut attribuer la rosée, car souvent il n'y en a pas à minuit, & on en trouve beaucoup à six heures du matin. C'est au soleil, qui chasse devant lui les vapeurs qu'il a élevées, qu'on doit la précipitation de cette dernière. *Voyez* ROSÉE. (*Bosc.*)

SERENNE. On donne ce nom à l'instrument avec lequel on sépare le beurre de la crème au moyen de la percussion. On l'appelle aussi BARRATE.

Il y a un grand nombre de sortes de Serennes, différentes en largeur, en longueur, en forme; mais leur action ne s'exécute que par la percussion, soit perpendiculaire, soit horizontale.

La plus commune de ces Serennes est un vase en cône tronqué, formé de douves cerclées en fer, de trois pied de haut sur un pied de diamètre à sa base, & dix pouces à son sommet, le tout terme moyen. Son ouverture supérieure se ferme par un couvercle forcé, concave en son milieu, & percé d'un trou d'un pouce de diamètre. On met la crème dans ce vase; on fait passer par le trou du couvercle un bâton presque de son diamètre, & long de cinq pieds, bâton au bout inférieur duquel est fixé un disque épais de bois dur, presque du diamètre de l'ouverture supérieure du cône, & on frappe de ce disque à coups redoublés, jusqu'à ce que le beurre soit formé.

Le but de cette opération, c'est de déterminer, en présentant successivement toutes ses molécules à l'air, la crème d'ailleurs échauffée par la percussion, à absorber l'oxigène atmosphérique. C'est pourquoi le beurre se fait mieux quand on bat la crème fortement & sans discontinuer, & qu'il fait chaud. *Voyez* LAIT.

La plus commode & la plus expéditive de ces Serennes est celle qui consiste en un segment de cylindre, également en douves cerclées en fer, tantôt plus large que long, tantôt plus long que large, mais de dimensions fort variables, qu'on fixe à hauteur du bras, & dans lequel on tourne une manivelle à quatre ou six ailes, tantôt simples, tantôt composées de deux pièces réunies par une charnière, lesquelles ailes battent continuellement la crème & y produisent les effets précédemment indiqués.

On voit ces deux sortes de Serennes figurées pl. 32 de l'*Art aratoire*, faisant partie de ce Dictionnaire; savoir : la première, figures 8, 9, 11 & 12, & la seconde, figures 4, 5, 6 & 7.

Voyez, pour le surplus, au mot LAITERIE. (*Bosc.*)

SERENTE : nom vulgaire du SAPIN PESSE ou *épicea. Voyez* ce mot dans le *Dictionnaire des Arbres & Arbustes.*

SEREQUE. C'est, dans quelques cantons, le GENÈT SAGITTAL.

SERFOUETTE ou CERFOUETTE : doubles crochets réunis par une douille dans laquelle se place un manche de bois de deux pieds de long.

Avec les crochets de la Cerfouette on remue légèrement la surface de la terre autour des jeunes plantes, afin de favoriser leur accroissement. *Voyez* l'article suivant. (*Bosc.*)

SERFOUIR. C'est biner la terre avec une SERFOUETTE. *Voyez* l'article précédent.

On serfouit aussi cependant avec une petite

pioche à fer plein, avec un morceau de bois pointu, avec une lame de couteau, &c.

Le ferfouiffage eft le plus léger des labours, mais ce n'eft pas celui qui a le moins d'influence fur la profpérité des plantes, en ce qu'il favorife l'introduction de l'eau & de l'air autour des racines dans le moment où elles ont le plus befoin de ces deux puiffans moteurs de la VÉGÉTATION. *Voyez* ce mor.

On peut ferfouir en tout temps, mais c'eft principalement après la pluïe qu'il eft plus convenable de le faire, parce qu'alors la terre fe divife mieux, & qu'on rifque moins, lorfque c'eft fur une planche de femis qu'on opère, d'arracher les plants encore pourvus de trop courtes racines pour avoir pénétré beaucoup au-deffous de cette furface. *Voyez* BINAGE & LABOUR. (*Bosc.*)

SERGILE. *Sergilus.*

Genre de plantes établi pour placer le CALLA A BALAI, mais qui n'a pas été adopté par les botaniftes. (*Bosc.*)

SERIANE. *Seriana.*

Genre de plantes fort voifin des PAULL'NIES, avec lefquelles les efpèces qu'il renferme avoient été réunies. Il appartient à l'octandrie trigynie & à la famille des *Savoniers.*

Efpèces.

1. La SERIANE finuée.
Seriana finuata. Schranck. ♄ De l'Amérique méridionale.

2. La SERIANE divariquée.
Seriana divaricata. Schranck. ♄ De la Jamaïque.

3. La SERIANE de Caracas.
Seriana caracafana. Willd. ♄ De l'Amérique méridionale.

4. La SERIANE à fleurs en grappes.
Seriana racemofa. Schranck. ♄ De l'Amérique méridionale.

5. La SERIANE ornante.
Seriana fpectabilis. Schranck. ♄ De l'Amérique méridionale.

6. La SERIANE du Mexique.
Seriana mexicana. Schranck. ♄ Du Mexique.

7. La SERIANE à feuilles étroites.
Seriana anguftifolia. Willd. ♄ De l'Amérique méridionale.

8. La SERIANE lupuline.
Seriana lupulina. Schranck. ♄ De l'Amérique méridionale.

9. La SERIANE luifante.
Seriana lucida. Schranck. ♄ De l'île de Sainte-Croix.

10. La SERIANE trois fois ternée.
Seriana triternata. Willd. ♄ De l'Amérique méridionale.

Culture.

Nous ne cultivons aucune de ces efpèces, mais Miller a cultivé les 1ere. & 6e. Leur culture doit peu différer de celle des PAULLINIES. *Voyez* ce mot. (*Bosc.*)

SERIDIE. *Seridium.*

Genre de plantes établi pour placer quelques efpèces de CENTAURÉES qui différent des autres, telles que celles à *feuilles de navet*, à *feuilles de chicorée*, à *feuilles de laitue*, &c. *Voyez* au mot CENTAURÉE. (*Bosc.*)

SERINGA. *Voyez* SYRINGA.

SERINGUE. La néceffité de détruire les PUCERONS, les COCHENILLES, les CHERMÈS, les PUNAISES, les ACARES & autres infectes qui fucent la féve des plantes & les affoibliffent, les font même périr, a fait imaginer cet inftrument, qui ne diffère de celui du même nom employé dans les ménages, que parce qu'il eft en fer-blanc ou en cuivre, & qu'au lieu d'être terminé par une canule, il l'eft par une petite pomme d'arrofoir.

On emploie la Seringue pour diriger, en deffous des feuilles des arbuftes de ferre & d'orangerie, des arbres fruitiers en efpalier, des plantes rares des parterres, &c., une décoction de plantes âcres, comme de feuilles de tabac, de feuilles de fureau, de feuilles de noyer, de jufquiame, &c., ou mieux une eau de leffive affoiblie, une légère diffolution de foude, de l'eau de favon, &c.

Je ne puis que recommander aux amateurs de fruits & aux cultivateurs de plantes étrangères l'emploi de la Seringue, emploi qui eft facile, qui eft rapide, & dont les effets font immanquables lorfqu'elle eft convenablement mife en action. (*Bosc.*)

SERIOLE. *Seriola.*

Genre de plantes de la fyngénéfie égale & de la famille des *Chicoracées*, dans lequel fe placent quatre efpèces, qui toutes fe cultivent dans nos écoles de botanique. Il eft figuré pl. 656 des *Illuftrations des genres* de Lamarck.

Efpèces.

1. La SERIOLE liffe.
Seriola lævigata. Linn. ⊙ De la Barbarie.

2. La SERIOLE de l'Etna.
Seriola æthnenfis. Linn. ⊙ De la Sicile.

3. La SERIOLE piquante.
Seriola urens. Linn. De la Sicile.

4. La SERIOLE de Crète.
Seriola cretenfis. Linn. ⊙ De l'île de Crète.

Culture.

Les graines de ces efpèces fe fèment dans

des pots remplis de terre à demi confiftante, placés fur couche nue. On éclaircit le plant ou on le repique en pleine terre à une expofition méridienne. Elles ne demandent plus alors d'autres foins que ceux propres à tout jardin bien tenu. Leur intérêt eft nul pour tout autre que pour les botaniftes. (*Bosc.*)

SERISSE. *Serissa.*

Genre de plantes de la pentandrie monogynie & de la famille des *Rubiacées*, établi fur un arbufte de la Chine, qui avoit été placé parmi les LICIETS par Linnæus, appelé BUCHOSIE par Lhéritier, & DYSODE par Loureiro. Il eft figuré pl. 151 des *Illuftrations des genres* de Lamarck.

La Seriffe fétide, & furtout fa variété à fleurs doubles, fe cultive dans nos orangeries & dans nos écoles de botanique. Elle eft couverte de fleurs prefque toute l'année. On la multiplie avec la plus grande facilité par rejetons qu'on lève en automne, & dont elle fournit beaucoup, par bouttures qui fe font au milieu du printemps fous une couche à châffis. Une terre de moyenne confiftance, dont le renouvellement s'exécute tous les deux ans, eft celle qui lui convient le mieux. Des arrofemens fréquens pendant les chaleurs de l'été augmentent fa vigueur, mais il faut les lui ménager pendant l'hiver, qu'elle paffe dans l'orangerie, ou mieux dans la ferre tempérée, car elle craint beaucoup les gelées.

Le trop grand foleil nuit à cet arbriffeau, furtout à fes rejetons & à fes marcottes nouvellement tranfplantées; ainfi il faut les placer à l'ombre. (*Bosc.*)

SERMONTAISE. C'eft la LIVÈCHE LIGUS-TIQUE.

SEROKA : altération de SENEKA.

SERPE : inftrument de fer recourbé, au moins à fon extrémité, coupant d'un côté, où il eft armé d'acier, & fixé à un manche de bois très-court. *Voyez* SERPETTE.

On fait un fréquent ufage de la Serpe dans la grande & dans la petite culture pour couper les groffes branches des arbres, pour aiguifer les échalas, les pieux, &c. &c. ; ainfi il faut en avoir de grandes & de petites.

L'important pour l'économie du temps & la bonne exécution de l'ouvrage, c'eft que la Serpe foit auffi affilée que poffible, qu'elle n'offre furtout aucun ébréchement. *Voyez* COUPE DES BOIS dans le *Dictionnaire des Arbres & Arbuftes*. (*Bosc.*)

SERPENT : famille d'animaux dont je dois dire un mot, à raifon des préjugés qui règnent à fon occafion parmi les cultivateurs.

Des efpèces qui en font partie, il n'y a que la vipère (on en compte trois efpèces en France, mais elles diffèrent fort peu & ont les mêmes mœurs) qui foit nuifible, & cependant toutes font l'objet de la terreur & de la haine. Partout

on les tue fans miféricorde, quoique toutes, & & la vipère plus que les autres, foient les auxiliaires des cultivateurs, puifqu'elles font une guerre perpétuelle aux fouris, aux mulots, aux campagnols, aux limaces & à beaucoup d'infectes nuifibles. Il eft à defirer qu'on ne perpétue pas cette crainte ridicule des Serpens qu'on inculque aux enfans, & que le maffacre inutile qu'on en fait, ceffe enfin.

Il n'eft pas vrai que les Serpens aiment le lait & qu'ils tètent les vaches dans les pâturages; tous font carnivores : ce font les vachers qui les accufent, qu'on doit croire les coupables de l'extraction du lait de ces vaches.

Si les Serpens charment quelquefois les petits animaux dont ils fe nourriffent, au point qu'ils ne peuvent fe fauver, qu'ils fe jettent même dans leur gofier, c'eft par l'effet d'une terreur fubite, terreur que l'homme même éprouve à la vue d'un danger imminent. Je n'ai jamais pu faire naître cette terreur dans des fouris ou des petits oifeaux renfermés avec une vipère. (*Bosc.*)

SERPENT AVEUGLE ou SERPENT CASSANT. C'eft l'ORVET.

SERPENT A COLLIER. On appelle ainfi la couleuvre la plus commune, parce qu'elle a deux taches jaunes derrière la tête.

SERPENTAIRES. Des plantes des genres, ARISTOLOCHE, GOUET & CACTIER, portent ce nom.

SERPENTAUX. Les marcottes faites avec une branche affez flexible pour être plufieurs fois couchée en terre, s'appellent de ce nom. *Voyez* MARCOTTE.

Le jafmin officinal, les chèvre-feuilles, la plupart des clématites font fufceptibles d'être marcottées en Serpentaux.

La formation des Serpentaux n'offre aucune difficulté. Il fuffit de faire attention à ce que les parties de marcottes hors de terre foient pourvues de boutons (yeux) d'où puiffent facilement fortir de nouvelles tiges.

Au refte, on fait peu fouvent des Serpentaux dans les pépinières; les efpèces qui en font fufceptibles fourniffent généralement un grand nombre de rameaux, avec chacune defquelles on fait une marcotte fimple. (*Bosc.*)

SERPENTINE : fynonyme d'OPHION.

SERPETTE : ferpe au plus de fix pouces de long, dont les vignerons & les jardiniers fe fervent pour tailler la vigne, les arbres fruitiers, &c., & pour beaucoup d'autres ufages. *Voyez* SERPE.

Il y a des Serpettes dont le fer fe replie dans le manche; il en eft qui n'ont pas cet avantage : ces dernières coûtent moins & font préférables pour un travail habituel; auffi font-ce les feules qu'on ufe entre les mains des ouvriers.

La forme & la grandeur des Serpettes varient felon les lieux & l'idée de celui qui s'en fert. La courbure de leur tranchant, la nature de l'acier dont

dont il eſt armé, la groſſeur & la longueur du manche, ſont les conſidérations ſur leſquelles on doit ſe plus appuyer lorſqu'on en choiſit une. Telle d'entr'elles eſt *à la main* (c'eſt le mot technique) d'un ouvrier, & n'eſt pas à celle d'un autre. Trop de courbure eſt preſque toujours nuiſible. Les manches de corne de cerf ſont préférables, parce que leurs inégalités les empêchent de gliſſer dans la main au moment du ſervice.

Un acier très-dur coupe mieux, mais s'ébrèche ſouvent; un acier tendre fait tout le contraire. Il eſt donc bon qu'il ſoit entre les deux, & c'eſt ce dont il n'eſt pas facile de juger à la ſimple inſpection; auſſi faut-il le plus ſouvent s'en rapporter au coutelier ou au taillandier qui l'a travaillé.

Il eſt d'une grande importance pour la bonté & la célérité de l'ouvrage, que les Serpettes ſoient toujours bien tranchantes; ainſi il ne faut pas craindre de les aiguiſer ſoit ſur la meule, ſoit avec une pierre à main. (*Bosc.*)

SERPICULE. *Serpicula.*

Genre de plantes de la monœcie tétrandrie & de la famille des *Onagres*, fort voiſin des HOT-TONES (*voyez* ce mot), dans lequel on trouve trois eſpèces, dont aucune n'eſt cultivée dans nos jardins. Elle eſt figurée planche 758 des *Illuſtrations des genres* de Lamarck.

Eſpèces.

1. La SERPICULE rampante.
Serpicula repens. Linn. ♃ Du Cap de Bonne-Eſpérance.

2. La SERPICULE verticillée.
Serpicula verticillata. Willd. ♃ Des Indes.

3. La SERPICULE à feuilles de véronique.
Serpicula veronicæfolia. Willden. ♃ De l'Ile-Bourbon.   (*Bosc.*)

SERPILIÈRE : morceau plus ou moins long de groſſe toile avec lequel on couvre les fleurs, les ſemis qu'on veut garantir du ſoleil ou de la gelée. Les plus claires des Serpilières ſont les meilleures. *Voyez* TOILE & COUVERTURE. (*Bosc.*)

SERPILIÈRE : ſynonyme de COURTILLIÈRE. *Voyez* ce mot.

SERPILLON : petite SERPE ou groſſe SER-PETTE. *Voyez* ces mots.

SERPOLET : eſpèce du genre des THYMS. *Voyez* ce mot.

SERRE : conſtruction en pierre de trois côtés, & un vitrage du quatrième, dans lequel ſe placent, pendant l'hiver, les plantes des climats inter-tropicaux, pour qu'elles y trouvent, au moyen du feu, un degré de chaleur analogue à celui de leur pays natal. *Voyez* FROID, GELÉE, HIVER.

Il y a cependant des Serres tempérées, c'eſt-à-dire, qui ne ſont échauffées que par les rayons du ſoleil.

Les orangeries diffèrent des Serres principalement, parce qu'au lieu de vitrage, elles ont

des fenêtres plus ou moins nombreuſes, plus ou moins larges, plus ou moins hautes.

Les baches ſont de petites Serres enfoncées en terre. Comme il n'en a pas été queſtion à leur article, j'en parlerai à la fin de celui-ci.

Les CHASSIS pourroient auſſi être conſidérés comme des Serres portatives. *Voyez* ce mot.

Une Serre à légumes eſt une chambre baſſe, une eſpèce de cave ſouvent voûtée, dans laquelle on renferme, pendant l'hiver, les légumes qui craignent les gelées ou qu'on veut avoir à chaque inſtant ſous la main.

La chaleur des Serres chaudes doit être, terme moyen, entre quinze & vingt degrés du thermomètre de Réaumur.

Les deux conſidérations les plus importantes qui doivent guider dans la conſtruction d'une Serre, c'eſt qu'elle puiſſe concentrer la chaleur des rayons du ſoleil dans ſon intérieur, & qu'elle puiſſe conſerver pendant un temps plus ou moins long celle du feu qu'on y allume.

Ces réſultats avantageux ne s'obtiennent que des Serres convenablement expoſées, & bâties ſuivant les règles que j'établirai plus bas.

Pour être bien expoſée, une Serre doit regarder le ſud-eſt, ou au moins le ſud.

La première de ces expoſitions, qu'on appelle auſſi celle de neuf heures, eſt préférable, parce que c'eſt le matin que l'influence de la lumière a le plus d'action ſur les plantes, que les rayons du ſoleil, dans leur terme moyen d'obliquité, pénètrent par conſéquent avec plus de facilité dans l'intérieur pour l'échauffer, & que l'air extérieur s'échauffant enſuite, cet intérieur perd peu de ſa chaleur acquiſe. L'oueſt & le nord ne valent abſolument rien.

Fondé ſur ce que l'atmoſphère eſt ſouvent chargée de brouillards le matin, & qu'avec le ſoleil il s'élève toujours un vent froid pendant l'été, M. l'abbé Nolin a émis l'opinion que les Serres expoſées au ſud-oueſt étoient les meilleures; mais il n'a pas fait attention que les vents du ſud-oueſt ſont les dominans & les pluvieux dans la plus grande partie de la France, & que la nuit vient refroidir l'air, & par ſuite l'intérieur de la Serre, avant que les plantes aient profité de la chaleur que leur avoit tranſmiſe le ſoleil.

Ce ſont de mauvais voiſins pour une Serre, qu'un bois, qu'une rivière, qu'un étang, qu'un marais, parce qu'ils y portent toujours une ſurabondance d'humidité.

L'humidité agit dans ce cas de deux manières, directement ſur les plantes lorſque les panneaux de la Serre ſont ouverts, indirectement lorſqu'ils ſont fermés, en ſouſtirant plus promptement la chaleur de l'air intérieur. *Voy.* CHALEUR & HUMIDITÉ.

Une montagne pelée, un grand bâtiment placé derrière la Serre, lui ſont très-favorables, en ce qu'ils les garantiſſent des vents du nord. *Voy.* ABRI.

Comme il y a toujours plus ou moins d'hu-

R r

midité dans la terre, & que la chaleur entretenue dans les Serres l'attire, on est obligé d'en élever le fol de trois à quatre pieds, au moyen d'un massif de maçonnerie reposant sur une couche de laitier de forge ou de mâche-fer, matières éminemment sèches & mauvaises conductrices de la chaleur. Sur ce massif, après sa complète dessication, il seroit bon d'établir une couche de charbon de bois en poudre qui supporteroit le pavé.

Lorsque le soleil brille, les couches inférieures de l'atmosphère font plus chaudes que les supérieures, parce que la chaleur dont la terre s'imprègne s'y réfléchit; mais pendant les jours nébuleux & pendant la nuit, c'est tout le contraire. On doit donc élever de cinq à six pieds le massif dont il vient d'être question. Une rampe vis-à-vis de la porte fournit les moyens d'y arriver avec la brouette.

Quelques cultivateurs placent leur Serre sur une voûte, & ils font bien; mais il faut que l'intérieur de cette voûte n'ait aucune communication avec l'extérieur, afin que l'air qui s'y trouve, conserve toujours la même température.

Toujours les murs des Serres font construits en pierre de taille ou en moellons réunis à chaux & à ciment; mais comme la chaux carbonatée est un bon conducteur de la chaleur, ces murs laissent promptement passer celle qui a été accumulée dans l'intérieur, ce qui oblige à une plus grande consommation de bois. Il y a deux moyens d'éviter ce grave inconvénient : le premier, de construire la Serre en briques vernissées; le second, de faire deux murs séparés seulement de six pouces, &, ou de laisser leur intervalle vide, en leur ôtant toute communication avec l'air extérieur, ou d'y mettre du charbon en poudre, de la menue paille de froment, ou toute autre substance peu conductrice de la chaleur.

Plus la Serre peut recevoir de lumière, & mieux elle remplit son objet. C'est donc un trapèze fort long & peu large que doit offrir sa coupe horizontale; mais il faut ménager la place. Pour les réservoirs à eau, on préfère presque toujours la forme parallélogramique.

Il doit y avoir, d'après la théorie, une proportion, nécessitée par le but qu'on se propose, entre la longueur, la largeur & la hauteur d'une Serre; mais elle n'a pas été calculée, & elle n'est pas tellement rigoureuse qu'on ne puisse s'en écarter dans la pratique. Je n'ai pas encore vu deux Serres semblables, & j'en ai vu beaucoup; cependant la plupart remplissoient fort bien leur destination. Généralement, c'est presque toujours au hasard ou par des considérations étrangères à la culture que les architectes déterminent ces proportions.

Je n'entreprendrai pas de fixer ces proportions, attendu que, pour le faire, je devrois commencer par des expériences longues & coûteuses, que ma position ne me permet pas de tenter. Je dirai seulement qu'une trop grande & une trop petite

Serre font également à repousser; la première, parce qu'elle contient moins de plantes & se refroidit plus promptement; la seconde, parce qu'elle consomme plus de bois pour produire moins d'effet, & expose à des pertes de plantes plus considérables. C'est donc à une Serre moyenne ou à plusieurs Serres moyennes qu'il faut s'arrêter.

On me demandera sans doute ce que c'est qu'une Serre moyenne. Quoiqu'on puisse réclamer contre ma décision, je dirai que c'est celle qui a cinq à six toises de longueur.

Moins la Serre sera profonde, & plus les rayons du soleil pourront facilement l'éclairer à toutes les époques de l'année. Ainsi la meilleure devroit n'avoir que deux à trois pieds dans cette dimension; mais comme alors elle ne contiendroit que fort peu de plantes & se refroidiroit promptement en l'absence du soleil, on doit lui en donner une plus considérable.

Les cultivateurs font d'autant plus déterminés à donner une trop grande profondeur à leurs Serres, qu'il est beaucoup de plantes qui ont peu besoin de lumière pendant l'hiver; ce font celles qui perdent leurs feuilles, & encore plus celles qui perdent leurs tiges, principalement les bulbes.

Ordinairement donc, dans le climat de Paris, on donne huit pieds & demi à neuf pieds de profondeur aux Serres, dont cinq à six sont occupés par les plantes, & le reste employé au passage. Plus au nord on peut leur en donner davantage, en ce que les rayons du soleil étant plus obliques, y pénètrent davantage & plus long-temps. Il est au reste des fortes de Serres qu'on peut approfondir beaucoup plus; ce font celles à vitrage brisé. J'en parlerai plus bas.

Actuellement il ne s'agit plus que de fixer la hauteur. Ici on n'a pour règle que la nécessité d'avoir le moins possible d'air à échauffer, & de placer les plantes de la plus grande stature. En général, quand on en possède plusieurs, il faut en consacrer une aux plus grandes plantes, une aux intermédiaires & une aux petites; mais quand on n'en a qu'une, il faut par conséquent qu'elle soit d'une hauteur moyenne.

Dans les Serres où le vitrage est perpendiculaire, la hauteur moyenne du mur du fond sera entre six à dix pieds, & la hauteur du vitrage sera d'autant plus grande, que le climat où elle sera placée se rapprochera davantage de l'équateur.

En effet, la hauteur du vitrage doit être telle que les rayons du soleil éclairent toute l'année ou presque toute l'année, toutes les faces intérieures; ainsi c'est la hauteur méridienne du soleil, au solstice d'été, qui doit guider dans sa détermination; car plus le degré du solstice d'été est élevé au-dessus de l'horizon, moins les rayons du soleil font obliques. Donc, dans un climat où, comme celui de Paris, l'angle du solstice avec l'horizon est de soixante-cinq degrés, on donne au vitrage d'une

Serre dix-huit pieds de hauteur moyenne, &
cette hauteur diminue d'autant plus qu'on se rapproche davantage du nord.

Cependant comme il est des plantes qui sont
dans le cas d'être ôtées de la Serre dès le mois de
mai, & que celles qui doivent y rester toute
l'année peuvent alors être rapprochées du vitrage,
on se permet quelquefois, ou de lui donner plus
de profondeur, ou de diminuer la hauteur du vitrage d'un ou deux pieds.

Les Serres à vitrage perpendiculaire sont moins
exposées aux effets de la grêle, de la neige, des
grosses pluies, des coups de soleil, &c.; c'est ce
qui les fait préférer par quelques personnes; mais
elles sont bien inférieures, sous le rapport de la
quantité de plantes qu'elles peuvent recevoir &
le degré de chaleur qu'elles peuvent acquérir par
le seul effet des rayons du soleil, à celles dont le
vitrage est incliné; aussi ces dernières sont-elles
bien plus communes.

Dans le climat de Paris, on donne à cette inclinaison environ soixante-douze degrés, qui est
celle que la théorie & l'expérience ont prouvé
être celle sur laquelle les rayons du soleil tomboient
perpendiculairement pendant le plus long espace
de temps. *Voyez* planches 28, 29 & 30 de l'*Art
aratoire*, faisant partie de l'*Encyclopédie par ordre
de matières*, les élévations, les plans & les coupes
de trois Serres de cette sorte.

Quelque bonnes que soient les Serres ainsi
construites, il en est d'autres qui sont encore
meilleures; ce sont celles qui sont composées d'un
vitrage brisé, c'est-à-dire, inférieurement d'un
vitrage perpendiculaire, & supérieurement d'un
vitrage incliné de quarante-cinq degrés. (La
planche 27 de l'*Art aratoire* précité, offre l'élévation, le plan & trois coupes d'une Serre de cette
sorte.) Le climat n'influe en rien sur les dimensions
de la capacité de ces sortes de Serres, parce que
tous les jours de l'année le soleil peut étendre ses
rayons sur toutes les faces intérieures. Elles se
règlent sur la grandeur & le nombre des plantes;
mais elles sont d'un entretien plus dispendieux;
leur dépense de bois est aussi plus grande pendant
l'hiver, à raison de la difficulté d'empêcher l'introduction de l'air froid par les jonctions des vitres. De plus, dans certains jour, ou l'eau vapo-
risée dans la Serre s'attache au vitrage & inter-
cepte les rayons du soleil, ou les coups de soleil
sont d'une telle intensité, que la plupart des
feuilles des plantes sont grillées, ce qui cause
l'affoiblissement & même la mort de beaucoup de
pieds.

Pour diminuer les inconvéniens de ces sortes de
Serres, on substitue au vitrage incliné, dans sa
partie postérieure, un petit toit de trois à quatre
pieds de large, incliné du côté du nord, toit qui
ne nuit pas à l'action des rayons du soleil : on le
prolonge même quelquefois au-dessus du vitrage
dans le but, 1°. d'empêcher le vent du nord de se

rabattre sur le vitrage; 2°. d'y attacher des toiles
pour couvrir le même vitrage pendant les grandes
chaleurs, pendant les grands froids, & lorsque la
grêle est à craindre.

La toiture des Serres doit être superposée à un
espace vide qui n'ait pas de communication avec
l'air extérieur, à l'effet de quoi, outre le plafond
intérieur, le dessous des solives qui supportent les
tuiles ou les ardoises, en portera également un
qui aura au moins trois pouces d'épaisseur.

Quelques personnes pensent qu'il vaut mieux
couvrir les Serres avec des chaumes ou des roseaux,
qu'avec des tuiles ou des ardoises; & en effet,
ces chaumes & ces roseaux sont de moins bons
conducteurs de la chaleur, mais ce n'est que dans les
pépinières des marchands qu'on le fait quelquefois.

Les murs des Serres doivent être intérieurement
récrépis avec le plus grand soin, & même peints
en blanc, à l'huile ou en détrempe. Le badigeon-
nage au lait caillé ou à la pomme de terre peut
leur être appliqué.

Le vitrage d'une Serre, quelle que soit sa disposition, doit reposer, autant que faire se peut, sur
un mur en pierre de taille, élevé d'un pied ou
deux au-dessus du massif qui lui sert de base, dans
celles où le vitrage est perpendiculaire ou seulement incliné. Sur ce mur est fixé un madrier dans
lequel sont percées des mortaises qui reçoivent
des montans qui, dans les serres à vitrage simple,
vont s'attacher à une faîtière posée sur l'extrémité
des deux murs latéraux, & supportant un des
côtés du toit.

Lorsque la Serre est à vitrage brisé, ces montans sont au plus de quatre à cinq pieds de longueur, & s'insèrent dans une traverse qui fait le
tour des deux tiers ou presque les deux tiers de
la Serre; car celles de ces sortes de Serres qui portent un petit toit, ont de chaque côté un mur de
même largeur pour le soutenir. Ces traverses sont
pourvues d'autres mortaises inclinées, correspondant à celles qui reçoivent les montans, de manière à recevoir des solives qui vont se fixer
contre le mur du fond ou contre la faîtière du toit.

La distance entre les montans, & par conséquent
entre les solives, varie; mais celle de quatre à
cinq pieds est la plus convenable.

Toutes ces pièces de bois doivent être unies &
pourvues de feuillures propres à recevoir les
châssis. On les peint à l'huile, en gris-blanc, à
plusieurs couches; on fortifie leur assemblage,
vers leur milieu, par le moyen d'une tringle de
fer qui les traverse & qui est arrêtée, à chacune
d'elles, par une fiche entrant dans un trou ménagé
à cet effet.

Quant à leur grosseur, elle doit être assez considérable pour assurer leur solidité & leur durée,
mais pas trop cependant, puisqu'elle intercepteroit
d'autant plus les rayons du soleil.

Les panneaux qui doivent être fixés entre ces
montans seront également de cœur de chêne bien

R r ij

sec, & les moins larges possible. Pour qu'ils interceptent d'autant moins les rayons du soleil, ils ne portent point de traverses. Leur longueur sera d'environ quatre à cinq pieds, de sorte qu'il en faudra plusieurs rangs pour composer un vitrage; rangs qu'on évitera de faire d'inégale longueur, à raison du désagrément du coup d'œil. Quelques-uns de ces panneaux, tant en haut qu'en bas, seront rendus susceptibles de s'ouvrir comme une fenêtre, afin de pouvoir donner de l'air à la Serre.

Pour empêcher les montans de ces panneaux de se tourmenter, on les lie par deux traverses très-légères en fer, & on fixe sur leur face intérieure de petites tringles de ce même métal. Ils doivent être peints comme les autres pièces.

Les carreaux de verre sont fixés dans les feuillures des montans par le moyen du mastic des vitriers & de petits clous, ou, lorsque cela est nécessaire, de petits Z en fer-blanc.

Autrefois, & on en voit encore des exemples au Jardin du Muséum de Paris, on croyoit bien faire en construisant les montans des Serres, gros & petit, en fer; mais le fer est beaucoup meilleur conducteur de la chaleur que le bois, & il est bien plus susceptible de se dilater par le chaud & de se contracter par le froid; aussi ces Serres sont-elles fort mauvaises. Voyez CHALEUR.

A raison du bon marché, on emploie toujours du verre commun à la construction du vitrage des Serres; cependant comme les rayons rouges sont plus chauds que les autres, il y auroit cerrainement de l'avantage à employer du verre coloré avec l'oxide d'or ou même seulement avec de l'oxide de fer.

Ainsi que je l'ai déjà observé plusieurs fois, l'air étant un très-mauvais conducteur de la chaleur, il y auroit beaucoup d'avantages à mettre au moins deux, & encore mieux trois vitrages les uns devant les autres, à un demi pouce de distance. Il faudroit, dans ce cas, que les deux premiers fussent en verre blanc, pour qu'il y eût moins de déperdition des rayons solaires. Je ne doute pas que, par ce moyen, on parvînt à faire fleurir, à Paris, beaucoup d'arbres des pays chauds qui s'y sont refusés jusqu'ici. La dépense d'établissement seroit double ou triple, mais elle se retrouveroit sur la consommation du bois, qui seroit presque nulle dans tout autre temps que les fortes gelées. A cette occasion, pour preuve de la bonté de cette idée, je rappellerai l'expérience de Ducarla, dont j'ai été témoin. Il y avoit superposé, sur un plat de faïence, douze récipiens de verre blanc, écartés l'un de l'autre de deux à trois lignes, & fixés par leur base au moyen de bandes de papier. La chaleur étoit si forte dans le dernier, lorsque l'appareil étoit exposé au soleil, qu'un thermomètre y indiquoit presque l'eau bouillante, & qu'une pomme y cuisoit en moins d'une heure. Trois jours après, le thermomètre n'étoit pas encore revenu à la température de l'atmosphère, & il seroit peut-

être resté ce temps à la moitié de son élévation s'il y eût eu également douze plats superposés & calfeutrés.

La porte des Serres peut être placée dans toutes les parties de leur pourtour; cependant il vaut mieux la percer vers le fond, sur un des petits côtés, principalement pour économiser de la place. Cette porte fermera rigoureusement, & sera accompagnée d'un tambour qui s'opposera à l'introduction d'une grande quantité d'air frais dans la Serre lorsqu'on y entrera pendant les gelées.

Ici la Serre tempérée, c'est-à-dire, qui n'est échauffée que par les rayons du soleil, est achevée; mais les Serres chaudes doivent être de plus pourvues d'un ou plusieurs poêles pour y élever la température à volonté, indépendamment de la présence du soleil.

Il est probable que les premières Serres consistoient en une chambre dans laquelle on plaçoit un poêle semblable à celui employé dans le ménage; mais un tel poêle remplissoit trop mal son objet pour satisfaire aux intentions des cultivateurs.

Toutes les Serres sont aujourd'hui chauffées non par un poêle, mais par un fourneau construit au-dessous de leur aire, contre le massif sur lequel elles sont construites. Des conduits en briques ou des tuyaux en terre distribuent la chaleur sur toute leur aire, & contre les murs à un pied de cette aire.

Cette disposition du fourneau est basée sur la propriété de la chaleur libre de tendre toujours à s'élever, & sur la nécessité d'échauffer davantage la terre qui nourrit les plantes, que l'air dans lequel plonge leur cime.

La construction d'un fourneau de Serre n'est pas une opération que le premier venu puisse exécuter. Il faut qu'il consomme le moins possible de bois ou de charbon de terre, ou de tourbe, qu'il distribue sa chaleur avec égalité & sans perte, queles conduits ou tuyaux ne laissent pas échapper de la fumée qui est mortelle aux plantes. Un architecte instruit des principes de la pyrotechnie est seul en état de donner le plan, qui doit varier selon la grandeur de la Serre, sa position, la nature du combustible, &c.

L'expérience a prouvé qu'un fourneau de deux pieds carrés, sur dix-huit pouces de hauteur, suffisoit pour une Serre de trente pieds de longueur. Il est également de fait que deux fourneaux de moitié plus petits, placés aux deux extrémités, valent mieux, sous le double rapport de l'augmentation de la chaleur & de la diminution du combustible, qu'un seul, mais le service est un peu plus pénible.

Lorsque le fourneau est construit hors de la Serre ou dans le mur de la Serre, on le fait précéder d'un tambour ou d'un petit cabinet où se dépose le bois, & dont la porte se ferme à clef. Quand la Serre est bâtie sur une voûte, le fourneau peut se placer sur cette voûte.

C'eſt de la grandeur du fourneau que dépend celle de la conduite de chaleur. En partant du fourneau, elle aura à peu près, pour la hauteur, les trois quarts de celle du fourneau; & pour la largeur, un peu plus du tiers de celle du fourneau. Il diminuera graduellement pendant le trajet, & arrivé à cinq ou ſix pieds, on lui donnera pour hauteur les deux tiers, & pour largeur le tiers de celle du fourneau; ainſi graduellement juſqu'à ſon entrée dans la cheminée, où elle n'aura plus que ſix pouces de largeur.

Aux côtés de la conduite de chaleur, il eſt bon de faire deux autres conduites qui, au moyen de bouches, s'ouvrent & ſe ferment à volonté.

J'ai été témoin des eſſais qui ont été faits au Jardin du Muſéum pour chauffer les Serres, au moyen de tuyaux de cuivre remplis d'eau chaude qui ſe renouveloit ſans ceſſe. On y a renoncé, parce que cette chaleur étoit trop égale en tout temps, & trop foible pour les temps de gelée.

La néceſſité d'avoir de l'eau à la température de la Serre, pour les arroſemens, oblige de placer, dans un des angles de la Serre, ceux du fond de préférence, une cuvette en plomb, en pierre ou en bois, deſtinée à contenir l'eau réſervée pour cet objet, eau qui eſt apportée à bras, ou mieux par une conduite. Auſſitôt que cette cuvette eſt vidée, on la remplit.

Une Serre chaude étant d'autant meilleure qu'elle a moins de contact avec l'air, on augmente cette qualité en conſtruiſant derrière elle des logemens pour les jardiniers, ou des chambres pour dépoſer les outils, les graines, &c., & ſur les deux ailes, deux Serres tempérées, au travers d'une deſquelles il faut paſſer pour y arriver. Ces deux Serres gagnent elles-mêmes à lui être accolées. Il en eſt de même d'une Serre tempérée étroite & peu élevée, toute en vitrage, placée devant elle, comme on le voit dans la grande Serre du Jardin du Muſéum d'hiſtoire naturelle. Les avantages qui ſont la ſuite de ces diſpoſitions doivent engager tous les cultivateurs à les donner à leurs Serres chaudes.

Comme les Serres ſont dans le cas, ſurtout au printemps & les jours d'orage, de craindre les effets des coups de ſoleil; comme il n'eſt pas bon que la neige ſéjourne ſur leur vitrage, ſoit à raiſon de ſon poids, ſoit à raiſon de ſa température; comme leurs vitres peuvent être caſſées par la grêle, principalement lorſqu'elles ſont obliques ou à vitrage briſé, on doit diſpoſer dans leur partie ſupérieure des moyens de les recouvrir de paillaſſons ou de toiles. A cet effet on y ménage un paſſage en planche ſur des branches de fer, & un rouleau en bois, tournant ſur des tourillons pour relever & envider les toiles ou les paillaſſons, qu'on peut étendre par leur ſimple poids, en peu de minutes, ſur le vitrage.

Il y a pluſieurs manières de diſpoſer les pots dans la Serre.

Lorſqu'on met les pots ſur des gradins, comme on les mettoit jadis généralement, il ſe fait une plus grande évaporation de l'humidité de ces pots, évaporation qui cauſe néceſſairement leur refroidiſſement; ainſi il leur faut un plus haut degré de chaleur. Voyez ÉVAPORATION.

Cependant il eſt des plantes, celles qui veulent une grande lumière, qu'on eſt obligé de placer ſur des gradins contre les vitrages.

Aujourd'hui donc on poſe les pots ſur l'aire même, ceux qui contiennent les plus grandes plantes ſur le derrière, & par contre les plus petites ſur le devant. Un paſſage eſt ménagé tout autour. Le fond de la Serre eſt, ou pourvu d'une caiſſe en pierre ou en bois de toute ſa longueur, & large d'un pied, pour planter à demeure des arbriſſeaux ou des arbuſtes grimpans & les paliſſader contre le mur, ou garni de pots renfermant des ſemis, des oignons, des racines qui ne doivent pas végéter pendant l'hiver.

Lorſqu'une Serre n'a pas ſon aire conſtruite ſur un lit de laitier ou de mâche-fer, on trouve de l'avantage, ainſi que l'a reconnu Jean Thouin, à poſer ces pots ſur une couche d'une de ces matières, réduite en petits fragmens.

Beaucoup de plantes de la zône torride ont beſoin d'une grande chaleur humide; c'eſt pour elles qu'on conſtruit, dans les Serres, des couches dans leſquelles on enfouit, juſqu'au bord, les pots qui les contiennent. Ces couches ſont toujours encaiſſées, mais élevées d'un pied au-deſſus de l'aire. Le fumier ayant une mauvaiſe odeur, & perdant promptement ſa chaleur, eſt moins bon que la tannée pour faire ces couches; auſſi n'en voit-on que de cette dernière. Voyez COUCHE, FUMIER & TANNÉE.

Les couches à tan, ou mieux à tannée, ont ordinairement la longueur de la Serre, moins le paſſage des deux extrémités. Leur largeur varie, mais ſurpaſſe rarement ſix pieds; leur profondeur ne peut être moindre que de deux, ni ne doit être plus forte que de quatre pieds.

La grande chaleur qui ſe développe dans la tannée nouvellement miſe dans la Serre peut être mortelle pour les plantes; ainſi il faut lui laiſſer jeter ſon feu, comme diſent les jardiniers, avant d'y enfouir les pots. En général, ceux de ces jardiniers qui travaillent pour le profit font rarement des couches neuves, & ſe contentent de réchauffer deux fois par an les anciennes, au commencement & à la fin de l'hiver, en enlevant une partie de leur tannée & en y remettant autant de nouvelle, qu'on mélange exactement avec celle qui reſte.

C'eſt au moyen d'un bâton enfoncé dans le tan & qu'on en retire, qu'on juge, à l'aide de la main, à raiſon de la ſenſation qu'il y produit, du degré de chaleur de la tannée.

Deux ou trois thermomètres placés, les uns iſolément au milieu de la Serre, les autres contre les murs, ſervent à apprécier ſa chaleur moyenne.

il faut, pendant les gelées furtout, les obferver plufieurs fois le jour & la nuit, pour augmenter ou diminuer le feu felon qu'ils l'indiqueront.

L'entretien d'une Serre paffe généralement pour être un objet de grande dépenfe; mais lorfque celle qu'on poffede eft dans les dimenfions que j'ai données plus haut, & qu'elle eft réparée chaque année, il n'eft pas très à charge. Deux ou trois cordes de bois, cinq ou fix tombereaux de tannée, que, dans beaucoup d'endroits, on a prefqu'uniquement pour les frais de tranfport, & quelques douzaines de carreaux par an, en font la principale partie. Je ne parle pas des pots & autres uftenfiles, encore moins du jardinier & de fon garçon, parce que je fuppofe qu'on les payeroit lors même qu'on n'auroit pas de Serre.

Généralement on place dans les Serres une grande variété de plantes appartenant à divers climats, & qui demandent par conféquent un traitement particulier, indépendamment du traitement général. Je vais donner, d'après Nolin, quelques notions fur ce qui les concerne.

1°. Les plantes de la zône torride & des climats intertropicaux. De ces plantes, les unes ne peuvent fupporter le plein air de notre climat pendant les nuits même les plus chaudes de l'été; elles doivent donc refter conftamment dans la Serre; les autres, moins délicates, peuvent être mifes dans cette faifon, pendant plus ou moins de temps, à une expofition chaude & abritée. On les rentre généralement quand le thermomètre commence à s'abaiffer, la nuit, à quinze degrés au-deffus de zéro, c'eft-à-dire, vers le commencement de feptembre.

2°. Les plantes originaires des pays fitués entre les tropiques jufqu'au trente-fixième degré de latitude. La moindre chaleur de ces climats étant de dix degrés, elles doivent être remifes dans la Serre lorfque le thermomètre ne monte pas pendant la nuit au-deffus de ce degré, ce qui arrive vers la mi-feptembre.

3°. Quelques-unes des plantes des climats compris entre le trente-fixième & le quarante-troifième degré de latitude, qui peuvent bien paffer l'hiver dans l'orangerie, mais qui ont befoin de plus de dix degrés de chaleur pour fleurir en automne ou en hiver. On doit les rentrer en même temps que les précédentes.

4°. Les plantes des pays tempérés, ou même froids, dont on veut accélérer la végétation.

A Schoenbrunn, jardin de l'empereur d'Autriche, près Vienne, chaque Serre eft affectée à une culture particulière; de manière que les palmiers de l'Inde, qui craignent tant l'humidité, ne fe trouvent pas avec les plantes de la Guiane, qui croiffent naturellement dans l'eau.

Quelques jours avant de rentrer les plantes dans la Serre, on doit, 1°. renouveler leur terre en tout ou en partie (voyez REMPOTEMENT); 2°. féparer leurs accrus & leurs marcottes; 3°. les débarraffer de tous ceux de leurs GOURMANDS qui font à craindre (voyez ces mots), de toutes leurs branches mortes, de toutes leurs feuilles mourantes, & de toutes les cochenilles, les pucerons, les ordures, &c.

Je ne donnerai pas ici de détails fur le lieu de la Serre où il convient de placer telle ou telle plante, parce que j'ai eu foin de l'indiquer à fon article.

Dès que le thermomètre placé dans l'intérieur de la Serre ne monte plus qu'à quatorze ou quinze degrés pendant la nuit, on commence à faire du feu quelques momens après le coucher du foleil, & à mefure qu'il defcend on augmente fon intenfité & fa durée. Lorfqu'il eft arrivé à dix degrés, on commence à faire du feu le jour. Quand il gèle, le feu s'entretient fans difcontinuer; & s'augmente à raifon de la rigueur de la gelée. A cette époque il devient indifpenfable de recharger les fourneaux vers minuit & vers cinq heures du matin, afin que, pendant le plus grand froid, ils donnent une plus grande chaleur. Dans les temps brumeux & dans les dégels, il devient également néceffaire d'augmenter le feu pour faire difparoître l'humidité de la Serre, l'air humide étant beaucoup plus nuifible aux plantes que le froid, lorfque ce dernier n'eft pas au degré de la congélation.

M. Dumont-Courfet a reconnu que c'étoit une erreur de croire que, parce que l'humidité étoit nuifible aux plantes renfermées dans une Serre, il faille, comme le font la plupart des jardiniers, la fermer hermétiquement pendant les temps humides.

Lorfque les nuits font très-rigoureufes, ou qu'il tombe de la neige, on couvre les vitrages avec les toiles ou les paillaffons que j'ai dit être difpofés à cet effet au haut des vitrages; mais on les laiffe le jour le moins de temps poffible, la lumière étant indifpenfable à la profpérité des plantes en état actif de végétation. Voyez LUMIÈRE.

Dès qu'il ne gèle plus, on doit profiter de tous les beaux jours, & ne font pas réputés beaux ceux où l'air eft chargé de brouillards ou d'une grande humidité, pour donner de l'air à ces Serres, en ouvrant un ou plufieurs de fes panneaux vers l'heure de midi. On laiffe ces panneaux plus ou moins long-temps ouverts, felon l'état de l'atmofphère & l'époque de la faifon, c'eft-à-dire, felon que l'air eft fec & chaud, & que l'hiver approche de fa fin. Dans les froids, ils ne font qu'un quart d'heure.

La température de la Serre ne variant prefque pas, les plantes y croiffent fans difcontinuer, tandis que celles qui font en plein air font retardées par le froid de la nuit, par le froid qui réfulte du paffage du vent au nord ou à l'eft.

C'eft principalement à la ftagnation de l'air qu'on doit attribuer la débilité des plantes des Serres, lorfque d'ailleurs elles jouiffent autant que poffible de la lumière.

Les arrosemens ne se donnent que lorsqu'ils sont indispensables, ce qu'on reconnoît à l'affaissement des feuilles, c'est-à-dire, au moment qui précède celui où elles se fanent : deux petits valent mieux qu'un trop fort. Pour les faire, on choisit un jour où le soleil brille, & de neuf à dix heures, & on opère avec l'arrosoir à goulot non garni. Quelquefois on exécutera ces arrosemens sur les feuilles, au moyen d'une pompe à main, terminée par une pomme à très-petits trous. *Voyez* POMPE, ARROSOIR & ARROSEMENT.

Quelques espèces de plantes, comme les grasses, les laiteuses, les résineuses, celles qui sont dans la tannée, celles qui ne sont pas en état actuel de végétation, demandent moins d'arrosemens que les autres.

Il est très-avantageux à la santé des plantes de les débarrasser chaque jour des feuilles & des bourgeons qui se moisissent, même de ceux qui se dessèchent. Au moins une fois par semaine on époussetera les carreaux, les planches servant de gradins; on balayera tous les passages. Tous les deux mois on remaniera toute la Serre, c'est-à-dire, qu'on ôtera tous les pots de leur place, qu'on donnera un SERFOUISSAGE à la terre qu'ils renferment, qu'on labourera la tannée & la renouvellera en partie, qu'on examinera les plantes depuis le bas jusqu'au sommet, qu'on les nettoyera de toutes les COCHENILLES, les PUCERONS, le MIÉLAT, les ordures qui s'y trouveront, même en frottant leurs tiges & leurs branches avec une brosse, même en lavant leurs feuilles avec une éponge, & on les placera, celles qui seront les plus foibles, dans un lieu plus favorable, en gardant cependant un ordre agréable à l'œil.

Au printemps, les plantes de la Serre en sont retirées en ordre inverse de celui où elles y avoient été mises. Alors, un ou plusieurs panneaux restent ouverts pendant une partie des jours; on donne des arrosemens plus fréquens & plus abondans; on remue de nouveau la tannée. Il est des cultivateurs, entr'autres Dumont-Courset, qui ne mettent de la nouvelle tannée qu'à cette époque, & qui s'en trouvent bien.

Les plantes qui sortent de la Serre sont placées pendant quelques jours dans un lieu ombragé pour les accoutumer au grand air, puis on rempote celles qui doivent l'être, on les débarrasse des branches mortes, on en sépare les marcottes, les accrus, &c. (*voyez* DÉPOTEMENT), après quoi on les range dans le lieu où elles doivent rester, lieu qui n'est pas toujours contre un mur exposé au soleil.

Quant aux plantes qui restent dans la Serre pendant toute l'année, il faut leur continuer les mêmes soins, mais sans faire de feu. On leur renouvelle l'air presque tous les jours; on les garantit des coups de soleil les jours d'orage; on les arrose fréquemment, tantôt avec le goulot, tantôt avec la pomme.

Rarement on sème dans les Serres, cette opération réussissant mieux dans des BACHES, sous des CHASSIS, sous des CLOCHES. *Voyez* ces mots & le mot SEMIS.

La conduite des Serres tempérées, à celle du feu près, dont on se passe, ne diffère pas de celle des Serres chaudes; mais les époques où on y met & où on en retire les plantes, sont en automne un peu reculées, & au printemps un peu avancées.

D'après ce que je viens de dire, on doit croire que toutes les Serres ont une certaine élévation, & en effet celles dont j'ai parlé jusqu'à présent doivent avoir de douze à dix-huit pieds perpendiculaires; cependant j'ai annoncé que plus le vitrage étoit incliné, & meilleure étoit la Serre, surtout pendant l'été; & avec une telle hauteur, jointe à une largeur de moins de dix pieds, il n'est pas possible d'avoir une grande inclinaison lorsque le vitrage n'est pas brisé.

Les cultivateurs sentant le besoin d'un haut degré de chaleur, produite principalement par les rayons du soleil, ont donc dû être déterminés à imaginer des Serres dont l'inclinaison du vitrage fût d'environ quarante-cinq degrés plus ou moins, selon la latitude & selon l'objet qu'ils avoient en vue, c'est-à-dire, intermédiaires entre celles dont il vient d'être question & les CHASSIS. (*Voyez* ce mot.) Cette nouvelle sorte de Serre a été appelée BACHE, & sa construction est établie sur des principes un peu différens de ceux indiqués plus haut.

L'invention des baches ne remonte pas à un siècle; encore aujourd'hui il n'y a guère que les jardiniers qui spéculent sur la production des ananas, des primeurs, des plantes à fleurs des pays chauds, des arbres & arbustes exotiques, qui en possèdent : de-là les noms de *Serres à ananas*, *châssis fixes*, qu'elles portent dans quelques lieux. En effet, tantôt les baches se rapprochent plus des Serres que des châssis, tantôt plus des châssis que des Serres. Je ne parlerai ici que de celles qui gardent le milieu. Leur véritable caractère distinctif consiste en ce qu'elles sont toujours au-dessous du niveau du sol.

Les avantages des baches sont, 1°. d'être plus facilement & plus économiquement échauffées que les Serres; 2°. de pouvoir recevoir une chaleur humide très-élevée, qui est très-convenable à certaines plantes équinoxiales; 3°. de laisser jouir les plantes de la même quantité de lumière que si elles étoient à l'air libre.

La largeur & la longueur des baches sont à peu près les mêmes que celles des Serres, cependant plus souvent en dessous qu'en dessus : souvent on en place plusieurs à la suite les unes des autres.

La pofition des baches doit être la même que celle des Serres, c'eft-à-dire, entre le midi & le levant; elles valent mieux lorfqu'elles font fur un terrain incliné & de nature très-fèche, & qu'elles ont de grands abris au nord & au couchant. Leur éloignement de l'habitation du jardinier doit être peu confidérable, à raifon de la néceffité de leur furveillance à toutes les époques du jour & de la nuit.

Le local déterminé, on creufe une foffe de la largeur & de la longueur fixées, plus l'épaiffeur des murs dont je parlerai plus bas, & la place de l'efcalier à l'un des bouts, foffe à laquelle on donne quatre pieds de profondeur. Cela fait, on élève tout autour des murs en pierres de taille ou en briques, liées à chaux & à ciment, celui du côté du midi ne furpaffant pas de plus d'un pied le niveau du fol, celui du nord le furpaffant au moins de deux pieds & au plus de quatre, les latéraux defcendant obliquement.

A un pied ou un pied & demi du mur du fond, on en élève un autre en briques ou en pierres de taille de champ jufqu'à la hauteur de celui de devant: quelquefois ce mur eft remplacé par des planches épaiffes.

Je dis que ces murs doivent être à chaux & à ciment, parce qu'il eft fort important que les eaux pluviales ne les pénètrent pas, car elles nuiroient confidérablement aux cultures par l'humidité furabondante & le froid qu'elles apporteroient dans la bâche. Pour plus de fûreté, il conviendroit de faire deux murs moins épais & parallèles, féparés par un intervalle de fix pouces au plus, qu'on réuniroit hors de terre, après leur deffication complète, par de larges pierres plates; mais on le fait rarement, à raifon de l'augmentation de la dépenfe & du peu d'importance que la plupart des cultivateurs mettent aux inconvéniens ci-deffus, quelle que foit leur gravité.

Les briques verniffées, comme étant un plus mauvais conducteur de la chaleur que les pierres, doivent être préférées toutes les fois que cela eft poffible.

Du charbon de bois ou du laitier, groffièrement pilé, fera mis au fond de l'intervalle des deux premiers murs, en lit de l'épaiffeur d'un pied, & c'eft fur ce lit qu'on pofera les dales de pierre deftinées à fervir de fond à la couche de terre qu'on doit y former. L'efpace d'un pied & demi qui eft entre cette couche & le mur le plus élevé, eft deftiné au paffage pour le fervice de la bache.

Dans quelques baches on fait le couloir fur le devant, ce qui eft plus agréable pour l'afpect, mais ce qui en fait perdre la partie la plus précieufe; dans d'autres, qui ont plus de largeur que celle indiquée, on fait deux couches, une fur le devant & l'autre fur le derrière, & le couloir eft entre-deux. J'aime beaucoup ces dernières.

A une des extrémités de la bache eft la porte, au niveau du paffage. On y defcend par un efcalier, à côté duquel eft un fourneau d'une grandeur proportionnée à celle de la bache. Une petite chambre de la largeur de la bache, de quatre à cinq pieds de hauteur, & pourvue auffi d'une porte, recouvre cet efcalier & l'ouverture de ce fourneau.

C'eft dans cette petite chambre qu'on place la cuvette deftinée aux arrofemens, & le bois néceffaire pour chauffer le fourneau pendant la nuit.

Le tuyau de chaleur tourne tout autour de la partie qui doit fervir à établir la couche, & vient aboutir à une cheminée élevée au-deffus de l'ouverture du fourneau. Il ne diffère pas de celui du fourneau de la Serre.

Les châffis avec lefquels on recouvre la bache ne diffèrent pas non plus de ceux des Serres; ils fe pofent fur des fablières & fur des folives longitudinales pourvues de rainures, couvertes, ainfi qu'eux, de trois couches de peinture blanche à l'huile: au contraire de ceux mobiles qu'on place fur les couches, ils fe foulèvent par leur côté le plus bas. On peut les enlever à volonté, tous ou chacun en particulier.

Voilà la bache terminée; il ne s'agit plus que de remplir de tannée neuve, mêlée avec plus ou moins de tannée vieille, pour amortir le grand feu de la première, la partie qui lui eft deftinée, & qu'on nomme la couche, enfuite d'y placer les pots garnis de plantes ou de femences, ce qu'on ne fait qu'après que les murs & la peinture font complétement defféchés.

La chaleur que les rayons du foleil donnent aux baches bien conftruites eft telle, que les graines qui ne leveroient pas fous les châffis, même dans la Serre chaude, y germent promptement; que les plantes qui fleuriffent rarement dans cette dernière, faute d'une température fuffifante, le font toutes les années; ajoutez à cela que leur conftruction eft peu coûteufe, & leur entretien nullement confidérable. Auffi les jardiniers qui fpéculent fur la vente des primeurs, en font-ils tous ufage pour avoir des fraifes, des cerifes, des petits pois, des haricots, des falades, &c. pendant l'hiver, des melons au printemps, pour avancer de plufieurs femaines tous les légumes qui peuvent être repiqués en pleine terre, pour, ainfi que je l'ai déjà annoncé, cultiver les ananas & autres plantes des pays intertropicaux qui ont befoin d'une chaleur très-élevée & très-conftante; pour rétablir les plantes de Serre ou d'orangerie malades, pour multiplier par boutures une grande quantité d'arbres & d'arbuftes des pays chauds qui ne donnent pas de graines dans nos climats, pour faire lever les graines des mêmes pays ou celles qui font racornies par fuite de la vétufté; enfin, les baches font d'un ufage fi étendu, qu'il eft étonnant, je le répète, qu'elles ne foient pas plus multipliées.

On ne fait ordinairement du feu dans les fourneaux

neaux des baches, que lorfqu'il gèle ou qu'on a befoin d'une très-haute température. Je fuis perfuadé que fi on les couvroit de plufieurs châffis fuperpofés, & dans l'intervalle defquels l'air extérieur ne circuleroit pas, on obtiendroit, comme je l'ai obfervé à l'occafion des Serres, une chaleur telle, qu'il ne feroit néceffaire de faire du feu pour les chauffer que dans les très-grands-froids, c'eft-à-dire, dans ceux au-deffous de dix degrés, froids fort rares dans le climat de Paris.

La conduite des baches eft bien plus difficile que celle des Serres. On a furtout à craindre les coups de foleil pour les plantes faites, & les émanations des gaz de la terre pour les femis; j'ai vu plufieurs fois toutes les feuilles de ces plantes y noircir en un jour, tous les produits des femis y fondre en une heure. En conféquence, le jardinier ne peut trop veiller à ce que les vitrages foient couverts de toiles ou de paillaffons dans les jours les plus chauds; au moment des orages, à ce qu'ils foient levés, pour donner iffue aux gaz délétères, toutes les fois qu'il craint leur influence.

Il eft en général avantageux d'avoir plutôt plufieurs baches petites qu'une trop grande, à raifon de la poffibilité de ces accidens, & il faut éviter, autant que faire fe peut, de mettre dans la même des plantes d'une nature trop difparate, c'eft-à-dire, celles qui aiment la chaleur humide avec celles qui aiment la chaleur fèche.

Les cultivateurs chinois favent accélérer la floraifon des plantes déjà en boutons, en faifant bouillir de l'eau dans la bache où elles font renfermées. Je ne fache pas qu'on ait tenté cet ingénieux moyen en France. Au refte, il n'eft pas douteux pour moi, quoique je n'en aie pas l'expérience, qu'il ne puiffe pas être employé long-temps fans inconvénient. *Voyez* HUMIDITÉ.

- Le plus fouvent on laiffe pendant toute l'année dans la bache les plantes étrangères qu'on y cultive; feulement on lève les panneaux plus ou moins, même on les enlève, felon la température de l'atmofphère & l'afpect de ces plantes.

Tout ce que j'ai dit précédemment des foins à donner aux plantes placées dans les Serres, s'applique à celles placées dans les baches : on les arrofe, on les ferfouit, on les rempote, on les nettoie pofitivement de même.

Quelque long que foit cet article, il paroîtra peut-être court à quelques lecteurs, mais je les engage à confidérer qu'il n'eft que le complément de ceux où il eft queftion de chacune des efpèces qui fe cultivent dans les Serres. Je m'arrête donc. (*Bosc.*)

SERRE PORTATIVE. On applique mal-à-propos ce nom à des caiffes en bois qui offrent un vitrage d'un côté, & qui font deftinées à tranfporter, principalement fur mer, les plantes précieufes qui craignent le froid & l'eau falée, & qui veulent beaucoup de jour. Je dis mal-à-propos, parce

que, n'y faifant pas de feu, ces caiffes fe rapprochent davantage des orangeries.

J'en dirai autant de ces châffis en fer, garnis de vitres dans tout leur pourtour, ayant quinze à dix-huit pouces carrés de bafe, fur trois pieds de hauteur, terminés par un toit, châffis qu'on met, dans les écoles de botanique, fur les plantes en pleine terre, au printemps, pour accélérer leur végétation, & en automne pour favorifer la maturité de leurs graines. (*Bosc.*)

SERRE POUR LES LÉGUMES. Il eft des légumes d'hiver qui craignent les gelées. Pendant les fortes gelées, lever ceux qui ne les craignent pas, reftent en terre, eft quelquefois fort difficile. C'eft pour conferver les premiers & avoir fous la main les feconds, que cette forte de Serre eft deftinée.

Dans les grands jardins, la Serre à légumes eft une voûte fous une terraffe, fous une orangerie, fous le logement du jardinier; & dans les petits, ce n'eft qu'une partie de cave ou une chambre baffe.

Les plus importantes des confidérations qui doivent guider dans les conftructions ou le choix du local d'une Serre à légumes, c'eft que l'humidité y foit la moindre poffible, & que les plus fortes gelées ne puiffent y pénétrer. On doit lui donner deux portes, dont l'une eft fermée lorfqu'on ouvre l'autre pour entrer.

La capacité de la Serre à légumes doit être proportionnée à la quantité de légumes qu'on doit y renfermer : trop ferrés, ils feroient expofés à pourrir; trop écartés, ils pourroient fe deffécher.

Il eft très-important que la chaleur des Serres à légumes foit inférieure à dix degrés du thermomètre, afin que les objets qu'on y place n'y végètent pas, leur végétation, excepté celle de la chicorée fauvage, altérant leur faveur, les rendant même impropres à la nourriture du maître : en conféquence, on laiffera la porte & la fenêtre ouvertes dans les jours froids, pour que la température s'abaiffe jufqu'au-deffous de ce degré, après quoi on les fermera rigoureufement.

Les légumes s'y placent dans du fable, ou, à fon défaut, dans de la terre fèche; les uns, comme les falades, les choux-fleurs, &c., debout & placés près à près; les autres, comme les betteraves, les carottes, &c., couchés & formant des lits plus ou moins élevés, plus ou moins larges. Quant aux raves, aux oignons, aux pommes de terre, &c., on peut les mettre en tas.

Vifiter fréquemment la Serre à légumes pour en ôter tous ceux qui fe gâtent, pour, en ouvrant la porte, renouveler l'air lorfque cela devient utile, eft du devoir d'un jardinier foigneux, car les légumes gâtés concourent puiffamment à l'altération des autres, & un air trop ftagnant leur communique une odeur qui n'eft pas agréable.

Il eft des légumes, tels que les choux-fleurs, qui

S s

prennent cette odeur avec tant de facilité, qu'il est difficile de la leur faire éviter.

Une Serre à légumes bien construite & bien conduite peut conserver certains des objets qu'on y place, non-seulement pendant l'hiver, mais même fort avant dans le printemps, c'est-à-dire, jusqu'à ce qu'on commence à jouir des primeurs. Pendant l'été elle sert à renfermer, le soir, les outils du jardinage.

Un mois avant que de remettre des légumes dans une Serre de cette espèce, on en renouvellera tout le sable ou toute la terre, on laissera la porte & la fenêtre ouvertes nuit & jour. Les légumes n'y seront introduits qu'après avoir été exposés au moins un jour au grand air pour en enlever l'humidité surabondante. (*Bosc.*)

SERRON : nom vulgaire de l'ANSERINE bonhenry dans les Pyrénées.

SERSIFIS. *Voyez* SALSIFIS.

SERVE : nom des MARES dans le département de l'Ain.

SÉSAME ou SÉSAMOÏDE. SÉSAMUM.

Genre de plantes de la didynamie angiospermie & de la famille des *Bignones*, qui réunit quatre espèces, dont deux sont l'objet d'une culture fort étendue dans les pays chauds. Il est figuré pl. 528 des *Illustrations des genres* de Lamarck.

Espèces.

1. Le SÉSAME d'Orient.
Sesamum orientale. Linn. ⊙ Des Indes.
2. Le SÉSAME de l'Inde.
Sesamum indicum. Linn. ⊙ Des Indes.
3. Le SÉSAME lacinié.
Sesamum laciniatum. Willd. ⊙ Des Indes.
4. Le SÉSAME à fleurs jaunes.
Sesamum luteum. Retz. Des Indes.

Culture.

La graine des deux premières espèces, qui sont les seules qui se cultivent dans nos écoles de botanique, se sème, au printemps, dans des pots remplis de terre à demi consistante, qu'on plonge dans une couche à châssis. Lorsque le plant a acquis une certaine force, on le repique seul à seul, dans d'autres pots, qu'on met les uns à une exposition méridionale, les autres dans une serre chaude : ces derniers sont destinés à donner de la graine, qui avorte presque toujours sur les pieds laissés à l'air.

Ces deux plantes se cultivent en grand, la première dans la Turquie d'Asie, en Perse, dans l'Inde, &c.; la seconde dans l'Inde, en Afrique & en Amérique, pour la nourriture des hommes & pour en tirer de l'huile.

Le Sésame d'Orient, qu'on appelle aussi *jugoline*, s'élève peu, produit un petit nombre de

capsules, mais sa graine a une ligne de diamètre. Il croît dans les terrains les plus médiocres, &, parcourt très-tapidement les phases de sa végétation. C'est une manne pour les peuples de l'Asie & de l'Afrique. On le sème sur un seul labour & fort clair, & on le recolte en l'arrachant. Sa graine, grossièrement concassée, se mange cuite en bouillie dans du lait, comme le millet, ou pétrie avec de l'huile & du sel. C'est un aliment fort nourrissant & fort agréable au goût. On tire aussi de cette graine, par expression, ou au moyen de l'eau bouillante, une huile excellente pour manger & pour brûler, dont on fait une grande consommation en Égypte, en Arabie, en Mésopotamie, &c. Au contraire des autres, elle se bonifie par la vétusté, & même on ne l'emploie généralement que lorsqu'elle a deux ans.

Le Sésame de l'Inde est beaucoup plus grand, & porte un grand nombre de capsules remplies de semences à peine plus grosses que celles du pavot. On les mange de la même manière & on en retire également de l'huile. J'en ai fait faire, en Caroline, des tartres au lait excellentes, & dont je regrette de n'avoir pas assez souvent mangé.

Dans ce pays on ne cultive le Sésame de l'Inde qu'en petit, c'est-à-dire, dans les jardins. Il y atteint trois à quatre pieds de haut, & fournit pendant trois à quatre mois, presque toutes les semaines, une récolte de capsules mûres ; mais on dit qu'on en fait de grandes récoltes dans l'Inde & sur la côte d'Afrique. Il y a tout lieu de croire qu'il demande un terrain plus substantiel que le précédent. (*Bosc.*)

SÉSAMOÏDE : espèce du genre des GAUDES.

SESBANE. SESBAN.

Genre de plantes de la diadelphie décandrie & de la famille des *Légumineuses*, dans lequel se rangent huit espèces, dont plusieurs se cultivent dans nos serres.

Observations.

Ce genre se rapproche infiniment des CORONILLES, des SAINFOINS & des NÉLITTES. *Voy.* ces mots.

Espèces.

1. La SESBANE à grandes fleurs.
Sesban grandiflorus. Poir. ♄ Des Indes.
2. La SESBANE à fleurs écarlates.
Sesban coccineus. Poir. ♄ Des Indes.
3. La SESBANE d'Égypte.
Sesban ægyptiacus. Poir. ♄ De l'Égypte.
4. La SESBANE épineuse.
Sesban aculeatus. Poir. ♄ Des Indes.
5. La SESBANE d'Amérique.
Sesban occidentalis. Poir. ♄ De l'Amérique méridionale.

6. La SESBANE à tiges effilées.
Sesban virgata. Poir. ♄ De l'Amérique méridionale.

7. La SESBANE à fleurs tachetées.
Sesban pitta. Poir. ♄ De l'Amérique méridionale.

8. La SESBANE chanvrée.
Sesban cañabina. Poir. ♄ Des Indes.

Culture.

Toutes ces espèces se cultivent dans nos serres, & elles y sont assez communes, parce que, quoiqu'elles n'y donnent pas de graines, on peut très-facilement les multiplier par les rejetons qui sortent de leurs pieds. Une terre substantielle & consistante leur est la plus convenable. On les arrose fréquemment en été & rarement en hiver. Leurs racines ne doivent pas être coupées, lors de leur rempotement, d'après l'observation de Dumont-Courset, & il ne faut pas les tenir dans un trop grand vase.

Les rejetons se lèvent au milieu du printemps, & sont mis dans des pots sur une couche à châssis, jusqu'à ce qu'ils soient bien repris.

Les Sesbanes veulent, pour fleurir, la serre chaude pendant toute l'année. Lorsqu'on desire qu'elles se fortifient, il est bon de les laisser en plein air pendant les trois mois de l'été. (*Bosc.*)

SESBOT. *PHARMACUM.*

Arbre d'Amboine, encore imparfaitement connu des botanistes. On fait une liqueur vineuse avec l'infusion de ses racines.

Cet arbre n'existe dans aucun jardin en Europe, (*Bosc.*)

SÉSÉLI. *SESELI.*

Genre de plantes de la pentandrie digynie & de la famille des *Ombellifères*, qui réunit vingt-une espèces, dont plusieurs se trouvent dans nos campagnes, & beaucoup se cultivent dans nos écoles de botanique. Il est figuré pl. 202 des *Illustrations des genres* de Lamarck.

Les CARVIS de Linnæus sont réunis par Lamarck à ce genre, qui a pris & donné aussi quelques espèces aux ATHAMANTES & aux SISONS. *Voyez* ces mots.

Espèces.

1. Le SÉSÉLI annuel.
Seseli annuum. Linn. ♂ Indigène.

2. Le SÉSÉLI de montagne.
Seseli montanum. Linn. ♃ Indigène.

3. Le SÉSÉLI glauque.
Seseli glaucum. Linn. ♃ Indigène.

4. Le SÉSÉLI verticillé.
Seseli verticillatum. Desf. ☉ De la Barbarie.

5. Le SÉSÉLI à feuilles de boucage.
Seseli pimpinelloides. Linn. ♃ Du midi de l'Europe.

6. Le SÉSÉLI tortueux, vulgairement *séséli de Marseille.*
Seseli tortuosum. Linn. ♂ Du midi de la France.

7. Le SÉSÉLI tuberculeux.
Seseli elatum. Linn. ♃ Indigène.

8. Le SÉSÉLI saxifrage.
Seseli saxifragum. Linn. ♃ De l'Allemagne.

9. Le SÉSÉLI turbith.
Seseli turbith. Linn. ♃ Du midi de l'Europe.

10. Le SÉSÉLI hyppomarattre.
Seseli hyppomarattrum. Linn. ♃ De l'Allemagne.

11. Le SÉSÉLI des Pyrénées.
Seseli pyrenaicum. Linn. ♃ Des Pyrénées.

12. Le SÉSÉLI à feuilles de férule.
Seseli ferulæfolium. Poir. ♃ Des Pyrénées.

13. Le SÉSÉLI carvi.
Seseli carvi. Lam. ♂ Indigène.

14. Le SÉSÉLI à feuilles de fenouil.
Seseli feniculifolium. Poir. ☉ Du midi de l'Europe.

15. Le SÉSÉLI à tiges très-simples.
Seseli simplex. Poir. De la Sibérie.

16. Le SÉSÉLI à feuilles filiformes.
Seseli filifolium. Thunb. Du Cap de Bonne-Espérance.

17. Le SÉSÉLI à graines blanches.
Seseli leucospermum. Waldst. ♃ De la Hongrie.

18. Le SÉSÉLI strié.
Seseli striatum. Thunb. Du Cap de Bonne-Espérance.

19. Le SÉSÉLI aristé.
Seseli aristatum. Ait. ♂ Des Pyrénées.

20. Le SÉSÉLI à feuilles d'œillet.
Seseli cherophylloides. Thunb. Du Cap de Bonne-Espérance.

21. Le SÉSÉLI fluet.
Seseli gracile. Waldst. & Kit. ♃ De la Hongrie.

Culture.

Les espèces des n.os 1, 2, 3, 5, 6, 7, 8, 10, 11, 17, 19 & 21 se cultivent dans nos écoles de botanique. Toutes se sèment en place, s'éclaircissent & se sarclent au besoin, mais du reste ne demandent aucun autre soin que ceux propres à tout jardin bien tenu.

Les Séselis tortueux & turbith donnent leurs graines à la médecine.

Ces plantes sont assez élégantes pour que les vivaces puissent contribuer à l'agrément des jardins paysagers, où on les placera le long des allées, dans le voisinage des fabriques. (*Bosc.*)

SÉSÉLI COMMUN. On donne quelquefois ce nom à la BERLE des potagers.

SÉSÉLI DE CRÈTE. C'est la TORDYLE officinale.

SÉSÉLI DE MONTPELLIER. *Voyez* LIVÈCHE des prés.

SÈSES : nom des CHICHES à Marseille.

SÉSIE : genre d'insecte de l'ordre des lépidoptères, fort voisin des sphinx, dont je dois dire un mot ici, parce que toutes les espèces qui le composent, déposent leurs œufs sous l'écorce des arbres, & que leurs larves en perforent le bois de manière au moins à nuire au service qu'on en attend dans la menuiserie, la charpente, &c. *Voyez* le *Dictionnaire des Insectes.*

Les deux espèces les plus communes sont :

La SÉSIE APIFORME, dont la chenille vit aux dépens des peupliers & des saules.

La SÉSIE TÉPULIFORME, dont la chenille vit aux dépens du groseiller rouge.

Il n'y a pas d'autres moyens, pour diminuer leurs ravages, que de rechercher les insectes parfaits au moment de leur naissance & de les tuer. (*Bosc.*)

SESLÈRE. SESLERIA.

Genre de plantes de la triandrie digynie & de la famille des *Graminées*, établi aux dépens des CRETELLES, lequel réunit trois espèces, dont deux se cultivent dans nos écoles de botanique. Il est figuré pl. 47 des *Illustrations des genres* de Lamarck.

Observations.

On a réuni depuis peu à ce genre la RACLE ÉCHINÉE, dont Desfontaines avoit fait un genre sous le nom d'ÉCHINAIRE.

Espèces.

1. La SESLÈRE bleuâtre.
Sesleria cærulea. Lam. ♃ Indigène.
2. La SESLÈRE à tête ronde.
Sesleria spherocephala. Lam. ♃ Des Alpes.
3. La SESLÈRE à tête alongée.
Sesleria elongata. Hort. ♃ De l'Allemagne.

Culture.

Ces trois plantes se sèment en place, & ne demandent ensuite que des soins de propreté.

La première poussant de très-bonne-heure au printemps, & étant extrêmement du goût des bestiaux, surtout des moutons, devroit être multipliée dans les pâturages secs & calcaires, où elle se plaît le plus.

Pour remplir cet objet, il faudroit en semer un petit espace dans un jardin pour en récolter la graine & la répandre à la fin de l'hiver, sur un simple ratissage, dans les parties de ces pâturages les moins garnies de bonne herbe : c'est dommage qu'elle soit si petite. (*Bosc.*)

SESSÉE. SESSEA.

Genre de plantes de la pentandrie monogynie, dans lequel se rangent deux espèces, ni l'une ni l'autre cultivée dans nos jardins.

Espèces.

1. La SESSÉE stipulée.
Sessea stipulata. Ruiz & Pav. ♄ Du Pérou.
2. La SESSÉE à grappes pendantes.
Sessea dependens. Ruiz & Pav. ♄ Du Pérou.
(*Bosc.*)

SÉSUVE. SESUVIUM.

Genre de plantes de l'icosandrie trigynie & de la famille des *Portulacées*, dans lequel se rangent trois espèces que nous cultivons dans nos écoles de botanique. Il est figuré pl. 434 des *Illustrations des genres* de Lamarck.

Espèces.

1. La SÉSUVE à feuilles de pourpier.
Sesuvium portulacastrum. Linn. ☉ De l'Amérique méridionale.
2. La SÉSUVE à feuilles roulées.
Sesuvium revolutifolium. Orteg. ♂ De Cuba.
3. La SÉSUVE sessile.
Sesuvium sessile. Plant. grass. ☉ De.....

Culture.

Ces trois espèces se sèment dans des pots remplis de terre à demi consistante, qui se placent sur une couche à châssis, où elles restent jusqu'à la fin de juin, après quoi on peut les mettre contre un mur exposé au midi jusqu'à la fin d'août, qu'il faut les rentrer dans la serre, pour qu'elles y perfectionnent leurs graines. On leur donne des arrosemens fréquens, mais peu abondans. (*Bosc.*)

SÉTAIRE. SETARIA.

Genre établi aux dépens des LICHENS de Linnæus; il comprend une partie des filamenteux.

SÉTON : petite corde ou lanière de toile qu'on introduit sous la peau, entre le tissu cellulaire & un muscle, aux animaux domestiques malades, au moyen d'une grosse aiguille aplatie & tranchante à sa pointe, ou après avoir fait une plaie assez large, pour y passer la corde ou la toile, avec un petit bâton, dans le but d'exciter d'abord une douleur, & ensuite une suppuration qui y attire les humeurs & les expulse. *Voyez* VESICATOIRE.

Un Séton qui pénètre dans un muscle donne lieu à une inflammation, dont les suites peuvent devenir très-graves : ainſi, en l'établiſſant, il faut y faire une grande attention.

La nuque, le cou, les épaules, le ventre, les feſſes, les hanches, les pieds, ſont les lieux où on place le plus ordinairement les Sétons; quelquefois on les fait paſſer à tire une tumeur.

Preſque toujours on enduit la corde ou la lanière d'un Séton d'un onguent véſicatoire ou ſuppuratif.

Lorſque le Séton eſt paſſé, on lie la corde, ou on coud la lanière de toile par ſes deux bouts, ou on attache à chacun de ces bouts un morceau de bois aſſez gros pour qu'il ne puiſſe entrer dans la plaie. Chaque jour on tire la corde ou le Séton, tantôt d'un côté, tantôt de l'autre, afin de réveiller ſon action & d'empêcher la plaie de ſe fermer.

L'emploi du Séton eſt très-fréquent dans la médecine vétérinaire. J'ai indiqué chacune des maladies où il eſt regardé comme produiſant de bons effets.

La nature s'accoutumant aux choſes les plus en contradiction avec elle, il eſt bon de ne pas laiſſer les Sétons trop long-temps dans la même place; mais je ne puis fixer ici l'époque où ils doivent être changés, parce qu'elle varie dans chaque animal, dans chaque maladie, dans chaque ſaiſon, &c.

Le trochique eſt un Séton fait avec un morceau d'écorce de garou, de lauréole ou d'ellébore.

La rouelle eſt un diſque de cuir percé à ſon milieu.

Ces deux ſortes de Sétons ſe placent après avoir fait une inciſion convenable à la peau, & ils s'aſſujettiſſent avec des bandes de toile.

Leurs effets ſont les mêmes que celui dont il vient d'être parlé, & leur application eſt plus difficile; auſſi en fait-on plus rarement uſage. (*Boſc.*)

SÉVE : fluide, quelquefois inſipide, qui flue des plaies faites aux végétaux à certaines époques de l'année, & qui eſt évidemment l'aliment de leur vie & de leur accroiſſement.

L'importance du rôle que joue la Séve dans l'acte de la végétation, devroit la rendre ici l'objet d'un article fort étendu; mais comme elle a été priſe en très-grande conſidération, ſous les rapports phyſiologiques, dans le Dictionnaire qui porte ce dernier nom, & qui fait partie de l'*Encyclopédie par ordre de matières*, je me bornerai à quelques-uns des principes généraux de théorie, & à quelques-unes des applications de pratique ſur leſquelles on n'a pas aſſez inſiſté dans cet article.

A la Séve ſe trouvent ſouvent unis des Sucs PROPRES de différentes natures, mais plus communément GOMMEUX ou RÉSINEUX (*voyez* ces trois mots), ſucs propres qu'elle forme ſans doute, mais par des moyens qui nous ſont inconnus; ſeulement on a déduit de l'obſervation qu'ils ne s'écouloient que de la partie ſupérieure des plaies faites à l'aubier des arbres qui en ſont pour-

vus, que les feuilles jouoient un rôle important dans leur élaboration. *Voyez* FEUILLE.

Il eſt deux époques de l'année où la Séve eſt plus abondante dans les végétaux, c'eſt le printemps & l'automne. Pendant la première de ces époques on les voit augmenter en hauteur plus qu'en groſſeur, pouſſer plus en branches qu'en racines, & pendant la ſeconde, plus en groſſeur qu'en hauteur, pouſſer plus en racines qu'en branches.

Comme c'eſt ſur la connoiſſance de la nature, de l'origine, de la marche & des effets de la Séve que réſide la plus grande théorie de la végétation, les agriculteurs doivent l'étudier ſous ces quatre rapports, afin d'aſſurer leur pratique.

On ne peut pas le prouver directement, mais il eſt impoſſible de repouſſer l'opinion que la Séve eſt le réſultat de l'abſorption opérée par les RACINES, au moyen de la CHALEUR, de l'EAU & de la portion SOLUBLE D'HUMUS ou TERREAU qui ſe trouve à l'extrémité des fibrilles de ſes racines, plus de l'ACIDE CARBONIQUE fixé ou en état GAZEUX.

Les FEUILLES, quand elles exiſtent, concourent auſſi à la reproduction & à l'élaboration de la Séve, en abſorbant les gaz qui circulent dans l'atmoſphère & en exhalant ceux qui ſe ſont formés dans les vaiſſeaux de la plante, & ont ceſſé d'être néceſſaires à la végétation.

Les fabricateurs de ſucre d'érable remarquent que, dès que les feuilles commencent à pouſſer, la Séve ceſſe de couler, & que ce n'eſt qu'alors qu'elle s'épaiſſit & devient propre à former une nouvelle couche d'aubier & une nouvelle couche d'écorce. *Voyez* SUCRE.

On a objecté à ceux qui croient, ainſi que moi, que les feuilles, ou l'écorce verte qui en tient lieu, ſont néceſſaires à l'élaboration de la Séve, que les plantes qui les perdent pendant l'hiver ne ſe développoient pas moins au printemps, que celles dont on coupe les tiges ou les branches, à quelqu'époque que ce ſoit de l'année, pouſſent de ſuite. Quoique je ne puiſſe pas le prouver par des expériences directes, je crois pouvoir répondre avec M. Thouin & quelques autres cultivateurs, que la Séve organiſée pendant l'été s'accumule en automne dans le tronc & les racines pour être employée au développement des premières feuilles de l'année ſuivante.

C'eſt par l'action vitale que les ſucs de la terre ſont abſorbés par les racines; mais ſi on demande qu'eſt-ce que l'action vitale & comment elle agit, je répondrai que c'eſt une force qui attire les molécules ſimilaires par ſa propre puiſſance, & je citerai les racines mortes qui n'ont point changé d'organiſation apparente, & qui cependant ne tirent plus rien du ſol. Il eſt des principes qu'il ne ſera jamais donné à l'homme d'éclaircir complétement.

Grew a dit que la Séve entre dans les racines

fous forme de vapeurs, & plufieurs confidérations militent en faveur de cette opinion.

Tout ce que Grew, Malpighi, Lahire, Perrault, Hille, de la Baiffe, Bonnet, &c., ont écrit fur cet objet, ne fatisfait point complétement l'efprit.

Le paffage de la Séve par le tiffu cellulaire des feuilles eft une condition effentielle pour qu'elle acquière la propriété organifante dont elle doit être pourvue, & pour qu'elle rempliffe toutes fes fonctions; auffi n'eft-ce que lorfque les feuilles font en partie développées que commence la formation de la nouvelle couche du printemps; auffi n'eft-ce que lorfqu'elles font arrivées au dernier terme de leur développement, que la nouvelle couche d'automne, ordinairement bien plus épaiffe, s'établit; auffi, plus on fupprime de feuilles à un arbre, & moins il groffit: de-là la belle pratique des pépinières, appelée TAILLE EN CROCHET (voyez ce mot), qui a pour but de faire produire plus de feuilles aux jeunes arbres, & de forcer la plus grande partie de la Séve à refter dans le tronc. Voyez PÉPINIÈRE.

Plus les vaiffeaux que parcourt la Séve font larges, & plus elle monte en quantité: de-là vient que les jeunes arbres pouffent plus vigoureufement que les vieux.

Dans la plupart des plantes, la Séve tend à monter en ligne droite, & lorfqu'elle dévie, c'eft toujours au détriment de la hauteur & de la groffeur de la tige. C'eft pourquoi il faut fupprimer les branches qui rivalifent de groffeur avec cette tige lorfqu'on veut que cette dernière profite.

Si, pendant l'action de la Séve, on fupprime l'extrémité de la tige d'une plante, cette Séve, ou s'arrête dans le tronc pour le groffir, ou réflue dans les branches latérales pour les faire pouffer davantage, ou fur le fruit pour hâter l'époque de fa maturité; on fait fréquemment ufage de ces circonftances, dans la pratique, pour des buts particuliers. Voyez PINCEMENT.

Par un principe diamétralement oppofé, les mêmes effets ont lieu fur une branche, lorfqu'on enlève un anneau d'écorce à cette branche, lorfqu'on lie fortement cette branche avec de la ficelle, du fil de fer, &c. Voy. INCISION ANNULAIRE & LIGATURE.

La Séve eft d'autant plus aqueufe qu'il a plu davantage, que les arrofemens ont été plus fréquens ou plus abondans; & toutes les fois qu'il y a permanence de fluidité en elle, les tiges font foibles, les feuilles & les racines font moins favoureufes, & les fruits infipides. De-là réfulte la néceffité de ne pas pouffer à l'eau, comme difent les jardiniers, les plants des arbres, les légumes doux, & l'utilité d'arrofer fouvent ceux qui font naturellement âcres, comme les falades, les petites raves, &c.

Pour obtenir la Séve des plantes, on les coupe dans le fort de leur pouffe, c'eft-à-dire, au printemps; & on adapte une bouteille à la plaie de la partie qui tient aux racines. On en a obtenu une livre par jour d'un farment de vigne. Voyez PLEURS.

La Séve chauffée laiffe dégager d'abord beaucoup d'acide carbonique & enfuite d'acide acétique. Voyez BOIS.

On doit à Deyeux & à Vauquelin l'analyfe de la Séve de la vigne, du bouleau, du charme & de l'orme. Ces Séves, expofées à l'air, fe colorent & dépofent des flocons de matière glutineufe. Bientôt elles paffent fucceffivement par les fermentations vineufe, acide & putride, & enfin dépofent un mucilage dont il fe dégage de l'ammoniac. Les réactifs ont conftaté en elles l'exiftence des acétates de potaffe & de chaux, du carbonate de chaux & du fucre.

Quelques fortes de Séves, comme celles du hêtre & du chêne, contiennent en outre du tannin & de l'acide gallique.

L'obfervation des phénomènes de la végétation, à toutes les époques de l'année, prouve qu'au premier printemps l'eau y furabonde, que peu à peu elle diminue, le CAMBIUM fe forme & fe dépofe entre l'AUBIER & l'ÉCORCE pour former une couche de l'un & de l'autre. Voyez ces mots.

Tous ceux qui ont obfervé la marche de la Séve s'accordent à regarder comme prouvée fon afcenfion par les vaiffeaux du centre de la tige, & fa defcenfion par ceux voifins de l'écorce.

Les expériences de Duhamel ne paroiffent laiffer aucun doute fur fa marche afcendante au printemps & le matin, & defcendante en automne & le foir, ce qui forme une forte de balancement irrégulier, combiné pour le plus grand avantage de la plante. Mais, malgré l'irrécufable expérience de Thouin, citée au mot GREFFE, c'eft-à-dire, celle où, ayant coupé une racine au printemps, & greffé fes deux parties en fente, la greffe de la partie féparée du tronc pouffa de fuite, & celle tenant au tronc ne fe fit qu'en automne. Malgré les belles expériences citées par M. Feburier dans fon Traité de la Séve, plufieurs phyfiologiftes perfiftent à nier cette circulation. Voyez BOURRELET.

Cette différence dans la deftination des deux Séves étoit connue des Anciens, car on lit au chapitre II du Xe. livre des Géoponiques, que la nature, au printemps, nourrit les branches des arbres & leur fait pouffer des fleurs & des fruits, & qu'en automne elle abandonne les branches pour s'occuper des racines.

Certaines variétés de fruits ne reçoivent pas la greffe auffi facilement que certaines autres. Tels font le merifier à fruits rouges, la cerifette, le faint-julien, les amandiers à fruits amers, &c. Les pépiniériftes difent que ces variétés ont la Séve douce, & cette expreffion eft probablement jufte. Voyez CERISIER, PRUNIER, AMANDIER & GREFFE.

Outre le mouvement organique & régulier de la Séve, il y en a un produit journellement par les variations du chaud & du froid, & qui eft purement PYROMÉTRIQUE. *Voyez* ce mot dans le *Dictionnaire de Phyfique*.

L'expérience qui déconcerte le plus les partifans de la circulation de la Séve, eft celle citée par Hall, & qui fe répète depuis tous les ans dans les Serres de Paris, je veux dire le pied de vigne planté hors de la Serre, & pourvu de deux farmens, dont celui qui eft introduit dans la Serre pouffe en janvier & donne des fruits mûrs en juin, tandis que celui refté dehors ne pouffe qu'en avril & ne mûrit fes fruits qu'en octobre.

Tout détermine donc à croire que la Séve n'eft jamais en repos abfolu; mais dans la pratique on la confidère comme y étant pendant les grands froids de l'hiver & pendant les grandes chaleurs de l'été. Dans les pays chauds, où les plantes végètent toute l'année, les époques d'affluement de la Séve font moins marquées; auffi ne peut-on pas y greffer en écuffon.

C'eft par la facilité qu'on trouve à féparer l'écorce de l'aubier, qu'on juge qu'un arbre *eft en Séve*, c'eft-à-dire, qu'il eft propre à être greffé en écuffon.

La chaleur de l'atmofphère influe toujours fur le développement de la Séve du printemps en Europe, c'eft-à-dire, que tel arbre eft plutôt fufceptible d'être greffé en écuffon à Marfeille qu'à Paris, dans les années où l'hiver eft court, que dans celles où il eft prolongé; mais il n'en eft pas de même de la Séve d'automne (Séve d'août des jardiniers); elle fe montre indépendamment de toute autre circonftance qu'une extrême fécherefse, feulement elle dure moins long-temps fi les froids font précoces.

De ces faits, on doit conclure que le temps pendant lequel on peut greffer en écuffon eft d'autant plus court, qu'on s'approche davantage des tropiques, où que l'année eft plus fèche, & c'eft ce que l'obfervation conftate en effet. *Voyez* CHALEUR & SÉCHERESSE.

On a remarqué, il y a déja long-temps, que la Séve fe développoit plus tard dans les arbres dont toutes les branches avoient été coupées, dans les arbres qui étoient nouvellement plantés, & furtout dans les boutures. De cette obfervation, les cultivateurs auroient dû conclure qu'il falloit laiffer des branches garnies de boutons aux arbres qu'ils tranfplantent, aux boutures qu'ils font; afin que le retard de la Séve ne foit pas augmenté par la difficulté de percer des boutons adventifs à travers l'écorce. *Voyez* PLANTATION, PLANÇON & BOUTURE.

L'inconvénient du retard de l'afcenfion de la Séve dans les arbres mutilés eft fi connue des jardiniers, que dans toutes les greffes en écuffon ils laiffent un des bourgeons fupérieurs du fujet fe développer en partie pour que la affue en plus grande abondance vers la greffe. C'eft ce qu'ils appellent AMUSER LA SÈVE. *Voyez* GREFFE.

Lorfqu'on courbe confidérablement une branche d'arbre, la Séve ceffe d'y affluer en affez grande quantité, & elle s'affoiblit, périt même la première ou la feconde année. *Voyez* MARCOTTE.

Quand on courbe moins ou qu'on incline légèrement une branche d'arbre, la Séve, feulement gênée dans fa marche, s'organife plus complétement, ou plus fortement, ou plus promptement, & fait naître une plus grande quantité de fruits ou de plus gros fruits : de-là la pratique de faire des SAUTELLES à la vigne, de COURBER ou d'incliner les branches des POMMIERS & des POIRIERS, de difpofer obliquement celles des PÊCHERS, &c. *Voyez* ces mots & ceux ESPALIER, PLEIN-VENT, TAILLE.

L'extravafion de la Séve dans des fentes longitudinales faites à l'écorce des arbres courbés, du côté de leur courbure, les fait prefque toujours redreffer. Pourquoi ne pratique-t-on donc pas plus fouvent cette opération fur les arbres fruitiers ou d'agrément, dont la forme eft irrégulière ? *Voyez* BOURRELET.

Il arrive affez fouvent que, ou la mauvaife nature du fol, ou une féchereffe trop prolongée, ou la vieilleffe, ne permettent plus aux branches fupérieures des arbres de recevoir la quantité de Séve néceffaire à leur exiftence; alors elles meurent, quoique les inférieures continuent à végéter avec force, pouffent même, dans le fecond cas, lorfque la caufe a ceffé, de nouveaux jets fort vigoureux. *Voyez* COURONNEMENT.

Lorfque les froids furviennent au moment de la floraifon des arbres fruitiers, & qu'ils durent pendant quelques jours, les fleurs tombent, non parce qu'elles ont été gelées, mais parce qu'elles ont été privées de la nourriture que leur apportoit la Séve, dont la marche eft alors fufpendue. Il en eft de même pour les fruits lorfque le froid arrive après qu'ils font noués. *Voyez* FLORAISON, NOUURE & GELÉE.

Les ufages de la Séve dans l'économie domeftique font peu nombreux. On fait du vin, du vinaigre & de l'eau-de-vie de celle des palmiers dans les pays intertropicaux, & des bouleaux dans ceux du nord. (*Voyez* PALMIER & BOULEAU.) On tire du fucre de celle de quelques efpèces d'ÉRABLE. (*Voyez* ce mot.) Les propriétés médicinales de celle de la vigne & de quelques autres plantes indigènes font le fait de l'ignorance ou de la charlatanerie.

Lorfqu'on brûle les plantes, la Séve qu'elles contenoient fe réduit en fumée, qui, recueillie, fournit divers principes, entr'autres un acide qu'on a appelé *pyro-ligneux*, mais qui a été connu n'être autre que l'acétique, c'eft-à-dire, la bafe du vinaigre. Aujourd'hui on diftille les bois uniquement pour en tirer un acide qu'on vend aux manufactures, ou qu'on emploie pour l'affaifonnement des mets. *Voyez* VINAIGRE. (*Bosc.*)

SÉVOLE. Scævola.

Genre de plantes de la pentandrie monogynie & de la famille des *Campanulacées*, fort voisin des RAPONCULES & des GOODENIES, dans lequel se rangent cinq espèces, dont aucune n'est cultivée dans nos jardins. Il est figuré pl. 124 des *Illustrations des genres* de Lamarck.

Espèces.

1. La SÉVOLE des Indes.
* *Scævola Kœnigii*. Vahl. ♄ Des Indes.

2. La SÉVOLE soyeuse.
* *Scævola sericea*. Forst. Des îles de la mer du Sud.

3. La SÉVOLE raponcule.
Scævola lobelia. Vahl. ♄ De l'Amérique méridionale.

4. La SÉVOLE luisante.
Scævola levigata. Pers. ♄ De la Nouvelle-Hollande.

5. La SÉVOLE hispide.
Scævola hispida. Cavan. ♄ De la Nouvelle-Hollande. (*Bosc.*)

SEVRER. Ce mot a deux acceptions en agriculture.

Ainsi, sevrer un poulain, un veau, un agneau, &c., c'est le séparer de sa mère, afin de l'empêcher de continuer à se nourrir de son lait.

Ainsi, sevrer une marcotte, c'est couper la partie qui est entre la souche & la terre, pour l'empêcher de continuer à tirer de la sève de cette souche.

C'est un bien mauvais calcul que de sevrer trop tôt les petits des animaux domestiques, sous le spécieux prétexte d'employer la jument à son service, de tirer plus tôt parti du lait de la vache, de la brebis, &c., parce que ces petits en souffrent toujours, soit relativement à leur grandeur, soit relativement à leur force, soit relativement à leur bonne santé. Quoi qu'en disent quelques agronomes, l'économie consiste plutôt à relever les races des animaux domestiques qu'à faire quelques charrois, quelques fromages de plus.

Comme j'ai donné, à l'article de chacun des animaux domestiques, les indications convenables pour prendre un juste milieu entre sevrer trop tôt & sevrer trop tard leurs petits, je n'en parlerai pas plus longuement ici.

Quelquefois une marcotte qui a pris de petites racines cesse d'en pousser, parce que la sève descendante ne s'arrête pas à la courbure : la sevrer, force la sève à se porter sur ces petites racines & à les alonger. C'est donc principalement avant la sève d'août, je veux dire en juillet, qu'il est avantageux de faire cette opération. Le sevrage ne fait périr tant de marcottes, que parce que les jardiniers ne font pas attention à cette circonstance. *Voyez* SÈVE & MARCOTTE. (*Bosc.*)

SEXE DES PLANTES. Long-temps les cultivateurs n'ont eu aucune idée précise du Sexe des plantes, quoique l'observation leur prouvât tous les ans son existence, au moins dans le chanvre, dans l'épinard & le houblon. Aujourd'hui ils ne peuvent plus ignorer, 1°. que les étamines des plantes sont les organes mâles, & les pistils les organes femelles; 2°. qu'il y a des plantes, & c'est le plus grand nombre, où ces organes sont réunis dans la même fleur (hermaphrodites), d'autres où ils sont dans des fleurs différentes sur le même pied (monoïques), ou sur des pieds différens (dioïques), ou mâles ou femelles en même temps qu'hermaphrodites sur le même pied ou sur des pieds différens (polygamiques). *Voyez* PLANTE & BOTANIQUE, tant dans ce Dictionnaire que dans ceux de *Botanique* & de *Physiologie végétale*.

Un cultivateur persuadé de l'importance du Sexe des plantes, ne coupera pas les fleurs mâles de ses melons, de ses courges, les panicules de ses maïs, &c., avant qu'elles soient fanées, ou mieux ne les coupera pas du tout; il rapprochera les pieds de ses houblons, de ses girofliers, de ses pistachiers, &c.

Lorsque la fécondation ne s'opère pas, soit par l'effet du froid, de la pluie, de la foiblesse des racines, &c. &c., on dit que le fruit a coulé. *Voyez* COULURE, ÉTAMINE, PISTIL. (*Bosc.*)

SEYCETTE : sorte de froment barbu qui se cultive près de Beaucaire. *Voyez* FROMENT.

SHAWIA. Shawia.

Genre de plantes établi par Forster sur une seule espèce qui croît dans la mer du Sud, & que nous ne possédons pas dans nos jardins.

Il fait partie de la syngénésie agrégée & de la famille des *Corymbifères*. (*Bosc.*)

SHEFFIELDIE. Sheffieldia.

Genre de plantes de la décandrie monogynie & de la famille des *Lysimaques*, qui réunit deux espèces, ni l'une ni l'autre cultivée dans nos jardins.

Espèces.

1. La SHEFFIELDIE rampante.
Sheffieldia repens. Linn. ♃ Des îles de la mer du Sud.

2. La SHEFFIELDIE blanche.
Sheffieldia incana. Labill. ♃ De la Nouvelle-Hollande. (*Bosc.*)

SHÉRARDE, Sherardia.

Genre de plantes de la tétrandrie monogynie & de la famille des *Rubiacées*, dans lequel se rangent
trois

trois efpèces, dont une eft fort commune dans nos champs de céréales. Il eft figuré pl. 61 des *Illuftrations des genres* de Lamarck.

Efpèces.

1. La SHÉRARDE des champs.
Sherardia arvenfis. Linn. ☉ Indigène.
2. La SHÉRARDE des murs.
Sherardia muralis. Linn. ☉ Du midi de l'Europe.
3. La SHÉRARDE frutefcente.
Sherardia frutefcens. Linn. ♄ De l'île de l'Afcenfion.

Culture.

La première efpèce eft la feule qui fe voie dans nos écoles de botanique, où fa culture fe réduit au femis de fes graines en place & aux foins de propreté dus à tout jardin.

Son abondance dans certains champs eft un avantage aux yeux des cultivateurs peu éclairés, parce que, malgré fa petiteffe, elle fournit un pâturage aux beftiaux, & furtout aux moutons; mais elle n'en doit pas moins être rangée parmi les MAUVAISES HERBES & détruite par des LABOURS faits en temps convenable, & par un bon fyftème d'ASSOLEMENT. *Voyez* ces mots. (*Bosc.*)

SIALITE. DILLENIA.

Genre de plantes de la polyandrie polygynie & de la famille des *Magnoliers*, dans lequel fe réuniffent dix efpèces, dont quatre fe cultivent dans nos écoles de botanique. Il eft figuré pl. 492 des *Illuftrations des genres* de Lamarck.

Obfervations.

Andrew & Curtis ont appelé ce genre HIBBERTIE.

Efpèces.

1. La SIALITE à grandes fleurs.
Dillenia fpeciofa. Thunb. ♄ Des Indes.
2. La SIALITE à feuilles entières.
Dillenia integra. Thunb. ♄ De Ceylan.
3. La SIALITE à cinq ftyles.
Dillenia pentagyna. Roxb. ♄ Des Indes.
4. La SIALITE farmenteufe.
Dillenia fcandens. Willd. ♄ De la Nouvelle-Hollande.
5. La SIALITE voluble.
Dillenia volubilis. Andr. ♄ De la Nouvelle-Hollande.
6. La SIALITE crénelée.
Dillenia crenata. Andr. ♄ De la Nouvelle-Hollande.
7. La SIALITE émouffée.
Dillenia retufa. Thunb. ♄ De Ceylan.
Agriculture. Tome VI.

8. La SIALITE dentée.
Dillenia dentata. Thunb. ♄ De Ceylan.
9. La SIALITE elliptique.
Dillenia elliptica. Thunb. ♄ D'Amboine.
10. La SIALITE fangi.
Dillenia ferrata. Thunb. ♄ De Java.

Culture.

Les efpèces 1re., 4e., 5e. & 6e. font celles que nous cultivons.

La première demande la ferre chaude; les trois autres fe contentent de l'orangerie : toutes veulent la terre de bruyère, & fe multiplient par marcottes & par boutures, ces dernières faites fous une couche à châffis. Il leur faut des arrofemens fréquens, mais peu abondans. Ce font des arbuftes toujours verts, dont les fleurs fe font remarquer par leur grandeur & leur belle couleur, mais dont l'odeur eft repouffante. La 4e. feule eft commune. (*Bosc.*)

SIBADE : variété d'avoine cultivée dans le département de Lot & Garonne.

SIBBALDE. SIBBALDIA.

Genre de plantes de la pentandrie pentagynie & de la famille des *Rofacées*, dans lequel fe placent quatre efpèces, dont une fe cultive dans nos écoles de botanique. Il eft figuré pl. 221 des *Illuftrations des genres* de Lamarck.

Efpèces.

1. La SIBBALDE couchée.
Sibbaldia procumbens. Linn. ♃ Du midi de la France.
2. La SIBBALDE à tige droite.
Sibbaldia erecta. Linn. ♃ De la Sibérie.
3. La SIBBALDE altaïque.
Sibbaldia altaica. Linn. ♃ De la Sibérie.
4. La SIBBALDE à petites fleurs.
Sibbaldia parviflora. Willd. ♃ De l'Orient.

Culture.

La première efpèce eft celle que nous cultivons, encore avec beaucoup de difficultés; elle demande une terre confiftante, humide & chaude. On la multiplie par le femis de fes graines dans des pots fur couche nue. Le plant fe répique enfuite en pleine terre à l'expofition du midi. Il eft bon d'en laiffer quelques pieds en pots pour pouvoir les rentrer dans l'orangerie aux approches de l'hiver, en cas que ceux laiffés en pleine terre foient frappés par les gelées de cette faifon, les feules qui puiffent les affecter. (*Bosc.*)

SIBTORPE. SIBTORPIA.

Genre de plantes de la didynamie angiofpermie
T t

& de la famille des *Pédiculaires*, dans lequel fe trouvent placées deux efpèces, dont l'une fe cultive dans nos écoles de botanique. Il eft figuré pl. 535 des *Illuftrations des genres* de Lamarck.

Espèces.

1. La SIBTORPE d'Europe.
Sibtorpia europea. Linn. ⚥ Du midi de l'Europe.

2. La SIBTORPE d'Afrique.
Sibtorpia africana. Linn. ⚥ De la Barbarie.

Culture.

J'ai vu, dans une grande partie de l'Efpagne, cette plante couvrir les pieds des murs expofés au nord, furtout lorfque ce pied étoit voifin d'une fontaine ou d'un ruiffeau. C'eft donc dans des pots qu'on place dans une fituation analogue, qu'il faut la cultiver dans nos écoles de botanique. Elle paffe fréquemment l'hiver en pleine terre ; fans inconvéniens, dans le climat de Paris. On la multiplie avec la plus grande facilité par le femis de fes graines & le déchirement de fes vieux pieds. Il eft poffible de dire qu'elle voyage, car chaque année elle alonge fes tiges d'un côté, tandis qu'elles meurent de l'autre. Les tapis de verdure qu'elle forme font d'un afpect fort agréable en tout temps, & furtout quand elle eft en fleurs. (*Bosc.*)

SICIOTE. S*i*cyos.

Genre de plantes de la monœcie triandrie & de la famille des *Cucurbitacées*, qui réunit fept efpèces, dont une fe cultive dans nos écoles de botanique. Il eft figuré pl. 796 des *Illuftrations des genres* de Lamarck.

Espèces.

1. La SICIOTE anguleufe.
Sicyos angulata. Linn. ☉ De l'Amérique feptentrionale.

2. La SICIOTE laciniée.
Sicyos laciniata. Linn. De l'Amérique méridionale.

3. La SICIOTE de Ceylan.
Sicyos garcini. Linn. De Ceylan.

4. La SICIOTE glanduleufe.
Sicyos glandulofa. Poir. De Ténériffe.

5. La SICIOTE comeftible.
Sicyos edulis. Jacq. ☉ De l'Amérique méridionale.

6. La SICIOTE à petites fleurs.
Sicyos parviflora. Willd. ☉ Du Mexique.

7. La SICIOTE à feuilles de vigne.
Sicyos vitifolia. Willd. ☉ De.....

Culture.

La première efpèce eft celle qui fe voit dans nos écoles de botanique. On fème fes graines au printemps, dans un pot rempli de terre à demi confiftante, pot qu'on enterre dans une couche nue. Lorfque le plant a acquis deux à trois pouces de hauteur, on le repique en pleine terre, contre un mur expofé au midi, & on lui donne une rame fur laquelle il puiffe grimper. Des arrofemens pendant les féchereffes lui font néceffaires.

Cette plante n'eft nullement agréable. (*Bosc.*)

SICKI : arbre d'Amboine encore peu connu, du bois duquel on fait des meubles.

Nous ne le poffédons pas dans nos jardins. (*Bosc.*)

SICKINGIE. S*ickingia*.

Genre de plantes de la pentandrie monogynie, qui renferme deux arbres, ni l'un ni l'autre cultivés dans nos jardins.

Espèces.

1. Le SICKINGIE érythroxylon.
Sickingia erythoxylon. Willd. ♄ De l'Amérique méridionale.

2. Le SICKINGIE à longues feuilles.
Sickingia longifolia. Willd. ♄ De l'Amérique méridionale. (*Bosc.*)

SIDERODENDRE. S*iderodendron*.

Arbre de la Martinique, appelé vulgairement *bois de fer*, à raifon de la dureté de fon bois, qui feul forme un genre dans la tétrandrie monogynie & de la famille des *Rubiacées*.

Cet arbre fe cultive depuis long-temps dans nos ferres, mais il ne s'y multiplie ni de marcottes ni de boutures, & il vient rarement de fes graines ; auffi y eft-il rare. Une terre confiftante, qui fe renouvelle en partie tous les deux ans, eft celle qui lui convient le mieux. On l'arrofe peu en hiver. (*Bosc.*)

SIFFLAGE : fynonyme de CORNAGE.

SIFFLET : forte de GREFFE. *Voyez* ce mot.

SIGESBÈQUE. S*igesbeckia*.

Genre de plantes de la fyngénéfie fuperflue & de la famille des *Corymbifères*, dans lequel fe trouvent réunies quatre efpèces, dont la moitié fe cultivent dans les écoles de botanique. Il eft figuré pl. 687 des *Illuftrations des genres* de Lamarck.

Obfervations.

Ce genre a beaucoup de rapports avec les VERBESINES, & une de fes efpèces, l'*occidentale*, y a été réunie.

Efpèces.

1. Le SIGESBÈQUE oriental.
Sigesbeckia orientalis. Linn. ⊙ Des Indes.
2. Le SIGESBÈQUE flofculeux.
Sigesbeckia flofculofa. Lhérit. ⊙ Du Pérou.
3. Le SIGESBÈQUE d'Ibérie.
Sigesbeckia iberica. Wild. ⊙ De l'Ibérie.
4. Le SIGESBÈQUE lacinié.
Sigesbeckia laciniata. Poir. ⊙ De la Caroline.

Culture.

Ce font les deux premières efpèces que nous poffédons : leurs graines fe fèment au printemps, dans des pots remplis de terre à demi confiftante, pots qu'on enfouit dans une couche nue. Lorfque le plant eft parvenu à une hauteur de quelques pouces, on le repique contre un mur expofé au midi & on l'arrofe au befoin. Il eft bon de laiffer quelques pieds en pot, pour pouvoir les rentrer dans la ferre aux approches des gelées, en cas que ceux en pleine terre n'amènent pas leurs graines à maturité, ce à quoi ils font expofés lorfque l'été a été pluvieux & froid. Au refte, ces plantes font de peu d'agrément & n'intéreffent que les botaniftes. (*Bosc.*)

SIGNALEMENT DES BESTIAUX. Les diverfes formes & couleurs des animaux domeftiques, furtout des chevaux, des ânes, des bœufs & des vaches, les plus importans d'entr'eux, permettent le plus fouvent de le reconnoître à la première vue. Comme ils peuvent s'égarer, qu'ils peuvent être volés, il feroit bon de décrire avec détail ces formes & ces couleurs dans un regiftre vifé par le maire, pour avoir un titre légal à l'effet de les réclamer en cas d'un des événemens que je viens de citer.

C'eft cette defcription qu'on appelle le *Signalement des beftiaux.* Comme, pour la faire, il faut quelqu'habitude, & que les vétérinaires l'ont acquife, ce font eux qu'on doit appeler, d'autant plus qu'étant reconnus en juftice, leurs procès-verbaux font foi.

Les beftiaux d'une feule couleur, & qui ne diffèrent pas affez par leurs formes pour être facilement diftingués, pourront être MARQUÉS. *Voyez* ce mot. (*Bosc.*)

SIGNET. C'eft le MUGUET SEAU DE SALOMON.

SILENÉ. *Silene.*

Genre de plantes de la décandrie trigynie & de la famille des *Caryophyllées*, dans lequel fe placent près de cent efpèces, dont plufieurs croiffent dans nos campagnes, & un grand nombre fe cultivent dans nos écoles de botanique. Il eft figuré pl. 377 des *Illuftrations des genres* de Lamarck.

Obfervations.

Ce genre eft fi voifin des CUCUBALES, que quelques botaniftes les ont réunis.

Efpèces.

Silenés à fleurs folitaires & latérales.

1. Le SILENÉ de France.
Silene gallica. Linn. ⊙ Indigène.
2. Le SILENÉ d'Angleterre.
Silene anglica. Linn. ⊙ Indigène.
3. Le SILENÉ de Portugal.
Silene lufitanica. Linn. ⊙ Du midi de l'Europe.
4. Le SILENÉ à cinq taches.
Silene quinquevulnera. Linn. ⊙ Du midi de la France.
5. Le SILENÉ cilié.
Silene ciliata. Willd. ⊙ De l'île de Crète.
6. Le SILENÉ noĉturne.
Silene noĉturna. Linn. ⊙ Du midi de la France.
7. Le SILENÉ coloré, *divifé.* Desfont.
Silene colorata. Poir. ⊙ De la Barbarie.
8. Le SILENÉ céraïfte.
Silene ceraftoides. Linn. ⊙ Du midi de l'Europe.
9. Le SILENÉ crépu.
Silene crifpa. Poir. De la Barbarie.
10. Le SILENÉ foyeux.
Silene fericea. Allion. ⊙ De l'Italie.
11. Le SILENÉ à fleurs jumelles.
Silene geminiflora. Willd. ⊙ De.....
12. Le SILENÉ à fleurs de jafmin.
Silene nyĉantha. Willd. ⊙ De.....
13. Le SILENÉ à feuilles de lin.
Silene linifolia. Willd. ⚃ De.....
14. Le SILENÉ du Jenifée.
Silene jenifcenfis. Willd. ⚃ De la Sibérie.
15. Le SILENÉ étalé.
Silene fupina. Willd. ⚃ Du Caucafe.
16. Le SILENÉ à feuilles obtufes.
Silene obtufifolia. Willd. ⊙ De.....

Silenés à fleurs latérales, ramoffées plufieurs enfemble.

17. Le SILENÉ changeant.
Silene mutabilis. Linn. ⊙ Du midi de l'Europe.
18. Le SILENÉ à fleurs herbacées.
Silene chlorantha. Willd. ⚃ De l'Allemagne.
19. Le SILENÉ à fleurs penchées.
Silene nutans. Linn. ⚃ Indigène.
20. Le SILENÉ à braĉtées membraneufes.
Silene membranacea. Poir. De.....
21. Le SILENÉ cendré.
Silene cinerea. Desfont. De la Barbarie.
22. Le SILENÉ élégant.
Silene amœna. Linn. ⚃ De la Tartarie.
23. Le SILENÉ odorant.
Silene paradoxa. Linn. ⚃ De l'Italie.

24. Le SILENÉ arbrisſeau.
Silene fruticoſa. Linn. ♄ Du midi de la France.
25. Le SILENÉ à feuilles de buplèvre.
Silene buplevroides. Linn. ♃ Du Levant.
26. Le SILENÉ à longs pétales.
Silene longipetala. Vent. ☉ Du Levant.
27. Le SILENÉ à longues fleurs.
Silene longiflora. Willd. ♃ De la Hongrie.
28. Le SILENÉ gigantesque.
Silene gigantea. Linn. ♂ De la Barbarie.
29. Le SILENÉ à feuilles graſſes.
Silene craſſifolia. Linn. ♂ Du Cap de Bonne-
Eſpérance.
30. Le SILENÉ à fleurs vertes.
Silene viridiflora. Linn. ♂ Du midi de la France.
31. Le SILENÉ à larges feuilles.
Silene latifolia. Poir. De la Barbarie.
32. Le SILENÉ velu.
Silene hirſuta. Poir. De la Barbarie.
33. Le SILENÉ imbriqué.
Silene imbricata. Desfont. ☉ De la Barbarie.
34. Le SILENÉ tridenté.
Silene tridentata. Desf. ☉ De la Barbarie.
35. Le SILENÉ réticulé.
Silene reticulata. Desf. De la Barbarie.
36. Le SILENÉ à roſeau.
Silene picta. Perſ. ♃ Du midi de la France.
37. Le SILENÉ rugueux.
Silene rugoſa. Perſ. ♃ De.....
38. Le SILENÉ mince.
Silene tenuis. Willd. ♃ De la Sibérie.
39. Le SILENÉ livide.
Silene livida. Willd. ♃ De l'Allemagne.
40. Le SILENÉ entier.
Silene infracta. Waldſt. & Kit. ♃ De la Hongrie.
41. Le SILENÉ paradoxal.
Silene paradoxa. Willd. ♃ De l'Italie.

Silenés à fleurs dans la bifurcation des tiges.

42. Le SILENÉ à gros fruits.
Silene conoidea. Linn. ☉ Indigène.
43. Le SILENÉ à fruits coniques.
Silene conoidea. Linn. ☉ Indigène.
44. Le SILENÉ à feuilles de bellis.
Silene bellidifolia. Linn. ☉ De la Hongrie.
45. Le SILENÉ dichotome.
Silene dichotoma. Willd. ♂ De.....
46. Le SILENÉ du crépuſcule.
Silene veſpertina. Retz. ☉ De.....
47. Le SILENÉ faux-behen.
Silene behen. Linn. ☉ De l'île de Crète.
48. Le SILENÉ à fleurs ſerrées.
Silene ſtricta. Linn. ☉ Du midi de l'Europe.
49. Le SILENÉ à fruits pendans.
Silene pendula. Linn. ☉ De l'île de Crète.
50. Le SILENÉ maritime.
Silene maritima. Willd. ♃ Des bords de la mer.
51. Le SILENÉ couché.
Silene procumbens. Willd. ♃ De la Sibérie.

52. Le SILENÉ de Nice.
Silene nicænſis. Allion. ☉ De l'Italie.
53. Le SILENÉ noctiflore.
Silene noctiflora. Linn. ☉ Du midi de la France.
54. Le SILENÉ ondulé.
Silene undulata. Ait. ♂ Du Cap de Bonne-
Eſpérance.
55. Le SILENÉ de Virginie.
Silene virginica. Linn. ♃ De l'Amérique ſeptentrionale.
56. Le SILENÉ à fleurs ſanguines.
Silene ornata. Ait. ♂ Du Cap de Bonne-Eſpérance.
57. Le SILENÉ de Penſylvanie.
Silene penſylvanica. Mich. De l'Amérique ſeptentrionale.
58. Le SILENÉ à fleurs de giroflée.
Silene cheiranthoides. Poir. De l'Amérique ſeptentrionale.
59. Le SILENÉ des ſables.
Silene arenaria. Desfont. ♃ De la Barbarie.
60. Le SILENÉ très-rameux.
Silene ramoſiſſima. Desfont. ♃ De la Barbarie.
61. Le SILENÉ arénaire.
Silene arenarioides. Desfont. De la Barbarie.
62. Le SILENÉ apétale.
Silene apetala. Willd. ☉ De.....
63. Le SILENÉ fermé.
Silene inaperta. Linn. ☉ Du midi de la France.
64. Le SILENÉ paniculé.
Silene pratenſis. Linn. ☉ Du midi de l'Europe.
65. Le SILENÉ clandeſtin.
Silene clandeſtina. Jacq. ☉ Du Cap de Bonne-
Eſpérance.
66. Le SILENÉ de Crète.
Silene cretica. Linn. ☉ De l'île de Crète.
67. Le SILENÉ attrape-mouche.
Silene muſcipula. Linn. ☉ Du midi de la France.
68. Le SILENÉ faſciculé.
Silene polyphylla. Linn. ♃ De l'Allemagne.
69. Le SILENÉ à feuilles de joubarbe.
Silene ſedoides. Poir. De la Barbarie.
70. Le SILENÉ à feuilles de chlora.
Silene chloræfolia. Smith. Du Levant.
71. Le SILENÉ incarnat.
Silene rubella. Linn. Du Portugal.
72. Le SILENÉ à fleurs nombreuſes.
Silene multiflora. Perſ. ♂ De la Hongrie.
73. Le SILENÉ diſtique.
Silene diſticha. Willd. ☉ De.....
74. Le SILENÉ baccifère.
Silene baccifera. Willd. ♃ De l'Allemagne.

Silenés à fleurs terminales.

75. Le SILENÉ à bouquets.
Silene arenaria. Linn. ☉ Du midi de la France.
76. Le SILENÉ atocion.
Silene atocion. Linn. ☉ Du Levant.

77. Le SILENÉ faux-atocion.

Silene pseudo-atocion. Desf. ☉ De la Barbarie.

78. Le SILENÉ jaunâtre.

Silene flavescens. Waldst. & Kit. ♃ De la Hongrie.

79. Le SILENÉ étalé.

Silene patula. Desf. ♃ De la Barbarie.

80. Le SILENÉ de Catesbi.

Silene Catesbei. Willd. ♃ De la Caroline.

81. Le SILENÉ lacinié.

Silene laciniata. Cavan. ♃ Du Mexique.

82. Le SILENÉ d'Egypte.

Silene egyptiaca. Linn. De l'Egypte.

83. Le SILENÉ à feuilles en cœur.

Silene cordifolia. Allion. ♃ De l'Italie.

84. Le SILENÉ à quatre dents.

Silene alpestris. Linn. ♃ Des Alpes.

85. Le SILENÉ orchidé.

Silene orchidea. Willd. ☉ De l'Orient.

86. Le SILENÉ à tiges courtes.

Silene pusilla. Waldst. & Kit. ♃ De la Hongrie.

87. Le SILENÉ des rochers.

Silene rupestris. Linn. ♂ Du midi de la France.

88. Le SILENÉ saxifrage.

Silene saxifraga. Linn. ♃ Des Alpes.

89. Le SILENÉ campanulé.

Silene campanula. Pers. ♃ Des Alpes.

90. Le SILENÉ du Valais.

Silene vallésia. Linn. ♃ Des Alpes.

91. Le SILENÉ rampant.

Silene repens. Pers. De la Sibérie.

92. Le SILENÉ pumilio.

Silene pumilio. Jacq. ♃ Des Alpes.

93. Le SILENÉ hérissé.

Silene hirta. Willd. ☉ De.....

94. Le SILENÉ sans tiges.

Silene acaulis. Linn. ♃ Des Alpes.

Culture.

Nous possédons dans nos écoles de botanique les espèces indiquées sous les n°s. 1, 2, 3, 4, 6, 8, 11, 12, 13, 14, 15, 16, 19, 20, 23, 24, 25, 28, 29, 30, 38, 39, 40, 41, 42, 43, 47, 48, 49, 50, 53, 54, 55, 56, 62, 63, 64, 66, 67, 68, 73, 75, 76, 78, 80, 84, 85, 86, 87, 88, 90 & 94; mais aucune d'elles n'est dans le cas de servir à l'ornement de nos jardins, non que quelques-unes, comme les 4e., 7e., 55e., 75e., 80e., soient sans agrément, mais parce que nous avons mieux dans d'autres genres.

Il est des Silenés, comme ceux des n°s. 24, 25, 28 & 29, qui exigent l'orangerie. On les sème sur couche nue, dans des pots remplis de terre à demi consistante, qu'on renouvelle par moitié tous les deux ans. Celui du n°. 24 se multiplie aussi par boutures.

Le Silenés vivaces se multiplient par le déchirement des vieux pieds.

Tous les Silenés bisannuels & annuels se sèment ou dans des pots sur couche nue, ou en place, selon le pays dont ils sont originaires, & passent l'hiver en pleine terre, à une exposition sèche & chaude. Ceux qu'on sème en pleine terre gagnent à l'être avant l'hiver.

Les bestiaux ne recherchent point les Silenés indigènes, mais ils les mangent lorsqu'ils les trouvent devant eux. Quoiqu'assez communs dans les lieux sablonneux, ils y sont toujours dispersés. On ne peut en tirer aucun parti utile. (*Bosc.*)

SILEX : sorte de pierre qui se trouve dans les craies, les argiles, &c., & qui, à la suite de la décomposition de ces craies & de ces argiles, a été entraînée par les eaux dans les plaines produites par les alluvions des rivières, plaines qu'elle compose quelquefois dans une grande profondeur.

Par extension on donne quelquefois son nom aux cailloux quartzeux provenant de la destruction des montagnes primitives. *Voyez* MONTAGNE & TORRENT.

Comme toutes les pierres quartzeuses, le Silex fait feu avec le briquet. Ayant souvent exactement le degré de dureté convenable pour servir à allumer l'amadou & la poudre, c'est avec lui qu'on fabrique les pierres à briquet & les pierres à fusil.

On l'emploie à ferrer les chemins, ce à quoi il est très-propre par sa dureté, à paver les rues des villes, même à bâtir. *Voyez* PIERRES.

La couleur des Silex varie depuis le noir-brun le plus foncé jusqu'au fauve le plus clair.

Exposés long-temps à l'air, leur extérieur se décompose en argile plus ou moins blanche : ainsi leur masse diminue chaque jour.

Toujours le Silex est en rognons irréguliers, mais se rapprochant un peu de la forme globuleuse. Ces rognons pèsent quelquefois plusieurs quintaux, mais généralement ils ne sont que de quelques livres, même de quelques onces. Il est plus tendre au sortir de la terre, & c'est alors qu'il faut le casser pour en faire des pierres à briquet ou des pierres à fusil.

Encore en place, les Silex n'ont aucune influence sur l'agriculture; mais ils sont tellement abondans dans certaines plaines, comme je l'ai dit plus haut, qu'ils en composent presque le sol, le rendent PIERREUX, CAILLOUTEUX, GRAVELEUX, SABLONNEUX, selon qu'ils sont plus gros ou plus petits. *Voyez* ces mots & le mot TERRAIN. (*Bosc.*)

SILICULE : fruit d'une partie des plantes de la TÉTRADYNAMIE ou de la famille des *Crucifères*. Il est beaucoup plus court que la SILIQUE. *Voyez* ces deux mots.

SILIQUAIRE. *SILIQUARIA.*

Plante d'Arabie, avec laquelle Forskal a établi un genre dans l'hexandrie monogynie.

Nous ne possédons pas cette plante dans nos jardins. (*Bosc.*)

SILIQUASTRUM : nom spécifique latin du GAINIER.

SILIQUE : fruit de l'autre partie des plantes de la TÉTRADYNAMIE ou de la famille des CRUCIFÈRES. Il est plus long que la silicule. *Voyez* ces deux mots.

SILIQUIER. C'est l'HYPECOON.

SILLON. En soulevant & renversant une certaine largeur de terre dans l'action de labourer, la charrue trace un Sillon. *Voyez* LABOUR & CHARRUE.

Par suite, on appelle aussi *Sillons* les lignes enfoncées qui sont formées par la terre retirée d'un Sillon & renversée sur la terre de celui qui le précède. Il vaudroit mieux conserver à ces lignes le nom de RAIES, qu'elles portent dans d'autres lieux. Un champ qui est labouré ne doit plus offrir qu'un seul Sillon, le dernier, lorsque la charrue est à tourne-oreille, & deux, lorsqu'elle n'a qu'une oreille fixe.

Les qualités qu'un laboureur habile doit donner aux Sillons, sont d'être bien droits & d'une profondeur aussi égale que possible. Je ne parle pas de leur largeur, puisqu'elle dépend de celle du soc & de la forme de l'oreille de la charrue.

La longueur des Sillons doit être proportionnée à la force des chevaux ou des bœufs employés, parce que la bonté du labour exige qu'ils soient faits d'un seul trait. On les laisse reposer chaque fois qu'on arrive à leur extrémité, si leur longueur l'exige.

Il est généralement reconnu que les Sillons étroits valent mieux que ceux qui sont très-larges, à raison de ce qu'ils divisent mieux la terre; cependant, dans celles qui sont très-légères, & encore plus quand elles le sont par suite de la grande quantité de sable qu'elles contiennent, on peut les faire sans inconvéniens d'une assez grande largeur, d'un pied, par exemple.

Les Sillons profonds & irréguliers qui sont destinés à l'écoulement des eaux, & qu'en conséquence on dirige selon les sinuosités du sol, s'appellent MAITRES ou ÉGOUTS. *Voyez* ces mots. (*Bosc.*)

SILLONNER. C'est tracer des SILLONS. *Voyez* LABOUR.

SILLONNEUR : espèce de HOUE A CHEVAL à plusieurs socs.

Il est bien à desirer que cet instrument devienne plus commun dans notre agriculture.

SILOXÈRE. *SILOXERUS.*

Petite plante de la Nouvelle-Hollande, qui seule forme un genre dans la syngénésie agrégée. Elle ne se cultive pas dans nos jardins. (*Bosc.*)

SILPHIE, ou SILPHIDE, ou SILPHION.
SILPHIUM.

Genre de plantes de la syngénésie nécessaire & de la famille des *Corymbifères*, qui renferme quatorze espèces, dont neuf se cultivent dans nos écoles de botanique, & peuvent même l'être dans les jardins paysagers. Il est figuré pl. 707 des *Illustrations des genres* de Lamarck.

Espèces.

1. Le SILPHION perfolié.
Silphium perfoliatum. Linn. ♃ De l'Amérique septentrionale.

2. Le SILPHION à feuilles réunies.
Silphium connatum. Linn. ♃ De l'Amérique septentrionale.

3. Le SILPHION à feuilles conjointes.
Silphium conjunctum. Willd. ♃ De l'Amérique septentrionale.

4. Le SILPHION à feuilles entières.
Silphium integrifolium. Mich. ♃ De l'Amérique septentrionale.

5. Le SILPHION étoilé.
Silphium asteriscus. Linn. ♃ De l'Amérique septentrionale.

6. Le SILPHION à feuilles en cœur.
Silphium terebinthinaceum. Linn. ♃ De l'Amérique septentrionale.

7. Le SILPHION lacinié.
Silphium laciniatum. Linn. ♃ De l'Amérique septentrionale.

8. Le SILPHION composé.
Silphium compositum. Linn. ♃ De l'Amérique septentrionale.

9. Le SILPHION à feuilles scabres.
Silphium scabrum. Walt. ♃ De l'Amérique septentrionale.

10. Le SILPHION à tiges basses.
Silphium pumilum. Mich. ♃ De l'Amérique septentrionale.

11. Le SILPHION à feuilles ternées.
Silphium trifoliatum. Linn. ♃ De l'Amérique septentrionale.

12. Le SILPHION à trois feuilles.
Silphium ternatum. Retz. ♃ De l'Amérique septentrionale.

13. Le SILPHION à tige pourpre.
Silphium atro-purpureum. Retz. ♃ De.....

14. Le SILPHION arborescent.
Silphium arborescens. Mill. ♄ Du Mexique.

Culture.

Nous cultivons les espèces des n.ᵒˢ 1, 2, 3, 5, 6, 7, 9, 11 & 13. Ce sont des plantes remarquables par la hauteur de leurs tiges, qui atteignent six à huit pieds, & par la largeur de leurs feuilles. Une terre de moyenne consistance & humide, ou ombragée, eft celle où elles fe plaifent le mieux; mais elles s'accommodent de toutes. On les multiplie par le femis de leurs graines, dont elles donnent affez fouvent dans le climat de Paris, & par le déchirement des vieux pieds. C'eft à ce dernier moyen qu'on s'en tient, principalement pour la première, qui eft la plus communément employée à l'ornement des jardins payfagers.

La culture des Silphions, lorfqu'ils font levés, confifte à les repiquer au printemps fuivant en pépinière, & à les y laiffer deux ans fe fortifier, en leur donnant deux ou trois binages par an. Une fois en place, on fe contente de débarraffer leurs pieds des mauvaifes herbes qui les entourent, & de couper leurs tiges mortes. Leurs fleurs s'épanouiffent fort tard, & font même fouvent frappées des gelées avant leur épanouiffement dans les années où elles fe font fentir de bonne heure, ou lorfque les étés ont été froids & pluvieux. Quant aux racines, elles en font rarement atteintes, excepté celles de la 5e.; mais il eft bon, malgré cela, de les couvrir de feuilles fèches ou de fougère pendant l'hiver.

Il y a deux efpèces de SILPHIONS, le TRILOBÉ & le VARIABLE, originaires de l'Amérique méridionale, qui demandent la ferre chaude. Elles fe multiplient & fe cultivent comme les précédentes. (*Bosc.*)

SIMAROUBA vrai : écorce d'une QUASSIE.

SIMAROUBA faux : écorce d'une MALPIGHIE.

SIMBULET. *Simbuleta.*

Petite plante vivace, originaire d'Arabie, qui, felon Forskal, doit former un genre dans la didynamie.

Nous ne poffédons pas cette plante dans nos jardins. (*Bosc.*)

SIMIRE. *Simira.*

Genre de plantes réuni par quelques auteurs avec les PSYCHOTRES, qui a été appelé MAPOURIER & PALICOUR par Aublet, STEPHANION par Schreber.

Il a été queftion des efpèces qui y entrent, au mot PSYCHOTRE. (*Bosc.*)

SIMPLE. Une fleur eft fimple lorfqu'elle n'a que le nombre de pétales qu'elle doit avoir. *Voyez* FLEURS DOUBLES & SEMI-DOUBLES.

L'homme qui, par orgueil, dédaigne ce qui eft commun & ce qu'il n'a pas façonné au gré de fes caprices, repouffoit jadis de fes jardins les fleurs fimples : aujourd'hui les progrès des lumières commencent à les y faire admettre. En effet, une anémone fimple brille, au moins par la vivacité de fa couleur, à côté d'une anémone double; un œillet fimple eft plus odorant qu'un œillet double.

On appeloit autrefois *Simples* les plantes dont on fait ufage en médecine. (*Bosc.*)

SIMSIE. *Simsia.*

Genre de plantes établi aux dépens des CORÉOPES, & qui renferme trois efpèces, dont aucune n'a été mentionné à l'article de ces dernières.

Efpèces.

1. La SIMSIE féride.
Simfia ficifolia. Cavan. ☉ Du Mexique.
2. La SIMSIE amplexicaule.
Simfia amplexicaulis. Cavan. ☉ Du Mexique.
3. La SIMSIE hétérophylle.
Simfia heterophylla. Cavan. ☉ Du Mexique.
Nous ne cultivons aucune de ces efpèces.
(*Bosc.*)

SINABE. *Swingera.*

Arbriffeau de Cayenne, qui feul conftitue un genre dans la décandrie pentagynie & dans la famille des *Térébinthacées.*

Comme il n'eft pas cultivé dans nos jardins, je n'en dirai rien de plus. (*Bosc.*)

SINAPI. *Cordylocarpus.*

Genre de plantes de la tétradynamie filiqueufe & de la famille des *Crucifères*, qui raffemble deux efpèces qui ont été cultivées dans nos écoles de botanique. Ventenat l'a appelé ERUCAIRE.

Efpèces.

1. Le SINAPI épineux.
Cordylocarpus muricatus. Desf. ☉ De la Barbarie.
2. Le SINAPI à fruits liffes.
Cordylocarpus lavigatus. Willd. ☉ Du Levant.

Culture.

Ces deux efpèces fe font femées dans des pots remplis de terre légère & placés fur couche nue. Leur plant fe repiquoit, foit dans d'autres pots, foit en pleine terre, contre un mur expofé au midi. Elles fe font vues peu de temps dans nos écoles, parce que leurs graines ne font pas arrivées à maturité. (*Bosc.*)

SINARA : nom de pays de l'IXODE ÉCARLATE.

SINDOO : efpèce de LAURIER.

SINGANE. *Sterbeckia.*

Arbriffeau de la Guiane, qui feul conftitue un genre dans la polyandrie monogynie & dans la fa

mille des *Guttiers*. Il eſt figuré pl. 460 des *Illuſtra-*
tions des genres de Lamarck.

Nous ne le poſſédons pas dans nos jardins.
(*Bosc.*)

SIPANE. *VIRECTA.*

Plante vivace de Cayenne, qui ſeule forme
un genre dans la pentandrie monogynie & dans
la famille des *Rubiacées.*

Lamarck l'a figurée pl. 151 de ſes *Illuſtrations*
des genres.

Nous ne la poſſédons pas dans nos jardins.
(*Bosc.*)

SIPAROUNIER. *SIPARUNA.*

Arbriſſeau de Cayenne, qu'Aublet a établi ſeul
en titre de genre dans la monœcie décandrie.

Nous ne le cultivons pas dans nos jardins ; ainſi
je n'ai rien à en dire de plus. (*Bosc.*)

SIPHONANTHE. *SIPHONANTHUS.*

Plante vivace des Indes, qui conſtitue un genre
dans la tétrandrie monogynie & dans la famille
des *Borraginées.* Quelques auteurs l'ont placée
parmi les OVIÈDES.

Elle ne ſe voit pas encore dans nos jardins.
(*Bosc.*)

SIPHONIE. C'eſt l'HÉVÉE. *Voyez* ce mot.

SIRAMANGHITS. Il paroît que c'eſt le RA-
VENSERA.

SIROP : diſſolution de ſucre ou de miel, ou extrait de certains fruits, à laquelle on ajoute le plus
ſouvent environ moitié moins en ſucs d'herbes ou
de fruits, en principes huileux, réſineux, ſalins
ou odorans.

On fait dans les pharmacies un très-grand nombre de ſortes de Sirops, dont fort peu ſont dans
le cas d'être, à raiſon de leur haut prix, employés
dans la médecine vétérinaire. Ici il ſera ſeulement
queſtion de ceux que tout cultivateur aiſé doit fabriquer pour ſon uſage.

Le Sirop de ſucre étant la baſe de la plupart des
autres, je dois en parler d'abord.

Pour le fabriquer, on ajoute à une quantité donnée de caſſonade le double de ſon poids d'eau. On
met le tout ſur le feu, on l'écume, on le clarifie
lorſqu'il bout. Il eſt ſuffiſamment cuit quand il
marque, bouillant, trente-un degrés à l'aréomètre
de Baumé, ou quand il file en en laiſſant tomber
de haut une petite quantité. *Voyez* SUCRE.

Le Sirop de miel ſe fabrique de même ; mais
comme il conſerve & la couleur jaunâtre & le
goût du miel, ce qui n'eſt pas agréable, on doit
affoiblir cette couleur & ce goût en mettant dans
la baſſine du charbon de bois concaſſé en très-petits morceaux, & en le remuant pendant que le
Sirop bout. *Voyez* MIEL.

La ſorte de Sirop que je voudrois voir dans toutes les maiſons des cultivateurs, à raiſon de ſon
utilité pour conſerver la ſanté pendant les grandes
chaleurs, eſt celui de VINAIGRE. (*Voyez* ce mot.)
Pour l'obtenir, il ſuffit d'ajouter un petit verre de
vinaigre blanc par pinte de Sirop de ſucre, au moment où on le retire du feu ; mais ſi on veut qu'il
jouiſſe de tout l'agrément poſſible, il faut le faire
au bain-marie, c'eſt-à-dire, avec le moins de chaleur poſſible, & employer du vinaigre qui a ſé-
journé pendant vingt-quatre heures ſur des fram-
boiſes bien mûres.

Les plantes qui contiennent du ſucre peuvent
être économiquement employées dans les Sirops, telles que la BETTERAVE, la CAROTTE, le
PANAIS, le MELON, les POIRES, les POM-
MES, &c. ; mais ces Sirops rentrent tous dans ce
qu'on appelle le RAISINÉ. *Voyez* ces mots.

La cherté du ſucre a forcé, dans ces derniers
temps, les chimiſtes à porter leur attention ſur les
plantes ſuſceptibles de croître en France, dont les
parties pouvoient donner du ſucre ou du Sirop
propre à en tenir lieu ; ainſi on a exploité, ſous ces
deux rapports, la BETTERAVE, la CHATAIGNE,
le SORGHO, le MAÏS, le CHIENDENT, l'AR-
BOUSE, la POIRE, la POMME, & ſurtout le RAI-
SIN. *Voyez* tous ces mots.

Le raiſin étant celui qui, d'après les expériences de Prouſt, fournit le plus & le plus facilement du ſucre, c'eſt ſur lui que Parmentier a jugé
devoir porter principalement l'attention des cultivateurs, & ſes inſtructions ont produit les plus
heureux réſultats.

Aujourd'hui donc, toutes les fois que la récolte des raiſins eſt ſurabondante, que la chaleur
de l'automne a rendu leur maturité complète, les
propriétaires de vignes, ou les particuliers qui
peuvent acheter des raiſins, pourront même faire
une plus ou moins grande quantité de Sirop, ſoit
pour le commerce, ſoit pour leur uſage perſonnel.

Malheureuſement le commerce des Sirops, pour
les uſages domeſtiques, a été livré à une fraudu-
leuſe cupidité ; auſſi eſt-il tombé preſqu'en naiſ-
ſant. Je n'ai pas une ſeule fois pu reconnoître ceux
que j'ai fait acheter, non-ſeulement chez les épi-
ciers, mais dans les dépôts de Paris, & dont j'a-
vois goûté des échantillons envoyés par les fabricans, ſoit à la Société d'agriculture, ſoit à la
Société d'encouragement, ſoit au miniſtère de
l'intérieur.

Outre ſon emploi pour les pharmacies & les of-
fices, le Sirop de raiſin des départemens méridionaux peut être encore très-avantageuſement uti-
liſé pour améliorer les vins du nord, qui, par le
défaut de maturité du raiſin, ſeroient peu chargés
d'alcool, & par conſéquent moins généreux &
moins de garde. *Voyez* VIN.

Quelque grave que ſoit cet inconvénient, il
n'en reſte pas moins certain qu'il y a une immenſe
économie à faire, dans un ménage, uſage du Sirop de raiſin au lieu de ſucre, & que l'enfance
ſurtout gagne beaucoup à cette ſubſtitution, puiſque les ſubſtances ſucrées étant extrêmement de
ſon

fon goût & très-appropriées à fa nature, on eft moins obligé de les leur ménager.

On peut fabriquer du Sirop de raifin dans tous les vignobles de la France pour fon ufage particulier; mais c'eft feulement dans les départemens méridionaux, principalement dans ceux du ci-devant Languedoc & de la ci-devant Provence, qu'on peut en faire avec avantage en grand pour le commerce. La raifon en eft que c'eft là feulement où les raifins font en même temps très-abondans & très-fucrés, qu'ils parviennent toujours à une complète maturité, & ne contiennent que des atomes des malates & des tartrites qui furabondent dans ceux du nord. Le vignoble de Bordeaux, excepté peut-être Bergerac, eft moins dans le cas de fournir à cette confommation, parce que fes raifins font moins fucrés, & que la facilité de l'exportation de fes vins les tient plus chers.

Je vais donner ici l'extrait du Mémoire fur l'art de fabriquer le Sirop de raifin, rédigé par M. Siret de Reims, & publié par mon collègue Parmentier dans fon Aperçu des travaux relatifs à cet objet, comme le plus complet que je connoiffe.

Le raifin rouge contient plus de principes fucrés, parce que fa couleur favorife l'abforption de la chaleur du foleil; mais le raifin blanc donne un Sirop incolore, ce qui doit lui faire donner la préférence.

Chaque variété de raifin blanc, indépendamment de l'état de l'atmofphère, du fol, de l'expofition, de la culture, enfin de fon degré de maturité, donne une quantité plus ou moins confidérable de Sirop, & chaque vignoble produit des variétés particulières. Il faut donc, dans chaque lieu, apprendre à connoître la variété qu'on doit choifir de préférence, foit par la déguftation, foit par le rapport des vignerons, foit, ce qui vaut mieux, par des effais en petit.

Un degré complet de maturité eft néceffaire pour avoir du moût très-chargé de matière fucrée; & pour l'augmenter encore, il eft bon de laiffer, après la vendange, les grappes étendues, pendant deux à trois jours, dans un lieu abrité de la pluie & hors des atteintes des animaux.

Le foulage en écrafant pas tous les grains, il y a perte à l'employer. Le preffurage n'offre pas le même inconvénient, & il doit en conféquence être préféré.

A raifon des principes fermentefcibles qui reftent fur le preffoir, dont le travail a été interrompu, il eft indifpenfable de le laver à grande eau chaque fois qu'on en fait ufage.

De l'acide carbonique, réfultat de fa fermentation, commence à fe dégager du moût lorfqu'il refte expofé à l'air feulement quelques heures. On arrête cette fermentation en le MUTANT. Voyez MUTISME.

L'effet du mutifme n'eft pas feulement d'arrêter la fermentation pendant un temps indéterminé, &

de permettre par conféquent de fabriquer du Sirop de raifin pendant toute l'année, tandis qu'en ne faifant pas fubir cette opération au moût, il faut le réduire en Sirop dans la journée, mais encore de le décolorer.

Pour donner à l'action du mutifme toute la facilité poffible, on doit au préalable agir fur la matière colorante & féparer le principe extractif des moûts, & on y parvient, au dire de M. Siret, en mettant dans chaque pièce deux livres de filex calciné & pulvérifé, deux livres de charbon en poudre & une demi-livre de plâtre, &, après avoir bien agité le tout, en le laiffant repofer cinq à fix heures.

Plufieurs acides exiftent dans le moût & s'oppofent à la fabrication du Sirop. Pour les faturer, on met de la craie purifiée & réduite en poudre, jufqu'à ce que l'effervefcence n'ait plus lieu dans la baffine où fe trouve le moût échauffé à quinze degrés.

Le moût faturé fe colore très-rapidement lorfqu'on le laiffe expofé à l'air : il faut donc l'évaporer de fuite ou y ajouter du moût non faturé.

Quoique très-limpide, le moût faturé a encore befoin d'être clarifié. On y procède avec du fang de bœuf qu'on divife autant que poffible par l'agitation d'une pompe, & dont on enlève les parties échappées à l'écumoire avec un blanc d'œuf battu dans une pinte de moût.

On conferve le fang deftiné à clarifier le moût en le mêlant avec un vingtième de fon poids de charbon en poudre.

Ces opérations terminées, on paffe de fuite à la cuite du moût pour l'amener à trente-deux degrés à l'aréomètre de Beaumé.

Des chaudières fort larges & peu profondes font les meilleures. On doit, lorfqu'on travaille en grand, favorifer l'évaporation du liquide par des foufflets.

Tous les Sirops à trente-deux degrés, quelque bien fabriqués qu'ils foient, font expofés à fermenter lorfque la température du lieu où ils fe trouvent, monte & fe foutient à plus de trente degrés du thermomètre de Réaumur. Pour les conferver, pendant l'été qui fuit leur fabrication, autre part que dans des caves profondes, ou pour les faire voyager dans les pays chauds, il faut les rapprocher à confiftance d'extrait, c'eft-à-dire, jufqu'à quarante-cinq degrés; c'eft alors une CONSERVE, prefqu'un RAISINÉ. Voyez ces mots.

Quelques foins qu'on apporte à muter convenablement le moût, il arrive fouvent que le goût du gaz acide fulfureux, qui n'eft pas fenfible d'abord, fe développe au bout de quelques mois dans le Sirop. Alors il faut remettre ce Sirop fur le feu, & y ajouter un peu de craie purifiée & en poudre pour abforber tout l'acide développé.

On emploie aujourd'hui, en Champagne, plus avantageufement le Sirop de raifin que le fucre candi pour faire mouffer les vins. Outre cette fa-

V v

culté, il a encore celle de les clarifier en vingt-quatre heures.

En évaporant le réfultat de la preffée des pommes à cidre, on obtient un Sirop qui, quoique moins agréable au goût que celui de raifin, peut remplir tous fes fervices. *Voyez* CIDRE. (BOSC.)

SISON. *SISON.*

Genre de plantes établi par Linnæus, mais que Lamarck a réuni aux BERLES. *Voyez* ce mot.

SISYMBRE. *SISYMBRIUM.*

Genre de plantes de la tétradynamie filiqueufe & de la famille des *Crucifères*, qui réunit cinquante-neuf efpèces, dont plufieurs font affez communes dans nos campagnes, & dont un grand nombre fe cultivent dans nos écoles de botanique. Il eft figuré pl. 565 des *Illuftrations des genres* de Lamarck.

Obfervations.

Ce genre eft difficilement caractérifé ; auffi en a-t-on difperfé des efpèces dans ceux des CRESSONS, des CAMELINES, des JULIENNES, des ARABETTES, &c. Ici je les réunirai d'après l'opinion de Willdenow & de Poiret. *Voyez* ces mots.

Efpèces.

Sifymbres à filiques courtes & inclinées.

1. Le SISYMBRE des fontaines, vulgairement *creffon de fontaine.*
Sifymbrium nafturtium. Linn. ♃ Indigène.

2. Le SISYMBRE fauvage.
Sifymbrium fylveftre. Linn. ☉ Indigène.

3. Le SISYMBRE des marais.
Sifymbrium paluftre. Willd. ☉ Indigène.

4. Le SISYMBRE amphibie.
Sifymbrium amphibium. Linn. ☉ Indigène.

5. Le SISYMBRE corne-de-cerf.
Sifymbrium coronopifolium. Desfont. ☉ De la Barbarie.

6. Le SISYMBRE des Pyrénées.
Sifymbrium pyrenaicum. Linn. ♃ Du midi de la France.

7. Le SISYMBRE à feuilles de tanaifie.
Sifymbrium tanacetifolium. Linn. ♃ Du midi de la France.

8. Le SISYMBRE fauffe-roquette.
Sifymbrium tenuifolium. Linn. ♃ Indigène.

9. Le SISYMBRE de Buenos-Ayres.
Sifymbrium bonarienfe. Poir. De l'Amérique méridionale.

10. Le SISYMBRE amplexicaule.
Sifymbrium amplexicaule. Desf. ☉ De la Barbarie.

11. Le SISYMBRE fagitté.
Sifymbrium fagittatum. Willd. ♃ De la Sibérie.

12. Le SISYMBRE cératophylle.
Sifymbrium ceratophyllum. Desfont. ☉ De la Barbarie.

Sifymbres à filiques feffiles & axillaires.

13. Le SISYMBRE couché.
Sifymbrium fupinum. Linn. ☉ Indigène.

14. Le SISYMBRE à filiques nombreufes.
Sifymbrium polyceratium. Linn. ☉ Du midi de la France.

15. Le SISYMBRE à feuilles de tabouret.
Sifymbrium burfifolium. Linn. ☉ Du midi de la France.

16. Le SISYMBRE denté.
Sifymbrium dentatum. Allion. ☉ Du midi de la France.

17. Le SISYMBRE à feuilles filiformes.
Sifymbrium filiformium. Willd. ☉ De la Sibérie.

18. Le SISYMBRE toruleux.
Sifymbrium torulofum. Desf. De la Barbarie.

19. Le SISYMBRE corniculé.
Sifymbrium polyceratium. Linn. ☉ Du midi de la France.

Sifymbres à tiges nues.

20. Le SISYMBRE des murs.
Sifymbrium murale. Linn. Indigène.

21. Le SISIMBRE de Mona.
Sifymbrium monenfe. Linn. ♃ De l'Angleterre.

22. Le SISYMBRE finué.
Sifymbrium repandum. Willd. ♃ Du midi de la France.

23. Le SISYMBRE de Tillier.
Sifymbrium Tillieri. Willd. ♂ Du midi de la France.

24. Le SISYMBRE des vignes.
Sifymbrium vimineum. Linn. ☉ Indigène.

25. Le SISYMBRE de Barrelier.
Sifymbrium Barrelieri. Linn. ☉ Indigène.

26. Le SISYMBRE des fables.
Sifymbrium arenofum. Linn. ♂ Indigène.

27. Le SISYMBRE de Valence.
Sifymbrium valentinum. Linn. ☉ De l'Efpagne.

Sifymbres à feuilles ailées.

28. Le SISYMBRE de Parra.
Sifymbrium parra. Linn. ☉ De l'Amérique méridionale.

29. Le SISYMBRE à filiques rudes.
Sifymbrium afperum. Linn. ☉ Du midi de la France.

30. Le SISYMBRE à filiques glabres.
Sifymbrium lævigatum. Willd. ☉ De.....

31. Le SISYMBRE mille-feuille.
Sifymbrium millefolium. Ait. ♄ De Ténériffe.

32. Le Sisymbre à petites feuilles.
Sisymbrium sophia. Linn. ☉ Indigène.

33. Le Sisymbre blanc.
Sisymbrium album. Pall. ♃ De la Sibérie.

34. Le Sisymbre à filiques contournées.
Sisymbrium contortum. Cavan. ☉ De l'Espagne.

35. Le Sisymbre cendré.
Sisymbrium cinereum. Desf. ☉ De la Barbarie.

36. Le Sisymbre élevé.
Sisymbrium altissimum. Linn. ☉ Du midi de la France.

37. Le Sisymbre de Thuringe.
Sisymbrium eckanstbergense. Willd. ☉ De l'Allemagne.

38. Le Sisymbre de Hongrie.
Sisymbrium panonicum. Jacq. ☉ De la Hongrie.

39. Le Sisymbre à feuilles de velar.
Sisymbrium ericoides. Desfont. De la Barbarie.

40. Le Sisymbre irio.
Sisymbrium irio. Linn. ☉ Indigène.

41. Le Sisymbre de Columna.
Sisymbrium Columnæ. Linn. ☉ Indigène.

42. Le Sisymbre de Loësel.
Sisymbrium Loeselii. Linn. ☉ Indigène.

43. Le Sisymbre à angles obtus.
Sisymbrium obtusangulum. Willd. ☉ Du midi de la France.

44. Le Sisymbre d'Orient.
Sisymbrium orientale. Linn. ☉ Du Levant.

45. Le Sisymbre barbaré.
Sisymbrium barbarea. Linn. ♃ Du Levant.

46. Le Sisymbre de Portugal.
Sisymbrium catholicum. Linn. Du Portugal.

47. Le Sisymbre à feuilles en lyre.
Sisymbrium lyratum. Burm. ♃ Du Cap de Bonne-Espérance.

48. Le Sisymbre hétérophylle.
Sisymbrium heterophyllum. Forst. De la Nouvelle-Zélande.

49. Le Sisymbre des glaces.
Sisymbrium glaciale. Forst. ♃ De la Terre de feu.

50. Le Sisymbre à feuilles de géranion.
Sisymbrium geraniifolium. Poir. Du détroit de Magellan.

Sisymbres à feuilles entières.

51. Le Sisymbre à feuilles pubescentes.
Sisymbrium strictissimum. Linn. ♃ Du midi de la France.

52. Le Sisymbre d'Espagne.
Sisymbrium hispanicum. Jacq. ☉ Du midi de la France.

53. Le Sisymbre à feuilles de paquerette.
Sisymbrium bellidifolium. Poir. De l'Amérique septentrionale.

54. Le Sisymbre à tiges basses.
Sisymbrium pumilum. Willd. ☉ De la Perse.

55. Le Sisymbre à feuilles entières.
Sisymbrium integrifolium. Linn. ☉ De la Sibérie.

56. Le Sisymbre des salines.
Sisymbrium salsuginosum. Pall. ☉ De la Sibérie.

57. Le Sisymbre hispide.
Sisymbrium hispidum. De l'Égypte.

58. Le Sisymbre spatulé.
Sisymbrium spathulatum. Poir. De l'Amérique méridionale.

59. Le Sisymbre sans pétales.
Sisymbrium apetalum. Bosc. ☉ De l'Amérique septentrionale.

Culture.

Les espèces indiquées sous les nᵒˢ. 1, 2, 3, 6, 7, 8, 12, 13, 14, 18, 19, 21, 23, 24, 28, 30, 31, 33, 35, 39, 40, 41, 42, 44, 50, 51 & 58 se cultivent dans nos écoles de botanique; la 59ᵉ. l'a aussi été pendant deux à trois ans. Toutes, excepté la 30ᵉ., se contentent de la pleine terre; mais celles des parties méridionales de l'Europe veulent une exposition chaude. Quelques-unes ne peuvent prospérer que dans l'eau, comme les 1ʳᵉ. & 4ᵉ.; quelques autres aiment les sols argileux & frais, comme les 2ᵉ. & 3ᵉ. La plupart se plaisent dans les terres légères & sèches, même dans les sables arides. Les semer en place, éclaircir & sarcler leur plant, est toute la culture qu'il leur faut. Les espèces vivaces peuvent aussi se multiplier par le déchirement des vieux pieds en hiver.

De toutes ces espèces, il n'y a que la 50ᵉ. qui soit susceptible d'être employée à la décoration des jardins paysagers, à raison de la grosseur & de la hauteur de ses touffes. On peut la placer à quelque distance des massifs, le long des allées, au pied des fabriques, &c. Une fois en place, elle ne demande que les soins de propreté ordinaires.

La 30ᵉ. espèce est d'orangerie. On la tient en conséquence dans un pot qu'on place pendant l'été dans un lieu abrité des vents froids, & qu'on arrose au besoin. Sa multiplication peut avoir lieu par boutures sur couche & sous châssis, boutures qui reprennent avec une grande facilité.

Beaucoup d'espèces de cresson sont fort du goût des bestiaux; mais plusieurs, par contre, en sont constamment dédaignées. Ces dernières sont celles qui ont une saveur âcre, comme les 2ᵉ., 4ᵉ., 8ᵉ., 31ᵉ., 50ᵉ., &c. La seule utilité qu'on peut en tirer dans les lieux où elles sont très-abondantes, & ces lieux ne sont pas rares, c'est de les couper quand elles sont en fleurs pour les apporter sur le fumier, ou pour obtenir de la potasse par leur incinération.

Les 1ʳᵉ. & 8ᵉ. sont d'usage en médecine; la première comme rafraîchissante, la seconde comme excitante. Les nymphes vénales du bas étage, qui habitent Paris, connoissent cette dernière propriété, & en tirent parti pour se faire valoir auprès de leurs adorateurs. Cette même 8ᵉ. espèce est si abondante dans les plaines arides des bords de la Seine, qu'elle concourt à en améliorer le sol lorsqu'on le laboure quand elle est en fleurs. *Voyez* RÉCOLTE ENTERRÉE.

La culture de la première, la seule véritablement importante, puisqu'elle est employée comme aliment sur les meilleures tables, auroit dû être décrite au mot CRESSON, qu'elle porte vulgairement; mais un mal-entendu l'ayant empêché, je vais l'entreprendre ici.

Il existe plusieurs variétés de cresson; l'une a les feuilles rougeâtres, & l'autre d'un vert-clair. J'en ai observé une à l'embouchure des rivières de la ci-devant Normandie, qui se faisoit remarquer par sa grandeur, ainsi que par son excellence, & que je voudrois voir introduire partout, si elle peut se conserver hors des eaux saumâtres; ce que je n'ai pas été à portée de vérifier.

On trouve le cresson dans beaucoup de ruisseaux, & sur le bord des rivières dont le cours est lent. Il est rare & mauvais dans les marais proprement dits, autour des étangs & des mares dont l'eau est corrompue. C'est dans les fontaines & les ruisseaux qu'il est le meilleur & le plus hâtif; c'est pourquoi c'est là qu'on le récolte de préférence pour l'usage de la table, & c'est de la plus grande estime qu'il mérite dans ce cas, que vient le nom vulgaire qu'il porte.

Presque par toute la France, le cresson qui croît spontanément suffit bien au-delà de la consommation qui s'en fait: les cultivateurs le recherchent peu. C'est au premier printemps, avant sa floraison, qu'il est le meilleur, & en même temps le plus utile à la santé; aussi est-ce presqu'exclusivement à cette époque qu'on en mange dans les campagnes, soit en salade, soit uni aux viandes rôties. Rarement on le fait cuire.

Autour de Paris & autres grandes villes, on cultive le cresson dans les jardins pour le vendre. Sa culture n'est point difficile, puisqu'elle se borne à creuser une planche de cinq à six pouces de profondeur dans le voisinage d'un puits, à y répandre de sa graine & à l'arroser tous les jours. Lorsque cette planche est contre un mur à l'exposition du nord, ou abritée du soleil par des arbres, le cresson vient plus beau & est moins âcre. Au bout d'un mois on en commence déjà la récolte. Ordinairement on détruit la planche au milieu de l'été, lorsqu'on en a récolté la graine, pour la refaire après un bon labour, afin d'avoir de jeunes pieds en automne; cependant quelques cultivateurs la laissent subsister deux ou trois ans, mais ils ne font pas dans le cas d'être approuvés, au dire des autres, qui prétendent que le cresson de semence est plus abondant, plus tendre & plus doux que celui qui a repoussé. Ils peuvent être fondés les uns & les autres, selon les circonstances; le cresson est toujours bon quand il est jeune, quand il a poussé par une température peu élevée, quand il a été abondamment arrosé, &c. Il devient dur & âcre lorsqu'il est entré en fleur, lorsqu'il a fait

chaud, lorsqu'il a manqué d'eau, &c.; & c'est toujours chose fort difficile quand on n'a pas abondamment des eaux de fontaine ou de puits à sa disposition, que de l'empêcher de MONTER EN GRAINE. *Voyez* ce mot.

Pour cueillir le cresson sans nuire à sa reproduction, il faut n'employer que l'ongle du pouce, ou au plus une serpette, & ne couper que la rosette supérieure de chaque tige. Ceux qui le coupent avec un couteau ou une faucille rez terre, risquent de faire périr un grand nombre de pieds.

Nulle part, à ma connoissance, le cresson n'est en France l'objet d'une culture plus étendue que celle que je viens d'indiquer; mais en Allemagne il est des lieux où on en tire un parti bien plus important, & je dois donner ici l'extrait du Mémoire que Lasteyrie a publié sur les moyens usités pour le cultiver en grand dans un de ces lieux, aux environs d'Erfurt.

« L'eau la plus favorable est celle où le cresson croît naturellement, & qui conserve en hiver assez de chaleur pour ne pas être gelée. Les terrains marécageux, un peu en pente, peuvent être employés, mais il ne faut pas qu'il y reste de l'eau stagnante, parce qu'elle altéreroit la saveur du cresson.

» Lorsqu'on aura choisi le local, on le divisera en plates-bandes, alternativement creuses & élevées: ces dernières recevront des choux, des fèves de marais, des pois, &c. Les premières seront d'autant plus longues qu'on aura plus d'eau à sa disposition; mais elles ne devront pas avoir plus de six pieds de large.

» Si le terrain n'est pas d'une excellente nature, on mettra au fond des planches creuses, plus ou moins de bonne terre; s'il est trop marécageux, on y mettra quelques pouces d'épaisseur de sable, ensuite on l'égalisera par le moyen d'un râteau, &, après l'avoir imbibé d'eau, on y semera ou plantera le cresson. Au bout de quelques jours on donnera de l'eau au semis, & on la fera écouler après quelques heures de séjour, & ce jusqu'à ce que ce cresson soit levé ou repris. Dans tous les cas il ne faudra donner de l'eau que proportionnellement à la hauteur des pieds, lorsqu'elle sera permanente, parce qu'ils périroient s'ils en étoient trop long-temps entièrement couverts. La multiplication par plantation passe à Erfurt pour plus assurée & plus fructueuse que celle par semis; aussi est-elle généralement préférée: l'époque à choisir est mars ou août: la distance à mettre entre chaque pied est de dix à quinze pouces.

» Des sarclages de loin en loin sont avantageux à la croissance du cresson; mais du reste une fois repris, il ne demande plus aucun soin.

» Une cressonnière est en plein rapport dès la seconde année de sa plantation; elle dure long-temps. Il faut la renouveler lorsqu'on s'aperçoit qu'elle commence à dépérir. Dans ce cas, il vaudroit mieux la transporter autre part, d'après le principe des Assolemens ; mais pour continuer à profiter des travaux précédemment exécutés, & même de la localité, il suffit d'enlever de sa surface un pied d'épaisseur de terre, & de la remplacer par de la nouvelle. Le fumier, qu'on recommande, ne me paroît pas devoir être employé hors le cas de nécessité absolue, parce qu'il donne un mauvais goût au cresson.

♦ » Le cresson est sensible aux gelées ; ainsi, lorsqu'elles sont à craindre, il faut, pour le garantir de leurs effets, le couvrir d'une grande hauteur d'eau ou de planches percées de trous. »

On voit par cet exposé que la culture du cresson en Allemagne est basée sur les principes fort différens de ceux en faveur aux environs de Paris. Je dois faire des vœux pour que sa consommation devienne plus générale en France, & qu'on puisse la lui appliquer dans tous les lieux dont la disposition est favorable, lieux très-multipliés, même aux environs de Paris. (Bosc.)

SITE, SITUATION. On dit, voilà un beau Site, pour dire, la vue dont on jouit ici est agréable, soit par la variété, soit par la grandeur des objets. On dit, voilà un Site qui doit être salubre, c'est-à-dire, qui est éloigné des eaux stagnantes, ou dans lequel l'air circule sans obstacle.

Les cultivateurs pauvres ne peuvent choisir le Site de leur habitation, parce qu'il faut qu'ils le placent sur leur terrain, s'ils sont propriétaires, ou qu'ils se contentent de la maison attachée à la terre qu'ils louent, s'ils ne le sont pas ; mais les riches, c'est-à-dire, ceux qui possèdent beaucoup de terre, doivent toujours chercher un Site agréable & sain pour y établir leur demeure & celle de leurs bestiaux.

On embellit le Site de sa maison par des plantations ou des bâtisses. On le rend plus sain par des desséchemens ou l'abatis des arbres qui empêchent la circulation de l'air. *Voy.* Constructions rurales & Jardins paysagers.

SITODION. Sitodium.

Nom donné par Gærtner à un genre qu'il a établi aux dépens des Jacquiers, mais qui n'a pas été adopté. (Bosc.)

SIVADE : nom de l'Avoine dans le département du Var.

SKIMNIE. Skimnia.

Arbrisseau du Japon, dont Thunberg a formé un genre dans la tétrandrie monogynie, & que nous ne possédons pas dans nos jardins. (Bosc.)

SMEGMARIE ou SMEGMADERMOS. Smegmaria.

Arbre du Chili, qui seul forme un genre appelé Quillaje par Molina. Nous ne le cultivons pas dans nos jardins.

Son écorce, réduite en poudre, fait mousser l'eau comme le savon, & on l'emploie, comme lui, pour laver le linge. (Bosc.)

SMIRE. Smirium.

Jussieu a donné ce nom à un genre établi aux dépens des Psychotres.

SMITHIE. Smithia.

Plante annuelle de la diadelphie décandrie & de la famille des *Légumineuses*, qui seule constitue un genre, & que nous cultivons dans nos jardins. Elle est figurée planche 617 des *Illustrations des genres* de Lamarck.

La Smithie sensitive est originaire des Indes, & demande par conséquent un degré de chaleur assez élevé pour pouvoir prospérer dans le climat de Paris. En conséquence ses graines se sèment dans un pot rempli de terre à demi consistante, qu'on place sur une couche à châssis, au commencement du printemps. Lorsque le plant qu'elles ont produit a acquis une certaine force, on le repique seul à seul dans d'autres pots qu'on remet sous le châssis jusqu'à la fin de juin, après quoi on peut les placer contre un mur exposé au midi. Dès les premiers jours de septembre, il faut penser à les rentrer dans la serre chaude pour que les graines y perfectionnent leur maturité. (Bosc.)

SOBRALE. Sobralia.

Plante du Pérou, qui forme un genre fort voisin des Limodores, & qu'on croit devoir réunir aux Cymbidions. *Voyez* ces mots.

Nous ne possédons pas cette plante dans nos jardins. (Bosc.)

SOBREYRE. Sobreyra.

Plante aquatique du Pérou, qui seule constitue un genre dans la syngénésie superflue.

Elle n'a pas encore été introduite dans nos jardins. (Bosc.)

SOC : partie de la charrue.

SOCHET : sorte d'araire usitée aux environs de Lyon. *Voyez* Charrue.

SOIE. *Voyez* Ver a soie.

Soie végétale. C'est le duvet qui entoure les semences de l'Asclépiade de Syrie.

Soie, Soyon, Poil piqué, Soie piquée, Pique, Piquet : maladie des cochons, qui se développe par places plus ou moins étendues, sur un des côtés du cou ou sous le cou, & qui offre pour caractère particulier, 1°. des Soies hérissées, très-dures & d'une couleur différente des autres ; 2°. la peau de ces places décolorée & offrant une concavité produite par le desséchement des muscles. Le moindre attouchement y est extrêmement sensible, surtout lorsque c'est par l'intermède des Soies.

Une fièvre ardente, des soubresauts dans les tendons, dans les muscles de la mâchoire, annoncent sa gravité dès les premiers momens de la maladie. Tantôt il y a constipation, & l'animal meurt promptement; tantôt il y a diarrhée, &, s'il vit plus long-temps, ce n'est que pour souffrir davantage.

Peu de maladies sont plus contagieuses que la Soie; ainsi, dès qu'un animal en est attaqué, il faut le séparer des autres & lui appliquer le feu sur la partie malade, aussi profondément que les veines, les artères & les organes de la respiration & de la déglutition le permettront, puis le mettre à un régime peu nourrissant, mais fortifiant. Si la maladie a fait des progrès ou que l'application du feu n'ait pu être complète, pour les raisons ci-dessus indiquées, il n'y a plus qu'à creuser une fosse profonde de cinq à six pieds, & l'y précipiter tout vivant.

La viande des cochons attaqués du poil peut causer la mort des hommes & des chiens qui en mangeroient.

Il n'y a point de différence dans leurs causes & dans leurs effets, entre la Soie & le CHARBON, autres que l'absence d'un bouton; c'est une véritable GANGRÈNE qui, à raison du lieu où elle se développe, ne tarde pas à désorganiser les parties essentielles à la vie. Ce que j'ai dit aux articles de ces deux cruelles maladies sert de supplément à celui-ci.

Tout ce qui a servi aux cochons malades doit être brûlé ou lavé à plusieurs eaux bouillantes. (Bosc.)

SOILLETTE : variété de froment cultivée aux environs d'Aix. Voyez FROMENT.

SOL. Ce mot est tantôt synonyme de terre, tantôt la terre considérée seulement comme servant de support aux plantes.

Le Sol est bon, lorsque la terre qui le forme n'est ni trop compacte, ni trop sablonneuse, ni trop humide, ni trop sèche, qu'elle contient une grande abondance d'humus. A la rigueur il n'y a pas deux champs dans un espace de quelqu'étendue où il soit de même nature; aussi tout conseil sur la culture, donné de loin, doit-il toujours être subordonné à cette considération.

Relativement à sa composition, on distingue le Sol ARGILEUX, ou GLAISEUX, ou COMPACTE, ou FROID, le Sol CALCAIRE ou CRAYEUX, ou SABLONNEUX, ou GRAVELEUX, ou LÉGER, ou CHAUD. Voyez ces mots & ceux, GRANIT, GNEISS, SCHISTE & MAGNÉSIE.

Relativement à ses accessoires, on dit que le Sol est ARIDE, qu'il est ULIGINEUX, qu'il est MARÉCAGEUX. Voyez ces mots.

Lorsque la terre végétale a une épaisseur de deux à trois pieds, on dit que le Sol est profond.

On pourroit faire servir ce mot de titre à un ouvrage fort étendu, mais ici il ne doit servir qu'aux renvois indiqués plus haut. (Bosc.)

SOLADO. Dans les parties méridionales de la France, ce sont les gerbes déliées & étendues sur l'AIRE (voyez ce mot), & prêtes à être battues. Il est composé d'autant de fois dix gerbes qu'il y a de batteurs. Voyez BATTAGE. (Bosc.)

SOLANDRE. SOLANDRA.

Genre de plantes de la pentandrie monogynie & de la famille des Solanées, qui ne renferme qu'une espèce décrite par M. de Lamarck sous le nom de STRAMOINE SARMENTEUSE. Voyez ce mot.

La Solandre à grandes fleurs est originaire des îles intertropicales de l'Amérique, & demande la serre chaude dans nos climats. Comme ses tiges sont sarmenteuses, on la place ordinairement en pleine terre, au fond de la serre, pour pouvoir les palissader contre le mur. Ses fleurs ressemblent beaucoup à celles de la stramoine en arbre, & exhalent comme elles une odeur très-suave. Elle craint beaucoup l'humidité, le défaut de lumière & les pucerons : ainsi il faut la surveiller pendant toute l'année quand on veut la conserver en bon état de végétation. Elle aimeroit à passer l'été en plein air, à une bonne exposition; mais pour cela il faudroit la tenir en pot & l'empêcher de prolonger sa tige, ce qui nuit à sa floraison. On la multiplie & de graines, dont elle donne assez souvent dans nos serres, & par boutures coupées au moment où elle commence à entrer en végétation, boutures qui alors ne manquent presque jamais. Les graines se sèment, & les boutures se font dans des pots sur couche & sous châssis. Les plants produits par les premières & les pieds résultant des secondes se séparent l'année suivante, & se mettent seuls à seuls dans d'autres pots, où on les traite comme les vieux pieds.

Cet arbrisseau orne beaucoup une serre lorsqu'il est en fleurs, & il y est une partie du printemps.

Le même botaniste, ainsi que son continuateur Poiret, a donné le même nom à un autre genre de la monadelphie polyandrie & de la famille des Légumineuses, qui a été mentionné dans ce Dictionnaire sous le nom de LAGUNÉE. Voyez ce mot. (Bosc.)

SOLANDRE : maladie du jarret du cheval, qui ne diffère pas essentiellement, quoi qu'on en ait dit, de la MALANDRE. Voyez ce mot.

SOLANOÏDE. C'est la même chose que RIVIN.

SOLANUM : nom latin de la MORELLE. Voyez ce mot.

SOLARD, SOLET. On donne ce nom à un

bœuf de labour ou de charroi qui a perdu son compagnon d'attelage. *Voyez* BŒUF.

SOLDANELLE. Soldanella.

Plante des Alpes, qui seule constitue un genre dans la pentandrie monogynie & dans la famille des *Lysimachies*. Il est figuré pl. 99 des *Illustrations des genres* de Lamarck.

C'est une très-jolie plante que la Soldanelle lorsqu'elle est en fleurs; aussi est-il fâcheux qu'elle soit si rebelle à la culture. Toutes les écoles de botanique, toutes les collections des amateurs de plantes en possèdent quelques pieds; mais il n'a pas encore été possible de l'introduire en nombre, ni dans les jardins ordinaires, ni dans les jardins paysagers.

La terre de bruyère, l'exposition du nord, une humidité constante & une couverture de feuilles sèches ou de fougère pendant les gelées, sont ce qu'exige la Soldanelle des Alpes pour se conserver. Il peut paroître surprenant qu'une plante des hautes Alpes qui est six mois de l'année sous les neiges, soit assez sensible aux froids du climat de Paris, pour qu'on soit obligé de l'en garantir; mais c'est qu'elle en est abritée par ces neiges & qu'elle n'a plus de gelées à craindre lorsqu'elles sont fondues. Malgré ces couvertures, il est même prudent d'en tenir quelques pieds en pot, pour les rentrer dans l'orangerie aux approches de l'hiver, & c'est ce qu'on fait toujours au Jardin du Muséum d'Histoire naturelle de Paris.

On multiplie la Soldanelle par le semis de ses graines, qui réussit rarement, & par le déchirement des vieux pieds, qui manque aussi quelquefois; mais elle est si abondante sur les hautes Alpes, & souffre si facilement le transport après sa floraison, qu'il est toujours facile de s'en procurer lorsqu'on a des connoissances dans ces montagnes. (*Bosc.*)

SOLDEVILLE. Soldevilla.

Nom donné par Persoon au genre appelé Hispidelle par Lamarck. *Voyez* ce mot.

SOLE. Dans beaucoup de lieux encore soumis au système de la jachère triennale, on appelle ainsi une étendue de terre destinée à une certaine culture pendant une de ces trois années; ainsi, dans la première année, on fait dans tel champ la Sole du blé; dans la suivante, la Sole d'avoine, & dans la dernière rien. *Voyez* JACHÈRE.

Dans ces lieux on divise donc toutes les terres d'une exploitation par Soles. Jadis les baux défendoient textuellement de changer la Sole établie.

Aujourd'hui qu'on revient aux bons principes, le mot Sole tombe en désuétude. *Voyez* ASSOLEMENT & SUCCESSION DE CULTURE. (*Bosc.*)

SOLE. (Médecine vétérinaire,) Portion du sabot des chevaux, des ânes, des mulets, des bœufs & des vaches, qui repose immédiatement sur la terre, lorsque ces animaux sont debout. *Voyez* SABOT.

Une foule d'accidens affectent la Sole; les uns sont naturels, les autres causés par la main de l'homme.

Les accidens naturels sont produits, 1°. par des pierres qui, à travers la corne, meurtrissent la chair : on appelle cet accident Sole battue, dans le cheval; les pieds combles y sont plus sujets que les autres (*voyez* PIED & CHEVAL); 2°. par des clous, des bouteilles cassées, des cailloux pointus, &c., qui percent la corne & pénètrent dans la chair.

Dans ces deux cas, l'animal BOITE. *Voy.* ce mot.

Pour guérir la Sole battue, on l'amincit jusqu'à ce qu'on soit arrivé à la chair, & on entoure le pied d'un cataplasme émollient, qui détermine la plus prompte sortie de la matière purulente, lorsqu'il y a lieu.

Pour le traitement d'un clou de rue, on se contente le plus souvent d'élargir l'ouverture du trou faite par le clou, afin de favoriser la sortie du pus & d'envelopper le pied d'un bandage qui empêche les matières étrangères d'entrer dans ce trou : lorsqu'il y a complication d'accidens, le traitement est plus difficile. *Voyez* CLOU DE RUE.

Les accidens artificiels sont la Sole contuse, c'est-à-dire, blessée par le fer; la Sole piquée, c'est-à-dire, piquée par un des clous qui fixent le fer.

Ces deux accidens se traitent comme la Sole battue & le clou de rue.

Le plus grave des accidens auxquels la ferrure expose la Sole, c'est celui occasionné par un fer trop chaud ou trop long-temps appliqué, surtout si la Sole a été fortement parée. (amincie) : on appelle cet accident Sole brûlée. *Voyez* FERRURE.

Lorsque la brûlure de la Sole n'est pas trèsgrave, on se contente de diminuer la paroi, pour donner issue aux eaux qui se forment dessous, & de laisser l'animal sans fer & en repos pendant quelques jours : lorsqu'elle l'est beaucoup, il faut DESSOLER. *Voyez* ce mot.

Presque toujours les pieds dont la Sole a été brûlée deviennent combles. *Voyez* PIED.

La principale des maladies auxquelles est exposée la Sole, est le CRAPAUD ou CRAPAUDINE. *Voyez* ces mots.

SOLEIL : dispensateur de la lumière & de la chaleur, sans lesquelles tout ce qui a vie sur la terre cesseroit d'exister.

Les premiers peuples agricoles ont adoré le Soleil, & ils le dévoient, comme le dispensateur des moissons.

Quoique fixé au centre de notre système planétaire, on en parle comme s'il changeoit à chaque instant de place, parce qu'on lui attribue le mouvement que fait la terre autour de lui pendant le cours de l'année, & celui que fait chaque jour la terre sur son axe. *Voyez* ANNÉE, SAISON, MOIS, JOUR.

On suppose que le Soleil est formé par une masse incandescente. De temps en temps on remarque des taches sur sa surface, qui diminuent sa lumière & sa chaleur.

Les cultivateurs, n'ayant aucune influence sur le Soleil, n'ont pas besoin de connoître les phénomènes qu'il présente, quelqu'importans qu'ils soient. Je renverrai en conséquence aux Dictionnaires d'*Astronomie* & de *Physique* ceux qui voudront s'instruire sur ce qui le concerne, & aux mots LUMIÈRE, OMBRE, CHALEUR, FROID, ceux qui voudront observer ses effets sur la végétation. (*Bosc.*)

SOLEIL. *Voyez* HÉLIANTHE ANNUEL.

SOLENA. *Solena.*

Arbrisseau grimpant de la Cochinchine, fort voisin des *Bryones*, qui seul constitue un genre dans la syngénésie monogamie.

La racine de cet arbrisseau est tubéreuse & se mange.

SOLÉNANDRE. *Solenandra.*

Plante vivace de l'Amérique septentrionale, appelée ERYTHRORIZE par Michaux, & qui seule constitue un genre dans la monadelphie pentandrie. Elle est figurée pl. 69 du Jardin de la Malmaison par Ventenat.

Cette plante, que j'ai observée dans son pays natal, se cultive en pleine terre dans nos jardins, mais elle y est rare. Il lui faut la terre de bruyère & une exposition ombragée. Je ne sache pas qu'elle ait donné de bonnes graines dans notre climat, de sorte qu'on ne la multiplie que par déchirement des vieux pieds. (*Bosc.*)

SOLENIE. *Solenia.*

Genre de champignons fort voisin des LYCOPERDES, qui est figuré pl. 889 des *Illustrations des genres* de Lamarck.

Les espèces de ce genre croissent sur les bois morts & ne sont d'aucune utilité. (*Bosc.*)

SOLITAIRE (Ver). *Voyez* TENIA.

SOLIVA. *Soliva.*

Genre de plantes de la syngénésie polygamie, qui renferme deux espèces originaires du Pérou, que nous ne cultivons pas dans nos jardins. (*Bosc.*)

SOMANDER. Des cultivateurs appellent ainsi le premier labour des terres qui ont porté du blé. *Voyez* LABOUR.

SOMBRAGE : nom du premier LABOUR qu'on donne aux TERRES A BLÉ ou à la VIGNE dans l'est de la France. *Voyez* ces mots.

SOMBRE : nom de la JACHÈRE dans la ci-devant Bourgogne.

SOMBRE : synonyme de terres couvertes de CHAUME. *Voyez* ce mot.

SOMMEIL DES PLANTES. Les feuilles & les fleurs de beaucoup de plantes se replient le soir ou au moment où il va pleuvoir, & s'épanouissent le matin : il semble alors qu'elles dorment.

Ce sont principalement les feuilles des plantes de la famille des *Légumineuses* & les fleurs de la famille des *Composées* qui présentent ce phénomène, sur lequel la physiologie végétale n'a pas encore porté toute l'attention désirable. *Voyez* SENSITIVE & FICOÏDE.

Je ne doute pas que le Sommeil des plantes n'ait de l'influence sur leur végétation, mais je n'ai aucun motif de croire qu'on puisse en tirer parti sous le rapport agricole.

Pour le surplus, voyez le *Dictionnaire de Physiologie végétale*, faisant partie de l'*Encyclopédie par ordre de matières*. (*Bosc.*)

SON : écorce des graines des céréales, séparée, après la mouture de leur farine, par le moyen du blutage. *Voyez* MOUTURE & FARINE.

Le Son est d'autant plus gros, que les meules sont plus écartées ; aussi, dans la mouture économique, qui on fait des gruaux, l'est-il beaucoup.

Une partie de celui qui résulte de la mouture à la grosse est si fin, qu'il est difficile de le séparer de la farine : de-là la couleur bise du pain qu'on mange habituellement dans les cantons où cette mouture est encore en usage. *Voyez* PAIN.

On calcule, dans les moulins bien montés des environs de Paris, que cent sacs de bon froment doivent donner trente sacs de Son.

L'expérience rigoureusement exacte & l'observation de tous les jours prouvent que le Son est complètement indigestible pour l'homme & les animaux domestiques ; qu'ainsi, lorsqu'on en laisse dans le pain, il ne sert qu'à lester l'estomac ; qu'ainsi, lorsqu'on en donne aux bestiaux, ce doit être avec d'autres substances plus nutritives.

Que penser donc d'un pays où on laisse tout le Son dans le pain, où on nourrit les chevaux, les vaches, les moutons, les cochons, &c. presqu'exclusivement avec du Son ?

Mais il y a Son & Son, comme dit le proverbe ; & en effet, celui qui résulte de la mouture dite *mouture à la grosse*, peut contenir jusqu'à un tiers de son poids de farine, & celui-là est très-nourrissant pour les bestiaux, pourvu qu'ils n'en mangent pas assez à la fois pour avoir une INDIGESTION (*voyez* ce mot), tandis que celui qui provient de la mouture économique n'en renferme pas un centième, & ne sert par conséquent qu'à rafraîchir les bestiaux, c'est-à-dire, à les purger légèrement, lorsqu'on le leur donne seul. *Voyez* HYGIÈNE.

Tout cultivateur qui veut acheter du Son pour le donner à ses bestiaux doit donc, au préalable, chercher

chercher à reconnoître quelle eſt la quantité de farine qu'il contient.

Il vaut beaucoup mieux faire boire de l'eau blanche (eau dans laquelle on a fait infuſer du Son pendant vingt-quatre heures) aux animaux malades que de leur donner du Son en nature, parce que cette eau, chargée de la plus grande partie de la farine qui y étoit reſtée, les nourrit autant & ne leur charge pas l'eſtomac.

Ceci me conduit à dire que le Son mouillé ſe perd moins que le Son ſec, par l'effet de la manière de manger des animaux ; qu'en conſéquence c'eſt dans cet état qu'il faut toujours le mettre devant eux, à moins d'impoſſibilité abſolue.

Autrefois on tiroit du Son provenant de la mouture à la groſſe preſque tout l'amidon du commerce: aujourd'hui que cette mouture n'a plus lieu que dans les départemens reculés, on le fabrique avec la farine qui ſort la première de la mouture économique, parce qu'elle en contient plus que celle qui réſulte de la repriſe des gruaux. *Voy.* GRUAU & AMIDON.

Le ſon eſt un très-bon engrais ; ainſi on peut au moins l'utiliſer ſous ce rapport, ſi on ne le peut pas ſous d'autres. (*Bosc.*)

On emploie encore le Son à quelques petits uſages d'économie domeſtique ; mais la conſommation qui s'en fait, pour ces uſages, eſt fort petite, comparativement à celle pour la nourriture des beſtiaux.

SONDARI : arbriſſeau de l'Inde encore fort imparfaitement connu, & que nous ne poſſédons pas dans nos jardins. (*Bosc.*)

SONDE : machine dont on ſe ſert pour connoître la nature des couches inférieures du ſol.

Comme la TARIÈRE eſt une ſonde, & qu'elle eſt préférable à toutes les autres, je renvoie le lecteur à ce mot. (*Bosc.*)

SONGO. On appelle ainſi le GOUET ESCULENT dans les Indes.

SON-TO : eſpèce de THÉ.

SOPHORE. *Sophora.*

Genre de plantes de la décandrie monogynie & de la famille des *Légumineuſes*, dans lequel ſe rangent ſix eſpèces, dont treize ſe cultivent dans nos jardins. Il eſt figuré pl. 325 des *Illuſtrations des genres* de Lamarck.

Eſpèces.

1. Le SOPHORE du Japon.
Sophora japonica. Linn. ♄ Du Japon.
2. Le SOPHORE à quatre ailes.
Sophora tetraptera. Ait. ♄ De la Nouvelle-Zélande.

3. Le SOPHORE à petites feuilles.
Sophora microphylla. Ait. ♄ De la Nouvelle-Zélande.
4. Le SOPHORE cotonneux.
Sophora tomentoſa. Linn. ♄ De Ceylan.
5. Le SOPHORE d'Occident.
Sophora occidentalis. Linn. ♄ De l'Amérique ſeptentrionale.
6. Le SOPHORE à graines alongées.
Sophora mecoſperma Poir. ♄ De.....
7. Le SOPHORE à ſept folioles.
Sophora heptaphylla. Linn. ♄ Des Indes.
8. Le SOPHORE à feuilles obliques.
Sophora obliqua. Perſ. De l'Amérique méridionale.
9. Le SOPHORE oblique.
Sophora obliqua. Perſ. ♄ De l'Amérique méridionale.
10. Le SOPHORE à feuilles obtuſes.
Sophora retuſa. ♄ De l'Ile-de-France.
11. Le SOPHORE à feuilles en coin.
Sophora cuneifolia. Vent. ♄ Du Cap de Bonne-Eſpérance.
12. Le SOPHORE ſoyeux.
Sophora ſericea. Andr. ♄ Du Cap de Bonne-Eſpérance.
13. Le SOPHORE à feuilles d'olivier.
Sophora oleifolia. Hort. Angl. ♄ Du Cap de Bonne-Eſpérance.
14. Le SOPHORE queue-de-renard.
Sophora alopecuroides. Linn. ♃ Du Levant.
15. Le SOPHORE à fleurs jaunes.
Sophora flaveſcens. Ait. ♃ De la Sibérie.
16. Le SOPHORE géniſtoïde.
Sophora geniſtoides. Perſ. ♄ Du Cap de Bonne-Eſpérance.

Culture.

La première eſpèce eſt de pleine terre, mais ſenſible aux gelées de l'automne & du printemps. C'eſt un grand & bel arbre qui commence à devenir commun dans nos jardins payſagers, qu'il orne par ſa belle tête chargée d'un feuillage abondant, & dont la couleur noirâtre contraſte avec celle de la plupart des autres. Il donne à la fin de l'été, lorſque cet été a été chaud, une immenſe quantité de fleurs blanches légèrement odorantes, fort recherchées des abeilles, mais qui durent fort peu de temps, & avortent pour la plus grande partie. C'eſt toujours iſolé, à quelque diſtance des maſſifs ou des fabriques, qu'il convient de le placer, car une partie des agrémens dont il eſt pourvu ſe perdent lorſqu'il eſt groupé ſoit avec ſon eſpèce, ſoit avec d'autres arbres. On pourra auſſi, lorſqu'il ſera plus commun, en former de ſuperbes avenues ; ſon bois paroît d'excellente qualité, & ſes feuilles ou ſon écorce s'emploient en Chine pour teindre en jaune.

Une terre ſubſtantielle & fraîche eſt celle où le Sophore du Japon pouſſe le plus vigoureuſement ;

mais comme il y AOUTE plus tard fes bourgeons, ils y font fouvent frappés, dans le climat de Paris & plus au nord, furtout dans fa jeuneffe, des premières gelées de l'automne ; en conféquence c'eft dans les terres médiocres, fèches & chaudes, qu'il eft le plus avantageux de le planter. Cette plantation s'exécute pendant tout l'hiver avec des pieds de deux pouces de diamètre, pris dans une pépinière, & dont la tête eft déja formée.

Les plus vieux pieds du Sophore du Japon qui foient aux environs de Paris donnent des graines depuis une quinzaine d'années ; mais il eft rare qu'elles arrivent à bien, foit parce que, dans les étés froids ou pluvieux, les fleurs avortent toutes ou prefque toutes, foit parce que les froids de l'automne les empêchent d'arriver à maturité. Je ne les ai vues qu'une feule fois abondantes, mais auffi elles l'étoient avec excès.

Ces graines fe fèment foit en terrines remplies de terre à demi confiftante, qu'on place fur couche nue lorfque les gelées ne font plus à craindre, foit en pleine terre, contre un mur expofé au levant. Les arrofemens ne doivent pas leur être ménagés. Les terrines font rentrées dans une orangerie aux approches des gelées, & le plant de pleine terre eft couvert de feuilles fèches dès qu'elles menacent de fe faire fentir. Malgré cette précaution, la moitié fupérieure des tiges en eft prefque toujours frappée, parce que la graine levant tard, ces tiges n'ont pas eu, comme je l'ai déja obfervé, le temps de s'aoûter. Le plant des terrines perd auffi fa pointe par l'effet de l'humidité, & feulement l'affoibliffement de fa végétation. On ne doit pas s'inquiéter de cette perte, parce que l'année fuivante il fortira de nouveaux jets de la partie inférieure de ces tiges, & qu'ils s'élèveront plus haut que la partie morte.

Tantôt on laiffe deux ans les plants de Sophore du Japon dans la terrine ou la planche de leur femis ; en leur donnant deux ou trois binages par faifon ; tantôt on les lève dès le printemps, foit pour les mettre en RIGOLE, foit pour les mettre en ligne dans la pépinière. Les avantages & les inconvéniens de ces deux pratiques fe compenfent.

Les plants en ligne font laiffés deux ans fe fortifier ; chaque hiver ils perdent une partie des branches qu'ils ont pouffées, moins ou plus felon que le terrain eft mauvais ou excellent, que l'automne a été fèche ou humide, que les gelées ont été anticipées ou retardées. Au printemps de la troifième année on les coupe rez terré ; alors ils pouffent plufieurs rejets vigoureux. Excepté les deux plus forts, on enlève tous les autres en mai ; le plus foible ou le moins droit des deux qu'on a confervés, fe fupprime en juillet. Le reftant pouffe quelquefois de plus de huit pieds dans le courant de la faifon ; & fournit une tige très-droite qui eft arrêtée par les gelées à environ fix pieds. L'année fuivante, cette tige fe ramifie ; on taille en crochet fes pouffes altérales, pour les fupprimer l'année de

la plantation, & on laiffe les trois ou quatre fupérieures pour former la tête de l'arbre. *Voyez* PÉPINIÈRE, TAILLE & RECÉPAGE.

A cette époque l'arbre eft formé, & peut être planté à demeure fi des automnes trop froides ou des gelées trop fortes n'ont pas contrarié les foins du cultivateur.

Les vieux Sophores du Japon ne craignent plus rien & ne demandent aucun foin. Le tranchant de la ferpette leur eft plus nuifible qu'utile. Quand on eft forcé de leur couper une groffe branche, il faut laiffer quelque longueur au chicot pour diminuer la perte du CAMBIUM qui flue par la plaie. Ils fe forment d'eux-mêmes une tête arrondie & très-garnie de branches.

A défaut de graines, on peut encore multiplier le Sophore du Japon par fes racines choifies de la groffeur du petit doigt, racines qui fe coupent en morceaux de fix ou huit pouces de long, & qui fe mettent en terre, un peu obliquement, dans un lieu ombragé. Elles pouffent foiblement la première année ; on peut les relever la feconde, & les traiter comme le plant de femis de cet âge.

Si on veut obtenir plus rapidement de beaux pieds, il faut greffer en fente ces racines avant de les mettre en terre, avec une jeune branche prife fur un jeune arbre. J'ai vu de ces greffes pouffer de trois ou quatre pieds dans la même année.

On a renoncé à employer les marcottes du Sophore du Japon depuis qu'on a des graines. Elles font fort longues à s'enraciner, fi on ne les incife ou fi on ne les ligature pas. Il en eft de même des boutures, qui réuffiffent rarement, & qui fourniffent des arbres foibles ou de peu de durée.

On pourroit d'autant plus croire, d'après la couleur foncée des feuilles du Sophore, qu'il peut fournir de l'indigo, que M. Sageret a remarqué que les pucerons qui vivent à fes dépens colorent en bleu le papier fur lequel on les écrafe. J'ai cherché à en obtenir par la décoction ; mais mon expérience n'a pas eu de fuccès.

La grandeur, la belle couleur & le nombre des fleurs du Sophore à quatre ailes doivent faire defirer qu'il puiffe fe cultiver en pleine terre dans notre climat ; mais l'époque de leur épanouiffement, le mois de mars, correfpondant au mois de feptembre de fon pays natal, a été jufqu'à préfent un obftacle à l'exécution de ce defir. Peut-être un jour l'amenera-t-on, comme tant d'autres plantes de la zône auftrale, à fuivre la marche de nos faifons ; mais ce n'eft qu'à force de le multiplier par graines, dont il commence à donner abondamment, qu'on pourra y parvenir.

Aujourd'hui donc, quoiqu'il ne craigne que les fortes gelées, on eft obligé de le tenir en orangerie pour jouir de fa floraifon. Il demande une terre à demi confiftante, qu'on renouvelle en partie tous les ans en automne, & des arrofemens fréquens pendant les chaleurs de l'été : on le multiplie des mêmes manières que le précédent, excepté qu'on ne sème jamais ses graines en pleine terre. C'est de MARCOTTES, dans des cornets en l'air, qu'on se le procure le plus communément. *Voyez* ce mot.

Le Sophore à petites feuilles diffère très-peu du précédent, & se cultive positivement de même. Je l'ai pendant long-temps multiplié par le moyen d'un pied en pleine terre que je couvrois d'un châssis pendant l'hiver, & auquel je faisois chaque année, en juin, un grand nombre de marcottes du bois de l'année.

Les Sophores d'Occident, génistoide & à feuilles soyeuses, se cultivent & se multiplient comme les précédens.

Ceux cotonneux, obliques, à feuilles obtuses, qui demandent la serre chaude, se multiplient seulement de marcottes. Ils sont rares dans nos collections.

Quant aux Sophores queue-de-renard & à fleurs jaunes, ils se contentent de la pleine terre; on les multiplie de graines & par déchirement des vieux pieds. Ce sont des plantes d'un aspect assez agréable pour être placées dans les corbeilles des jardins paysagers. (*Bosc.*)

SORAME. *Soramia.*

Arbrisseau de la Guiane, dont Aublet a fait un genre dans la polyandrie monogynie.

Nous ne le possédons pas encore dans nos jardins. (*Bosc.*)

SORBÉ : raisin dont la surface commence à se pourrir par excès de maturité.

C'est avec des raisins Sorbés qu'on fait les meilleurs vins de liqueur de France, ainsi que ceux d'Aï. *Voyez* VIGNE & VIN.

SORBIER. *Sorbus.*

Genre de plantes de l'icosandrie trigynie & de la famille des *Rosacées*, qui renferme quelques arbres indigènes, lesquels se cultivent dans nos jardins. Il en sera question dans le *Dictionnaire des Arbres & Arbustes.* (*Bosc.*)

SORGHO. *Sorghum.*

Nom de quelques espèces du genre des HOULQUES, dont la graine sert de nourriture à une grande partie des peuples de l'Afrique, & qu'on cultive dans toutes les parties du monde qui sont au midi du quarante-cinquième degré de latitude. *Voyez* HOULQUE.

Ainsi que presque toutes les espèces de plantes cultivées depuis grand nombre de siècles & dans beaucoup de climats, le Sorgho a produit considérablement de variétés, sur lesquelles nous n'avons que d'incomplets renseignemens. J'en ai observé plusieurs en Amérique, en Italie, en Espagne & en France, sur lesquels j'ai négligé de prendre des notes.

Les botanistes regardent les HOULQUES *sucrée, compacte, bicolorée & penchée* comme des espèces; mais tout porte à croire qu'elles sont des variétés de celle que je regarde comme le type, quoique cette dernière ne soit probablement elle-même qu'une variété. *Voyez* ce mot.

La plus importante de ces variétés est la *bicolorée*, dont les grains sont gros comme les petits pois, & qu'on cultive au Sénégal sous le nom de *gros mil.*

Il ne faut pas confondre, comme quelques auteurs, les HOULQUES avec les PANICS, qui portent aussi les noms de MIL & MILLET. *Voyez* ces mots.

Un tiers des habitans du globe peut-être vit de Sorgho, savoir, presque tous les habitans de l'Afrique, une grande partie de ceux de la Turquie, de la Perse & de l'Inde. On en fait encore une grande consommation en Chine, en Amérique, & même dans le midi de l'Europe. Il fournit, après le maïs, les produits les plus abondans, car en Égypte il rapporte deux cent quarante pour un. Une grande chaleur lui est nécessaire; aussi sa récolte manque-t-elle souvent dans le midi de la France, même en Italie, parce que l'été a été froid ou pluvieux. On ne peut en espérer de constamment bonnes au-delà du quarantième degré.

Le grain du Sorgho, qu'on appelle aussi *grand millet d'Inde, petit mil, millet d'Afrique, dura, douro,* &c., paroît fade à ceux qui n'y sont pas accoutumés, mais il est très-nourrissant & très-sain. On le préfère au froment même, partout où ils croissent en concurrence.

Une bonne terre à demi consistante & un peu fraîche est celle où le Sorgho profite le plus; mais il s'accommode plus ou moins de celles où on le place; seulement il ne faut pas le remettre deux fois de suite dans la même, car il est fort effritant. *Voyez* EFFRITER, ALTERNER & SUCCESSION DE CULTURE.

Quand on cultive le Sorgho dans des terres trop riches ou trop fumées, il pousse plus en feuilles & donne beaucoup moins de graines : dans ce cas il convient de couper l'extrémité de ses feuilles avant l'apparition de la tige. *Voyez* EFFANER, FEUILLE & GRAINE.

La charrue est inconnue dans la plupart des pays où on cultive exclusivement le Sorgho. C'est avec la houe qu'on donne à la terre les labours préparatoires à son ensemencement. Ils sont plus ou moins répétés, plus ou moins profonds, selon les natures de terre. Dans beaucoup de pays, en Caroline, par exemple, où je l'ai vu cultiver, on se contente de gratter la surface du sol, qui est sablonneux, & de former des espèces de billons parallèles d'un pied de large & de six pouces de hauteur, séparés par des intervalles de même largeur, billons au sommet desquels on place ses graines par petits groupes de trois à quatre, des produits desquelles un seul, celui qui a poussé le plus vigoureusement, est conservé.

Il paroît qu'au Sénégal & autres contrées de l'Afrique, où le Sorgho est la principale culture, c'est ce mode de labour & d'ensemencement qui est le plus généralement suivi.

En Egypte on sème le Sorgho, qu'on y appelle *doura seifi*, soit avant, soit peu après la retraite des eaux, & sur deux labours croisés à la charrue, dans des trous espacés d'un pied & demi ou environ en tout sens. On met cinq à six grains, au préalable gonflés par un suffisamment long séjour dans l'eau, dans chacun de ces trous.

L'ensemencement de mai, c'est-à-dire, celui qui a lieu avant l'inondation, n'a lieu que dans les terres susceptibles d'irrigation, & est par conséquent moins considérable que l'autre. L'espace est disposé en planches plus ou moins grandes, séparées par des digues d'un pied de haut & de large, sur le sommet desquelles sont les rigoles destinées à conduire l'eau.

On arrose pendant les dix premiers jours après l'ensemencement. On reprend les arrosemens lorsque les eaux de l'inondation sont retirées.

L'ensemencement de septembre, c'est-à-dire, celui qui a lieu après l'inondation, n'exige pas d'arrosement, & par conséquent de formation de digues. Il est beaucoup plus productif que le premier.

En Italie, en Espagne & en France, le labour & l'ensemencement du Sorgho ont toujours lieu lorsque les gelées ne sont plus à craindre, c'est-à-dire, à la fin d'avril ou au commencement de mai; ils diffèrent peu de ceux du Maïs. *Voyez* ce mot.

Lorsque le Sorgho levé a atteint quelques pouces de haut, on doit arracher les pieds les plus foibles de chaque touffe & donner un bon binage. Si tous les pieds de quelques touffes ont manqué, on repique en leur place deux ou trois de ceux qui ont été arrachés dans le voisinage, sauf à arracher de nouveau & jeter les plus foibles au second binage, qui a lieu quinze jours ou trois semaines après le premier: ces pieds, repiqués, viennent au reste rarement aussi beaux que les autres.

Les binages se répètent encore, savoir, une fois avant la floraison & une fois après.

Toujours on devroit, quoiqu'on le néglige dans beaucoup de lieux, ramener la terre autour des tiges du Sorgho, car il y a un avantage considérable à le faire. *Voyez* BUTTER.

Les tiges du Sorgho s'élèvent, dans un bon terrain, jusqu'à dix pieds de hauteur.

Beaucoup de cultivateurs enlèvent une partie des feuilles du Sorgho après sa floraison pour les donner aux bestiaux; mais cet enlèvement nuit nécessairement au grossissement & à la saveur du grain. On ne devroit se le permettre que lorsque ce grain approche de sa maturité. *Voyez* FEUILLE.

On reconnoît que la graine du Sorgho est dans le cas d'être récoltée, à sa couleur, qui varie dans chaque variété, & à sa dureté.

La récolte s'en fait ou en coupant les tiges à une petite distance de terre, ou en coupant l'épi à un pied de sa base.

Les épis coupés sont ou laissés sur le champ réunis en petites meules, pour y être battus après leur desséchement complet, ou apportés à la maison & renfermés dans une grange. Leur battage est très-facile & s'exécute ordinairement avec une perche. Il y a à gagner de le retarder, parce que le grain se perfectionne lorsqu'il reste attaché à l'épi; cependant l'usage de le battre de suite prévaut presque partout.

Non-seulement les hommes mangent les graines du Sorgho, mais encore tous les animaux domestiques.

Les tiges du Sorgho servent à chauffer le four, & même à cuire les alimens. Leurs panicules, après la séparation des graines, forment de très-bons balais. La vente de ces balais en Italie, en Espagne & en France, est si avantageuse, qu'elle compte dans l'évaluation des produits de la culture.

Toutes les variétés de Sorgho ont les tiges sucrées à l'époque où leurs graines commencent à mûrir, & il paroît que celle appelée *petit mil* à Saint-Domingue, c'est-à-dire, l'*holcus saccharatus*, possède cette qualité à un plus haut degré que les autres; aussi M. Arduino, professeur d'économie rurale à Padoue, dans le jardin duquel j'ai vu cette variété, a-t-il prouvé dans un Mémoire fort étendu, qu'il étoit possible d'en obtenir du sucre, du sirop, du vinaigre & de l'eau-de-vie de bonne qualité. La seule chose qui puisse s'opposer à sa culture, sous ce rapport, dans le midi de l'Europe, c'est le résultat de la balance de la recette & de la dépense, qui paroît constamment au-dessous du pair.

Dans les pays où abondent les oiseaux granivores, au Sénégal, par exemple, on est forcé de récolter le Sorgho avant sa complète maturité, sans quoi, quelle que soit la surveillance, on perdroit une grande partie de sa graine: là donc on coupe seulement les épis, on les dépose de suite & on les entasse dans des bâtimens de roseaux, où ils continuent en partie leur évolution; dans ce cas, le grain est plus petit & moins propre à la reproduction, mais il est plus sucré, & par conséquent plus agréable au goût.

En Caroline, où le même inconvénient a lieu, on procède plus conformément aux principes, c'est-à-dire, qu'au lieu de couper les épis, on arrache les tiges & on les groupe debout les unes contre les autres, de manière à en former des meules de cinq à six pieds de diamètre, meules dont le sommet se recouvre d'une suffisante épaisseur d'herbes ou de feuillage. En effet, par cette pratique, les grains profitent de toute la sève qui est dans la tige, se dessèchent plus lentement, diminuent moins de groffeur, & reftent plus propres à être femés.

La graine de Sorgho fe conferve, comme le froment, dans des greniers ou dans des facs. Ainfi que je l'ai déjà indiqué, elle perd de fa faveur en vieilliffant. Elle craint l'humidité qui la fait moifir, & le charançon du riz qui la dévore. J'ai vu à Paris plufieurs facs arrivant du Sénégal en offrir fort peu d'intactes.

L'autre efpèce de houlque dont je dois parler particulièrement, eft la houlque en épi, qu'on appelle vulgairement *millet à chandelle* en France, *coufcou* dans nos colonies, & *doura nili* en Égypte. Elle s'élève moins que la précédente & demande plus d'humidité pour profpérer; auffi ne fe cultive-t-elle que dans les bonnes terres ou dans celles qui font fufceptibles d'être arrofées par irrigation : du refte, fa culture ne diffère pas fenfiblement de celle que je viens de décrire. Elle paffe pour moins productive que les variétés de la précédente, mais pour avoir des graines d'un meilleur goût. J'ai en effet trouvé fa bouillie extrêmement délicate. Elle offre également beaucoup de variétés de groffeur, de forme, de couleur des grains, variétés dont j'ai vu plufieurs, mais fur lefquelles il y a peu de renfeignemens écrits. (*Bosc.*)

SOUCHE : partie reftante d'un arbre qu'on a coupé au-deffus du collet de fes racines. Dans quelques cantons, c'eft un vieil arbre mort.

Laiffer des Souches à certains arbres, tels que des chênes, des hêtres un peu âgés, eft affurer leur mort, ou au moins déterminer en eux une foible repouffe; auffi l'ordonnance foreftière exige-t-elle qu'on coupe les bois rez terre. En Amérique, ainfi que je l'ai obfervé, c'eft en laiffant de hautes Souches qu'on détruit économiquement les forêts qu'on veut défricher.

Jamais les Souches des arbres réfineux ne repouffent.

Cependant il eft des arbres que, dans un but particulier, on peut couper en laiffant une Souche. Je citerai l'érable plane & le buis qui donnent du très-beau BROUZIN (*voyez* ce mot); mais alors ce font de véritables TÉTARDS, moins élevés que les autres. *Voyez* ce mot.

La loi défend l'extraction des Souches dans les forêts publiques; cependant cette opération eft toujours favorable à la recrue des arbres. *Voyez* COUPE ENTRE DEUX TERRES. (*Bosc.*)

SOUCHET. CYPERUS.

Genre de plantes de la triandrie monogynie & de la famille de fon nom, dans lequel fe rangent plus de cent efpèces, dont plufieurs font communes dans nos campagnes, & dont un grand nombre fe cultivent dans nos écoles de botanique. Il eft figuré pl. 38 des *Illuftrations des genres* de Lamarck.

Efpèces.

Souchets à tiges cylindriques.

1. Le SOUCHET petit.
Cyperus minimus. Linn. ♃ De la Jamaïque.
2. Le SOUCHET fétacé.
Cyperus fetaceus. Retz. ♃ Des Indes.
3. Le SOUCHET des fables.
Cyperus arenarius. Retz. ♃ Des Indes.
4. Le SOUCHET prolifère.
Cyperus proliferus. Thunb. ♃ Du Cap de Bonne-Efpérance.
5. Le SOUCHET étalé.
Cyperus effufus. Rottb. ♃ De l'Arabie.
6. Le SOUCHET à tige comprimée.
Cyperus complanatus. Willd. ♃ De Java.
7. Le SOUCHET articulé.
Cyperus articulatus. Linn. ♃ De l'Amérique.
8. Le SOUCHET pourpré.
Cyperus purpureus. Perf. ♃ Du Pérou.
9. Le SOUCHET ponctué.
Cyperus punctatus. Lam. Des Indes.
10. Le SOUCHET en forme de jonc.
Cyperus junciformis. Cavan. ♃ De l'Efpagne.
11. Le SOUCHET à épis ferrés.
Cyperus congeftus. Retz. De la Chine.
12. Le SOUCHET mucroné.
Cyperus mucronatus. Rottb. ♃ Des Indes.
13. Le SOUCHET maritime.
Cyperus maritimus. Poir. ♃ De Madagafcar.
14. Le SOUCHET empenné.
Cyperus pennatus. Lam. ♃ De Java.
15. Le SOUCHET à tiges nues.
Cyperus nudicaulis. Poir. De Madagafcar.
16. Le SOUCHET vifqueux.
Cyperus vifcofus. Hort. Kew. ♃ De la Jamaïque.

Souchets à tiges triangulaires; un ou plufieurs épis feffiles, en ombelles fimples ou médiocrement compofées.

17. Le SOUCHET à un feul épi.
Cyperus monoftachyos. Linn. De l'Amérique méridionale.
18. Le SOUCHET des Indes.
Cyperus indicus. Perf. ♃ Des Indes.
19. Le SOUCHET à deux épis.
Cyperus diftachyos. Willd. ♃ De l'Italie.
20. Le SOUCHET à trois épis.
Cyperus triflorus. Linn. ♃ Des Indes.
21. Le SOUCHET nain.
Cyperus nanus. Willd. De l'Afrique.
22. Le SOUCHET de Hongrie.
Cyperus pannonicus. Linn. ♃ Du midi de l'Europe.
23. Le SOUCHET à quatre épillets.
Cyperus tetraftachyos. Desf. De la Barbarie.
24. Le SOUCHET douteux.
Cyperus dubius. Rottb. Des Indes.

25. Le Souchet compacte.
Cyperus compactus. Lam. ♃ De Madagafcar.
26. Le Souchet liffe.
Cyperus lævigatus. Linn. ♃ Du Cap de Bonne-
Efpérance.
27. Le Souchet neigeux.
Cyperus niveus. Retz. Des Indes.
28. Le Souchet pied-d'oifeau.
Cyperus ornithopus. Perf. De Saint-Domingue.
29. Le Souchet fcarieux.
Cyperus fquarrofus. Linn. Des Indes.
30. Le Souchet luifant.
Cyperus nitens. Retz. Des Indes.
31. Le Souchet enfanglanté.
Cyperus cruentus. Rottb. De l'Arabie.
32. Le Souchet blanchâtre.
Cyperus albidus. Lam. Des Indes.
33. Le Souchet de Ténériffe.
Cyperus Teneriffæ. Poir. De Ténériffe.
34. Le Souchet à épillet lancéolé.
Cyperus lanceolatus. Poir. De Madagafcar.
35. Le Souchet pygmé.
Cyperus pygmæus. Cavan. De la Barbarie.
36. Le Souchet fafciculé.
Cyperus fafciculatus. Poir. ♃ De la Barbarie.
37. Le Souchet filiforme.
Cyperus filiformis. Swartz. De la Jamaïque.
38. Le Souchet capité.
Cyperus capitatus. Willd. De Madagafcar.
39. Le Souchet à feuilles molles.
Cyperus mollis. Poir. De Madagafcar.
40. Le Souchet conglomeré.
Cyperus conglomeratus. Rottb. ♃ De l'Arabie.
41. Le Souchet à crochet.
Cyperus uncinatus. Poir. De Madagafcar.
42. Le Souchet bronzé.
Cyperus bruneus. Swartz. De la Jamaïque.
43. Le Souchet brun-maron.
Cyperus badius. Desf. Du midi de la France.
44. Le Souchet conoïde.
Cyperus conoideus. Rich. De Cayenne.
45. Le Souchet ferré.
Cyperus confertus. Swartz. De la Jamaïque.
46. Le Souchet brize.
Cyperus brizeus. Rich. De Cayenne.
47. Le Souchet polycéphale.
Cyperus polycephalus. Lam. De l'Amérique méridionale.
48. Le Souchet ligulaire.
Cyperus ligularis. Linn. ♃ Des Indes.
49. Le Souchet à graine bidentée.
Cyperus bidentatus. Poir. Des Indes.
50. Le Souchet rouge-brun.
Cyperus fpadiceus. Lam. Des Indes.
51. Le Souchet en gazon.
Cyperus cæfpitofus. Poir. De Madagafcar.
52. Le Souchet menu.
Cyperus tenuis. Swartz. De la Jamaïque.
53. Le Souchet queue-de-renard.
Cyperus alopecuroides. Rottb. ♃ Des Indes.

54. Le Souchet traçant.
Cyperus hydra. Mich. ♃ De la Caroline.
55. Le Souchet comprimé.
Cyperus compreffus. Linn. ♃ De la Caroline.
56. Le Souchet imbriqué.
Cyperus imbricatus. Retz. Des Indes.
57. Le Souchet effilé.
Cyrerus ftrictus. Lam. De Java.
58. Le Souchet à balai.
Cyperus fcoparius. ♃ De Madagafcar.
59. Le Souchet à long involucre.
Cyperus involucratus. Poir. ♃ De Madagafcar.
60. Le Souchet de Madras.
Cyperus maderafpatanus. Willd. Des Indes.
61. Le Souchet couleur de châtaigne.
Cyperus caftaneus. Willd. Des Indes.
62. Le Souchet à fix épillets.
Cyperus hexaftachyos. Rottb. De la Jamaïque.
63. Le Souchet à petites fleurs.
Cyperus parviflorus. De.....
64. Le Souchet noueux.
Cyperus nodofus. Willd. ♃ Du Pérou.

*Souchets à tiges triangulaires & à épis en ombelle
composée.*

65. Le Souchet luifant.
Cyperus nitidus. Lam. Des Indes.
66. Le Souchet ftolonifère.
Cyperus ftoloniferus. Retz. Des Indes.
67. Le Souchet blond.
Cyperus flavidus. Retz. Des Indes.
68. Le Souchet de Retzius.
Cyperus Retzii. Poir. De la Chine.
69. Le Souchet jaunâtre.
Cyperus flavefcens. Linn. ♃ Indigène.
70. Le Souchet brun.
Cyperus fufcus. Linn. ♃ Indigène.
71. Le Souchet de l'Yémen.
Cyperus jemenicus. Retz. ♃ De l'Arabie.
72. Le Souchet divergent.
Cyperus divaricatus. Lam. De Madagafcar.
73. Le Souchet verdâtre.
Cyperus virefcens. Hoff. ☉ De l'Allemagne.
74. Le Souchet difforme.
Cyperus difformis. Linn. Des Indes.
75. Le Souchet tubéreux.
Cyperus tuberofus. Rottb. ♃ Des Indes.
76. Le Souchet amourette.
Cyperus eragroftis. Lam. De l'Amérique méridionale.
77. Le Souchet branchu.
Cyperus brachiatus. Poir. De Madagafcar.
78. Le Souchet à épillets verts.
Cyperus virens. Mich. De la Caroline.
79. Le Souchet à épillets jaunes.
Cyperus flavicomus. Mich. De la Caroline.
80. Le Souchet élégant.
Cyperus elegans. Linn. ♃ De la Jamaïque.

81. Le Souchet lâche.
Cyperus laxus. Lam. De Cayenne.
82. Le Souchet pâle.
Cyperus pallescens. Desf. ⚇ De la Barbarie.
83. Le Souchet ferrugineux.
Cyperus ferrugineus. Poir. De Madagascar.
84. Le Souchet de Surinam.
Cyperus surinamensis. Retz. De Surinam.
85. Le Souchet de Malaca.
Cyperus malaccensis. Lam. Des Indes.
86. Le Souchet pangoré.
Cyperus pangorei. Retz. Des Indes.
87. Le Souchet panic.
Cyperus panicoides. Lam. Des Indes.
88. Le Souchet à fleurs nombreuses.
Cyperus vegetus. Willd. ⚇ Des îles de l'Amérique.
89. Le Souchet à épis grêles.
Cyperus strigosus. Linn. ⚇ De Cayenne.
90. Le Souchet odorant.
Cyperus odoratus. Linn. ⚇ De l'Amérique méridionale.
91. Le Souchet géant.
Cyperus giganteus. Poir. ⚇ De l'Amérique méridionale.
92. Le Souchet glabre.
Cyperus glaber. Linn. ⊙ De l'Italie.
93. Le Souchet nu.
Cyperus denudatus. Linn. ⚇ Du Cap de Bonne-Espérance.
94. Le Souchet tremblant.
Cyperus tremulus. Poir. De Madagascar.
95. Le Souchet comestible.
Cyperus esculentus. Linn. ⚇ Du midi de la France.
96. Le Souchet rond.
Cyperus rotundus. Linn. ⚇ Du midi de la France.
97. Le Souchet long.
Cyperus longus. Linn. ⚇ Indigène.
98. Le Souchet fastigié.
Cyperus fastigiatus. Rottb. ⚇ Des Indes.
99. Le Souchet canaliculé.
Cyperus canaliculatus. Retz. Des Indes.
100. Le Souchet iria.
Cyperus iria. Linn. Des Indes.
101. Le Souchet de Monti.
Cyperus glomeratus. Willd. ⚇ De l'Italie.
102. Le Souchet à corymbes.
Cyperus corymbosus. Rottb. Des Indes.
103. Le Souchet à feuilles de gramen.
Cyperus graminifolius. Des Indes.
104. Le Souchet à longs épillets.
Cyperus macrostachyos. Lam. De l'Afrique.
105. Le Souchet à larges feuilles.
Cyperus latifolius. Poir. ⚇ De Madagascar.
106. Le Souchet à grappes.
Cyperus racemosus. Retz. ⚇ De Madagascar.
107. Le Souchet élevé.
Cyperus elatus. Linn. Des Indes.
108. Le Souchet étalé.
Cyperus expansus. Poir. ⚇ De Madagascar.

109. Le Souchet à deux folioles.
Cyperus diphyllus. Retz. Des Indes.
110. Le Souchet à fleurs distantes.
Cyperus distans. Linn. ⚇ Des Indes.
111. Le Souchet haspan.
Cyperus haspan. Linn. ⚇ Des Indes.
112. Le Souchet à longues feuilles.
Cyperus longifolius. Poir. De Madagascar.
113. Le Souchet à fleurs lâches.
Cyperus laxiflorus. Poir. ⚇ De Madagascar.
114. Le Souchet à papier.
Cyperus papyrus. Linn. De l'Egypte.
115. Le Souchet papyroïde.
Cyperus papyroides. Lam. De l'Ile-de-France.
116. Le Souchet joncoïde.
Cyperus juncoides. Lam. Des Indes.
117. Le Souchet flabelliforme.
Cyperus flabelliformis. Rottb. ⚇ De l'Arabie.
118. Le Souchet à feuilles alternes.
Cyperus alternifolius. Linn. Des Indes.
119. Le Souchet melicoïde.
Cyperus melicoides. Poir. De l'Ile-de-France.
120. Le Souchet noir.
Cyperus niger. Ruiz & Pav. Du Pérou.
121. Le Souchet petit-balai.
Cyperus scopellatus. Rich. De Cayenne.
122. Le Souchet étagé.
Cyperus gradatus. Forsk. De l'Arabie.
123. Le Souchet à épis écartés.
Cyperus patulus. Hoft. ⚇ De l'Allemagne.

Culture.

Les Souchets jaunâtre, brun, long, de Hongrie, à épis écartés, sont les seuls qui ne craignent nullement les gelées, & qu'on puisse placer en pleine terre dans les écoles de botanique en leur donnant de l'eau en abondance pendant l'été, ou mieux en les tenant dans des pots dont le fond plonge dans l'eau. Il est rare qu'on les conserve plus d'une saison, parce qu'on ne peut se déterminer à leur donner tous les soins qu'ils exigent. On les multiplie très-facilement par graines & par déchirement des vieux pieds ; mais le plus souvent on les renouvelle par de nouveaux pieds qu'on va chercher dans les lieux marécageux.

On trouve les deux premiers dans les clairières des bois marécageux : les bestiaux les recherchent beaucoup.

Le troisième croît dans les marais ; ses racines sont odorantes & sont recherchées par les parfumeurs & les herboristes. Je ne sache pas, malgré cela, qu'on le cultive hors des jardins de botanique.

Le Souchet comestible peut passer l'hiver en pleine terre dans le climat de Paris ; mais pour qu'il fournisse des tubercules, il faut planter ces tubercules dans de grands pots qu'on place sur une couche à châssis à la fin de l'hiver & contre un mur exposé au midi pendant l'été, & qu'on rentre dans l'orangerie aux approches des froids pour qu'il y termine la maturité de ses tubercules. Les arrosemens doivent être fréquens & copieux, surtout en été.

Dans le midi de la France ils se plantent en mai, sur un seul labour, dans les terrains légers & naturellement humides.

On donne un binage aux plants qu'ils ont produits, & deux mois après on en récolte les tubercules. Un seul pied en a fourni deux cent quatre-vingt-cinq à M. Moreau de Montfort.

Les tubercules du Souchet comestible sont de la grosseur d'une noisette, & couleur de paille : on les mange crus & cuits comme les châtaignes. Quoiqu'on en fasse une grande consommation dans l'Orient, & que les enfans les recherchent dans le midi de la France, je ne crois pas devoir en conseiller, comme quelques agronomes, la culture en grand ; car il me semble qu'il doit être toujours possible d'employer le terrain à des récoltes plus avantageuses.

On peut, dit-on, tirer par expression une huile de ces tubercules, &, en les grillant, les substituer au café. Je n'ai pas fait d'expériences positives sur ces deux propriétés ; ainsi je n'en parlerai pas plus longuement.

J'ai mangé en Caroline des tubercules un peu plus gros & un peu meilleurs que ceux du Souchet esculent, qui proviennent évidemment d'une espèce de ce genre, mais j'ignore à laquelle : on les vend au marché pour les enfans & les nègres.

Les Souchets prolifère, traçant, à petites fleurs, de Monti, exigent également l'orangerie, mais ne demandent pas autant d'arrosemens.

La seconde des espèces est, dans son pays natal, ainsi que j'ai été à portée de le voir, un des plus grands fléaux de l'agriculture. Il y remplace le chiendent de notre Europe, mais il est bien plus difficile à détruire que lui. Quelques précautions qu'on prenne en labourant pour enlever les racines, il en reste toujours, & la plus petite suffit pour reproduire un nouveau pied, qui, avant la fin de l'année, aura donné naissance à vingt autres, chaque tubercule portant de nouvelles racines à six à huit pouces, & de nouveaux tubercules naissant à leur extrémité pour en potter de même d'autres. *Voyez* CHIENDENT.

Le Souchet à papier est fameux par l'usage qu'en faisoient les Anciens pour écrire. Aujourd'hui encore, les Égyptiens en tirent quelque parti, ses racines étant bonnes à manger, & ses tiges propres à couvrir les maisons, à fabriquer des nattes, des cordes, &c.

Ce Souchet exige la serre chaude dans le climat de Paris, & il faut qu'il ait toujours le pied dans l'eau. En conséquence on doit le mettre dans un pot qui plonge entièrement dans le baquet destiné aux arrosemens ; il fleurit tous les ans, mais ne donne pas de bonnes graines. Sa multiplication s'exécute en automne, lorsqu'on

lui donne de la nouvelle terre, par le déchirement des vieux pieds, déchirement dont les produits se placent de même & manquent rarement.

Cette plante est d'un effet pittoresque lorsqu'elle est en fleurs.

Les Souchets articulé, mucroné, visqueux, noueux, amourette, élégant, à fleurs nombreuses, à épis grêle, se cultivent également dans nos serres ; cependant ils n'ont besoin que d'arrosemens un peu plus abondans, & plusieurs autres qu'on donne aux autres plantes. Deux d'entr'eux, les quatrième & cinquième, sont d'un bel effet & ornent les serres pendant tout l'hiver : on les multiplie par le déchirement des vieux pieds en automne, époque où on doit renouveler la terre de leurs pots.

J'ai encore vu passer quelques autres Souchets dans les serres & les orangeries du Jardin du Muséum d'histoire naturelle, mais ils ne s'y sont pas conservés. (*Bosc.*)

SOUCI. *CALENDULA.*

Genre de plantes de la syngénésie nécessaire & de la famille des *Corymbifères*, dans lequel se placent vingt-une espèces, dont une est l'objet d'une culture assez étendue dans les parterres, & plusieurs autres se voient dans nos écoles de botanique. Il est figuré pl. 715 des *Illustrations des genres* de Lamarck.

Espèces.

1. Le SOUCI des champs.
Calendula arvensis. Linn. ☉ Indigène.

2. Le SOUCI des jardins.
Calendula officinalis. Linn. ☉ Du midi de la France.

3. Le SOUCI de la Palestine.
Calendula sancta. Linn. ☉ De l'Asie.

4. Le SOUCI étoilé.
Calendula stellata. Cavan. ☉ De la Barbarie.

5. Le SOUCI de Sicile.
Calendula sicula. Poir. ☉ De la Sicile.

6. Le SOUCI cornu.
Calendula cornuta. Poir. ☉ De....

7. Le SOUCI à feuilles blanchâtres.
Calendula incana. Willd. ☉ De la Barbarie.

8. Le SOUCI sousligneux.
Calendula suffruticosa. Vahl. ♄ De la Barbarie.

9. Le SOUCI à rameaux tombans.
Calendula flaccida. Vent. ♄ Du Cap de Bonne-Espérance.

10. Le SOUCI à feuilles de chrysanthème.
Calendula chrysanthemifolia. Vent. ♄ Du Cap de Bonne-Espérance.

11. Le SOUCI en arbre.
Calendula arborescens. Jacq. ♄ Du Cap de Bonne-Espérance.

12. Le

12. Le Souci des pluies.
Calendula pluvialis. ⊙ Du Cap de Bonne-Espérance.

13. Le Souci hybride.
Calendula hybrida. Linn. ⊙ Du Cap de Bonne-Espérance.

14. Le Souci à tige nue.
Calendula nudicaulis. Linn. ♄ Du Cap de Bonne-Espérance.

15. Le Souci nain.
Calendula pumila. Forst. ♃ De la Nouvelle-Zélande.

16. Le Souci de Magellan.
Calendula magellanica. Willd. ♃ Du détroit de Magellan.

17. Le Souci en arbrisseau.
Calendula fruticosa. Linn. ♄ Du Cap de Bonne-Espérance.

18. Le Souci à feuilles linéaires.
Calendula tragus. Ait. ♄ Du Cap de Bonne-Espérance.

19. Le Souci à feuilles de gramen.
Calendula graminifolia. Linn. ♃ Du Cap de Bonne-Espérance.

20. Le Souci à feuilles rudes.
Calendula rigida. Ait. ♄ Du Cap de Bonne-Espérance.

21. Le Souci denticulé,
Calendula denticulata. Willd. ♄ De Barbarie.

Culture.

La première espèce croît abondamment dans les champs, les vignes & autres terrains cultivés, dont la nature est argileuse : elle est en fleurs pendant toute l'année, même sous la neige. Les bestiaux la recherchent ; & comme elle donne un excellent lait aux vaches, on la ramasse pour elles dans beaucoup de cantons, surtout au premier printemps, époque où les nourritures sont souvent rares. On pourroit avec avantage la semer comme fourrage précoce, ou pour l'enterrer pour engrais à toutes les époques de l'année, ou pour en faire de la potasse en la brûlant. Ses fleurs s'emploient pour colorer le beurre en jaune ; ses feuilles, confites dans le vinaigre, servent souvent d'assaisonnement aux sauces & aux salades. Malgré ces avantages, elle est quelquefois un fléau pour les cultivateurs, à raison de son abondance, & il leur est généralement difficile de s'en débarrasser, parce qu'elle offre des graines mûres dans toutes les saisons, & que celles de ces graines que les labours enterrent de plus de six pouces, se conservent un nombre d'années indéterminé en état de germination. C'est sans raison qu'on croit qu'elle peut communiquer sa mauvaise odeur au vin fait avec les raisins des vignes dans lesquelles il s'en trouve beaucoup.

Quoiqu'annuelle, on peut prolonger sa durée pendant deux ans, en la coupant tous les quinze jours, c'est-à-dire, avant que ses graines soient arrivées à maturité.

La seconde espèce se cultive de temps immémorial dans les parterres, où elle se fait remarquer par la grandeur, le nombre & l'éclat de ses fleurs d'un jaune d'or : ces fleurs varient beaucoup dans la nuance de leur couleur. Il en est de simples, de semi-doubles & de parfaitement doubles : elles ne cessent de se succéder qu'à l'époque des gelées, qui les frappent ainsi qu'une partie des feuilles.

Toute terre qui n'est pas trop aride ou trop aquatique convient à ce Souci. Dans celle qu'on appelle *franche*, & qui a été convenablement fumée, il devient plus beau ; les sécheresses & les longues pluies lui font peu de tort : cependant il lui faut une alternative de chaleur & de pluie pour le maintenir dans tout le luxe de végétation dont il est susceptible. Les sarclages ou binages ordinaires à tout jardin bien tenu lui suffisent.

On multiplie le Souci des jardins par le semis de ses graines & par boutures. Ce dernier moyen est peu employé.

Les graines les meilleures sont celles qui sont fournies par les fleurs épanouies les premières ; ainsi on doit les préférer, surtout quand on veut obtenir des pieds vigoureux & des fleurs bien doubles. Ce sont les fleurs semi-doubles qui donnent la graine qui produit les DOUBLES. *Voyez* ce mot.

Le semis de ces graines s'exécute à l'exposition du levant, en pleine terre, aussitôt qu'elles sont récoltées : elles lèvent en peu de temps. Le plant qu'elles ont produit a ordinairement le temps d'acquérir assez de force pour passer les hivers ordinaires en plein air. Lorsque les gelées deviennent trop fortes, on le couvre de feuilles sèches ou de fougère. Au milieu du printemps on repique ce plant dans les parterres par groupes de trois à quatre pieds, dont on arrache, au moment de la floraison, ceux qui ne sont pas assez remarquables. Dans beaucoup de parterres on laisse à la nature le soin de disséminer les graines, & on n'a au printemps qu'à éclaircir le plant qu'elles ont produit. Dans cette dernière méthode il y a l'avantage d'avoir de plus beaux pieds, la transplantation nuisant toujours aux plantes annuelles.

Lorsqu'on ne sème les graines de Souci qu'au printemps, comme on le fait dans tant de jardins, les pieds sont encore plus foibles dans toutes leurs parties, & fleurissent très-tard.

Les vaches aimant autant cette espèce que la précédente, on ne devroit jamais jeter dans les allées, ou le trou aux immondices, les pieds qu'on arrache dans les parterres, soit pour les éclaircir, soit pour mieux difposer les groupes, ou nuancer plus convenablement leurs couleurs.

La douzième efpèce fe cultive auffi en pleine terre dans quelques jardins, & s'y fait remarquer par fes fleurs, grandes & de couleur variée, qui fe fuccèdent pendant toute la faifon, & qui fe ferment lorfque le temps fe met à la pluie. On l'appelle vulgairement *Souci d'Afrique*, *Souci hygromètre*. Comme elle eft plus fenfible au froid que la précédente, il faut femer fes graines dans des pots fur couche nue, & repiquer le plant qu'elles ont produit, quand il a acquis quelques feuilles, foit dans d'autres pots, foit en pleine terre contre un mur expofé au midi; de plus, comme fes tiges font très-longues & très-foibles, on doit leur donner un tuteur ou les paliffader contre le mur. Des arrofemens fréquens & peu abondans favorifent fa croiffance. Les pieds en pots font rentrés dans l'orangerie, ou mieux dans la ferre tempérée, & continuent à y fleurir & à y perfectionner leurs graines pour peu qu'ils foient près des jours. Les gelées feules arrêtent la végétation de ceux qui font en pleine terre.

La quatrième, la cinquième & la treizième efpèce fe voient dans les écoles de botanique, &, ainfi que les deux précédentes, s'y fèment en place au printemps, & n'y demandent d'autres foins, après avoir été éclaircies, que des farclages de propreté.

Les efpèces indiquées fous les n.os 9, 10, 14, 17, 18, 19 & 20, fe voient auffi dans ces écoles, & même dans les jardins des amateurs : toutes exigent l'orangerie & fe plaifent mieux dans la ferre tempérée. Quelques-unes d'entr'elles, principalement la dixième, font fort belles, & fleuriffent pendant la plus grande partie de l'année. Une terre confiftante, qu'il faut renouveler en partie tous les ans en automne, eft celle qui leur convient le mieux. Les arrofemens leur feront ménagés pendant l'hiver, faifon qu'elles doivent paffer près des jours, car elles font fujettes à CHANCIR. (*Voyez* ce mot.) Rarement elles donnent de bonnes graines dans nos climats; auffi c'eft de boutures qu'elles fe multiplient prefqu'exclufivement : ces boutures fe font au printemps, dans des pots fur couche & fous châffis, & réuffiffent généralement. On pourroit les repiquer dès l'automne, mais on attend ordinairement au printemps fuivant. (*Bofc.*)

SOUDE. *Salsola.*

Genre de plantes de la pentandrie digynie & de la famille des *Arroches*, qui renferme plus de cinquante efpèces, qui toutes peuvent être utilifées pour la fabrication de la Soude, dont deux ou trois font l'objet d'une culture de quelqu'étendue pour le même but, & dont un affez grand nombre

fe vient dans nos écoles de botanique. Il eft figuré pl. 18 des *Illuftrations des genres* de Lamarck.

Obfervations.

Les genres KLKRIE, CHELONÉE, COROXYLON, SUADA & VILLEMETIE, propofés pour divifer celui-ci, n'ont pas été adoptés. Le genre ANABASÉ s'en rapproche tant, qu'on pourroit l'y réunir.

Efpèces.

1. La SOUDE couchée.
Salfola kali. Linn. ☉ Du midi de la France.

2. La SOUDE épineufe.
Salfola tragus. Linn. ☉ Du midi de la France.

3. La SOUDE commune, vulgairement *falicot.*
Salfola foda. Linn. ☉ Du midi de la France.

4. La SOUDE hériffée.
Salfola muricata. Linn. ♄ Du midi de la France.

5. La SOUDE cultivée, vulgairement *barilli.*
Salfola fativa. Linn. ☉ Du midi de l'Europe.

6. La SOUDE fatinée.
Salfola canefcens. Poir. ♄ De la Chine.

7. La SOUDE élevée.
Salfola altiffima. Linn. ☉ Du midi de l'Europe.

8. La SOUDE diffufe.
Salfola diffufa. Thunb. ♃ Du Cap de Bonne-Efpérance.

9. La SOUDE à trois ftyles.
Salfola trigyna. Willd. ☉ De l'Efpagne.

10. La SOUDE à tiges rayées.
Salfola falfa. Linn. ☉ Du midi de l'Europe.

11. La SOUDE à fleurs nues.
Salfola nudiflora. Willd. ♃ Des Indes.

12. La SOUDE jaunâtre.
Salfola flavefcens. Cavan. ♃ De l'Efpagne.

13. La SOUDE en arbriffeau.
Salfola fruticofa. Linn. ♄ Du midi de la France.

14. La SOUDE des Indes.
Salfola indica. Willd. ♄ Des Indes.

15. La SOUDE laineufe.
Salfola laniflora. Pall. De la Sibérie.

16. La SOUDE velue.
Salfola hirfuta. Linn. ☉ Du midi de la France.

17. La SOUDE à feuilles d'hyffope.
Salfola hyffopifolia. Pall. ☉ De la Sibérie.

18. La SOUDE à feuilles molles.
Salfola mollis. Desf. ♄ De la Barbarie.

19. La SOUDE à feuilles de camphrée.
Salfola camphorofmaïdes. Desf. ♄ De la Barbarie.

20. La SOUDE à une étamine.
Salfola monandra. Pall. ☉ De la Sibérie.

21. La SOUDE à feuilles d'orpin.
Salfola fedoides. Pall. De la Sibérie.

22. La SOUDE verticillée.
Salfola verticillata. Schoufb. ♄ De la Barbarie.

23. La SOUDE rofacée.
Salfola rofacea. Linn. ☉ De l'Orient.

24. La Soude à feuilles oppofées.
Salfola oppofitifolia. Desf. ♄ Dè la Barbarie.
25. La Soude des fables.
Salfola arenaria. Perf. ♃ De l'Allemagne.
26. La Soude vermiculaire.
Salfola vermiculata. Linn. ♄ Du midi de la France.
27. La Soude à feuilles courtes.
Salfola brevifolia. Desf. ♄ De la Barbarie.
28. La Soude à feuilles de genêt.
Salfola geniftoides. Juff. ♄ De l'Efpagne.
29. La Soude de Caroline.
Salfola caroliniana. Mich. ☉ De la Caroline.
30. La Soude polyclone.
Salfola polyclonos. Linn. ♃ Du midi de l'Europe.

31. La Soude traînante.
Salfola proftrata. Linn. ♄ De la Sibérie.
32. La Soude de Crimée.
Salfola dafyantha. Pall. ☉ De la Crimée.
33. La Soude en arbre.
Salfola arborefcens. Linn. ♄ De la Sibérie.
34. La Soude hériffonnée.
Salfola echinus. Labill. ♄ De la Syrie.
35. La Soude effeuillée.
Salfola aphylla. Linn. ♄ Du Cap de Bonne-Efpérance.

36. La Soude arbufte.
Salfola arbufcula. Pall. ♄ De la Sibérie.
37. La Soude glauque.
Salfola glauca. Biel. ♄ De la Mer-Cafpienne.
38. La Soude à feuilles d'arroche.
Salfola atriplicifolia. Spreng. ☉ De l'Amérique feptentrionale.
39. La Soude à baies.
Salfola baccata. Forsk. ♄ De l'Égypte.
40. La Soude farineufe.
Salfola farinofa. Forsk. ♄ De l'Égypte.
41. La Soude à feuilles globuleufes.
Salfola globulifolia. Forsk. ♄ De l'Égypte.
42. La Soude annulaire.
Salfola annularis. Forsk. ♄ De l'Arabie.
43. La Soude monoïque.
Salfola monoica. Forsk. ♄ De l'Arabie.
44. La Soude à calices divergens.
Salfola divergens. Forsk. ♄ De l'Égypte.
45. La Soude coquimbane.
Salfola coquimbana. Mol. Du Chili.
46. La Soude orientale.
Salfola orientalis. Gmel. Du Levant.
47. La Soude articulée.
Salfola articulata. Forsk. ♄ De l'Égypte.
48. La Soude non épineufe.
Salfola inermis. Forsk. ♄ De l'Égypte.
49. La Soude imbriquée.
Salfola imbricata. Forsk. ♄ De l'Arabie.
50. La Soude tétrandre.
Salfola tetrandra. Forsk. ♄ De l'Égypte.
51. La Soude verruqueufe.
Salfola verrucofa. Biel. ♄ De la Mer-Cafpienne.

Culture.

Nos écoles de botanique poffèdent de ces Soudes, que je dois féparer ici en trois groupes : 1°. les annuelles, comme celles des n°ˢ. 1, 2, 3, 5, 7, 10, 17, 23 & 38; 2°. les vivaces, comme celles des n°ˢ. 8 & 25; 3°. les frutefcentes, comme celles des n°ˢ. 4, 9, 13, 14, 24, 27, 31, 41 & 51.

Dans le climat de Paris, toutes les Soudes annuelles fe fèment, au printemps, dans des pots remplis de terre légère qu'on enterre dans une couche nue. Lorfque le plant provenu de ces femis a acquis deux à trois pouces de haut, on le met en place en motte, après l'avoir fuffifamment éclairci. Après fa plantation il ne demande plus que des binages de propreté. J'indique le femis fur couche, quoique plufieurs puiffent être femées fans inconvénient en place, parce que lorfque les étés & les automnes font froids & pluvieux, elles n'amènent pas leurs graines à complète maturité fi elles n'ont pas été avancées. D'ailleurs, cette pratique évite le foin de les mettre contre un mur expofé au midi.

La huitième fe tient en pot, qu'on rentre dans l'orangerie aux approches des froids.

La vingt-cinquième peut être laiffée en pleine terre.

Toutes les Soudes frutefcentes veulent une terre à demi confiftante qu'on renouvelle en partie tous les deux ans, & l'orangerie pendant l'hiver. Elles craignent l'humidité pendant cette faifon ; en conféquence il faut les arrofer peu & les placer ifolément près des fenêtres. Plufieurs d'entr'elles offrent de bonnes graines dans le climat de Paris, mais on les emploie peu à leur reproduction; c'eft par le moyen des boutures qu'on les multiplie le plus. Ces boutures fe font, au printemps, dans des pots, & fur couche à châffis; elles manquent rarement. La vingt-quatrième eft une des plus communes & des plus agréables par fon afpect; c'eft celle qu'on connoît fous le nom de *Soude frutefcente*, *Soude en arbriffeau*, & qu'on confond par cette dénomination avec la treizième.

Prefque toutes les Soudes jouent un rôle important dans l'économie de la nature pour l'intérêt de l'homme & des animaux pâturans. Elles décompofent le fel marin (muriate de Soude), & rendent propres à toutes les fortes de culture les terrains des bords de la mer & les grandes plaines falées de l'intérieur de l'Afie & de l'Afrique, qu'on ne pourroit utilifer, fans elles, fous les rapports agricoles. Cette propriété n'eft pas auffi généralement connue qu'elle le mérite; mais elle n'en eft pas moins réelle, & on en profite, fans s'en douter, dans un grand nombre de lieux.

En décompofant le fel marin, les Soudes s'approprient un de fes compofans, le fel de Soude ou fimplement la Soude, l'*alcali fixe minéral* des anciens chimistes, & c'est par cette opération qu'elles deviennent utiles à l'homme : de-là leur nom qu'elles ont donné à cet alcali, dont on fait un grand usage dans les arts & dans l'économie domestique. *Voyez* ALCALI.

Pour retirer le sel de Soude des Soudes, on les fait brûler lentement dans des fosses ou dans des fours, on lessive leurs cendres & on fait évaporer l'eau ; le résidu qui reste au fond de la chaudière est du carbonate de Soude, mêlé de quelques autres sels & de matières étrangères qu'on peut en séparer par des procédés dont je parlerai plus bas.

La quantité de Soudes qui croissent naturellement en Europe sur le bord de la mer n'étant pas suffisante pour satisfaire à la consommation du sel qu'elles peuvent donner par leur combustion, il a fallu en cultiver pour trouver le supplément nécessaire.

Plusieurs fois on a tenté, en France, des spéculations qui avoient la culture de la Soude pour objet ; elles ont réussi dans les temps de guerre, lorsque nos communications avec l'Espagne étoient fermées, mais il n'a jamais été possible de soutenir la concurrence, en temps de paix, avec les cultivateurs de ce pays, principalement avec ceux des environs d'Alicante, qui fournissent la meilleure Soude du commerce.

Aujourd'hui que la chimie nous a appris les moyens de décomposer directement le sel marin, & de nous procurer en un jour plus de Soude que toutes les cultures de l'Europe n'en peuvent fournir en un an, il est moins intéressant de cultiver les plantes dont il est ici question ; cependant j'ai entendu dire à Chaptal, que les Soudes qu'on en tiroit étoient plus propres que celles provenant de la décomposition du sel marin pour quelques opérations de teinture, ce qui leur assure une perpétuité d'emploi.

Quoi qu'il en soit, je dois donner ici quelques détails sur la culture de la Soude en France & en Espagne.

Je n'ai vu cultiver la Soude qu'à l'embouchure de la Bidassoa, & encore seulement en passant ; ainsi je suis obligé de parler d'après les autres.

C'est principalement sur les bords de la Méditerranée, depuis Perpignan jusqu'à Marseille, qu'on cultive la Soude en France. Elle se plaît mieux dans les terrains légers & foiblement salés que dans tous les autres.

Je prends dans un Mémoire de M. Paris, l'un des correspondans de la Société d'Agriculture du département de la Seine, ce que je vais dire de la culture de la Soude dans les marais salés de l'embouchure du Rhône.

Quoique, dans ces marais, on puisse retirer de la Soude par la combustion de plusieurs plantes, on n'y cultive que la Soude commune ou *barille*, ou *salicot* (*salsola soda*).

La semence de barille, semée dans les terres non salées, y dégénère à chaque reproduction, de sorte

que, si on ne veut voir diminuer les produits, il faut la renouveler au bout de quelques années, c'est-à-dire, semer de nouveau de la graine de plantes venues sans culture dans les marais, plantes qu'on appelle *Soude de barille* ou *Soude des baines* aux environs d'Arles.

Or, pour avoir de cette dernière en suffisante quantité, on est obligé de semer dans les marais de la graine de Soude cultivée, qui, après trois reproductions spontanées, y donne de la graine propre à être de nouveau semée avec avantage dans les terres arables, & qui se vend en conséquence un tiers plus cher que celle récoltée dans ces terres arables.

Cette pratique est fondée sur l'observation encore inexpliquée, mais certaine, qu'au bout de quelques années la Soude cultivée dans un sol non salé & loin de la mer ne donne plus, par sa combustion, que de la POTASSE. *Voyez* ce mot.

Les engrais, surtout ceux des bergeries, ne doivent pas être épargnés quand on en a beaucoup à sa disposition ; mais pour peu que le sol soit naturellement bon, vingt charretées à trois chevaux, par hectare, suffisent. Ils doivent être bien consommés.

Si les terres sont fortes, plusieurs labours sont indispensables pour assurer le succès de la culture de la Soude.

On sème en février ou en mars dans les terres qui ne sont pas surchargées de mauvaises herbes ; dans les autres, on retarde jusqu'en avril pour faire périr ces mauvaises herbes par un dernier labour. Plus tôt cette opération est faite, & plus on doit compter sur une abondante récolte.

Les cultivateurs ne sont pas d'accord sur la quantité de semence qu'il convient d'employer, & ils ne peuvent pas l'être ; car il est rare qu'elle soit entièrement bonne. Cinq hectolitres paroissent cependant, terme moyen, la mesure exigible pour chaque hectare.

La semence se répand à la volée & se recouvre avec une herse très-légère. Il est bon de rouler pour conserver l'humidité du sol, humidité très-favorable à la germination, & qu'on empêche souvent de se perdre au moyen d'herbes de marais.

Le superflu de la graine de Soude se donne, aux environs de Narbonne, au rapport de Decandolle, en guise d'avoine, aux bœufs de labour ; qui l'aiment beaucoup, & dont elle conserve la force & l'embonpoint.

La Soude redoute excessivement le voisinage des mauvaises herbes, & exige des sarclages répétés, principalement pendant les mois d'avril, mai & juin.

La récolte de la Soude a lieu à la fin de juillet ou au commencement d'août, quelques jours plus tôt, quelques jours plus tard, selon que la température du printemps & de l'été a été chaude ou froide, selon l'époque des semailles, la nature du

fol, &c. Cette récolte eſt indiquée par le changement de couleur des tiges & la maturité de la
moitié des graines. Si on attendoit plus tard, les
produits en ſel ſeroient moindres. Les pieds s'arrachent à la main.

J'obſerve, à cette occaſion, qu'il réſulte des
expériences de Théodore de Sauſſure, que plus
les plantes ſont jeunes & plus elles donnent d'alcali; ainſi récolter la Soude auſſitôt qu'elle eſt parvenue à toute ſa hauteur, ſauf à en laiſſer une
partie pour graine, ſeroit ſans doute très-profitable.

Après avoir arraché la Soude on la dépoſe ſur
le ſol en petits tas, & on l'y laiſſe pendant quatre
à cinq jours, puis on la met en meules oblongues
qu'on recouvre, en cas de pluie, de paillaſſons ou
de nattes pour empêcher l'eau d'y pénétrer. Ainſi
diſpoſée, elle fermente & ſe ſèche. Ordinairement
elle eſt dans le cas d'être brûlée au bout de huit à
dix jours.

Si on vouloit brûler la Soude trop verte ou trop
ſèche, on auroit moins de produit; ainſi il faut
choiſir le terme moyen convenable: or, la pratique
l'indique mieux que tous les raiſonnemens.

Pour brûler la Soude, on creuſe, à quelque diſtance de la meule, un trou dont la profondeur eſt
à peu près égale aux deux cinquièmes du diamètre, & dont la capacité ſe calcule à raiſon d'un
mètre cube par quatre-vingts quintaux d'herbe.
Cette foſſe eſt au moins auſſi large à ſon fond qu'à
ſon orifice. Pour empêcher les eaux d'y entrer,
& pour en conſolider les bords, on les revêt
d'un bourrelet d'argile mêlée de paille hachée, de
quinze à vingt centimètres de hauteur.

On garnit auſſi d'une couche d'argile, mais ſans
paille, le fond de la foſſe, lorſque le terrain eſt
ſablonneux.

Il faut à peu près trois quintaux & demi de
bois de corde, pour chaque mètre cube de capacité, pour chauffer la foſſe. Lorſque cette quantité
eſt conſommée & que les parois ſont rouges, on
redouble la vivacité du feu en y jetant deux ou
trois fagots de menu bois.

Le brûleur, après avoir retiré de la foſſe toute
la braiſe, au moyen d'une pelle en fer, y deſcend
chauſſé en ſabots humides, & ſe hâte de balayer &
enlever les cendres.

Pendant ce dernier travail, l'aide du brûleur
fait enflammer, ſur les charbons ardens que celui-ci a retirés de la foſſe, quelques plantes de
Soude qu'on a eu ſoin de faire ſécher plus que les
autres, & qu'on dépoſe enſuite dans la foſſe avec
précaution pour leur conſerver l'air néceſſaire à
une combuſtion active. Le brûleur continue à alimenter le feu avec les plantes qu'on lui apporte de
la meule, & qu'il prend & place avec une fourche ſur l'orifice de la foſſe, de manière qu'elles
ne tombent au fond qu'en brûlant. Lorſqu'alors
elles diſtillent une matière rouge, ſemblable à du
métal en fuſion, c'eſt un indice de la réuſſite de
l'opération.

Deux heures après qu'on a commencé à brûler,
on ceſſe d'alimenter le feu; & dès que les dernières plantes qu'on y a jetées ſont réduites en
charbon, le brûleur, avec ſa fourche, les étend
également dans tout le fond de la foſſe; enſuite
deux journaliers & lui, ſi la capacité de la foſſe
n'eſt que d'un mètre cube, & deux hommes de
plus pour chaque mètre cube dont cette capacité
eſt augmentée, munis chacun d'une perche de
ſaule vert, terminée en maſſue, pétriſſent la matière en faiſant lentement le tour de la foſſe; l'un
derrière l'autre.

Lorſque tous les charbons ſont incinérés & mêlés avec la matière qui a découlé des plantes, on
ſuſpend cette manœuvre pour recommencer à
brûler comme on a fait la première fois; mais à
celle-ci on continue la combuſtion pendant deux
à trois heures, après leſquelles on pétrit encore.
On répète alternativement cette double manœuvre juſqu'à ce que la matière rempliſſe la foſſe ou
qu'on n'ait plus de plantes à brûler.

Il peut arriver qu'à la première & même à la ſeconde fois qu'on pétrit, des cendres forment une
partie du réſidu de la combuſtion des plantes. Cet
inconvénient ne doit pas décourager, pourvu que
la matière pâteuſe domine; la cendre s'y mêle &
diſparoît dans les pétriſſages ſubſéquens.

Lorſqu'on a achevé de brûler, on couvre ordinairement la foſſe avec de la terre qu'on amoncèle en forme de cône, pour que l'eau de la pluie
ne puiſſe pas pénétrer juſqu'à la matière, qu'elle
diſſoudroit.

Après avoir laiſſé refroidir cette matière trois
jours au moins, on la diviſe en gros quartiers
qu'on peut livrer de ſuite au commerce.

Les meules des plantes à brûler étant à quatre
ou cinq mètres de la foſſe, le journalier qui eſt
chargé de les rapprocher du brûleur, avant de les
mettre à ſa portée, en ſecoue & bat chaque four-
chée. C'eſt le ſeul moyen qu'on emploie pour en
ſéparer la graine, qui ſe détache facilement.

Cette graine de différens degrés de maturité, eſt de beaucoup inférieure à celle qu'on ſe
procureroit ſi on réſervoit une portion du ſemis
pour s'en procurer, portion dont on n'arrache-
roit les plantes que lorſque toute la graine ſeroit
mûre.

Un ſol qui convient à la Soude donne, année
commune, par hectare, outre quatre-vingt-dix
hectolitres de graines, environ cent ſoixante
quintaux de plantes vertes, qui produiſent, par
leur combuſtion, vingt-deux quintaux de matière
ſaline.

Lorſqu'on ſème la Soude dans un ſol marécageux après une ſeule façon à l'araire, & qu'on ne
donne plus aucune façon aux plantes, il faut,
pour en obtenir la même quantité, enſemencer
trois fois autant de terrain.

En 1809, un hectare de Soude convenablement
cultivé a produit, aux environs d'Arles, 5390 fr.

net, revenu immenfe, mais qui n'a pu fe foutenir par les raifons que j'ai indiquées plus haut.

Actuellement je paffe à la culture de la Soude aux environs d'Alicante en Efpagne, d'après M. Pictet-Malet, celui qui l'a le mieux décrite.

Les deux efpèces qui font le plus généralement cultivées aux environs d'Alicante, font la Soude commune & la Soude cultivée : la feconde eft plus délicate, & demande un terrain plus fertile, mais auffi donne une Soude bien plus fine & plus efti-mée. Au refte, leur culture eft abfolument la même.

Il paroît que les terrains où on cultive ces Sou-des font fort peu falés, ou même ne le font pas du tout, puifqu'après la Soude on leur fait porter du blé.

Après avoir fumé la terre & lui avoir donné plufieurs labours, on fème la graine à la volée. C'eft en octobre ou en novembre qu'on fait cette opération, pour laquelle on a foin de choifir un jour de pluie. Le plus fouvent on ne recouvre pas la graine par un herfage.

Au printemps, les pieds ont à peine un pouce de hauteur, qu'on commence à les farcler, & on répète cette opération tous les vingt jours au moins, furtout fi le temps eft pluvieux.

A la fin d'août, la Soude eft ordinairement dans le cas d'être cueillie; celle deftinée pour graine fe laiffe un mois de plus fur pied, & en cela on agit plus dans les principes qu'aux environs d'Ar-les. La manière de la deffécher & de la brûler ne-diffère pas de ce qui a été dit plus haut.

Des détails cités par mon collaborateur Teffier, d'après M. de Juffieu, diffèrent un peu de ceux dont je viens d'entretenir le lecteur. Par exemple, ils annoncent qu'on fème en janvier & qu'on ré-colte en juin; mais ces différences peuvent avoir lieu fans qu'il y ait contradiction.

En général, il eft de fait que les plantes annuel-les, femées avant l'hiver, donnent des productions bien plus fortes que celles femées au printemps. Ainfi il eft plus avantageux de fuivre la méthode de M. Pictet-Malet, que cette dernière. (*Bosc.*)

Soude : nom de l'alcali qu'on retire, 1°. par la leffivation des cendres des plantes dont il vient d'être queftion; 2°. de certains lacs de l'Égypte, de l'Arabie, de la Perfe & de la Sibérie, par la décompofition fpontanée du fel marin qui y afflue; 3°. du fel marin artificiel, par une opération chi-mique. *Voyez* le *Dictionnaire de Chimie.*

Quoique ce foit des Soudes qu'on retire ce fel le plus ordinairement, il convient de dire qu'on en retire encore beaucoup de plantes qui croif-fent fur le bord de la mer, comme de l'ANSÉRINE MARITIME, des SALICONES HERBACÉE & FRU-TESCENTE, de l'ARROCHE A FEUILLES DE POURPIER, des FICOÏDES NODIFLORE & CRIS-TALLINE, &c., & de plantes qui croiffent dans la mer même, comme les VARECS & les ULVES. *Voyez* tous ces mots.

Il y a beaucoup de rapports communs entre la Soude & la potaffe; mais elles fe diftinguent par des caractères affez faillans pour les reconnoître après un léger examen. Le plus facile au premier afpect, c'eft que la Soude attire peu l'humidité par fon expofition à l'air, tandis que la potaffe fe réfout très-promptement en eau dans la même cir-conftance.

Tous les fels que forment la Soude & la po-taffe avec les acides & autres bafes, font diffé-rens.

Ceux de ces fels où entre la Soude, dont on fait le plus d'ufage dans l'économie domeftique, dans la médecine & les arts, font le MURIATE DE SOUDE ou SEL MARIN, le SULFATE DE SOUDE ou SEL DE GLAUBER, le TARTRITE DE SOUDE ou SEL DE SEIGNETTE, le BORATE DE SOUDE ou BORAX. *Voyez* ces mots.

Les plus importans emplois de la Soude font pour faire le favon & fondre le verre, emplois auxquels elle convient mieux que la potaffe, à rai-fon de ce qu'elle n'attire pas l'humidité de l'air. La potaffe l'emporte fur elle pour les leffives, parce qu'elle a naturellement plus d'action, & qu'on peut fe la procurer partout, à bon compte, par la leffivation des cendres de tous les végétaux qui ne croiffent pas dans les terrains falés.

La Soude du commerce eft loin d'être pure; c'eft un compofé de foude, de charbon, de cendres, de terre, de fels de différentes fortes, dans des proportions tellement variables, qu'on ne peut en trouver deux lots qui les aient femblables.

Pour les leffives, la fabrication du verre com-mun, certaines fortes de teintures, & d'autres ufages qu'il eft fuperflu de citer ici, la Soude peut être employée telle qu'on la trouve dans le commerce; mais lorfqu'il s'agit de la faire entrer dans la compofition du favon, dans celle du verre fin, &c., il faut la purifier. On y parvient d'abord en partie en faifant diffoudre une certaine quan-tité dans l'eau chaude, en filtrant cette eau, en la laiffant dépofer, en la faifant évaporer & en calcinant le réfidu. Une purification plus complète n'eft utile que pour la médecine & les expériences de chimie.

Cette Soude calcinée eft un carbonate. Pour lui enlever l'acide carbonique, on la diffout de nou-veau, on la met avec de la chaux vive & on filtre l'eau; c'eft dans cet état qu'on l'emploie pour faire le favon blanc. En faifant évaporer l'eau, on ob-tient la pierre à cautère, fi employée dans la chi-rurgie.

La manière de retirer la Soude, ou mieux le NATRON, car cette Soude eft d'une nature par-ticulière & porte ce nom, des lacs, en Égypte & autres pays précités, ainfi que celle de décompofer le fel marin pour ifoler celle qui en fait la bafe, n'étant pas du reffort des cultivateurs, je ren-verrai les lecteurs aux articles correfpondans des Dictionnaires de *Chimie* & des *Arts.* (*Bosc.*)

SOUBE BATARDE. On appelle ainsi la Soude épineuse dans quelques lieux.

SOUFFLET. Je n'ai pas à parler ici du Soufflet dont on fait usage dans la maison pour exciter la combustion du bois, ni de ceux, plus gros, usités dans une infinité d'arts pour produire le même effet, mais seulement de celui de même forme & d'un pied de large au plus, fixé par sa planche inférieure sur une boîte sous laquelle est un réchaud garni de charbon allumé, sur lequel on projette du tabac ou du soufre, dont la fumée ou la vapeur monte dans le Soufflet par l'ame & est dirigée par le tuyau sur les plantes couvertes de PUCERONS, de TIGRES, de COCHENILLES, de CHENILLES & autres INSECTES, afin de les faire périr. *Voyez* ces mots.

Ce même Soufflet, au moyen de la fumée de tabac, sert encore, en en mettant le tuyau dans le fondement des noyés, à en exciter l'irritabilité & à les rappeler à la vie. *Voyez* NOYÉ.

Les cultivateurs des plantes étrangères de serre & d'orangerie peuvent difficilement se passer de cet instrument, dont la dépense est peu considérable & l'utilité évidente. (*Bosc.*)

SOUFFLÉE AU POIL. On donne ce nom, dans quelques lieux, à la sanie qui sort de la racine du sabot des chevaux qui ont été ENCLOUÉS. *Voyez* ce mot.

SOUFFLER UN ARBRE : mauvaise expression, synonyme de celle soulever un arbre qu'on secoue afin de faire tomber la terre dans les intervalles de ses racines. *Voy.* PLANTATION.

SOUFRE : matière inflammable qui entre dans la composition de la poudre à canon, dont on fait usage dans beaucoup d'arts, dont l'emploi est fort étendu en médecine, &c.

Un cultivateur aisé doit toujours avoir une petite provision de Soufre, soit pour l'employer dans la confection des allumettes qu'il consomme, soit pour sceller le fer dans la pierre, soit pour, & le changeant en gaz acide sulfureux par sa combustion, le faire servir à blanchir les soies & les laines, à faire périr les PUCERONS qui affoiblissent la végétation des plantes précieuses, les ixodes qui causent la GALE des hommes & des moutons, même à éteindre le feu des cheminées. *Voyez* ces mots.

La médecine vétérinaire fait un fréquent usage du Soufre, soit en nature, pour guérir la MORVE, selon le procédé de M. Colaine, soit incorporé avec des alcalis, des huiles, &c.

C'est à M. Galès qu'on doit d'avoir si avantageusement substitué le gaz acide sulfureux aux pommades sulfureuses, aux bains de sulfures, &c., pour guérir la gale des hommes & des animaux. Depuis il a observé que ce même gaz acide sulfureux, en provoquant d'abondantes sueurs, guérissoit les rhumatismes, la goutte, & , en portant un trouble momentané dans la circulation du sang, guérissoit la paralysie, les affections nerveuses, &c. Ces importantes découvertes lui méritent la reconnoissance de la postérité. (*Bosc.*)

SOUFRE VÉGÉTAL. C'est tantôt la poussière fécondante du lycopode, qui sert, à l'Opéra, à produire ces flammes légères & peu combustibles qu'on y admire; tantôt la poussière fécondante des pins emportés au loin par les vents & semés sur les terres. *Voyez* LYCOPODE, PIN & POLLEN. (*Bosc.*)

SOUGUE : synonyme de SOUCHE.

SOUGUET : portion de racine d'olivier, avec laquelle on le multiplie. *Voyez* OLIVIER & RACINE.

SOULEVER LA TERRE. On donne ce nom, dans quelques cantons, au premier labour qu'on donne aux jachères ou aux prairies artificielles; il est par conséquent synonyme de ROMPRE.

SOULIER DE NOTRE-DAME. *Voy.* SABOT.

SOUPES ÉCONOMIQUES. On a donné ce nom à des potages aux légumes très-peu dispendieux & extrêmement nourrissans, destinés à suppléer, pour les pauvres, avec agrément pour eux, les alimens plus coûteux, & qui peuvent, avec grand avantage, être introduits dans les campagnes, principalement aux temps des foins, des moissons & des vendanges.

Quand on a vu la Soupe dont font usage les cultivateurs de beaucoup de parties de la France, qui n'est que de l'eau chaude engraissée par un minicule de beurre ou de lard, ou de sain-doux, aromatisée par un oignon ou un poireau, & qu'on a, comme moi, goûté la Soupe économique qu'a distribuée à Paris la bienfaisante Société appelée *philantropique*, on doit faire des vœux pour que ces dernières leur soient partout substituées ; malgré qu'elles soient nécessairement moins économiques faites en petit que faites en grand, surtout à la manière de la Société dont je viens de parler, qui a consulté tous les arts pour la fabrication de ses fourneaux & de ses chaudières.

Quoique les Soupes économiques fussent connues dans les temps les reculés, qu'un ouvrage imprimé à Saintes en 1680 en ait donné la recette, que le médecin Helvétius l'ait rappelée au commencement du dernier siècle ; quoique des curés de Paris en distribuassent journellement, pendant l'hiver, aux indigens de leurs paroisses depuis une vingtaine d'années, un de ces intrigans qui ne pensent qu'à eux, mais qui ont toujours le mot bien public à la bouche, M. le comte de Rumfort, s'en est approprié l'invention dans ces derniers temps, & est parvenu à leur donner son nom.

Voici les compositions de plusieurs sortes de Soupes économiques, dans lesquelles je n'indiquerai les doses que d'une manière relative, afin qu'on puisse en varier la quantité selon le nombre de personnes qui doivent en faire journellement usage ; ces doses sont en poids :

Riz . . . . 20 parties.
Pommes de terre 60

Pois .... 10 parties.
Carottes 14
Potirons 10
Navets 15
Beurre.................... 4
Sel....................... 4

Le riz, après avoir été lavé à l'eau bouillante, fe met, le foir, dans un vaiffeau fermé, avec de la nouvelle eau, fur un petit feu, & le lendemain on y ajoute, après les avoir fait cuire féparément & réduire en purée, les autres ingrédiens détaillés, puis le fel & le beurre.

Comme le riz eft quelquefois fort cher, on peut ou en diminuer la dofe, ou lui fubftituer de l'orge mondé : on fupprime également les potirons & les navets lorfqu'ils font devenus trop rares ou trop chers.

Farine d'orge.............. 1 partie.
Oignons................... 2
Beurre ou graiffe.......... 1
Poivre & fel.............. "

Les oignons font coupés par petits morceaux & frits dans le beurre. On y ajoute, petit à petit, la farine, en remuant perpétuellement, fans mettre d'eau, jufqu'à ce que le tout faffe une maffe homogène fufceptible d'être renfermée dans du papier & emportée dans la poche.

Une once & demie de cette compofition, qui, d'après les expériences de Parmentier, peut fe conferver pendant un mois fans altération, délayée dans une livre d'eau, en y ajoutant une once de bifcuit broyé, forme un excellent potage, qui ne revient qu'à environ un fou, & qui nourrit autant que deux fois fon poids de pain bis.

Pommes de terre........... 80 parties.
Orge mondé............... 25
Haricots, pois ou lentilles... 26
Graiffe................... 2
Oignons.................. 1
Feuilles de céleri......... 2
Herbes cuites............. 2
Thym ou laurier........... "
Sel...................... "
Poivre................... "
Eau...................... "

Cette Soupe fe commence la veille, c'eft-à-dire, qu'on fait crever l'orge dans de l'eau bouillante, & qu'on le laiffe s'en imbiber toute la nuit.

Orge mondé............... 40 parties.
Farine d'haricots.......... 12
Farine de lentilles........ 9
Graiffe.................. 2
Poireaux................. 1
Oignons................. " ½
Carottes................ 1
Perfil.................... "
Sarriette................. "
Poivre................... "
Sel...................... "
Eau..................... "

Je m'arrête ici, quoique je puffe augmenter le nombre de ces recettes, parce qu'il eft facile de les imaginer, felon la faifon & l'abondance de tel légume comparé à tel autre.

On voit par l'expofé que je viens de donner, que le fond de ces Soupes doit être ou des graines de céréales, ou la farine de ces graines, ou la pomme de terre & autres racines nourriffantes, jointes à des graiffes & à de petites quantités de fel & de plantes aromatiques.

Toutes les racines, pour ne pas perdre de leur faveur, doivent être, au préalable, cuites à la vapeur de l'eau chaude & unies au potage, après avoir été écrafées, lorfqu'il eft à moitié cuit.

Je n'ai point parlé de pain, parce qu'il n'eft pas indifpenfable, & qu'il eft toujours facile de l'ajouter aux portions un inftant avant de les confommer.

Le potage aux oignons, qu'on peut fabriquer plufieurs jours à l'avance, doit être furtout préféré dans les grands travaux de la campagne, où tous les bras ne font pas de trop dans les champs. Par fon moyen, en un quart d'heure on peut donner à dîner à des centaines de moiffonneurs ou de vendangeurs, puifqu'il ne s'agit que de faire bouillir de l'eau, les tranches de pain étant coupées de la veille. (*Bosc.*)

SOURCE : fynonyme de FONTAINE.

SOURIS : quadrupède du genre des rats, qui le plus fouvent fe réfugie dans les maifons des cultivateurs pour y vivre des denrées qu'ils y raffemblent pour leur nourriture, & qui leur occafionne annuellement de grandes pertes lorfqu'ils ne lui font pas une guerre perpétuelle, foit directement avec des pièges, des amorces empoifonnées, des fumées délétères, &c., foit indirectement par le moyen des chats, des oifeaux de nuit, des ferpens, &c. *Voyez* le *Dictionnaire des Quadrupèdes*, faifant partie de l'*Encyclopédie par ordre de matières*.

Il eft affez rare de rencontrer des Souris dans les champs & les bois : ce font les CAMPAGNOLS & les MULOTS (*voyez* ces mots), qui y font quelquefois très-communs, & qu'on prend pour elles.

L'abondance des Souris dans une maifon rurale annonce toujours le défaut d'ordre du propriétaire ; car fi leurs dégâts, pris ifolément, font peu confidérables, ils le deviennent beaucoup lorfqu'on les additionne au bout de l'année. (*Bosc.*)

SOUROUBÉE : genre qui a été réuni aux RUYSCHES. *Voyez* ce mot.

SOUS-ARBRISSEAU : fynonyme d'ARBUSTE. *Voyez* ce mot.

SOUSTRAGE. C'eft la LITIÈRE dans le Médoc.

SOUSTRAIT. On appelle ainfi, dans la ci-devant Picardie, le lit de paille fur lequel on amoncèle le blé dans les granges ou les greniers. Il vaut beaucoup mieux faire le Souftrait avec des fagots

fagots pour faciliter la circulation de l'air. *Voyez* PAILLE & MEULE.

SOUS-YEUX. Lorsqu'un bouton eft détruit par une caufe quelconque, principalement par la gelée, il eft remplacé ordinairement par deux autres qui n'étoient point apparens, & qui fe développent au-deffous de lui, un peu fur les côtés.

Les Sous-yeux ne pouffent fouvent qu'une ou deux feuilles la première année; les bourgeons qui en fortent la même année, ou l'année fuivante, font toujours foibles, & donnent rarement des fruits; mais les branches qui proviennent de ces bourgeons fe fortifient enfuite au point de n'être point diftinctes des autres.

Il eft une manière de tailler les arbres fruitiers, principalement les poiriers, qui confifte à couper les branches fur l'œil même, afin que les deux Sous-yeux fe développant, le nombre des branches augmente. *Voyez* YEUX, BOUTON & TAILLE. (*Bosc.*)

SOUT : fynonyme de TOIT A PORC. *Voyez* ce mot & celui COCHON.

SOUTIRAGE DES VINS. *Voyez* VIN.

SOUVENEZ-VOUS-EN : nom vulgaire de la MYOSOTE des marais.

SOWERBÉE. *Sowerbea.*

Plante vivace de la Nouvelle-Hollande, fort voifine de l'ail, qui feule conftitue un genre dans l'hexandrie monogynie & dans la famille des *Liliacées.*

Cette plante fe cultive depuis quelques années dans nos jardins, & fe trouve figurée dans les *Liliacées de Redouté.* On la tient dans un pot rempli de terre de bruyère, & on la rentre dans l'orangerie aux approches des gelées; fa multiplication a lieu par la féparation des caïeux en automne. (*Bosc.*)

SPAENDONCÉE. *Cadia.*

Arbufte de l'Arabie, conftituant feul un genre dans la décandrie monogynie & dans la famille des *Légumineufes.* Il fe cultive dans nos Serres, mais y eft rare, attendu qu'il n'y a pas encore donné de graines, & qu'il ne fe multiplie d'aucune autre manière.

C'eft dans un pot rempli de terre à demi confiftante, qu'on renouvelle en partie tous les deux ans, que fe plante la SPAENDONCÉE A FEUILLES DE TAMARIN. Des arrofemens modérés en tout temps, & principalement en hiver, lui conviennent. On la met à l'air, contre un mur expofé au midi, pendant le fort de l'été; mais on la rentre de très-bonne heure dans la ferre chaude. Ses fleurs font fort belles, mais peu nombreufes. (*Bosc.*)

Agriculture. Tome VI.

SPANANTHE. *Spananthe.*

Genre de plantes établi par Jacquin dans la pentandrie digynie & dans la famille des *Ombelliferes.*

Il ne paroît pas bien diftinct de celui des ARMARINTHES. (*Bosc.*)

SPARGANOPHORE. *Sparganophorus.*

Genre de plantes établi pour placer quelques ETHULIES qui n'offrent pas rigoureufement les caractères des autres. Il fe rapproche infiniment des GRANGÉES. (*Voyez* ces deux mots & la planche 670 des *Illuftrations des genres* de Lamarck.) C'eft le STRUCHION de Juffieu.

Efpèces.

1. Le SPARGANOPHORE verticillé.
Sparganophorus verticillatus. Mich. ⊙ De l'Amérique feptentrionale.

2. Le SPARGANOPHORE à fleurs axillaires.
Sparganophorus ftruchium. Poir. ⊙ De la Jamaïque.

3. Le SPARGANOPHORE porte-bandeau.
Sparganophorus fafciatus. Poir. ⊙ Des Indes.

Aucune de ces efpèces n'eft cultivée dans nos jardins. (*Bosc.*)

SPARGELLE : un des noms vulgaires du genêt à tiges ailées.

SPARGOULE, ou SPERGOULE, ou SPARGOUTE, ou SPERGULE, ou ESPARGOULE, ou SPORÉE. *Spergula.*

Genre de plantes de la décandrie pentagynie & de la famille des *Caryophyllées,* qui réunit dix efpèces, dont une eft l'objet d'une culture de quelqu'importance pour certains pays. Il eft figuré pl. 392 des *Illuftrations des genres* de Lamarck.

Efpèces.

Spargoules à feuilles verticillées ou ftipulées.

1. La SPARGOULE des champs.
Spergula arvenfis. Linn. ⊙ Indigène.

2. La SPARGOULE à cinq étamines.
Spergula pentandra. Linn. ⊙ Indigène.

3. La SPARGOULE velue.
Spergula villofa. Perf. Du Bréfil.

4. La SPARGOULE élevée.
Spergula grandis. Perf. Du Bréfil.

Spargoules à feuilles oppofées, non ftipulées.

5. La SPARGOULE noueufe.
Spergula nodofa. Linn. ♃ Indigène.

Z z

6. La SPARGOULE laciniée.
Spergula laciniata. Linn. ♃ De la Sibérie.
7. La SPARGOULE glabre.
Spergula glabra. Willd. ♃ Du midi de la France.
8. La SPARGOULE sagine.
Spergula saginoides, Linn. ♃ Des Alpes.
9. La SPARGOULE en alêne.
Spergula subulata. Swartz. ☉ Indigène.
10. La SPARGOULE porte-poil.
Spergula pilifera. Decand. De la Corse.

Culture.

Les espèces indiquées sous les nᵒˢ. 1, 2, 5 & 8, se cultivent dans l'école du Muséum d'histoire naturelle de Paris.

Les deux premières étant annuelles se sèment en place tous les ans au printemps, & ne demandent d'autres soins que ceux dus à tout jardin bien tenu.

Les deux dernières sont un peu plus difficiles à conserver, parce qu'elles veulent une humidité constante. On les plante le plus souvent, ou dans un pot qu'on place pendant l'été dans un autre pot contenant un peu d'eau, ou contre un mur exposé au nord, & dans le voisinage d'un puits.

La Spargoule des champs est celle qui se cultive en grand pour la nourriture des bestiaux; elle croît naturellement dans les champs sablonneux de presque toute l'Europe, & quelquefois en telle abondance, qu'il semble qu'on l'y a semée. Chaque pied fleurit sans interruption pendant tout l'été, de sorte qu'il y a long-temps que les graines des premières fleurs sont disséminées lorsque les dernières s'épanouissent. Tous les bestiaux les recherchent, surtout les ruminans; elle procure aux vaches un lait abondant, excellent, duquel on obtient un beurre de qualité supérieure, & qu'on connoît dans le Brabant hollandois sous le nom de *beurre de Spargoule.* C'est dans le nord de la France, en Westphalie, en Hanovre, qu'on la cultive le plus. Je l'ai vue aussi très en faveur sur les montagnes granitiques & schisteuses de la Galice.

La nature de la Spargoule & le peu d'abondance de ses produits indiquent que c'est dans les plus mauvais terrains qu'il est le plus avantageux de la cultiver; & en effet, outre qu'elle viendroit mal dans ceux qui sont argileux & humides, elle ne peut entrer en comparaison pour la quantité de fourrage qu'elle peut donner dans un espace de même étendue avec le sainfoin, le trèfle & la luzerne: C'est donc dans les sables & les graviers les plus arides que les cultivateurs doivent la semer de préférence.

Il y a plusieurs manières de cultiver la Spargoule.

Beaucoup de cultivateurs la sèment au milieu du printemps dans leurs seigles, à l'ombre desquels elle germe, & auxquels elle nuit extrêmement peu, ses progrès ne devenant rapides qu'après la moisson. Par ce moyen elle fournit, sans nulle dépense, jusqu'aux gelées, un pâturage abondant. C'est ainsi qu'on procède généralement dans les montagnes de la Galice, quoiqu'on n'y connoisse pas les jachères biennales ou triennales.

Pour tirer le meilleur parti possible d'un pâturage de Spargoule, on y fait passer chaque jour ou chaque deux jours, fort rapidement, les vaches & les moutons, afin qu'elle puisse repousser.

On peut également la semer dans les navettes d'hiver, les chanvres, &c., & autres cultures qui se récoltent au milieu de l'été.

Que de terrains de nul produit, soit dans les plaines sablonneuses, soit dans les montagnes granitiques en décomposition, qui augmenteroient de valeur si on y cultivoit ainsi la Spargoule! J'insiste sur les terrains granitiques, parce que j'ai vu cette plante prospérer dans tous ceux que j'ai visités.

Lorsque la Spargoule n'est pas pâturée par les bestiaux, elle fournit par sa décomposition un humus qui améliore la nature du sol; ainsi la semer sur les chaumes du seigle, à la suite d'un léger hersage, pour être enterrée en fleur par un labour à la fin de septembre, est une très-bonne opération, quoique plusieurs autres plantes lui soient préférables à raison de leur grandeur ou de la rapidité de leur croissance. *Voyez* RÉCOLTES ENTERRÉES.

Dans les pays où on cultive la Spargoule comme récolte principale, on la sème à la volée, sur un seul labour, plutôt avant qu'après le mois d'avril, & on la herse avec un fagot d'épine, car elle demande à être fort peu enterrée. Là, on la coupe trois & même quatre fois pour la faire manger en vert, à l'étable ou à la bergerie, seule ou mélangée, dès la veille, avec de la paille de froment ou d'avoine, à laquelle elle communique sa saveur.

Rarement on fait dessécher la Spargoule pour la consommer pendant l'hiver, à raison de la difficulté de cette opération & du déchet qui en est la suite. Si cependant on vouloit la conserver, le meilleur moyen seroit de la stratifier avec les deux sortes de paille que je viens de nommer. *Voyez* PAILLE.

Il faut huit à dix livres de graines de Spargoule par arpent.

Pour se procurer leur provision de graine, il est avantageux que les cultivateurs sèment un champ spécialement dans cette intention, & dont ils faucheront la récolte un peu tard, par un temps humide, ou en n'opérant que jusqu'au moment de la disparition de la rosée, afin que les graines ne se perdent pas. Le produit de cette récolte se mettra sur des toiles & s'apportera à la maison, où les capsules s'ouvriront par la dessiccation & tomberont sur ces mêmes toiles: les premières tombées étant les meilleures, on les séparera des dernières pour les employer de préférence.

La graine de Spargoule sert, dit-on, à la nourriture des hommes dans quelques cantons du Nord. Elle eſt encore, dit-on, fort recherchée des volailles; cependant Roziers n'a pas pu déterminer ſes pigeons à la manger.

La plupart des cultivateurs ſe contentent de raſſembler la graine qui tombe des différentes coupes, lorſqu'ils cultivent la Spargoule pour la faucher, & on ne peut les blâmer; mais il faut alors, à raiſon du défaut de maturité de la plus grande partie, qu'ils ne conſervent que celle qui eſt tombée la première.

Nulle part la culture de la Spargoule ne peut ſeule enrichir les cultivateurs; mais dans tous les pays pauvres, par ſuite de la nature ſablonneuſe du ſol, elle peut augmenter leur aiſance. J'ai gémi en parcourant les landes de Bordeaux & de la Sologne, les chaînes granitiques du centre de la France, de ne l'y pas trouver en faveur. Tout bon citoyen doit deſirer que les propriétaires, mieux inſtruits de ſes avantages, ſe déterminent à l'introduire dans leurs ASSOLEMENS. Voyez ce mot.

Les ſeuls inconvéniens de la Spargoule ſont que les beſtiaux, & ſurtout les vaches, l'arrachent facilement en pâturant, & que la faux n'atteint jamais toutes ſes tiges, dont la plupart ſont plus ou moins couchées. (Bosc.)

SPARGOUTINE. Spergulaſtrum.

Genre de plantes de la décandrie tétragynie & de la famille des Caryophillées, fort voiſin des SPARGOULES, qui renferme trois eſpèces, dont aucune n'eſt cultivée dans nos écoles de botanique.

Eſpèces.

1. La SPARGOUTINE lanugineuſe.
Spergulaſtrum lanuginoſum. Mich. De l'Amérique ſeptentrionale.

2. La SPARGOUTINE lancéolée.
Spergulaſtrum lanceolatum. Mich. De l'Amérique ſeptentrionale.

3. La SPARGOUTINE à feuilles de graminée.
Spergulaſtrum gramineum. Mich. De l'Amérique ſeptentrionale. (Bosc.)

SPARLING : plante du Malabar, encore mal connue, & que nous ne poſſédons pas dans nos jardins. (Bosc.)

SPARMANNE. Sparmannia.

Genre de plantes de la polyandrie monogynie & de la famille des Liliacées, qui ne renferme qu'une eſpèce originaire du Cap de Bonne-Eſpérance, figurée pl. 468 des Illuſtrations des genres de Lamarck. C'eſt un arbriſſeau voiſin des LAPULIERS (voyez ce mot), d'un feuillage

agréable, & qui eſt en fleur pendant tout l'été. On le cultive depuis quelques années dans nos orangeries. Il demande une terre à demi conſiſtante, qu'on renouvelle en partie tous les ans, en automne, & des arroſemens fréquens en été, ſaiſon qu'il paſſe en plein air contre un mur expoſé au midi. La chanciſſure dans l'orangerie eſt beaucoup à craindre pour lui; en conſéquence il faut l'iſoler près des jours.

On multiplie la Sparmanne par graines, dont elle donne rarement dans nos jardins, quoiqu'elle fleuriſſe abondamment, & plus communément par boutures faites au printemps, dans des pots ſur couche & ſous châſſis, boutures qui s'enracinent en peu de temps, & qui ſe traitent comme les vieux pieds, dès qu'elles ont été ſéparées & repiquées ſeules à ſeules dans d'autres pots. (Bosc.)

SPARTH : eſpèce du genre des STIPES, dont les feuilles ſervent à faire des cordes, des nattes, &c.

SPARTINE. Spartina.

Genre de graminées ſéparé des dactyles, qui a été appelée LIMÉTIS par Smith, & TRACHYNOTIE par Michaux. Voyez ce dernier mot. (Bosc.)

SPARTION. Spartium.

Genre de plantes de la diadelphie décandrie & de la famille des Légumineuſes, fort voiſin des genêts, & qui eſt figuré pl. 619 des Illuſtrations des genres de Lamarck; il renferme pluſieurs eſpèces, preſque toutes ſuſceptibles d'être cultivées en pleine terre dans le climat de Paris. Il en ſera queſtion dans le Dictionnaire des Arbres & Arbuſtes. (Bosc.)

SPATH : nom commun à pluſieurs ſortes de PIERRES lorſqu'elles ſont criſtalliſées & tranſparentes. Ainſi il y a le Spath calcaire, le Spath peſant, le Spath vitreux, le Feld-Spath, &c.

SPATHE : enveloppe membraneuſe qui tient lieu de calice dans les plantes de la famille des Liliacées, des Aroïdes, des Palmiers, &c. Voyez le Dictionnaire de Botanique.

SPATHELIER. Spathelia.

Arbuſte de la Jamaïque, qui ſeul conſtitue un genre dans la pentandrie trigynie & de la famille des Térébinthacées.
Il n'a pas encore été apporté dans nos jardins. (Bosc.)

SPATHODÉE. Spathodea.

Genre de plantes établi par Paliſot-Beauvois aux dépens des BIGNONES. Voyez ce mot.

Espèces.

1. La SPATHODÉE campanulée.
Spathodea campanulata. Beauv. ♄ De l'Afrique.
2. La SPATHODÉE unie.
Spathodea lævis. Beauv. ♄ De l'Afrique.
3. La SPATHODÉE à longues fleurs.
Spathodea longiflora, Perf. ♄ De Ceylan.
4. La SPATHODÉE des Indes.
Spathodea indica. Perf. ♄ Des Indes.
Aucune de ces espèces n'est cultivée dans nos jardins. (*Bosc.*)
SPERGOULE ou SPERGULE. *Voyez* SPAR-
GOULE.

SPERMACOCÉE. SPERMACOCE.

Genre de plantes de la tétrandrie monogynie & de la famille des *Rubiacées,* dans lequel se rangent trente-six espèces, dont cinq se cultivent dans nos écoles de botanique. Il est figuré pl. 62 des *Illustrations des genres* de Lamarck.

Espèces.

1. La SPERMACOCÉE grêle.
Spermacoce tenuior, Linn. ⊙ De la Caroline.
2. La SPERMACOCÉE bleuâtre.
Spermacoce cærulescens. Aubl. De l'Amérique méridionale.
3. La SPERMACOCÉE à larges feuilles.
Spermacoce latifolia, Aubl. De l'Amérique méridionale.
4. La SPERMACOCÉE diodine.
Spermacoce diodina. Mich. De la Caroline.
5. La SPERMACOCÉE glabre.
Spermacoce glabra. Mich. De l'Amérique septentrionale.
6. La SPERMACOCÉE hérissée.
Spermacoce hirta. Linn. ⊙ De la Jamaïque.
7. La SPERMACOCÉE articulée.
Spermacoce articularis. Linn. ⊙ Des Indes.
8. La SPERMACOCÉE hispide.
Spermacoce hispida. Linn. ⊙ Des Indes.
9. La SPERMACOCÉE lisse.
Spermacoce lævis. Lam. De Saint-Domingue.
10. La SPERMACOCÉE à nœuds distans.
Spermacoce remota. Lam. De Saint-Domingue.
11. La SPERMACOCÉE barbue.
Spermacoce barbata. Lam. De Saint-Domingue.
12. La SPERMACOCÉE rude.
Spermacoce aspera. Aubl. De Cayenne.
13. La SPERMACOCÉE à longues feuilles.
Spermacoce longifolia. Aubl. De Cayenne.
14. La SPERMACOCÉE en fouet.
Spermacoce flagelliformis. Poir. De l'Ile-de-France.
15. La SPERMACOCÉE étalée.
Spermacoce prostrata, Aubl. De Cayenne.

16. La SPERMACOCÉE radicante.
Spermacoce radicans. Aubl. De Cayenne.
17. La SPERMACOCÉE ailée.
Spermacoce alata. Aubl. De Cayenne.
18. La SPERMACOCÉE à tiges hexagones.
Spermacoce hexangularis. Aubl. De Cayenne.
19. La SPERMACOCÉE à corymbe.
Spermacoce corymbosa. Linn. Des Indes.
20. La SPERMACOCÉE de Sumatra.
Spermacoce sumatrensis. Retz. De Sumatra.
21. La SPERMACOCÉE spinuleuse.
Spermacoce spinulosa. Linn. De l'Amérique méridionale.
22. La SPERMACOCÉE du Pérou.
Spermacoce peruviana. Ruiz & Pav. ♄ Du Pérou.
23. La SPERMACOCÉE redressée.
Spermacoce assurgens. Ruiz & Pav. ♃ Du Pérou.
24. La SPERMACOCÉE fluette.
Spermacoce gracilis. Ruiz & Pav. Du Pérou.
25. La SPERMACOCÉE verticillée.
Spermacoce verticillata. Linn. ♄ De l'Afrique.
26. La SPERMACOCÉE à fleurs en tête.
Spermacoce capitata. Ruiz & Pav. ♄ Du Pérou.
27. La SPERMACOCÉE à feuilles de lin.
Spermacoce linifolia. Vahl. De Cayenne.
28. La SPERMACOCÉE à rameaux serrés.
Spermacoce stricta. Linn. ⊙ Des Indes.
29. La SPERMACOCÉE scabre.
Spermacoce scabra. Vahl. ♃ Des Indes.
30. La SPERMACOCÉE velue.
Spermacoce villosa. Swartz. ⊙ De la Jamaïque.
31. La SPERMACOCÉE denticulée.
Spermacoce serrulata. Pal.-Beauv. De l'Afrique.
32. La SPERMACOCÉE en zigzag.
Spermacoce flexuosa. Lour. De la Cochinchine.
33. La SPERMACOCÉE grimpante.
Spermacoce scandens. Sloan. De la Jamaïque.
34. La SPERMACOCÉE de la Havane.
Spermacoce havanensis. Jacq. De Cuba.
35. La SPERMACOCÉE à feuilles de basilic.
Spermacoce ocymoides. Burm. De l'Inde.
36. La SPERMACOCÉE rouge.
Spermacoce rubra. Jacq. ⊙ De.....

Culture.

La 1re., la 4e., la 8e., la 25e. & la 36e. espèces sont celles qui se cultivent dans nos écoles. On les sème, au printemps, dans des pots remplis de terre de bruyère, qu'on place sur une couche nue lorsque les gelées ne sont plus à craindre. Le plant levé s'éclaircit & s'arrose au besoin. La première peut se repiquer en pleine terre, lorsqu'elle a acquis un pouce de hauteur, à une exposition chaude : les deux autres doivent l'être dans d'autres pots, qu'on laisse sur couche & qu'on rentre de bonne heure dans la serre, pour que leurs graines puissent arriver à maturité.
La vingt-cinquième se conserve plusieurs années. On renouvelle sa terre tous les deux ans.

Je crois qu'elle fe multiplie fort difficilement de marcottes & de boutures.

Ce font des plantes de peu d'agrément, & dont le feul mérite eft d'exifter. (*Bosc.*)

SPERMODERME. *Spermoderma.*

Champignon globuleux, feffile, fpongieux, dont les femences piquent comme les orties. Il croît dans le Mecklenbourg.

SPHAIGNE. *Sphagnum.*

Genre de plantes de la famille des *Mouffes*, qui renferme une demi-douzaine d'efpèces, dont une eft fort commune dans certains marais, & concourt puiffamment à la formation de la tourbe. Comme fa reproduction eft fort rapide, il eft des lieux où on l'arrache avec des râteaux à dents de fer, pour, après fa deffication complète, en faire de la litière, emballer les objets fragiles, &c. On ne peut la cultiver dans les écoles de botanique, mais on l'y apporte chaque année, & elle s'y conferve quelques femaines dans un pot au quart pourvu d'eau. *Voyez* MOUSSE.

Efpèces.

1. La SPHAIGNE à larges feuilles.
Sphagnum latifolium. Hedw. ♃ Indigène.

2. La SPHAIGNE capillaire.
Sphagnum capillifolium. Hedw. ♃ Indigène.

3. La SPHAIGNE hériffée.
Sphagnum fquarrofum. Decand. ♃ Indigène.

4. La SPHAIGNE compacte.
Sphagnum compactum. Decand. ♃ Indigène.

5. La SPHAIGNE des arbres.
Sphagnum arboreum. Linn. ♃ Indigène.

6. La SPHAIGNE à tige fimple.
Sphagnum fimplex. Lour. ♃ De la Cochinchine.

Ces deux dernières efpèces ne paroiffent pas appartenir réellement au genre. (*Bosc.*)

SPHARAXIS. *Spharaxis.*

Genre établi aux dépens des IRIS, mais dont les efpèces ne font pas encore complétement indiquées. (*Bosc.*)

SPHENOCLE, ou GÆRTNER, ou PONGATI. *Voyez* ce dernier mot.

SPHÉRANTHE. *Spheranthus.*

Genre de plantes de la fyngénéfie égale & de la famille des *Cinarocéphales*, dans lequel fe rangent cinq efpèces, dont une fe cultive dans nos écoles de botanique. Il eft figuré pl. 718 des *Illuftrations des genres* de Lamarck.

Efpèces.

1. La SPHÉRANTHE des Indes.
Spheranthus indicus. Linn. ♃ Des Indes.

2. La SPHÉRANTHE à petite tête.
Spheranthus microcephalus. Willd. De Java.

3. La SPHÉRANTHE d'Afrique.
Spheranthus africanus. Linn. ⊙ Du Cap de Bonne-Efpérance.

4. La SPHÉRANTHE hériffée.
Spheranthus hirtus. Willd. Du Cap de Bonne-Efpérance.

5. La SPHÉRANTHE de la Chine.
Spheranthus chinenfis. Linn. Des Indes.

Culture.

Nous cultivons la première efpèce dans nos ferres. Elle demande une terre à demi confiftante & beaucoup de chaleur, furtout lorfqu'on veut qu'elle conduife fes graines à maturité. On la multiplie par le femis de fes graines, au printemps, dans des pots qu'on place fur une couche à châffis. Le plant fe repique l'année fuivante dans d'autres pots & fe traite comme les vieux pieds.

Cette plante eft de peu d'intérêt fous tous les rapports. (*Bosc.*)

SPHÉRIE. *Spheria.*

Genre de plantes de la famille des *Champignons*, dont toutes les efpèces vivent fous l'épiderme de l'écorce ou des feuilles des arbres, & accélèrent leur mort lorfqu'elles font abondantes. Elles leur nuifent d'un côté en abforbant leur féve, de l'autre en s'oppofant à leurs fonctions.

Il n'y a pas moyen d'empêcher les Sphéries de naître, & on ne peut en débarraffer un arbre. Les cultivateurs n'ont donc qu'à refter fpectateurs tranquilles de leur reproduction annuelle. Le chêne & le hêtre font les arbres qui en nourriffent le plus d'efpèces. (*Bosc.*)

SPHÉROBOLE. *Sphærobolus.*

Genre de champignon fort voifin des LYCOPERDES, & qui n'intéreffe les cultivateurs fous aucun rapport. (*Bosc.*)

SPHEROLOBION. *Spherolobium.*

Arbriffeau de la Nouvelle-Hollande, qui feul conftitue un genre dans la diadelphie décandrie & dans la famille des *Légumineufes*. Nous le cultivons dans nos orangeries. Il fe multiplie de fes graines, dont il donne abondamment. La terre de bruyère eft celle qui lui convient le mieux. Des arrofemens légers, mais fréquens en été, contribuent beaucoup à fa vigoureufe végétation. (*Bosc.*)

SPHÉROPHORE. *Spherophorus.*

Genre de plantes établi aux dépens des LICHENS de Linnæus, & qui a pour type le lichen globifère. (*Bosc.*)

SPHINX. *Sphinx.*

Genre d'insecte de l'ordre des lépidoptères, qui contient une trentaine d'espèces, la plupart fort grosses, & dont les chenilles font une grande consommation de feuilles, mais sont généralement trop peu communes pour causer du dommage aux cultivateurs. Je citerai :

Le SPHINX TÊTE DE MORT, dont la chenille vit sur la pomme de terre & la fève de marais.

Le SPHINX DU TROÊNE, dont on trouve la chenille sur le troêne & le lilas.

Les SPHINX GRAND & PETIT DE LA VIGNE, dont les chenilles dévorent les feuilles de la vigne, de la balsamine, de l'épilobe.

Il y a encore les SPHINX DU TILLEUL, du PEUPLIER, du CHÊNE, de la GARANCE, du TITYMALE, du CAILLE-LAIT. *Voyez* le *Dictionnaire des Insectes*, faisant partie de l'*Encyclopédie par ordre de matières.* (*Bosc.*)

SPIC : espèce du genre LAVANDE.

SPICA-NARD. C'est le NARD INDIEN.

SPIGÈLE. *Spigelia.*

Genre de plantes de la pentandrie monogynie & de la famille des *Gentianées*, dans lequel se placent trois espèces, dont deux se cultivent dans nos écoles de botanique. Il est figuré pl. 107 des *Illustrations des genres* de Lamarck.

Espèces.

1. La SPIGÈLE anthelmentique, vulgairement poudre aux vers.
Spigelia anthelmia. Linn. ☉ De l'Amérique méridionale.

2. La SPIGÈLE du Mariland.
Spigelia marilandica. Linn. ♃ De l'Amérique septentrionale.

3. La SPIGÈLE fruticuleuse.
Spigelia fruticulosa. Lam. ♄ De Cayenne.

Culture.

La première espèce se sème, au printemps, dans des pots remplis de terre de bruyère qu'on place sur couche nue. Le plant se repique, seul à seul, dans d'autres pots, qu'on laisse encore un mois sur la couche, & qu'on met ensuite contre un mur exposé au midi. Dès que la température commence à devenir froide, on rentre ces pots dans la serre chaude, pour que les graines arrivent à maturité.

La seconde espèce se contente de la pleine terre. C'est la terre de bruyère & l'exposition du nord qu'elle demande. Des arrosemens fréquens, mais peu abondans, lui sont nécessaires en été; car, ainsi que je l'ai remarqué dans son pays natal, elle croît naturellement dans les lieux humides. On la multiplie par graines; mais comme ses fleurs coulent presque toujours, il faut, pour en avoir, traiter quelques pieds comme ceux de la précédente. On la multiplie aussi par le déchirement des vieux pieds; cependant, comme elle pousse peu de rejetons, ce moyen est peu productif.

Cette seconde espèce est d'un assez bel aspect, lorsqu'elle est en fleurs, pour mériter d'être cultivée dans les jardins paysagers, où elle se placeroit sur le bord des eaux, dans les corbeilles voisines des fabriques. Une fois en place, elle ne demande plus que les soins ordinaires à tout jardin bien soigné. Il est fâcheux qu'elle soit si peu commune. (*Bosc.*)

SPILANTE. *Spilanthus.*

Genre de plantes que Lamarck a réuni aux BIDENTS, & dont les espèces ont été, en conséquence, mentionnées à l'article correspondant de ce Dictionnaire.

Au reste, cette opinion de Lamarck n'a pas été suivie par les autres botanistes. (*Bosc.*)

SPILMANE. *Spilmania.*

Arbrisseau du Cap de Bonne-Espérance, qui constitue, dans la tétrandrie monogynie & dans la famille des *Gatilliers*, un genre figuré pl. 85 des *Illustrations des genres* de Lamarck. On le cultive dans nos jardins.

C'est une terre à demi-consistante que demande le Spilmane, & il faut la lui renouveler en partie tous les ans. Des arrosemens fréquens, mais peu abondans, lui sont d'autant plus nécessaires, qu'il est toute l'année en végétation, & même en fleurs.

Les plus petites gelées lui font du tort; en conséquence, il faut le sortir tard & le rentrer de bonne heure dans l'orangerie, ou mieux dans la serre tempérée, où il doit passer l'hiver. On le multiplie, 1°. de graines, dont il donne assez souvent, graines qui se sèment sur couche & sous châssis, dans des pots remplis de terre de bruyère, mélangée d'un peu de terreau; 2°. de boutures qu'on place de même & qui manquent rarement. Les jeunes pieds provenant des unes & des autres, se séparent en automne & se traitent de suite comme les vieux pieds.

Cet arbrisseau n'aime pas autant une serre chaude que les camaras, dont il se rapproche beaucoup, mais il y tient cependant bien sa place.

(*Bosc.*)

SPINIFEX. SPINIFEX.

Plante des Indes, qui eſt figurée pl. 840 des Illuſtrations des genres de Lamarck, & qui en conſtitue un dans la polygamie monœcie & dans la famille des Graminées.

Nous ne le cultivons pas dans nos jardins. (Bosc.)

SPIRÉE. SPIREA.

Genre de plantes de l'icoſandrie pentandrie & de la famille des Roſacées, qui renferme une trentaine d'eſpèces, dont la plupart ſe cultivent en pleine terre dans les jardins des environs de Paris. Comme, à quelques-uns près, ce ſont des arbriſſeaux, il en ſera traité dans le Dictionnaire des Arbres & Arbuſtes. (Bosc.)

SPIRÉE D'AFRIQUE. C'eſt le DIOSMA VELU.

SPLANC. SPLACHNUM.

Genre de plantes de la famille des Mouſſes, qui contient une douzaine d'eſpèces qui intéreſſent peu les cultivateurs, à raiſon de leur petiteſſe & de la difficulté de les cultiver. Voyez MOUSSE. (Bosc.)

SPORÉE. Voyez SPARGOULE.

SPRINGELIE. SPRINGELIA.

C'eſt le même genre que POIRETIE. Voyez ce mot.

SPUMAIRE : genre de champignon établi ſur la RÉTICULAIRE BLANCHE. Voyez ce mot.

SPURIC. C'eſt la SPARGOULE. Voyez ce mot.

SQUAMAIRE. SQUAMARIA.

Genre établi aux dépens des LICHENS de Linnæus.

SQUILLE. Voyez SCILLE.

SQUINE : eſpèce du genre SALSEPAREILLE.

SQUIRRE ou SQUIRRHE : tumeur ordinairement cauſée par l'engorgement d'une glande lymphatique, & dont les caractères ſont d'être circonſcrite, dure, indolente & ſans douleur.

Ce ſont les glandes inguinales & maxillaires, les teſticules, les mamelles, qui ſont les plus expoſées à devenir ſquirreuſes.

Quelquefois les Squirres ſont le produit de coups ou de contuſions, mais le plus ſouvent ils ont pour cauſe une autre maladie.

Lorſqu'un Squirre de la première ſorte ne cède pas aux emplâtres émolliens ou fondans, il n'y a d'autres reſſources que d'en faire l'extirpation, opération qui n'a de danger qu'autant qu'on couperoit une veine ou une artère.

Souvent les Squirres de la ſeconde ſorte cèdent aux remèdes propres à la maladie qui les a fait naître. (Bosc.)

STAAVIA. STAAVIA.

Genre de plantes qui a été ſéparé des BRUNIES, & qui renferme deux eſpèces d'arbriſſeaux originaires du Cap de Bonne-Eſpérance, la STAAVIE RADIÉE & la STAAVIE GLUTINEUSE.

Nous les poſſédons toutes deux dans nos jardins, & on en trouvera le mode de culture au mot BRUNIE. (Bosc.)

STACHIDE. STACHIS.

Genre de plantes de la didynamie gymnoſpermie & de la famille des Labiées, dans lequel ſe placent trente-quatre eſpèces, dont pluſieurs ſont communes dans nos campagnes, & beaucoup ſe cultivent dans les écoles de botanique. Il eſt figuré pl. 509 des Illuſtrations des genres de Lamarck.

Eſpèces.

1. La STACHIDE des bois.
Sachis ſylvatica. Linn. ☉ Indigène.
2. La STACHIDE à feuilles rondes.
Stachis circinata. L'hérit. ♃ De la Barbarie.
3. La STACHIDE à fleurs écarlates.
Stachis coccinea. Jacq. ♃ De.....
4. La STACHIDE des marais.
Stachis paluſtris. Linn. ♃ Indigène.
5. La STACHIDE à feuilles étroites.
Stachis tenuifolia. Willd. ♃ De l'Amérique ſeptentrionale.
6. La STACHIDE rude.
Stachis aſpera. Mich. De l'Amérique ſeptentrionale.
7. La STACHIDE des Alpes.
Stachis alpina. Linn. ♃ Indigène.
8. La STACHIDE héraclée.
Stachis heraclea. Allion. ♃ Du Piémont.
9. La STACHIDE d'Orient.
Stachis orientalis. Linn. Du Levant.
10. La STACHIDE de Crète.
Stachis cretica. Linn. ♃ De Candie.
11. La STACHIDE d'Allemagne.
Stachis germanica. Linn. ♃ Indigène.
12. La STACHIDE laineuſe.
Stachis lanata. Jacq. ♃ De la Sibérie.
13. La STACHIDE de Paleſtine.
Stachis paleſtina. Linn. ♄ De l'Orient.
14. La STACHIDE maritime.
Stachis maritima. Linn. ♃ Du midi de la France.
15. La STACHIDE d'Éthiopie.
Stachis æthiopica. Linn. ♃ Du Cap de Bonne-Eſpérance.
16. La STACHIDE à feuilles ridées.
Stachis rugoſa. Ait. ♄ Du Cap de Bonne-Eſpérance.

17. La STACHIDE hérissée.
Stachis hirta. Linn. ♃ Du midi de la France.
18. La STACHIDE à feuilles de lavande.
Stachis lavandulifolia. Vahl. ♃ Du Levant.
19. La STACHIDE crapaudine.
Stachis recta. Linn. ⊙ Indigène.
20. La STACHIDE des sables.
Stachis arenaria. Desf. ♃ De la Barbarie.
21. La STACHIDE à feuilles de scordion.
Stachis scordioides. Poir. ♄ Du Cap de Bonne-Espérance.
22. La STACHIDE des champs.
Stachis arvensis. Linn. ⊙ Indigène.
23. La STACHIDE annuelle.
Stachis annua. Linn. ⊙ Indigène.
24. La STACHIDE à feuilles d'hyssope.
Stachis hyssopifolia. Mich. De la Caroline.
25. La STACHIDE glutineuse.
Stachis glutinosa. Linn. ♄ Du Levant.
26. La STACHIDE épineuse.
Stachis spinosa. Linn. ♄ De Candie.
27. La STACHIDE à feuilles d'armoise.
Stachis artemisia. Lour. De la Chine.
28. La STACHIDE à rameaux écartés.
Stachis patens. Swartz. De la Jamaïque.
29. La STACHIDE du Canada.
Stachis canadensis. Jacq. Du Canada.
30. La STACHIDE à larges feuilles.
Stachis latifolia. Ait. De.....
30. La STACHIDE à feuilles molles.
Stachis mollissima. Willd. ♃ De Corfou.
32. La STACHIDE intermédiaire.
Stachis intermedia. Willd. ♃ De l'Amérique septentrionale.
33. La STACHIDE tombante.
Stachis decumbens. Desf. ♃ De.....
34. La STACHIDE à feuilles de chataire.
Stachis nepetifolia. Desf. ♃ De.....

Culture.

Nos écoles de botanique possèdent les espèces indiquées sous les n°s. 1, 2, 3, 4, 7, 10, 11, 12, 13, 14, 15, 16, 18, 20, 21, 22, 29, 32 & 33.

Les annuelles se sèment toutes en place & ne demandent d'autres soins que ceux propres à tout jardin bien tenu.

Les espèces vivaces indigènes se sèment de même, & ensuite se multiplient, autant qu'on le desire, par le déchirement de leurs pieds.

Toutes sont repoussées par les bestiaux; mais plusieurs sont dans le cas, par leur extrême abondance dans quelques cantons, d'être arrachées ou coupées au milieu de l'été, & apportées dans la cour de la maison pour être employées à augmenter la masse des fumiers.

Les Stachides des marais, de Sibérie & germanique sont assez belles, lorsqu'elles sont en fleurs, pour être placées, la première le long des eaux, la seconde partout, & la troisième dans les lieux les plus arides des jardins paysagers.

La Stachide des champs est si abondante dans quelques cantons argileux & humides, qu'elle nuit beaucoup aux céréales qu'on y cultive. Non-seulement on doit la sarcler avec soin, mais encore l'empêcher de croître par le semis, 1°. de plantes fourrageuses, telles que la luzerne; 2°. de plantes qui exigent des binages d'été, comme des féves de marais, des pommes de terre, &c.

Les Stachides à feuilles rondes, à fleurs écarlates, de Crète, maritime, d'Éthiopie, hérissée, à larges feuilles, à feuilles molles, tombantes & à feuilles de chataire, se sèment dans des pots remplis de terre à demi consistante, pots qu'on place au printemps sur une couche nue. Les plants levés étant arrivés à deux pouces de hauteur, se repiquent, soit en pleine terre, dans un lieu abrité des vents froids, soit en pots, qu'on place contre un mur exposé au midi : ces derniers se rentrent dans l'orangerie aux approches des froids, qui frappent ces espèces lorsqu'ils sont un peu vifs. Les gros pieds peuvent être ensuite facilement employés à la multiplication par le déchirement de leurs racines en automne.

Les Stachides à fleurs écarlates, de Palestine, à feuilles de scordion & épineuse, étant frutescentes, peuvent être multipliées par boutures, qu'on place au printemps dans des pots sur couche à châssis. La première est en fleurs presque toute l'année, & concourt beaucoup à l'ornement des orangeries pendant l'hiver, mais il faut la placer près des jours.

Toutes les espèces d'orangerie demandent peu d'arrosemens en hiver, & à être rigoureusement nettoyées de leurs feuilles mortes, car elles sont fort disposées à CHANCIR. *Voyez* ce mot. (*Bosc.*)

STACKHOUSIE. *STACKHOUSIA.*

Arbrisseau de la Nouvelle-Hollande, qui seul constitue un genre dans la pentandrie trigynie & dans la famille des *Térébinthacées.* Il ne se cultive pas dans nos jardins. (*Bosc.*)

STACHYTARPÈTE. *STACHYTARPETA.*

Genre de plantes établi aux dépens des verveines, & qui comprend onze espèces, dont plusieurs se cultivent dans nos écoles de botanique. *Voyez* VERVEINE.

Espèces.

1. La STACHYTARPÈTE à feuilles aiguës.
Stachytarpeta angustifolia. Vahl. ⊙ De l'Amérique méridionale.
2. La STACHYTARPÈTE de l'Inde.
Stachytarpeta indica. Vahl. ⊙ De l'Inde.

3. La

3. La STACHYTARPÈTE de la Jamaïque.
Stachytarpeta jamaicenfis. Vahl. ♂ De la Jamaïque.

4. La STACHYTARPÈTE à poils crochus.
Stachytarpeta ariſtata. Vahl. ♄ De l'Amérique méridionale.

5. La STACHYTARPÈTE dichotome.
Stachytarpeta dichotoma. Vahl. Du Péroü.

6. La STACHYTARPÈTE à dents cartilagineuſes.
Stachytarpeta marginata. Vahl. Des Indes.

7. La STACHYTARPÈTE de Cayenne.
Stachytarpeta cajenenfis. Vahl. De Cayenne.

8. La STACHYTARPÈTE changeante.
Stachytarpeta mutabilis. Vahl. ♄ De l'Amérique méridionale.

9. La STACHYTARPÈTE à feuilles de germandrée.
Stachytarpeta prifmatica. Vahl. ♄ De l'Amérique méridionale.

10. La STACHYTARPÈTE écailleuſe.
Stachytarpeta ſquamoſa. Jacq. ♄ De.....

11. La STACHYTARPÈTE d'Arabie.
Stachytarpeta arabica, Vahl. De l'Arabie.

Culture.

Nous poſſédons cinq de ces eſpèces dans nos écoles de botanique. Les trois premières ſe ſèment, au printemps, dans des pots remplis de terre de bruyère, mêlée avec un tiers de terre franche, qu'on place ſur une couche nue. Le plant levé s'éclaircit, ſe ſarcle & s'arroſe. Ces pots ſe retirent de deſſus la couche, au milieu de l'été, pour être placés contre un mur expoſé au midi, où ils s'arroſent au beſoin.

La troiſième eſpèce, qui eſt biſannuelle, ſe rentre dans l'orangerie aux approches des froids.

La huitième eſpèce exige la ſerre chaude. Étant fruteſcente, elle ſe multiplie de boutures qui ſe font au printemps, dans des pots, ſur couche & ſous châſſis. C'eſt une très-belle plante, dont les fleurs du même épi s'épanouiſſent ſucceſſivement pendant tout l'été, qu'elle peut paſſer contre un mur expoſé au midi. Elle demande des arroſemens fréquens pendant les ſéchereſſes. (*Bosc.*)

STACKAS : eſpèce du genre LAVANDE.

STADMANE. *STADMANIA.*

Arbriſſeau de l'Ile-de-France, où il eſt vulgairement appelé *bois de fer,* dont Lamarck à fait un genre dans l'octandrie monogynie & dans la famille des *Savoniers.* Il eſt figuré pl. 312 de ſes *Illuſtrations des genres.*

On ne le cultive pas dans nos jardins. (*Bosc.*)

STALAGMITE. *STALAGMITIS.*

Arbre de Ceylan, qui ſeul forme un genre dans la polygamie monœcie, & d'où découle une eſpèce de gomme-gutte.

Agriculture. Tome VI.

On ne le cultive pas dans les jardins d'Europe. (*Bosc.*)

STAPÈLE. *STAPELIA.*

Genre de plantes de la pentandrie digynie & de la famille des *Apocinées,* qui renferme ſoixante-huit eſpèces, dont la plupart ſe cultivent dans nos écoles de botanique. Il eſt figuré pl. 178 des *Illuſtrations des genres* de Lamarck.

Eſpèces.

Stapèles à corolle à cinq diviſions ciliées à leurs bords.

1. La STAPÈLE ciliée.
Stapelia ciliata. Thunb. ♄ Du Cap de Bonne-Eſpérance.

2. La STAPÈLE velue.
Stapelia hirſuta. Linn. ♄ De la Barbarie.

3. La STAPÈLE réfléchie.
Stapelia revoluta. Maſſ. ♄ Du Cap de Bonne-Eſpérance.

4. La STAPÈLE ridée.
Stapelia ſororia. Maſſ. ♄ Du Cap de Bonne-Eſpérance.

5. La STAPÈLE à grandes fleurs.
Stapelia grandiflora. Maſſ. ♄ Du Cap de Bonne-Eſpérance.

6. La STAPÈLE douteuſe.
Stapelia ambigua. Maſſ. ♄ Du Cap de Bonne-Eſpérance.

7. La STAPÈLE aſtérie.
Stapelia aſterias. Maſſ. ♄ Du Cap de Bonne-Eſpérance.

8. La STAPÈLE étalée, vulgairement *roſe d'Arabie.*
Stapelia pulverenta. Maſſ. ♄ Du Cap de Bonne-Eſpérance.

9. La STAPÈLE gemmiflore.
Stapelia gemmiflora. Maſſ. ♄ Du Cap de Bonne-Eſpérance.

10. La STAPÈLE divariquée.
Stapelia divaricata. Maſſ. ♄ Du Cap de Bonne-Eſpérance.

11. La STAPÈLE rouſſâtre.
Stapelia rufa. Maſſ. ♄ Du Cap de Bonne-Eſpérance.

12. La STAPÈLE acuminée.
Stapelia acuminata. Maſſ. ♄ Du Cap de Bonne-Eſpérance.

13. La STAPÈLE radiée.
Stapelia radiata. Jacq. ♄ Du Cap de Bonne-Eſpérance.

14. La STAPÈLE poilue.
Stapelia hirtella. Jacq. ♄ Du Cap de Bonne-Eſpérance.

15. La STAPÈLE couſſinette.
Stapelia pulvinata. Jacq. ♄ Du Cap de Bonne-Eſpérance.

16. La STAPÈLE à fleurs planes.
Stapelia planifolia. Jacq. ♄ Du Cap de Bonne-Espérance.

17. La STAPÈLE inclinée.
Stapelia reclinata. Maff. ♄ Du Cap de Bonne-Espérance.

18. La STAPÈLE fale.
Stapelia confpurcata. Jacq. ♄ Du Cap de Bonne-Espérance.

19. La STAPÈLE élégante.
Stapelia elegans. Maff. ♄ Du Cap de Bonne-Espérance.

20. La STAPÈLE touffue.
Stapelia cæfpitofa. Maff. ♄ Du Cap de Bonne-Espérance.

21. La STAPÈLE aride.
Stapelia arida. Maff. ♄ Du Cap de Bonne-Espérance.

22. La STAPÈLE à petites fleurs.
Stapelia parviflora. Maff. ♄ Du Cap de Bonne-Espérance.

23. La STAPÈLE fubulée.
Stapelia fubulata. Forsk. ♄ De l'Arabie.

24. La STAPÈLE mignone.
Stapelia concinna. Maff. ♄ Du Cap de Bonne-Espérance.

25. La STAPÈLE glanduleufe.
Stapelia glanduliflora. Maff. ♄ Du Cap de Bonne-Espérance.

26. La STAPÈLE glauque.
Stapelia glauca. Jacq. ♄ Du Cap de Bonne-Espérance.

27. La STAPÈLE agréable.
Stapelia lepida. Jacq. ♄ Du Cap de Bonne-Espérance.

28. La STAPÈLE maculée.
Stapelia maculata. Jacq. ♄ Du Cap de Bonne-Espérance.

29. La STAPÈLE à odeur de bouc.
Stapelia hircofa. Jacq. ♄ Du Cap de Bonne-Espérance.

30. La STAPÈLE à rameaux écartés.
Stapelia patula. Willd. ♄ Du Cap de Bonne-Espérance.

Stapèles à cinq découpures glabres à leurs bords.

31. La STAPÈLE pédonculée.
Stapelia pedunculata. Maff. ♄ Du Cap de Bonne-Espérance.

32. La STAPÈLE ouverte.
Stapelia aperta. Maff. ♄ Du Cap de Bonne-Espérance.

33. La STAPÈLE de Gordon.
Stapelia Gordoni. Maff. ♄ Du Cap de Bonne-Espérance.

34. La STAPÈLE porte-poil.
Stapelia pilifera. Maff. ♄ Du Cap de Bonne-Espérance.

35. La STAPÈLE mufquée.
Stapelia mofchata. Hort. Angl. ♄ Du Cap de Bonne-Espérance.

36. La STAPÈLE tuberculée.
Stapelia tuberculata. Hort. Angl. ♄ Du Cap de Bonne-Espérance.

37. La STAPÈLE rude.
Stapelia rugofa. Jacq. ♄ Du Cap de Bonne-Espérance.

38. La STAPÈLE à queue.
Stapelia caudata. Thunb. ♄ Du Cap de Bonne-Espérance.

39. La STAPÈLE articulée.
Stapelia articulata. Maff. ♄ Du Cap de Bonne-Espérance.

40. La STAPÈLE mamillaire.
Stapelia mamillaris. Linn. ♄ Du Cap de Bonne-Espérance.

41. La STAPÈLE neigeufe.
Stapelia bruinofa. Maff. ♄ Du Cap de Bonne-Espérance.

42. La STAPÈLE rameufe.
Stapelia ramofa. Maff. ♄ Du Cap de Bonne-Espérance.

43. La STAPÈLE enfumée.
Stapelia pulla. Maff. ♄ Du Cap de Bonne-Espérance.

44. La STAPÈLE afcendante.
Stapelia afcendens. Roxb. ♄ Des Indes.

45. La STAPÈLE à quatre angles.
Stapelia quadrangularis. Forsk. ♄ De l'Arabie.

46. La STAPÈLE incarnate.
Stapelia incarnata. Maff. ♄ Du Cap de Bonne-Espérance.

47. La STAPÈLE ponctuée.
Stapelia punctata. Maff. ♄ Du Cap de Bonne-Espérance.

48. La STAPÈLE géminée.
Stapelia geminata. Maff. ♄ Du Cap de Bonne-Espérance.

49. La STAPÈLE ornée.
Stapelia decora. Maff. ♄ Du Cap de Bonne-Espérance.

50. La STAPÈLE féduifante.
Stapelia pulchella. Maff. ♄ Du Cap de Bonne-Espérance.

51. La STAPÈLE repliée.
Stapelia replicata. Jacq. ♄ Du Cap de Bonne-Espérance.

52. La STAPÈLE fluante.
Stapelia roriflua. Jacq. ♄ Du Cap de Bonne-Espérance.

53. La STAPÈLE dentelée.
Stapelia ferratula. Jacq. ♄ Du Cap de Bonne-Espérance.

54. La STAPÈLE invencule.
Stapelia invencula. Jacq. ♄ Du Cap de Bonne-Espérance.

55. La STAPÈLE crapaud.
Stapelia bufoniana. Jacq. ♄ Du Cap de Bonne-Efpérance.

56. La STAPÈLE antique.
Stapelia vetula. Maff. ♄ Du Cap de Bonne-Efpérance.

57. La STAPÈLE verruqueufe.
Stapelia verrucofa. Maff. ♄ Du Cap de Bonne-Efpérance.

58. La STAPÈLE tachée.
Stapelia irrorata. Maff. ♄ Du Cap de Bonne-Efpérance.

59. La STAPÈLE mélangée.
Stapelia mixta. Maff. ♄ Du Cap dé Bonne-Efpérance.

60. La STAPÈLE panachée., vulgairement *fleur de crapaud.*
Stapelia variegata. Linn. ♄ Du Cap de Bonne-Efpérance.

Stapèles à dix divifions ou à dix dents.

61. La STAPÈLE campanulée.
Stapelia campanulata. Maff. ♄ Du Cap de Bonne-Efpérance.

62. La STAPÈLE barbue.
Stapelia barbata. Maff. ♄ Du Cap de Bonne-Efpérance.

63. La STAPÈLE gracieufe.
Stapelia venufta. Maff. ♄ Du Cap de Bonne-Efpérance.

64. La STAPÈLE mouchetée.
Stapelia guttata. Mich. ♄ Du Cap de Bonne-Efpérance.

65. La STAPÈLE baffe.
Stapelia humilis. Maff. ♄ Du Cap de Bonne-Efpérance.

66. La STAPÈLE réticulée.
Stapelia reticulata. Maff. ♄ Du Cap de Bonne-Efpérance.

67. La STAPÈLE en tube.
Stapelia tubata. Jacq. ♄ Du Cap de Bonne-Efpérance.

68. La STAPÈLE de la Chine.
Stapelia chinenfis. Lour. ♄ De la Chine.

Culture.

La plupart de ces efpèces fe cultivent dans nos écoles de botanique ; favoir, celles dès nᵒˢ. 1, 2, 3, 4, 5, 6, 7, 9, 10, 11, 12, 13, 14, 15, 16, 17, 18, 19, 20, 23, 24, 25, 26, 27, 28, 29, 30, 31, 32, 34, 35, 36, 37, 39, 40, 45, 46, 47, 48, 49, 50, 51, 52, 53, 54, 55, 56, 57, 58, 59, 60, 61, 62, 63, 64, 65, 66 & 67. Ce font des plantes dont les tiges ont un afpect fingulier, dont les fleurs fe font remarquer par leur grandeur, leurs panaches & leur mauvaife

odeur. La plus anciennement connue eft la 60ᵉ., qui poffède tous ces caractères.

Les Stapèles craignent les gelées du climat de Paris, & doivent par conféquent être cultivées en pots, pour pouvoir les en garantir pendant l'hiver. La terre qui leur convient le mieux eft celle de bruyère, mêlée par moitié avec celle appelée *franche.* On la renouvelle en partie tous les deux ans. Les arrofemens fréquens leur font avantageux en été, furtout dans le fort de leur végétation, mais en hiver ils doivent leur être très-ménagés. Lorfqu'on ne veut que les conferver, la ferre tempérée pendant cette faifon & une expofition chaude en été peuvent leur convenir ; mais s'il eft queftion de les faire fleurir, la ferre chaude toute l'année leur devient indifpenfable. C'eft faute de connoître cette influence de la chaleur fur elles, que tant d'amateurs fe dégoûtent de les cultiver. Elles profpèrent fous les châffis, parce qu'elles y jouiffent en même temps de beaucoup de chaleur & de beaucoup de lumière.

Rarement les Stapèles fe multiplient de graines, parce que leurs fleurs avortent prefque toujours dans nos ferres : celles de la 60ᵉ. font moins dans ce cas que les autres. Ces graines fe fèment au printemps, dans des pots qu'on place fur une couche à châffis, & qu'on traite comme il eft dit au mot CHASSIS. L'année fuivante, le plant qu'elles ont donné eft repiqué, feul à feul, dans d'autres pots, & ne demande plus que les foins dus aux vieux pieds.

Pour multiplier les Stapèles par rameaux enracinés, lorfque ce moyen ne fe préfente pas naturellement, on élève la terre autour des rameaux, ou on plante le pied dans un pot plus profond, & on achève de le remplir. Les rameaux prennent des racines à leur bafe, & l'année fuivante, au printemps, on les fépare du pied pour les planter ifolément dans d'autres pots.

Pour multiplier les Stapèles par boutures, on enlève un ou plufieurs rameaux à un vieux pied, & après avoir laiffé la plaie fe cicatrifer, ou mieux fe deffécher par fon expofition pendant plufieurs jours fur une planche de la ferre, on les place dans des pots fur une couche à châffis & on les arrofe. Ils ne tardent pas, la plupart, à pouffer des racines au printemps de l'année fuivante. (*Bosc.*)

STAPHISAIGRE : efpèce du genre des PIEDS-D'ALOUETTE.

STAPHYLIER. *STAPHYLLEA.*

Genre de plantes de la pentandrie trigynie & de la famille des *Rhamnoïdes*, qui raffemble quatre efpèces, dont une eft originaire de nos montagnes & fe cultive, ainfi qu'une autre provenant de l'Amérique feptentrionale, en pleine terre dans le climat de Paris. Il en fera queftion dans le *Dictionnaire des Arbres & Arbuftes.* (*Bosc.*)

STARKEA. *Starkea.*

Genre établi pour placer l'AMELLE OMBEL-LIFÈRE, qui n'offre pas la totalité des caractères des autres. *Voyez* ce mot. (*Bosc.*)

STATICÉ. *Statice.*

Genre de plantes de la pentandrie pentagynie & de la famille des *Plombaginées*, dans lequel se réunissent cinquante-une espèces, dont plusieurs se cultivent dans nos écoles de botanique, & une dans nos parterres. Il est figuré pl. 219 des *Illustrations des genres* de Lamarck.

Observations.

Tournefort anciennement, & Willdenow nouvellement, ont divisé ce genre en deux, & ont donné à l'un, comprenant les espèces de la première division, le nom d'ARMERIA.

Espèces.

Staticés à feuilles toutes radicales & à fleurs disposées en tête.

1. Le STATICÉ armeria.
Statice armeria. Linn. ♃ Indigène.
2. Le STATICÉ gazon d'Olympe.
Statice cæspitosa. Poir. ♃ Des bords de la mer.
3. Le STATICÉ alliaire.
Statice alliacea. Cavan. ♃ De l'Espagne.
4. Le STATICÉ à grosses têtes.
Statice cephalotes. Ait. ♃ De l'Espagne.
5. Le STATICÉ à feuilles de plantain.
Statice plantaginea. Willd. ♃ Du midi de l'Europe.
6. Le STATICÉ à feuilles de scorfonère.
Statice scorzoneræfolia. Willd. ♃ Du midi de l'Europe.
7. Le STATICÉ fasciculé.
Statice fasciculata. Vent. ♄ De la Corse.
8. Le STATICÉ à feuilles de gramen.
Statice graminifolia. Ait. ♄ De.....
9. Le STATICÉ à feuilles de genevrier.
Statice juniperifolia. Vahl. ♃ De l'Espagne.
10. Le STATICÉ à feuilles capillaires.
Statice capillifolia. Poir. ♃ De l'Espagne.

Staticés à feuilles souvent caulinaires, à fleurs disposées le long des rameaux.

11. Le STATICÉ limonion.
Statice limonium. Linn. ♃ Du midi de l'Europe.
12. Le STATICÉ de Gmelin.
Statice Gmelini. Willd. ♃ De la Sibérie.
13. Le STATICÉ à balais.
Statice scoparia. Willd. ♃ De la Sibérie.

14. Le STATICÉ à larges feuilles.
Statice latifolia. Smith. ♃ Du Cap de Bonne-Espérance.
15. Le STATICÉ pourpre.
Statice purpurata. Linn. ♃ Du Cap de Bonne-Espérance.
16. Le STATICÉ de Tartarie.
Statice tatarica. Linn. ♂ De la Sibérie.
17. Le STATICÉ élégant.
Statice speciosa. Linn. ♂ De la Sibérie.
18. Le STATICÉ oreille-d'ours.
Statice auriculæfolia. Vahl. ♃ Du midi de la France.
19. Le STATICÉ à feuilles d'olivier.
Statice oleæfolia. Scop. ♃ Du midi de la France.
20. Le STATICÉ blanchâtre.
Statice incana. Linn. ♃ De la Sibérie.
21. Le STATICÉ à feuilles en cœur.
Statice cordata. Linn. ♃ Du midi de la France.
22. Le STATICÉ à feuilles de paquerette.
Statice bellidifolia. Gouan. ♃ Du midi de la France.
23. Le STATICÉ réticulé.
Statice reticulata. Linn. ♃ Du midi de la France.
24. Le STATICÉ flexueux.
Statice flexuosa. Linn. ♃ De la Sibérie.
25. Le STATICÉ à feuilles rudes.
Statice echioides. Linn. ♃ Du midi de la France.
26. Le STATICÉ spatulé.
Statice spathulata. Desf. ♃ De la Barbarie.
27. Le STATICÉ à rameaux nombreux.
Statice globulariæfolia. Desf. ♃ De la Barbarie.
28. Le STATICÉ étalé.
Statice diffusa. Pour. ♃ Du midi de la France.
29. Le STATICÉ nain.
Statice minuta. Linn. ♄ Du midi de la France.
30. Le STATICÉ monopétale.
Statice monopetala. Linn. ♃ Du midi de la France.
31. Le STATICÉ axillaire.
Statice axillaris. Forsk. ♄ De l'Arabie.
32. Le STATICÉ à feuilles linéaires.
Statice linifolia. Linn. ♄ Du Cap de Bonne-Espérance.
33. Le STATICÉ à feuilles cylindriques.
Statice cylindrifolia. Forsk. ♄ De l'Arabie.
34. Le STATICÉ soufligneux.
Statice suffruticosa. Linn. ♄ De la Sibérie.
35. Le STATICÉ cendré.
Statice cinerea. Poir. ♃ Du Cap de Bonne-Espérance.
36. Le STATICÉ hérisson.
Statice echinus. Linn. ♃ De l'Arabie.
37. Le STATICÉ doré.
Statice aurea. Linn. ♃ De la Sibérie.
38. Le STATICÉ à feuilles de férule.
Statice ferulacea. Linn. ♄ De l'Espagne.
39. Le STATICÉ farineux.
Statice pruinosa. Linn. ♃ De l'Égypte.
40. Le STATICÉ sans feuilles.
Statice aphylla. Poir. ♃ De la Sibérie.

41. Le Staticé finué.
Statice finuata. Linn. ♃ Du midi de l'Europe.
42. Le Staticé à feuilles lobées.
Statice lobata. Linn. De l'Afrique.
43. Le Staticé en épi.
Statice fpicata. Willd. ♃ De la Sibérie.
44. Le Staticé mucroné.
Statice mucronata. Linn. ♃ De la Barbarie.
45. Le Staticé rude.
Statice fcabra. Thunb. ♃ Du Cap de Bonne-Espérance.
46. Le Staticé quadrangulaire.
Statice tetragona. Thunb. ♃ Du Cap de Bonne-Espérance.
47. Le Staticé de la Caroline.
Statice caroliniana. Walt. ♃ De la Caroline.
48. Le Staticé à feuilles piquantes.
Statice acerofa. Willd. ♃ De la Hongrie.
49. Le Staticé à longues feuilles.
Statice longifolia. Thunb. Du Cap de Bonne-Espérance.
50. Le Staticé à feuilles pectinées.
Statice pectinata. Ait. Des Canaries.
51. Le Staticé à grandes fleurs.
Statice grandiflora. Hort. Angl. ♃ Du Cap de Bonne-Efpérance.

Culture.

La première abonde dans les terrains fablonneux & fecs; elle n'est pas fans élégance, & peut remplir fa place dans les gazons des jardins payfagers, dont le fol lui convient. Les beftiaux la mangent fans la rechercher.

Ainfi que la fuivante, cette efpèce, une fois mife en place dans les écoles de botanique, ne demande d'autres foins que ceux propres à tout jardin bien renu.

La feconde efpèce fe cultive fréquemment dans les jardins. Son peu de hauteur, la denfité de fes touffes & le grand nombre de fes têtes de fleurs la rendent très-propre à former des bordures; auffi eft-ce de cette manière qu'on l'emploie le plus généralement. Elle produit cependant auffi un effet fort agréable, lorfqu'elle forme des maffes rondes ou irrégulières d'un à deux pieds de diamètre. Les terrains fecs & légers font également ceux qui lui conviennent le mieux, mais elle s'accommode de tous ceux qui ne font pas trop humides.

Cette efpèce offre des variétés plus ou moins hautes, plus ou moins velues, à fleurs plus ou moins rouges, même toutes blanches.

Comme les touffes de ce Staticé s'accroiffent continuellement à l'extérieur, & commencent à périr à quatre ou cinq ans au centre, il eft indifpenfable de les relever avant ce temps pour les placer autre part ou renouveler leur terre. Cette opération fe fait ordinairement à la fin de l'hiver. Ses fuites fourniffent ordinairement infiniment

plus de plants que les befoins n'en exigent; en conféquence on le multiplie très-rarement par le femis de fes graines, femis qui, au refte, fe fait contre un mur expofé au levant, & dont les produits font propres à être mis en place dès la feconde année.

Arrêter la propenfion des bordures du Staticé gazon d'Olympe à s'élargir, en les coupant des deux côtés avec la bêche, eft, à mon avis, une pratique vicieufe, car on ôte alors à la bordure la forme en dos d'âne qu'elle a naturellement, & qui fait une partie de fon agrément.

Si on veut prolonger la durée de la floraifon de ce Staticé, ou la reculer de plufieurs mois, on y parvient en coupant, en partie ou en totalité, les tiges à mefure qu'on les voit s'élever & avant l'évanouiffement de leurs fleurs.

Je me fuis affuré, par un grand nombre d'obfervations, que les larves des hannetons (*vers blancs*) recherchoient les racines de cette plante encore plus que celles de la laitue; en conféquence on en plante abondamment en bordures ou en touffes dans les pépinières de Verfailles, pour-écarter ces larves des plants de ces pépinières, dont elles feroient périr, chaque année, un bien plus grand nombre fans cette précaution.

Les Staticés à groffes têtes, fafciculé & à feuilles de gramen, demandent l'orangerie pendant l'hiver, & fe tiennent en conféquence dans des pots remplis de terre de bruyère. La première fe multiplie par le déchirement des vieux pieds, & les deux dernières par éclats de leurs rameaux, éclats qu'on traite comme des boutures; c'eft-à-dire, qu'on place dans des pots fur couche ou châffis. On renouvelle leur terre tous les deux ans. Les arrofemens doivent leur être ménagés, furtout en hiver.

Les efpèces des nos. 11, 12, 14, 16, 17, 18, 19, 21, 23, 24, 25, 29, 30, 34, 38, 40, 43, 44 & 50 étant fufceptibles des atteintes des gelées de Paris dans les hivers rigoureux, doivent fe cultiver comme les précédentes, dans la crainte de les perdre; mais on peut en hafarder chaque année quelques pieds, qui profitent mieux que ceux en pots: leur multiplication a lieu par les mêmes moyens.

Toutes ces efpèces ont un afpect pittorefque, mais aucune n'eft véritablement propre à fervir à l'ornement. La plus favorifée à cet égard eft la 30e, qu'on voit fréquemment dans nos orangeries. Elle refte en fleurs pendant prefque toute l'année, & fe reproduit très-facilement de boutures.

Les efpèces des nos. 15, 50 & 51, végétant pendant l'hiver, ne peuvent fouffrir la pleine terre, & fe tiennent par conféquent toujours dans des pots qu'on rentre dans l'orangerie aux approches des froids: du refte, tout ce que j'ai dit ci-devant leur eft applicable.

Je n'ai pas parlé de la multiplication par graines des efpèces de Staticé qui exigent l'orangerie.

parce qu'il eſt aſſez rare qu'elles en donnent de bonnes dans nos climats. Ce n'eſt que dans les années chaudes & ſèches qu'on peut eſpérer de les ſemer avec eſpoir d'en voir naître de jeunes pieds. On les ſème dans des pots placés ſur couche nue, & on repique les pieds au printemps de l'année ſuivante. (*Bosc.*)

STAURACANTHE. *Stauracanthus.*

Arbriſſeau du Portugal, que Brotero avoit placé parmi les AJONCS, ſous le nom d'*ajonc geniſtoïde*, mais que Willdenow regarde comme devant former un genre particulier.

Le Stauracanthe ſe cultive dans quelques jardins. Il demande une terre légère & une expoſition chaude. On le multiplie de graines tirées de ſon pays natal. (*Bosc.*)

STEBÉ. *Stœbe.*

Genre de plantes de la ſyngénéſie agrégée & de la famille des *Corymbifères*, qui renferme une vingtaine d'eſpèces, dont aucune ne ſe cultive dans nos jardins. Il eſt figuré pl. 722 des *Illuſtrations des genres* de Lamarck.

Obſervations.

Ce genre a été tantôt ſéparé, tantôt réuni aux ARMOSELLES. Il a été conſidéré, à ce dernier article, ſous ce dernier aſpect ; auſſi j'y renvoie le lecteur.

Il ne faut pas le confondre avec le genre STO-BÉE, ni avec la diviſion des CENTAURÉES, à laquelle on a donné ſon nom, en l'établiſſant en titre de genre. *Voyez* ces deux mots. (*Bosc.*)

STEGOSIE. *Stegosia.*

Plante vivace de la Cochinchine, qui ſeule forme un genre dans la triandrie digynie & dans la famille des *Graminées*.

Nous ne la poſſédons pas dans nos jardins. Les habitans de la Cochinchine s'en ſervent pour couvrir leurs maiſons. (*Bosc.*)

STELLAIRE. *Stellaria.*

Genre de plantes de la décandrie trigynie & de la famille des *Caryophyllées*, qui raſſemble vingt-quatre eſpèces, dont quelques-unes ſe trouvent fréquemment dans nos campagnes, & ſe cultivent dans nos écoles de botanique. Il eſt figuré pl. 378 des *Illuſtrations des genres* de Lamarck.

Obſervations.

Ce genre diffère ſi peu des SABLINES & des CÉRAISTES, que pluſieurs des eſpèces qui le com-

poſent leur ont été réunies par quelques botaniſtes.

Eſpèces.

1. La STELLAIRE holoſtée.
Stellaria holoſtea. Linn. ♃ Indigène.
2. La STELLAIRE à feuilles de graminée.
Stellaria graminea. Linn. ♃ Indigène.
3. La STELLAIRE des bois.
Stellaria nemorum. Linn. ♃ Indigène.
4. La STELLAIRE dichotome.
Stellaria dichotoma. Linn. ⊙ De la Sibérie.
5. La STELLAIRE pubeſcente.
Stellaria pubera. Mich. De l'Amérique ſeptentrionale.
6. La STELLAIRE à feuilles rondes.
Stellaria rotundifolia. Poir. Du détroit de Magellan.
7. La STELLAIRE lancéolée.
Stellaria lanceolata. Poir. Du détroit de Magellan.
8. La STELLAIRE ciliée.
Stellaria ciliata. Perſ. Du Pérou.
9. La STELLAIRE radiée.
Stellaria radiata. Linn. De la Sibérie.
10. La STELLAIRE velue.
Stellaria villoſa. Poir. De l'Ile-Bourbon.
11. La STELLAIRE bulbeuſe.
Stellaria bulboſa. Jacq. ♃ De l'Allemagne.
12. La STELLAIRE des marais.
Stellaria paluſtris. Retz. ♃ Indigène.
13. La STELLAIRE trompeuſe.
Stellaria mantica. Decand. ⊙ De l'Italie.
14. La STELLAIRE à feuilles graſſes.
Stellaria craſſifolia. Willd. ⊙ De l'Allemagne.
15. La STELLAIRE aquatique.
Stellaria aquatica. Pall. ⊙ Indigène.
16. La STELLAIRE faux-céraiſte.
Stellaria ceraſtoides. Linn. ♃ Des Alpes.
17. La STELLAIRE à tiges nombreuſes.
Stellaria multicaulis. Willd. ♃ Des Alpes.
18. La STELLAIRE ondulée.
Stellaria undulata. Thunb. Du Japon.
19. La STELLAIRE rampante.
Stellaria humifuſa. Swartz. ⊙ Du nord de l'Europe.
20. La STELLAIRE biflore.
Stellaria biflora. Linn. ♃ Du nord de l'Europe.
21. La STELLAIRE du Groenland.
Stellaria groenlandica. Retz. Du nord de l'Europe.
22. La STELLAIRE ſabline.
Stellaria arenaria. Linn. ⊙ Du midi de l'Europe.
23. La STELLAIRE acaule.
Stellaria ſcapigera. Willd. ♃ De.....
24. La STELLAIRE à longues feuilles.
Stellaria longifolia. Willd. De l'Amérique ſeptentrionale.

Culture.

La première espèce embellit les pâturages par son élégance & la blancheur de ses fleurs. On ne doit pas manquer d'en répandre les graines autour des buissons, sur le premier rang des massifs des jardins paysagers. Il en est de même de la seconde & de la troisième, quoiqu'elles lui soient de beaucoup inférieures. Les bestiaux, & surtout les vaches, aiment ces trois plantes avec passion, & elles fleurissent à une époque où les fourrages sont encore rares; ce qui me fait désirer qu'on les cultivé, surtout la première, pour leur usage. Elle demande un terrain sec & de bonne nature. Toutes trois, une fois en place dans les écoles de botanique, ne demandent plus que les soins propres à tout jardin soigné.

Les 4ᵉ., 12ᵉ. & 15ᵉ., qui se voient aussi dans ces écoles, étant annuelles, se sèment en place au printemps, s'abritent du soleil, & s'arrosent fréquemment & abondamment.

J'en ai vu quelques autres au Jardin du Muséum d'Histoire naturelle de Paris, mais elles ne s'y sont pas conservées. (Bosc.)

STELLÉRINE. Stellerina.

Genre de plantes de l'octandrie monogynie & de la famille des Thymélées, qui renferme trois espèces, dont une se trouve dans nos moissons, & se cultive dans nos écoles de botanique. Il est figuré pl. 293 des Illustrations des genres de Lamarck.

Espèces.

1. La Stellérine à fleurs axillaires.
Stellerina passerina. Linn. ⊙ Indigène.

2. La Stellérine à fleurs terminales.
Stellerina chamaejasme. Linn. ⚄ De la Sibérie.

3. La Stellérine altaïque.
Stellerina altaica. Pers. De la Sibérie.

Culture.

La première espèce, quoique souvent fort abondante dans les moissons, se fait peu remarquer des cultivateurs. Il ne m'a pas paru qu'il fût nuisible aux récoltes.

Pour la posséder dans les écoles de botanique, il suffit de semer ses graines en place, & d'éclaircir & sarcler le plant qu'elles ont produit. (Bosc.)

STELLIS. Stellis.

Genre de plantes établi aux dépens des Angrecs, & dont nous ne possédons aucune espèce dans nos jardins. (Bosc.)

STÉMODIE. Stemodia.

Genre de plantes de la didynamie angiospermie & de la famille des Scrophulaires, qui rassemble quatre espèces, dont aucune n'est cultivée dans nos jardins. Il se rapproche beaucoup des Capraires, & se voit figuré pl. 544 des Illustrations des genres de Lamarck.

Espèces.

1. La Stémodie maritime.
Stemodia maritima. Linn. ⚄ De la Jamaïque.
2. La Stémodie des décombres.
Stemodia ruderalis. Vahl. Des Indes.
3. La Stémodie camphrée.
Stemodia camphorata. Vahl. De Ceylan.
4. La Stémodie aquatique.
Stemodia aquatica. Willd. Des Indes. (Bosc.)

STÉMONITE. Stemonitia.

Genre de plantes de la famille des Champignons, dans lequel se trouvent réunies quelques Trichies de Bulliard & de Linnæus, des Clathres & des Arcyries de Persoon. Il renferme dix espèces, toutes indigènes, & peu dans le cas d'intéresser les cultivateurs. (Bosc.)

STÉPHANIE. Stephania.

Arbrisseau de l'Amérique méridionale, qui seul constitue un genre dans l'hexandrie monogynie & dans la famille des Capparidées.

Nous ne le cultivons pas dans nos jardins. Loureiro a donné ce nom à un autre genre de la diœcie monandrie, qui renferme deux arbustes de la Cochinchine, qui ne se cultivent pas non plus dans nos jardins. (Bosc.)

STÉPHANION : genre de plantes qui a depuis été réuni aux Psychotres. -

STERCULIER. Sterculia.

Genre de plantes de la monadelphie décandrie & de la famille des Malvacées, réunissant dix-huit espèces, dont plusieurs se cultivent dans nos serres. On l'appelle aussi Ton-chu. Il est figuré pl. 736 des Illustrations des genres de Lamarck.

Espèces.

1. Le Sterculier à feuilles de platane.
Sterculia platanifolia. Cavan. ♄ De la Chine.
2. Le Sterculier fétide.
Sterculia fetida. Linn. ♄ Des Indes.
3. Le Sterculier balanghas.
Sterculia balanghas. Linn. ♄ Des Indes.
4. Le Sterculier monosperme.
Sterculia monosperma. Vent. ♄ Des Indes.

5. Le STERCULIER chevelu.
Sterculia crinita. Cavan. ♄ De Cayenne.
6. Le STERCULIER feuillé.
Sterculia frondosa. Rich. ♄ De Cayenne.
7. Le STERCULIER à feuilles en cœur.
Sterculia cordifolia. Cavan. ♄ Du Sénégal.
8. Le STERCULIER à feuilles lancéolées.
Sterculia lanceolata. Cavan. ♄ De la Chine.
9. Le STERCULIER rouillé.
Sterculia rubiginosa. Vent. ♄ De Java.
10. Le STERCULIER à grandes feuilles.
Sterculia macrophylla. Vent. ♄ Des Indes.
11. Le STERCULIER brûlant.
Sterculia urens. Roxb. ♄ Des Indes.
12. Le STERCULIER coloré.
Sterculia colorata. Roxb. ♄ Des Indes.
13. Le STERCULIER à longues feuilles.
Sterculia longifolia. Vent. ♄ Des Indes.
14. Le STERCULIER à grandes fleurs.
Sterculia grandiflora. Vent. ♄ De l'Ile-de-France.
15. Le STERCULIER acuminé, vulgairement *kola.*
Sterculia acuminata: Pal.-Beauv. ♄ De l'Afrique.
16. Le STERCULIER hétérophylle.
Sterculia heterophylla. Pal.-Beauv. ♄ De l'Afrique:
17. Le STERCULIER luisant.
Sterculia nitida. Vent. ♄ De l'Ile-de-France.
18. Le STERCULIER royal.
Sterculia regalis. Hort. Angl. ♄ De l'Afrique.

Culture.

La première espèce peut se cultiver en pleine terre dans le midi de la France, & se contente de l'orangerie dans le climat de Paris. C'est un superbe arbre, ainsi que j'ai pu en juger en Caroline, où je l'ai vu fructifier; mais, malgré la grandeur & la forme de ses feuilles, il ne brille pas dans nos orangeries, parce qu'il y perd sa flèche & devient rabougri.

Une terre substantielle & de moyenne consistance, qu'on renouvelle tous les ans en partie, est indispensable au Sterculier à feuilles de platane. Un petit pot lui est plus avantageux qu'un grand. On lui donne d'abondans arrosemens en été, saison qu'il passe contre un mur exposé au midi & abrité des grands vents. La serpette doit le toucher le moins souvent possible.

La multiplication de ce Sterculier n'a lieu que par le semis de ses graines, tirées de son pays natal, & semées dans des pots mis sur couche & sous châssis. Ces graines conservent long-temps leur faculté germinative. Le plant qu'elles ont donné se repique, le printemps suivant, seul à seul, dans d'autres pots, & se traite comme les vieux pieds.

Les seconde, troisième, quatrième & dix-huitième espèces exigent la serre chaude. On les multiplie & on les traite comme la précédente.

Ce sont aussi de beaux arbres, mais qui le cèdent à celui dont il vient d'être question.

Les fruits du Sterculier acuminé jouissent, en Afrique, de la réputation de rendre plus agréable au goût les mets & les boissons, & surtout l'eau. (*Bosc.*)

STEREOCOLON : genre de plantes depuis peu réuni aux ISIDIONS..

STEREOXYLON : genre de plantes qui a des rapports avec celui de l'ESCALONNE, & qui renferme six arbustes originaires du Pérou, dont pas un n'a encore été introduit dans nos cultures. (*Bosc.*)

STÉRILE. Ce mot est absolu ou relatif; ainsi un terrain est stérile, dans le premier cas, lorsqu'il ne porte aucune plante, soit parce qu'il manque de terre, soit parce qu'il est composé de sable ou d'argile, qu'il ne contient ni humus ni eau. Or, ces sortes de terrains sont rares & de peu d'étendue. Ainsi un terrain est stérile, dans le second cas, lorsque, formé d'assez de terre & contenant assez d'humus & d'eau pour donner naissance à beaucoup d'espèces de plantes, il n'en possède pas assez pour être avantageusement planté ou semé avec les objets ordinaires de nos cultures. Il est de plus des terrains qui sont stérilisés, sous ce dernier rapport, par une surabondance d'eau. *Voyez* MARAIS & ULIGINEUX.

Tel terrain devient stérile dans les années sèches, tel autre dans les années pluvieuses, tel autre parce qu'on l'a semé trop tôt ou trop tard. *Voyez* ARIDITÉ, SÉCHERESSE, PLUIE, DEBORDEMENT, OURAGAN.

Il n'est presque pas de terres stériles qu'on ne puisse rendre fertiles en leur donnant ce qui leur manque, ou en leur ôtant l'eau qu'elles ont de trop; mais la dépense nécessaire pour arriver au but est généralement si considérable, qu'il n'est pas possible de l'entreprendre avec profit; aussi est-il encore, dans les pays les plus anciennement cultivés, beaucoup de terres de cette sorte. *Voyez* HUMUS, ENGRAIS, FUMIER, DESSÉCHEMENT.

Quelquefois les moyens qu'on emploie pour fertiliser les mauvaises terres produisent l'effet contraire. *Voyez* DÉFRICHEMENT, DÉFONCEMENT, ÉCOBUAGE.

D'ailleurs, il est des terres stériles qui peuvent être assez facilement améliorées par une culture bien entendue, mais qui redeviennent immanquablement improductives dès qu'on cesse de leur donner des soins. *Voyez* LANDES, TOURBIÈRES, SABLONNEUX, TERRES, IRRIGATION.

L'état actuel des Sociétés agricoles rend impossible la culture de beaucoup de terrains stériles qui, au moyen de dépenses plus ou moins fortes, donneroient un produit, parce qu'il faut au préalable déduire l'impôt de ce produit, & qu'il absorbe souvent la valeur du revenu.

Un terrain appelé *stérile* peut devenir productif par le seul changement des objets de sa culture. Ainsi

Ainfi les fables qui donnent des récoltes avantageufes de GAUDE, de SPARGOUTE, font fufceptibles de porter de belles forêts de PIN. *Voyez* ces mots.

Depuis que le bienfait des PRAIRIES ARTIFICIELLES a été apprécié en France à toute fa valeur, les terrains jufqu'alors crus ftériles ont diminué, parce qu'on a pu, par leur moyen, augmenter, fans grandes dépenfes, la fertilité de beaucoup de terrains. Il en eft de même d'un bon ASSOLEMENT. *Voyez* ces deux mots. (*Bosc.*)

STÉRILITÉ. Si tel terrain ftérile peut être rendu fertile par une culture appropriée à fa nature, par contre, tel terrain fertile devient fouvent momentanément ftérile par le défaut de bonne culture ou par l'effet des circonftances. Ici le mot *Stérilité* ne peut être pris dans fon fens abfolu.

Si on ceffe de FUMER un terrain, de le LABOURER, de l'ARROSER, d'entretenir l'écoulement de la furabondance de fes eaux, de changer la nature de fes récoltes, il devient moins fertile. *Voyez* ces mots, ainfi que ceux ENGRAIS, LABOUR & ASSOLEMENT.

Lorfqu'on fème une plante que repouffe la nature du fol, qu'on fème trop tôt ou trop tard celle qui lui eft appropriée, on ne récolte pas autant fur un efpace donné, que dans les cas contraires.

Les GELÉES anticipées de l'automne, les gelées trop fortes de l'hiver, les gelées tardives du printemps, des PLUIES trop froides ou continues, à toutes les époques de l'année, les INONDATIONS, les ALLUVIONS, les ORAGES, les SÉCHERESSES trop prolongées ou trop intenfes, les INSECTES, &c. &c., font encore des caufes de moindre fertilité. *Voyez* tous ces mots.

Sans doute je pourrois beaucoup alonger cet article; mais comme tous ceux qui précèdent & qui fuivent, ont pour but direct ou indirect de diminuer la Stérilité, il devient fuperflu que j'en entretienne plus long-temps le lecteur. (*Bosc.*)

STÉRIPHE, *STERIPHA.*

Genre de plantes de la pentandrie digynie, figuré pl. 215 des *Illuftrations des genres* de Lamarck, & dont aucune des efpèces n'eft cultivée en Europe. (*Bosc.*)

STERNBERGIE. *STERNBERGIA.*

Plante bulbeufe des montagnes de la Hongrie, décrite par Waldfteine & Kitaib, comme devant former un genre particulier dans l'hexandrie monogynie.

Cette plante fe cultive dans quelques écoles de botanique, & y reçoit les mêmes foins que les COLCHIQUES, dont elle fe rapproche beaucoup. (*Bosc.*)

Agriculture. Tome VI.

STEVENSIA. *STEVENSIA.*

Arbriffeau de Saint-Domingue, dont Poiteau a fait un genre dans l'hexandrie monogynie & dans la famille des *Rubiacées.*

On ne le cultive pas en Europe. (*Bosc.*)

STEVIE. *STEVIA.*

Genre de plantes de la fyngénéfie égale & de la famille des *Corymbifères*, établi aux dépens des AGERATRES, lequel renferme neuf efpèces, dont huit fe cultivent dans nos écoles de botanique. Il a été auffi appelé MUSTELIE.

Efpèces.

1. La STEVIE linéaire.
Stevia linearis. Willd. ♄ Du Mexique.
2. La STEVIE eupatoire.
Stevia eupatoria. Willd. ♃ Du Mexique.
3. La STEVIE à feuilles de faule.
Stevia falicifolia. Cavan. ♃ Du Mexique.
4. La STEVIE dentelée.
Stevia ferrata. Willd. ♃ Du Mexique.
5. La STEVIE pédiaire.
Stevia pedata. Cavan. ⊙ Du Mexique.
6. La STEVIE pourpre.
Stevia purpurea. Willd. ♃ Du Mexique.
7. La STEVIE à feuilles d'iva.
Stevia ivafolia. Willd. ♃ Du Mexique.
8. La STEVIE à feuilles ovales.
Stevia ovata. Willd. ♃ Du Mexique.
9. La STEVIE paniculée.
Stevia paniculata. Hort. Parif. ♃ Du Mexique.

Culture.

La première efpèce eft la feule que nous ne poffédions pas dans nos écoles de botanique. Toutes ont des fleurs d'un afpect agréable, peu différentes en apparence des eupatoires. Leur culture eft très-facile. Les terres légères font celles où elles profpèrent le mieux. Il leur faut une bonne expofition. Des arrofemens fréquens en été leur font avantageux. On les multiplie par le femis de leurs graines dans des pots fur couche nue, au printemps, ou par le déchirement des vieux pieds, exécuté à la même époque. Les pieds provenus de femence fe repiquent la même année.

Comme ces plantes craignent les fortes gelées, il eft toujours prudent d'en tenir quelques pieds en pot pour pouvoir les rentrer dans l'orangerie aux approches de l'hiver, & prévenir ainfi les dangers de cette faifon. D'ailleurs, lorfque les automnes font froides & pluvieufes, leur graine n'arrive pas à maturité en pleine terre, ce qui eft encore fort important à confidérer. Elles veulent être près des jours & peu arrofées pendant l'hiver. (*Bosc.*)

Bbb

STEWARTE. *Stewartia.*

Arbriffeau qui a formé feul un genre , & qui depuis a été réuni aux MALACHODRES. *Voyez* ce mot.

STICTE. *Sticta.*

Genre établi aux dépens des LICHENS de Linnæus.

STIGMANTHE. *Stigmanthus.*

Arbriffeau grimpant de la Cochinchine, qui conftitue un genre dans la pentandrie monogynie. On ne le cultive pas dans dans nos jardins. (*Bosc.*)

STIGMATE : partie fupérieure de l'organe féminin des plantes , dont la forme varie beaucoup. *Voyez* ce mot dans le *Dictionnaire de Botanique,* faifant partie de l'*Encyclopédie méthodique.*

Les cultivateurs font peu fréquemment dans le cas de prendre en confidération le Stigmate , qu'ils confondent avec le ftyle & l'ovaire , fous le nom de PISTIL. *Voyez* ce mot.

STILAGO. *Stilago.*

Genre de plantes de la diœcie triandrie , fort voifin des ANTIDESMES , & qui ne renferme que deux efpèces, ni l'une ni l'autre cultivées dans nos jardins.

Efpèces.

1. Le STILAGO terre-noix. *Stilago bunius.* Willd. ♄ Des Indes.
2. Le STILAGO diandre. *Stilago diandra.* Willd. ♄ Des Indes. (*Bosc.*)

STILBE. *Stilbum.*

Genre de plantes de la famille des *Champignons,* qui renferme dix-fept efpèces , toutes vivant fur le bois mort ou mourant. Il eft figuré pl. 889 des *Illuftrations des genres* de Lamarck.

Comme il intéreffe peu les cultivateurs , je n'en dirai rien de plus. (*Bosc.*)

STILBOSPORE. *Stilbosporum.*

Genre de plantes de la famille des *Champignons,* dont les efpèces vivent fous l'épiderme des écorces & des feuilles. Il eft figuré pl. 889 des *Illuftrations des genres* de Lamarck, & comprend fix efpèces d'un fort petit intérêt pour les cultivateurs. (*Bosc.*)

STILLINGUE. *Stillingia.*

Genre de plantes de la monœcie diandrie & de la famille des *Euphorbes ,* qui réunit deux efpèces qui ne font point cultivées dans nos jardins.

Obfervations.

Ce genre fe rapproche infiniment des MÉDICINIERS & des SAPIONS. Le MÉDICINIER PORTE-SUIF lui a été réuni.

Efpèces.

1. Le STILLINGUE des bois.
Stillingia fylvatica. Linn. ♃ De la Caroline.
2. Le STILLINGUE à feuilles de troëne.
Stillingia liguftrina. Mich. ♄ De la Caroline.

Culture.

J'ai obfervé ces deux efpèces en abondance dans leur pays natal , la première dans les fables arides , & la feconde fur le bord des eaux. J'en ai rapporté beaucoup de graines, dont quelques-unes ont levé ; mais les plants qui en font réfulté n'ont pas fubfifté long-temps.

C'eft dans la terre de bruyère, la première à l'expofition du midi, la feconde à celle du nord, qu'on devra tenir ces plantes lorfqu'on les poffédera : il eft probable que les gelées leur feront nuifibles, mais qu'il fuffira de les couvrir de fougère ou de feuilles fèches pour les en garantir. (*Bosc.*)

STIPE. *Stipa.*

Genre de plantes de la triandrie digynie & de la famille des *Labiées,* dans lequel fe rangent vingt-cinq efpèces , dont plufieurs fe cultivent dans nos écoles de botanique, & dont les feuilles de l'une s'utilifent en Efpagne fous les rapports d'économie domeftique. Il eft figuré pl. 165 des *Illuftrations des genres* de Lamarck.

Efpèces.

1. La STIPE empennée.
Stipa pennata. Linn. ♃ Du midi de la France.
2. La STIPE barbue.
Stipa barbata. Desf. ♃ De la Barbarie.
3. La STIPE jonc.
Stipa juncea. Linn. ♃ Du midi de la France.
4. La STIPE chevelue.
Stipa capillata. Linn. ♃ Indigène.
5. La STIPE tenace , vulgairement *fparte.*
Stipa tenaciffima. Linn. ♃ De l'Efpagne.
6. La STIPE courte arête.
Stipa ariftella. Linn. ♃ Du midi de la France.
7. La STIPE tortillée.
Stipa tortilis. Desf. ☉ De la Barbarie.

8. La STIPE à petites fleurs.
Stipa parviflora. Linn. ♃ De la Barbarie.

9. La STIPE capillaire.
Stipa capillaris. Lam. ♃ De la Caroline.

10. La STIPE de Sibérie.
Stipa sibirica. Lam. ♃ De la Sibérie.

11. La STIPE du Canada.
Stipa canadensis. Poir. Du Canada.

12. La STIPE avenacée.
Stipa avenacea. Linn. De la Caroline.

13. La STIPE membraneuse.
Stipa membranacea. Linn. De l'Espagne.

14. La STIPE de Virginie.
Stipa virginica. Perf. De la Virginie.

15. La STIPE du Cap.
Stipa capensis. Thunb. ♃ Du Cap de Bonne-Espérance.

16. La STIPE en épi.
Stipa panicea. Linn. ♃ Du Cap de Bonne-Espérance.

17. La STIPE panic.
Stipa panicoides. Lam. Du Bréfil.

18. La STIPE étalée.
Stipa expanfa. Poir. De la Caroline.

19. La STIPE élancée.
Stipa ftricta. Lam. De la Caroline.

20. La STIPE fafciculée.
Stipa arguens. Linn. Des Indes.

21. La STIPE d'Ukraine.
Stipa ukranenfis. Lam. Du nord de l'Europe.

22. La STIPE jaunâtre.
Stipa flavéfcens. Labill. De la Nouvelle-Hollande.

23. La STIPE é'égante.
Stipa elegantiffima. Labill. De la Nouvelle-Hollande.

24. La STIPE à feuilles planes.
Stipa micrantha. Cavan. De la Nouvelle-Hollande.

25. La STIPE à longue panicule.
Stipa eminens. Cavan. Du Mexique.

Culture.

La première efpèce fe fait affez remarquer, lorfqu'elle eft en graines, par fes barbes velues, pour lui mériter une place dans les jardins payfagers; cependant on ne la voit que dans les écoles de botanique, où elle fe fème dans un pot fur couche nue, & où fes pieds, après avoir été repiqués en pleine terre, ne demandent d'autre culture que celle qui eft propre à tout jardin bien tenu.

La troifiéme & la quatrième fe cultivent de même.

La cinquième, qui eft la plus importante de toutes, craint plus les gelées que les précé-

dentes; en conféquence, dans le climat de Paris, il convient d'en tenir toujours quelques pieds en pots, pour pouvoir les rentrer dans l'orangerie pendant l'hiver. Les autres pieds fe placent contre un mur expofé au midi.

Une terre fèche & légère eft celle qui convient à cette efpèce; elle ne demande que peu d'arrofemens. On la multiplie par graines tirées de fon pays natal, & femées dans des pots fur couche nue ou par déchirement des vieux pieds, déchirement qui a lieu au printemps & qui réuffit toujours.

Il ne paroît pas qu'on cultive nulle part le Sparte en Efpagne, malgré le grand emploi qu'on en fait: on fe contente de celui qui croît naturellement dans les terrains incultes, quoiqu'il foit reconnu que celui des bons terrains eft plus long & plus flexible. On le récolte toute l'année; cependant celui du printemps paffe pour le meilleur.

Le Sparte eft plat comme les feuilles de la plupart des autres graminées; il fe roule en féchant: de-là l'apparence de jonc qu'a celui qui eft dans le commerce.

Le plus fouvent on fait ufage du Sparte tel que la nature le donne; mais celui qu'on deftine à faire des cordes eft au préalable roui comme le chanvre, foit dans l'eau douce, foit dans l'eau falée.

Browles dit qu'il a compté quarante-cinq manières d'employer le Sparte. Il étoit connu des Anciens, qui en fabriquoient, comme aujourd'hui, des cordes, des nattes, des facs, des paniers, des chauffures, &c. Depuis peu on a trouvé le moyen de le filer & d'en fabriquer des toiles qui, à la couleur près, fe diftinguent difficilement de celles du chanvre.

Les foudes d'Alicante, les laines de Ségovie, & en général toutes les marchandifes fèches du crû de l'Efpagne, font apportées en France dans des facs de Sparte. On tiroit fort peu parti de ces facs il y a une quarantaine d'années, lorfque Gavoty de Berte, qui avoit féjourné long-temps en Efpagne, imagina de dénatter ces facs & d'en employer les matériaux à faire des cordons de fonnette, des guides de chevaux, des tapis de luxe, des paniers à ouvrage, &c. &c., en les teignant comme on teint la paille. Cette fabrique, dont il fortoit des ouvrages très-agréables, fut, pendant quelques années, dans un état de grande profpérité; mais elle étoit déjà anéantie à l'époque de la révolution, qui l'eût certainement détruite, parce que la mode paffa.

Il eft beaucoup de parties des départemens de la France qui longent la Méditerranée, où il feroit poffible de cultiver le Sparte; mais celui qui vient d'Efpagne eft, en temps de paix, à fi bas prix dans nos ports de mer, que ce feroit une ruineufe fpéculation que de l'entreprendre.

La confommation qu'on fait du Sparte en Barbarie, dans les îles de l'Archipel & pays voifins, en Efpagne, en Italie & même en France, pour l'ufage de la marine & du commerce, eft immenfe ; le bon marché des cordages qu'on en fabrique, faifant qu'on les préfère à celles de chanvre, quoique moins fortes & moins durables. Aux environs de Marfeille on voit plufieurs moulins pour le battre & le réduire en petits filamens, après qu'il a été roui dans la mer, ainfi que plufieurs établiffemens de filature. (*Bosc.*)

STIPULE. On donne ce nom à de petites feuilles prefque toujours différentes des autres, difpofées ordinairement par paires, qu'on remarque à la bafe des autres, dans un grand nombre de plantes. Il ne paroît pas qu'elles rempliffent d'autres fonctions que celles propres aux feuilles. Les confidérations qu'elles fourniffent font très-utiles pour la détermination des efpèces.

Beaucoup de Stipules font caduques, c'eft-à-dire, tombent peu à peu après leur épanouiffement : quelques-unes, au contraire, fubfiftent plus long-temps que les FEUILLES. *Voyez* ce mot & le mot PLANTE. (*Bosc.*)

STIPULICIDE. *Stipulicida.*

Genre de plantes établi avec le POLYCARPE STIPULICIDE. *Voyez* ce mot.

STIXIS. C'eft la même chofe qu'APACTE.

STOBÉE. *Stobea.*

Genre de plantes de la fyngénéfie égale & de la famille des *Cynarocéphales*, qui réunit neuf efpèces, dont aucune n'eft cultivée dans nos jardins.

Obfervations.

Ce genre fe rapproche infiniment des CARLINES : il ne faut pas le confondre avec celui des STŒBÉES.

Efpèces.

1. La STOBÉE à feuilles glabres.
Stobea glabrata. Thunb. ⚥ Du Cap de Bonne-Efpérance.

2. La STOBÉE à feuilles de carline.
Stobea carlinoides. Thunb. ⚥ Du Cap de Bonne-Efpérance.

3. La STOBÉE atractyloïde.
Stobea atractyloides. Thunb. ⚥ Du Cap de Bonne-Efpérance.

4. La STOBÉE à feuilles décurrentes.
Stobea decurrens. Thunb. ⚥ Du Cap de Bonne-Efpérance.

5. La STOBÉE laineufe.
Stobea lanata. Thunb. ⚥ Du Cap de Bonne-Efpérance.

6. La STOBÉE à tige roide.
Stobea rigida. Thunb. ⚥ Du Cap de Bonne-Efpérance.

7. La STOBÉE hétérophylle.
Stobea heterophylla. Thunb. ⚥ Du Cap de Bonne-Efpérance.

8. La STOBÉE à feuilles pinnatifides.
Stobea pinnatifida. Thunb. ⚥ Du Cap de Bonne-Efpérance.

9. La STOBÉE ailée.
Stobea alata. Thunb. ⚥ Du Cap de Bonne-Efpérance. (*Bosc.*)

STŒCKAS : efpèce de LAVANDE.

STOKÉSIE. *Stokesia.*

Genre de plantes établi fur le carthame bleu, dont j'ai rapporté des graines qui ont levé, & dont les pieds fe font confervés. *Voyez* CARTHAME. (*Bosc.*)

STOLONES. On donne fcientifiquement ce nom aux tiges rampantes des plantes, lorfque ces tiges prennent naturellement racine à leurs nœuds ou à l'oppofite de leurs feuilles.

Vulgairement on appelle les Stolones des COULANS, des FOUETS.

Il eft très-rare que les Stolones portent des fruits.

Les fruits des plantes ftolonifères, ou avortent le plus généralement, ou font dans le cas d'être mangés par les animaux ; de forte que, fi ces plantes n'avoient pas ce moyen furnuméraire de reproduction, elles rifqueroient de périr, & par fuite l'efpèce pourroit difparoître.

La multiplication par les Stolones eft facile & fûre ; auffi les cultivateurs en font-ils fréquemment ufage, quoiqu'on ait remarqué que ce moyen, exclufivement & long-temps pratiqué, affoiblit le principe vital. *Voyez* FRAISIER, MARCOTTE & BOUTURE.

Les plantes qui fe multiplient par leurs Stolones, changeant chaque année de place, font dans le cas de fe conferver beaucoup plus long-temps que les autres dans un terrain circonfcrit ; auffi les voit-on en chaffer les autres très-promptement, ainfi que je l'ai remarqué en France pour l'AGROSTIDE ftolonifère, & en Amérique pour le SYNTHERISMA précoce. *Voyez* ces mots.

Ces deux plantes & le PASPALE STOLONIFÈRE, dont j'ai le premier indiqué l'excellence, font en conféquence celles fur lefquelles les cultivateurs doivent fixer principalement leurs regards pour faire des prairies d'une feule efpèce. (*Bosc.*)

STOMOXE. *Stomoxis.*

Genre d'infectes de l'ordre des diptères, dans lequel fe rangent une douzaine d'efpèces, dont deux font le tourment des beftiaux, & doivent être par conféquent un objet d'étude pour les cultivateurs. *Voyez* le *Dictionnaire des Infectes*, faifant partie de l'*Encyclopédie par ordre de matières.*

Les deux efpèces indiquées font le STOMOXE

PIQUANT, *Stomoxys calcitrans*, qui a tout-à-fait l'apparence de la mouche commune, mais que fa longue trompe en diftingue facilement, pour peu qu'on y faffe attention. Elle eft extrémement commune. On l'appelle, dans quelques lieux, *mouche piquante*. Le STOMOXE AIGUILLONNANT, *Stomoxys pungens* Fab. : il eft plus petit; il furabonde dans les pays montagneux & boifés. Tous deux font quelquefois maigrir les beftiaux, tant parce qu'ils les empêchent de manger, que parce qu'ils fucent leur fang. Leurs piqûres font moins aiguës que celles des ASILES ou des TAONS (*voyez* ces mots); mais comme elles font plus nombreufes, le réfultat en eft le même.

Les trémouffemens des mufcles, les trépignemens des pieds, les mouvemens brufques, ne font pas quitter prife aux Stomoxes : il faut ou des coups de tête, ou des coups de pied, ou des coups de queue, ou l'intermédiaire d'un arbre, d'un mur, pour que les beftiaux puiffent s'en débarraffer naturellement, & il eft des parties de leurs corps, que ces infectes connoiffent, où ces moyens de défenfe ne peuvent atteindre.

Pour garantir les chevaux des piqûres des Stomoxes, on les couvre de toiles ou de filets, defquels pendent des cordelettes noueufes : dans quelques lieux on eft obligé d'enduire le cou des bœufs & des vaches d'une couche épaiffe de boufe; dans d'autres, un gardien foigneux va fucceffivement, pendant le fort de la faifon des Stomoxes, qui eft, dans le climat de Paris, les mois d'août & de feptembre, d'un animal à un autre avec une branche garnie de feuilles, avec un torchon, & les tue fur fon corps en les frappant. Les chevaux & les bœufs s'accoutument bientôt à ce manège qui les foulage; ils vont même au-devant du porteur des inftrumens.

Il eft des années où on devroit tenir les bœufs & les vaches conftamment à l'étable pendant les deux mois cités. (*Bosc.*)

STORAX. *Voyez* STYRAX.

STRABISME : fynonyme de MAL-DE-CERF. *Voyez* ce mot.

Quelques vétérinaires diftinguent cependant ces deux maladies; mais c'eft feulement par leurs caufes, les unes dépendantes de léfions externes, les autres étant la fuite d'une maladie aiguë, ce qui doit en effet exiger des moyens curatifs différens, mais les fymptômes font les mêmes. (*Bosc.*)

STRAMOINE. *Stramonium.*

Genre de plantes de la pentandrie monogynie & de la famille des *Solanées*, dans lequel fe placent huit efpèces, qui toutes fe cultivent dans nos jardins. Il eft figuré pl. 113 des *Illuftrations des genres* de Lamarck.

Obfervations.

La *Stramoine farmenteufe* de Lamarck forme le genre SOLANDRE des autres botaniftes, & a été mentionnée à cet article. La dernière conftitue aujourd'hui le genre BRUGMANSIE, qui n'a pas été mentionné à fon article.

Efpèces.

1. La STRAMOINE commune, vulgairement *pomme épineufe, herbe aux forciers*.
Datura ftramonium. Linn. ☉ De l'Amérique feptentrionale.

2. La STRAMOINE féroce.
Datura ferox. Linn. ☉ De la Chine.

3. La STRAMOINE pourprée.
Datura tatula. Linn. ☉ Des Indes.

4. La STRAMOINE faftueufe, vulgairement *trompette du jugement*.
Datura faftuofa. Linn. ☉ De l'Égypte.

5. La STRAMOINE pubefcente.
Datura metel. Linn. ☉ Des Indes.

6. La STRAMOINE liffe.
Datura levis. Linn. ☉ De l'Afrique.

7. La STRAMOINE cornue.
Datura ceratocaula. Ort. ☉ De Cuba.

8. La STRAMOINE en arbre.
Datura arborea. Linn. ♄ Du Pérou.

Culture.

La première efpèce eft devenue très-commune dans les terrains fablonneux des environs de la plupart de nos ports de mer & de nos grandes villes où il y a des écoles de botanique. Elle infefte la plaine fablonneufe de Boulogne près Paris. Partout on doit l'arracher avant fa floraifon, pour l'empêcher, autant que poffible, de fe propager, car elle peut devenir une arme dangereufe entre les mains des malfaifans, à raifon de la vertu narcotique de toutes fes parties.

Dans les écoles de botanique, fa culture fe borne à femer fes graines en place au printemps, à éclaircir & à farcler le plant qu'elles ont produit.

Les graines des 2e., 3e., 4e., 5e. & 6e. fe fèment dans des pots remplis de terre à demi confiftante, qu'on place, au printemps, fur une couche nue. Lorfque le plant a acquis quelques pouces de hauteur, on le repique dans un fol fec & à une expofition chaude, où il ne demande plus aucun foin.

La 4e., par la grandeur & la couleur de fes fleurs, mérite d'être placée dans les parterres, où elle ne demande que les foins généraux qui font de leur effence. Elle offre quelquefois une fleur intérieure.

La feptième efpèce a des tiges obliques & irrégulières, & des fleurs fort grandes & fort odorantes. On devroit femer fes graines comme celles des précédentes; mais comme elles per-

dent promptement leur faculté germinative lorfqu'elles font defféchées, il eft rare qu'elles lèvent : ce font celles qui fe font difféminées naturellement qui reproduifent la plante dans les
écoles de botanique. Cette circonftance eft fâ-
cheufe, car il feroit à defirer qu'on plaçât cette
efpèce dans tous les jardins : chaque tige, jufqu'aux gelées, excepté les jours de pluie, offre
tous les matins une nouvelle fleur épanouie.

D'après cela, on doit penfer que les graines
de cette efpèce devroient être ftratifiées au moment de leur récolte, même avec leur capfule.
Voyez STRATIFICATION.

La dernière efpèce eft un des plus beaux préfens que nous ait fait l'Amérique méridionale ; auffi
a-t-elle été fort à la mode il y a quelques années.
Lorfqu'un de fes pieds a une tête régulière & bien
garnie de fleurs, il produit un effet magique ; ces
fleurs font gigantefques, pendantes, blanches,
& d'une odeur des plus fuaves.

Elle craint les gelées du climat de Paris, & ce
d'autant plus, qu'étant encore en végétation lorfqu'elles arrivent, l'extrémité de fes rameaux en
eft immanquablement frappée. On doit donc
la tenir en pot ou en caiffe & la rentrer de très-
bonne heure dans l'orangerie, où elle eft expofée
à un autre inconvénient auffi grave, c'eft-à-dire,
à la pourriture des mêmes parties, par l'effet de la
ceffation de la végétation & de la grande humidité de l'air, ce qui amène toujours la mort des
branches & quelquefois des tiges ; auffi, pour
conferver les pieds dans toute leur intégrité, vaut-
il mieux les mettre dans une ferre tempérée. Lorfqu'on les place dans une ferre chaude, ils continuent à fleurir pendant une partie de l'hiver, & il
faut fix mois de repos pour les voir de nouveau
dans le même état.

On ne doit point, comme le font quelques cultivateurs, couper l'extrémité des branches auffitôt
qu'elles font reconnues être mortes, parce que
la contexture du bois étant fort fpongieufe, l'é-
vaporation de fève qui fe fait par la plaie prolonge
la partie morte quelquefois fort loin. La prudence
confeille donc d'attendre qu'il fe foit développé
des bourgeons fur la branche pour couper fa
partie morte au-deffus du plus vigoureux de ces
bourgeons, en laiffant un chicot d'autant plus
long, que la branche eft plus groffe.

La taille des extrémités des branches, lorfqu'elle eft faite avec intelligence, eft favorable
à la beauté de la forme de la tête & à l'augmentation des fleurs qui ne fe développent que fur les
bourgeons ; cependant une tête trop chargée de
branches dans l'intérieur n'eft pas defirable, car
les fleurs de l'extérieur font celles qui font le
plus d'effet.

Il eft très-rare que la Stramoine en arbre donne
de bonnes graines dans le climat de Paris ; en
conféquence, c'eft exclufivement de boutures
qu'on la multiplie : ces boutures fe font au prin-

temps, avec du bois de deux ans, dans des pots
fur couche & fous châffis ; elles prennent affez
facilement des racines ; mais font expofées à périr
par une trop grande féchereffe ou une trop grande
humidité, ainfi que par trop de chaleur, ou par
manque de chaleur. Ce n'eft donc que par une
furveillance de tous les momens, qu'on peut efpérer de les amener à l'état defirable. Il eft bon de
faire paffer aux pieds produits par ce moyen l'hiver
dans la ferre chaude, afin qu'ils fe fortifient davantage.

Souvent les plus beaux pieds de Stramoine en
arbre périffent fans qu'on puiffe en deviner la
caufe ; ainfi il eft prudent d'en avoir toujours un
certain nombre de différens âges pour réparer fes
pertes.

Tous les ans on doit renouveler en partie la
terre des pots ou des caiffes qui contiennent des
Stramoines en arbre ; car, comme elles font en
végétation tant que le thermomètre eft au-deffus
de dix degrés du thermomètre, elles confomment
beaucoup. Les arrofemens leur feront ménagés le
plus poffible en hiver & prodigués en été, faifon
qu'elles paffent en plein air, à une bonne expofition, abritées des vents. (*Bosc.*)

STRATIFICATION. Beaucoup de graines perdent leur faculté germinative peu de temps après
leur complète maturité, lorfqu'elles reftent expofées à l'air, foit parce qu'étant huileufes, elles
ranciffent, foit parce qu'étant cornées, elles deffèchent au point de ne pouvoir plus abforber l'eau.
Elles demandent donc à être femées auffitôt après
leur récolte. *Voyez* GRAINE & SEMENCE.

Mais il n'eft pas toujours poffible de femer les
graines de fuite, foit parce qu'on veut les envoyer au loin, foit parce qu'on n'a pas de terrain
immédiatement difponible, foit parce qu'on manque du temps néceffaire, foit parce qu'on craint
les ravages des quadrupèdes & des oifeaux granivores.

C'eft pour ces cas qu'on a inventé la Stratification, qui n'eft qu'une imitation de ce que fait la
nature. *Voyez* SÉMINATION.

Pour ftratifier les graines en grand, on fait dans
un lieu fec, même dans une ferre à légumes, fous
un hangar, un trou en terre d'un pied au moins de
profondeur, & mieux de deux à trois, & d'une
largeur proportionnée au nombre des graines, &
on y met ces graines, foit en une feule maffe, foit
par couches plus ou moins épaiffes, alternant
avec des couches de terre, & on recouvre le tout
d'environ un pied d'épaiffeur de terre. Ces graines fe retirent au printemps, lorfqu'elles commencent à germer, & fe fèment felon le mode qu'elles
exigent chacune. *Voyez* SEMIS.

Parmi les graines des arbres indigènes, celles du
CHÊNE, du HÊTRE, du CHATAIGNIER & des
épines (néfliers) font celles qui exigent le plus
impérieufement la Stratification, parce qu'aux caufes énoncées plus haut, elles réuniffent celle d'être

très-recherchées des mulots, des campagnols, des rats, des souris, des lapins, &c.

Plus les graines font ftratifiées profondément, & moins elles font expofées à germer. On peut les garder ainfi un nombre d'années indéterminé. *Voyez* GRAINE.

Pour ftratifier les graines en petit, on les met dans des caiffes, dans des pots, en lits alternatifs avec de la terre, avec du fable en fuffifante quantité; & lorfqu'on veut les envoyer au loin, pour diminuer les frais de tranfport, on fubftitue à la terre de la mouffe ou de la fciure de bois, du bois pourri, &c., également en fuffifante quantité. L'important eft qu'elles fe confervent dans un foible degré d'humidité, parce qu'une terre trop fèche abforberoit leur eau de végétation, & qu'une terre trop humide les feroit pourrir.

Beaucoup de graines germent pendant leur Stratification; & pour les groffes, c'eft prefque toujours un bien, parce qu'il eft facile de les ifoler & de les planter une à une. Dans ce cas, la mouffe augmentant les embarras, elle doit être repouffée. Pour les petites, c'eft le plus fouvent un inconvénient, par la difficulté de les femer enfuite avec égalité.

Il eft même des graines qu'on ftratifie uniquement pour les faire germer, foit afin de pouvoir mettre feulement les bonnes en terre, foit afin de pouvoir pincer leur radicule, dans le but que l'arbre qu'elles doivent produire foit privé de PIVOT. (*Voy.* ce mot.) Je citerai les AMANDES. (*Voyez* ce mot.) Dans ce cas, on dit plus généralement mettre les graines au GERMOIR. *Voyez* ce mot.

Toutes les fois que je puis effectuer de fuite le femis des graines des plantes rares dans les pépinières confiées à ma furveillance, je le fais; mais le manque de place & de temps me force d'y ftratifier tous les ans celles des arbres fuivans:

Cornouiller.	Phyllirea.
Prunier.	Piftachier.
Tulipier.	Sorbier.
Érables.	Sureau.
Noifettier.	Tilleul.
Châtaignier.	If.
Hêtre.	Marronnier d'Inde.
Chêne.	Pêcher.
Pommier.	Abricotier.
Poirier.	Amandier.
Micocoulier.	Noyer.
Aubépine.	Murier.
Genévrier.	Olivier.

Il eft des graines offeufes qui ne germent que la feconde année, & qui, pour éviter la perte du terrain, doivent être ftratifiées pendant la première. Ce font principalement celles de l'AUBÉPINE. *Voyez* ce mot.

Pour une perfonne exercée, il fuffit de confidérer une graine pour juger fi elle eft dans le cas ou non d'être ftratifiée. (*Bosc.*)

STRATIOTE. *STRATIOTES.*

Genre de plantes de l'icofandrie hexagynie & de la famille des *Morènes*, qui renferme trois efpèces, dont deux fe cultivent quelquefois dans nos écoles de botanique. Il eft figuré pl. 489 des *Illuftrations des genres* de Lamarck.

Efpèces.

1. La STRATIOTE aloïde.
Stratiotes aloides. Linn. ♃ Du nord de l'Europe.
2. La STRATIOTE acoroïde.
Stratiotes acoroides. Linn. ♃ Des Indes.
3. La STRATIOTE alifmoïde.
Stratiotes alifmoides. Linn. ♃ Des Indes.

Culture.

La première efpèce fe voit quelquefois dans l'école du Jardin du Muféum, à laquelle on l'envoie de Lille, ville dans les foffés de laquelle elle croît naturellement. Sa culture confifte à la mettre dans un pot rempli de terre limoneufe, pot qu'on plonge dans un baffin, de manière qu'il foit recouvert d'un demi-pied d'eau. Elle fleurit; mais je ne l'ai jamais vue porter de bonnes graines, de forte qu'on ne peut la multiplier.

La dernière efpèce fe cultive en Angleterre; elle exige la ferre chaude, mais du refte fe traite comme la précédente. (*Bosc.*)

STRATON. C'eft, aux environs de Bordeaux, le nom des ATTELABES qui nuifent à la VIGNE. *Voyez* ces mots.

STRAVADIE. *STRAVADIA.*

Genre établi pour placer deux JAMBOISIERS qui diffèrent un peu des autres, & que nous ne poffédons pas dans nos jardins; ce font les JAMBOSIERS BLANC & ROUGE. (*Bosc.*)

STRELITZIE. *STRELITZIA.*

Genre de plantes de la pentandrie monogynie & de la famille des *Balifiers*, qui eft conftitué par cinq efpèces, qui toutes fe cultivent dans nos ferres. Il eft figuré pl. 148 des *Illuftrations des genres* de Lamarck.

Efpèces.

1. La STRELITZIE élégante.
Strelitzia augufta. Thunb. ♃ Du Cap de Bonne-Efpérance.
2. La STRELITZIE royale.
Strelitzia regine. Ait. ♃ Du Cap de Bonne-Efpérance.
3. La STRELITZIE à tige farineufe.
Strelitzia farinofa. Ait. ♃ Du Cap de Bonne-Efpérance.

4. La STRELITZIE à feuilles étroites,
Strelitzia angustifolia. Ait. ♃ Du Cap de Bonne-
Espérance.

5. La STRELITZIE à petites feuilles.
Strelitzia parvifolia. Ait. ♃ Du Cap de Bonne-
Espérance.

Culture.

Toutes ces espèces, dont la grandeur diminue
selon l'ordre de leur énumération, semblent n'être
que des variétés. Leur culture est absolument la
même.

Quoiqu'originaires du Cap de Bonne-Espérance,
les Strelitzies ne peuvent se passer de la serre
chaude dans le climat de Paris. La tannée leur est
même avantageuse. Comme dans leur pays natal
elles croissent naturellement dans les lieux marécageux, une terre fertile & de consistance
moyenne, qu'on renouvelle en partie tous les
ans, en automne, ainsi que des arrosemens abondans, surtout en été, leur sont indispensables. Je
ne leur ai pas encore vu donner de bonnes graines
dans le climat de Paris, quoiqu'elles y fleurissent
presque tous les ans; de sorte qu'on ne peut les
multiplier qu'au moyen de leurs œilletons, qui
sont généralement peu nombreux, & qui ne peuvent être levés avec succès que lorsqu'ils sont arrivés à une certaine force. Ces œilletons sont
mis dans d'autres pots placés sous un châssis ou
dans une bache, & poussés de chaleur pour les
faire reprendre, après quoi on les traite comme les
vieux pieds.

Les Strelitzies sont de fort belles plantes, surtout quand elles sont en fleurs, & elles y sont
long-temps, une seule s'épanouissant chaque jour,
& y en ayant une douzaine dans chaque spathe.
(*Bosc.*)

STREPTOPE. STREPTOPUS.

Genre de plantes de l'hexandrie monogynie &
de la famille des *Asperges*, lequel se rapproche
des UVULAIRES, & contient trois espèces qui se
cultivent dans nos écoles de botanique. Il est figuré
pl. 247 des *Illustrations des genres* de Lamarck.

Espèces.

1. Le STREPTOPE amplexicaule.
Streptopus amplexicaulis. Mich. ♃ Des Alpes.
2. Le STREPTOPE à fleurs roses.
Streptopus roseus. Mich. ♃ De l'Amérique septentrionale.
3. Le STREPTOPE lanugineux.
Streptopus lanuginosus. Mich. ♃ De l'Amérique
septentrionale.

Culture.

Ces trois plantes croissent naturellement dans
les bois dont le sol est léger & un peu frais : c'est
donc l'exposition du nord, la terre de bruyère

& des arrosemens fréquens en été qu'elles demandent. Elles ne craignent point les gelées ordinaires du climat de Paris, mais bien celles qui
sont très-fortes; ainsi il faut, par prudence, recouvrir leurs racines de feuilles sèches ou de fougère, lorsque l'hiver s'annonce comme devant
être rigoureux. On les multiplie le plus ordinairement par le déchirement des vieux pieds en hiver,
déchirement qui réussit presque toujours lorsqu'il
n'est pas exagéré. On peut aussi les obtenir de
graines, dont elles donnent quelquefois dans nos
jardins, mais ce moyen est long.

Les Streptopes ne manquent pas d'élégance,
mais elles sont de peu d'effet, & peuvent tout au
plus mériter une place dans les massifs, derrière
les fabriques des jardins paysagers. (*Bosc.*)

STRIGILIE. STRIGILIA.

Genre de plantes de la monadelphie décandrie
& de la famille des *Azedaracs*, qui comprend
quatre espèces, dont aucune n'est cultivée dans les
jardins en Europe. Il a été appelé TREMANTHE
par Persoon, & FOVÉOLAIRE par Ruiz & Pavon.
Sa figure se voit pl. 349 des *Illustrations des genres*
de Lamarck.

Espèces.

1. La STRIGILIE en grappes.
Strigilia racemosa. Cavan. ♄ Du Pérou.
2. La STRIGILIE à feuilles oblongues.
Strigilia oblonga. Ruiz & Pav. ♄ Du Pérou.
3. La STRIGILIE à feuilles ovales.
Strigilia ovata. Ruiz & Pav. ♄ Du Pérou.
4. La STRIGILIE à feuilles en cœur.
Strigilia cordata. Ruiz & Pav. ♄ Du Pérou.
(*Bosc.*)

STRIGUE. STRIGA.

Plante de la Chine, qui constitue un genre
dans la décandrie monogynie.

Nous ne la cultivons pas dans nos jardins.
(*Bosc.*)

STRŒMIE. STRŒMIA.

Genre établi aux dépens des CADABAS. *Voyez*
ce mot.

STROMBLE : crochet de fer avec lequel,
dans le Médoc, on ôte l'herbe qui gêne la marche
de la CHARRUE. *Voyez* ce mot & celui LABOUR.

STROMBOME : genre de champignon voisin
des ÆCIDIES, des ASCOPHORES & des PUC-
CINIES. *Voyez* ces mots & le mot ROUILLE.
(*Bosc.*)

STRONGLE : espèce de ver qui se trouve
dans l'estomac & les intestins des animaux domestiques, &, qui, lorsqu'il est abondant, les
fait maigrir & même quelquefois mourir. *Voyez*
le

le *Dictionnaire des Vers*, faisant partie de l'*Ency-clopédie par ordre de matières*.

Souvent les Strongles sont si fortement implantés dans la substance de l'estomac ou des intestins, qu'on les casse plutôt que de les en détacher : ils sont cependant, comme les autres vers, entraînés après leur mort par les matières fécales.

Les remèdes à employer pour extirper les Strongles sont les mêmes qui sont usités contre les autres VERS : le plus puissant d'entr'eux est l'HUILE EMPYREUMATIQUE. *Voyez* ces mots. (*Bosc.*)

STROPHANTE. *Strophanthus.*

Genre de plantes de la pentandrie digynie & de la famille des *Apocinées*, qui réunit quatre espèces, dont aucune n'est cultivée dans nos jardins.

Espèces.

1. Le STROPHANTE sarmenteux.
Strophantus sarmentosa. Dec. ♄ De l'Afrique.
2. Le STROPHANTE à feuilles de laurier.
Strophantus laurifolia. Decand. ♄ De l'Afrique.
3. Le STROPHANTE dichotome.
Strophantus dichotoma. Decand. ♄ De Java.
4. Le STROPHANTE hérissé.
Strophantus hispida. Decand. ♄ De l'Afrique.
(*Bosc.*)

STRUCHIUM. *Struchium.*

Plante annuelle de la Jamaïque, qui, selon quelques botanistes, fait partie des ÉTHULIES (*voyez* ce mot), &, selon d'autres, constitue un genre particulier. Elle n'est pas cultivée dans nos jardins. (*Bosc.*)

STRUMAIRE. *Strumaria.*

Genre de plantes de l'hexandrie monogynie & de la famille des *Narcisses*, fort voisin des CRINOLES & des BELLADONES, dans lequel se rangent sept espèces, dont aucune ne se cultive dans nos jardins.

Espèces.

1. La STRUMAIRE à feuilles filiformes.
Strumaria filifolia. Jacq. ♃ Du Cap de Bonne-Espérance.
2. La STRUMAIRE crispée.
Strumaria crispa. Curt. ♃ Du Cap de Bonne-Espérance.
3. La STRUMAIRE à feuilles étroites.
Strumaria angustifolia. Jacq. ♃ Du Cap de Bonne-Espérance.
4. La STRUMAIRE ondulée.
Strumaria undulata. Jacq. ♃ Du Cap de Bonne-Espérance.

Agriculture. Tome VI.

5. La STRUMAIRE rougeâtre.
Strumaria rubella. Jacq. ♃ Du Cap de Bonne-Espérance.
6. La STRUMAIRE tronquée.
Strumaria truncata. Jacq. ♃ Du Cap de Bonne-Espérance.
7. La STRUMAIRE lingulée.
Strumaria linguefolia. Jacq. ♃ Du Cap de Bonne-Espérance.

Culture.

Les deux premières espèces se voient dans les jardins d'Angleterre. On les tient dans des pots remplis de terre de bruyère, pots qu'on rentre dans l'orangerie aux approches de l'hiver, & dont on renouvelle la terre tous les ans en automne. Leur multiplication a lieu par la séparation de leurs caïeux, qui s'effectue à la même époque. *Voyez* CRINOLE & BELLADONE. (*Bosc.*)

STRUMPFIE. *Strumpfia.*

Arbuste de l'Amérique méridionale, qui constitue un genre dans la pentandrie monogynie. Nous ne le possédons pas dans nos jardins. (*Bosc.*)

STRUTHIOLE. *Struthiola.*

Genre de plantes de la tétrandrie monogynie & de la famille des *Thymélées*, dans lequel se placent onze espèces, dont plusieurs se cultivent dans nos écoles de botanique. Il est figuré pl. 78 des *Illustrations des genres* de Lamarck.

Espèces.

1. La STRUTHIOLE à longues fleurs.
Struthiola longiflora. Lam. ♄ Du Cap de Bonne-Espérance.
2. La STRUTHIOLE effilée.
Struthiola virgata. Lam. ♄ Du Cap de Bonne-Espérance.
3. La STRUTHIOLE striée.
Struthiola striata. Lam. ♄ Du Cap de Bonne-Espérance.
4. La STUTHIOLE ciliée.
Struthiola ciliata. Lam. ♄ Du Cap de Bonne-Espérance.
5. La STRUTHIOLE luisante.
Struthiola lucens. Poir. ♄ Du Cap de Bonne-Espérance.
6. La STRUTHIOLE à feuilles étroites.
Struthiola angustifolia. Lam. ♄ Du Cap de Bonne-Espérance.
7. La STRUTHIOLE naine.
Struthiola nana. Linn. ♄ Du Cap de Bonne-Espérance.

8. La STRUTHIOLE droite.
Struthiola erecta. Linn. ђ Du Cap de Bonne-
Espérance.

9. La STRUTHIOLE à feuilles de genevrier.
Struthiola juniperina. Retz. ђ Du Cap de Bonne-
Espérance.

10. La STRUTHIOLE à feuilles de myrte.
Struthiola myrsinites. Lam. ђ Du Cap de Bonne-
Espérance.

11. La STRUTHIOLE tuberculeuse.
Struthiola tuberculosa. Lam. ђ Du Cap de
Bonne-Espérance.

Culture.

Nous possédons dans nos jardins les espèces des
n°s. 2, 4, 8 & 10. Comme la plupart des arbustes
du Cap de Bonne-Espérance, elles craignent les
hivers du climat de Paris, moins par le froid que
par l'humidité qui les accompagne. Cette dernière
circonstance fait que les orangeries ne leur sont
pas très-favorables, & que ce n'est que dans les
serres tempérées qu'on peut espérer de les conserver, surtout dans leur jeunesse.

La terre de bruyère est la seule convenable
aux Struthioles. On la leur renouvelle tous les
deux ans. Des arrosemens fréquens, mais modérés pendant les chaleurs de l'été, & très-rares
en hiver, concourent à leur bonne végétation &
à leur conservation.

C'est par boutures qu'on multiplie généralement les Struthioles, leurs graines étant rarement
fécondées dans nos climats. On les fait au pri-
temps, dans des pots qu'on place sur une couche
à châssis : elles réussissent assez bien, la seconde
cependant moins certainement que les autres; mais
les pieds qu'elles donnent sont toujours dans le
cas de redouter les inconvéniens de l'hiver suivant
si on n'a pas employé tous les moyens possibles
pour les fertiliser, & si, avant les froids, on ne les
place pas contre les jours de la serre. Quelque soin
qu'on en prenne, elles ne subsistent pas au-delà de
trois à quatre ans; ainsi il faut en faire de nouveaux pieds tous les ans si on ne veut pas s'exposer à perdre l'espèce.

Ces plantes ont une certaine élégance qui les
fait remarquer, surtout pendant qu'elles sont en
fleurs. (*Bosc.*)

STRUTHIOPTÈRE. *Struthiopteris.*

Genre de plantes de la famille des *Fougères*,
établi aux dépens des OSMONDES. *Voyez* ce mot.

Espèces.

1. La STRUTHIOPTÈRE d'Allemagne.
Struthiopteris germanica. Willd. ⚄ Du nord de
l'Europe.

2. La STRUTHIOPTÈRE de Pensylvanie.
Struthiopteris pensylvanica. Willd. ⚄ Du nord de
l'Amérique.

Culture.

La première espèce se cultive dans les écoles
de botanique des pays où elle croît naturellement.
Pour cela on en enlève des pieds dans les bois,
& on les apporte avec leur motte dans ces écoles,
où on les abrite du soleil, & où on leur donne
de nombreux arrosemens en été. Malgré ces soins,
il est difficile de conserver ces pieds plus d'un an.
Voyez FOUGÈRE. (*Bosc.*)

STURMIE. *Sturmia.*

Genre établi pour placer l'AGROSTIDE NAINE,
Agrostis pumila, qu'on a prouvé s'éloigner des autres. (*Bosc.*)

STYLE : prolongement du germe des plantes.
Il porte le stigmate : les cultivateurs l'appellent
l'AIGUILLE. *Voyez* PISTIL, OVAIRE, STIGMATE,
FÉCONDATION & FLEUR. (*Bosc.*)

STYLIDION. *Stylidium.*

Genre de plantes de la gynandrie diandrie & de
la famille des *Orchidées*, qui réunit quatre espèces,
dont aucune n'est cultivée dans les jardins d'Europe.

Espèces.

1. Le STYLIDION à feuilles de graminée.
Stylidium graminifolium. Swartz. ⚄ De la Nouvelle-Hollande.

2. Le STYLIDION linéaire.
Stylidium lineare. Swartz. ⚄ De la Nouvelle-
Hollande.

3. Le STYLIDION mince.
Stylidium tenellum. Swartz. ⚄ Des Indes.

4. Le STYLIDION des marais.
Stylidium uliginosum. Swartz. ⚄ De Ceylan.
(*Bosc.*)

STYLOCORINE. *Stilocorina.*

Arbuste des Philippines, qui se rapproche des
GENIPAYERS & des GARDENNES, mais qui paroît devoir constituer un genre dans la pentandrie
monogynie.

Il n'est pas encore introduit dans nos cultures.
(*Bosc.*)

STYLOSANTHE. *Stylosanthe.*

Genre de plantes de la diadelphie décandrie &
de la famille des *Légumineuses*, établi aux dépens
des SAINFOINS (*voyez* ce mot), & dans lequel se
rangent six espèces, dont aucune ne se cultive.

dans nos écoles de botanique. *Voyez* pl. *627* des *Illuſtrations des genres* de Lamarck, où il eſt figuré.

Eſpèces.

1. Le STYLOSANTHE couché. *Stylofanthe procumbens.* Swartz. ♄ De la Jamaïque.

2. Le STYLOSANTHE viſqueux. *Stylofanthe viſcoſa.* Swartz. ♄ De la Jamaïque.

3. Le STYLOSANTHE mucroné. *Stylofanthe mucronata.* Willd. ♃ Des Indes.

4. Le STYLOSANTHE étalé. *Stylofanthe elatior.* Swartz. ♃ De la Caroline.

5. Le STYLOSANTHE hiſpide. *Stylpfanthe hiſpida.* Rich. ♄ De Cayenne.

6. Le STYLOSANTHE de la Guiane. *Stylofanthe guianenſis.* Swartz. ♄ De Cayenne.

J'ai rapporté beaucoup de graines de la quatrième de ces eſpèces ; elles ont levé dans des pots remplis de terre de bruyère & placés ſur couche nue ; mais aucun des pieds qu'elles ont donnés n'a pu paſſer le premier hiver , probablement à raiſon de l'humidité de l'orangerie où on les avoit placés. (*Bosc.*)

STYPHÉLIE. STYPHELIA.

Genre de plantes de la pentandrie monogynie & de la famille des *Fougères* , dans lequel ſe trouvent réunies vingt-trois eſpèces , parmi leſquelles huit ſe cultivent dans nos jardins.

Obſervations.

Les genres VENTENATIE de Cavanilles & AS-TROLOME de Curtis ne diffèrent pas de celui-ci, qui eſt lui-même fort rapproché des ÉPACRIS.

Eſpèces.

1. La STYPHÉLIE de Riche. *Styphelia Richei.* Labill. ♄ De la Nouvelle-Hollande.

2. La STYPHÉLIE dentée en ſcie. *Styphelia ſerrulata.* Labill. ♄ De la Nouvelle-Hollande.

3. La STYPHÉLIE effilée. *Styphelia virgata.* Labill. ♄ De la Nouvelle-Hollande.

4. La STYPHÉLIE à feuilles planes. *Styphelia collina.* Labill. ♄ De la Nouvelle-Hollande.

5. La STYPHÉLIE à fruits velus. *Styphelia trichocarpus.* Labill. ♄ De la Nouvelle-Hollande.

6. La STYPHÉLIE à feuilles ovales. *Styphelia obovata.* Labill. ♄ De la Nouvelle-Hollande.

7. La STYPHÉLIE à feuilles lancéolées. *Styphelia lanceolata.* Smith. ♄ De la Nouvelle-Hollande.

8. La STYPHÉLIE à longue corolle. *Styphelia tubiflora.* Smith. ♄ De la Nouvelle-Hollande.

9. La STYPHÉLIE éricoïde. *Styphelia ericoides.* Smith. ♄ De la Nouvelle-Hollande.

10. La STYPHÉLIE bâtarde. *Styphelia ſpuria.* Poir. ♄ De la Nouvelle-Hollande.

11. La STYPHÉLIE gnidienne. *Styphelia gnidium.* Vent. ♄ De la Nouvelle-Hollande.

12. La STYPHÉLIE à feuilles de ſapin. *Styphelia abietina.* Labill. ♄ De la Nouvelle-Hollande.

13. La STYPHÉLIE à feuilles en cœur. *Styphelia cordata.* Labill. ♄ De la Nouvelle-Hollande.

14. La STYPHÉLIE oxycèdre. *Styphelia oxycedrus.* Smith. ♄ De la Nouvelle-Hollande.

15. La STYPHÉLIE daphnoïde. *Styphelia daphnoides.* Smith. ♄ De la Nouvelle-Hollande.

16. La STYPHÉLIE élancée. *Styphelia ſtrigoſa.* Smith. ♄ De la Nouvelle-Hollande.

17. La STYPHÉLIE à balai. *Styphelia ſcoparia.* Smith. ♄ De la Nouvelle-Hollande.

18. La STYPHÉLIE à feuilles elliptiques. *Styphelia elliptica.* Smith. ♄ De la Nouvelle-Hollande.

19. La STYPHÉLIE glauque. *Styphelia glauca.* Labill. ♄ De la Nouvelle-Hollande.

20. La STYPHÉLIE à trois fleurs. *Styphelia triflora.* Andr. ♄ De la Nouvelle-Hollande.

21. La STYPHÉLIE à feuilles de genevrier. *Styphelia juniperina.* Willd. ♄ De la Nouvelle-Hollande.

22. La STYPHÉLIE à petites fleurs. *Styphelia parviflora.* Ait. ♄ De la Nouvelle-Hollande.

23. La STYPHÉLIE verte. *Styphelia viridis.* Andr. ♄ De la Nouvelle-Hollande.

Culture.

Les eſpèces qui ſe trouvent dans nos jardins ſont les 8e. , 11e. , 15e. , 18e. , 19e. , 20 , 21e. & 22e. Il leur faut la terre de bruyère , la ſerre tempérée, pendant l'hiver , & des arroſemens peu abondans, ſurtout pendant cette ſaiſon , l'humidité ſurabondante étant mortelle pour elles. On les multiplie uniquement par boutures , qui ſe font dans

des pots fur couche & fous châffis ; & qui réuffiffent ordinairement, mais dont il n'eft pas facile
de conferver les produits pendant leur première
année.

M. Dumont-Courfet confeille de placer ces
produits fous une bache pendant l'hiver plutôt que
dans la ferre, bache dont on ouvriroit les panneaux tous les jours où il ne geleroit pas, &
on ne peut que s'en rapporter à lui à cet
égard, comme pour tant d'autres procédés agricoles. (*Bosc.*)

STYRAX. On donne ce nom à deux réfines.

L'une folide, qu'on appelle auffi *ftorax cala-
mite*, que quelques auteurs croient provénir du
LIQUIDAMBAR ORIENTAL, d'autres de l'ALI-
BOUFIER OFFICINAL. *Voyez* ces deux mots.

L'autre liquide, qui probablement fort d'un
BALSAMIER. *Voyez* ce mot.

Ces deux réfines, dont la première vient de
Perfe & la feconde d'Égypte, ont beaucoup de
rapports. Leur odeur, lorfqu'on les brûle, eft très-
agréable, quoiqu'un peu forte. On en fait un
fréquent ufage en médecine. *Voyez* le *Dictionnaire de Pharmacie*, faifant partie de l'*Encyclopédie par ordre de matières.*

J'ai obfervé en Amérique la réfine du liquidambar occidental, réfine que les hirondelles acuti-
pennes emploient pour lier les buchettes dont leurs
nids font compofés, & je ne lui ai pas trouvé de
rapports d'odeur avec le ftorax folide, quoique
la grande analogie qui exifte entre les liquidam-
bars oriental & occidental femble l'annoncer.
(*Bosc.*)

SUAEDE : genre établi par Forskal, mais
depuis réuni aux SOUDES.

SUBSTITUTION DES SEMENCES. Il eft
d'expérience que, toutes chofes égales d'ailleurs,
la plus groffe graine, dans chaque efpèce, donne
le pied le plus vigoureux, & cela s'explique en
ce que la radicule & la plantule trouvent dans le
ou dans les cotylédons une première nourriture plus
abondante, qui leur permet de fe développer
avec plus d'amplitude, & par fuite de tirer de la
terre & de l'air une plus grande quantité de principes propres à leur accroiffement.

C'eft donc toujours la plus belle femence que
doivent employer les cultivateurs. *Voyez* GRAINE
& SEMENCE.

Mais fi on fème de belles graines dans un mauvais terrain, ou fi on cultive mal les réfultats des
femis de la belle graine, fes produits feront inférieurs à ceux de la même graine placée dans un bon
fonds bien cultivé, & par conféquent la nouvelle
graine que fourniront ces produits le fera également à celle qui lui a donné naiffance. Si cette dé-
gradation fe fuit pendant quelques années, on dit
que la graine a DÉGÉNÉRÉ. *Voyez* ce mot.

Cependant des graines produites dans un fol
trop fumé ou trop humide font quelquefois dans
le même cas, parce que la féve s'étant d'abord

portée avec trop d'abondance dans les feuilles,
il ne s'élève pas fuffifamment de nourriture dans la
tige pour faire croître ces graines autant qu'elles
l'euffent fait dans un terrain moins fertile. *Voyez*
GRAINE, ENGRAIS, EAU, ARROSEMENT,
FEUILLE & ÉCIMAGE.

Il eft donc évident que fi chaque année on fème
dans un mauvais terrain de la graine de première
qualité, prife dans un bon fol, on n'aura pas à
craindre une dégénérefcence complète : de-là eft
venue l'opinion qu'il falloit de temps en temps
changer les femences de fa culture en en faifant
venir du voifinage, même des pays étrangers.

Mais dans toutes récoltes, & principalement
dans celles des céréales & des plantes à graines
huileufes, qui font celles dont la dégénérefcence
eft la plus importante à confidérer fous le rapport
dont il eft ici queftion, il y a de belles, de
moyennes & de petites graines. On peut donc,
d'après ce que je viens de faire remarquer, remplir l'objet qu'on a en vue, feulement en choififfant de fa propre récolte, chaque année, la plus
belle graine pour femence.

La groffeur, la bonne conformation & la
complète maturité font les caractères propres à
la belle femence, & dans prefque toutes les efpèces, c'eft la belle femence qui tombe la première fous les coups du fléau : on remplit donc
l'objet qu'on a en vue, en battant légèrement le
froment, le chanvre, &c.

Lorfqu'on queftionne les cultivateurs qui font
dans l'habitude de changer leurs femences, fur
les motifs qui font choifir les femences de tel
canton, les uns foutiennent qu'il faut les tirer
du midi, les autres du nord; les uns de la plaine,
les autres de la montagne : le vrai, c'eft qu'ils la
tirent, dans chaque localité, du canton le plus
voifin qui poffède les meilleures terres, & où on
la nettoie le mieux des graines des mauvaifes
herbes.

Je dis donc qu'un cultivateur inftruit peut toujours, ou prefque toujours fe difpenfer de fubftituer des femences de cultures étrangères à celles
provenant de fa récolte; mais que lorfque les produits d'une culture ont dégénéré jufqu'à un certain point, il devient plus économique de les relever de fuite par l'acquifition de belle graine,
que de le faire fucceffivement, en femant de la
graine choifie dans ces produits.

L'influence du climat doit cependant faire exception à cette règle, furtout relativement à quelques
plantes des pays chauds, lorfqu'on les cultive
dans des climats contraires; ainfi il eft certain que
la graine de garance, tirée de Smyrne, donne des
racines plus chargées en principes colorans que
celle recueillie en France. *Voyez* GARANCE.

Le lin, qui eft auffi une plante des pays chauds,
préfente un fait encore plus remarquable; car c'eft
en tirant tous les ans fa graine prefque de l'extrême
nord (de Riga) que les induftrieux cultivateurs de

la Flandre obtiennent la filaffe la plus longue & la plus fine, avec laquelle feule on peut fabriquer la belle dentelle & la belle batifte. *Voyez* LIN.

Je citerai, pour prouver l'influence du fol fur la dégénérefcence de certaines plantes, la rave, qui aime les terres légères & fraîches, & qui devient méconnoiffable quand on la fème dans des terres fortes & fèches; auffi eft-on obligé de renouveler fouvent les femences de fes variétés, comme le favent ceux qui ont cultivé loin de leurs localités les navets de Freneufe, les raves de Hollande, &c. (*Bosc.*)

SUBULAIRE. *Subularia.*

Genre de plantes de la tétradynamie filiculeufe & de la famille des *Crucifères*, qui raffemble deux efpèces, dont une fe cultive quelquefois dans nos écoles de botanique. Il eft figuré pl. 556 des *Illuftrations des genres* de Lamarck.

Obfervations.

Ce genre fe rapproche tant des DRAVES, que quelques botaniftes l'ont réuni à ce dernier.

Efpèces.

1. La SUBULAIRE aquatique.
Subularia aquatica. Linn. ☉ Du nord de l'Europe.
2. La SUBULAIRE des Alpes.
Subularia alpina. Willd. ♃ Des alpes de la Carniole.

Culture.

Pour cultiver la première efpèce dans nos écoles de botanique, il faut en femer les graines dans des pots remplis de terre vafeufe, & faire plonger ces pots prefqu'entièrement dans un baffin. Le plant levé s'éclaircit, fe farcle, & ne demande enfuite aucun foin jufqu'à la récolte de la graine. Si on mettoit le pot dans une terrine pleine d'eau, cette eau, fe corrompant, feroit périr les plants, de forte qu'il faudroit renouveler très-fréquemment cette eau, ce que la négligence habituelle des ouvriers ne permet pas d'efpérer : c'eft cette négligence, portée fur la récolte de la graine, qui fait que cette plante manque fouvent dans nos écoles, où rien ne s'oppofe à fa confervation. (*Bosc.*)

SUC PROPRE DES PLANTES. On donne ce nom à un fluide différent de la fève, qui fe montre, dans la plupart des plantes, plus abondamment à une certaine époque de l'année, dans une certaine partie.

La nature des Sucs propres varie; elle eft mucilagineufe dans le prunier, le cerifier, le pêcher, l'amandier, l'abricotier, &c. (*voyez* GOMME); émulfive dans la laitue & autres efpèces de la famille des *Chicoracées* ; gommo-réfineufe dans l'eu-

phorbe, le pavot (*voyez* GOMME-RÉSINE); réfineufe dans les pins, les fapins, les genevriers (*voyez* RÉSINE); huileufe dans l'olive, l'amande, la noix, la faine (*voyez* HUILE). Leur couleur varie également; cette couleur eft rouge dans le millepertuis élégant, jaune dans la chélidoine, & le plus fouvent blanche. Dans ce dernier cas, elle devient ordinairement brune & même quelquefois noire par fon expofition à l'air. Il en eft de même de la faveur, qui eft tantôt douce, tantôt âcre, tantôt piquante, tantôt amère.

C'eft dans le Suc propre que réfident le plus ordinairement les vertus médicinales des plantes. Il eft purgatif dans le jalap, émétique dans l'ipécacuanha, narcotique dans le pavot, fébrifuge dans le quinquina, poifon dans la ciguë, dans la phellandre.

On ne peut douter de la circulation des Sucs propres; mais la marche de cette circulation eft encore moins connue que celle de la fève.

Quelques plantes ceffent de donner des indices de Suc propre dès que leurs graines font arrivées à maturité; d'autres le laiffent fluer plus abondamment lorfqu'elles font mourantes.

Les cultivateurs font, comme on le voit par l'énumération que je viens de faire de quelques Sucs propres, fréquemment dans le cas d'en faire ufage, & par conféquent de les recueillir; mais ils ne peuvent en rien influer fur leur production.

Voyez, pour le furplus, le *Dictionnaire de Phyfiologie végétale*, faifant partie de l'*Encyclopédie méthodique par ordre de matières*. (*Bosc.*)

SUCCESSION DES CULTURES. Il y a bien des fiècles que les cultivateurs fe font aperçus lorfqu'on femoit plufieurs fois de fuite du froment ou toute autre céréale dans le même champ, fans le fumer, la feconde récolte étoit moins bonne que la première; la troifième moins bonne que la feconde, & qu'à moins que le terrain ne fût très-fertile, la quatrième ne payoit pas fes frais.

Pour peu qu'on obferve avec attention ce qui arrive à un pré dans une même période de quelques années, on ne tarde pas à remarquer que les plantes qui y dominoient en premier lieu diminuent peu à peu, d'abord en vigueur, enfuite en nombre, & finiffent par y devenir les plus foibles & les plus rares; que celles qui y étoient rares & foibles, au contraire, fe multiplient & fe fortifient petit à petit pour difparoître à leur tour, & ce d'autant plus rapidement, que la nature du fol eft plus mauvaife.

Ce que je dis ici des plantes annuelles & des plantes herbacées vivaces, s'applique également aux plus grands arbres. Lorfqu'on a abattu une futaie féculaire de chênes, ce ne font point des chênes qui repouffent en plus grand nombre, ce font des trembles, des bouleaux, des charmes, des cerifiers, des érables, des frênes, des hêtres, felon la nature du fol. Il en eft de même lorfqu'on abat une futaie de hêtres, une futaie de frênes.

De-là le préjugé, exiftant dans quelques lieux, que les arbres fe changent les uns dans les autres.

Ces faits ont certainement frappé les cultivateurs dès les temps les plus reculés ; mais ils n'en ont pas fu tirer parti pour augmenter les produits de leurs cultures en en diminuant la dépenfe. Ce n'eft que dans le milieu du fiècle dernier que les principes ont été pofés & ont commencé à être appliqués. Aujourd'hui même on ne fuit pas encore, à beaucoup près, partout ces principes ; mais on marche généralement dans la route qui doit conduire à leur adoption, & il eft à croire qu'encore quelques années, & le fol français jouira de tous les avantages qui font la fuite d'un bon Assolement. Voyez ce mot, ainfi que ceux Alterner, Jachère & Sol.

Les caufes qui obligent à faire fuccéder les cultures les unes aux autres font encore imparfaitement connues ; cependant il eft certain, d'après l'obfervation, que l'une d'elles eft l'épuifement des principes fertilifans exclufivement propres à telle ou telle plante. En effet, d'un côté, plus la terre eft dépourvue d'humus, c'eft-à-dire, eft maigre, eft ftérile, plus telle plante y a été femée, & moins la plante y fubfifte d'années fucceffives. Plus une plante peut alonger chaque année fes racines, c'eft-à-dire, changer de place les fuçoirs qui les terminent, & plus elle eft dans le cas de fubfifter long-temps dans le même lieu. De l'autre, plus une plante porte de graines ou de groffes graines, & plus elle épuife promptement le fol, & par conféquent moins elle peut fubfifter long-temps ou revenir fouvent dans le même champ : auffi eft-il conftaté que les plantes annuelles, coupées avant la formation complète de leurs graines, peuvent être refemées fans une diminution très-fenfible de leurs produits futurs, dans ce même terrain, & que les plantes vivaces qu'on traite de même y fubfiftent bien plus long-temps.

Les céréales, & principalement le froment & l'orge, les plus épuifantes d'entr'elles, montrent chaque année des exemples innombrables du premier cas, & les prairies naturelles & artificielles du fecond.

Voici les principes pofés par mon collègue Yvart dans fon Traité des Affolemens, relativement à l'objet qui nous occupe dans ce moment.

« Pour déterminer le retour périodique plus ou moins fréquent des mêmes végétaux fur le même champ, le cultivateur doit prendre en confidération la nature plus ou moins épuifante de chaque végétal, d'abord relativement à fon organifation & à fa végétation particulière, & enfuite relativement au mode de culture auquel il doit être foumis.

» Il eft généralement avantageux de reculer le plus poffible le retour des mêmes végétaux fur le même champ, ainfi que celui des efpèces du même genre & des individus des mêmes familles naturelles. Ce retour doit être d'autant plus dif-

féré pour chaque végétal, que fon analogue aura occupé originairement le fol plus long-temps & l'aura épuifé.

» Lorfqu'on croit devoir admettre dans un affolement des cultures qui d'une part exigent des engrais abondans, & de l'autre fourniffent des produits qui ne font pas reftitués en grande partie au fol, fous une nouvelle forme d'engrais, il eft prudent de ne pas rendre leur retour fréquent, & de les intercaler avec d'autres cultures tout à la fois moins exigeantes & plus reftituantes.

» On appelle cultures épuifantes celles qui font deftinées à donner des graines, comme le froment, l'orge, le chanvre, le pavot, le colza, &c., & cultures reftituantes celles dont les produits font coupés bien avant la maturité de leurs graines, comme toutes les plantes annuelles qui fe fèment pour fourrage, & les prairies naturelles & artificielles qu'on ne réferve pas pour graines.

» C'eft un avantage que d'intercaler la culture des végétaux à racines profondes, pivotantes & tuberculeufes, avec celles dont les racines font fuperficielles, traçantes & fibreufes. »

La culture des plantes à racines pivotantes a l'avantage d'utilifer les principes fertilifans que les céréales & autres plantes à courtes racines ne peuvent aller chercher.

Olivier, de l'Inftitut, dans fon Mémoire fur quelques infectes qui rongent les céréales en herbe & nuifent beaucoup par-là au fuccès des récoltes, établit fur ce fait la néceffité d'altérner les cultures. En effet, ces infectes ne fe reproduifent que parce qu'ils trouvent toujours des céréales à leur portée ; mais fi on leur fait fuccéder, par exemple, la pomme de terre, enfuite des plantes oléagineufes, des prairies artificielles, des raves, &c. &c., la férie de leurs générations fera néceffairement interrompue, & ne pourra plus fe rétablir par la même caufe, puifque ce n'eft pas en une feule année que le nombre de ces infectes eft dans le cas de devenir affez grand pour nuire.

La plupart des efpèces de plantes tiennent à des groupes qu'on appelle familles, & dont les autres efpèces ont non-feulement des caractères communs, mais même des propriétés communes ; ainfi ces efpèces ne pourront pas être fubftituées les unes aux autres avec autant d'avantages qu'à des efpèces de genres fort éloignés dans leur ordre naturel. Par exemple, l'avoine ne croîtra pas fi bien après le froment que la vefce, la vefce après la fève de marais que la pomme de terre, &c. Il faut donc que les cultivateurs prennent une idée générale des principes de la botanique, pour pouvoir fe diriger avec certitude dans le choix des plantes qui doivent être fubftituées les unes aux autres.

En Europe, dans la grande culture, les trois familles entre lefquelles alternent le plus fouvent les cultures, font les Graminées, les Légumineufes & les Crucifères. Hors d'elles il n'y a plus que

quelques plantes isolées, comme la pomme de
-terre, le chanvre, le lin, le pavot, le topinambour, la betterave, la carotte & le panais qui leur
soient substituées.

Les agriculteurs anglais, au nombre desquels
il faut mettre Arthur Young en première ligne, se
font beaucoup occupés de rechercher, par des expériences directes & comparatives, quelles étoient
les plantes de familles éloignées qui se remplaçoient
avec avantage, & ils nous ont fourni un grand
nombre de faits qui ont été confirmés par la pratique des agriculteurs français, & entr'autres par
celle de mon collègue Yvart. Si je faisois ici un
Traité des assolemens, je devrois sans doute rappeler ces faits; mais comme il en a été question
aux articles de chacun des objets qui entrent dans
la série de nos cultures, je dois me borner à y
renvoyer le lecteur.

Si les cultivateurs n'avoient pour but que la
plus grande production possible dans un espace de
terre donné, ils ne devroient y remettre la même
plante que lorsque tous les autres objets de leurs
cultures y auroient passé, c'est-à-dire, après des
siècles; car les forêts de chênes qui peuvent subsister trois & quatre cents ans dans un bon sol,
font aussi partie de ces objets. Mais ils ont bien
d'autres considérations à combiner avec celle-là,
telles que la nature du terrain, du climat, de l'exposition, les avances dont on peut disposer, l'intelligence du cultivateur; telles que les besoins de
sa famille, la nécessité de préférer les articles qui
se vendent le plus facilement & le plus avantageusement, que l'on peut faire semer, récolter ou ma-
nufacturer avec le moins de peine, que l'on peut
conserver le plus long-temps, &c. &c. Par exemple, on ne pourra pas semer utilement du colza
dans la craie, cultiver l'olivier dans les plaines
des environs de Paris, la vigne au nord des hautes montagnes. Celui qui n'a pas de fortune ne
pourra acheter les bestiaux, les instrumens aratoires, payer les ouvriers employés, &c.; celui
qui n'a pas d'instruction ne saura pas tirer parti
des circonstances favorables ou éviter les accidens.
Quel est le cultivateur isolé qui pourra se dispenser de semer du froment ou du seigle pour sa subsistance, de l'avoine ou de l'orge, des fourrages
de plusieurs sortes pour celle de ses chevaux? Ne
seroit-ce pas une folie que de cultiver du
houblon dans les pays à vin, de faire du chanvre
dans les pays où la population est rare ou la main-
d'œuvre chère; de chercher à récolter des pommes de terre, des navets, &c., plus qu'on ne
peut en vendre ou en consommer? Par suite, on
peut juger que la construction d'un chemin, d'un
canal, l'établissement d'une grande manufacture,
&c., peuvent changer l'objet de la culture d'un
canton, & par conséquent la série de la Succession
des plantes qu'on y cultive.

A raison de leur plus longue durée & du peu
de dépense de leur entretien, ainsi que de la né-

cessité d'avoir un grand nombre de bestiaux pour
obtenir beaucoup d'engrais, les prairies naturelles,
les prés-gazons & les prairies artificielles sont indispensables à toute exploitation rurale bien dirigée. Or, il se peut que leur nécessité force de
restreindre la culture des céréales ou autres plantes
plus que la théorie ne l'exige. Il en est de même
de celle des céréales dans les pays de montagnes
arides, qui n'offrent que peu de localités qui la
permettent.

Il est cependant un cas où le principe de la
Succession des cultures ne doit pas être suivi; c'est
lorsque la terre est naturellement trop fertile ou
qu'elle a été trop fumée; le froment qu'on y sème
alors poussant trop en paille & donnant peu de
grain, il convient de la dégraisser en y semant plusieurs fois de suite cette céréale ou une autre.
Voyez FEUILLE & ÉCIMAGE. (Bosc.)

SUCCION DES PLANTES : faculté dont
jouissent les plantes d'attirer dans leurs tubes sé-
veux l'eau pure ou l'eau chargée de principes nutritifs.

On a attribué cette faculté à la propriété capillaire, &, en effet, l'eau monte dans une branche sèche; mais cependant cette explication n'est
pas suffisante, puisque, dans ce cas, l'eau ne
monte qu'à une certaine hauteur, & que lorsque
la plante est vivante, elle monte jusqu'à l'extrémité des rameaux & dans toutes les feuilles : il
faut donc faire intervenir l'action du principe
vital.

Les effets de la Succion des plantes se font remarquer de tous les cultivateurs, lorsqu'après un
jour très-chaud, les plantes ayant leurs feuilles
fanées, on les arrose. Peu d'instans après cette
opération, les feuilles se relèvent & offrent la
même apparence de vie qu'elles avoient le matin.

La Succion est plus rapide, 1°. quand la plante
est exposée au soleil, quand l'air est plus sec,
quand il fait plus de vent, la chaleur étant la
même; 2°. quand il y a plus de feuilles ou de plus
grandes feuilles; 3°. au printemps qu'à aucune
autre époque de l'année; elle est très-foible en
automne.

Les jeunes feuilles tirent moins d'eau que les
vieilles, les herbes que les arbres.

L'air joue un rôle dans la Succion des plantes,
car lorsqu'on met une plante sous un récipient,
elle est proportionnée à la capacité de ce récipient. Voyez SÈVE, TRANSPIRATION, CIR-
CULATION, VÉGÉTATION. (Bosc.)

SUCCISE : nom spécifique d'une SCABIEUSE.

SUCCOWIE. SUCCOWIA.

Genre de plantes établi pour la BUNIADE DES
ILES BALÉARES, qui ne possède pas les caractères
des autres. Voyez ce mot. (Bosc.)

SUCCULENT. Ce qui contient du suc. Les
poires fondantes sont succulentes, les joubarbes

ont des feuilles succulentes. Les acceptions de ce mot varient donc. *Voyez* PLANTE dans le *Dictionnaire de Botanique*. (*Bosc.*)

SUCRE : forte de fel, très-agréable au goût, qui fe forme dans quelques plantes ou parties de plantes, & qu'on en retire par une férie d'opérations affez compliquées.

La formation du Sucre eft un des derniers ou des premiers actes de la végétation : un des derniers, parce que, lorfqu'il fe forme dans les tiges & dans les racines, ce n'eft qu'après qu'elles font arrivées à toute leur groffeur; que lorfqu'il fe forme dans les fruits, ce n'eft qu'à leur complère maturité (*voyez* CANNE, BETTERAVE, RAISIN, POMME); un des premiers, parce que toutes les graines, toutes les racines qui contiennent de l'amidon, deviennent fucrées par l'effet même de leur végétation. *Voyez* ORGE & POMME DE TERRE.

Il y a donc lieu de croire que c'eft, dans le premier cas, l'ACIDE MALIQUE qui conftitue fes élémens, & dans le fecond cas, l'AMIDON. (*Voyez* ce mot & celui FÉCULE.) La chimie trouve auffi fort peu de différence entre le Sucre & les GOMMES. *Voyez* ce mot & celui MUCILAGE.

Sans le Sucre, ou fes repréfentans, le mucilage, appelé alors *principe muqueux*, ou *mucofo-fucré*, il n'y a pas de fermentation vineufe, ou de fermentation panaire, & par fuite point d'ALCOOL ou d'EAU-DE-VIE. *Voyez* ces mots.

Rarement le Sucre fe trouve en entier à l'état parfait dans les plantes les plus mûres; auffi la canne même fournit-elle une portion de SIROP incriftallifable. (*Voyez* ce mot.) Dans quelques plantes, dans quelques parties de plantes, la formation du Sucre ne fe complète jamais; de forte que, quoiqu'elles paroiffent très-fucrées, on n'en peut retirer du Sucre criftallifé.

Les plantes, dans certaines circonftances, laiffent prefque toutes tranffuder du Sucre ou du mucofo-fucré de quelques-unes de leurs parties, ce qui fait croire qu'il n'eft étranger à aucune. Ainfi, au moment de la fécondation, le piftil fecrète du MIEL que les ABEILLES favent recueillir pour leur ufage, & que nous favons nous approprier pour le nôtre; ainfi, pendant l'été, il tranffude des feuilles une matière fucrée, appelée MIÉLAT, que les PUCERONS, en toutes circonftances, font fecréter à volonté. *Voyez* ces deux mots.

Outre ces fecrétions, il eft des plantes, comme le FRÊNE, comme l'ALHAGI, comme le RHODODENDRON, comme un VAREC, &c., qui donnent une fève fucrée, ou un mucofo-fucré folide. *Voyez* MANNE.

Généralement le Sucre eft regardé comme la partie la plus éminemment nutritive des végétaux. Tous les enfans, tous les animaux herbivores en font leurs délices. Il eft donc à defirer qu'il foit abondant & à bon compte.

Les Anciens connoiffoient le Sucre, mais ils en faifoient fort peu ufage. Le miel & le raifiné leur en tenoient lieu le plus fouvent. Aujourd'hui il nous eft devenu fi néceffaire, que nous ne pouvons plus nous en paffer, & qu'il eft l'objet d'un commerce de première importance pour prefque toutes les parties du Monde.

Dans les Etats-Unis de l'Amérique on retire, en grand, du Sucre de l'érable-Sucre; on en a même retiré, en Allemagne, de l'érable-fycomore. J'en parlerai en détail à l'article ÉRABLE dans le *Dictionnaire des Arbres & Arbuftes*.

Le BOULEAU & prefque tous les PALMIERS ont auffi une fève fucrée, avec laquelle on peut faire d'abord du vin, & enfuite de l'alcool.

Celle de toutes les plantes connues qui fournit le plus de Sucre, eft la CANNE (*faccharum officinale*), originaire de l'Inde, & tranfportée en Afrique & Amérique. Il en a été longuement parlé à fon article, auquel je renvoie.

Mais la canne à Sucre ne peut être cultivée avec profit, pour donner du Sucre, que dans les pays intertropicaux, & les événemens politiques nous ayant fait perdre nos colonies, ayant rompu les liens commerciaux entre les peuples, le Sucre de canne a été, pour ainfi dire, profcrit, & on a cherché à le fuppléer. Les belles expériences de Prouft fur celui de raifin avoient d'abord fait croire qu'il feroit poffible de l'employer pour fuppléer au Sucre de canne; mais comme il eft d'une nature particulière, moins fucré, fi je puis employer cette expreffion, que ce dernier, c'eft-à-dire, qu'il fe blanchit & fe criftallife difficilement, fucre peu fous un gros volume, on y a renoncé pour s'en tenir au SIROP. *Voyez* ce mot & celui RAISIN.

C'eft de la betterave, racine dans laquelle Marcgrave avoit déjà reconnu le Sucre il y a plus d'un fiècle, qu'on peut aujourd'hui le plus avantageufement le retirer en grand pour le verfer dans le commerce. Ce Sucre eft abfolument de même nature que celui de la canne, & peut le fuppléer parfaitement dans tous fes emplois.

Comme il n'a pas été queftion de l'extraction de ce Sucre à l'article BETTERAVE, j'y fupplée en donnant l'extrait de la dernière inftruction publiée par le Gouvernement, fans cependant vouloir faire croire qu'un fabricant puiffe fe paffer des indications qu'il peut puifer dans les écrits de Deyeux, Baruel, Derofnes & autres chimiftes qui fe font occupés de cet objet.

La terre pour le femis des betteraves deftinées à produire du Sucre, doit être ni trop humide, ni trop fumée, ni trop ombragée. Des betteraves cultivées dans des terrains falés ont donné un Sucre où le muriate d'ammoniac étoit fenfible au goût. Des betteraves cultivées dans des terrains amendés avec des décombres, ont donné un fucre où le nitrate de potaffe furabondoit. Elle fera ameublie, autant que poffible, par les labours, furtout fi elle n'eft pas naturellement légère. On femera de préférence en rayons, pour pouvoir plus

plus facilement donner au sol trois binages au moins. Les plants seront éclaircis lorsqu'ils auront acquis quatre à cinq feuilles, de manière qu'il n'y en ait point qui soit à moins d'un pied de distance d'un autre, afin que chacun puisse jouir sans obstacle de l'influence des rayons du soleil, influence sans laquelle il n'y a pas de formation de Sucre. On se gardera bien de couper les feuilles à la fin de l'été, parce que cette opération nuiroit également & au grossissement des racines & à la production du Sucre. *Voyez* FEUILLE & BETTE-RAVE.

Un arpent de terre rapporte, terme moyen, quarante-quatre mille livres de betteraves, qui fournissent, lorsque l'année est favorable & la fabrication convenable, douze cents livres de Sucre brut. Environ trente mille arpens suffiroient donc à la fabrication de tout le Sucre nécessaire à la consommation de la France, consommation évaluée à quarante millions de livres.

Les betteraves doivent être arrachées seulement aux approches des premières gelées, portées de suite à la fabrique, où elles seront rangées dans le sens de leur longueur, après avoir été dépouillées de leurs feuilles par un simple mouvement de torsion, en tas de cinq à six pieds de haut, & aussi longs & aussi larges que la quantité l'exigera. Ces tas seront couverts de paillassons ou de toiles, &, dans les fortes gelées, d'une épaisseur de paille ou de feuilles sèches, ou de fougère proportionnée à l'intensité de ces gelées. Il a été reconnu que la conservation de ces racines dans des caves ou dans des fosses nuisoit à la quantité & à la qualité du Sucre.

La première opération à faire, quand on veut travailler à l'extraction du Sucre, c'est de laver les racines de betterave, parce que la terre qui y est adhérente embarrasse dans les opérations subséquentes, & que les petites pierres qu'elle recouvre usent la machine à pulper. Ce lavage se fait en mettant les racines dans un grand baquet plein d'eau, en les remuant & les balayant jusqu'à ce que toute la terre soit tombée. On les rince ensuite dans de la nouvelle eau, & on les jette dans de grands paniers qui servent à les transporter au lieu où elles doivent être réduites en pulpe.

Un grand nombre de machines ont été proposées pour réduire rapidement & économiquement en pulpe les racines de betterave; plusieurs sont extrêmement coûteuses, d'autres d'un usage peu durable, d'autres d'un emploi incertain ou incomplet, cette pulpe devant être la plus divisée possible. Les râpes de M. Thierry, les cylindres de M. Caillon & les cônes opposés, sont celles qui ont réuni le plus de suffrages.

A mesure que la betterave est réduite en pulpe, on la soumet à la presse; & comme perdre du jus c'est perdre du Sucre, plus l'action de cette presse sera puissante, & plus il y aura à gagner. On a imaginé beaucoup de sortes de presses, les unes

Agriculture. Tome VI.

trop coûteuses, les autres trop foibles. La presse à vis de fer, dont le pas est très-rapproché, est la plus fréquemment employée; la presse hydraulique est la plus puissante. Ici, comme pour la machine à pulper, il faut s'adresser à un mécanicien instruit & honnête, car il n'est pas à espérer qu'un simple ouvrier puisse satisfaire à toutes les données.

Il y a lieu de regretter, à mon avis, qu'on n'ait pas encore fait usage de la presse à huile hollandaise, laquelle agissant par les forces combinées de la percussion & du coin, offre les résultats les plus désirables. *Voyez* MOULIN A HUILE.

Pour presser la pulpe, on la met dans des sacs de toile forte; on place successivement chacun de ces sacs sur le plateau de la presse, qui est garni en plomb, est recouvert d'une claie d'osier, & on a soin de séparer chaque sac avec une pareille claie. Lorsque la presse est chargée, on abat le plateau supérieur & on procède à la pression.

La presse à vis en fer donne ordinairement soixante-dix-huit à quatre-vingt pour cent de jus, tandis que les autres, la presse hydraulique exceptée, ne fournissent que cinquante à soixante.

Quatre à cinq de ces presses, bien servies, suffisent à la fabrication de trente mille livres de betteraves par jour.

Il ne faut jamais mettre en pulpe que la quantité de betteraves qui peut être réduite en sirop cristallisable dans les douze heures qui suivent, parce que le jus que contient cette pulpe a la plus grande disposition à fermenter, & que le Sucre qui s'y trouve se détruit par la FERMENTATION. *Voyez* ce mot.

Cette tendance à la fermentation fait qu'on ne doit pas mettre de poêles dans l'atelier, & qu'il faut cesser la fabrication dès que les chaleurs commencent.

Les sacs employés ne doivent plus l'être qu'après avoir été lavés à l'eau bouillante alcalisée, & rincés dans l'eau froide.

Les machines, les vases, les claies d'osier seront lavées deux fois par jour pour éviter qu'il s'y conserve du jus en fermentation, qui altéreroit toutes les opérations subséquentes.

Plusieurs modes de construction des fourneaux destinés aux cuites & aux évaporations du sirop de betteraves ont été proposés; mais le meilleur est celui dans lequel le cul de la chaudière présente la plus grande surface à l'action du feu, parce qu'il faut que cette action soit très-rapide, même presqu'instantanée, car plus le sirop est manipulé, & plus il s'altère.

La forme des chaudières n'est pas indifférente, puisque les rondes, recevant la flamme dans toute la surface extérieure, sont, d'après ce que je viens de dire, plus avantageuses que les carrées, qui ne la reçoivent que sur une partie de leur étendue. Les chaudières sont de cuivre. On a cru qu'il étoit bon qu'elles fussent étamées, mais on est convaincu aujourd'hui que cela n'est pas nécessaire.

Le jus obtenu eſt de ſuite porté dans la chaudière à clarification, qu'il doit preſqu'entièrement remplir. On allume un grand feu, car plus tôt le jus eſt élevé à la température de l'ébullition, & meilleur c'eſt. Lorſqu'il eſt arrivé à ſoixante-cinq degrés, on jette dans la chaudière du lait de chaux dans une proportion qu'on ne peut connoître que par des eſſais préalables. On agite convenablement le mélange, puis on continue d'élever la température juſqu'à ce qu'elle ſoit parvenue à quatre-vingts degrés; il faut alors retirer promptement le feu pour ne pas permettre à l'ébullition de ſe manifeſter. En cet état, on laiſſe dépoſer le liquide l'eſpace d'une demi-heure ou de trois quarts d'heure, ſelon que ſa clarification ſera plus ou moins bien opérée. Une écume épaiſſe ſe forme à la ſurface de la chaudière, tandis qu'un précipité plus ou moins abondant gagne le fond : cette opération s'appelle le *déféquage*. On enlève cette écume : la couleur du jus eſt alors d'un beau jaune-paille.

La chaudière à clarifier doit être aſſez élevée au-deſſus de celle à évaporer, pour que le jus puiſſe couler de lui-même, au moyen d'un tuyau ſoudé à trois pouces au-deſſus du fond de la première, & pourvu d'un robinet auquel on adapte un filtre. Le dépôt qui reſte au fond eſt, ainſi que les écumes, ſoumis à une preſſion; & le jus qui en provient eſt, après ſa clarification, réuni à celui de la chaudière à évaporer.

On allume auſſitôt le feu ſous la chaudière à évaporer; & comme le jus eſt déjà très-chaud, il ne tarde pas à entrer en ébullition.

Mais le jus déféqué au moyen de la chaux, conſerve un goût d'alcali qui ſe maintient dans le Sucre, & qu'il eſt par conſéquent néceſſaire de faire diſparoître. Long-temps on a employé l'acide ſulfurique pour remplir cet objet, auquel on a dû renoncer comme donnant lieu à de graves inconvéniens. On lui a ſubſtitué d'abord le charbon de bois, & enſuite, ſur la propoſition de M. Deroſnes, le charbon animal, dont les effets tiennent du prodige.

Ainſi donc, lorſque l'ébullition du jus commence, on projettera dans la chaudière, en poudre groſſière, trois à quatre livres de charbon animal & quatre livres de charbon de bois par chaque cent litres de jus. A meſure qu'on met ce charbon, & après l'avoir entièrement mis, il faut continuellement remuer tout le liquide. La ſaveur de la chaux diſparoît ſucceſſivement, & après deux heures ou deux heures & demie d'ébullition, elle a complètement diſparu.

Lorſqu'on arrête l'ébullition, le ſirop doit marquer quinze degrés à l'aréomètre de Baumé. La plus grande partie du charbon ſe précipite par le repos, & on peut le retirer avec une écumoire. On laiſſe refroidir juſqu'à ce que le ſirop ne marque plus que trente à trente-quatre degrés au thermomètre de Réaumur, & alors on braſſe, dans la chaudière, du ſang de bœuf dans la proportion d'un centième du liquide. On remet le feu ſous la chaudière; & par l'augmentation de la température, qu'on élève juſqu'à quatre-vingts degrés, ſans permettre l'ébullition, le ſang ſe coagule & entraîne à la ſurface du liquide toutes les ſubſtances hétérogènes qui en troubloient la tranſparence, d'où on les enlève avec une écumoire. On jette cette écume ſur un filtre, & le ſirop qui en provient eſt remis dans la chaudière.

Le ſirop écumé eſt très-limpide, mais il y nage cependant encore des flocons albumineux, dont on le débarraſſe en le filtrant.

Le feu eſt alors rallumé ſous la chaudière, dont le ſirop entre bientôt en ébullition; s'il ſe bourſouffle, on y jette un petit morceau de beurre, qui fait ceſſer de ſuite ſon bourſoufflement, & on continue de le faire bouillir à gros bouillons.

Un peu avant que le ſirop marque vingt-huit degrés à l'aréomètre de Baumé, on voit nager une grande quantité de ſels qui ſe précipitent ſucceſſivement, & qu'on en ſépare par une nouvelle filtration ſur le réſervoir deſtiné à l'opération du grainage.

Ce réſervoir eſt une cuve peu profonde, ronde ou carrée, doublée en plomb, & placée dans une pièce ſéparée. Elle a deux canelles, l'une au fond & l'autre à huit lignes de ce fond; cette dernière pour pouvoir tirer le ſirop clair, car cette qualité doit être exigée au plus haut point.

Toutes les opérations ci-deſſus doivent être faites avec la plus grande célérité; de leur perfection dépend le ſuccès de la dernière. C'eſt pour n'avoir pas apporté toute l'attention néceſſaire à cette perfection, que tant de fabriques n'ont pas réuſſi à faire du Sucre avec profit.

Les chaudières deſtinées au grainage auront deux pieds ſept pouces de profondeur, avec un fond d'une ſeule pièce, ayant trois lignes d'épaiſſeur.

Le charbon de terre eſt le meilleur combuſtible à employer, parce qu'il donne beaucoup de chaleur.

On ne verſe du ſirop dans la chaudière du grainage que juſqu'au tiers de ſa hauteur, & on fait un grand feu pour déterminer une prompte ébullition. Auſſitôt qu'elle commence, la maſſe s'enfle, & déborderoit bientôt, ſi on n'y jetoit un petit morceau de beurre. Toutes les fois qu'on a à craindre un ſemblable événement, on renouvelle la même opération. Le ſirop change de couleur, ne bout plus que par intervalle, ce qui annonce que le point de cuiſſon eſt près d'arriver; alors on ralentit le feu. On reconnoît que la cuite eſt complète, lorſqu'en prenant une petite quantité de ſirop entre le pouce & l'index, & ſéparant ces deux doigts, il ſe forme un filet qui caſſe net près du pouce & forme un crochet : on ſe hâte alors de retirer le ſirop de la chaudière, & on procède à une ſeconde cuite, & même à une troiſième. Ces trois cuites ſont verſées ſucceſſivement dans un grand vafe de cuivre, qu'on appelle *rafraîchiffoir*, placé dans une pièce voifine, dont la température doit être entre quinze ou dix-huit degrés du thermomètre de Réaumur. Cette température eft indifpenfable, parce que, fi elle étoit plus élevée, la criftallifation ne fe feroit pas, & que fi elle étoit beaucoup plus baffe, le firop fe prendroit en maffe.

Lorfqu'on verfe les deux premières cuites dans le rafraîchiffoir, on agite fortement le firop; au contraire on verfe très-doucement la troifième : ce mélange des cuites eft très-avantageux, ainfi que le prouve l'expérience.

Lorfque le firop eft fuffifamment rafraîchi, qu'il marque trente à trente-trois degrés à l'aréomètre de Baumé, on brife la couche de criftaux qui le recouvre, on l'agite dans toutes fes parties & on le verfe dans les formes après les avoir mouillées.

Les formes font des vafes coniques de terre ou de bois, d'un pied à un pied & demi de hauteur, fur fix à huit pouces de largeur à la bafe, & dont le fommet eft percé d'un petit trou qu'on ferme avec une cheville. On les place, par le petit bout, fur des planches percées à cet effet, & difpofées en rayons à la hauteur de la main.

Si le firop eft cuit au degré convenable, fa criftallifation doit être effectuée dans l'efpace de quinze à vingt heures; alors on ôte la cheville qui ferme le petit bout, & on fait écouler dans un vafe placé deffous, la partie non criftallifée du firop, partie qu'on appelle *mélaffe*. Ce qui refte dans la forme eft le Sucre brut, qui doit avoir une belle couleur jaune-clair & une faveur fucrée franche très-agréable.

Quinze à dix-huit jours fuffifent pour purger le Sucre brut de toute fa MÉLASSE (*voyez* ce mot) : ainfi on peut dès-lors procéder au raffinage.

Le raffinage du Sucre s'exécute en le faifant diffoudre dans une petite quantité d'eau pour le transformer en firop, qu'on traite pofitivement comme il vient d'être dit pour le premier; feulement, après l'avoir mis dans la forme & l'avoir purgé de fa mélaffe, on le recouvre d'une boue argileufe, dont l'eau, en fe filtrant lentement à travers les criftaux, diffout & entraîne les reftes de la mélaffe, de forte que le Sucre devient d'un beau blanc.

Comme les opérations du raffinage du Sucre exigent de vaftes ateliers & des opérations fort longues, il n'eft pas de l'intérêt des cultivateurs de les entreprendre. Il en fera queftion fort au long dans le *Dictionnaire des Arts chimiques*, faifant partie de l'*Encyclopédie par ordre de matières*.

Il ne me refte plus, pour terminer ce que j'ai à dire fur la fabrication du Sucre de betterave, qu'à parler de l'emploi de la pulpe privée de jus, & des mélaffes.

Tous les beftiaux, furtout les ruminans, aimant beaucoup les racines de la betterave, doivent aimer de même fa pulpe, qui n'eft que la racine privée d'une partie de fon Sucre & de fon eau de végétation; auffi eft-il prefqu'auffi avantageux de la leur donner que les racines mêmes. Elle procure un lait abondant aux vaches & aux brebis, engraiffe les bœufs & les cochons, & maintient en chair les chevaux de travail. Aux environs de Paris, la vente de la pulpe paie prefque la moitié du prix d'achat des racines.

Au défaut d'emploi, on peut la faire fermenter & en tirer d'abord de l'eau-de-vie, puis la faire fervir à l'engrais des terres, ce à quoi elle eft très-propre, ou mieux la laver à plufieurs reprifes dans de l'eau bouillante, & traiter cette eau comme je vais l'indiquer pour les mélaffes.

La converfion des marcs & mélaffes en eau-de-vie eft encore bien plus fructueufe; elle eft telle dans le nord, qu'on ne fait pas d'eau-de-vie de vin, que les fabricans peuvent prefque couvrir, par fon moyen, les frais de fabrication du Sucre.

La manière de faire fermenter les mélaffes eft extrêmement fimple.

Dans des cuves plus ou moins grandes, placées dans un atelier dont la température eft conftamment entretenue à dix-huit degrés du thermomètre de Réaumur, on verfe une quantité déterminée de mélaffe; puis, par l'addition d'eau bouillante, on diminue fa denfité, jufqu'à ce qu'elle ne marque plus que douze à quatorze degrés à l'aréomètre de Baumé. On ajoute enfuite une quantité proportionnée de levure de bière, & on agite fortement le mélange, qui ne doit occuper que le tiers de la cuve. La fermentation dure ordinairement dix à onze jours, pendant lefquels on remue de temps en temps la liqueur. Dès qu'elle eft affaiffée & qu'elle a perdu fa faveur fucrée, il faut fe hâter de diftiller; car elle ne tarderoit pas à fe changer en vinaigre.

La diftillation, bien conduite, produit ordinairement en eau-de-vie la moitié du volume de la mélaffe employée.

Je n'entrerai pas dans les détails de cette opération, puifqu'ils font développés d'une manière générale aux mots DISTILLATION, EAU-DE-VIE, ALCOOL des *Dictionnaires de Chimie* & des *Arts économiques*, faifant partie de l'*Encyclopédie par ordre de matières*. (BOSC)

SUCRION : variété d'ORGE.

SUD. *Voyez* MIDI.

SUERCE. SWERTIA.

Genre de plantes de la pentandrie monogynie & de la famille des *Gentianes*, dans lequel fe placent dix efpèces, dont une feule fe cultive dans nos écoles de botanique. Il eft figuré pl. 109 des *Illuftrations des genres* de Lamarck.

Espèces.

1. La Suerce vivace.

Swertia perennis. Linn. ♃ Des alpes de la Suisse.

2. La Suerce difforme.

Swertia difformis. Linn. De l'Amérique septentrionale.

3. La Suerce couchée.

Swertia decumbens. Vahl. De l'Arabie.

4. La Suerce en roue.

Swertia rotata. Lam. ☉ De la Sibérie.

5. La Suerce de Carinthie.

Swertia carinthiaca. Jacq. ☉ Des alpes de la Carinthie.

6. La Suerce sillonnée.

Swertia sulcata. Rottb. ☉ De l'Islande.

7. La Suerce à feuilles de parnassie.

Swertia parnassissifolia. Labill. De la Nouvelle-Hollande.

8. La Suerce corniculée.

Swertia corniculata. Linn. ☉ De la Sibérie.

9. La Suerce du Kamtchatka.

Swertia tetrapetala. Pall. ☉ Du Kamtchatka.

10. La Suerce dichotome.

Swertia dichotoma. Linn. ☉ De la Sibérie.

Culture.

La première espèce est la seule que nous cultivions ; elle exige la terre de bruyère, l'ombre & des arrosemens abondans en été. Pour la faire arriver à toute sa beauté, il seroit même bon, dans les jardins paysagers, de la planter dans un lieu constamment humecté par une eau courante. Comme elle donne rarement de bonnes graines, & que ces graines, comme celles de la plupart des autres gentianées, lèvent difficilement, on ne la multiplie que par le déchirement des vieux pieds en hiver.

Au reste elle est rare, & il devient fort difficile de se la procurer de nouveau quand on l'a perdue. (*Bosc.*)

SUFFRENIE. *Suffrenia.*

Plante annuelle des marais, qui se rapproche des Glauces & des Péplides, & qui seule forme un genre dans la diandrie monogynie & dans la famille des *Salicaires.*

Je ne sache pas qu'elle ait été cultivée jusqu'à présent, mais sa culture doit être la même que celle des Glauces. *Voyez* ce mot. (*Bosc.*)

SUIE : un des résultats de la combustion, celui qui se fixe sur la paroi intérieure des cheminées.

C'est un mélange d'huile, d'acide pyroligneux (acide acétique) & de charbon, par conséquent une espèce de savon acide.

Je dois considérer ici la Suie sous le rapport de son inflammation dans la cheminée, ainsi que sous celui de son utilité comme engrais.

Les *feux de cheminée* (c'est le nom qu'on donne à l'inflammation de la Suie) sont plus communs & plus dangereux dans les campagnes que dans les villes ; plus communs, parce qu'on attend toujours à la dernière extrémité pour faire ramoner les cheminées, & parce qu'on y brûle souvent des fagots, de la paille, des chenevottes & autres matières qui donnent beaucoup de flamme ; plus dangereux, parce que les cheminées sont moins solidement construites, que beaucoup de maisons sont couvertes en chaume, qu'il y a souvent, dans le voisinage, de grands amas de paille & autres matières combustibles. *Voyez* Feu.

Les Anciens connoissoient la propriété fertilisante de la Suie, & tous les ouvrages modernes préconisent ses avantages ; cependant il est beaucoup de lieux où on la laisse perdre par ignorance ou insouciance. Je ne puis trop la recommander aux agriculteurs. Ses effets sont certains, mais il faut de la prudence dans son emploi ; car, quand elle est trop abondamment répandue, surtout dans les terrains secs, elle brûle les plantes, probablement à raison de l'acide qu'elle renferme : elle rétablit, presque par enchantement, les prairies humides, usées & couvertes de mousse ; elle donne, au moins momentanément, aux vieux arbres l'aspect de la jeunesse. Ordinairement c'est à la volée & mêlée avec moitié de terre qu'on la répand ; on la mêle aussi avec les fumiers, dont elle augmente prodigieusement l'énergie.

L'âcreté de la Suie la rend aussi très-propre à faire périr les fourmis sur les logemens desquelles on en met, les pucerons, les cochenilles, les tigres & autres insectes contre lesquels on en lance la dissolution avec une pompe à main.

On fabrique avec la Suie une couleur très-solide, qu'on appelle *bistre.* Les chasseurs & les pêcheurs s'en servent pour donner à leurs filets une nuance propre à diminuer les soupçons des oiseaux & des poissons.

Chaque espèce de bois donne une Suie de différente qualité, mais on fait rarement attention à sa nature dans son emploi comme engrais. (*Bosc.*)

SUIF : sorte de graisse plus solide que les autres, qui se sécrète autour des viscères de quelques animaux ruminans, principalement du bœuf, du mouton & de la chèvre, & avec laquelle on fabrique les chandelles.

Comme, faute d'engraisser suffisamment les animaux destinés à la boucherie ; comme, faute de réunir & de vendre le Suif des animaux qu'on tue dans la campagne, sa quantité n'est pas assez grande pour suffire aux besoins de la consommation, le commerce est forcé d'en tirer beaucoup de l'étranger, ce qui donne lieu chaque année à une très-importante sortie de numéraire. Il est du devoir de tout cultivateur ami de notre prospérité de veiller, autant qu'il dépend de lui, à ce que les bestiaux ne soient tués qu'à point, & que leur Suif soit séparé de la Graisse. *Voyez* ce mot.

Le Suif de la vache eft en général plus blanc & plus ferme que celui du bœuf; celui des bœufs engraiffés avec des graines farineufes, que celui des bœufs engraiffés à l'herbe. Celui des vieux animaux eft plus jaune, mais beaucoup plus folide que celui des jeunes, & donne à la fonte moitié moins de perte. C'eft parce que, depuis la révolution, on tue les bœufs plus jeunes, que les chandelles font fi blanches & fi mauvaifes, du moins à Paris.

Il y a fort peu à perdre pour la gourmandife de féparer le Suif de la graiffe, car il eft bien inférieur à elle en faveur.

On peut conferver le Suif fondu une année & plus, lorfqu'il eft dépofé dans un endroit frais, fans qu'il rancifle; ainfi il eft facile d'en accumuler affez dans les boucheries de campagne ou dans les exploitations rurales, où on tue beaucoup de moutons & de chèvres, pour mériter la peine d'un voyage à la ville, à l'effet de le vendre.

D'ailleurs, la fabrication des chandelles eft fi facile, qu'il peut paroître économique aux cultivateurs de les faire avec le produit de leur propre récolte.

Le Suif remplace les autres graiffes dans la plupart des emplois économiques; c'eft lui qu'on fubftitue à la gélatine dans les cuirs dits *de Hongrie*, fervant à la fabrication des foupentes des voitures & des harnois des chevaux. (*Bosc.*)

SUILLE. *Suillus.*

Genre de plantes de la famille des *Champignons*, qui faifoit partie des BOLETS. *Voyez* ce mot.

Il renferme une vingtaine d'efpèces d'un intérêt fort médiocre pour les cultivateurs. (*Bosc.*)

SUINT. On appelle ainfi la matière de la tranfpiration des moutons qui s'eft fixée fur leur LAINE. *Voyez* ce mot.

C'eft un véritable favon ammoniacal d'une nature particulière, où l'huile furabonde. *Voy.* SAVON.

La qualité propre du Suint varie felon les races de bêtes à laine; celle des mérinos en offre moins que les autres. Le Suint préfervant les laines des ravages des teignes, il faut l'y laiffer jufqu'au moment où elles doivent être employées. C'eft donc une mauvaife pratique, fous ce rapport, que celle ufitée dans quelques pays de laver la laine fur les moutons mêmes ayant la tonte. On a vu aux mots BÊTES A LAINE, MOUTON & MERINOS, que c'en étoit encore une plus mauvaife fous le rapport de la fanté de ces animaux. D'ailleurs, le *lavage à dos*, pour me fervir de l'expreffion technique, ne prive pas complétement la laine du Suint qui la recouvre, & M. Rouard a prouvé par des expériences rigoureufes, que la laine lavée à deux reprifes ne prenoit jamais auffi bien la teinture que celle qui l'avoit été par une feule opération.

Mais le Suint ayant une mauvaife odeur & s'oppofant à l'application des couleurs, il eft indif-penfable de l'enlever avant le tiffage des laines.

Une partie du Suint fe diffout dans l'eau, furtout dans l'eau chaude, c'eft la favonneufe. Il faut ou du favon du commerce, ou une furabondance de Suint, ou de l'urine pour rendre l'autre partie diffoluble. Ces deux derniers ingrédiens étant les moins coûteux, ce font eux qu'on doit employer, & qu'on emploie en effet.

Des laines bien lavées dans leur Suint & enfuite mifes pendant vingt-quatre heures avec un vingtième de leur poids de favon de Flandre, fait avec la potaffe & l'huile de colza, perdent toute la matière graffe que le lavage n'avoit pu enlever, & deviennent très-blanches. Le peu d'odeur qu'elles confervent fe perd promptement par leur expofition à l'air.

C'eft à tort que quelques cultivateurs croient que le Suint eft nuifible aux bêtes à laine.

Les bêtes à laine laiffant une partie de leur Suint fur la terre de leur parc, foit parce qu'il eft entraîné par les pluies, foit parce qu'il s'y fixe pendant qu'elles font couchées, il concourt à fon engrais. On a fûr cela des obfervations très-pofitives. C'eft donc mal-à-propos qu'on laiffe perdre l'eau qui a fervi au lavage des laines. L'action du Suint, dans ce cas, s'explique par la confidération que c'eft un SAVON, & qu'il eft par conféquent en même temps un ENGRAIS & un AMENDEMENT. *Voyez* ces mots. (*Bosc.*)

SUINTEMENT. Il arrive fréquemment, dans les pays de montagnes & même dans les plaines argileufes, que l'eau fourd en petite quantité de beaucoup de points d'un efpace donné : on dit alors qu'elle *fuinte.*

Les cultivateurs peuvent difficilement utilifer les parties de leur terrain où il y a des Suintemens, autrement qu'en les laiffant en pâturage, ou en les plantant en faules ou en ofiers. Dans le premier cas ils offrent fouvent l'avantage de donner, à raifon de la température plus élevée de l'eau qui forme le Suintement, une pâture très-précoce. *Voyez* FONTAINE.

Souvent les eaux des Suintemens font marécageufes, quoique peu abondantes, parce qu'elles féjournent dans les cavités qui fe trouvent à la furface de la terre. *Voyez* MARAIS & ULIGNEUX.

On peut quelquefois faire difparoître un Suintement par le creufement d'un foffé dans fa partie fupérieure, par des EGOUTS fouterrains, par un FASCINAGE, une PIERRÉE. *Voyez* ces mots. (*Bosc.*).

SUJAT : nom du SUREAU dans le département des Deux-Sèvres.

SUJET. On appelle ainfi l'arbre qui reçoit la GREFFE. *Voyez* ce mot.

SULAN. C'eft la SALICORNE herbacée à l'embouchure de la Méditerranée.

SULFATE DE CHAUX : nom fcientifique du PLATRE, qui eft compofé d'acide fulfurique & de CHAUX.

SULLA : nom qu'on donne, à Malte, au SAIN-
FOIN D'ESPAGNE.

SUMAC. *Rhus.*

Genre de plantes de la pentandrie digynie & de
la famille des *Térébinthacées*, qui réunit une cinquantaine d'espèces, dont plusieurs se cultivent
en pleine terre dans le climat de Paris. Il en sera
question dans le *Dictionnaire des Arbres & Arbustes.*

SUPERPURGATION. Les vétérinaires sont
quelquefois dans le cas de donner aux animaux domestiques des purgatifs qui agissent plus fortement ou plus longuement qu'ils ne le veulent, soit
parce qu'ils se sont trompés sur la dose, soit parce
que ces purgatifs sont plus actifs qu'à l'ordinaire,
soit parce que le sujet est plus susceptible de leur
action.

Quelquefois, par des causes inconnues, un purgatif ne fait son effet que le lendemain, le surlen-
demain du jour où il a été pris. *Voyez* PURGATIF.

Dans ces deux cas on dit qu'il y a Superpurgation. Souvent les Superpurgations ont des effets
graves ; elles peuvent même conduire à l'inflammation des intestins, & par conséquent à la mort.

Dès que les suites d'une purgation font craindre
une Superpurgation, il faut donner aux animaux
des boissons tempérantes & mucilagineuses ; plus
tard on y joindra des lavemens camphrés, &
même l'opium : dans le dernier degré, les cor-
diaux en breuvage & en lavement se trouvent indiqués par la nécessité de fortifier l'estomac & les
intestins ; en conséquence on les emploira sans
cesser l'usage du camphre & de l'opium.

Voyez le *Dictionnaire de Médecine.* (Bosc.)

SUPPRESSION D'URINE : suspension de la sécrétion de l'urine dans les reins.

Il faut distinguer cette maladie de la RÉTENTION
D'URINE qui est causée par un obstacle à la sortie
de ce fluide de la vessie.

La plupart des Suppressions d'urine sont dues à
une inflammation des reins, ou à la présence de
pierres dans cet organe.

Dans le premier cas elle se guérit d'elle-même,
& on peut accélérer sa terminaison par des saignées,
par des lavemens émolliens, par des breuvages
rafraîchissans & surtout nitrés, & par un régime
affoiblissant.

Dans le second cas il y a peu d'espoir de guérison ; cependant les lavemens émolliens & un
régime rafraîchissant peuvent même être tentés. *Voyez*
le *Dictionnaire de Médecine*, faisant partie de l'*Encyclopédie par ordre de matières.* (Bosc.)

SUPRAGO. C'est le même genre que LIATRIX.

SURA : vin de COCOTIER. *Voyez* ce mot.

SUREAU. *Sambucus.*

Genre de plantes de la pentandrie digynie &
de la famille des *Caprifoliacées*, qui rassemble une
douzaine d'arbrisseaux susceptibles d'être cultivés
en pleine terre dans le climat de Paris. J'en parlerai en détail dans le *Dictionnaire des Arbres &
Arbustes.* (Bosc.)

SUREAU D'EAU. C'est la VIORNE OBIER.

SURELLE. C'est l'OXALIDE OSEILLE.

SURETTE : synonyme d'EGRAIN, c'est-à-
dire, sujets de poiriers qui ne se greffent qu'à
cinq ou six ans.

SURGEON : mot qui, dans quelques cantons,
est synonyme de REJETON.

SURIANE. *Suriana.*

Arbrisseau de l'Amérique méridionale, qui seul
constitue un genre dans la décandrie pentagynie
& dans la famille des *Rosacées.*

Cet arbrisseau, qui est figuré pl. 389 des *Illustrations des genres* de Lamarck, n'est pas, à ce que
je sache, cultivé dans nos jardins. (Bosc.)

SURIN : nom des jeunes pommiers à cidre dans
le département du Calvados. *Voyez* PLANT, PÉ-
PINIÈRE, POMMIER & CIDRE.

SURMULOT : quadrupède qu'on confond généralement avec le rat, quoiqu'il soit deux fois
plus gros, & que sa queue soit dégarnie de longs
poils.

Ce quadrupède a été apporté en France, il y a
moins de deux siècles, par les vaisseaux qui faisoient le commerce de l'Inde, & il y est devenu si
commun, d'abord dans les ports de mer & dans
les grandes villes, ensuite dans les exploitations
rurales les plus isolées, qu'il est aujourd'hui un
fléau.

Tout ce qui peut être mangé par les animaux
carnivores & frugivores l'est par les Surmulots. Ils
pénètrent presque partout en faisant des galeries
souterraines. Sur le bord des rivières, des étangs,
des canaux, ils vivent de poissons. Dans les plaines,
ils mangent les jeunes lapins, les jeunes lièvres,
les jeunes perdrix. Dans les maisons, ce n'est que
par une surveillance de tous les momens qu'on
peut garantir les jeunes volailles de leur voracité.
Non-seulement ils se défendent contre les chiens
& les chats, mais ils attaquent même quelquefois
ces derniers, qui les redoutent au point d'être rarement disposés à leur faire la guerre.

Un cultivateur soigneux doit donc employer
tous les moyens possibles pour débarrasser son exploitation des Surmulots qui l'infestent. Pour cela
il dresse des chiens à les tuer le soir & le matin
lorsqu'ils sortent de leur retraite. Il les noie ou
les asphyxie en remplissant leurs trous d'eau ou de
vapeur de soufre, & en en fermant l'ouverture ;
il leur présente des appâts empoisonnés avec de
l'arsenic ou de la coque-levant, ou du verre pilé ;
il leur tend des pièges de toutes espèces, principalement de ceux en fer, à planche & à ressort,
amorcés de viande fraîche qu'ils aiment beaucoup.
Comme ils sont très-rusés, & que celui qui a été
manqué ne se met plus dans le cas d'être pris
par le même moyen, il faut beaucoup varier ces
pièges.

Voyez, pour le furplus, le *Dictionnaire des Quadrupèdes*. (*Bosc.*)

SURON. C'eſt la TERRE-NOIX. *Voyez* ce mot.

SUR-OS, OSSELET, FUSÉE. Le premier eſt une ſorte d'exoſtoſe qui naît ſur le canon du cheval; l'Oſſelet n'en diffère que parce qu'il eſt placé plus bas du côté du boulet; la Fuſée eſt une réunion de pluſieurs Sur-os.

Ces exoſtoſes ne nuiſent au cheval que lorſqu'elles gênent l'action des tendons, ce qui le fait boîter.

Il n'y a aucun remède à employer dans ces cas, car enlever la groſſeur avec un ciſeau, ſeroit plus dangereux que le mal.

Les FORMÉS, les ÉPARVINS & les COURBES ſe rapprochent beaucoup des Sur-os. *Voyez* ces mots. (*Bosc.*)

SURPEAU DES PLANTES. C'eſt l'ÉPIDERME.

SURRE : nom du gland du chêne-liége dans quelques cantons. *Voyez* CHÊNE dans le *Dictionnaire des Arbres & Arbuſtes.*

SURRÈDE : lieu planté en CHÊNE-LIÉGE.

SURRIER. C'eſt le CHÊNE-LIÉGE dans le département des Landes.

SUTHERLANDE. *SUTHERLANDIA.*

Arbre de l'Inde, encore peu connu, mais qui paroît devoir former un genre dans la monœcie monadelphie.

Il n'exiſte dans aucun jardin en Europe. (*Bosc.*)

SUVE : nom du CHÊNE-LIÉGE dans le département du Var.

SWAINSONIE. *SWAINSONIA.*

Genre de plantes établi pour placer l'ASTRAGALE à feuilles de galéga, qui ne réunit pas les caractères des autres.

SWARTIE : nom donné à la SOLANDRE & à un genre de mouſſes qui a pour type le BRY PUSILE. *Voyez* MOUSSE.

SYCOMORE : eſpèces du genre ÉRABLE & du genre FIGUIER. *Voyez* ces mots.

SYLVIE. C'eſt vulgairement l'ANÉMONE DES BOIS.

SYMPHONIE. *SYMPHONIA.*

Grand arbre de la monadelphie pentandrie & de la famille des *Azédaracs*, qui ſeul forme un genre.

Nous ne le poſſédons pas dans nos jardins. (*Bosc.*)

SYMPHORICARPE. *SYMPHORICARPOS.*

Genre formé aux dépens des CHÈVRE-FEUILLES; mais qui n'a pas été adopté par tous les botaniſtes. *Voyez* ce mot. (*Bosc.*)

SYMPLOQUE. *SYMPLOCOS.*

Genre de plantes de l'icoſandrie monogynie & de la famille des *Plaqueminiers*, qui raſſemble deux eſpèces, ni l'une ni l'autre cultivées dans nos ſerres. Il eſt figuré pl. 455 des *Illuſtrations des genres* de Lamarck.

Obſervations.

Pluſieurs autres genres, dont il a été traité ſéparément, ont été réunis à celui-ci, tels que ceux HOPEE, ALSTONE, CIPON. *Voyez* ces mots.

Eſpèces.

1. La SYMPLOQUE de la Martinique.
Symplocos martinicenſis. Linn. ♄ Des Antilles.
2. La SYMPLOQUE de la Jamaïque.
Symplocos jamaicenſis. Swartz. ♄ De la Jamaïque. (*Bosc.*)

SYNEDRELLE. *SYNEDRELLA.*

Genre de plantes établi pour placer la VERVEINE NODIFLORE.

SYNGÉNÉSIE : une des claſſes du ſyſtème ſexuel des plantes, qui renferme les trois familles que Juſſieu a appelées CHICORACÉES, CYNAROCÉPHALES & CORYMBIFÈRES. *Voyez* le *Dictionnaire de Botanique.*

Parmi les plantes de cette claſſe, il n'y a guère que les chicoracées qui ſoient recherchées par les beſtiaux; mais pluſieurs, comme les ſcorſonères, les ſalſifis, les laitues, la chicorée, les artichauts, le topinambour, le piſſenlit, ſe cultivent dans nos jardins : les carthames donnent une teinture, & l'hélianthe de l'huile.

Beaucoup s'emploient en médecine, telles que l'armoiſe, la tanaiſie, le gnaphale, la matricaire, la chicorée, le doronic, l'arnica, l'inula, l'achillée, la centaurée, &c. &c.

Beaucoup ſe cultivent comme ornement dans les jardins. (*Bosc.*)

SYNTHERISMA. *SYNTHERISMA.*

Genre de plantes intermédiaire entre les PASPALES & les PANICS, établi par Walter dans ſa *Flore de la Caroline*, & qui raſſemble trois eſpèces, dont une eſt un objet de grande importance pour les cultivateurs de ce pays, qui l'appellent *crop-graſs.*

Eſpèces.

1. Le SYNTHERISMA précoce.
Syntheriſma præcox. Walt. ⊙ De la Caroline.
2. Le SYNTHERISMA tardif.
Syntheriſma ſerotina. Walt. ⊙ De la Caroline.
3. Le SYNTEHRISMA velu.
Syntheriſma villoſa. Walt. ⊙ De la Caroline.

Culture.

La première espèce, qui ressemble complétement, à la première vue, au PANIC SANGUIN (*digitaria* de Haller), est le fourrage le plus abondant qu'on recueille en Caroline. Elle fait la richesse des cultivateurs de cette contrée, en ce qu'elle se reproduit chaque année sans culture. En effet, 1°. comme ses graines ne germent qu'au milieu de l'été, c'est-à-dire, lorsque tous les binages sont donnés au maïs, au coton, au tabac, &c., elle ne craint point ces binages; 2°. comme elle pousse successivement, ses premières graines sont mûres plus d'un mois avant qu'on puisse les couper, & ces graines ne lèvent que l'année suivante; 3°. comme ses tiges sont en partie couchées & prennent des racines à chaque nœud, un seul pied peut couvrir une demi-toise carrée de terrain.

On ne fauche ordinairement qu'une seule fois le Syntherisma; mais pour peu que l'automne se prolonge, il est possible de le faucher deux fois.

J'ai rapporté plus d'un boisseau de graines de cette plante, que j'ai distribuées dans le midi de la France & en Italie, mais je n'ai pas appris qu'elles aient produit les heureux résultats que j'espérois. Celle que j'ai semée aux environs de Paris a assez bien levé, mais les pieds qu'elle a produits ont gelé avant d'avoir fructifié, de sorte qu'elle n'a pas pu se reproduire. Cette sensibilité à la gelée prouve que cette plante est différente du panic sanguin. (*Bosc.*)

SYNZYGANTHÈRE. S*ynzygganthera.*

Arbrisseau qui constitue un genre dans la polygamie monœcie, mais que nous ne possédons pas dans nos jardins. (*Bosc.*)

SYPHORICARPE : espèce du genre CHÈVRE-FEUILLE, que quelques botanistes estiment devoir former un genre.

SYRINGA. P*hiladelphus.*

Genre de plantes de l'icosandrie monogynie & de la famille des *Myrthoïdes,* qui réunit deux espèces d'arbrisseaux cultivés en pleine terre dans le climat de Paris. Leur culture sera indiquée dans le *Dictionnaire des Arbres & Arbustes.* (*Bosc.*)

SYROP. *Voyez* SIROP.

SYRPHE. S*yrphus.*

Genre d'insectes de l'ordre des diptères, dans lequel se placent plus de cent espèces, dont fort peu sont dans le cas de mériter l'attention des cultivateurs. *Voyez* le *Dictionnaire des Insectes,* faisant partie de l'*Encyclopédie par ordre de matières.*

Fabricius & ensuite Latreille ont divisé ce genre en plusieurs autres qu'il n'est pas nécessaire d'indiquer ici.

Je ne citerai comme nuisible aux cultivateurs que le *Syrphe narcissien,* mentionné & figuré par Réaumur, & que j'ai depuis décrit. Sa larve vit dans les oignons des narcisses, & en fait périr de grandes quantités. Pour l'empêcher de se reproduire, il n'y a d'autre moyen que de visiter les oignons de narcisse avant de les mettre en terre, & de jeter au feu tous ceux dans lesquels on remarque un trou d'où sortent des grains de poussière qui sont les excrémens de la larve.

Si on ne veut pas perdre l'oignon, on l'entamera avec la pointe d'un couteau, & on ira tuer la larve dans le fond de sa galerie. Cet oignon planté donnera une grande quantité de caïeux qui serviront à le multiplier.

Le SYRPHE TRANSPARENT, dont la larve vit aux dépens de celles de la GUÊPE FRELON.

Les SYRPHES du GROSEILLER, du POIRIER, BIFASCIÉ, THYMASTRE, TRANSFUGE & plusieurs autres, proviennent de larves qui vivent aux dépens des pucerons, & qui en détruisent chaque année des quantités innombrables. Ils sont donc les auxiliaires des cultivateurs, & doivent être en conséquence protégés par eux. *Voyez* PUCERON. (*Bosc.*)

SYSTÈME. On prend presque toujours ce mot en mauvaise part, c'est-à-dire, qu'il signifie généralement un ensemble d'idées dont quelques-unes, fausses ou exagérées, sont le résultat d'une imagination déréglée.

Dans ce sens, un Système est toujours nuisible lorsqu'on lui donne des applications. L'agriculture en a fourni plus que les autres arts des exemples pendant le cours du dernier siècle, exemples qui en ont dégoûté beaucoup de personnes. Quoique les bases sur lesquelles elle repose soient aujourd'hui mieux connues qu'alors, & qu'il paroisse très-facile de les éviter, il est encore des écrivains qui en font. Pauvre humanité !

On a cherché à bannir tout esprit de Système de cet ouvrage.

Voyez THÉORIE, PRATIQUE, ROUTINE.

(*Bosc.*)

SYZYGIE. S*yzygia.*

Genre établi pour placer le MYRTE de Ceylan, qui n'a pas les caractères des autres.

Nous ne possédons pas cet arbre dans nos jardins. (*Bosc.*)

TABAC.

TABAC : nom d'une espèce de plante du genre des NICOTIANES, qui se cultive dans les quatre parties du Monde pour ses feuilles, que, depuis environ deux cent cinquante ans, on est dans l'habitude de prendre en poudre par le nez ou de mâcher en feuilles, ou dont la fumée aspirée plaît à beaucoup de personnes. Elle a été successivement appelée *herbe de Nicot*, *herbe de la Reine*, *herbe du grand Prieur*, *herbe de Sainte-Croix*, *herbe de Tournabon*, *herbe sainte*; dans son pays natal, on la nomme *petun*.

C'est un fait extrêmement digne de remarque, que cette plante soit devenue l'objet des désirs de tous les peuples; que sa culture se soit étendue avec plus de rapidité que celle des plantes les plus utiles; qu'elle soit en ce moment la matière imposable la plus productive des grands Etats de l'Europe.

A quoi donc est dû ce goût, même cette fureur de tant d'hommes pour le Tabac? Uniquement à ce qu'il excite les membranes de l'odorat & du goût; qu'il y détermine une augmentation factice de vitalité, qui plaît à tous ceux dont les sensations sont rendues inertes par leur vie inactive ou la rigueur de leur climat. Aussi les Turcs, le plus paresseux de tous les peuples, les soldats & les matelots, qui ont de si longs intervalles de repos, fument-ils continuellement; aussi les habitans du nord de l'Europe, des pays marécageux, prennent-ils plus de Tabac que ceux du midi, que ceux des pays de montagnes.

On seroit bien étonné si on faisoit le calcul de l'influence qu'a eue l'usage du Tabac sur la fortune publique des différens Etats de l'Europe, d'apprendre qu'il l'a peut-être diminuée d'un quart. En effet, quand on considère combien d'heures, dans l'année, un fumeur déterminé perd à satisfaire son goût, combien même en perd, à prendre de la poudre par le nez, celui qui en use modérément, il est probable qu'on trouveroit une diminution de plusieurs centaines de millions par an. Qu'on juge donc les Gouvernemens qui, pour augmenter les revenus de l'impôt qu'ils ont mis sur sa consommation, ont encouragé par tous les moyens possibles cette consommation. Pour moi, je ne prends pas de Tabac, & je gémis toutes les fois que je vois un ouvrier fumer sa pipe devant sa porte, un jardinier quitter le manche de sa bêche pour prendre sa prise.

Mais il ne faut pas moins que j'indique comment on cultive le Tabac; ainsi j'entre en matière.

Le Mexique paroît être le pays d'où proviennent originairement le Tabac; il ne croît naturellement ni à Tabago, ni en Floride, ni en Caroline, ni en Virginie; mais il a été d'abord porté dans ces lieux, d'où il est venu en Europe.

Le Tabac cultivé sous la zône torride est si fort, qu'il faut, pour en faire usage, le mêler avec des substances étrangères, inodores & insipides, ou avec des tabacs du Nord; & au contraire les Tabacs du Nord, comme ceux de Hollande & encore plus ceux de Prusse, sont si foibles, qu'il faut les mélanger avec des Tabacs de Virginie, ou les surcharger, à la fabrication, de sirops, de sels, de spiritueux, pour leur donner du montant. C'est donc dans les climats intermédiaires, c'est-à-dire, dans deux qui sont entre le quarantième & le cinquantième degré, qu'il convient de cultiver cette plante.

On voit dans le *Théâtre d'Agriculture* d'Olivier de Serres, que la culture du Tabac n'étoit pas encore sortie des jardins du temps de Henri IV, & que les feuilles ne servoient qu'à des usages médicinaux; ce n'est que sous Louis XIII qu'elle a commencé à devenir d'un usage un peu général, prise en poudre par le nez.

M. Sarrazin, auquel on doit le dernier Traité de la culture du Tabac qui ait été publié en France, indique cinq espèces de Tabac comme propres à être cultivées dans le royaume.

1°. Le TABAC MALE, GRAND TABAC, VRAI TABAC (*nicotiana tabacum* Linn.). Sous le rapport de la largeur des feuilles & de la finesse du goût, c'est la plus avantageuse à cultiver; mais elle craint le froid, les brouillards & les ouragans.

2°. Le TABAC DE VIRGINIE ou TABAC A FEUILLES AIGUES. Elle est moins délicate que la précédente, mûrit mieux, n'exige pas un sol aussi fertile, diminue moins par la dessiccation.

3°. Le TABAC DE CAROLINE. Ses feuilles étant plus courtes & plus étroites que celles de la précédente, elle souffre moins des coups de vent. Sa culture convient dans les champs qu'on ne peut abriter.

Les deux dernières espèces ne sont que des variétés de la première, qui en offre encore bien d'autres, connues seulement dans les pays où elles se cultivent. Je ne citerai que celle de Latakie, qui est préférée dans le Levant, & qu'on estime beaucoup à Marseille; elle offre pour caractère distinctif d'avoir les côtes ou nervures principales plus petites.

4°. Le TABAC FEMELLE, TABAC DU MEXIQUE A FEUILLES RONDES (*nicotiana rustica* Linn.). On la cultive avec succès dans les départemens du

Sud-Ouest; elle est moins délicate qu'aucune des autres.

5°. Le TABAC DE VERINE, ou TABAC D'ASIE, ou TABAC DU BRÉSIL (*nicotiana paniculata* Linn.). Cette espèce étant fort douce, on la préfère en Turquie pour la pipe; c'est la plus petite & la plus délicate. Elle exige un climat très-chaud & peut se passer d'arrosement.

Très-peu de temps après l'introduction du Tabac en France, sa culture y fut restreinte à quelques cantons par des lois fiscales, & bientôt après totalement prohibée. La révolution ramena la liberté sur cet objet; mais après quelques années, cette culture fut de nouveau limitée, & elle l'est encore, malgré les dommages qui en résultent pour les propriétaires de terres, & la mauvaise qualité du Tabac, qui est la suite de l'emploi presqu'exclusif des feuilles du Nord.

Le Tabac étant cultivé pour ses feuilles, c'est à rendre ces feuilles les plus grandes & les plus nombreuses possible qu'on doit tendre; ainsi les terres fraîches & très-fertiles sont celles où il faut le placer de préférence. De plus, comme il est sensible à la gelée, & qu'il lui faut un certain degré de chaleur pour arriver au degré convenable de maturité, ce n'est que dans les climats dont la température se rapproche de celle de son pays natal, qu'il peut parvenir à toute sa perfection; aussi les Tabacs du Maryland, de la Virginie, de la Caroline, sont-ils les plus estimés de ceux qui entrent dans le commerce & qu'on consomme en France.

On a plusieurs fois élevé la question de savoir s'il étoit avantageux à la France de cultiver le Tabac, & souvent elle a été résolue négativement. En lisant les écrits de ceux qui la proscrivent, on juge sans peine qu'ils ont été dictés sous l'influence de l'intérêt personnel, & que les raisonnemens les plus absurdes, les faits les plus controuvés, ont seuls été employés. En effet, le Tabac étant devenu, entre les mains du Gouvernement, l'objet d'un commerce exclusif qui enrichissoit beaucoup d'agens fiscaux, il a paru bien plus commode à ces agens de l'acheter en masse dans l'Amérique septentrionale, où ils n'étoient pas surveillés, que de l'acheter en détail des cultivateurs français, qui savoient soustraire une partie de leur récolte pour la vendre en contrebande. Les deux principaux motifs, dans l'intérêt du peuple, car il falloit, à cette époque, pallier les plus injustes mesures de quelques prétextes plausibles, que faisoient valoir les écrivains en question, se fondoient sur ce que la culture du Tabac épuise beaucoup la terre, & sur ce que le Tabac d'Amérique est meilleur que celui de France. Ces faits méritent explication.

Puisque c'est pour les feuilles qu'on cultive le Tabac, on peut toujours, à un petit nombre de pieds près, conservés pour la reproduction, empêcher la graine de se former, & on l'empêche dans toute culture bien conduite; ainsi il doit moins

épuiser la terre que le froment & autres céréales, que le chanvre & autres oléifères, dont on n'a pas encore proposé de proscrire la culture en France. (*Voyez* FEUILLE, RACINE, TERREAU, ENGRAIS, PRAIRIE ARTIFICIELLE.) Toujours des engrais peuvent rétablir l'état de fertilité de la terre, toujours on peut se contenter de feuilles plus petites, comme je le dirai plus bas. Cette grandeur des feuilles qu'on exige des cultivateurs de Tabac, a pour principes l'usage, les premières cultures ayant eu lieu dans les terres vierges de l'Amérique; mais quoiqu'elle soit toujours désirable, puisque sa conséquence est une récolte plus avantageuse sur une étendue donnée de terrain, elle n'influe en rien sur la qualité.

Plus les cultures sont variées dans une exploitation rurale, & plus on peut retarder le retour des mêmes ASSOLEMENS; ainsi, d'après les principes développés à ce mot & à celui SUCCESSION DE CULTURE, il est d'autant plus à désirer qu'on y fasse entrer le Tabac partout où cela est possible, qu'il est d'une nature fort différente de toutes les autres plantes cultivées.

Sans doute le Tabac de nos départemens méridionaux n'a pas la qualité de celui qui nous étoit fourni par la Virginie & contrées voisines; mais il ne doit pas y avoir de différence sensible quand on compare ces derniers à ceux cultivés sur les bords de la Méditerranée ou au-delà de Toulouse & de Bordeaux. Les Tabacs de Nérac, canton où on en cultivoit autrefois beaucoup, passoient pour supérieurs aux Tabacs américains, aux yeux de quelques amateurs, parce qu'ils étoient plus doux par leur nature...

En tout pays, la culture du Tabac est extrêmement profitable à ceux qui l'entreprennent, lorsque des lois fiscales ne viennent point la gêner; elle faisoit la fortune des propriétaires des parties méridionales de l'Amérique septentrionale avant la révolution française. Elle a considérablement relevé l'aisance des cultivateurs qui s'y font livrés, en France, dans les premières années de cette révolution. Je crois pouvoir assurer que le rétablissement du privilège exclusif de la vente de la feuille préparée, dans la main du Gouvernement, a été non-seulement très-nuisible aux profits généraux de l'agriculture française, mais encore aux revenus bien calculés du Gouvernement.

Une très-grande quantité d'ouvrages ont pour objet la culture du Tabac; les uns, ceux publiés par des praticiens, décrivent sans critique ce qu'ils ont vu faire en tel lieu, sans penser que cette culture devoit varier selon les climats, les terrains, les expositions, &c.; les autres, ceux dus à des hommes de cabinet, sont le plus souvent dictés sous l'influence d'un esprit systématique. Je vais essayer d'en tirer ce qu'il y a de bon, & de les coordonner avec ce que j'ai vu en Caroline, où j'ai suivi cette culture pendant deux années, ainsi qu'en France, où elle a été fort étendue pendant douze à quinze années confécutives.

En tout pays, une terre profonde, ni trop légère ni trop forte, ni trop sèche ni trop humide, fort furchargée d'humus ou d'engrais, eft celle qui convient de préférence au Tabac.

En général, le Tabac profpère mieux dans les vallons que fur les coteaux, à raifon de la plus grande humidité, de la plus grande chaleur & de la moindre action des vents. Les bords des rivières lui font principalement favorables; on gagne encore à cette fituation la plus grande facilité pour l'arrofer, lorfque cela devient indifpenfable à fon fuccès par la prolongation de la fécherefle.

La culture du Tabac dans les marais defféchés eft extrêmement fructueufe, mais fes réfultats font de mauvaife qualité. Si, au contraire, on la cultive dans un fol fablonneux, le plant *brûle*, pour me fervir de l'expreffion reçue, c'eft-à-dire, reffent trop l'impreffion des fécherefl.s.

La terre deftinée au Tabac doit être labourée le mieux poffible, foit à la houe, foit à la bêche, le labour à la charrue étant inférieur en ce qu'il n'approfondit & ne divife pas autant. *Voyez* LABOUR.

Le motif qui oblige d'approfondir & de divifer autant le terrain, c'eft que le Tabac a une racine pivotante fort longue, avec des fibrilles très-fines, & que, pour pouffer de grandes feuilles, il doit parcourir le plus rapidement poffible les phafes de fa végétation.

Cette dernière condition engage de plus à employer des engrais très-confommés, c'eft-à-dire, où la partie foluble foit en furabondance, & à les placer immédiatement contre les racines.

Le Tabac étant extrêmement fenfible aux gelées, ne peut être femé ou planté en pleine terre que lor'que celles du printemps ne font plus à craindre, & doit être récolté avant les premières d'automne.

Ces principes généraux pofés, j'entre dans le détail de la culture du Tabac, 1°. en Caroline (celle de la Virginie n'en différe pas); 2°. dans les parties méridionales de la France; 3°. dans le nórd-eft du même pays; 4°. en Hollande, fans cependant négliger de parler de celle des autres pays lorfque l'occafion s'en préfentera.

Ce font, autant que poffible, les terrains neufs, c'eft-à-dire, ceux dont les arbres ont été arrachés nouvellement, qu'on confacre à la culture du Tabac en Caroline, parce que leur fertilité étant extrême, ils produifent des feuilles gigantefques (celles d'un pied & demi de large fur trois à quatre pieds de long ne font pas rares), & que cette même fertilité ne permet d'y femer ni du maïs, ni du coton, qui n'y donneroient que des FEUILLES. *Voyez* ce mot.

La première année, comme il refte dans le terrain beaucoup de groffes fouches qu'on n'a pas enlevées, à raifon de la dépenfe, & même quelques gros arbres qu'on s'eft contenté de frapper de mort en enlevant leur écorce à deux ou trois pieds de terre, on ne peut pas faire un labour régulier, & en conféquence on n'utilife que les places les plus dégarnies. C'eft toujours la houe qu'on emploie dans ce cas. On y plante le Tabac fans ordre, mais cependant à des diftances convenables, c'eft-à-dire, proportionnées à la fertilité préfumée du terrain. Des binages plus multipliés que dans les terrains anciennement cultivés font indifpenfables, à raifon de la multitude des racines qui repouffent ou des graines qui germent. Les Tabacs de cette première culture étant produits fous l'influence d'une végétation plus vigoureufe & d'une humidité plus conftante, font plus doux que les autres, &, à raifon de cela, préférés par les planteurs pour leur ufage.

Tant qu'un propriétaire a des bois à défricher, il en confacre, chaque année, une portion proportionnée au nombre de bras dont il peut difpofer, à la culture dont je viens de parler. Tous fe plaignent de ce que leurs pères ont trop accéléré leurs défrichemens, parce que ces terres d'abord fi fertiles ne tardent pas à devenir impropres à la culture du Tabac, furtout lorfqu'elles font en pente & expofées au midi, à laquelle on fubftitue celle du coton, puis celle du maïs, celle des patates, &c.

Lorfqu'un champ deftiné à la culture du Tabac eft complétement dégarni de fouches, on lui donne, au commencement de l'hiver, fouvent un premier labour à la charrue, pour enterrer les plantes qui y ont crû naturellement en automne, & un fecond labour au printemps, à la houe, immédiatement avant la plantation du Tabac. Quelques planteurs, pour économifer leurs bras, font auffi ce fecond labour à la charrue, & fe contentent de faire labourer plus profondément avec la bêche ou avec la houe, dans un efpace d'environ un pied, les places où doivent être placés les pieds de Tabac.

Ces places font diftantes de trois pieds les unes des autres, difpofées en quinconce au moyen d'un cordeau garni de nœuds, & indiquées par de petits piquets. L'expérience a prouvé que cet écartement & cette difpofition étoient les plus favorables pour les plants de Tabac & les opérations de culture qu'ils exigent. Quelques planteurs préfèrent cependant la difpofition en carré; mais il eft évident qu'ils ont tort, du moins lorfqu'ils n'écartent pas davantage leurs plants. *Voyez* QUINCONCE.

J'ai déjà parlé plufieurs fois de plant de Tabac fans dire ce que c'étoit: il faut l'expliquer.

Naturellement on devroit femer la graine de Tabac fur le terrain, foit à la volée, foit en rayons; mais on le fait rarement, d'abord parce que dans ce mode, même au moyen des farclages & des repiquemens, il eft impoffible de mettre le plant à une diftance convenable; enfuite parce que le plant tranfplanté dans une terre nouvellement labourée profite plus que s'il étoit laiffé dans le lieu

de fon femis. Pour éviter l'inconvénient & profiter de l'avantage ci-deffus, on fème la graine de
Tabac dans une planche de jardin bien labourée &
bien fumée, d'une étendue proportionnée au terrain qu'on veut confacrer à la culture du Tabac,
expofée au midi ou au levant, abritée des grands
vents, foit par des bâtimens, des bois, foit par
des paliffades, des paillaffons. Ce femis s'exécute
ou à la volée & de manière que les graines foient
à peu près à deux pouces les unes des autres,
ou en rayons éloignés de fix à huit pouces.

Ces femis fe font, en Caroline, en mars, quelques jours plus tôt ou plus tard, felon l'état de
l'atmofphère. Le plant levé s'éclaircit, fe bine &
s'arrofe lorfque cela devient néceffaire; le but
eft de lui faire prendre l'accroiffement le plus rapide & le plus grand poffible.

Au bout d'un mois, auffi quelques jours plus
tôt, quelques jours plus tard, autant que poffible,
par un temps pluvieux ou au moins couvert, les
terrains deftinés à la culture étant préparés comme
je l'ai indiqué plus haut, & les plants ayant au
moins cinq à fix feuilles, on les lève en mottes,
après les avoir arrofés, & on les tranfporte dans
ces terrains, fur de larges paniers; là on fépare les
plants, en faifant en forte de conferver à chacun
une portion de motte, & on les plante, au moyen
d'un plantoir, dans les places indiquées.

Cette opération doit être confiée à des manœu-
vres habiles, car d'elle dépend en grande partie
le fuccès de la récolte; les tiges inclinées, les racines trop ou pas affez enterrées, trop ou pas affez
comprimées, retardant ou même empêchant la
reprife. *Voyez* TRANSPLANTATION.

Lorfque la tranfplantation a été bien faite &
qu'il pleut immédiatement, il n'y a pas d'interruption dans la végétation des plants, & cette
végétation ne tarde pas même à s'accélérer, par le
motif dont j'ai parlé plus haut.

Des arrofemens dans la femaine & même dans
le mois qui fuit la plantation, en affurent le fuccès
lorfqu'il ne pleut pas; cependant on s'y refufe
fouvent, à raifon de la dépenfe ou de la diftance
de l'eau, la culture faite par des efclaves étant
non-feulement très-mauvaife, mais extrêmement
coûteufe, comme tout le monde le fait, & comme
j'en ai eu perfonnellement la preuve.

D'après les indications de diftance données plus
haut, un champ de cent pas carrés contient environ
dix mille pieds, que quatre à cinq hommes peuvent
cultiver, & qui doivent rendre, terme moyen,
environ quatre mille pefant de feuilles fèches.

Dix à douze jours après on vifite la plantation,
& on remplace les plants qui n'ont pas repris, lefquels font en petit nombre fi les précautions convenables ont été prifes.

Plus l'on donne de binages au plant, & plus il
profite. Il n'eft pas néceffaire que ces binages foient
profonds, mais ils doivent être faits de manière

à ramener chaque fois une partie de la terre vers
les pieds de Tabac. *Voyez* BUTTER.

La croiffance des pieds de Tabac eft d'autant
plus rapide, que la faifon eft plus chaude. Une féchereffe trop prolongée lui nuit beaucoup, furtout dans les terres depuis long-temps défrichées
& expofées au midi.

Un mois après la plantation du Tabac, quelques
jours plus tôt, quelques jours plus tard, felon les
progrès de la faifon & les bras dont on difpofe,
c'eft-à-dire, avant le fecond binage, on arrête la
croiffance du Tabac en hauteur, en coupant avec
une ferpette, ou en la tordant, l'extrémité de fa
tige, ainfi que tous les bourgeons qui fortent de
l'aiffelle de fes feuilles, pour que la féve refluant
dans les feuilles, les faffe d'autant plus grandir.
Voyez ECIMAGE & PINCEMENT.

Souvent il pouffe des rejetons des pieds de
Tabac, furtout après qu'ils ont été pincés. On
doit les enlever rigoureufement à mefure qu'ils fe
montrent, car ils nuifent beaucoup aux feuilles.

Après qu'on a écimé ou mieux pincé un pied,
on enlève avec précaution, c'eft-à-dire, en les
tordant à un ou deux pouces de la tige, ou mieux
en les coupant avec une ferpette ou des cifeaux,
les deux ou trois feuilles inférieures qui ne font
plus dans le cas de grandir, & que la terre a falies;
on enlève également celles qui font altérées, foit
par accident, foit par maladie, foit par les chenilles. Huit à douze feuilles font tout ce qu'on
doit demander à chaque pied fi on veut qu'elles
foient belles.

Ces opérations ont une grande influence fur les
réfultats de la récolte; ainfi elles doivent être dirigées par un chef inftruit par une longue pratique,
& exécutées par des ouvriers intelligens. Les pieds
foibles doivent être pincés plus bas que ceux qui
font vigoureux. (*Voyez* TAILLE.) La pluie en
favorife beaucoup les réfultats.

Les pieds malades, même ceux qui font beaucoup plus foibles que les autres, ainfi que ceux
dont les feuilles intermédiaires font totalement dé-
forganifées, s'arrachent pour donner plus d'efpace
aux autres. En général, il m'a paru qu'on rappro-
choit trop les pieds de Tabac dans les bonnes terres
de la Caroline, & que cela nuifoit au développement, ainfi qu'à la qualité des feuilles.

Il faut ordinairement cinq à fix femaines au
Tabac, après avoir été pincé, pour amener fes
feuilles à maturité. Pendant cet efpace de temps,
il reçoit encore au moins deux binages, & autant
de nouveaux émondages qu'il eft néceffaire; car,
je le répète, mieux on force la féve à refluer dans
les feuilles, & plus ces feuilles deviennent grandes,
& leur grandeur eft le but vers lequel on doit
tendre.

Les grands vents nuifent beaucoup aux plantations de Tabac en Caroline comme partout ailleurs, en déchirant fes feuilles, qui, par leur
largeur, leur donnent beaucoup de prife. Il n'y

a d'autres moyens de s'oppofer à leurs défaftreux effets, que de choifir, pour faire ces plantations, un terrain garanti naturellement par des montagnes ou des forêts, comme je l'ai déjà fait connoître, ou par des abris artificiels, tels que des murs, des haies, &c. Mais, difent les cultivateurs, nous n'avons ni le moyen de faire conftruire des murs, ni le temps de faire planter des haies. Vous avez deux moyens fort économiques d'y fuppléer, leur répondrai-je, en entourant les champs que vous deftinez à la culture du Tabac, & qu'alors vous ne ferez que de quelques toiles de large, de deux à trois rangs de topinambours, efpacés de cinq à fix pouces, ou de quatre rangs de haricots à rames, dont deux feront mis en terre en même temps que le Tabac, & deux un mois plus tard. Les rames étant appuyées fur des perches tranfverfales, elles réfifteront fuffifamment aux efforts des vents.

Les pluies d'orage font auffi beaucoup de tort aux feuilles de Tabac en Caroline. Il y grêle rarement.

Les animaux fauvages, tels que les cerfs & les ours; les animaux domeftiques, principalement les chevaux & les vaches, doivent être écartés des plantations.

Une ou deux chenilles, auxquelles il faut faire la chaffe, en dévorent les feuilles.

L'époque de la maturité du Tabac eft indiquée par le changement de couleur des feuilles, & par l'abaiffement de leur extrémité vers la terre. Alors on doit couper les pieds immédiatement après la difparition de la rofée, les laiffer faner en petits tas qu'on retourne deux ou trois fois, & les apporter à la nuit dans la cafe ou fous le hangar deftiné à les recevoir. Là, on les étend fur le fol le plus également poffible, on les couvre de nattes ou de toiles, on les charge de planches & de pierres, ou de bûches, & on les laiffe reffuyer & fermenter pendant trois ou quatre jours.

Les cafes ou hangars dont il eft ici queftion font bâtis en bois, à la portée des plantations, fouvent fort loin de la maifon d'habitation, afin de ménager les frais de tranfport. Prefque toujours elles font revêtues de planches dans la portion inférieure de leur pourtour, & leur toit fait une faillie telle que la pluie ne peut pénétrer par la partie qui eft reftée ouverte. Les pourvoir d'un plancher à un pied au-deffus du fol eft toujours avantageux. Leur grandeur & leur nombre font proportionnés l'étendue de la culture. Elles ne doivent pas avoir moins de quinze à feize pieds de hauteur au-deffous du toit. Dans cette hauteur font fixés, de cinq pieds en cinq pieds, trois rangs de traverfes.

Après que les pieds de Tabac ont fuffifamment reffuyé ou fermenté, on les difpofe en petites bottes en les liant deux, trois ou quatre par le gros bout, & on fufpend ces petites bottes, la tête en bas, fur des bâtons ou gaulettes qu'on range, fans les trop preffer, dans les intervalles

& appuyés fur les traverfes du hangar, en commençant par le haut. La deffccation de ces pieds s'opère avec lenteur, & pendant fa durée, qui fe prolonge plus ou moins felon l'état de l'atmofphère, la maturité des feuilles fe complète au moyen de la fève qui eft reftée dans la tige. Il n'y a pas d'inconvénient de laiffer ainfi fufpendus les pieds de Tabac quelque temps après leur deffcation; ainfi les opérations fubféquentes peuvent être faites au moment le plus commode.

Il m'a femblé, en obfervant en Caroline les travaux ci-deffus, que la pratique de mettre reffuyer ou fermenter les pieds de Tabac pendant trois ou quatre jours avant de les fufpendre dans le féchoir, étoit plus nuifible qu'utile, & je l'ai dit au planteur chez qui je me trouvois; mais il a défendu fa pratique comme on défend ici celle du JAVELLAGE de l'AVOINE (voy. ces mots), c'eft-à-dire, en fe fondant fur l'ufage & fur la diminution de la valeur qu'éprouveroit fon Tabac dans le commerce, s'il ne la fuivoit pas.

Après leur entier deffèchement, & par un temps humide, pour éviter la pulvérifation des feuilles, on détend les pieds de Tabac & on les met de nouveau, en les couchant avec précaution les uns fur les autres, dans leur longueur, fur l'aire de la cafe ou du hangar, fur des claies, à l'air libre, en un tas très-épais qu'on couvre comme la première fois. Ils reftent ainfi difpofés de huit à quinze jours, quelquefois plus quand le froid fe fait fentir. Une fermentation qui va même quelquefois jufqu'à enflammer le tas, fe développe dans ce Tabac. Il faut en fuivre les phafes en introduifant une ou deux fois par jour, le bras nu dans le tas pour juger du point où elle eft arrivée par le degré de chaleur qui s'y développe: le tact, lorfque c'eft un homme exercé, guide plus fûrement, dans ce cas, que le meilleur thermomètre. On modère cette fermentation dans le befoin, en défaifant les tas pour les reconftruire plus ou moins promptement dans le voifinage, en mettant à la furface ce qui étoit au centre. Un Tabac qui a trop fermenté a perdu de fa qualité autant qu'un Tabac qui n'a pas affez fermenté manque d'en acquérir. Cette opération eft fans contredit la plus difficile à bien conduire de toutes celles que font les planteurs fur le Tabac de leur récolte; elle n'admet pas de règle générale, & fon fuccès dépend principalement de l'habitude & des foins de celui qui en eft chargé. Combien de Tabacs font perdus ou beaucoup diminués de valeur, parce que la furveillance en eft confiée à des efclaves fans intelligence & fans bonne volonté!

Lorfque la fermentation du Tabac eft arrivée à point, on détruit les tas & on détache, une à une, les feuilles des tiges pour les réunir, en les appliquant proprement les unes fur les autres, dans le même fens, en tas de dix à douze, tas qu'on lie enfemble par les gros bouts (les pétioles), & qu'on fait une feconde fois fécher fur les bâtons ou gaulettes de la cafe; ces tas s'appellent *manofques*. Souvent, & on devroit toujours en agir ainfi, on fait trois lots des feuilles de chaque tige : favoir, celles d'en haut, ce font les plus douces; celles du milieu, ce font les plus grandes & les plus pourvues de montant; celles du bas, ce font les moins eftimées : fouvent auffi on mêle toutes ces qualités ou au moins les deux premières, quoiqu'on prétende toujours, au moment de la vente, que la féparation a eu lieu, ce qui ne trompe, au refte, que les acquéreurs ignorans.

Les manofques complétement defféchées font, par un temps humide, étendues dans des tonneaux faits exprès, & on les y empile au moyen d'efforts puiffans. De la plus grande force de compreffion réfulte la meilleure & la plus longue confervation du Tabac; ainfi il ne faut pas ménager fa peine fi on veut que la vente foit la plus avantageufe poffible. En Caroline on emploie pour cette opération, tantôt une preffe à vis, tantôt une preffe à long levier, tantôt le coin chaffé à refus de maillet.

C'eft dans cet état, où il peut refter fans inconvénient pendant plufieurs années, puifqu'une nouvelle fermentation ne peut s'y développer, à raifon de la grande compreffion dans laquelle il fe trouve, que le Tabac eft vendu en Caroline. Avant d'être exporté, il fubit l'éxamen d'infpecteurs publics qui en fixent la qualité. Celui qui a été altéré, foit dans les préparations que je viens de détailler, foit parce qu'il a été mouillé dans le tonneau en route ou autre part, eft brûlé par ordre de ces infpecteurs. C'eft principalement cette inftitution qui a valu aux Tabacs de la Virginie, du Maryland & de la Caroline, la réputation dont ils jouiffent; réputation d'ailleurs fondée, comme je l'ai obfervé au commencement de cet article, fur la fupériorité réelle que leur donne le climat.

Quelques planteurs de la Caroline mettent en carottes une certaine partie de leur récolte de Tabac, & l'expédient ainfi pour les ports de mer. Une partie de ces carottes eft employée à la confommation des fumeurs de ces ports & des équipages des vaiffeaux, & l'autre à une exportation de contrebande, fi je puis employer ce terme, puifqu'il n'y a pas de droit de fortie fur les Tabacs dans les Etats-Unis, c'eft-à-dire, à une exportation qui n'eft pas furveillée par les infpecteurs publics.

Les feuilles qui repouffent des pieds de Tabac après que la tige a été coupée, font en partie récoltées par les nègres & préparées pour l'ufage de leur pipe ou de celle des plus pauvres blancs. Il eft défendu par la loi d'en exporter les produits. La moindre âcreté de ces feuilles les rend cependant très-propres à être employées de préférence par ceux qui ne font pas blafés par l'habitude de fumer avec excès.

Les tiges de Tabac fe brûlent; leurs cendres font très-riches en potaffe.

On évite affez communément de remettre du Tabac dans un champ qui vient d'en porter; cependant, dans les terres neuves ou d'une nature très-fertile, on ne craint pas de braver les principes des affolemens, furtout dans les années où la vente eft fort avantageufe.

Il eft extrêmement rare qu'on mette des engrais dans les terres à Tabac de la Caroline; mais comme les mauvaifes herbes y croiffent en grande abondance, leur enfouiffement, par les labours, équivaut fouvent à un fixième, même fouvent à un quart de fumure.

La culture du Tabac, dans le midi de la France, eft bien inférieure à ce qu'elle devroit être pour la quantité, & je n'en puis deviner le motif, puifque la qualité des feuilles eft bien fupérieure, & par conféquent la vente plus avantageufe : de plus, la récolte y eft beaucoup plus affurée que dans le nord.

Dans les environs de Clairac, on fème le Tabac fur des couches de fumier de cheval mêlé avec des feuilles fèches & autres matières végétales, couches qui fe placent contre un mur expofé au midi ou au levant, & qu'on garnit d'un châffis en perches, propres à recevoir des paillaffons; ces couches, chez quelques cultivateurs, ne font que de la terre bien labourée & furchargée d'engrais plus ou moins décompofés, de forte qu'elles ne communiquent aucune chaleur propre au plant qu'on leur confie.

C'eft à la fin de février qu'on répand la graine de Tabac fur ces couches, ordinairement à la volée, quelquefois en rayons.

La graine de Tabac ne doit pas être recouverte de plus de deux à trois lignes de terreau ou de crotin de cheval, afin qu'elle puiffe reffentir les influences de la chaleur folaire; mais lorfque le plant a acquis deux à trois pouces de haut, on recharge la couche, avec un tamis, de terreau défféché, dans une femblable épaiffeur, & on arrofe enfuite. Par cette pratique on rechauffe le plant, & on accélère beaucoup fa végétation. Elle eft donc dans le cas d'être recommandée. On couvre, pendant la nuit, ces couches de paillaffons qui empêchent l'effet des gelées ou feulement du froid. Il vaudroit mieux employer de grandes caiffes renverfées, & encore mieux des châffis vitrés, comme plus propres à remplir l'objet. On arrofe, on éclaircit & on bine le plant au befoin.

Rarement la culture du Tabac a lieu en grand dans le midi de la France; mais la plupart des cultivateurs qui ont de bonnes terres légères & fraîches, & beaucoup d'engrais à leur difpofition, lui confacrent environ un arpent, plus fouvent moins que plus, c'eft-à-dire, la quantité que la famille peut travailler de fes feules mains, & dont elle peut raffembler les produits dans une des pièces de fon domicile.

Un des grands avantages de la culture du Tabac dans les lieux très-populeux, c'eft que prefque toutes les opérations qu'elle exige, après les labours, peuvent être faites par des femmes & des enfans ; aussi beaucoup de cultivateurs la considèrent-ils plutôt comme un moyen d'occuper leurs enfans, qui fans cela se livreroient au dévergondage, que comme moyen de revenu, quoiqu'elle soit souvent la plus productive de toutes celles qu'ils font.

Vers la fin d'avril ou le commencement de juin, suivant que le plant est avancé & l'atmosphère convenablement disposée, on le transplante dans un champ qui a reçu deux labours d'hiver & une forte fumure, & qui n'en a pas porté depuis quatre à cinq ans. Tantôt cette transplantation a lieu en lignes parallèles, tantôt en quinconce ; la distance entre chaque pied varie de deux à trois pieds : moindre dans les mauvais terrains, plus grande dans les bons.

En disposant les lignes de Tabac, on laissera, à chaque troisième rang, un espace double pour le passage des ouvriers ; car lorsqu'on ne prend pas cette précaution, quelque soin qu'apportent ces ouvriers dans le travail du binage, ils déchirent toujours quelques feuilles, & ce font constamment les plus belles.

On exécute la plantation du Tabac, autant que possible, avant, pendant ou après la pluie, en faisant, avec une bêche, des trous de six pouces en tous sens, en mettant un pied en motte dans le trou, en entourant ses racines d'une ou deux poignées de terreau, & en les recouvrant de la terre retirée du trou. Huit jours après, on visite le champ pour remplacer les pieds morts au moyen de ceux qu'on a réservés à cet effet.

Quelques cultivateurs, pour activer d'autant la croissance de leurs Tabacs, font, en buttant, immédiatement avant le pincement du sommet des tiges, un petit auget autour de chaque pied, & mettent dans cet auget une poignée de colombine ou de terreau confommé.

Quelqu'avantageux qu'il soit, pour l'abondance du produit, de bien fumer les terres destinées au Tabac, il ne faut cependant pas le faire avec excès, parce que le fumier pourroit transmettre son mauvais goût aux feuilles. Presque partout on préfère le fumier de mouton à celui de cheval & à celui de vache, probablement parce qu'on a remarqué, comme cela est réellement, qu'il est moins sujet à ce grave inconvénient.

Le pincement ou écimage de la partie supérieure de la tige, l'effeuillaison de la partie inférieure (1) & la suppression des bourgeons axillaires ont lieu en août.

On donne trois & même quatre binages, dans le courant de l'été, aux plantations de Tabac, en chauffant légèrement chaque pied. Je dois avouer cependant que, faute de temps, ou par ignorance

(1) Quelquefois on n'enlève pas ces feuilles, qu'on appelle *feuilles de terre*, mais on les réserve pour la première récolte. Les plus mauvaises font alors jetées fur le fumier, & les meilleures employées à faire du Tabac de seconde qualité.

de leurs bons effets, il arrive souvent qu'on ne fait qu'une partie de ces opérations, ou qu'on les exécute d'une manière incomplète.

Les grandes sécheresses font fort à craindre en tout temps pour les cultivateurs de Tabac, mais principalement celles qui suivent la transplantation ; aussi ceux qui n'ont que de petites cultures & qui ont de l'eau à leur proximité, ne se refusent-ils pas toujours à les arroser.

Les grêles font rares en Amérique, dans les cantons où on cultive le plus le Tabac ; mais elles font fréquentes en France : aussi les cultivateurs des environs de Clairac, ainsi que ceux des environs de Scheleftat, les redoutent-ils beaucoup, les plus petites leur faisant perdre en quelques minutes la récolte de la plus belle apparence. Il n'y a pas moyen de s'opposer à cet événement. Quelques personnes, pour se conserver quelque chose, coupent de fuite toutes les feuilles gâtées ; ce qui donne lieu à une nouvelle pousse dont les produits font de beaucoup inférieurs à ceux de la première, mais qui cependant ont quelque valeur.

Les vers blancs (larves de hannetons) font souvent beaucoup de tort aux plantations de Tabac. On peut diminuer beaucoup leurs ravages par le moyen employé dans les pépinières, c'est-à-dire, en plantant des pieds de laitue dans l'intervalle des rangées, en les visitant tous les jours, & en fouillant la terre autour de ceux de ces pieds que la fanaison de leurs feuilles annonce être attaqués, pour tuer les vers qui s'y trouvent. *Voyez* HANNETON.

L'orobanche rameuse, lorsqu'elle se propage dans les champs de Tabac, en fait périr un grand nombre de pieds ; mais comme elle est annuelle, on peut s'en débarrasser pour un grand nombre d'années, en arrachant, dès qu'elle se montre, les pieds fur lesquels il s'en trouve. Ce sacrifice n'est rien quand on le compare aux pertes qui peuvent être la suite de la multiplication de cette parasite. *Voyez* OROBANCHE.

C'est ordinairement vers le milieu de septembre qu'on fait la récolte des Tabacs, plus tôt ou plus tard, selon que la saison a été favorable. On se guide d'après les indications énoncées plus haut, & on procède positivement comme en Caroline. Les tiges coupées s'apportent le soir ou le lendemain matin à la maison, & se suspendent de fuite, deux à deux, à des cordes ou à des gaulettes disposées à cet effet dans un lieu non habité. Je fais cette remarque, parce que les feuilles de Tabac, en tout temps, & surtout quand elles font fraîches, exhalent une odeur irritante qui fatigue beaucoup ceux qui l'aspirent, & un gaz délétère qui conduit à la mort ceux qui restent exposés pendant quelques instans à son action dans un lieu fermé. Ces inconvéniens ne se montrent point en Caroline, où le Tabac est toujours desséché dans des lieux spéciaux & très-aérés ; mais il n'en est pas de même dans le midi de la France, où c'est une grange, une écurie, un grenier, souvent même une chambre d'habitation qui sert de séchoir.

Au reste, on n'a pas, aux environs de Clairac, la mauvaise pratique usitée en Caroline, de faire fermenter les feuilles avant de les mettre à dessécher.

Plus la defficcation des tiges de Tabac est lente, & plus les feuilles sont de bonne nature, parce qu'une partie de la séve contenue dans la tige y passe.

Les tiges de Tabac restent au séchoir jusqu'à ce que les travaux de la campagne soient terminés; ainsi ce n'est que vers le milieu de décembre que, par un temps humide, les feuilles sont détachées une à une de la tige, réunies en manosques, & déposées sur un plancher en tas formés par deux rangs de manosques opposées, tas qu'on élève de trois à quatre pieds, & auxquels on en donne deux à trois de largeur. La plupart des cultivateurs ne font aucun triage de feuilles, ce en quoi ils ont tort; ils les laissent ainsi en tas jusqu'à la vente.

On voit encore ici, par l'expérience, que la seconde fermentation qu'on fait subir aux feuilles, en Caroline, est au moins inutile. Je dis au moins, car j'ai entendu tous les planteurs de ce pays se plaindre que cette opération leur faisoit souvent perdre une partie & même quelquefois la totalité de leur récolte, par l'insouciance qu'apportent les nègres dans les soins qu'elle exige.

Dans les temps où la culture du Tabac a été complétement libre en France, elle donnoit des bénéfices d'une importance majeure aux cultivateurs qui spéculoient sur elle, puisqu'elle rapportoit, terme moyen, par arpent, 400 francs de revenu net à son propriétaire, lorsqu'il cultivoit seulement avec sa famille & ses domestiques à l'année, toutes les chances supposées favorables. Aujourd'hui les avantages de cette culture paroissent être beaucoup diminués par les mêmes causes que j'indiquerai après avoir détaillé celle du Nord.

La culture du Tabac est fort étendue en Alsace, en Flandre & encore plus en Hollande; les terres de ces pays y étant très-propres; mais le manque de chaleur empêche les feuilles d'y prendre de la qualité, & fait souvent manquer les récoltes en partie, ou quelquefois même complétement.

Dès le mois de mars, ou même plus tôt si la saison le permet, on sème le Tabac sur les bords du Rhin, principalement aux environs de Scheleftat. A cet effet on prépare des couches contre un mur exposé au midi, avec du bon fumier de cheval, & on leur donne deux pieds de hauteur sur quatre de largeur, la longueur dépendant du local ou de la quantité du plant dont on a besoin; six à huit pouces de bon terreau, provenant des couches de l'année précédente, les recouvrent; on les abrite contre le froid de la nuit par des planches ou des paillassons. Les soins qu'elles exigent lorsque le plant est levé, ne différent pas de ceux dont il a été question plus haut, mais ils sont plus

minutieux, à raison de la plus longue durée des gelées & du plus grand froid des nuits après qu'elles ont cessé.

La terre destinée au Tabac est également proportionnée à la quantité de bras que les cultivateurs ont dans leur famille, car il n'est pas toujours certain d'en trouver à louer à point nommé pour les travaux que nécessite sa culture; d'ailleurs, il faut mettre de l'économie dans ces travaux, & une foible avance en argent paroît plus à charge à ces cultivateurs que l'emploi de plusieurs jours.

Souvent on destine au Tabac des terres qui ont porté des navettes d'hiver; mais comme on ne peut leur donner les mêmes labours, à raison de la brièveté du temps, on ne doit le faire que dans le cas où il y a nécessité.

Les meilleures terres sont celles à demi consistantes & fraîches; le Tabac est plus doux, & par conséquent plus propre à la pipe, dans celles qui sont plus legères; il est plus âcre, & par conséquent plus propre à la tabatière, dans celles qui sont plus argileuses; on les laboure deux & même quelquefois trois fois, & on leur donne une fumure complète. Lorsqu'on a des boues de ville, des curures d'étangs & autres engrais de cette nature, on ne manque pas d'en profiter.

Vers la fin d'avril ou au commencement de mai, selon que la saison est plus ou moins avancée, ou que les plants ont plus prospéré sur les couches, on les transplante en pleine terre, & avec les précautions que j'ai déjà indiquées. Plus cette transplantation se fait de bonne heure, & plus la récolte est abondante & de bonne qualité, mais aussi plus on craint les effets de la gelée. Il n'est pas possible de donner de conseils généraux sur cet objet, chaque cultivateur étant seul juge des circonstances atmosphériques & de sa position particulière. On dispose le plant plus souvent en carré qu'en quinconce, quoiqu'on reconnoisse les avantages de ce dernier mode. La distance entre les pieds est presque la même qu'à Clairac; cependant elle devroit être un peu plus considérable, à raison de la nécessité, 1°. d'entretenir autour de ces pieds, lorsqu'ils sont devenus grands, un assez fort courant d'air pour que l'humidité surabondante du sol puisse s'évaporer; 2°. de favoriser l'action directe du soleil sur la plus grande partie des feuilles. Les remplacemens ont lieu lors du premier binage, qui s'effectue huit à dix jours après; on en donne aussi à cinq dans le courant de la saison. Généralement on ne pince ni n'ébourgeonne, ni n'enlève les feuilles inférieures comme dans le Midi, ces opérations se retardant jusqu'au moment de la récolte.

Quelquefois des gelées tardives frappent le sommet des plants de Tabac après leur transplantation, ce qui nuit considérablement à leur croissance. Quelques écrivains ont conseillé, pour prévenir cet accident, de couvrir chaque plant, pendant les nuits où il est à redouter, avec des pots de terre

terre renverſés, prétendant que la dépenſe de ces pots une fois faite (ils reviennent à 3 ou 4 francs le cent), ce ſeroit pour long-temps; mais ils ne conſidéroient pas, ces écrivains, la difficulté de tranſporter ces pots dans les champs à Tabac & de les placer ſur le plant. Dans un pareil cas, le mieux eſt de ne rien faire & de tout attendre de la nature.

L'uſage eſt de ne laiſſer que neuf à dix feuilles quand on veut récolter du *Tabac fort;* onze ou douze quand c'eſt ſur le *Tabac ordinaire* qu'on ſpécule; & enfin, quinze à ſeize quand on eſpère bien vendre le *Tabac foible.* Je ne ſais ſi l'opinion des cultivateurs, à cet égard, eſt fondée ſur une pratique ſuffiſamment éclairée, mais la théorie explique difficilement, par l'influence du nombre des feuilles, la bonne qualité du Tabac, tandis qu'elle en trouve la ſource dans l'action de la chaleur & de la ſechereſſe.

Les ſéchereſſes ſont moins à craindre ſur les bords du Rhin qu'aux environs de Clairac, à raiſon du peu de chaleur du climat; mais les longues pluies y ſont plus fréquentes & cauſent également du mal en rouillant les feuilles, & en ne leur permettant pas d'acquérir toute la qualité deſirable: les froids précoces leur ſont auſſi éprouver ce dernier inconvénient; quelquefois encore les gelées ſont perdre la récolte en partie ou en totalité.

Rarement la ſaiſon eſt aſſez favorable pour que la récolte ſoit en même temps abondante & de bonne qualité, c'eſt-à-dire, que quand elle a été trop ſèche, les feuilles ſont petites, & que quand elle a été trop humide, elles ont peu d'odeur & de ſaveur.

Il me ſemble que, dans les pays froids, on devroit moins tendre à avoir de grandes feuilles que dans les pays chauds, ces grandes feuilles devant être épaiſſes à proportion, & par conſéquent contenir plus d'eau de végétation, c'eſt-à-dire, être moins bonnes ſous un poids égal, que celles qui ſont plus ſèches. Cette conſidération, au reſte, eſt peu péſée par les cultivateurs, qui généralement tendent plus à la quantité qu'à la qualité; mais elle devroit l'être beaucoup par les Gouvernemens, qui ſont intéreſſés à la bonne réputation des objets de leur exportation.

Vers le milieu de juillet on commence la récolte aux environs de Scheleſtat; elle diffère par ſon mode de celle de la Caroline & de Glairac. En effet, on laiſſe la tige ſur pied & on enlève les feuilles les unes après les autres. Les premières récoltées ſont celles dites *de terre,* au nombre de quatre à cinq, qui, au contraire des pays précités, ont été conſervées. Leur qualité eſt très-inférieure, & elles ſont preſque toujours ſalies par la terre que les pluies ont fait jaillir ſur elles. Au commencement d'août on coupe la tête & on enlève tous les bourgeons axillaires, dont les feuilles, qu'on appelle *gitzen,* ſe conſervent pour la vente. Cette dernière opération ſe renouvelle

Agriculture. Tome VI.

tous les huit jours, & chaque fois on cueille les bonnes feuilles inférieures qui, par leur changement de couleur & leur abaiſſement, annoncent être arrivées à point. Cela ſe continue, pour les bonnes feuilles, juſqu'à ce qu'il n'y en ait plus, & pour les gitzens, juſqu'aux gelées blanches.

Comme je l'ai déjà obſervé, les plus foibles gelées frappent le Tabac, & alors il n'eſt plus propre à entrer dans le commerce; de ſorte que les cultivateurs ont le plus grand intérêt à en terminer la récolte avant leur arrivée; cependant celui qu'ils ont également à avoir du Tabac de qualité, qualité qu'il n'acquiert que par ſa complète maturité, les oblige de retarder le plus poſſible cette récolte, ſurtout dans les années froides & humides; auſſi ſont-ils quelquefois ſurpris par elles.

Le lendemain de chaque jour de récolte on épluche les feuilles, c'eſt-à-dire, qu'on met de côté celles qui ſont mauvaiſes, qu'on ſépare des autres les parties altérées, & qu'on diſtingue chaque qualité, puis on les enfile par le milieu, en laiſſant des intervalles d'un demi-pouce entr'elles, & on les ſuſpend dans une chambre ou un grenier, ou autre lieu ſec & aéré, en écartant les rangées d'un demi-pied au moins; chaque liaſſe eſt ordinairement de cinquante à cent feuilles.

Des viſites fréquentes doivent être faites dans les ſécheries, qu'on appelle *pentes* dans quelques endroits, afin de réparer les déſordres que le vent ou d'autres cauſes y ont occaſionnés, pour placer ſur les bords les liaſſes, qu'on appelle auſſi *guirlandes,* qui ſe trouvent au centre, & qui ſont moins avancées que les autres dans leur deſſiccation.

La moiſiſſure du Tabac eſt extrêmement à redouter, parce que la plus petite feuille qui en eſt attaquée, communique ſon odeur d'abord à une partie & enſuite à toute la récolte, & qu'elle devient impropre à la vente. Une ſurveillance active pendant & après la deſſiccation peut ſeule garantir de cet accident, qui eſt plus rare dans les pays chauds. *Voyez* MOISISSURE.

Si les gelées ſont à craindre pendant la récolte des feuilles, il eſt prudent de couper les pieds rez terre pour les apporter à la maiſon & les faire ſécher à l'abri de ces gelées, ſoit en les ſuſpendant comme dans les environs de Clairac, ſoit en les étendant ſur le ſol d'un grenier, en un ou deux rangs au plus. Par ce moyen la ſève, qui ſe trouve dans la tige, agiſſant encore ſur les feuilles, ces dernières perfectionnent un peu leur maturité. Il eſt à remarquer que, dès que les feuilles du Tabac ſont fanées, la gelée n'a plus d'action ſur elles.

Lorſque la récolte a été abondante & qu'on manque d'abri, on ſuſpend les feuilles en plein air dans un lieu ſec & expoſé au ſoleil, en les couvrant d'une toile. Pour accélérer, dans ce cas, leur deſſiccation, on change de place les liaſſes.

Les feuilles peuvent reſter au ſéchoir, lorſqu'il

F ff

est fermé, aussi long-temps qu'on n'a pas besoin du local ou qu'on ne les vend pas. Les feuilles cependant ne doivent être laissées à la sécherie que le temps nécessaire à l'évaporation de la surabondance de leurs parties aqueuses : lorsqu'elles sont trop sèches, elles perdent de leur onctuosité & de leur arôme : pour les en retirer, on choisit un temps humide, & on les entasse, toujours en liasses, dans un lieu sec & aéré, jusqu'à deux à trois pieds de hauteur ; de temps en temps elles sont visitées, & si elles s'échauffent, on les retourne, afin d'exposer à l'air froid celles qui étoient au centre.

Lorsque les temps secs se prolongent trop, on supplée aux brouillards en faisant évaporer de l'eau dans la sécherie.

Comme c'est la grosse côte (principale nervure) qui retarde la dessiccation des feuilles de Tabac, quelques cultivateurs des environs de Scheleftat, surtout les Anabaptistes, qui sont bien plus soigneux que les Luthériens & encore plus que les Catholiques, la fendent ou l'écrasent. Cette opération est très-propre à remplir le but; mais elle a contr'elle la dépense de temps ou d'argent.

Le défaut de greniers ou de hangars pour la dessiccation des feuilles de Tabac dans quelques localités, la lenteur de cette dessiccation dans les années pluvieuses, a fait imaginer à M. Truchet de les stratifier entre des couches d'un à deux pouces d'épaisseur de paille de froment ou autres céréales. Il ne lui a fallu, dans le climat d'Arles, que deux fois quatre-vingt-quatre heures pour opérer, par ce moyen, leur complète dessiccation. Quelque longue que soit l'opération de faire ou de défaire les lits, quoique la paille puisse être regardée comme devenant impropre à la nourriture des bestiaux, ce mode me paroît dans le cas d'être pris en considération.

Les feuilles de terre & celles des gitzens se sèchent sur des planches au soleil, & s'entassent de même; elles servent à faire du Tabac de pipe, de qualité inférieure.

Ce n'est guère qu'au milieu de l'hiver que les cultivateurs des bords du Rhin vendent leurs Tabacs.

Cette manière de dessécher les feuilles de Tabac prouve encore l'inutilité des deux fermentations que leur font éprouver les planteurs de la Caroline.

Le climat de la Hollande étant encore plus froid & plus humide que celui de la ci-devant Alsace, il a fallu quelques soins de plus pour que les cultivateurs puissent amener celui de leur récolte à un degré de bonté approchant de ce dernier, & ils y parviennent dans les années favorables.

Dans ce pays, principalement aux environs d'Armersfort, on sème la graine de Tabac sur de grandes couches, hautes de trois pieds, larges de dix, & d'une longueur indéterminée, recouvertes d'un demi-pied de terreau. On les

entoure de fumier pour retarder la perte de leur chaleur. Pendant la nuit, & même quelquefois pendant le jour, on couvre ces couches de paillassons ou mieux de grandes caisses, pour les garantir du froid & encore plus des gelées, qui, malgré toutes les précautions, causent souvent de grandes pertes.

Lorsque les plants de Tabac ont acquis six à huit pouces de hauteur, on les transplante sur d'autres couches, construites dans le voisinage, à six ou huit pouces l'un de l'autre, en quinconce ou en lignes dirigées du midi au nord. Là, on leur donne un léger binage tous les quinze jours, & on les arrose au besoin. Le soin de les garantir du froid pendant la nuit n'est pas plus négligé sur cette seconde couche que sur la première, quoiqu'alors les gelées soient moins à craindre.

Il n'y a pas de doute qu'il seroit plus économique, & d'un résultat plus certain, de semer le Tabac sur des couches encaissées dans des murs en briques vernissées & recouvertes de châssis vitrés, qui serviroient un grand nombre d'années; mais je ne sache pas qu'on le fasse nulle part. Voyez CHASSIS & COUCHE.

Une couche destinée à fournir des plants pour couvrir deux arpens, c'est-à-dire, douze milles, aura douze pieds de long sur quatre de large.

Dans le midi & dans le nord de la France, on n'enclôt pas les champs qui portent du Tabac, quelqu'avantageux que cela fût, au moins relativement aux grands vents, qui souvent lui nuisent considérablement. En Hollande, on ne néglige pas cette précaution; le Tabac est partout protégé ou par des haies fort élevées, ou par des plantations de houblon, qui est un article de grande culture dans le Nord, & qui profite mieux & donne des récoltes plus abondantes lorsqu'il est en lignes peu épaisses, que lorsqu'il est en quinconce. Voyez HOUBLON.

Les cultivateurs de la Flandre font un grand usage des matières fécales, qu'ils appellent courtegraisse, sur les terres qu'ils destinent à porter du Tabac; mais si cet engrais est puissant, s'il procure un plus grand nombre de feuilles, & des feuilles d'une largeur plus considérable, il affoiblit nécessairement leur qualité. Voyez ENGRAIS.

La plantation des plants de Tabac a lieu un peu plus tard qu'aux environs de Scheleftat; mais comme ces plants ont été fort avancés dans leur croissance sur la seconde couche où ils ont été placés, ils se trouvent à peu près au même point à l'époque où on doit leur donner le premier binage : ces binages sont aussi au nombre de quatre à cinq. On coupe ou on pince le sommet des tiges, on cueille les feuilles de terre, celles des repoussés axillaires, enfin les bonnes feuilles, positivement comme il a été dit plus haut.

La récolte du Tabac, en Hollande, est encore plus sujette à manquer par suite des intempéries de la saison qu'aux environs de Scheleftat. On n'est même pas toujours sûr de la finir, quelque favorable que le temps paroisse lorsqu'on la commence, tant les variations de l'atmosphère sont grandes dans cette contrée. Le Tabac qui en résulte, malgré les plus grands soins, car cette culture est un modèle à suivre, est souvent sans qualité, & seroit de nulle vente s'il ne servoit à des mélanges avec les Tabacs des pays chauds.

Je n'ai point encore parlé des plants de Tabac réservés pour graine, parce que, presque partout, c'est dans les jardins ou dans le voisinage de la maison qu'on les place, & qu'ils reçoivent une culture particulière & aussi soignée que celle en plein champ ; seulement on leur donne l'exposition la plus chaude possible, & on ne touche pas à une seule de leurs feuilles : l'important est qu'ils fleurissent de bonne heure. Comme ce sont les premières capsules mûres qui donnent la meilleure graine, il faut conserver assez de pieds pour en avoir suffisamment, en rejetant toutes celles qui ne sont pas mûres, parce que les produits de ces dernières seroient plus foibles. Au reste, comme chaque capsule contient plusieurs centaines de bonnes graines, une demi-douzaine de pieds suffisent à une culture d'une étendue déjà remarquable, mais que je ne fixe pas, car il est mieux d'avoir de la graine en surabondance que d'être dans le cas d'en manquer.

On récolte la graine du Tabac en arrachant ou coupant les pieds, & en les conservant, en bottes & debout, dans un coin du grenier, après avoir enlevé toutes les capsules encore vertes, la graine profitant jusqu'à la complète dessiccation des pieds; après quoi on coupe le reste des capsules, & on les met dans un sac de papier qui reste dans un lieu sec jusqu'à l'époque des semis de l'année suivante.

La graine de Tabac est bonne lorsqu'elle est grosse & d'une couleur brune très-foncée. On doit, autant que possible, n'employer que celle de la dernière récolte, car plus elle vieillit, & plus elle perd de sa faculté germinative.

Les feuilles des pieds de Tabac qui ont porté de la graine sont moins grandes que celles de ceux qui ont été pincés ; on les regarde aussi comme de qualité inférieure, peut-être à tort ; elles ne se mêlent pas moins avec les autres, ou entrent dans la partie que réservent les cultivateurs pour leur pipe ou celle de leurs voisins.

Lorsque la culture du Tabac étoit libre, une grande quantité de cultivateurs plantoient dans leur jardin un plus ou moins grand nombre de pieds de Tabac, dispersés çà & là ou en bordure, dans le seul but d'avoir suffisamment de feuilles pour leur usage & celui de leur famille. Aujourd'hui cette culture est prohibée ou limitée à quelques pieds pour l'usage de la médecine. J'ai vu des pieds ainsi cultivés acquérir une grandeur remarquable, ce qui prouve qu'on gagne toujours à éloigner

les uns des autres ceux qui se cultivent dans les champs.

Par contre, pendant que la vente du Tabac étoit sous le monopole d'une ferme avide & sans pitié, on en cultivoit frauduleusement dans les bois de quelques parties de la France. J'ai vu les bûcherons & les charbonniers des vastes forêts de l'est de la France tirer, à cet égard, un parti fort avantageux de leur position; en effet, ils semoient en avril, à la volée & fort clair, du Tabac dans les éclaircis des taillis, dans les places à charbon principalement, après leur avoir donné un léger binage; ils renouveloient ce binage & éclaircissoient le plant une ou deux fois dans le courant de l'été, & obtenoient des feuilles, non pas de la beauté de celles des pieds cultivés régulièrement, mais d'une excellente qualité, & qu'ils vendoient fort bien, dans les environs, pour la pipe. Comme le fonds n'appartenoit pas à ces bûcherons & à ces charbonniers, que le semis, les binages & la récolte se faisoient à des heures où les commis de la ferme étoient loin, ces derniers n'avoient d'autre moyen d'empêcher la fraude que d'arracher les pieds, ce qu'ils n'entreprenoient jamais sans risques, & ce qu'ils pouvoient rarement faire complétement, vu la grande étendue des bois & leur ignorance des localités. J'ai vu dans ma jeunesse un grand nombre de ces cultures clandestines, & elles me font assurer que, sous les rapports des abris & de la fraîcheur permanente de l'air, c'est dans les taillis en bon fonds d'un à six ans, surtout dans des vallées, qu'on devroit cultiver exclusivement le Tabac en France, puisque le terrain ne coûteroit rien, que la récolte seroit plus assurée, & que la repousse du taillis y gagneroit. *Voyez* TAILLIS.

Voici, d'après mon collègue à l'Institut, Olivier, la manière dont on cultive le Tabac dans les environs de Latakié, ville qui passe pour fournir le meilleur de l'Orient.

« Vers la fin de ventôse (mars), on sème la graine dans une terre grasse, humide & meuble; un mois ou quarante jours après, on arrache les jeunes plants, & on les porte dans un champ préparé, pendant l'hiver, par plusieurs labours; on y fait des rigoles; on plante le Tabac à un pied ou trente pouces de distance l'un de l'autre, & on l'arrose une ou deux fois pour qu'il reprenne & pousse avec vigueur; on ne l'arrose plus ensuite, afin de ne pas en détériorer la qualité, mais on a l'attention de remuer la terre une ou deux fois, & d'enlever toutes les plantes étrangères qui nuiroient à l'accroissement de celle-ci.

» Quand la plante est bien fleurie, on cueille toutes les grosses feuilles, on les enfile & on les fait sécher, suspendues au plancher, dans des chambres (habitées ordinairement) ouvertes de toutes parts; on a soin de brûler de temps en temps, au milieu de la chambre, des plantes aromatiques, telles que la sarriette, le thym, le serpolet, la sauge

& le romarin. Ce moyen tend à deſſécher un peu plus promptement les feuilles, & à les imprégner des parties odorantes de ces plantes ; lorſqu'elles ſont preſque ſèches, on les diſpoſe par paquets & on les entaſſe pour les faire fermenter ; on remue quelquefois les paquets & on les change de place pour que la fermentation ne ſoit pas trop active, ce qui gâteroit le Tabac. On procède à l'emballage lorſqu'on reconnoît que la fermentation a ceſſé entièrement, & qu'il n'y a plus rien à craindre.

» On continue de cueillir les feuilles pendant & après la floraiſon de la plante, mais la qualité du Tabac qu'on obtient eſt inférieure à celle de la première récolte.

» On a reconnu que plus on tarde à cueillir les feuilles lorſque la plante eſt en fleur, plus le Tabac eſt fort, ce qui le déprécie ; car les Turcs eſtiment d'autant plus le Tabac à fumer, qu'il eſt plus doux.

» Le Tabac cultivé ſur les montagnes des environs de Latakie eſt infiniment ſupérieur à celui de la plaine, & celui-ci vaut mieux que celui des jardins, où la terre eſt plus graſſe, & où l'arroſement a été plus long-temps continué. »

L'expérience a prouvé, en Europe, que lorſque le Tabac ſuccédoit à une récolte de froment, d'orge, de navette, de chanvre ou autre auſſi épuiſante, il donnoit des produits moindres ; c'eſt donc des prairies artificielles, des pommes de terre, de la garance, &c., qu'il doit remplacer. Par contre, les céréales & les plantes à graines huileuſes qu'on lui ſubſtitue, proſpèrent beaucoup, parce qu'elles profitent des engrais qu'il a reçus. Quoi qu'on en diſe, je le répète, il épuiſe réellement fort peu la terre, ſes feuilles, lorſqu'on ne le laiſſe pas porter des GRAINES (voyez ce mot), retirant de l'air la majeure partie de la nourriture qui eſt néceſſaire à leur accroiſſement.

Il ne me reſte plus, pour compléter ce que j'ai à dire ſur le Tabac, qu'à donner une idée ſuccincte des opérations qu'on lui fait ſubir dans les fabriques, pour le rendre plus propre aux uſages de la pipe & de la tabatière, opérations tout-à-fait étrangères aux cultivateurs.

Les feuilles de Tabac, en ſortant des mains des cultivateurs, ſont tranſportées dans des magaſins où elles ſont gardées auſſi long-temps que poſſible, parce que plus elles ſont vieilles, lorſqu'elles ne ſont pas d'ailleurs altérées par ſuite des fermentations inconſidérées qu'on leur a fait ſubir, & meilleures elles ſont.

Voici la ſérie & le nom des opérations qu'on fait ſubir au Tabac dans les grandes fabriques, les ſeules qui puiſſent travailler convenablement & économiquement.

1°. L'époulardage. Il conſiſte à prendre les feuilles de Tabac une à une, à les ſecouer pour en faire tomber la pouſſière, à les frotter avec la main pour enlever les ordures qui y reſtent adhérentes, à mettre de côté toutes celles qui ſont tachées, moiſies, pourries, & à ſéparer celles qui

ſont parfaitement bonnes, en qualités propres à telle ou telle deſtination, qualités qui, dans quelques fabriques, vont au-delà de ſix.

2°. La mouillade. C'eſt l'action de jeter, par aſperſion, de l'eau ſalée ſur les feuilles ; chaque qualité de feuilles demande une quantité d'eau différente, & une eau d'une ſalure plus ou moins forte. Ce n'eſt qu'un ouvrier inſtruit qui, d'après les intentions du maître, relativement au Tabac, & d'après l'inſpection des feuilles, puiſſe bien exécuter cette opération, qui a principalement pour but d'aſſouplir les feuilles, de les empêcher de s'altérer pendant le cours des opérations ſubſéquentes, & d'augmenter ſon montant. Ordinairement on met dix livres de ſel dans cent livres d'eau. Cette eau s'appelle la ſauce, ſoit qu'elle ne contienne que du ſel, ſoit qu'on y ajoute de la mélaſſe, de l'eau-de-vie ou autres ingrédiens.

3°. Écotage. Opération d'enlever la côte ou nervure principale de la feuille ; ſe ſont ordinairement des femmes ou des enfans qui en ſont chargés.

4°. Mélange. Le but eſt de corriger les Tabacs foibles par leur union avec les Tabacs forts, de faire ſervir les feuilles de qualité inférieure, de juger le Tabac qu'il ſera préférable de confectionner pour la pipe ou pour la tabatière. Un chef très-expérimenté & très-connoiſſeur peut ſeul faire cette opération. Celui deſtiné pour fumer eſt de nouveau légèrement mouillé avec de l'eau ſans ſel, l'autre avec de l'eau ſalée ; tous deux ſont mis à fermenter pendant quelque temps.

5°. Friſage. Après que le Tabac a ſuffiſamment fermenté, on le hache avec un couteau, & ſes parcelles ſont expoſées, ſur une platine, à un feu doux qui les fait criſper, ce qu'on favoriſe en les roulant avec la main.

6°. Filage. Le Tabac friſé, après avoir été enveloppé d'une demi-feuille de Tabac entière, eſt roulé à la main, diſpoſition qu'on appelle ſoupe, enſuite préſenté à un rouet que le tord ; on lui ajoint par le bout une ſeconde ſoupe, puis une troiſième, &c. Ce filage eſt fort difficile ; auſſi les ouvriers experts ſe paient-ils cher : à meſure qu'il s'exécute, la corde de Tabac eſt contournée autour d'elle-même & forme un rôle.

7°. Carottage. Cette opération ne ſe fait que pour les Tabacs deſtinés à être pris en poudre, & ſur la ſeconde portion des feuilles ſéparées dans celle du mélange ; elle conſiſte à couper les rôles en morceaux d'égale longueur, à les mettre dans des moules de bois cerclés en fer, qui repréſentent deux moitiés de cônes tronqués, oppoſés par la baſe, & de les y preſſer le plus poſſible.

8°. Le ficelage. Il conſiſte à entourer la carotte de ficelle, pour empêcher ſes parties de ſe déſunir.

9°. Le râpage. Lorſque le Tabac en carottes s'eſt perfectionné par un ſéjour de quelques mois dans le magaſin, on le réduit en poudre, ſoit au moyen d'une râpe, ſoit au moyen d'un moulin, puis il se met dans des boîtes de plomb ou dans des sacs de papier pour être livré au commerce.

Je n'entreprendrai pas d'attaquer, je n'entreprendrai pas de défendre l'usage aujourd'hui si général, surtout dans le nord de l'Europe & en Asie, d'aspirer la fumée du Tabac pendant une partie de la journée, ni celui d'en prendre continuellement la poudre par le nez, d'en mâcher fréquemment les feuilles ; mais je ne puis m'empêcher de répéter que ces usages font considérablement perdre de temps aux producteurs des véritables richesses, aux ouvriers de toutes les classes, & que par conséquent ils nuisent immensément à la fortune publique de tous les Etats de l'Europe. Les amis du progrès des lumières & du perfectionnement de l'industrie, & je me mets du nombre, doivent gémir de l'accroissement de ce goût.

Comme je l'ai dit plus haut, le Tabac étoit autrefois très-fructueusement employé en médecine. Depuis qu'on en prend du matin au soir, & quelquefois encore du soir au matin, son action sur nos organes a diminué : on l'emploie plus souvent dans l'art vétérinaire. *Voyez* son article dans le *Dictionnaire de Médecine*, qui fait partie de l'*Encyclopédie méthodique*.

La décoction & la fumée de Tabac font très-utiles pour faire périr les insectes, & surtout les pucerons & les cochenilles, qui nuisent aux arbustes & aux plantes cultivées. La décoction se lance avec une POMPE, ou se verse avec un ARROSOIR ; la fumée se dirige avec un SOUFFLET. *Voyez* ces mots. (*Bosc.*)

TABAC MARON. Une MORELLE porte ce nom à Saint-Domingue.

TABAC DES VOSGES. C'est le DORONIC. *Voy.* ce mot.

TABARINAGE. On nomme ainsi, dans les départemens méridionaux, les étages de planches que les cultivateurs pauvres élèvent au milieu de leur chambre pour mettre une éducation de VERS A SOIE. *Voyez* ce mot. (*Bosc.*)

TABERNE. *Tabernemontana.*

Genre de plantes de la pentandrie monogynie & de la famille des *Apocinées*, fort voisin des LAUROSES, qui rassemble vingt-trois espèces, dont six se cultivent dans nos écoles de botanique. Il est figuré pl. 170 des *Illustrations des genres* de Lamarck.

Observations.

Michaux a séparé quelques espèces de ce genre pour former celui AMSONIE, ce sont celles à feuilles alternes ; de l'autre, Vahl lui a réuni le CAMERIER d'Aublet.

Espèces.

Tabernes à feuilles opposées.

1. La TABERNE à feuilles de citronier. *Tabernemontana citrifolia.* Linn. ♄ De la Jamaïque.

2. La TABERNE à grandes fleurs. *Tabernemontana grandiflora.* Linn. ♄ Du Mexique.

3. La TABERNE à fleurs panachées. *Tabernemontana discolor.* Swartz. ♄ De la Jamaïque.

4. La TABERNE à feuilles de laurier. *Tabernemontana laurifolia.* Linn. ♄ De la Jamaïque.

5. La TABERNE ondulée. *Tabernemontana undulata.* Vahl. ♄ De l'île de la Trinité.

6. La TABERNE à feuilles d'amandier. *Tabernemontana amygdalifolia.* Jacquin. ♄ Du Mexique.

7. La TABERNE à feuilles variables. *Tabernemontana heterophylla.* Vahl. ♄ De Cayenne.

8. La TABERNE pandacaqui. *Tabernemontana pandacaqui.* Poir. ♄ De la Nouvelle-Guinée.

9. La TABERNE à feuilles de renouée. *Tabernemontana persicariæfolia.* Jacq. ♄ De l'Ile-de-France.

10. La TABERNE à feuilles de laurier-rose. *Tabernemontana nereïfolia.* Vahl. ♄ De Porto-Ricco.

11. La taberne de l'Ile-de-France. *Tabernemontana mauritiana.* Poir. ♄ De l'Ile-de-France.

12. La TABERNE sananho. *Tabernemontana sananho.* Ruiz & Pav. ♄ Du Pérou.

13. La TABERNE à fruits hérissés. *Tabernemontana echinata.* Aubl. ♄ De Cayenne.

14. La TABERNE à fleurs fasciculées. *Tabernemontana fasciculata.* Poiret. ♄ De Cayenne.

15. La TABERNE arquée. *Tabernemontana arcuata.* Ruiz & Pav. ♄ Du Pérou.

16. La TABERNE à fleurs en cime. *Tabernemontana cymosa.* Linn. ♄ Du Mexique.

17. La TABERNE odorante. *Tabernemontana odorata.* Vahl. ♄ De Cayenne.

18. La TABERNE coronaire. *Tabernemontana coronaria.* Willd. ♄ Des Indes.

19. La TABERNE nerveuse. *Tabernemontana nervosa.* Desf. ♄ Du Brésil.

Tabernes à feuilles alternes.

20. La TABERNE à larges feuilles. *Tabernemontana amsonia.* Linn. ♃ De l'Amérique septentrionale.

21. La TABERNE à feuilles étroites.
Tabernæmontana angustifolia. Ait. ♃ De l'Amérique septentrionale.

22. La TABERNE à feuilles elliptiques.
Tabernæmontana elliptica. Thunb. ♃ Du Japon.

23. La TABERNE à feuilles alternes.
Tabernæmontana alternifolia. Linn. ♄ Des Indes.

Culture.

Parmi les espèces de la première division, nous possédons les 1re., 4e., 18e. & 19e. Ce sont des arbustes qui demandent la serre chaude pendant neuf mois de l'année, une terre substantielle & des arrosemens modérés, surtout en hiver. On les obtient de graines tirées de leur pays natal, semées dans des pots sous châssis, & de boutures faites, de même, à la fin du printemps. Les plants qui en proviennent se traitent comme les vieux pieds, c'est-à-dire, se rentrent dans la serre dès le commencement de septembre, & se changent de terre tous les deux ans. Les fleurs de la première sont odorantes.

Nous ne cultivons que les deux premières espèces de la seconde division. Comme j'en ai observé de grandes quantités dans leur pays natal, je suis autorisé à croire qu'elles sont des variétés l'une de l'autre. Ce sont des plantes d'un aspect agréable lorsqu'elles sont en fleurs, & qui par conséquent sont propres à servir à l'ornement des parterres & des jardins paysagers. Elles ne craignent point les froids ordinaires des hivers du climat de Paris; mais lorsque les gelées passent cinq à six degrés du thermomètre de Réaumur, il est bon de couvrir leurs racines de feuilles sèches ou de fougère. On les multiplie de graines, dont elles donnent quelquefois de bonnes dans nos jardins, graines qu'on sème dans des pots sur couche nue, & par déchirement des vieux pieds, effectué en hiver. La terre de bruyère, une exposition ombragée & des arrosemens fréquens pendant l'été, sont ce qui leur convient. (*Bosc.*)

TABLIER DES BELIERS : morceau de toile qu'on suspend sous le ventre des beliers pour les empêcher de saillir. *Voyez* BÊTES A LAINE & MÉRINOS.

TABOURET. *THLASPI.*

Genre de plantes de la tétradynamie siliculeuse & de la famille des *Crucifères*, qui réunit dix-neuf espèces, dont plusieurs sont très-communes dans nos campagnes, & se cultivent dans nos écoles de botanique. Il est figuré pl. 557 des *Illustrations des genres* de Lamarck.

Observations.

Ce genre se rapproche infiniment des PASSE-RAGES; Ventenat en a formé deux nouveaux aux dépens de la NASTURTIE & de la CAPSELLE, mais ils n'ont pas été adoptés par les autres botanistes. Le genre PSYCHINE de Desfontaines y a été réuni. Il ne faut pas confondre ce genre avec le *tharaspi* des jardiniers, qui est une IBÉRIDE. *Voyez* ce mot.

Espèces.

1. Le TABOURET bourse à berger, vulgairement malette.
Thlaspi bursa pastoris. Linn. ⊙ Indigène.

2. Le TABOURET perfolié.
Thlaspi perfoliatum. Linn. ♂ Du midi de la France.

3. Le TABOURET de montagne.
Thlaspi montanum. Linn. ♃ Du midi de la France.

4. Le TABOURET à fleurs variables.
Thlaspi heterophyllum. Dec. ♃ Des Pyrénées.

5. Le TABOURET des Alpes.
Thlaspi alpestre. Linn. ⊙ Des Alpes.

6. Le TABOURET de Suisse.
Thlaspi alpinum. Jacq. ♃ Des Alpes.

7. Le TABOURET sauvage.
Thlaspi campestre. Linn. ♂ Indigène.

8. Le TABOURET à feuilles de pastel.
Thlaspi glastifolium. Desf. ♃ De la Barbarie.

9. Le TABOURET hérissé.
Thlaspi hirtum. Linn. ♂ Du midi de la France.

10. Le TABOURET psychine.
Thlaspi psychine. Willd. ⊙ De la Barbarie.

11. Le TABOURET des champs, vulgairement monoyère.
Thlaspi arvense. Linn. ⊙ Indigène.

12. Le TABOURET à odeur d'ail.
Thlaspi alliaceum. Linn. ⊙ Du midi de la France.

13. Le TABOURET des rochers.
Thlaspi saxatile. Linn. ♂ Du midi de la France.

14. Le TABOURET de Magellan.
Thlaspi magellanicum. Poir. ⊙ Du détroit de Magellan.

15. Le TABOURET étranger.
Thlaspi peregrinum. Linn. ♃ Du midi de l'Europe.

16. Le TABOURET d'Arabie.
Thlaspi arabicum. Vahl. ⊙ De l'Arabie.

17. Le TABOURET cornu.
Thlaspi ceratocarpon. Linn. ⊙ De la Sibérie.

18. Le TABOURET de Buenos-Ayres.
Thlaspi bonariense. Poir. ⊙ De l'Amérique méridionale.

19. Le TABOURET multifide.
Thlaspi multifidum. Poir. De l'Amérique méridionale.

Culture.

La première espèce est une des plantes les plus communes de nos jardins, de nos champs & autres lieux cultivés un peu frais. Il est extrêmement difficile de l'en faire disparoître sans des soins & des dépenses extraordinaires, parce que ses semences mûrissent successivement pendant toute l'année, même pendant l'hiver, & se conservent un grand nombre d'années en état de germination lorsqu'elles sont enterrées à plus de deux pouces. (*Voyez* MAUVAISES HERBES.) Tous les bestiaux la mangent, & les moutons surtout en sont fort friands. Dans beaucoup de lieux, on la ramasse avec soin pour la donner aux vaches, principalement à la fin de l'hiver, époque où les nourritures sont rares.

Les 7e. & 11e. espèces sont aussi fort communes dans les champs sablonneux. Les bestiaux les mangent également, mais ne les recherchent pas. On dit qu'elles donnent un mauvais goût à leur viande & à leur lait; leurs semences sont âcres.

On cultive dans nos écoles de botanique les espèces indiquées sous les nos. 1, 2, 3, 5, 7, 9, 12, 13 & 17. Toutes se sèment en pleine terre & en place, s'éclaircissent & se sarclent au besoin, mais du reste ne demandent d'autres soins que ceux dus à tout jardin bien tenu. (*Bosc*.)

TABROUHA : arbre de Cayenne, dont le fruit sert à teindre en noir, & l'écorce à faire mourir les poux. On ne sait à quel genre il appartient. (*Bosc*.)

TACAMAHAC. *Voyez* l'article suivant.

TACAMAQUE : résines fournies par le CALABA, par le PEUPLIER BALSAMIFÈRE (*voyez* ces mots) & par l'*arbor populo similis resinosa* de Bauhin, arbre de l'Amérique méridionale, peu connu, dont le fruit offre un noyau semblable à celui de la pêche. (*Bosc*.)

TACCA. *Tacca*.

Plante vivace, qui seule forme un genre dans l'hexandrie monogynie, & qui est figurée pl. 252 des *Illustrations des genres* de Lamarck. Elle se cultive dans les Indes & dans les îles de la mer du Sud pour sa racine, qui est amère & âcre, mais dont on tire une fécule parfaitement semblable à celle du sagou & de la pomme de terre, fécule très-propre à la nourriture de l'homme. *Voyez* FÉCULE.

Cette plante, si on en juge par les figures de Rumphius, offre plusieurs variétés remarquables. On la multiplie par sections de ses racines plantées dans une terre labourée, au commencement de la saison des pluies. Il paroît, par le peu de renseignemens que nous avons, que sa culture diffère peu de celle du GOUET ESCULENT. (*Voyez* ce mot.) On mange aussi ses feuilles & ses tiges.

A ma connoissance, le Tacca, malgré son importance, n'a pas été encore introduit dans les jardins de France; mais il existe depuis peu dans ceux d'Angleterre, de sorte que nous ne tarderons pas à le posséder. (*Bosc*.)

TACHI. *Myrmecia*.

Arbrisseau grimpant de Cayenne, qui seul consti-

tue un genre dans la tétrandrie monogynie & dans la famille des *Primulacées*. Il est figuré pl. 80 des *Illustrations des genres* de Lamarck.

Nous ne le cultivons pas dans nos jardins. On trouve toujours, lorsqu'il n'est pas en fleurs, une larme de résine jaune à l'aisselle de chacune de ses feuilles. (*Bosc*.)

TACHIBOTE. *Salmasia*.

Arbrisseau de Cayenne, qui a servi à Aublet pour former, dans la pentandrie monogynie, un genre que Lamarck a figuré pl. 208 de ses *Illustrations des genres*.

Cet arbrisseau ne se cultive pas dans les jardins d'Europe. (*Bosc*.)

TACHIGALE. *Cubea*.

Genre de plantes de la décandrie monogynie, qui renferme deux espèces, ni l'une ni l'autre cultivées dans nos jardins.

Il est figuré pl. 339 des *Illustrations des genres* de Lamarck.

Espèces.

1. La TACHIGALE paniculée.
Cubea paniculata. Willd. ♄ De Cayenne.
2. La TACHIGALE trigone.
Cubea trigona. Willd. ♄ De Cayenne. (*Bosc*.)

TACONÉ, BRIMÉ. Un grain de raisin est taconé ou brimé lorsque sa peau a été sphacellée par le passage des rayons du soleil à travers les gouttes d'eau qui s'y sont fixées. Ce grain ne grossit plus, & donne un vin plat & de peu de garde.

Lorsqu'une grêle légère a frappé les grains de raisin, vers le milieu de leur accroissement, il s'y forme une tache qui a la même apparence & qui produit les mêmes effets sur eux & sur le vin. *Voyez* BRULURE & VIGNE.

Il n'y a pas moyen d'empêcher les fruits d'être altérés par ces deux causes, car tous sont dans le cas d'être taconés. (*Bosc*.)

TACSONE. *Tacsonia*.

Genre de plantes établi par Jussieu aux dépens des GRENADILLES, & qui renferme onze espèces, qui ne se cultivent pas dans nos écoles de botanique.

Espèces.

1. La TACSONE à trois nervures.
Tacsonia trinervia. Juss. ♄ De l'Amérique méridionale.

2. La TACSONE adultérine.
Tacsonia adulterina. Juss. ♄ De la Nouvelle-Grenade.

3. La TACSONE laineuse.

Tacsonia lunata. Juss. ♄ De l'Amérique méridionale.

4. La TACSONE à fleurs réfléchies.

Tacsonia reflexiflora. Juss. ♄ De l'Amérique méridionale.

5. La TACSONE à trois feuilles.

Tacsonia trifoliata. Juss. ♄ Du Pérou.

6. La TACSONE mélangée.

Tacsonia mixta. Juss. ♄ Du Pérou.

7. La TACSONE à longues fleurs.

Tacsonia longiflora. ♄ Du Pérou.

8. La TACSONE tasco.

Tacsonia tasco. Juss. ♄ D- la Nouvelle-Grenade.

9. La TACSONE cotonneuse.

Tacsonia tomentosa. Juss. ♄ Du Pérou.

10. La TACSONE pédonculaire.

Tacsonia peduncularis. Juss. ♄ Du Pérou.

11. La TACSONE très-glabre.

Tacsonia glaberrima. Juss. ♄ Du Pérou. (*Bosc.*)

TÆDA : nom latin d'une espèce de PIN.

TÆNIA. *Voyez* TÉNIA.

TÆNITIS. *Tænitis.*

Genre de plantes établi par Schkuhrer, pour placer deux espèces de PTÉRIDES qui n'ont pas entièrement les caractères des autres, & que nous ne cultivons pas en Europe. *Voyez* FOUGÈRE.

Espèces.

1. Le TÆNITIS blechnoïde.

Tænitis blechnoides. Willd. ♃ Des Indes.

2. Le TÆNITIS fourchu.

Tænitis furcata. Willd. ♃ De Saint-Domingue. (*Bosc.*)

TAFALLA. *Tafalla.*

Genre de plantes de la diœcie monadelphie, qui renferme quatre espèces d'arbrisseaux du Pérou, dont aucun n'est cultivé dans nos jardins. (*Bosc.*)

TAFIA : sorte d'eau-de-vie faite avec du sirop de canne : on l'appelle aussi RHUM. *Voyez* EAU-DE-VIE.

TAGÈTE. *Tagetes.*

Genre de plantes de la syngénésie superflue & de la famille des *Corymbifères*, dans lequel se trouvent placées neuf espèces, dont trois servent généralement à l'ornement de nos parterres, & six se cultivent dans nos écoles de botanique. Il est figuré pl. 684 des *Illustrations des genres* de Lamarck.

Observations.

La Tagète aigrettée forme aujourd'hui le genre BŒBERE.

Espèces.

1. La TAGÈTE droite, vulgairement œillet d'Inde.

Tagetes erecta. Linn. ☉ Du Mexique.

2. La TAGÈTE touffue.

Tagetes patula. Linn. ☉ Du Mexique.

3. La TAGÈTE alongée.

Tagetes elongata. Willd. ☉ De l'Amérique méridionale.

4. La TAGÈTE à fleurs blanches.

Tagetes minuta. Linn. ☉ Du Chili.

5. La TAGÈTE de Caracas.

Tagetes caracasana. Thunb. ☉ De l'Amérique méridionale.

6. La TAGÈTE à petites feuilles.

Tagetes tenuifolia. Cavan. ☉ Du Pérou.

7. La TAGÈTE à petites fleurs.

Tagetes micrantha. Cavan. ☉ Du Mexique.

8. La TAGÈTE luisante.

Tagetes lucida. Cavan. ♃ Du Mexique.

9. La TAGÈTE aigrettée.

Tagetes papposa. Mich. ☉ De la Caroline.

Culture.

La première espèce, qui est la plus cultivée, présente plusieurs variétés de grandeur, de forme & de couleur, parmi lesquelles les plus remarquables sont celle *à fleurs doubles* & celle *à fleurs fistuleuses.*

La seconde espèce, qui se voit également très-souvent dans nos parterres, en offre également plusieurs, dont je citerai seulement celle *à fleurs doubles,* celle *à fleurs orangées, rayées de jaune;* celle *à fleurs jaunes.*

Ces deux espèces, qui sont assez différentes pour se faire valoir réciproquement, se cultivent positivement de même, mais se placent, la première, comme plus grande, au milieu, & l'autre sur les côtés des plates-bandes des parterres. Leurs fleurs, dont on peut à peine supporter l'éclat lorsque le soleil brille, se succèdent pendant tout l'été & l'automne. Il est assez fréquent, lorsque les automnes sont froides & pluvieuses, qu'il n'y ait que les premières de ces fleurs qui amènent leurs graines à maturité; & comme ce sont toujours elles qui donnent les meilleures, il faut ne pas négliger leur récolte si on veut avoir de belles productions l'année suivante.

Toutes les parties de ces plantes exhalent, surtout lorsqu'on les frotte, une odeur forte, désagréable pour beaucoup de personnes, mais qui ne se fait pas sentir au loin.

Pour devenir belles, les Tagètes exigent une terre très-fertile, une exposition chaude & des arrosemens fréquens. On sème leurs graines, en avril, sur une couche nue; & lorsque le plant a acquis six pouces de hauteur, on le repique en place avec la motte, en entourant ses racines de terreau. Il est bon de l'arroser de suite & de l'ombrager

brager avec un pot fans fond, ou autrement, pendant les premiers jours.

Les efpèces indiquées fous les n°s. 4, 6, 8 & 9, ne fe voient que dans nos écoles de botanique; elles s'y cultivent comme il vient d'être dit, excepté la 8ᵉ. qui, étant vivace, eſt repiqué en pot pour pouvoir la rentrer dans l'orangerie, ou mieux dans la ferre tempérée, aux approches des gelées. (*Bosc.*)

TAIE : maladie de l'œil, laquelle confiſte en une pellicule fituée devant la cornée qui obfcurcit la vue de l'animal; ordinairement elle eſt la fuite d'une inflammation. Baffiner l'œil qui en eſt affecté, avec de l'eau fraîche, eſt le meilleur remède à employer, & il fuffit fouvent, fi ce n'eſt à guérir, au moins à diminuer le mal. *Voyez* ŒIL. (*Bosc.*)

TAILLE DES ARBRES : opération qui a pour but ou de former un arbre, c'eſt-à-dire, de lui donner une difpofition autre que celle qu'il doit prendre naturellement, ou de le forcer à donner du fruit plus gros & d'en porter plus régulièrement.

Couper des tiges ou des branches à des arbres dans d'autres intentions, ce n'eſt point les tailler; ainfi la coupe des arbres rez terre ou à une hauteur quelconque, porte des noms particuliers, tels que RECEPAGE, REBOTAGE, RAJEUNISSEMENT, ÉLAGAGE, EMONDAGE, TONTE, EBOURGEONNEMENT, PINCEMENT, ECIMAGE, &c. *Voyez* tous ces mots.

Lorfqu'on greffe à œil dormant, on laiffe la tête du fujet jufqu'au printemps de l'année fuivante, qu'on la coupe au moment où la féve commence à y monter. Cette opération s'appelle quelquefois *Taille. Voyez* GREFFE.

Généralement on emploie une SERPETTE pour tailler les arbres, mais on s'arme néceffairement d'une SERPE, d'une HACHE, d'une SCIE, lorfque les branches à retrancher font d'une certaine groffeur.

La Taille pour former les arbres fe pratique principalement dans les PEPINIÈRES; elle fe continue, pendant quelques années, dans les jardins pour les arbres fruitiers : celle dont le but eſt d'augmenter la groffeur des fruits n'a lieu que dans les jardins.

Les arbres élevés dans les pépinières étant foumis à la tranfplantation, étant expofés, pendant leurs premières années, aux gelées, aux féchereffes, aux accidens de toutes efpèces, pouffent le plus fouvent des tiges irrégulières, fe rabougriffent même, de forte qu'ils donneroient rarement des tiges droites, qu'ils feroient confidérablement retardés dans leur croiffance, fi, la feconde ou la troifième année de leur tranfplantation, on ne les coupoit pas, pendant l'hiver, rez terre pour leur faire pouffer de nouvelles tiges qui s'élèveront d'autant plus, que les racines font

plus nombreufes. C'eſt la première Taille qui fe confond avec le RECEPAGE *Voyez* ce mot.

La tige qu'on a choifie parmi celles qui ont remplacé l'ancienne, pouffe, l'été fuivant, des branches latérales qui abforbent une partie de la féve fournie par les racines, fans utilité pour l'accroiffement de cette tige en hauteur & en groffeur; plufieurs même peuvent, par des circonftances accidentelles prefque toujours imprévoyables, rivalifer de vigueur avec elle, ce qui mettroit encore plus d'obftacles à l'accroiffement defiré. Il eſt donc néceffaire de les couper; mais fi on les coupe toutes, le pied aura un beaucoup plus petit nombre de feuilles; or, c'eſt dans les feuilles que s'organife la féve qui doit, l'année fuivante, augmenter l'arbre en hauteur & en groffeur. Dans cet embarras, on a imaginé la Taille en crochet, qui confifte à couper les groffes branches latérales rez du tronc, & à diminuer feulement la longueur des autres proportionnellement à leur groffeur & à leur nombre. Par cette opération, dont l'inventeur n'eſt pas connu, & dont le mérite n'eſt pas fuffifamment apprécié, le canal direct de la féve étant interrompu dans les branches latérales confervées, la féve ne s'y porte plus qu'en quantité fuffifante pour développer des bourgeons foibles, mais bien garnis de feuilles; ainfi l'arbre s'élève & groffit beaucoup plus, ce qui fait qu'il eſt à quatre ou cinq ans, malgré le retard que lui a fait éprouver le recépement, du double plus gros que fon voifin qui a été abandonné à lui-même.

Six pouces font généralement la longueur moyenne qu'on laiffe aux branches qui font taillées en crochet. Quelquefois on ne touche pas aux brindilles, qui doivent périr par le feul effet de la privation de la lumière. Lorfque le nombre des petites branches n'eſt pas affez confidérable, on ne fupprime pas entièrement les groffes; on les taille fur le premier ou le fecond œil.

La Taille en crochet peut fe faire indifféremment, ou en août, c'eſt-à-dire, entre les deux féves, ou pendant toute la durée de l'hiver. On préfère généralement la première époque dans les grandes pépinières, quoique la moins favorable, parce qu'alors les travaux font moins-nombreux & moins preffés. La coupe des petites branches doit fe faire à une ligne ou deux au-deffus d'un œil, & le bifeau en deffous.

La plupart des arbres fruitiers qu'on élève dans les pépinières font deftinés à être formés en tête, à la hauteur de fix à huit pieds, ou fervir à établir des QUENOUILLES, des PYRAMIDES, des BUISSONS, des ESPALIERS qui ne doivent arriver à cette hauteur qu'au bout de plufieurs années. Cette circonftance permet une autre Taille qui fert de complément à celle-ci; c'eſt celle de la partie fupérieure de la tige : elle a pour objet de faire refluer fur fon pourtour la féve qui devoit prolonger cette tige, & par-là accélérer fon groffiffement. On la pratique, entre deux féves, fur les pieds qui n'ont plus qu'un an à rester dans la pépinière. L'objet qu'on a en vue est toujours rempli, mais plus ou moins, selon la nature du sol, l'espèce de l'arbre, les perturbations atmosphériques, &c. *Voyez* PINCEMENT & ECIMAGE.

Rarement, dans les pépinières, on est dans le cas de revenir sur la Taille en crochet; mais cependant il est bon de visiter, dans le courant du mois de mai suivant, les pieds qui l'ont éprouvée, pour arrêter avec l'ongle les bourgeons qui pousseroient trop vigoureusement.

Parmi les arbres fruitiers, il en est qu'on destine à devenir des pleins-vents, d'autres ce qu'on appelle des *basses tiges*; ces deux sortes d'arbres doivent subir une troisième Taille dans les pépinières, Taille qui ne diffère de l'ELAGAGE que par son but. Elle consiste à couper rez du tronc, avant la séve d'août qui précède leur probable enlèvement, toutes les branches qui avoient été taillées en crochet, & à raccourcir, à environ un pied, celles qui sont destinées à former la tête; on choisit le mois d'août, parce que la séve descendante cicatrise promptement les plaies, & donne rarement naissance à de nouvelles pousses sur le tronc.

On pourroit encore regarder comme une Taille le pincement des bourgeons des arbres exotiques qui s'AOUTENT difficilement, soit dans le but d'empêcher la gelée de les frapper, soit dans celui d'en tirer de bons yeux pour la GREFFE. *Voyez* ces deux mots.

Voilà les principales opérations de Taille qu'on pratique dans les pépinières, car si on y forme des quenouilles, des espaliers, &c., c'est abusivement. *Voyez* PÉPINIÈRE.

Je passe donc à la Taille des arbres dans les jardins & dans les champs; je parlerai d'abord des arbres fruitiers.

Cette Taille, ainsi que je l'ai annoncé plus haut, se divise en Taille de formation & en Taille de fructification.

La Taille de formation diffère, & selon l'espèce d'arbre, & selon la disposition qu'on veut lui donner. Il convient donc de les passer tous en revue, renvoyant, pour les détails, à chacun de leurs articles dans le *Dictionnaire des Arbres & Arbustes*.

Les poiriers sont les arbres qui se prêtent le mieux à toutes les sortes de formes; aussi, quand on fait convenablement les conduire, reste-t-il peu à apprendre relativement aux autres.

Toutes les Tailles se font dans les jardins pendant l'hiver, excepté celle qu'on appelle ÉBOURGEONNEMENT : je parlerai particulièrement de cette dernière à son article. Celle des arbres à fruits à noyau se commence seulement à l'époque de leur floraison.

Les poiriers à haute tige gagnent à être mis en têtes sur trois branches principales, & chaque branche sur deux secondaires; on les abandonne ensuite à eux-mêmes, sauf à arrêter les gourmands

s'il s'en développoit, & à émonder les ramilles intérieures si elles se multiplioient trop.

Les poiriers en quenouille peuvent rester dans cette position, & alors ils ne durent que six à huit ans, ou être transformés en pyramide ou en palmette, ce qui prolonge leur existence quatre fois plus long-temps.

Toutes les branches des quenouilles latérales se taillent, d'abord les grosses sur deux ou trois yeux, & les petites sur un ou deux, selon la force du pied & le désir plus ou moins pressant d'avoir du fruit; on supprime entièrement celles de ces branches qui sont trop rapprochées des autres. Il vaut mieux en avoir peu de bien dirigées, que beaucoup de confuses; la tige est étêtée à quatre ou cinq pieds.

L'année suivante on taille, d'après les mêmes principes, sur la pousse de l'année précédente, mais de manière à ce que les branches dont on laisse la base soient également distantes, & des autres & de la tige, car c'est de la régularité de leur distribution que résultera la libre circulation de l'air & la complète action du soleil, ce qui est très-important pour la bonté des fruits. Les cas varient tant, qu'il n'est pas possible de fixer des règles générales, & qu'il faut plusieurs années de pratique pour les connoître tous.

Les quenouilles peuvent être regardées comme formées après cette seconde Taille; ainsi je passe à celle des PYRAMIDES & des PALMETTES. *Voyez* ces mots.

Les pyramides ne diffèrent des quenouilles que parce qu'on laisse leurs branches inférieures s'alonger d'autant plus que leur sommet, qu'on n'arrête pas, s'élève davantage. Leur Taille, la première année, ne diffère de celle des quenouilles que parce qu'on ne supprime pas le rameau terminal, qu'on se contente de le tailler sur deux yeux; la seconde année, les branches inférieures sont laissées un peu plus longues, & ainsi de même la troisième année, que l'arbre a la disposition qu'il doit avoir & qu'il faudra lui conserver.

Les palmettes sont des pyramides palissadées contre un mur, & auxquelles on enlève les branches perpendiculaires à ce mur. Leur formation, du reste, ne diffère de celle que je viens d'indiquer que par cette circonstance.

Je regarde les dispositions en pyramide & en palmette comme les plus avantageuses & les plus agréables de celles qu'on peut donner aux poiriers qui doivent être soumis à la Taille; en conséquence j'invite les amateurs à les préférer.

Les poiriers en espaliers & en contr'espaliers se conduisent de même quant à leur formation; on coupe la tige au-dessus de leur second ou troisième œil au moment de leur plantation, & les deux bourgeons auxquels ces yeux donnent naissance sont coupés sur deux yeux s'ils sont foibles, & sur trois ou quatre s'ils sont forts, pendant l'hiver de l'année suivante. Si ces bourgeons sont, avec le chicot de la tige, un angle de moins de quarante-cinq degrés, on leur donne forcément cet écartement en les attachant à des piquets avec de l'o-sier. L'année suivante les nouvelles pousses, les unes, celles qui font perpendiculaires au plan de l'arbre, &, parmi les parallèles à ce plan, celles qui font trop rapprochées, font totalement retran-chées; les autres font taillées à deux ou trois yeux & maintenues rigoureusement dans le plan par leur attaché, soit au mur, soit à des piquets fortement enfoncés en terre. L'arbre peut être dès-lors re-gardé comme formé; cependant ce n'est que la troisième année qu'il est fixé. Je renvoie, pour le surplus, à ce que je dirai plus bas du pêcher, l'ar-bre à espalier par excellence.

Les poiriers en buisson, qu'on appelle aussi & moins improprement *poiriers en vase, en entonnoir*, font les plus longs & les plus difficiles à former. Ils ont été pendant long-temps à la mode; aujour-d'hui on leur préfère les pyramides, les palmettes & les contr'espaliers, par des motifs qui feront développés à l'article qui les concerne.

Voici comment il faut opérer:

On choisit dans les pépinières des sujets greffés sur des francs jeunes & vigoureux, & on le rabat à cinq ou six yeux au-dessus de la greffe. L'année suivante il pousse autant de branches qu'il y avoit d'yeux, branches dont on supprime les plus foi-bles : on peut fort bien commencer la formation de l'arbre sur trois branches, mais il est mieux de l'effectuer sur quatre, & encore mieux sur cinq. Ces trois, quatre ou cinq branches font taillées sur trois yeux, & leurs bases font fixées à un cercle qui les oblige de conserver un écartement uniforme & aussi grand que possible sans beaucoup d'efforts, soit du prolongement supposé de leur souche, soit les uns des autres.

Pendant l'hiver de la troisième année, on sup-prime toutes les branches qui ont poussé en dedans & en dehors du cercle; on n'en réserve que deux sur les côtés de chacune des premières qu'on taille également à trois, quatre & cinq yeux, & qu'on attache, en les écartant autant qu'il est nécessaire, sur un second cercle plus grand que le premier, qu'on fixe à d'autres piquets. Les branches qui ont poussé dans l'intérieur font également retranchées entièrement, ainsi que celles qui ont poussé sur les côtes, au-dessous de celles qui ont supporté la Taille. Les extérieures, qui doivent plus tard porter le fruit, font taillées à deux ou trois yeux, après avoir supprimé celles d'entr'elles qui font trop rapprochées.

La Taille de la troisième année ne diffère pas de cette dernière, excepté qu'elle s'exécute ou sur douze, ou sur seize, ou sur vingt branches, & que le cercle doit être encore plus grand que les précédens; alors l'arbre est censé formé, quoiqu'il ne le soit réellement qu'à la quatrième année.

Quelque difficile qu'il soit d'opérer toujours avec la régularité que je viens d'indiquer, il est

d'une grande importance d'agir dans le but d'y ar-river, parce que plus les canaux de la fève font déviés & répartis également, & plus le fruit est beau & abondant, & d'un rapport certain.

Le pommier réussit fort bien greffé sur ses va-riétés naines le PARADIS & le DOUCIN; en con-séquence on dirige souvent aujourd'hui à la Taille les belles variétés en buissons irréguliers & fort petits, qui ne portent que quelques fruits, mais d'une grosseur extraordinaire.

La Taille des pommiers greffés sur ces variétés se réduit, la première année de leur plantation, à couper tous leurs rameaux à deux ou trois yeux, en supprimant ceux qui font trop rapprochés des autres. L'année suivante on recommence cette opération, mais en faisant attention de tailler l'œil en dehors celles des nouvelles branches qui tendent à se rapprocher du centre, & l'œil en dedans celles qui tendent à s'en écarter. Si deux ou trois branches partant du voisinage de la greffe dans une direction verticale, font à peu près de la même force, on tend à leur donner la forme de vase ordinairement sans le concours d'un cercle.

L'année d'après, ces pommiers, qui donnent alors généralement du fruit, se taillent comme il vient d'être dit, en réservant toutes les BOURSES. *Voyez* ce mot.

On met rarement aujourd'hui les pommiers en quenouille, en pyramide & en palmette, par la difficulté de leur conserver long-temps une for-me régulière; mais on en voit encore beaucoup en contr'espalier, & quelques-uns, principalement l'api, en espalier.

La taille de formation de ces arbres ne diffère pas de celle des poiriers, excepté qu'elle doit être plus courte.

Rarement on taille le coignassier, le néflier & le cormier; mais si on vouloit le faire, on opére-roit comme sur le pommier.

L'amandier se refuse généralement à la Taille. On doit donc se borner à retrancher celles de ses branches qui se rapprochent trop des autres, & à arrêter ses gourmands. Si, par circonstance, on vou-loit le mettre en espalier, il faudroit le conduire positivement comme le pêcher.

Le pêcher est l'arbre qui gagne le plus à être mis en espalier, & qui récompense le plus cer-tainement le cultivateur des soins qu'il donne à sa Taille. Je dis en espalier, parce qu'il est fort difficile & peu fructueux de lui donner une autre forme artificielle.

Comme ne poussant pas, ou au moins très-rare-ment des bourgeons sur son vieux bois, & comme les branches qui ont porté du fruit périssent ordi-nairement un ou deux ans après, le pêcher tend toujours à se dégarnir du bas. Il en résulte, lors-qu'il est abandonné à lui-même, que ses racines, au bout de quelques années, deviennent plus nombreuses que ses branches, ne reçoivent plus des feuilles assez de fève organisée, & périssent;

auſſi eſt-il rare qu'il vive plus de ſept à huit ans en plein vent. Par la Taille on le conſerve trente ans & plus en eſpalier, & on lui donne une étendue quadruple de celle qu'il eût naturellement acquiſe abandonné à lui-même.

Je ne puis mieux faire que d'emprunter les expreſſions de mon collaborateur Thouin, pour décrire la Taille de la formation du pêcher en eſpalier.

« Après que l'arbre eſt planté, & avant que la ſéve entre en mouvement, on coupe ſa tête à quatre à cinq yeux au-deſſus de la greffe ; chacun de ces yeux pouſſe ordinairement ſon bourgeon. Il eſt des perſonnes qui ſuppriment, à fur & meſure qu'ils croiſſent, les bourgeons mal placés, & qui ſe trouvent ſur le devant ou ſur le derrière de l'arbre ; d'autres laiſſent croître les bourgeons juſqu'à la fin de la ceſſation de la ſéve printanière, ſuppriment alors les inutiles & paliſſent les autres. Il en eſt quelques-unes qui préfèrent de laiſſer croître tous les bourgeons, les gourmands des ſauvageons exceptés, & de ne donner ni pincement ni coup de ſerpette à leurs arbres juſqu'au moment de la ſéve ſuivante. Celles-ci agiſſent prudemment, par la raiſon qu'en diminuant les bourgeons on diminue le nombre des feuilles, & par conſéquent le nombre des branches qui nourriſſent les racines ; & comme, dans cette première année, il eſt plus eſſentiel de conſolider la repriſe des arbres & de les aſſurer ſur leurs racines, que de leur former la tête, cette pratique me paroît préférable, & d'autant plus que les arbres, une fois bien *piétés*, auront bientôt réparé le temps perdu, & deviendront enſuite plus vigoureux que ceux qui auront été taillés dès l'année de leur plantation. Ainſi donc il eſt bon de ne pas toucher à la pouſſe des arbres cette première année, & de ſe contenter de leur adminiſtrer la culture de tous les arbres nouvellement plantés.

» Pendant les jours doux du premier printemps, on choiſit, ſur chaque pied, les deux bourgeons les plus favorablement placés, & qu'ils ſoient très-ſains & très-vigoureux, & en oppoſition des deux côtés de l'arbre ; ce choix arrêté, on ſupprime tous les autres bourgeons, en les coupant avec une ſerpette bien acérée, le plus près poſſible de la tige, afin que l'écorce de l'arbre puiſſe recouvrir ſans peine & promptement ces petites plaies.

» Reſte à opérer les deux branches-mères. La longueur qu'on laiſſe à chacune doit être déterminée par la vigueur de l'arbre qui les a produites, & par la leur particulière : ſi l'arbre a pouſſé vigoureuſement, on taille les branches au-deſſus du ſixième œil ; s'il n'a pouſſé que médiocrement, on le raccourcira au quatrième ; enfin, ſi la pouſſe eſt chétive, on le taille au ſecond.

» Lorſque ces deux rameaux ſont d'inégale force, on laiſſe plus de longueur à celui qui eſt plus vigoureux, & on raccourcit davantage, au contraire, celui qui l'eſt le moins. Par ce moyen très-ſimple, on rétablit promptement l'équilibre de vigueur entre les deux branches. Ces coupes des deux rameaux doivent être faites ſur les yeux latéraux, afin que les bourgeons qui en ſortiront ſe dirigent naturellement dans le ſens des branches-mères. On fixe enſuite, par des attaches, ſoit au mur, ſoit au treillage, ces deux mères-branches, de manière à ce qu'elles commencent à prendre leurs directions à l'angle de quarante-cinq degrés. Si on ne peut arriver à ce but cette première année, par la crainte de rompre les branches, on les en approche le plus qu'il eſt poſſible, & on remet aux années ſuivantes à les y amener inſenſiblement.

» Voilà tout ce qui appartient à la première pouſſe de l'arbre.

» L'époque la plus favorable à l'ébourgeonnage, qui eſt une eſpèce de Taille, eſt celle de la fin de la ſéve du printemps, lorſque les bourgeons, parvenus au maximum de leur grandeur, s'arrêtent & reſtent en repos juſqu'à la ſéve d'automne.

» On ſupprime d'abord les bourgeons qui ſe trouvent placés ſur le derrière, & qui ſe dirigent à angles droits ſur le mur, & ceux qui ont pouſſé ſur le devant de l'arbre ; on abat encore ceux qui ſont tortueux, mal-venans, gommeux & atteints de quelques vices de conformation. Les faux bourgeons, ainſi que les rameaux latéraux qui croiſſent ſouvent à l'extrémité des gourmands, doivent être coupés auſſi.

» Enfin, ſi les bourgeons qui ont crû ſur ces côtés de l'arbre ſont trop rapprochés les uns des autres pour être paliſſadés à une diſtance raiſonnable, il convient d'en ſupprimer un entre deux, & quelquefois deux de ſuite ; cela dépend de la place à garnir.

» Ces ſuppreſſions faites, il faut apporter attention à conſerver les bourgeons qui ont crû à l'extrémité des deux mères-branches, à moins que quelques-unes, qui ont crû en deſſous, n'offrent plus de vigueur, & ne ſoient diſpoſées d'une manière plus favorable à la prompte formation de l'arbre, auquel cas on rabat cette branche ſur le bourgeon qui en prend la place.

» Tous ces autres bourgeons réſervés doivent l'être dans toute leur longueur, ſans être raccourcis, arrêtés ni pincés. S'il ſe trouve quelque gourmand qui ne ſoit pas diſpoſé à remplacer le canal direct de la ſéve, il faut le conſerver dans toute ſa longueur, mais en lui donnant une poſition inclinée, car il peut devenir un membre très-utile.

» Si une des deux ailes de l'arbre ſe trouvoit plus foible que l'autre, il faudroit faire une opération inverſe à celle de la Taille, rétablir l'équilibre entre les deux parties. Au lieu de tailler long le côté le plus vigoureux, & de raccourcir celui qui l'eſt moins, il conviendroit, au contraire, de laiſſer plus de bourgeons ſur le côté foible que ſur le côté fort. La raiſon en eſt ſimple.

» Les bourgeons, garnis de leurs feuilles, pompent dans l'atmoſphère les fluides aériformes qui s'y rencontrent, & ſurtout une humidité favorable à la végétation ; après s'en être alimentés, ainſi que les boutons qui ſe trouvoient à la baſe des feuilles, deſcend dans les racines, & le ſurplus.deſcend dans les racines, & occaſionne leur croiſſance. Ainſi la ſérie des racines, qui ſe trouvent deſſervies par un grand nombre de bourgeons garnis de leurs feuilles, ſe trouve mieux nourrie & devient plus vigoureuſe que les autres racines qui ſont moins fournies de bourgeons.

» C'eſt pour cette même raiſon, & en même temps pour le parfait accroiſſement des boutons, qu'il convient de ne ſupprimer aucune des feuilles des bourgeons réſervés.

» La ſeconde Taille, qui s'exécute au commencément de la troiſième année, commence à devenir plus compliquée ; mais comme la baſe en eſt la même que la première, on ſe contente d'indiquer les différences.

» Par la première Taille on s'eſt procuré les deux branches-mères, deſquelles ſont provenus autant de bourgeons qu'elles portoient d'yeux. Il s'agit dans celle-ci d'établir des branches montantes & deſcendantes, ou ce qu'on appelle *membres*. On les choiſit parmi les bourgeons des deux mères-branches.

» Si l'arbre a pouſſé très-vigoureuſement, & que les yeux réſervés, au nombre de dix, aient fourni chacun leur bourgeon, il convient de tailler ſur tous les rameaux qu'on a dépaliſſadés, & plus court que l'année précédente, parce que l'arbre a acquis de l'étendue.

» Mais telle vigueur qu'ait un jeune arbre à la ſeconde année de la plantation, tous les bourgeons ne ſont pas également forts ; ceux qui ont crû ſur les mêmes branches, dans l'intérieur du V, ſe trouvant dans une poſition plus favorable à l'écoulement de la ſève, ſont ordinairement plus gros & mieux nourris que ceux placés à l'extérieur des jambages du V, & qui ſe rapprochent davantage de la poſition horizontale.

» Enfin, les deux bourgeons qui ſont venus en prolongement des deux branches-mères, méritent encore un traitement particulier à raiſon de la place qu'ils occupent.

» Dans cette ſuppoſition la plus favorable, il convient de tailler les quatre branches de l'intérieur du V, qu'on appelle *branches montantes*, au-deſſus du cinquième œil ; celles de l'extérieur, ou *branches deſcendantes*, au troiſième. Comme ces deux bourgeons de l'extrémité des deux branches-mères ſont deſtinés à les alonger, & qu'il eſt eſſentiel à la formation des arbres de leur donner toute l'extenſion dont elles ſont ſuſceptibles, on

peut ne les tailler qu'au-deſſus du troiſième, cinquième ou ſeptième œil, ſuivant la force ou la vigueur de ces bourgeons.

» Si une des ailes de l'arbre étoit plus vigoureuſe que l'autre, il faudroit bien ſe garder de les tailler également ; il conviendroit au contraire de charger beaucoup, ou d'alonger la Taille de l'aile vigoureuſe, & de raccourcir, au contraire, celle de l'autre. Si la vigueur de cette aile menaçoit l'exiſtence de ſa voiſine, il faudroit s'en tenir à la différence de Taille pour maintenir l'équilibre entre les deux ailes ; il ſeroit néceſſaire de recourir à un remède plus actif, mais en même temps plus dangereux, c'eſt celui de découvrir, à l'automne, les racines, de couper quelques-unes de celles qui aboutiſſent au côté trop vigoureux, & au contraire de mettre ſur celles du côté maigre ; après en avoir coupé juſqu'au vif la carie, s'il y en avoit, une terre neuve & ſubſtantielle.

» Si la rupture de l'équilibre de vigueur entre, non-ſeulement les deux ailes de l'arbre, mais encore entre les branches d'une même aile, provenoit de la naiſſance d'un gourmand, ce qui arrive très-fréquemment aux pêchers, cet événement eſt dans le cas de changer tout le ſyſtème de la taille ; il ne faudroit pas couper ce gourmand, comme cela ſe pratique dans beaucoup de jardins, parce qu'il en naîtroit d'autres qui abſorberoient la ſève, & conduiroient l'arbre à ſa ruine ; il faudroit, au contraire, le conſerver & le porter à donner de bonnes branches à bois & à fruit. Pour cet effet on doit lui faire de la place, & tailler deſſus l'un des membres où la branche-mère, ſur laquelle il ſe trouve, afin qu'il la remplace. Si la belle ordonnance de la diſtribution des branches de l'arbre fait répugner de prendre ce parti, & qu'on puiſſe placer ce gourmand en ſupprimant quelques branches qui ſe trouvent dans ſon voiſinage, il convient alors de le tailler très-long, comme, par exemple, depuis un pied juſqu'à quatre, ſuivant la force de l'arbre & celle du gourmand, devenu plus modéré lui-même ; on le taille enſuite comme les autres branches. Si, enfin, ce gourmand devoit être abſolument ſupprimé, il eſt un moyen de s'en défaire ſans riſque ; c'eſt, lorſqu'il eſt parvenu au maximum de ſa croiſſance, & lorſque ſa ſève commence à deſcendre, d'enlever à ſa baſe un morceau d'écorce ; la végétation s'arrêtera, il ſe formera un bourrelet à la partie ſupérieure de la plaie, & à l'automne on pourra le couper ſans danger.

» Tout ce qui vient d'être dit ſur la Taille de cette ſeconde année, eſt dans la ſuppoſition d'un arbre plein de vigueur, placé en bon terrain & ſous un climat qui lui eſt favorable. On va actuellement indiquer les procédés qu'il faut employer pour un arbre de même âge de plantation, qui ſe trouve en terrain de mauvaiſe nature & ſous un climat défavorable. Les deux points les plus éloignés donneront la manière de ce qu'il convient de faire dans les cas intermédiaires.

» L'arbre a pouffé cinq bourgeons de chacune de ſes branches; à l'ebourgeonnage on a ſupprimé ceux qui ſe trouvoient placés, ſoit derrière, ſoit devant l'éventail; mais il en reſte trois ſur chaque tirant, ils ſont chétifs, maigres & atteints de jauniſſe. On ne doit pas balancer de rabattre les deux bourgeons ſupérieurs avec les deux portions de branches-mères qui les ſupportent, juſqu'à une ligne au-deſſus du bourgeon qui ſe trouve le plus près du tronc. Ce bourgeon remplace la branche-mère dans ſa direction & dans ſon uſage; alors on la taille au-deſſus du quatrième ou du cinquième œil. Ces yeux donnent autant de bourgeons qui fourniſſent la matiere des Tailles ſuivantes.

» Ce procédé, employé par les cultivateurs inſtruits pour ménager leurs jeunes arbres qui n'ont pas encore pris de bonnes racines dans le nouveau terrain où ils ſont plantés, ou qui ſont malades, eſt cependant pratiqué indiſtinctement ſur tous les arbres par un grand nombre de jardiniers; ils ne font attention ni à la nature du ſol, ni à l'état de ſanté; ils ravalent toujours ſur le premier bourgeon pouſſé à côté de la tige de l'arbre, & ils ſe contentent d'alonger plus ou moins celui-ci, à raiſon de la vigueur de la pouſſe.

» Il réſulte de cette pratique, que l'arbre dépouillé chaque année de la plus grande partie de ſes branches, perd inutilement ſa ſève, forme une multitude de petits coudes rapprochés les uns des autres, devient rachitique avant d'avoir paſſé par l'état de vigueur. S'il donne des fruits plus tôt que celui taillé par l'autre méthode, il parvient auſſi bien plus vîte à la caducité & à la mort.

» L'ébourgeonnement n'offre d'autre différence, cette ſeconde fois, qu'en ce qu'il porte ſur un plus grand nombre de bourgeons. On ſupprime ceux qui ſont ſur le devant & ſur le derrière de l'arbre, & on laiſſe les autres pouſſer dans leur longueur.

» La première Taille a formé les branches-mères ou tirantes; la ſeconde a procuré les branches du ſecond ordre; la troiſième doit donner les branches à crochets. Pour l'obtenir, il ſuffit d'employer les mêmes procédés qu'on a mis en uſage dans la Taille précédente, avec cette différence ſeulement qu'il faut ſupprimer quelques-unes des anciennes branches. Cette ſuppreſſion eſt indiſpenſable, tant pour le placement des nouveaux bourgeons que pour l'eſpacement des fruits qui doivent naître des LAMBOURDES, des BRINDILLES, des BOURSES. Voyez ces mots.

» Dans les Tailles des années ſuivantes, il ne s'agit plus que d'entretenir les arbres en ſanté & en vigueur par une Taille proportionnée à la force des individus en général, & à celle de chacune de leurs branches en particulier; à ſe ſervir des gourmands pour remplacer les membres foibles,

malades ou ſur le retour; à ne laiſſer ſur les arbres que la quantité de fruits qu'ils peuvent porter ſans s'appauvrir; à établir une juſte balance entre les branches à bois & les rameaux à fruits, afin de ménager les moyens de reproduction, & de porter tous les ſoins à entretenir l'équilibre dans les ailes des arbres ou chacune des branches qui les compoſent. »

Je reviendrai ſur cette Taille lorſque j'aurai parlé de la formation des autres eſpèces d'arbres.

L'abricotier ne ſe prête guère mieux que le pêcher à la Taille en quenouille & en pyramide; on en met quelquefois en eſpalier, & il s'y forme comme le pêcher. La manière de le diſpoſer la plus commune & la plus avantageuſe, c'eſt en vaſe, quelquefois à baſſe, plus ſouvent à haute tige.

Les moyens qu'on met en uſage pour faire prendre aux abricotiers la forme d'un vaſe, ſont les mêmes que ceux employés pour le poirier, mais on met moins de rigueur à la régularité de l'enſemble; je puis même dire que généralement, après avoir fait prendre aux quatre à cinq premières branches une forme circulaire & evaſée, tant à l'aide de la Taille que du cercle, on ſe contente d'évider en dedans, & d'empêcher les gourmands de ſe développer en dehors.

Le prunier & le ceriſier ſe prêtent encore moins à toute eſpèce de Taille que les abricotiers; la forme de quenouille & de pyramide, quelques ſoins qu'on prenne, n'eſt jamais durable, & s'oppoſe à la production du fruit : on met quelquefois en palmette ou en V ouvert, leurs variétés hâtives, pour jouir plus tôt de leurs fruits. On doit, ſurtout le ceriſier, les tailler extrêmement longs, ſans quoi ils reſteroient improductifs, ce qui fait qu'il faut ou les paliſſader contre des murs d'une grande étendue, ou renouveler ſouvent leurs pieds. Voyez leurs articles dans le Dictionnaire des Arbres & Arbuſtes.

Le figuier, aux environs de Paris, exige d'être ou rabattu tous les deux ou trois ans, lorſqu'on le couche en terre pour le garantir de la gelée, ou dégarni également, tous les deux ou trois ans, d'une partie de ſes branches, lorſqu'on l'empaille dans la même intention. Dans les pays chauds, toute Taille eſt nuiſible à l'augmentation de ſes produits, attendu que ce ſont les pouſſes de l'année qui portent les fruits; mais comme, pour avoir de beaux fruits, il faut que l'arbre ſoit vigoureux, & que tout arbre qui a trop de branches en zigzag ne l'eſt jamais, il convient de le rapprocher de loin en loin, ſoit ſur les groſſes branches, ſoit même ſur le tronc, pour lui faire pouſſer du nouveau bois. Voyez RAJEUNISSEMENT.

Le noyer & le châtaignier; le mûrier & l'olivier ſont également dans ce cas, mais à un moindre degré; cependant il eſt quelques endroits, aux environs d'Aix, par exemple, où on taille le dernier de ces arbres dans le but de lui faire porter des fruits tous les ans, mais fans lui donner une forme fpéciale, c'eft-à-dire, qu'on fe contente de rac-courcir leurs branches de la dernière pouffe. J'en-trerai dans quelques détails à cet égard, aux ar-ticles qui leur feront confacrés dans le *Dictionaire des Arbres & Arbuftes*.

En Europe, & furtout dans le nord de l'Europe, l'oranger eft foumis à une Taille rigoureufe, qui commence dès qu'il a acquis deux ou trois pieds de haut. C'eft particulièrement à cette époque qu'on raccourcit fes branches latérales pour accé-lérer la croiffance en hauteur, & ce, en pre-nant les précautions annoncées plus haut. Lorf-qu'il s'eft élevé du double, on coupe fon fommet pour lui former une tête qui s'établit fur le tronc même, & quelquefois fur deux ou trois mères-branches. Le principe de cette Taille, dans toute la durée de la vie de l'arbre, eft fondé fur la né-ceffité, 1°. de proportionner l'étendue de la tête à celle des racines; 2°. de lui donner une forme agréable (la plus belle eft celle d'un cylindre terminé par un cône très-furbaiffé); 3°. de difpofer fes branches de manière qu'elles ne fe nuifent pas réciproquement : en conféquence on ne donne à cette tête que le diamètre de la caiffe; on la régularife, non en la tondant avec des cifeaux, comme le font quelques jardiniers pareffeux, mais avec la ferpette, & en coupant les branches les plus longues fur un œil difpofé, par fa pofition, à don-ner une branche propre à regarnir un vide; on retranche auffi en même temps toutes les bran-ches chiffones, & on courbe les gourmands lorf-qu'on juge leur confervation utile pour rempla-cer une vieille branche. Tous les douze à quinze ans il eft bon de rajeunir la tête en coupant fes rameaux extérieurs dans la longueur de fix, huit, dix & même douze pouces. *Voyez* RAJEUNIR.

La formation des treilles de vignes, quant à la Taille, ne confifte qu'à retrancher tous les farmens qui font trop rapprochés, ou qui font dans une pofition inconvenante, & à couper ceux qu'on conferve au-deffus du fecond, du troifième ou du quatrième œil.

Cette formation des ceps, dans la culture en grand, fe réduit à ne conferver qu'un farment fi le pied eft foible, & deux ou au plus trois, toujours les plus nourris & les plus perpendiculaires, s'il eft fort, & de les couper à deux yeux fi le pied eft foible, à trois ou quatre s'il eft fort.

La Taille des grofeillers qu'on deftine à être for-més en tête, confifte, pendant les deux premières années, à tailler en crochet les branches latérales de la pouffe qu'on a choifie pour tige, à arrêter en-fuite cette tige en coupant fon extrémité, & à rac-courcir annuellement les rameaux qui ont pouffé à leur extrémité dans une longueur convenable au but qu'on fe propofe.

Il en eft de même des rofiers, des lilas, des viornes & autres arbuftes en grand nombre, aux-quels cette difpofition convient.

Certains arbuftes dont la tige qui a porté du fruit périt, tels que le framboifier & la ronce, font taillés avec avantage tous les ans, pendant l'hiver; mais cette Taille ne confifte qu'à enlever les vieilles tiges pour donner plus de place aux jeunes, & qu'à couper l'extrémité des jeunes pour favorifer la fortie des rameaux latéraux, les feuls qui portent le fruit, & augmenter la vigueur de leur végétation.

Actuellement je vais développer les principes & détailler les opérations de la Taille des arbres faits.

Un des principaux buts de la Taille des arbres faits, c'eft de fupprimer tout canal direct de la fève, pour que la lenteur de fa marche multiplie les fleurs, affure la nouure & la permanence des fruits, aug-mente leur groffeur & leur faveur. Une légère inclinaifon des branches, qui produit le même effet, la favorife, mais leur ARQURE ou COUR-BURE a le grave inconvénient d'empêcher le re-tour aux racines de la fève qui s'eft élaborée dans les feuilles, & par conféquent d'accélérer la mort de l'arbre. Il faut donc ne l'employer que très-modérément, ou que fur les arbres dont on peut fupprimer tous les ans, fans inconvéniens, les bran-ches courbées, comme fur la VIGNE. *Voyez* ce mot dans le *Dictionnaire des Arbres & Arbuftes*.

Les jeunes arbres, quelques-uns feuls exceptés, comme le pêcher, les pins, &c., dont on coupe les branches près du tronc, & encore mieux dont on coupe le tronc rez-terre, pouffent des rejets très-vigoureux, & ces rejets donnent de très-gros fruits.

Lorfqu'on diminue le nombre des branches d'un jeune arbre, celles qui reftent, profitant de la fève qui auroit alimenté les autres, pouffent des bour-geons plus vigoureux & donnent du fruit plus beau.

Quand on coupe l'extrémité d'une branche qui porte des fruits, la fève qui auroit alongé cette branche, refluant dans le fruit, le fait groffir d'au-tant plus.

Les arbres qui ont porté une furabondance de fruits les donnent petits l'année fuivante ou n'en portent pas. Pour les avoir gros & tous les ans, il faut donc diminuer leur nombre. *Voyez* POMMIER, OLIVIER, &c.

Toute la théorie de la Taille fe fonde fur ces quatre obfervations, qui font inconteftables.

La Taille n'eft certainement pas dans la nature, mais elle ne la contrarie pas, comme le préten-dent quelques écrivains; elle fert à la diriger vers un but particulier, qui eft l'intérêt du cultivateur. Qu'il doit être orgueilleux de fon intelligence l'homme qui maîtrife ainfi ce qui fembloit devoir être hors de fa puiffance ! mais qu'il doit être hu-milié de voir que le plus petit infecte peut mettre des obstacles insurmontables à ses plus hautes conceptions, aux résultats de ses soins les plus assidus!

Très-peu de jardiniers connoissent les principes de la Taille, ou sont en état de les appliquer convenablement. La plupart ne savent que raccourcir les branches; aussi, entre les mains du plus grand nombre, les arbres formés avec le plus de science remplissent-ils mal leur objet & périssent-ils avant le temps. Le moyen d'en avoir de bons est de les mieux payer qu'on ne le fait généralement, & de leur accorder la considération qu'ils méritent, parce que, sans ces avantages, aucun homme de mérite ne voudra prendre cet état.

On peut commencer la Taille des arbres à pepins, ainsi que je l'ai déjà observé, aussitôt que les feuilles sont tombées; mais il vaut mieux attendre la fin de l'hiver, malgré les craintes fondées que peuvent faire naître de fortes gelées tardives, gelées qui quelquefois font périr, à l'aide de la pluie, l'extrémité de la branche taillée.

Butret, dont le Traité pratique de la Taille est fort estimé, pense qu'il faut suivre l'ordre d'entrée en végétation des espèces ou des variétés; en conséquence, il ne commence qu'en février, & par l'abricotier; après quoi il opère sur le pêcher, puis sur les poiriers, pruniers, cerisiers, enfin les pommiers, qui ne fleurissent qu'en avril dans le climat de Paris. Cependant, dans les grands jardins, où le temps manque toujours, on taille les poiriers & même les pommiers pendant tout l'hiver.

Si on retarde trop l'époque de la Taille, on risque qu'il y ait une déperdition de séve par la plaie, & que l'arbre en soit affoibli & par suite retardé dans sa pousse. Cependant cet effet même est pris en considération par les jardiniers instruits pour empêcher l'influence d'une végétation trop vigoureuse sur tous les arbres à fruits, & celle des gelées tardives sur les ABRICOTIERS, les PÊCHERS & surtout la VIGNE. (Voyez ces mots.) On oblige par ce moyen les arbres les plus robustes à se mettre à fruit. Les inconvéniens précités sont moindres lorsqu'on taille sur le bois de deux ans, mais on ne le fait généralement que pour quelques branches chiffonnes, malades ou trop rapprochées des autres.

On doit éviter, autant que possible, de tailler pendant les fortes gelées, soit parce qu'alors le bois s'éclate ou se casse plus facilement, soit à raison des effets du froid sur les mains des ouvriers.

Non-seulement chaque espèce, mais encore chaque variété d'arbres fruitiers, se plantant dans des terrains & des expositions dissemblables, entrant en végétation à des époques différentes, offrant des branches de longueur, de grosseur, de dispositions très-variables, portant plus ou moins de fruits & des fruits qui nouent plus ou moins difficilement, dont on desire tantôt le nombre, tantôt la grosseur, exige bien certainement une Taille qui lui soit propre; mais il n'appartient

qu'aux praticiens consommés de combiner toutes ces données pour arriver plus certainement au but, & ces praticiens se comptent en France & encore plus dans les pays étrangers. Je ne pourrois entrer dans tous les détails que nécessite le sujet que je traite, sans écrire des volumes, & je dois me restreindre à renvoyer aux articles de chaque arbre ce qu'offre de particulier la Taille qu'il exige.

On appelle *chargés à la Taille* les arbres taillés longs, & *déchargés à la Taille* ceux qui sont taillés courts. Les expressions *alonger* & *raccourcir la Taille*, sont synonymes des précédentes.

Lorsqu'un jardinier instruit se présente devant un espalier qu'il doit tailler, surtout si cet espalier a été mal conduit depuis sa formation, ou seulement les années précédentes, il commence par en examiner l'ensemble; ensuite, si cet ensemble est devenu défectueux, il étudie les moyens de le régulariser de nouveau, soit en sacrifiant son apparence pendant un ou deux ans s'il n'a pas de fruit, soit en sacrifiant une partie de son fruit s'il en est chargé. Ainsi, s'il a un de ses côtés plus vigoureux que l'autre, il le taillera de manière plus long, & l'autre d'autant plus court; après quoi il abaissera un peu le premier, & relèvera un peu le second. Ainsi, si un membre est menacé de mort, il le retranchera & le remplacera par une branche voisine, qu'il relevera ou inclinera selon le besoin. Il en sera de même des montans & de leurs plus grosses branches latérales. Ainsi, si toutes ses branches sont chargées de têtes de saules, de crochets, de chicots, de chancres, de blessures produites par la grêle, par la dent des bestiaux, de lichens, de mousses, &c., ce qui indique un affoiblissement notable dans la végétation du pied, il rabaissera ces branches près du tronc pour en faire pousser de nouvelles, qui, étant droites, & ayant de larges vaisseaux, fortifieront d'autant les racines. L'année suivante on taillera sur ces branches pour reformer l'arbre. *Voyez* RAJEUNISSEMENT.

Les grandes opérations de la Taille de son arbre arrêtées, le jardinier, dont il est question, entre en besogne par délier, ou déloquer, toutes les branches de son espalier, pour retrancher tout ce qui est mort en totalité ou en partie, toutes les branches qui ont poussé sur le devant ou sur le derrière, qui ont croisé les autres, ou qui gênent celles qu'il veut conserver; il ne réserve des brindilles qui, dans le pêcher, doivent porter principalement le fruit, que le nombre & que la portion nécessaire, c'est-à-dire, qu'il ne laisse pas trop de boutons à fruit: cela fait, il commence par couper plus ou moins longue l'extrémité des membres, ainsi que des montans, puis successivement dans l'ordre de leur grosseur, celle des branches latérales; enfin, il finit par les BRINDILLES ou les LAMBOURDES. *Voyez* ces mots.

Toutes ces Tailles, je le répète, varient d'un arbre à l'autre, selon son âge, sa vigueur, le

but

but qu'on se propose ; mais généralement les arbres vigoureux, ceux dont on veut obtenir beaucoup de fruit, se taillent plus longs, & les arbres foibles, ceux dont on veut ranimer la vigueur, plus courts.

Avant de donner le coup de serpette, on doit examiner l'œil sur lequel on opère, y en ayant d'*éteints*, c'est-à-dire, de morts, & qui ne donnent par conséquent naissance à aucun bourgeon ; mais ces yeux éteints sont presque toujours accompagnés en dessous de deux sous-yeux vivans, & qui, par conséquent, peuvent le remplacer. *Voyez* ŒIL & BOUTON.

Lorsqu'on taille trop près de l'œil, on risque de le faire périr par suite du dessèchement de l'extrémité de la branche ; lorsqu'on taille trop loin, il arrive fréquemment que cette extrémité meurt, parce que la sève ne dépasse pas l'œil, ce qui donne lieu à des chicots désagréables à la vue. On doit donc tailler à deux lignes au-dessus de l'œil les arbres jeunes ou bien garnis de sève, & à trois ou quatre les autres.

Quoique la direction de la coupe paroisse indifférente dans la pratique, cependant la théorie indique qu'il vaut mieux la faire en dessous qu'en dessus de la branche, puisque le soleil dessèchera moins la plaie dans ce dernier cas.

Couvrir toutes les plaies d'onguent de Saint-Fiacre ou autre, comme l'ont proposé quelques écrivains, est presqu'inutile & souvent impraticable dans les grands jardins où il faut économiser le temps & l'argent.

Les bourgeons qui sortent des boutons placés en dessous des branches, étant toujours plus foibles que ceux qui sortent des boutons placés en dessus, il faut avoir attention à cette circonstance dans l'opération de la Taille.

En général il est nécessaire de tailler court toutes les branches du bas & du dessous des principales, parce que ce sont les plus foibles.

Dans le cours de ces opérations, le jardinier doit toujours tendre à faire regarnir toutes les places vides par les pousses qui doivent se développer ; en conséquence il taille tantôt sur l'œil qui est du côté du ciel (c'est la Taille sur l'œil en dedans), tantôt sur l'œil qui est du côté de la terre (c'est la Taille sur l'œil en dehors).

Il est fréquemment des circonstances où il faut conserver une branche mal placée, ou dans l'intention de l'employer l'année suivante à garantir un vide produit par l'amputation projetée d'une autre, ou dans celle d'attendre qu'une branche réservée ait pris assez de force ou une direction convenable pour la remplacer. Ces sortes de branches s'appellent des BRANCHES DE RÉSERVE. Quoique dues à l'art le plus exercé, ces branches font quelquefois mal juger du talent du jardinier par ceux qui ne regardent qu'à la régularité.

De plus, un jardinier doit déterminer par la forme des BOUTONS, & c'est ici que l'expérience

Agriculture. Tome VI.

seule peut guider, quels seront ceux qui donneront du fruit l'année suivante, & même deux ans, trois ans après, afin de les réserver ; il faut pour ainsi dire qu'il puisse compter les fleurs qu'il aura pendant quatre ans.

Il se fait à Montreuil, sur le pêcher, une espèce de Taille qu'il seroit bien à désirer qu'on pratiquât partout ; on la nomme le REMPLACEMENT. *Voyez* ce mot.

Quelquefois les vieux arbres à fruits, principalement les pommiers, ne poussent plus de branches à bois, ce qui amène leur mort au bout de quelques années ; dans ce cas il faut, ou les tailler sur le gros bois, c'est-à-dire les rajeunir, ou sur le premier œil de leurs branches à fruit ou LAMBOURDES (*voyez* ce mot) ; cet œil, qui ne devoit donner qu'une ou deux feuilles, pousse alors un bourgeon.

En général, plus il y a de jeune bois sur un arbre à fruit, & plus il sera vigoureux, & plus il portera de beaux fruits ; ainsi ce n'est que quand on veut tenir à la quantité qu'on doit ne pas chercher à multiplier tous les ans ce jeune bois.

Les arbres en espalier, plus que les autres, sont dans le cas de pousser souvent des gourmands lorsqu'ils ne sont pas bien conduits : couper un de ces gourmands, c'est presque toujours provoquer la naissance de plusieurs autres ; il faut donc ou les COURBER, ou les LIGATURER, ou les CIRCONCIRE (*voyez* ces mots), & remettre leur suppression à l'année suivante. Souvent, par une de ces opérations, on en tire un parti avantageux pour remplacer un montant, quand la courbure a modéré leur vigueur.

Les maîtresses branches tendant toujours à se relever par suite de l'action de la sève, il faut, lorsqu'on les palissade après la Taille, les rabaisser un peu au-dessous du point où elles étoient avant.

La Taille des poiriers, quelle que soit leur forme, est basée, par quelques écrivains, sur un principe qui, quoique difficile à saisir, n'est pas moins bien fondé ; elle consiste à couper les rameaux de l'année précédente sur un point intermédiaire de leur accroissement, ce qu'on appelle *du fort au foible*. Quelquefois on distingue ce point par un rétrécissement subit du diamètre de la branche, & il est tantôt au-dessus, & c'est le plus souvent, tantôt au-dessous de son milieu. Ordinairement il ne s'aperçoit pas, mais on juge assez bien par l'expérience, surtout en courbant la branche, où il doit se trouver, ce point étant celui où commence l'arc de cercle qu'on lui fait faire. Le fondement de cette Taille est appuyé sur ce que la partie foible est celle qui a été formée la dernière (le plus souvent à la sève d'août), & qu'elle est par conséquent moins solidifiée que l'autre.

Quelques jardiniers appliquent aussi cette expression du *fort au foible* à la Taille des deux parties des espaliers qu'il faut tenir en équilibre, c'est-à-dire, comme je l'ai déjà observé plusieurs fois, à tailler long du côté le plus fort, & court du côté le plus foible ; mais ils ont tort. Labretonnerie, qui l'a proposée le premier, ne l'emploie certainement pas dans cette dernière acception.

Une autre induſtrie que je ne dois pas omettre de citer, eſt celle par laquelle on force un arbre à fruit à multiplier ſes branches : pour cela on le *taille fous l'œil*, c'eſt-à-dire, entre l'œil & les fous-yeux ; ſur le bourrelet qui les ſépare, ce qui met ces derniers dans le cas de pouſſer, & par conſéquent, étant le plus fouvent au nombre de deux, de doubler le nombre des branches. On emploie quelquefois cette Taille fur le pêcher en eſpalier, mais bien plus fréquemment ſur le poirier en pyramide, à raiſon de la néceſſité de garnir l'extérieur du cercle à meſure qu'il s'agrandit.

On donne quelquefois le nom de *Taille* à des opérations qui différent de celles que je viens de décrire ; ainſi, tailler les buis, les ifs, les charmilles, c'eſt les TONDRE. *Voyez* ce mot. (*Bosc.*)

TAILLE. Ce nom ſe donne, en Bourgogne, au bourgeon principal, ou aux bourgeons principaux qu'on réſerve fur les ceps pour la Taille de l'année ſuivante ; ils doivent être les plus vigoureux. *Voyez* VIGNE. (*Bosc.*)

TAILLE A TUER. Dans quelques vignobles on appelle ainſi la Taille qui ſe fait fur une vigne qui doit être arrachée, & dans le but de lui faire produire le plus poſſible. Pour l'exécuter, on laiſſe une partie des farmens fans les tailler, ou on les taille extrêmement longs, puis on les courbe. *Voyez* VIGNE, SAUTERELLE & ARCEAU.

Si on tailloit de même une jeune vigne, furtout dans les mauvais terrains, on la feroit périr promptement. *Voyez* FRUIT, GRAINE & COURBURE. (*Bosc.*)

TAILLE DES RUCHES. On appelle ainſi l'action d'enlever aux abeilles le ſuperflu de leur cire & de leur miel.

Cette opération varie ſelon les ſortes de ruches & ſelon les pays. *Voyez* ABEILLES & RUCHE.

Dans les lieux où on a des ruches d'une ſeule pièce, & où on fait mourir les abeilles avant de les tailler, elle conſiſte à enlever ſucceſſivement, & un à un, tous les rayons, & à mettre à part la portion de ces rayons qui contient le MIEL. *Voyez* ce mot.

Dans ceux où on taille ces ſortes de ruches fans faire mourir les abeilles, l'opération eſt bien plus difficile. Là, on opère avec de gros fils de fer de pluſieurs longueurs, recourbés & aplatis à leur extrémité en forme de couteau, ou avec de petits couteaux recourbés à leur extrémité, & attachés à un long manche, fils de fer ou couteaux qu'on introduit, après avoir mis les abeilles en état de bruiſſement, & renverſé la ruche fens deſſus deſſous, entre les rayons, & avec leſquels on les diviſe ſucceſſivement, à différentes profondeurs. Ménager la vie des abeilles, & leur laiſſer aſſez de

ſubſiſtance pour qu'elles ne meurent pas de faim l'hiver prochain, eſt indiſpenſable. En conſéquence il faut enlever ſeulement la moitié des rayons contenant du miel. Quant à ceux qui n'en contiennent pas, on doit les enlever tous, car ils ne ſont pas néceſſaires aux abeilles pendant l'hiver, & ils ſont bientôt remplacés au printemps : la cire ſe vend toujours plus cher que le miel. *Voyez* CIRE.

Toutes les ruches à hauſſes ſe taillent avec un couteau ordinaire & un fil de fer ou de laiton, de moyenne groſſeur ; le couteau ſert à ſéparer les hauſſes, qui toujours ſont réunies par du PROPOLIS (*voyez* ce mot), & à détacher des rayons de la hauſſe ; le fil de fer ou de laiton, à couper tranſverſalement tous les rayons après que les hauſſes ſont ſéparées. Cette manière de tailler eſt très ſimple, & n'a preſque point d'inconvéniens pour les abeilles ; auſſi a-t-elle déterminé beaucoup de perſonnes à adopter ces ſortes de ruches, ſurtout celle de Lombard, qui a moins d'inconvéniens que les autres de cette ſorte. *Voy.* RUCHE.

La ruche que j'ai préconiſée comme la meilleure de toutes, & qui diffère peu de celle de Gelieu & de celle de Huber, c'eſt-à-dire, celle qui s'ouvre perpendiculairement, & entre les deux rayons du centre, n'a beſoin, pour être taillée, que d'un couteau ordinaire. Comme dans ces ruches on peut juger rigoureuſement à la vue, & de la quantité de miel & du nombre des abeilles, on peut n'enlever que ce qu'on juge être inutile à la nourriture de ces dernières.

Cette ſorte de ruche a encore l'avantage de pouvoir être taillée, plus ou moins, à toutes les époques de l'année, & par conſéquent de fournir du miel nouveau lorſqu'on en deſire. Il m'eſt arrivé pluſieurs fois d'apporter cette ruche fur ma table, au deſſert, & après l'avoir ouverte, de la faire circuler pour que mes convives puſſent en prendre le miel avec une cuiller.

Les tailleurs ordinaires des ruches s'affublent de vêtemens épais, de gants fourrés & d'un maſque à yeux de verre, pour ſe garantir des piqûres des abeilles ; mais s'ils ne ſont pas piqués, leurs vêtemens le ſont ; & les abeilles y laiſſent leurs aiguillons, de ſorte qu'il n'y a pas une de ces opérations qui ne coûte la vie à pluſieurs centaines de ces précieux inſectes, je dirois même à pluſieurs milliers, ſi on faiſoit cette opération dans la chaleur du jour. Je ne mets rien fur mon viſage ni ſur mes mains dans ce cas, mais je détermine les abeilles à s'occuper plus de la conſervation de leur femelle (la reine) que de la leur propre, & par conſéquent que de leurs proviſions, état que j'ai appelé de *bruiſſement*, parce qu'alors les ouvrières ſe cramponnent ſur leurs pattes, relèvent leur ventre & agitent leurs ailes avec bruit, fans changer de place. Tant que dure cet état, que je fais naître par le moyen de la fumée d'un morceau de vieux linge, & par quelques coups ſecs donnés ſur le haut de la ruche, je ne crains pas d'être piqué, à moins que mes doigts ne bleſſent une abeille, & je puis veiller à l'opération de manière à en tuer très-peu. *Voyez* RUCHE. (*Bosc.*)

TAILLIS : jeunes bois. Dans certains cantons, les jeunes bois perdent le nom de Taillis à douze ans, pour prendre celui de gaulés ou perchis; dans d'autres, ils le conſervent juſqu'à vingt-cinq, trente & même trente-cinq ans.

J'entrerai dans des détails étendus ſur les Taillis dans le *Dictionnaire des Arbres & Arbuſtes*. (*Bosc.*)

TALAUMA. *TALAUMA*.

Juſſieu a donné ce nom à un genre qu'il a établi pour placer le MAGNOLIER DE PLUMIER. *Voyez* ce mot.

TALICTRON. On appelle ainſi, dans quelques lieux, le SISYMBRE SOPHIE. *Voyez* ce mot.

TALIGALE. *AMASONIA*.

Genre que forment deux plantes de Cayenne dans la didynamie angioſpermie. Il eſt figuré planche 543 des *Illuſtrations des genres* de Lamarck.

Nous ne cultivons pas encore ces deux plantes en Europe. (*Bosc.*)

TALIN. *TALINUM*.

Genre de plantes de la dodécandrie monogynie & de la famille des *Portulacées*, qui renferme neuf eſpèces, dont pluſieurs ſe cultivent dans nos jardins. Il eſt figuré pl. 400 des *Illuſtrations des genres* de Lamarck.

Eſpèces.

1. Le TALIN triangulaire.
Talinum triangulare. Willd. ♄ De l'Amérique méridionale.

2. Le TALIN à feuilles épaiſſes.
Talinum craſſifolium. Willd. ♄ De l'Amérique méridionale.

3. Le TALIN à feuilles d'orpin.
Talinum anacampſeros. Willd. ♄ Du Cap de Bonne-Eſpérance.

4. Le TALIN ligneux.
Talinum fruticoſum. Willd. ♄ De l'Amérique méridionale.

5. Le TALIN paniculé.
Talinum patens. Willd. ♄ De l'Amérique méridionale.

6. Le TALIN jaune.
Talinum reflexum. Cavan. ♄ De l'Amérique méridionale.

7. Le TALIN cunéiforme.
Talinum cuneifolium. Vahl. ♄ De l'Arabie.

8. Le TALIN couché.
Talinum decumbens. Willd. ♄ De l'Arabie.

9. Le TALIN trichotome.
Talinum trichotomum. Decand. ♄ De.....

Culture.

Six de ces eſpèces, ſavoir, celles des nos. 2, 3, 4, 5, 6 & 9, ſe cultivent dans nos écoles de botanique. Toutes demandent la ſerre chaude, une terre légère, des arroſemens abondans en été & rares en hiver. Celle du n°. 3 eſt cependant moins ſenſible à la gelée que les autres, mais par contre, l'eſt plus à l'humidité. On les multiplie aiſément par graines, dont elles donnent quelquefois, par déchirement des vieux pieds, & par boutures faites au printemps dans des pots ſur couche & ſous châſſis.

On doit renouveler tous les ans, en automne, la terre des pots où ſont plantés des Talins. (*Bosc.*)

TALIIR-KARA : arbre des Indes, dont les feuilles perſiſtent, & dont les racines ont une odeur forte & un goût aſtringent.

On ne ſait à quel genre appartient cet arbre, que nous ne poſſédons pas dans nos jardins. (*Bosc.*)

TALIPOT : nom vulgaire du CORYPHE du Malabar.

TALISIER. *TALISIA*.

Arbriſſeau de Cayenne, formant genre dans l'octandrie monogynie, qui eſt figuré pl. 310 des *Illuſtrations des genres* de Lamarck.

On ne le cultive pas dans les jardins de l'Europe. (*Bosc.*)

TALLE : enſemble des pouſſes qui ſortent, après le développement de la tige principale, du collet des racines d'une plante.

Dans beaucoup de cas, ce mot eſt ſynonyme de TOUFFE, de TROCHÉE, de CÉPÉE. *Voyez* ces mots.

On fait taller preſque toutes les plantes en coupant ou en écraſant leurs premières pouſſes. Ainſi on recèpe les arbres, on roule les blés pour les faire taller. *Voyez* RECEPAGE & ROULAGE.

Le tallement du froment eſt celui qui intéreſſe le plus la fortune des cultivateurs. Il eſt plus conſidérable dans les ſemis clairs, dans les terrains gras & frais, dans les années où les mois de mars & d'avril ſont humides; on le provoque par le ROULAGE & l'ECIMAGE. Les variétés barbues s'y prêtent davantage que les variétés ſans barbe. (*Bosc.*)

TALLE. On appelle ainſi le CHATAIGNIER dans le département des Deux-Sèvres.

TALON. Lorſqu'on coupe une bouture ſur le bois de deux ans ou plus, on appelle *Talon* la portion de ce dernier bois qui ſe trouve en faire-partie. *Voyez* BOUTURE.

Les avantages du Talon, dans une bouture, ſont inconteſtables, & ils s'expliquent en diſant que ce Talon eſt un BOURRELET qui favoriſe la ſortie des racines.

Il y a deux fortes de Talon; l'un, lorfque le jeune bois eft la continuation du vieux, la vigne en montre un exémple dans les CROCETTES; l'autre, lorfque le jeune bois fort perpendiculairement, ou prefque perpendiculairement. On en fait de tels fur les SAUTERELLES du PLATÁNE, du COIGNASSIER (*voyez* ces mots), & autres arbres qui fe multiplient de marcottes comme de boutures. Ces dernières m'ont paru préférables aux premières. (*Bosc.*)

TALUS. On donne ce nom à l'inclinaifon du fol fur la ligne de niveau; il eft, dans beaucoup de cas, fynonyme de pente.

Les penchans des montagnes font des Talus naturels qui, lorfqu'ils ont plus de vingt-cinq degrés, ne doivent pas être cultivés en plantes annuelles, à raifon de l'entraînement de leur terre végétale par les eaux des pluies; ceux dont l'inclinaifon eft au-deffous de ce nombre de degrés doivent, par le même motif, être labourés le moins fouvent poffible, ou ne l'être qu'en remontant les terres, ou au moins en ne les faifant pas defcendre. *Voyez* LABOURAGE & MONTAGNE.

Une bonne manière d'utilifer les Talus de plus de vingt-cinq degrés, c'eft de les conferver en pâturages, & d'y planter des arbres foreftiers ou fruitiers à une fuffifante diftance pour que leur ombre ne nuife pas à la qualité de l'herbe. *Voyez* PATURAGE.

Dans beaucoup de lieux, ces arbres font exploités en têtard, & donnent par conféquent des coupes de bois de chauffage prefqu'égales à celles d'un taillis qui couvriroit le même efpace. *Voyez* TÊTARD.

Une autre manière de s'oppofer aux defcentes des terres des lieux en pente, cultivés en plantes qui exigent des labours annuels, principalement en vignes, c'eft de les partager, perpendiculairement à leur pente, en terraffes d'autant moins larges que la pente eft plus rapide, foit par des murs en pierres, foit, ce qui vaut mieux, à mon avis, par des haies tenues baffes. *Voyez* TERRASSE & HAIE.

Tous les foffés doivent avoir un Talus de chaque côté, d'autant plus incliné que la terre dans laquelle il eft creufé eft plus fablonneufe; car fans cela il feroit comblé, dès le premier hiver, par l'effet des gelées & des pluies, & même feulement des alternatives d'humidité & de féchereffe. Il vaut toujours mieux pécher par excès, que par défaut fous ce rapport. *Voyez* FOSSÉ, CANAL.

On appelle proprement *Talus*, dans les jardins, des difpofitions de cette forte, dont le but eft de former des terraffes fans murs. Dans ce cas ils font, ou garnis de gazons, ou plantés d'arbuftes qu'on tient extrêmement bas par une tonte annuelle. *Voyez* GAZON.

Comme fouvent ces Talus feroient fillonnés par les eaux des pluies avant qu'ils en foient garantis par des gazons provenus de femence, on en apporte d'ailleurs & on les applique contre eux au moyen de chevilles de bois. *Voyez* BATTOIR. (*Bosc.*)

TAMAGALI: arbre du Malabar, à fleurs odorantes, dont les caractères de la fructification ne font pas encore complétement connus, & qui ne fe cultive pas en Europe. (*Bosc.*)

TAMALASSIER: autre arbre d'Amboine, qui fe trouve dans les mêmes cas que le précédent.

TAMARIN: fruit du tamarinier.

TAMARINIER. *TAMARINDUS.*

Grand arbre qui croît également dans les Indes & en Amérique, & qui feul conftitue, dans la monadelphie triandrie & dans la famille des *Légumineufes*, un genre qui eft figuré pl. 25 des *Illuftrations des genres* de Lamarck.

Les légumes de cet arbre contiennent une pulpe acide, agréable, purgative, qu'on emploie fréquemment dans les pays où il croît, & même en Europe, pour tempérer l'effervefcence du fang, s'oppofer à la tendance à la putridité de certaines maladies, &c. Cette pulpe fait en conféquence, fous le nom de *tamarin*, l'objet d'un commerce de quelqu'importance.

Il ne paroît pas qu'on cultive nulle part, dans les pays chauds, le Tamarinier d'une manière régulière. On fème fes graines en place, & on abandonne à la nature le plant qui en provient. En France, il demande la ferre chaude. On le multiplie de graines, tirées d'Amérique, graines qu'on fème auffitôt leur arrivée, dans des pots remplis de terre confiftante, placés fur une couche à châffis. La végétation du plant qui en provient eft d'abord très-rapide, mais elle s'arrête bientôt. Il lui faut de la terre nouvelle tous les ans, en automne. Des arrofemens abondans en été & rares en hiver affurent d'autant fa croiffance. Rarement il fleurit en Europe. (*Bosc.*)

TAMARINIER DES HAUTS. C'eft, à l'île de la Réunion, l'ACACIE HÉTÉROPHYLLE. *Voyez* ce mot.

TAMARIX. *TAMARIX.*

Genre de plantes de la pentandrie trigynie & de la famille des *Portulacées*, qui réunit une demi-douzaine d'efpèces d'arbriffeaux, dont trois croiffent naturellement en France, & fe cultivent en pleine terre dans les jardins des environs de Paris. Il en fera queftion dans le *Dictionnaire des Arbres & Arbuftes.* (*Bosc.*)

TAMBAC. C'eft le *bois d'aloès. Voyez* AGALLOCHE.

TAMBALTE: vaiffeau de bois fervant à battre le beurre, en ufage dans le département des Vofges. *Voyez* BARATTE.

TAMBOUL. *Mithridatea.*

Grand arbre de Madagascar, de la monandrie monogynie ou de la monœcie polyandrie & de la famille des *Urticées*, figuré pl. 784 des *Illustrations des genres* de Lamarck. On appelle son fruit *pomme de singe*.

Il ne se cultive pas dans nos jardins. (*Bosc.*)

TAMINIER. *Tamus.*

Genre de plantes de la diœcie hexandrie & de la famille des *Smilacées*, qui réunit trois espèces, dont une est fort commune dans nos bois. Il est figuré pl. 819 des *Illustrations des genres* de Lamarck.

Espèces.

1. Le TAMINIER commun.
Tamus communis. Linn. ♃ Indigène.
2. Le TAMINIER de Crète.
Tamus cretica. Linn. ♃ De Crète.
3. Le TAMINIER tubéreux.
Tamus elephantipes. Lhéritier. ♃ Du Cap de Bonne-Espérance.

Culture.

La première espèce, qui est vulgairement connue sous les noms de *seau de Notre-Dame*, *seau de la Vierge*, *racine vierge*, *sort Jean*, peut être employée à recouvrir les berceaux & les tonnelles, dont ses belles feuilles garantissent du soleil l'intérieur. On en forme encore, en faisant monter ses tiges autour d'une perche, des pyramides d'un aspect très-agréable. On la multiplie par graines & par section de sa racine, qui est fort grosse. Une fois en place, elle subsiste long-temps sans autres soins que ceux de propreté.

La troisième espèce se cultive dans les orangeries de Londres. Il n'est pas bien certain qu'elle appartienne au genre. (*Bosc.*)

TAMIS : ustensiles qui sont composés d'un cercle de bois plus ou moins large, plus ou moins élevé, auquel est adapté un tissu d'osier, de fil de fer, de fil de laiton, de toile, de crin, de soie.

Les cultivateurs ne peuvent se dispenser d'avoir plusieurs sortes de Tamis ; les uns, comme ceux de crin & de soie, de différentes finesses, pour tamiser la farine, c'est-à-dire, en séparer le son & quelquefois les gruaux (*voyez* FARINE); les autres en osier, en fil de fer, en fil de laiton, pour enlever les pierres des terres destinées à recouvrir des semis, pour nettoyer les graines ; les autres en toile pour passer le lait, le miel & autres liquides impurs.

Les CRIBLES & les PASSOIRS (*voyez* ces mots) peuvent être considérés comme des espèces de Tamis.

Il n'est jamais économique à un cultivateur de faire lui-même les divers Tamis dont il est dans le cas de se servir. Les plus employés, comme ceux de crin & de soie, se vendent dans tous les marchés & à assez bon compte.

Rarement les Tamis sont conservés avec le soin nécessaire dans les exploitations rurales ; aussi est-on obligé de les renouveler fréquemment ; c'est une augmentation de dépense en pure perte, à laquelle les pères de famille devroient faire plus d'attention. (*Bosc.*)

TAMONÉE. *Ghinia.*

Genre de plantes de la didynamie angiospermie & de la famille des *Pyrénacées*, figuré pl. 542 des *Illustrations des genres* de Lamarck. Il renferme trois espèces, dont une se cultive dans nos écoles de botanique.

Espèces.

1. La TAMONÉE en épi.
Tamonea spicata. Aubl. ⊙ De Cayenne.
2. La TAMONÉE épineuse.
Tamonea curassavica. Swartz. ⊙ De Curaçao.
3. La TAMONÉE lappulacée.
Tamonea lappulacea. Swartz. ⊙ De la Jamaïque.

Culture.

C'est la seconde espèce qui se voit dans nos jardins. On la sème dans des pots sur couches à châssis, & on ne l'en ôte que pendant les jours les plus chauds de l'été ; aux approches des froids, elle se rentre dans la serre chaude pour lui fournir les moyens d'amener ses graines à parfaite maturité. (*Bosc.*)

TAMPOA : arbre de Cayenne encore imparfaitement connu, & qui ne se cultive pas en Europe.

TAN, TANNÉE. Le Tan est l'écorce de chêne réduite en poudre grossière pour être employée au tannage des peaux. La Tannée est le Tan qui a servi à l'usage précédent. *Voyez* PEAU.

L'objet du tannage est de rendre la gélatine des peaux insoluble, incorruptible & très-dure. *Voy.* TANNIN.

Cette opération ne pouvant être faite aussi bien & aussi économiquement par les cultivateurs que par ceux qui ont des fabriques montées à cet effet, les tanneurs, je renverrai au *Dictionnaire des Manufactures & Arts.*

La Tannée ne contient presque plus de tannin ; elle brûle avec lenteur lorsqu'elle est sèche, ce qui engage à la réunir en petites masses qu'on appelle des *mottes*, pour l'employer au chauffage.

Renfermant des particules animales, fournies par les peaux, la Tannée est un excellent ENGRAIS, qu'on peut surtout employer très-avantageusement sur les prés ; elle fermente beaucoup lorsqu'elle eſt mouillée , & ſa chaleur, ſuite de cette fermentation , ſe conſerve long-temps , ce qui détermine à la ſubſtituer au fumier pour les couches qui ſe conſtruiſent dans les ſerres. *Voy.* COUCHE.

La proportion de l'humidité eſt la conſidération la plus importante lors de l'établiſſement d'une couche de Tannée , car trop ou trop peu empêche également la fermentation de s'y établir ; cependant il m'eſt impoſſible d'indiquer cette proportion, parce qu'elle ne pourroit ſe calculer que pour du Tan complétement ſec, & qu'on n'en emploie jamais de tel. On conſtruit donc la couche avec le Tan tel qu'on l'apporte de la tannerie, ſauf à l'arroſer enſuite ſi on en reconnoît la néceſſité. Dans le cas où il paroîtroit trop humide à ſon arrivée, on l'étendroit pendant quelques jours dans un lieu ſec, voiſin de la ſerre, en le remuant vers l'heure de midi. Pour connoître le degré de chaleur de la couche, on y enfonce des bâtons de la groſſeur du pouce, & le lendemain, en les retirant & tâtant avec la main fermée, on la juge avec une exactitude ſuffiſante.

La crainte que la trop forte chaleur d'une couche de Tannée nouvellement faite brûle les plantes dont elle eſt deſtinée à accroître la végétation, fait qu'on ne les y place que lorſqu'on s'eſt aſſuré, par pluſieurs jours d'expérience, que ſa fermentation a pris une marche régulière, qu'elle diminue graduellement lors même qu'on ne l'arroſe ou qu'on ne l'arroſe pas. Je ne puis donner des indications fixes pour guider les jardiniers dans ſa conduite, parce que les circonſtances varient ſans fin, & que la plupart ne peuvent être expliquées d'une manière ſatisfaiſante. Ici donc, comme dans tant d'autres cas, la pratique vaut mieux que la théorie.

Pour arrêter une trop forte fermentation, il faut arroſer avec de l'eau de puits ; mais il eſt bon d'agir avec prudence, parce qu'il n'eſt pas facile, ſi on dépaſſe ce point, de ramener la chaleur autrement qu'en démontant la couche pour la faire ſécher ou y réunir du Tan ſec, ce qui n'eſt pas une petite opération.

Dumont-Courſet, dans la nouvelle édition du *Botaniſte-Cultivateur*, annonce que les couches de Tannée ſont plus nuiſibles qu'utiles dans les ſerres. Il eſt poſſible qu'il ſoit fondé en raiſons, car ces couches répandent une grande humidité; mais il eſt certain que les plantes des ſerres du Muſéum d'hiſtoire naturelle de Paris, où elles ont été ſupprimées par des motifs d'économie, ſont moins vigoureuſes que lorſqu'elles y exiſtoient. *Voyez* SERRE.

C'eſt principalement dans les BACHES qu'on établit des couches de Tannée. *Voyez* ce mot & celui ANANAS.

La conduite des couches de Tannée demande une ſurveillance de tous les inſtans ; quelquefois après des ſemaines, des mois de ſervice régulier, elles perdent leur chaleur en peu de jours ; d'autres fois, au contraire, elles en prennent inſtanta-

némment une très-forte. Il faut, dans le premier cas, les réchauffer, ſoit en les arroſant, ſoit en les labourant, ſoit en les remaniant, ſoit en leur donnant de la nouvelle Tannée. Dans le ſecond cas, qui eſt le plus dangereux pour les plantes qui s'y trouvent plongées, on doit ou les arroſer, ou ouvrir un, pluſieurs, ou tous les châſſis, ou ôter tous les pots. Fréquemment on ne peut prévoir, & encore moins expliquer les cauſes de ces variations.

Ordinairement on renouvelle les couches de Tannée tous les ans, en faiſant entrer dans leur ſein, & on leur donne un ſimple labour ou un remuage accompagné d'une recharge de quelques brouettées de nouvelle Tannée à l'iſſue de l'hiver ; il arrive cependant, ainſi que je viens de l'indiquer, des cas où on eſt forcé de multiplier ces opérations, qui, lorſqu'elles ont lieu pendant les gelées, ne ſe font pas ſans danger pour les plantes.

Je crois plus prudent de faire deux couches à Tannée par an, en faiſant entrer dans chacune la compoſition une moitié (plus ou moins) de l'ancienne, afin que la chaleur ne monte pas d'abord ſi haut & ne tombe pas enſuite ſi bas.

La Tannée moulue groſſièrement s'échauffe plus lentement & conſerve mieux ſa chaleur que celle qui eſt fine ; ainſi on doit la préférer pour les ſerres; cependant celle qui eſt trop groſſe eſt auſſi mauvaiſe que celle qui eſt trop fine; celle qui a été deſſéchée ne vaut abſolument rien; auſſi faut-il l'employer au ſortir de la foſſe.

Une grande couche de Tannée conſerve ſa chaleur plus long-temps qu'une petite ; mais celle d'une petite ſe règle mieux, de ſorte qu'il y a compenſation.

Cette denrée eſt preſque de nulle valeur dans les départemens ; on la vend fort cher à Paris.

A défaut de Tannée, on peut faire les couches dans les ſerres & dans les baches avec des feuilles ſèches, avec celles de chêne principalement. *Voyez* FEUILLES.

Lorſque la Tannée eſt retirée des ſerres après un an ou plus de ſervice, elle a perdu de ſa qualité comme engrais, mais elle ne doit pas moins être encore employée ſous ce rapport ſeulement, ſauf à en augmenter la proportion.

Je rappelle, à cette occaſion, que la Tannée nouvelle contient encore quelquefois du tannin, qui eſt un principe délétère pour les plantes, & que, par conſéquent, il ne faut jamais l'employer en maſſe, mais ſeulement en la ſemant comme de la graine; au reſte, ce n'eſt que rarement qu'on en fait uſage en grand, les tanneurs trouvant plus d'avantages, ſurtout auprès des villes, de la diſpoſer en *mottes* pour le chauffage.

Celle qui a ſervi à former des couches eſt inférieure, ſous ce rapport, à la nouvelle, mais cependant on peut s'en ſervir également pour chauffer la ſerre, lorſqu'elle a été miſe en mottes & deſſéchée; ſeulement il faut la mêler avec une plus grande proportion de bois. (*Boſc*.)

TAN. Dans les montagnes du centre de la France, on donne ce nom à la seconde peau de la CHA-TAIGNE qu'on est obligé d'ôter, à raison de son âcreté, avant de la manger, soit avec la main, soit avec le DÉBOIRADOUR. *Voyez* ces mots.

TANACCIUM. Genre établi pour placer quelques espèces de CALEBASSIERS (*voyez* ce mot), qui n'ont pas complétement les caractères des autres. Il renferme les *calebassiers à feuilles ailées, grimpant & parasite.*

TANAISIE. *TANACETUM.*

Genre de plantes de la syngénésie superflue & de la famille des *Corymbifères,* qui rassemble dix-neuf espèces, dont une est fort commune dans nos campagnes, & huit, en comprenant cette dernière, se cultivent dans nos écoles de botanique. Il est figuré pl. 696 des *Illustrations des genres* de Lamarck.

Observations.

Desfontaines a séparé de ce genre plusieurs espèces à fleurs dépourvues de rayons, pour en former le genre BALSAMITE, dont les espèces, n'ayant pas été mentionnées à ce mot, sont dans le cas d'être rappelées ici.

Espèces.

1. La TANAISIE commune.
Tanacetum vulgare. Linn. ♃ Indigène.

2. La TANAISIE à une seule fleur.
Tanacetum monanthos. Linn. ⊙ Du Levant.

3. La TANAISIE à fleurs de cotula.
Tanacetum cotuloides. Linn. ⊙ Du Cap de Bonne-Espérance.

4. La TANAISIE blanchâtre.
Tanacetum incanum. Linn. ♃ Du Levant.

5. La TANAISIE de Sibérie.
Tanacetum sibiricum. Linn. ♃ De la Sibérie.

6. La TANAISIE balsamite.
Tanacetum balsamita. Linn. ♃ Du midi de la France.

7. La TANAISIE d'Orient.
Tanacetum orientale. Willd. ♃ Du Levant.

8. La TANAISIE à grandes fleurs.
Tanacetum grandiflorum. Poir. ♂ De la Barbarie.

9. La TANAISIE annuelle.
Tanacetum annuum. Linn. ⊙ Du midi de la France.

10. La TANAISIE pileuse.
Tanacetum pilosum. Linn. ⊙ Du midi de l'Europe.

11. La TANAISIE sous-arbuste.
Tanacetum suffruticosum. Linn. ♄ Du Cap de Bonne-Espérance.

12. La TANAISIE en éventail.
Tanacetum flabelliforme. Lhérit. ♄ Du Cap de Bonne-Espérance.

13. La TANAISIE à feuilles imbriquées.
Tanacetum vestitum. Thunb. Du Cap de Bonne-Espérance.

14. La TANAISIE à longues feuilles.
Tanacetum longifolium. Thunb. Du Cap de Bonne-Espérance.

15. La TANAISIE à fleurs axillaires.
Tanacetum axillare. Thunb. Du Cap de Bonne-Espérance.

16. La TANAISIE à folioles obtuses.
Tanacetum obtusifolium. Thunb. Du Cap de Bonne-Espérance.

17. La TANAISIE à fleurs tomenteuses.
Tanacetum tomentosum. Thunb. Du Cap de Bonne-Espérance.

18. La TANAISIE multiflore.
Tanacetum multiflorum. Thunb. Du Cap de Bonne-Espérance.

19. La TANAISIE à feuilles de lin.
Tanacetum linifolium. Thunb. Du Cap de Bonne-Espérance.

Culture.

La Tanaisie commune est une grande plante qui forme de grosses touffes d'un aspect fort élégant, & qui, malgré son odeur forte, est très-propre à orner les parterres & les jardins paysagers; sa variété à feuilles crépues est encore plus remarquable. Il lui faut un terrain léger, fertile & un peu humide; elle ne demande, une fois en place, d'autres soins que ceux de propreté. Yvart a observé que les moutons en étoient fort avides après sa dessiccation, & qu'elle la préservoit de la pourriture, ce qui doit engager à en cultiver dans toutes les exploitations rurales. On la multiplie de graines, &, plus souvent, par le déchirement des vieux pieds, déchirement qui se fait au printemps & qui réussit toujours.

Cette plante s'emploie en médecine; elle fournit beaucoup de potasse par son incinération, & pourroit utilement être cultivée pour en fabriquer. (*Voyez* POTASSE.) Dans beaucoup de lieux on la coupe pour chauffer le four, & on devroit toujours la faire pour augmenter la masse des fumiers, là où elle est très-commune.

La Tanaisie balsamite, vulgairement appelée *baumière, menthe-coq,* se cultive très-fréquemment dans les jardins, à raison de la bonne odeur qu'exhalent ses feuilles dans la chaleur, ou quand elles sont froissées; elle ne craint que les très-fortes gelées de l'hiver, & on l'en garantit facilement en couvrant ses racines de feuilles sèches & de fougère. La couleur blanchâtre de ses feuilles la fait contraster avec les autres plantes, & concourt à la faire employer à la décoration des jardins paysagers. On la multiplie des mêmes manières que la précédente, & aussi facilement.

Les Tanaisies de Sibérie & d'Orient se cultivent de même dans les écoles de botanique. La seconde craint un peu plus les gelées; en conféquence, il eft bon d'en tenir quelques pieds en pot pour pouvoir les rentrer dans l'orangerie.

La Tanaifie à grandes fleurs, dont les graines ont été rapportées par Desfontaines, eft une fuperbe plante qu'on devroit employer fréquemment à l'ornement des parterres; mais malheureufement elle donne rarement de bonnes graines dans le climat de Paris; auffi eft-elle toujours rare. On fème fes graines au printemps, dans des pots fur couche nue; le plant levé fe repique feul à feul dans d'autres pots qu'on place contre un mur expofé au midi, & qu'on rentre dans l'orangerie aux approches de l'hiver. Au printemps fuivant, on peut la mettre en pleine terre, toujours à une expofition chaude.

La Tanaifie annuelle fe fème & fe place comme la précédente. Quoique la vive couleur jaune de fes fleurs la faffe remarquer, fa petiteffe ne permet pas de la cultiver pour l'ornement.

Les Tanaifies fous-arbufte & en éventail demandent impérieufement l'orangerie : on les multiplie de rejetons. Ce font des plantes de peu d'agrément. (*Bosc.*)

TANCHE : poiffon du genre des CYPRINS, qui fe plaît dans les eaux boueufes, & qui, en conféquence, eft fouvent dans le cas d'être recherché par les cultivateurs qui ont des ETANGS, des CANAUX, & même des MARES à peupler. *Voy.* ces mots.

Le Tanches multiplient beaucoup, & croiffent rapidement lorfqu'elles font bien nourries; elles ont fur les carpes l'avantage de pouvoir fe conferver en vie en s'enfonçant dans la boue lorfque les eaux où elles habitent fe deffèchent, ainfi que lorfque ces eaux fe gèlent.

En conféquence, quoique leur chair ne foit pas des meilleures, il faut les multiplier autant que poffible. (*Bosc.*)

TANIBOUCIER. *TANIBOUCA.*

Arbre de Cayenne, qui feul forme un genre dans la décandrie monogynie, mais dont la fruétification n'eft pas encore complétement connue. Il ne fe cultive pas dans nos jardins. (*Bosc.*)

TANJOUG : grand arbre d'Amboihe, encore imparfaitement connu des botaniftes, quoiqu'il foit décrit & figuré dans Rumphius. Nous ne le cultivons pas en Europe. (*Bosc.*)

TANNIN : principe de quelques végétaux, qui a la propriété de rendre la GÉLATINE infoluble, & de précipiter en noir les diffolutions de FER. (*Voyez* ces mots.) L'acide gallique l'accompagne roujours.

C'eft dans le cachou que le Tannin fe trouve en plus grande abondance; il exifte plus ou moins dans tous les CHÊNES, furtout dans la noix de

galle, dans les SUMACS, les MYRTES, la CORIAIRE, &c. &c.

Au moyen de la première des propriétés du Tannin, on durcit le cuir des animaux domeftiques, & on le rend propre à la plupart des ufages auxquels il eft employé.

Au moyen de la feconde, on confeétionne l'encre à écrire.

Les eaux chargées de Tannin ne peuvent, fans danger, être employées à la boiffon des beftiaux; ainfi il ne faut pas les conduire aux mares des forêts de chênes, après la chute des feuilles de ces arbres, mares dont la couleur noire décèle les qualités nuifibles. *Voyez* MAL DE BROU.

Par la même raifon il ne faut pas employer les feuilles de chêne pour couvrir les plantes délicates pendant l'hiver. (*Bosc.*)

TANQUE. Des coquillages marins brifés, mêlés de fable, qui fe réuniffent à l'embouchure des rivières, fur les côtes de la Manche, & qu'on ramaffe pour fervir en même temps d'amendement & d'engrais aux terres, portent ce nom. C'eft une efpèce de marne mêlée avec les reftes de beaucoup d'animaux marins.

La plus grande fertilité eft la fuite de l'emploi de la Tanque, principalement fur les terres argileufes; mais fon enlèvement & fon tranfport font coûteux. *Voyez* AMENDEMENT, ENGRAIS & MARNE. (*Bosc.*)

TANROUGE. *WEINMANNIA.*

Genre de plantes de l'oétandrie digynie & de la famille des *Saxifrages*, figuré pl. 313 des *Illuftrations des genres* de Lamarck, qui réunit neuf efpèces, dont aucune n'eft cultivée dans nos jardins.

Efpèces.

1. Le TANROUGE glabre.
Weinmannia glabra. Linn. ♄ De Saint-Domingue.
2. Le TANROUGE trichofperme.
Weinmannia trichofperma. Cávan. ♄ Du Chili.
3. Le TANROUGE hériffé.
Weinmannia hirta. Swartz. ♄ De la Jamaïque.
4. Le TANROUGE tomenteux.
Weinmannia tomentofa. Linn. ♄ De la Nouvelle-Grenade.
5. Le TANROUGE trifolié.
Weinmannia trifoliata. Linn. ♄ Du Cap de Bonne-Efpérance.
6. Le TANROUGE à grappes.
Weinmannia racemofa. Linn. ♄ De la Nouvelle-Zélande.
7. Le TANROUGE à petites fleurs.
Weinmannia parviflora. Forft. ♄ D'Otahiti.
8. Le TANROUGE paniculé.
Weinmannia paniculata. Cavan. Du Chili.

9. Le

9. Le TANROUGE à feuilles ovales.
Weinmannia ovata. Cavan. ♄ Du Pérou.
(*Bosc.*)

TANTAMON : racine aphrodifiaque de Madagafcar. On ne connoît pas la plante qui la fournit.

TANTAN : efpèce de RICIN de l'Inde. *Voyez* ce mot.

TAOIA : nom de pays des CACTIERS qui peuvent fervir en guife de torche.

TAON. *Tabanus.*

Genre d'infectes de l'ordre des diptères, dans lequel fe placent une cinquantaine d'efpèces, toutes vivant du fang des grands quadrupèdes, & dont plufieurs, très-communes en France, principalement dans les cantons boifés, tourmentent beaucoup les beftiaux, & font par conféquent dans le cas d'être étudiées par les cultivateurs. *Voyez* le *Dictionnaire des Infectes.*

Celles de ces efpèces qu'ils doivent principalement connoître, font le TAON DES BŒUFS, le TAON DU TROPIQUE, le TAON AUTOMNAL, le TAON PLUVIAL & le TAON AVEUGLANT.

C'eft dans les jours les plus chauds, lorfque le foleil brille de tout fon éclat, ou qu'un orage fe difpofe, que les Taons piquent avec le plus de fureur les chevaux, les ânes, les bœufs, les vaches. Il eft des lieux où ils abondent au point qu'on ne peut mener paître ces animaux dans les bois, ou qu'on eft obligé de les frotter de bouze, de les couvrir de toile, &c. Les hommes mêmes ne font pas à l'abri de leurs piqûres, furtout de celle des deux dernières efpèces fufnommées.

Les crins de la queue ont été donnés par la nature aux grands quadrupèdes pour pouvoir chaffer, au moins momentanément, les Taons. Les perfonnes qui voyagent, garniffent leur cheval de cordelettes qui, par leur mouvement perpétuel, les éloignent.

Les tuer un à un, avec un linge, fur le dos des beftiaux, ou les prendre avec un petit fac tenu ouvert par un fil de fer attaché à un long manche, font les feuls moyens de deftruction que je puiffe propofer, & ils ne peuvent avoir qu'un fort petit effet. Cependant un vacher actif, en fe promenant pendant toute la journée autour des bêtes de fon troupeau, peut en tuer ainfi bien des milliers. Leurs larves vivent dans la terre, mais leurs mœurs font fort peu connues. (*Bosc.*)

TAON : un des noms du *ver blanc*, ou larve du HANNETON dans quelques cantons. *Voyez* ce mot.

TAON. Ce nom s'applique, dans le département de la Haute-Marne, à une terre blanchâtre, plus calcaire qu'argileufe, & peu fertile ; on l'emploie pour marner. *Voyez* MARNE. (*Bosc.*)

TAONELLE. *Voyez* TERNSTROÈME.

TAP. C'eft la gale des moutons & les petites

Agriculture. Tome VI.

buttes de terre dans le département de la Haute-Garonne.

TAPEINIE. *Tapeinia.*

Plante de Magellan, de la triandrie monogynie & de la famille des *iridées*, qui feule conftitue un genre felon Juffieu, mais qui a été placée par les autres botaniftes parmi les WITSENES. *Voyez* ce mot.

On ne la cultive pas dans nos jardins. (*Bosc.*)

TAPERIER : nom du CAPRIER commun aux environs de Marfeille.

TAPIER. *Cratæva.*

Genre de plantes de la dodécandrie monogynie & de la famille des *Capparidées*, dans lequel fe placent fix efpèces prefque toutes intéreffantes, mais dont deux feulement fe cultivent dans nos jardins. Il eft figuré pl. 395 des *Illuftrations des genres* de Lamarck.

Obfervations.

Le genre EGLÉ a été établi aux dépens de celui-ci.

Efpèces.

1. Le TAPIER commun.
Cratæva tapia. Linn. ♄ De l'Amérique méridionale.

2. Le TAPIER à feuilles ovales.
Cratæva obovata. Vahl. ♄ De Madagafcar.

3. Le TAPIER gynandrique.
Cratæva gynandra. Linn. ♄ De la Jamaïque.

4. Le TAPIER nivale.
Cratæva religiofa. Forft. ♄ Des Indes.

5. Le TAPIER marmelos.
Cratæva marmelos. Linn. ♄ Des Indes.

Culture.

La troifième & la fixième efpèce fe cultivent dans les ferres chaudes des environs de Londres, mais je ne crois pas qu'elles fe trouvent en France. Il eft probable qu'elles ne fe multiplient que de graines tirées de leur pays natal. Au refte, je n'ai aucun renfeignement fur la nature des foins qu'elles exigent.

Les fruits de la dernière font très-agréables, & fe trouvent fur toutes les tables des Indes. On les mange avec du fucre. (*Bosc.*)

TAPIRIER. *Joncquetia.*

Arbre de Cayenne, figuré pl. 386 des *Illuftrations des genres* de Lamarck, qui conftitue un genre dans la décandrie pentagynie.

Il ne fe cultive pas en Europe. (*Bosc.*)

TAPIS VERT. On appelle ainfi, dans les jardins réguliers, des gazons plus longs que

Iii

larges, & dont on peut voir toute l'étendue d'un point principal. C'eft cette dernière circonftance qui le diftingue d'une allée. Le Tapis vert de Verfailles en offre un exemple connu de toute l'Europe.

La conftruction & l'entretien d'un Tapis vert ne différent pas de ceux d'une ALLÉE ou d'un GAZON ordinaire; ainfi je renvoie le lecteur à ces deux mots. (*Bosc.*)

TAPOGOME. *Cephaelis.*

Plante farmenteufe de Cayenne, figurée pl. 152 des *Illuftrations des genres* de Lamarck, qui feule enforme un dans la pentandrie monogynie, lequel a été appelé CALLICOQUE par Brotero.

C'eft la racine de cette plante, que nous ne cultivons pas dans nos jardins, qui conftitue l'I-PÉCACUANHA du Bréfil. *Voyez* ce mot. (*Bosc.*)

TAPURE. *Rhoria.*

Arbriffeau de Cayenne, qui feul forme un genre dans la pentandrie monogynie. Il eft figuré pl. 122 des *Illuftrations des genres* de Lamarck. Nous ne le cultivons pas en Europe. (*Bosc.*)

TAPYRA CAYANANA. C'eft la CASSE FIS-TULEUSE au Bréfil.

TARALE. *Taralea.*

Arbre de Cayenne, qui feul conftitue un genre dans la diadelphie décandrie; fes fleurs font odorantes. Nous ne le cultivons pas en France. Willdenow lui a mal-à-propos réuni le COUMAROUNA d'Aublet. (*Bosc.*)

TARASPIC. Les jardiniers donnent ce nom à l'ibéride toujours verte & à l'ibéride de Crète. *Voyez* IBÉRIDE. (*Bosc.*)

TARATOUF : nom d'abord appliqué à l'HÉ-LIANTHE VACASSAN, &, par extenfion, à l'HÉ-LIANTHE TUBÉREUX. *Voyez* TOPINAMBOUR. (*Bosc.*)

TARCONANTE. *Tarchonanthus.*

Arbriffeau du Cap de Bonne-Efpérance, qui, avec quelques autres, conftitue un genre dans la fyngénéfie polygamie & dans la famille des corymbifères, figuré pl. 671 des *Illuftrations des genres* de Lamarck.

Le TARCONANTE camphré fe multiplie dans nos orangeries, où il fe fait remarquer par la blancheur de-fon feuillage & l'odeur de camphre qu'il exhale dans la chaleur, & quand on le frotte. Il demande une bonne terre confiftante, qu'on renouvelle en partie tous les ans, une expofition chaude & des arrofemens fréquens en été. On le multiplie de rejetons, dont il donne affez fouvent, & qu'on fépare au printemps; de marcottes

qu'on peut établir en tout temps, & de boutures qu'on fait au milieu de l'été, dans des pois placés fur une couche à châffis.

Au refte, cet arbufte n'eft point délicat, & il eft rare qu'il périffe, comme tant d'autres, fans caufes apparentes.

Les autres efpèces s'appellent :

1. Le TARCONANTE denté.
2. Le TARCONANTE à feuilles de bruyère.
3. Le TARCONANTE à feuilles elliptiques.
4. Le TARCONANTE à feuilles lancéolées.

On ne les cultive pas en Europe. (*Bosc.*)

TARDILLONS. Les épis de froment & des autres céréales qui fe développent après les autres, prennent ce nom dans quelques départemens; ils font plus courts & moins garnis de grains que ceux qui fe font montrés les premiers. (*Bosc.*)

TARE : arbre que quelque vice intérieur rend impropre à la charpente ou aux conftructions navales. *Voyez* BOIS. (*Bosc.*)

TARENNE. *Tarenna.*

Genre établi par Gærtner, fur la vue feule des fruits; l'arbre qui le forme croît à Ceylan, & n'eft pas encore connu. (*Bosc.*)

TARGIONE. *Targionia.*

Genre de plantes de la famille des algues, qui ne renferme que deux efpèces généralement très-rares, & qui croiffent dans les lieux frais & ombragés, formant des rofettes étalées fur la terre.

On ne peut les cultiver, & lorfqu'on veut les faire voir dans les écoles de botanique, il faut les aller chercher dans les bois, & les mettre en place derrière un teffon de pot qui les abrite du foleil. (*Bosc.*)

TARIAU ou TARIÈRE : inftrument au moyen duquel on peut, fans grande dépenfe, reconnoître la nature des couches inférieures de la terre. On en fait un fréquent ufage dans l'art d'exploiter les mines, & l'agriculture peut en tirer un parti utile dans un grand nombre de cas, comme pour favoir s'il y a de la pierre à bâtir, de l'argile, de la marne, &c.; fous la couche de terre végétale, pour reconnoître les lieux où il y a des eaux fouterraines, foit en nappes, foit en filets, & où, par conféquent, on devra creufer un puits.

Il n'y a de différence entre un Tariau & une Tarière ordinaire de charron, que la grandeur, la gouge ayant de trois à fix pouces de diamètre, la tige étant compofée de plufieurs morceaux de fer de trois à fix pieds de long, dont les bouts s'infèrent, à mefure que le trou s'approfondit, les uns dans les autres, & la poignée offrant une longueur de quatre à fix, & même huit pieds.

Comme on eft obligé de relever la gouge chaque fois qu'elle fe trouve pleine des débris du fol qu'elle perfore, on peut juger de la nature des couches par l'infpection de ces débris. Le travail eft très-facile & très-rapide tant qu'il a lieu dans des couches tendres; mais il devient d'autant plus pénible & d'autant plus lent, qu'on eft arrivé à une roche plus dure. La grande dépenfe ne permet pas aux cultivateurs de chercher à percer les roches quartzeufes, & furtout le granit; mais auffi ont-ils rarement befoin de favoir ce qu'il y a au-deffous de cette pierre, qu'on croit, avec quelque raifon, former le centre du Globe.

La dépenfe de la conftruction d'un Tariau, & le peu d'occafions qu'ont les cultivateurs d'en faire ufage, font qu'ils n'ont nul empreffement d'en poff
éder; mais l'utilité dont peut être cet inftrument, me fait defirer que le Gouvernement en entretienne un dans chaque chef-lieu de préfecture, pour l'ufage du public, fauf, par ceux qui en feront emploi, de payer les dégradations auxquelles cet emploi donnera lieu. (*Bosc.*)

TARIRI : arbriffeau de la Guiane, qui paroît fe rapprocher des BRÉSILLETS ou des COMOCLADES (*voyez* ces mots), mais dont les parties de la fructification ne font pas encore complètement connues.

Il ne fe cultive pas en Europe. (*Bosc.*)

TARTONAIRE : efpèce du genre des LAURÉOLES.

TARTRE : combinaifon de l'acide appelé de fon nom *tartareux*, avec la potaffe.

On trouve du Tartre dans beaucoup de fruits, mais c'eft principalement du vin qu'on retire celui qui s'emploie dans les arts & dans la médecine. (*Voyez* fon article dans le *Dictionnaire des Arts* & dans celui de la *Médecine*.) Le vin vert en contient plus que le vin vieux. Son action fur la qualité & la durée du vin eft certaine, mais n'eft pas encore bien connue. *Voyez* VIN.

Les cultivateurs doivent apporter plus de foins qu'ils ne le font ordinairement, à réunir toutes leurs lies, pour, quand ils en auront un tonneau, en retirer le Tartre ou les vendre à ceux qui le retirent, à ceux qui le brûlent pour en obtenir la potaffe, ou aux chapeliers, aux teinturiers, qui en font un grand ufage. *Voyez* POTASSE.

Pour retirer le Tartre de la lie, on fait diffoudre cette dernière dans de l'eau bouillante; on filtre la diffolution, on la remet fur le feu, on l'écume, on la décante & on la verfe dans un entonnoir au fond duquel eft une maffe de marne argileufe qui retient toutes les matières muqueufes, de forte que l'eau chargée de Tartre fort claire, & qu'il n'y a plus qu'à la faire évaporer pour l'avoir pure. (*Bosc.*)

TASSOLE : un des noms des PATAGONES. *Voyez* ce mot.

TATTIE. *Tattia.*

Genre de plantes établi par Scopoli dans la po-

lyandrie trigynie, mais dont les efpèces n'ont pas été indiquées. (*Bosc.*)

TAUBERRE. Ce mot eft, dans le département de Lot & Garonne, fynonyme de MAÎTRE ou d'ÉGOUT. *Voyez* ces mots.

TAUPE. *Talpa.*

Quadrupède qui fait le défefpoir des cultivateurs, parce qu'il détruit les SEMIS & couvre les PRAIRIES de monticules qui gênent les faucheurs lors de la coupe des foins. *Voyez* ces deux mots, & l'article correfpondant à celui-ci dans le *Dictionnaire des Quadrupèdes.*

Quoique la Taupe forte peu de terre, elle devient fouvent la proie des loups, des renards, des blaireaux, des fouines & autres quadrupèdes, ainfi que des oifeaux de proie diurnes & nocturnes.

Les Taupes font rares dans les terrains argileux ou pierreux, parce qu'elles peuvent difficilement les fouiller; dans les terrains fablonneux, parce que leurs galeries ne peuvent fe foutenir; dans les terrains inondables, parce qu'elles y font expofées à être noyées; elles fe multiplient davantage dans ceux qui font fertiles, car c'eft là où elles trouvent plus abondamment des vers de terre, des vers blancs, des courtilières, des larves de beaucoup d'infectes, aux dépens defquels elles vivent principalement. Si elles mangent auffi des racines & des graines, ce n'eft qu'à défaut de fubftances animales, & en petite quantité.

Les Taupes fe tiennent ordinairement dans une cavité circulaire de huit à dix pouces de diamètre, placée un ou deux pieds de la furface du fol, & à laquelle aboutiffent des galeries plus ou moins nombreufes, plus ou moins tortueufes, plus ou moins longues, plus ou moins éloignées de la furface. C'eft par ces galeries qu'elles fe procurent leur nourriture, foit qu'elles trouvent, en fouillant, les animaux énumérés plus haut, foit que ces animaux y tombent d'eux-mêmes. Le monticule, vulgairement appelé *taupinière*, qu'elles élèvent à leur extrémité, n'a pour objet que de fe débarraffer de la terre qu'elles retirent de ces galeries.

Les inconvéniens qui font la fuite de la multiplication des Taupes, devoient faire chercher des moyens de les détruire, & on en a trouvé.

Le plus fimple & le plus généralement employé, furtout dans les jardins où la terre eft meuble, c'eft d'attendre le moment où elles pouffent la terre hors d'une de leurs galeries, de la direction de laquelle on s'eft affuré par avance, &, au moyen d'une bêche, de les amener à la furface du fol, où on les tue facilement. Pour cette opération il faut avoir foin de fe placer au-deffous du vent, car les Taupes ont l'odorat délicat, & elles ceffent de travailler dès qu'elles fentent un ennemi.

Celui employé par M. Dralet eft trop ingénieux pour que je ne le mentionne pas, & je ne puis mieux faire que d'employer ſes expreſſions.

« J'enlève la taupinière la plus récente, & je m'aſſure ſi elle n'a pas de communications avec les taupinières voiſines. Pour y parvenir, je touſſe dans le trou, & j'en approche de ſuite l'oreille ; ſi la Taupe eſt peu éloignée, je l'entends s'agiter; alors je découvre la galerie avec une pioche, &, ou je la trouve & la tue, ou elle s'enfonce à meſure que je creuſe; dans ce dernier cas, je verſe de l'eau & la force de ſortir.

» Si, en touſſant, je n'ai pas entendu l'animal s'agiter, c'eſt une preuve qu'il a au moins deux taupinières, & j'opère de la manière ſuivante : je fais une ouverture de plus de neuf pouces dans la longueur de la galerie qui communique d'une taupinière à l'autre; je ferme avec un peu de terre les deux extrémités : frappée par le grand air, ou craignant pour ſa ſûreté, la Taupe vient, quelques inſtans après, pour réparer le dommage, & pouſſe la terre, ce qui indique le côté où elle ſe trouve, & j'opère comme dans le premier cas.

» Si une Taupe a trois taupinières, je multiplie les ſections d'après les mêmes principes; ſi elle en a ſix, on fait d'abord une tranchée entre les deux plus centrales, & enſuite entre les deux autres du côté où on s'eſt aſſuré qu'elle eſt.

» Lorſqu'une ou deux taupinières fraîches ſe trouvent près des vieilles, il faut d'abord faire des coupures qui interrompent toutes les communications entre les unes & les autres ; & quand on a reconnu le lieu où eſt la Taupe, on agit comme dans le premier cas.

» Il faut avoir beaucoup d'activité quand on attaque pluſieurs Taupes à la fois, parce qu'elles ſe ſauvent de différens côtés. Pour épouvanter celles qu'on n'a pas deſſein de prendre les premières, on place un morceau de papier blanc à l'ouverture de tous les trous. »

Pluſieurs ſortes de piéges ont été inventés pour prendre les Taupes; ceux qui m'ont paru remplir le mieux le but, ſont les deux ſuivans :

Le premier eſt un tube de bois, ayant neuf à dix pouces de long ſur dix-huit lignes de diamètre intérieur ; à une de ſes extrémités ſe trouve un grillage en fil de fer, & à l'autre une porte en tôle qui cède au moindre effort de l'extérieur à l'intérieur, mais qui ne peut s'ouvrir de l'intérieur à l'extérieur. On place ce tube dans la galerie d'une Taupe, la porte du côté où on ſuppoſe qu'elle ſe trouve, & on l'y aſſujettit; la Taupe entre dedans & ne peut en ſortir. J'ai fait uſage de ce piége, & je m'en ſuis applaudi.

Le ſecond eſt ou une petite pincette conſtamment fermée par l'effet de l'élaſticité du reſſort, ou une croix de Saint-André, dans l'intervalle des branches les plus longues de laquelle, eſt un reſſort; on tient ouverts ces deux ſortes de piéges au moyen d'une petite plaque de tôle placée aux extrémités libres; la Taupe pouſſe cette petite plaque & ſe trouve priſe par la tête.

C'eſt cette dernière ſorte de piége qu'on emploie le plus communément aux environs de Paris, dont on fait uſage dans les pépinières commiſes à ma ſurveillance. C'eſt celui dont ſe ſert Henri le Court, avec raiſon ſi préconiſé par M. Cadet de Vaux, mais qui a des parens auſſi habiles que lui.

On trouve de ces piéges tout faits chez les quincailliers de Paris & autres grandes villes.

J'ai lu quelque part que deux bouts de tige de roſier-églantier, bien garnis d'aiguillons, placés en ſens contraire dans une galerie, & de manière à ce que la Taupe ſe piquât en paſſant, ſuffiſoient pour les éloigner. Il me ſemble qu'en définitif le ſeul réſultat de cette opération eſt que la Taupe tranſporte ſon domicile un peu plus loin.

Outre les ſervices dont j'ai parlé au commencement de cet article, les Taupes favoriſent, par l'intermédiaire de leurs taupinières, la germination des graines diſſéminées ſur la ſurface du ſol, & renouvellent la couche ſupérieure des prairies épuiſées par de trop abondantes productions. *Voyez* TAUPINIÈRE, SÉMINATION, ASSOLEMENT, BUTTAGE & GRAMINÉES. (*Bosc.*)

TAUPE. On donne auſſi ce nom à une tumeur phlegmoneuſe qui naît à la partie ſupérieure de l'encolure du cheval, près de la tête, & qui eſt due le plus ſouvent à des coups, à des frottemens, à des compreſſions de licol ou de longe.

On la voit cependant quelquefois ſur les bêtes à cornes, ſur les bêtes à laine, & même ſur le chien.

Si elle eſt récente & ſuperficielle, cette tumeur diſparoît ordinairement par le ſeul effet de frictions ſuivies de lotions réſolutives, telles que celles de ſavon ou d'eau végéto-minérale.

S'il y a dureté, chaleur & douleur, on doit appliquer un cataplaſme émollient, compoſé de mauve cuite, de miel & de pain.

Si enfin l'abcès eſt formé, il faut l'ouvrir, faire ſortir le pus, & panſer avec des étoupes imbibées d'eau-de-vie.

Quelquefois l'abcès eſt ſous les muſcles ou le ligament cervical, & il occaſionne la carie des os. Alors on doit, après l'avoir ouvert, panſer avec des ſpiritueux, tels que la teinture d'aloès, la teinture de camphre, &c., ou y porter, au moyen d'un entonnoir, un bouton de feu. Ces dernières opérations, qui ſont délicates & difficiles à faire, ne doivent pas être tentées par un cultivateur ; ainſi il faudra appeler un vétérinaire inſtruit. (*Bosc.*)

TAUPE-GRILLON : un des noms vulgaires de la COURTILIÈRE. *Voyez* ce mot.

TAUPINIÈRE. C'eſt le monticule élevé par les taupes à l'extrémité de leurs galeries, & qui eſt compoſé de la terre tirée de ces galeries.

Si, comme je l'ai annoncé au mot TAUPE, les

Taupinières font de quelqu'utilité dans l'économie générale de la nature, elles font toujours nuifibles aux cultivateurs; auffi doivent-ils les détruire dans leurs prés, dans leurs pâturages, &c.,
& faire une guerre perpétuelle aux TAUPES. *Voy.*
ce mot.

Pour détruire les Taupinières dans les prés, qui
font les parties de l'exploitation où il eft le plus
important qu'il ne s'en trouve pas, à raifon des
obftacles qu'elles apportent à la coupe des foins,
on emploie la BÊCHE, la HOUE à large fer, la
RATISSOIRE à biner, la RAVALE, &c.

On confond quelquefois les Taupinières avec
quelques efpèces de FOURMILIÈRES (*voyez* ce
mot), &, en effet, il eft des cas où il eft difficile
de les diftinguer; leurs inconvéniens font les
mêmes.

C'eft par erreur qu'on a dit dans quelques anciens ouvrages fur la culture des fleurs, que la
terre des Taupinières étoit meilleure que celle
de la prairie où elles fe trouvoient; elle n'a d'autre
avantage que d'être plus divifée.

La terre des Taupinières, répandue fur les
prairies, chauffe les racines des graminées qui
les compofent, & par-là augmentent leurs produits. Le mal que font les taupes eft compenfé
par ce bien dans les propriétés appartenantes à des
cultivateurs induftrieux & actifs. (*Bosc.*)

TAUREAU: mâle de la VACHE. *Voyez* ce
mot & celui BÊTES A CORNES.

TAVALLE. *Tavalla.*

Genre de plantes de la diœcie monadelphie,
qui renferme cinq efpèces, dont aucune ne fe cultive en Europe.

Efpèces.

1. La TAVALLE rude.
Tavalla fcabra. Ruiz & Pav. Du Pérou.
2. La TAVALLE glauque.
Tavalla glauca. Ruiz & Pav. Du Pérou.
3. La TAVALLE à grappes.
Tavalla racemofa. Ruiz & Pav. Du Pérou.
4. La TAVALLE à feuilles aiguës.
Tavalla anguftifolia. Ruiz & Pav. Du Pérou.
5. La TAVALLE à feuilles laciniées.
Tavalla laciniata. Ruiz & Pav. Du Pérou.
(*Bosc.*)

TAVERNON: grand arbre de Saint-Domingue, qu'on emploie à la charpente, mais dont le
genre n'eft pas déterminé.

TAYON. C'eft, dans quelques lieux, les baliveaux de trois âges, c'eft-à-dire, qui ont été
réfervés aux trois coupes précédentes du taillis.
Voyez BOIS.

TAYOVE: racine du GOUET ESCULENT. *Voy.*
ce mot.

TECK. *Thek.*

Grand arbre des Indes, qui feul conftitue un
genre dans la pentandrie monogynie & dans la
famille des *Gatiliers.* Il eft figuré pl. 136 des
Illuftrations des genres de Lamarck.

Cet arbre, dont les fleurs font odorantes, eft
regardé comme fourniffant le meilleur bois pour
les conftructions navales, parce qu'il eft en même
temps folide & léger, qu'il fe travaille facilement,
& que les vers ne l'attaquent point; il eft appelé
le *chêne de l'Inde.* On le cultive dans nos ferres,
mais il y eft très-rare, attendu qu'il ne fe multiplie par aucun moyen artificiel, & qu'il n'eft
pas facile de faire venir de fa graine. Une terre
de moyenne confiftance, des arrofemens peu fréquens & une grande chaleur, font ce qui lui
convient.

L'importance de fon bois doit faire defirer qu'on
le cultive en grand dans le midi de l'Europe, ce
que Thouin ne regarde pas comme impoffible,
vu que fes boutons font écailleux & qu'il perd
fes feuilles. (*Bosc.*)

TECOME. *Tecoma.*

On donne ce nom à un genre établi pour placer la BIGNONE RADICANTE. *Voyez* ce mot.

TEEDIE. *Teedia.*

Genre établi dans la didynamie angiofpermie
pour placer la CAPRAIRE LUISANTE, qui n'a pas
complétement les caractères des autres.

Cette plante bifannuelle, originaire du Cap de
Bonne-Efpérance, fe cultive dans nos écoles de
botanique, où on la fème dans un pot fur couche
nue, lorfque les gelées ne font plus à craindre,
& qu'on repique enfuite feule à feule dans d'autres pots pour la rentrer dans l'orangerie, ou
mieux dans la ferre tempérée, aux approches du
froid; elle demande fort peu d'arrofemens, furtout
en hiver. C'eft une plante délicate &.de peu d'apparence, à laquelle les botaniftes feuls mettent de
l'importance. (*Bosc.*)

TEF: nom de pays du PATURIN D'ABYSSINIE.
Voyez ce mot.

TEIGNE. *Tinea.*

Genre d'infectes de l'ordre des lépidoptères,
dans lequel fe rangent un fi grand nombre d'efpèces, qu'on a été, dans ces derniers temps, obligé
de le divifer en plufieurs autres, dont le plus
dans le cas d'être cité ici, à raifon des dommages qu'en reçoivent les produits de nos récoltes, eft celui appelé ALUCITE par Fabricius.
Voyez le *Dictionnaire des Infectes.*

Celles des efpèces qu'il eft le plus important de
fignaler aux cultivateurs, font:

La Teigne du fusain, dont la larve ou chenille vit en fociétés nombreufes, fe réfugie fous dés toiles & mange toutes les feuilles des fufains; on ne peut les détruire qu'en les enlevant à la main & les écrafant.

La Teigne padelle diffère très-peu de la précédente par fes couleurs & fes mœurs. C'eft un des plus grands fléaux des vergers & des pays à cidre, fa chenille vivant aux dépens des pommiers, qu'elle dépouille fouvent de toutes leurs feuilles, & à la récolte defquels elle nuit pour deux ans au moins. S'en débarraffer n'eft pas une chofe facile, attendu qu'on ne peut pas toujours l'aller chercher aux extrémités des branches, où elle fe place de préférence. Le moyen de deftruction qui m'a le mieux réuffi, eft de frapper un coup de bâton fec & fort fur une branche, coup qui détermine un grand nombre de ces chenilles à fe laiffer tomber, en fe tenant fufpendues à un fil qu'on coupe avec le même bâton : une fois tombées, elles deviennent la proie dés oifeaux & des infectes, ou meurent de faim avant d'avoir pu regagner les branches, ce qu'on pourroit d'ailleurs les empêcher facilement de faire, au moyen d'un cercle de goudron entourant l'arbre. Un coup de piftolet à poudre, tiré au centre de l'arbre, produit le même effet & peut avoir les mêmes réfultats. La fumée, la vapeur de foufre, les arrofemens d'eau de leffive, d'eau de chaux, &c., produifent généralement de moindres réfultats. La circonftance la plus favorable aux propriétaires des arbres, c'eft leur abondance même, parce que confommant toutes les feuilles avant leur troifième mue, elles meurent de faim, & ainfi ne fe propagent pas en affez grande quantité pour que leurs ravages foient fenfibles les années fuivantes. Quelquefois des pluies froides produifent, en peu de jours, le même effet.

Les pays voifins des bois font moins fujets à perdre leurs récoltes de pommes par fuite de la multiplication de ces infectes, parce que beaucoup d'oifeaux infectivores leur font perpétuellement la guerre pour s'en nourrir & en nourrir leurs petits, tout étant compenfé dans la nature.

La Teigne des habits, la Teigne des tapis, la Teigne fripière, la Teigne des plumes, la Teigne des fourrures, vivent aux dépens des étoffes de laine, des fourrures, des plumes; elles ont beaucoup de rapports de mœurs entr'elles. Ce font des fléaux pour les propriétaires de meubles de laine, de crin, pour ceux qui font ufage de parures de poils & de plumes, ainfi que pour ceux qui en font commerce. On a indiqué des milliers de recettes pour les empêcher de dépofer leurs œufs fur ces objets, pour faire périr leurs larves à toutes les époques de leur vie; mais le meilleur moyen pour arriver au premier but, c'eft de renfermer ces objets ou dans des armoires, des coffres, des boîtes exactement clofes, ou dans des toiles à plufieurs doubles; & pour arriver au

fecond, c'eft de tremper ceux de ces objets qui en font fufceptibles, un inftant dans de l'eau bouillante, ou plufieurs heures dans de l'eau froide, & d'expofer les autres à une température fèche, d'environ quarante degrés au thermomètre de Réaumur.

Ce n'eft pas que le gaz acide fulfureux, l'effence de térébenthine en vapeur, la fumée de tabac, ne produifent les mêmes réfultats, mais le premier détruit les couleurs & même les tiffus, & les fecondes communiquent aux objets une odeur qui ne peut fe diffiper qu'après une longue expofition à l'air.

Les Teignes des grains & des céréales vivent aux dépens des grains battus; elles appartiennent au genre alucite. On connoît peu, dans les pays du Nord, les ravages qu'elles font fufceptibles de caufer; mais elles font, dans les pays chauds, un fléau pire que celui des charançons. Voyez ce mot.

La première fois qu'on a remarqué en France la Teigne des grains, la plus commune & la plus dangereufe des deux, c'eft aux environs d'Angoulême; mais elle l'avoit été déjà dans l'Amérique feptentrionale, où on l'appelle *Heffian flee*, parce qu'on croit, avec raifon fans doute, qu'elle y a été apportée d'Europe.

Il m'a été dit qu'à Moiffac, ville où fe fait un grand commerce de blé, on mettoit dans les greniers où on le confervoit, quelques bergeronnettes, & qu'on s'en débarraffoit ainfi. Ce moyen eft très-bon, & doit être employé partout.

Je n'ai point eu occafion d'obferver les alucites des grains en abondance dans les greniers de France, quoique j'en aie pris plufieurs aux environs de Paris; mais elles étoient fi multipliées dans celui où je confervois, en Caroline, le maïs deftiné à la nourriture de mes chevaux, qu'il étoit difficile de trouver un grain qui fût intact, & qu'il m'eft arrivé plufieurs fois d'être expofé à voir ma chandelle éteinte par celles qui fe précipitoient fur fa flamme lorfque j'y entrois la nuit. Je cite ce fait pour prouver qu'on peut auffi beaucoup diminuer le nombre des infectes parfaits, & par fuite des générations futures, en allumant tous les foirs, pendant quelques inftans, un feu de flamme dans les greniers qui en font infeftés. Voyez pyrale.

Quant aux chenilles renfermées dans le grain, il n'y a, pour les faire périr, que l'eau bouillante, ou une étuve chauffée à plus de quarante degrés; mais ces moyens font certains, feulement il ne faut pas les exagérer.

La Teigne des blés, figurée par Réaumur, vol. 3, pl. 20, lie des grains de blé dans les greniers, & ronge tantôt l'un, tantôt l'autre; elle préfère la furface du tas; auffi remonte-t-elle lorfqu'on la recouvre d'une nouvelle couche de grains. Comme elle file continuellement en marchant, on reconnoît facilement fa préfence en

faifant tomber contre le jour une poignée de grains.
Ses ravages font grands dans certains pays, mais
fe confondent avec ceux des ALUCITES, quoique
ces dernières, en effet également appelées TEI-
GNES ou VER DE BLÉ par les cultivateurs, vivent dans l'intérieur des grains, & n'en fortent
pas. La chaleur de l'étuve eft le feul moyen qui ait
réuffi à Duhamel pour faire périr cette Teigne. Des
lumières ou des bergeronnettes mifes dans les greniers à l'époque de la ponte, en détruiront beaucoup, foit en les brûlant, foit en les mangeant.
Je dois encore citer la TEIGNE XYLOSTÈLE,
qui vit aux dépens des fleurs du chèvre-feuille.

La TEIGNE DE LA JULIENNE, qui mange les
feuilles centrales de cette plante avant leur complet développement, & empêche le pied de
donner des fleurs.

La TEIGNE DU BAGUENAUDIER, qui mange le
parenchyme des feuilles de cet arbufte, & les fait
devenir blanches.

Ces efpèces, qui appartiennent également au
genre Alucite, fe font remarquer dans nos jardins,
& font dans le cas d'être recherchées & détruites,
quoique le mal qu'elles font foit peu important,
quand on le compare à celui opéré par les précédentes. (Bosc.)

TEIGNE DES ARBRES : maladie qui ne paroît
pas différer de la GALLE de l'écorce. Voyez ce
mot.

TEIGNE DE LA CIRE. Réaumur a ainfi appelé
la GALLERIE. Voyez ce mot.

TEIGNE FAUSSE DES BLÉS. C'eft l'ALUCITE
qui ronge les grains du froment dans les greniers.

TEIGNES FAUSSES DE LA CIRE. Voyez GALLE-
RIE & ABEILLE.

TEIGNES FAUSSES DES CUIRS. On a donné ce
nom à la chenille de l'AGLOSSE.

TEILLER ou TILLER : opération par laquelle
on fépare la FILASSE du CHANVRE de fa tige,
après le ROUISSAGE. Voyez ces mots.

Pour tiller, on caffe la chenevotte par le petit
bout, avec la main droite; on écarte le bout caffé
de l'autre, &, par cette opération, on en fépare
la filaffe qui y tient fort peu; on l'enlève enfuite
du bout caffé par le même moyen. La filaffe obtenue, on la fait paffer entre les deux derniers doigts
de la main gauche, puis on recommence. Lorfque
le paquet de filaffe eft affez gros pour gêner, on
le met fur une table.

Il n'y a pas de doute que, par le teillage, on
obtient une plus longue filaffe que par le broyage,
mais ce dernier moyen eft bien plus expéditif;
auffi eft-ce celui qu'on préfère dans les pays peu
peuplés, & où la main-d'œuvre eft chère.

Par la même raifon, on teille bien plus rarement
le lin que le chanvre. Voyez BROYE.

Les chenevottes qui réfultent du teillage fervent
à confectionner des alumettes, à chauffer le four,
à faire du charbon pour la compofition de la poudre à canon.

La filaffe ne fe file qu'après avoir été SERANCÉE.
Voyez ce mot. (Bosc.)

TEINTURE. On donne ce nom, dans la pharmacie, à toute diffolution des principes médica-
menteux des plantes, ou produits des plantes dans
l'alcool.

L'emploi des Teintures eft affez fréquent dans
la médecine vétérinaire.

Pour en faire une, il fuffit de mettre plus ou
moins long-temps des plantes, avec de l'efprit-
de-vin, dans un vafe fufceptible de fermer exactement; rarement le feu leur eft appliqué.

La plupart des Teintures peuvent fe conferver
long-temps dans des bouteilles bien bouchées, fans
perdre fenfiblement de leurs vertus. (Bosc.)

TEINTURIER : arbre d'Afrique, qui donne
une huile jaune propre à teindre. On ignore à quel
genre il appartient.

TÉLÈPHE. *TELEPHIUM.*

Genre de plantes de la pentandrie trigynie & de
la famille des *Portulacées*; dans lequel fe rangent
deux efpèces, dont une fe cultive dans nos écoles
de botanique. Il eft figuré pl. 213 des *Illuftrations
des genres* de Lamarck.

Efpèces.

1. Le TÉLÈPHE d'Impérati.
Telephium Imperati. Linn. Du midi de la
France.

2. Le TÉLÈPHE à feuilles oppofées.
Telephium oppofitifolium. Linn. De la Barbarie.

Culture.

La première efpèce, qui eft celle que nous cultivons dans nos écoles de botanique, demande
une terre légère & une expofition chaude; il eft
même prudent d'en tenir quelques pieds en pot,
pour les rentrer dans l'orangerie, en cas que l'hiver
faffe périr ceux qui font en pleine terre. On la
multiplie de graines, qui fe fèment peu après
leur récolte, dans des pots fur couche nue, ou
même fimplement contre un mur expofé au midi.
Si on eft dans le cas d'en tranfplanter le plant, il
faut lui conferver fa motte, car il ne reprend pas
autrement.

Cette plante n'offre aucun autre intérêt que
celui de former genre. (Bosc.)

TÉLÉPHORE. *TELEPHORUS.*

Autre genre de la famille des *Champignons*,
qui n'eft autre que l'AURICULAIRE de Bulliard.
On lui a depuis réuni les CHANTERELLES du
même auteur.

Je ne donnerai pas l'énumération de ces efpèces,
dont aucune n'intéreffe les cultivateurs. (Bosc.)

TELOPÉE. *Telopea*.

Genre de plantes établi pour placer l'HAKÉE TRÈS-BELLE. Il ne contient qu'une espèce, qui se cultive en Angleterre : la terre de bruyère & l'orangerie lui sont nécessaires ; du reste, sa culture ne diffère pas des autres HAKÉES. *Voyez* ce mot.

TEMBOUL : nom indien du POIVRE BETEL.

TEMO. *Temus*.

Arbre toujours vert du Chili, qui seul forme un genre dans la polyandrie. Ses fleurs sont odorantes & son bois très-dur. Nous ne le cultivons pas en Europe. (*Bosc.*)

TEMPÉRATURE DE LA TERRE, DE L'EAU ET DE L'AIR : partie variable de la chaleur terrestre. *Voyez* les Dictionnaires de *Physique* & de *Chimie*, faisant partie de l'*Encyclopédie par ordre de matières*.

Je dis partie variable, parce qu'il y a lieu de croire qu'il y a une chaleur inhérente à la matière, & tout-à-fait indépendante de celle que versent sur la terre les rayons du SOLEIL (*voyez* ce mot) : c'est celle qu'on développe par le frottement, celle qui enflamme le petit morceau d'acier qu'enlève le caillou au briquet, & qui tombe sur l'amadou. *Voyez* FEU.

On n'est pas d'accord sur la question de savoir si les rayons du soleil sont chauds par eux-mêmes, ou s'ils ne font que développer la chaleur de l'atmosphère ; mais cette question est purement spéculative, & n'intéresse en aucune manière les cultivateurs.

Une certaine Température est essentielle à la végétation ; mais le degré de cette Température varie infiniment, puisqu'il est des plantes qui ne peuvent prospérer que sous les feux de l'équateur, & d'autres qui fleurissent le lendemain de la fonte de la neige qui les recouvroit depuis six mois.

La Température de la terre & celle de l'air se confondent le plus souvent dans leurs résultats.

Apprendre à connoître la Température qu'exigent toutes les plantes qui se cultivent dans une école de botanique, est un des objets des nombreuses études de celui qui la dirige, sous le rapport agricole.

On élève la Température, dans les jardins, au moyen des abris, tels que les murs, les haies, les massifs d'arbres, en les couvrant de cloches, de châssis, en les mettant dans des baches, dans des serres, même seulement en les recouvrant, pendant la nuit, de pots ou de caisses renversées, de paillassons, de toiles, &c., qui empêchent celle de la terre de se dissiper.

On y abaisse la Température par des abris exposés au nord, par des arrosemens d'eau de fontaine ou de puits.

La Température de l'atmosphère change par l'effet des VENTS, des ORAGES (*voyez* ces mots),

mais elle ne devient jamais si basse que celle de l'eau & de la terre, à raison de la grande mobilité de l'air.

L'eau étant un plus mauvais conducteur de la chaleur que la terre, sa Température change plus difficilement : celle qui est dormante, s'échauffe & se refroidit plus vîte que celle qui est courante.

La nature des terres influe beaucoup sur leur capacité de Température. Ainsi les terres sèches & sablonneuses absorbent plus facilement la chaleur, sont par conséquent plus précoces que les terres humides & argileuses ; aussi appelle-t-on les premières *chaudes*, & les secondes *froides* : ainsi les terres noires absorbent & conservent mieux la chaleur que les terres blanches : de-là l'usage suivi dans les Alpes, de semer du terreau ou des schistes réduits en poudre sur la neige pour accélérer sa disparition.

Dans ce dernier cas, c'est la couleur seule qui agit, ainsi que le prouvent beaucoup d'expériences. Après le noir, c'est le rouge, puis le bleu, le jaune, & enfin le blanc, qui ont le plus de disposition à absorber la chaleur solaire. Il faudroit donc que tous les agriculteurs fussent habillés de blanc pendant l'été ; que leurs chapeaux surtout fussent toujours blancs, lorsqu'ils sont exposés long-temps au soleil, comme à l'époque de la MOISSON. *Voyez* ce mot.

Pendant le jour, les rayons du soleil introduisent dans la terre une certaine quantité de chaleur, dont une portion, d'autant plus petite que les jours sont plus longs & plus chauds, & les nuits moins longues & moins froides, y reste & s'y accumule pendant l'été pour s'en séparer pendant l'hiver.

C'est par suite de cette sortie de la chaleur de la terre pendant la nuit, que les fruits qui sont les plus près de la surface du sol, les raisins, par exemple, mûrissent les premiers. *Voyez* VIGNE.

C'est parce que la chaleur qui est sortie des climats qui avoisinent les pôles ne peut plus y rentrer, à raison de l'obliquité qu'y ont les rayons du soleil, que ces climats sont toujours glacés, & que les corps des éléphans & des rhinocéros, qui y ont été enfouis lors de la catastrophe qui a changé l'axe de rotation du Globe, s'y conservent en chair depuis des milliers d'années. *Voy.* FROID & GLACE.

Les métaux perdent plus facilement la chaleur que les PIERRES, que les BOIS ; ainsi il ne faut pas les employer dans la composition des POTS à fleurs, des CHASSIS, des SERRES, &c. Par contre, le VERRE ne la transmet que fort lentement : de-là l'utilité d'avoir des POTS de faïence, de construire les BACHES & les SERRES avec des BRIQUES vernissées, de déposer sur du MACHE-FER les pots dans la serre, dans l'orangerie & en plein air. (*Voyez* ces mots.) Il en est de même du CHARBON.

Il n'y a jamais de concordance exacte entre la Température

Température réelle & celle que donne la théorie de l'élévation du foleil au-deſſus de l'horizon ; ainſi la plus grande chaleur n'eſt pas celle du 21 juin, jour du folſtice d'été, ni le plus grand froid, celui du 21 décembre ; c'eſt une quinzaine de jours plus tard qu'elle fe montre : auſſi le mois d'août eſt-il généralement le plus chaud de l'année. Ce fait s'explique par l'accumulation de la chaleur dans la terre.

Les grands abris, tels que les montagnes, les bois, influent prodigieuſement ſur la Température de certaines localités. Une gorge ouverte au Midi, celle de Nice, par exemple, permet de cultiver les orangers en pleine terre, lorſqu'on ne le peut dans le voiſinage : telle montagne du centre de la France eſt couverte de riches vignobles au midi, & ne peut recevoir un ſeul cep au nord.

Quoique les eaux ſoient le plus ſouvent une puiſſante cauſe de froid dans une contrée, les vapeurs qui émanent de ces eaux cauſent quelquefois, dans des localités circonſcrites, comme j'ai eu occaſion de l'obſerver en Caroline, une augmentation de chaleur telle, que beaucoup d'animaux, ſurtout de poiſſons, y meurent.

C'eſt par le moyen de la fermentation des ſubſtances végétales accumulées & humectées, & par le moyen du feu, qu'on élève artificiellement la Température de la terre & de l'air dans nos jardins ; mais comme j'ai traité au long de ces moyens aux articles COUCHE, TANNÉE, CHASSIS, BACHE, SERRE, je renverrai à ces mots.

On juge de la Température de l'air, de l'eau, de la terre, &c. ; par le moyen de la ſenſation directe ou par l'obſervation d'un THERMOMÈTRE. Voyez ce mot. (Bosc.)

TEMPÊTE : vent très-violent qui n'eſt pas toujours accompagné de pluie, en quoi il diffère de l'OURAGAN. Voyez ce mot.

Les arbres ſont déracinés, les toits des maiſons emportés par les Tempêtes. Les cultivateurs n'ayant aucun moyen pour les empêcher d'avoir lieu, je n'en parlerai pas plus au long. (Bosc.)

TEMPLIER. C'eſt un ORAGE violent dans le département de la Haute-Garonne.

TEMPS DE COUPE : fixation du temps pendant lequel on doit abattre le bois vendu ſur pied. Voyez EXPLOITATION DES BOIS.

TÉNÉBRION. *Tenebrio.*

Genre d'inſectes de la claſſe des coléoptères, qui réunit pluſieurs eſpèces, dont une fe voit fréquemment dans les maiſons des cultivateurs, ſurtout dans les boulangeries & les moulins, où elle vit de farine & de pain. Il y a lieu de croire que c'eſt elle à qui il faut rapporter ce que les Anciens attribuent à la blatte. Sa larve eſt connue ſous le nom de VER DE LA FARINE. Elle cauſeroit partout de grands dommages, car l'inſecte parfait multiplie prodigieuſement, ſi, d'un côté, on laiſ-

ſoit plus long-temps la farine en magaſin, & ſi, de l'autre, on n'avoit pluſieurs moyens pour la ſouſtraire à ſes ravages, comme en la tamiſant ſouvent, en la renfermant dans des ſacs, dans des coffres, dans des tonneaux, &c.

La farine qui a nourri pluſieurs générations de Ténébrions, prend un mauvais goût qui fe tranſmet au pain qu'on en fabrique.

Il eſt preſqu'impoſſible de s'oppoſer à la multiplication des Ténébrions en écraſant les inſectes parfaits, à raiſon de ce qu'ils fe cachent le jour dans les fentes des murs, ſous les planches, &c., & qu'ils fe ſauvent dès qu'ils voient de la lumière pendant la nuit. C'eſt en tenant les greniers & les boulangeries exactement crépies & d'une propreté recherchée, qu'on peut en diminuer le nombre. (Bosc.)

TÉNESME : difficulté de la ſortie des excrémens des animaux domeſtiques. Voyez DÉVOIEMENT & DYSSENTERIE.

TÉNIA. *Tænia.*

Genre de vers inteſtins dont pluſieurs eſpèces vivent dans les inteſtins de l'homme, ainſi que dans ceux des animaux domeſtiques, & ſont, par cela ſeul, dans le cas de mériter toute l'attention des cultivateurs. Voyez le *Dictionnaire des Vers.*

Les eſpèces qui fe trouvent le plus fréquemment dans les inteſtins de l'homme, ſont le TÉNIA VULGAIRE & le TÉNIA SOLITAIRE. Tous deux acquièrent quelquefois la longueur démeſurée de trois cents aunes, au rapport de Boerhaave. Les ſuites de leur préſence ſont une faim dévorante, une grande maigreur, la fièvre lente, l'hydropiſie, & enfin la mort. On s'en débarraſſe par le moyen des purgatifs draſtiques, principalement par la poudre de la racine de *polypode fougère mâle*, précédé de l'uſage de l'éther & du ſel d'étain. Voyez le *Dictionnaire de Médecine.*

Le TÉNIA CHAÎNETTE vit dans les inteſtins du chien.

Le TÉNIA PERPENDICULAIRE, dans ceux des poules.

Le TÉNIA DU CHEVAL & celui de la BREBIS indiquent leur habitation par leur nom même.

Ces Ténias ſont ſouvent fort nuiſibles à la ſanté des animaux, aux dépens des ſucs gaſtriques deſquels ils fe ſubſtantent. On peut eſpérer d'en débarraſſer ces animaux, en leur faiſant prendre de l'huile empyreumatique à forte doſe ; & il ne faut pas négliger de tenter.

Les HYDATIDES (voyez ce mot) ont fait, pendant long-temps, partie de ce genre ; ainſi il faut faire attention lorſqu'on lit, dans les anciens auteurs, un article où les caractères qui les diſtinguent ne ſont pas indiqués avec clarté. (Bosc.)

TENTHRÈDE. *Tenthredo.*

Genre d'inſectes de la claſſe des hyménoptères,

       - Kkk

dans lequel fe placent plus de deux cents efpèces, & qui, fi j'en juge par ma collection, doit en contenir encore au moins autant de non décrites, appartenant feulement à l'Europe. Toutes ces efpèces vivent, à l'état de larves, aux dépens des feuilles des plantes, & leur nuifent quelquefois beaucoup. Ces larves ont été appelées *fauffes chenilles* par Réaumur, parce qu'elles reffemblent à des chenilles, excepté par leur tête & le nombre de leurs pattes. *Voyez* le *Dictionnaire des Infectes.*

Les œufs des Tenthrèdes font dépofés par les femelles dans l'écorce des jeunes branches des plantes, & à la fuite d'une entaille longitudinale qu'y font ces femelles au moyen d'une efpèce de fcie qu'elles portent à l'extrémité de leur abdomen : de-là le nom de *mouches à fcies,* que leur a donné le même Réaumur.

Celles des efpèces de Tenthrèdes que les cultivateurs du climat de Paris font le plus dans le cas de remarquer, à raifon de leurs ravages, font :

La TENTHRÈDE DE PIN, qui vit en grande fociété fur les pins & en dévore les jeunes pouffes.

Les TENTHRÈDES USTULATE & du ROSIER vivent aux dépens des rofiers, qu'elles dépouillent fouvent de toutes léurs feuilles.

On tue facilement les Tenthrèdes fur les fleurs du fenouil planté dans le voifinage des rofiers.

Les TENTHRÈDES DU GROSEILLER, CYNOSBATE & du MARSAULT dépouillent complétement les grofeillers épineux de leurs feuilles, & empêchent par conféquent les fruits d'arriver à maturité.

Il eft fort difficile de faire utilement la guerre aux infectes parfaits des Tenthrèdes dont il vient d'être queftion, attendu que les femelles ne fe trouvent fur les plantes, aux dépens defquelles leurs larves doivent vivre, qu'au moment de la ponte. C'eft donc fur les larves mêmes qu'il faut que les cultivateurs portent leurs efforts deftructeurs. Or, la manière d'être de ces larves en fournit des moyens faciles. Comme toutes fe tiennent fur le bord des feuilles le cul en l'air, & qu'elles y font très-foiblement crampónnées, un coup de bâton fec fur la branche les fait prefque toutes tomber, & une fois à terre, elles ne peuvent plus remonter & meurent de faim. On peut auffi les écrafer entre deux petites planches, lorfqu'elles font fur les feuilles des rofiers ou des grofeillers.

Les TENTHRÈDES DE LA RAVE & NOIRE vivent aux dépens des feuilles de la rave, & nuifent fouvent beaucoup aux femis de cette plante.

Des canards envoyés dans les champs qui en font infeftés, font un fûr moyen pour les détruire.

La TENTHRÈDE DU CERISIER. Elle eft vifqueufe & très-peu active; elle fe colle fur les feuilles des cerifiers, des pruniers & des poiriers, pour en manger le parenchyme. Je l'ai vue quelquefois fi abondante, que toutes les feuilles de ces arbres étoient réduites à leur réfeau, & qu'elles ne pouvoient plus remplir leurs fonctions. Celle-ci ne

peut être détruite qu'en l'écrafant une à une, ce qui eft facile fur les arbres des pépinières qui n'ont pas plus de cinq à fix pieds de haut, mais qui devient impoffible fur les grands arbres. (*Bosc.*)

TEPALI : arbre des Indes, dont les fruits fervent à l'affaifonnement des mets. Sa fructification eft encore imparfaitement connue, & il ne fe cultive pas en Europe. (*Bosc.*)

TÉPHROSIE. TEPHROSIA.

Genre établi pour placer la plupart des efpèces de celui des GALEGAS. *Voyez* ce mot.

Ce genre n'eft pas adopté par tous les botaniftes. (*Bosc.*)

TÉRAMNE. TERAMNUS.

Genre de plantes de la diadelphie décandrie & de la famille des *Légumineufes,* qui renferme deux efpèces non encore cultivées dans nos écoles de botanique.

Efpèces.

1. La TÉRAMNE voluble.
Teramnus volubilis. Swartz. ♄ De la Jamaïque.
2. La TÉRAMNE à hameçon.
Teramnus hamofus. Swartz. ♄ De la Jamaïque. (*Bosc.*)

TÉRÉBENTHINE, ou ESSENCE DE TÉRÉBENTHINE : forte de réfine toujours liquide, qui découle naturellement de quelques arbres, ou qu'on obtient par la diftillation de certaines réfines folides ou demi-folides. Il y en a de quatre fortes dans le commerce.

La vraie Térébenthine provient du PISTACHIER TÉRÉBINTHE. (*Voyez* ce mot.) On l'appelle vulgairement *Térébenthine de Scio,* parce que c'eft de cette île qu'il en vient le plus. Elle eft rare & chère.

La Térébenthine dite *de Venife* eft fournie par le MÉLÈSE. (*Voyez* ce mot.) Elle eft la plus eftimée après la précédente.

La Térébenthine dite *de Strasbourg* fuinte du fapin commun.

Enfin, on obtient la *Térébenthine de Bordeaux* par la diftillation du galipot & autres produits réfineux du PIN MARITIME. Elle eft peu eftimée.

Ce font les habitans des campagnes qui partout exploitent les Térébenthines; ainfi on peut les regarder comme un produit de leur induftrie. Le commerce auquel elles donnent lieu, ne laiffe pas que d'être confidérable. *Voyez* RESINE.

Ceux qui font métier de récolter la Térébenthine de Venife, & ce ne font jamais les propriétaires, parcourent les forêts de mélèfes au printemps, percent la bafe des plus gros & adaptent une outre à l'ouverture du trou. Ils y trouvent, au bout de quelques jours, trente ou quarante livres de réfine. On ne remarque pas que ces arbres fouffrent de cette opération.

Le grand emploi des Térébenthines eft pour les vernis & pour accélérer la deffication des peintures à l'huile. On en fait auffi ufage dans quelques arts & en médecine. (*Bosc.*)

TÉRÉBENTHINE EN PATE : nom qu'on donne dans les landes de Bordeaux à la réfine de pin, qu'on fond & filtre à travers de la paille. *Voyez* RÉSINE. (*Bosc.*)

TÉRÉBINTHE : efpèce du genre PISTACHIER. *Voyez* ce mot dans le *Dictionnaire des Arbres & Arbuftes.*

TERNSTRŒME. *Ternstroemia.*

Genre de plantes de la polyandrie monogynie & de la famille des *Orangers*, qui raffemble cinq efpèces, dont une feule eft cultivée dans nos jardins. Il eft figuré, fous le nom de *tonabe* que lui avoit impofé Aublet, pl. 227 des *Illuftrations des genres* de Lamarck.

Espèces.

1. La TERNSTRŒME méridionale.
Ternftroemia meridionalis. Linn. ♄ De Saint-Domingue.
2. La TERNSTRŒME à feuilles elliptiques.
Ternftroemia elliptica. Vahl. ♄ Des Indes.
3. La TERNSTRŒME ponctuée.
Ternftroemia punctata. Swartz. ♄ De Cayenne.
4. La TERNSTRŒME dentée.
Ternftroemia dentata. Swartz. ♄ De Cayenne.
5. La TERNSTRŒME du Japon.
Ternftroemia japonica. Thunb. ♄ Du Japon.

Culture.

La première efpèce eft celle que nous poffédons. On ne l'obtient que de graines tirées de fon pays natal, & femées fur couche à châffis, dans des pots remplis de terre à demi confiftante. Le plant levé fe repique feul à feul, & fe rentre dans fa ferre chaude dès que la température de l'air commence à baiffer. Il lui faut de la chaleur en tout temps & des arrofemens fréquens, furtout en hiver. (*Bosc.*)

TERRAILLER. Ce nom s'applique, dans les Alpes, à l'opération de répandre de la terre fur les prés pendant l'hiver, pour ranimer leur fertilité. Il eft à defirer que cette pratique fe propage partout, car elle remplit parfaitement fon but. *Voyez* PRAIRIE. (*Bosc.*)

TERRAIN ou TERREIN. Le fens de ce mot varie fuivant les lieux : tantôt il eft fynonyme de TERRE, tantôt de SOL. *Voyez* ces mots.

De toutes les influences qui agiffent fur le produit des récoltes, celle du Terrain eft la plus foible. En effet, il eft toujours poffible, avec du

temps & de la dépenfe, de le rendre auffi bon que poffible.

Comme il peut être utile aux cultivateurs de connoître les plantes qui croiffent le plus volontiers en France dans chaque efpèce de Terrain, j'en donne la lifte, qui, on le penfe bien, ne peut être ni rigoureufe ni complète, mais qui doit fuffire le plus généralement.

Plantes aquatiques entièrement noyées.

Charagnes.
Creffon de fontaine.
—— amphibie.
Fétuque flottante.
Fléchières.
Fontinales.
Nénuphars.
Ifnarde.
Rubanier.
Lenticule.
Macre.
Fluteaux.
Hottone.
Marfile.
Maffetes.
Ménianthes.
Naïades.
Laiche compacte.
—— précoce.
—— à fruits pendans.
Peffe.
Pilulaire.
Plumeaux.
Millepertuis des marais.
Prêle fluviatile.
—— des marais.
Renoncule aquatique.
—— lancéolée.
—— petite douve.
Renouée amphibie.
Rofeau des marais.
Conferves.
Scirpe des lacs.
—— flottant.
Choin marifque.
—— noirâtre.
Utriculaires.
Stratiote.
Sifymbre amphibie.
Varecs.
Véronique becabunga.
Ulves.

Plantes aquatiques qui veulent avoir le pied dans l'eau pendant toute l'année.

Berle à feuilles larges.
—— rampante.
Bident penché.
Bourgène purgative.

Butome en ombelle.
Caille-lait uligineux.
—— des marais.
Populage des marais.
Epilobe pubéſcent.
—— des marais.
Galé des marais.
Patience aquatique.
Graſſette commune.
Jonc étalé.
—— aggloméré.
—— articulé.
Iris des marais.
Laiche pulicaire.
—— dioïque.
—— compacte.
—— faux-ſouchet.
—— des marais.
Calle des marais.
Zanichelle des marais.
Œnanthe fiſtuleuſe.
—— à feuilles de perſil.
Orchis panaché.
Germandrée des marais.
Renouée poivre d'eau.
—— perſicaire.
Scirpe aiguille.
—— maritime.
Toque des marais.
—— petite.
Tomentille droite.
Menthe aquatique.
Gratiole officinale.

Plantes aquatiques qui veulent avoir le pied dans l'eau pendant une partie de l'année ſeulement.

Lycope d'Europe.
Eupatoire d'Avicenne.
Obier commun.
Ceraiſte aquatique.
Stellaire des marais.
Quenouille des prés.
—— des marais.
Bident tripartite.
Frêne élevé.
Inule britannique.
—— dyſſentérique.
—— pulicaire.
Jonc aigu.
—— dichotome.
Laiche gazonnante.
—— des rivages.
Linaigrette à larges feuilles.
—— engaînée.
Littorelle des lacs.
Bouleau commun.
Menthe crépue.
—— ronde.
Aune commun.

Parnaſſie des marais.
Scrophulaire aquatique.
Pigamon des prés.
Prêle limoneuſe.
Saules.
Peupliers.
Spirée ulmaire.
Euphorbe des marais.

Plantes des Terrains ombragés.

Noiſetier commun.
Tilleul d'Europe.
—— de Hollande.
—— de Corinthe.
Erable platanoïde.
Nerprun bourgène.
Cornouiller ſanguin.
Fuſain d'Europe.
Groſeiller rouge.
—— noir.
—— des Alpes.
Lauréole commune.
—— gentille.
Gnaphale des bois.
Fragon piquant.
Roſier des haies.
—— des champs.
Ronce des haies.
—— à fruits bleus.
Millet à panicule lâche.
Paturin des bois.
—— des prés.
Mélique uniflore.
Brome géant.
Circée pariſienne.
Sanicle d'Europe.
Actée à épi.
Stachide des bois.
Galéope jaune.
Mercuriale vivace.
Stellaire des bois.
Muguet des bois.
—— anguleux.
Mélite à feuilles de méliſſe.
Ail des ours.
Renoncule ficaire.
—— auricome.
Moſcatelline commune.
Violette odorante.
—— canine.
Fumeterre bulbeuſe.
Veſce des bois.
—— des haies.
Pulmonaire officinale.
Primerole du printemps.
Terrette hédéracée.
Aſaret d'Europe.
Benoîte commune.
Campanule gantelée.

Anémone fylvie.
—— hépatique.
Scrophulaire noueufe.
Sarrette des teinturiers.
Lierre de Bacchus.
Afpérule odorante.
Balfamine des bois.
Airelle myrtile.
Oxalide ofeille.
Pyrole à feuilles rondes.
Laiche loliacée.
—— efpacée.
—— alongée.
—— de Schreber.
Jacinthe des bois.
Géranion des bois.
Scille à deux feuilles.
Epipactis ovale.
Pédiculaire des bois.
Bétoine officinale.
Clématite des haies.
Agroftide étalée.
—— arondinacée.
Mélique uniflore.
Fétuque des bois.
Froment des bois.
Flouve odorante.
Gouet ferpentaire.
—— commun.
—— d'Iralie.
Luzule printanière.
—— des champs.
Parifette à quatre feuilles.
Tamme commun.
Narciffe faux-narciffe.
Euphorbe des bois.
Mélampyre des bois.
Germandrée fauge.
Ellébore fétide.
—— noir.
—— d'hiver.
Pervenche couchée.
—— droite.
Epervière des bois.
—— de Savoie.
Carline vulgaire.
Inule aunée.
Verge-d'or des bois.
Doronic pardalianque.
Chèvre-feuille des bois.
—— des Alpes.
Viorne mancienne.
Sureau commun.
Aigremoine eupatoire.
Stellaire des bois.
Géranion robertin.

Plantes des Terrains argileux.

Tuffilage pas-d'âne.

Anthyllide vulnéraire.
Potentille rampante.
—— anferine.
Plantain moyen.
Thlafpi des champs.
Agroftide traçante.
Chicorée fauvage.
Mélique bleue.
Vulpin géniculé.
Saponaire officinale.
Laitue fauvage.
—— vineufe.
Chryfanthème des blés.
Sureau yèble.
Fléole noueufe.
Lotier filiqueux.
Orobe tubéreux.
Chou cultivé.

Plantes des Terrains fablonneux.

Saule des fables.
Genêt à balai.
—— des teinturiers.
—— fagitté.
Elyme des fables.
Houque molle.
Rofeau des fables.
Œillet des fables.
Herniaire glabre.
Armoife des champs.
Gnavelle vivace.
Ail des fables.
—— cariné.
Thym ferpolet.
Potentille printanière.
Linaire commune.
Euphorbe éfule.
—— cyprès.
Epervière en ombelle.
Vergerolle âcre.
Gnaphale de France.
—— dioïque.
—— des champs.
Statice des fables.
—— des gazons.
Véronique en épi.
Ofeille petite.
Fétuque ovine.
Paturin en crête.
—— à feuilles aiguës.
—— comprimé.
—— roide.
Ceraifte vifqueux.
—— femi-décandre.
Myofote fcorpioïde.
Saxifrage tridactyle.
Brome des toits.
—— ftérile.
Gypfophyle des murailles.

Hyoféride minime.
Renouée des buiſſons.
Perce-pied des champs.
Filage des champs.
Jaſione ondulée.
Carline vulgaire.
Trèſle des champs.
Sabline pourpre.
Drabe vernale.
Ibéride nudicaule.
Fléole des ſables.
Canche blanchâtre.
—— précoce.
Phalaride des ſables.
Tragus en grappes.
Fétuque queue-de-rat.
—— minime.
Froment à feuilles de jonc.
Plantain corne-de-cerf.
Héliotrope d'Europe.
Myoſote à fruits de bardane.
Jaſione de montagne.
Centaurée du ſolſtice.
Réſéda jaune.
Œillet arméria.
Spergule des champs.
Ceraiſte à cinq anthères.
Sabline à feuilles de ſerpolet.
—— à feuilles menues.
—— à fleurs rouges.
Lampſane fluette.
Epervière piloſelle.
Andryale de Nîmes.
Porcelle des ſables.
Siſymbre des ſables.
Drave printanière.
Silène olites.
—— gallique.
—— anglais.
—— conique.
Anémone pulſatille.
Seneçon jacobée.
Orpin âcre.
—— blanc.
Arabette de Thalius.
Alyſſon calicinal.
Ciſte à ombelle.
—— commun.
—— de l'Apennin.
Géranion ſanguin.
Erable de Montpellier.
Ratoncule naine.

Plantes des Terrains calcaires.

Brize vulgaire.
Seſlerie bleuâtre.
Oſeille à écuſſon.
Plantain moyen.
Globulaire commune.

Polygala amer.
Germandrée petit chêne.
—— de montagne.
Brunelle à grandes fleurs.
Echinope à tête ronde.
Scabieuſe colombaire.
Aſpérule des teinturiers.
Boucage ſaxifrage.
Potentille printanière.
Sainfoin cultivé.
Lin à feuilles menues.
Prunier mahaleb.

TERRAIN EN PENTE. A quelques exceptions près, qui ſe remarquent à peine quand on conſidère l'enſemble d'une contrée, tous les Terrains ſont en pente, puiſque partout les eaux s'écoulent dans les rivières, dans les fleuves & dans la mer.

Les cultivateurs doivent conſidérer les Terrains en pente relativement à leur EXPOSITION (*voyez* ce mot) & relativement au degré de leur pente.

Sous ce dernier rapport, il y a des avantages & des inconvéniens à ce que la pente ſoit forte.

Les avantages ſont, 1°. que les bois qu'on y plante étant étagés, jouiſſent mieux de l'influence de la lumière & de l'air, & peuvent être rapprochés avec moins d'inconvéniens; 2°. que les prairies qu'on y ſème ſe conſervent plus long-temps, en raiſon de ce que les terres ſupérieures, entraînées par les eaux, recouvrent annuellement le collet des plantes qui les compoſent, & favoriſent leur accroiſſement *Voyez* GAZON.

Les inconvéniens ſont, 1°. que l'entraînement annuel des terres finit par mettre à nu, ſoit la couche inférieure, qui eſt ou argileuſe, ou ſablonneuſe, ou calcaire, & par conſéquent plus ou moins infertile, ſoit la roche qui l'eſt encore plus; 2°. que les labours à la charrue deviennent plus difficiles.

Il n'eſt pas poſſible de cultiver des Terrains qui ont plus de quarante-cinq degrés d'inclinaiſon, & tous ceux qui en ont plus de trente doivent être laiſſés en pâturages ou plantés en bois.

Si on remarque en France une ſi grande quantité de Terrains en pente perdus pour la culture, c'eſt que leur couche de terre végétale a été enlevée par des défrichemens inconſidérés & des cultures de céréales ou autres qui exigent de fréquens labours. Combien il ſeroit à deſirer qu'on fît quelques efforts pour leur reſtituer une partie de l'humus qu'ils ont perdu, & encore plus qu'on prît des meſures pour empêcher ceux qui ſont encore ſuſceptibles de donner quelques productions, de ſe dégrader davantage!

Eſt-il, demandera-t-on ſans doute, des moyens de parvenir à ces deux buts? Oui, mais ils ſont toujours longs, ſouvent coûteux, & les hommes veulent jouir. Ces deux obſtacles ſont puiſſans, je le ſais, cependant je ne dois pas moins indiquer les moyens.

Un Terrain en pente eſt d'autant plus difficile

à rendre à la culture, qu'il offre moins de terre
végétale, que fon expofition eft plus méridienne,
que le climat où il fe trouve eft plus ou moins
chaud.

La première indication à fuivre, c'eft d'y faire
venir des plantes qui y portent de l'ombre & par-
là de la fraîcheur. On peut y parvenir, ou en y
faifant des trous, ou en portant de la terre végétale dans ces trous & en y plantant des arbres qui
donneront un bénéfice quelconque, & fous lefquels les moutons au moins trouveront un léger
pâturage, ou en faifant des foffés perpendiculaires
à la pente, & d'autant plus rapprochés que cette
pente fera plus roide, foffés qui pourront être
également garnis de terre végétale & plantés de
haies. Ces haies formeront naturellement des terraffes qui arrêteront à l'avenir les terres fupérieures. *Voyez* HAIE, TERRASSE.

C'eft principalement la culture des vignes qui
a caufé la dénudation de beaucoup de pentes dans
le midi & dans le centre de la France. Lorfque la
qualité du vin de ces vignes eft fupérieure, fa valeur permet de faire tous les ans, tous les deux
ans, quatre ans, dix ans même, le rapport des
terres du bas en haut de la pente; mais comme
cette opération eft très-coûteufe, il n'eft pas toujours poffible de l'entreprendre.

Le labour des Terrains en pente doit, autant
que poffible, être fait diagonalement, pour que la
defcente de la terre en foit d'autant retardée. Il
eft même des pays de vignoble où il eft d'ufage
d'exécuter ces labours en commençant par le haut,
quelque pénibles qu'ils foient de cette manière.

En définitif, il eft fort à defirer qu'une loi
force les propriétaires des Terrains trop en pente
à les laiffer en bois ou en pâturage; car non-feulement ces propriétaires, mais la fociété entière,
foit dans le moment préfent, foit dans l'avenir,
perdent à ce qu'ils les cultivent en plantes annuelles
ou autres qui exigent des labours.

Les Terrains en pente, quoique contenant une
furface plus étendue que leur bafe, ne peuvent
fupporter une plus grande quantité d'arbres que
ceux que contiendroit cette bafe, à raifon de
l'inclinaifon de la tête de ces arbres. Il eft donc
avantageux de les tenir en taillis; cependant j'ai
vu planter de beaucoup de montagnes
en France & en Efpagne avec tant de fuccès,
en têtards très-éloignés les uns des autres, que
je ne puis me réfoudre à les profcrire. *Voyez*
TÊTARD. (*Bosc.*)

TERRAINS SALÉS. Des Terrains plus ou moins
étendus qui fe trouvent fur les bords de la mer
ou autour des fources falées, font quelquefois fi
imprégnés de fel marin, qu'ils font impropres
à toutes les cultures ordinaires; qu'il faut ou les
abandonner à l'inutilité, ou y femer des foudes
& autres plantes propres à donner de l'alcali minéral par leur combuftion. *Voyez* SOUDE.

Quelqu'avantageufe que foit quelquefois la
culture de ces dernières plantes, il peut être fouvent dans l'intérêt des propriétaires de defirer le
deffalement de ces Terrains pour y cultiver des
céréales ou autres objets; & cela leur eft poffible,
toutes les fois qu'il y a moyen d'empêcher de la
nouvelle eau falée d'y affluer.

La première indication à fuivre eft donc de
faire une digue & un ou plufieurs foffés qui
coupent toute communication, foit directe, foit
indirecte, avec la mer ou les fources falées.

Cela étant fait, on a trois moyens à choifir pour
parvenir au defféchement du Terrain, 1°. en l'a-
bandonnant à lui-même, & en laiffant ou aux
eaux des pluies le foin d'entraîner dans les profondeurs de la terre le fel qui fe trouve à la furface, ou aux plantes maritimes qui y croiffent fpontanément, celui de décompofer une partie de ce
fel; mais ces moyens font lents, c'eft-à-dire,
n'offrent un réfultat qu'au bout de cinq, fix,
même dix ans; 2°. en y faifant entrer les eaux
d'une fontaine ou d'un ruiffeau, ou d'une faignée
de rivière. Par une telle inondation, foit complète, foit incomplète, foit temporaire, foit permanente, on parvient à rendre en peu de mois
tout Terrain falé propre à la culture; 3°. en y femant de la foude, de l'anferine maritime, de l'arroche à feuilles de pourpier & autres plantes analogues, en y plantant des tamarifques, jufqu'à
ce que tout le fel ait été décompofé par l'effet de
leur végétation; ce qui a lieu plutôt que lorfqu'on
abandonne le Terrain à lui-même.

J'ai fuivi de ces deffalemens de Terrain en Caroline, aux environs de Charlefton, & je les ai toujours vu réuffir.

Aux environs de Saint-Gilles, dans le département du Gard, on étend, au rapport de M. Decandolle, fur les terres falées & femées en froment,
une légère couche de rofeaux, dans l'intention
d'empêcher, par l'humidité qu'elle entretient à
la furface de ces terres, le fel de monter & de crif-
talliser. Ce fait rappelle ce que tous les voyageurs
rapportent, que le fel marin difparoît pendant l'hiver des terres falées de l'Egypte, des déferts de
l'Arabie, de la Sibérie, & reparoît pendant l'été,
& ce qu'Olivier, de l'Inftitut, rapporte des terres
de la Perfe, qui font naturellement très-fertiles
en froment & autres objets de culture qui deviennent falés & impropres aux mêmes productions dès
qu'on ceffe de les cultiver pendant un an.

Les Anciens qui vouloient vouer un Terrain à
l'infertilité politique, y femoient du fel; cependant aujourd'hui les cultivateurs de la ci-devant
Bretagne l'emploient comme amendement; la dofe
feule fait la différence. *Voyez* SEL. (*Bosc.*)

TERRAIN ULIGINNEUX: forte de Terrain dans
lequel les eaux fourdent en petite quantité à la fois,
mais d'un grand nombre de points, & fe confervent à peu de profondeur, à raifon de la couche
d'argile qui fe trouve deffous.

Comme ces fortes de Terrains font mal diftingués des marais, dont ils différent cependant beaucoup, j'en parlerai avec quelqu'étendue au mot
ULIGINEUX.

TERRAIN VAGUE. C'eft un lieu non cultivé,
ou dans lequel il n'exifte qu'un pâturage de peu
de valeur.

[Prefque toujours les Terrains vagues font des
COMMUNAUX. *Voyez* ce mot, ainfi que ceux
PATURAGE & LANDE. (*Bosc.*)

TERRAS : nom que porte, dans les landes de
Bordeaux, la réfine qui découle des pins, & qui,
tombant fur la terre, fe mélange de fable & de débris de feuilles de cet arbre. On la purifie par la
fufion. *Voyez* RÉSINE. (*Bosc.*)

TERRASSE. Tout terrain élevé au-deffus du
fol porte ce nom. *Voyez* ALLÉE.

Cependant on l'applique plus fpécialement aux
parties des terrains qui font en pente, qu'on a rendues horizontales, foit pour la commodité de la
promenade, foit pour empêcher l'éboulement des
terres & faciliter la culture. *Voyez* MONTAGNE.

On pratique des Terraffes dans les jardins &
dans les campagnes; les premiers différent peu des
ALLÉES ou des CARRÉS. *Voyez* ces mots.

Le côté en pente des Terraffes eft tantôt difpofé en TALUS, tantôt revêtu d'un MUR. *Voyez*
ces mots.

On peut, avec du temps, former des Terraffes
ruftiques à peu de frais fur la pente des montagnes, en y plantant des haies tranfverfales plus
ou moins rapprochées, haies qui retiennent les
terres entraînées par les eaux pluviales, & les difpofent en talus dans leur épaiffeur : ces haies peuvent être tenues auffi larges & auffi baffes qu'il eft
néceffaire. *Voyez* HAIE.

Les murs de Terraffes doivent être d'autant
plus folidement bâtis, que la Terraffe eft plus
haute & les terres plus fufceptibles d'être pouffées contre eux par l'effet des eaux pluviales;
ceux des jardins font le plus fouvent en pierre de
taille, avec des ouvertures à leur partie inférieure
pour l'écoulement des eaux; ceux des campagnes,
à raifon de la néceffité d'économifer les frais de
conftruction, font prefque toujours en pierre
fèche.

La mode des Terraffes entièrement factices eft
paffée; on n'en voit plus conftruire à grands frais
dans les jardins en plaine; elles font toujours utiles,
& fouvent indifpenfables dans ceux en pente.
Voyez JARDIN.

La conftruction de Terraffes dans les terrains
très en pente peut s'exécuter fans tranfport de
terre, puifqu'il fuffit de faire defcendre celles de
la moitié fupérieure fur la moitié inférieure; feulement dans le cas où la Terraffe eft deftinée à
recevoir des cultures, lorfque les couches inférieures font ou de pierres ou d'argile infertile, il
faut enlever la totalité de celle de la furface de la

moitié inférieure pour en recouvrir la Terraffe,
afin que les cultures puiffent y profpérer. *Voyez*
TERRE.

Cette manière de faire les Terraffes eft la
feule qui puiffe être fuivie dans les campagnes, à
raifon de l'économie; car les produits de la grande
culture ne font jamais affez confidérables pour
payer l'intérêt & en même temps rembourfer le
capital de la dépenfe d'un remuement de terre de
quelque conféquence.

Lorfque les Terraffes des jardins font uniquement deftinées à former des allées plantées d'arbres pour la promenade, & cela a lieu fréquemment, on peut fe contenter de creufer des trous
dans la partie qui n'a pas été remuée, & d'y apporter de la bonne terre, les arbres pouvant le
plus fouvent y profpérer.

Les avantages des jardins en Terraffe font qu'ils
ont une belle vue, qu'on peut difpofer de leurs
eaux naturelles de manière à faire croire qu'elles
font très-abondantes, & lorfqu'ils font expofés
au midi ou au levant pour avoir des ESPALIERS,
que les abris pour avoir des PRIMEURS y font très-
multipliés. *Voyez* ces deux mots & ceux BASSIN,
CASCADE, JET D'EAU.

A raifon des dégradations produites par les
eaux pluviales, par la pouffée des terres, &c.,
les jardins en Terraffe font d'un entretien plus
difpendieux que les autres. On peut cependant
en diminuer les frais par une furveillance de tous
les momens; ainfi, dès qu'il s'y fera formé une
rigole, on la comblera; dès qu'une pierre du mur
fera détruite, on la remplacera.

Les efpaliers profpèrent moins contre les murs
de Terraffe que contre les autres, parce que
l'humidité que rendent manquente les terres placées derrière, refroidit l'air autour d'eux. Cette
confidération & celle de la durée des murs engagent quelques perfonnes à établir leurs Terraffes
derrière une voûte, laquelle fert de SERRE A
LÉGUMES (*voyez* ce mot); mais la dépenfe d'une
telle conftruction arête la plupart des propriétaires.

Les avantages de la culture en Terraffe des
terrains très en pente a dû engager à en établir
dans les pays de montagnes, qui ne different à
cet égard que du plus au moins. En effet, il n'en
eft point parmi ceux que j'ai parcourus, & j'en
ai parcouru un grand nombre en France, en
Efpagne, en Italie & en Suiffe, où elles font
complètement inconnues, & il en eft où elles font
très-multipliées. Prefque partout ces Terraffes
font foutenues par des murs en pierre-fèche,
comme plus économiques; mais ces murs font
expofés à être entraînés par les eaux des pluies,
furtout lorfqu'ils font élevés & formés de petites
pierres, & que les orages font violens & fréquens.
Un des cantons de la France qui fe diftingue le
plus par ce genre de conftruction, eft la vallée de
Gardoningue, ancien lit d'un lac qui fe terminoit à
Anduze. Chaptal, qui en a décrit la culture, ne tarit

pas

pas en éloges fur l'intelligence avec laquelle les Terraffes fans nombre qui s'y voient ont été conftruites. J'y fuis paffé peu de jours après un violent orage , & j'ai été frappé de la fcène de défolation qu'elle préfentoit , par les débris des murs entraînés loin du lieu où ils exiftoient , par les profonds ravins qui fillonnoient la plupart des propriétés. Les feuls champs qui fuffent intacts, étoient ceux dont la Terraffe étoit placée derrière une haie qui avoit rompu la force des eaux en la divifant. Depuis lors j'ai porté dans mes voyages mon attention fur les haies, lorfqu'elles traverfoient des pentes, & j'ai partout vu que les terres s'étoient accumulées contre leur pied, du côté fupérieur, & y formoient naturellement une Terraffe plus ou moins élevée, laquelle rempliffoit plus ou moins bien fon objet fans inconvénient autre que l'ombre de la haie ; inconvénient qu'on pouvoit affoiblir en la tenant très-baffe, ou en la compofant d'arbuftes de petite ftature.

Ainfi que je l'ai déjà dit plus haut, je voudrois donc, pour l'avantage des propriétaires & de la fociété en général, que toutes les pentes de montagnes qui ne font pas couvertes de bois fuffent divifées en parties d'autant moins larges, que ces pentes feroient plus rapides, par des haies tranfverfales compofées d'une grande quantité de toutes fortes d'arbuftes & de grandes plantes vivaces, contre lefquelles on dépoferoit toutes les pierres que la charrue ou la houe rameneroit à la furface. Ces haies, qu'on ne tiendroit qu'à un ou deux pieds de hauteur, fubfifteroient éternellement, puifque les arbuftes s'y fubftitueroient continuellement les uns aux autres, & non-feulement feroient former à la longue de véritables Terraffes, fans aucune mife de fonds autre que celle de leur plantation, mais empêcheroient les terres d'être entraînées dans les vallées par les eaux pluviales. Les pays de vignobles, où le rapport des terres du bas en haut, tous les huit à dix ans, eft fi coûteux, éviteroient par-là cette dépenfe. Voyez VIGNE.

Je fais des vœux pour que les propriétaires fe convainquent, par l'obfervation, de ce que je viens de dire, & mettent mon confeil à profit. (Bosc.)

TERRASSIER. On a confervé ce nom aux ouvriers qui fe louent pour faire des terraffes, des défoncemens, pour creufer des étangs, des foffés, pour établir des chemins, pour entreprendre enfin tous les travaux qui ont pour objet de remuer la terre.

Généralement les Terraffiers font regardés comme les derniers en rang parmi les agens de l'agriculture, & cela parce qu'ils fe contentent du plus foible falaire ; c'eft le prix de leurs journées qui règle celui des autres claffes d'ouvriers. Voy. OUVRIER & AGRICULTURE.

Il eft un choix à faire parmi les Terraffiers ; car

quelque facile que foit leur travail, il eft mieux fait, ou plus tôt fait par des hommes intelligens & forts, que par des hommes idiots ou débiles. Ainfi un ou deux fous par jour de plus pour pouvoir faire ce choix, ne font pas toujours à regretter.

La mifère dans laquelle vivent la plupart des Terraffiers, fait que leurs journées font prefque toujours au rabais pendant l'hiver ; c'eft pourquoi il eft économique de choifir cette époque pour faire tous les travaux de terraffes qui peuvent être retardés. (Bosc.)

TERRE. Ce nom a deux acceptions dans la langue françaife.

Il s'applique & à la planète que nous habitons, & à la furface plus ou moins pulvérulente de cette même planète.

Quoique la première de ces acceptions foit du reffort des Dictionnaires d'Aftronomie & de Phyfique, je crois devoir, non pas indiquer d'où provient le globe terreftre, quelle eft la nature des fubftances qui en forment le noyau, pourquoi il roule fur lui-même en vingt-quatre heures, & tourne autour du foleil en une année, mais donner l'idée de la formation de fa croûte, la feule de fes parties qui intéreffe directement le cultivateur, puifque c'eft elle feule dont il eft appelé à prendre connoiffance.

Les opinions ont extrêmement varié relativement à la formation de la croûte de la Terre ; mais ces opinions fe réduifent à deux principales, celle qui emploie le feu, & celle qui emploie l'eau comme moyen. L'étude des montagnes dont je me fuis occupé toute ma vie, & les voyages que j'ai faits dans leurs principales chaînes, au midi de l'Europe, m'autorifent à croire que les élémens du GRANIT & de fes acceffoires, le JASPE, le GNEISS, le SCHISTE & autres pierres filiceufes moins abondantes, ont été primitivement tenus en diffolution dans une petite quantité d'eau, chauffée en rouge, ou au moins comme elle le feroit dans une marmite à papin qui feroit rouge extérieurement. La difficulté réfultante de la faculté expanfible de l'eau par la chaleur, peut fe réfoudre par la réfiftance de la portion de ces vapeurs déjà élevées ; un refroidiffement fubit ou prefque fubit de cette eau a dû donner lieu à la précipitation du GRANIT, dont les élémens font mélangés intimement, quoique plus ou moins féparés & criftallifés, précipitation qui s'eft faite par groupes, dont les principaux font, en France, les Alpes, les Pyrénées, les Cévennes, les Vofges. Nous voyons les chofes fe paffer à peu près de même dans nos fabriques, lors de la criftallifation du falpêtre, du fel marin, de la foude, de la potaffe, &c. Un plus grand refroidiffement de la maffe terreftre a amené la chute des vapeurs & la formation des JASPES, des GNEISS, des SCHISTES, &c. ; ce n'eft qu'alors que les mers primitives fe font peuplées d'abord de polypiers,

& enfuite de coquillages, telles que les trilobites, les cornes d'ammon, les bélemnites, les gryphites, les huîtres, les térébratules, qui ont formé les plus anciennes montagnes calcaires.

Des bouleverfemens généraux, probablement produits par des ofcillations dans l'axe de la Terre, ont réduit en fragmens les coquillages de ces montagnes, & il en eft réfulté des mers de boue qui, redévenues tranquilles, ont dépofé cette boue en bancs ou en couches quelquefois d'une grande épaiffeur, fur la furface des granits & autres produits primitifs. L'obfervation ne permet point de nier ce mode de formation. Ces ofcillations de l'axe de la Terre font encore prouvées par des offemens d'éléphans, de rhinocéros & autres grands animaux qui fe trouvent en fi grande quantité dans le nord de l'Europe, de l'Afie & de l'Amérique, & leur inftantanéité l'eft par ceux de ces animaux qui ont été découverts au-delà du cercle polaire, enterrés à une petite profondeur, & confervés comme s'ils étoient morts de la veille, puifqu'on a pu en manger la chair, quoiqu'ils le fuffent depuis bien des milliers d'années; ils n'ont pu fe conferver ainfi que parce qu'ils ont été gelés le jour même de leur mort, & font reftés dans cet état jufqu'à ce moment. *Voyez* les *Mémoires de l'Accadémie de Pétersbourg.*

On peut fuppofer que la furabondance des eaux a diminué, que les mers fe font retirées par fuite de l'immenfe abforption qu'en ont dû faire ces animaux & les végétaux, qui alors, comme aujourd'hui, fe multiplioient d'autant plus qu'il faifoit plus chaud & plus humide.

Mais comment ces animaux & ces végétaux fe font-ils produits fur un fol qui a été brûlant? c'eft ce à quoi je n'entreprendrai pas de répondre. Je dirai feulement que les dépouilles des animaux marins fe trouvent feules dans les couches des pierres calcaires primitives, & que ce n'eft que fur leur furface qu'on rencontre des reftes d'animaux plus compofés, & des reftes de végétaux tous analogues à ceux qui ne vivent plus que fous la zone torride.

Après que la Terre fe fut confervée dans cet état bien des milliers d'années, que les métaux fe furent formés dans les fentes des couches fuperpofées au granit, que les rivières eurent conduit à la mer une partie des débris des grands végétaux crûs fur leurs bords, débris qui ont formé les houilles, il arriva de nouveau de grands bouleverfemens, dont probablement celui qui enterra les grands animaux dont j'ai parlé plus haut, eft le dernier, bouleverfemens qui changèrent la nature des Terres & même des mers, c'eft-à-dire, qui réduifirent en boue les maffes de polypiers & de coquillages couvrant le fond des mers, qui dépofèrent cette boue fur le calcaire primitif en bancs très-épais, très-différens les uns des autres en compofition, en couleur, &c. Cette for-

mation s'appelle le *calcaire primitif fecondaire* ou *calcaire de tranfition.* Dans la mer qui exiftoit enfuite vécurent d'autres coquillages qui, à leur tour, périrent & donnèrent naiffance au *calcaire en couche*, furmonté, comme le précédent, de couches fablonneufes, argileufes, marneufes, &c. Elle fe diftingue très-facilement de la précédente par les coquillages qu'elle renferme, lefquels fe rapprochent de ceux encore exiftans dans les mers intertropicales.

Je ne parle pas des invafions locales des mers fur les continens, invafions qui ont été fort nombreufes dans certaines localités, aux environs de Paris, par exemple, ainfi que l'ont prouvé MM. Cuvier & Brongniard dans leurs recherches géologiques fur les terrains d'eau douce, recherches qui font imprimées dans les *Annales du Muféum.* Je ne parle pas non plus de ces terrains d'eau douce, parce qu'ils fe confondent avec les autres par les cultivateurs.

Je reviens à la feconde acception du mot Terre, qui, quoiqu'également du reffort des deux derniers de ces Dictionnaires, doit être ici l'objet d'un article fpécial & d'une certaine étendue, puifque c'eft la Terre qui nourrit les plantes, qu'elle eft l'objet principal des travaux des cultivateurs, qu'il eft indifpenfable au fuccès de ces travaux d'en connoître les différentes fortes, de les choifir convenablement, de ne leur donner que le nombre de labours & que la quantité d'engrais ftriêtement néceffaire, &c. &c.

La Terre, quoique fouvent peu différente des pierres par fes principes conftituans, s'en diftingue cependant prefque toujours avec facilité à la foible agrégation de fes molécules, & même à leur état pulvérulent dans l'état de féchereffe. *Voyez* PIERRE, ROCHE & MONTAGNE.

Les oxides métalliques, autrefois appelés *chaux*, fe rapprochent davantage de la Terre par leur apparence; mais, excepté celui de fer, tous font fi rares dans la nature, qu'il eft peu de cultivateurs qui foient dans le cas de les remarquer. *Voy.* OXIDE & CHAUX MÉTALLIQUE.

Les chimiftes ont reconnu qu'un affez grand nombre de Terres fervent de bafe aux pierres, telles que la baryte, la ftrontiane, le fluate, le zircon, &c. &c.; mais quatre feulement font dans le cas de devenir l'objet de l'étude des cultivateurs, ce font les Terres alumineufe, filiceufe, calcaire & magnéfienne.

La Terre alumineufe fert de bafe aux argiles & à beaucoup de pierres d'une facile décompofition.

La Terre filiceufe fe trouve dans les granits, les gneifs, les quartz, les grès, les cailloux, &c.

La terre calcaire eft principalement produite par des animaux marins de la claffe des polypes ou de celle des teftacées; elle forme des chaînes de montagnes d'une fi grande étendue, que l'ima-

gination fe refufe à croire à leur origine, quelque
conftatée qu'elle foit.

La Terre magnéfienne eft plus rare que les précédentes; on ne la trouve que dans les MON-
TAGNES PRIMITIVES (*voyez* ce mot); elle entre
pour beaucoup dans les SCHISTES & les STÉA-
TITES. (*Voyez* ces mots.) Je la cite principalement, parce que répandue, après fa calcination,
dans les Terres arables, elle les rend complétement infertiles pendant plufieurs années. *Voyez*
MAGNÉSIE.

Toutes ces Terres fe trouvent rarement pures;
elles fe mélangent deux par deux, trois par
trois, même toutes enfemble, dans des proportions fans nombre.

Mêlée avec la filice, en fragmens imperceptibles, la terre alumineufe conftitue l'argile qui
joue un rôle fi important en agriculture, & comme
bafe de la plupart des fols, & comme retenant
les eaux pluviales, donnant lieu à la plus grande
partie des MARES, des ÉTANGS, des LACS,
des FONTAINES. *Voyez* ARGILE.

Il eft difficile de fe refufer à croire, quand on
a convenablement étudié la géologie, que la plus
grande partie de l'argile qui fe trouve en bancs
d'une étendue & d'une épaiffeur fi immenfe dans
les montagnes fecondaires & dans les plaines, eft
le produit de la décompofition des montagnes
primitives, & principalement du GRANIT. *Voyez*
ce mot & celui MONTAGNE.

Après l'argile, c'eft le calcaire qui eft le plus
abondant dans la nature. Un de fes états s'appelle CRAIE. *Voyez* ce mot.

Quoique la filice foit prefque toujours mêlée
avec l'argile, comme je viens de l'obferver, elle
conftitue cependant très-fouvent, prefque feule,
des fols d'une grande étendue, qu'on appelle SA-
BLONNEUX, GRAVELEUX. *Voyez* ces mots.

Mais ces trois Terres, quelles que foient les
proportions de leurs mélanges, font infertiles fi
elles ne font unies avec l'HUMUS, & fi elles ne
font imprégnées de GAZ ATMOSPHÉRIQUE.
(*Voyez* ces mots.) Auffi celles qu'on retire des
grandes profondeurs, comme des puits, des fondations, des carrières, même des foffés, font-
elles impropres à la culture pendant un certain
nombre d'années.

On appelle TERRE VÉGÉTALE, le mélange des
trois Terres & de l'humus, dans des proportions telles que les plantes y croiffent avec fuccès.

Prefque chaque efpèce de plantes exige une
nature particulière de fol : ainfi, le tuffilage veut
l'argile; la fpérgule, le fable; la brunelle à
grandes fleurs, le calcaire; la ciguë, l'humus;
ce que j'ai eu foin d'indiquer à chaque plante.

Les fols compofés d'un quart d'argile, d'un
quart de fable, d'un quart de calcaire & d'un
quart d'humus, font les plus fertiles. De tels
fols font rares; ordinairement un des trois premiers compofans fait la moitié, ou même, les

trois quarts de la totalité, & le terreau n'y entre que pour un vingtième, un cinquantième.

L'infpection du fol fuffit le plus fouvent pour
juger quelle eft l'efpèce de Terre qui domine dans
le fol, l'argile étant jaunâtre, le fable vitreux,
le calcaire blanc, le terreau noir; cependant il eft
fouvent à defirer de connoître exactement la proportion de fes compofans, non pas avec l'exactitude rigoureufe de la chimie moderne, mais d'une
manière affez approximative pour remplir le but
qu'on fe propofe. Voici la manière de procéder
à l'analyfe de ce fol.

On en prend une portion quelconque qu'on fait
fécher, en l'éparpillant, fur une planche, dans un
four dont on vient de retirer le pain. Vingt-quatre
heures après, on pèfe cette portion & on la fait
légèrement rougir dans un vafe au milieu d'un
brafier ardent. L'humus fe brûle, & en pefant de
nouveau on juge, par ce que la portion a perdu,
combien elle contenoit de cet humus. Le refte eft
enfuite mis dans trois fois fon volume d'acide ni-
trique (eau-forte). La partie calcaire qui s'y
trouve, fe diffout; on l'enlève en jetant la liqueur & en lavant le réfidu dans l'eau pure; on
fait fécher fortement le reftant, qui, par fa diminution à la balance, annonce la quantité de calcaire qu'il contenoit. Pour féparer l'argile du fable, on met la même dans un vafe plus élevé que
large, & on le couvre de trois à quatre fois fon volume d'eau; on laiffe l'argile fe détremper, même
on favorifera fa defagrégation au moyen d'un pilon. Lorfqu'on la juge complète, on agite fortement le tout, & après une minute de repos, on
décante l'eau dans un autre vafe; on en remet
de nouvelle, qu'on remue & décante de même.
Ce qui reftera au fond du premier vafe fera le fable; ce qui fe précipitera, par vingt-quatre heures
de repos, dans l'autre vafe, fera l'argile. On fera
deffécher ces deux portions féparément, & on les
pefera. On faura donc les proportions des compofans de cette Terre auffi exactement qu'il eft néceffaire pour les procédés agricoles, fauf la perte
qu'on trouvera dans le total, perte qu'on répar-
tira fur chaque partie au prorata de fon poids.

Puifque, ainfi que je l'ai annoncé plus haut, la
proportion par quart fait la Terre la plus fertile,
un des buts de la culture devroit être d'en rapprocher celle où une d'elles eft trop dominante;
mais la dépenfe des tranfports, quelque rapprochées que foient ces Terres, & à quelque bas prix
que foit la main-d'œuvre dans le canton, ne permet généralement de l'entreprendre que pour les
cultures de luxe, c'eft-à-dire, celle où, par quelques motifs que ce foit, on ne cherche un revenu proportionné à la mife dehors, & la rentrée
de fon capital dans un temps limité.

De tout temps cependant, & aujourd'hui plus
que jamais, on a procédé en petit d'après ce
principe, en tranfportant de la MARNE, des SA-
BLES, des GRAVAS, &c., & furtout du FU-

MIER dans les Terres arables. *Voyez* ces mots.

Il eſt très-rare que la couche ſupérieure du ſol ne contienne pas de l'humus, ſoit que l'argile, ſoit que le ſable, ſoit que le calcaire y domine. Mais comment cet humus s'y eſt-il formé ?

Pour expliquer ce fait, il faut ſavoir, 1°. que certaines plantes, comme les lichens, les tremelles, les jungermanes, &c., vivent entièrement des principes de l'air, & qu'ainſi elles n'ont pas beſoin d'humus pour ſe développer; auſſi en voit - on naître ſur les laves des volcans quelques années après qu'elles ſont refroidies; 2°. que d'autres, comme les mouſſes, les plantes graſſes, ſe contentent de la plus petite quantité d'humus, & ainſi de ſuite. Donc, après des millions d'années, des chênes ont pu croître là où une mouſſe ne pouvoit pas d'abord ſubſiſter. L'humus formé ſur les lieux inclinés a été entraîné par les eaux pluviales dans les vallées & dans les plaines; de-là vient que ces lieux ſont plus fertiles que les montagnes.

Si quelques vallées, ſi quelques plaines ſemblent arguer contre le principe que je viens d'établir, c'eſt que leur humus a été entraîné dans la mer par les fleuves qui les traverſent, ou qu'elles ont été nouvellement couvertes par les débris des MONTAGNES. *Voyez* ce mot.

L'argile, qui conſtitue les Terres fortes, &c., étant fort compacte, ne ſe laiſſe pas facilement pénétrer par les racines des plantes; auſſi beaucoup de végétaux ne peuvent-ils pas y ſubſiſter: ce n'eſt qu'au moyen de nombreux labours que les céréales, par exemple, y proſpèrent; l'eau s'y inſinue difficilement; il eſt même des lieux argileux, en pente, totalement incultivables, parce que les pluies ne peuvent les abreuver; mais quand elle en eſt imbibée, elle la garde long-temps, & même quelquefois trop long-temps: c'eſt pourquoi, dans les hivers pluvieux, les céréales & autres plantes délicates y périſſent ſouvent. La chaleur ſolaire les pénètre lentement; en conſéquence les graines y germent & y viennent plus tard à maturité: de-là le nom de *Terres froides* qu'elles portent dans beaucoup de lieux. Dans les années froides, les productions qu'on leur confie ne ſont ni ſavoureuſes ni de garde. On affoiblit ces inconvéniens par des mélanges de SABLE, par des SAIGNÉES, par un mode particulier de labour, appelé LABOUR EN BILLON. *Voyez* ces mots.

La Terre ſablonneuſe eſt très-légère & très-perméable aux racines des plantes. Tous les végétaux ſemés en automne ou au printemps ſemblent d'abord y proſpérer, mais beaucoup d'entr'eux y périſſent avant d'avoir donné leurs graines. Il lui faut peu de labours. Les récoltes de ſeigle ſont les ſeules, parmi les céréales, qui y ſoient belles. Les années pluvieuſes lui ſont plus avantageuſes que les années ſèches, parce qu'elle laiſſe traverſer ou évaporer facilement l'eau néceſſaire à la végétation. La chaleur du ſoleil la pénètre très-promptement & très-profondément, ce qui doit

déterminer à l'employer à la production des primeurs. C'eſt à cette faculté qu'elle doit le nom de *Terre chaude* qu'elle porte en quelques lieux. Dans les années ſèches, ſes productions ſont maigres & quelquefois d'une ſaveur trop forte, mais toujours ſuſceptibles de conſervation.

La Terre calcaire eſt intermédiaire entre les deux précédentes; auſſi eſt-ce la plus conſtamment fertile & celle qui donne les produits les plus aſſurés. Au reſte, excepté dans les pays de craie, où elle eſt preſque pure & par conſéquent impropre à la végétation, eſt-il rare qu'elle ne ſoit pas mélangée en proportion convenable avec l'argile. Sa principale propriété eſt de rendre l'humus ſoluble, c'eſt-à-dire, d'accélérer & d'augmenter l'effet des engrais, ce qui eſt un avantage précieux dans quelques cas, mais un inconvénient grave dans d'autres, comme lorſqu'on veut cultiver des CRAIES. *Voyez* ce mot.

L'humus ou terreau pur ſemble devoir être la Terre par excellence; cependant il a le grave inconvénient, par ſuite de ſa fertilité même, de faire produire plus de FEUILLES que de GRAINES (*voyez* ces mots) aux plantes qui ſont cultivées pour ce dernier objet, principalement aux céréales.

Le rapport des Terres varie comme leur nature. Dans le climat de Paris, il en eſt qui rapportent juſqu'à dix ſetiers de froment par arpent. On peut évaluer à ſix le terme moyen entre ces excellentes Terres & les mauvaiſes, qui n'en rapportent qu'un à deux, quoiqu'on leur confie la même quantité de ſemence, ſavoir, deux tiers de ſetier, terme moyen.

Preſque toujours c'eſt par comparaiſon qu'on caractériſe la nature des Terres. Par exemple, telle Terre qui paſſe pour forte dans tel canton, eſt rangée parmi les légères dans tel autre; auſſi n'eſt-ce toujours que très-vaguement qu'il faut les conſidérer dans les livres, afin de laiſſer aux praticiens le ſoin de fixer rigoureuſement leur compoſition pour la localité où ils ſe trouvent.

La nature de la Terre ne varie point à raiſon de ſa poſition, mais ſes produits diffèrent beaucoup par cette cauſe. Ainſi celles expoſées au midi porteront des récoltes précoces, ſèches, d'un bon goût; celles expoſées au nord ſeront plus ſujettes à couler, à geler, à être ſans ſaveur; celles du ſommet des montagnes refuſeront de porter des plantes qui proſpèrent dans celles des vallées profondes. Je ne fais qu'indiquer ici ces conſidérations, ſur leſquelles j'ai appuyé dans un grand nombre d'autres articles.

Dans certaines localités il ſe rencontre ſous la couche peu épaiſſe de Terre végétale, une couche d'argile ferrugineuſe, puis un banc de ſable d'une profondeur indéterminée. Là, les cultivateurs doivent ſe refuſer à défoncer la couche d'argile, quoique cette opération pût paroître avantageuſe, parce qu'une aridité très-durable en feroit la fuite. Cette couche d'argile s'appelle *tuf* dans beaucoup de lieux, quoiqu'elle diffère fouvent confidérablement du véritable Tuf. (*Voy.* ce mot.) On la nomme *pan* en Angleterre.

Dans d'autres localités, au contraire, cette couche en furmonte une de fable de peu d'épaiffeur, qui, mêlée avec elle, augmentera la profondeur du fol & permettra d'y planter des arbres avec fuccès; alors il faut la rompre. Une couche femblable exifte aux environs de Harlem, & s'y nomme *derri*. Il eft quelquefois dangereux de rompre ce *derri*, parce qu'il retient les eaux, qui alors s'épanchent d'une manière nuifible.

Tout cultivateur qui entreprend de cultiver un terrain qu'il ne connoît pas encore, ne doit pas feulement étudier la compofition de fa couche fupérieure, mais encore celle des couches inférieures auffi profondément que poffible, d'abord pour favoir fi la feconde couche n'eft pas une marne qui, mêlée avec la première, foit par des labours très-profonds, foit par des extractions à la bêche on à la pioche, en augmenteroit la fertilité; enfuite pour connoître la nature des différentes couches, ce qui peut être très-utile dans un grand nombre de cas, & principalement pour le creufement des fondations des bâtimens & le percement des puits. Pour cette opération on peut fort économiquement faire ufage d'une fonde compofée. J'en ai donné la defcription à l'article TARIÈRE.

Une Terre trop fèche peut quelquefois être arrofée par des déviations de ruiffeaux, de rivières. *Voyez* IRRIGATION.

Une Terre trop humide peut être fouvent defféchée par des foffés, des pierrées, &c. *Voyez* DESSÉCHEMENT.

Un cultivateur intelligent doit calculer la poffibilité de faire ces opérations avec économie, lorfqu'il entre en jouiffance d'un terrain.

Dans les pays incultes, la Terre n'a pas befoin d'engrais, puifque les feuilles & autres débris des plantes lui rendent chaque année plus d'humus que la végétation en a abforbé; mais il n'en eft pas de même dans ceux dont on enlève les récoltes, furtout lorfque ces récoltes ont pour objet les GRAINES. (*Voyez* ce mot.) Là, fi on ne veut pas voir progreffivement diminuer l'abondance des récoltes, il faut fouvent porter des FUMIERS ou autres ENGRAIS fur les champs, furtout fi ces champs doivent enfuite porter des céréales ou des plantes à graines huileufes, cultures plus épuifantes que les autres. *Voyez* ces mots & ceux ASSOLEMENT & SUCCESSION DE CULTURE.

L'humus que contient la Terre végétale, ou qu'on y introduit par le moyen des engrais, n'eft qu'en partie fufceptible d'être diffoute par l'eau, & par fuite d'entrer dans la compofition des végétaux. La fage nature a voulu que fa décompofition naturelle fût lente, afin qu'il en reftât en réferve pour les années fuivantes. Ce font les gaz atmofphériques qui ordinairement opèrent cette

transformation, puifque Braconnot ayant épuifé une portion d'humus de toute fa partie foluble par de l'eau diftillée, & l'ayant abandonnée à l'air pendant fix mois, elle lui offrit de nouveau une partie foluble, & ainfi de fuite pendant plufieurs années.

C'eft fur cette lente décompofition de l'humus par les gaz atmofphériques, que s'expliquent, 1°. les avantages des labours d'automne relativement aux femis du printemps, puifque les interftices laiffés dans la Terre par ces labours favorifent l'action de ces gaz; 2°. l'influence de la grande épaiffeur & de la grande durée de la neige fur les produits de la récolte, puifque cette neige retient ces gaz dans la Terre, & que leur ftagnation favorife leur action.

L'explication précédente eft encore appuyée fur l'obfervation tant de millions de fois faite, que les Terres végétales retirées d'une profondeur de quelques pieds, ainfi que celles qui proviennent du curement des étangs, ne font propres à la végétation, quelque fertiles qu'elles paroiffent d'ailleurs, qu'après avoir été ou expofées au moins pendant un an à l'air, en couche peu épaiffe, ou fouvent remuées. *Voyez* TOURBE.

Mais le même Braconnot a reconnu que les alcalis & la chaux diffolvoient très-rapidement & très-complètement l'humus. On peut donc les employer avec fuccès lorfqu'on veut augmenter la force végétative d'une Terre qui en contient en furabondance, & c'eft ce qu'on fait avec la CHAUX, que fon bon marché doit faire préférer à la potaffe, & plus fouvent avec la MARNE, qui contient du calcaire très-divifé.

J'ai tout lieu de croire que c'eft à cette faculté diffolvante du calcaire que les terrains crayeux doivent d'être fi infertiles, à raifon de ce qu'à mefure que de l'humus y eft dépofé, il eft entraîné par les eaux.

On demandera fans doute ce que devient la portion d'humus foluble qui n'eft pas abforbée par la végétation. Il paroît qu'elle refte dans la Terre, car à quelqu'époque de l'année qu'on lefive une petite portion de cette Terre avec de l'eau diftillée, on en trouve à peu près la même quantité, & que ni les couches inférieures du fol, ni les eaux des fontaines, n'en offrent d'une manière notable. Je n'en ai jamais remarqué que dans les eaux des rivières, où elle avoit été entraînée par les pluies, & dans les eaux ftagnantes des marais, où elle avoit été produite par la pourriture des plantes.

Ainfi que je l'ai déjà obfervé, ce n'eft que lorfqu'on ne regarde pas à la dépenfe, & feulement fur des efpaces très-circonfcrits, qu'on peut changer la nature de la Terre par des mélanges de fable avec l'argile, d'argile avec le calcaire, ou par des tranfports confidérables d'engrais; auffi n'y a-t-il que les jardins, & encore les jardins voifins des grandes villes, où on fe livre généralement aux améliorations de ce genre. Donner des indications détaillées fur cet objet feroit ici fuperflu, puifque le même cas ne fe rencontre prefque jamais deux fois avec de femblables acceſſoires. C'eſt donc à chaque cultivateur à étudier fon terrain ; & à juger de la nature des mélanges qu'il exige pour être changé conformément au but qu'il fe propofe.

Les articles fuivans ferviront de compément à celui-ci. (*Bosc.*)

TERRE ALUMINEUSE : fynonyme d'ARGILE. *Voyez* ce mot.

TERRE AMÈRE. On donne ce nom, dans le département de la Haute-Marne , à des Terres noires formant le fol d'anciens marais deſſéchés , & tenant par conféquent de la nature de la TOURBE. (*Voyez* ce mot.) Ces fortes de Terres, qui, labourées , font très-friables pendant la fécherefſe & très-gâcheufes dans les temps pluvieux , rapportent des récoltes au - deſſous du médiocre, même dans les années les plus favorables ; auſſi le plus fouvent les laiſſe-t-on en PAQUIS (*voyez* ce mot), quoiqu'elles ne fourniſſent qu'un fort mauvais pâturage, où dominent les laiches, la fcabieufe mors du diable , &c. Des labours en billons étroits & élevés, & l'emploi de la chaux , font les deux moyens les plus certains pour les rendre fufceptibles de fournir de bonnes récoltes de céréales ou d'autres articles des cultures ordinaires. Les plantations de bois font encore très-propres à en faire tirer parti , plufieurs efpèces d'arbres, comme le chêne , le frêne , le faule marfault s'y plaifant. (*Bosc.*)

TERRE ARGILEUSE. *Voyez* ARGILE.

TERRE BLANCHE. Dans quelques cantons, ce nom s'applique à des champs formés par une marne calcaire, blanche, peu fournie d'humus. Ces champs ne diffèrent de ceux de la Champagne pouilleufe, que parce qu'ils contiennent plus d'argile. La plus petite pluie rénd leur furface unie & dure comme une croûte de pain. On eſt obligé de les labourer en billon & de les traverfer d'E-GOUTS ou SILLONS profonds, propres à favorifer l'écoulement des eaux qui féjournent le plus fouvent dans leurs dépreſſions. Des engrais abondans leur font indifpenfables , & encore ne deviennent-elles productives que dans les années ni trop féches ni trop pluvieufes. Des plantations de bois ou des femis de prairies artificielles font le plus fouvent ce qui leur convient le mieux.

Ces fortes de Terres font communément rangées parmi les Terres froides, parce que , à raiſon de leur couleur , elles abforbent difficilement les rayons du foleil, & que , par fuite, leurs produits mûriſſent plus tard que ceux des Terres noires du voifinage. *Voyez* CRAIE & MARNE.

Ce n'eſt que par des mélanges avec du fable que l'on peut améliorer ces fortes de Terres. (*Bosc.*)

TERRE BOUEUSE. Ce font celles qui s'imprègnent très-facilement de l'eau des pluies, & qui les laiſſent difficilement s'infiltrer. Leur furface eſt

ordinairement une marne fablonneufe, & leur bafe une argile tenace. Ces Terres font communes & difficiles à cultiver ; à raiſon de ce qu'il faut qu'elles foient deſſéchées pour être labourées, & qu'il eſt des années où elles ne fe deſſéchent pas. J'ai vu de ces Terres où les chevaux enfonçoient jufqu'au poitrail , & où fe perdoient quelquefois des enfans. Cette forte de Terre fe nomme auſſi TERRE GA-CHEUSE, TERRE DÉLAYANTE ; elle offre des nuances fans nombre. Ce font des FONDRIÈRES d'une grande étendue. *Voyez* ce mot. (*Bosc.*)

TERRE BRULÉE : terre devenue momentanément infertile pour avoir reçu trop d'ENGRAIS. *Voyez* ce mot.

La première plante qui croît fur une Terre brûlée eſt le MOURON. *Voyez* ce mot.

Il eſt plus fréquent de voir de petites places brûlées pour y avoir dépofé du fumier ou des animaux morts, que des champs d'une certaine étendue , car le fumier eſt partout trop rare & trop précieux pour qu'on le prodigue au point de produire l'effet précité.

Le colza , le chanvre , le lin & autres plantes épuifantes , font celles qu'on doit placer les premières dans les Terres brûlées.

La CHAUX brûle auſſi les Terres , mais d'une autre manière. *Voyez* fon article. (*Bosc.*)

TERRE DE BRUYÈRE : mélange de fable fin & de détritus de végétaux, dans lequel croiſſent excluſivement les bruyères. Cependant les terrains qui longent les côtes méridionales de l'Amérique feptentrionale , & fans doute beaucoup d'autres que je ne connois pas, font compofés de Terre de bruyère, quoiqu'il n'y ait pas une plante de ce genre. On appelle, dans ces contrées, ces terrains *Pin-land.*

Les cantons à Terre de bruyère font fort communs en France , & quelquefois fort étendus. Ces derniers, prefque toujours en plaine, fe nomment généralement LANDE. *Voyez* ce mot. •

On trouve aux environs de Paris de la Terre de bruyère fur les montagnes , elle y eſt de la plus grande infertilité , parce qu'elle y manque de l'humidité néceſſaire à la végétation : entraînée dans les vallons par l'eau des pluies, elle y donne lieu à la croiſſance de fuperbes arbres ; tranfportée dans les jardins, elle y devient d'une fertilité extrême au moyen des arrofemens, & y fert à femer les graines des plantes délicates , & à planter un grand nombre d'arbuſtes étrangers , qui , comme les bruyères , ne peuvent profpérer dans les Terres fortes.

On doit ranger la Terre de bruyère à la tête des TERRES LÉGÈRES, dont elle a les qualités au degré le plus éminent. (*Voyez* ce mot.) En effet, elle ne contient que du fable incohérent, à travers lequel les radicules des graines & les racines les plus foibles peuvent pénétrer fans difficulté, & que des détritus de végétaux, les uns encore organifés , les autres plus ou moins décompofés, qui lorfque l'humidité agit fur eux, fe transforment en humus foluble & entrent, comme parties conftituantes, dans la féve des plantes qui s'y trouvent. Des analyfes faites par moi ont offert jufqu'à moitié en poids des détritus de végétaux dans la Terre de bruyère prife au fond d'une vallée ; mais ordinairement la meilleure n'en contient guère qu'un quart, & il en eft qui n'en offrent pas un dixième. Cependant cette dernière n'eft pas moins propre à la plupart des cultures auxquelles la Terre de bruyère eft indifpenfable.

Antoine Richard, jardinier en chef de Trianon, eft celui auquel on doit la découverte de l'utilité de l'emploi de la Terre de bruyère pour tous les femis & pour la plantation des plantes ligneufes & herbacées, dont les racines font foibles & nombreufes. Aujourd'hui on ne peut plus s'en paffer dans les pépinières d'arbres & d'arbuftes étrangers, & dans les jardins payfagers où on veut les introduire. La confommation qui s'en fait aux environs de Paris eft très-confidérable, & fon prix s'y eft fi fort élevé, qu'il furpaffe celui du terreau de couche. La charge d'un cheval s'y paie 18 francs terme moyen, & il n'eft pas rare de la voir vendre 1 franc le boiffeau en détail.

Et qu'on ne s'étonne pas de ce haut prix, car il eft telle planche de Terre de bruyère de fix pieds de large & du double de longueur qui rapporte, chaque année, autant au pépiniérifte qui la cultive, que fix & même douze arpens du fol dont elle a été extraite ne rapportent à leur propriétaire.

On diftingue la Terre de bruyère de bonne qualité à fa couleur noire, à fon toucher gras, au grand nombre de racines & autres débris de végétaux qu'elle contient.

Celle qui eft mélangée de trop de pierres, & furtout d'argile, doit être repouffée.

Quoique prife dans les vallées, la Terre de bruyère ne jouit pas, à fon arrivée dans les jardins, de la plénitude de fa qualité. Pour la lui faire acquérir, il faut la dépofer en tas, en mottes retournées, dans un lieu à ce deftiné, & l'y laiffer pendant au moins un an fans la toucher. Dans cet intervalle, les racines encore vivantes, les débris de feuilles & de branches fe pourriffent ; celles qui étoient déjà changées en humus le mettent en état diffoluble par l'action des gaz atmofphériques qui pénètrent à travers les mottes. Pendant le fecond hiver on *caffe les mottes*, c'eft-à-dire, qu'on les brife à coups de dos de pioche ; on mélange le plus poffible leurs débris, on en ôte toutes les pierres, on en fépare les reftes de racines que le RATEAU peut faifir, & que la CLAIE rejette (voy. ces mots), ou pour les mettre à part ou pour les employer de fuite, comme je le dirai plus bas, à commencer une foffe. La Terre de bruyère nettoyée fe met en tas coniques ou en dos d'âne d'une petite élévation, trois pieds, par exemple, &, pendant l'été & l'automne fuivans, ils font chan-

gés de place à la pelle & en jetant la Terre en l'air pour qu'elle fe mélange le plus exactement poffible. Elle a alors gagné tout ce qu'elle doit avoir, & elle fe met en planche l'hiver d'après. *Voyez* TERRE A ORANGER.

Tous les pépiniériftes preffés par le befoin, ou par la néceffité de la plus prompte rentrée de leurs avances, n'attendent pas fi long-temps pour utilifer leur Terre de bruyère, mais ils y perdent au moins relativement à leurs SÉMIS & à leurs REPIQUAGES. *Voyez* ces mots.

Il fembleroit naturel d'améliorer la Terre de bruyère en y mêlant du terreau de couche, qui contient une grande quantité d'humus à l'état foluble ; mais fi on le peut avec avantage lorfqu'il s'agit de femer de groffes graines communes, il y a, en le faifant, prefque certitude de caufer la perte des femis des graines fines & des arbres délicats, qui alors pouffent trop vigoureufement & fe deffèchent au moindre hâle pour peu qu'on oublie de les arrofer.

La chaux en poudre, légèrement femée fur la Terre de bruyère, active fingulièrement fa faculté végétative.

Si la Terre de bruyère paroît trop maigre, c'eft en la ftratifiant deux ans d'avance avec des feuilles, autres que celles de chêne, recueillies dans les bois, qu'il faut la rendre meilleure.

Dans un pays où la Terre de bruyère manque, on en compofe artificiellement avec du grès pilé ou du fable quartzeux ftratifié de même. *Voyez* GRÈS & SABLE.

Plufieurs manières d'employer la Terre de bruyère fe pratiquent dans les jardins ; je vais les paffer en revue.

Une première, c'eft de la répandre dans une épaiffeur variable entre un & deux pouces, fur les planches où on doit femer des graines fines, afin que, au moment de leur germination, les racines des plantes qu'elles auront produites, y trouvent une grande facilité pour s'étendre & une grande abondance d'humus à l'état foluble.

Une feconde, c'eft de remplir des POTS ou des TERRINES, afin d'y femer les mêmes fortes de graines & pouvoir placer ces pots ou ces terrines, foit fur des COUCHES nues, foit fur des couches à châffis, foit dans des BACHES, des SERRES, foit enfin pour pouvoir les tranfporter tantôt à l'EXPOSITION du midi, tantôt à celle du nord. *Voyez* ces mots.

Une troifième, c'eft de compofer des planches prefque toujours à l'expofition du nord, à l'effet d'y faire tous les ans ou des femis d'arbres qui demandent cette expofition (ceux des arbres réfineux principalement), ou des repiquages & de ces mêmes arbres pendant les deux premières années de leur vie, & des arbres & arbuftes qui exigent cette forte de Terre, ou d'y planter à demeure ces derniers, tant pour l'agrément que pour leur multiplication par marcottes, racines, &c.

Lorſqu'on établit des plates-bandes de Terre de bruyère dans les jardins payſagers, à l'ombre des grands arbres, on leur donne une forme arrondie, ovale ou irrégulière, & alors on les appelle des CORBEILLES. *Voyez* ce mot.

Subſtituez la Terre de bruyère au terreau ſur les couches de primeurs, & vous obtiendrez des petites raves, des ſalades, du pourpier, &c., de bien meilleur goût.

Une planche deſtinée aux ſemis ou repiquages peut n'avoir que ſix à huit pouces de profondeur de Terre de bruyère; celle deſtinée aux plantations d'agrément doit avoir au moins un pied: toujours on doit deſirer qu'elle ait dix-huit pouces. Voici comment on la forme.

Je ſuppoſe qu'elle ſoit au nord d'un mur de dix pieds de haut; cette élévation eſt le terme moyen convenable & pour avoir de l'ombre & pour avoir de l'air.

On creuſera, en automne, à deux pieds de ce mur, & dans une largeur de huit pieds, une foſſe de deux pieds de profondeur, & on en tranſportera la Terre au loin.

Au fond de cette foſſe on mettra trois à quatre pouces d'épaiſſeur de pur ſable, ſi on en a à ſa diſpoſition; ſi on n'en a pas, on pavera ce fond de tuiles ou de larges pierres plates: le but, c'eſt d'empêcher les vers blancs (larves de hannetons), les vers de Terre & les courtilières de monter dans la Terre de bruyère, où ils ſe plaiſent mieux que dans la Terre forte, & d'y nuire aux ſemis ou aux racines des plants & des arbriſſeaux. Il ſeroit bon, pour la même raiſon, de mettre des tuiles ou des planches contre les parois de la foſſe.

Comme je l'ai déjà dit plus haut, il eſt aſſez généralement d'uſage de mettre au fond de la foſſe, dans une épaiſſeur de cinq à ſix pouces, les reſtes provenans du caſſement de la Terre de bruyère, reſtes compoſés des racines ou des branches d'arbres encore en état ligneux, & qui, ſe pourriſſant lentement, doivent fournir plus tard un aliment aux racines les plus profondes des arbuſtes qui y ſeront plantés; on remplit la foſſe de Terre de bruyère nettoyée, & on élève cette Terre de ſix pouces au-deſſus de la ſurface du ſol, pour compenſer le taſſement qu'elle doit éprouver dans le courant de la première année.

Dans cet état on peut planter, mais il eſt mieux de ne le faire qu'après une pluie un peu forte, ou après avoir légèrement taſſé la Terre avec des planches ſur leſquelles une ou deux perſonnes ſe promènent quelques inſtans en appuyant les pieds.

Les travaux qu'exigent les plates-bandes de Terre de bruyère ne diffèrent pas de ceux qu'on applique aux autres cultures; ſeulement elles demandent plus impérieuſement des arroſemens pendant les longues ſéchereſſes ou les grandes chaleurs, ſurtout quand elles ne ſont pas complètement garnies.

Ce ſont ſurtout les cultures en Terre de bruyère en pots qui doivent être arroſées ſouvent, parce que la deſſiccation y eſt bien plus rapide. Je dois faire obſerver, à cette occaſion, que toutes les fois qu'on arroſe pour la première fois une Terre de bruyère ſèche, l'eau n'y pénètre que très-lentement & très-difficilement; qu'on doit donc s'y prendre à différentes repriſes, lorſqu'on veut qu'elle ſoit complètement imprégnée d'eau.

Toutes les fois qu'on cultive un jardin dont la Terre eſt trop forte, on l'améliore plus en y apportant de la Terre de bruyère qu'en y apportant du ſable, puiſque cette Terre renferme beaucoup de matières végétales qui doivent ſe changer en humus.

Une plate-bande de Terre de bruyère établie comme je viens de l'indiquer, peut ſubſiſter un nombre d'années indéterminé, en la rechargeant tous les trois ou quatre ans, c'eſt-à-dire, en rapportant ſur ſa ſurface une couche de trois à quatre pouces de nouvelle Terre de bruyère.

Les plantes qui ſe cultivent le plus communément dans les plates-bandes de Terre de bruyère appartiennent aux genres ſuivans:

Airelle.	Halezia.
Andromède.	Hamamelis.
Aralie.	Hydrangée.
Azalée.	Itée.
Bruyère.	Kalmie.
Budlège.	Kœlreuterie.
Calycant.	Ledon.
Céanothe.	Liquidambar.
Céphalanthe.	Magnolier.
Chionanthe.	Prinos.
Cléthra.	Rhododendron.
Décumaire.	Rhodore.
Fothergille.	Spirée.
Galé.	Zanthoriſe.
Gordone.	

Je le répète, toutes les plantes, ſans exception, proſpèrent dans la Terre de bruyère tranſportée dans les jardins & entretenue conſtamment humide: tous les légumes y ſont ſuperbes & excellens. J'ai vu des grains de froment y pouſſer vingt épis. On ne peut trop la vanter, car elle eſt dans ce cas la véritable Terre promiſe. (*Bosc.*)

TERRE CAILLOUTEUSE. C'eſt celle qui renferme des pierres ſiliceuſes plus ou moins arrondies & de groſſeurs inégales, mais dont la plus conſidérable ne ſurpaſſe pas la tête d'un enfant. Cette ſorte de Terre ſe confond, pour la culture, avec la Terre graveleuſe, lorſque les pierres y dominent ſur l'argile & le calcaire, & avec les pierres pierreuſes lorſque les pierres y ſont rares, mais groſſes. *Voyez* GRAVIER & PIERRE.

Il eſt de ces Terres qui ſont très-propres à la culture des céréales, mais elles ont l'inconvénient d'uſer très-rapidement le ſoc des charrues. On les épierre de temps en temps pour en rendre la culture plus facile, ſurtout lorſqu'on y ſème

des

des Prairies artificielles. *Voyez* ce mot & celui Épierrer. (*Bosc.*)

Terre calcaire : Terre qui provient de la décompofition des roches calcaires. Elle eft très-commune en France. Comme par fa nature elle influe beaucoup fur l'agriculture, je dois m'étendre un peu fur fes caractères & fes qualités.

La chaux & l'acide carbonique font les feuls compofans néceffaires de la pierre calcaire, mais prefque toujours de la filice & de l'argile lui font unies dans des proportions fans nombre; plus elle contient d'argile, & plus elle fe décompofe facilement.

Il y a de la Terre calcaire qui paroît avoir été formée en même temps que les fchiftes, qu'elle avoifine. Elle conftitue des montagnes dans les pays granitiques. Sa rareté la rend de peu d'importance pour la maffe des agriculteurs. *Voyez* Granit, Schiste, Marbre, Montagne & Roche.

Les montagnes dites de *calcaire fecondaire*, montagnes qui entourent toutes les chaînes granitiques, offrent une forte de Terre calcaire qui n'a pas été affez étudiée fous les rapports agricoles. On les reconnoît aux efpèces de coquilles foffiles qui s'y trouvent, telles que les ammonites, les bélemnites, les gryphites, les térébratules, les nummulaires, &c., & à la grande quantité d'argile qui entre dans leur compofition. Souvent la roche y eft à nu ou prefqu'à nu. Leur décompofition eft très-lente dans certains cas, très-rapide dans d'autres. *Voyez* Marbre & Marne.

Dans la férie de leurs variétés fe trouve la craie, cette pierre fi commune dans le nord de la France & fi rare ailleurs, qui amène l'infertilité partout où elle fe montre à la furface du fol.

Enfin, les collines & les plaines dites de *calcaire tertiaire*, qui renferment des bancs de pierre calcaire où fe font voir des coquilles analogues à celles qui habitent encore nos mers, quoique toutes fpécifiquement différentes. Ces bancs font prefque toujours recouverts de couches épaiffes d'argile & de fable, enfuite de Terre végétale.

Le Platre eft du calcaire uni à l'acide fulfurique. *Voyez* fon article.

La Marne eft du calcaire mélangé avec de l'argile. *Voyez* fon article.

On peut dire qu'à quelques marbres près, toutes les pierres calcaires font des marnes, car toutes contiennent plus ou moins d'argile, & fouvent auffi beaucoup de filice.

Un des caractères les plus marquans des pierres calcaires eft de former de la chaux par la calcination. Sous ce feul rapport elles font d'une grande utilité pour l'agriculture, puifqu'avec la chaux on bâtit les maifons, on active la fertilité des Terres & on s'oppofe à la propagation du Charbon & de la Carie. *Voyez* ces mots.

Agriculture. Tome VI.

Ainfi que je l'ai annoncé à fon article, c'eft en rendant diffoluble l'Humus, que la chaux, comme jouiffant des propriétés des alcalis (*voyez* Potasse & Soude), favorife la végétation, & la végétation peut confommer tout l'humus qui eft à fa portée. Or, lorfque l'humus eft entièrement confommé, la Terre ne produit rien; donc il ne faut pas prodiguer l'emploi de la chaux fur les Terres qui ne font pas très-riches en humus, & l'expérience eft en ceci en concordance avec la théorie.

Mais la pierre calcaire, lorfqu'elle eft réduite en fragmens, jouit auffi, quoiqu'à un degré fort inférieur, de la propriété de rendre foluble l'humus, comme le favent les agriculteurs qui font ufage de la Marne, du Falun. (*Voyez* ces mots.) Donc les pays où la pierre calcaire eft à la furface de la Terre doivent être peu fertiles, puifque leur humus fe confomme à mefure qu'il fe forme, & c'eft ce que confirme l'obfervation dans la Champagne pouilleufe & fur la plupart des montagnes de calcaire fecondaire.

Les conféquences de ce fait, qui n'avoit pas encore été remarqué avant moi, c'eft, 1°. que tous les pays calcaires où la roche n'eft pas recouverte d'argile, doivent être plutôt plantés en bois ou mis en pâturages, que cultivés en céréales ou autres plantes annuelles épuifantes; 2°. que dans ces pays il faut mettre fur les Terres qu'on veut cultiver en céréales ou autres plantes épuifantes, ou beaucoup de fumier répandu avant les femailles, ou feulement la quantité de fumier néceffaire pour les récoltes actuelles, répandu à la fin de l'hiver fur les céréales en état de végétation. C'eft principalement dans ces fortes de Terres que des récoltes enterrées produifent des réfultats miraculeux, parce que l'engrais qu'elles fourniffent agit au moment même où il eft le plus avantageux qu'il agiffe.

Les Terres calcaires font prefque toutes au nombre des Terres légères & des Terres sèches. *Voyez* ces mots.

Il exifte certaines plantes qui ne croiffent que dans les Terres calcaires, comme la brunelle à grandes fleurs, le lin ftrié, la gentiane croifette, la fcabieufe colombaire, la coronille glauque, &c. Parmi les objets de nos cultures, le fainfoin eft le feul qui s'y plaife mieux qu'ailleurs: il m'a paru cependant que la navette & la vefce y profpéroient d'une manière remarquable. Les vignes des meilleurs crûs de la Champagne, de la Bourgogne, s'y trouvent plantées. Partout j'y ai vu les pâturages peu abondans, mais d'excellente qualité.

Dans beaucoup de lieux on brife la furface des rochers calcaires primitifs pour la rendre plus propre à la culture. Dans les vignobles de la ci-devant Bourgogne, où elle fe pratique fouvent, on appelle cette opération Miner. (*Voyez* ce mot & celui Defoncement.) Si on ne la connoîf-

Mmm

foit pas fur les bords du Rhône, nous ne boirions pas les excellens vins de Côte-Rôtie. Les obfervateurs qui font allés à Malte ne manquent pas de citer, fous le même rapport, l'induftrie des habitans de cette île. *Voyez* l'ouvrage de mon ami Roland de la Platière, intitulé : *Lettres écrites de Suiffe, d'Italie, de Sicile & de Malte*, 6 volumes in-12. Amfterdam, 1780.

Dans les terrains de feconde formation, il eft très-fréquent que la pierre calcaire de la furface foit en lames minces, qu'on appelle LAVE. Souvent la charrue foulève les laves, & la Terre en eft quelquefois fi chargée qu'on ne la voit pas. Quelques cultivateurs enlèvent les plus larges & les dépofent fur le bord des champs, en font des MERGERS (*voyez* ce mot) ; mais j'ai vu plufieurs de ces épierremens diminuer d'une manière notable le produit des Terres fur lefquelles on les faifoit, furtout lorfqu'elles étoient expofées au midi.

Les affolemens des Terres calcaires dans lefquelles il y a peu ou point d'argile, ne font pas toujours faciles à établir ; auffi eft-il rare qu'elles foient bien cultivées, comme ont pu s'en affurer tous ceux qui ont traverfé la ci-devant Champagne, la ci-devant Bourgogne & tant d'autres parties de la France. Ce que j'ai dit aux articles des Terres légères & des Terres fèches s'y applique affez pour que je puiffe renvoyer à leur article.

A mon avis, l'ÉCOBUAGE (*voyez* ce mot) n'eft dans le cas d'être vraiment utile que dans des terrains marécageux & même bourbeux, parce que là il y a furabondance d'humus. Dans les Terres calcaires il eft plus nuifible que dans aucune autre, puifque d'un côté il détruit la plus grande partie de la petite portion d'humus qui s'y trouve, & que de l'autre il favorife, par la formation de la potaffe & de la chaux à laquelle il donne lieu, la diffolubilité du refte ; auffi ai-je conftamment vu cette opération porter la ftérilité dans les Terres de la chaîne de calcaire fecondaire qui partage la ci-devant Bourgogne du nord au midi, chaîne où fe trouvent les propriétés de ma famille, & où j'ai paffé les belles années de ma jeuneffe. (*Bosc.*)

TERRE CHAUDE : Terre légère & expofée au midi, & qui, par ces deux caufes réunies, donne plus tôt fes productions que celle qui eft forte & expofée au nord.

C'eft une chofe très-avantageufe qu'une Terre chaude pour l'établiffement d'un jardin ou pour la culture des primeurs dans les environs des villes ; mais dans la grande culture elle eft fouvent plus nuifible qu'utile, parce qu'elle eft peu productive dans les années où les pluies font rares.

Une Terre trop chaude peut être améliorée par des plantations d'arbres qui l'ombragent ; elle peut encore l'être, dans certaines localités, par des irrigations.

Voyez, pour le furplus, CRAIE, ARGILE, SABLE & TERRE SÈCHE. (*Bosc.*)

TERRE COURTE. C'eft, dans les départemens au nord de Paris, une Terre argileufe, peu pourvue d'humus, qui repofe fur une argile plus dure ou fur le tuf. Ces fortes de Terres font infertiles dans les années fèches & dans les années pluvieufes. On doit leur donner de fréquens labours avant de les enfemencer. *Voy.* TERRE ARGILEUSE. (*Bosc.*)

TERRE CRAYEUSE : Terre qui provient de la décompofition des roches de craie. Elle ne fe trouve en France qu'au nord de Paris, & principalement dans la ci-devant Champagne & dans la ci-devant Normandie. *Voyez* les Dictionnaires de Minéralogie & de Géologie, au mot CRAIE.

Il n'y a qu'une nuance dans la différence de compofition des craies & des roches calcaires ; mais cette nuance fuffit pour qu'on puiffe les diftinguer au premier coup d'œil : elles font plus tendres & plus blanches. *Voyez* TERRES CALCAIRES, ROCHE & MONTAGNE.

L'économie domeftique tire un grand parti des craies pour bâtir, pour faire des crayons, pour nettoyer les métaux, pour peindre, &c. Dans beaucoup de lieux on creufe des maifons & des caves dans leurs maffes. Elle fupplée fort économiquement la chaux, lorfqu'elle eft réduite en poudre, pour amender les Terres abondantes en humus.

On ne doit pas confondre la craie avec le CRAYON, qui eft fouvent une MARNE. *Voyez* ce mot.

Les Terres crayeufes font infertiles par trois raifons : 1°. elles contiennent fort peu d'humus ; celui qui fe forme par la décompofition des plantes qui y croiffent naturellement, ainfi que celui qui y eft porté par les cultivateurs, difparoiffent promptement ; 2°. elles n'abforbent que difficilement l'eau des pluies, & la perdent très-rapidement par l'évaporation ; 3°. elles repouffent, à raifon de leur couleur, les rayons du foleil, au lieu de les abforber ; de forte que les graines y germent plus tard & y mûriffent moins promptement que dans les Terres d'une autre nature.

De plus, les Terres crayeufes ont généralement très-peu de profondeur, parce qu'elles font d'une telle ténuité, que les eaux les entraînent dans les vallons. On les place parmi les Terres légères, à raifon de cette circonftance ; mais il s'en faut de beaucoup qu'elles foient PRÉCOCES. *Voyez* ce mot.

Ce qui fait que les Terres crayeufes perdent leur humus, c'eft qu'elles le rendent, comme les alcalis, comme la chaux, rapidement diffoluble, & qu'alors il eft plus promptement entraîné par les eaux pluviales. *Voyez* CALCAIRE, HUMUS & TERREAU.

Toutes les Terres crayeufes que j'ai vues, & j'ai vu la plus grande partie de celles des pays que je viens de citer, quelque bien labourées qu'elles euffent été, offroient, quelques jours après une forte pluie, l'afpect d'un banc de pierre, c'eft-à-dire, que leur furface étoit devenue une croûte compacte. Il en réfulte que les eaux & les influences atmofphériques ne peuvent plus agir ou fur le germe des graines, ou fur les racines des plantes qui fe trouvent deffous. Auffi quelles récoltes que celles des céréales de la Champagne pouilleufe, où ces effets font les plus marqués ? Dans les bonnes années, des feigles de fix pouces de haut & écartés de fix pouces. *Voyez* TERRES BLANCHES.

Quelque ftérile que foit la Champagne pouilleufe, il eft cependant poffible de l'améliorer, comme le font voir les environs du petit nombre de hameaux qui s'y trouvent ; mais ils font fi pauvres, mais ils font fi ignorans, mais ils ont des beftiaux fi foibles !

Le fyftème de culture qui y eft généralement adopté, confifte à femer fur un feul labour, tous les trois, quatre & même fix ans, tantôt du feigle, tantôt de l'avoine, tantôt du farrafin, & à laiffer le refte du temps la Terre en pâturages, où paiffent des moutons de la plus petite taille. Rarement on fume, faute de moyens, celles de ces Terres qui font éloignées de la maifon.

La véritable manière de tirer parti des Terres, dans ce trifte pays, feroit de réduire les grandes exploitations à un petit nombre d'arpens, à tenter, par tous les moyens, de divifer le terrain par des haies, d'y planter un grand nombre d'arbres pour y porter de l'ombre, d'y creufer des foffés perpendiculairement aux pentes, pour arrêter l'entraînement de l'humus ; d'y femer tous les deux ans du farrafin ou de la navette, ou de la vefce, pour l'enterrer au moment de la floraifon ; de varier les affolemens autant que poffible, & de faire en forte qu'elles ne foient jamais dégarnies d'herbe pendant l'été. *Voyez* TERRE LÉGÈRE & SABLONNEUSE.

Mais que faire du refte des Terres de la Champagne pouilleufe, car le défaut d'eau de fource ou de puits ne permet d'établir des hameaux que dans un petit nombre de lieux ? Les planter en bois, répondrai-je.

Cependant, objectera-t-on, cela a été tenté un grand nombre de fois, & n'a pas réuffi. Il eft vrai ; mais parce qu'on a mal procédé, & la preuve, c'eft que M. Pinteville-Cernon a réuffi en procédant mieux.

Aucun arbre ne peut profpérer dans les plaines nues de la ci-devant Champagne, fans le fecours de l'induftrie humaine ; tant par les caufes que je viens d'énumérer, qu'en raifon de la violence des vents qui s'y font quelquefois fentir, & fort peu d'arbres s'accommodent de la craie. Les quatre qui y viennent le moins mal, font le faule marfeau, le bouleau, le mahaleb & le pin fylveftre.

Quoique, outre fa faculté de croître dans la craie, le faule marfeau fourniffe au premier printemps un miel abondant qui a fait, au rapport de M. Allaire, la fortune du pain d'épice de Reims, il n'eft pas encore apprécié à toute fa valeur dans la ci-devant Champagne. On ne l'y emploie pas, par exemple, à la nourriture des beftiaux, ufage auquel il eft fi propre. *Voyez* SAULE.

Certainement le bouleau & le mahaleb ne viennent pas beaux dans la craie, mais enfin ils y viennent, &, en les coupant tous les fix à huit ans, ils donnent des fagots d'une grande valeur là où le bois eft rare.

C'eft fur le pin que M. Pinteville-Cernon a calculé pour transformer des Terres prefque de nul revenu, des Terres de 3 francs l'arpent en capital, en Terres très-productives, c'eft-à-dire, de 100 francs l'arpent de revenu. Comme la route qu'il a prife pour arriver à cet étonnant réfultat a été longue & difpendieufe, je crois qu'il vaut mieux, dans la même pofition que lui, procéder de la manière fuivante.

Les Terres qu'on voudra ainfi utilifer feront divifées de douze pieds en douze pieds par des foffés parallèles, de deux pieds de profondeur, & dirigés du levant au couchant. On plantera en automne, fur les bords de ces foffés, dont la Terre aura été répandue fur les intervalles, des faules marfeaux, des bouleaux & des mahalebs de deux ans d'âge, fur deux rangs diftans d'un pied en tous fens, & dans l'intervalle on placera des topinambours. On mettra un peu d'engrais dans les trous deftinés à recevoir ces plantes. Au printemps fuivant, dès que les gelées ne feront plus à craindre, on labourera légèrement, on fumera fortement les intervalles des foffés, & on les femera avec un tiers de graines de pin fylveftre & deux tiers d'avoine, de manière que ces graines ne foient pas trop dru. Pour peu que le printemps & l'été foient favorables, c'eft-à-dire, qu'il pleuve de loin en loin, les plantations & les femis réuffiront ; les jeunes pins s'éleveront à la faveur de l'ombrage que leur donnera l'avoine. Cette dernière fera coupée fort haut à l'époque de fa maturité. Les beftiaux feront févèrement éloignés. L'année fuivante, les marfeaux & les topinambours, même un peu les bouleaux & les mahalebs, auront pris affez de force pour brifer les vents & ombrager quelques pieds de largeur des intervalles ; les pins continueront à croître, & au bout de trois à quatre ans ils fe défendront eux-mêmes. A cette époque les marfeaux pourront déjà être coupés tous les deux ans pour la nourriture des beftiaux ; à fix ou huit, on pourra éclaircir les places les plus ferrées, & à dix à douze, commencer à tirer parti de la plantation pour faire des échalas de refente, échalas d'une grande durée ; à trente ans les pieds de pins font déjà propres à la charpente légère, & peuvent valoir 6 à 8 francs pièce ; à quarante, ils vaudront le double.

Une telle plantation ainfi formée peut durer

des fiècles fans aucune dépenfe que l'entretien des foffés, les pins fe reffemant d'eux-mêmes, & les jeunes pieds trouvant fous les vieux l'abri tu-télaire qui leur eft néceffaire. (*Bosc.*)

TERRE CREUSE. Cette dénomination fe donne, dans quelques lieux, aux Terres qui DÉCHAUSSENT le SEIGLE & le FROMENT. *Voyez* ces mots.

J'ai vu des terrains GRANITIQUES & des ter-rains TOURBEUX (*voyez* ces mots) prendre cette dénomination; j'ignore fi d'autres la méritent.

Dans quelques lieux on appelle de même les Terres qui fe taffent lentement après les labours, & qu'on eft obligé de rouler ou de faire piétiner par des animaux pour les rendre propres à la bonne germination du blé. *Voyez* TASSEMENT, ROU-LAGE.

Les bonnes Terres franches font affez fouvent dans le cas de refter creufes lorfqu'il ne furvient pas de fortes pluies après leur labour.

On accufe le trèfle de rendre creufes les Terres qui n'ont pas de difpofition à l'être, & en effet elle les rend momentanément plus légères par les débris qu'il y laiffe, ce qui eft un avantage im-portant pour les Terres fortes. (*Bosc.*)

TERRE DÉLAYANTE. C'eft celle qui s'imbibe facilement d'eau à fa furface, & qui la laiffe dif-ficilement infiltrer ou évaporer; elle eft compofée de fable fin, qui y domine, d'argile & de calcaire : c'eft donc une véritable MARNE. *Voyez* ce mot. On appelle auffi ces Terres BOUEUSES, GA-CHEUSES, &c. (*Bosc.*)

TERRE FORTE. C'eft celle où l'argile domine. *Voyez* TERRE ARGILEUSE, ARGILE & GLAISE.

Les Terres fortes font extrêmement communes; leur culture eft généralement fort coûteufe par la quantité de labours qu'elles exigent, & la difficulté de ces labours. Les années très-fèches & les années très-humides leur font également contraires. On les rend plus légères par les tranfports de fable, de gravier, de marne, de fumiers non confom-més, par des récoltes enterrées en fleur, par la culture du trèfle, des fèves de marais; auffi ces deux plantes devroient-elles revenir fouvent dans la férie de leurs affolemens.

Le plus fouvent les Terres fortes font en même temps humides, ce qui doit engager à les entourer de foffés, à les couper dans le fens de leurs pentes, par des égouts, des maîtres-fillons, &c.

Les productions des Terres fortes font quel-quefois belles & abondantes, mais elles n'ont jamais la faveur de celles des Terres légères, & font moins fufceptibles de fe conferver long-temps. (*Bosc.*)

TERRE A FOUR : argile ferrugineufe, mêlée de fable, qu'on emploie à la conftruction des fours à pain, parce qu'elle prend peu de retraite, & fupporte fort bien l'alternative du chaud & du froid. On l'appelle encore GLAISE; elle s'utilife auffi dans la bâtiffe rurale & dans les AIRES de granges.

Son infertilité eft complète, attendu qu'elle eft dépourvue d'humus, & qu'elle devient très-dure dans la féchereffe & très-gâcheufe après la pluie. Heureufement qu'elle ne fe trouve que par places d'une petite étendue. *Voyez* ARGILE. (*Bosc.*)

TERRE FRANCHE. Ce mot a un grand nombre d'acceptions qu'il n'eft pas toujours facile de dé-terminer fans avoir l'objet fous les yeux.

La plus générale de ces acceptions s'applique au mélange de Terre que j'ai indiqué dans l'ar-ticle TERRE, comme le plus favorable à la cul-ture; auffi, dans beaucoup de lieux, eft-elle fy-nonyme de TERRE A BLÉ, TERRE A FROMENT, TERRE A CHENEVIÈRE, TERRE A COLZA, TERRE A PRAIRIE.

La jufte proportion du mélange des parties conf-tituantes des Terres franches, fait qu'elles ne font ni noires, ni blanches, ni fortes, ni légères, ni trop humides, ni trop fèches.

C'eft donc avec raifon que les Terres franches font partout fi eftimées; ce font elles qu'on doit, de préférence, tranfporter dans les jardins dont on veut améliorer le fol. La grande quantité d'hu-mus dont elles font pourvues, leur rend les engrais moins néceffaires, c'eft-à-dire, qu'on peut, par des ASSOLEMENS judicieux, par des LABOURS plus profonds, par l'emploi de la CHAUX ou de la MARNE, fe difpenfer d'y porter des FUMIERS. *Voyez* ces mots.

Quelque communes que foient les Terres fran-ches, elles ne le font pas encore affez en France pour l'avantage des cultivateurs; c'eft à rapprocher d'elles celles qu'ils cultivent, que doivent tendre ceux d'entr'eux qui ont quelqu'intelligence; mais la dépenfe des tranfports des Terres qu'il faudroit y mélanger, s'y oppofe prefque partout. (*Bosc.*)

TERRES FROIDES. On dit qu'une Terre eft froide lorfque les productions qu'on lui confie, germent, fleuriffent, mûriffent plus tard que celles de même efpèce dans un canton peu éloigné.

Plufieurs caufes font que les Terres font froi-des; favoir; 1°. leur couleur blanche qui repouffe les rayons du foleil; 2°. leur nature argileufe, qui fait qu'elles confervent plus long-temps les eaux des pluies de l'hiver; 3°. leur expofition au nord d'une montagne, ou au milieu des grands bois.

La forêt de Montmorency près Paris, offre des Terres froides de ces trois fortes; celles des plateaux, qui font blanches; celles à mi-côte, qui font argileufes; & celles du bas, au nord, qui font franches. A mon habitation de Rade-gonde, fituée dans une vallée étroite & profonde, au centre de cette forêt, il gèle un mois plus tôt & deux mois plus tard qu'à Paris, qui en eft diftant de cinq lieues.

Les Terres froides donnent quelquefois, dans les années chaudes & fèches, d'abondantes récol-tes de froment, d'avoine, de colza, de trèfle,

de légumes, de féves de marais. On y voit profpérer le chêne, le frêne & quelques autres arbres indigènes, mais les cultures délicates n'y
réuffiffent ordinairement pas.

Des LABOURS profonds & multipliés, des
FOSSÉS d'écoulement, des mélanges de SABLE
& de GRAVATS, &c., des FUMIERS non confommés, des RÉCOLTES pour être enterrées en
fleur, font ce que demandent les Terres froides, &
ce qu'on leur donne ordinairement quand on rai-
fonne la culture. Leur ASSOLEMENT n'eft pas facile à combiner, à raifon de l'incertitude des faifons; auffi, pour elle, le hafard décide-t-il autant du fuccès que la connoiffance des principes. Les prairies artificielles de luzerne & de
trèfle y réuffiffent toujours.

M. Sageret nous apprend qu'aux environs de
Loris, département du Loiret, on appelle *Terres
froides* les Terres fablonneufes, & *Terres chaudes*
les Terres argileufes; & il nous donne l'explication
de cette apparente contradiction, en obfervant que
les fables de ces plaines rempliffant conftamment les
dépreffions du fol, ont peu d'épaiffeur, & font
jufqu'au milieu de l'été conftamment imbibés de
l'eau des pluies de l'hiver, eau qui eft retenue
par l'argile, tandis que les parties faillantes du
même fol, qui font argileufes, fe deffèchent de
bonne heure, & s'échauffent par conféquent aux
rayons du foleil. On voit par cet éclairciffement
que des foffés d'écoulement, des pierrées, des
labours en billons, font ce qui convient auffi à
ces SABLES. *Voyez* ce mot. (*Bosc.*)

TERRE GACHEUSE : Terre franche où la filice
en poudre fine prédomine, & qui, par conféquent, fe délaie très-facilement à la fuite des
pluies; elle eft impraticable après l'hiver, & ne
peut être labourée que bien avant dans le printemps. J'en ai vu où, après une pluie de quelques jours, on ne pouvoit entrer fans enfoncer
jufqu'aux genoux; on cite même des localités où
les hommes & les animaux font expofés à périr
s'ils ne font fecourus. Ces fortes de Terres font
généralement froides & peu chargées d'humus;
leur culture eft fort difpendieufe & peu profitable; elles fe durciffent & fe fendent pendant la
féchereffe. C'eft en pâturage ou en bois qu'il eft
le plus avantageux de les tenir. *Voyez* GLAISE.
(*Bosc.*)

TERRES GATÉES. Dans les départemens du
midi de la France, ce nom s'applique aux Terres
qui ont inconfidérément été rendues infertiles par
des LABOURS d'été. *Voyez* ce mot.

Ces fortes de labours nuifent à la fertilité des
Terres en favorifant un plus grand defféchement
de leurs molécules, defféchement qui empêche
l'action des gaz atmofphériques fur l'humus qu'elles
contiennent, & qui par-là refte entièrement infoluble. Cette explication me paroît d'autant plus
fondée en raifon, que les pluies de l'hiver remettent les chofes en état, & qu'on peut femer au

printemps fuivant des céréales & autres graines,
dans les mêmes Terres où elles n'euffent pas germé fix mois avant, mais non cependant avec
fuccès, plufieurs années étant reconnues néceffaires pour leur rétabliffement complet.

Je ne doute pas, d'après les principes de la
théorie, qu'on ne puiffe, au moyen de la chaux,
rendre à ces Terres leur fertilité première, auffitôt
qu'elles l'ont perdue; mais je n'ai aucun fait à
citer pour le prouver, n'ayant pas eu l'occafion
d'étudier les Terres gâtées. (*Bosc.*)

TERRE GÉOPONIQUE. Quelques écrivains ont
donné ce nom aux Terres à blé, mais il eft entièrement inconnu aux cultivateurs.

TERRE GLAISE. *Voyez* GLAISE & ARGILE.

TERRE GOURMANDE. Les Terres argileufes
qui exigent plus de femence de blé que les autres,
portent ce nom dans quelques endroits.

Il a été fait des raifonnemens théoriques pour expliquer pourquoi ces Terres fe trouvoient dans le cas
précité; mais il m'a paru qu'ils étoient mal fondés.
La vraie caufe, c'eft que les germes des grains trop
enterrés dans ces fortes de Terres, qui font généralement dures, ne peuvent les percer, & qu'ils
pourriffent.

Les Terres gourmandes, d'après cette explication, ne devroient jamais être SEMÉES SOUS
RAIE (*voyez* ce mot), & leur femis devroit toujours être précédé d'un bon herfage, ou mieux
d'un binage à la houe à cheval, afin d'en faire
difparoître les inégalités. *Voyez* LABOUR, HER-
SAGE & HOUE A CHEVAL. (*Bosc.*)

TERRES GRANITEUSES. *Voyez* GRANIT,
GNEISS & SCHISTE.

TERRE GRASSE : dénomination qu'on emploie
fréquemment pour indiquer les TERRES ARGI-
LEUSES. *Voyez* ce mot; & ceux TERRE FROIDE,
ARGILE, GLAISE. (*Bosc.*)

TERRE GRAVELEUSE : Terre où les graviers
prédominent. J'en ai parlé avec l'étendue convenable aux mots GRAVIER & SABLONNEUX, auxquels je renvoie le lecteur. (*Bosc.*)

TERRE HUMIDE. Les Terres peuvent être humi-
dés ou conftamment ou inftantanément, beaucoup
ou peu; leur humidité peut favorifer comme elle
peut nuire aux plantes qu'on y cultive.

Je rangerai donc les Terres humides en quatre
claffes.

1°. Des fources fuperficielles & foibles s'infiltrent fouvent dans la couche de Terre végétale &
rendent cette couche plus ou moins humide; quelquefois cette couche fe deffèche complètement
en été. Lorfque l'humidité ne s'étend pas au loin,
elle eft fouvent avantageufe, en ce qu'elle active la
végétation, furtout au printemps, epoque où les
pâturages font rares. Quand plufieurs fources font
voifines, elles peuvent donner naiffance à un terrain MARECAGEUX ou à un terrain ULIGINEUX.
Voyez ces deux mots.

2°. L'infiltration des eaux d'une rivière, d'un

étang, d'un canal, d'un marais, rend souvent humides les terrains qui les avoifinent. On peut faire des FOSSÉS, des contre-forts d'ARGILE pour s'oppofer plus ou moins à cette infiltration. *Voyez* ces mots.

3°. Les Terres argileufes, furtout lorfqu'elles font au nord & abritées par des arbres, reftent humides pendant une partie de l'année, lorfqu'elle eft pluvieufe, parce que les eaux ne peuvent ni s'infiltrer, ni s'évaporer facilement. Ces fortes de Terres font auffi appelées TERRES FROIDES. *Voyez* ce mot & celui ARGILE.

4°. Enfin le climat. Il pleut prefque tous les jours fous le cercle polaire & fur les hautes montagnes, telles que les Alpes, & la chaleur n'y eft jamais affez forte pour évaporer la furabondance d'eau qui y imbibe la Terre. Il n'y a pas de moyen de s'oppofer aux inconvéniens de ces climats. (*Bosc.*)

TERRE LABOURABLE. On entend par ce mot, ou toute Terre qui n'eft pas affez infertile par fa nature pour fe refufer à donner des récoltes de céréales, ou toute Terre qu'une furabondance d'eau permanente, que des pierres trop groffes & trop nombreufes n'empêchent pas de labourer.

La nature des Terres labourables varie fans fin, non-feulement dans les différens départemens, les différens cantons, les différentes communes, les différentes parties d'une même commune, mais encore fouvent dans les diverfes parties d'un même champ. Vouloir le décrire, feroit donc une chofe impoffible : tout cultivateur doit fe borner à fe mettre en état d'appliquer les principes généraux développés plus haut au fol qu'il eft appelé à cultiver.

Je rappellerai feulement que les Terres labourables les plus avantageufes à cultiver font celles compofées par portions à peu près égales d'ARGILE, de SABLE & de CALCAIRE, & qui contiennent de plus une quantité notable d'HUMUS. *Voyez* ces mots.

On améliore les Terres labourables par des mélanges de Terre, par des engrais, par des amendemens, enfin par une bonne culture. (*Bosc.*)

TERRE LÉGÈRE : oppofé de TERRE FORTE ou de TERRE ARGILEUSE. *Voyez* ces mots.

On reconnoît une Terre légère au peu de cohérence de fes molécules, à la facilité avec laquelle les inftrumens pointus ou coupans y pénètrent, au peu d'obftacles qu'elles apportent aux labours, à l'infiltration des eaux des pluies, &c.

Il y a des Terres légères de plufieurs fortes : les unes font dues à la furabondance du fable qui entre dans leur compofition, ce font les plus communes ; d'autres font compofées de fragmens de calcaire. Des altérations végétales, principalement la tourbe, forment la troifième. Elles font le plus fouvent fèches, mais on en voit quelquefois qui confervent l'eau des infiltrations.

Les avantages des Terres légères font, 1°. de donner facilement paffage aux racines des plantes qu'on y cultive, & par fuite de permettre à ces racines d'aller puifer leur nourriture au loin & de groffir fans obftacles. Cette dernière circonftance les fait préférer pour la culture des racines qui fe mangent, telles que la pomme de terre, la carotte, la betterave, la rave, &c. ; 2°. d'abforber promptement & de laiffer s'évaporer de même les eaux des pluies ; 3°. d'être plus propres à abforber la chaleur des rayons du foleil, & à être plus précoces par cette caufe ; 4°. d'exiger moins de labours & des labours moins profonds que les Terres fortes. Leurs inconvéniens confiftent à fe deffécher trop promptement, & par conféquent à ne pas donner de belles récoltes dans les années où les pluies font rares.

Comme les plus communes, j'ai dû infifter, au mot SABLONNEUX, fur la culture des Terres légères de cette forte.

Une des Terres les plus légères eft celle qu'on appelle *de br.yère*, parce que la plante de ce nom s'y trouve exclufivement ; elle n'eft compofée que de fragmens de végétaux & de fable fin. Son infertilité eft prefqu'abfolue dans la campagne (*voyez* au mot LANDE) ; mais dans les jardins, elle donne, au moyen des arrofemens, les plus belles productions.

Les Terres légères calcaires ne fe rencontrent guère que dans les montagnes fecondaires ; les craies en font partie. Leur culture n'eft généralement pas avantageufe, parce qu'elles joignent toujours à cette qualité celle d'être très-fèches & peu pourvues d'humus ; on doit faire en forte de les arrofer par la déviation des ruiffeaux. Généralement il vaut mieux les laiffer en bois ou en pâturages que de les labourer. Les récoltes de feigle, de farrafin, de raves & furtout de fainfoin, font celles qui y profpèrent le mieux. *Voyez* CRAIE.

Lorfque les tourbes font deffechées, elles font fort légères. Je leur affimile les Terres des fonds d'étangs & des marais, parce qu'elles en diffèrent fort peu. Je me fuis fuffifamment étendu fur leur culture à l'article qui les concerne. *Voyez* TOURBE.

La culture des Terres légères eft bien plus facile que celle des Terres fortes, mais fes réfultats font bien moins avantageux. Leurs productions font généralement de bonne qualité, & fufceptibles de fe conferver long-temps. C'eft fur elles que l'intelligence du cultivateur s'exerce avec le plus de fuccès. Jamais on ne doit les laiffer en jachère, parce que, outre la perte de la récolte, elles fe détériorent pendant l'année de jachère, par la perte des principes fertilifans qui fuit les labours qu'on eft dans l'ufage de leur donner en été. (*Voyez* TERRE GATÉE.) Au contraire, l'expérience prouve que lorfqu'elles ont été couvertes de cultures de plantes à larges feuilles qui ont empêché l'évaporation de l'humidité pendant cette faifon, elles donnent, l'année fuivante, des produits bien plus avantageux.

Les labours doivent être ménagés en tout temps aux Terres légères, & ce d'autant plus qu'elles le font davantage. Il eſt même de ces Terres qui veulent qu'on contre-balance l'effet des labours en les ROULANT ou PLOMBANT de ſuite. Voy. ces mots.

On améliore les Terres trop légères au moyen des tranſports d'ARGILE ou de MARNE ARGILEUSE. Le fumier de vache, comme conſervant plus long-temps l'humidité que les autres, leur convient ſpécialement. Y enterrer des récoltes de ſarraſin, de navette, de raves, de veſce, &c., leur eſt très-profitable. Voyez RECOLTE ENTERRÉE. (Bosc.)

TERRE MARÉCAGEUSE. Ce mot eſt tantôt ſynonyme de MARAIS, tantôt ſynonyme d'ULIGINEUX, tantôt ſynonyme de TERRE HUMIDE. Voyez ces trois mots, où on trouvera les indications générales & particulières qu'il eſt utile aux cultivateurs de recevoir pour tirer parti de ces trois ſortes de Terres. (Bosc.)

TERRE MARNEUSE. C'eſt celle compoſée à peu près par égale portion d'argile & de calcaire; je dis à peu près, car il y a des marnes où l'argile domine, d'autres où c'eſt le calcaire, & en général toutes les Terres, même celles des pays granitiques, le ſont plus ou moins.

Telles que je les ſuppoſe ici, les Terres marneuſes diffèrent peu des CRAIES, & encore moins des TERRES BLANCHES. (Voyez ces mots.) Elles ſont peu fertiles d'abord, parce qu'elles contiennent peu d'humus & qu'elles conſomment rapidement les engrais; en ſecond lieu, parce qu'elles repouſſent les rayons du ſoleil à raiſon de leur couleur, & ſe plombent par l'effet des pluies. Leur aſſolement n'eſt pas facile à établir, faute d'obſervations ſuffiſantes; mais je puis aſſurer, pour en avoir remarqué les bons effets, que le TRÈFLE doit toujours y entrer. Voyez ce mot & celui MARNE. (Bosc.)

TERRE METALLIQUE. Quelques écrivains ont donné ce nom, qui n'eſt pas connu des agriculteurs, à certaines Terres qui contiennent des métaux, principalement des mines de FER ou des OCHRES. Voyez ces mots.

Long-temps on a été dans l'opinion que les mines de cuivre, de plomb, de cobalt, de manganèſe, &c., étoient la cauſe de l'infertilité des montagnes dans leſquelles elles ſe trouvent; mais aujourd'hui on eſt convaincu, par l'obſervation, que cette infertilité dépend uniquement de la nature des pierres dont ſont compoſées ces montagnes. Voyez GRANIT, GNEISS & SCHISTE. (Bosc.)

TERRE MOULIÈRE: expreſſion dont on fait uſage dans quelques cantons, pour déſigner des Terres argileuſes qu'une multitude de très-petites ſources mouillent, c'eſt-à-dire, rendent conſtamment, mais légèrement marécageuſes. La meilleure manière de les utiliſer, c'eſt de les planter en frênes, en ſaules, en aunes, &c. Voyez GLAISE,

FONDRIÈRE, MARAIS, ULIGINEUX. (Bosc.)

TERRE NOIRE. Le terreau provenant de la décompoſition des feuilles & autres parties des végétaux, eſt d'un brun-noir, & beaucoup de lieux qui en contiennent en grande quantité, en prennent la couleur; de ſorte qu'on juge aſſez généralement bien de la bonne qualité des Terres par leur ſeule inſpection. Voyez HUMUS & TERREAU.

Cependant il eſt des Terres infertiles qui ſont très-noires. La couleur des unes eſt due au fer à demi métallique dans un état de véritable éthiops, comme dans les SCHISTES, les ARGILES, les SABLES. (Voyez ces mots.) La couleur des autres eſt due à des végétaux à demi carboniſés, comme dans le pays à HOUILLE, dans les TOURBIÈRES, dans les MARAIS. Voyez ces mots.

Pour peu qu'on ait l'habitude de l'obſervation, on diſtingue facilement la cauſe de la couleur des Terres, ſoit en les examinant de près, ſoit en étudiant, par un ſeul coup d'œil, la compoſition du pays où elles ſe trouvent.

Les Terres de la première ſorte rougiſſent lorſqu'on les met au feu, & celles de la ſeconde y brûlent.

Ces dernières peuvent devenir très-fertiles en rendant ſoluble l'humus qu'elles contiennent, & c'eſt la chaux qu'il convient d'employer de préférence pour arriver à ce réſultat.

J'ai développé, au mot TOURBE, les principes de leur culture.

Les Terres noires, quelle que ſoit leur nature, abſorbant plus facilement les rayons du ſoleil, ſont plus chaudes que les autres; auſſi, dans les montagnes primitives, les ſchiſtes donnent-ils des récoltes plus précoces; auſſi, dans nos jardins, le terreau eſt-il plus propre à la culture des primeurs que la Terre franche. Dans les hautes Alpes on ſeme de ces Terres ſur la neige pour accélérer ſa fonte, &, par cette induſtrie, on peut y faire les ſemailles des graines de printemps quinze jours & même un mois plus tôt, ce qui eſt un avantage très-précieux.

On a auſſi donné ce nom à une tourbe extrêmement pyriteuſe, qui a d'abord été découverte à Baurain, dans la ci-devant Picardie, & qu'enſuite on a retrouvée dans toutes les fouilles, depuis Mont-Didier juſqu'à Reims d'une part, & depuis Villers-Cotterets juſqu'à Laon de l'autre.

Cette tourbe, dont le banc a depuis un pouce juſqu'à deux pieds d'épaiſſeur, eſt extrêmement abondante en coquilles fluviatiles, quoique les couches de marne & même les roches calcaires qui la recouvrent dans une épaiſſeur de huit à dix toiſes, terme moyen, renferment en très-grande quantité des coquilles marines d'un grand nombre d'eſpèces: on la connoît dans le commerce ſous les noms de tourbe de haut pays, de tourbe profonde, de tourbe pyriteuſe. Elle eſt complètement impropre à la combuſtion.

Expoſées à l'air, les Terres noires ne tardent

pas à se décomposer, &, si elles sont en tas, à s'enflammer par la réaction de l'air sur les pyrites qui entrent dans leur composition. Il en résulte une poussière rouge & grise contenant une grande proportion de sulfate d'alumine (alun) & de sulfate de fer (vitriol vert), que, sous les noms de cendre de Baurain, de cendre de houille, de cendre rouge, on emploie depuis une cinquantaine d'années à l'amendement des Terres dans les pays précités & dans ceux qui les avoisinent.

On a d'abord employé la Terre noire pour cet objet; mais comme son effet est quelquefois trop lent & quelquefois trop rapide, on s'est déterminé à préférer les cendres. On les répand à la main sur les prairies humides, sur les champs argileux semés en céréales, &c. Leurs effets sont miraculeux, car elles augmentent souvent les produits d'un tiers; aussi leur emploi s'est-il d'abord étendu avec une grande rapidité; aussi l'exploitation des tourbières est-elle devenue un article important d'industrie dans ces pays. Ayant habité le Laonois à différentes époques, j'ai pu suivre les progrès de leur découverte & en apprécier les avantages; mais j'ai pu aussi suivre les inconvéniens qui sont la suite de leur emploi. Aujourd'hui on n'en répand plus aussi généralement sur le sol qui la recouvre; mais on n'en tire pas moins autant, parce que son exportation est augmentée, & qu'il s'est établi des ateliers pour en retirer l'alun & le vitriol.

La manière d'agir des cendres rouges paroît ne pas différer de celle du PLATRE (voyez ce mot), c'est-à-dire, que les sels sulfureux qu'elles contiennent, stimulent l'activité de la végétation, mais n'augmentent en rien la fertilité du sol. Il résulte de cette explication que l'emploi de ces cendres, faisant produire à la Terre davantage qu'elle ne devroit naturellement, l'use beaucoup plus tôt, & qu'il faut ou augmenter la masse des engrais qu'on lui donne, ou se résoudre à voir diminuer rapidement sa fertilité. C'est ce qui est arrivé, & c'est ce qui fait que les propriétaires des mines de Terres noires en font aujourd'hui moins usage, comme je l'ai annoncé plus haut.

Un autre inconvénient qui se joint à celui-ci, lorsqu'on fait un usage exagéré des cendres rouges, c'est que l'oxide de fer qu'elles contiennent se fixe en une croûte, en liant entr'elles des parcelles de Terre, au-dessous du point où la charrue pénètre, & que cette croûte s'oppose à l'infiltration des eaux, à la prolongation des racines des arbres, de la luzerne, &c., & diminue par conséquent encore d'une autre manière la fertilité du sol.

Il résulte de ce que je viens de dire, que l'usage des Terres noires ou des cendres rouges qui en proviennent, doit être très-modéré, c'est-à-dire, qu'il n'en faut répandre que sur les Terres fertiles ou très-fumées, & ce encore en assez petite quantité, pour que la croûte ferrugineuse dont j'ai

parlé, & dont j'ai personnellement vérifié autrefois l'existence, ne se forme pas.

Au reste, les cendres noires ne se rencontrant en France, du moins à ma connoissance, que dans le canton précité, ne peuvent devenir un article d'utilité générale. Voyez CENDRE. (Bosc.)

TERRE NOVALE : expression d'usage dans plusieurs parties de la France, & qui est synonyme de Terre nouvellement défrichée. Voyez DÉFRICHEMENT.

Généralement c'est l'AVOINE qu'on sème d'abord dans les Terres novales ordinaires. Dans celles qui proviennent du desséchement d'un marais, de la destruction d'un bois, on cultive avec un grand avantage du TABAC, du COLZA & autres plantes qui exigent une grande vigueur de végétation. Voyez les mots ci-dessus. (Bosc.)

TERRES OCHREUSES : Terres ordinairement argileuses, qui contiennent une grande quantité d'oxide jaune ou rouge de fer, oxide qui s'appelle OCHRE. Voyez ce mot.

Les Terres ochreuses véritables se trouvent principalement dans les montagnes secondaires. Quoiqu'infertiles, elles nuisent peu aux produits généraux de la richesse agricole de la France, parce qu'elles sont rares & de peu d'étendue.

Il n'en est pas de même des Terres ochreuses qui ne peuvent pas être mises dans le commerce, parce qu'elles ne contiennent pas assez d'oxide ou qu'il y est trop mélangé de pierres; elles sont fort fréquentes & guère plus productives que les précédentes. On les appelle GLAISES dans la plus grande partie de la France. Voyez ce mot. (Bosc.)

TERRES PANICIÈRES. On donne ce nom, dans le département de l'Ain, aux Terres qui peuvent donner tous les ans une récolte de froment ou de maïs. Ce sont d'excellentes TERRES FRANCHES. Voyez ce mot. (Bosc.)

TERRE PAUVRE. C'est celle qui contient si peu d'humus, qu'elle peut à peine porter de loin en loin de chétives récoltes de seigle. C'est principalement sur ces sortes de Terres que la culture par ASSOLEMENS réguliers est d'un grand avantage. (Voyez ce mot.) Les labours fréquens leur sont toujours nuisibles; c'est pourquoi on doit préférer les semer en prairies artificielles ou en bois. Elles exigent d'abondans fumiers, si on veut leur faire produire des récoltes passables. Voyez SABLONNEUX, ARGILEUX, LANDES, CRAIE, GRANIT, SCHISTE & GNEISS. (Bosc.)

TERRE QUI PERD. C'est la même chose que TERRE GOURMANDE. Voyez ce mot. (Bosc.)

TERRE POURRIE. Dans quelques cantons de la ci-devant Bourgogne, on appelle ainsi un tuf fort tendre & fort infertile; il ne donne que de chétives récoltes de seigle, de sarrasin, de raves, &c., & encore seulement dans les années pluvieuses. Voyez TUF.

Dans quelques autres parties du même pays, on donne également ce nom à des schistes en décomposition, pofition, qui, par leur couleur noire & leur forme pulvérulente, femblent devoir être très-fertiles, mais qui le font encore moins que les tufs précédens. *Voyez* SCHISTE. (*Bosc.*)

TERRE QUARTZEUSE : expreffion employée dans quelques livres pour indiquer les Terres qui contiennent beaucoup de CAILLOUX ou de SABLE ; elle eft fynonyme de TERRE SILICEUSE. *Voyez* ces mots. (*Bosc.*)

TERRE REFERMÉE. Les cultivateurs des plaines du nord de Paris appellent ainfi les Terres qui, par l'effet des pluies, fe taffent à leur furface après les labours, de manière à faire croire qu'elles n'en ont point reçu. Ces Terres font toutes des marnes, & diffèrent fort peu de celles qu'on appelle TERRES BLANCHES. *Voyez* ce mot & ceux MARNE, CRAIE, ARGILE.

Lorfqu'elles ont été femées en céréales, les Terres refermées devroient être herfées avant & après l'hiver, pour égratigner leur furface & la rendre perméable aux gaz atmofphériques & aux eaux des pluies. Cette opération, comme nous l'a appris Varennes de Fenilles, étant extrêmement favorable à la croiffance des céréales dans les meilleures Terres, doit l'être encore plus dans celles-ci. (*Bosc.*) †

TERRE ROUGE. Plufieurs efpèces de Terres, foit argileufes, foit fablonneufes, foit calcaires, portent ce nom à raifon de leur couleur, couleur qui eft due conftamment à un oxide de fer.

Les Terres rouges argileufes diffèrent peu des glaifes par leur compofition, & varient de même ; elles font également infertiles & s'appliquent aux mêmes ufages économiques, principalement à fuppléer le mortier dans la bâtiffe des maifons rurales, à conftruire l'âtre des fours, l'aire des granges, &c. *Voyez* GLAISE & ARGILE.

Les fables rouges font fort communs & alternent fouvent, dans le même lieu, avec les blancs & les jaunes ; ils s'emploient aux mêmes ufages que les autres ; quelquefois on les préfère pour recouvrir les allées des jardins. *Voyez* SABLE & ALLÉE.

Le calcaire rouge eft affez rare, & n'offre rien qui puiffe mériter l'attention des cultivateurs. *Voyez* CALCAIRE. (*Bosc.*)

TERRE ROUGETTE. *Voy.* ROUGETTE & TERRE FRANCHE.

Cette forte de Terre eft affez commune, & généralement très-fertile. (*Bosc.*)

TERRE SAUVAGE. Ce nom s'applique, dans le département de l'Aveyron, aux Terres qui, à raifon de leur mauvaife qualité, & furtout de leur peu d'épaiffeur au-deffus de la roche, ne peuvent être cultivées que de loin en loin, c'eft-à-dire, tous les trois, quatre, fix, même dix ans, & qui, pendant l'intervalle, fourniffent un chétif pâturage aux bêtes à laine. *Voyez* PATURAGE, DÉFRICHEMENT & ÉCOBUAGE. (*Bosc.*)

TERRE SÈCHE : Terre qui manque, pendant la

Agriculture. Tome VI.

durée de l'été, de la quantité d'eau qui eft néceffaire pour alimenter convenablement les plantes qu'on y cultive.

Dans l'ordre ordinaire de la nature, les Terres fèches ne font point dépourvues de végétation, parce qu'elles fe couvrent de plantes auxquelles une grande humidité feroit nuifible ; mais l'homme ayant peu befoin de ces plantes, il regrette fouvent de ne pouvoir y multiplier, avec tout le fuccès qu'il defire, celles dont il a fait choix.

Plufieurs natures de Terres peuvent être appelées *Terres sèches*. Ainfi les ARGILES tenaces, placées fur les pentes des montagnes à l'expofition du midi, font fouvent auffi fèches que les CRAIES, que les SABLES (*voyez* ces mots), parce que l'eau des pluies gliffe deffus elles, & ne peut les imbiber comme fi elles étoient en plaine.

Cependant, en général, les Terres fèches font des Terres ou calcaires ou fablonneufes, à travers lefquelles l'eau s'infiltre trop facilement, ou dont elle s'évapore trop rapidement.

Les Terres qui ne font fèches qu'à raifon de la rapidité de leurs pentes, laquelle ne laiffe pas à l'eau des pluies le temps de les imbiber, peuvent être améliorées par la formation de terraffes en pierres fèches, ou par la plantation de haies tranfverfales, qui retardent l'écoulement de cette eau.

On trouve une grande quantité de ces Terres en France, foit dans les montagnes, foit dans les plaines, & leur peu de fertilité doit faire defirer qu'elles fuffent moins communes : elles demandent une culture un peu différente des autres.

Les Terres fèches argileufes font prefqu'impoffibles à améliorer fans d'énormes dépenfes. Les laiffer en pâturage ou les planter en bois, eft ce qu'on peut faire de mieux.

Celles qui font calcaires ou fablonneufes ont l'avantage d'être plus précoces, & par conféquent quelquefois très-précieufes pour la formation d'un jardin ou pour la culture des primeurs dans les environs des grandes villes. Il eft tel arpent de fable dans les plaines du Point-du-Jour, des Sablons, de Genevillers, de Houille & autres des environs de Paris, qui rapportent plus que dix arpens de bonne Terre dans une autre partie de la France, uniquement parce qu'il fournit les premiers petits pois, les premiers haricots verts, &c.

Un des moyens les plus économiques & les plus affurés de diminuer les inconvéniens des terrains fecs, eft de les entourer de haies ruftiques d'une élévation fuffifante, ou d'une ceinture de grands arbres propres à les garantir de l'action directe des rayons du foleil. On peut fuppléer à ces plantations, dans les Terres dont on n'eft que le fermier, par celle de rangées de topinambours dirigées du levant au couchant, rangées d'autant plus rapprochées que la Terre eft plus fèche. *Voyez* TOPINAMBOUR.

Si le tranfport d'une grande quantité d'argile

ou de marne argileufe n'étoit pas fi coûteux, on devroit en couvrir de loin en loin les Terres fèches pour les améliorer.

C'eft le fumier de vache qu'il eft le plus convenable de répandre fur les Terres fèches, parce que c'eft celui qui conferve le plus long-temps fon humidité.

La méthode d'enterrer des récoltes en fleur dans les Terres fèches, furtout des récoltes de raves, de navette, de farrafin, de vefce & autres plantes aqueufes, doit être préconifée comme le plus fûr moyen d'en obtenir des produits abondans. J'invite donc les propriétaires à la mettre en pratique. *Voyez* RÉCOLTES ENTERRÉES POUR ENGRAIS.

Il eft beaucoup de Terres fèches qu'on peut arrofer par la déviation d'un ruiffeau, d'une rivière, d'un étang. Il ne faut jamais négliger de profiter de ces facilités. Dans les jardins on arrofe à la main; auffi les Terres fèches font-elles préférables aux autres pour leur établiffement.

Les labours doivent être moins nombreux & moins profonds dans ces fortes de Terres que dans les fortes.

Il eft des genres de productions qui profpèrent dans les Terres fèches. Quand je ne citerois que la VIGNE, que le SÉIGLE, que le SAINFOIN, on reconnoîtroit qu'on peut en tirer un parti très-avantageux. *Voyez* ces mots.

Quelle que foit la nature des Terres fèches, il eft plus utile de les enfemencer ou de les planter en automne qu'au printemps, parce que les pluies de l'hiver y favorifent la végétation, & que les chaleurs de l'été arrêtent cette végétation. On ne fait pas généralement affez attention à ce fait dans la plus grande partie de la France, & on diminue par-là confidérablement les bénéfices généraux de la culture.

L'expérience prouve que les terrains fecs doivent être femés plus épais que les autres, pour diminuer d'autant l'action des rayons du foleil fur elles.

Par la même raifon il eft bon de les PAILLER, de les MOUSSER (*voyez* ces mots) dans la petite culture, & on ne doit pas les épierrer dans la grande, furtout lorfque les pierres qui s'y trouvent, font plates. J'ai vu un terrain de cette nature qui donnoit de très-bon feigle, devenir complétement infertile par fuite de cette opération : il femble, en obfervant ce phénomène, que les eaux pluviales n'ont aucune action fur elle, & cependant elles en diffolvent une petite portion, & cependant elles en entraînent de grandes quantités dans les vallées. (*Voy.* PIERRE.) Rozier a même propofé de paver les vignes en terrain très-fec, & l'expérience fur laquelle il a appuyé fa propofition, a réuffi. (*Bosc.*)

TERRE SILICÉE. *Voyez* SILICE & QUARTZ.

TERRE TUFINE ou TUFACÉE, *ou* TOFACÉE. C'eft celle qui repofe fur le tuf ou qui en contient des fragmens. *Voyez* TUF. (*Bosc.*)

TERRE USÉE. C'eft celle qui a porté plufieurs récoltes confécutives d'une même forte de graine.

Une Terre ufée fe répare par le repos, par des fumiers, par le femis des prairies artificielles. *Voyez* JACHÈRES, ENGRAIS.

Jamais les Terres d'un bon cultivateur ne s'ufent, parce qu'il fait faire fuccéder à des récoltes épuifantes, des récoltes réparatrices. C'eft l'objet de la fcience des ASSOLEMENS. *Voyez* ce mot & celui SUCCESSION DE CULTURE. (*Bosc.*)

TERRE VÉGÉTALE : Terre la plus propre à la croiffance des végétaux, c'eft-à-dire, un mélange d'argile, de fable, de calcaire, & furtout d'humus dans des proportions telles, que les racines des plantes y pénètrent facilement & y trouvent une fuffifante quantité de nourriture. *Voy.* TERRE, TERRE FRANCHE, HUMUS & TERREAU.

Dans l'acception rigoureufe, ce nom convient à toutes les Terres qui nourriffent des plantes, & prefque toutes en nourriffent ; mais dans l'ufage ordinaire, il ne s'applique qu'à celles de ces Terres qui jouiffent d'un certain degré de fertilité, & que leur abondance de terreau rend d'une couleur noire plus ou moins foncée.

Les compofans de la Terre végétale varient fans fin dans leurs proportions, & c'eft de la partie dominante que tel terrain eft appelé *argileux*, tel autre *fablonneux*, tel autre *calcaire*. Dans le terreau, c'eft l'humus qui domine ; mais, excepté là & dans la tourbe, il ne fe trouve nulle part en grande maffe, & ici il ne jouit pas de la faculté végétative. *Voyez* TOURBE.

Un des avantages de la Terre végétale qui n'a pas été fuffifamment apprécié par les agriculteurs, c'eft de conferver ni plus ni moins la quantité d'eau qui eft néceffaire à la végétation ; auffi les bonnes Terres craignent-elles moins les années pluvieufes que les argiles, & moins les années fèches que les fables ou le calcaire.

A moins que des éboulemens, des alluvions, ou la main de l'homme l'ait recouverte, la Terre végétale eft toujours la plus extérieure des couches de la Terre. Dans le cas de fon recouvrement ancien, elle a perdu la faculté reproductive, & il faut qu'elle foit expofée de nouveau, plus ou moins long-temps, à l'air, pour la reprendre. Il en eft de même des parties inférieures des couches épaiffes que la charrue ne ramène jamais à la furface, c'eft-à-dire, de celles qui font à plus d'un pied de cette furface. *Voyez* HUMUS.

Il eft extrêmement remarquable que la couche de Terre végétale tranche prefque toujours net avec la couche qui lui eft inférieure : il femble, en obfervant ce phénomène, que les eaux pluviales n'ont aucune action fur elle, & cependant elles en diffolvent une petite portion, & cependant elles en entraînent de grandes quantités dans les vallées.

Une bonne culture peut être entreprife dans une Terre végétale d'un demi-pied d'épaiffeur ; le feigle, la rave, la navette, &c. s'accommodent même de moins ; les arbres pénètrent fouvent dans les fiffures des rochers, des argiles, dans les fables qui paroiffent les plus dépourvus d'humus.

On doit conclure de ce fait, que la Terre végétale n'eſt pas toujours néceſſaire à la végétation;
& en effet, un grand nombre de perſonnes ont fait
croître des plantes d'une ſtature élevée dans du
ſable lavé, dans du verre pilé, dans de la grenaille
de plomb, &c., en les entretenant dans une
conſtante humidité & en les laiſſant continuellement expoſées à la lumière. De même on rencontre
fréquemment, dans les campagnes, des plantes qui
croiſſent dans des argiles pures, dans des ſables
d'une aridité extrême, ſur les rochers, les murs,
les toits, tous lieux où elles ne trouvent pas une
grande quantité de Terre végétale. Voyez VÉGÉ-
TATION.

Dans quelques cantons, l'uſage eſt de défendre,
par une clauſe du bail, de mêler, par les labours,
la couche inférieure avec la Terre végétale; cependant ce mélange eſt plus ſouvent utile que
nuiſible, en ce qu'il approfondit l'eſpace où les
racines peuvent pénétrer, & en ce qu'étant ordinairement marneuſe, cette couche porte dans la
Terre végétale une augmentation de principe de
fertilité. Les trois cas où on doit éviter ce mélange, c'eſt lorſque la couche inférieure eſt ferrugineuſe, lorſque la MARNE eſt exceſſivement
pierreuſe, & lorſque la Terre végétale repoſe
immédiatement ſur le SABLE ou le GRAVIER.
Voyez ces mots.

Au moyen d'engrais ſurabondans on peut tranſ-
former, en peu d'années, une Terre argileuſe ou
une Terre ſablonneuſe en Terre végétale; mais
la dépenſe que cette opération entraîne ne permet
de le faire que ſur de foibles eſpaces, dans les JAR-
DINS, par exemple. Voyez ce mot & celui MA-
RAICHER.

La Terre végétale étant journellement entraînée
des lieux élevés dans les lieux bas, elle a dû s'accumuler dans les longues vallées, ſur les bords des
grandes rivières, pendant la ſuite des ſiècles; auſſi
eſt-il des cantons où elle a pluſieurs pieds, même
pluſieurs toiſes d'épaiſſeur. Ces cantons ſont des
lieux favoriſés, où la culture eſt toujours avantageuſe, toujours économique, & où il ſuffit de
labourer profondément pour rendre au ſol ſa fertilité première.

Ces ſols, ſi riches, peuvent être par conſéquent
dépouillés d'une partie de leur Terre végétale ſans
inconvéniens pour leur fertilité, & cette Terre
peut être employée à améliorer celle d'autres
cantons, toutes les fois que les frais de tranſport
peuvent être diminués par le voiſinage d'une
rivière ou par toute autre circonſtance. On fait
commerce de cette Terre dans quelques îles de la
Loire au-deſſous d'Angers. Dans quelques pays
où la culture de la vigne eſt très-fructueuſe,
comme en Bourgogne, en Champagne, on reporte
ſur les coteaux la Terre végétale que les pluies ont
entraînée dans les vallées.

Les curures d'étangs, de foſſés, les Terres des
marais qu'on utiliſe comme engrais dans tant de
lieux, doivent être rangées dans la même catégorie. (Bosc.)

TERRE VEULE. Ce nom ſe donne, dans quelques
lieux, aux Terres ſablonneuſes, à travers leſquelles l'eau des pluies paſſe rapidemment, ou
à Terres calcaires qui ſe deſſèchent très-promptement, par l'évaporation des mêmes eaux, &
qui ne peuvent être cultivées, avec profit, que
lorſque les années ſont pluvieuſes; il eſt par conſéquent ſynonyme ou preſque ſynonyme de TERRE
LÉGÈRE.

On améliore ces Terres par des tranſports de
marnes, par des engrais très-conſommés, par
des récoltes enterrées en fleur, par des plantations de haies élevées ou de ceinture de grands
arbres qui y entretiennent de l'ombre & de la
fraîcheur.

Au reſte, ces Terres ſont plus productives en
bois qu'en tout autre objet, & on doit y en planter toutes les fois qu'il n'y a pas de motifs inſur-
montables. Voyez BOIS dans le Dictionnaire des
Arbres & Arbuſtes. (Bosc.)

TERRE VIERGE : Terre qui n'a jamais été ſou-
miſe à la culture.

Les progrès de la population, & par ſuite de la
culture, ne permettent d'appliquer ce nom, en Europe, qu'à un très-petit nombre de cantons, que
ſoit leur aridité ou l'abondance & la groſſeur des
pierres qui les couvrent, ſoit l'impoſſibilité de
les débarraſſer des eaux ſuperflues, n'ont jamais permis de labourer. En Amérique, où, avant
l'arrivée des Européens, il n'y avoit que deux
peuples agricoles, ces Terres au contraire ſont
extrêmement communes.

Les productions naturelles des Terres vierges
ſont d'autant plus belles & d'autant plus abondantes, qu'elles ont une plus grande profondeur
de TERRE VÉGÉTALE. (Voyez ce mot.) Ordinairement elles portent des bois qui ſe ſuccèdent
éternellement; quelquefois elles ne peuvent nourrir que des plantes herbacées, comme le prouvent
les immenſes prairies qui ont été reconnues à
l'oueſt du Miſſiſſipi. Les déſerts de la Sibérie,
de l'Arabie & de l'Afrique, qui ſont ſans doute
auſſi, au moins en partie, des Terres vierges,
n'offrent que des pâturages maigres & qui diſpa-
roiſſent pendant l'été.

Les avantages des Terres vierges, c'eſt de
contenir une ſurabondance d'humus, & de conſerver par cela même, pendant les premières
années qui ſuivent leur défrichement, une humidité favorable à la végétation des plantes qu'on
leur confie. Ainſi, quand on plante pour la première fois du maïs, ou qu'on ſème du blé dans les
Terres vierges de la vallée du Miſſiſſipi, par
exemple, la croiſſance de ces plantes eſt ſi vigoureuſe, qu'elles s'élèvent, la première à douze
ou quinze pieds, la ſeconde à ſix ou ſept, mais
elles ne donnent de grains ni l'une ni l'autre,
parce que toute l'action végétative ſe porte ſur la

production de la tige & des FEUILLES (*voyez* ce dernier mot); en conféquence, c'eft du tabac, c'eft de l'indigo qu'on y cultive d'abord, & ce pendant plufieurs années confécutives.

Il eft telles de ces Terres vierges dont la fertilité étoit d'abord extrême, qui, au bout de quelques années, font devenues fi impropres à la culture, qu'il a fallu y renoncer : cet effet a été produit tant par l'entraînement de leur humus dans les rivières par les eaux pluviales, que par leur complète defficcation par l'action de la chaleur folaire; ainfi que j'ai pu m'en affurer fur les lieux mêmes. (*Bosc.*)

TERRE A VIGNE. On a donné ce nom à un fchifte terreux contenant des pyrites en décompofition, qu'on employoit anciennement à l'amendement des vignes.

Ce fchifte, comme les TERRES NOIRES pyriteufes, produit fes effets de deux manières, en divifant mécaniquement les Terres fortes, & en ftimulant la végétation des plantes qui y ont été femées.

Il n'y a pas de vignoble de quelqu'importance en France qui faffe aujourd'hui ufage de la Terre à vigne, qu'on appelle auffi *ampelite*; & en effet on a dû y recourir dès qu'on s'eft aperçu que les fuites de fon emploi étoient d'abord la mauvaife qualité du vin & enfuite l'infertilité. *Voy.* TERRE NOIRE. (*Bosc.*)

TERRE VITRIFIABLE : fynonyme de TERRE SILICEUSE. (*Bosc.*)

TERRE VOLCANIQUE : Terre provenant de la décompofition des bafaltes, des laves, des fcories & des cendres vomies par les VOLCANS. *Voyez* ce mot.

L'infertilité la plus complète s'obferve pendant une longue ferie d'années, même pendant des fiècles, fur les déjections des volcans; mais lorfque ces déjections fe font réduites en Terre, qu'il s'y eft mêlé de l'humus, que l'eau n'y manque pas, elles deviennent extrêmement fertiles, comme le prouvent la Limagne d'Auvergne & tant d'autres localités en France & en Italie, &c. *Voyez* MONTAGNE.

Cette fertilité, non conteftée, de quelques cantons volcaniques eft due principalement à l'extrême divifion de la Terre qui les compofe & à l'influence des eaux, ainfi que je m'en fuis affuré dans nombre de parties de l'Auvergne & du Vicentin : à cet égard je puis comparer la Terre volcanique à la TERRE DE BRUYÈRE. (*Voyez* ce mot.) En effet, fur les pentes rapides, furtout fur celles expofées au midi, cette Terre, par défaut d'eau, eft reftée peu fertile, & même infertile, tandis que, dans les volcans arrofés par une rivière, dans les jardins où il y a de l'eau, elle produit tout ce qu'on lui demande.

La culture des Terres volcaniques ne diffère donc pas de celle des TERRES LÉGÈRES, & je

renvoie le lecteur à leur article. *Voyez* auffi POUZOLANE. (*Bosc.*)

TERREAU : réfultat de la décompofition fpontanée des animaux & des végétaux.

Lorfque cette décompofition s'opère dans l'eau de la mer, il fe forme de la HOUILLE; & quand elle a lieu dans l'eau douce, elle produit de la TOURBE. *Voyez* ces mots.

On confond généralement le Terreau avec l'humus d'un côté, & avec la terre végétale de l'autre, & en effet il eft difficile de les diftinguer; cependant, dans le cours de cet ouvrage, j'ai conftamment appelé HUMUS le Terreau pur; Terreau, l'humus mélangé d'une petite quantité d'argile, de filice & de calcaire, & TERRE VÉGÉTALE le Terreau mêlé avec beaucoup d'ARGILE, de SABLE ou de CALCAIRE. Par conféquent le Terreau eft intermédiaire. Le Terreau de couche peut, dans l'embarras, fervir de point de comparaifon. *Voyez* tous les mots précités.

C'eft le produit de la décompofition du fumier, & même, dans beaucoup de lieux, du fumier qui a fervi à faire des couches, qui porte fpécialement le nom de *Terreau*.

Le Terreau fe forme naturellement à la furface de la terre après la mort des animaux & des végétaux, & partie des végétaux fur toute la furface du Globe, mais plus dans certains lieux que dans d'autres. Une portion, qui varie en maffe felon qu'il fe trouve fur un terrain en pente ou fur un terrain en plaine, eft entraînée par les eaux pluviales. Toutes deux fe mêlent à la terre, & ce mélange conftitue la TERRE VÉGÉTALE. *Voyez* ce mot.

Il eft cependant une portion de ce Terreau qui eft perdue pour la culture, c'eft celle que les mêmes eaux pluviales entraînent dans les rivières & de-là à la mer.

Le temps que tous les animaux, ou mieux toutes les parties molles des animaux mettent à fe tranformer en Terreau, eft très-court. C'eft fouvent, en été, l'affaire de quelques jours. Il n'en eft pas de même des végétaux : il en eft dont l'altération n'eft effectuée que plufieurs années après leur mort, & il faut au moins fix mois aux feuilles qui font de leurs parties la plus altérable, pour arriver complétement à cet état. Une humidité & une chaleur conftante favorifent la décompofition des unes & des autres.

L'agriculteur ne s'occupe point de la formation fpontanée & de la conferyation du Terreau; mais il a tort. Je voudrois que partout les champs, les prés, les bois fuffent entourés de haies ou de foffés pour retenir celui que les pluies entraînent; je voudrois que nulle part il fût permis d'enlever, fans la permiffion du propriétaire, ni les chaumes des céréales, ou les traînaffes & autres mauvaifes herbes qui infeftent pendant l'automne les champs en jachère, ni les feuilles & les herbes des bois.

La formation artificielle du Terreau a lieu dans

toutes les exploitations rurales où on fait usage des engrais. Le fumier devient, par sa fermentation, un Terreau mi-partie animal & végétal. Toutes les plantes & toutes les matières animales qu'on réunit, soit dans des fosses, soit en tas élevés & stratifiés avec de la terre, en forment. Les matières fécales des hommes & des animaux en font presqu'exclusivement composées. *Voy.* Fumier, Poudrette, Colombine & Engrais.

La Terre de bruyère (*voyez* ce mot), lorsqu'elle est ce qu'on appelle faite, c'est-à-dire, qu'elle a passé deux ans en tas qui ont été plusieurs fois remués, est du Terreau mêlé avec du sable; elle peut toujours, & souvent avec avantage, suppléer le Terreau de fumier.

Aucun homme instruit ne doute aujourd'hui que le Terreau ou l'humus ne soit un composé de carbone. Les alcalis & la chaux le dissolvent; l'oxigène le décompose. Ce n'est que lorsqu'il est rendu soluble par l'action de ces agens, qu'il peut être introduit, à l'aide de l'eau & de la chaleur, dans les racines des plantes, & devenir partie constituante de toutes leurs parties. *Voyez* Végétation.

L'humidité se conserve dans le Terreau plus long-temps que dans la terre végétale, & par conséquent plus que dans toutes les autres terres. La chaleur des rayons du soleil s'y concentre aussi plus facilement, à raison de sa couleur noire. Ces deux circonstances, jointes à l'excès de carbone qui s'y trouve, sont les causes de sa grande fertilité. *Voyez* Eau, Chaleur & Humus.

Ainsi que je l'ai dit plus haut, il se produit, chaque année, du Terreau presque pur dans les jardins où on fabrique des couches. Ce Terreau est l'année suivante en partie mis sur les nouvelles couches pour recevoir les semences des plantes qu'on y cultive; le reste est répandu sur les carrés pour terreauter les semis, ou tenir lieu de fumier. Il est presque toujours préférable à ce dernier, parce qu'étant en état de décomposition complète, il agit sur-le-champ & qu'il porte plus rarement le goût dit de fumier aux plantes qu'il est destiné à nourrir. *Voyez* Fumier.

Il émane continuellement du Terreau de l'acide carbonique, qui, dans des lieux fermés, peut devenir mortel, ainsi qu'on l'a éprouvé trop souvent dans les caves où on forme, pendant l'hiver, des couches à champignons.

Cet acide carbonique rend le Terreau très-propre à conserver les parties des animaux & des végétaux qu'on veut garantir quelque temps de la corruption; ainsi la viande, le poisson, les melons, les poires, &c., peuvent y être enfouis utilement, lorsqu'il est tenu, sous un hangar, à l'abri d'une trop grande chaleur & d'une trop grande humidité.

Je ne pourrois étendre cet article qu'en répétant ce que j'ai déjà dit à ceux précités; ainsi, quelqu'important qu'il soit pour l'agriculture, je m'arrête à ce qu'on vient de lire. (*Bosc.*)

TERREAUTER : opération de petite culture qui consiste à répandre du terreau, de la terre de bruyère, ou de la simple terre végétale bien émiettée, sur des semis de graines fines dont on veut assurer le succès.

L'objet du terreautage est, d'une part de rendre facile au germe des graines l'entrée & la sortie de la terre, & de l'autre de lui fournir un aliment abondant à sa proximité pendant son premier âge. Ainsi il est plus nécessaire dans les terres fortes & dans les terres peu fertiles. On peut toujours s'en dispenser dans les semis en terre de bruyère ou en terreau de couche; & si on le fait dans ces dernières terres, c'est uniquement dans le but de mettre toutes les graines exactement à la même profondeur.

Souvent on terreaute avec la main. Il vaut mieux le faire avec un tamis de fil de fer ou d'osier, avec un crible, &c.

Les repiquages se terreautent avec du terreau de couche, seulement pour fumer la terre où ils ont été faits.

C'est une excellente opération que de terreauter les gazons & les prairies, parce que le collet des racines des graminées qui les composent, poussent dans ce cas de nouvelles racines qui, trouvant une terre neuve & très-divisée, donnent lieu à la sortie d'un grand nombre de tiges fortes & bien garnies de feuilles. *Voyez* Terrer, Gazon & Prairie.

Beaucoup d'essais prouvent d'une manière indubitable que terreauter les céréales au printemps, seroit un moyen certain d'augmenter considérablement les produits de leur récolte; mais la dépense de cette opération en éloigne presque tous les cultivateurs. Je conçois cependant qu'au moyen d'un fort large chariot, formé par des planches légères, avec un rebord d'un pied de hauteur, ayant en avant un treillage de huit à dix lignes d'écartement, lequel chariot seroit porté sur deux rouleaux & seroit traîné par un cheval, on pourroit dans une journée terreauter un arpent entier; ce qui ne seroit pas d'une assez grande dépense pour ne pas être assuré de trouver un grand bénéfice à le faire. On terreauteroit avec la terre même du champ, avec de la marne, & encore mieux avec du fumier très-consommé. *Voyez* Graminée. (*Bosc.*)

TERRE-NOIX. *Bunium.*

Genre de plantes de la pentandrie digynie & de la famille des *Ombellifères*, qui réunit trois espèces, dont une est commune dans les champs de certaines parties de la France, & se cultive dans les écoles de botanique. Il est figuré pl. 197 des *Illustrations des genres* de Lamarck.

Espèces.

1. La Terre-noix à collerette. *Bunium bulbocastanum*. Linn. ⚇ Indigène.

2. La TERRE-NOIX ſans collerette.
Bunium denudatum. Willd. ♃ Du midi de la
France.

3. La TERRE-NOIX aromatique.
Bunium aromaticum. Linn. ☉ Du Levant.

Culture.

C'eſt dans les champs argileux & mal cultivés
que ſe trouve la première eſpèce, vulgairement
connue ſous les noms de *ſuron* & de *moinſon.* Sa
racine eſt un tubercule noir de la groſſeur d'une
noix, dont le goût approche de celui de la châtaigne, & qui ſe mange dans beaucoup de lieux
ou cru, ou cuit ſous la cendre, ou cuit dans l'eau,
ſoit ſans aſſaiſonnement, ſoit avec aſſaiſonnement.
On en tire, en la râpant dans l'eau, une fécule
identique avec les autres. (*Voyez* FÉCULE.) On
la ramaſſe à la ſuite de la charrue pendant les labours d'hiver, & on la conſerve à la cave juſqu'au
milieu du printemps. Comme elle étoit abondante
dans les propriétés de ma famille près Langres,
j'en ai fait dans ma jeuneſſe une grande conſommation, mais je leur préférois, comme plus ſa-
voureuſe, la GESSE TUBÉREUSE, qui s'y trouvoit également, Les cochons la recherchent avide-
ment, & l'ont bientôt détruite dans les lieux où
on les laiſſe paître dans les champs. Je ne crois
pas qu'on ait tenté de la cultiver en grand ; & de
fait il ſeroit impoſſible de le faire avec profit,
puiſqu'il faut trois ans à une graine pour donner
un tubercule de la groſſeur précitée. Il m'a paru
que partout elle devenoit de plus en plus rare,
non qu'elle nuiſe beaucoup aux céréales avec leſquelles elle ſe trouve, mais probablement par
ſuite du perfectionnement de l'agriculture, les
labours & les binages d'été la faiſant périr.

Dans les écoles de botanique, la Terre-noix
ſe ſème en place, & ne demande que les ſoins généraux de propreté. (*Bosc.*)

TERRER. L'acception de ce mot varie : tantôt
c'eſt mettre en terre des arbres ou des plantes
qui ont été arrachées, juſqu'à ce qu'on puiſſe les
replanter; dans ce ſens, elle eſt ſynonyme de
METTRE EN JAUGE ; tantôt c'eſt porter la terre
ſur des prairies, dans des vignes, des champs, &c.,
& alors elle ne diffère pas de TERREAUTER.

Les motifs pour leſquels on terre, dans ce dernier ſens varient ; mais ils ſont tous, en réſultat,
fondés ſur le deſir d'augmenter les produits des
récoltes.

Ainſi on terre les prairies, afin que les graminées qui les compoſent, pouſſent de leur collet de
nouvelles racines qui donneront naiſſance à des
chaumes très-vigoureux. *Voyez* PRAIRIE &
GAZON.

Ainſi on terre les vignes, les champs, pour
leur reſtituer la terre que les eaux pluviales ont
entraînée dans les vallées.

L'opération de terrer eſt toujours très-coû-

teuſe, & ne peut s'exécuter avec profit que dans
les cultures très-productives, comme les vignes
des bons crûs de Bourgogne, de Champagne,
&c. ; auſſi eſt-ce là où on la pratique le plus.

On terre, ſoit à dos d'homme, ſoit à dos
de cheval, rarement au moyen des voitures. J'ai
été ſouvent témoin de cette opération, & toujours j'ai gémi de la fatigue qui en étoit le réſultat pour les hommes & pour les animaux; auſſi,
quelqu'excellente qu'elle ſoit en principe, vou-
drois-je qu'on la rendît plus rare par des LABOURS
judicieux & des plantations de HAIES. *Voyez* ces
deux mots & celui VIGNE dans le *Dictionnaire
des Arbres & Arbuſtes.*

L'hiver eſt la ſaiſon où on terre le plus généralement, parce que c'eſt alors que les autres travaux ſont moins preſſans. (*Bosc.*)

TERRETTE. GLECOMA.

Genre de plantes de la didynamie gymnoſpermie
& de la famille des *Labiées,* réuniſſant deux eſpèces, dont une eſt extrêmement commune dans
dans nos haies, autour de nos maiſons rurales, &
qui toutes deux ſe cultivent dans nos écoles de
botanique. Il eſt figuré pl. 505 des *Illuſtrations des
genres* de Lamarck.

Eſpèces.

1. La TERRETTE à feuilles réniformes.
Glecoma hederacea. Linn. ♃ Indigène.

2. La TERRETTE à grandes fleurs.
Glecoma grandiflora. Linn. ♃ De la Corſe.

Culture.

La première eſpèce, vulgairement appelée *lierre
terreſtre, rondette, herbe de la Saint-Jean,* poſſède une odeur aromatique très-forte & s'emploie
fréquemment en médecine ; les beſtiaux ne la
mangent que lorſqu'elle ſe trouve confondue avec
d'autres plantes. On peut avantageuſement la faire
ſervir, dans les jardins payſagers, à garnir le ſol
des maſſifs, dont l'aſpect eſt généralement déſagréable lorſqu'il eſt nu, car elle a de l'élégance,
fleurit de très-bonne heure, & ne ſe plaît que
dans les lieux ombragés.

Toutes deux ſe ſèment en place dans les écoles
de botanique; & n'y demandent d'autres ſoins
que d'être miſes à couvert des rayons du ſoleil par
un pot caſſé & renverſé, ou tout autre PARA-
SOL. *Voyez* ce mot. (*Bosc.*)

TERRIER : trou que les RENARDS, les BLAI-
REAUX, les LAPINS creuſent dans la terre pour
s'y réfugier en cas de danger, ou y faire leurs
petits. *Voyez* le *Dictionnaire des Chaſſes.*

TERRINE. Deux ſortes de vaſes portent ce
nom ; l'un ſert à mettre le lait dont on veut obtenir la crême ; l'autre eſt employé pour faire
des ſemis.

Les Terrines à lait généralement en uſage, ſont
de terre ; celles vernies avec un oxide de plomb

font dangereufes, & devroient être profcrites par des réglemens de police; celles en terre ordinaire, non verniés, abforbent le petit-lait, & ne peuvent être privées, quelque foin qu'on apporte à les nettoyer, des principes d'altération que porte ce petit-lait dans le lait frais. On doit donc préférer, partout où il eft poffible de s'en procurer, celles en terre dite *de grès*, qui n'ont d'autres inconvéniens que de fe caffer lorfqu'on les lave avec de l'eau trop chaude. Dans beaucoup de lieux, furtout dans les Alpes, on les fupplée par des TINETTES en bois (*voyez* ce mot); celles de faïence, de verre, de porcelaine, & encore plus d'argent, font de luxe. Les métaux oxidables ne font pas propres à en faire. Leur grandeur & leur forme varient beaucoup, cependant elles ne font pas indifférentes. En effet, pour être bonnes, il faut qu'elles foient, 1°. ni trop grandes, à raifon de la facilité de leur tranfport, ni trop petites, parce que le chaud & le froid les affecteroient trop fenfiblement, & que la crême ne monte pas auffi bien dans les extrêmes de la température ; 2°. plus larges à leur ouverture qu'à leur fond, & peu profondes, parce que la crême doit monter très-rapidement pour monter toute entière, c'eft-à-dire, avant que le lait foit caillé : trop d'évafement eft cependant nuifible pour le principe émis plus haut à l'occafion des petites.

Je crois donc que ce font les Terrines de douze à quinze pouces de large à leur orifice, & neuf à douze à leur bafe, qu'il faut préférer, la hauteur étant de fix pouces.

Il faut toujours mieux avoir trop que pas affez de Terrines ; mais on doit veiller avec plus d'attention qu'on ne le fait généralement, à ce qu'elles foient ménagées dans le fervice, & renfermées dès qu'on n'en fait plus ufage.

La propreté étant une des conditions de toutes les opérations qui ont le lait pour objet, il ne faut jamais fe fervir d'une Terrine qu'elle n'ait été nettoyée à l'eau chaude, rincée à l'eau froide, & exactement effuyée avec un linge fin. Les recurer toutes les femaines, avec des cendres, eft même indifpenfable. *Voyez* LAIT, LAITERIE, BEURRE, FROMAGE, CRÊME.

Les Terrines à femis font de terre commune, & toujours auffi larges à leur fond qu'à leur ouverture ; leur grandeur & leur profondeur varient également ; mais la première de ces dimenfions ne doit pas furpaffer un pied, & la feconde être moindre de trois pouces; leur fond eft percé de plufieurs petits trous pour l'écoulement des eaux. Du refte, leur fabrication ne diffère pas de celle des POTS. *Voyez* ce mot.

On préfère les Terrines à femis aux pots, parce que, d'une part, elles économifent la main-d'œuvre, & que, de l'autre, étant plus larges & moins hautes, elles reçoivent plus facilement & plus également la chaleur des COUCHES. *Voyez* ce mot.

Ce n'eft, au refte, que dans les pépinières &

les écoles de botanique qu'on en fait ufage, & feulement pour les graines fines. Leur emploi demande plus de furveillance que celui des pots, parce que le plant qui s'y trouve, eft plus expofé aux effets du grand chaud & du grand froid, ainfi que la féchereffe, à raifon du peu d'epaiffeur de la terre. Cette même raifon exige qu'on donne à ce plant des arrofemens fréquens & légers, & ne permet pas de l'y laiffer long-temps; auffi, le plus généralement, le repique-t-on en pot dès la fin de la première faifon. *Voyez* REPIQUAGE & DÉPOTEMENT.

La confervation des Terrines eft auffi négligée que celle des pots dans la plupart des pépinières, quoique leur valeur foit généralement plus confidérable ; auffi la dépenfe qu'elles occafionnent eft-elle fouvent à charge à ces établiffemens. (*Bosc.*)

TERRITOIRE : étendue de terrain confidérée en même temps fous les rapports agricoles & politiques. Ainfi on dit le Territoire de tel canton, de telle commune, de tel département.

Il eft à remarquer que les divifions phyfiques d'un pays portent fouvent le nom de *Territoire*, indépendamment des divifions politiques, & que ce font celles dont les appellations ont le moins changé. Par exemple on dit, depuis des fiècles, la Beauce, la Sologne, le Forez, la Limagne, &c. (*Bosc.*)

TERROIR. Tantôt ce mot eft fynonyme de celui TERRITOIRE, tantôt il l'eft de TERRE. *Voyez* ces deux mots.

On attribue au Terroir une influence fur certains fruits, fur certaines graines, fur certaines racines, que je ne crois pas exifter. Il m'a paru qu'on devoit penfer que le goût de Terroir du vin étoit plutôt dû à la variété du raifin qu'à la nature du fol ; que la dégénérefcence du froment, dans certains Terroirs, étoit caufée par un vice dans la culture; que tel Terroir n'étoit pas propre aux raves, parce que l'humidité n'y étoit pas affez permanente, &c. (*Bosc.*)

TERSET. Dans le département de l'Oife on donne ce nom à une houe à manche court & à large fer, avec laquelle on laboure les vignes & les terrains deftinés aux légumes ; elle expédie beaucoup d'ouvrage, mais fatigue extrêmement *Voyez* HOUE. (*Bosc.*)

TERTRE. On appelle ainfi, dans quelques lieux, une très-petite élévation de terre fituée en plaine, foit qu'elle foit due à la nature, foit que l'induftrie de l'homme l'ait fait naître, mais ce mot vieillit ; on y fubftitue fouvent ceux de monticule, d'élévation de terre.

On élève fréquemment des Tertres, foit pleins, foit voûtés, dans les jardins payfagers, pour varier le mouvement du terrain, pour fe donner de la vue, &c.; on les plante de bois, on les orne de fabriques, &c. Toujours ils produifent de bons effets lorfqu'ils ne font pas trop multipliés.

On appelle auffi Tertre, dans quelques cantons, le revers des FOSSES. *Voyez* ce mot. (*Bosc.*)

TESSARIE. *Tessaria.*

Genre de plantes de la fyngénéfie néceffaire, qui renferme deux arbriffeaux du Pérou, ni l'un ni l'autre cultivés dans nos jardins. (*Bosc.*)

TESSON : fynonyme de COCHON & de BLAIREAU. *Voyez* ces mots. (*Bosc.*)

TESSON : forte de bêche à fer concave, employée dans le département de la Haute-Saône. (*Bosc.*)

TEST : un des noms de l'enveloppe des GRAINES. *Voyez* ce mot.

TESTICULES : parties externes de la génération dans le mâle.

Plufieurs maladies font dans le cas d'affecter les Tefticules des animaux domefliques, ou leurs enveloppes. Les principales font le PNEUMATOCÈLE, l'HYDROCÈLE, le SARCOCÈLE. *Voyez* ces mots. (*Bosc.*)

TÉTANOS : maladie fpafmodique dont le cheval eft affez fréquemment affecté, foit partout le corps, foit au cou, foit à une ou plufieurs de fes jambes.

Les fymptômes auxquels on reconnoît cette maladie font la roideur des mufcles, les mâchoires ferrées, les yeux brillans, la cornée momentanément recouverte par la membrane clignotante & la caroncule lacrymale, les fueurs abondantes.

Beaucoup de caufes peuvent faire naître le Tétanos : les principales font les piqûres ou bleffures des nerfs, des tendons & des aponévrofes, la préfence d'un corps étranger dans une plaie voifine d'un nerf, l'impreffion de l'air froid fur les mêmes plaies, la caftration.

Les meilleurs remèdes à oppofer au Tétanos font ou la fection complète du nerf ou du tendon bleffé, mais alors on détruit le mouvement dans les mufcles qui en dépendent, ou des bains multipliés, mais il n'eft ni facile ni économique de les faire prendre à un cheval ; la fermeture des mâchoires, lorfqu'elle a lieu, ne permet pas de donner des breuvages : on en eft donc réduit aux fétons, aux lavemens & à la faignée.

Le fétons s'appliquent au cou, aux feffes, & produifent quelquefois de bons effets.

Les lavemens fe compofent de vinaigre, de miel & d'opium : on doit compter fur eux.

La faignée : le bien qu'elle produit n'eft quelquefois que momentané.

Au refte, comme il y a des variations fans nombre dans l'intenfité de la maladie, c'eft au vétérinaire à décider lequel de ces remèdes il faut employer de préférence, & lequel doit précéder ou fuivre. (*Bosc.*)

TÉTARD : arbre dont la tige a été coupée à quelques pieds de terre, & dont les repouffes

fupérieures fe coupent tous les trois, fix, huit & dix ans pour brûler. *Voyez* SOUCHE.

Dans certains cantons, au lieu de forcer les arbres ainfi coupés à ne pouffer des branches qu'au fommet, on les laiffe en donner dans une partie de leur longueur, & même dans toute leur longueur, & cependant on appelle encore ces arbres des *Têtards*. Ce font les peupliers noirs & les ormes qui fe prêtent le mieux à cette dernière difpofition. On détermine les troncs qui ne pouffent pas naturellement des branches à en fournir, en leur faifant de légères entailles de diftance en diftance.

Beaucoup d'ormes des routes, prefque tous les peupliers d'Italie, quoique pourvus de toute la longueur de leur tige, fe garniffent de branches le long de leur tronc, qu'on coupe de loin en loin comme les Têtards. *Voyez* ÉLAGAGE.

Il n'y a de différence entre les Têtards & les fouches, que la hauteur ; mais cette différence en met beaucoup dans leurs reproductions, ces reproductions étant d'autant plus vigoureufes que la coupe a été faite plus près de terre.

De tous les arbres, le SAULE eft celui qu'on tient le plus généralement en Têtard ; mais il eft des lieux où on en voit beaucoup d'ORME, de FRÊNE, de CHÊNE, d'ÉRABLE. *Voyez* ces mots.

On n'applique pas le nom de *Têtards* aux POIRIERS, aux PRUNIERS, aux CHATAIGNIERS & autres arbres fruitiers dont on coupe la tête pour les RAJEUNIR. *Voyez* ces mots.

Quelques écrivains ont profcrit les Têtards fans vouloir convenir que, s'ils ont des inconvéniens, ils ont auffi des avantages.

Ainfi, fi on defire obtenir en même temps un pâturage & du bois de chauffage fur un terrain quelconque, on ne peut mieux faire que d'y planter des Têtards en quinconce à une diftance les uns des autres, telle que la lumière du foleil puiffe en atteindre fucceffivement toute la furface ; on y gagnera même une augmentation de produit en herbe fi ce terrain eft léger & expofé au midi. Plufieurs parties des montagnes du centre de la France offrent des pâturages parfemés de Têtards ; mais c'eft en Efpagne, dans la Bifcaye, que j'ai vu les plantations de ce genre les plus généralement en faveur. Là, toutes les pentes font plantées en Têtards de chêne & de châtaignier, avec les dépouilles defquels on alimente de nombreufes forges : il eft impoffible de traverfer cette contrée fans fe convaincre des avantages de cette réunion.

Les faules plantés en ligne des deux côtés d'un ruiffeau peuvent n'être efpacés que de fix pieds, parce qu'ils ont fuffifamment d'air par leurs côtés ; mais fi on les mettoit en quinconce, ils n'auroient pas affez du double de cette diftance, à plus forte raifon les chênes, les ormes, les frênes, &c.

Ces trois fortes d'arbres d'arbres, qui font, comme je l'ai déjà obfervé, ceux qui, après le faule, fe difpofent le plus fréquemment en Têtard, exigent, lors même

même qu'on ne calcule pas fur le profit de l'herbe qui les entoure, au moins dix-huit pieds de diftance.

Dans les environs de Paris, & même, en général, dans toutes les plaines du nord de la France, on ne voit de Têtards qu'autour des fermes, que dans les haies & le long des routes de traverfe ; ce font eux qui fourniffent le plus fouvent. le bois de chauffage qui fe confomme dans ces plaines. Il eft à defirer que ce mode s'étende à toutes les exploitations rurales, pour l'avantage des pauvres cultivateurs, qui perdent infiniment de temps tous les ans pour aller voler leur provifion de bois dans les forêts voifines, ainfi que celui des propriétaires des forêts, qui ont fi fouvent à fe plaindre des dévaftations de ces pauvres cultivateurs.

Comme la repouffe des Têtards fe fait toujours mieux fur le jeune bois, il faut, lorfqu'on les coupe, laiffer à cette intention un tronçon de deux à trois pouces au-deffous de la coupe, ce qui élève fucceffivement la tête & occafionne des nodofités qui, dans l'érable & l'orme, forment ce qu'on appelle du brouffin, c'eft-à-dire, du bois à fibres entrelacées & diverfement coloriées, avec lequel on fabrique de fort beaux meubles, & qui en conféquence fe vend fort cher.

La plupart des Têtards fe carient par fuite de la facilité qu'a l'eau des pluies de féjourner fur leur tête, & de s'introduire par les trous qui s'y forment ; c'eft pourquoi ils ne vivent jamais auffi long-temps que les arbres qui ne font point mutilés par la ferpe ; mais comme il n'eft perfonne qui n'ait eu mille occafions de s'en convaincre, cette altération ne les empêche pas de donner d'abondantes coupes. On eft cependant obligé de les arracher bien plus tôt qu'on ne l'eût fait fans cela. Lorfque le tronc des chênes & des ormes en Têtard eft refté fain, on peut l'employer en charpente, en charronnage, en menuiferie, & même, comme je l'ai déjà annoncé, en ébénifterie.

Non-feulement les Têtards donnent du bois pour le chauffage, mais ils peuvent encore fournir un fupplément très-précieux, dans quelques localités, aux foins & autres fourrages, principalement pour les bœufs, les vaches, les moutons & les chèvres. (Voyez FEUILLE.) A cet effet on coupe leurs branches tous les deux ou trois ans, entre les deux fèves, c'eft-à-dire, en juillet, foit pour les donner de fuite à ces animaux, foit pour les deffécher & les conferver pour la provifion d'hiver. Il eft fâcheux qu'on n'en faffe pas plus généralement ufage fous ce rapport dans le nord de la France. Les efpèces les plus recherchées par les beftiaux font les ACACIAS, furtout celui INERME, le SAULE MARSEAU & autres efpèces du même genre, l'ORME, le FRÊNE & le PEUPLIER NOIR. Voyez ces mots dans le Dictionnaire des Arbres & Arbuftes. (Bosc.)

TÊTE. On donne ce nom à des parties de plan-

tes plus groffes que celle fur ou fous laquelle elles fe trouvent ; ainfi on dit une Tête de CHOUX, une Tête d'AIL. Voyez ces mots.

Par fuite les fleurs en Tête font celles qui font réunies en grand nombre autour d'un centre, comme celles de l'OIGNON, de la GLOBULAIRE, &c. (Bosc.)

TÊTE DE SAULE. Le faule étant le plus fouvent difpofé en têtard, les cultivateurs ont été portés à nommer ainfi, dans les arbres, les réunions de branches irrégulières & infertiles qui s'y développent quelquefois.

Les arbres abandonnés à la nature dans les forêts offrent rarement des Têtes de faule, mais elles font communes dans les arbres fruitiers, foit en plein vent, foit en efpalier.

Non-feulement les Têtes de faule font d'un afpect défagréable, mais elles font nuifibles aux arbres fruitiers, en attirant inutilement une grande partie de la fève ; elles ne donnent jamais de fruits. On doit donc les détruire, non en coupant leurs branches près du tronc, parce qu'elles fe reproduiroient, mais en coupant les branches mêmes qui les portent au-deffous de leur point d'infertion ; encore mieux, car il eft rare qu'il n'y ait qu'une feule Tête de faule fur un arbre, en les coupant toutes à quelque diftance du tronc, c'eft-à-dire, en RAJEUNISSANT cet arbre. Voyez ce mot.

C'eft un vice d'organifation dans les arbres ou une mauvaife taille qui fait naître les Têtes de faule ; dans le premier cas, le mieux feroit fans doute d'arracher le pied pour le remplacer par un autre.

Une efpèce vigoureufe, greffée fur un fujet foible, prend naturellement une forme analogue à celle de la Tête d'un faule, parce que les racines du fujet ne peuvent pas fournir à la Tête affez de nourriture pour développer de groffes branches. On profite quelquefois de ces circonftances pour l'embelliffement des jardins. Par exemple, le réfultat de la greffe de SORBIER DE LAPONIE fur l'épine, donne des arbres qui font naturellement la boule & fe chargent d'une grande quantité de fleurs, comme on le voit dans une allée du bofquet des Tulipiers à Verfailles. (Bosc.)

TÉTRACÈRE. TETRACERA.

Genre de plantes de la polyandrie tétragynie, figuré pl. 485 des *Illuftrations des genres* de Lamarck, & auquel, felon Vahl, fe réuniffent les genres DÉLIMA, TIGARÉA, CALINÉE, SORANCIE, DOLICARPE & EURIANDRE. Voyez ces mots.

Efpèces.

1. Le TÉTRACÈRE grimpant. *Tetracera volubilis.* Linn. ♄ Du Mexique.

2. Le TÉTRAÇÈRE à feuilles d'aune.
Tetracera alnifolia. Willd. ♄ De Guinée.
3. Le TÉTRACÈRE à feuilles liſſes.
Tetracera lævis. Vahl. ♄ Des Indes.
4. Le TÉTRACÈRE du Malabar.
Tetracera malabarica. Poir. ♄ Des Indes.
5. Le TÉTRACÈRE à trois ſtyles.
Tetracera euriandra. Vahl. ♄ De la Nouvelle-
Calédonie. (*Bosc.*)

TETRADION. *TETRADIUM.*

Arbre de la Cochinchine, qui ſeul forme un
genre dans la tétrandrie tétragynie. Nous ne le
poſſédons pas dans nos jardins. (*Bosc.*)
TÉTRADYNAMIE. Linnæus a ainſi appelé la
quinzième claſſe de ſon *Syſtème des Plantes*, claſſe
qui répond à la famille des *Crucifères*. *Voyez* le
Dictionnaire de Botanique, & le mot CRUCIFÈRE.
(*Bosc.*)

TÉTRAGASTRE. *TETRAGASTRIS.*

Genre établi par Gærtner, d'après la ſeule
inſpection du fruit, & qui depuis a été reconnu
le même que le TREWIE. *Voyez* ce mot. (*Bosc.*)

TÉTRAGONE. *TETRAGONIA.*

Genre de plantes de l'icoſandrie tétragynie &
de la famille des *Ficoïdes*, qui réunit dix eſpèces,
dont huit ſe cultivent dans nos écoles de botanique.
Il eſt figuré pl. 473 des *Illuſtrations des genres* de
Lamarck.

Eſpèces.

1. La TÉTRAGONE ligneuſe.
Tetragonia fruticoſa. Linn. ♄ Du Cap de Bonne-
Eſpérance.
2. La TÉTRAGONE tombante.
Tetragonia decumbens. Mill. ♄ Du Cap de Bonne-
Eſpérance.
3. La TÉTRAGONE tétraptère.
Tetragonia tetraptera. Ait. ♄ Du Cap de Bonne-
Eſpérance.
4. La TÉTRAGONE à épis.
Tetragonia ſpicata. Linn. ♄ Du Cap de Bonne-
Eſpérance.
5. La TÉTRAGONE velue.
Tetragonia villoſa. Poir. ⚃ De.....
6. La TÉTRAGONE herbacée.
Tetragonia herbacea. Linn. ⚃ Du Cap de Bonne-
Eſpérance.
7. La TÉTRAGONE hériſſée.
Tetragonia hirſuta. Linn. Du Cap de Bonne-
Eſpérance.
8. La TÉTRAGONE étalée.
Tetragonia expanſa. Ait. ⊙ De la Nouvelle-
Zélande.
9. La TÉTRAGONE criſtalline.
Tetragonia criſtallina. Lhérit. ⊙ Du Pérou.

10. La TÉTRAGONE échinée.
Tetragonia echinata. Ait. ⊙ Du Cap de Bonne-
Eſpérance.

Culture.

Les quatre premières eſpèces ſe plantent dans des
pots remplis de terre de bruyère, pour pouvoir les
rentrer dans l'orangerie, ou mieux dans la ſerre
tempérée aux approches de l'hiver. Pendant l'été
on les tient à l'abri des vents froids, en les plaçant contre un mur expoſé au midi ; alors ſeulement elles demandent des arroſemens fréquens,
car ils leur ſont nuiſibles pendant les autres ſaiſons ; elles ſe multiplient très-facilement de boutures faites au printemps, ſur couche & ſous
châſſis. La première & même la ſeconde ſont
aſſez jolies quand elles ſont en fleurs.
Les cinquième & ſixième ſe multiplient par le
déchirement de leurs vieux pieds, au printemps.
On les rentre également dans l'orangerie pendant
l'hiver, & on les met, pendant l'été, contre un
mur expoſé au midi.
La ſixième ſe mange comme le pourpier, &
lui eſt certainement ſupérieure, ainſi que j'en ai
perſonnellement acquis la preuve à diverſes repriſes. Je ne conçois pas comment, étant connue depuis un ſiècle dans nos écoles de botanique, elle n'eſt pas encore introduite dans nos
potagers.
Les trois dernières ſont annuelles & ſe ſèment
au printemps dans des pots également remplis de
terre de bruyère, pots qu'on place ſur une couche nue. Le plant levé ſe ſépare & ſe repique
dans d'autres pots, pour les dépoſer comme il
a été dit plus haut.
Les feuilles de la huitième ſe mangent & ſont
très-ſalutaires pour les marins, ainſi que le rapporte le capitaine Cook, qui en a fait uſage dans
ſes relâches à la Nouvelle-Zélande. (*Bosc.*)

TÉTRAGONOTHÈQUE. *TETRAGONOTHECA.*

Genre établi pour placer une eſpèce de PO-
LYMNIE. *Voyez* ce mot.
TÉTRANDRIE. C'eſt la troiſième claſſe du
ſyſtème ſexuel, qui renferme les plantes dont les
étamines ſont au nombre de quatre. *Voyez* le *Dictionnaire de Botanique*.

TÉTRANTHE. *TETRANTHUS.*

Genre de plantes de la ſyngénéſie égale, lequel
ne contient qu'une eſpèce qui croît à la Jamaïque,
ſur le bord de la mer, mais que nous ne cultivons pas dans nos jardins. (*Bosc.*)

TÉTRANTHÈRE. *TETRANTHERA.*

Genre de plantes établi par Jacquin, mais depuis réuni par Willdenow aux TOMEX, & par
Juſſieu aux LITSÉES. *Voyez* ces mots.

TÉTRAPHOÉ : nom africain de la LAMPOUR-
DE ORIENTALE.

TÉTRAPILE. *Tetrapilus.*

Arbriffeau de la Cochinchine, fort voifin des
JASMINS, dont Loureiro a fait un genre dans la
diœcie diandrie. Nous ne le poffédons pas dans
nos jardins. (*Bosc.*)

TÉTRAPOGONE. *Tetrapogon.*

Genre de plantes de la polygamie triandrie &
de la famille des *Graminées*, établi par Desfontaines pour placer une feule efpèce qu'il a découverte fur les côtes de Barbarie.
Nous ne poffédons pas cette plante dans nos
cultures. (*Bosc.*)

TÉTRAPTÈRE. *Tetrapteris.*

Genre de plantes de la décandrie trigynie & de
la famille des *Malpighiacées*, qui raffemble quatre
efpèces, dont aucune n'eft cultivée dans nos jardins. Lamarck l'a figuré pl. 382 de fes *Illuftrations
des genres.*

Obfervations.

Ce genre fe rapproche infiniment des HIRÉES
& des TRIOPTÈRES ; auffi quelques botaniftes les
ont-ils réunis.

Efpèces.

1. Le TÉTRAPTÈRE à feuilles aiguës.
Tetrapteris acutifolia. Cavan. ♄ De Cayenne.
2. Le TÉTRAPTÈRE à feuilles de citronier.
Tetrapteris citrifolia. Swartz. ♄ De la Jamaïque.
3. Le TÉTRAPTÈRE acuminé.
Tetrapteris acuminata. Willd. ♄ De Cayenne.
4. Le TÉTRAPTÈRE à feuilles de buis.
Tetrapteris buxifolia. Cavan. ♄ Des Antilles.
(*Bosc.*)

TÉTRATHÈQUE. *Tetratheca.*

Plante de la Nouvelle-Hollande, qui conftitue
un genre dans l'octandrie monogynie.
Elle ne fe cultive pas en Europe. (*Bosc.*)

TETTRYPOTEIBA : plante parafite du Bréfil, ufitée en médecine, mais dont le genre n'eft
pas encore connu.

TEUCRIETTE. On donne ce nom à la VÉ-
RONIQUE A FEUILLES DE GERMANDRÉE.

TEUCRIUM : nom latin de la GERMANDRÉE.

TEXOCTLI : nom mexicain d'un arbre produifant des fruits qui fe mangent après avoir fé-

journé dans la faumure. On ignore à quel genre
il appartient. (*Bosc.*)

THALASSIE. *Thalassia.*

Plante de la famille des *Fluviales* & de la monœcie polyandrie, qui vit dans l'eau de mer
autour de la Jamaïque.
On ne la cultive pas, & on ne la cultivera jamais dans nos jardins. (*Bosc.*)

THALICTRON : nom vulgaire du SISYMBRE
SOPHIE dans quelques cantons.

THALIE. *Thalia.*

Genre de plantes de la monandrie monogynie
& de la famille des *Balifiers*, qui diffère fort peu
des GALANGAS, & qui ne renferme que deux
efpèces originaires de l'Amérique méridionale &
des îles de la mer du Sud.
Nous ne cultivons aucune des deux dans les
jardins d'Europe. (*Bosc.*)

THAMNION. *Thamnium.*

Genre de plantes établi pour placer les lichens
ramifiés, tels que ceux des chênes, uncinate, &c.
Voyez LICHEN.

THAPSIE. *Thapsia.*

Genre de plantes de la pentandrie digynie & de
la famille des *Ombellifères*, dans lequel fe raffemblent fept efpèces, dont cinq fe cultivent dans
nos écoles de botanique. Il fe voit figuré pl. 206
des *Illuftrations des genres* de Lamarck.

Efpèces.

1. La THAPSIE turbith, vulgairement *turbith
bâtard, faux turbith.*
Thapfia garganica. Linn. ♃ Du midi de la France.
2. La THAPSIE velue.
Thapfia villofa. Linn. ♃ Du midi de la France.
3. La THAPSIE fétide.
Thapfia fœtida. Linn. ♃ Du midi de l'Europe.
4. La THAPSIE polygame.
Thapfia polygama. Desf. ♃ De la Barbarie.
5. La THAPSIE trifoliée.
Thapfia trifoliata. Miller. ♃ De l'Amérique
feptentrionale.
6. La THAPSIE de la Pouille.
Thapfia afclepium. Linn. ♃ De l'Italie.
7. La THAPSIE élevée.
Thapfia altiffima. Miller. ♃ De l'Italie.

Culture.

Ce font les cinq premières efpèces que nous
cultivons ; elles fe fèment dans des pots remplis

de terre légère, dès que les gelées ne sont plus à craindre, pots qu'on enfonce dans une couche nue. Le plant, lorsqu'il a acquis quatre à cinq feuilles, se repique avec la motte à quelque distance d'un mur exposé au levant, & ne demande plus que des soins de propreté. Il est bon cependant d'en tenir un ou deux pieds de chaque espèce en pot, pour les rentrer dans l'orangerie aux approches des froids, car ils craignent ceux qui sont très-rigoureux.

Les semis en pleine terre ne réussissent pas toujours, à raison du prolongement des froids du printemps. (*Bosc.*)

THÉ. *Thea.*

Genre de plantes de la polyandrie monogynie & de la famille des *Orangers*, qui, selon les botanistes, renferme deux espèces, en effet fort différentes l'une de l'autre, le THÉ bou & le THÉ VERT, mais qu'il est possible de regarder comme des variétés l'une de l'autre, lorsqu'on sait qu'elles se cultivent depuis des milliers d'années en Chine, leur pays natal, & lorsqu'on connoît l'influence de la culture sur les plantes. *Voyez* VARIÉTÉ.

Kœmpfer & Thunberg, qui ont voyagé au Japon, & Lettsom qui a publié à Londres, en 1772, une dissertation sur ce genre, sont de ce dernier avis, fondé sur ce qu'on possède en Chine des variétés intermédiaires fort nombreuses, & d'autres qui s'en écartent beaucoup, ainsi que l'a prouvé Loureiro dans sa *Flore de la Cochinchine.*

Le grand nombre de sortes de Thé qui se trouvent dans le commerce & qui ont toutes des noms chinois, j'en ai eu plus de soixante, qui provenoient de la compagnie hollandaise des Indes, sont dues & à ces variétés, & à la partie de la Chine d'où elles sortent, & à l'époque de la cueillette des feuilles, & à la manière dont elles ont été desséchées, aromatisées, &c. Les combinaisons de ces diverses circonstances pourroient tripler facilement le nombre précité.

Quoi qu'il en soit, la feuille du Thé, de l'infusion de laquelle les Chinois font un usage général, est devenue, depuis la découverte du passage du Cap de Bonne-Espérance, l'objet d'un commerce de haute importance pour l'Europe, à raison de la grande consommation qui s'en fait, principalement en Angleterre, en Hollande & dans les royaumes du Nord. On se demande comment cette infusion, qui n'est qu'un léger astringent aromatisé, a pu obtenir cette faveur générale, lorsque celle de tant d'autres plantes indigènes & exotiques semblent devoir lui être préférées. Certainement elle n'est pas excitante, ou sous le rapport intellectuel, comme le café, ou sous le rapport physique, comme le tabac : sans doute elle doit favoriser la digestion, à raison de son astringence ; mais cet effet est contre-balancé

par la température élevée qu'on exige pour la prendre, puisque l'eau chaude est un des plus puissans débilitans : aussi remarque-t-on que les grands preneurs de Thé sont pâles & foibles, ont beaucoup de disposition à la paresse, à la mélancolie & au suicide, ce qui devroit en dégoûter la classe riche.

Si on considère le Thé sous le rapport de l'économie politique, il est à remarquer que son acquisition enlève chaque année une somme très-importante de numéraire à l'Europe, somme qui s'enfouit à la Chine, & qui par conséquent est perdue pour le reste du Monde, ce pays ne faisant presque aucun commerce d'importation, autre motif qui devroit éloigner de son usage habituel les amis de la prospérité publique.

Pourquoi, se demande-t-on souvent, n'a-t-on pas essayé de naturaliser le Thé en Europe, puisque nous le possédons dans nos orangeries depuis un demi-siècle, & que la température des parties méridionales du royaume lui est convenable ? Je dois cependant annoncer que Broussonnet d'abord, & Volney ensuite, en ont fait des plantations en Corse, qui ont réussi aussi bien qu'on pouvoit le desirer, mais que la malveillance a ruinées. J'invite à recommencer les essais sur le revers méridional des Cévennes ou dans les basses Alpes, contrées qui paroissent jouir de tous les avantages propres à les faire prospérer. On trouvera autant de pieds qu'il sera nécessaire pour commencer chez Cels, pépiniériste à Paris, qui s'est fait un devoir de multiplier cet arbuste, quoiqu'il soit peu de vente.

Puisque j'en suis sur cet article, je vais parler de la multiplication & de la culture du Thé dans le climat de Paris, ensuite je parlerai de celle qu'on lui donne en Chine, puis des préparations que subissent ses feuilles avant d'être mises dans le commerce.

Les deux espèces ou variétés de Thé que nous possédons, craignent les gelées du climat de Paris ; en conséquence on est obligé de les tenir en pot pour pouvoir les rentrer dans l'orangerie pendant l'hiver, ou de les planter sous des châssis permanens. Cette dernière manière est préférable lorsqu'on veut avoir des pousses vigoureuses, propres à être marcottées ; aussi est-ce celle que Cels suit.

La terre propre au Thé est celle de moyenne consistance & fertile, c'est-à-dire, composée d'un tiers de terre franche, d'un tiers de terre de bruyère & d'un tiers de terreau de couche. Lorsqu'il est en pot, on doit renouveler en partie cette terre tous les ans. Les pieds de Thé qui ont cinq à six ans d'âge, fleurissent tous les ans dans nos orangeries, mais il est très-rare qu'ils donnent des fruits, & encore plus de bonne graine, dont je n'ai encore vu qu'une. C'est donc de rejetons, de marcottes & de boutures qu'on le multiplie.

Des rejetons se montrent plus souvent sur les

pieds en pleine terre que fur ceux en pots ; mais cependant ils font fi peu communs, qu'on ne peut pas compter fur eux pour le commerce , quelque rares que foient les demandes. Ces rejetons fe lèvent au printemps, avant le retour de la féve, & fe traitent comme les vieux pieds.

La voie des marcottes eft un peu longue, mais fûre : on doit la pratiquer au printemps , dès que les boutons commencent à fe gonfler , avec des pouffes de l'année précédente. Si , au bout de la feconde année , ces marcottes n'ont pas de racines , il faudra les cerner ou les ligaturer , ce qui en fera paroître prefque certainement. Ces marcottes fe fèvrent fix mois avant leur enlèvement , & fe traitent comme les vieux pieds.

C'eft au moyen de boutures faites au printemps , dans des pots placés fur couche & fous châffis , qu'on multiplie le plus rapidement le Thé. Très-peu de ces boutures manquent lorfqu'elles font bien conduites , & elles peuvent être plantées féparément dès l'automne fuivant.

Des arrofemens rares en hiver , fréquens , mais modérés en été , doivent être donnés aux pieds de Thé de tous les âges. Une expofition chaude , mais ombragée , pendant cette dernière faifon , leur eft avantageufe. En général, ils pouffent foiblement. La ferpette ne doit les toucher que le plus rarement poffible. On a tenté , mais fans fuccès , d'en faire paffer l'hiver , paliffadés contre un mur expofé au midi.

J'ai fouvent pris l'infufion des feuilles de Thé cultivé aux environs de Paris , & je l'ai trouvée fupérieure à celle de la plupart des Thés du commerce. Il en a été de même en Caroline , où j'en ai cultivé plufieurs pieds en pleine terre pendant deux ans , & où ils réuffiffoient fort bien.

En Chine on plante le Thé ou en quinconce, ou en ligne , ou autour des champs : ce dernier mode de difpofition eft le plus commun : c'eft toujours de femence qu'on le multiplie , ce qui explique le grand nombre de fes variétés. On ne laboure que l'efpace qui doit recevoir la femence, c'eft-à-dire , cinq à fix pouces en carré, & on y place cinq à fix femences. Le plant levé fe bine & fe fume. L'année fuivante on fupprime les pieds les plus foibles. Celui reftant eft de même labouré & fumé, fouvent avec des excrémens humains , pendant les deux années fuivantes. A cette époque les feuilles commencent à être bonnes, & on les cueille jufqu'à fept à huit ans fans donner aucun labour ni engrais. Dans fon pays natal , comme dans nos orangeries , le Thé croît très-lentement. Vouloir contrarier fa nature à cet égard , n'auroit aucun avantage réel. A l'âge ci-deffus , le pied eft arrivé à la hauteur d'un homme ; ce n'eft pas celle qu'il pourroit atteindre ; mais comme il donne alors moins de feuilles & de plus petites feuilles, on le rajeunit, c'eft-à-dire , qu'on coupe fes branches à quelque diftance du tronc , ce qui déter

mine la fortie de nouvelles branches très-garnies de larges feuilles. *Voyez* RAJEUNISSEMENT.

Nous n'avons pas de renfeignemens fur le nombre de fois qu'on renouvelle le rajeuniffement des pieds de Thé, ni fur la durée de leur vie, mais on conçoit que cela doit être fort variable.

Il y auroit certainement de l'avantage à femer le Thé en pépinière, où on lui donneroit toutes les façons ufitées ici pour les arbres fruitiers, & où on pourroit le greffer avec les variétés reconnues les meilleures, foit pour la qualité, foit pour la précocité, foit pour la vigueur, foit pour la grandeur , le nombre des feuilles , &c. A deux ans ces pieds feroient tranfplantés dans un terrain bien défoncé, bien fumé, & ils y donneroient des récoltes certainement fupérieures à celles qui font le réfultat de la pratique actuelle.

La récolte des feuilles du Thé dure une grande partie de l'été & demande beaucoup de bras, parce qu'elle doit être faite en coupant ces feuilles une à une fans endommager l'écorce. Un homme peut en ramaffer dix à douze livres par jour. Ordinairement on fait trois récoltes.

La première a lieu à la fin de février ou au commencement de mars, lorfque les feuilles font à peine développées. C'eft celle dont les produits, à raifon de leur fupériorité, font réfervés pour l'Empereur & les grands de l'Empire ; c'eft pourquoi ils portent le nom de *Thé impérial.*

La feconde, qui eft la première pour ceux qui ne font pas de Thé impérial, commence à la fin de mars ou dans les premiers jours d'avril. Les feuilles font alors, les unes à toute leur perfection, les autres à moitié de leur croiffance. On les cueille indifféremment ; mais lorfqu'elles font arrivées à la maifon, on les trie pour en faire plufieurs qualités de Thé, dont la meilleure provient des plus petites.

Enfin, la troifième récolte, qui eft la plus abondante, fe fait un mois après la feconde, lorfque les feuilles ont toutes acquis leur grandeur. Quelques perfonnes n'en font point d'autres. Les feuilles qui en proviennent font également triées en trois lots.

Il ne paroît pas qu'on faffe jamais deux récoltes fur le même pied ; ce qui feroit en effet l'affoiblir plus rapidement, même le conduire à la mort.

Malgré ce ménagement, les pieds de Thé effeuillés pouffant plus leurs branches & moins leurs racines en longueur que ceux non effeuillés, il eft néceffaire de rétablir de loin en loin l'équilibre, en coupant les premières ; auffi eft-ce ce qui fe pratique, comme je l'ai déjà obfervé. *Voyez* FEUILLE & RACINE.

Les feuilles des jeunes arbriffeaux font meilleures que celles des vieux. Leur qualité varie auffi felon les cantons, dont le fol , dit-on, leur communique un goût & un parfum particuliers , ce qui peut être vrai, mais ce qui auffi peut &

même doit plutôt provenir de la variété qu'on y cultive.

On a foin de ne pas trop entaffer les feuilles dans les paniers où on les place en les cueillant, & même de n'en pas trop mettre dans le même panier, pour qu'elles ne s'échauffent pas.

Dans quelques parties de la Chine & du Japon, on emploie des précautions minutieufes pour la récolte des feuilles de certaines variétés de Thé deftinées pour l'ufage des empereurs, précautions qui n'ont aucun réfultat réel. La feule digne d'attention, eft de choifir l'inftant précis où la feuille a la qualité qu'on defire voir prédominer.

Les pieds de Thé dont on a récolté les feuilles donnent peu de graines ou de mauvaifes graines; auffi faut-il réferver des pieds, afin d'en avoir pour les femis. Il y a, autour de Canton, une variété que Loureiro regarde comme une efpèce dont les feuilles font peu eftimées, & ne fe récoltent pas. Il donne une grande abondance de graine, dont on tire une huile jaunâtre qui fert communément à brûler, & qu'on mange quelquefois, quoiqu'inférieure à d'autres.

Auffitôt que les feuilles de Thé font cueillies, on les met, par petites parties, fur le feu, dans une baffine de fer fort grande & fort évafée; & lorfqu'elles font chaudes, on les ôte de la baffine & on les roule avec la paume de la main fur une natte, jufqu'à ce qu'elles deviennent comme frifées. Par cette opération, pendant laquelle elles fuintent un fuc verdâtre fort corrofif & qui brûle les mains des ouvriers, elles fe dépouillent de leur eau furabondante, tiennent moins de volume & font plus aifées à conferver. Il eft effentiel qu'elles reçoivent ces opérations le jour même qu'on les cueille; fi on les gardoit feulement une nuit, elles noirciroient & perdroient un partie de leur qualité. Dès que les feuilles font froides, on les remet dans la baffine & on les remue lentement, jufqu'à ce qu'elles foient prefque complètement deffechées, puis on les roule une feconde fois; après quoi on les laiffe expofées à l'air fur des nattes jufqu'à ce qu'on puiffe les trier.

Quelquefois on eft obligé de remettre ces feuilles une troifième fois dans la baffine; c'eft lorfqu'on n'a pas bien faifi le moment du fecond roulage, & qu'elles ne paroiffent pas fuffifamment fèches pour être de garde.

Les manipulations du grillage du Thé demandent beaucoup d'habitude pour être bien faites. Il faut favoir furtout graduer le feu convenablement, pour que les feuilles confervent leur couleur verte. Une grande propreté eft auffi très-recommandable. A chaque apprêt on doit laver la baffine, pour enlever le fuc qui s'y attache, & qui gâteroit les feuilles qu'on y mettroit enfuite.

Il eft des fortes de Thé qu'on met jufqu'à cinq fois & plus dans la baffine, & qu'on roule autant de fois, mais cette recherche minutieufe n'aug-

mente pas réellement leur bonté & leurs moyens de confervation.

Quelquefois les feuilles de Thé fort jeunes font mifes un inftant dans l'eau chaude pour enlever la vifcofité dont elles font couvertes, puis féchées fur un papier épais au-deffus d'un brafier de charbon, fans être aucunement roulées.

Les habitans des campagnes fe contentent de faire deffécher les feuilles de Thé deftinées à leur confommation, & ils les confervent dans des paniers de paille qu'ils fufpendent au plancher de leur maifon. On dit qu'elles font fouvent meilleures que celles qui ont été roulées avec le plus de foin. Il y a lieu de croire, en effet, que fi on fe contentoit de deffécher les feuilles dans une étuve, fans les rouler, elles conferveroient mieux leurs principes conftituans; feulement elles riendroient plus de place & fe réduiroient plus facilement en poudre dans les opérations de l'encaiffement, du tranfport, du tranfvafement, &c. Mais quel inconvénient de faire ufage du Thé en poudre? Aucun, que celui de rendre plus difficile à reconnoître le mélange des feuilles d'autres arbres.

Après avoir gardé pendant quelques mois le Thé ainfi préparé, on le retire des vafes où il a été dépofé, pour le remettre dans la baffine & l'expofer, en le remuant continuellement, à un feu très-doux, afin de lui enlever l'humidité qu'il a pu conferver ou reprendre; après quoi il eft marchand, & peut être confervé un nombre d'années indéterminé, pourvu qu'il foit tenu dans des vafes bien fermés.

L'expérience a prouvé que l'ufage du Thé non deffeché, & même de celui qui n'avoit pas un an au moins de préparation, caufoit des pefanteurs de tête & des tremblemens de nerfs. En conféquence on attend, en Chine & pays voifins, qu'il ait acquis cet âge, quoiqu'il foit bien plus agréable quand il eft plus frais. Celui qui nous parvient en Europe ne peut avoir moins de deux ans, & il en a quelquefois fix à huit; auffi eft-il rare que ceux qui en ont bu dans fon pays natal en trouvent de paffable chez nos marchands.

C'eft dans des boîtes d'étain ou de plomb foudées que fe met le Thé fin; celui de moyenne qualité fe renferme dans des boîtes de bois recouvertes de vernis, & le commun dans des caiffes de bois dont toutes les fentes font garnies de papier collé. Il y eft preffé fuffifamment pour qu'il n'éprouve aucun taffement, & par fuite aucune détérioration dans fa forme.

Le Thé s'aromatife, foit avec les fleurs d'une armoife, foit avec celles de l'olivier odorant, du camelia ferangua, du jafmin d'Arabie, du curcuma.

Parmi les foixante & tant d'efpèces de Thé qui fe vendent dans les marchés de l'Europe, ainfi que je l'ai annoncé au commencement de cet article, il faut en diftinguer, au dire de Desfontaines, à qui on doit un très-beau Mémoire fur cet arbufte , huit principales; favoir, trois de Thé vert , & cinq de Thé bou. Les voici dans l'ordre de l'eftime dont elles jouiffent dans chaque forte.

Thés verts.

Le *Thé impérial* ou *fleur de Thé*. Il n'eft pas roulé. Ses feuilles font d'un vert-clair & d'un parfum agréable.

Le *Thé haifven* ou *hiffon*. Ses feuilles font petites & roulées fortement; elles ont une couleur verte tirant fur le bleu ; c'eft le *Thé poudre à canon* des Anglais.

Le *Thé finglo* ou *fonglo*.

Thés bous.

Le *Thé fouchong*, dont les feuilles font larges, non roulées, & d'une couleur tirant fur le jaune.

Le *Thé fuculo*, qui a le parfum de la violette , & dont l'infufion eft pâle.

Le *Thé congou*. Ses feuilles font larges & donnent une infufion colorée.

Le *Thé peko* , qu'on reconnoît à de petites feuilles blanches qui y font mêlées.

Le *Thé bou* proprement dit. Il eft vert-brun & d'une couleur uniforme.

La plus fimple manière de préparer le Thé eft d'en mettre une quantité déterminée par fa force, le goût de la perfonne , la grandeur du vafe , dans ce qu'on appelle une *théière* , préalablement échauffée , d'y verfer deffus une petite quantité d'eau, &, quelques minutes après , lorfque les feuilles font bien imbibées de la première eau, d'achever de la remplir , de verfer de fuite l'infufion fur du fucre & de la boire.

Lorfque la feuille eft reftée long-temps dans l'eau, l'infufion diminue d'agrément, parce qu'une trop grande quantité du principe aftringent réfineux fe diffout.

Trop fort , le Thé porte fur les nerfs; trop foible , il manque de faveur.

D'après Vitet, l'infufion de Thé augmente la force & la vélocité du pouls , accélère la digeftion, conftipe légèrement , tantôt augmente le cours des urines, tantôt le diminue , rend plus vives & plus longues les coliques bilieufes. Elle nuit généralement aux tempéramens fecs , foit bilieux, foit fanguins.

J'aurois beaucoup pu étendre cet article , fi j'avois voulu entrer dans les détails de la culture & de la préparation du Thé dans les différentes provinces de la Chine & du Japon, détails qui n'apprennent rien autre chofe, finon que les cultivateurs de ces pays, comme ceux d'Europe, font foumis à des préjugés, & qu'ils fe livrent à des opérations ou difficiles , ou longues , ou coûteufes , nonfeulement quoiqu'elles foient inutiles, mais même quoiqu'elles foient nuifibles au but qu'ils fe propofent. (*Bosc.*)

THÉ DE FRANCE. La SAUGE A PETITES FEUILLES porte ce nom.

THÉ DES JESUITES. La PSORALE D'AMÉRIQUE a jadis porté ce nom.

THÉ DE LA MARTINIQUE. C'eft la CAPRAIRE BIFLORE.

THÉ DE LA MER DU SUD : nom donné par Coock à un LEPTOSPERME.

THÉ D'EUROPE. C'eft la VÉRONIQUE DES BOUTIQUES.

THÉ DU MEXIQUE : nom vulgaire de l'ANSERINE ANTHELMENTIQUE.

THÉ DES ANTILLES : nom de la CAPRAIRE BIFLORE.

THÉ DES APALACHES. Le HOUX CASSINE & la VIORNE LUISANTE s'appellent ainfi dans l'Amérique feptentrionale.

THÉ DE LA NOUVELLE-HOLLANDE. C'eft une SALSEPAREILLE.

THÉ DE LA NOUVELLE-JERSEY. *Voy.* CÉANOTHE D'AMÉRIQUE.

THÉ D'OSWEGO. La MONARDE POURPRE s'appelle de ce nom.

THÉ DU PARAGUAY. On croit que c'eft l'ÉRYTHROXYLLE DU PÉROU.

THÉ DU PÉROU. C'eft l'arbufte de l'article précédent.

THÉ DE LA RIVIÈRE DE LIMA. *Voyez* CAPRAIRE BIFLORE.

THÉ DE SANTÉ. C'eft encore la CAPRAIRE BIFLORE.

THÉ SUISSE : mélange des feuilles & des fleurs de plufieurs efpèces de plantes qui croiffent dans les hautes Alpes. On l'appelle auffi FALTRANKE. *Voyez* ce mot. (*Bosc.*)

THEC. *THECA* ou *TECTONA*.

Grand arbre de l'Inde & îles qui en dépendent, extrêmement précieux pour les conftructions civiles , ainfi que pour les conftructions navales; auffi l'appelle-t-on *chêne du Malabar*. Ses feuilles donnent une teinture pourpre. Il conftitue feul un genre dans la pentandrie monogynie & dans la famille des *Gatiliers*, genre que Lamarck a figuré pl. 136 de fes *Illuftrations des genres*.

Cet arbre fe cultive, dit-on, en Angleterre, dans les ferres chaudes , mais il y eft très-rare. Je n'ai aucun renfeignement fur les foins qu'il exige. (*Bosc.*)

THÈLE. *THELA.*

Genre de plantes de la pentandrie monogynie , qui réunit deux arbriffeaux de la Cochinchine qui croiffent dans les marais & grimpent fur les rofeaux.

Ces deux arbriffeaux ne fe voient dans aucun jardin en Europe. (*Bosc.*)

THÉLÉBOLE. *Thelebolus.*

Genre de champignons fort voisin des moisissures, & qui renferme plusieurs espèces croissant sur l'écorce des arbres morts ou mourans. *Voyez* MOISISSURE. (*Bosc.*)

THÉLÉOBOLE. *Theleobolus.*

Genre de champignons qui ne renferme qu'une espèce, vivant sur les matières fécales. *Voyez* CHAMPIGNON.

THÉLIGONE. *Theligonum.*

Plante annuelle, indigène aux départemens méridionaux de la France, & qui seule constitue un genre dans la monœcie polyandrie & dans la famille des *Orties*. Elle est figurée pl. 77 des *Illustrations des genres* de Lamarck.

La Théligone ne se cultive que dans les jardins de botanique, où elle se sème en place, & où elle ne demande d'autres soins que des sarclages de propreté. Elle n'est d'aucun intérêt. (*Bosc.*)

THÉLIMITRE. *Thelimitra.*

Genre de plantes de la famille des *Orchidées*, qui renferme deux espèces originaires, l'une des îles de la mer du Sud, & l'autre du Cap de Bonne-Espérance, mais que nous ne cultivons pas dans nos jardins. (*Bosc.*)

THEMÈDE. *Themeda.*

Plante graminée d'Arabie, dont Forster a formé un genre dans la monœcie triandrie.

Nous ne la possédons pas dans nos jardins. (*Bosc.*)

THÉOMBROTION : plante citée par Démocrite, & qui n'a pu être déterminée par les botanistes modernes.

THÉORIE AGRICOLE. On doit appeler ainsi la connoissance des procédés de l'agriculture, non-seulement dans le moment présent, mais dans l'antiquité; non-seulement dans son canton, mais dans toute la France, mais dans toute l'Europe, mais dans tout l'Univers, ainsi que celle des principes d'histoire naturelle, de physique, de chimie, &c., sur lesquels ces procédés sont fondés.

Cette définition suffit pour faire voir qu'on ne doit pas accuser la Théorie de la ruine de tant de propriétaires ou de fermiers qui, séduits par une imagination déréglée, ou trompés par les promesses d'un charlatan, se sont livrés à des travaux dispendieux, sans avoir les connoissances propres à les guider.

Ce n'est que lorsque les propriétaires ou les fermiers auront acquis, dès leur enfance, les connoissances élémentaires de la physique, de l'histoire naturelle, de la chimie, de la médecine, &c., qu'ils auront étudié pendant plusieurs années les méthodes de culture consignées dans les livres, & les auront comparées à ce qui se fait sous leurs yeux, qu'ils pourront se livrer avec succès à la culture, c'est-à-dire, appliquer la Théorie à la pratique.

Dans cet ouvrage j'ai toujours eu l'intention de faire marcher la Théorie & la pratique de pair; mais j'ai dû cependant accorder bien moins d'articles, & des articles plus courts à la première, parce qu'elle étoit l'objet spécial des autres Dictionnaires. *Voy.* PRATIQUE & ROUTINE. (*Bosc.*)

THÉRÉBENTINE. *Voyez* TÉRÉBENTHINE.

THERMOMÈTRE : instrument destiné à faire connoître les variations du chaud & du froid. *Voyez* le D*ictionnaire de Physique*.

Les cultivateurs qui spéculent sur la grande culture peuvent se passer de Thermomètre ; mais ceux qui veulent avoir des COUCHES, des ORANGERIES, des BACHES & des SERRES, doivent s'en pourvoir, car sans lui ils ne procéderont qu'aveuglément. *Voyez* ces mots & celui TEMPÉRATURE.

C'est dans les grandes villes que l'on doit se pourvoir de Thermomètres, parce que là seulement on les fait bons & à bas prix. (*Bosc.*)

THÉSÉ. *Securinega.*

Arbre de l'Ile-de-France, dont le bois est extrêmement dur, & qui constitue seul, dans l'hexandrie trigynie & dans la famille des *Euphorbes*, un genre fort voisin du Buis.

Nous ne le cultivons pas en Europe. (*Bosc.*)

THÉSION. *Thesium.*

Genre de plantes de la pentandrie monogynie & de la famille des *Eléagnoïdes*, dans lequel se placent vingt-deux espèces, dont plusieurs se cultivent dans nos écoles de botanique. Il est figuré pl. 142 des *Illustrations des genres* de Lamarck.

Espèces.

1. Le THÉSION à feuilles de lin.
Thesium linophyllum. Linn. ♃ Indigène.

2. Le THÉSION des Alpes.
Thesium alpinum. Linn. ♃ Des Alpes.

3. Le THÉSION à tiges basses.
Thesium humile. Vahl. Du Cap de Bonne-Espérance.

4. Le THÉSION rayé.
Thesium lineatum. Thunb. Du Cap de Bonne-Espérance.

5. Le THÉSION à fleurs nues.
Thesium ebracteatum. Hayn. De l'Allemagne.

6. Le

6. Le THÉSION rude.
Thesium squarrosum. Thunb. Du Cap de Bonne-Espérance.

7. Le THÉSION unilatéral.
Thesium frisea. Thunb. Du Cap de Bonne-Espérance.

8. Le THÉSION effilé.
Thesium virgatum. Lam. ♄ Du Cap de Bonne-Espérance.

9. Le THÉSION alongé.
Thesium funale. Linn. ♄ Du Cap de Bonne-Espérance.

10. Le THÉSION en épi.
Thesium spicatum. Linn. Du Cap de Bonne-Espérance.

11. Le THÉSION à fleurs en tête.
Thesium capitatum. Linn. ♄ Du Cap de Bonne-Espérance.

12. Le THÉSION à corymbe.
Thesium strictum. Linn. ♄ Du Cap de Bonne-Espérance.

13. Le THÉSION ombellé.
Thesium umbellatum. Linn. ♃ De l'Amérique septentrionale.

14. Le THÉSION cassant.
Thesium fragile. Thunb. Du Cap de Bonne-Espérance.

15. Le THÉSION scabre.
Thesium scabrum. Linn. ♄ Du Cap de Bonne-Espérance.

16. Le THÉSION paniculé.
Thesium paniculatum. Linn. ♄ Du Cap de Bonne-Espérance.

17. Le THÉSION hispidule.
Thesium hispidulum. Lamarck. ♄ Du Cap de Bonne-Espérance.

18. Le THÉSION amplexicaule.
Thesium amplexicaule. Linn. ♄ Du Cap de Bonne-Espérance.

19. Le THÉSION à trois fleurs.
Thesium triflorum. Linn. ♄ Du Cap de Bonne-Espérance.

20. Le THÉSION à feuilles charnues.
Thesium euphorbioides. Linn. ♄ Du Cap de Bonne-Espérance.

21. Le THÉSION épineux.
Thesium spinosum. Linn. ♄ Du Cap de Bonne-Espérance.

22. Le THÉSION drupacé.
Thesium drupaceum. Labill. ♄ De la Nouvelle-Hollande.

Culture.

Les espèces nᵒˢ. 1, 2, 5, 13 & 18, se cultivent dans nos écoles de botanique. Les quatre premières se sèment en place, & ne demandent d'autres soins que ceux de propreté; l'autre exige l'orangerie pendant l'hiver, & en conséquence se tient dans un pot qu'on place pendant l'été

Agriculture. Tome VI.

dans un lieu abrité des vents froids. Ce sont des plantes de nul agrément.

La première est assez commune dans les pâturages secs & exposés au midi, surtout dans ceux qui sont calcaires, mais il faut la chercher pour l'y remarquer. Les bestiaux la mangent. (*Bosc.*)

THILAQUI. *Tilachium.*

Arbre d'Afrique, voisin des CALYPTRANTHES, qui seul forme un genre dans la polyandrie monogynie.

Nous ne le possédons pas dans nos jardins. (*Bosc.*)

THIM. *Voyez* THYM.

THLASPI : nom latin du genre de plantes appelé en français TABOURET. *Voyez* ce mot.

THLASPI JAUNE. *Voyez* ALYSSE JAUNE.

THOA. *Thoa.*

Arbuste de Cayenne, qui seul constitue un genre dans la monoecie polyandrie & dans la famille des *Orties.* Il est figuré pl. 784 des *Illustrations des genres* de Lamarck.

On ne le cultive pas en Europe. (*Bosc.*)

THOUARSE. *Thuarea.*

Graminée sarmenteuse, originaire de Madagascar, & qui seule constitue un genre dans la polygamie triandrie.

Nous ne la cultivons pas dans nos jardins. (*Bosc.*)

THOUINIE. *Thouinia.*

Plusieurs genres ont porté ce nom, mais ils ont été réunis à d'autres, excepté celui établi par Poiteau dans l'octandrie monogynie & dans la famille des *Savonniers.* *Voyez* ENDRACH & CHIONANTHE.

Ce genre renferme trois espèces, dont aucune n'est cultivée dans nos jardins.

Espèces.

1. La THOUINIE à feuilles simples.
Thouinia simplicifolia. Poit. ♄ De Saint-Domingue.

2. La THOUINIE à feuilles ternées.
Thouinia trifoliata. Poit. ♄ De Saint-Domingue.

3. La THOUINIE à feuilles ailées.
Thouinia pinnata. Turp. ♄ De Saint-Domingue.
(*Bosc.*)

THRINACE. *Thrinax.*

Arbuste de la Jamaïque, qui seul forme un genre dans l'hexandrie monogynie & dans la famille des *Palmiers.*

Ppp

Nous ne poffédons pas cet arbufte dans nos jardins. (*Bosc.*)

THRINCIE. *Thrincia.*

Genre de plantes établi pour placer deux efpèces de LIONDENT de Linnæus, le HÉRISSÉ & le HISPIDE. *Voyez* ce mot, où ces efpèces font rappelées. (*Bosc.*)

THRIXSPERME. *Thrixspermum.*

Plante parafite de la Cochinchine, fort voifine des ANGRECS, mais que Loureiro croit devoir former feule un genre dans la gynandrie monandrie.

On ne la cultive pas en Europe. (*Bosc.*)

THRYALLE. *Thryallis.*

Arbufte du Bréfil, qui feul forme un genre dans la décandrie monogynie.

On ne le poffède pas dans les jardins d'Europe. (*Bosc.*)

THRYOCÉPHALE. *Thryocephala.*

Plante des îles de la mer du Sud, fort voifine des fouchets, mais qui feule forme un genre dans la monœcie triandrie & dans la famille de Cypéroïdes.

On ne la voit pas en Europe dans les jardins. (*Bosc.*)

THUNBERGIE. *Thunbergia.*

Genre de plantes de la didynamie angiofpermie & de la famille des *Acanthes*, qui eft compofé de deux efpèces, dont une eft cultivée dans quelques-uns de nos jardins. Il eft figuré pl. 549 des *Illuftrations des genres* de Lamarck.

Efpèces.

1. La THUNBERGIE du Cap.
Thunbergia capenfis. Linn. ⊙ Du Cap de Bonne-Efpérance.
2. La THUNBERGIE odorante.
Thunbergia fragrans. Roxb. ♄ Des Indes.

Culture.

C'eft la dernière qui fe cultive en Europe. Il lui faut la ferre chaude, une terre à demi confiftante & peu d'arrofemens, furtout en hiver. On la multiplie de boutures faites à la fin du printemps, dans des pots fur couche & fous châffis. Elle eft encore fort rare. (*Bosc.*)

THURAIRE. *Thuraria.*

Arbre du Chili, qui feul conftitue un genre dans la décandrie digynie.

Il fournit une réfine très-odorante, qu'on fubftitue à l'encens.

Nous ne le cultivons pas dans nos jardins. (*Bosc.*)

THUYA. *Thuya.*

Genre de plantes de la monœcie monadelphie & de la famille des *Crucifères*, qui raffemble une demi-douzaine d'efpèces d'arbres, dont deux fe cultivent en pleine terre dans le climat de Paris. Il eft figuré pl. 789 des *Illuftrations des genres* de Lamarck.

Je le traiterai en détail dans le *Dictionnaire des Arbres & Arbuftes.* (*Bosc.*)

THYM. *Thymus.*

Genre de plantes de la didynamie gymnofpermie & de la famille des *Labiées*, dans lequel fe placent une trentaine d'efpèces d'arbuftes, dont plufieurs fe trouvent très-abondamment dans nos campagnes, & fe cultivent, ainfi que d'autres, dans nos jardins & nos écoles de botanique. Il eft figuré pl. 512 des *Illuftrations des genres* de Lamarck.

J'en ferai l'objet d'un article de quelqu'étendue dans le *Dictionnaire des Arbres & Arbuftes.* (*Bosc.*)

THYM BLANC. C'eft la GERMANDRÉE DES MONTAGNES. *Voyez* ce mot.

THYMBRA. *Thymbra.*

Genre de plantes de la didynamie gymnofpermie & de la famille des *Labiées*, qui réunit trois efpèces, dont deux fe cultivent dans nos écoles de botanique. Il eft figuré pl. 512 des *Illuftrations des genres* de Lamarck.

Efpèces.

1. Le THYMBRA en épi.
Thymbra fpicata. Linn. ♄ Du midi de l'Europe.
2. Le THYMBRA verticillé.
Thymbra verticillata. Linn. ♄ Du midi de l'Europe.
3. Le THYMBRA cilié.
Thymbra ciliata. Desf. ♄ De la Barbarie.

Culture.

Les deux premières efpèces font celles que nous cultivons.

On les multiplie de graines & par déchirement des vieux pieds.

Les graines fe fèment au printemps, dans des pots remplis de terre légère, qu'on place fur une couche nue. Vers le milieu de l'été on repique le plant feul à feul dans d'autres pots qui font mis, jufqu'aux gelées, contre un mur expofé au midi, & qu'à cette époque on rentre dans l'orangerie.

Le déchirement des vieux pieds s'effectue également au printemps, mais il n'eft pas toujours poffible.

Ces deux plantes font de peu d'agrément; elles demandent de rares arrofemens. (*Bosc.*)

THYMELÉE : efpèce du genre des LAU-RÉOLES.

THYSANE. *Thysanus.*

Grand arbre de la Cochinchine, fur lequel eft établi un genre dans la décandrie pentagynie.

Nous ne le poffédons pas dans nos jardins. (*Bosc.*)

TIARELLE. *Tiarella.*

Genre de plantes de la décandrie digynie & de la famille des *Saxifragées*, dans lequel fe placent trois efpèces, qui toutes fe cultivent dans nos écoles de botanique. Il eft figuré pl. 373 des *Illuf-trations des genres* de Lamarck.

Efpèces.

1. La TIARELLE à feuilles en cœur.
Tiarella cordifolia. Linn. ♃ De l'Amérique fep-tentrionale.

2. La TIARELLE trifoliée.
Tiarella trifoliata. Linn. ♃ De la Sibérie.

3. La TIARELLE biternée.
Tiarella biternata. Vent. ♃ De l'Amérique fep-tentrionale.

Culture.

La terre de bruyère eft celle qui convient le mieux à ces plantes. Il leur faut de la fraîcheur & de l'ombre pour qu'elles profpèrent. Les gelées de nos hivers ne les affectent point. Leur culture fe réduit à des binages de propreté. On les mul-tiplie de graines dont elles donnent rarement dans nos climats, & plus fréquemment par déchirement des vieux pieds, déchirement qui s'effectue au printemps, & qui réuffit prefque toujours. Ce font des plantes affez élégantes, mais qui ne font pas affez remarquables pour être plantées dans les jardins d'agrément. (*Bosc.*)

TIBOUE. *Tibouchina.*

Arbriffeau de Cayenne, qui, felon Aublet, conftitue feul un genre dans la décandrie mono-gynie, mais qu'on a réuni aux MÉLASTOMES. *Voyez* ce mot.

Il ne fe cultive pas en Europe. (*Bosc.*)

TICORÉE. *Ozophyllum.*

Arbriffeau de Cayenne, qui conftitue un genre dans la monadelphie pentandrie.

Il ne fe voit pas dans les jardins d'Europe. (*Bosc.*)

TICS. Ce nom fe donne, en médecine vétéri-naire, à des habitudes que contractent les ani-maux domeftiques, & qui nuifent, foit aux fer-vices qu'on en attend, foit à la confervation de leurs membres ou des objets à leur ufage.

C'eft dans le cheval que les Tics ont été le plus remarqués; en conféquence c'eft de lui feulement que je parlerai ici.

Celui de ces Tics qui eft le plus fréquent, eft celui par lequel le cheval appuie avec bruit fes dents incifives fur tous les corps ou quelques-uns des corps qu'il trouve à fa portée. Je dis fur quel-ques-uns, car il y a de ces animaux qui ne tiquent que fur le fond de la mangeoire, d'autres que fur les bords, d'autres que fur les râteliers, d'autres que fur le timon, &c. Dans ce Tic les dents s'u-fent, ainfi que les objets fur lefquels elles ap-puient. Ce Tic pouvant facilement fe reconnoître aux dents, n'eft pas dans le cas de la REDHIBI-TION. *Voyez* ce mot.

Les chevaux tiquent encore quand ils ont l'ha-bitude de relever fouvent leur tête fans motif, lorfqu'ils la balancent continuellement, lorfqu'ils balancent de même tout leur corps, comme l'ours; lorfque, hors le temps du manger & du dormir, ils appuient perpétuellement le menton fur la mangeoire; lorfqu'ils piétinent conftamment, foit fur deux jambes, foit fur une feule; lorfqu'ils fe placent mal, &c.

Ces Tics font fujets à la redhibition, mais il n'eft pas toujours facile de prouver que les che-vaux les ont, parce qu'il y en a qui les quittent en fortant de leur écurie.

Il n'y a pas moyen de guérir ces habitudes au-trement que par une habitude contraire. Ainfi les chevaux qui tiquent en mangeant dans la man-geoire, doivent recevoir leur avoine dans un fac qu'on fufpend à leur cou; ainfi les chevaux qui balancent leur tête, doivent être attachés avec deux chaînes de fer. (*Bosc.*)

TIERCEMENT. C'eft, dans quelques can-tons, ce que dans d'autres on appelle SOLE. (*Voy.* ce mot.) Ainfi, femer du froment fur un tiers des terres d'un domaine, de l'avoine fur l'autre, & laiffer le troifième en jachère, eft un Tiercement. *Voyez* ASSOLEMENT, JACHÈRE & SUCCESSION DE CULTURE. (*Bosc.*)

TIERCER. On appelle ainfi le troifième labour des terres à blé dans quelques lieux. (*Bosc.*)

TIGARIER. *Tigarea.*

Genre de plantes de la dioécie polyandrie & de la famille des *Rofacées*, dans lequel fe placent.

deux efpèces, jufqu'à préfent non cultivées dans nos jardins. Il eſt figuré pl. 826 des *Illuſtrations des genres* de Lamarck.

Eſpèces.

1. Le TIGARIER à feuilles rudes, vulgairement *liane rouge.*
Tigarea aſpera. Aubl. ♄ De Cayenne.
2. Le TIGARIER à feuilles dentées.
Tigarea dentata. Aubl. ♄ De Cayenne. (*Boſc.*)

TIGE : partie des plantes qui ſert de communication entre les RACINES & les BRANCHES, & par conſéquent les FEUILLES. *Voyez* ces mots & celui PLANTE, tant dans ce Dictionnaire que dans ceux de *Botanique* & de *Phyſiologie végétale.*

Beaucoup de plantes n'ont point de Tiges; d'autres ont des Tiges ſans feuilles qu'on appelle HAMPE. *Voyez* ce mot.

Les Tiges des GRAMINÉES portent le nom de CHAUME; celles des FOUGÈRES & des PALMIERS, celui de CAUDEX. *Voyez* ces mots.

Il y a des Tiges herbacées, des Tiges ligneuſes, des Tiges annuelles, des Tiges vivaces, des Tiges droites, des Tiges volubles, des Tiges rampantes, &c.

Les cultivateurs ſont preſque toujours dans le cas de conſidérer les Tiges ſous un ou pluſieurs rapports, & l'article que je traite ſeroit en conſéquence ſuſceptible de fort longs développemens; mais comme ce que je pourrois en dire ſe trouve dans d'autres, je me diſpenferai de le faire.

Les beſtiaux mangent les Tiges des plantes herbacées; celles des arbres ſervent à brûler, à faire des poutres, des ſolives, des planches, & à d'autres uſages. *Voyez* BOIS.

Peu de Tiges ſont employées à la nourriture de l'homme; cependant, en France, on mange celles de l'ASPERGE, celles d'une variété de CHOU, d'une variété de LAITUE. *Voy.* ces mots. (*Boſc.*)

TIGES DES ARBRES. On appelle *de haute Tige*, parmi les arbres fruitiers, ceux qu'on laiſſe croître ſans empêchemens; *demi-Tige*, ceux dont on arrête la croiſſance à ſix ou huit pieds; enfin, *nains*, ceux dont la hauteur eſt reſtreinte par l'art à deux ou trois pieds au plus.

Autrefois on préféroit les hautes Tiges; mais aujourd'hui, excepté dans les départemens éloignés de la capitale, ce ſont les demi-Tiges & les nains. Les grands arbres des vergers ont preſque partout diſparu pour faire place aux pyramides, aux palmettes, aux quenouilles, aux buiſſons, aux eſpaliers & contr'eſpaliers des jardins. A-t-on gagné ou a-t-on perdu au change? Je l'ignore, car ſi les fruits ont diminué en quantité, ils ont augmenté en groſſeur & en précocité.

Les eſpaliers ont été pendant quelque temps compoſés de hautes Tiges & de baſſes Tiges : actuellement on ſe borne à ces dernières, parce

qu'on s'eſt aperçu que la différence de croiſſance des deux ſortes nuiſoit à l'agrément & au produit. *Voyez* ESPALIER. (*Boſc.*)

TIGRE : eſpèce d'ACARE qui vit ſur les pêchers & en fait tomber les fruits, ainſi qu'eſpèce de PUNAISE ou d'ACANTHIE, ou de TINGIS, qui ſe trouve ſur les poiriers & empêche les fruits de groſſir. On ſe débarraſſe de ces inſectes au moyen d'une décoction de tabac, ou mieux d'une leſſive alcaline. (*Boſc.*)

TIGRIDIE. *TIGRIDIA.*

Genre de plantes fort voiſin des FERRARES, que la plus grande partie des botaniſtes ne veulent pas en ſéparer, & que j'y ai par conſéquent laiſſé. *Voyez* ce mot.

Une eſpèce de ce genre, la TIGRIDIE CACOMITE, a une racine tubéreuſe qui, avant la conquête du Mexique, ſervoit de nourriture aux habitans de la vallée de Mexico. (*Boſc.*)

TILL : ſynonyme de TILLEUL.

TILLANDE ou CARAGATE. *TILLANDSIA.*

Genre de plantes de l'hexandrie monogynie & de la famille des *Ananas*, dans lequel ſe rangent vingt eſpèces, dont aucune n'eſt cultivée dans nos écoles de botanique. Il eſt figuré pl. 224 des *Illuſtrations des genres* de Lamarck.

Obſervations.

Ce genre a déjà été mentionné ſous le nom de *caragate;* mais ſes eſpèces ayant été triplées depuis, je crois devoir donner ici l'énumération de celles qui ne ſont pas compriſes dans ſon article.

Eſpèces.

1. La TILLANDE flexueuſe.
Tillandſia flexuoſa. Swartz. ♃ De la Jamaïque.
2. La TILLANDE à feuilles menues.
Tillandſia tenuifolia. Swartz. ♃ Des Antilles.
3. La TILLANDE ſétacée.
Tillandſia ſetacea. Swartz. ♃ De la Jamaïque.
4. La TILLANDE faſciculée.
Tillandſia faſciculata. Swartz. ♃ De la Jamaïque.
5. La TILLANDE penchee.
Tillandſia nutans. Swartz. ♃ De la Jamaïque.
6. La TILLANDE farineuſe.
Tillandſia pruinoſa. Swartz. ♃ De la Jamaïque.
7. La TILLANDE blanchâtre.
Tillandſia caneſcens. Swartz. ♃ De la Jamaïque.
8. La TILLANDE à feuilles étroites.
Tillandſia anguſtifolia. Sw. ♃ De la Jamaïque.
9. La TILLANDE à quatre fleurs.
Tillandſia tetrantha. Ruiz & Pav. ♃ Du Pérou.
10. La TILLANDE maculée.
Tillandſia maculata. Ruiz & Pav. ♃ Du Pérou.

11. La Tillande à fleurs rouges.
Tillandsia rubra. Ruiz & Pav. ♃ Du Pérou.
12. La Tillande à petites fleurs.
Tillandsia parviflora. Ruiz & Pav. ♃ Du Pérou.
13. La Tillande biflore.
Tillandsia biflora. Ruiz & Pav. ♃ Du Pérou.
14. La Tillande purpurine.
Tillandsia purpurea. Ruiz & Pav. ♃ Du Pérou.
15. La Tillande à sept fleurs.
Tillandsia heptandra. Ruiz & Pav. ♃ Du Pérou.
16. La Tillande à fleurs sessiles.
Tillandsia sessiliflora. Ruiz & Pav. ♃ Du Pérou.
17. La Tillande capillaire.
Tillandsia capillaris. Ruiz & Pav. ♃ Du Pérou.
18. La Tillande recourbée.
Tillandsia recurvata. Linn. ♃ De la Jamaïque.
19. La Tillande usnée.
Tillandsia usneoides. Linn. ♃ De la Caroline.
20. La Tillande verdâtre.
Tillandsia virescens. Ruiz & Pav. ♃ Du Pérou.
(*Bosc.*)

TILLÉE. *Tillæa.*

Genre de plantes de la tétrandrie tétragynie &
de la famille des *Joubarbes*, qui contient neuf espèces, dont trois ou quatre se cultivent dans nos
écoles de botanique. Il est figuré pl. 90 des *Illustrations des genres* de Lamarck.

Espèces.

1. La Tillée aquatique.
Tillæa aquatica. Linn. ☉ Indigène.
2. La Tillée de Vaillant.
Tillæa Vaillantii. Willd. ☉ Indigène.
3. La Tillée couchée.
Tillæa prostrata. Schranck. ☉ Indigène.
4. La Tillée du Cap.
Tillæa capensis. Linn ☉ Du Cap de Bonne-
Espérance.
5. La Tillée perfoliée.
Tillæa perfoliata. Linn. ☉ Du Cap de Bonne-
Espérance.
6. La Tillée cornée.
Tillæa cornata. Ruiz & Pav. ☉ du Pérou.
7. La Tillée ombellée.
Tillæa umbellata. Willd. ☉ Du Cap de Bonne-
Espérance.
8. La Tillée renversée.
Tillæa decumbens. Willd. ☉ Du Cap de Bonne-
Espérance.
9. La Tillée mousse.
Tillæa muscosa. Linn. ☉ Indigène.

Culture.

Les trois premières & la dernière se voient
quelquefois dans nos écoles de botanique, mais
elles s'y conservent rarement plusieurs années de
suite. Ce sont de très-petites plantes, qui ne se
plaisent, les trois premières, que dans les petits
marais qui se forment dans les excavations des
roches, & la dernière que dans les sables toujours
humides : celle-ci a quelquefois à peine une ligne
de hauteur. Pour les voir lever & fleurir, il faut
en semer la graine dans un pot rempli de terre de
bruyère, pot dont le fond plonge dans une terrine
à moitié pleine d'eau. Des sarclages sont ensuite
tout ce qu'elles demandent. (*Bosc.*)

TILLEUL. *Tilia.*

Genre de plantes de la polyandrie monogynie
& de la famille de son nom, lequel renferme une
douzaine d'arbres, dont trois sont indigènes à la
France, & qui tous sont susceptibles d'être cultivés en pleine terre dans le climat de Paris. Il sera
l'objet d'un article étendu dans le *Dictionnaire des
Arbres & Arbustes.* (*Bosc.*)

TIMBAREL : synonyme de Tombereau.

TIMMIE. *Timmia.*

Genre établi dans la famille des Mousses, aux
dépens des Mnies. *Voyez* ces mots.

TIMONE. *Timonius.*

Arbre d'Amboine mentionné par Rumphius,
mais encore incomplétement connu des botanistes.
Nous ne le possédons pas en Europe. (*Bosc.*)

TIMOTY-GRASS : nom anglais du Fléau des
prés.

TINE, TINETTE, TINOTTE : vaisseau de
bois, en tonnellerie, peu profond, ordinairement
rond & quelquefois ovale ; il sert à divers usages,
mais principalement à mettre le Lait. *Voyez* ce
mot. (*Bosc.*)

TINELIER. *Anguillaria.*

Genre de plantes de la pentandrie monogynie,
qui réunit plus ou moins d'espèces, selon qu'on
considère les genres Icacore, Badule, Bar-
thésie, Héberdénie, comme devant lui être
réunis ou en être séparés. Il est figuré pl. 136 des
Illustrations des genres de Lamarck, sous le nom
d'*Icacore.* Ce dernier genre ayant été le seul mentionné dans ce Dictionnaire, je vais rappeler les
espèces de tous les autres.

Espèces.

1. Le Tinelier de Ceylan.
Anguillaria zeylanica. Linn. ♄ Des Indes.
2. Le Tinelier de la Jamaïque.
Anguillaria tinifolia. Willd. ♄ De la Jamaïque.
3. Le Tinelier coriace.
Anguillaria coriacea. Sw. ♄ De la Jamaïque.

4. Le TINELIER à feuilles de laurier.
Anguillaria laurifolia. Lam. ♄ Des Antilles.
5. Le TINELIER à longues feuilles, vulgairement
bois de pintade.
Anguillaria bartheria. Lam. ♄ De l'Ile-de-
France.
6. Le TINELIER à feuilles dentées.
Anguillaria ferrulata. Swartz. ♄ De la Nouvelle-
Espagne.
7. Le TINELIER pyramidal.
Anguillaria pyramidalis. Cavan. ♄ De la Nou-
velle-Espagne.
8. Le TINELIER à fleurs latérales.
Anguillaria lateriflora. Lam. ♄ De l'Amérique
méridionale.
9. Le TINELIER parafite.
Anguillaria parafitica. Lam. ♄ De Saint-Domingue.
10. Le TINELIER folané.
Anguillaria folanacea. Willd. ♄ Des Indes.
11. Le TINELIER crénelé.
Anguillaria crenata. Vent. ♄ Des Antilles.
12. Le TINELIER de Bahama.
Anguillaria bahamenfis. Lam. ♄ De Bahama.
13. Le TINELIER très-élevé.
Anguillaria excelfa. Ait. ♄ De Madère.

Culture.

Les deux dernières espèces font les feules que
nous cultivions.
Le Tinelier crénelé demande la ferre chaude,
& le Tinelier très-élevé fe contente de l'orangerie. Tous deux veulent une terre à demi confiftante & peu d'arrofemens. On ne les multiplie
que par le moyen des marcottes, à moins qu'on
ne reçoive des graines de leur pays natal, auquel
cas on les feme dans des pots fur couche & fous
châffis. (*Bosc.*)

TINGIS. *Tingis.*

Genre d'infectes établi aux dépens des ACAN-
THES, qui eux-mêmes avoient été tirés des punaifes.
Une feule de fes espèces m'engage à le mentionner ici : c'est la PUNAISE DU POIRIER, vulgairement appelée *tigre*, qui caufe quelquefois de
grands dommages aux POIRIERS en espalier.
Voyez ces deux mots. (*Bosc.*)
TINIER : nom vulgaire du PIN CIMBRO. *Voyez*
ce mot.
TINION. C'est le CHIENDENT aux environs
de Boulogne. (*Bosc.*)

TIONGINE. *Beckea.*

Genre de plantes de l'octandrie monogynie &
de la famille des *Onagres*, qui réunit deux espèces
ni l'une ni l'autre cultivées en Europe. Il est fi-

guré pl. 285 des *Illuftrations des genres* de Lamarck.

Espèces.

1. La TIONGINE de la Chine.
Beckea chinenfis. Gærtn. ♄ De la Chine.
2. La TIONGINE à feuilles ferrées.
Beckea denfifolia. Smith. ♄ De la Nouvelle-
Hollande. (*Bosc.*)

TIPULE. *Tipula.*

Genre d'infectes de la claffe des diptères & de
la famille de fon nom, qui renferme un grand
nombre d'espèces, dont plufieurs nuifent aux agriculteurs de diverfes manières. *Voyez* le *Dic-
naire des Insectes.*
Les larves de la plupart des Tipules ne font
point connues des naturaliftes; ainfi je ne puis
parler que de quelques-unes.
Les TIPULES DES POTAGERS, DES JARDINS,
DES FRES, LUNATE, CORNICINE, &c. : leurs
larves fe trouvent toute l'année dans la terre des
potagers, des champs, des prairies humides. Elles
vivent de racines pourries, & par conféquent ne
caufent pas directement de grands dommages aux
cultivateurs; mais elles font quelquefois fi abondantes dans les lieux qui leur conviennent, qu'elles
bouleverfent les femis en paffant à travers, & font
périr les plantes en mettant leurs racines à découvert. Les labours fréquens, furtout pendant les
chaleurs de l'été, font les feuls moyens qui puiffent en diminuer le nombre. Tous les oifeaux infectivores les mangent, ainfi que les infectes parfaits. Les taupes s'en nourriffent également.
Les agriculteurs anglais fe plaignent que la larve
d'une Tipule caufe de grands dommages aux femis
de trèfle, en mangeant les racines de cette plante.
Je ne la connois pas, & je n'ai pas obfervé fes ravages en France.
Certaines espèces de petites Tipules font quelquefois fi abondantes dans les prairies, qu'elles
obfcurciffent le foleil, & fe font par conféquent
remarquer des plus indifférens. Elles proviennent
des larves qui, comme les LOMBRICS, vivent de
l'humus de la terre. Encore comme eux, elles fe
font des galeries qui quelquefois font nuifibles
aux racines des plantes en les expofant à l'air, qui
d'autres fois leur font utiles en favorifant l'abforption ou l'évaporation de l'eau furabondante.
Il est des Tipules, qui aujourd'hui font partie
d'un genre nouveau, appelé CÉCIDOMIE par Latreille, qui dépofent leurs œufs fur les feuilles,
dans les boutons des feuilles & des fleurs, dans les
fruits, &c. Les larves qui en naiffent, tantôt forment une GALLE (*voyez* ce mot), tantôt elles
déforganifent les parties dans lefquelles elles fe
trouvent, & les rendent monftrueufes. Elles font
généralement très-peu remarquées, mais n'en caufent pas moins de grands dommages. J'ai obfervé,

une année, la cécidomie de GENÊT A BALAI en telle abondance dans la forêt de Montmorency, que fort peu de fleurs de cet arbuste, qui y couvre des espaces fort étendus, donnèrent des graines.

Olivier a décrit trois Tipules faisant partie du nouveau genre SCIARA, comme vivant aux dépens des céréales encore en herbe. *Voyez* son Mémoire dans le Recueil de la Société d'Agriculture de la Seine, vol. 16. (*Bosc.*)

TIQUE. On donne ce nom, dans quelques lieux, à des insectes aptères qui, comme les poux, vivent du sang des animaux. Ils appartiennent tantôt aux ACARES, tantôt aux IXODES, tantôt aux SARCOPTES, tantôt aux MITTES. *Voyez* ces mots. (*Bosc.*)

TIQUET. Les jardiniers appellent ainsi les ALTISES dans beaucoup de cantons. *Voyez* ce mot.

TIQUILIE. *TIQUILIA*.

Genre établi aux dépens des GRÉMILS pour placer le *Grémil dichotome*, originaire du Pérou, qui ne réunit pas tous les caractères des autres.

Nous ne le cultivons pas en Europe. (*Bosc.*)

TIRANT. Autrefois on appeloit ainsi, tantôt les deux MÈRES-BRANCHES DES ESPALIERS conduits selon la méthode de Montreuil, tantôt les GOURMANDS qui se développent sur tous les arbres soumis à une TAILLE rigoureuse. *Voyez* ces mots.

Aux environs de Bordeaux, ce sont les sarmens taillés fort longs, à sept à huit yeux, par exemple. Lorsqu'on ne laisse que deux à trois yeux, c'est un CAT. *Voyez* VIGNE. (*Bosc.*)

TIRET : synonyme de BOURGEON de la VIGNE dans le Médoc. Dans d'autres cantons, c'est le synonyme de SAUTERELLE ou ARCEAU. *Voyez* ces mots. (*Bosc.*)

TISSU CELLULAIRE, TISSU VÉSICULAIRE, TISSU UTRICULAIRE. On donne également ces trois noms; mais plus particulièrement le premier, au réseau formé par les fibres des plantes, réseau qui est disposé en mailles hexagones, qui se subdivise à l'infini, & qui forme les vaisseaux des plantes. *Voyez* le *Dictionnaire de Physiologie végétale.*

Souvent on confond le Tissu cellulaire avec le PARENCHYME, & en effet il n'en diffère pas dans les feuilles, dans les fleurs & dans les fruits. *Voyez* ce mot.

TISSU VASCULAIRE ou TUBULAIRE. C'est ainsi que quelques personnes appellent les vaisseaux des plantes, vaisseaux qui sont fermés par le Tissu cellulaire subdivisé à l'infini, c'est-à-dire, qui ne sont pas continus & isolés comme beaucoup de personnes le supposent. *Voy.* les Dictionnaires de *Physiologie végétale* & de *Botanique.*

Les cultivateurs sont souvent dans le cas de prendre en considération les Tissus cellulaire & vasculaire; mais comme ils les connoissent plus

particulièrement sous les noms de PARENCHYME & de VAISSEAUX DES PLANTES, j'en parlerai à ces mots. (*Bosc.*)

TITHONE. *TITHONIA*.

Plante annuelle du Mexique, qui seule constitue un genre dans la syngénésie fruitranée & dans la famille des *Corymbifères.* Il est figuré pl. 708 des *Illustrations des genres* de Lamarck.

Cette plante se cultive dans nos écoles de botanique. On sème ses graines dans des pots remplis de terre à demi consistante, pots qu'on place sur une couche nue dès que les gelées ne sont plus à craindre. Le plant levé se repique seul à seul dans d'autres pots qu'on dépose contre un mur exposé au midi, & qu'on arrose au besoin. Si l'automne est froide ou pluvieuse, on rentre une partie des pieds dans l'orangerie pour que leurs graines se perfectionnent; car, comme ils fleurissent tard, leurs fleurs sont sujettes à avorter. (*Bosc.*)

TITOULIHUE : arbre laiteux de Saint-Domingue, inconnu aux botanistes.

TITHYMALE : nom vulgaire de quelques EUPHORBES. *Voyez* ce mot.

TMÉSIPTÈRE. *TMESIPTERIS*.

Plante de la Nouvelle-Hollande, d'abord placée parmi les lycopodes, & ensuite établie en titre de genre intermédiaire entre les mousses & les fougères.

Nous ne la cultivons pas dans nos jardins (*Bosc.*)

TOBIRE. *TOBIRA*.

Arbuste de la Chine, qu'on a cru être un FUSAIN, dont ensuite on a formé un genre, puis qu'on a réuni aux PITTOSPORES. *Voyez* ce mot.

Nous le cultivons depuis peu. Il demande l'orangerie & la terre de bruyère comme les autres espèces. (*Bosc.*)

TOCOYENNE. *UCRANIA*.

Arbrisseaux de Cayenne à fleurs très-odorantes, qui, au nombre de deux, forment un genre dans la pentandrie monogynie. Ils sont figurés pl. 163 des *Illustrations des genres* de Lamarck.

On ne les cultive pas dans les jardins de l'Europe. (*Bosc.*)

TODDA PANA : un des noms du SAGOUTIER. TODDA WADDI. La SENSITIVE s'appelle ainsi. TODDI. On donne ce nom, dans l'Inde, au vin de PALMIER. *Voyez* ce mot.

TODÉE. *TODEA*.

Fougère du Cap de Bonne-Espérance, placée d'abord parmi les ACROSTIQUES (*acrostichum bar-*

barum Linn.), enfuite parmi les OSMONDES, & enfin établie en titre de genre.

Nous ne la cultivons pas dans nos jardins. (*Bosc.*)

TOFIELDIE. *TOFIELDIA.*

Genre de plantes appelé aussi NARTÈCE. *Voyez* ce mot.

TOILES POUR OMBRER. Dans la nature, la plupart des graines fines germent sur la terre, au pied des grandes plantes qui couvrent le fol, & là elles trouvent en même temps la chaleur & l'humidité qui leur font nécessaires, & n'y craignent pas les désastreux effets d'un soleil trop brûlant ou d'un vent trop desséchant.

Pour mettre les mêmes graines dans une situation analogue, c'est-à-dire, pour empêcher les résultats des coups de soleil & de la desficcation de la surface de la terre, les pépiniéristes ont imaginé de les semer au midi & de les couvrir pendant les heures les plus chaudes de la journée, c'est-à-dire, depuis dix heures jusqu'à trois, plus ou moins selon l'état de l'atmosphère ou la nature des plantes, non avec des paillassons qui les priveroient totalement de la lumière & les empêcheroient par suite de germer, mais avec des ramées garnies de feuilles, avec des claies ou avec des Toiles très-claires, qui ne font qu'affoiblir les rayons du soleil & l'action des vents desséchans.

Comme les ramées ne peuvent durer que quelques jours, & que leur renouvellement est embarrassant, destructif des arbres, &c., on a dû préférer les claies & les Toiles; mais les claies font chères à Paris, & partout d'un service difficile, à raison de leur pesanteur. Ce font donc les Toiles qui ont la préférence dans les environs de cette ville.

Les Toiles dites d'emballage, fort peu ferrées, mais tissues avec soin, font celles qu'on doit choisir pour ombrer les femis, les boutures, les fleurs dont on veut prolonger la durée, les plantes qui fortent d'une orangerie peu éclairée, parce que celles de canevas font trop chères. On les dispose, soit sur des cadres parallélogramiques, dont les côtés font assemblés avec du fil de fer, soit sur des demi-cercles dont les extrémités font fichées en terre, foit feulement fur deux bâtons attachés à leurs bouts, & qui servent à les étendre facilement & à les enrouler lorsqu'elles ne servent plus.

Il faut avoir soin de rentrer ces Toiles dans un lieu sec & fermé à clef après les avoir fait sécher, pour qu'elles ne se pourrissent & ne se déchirent pas. Je fais cette remarque, parce que partout j'ai vu apporter fort peu de soins à leur conservation.

Voyez, pour le surplus, aux mots SEMIS, GERMINATION, COUCHE, SOLEIL & VENT. (*Bosc.*)

TOISÉ. C'est l'opération de mesurer avec la toise, ou ses dérivés en plus ou en moins, les lignes, les surfaces & les solides. *Voyez* ARPENTAGE dans le *Dictionnaire des Mathématiques*.

L'avantage du système métrique sur l'ancien est fi évident, qu'on doit croire que le Toisé fera partout abandonné. *Voyez* MESURE dans le même Dictionnaire. (*Bosc.*)

TOISON: totalité de la laine que porte un mouton, ou qui a été tondue sur un mouton. *Voyez* BÊTE A LAINE & MÉRINOS.

TOIT: couverture des bâtimens.

Je n'entreprendrai pas ici de décrire les diverses fortes de Toits & la manière de les construire; de faire valoir les avantages de ceux en chaume, de ceux en ardoise, de ceux en tuiles, en laves, en essentes, &c., cela étant dans les attributions du *Dictionnaire d'Architecture*; mais je voudrois engager les cultivateurs à s'occuper de leur entretien plus qu'ils ne le font communément.

En effet, 1°. un Toit qui commence à se dégrader continue de le faire avec une grande rapidité; aujourd'hui il n'en coûteroit qu'une journée pour le réparer, après-demain il en faudra trois, & à la fin de la femaine fix, ainsi de fuite; 2°. un Toit qui est dégradé laisse passer la pluie qui pourrit les folives & les planchers, qui fait moisir le blé, la paille, le foin & autres provisions, qui gâte les meubles, donne entrée aux souris, aux rats, aux belettes, aux fouines, qui dévorent tout ce qui est à leur convenance.

Les pertes qui ont lieu chaque année, par le mauvais entretien des Toits, font immenfes, fi j'en juge par les exemples que j'en ai eu fous les yeux dans les différens pays où j'ai féjourné. (*Bosc.*)

TOIT A PORC: logement des COCHONS. *Voyez* ce mot.

C'est une grande erreur de croire que les cochons fe plaisent dans leur ordure, comme on le suppose assez généralement. La nature, pour les avoir destinés à vivre dans les bois marécageux & à fouiller les lieux boueux, ne les a pas constitués d'une manière différente des autres animaux: ils souffrent dans un air corrompu, ils périssent dans les gaz délétères: les accumuler dans des logemens étroits, exactement fermés, constamment infects & humides, est toujours dangereux.

Il est donc bon que les Toits à porcs soient plutôt grands que petits, que le sol en foit pavé de larges dalles de pierre, & incliné du côté de la cour, à laquelle il communique par une petite rigole, pour pouvoir le laver à grande eau au moins une fois par femaine. Ils auront deux ouvertures opposées, pour qu'un grand courant d'air puisse s'y établir, sauf à en fermer une dans les temps de gelée. La porte doit en être solide.

Il est des Toits à porcs dont l'auge est dans l'intérieur; il y en a où elle est à l'extérieur, de forte que le cochon doit fortir la tête par un trou pratiqué à cet effet pour manger: ces derniers font de plus favorables à la santé & d'un service plus facile, mais il ne faut pas qu'il soit dans une basse-cour, parce que les volailles font toujours prêtes à y entrer & qu'elles fatiguent le cochon.

Ii

Il doit y avoir un nombre de Toits à porcs dans chaque ferme, proportionné à celui des cochons & calculé de manière que toutes les femelles pleines ou pourvues de petits à la mamelle, & tous les cochons à l'engrais y foient feuls : ceux de ces derniers pourront être plus petits & moins aérés, parce que le mouvement & le froid retardent leur ENGRAIS (*voyez* ce mot), mais ils devront être dans l'endroit le moins bruyant, & ce parce que le bruit le retarde également. (*Bosc.*)

TOL. On appelle ainfi l'ALOÈS.

TOLILOLO. On nomme ainfi la MENTHE POULIOT près d'Orléans.

TOLPIDE. *Drepania.*

Genre de plantes établi aux dépens de la CRÉPIDE BARBUE, figurée pl. 651 des *Illuftrations des genres* de Lamarck.

Comme il a été queftion de l'efpèce qui le compofe à l'article de fon ancien genre, je n'en dirai rien de plus. (*Bosc.*)

TOLU. *Toluifera.*

Genre de plantes de la décandrie monogynie & de la famille des *Térébinthacées*, qui réunit deux efpèces ni l'une ni l'autre cultivées dans les jardins en Europe.

Efpèces.

1. Le TOLU balfamifère.
Toluifera balfamicum. Linn. ♄ De l'Amérique méridionale.
2. Le TOLU de la Cochinchine.
Toluifera cochinchinenfis. Lour. ♄ De la Cochichine.

Culture.

C'eft de la première de ces efpèces qu'on obtient la réfine liquide fi employée dans la médecine fous les noms de *baume de Tolu d'Amérique*, de *Carthagène*, de *baume dur*, *baume fec.* (*Bosc.*)

TOMADON : nom de l'aiguillon avec lequel on dirige les bœufs dans le département de Lot & Garonne.

TOMATE : efpèce du genre des MORELLES (*voyez* ce mot), dont on emploie les fruits à l'affaifonnement des mets.

On confectionne, en Italie, des conferves de Tomates, qui s'emploient pendant une ou plufieurs années fans qu'on s'aperçoive de leur vétufté. (*Bosc.*)

TOMBEREAU : charrette qui fupporte un coffre fait, foit en planches, foit en clayonnage, foit en vannerie, deftiné à porter de la terre, de la boue, du fable, des gravois, des pierres & autres objets divifibles.

Plufieurs Tombereaux de dimenfions différentes

Agriculture. Tome VI.

font indifpenfables à une grande exploitation rurale ; leur entretien eft le même que celui des charrettes, & doit être auffi foigné.

La forme des Tombereaux varie felon les pays, c'eft-à-dire, confidérablement. Je n'entreprendrai pas ici de difcuter la préférence que les uns doivent avoir fur les autres, parce que prefque toujours on eft forcé d'adopter celui qui eft en ufage par la difficulté d'engager les ouvriers à s'écarter de leur modèle. Ce qu'on doit principalement leur demander, c'eft qu'ils foient en même temps & auffi folides & auffi légers que poffible. (*Bosc.*)

TOMEX. *Tomex.*

Genre de plantes établi par Thunberg, & depuis réuni, ainfi que le TÉTRATHÈRE, aux LITSÉES. *Voyez* ces mots.

TONCHU. Le DRIANDRE OLÉIFÈRE porte ce nom à la Chine.

TONDI : arbre du Malabar encore peu connu des botaniftes, mais qui paroît devoir conftituer un genre dans la tétrandrie monogynie. Ses fleurs font odorantes. On ne le cultive pas en Europe. (*Bosc.*)

TONDIN. *Tondin.*

Nom d'un genre de plantes établi par Schilling, mais qui fe fond dans les PAULINIES.

TONG-CHU. Le DRIANDRE ABRAZIN porte auffi ce nom en Chine.

TONG-T-SAO. Le SAULE s'appelle ainfi en Chine.

TONIÈRE. *Voyez* HYPHYDRE.

TONNATE. *Swartia.*

Arbre de la Guiane, qui feul conftitue un genre dans la polyandrie monogynie & dans la famille des *Légumineufes.* Il eft figuré pl. 462 des *Illuftrations des genres* de Lamarck.

On ne le cultive pas en Europe. (*Bosc.*)

TONNE : grand tonneau deftiné ou à mettre de l'eau-de-vie, de l'huile & autre liqueur, ou à tranfporter des marchandifes fèches, principalement le fucre. Dans le premier cas, il eft le plus fouvent en bois de chêne ; dans le fecond, il eft en bois léger, comme celui de pin, celui de peuplier, &c. On appelle auffi ce dernier BOUCAUT. *Voyez* TONNEAU.

On donne auffi quelquefois le nom de *Tonne* à des foudres ou à des tonneaux encore plus grands, formés avec des madriers de chêne de plus d'un pouce d'épaiffeur, dans lefquels on conferve de grandes quantités de vin pendant une longue fuite d'années, pour qu'il fe perfectionne mieux Il eft à defirer que ces grandes Tonnes, qui ne fe voient guère que fur les bords du Rhin, fe multiplient davantage dans les vignobles de l'intérieur de la France. *Voyez* FOUDRE. (*Bosc.*)

TONNEAU : vaisseau de bois de moyenne grandeur, presque cylindrique, fait en merrains de chêne, liés par des cercles de bois ou de fer, ayant deux fonds parallèles. Il ne diffère pas du MUID, de la PIÈCE.

Un grand Tonneau s'appelle un FOUDRE, une TONNE; un petit Tonneau se nomme une FEUILLETTE, un BARIL.

Il y a encore le *bariquaut*, qui est une feuillette plus grande; la pipe, qui tantôt contient un muid & demi de Paris, tantôt deux muids; la *queue* & le *poinçon*, qui sont le plus souvent de cette dernière capacité.

Le *boucaut* est un grand Tonneau destiné à contenir des matières sèches.

En général, les Tonneaux varient en capacité & en forme; mais cependant chaque vignoble de quelqu'importance a ses usages à cet égard, usages qui sont reconnus en justice, & dont il n'est pas permis aux tonneliers du canton de s'écarter. Ainsi, à la halle aux vins de Paris, on reconnoît le vin de haute Bourgogne, le vin de basse Bourgogne, le vin de Mâcon, le vin d'Orléans, &c., à l'aspect des Tonneaux qui les renferment.

De ce qu'un Tonneau est ou doit être d'une capacité fixe, on a appelé, dans quelques lieux, Tonneau une certaine quantité de liquide, une certaine quantité de graines, une certaine quantité de marchandise quelconque : c'est sous cette dernière acception qu'il faut prendre le Tonneau de mer, qui représente toujours en France un poids de deux mille livres.

Le bois de chêne blanc (*quercus pedunculata* Linn.) est le seul en France avec lequel on puisse faire des douves de Tonneaux avec économie & sécurité; avec économie, parce qu'il se fend en MERRAIN (*voyez* ce mot) parallèlement & presque sans perte; avec sécurité, parce qu'il ne laisse pas passer le liquide & est rarement altéré. Les bois de SAPIN, de PIN, de CHATAIGNIER & de MURIER lui sont de beaucoup inférieurs, non-seulement sous ces deux rapports, mais encore sous celui de la durée. *Voyez* ces mots.

Il en est de même des Tonneaux faits avec du bois de chêne refendu à la scie; aussi n'en emploie-t-on qu'à défaut de merrain.

Toujours le merrain doit avoir au moins trois ans de dessiccation avant d'être employé à la construction des Tonneaux, car ceux faits avec du bois vert sont moins durables & plus sujets à gâter le vin, à lui donner ce qu'on appelle *goût de fût*. Il doit être, de plus, exempt d'altération, de piqûres de vers, &c. En général il faut beaucoup d'habitude pour distinguer le bon merrain du mauvais, & c'est une des parties les plus difficiles du métier de tonnelier, car celui qui vend un

Tonneau neuf est responsable du vin qui s'en échappe & du vin qui s'y altère.

Je n'entreprendrai pas ici de décrire la construction des Tonneaux, les agriculteurs devant l'abandonner aux tonneliers; en conséquence je renverrai au *Dictionnaire des Arts économiques*; mais je dois dire que les plus bombés au milieu, qui ont le plus de *bouge*, pour me servir de l'expression technique, sont les plus avantageux, 1°. parce qu'ils sont les plus solides; 2°. parce qu'ils se manient, surtout se roulent plus aisément, & que les cercles des extrémités, les plus importans & les plus dangereux à remplacer lorsque le Tonneau est plein, sont moins sujets à se pourrir; 3°. parce que la lie se dépose dans un seul point, celui qui touche à la terre, & qu'on perd moins de vin au soutirage.

Les Tonneaux achetés, une opération à leur faire subir le jour même ou la veille du jour où on doit les employer, est de les remplir d'eau bouillante & salée, pour ce qu'on appelle *les affranchir*, c'est-à-dire, dissoudre le mucilage, ainsi que la partie astringente & colorante, reste de la sève que contiennent encore les douves dont ils sont construits. On ne laisse pas refroidir cette eau salée dans le Tonneau; après un séjour de cinq à six heures, on la vide pour la remplacer par quelques pintes de moût également bouillant, qu'on agite en roulant le Tonneau dans tous les sens. On voit à la suite de la première opération si le Tonneau ne coule pas, ce qui est un point important, comme on le pense bien.

Quant aux Tonneaux vieux, on les défonce d'un côté pour en détacher le tartre & la lie desséchée avec un grattoir, puis on les rétablit & on les lave à grande eau.

Souvent les vieux Tonneaux prennent un goût de moisi qui se communique immanquablement au vin qu'on y renferme. Les moyens de le faire disparoître sont de charbonner leur intérieur, soit en y mettant de la chaux vive, soit en y brûlant des copeaux.

On dit aussi qu'on peut enlever le goût de fût à un Tonneau par les mêmes procédés, & même seulement en le lavant plusieurs fois consécutives avec de l'eau de CHAUX. *Voyez* ce mot.

Les Tonneaux vides ne doivent être retirés dans la cave & mis sous un hangar qu'après avoir été lavés, bien égouttés & bondonnés. Par cette précaution ils se conservent plus long-temps & ne prennent pas de mauvais goût.

Les meilleurs cercles pour les Tonneaux sont ceux de chêne, mais ils sont rares & chers; après eux viennent ceux de châtaignier, qui en diffèrent fort peu & qui sont bien plus communs. On estime aussi ceux de bouleau & ceux de hêtre. Le noisetier & le saule fournissent les moins durables.

On ne cercle jamais entièrement en fer les Tonneaux deftinés à être vendus avec le vin qu'ils contiennent, à raifon de la dépenfe; mais ceux qui renferment des vins de prix ont fouvent un cercle de fer à chacune de leurs extrémités. Les tonnes, les foudres & autres grands Tonneaux qui font deftinés à refter en place, le font prefque toujours. Il feroit bon que ces cercles de fer fuffent peints à l'huile, ou mieux goudronnés des deux côtés, ou au moins en dehors, pour prolonger leur durée.

Nulle part on ne peint ou goudronne à l'extérieur le bois des Tonneaux; mais la diminution des bois de haute futaie & le haut prix des Tonneaux forceront fans doute bientôt de le faire partout. (Bosc.)

TONNELLE. Les berceaux prefque carrés ou prefque ronds portent généralement ce nom, furtout quand ils font fermés de toutes parts & qu'on n'y entre que par une efpèce de porte.

Il y a des Tonnelles faites avec des arbres, furtout de la charmille, plantés très-près les uns des autres, garnis de branches dans toute la longueur de leur tronc, & dont les fupérieures font dirigées du côté de l'intérieur. On les taille ou mieux on les TOND. *Voyez* ce mot.

D'autres Tonnelles font conftruites en treillage, fur lequel on fait monter de la vigne, du chèvre-feuille & autres arbuftes farmenteux, des haricots, des liferons & autres plantes grimpantes. Ces dernières font affez fréquentes dans les cours des villes, des villages, à la porte des cabarets & autres lieux publics.

L'entretien des Tonnelles ne diffère pas de celui des BERCEAUX; ainfi je renvoie à ce dernier article pour tout ce qu'on peut defirer de plus à celui-ci. (Bosc.)

TONNERRE: réfultat de la rencontre de deux nuages, dont l'un eft furchargé d'électricité, c'eft-à-dire, étincelle électrique d'une intenfité proportionnée à la grandeur de la maffe d'où elle fort. *Voyez* le *Dictionnaire de Phyfique.*

Il y a une odeur à la fuite de la chute du Tonnerre, & elle eft parfaitement femblable à celle de l'électricité; on l'a comparée à celle du foufre, quoiqu'elle foit cependant fort différente.

Dans l'enfance du Monde, le Tonnerre a dû être le phénomène le plus redoutable, à raifon du grand bruit qu'il caufe & du mal qu'il fait. Aujourd'hui encore qu'on ne le regarde plus comme le miniftre de la vengeance des dieux, qu'on fait le maîtrifer à volonté, il eft encore l'objet de l'épouvante de beaucoup de femmes & d'enfans.

Chaque année, furtout dans certains cantons vers lefquels les montagnes dirigent plus régulièrement les nuages, le Tonnerre caufe des pertes d'hommes, de beftiaux, met le feu à des maifons, brife des arbres, &c., ce qui eft bien propre à le faire redouter.

Dès qu'on a entendu le coup de Tonnerre, il n'eft plus à craindre, parce que fon effet eft pro-

duit; c'eft ce que ne favent pas la plupart des perfonnes qui le craignent. On juge affez exactement de la diftance à laquelle il eft, en comparant le temps de l'intervalle de la vue de l'éclair à celui de l'audition du bruit.

Prefque toujours le Tonnerre eft accompagné ou fuivi de PLUIE & de VENT, fouvent même de GRÊLE. *Voyez* ces mots & celui ORAGE.

Les cultivateurs peuvent atténuer les dangers du Tonnerre, 1°. en ne fe mettant jamais fous de grands arbres à l'abri de la pluie qui l'accompagne prefque toujours, parce que ces arbres l'attirent; en plantant de grands arbres dans le voifinage de leur demeure; 2°. en élevant une ou plufieurs verges de fer pointues & dorées à leur extrémité au-deffus du toit de cette demeure. *Voyez* PARATONNERRE.

C'eft une extrêmement mauvaife habitude que de fonner les cloches lorfqu'il tonne, car cela agite l'air, & l'air agité attire les nuages; auffi combien de fonneurs font les victimes des curés ignorans qui les mettent en œuvre!

Le Tonnerre accélère la décompofition de la viande, des fruits pulpeux, des œufs; ainfi il faut les renfermer à la cave aux approches des orages, les entourer de charbon concaffé, ou leur faire fubir un commencement de cuiffon. Les œufs fous la couveufe éprouvent, avec encore plus de certitude, fes effets; auffi eft-on affez généralement dans l'ufage de mettre un morceau de fer dans le nid pour les en garantir. Placer les couveufes dans une chambre bien clofe m'a paru plus certain. *Voyez* POULE & INCUBATION.

Si le Tonnerre caufe quelquefois des pertes aux cultivateurs, il dégage l'air de tous les gaz nuifibles à la fanté, & active la végétation à un point incroyable pour qui ne l'a pas obfervé; & c'eft à l'époque de l'année, l'été, & dans les pays où il eft le plus néceffaire pour cet objet, entre les tropiques, qu'il fe fait entendre le plus fréquemment. (Bosc.)

TONTANE. *BELLARDIA.*

Plante herbacée de Cayenne, figurée pl. 64 des *Illuftrations des genres* de Lamarck, & qui feule en conftitue un dans la tétrandrie monogynie.

Nous ne la cultivons pas dans nos jardins.(Bosc.)

TONTE: opération de jardinage dont l'objet eft de donner aux plantes vivantes une forme générale & des dimenfions contre nature. On la pratiquoit bien plus généralement au commencement du fiècle dernier qu'aujourd'hui, où on eft revenu au bon goût dans la compofition des jardins.

Quoique je n'aime point voir tondre tous les arbres, tous les arbuftes, tous les arbriffeaux d'un jardin; quoique furtout je voue au ridicule ces ifs, ces buis, ces charmilles qui offrent des formes recherchées, je ne repouffe pas une pyramide d'if, une boule de buis, une aliée de charmille, une avenue de tilleuls annuellement tondus, une falle d'ormes étêtés. Dans ce cas l'art fait quelquefois contrafte, & il fuffit de le motiver pour le faire excufer. D'ailleurs, la tonte des buis nains en bordure doit au moins être confervée, car elle eft fouvent indifpenfable.

Rarement la Tonte des arbres, des arbuftes & des arbiffeaux, fe fait en hiver, parce que non-feulement on a en vue, en la faifant, de leur donner une forme contre nature, mais encore de les empêcher de groffir autant qu'il eft dans leur effence de le faire, ce à quoi on parvient en diminuant le nombre de leurs FEUILLES (voyez ce mot) ; cependant on ne tond les haies ruftiques que dans cette faifon, & ce par le motif contraire, puifque c'eft pour avoir du bois qu'on le fait. Voyez HAIE.

Lorfqu'on ne tond qu'une fois, on le fait entre les deux féves, c'eft-à-dire, en juin ou en juillet ; lorfqu'on tond deux fois, c'eft en mai & août. Dans ce dernier cas, les pieds font encore plus affoiblis. Voyez FEUILLE.

Lorfqu'on tond de trop bonne heure au printemps, on rifque de faire mourir les arbres, arbriffeaux ou arbuftes, foit parce que cette opération arrête l'afcenfion de la féve, foit parce que la repouffe eft frappée par les gelées tardives. J'ai vu des exemples de ces deux cas. Voyez SÈVE & GELÉE.

Les inftrumens qu'on emploie pour tondre, font un CROISSANT pour les CHARMILLES & les ARBRES DE LIGNE en palissade, &c., de grands cifeaux pour les BUIS, les BORDURES de GAZON, &c. Voyez ces mots.

Lorfqu'on difpofe des arbres en paliffade au moyen de la SERPE, on les ÉLAGUE plutôt qu'on ne les tond. Voyez ces mots.

Quand on donne une forme régulière aux arbriffeaux & aux arbuftes, au moyen de la SER-PETTE, on les TAILLE plutôt qu'on ne les tond. Voyez ces mots.

Il convient d'avouer cependant que, dans ces deux cas, ni on ne tond, ni on n'élague, ni on ne taille véritablement. Nous manquons de mot pour indiquer cette opération mitoyenne.

La Tonte au croiffant demande beaucoup d'habitude pour être bien faite, & faite avec rapidité ; auffi eft-il peu de lieux, hors les grandes villes, où on l'exécute convenablement. Comme elle fe fait toujours fur la pouffe de l'année précédente, il faut, pour empêcher la charmille de prendre trop d'épaiffeur, laiffer le moins poffible de cette pouffe ; ce qu'on appelle tondre près. On doit enfuite veiller à ce que les coups de croiffant foient toujours dans le même plan, car rien n'eft plus défagréable à l'œil qu'une charmille qui offre des excavations & des faillies.

La Tonte aux cifeaux eft bien plus facile & moins fatigante. On en fait ufage principale-ment pour la partie fupérieure des charmilles, pour les arbuftes de peu de hauteur, pour les bordures & les gazons des parterres.

Les gazons d'une certaine étendue fe tondent avec la FAUX. Voyez ce mot.

Prefque toujours, lorfqu'on tond aux cifeaux les arbuftes des parterres, on les empêche de donner des fleurs, ou d'en donner autant qu'ils le devroient, & de plus il en réfulte pour eux un afpect guindé peu agréable. Je préfère donc, lorfque la forme ronde eft exigée, la leur faire prendre au moyen de la ferpette, c'eft-à-dire, en coupant en hiver, au-deffous de la furface, toutes les branches qui dépaffent trop cette furface, & en pinçant, au milieu du printemps, toutes celles qui prennent la place des précédentes. Voyez PIN-CEMENT & ORANGER.

Quant à la Tonte des MOUTONS, voyez ce mot & celui BÊTES A LAINE. (Bosc.)

TONTEL. *Tontelea.*

Genre de plantes de la triandrie monogynie, qui renferme deux efpèces ni l'une ni l'autre cultivées dans les jardins de l'Europe. Il eft figuré pl. 26 des *Illuftrations des genres* de Lamarck.

Efpèces.

1. Le TONTEL grimpant. *Tontelea fcandens.* Aubl. ♄ De Cayenne.
2. Le TONTEL d'Afrique. *Tontelea africana.* Willd. ♄ De la Guinée.
(Bosc.)

TONSELLE. Voyez TONTEL.

TOPINAMBOUR, POIRE DE TERRE, CROMPIRE : efpèce du genre des *Hélianthes*, originaire du Chili, cultivée en Europe depuis près de trois cents ans (1517), mais dont l'importance agricole, malgré plufieurs bons écrits, n'eft pas encore appréciée autant qu'elle le mérite. Voyez HÉLIANTHE.

En effet, quand on confidère que le Topinambour, déjà vanté fous le nom de *Cartouf* par Olivier de Serres, s'élève à cinq à fix pieds, a des feuilles de huit à dix pouces de long, des racines groffes comme les deux poings, croît dans tous les terrains, brave les plus fortes gelées & eft du goût de tous les beftiaux, on fe demande comment il eft poffible, non-feulement qu'il ne fe cultive pas dans toutes les exploitations rurales, mais même qu'il foit fi peu connu, qu'on puiffe faire le tour de la France fans en rencontrer un feul pied hors des jardins.

Non-feulement les feuilles & les racines du Topinambour font d'un utile emploi, mais encore fes tiges peuvent fervir de rames aux pois & aux haricots, peuvent fuppléer le bois pour faire bouillir la marmite, chauffer le four, donner de la POTASSE. Voyez ce dernier mot.

Un ſervice qu'on peut encore leur demander, & ſur lequel j'ai le premier appelé l'attention, c'eſt de favoriſer la culture des terrains ſecs, en les ombrageant; ainſi en en plantant, dans la direction du levant au couchant, des rangées écartées de ſix à huit pieds, on réuſſira à tirer toutes ſortes de produits annuels des ſables de la Sologne, ainſi que des craies de la Champagne. On peut encore plus certainement favoriſer la germination des graines d'arbres, principalement des graines de pin, dont il eſt ſi ſouvent avantageux de couvrir ces ſables & ces craies.

Sans doute la pomme de terre, qu'on lui compare ſans ceſſe, eſt meilleure & plus nourriſſante, mais elle eſt ſenſible aux gelées, & ſes tiges, d'ailleurs peu du goût des beſtiaux, ne peuvent ſe deſſécher; la culture de l'une ne doit donc pas diſpenſer de celle de l'autre.

La ſaveur des tubercules des Topinambours ſe rapproche de celle des artichauts, & leur contexture de celle de la rave. Ils ne donnent à l'analyſe ni amidon ni ſucre, & par conſéquent ne ſont pas ſuſceptibles de la fermentation vineuſe. On les mange cuits dans l'eau, ou à ſa vapeur, & aſſaiſonnés de diverſes manières.

Mon collègue Yvart, qui a le premier cultivé en grand le Topinambour aux environs de Paris, qui a le premier donné des renſeignemens poſitifs ſur les avantages de ſa culture, déclare qu'il s'eſt convaincu, par beaucoup d'expériences comparatives, que les produits étoient généralement plus avantageux que ceux de la pomme de terre blanche, la plus productive de toutes; & qu'à moins de circonſtances particulières, quand on joignoit le produit des feuilles & des tiges avec celui des racines, il étoit celui de toutes les plantes de la grande culture qui donnoit le revenu le plus élevé, toutes choſes égales d'ailleurs.

Fumer la terre deſtinée aux Topinambours eſt toujours utile, mais on s'en diſpenſe cependant le plus ſouvent.

La culture régulière du Topinambour conſiſte à labourer le terrain le plus profondément poſſible, & y placer, à deux ou trois pouces de profondeur, à un pied de diſtance en tous ſens, terme moyen, de petits tubercules pris autour des gros, ou des gros coupés en pluſieurs morceaux. C'eſt au premier printemps, lorſque les gelées tardives ne ſont plus à craindre, qu'on effectue cette plantation, car les feuilles du jeune plant ſont ſuſceptibles d'être frappées par ces gelées. Parvenu à un pied d'élévation, ce plant reçoit un premier binage, pendant lequel on le butte; à la fin de l'été il en reçoit un ſecond.

Ces binages peuvent être faits avec économie au moyen d'une charrue légère, ou d'une houe à cheval, à deux fers; mais le BUTAGE ne peut pas l'être convenablement autrement qu'à la HOUE. Voyez ce mot.

Les tubercules du Topinambour ne doivent s'arracher qu'à meſure du beſoin, les fortes gelées de l'hiver exceptées, parce qu'ils ſe conſervent bien mieux en terre que dans une ſerre à légumes. On peut commencer à en manger dès l'époque des premières gelées qui font périr ſes feuilles, juſqu'à ce qu'elles repouſſent, c'eſt-à-dire, environ depuis le 1er. novembre juſqu'au 1er. mars, ſelon le climat.

Quoique toute ſuppreſſion de feuilles faite à une plante en état de végétation nuiſe néceſſairement à ſon accroiſſement, lorſqu'on cultive le Topinambour pour la nourriture des beſtiaux, il faut en faire une première récolte en août, & une ſeconde au moment préciſ où on peut craindre une gelée, telle petite qu'elle ſoit.

Il y a deux manières de faire la première récolte; l'une d'enlever à la main la moitié des feuilles, en commençant par les inférieures, pour les donner de ſuite aux beſtiaux; l'autre, de couper les tiges par la moitié; c'eſt celle que préfèrent ceux qui veulent les conſerver pour l'hiver : toutes deux ont des inconvéniens à peu près égaux, de ſorte qu'on peut choiſir ſelon ſa convenance.

Lorſqu'on préfère la ſeconde, on étend les portions de tiges coupées ſur le ſol, & on les y laiſſe, s'il fait beau, ſe deſſécher pendant deux ou trois jours, en les retournant, puis on les tranſporte dans un grenier ou ſous un hangar, où on les ſtratifie avec de la paille de froment ou de la paille d'avoine, paille qui s'imprègne de leur odeur, & qui en devient plus agréable aux beſtiaux.

Si on rentroit ces tiges trop ſèches, leurs feuilles ſe réduiroient en poudre. Pour éviter que cela arrive, lorſqu'on les donne aux beſtiaux, il faut les manier avec précaution, &, ou les mouiller ou les placer devant eux dans une crèche.

Lorſque le terrain eſt frais ou l'automne pluvieuſe, les tiges dont les feuilles inférieures ont été retranchées, s'élèvent beaucoup & en pouſſent de nouvelles; celles qui ont été coupées à moitié de leur hauteur pouſſent des rejets latéraux. Ainſi que je l'ai dit plus haut, on doit les couper au moment où on a lieu de craindre les gelées, pour les conſommer ou les diſpoſer comme il vient d'être dit.

Après que les beſtiaux ont mangé les feuilles des Topinambours, on enlève les tiges pour les utiliſer, comme je l'ai indiqué plus haut, ſoit à brûler dans le foyer ou dans le four, ſoit à brûler dans des foſſes pour en obtenir la POTASSE. Voyez ce mot.

Des motifs de prudence engagent preſque toujours les cultivateurs de Topinambours à n'en utiliſer les racines qu'après l'hiver, c'eſt-à-dire, lorſque les fourrages commencent à devenir rares & que les beſtiaux ſont fatigués de nourriture ſèche. Tous les beſtiaux, je le répète, les

aiment avec paſſion ; on en donne cependant rarement aux chevaux, parce qu'on les réſerve pour les
vaches & les brebis, auxquelles elles procurent une
ſurabondance de lait. Avant de les mettre devant
eux, il faut les laver à grande eau dans un baquet,
au moyen d'un balai de bouleau & d'une forte
agitation. Les cochons & les volailles s'en trouvent également fort bien, ſurtout lorſqu'elles ſont
cuites. Les petits tubercules peuvent être donnés
aux beſtiaux tels qu'ils ſe trouvent, mais les gros
doivent être coupés en morceaux.

On s'eſt plaint que le Topinambour une fois
introduit dans un champ ne pouvoit plus en être
extirpé ; & en effet, la plus petite portion de ſes
racines reſtée en terre ſuffit pour en reproduire un
pied, & toutes les fois qu'on cultive du froment
dans un champ qui en a porté l'année précédente,
il eſt certain qu'il en repouſſera ; mais cet inconvénient ne peut avoir lieu dans un bon ſyſtème d'aſſolement, ſyſtème où, après lui, on peut mettre des
cultures qui exigent des binages d'été, comme
des féves de marais, des haricots, ou des cultures qui, ainſi que la veſce, le pois gris, les prairies temporaires, ſe fauchent de bonne heure &
permettent de labourer en été, ou enfin des
prairies artificielles.

La récolte des Topinambours ſe fait, ſoit à la
bêche, ſoit à la pioche, ſoit à la fourche, ſoit à la
charrue. Le ſecond & le troiſième moyen ſont les
meilleurs, mais le dernier eſt le plus économique ;
auſſi, malgré qu'il donne lieu à la mutilation de
beaucoup de tubercules, eſt-ce celui qu'on préfère
le plus généralement dans la grande culture. On
en eſt quitte pour faire conſommer les premiers
les tubercules entamés.

Après qu'on a enlevé les tubercules des Topinambours d'un champ à la ſuite d'un labour, on
y fait de ſuite paſſer les moutons, qui mangent tous
ceux de ces tubercules qui ont échappé à la vue
& ſont à leur portée. Le lendemain on y conduit
un troupeau de cochons qui ſavent bien trouver
tous ceux auxquels les moutons n'ont pu atteindre.

Souvent on fait pâturer les feuilles des Topinambours ſur place par les moutons dès le mois
de juin, & on les y remet deux fois avant l'hiver.
Dans ce cas les tubercules reſtent très-petits, mais
ils n'en fourniſſent pas moins plus de nourriture
relativement à l'eſpace, qu'aucune autre culture.

Si on manquoit de tubercules pour commencer
une plantation de Topinambours, on pourroit employer les tiges qui, coupées en juin, en tronçons
d'un pied, & miſes en terre dans un lieu humide
& chaud, pouſſeront des racines & enſuite des tubercules ſuſceptibles d'être plantés au printemps
ſuivant. Voyez BOUTURE.

Les avantages qu'il eſt poſſible de retirer des
feuilles, des tiges & des racines du Topinambour,
doivent engager, non-ſeulement à le cultiver régulièrement comme il vient d'être dit, mais à en
planter dans les clairières des taillis, le long des

haies, dans toutes les places vagues qui ſe trouvent autour ou au milieu des autres cultures. Là,
ſes tiges n'atteindront peut-être qu'à trois pieds
de hauteur, mais on ne leur donnera aucune culture, mais elles n'en fourniront pas moins de la
nourriture aux beſtiaux & de la potaſſe. Quoique,
depuis que Parmentier a indiqué cette plante
comme propre à être cultivée dans les taillis, pendant les trois années qui ſuivent leur coupe, les circonſtances n'aient pas été propres à faire des en-
treprises agricoles, je ſais cependant que des propriétaires en ont tiré & continuent d'en tirer, par
ce moyen, un extrêmement bon parti. Je les engage à continuer à le faire, étant évident non-
ſeulement qu'ils utiliſent par ce moyen du terrain qui ne leur produiroit rien, mais encore
que les ſouches voiſines en repouſſeront mieux,
tant par ſuite des labours qu'exigeront les Topinambours, que par l'ombre que les tiges de ces
derniers projetteront ſur ces ſouches. Il ne faudroit
cependant pas que cette ombre fût telle, qu'elle
retardât l'aoûtement des pouſſes de ces ſouches.
Voyez TAILLIS.

Des tubercules de Topinambours, plantés dans
les clairières des haies, garniſſent ces haies pendant l'été, époque où il eſt le plus important
qu'elles le ſoient, auſſi bien que des arbuſtes non
épineux qui entrent ordinairement dans leur compoſition.

La hauteur des tiges & la largeur des feuilles du
Topinambour ne permettent pas aux autres plantes
de croître, & ſurtout de porter graines entre ſes
touffes, lorſqu'elles ſont très-rapprochées ; en
conſéquence il peut être employé très-avantageuſement pour nettoyer les terres à blé des mauvaiſes
herbes que les labours ne peuvent détruire, pour
achever de faire périr les racines qui reſtent dans
les prés marécageux qu'on veut transformer en
terres à blé.

Rarement le Topinambour amène ſes graines à
maturité dans le climat de Paris, quoiqu'il y fleuriſſe preſque tous les ans ; mais il n'en eſt pas de
même dans le midi de la France. De ſes graines,
récoltées à Toulon, ont donné à M. Villemorin
des variétés jaunes & rouges, & plus hâtives,
qu'il a déjà multipliées, & qu'on peut ſe procurer
à ſon magaſin, quai de la Mégiſſerie, à Paris.

La dépenſe du tranſport des Topinambours doit
engager les cultivateurs à les placer de préférence
à peu de diſtance de leur domicile, ce qui gêne un
peu dans la diſpoſition des aſſolemens, dans leſquels
il ſeroit cependant bon qu'ils entraſſent toujours,
à raiſon de leur nature différente de celle de toutes les autres plantes, objets de la grande culture.

Dans cet état de choſes, voici l'aſſolement que
propoſe mon collègue Yvart, & qu'il a pratiqué
avec ſuccès, pendant de longues années, dans
ſes exploitations. Après une récolte de froment,
1°. Topinambour ; 2°. prairie artificielle avec

grain du printemps ; 3°. prairie ; 4°. Topinambour. Ou bien, 1°. Topinambour pour tubercules ; 2°. *idem* pour pâture feulement, puis la même année farrafin, mais pour fourrage, enfuite Topinambour.

Cependant comme, ainfi que M. Yvart le proclame dans tous fes ouvrages, il eft avantageux fous tous les rapports de faire revenir le moins fouvent les mêmes cultures fur le même terrain, partout où on peut le faire, on doit n'en mettre qu'après un laps de temps confidérable, c'eft-à-dire, fix à huit ans au moins dans le champ qui en a porté. (*Bosc.*)

TOPOBÉE. *Topobea.*

Arbufte parafite de Cayenne, dont les fruits fe mangent, & qui conftitue feul un genre dans la dodécandrie monogynie & dans la famille des *Mélaftomes.*

Nous ne cultivons pas cette plante dans nos jardins. (*Bosc.*)

TOQUE. *Scutellaria.*

Genre de plantes de la didynamie gymnofpermie & de la famille des *Labiées*, qui réunit vingt-une efpèces, dont deux font communes dans nos campagnes, & douze fe cultivent dans nos écoles de botanique. Il eft figuré pl. 515 des *Illuftrations des genres* de Lamarck.

Efpèces.

1. La Toque du Levant.
Scutellaria orientalis. Linn. ♄ Du Levant.
2. La Toque de Crète.
Scutellaria cretica. Linn. ♄ De Crète.
3. La Toque à fleurs blanches.
Scutellaria albida. Linn. ♄ Du Levant.
4. La Toque arbriffeau.
Scutellaria fruticofa Desf. ♄ De la Perfe.
5. La Toque des Alpes.
Scutellaria alpina. Linn. ♃ Des Alpes.
6. La Toque lupuline.
Scutellaria lupulina. Linn. ♃ De la Sibérie.
7. La Toque à fleurs latérales.
Scutellaria lateralis. Linn. ♃ De l'Amérique feptentrionale.
8. La Toque pileufe.
Scutellaria pilofa. Mich. De l'Amérique feptentrionale.
9. La Toque de la Havane.
Scutellaria havanenfis. Linn. De la Havane.
10. La Toque caffide.
Scutellaria galericulata. Linn ♃ Indigène.
11. La Toque naine.
Scutellaria minor. Linn. ☉ Indigène.
12. La Toque haftée.
Scutellaria haftata. Linn. ♃ De l'Allemagne.

13. La Toque de la Caroline.
Scutellaria caroliniana. Lam. De l'Amérique feptentrionale.
14. La Toque petite.
Scutellaria parvula. Mich. De l'Amérique feptentrionale.
15. La Toque à feuilles entières.
Scutellaria integrifolia. Linn. ♃ De l'Amérique feptentrionale.
16. La Toque élevée.
Scutellaria altiffima. Linn. ♃ Du Levant.
17. La Toque purpurine.
Scutellaria purpurafcens. Vahl. ☉ De l'Amérique méridionale.
18. La Toque étrangère.
Scutellaria peregrina. Linn. ♃ De l'Italie.
19. La Toque de Columna.
Scutellaria Columnæ. Willd. ♃ De l'Italie.
20. La Toque à grandes fleurs.
Scutellaria grandiflora. Curtis. De la Sibérie.
21. La Toque des Indes.
Scutellaria indica. Linn. Des Indes.

Culture.

Celles que nous cultivons dans les écoles de botanique font les n°s. 1, 2, 3, 4, 6, 7, 10, 11, 12, 15, 16 & 18. Toutes peuvent croître en pleine terre dans le climat de Paris ; cependant il eft prudent de tenir en pot, pour les rentrer dans l'orangerie pendant l'hiver, quelques pieds des quatre premières, afin de parer aux accidens. Une terre un peu confiftante convient à toutes. Des arrofemens abondans ne font néceffaires qu'aux dixième & onzième efpèces. Les foins que toutes exigent fe réduifent à des binages de propreté.

Les efpèces des n°s. 1, 6 & 16, font affez belles pour être cultivées dans les jardins payfagers, où on les placera, la première contre les rochers expofés au foleil, les deux autres dans les lieux un peu frais.

Les beftiaux mangent les deux efpèces indigènes fans les rechercher. Elles font fi communes fur les bords de certains étangs, qu'il peut être avantageux de les couper pour les apporter fur le fumier. (*Bosc.*)

TORCHE : CACTIER qui, aux Antilles, fert à éclairer.

TORCHE-NEZ : morceau de bois aplati, d'un pied de long, percé de deux trous vers une de fes extrémités, trous par lefquels paffe un forte ficelle, qu'on noue fur elle-même à droit nœud, de manière que la main puiffe paffer dans l'intervalle.

Cet inftrument a pour objet de ferrer le nez des chevaux méchans qu'on veut ferrer, en paffant la main droite dans l'intervalle des deux ficelles, & en affujettiffant ces ficelles à la partie dont il vient d'être queftion, au moyen d'un tour de roue imprimé au morceau de bois, morceau qui eſt contenu enſuite au moyen des extrémités de la même ficelle.

Les effets du Torche-nez ne différent pas de ceux de la MORAILLE. *Voyez* ce mot.

TORCHEPIN : nom vulgaire du PIN MARITIME.

TORCHIS : glaiſe imbibée d'eau dans laquelle on incorpore du foin, ou de la paille hachée, ou de la mouſſe, ou de la bourre, dans le but d'en revêtir les maiſons en clayonnage ; les ruches, les greffes en fente, &c.

Il paroît qu'autrefois on faiſoit plus uſage du Torchis qu'actuellement ; cependant on ne peut ſe refuſer à reconnoître que ſon emploi a le mérite de l'économie & de la promptitude. Je voudrois donc que les cultivateurs euſſent toujours une maſſe de glaiſe propre à en faire, & qu'ils ne regardaſſent pas comme perdu le temps qu'ils mettront à boucher les trous de ſouris dans leurs granges, dans leurs greniers, dans leurs écuries, car la diminution qui ſeroit la ſuite de cette opération, ne fût-elle que de moitié, ils y gagneroient beaucoup.

Les matières végétales qu'on met dans la glaiſe ſervent à opérer ſa plus prompte deſſiccation, ainſi qu'à diminuer les effets de ſon retrait, & les ſuites du fendillement produit, ſoit par ce retrait, ſoit par toute autre cauſe. *Voyez* GLAISE & ARGILE ; *voyez* auſſi CONSTRUCTION RURALE dans le *Dictionnaire d'Architecture*. (BOSC.)

TORDULE. TORDULA.

Genre de plantes établi par Hedwig aux dépens des mouſſes. Il a pour type le BRY SUBULÉ. *Voyez* MOUSSE.

TORDYLE. TORDYLIUM.

Genre de plantes de la pentandrie digynie & de la famille des *Ombellifères*, fort voiſin des ARTÉDIES, des CAUCALIDES & encore plus des HASSELQUISTES (*voyez* ces mots), qui renferme ſept eſpèces, dont cinq ſe cultivent dans nos écoles de botanique. Il eſt figuré pl. 193 des *Illuſtrations des genres* de Lamarck.

Eſpèces.

1. Le TORDYLE de Syrie.
Tordylium ſyriacum. Linn. ☉ Du Levant.
2. Le TORDYLE officinal.
Tordylium officinale. Linn. ☉ Du midi de la France.
3. Le TORDYLE étranger.
Tordylium peregrinum. Linn. ☉ Du midi de l'Europe.
4. Le TORDYLE d'Italie.
Tordylium apulum. Linn. ☉ De l'Italie.

5. Le TORDYLE élevé.
Tordylium maximum. Linn. ☉ Du midi de la France.
6. Le TORDYLE à fleurs de berle.
Tordylium ſiifolium. Scop. ☉ De la Carniole.
7. Le TORDYLE à tige baſſe.
Tordylium humile. Desf. ☉ De la Barbarie.

Culture.

Les cinq premières eſpèces ſont celles que nous cultivons. Elles ſe ſèment au printemps, dans des pots remplis de terre à demi conſiſtante ; & lorſque leur plant a acquis deux pouces de hauteur, on le repique ſeul à ſeul en pleine terre, dans le lieu où il doit reſter, lieu qui doit être, autant que poſſible, à une bonne expoſition. Il ne demande enſuite d'autres ſoins que ceux de propreté.

La ſeconde eſpèce entre dans le thériaque ſous le nom de *ſéſéli de Crète*. (BOSC.)

TORÉNIE. TORENIA.

Genre de plantes de la didynamie angioſpermie & de la famille de *Scrophulaires*, qui raſſemble deux eſpèces ni l'une ni l'autre cultivées dans nos jardins. Il eſt figuré pl. 523 des *Illuſtrations des genres* de Lamarck.

Eſpèces.

1. La TORÉNIE d'Aſie.
Torenia aſiatica. Linn. ♃ Des Indes.
2. La TORÉNIE velue.
Torenia hirſuta. Lam. ♃ Des Indes. (BOSC.)

TORILE. TORILIS.

Genre établi par Gærtner aux dépens des CAUCALIDES. Il ne paroît pas avoir été adopté par les autres botaniſtes.

TORMENTILLE. TORMENTILLA.

Genre de plantes de l'icoſandrie polyginie & de la famille des *Roſacées*, qui ne contient que deux eſpèces, mais dont une eſt fort commune dans les lieux argileux & humides. Il eſt figuré pl. 444 des *Illuſtrations des genres* de Lamarck.

Eſpèces.

1. La TORMENTILLE droite.
Tormentilla erecta. Linn. ♃ Indigène.
2. La TORMENTILLE couchée.
Tormentilla reptans. Linn. ♃ Indigène.

Culture.

Toutes deux ſe cultivent dans nos écoles de botanique,

botanique, & n'y demandent qu'à être femées en place & arrofées dans les chaleurs.

Tous les beftiaux, excepté les chevaux, mangent, dit-on, la première, qui eft la plus commune; cependant on la voit refter intacte dans les pâturages les plus fréquentés. Les cochons font très-friands de fa racine, qui eft aromatique & aftringente, & dont on fait affez fréquemment ufage en médecine. (Bosc.)

TORRENT : courant d'eau qui defcend des montagnes avec une grande rapidité, & qui entraîne tout ce qui s'oppofe à fon paffage. *Voyez* RIVIÈRE & RUISSEAU.

Le volume des Torrens devoit être irréfiftible lorfque les Alpes, les Pyrénées, les Vofges, le Cantal, &c. étoient deux ou trois fois plus élevés qu'ils le font en ce moment. *Voyez* MONTAGNE, CAILLOUX, SABLE.

Il y a des Torrens permanens, mais qui s'enflent après les pluies, après les fontes de neige. Il en eft de momentanés, c'eft-à-dire, qui ne fe forment qu'après les mêmes circonftances.

Les dommages que font les Torrens aux cultivateurs, dans les pays de montagnes, font incalculables. Quelques foins qu'on apporte à régler leur cours, il arrive un moment où ils furmontent, où ils détruifent les travaux. Non-feulement ils enlèvent les récoltes, ils déracinent les arbres, ils renverfent les maifons, mais encore, tantôt ils dégarniffent le fol de toute fa terre végétale, tantôt ils recouvrent cette terre de plufieurs pouces, de plufieurs pieds de fable ou de pierre, ce qui, dans les deux cas, amène fon infertilité. De grands efpaces font toujours perdus pour la culture dans leur voifinage, & les frais auxquels ils entraînent leurs riverains diminuent infiniment la valeur des propriétés de ces derniers. *Voyez* INONDATION.

On ne peut donner de règle générale pour diminuer les effets défaftreux des Torrens, puifque ces effets dépendent, dans des variations fans fin, & de la quantité d'eau, & de la nature du fol, & de la rapidité des pentes, & de la durée de leur action, & de la direction plus ou moins droite de leur lit. Souvent une pelletée de terre, une fafcine, quelques pierres, la plus petite rigole fuffit pour les détourner; fouvent, même avec des millions de dépenfe, on ne parvient pas à les diriger.

Redreffer le lit des Torrens & creufer de temps en temps leur lit, font certainement le moyen le plus fûr de les empêcher de caufer tant de ravages; mais ce moyen n'eft pas toujours praticable dans les vallées qui font peu fouvent en ligne droite. C'eft cependant celui qu'on doit toujours d'abord tenter lorfque les propriétés ne font pas trop divifées, ou que les propriétaires intéreffés, ce qui eft rare, s'entendent entr'eux. Il exifte en Piémont des lois coercitives qui obligent les riverains à exécuter les travaux jugés néceffaires par

les ingénieurs du Gouvernement, & elles ont augmenté peut-être de moitié les revenus territoriaux de ce pays.

En attendant qu'une jurifprudence du même genre foit établie en France, je dois me contenter de donner quelques indications pour diminuer les chances des ravages des Torrens, au moins dans leurs débordemens ordinaires.

Comme je l'ai déjà dit plus haut, la première opération à faire, c'eft de redreffer la direction du Torrent fur fa propriété, &, s'il fe peut, fur les propriétés fupérieures, enfuite de l'encaiffer.

On encaiffe un Torrent en formant fur fes deux bords des digues, foit en terre, foit en pierres fèches, foit en maçonnerie, affez élevées pour que les eaux du Torrent, dans leur plus grand gorflement, ne puiffent atteindre leurs bords.

Si les propriétaires du cours fupérieur du Torrent fe refufent à faire de même, alors il faut de plus barrer la vallée par une digue femblable, & également élevée des deux côtés du Torrent.

Ce n'eft jamais qu'à grands frais qu'on élève ces digues; ainfi il faut calculer fes moyens avant de les entreprendre, en obfervant cependant qu'on peut le plus fouvent n'y mettre chaque année que le fonds difponible, fauf à y travailler plus longtemps; je dis le plus fouvent, parce qu'il y a des Torrens qui détruifent pendant l'hiver le travail fait pendant l'été, s'il n'eft pas terminé, c'eft-à-dire, s'ils trouvent moyen de l'entamer.

Mais les Torrens entraînent toujours des cailloux, des graviers, des fables, des terres, & les dépofent tout le long de leur cours, plus dans les endroits où il eft ralenti, moins dans ceux où il eft le plus rapide. Leur fond s'élève donc, & il faut élever proportionnellement les digues, de forte que la dépenfe fe continue. J'ai vu de ces Torrens dans les Alpes italiennes dont le fond étoit ainfi élevé de deux ou trois toifes au-deffus de celui de la vallée; auffi, quand leur digue fe rompoit, y avoit-il un grand efpace de terrain inondé & couvert de pierres, efpace dans lequel l'eau reftoit quelquefois une année entière.

Il n'y a pas d'autre moyen, dans ce cas, que de laiffer agir la nature, qui, au bout de quelques années, comble plus ou moins la partie creufe avec les débris des digues, & de recommencer enfuite à diguer. *Voyez* ACCOULIS & CANAL.

Les digues de terre fe fortifient contre les eaux par des femis de plantes vivaces ou d'arbuftes à longues racines, tels que la luzerne, le fainfoin, les ofiers, les tamarix, l'argoufier, l'aune, &c.

Celles en pierres fèches font garanties de leurs premiers efforts par des fafcines, parmi lefquelles celles d'aune tiennent le premier rang, fafcines qu'on fixe avec de longs pieux dans les interftices des pierres.

Planter des deux côtés des Torrens, en ligne droite, & dans une certaine largeur, les arbuftes nommés plus haut, en les défendant, dans leur premier âge, par un rang ou deux de grosses pierres ou de fascines traversées par de longs pieux, suffit quelquefois pour diguer un Torrent, parce que les eaux déposent, entre les tiges de ces arbustes, des sables & des terres qui y restent & qui s'élèvent chaque année, tandis que les racines, en continuant de s'étendre & de s'approfondir, & par conséquent d'assurer les arbustes contre les efforts du courant, rendent les fascines inutiles.

Quand un accident est arrivé à une digue, il ne faut pas perdre un moment pour la réparer ; ainsi, après tous les orages, pendant la fonte des neiges, les cultivateurs à qui elles appartiennent doivent les visiter, une bêche, un maillet, des pieux & des fascines à la main, pour boucher toutes les brèches qui s'y trouvent faites, car ils doivent être assurés que plus ils tardent, & plus la brèche s'agrandira, & plus il faudra de temps & de dépense pour la réparer & la consolider.

Souvent les terrains qui ont été couverts de pierres ou de sable par les Torrens sont abandonnés à la nature, & ne produisent plus aucun revenu pendant de longues années, c'est-à-dire, jusqu'à ce qu'une nouvelle irruption du même Torrent ou les eaux des pluies aient recouvert de bonne terre ces pierres & ces sables; cependant presque toujours il est possible d'en tirer quelque parti, en y plantant des arbustes ou des arbres qui donnent du bois de chauffage. Des TÊTARDS de frêne, d'orme, de saule marceau, &c. y réussiroient sans doute souvent, & donneroient des récoltes de feuilles pour fourrage d'hiver, qui seroient d'une grande importance dans certaines vallées où les foins sont rares. Voyez TÊTARD.

On dit l'eau des Torrens mal-saine, & en effet elle doit l'être, lorsqu'on la boit immédiatement après l'y avoir puisée, parce qu'elle est toujours chargée de terre extrêmement divisée ; mais quand on donne à cette terre le temps de se déposer, elle est aussi bonne que celle des FONTAINES. Voyez ce mot & celui EAU. (Bosc.)

TORRÉSIE. *Torresia.*

Plante graminée du Pérou, qui constitue seule un genre dans la monœcie triandrie.

On ne la possède pas dans nos jardins. (Bosc.)

TORSION DES BRANCHES : opération du jardinage qu'on exécute dans le but, 1º. d'empêcher un GOURMAND de continuer à croître ; 2º. de faire porter des FLEURS à une branche trop vigoureuse ; 3º. d'accélérer la maturité des FRUITS ; 4º. de déterminer une MARCOTTE à pousser une racine. Voyez tous ces mots.

Actuellement que la theorie de la Torsion des branches est bien connue, on la pratique moins qu'autrefois, parce qu'on sait qu'on parvient au même but par la COURBURE, par la LIGATURE, par l'INCISION ANNULAIRE. Voyez ces mots.

Il est d'ailleurs assez difficile de tordre les branches au point convenable au but qu'on se propose, & l'effet que produit à la vue une branche tordue est presque toujours désagréable. (Bosc.)

TORTELLE. : nom vulgaire du VELAR.

TORTULE. *Tortula.*

Plante des Indes, qui paroît devoir former seule un genre dans la didynamie angiospermie & dans la famille des *Scrophulaires*. Nous ne la cultivons pas dans nos jardins. (Bosc.)

TOT : nom d'une espèce d'ALOÈS.

TOTOCK. C'est le COCOTIER du Chili.

TOUCHIRA. *Crudia.*

Genre de plantes de la décandrie monogynie & de la famille des *Légumineuses*, qui ne contient qu'une espèce figurée pl. 339 des *Illustrations des genres* de Lamarck.

Cette espèce est un grand arbre à bois odorant, originaire de Cayenne, & qui ne se cultive pas dans les jardins d'Europe. (Bosc.)

TOUFFE. On donne ce nom ou à une réunion de quelques plantes, soit herbacées, soit ligneuses, qui est isolée, ou à une plante qui a beaucoup de rameaux partant du collet des racines.

Il est souvent avantageux de disposer les fleurs annuelles en Touffes dans les parterres & les jardins paysagers. Il est même des plantes qui ne font d'effet qu'alors. Voyez AUGET.

Les plantes vivaces forment presque toujours naturellement des Touffes ; beaucoup d'arbustes sont dans le même cas. Il y a presque toujours du désavantage, sous le rapport de l'agrément & de la vigueur des plantes, à chercher à contrarier cette disposition.

C'est en divisant leurs Touffes qu'on multiplie une grande quantité de plantes.

On dit un buisson touffu, un bois touffu, pour indiquer que leurs tiges ou leurs branches sont très-rapprochées.

BUISSON est quelquefois synonyme de Touffe. (Bosc.)

TOUFFE, probablement par corruption d'étouffe : maladie des vers à soie qui, certaines années, cause de grandes mortalités parmi eux ; elle est due au défaut d'élasticité de l'air : aussi est-ce dans les jours chauds & orageux qu'elle se développe. Le moyen le plus efficace pour la prévenir, c'est de répandre de l'eau fraiche, par aspersion, sur toutes les parties de la chambre où sont placés les vers, & d'établir le plus grand courant d'air possible. Voyez VER A SOIE. (Bosc.)

TOULALA. C'est le GALANGA ARONDINACÉ.

TOULICIE. *Toulicia.*

Arbre de Cayenne, qui forme seul un genre

dans l'octandrie trigynie, fort voifin des GUIOA. Il ne fe cultive pas en Europe. (*Bosc.*)

TOUPILLON. Quelques jardiniers appellent ainfi les réunions de branches courtes & mal venues, que d'autres nomment TÊTE DE SAULE. *Voyez* ce mot & celui TAILLE.

TOUPIOLE. On appelle ainfi, aux environs de Boulogne, le MUGUET SCEAU DE SALOMON. (*Bosc.*)

TOURBE : produit de la décompofition des plantes fous l'eau douce & ftagnante.

Lorfque les plantes fe décompofent à l'air, elles forment du TERREAU. *Voyez* ce mot.

Il n'y a donc de différence entre la Tourbe & le terreau, que parce que la première n'a pas perdu la totalité des principes des plantes qui l'ont formée, qu'elle peut brûler comme elles.

Les grands végétaux accumulés dans la mer forment la HOUILLE ou CHARBON DE TERRE. *Voyez* ces mots.

Lorfque ces mêmes grands végétaux font enfouis dans la terre, ils fe changent tantôt en TERRE D'OMBRE, tantôt en TERREAU, tantôt en PIERRE (bois foffile).

Les rivières entraînent dans la mer la Tourbe qui fe forme dans leurs eaux.

La Tourbe fe formoit en bien plus grande abondance anciennement qu'aujourd'hui, 1°. parce que les MONTAGNES étant plus élevées, les RIVIÈRES étoient plus confidérables, & les marais de leurs bords plus étendus; 2°. parce que les progrès de la population ont amené le deffechement plus ou moins complet de tous les marais qui en étoient fufceptibles. Il ne s'en forme plus en ce moment que dans peu d'endroits & qu'en petite quantité.

Il y a fort peu de Tourbe dans les pays chauds, parce que les eaux ftagnantes, ou s'y évaporent entièrement pendant l'été, ou s'y putréfient complétement; auffi eft-ce au nord du 45ᵉ. degré qu'on commence feulement à en trouver, & c'eft vers le cercle polaire que s'en voient les plus grands dépôts.

Certains arbres, comme les chênes, les hêtres, fe confervent bien des fiècles dans la Tourbe fans autre altération que d'être devenus noirs.

La décompofition des plantes dans l'eau des tourbières fe faifant avec une extrême lenteur, la Tourbe la plus nouvelle, c'eft-à-dire, celle de la furface, offre ces plantes à peine altérées, & brûlant, après fa defficcation, prefque comme de la paille. C'eft celle du fond des tourbières qui, étant la plus compacte, brûle & le plus lentement, & en donnant le plus de chaleur. C'eft en conféquence celle qu'on doit préférer pour tous les ufages.

Pour faciliter les fervices de la Tourbe, on la coupe en petits parallélipipèdes de mêmes dimenfions. Celle qui, dans les opérations de l'exploitation, fe réduit en boue, eft ramenée à cette forme en l'uniffant à un peu d'argile & en la mettant en moule.

Les plantes qui concourent le plus à la formation des tourbières appartiennent aux genres POTAMOT, RENONCULE, MYRIOPHYLLE, CHARAGNE, CONFERVE, SPHAIGNE, SCIRPE, FLUTEAU, BUTOME, PRÊLE, RUBANIER, ROSEAU, LENTICULE.

Les dépôts de Tourbe font rarement exempts de terre, de fable, de pierre, parce que les alluvions les y ont entraînées des montagnes voifines; mais ces matières n'en font pas effentiellement partie conftituante, comme quelques écrivains l'ont prétendu.

L'emploi le plus général de la Tourbe eft le chauffage. Le feu qu'elle donne eft peu intenfe, mais très-durable & très-égal; auffi eft-il plus propre que celui de bois pour certaines fabriques où ces deux qualités font précieufes. On en fait du charbon.

La propriété antifeptique de la Tourbe eft extrêmement remarquable, & pourroit être employée avec fuccès pour conferver les viandes & les végétaux fufceptibles de fe putréfier. Cette propriété eft due fans doute au carbone, comme dans le TERREAU. (*Voyez* ce mot.) On cite des cadavres retirés de la Tourbe au bout de cinquante ans, & auffi frais que s'ils y avoient été mis la veille. On en cite même que la forme des habits indiquoit y être depuis plufieurs fiècles.

L'eau de Tourbe eft très-faine, & ne fe putréfie pas, comme Cook l'a conftaté.

Il faut bien diftinguer les marais tourbeux des autres, fous le rapport hygiénique, car leur voifinage n'eft jamais dangereux. *Voyez* MARAIS.

Quoique les tourbières foient affez nombreufes dans le nord de la France, & que le bois y devienne de jour en jour plus rare, il eft peu d'endroits où on faffe habituellement & généralement ufage de la Tourbe. La ville d'Amiens eft prefque la feule qui fache en tirer tout le parti poffible. Il eft bien à défirer cependant que fon ufage s'étende, & j'engage tous les cultivateurs d'en provoquer l'emploi par leur exemple, pour ménager les forêts.

L'extraction de la Tourbe eft fondée fur des principes fort fimples, mais elle doit cependant être le but d'un apprentiffage. Je n'entreprendrai pas ici d'en détailler les procédés, parce qu'ils n'appartiennent pas proprement à l'agriculture; en conféquence je renvoie ceux qui voudroient les connoître, à l'*Art du Tourbier*, publié par mon eftimable ami Roland de la Platière, alors infpecteur des manufactures, depuis miniftre de l'intérieur, & victime des événemens de la révolution.

Lorsque la Tourbe est desséchée, elle a complétement l'apparence du terreau, & il n'est pas une personne, parmi celles qui ne la connoissent pas, qui ne juge à la première vue qu'elle doit être extrêmement fertile ; cependant aucun des objets ordinaires de nos cultures ne peut y croître, & toutes les tourbières ne donnent à l'agriculture qu'un pâturage de mauvaise nature, au plus propre aux BÊTES A CORNES. *Voyez* ce mot.

On a, il y a déjà long-temps, recherché pourquoi la Tourbe étoit infertile ; plusieurs opinions érronées ont été émises à cet égard. Je crois être le premier qui en ait donné la vraie raison, c'est qu'elle n'est pas susceptible d'être dissoute par l'eau, que son carbone ne peut pas servir à l'aliment des plantes. *Voyez* TERREAU & HUMUS.

Pour rendre la Tourbe susceptible de devenir productive, même susceptible d'être employée pour engrais, il faut donc la rendre soluble ; or on y parvient, 1°. en la laissant exposée à l'air, en couche mince, pendant au moins un an ; 2°. en la mêlant avec environ un centième de chaux vive, ou un quart de marne, plus ou moins, selon la qualité de cette dernière ; 3°. en en brûlant environ le tiers. *Voyez* GAZ, CHAUX & CENDRE.

On peut encore la mêler utilement avec le fumier, avec toutes les matières animales dont on peut disposer, avec les terres de toutes sortes, &c.

Par ces deux derniers moyens, elle devient susceptible d'être utilisée sur-le-champ.

Les Anglais, qui possèdent beaucoup de tourbières aussi improductives que les nôtres, font aujourd'hui un grand usage de la Tourbe comme engrais, en la semant au printemps, après l'avoir réduite en poudre, sur les plantes en état actuel de végétation. En effet, les gaz atmosphériques agissent d'autant plus promptement sur elle, qu'elle est plus divisée, & le printemps est la saison de l'année où ces gaz sont les plus actifs. Que de propriétaires de Tourbières seroient dans le cas d'augmenter leurs revenus s'ils procédoient de même ! (*Bosc.*)

TOURBIÈRE : lieu où il y a de la tourbe en exploitation.

Je dis en exploitation, parce qu'il y a beaucoup de marais tourbeux & même de terrains secs qui recouvrent de la tourbe, auxquels on ne donne pas ce nom.

Tantôt les Tourbières sont à la surface du sol, tantôt elles sont recouvertes d'une couche plus ou moins épaisse de terre ou de sable.

Lorsqu'elles sont superficielles ou peu profondes, on les reconnoît facilement au tremblement qu'elles offrent lorsqu'on marche dessus, en appuyant successivement les pieds, ou en sautant.

Il est des Tourbières entièrement couvertes d'eau, & où il se forme par conséquent encore de la tourbe ; il en est d'imbibées d'eau dans leur

profondeur ; mais sèches à leur surface ; enfin, il en est de complétement desséchées.

L'eau des Tourbières qui en sont continuellement imbibées, est presqu'à la température de celle des puits, parce qu'elle a peu de contact avec l'air ; c'est pourquoi elle gèle si difficilement pendant l'hiver.

Cette température de l'eau des Tourbières, qui, pour la même raison, s'élève peu pendant l'été, concourt sans doute à empêcher les arbres aquatiques d'y prospérer. *Voyez* EAU & TEMPÉRATURE.

Le nord de la France offre quelques Tourbières exploitées, & beaucoup qui ne le sont pas. Ces dernières ne donnent généralement qu'un pâturage de mauvaise nature & peu abondant, à peine du goût des bêtes à cornes, ceux des animaux domestiques les moins délicats sur leur nourriture ; elles se refusent à toute culture, même à la production des aunes & des saules, qui sembleroient devoir y prospérer ; elles sont donc perdues ou presque perdues pour l'agriculture, si on n'emploie pas des moyens puissans pour changer leur nature. *Voyez* TOURBE & MARAIS.

Ces moyens sont d'abord de donner de l'écoulement aux eaux, par des FOSSÉS, des PUISARDS, des PIERRÉES, &c. (*voyez* ces mots & celui DESSÉCHEMENT), ensuite, ou en chargeant la tourbe d'une épaisseur suffisante de terre, principalement de marne calcaire si on en a à sa disposition (*voyez* MARNE), ou en brûlant la surface de la tourbe, après sa dessiccation, dans une profondeur suffisante.

C'est en chargeant la tourbe de terre que les habitans d'Amiens se sont donné les promenades qui entourent leur ville au nord, promenades remarquables par la beauté des arbres qui les ombragent.

C'est en brûlant la surface de la tourbe que les habitans du Nord-Hollande ont transformé leurs moors en des prairies d'une inconcevable fertilité, prairies qui nourrissent les plus gros bœufs, les plus gros choux que je connoisse.

Si on ne veut pas brûler la surface de la tourbe, & je ne conseille cette opération que lorsqu'on ne peut pas faire autrement, on y répandra tous les ans une certaine quantité de chaux vive en poudre grossière, chaux qui produira le même effet que les cendres & que la potasse que contiennent ces dernières. *Voyez* POTASSE.

Il est, au reste, des Tourbières qui renferment, soit en amas isolés, soit en couches plus ou moins épaisses, plus ou moins nombreuses, plus ou moins régulières, des terres ou des sables amenés par les eaux des montagnes voisines. Il ne s'agit souvent, pour les fertiliser, que de les dessécher & de mélanger leurs diverses couches.

On doit aussi assimiler jusqu'à un certain point aux Tourbières, ces terrains en pente douce continuellement imbibés d'eau de source, quoiqu'ils ne renferment pas de tourbe bonne à brûler, puisqu'ils donnent naiſſance aux mêmes plantes qu'elles, que leur infertilité eſt due à la même cauſe, & qu'après les avoir deſſéchés on peut les fertiliſer par les mêmes moyens. Ces terrains, je les ai appelés ULIGINEUX. *Voyez* ce mot. (*Bosc*.)

TOURLOURY : nom d'un PALMIER de Cayenne.

TOURNÉ (Fruit). On applique ce mot aux fruits rouges, comme les CERISES, les FRAISES, les FRAMBOISES, lorſqu'ils commencent à ſe colorer & lorſqu'ils commencent à s'altérer. Une grande chaleur ſèche accélère le Tourné des fruits non mûrs. (*Voyez* le mot MATURITÉ.) Une grande chaleur humide occaſionne toujours le Tourné des fruits mûrs. *Voyez* CERISIER, FRAISIER, FRAMBOISIER.

On peut retarder le Tourné des fruits en les tenant dans un lieu froid ; mais lorſqu'ils ſont Tournés, on ne peut plus les remettre dans leur état primitif. *Voyez* FRUIT.

TOURNÉ (Œuf). *Voyez* ŒUF.

TOURNÉ (Vin). *Voyez* VIN.

TOURNÉE : pioche à fer très-long (au moins de deux pieds), très-étroit, très-courbé, très-pointu par une de ſes extrémités, & emmanchée très-court, qui ſert aux terraſſiers lorſqu'ils travaillent dans une terre dure ou très-garnie de pierres.

Cette ſorte de pioche, fort uſitée aux environs de Paris, expédie beaucoup de beſogne, mais elle fatigue conſidérablement, & il faut être fort pour l'employer, car elle eſt très-lourde. *Voyez* PIOCHE & DEFONCEMENT. (*Bosc*.)

TOURNESOL. Ce nom s'applique vulgairement à diverſes eſpèces de plantes dont les fleurs ſe tournent conſtamment du côté du ſoleil, entre autres à l'HÉLIANTE & au CISTE HÉLIANTHÈME. *Voyez* ces deux mots.

Mais les botaniſtes & les cultivateurs ſont convenus de ne le donner qu'à une eſpèce du genre CROTON, originaire du midi de la France, qui s'emploie pour la teinture. *Voyez* ce mot. (*Bosc*.)

TOURNIS : trois maladies, ou mieux les ſymptômes de trois maladies, portent ce nom.

L'une eſt le VERTIGO produit par l'excès de la chaleur, par un coup de ſoleil, par des bleſſures à la tête, par une HYDROPISIE de cerveau ; elle ſe remarque dans tous les animaux domeſtiques.

Les deux autres ſont produites, ou par la ſurabondance des ŒSTRES dans les ſinus frontaux, ou par des HYDATIDES dans le cerveau des moutons. *Voyez* ces quatre mots.

Cependant en général, c'eſt la maladie produite par les HYDATIDES qu'on appelle le plus communément de ce nom.

Ayant donné à leur article les indications néceſſaires pour reconnoître cette dernière ſorte de Tournis & tenter ſa guériſon, il me ſuffira

ici d'obſerver que les expériences qui ont ſemblé prouver la poſſibilité de la guériſon du Tournis par l'injection dans le nez des moutons de décoctions de plantes amères, d'abſinthe, par exemple, n'ont rapport qu'à celui produit par des ŒSTRES. *Voyez* ce mot. (*Bosc*.)

TOUROUTIER. ROBINSONIA.

Arbre de Cayenne dont les fruits ſe mangent, & qui conſtitue ſeul un genre dans l'icoſandrie monogynie. Quelques auteurs le rapportent aux TONG-CHU. Il eſt figuré pl. 424 des *Illuſtrations des genres* de Lamarck.

On ne le cultive pas dans les jardins d'Europe. (*Bosc*.)

TOURRÉTIE. TOURRETIA.

Plante annuelle grimpante du Pérou, qui ſeule conſtitue un genre dans la didynamie angioſpermie & dans la famille de *Bignonées*, figure pl. 527 des *Illuſtrations des genres* de Lamarck.

Cette plante a été cultivée pendant quelques années dans nos jardins en pleine terre, & a diſparu, parce que tous ſes pieds ont été frappés par une gelée précoce qui les a empêchés de fructifier. On ſemoit ſes graines dans des pots remplis de terre à demi conſiſtante, qu'on plaçoit ſur une couche nue. Le plant qui en provenoit ſe repiquoit en pleine terre, & ſe paliſſadoit contre un mur expoſé au midi.

Il eſt fâcheux que cette plante, qui ne manque pas d'élégance, n'ait pas été envoyée en Italie, où elle n'eût pas éprouvé l'inconvénient qui nous l'a enlevée. (*Bosc*.)

TOURRETTE : nom vulgaire de l'ARABETTE. *Voyez* ce mot.

TOURTE : nom qu'on donne, aux environs de la Flèche, à une couche de graviers agglutinés par de l'oxide de fer qui ſe trouve à quelques pouces de la ſurface de la terre, & qu'on eſt obligé de rompre avec le pic lorſqu'on veut planter des arbres. *Voyez* COUCHE DE TERRE. (*Bosc*.)

TOURTEAU : reſte des graines dont on a retiré l'huile par la preſſion.

Partout on réſerve avec ſoin les Tourteaux pour la nourriture des beſtiaux, car ils ſont très-nutritifs, & lorſqu'ils ſont moiſis, pour les faire ſervir à l'engrais des terres, car ils ſont très-fertiliſans.

Les Tourteaux deſtinés à la nourriture des beſtiaux doivent être tenus dans un lieu ſec & aéré.

Preſque partout on donne les Tourteaux aux bœufs, aux vaches, aux moutons, aux cochons, aux volailles, après les avoir ſimplement concaſſés ; cependant ils rempliſſent beaucoup mieux leur objet, principalement quand ils ſont deſtinés à l'engrais de ces animaux, lorſqu'on les fait diſſoudre dans l'eau bouillante.

L'expérience prouve en fus qu'il eſt plus avantageux de mélanger les Tourteaux avec du foin, avec des racines, avec des graines, que de les donner ſeuls aux beſtiaux.

Pour employer les Tourteaux comme engrais, on les réduit en poudre & on les ſème au printemps, ſoit ſur les fromens, ſoit ſur les colzas, les lins, les pavots, lorſqu'ils commencent à pouſſer. Leur effet, à raiſon de la petite quantité qu'on en répand à la fois, ne dure généralement qu'un an.

M. Dumont-Courſet en fait un grand uſage dans ſes jardins, en les délayant dans l'eau des arroſemens.

On a dit que l'action des Tourteaux étoit due à l'huile qui y étoit reſtée; mais c'eſt bien plus au MUCILAGE, c'eſt-à-dire, au TERREAU diſſoluble, ou mieux au CARBONE preſque pur qui s'y trouve. Voyez ces mots & celui VÉGÉTATION. (Bosc.)

TOUSELLE : variété de froment cultivée dans les départemens méridionaux.

TOUTE-BONNE : eſpèce du genre SAUGE.

TOUTE-BONNE DES PRÉS. C'eſt la SAUGE DES PRÉS. Voyez ce mot.

TOUTE-ÉPICE. On appelle ainſi la NIGELLE.

TOUTE-SAINE : eſpèce de MILLEPERTUI S. Voyez ce mot.

TOUT-VENU. Le SÉNEÇON COMMUN porte ce nom aux environs de Boulogne. (Bosc.)

TOUX : expiration irrégulière, bruyante, ordinairement accompagnée d'expectoration, cauſée par une irritation ou de la gorge, ou de la trachée-artère, ou des bronches.

Il y a des Toux paſſagères occaſionnées par des liquides ou des ſolides arrêtés dans la gorge, & que la nature tend à en chaſſer. Il eſt des Toux de longue durée, produites par une tranſpiration arrêtée, par une inflammation des organes de la reſpiration. Rétablir la tranſpiration par un ſéjour dans un lieu chaud, par des boiſſons délayantes, par une diète rafraîchiſſante, par de légers évacuans, eſt la première indication que préſente la Toux ordinaire dans les animaux domeſtiques. Voyez RHUME dans les Dictionnaires de Médecine & de Phyſiologie.

Preſque toujours la POUSSE eſt accompagnée de la Toux. Elle eſt un ſymptôme de la COURBATURE. Voyez ces mots.

Ayant eu ſoin d'indiquer aux articles des maladies des animaux qui ſont accompagnées de Toux, les remèdes à employer pour combattre ces maladies, je n'ai rien à ajouter ici, puiſque la guériſon de la maladie entraîne celle de la Toux. (Bosc.)

TOUX : ſynonyme de HOUX.

TOVARE. TOVARIA.

Arbriſſeau du Pérou, fort voiſin des TRIENTALES, mais qui forme un genre dans l'heptandrie monogynie.

Nous ne le poſſédons pas dans nos jardins. (Bosc.)

TOVOMITE. TOVOMITA.

Arbre de Cayenne, qui paroît devoir conſtituer un genre dans la polygamie trigynie.

Il ne ſe cultive pas en Europe. (Bosc.)

TOXICODENDRON : nom ſpécifique d'une eſpèce de SUMAC. Voyez ce mot & celui HYAENANCHÉ.

J'ai prouvé que ce ſumac ne différoit pas de celui appelé RADICANT. (Bosc.)

TOZZÈTE. TOZZETIA.

Genre de plantes établi pour placer le VULPIN A UTRICULES, qui n'a pas complétement les caractères des autres. Voyez ce mot. (Bosc.)

TOZZIE. TOZZIA.

Genre de plantes de la didynamie angioſpermie & de la famille des Rhinantacées, qui ne renferme qu'une eſpèce qui, quoiqu'originaire des Alpes, n'eſt cultivée dans aucune de nos écoles de botanique, les tentatives faites pour l'y introduire n'ayant jamais eu de ſuccès.

C'eſt dans les lieux ombragés & humides des Alpes que croît la Tozzie, & il ſemble qu'il eſt facile de la mettre dans une ſemblable poſition; mais elle ne trouve probablement pas dans nos jardins l'égalité de température, la pureté de l'air dont elle jouit ſur les MONTAGNES élevées. Voyez ce mot.

Lamarck a figuré cette plante pl. 522 de ſes Illuſtrations des genres. (Bosc.)

TRACE. Un gravier calcaire, mêlé d'argile, porte ce nom dans le département de la Haute-Marne, où, en le mêlant avec la chaux, il s'emploie dans la bâtiſſe.

Ce gravier, qui provient de la décompoſition des roches calcaires primitives dont la plupart des montagnes de ce département ſont formées, peut avantageuſement ſervir à l'amendement des terres argileuſes; c'eſt une véritable MARNE à gros grains. Voyez ce mot. (Bosc.)

TRACER. On dit qu'une plante trace lorſque ſes racines pouſſent des drageons à quelque diſtance du tronc, ou lorſque ſes tiges, naturellement couchées, pouſſent des racines de différens points.

Exemple du premier mode, le PRUNIER.

Exemple du ſecond mode, le FRAISIER.

On multiplie très-facilement les plantes qui

tracent, en enlevant leurs DRAGEONS ou en féparant leurs TIGES en plufieurs morceaux. *Voyez* ces mots. (*Bosc.*)

TRACHÉES DES PLANTES : vaiffeaux qu'on croit deftinés à contenir l'air néceffaire à l'affimilation des fucs des plantes. Ils font tournés en fpirale & paroiffent toujours vides de féve ou autre liquide. En caffant avec foin le pétiole d'une feuille de plantain ou de fcabieufe, on les reconnoît facilement, parce qu'ils fe déroulent.

Comme les Trachées ne font jamais dans le cas d'être prifes en confidération par les cultivateurs, je renverrai au *Dictionnaire de Phyfiologie végétale* ceux qui voudront connoître plus particulièrement leur organifation & leurs fonctions vraies ou fuppofées ; je dis fuppofées, parce que des expériences convenablement faites par Reichel, Link & Rudolphi, femblent prouver qu'elles tranfmettent la féve dans les feuilles, même plus rapidement que les autres vaiffeaux. (*Bosc.*)

TRACHÈLE. *TRACHELIUM.*

Genre de plantes de la pentandrie monogynie & de la famille des *Campanulacées*, dans lequel fe placent quatre efpèces, dont une fe cultive affez fréquemment dans nos jardins. Il eft figuré pl. 126 des *Illuftrations des genres* de Lamarck.

Efpèces.

1. La TRACHÈLE bleue.
Trachelium cæruleum. Linn. ♃ Du midi de l'Europe.

2. La TRACHÈLE diffufe.
Trachelium diffufum. Linn. ♃ Du Cap de Bonne-Efpérance.

3. La TRACHÈLE à feuilles menues.
Trachelium tenuifolium. Linn. ♃ Du Cap de Bonne-Efpérance.

4. La TRACHÈLE à feuilles étroites.
Trachelium anguftifolium. Schousb. ♃ De Maroc.

Culture.

La première efpèce eft celle qui fe voit le plus fréquemment dans nos jardins. C'eft une affez jolie plante lorfqu'elle eft en fleur, & elle y eft pendant une partie de l'été. Une température fèche & chaude, & une terre légère, font ce qu'elle demande. Les fortes gelées font les feules qu'elle craigne ; ainfi on peut lui faire quelquefois paffer en pleine terre les hivers dans le climat de Paris, ayant cependant la précaution d'en tenir quelques pieds en pot pour pouvoir les rentrer dans l'orangerie pendant cette faifon. On la multiplie de graines femées dans des pots fur couche nue ; mais comme elle en donne rarement de bonnes, on n'a que la reffource du déchirement des vieux pieds & des boutures : ces dernières fe font au

printemps fur une couche à châffis, & réuffiffent affez généralement.

La feconde efpèce fe trouve auffi dans quelques jardins ; elle exige impérieufement l'orangerie, mais du refte fe cultive comme celle ci-deffus. (*Bosc.*)

TRACHYNOTE. *TRACHYNOTIA.*

Genre de plantes établi par Michaux & appelé LIMNATIS par Perfoon, pour féparer des dactyles trois ou quatre efpèces, parmi lefquelles fe trouve le DACTYLE CYNOSUROIDE. *Voyez* ce mot.

Comme la culture des autres efpèces, que j'ai toutes obfervées dans la Caroline, leur pays natal, ne diffère pas de celle que je viens de nommer, je n'en parlerai pas ici. (*Bosc.*)

TRACHYS. *TRACHYS.*

Genre de plantes établi pour placer la RACLE MUCRONÉE, qui n'a pas complétement les caractères des autres. *Voyez* ce mot.

Nous ne la poffédons pas dans nos jardins. (*Bosc.*)

TRACIÈRE : lieu où on tire la TRACE. *Voyez* ce mot.

TRAÇOIR : verge de fer ou bâton pointu avec lequel, en le faifant courir le long d'un cordeau tendu fur la terre, on trace de petits SILLONS ou RAYONS deftinés à recevoir les graines qu'on veut femer en RANGÉES. *Voyez* ces mots.

Le plus fouvent le manche du RATEAU fait l'office du Traçoir.

Il y a des Traçoirs à plufieurs pointes, avec lefquels on fait plufieurs rayons à la fois, mais on en ufe peu. *Voyez* SEMIS. (*Bosc.*)

TRAGACANTHE : efpèce du genre ASTRAGALE. *Voyez* ce mot.

Ce n'eft pas celle qui donne la GOMME ADRAGANTE, comme l'a cru Linnæus, mais elle s'en rapproche beaucoup.

TRAGIE. *TRAGIA.*

Genre de plantes de la monœcie triandrie & de la famille des *Euphorbes*, fort voifin des RICINELLES & des CROTONS (*voyez* ces mots), qui réunit dix-neuf efpèces, dont quatre fe cultivent dans nos écoles de botanique. Il eft figuré pl. 754 des *Illuftrations des genres* de Lamarck.

Efpèces.

1. La TRAGIE piquante.
Tragia urens. Linn. ⊙ De l'Amérique feptentrionale.

2. La TRAGIE à involucre.
Tragia involucra. Linn. ☉ Des Indes.
3. La TRAGIE grimpante.
Tragia volubilis. Linn. ♄ De la Jamaïque.
4. La TRAGIE hispide.
Tragia hispida. Willd. ♄ Des Indes.
5. La TRAGIE à gros fruits.
- *Tragia macrocarpos.* Willd. ♄ De l'Amérique septentrionale.
6. La TRAGIE à feuilles de chataire.
Tragia nepetæfolia. Cavan. ☉ Du Mexique.
7. La TRAGIE mercurielle.
Tragia mercurialis. Linn. Des Indes.
8. La TRAGIE corniculée.
Tragia corniculata. Vahl. ☉ De la Guiane.
9. La TRAGIE à feuilles colorées.
Tragia colorata. Poir. ♄ Des Indes.
10. La TRAGIE bordée.
Tragia marginata. Poir. ♄ Des Indes.
11. La TRAGIE réticulée.
Tragia reticulata. Poir. ♄ De l'Ile-Bourbon.
12. La TRAGIE en cœur.
Tragia cordata. Vahl. ♄ De l'Arabie.
13. La TRAGIE chamelée.
Tragia chamælea. Linn. ♄ Des Indes.
14. La TRAGIE à feuilles de chanvre.
Tragia cannabina. Linn. Des Indes.
15. La TRAGIE en baguette.
Tragia virgata. Poir. ♄ De.....
16. La TRAGIE filiforme.
Tragia filiformis. Poir. ♄ De.....
17. La TRAGIE velue.
Tragia villosa. Thunb. Du Cap de Bonne-Espérance.
18. La TRAGIE du Cap.
Tragia capensis. Thunb. Du Cap de Bonne-Espérance.
19. La TRAGIE plumeuse.
Tragia plumosa. Desf. ♄ De l'Amérique méridionale.

Culture.

Les 1ʳᵉ., 2ᵉ., 3ᵉ. & 19ᵉ. se cultivent dans nos jardins. Les graines des deux premières se sèment dans des pots remplis de terre à demi consistante, qu'on plonge dans une couche nue, & le plant qui en provient se repique soit dans d'autres pots, soit en pleine terre, contre un mur exposé au midi.

Les deux dernières exigent la serre chaude. On les multiplie de boutures qui repoussent assez difficilement.

Ces plantes sont de nul intérêt pour tout autre qu'un botaniste. (*Bosc.*)

TRAGUE. *TRAGUS.*

Genre de plantes qui a été ensuite réuni aux RACLES. *Voyez* ce mot.

C'est aussi le nom spécifique d'une SOUDE.

TRAIMOIS : mélange de pois, de vesce, de seigle, de froment, d'avoine, &c., qu'on sème pour couper au moment de la floraison. *Voyez* MÉLANGE & PRAIRIE TEMPORAIRE.

Il est fort à désirer pour l'avantage de l'agriculture, que les Traimois deviennent d'un usage plus général. (*Bosc.*)

TRAINASSE : nom spécifique d'une RENOUÉE, & vulgaire de l'AGROSTIDE STOLONIFÈRE. *Voyez* ces mots.

TRAINE : herse sans dents, plus grande que les autres, qu'on fait passer, au printemps, sur les blés dans les environs de Genève ; pour les CHAUSSER & les faire TALLER. *Voyez* ces mots & ceux ROULAGE & HERBAGE. (*Bosc.*)

TRAINEAU. C'est la même chose, ou presque la même chose que traîne.

TRAINOIR : morceau de bois en sautoir qu'on place sous la charrue & sous la herse pour les conduire sur les champs, ou les ramener à la maison. Ce moyen simple de diminuer l'usure de ces instrumens & la fatigue des chevaux ou des bœufs, n'est pas assez généralement employé. (*Bosc.*)

TRALLIANE. *TRALLIANA.*

Arbrisseau grimpant de la Cochinchine, qui seul constitue un genre dans la pentandrie monogynie, mais que nous ne cultivons pas dans nos jardins. (*Bosc.*)

TRANCADES : grosses pierres remplies de cavités, qui se trouvent dans les champs des environs de Montauban & de Cahors, & qui gênent la culture, quoique des plantes & même des arbustes puissent végéter dans leurs cavités. *Voyez* ROCHE & PIERRES. (*Bosc.*)

TRANCHE : espèce de forte PIOCHE dont on fait usage dans le département de la Charente. (*Bosc.*)

TRANCHÉ. On dit qu'un tronc d'arbre est tranché, lorsque ses fibres ne sont pas parallèles. L'orme tortillard l'est au plus haut degré. *Voyez* BOIS.

TRANCHÉES. On appelle ainsi les excavations longitudinales de terre qui ont pour objet, soit d'empêcher les eaux de pénétrer dans un champ, soit de planter des arbres en ligne, des vignes, des asperges, &c.

La différence entre une Tranchée & un fossé consiste dans son objet & ses dimensions. Sa longueur est indéterminée ; elle peut avoir depuis six pouces jusqu'à six pieds & plus de large ; sa profondeur est presque toujours inférieure à ses autres dimensions ; ses côtés sont le plus souvent perpendiculaires. *Voyez* FOSSÉ.

Lorsqu'on défonce un terrain, on commence par faire une Tranchée qui se comble & se renouvelle jusqu'à la fin de l'opération. *Voyez* DÉFONCEMENT.

Les

Les Tranchées, pour effectuer une plantation, font d'autant plus nécessaires que le sol est plus mauvais, & qu'il a moins de profondeur de bonne terre. *Voyez* PLANTATION.

TRANCHÉES : douleurs dans le bas-ventre sans causes extérieures.

Le cheval y est plus sujet que les autres animaux domestiques.

Elles font un des symptômes des INDIGESTIONS, des RÉTENTIONS & des SUPPRESSIONS D'URINE, des grandes CONSTIPATIONS, des CALCULS, des EGRAGOPILES, des BÉZOARDS, des HERNIES, &c. Les boissons d'eau froide, la présence des vents, des vers, les font souvent naître ; elles ne manquent jamais d'accompagner l'INFLAMMATION de l'estomac, les RUPTURES de l'ESTOMAC ou des INTESTINS, & l'INVAGINATION de ces derniers. *Voyez* tous ces mots.

Les symptômes généraux des Tranchées font une continuelle agitation des animaux, qui se couchent, se relèvent, se roulent, portent leur tête du côté de leur ventre, trépignent des pieds, &c. Souvent une sueur générale ou particulière fait partie de ces symptômes.

Les symptômes particuliers font : dans les indigestions, un pouls dur & plein, & quelquefois la diarrhée avec mauvaise odeur, quelquefois tenesme avec rots.

Dans la rétention d'urine, l'animal se campe pour pisser, & n'y parvient qu'incomplétement ou point du tout.

Lors de l'existence des calculs, des égragopiles, des bézoards, l'animal se campe comme précédemment, & de plus regarde son ventre, souvent le mord ; il gratte des pieds, prend des positions extraordinaires.

On reconnoît facilement les hernies aux saillies de la peau, ou à la sortie des intestins de la cavité peluvienne.

Lorsque les boissons d'eau froide ou les vents occasionnent des Tranchées, elles font peu caractérisées & d'une courte durée.

Celles dues à la présence des vers font généralement précédées d'un appétit vorace ; l'animal rend quelques vers par l'anus.

Dans les Tranchées qui proviennent de l'inflammation des intestins, tous les symptômes précédens augmentent en intensité ; l'animal n'a pas un moment de repos, & annonce éprouver les plus vives douleurs. Les breuvages & les lavemens antispasmodiques font indiqués dans ce cas, mais ils réussissent rarement.

Lors de la rupture de l'estomac ou des intestins, l'invagination de ces derniers, les excrémens reviennent par la bouche. Ces maladies font toujours mortelles. (*Bosc.*)

TRANCHE - GAZON : instrument destiné à unir le bord des gazons dans les jardins ornés, ou à suppléer au coutre dans l'opération du labourage. Il est composé d'un disque de fer

garni d'un rebord tranchant d'acier, lequel disque tourne sur un axe fixé à l'extrémité d'un manche de trois à quatre pieds de long. On le fait agir en le poussant obliquement le long d'un cordeau ou d'une règle.

Cet instrument est, sous les deux rapports, d'un emploi fréquent en Angleterre ; il est à peine connu en France. Je l'ai vu agir, & j'ai lieu de m'étonner qu'il ne soit pas généralement adopté. Sans doute il coûte plus cher que la bêche, que le coutre, mais il expédie si promptement & si rapidement la besogne dans les jardins, il soulage tant les attelages dans les champs, qu'on a bientôt retrouvé le surplus de la dépense à laquelle il a donné lieu.

Le diamètre des Tranche-gazons peut varier de six pouces à un pied ; plus petit, leur usage deviendroit plus embarrassant, & leur durée moins longue. Leurs plus grands inconvéniens font de s'ébrécher, & d'exiger par conséquent des remoulages & même des recharges coûteuses. (*Bosc.*)

TRANSAILLE. Toutes les sortes de grains qu'on sème au printemps s'appellent ainsi aux environs de Grenoble, tels que le CHANVRE, le LIN, l'ORGE, l'AVOINE, les POIS, les HARICOTS, &c. *Voyez* ces mots. (*Bosc.*)

TRANSPIRATION : évacuation d'une humeur excrémentielle par la peau.

Cette évacuation diffère de la sueur en ce qu'elle est insensible & continuelle, qu'elle ne peut être arrêtée sans donner lieu à des accidens plus ou moins graves, dont quelques-uns peuvent conduire à la mort.

La répercussion subite de la Transpiration donne principalement lieu, dans les animaux, à la COURBATURE, qui peut dégénérer en FOURBURE ; aux COLIQUES accompagnées de DIARRHÉE ; aux EAUX AUX JAMBES & à toutes leurs suites ; aux différentes sortes d'affections CATARRHALES. *Voyez* ces mots.

Le passage subit du chaud au froid, les boissons d'eau froide pendant la chaleur, l'inaction absolue, l'entrée dans l'eau, le lavage trop prompt après les courses forcées, le séjour des animaux dans des lieux humides, ou ayant un grand courant d'air, font le plus souvent la cause des suppressions de Transpiration.

Souvent les catarres, qui font la suite la plus ordinaire d'une suppression de Transpiration, font suivis, dans le cheval, d'engorgement des glandes de la ganache, d'inflammation & de dépôts. Dans ce cas on mettra sous le cou du cheval une pièce de laine ou une peau de mouton pour entretenir cette partie dans un état habituel de chaleur ; on frottera tout le reste de son corps avec un bouchon de paille, une brosse, une flanelle chaude, & on lui donnera des boissons propres à porter à la peau, comme l'infusion d'une poignée de fleurs de sureau dans une pinte de vin rouge.

Sss

Si l'inflammation étoit trop confidérable, on feroit une ou deux petites faignées.

S'il fe formoit un dépôt, on accéléreroit la fortie du pus par une incifion. (*Bosc.*)

TRANSPIRATION DES PLANTES. On appelle ainfi l'émanation gazeufe qui s'opère dans les végétaux, principalement par les feuilles.

La perte de liquide que font les plantes dans les jours fecs & chauds, eft très-confidérable. Halles a trouvé qu'un pied de tournefol (*helianthus annuus*) de trois pieds de haut, perdoit jufqu'à vingt onces par jour.

C'eft par les pores que la Tranfpiration s'exécute dans les plantes; elle eft plus grande, dit Decandolle, dans les herbes que dans les arbres; dans les herbes à feuilles minces, que dans celles à feuilles charnues; dans les arbres à feuilles caduques, que dans ceux à feuilles toujours vertes. Elle n'a pas lieu par les corolles, les organes fexuels, les fruits, les racines & les écorces. *Voyez* PORE.

En général les plantes tranfpirent plus pendant la chaleur & la féchereffe, que pendant le froid & l'humidité; elles ne tranfpirent point du tout pendant les nuits obfcures, ou dans les lieux privés de toute lumière.

Dans les temps où la Tranfpiration eft forte & l'évaporation foible, le réfultat de la première s'accumule à l'extrémité des feuilles, & forme une des fortes de ROSÉE. *Voyez* ce mot.

Il eft extrêmement important, dans la pratique du jardinage, de ne pas laiffer les plantes trop s'affoiblir par la Tranfpiration, parce qu'il en réfulte la COULURE des fleurs & la chute des FRUITS. On parvient à la rendre moindre par des ARROSEMENS & par des ABRIS. *Voyez* ces mots. (*Bosc.*)

TRANSPLANTATION : fynonyme de PLANTATION. *Voyez* ce mot.

Cette opération, qui amène fi fouvent la mort des vieux arbres, & toujours leur affoibliffement, eft favorable à l'accroiffement des jeunes, parce qu'elle les place dans une terre meuble & nouvelle, où leurs racines pénètrent facilement & trouvent des fucs abondans.

Il eft des plantes qui craignent plus la Tranfplantation que d'autres. J'ai eu foin d'indiquer ce fait à leur article.

Si les arbres levés dans les bois n'offrent pas autant de chances favorables à la Tranfplantation que ceux des pépinières, c'eft que l'empatement de leurs racines eft moins confidérable. Plus on tranfplante fouvent le plant, & plus cet empatement s'étend; auffi les arbres réfineux, les plus incertains de tous à la reprife; font-ils changés de place tous les ans, pendant les trois premières années de leur vie, dans les pépinières bien conduites. *Voy.* PLANT, PIN, SAPIN, GENÉVRIER, IF & MÉLÈZE. (*Bosc.*)

TRANSPORT DES TERRES. La célérité &

l'économie qu'on doit apporter dans toutes les opérations agricoles, obligent de dire ici quelques mots des différentes manières de tranfporter les terres.

On tranfporte les terres, 1°. dans des HOTTES. (*Voyez* ce mot.) Un homme de moyenne force n'en peut guère porter qu'un pied cube lorfqu'il travaille toute la journée, de forte que cette manière eft très-lente & très-coûteufe. Il eft cependant des localités où on ne peut fe difpenfer de l'employer à raifon de l'inégalité du fol, de la néceffité de ne pas dégrader fa furface, &c.

2°. Dans des BROUETTES. (*Voyez* ce mot.) Elles ne portent guère plus que la hotte dans un travail continu; mais quand les hommes fe relaient pendant le trajet, elles expédient beaucoup plus d'ouvrage.

3°. Dans des CIVIÈRES en forme de coffre. (*Voyez* ce mot.) Deux hommes tranfportent, par leur moyen, le triple de ce qu'en tranfporteroit un feul dans une hotte ou une brouette; mais le fervice en eft extrêmement lent, de forte qu'on y a renoncé prefque partout.

4°. Dans des CAMIONS. (*Voyez* ce mot.) On peut confidérer ces inftrumens comme des brouettes conduites par plufieurs hommes. Ils font préférables dans beaucoup de cas, principalement lorfqu'on veut conferver les allées par lefquelles on opère; mais alors il faut qu'ils aient les roues fort larges. L'expérience prouve que leur fervice n'équivaut pas, pour la quantité des objets à tranfporter & la rapidité du tranfport, à celui d'autant de brouettes qu'il y a d'hommes employés.

5°. Dans des TOMBEREAUX. (*Voyez* ce mot.) Lorfque la localité le permet, le Tranfport par tombereau attelé d'un cheval eft le plus avantageux fous tous les rapports.

Il y a un grand nombre de fortes de tombereaux, dont le plus expéditif pour l'objet dont il eft ici queftion, eft celui inventé par Perronet; & qui eft décrit au mot VOITURE.

La grandeur des tombereaux, leur forme & le nombre des chevaux qu'on y attèle, doivent être proportionnés à la diftance à laquelle on veut conduire les terres. Dans les jardins, il faut qu'ils n'aient que la capacité fuffifante pour être facilement traînés par un cheval de moyenne force lorfqu'ils font complétement pleins. Dans ce cas, leurs roues feront baffes & auffi larges que poffible, pour moins dégrader les allées. Dans la campagne il y en aura de différentes grandeurs, & leurs roues feront hautes, afin qu'on puiffe choifir celui qui devra être préféré & attelé de plus ou moins de chevaux, felon la diftance qu'il y aura à parcourir.

Beaucoup de perfonnes ont fans doute pu remarquer, comme moi, la difpofition où font beaucoup de cultivateurs de furcharger leurs chevaux, penfant par-là accélérer leur ouvrage; mais très-certainement elles calculent mal, car la lenteur de la marche & la fatigue de ces chevaux font la fuite néceffaire d'un tel fyftème, ce qui doit diminuer le nombre des voyages journaliers. Or, la fur-charge peut rarement équivaloir à un ou plufieurs voyages par jour de plus.

Quant aux tranfports des fumiers, des produits des récoltes & des autres objets, *voyez* au mot VOITURE & aux articles de chacun de ces objets. (*Bosc.*)

TRANSVASER LES VINS. *Voyez* VIN.

TRAQUENARD : piége deftiné à prendre les renards, les loups, les blaireaux & les fouines, & dont les cultivateurs voifins des forêts doivent être pourvus.

On les trouve chez les quincailliers des villes, & c'eft là qu'il faut les acheter, parce qu'ils fe-roient moins bien exécutés & plus coûteux fi on les faifoit fabriquer foi-même. *Voyez* le *Diction-naire des Chaffes*, où il y en a plufieurs fortes fi-gurées & décrites. (*Bosc.*)

TRATTINNICKIE. *TRATTINNICKIA.*

Arbre du Bréfil, qui feul conftitue un genre dans la polygamie monœcie. (*Bosc.*)

Il ne fe cultive pas dans nos jardins. (*Bosc.*)

TRAVERSE : nom de la huitième façon qui fe donne aux vignes dans le département de la Haute-Garonne. (*Voyez* VIGNE.) Dans d'autres lieux on appelle de même tous les LABOURS croifés, de quelque nature qu'ils foient. *Voyez* ce mot. (*Bosc.*)

TRÉBUCHET : piége propre à prendre les petits oifeaux. Il y en a de plufieurs fortes, qui font décrits & figurés dans le *Dictionnnaire des Chaffes.*

Le moineau eft, de tous les oifeaux, le plus nuifible à l'agriculture, & il feroit bon de le dé-truire par le moyen du Trébuchet; mais il s'en défie, & il eft rare qu'il s'y prenne. *Voyez* MOI-NEAU. (*Bosc.*)

TRÉFLE. *TRIFOLIUM.*

Genre de plantes de la diadelphie décandrie & de la famille des *Légumineufes*, dans lequel fe pla-cent foixante-dix-fept efpèces, prefque toutes extrêmement du goût des beftiaux, & dont trois ou quatre font l'objet d'une culture très-étendue dans la plus grande partie de l'Europe. Il eft figuré pl. 613 des *Illuftrations des genres* de Lamarck.

Obfervations.

Les MÉLILOTS, qui ont fait partie de ce genre, font mentionnés à leur article.

Efpèces.

Trèfles dont les gouffes font recouvertes par le calice & renferment plufieurs femences.

1. Le TRÈFLE des Alpes.
Trifolium alpinum. Linn. ♃ Des hautes mon-tagnes.

2. Le TRÈFLE de la Caroline.
Trifolium comofum. Linn. ♃ De la Caroline.

3. Le TRÈFLE rampant, vulgairement le *triolet.*
Trifolium repens. Linn. ♃ Indigène.

4. Le TRÈFLE hybride.
Trifolium hybridum. Linn. ♃ Indigène.

5. Le TRÈFLE de Vaillant.
Trifolium Vaillantii. Poir. ♃ Indigène.

6. Le TRÈFLE en gazon.
Trifolium cæfpitofum. Willd. ♃ Des hautes mon-tagnes.

7. Le TRÈFLE à feuilles de lupin.
Trifolium lupinafter. Linn. ♃ De la Sibérie.

8. Le TRÈFLE roide.
Trifolium ftrictum. Linn. ♃ Indigène.

9. Le TRÈFLE poli.
Trifolium lævigatum. Poir. ☉ De la Barbarie.

10. Le TRÈFLE anguleux.
Trifolium angulofum. Willd. ☉ De la Hongrie.

11. Le TRÈFLE réfléchi.
Trifolium reflexum. Linn. ♃ De l'Amérique fep-tentrionale.

12. Le TRÈFLE de Micheli.
Trifolium michelianum. Sav. ♃ De l'Italie.

13. Le TRÈFLE à involucre.
Trifolium involucratum. Willd. ♃ De......

Trèfles à calice velu.

14. Le TRÈFLE fouterrain.
Trifolium fubterraneum. Linn. ☉ Indigène.

15. Le TRÈFLE globuleux.
Trifolium globulofum. Linn. ☉ De l'Arabie.

16. Le TRÈFLE des rochers.
Trifolium faxatile. Allion. ☉ Des Alpes.

17. Le TRÈFLE de Cherler.
Trifolium Cherleri. Linn. ☉ Du midi de la France.

18. Le TRÈFLE hifpide.
Trifolium hifpidum. Desf. ☉ De la Barbarie.

19. Le TRÈFLE étalé.
Trifolium diffufum. Waldft. ☉ Indigène.

20. Le TRÈFLE tacheté.
Trifolium pictum. Roth. ☉ De.....

21. Le TRÈFLE à tête globuleufe.
Trifolium fpherocephalon. Desf. ☉ De la Bar-barie.

22. Le TRÈFLE bardane.
Trifolium lappaceum. Linn. ☉ Du midi de la France.

23. Le TRÈFLE lagopède.
Trifolium lagopus. Willd. ☉ De l'Efpagne.

24. Le TRÈFLE rouge.
Trifolium rubrum. Linn. ♃ Indigène.
25. Le TRÈFLE des prés.
Trifolium pratense. Linn. ♃ Indigène.
26. Le TRÈFLE flexueux.
Trifolium flexuosum. Jacq. ♃ Indigène.
27. Le TRÈFLE cuspide.
Trifolium cuspidatum. Lour. ♄ De la Cochin-chine.
28. Le TRÈFLE des basses Alpes.
Trifolium alpestre. Linn. ♃ Des Alpes.
29. Le TRÈFLE de Hongrie.
Trifolium pannonicum. Linn. ♃ Du midi de la France.
30. Le TRÈFLE à long étendard.
Trifolium elongatum. Willd. ♃ De la Guinée.
31. Le TRÈFLE blanchâtre.
Trifolium canescens. Willd. ♃ De l'Orient.
32. Le TRÈFLE maritime.
Trifolium maritimum. Smith. ♂ Du midi de la France.
33. Le TRÈFLE raboteux.
Trifolium squarrosum. Linn. ☉ Indigène.
34. Le TRÈFLE incarnat.
Trifolium incarnatum. Linn. ☉ Indigène.
35. Le TRÈFLE à fleurs pâles.
Trifolium pallidum. Waldst. ☉ De la Hongrie.
36. Le TRÈFLE jaunâtre.
Trifolium ochroleucum. Linn. ♃ Indigène.
37. Le TRÈFLE de montagne.
Trifolium montanum. Linn. ♃ Indigène.
38. Le TRÈFLE à feuilles étroites.
Trifolium angustifolium. Linn. ☉ Du midi de la France.
39. Le TRÈFLE à involucre.
Trifolium involucratum. Willd. ☉ De.....
40. Le TRÈFLE des champs, vulgairement *pied-de-lièvre*.
Trifolium arvense. Linn. ☉ Indigène.
41. Le TRÈFLE grêle.
Trifolium gracile. Thuill. ☉ Indigène.
42. Le TRÈFLE étoilé.
Trifolium stellatum. Linn. ☉ Du midi de la France.
43. Le TRÈFLE en bouclier.
Trifolium clipeatum. Linn. ☉ Du midi de l'Eu-rope.
44. Le TRÈFLE à fleurs blanches.
Trifolium albidum. Retz. ☉ De.....
45. Le TRÈFLE polymorphe.
Trifolium polymorphum. Poir. De Magellan.
46. Le TRÈFLE scabre.
Trifolium scabrum. Linn. ☉ Indigène.
47. Le TRÈFLE aggloméré.
Trifolium glomeratum. Linn. ☉ Du midi de la France.
48. Le TRÈFLE strié.
Trifolium striatum. Linn. ☉ Indigène.

49. Le TRÈFLE étouffé.
Trifolium suffocatum. Linn. ☉ Du midi de la France.
50. Le TRÈFLE à petites fleurs.
Trifolium parviflorum. Willd. ☉ De la Hongrie.
51. Le TRÈFLE fléole.
Trifolium phleoides. Willd. ☉ De l'Espagne.
52. Le TRÈFLE gemellé.
Trifolium gemellum. Willd. ☉ De l'Espagne.
53. Le TRÈFLE d'Alexandrie.
Trifolium alexandrinum. Linn. ☉ De l'Égypte.
54. Le TRÈFLE à fleurs solitaires.
Trifolium uniflorum. Linn. Du midi de la France.
55. Le TRÈFLE grimpant.
Trifolium volubile. Lour. De l'Afrique.
56. Le TRÈFLE de Magellan.
Trifolium magellanicum. Poir. De Magellan.
57. Le TRÈFLE à grandes bractées.
Trifolium bracteatum. Willd. ☉ De Maroc.
58. Le TRÈFLE d'Italie.
Trifolium ligusticum. Sav. ☉ De l'Italie.
59. Le TRÈFLE de Pensylvanie.
Trifolium pensylvanicum. Willd. ☉ De l'Amé-rique méridionale.
60. Le TRÈFLE de Xatard.
Trifolium Xatarai. Decand. ☉ Du midi de la France.
61. Le TRÈFLE à ceinture.
Trifolium cinctum. Decand. ☉ Du midi de la France.
62. Le TRÈFLE de Boccone.
Trifolium Bocconi. Sav. ☉ De la Corse.
63. Le TRÈFLE des collines.
Trifolium collinum. Bost. ☉ De l'ouest de la France.

Trèfles à calices vésiculeux.

64. Le TRÈFLE écumeux.
Trifolium spumosum. Linn. ☉ Du midi de la France.
65. Le TRÈFLE renversé.
Trifolium resupinatum. Linn. ☉ Du midi de la France.
66. Le TRÈFLE tomenteux.
Trifolium tomentosum. Linn. ☉ Du midi de la France.
67. Le TRÈFLE fraisier.
Trifolium fragiferum. Linn. ♃ Indigène.
68. Le TRÈFLE recourbé.
Trifolium recurvum. Waldst. ♂ De la Hongrie.
69. Le TRÈFLE à petites feuilles.
Trifolium microphyllum. Desv. ♃ Indigène.
70. Le TRÈFLE barbu.
Trifolium barbatum. Decand. ♃ Du midi de la France.
71. Le TRÈFLE demi-couché.
Trifolium supinum. Sav. ☉ Du midi de la France.

Trèfles à étendard de la corolle renversé.

72. Le TRÈFLE des campagnes.
Trifolium agrarium. Linn. ⊙ Indigène.
73. Le TRÈFLE brun.
Trifolium spadiceum. Linn. ⊙ Du midi de la France.
74. Le TRÈFLE à tige droite.
Trifolium erectum. Poir. ⊙ Indigène.
75. Le TRÈFLE couché.
Trifolium procumbens. Linn. ⊙ Indigène.
76. Le TRÈFLE filiforme.
Trifolium filiforme. Linn. ⊙ Indigène.
77. Le TRÈFLE élégant.
Trifolium speciosum. Willd. ⊙ De Candie.

Culture.

De ces soixante-dix-sept espèces, nous cultivons dans nos écoles de botanique celles des n.os 1, 3, 4, 5, 7, 8, 10, 12, 14, 17, 19, 20, 22, 24, 25, 26, 28, 29, 32, 33, 34, 35, 36, 38, 39, 40, 41, 42, 43, 44, 46, 47, 48, 49, 50, 53, 57, 58, 64, 65, 66, 67, 68, 72, 73, 75, 76 & 78. Toutes s'y sèment en place, & des binages de propreté leur suffisent. Cependant il est bon, lorsqu'on le peut, de les placer les unes dans une exposition sèche & chaude, les autres dans un terrain gras & frais, selon leur nature. Quelques-unes, parmi les annuelles des pays chauds, gagnent à être recouvertes d'une cloche qui les garantisse des dernières gelées du printemps & avance leur végétation. Quoique plusieurs d'entr'elles soient belles lorsqu'elles sont en fleur, aucune n'est dans le cas d'être cultivée isolément dans les jardins, si ce n'est le TRÈFLE ROUGE ; mais il en est qui entrent fréquemment, soit naturellement, soit artificiellement, dans la composition des gazons, comme je le dirai plus bas.

Presque toutes ces espèces sont extrêmement du goût des bestiaux, & concourent puissamment à la bonté des pâturages, soit des montagnes, soit des prés, soit des marais ; mais il en est trois qui, étant plus spécialement consacrées à la formation des prairies artificielles, sont plus dans le cas de mériter l'attention des cultivateurs ; savoir, le TRÈFLE DES PRÉS, le TRÈFLE RAMPANT & le TRÈFLE INCARNAT.

Le premier, qu'on a principalement en vue quand on dit le Trèfle tout court, quoique très-commun dans toute l'Europe, paroît n'avoir fixé que fort tard l'attention des cultivateurs, puisqu'Olivier des Serres n'en parle pas. Aujourd'hui il entre dans le système des assolemens d'une grande partie du nord & de l'est de la France ; il fait la fortune des cultivateurs anglais & allemands. Tout ami de son pays doit désirer que nulle exploitation rurale ne dispense d'en semer tous les ans.

Si on compare le Trèfle à la luzerne, on ne peut nier que cette dernière n'ait l'avantage sous les rapports de la quantité & de la durée ; mais sous celui de l'assolement, à raison du peu de longueur de nos baux, le Trèfle l'emporte de beaucoup ; aussi combien de fermiers anglais lui doivent leur fortune ! S'il n'a pas été aussi apprécié en France qu'ailleurs, c'est qu'on a toujours été timide dans son emploi ; faute d'être persuadé que plus on a de bestiaux, & plus on a d'engrais, & plus on a d'engrais, & plus les récoltes de céréales sont belles. En Angleterre, le quart, même le tiers des terres de la ferme, est couvert de Trèfle ; en France, on trouve que c'est beaucoup que d'y en employer le dixième.

Le LAIT, le BEURRE & le FROMAGE provenans de vaches nourries exclusivement avec du Trèfle, sont inférieurs à ceux de celles qui pâturent dans les prairies naturelles ; mais une fois qu'on est accoutumé à la saveur qu'ils ont dans ce cas, on n'y fait plus attention. *Voyez* leurs articles.

La culture a procuré quelques variétés de Trèfle qui sont préférables au type sous quelques rapports, principalement sous ceux de la hauteur des tiges & de la largeur des feuilles. Les principales sont le *grand Trèfle de Hollande*, le *grand Trèfle du Piémont*, le *grand Trèfle d'Espagne*.

Les terres siliceuses ou argileuses & fraîches sont celles où le Trèfle prospère le plus, & dans lesquelles on doit par conséquent le mettre de préférence ; cependant, au moyen des labours & des engrais, on peut le faire bien venir dans toutes celles qui ne sont pas trop arides ou trop aquatiques, l'important étant que celle dans laquelle on en sème ait du fond & qu'elle soit meuble, pour que ses racines puissent pénétrer convenablement.

Comme c'est plutôt le manque d'humidité que la nature du sol qui empêche le Trèfle de prospérer dans les terres arides, il seroit peut-être possible de les lui rendre convenables en les ombrageant par de grands arbres, des haies ou des rideaux de plantes vivaces de haute stature. *Voyez* TOPINAMBOUR.

Le SAINFOIN convient de préférence dans les terres sèches, surtout lorsqu'elles sont CALCAIRES. *Voyez* ces mots.

Un bon marnage est un préliminaire fort avantageux au succès de la culture du Trèfle dans toutes espèces de terrains.

Deux labours avant l'hiver aux terres qu'on destine à un semis de Trèfle ne sont pas de trop lorsqu'elles sont fortes, & ils doivent avoir le plus de profondeur possible. Il faut de plus les entourer & les couper de fossés, vers lesquels seront dirigés, après l'ensemencement, des maîtres-sillons qui y conduiront les eaux surabondantes. *Voyez* ÉGOUT.

Les labours en billons ne conviennent point au Trèfle, & parce qu'ils en rendent la fauchaison plus difficile, & parce qu'ils déterminent dans l'entre-deux des billons une accumulation d'eau qui fait constamment périr celui qui s'y trouve.

Rarement on fume pour le Trèfle, & ce uniquement par économie, car les engrais lui font fort avantageux; ils font même indifpenfables dans les terres arides : dans ce dernier cas on pourroit le faire fuccéder à une récolte de farrafin enterrée en fleur. *Voyez* RÉCOLTE ENTERRÉE.

Si la terre eft garnie de pierres, il faut l'en débarraffer, car elle s'oppoferoit à tout bon fauchage. Cette opération peut être faite ou après chaque labour, ou feulement pendant l'hiver qui fuit le femis. A raifon de la dépenfe, on la fait le plus fouvent à cette dernière époque. *Voyez* ÉPIER-REMENT.

Il eft très-important, lorfqu'on veut obtenir de belles récoltes, de choifir la meilleure graine poffible, car il eft très-fréquent d'en trouver qui a été recueillie ou avant fa maturité, ou fur des champs épuifés, ou fur des troifièmes coupes. *Voyez* GRAINE.

La bonne graine fe reconnoît à fa groffeur, à fa pefanteur, à fa couleur brune-luifante. Il a été conftaté par Gilbert que la graine de Hollande pefoit un feptième de plus que celle de Normandie, & ne perdoit qu'un neuvième au lavage, tandis que la dernière perdoit un cinquième. Dix livres de graines de Hollande fuffifent pour un arpent en bon fonds, & il n'en faut que douze pour cette étendue dans un terrain médiocre, tandis que quinze à vingt livres ne font quelquefois pas fuffifantes lorfqu'on n'en a que de la mauvaife.

M. Yvart cite à cet égard des expériences qui lui font propres, & qui ne laiffent aucun doute fur l'avantage de la graine de Hollande fur celle des autres pays.

C'eft la graine de la dernière récolte qu'on doit toujours préférer, quoique quelques cultivateurs penfent le contraire, car c'eft pour les tiges & les feuilles, & non pour les fleurs & la graine, qu'on fème du Trèfle. *Voy.* FLEURS DOUBLES & MELON.

Un Trèfle femé trop épais, comme un Trèfle femé trop clair, ne rendent pas autant qu'un Trèfle femé convenablement; car s'il eft important, pour l'amélioration de la terre, qu'elle foit bien garnie, il l'eft auffi que les tiges ne foient pas trop groffes, car alors les beftiaux les repouffent. Comme je viens de l'indiquer, il faut femer plus épais, 1°. dans les mauvais terrains; 2°. dans ceux abondamment garnis de mauvaifes herbes, afin qu'elles ne puiffent pas dominer fur le Trèfle; 3°. lorfqu'on veut enterrer la première récolte.

Si la graine de Trèfle étoit trop enterrée, elle ne leveroit pas; en conféquence c'eft fur le dernier labour, au préalable ÉMOTTÉ ou ROULÉ, qu'on doit toujours la femer. On HERSE avec une herfe à très-petites dents, armée d'un fagot d'épines.

Quoique le Trèfle qui fe fème naturellement germe avant l'hiver & brave cette faifon, il a été prouvé, par des milliers d'expériences, qu'il y avoit à craindre en le femant alors; qu'il périt, foit par l'effet des gelées, foit par celui de l'humidité furabondante.

Généralement on indique le mois de mars comme l'époque ordinaire du femis du Trèfle, & cela eft conforme aux principes pour le nord de la France, l'Angleterre & l'Allemagne; mais dans le Midi, & même dans les terrains fecs & expofés au foleil, il eft bon de femer en février & même plus tôt. Cette remarque eft fondée fur ce qu'il pleut davantage à la fin de l'hiver qu'au printemps, & que plus le produit des femis a acquis de force avant les fécherefles, & moins il les craint.

Semer le Trèfle avec la luzerne n'eft pas une bonne opération, attendu que, s'élevant moins, il eft toujours étouffé par elle; cependant quelques cultivateurs le font fous le fpécieux prétexte que fi la terre ou il n'eft pas favorable pour l'une, elles le font pour l'autre. J'ai développé au mot MÉLANGE les motifs qui, outre celui ci-deffus, doivent faire repouffer cette pratique.

Prefque partout on affocie une céréale au Trèfle, tant pour l'ombrager pendant fa première jeuneffe, que pour tirer un revenu de la terre l'année même de fon femis. Ordinairement c'eft l'orge ou l'avoine qu'on préfère, parce qu'ils s'élèvent moins & fe fèment au printemps. On peut cependant femer également au printemps fur les feigles & les fromens en herbe, même en herfant, cette opération, comme l'a prouvé Varennes de Fenilles, étant très-avantageufe à l'accroiffement de ces derniers.

On doit penfer qu'il eft néceffaire de diminuer, au moins de moitié, la quantité de la graine qu'on fème avec du Trèfle, quantité qui d'ailleurs doit varier felon les terrains.

Lorfqu'on ne fème point le Trèfle avec des céréales, il faut mélanger fa graine avec moitié en volume de fable ou de terre deffèchée, pour que le femeur puiffe la difperfer plus également.

Quoique ce foit avec des céréales qu'on fème le plus communément le Trèfle, il eft cependant des cas où on le fème avec le lin, le farrafin, la fève, la vefce, la geffe, le pois gris, &c.

Selon la nature de la terre & l'état de l'atmofphère, la germination du Trèfle s'effectue plus ou moins promptement, c'eft-à-dire, qu'elle eft plus lente dans les terres argileufes & froides, dans les expofitions feptentrionales, dans les années ou trop fèches, ou trop pluvieufes, &c.

Un farclage eft prefque toujours indifpenfable aux terres femées en Trèfle dans les pays où la culture n'eft pas établie fur les principes d'un affolement régulier. On l'exécute quelque temps avant la montée en tige de la céréale qui lui eft affociée, c'eft-à-dire, dans le climat de Paris, vers la fin d'avril. En le faifant, on doit éclaircir la céréale dans les places où elle eft trop ferrée.

Protégé par la céréale, le Trèfle fe fortifie pendant le refte du printemps & une partie de l'été. Il eft en état de fupporter les fécherefles de la fin de cette dernière faifon, & profite mieux des chaleurs de l'automne. Lorsqu'on coupe la céréale, il faut le faire plus haut qu'à l'ordinaire, pour ne pas couper en même temps les feuilles de Trèfle. Aux approches de l'hiver il garnit le terrain ; quelques pieds même, ce qu'on ne doit pas défirer, entrent en fleur. Faucher alors ce Trèfle tente les cultivateurs qui ne savent pas que les plantes en général, & celle-ci en particulier, vivent plus par leur feuillage que par leurs racines ; mais ceux qui se laissent entraîner à l'appât du gain en font la victime, car les récoltes de l'année suivante font alors inférieures à ce qu'elles euffent été fans cela. On risque de plus de couper le collet de la racine de quelques pieds, ce qui entraîne immanquablement leur mort. Les mêmes inconvéniens deviennent plus graves lorsqu'on fait pâturer le jeune Trèfle par les bestiaux, surtout par les moutons. Il est cependant des circonstances où on est forcé de facrifier le préfent à l'avenir, & elles se préfentent malheurefement trop souvent en agriculture.

Les gelées, à moins qu'elles soient très-fortes ou très-tardives, nuifent peu au Trèfle à cette époque de fa croissance, en agissant directement ; mais lorsque la terre est très-humectée, elles la foulèvent, & font périr beaucoup de pieds. Il n'y a pas moyen de parer à cet inconvénient. Voyez TERRE LEVÉE.

Ce font les hivers très-pluvieux qui font le plus de tort aux Trèfles, principalement dans les fols argileux. Quand, ainfi que je l'ai confeillé plus haut, on a pris toutes les précautions possibles pour effectuer l'écoulement des eaux furabondantes, il n'y a plus qu'à attendre l'événement.

Au printemps fuivant le Trèfle repousse avec une grande vigueur ; on peut encore activer cette vigueur, soit en le FUMANT, soit en le MARNANT, soit en le faupoudrant de PLATRE. Voyez ces mots.

Les deux premiers de ces moyens font peu employés comme très-coûteux, mais le dernier ne doit jamais être négligé lorsqu'on peut se procurer du plâtre à bon compte, puifqu'il double le produit de la récolte fans beaucoup épuifer le fol. Voyez PLATRE.

On répand le plâtre sur les Trèfles lorsqu'ils font arrivés au tiers de leur croissance, c'est-à-dire que leurs feuilles commencent à couvrir le fol. C'est fur les feuilles qu'il agit directement ; ainfi il faut qu'il foit en poudre fine pour qu'il puiffe s'y arrêter ; ainfi il faut qu'elles foient couvertes de rofée pour qu'il puiffe s'y fixer : le lever du foleil est donc le moment d'opérer.

Cet excellent effet du plâtre se fait reffentir non-feulement au printemps, mais à chacune de fes repousses ; ainfi il faut s'en approvifionner en conféquence. Je dois dire cependant que comme l'humidité le favorife toujours, il est fouvent moins marqué en été, lorsque cette faifon est fèche, comme il arrive ordinairement.

Ainfi conduit, le Trèfle peut donner deux ou trois coupes dans le courant de l'été ; il peut même en donner quatre & même cinq dans certaines terres du midi de la France fufceptibles d'IRRIGATIONS. Voyez ce mot.

Les prairies de Trèfle ne fubfiftent que deux & au plus trois ans. Dans la bonne culture même, c'est-à-dire, comme remplaçant les jachères, on le rompt à la fin de l'année, c'est-à-dire, qu'après la feconde coupe on le transforme en pâturage, & qu'à la fin de l'hiver on le laboure pour le remplacer par une céréale ou autre culture.

Le Trèfle a plufieurs ennemis qu'il faut fignaler ici.

Le plus dangereux est la CUSCUTE (voyez ce mot) ; fouvent elle détruit des champs entiers ; toujours elle nuit beaucoup aux récoltes. Le véritable moyen de s'en débarrasser pour l'avenir est de donner, avant fa floraifon, un binage aux places qui en montrent, & d'en jeter la terre, avec les pieds de Trèfle, hors du champ. On fème de l'avoine en place. On peut auffi la faire périr en brûlant de la paille fur ces places.

Un autre ennemi du Trèfle, fort dangereux dans certains cantons voifins des bois, c'est le ver blanc ou larve du HANNETON. (Voyez ce mot.) On peut difficilement l'atteindre autrement que par les labours du printemps, labours que fuivent les corbeaux & les pies pour manger ceux de ces infectes qui font amenés à la furface par la charrue.

La courtilière caufe auffi des dommages dans la première année, lorsque les plants font très-foibles.

Les larves d'une ou deux tipules font tellement multipliées dans quelques localités, qu'elles font périr d'immenfes quantités de pieds de Trèfle pendant le premier hiver de fon femis, en rongeant les racines, ou feulement en les entourant de galeries qui ne permettent plus à ces racines de remplir leurs fonctions.

Celles d'un CHARANÇON & d'une BRUCHE mangent fes graines.

Lorsque les bestiaux confomment une trop grande quantité de Trèfle fur pied, furtout de Trèfle chargé de rofée, & ceux qui n'en mangent pas tous les jours fe mettent conftamment dans ce cas, ils font expofés à des INDIGESTIONS fuivies de MÉTÉORISATIONS, & très-fouvent de la mort. On doit donc ne les mettre que peu de temps, & après la chute de la rofée, dans les champs qui en font femés, ou les ATTACHER à un piquet par une corde d'une longueur telle qu'ils ne puiffent atteindre que la quantité convenable. (Voyez les mots ci-deffus.) A raifon de ce danger, excepté pour le dernier regain, qui ne vaut fouvent pas la peine d'être fauché, & qu'il est toujours fi difficile de bien faire fécher, la théorie repouffe l'ufage de faire pâturer les Trèfles.

Cependant, dans la ferme du roi d'Angleterre,

à Windſor, & dans beaucoup d'exploitations rurales du même pays, on fait parquer les moutons
ſur les jeunes Trèfles pendant l'hiver, ce qui ne
diminue en aucune manière le produit des deux
coupes de l'année ſuivante, & augmente la récolte
du froment qui lui eſt ſubſtitué.

Dans les départemens voiſins du Rhin, où la
culture du Trèfle eſt en grande faveur, & où on
nourrit généralement les beſtiaux à l'écurie, un
arpent de 40,000 pieds carrés paſſe pour fournir
de quoi nourrir une vache au vert pendant deux
cent quarante jours. *Voyez* NOURRITURE A L'É-
TABLE.

Les cochons aiment extraordinairement le Trèfle frais, & c'eſt une très-bonne choſe que d'en
donner de temps en temps à ceux qui ne ſont pas
encore à l'engrais. Beaucoup de cultivateurs, em-
barraſſés de nourrir leurs élèves au printemps,
trouveront en lui une reſſource aſſurée. *Voyez*
COCHON.

La coupe du Trèfle doit ſe faire dès que les
premières fleurs ſont tombées; plus tôt il ſeroit
moins nourriſſant & moins abondant; plus tard
il ſeroit plus dur, il épuiſeroit davantage le ſol, &
on auroit moins de coupes. (*Voyez* FAUCHAI-
SON & PRAIRIES.) Cependant il eſt ſouvent des
convenances qui autoriſent à mettre ce principe
de côté. Par exemple, lorſqu'on nourrit les vaches
à l'étable & qu'on n'a pas d'autre fourrage frais,
lorſqu'au printemps on ne peut pas, à raiſon de la
pluie, conduire les moutons au pâturage, &c. &c.

Il n'y a jamais d'inconvéniens pour le Trèfle à
le couper ſouvent, mais il y en a à le couper trop
tard. *Voyez* SEMENCE.

Il eſt toujours à deſirer cependant qu'il pleuve
peu après la coupe des Trèfles, afin qu'ils puiſſent
repouſſer de ſuite & préparer une autre coupe.
Quand on peut l'arroſer par irrigation, on ne doit
en conſéquence jamais ſe refuſer à le faire. *Voyez*
IRRIGATION & ARROSEMENT.

A raiſon de la groſſeur de ſes tiges & de la
quantité d'eau que contiennent ſes feuilles, la
deſſiccation du Trèfle eſt plus difficile que celle
des autres fourrages. Quelque favorable que ſoit
le temps, il arrive ſouvent qu'il noircit, & que
beaucoup de feuilles ſe détachent. Cette dernière
circonſtance rend très-nuiſible le SAUTAGE, cette
opération d'ailleurs ſi propre à faire arriver au but.
(*Voyez* ce mot.) Il n'eſt pas rare de voir des Trèfles
avoir perdu la majeure partie de leurs feuilles, &
n'être plus propres par conſéquent qu'à jeter ſur le
fumier.

Mais le plus grand inconvénient, ce ſont les
pluies qui ont lieu après la coupe lorſqu'elles durent pluſieurs jours; alors il n'eſt pas rare de perdre
la récolte entière ou de l'obtenir tellement détériorée, qu'elle n'eſt plus bonne qu'à faire du fumier.

Pour diminuer, autant que poſſible, la probabilité de cet événement, on doit choiſir, pour

couper le Trèfle, un beau jour qui en annonce
une ſuite d'autres (*voyez* PRONOSTIC), & en
bruſquer la deſſiccation en le retournant ſouvent,
en le mettant en petites meules dès qu'on craint la
pluie, en l'éparpillant ſur des claies, ſur des fagots, &c.

Il eſt cependant un moyen de prévenir les inconvéniens d'un temps pluvieux, &, quoique
coûteux, j'en conſeille l'adoption aux cultivateurs; c'eſt de ſtratifier le Trèfle, ſoit avec Rougier de la Bergerie & Gilbert, après l'avoir laiſſé
deux ou trois jours ſe faner ſur le champ, de l'apporter ſur le grenier & de l'y mettre par couches
avec de la paille en égale quantité, en établiſſant
de diſtance en diſtance, au moyen de fagots d'é-
pine, des courans d'air propres à favoriſer la deſſiccation, ſoit avec Cretté de Paluel & Hell, en
apportant la paille dans le champ (celle d'avoine
de préférence), & en roulant les andins avec elle.

La paille ſtratifiée avec le Trèfle prend une partie de ſon odeur, ainſi que de ſa ſaveur, & ſe deſſèche moins, de ſorte qu'elle eſt plus agréable
aux beſtiaux, que celle qui n'a pas ſubi cette opé-
tion. Il eſt donc fort avantageux de l'exécuter,
principalement ſur le Trèfle de la dernière coupe,
qui, à raiſon de l'abaiſſement de la température,
eſt plus difficile à deſſécher, & qui eſt généralement conſacré à la nourriture des vaches ou des
moutons pendant l'hiver. *Voyez* PAILLE & RE-
GAIN.

Dans toutes autres circonſtances que celles que
je viens de mentionner, il faut ne rentrer le Trèfle que lorſqu'il eſt parfaitement ſec; car il eſt,
par les mêmes cauſes qui retardent ſa deſſiccation,
plus ſujet à s'échauffer, à ſe moiſir & à ſe pourrir, que les autres fourrages.

Lorſqu'il eſt en grande maſſe, comme on n'en a
que trop d'exemples, ſon échauffement peut aller
juſqu'à l'inflammation, & par ſuite à l'incendie des
bâtimens; lorſqu'il eſt moiſi ou pourri, il n'eſt
plus propre qu'à faire du fumier.

Cette difficulté de deſſécher complétement le
Trèfle & de le conſerver ſans altération en maſſe,
fait que la plupart des cultivateurs, malgré le plus
grand encombrement qui en réſulte, le font en-
teler ſur le lieu même où il a crû. Par ce moyen
ils ont moins à craindre la perte totale de leur récolte, puiſqu'il y a un courant d'air plus conſidérable entre les interſtices laiſſés par les bottes;
mais quelques bottes, même beaucoup de bottes,
peuvent s'altérer à leur centre.

Les meules de Trèfle ne diffèrent pas de celles
des autres fourrages dans leur fabrication; cependant comme la fermentation y eſt plus à craindre,
on les fait généralement plus petites, & on les
écarte davantage les unes des autres.

Voyez, pour le ſurplus des précautions à prendre pour la conſervation du Trèfle dans les greniers ou en meules, au mot PRAIRIE.

On a propoſé à différentes repriſes de conſerver
le

le Trèfle de la dernière coupe, lorfque l'état de la faifon ne permettoit pas de le fécher, dans des tonneaux remplis d'eau, mais je n'ai jamais vu ce moyen employé en France. Il n'y a cependant pas de doute qu'il doit remplir fon objet, au moins à l'égard de la nourriture des vaches & des cochons; il faudroit feulement veiller à ce que le Trèfle fût toujours couvert d'eau, & que le tonneau ne perde pas.

Dix milliers de fourrage fec font la quantité moyenne que fournit un arpent de Trèfle dans un terrain de bonne qualité.

Semé avant l'hiver, le Trèfle, comme je l'ai déjà obfervé, peut donner une ou deux coupes l'année fuivante, lorfque tout lui a été favorable; cependant on ne doit pas, en principe général, regarder cela comme un avantage, puifqu'alors il commence à dépérir dès la feconde année, année qui, s'il eût été femé quatre mois plus tôt, eût été celle de fa plus grande vigueur.

Non-feulement le Trèfle fe cultive avec profit pour fa fane, mais encore pour fa graine; il faut donc s'occuper des moyens d'affurer une abondante récolte de cette dernière, pour fon propre ufage & pour le commerce. Souvent, par fon exportation en Angleterre, cette graine forme le principal revenu des exploitations rurales du nord de la France. Le plus communément on réferve la feconde coupe de la feconde année des Trèfles pour femence, parce que la première paie, le loyer & l'impofition de la terre, & que la graine, ainfi que le regain, eft toute en bénéfice. Cette pratique peut auffi être fondée, dans les bonnes terres, par la luxuriance du Trèfle, qui alors pouffe trop en feuilles pour que les graines groffiffent beaucoup (voyez FEUILLES), ainfi que par la plus grande abondance des mauvaifes herbes; cependant lorfqu'il eft femé dans les terrains de médiocre qualité, & encore plus dans les mauvais, il feroit très-avantageux aux femis futurs de préférer la graine de la première. Si, malgré ce puiffant motif, on perfifte à vouloir tirer la graine de la feconde, il faut faire la première coupe de très-bonne heure, par des raifons que je n'ai pas befoin d'expliquer. La pire récolte eft celle qu'on demande à la troifième coupe, fa graine, du-moins dans le climat de Paris & plus au nord, ne parvenant qu'à moitié de la groffeur de celle des autres, & ne mûriffant jamais complétement. Voyez GRAINE.

C'eft parce que les Hollandais fe conforment aux principes que je viens d'émettre, que leur graine de Trèfle a acquis tant de réputation, & qu'ils en font un commerce fi étendu & fi profitable.

La maturité la plus complète eft indifpenfable à la bonté & même à la confervation de la graine de Trèfle; il faut donc ne faucher les champs deftinés à la fournir, que lorfque cette graine eft devenue brune, ce qu'on reconnoît en ouvrant quelques gouffes. Encore ici des cultivateurs avides, pour tirer quelque parti de ce Trèfle pour four-

Agriculture. Tome VI.

rage, devancent ce moment au grand détriment de la qualité de leur graine.

La récolte du Trèfle pour graine s'exécute pofitivement comme il a été dit relativement au Trèfle pour fourrage, les gouffes ne s'ouvrant pas par les fecouffes du fanage; feulement il convient de moins preffer fa defficcation, pour que la graine profite des reftes de féve qui fe trouvent dans la tige. On rentre cette récolte & on l'empile dans un grenier, encore ainfi qu'il a été dit, mais jamais on ne la ftratifie.

Comme généralement la place manque aux cultivateurs, ils font prefque tous dans l'ufage, pour rendre plus tôt libre celle qu'occupe le Trèfle pour graine, à la battre peu après fa rentrée; cependant il y a beaucoup d'avantages à attendre le plus tard poffible, même jufqu'au moment du femis, les graines fe confervant beaucoup mieux dans leur gouffe qu'autrement. (Voyez GRAINE.) Si, malgré cette obfervation, on fe détermine à battre la graine de Trèfle peu après fa récolte, il faudra, après fon vannage & fon criblage, l'étendre fur un planchar & la remuer tous les jours ou tous les deux jours, jufqu'à ce qu'elle foit complétement fèche; car il arrive fouvent qu'elle s'échauffe & moifit en tas, &, ainfi que je l'ai vu, qu'elle fe perd en partie ou en totalité.

Les fouris font très-avides de la graine de Trèfle, & en confomment beaucoup fi on n'emploie pas tous les moyens poffibles pour la garantir de leurs ravages, foit avant, foit après fon battage.

Le fléau a très-peu d'action fur les gouffes qui renferment les graines de Trèfle; en conféquence on eft forcé d'employer, pour l'obtenir, des machines qui broient. Dans la ci-devant Normandie, où on fabrique beaucoup de cidre & où on fait un affez grand commerce de graine de Trèfle, on foumet les gouffes à l'action de la meule à écrafer les pommes. En Hollande, c'eft un moulin à farine, dont les meules font convenablement écartées, qu'on emploie. On peut auffi en nettoyer de petites quantités fur une table, avec un rouleau, ou dans un grand mortier de bois ou de pierre.

La graine de Trèfle, comme je l'ai déjà obfervé, eft bonne pendant plufieurs années; mais quoiqu'on ait prétendu le contraire, celle de la dernière récolte eft toujours préférable. Il en faut de quinze à vingt livres pour femer un arpent, plus ou moins, fuivant fa qualité, qui, d'après ce que je viens de dire, varie beaucoup; & fuivant fa qualité, &, fuivant la nature de la terre où on la place.

Toutes les volailles aiment beaucoup la graine de Trèfle. Elle eft principalement très-bonne pour les pigeons.

On dit que cette même graine eft employée pour la teinture en jaune, & que c'eft pour cet ufage que les Anglais en tirent tant de la ci-devant Normandie.

Rarement il eft avantageux de conferver plus de

T t t

trois ans un champ de Trèfle, parce qu'il fe dé-garnit, que les engrais ne peuvent empêcher de périr les pieds qui ont parcouru leur évolution, & que les plantes annuelles ou vivaces, dont il avoit empêché la croiffance, profitent de fa foibleffe pour le furmonter à leur tour & lui nuire plus ou moins. On doit donc le rompre à la fin de la feconde, ou, au plus tard, au commencement de la troifième.

La pratique la plus générale dans le nord de la France, ainfi qu'en Angleterre & en Allemagne, & certainement la meilleure pour le plus grand nombre de cas, eft de retourner le Trèfle après qu'il a donné deux coupes.

Ordinairement on fait pâturer la troifième re-pouffe du Trèfle avant de le retourner; cepen-dant fes feuilles améliorent beaucoup la terre. *Voyez* RÉCOLTE ENTERRÉE.

Au refte, il y a tant de combinaifons à faire relativement à l'emploi de cette précieufe plante, qu'il eft difficile de déterminer d'une manière géné-rale quelle eft la meilleure. Par exemple, on trouve de l'avantage à couper ou à faire pâturer le regain avant l'hiver; cependant il eft quelquefois très-profitable de lui laiffer paffer cette faifon fur pied, malgré les effets défaftreux de la gelée & des pluies, pour fournir au printemps un pâturage aux vaches ou aux brébis.

En France on eft dans l'habitude de fubftituer l'avoine au Trèfle après deux labours; en Angle-terre, c'eft le froment qui obtient la préférence, & ce fur un feul labour. En comparant les réfultats de ces deux pratiques, on peut facilement juger que ce n'eft pas la nôtre qui donne le plus de profit.

J'ai déjà annoncé plufieurs fois que la culture du Trèfle n'étoit pas feulement à confidérer fous les rapports du produit de fon fourrage & de fa graine, mais encore fous celui de l'amélioration des terres, & c'eft par-là que je vais terminer cet article.

Les cultivateurs flamands faifoient de temps im-mémorial, à leur grand avantage, un emploi fort étendu du Trèfle, fans que nous l'euffions remar-qué; mais les Anglais l'ayant apprécié & l'ayant ap-porté chez eux, nous l'ont fait connoître par leurs écrits, il y une cinquantaine d'années. D'abord on l'a femé fur les terres fortes, qu'il rendoit plus légères par les débris de fes tiges & de fes ra-cines; aujourd'hui on regarde fon ufage dans les terres à feigle comme plus profitable, parce qu'il permet d'y femer utilement du froment.

On affure dans le *Traité fur l'agriculture de Nor-folck*, pays généralement fablonneux, que les neuf dixièmes de tout le blé qu'on y cultive, fe fème fur des Trèfles rompus à la feconde année; & on fait combien l'agriculture de ce pays enrichit ceux qui l'exercent. Quand l'agriculture de la France fera-t-elle dirigée d'après les mêmes bafes?

Un cultivateur qui veut monter fon exploita-tion de la manière la plus fruclueufe poffible, doit commencer par fupprimer toutes fes jachères & les remplacer par des cultures de Trèfle & de ra-cines nourriffantes, & par fe procurer les beftiaux néceffaires pour confommer la plus grande partie de ce que ces nouvelles cultures lui procureront de nourriture. Les truies portières doivent tou-jours entrer dans la lifte de ces beftiaux.

Comme ce n'eft qu'avec beaucoup d'engrais qu'on obtient de belles récoltes de céréales; on voit déjà qu'ayant plus de beftiaux on pourra en obtenir conftamment de telles; mais ce n'eft pas tout, les débris du Trèfle reftés dans la terre per-mettront d'économifer encore fur ces engrais, & le plus grand nombre d'articles entrant dans les affo-lemens, permettront de retarder d'autant le retour des mêmes récoltes. *Voyez* ASSOLEMENT & SUC-CESSION DE CULTURE.

Quelqu'avantageux que foit le Trèfle, il ne faut pas trop en méfufer, car il épuife le terrain comme les autres plantes, furtout lorfqu'on lui laiffe por-ter graine. Il eft bon de ne le faire revenir que tous les fix ans dans les terres qui lui convien-nent le mieux, & que tous les dix à douze ans dans celles où il fe plaît le moins. C'eft du moins le réfultat des nombreufes expériences de Schore-bart, le plus grand partifan de la culture du Trèfle qui exifte en Allemagne, & il eft en concordance avec les données de la théorie. La même obfer-vation a été faite dans le comté de Norfolck, cité plus haut, pays où on a d'abord cultivé cette plante avec trop d'empreffement.

Je dois faire remarquer que la culture du Trèfle eft une des moins coûteufes, puifque les frais font payés la première année par la récolte de l'avoine ou de l'orge qu'on a femé avec lui, & que les autres années fa dépenfe fe borne à la fauchaifon & à la fenaifon; auffi Arthur-Young a-t-il conclu d'un grand nombre d'expériences faites fur fa ferme, expériences que je juge inutiles à rapporter, qu'aucune plante ne donne plus de profit & n'a-méliore autant le fonds.

Une autre circonftance qui doit rendre le Trèfle d'un grand intérêt pour les cultivateurs, c'eft qu'il réuffit, dans les années fèches, dans les terrains humides, & dans les terrains fecs dans les années pluvieufes. Il n'y a d'ailleurs que les extrêmes qui le faffent manquer totalement. Toujours celui qui a crû dans un terrain fec vaut mieux que celui qui a crû dans un terrain humide.

Lorfque le Trèfle manque par une caufe quel-conque, on a la reffource de le remplacer, fur un fimple herfage, par de la vefce d'hiver ou de la vefce d'été, fuivant l'époque des femis; & ainfi on n'a à regretter que la perte de la femence.

Les racines du Trèfle font employées, dans quel-ques lieux, à la nourriture des beftiaux, principa-lement des cochons; mais il eft douteux que les frais de leur extraction, combinés avec la diminution d'engrais qui en eft la fuite pour le fol, rendent cet emploi avantageux.

Le Trèfle rampant, vulgairement connu fous les noms de *triolet*, *petit Trèfle blanc*, le cède à celui dont il vient d'être queftion par la grandeur de toutes fes parties, mais il lui eft préférable, parce qu'il eft vivace, fe propage par l'enracinement de fes tiges, & ne craint ni les gelées, ni les pluies, ni les féchereffes : il fubfifte tout l'hiver & pouffe un des premiers au printemps. Les beftiaux le recherchent autant que le précédent. On le trouve abondamment partout, principalement le long des chemins. Il femble que, plus on le foule aux pieds, & plus il profpère; en conféquence, c'eft lui qu'on doit fubftituer à l'ivraie vivace dans la compofition des GAZONS des jardins, c'eft lui qu'on doit chercher à multiplier dans les PATURAGES. *Voyez* ces mots.

On ne peut cultiver le Trèfle rampant pour fourrage; mais dans beaucoup de lieux, en Angleterre, on le fème pour le faire pâturer par les moutons au printemps, c'eft-à-dire, à l'époque de l'année où les pâturages font les moins abondans. Je voudrois qu'en France on en cultivât une petite quantité uniquement pour la graine, qu'on répandroit, fur un fimple ratiffage, dans tous les lieux où on ne cultive rien. Sept à huit livres de cette graine fuffifent pour un arpent.

Comme cette efpèce eft en fleur pendant prefque toute l'année, les abeilles y font une récolte abondante de miel, furtout en automne.

Ce que je viens de dire de ce Trèfle, s'applique au Trèfle fraifier, qui fe trouve fi fouvent confondu avec lui dans les pâturages. Ce dernier a de plus l'avantage, comme M. Yvart l'a annoncé le premier, & comme je l'ai vérifié fouvent, de réfifter mieux que lui aux inondations; auffi eft-il très-commun fur le bord des ruiffeaux & des étangs.

Le Trèfle rouge diffère fort peu du Trèfle des prés, & fe confond journellement avec lui. Il femble qu'on peut le cultiver pofitivement de même, & je ne fais pourquoi il ne l'eft nulle part. Peut-être fes fanes font-elles plus dures, peut-être veut-il être plus ifolé. Il en eft de même des Trèfles des Alpes, hybride, de Hongrie, étoilé, de Vaillant, en gazon, flexueux, des baffes Alpes.

Le Trèfle des montagnes, qui fe rapproche également beaucoup du Trèfle rouge, fe cultive en grand dans quelques parties des Ardennes & de la Forêt-Noire, principalement aux environs de Clèves.

Le Trèfle d'Alexandrie, qui s'éloigne infiniment peu du Trèfle des prés, le remplace en Egypte. Il s'élève à plus de deux pieds. On en fait ordinairement trois coupes, &, lorfqu'il eft arrofé, jufqu'à fix. C'eft une des plus importantes cultures de l'Égypte, où les pâturages manquent pendant la moitié de l'année, foit par excès de féchereffe, foit par fuite de l'inondation. Son mode de culture ne diffère de celui que j'ai décrit plus haut, que par fa moindre perfection.

Le Trèfle incarnat eft un moyen de richeffe pour les parties méridionales de la France, & peut, dans les années favorables, être cultivé avec fruit même au nord de Paris. On l'appelle *farouche*, *Trèfle du Rouffillon*. Il eft annuel & s'élève à plus d'un pied. C'eft le plus précoce de tous les fourrages ufités en France. Quoiqu'il profpère mieux dans les fols fertiles & frais, il s'accommode de ceux qui font arides & fecs. Tous les beftiaux le recherchent, & il les engraiffe plus rapidement que le Trèfle des prés. Son produit eft prefque toujours double de celui de ce dernier, quoiqu'on ne le coupe qu'une fois. On le fème en automne lorfqu'on veut le couper au premier printemps, & au printemps quand on veut le récolter en automne. Les gelées, auxquelles il eft très-fenfible, ne permettent de le femer que dans cette dernière faifon dans le climat de Paris & plus au nord. Un herfage fuffit pour enterrer fa graine. Il faut un fac de cette graine non épluchée pour un arpent.

Sa véritable culture dans le midi de la France, c'eft de le femer fur le chaume des fromens auffitôt après la récolte; ainfi on a une feconde récolte avant l'hiver, qui, loin de détériorer la terre, la difpofe au contraire aux cultures de l'année fuivante, bien entendu cependant que dans ce cas on ne lui laiffe pas porter graine.

Dans le midi de la France, où on cultive beaucoup le farouche, on le donne matin & foir, & en vert, aux beftiaux dès les premiers jours de mai, & on continue jufqu'à l'hiver. Très-fouvent on le fait pâturer fur place par les moutons avant fa floraifon, & on laboure de fuite pour lui fubftituer une autre culture, telle que celle de LUPIN, du CHICHE, du CHANVRE, du MAÏS pour fourrage. (*Voyez* ces mots.) Jamais on ne le fait fécher, parce qu'il perd fa faveur & fe brife à la fuite des opérations du fanage. Il eft à defirer que fes avantages foient plus généralement fentis, & qu'on étende plus fa culture.

M. Père a reconnu que le farouche s'intercale fort avantageufement entre deux récoltes de céréales.

Dans le nord de la France, le refpectable Pincepé-Buire près Péronne, mon collègue Yvart près Paris, & autres cultivent auffi le farouche avec beaucoup de fuccès fur leurs jachères.

Il eft donc à defirer que cette excellente plante entre généralement dans les affolemens de toutes les parties de la France.

Les Trèfles des campagnes, à tige droite, couché & filiforme, font bien inférieurs à ce dernier en grandeur, mais ils font également du goût des beftiaux & fe plaifent de même dans les terrains fablonneux. Ils font quelquefois exceffivement communs dans les champs mal cultivés. (*Bosc.*)

Tt t ij

TRÈFLE JAUNE PETIT. C'eſt la LUZERNE LU-
PULINE. *Voyez* ce mot.

TREILLAGE. On appelle ainſi une diſpoſition
de perches ou baguettes, les unes parallèles, les
autres perpendiculaires au ſol, & deſtinées à fournir des points d'attache aux branches des arbres
en eſpalier, en contr'eſpalier, en palmette, en
Treille, &c.

Quelquefois auſſi les Treillages n'ont d'autre
objet que de former clôture, & même de ſervir à l'ornement; dans ce dernier cas on leur
donne la forme de galerie, de portique, de vaſe, &c.

Les perches de châtaignier refendues ſont les
matériaux les plus communs des Treillages aux
environs de Paris & partout où on peut ſe les procurer; elles méritent cette préférence par la régularité, la longueur, le bas prix, & ſurtout la
durée des baguettes qui en proviennent.

On emploie auſſi, depuis quelques années, le
même bois entier & recouvert de ſon écorce pour
faire des Treillages pour clôture de luxe, Treillages aux parties deſquelles on deſire des formes
contournées fort variées & fort élégantes; mais
elles durent peu, à raiſon de ce qu'il faut, pour
qu'il ſoit facilement pliable, choiſir celui qui n'eſt
pas encore ſuffiſamment conſolidé, & que l'écorce
ſe détachant promptement, forme des godets où
ſe conſerve l'eau des pluies.

Pour que les Treillages durent long-temps, il
faut que leurs baguettes ſoient faites avec des
perches de châtaignier de dix à douze ans au
moins; cependant, le plus communément, on
les coupe à ſept ans. *Voyez* CHATAIGNIER dans le
Dictionnaire des Arbres & Arbuſtes.

Le chêne refendu eſt peu différent en qualité du
châtaignier, mais les baguettes qu'il donne ſont
rarement auſſi droites & coûtent beaucoup plus.

Dans les pays où on n'eſt pas dans l'uſage de
refendre le chêne en baguettes, on fait les Treillages avec des LATTES. *Voyez* ce mot.

Le frêne ſupplée à ces deux ſortes de bois dans
les lieux où ils ſont rares, mais ſes nœuds nuiſent
à ſon emploi.

Après ces bois, il n'y a plus guère que le coudrier & le ſaule dont on puiſſe faire uſage en
France avec économie dans la conſtruction des
Treillages, mais ils durent fort peu, principalement le dernier.

La fabrication des baguettes de Treillage s'exécute dans les forêts, par les mêmes ouvriers que
ceux qui font les CERCLES de tonneau. (*Voyez*
ce mot.) Quoique très-facile quand on a les inſtrumens néceſſaires, comme je m'en ſuis aſſuré par
ma propre expérience dans la forêt de Montmorency, où elle a lieu très en grand, il eſt mieux
que les cultivateurs achètent celles dont ils ont
beſoin, que d'entreprendre de les confectionner
eux-mêmes, à raiſon des grands riſques auxquels
leur inexpérience les expoſeroit.

Les baguettes deſtinées aux Treillages les plus
ordinaires des jardins ont généralement un pouce
de large ſur ſix lignes d'épaiſſeur : leur longueur varie; cependant à Paris on n'en vend que de deux,
la grande de dix pieds, la petite de ſix pieds.

Lorſque ces baguettes ne ſont pas bien droites,
ce qui arrive très-ſouvent, malgré qu'elles ſoient
fortement liées enſemble, immédiatement après
leur fabrication, on les redreſſe lors de leur emploi, en les entaillant d'un ſeul coup de ſerpe ſur
le côté de leur courbure.

On prolonge beaucoup la durée des Treillages
en les peignant à l'huile, & c'eſt ce qu'on fait
dans les jardins de luxe. Deux couches de couleur
ſont indiſpenſables, & trois ſeroient avantageuſes.
Souvent on les repeint au bout de quelques
années.

La néceſſité de peindre les extrémités des baguettes & les entailles faites dans leur longueur,
tantôt d'un côté, tantôt de l'autre, pour les redreſſer, ne permet pas de les peindre avant leur
emploi, ce qui eſt un grand déſavantage ſous le
rapport de l'économie & de la durée. C'eſt ſans
doute à cette cauſe qu'on doit attribuer la rareté
d'une opération qui aſſureroit encore plus leur
durée, celle de les plonger en maſſe dans du GOU-
DRON bouillant. (*Voyez* ce mot.) En général, la
peinture des Treillages ſe fait mal, & principalement quand elle a lieu à l'entrepriſe.

La couleur qu'on donne aux Treillages eſt ordinairement le vert-clair; on les peint auſſi en
brun, ſurtout ceux des eſpaliers.

Il eſt des Treillages temporaires, comme ceux
deſtinés à former un CONTR'ESPALIER, dont les
perches ou baguettes peuvent être attachées les
unes aux autres avec de l'oſier; tous les autres ſont
aſſemblés avec du fil de fer ou du fil de laiton,
rarement avec des clous.

La largeur des carrés des Treillages varie ſans
fin : le terme moyen peut être établi à ſix pouces.
Rarement on fait les Treillages en loſange,
cependant ils ont l'avantage de recevoir plus facilement les attaches des branches, ainſi que j'en
ai vu l'expérience.

On appelle *treillageurs* les perſonnes qui font
leur état de la conſtruction des Treillages. Les
cultivateurs doivent les employer lorſqu'ils le
peuvent, parce qu'ils font mieux & plus vîte.

La manière de diſpoſer les branches des arbres
ſur les Treillages eſt décrite aux mots PALISSAGE
& ESPALIER.

A l'article LOQUE on trouvera le moyen de
ſuppléer avantageuſement aux Treillages dans les
lieux où les murs ſe font en plâtre ou en piſé.

Un Treillage en bon bois de châtaignier,
peint avec ſoin, doit durer une quarantaine d'années; & ſi avant cette époque on le remet à neuf
& le repeint, il durera encore la moitié de ce
temps. J'en ai même vu à Verſailles auxquels on
donnoit cent ans, & qui n'étoient pas encore hors

de ſervice; il eſt vrai qu'ils avoient été originairement peints au blanc de plomb.

Jamais il ne faut employer les vieux Treillages
à chauffer le four, même à allumer le feu de la
cuiſine, parce que le plomb & le cuivre qui entrent preſque toujours dans la peinture qui les recouvre, ſont de mortels poiſons. Je pourrois citer des exemples effrayans de malheurs arrivés par
cette cauſe, telle qu'une famille compoſée de
neuf perſonnes, empoiſonnées à Meudon, avec
du pain ſortant d'un four chauffé avec de vieux
Treillages; tels que ces enfans d'un jardinier de
Sceaux, empoiſonnés pour avoir fait cuire des
pommes de terre dans un feu entretenu avec de
vieux Treillages.

Dans quelques lieux on fait auſſi des Treillages
avec du fil de fer & de l'oſier, mais ils ne valent
pas ceux dont il vient d'être queſtion; les premiers
s'appellent même plutôt des GRILLAGES, & les
ſeconds des CLAYONNAGES. (Boſc.)

TREILLE. Une vigne dont les rameaux ſont
attachés contre un mur ou contre un TREILLAGE,
une PALISSADE, &c.; porte ce nom.

Par abus d'acception on appelle auſſi quelquefois de même les vignes grimpant ſur les arbres,
& même celles qui ſont tenues baſſes. Voyez VIGNE
dans le Dictionnaire des Arbres & Arbuſtes.

Généralement il eſt d'uſage dans les jardins,
principalement dans le Nord, de tenir les vignes
en Treille, & pour les raiſins de table, tels que
les chaſſelas, muſcats, madeleines, morillons, &c.,
parce que, par cette diſpoſition, le raiſin mûrit plus
tôt, eſt plus ſavoureux, plus gros, plus coloré, &c.
Ces avantages ſont dus au moindre ombre des
feuilles, qui ne nuiſent pas aux effets directs des
rayons du SOLEIL, & quand ils ſont contre des
murs, au puiſſant ABRI de ce MUR. Voyez ces
mots.

Après les Treilles contre les murs, ce ſont
celles en allées, dirigées du levant au couchant,
qui donnent le meilleur raiſin. Celui de celles en
berceaux, du moins de leur partie ſupérieure,
pendant au-deſſous des feuilles, jouit moins des
avantages ci-deſſus, & eſt par conſéquent inférieur.

Dans pluſieurs vignobles de France, on tient
auſſi en Treille les vignes deſtinées à donner du
vin, & on s'en trouve bien : c'eſt même cette
méthode que je crois la plus économique & généralement la meilleure, relativement à l'abondance des produits combinés avec leur qualité.

Quand elles ſont bien paliſſadées, les Treilles
ſont toujours ornement, ce qui permet d'en établir dans toutes les ſortes de jardins; cependant
c'eſt dans les potagers qu'on les place ordinairement.

Tantôt les Treilles contre les murs couvrent
toute la ſurface de ces murs, tantôt y forment
un ou pluſieurs cordons. Toujours il faut tendre à
mettre de la régularité dans la diſpoſition des tiges
& des rameaux.

L'uſage eſt fort fréquent d'établir une Treille
en cordon à la partie ſupérieure des murs contre
leſquels ſont placés des pêchers & autres arbres
en eſpalier. Cette diſpoſition eſt certainement fort
agréable, mais il eſt reconnu qu'elle eſt nuiſible
par l'humidité qu'elle verſe ſur les eſpaliers; auſſi
les bons jardiniers la repouſſent-ils aujourd'hui.

Il vaut beaucoup mieux avoir une Treille compoſée d'un petit que d'un grand nombre de pieds
de vigne, ſoit relativement à la beauté & à la
bonté des raiſins, ſoit relativement à l'agrément
du coup d'œil; mais malheureuſement peu de
poſſeſſeurs de jardins ſont convaincus de cette
vérité, fondée ſur ce que les arbres de même eſpèce ſe nuiſent par leurs racines; que plus les
vignes ſont bien nourries, & plus le raiſin en eſt
gros; plus elles ſont vieilles, & plus le raiſin en eſt
ſucré.

La formation d'une Treille eſt bien moins difficile que celle d'un eſpalier, parce que la vigne
ſe prête aiſément à toutes les combinaiſons d'arrangemens poſſibles. Indiquer ici ſes différens
modes ſeroit ſuperflu, puiſqu'ils doivent être
décrits en détail à ſon article. Je dirai ſeulement
qu'il convient mieux d'opérer lentement, c'eſt-à-
dire, en taillant, chaque année, ſur deux ou trois
yeux, que de conſerver la plus grande longueur
poſſible des ſarmens, comme on ne le fait que
trop, parce qu'on arrive plus tôt au but, qui eſt
d'avoir un gros cep pourvu de longues & vigoureuſes racines. Voyez TAILLE.

A raiſon de la vigueur de ſa végétation lorſqu'elle eſt dans un bon terrain, il convient de diſpoſer les rameaux de la vigne de manière que la ſève
ne parvienne à aucun ſans avoir fait une ou pluſieurs déviations. Elle ſe prête, à cet égard, mieux
que beaucoup d'autres arbres aux moyens violens
qu'on prend pour arriver au but. Ainſi on peut
faire faire à ſes rameaux autant de zig-zags qu'on
veut, la faire courir parallèlement au ſol, l'arquer
preſqu'en demi-cercle, ſans la faire périr. Ces
avantages, elle les doit à ſa nature, qui eſt de grimper ſur les arbres & de laiſſer pendre ſes rameaux.

L'époque de la taille des Treilles eſt la même
que celle des autres vignes, ſavoir, à la fin de
l'hiver. Lorſqu'on opère trop tard, il y a une déperdition de ſève qui affoiblit les pieds & qui retarde la pouſſe des bourgeons. Cette dernière circonſtance étant quelquefois avantageuſe dans les
pays froids, où les dernières gelées du printemps
ſont à craindre pour la vigne, elle engage à n'y
tailler que peu avant la ſortie des bourgeons.

Ce n'eſt que lorſqu'on veut affoiblir une partie
de Treille, qu'il convient de tailler long, parce
que la vigne portant ſes fruits ſur les bourgeons,
plus ces bourgeons ſont vigoureux, & plus les
grappes ſont nombreuſes, ſont garnies de grains,
& plus ces grains ſont gros. En conſéquence, le
principe eſt de la tailler ſur deux yeux.

Autant que poſſible on doit décharger les Treilles à la taille, c'est-à-dire, ne leur laisser qu'un petit nombre de rameaux également espacés, & ce encore d'après l'observation que, moins il y a de bourgeons, & plus ces bourgeons sont vigoureux. On doit aussi supprimer tous les jeunes sarmens qui ont poussé sur le devant & sur le derrière des vieux.

Il pourra paroître singulier que, d'un côté, on cherche à affoiblir la féve par une taille en zig-zag ou par la courbure des branches, & que de l'autre on cherche à la ranimer; mais c'est qu'il y a une grande différence, relativement au fruit, entre un GOURMAND & une pousse vigoureuse.

L'ébourgeonnement des Treilles est basé, comme les autres, sur l'utilité de faire porter sur les branches à fruit la féve qui seroit employée à faire pousser celle à bois. On devroit donc enlever tous les bourgeons qui ne portent pas de fruit; cependant deux considérations obligent souvent à laisser de ces derniers; 1°. celle de ne pas trop dégarnir le cep de feuilles, ce qui nuiroit au grossissement & à la saveur du fruit, même à la vigueur des racines; 2°. celui de se procurer pour l'année suivante des sarmens propres à garnir la Treille. Voyez ÉBOURGEONNEMENT.

En général, on fait l'opération de l'ébourgeonnage en deux fois : la première un peu avant ou un peu après la floraison; alors on n'enlève que les petits bourgeons poussés au-dessous des gros; la seconde, lorsque le grain est arrivé à la moitié de sa grosseur; alors on pince ou on coupe l'extrémité des bourgeons fructifères. Voyez PINCEMENT, ECIMAGE & FEUILLES.

Le palissage des Treilles se fait aussi en deux temps : le premier en hiver, lors de la taille; le second en été, lors de l'ébourgeonnement principal. Qu'il ait lieu à la loque sur un mur en plâtre ou en pisé, ou qu'il ait lieu sur un treillage, il ne diffère en rien de celui des autres arbres fruitiers. Voyez PALISSAGE.

Pour obtenir d'une Treille abondance & beauté, il faut la surveiller pendant tout l'été, ne point laisser de nouveaux bourgeons croître dans l'aisselle des feuilles des anciens; écarter & non supprimer les feuilles qui gênent l'action du soleil sur les grappes, &c. &c. C'est à Tomy, village voisin de Fontainebleau, qu'il faut se rendre pour juger des avantages de cette surveillance. Je viens de dire qu'il falloit écarter & non enlever les feuilles qui gênent l'action du soleil, parce que-presque partout on fait le contraire. Les fruits se nourrissant autant par les feuilles que par les racines; en enlever une grande quantité, c'est, outre la déperdition de féve qui se fait par les blessures, nuire au grossissement & à la saveur des raisins. Combien de fois me suis-je convaincu, par l'expérience, des suites désavantageuses des effeuillemens immodérés que quelques jardiniers se permettent sur la fin de l'été, dans le but d'accélérer la maturité des raisins, qu'ils retardoient au

contraire, & même empêchoient totalement ! Voyez FEUILLE.

Un seul pied de vigne en Treille peut acquérir une étendue considérable. J'en ai vu qui offroient peut-être plus de cinquante toises de développement.

Une Treille peut subsister des siècles; du moins on en cite beaucoup auxquelles on donne quatre à cinq cents ans.

Je finis en renvoyant de nouveau au mot VIGNE, où on trouvera des développemens plus étendus sur l'objet de cet article. (Bosc.)

TREILLIS. On appelle ainsi, dans le Médoc, le vin qu'on retire de la pressée du marc de la cuve. Voyez VIN.

TREJADE. La truie accompagnée de ses petits est ainsi appelée aux environs de Toulouse. Voyez COCHON.

TRÉJELEVANT. Ce nom s'applique, dans quelques lieux, aux truies destinées à la reproduction.

TREMAINE. Le TRÈFLE CULTIVÉ s'appelle ainsi dans les environs de Coutances.

TREMANTHE. *Tremanthus.*

Nom donné par Persoon au genre appelé Fovéolaire par Ruiz & Pavon, & STRIGYLIE par Cavanilles. Il renferme quatre arbres du Pérou, dont aucun n'est cultivé en Europe.

Espèces.

1. Le TREMANTHE à feuilles en cœur. *Tremanthus cordata.* Pers. ♄ Du Pérou.
2. Le TREMANTHE à feuilles ovales. *Tremanthus ovata.* Pers. ♄ Du Pérou.
3. Le TREMANTHE à feuilles oblongues. *Tremanthus oblonga.* Pers. ♄ Du Pérou.
4. Le TREMANTHE ferrugineux. *Tremanthus ferruginea.* Pers. ♄ Du Pérou.
(Bosc.)

TRÉMATODON. *Trematodon.*

Genre établi par Michaux dans la famille des *Mousses*, qui ne renferme qu'une espèce originaire de la Caroline, & non encore cultivée dans nos jardins. (Bosc.)

TREMBLAIE : lieu planté de trembles. Voyez PEUPLIER.

TREMBLE : espèce du genre PEUPLIER.

TRÈME. *Trema.*

Arbre de la Cochinchine, qui constitue seul un genre dans la monœcie pentandrie, mais que nous ne cultivons pas en Europe. (Bosc.)

TREMELLE. *Tremella*.

Genre de la famille des champignons, qui renferme un grand nombre d'efpéces qui font caractérifées par des expanfions gélatineufes, de forme très-variables, diverfement plilfées, & dont les bourgeons féminiformes font épars à la fuperficie. Trois autres, Nostoc, Gymnosporange & Puccinie (*voyez* ces mots), ont été formés à fes dépens, & ce font les efpèces qui les compofent qui intéreffent le plus les cultivateurs.

Aujourd'hui donc il ne refte plus dans le genre Tremelle que dix-fept efpèces, qui la plupart croiffent fur le bois mort, ne font pas fufceptibles d'être cultivées, & ne peuvent être utiles à rien. (*Bosc.*)

TREMÈNE. C'eft le Trèfle cultivé.

TREMOIS : mélange de feigle, de froment, d'avoine, de pois, de vefce, qu'on fème pour fourrage de printemps. *Voyez* Mélange & Prairie temporaire.

Trémois : variété de Froment.

TREMPE : opération qui a pour but de rendre l'acier plus dur; elle confifte à le mettre, pendant qu'il eft plus ou moins chaud, dans une certaine quantité d'eau froide. Je la cite, parce que les agriculteurs peuvent être quelquefois dans la néceffité de l'entreprendre, & qu'il faut qu'ils fachent diftinguer l'acier trempé de celui qui ne l'eft point. *Voyez*, pour la théorie, le *Dictionnaire de Chimie*, &, pour la pratique, celui des *Arts & Métiers*, faifant partie de l'*Encyclopédie méthodique*. (*Bosc.*)

TRENTANELLE. On appelle ainfi le Sumac fustet aux environs de Montpellier. *Voyez* ce mot.

TRÉOULI : nom du Trèfle dans la ci-devant Provence.

TRÉPIGNER. C'eft fouler la terre avec les pieds en faifant alternativement effort fur l'un & fur l'autre.

On trépigne fouvent la terre qui recouvre les racines des arbres qu'on vient de planter, mais on a tort, cette opération donnant une pofition forcée aux racines, & taffant trop la terre autour d'elles. *Voyez* Plombage.

On trépigne auffi les fentiers temporaires qui féparent les planches d'un carré de jardin pour les tracer & en affermir la terre. *Voyez* Planche. (*Bosc.*)

TRESAR. On appelle ainfi le blé de mars dans les environs de Genève. Il y en a de deux fortes : le barbu qu'on préfère dans la montagne, & le non barbu qui eft plus eftimé dans la plaine. *Voyez* Froment. (*Bosc.*)

TREVIRANE. *Trevirana*.

Nom donné par Willdenow au genre appelé Colomnée par Lamarck. *Voyez* ce mot. (*Bosc.*)

TREWIE. *Trewia*.

Genre de plantes de la diœcie polyandrie, qui réunit deux arbres qui fervoient de types à deux genres, le Rottlère & le Mallote. *Voyez* ces mots.

Il eft figuré pl. 460 des *Illuftrations des genres* de Lamarck. (*Bosc.*)

TRIADIQUE. *Triadica*.

Genre de plantes de la diœcie diandrie, établi par Loureiro pour placer deux grands arbres de la Cochinchine, qui ne fe cultivent pas dans nos jardins. (*Bosc.*)

TRIANDRIE : nom de la troifième claffe du fyftème de Linnæus, celle qui réunit les plantes qui n'ont que trois étamines. *Voyez* le *Dictionnaire de Botanique*.

TRIANNUELLE : plante qui vit trois ans. *Voyez* Plante, Annuel & Bisannuel.

TRIANT, TRIANDIN ou TRIANDINE : forte de trident avec lequel on laboure dans quelques lieux. *Voyez* Fourche, Trident & Labour.

TRIANTHÈME. *Trianthema*.

Genre de plantes de la décandrie digynie & de la famille de *Portulacées*, dans lequel fe placent fix efpèces, dont deux fe cultivent dans nos écoles de botanique. Il eft figuré pl. 375 des *Illuftrations des genres* de Lamarck.

Obfervations.

Le genre Gymnocarpon a été établi aux dépens de celui-ci.

Efpèces.

1. La Trianthème à un feul ftyle. *Trianthema monogyna*. Linn. ⊙ De la Jamaïque.
2. La Trianthème criftalline. *Trianthema cryftallina*. Vahl. ♄ De l'Arabie.
3. La Trianthème à cinq étamines. *Trianthema pentandra*. Linn. ⊙ De l'Arabie.
4. La Trianthème à dix étamines. *Trianthema decandra*. Linn. ⊙ Des Indes.
5. La Trianthème couchée. *Trianthema humifufa*. Thunb. ♄ Du Cap de Bonne-Efpérance.
6. La Trianthème à tige aplatie. *Trianthema anceps*. Thunb. ♄ Du Cap de Bonne-Efpérance.

Culture.

La première & la quatrième efpèce font celles que nous cultivons. On fème leurs graines au printemps, dans des pots remplis de terre légère, pots qu'on enfonce dans une couche nue, & qu'on arrose au besoin. Le plant levé se repique dans d'autres pots qui se placent contre un mur exposé au midi.

Ces plantes sont sans agrément, & ne sont remarquées que par les botanistes. (*Bosc.*)

TRIBULE AQUATIQUE. C'est la Macre Tribule terrestre, c'est la Herse. *Voyez* ces mots.

TRICARIE ou TRICHAIRE. *Tricharium.*

Arbre de la Cochinchine, qui constitue seul, dans la monœcie tétrandrie, un genre fort voisin des Argythames. On mange ses noix.

Cet arbre ne se cultive pas en Europe. (*Bosc.*)

TRICÈRE. *Triceros.*

Arbre de la Cochinchine, qui forme un genre dans la pentandrie trigynie. Il ne se cultive pas en Europe.

Schreber a donné le même nom à un autre genre de la monœcie tétrandrie, qui renferme trois espèces, dont aucune n'est cultivée dans nos jardins. Ce genre a été appelé Crantzie par Swartz.

Espèces.

1. La Tricère luisante. *Tricera lævigata.* Willd. ♄ De la Jamaïque.
2. La Tricère à feuilles de citronier. *Tricera citrifolia.* Willd. ♄ De Caracas.
3. La Tricère à feuilles en cœur. *Tricera cordifolia.* Willd. ♄ Des Indes. (*Bosc.*)

TRICHILIE. *Trichilia.*

Genre de plantes de la décandrie monogynie & de la famille des *Azédarachs*, qui réunit douze espèces, dont trois se cultivent dans nos serres. Il est figuré sous le nom de *portésie*, pl. 302 des *Illustrations des genres* de Lamarck.

Observations.

Le genre Portésie avoit été établi aux dépens de celui-ci, mais il n'a pas été adopté par la plupart des botanistes.

Espèces.

1. La Trichilie à feuilles de mombin. *Trichilia spondioides.* Jacq. ♄ De la Jamaïque.
2. La Trichilie hérissée. *Trichilia hirta.* Linn. ♄ De la Jamaïque.
3. La Trichilie glabre. *Trichilia glabra.* Linn. ♄ De Cuba.
4. La Trichilie musquée. *Trichilia moschata.* Swartz. ♄ De la Jamaïque.
5. La Trichilie à trois folioles. *Trichilia trifoliata.* Linn. ♄ De l'Amérique méridionale.

6. La Trichilie nerveuse. *Trichilia nervosa.* Vahl. ♄ Des Indes.
7. La Trichilie épineuse. *Trichilia spinosa.* Willd. ♄ Des Indes.
8. La Trichilie pâle. *Trichilia pallida.* Swartz. ♄ De la Jamaïque.
9. La Trichilie hétérophylle. *Trichilia heterophylla.* Willd. ♄ De Madagascar.
10. La Trichilie remarquable. *Trichilia spectabilis.* Forst. ♄ Des îles de la mer du Sud.
11. La Trichilie alliacée. *Trichilia alliacea.* Forst. ♄ Des îles de la mer du Sud.
12. La Trichilie terminale. *Trichilia terminalis.* Jacq. ♄ De l'Amérique méridionale.

Culture.

La 1re., la 3e. & la 8e. sont celles qui se voient dans nos serres. Leur terre doit être consistante. Il leur faut des arrosemens abondans en été & rares en hiver. On ne les multiplie que de graines tirées de leur pays natal. Ce sont des arbres de peu d'agrément. (*Bosc.*)

TRICHOCARPE. *Trichocarpus.*

Nom donné par Schreber au genre appelé Ablani par Aublet. *Voyez* ce nom. (*Bosc.*)

TRICHOCLADE. *Trichocladus.*

Arbuste du Cap de Bonne-Espérance, formant un genre dans la diœcie monandrie, qui a été appelé *dahlie* par Thunberg.

Nous ne le cultivons pas en Europe. (*Bosc.*)

TRICHODE. *Trichodium.*

Genre de plantes établi par Michaux dans la triandrie digynie & dans la famille des *Graminées*. Il est formé par deux espèces qui ont été cultivées pendant quelques années au Jardin du Muséum d'Histoire naturelle de Paris, au moyen des graines que j'avois rapportées de Caroline, mais qui ont cessé de l'être lorsque ces graines ont été épuisées, les pieds qu'elles ont fournis n'en ayant pas donné. On semoit ces graines dans des pots sur couche nue, & on plaçoit les pots contre un mur exposé au midi, ayant soin de les arroser souvent, car c'est dans les lieux humides qu'elles croissent dans leur pays natal.

Espèces.

1. La Trichode à panicules lâches. *Trichodium laxiflorum.* Mich. ♂ De l'Amérique septentrionale.

2. La

2. La Trichode renverſée.

Trichodium procumbens. Mich. ♂ De l'Amérique ſeptentrionale. (*Bosc.*)

TRICHODERME. *Trichoderma.*

Genre de plantes de la famille des *Champignons,* fort voiſin des Puccinies & des Uredos, qui eſt conſtitué par neuf eſpèces, la plupart croiſſant ſur le bois mort, & dont l'intérêt eſt nul pour tout autre qu'un botaniſte. La culture ne peut avoir aucune action ſur elles. (*Bosc.*)

TRICHOMANE. *Trichomanes.*

Genre de plantes cryptogames, de la famille des *Fougères,* dans lequel ſe placent ſoixante-quinze eſpèces, dont une ſeulement ſe cultive dans nos écoles de botanique. Il eſt figuré pl. 871 des *Illuſtrations des genres* de Lamarck.

Obſervations.

Ce genre a été diviſé, par les botaniſtes modernes, en trois autres, ſavoir, Hyméno-phylle, Davalie & Dicksone; mais comme il n'a pas été queſtion de ces derniers genres à leur article, je les conſidérerai comme non avenus.

Eſpèces.

1. Le Trichomane membraneux.
Trichomanes membranaceum. Linn. ♃ De l'Amérique méridionale.

2. Le Trichomane des mouſſes.
Trichomanes muſcoides. Swartz. ♃ De la Jamaïque.

3. Le Trichomane rampant.
Trichomanes reptans. Swartz. ♃ De la Jamaïque.

4. Le Trichomane pygmé.
Trichomanes puſillum. Swartz. ♃ De la Jamaïque.

5. Le Trichomane ponctué.
Trichomanes punctatum. Poir. ♃ De la Martinique.

6. Le Trichomane petit.
Trichomanes parvulum. Poir. ♃ De Madagaſcar.

7. Le Trichomane en rein.
Trichomanes reniforme. Forſt. ♃ De la Nouvelle-Zélande.

8. Le Trichomane bandelette.
Trichomanes vittaria. Poir. ♃ De Cayenne.

9. Le Trichomane crépu.
Trichomanes criſpum. Linn. ♃ De la Martinique.

10. Le Trichomane oſmonde.
Trichomanes oſmundioides. Poir. ♃ De l'Amérique méridionale.

11. Le Trichomane ailé.
Trichomanes pinnatum. Swartz. ♃ De l'Amérique méridionale.

12. Le Trichomane de Guinée.
Trichomanes guineenſe. Aſz. ♃ De Guinée.

13. Le Trichomane à godets.
Trichomanes pyxidiferum. Swartz. ♃ De la Jamaïque.

14. Le Trichomane à feuilles courtes.
Trichomanes humile. Forſt. ♃ Des îles de la mer du Sud.

15. Le Trichomane chevelu.
Trichomanes crinitum. Swartz. ♃ De la Jamaïque.

16. Le Trichomane ailé.
Trichomanes alatum. Swartz. ♃ De la Jamaïque.

17. Le Trichomane luiſant.
Trichomanes lucens. Swartz. ♃ De la Jamaïque.

18. Le Trichomane radicant.
Trichomanes radicans. Swartz. ♃ De la Jamaïque.

19. Le Trichomane grimpant.
Trichomanes ſcandens. Linn. ♃ Du Mexique.

20. Le Trichomane à feuilles de tamarix.
Trichomanes tamariſciforme. Jacq. ♃ De l'Amérique méridionale.

21. Le Trichomane à deux points.
Trichomanes bipunctatum. Poir. ♃ De Madagaſcar.

22. Le Trichomane roide.
Trichomanes rigidum. Swartz. ♃ De la Jamaïque.

23. Le Trichomane trichoïde.
Trichomanes trichoides. Swartz. ♃ De la Jamaïque.

24. Le Trichomane polypode.
Trichomanes polypodioides. Linn. ♃ Des Indes.

25. Le Trichomane à feuilles d'aſplenium.
Trichomanes aſplenioides. Swartz. ♃ De la Jamaïque.

26. Le Trichomane digité.
Trichomanes digitatum. Poir. ♃ De Madagaſcar.

27. Le Trichomane hériſſé.
Trichomanes hirſutum. Linn. ♃ De la Jamaïque.

28. Le Trichomane hiſpide.
Trichomanes hiſpidum. Poir. ♃ De l'Amérique méridionale.

29. Le Trichomane décurrent.
Trichomanes decurrens. Jacq. ♃ Des Indes.

30. Le Trichomane ſoyeux.
Trichomanes ſericeum. Swartz. ♃ De la Jamaïque.

31. Le Trichomane bivalve.
Trichomanes bivalve. Forſt. ♃ Des îles de la mer du Sud.

32. Le Trichomane varec.
Trichomanes fucoideum. Swartz. ♃ De la Jamaïque.

33. Le Trichomane de Thunbrige.
Trichomanes thunbrigenſe. Linn. ♃ Indigène.

34. Le Trichomane linéaire.
Trichomanes lineare. Swartz. ♃ De la Jamaïque.

35. Le Trichomane nu.
Trichomanes nudum. Poir. ♃ De la Guadeloupe.

36. Le Trichomane cilié.
Trichomanes ciliatum. Swartz. ♃ De la Jamaïque.

37. Le TRICHOMANE dilaté.
Trichomanes dilatatum. Forft. ♃ Des îles de la mer du Sud.

38. Le TRICHOMANE renverfé.
Trichomanes demiſſum. Forft. ♃ Des îles de la mer du Sud.

39. Le TRICHOMANE à découpures inégales.
Trichomanes inæquale. Poir. ♃ De Madagafcar.

40. Le TRICHOMANE denticulé.
Trichomanes denticulatum. Swartz. ♃ De l'Ile-Bourbon.

41. Le TRICHOMANE enfanglanté.
Trichomanes fanguinolentum. Swartz. ♃ De la Nouvelle-Zélande.

42. Le TRICHOMANE ondulé.
Trichomanes undulatum. Swartz. ♃ De la Jamaïque.

43. Le TRICHOMANE échancré.
Trichomanes emarginatum. Swartz. ♃ De la Jamaïque.

44. Le TRICHOMANE axillaire.
Trichomanes axillare. Swartz. ♃ De la Jamaïque.

45. Le TRICHOMANE rouillé.
Trichomanes æruginofum. Swartz. ♃ De l'île de Triftan d'Acugna.

46. Le TRICHOMANE pelté.
Trichomanes peltatum. Poir. ♃ De l'Ile-de-France.

47. Le TRICHOMANE à feuillage arrondi.
Trichomanes hirtellum. Swartz. ♃ De la Jamaïque.

48. Le TRICHOMANE en maſſue.
Trichomanes clavatum. Swartz. ♃ De la Jamaïque.

49. Le TRICHOMANE à fleurs nombreufes.
Trichomanes polyanthos. Swartz. ♃ De la Jamaïque.

50. Le TRICHOMANE à divifions nombreufes.
Trichomanes multifidum. Forft. ♃ Des îles de la mer du Sud.

51. Le TRICHOMANE divariqué.
Trichomanes divaricatum. Poir. ♃ De la Perfe.

52. Le TRICHOMANE hétérophylle.
Trichomanes heterophyllum. Smith. ♃ Des Indes.

53. Le TRICHOMANE pectiné.
Trichomanes pectinatum. Smith. ♃ Des Indes.

54. Le TRICHOMANE connivent.
Trichomanes contiguum. Forft. ♃ Des îles de la mer du Sud.

55. Le TRICHOMANE en faucille.
Trichomanes falcatum. Swartz. ♃ Des Indes.

56. Le TRICHOMANE du Japon.
Trichomanes japonicum. Poir. ♃ Du Japon.

57. Le TRICHOMANE hygrométrique.
Trichomanes hygrometricum. Poir. ♃ De Madagafcar.

58. Le TRICHOMANE étalé.
Trichomanes elatum. Forft. ♃ Des îles de la mer du Sud.

59. Le TRICHOMANE ferme.
Trichomanes folidum. Forft. ♃ Des îles de la mer du Sud.

60. Le TRICHOMANE élégant.
Trichomanes elegans. Swartz. ♃ Des Indes.

61. Le TRICHOMANE en coin.
Trichomanes cuneiforme. Forft. ♃ Des îles de la mer du Sud.

62. Le TRICHOMANE de la Chine.
Trichomanes chinenfis. Linn. ♃ De la Chine.

63. Le TRICHOMANE pliant.
Trichomanes lentum. Poir. ♃ De Madagafcar.

64. Le TRICHOMANE cerfeuil.
Trichomanes chærophylloides. Poir. ♃ De Madagafcar.

65. Le TRICHOMANE en boſſe.
Trichomanes gibberofum. Forft. ♃ Des îles de la mer du Sud.

66. Le TRICHOMANE épiphylle.
Trichomanes epiphyllum. Forft. ♃ Des îles de la mer du Sud.

67. Le TRICHOMANE des Canaries.
Trichomanes canarienfe. Linn. ♃ Des Canaries.

68. Le TRICHOMANE à aiguillons.
Trichomanes aculeatum. Swartz. ♃ De la Jamaïque.

69. Le TRICHOMANE à feuilles de fumeterre.
Trichomanes fumarioides. Swartz. ♃ De la Jamaïque.

70. Le TRICHOMANE à long ftyle.
Trichomanes ftylofum. Poir. ♃ De Madagafcar.

71. Le TRICHOMANE polyfperme.
Trichomanes polyfpermum. Poir. ♃ De Madagafcar.

72. Le TRICHOMANE capillaire.
Trichomanes capillaceum. Linn. ♃ De l'Amérique méridionale.

73. Le TRICHOMANE à petites fleurs.
Trichomanes parviflorum. Poir. ♃ De Madagafcar.

74. Le TRICHOMANE lancéolé.
Trichomanes lanceolatum. Poir. ♃ De Madagafcar.

75. Le TRICHOMANE de la Cochinchine.
Trichomanes cochinchinenfe. Lour. ♃ De la Cochinchine.

Culture.

C'eft la 67e. efpèce que nous cultivons. On la tient en pot pour pouvoir la rentrer dans l'orangerie pendant l'hiver. Elle fe multiplie par le déchirement de fes vieux pieds. L'ombre lui eft avantageufe.

J'ai vu auffi la 33e. efpèce, qui croît naturellement dans l'oueft de la France, cultivée au Jardin du Muféum d'Hiftoire naturelle de Paris; mais elle ne s'y eft pas confervée long-temps. (Bosc.)

TRICHOMÈNE. *Trichomena.*

Genre établi pour placer l'*ixia bulbocode*, qui n'a pas complétement les caractères du genre. *Voyez* Ixia. (*Bosc.*)

TRICHOON. *Trichoon.*

Genre de plantes de la triandrie digynie & de la famille des *Graminées*, fort voisin des Roseaux, établi par Roth.

La seule espèce qu'il contient ne se voit pas dans les jardins d'Europe. (*Bosc.*)

TRICHOPE. *Trichopus.*

Genre établi par Gærtner d'après la seule inspection d'un fruit venant de Ceylan.

TRICHOSTÈME. *Trichostema.*

Genre de plantes de la didynamie gymnospermie & de la famille des *Labiées*, dans lequel se placent trois espèces, dont une se cultive dans nos écoles de botanique. Il est figuré pl. 515 des *Illustrations des genres* de Lamarck.

Espèces.

1. Le Trichostème dichotome. *Trichostema dichotoma.* Linn. ⊙ De la Caroline.

2. Le Trichostème en spirale. *Trichostema spiralis.* Lour. ⊙ De la Cochinchine.

3. Le Trichostème branchu. *Trichostema brachiata.* Linn. ⊙ De l'Amérique septentrionale.

Culture.

J'ai rapporté des graines de la première espèce, qui l'ont rendue fort commune pendant quelques années au Jardin du Muséum de Paris. Aujourd'hui elle y est rare, parce qu'elle y fructifie peu souvent ou incomplétement. On sème ses graines dans un pot rempli de terre de bruyère, qu'on place sur une couche nue. Le plant levé se repique ou en pleine terre, contre un mur exposé au midi, ou dans d'autres pots qu'on rentre dans l'orangerie aux approches des froids, dans le but de favoriser la maturité des graines. C'est une plante de nul agrément. (*Bosc.*)

TRICHOSTOME. *Trichostomium.*

Genre de plantes établi dans la famille des Mousses, aux dépens des Brys & des Fontinales. *Voyez* ces mots.

TRICOLOR : nom vulgaire d'une Amaran-THE, d'un Liseron & d'une Violette. *Voyez* ces mots.

TRICRATE. *Tricratus.*

Plante annuelle de la Californie, qui seule constitue un genre dans la pentandrie monogynie. Il est figuré pl. 105 des *Illustrations des genres* de Lamarck, sous le nom d'*abronie* que lui avoit donné Jussieu.

Cette plante se voit dans nos écoles de botanique, où sa culture ne consiste qu'à semer ses graines au printemps, lorsque les gelées ne sont plus à craindre, dans un pot rempli de terre à demi consistante, de l'enfoncer dans une couche nue, de repiquer le plant en pleine terre, contre un mur exposé au midi, lorsqu'il a acquis assez de force pour supporter cette opération, & de l'arroser au besoin.

Cette plante est d'un bel aspect, mais ne mérite pas d'être cultivée dans nos parterres. (*Bosc.*)

TRICUSPIDAIRE. *Tricuspidaria.*

Arbre du Pérou, qui seul constitue un genre dans la dodécandrie monogynie.

Nous ne le cultivons pas en Europe. (*Bosc.*)

TRICYCLE. *Tricycla.*

Arbre du Brésil, dont Cavanilles a formé un genre dans la pentandrie monogynie.

Il ne se cultive pas dans nos jardins. (*Bosc.*)

TRIDAX. *Tridax.*

Plante rampante du Mexique, qui seule constitue un genre dans la syngénésie polygamie superflue & dans la famille des *Corymbifères*.

Elle n'a pas encore été introduite dans nos cultures. (*Bosc.*)

TRIDESME. *Tridesma.*

Genre de plantes de la monœcie polyandrie, qui réunit deux arbrisseaux de la Chine, ni l'un ni l'autre encore cultivés dans nos jardins. (*Bosc.*)

TRIENTALE. *Trientalis.*

Plante vivace qui croît dans les bois des montagnes élevées de l'Europe, & qui constitue seule un genre dans l'heptandrie monogynie & dans la famille des *Primulacées*, genre qui est figuré pl. 275 des *Illustrations des genres* de Lamarck.

On cultive cette plante dans les écoles de botanique. La terre de bruyère & l'ombre sont indispensables à sa prospérité. Elle se multiplie avec la plus grande facilité par le déchirement de ses vieux pieds qui tracent beaucoup, déchirement qui s'exécute à la fin de l'hiver. Je ne lui ai jamais vu donner de graines dans nos jardins. Cette plante eſt petite, mais élégante ; c'eſt pourquoi je voudrois qu'on l'introduiſît ſous les maſſifs des jardins payſagers en ſol ſablonneux. (*Bosc.*)

TRIFOLIUM DES JARDINIERS. C'eſt le nom que donnent les jardiniers au CYTISE DES JARDINS.

TRIGONELLE. *TRIGONELLA.*

Genre de plantes de la diadelphie décandrie & de la famille des *Légumineuſes*; qui raſſemble vingt eſpèces, dont douze ſe cultivent dans nos écoles de botanique, & une eſt l'objet d'une culture de quelqu'importance. Il eſt figuré pl. 611 des *Illuſtrations des genres* de Lamarck.

Eſpèces.

1. La TRIGONELLE de Ruſſie. *Trigonella ruthenica.* Linn. ♃ De la Sibérie.

2. La TRIGONELLE à gouſſes plates. *Trigonella platycarpos.* ♂ De la Sibérie.

3. La TRIGONELLE bâtarde. *Trigonella hybrida.* Pour. ♃ Du midi de la France.

4. La TRIGONELLE ſtriée. *Trigonella ſtriata.* Linn. ☉ De l'Abyſſinie.

5. La TRIGONELLE en crochets. *Trigonella hamoſa.* Linn. ☉ De l'Egypte.

6. La TRIGONELLE corniculée. *Trigonella corniculata.* Linn. ☉ Du midi de la France.

7. La TRIGONELLE laciniée. *Trigonella laciniata.* Linn. ☉ De l'Egypte.

8. La TRIGONELLE à pluſieurs cornes. *Trigonella polycerata.* Linn. ☉ Du midi de la France.

9. La TRIGONELLE de Montpellier. *Trigonella monſpeliaca.* Linn. ☉ Du midi de la France.

10. La TRIGONELLE épineuſe. *Trigonella ſpinoſa.* Linn. ☉ De Crète.

11. La TRIGONELLE d'Egypte. *Trigonella ægyptiaca.* Poir. ☉ De l'Egypte.

12. La TRIGONELLE pinnatifide. *Trigonella pinnatifida.* Cavan. ☉ De l'Eſpagne.

13. La TRIGONELLE de l'Inde. *Trigonella indica.* Linn. ☉ Des Indes.

14. La TRIGONELLE fenu-grec. *Trigonella fœnum græcum.* Linn. ☉ Du midi de la France.

15. La TRIGONELLE eſculente. *Trigonella eſculenta.* Willd. ☉ Des Indes.

16. La TRIGONELLE velue. *Trigonella villoſa.* Thunb. Du Cap de Bonne-Eſpérance.

17. La TRIGONELLE armée. *Trigonella armata.* Thunb. Du Cap de Bonne-Eſpérance.

18. La TRIGONELLE glabre. *Trigonella glabra.* Thunb. Du Cap de Bonne-Eſpérance.

19. La TRIGONELLE cotonneuſe. *Trigonella tomentoſa.* Thunb. Du Cap de Bonne-Eſpérance.

20. La TRIGONELLE hériſſée. *Trigonella hirſuta.* Thunb. Du Cap de Bonne-Eſpérance.

Culture.

Nous cultivons dans nos écoles de botanique les eſpèces des nᵒˢ. 1, 2, 4, 6, 7, 8, 9, 10, 11, 12, 14 & 15.

Les graines de toutes ces eſpèces ſe ſèment en place au printemps, & leur plant ne demande que les ſoins ordinaires à tout jardin bien tenu. La première, étant vivace, peut y reſter pluſieurs années de ſuite.

Pour plus de ſûreté cependant, on ſème, dans l'école de botanique du Muſéum d'Hiſtoire naturelle de Paris, la plupart d'entr'elles dans des pots ſur couche nue, afin d'accélérer leur végétation & aſſurer par-là la maturité de leurs graines.

La 14ᵉ eſpèce eſt celle que j'ai dit être l'objet d'une culture de quelqu'importance. En effet, en France, même aux environs de Paris, on en ſème quelques champs pour la graine, qui ſe vend aux pharmaciens pour faire des cataplaſmes émolliens avec ſa farine. Il faut la ſemer tard, c'eſt-à-dire, en juin, à raiſon des gelées tardives, & s'attendre qu'elle n'amènera pas ſes graines à maturité ſi l'été eſt froid & pluvieux; mais les profits qu'elle donne, lorſque l'année eſt favorable, dédommagent des pertes auxquelles elle expoſe.

Les agronomes anciens nous apprennent qu'on ſemoit cette même eſpèce en Italie, tant pour ſes graines, dont les eſclaves ſe nourriſſoient, que pour ſes fanes, qui ſervoient d'aliment aux beſtiaux. Aujourd'hui on en fait encore uſage de ces deux manières en Egypte, & de plus on fait une ſorte de boiſſon avec ſes graines grillées & pilées. Là, ſa culture conſiſte ſeulement à en répandre les graines, ſans labour préalable, ſur le limon du Nil, dès que les eaux de l'inondation ſe ſont retirées, & d'en faire la récolte en l'arrachant ſoixante-dix jours après.

Nous n'avons point de renſeignemens ſur la culture de la 15ᵉ eſpèce dans les Indes. (*Bosc.*)

TRIGONIER. *TRIGONIA.*

Genre de plantes de la décandrie monogynie, qui renferme deux arbriſſeaux originaires de Cayenne, qui ne ſont point encore cultivés en Europe.

Il eſt figuré pl. 347 des *Illuſtrations des genres* de Lamarck. (*Bosc.*)

TRIGUÈRE. *Triguera.*

Genre de plantes établi par Cavanilles dans la monadelphie polyandrie & dans la famille des *Malvacées*. Il a été réuni aux KETMIES par quelques botaniftes, appelé SOLANDRE & LAGUNÉE par d'autres. *Voyez* ce dernier mot. (*Bosc.*)

TRILIX. *Trilix.*

Arbriffeau de l'Amérique méridionale, qui feul forme un genre dans la polyandrie monogynie.

Il ne fe cultive pas en Europe. (*Bosc.*)

TRIMENE : nom d'une variété de TRÈFLE. *Voyez* ce mot.

TRINACTE : nom donné par Gærtner à la JUNGIE de Linnæus. *Voyez* ce mot.

TRIOLET : nom vulgaire de la LUZERNE LUPULINE, & quelquefois du TRÈFLE CULTIVÉ.

TRIOPTÈRE. *Triopteris.*

Genre de plantes de la décandrie trigynie & de la famille des *Malpighiacées*, qui raffemble fept efpèces, dont aucune n'eft cultivée dans les écoles de botanique d'Europe. Il eft figuré pl. 382 des *Illuftrations des genres* de Lamarck.

Obfervations.

Ce genre fe rapproche tant des TÉTRAPTÈRES & des HIRÉES, que quelques botaniftes les ont réunis. *Voyez* ces mots,

Efpèces.

1. Le TRIOPTÈRE de la Jamaïque.
Triopteris jamaicenfis. Linn. ♄ De la Jamaïque.
— 2. Le TRIOPTÈRE lingulé.
Triopteris lingulata. Poiret. ♄ De Saint-Domingue.

3. Le TRIOPTÈRE roide.
Triopteris rigida. Swartz. ♄ Du Mexique.
4. Le TRIOPTÈRE ovale.
Triopteris ovata. Cav. ♄ De Saint-Domingue.
5. Le TRIOPTÈRE des Indes.
Triopteris indica. Willd. ♄ Des Indes.
6. Le TRIOPTÈRE du Bréfil.
Triopteris brafilienfis. Poir. ♄ Du Bréfil.

7. Le TRIOPTÈRE bifurqué.
Triopteris bifurcata. Gærtn. ♄ De la Jamaïque.

Culture.

La première efpèce eft celle qui fe voit dans les ferres du Muféum, où on lui donne une terre de moyenne confiftance & des arrofemens modérés. Sa multiplication a lieu par le femis de fes graines tirées de fon pays natal, car elle n'en donne pas

ici, & par boutures faites au printemps, fur couche & fous châffis. (*Bosc.*)

TRIOSTE. *Triofteum.*

Genre de plantes de la pentandrie monogynie & de la famille des *Chèvre-feuilles*, dans lequel fe placent trois efpèces, dont deux fe cultivent dans nos écoles de botanique. On voit fes caractères figurés pl. 150 des *Illuftrations des genres* de Lamarck.

Efpèces.

1. La TRIOSTE perfoliée.
Triofteum perfoliatum. Linn. ♃ De l'Amérique feptentrionale.
2. La TRIOSTE à feuilles étroites.
Triofteum anguftifolium. Vahl. ♃ De l'Amérique feptentrionale.
3. La TRIOSTE à trois fleurs.
Triofteum triflorum. Vahl. ♄ De Madagafcar.

Culture.

Les deux premières efpèces font celles que nous poffédons. Je les ai obfervées en grand nombre dans leur pays natal, où elles croiffent dans les bois dont le terrain eft frais & léger. On les multiplie de graines femées, au printemps, en pleine terre, à une expofition un peu chaude, ou mieux dans des pots fur couche nue. Le plant levé fe repique en pleine terre, dans un lieu où il ait le foleil le matin & l'ombre à midi; il craint les gelées de l'automne, lorfqu'elles arrivent avant que fes tiges foient aoûtées, c'eft-à-dire, prefque tous les ans : c'eft pourquoi il eft bon d'en tenir quelques pieds en pot pour pouvoir les rentrer dans l'orangerie pendant l'hiver, afin de pouvoir réparer les accidens. Les pieds laiffés en terre doivent être couverts de feuilles fèches ou de fougère. (*Bosc.*)

TRIPHAQUE. *Triphaca.*

Grand arbre de la côte orientale d'Afrique, qui feul forme genre dans la monœcie polyandrie.

Cet arbre ne fe cultive pas dans nos jardins. (*Bosc.*)

TRIPHASIE : nom donné par Loureiro au LIMONIER. *Voyez* ce mot.

TRIPINNE. *Trifinna.*

Grand arbre de la Cochinchine, qui a des rapports avec le TANÆCION, mais qui paroît devoir conftituer un genre dans la didynamie angiofpermie.

Cet arbre ne fe cultive pas dans nos jardins. (*Bosc.*)

TRIPLARIS. *Triplaris.*

Grand arbre de Cayenne, qui conftitue feul un genre dans la diœcie dodécandrie. Il eft figuré pl. 825 des *Illuftrations des genres* de Lamarck.

On ne le cultive pas dans les jardins d'Europe. (*Bosc.*)

TRIPLE-FEUILLE : variété d'OPHRYSE.

TRIPSAQUE. *Tripsacum.*

Genre de plantes de la monœcie triandrie & de la famille des *Graminées*, dans lequel font rangées cinq efpèces, dont deux fe cultivent dans nos écoles de botanique. Lamarck l'a figuré planche 750 de fes *Illuftrations des genres*.

Obfervations.

Les CALLADOA de Cavanilles font réunies à ce genre.

Efpèces.

1. Le TRIPSAQUE digité.
Tripfacum daċtyloides. Linn. ♃ De l'Amérique feptentrionale.

2. Le TRIPSAQUE à un feul épi.
Tripfacum monoftachyum. Willd. ♃ De l'Amérique feptentrionale.

3. Le TRIPSAQUE cylindrique.
Tripfacum cylindricum. Mich. ♃ De l'Amérique feptentrionale.

4. Le TRIPSAQUE hermaphrodite.
Tripfacum hermaphroditum. Linn. ☉ De la Jamaïque.

5. Le TRIPSAQUE à deux épis.
Tripfacum diftachyum. Cavan. Des Philippines.

Culture.

J'ai obfervé de grandes quantités de la première efpèce dans fon pays natal, où elle croît dans les bons terrains. Je crois avoir remarqué que les beftiaux ne la recherchoient point, ce qui eft fâcheux, car fes touffes de feuilles font très-larges & très-hautes. C'eft une plante remarquable par fa grandeur & par la forme de fes épis, & qui peut être employée à la décoration des jardins payfagers. On la multiplie de graines, dont elle donne prefque tous les ans dans le climat de Paris, & par déchirement des vieux pieds. Les gelées lui nuifent rarement.

Les graines de la quatrième efpèce fe fèment dans des pots fur couche nue, ou mieux dans une bache, & les pieds qui en proviennent, ou font placés contre un mur expofé au midi, ou laiffés dans la bache. Elle demande beaucoup de chaleur pour fructifier. (*Bosc.*)

TRIPTERELLE. *Tripterella.*

Genre établi par Michaux dans la triandrie monogynie, pour placer une très-petite plante annuelle de Caroline, appelée *Vogèle* par Gmelin. Elle ne fe voit pas dans nos jardins, quoique j'en aie apporté des graines. (*Bosc.*)

TRIPTILION. *Triptilion.*

Plante du Pérou, qui feule conftitue un genre dans la fyngénéfie polygamie égale.

On ne la cultive pas dans les jardins d'Europe. (*Bosc.*)

TRIQUE - MADAME : nom vulgaire d'un ORPIN.

TRISANTHE. *Trisanthus.*

Petite plante dont on mange les feuilles, & qui forme feule un genre dans la pentandrie digynie, fort voifin des HYDROCOTYLES. *Voyez* ce mot.

Cette plante, qui eft originaire des Indes & de la Chine, ne fe cultive pas dans nos jardins. (*Bosc.*)

TRISÉTAIRE. *Trisetaria.*

Plante graminée qui fert de type à un genre de la triandrie digynie, auquel Perfoon a réuni plufieurs des AVOINES de Linnæus. *Voyez* ce mot.

Cette plante croît naturellement en Arabie, & ne fe cultive pas dans nos jardins. (*Bosc.*)

TRISTÈME. *Tristema.*

Plante de l'Ile-de-France, qui a fervi à Juffieu pour établir un genre dans la décandrie monogynie.

Nous ne la cultivons pas en France. (*Bosc.*)

TRISTIQUE. *Tristica.*

Genre établi par Palifot-Beauvois, aux dépens des LYCOPODES. *Voyez* ce mot.

TRITOME. *Tritoma.*

Genre établi pour placer quelques efpèces d'alétris qui n'ont pas tous les caractères des autres. Il renferme les ALÉTRIS A LONGUES FEUILLES & SARMENTEUX. *Voyez* ces mots.

Il fera queftion de leur culture au mot VELTHEIMIE. (*Bosc.*)

TRIXIDE. *Proserpinaca.*

Plante vivace de l'Amérique feptentrionale, qui feule conftitue, dans la triandrie trigynie & dans la famille des *Morènes*, un genre qui eft figuré pl. 50 des *Illuftrations des genres* de Lamarck.

J'ai obfervé d'immenfes quantités de Trixides dans les marais de la Caroline, où cette plante varie dans la forme de fes feuilles, felon qu'elles font dans l'eau (les pinnatifides) ou hors de l'eau (les lancéolées). Les beftiaux n'y touchent pas.

On cultive la Trixide dans nos écoles de botanique, en femant fes graines dans un pot dont la bafe plonge dans un baffin ou dans une terrine à moitié pleine d'eau, qu'on renouvelle fouvent. Il eft bon de rentrer le pot dans l'orangerie pendant l'hiver, car les trop fortes gelées lui font du tort. C'eft une plante de nul agrément, mais que les botaniftes aiment à poffeder, parce qu'elle conftitue un genre bien caractérifé. (Bosc.)

TROCHÉE : réunion des tiges qui ont repouffé des racines d'un arbre coupé rez terre. Voyez COUPE DES BOIS & RECEPAGE.

Dans les bons terrains & fur les jeunes arbres, les Trochées font moins garnies que dans les mauvais & fur les vieux. Cela provient de ce que la fève agit avec toute l'énergie néceffaire dans les deux premiers de ces cas, & que les premiers bourgeons développés empêchent les autres de le faire.

Une Trochée, la première année de fa formation, offre quelquefois une cinquantaine de tiges; mais les plus droites ou les mieux placées ne tardent pas à prendre le deffus & à abforber la fève, de forte que les plus foibles périffent fucceffivement, & qu'au bout de cinq ans il n'en refte plus que vingt-cinq, au bout de dix ans que douze, au bout de vingt ans que fix, & au bout de cinquante que deux. Voyez TAILLIS & FUTAIE dans le Dictionnaire des Arbres & Arbuftes.

Mais avant de mourir, les brins les plus foibles ont confommé une portion de fève, & par conféquent diminué d'autant la nourriture, & par fuite l'accroiffement des tiges reftantes. De ce fait on doit conclure que, fi on coupoit dans la première année tous les bourgeons trop foibles pour fubfifter, les bourgeons reftans deviendroient plus promptement des brins, & les brins plus promptement des perches, puis des tiges. Or, c'eft ce que l'expérience a prouvé avoir lieu, & ce qui détermine à faire les opérations qu'on appelle dans les pépinières EBOURGEONNER, & dans les forêts ECLAIRCIR. Voyez ces mots.

Quoiqu'il n'y ait d'autre différence que leur éloignement de la furface de la terre, les repouffes des TÉTARDS & des arbres ÉLAGUÉS ne s'appellent point des Trochées. Voyez ces mots.

On nomme TOUFFE, des repouffes qui fe font fur les racines, à quelque diftance de l'ancienne tige, comme dans le LILAS, le ROSIER, le GROSEILLER, &c. (Bosc.)

TROCHÈRE. Richard a donné ce nom au genre qui a été appelé EHRHARTIE.

TROÉNE. LIGUSTRUM.

Genre de plantes de la diandrie monogynie & de la famille des Jafminées, qui réunit une demi-douzaine d'efpèces, dont une eft fort commune dans nos bois & dans nos haies, & fe cultive fréquemment dans nos jardins. Il eft figuré pl. 7 des Illuftrations des genres de Lamarck.

Voyez le Dictionnaire des Arbres & Arbuftes, où je ferai valoir fon utilité & indiquerai fa culture. (Bosc.)

TROGNE. Les arbres dont la tige eft coupée à fix ou huit pieds de terre, c'eft-à-dire, les TÉTARDS, portent ce nom dans quelques cantons. Voyez ce mot.

TROGOSSITE. TROGOSSITA.

Genre d'infectes de l'ordre des coléoptères, dans lequel fe rangent plus de trente efpèces, dont deux intéreffent les cultivateurs, auxquels leurs larves, qui vivent de blé, de farine & de pain, caufent quelquefois des pertes de quelqu'importance. Voyez le Dictionnaire d'Entomologie.

C'eft principalement dans le Midi que la larve du TROGOSSITE CARABOÏDE, qui y eft connue fous le nom de cadelle, exerce fes ravages. Dorthes, qui a écrit fon hiftoire, dit qu'elle fait une plus grande confommation de froment aux environs de Nîmes, que le CHARANÇON & la TEIGNE (alucite). (Voyez ces deux mots.) C'eft principalement à la fin de l'hiver qu'elle fe fait le plus remarquer.

Les moyens de deftruction indiqués à l'article CHARANÇON s'appliquent complétement à la cadelle; ainfi j'y renvoie le lecteur. (Bosc.)

TROLLE. TROLLIUS.

Genre de plantes de la polyandrie polyginie & de la famille des Renonculacées, qui réunit trois efpèces, toutes trois cultivées dans nos écoles de botanique & même dans nos parterres. Il eft figuré pl. 499 des Illuftrations des genres de Lamarck.

Efpèces.

1. Le TROLLE d'Europe.
Trollius europæus. Linn. ♃ Des Alpes.
2. Le TROLLE d'Afie.
Trollius afiaticus. Linn. ♃ De la Sibérie.
3. Le TROLLE d'Amérique.
Trollius americanus. Ait. ♃ De l'Amérique feptentrionale.

Culture.

Ces plantes demandent un fol gras & humide; elles font affez belles, par leurs feuilles & par leurs fleurs, pour mériter une place dans les jardins d'agrément, où la première efpèce eft du refte affez commune. On les multiplie & par le femis de leurs graines, dont elles donnent tous les ans, dans une terre bien préparée, à l'expofition du levant, & par le déchirement des vieux pieds, qui s'effectue pendant tout l'hiver. C'eft à ce dernier moyen qu'on s'en tient ordinairement, parce qu'il fuffit aux befoins. (*Bosc.*)

TROMBE. Lorfque deux vents également forts, & venant en fens contraires, fe rencontrent, ils tournent l'un fur l'autre avec d'autant plus de rapidité qu'ils font plus violens, & que par conféquent ils fe réfiftent davantage, & il en réfulte une Trombe ou Trompe, c'eft-à-dire, un cône d'air tourbillonnant avec une viteffe incalculable, cône dont la bafe regarde le plus fouvent le ciel, & dont la pointe, lorfqu'elle touche la terre, entraîne, enlève, démolit, arrache, caffe, tue tout ce qui fe trouve fur fon paffage.

Les Trombes abforbent quelquefois l'eau des rivières & des étangs, & les verfent en torrens fur les terres voifines.

La puiffance de l'homme n'a pas de prife fur les Trombes. Il ne peut que fuir, s'il les voit venir de loin, & réparer les dommages qu'elles ont caufés.

C'eft furtout pendant la moiffon que les Trombes font le plus à craindre, parce que les plus petites peuvent difperfer en un inftant tout le produit de la récolte.

Prefque toujours les Trombes précèdent les OURAGANS; & fouvent même les ORAGES. *Voyez* ces mots. (*Bosc.*)

TROMBUS : engorgement qui fe produit quelquefois à la fuite de la faignée d'un animal domeftique, & qui peut avoir des fuites graves. *Voyez* le *Dictionnaire de Médecine.*

Il eft des Trombus qui naiffent par le feul effet de la faignée, d'autres qui font la fuite du frottement de la bleffure de li faignée contre un corps dur. Ce dernier cas eft le plus commun; auffi faut-il furveiller attentivement les chevaux qui viennent d'être faignés.

Comme c'eft la démangeaifon occafionnée par la faignée qui détermine les chevaux à fe gratter, on doit laver plufieurs fois par jour la plaie avec de l'eau fraîche, afin de diminuer cette démangeaifon, pour éviter cette feconde caufe de Trombus.

Les réfolutifs, même feulement l'eau falée ou acidulée avec le vinaigre, l'eau à la glace ou très-froide, fuffifent le plus fouvent pour guérir les Trombus de la première forte.

Dans la feconde forte, il n'eft pas toujours auffi facile d'opérer la guérifon, & une opération très-dangereufe eft quelquefois indifpenfable.

Les faignées dont le Trombus eft le plus fouvent la fuite, font celles des ars, du plat des cuiffes, de l'éperon, des temporaux, mais dans ce cas il n'eft pas dangereux. C'eft celui de la jugulaire qu'on doit le plus redouter. Il eft accompagné d'en-

gorgemens douloureux, fe prolongeant quelquefois jufqu'aux parotides, même fous la ganache & le long des mâchoires poftérieures, & qui fe terminent par des abcès. Des cataplafmes émolliens font ce qui convient le mieux dans ce cas; mais ils n'empêchent pas toujours le fquirre de fe former, & la veine de fe détruire dans une longueur plus ou moins confidérable. Alors il n'y a d'autre reffource que l'opération dont j'ai déjà parlé.

Pour faire cette opération, on incife la tumeur dans toute fa longueur & un peu au-delà, enfuivant la direction de la veine; on relève cette dernière & on la coupe fur le vif. Prefque toujours il furvient une hémorragie qu'on arrête par la ligature de la partie fupérieure de la veine, ou par l'application de l'agaric ou des ftyptiques.

L'opération finie, on remplit la plaie de filaffe imbibée d'eau-de-vie, & on maintient l'appareil au moyen d'un bandage plutôt qu'au moyen de points de future, qui rempliffent fort mal leur objet.

Il eft des Trombus qu'on guérit par l'application du feu; mais il doit y avoir du danger à employer ce moyen. *Voyez* CHEVAL & HYGIÈNE. (*Bosc.*)

TROMPETTE : variété, ou peut-être efpèce du genre COURGE, voifine de la GOURDE & de la CALEBASSE. *Voyez* ces mots.

TRONC : tige des arbres d'une certaine groffeur. *Voyez* ARBRE, TIGE & BOIS.

C'eft principalement à raifon de leur Tronc que les arbres de haut fervice, comme le CHÊNE, le HÊTRE, l'ORME, le FRÊNE, &c. ont de la valeur; ainfi l'article que je traite devroit être fort étendu; mais c'eft à l'article BOIS du *Dictionnaire des Arbres & Arbuftes* que je me réferve de développer les confidérations qui ont cette partie des arbres pour objet. (*Bosc.*)

TRONCHÉES. On appelle ainfi les TÊTARDS de CHÊNE dans le département de l'Ain. *Voyez* ces mots.

TRONÇON : partie du TRONC d'un arbre. *Voyez* ce mot & celui BOIS dans le *Dictionnaire des Arbres & Arbuftes.*

TROPHIS. TROPHIS.

Arbre de la Jamaïque, figuré pl. 806 des *Illuftrations des genres* de Lamarck, qui feul conftitue un genre dans la diœcie tétrandrie.

Nous ne le cultivons pas en Europe. (*Bosc.*)

TROSCART. TRIGLOCHIN.

Genre de plantes de l'hexandrie trigynie & de la famille des *Joncs*, dans lequel on a placé fix efpèces, dont deux fe cultivent dans nos écoles de botanique. Il eft figuré pl. 271 des *Illuftrations des genres* de Lamarck.

Efpèces.

Espèces.

1. Le TROSCART des marais.
Triglochin paluftre. Linn. ♂ Indigène.
2. Le TROSCART maritime.
Triglochin maritimum. Linn. ♃ Indigène.
3. Le TROSCART bulbeux.
Triglochin bulbofum. Willd. ♃ Du Cap de Bonne-Efpérance.
4. Le TROSCART à trois étamines.
Triglochin triandrum. Mich. ♃ De la Caroline.
5. Le TROSCART ftrié.
Triglochin ftriatum. Ruiz & Pav. Du Pérou.
6. Le TROSCART cilié.
Triglochin ciliatum. Ruiz & Pav. Du Pérou.

Culture.

Les deux premières efpèces font celles qui fe cultivent dans les écoles de botanique. On fème leurs graines dans des pots remplis de bonne terre, pots qu'on met, enfoncés au quart de leur hauteur, dans un baffin ou dans une terrine où il y a de l'eau. Le plant levé ne demande qu'à être éclairci & farclé.

Ces plantes font de nul intérêt pour tous autres que les botaniftes. (*Bosc.*)

TROUÉE : ouverture naturelle ou artificielle dans un BOIS, dans une HAIE. *Voyez* ces deux mots.

Toujours une Trouée naturelle eft l'indice du peu de foin du propriétaire, puifque dans un bois c'eft du terrain perdu, & que dans une haie c'eft rendre inutile la haie toute entière.

On établit fouvent des Trouées momentanées dans un bois pour en faciliter l'exploitation, & dans une haie pour pouvoir enlever les récoltes des champs qu'elles entourent, mais c'eft toujours une pratique vicieufe. Il vaut beaucoup mieux établir des chemins dans le premier cas, & faire une pofte dans le fecond. (*Bosc.*)

TROUFLE. On appelle la POMME DE TERRE de ce nom dans le département des Deux-Sèvres.

TROUILLE. C'eft, dans le Lyonnois, le réfidu de la fabrication des HUILES. *Voyez* ce mot & celui TOURTEAU. (*Bosc.*)

TROUPEAU : affemblage de beftiaux qu'on mène paître enfemble.

La difpofition des chevaux, des ânes ou mulets, des bœufs ou des vaches, des cochons, des moutons, des chèvres, à vivre enfemble, & l'économie de leur garde, a dû, dès les commencemens des fociétés humaines, engager à les réunir en Troupeau, & ils le font encore prefque partout.

Cependant, dans ces derniers temps, on a élevé la queftion de favoir s'il ne conviendroit pas mieux de les nourrir à la maifon, &, excepté pour les moutons, il femble qu'elle a été réfolue dans ce dernier fens. *Voyez* NOURRITURE DES ANIMAUX.

Agriculture. Tome VI.

Par le fait, dans tous les pays où l'agriculture eft portée à un certain degré de perfeétion, il n'y a plus que les moutons qui foient réunis en Troupeaux permanens, foit parce que la nourriture à l'herbe affoiblit trop les CHEVAUX & les BŒUFS de travail, foit parce qu'on veut les avoir perpétuellement fous la main, foit parce que le refpeét pour les droits de la propriété ne permet pas de faire fortir en Troupeaux les VACHES & les COCHONS. *Voyez* tous ces mots.

On diftingue deux fortes de Troupeaux en France, favoir, ceux compofés de tous les beftiaux d'un village, & ceux appartenans à un feul particulier. Les uns & les autres fe fubdivifent en Troupeaux d'une feule efpèce, & en Troupeaux de plufieurs efpèces de bêtes.

Il n'y a pas moyen d'établir un bon fyftème d'agriculture, & par conféquent de tirer tout le parti poffible des terres dans les pays où il exifte un Troupeau commun, parce que le PARCOURS en eft la fuite néceffaire. *Voyez* ce mot & celui ASSOLEMENT.

De-plus, perfonne, dans ce cas, n'étant fuffifamment intéreffé à régler le parcours conformément aux lois de la végétation, & le Troupeau étant le plus fouvent plus nombreux que le comporte l'étendue de ce parcours, la reproduétion de l'herbe eft ralentie par fa trop fréquente dépaifance, & il y a une moindre nourriture à efpérer de la même étendue de terrain, quelle que foit fa nature. *Voyez* PATURAGE.

Généralement donc, fous ces rapports, il n'eft pas avantageux, même aux plus pauvres, qu'il y ait des Troupeaux communs. Un autre motif qui milite encore plus pour les fupprimer, eft la confidération que les non-propriétaires ou les petits propriétaires, comptant pour vivre fur le lait de leur vache, ou le produit de la vente du beurre & du fromage qu'ils font avec ce lait, ne travaillent pas autant, que leurs femmes ne filent pas, que leurs enfans s'accoutument au défœuvrement & à tous les vices qui en font la fuite.

Les Troupeaux particuliers pouvant plus facilement être cantonnés, même placés dans des enclos permanens ou temporaires, n'ont aucun inconvénient fous ces rapports.

Tout ce que j'aurois de plus à dire fur ce fujet fe trouvant aux articles de chaque animal, je me borne ici à ce petit nombre de confidérations générales.

On dit auffi quelquefois un Troupeau de dindes, un Troupeau d'oies, mais plus communément le mot bande eft employé dans ce cas. (*Bosc.*)

TROUSSE-PIED : lanière de cuir ou fangle d'environ deux pouces de large & trois pieds de long, pourvue d'une boucle à une de fes extrémités, & d'une férie de trous à l'autre, laquelle fert à affujettir, replié, le pied de devant du cheval qu'on ferre, & dont on craint les ruades. *Voyez* ASSUJETTIR & FERRURE.

TROXIMON. *Troximon.*

Genre de plantes établi pour placer l'HYOSÉRIDE PRÉNANTOÏDE, & deux autres plantes voisines encore peu connues. *Voyez* ce mot. (*Bosc.*)

TRUARDIERE. On appelle ainsi le TRIDENT A LABOURER dans quelques lieux. *Voy.* ces mots & celui BÊCHE.

TRUFFE. *Tuber.*

Genre de plantes de la cryptogamie & de la famille des *Champignons*, qui renferme six espèces, dont plusieurs se mangent & peuvent être non pas cultivées, mais introduites dans un local déterminé. Il est figuré pl. 400 des *Illustrations des genres* de Lamarck.

Observations.

Ce genre a fait partie des VESSE-LOUPS ; celui des SCLÉROTES en a été séparé. *Voyez* ces mots.

Espèces.

1. La TRUFFE comestible.
Tuber cibarium. Bull. ⊙. Indigène.
2. La TRUFFE musquée.
Tuber moschatum. Bull. ⊙. Indigène.
3. La TRUFFE grise.
Tuber griseum. Pers. ⊙ du Piémont.
4. La TRUFFE blanche.
Tuber album. Bull. ⊙. Indigène.
5. La TRUFFE blanc de neige.
Tuber niveum. Desf. ⊙ De la Barbarie.
6. La TRUFFE cendrée.
Tuber cinereum. Bosc. ⊙ De la Caroline.

Culture.

La première espèce est la plus commune, celle qu'on a intention de désigner lorsqu'on prononce simplement le mot Truffe.

Ce sont les environs d'Angoulême & de Périgueux qui ont, à Paris, la réputation de fournir les meilleures Truffes de France. On en trouve aussi abondamment dans les départemens du Midi & de l'Est. J'en faisois dans ma jeunesse une récolte annuelle assez considérable dans les propriétés de ma famille, situées sur la chaîne calcaire de Langres à Dijon. Là elle se trouve dans un sol sec & léger, mais fertile & ombragé. Les dégustations comparatives que j'en ai faites & fait faire à Paris, m'ont prouvé que si elles sont inférieures à celles du Périgord, comme on le prétend, c'est de si peu, que les plus fins gourmets ne peuvent les distinguer au goût ni à l'odeur, quand d'ailleurs toutes les autres circonstances, telles que l'époque de la maturité, le temps écoulé depuis qu'elles sont cueillies, & le mode de l'affaisonnement sont les mêmes.

On commence à trouver des Truffes dès le mois de mai, mais elles ne sont arrivées à leur état parfait qu'en octobre.

La récolte des Truffes se fait, ou au hasard, en piochant la terre dans les lieux où on sait qu'il s'en trouve ordinairement, ou en examinant, en automne seulement, au lever du soleil, les masses mouvantes que forment au-dessus d'elles la mouche & la tipule qui déposent leurs œufs dans leur substance, ou enfin avec des cochons ou des chiens stylés à les indiquer.

Les cochons aiment beaucoup les Truffes, & il ne s'agit que de leur en avoir fait manger une fois pour qu'ils sachent les reconnoître & les fouiller avec leur groin, mais il faut ou leur lier les mâchoires, ou être présent pour empêcher de les manger ; d'ailleurs, ces animaux sont difficiles à conduire, de sorte que c'est toujours une opération pénible que de rechercher les Truffes par leur moyen.

Les chiens sont plus difficiles à styler, mais lorsqu'ils le sont, c'est pour toute leur vie. Pour leur donner le goût de la recherche, on met des Truffes hachées dans leur pâtée ; on leur fait ensuite chercher cette pâtée dans la terre, puis on les conduit sur une truffière, & chaque fois qu'ils indiquent & font trouver une Truffe, on leur donne un petit morceau de cette pâtée. Au bout d'un mois, on ne leur donne qu'une ou deux fois de la viande pendant la recherche, & enfin, au bout de deux mois, ils n'exigent plus rien.

Les Truffes se conservent assez bien hors de terre pendant près d'un mois, sans qu'elles s'altèrent, pourvu qu'elles n'aient pas été entamées, & qu'elles soient dans un lieu ni trop chaud, ni trop humide, dans un air ni trop agité, ni trop stagnant ; on les conserve encore plus long-temps dans la terre ou le sable, ni humide ni sec.

Pour conserver les Truffes plus de trois mois, il faut ou les faire sécher au four coupées en rouelles fort minces, ou, après les avoir fait cuire à moitié, les plonger dans du sain-doux ou de l'huile d'olive.

J'ai donné ces indications, parce que ce sont les cultivateurs qui se livrent à la recherche des Truffes & qui en font le commerce ; elles sont pour ceux du Périgord & de l'Angoumois un objet important de bénéfice annuel.

Bulliard, de Borch, & autres, ont tenté de faire des truffières artificielles, & ils ont réussi ; mais il ne paroît pas cependant que ces truffières se soient conservées en état de production, au moins abondante. Je sais qu'on ne trouva de Truffes qu'une seule fois dans la portion du parc de Sceaux près Paris, où Bulliard avoit opéré.

En novembre, ce dernier porta dans un bosquet du parc ci-dessus, de la terre qui entouroit des Truffes, ainsi que les épluchures des Truffes que leur altération avoit obligé de cerner, les recouvrit de quelques lignes de terre & marqua la place.

Cette manière d'opérer eft conforme aux principes de la théorie, car les bourgeons féminiformes des Truffes font mûrs en novembre & difperfés dans la pulpe intérieure. Les fections de ce champignon doivent donc, l'année fuivante, donner naiffance à de jeunes tubercules, lorfqu'elles font placées dans les circonftances convenables. Je fais des vœux pour que ces expériences puiffent être reprifes & fuivies avec conftance, car quoique les Truffes ne foient pas un article de première néceffité, elles font devenues d'un ufage général. (*Bosc.*)

TRUFLIER : nom vulgaire du TROÈNE dans le Boulonnois. (*Bosc.*)

TRUIE : femelle du cochon. *Voyez* ce mot.

On donne auffi le même nom à l'efpèce ou variété naine de l'AJONC (*voyez* ce mot), efpèce ou variété qui eft moins productive, mais qui s'accommode mieux des mauvais terrains. (*Bosc.*)

TRUITE : poiffon des rivières & des étangs dont l'eau eft vive, & que fon excellent goût doit faire defirer voir plus multiplier qu'il ne l'eft en ce moment. *Voyez* les Dictionnaires d'*Ictiologie* & des *Pêches.*

TRUY. Ce font les RÉSERVOIRS dans le département du Var. *Voyez* ce mot.

TSIAM-PANGAM. On croit que c'eft le BRESILLOT.

TSIANE. *Voyez* COSTUS D'ARABIE.

TSIATTI-MANDARU. *Voyez* POINCILLADE.

TSI-CHU : nom chinois du BADAMIER VERNIS.

TSIEM-TANI : nom madagaffe du RUMPHIE.

TSIOTÉI. Le myrte porte ce nom au Japon.

TUBERCULAIRE. *Tubercularia.*

Genre de plantes de la famille des *Champignons*, qui raffemble huit efpèces indigènes, croiffant fur l'écorce des arbres mourans ou morts, dont une, appelée par Linnæus TREMELLE POURPRE, eft fort connue, & par conféquent dans le cas d'être remarquée par les cultivateurs.

Comme il n'eft pas poffible de les cultiver, & qu'elles ne font d'aucun ufage, je n'en dirai rien de plus. (*Bosc.*)

TUBERCULE. On appelle ainfi, tantôt les racines globuleufes, comme celles de la pomme de terre, tantôt les excroiffances qui naiffent fur les tiges, les feuilles & les fruits des plantes. *Voyez* le mot RACINE & le *Dictionnaire de Phyfiologie végétale.*

On pourroit ranger parmi les Tubercules, les LOUPES & les EXOSTOSES (*voyez* ces mots); mais on doit en féparer les GALLES produites par les INSECTES. *Voyez* ces mots. (*Bosc.*)

TUBÉREUSE. *Polyanthes.*

Genre de plantes de l'hexandrie monogynie & de la famille des *Narciffoïdes*, qui renferme deux efpèces, dont l'une eft l'objet d'une culture étendue dans nos jardins, à raifon de l'excellente odeur de fes fleurs. Il eft figuré pl. 243 des *Illuftrations des genres* de Lamarck.

Efpèces.

1. La TUBÉREUSE des Indes.
Polyanthes tuberofa. Linn. ♃ Des Indes.
2. La TUBÉREUSE pygmée.
Polyanthes pygmæa. Jacq. ♃ Du Cap de Bonne-Efpérance.

Culture.

La première efpèce eft celle que nous cultivons; elle a été apportée de l'Inde en Italie vers le milieu du feizième fiècle, & de-là dans les autres parties de l'Europe.

On en a obtenu une variété double, qui a plus d'odeur que la fimple, qui refte plus long-temps en fleurs & qui fe multiplie plus facilement. C'eft en conféquence celle qui fe cultive le plus généralement.

Une terre très-fubftantielle & beaucoup de chaleur font néceffaires à cette plante dans le climat de Paris. Il faut la tenir en pot toute l'année, & dans une ferre chaude ou une bache, ou au moins un châffis, pendant les premiers mois de fa végétation. Alors on lui donne des arrofemens abondans; mais dès qu'elle eft en boutons, il faut les lui épargner; & la mettre en plein air. Ses fleurs durent quinze à vingt jours. Quelques perfonnes à nerfs fenfibles font péniblement affectées de leur odeur, & l'on cite des accidens graves qui ont eu lieu pour en avoir laiffé pendant la nuit dans une chambre à coucher.

Après la floraifon, la tige & les feuilles fe deffèchent. Arrivée à ce point, on ôte les bulbes de terre pour les conferver dans un lieu fec, fans en féparer le caïeux.

Au printemps fuivant on enlève les caïeux, car la bulbe ne fleurit qu'une fois, & on les difpofe à devenir bulbes à leur tour, en les plantant dans d'autres pots qu'on place également dans la ferre, dans la bache ou fous le châffis, plufieurs années de fuite, c'eft-à-dire, jufqu'à ce qu'ils foient devenus affez gros pour fleurir.

Je parle de la Tubéreufe à fleurs doubles, car les caïeux de la fimple fleuriffent fi rarement qu'on a renoncé à les élever.

Les embarras & les dépenfes auxquelles donne lieu la culture des Tubéreufes dans les pays froids font qu'on préfère tirer tous les ans d'Italie des Tubéreufes prêtes à fleurir, foit de pieds à fleurs fimples, foit de pieds à fleurs doubles. On en trouve chez tous les marchands de graines de

Paris, principalement chez Vilmorin, le mieux afforti de tous, & ils font à affez bon compte.

J'ai cultivé en grand la Tubéreufe pendant mon féjour en Caroline, & les foins que je leur donnois étoient fort fimples, puifque je n'avois qu'à lever, chaque automne, les bulbes, pour, après avoir partagé en deux ou trois parties les plus garnies de caïeux, les planter dans une autre place. C'eft dans un pur fable que j'opérois. Trois binages étoient donnés aux planches pendant la durée de la végétation, en mars, en mai & en juin. J'ai eu ainfi cinq à fix cents tiges fleuries, dont l'odeur, le foir furtout, fe faifoit fentir à deux ou trois portées de fufil.

Il paroît, par les renfeignemens que j'ai pu me procurer, que la culture de cette plante en Italie, où, pour être plus exact, aux environs de Gênes, ne diffère pas beaucoup de celle que j'ai pratiquée.

Rarement on fait ufage des graines des Tubéreufes pour les multiplier, vu qu'il faut attendre huit à dix ans les premières fleurs des nouveaux pieds.

En Italie on fait entrer les fleurs de la Tubéreufe dans la compofition des pommades & des eaux de fenteur. (*Bosc.*)

TUBEREUSE : forte de racine caractérifée par fa grande épaiffeur & fon peu de longueur. La POMME DE TERRE, le TOPINAMBOUR, la PATATE, &c., font des RACINES TUBEREUSES. *Voyez* ces mots.

TUBIFLORE. *Tubiflora.*

Genre de plantes de la diandrie monogynie & de la famille des *Acanthes*, qui ne renferme qu'une efpèce appelée ELYTRAIRE par Michaux.

Cette efpèce, que j'ai obfervée en grande quantité dans les lieux humides de la Caroline, & dont j'ai apporté des graines en France, s'eft confervée dans nos jardins, mais ne s'y multiplie pas, fes graines n'y arrivant pas à maturité. On la tient dans un pot qu'on rentre, pendant l'hiver, dans l'orangerie, & qu'on tient, pendant l'été, dans un endroit frais. (*Bosc.*)

TUBULINE. *Tubulina.*

Genre de plantes de la famille des *Champignons*, établi aux dépens des SPHEROCARPES, & fort voifin des TRICHIES. *Voyez* ces mots.

Les efpèces de ce genre font au nombre de huit, & toutes fort petites ; elles croiffent prefque toutes fur les arbres morts, & ne font d'aucun intérêt pour les cultivateurs : ainfi je n'en dirai rien de plus. (*Bosc.*)

TUE-CHIEN, TUE-LOUP. *Voyez* COLCHIQUE.

TUF : forte de pierre qui varie tant dans fa nature, felon les pays, qu'il n'eft pas poffible de la caractérifer d'une manière rigoureufe.

Les trois propriétés générales qui s'appliquent le mieux au Tuf, font, 1°. d'être plus ou moins poreux ; 2°. d'être affez tendre pour être éntamé par le foc de la charrue ; 3°. d'être complétement infertile.

Prefque tous les Tufs font compofés, dans les proportions, qui varient fans fin, d'argile, de calcaire, de fable fin & d'oxide de fer ; ils diffèrent donc fort peu de la marne ; ils font donc même quelquefois de véritables MARNES. *Voyez* ce mot.

Je parle ici comme les agriculteurs ; car les minéralogiftes ont reftreint la dénomination de Tuf à une pierre très-poreufe, très-légère, de couleur grife, qui fe trouve prefqu'à la furface de la terre, dans quelques lieux bas, & qui paroît s'être formée très-nouvellement, même fe former encore par l'entraînement des terres calcaires fupérieures, au moyen des eaux pluviales. Cette forte de Tuf, qui durcit à l'air, eft très-propre à faire des voûtes de caves, & s'emploie en effet à cet ufage partout où elle exifte.

Tantôt le Tuf fe trouve à une grande profondeur, tantôt il eft prefqu'à la fuperficie. Ce n'eft que dans ce dernier cas qu'il eft nuifible. Ses principaux inconvéniens font d'empêcher les eaux pluviales & les racines des plantes de pénétrer autant qu'il feroit néceffaire, & d'altérer la fertilité de la terre végétale en fe mêlant avec elle. Ce dernier eft moindre, à mon avis, que le fuppofent les cultivateurs ; auffi agiffent-ils fouvent contre leurs intérêts, ces propriétaires qui, par une claufe de leurs baux, défendent à leurs fermiers d'entamer le Tuf par les labours.

Les couches de Tuf font plus ou moins épaiffes felon les lieux ; il en eft de plufieurs toifes, il en eft de quelques lignes. En rompant ces dernières & en mélangeant leurs débris avec la terre végétale, on améliore prefque certainement le fol. *Voyez* TERRE, LABOUR & DEFONCEMENT.

Certains de ces derniers Tufs fe réproduifent au bout de quelques années. Ce font principalement ceux où domine l'oxide de fer. *Voy.* TERRE NOIRE & TOURBE PYRITEUSE.

C'eft aux arbres que le Tuf nuit le plus, à raifon de la longueur de leur pivot ; auffi eft-il beaucoup de lieux où, à raifon de fon exiftence, il ne peut croître que des taillis rabougris ; là il eft même avantageux de couper ces taillis très-fréquemment fi on veut en tirer un bon parti.

Quand on defire faire des plantations de grands arbres de ligne, fruitiers ou foreftiers, dans un terrain à Tuf, on doit, ou le défoncer à deux ou trois pieds, ou au moins y faire des tranchées de même profondeur & du double de largeur. *Voyez* PLANTATION.

Il fera défoncé de même s'il eft queftion d'y établir un JARDIN. *Voyez* ce mot. (*Bosc.*)

TULA : plante du Pérou, imparfaitement connue, & qui ne fe cultive pas en Europe.

TULBAGE. *Tulbagia.*

Genre de plantes de l'hexandrie monogynie & de la famille des *Narcisses*, qui réunit deux espèces, dont une est cultivée dans nos jardins de botanique. Il est figuré pl. 243 des *Illustrations des genres* de Lamarck.

Espèces.

1. La TULBAGE alliacée.

Tulbagia alliacea. Linn. ♄ Du Cap de Bonne-Espérance.

2. La TULBAGE oignon.

Tulbagia cepacea. Linn. ♃ Du Cap de Bonne-Espérance.

Culture.

La première espèce est celle que nous cultivons ; elle exige la terre de bruyère & l'orangerie pendant l'hiver. On la multiplie par ses caïeux, dont elle donne peu ; aussi est-elle rare. (*Bosc.*)

TULIPE. *Tulipa.*

Genre de plantes de l'hexandrie monogynie & de la famille des *Liliacées*, qui réunit neuf espèces, dont une est l'objet d'une culture fort étendue dans nos jardins, & mérite tous les soins de l'amateur, par la beauté de sa forme & de ses couleurs. Il est figuré pl. 254 des *Illustrations des genres* de Lamarck.

Espèces.

1. La TULIPE sauvage.

Tulipa sylvestris. Linn. ♃ Du midi de la France.

2. La TULIPE des jardins.

Tulipa gesneriana. Linn. ♃ Du midi de la France.

3. La TULIPE odorante, vulgairement *duc de Tole.*

Tulipa suaveolens. Roth. ♃ Du midi de la France.

4. La TULIPE de Cels.

Tulipa celsiana. Decand. ♃ De l'Orient.

5. La TULIPE à pétales aigus.

Tulipa oculus solis. Dec. ♃ Du midi de la France.

6. La TULIPE de Léclufe.

Tulipa clusiana. Dec. ♃ Du midi de la France.

7. La TULIPE de Perse.

Tulipa clusiana. Decand. ♃ De l'Orient.

8. La TULIPE à deux fleurs.

Tulipa biflora. Linn. ♃ De la Sibérie.

9. La TULIPE du Cap.

Tulipa breyniana. Linn. ♃ Du Cap de Bonne-Espérance.

Culture.

Nous cultivons toutes ces espèces en pleine terre dans nos écoles de botanique, quoiqu'originaires des pays chauds, parce qu'elles peuvent être plantées à une profondeur telle, qu'il est extrêmement rare que les gelées puissent les atteindre, & que d'ailleurs on peut facilement les en

garantir par des COUVERTURES de feuilles sèches ou autres. *Voyez* ce mot.

Ce que je vais dire de la culture de la seconde espèce s'applique aux autres.

Quoique naturelle aux parties méridionales de la France, la Tulipe des jardins nous a été apportée du Levant vers le milieu du quinzième siècle. Elle y étoit sans doute déjà cultivée depuis long-temps, puisque ce font des variétés panachées qui ont été connues les premières.

Olivier de Serres ne dit qu'un mot de la Tulipe, & en effet il écrivoit peu après son introduction dans nos jardins ; mais sa culture ne tarda à prendre une telle faveur, que le siècle suivant elle étoit répandue dans toute l'Europe, & qu'un seul pignon, en Hollande, se vendoit 7000 florins, s'échangeoit contre douze acres de terre.

Aujourd'hui, quoique l'amour des Tulipes n'aille plus jusqu'à faire de semblables folies, quoique le nombre de leurs admirateurs soit même diminué, elle est toujours cultivée avec le plus grand soin.

C'est à M. Feburier, cultivateur très-distingué de Versailles, qui fait un commerce étendu d'oignons de cette belle plante, ainsi que de griffes de renoncules & de pattes d'anémones, qu'on doit le meilleur Traité sur la culture de la Tulipe. Comme ses principes de théorie & de pratique ont été puisés dans la nature, je ne puis en adopter d'autres ; ainsi c'est sur eux que je m'appuyerai dans la rédaction de cet article.

L'oignon de la Tulipe est composé de trois ou quatre tuniques qui s'enveloppent, excepté à leur sommet, lequel est ouvert pour le passage des feuilles & de la tige. Il est terminé inférieurement par une couronne d'où sortent les véritables racines.

Un fait qui avoit été nié par quelques écrivains, & en dernier lieu par Rozier, mais qui a été constaté d'une manière positive par de nouvelles expériences de M. Feburier, c'est que cet oignon disparoît tous les ans, après avoir fourni à l'aliment des feuilles & de la tige, & il s'en forme un, deux, trois autres, & quelquefois plus, contre la tige, un peu au-dessous du plan de la couronne.

Il résulte de cette manière de végéter, que les oignons s'enfoncent chaque année davantage, qu'ils finissent, dans l'état sauvage, par atteindre la couche de terre infertile, qui occasionne leur mort, & dans nos jardins par pousser plus tard & ne donner que de petites fleurs : de-là la nécessité de les relever tous les ans pour les replanter autre part.

Un autre fait, c'est que les fleurs de la Tulipe, dans les premières années de sa floraison, sont d'un rouge-vineux uniforme, & que ce n'est qu'à l'âge de six à sept ans qu'elle commence à se panacher, & à dix, douze, quinze & même plus, que ses couleurs sont définitivement fixées. Quoique les mêmes couleurs reviennent ordinairement tous les ans, il arrive quelquefois cependant qu'elles jouent, & même qu'elles disparoissent pour revenir un ou deux ans après.

Je commence par ces observations, parce qu'elles doivent servir de guide aux cultivateurs qui veulens procéder en connoissance de cause.

Il est probable que les premières Tulipes cultivées ont été transportées déjà variées ou très-près du moment de varier, de la campagne dans les jardins, car le type sauvage est moins beau que la plupart de ceux des autres espèces, & que ce n'est que long-temps après qu'on s'est avisé de semer la graine pour avoir davantage de pieds & des pieds plus vigoureux.

Le nombre des variétés de Tulipes est peut-être incalculable ; chaque semis en fournit de nouvelles, & chaque année il en disparoît quelques-unes. Autrefois on mettoit une grande importance à en posséder beaucoup ; aujourd'hui on en préfère un petit nombre de bien choisies.

On divise les variétés de Tulipes en simples & en doubles. Ces dernières ont joui un moment de la préférence ; mais actuellement elles sont peu estimées.

Les variétés simples se subdivisent en *bizarres*, en *fond-blanc*, en *précoces* & en *tardives*; elles sont au nombre d'environ quatre cents de choix, ayant toutes des noms.

« La beauté des Tulipes, dit M. Feburier, consiste dans la hauteur & la force des baguettes (des tiges). Cependant les basses, quand elles ont les qualités ci-après, & que le vase (la corolle) est proportionné à la hauteur de la baguette, ne sont pas rejetées, parce que les amateurs les tiennent en ordre sur leurs planches plates, & veulent cependant qu'elles fassent le dôme ou dos-d'âne. Il leur faut, pour cet effet, des Tulipes de quatre hauteurs, leurs planches ayant sept rangs.

» Des six pétales de la corolle, les trois intérieurs doivent être plus larges, tous arrondis, pas trop évasés, nullement recourbés ou échancrés, & suffisamment épais. La durée des fleurs, surtout dans les couleurs foncées, tient à cette dernière qualité.

» Quant aux couleurs, toutes deviennent de mise quand elles sont vives, nettes, & forment un contraste frappant. La couleur du fond ne doit pas se mêler avec celui des panaches, mais trancher sur ce fond & régner du haut en bas des pétales. Plus le fond est petit, quoique bien marqué, & les panaches nombreuses, plus la fleur est belle. Si elle est du nombre des bizarres, & qu'elle ait des pièces sur les bords du pétale, qu'on nomme *panache à yeux*, il faut qu'ils aient une couleur bien vive & qui ressorte sur le fond, telles que des plaques noires sur un fond blanc.

» La Tulipe a d'autres panaches ou dispositions de couleurs qui sont recherchés par les amateurs; tels sont les panaches en grande broderie, bien détachés de ses couleurs, & qui ne prennent

point du fond ; ceux de petite broderie, quand ils sont nets & qu'ils percent bien leurs couleurs, sont également estimés, mais il faut qu'ils soient placés sur des bizarres.

» Quand une fleur réunit à ces qualités des étamines brunes & non pas jaunes, & les couleurs aussi marquées en dedans qu'en dehors, elle est parfaite ; mais peu réunissent ces avantages.

» Certains amateurs desirent vingt autres qualités qui annoncent plutôt leur esprit de détail & leur défaut d'occupation, que leur connoissance du vrai beau. »

A ces judicieuses observations de M. Feburier, j'ajouterai que quelques personnes, malgré la décision des docteurs, persistent à estimer les Tulipes doubles, panachées & même frangées, telle que la cocarde jaune qui ne sait pas se soutenir sur sa tige, & dont les pétales s'écartent constamment de la manière la plus irrégulière. Il est très-probable, soit dit en passant, que cette dernière, que la vivacité de sa couleur jaune fait remarquer des plus indifférens, provient d'un type différent de la Tulipe des jardins, probablement de la sauvage.

Les Tulipes isolées, soit en pleine terre, soit en pot, même celles disposées en touffes ou en bordure, sont bien moins agréables au coup d'œil que celles qui sont en planches convenablement garnies; aussi est-ce seulement de cette manière qu'on les cultive généralement dans les jardins bien dirigés.

On appelle *planche d'ordre*, une planche où les Tulipes sont disposées en lignes selon leur grandeur, leur couleur, l'époque de leur floraison, & correspondent à un catalogue où elles sont sommairement décrites.

On appelle *planche de mélange*, celle où elles se trouvent confondues.

Les jeunes oignons provenant de graine se plantent toujours en mélange, jusqu'à ce que leurs fleurs se panachent.

Une terre légère, plutôt sèche qu'humide, plutôt amaigrie qu'engraissée, est celle dans laquelle la Tulipe prospère le mieux, quoiqu'elle réussisse quelquefois fort bien dans celles qui sont fortes, lorsqu'elles sont bien labourées & que la saison n'a pas été pluvieuse. Trop de fertilité naturelle, ou acquise par des engrais, ainsi qu'une surabondance d'eau, lui occasionnent ou une pousse plus vigoureuse en feuilles, dont les suites sont la petitesse de sa fleur, ou la disparition de ses panachures, ou la graisse, ou enfin la mort de l'oignon.

Lorsqu'on n'a pas naturellement une terre convenable aux Tulipes, on leur en compose une en mêlant, dans une épaisseur d'un pied, ou moitié de terre franche, de terre de bruyère, ou moitié de terre franche & un quart de sable pur & un quart de terreau de feuilles.

Si, faute de matériaux, on ne peut opérer ainsi, on aura la ressource ou de faire une fosse de trois.

pieds de profondeur, de la remplir à moitié de recoupes de pierre de taille, de gravats & autres objets analogues, & de remettre par-deffus la terre qui alors fera à peu près élevée d'un pied au-deffus du fol environnant, où feulement d'établir un dos-d'âne d'un demi-pied de flèche pour favorifer l'écoulement des eaux.

En tout état de caufe, la terre deftinée à recevoir des oignons de Tulipe doit être très-ameublie par des labours, & même, fi elle eft naturellement forte ou pierreufe, il eft bon qu'elle foit paffée à la CLAIE. *Voyez* ce mot.

Comme originaire des pays chauds, une expofition méridienne eft favorable à la végétation de la Tulipe; mais, d'un côté, s'accommodant de toutes, & de l'autre fes fleurs fe colorant davantage, fubfiftant plus long-temps aux autres expofitions, on l'y place de préférence dans le climat de Paris.

L'époque de la plantation des oignons de Tulipe a été un objet de difcuffion parmi les amateurs, chacun prétendant que fa pratique locale devoir fervir de loi; mais il eft évident que cette époque ne peut être fixée d'une manière générale pour tous les climats, tous les fols, toutes les années, & d'ailleurs on doit avoir pour but de multiplier les caïeux, comme d'avoir de belles fleurs, & elle doit varier dans ces deux cas.

En effet, 1°. plus on plante de bonne heure, & plus la végétation eft vigoureufe dans les oignons, plus les caïeux prennent de force ou s'augmentent en nombre; 2°. plus on plante tard, moins les fleurs font expofées à la gelée en fortant de terre, & moins on doit craindre la luxuriance de la végétation, qui, comme je l'ai dit plus haut, amène la décoloration des fleurs.

Ainfi les jeunes oignons de femis & les caïeux, ainfi les gros oignons dont on voudra obtenir des productions, feront plantés les premiers, c'eft-à-dire, au moins quinze jours avant les oignons dont les fleurs font deftinées à la jouiffance.

Quelques jours plus tôt, quelques jours plus tard, font d'une fi petite importance au fuccès, qu'il ne faut jamais planter quand il pleut.

En principe général, on peut planter dès que la pointe des oignons commence à blanchir, c'eft-à-dire, que le fommet de la première feuille fe montre, ce qui a lieu ordinairement dès le mois de feptembre; mais on ne le fait guère, pour les oignons à fleurs, que vers la fin d'octobre dans le climat de Paris.

Les amateurs zélés, pour ne point être expofés à mettre du défordre dans leurs planches, ont un cafier pourvu d'autant de divifions numérotées qu'ils doivent mettre de Tulipes dans leurs planches, & c'eft dans ce cafier qu'ils mettent leurs oignons en les levant, & dont ils les ôtent en les plantant. Outre l'avantage de l'ordre, cette pratique a encore celui d'économifer beaucoup de temps.

La difpofition des Tulipes dans la planche, relativement à leurs couleurs, varie. Il eft des amateurs qui mélangent les couleurs, d'autres qui féparent les fonds blancs, appelés *flamandes*, des bizarres. M. Feburier penfe qu'il eft mieux de les mélanger; & je ne puis que me ranger de fon avis, d'après l'effet des planches que j'ai vues chez lui & ailleurs.

La diftance à laquelle il convient de planter les oignons varie entre cinq & fept pouces, felon la nature du fol & le goût de l'amateur. Le terme moyen eft le plus généralement ufité. M. Feburier, qui, comme je l'ai dit plus haut, fait commerce d'oignons de Tulipe, plante quelquefois à neuf pouces fes planches d'ordre, & il met un caïeu, encore trop foible pour donner fa fleur, dans l'intervalle, & par ce moyen il ne dédouble pas fes collections & n'a pas le défagrément d'avoir des planches fans fleurs; mais il ne peut être imité par ceux qui ne cherchent dans la culture de cette plante que l'agrément du coup d'œil, une auffi grande diftance diminuant l'effet des comparaifons.

Généralement les caïeux font plantés dans des planches-particulières & hors des parterres, à un, deux ou trois pouces d'écartement, felon leur groffeur.

J'ai déjà dit que les oignons à haute tige devoient être placés fur le milieu, & qu'on faifoit communément fept rangs dans chaque planche, ce qui donne quatre pieds de largeur à chaque planche.

La profondeur à laquelle il convient d'enfoncer les oignons varie felon le terrain. Dans les fols légers & dans les climats chauds, on les place à quatre pouces de la furface; dans les terres fortes & dans les pays froids, deux pouces font quelquefois de trop.

La manière la plus générale eft de les placer perpendiculairement; mais fi on a à craindre une furabondance d'humidité, il fera prudent de leur donner une pofition un peu inclinée.

Quelques cultivateurs, dans ce cas, les plantent droits, mais les placent fur une poignée de fable qui écarte l'eau de leurs racines pendant l'hiver, époque où elle eft le plus à redouter.

Les oignons fe mettent, tantôt dans des trous faits avec un plantoir ou avec le doigt, dans les points d'interfection de lignes parallèles tracées au moyen d'un cordeau, à la diftance indiquée plus haut, dans les planches préparées, trous qu'on comble avec un rateau; tantôt à la furface ou prefqu'à la furface, aux mêmes points, pour les recouvrir, à la hauteur fufdite, en criblant de la terre fur la planche. Cette dernière méthode eft préférable, mais plus longue.

Il eft bon, quelle que foit celle de ces méthodes employée, de recouvrir la planche d'un demi-pouce de terre de bruyère ou de terreau.

Jufqu'au printemps, les Tulipes ne demandent

aucun autre foin que d'être couvertes de litière, de fougère ou de feuilles fèches pendant les fortes gelées d'hiver, c'eft-à-dire, pendant celles de quatre à cinq degrés au-deffous de zéro, prolongées pendant quelques jours, car elles ne leur font du mal qu'autant qu'elles atteignent au-deffous de l'oignon. Cette litière, cette fougère ou ces feuilles fe retirent dès que les gelées font paffées, mais fe laiffent dans les fentiers pour pouvoir être de nouveau répandues fi de nouvelles gelées l'exigent.

Quand la fleur commence à fe montrer, il n'en eft plus de même; les plus petites gelées, furtout fi le foleil paroît enfuite, fuffifent pour anéantir l'efpoir de la floraifon & pour affoiblir l'oignon pour plufieurs années. Alors donc il eft indifpenfable de couvrir les planches tous les foirs où les gelées font à craindre, non plus avec de la litière, de la fougère ou des feuilles, qui feroient alors difficiles à répandre, & furtout à enlever fans nuire aux feuilles & aux fleurs, mais avec des paillaffons portés fur des traverfes élevées de trois à quatre pouces, & affez longs & affez larges pour traîner fur leurs bords. On ôte ces paillaffons tous les matins lorfque la glace eft partout fondue. *Voyez* GELÉE, BRULURE, COUVERTURE & PAILLASSON.

M. Feburier rapporte qu'une année fes Tulipes furent frappées d'une gelée blanche en mai. Toutes les baguettes étoient renverfées. Il les fit couvrir, avant le lever du foleil, avec des paillaffons foutenus à deux pieds d'élévation. Les baguettes fe redrefferent l'après-midi, & les fleurs s'épanouirent comme à l'ordinaire, feulement elles durèrent moins long-temps.

A l'iffue de l'hiver, on donne un léger binage de propreté aux planches de Tulipes, & jufqu'à leur floraifon il n'y a plus qu'à arracher les mauvaifes herbes qui s'y trouvent, & à faire, le matin, la chaffe aux limaces ou aux efcargots qui pourroient manger les feuilles, les tiges & les fleurs des Tulipes.

Je n'entreprendrai pas de peindre l'éclat d'une planche de Tulipes pendant qu'elle eft en fleurs, fi les variétés qui s'y trouvent font toutes d'un bon choix, & difpofées d'une manière convenable, car je ne pourrois le faire qu'imparfaitement. C'eft dans le jardin de M. Feburier à Verfailles, de M. Soyers à Sarcelles, de M. Drieux à Paris, &c., qu'il faut en prendre une idée.

Mais fi le coup d'œil d'une planche de Tulipes eft magique, il eft de peu de durée fi le foleil la frappe conftamment. Il faut donc l'en garantir; & c'eft ce qu'on fait, lorfqu'elle n'eft pas au nord d'un mur, d'une paliffade de paille, d'un maffif de bois, &c., au moyen de toiles traînant prefqu'à terre du côté du midi, & permettant entièrement la vue des fleurs du côté du nord, toiles fupportées par des arceaux élevés de quatre à cinq pieds au-deffus du fol. On les place à huit ou neuf heures du matin, & on les enlève à quatre ou cinq heures

du foir. Alors la jouiffance eft prolongée depuis huit à dix jours jufqu'à vingt ou trente.

Il eft des amateurs qui, pour prolonger encore plus cette jouiffance, plantent une partie de leurs planches feulement à la fin de décembre, de manière que les Tulipes qui les compofent, n'entrent en fleur, furtout fi elles font placées au nord, qu'au moment où les premières fe défleuriffent. Pour que ces dernières foient auffi belles que les premières, il faut en avoir tenu les oignons dans un lieu froid, l'entrée d'une glacière, par exemple, afin qu'ils ne s'affoibliffent pas par un commencement de végétation. Il eft néceffaire de les arrofer quelquefois dans les premiers jours de juin, fi le temps eft trop fec.

Les Tulipes qu'on ne planteroit qu'au printemps, étant d'abord preffées & enfuite arrêtées dans leur végétation par la chaleur, refteroient plus petites dans toutes leurs parties, & leurs oignons s'affoibliroient d'autant.

Avant la fin de la floraifon, les amateurs zélés marquent les pieds les plus beaux & les plus défectueux avec des piquets portant des numéros en plomb correfpondans à un catalogue, pour conferver les premiers avec plus de foin, & reléguer les feconds dans les mélanges ou les mettre au nombre des malades.

Quand la fleur eft paffée, on caffe ou coupe la tige aux deux tiers de fa hauteur, afin d'empêcher la graine de s'accroître, ce qui ne pourroit fe faire qu'aux dépens du nouvel oignon & des caïeux qui l'accompagnent. *Voy.* GRAINE & PINCEMENT.

Ce n'eft que lorfque la tige eft complétement defféchée, c'eft-à-dire, que l'oignon ne groffit plus du tout, qu'on devroit toujours lever ce dernier; mais dans beaucoup de jardins, même chez des amateurs éclairés, on le fait fouvent avant l'époque précitée. Dans ce dernier cas, l'oignon achève de mûrir dans le lieu où on le dépofe, lieu qui doit être fec & aéré, & abrité du foleil.

Lorfque les oignons font complétement defféchés, on en fépare les caïeux & on les met à part. Cette opération s'exécute mieux fur ceux de ces oignons qui fe font complétement defféchés dans la terre, parce que leurs enveloppes font plus minces.

Il eft néceffaire d'obferver que des variétés donnent beaucoup de caïeux tous les ans, & d'autres n'en donnent que de loin en loin & en fort petit nombre. Ce fait n'eft pas aifé à expliquer; cependant quand on confidère que ce font les plus panachées, c'eft-à-dire, qui s'éloignent le plus de l'état naturel, qui font principalement dans ce dernier cas, on eft porté à croire qu'il tient à l'affoibliffement de leur principe vital. *Voyez* PANACHURES.

Les oignons des Tulipes font fujets à plufieurs maladies, telles que le BLANC, la CARIE fèche & humide, & la POURRITURE. Celui qui en eft attaqué ne donne point de fleurs; mais en retranchant

chant la partie malade avant de le mettre en terre, il fournit presque toujours des caïeux. Un syrphe, dont l'espèce n'est pas bien connue, dépose ses œufs dans son intérieur, & la larve qui en provient le détruit en partie. Il donne cependant, le plus souvent, également des caïeux. Les larves des HANNETONS (vers blancs) & les COURTI-LIÈRES rongent sa partie inférieure. Les SOURIS, les CAMPAGNOLS & les MULOTS les dévorent en totalité. (*Voyez* tous ces mots.) Ils sont susceptibles d'être mangés par l'homme, soit crus, soit cuits, mais rarement on a été dans le cas de les utiliser sous ce rapport.

Actuellement je n'ai plus qu'à parler du semis des graines de Tulipe, dans le but d'avoir de nouvelles variétés, pour compléter tout ce qu'il convient de savoir relativement à cette fleur.

Un amateur qui veut se procurer des Tulipes de graines, choisit sur ses planches les plus belles & les plus vigoureuses variétés, dans les nuances les plus rares, & il les marque. Ces pieds sont ménagés lors de la levée des oignons des autres, levée qui a lieu trois semaines ou un mois avant la leur. Cette dernière circonstance, dois-je observer en passant, engage, dans les jardins de luxe, à planter séparément les bulbes dont on a l'intention de récolter la graine.

On reconnoît que la graine est mûre, à la coloration & à l'entre-baillement des valves de leur capsule.

Lorsqu'on juge qu'elle est arrivée à cet état, on coupe les tiges & on les dépose dans un lieu sec & aéré jusqu'au moment des semis.

C'est en septembre ou en octobre, selon les climats, qu'il convient de semer la graine de Tulipe; alors on brise les capsules & on répand la graine, soit en pleine terre, après l'avoir préparée comme il a été dit pour la plantation, à l'exposition du levant, soit dans des terrines remplies de terre de bruyère, puis on la recouvre d'un demi-pouce de terreau ou de terre de bruyère.

Le semis en terrine est préférable dans le climat de Paris, en ce que ces terrines peuvent être rentrées pendant l'hiver dans l'orangerie, & qu'on peut les tenir constamment au degré nécessaire d'humidité.

Lorsque les gelées commencent à se faire sentir, on couvre les semis de fougère ou de feuilles sèches, qu'on retire lorsqu'il fait sec & chaud, pour les en recouvrir de nouveau lorsqu'il est nécessaire.

Le plant lève ordinairement en février ou en mars; il n'offre qu'une feuille : on le sarcle avec soin, & on l'arrose si la sécheresse de la saison l'exige. L'année suivante, il demande les mêmes soins jusqu'au desséchement des feuilles, époque où on relève les petits oignons pour les replanter un mois après dans une planche exposée au levant ou au midi, en lignes parallèles, à deux pouces de distance & à autant de profondeur. Là on les

traite comme les gros oignons; ils restent encore deux ans dans cette planche, après quoi ils se repiquent autre part & commencent à fleurir.

L'amateur, dit M. Feburier, juge à la vue de la première fleur de chaque oignon s'il a l'espoir d'en obtenir par la suite de bonnes plantes. Il examine avec soin les baguettes & la forme de la fleur, & il arrache de suite tous les oignons dont la baguette est foible & basse; tous ceux qui ont les pétales de la fleur pointus ou déchiquetés, recourbés en dedans ou en dehors, trop courts ou trop longs. L'année suivante il poursuit le même examen sur les pieds qui n'ont pas encore fleuri. Ces soustractions font jeter deux tiers, trois quarts & plus des oignons, mais elles sont nécessaires pour s'éviter des peines & des dépenses inutiles.

Les Tulipes, continue M. Feburier, ne prennent ni leurs panaches ni leurs plaques les premières années; on les nomme alors *couleurs*. Ce n'est qu'au bout de quatre, cinq, six & même dix ans que ces couleurs se séparent; cependant, dès la seconde floraison, on peut juger si les oignons sont dignes d'entrer dans la collection ou ne sont bons qu'à jeter. Les fonds blancs se panachent plus tôt que les fonds de couleur, ce qui doit déterminer à les semer séparément, puisqu'on peut, dès la neuvième année, décider définitivement de leur mérite, tandis qu'on ne peut le faire, pour les fonds de couleur, avant la quinzième année.

Pour éviter l'embarras & la dépense de la culture de la multitude de caïeux qu'on est obligé de conserver pendant cet espace de temps, avant qu'on puisse connoître ceux qui seront bons à multiplier, quelques amateurs les jettent annuellement au moment de la levée des oignons; mais l'oignon unique qu'ils réservent peut se perdre, & avec lui le fruit de douze ans de peine. Pour remédier à ce grave inconvénient, M. Feburier voudroit qu'on semât la graine de chaque capsule en terrines numérotées & qu'on en tînt registre; puis, qu'après la première floraison, on conservât au moins trois oignons des terrinées qui donneroient le plus d'espérance.

On voit par ces détails que la production des Tulipes par semis est fort dispendieuse, & ne peut être entreprise que par des amateurs riches, ou par des jardiniers qui, à force de privations, peuvent attendre du hasard une nouvelle variété, laquelle, par le prix élevé qu'elle conservera pendant quelques années, les dédommagera de leurs avances.

Deux ou trois cents Tulipes ont des noms, la plupart sans nul rapport avec leurs couleurs, leurs formes, &c.; ces noms varient quelquefois de jardin à jardin, & s'appliquent souvent à plusieurs variétés, &c. &c. Je ne crois pas devoir en donner ici la liste; en conséquence je renvoie aux Catalogues des jardiniers de Hollande ceux qui voudroient les connoître.

Il est encore une espèce de ce genre qui se cultive dans les jardins, & qui mérite d'être plus connue dans les départemens & les pays étrangers. C'est la Tulipe odorante, qui exhale une odeur douce, qui fleurit de très-bonne heure au printemps, & dont les pétales sont rouges avec le bord jaune; elle ne s'élève qu'à six ou huit pouces. Au contraire de la précédente, c'est en bordure ou en touffe qu'elle se fait le mieux remarquer; elle ne varie point. La plus agréable manière d'en jouir, c'est de la planter une, deux, trois, quatre ou cinq ensemble dans un petit pot, qu'on mettra au commencement de l'hiver, ou dans une serre chaude, ou dans une orangerie, ou dans un appartement : cette Tulipe y fleurira d'autant plus promptement que la chaleur y sera plus élevée, & elle y restera en fleur près d'un mois si on en abaisse la température. On peut, par cet artifice, en avoir en fleur sur une cheminée pendant quatre mois consécutifs; elle est devenue, à raison de cet avantage, l'objet d'un commerce de quelqu'importance pour les cultivateurs des faubourgs de Paris : sa culture du reste rentre complétement dans celle que je viens de décrire. (*Bosc.*)

TULIPIER. *Liriodendron.*

Arbre de l'Amérique septentrionale, qui seul forme un genre dans la polyandrie polyginie & dans la famille de son nom. Il est figuré pl. 491 des *Illustrations des genres* de Lamarck.

Il en sera longuement question dans le *Dictionnaire des Arbres & Arbustes.* (*Bosc.*)

TUMEUR. Toute saillie contre nature qui se forme sur un animal ou sur un végétal, porte généralement ce nom, mais cependant elle en prend souvent un particulier.

Ainsi les Tumeurs des végétaux, selon qu'elles sont produites par une extravasion de la sève ou par la piqûre d'un insecte, s'appellent LOUPE ou GALLE. *Voyez* ces mots.

Ainsi les Tumeurs des animaux, outre les deux dénominations ci-dessus, se distinguent encore par celles d'EXOSTOSE, POIREAU, OIGNON, FURONCLE, FARCIN, HERNIE, KISTE, SQUIRRE, PHLEGMON ou ABCÈS. *Voyez* tous ces mots. (*Bosc.*)

TUNIQUE. On donne ce nom, en botanique, aux couches qui composent les oignons, aux membranes qui recouvrent certaines semences. *Voyez* les Dictionnaires de *Botanique* & de *Physiologie végétale.*

TUPELO. C'est le NYSSA AQUATIQUE.

TURBAN : nom vulgaire d'une espèce de COURGE. *Voyez* ce mot.

TURC. Quelques jardiniers appellent ainsi la larve du HANNETON. *Voyez* ce mot.

TURIE. *Turia.*

Genre de plantes établi par Forskal dans la diœcie pentandrie, & qui renferme cinq espèces encore peu connues, toutes propres à l'Arabie. Nous n'en cultivons aucune dans nos jardins. (*Bosc.*)

TURION. Anciennement ce nom se donnoit à ce que les cultivateurs appellent aujourd'hui des BOURGEONS. *Voyez* ce mot.

Quelques botanistes l'appliquent cependant encore aux pousses de certaines plantes qui se développent avec toute la grosseur qu'elles doivent avoir; ainsi, selon eux, celles de l'ASPERGE, le HOUBLON, sont des Turions. *Voyez* ces mots. (*Bosc.*)

TURNEPS : variété de RAVE. *Voyez* ce mot.

TURNÈRE. *Turnera.*

Genre de plantes de la pentandrie trigynie & de la famille des *Portulacées*, dans lequel se placent douze espèces, dont deux se cultivent dans nos écoles de botanique. On l'a aussi appelé PIQUERIE. Il est figuré pl. 212 des *Illustrations des genres* de Lamarck.

Espèces.

1. La TURNÈRE à feuilles d'orme.
Turnera ulmifolia. Linn. ♂ De l'Amérique méridionale.

2. La TURNÈRE cunéiforme.
Turnera cuneiformis. Juss. ♄ Du Brésil.

3. La TURNÈRE à feuilles de sida.
Turnera sidoides. Linn. ♄ Du Brésil.

4. La TURNÈRE arbuste.
Turnera frutescens. Aubl. ♄ De Cayenne.

5. La TURNÈRE des rochers.
Turnera rupestris. Aubl. ♄ De Cayenne.

6. La TURNÈRE de la Guiane.
Turnera guianensis. Aubl. ♄ De Cayenne.

7. La TURNÈRE à petites feuilles.
Turnera pumila. Linn. ♄ De la Jamaïque.

8. La TURNÈRE cistoïde.
Turnera cistoides. Linn. ☉ De la Jamaïque.

9. La TURNÈRE à tiges rudes.
Turnera aspera. Poir. ☉ De Cayenne.

10. La TURNÈRE à grappes.
Turnera racemosa. Jacq. ☉ De...

11. La TURNÈRE à feuilles pinnatifides.
Turnera pinnatifida. Juss. ♄ Du Brésil.

12. La TURNÈRE à feuilles ridées.
Turnera rugosa. Willd. ☉ De Cayenne.

Culture.

La première & la huitième espèce sont celles qui se voient dans nos jardins. On sème leurs graines au printemps, dans des pots remplis de terre légère & placés sur une couche de châssis. Lorsque le plant a acquis une certaine force, on le repique seul à seul dans d'autres pots qu'on dépofe contre un mur expofé au midi, & qu'on rentre de bonne heure dans la ferre chaude pour qu'il y perfectionne fes graines; car, quoique bifannuelle, la première efpèce devient ici annuelle. (*Bosc.*)

TURNIPS. C'eft la BETTERAVE dans les Vofges.

TURPINIE. *Turpinia.*

Genre établi pour placer la GLYCINE PONCTUÉE, qui n'a pas rigoureufement les caractères des autres. *Voyez* ce mot. (*Bosc.*)

TURQUES. On appelle ainfi, dans le département de l'Aveyron, les brebis qui ont plus d'un an, & qui n'ont pas encore porté. *Voyez* BÊTES A LAINE.

TURQUET : variété de froment qui a un chaume très-robufte & un épi à fix pans garnis de barbes noirâtres, maculées en rouge; elle demande une terre forte & profonde. Ses produits font abondans, & donnent un pain blanc & léger. (*Bosc.*)

TURQUETTE : nom vulgaire de la HERNIAIRE. *Voyez* ce mot.

TURRE : fynonyme de MOTTE DE TERRE.

TURRÉE. *Turrea.*

Genre de plantes de la décandrie monogynie & de la famille des *Azédarachs*, dans lequel fe placent fix efpèces, dont aucune n'eft cultivée dans nos jardins. Il eft figuré pl. 351 des *Illuftrations des genres* de Lamarck.

Efpèces.

1. La TURRÉE verte.
Turrea virens. Linn. ♄ Des Indes.
2. La TURRÉE pubefcente.
Turrea pubefcens. Hall. ♄ Des îles de la mer du Sud.
3. La TURRÉE tachetée.
Turrea maculata. Smith. ♄ De Madagafcar.
4. La TURRÉE foyeufe.
Turrea fericea. Smith. ♄ De Madagafcar.
5. La TURRÉE lancéolée.
Turrea lanceolata. Cavan. ♄ De Madagafcar.
6. La TURRÉE herbacée.
Turrea herbacea. Poir. ⊙ Du Bréfil. (*Bosc.*)

TUSSILAGE. *Tussilago.*

Genre de plantes de la fyngénéfie fuperflue & de la famille des *Corymbifères*, dans lequel fe rangent vingt-une efpèces, dont deux font communes dans nos campagnes, & neuf fe cultivent dans nos jardins. Il eft figuré pl. 674 des *Illuftrations des genres* de Lamarck.

Obfervations.

Quelques botaniftes ont entrepris d'établir le genre PÉTASITE aux dépens de celui-ci, mais leur opinion n'eft pas fuivie.

Efpèces.

1. Le TUSSILAGE pétafite, vulgairement *herbe aux teigneux.*
Tuffilago petafites. Linn. ♃ Indigène.
2. Le TUSSILAGE blanc.
Tuffilago alba. Linn. ♃ Des Alpes.
3. Le TUSSILAGE blanc de neige.
Tuffilago nivea. Hopp. ♃ Des Alpes.
4. Le TUSSILAGE liffe.
Tuffilago lævigata. Willd. ♃ De la Sibérie.
5. Le TUSSILAGE odorant.
Tuffilago fragrans. Vill. ♃ De l'Italie.
6. Le TUSSILAGE bâtard.
Tuffilago fpuria. Retz. ♃ Des Alpes.
7. Le TUSSILAGE du Nord.
Tuffilago frigida. Linn. ♃ De la Sibérie.
8. Le TUSSILAGE du Japon.
Tuffilago japonica. Thunb. ♃ Du Japon.
9. Le TUSSILAGE palmé.
Tuffilago palmata. Ait. ♃ De l'Amérique feptentrionale.
10. Le TUSSILAGE pas-d'âne.
Tuffilago farfara. Linn. ♃ Indigène.
11. Le TUSSILAGE des Alpes.
Tuffilago alpina. Linn. ♃ Des Alpes.
12. Le TUSSILAGE à feuilles velues.
Tuffilago difcolor. Jacq. ♃ De l'Allemagne.
13. Le TUSSILAGE nain.
Tuffilago pumila. Swartz. ⊙ De la Jamaïque.
14. Le TUSSILAGE à feuilles dentées.
Tuffilago dentata. Linn. De l'Amérique méridionale.
15. Le TUSSILAGE penché.
Tuffilago nutans. ⊙ De la Jamaïque.
16. Le TUSSILAGE lobé.
Tuffilago lobata. Hort. Angl. ♃ Des Alpes.
17. Le TUSSILAGE blanchâtre.
Tuffilago albicans. Swartz. ⊙ De la Jamaïque.
18. Le TUSSILAGE anandrique.
Tuffilago anandria. Linn. ♃ De la Sibérie.
19. Le TUSSILAGE à feuilles en lyre.
Tuffilago lyrata. Willd. ♃ De la Sibérie.
20. Le TUSSILAGE trifurqué.
Tuffilago trifurcata. Forft. ♃ Du détroit de Magellan.
21. Le TUSSILAGE fauvage.
Tuffilago fylveftris. Jacq. ♃ De l'Allemagne.

Culture.

Celles de ces efpèces qui fe cultivent dans nos jardins de botanique, font les 1re., 2e., 3e. 5e., 6e., 7e., 9e., 10e., 11e. & 21e. Toutes fe mettent en pleine terre & demandent un terrain argileux & frais. La cinquième feule craint les gelées, mais elles frappent rarement fes racines. On les multiplie de graines femées en place, & quand on en poffède des pieds, par déchirement de ces pieds en hiver, moyen qui en donne annuellement beau-

coup plus que les besoins l'exigent. Toutes peuvent concourir, mais foiblement, à l'ornement
des jardins payfagers, en les plaçant fur le bord
des eaux, au nord des maffifs, &c. La plus digne
d'attention est la cinquième, à raifon de l'époque
de fa floraifon, de l'odeur de vanille qu'exhalent fes fleurs. C'eft moi qui ai reçu, en 1790, du
botanifte Villars, les premiers pieds qui fe foient
vus vivans à Paris. Elle fleurit dès le mois de janvier;
mais pour jouir de fes fleurs avec certitude, il faut
mettre en pot, en automne, les pieds qui en doivent donner, pieds qu'on reconnoît à leur groffeur, & les tenir dans l'orangerie pendant l'hiver.
Il eft cependant fréquent, lorfque les pieds font
au nord, & ils doivent toujours y être, qu'ils fleuriffent fort bien en pleine terre.

Aujourd'hui on fait à Paris un grand commerce
de cette plante en pot, fous le nom d'*héliotrope
d'hiver*, pour mettre fur les cheminées & compofer les bouquets de cette faifon. Elle ne doit pas
refter plus d'un an dans le même pot, car elle
épuife confidérablement la terre.

Employer cette efpèce pour garnir le fol des
maffifs des jardins payfagers, peut être une très-
bonne opération, à raifon de fa grande difpofition
à tracer, & de la grandeur de fes feuilles.

La onzième efpèce, qui eft la plus commune,
fe fait remarquer dans les champs argileux & humides par fes fleurs jaunes qui fe développent au
premier printemps, avant fes feuilles. Il eft fort
difficile de la détruire par les labours, à raifon de
la longueur de fes racines, mais on le peut toujours par le femis d'une luzerne & par des cultures
qui exigent des binages. Les beftiaux n'y touchent
pas. (*Bosc.*)

TUSSILAGINE : plante du Cap de Bonne-Efpérance, figurée par Burmann, tab. 72, nº. 3, &
dont les fleurs font extrêmement fuaves.

Nous ne la cultivons pas en Europe. (*Bosc.*)

TUTEUR : bâton d'une groffeur & d'une épaiffeur variables, mais toujours très-droit, dont on
fait ufage dans les jardins & les pépinières pour
foutenir les plantes foibles, rendre droits les
jeunes arbres qui pouffent mal.

Il n'y a de différence entre les Tuteurs & les
échalas, qu'en ce que ces derniers font de même
hauteur & de même groffeur; auffi en fervent-ils
fouvent. *Voyez* ÉCHALAS.

Toute efpèce de bois, dès qu'il eft droit, eft propre à faire des Tuteurs; cependant, quand ils font
d'un ufage habituel & d'une grandeur importante,
il eft bon qu'ils foient, comme les échalas, ou en
châtaignier, ou en chêne, ou en frêne refendu,
comme plus durables.

S'il eft des Tuteurs qui ont quelquefois dix à
douze pieds de haut, & de la groffeur du bras, il
en eft auffi qui ne furpaffent pas un pied, & la groffeur d'une plume.

Pour qu'ils puiffent s'enfoncer aifément dans la
terre, on aiguife l'extrémité inférieure des Tuteurs.

C'eft fréquemment une fage précaution que
d'interpofer un petit tampon de mouffe entre
le Tuteur & l'arbre qui lui eft accolé, afin d'éviter les fuites de la compreffion & du mouvement
produit par le vent.

De quelque hauteur & groffeur que foient les
Tuteurs, il faut tendre à prolonger leur durée en
les mettant à l'abri de la pluie, dans un lieu fec &
aéré, lorfqu'ils ne fervent plus. (*Bosc.*)

TYMPANE. *Tympanus.*

Petit champignon qui feul forme un genre encore peu connu en France. (*Bosc.*)

UBI

U : fynonyme d'**Œuf**. *Voyez* ce mot.

UBION. *UBIUM.*

Genre établi aux dépens des IGNAMES, mais qui n'a pas été adopté par tous les botaniftes. *Voyez* ce mot.

Une de fes efpèces fait partie des ROXBUR-GIES. *Voyez* ce mot. (*Bosc.*)

UGAME : nom donné par Cavanilles au genre de plantes appelé par Mirebel RAMONDIE. *Voyez* ce mot.

ULASSI : arbre de l'Inde encore fort incomplétement connu, dont le bois eft fort employé dans la menuiferie.

Nous ne le cultivons pas dans nos jardins.

(*Bosc.*)

ULCÈRE : forte de décompofition des parties molles des animaux, qui a lieu à la fuite des PLAIES, des DÉPÔTS & autres léfions organiques.

La différence d'un abcès & d'un Ulcère fe fonde principalement fur ce que le premier donne un pus blanc & épais, & parcourt rapidement fa marche. Il y a en général fort peu de différence apparente entre un abcès & un Ulcère fimple, entre un Ulcère compofé & un CANCER. *Voyez* ce mot.

Une dépravation d'humeur paroît toujours être la caufe première de la formation des Ulcères.

L'ENGORGEMENT douloureux & la SUPPURA-TION accompagnent toujours les Ulcères, quelle que foit leur caufe.

Les Ulcères fiftuleux font ceux dont l'ouverture eft plus petite que le fond. *Voyez* FISTULE.

Les Ulcères carcinomateux font ceux dont les bords font durs, enflammés, & dont le fond eft bourfouflé, baveux.

Le pus qui découle de ces deux fortes d'Ulcères eft féreux, brun, quelquefois teint de fang.

Un Ulcère produit par la carie d'un tendon ou d'un ligament eft extrêmement fétide; celui qui a pour caufe la carie d'un os l'eft un peu moins.

Dans le cheval, la réunion de beaucoup de petits Ulcères au bas des jambes porte le nom d'EAUX AUX JAMBES. *Voyez* ce mot.

Deux autres Ulcères propres au même animal font ceux qu'on appelle CRAPAUD & TAUPE. *Voyez* ces mots.

La guérifon des Ulcères, furtout lorfqu'ils font anciens & que l'animal eft vieux, n'eft rien moins que facile. Les moyens doivent être dirigés, les uns contre la caufe interne, les autres contre l'Ulcère même. Ainfi on donnera à l'animal des alimens rafraîchiffans & laxatifs, comme de l'eau

blanche; on le purgera fouvent, on lui mettra un feton. Ainfi on appliquera fur l'Ulcère d'abord des cataplafmes émolliens, & s'ils ne produifent aucun effet, des digeftifs réfineux, comme l'huile de térébenthine, l'emplâtre de diachylon, de ftyrax; puis les déterfifs, les defficcatifs, enfin les cauftiques, tels que l'eau de Rabel, l'alun calciné, le vitriol, la pierre à cautère, la pierre infernale, le fer rouge & l'extirpation.

Un moyen qu'on n'emploie pas affez fouvent, & qui eft cependant très-approprié, c'eft l'approche d'un fer rouge plufieurs fois dans la journée & pendant plufieurs jours. On cite des guérifons inefpérées ainfi produites.

On avoit indiqué, comme moyen certain de guérir les Ulcères, l'application d'abord de la poudre de charbon de bois, & enfuite celle du fuc gaftrique des animaux carnivores, principalement des oifeaux qui vivent de charogne, comme les vautours & les corbeaux; mais il a été reconnu enfuite que le bien opéré par ces matières n'étoit que momentané, & que la maladie parcouroit enfuite plus rapidement fes périodes, même en en continuant l'ufage.

Je ne m'étendrai pas davantage fur ce fujet, quelqu'important qu'il foit pour les cultivateurs, parce qu'il eft du reffort du *Dictionnaire de Médecine*, & qu'il eft plus prudent pour eux d'appeler un vétérinaire inftruit pour traiter un animal affligé d'un Ulcère, que d'entreprendre eux-mêmes fa guérifon. (*Bosc.*)

ULCÈRE DES ARBRES. Lorfque l'eau des pluies peut s'infiltrer dans le tronc d'un arbre, foit parce qu'on en a coupé une groffe branche, foit parce qu'il a été fendu par le foudre, par la gelée, foit qu'il ait été attaqué de la CARIE (*voyez* ce mot), il y a écoulement de cette eau chargée du mucilage qu'elle a diffous, par un ou plufieurs points de fon tronc. On appelle ces points des *Ulcères*, quoiqu'il y ait fort peu de rapport entre l'écoulement qu'ils offrent & celui des Ulcères des animaux.

Dans ce cas, l'arbre eft toujours affez altéré dans l'intérieur lorfqu'on commence à reconnoître la préfence de l'Ulcère à l'extérieur, pour n'être plus propre au fervice de la marine, de la charpente, de la menuiferie, &c. Il eft donc bon de l'abattre pour l'employer au chauffage. *Voyez* GOUTTIÈRE DES ARBRES.

Cependant il eft des arbres d'agrément, il eft des arbres fruitiers qui peuvent remplir encore long-temps leur deftination, quoiqu'affectés d'un Ulcère. On doit donc être dans le cas de defirer retarder leur deftruction : or, on le peut fouvent en bouchant avec du plâtre, avec de l'ónguent de Saint-Fiacre ou autrement, l'ouverture par où entre l'eau des pluies.

L'altération du bois des arbres par les Ulcères est plus ou moins rapide selon son âge; les plus vieux sont plus tôt creusés; selon l'espèce, le peuplier est plus tôt creusé que le chêne; selon les lieux, ceux en terrain humide sont plus tôt creusés que ceux en terrain sec.

Jamais un arbre altéré par un Ulcère ne peut se rétablir dans son intégrité première.

M. Boucher, auquel on doit de très-bonnes observations sur les Ulcères des arbres, a reconnu qu'ils ne s'ouvroient jamais au nord.

Vauquelin a fait l'analyse de l'humeur d'un Ulcère d'orme, arbre qui y est fort sujet, à raison de l'élagage inconsidéré qu'on lui fait supporter presque partout, & il a trouvé qu'elle contenoit sur 1000 parties:

Carbonate & sulfate de potasse.......... 0,340
—— de chaux................. 0,051
—— de magnésie............... 0,004
Eau 0,605

1,000

(*Bosc.*)

ULET : arbre de l'Inde, qui se trouve dans les mêmes cas que l'ULASSI.

ULIGINEUX (Terrain). Tout terrain creux ou en plaine, quelle que soit sa nature, où l'eau séjourne constamment, est un marais, que cette eau provienne directement des pluies, qu'elle provienne de l'écoulement d'une ou plusieurs fontaines, des infiltrations ou des débordemens d'une rivière, d'un ruisseau, d'un étang, &c.

Tout terrain en pente & inférieur aux sommets susceptibles de laisser facilement infiltrer les eaux des pluies, est toujours marécageux ou mieux uligineux (1), lorsqu'il est formé d'un banc de marne très-argileuse, surmonté d'une couche de terre tourbeuse, qu'on prend pour de la terre végétale, au plus d'un pied d'épaisseur, terme moyen, & lorsque l'eau qui le rend marécageux est celle de la pluie tombée sur les sommets, & arrêtée par le banc de marne argileuse, laquelle s'épanche par filets imperceptibles & très-nombreux, de sorte que la totalité de la couche supérieure en est à peu près également imbibée.

Cette eau est toujours un peu coulante, &, comme celle des véritables tourbières, elle ne gèle que dans les hivers les plus rudes; ses émanations sont peu dangereuses, car ce n'est que dans les jours les plus chauds qu'elles sont sensibles à l'odorat.

Les terrains uligineux offrent quelquefois ou

(1) J'ai dû employer ce mot, emprunté du latin & très-connu des botanistes, pour accoutumer les agriculteurs à mettre de la différence entre ces deux sortes de terrains marécageux.

des sources, & par suite des ruisseaux, dans les dépressions parallèles à leur pente, mais ces sources ne sont jamais abondantes, ou des espaces véritablement marécageux, dans les dépressions perpendiculaires à ces mêmes pentes; mais ces espaces ne sont jamais fort étendus.

Lorsqu'on marche sur un terrain uligineux, il cède & paroît élastique : quand on creuse un fossé perpendiculaire à la pente de ce terrain, il s'y fait constamment des suintemens d'eau rousse, suintemens qui augmentent dans les années pluvieuses, mais qui sont rarement assez forts pour pouvoir former un ruisseau.

Quelquefois ce fossé, lorsqu'il est prolongé dans toute la longueur du terrain uligineux, dessèche la partie qui lui est inférieure; quelquefois il n'y produit aucun effet, parce qu'il se trouve alors dans le banc d'argile des fentes qui donnent passage à l'eau au-dessous du fond du fossé.

Dans quelque sens qu'on fasse les fossés dans les terrains uligineux, on doit être certain qu'ils seront comblés en peu d'années, à moins qu'ils ne soient d'une grande largeur, parce que la marne inférieure, délitée par la sécheresse ou par la gelée, tombe dans son fond, & que la terre végétale supérieure tend toujours à descendre lorsqu'elle est gonflée & poussée par l'eau; aussi, dès le premier hiver, fait-elle une saillie plus ou moins forte sur le bord qui est du côté de la descente, saillie qui finit par tomber aussi dans le fossé.

Il est probable que la plupart des descentes de terrain qu'on a citées comme remarquables, ont eu lieu dans des cantons uligineux.

La végétation est très-vigoureuse dans les terrains uligineux, mais elle ne se compose que de plantes qui leur sont propres, & qui, pour la plupart, ne conviennent pas aux bestiaux. Presque partout cependant on les utilise en y mettant pâturer les vaches pendant quelques heures chaque jour.

L'aune est le seul arbre utile qui s'accommode des terrains uligineux, & il y pousse si foiblement, que ses tiges, à dix ans d'âge, sont plus élevées que celles en bon fonds qui n'ont que deux ans. Le saule aquatique, la bourdaine & l'obier y sont assez communs, & offrent la même foiblesse de végétation. On y fait, avec quelques soins, reprendre le bouleau & le frêne, & ils y offrent le même phénomène.

Deux causes m'ont paru concourir à la moindre vigueur des arbres aquatiques dans ces sortes de terrains: la température toujours égale, c'est-à-dire, froide pendant l'été, de l'eau qui l'imbibe, & la petite quantité de parties solubles que contient cette terre végétale. On y fait, avec quelques soins, pu ajouter le peu de profondeur de cette dernière couche, quoique l'aune ait les racines traçantes.

En effet, si l'eau des sources ou des puits, n'ayant que dix degrés environ de température, retarde évidemment dans nos jardins la végétation des plantes qu'on en arrofe une ou deux fois au plus chaque jour, quel doit être fon effet lorfqu'elle abreuve conftamment le pied des arbres en queftion? Inutilement j'ai cherché, en y mettant tous les foins poffibles, principalement en apportant, dans un trou fuffifamment grand, de l'excellente terre de jardin, à y planter des choux & à y femer des féves de marais, qui, de tous les légumes, font ceux qui aiment le mieux l'eau : les premiers n'ont pas pouffé, & les fecondes n'ont pas germé.

Quant au manque de parties folubles dans la terre végétale, cela demande quelqu'explication.

La tourbe des véritables marais, c'eft-à-dire, la tourbe pure, ainfi que je crois l'avoir fait voir le premier à fon article dans le *nouveau Dictionnaire d'Hiftoire naturelle* en 24 vol., ne diffère du terreau que parce qu'elle n'a pas perdu toutes les parties conftituantes des plantes qui ont fervi à la former. En conféquence elle brûle prefque comme ces plantes auroient brûlé, & n'eft propre à la végétation qu'après qu'on a achevé de la décompofer ou lentement, en la laiffant expofée en couche mince pendant plufieurs années à l'air, ou rapidement au moyen des alcalis ou de la chaux. Or, la terre végétale des lieux uligineux eft auffi une tourbe, mais un peu différente de celle que je viens de citer, car elle eft toujours mêlée de terre argileufe, de fable & de terreau, & ce, parce que toutes les plantes qui lui ont donné naiffance n'étoient pas couvertes d'eau, comme celles qui croiffent dans les eaux ftagnantes, & qu'une partie des tiges & des feuilles de ces plantes fe font décompofées à l'air. Auffi eft-elle bien plus tôt propre à la végétation que la véritable tourbe, c'eft-à-dire, qu'il fuffit de l'expofer, en couches minces, à l'air pendant un an, pour la transformer en un excellent engrais, ou lui donner une fort petite quantité de chaux, pour la rendre en peu de jours propre à la végétation.

Ces faits, j'en ai acquis la preuve perfonnelle par des effais directs.

Il y a des terrains uligineux partout où des montagnes perméables aux eaux des pluies repofent fur un banc d'argile d'une épaiffeur un peu confidérable. La chaîne calcaire primitive qui lie les granits des Vofges à ceux des environs d'Autun, chaîne où fe trouvent Langres, Dijon, Beaune, &c. en offrent beaucoup, & c'eft fur cette chaîne, où ma famille poffède des biens, que j'ai paffé ma jeuneffe. Ils font communs autour de toutes les buttes à plâtre des environs de Paris, principalement autour de celles fur lefquelles eft fituée la forêt de Montmorency. On en voit beaucoup dans le voifinage de la maifon que j'habite depuis vingt ans dans cette forêt. Ainfi j'ai été à même de les obferver en géologifte, en botanifte & en agriculteur.

Ces terrains étant peu productifs, comme je l'ai déjà obfervé, on a dû fréquemment tenter d'y faire des travaux dans le but de les utilifer, & naturellement ces travaux ont dû d'abord être dirigés vers leur deffléchement, mais très-rarement, faute de connoiffance de leur nature, on en eft venu complétement à bout.

M. Douette-Richardot, dont le nom a été fouvent cité, a voulu deffécher un vafte terrain uligineux de nul produit, fitué dans le domaine de Servin près Langres, appartenant à une de mes fœurs; & malgré qu'il y ait fait en foffés une dépenfe beaucoup plus confidérable que la valeur du fonds, ce terrain, lorfque je l'ai vifité dix ans après, annonçoit n'avoir que légèrement changé de nature, & devoir revenir dans peu au point où il étoit avant ces travaux inconfidérés.

L'infpection du terrain des parties uligineufes de la vallée du château de la Chaffe, fituée au centre de la forêt de Montmorency, prouvoit, il y a une douzaine d'années, qu'on y avoit fait anciennement des travaux femblables; ce qui n'a pas empêché l'adminiftration des forêts de les recommencer il y a fix ans; mais quelque multipliés que foient les foffés, avec quelqu'intelligence qu'ils aient été dirigés, ils n'ont produit aucune amélioration relativement au but qu'on fe propofoit, c'eft-à-dire, que les aunes qui fe trouvoient dans ces terrains n'ont pas activé leur végétation; qu'il n'y a pouffé ni plus de bouleaux, ni plus de frênes, ni plus de chênes, quoiqu'on y ait difféminé des graines de ces arbres; feulement quelques plantes différentes de celles du fonds ont pouffé fur les terres enlevées des foffés, terres qui étoient, par moitié, de la marne & de la terre végétale, & qui par conféquent rempliffoient les données les plus favorables.

En voyant travailler à ces difpendieux foffés, j'étois fi convaincu de leur inutilité, que j'ai été tenté d'adreffer des obfervations à l'adminiftration foreftière; mais confidérant que, dans le cas même où ces obfervations euffent été accueillies, la marche adminiftrative ne permettroit pas de prendre une décifion en temps opportun, j'ai dû me borner à profiter de cette vicieufe opération pour faire une expérience nouvelle & en grand, expérience qu'il fera facile d'aller étudier fur le lieu même.

Si j'étois appelé à tenter de nouveau de remplir l'objet que s'étoit propofé l'adminiftration foreftière, je ne rétablirois de tous ces foffés, encore en augmentant leur largeur, que ceux qui font à la partie la plus baffe de chaque vallée latérale, & je ferois faire, des deux côtés de la grande vallée, en fuivant les finuofités du terrain uligineux à fa naiffance même, un foffé de fix pieds de largeur & de profondeur, lequel fe dégorgeroit dans les foffés latéraux dont je viens de parler, & par leur moyen dans le ruiffeau qui coule au fond de la grande vallée. Si enfuite il y avoit quelques parties, actuellement uligineufes, qui reftaffent telles par fuite de l'infiltration des e aux par des fentes de l'argile, je ferois, pour l'écoulement de ces eaux, au-deſſous de ces parties, un autre foſſé parallèle à celui de ceinture, ou au ruiſſeau du fond, lequel iroit d'une vallée latérale à une autre.

Ce réſultat n'eſt pas ſeulement donné par la théorie ; la pratique l'indique d'une manière poſitive dans le lieu même, car pluſieurs routes paſſent, dans cette direction parallèle, à travers les terrains uligineux, principalement celle qui va du château de la Chaſſe au lieu dit *le trou du Nid de l'aigle*, &, à cinq à ſix pieds de longueur près, produit par une fente dans l'argile, cette route eſt rendue très-ſèche par les deux foſſés qui l'accompagnent, & deux des parties qui ſe trouvent à ſon midi ſont couvertes de ſuperbes chênes, tandis qu'il n'y en a pas au nord : ce ſont les plus voiſines de mon habitation, à droite & à gauche.

Pour achever de rendre ces terrains, qui montent à pluſieurs centaines d'arpens, propres à produire de l'excellent bois de chêne, il ne s'agiroit que de les faire défoncer de deux pieds pour mêler la terre végétale avec la marne & donner plus de profondeur au ſol.

Il y a quarante ou cinquante ans, c'eſt-à-dire, bien long-temps avant les travaux de M. Douette-Richardot, que mon père eſſaya, avec ſuccès, de deſſécher & de mettre en culture trois à quatre arpens d'un terrain uligineux faiſant partie du domaine de Servin dont j'ai parlé plus haut ; pour cela il enferma ce terrain, en totalité, par un foſſé de quatre pieds de profondeur, & il en éleva le ſol, dans quelques parties baſſes, par de bonnes pierrées. Cette pièce, que j'ai revue il y a cinq ans, n'eſt point redevenue uligineuſe. Cependant, quoique j'y aie vu du temps de mon père des chanvres de ſix pieds de haut & des avoines de deux pieds, à raiſon de l'abondance de cendres leſſivées que fourniſſoit ſa verrerie & qu'il avoit ſoin d'utiliſer ſur ſes terres, ſa culture a été abandonnée par le fermier.

Voici l'explication de ce fait.

La terre de ce champ, comme celle de tous ceux qui ſont le réſultat d'un deſſéchement de tourbes, eſt auſſi noire & auſſi légère que du terreau de couche ; mais n'ayant que quelques pouces de profondeur, & ſon fonds étant argileux, elle produit peu dans les années très-pluvieuſes, parce qu'elle retient trop d'eau, & dans les années très-ſèches, parce qu'elle n'en retient pas aſſez, ou mieux, que celle qu'elle a reçue s'eſt trop rapidement évaporée. Outre cela, elle eſt ce qu'on appelle *déchauffante* (*terre levée* dans quelques lieux), c'eſt-à-dire, que la congélation de l'eau qu'elle abſorbe pendant l'hiver l'élève de quelques lignes, quelquefois d'un pouce au-deſſus des racines des plantes, ce qui met ces racines à nu & les fait périr. Ainſi on ne peut y ſemer ni du ſeigle, ni du froment.

Le fermier actuel voyant ces deux grains manquer preſque conſtamment, & les autres manquer d'autant plus ſouvent qu'il ne connoît pas l'uſage des cendres ou de la chaux, a jugé cette portion de terre improductive & a ceſſé de la cultiver. Je lui ai donné ſur cet objet les conſeils convenables, qui, à la manière dont il les a reçus, ont dû fort peu lui profiter.

Le ſeul tort qu'eut mon père dans ſon opération relative à ce champ, c'eſt de ne l'avoir pas fait défoncer, tant pour mélanger la marne inférieure avec la tourbe ſupérieure, que pour donner une plus grande épaiſſeur à la partie du ſol perméable aux eaux de pluie.

Écobuer les terrains uligineux eſt une pratique aſſez fréquente & qui produit immanquablement des effets avantageux ; mais malgré cela je ne crois pas qu'on doive la ſuivre autre part que dans les lieux où la chaux eſt très-rare & très-chère, parce que ſes ſuites ſont l'appauvriſſement du ſol.

On peut juger, d'après ce petit nombre de faits, que les terrains uligineux peuvent être mis en culture avec profit & d'une manière permanente quand on y procède avec intelligence, & qu'il ne s'agit pour cela, 1°. que de creuſer dans leur partie la plus élevée un foſſé aſſez profond, non-ſeulement pour couper la nape d'eau qui filtre ſur la couche d'argile, mais encore les filets qui ſe ſont inſinués dans les fentes de cette couche, lequel foſſé ſe dégorgera dans d'autres foſſés creuſés dans le fond des vallées; 2°. de mélanger la couche végétale ou tourbeuſe avec la partie ſupérieure du banc d'argile ; 3°. d'accélérer la décompoſition de la terre végétale en ſemant ſur la ſurface, pluſieurs années de ſuite, avant l'hiver, une certaine quantité de chaux éteinte à l'air. (*Bosc.*)

ULLOA. *Ulloa.*

Plante paraſite originaire du Pérou, & qui ne ſe cultive pas dans nos jardins. Elle conſtitue ſeule un genre dans la pentandrie monogynie & dans la famille des *Solanées*. (*Bosc.*)

ULMAIRE : nom ſpécifique d'une SPIRÉE. *Voyez* ce mot.

ULVE. *Ulva.*

Genre de plantes cryptogames de la famille des *Algues*, qui renferme ſoixante-neuf eſpèces, croiſſant la plupart dans la mer, quelques-unes dans les eaux douces & même ſur la terre, dont aucune n'eſt véritablement ſuſceptible de ſe cultiver dans nos écoles de botanique, mais qui toutes peuvent être avantageuſement employées à l'engrais des terres. Pluſieurs ſervent à la nourriture des hommes & des beſtiaux. *Voyez* les *Illuſtrations des genres* de Lamarck, pl. 880, où il eſt figuré.

Obſervations.

Observations.

Ce genre fe rapproche infiniment des varecs, & fes efpèces fe confondent avec eux fous le nom de *goëmon* & d'*algue*. Il fe rapproche également beaucoup des CONFERVES. *Voyez* ce mot.

Efpèces.

1. L'ULVE queue-de-paon.
Ulva pavonia. Linn. De la Méditerranée.
2. L'ULVE en écaille.
Ulva fquammaria. Gmel. De la Méditerranée.
3. L'ULVE en éventail.
Ulva flabelliformis. Roth. De la Méditerranée.
4. L'ULVE lingulée.
Ulva lingulata. Soland. De l'Océan.
5. L'ULVE de Woodwart.
Ulva Woodwartii. Woodw. De l'Océan.
6. L'ULVE réticulée.
Ulva reticulata. Forsk. De la Mer-Rouge.
7. L'ULVE grillée.
Ulva clathrata. Gmel. De l'Océan.
8. L'ULVE trouée.
Ulva agarum. Gmel. De la mer des Indes.
9. L'ULVE labyrinthe.
Ulva labyrinthiformis. Des eaux thermales de Padoue.
10. L'ULVE papilleufe.
Ulva papillofa. Linn. De la Mèr-Rouge.
11. L'ULVE écarlate.
Ulva coccinea. Poir. De l'Océan.
12. L'ULVE annulaire.
Ulva ocellata. Decand. De l'Océan.
13. L'ULVE polypode.
Ulva polypodioïdes. Decand. De l'Océan.
14. L'ULVE cornée.
Ulva cornea. Poir. De l'Océan.
15. L'ULVE coupée.
Ulva recifa. Poir. De l'Océan.
16. L'ULVE bifurquée.
Ulva dichotoma. Decand. De l'Océan.
17. L'ULVE dentelée.
Ulva ferrata. Decand. De l'Océan.
18. L'ULVE tortillée.
Ulva contorta. Decand. De l'Océan.
19. L'ULVE étoilée.
Ulva ftellata. Wulf. De la Méditerranée.
20. L'ULVE à feuilles de plantain.
Ulva plantaginifolia. Wulf. De la Méditerranée.
21. L'ULVE à feuilles de fouci.
Ulva calendulifolia. Gmel. De l'Océan.
22. L'ULVE lancéolée.
Ulva lanceolata. Linn. De l'Océan.
23. L'ULVE corne-de-daim.
Ulva damæformis. Roth. Des ruiffeaux.
24. L'ULVE chicorée.
Ulva linza. Linn. De l'Océan.

25. L'ULVE foliacée.
Ulva foliacea. Poir. De l'Océan.
26. L'ULVE méfentère.
Ulva mefenteriformis. Wulf. De la Méditerranée.
27. L'ULVE à larges feuilles.
Ulva latiffima. Linn. De l'Océan.
28. L'ULVE laitué, vulgairement *laitue de mer.*
Ulva lactuca. Linn. De l'Océan.
29. L'ULVE foyeufe.
Ulva fericea. Wulf. De la Méditerranée.
30. L'ULVE brune.
Ulva fufca. Poir. De l'Océan.
31. L'ULVE ponctuée.
Ulva punctata. Stack. De l'Océan.
32. L'ULVE ombiliquée.
Ulva umbilicalis. Linn. De l'Océan.
33. L'ULVE ampoule.
Ulva ampullacea. Poir. De l'Océan.
34. L'ULVE interrompue.
Ulva interrupta. Poir. De l'Océan.
35. L'ULVE à fauffes racines.
Ulva radicata. Decand. De l'Océan.
36. L'ULVE des ruiffeaux.
Ulva rivularis. Wulf. Des ruiffeaux.
37. L'ULVE terreftre.
Ulva terreftris. Roth. Des lieux humides & ombragés.
38. L'ULVE naine.
Ulva minima. Vauch. Des ruiffeaux.
39. L'ULVE gliffante.
Ulva lubrica. Roth. Des étangs & autres eaux douces ftagnantes.
40. L'ULVE aérienne.
Ulva atherea. Poir. Des lieux humides & ombragés.
41. L'ULVE inteftinale, vulgairement *boyau de chat.*
Ulva inteftinalis. Linn. Des étangs & autres eaux douces ftagnantes.
42. L'ULVE flexueufe.
Ulva flexuofa. Wulf. De la Méditerranée.
43. L'ULVE ventrue.
Ulva ventricofa. Poir. De l'Océan.
44. L'ULVE comprimée.
Ulva compreffa. Linn. De l'Océan.
45. L'ULVE prolifère.
Ulva prolifera. Œd. De l'Océan.
46. L'ULVE éponge.
Ulva fpongiformis. Œd. De l'Océan.
47. L'ULVE en bulles.
Ulva bullata. Poir. De l'Océan.
48. L'ULVE noftoc.
Ulva noftoch. Poir. De l'Océan.
49. L'ULVE capillaire.
Ulva capillaris. Poir. De l'Océan.
50. L'ULVE filiforme.
Ulva filiformis. Poir. De l'Océan.
51. L'ULVE lombrique.
Ulva lumbricalis. Linn. De l'Atlantique.

52. L'ULVE ridée.
Ulva rugosa. Linn. De la Méditerranée.
53. L'ULVE orangée.
Ulva aurantiaca. Poir. De l'Océan.
54. L'ULVE renflée.
Ulva intrassata. Œd. De l'Océan.
55. L'ULVE fistuleuse.
Ulva fistulosa. Decand. De la Méditerranée.
56. L'ULVE maculée.
Ulva maculata. Poir. De la Méditerranée.
57. L'ULVE priape.
Ulva priapus. Gmel. De la mer du Kamtchatka.
58. L'ULVE appendiculée.
Ulva sobolifera. Œd. De l'Océan.
59. L'ULVE de Haller.
Ulva Halleri. Poir. Des étangs & autres eaux douces stagnantes.
60. L'ULVE en forme de gland.
Ulva glandiformis. Gmel. De la mer du Kamtchatka.
61. L'ULVE gélatineuse.
Ulva glutinosa. Vauch. Des ruisseaux.
62. L'ULVE fétide.
Ulva fetida. Vauch. Des ruisseaux.
63. L'ULVE vermisseau.
Ulva elminthoides. Wilh. De l'Océan.
64. L'ULVE brisée.
Ulva defracta. Wilh. De l'Océan.
65. L'ULVE écorcée.
Ulva decorticata. Linn. De la Méditerranée.
66. L'ULVE raquette.
Ulva opuntia. Linn. De l'Océan.
67. L'ULVE articulée.
Ulva articulata. Ligtf. De l'Océan.
68. L'ULVE fongueuse.
Ulva fungosa. Poir. De la Méditerranée.
69. L'ULVE diaphane.
Ulva diaphana. Wilh. De l'Océan.

Culture.

Ces espèces peuvent se conserver dans les écoles de botanique pendant quelques semaines, en les tenant dans un pot rempli d'eau salée ou d'eau douce qu'on renouvelle dès qu'elle commence à s'altérer, c'est-à-dire, d'autant plus souvent qu'il fait plus chaud, & qu'elle est moins abondante.

Parmi celles qui se mangent, les plus agréables au goût sont les 9ᵉ., 10ᵉ., 27ᵉ., 28ᵉ. & 32ᵉ. C'est en salade qu'on les accommode le plus fréquemment : on les fait cependant cuire quelquefois.

Quant à l'emploi des Ulves comme engrais, j'en parlerai à l'article VAREC, parce que, sous ce rapport, ces plantes ne différent pas.

UMARI. GEOFFRÆA.

Genre de plantes de la diadelphie décandrie & de la famille des *Légumineuses,* qui rassemble cinq

espèces, dont une se cultive dans nos écoles de botanique. Il est figuré pl. 604 des *Illustrations des genres* de Lamarck.

Observations.

Le genre ANDIRA de Pison, ou VOUACAPONA d'Aublet, a été réuni à celui-ci.

Espèces.

1. L'UMARI épineux.
Geoffræa spinosa. Linn. ♃ De la Jamaïque.
2. L'UMARI sans épines.
Geoffræa inermis. Swartz. ♃ De la Jamaïque.
3. L'UMARI cotonneux.
Geoffræa tomentosa. Poir. ♃ Du Sénégal.
4. L'UMARI à feuilles émoussées.
Geoffræa retusa. Lam. ♃ De Cayenne.
5. L'UMARI à grappes.
Geoffræa racemosa. Lam. ♃ De Cayenne.

Culture.

La seconde espèce est celle qui se cultive dans nos écoles de botanique ; elle y demande de la terre consistante, des arrosemens fréquens en été & rares en hiver. La serre chaude lui est indispensable pendant les deux tiers de l'année. On ne la multiplie que de graines tirées de son pays natal, graines qu'on sème, à leur arrivée, dans des pots sur couche à châssis, ou encore mieux dans une bache. (*Bosc.*)

UMBILIC ou OMBILIC : cavité accompagnée des restes du calice, qui se fait remarquer sur les pommes, les poires & autres fruits à germe infère. On l'appelle aussi *œil.* *Voyez* CALICE & GERME.

UMBILICAIRE. UMBILICARIA.

Genre établi par Hoffmann dans la famille des LICHENS. *Voyez* ce mot.

UMBILICAL (Vaisseau). C'est le conduit qui communique des réceptacles à la graine, & qui sert au passage de la séve qui nourrit cette dernière. *Voyez* GRAINE & NUTRITION. (*Bosc.*)

UNCAIRE : nom donné par Gmelin à une espèce de NAUCLÉE. *Voyez* ce mot.

UNCINIE. UNCINIA.

Genre de plantes établi pour placer quatre espèces de laiches qui n'ont pas complétement les caractères des autres.

Ces espèces, dont aucune ne se cultive dans nos jardins, ont été mentionnées parmi les LAICHES. *Voyez* ce mot.

UNIOLE. *Uniola.*

Genre de plantes de la triandrie digynie & de la famille des *Graminées*, qui renferme six espèces que Lamarck a réunies aux Brizes. *Voyez* ce mot.

J'en ai rapporté trois nouvelles de la Caroline. (*Bosc.*)

UNJALA : arbrisseau du Malabar encore peu connu, mentionné par Rheed, & qui ne se cultive pas en Europe. (*Bosc.*)

UNONE. *Unona.*

Genre de plantes de la monadelphie polyandrie & de la famille des *Anones*, qui renferme quatre espèces, dont aucune n'est cultivée dans les jardins d'Europe, mais dont l'une a des fruits qui servent à l'assaisonnement des mets.

Espèces.

1. L'Unone à fruits ombellés.
Unona discreta. Linn. ♄ De Cayenne.
2. L'Unone tomenteuse.
Unona tomentosa. Willd. ♄ De la Cochinchine.
3. L'Unone de la Chine.
Unona discolor. Vahl. ♄ Des Indes.
4. L'Unone maniquette.
Unona concolor. Willd. ♄ De l'Ile-de-France.

Culture.

C'est cette dernière espèce dont les fruits, connus sous les noms de *maniquette, poivre d'É-thiopie*, servent à l'assaisonnement des alimens. Le commerce auquel ils donnent lieu ne laisse pas que d'être considérable. (*Bosc.*)

UNXIE. *Unxia.*

Genre de plantes de la syngénésie superflue & de la famille des *Corymbifères*, qui réunit deux espèces ni l'une ni l'autre cultivées dans nos jardins. Il est figuré pl. 699 des *Illustrations des genres* de Lamarck.

Espèces.

1. L'Unxie camphrée.
Unxia camphorata. Linn. ☉ De Cayenne.
2. L'Unxie hérissée.
Unxia hirsuta. Rich. ☉ De Cayenne. (*Bosc.*)

UOLIN : nom donné par Poiret au genre des Pimelées. *Voyez* ce mot.

UOUS. C'est l'Œuf dans le département du Var.

UPAS : arbre de l'Inde, qui s'appelle aussi Ipo. *Voyez* ce mot.

UPERHIZE. *Uperhiza.*

Genre de champignon établi par moi dans les *Actes de l'Académie de Berlin*, & qui est constitué par une seule espèce originaire de la Caroline, laquelle ressemble à une truffe, mais croît sur terre & a ses racines extérieures. Il n'est pas possible d'espérer de la cultiver en France. (*Bosc.*)

UPODERME. *Hypoderma.*

Genre de plantes de la famille des *Champignons*, fort voisin des *hystéries*, des *xylomes*, des *variolaires*, lequel renferme sept espèces qui toutes croissent sous l'épiderme des branches ou des feuilles des arbres.

Ces espèces nuisent nécessairement à la croissance des arbres, mais il n'est pas possible de mettre obstacle à leur reproduction. *Voyez* Rouille. (*Bosc.*)

URAC : synonyme de Varec. *Voyez* ce mot.

URALIER. *Antocerris.*

Arbrisseau de la Nouvelle-Hollande, qui seul forme un genre dans la didynamie angiospermie & dans la famille des *Solanées*. Il est figuré pl. 158 des plantes de la Nouvelle-Hollande par Labillardière. On ne le cultive pas dans nos jardins. (*Bosc.*)

URANOTE. *Siloxerus.*

Petite plante de la Nouvelle-Hollande, que Labillardière croit devoir former seule un genre dans la pentandrie monogynie & dans la famille des *Cynarocéphales*.

Nous ne la cultivons pas dans nos jardins. (*Bosc.*)

URATÉ. *Voyez* Ouraté.

URBEN : nom commun à plusieurs insectes qui nuisent aux vignes. Ils appartiennent aux genres Gribouri, Becmare & Pyrale. *Voyez* ces mots.

URCÉOLAIRE. *Cyathodes.*

Genre de plantes de la pentandrie monogynie & de la famille des *Bruyères*, qui rassemble deux espèces figurées pl. 81 & 82 des plantes de Labillardière, mais que nous ne possédons pas dans nos jardins.

Espèces.

1. L'Urcéolaire à feuilles glauques.
Cyathodes glauca. Labill. ♄ De la Nouvelle-Hollande.
2. L'Urcéolaire distique.
Cyathodes disticha. Labill. ♄ De la Nouvelle-Hollande.

Feuillée avoit donné ce même nom à la plante depuis appelée SARMIENTE. *Voyez* ce mot.

(Bosc.)

URCÉOLE. *Urceola.*

Arbriſſeau des Indes, qui ſeul conſtitue un genre dans la pentandrie monogynie & dans la famille des *Apocinées*. Nous ne le cultivons pas dans nos jardins.

Il flue des inciſions faites à ſon écorce, une liqueur laiteuſe qui, en ſe deſſéchant, devient ſemblable à la *réſine élaſtique* ou *cahoûtchou*, & s'emploie aux mêmes uſages. *Voy.* HEVÉE. *(Bosc.)*

URCHIN : nom vulgaire des champignons du genre ÉRINACE. *Voyez* ce mot.

URÉDO. *Uredo.*

Genre de plantes cryptogames, de la famille des *Champignons*, fort voiſin des ÆCIDIES & des PUCCINIES, que les cultivateurs ſont ſouvent dans le cas de prendre en conſidération, en raiſon de ce que les eſpèces qui les compoſent, vivent ſous l'épiderme des feuilles des plantes, auxquelles elles nuiſent néceſſairement, puiſqu'elles les déſorganiſent. Quelques eſpèces déſorganiſent auſſi les graines, & ce ſont les plus à redouter.

Trois Urédos principalement dans ce dernier cas : ce ſont ceux qui donnent lieu aux maladies que les cultivateurs appellent la CARIE, le CHARBON & la ROUILLE. *Voyez* ces mots.

Tantôt la pouſſière des Urédos eſt noire, tantôt elle eſt jaune, tantôt elle eſt blanche, ce qui forme trois diviſions fort naturelles dans ce genre, qui contient plus de cent eſpèces connues, dont je vais paſſer en revue les plus remarquables.

Urédos à pouſſière noire.

L'URÉDO ODORANT. Il croît ſur la ſurface inférieure des feuilles de la SERRATULE DES CHAMPS, & en couvre quelquefois la plus grande partie. Il répand une odeur agréable.

L'URÉDO DU FROMENT : la CARIE des agriculteurs.

L'URÉDO DES CÉRÉALES. C'eſt la RÉTICULAIRE des blés de Bulliard, le CHARBON des agriculteurs.

Ces deux eſpèces ſont encore confondues par les botaniſtes, quoique fort bien décrites par les cultivateurs.

La première eſt la plus dangereuſe, en ce qu'elle eſt un poiſon pour les hommes & pour les animaux ; elle ne ſe montre que dans les grains du froment. On la diſtingue à ſa couleur brune & à ſon odeur cadavereuſe.

La ſeconde ſe trouve ſur beaucoup d'eſpèces de graminées, mais moins ſouvent ſur le froment. Les orges & les avoines en ſont principalement attaqués. Sa couleur eſt noire & elle n'a point d'odeur.

On doit d'excellens travaux ſur la carie & le charbon à mon collaborateur Teſſier, qui ſe trouvent aux articles correſpondans de ce Dictionnaire, articles auxquels je renvoie le lecteur.

Depuis la rédaction de ces articles, Bulliard d'abord, enſuite Perſoon, Benedict Prévôt & Decandolle, ont établi la nature fongueuſe de ces plantes. L'avant-dernier de ces écrivains a prouvé que ces deux eſpèces ſont dans le grain des céréales à moitié terme de leur évolution, c'eſt-à-dire, que chaque globule de carie ou de charbon étoit un champignon qu'on peut, ſans trop s'éloigner de la vérité, comparer à la TRUFFE (*voyez* ce mot), renfermant une grande quantité de bourgeons ſéminiformes qui groſſiſſent dans la terre, ſortent de leur enveloppe, entrent avec les ſucs ſéveux dans la radicule des graines, & ſe portent, par la voie de la tige, dans les épis au moment de leur formation. Pour prouver le premier de ces faits, il a mis de la pouſſière de carie & de charbon dans l'eau, où les globules ſe ſont crevés & où les bourgeons ſéminiformes ont pouſſé des ramifications. Les autres ſont les réſultats de raiſonnemens qui ne peuvent être démentis. En effet, ſi les globules de la carie & du charbon reſtent attachés aux grains des céréales, c'eſt pour que leurs bourgeons ſéminiformes puiſſent être à portée de la radicule, & ce n'eſt qu'avec les principes de la ſève qu'ils peuvent monter dans les tiges & les épis. Si le lavage, le frottement avec du ſable, encore mieux ſi la chaux, le ſulfate de cuivre & autres cauſtiques empêchent ces maladies de ſe reproduire, c'eſt que les premiers enlèvent les globules attachés aux grains, & les ſeconds détruiſent leur faculté végétative. *Voyez* CHAULAGE.

Ce que je viens de dire s'applique probablement auſſi à l'Urédo du MAÏS, dont j'ai obſervé tant de variétés. *Voyez* ſon article.

L'URÉDO DES HARICOTS. Il nuit beaucoup aux HARICOTS ſemés dans les lieux humides ou ombragés.

Les URÉDOS DES POIS, des FÉVES, des BETTES, des TRÈFLES, ſont dans le cas de donner lieu à la même obſervation.

Urédos à pouſſière jaune.

Les URÉDOS DU SAULE & de l'OSIER ſont quelquefois ſi multipliés, qu'ils s'oppoſent à la croiſſance des tiges de ces arbres.

Les URÉDOS DU ROSIER & du FRAMBOISIER offrent ſouvent le même phénomène.

L'URÉDO ROUILLE eſt l'eſpèce de cette diviſion, la plus à redouter par les cultivateurs, attendu qu'elle nuit beaucoup aux produits des récoltes des céréales, ſurtout de celles qui ont été ſemées dans

des lieux humides ou ombragés. (*Voy.* ROUILLE.)
J'ai vu des champs de froment tellement attaqués
de rouille, que pas une feuille n'en étoit exempte,
& qu'ils ne rendoient pas la femence. C'eſt elle
qui s'oppoſe à la culture des céréales dans nos
colonies intertropicales & autres pays chauds,
humides & boiſés. On ne peut s'oppoſer à ſes ravages par le moyen du chaulage, parce que les globules qui la conſtituent, tombent directement ſur
la terre avant la récolte. Le ſeul procédé qui m'ait
paru propre, non à la détruire, mais à diminuer
ſes déſaſtreux effets, c'eſt de couper les feuilles
des céréales le moins de temps poſſible avant la
montée des tiges. *Voyez* ÉCIMAGE.

Urédos à pouſſière blanche.

L'URÉDO BLANC ſe montre ſur beaucoup de
ſortes de plantes cultivées. Il eſt connu des cultivateurs ſous le nom de BLANC. (*Voyez* ce mot.)
Les choux & autres plantes de la famille des *Crucifères* y ſont aſſez ſujets. Il en eſt de même du
ſalſifis & autres plantes de la famille des *Chicoracées.* Ce que j'ai dit de l'Urédo rouille s'y applique.

Preſque tous les ans, les plants des ſemis d'é-
pines que je fais dans les pépinières de Verſailles
ſont couverts d'une pouſſière blanche qui nuit à
leur croiſſance, mais je n'ai jamais pu y découvrir
d'organiſation. (*Boſc.*)

URÈNE. *URENA.*

Genre de plantes de la monadelphie polyandrie
& de la famille des *Malvacées*, qui raſſemble huit
eſpèces, dont deux ſe cultivent dans nos écoles de
botanique. Il eſt figuré pl. 583 des *Illuſtrations des
genres* de Lamarck.

Eſpèces.

1. L'URÈNE lobée.
Urena lobata. Linn. ♄ De l'Île-de-France.
2. L'URÈNE réticulée.
Urena reticulata. Cavan. ♄ De l'Amérique
méridionale.
3. L'URÈNE à trois pointes.
Urena tricuſpis. Cavan. ♄ de l'Île-de-France.
4. L'URÈNE d'Amérique.
Urena americana. Linn. ♄ De l'Amérique méridionale.
5. L'URÈNE ſinuée.
Urena ſinuata. Linn. ♄ Des Indes.
6. L'URÈNE découpée.
Urena multifida. Cavan. ♄ De l'Île-de-France.
7. L'URÈNE couchée.
Urena procumbens. Linn. ♄ De la Chine.
8. L'URÈNE oſier.
Urena viminea. Cavan. ♄ Du Bréſil.

Culture.

La première & la ſixième eſpèce ſont celles
qui ſe voient dans nos jardins. On les multiplie
de graines ſemées dans des pots remplis de terre
à demi conſiſtante, qu'on place au printemps ſur
couche nue. Le plant levé ſe repique, lorſqu'il a
acquis deux pouces de haut, dans d'autres pots
qu'on laiſſe à l'air contre un mur expoſé au midi,
mais qu'on rentre de bonne heure, c'eſt-à-dire,
dès le milieu de ſeptembre, dans la ſerre chaude.
Ainſi que les vieux pieds, ce plant demande
peu d'arroſement.

Ordinairement les Urènes fleuriſſent abondamment la ſeconde année, languiſſent la troiſième &
meurent la quatrième; par conſéquent il faut en
ſemer tous les ans ſi on ne veut pas riſquer de les
perdre. Elles craignent l'humidité pendant l'hiver,
& toute ſuppreſſion de branches leur eſt nuiſible.
(*Boſc.*)

URINE : excrément liquide ſéparé du ſang
dans les reins, dépoſé plus ou moins long-temps
dans la veſſie, & expulſé par le canal de l'urètre.

La meilleure analyſe de l'Urine eſt due à Four-
croy. Il en réſulte qu'elle contient neuf dixièmes
d'eau, &, dans des proportions variables, des phoſ-
phates & des muriates d'ammoniaque, de potaſſe,
de ſoude, de chaux, de magnéſie, des ſulfates de
ſoude & de potaſſe, des carbonates de ſoude &
de potaſſe, des acides phoſphorique, acétique,
urique, benzoïque, de l'urée & du muqueux.

Les carbonates & l'acide benzoïque ſont plus
abondans dans l'Urine des herbivores que les autres ſels.

Ce ſont les baſes de ces ſels, & principalement
l'urée, qui produiſent les calculs ou pierres, tant
de la veſſie que des reins.

Je n'indiquerai pas ici les ſymptômes qu'offrent
dans le cheval, qui y eſt plus ſujet que les autres
animaux domeſtiques, les calculs des reins & de
la veſſie, parce que ces ſymptômes ſont difficiles à
diſtinguer; j'indiquerai encore moins les remèdes
à employer & l'opération à faire, lorſque la pierre
eſt dans la veſſie, pour en débarraſſer cet animal,
parce qu'il n'y a qu'un vétérinaire inſtruit qui
puiſſe entreprendre de preſcrire les premiers &
d'exécuter la ſeconde. Je dirai ſeulement, 1°. que
les pierres, ſoit dans les reins, ſoit dans la veſſie,
ſont extrêmement ſouffrir les animaux, & qu'on
doit dans ce cas leur ménager les travaux forcés;
2°. que les remèdes ſont coûteux & d'un effet
long & incertain; 3°. que l'opération eſt haſar-
deuſe pour la vie de l'animal.

Une autre maladie qui attaque ſouvent les animaux domeſtiques, ſurtout quand ils ſont ſurchar-
gés de travail pendant qu'il fait chaud, c'eſt la rétention d'Urine; elle enlève beaucoup de chevaux
chaque année : ſon principal ſymptôme eſt indiqué par ſon nom. Des bains, ou au moins des fo-

mentations avec de l'eau tiède fur les parties géni-
tales, des émolliens, des cataplafmes fur les mêmes
parties, des boiffons abondantes & adouciffantes,
font les remèdes qu'on doit d'abord employer. Si
l'inflammation du col de la veffie eft à craindre,
& elle a fouvent lieu, il faut avoir recours aux
émolliens pris en lavement, aux fudorifiques nitrés pris en boiffon, & à la faignée. *Voyez* Sup-
PRESSION D'URINE.

Les fuppreffions d'Urine font fouvent occafion-
nées par une maladie, & alors il faut traiter la
maladie principale en même temps qu'on agit
contre le fymptôme dont il eft ici queftion. *Voyez*
VESSIE.

Par contre, il arrive fouvent que les animaux
domeftiques, furtout les bœufs, font attaqués
d'incontinence d'Urine qu'on appelle DIABÈTE.
Les caufes de cette maladie font très-variables :
les plus communes font une nourriture dans laquelle il entre trop de plantes aromatiques, ou
fur laquelle on a mis trop de fel. Elle a lieu auffi
à la fuite des travaux forcés, d'une forte TRANS-
PIRATION fubitement arrêtée. *Voyez* ce dernier
mot.

Un changement de régime, la diète & le repos, fuffifent le plus fouvent pour guérir la diabète. Lorfqu'elle fubfifte plufieurs jours, il faut
joindre à la diète des décoctions nitrées de plantes
émollientes, puis des lavemens de même nature,
enfin la faignée. Des bains font très-avantageux
dans ce cas, &, fi la faifon le permet, on ne doit
pas les refufer.

L'Urine de l'homme & des animaux eft un engrais d'autant plus excellent, qu'il agit & comme
contenant du muqueux, qui n'eft que de l'humus
à l'état foluble, & comme contenant des fels fti-
mulans, ainfi que des fels attirant l'humidité de
l'air; auffi de tout temps l'a-t-on employée avec
avantage dans la grande comme dans la petite culture; auffi, dans les exploitations rurales bien
montées, a-t-on foin de faire écouler les Urines
des écuries, des étables & des bergeries, dans
des foffés d'où elle eft enlevée, foit pour la
porter directement fur les terres, foit pour la
jeter fur les fumiers; auffi les eaux de fumier qui
font de l'Urine & de l'humus foluble entraînés
par l'eau des pluies, doivent-elles être dirigées
vers un trou d'où on les reporte fur les fumiers
pendant les féchereffes. *Voyez* FUMIER.

Il eft quelques cultivateurs qui, au lieu de diriger au dehors l'Urine de leurs beftiaux, élèvent
le fol de leur logement avec de la terre franche,
qu'ils renouvellent trois ou quatre fois par an, &
qu'ils transportent dans leurs champs. Cette pratique eft très-fort dans le cas d'être préconifée.

Bien entendu que l'Urine de la nuit des habitans du manoir fera, chaque matin, portée fur
le fumier, & non jetée dans la cour, comme cela
a lieu fi généralement.

Lorfque les Urines font répandues trop fouvent

ou trop abondamment fur les objets de nos cultures, elles produifent le même effet que les charognes & les fumiers, c'eft-à-dire, qu'elles les
font périr par excès de nourriture. *Voy.* ENGRAIS.

Il eft, d'après cela, certain que les arbres des
promenades publiques des grandes villes, contre
lefquels on piffe fouvent, peuvent être conduits à
la mort par ce feul fait; mais je me fuis affuré, par
l'obfervation de ceux des jardins des Tuileries, du
Luxembourg, du Palais-Royal, &c., que la réver-
bération des rayons du foleil, produite par le fable
après la pluie, étoit prefqu'exclufivement la caufe
de la mort de l'écorce de ces arbres du côté du
fud-oueft, mort qu'on attribue aux Urines des
hommes & des chiens, & qui a fait profcrire les
derniers de ces promenades.

L'engrais des Urines eft de peu de durée, parce
qu'il eft peu abondant & à l'état foluble, ce qui
indique qu'il faut l'utilifer fur les cultures en état
actuel de végétation. (*Bosc.*)

UROSPERME. UROSPERMUM.

Genre établi pour féparer quelques efpèces de
falfifis : on l'a appelé auffi BARBOUGINE & AR-
NOPOGON. (*Bosc.*)

UROTE. ANOPTERUS.

Arbre de la Nouvelle-Hollande qui, felon Labillardière, qui l'a figuré pl. 112 de fon ouvrage
fur les plantes de ce pays, forme feul un genre
dans l'hexandrie monogynie & dans la famille des
Gentianées.

L'Urote glanduleufe ne fe cultive pas encore
dans les jardins d'Europe. (*Bosc.*)

URSINIE. URSINIA.

Genre de plantes de la fyngénéfie néceffaire &
de la famille des *Corymbifères*, nouvellement établi aux dépens des arctotides de Linnæus, & qui
raffemble une douzaine d'efpèces, la plupart
mentionnées au mot ARCTOTIDE, mot auquel je
renvoie le lecteur; celles qui ne s'y trouvent pas,
ne fe voient pas encore dans nos jardins. (*Bosc.*)

URULE. COMESPERMA.

Genre de plantes de la diadelphie octandrie &
de la famille des *Pédiculaires*, établi par Labillardière. Il renferme cinq efpèces figurées pl. 159
& fuivantes de l'ouvrage de ce botanifte fur les
plantes de la Nouve'le-Hollande, mais dont aucune n'eft cultivée dans les jardins d'Europe.

Efpèces.

1. L'URULE à baguette.
Comefperma virgata. Labill. ♄ De la Nouvelle-Hollande.

2. L'URULE émouffée.

Comefperma retufa. Labill. ♄ De la Nouvelle-Hollande.

3. L'URULE à feuilles entaffées.

Comefperma conferta. Labill. ♄ De la Nouvelle-Hollande.

4. L'URULE à calice égal.

Comefperma calymega. Labill. ♄ de la Nouvelle-Hollande.

5. L'URULE grimpante.

Comefperma volubilis. Labill. ♄ De la Nouvelle-Hollande. (*Bosc.*)

USNÉE : efpèce du genre LICHEN. (*Voyez* ce mot.) Il a fervi à établir un genre nouveau.

USSASI : arbre d'Amboine, dont les fruits ont le goût du raifin, dont les feuilles fervent d'affaifonnement aux ragoûts, & dont le bois eft d'un grand emploi dans les arts. On ignore à quel genre il appartient, & on ne le cultive pas en Europe. (*Bosc.*)

USTENSILES D'AGRICULTURE. Ce nom s'applique, en agriculture, à tout ce qui fert à la culture ou aux opérations d'économie, & qui ne fe range pas parmi les OUTILS, les INSTRUMENS, les MACHINES. *Voyez* ces mots.

Ainfi un CRIBLE, une CLAIE, un PANIER font des Uftenfiles ; une TERRINE, un POT, un SCEAU, un TONNEAU, un ARROSOIR, &c., en font encore. Il en eft de même des PAILLASSONS, des TOILES à ombrer, des SACS, &c.

Une exploitation rurale bien réglée doit être pourvue de tous les Uftenfiles néceffaires, car c'eft le moyen d'économifer beaucoup de temps & beaucoup de bras. De plus, un maître-valet doit être fpécialement chargé de leur furveillance, c'eft-à-dire, de les mettre entre les mains des ouvriers au moment du befoin, & de les reprendre pour les ferrer lorfque l'ouvrage eft fini ; car c'eft le moyen de les faire durer plus long-temps, ou au moins d'épargner les frais de réparation.

Chaque pays a des Uftenfiles, comme des outils, comme des machines, qui lui font particuliers, Avant de leur en fubftituer d'autres apportés des pays étrangers ou décrits dans les livres, il faut bien étudier leurs avantages & leurs inconvéniens ; car les réfultats de l'expérience ne doivent pas être repouffés légèrement.

Il feroit bon que tous les Uftenfiles fufceptibles d'être peints à l'huile ou goudronnés le fuffent pour affurer leur confervation, & que les autres foient choifis avec un tel foin, que leur durée devienne la plus longue poffible.

Comme j'ai décrit, à leur article, les Uftenfiles les plus généralement employés en France, je crois pouvoir me difpenfer d'entrer ici dans de plus longs détails fur ce qui les concerne. (*Bosc.*)

USTÉRIE. *USTERIA*.

Plante vivace grimpante du Mexique, qui feule conftitue un genre dans la didynamie angiofpermie & dans la famille des *Acanthes*, fort voifin des MUFLIERS. (*Voyez* ce mot.) Il a été appelé MAURANDIE & REICHARDIE.

Cette plante fe cultive dans nos écoles de botanique, & même quelquefois, quoiqu'elle craigne les plus petites gelées du climat de Paris, dans nos jardins payfagers. On fème fes graines dans des pots remplis de terre à demi confiftante, qu'on place fur une couche nue à la fin de l'hiver. Le plant qui provient de ces graines eft repiqué, lorfqu'il a acquis deux ou trois pouces de hauteur, dans d'autres pots qu'on place contre un mur expofé au midi & qu'on arrofe au befoin. Ces plants ne tardent pas à fleurir, &, à mefure qu'ils grandiffent, ils font ou palifiadés contre le mur, ou dirigés fur une ramée très-branchue. Leurs fleurs fe multiplient & contraftent, par leur couleur, avec le vert des feuilles ; elles fe fuccèdent jufqu'aux gelées, époque qu'il faut prévenir, au moins pour quelques pieds, en les rentrant dans l'orangerie, pour donner à leurs graines le moyen de perfectionner leur maturité. J'ai vu de ces pieds mis en pleine terre couvrir une toife carrée de mur d'un très-agréable tapis, & fubfifter dans toute leur force végétative jufqu'en décembre. En conféquence, je crois que la vraie culture de cette plante, dans les terrains fecs & chauds, confifte à la planter ainfi en pleine terre, excepté quelques pieds pour graines, en cas de précocité des gelées.

Les pieds en orangerie continuent de fleurir pendant une partie de l'hiver, mais ils n'offrent plus la même beauté. Il eft moins avantageux de conferver les tiges que de les couper ; lorfqu'on les fort de l'orangerie, pour les replacer contre leur mur. (*Bosc.*)

USUBE : nom donné par Poiret au genre appelé ORNITROPHE par Willdenow.

USUELLE (Plante). On donne ce nom aux plantes qui font employées en médecine. *Voyez* PLANTE.

USUN : fruit du Pérou, de la groffeur & de la couleur d'une cerife, qui teint en rouge l'urine de ceux qui en mangent. On ignore à quel genre il appartient. (*Bosc.*)

UTILE. L'homme donne ce nom à tout ce qui peut fervir directement à fon ufage.

Ainfi, pour lui le froment eft une plante utile, & le chiendent une plante nuifible.

Il femble que les cultivateurs devroient continuellement tendre à la production & à la confervation de ce qui eft utile ; mais quand on a vécu parmi eux, on a droit de fe plaindre de leur infouciance à cet égard, infouciance qui tient à leur pareffe & à leur ignorance.

En effet, combien de terrain qui pourroit être cultivé & qui ne l'eft pas ! combien d'efpèces ou de variétés qui pourroient être fubftituées avantageufement à d'autres ! combien d'objets produits se perdent pendant la récolte, pendant le transport dans les granges, les hangars, les greniers, les caves, les serres à légumes, &c. &c.

Instruire les habitans des campagnes, est le moyen le plus certain d'augmenter le produit des récoltes de la France, produit dont il se perd peut-être aujourd'hui la moitié.

Tout doit tendre à l'utile dans les grandes exploitations rurales, La fortune des propriétaires peut cependant quelquefois leur permettre de le sacrifier à l'agréable dans la culture des jardins.

Tout peut & par conséquent doit être utilisé dans une exploitation rurale bien montée. Il n'y a pas de substance animale ou végétale qui ne puisse être employée pour augmenter la masse du fumier, & une augmentation de fumier conduit à une plus grande abondance de grains ou autres produits. (Bosc.)

UTRICULAIRE. *Utricularia.*

Genre de plantes de la diandrie monogynie & de la famille des *Personnées*, dans lequel la culture est fort difficile, pour ne pas dire impossible. Il est figuré pl. 14 des *Illustrations des genres* de Lamarck.

Espèces.

1. L'UTRICULAIRE à grandes fleurs.
Utricularia alpina. Jacq. ♃ Du Pérou.

2. L'UTRICULAIRE des montagnes.
Utricularia montana. Poir. ♃ De la Martinique.

3. L'UTRICULAIRE hispide.
Utricularia hispida. Lam. ♃ De Cayenne.

4. L'UTRICULAIRE à feuilles de graminée.
Utricularia graminifolia. Vahl. ♃ Des Indes.

5. L'UTRICULAIRE à éperon recourbé.
Utricularia inflexa. Forsk. ♃ De l'Egypte.

6. L'UTRICULAIRE en étoile.
Utricularia stellaris. Linn. ♃ Des Indes.

7. L'UTRICULAIRE cératophylle.
Utricularia ceratophylla. Walt. ♃ De la Caroline.

8. L'UTRICULAIRE feuillée.
Utricularia foliosa. Linn. ♃ De l'Amérique méridionale.

9. L'UTRICULAIRE dichotome.
Utricularia dichotoma. Labillard. ♃ De la Nouvelle-Hollande.

10. L'UTRICULAIRE commune.
Utricularia vulgaris. Linn. ♃ Indigène.

11. L'UTRICULAIRE mitoyenne.
Utricularia intermedia. Vahl. ♃ Indigène.

12. L'UTRICULAIRE à tige basse.
Utricularia minor. Linn. ♃ Indigène.

13. L'UTRICULAIRE à hampe flexueuse.
Utricularia flexuosa. Vahl. ♃ Des Indes.

14. L'UTRICULAIRE sétacée.
Utricularia setacea. Mich. ♃ De l'Amérique septentrionale.

15. L'UTRICULAIRE obtuse.
Utricularia obtusa. Swartz. ♃ De la Jamaïque.

16. L'UTRICULAIRE de Cayenne.
Utricularia hydrocarpa. Vahl. ♃ De Cayenne.

17. L'UTRICULAIRE recourbée.
Utricularia recurva. Lour. ♃ De la Cochinchine.

18. L'UTRICULAIRE biflore.
Utricularia biflora. Lam. ♃ De la Caroline.

19. L'UTRICULAIRE à fleurs purpurines.
Utricularia purpurea. Walt. ♃ De la Caroline.

20. L'UTRICULAIRE cornue.
Utricularia cornuta. Mich. ♃ De l'Amérique septentrionale.

21. L'UTRICULAIRE bleue.
Utricularia cœrulea. Linn. ♃ Des Indes.

22. L'UTRICULAIRE à tige de jonc.
Utricularia juncea. Vahl. ♃ De Cayenne.

23. L'UTRICULAIRE à hampe anguleuse.
Utricularia angulosa. Poir. ♃ De Cayenne.

24. L'UTRICULAIRE petite.
Utricularia pusilla. Vahl. ♃ De Cayenne.

25. L'UTRICULAIRE bifide.
Utricularia bifida. Linn. ♃ De la Chine.

26. L'UTRICULAIRE des mares.
Utricularia uliginosa. Vahl. ♃ De Cayenne.

27. L'UTRICULAIRE à fleurs blanches.
Utricularia nivea. Vahl. ♃ De Ceylan.

28. L'UTRICULAIRE à hampe courte.
Utricularia humilis. Vahl. ♃ De Ceylan.

29. L'UTRICULAIRE crénelée.
Utricularia crenata. Ruiz & Pav. ♃ Du Pérou.

30. L'UTRICULAIRE fluette.
Utricularia tenuis. Cavan. ☉ Du Chili.

31. L'UTRICULAIRE en bosse.
Utricularia gibbosa. Linn. ♃ De l'Amérique septentrionale.

32. L'UTRICULAIRE rameuse.
Utricularia ramosa. Vahl. ♃ Des Indes.

33. L'UTRICULAIRE capillacée.
Utricularia capillacea. Willd. ♃ Des Indes.

34. L'UTRICULAIRE naine.
Utricularia minutissima. Vahl. ♃ Des Indes.

35. L'UTRICULAIRE subulée.
Utricularia subulata. Linn. ♃ De l'Amérique septentrionale.

36. L'UTRICULAIRE dorée.
Utricularia aurea. Lour. ♃ De la Cochinchine.

Culture.

Les espèces indigènes sont les seules qui se voient dans nos écoles de botanique & dans nos jardins paysagers, où on les apporte des étangs & des mares, où elles croissent naturellement. Elles s'y conservent fort bien lorsqu'elles sont placées dans des bassins ou autres pièces d'eau, mais ordinairement on se contente de les mettre dans un pot plein d'eau qu'on oublie de renouveler, &
qui,

qui, se corrompant, occasionne la perte des pieds. La commune est assez élégante pour être placée avec avantage dans les eaux dormantes & pures des jardins paysagers, où elle ne demandera aucun soin & se multipliera d'elle-même.

Je ne crois pas, comme je l'ai annoncé plus haut, qu'il soit facile d'introduire en Europe des Utriculaires exotiques, parce que leurs graines perdent leurs facultés germinatives par leur dessiccation, & qu'il faut à leurs pieds une chaleur élevée & une eau pure. (*Bosc.*)

UVETTE. *Ephedra.*

Genre de plantes de la diœcie hexandrie & de la famille des *Conniferes*, qui renferme quatre espèces d'arbustes, dont un est naturel aux contrées méridionales de la France, & deux se cultivent en pleine terre dans le climat de Paris. Il est figuré pl. 830 des *Illustrations des genres* de Lamarck. Je mentionnerai ces espèces, ainsi que leur culture, dans le *Dictionnaire des Arbres & Arbustes.* (*Bosc.*)

UVULAIRE. *Uvularia.*

Genre de plantes de l'hexandrie monogynie & de la famille des *Liliacées*, qui réunit cinq espèces, dont deux se cultivent dans nos écoles de botanique. Il est figuré pl. 247 des *Illustrations des genres* de Lamarck.

Observations.

Ce genre se rapproche infiniment, mais diffère par le fruit, des STREPTOPES. *Voyez* ce mot.

Espèces.

1. L'UVULAIRE perfoliée.
Uvularia perfoliata. Linn. ♃ De l'Amérique septentrionale.

2. L'UVULAIRE à feuilles sessiles,
Uvularia sessilifolia. Linn. ♃ De l'Amérique septentrionale.

3. L'UVULAIRE pubescente.
Uvularia puberula. Mich. ♃ De l'Amérique septentrionale.

4. L'UVULAIRE hérissée.
Uvularia hirta. Thunb. ♃ Du Japon.

5. L'UVULAIRE vrillée.
Uvularia cirrhosa. Thunb. ♃ Du Japon.

Culture.

J'ai observé en Caroline les deux premières de ces espèces, qui sont aussi celles que nous possédons dans nos jardins. Comme c'est dans les bois dont la terre est légère qu'elles croissent le plus abondamment, c'est la terre de bruyère & l'exposition au nord qu'il faut leur donner. Des arrosemens fréquens, en été, leur sont profitables. On les multiplie de graines semées en place, &; lorsqu'on les possède, par déchirement des racines en automne; ce sont des plantes de peu d'effet, & qui ne sont point recherchées hors des écoles de botanique. (*Bosc.*)

VACCINE. Comme les hommes, les vaches ont une petite-vérole qui se manifeste par des boutons sur leurs pis, mais qui, au contraire des hommes, n'est jamais dangereuse pour elles. Cette petite-vérole a été très-nouvellement observée, mais a acquis promptement une grande célébrité, à raison de la faculté que lui a reconnue le docteur anglais E. Jenner, de préserver, presque sans maladie & sans inconvéniens, de la petite-vérole humaine les personnes à qui on l'inoculoit. On l'a appelée *coupox* en anglais, & *Vaccine* en français.

Les suites de l'inoculation de la Vaccine sont autant de boutons qu'on a fait de piqûres, boutons dont le développement & le desséchement s'opèrent presque sans maladie, une fièvre éphémère & un mal de tête en étant les symptômes les plus graves.

Il y a une vraie & une fausse Vaccine : la première se reconnoît à la cavité qu'elle laisse à la peau ; la seconde à l'absence de cette cavité. Souvent, sur six piqûres faites à un sujet, il n'y en a qu'une ou deux qui soient bonnes, quoique toutes aient occasionné la sortie d'un bouton. Je fais cette observation, parce que la fausse Vaccine ne préserve pas de la petite-vérole, & qu'un seul bouton de la vraie suffit pour le faire.

Aujourd'hui la Vaccine est d'un usage général dans toute l'Europe & dans presque tous les établissemens que les Européens possèdent en Asie, en Afrique, en Amérique & en Australasie. C'est un des plus grands bienfaits du siècle qui vient de s'écouler. Honneur soit rendu au docteur E. Jenner & à tous ceux qui ont propagé la vaccination, puisque les millions d'hommes qui étoient tous les ans enlevés par la petite-vérole, resteront à la population, & que des millions de femmes qui en étoient défigurées, seront plus propres à inspirer les tendres sentimens qui sont le premier pas vers l'accroissement de cette population !

Je ne voudrois pas affoiblir le mérite & la gloire du docteur Jenner ; mais mon attachement à ma patrie me fait un devoir de déclarer que la première idée lui en est venue de France. Voici les faits. M. Rabaud, ministre de l'Eglise réformée, exerçant les fonctions de son ministère dans les montagnes des Cevennes, remarqua que des vaches avoient des boutons sur les pis, & il apprit des cultivateurs propriétaires de ces vaches, que ces boutons étoient la *picote* (synonyme de petite-vérole), &c., qu'ils ne faisoient jamais mourir les vaches. A son retour à Montpellier, il fit part de ce phénomène au docteur anglais Ireland, qui se trouvoit alors dans cette ville, & ce dernier lui annonça qu'il en donneroit connoissance à son ami Jenner, inoculateur très-employé à Londres, lorsqu'il seroit de retour dans cette ville. Cette communication a été faite, & on a vu plus haut quel en a été l'important résultat pour l'Univers entier. Lorsque le docteur Jenner eut prouvé à toute l'Europe les avantages de la Vaccine, que son introduction en France a été effectuée, M. Rabaud a écrit au docteur Ireland pour lui rappeler sa conversation à ce sujet, & réclamer la priorité pour la France ; & ce docteur, par deux lettres que garde M. Rabaud, a reconnu la vérité des circonstances que je viens de détailler.

Il n'est plus nécessaire de prouver aux habitans des grandes villes l'utilité de la vaccination de leurs enfans ; mais quelques-uns de ceux des campagnes, mus par leur ignorance ou par des préjugés, se refusent encore à ce bienfait. C'est aux cultivateurs éclairés à les stimuler sous ce rapport, à les violenter même en quelque sorte. Je citerai à cet égard M. Morel de Vindé, qui, ayant établi une vaccination gratuite dans son canton, & ne pouvant engager les pères & mères à y envoyer leurs enfans, les y attira presque tous par l'appât d'un gâteau de quelques sous.

Le claveau ayant beaucoup d'affinité avec la petite-vérole, on a été déterminé à croire que la Vaccine pourroit aussi en garantir les bêtes à laine ; mais des expériences faites en grand, & plusieurs fois répétées, en présence de la Société d'agriculture de Versailles, par l'estimable docteur Voisin, prouvent indubitablement que cela n'est pas. *Voyez* BÊTES A LAINE & MÉRINOS.

On a prétendu aussi que la Vaccine avoit des rapports avec la maladie appelée EAUX AUX JAMBES dans le cheval. *Voyez* ces mots. (*Bosc.*)

VACHE : femelle du TAUREAU.

L'importance dont est la Vache dans l'économie agricole, soit comme donnant naissance aux VEAUX, avec une partie desquels on fait les BŒUFS, soit comme fournissant le LAIT, & par suite le BEURRE & le FROMAGE (*voyez* ces mots), doit engager les cultivateurs à la multiplier le plus possible, & à la soigner autant qu'il est en eux. En conséquence elle devroit être ici l'objet d'un article fort étendu ; mais mon collaborateur Tessier ayant inséré à l'article BÊTES A CORNE de ce Dictionnaire, tout ce qui la concerne, je me trouve dispensé d'en parler. (*Bosc.*)

VACHENDORFE. *WACHENDORFIA*.

Genre de plantes de la triandrie monogynie & de la famille des *Iridées*, qui réunit six espèces, dont cinq fe cultivent dans nos écoles de botanique. Il eft figuré pl. 34 des *Illuftrations des genres* de Lamarck.

Espèces.

1. La V-ACHENDORFE à fleurs en thyrfe. *Wachendorfia thyrfiflora*. Linn. ♃ Du Cap de Bonne-Efpérance.

2. La VACHENDORFE paniculée. *Wachendorfia-paniculata*. Lam. ♃ Du Cap de Bonne-Efpérance.

3. La VACHENDORFE velue. *Wachendorfia villofa*. Thunb. ♃ Du Cap de Bonne-Efpérance.

4. La VACHENDORFE à feuilles de graminée. *Wachendorfia graminifolia*. Linn. ♃ Du Cap de Bonne-Efpérance.

5. La VACHENDORFE fluette. *Wachendorfia tenella*. Thunb. ♃ Du Cap de Bonne-Efpérance.

6. La WACHENDORFE à feuilles courtes. *Wachendorfia brevifolia*. Curt. ♃ Du Cap de Bonne-Efpérance.

Culture.

Les cinq premières efpèces font celles que nous cultivons. Il leur faut la terre de bruyère & l'orangerie, ou mieux le châffis pendant l'hiver. Elles fe multiplient par leurs œilletons féparés en automne, & mis à l'ombre jufqu'à leur rentrée. Ces plantes demandent peu d'arrofemens en été, & encore moins en hiver. (*Bosc*.)

VACHER. On donne ce nom à celui qui mène PAÎTRE les VACHES. Il eft prefque fynonyme de PATRE.

Un Vacher diffère d'un BOUVIER, en ce que ce dernier conduit les BŒUFS au travail.

Du refte, il y a beaucoup de rapports entre leurs fonctions. *Voyez* les mots précités.

Les qualités d'un bon Vacher ont été développées par mon collaborateur Teffier, au mot BÊTES A CORNE; de forte que je fuis difpenfé d'en parler ici. (*Bosc*.)

VACIET : nom vulgaire de la CAMARINE & de la JACINTHE à toupet.

VACOUET : un des noms du BAQUOIS odorant.

VAGINAIRE. *VAGINARIA*.

Genre de plantes établi par Perfoon pour placer la FUIRÈNE SCIRPOÏDE de Michaux. *Voyez* ce mot. (*Bosc*.)

VAGINELLE. *LEPIDOSPERMA*.

Genre de plantes de la triandrie monogynie & de la famille des *Souchets*, fort voifin des CHOINS & des SCLÉRIES, établi par Labillardière dans fon

ouvrage fur les plantes de la Nouvelle-Hollande, & qui renferme fept efpèces, dont aucune n'eft cultivée dans nos jardins.

Espèces.

1. La VAGINELLE à haute tige. *Lepidofperma elatior*. Labill. ♄ De la Nouvelle-Hollande.

2. La VAGINELLE en glaive. *Lepidofperma gladiata*. Labill. ♄ De la Nouvelle-Hollande.

3. La VAGINELLE à moelle alongée. *Lepidofperma longitudinalis*. Labill. ♃ De la Nouvelle-Hollande.

4. La VAGINELLE globuleufe. *Lepidofperma globofa*. Labill. ♃ De la Nouvelle-Hollande.

5. La VAGINELLE filiforme. *Lepidofperma filiformis*. Labill. ♃ De la Nouvelle-Hollande.

6. La VAGINELLE écailleufe. *Lepidofperma fquamata*. Labill. ♃ De la Nouvelle-Hollande.

7. La VAGINELLE tétragone. *Lepidofperma tetragona*. Labill. ♃ De la Nouvelle-Hollande. (*Bosc*.)

VAGUES (Terres) : terres que leur mauvaife nature ou l'infouciance du propriétaire empêche de mettre en culture.

On confond généralement les terres vagues avec les LANDES & les PATURAGES, & en effet il y a peu de différence. *Voyez* ces deux mots, ainfi que ceux COMMUNAUX & MARAIS.

Il eft d'une bonne adminiftration de ne point laiffer de terres vagues, puifque ces fortes de terres rapportent moins que fi elles étoient en culture ; ainfi tout propriétaire qui en poffède, doit s'empreffer d'en tirer un parti utile ; ainfi tout Gouvernement doit employer les moyens qui font en fon pouvoir pour engager à les DÉFRICHER. *Voyez* ce mot. (*Bosc*.)

VAHÉ. *VAHEA*.

Arbufte figuré par Lamarck, pl. 169 de fes *Illuftrations des genres*, qui tranflude de fon écorce une réfine analogue au *cahoutchouc*, & qui feul conftitue un genre dans la pentandrie monogynie & dans la famille des *Apocinées*.

Il ne fe cultive pas en Europe. (*Bosc*.)

VAHLBOME. *WAHLBOMIA*.

Arbre de Java, qui feul forme un genre dans la polyandrie tétragynie, figuré pl. 485 des *Illuftrations des genres* de Lamarck.

Nous ne poffédons pas cet arbre dans nos jardins. (*Bosc*.)

VAHLBOME. *Wahlbomia.*

Arbriſſeau des Indes, ſervant de type à un genre dans la polyandrie tétragynie & dans la famille des *Roſacées.* Il eſt figuré pl. 485 des *Illuſtrations des genres* de Lamarck. Nous ne le cultivons pas dans nos jardins. (*Bosc.*)

VAHLIA. *Vahlia.*

Plante vivace du Cap de Bonne-Eſpérance, qui ſeule forme un genre dans la pentandrie digynie & dans la famille des *Onagres.* Elle eſt figurée pl. 185 des *Illuſtrations des genres* de Lamarck. Nous ne la cultivons pas dans nos jardins.

Elle avoit été appelée RUSSELIE par Linnæus. (*Bosc.*)

VAHOU-RANOU : plante aquatique & bul-beuſe de Madagaſcar, dont les feuilles font mouſ-fer l'eau lorſqu'on les frotte dedans, & dont la bulbe eſt un puiſſant vermifuge. On ignore à quel genre cette plante ſe rapporte. (*Bosc.*)

VAILLANTIE ou GARANCETTE. *Valantia.*

Genre de plantes de la polygamie tétrandrie & de la famille des *Rubiacées,* dans lequel ſe placent quatorze eſpèces, dont pluſieurs ſont fort com-munes dans nos campagnes, & dont la plupart ſe cultivent dans nos écoles de botanique. Il eſt fi-guré pl. 843 des *Illuſtrations des genres* de Lamarck.

Obſervations.

Ce genre ne diffère des gaillets ou caille-lait, que par l'avortement de quelques-unes des fleurs de la plûpart des eſpèces qui y entrent; auſſi plu-ſieurs botaniſtes l'ont-ils ſupprimé. *Voyez* GAILLET.

Eſpèces.

1. La VAILLANTIE croiſette, vulgairement *croiſette velue.*
Valantia cruciata. Linn. ♃ Indigène.

2. La VAILLANTIE du Piémont.
Valantia pedemontana. Bull. ⊙ Des Alpes.

3. La VAILLANTIE glabre.
Valantia glabra. Linn. ♃ Du midi de la France.

4. La VAILLANTIE grateron, vulgairement *le grateron.*
Valantia aparine. Linn. ⊙ Indigène.

5. La VAILLANTIE anis ſucré.
Valantia ſaccharata. Poir. ⊙ Indigène.

6. La VAILLANTIE hiſpide.
Valantia hiſpida. Linn. ⊙ Du midi de la France.

7. La VAILLANTIE des murs.
Valantia muralis. Linn. ⊙ Du midi de la France.

8. La VAILLANTIE du Taurus.
Valantia taurica. Pall. ♃ De l'Orient.

9. La VAILLANTIE de Crimée.
Valantia cherſonenſis. Willd. ♃ De la Crimée.

10. La VAILLANTIE articulée.
Valantia articulata. Linn. ⊙ De l'Egypte.

11. La VAILLANTIE couchée.
Valantia humifuſa. Willd. Du Levant.

12. La VAILLANTIE cucullaire.
Valantia cucullaria. Linn. ⊙ De l'Orient.

13. La VAILLANTIE filiforme.
Valantia filiformis. Ait. ⊙ De Ténériffe.

14. La VAILLANTIE d'Amérique.
Valantia hypocarpia. Linn. De la Jamaïque.

Culture.

Nous cultivons dans nos écoles de botanique les eſpèces des n°s. 1, 2, 4, 6, 7, 9, 12 & 13. Toutes, excepté la dernière, ſe ſèment en place & ne de-mandent d'autres ſoins que ceux propres à tout jardin bien tenu. Cette dernière doit être ſemée en pot placé ſur couche nue, & être rentrée dans l'orangerie aux approches des froids, pour que ſes graines puiſſent mûrir.

Les beſtiaux ne touchent pas aux Vaillanties croiſette & grateron; cependant, quand elles ſont deſſéchées & mêlées avec d'autres plantes, ils s'en accommodent fort bien. Comme elles ſont ſouvent extrêmement communes, il eſt bon de les couper avant la maturité de leurs graines, tant pour les empêcher de ſe multiplier, que pour les utiliſer en les apportant ſur le fumier.

La première de ces eſpèces eſt aſſez élégante, quand elle eſt en fleur, pour mériter une place le long des maſſifs dans les jardins payſagers, ſur les arbriſſeaux deſquels elle monte; la ſeconde ſe fait remarquer, en automne, de tous ceux qui vont dans les champs, parce que ſes graines s'attachent aux habits des hommes & aux poils des beſtiaux. (*Bosc.*)

VAINE PATURE : droit, ſans doute naturel, mais malgré cela très-déſaſtreux, qui, dans beau-coup de parties de la France, autoriſe à faire paî-tre immédiatement après les récoltes tous les beſ-tiaux d'une commune ſur toutes les terres non clo-ſes de cette commune, de ſorte que les propriétai-res éclairés qui voudroient & ſuivre des aſſolemens particuliers ne le peuvent, ſoit parce que la loi ou l'uſage le défend expreſſément, ſoit ſeulement par la crainte des dommages que les beſtiaux cauſeroient immanquablement à leurs cultures. *Voyez* ASSOLEMENT & SUCCESSION DE CUL-TURE.

Ce n'eſt pas uniquement ſur la culture des champs que la Vaine pâture exerce ſa nuiſible influence; elle fait diſparoître les arbres iſolés & même les forêts. « D'où viennent, s'écrie M. Lau-rent, *Mémoire de la Société d'agriculiure de Chau-mont,* tant de montagnes pelées, de coteaux arides, dont le hideux aſpect, dans ce département, bleffe l'œil du voyageur & fait gémir l'ami de la belle nature ? n'eft-ce pas à l'abrou-tiffement produit par la Vaine pâture? C'eft à lui que nous devons de ne plus apercevoir que de triftes déferts dans ces mêmes lieux jadis couverts d'antiques forêts. En effet, l'expérience de tous les jours prouve que la dent meurtrière des beftiaux ruine ces jeunes taillis, & convertit graduellement de beaux bois en chétives brouffailles, & ces brouffailles elles-mêmes en peloufes prefque fans herbes. »

La fuppreffion de la Vaine pâture a été demandée par tous les bons écrivains jaloux des droits de la propriété & de la profpérité agricole de la France. Quelques lois tendantes à arriver à ce but ont déja été promulguées; mais le principe exifte toujours, & c'eft fur lui qu'il faut frapper.

Je n'étendrai pas plus ces réflexions, parce qu'elles ont été déjà développées au mot PARcours. (Bosc.)

VAISSEAUX DES PLANTES : trous longitudinaux & tranfverfaux qui fe remarquent dans la coupe de toutes les parties des plantes, & qui donnent paffage à la Séve, aux Sucs propres & à l'Air qui y circulent. Voyez ces mots.

Quoique les cultivateurs foient peu dans le cas de prendre en confidération les Vaiffeaux des plantes, je les euffe rendus ici l'objet d'un article de quelqu'étendue, fi leur organifation & leurs ufages n'avoient pas été décrits avec des détails fuffifans à l'article correfpondant du Dictionnaire de Phyfiologie végétale, faifant fuite à l'Encyclopédie par ordre de matières; article auquel je renvoie le lecteur. (Bosc.)

VAL ou VALLÉE. Voyez ce dernier mot.

VALADÉE : opération en ufage dans le département des Hautes-Alpes, & qui confifte à ouvrir dans les vignes ou dans les lignes de fouches, des foffés profonds dans lefquels on met de l'engrais mêlé de paille, de grandes plantes rebutées par les beftiaux, des fagots de bois taillis, de brouffailles de genêt, de bruyère, de buis, &c. Il y a lieu de regretter qu'on ne faffe pas plus fouvent ufage de ces moyens améliorans dans les lieux où on cultive la vigne, lieux où ils fe trouvent prefque toujours abondamment fous la main des cultivateurs. (Bosc.)

VALAN. WALAN.

Arbre de l'Inde imparfaitement connu des botaniftes, dont l'écorce pulvérifée fert à enivrer le poiffon.

Il ne fe cultive pas dans nos jardins. (Bosc.)

VALANÈDE : efpèce de chêne du Levant, dont la capfule du fruit s'emploie dans la teinture en noir. Voyez CHÊNE dans le Dictionnaire des Arbres & Arbuftes. (Bosc.)

VALDESTEINE. WALDESTEINIA.

Plante vivace des forêts de la Hongrie, qui feule conftitue, dans l'icofandrie digyhie & dans la famille des Rofacées, un genre fort voifin des BENOITES. Elle fe cultive dans nos écoles de botanique, en pleine terre, dans les fituations un peu fraîches & un peu ombragées. On la multiplie de graines femées en place, & lorfqu'on la poffède, par déchirement des vieux pieds en hiver. (Bosc.)

VALDÉZIE. VALDEZIA.

Genre de plantes de la dodécandrie monogynie & de la famille des Mélaftomes, dans lequel fe placent deux arbriffeaux du Pérou qui ne fe cultivent pas dans nos jardins. Il fe rapproche beaucoup des BLAKEA. (Bosc.)

VALENTINE. VALENTINIA.

Arbufte de Cuba, qui feul conftitue un genre dans l'octandrie monogynie, & qui fe rapproche de celui des DODONNÉES.

Nous ne cultivons pas cet arbufte en Europe. (Bosc.)

VALÉRIANE. VALERIANA.

Genre de plantes de la triandrie monogynie & de la famille de fon nom, dans lequel fe placent quarante-neuf efpèces, dont la plus grande partie fe cultivent dans nos écoles de botanique, & quelques-unes pour l'ornement dans les jardins. Il eft figuré pl. 24 des Illuftrations des genres de Lamarck.

Obfervations.

Les genres CENTRANTHE & MACHE (fedia) ont été établis aux dépens de celui-ci; mais ce dernier a été feul adopté. Voyez fon article.

Efpèces.

1. La VALÉRIANE rouge, vulgairement *valériane des jardins.*
Valeriana rubra. Linn. ♃ Du midi de la France.

2. La VALÉRIANE à feuilles étroites.
Valeriana anguftifolia. Willd. ♃ Du midi de la France.

3. La VALÉRIANE chauffe-trape.
Valeriana calçitrapa. Linn. ☉ Du midi de la France.

4. La VALÉRIANE à longues feuilles.
Valeriana oblongifolia. Ruiz & Pav. Du Pérou.

5. La VALÉRIANE dioïque.
Valeriana dioica. Linn. ♃ Indigène.

6. La VALÉRIANE du Cap.
Valeriana capenfis. Thunb. Du Cap de Bonne-Efpérance.

7. La VALÉRIANE phu, vulgairement *la grande valériane.*
Valeriana phu. Linn. ♃ Du midi de l'Europe.

8. La VALÉRIANE à grosse racine.
Valeriana hyalinorhiza. Ruiz & Pav. Du Chili.

9. La VALÉRIANE crépue.
Valeriana crispa. Ruiz & Pav. Du Chili.

10. La VALÉRIANE interrompue.
Valeriana interrupta. Ruiz & Pav. ♃ Du Pérou.

11. La VALÉRIANE à feuilles en lyre.
Valeriana lyrata. Vahl. Du Pérou.

12. La VALÉRIANE pinnatifide.
Valeriana pinnatifida. Ruiz & Pav. Du Pérou.

13. La VALÉRIANE à fleurs globuleuses.
Valeriana globiflora. Ruiz & Pav. Du Pérou.

14. La VALÉRIANE pauciflore.
Valeriana pauciflora. Mich. De l'Amérique septentrionale.

15. La VALÉRIANE à plusieurs épis.
Valeriana polystachia. Smith. Du Brésil.

16. La VALÉRIANE officinale, vulgairement *valériane des bois.*
Valeriana officinalis. Linn. ♃ Indigène.

17. La VALÉRIANE élevée.
Valeriana excelsa. Poir. ♃ De.....

18. La VALÉRIANE d'Italie.
Valeriana italica. Lam. ♃ De l'Italie.

19. La VALÉRIANE à fleurs de sisymbre.
Valeriana sisymbrifolia. Vahl. Du Levant.

20. La VALÉRIANE paniculée.
Valeriana paniculata. Ruiz & Pav. Du Pérou.

21. La VALÉRIANE en croix.
Valeriana decussata. Ruiz & Pav. Du Pérou.

22. La VALÉRIANE grimpante.
Valeriana scandens. Linn. De l'Amérique méridionale.

23. La VALÉRIANE à feuilles de pimprenelle.
Valeriana sanguisorbæfolia. Cavan. Du Pérou.

24. La VALÉRIANE élancée.
Valeriana virgata. Ruiz & Pav. Du Pérou.

25. La VALÉRIANE de montagne.
Valeriana montana. Linn. ♃ Des Alpes.

26. La VALÉRIANE intermédiaire.
Valeriana intermedia. Vahl. ♃ Des Pyrénées.

27. La VALÉRIANE à trois lobes.
Valeriana tripteris. Linn. ♃ Des Alpes.

28. La VALÉRIANE velue.
Valeriana villosa. Thunb. Du Japon.

29. La VALÉRIANE des Pyrénées.
Valeriana pyrenaica. Linn. ♃ Des Pyrénées.

30. La VALÉRIANE à feuilles d'alliaire.
Valeriana alliariæfolia. Vahl. ♃ De l'Orient.

31. La VALÉRIANE à feuilles de patience.
Valeriana lapathifolia. Vahl. Du détroit de Magellan.

32. La VALÉRIANE de Magellan.
Valeriana magellanica. Lam. ♃ Du détroit de Magellan.

33. La VALÉRIANE tubéreuse.
Valeriana tuberosa. Linn. ♃ Des Alpes.

34. La VALÉRIANE du Bengale.
Valeriana spica. Vahl. Du Bengale.

35. La VALÉRIANE à longues grappes.
Valeriana elongata. Linn. ♃ De l'Allemagne.

36. La VALÉRIANE couchée.
Valeriana supina. Linn. ♃ Des Alpes.

37. La VALÉRIANE des rochers.
Valeriana saxatilis. Linn. ♃ Des Alpes.

38. La VALÉRIANE à feuilles de lavande.
Valeriana saliunca. Allion. ♃ Des Alpes.

39. La VALÉRIANE à feuilles de globulaire.
Valeriana globulariæfolia. Ram. ♃ Des Pyrénées.

40. La VALÉRIANE nard celtique.
Valeriana celtica. Linn. ♃ Des Alpes.

41. La VALÉRIANE spathulée.
Valeriana spathulata. Ruiz & Pav. Du Pérou.

42. La VALÉRIANE connivente.
Valeriana connata. Ruiz & Pav. Du Pérou.

43. La VALÉRIANE à feuilles de salicaire.
Valeriana salicariæfolia. Vahl. Du Brésil.

44. La VALÉRIANE pileuse.
Valeriana pilosa. Ruiz & Pav. Du Pérou.

45. La VALÉRIANE resserrée.
Valeriana coarctata. Ruiz & Pav. Du Pérou.

46. La VALÉRIANE dentée en scie.
Valeriana serrata. Ruiz & Pav. Du Pérou.

47. La VALÉRIANE à feuilles roides.
Valeriana rigida. Ruiz & Pav. Du Pérou.

48. La VALÉRIANE à feuilles étroites.
Valeriana tenuifolia. Ruiz & Pav. Du Pérou.

49. La VALÉRIANE laciniée.
Valeriana laciniata. Ruiz & Pav. ☉ Du Pérou.

Culture.

La Valériane rouge & la Valériane phu sont celles qui se cultivent dans les parterres & les jardins paysagers. Quoiqu'elles viennent fort aisément de graines semées en pépinière, que la première même croisse naturellement dans le climat de Paris, dans les fentes des murs, sur les rochers & autres lieux voisins des habitations, il est rare qu'on emploie ce moyen, le déchirement des vieux pieds au printemps suffisant bien au-delà pour les besoins de la culture. La première, qui varie en blanc, demande une terre légère, sèche, & se place sur les bords des plates-bandes des parterres, sur les rochers ou les murs, contre les fabriques des jardins paysagers ; la seconde exige une terre forte & fraîche, & se place au milieu des plates-bandes des parterres, le long des allées ou sur le bord des eaux, dans les jardins paysagers. Les seuls soins qu'elles demandent, sont deux ou trois binages par an, l'enlèvement des tiges en automne, & leur changement de place tous les trois ou quatre ans.

La Valériane rouge étant fort du goût des bestiaux, croissant très-bien dans les terrains les plus arides, repoussant avec une grande rapidité ; restant verte toute l'année, pourroit certainement être cultivée en grand avec avantage ; mais je ne sache pas que nulle part on ait essayé d'en tirer un parti utile. Dans quelques lieux, dit-on, fes jeunes pousses fe mangent, foit crues en falade, foit cuites & assaisonnées.

La Valériane officinale eft fort commune dans les bois dont le fol eft un peu frais; c'eft aussi une fort belle plante qu'on peut introduire avec avantage dans les jardins payfagers. On doit la couper, foit pour la donner aux beftiaux qui tous l'aiment beaucoup, quoiqu'elle les purge, foit pour augmenter la maffe des fumiers. Ses racines font fréquemment employées en médecine.

La Valériane dioïque couvre quelquefois le fol des marais au premier printemps, époque de fa floraifon. On doit aussi la placer fur le bord des eaux, dans les jardins payfagers, bien certain qu'elle s'y fera remarquer. Les beftiaux l'aiment également avec passion.

Les autres Valérianes ne fe cultivent que dans les écoles de botanique; ce font celles des nᵒˢ. 2, 3, 25, 26, 27, 29, 33, 36, 37 & 40. La culture de la feconde ne diffère pas de celle de la première, dont elle a été pendant long-temps regardée comme une variété. La troisième étant annuelle fe fème en place, & fon plant s'éclaircit. Les autres demandent une terre à demi confiftante & une expofition à demi ombragée, ou le nord-eft. Le mieux eft de les tenir en pot, qu'on met au midi pendant l'hiver, au nord pendant l'été, & au levant ou couchant au printemps & en automne. Ce font des plantes d'une affez difficile confervation & multiplication dans nos jardins, qui, quoique naturelles aux hautes montagnes, craignent quelquefois les gelées du climat de Paris. On les multiplie par graines & par féparation des vieux pieds, comme il a été dit plus haut. On fait ufage en médecine des racines de la plupart, racines qui font odorantes. (*Bosc.*)

VALÉRIANE GRECQUE. C'eft la POLÉMOINE.

VALÉRIANELLE: un des noms de la MACHE.

VALEUR. Il eft un grand nombre de cas où les cultivateurs font obligés d'eftimer la Valeur d'une portion de terre, foit pour l'acheter, foit pour la prendre à location. Connoître les bafes d'après lefquelles on peut l'établir, leur eft donc indifpenfable.

On diftingue deux fortes de Valeurs dans une terre, la Valeur propre & la Valeur relative. La première eft fondée fur la nature du fol, fur fon expofition, fur l'abondance ou la rareté des eaux, &c.; la feconde s'établit fur fon éloignement des grandes villes, des grandes routes ou des rivières navigables, fur le plus ou moins de vente probable des grains, des pailles, des fourrages, des bois, &c.

Telle terre très-mal fituée fous ces derniers rapports, & qui produifoit par conféquent fort peu entre les mains d'un propriétaire ou d'un fermier ignorant & fans activité, devient quelquefois très-productive quand elle paffe dans celles d'un homme qui a les qualités contraires, & qui fe hâte de fpéculer fur l'élève des chevaux, des bœufs, des

vaches, des moutons, des cochons, des volailles, fur la production du beurre, du fromage.

Dans les pays de grande culture, on établit avec fuffifamment de jufteffe pour celui qui ne veut que placer un capital, la Valeur d'un fonds par celui de fon fermage; mais dans les pays de petite culture, où le propriétaire partage les fruits, cela n'eft pas auffi facile; auffi y a-t-il, dans ces derniers pays, de grandes variations dans l'évaluation des fonds les plus rapprochés.

Un capitalifte qui veut cultiver par lui-même, doit non-feulement calculer d'après les confidérations précédentes, mais encore fur le plus ou moins d'habileté du cultivateur qu'il doit remplacer; & en effet, telle terre négligée ou traitée d'une manière oppofée à fa nature, peut, par le feul effet de labours plus parfaits, d'affolemens plus judicieux, d'un choix de cultures plus approprié à fa nature & à fa pofition, d'irrigations bien entendues, &c., devenir d'un rapport double, triple, &c.

Un propriétaire qui entre en poffeffion d'un nouveau fonds gagnera toujours à faire une évaluation moyenne auffi approximative que poffible, de toutes les parties qui le compofent, afin de régularifer les opérations de culture qu'il fera dans le cas d'y faire. Ainfi il dira: pièce de terre labourable de tant d'arpens, en fol argileux & froid, rapportant, année commune, tant de bottes de froment, & ces bottes tant de fetiers de grain; pièce de prés de tant d'arpens, en fonds fec fufceptible d'irrigation par la déviation d'une fource, fourniffant, année commune, tant de bottes de foin de première qualité; pièce de vigne de tant d'arpens, à l'expofition du levant, en fonds rocailleux, produifant tant de pièces de vin dans les années ordinaires, &c.

Par ce moyen il fera toujours poffible, chaque année, après avoir fait la balance des recettes & des dépenfes, d'établir le rapport comparatif auffi rigoureux qu'il eft néceffaire, du produit de cette année. (*Bosc.*)

VALIÈRE. On donne ce nom aux MOUTONS gras dans quelques lieux. *Voyez* ce mot & celui BÊTES A LAINE.

VALKUFFE: nom abyffin du PENTAPÈTE.

VALLAL. On appelle ainfi les foffés dans le département du Var.

VALLÉE. *VALLEA.*

Arbre du Mexique, qui feul conftitue un genre dans la polyandrie monogynie. Nous ne le cultivons pas dans nos jardins. (*Bosc.*)

VALLÉE, VALLON. On appelle *Vallée* l'intervalle entre deux chaînes de montagnes, & *Vallon* l'efpace qui fépare deux montagnes.

Un Vallon s'appelle auffi *combe* dans quelques cantons.

Il y a cette différence entre une Vallée & un Vallon, que ce dernier étant moins long & plus étroit, on voit plus diſtinctement ſon rétréciſſement & ſa terminaiſon.

Au reſte, dans l'uſage, on confond ſans ceſſe ces deux acceptions.

Comme il y a des Vallées dans la mer, on doit croire que la plupart de celles qui exiſtent ſur les continens, ſont antérieures au deſſéchement de ces derniers ; mais l'inſpection de preſque toutes prouve qu'elles ſe ſont d'abord beaucoup approfondies par l'effet des eaux pluviales, & enſuite ſe ſont élevées, pour la plupart, lorſque les montagnes ont été beaucoup abaiſſées par l'effet des mêmes eaux. *Voyez* PLUIE & MONTAGNE.

Toutes les Vallées & les Vallons poſſèdent ou un cours d'eau permanent, plus ou moins conſidérable, ou un torrent après les pluies d'orage. *Voyez* SOURCE, RUISSEAU, RIVIERE, TORRENT.

Les larges Vallées ne différent des plaines, ſous les rapports agricoles, que par la préſence de ce cours d'eau ; mais les Vallons préſentent des conſidérations qui leur ſont propres.

D'abord les Vallons s'ouvrant ou au levant, ou au midi, ou au couchant, ou au nord, offrent des aſpects qui appellent ou qui excluent certaines cultures ; enſuite celles qui s'ouvrent au levant ou au couchant offrent l'expoſition du midi ſur un de leurs côtés, & celle du nord ſur l'autre. *Voyez* EXPOSITION & ABRI.

C'eſt dans les Vallons que la culture s'exerce avec le plus de ſuccès par des mains induſtrieuſes, parce que c'eſt là où elle peut être variée. Ainſi dans ceux au midi on obtiendra les productions des pays plus méridionaux, les primeurs de la vente la plus fructueuſe. Ainſi, au nord, on plantera des bois de toute nature, & principalement des arbres réſineux, dont la croiſſance eſt ſi rapide & la vente ſi certaine.

La hauteur des Vallons au-deſſus du niveau de la mer influant ſur leur température habituelle, il faut la faire entrer en ligne de compte lorſqu'on veut entreprendre d'y introduire de nouvelles cultures.

Preſque toujours la nature du terrain des Vallées & des Vallons varie plus que celui des plaines, c'eſt-à-dire, que le fond eſt ou plus fertile, parce qu'il reçoit, par l'intermédiaire des eaux pluviales, les détritus des plantes qui ont végété ſur leurs flancs, ou plus ſtérile, parce que les mêmes eaux y ont amené les ſables réſultans de la décompoſition des roches qui compoſent ces mêmes flancs. *Voyez* TERRE VÉGÉTALE & SABLONNEUX.

Un avantage des Vallées & des Vallons que je dois citer en première ligne, c'eſt la poſſibilité de les arroſer en grande partie par la déviation des ſources ſupérieures. *Voyez* IRRIGATION.

Précédemment on laiſſoit preſque toujours, dans les pays de montagnes, le fond des Vallées & des Vallons en prairies, parce que le foin y

étoit d'un excellent produit, ſoit à raiſon de ſa rareté, ſoit à raiſon de la bonté de la terre ; mais aujourd'hui que les prairies artificielles s'y établiſſent, on commence à le cultiver comme la terre des flancs. *Voyez* PRAIRIE & SUCCESSION DE CULTURE.

C'eſt auſſi dans ce fond que ſe placent les arbres fruitiers & même ceux dont le bois eſt deſtiné au charronnage & au feu, parce que la même cauſe, la bonté de la terre, leur fait porter plus de fruits & accélère leur croiſſance.

En général, à raiſon de la proximité des cours d'eaux, les villages ſont bâtis dans ces mêmes fonds, & par conſéquent les jardins s'y trouvent.

Cependant il faut le dire, le ſéjour du fond des Vallons eſt moins ſain pour l'homme, que celui des flancs des montagnes qui les forment, parce que l'humidité y eſt plus permanente, à raiſon de ce qu'il eſt abrité des rayons du ſoleil & de l'effet des vents : ainſi là, les maiſons doivent être plus éloignées qu'ailleurs des arbres & des eaux. Par la même raiſon les céréales y ſont plus attaquées de ROUILLE, de CHARBON, de CARIE, d'ERGOT ; les fleurs y coulent plus ſouvent, les fruits y ſont moins ſavoureux, &c.

Il gèle plus tôt en automne & plus tard au printemps dans le fond des Vallons qui ne ſont pas tournés au midi, ce qui eſt une conſidération à étudier lorſqu'on y entreprend une culture.

Tout ce que je viens d'obſerver a un caractère plus grave lorſque les deux flancs des Vallons ſont couverts de bois.

Les flancs des Vallées & des Vallons tournés au levant ou au midi ſont les ſeuls qui ſe cultivent en vignes avec ſuccès. Il eſt cependant des exceptions, car dans le Midi l'expoſition de l'oueſt eſt ſouvent préférable, & quelques-uns des bons vignobles de l'Anjou & de la Champagne ſont tournés au NORD. *Voyez* ce mot.

Les flancs des Vallées & des Vallons qui ſont au couchant ou au nord, lorſqu'ils ne ſont pas couverts de bois, peuvent être cultivés en céréales ou en prairies artificielles.

Les labours fréquens tendent à amener la dénudation des flancs des Vallées & des Vallons, parce qu'ils favoriſent l'enlèvement de leur terre par les eaux des pluies d'orage. Il faut donc ou les diminuer le plus poſſible, en préférant la culture des prairies artificielles, ou le faire de manière à relever la terre au lieu de la deſcendre, ou établir des terraſſes, ou planter des haies tranſverſales, parallèles les unes aux autres & peu écartées. *Voyez* LABOUR, TERRASSE & HAIE ; *voyez auſſi* ORAGE.

Il eſt très-ſouvent poſſible d'établir dans les Vallons, en les barrant par des digues ou jetées, un ou pluſieurs ETANGS. *Voyez* ce mot.

Outre les inconvéniens précités du ſéjour & de la culture des Vallons, il faut encore citer ceux qu'y qu'y produifent les INONDATIONS & furtout les TORRENS. *Voyez* ces mots. (*Bosc.*)

VALLÈNE. *WALLENIA.*

Genre de plantes de la tétrandrie monogynie & de la famille des *Gatiliers*, qui renferme deux efpèces, dont l'une eft cultivée dans quelques ferres de l'Europe.

Efpèces.

1. La VALLÈNE à feuilles de laurier. *Wallenia laurifolia.* Swartz. ♄ De la Jamaïque.
2. La VALLÈNE à rameaux anguleux. *Wallenia angularis.* Jacq. ♄ Des Indes.

Culture.

C'eft la dernière qui fe cultive ; mais comme elle n'eft pas encore dans les ferres de Paris, je n'ai aucun renfeignement fur le mode de fa culture & de fa multiplication. (*Bosc.*)

VALLÉSIE. *VALLESIA.*

Arbriffeau du Pérou, qui feul forme un genre dans la pentandrie monogynie & dans la famille des *Apocinées.* Il fe cultive dans le Jardin de botanique de Madrid ; mais je n'ai point de renfeignemens fur les foins qu'il exige. (*Bosc.*)

VALLISNÈRE. *VALLISNERIA.*

Genre de plantes de la diœcie diandrie & de la famille des *Hydrocaridées*, qui réunit quatre efpèces, dont une eft commune dans les eaux courantes du midi de l'Europe. Il eft figuré pl. 799 des *Illuftrations des genres* de Lamarck.

Efpèces.

1. La VALLISNÈRE en fpirale. *Vallifneria fpiralis.* Linn. ♃ Du midi de la France.
2. La VALLISNÈRE bulbeufe. *Vallifneria bulbofa.* Poir. ♃ Des environs de Soiffons.
3. La VALLISNÈRE d'Amérique. *Vallifneria americana.* Mich. ♃ De l'Amérique feptentrionale.
4. La VALLISNÈRE à huit étamines. *Vallifneria octandra.* Roxb. ☉ Des Indes.

Culture.

La première efpèce eft fi abondante dans quelques rivières de l'Italie, qu'il faut toutes les années l'arracher avec de grands râteaux ; pour l'empêcher d'obftruer la navigation. Ses feuilles fe jettent fur les bords, où elles fe décompofent, &

Agriculture. Tome VI.

fourniffent, l'année fuivante, un excellent engrais.

Il eft prefqu'impoffible de cultiver cette plante dans les écoles de botanique, car il lui faut une eau pure, courante & chaude. J'en avois rapporté beaucoup de pieds de Pavie, qui n'ont fubfifté que quelques mois dans celle de Paris, & je fais que ceux qui avoient été envoyés d'Arles ne s'y font pas confervés plus long-temps.

Cette plante fe fait remarquer par la fingularité du mode de fa fructification. (*Bosc.*)

VALLON : petite vallée, ou mieux vallée latérale.

La culture des Vallons ne diffère pas de celle des VALLÉES. *Voyez* ce mot. (*Bosc.*)

VALO. *CAMPYNEMA.*

Plante vivace de la Nouvelle-Hollande, dont Labillardière a fait un genre dans l'hexandrie monogynie & dans la famille des *Narciffes.*

Cette plante, qu'il a figurée pl. 121 de fon ouvrage fur celles de la Nouvelle-Hollande, n'eft pas cultivée dans nos jardins. (*Bosc.*)

VALTHÈRE. *WALTHERIA.*

Genre de plantes de la monadelphie pentandrie & de la famille des *Malvacées*, dans lequel fe rangent fept efpèces, dont trois fe cultivent dans nos écoles de botanique. Il eft figuré pl. 570 des *Illuftrations des genres* Lamarck.

Efpèces.

1. La VALTHÈRE d'Amérique. *Waltheria americana.* Linn. ♄ De Saint-Domingue.
2. La VALTHÈRE des Indes. *Waltheria indica.* Linn. ♄ Des Indes.
3. La VALTHÈRE à feuilles étroites. *Waltheria anguftifolia.* Linn. ♄ Des Indes.
4. La VALTHÈRE à fleurs en crête. *Waltheria lophantha.* Forsk. ♄ Des îles de la mer du Sud.
5. La VALTHÈRE à feuilles ovales. *Waltheria ovata.* Cavan. ♄ Du Pérou.
6. La VALTHÈRE à feuilles elliptiques. *Waltheria elliptica.* Cavan. ♄ Des Indes.
7. La VALTHÈRE glabre. *Waltheria glabra.* Poir. ♄ De la Guadeloupe.

Culture.

Les trois premières efpèces font celles qui fe voient dans nos écoles de botanique. On les tient dans la ferre chaude pendant fix mois de l'année, & le refte du temps contre un mur expofé au midi. Une terre à demi confiftante, qu'on renouvelle en partie tous les ans, eft celle qu'elles exigent. Les arrofemens doivent être rares, furtout

Bbbb

en hiver : leur multiplication s'exécute par le femis de leurs graines dans des pots fur couche nue. La ferpette doit les toucher le moins poffible. (*Bosc.*)

VAMI. *Cephalotus.*

Plante vivace de la Nouvelle-Hollande, qui feule, felon Labillardière, forme un genre dans l'icofandrie hexagynie & dans la famille des *Rofacées.* Elle eft figurée pl. 145 de fon ouvrage fur les végétaux de ce pays.

Ne fe cultivant pas dans nos jardins, je n'en dirai rien de plus. (*Bosc.*)

VAMPI. *Cookia.*

Arbre de la Chine, aujourd'hui cultivé à l'Ile-de-France, à raifon de fa beauté. Il fert feul de type à un genre de la décandrie monogynie & de la famille des *Hefpéridées*, lequel fe voit figuré pl. 254 des *Illuftrations des genres* de Lamarck.

Cet arbre eft cultivé dans les ferres de l'empereur d'Autriche ; mais j'ignore quelle eft la terre qu'il demande, & quels font les foins qu'il exige. (*Bosc.*)

VAN : inftrument d'ofier ou de lanières de bois, repréfentant un plan ovale, relevé d'un côté fur fon bord, & pourvu de deux anfes.

Il y a des Vans de toutes grandeurs, entre deux & quatre pieds de large.

C'eft fans doute le hafard qui a fait connoître la propriété du Van, de féparer, en le remuant tantôt de droite à gauche, & de gauche à droite, tantôt de haut en bas & de bas en haut, les menues pailles & le grain le plus léger du bon grain. L'inégalité de la furface du Van concourt auffi à ces réfultats.

Quelqu'avantageux que foit le Van, il eft furpaffé dans fes effets par le TARARE (*voyez* ce mot), parce que ce dernier inftrument fatigue moins & expédie davantage ; mais il eft plus coûteux & d'un entretien plus confidérable.

Les cultivateurs doivent avoir plufieurs Vans de rechange, furtout dans la grandeur moyenne ufitée dans le pays. Ils doivent auffi veiller à leur confervation, lorfqu'ils ne fervent pas, un peu mieux qu'on ne le fait généralement ; car quoique leur valeur ne foit pas fort élevée, il faut éviter la dépenfe de leur renouvellement. (*Bosc.*)

VANELLE. *Stylidium.*

Genre de plantes de la gynandrie diandrie & de la famille des *Scrophulaires*, qui contient dix efpèces, dont une fe cultive en Europe. Labillardière en a figuré plufieurs, pl. 213 & fuivantes de fon ouvrage fur les plantes de la Nouvelle-Hollande. C'eft le CANDOLLEA de Juffieu.

Efpèces.

1. La VANELLE pileufe.
Stylidium pilofum. Labill. ♃ De la Nouvelle-Hollande.

2. La VANELLE à feuilles glauques.
Stylidium glaucum. Labill. ♃ De la Nouvelle-Hollande.

3. La VANELLE à feuilles de gramen.
Stylidium graminifolium. Swartz. ♃ De la Nouvelle-Hollande.

4. La VANELLE fétacée.
Stylidium fetaceum. Labill. ♃ De la Nouvelle-Hollande.

5. La VANELLE à feuilles d'arméria.
Stylidium armeria. Labill. ♃ De la Nouvelle-Hollande.

6. La VANELLE ombellée.
Stylidium umbellatum. Labill. ♃ De la Nouvelle-Hollande.

7. La VANELLE linéaire.
Stylidium lineare. Swartz. ♃ De la Nouvelle-Hollande.

8. La VANELLE fluette.
Stylidium tenellum. Swartz. ♃ Des Indes.

9. La VANELLE des marais.
Stylidium uliginofum. Swartz. ♃ De Ceylan.

10. La VANELLE glanduleufe.
Stylidium glandulofum. Salesb. ♄ De la Nouvelle-Hollande.

Culture.

La dernière efpèce eft celle que nous cultivons : elle demande la terre de bruyère & l'orangerie. On la multiplie par le femis de fes graines, dont elle fournit abondamment, graines qui fe fèment au printemps dans des pots fur couche nue, & qui donnent du plant qu'on fépare l'automne fuivante. C'eft un affez joli arbufte. (*Bosc.*)

VANGUIER. *Vanguiera.*

Arbre de Madagafcar, qui feul conftitue dans la pentandrie monogynie & dans la famille des *Rubiacées*, un genre figuré pl. 159 des *Illuftrations des genres* de Lamarck.

Cet arbre porte pour fruit une baie bonne à manger, & fe cultive en conféquence à l'Ile-de-France, d'où on en a apporté un pied dans le Jardin du Muféum d'hiftoire naturelle de Paris. Il demande une terre confiftante, qu'on renouvelle en partie tous les ans, & la ferre chaude pendant l'hiver, comme la plupart des autres arbres de fa famille. On peut fans doute le multiplier de boutures faites fur couche & fous châffis ; mais j'ignore fi elles font faciles à la reprife, & fi les pieds qui en proviennent fe confervent longtemps. (*Bosc.*)

VANIÉRIE. *Vanieria.*

Genre de plantes de la monœcie pentandrie & de la famille des *Orties*, qui réunit deux espèces, dont aucune n'est cultivée dans nos jardins.

Espèces.

1. La VANIÉRIE de la Cochinchine.
Vanieria cochinchinensis. Lour. ♄ De la Cochinchine.

2. La VANIÉRIE de la Chine.
Vanieria chinensis. Lour. ♄ De la Chine.
(*Bosc.*)

VANILLE. *Vanilla.*

Genre de plantes établi pour placer quelques espèces d'ANGRECS qui n'ont pas exactement les caractères des autres. *Voyez* ce mot.

Ce nouveau genre renferme trois espèces, dont l'une est la célèbre VANILLE AROMATIQUE (*epidendrum. vanilla* Linn.), dont les capsules sont l'objet d'un commerce important, à raison de leur emploi dans les parfums, ainsi que dans les assaisonnemens de quelques mets, & de la culture de laquelle il a été question au mot ANGREC.

Les autres sont :

1. La VANILLE claviculée.
Vanilla claviculata. Swartz. ♃ De l'Amérique méridionale.

2. La VANILLE à feuilles étroites.
Vanilla angustifolia. Willd. ♃ Du Japon.
(*Bosc.*)

VANNAGE : action de vanner. *Voyez* l'article VAN.

Quelque simple & facile que soit le Vannage, il y a de grandes différences, relativement à sa rapidité à sa bonté, entre les ouvriers qui l'exécutent : ainsi il faut savoir juger de leur habileté lorsqu'on est appelé à en choisir.

Après le Vannage du froment, on le crible pour en séparer les graines étrangères, ou plus petites ou plus grosses, & alors il est dans le cas d'être semé ou porté au moulin. *Voyez* CRIBLE & GRAIN.

On appelle *Vannage à la roue*, l'opération de jeter le grain contre le vent, & circulairement au moyen d'une pelle de bois. Le bon grain, comme plus pesant, est porté le plus loin, & les menues pailles, les graines étrangères, la poussière, &c. tombent plus près.

L'effet contraire a lieu lorsqu'on jette le grain dans la direction du vent.

Cette sorte de Vannage, qui est sans doute la première dont les agriculteurs aient fait usage, est toujours bonne à pratiquer, lors même qu'on a vanné par le moyen du van & même criblé. (*Bosc.*)

VANNEAU : oiseau de passage, formant de

grosses volées, qui se fait remarquer des cultivateurs par la beauté de son plumage & par la permanence de son cri. *Voyez* VANNEAU dans le *Dictionnaire d'Ornithologie.*

On fait partout une chasse à outrance au Vanneau, à raison de la bonté de sa chair. Cependant, dans l'intérêt de l'agriculture, on devroit le ménager, car vivant principalement de vers de terre, il en diminue le nombre, & rend par conséquent un service essentiel aux cultivateurs. *Voyez* LOMBRIC. (*Bosc.*)

VANTANE. *Lemniscia.*

Nom de deux arbres de la Guiane, qui constituent un genre dans la polyandrie monogynie, genre figuré pl. 471 des *Illustrations des genres* de Lamarck.

On ne les cultive pas dans les jardins d'Europe. (*Bosc.*)

VAOTE. *Aotus.*

Arbrisseau de la Nouvelle-Hollande, qui a servi à Labillardière pour établir un genre nouveau dans la décandrie monogynie & dans la famille des *Légumineuses.*

Cet arbrisseau ne se cultive pas dans nos jardins. (*Bosc.*)

VAPEURS : eau en globules creux qui s'élève dans l'atmosphère à la faveur de la chaleur du SOLEIL, ou de celle du FEU. *Voyez* ces mots, ainsi que ceux EAU, BROUILLARD & NUAGE.

C'est à Saussure qu'on doit d'avoir appris que les Vapeurs étoient composées de globules. *Voyez* son *Traité d'Hygrométrie.*

Quelquefois les Vapeurs sont entraînées par des gaz, & alors elles deviennent nuisibles à la santé. *Voyez* GAZ, MIASME & MARAIS.

Lorsque les Vapeurs perdent la surabondance de calorique dont elles étoient imprégnées, elles se résolvent en PLUIE, en NEIGE ou en GRÊLE, selon la température de l'air où elles se trouvent, ou de celle des couches inférieures. *Voyez* ces trois mots.

Pendant les jours chauds de l'été on voit des Vapeurs s'élever de la terre, & se dissoudre bientôt dans l'air. Ce sont ces mêmes Vapeurs qui, alors invisibles, déterminent en automne la plus prompte maturité des fruits qui sont à une petite distance du sol. *Voyez* MATURITÉ.

Comme conservant un haut degré de chaleur, on a proposé d'employer les Vapeurs concentrées dans une serre bien close, à faire fleurir ou fructifier les arbres des pays chauds qui n'y trouvent pas la température qui leur est convenable. Quelques espèces se prêtent avec succès aux expériences de ce genre, mais la plupart y succombent. Je n'ai point de faits à citer sur ce sujet, mais j'ai toujours defiré être à même d'en produire. (*Bosc.*)

VAQUERELLE. *Actinotus.*

Plante herbacée de la Nouvelle-Hollande, qui, felon Labillardière, doit conftituer un genre dans la pentandrie monogynie & dans la famille des *Ombellifères*.

Nous ne cultivons pas cette plante dans nos jardins. (*Bosc.*)

VAQUETTE. C'eft le GOUET COMMUN aux environs de Boulogne-fur-Mer.

VARAIGNES. On appelle ainfi fur les bords de la Loire, au-deffous de Tours, des terres cultivées en légumes. *Voyez* MARAICHER. (*Bosc.*)

VARAIRE. *Veratrum.*

Genre de plantes de la polygamie hexagynie & de la famille des *Joncs*, qui raffemble fix efpèces, dont quatre fe cultivent dans nos écoles de botanique. Il eft figuré pl. 843 des *Illuftrations des genres* de Lamarck.

Obfervations.

Ce genre fe rapproche des MELANTHES, au point que quelques botaniftes y ont placé la plupart de fes efpèces.

Efpèces.

1. Le VARAIRE blanc.
Veratrum album. Linn. ♃ Du midi de la France.
2. Le VARAIRE noir.
Veratrum nigrum. Linn. ♃ Du midi de la France.
3. Le VARAIRE jaune.
Veratrum luteum. Linn. ♃ De l'Amérique feptentrionale.
4. Le VARAIRE à fleurs vertes.
Veratrum viride. Ait. ♃ De l'Amérique feptentrionale.
5. Le VARAIRE à petites fleurs.
Veratrum parviflorum. Mich. ♃ De l'Amérique feptentrionale.
6. Le VARAIRE fabadille.
Veratrum fabadilla. Retz. ♃ De.....

Culture.

Les quatre premières efpèces font celles que nous cultivons. Les plus fortes gelées ne leur font pas nuifibles, & elles s'accommodent de tous les terrains; mais elles profpèrent mieux dans ceux qui font fertiles & frais. On les multiplie de graines femées en pleine terre, dans une planche bien ameublie, à l'expofition du levant, & par déchirement des vieux pieds. Le plant donné par les graines s'éclaircit & fe farcle au befoin, & fe laiffe deux ans dans la planche; après quoi on peut le tranfplanter

à demeure. Il eft prudent de ne déchirer les pieds que tous les deux à trois ans, pour que les accrus aient le temps de fe fortifier.

Les deux premières efpèces, quoiqu'ayant des fleurs de peu d'apparence, font affez remarquables par la grandeur de leurs feuilles & la hauteur de leurs tiges pour concourir à l'ornement des jardins payfagers. Elles fe placent entre les buiffons des derniers rangs des maffifs, fur le bord des eaux, contre les fabriques. Une fois plantées, elles peuvent refter long-temps dans le même lieu, ne demandant que des foins de propreté. (*Bosc.*)

VARAN: arbre de l'île d'Amboine, dont les parties de la fructification font encore imparfaitement connues. Son bois eft d'une grande dureté.

Il ne fe cultive pas dans nos jardins. (*Bosc.*)

VARANCO: arbriffeau radicant des Indes, dont les fruits fe mangent, & dont l'écorce laiffe fluer une réfine rouge.

On ignore à quel genre il appartient. (*Bosc.*)

VARAT. On appelle ainfi, aux environs de Bergues, un mélange de pois, de vefces, de feigle & de féves de marais, dont ces dernières forment la plus grande partie, mélange qui fe fème pour fourrage vert, ou pour être enterré au moment de la floraifon.

Je ne puis trop recommander cette pratique, qui feule fuffit pour faire profpérer une exploitation rurale. *Voyez* MÉLANGE, PRAIRIE TEMPORAIRE & RÉCOLTE ENTERRÉE. (*Bosc.*)

VAREC. Ce mot a deux acceptions. En général, on l'applique à toutes les plantes qui croiffent au fond de la mer, & que la vague rejette fur le rivage; alors il eft fynonyme de GOÉMON & d'ALGUE. En particulier, il fe donne, par les botaniftes, aux feules efpèces du genre qui a été appelé par eux *fucus* en latin.

Aucune efpèce du genre Varec proprement dit ne pouvant être cultivée dans nos écoles de botanique, & ne fe cultivant nulle part fur les bords de la mer, je n'ai ici à parler que du Varec pris dans la première de ces acceptions.

Trois genres, outre celui que je viens d'indiquer, fourniffent à la compofition du Varec; ce font les ZOOSTÈRES, les ULVES & les CONFERVES. *Voyez* ces mots.

Quoique la végétation des Varecs (*fucus*), ainfi que des ulves & des conferves, foit fort différente de celle des autres plantes, quoiqu'ils n'aient ni racines ni fleurs proprement dites, ils n'en font pas moins des plantes. On en compte plus de deux cents efpèces dans les ouvrages de botanique, & ce n'eft certainement pas la moitié de ceux qui exiftent, puifqu'on les a à peine étudiés hors de l'Europe. Plufieurs fe mangent, foit crus, foit cuits, après avoir été lavés plufieurs fois à grande eau, pour en enlever tout le fel. C'eft avec eux, après leur décompofition fpontanée, que les petites hiron-delles de la Cochinchine (*hirundo efculenta* Linn.) font ces nids fi recherchés pour la nourriture dans la Chine, & qui s'y paient au poids de l'or.

Les vaches & les moutons fe jettent avec avi-dité fur les Varecs qui fortent de la mer; mais dès qu'ils commencent à fe décompofer, ils n'y veu-lent plus toucher. Dans plufieurs contrées du Nord, on les en nourrit pendant une partie de l'été : cette nourriture donnant à leur lait un goût de marée qui n'eft rien moins qu'agréable pour ceux qui n'y font pas accoutumés, on s'oppofe, fur nos côtes, à ce que les vaches en mangent trop fouvent.

Depuis les temps les plus anciens, on fait ufage des Várecs pour engrais fur les côtes de plufieurs royaumes de l'Europe, & c'eft principalement fous ce dernier rapport que je fuis appelé à les confi-dérer ici.

Dans la ci-devant Normandie, où cet ufage eft confacré, on diftingue deux fortes de Varecs, *ceux de roche* & *ceux d'échouage*. Les premiers font ceux qu'on va, au milieu de l'été, arracher fur les ro-chers fubmergés, dans quelques endroits à une grande diftance de la côte ; les feconds, ceux que le flot arrache de ces mêmes rochers & rejette fur la plage. Quoique ces derniers, étant mélangés des débris de beaucoup d'animaux marins & de coquillages, doivent paroître chargés d'une plus grande quantité de principes fertilifans, ils font cependant moins eftimés.

Il eft des réglemens de police qui fixent le lieu & d'époque où chaque commune peut enlever le Varec.

C'eft par le moyen des râteaux à long manche qu'on arrache le Varec des rochers.

On n'eft pas d'accord fur le meilleur mode d'emploi du Varec.

Les uns le répandent & l'enterrent à fa fortie de la mer; alors il fe décompofe plus promptement; mais auffi, à raifon du fel qu'il contient, il porte quelquefois l'infertilité avec lui. *Voyez* SEL.

Les autres le laiffent en tas pendant un an pour que les eaux pluviales entraînent fes fels ; mais il fe deffèche, furtout à la furface du tas, fe racor-nit, & il refte enfuite quelquefois plufieurs an-nées fans fe décompofer, temps pendant lequel il ne remplit pas fon objet.

Le meilleur moyen de tirer parti du Varec fe-roit d'en faire un compofte dans une foffe ou fur la furface du fol, en le ftratifiant avec le double de fon poids de terre végétale ou mieux de marne, pour ne l'employer que lorfqu'il feroit complète-ment décompofé. Il faudroit arrofer abondamment ce compofte pendant les temps fecs pour accélérer la réduction du Varec en terreau.

Dans les petites exploitations rurales on fe con-tente de jeter le Varec fur le fumier, & le but eft mieux rempli que d'aucune autre manière.

Il vaut beaucoup mieux répandre, tous les ans, du Varec & peu chaque fois, que d'en mettre de loin en loin & en grande quantité, tant, comme je l'ai obfervé, à raifon du fel qu'il contient, que parce qu'il porte, dans ce cas, fon odeur de ma-rée dans les plantes dont il active la végétation. C'eft lui qu'on accufe, & fans doute avec fonde-ment, de la mauvaife qualité des vins du ci-devant pays d'Aunis. *Voyez* VIGNE dans le *Dictionnaire des Arbres & Arbuftes.*

Les terres légères & les terres fortes gagnent à être fumées avec le Varec ; les premières, parce qu'il y conferve une humidité favorable, à raifon du muriate de chaux & de magnéfie qu'il contient ; les fecondes, parce qu'il en foulève les molécules par fuite de fa lente décompofition.

Outre ces deux fels & le fel marin, le Varec contient encore de la foude en nature, ce qui le fait agir comme amendement fur l'humus de la terre végétale, concourt à augmenter fon effet fur le produit des récoltes, & qui permet d'en tirer auffi parti en le brûlant & employant fes cendres ; foit pour l'amendement des terres, foit pour faire la leffive, foit pour faciliter la fufion du verre.

Il eft encore incertain, aux yeux des perfonnes défintéreffées, s'il eft plus profitable d'employer le Varec de cette manière, que comme engrais. Les cultivateurs fuppofent tous que c'eft de cette dernière manière ; mais il eftdes temps où les fou-des font fi chères, qu'il n'eft pas probable que leur opinion foit fondée.

Pour faire la foude de Varec, qui s'appelle *baril* dans quelques lieux, on étend le Varec fur le fable, & lorfqu'il eft prefque fec on l'amoncèle en le com-primant autant que poffible, pour empêcher les pluies de pénétrer trop profondément dans le tas. Je dis prefque fec, parce que trop de féchereffe rendant la combuftion trop rapide, il fe formeroit peu de foude, & que trop d'humidité s'oppoferoit à cette combuftion. Les ouvriers jugent affez de certitude du degré de féchereffe convenable.

Lorfque la quantité de Varec fec eft affez confi-dérable, on creufe, dans le voifinage des tas, une foffe de cinq à fix pieds de long fur deux pieds de large & autant de profondeur ; on met au fond quelques branchages fecs auxquels on met le feu, & fur lefquels on jette fucceffivement avec une fourche de fer, en l'empêchant le plus poffible de flamber, tout le Varec des tas. La foude fe forme & coule au fond de la foffe. La combuftion ache-vée, on couvre la foffe avec des planches mouil-lées, & lorfque la foude eft refroidie, c'eft-à-dire deux ou trois jours après l'opération, on la retire avec des pics, car elle eft dure comme de la pierre, & on la met dans le commerce. Cette foude eft très-impure, mais elle convient fuffifamment aux ufages précités, & fon bas prix compenfe fa mau-vaife qualité. D'ailleurs, on peut la purifier par la leffivation fi on le juge néceffaire. *Voyez* SOUDE.

D'après ce qu'on vient de lire, on peut juger du tort qu'ont les habitans des bords de la mer qui né-gligent de tirer parti du Varec. (*Bosc.*)

VARECA. *Vareca.*

Genre de plantes établi par Gærtner fur l'infpection d'un fruit de Ceylan. (*Bosc.*)

VAREGO : nom de la CAMÉLÉE aux environs de Gênes.

VARENNE : plaine inculte. Ce mot n'eft plus guère employé que comme appellatif ; ainfi on dit *la Varenne de Saint-Maur*, pour indiquer le fond d'un ancien lac près Saint-Maur, à trois lieues de Paris. C'eft un terrain fablonneux très-infertile, mais dont il eft cependant poffible de tirer un parti avantageux, comme le prouve l'exploitation de M. Mallet. *Voyez* SABLONNEUX. (*Bosc.*)

VARET : nom de la JACHÈRE dans quelques lieux. *Voyez* ce mot.

VARET : affolement de dix à douze ans. Il eft ufité en Baffe-Normandie. *Voyez* ASSOLEMENT. (*Bosc.*)

VARETTE. *Adenanthos.*

Genre de plantes de la tétrandrie monogynie & de la famille des *Protées*, dans lequel fe placent trois efpèces, dont aucune n'eft cultivée en Europe. Il eft figuré pl. 36 & fuivantes, des plantes de la Nouvelle-Hollande par Labillardière.

Efpèces.

1. La VARETTE à feuilles en coin.
Adenanthos cuneata. Labill. ♄ De la Nouvelle-Hollande.

2. La VARETTE à feuilles ovales.
Adenanthos obovata. Labill. ♄ De la Nouvelle-Hollande.

3. La VARETTE foyeufe.
Adenanthos fericea. Labill. ♄ De la Nouvelle-Hollande. (*Bosc.*)

VARICE. On donne ce nom à la dilatation contre nature d'une portion de veine.

Une Varice peut refter ftationnaire ou continuer à fe gonfler jufqu'à ce que les parois de la veine foient devenues fi minces, qu'elles crèvent, ce qui peut donner lieu à une hémorragie mortelle. *Voyez* ANÉVRISME.

La veine faphène, ou celle du jarret, eft dans le cheval celle qui eft le plus fufceptible de devenir variqueufe, & dont la Varice eft la plus dangereufe.

On guérit cette Varice en détruifant la veine par le moyen du feu ; on le pourroit encore en la liant au-deffus de la Varice, & en la coupant au-deffous de la ligature.

Les autres Varices fuperficielles fe gonflent rarement au point de crever ; celles qui font internes, au contraire, font très-fouvent mortelles, mais on ne les reconnoît que par l'ouverture de l'animal. *Voyez* SANG & VEINE. (*Bosc.*)

VARIÉTÉ. On dit qu'un animal, qu'un végé-

tal conftitue une Variété, lorfqu'il diffère de la plus grande partie des autres individus par un ou plufieurs caractères particuliers. *Voyez* ESPÈCE.

Il eft des Variétés individuelles, c'eft-à-dire, qui ne fe reproduifent pas par la génération ; il en eft qui fe propagent fans fin par ce moyen : ces dernières fe nomment Variétés de RACES. (*Voyez* ce mot.) Beaucoup d'efpèces diffèrent moins entr'elles que des Variétés ; ainfi il eft plus difficile d'établir les caractères qui diftinguent un loup d'un renard, que celles qui diftinguent un chien levrier d'un chien barbet ; ainfi la laitue pommée diffère plus de la laitue romaine, que le cerifier du merifier.

Auffi eft-il fouvent difficile à un botanifte qui trouve une plante dans un herbier, de décider fi elle eft une efpèce ou une Variété. Un cultivateur eft moins embarraffé, à raifon de ce qu'il peut fouvent juger fi cette plante provient d'un jardin, & qu'il fait que les plantes cultivées varient plus que les plantes fauvages.

La caufe qui fait que les Variétés font moins communes dans les campagnes, c'eft qu'étant plus foibles que leur type, elles font étouffées par les autres plantes, au lieu que dans les jardins elles font ordinairement les plus foignées. *Voyez* FLEUR DOUBLE.

Plus les animaux & les végétaux font depuis long-temps fous la main de l'homme, & plus il eft déterminé à les eftimer fous un rapport particulier, & plus ils offrent de races, comme on peut le remarquer parmi les CHIENS, les CHATS, les POULES, les PIGEONS, les CHEVAUX, les VACHES, les ANES, les CANARDS, les DINDES, les OIES, les VIGNES, les OLIVIERS, les POIRIERS, les POMMIERS, les CHOUX, les LAITUES, le FROMENT, l'AVOINE, &c. *Voyez* tous ces mots.

Les Variétés proprement dites fe diftinguent en Variétés de circonftance, c'eft-à-dire, dues au terrain, au climat, aux maladies, aux accidens. &c., & en Variétés d'effence, c'eft-à-dire, produites par la fécondation ou la germination.

Il y a des Variétés de grandeur, de forme, de COULEUR, de caractère, de SAVEUR : les unes fe portent fur certaines parties, la tête, les pieds, la queue, le poil, la laine, le crin, les racines, la tige, les feuilles, les fleurs, le fruit ; les maladies mêmes entrent fouvent dans la férie des Variétés. *Voyez* PROLIFÈRE & PANACHURE.

Les FLEURS DOUBLES font des Variétés d'une efpèce particulière. *Voyez* ce mot, & ceux DÉGÉNÉRESCENCE & MONSTRUOSITÉ.

Ainfi, un mouton né dans les maigres pâturages de la Sologne, ne pourra acquérir la même groffeur que celui qui a vécu dès fon enfance dans les fertiles plaines de la Beauce.

Ainfi, la plante des hautes Alpes, tranfportée dans nos jardins, perd fes poils & augmente en grandeur dans toutes ses parties, hors les fleurs.

Ainsi, les animaux à poils blancs ont presque toujours les yeux foibles; ainsi, les végétaux qui font placés dans un mauvais sol donnent plus souvent des graines qui les reproduisent avec des PANACHURES. *Voyez* ce mot.

Certains végétaux varient plus que d'autres dans l'état de nature. Il n'est pas deux feuilles de CHÊNE semblables, non-seulement sur les arbres d'une même forêt, mais encore sur le même arbre, tandis qu'on ne trouve que de légères différences dans les feuilles des HÊTRES. *Voyez* ces deux mots dans le *Dictionnaire des Arbres & Arbustes.*

On ne peut nier que beaucoup de Variétés, parmi les animaux comme parmi les végétaux, s'altèrent successivement & finissent par se perdre, mais il en est beaucoup aussi qui se conservent presque sans changement depuis un temps immémorial. Faire connoître les causes de ces différences, n'est pas une chose facile; il faut attendre l'établissement de ces causes du progrès des lumières.

Les Variétés annuelles qui se cultivent à peu de distance les unes des autres, pouvant se féconder réciproquement, dégénèrent nécessairement; c'est pourquoi il est si difficile de conserver dans un jardin particulier les Variétés de CHOU, de RAVE, de LAITUE, &c. qu'on a tirées de Milan, de Ferneuse, de Versailles. *Voyez* FECONDATION.

Il est souvent impossible de propager les Variétés produites par circonstance, mais il est presque toujours facile de conserver celles qui font le résultat de la génération, en ACCOUPLANT ensemble les animaux qui les offrent, ou en GREFFANT, en MARCOTTANT, en BOUTURANT les végétaux susceptibles de l'être. *Voyez* ces mots.

Quelqu'effort que fasse l'esprit pour, en s'appuyant sur l'observation, expliquer la cause des variations par les semis, il ne peut y parvenir. Plusieurs physiologistes anciens, & nouvellement M. Gallesio, ont cru la trouver dans les fécondations HYBRIDES (*voyez* ce mot); mais leurs raisonnemens ne satisfont pas à tous les phénomènes.

Les cultivateurs doivent toujours tendre à augmenter le nombre des Variétés pour obtenir des races plus avantageuses sous un rapport particulier. Par exemple, il est à désirer d'avoir des chevaux plus forts que les normands, plus légers à la course que les limousins; des moutons à laine plus fine & plus abondante que les mérinos; des pommes plus grosses que la reinette du Canada, plus précoces que la Madeleine, plus productives que le châtaignier; des vignes moins sensibles à la gelée, plus indifférentes sur la nature du sol, plus fécondes, dont les fruits font plus abondans en principe sucré, plus susceptibles de se garder long-temps, &c. &c.

On doit à Van-Mons, célèbre chimiste de Bruxelles, l'observation, 1°. qu'en semant la graine des Variétés les plus perfectionnées des arbres fruitiers, on obtient un plus grand nombre de pieds de Variétés encore plus perfectionnées, que si on semoit des graines de Variétés à cidre, & encore plus des graines du type de l'espèce pris dans les bois; 2°. que les Variétés les plus nouvellement acquises étoient celles dont les graines procuroient cet avantage au plus haut degré.

Un autre moyen depuis peu reconnu d'avoir un plus grand nombre de Variétés dans les semis, c'est d'affoiblir la végétation de la plante dont on veut semer les graines, principalement en courbant ses rameaux, en incisant son écorce, même en l'enlevant tout entière. *Voyez* COURBURE DES BRANCHES, INCISION ANNULAIRE & ÉCORCEMENT.

L'influence de la greffe sur les variations des arbres me paroît avoir été beaucoup trop étendue par quelques écrivains, & beaucoup trop restreinte par d'autres; mais le manque d'expériences constatées ne nous permet pas d'établir une théorie sur cette influence. J'observerai seulement, 1°. qu'il n'est pas certain que la greffe améliore les fruits comme on l'a dit si souvent, qu'elle ne fait que conserver tels que la nature les a fait naître, comme elle conserve les panachures que le hasard a produites; en effet, depuis qu'on greffe des pêchers sur pruniers, des poiriers sur coignassiers, on ne s'est pas aperçu que les fruits se soient altérés; 2°. qu'on ne peut nier cependant que le sujet n'agisse puissamment sur la greffe, comme le fait voir la greffe du POMMIER sur paradis, qui rend le premier nain; la greffe de l'ÉRABLE JASPÉ sur l'érable sycomore, qui fait pousser le premier deux fois plus vite; la greffe du NEFLIER DU JAPON sur l'épine, qui soustrait le premier, jusqu'à un certain point, à l'effet des gelées. *Voyez* ces mots.

On ne peut douter que la greffe ne fasse produire plus tôt des fruits aux arbres qui l'ont subie, & que ces fruits soient plus gros & moins nombreux; phénomènes qui font dus au ralentissement du cours de la sève produit par le nœud qui se forme au point d'intersection de la greffe avec le sujet.

Il seroit possible de beaucoup étendre cet article, les Variétés jouant un grand rôle dans l'agriculture & l'économie rurale & domestique; mais en ayant plus ou moins traité à ceux des animaux & des plantes, sous le rapport qu'il est le plus important de considérer, je ne ferois que répéter ce que j'ai déjà mis sous les yeux du lecteur. (*Bosc.*)

VARIOLAIRE. *VARIOLARIA.*

Genre de plantes établi par Bulliard, pour placer des champignons qui vivent sous l'écorce des arbres mourans & morts. Il a été depuis supprimé,

& les efpèces qui y entroient ont été placées parmi les SPHÉRIES. *Voyez* ce mot.

Un autre genre a pris le nom de *Variolaire*, & il a été fait aux dépens des LICHENS. *Voyez* ce mot.

Ces deux genres n'intéreffent que fort foiblement les cultivateurs. *Voyez* le *Dictionnaire de Botanique*. (*Bosc.*)

VARNÈRE. *WARNERA*.

Genre de plantes autrement appelé HYDRASTE. *Voyez* ce mot.

VAROQUIER. *CENTROLEPIS*.

Plante de la Nouvelle-Hollande, qui feule, felon Labillardière, qui l'a figurée pl. 1 de fon ouvrage fur les végétaux de ce pays, forme un genre dans la monandrie monogynie & dans la famille des *Joncs*. Nous ne poffédons pas cette plante dans les jardins d'Europe. (*Bosc.*)

VASE : fynonyme de POT, de TERRINE, de TINETTE, de TONNEAU, & de leurs dérivés. *Voyez* ces mots.

Il eft des Vafes de marbre, de bronze, qui fervent à l'ornement des jardins, indépendamment des plantes qu'ils font deftinés à recevoir.

Depuis quelques années on a imaginé des Vafes en TREILLAGE & en VANNERIE, dans lefquels on cache, en les entourant de mouffe, des pots de terre garnis de plantes à fleurs ou d'arbuftes.

Les arbres en Vafe font ceux dont les branches partent d'un point commun, & s'écartent régulièrement en fe prolongeant & fe ramifiant. On en voyoit bien plus autrefois qu'aujourd'hui. *Voyez* BUISSON, TAILLE & ARBRE FRUITIER.

VASE D'EAU DOUCE. On donne ce nom à la boue très-liquide qui fe trouve prefque toujours fous les eaux dormantes ou peu coulantes.

Cette Vafe étant compofée de terre très-divifée, & mêlée avec les reftes des animaux & des végétaux qui ont vécu dans l'eau, ou qui y ont été entraînés par les pluies, eft toujours un excellent engrais, mais qui a befoin, pour agir, d'être expofé au moins pendant fix mois à l'air, ou d'être mêlé avec de la chaux, de la marne ou des recoupes calcaires. *Voyez* BOUE, ENGRAIS, HUMUS, CHAUX & MARNE.

Tout cultivateur qui voudra améliorer fes cultures, devra donc faire retirer, pendant l'été, la Vafe de toutes les eaux de fon domaine, & la laiffer fur le bord de ces eaux jufqu'au printemps de l'année fuivante, qu'il les conduira fur fes champs. Cette opération a contre elle la dépenfe; mais quand on l'exécute dans les momens perdus, avec des inftrumens propres à l'accélérer, cette dépenfe eft de beaucoup diminuée.

Il y auffi des Vafes dans quelques parties des côtes de la mer, Vafes encore plus fertilifantes

que celle des eaux douces, à raifon de ce qu'elles contiennent plus de matières animales. On doit également chercher à fe les approprier, lorfqu'on le peut avec peu de dépenfe. *Voyez* VAREC.

Outre les avantages directs que les cultivateurs retirent de l'enlèvement des Vafes pour l'engrais de leurs terres, ils y trouvent celui d'affainir leur canton. *Voyez* MARE, MARAIS, ÉTANG & MIASME. (*Bosc.*)

VASSIVIER. C'eft, dans quelques lieux, le nom des bergers qui conduifent les antenois ou moutons d'un an. *Voyez* BÊTES A LAINE.

VATEREAU. *MITRASACME*.

Plante vivace de la Nouvelle-Hollande, qui ne fe cultive pas encore en Europe : elle forme feule un genre dans la tétrandrie monogynie & dans la famille des *Scrophulaires*. Sa figure fe voit pl. 49 des *Nov. Holl. Plant.* de Labillardière. (*Bosc.*)

VATERIE. *VATERIA*.

Genre de plantes qui renferme deux efpèces que quelques auteurs ont placées parmi les GANITRES. (*Voyez* ce mot.) Il eft figuré pl. 475 des *Illuftrations des genres* de Lamarck.

Efpèces.

1. La VATERIE des Indes.
Vateria indica. Linn. ♄ Des Indes.
2. La VATERIE flexueufe.
Vateria flexuofa. Lour. ♄ De la Cochinchine.
Nous ne poffédons pas ces efpèces dans les jardins d'Europe. (*Bosc.*)

VATICA. *VATICA*.

Arbre de la Chine, figuré pl. 397 des *Illuftrations des genres* de Lamarck, qui feule conftitue un genre dans la dodécandrie monogynie & dans la famille des *Guttiers*.

Comme il ne fe cultive pas en Europe, je n'ai rien à en dire de plus. (*Bosc.*)

VATSONIE. *WATSONIA*.

Genre de plantes. Il a été appelé par Lamarck MÉRIANELLE. *Voyez* le mot ANTHOLIZE, où les efpèces qu'il renferme font mentionnées. (*Bosc.*)

VAUBIER. *HAKEA*.

Genre de plantes de la tétrandrie monogynie & de la famille des *Protées*, qui raffemble dix-neuf efpèces, dont feize fe cultivent dans nos jardins. Il a été appelé CONCHIUM par Smith. Plufieurs de fes efpèces ont été placées parmi les BANCKSIES & les EMBOTHRIES.

Efpèces.

Espèces.

1. Le VAUBIER à feuilles de houx.
Hakea ruscifolia. Labill. ♄ De la Nouvelle-Hollande.

2. Le VAUBIER à feuilles en massue.
Hakea clavata. Labill. ♄ De la Nouvelle-Hollande.

3. Le VAUBIER à capsules globuleuses.
Hakea dactyloides. Cavan. ♄ De la Nouvelle-Hollande.

4. Le VAUBIER épiglotte.
Hakea epiglottis. Labill. ♄ De la-Nouvelle-Hollande.

5. Le VAUBIER en bosse.
Hakea gibbosa. Cavan. ♄ De la Nouvelle-Hollande.

6. Le VAUBIER en poignard.
Hakea pugioniformis. Cav. ♄ De la Nouvelle-Hollande.

7. Le VAUBIER pyriforme.
Hakea pyriformis. Cavan. ♄ De la Nouvelle-Hollande.

8. Le VAUBIER aciculaire.
Hakea acicularis. Dum.-Courf. ♄ De la Nouvelle-Hollande.

9. Le VAUBIER à longues feuilles.
Hakea longifolia. Dum.-Courf. ♄ De la Nouvelle-Hollande.

10. Le VAUBIER odorant.
Hakea suaveolens. Brown. ♄ De.....

11. Le VAUBIER en peigne.
Hakea pectinata. Dum.-Courf. ♄ De la Nouvelle-Hollande.

12. Le VAUBIER à feuilles de saule.
Hakea saligera. Dum.-Courf. ♄ De la Nouvelle-Hollande.

13. Le VAUBIER à feuilles pectinées.
Hakea cervina. Dum.-Courf. ♄ De la Nouvelle-Hollande.

14. Le VAUBIER fleuri.
Hakea florida. Dum.-Courf. ♄ De la Nouvelle-Hollande.

15. Le VAUBIER amplexicaule.
Hakea amplexicaulis. Dum.-Courf. ♄ De la Nouvelle-Hollande.

16. Le VAUBIER ondulé.
Hakea undulata. Dum.-Courf. ♄ De la Nouvelle-Hollande.

17. Le VAUBIER à feuilles d'olivier.
Hakea oleæfolia. Dum.-Courf. ♄ De la Nouvelle-Hollande.

18. Le VAUBIER à feuilles cendrées.
Hakea cinerea. Dum.-Courf. ♄ De la Nouvelle-Hollande.

Agriculture. Tome VI.

19. Le VAUBIER à feuilles elliptiques.
Hakea elliptica. Dum.-Courf. ♄ De la Nouvelle-Hollande.

20. Le VAUBIER à feuilles cornues.
Hakea ceratophylla. Brown. ♄ De la Nouvelle-Hollande.

Culture.

Les espèces qui se voient dans nos jardins sont les 3e., 5e., 6e., 7e., 8e., 9e., 10e, 11e., 12e., 13e., 14e., 15e., 16e., 17e., 18e., 19e. & 20e. Toutes demandent la terre de bruyère renouvelée en partie tous les ans, une demi-ombre & des arrosemens fréquens pendant l'été, ainsi que l'orangerie pendant l'hiver. Ce sont des arbustes d'un aspect singulier, & qui sans doute concourront à l'ornement des jardins du midi de la France, lorsqu'on aura pu changer l'époque de leur entrée en végétation, époque qui est en ce moment l'hiver. On les multiplie de graines, dont la plupart donnent dans nos jardins, & de boutures faites dans des pots, sur couche à châssis. Les plants & les boutures reprises se repiquent, l'année suivante, seul à seul, dans d'autres pots, & se traitent ensuite comme les vieux pieds. (Bosc.)

VAUCHERIE. VAUCHERIA.

Genre de plantes établi aux dépens des conferves. Il renferme une douzaine d'espèces qui ne sont pas susceptibles d'être cultivées, & qui n'intéressent les cultivateurs qu'en ce qu'elles élèvent par leurs débris, quelque foibles qu'ils soient, le fond des eaux dans lesquelles elles croissent. Voyez au mot CONFERVE. (Bosc.)

VÉBÈRE. WEBERA.

Genre de plantes de la pentandrie monogynie & de la famille des Rubiacées, qui renferme trois arbustes des Indes, qui ont fait partie des RONDELETS & des CANTHIS, & qui se rapprochent beaucoup des GARDÈNES. (Voy. ces mots.) Nous ne les cultivons pas dans nos jardins.

Espèces.

1. Le VÉBÈRE en corymbe.
Webera corymbosa. Willd ♄ Des Indes.
2. Le VÉBÈRE en cime.
Webera cymosa. Willd. ♄ Des Indes.
3. Le VÉBÈRE tétrandre.
Webera tetrandra. Willd. ♄ Des Indes. (Bosc.)

VÉBÈRE. WEBERA.

Genre de plantes établi dans la famille des

Cccc

Mousses, aux dépens des Brys, & qui renferme trois espèces de peu d'intérêt pour les cultivateurs. *Voyez* ces mots. (*Bosc.*)

VÉDÈLE. *Wedelia.*

Genre de plantes établi aux dépens de Polymnies, mais qui n'a pas été adopté par la majorité des botanistes.

Voyez les 2e. & 9e. espèces, au mot Polymnie.

Le genre Alcine de Cavanilles lui a été réuni par Willdenow. (*Bosc.*)

VÉGÉTAL : synonyme de Plante. *Voyez* ce mot.

Comme l'animal, le Végétal vit & s'accroît ; mais il n'est ni sensible, ni susceptible de mouvement.

C'est sur les Végétaux que l'art agricole s'exerce le plus ; ainsi l'article que je traite en ce moment devroit être d'une grande étendue ; mais la plupart de ceux qui composent ce Dictionnaire ayant pour objet une des considérations sous lesquelles ils peuvent être envisagés, il ne reste plus rien à dire. *Voyez* Agriculture. (*Bosc.*)

VÉGÉTATION, C'est l'action de l'accroissement des plantes en hauteur & en grosseur, ainsi que celle du développement de leurs feuilles, de l'épanouissement de leurs fleurs, & de la maturité de leurs fruits.

Le premier acte de la Végétation se passe dans la Graine, & s'appelle Germination. *Voyez* ces deux mots.

Sans le principe de la vie, principe que nous ne connoissons pas, & que nous ne connoîtrons probablement jamais, il n'y a pas de Végétation, comme le prouvent les arbres morts sur pied.

Ainsi que le principe de vie est dans le sang chez les animaux, il est dans la sève dans les végétaux ; aussi n'est-ce que lorsque la sève ne peut plus circuler qu'ils périssent, comme on le voit dans les arbres arrachés, dans les arbres frappés par la sécheresse ; dont l'écorce des racines a été rongée par les larves des hannetons, &c.

Mais comme, au contraire des animaux qui ont un cœur, il n'y a pas de centre de vie dans les végétaux, la plupart d'entr'eux peuvent être, comme les polypes, coupés par morceaux qui, mis en terre, donnent naissance à de nouveaux pieds. *Voyez* Bouture.

Pour bien comprendre les phénomènes de la Végétation, il faut avoir étudié avec soin l'anatomie des plantes, c'est-à-dire connoître, aussi bien que possible, l'organisation du Bois, de la Moelle, de l'Aubier, de l'Ecorce, des Feuilles, des Fleurs & des Fruits. *Voyez* ces mots & ceux Vaisseaux des plantes, Tubes des plantes, Tissu cellulaire ou utriculaire, Tissu vasculaire ou tubulaire, Fibre, Pore, Racine, Tige, Branche, Feuille, Irritabilité, Sève, Nutrition, Suc, Secrétion, Fleuraison, Fécondation, Maturité, &c.

Les Poils, les Glandes, les Aiguillons, les Vrilles jouent aussi un rôle dans la Végétation, rôle que j'ai indiqué aux articles qui les concernent.

Il y a au moins deux modes de Végétation, celui des dicotylédons, dont l'accroissement en grosseur se fait entre l'Aubier & l'Ecorce (*voyez* ces mots), & celui des monocotylédons qui ne s'accroissent pas en grosseur. Je dis au moins, parce que le mode de Végétation des Varecs, des Conferves, des Champignons, &c. n'est pas encore complétement connu, & qu'il paroît différer des deux que je viens de citer.

La Végétation se manifeste dans les plantes, ainsi que je l'ai dit plus haut, par la sortie des Bourgeons & des Feuilles, par l'épanouissement des Fleurs & la formation des Fruits. *Voyez* tous ces mots.

Ces phénomènes, comme je l'ai déjà observé, ont lieu exclusivement dans l'Air, au moyen de la Chaleur & de l'Humidité ; ils se complètent à l'aide de la Lumière. C'est par l'intermédiaire de la Sève qu'ils se développent. *Voyez* tous ces mots.

La sève entre dans les Racines par l'extrémité de leurs Fibrilles, extrémité qui se renouvelle sans cesse ; elle monte par les vaisseaux du centre jusqu'aux Feuilles, dans le Parenchyme desquelles elle s'élabore, puis redescend entre l'Ecorce & l'Aubier, en déposant le Cambium, dont la plus grande partie forme une nouvelle Couche d'aubier, & la plus petite partie une nouvelle Couche corticale. *Voyez* tous ces mots & celui Liber.

Quelques plantes peuvent vivre uniquement dans l'air, d'autres uniquement dans l'eau, d'autres dans l'air & dans l'eau ; mais la plus grande partie ont besoin, pour s'accroître, du concours de la Terre. *Voyez* ce mot.

La terre concourt à la Végétation, & mécaniquement & chimiquement : mécaniquement, en fixant le tronc par le moyen des racines, & en conservant l'eau nécessaire ; chimiquement, comme contenant l'humus non dissous & dissous, les sels & les gaz qui entrent dans la composition de la sève. *Voyez* Terre, Terreau & Humus.

Les cultivateurs doivent considérer la terre relativement à la Végétation, non-seulement sous le rapport du plus ou moins d'humus qu'elle contient, mais encore sous ceux de sa plus ou moins grande division naturelle ou factice, de son exposition plus ou moins chaude. *Voyez* les mots

TERRE LÉGÈRE, TERRE FORTE, SABLONNEUX, ARGILEUX, EXPOSITION, SOLEIL.

On obferve des époques d'activité & de ralentiſſement dans des plantes vivaces, ſoit herbacées, ſoit ligneuſes, c'eſt-à-dire, que pendant l'hiver les premières de ces plantes perdent leurs tiges & tout ce qui les accompagnoit, & que les ſecondes perdent ſeulement leurs feuilles. Voyez ARBRE.

Il eſt prouvé que, dans ces deux cas, la Végétation eſt ſeulement diminuée, puiſque les bourgeons des plantes vivaces, ainſi que les boutons des arbres, groſſiſſent, & que lorſqu'on met, à quelqu'époque de l'hiver que ce ſoit, ces plantes ou ces arbres à une température de dix degrés ou au-deſſus, ils pouſſent de ſuite. Je puis citer, à cette occaſion, l'expérience, aujourd'hui ſi vulgaire, d'un cep de vigne planté hors d'une ſerre dont une partie des ſarmens, introduite dans la ſerre, pouſſe au fort de l'hiver, tandis que l'autre reſte en repos juſqu'à l'époque ordinaire.

La CHALEUR eſt donc utile pour activer la Végétation, mais l'intenſité de cette chaleur varie depuis le point de la congélation juſqu'à trente degrés & plus au-deſſus. C'eſt ce qui rend les plantes des hautes Alpes ſi difficiles à conſerver dans nos jardins, & ce qui néceſſite la conſtruction des ORANGERIES, des BACHES & des SERRES pour conſerver pendant l'hiver les plantes des pays chauds. Voyez les mots précités.

La nuit étant généralement plus froide que le jour, la Végétation ſe ralentit pendant ſa durée. On a conclu de ce fait qu'elle devoit avoir lieu par ſaccades; auſſi les plantes profitent-elles peu lorſqu'elles ſont tenues dans des ſerres toujours au même degré de température.

La néceſſité de l'humidité varie dans des limites encore plus étendues, puiſqu'il eſt des plantes, ainſi que je l'ai déjà annoncé, qui ne végètent que lorſqu'elles ſont ſous l'eau, que lorſqu'elles ont le pied dans l'eau, que lorſqu'elles ſont dans un terrain humide, tandis que les ſables & les rochers les plus arides en nourriſſent qui tirent de l'atmoſphère la plus grande partie de l'eau néceſſaire à leur conſervation. Voyez EAU, IRRIGATION, ARROSEMENT.

Toutes les expériences qui ont été citées comme propres à prouver que les plantes peuvent vivre uniquement d'eau, telles que celles de Van-Helmont, Halles, Marcgraaf, &c., manquoient de l'exactitude néceſſaire pour conſtater rigoureuſement ce fait; mais il n'en reſte pas moins certain que les végétaux tirent fort peu de principes de la terre tant que la fécondation de leurs fleurs n'eſt pas effectuée, c'eſt-à-dire, que c'eſt la graine qui épuiſe le plus le ſol. Voyez GRAINE, ASSOLEMENT & SUCCESSION DE CULTURE.

La queſtion de ſavoir ſi l'eau eſt décompoſée par l'acte de la Végétation ne paroît pas encore réſolue; cependant pluſieurs chimiſtes célèbres penſent qu'elle l'eſt.

Non-ſeulement les plantes abſorbent l'eau par leurs racines, mais encore par leurs feuilles, par leur écorce. Voyez PORE, PLUIE, BROUILLARD, OMBRE.

Les eaux les plus pures ſont les meilleures pour arroſer; celles de pluie, comme contenant plus d'acide carbonique, méritent la préférence ſur toutes les autres. Par la raiſon contraire, celles des fontaines & celles des puits ſont inférieures, lors même qu'elles ne contiennent pas de SÉLÉNITE & de CARBONATE CALCAIRE, & qu'on leur a laiſſé prendre la TEMPÉRATURE de l'ATMOSPHÈRE. Voyez ces mots.

Il eſt quelquefois nuiſible de ſurcharger d'engrais les eaux deſtinées aux ARROSEMENS.

L'abſence de la lumière produit ce qu'on appelle l'ÉTIOLEMENT (voyez ce mot), état qui paroît changer l'organiſation même des plantes, puiſqu'il fait diſparoître leurs PORES CORTICAUX. (Voyez ce mot.) Il eſt cependant des plantes qui ont moins beſoin de lumière que d'autres, c'eſt-à-dire, qui végètent fort bien à l'OMBRE. Voyez ce mot.

L'air atmoſphérique eſt indiſpenſable à l'acte de la Végétation. Les gaz qui le compoſent s'introduiſent comme l'eau, & par les racines, & par l'écorce, & par les feuilles; mais l'oxigène & le carbone agiſſent ſeuls. Lorſque les plantes ſont expoſées au ſoleil, elles ſe débarraſſent de la ſurabondance du premier, le ſecond ſe fixant entièrement dans leur parenchyme pour former le cambium & la graine; elles périſſent dans l'azote & dans l'hydrogène.

C'eſt parce que les plantes abſorbent tout le gaz acide carbonique qui flotte dans l'atmoſphère, & qu'elles émettent chaque jour une immenſe quantité d'oxigène, qu'elles concourent ſi puiſſamment à améliorer l'air reſpirable, air que les vents ſont chargés de diſperſer également ſur tous les points de la terre. Voyez AIR, VENT, TONNERRE.

Mais l'air atmoſphérique ne contient pas aſſez de gaz acide carbonique pour ſatisfaire au beſoin qu'en a l'immenſe quantité de végétaux qui exiſtent; auſſi eſt-ce dans la terre que ces derniers puiſent la plus grande partie de celui qui eſt néceſſaire à leur compoſition. En effet, le terreau ou humus provenant de la décompoſition des animaux & des végétaux eſt du carbone preſque pur, qui, en abſorbant, dans les interſtices des molécules terreuſes, l'oxigène de l'air qui y eſt en ſtagnation, devient gaz acide carbonique, & par conſéquent propre à être introduit avec l'eau dans la circulation & former la ſève. On rend plus facile cette décompoſition de l'humus, en ameubliffant la terre par les Labours, en ramenant à la furface celui qui étoit au-deffous, en le diffolvant rapidement par des Alcalis, de la Chaux, de la Marne. *Voyez* ces mots.

Les Amendemens, qu'il faut bien diftinguer des Engrais (*voyez* ces mots), influent auffi beaucoup fur la vigueur de la Végétation.

Comme, ainfi que je l'ai dit plus haut, la quantité de gaz acide carbonique dont ont befoin les plantes pour végéter convenablement, augmente à mefure que la graine groffit, toutes les fois qu'une plante périt avant d'avoir amené fes graines à maturité, elle rend plus à la terre qu'elle en a tiré; or, dans les lieux les plus circonfcrits, il périt chaque année, dans l'état naturel, des milliards de plantes fans avoir fruétifié; de forte que, pour peu que les eaux pluviales n'entraînent pas les débris de ces plantes, le fol tend toujours à s'améliorer; c'eft ce qui fait que les prairies, les forêts & les pays incultes font fi fertiles. Il n'en eft pas de même lorfque l'homme enlève chaque année le foin de ces prairies, de loin en loin le bois de ces forêts, & encore plus lorfqu'il fème tous les ans des plantes céréales, des plantes à graines huileufes, &c. dans un même champ : ces plantes abforbent, pour la formation de leurs graines, plus de carbone que les débris qu'elles laiffent n'en reftituent; de-là l'Épuisement du fol, de-là la néceffité des Engrais animaux ou végétaux ; dont le plus généralement employé eft le Fumier, mi-partie compofé de parties animales & végétales. *Voyez* ces mots.

On ne connoît pas & on ne connoîtra peut-être jamais le mode d'aétion du principe vital des plantes dans la décompofition des gaz précités.

Certains fels favorifent la Végétation lorfqu'ils font employés en petite quantité. Il paroît qu'ils agiffent comme excitans. Le Sel marin eft du nombre de ceux qu'on emploie le plus fréquemment. Après lui c'eft le fulfate de chaux, vulgairement appelé Platre, qui l'eft le plus. Le premier fe répand fur la terre, le fecond fur les feuilles. *Voyez* leurs articles.

Il eft des plantes qui décompofent le fel marin; ce font principalement les Soudes & les Salicornes. Il y a auffi une Arroche, une Anserine & le Tamarix. *Voyez* ces mots.

La plus grande partie des végétaux font formés de carbone. Certains d'entr'eux offrent auffi beaucoup d'hydrogène fous forme de Résine, d'Huile, &c.; le Sucre, auquel il faut affimiler l'Amidon, les Gommes & les Mucilages, qui en différent fort peu, s'y montrent fouvent. Les acides y font f rt abondans, & quoiqu'ils y varient beaucoup, ils fe réduifent tous en dernière analyfe dans l'acide acétique. Les trois Alcalis s'y rencontrent. *Voyez* tous ces mots.

Th. de Sauffure & autres ont prouvé que la nature du fol influoit fur la nature des cendres, der-

nier produit de la décompofition des végétaux par le feu, c'eft-à-dire, que les plantes qui végètent fur les fols calcaires donnent plus de chaux, celles qui végètent fur les fols magnéfiens plus de magnéfie, celles qui végètent fur un fol argileux plus d'alumine, celles qui végètent fur les fols filiceux plus de filice, celles qui croiffent fur les fols ferrugineux plus de fer. La quantité de potaffe varie felon l'âge de la plante, les jeunes en fourniffant plus que les vieilles, ce qui indique peut-être qu'elle eft, au moins en partie, un produit de la combuftion, comme le croyoient les anciens chimiftes.

Il feroit fans doute poffible d'étendre beaucoup plus la matière que je traite, car elle peut être regardée comme le fondement de l'agriculture; mais comme elle a déjà été développée aux articles que j'ai cités, qu'elle a été déjà prife en confidération, fous le rapport botanique, dans le *Diétionnaire de Botanique*, fous le rapport phyfiologique dans le *Diétionnaire de Phyfiologie végétale*, fous le rapport chimique dans le *Diétionnaire de Chimie*, je crois devoir me borner à ce qu'on vient de lire. (*Bosc.*)

VEIGÈLE. *Weigelia.*

Genre de plantes de la pentandrie monogynie, qui renferme deux efpèces non encore cultivées dans nos jardins. Il eft figuré pl. 107 des *Illuftrations des genres* de Lamarck.

Efpèces.

1. La Veigèle du Japon.
Weigelia japonica. Thunb. ♄ Du Japon.
2. La Veigèle korée.
Weigelia coroeenfis. Thunb. ♄ Du Japon.
(*Bosc.*)

VEILLÉE.

On appelle ainfi, dans une partie de la France, les réunions, dans un même local, des habitans d'un village pendant les longues foirées de l'hiver, pour y travailler autour du même feu & de la même lumière.

Il y a des Veillées où on ne reçoit que des femmes, dont les unes filent & les autres coufent.

Les avantages des Veillées fous les rapports économiques font inconteftables. Ils font compenfés, fous les rapports moraux, par quelques inconvéniens qu'il feroit facile de faire difparoître.

Combien les cultivateurs auroient d'obligations à un Gouvernement qui feroit lire chaque foir, dans ces réunions, des livres en même temps inftruétifs & amufans, qui empêcheroient les préjugés de fe propager parmi les jeunes gens des deux fexes !

Pour économifer le feu, les Veillées fe tiennent fouvent dans des étables, dans des caves rigoureufement fermées. Il en réfulte alors, fans compter l'accident du feu dans le premier cas, des Défaillances & même des Asphyxies (*voyez* ces mots) produites par un air vicié, &

des maladies chroniques, fuite de l'air humide qui y règne. Les jeunes filles & les nourrices devroient furtout éviter de refter trop long-temps dans ces fortes de lieux. *Voyez* MIASME.

Combien il feroit du refte facile de tenir les Veillées dans un local fain & difpofé, aux frais de la commune, pour ce feul objet ! (*Bosc.*)

VEILLOTTES : petits tas de foin qu'on forme dans les prés, lorfqu'on n'a pas le temps de l'enlever de fuite & qu'on ne veut pas le difpofer en MEULE. *Voyez* ce mot & celui PRAIRIE. (*Bosc.*)

VEINE DE TERRE. Il arrive fouvent qu'une portion d'un champ, le plus fouvent plus longue que large, eft d'une fertilité plus grande ou moindre que le refte, & on donne généralement le nom de *Veine* à cette portion. *Voyez* TERRE.

Les caufes des Veines, foit bonnes, foit mauvaifes, font extrêmement nombreufes. Les énumérer toutes, feroit fort difficile. Je dois ici me borner à en indiquer quelques-unes.

L'inégalité d'épaiffeur de la couche de terre végétale fait que quelquefois c'eft celle qui lui eft inférieure qu'on retourne, & elle eft prefque toujours infertile; dans ce cas, le champ offre de bonnes & de mauvaifes Veines.

La portion de champ où la roche eft plus voifine de la furface, eft, par la même raifon, moins fertile que celle où cette roche eft plus profonde.

Un cours d'eau fouterraine, ou les infiltrations de l'eau d'une rivière, d'un étang, peuvent rendre plus fertile une portion de ce champ.

La ligne de jonction du terrain argileux & d'un terrain fablonneux peut fe trouver dans le même champ, & chacun de ces terrains y formera une Veine.

L'entraînement de la terre végétale des champs fupérieurs, par fuite de l'action des eaux pluviales, dans une portion d'un champ inférieur, améliore immanquablement cette portion & produit une bonne Veine.

Au contraire, une inondation peut recouvrir de fable une portion de champ & y amener l'infertilité, ce qui donnera lieu à une mauvaife Veine.

Les terres anciennement fouillées dans quelques-unes de leurs parties font toujours ou plus fertiles ou moins fertiles dans ces parties.

Toujours les cultivateurs doivent tendre à rendre d'une fertilité égale toutes les Veines de leurs champs, parce que les céréales qui croiffent dans les bonnes parties arrivent plus tard à maturité que celles qui croiffent dans les mauvaifes, & que la récolte s'en faifant en même temps, il y a diminution de qualité dans le grain. En conféquence, les mauvaifes parties feront défoncées, fumées, marnées, rechargées de bonne terre, &c. les eaux feront écartées, les cavités comblées, &c. (*Bosc.*)

VEISSIE. *WEISSIA.*

Genre établi aux dépens des BRYS dans la fa-

mille des MOUSSES. *Voyez* ces mots. (*Bosc.*)

VELAGUE. *VELAGA.*

Genre de plantes qui ne diffère pas de celui appelé PTÉROSPERME. *Voyez* ce mot.

VELANI : cupule du gland d'un CHÊNE d'Orient. *Voyez* ce mot dans le *Dictionnaire des Arbres & Arbuftes.* (*Bosc.*)

VELAR. *ERYSIMUM.*

Genre de plantes de la tétradynamie filiqueufe & de la famille des *Crucifères*, qui raffemble onze efpèces, dont la plupart fe cultivent dans nos écoles de botanique.

Obfervations.

Ce genre a beaucoup de rapports avec les giroflées, les fifymbres & les juliennes; auffi fes efpèces ont-elles fouvent été placées avec ces dernières.

Efpèces.

1. Le VELAR de Sainte-Barbe, vulgairement *rondotte.*
Eryfimum barbarea. Linn. ♃ Indigène.
2. Le VELAR printanier.
Eryfimum præcox. Smith. ♂ Indigène.
3. Le VELAR à grandes fleurs.
Eryfimum grandiflorum. Desf. ♃ De la Barbarie.
4. Le VELAR odorant.
Eryfimum odoratum. Ehrh. ♂ De la Hongrie.
5. Le VELAR effilé.
Eryfimum virgatum. Roth. ♂ De l'eft de la France.
6. Le VELAR diffus.
Eryfimum diffufum. Ehrh. ♂ Du midi de l'Europe.
7. Le VELAR à feuilles étroites.
Eryfimum anguftifolium. Ehrh. ☉ De la Hongrie.
8. Le VELAR jonciforme.
Eryfimum junceum. Waldft. ♂ De la Hongrie.
9. Le VELAR à deux cornes.
Eryfimum bicorne. Ait. ☉ Des Canaries.
10. Le VELAR à quatre cornes.
Eryfimum quadricorne. Willd. ☉ De la Sibérie.
11. Le VELAR officinal, vulgairement *herbe du chantre.*
Eryfimum officinale. Linn. ☉ Indigène.

Culture.

Les efpèces qui fe cultivent dans les écoles de botanique font les 1re., 2e., 4e., 7e., 9e. & 11e. Toutes, excepté la neuvième, fe fement en place, & leur plant s'éclaircit & fe farcle au befoin. Du refte, elles ne demandent aucun foin particulier.

La première, étant vivace, peut auffi fe multiplier par le déchirement de fes vieux pieds en hiver, & par boutures faites au milieu de l'été. Elle eft affez belle quand elle eft en fleur, furtout fa variété à fleurs doubles, & lorfque fes touffes font un peu goffes, pour mériter d'être cultivée dans les parterres & dans les jardins payfagers. On la place, dans ce dernier cas, fur le bord des eaux, au pied des fabriques, le long des allées. Elle peut refter cinq à fix ans dans le même lieu. Les feules précautions à prendre à fon égard, c'eft de lui donner deux ou trois binages par an, & de couper fes tiges rez terre dès que les fleurs font paffées. C'eft dans les terrains gras & frais qu'elle profpère le mieux.

La neuvième efpèce fe fème dans des pots remplis de terre à demi confiftante, qu'on place fur une couche nue; & fes pieds fe rentrent de bonne heure dans une orangerie pour leur donner le moyen de perfectionner leurs graines. (*Bosc.*)

VELÈZE. *Velezia.*

Petite plante annuelle qui croît naturellement dans les départemens du midi de la France, & qu'on cultive dans les écoles de botanique. Elle forme feule, dans la pentandrie digynie & dans la famille des *Caryophyllées*, un genre qui eft figuré pl. 186 des *Illuftrations des genres* de Lamarck.

Culture.

Les graines de cette plante fe fèment dans des pots remplis de terre à demi confiftante, qu'on place fur une couche nue, & le plant qu'elles ont donné fe repique, en divifant la motte, contre un mur expofé au midi, où il s'arrofe au befoin.

La Velèze n'eft d'aucun intérêt pour tous autres que les botaniftes. (*Bosc.*)

VELLA. *Vella.*

Genre de plantes de la tétradynamie filiculeufe & de la famille des *Crucifères*, dans lequel fe rangent trois efpèces, dont deux fe cultivent dans nos écoles de botanique. Il eft figuré pl. 555 des *Illuftrations des genres* de Lamarck.

Efpèces.

1. La VELLA annuelle.
Vella annua. Linn. ⊙ Du midi de l'Europe.
2. La VELLA faux-cytife.
Vella pfeudocytifus. Linn. ♄ Du midi de l'Europe.
3. La VELLA très-grêle.
Vella tenuiffima. Pall. De la Sibérie.

Culture.

La première efpèce fe fème ou en place ou dans

des pots qu'on met fur une couche nue. Le plant qui en provient ne demande qu'à être éclairci & farclé au befoin.

La feconde efpèce fe tient dans l'orangerie, quoiqu'elle puiffe fouvent paffer les hivers en pleine terre dans le climat de Paris. On la multiplie de graines femées comme il vient d'être dit, mais qui ne lèvent ordinairement que la fecone année.

Toutes deux veulent une terre à demi confiftante & une expofition chaude. Ce font des plantes de nul agrément, & qui n'intéreffent que les botaniftes. (*Bosc.*)

VELLEIA. *Velleia.*

Plante herbacée de la Nouvelle-Hollande, qui feule conftitue un genre dans la pentandrie monogynie & dans la famille des *Campanulacées*. Elle eft figurée pl. 77 de l'ouvrage fur les plantes de ce pays par Labillardière.

Nous ne la cultivons pas en Europe. (*Bosc.*)

VELLIE. *Pleurandra.*

Genre de plantes établi par Labillardière dans la monadelphie diandrie & dans la famille des *Millepertuis*, qui renferme deux efpèces ni l'une ni l'autre cultivées dans nos écoles de botanique. Il eft figuré pl. 143 & 144 de l'ouvrage fur les plantes de la Nouvelle-Hollande du botanifte précité.

Efpèces.

1. La VELLIE à-feuilles ovales.
Pleurandra ovata. Labill. ♄ De la Nouvelle-Hollande.
2. La VELLIE aciculaire.
Pleurandra acicularis. Labill. ♄ De la Nouvelle-Hollande. (*Bosc.*)

VELOTE. *Dillwynia.*

Genre de plantes de la décandrie monogynie & de la famille des *Légumineufes*, qui contient quatre efpèces, qui toutes fe cultivent dans nos jardins.

Efpèces.

1. La VELOTE à feuilles ovales.
Dillwynia ovata. Labill. ♄ De la Nouvelle-Hollande.
2. La VELOTE glabre.
Dillwynia glabra. Labill. ♄ De la Nouvelle-Hollande.
3. La VELOTE à feuilles de bruyère.
Dillwynia ericifolia. Dum.-Courf. ♄ De la Nouvelle-Hollande.
4. La VELOTE à feuilles nombreufes.
Dillwynia floribunda. Dum.-Courf. ♄ De la Nouvelle-Hollande.

Culture.

La terre de bruyère, renouvelée en partie tous les ans en automne, est celle qui convient le mieux aux Velotes. Il faut les rentrer de bonne heure dans l'orangerie & leur ménager les arrosemens pendant l'hiver. On les multiplie de graines, dont elles donnent assez souvent dans nos climats, & par marcottes qui sont longues à s'enraciner. Ces plantes sont encore rares dans nos cultures. (*Bosc.*)

VELOTTE : nom vulgaire d'une LINAIRE.

VELOURS VERT. Geoffroy a donné ce nom à l'ATTELABE qui ronge les bourgeons de la VIGNE. *Voyez* ce mot.

VELTHEIMIE. *VELTHEIMIA.*

Genre de plantes de l'hexandrie monogynie & de la famille des *Asphodèles*, qui rassemble cinq espèces, faisant autrefois partie des ALETRIS & des ALOÈS. *Voyez* ces mots & ceux SANSEVERIE & TRITOME.

Espèces.

1. La VELTHEIMIE à feuilles vertes.
Veltheimia viridifolia. Jacq. ♃ Du Cap de Bonne-Espérance.

2. La VELTHEIMIE à feuilles glauques.
Veltheimia glauca. Jacq. ♃ Du Cap de Bonne-Espérance.

3. La VELTHEIMIE uvaire.
Veltheimia uvaria. Willd. ♃ Du Cap de Bonne-Espérance.

4. La VELTHEIMIE sarmenteuse.
Veltheimia sarmentosa. Pers. ♃ Du Cap de Bonne-Espérance.

5. La VELTHEIMIE naine.
Veltheimia pumila. Willd. ♃ Du Cap de Bonne-Espérance.

Culture.

Toutes ces espèces se cultivent dans nos orangeries. On leur donne une terre à demi consistante, c'est-à-dire, dans laquelle la terre franche domine, & on la leur renouvelle par partie tous les ans. On les arrose fréquemment pendant l'été & fort peu pendant l'hiver. Leur multiplication a lieu presqu'exclusivement par les caïeux séparés en automne après le dessèchement des feuilles. La plus commune d'entr'elles est la troisième. C'est une plante d'un aspect fort agréable quand elle est fleur, & elle y est pendant plus d'un mois. Elle devient beaucoup plus belle lorsqu'on la plante en pleine terre, dans une bache ou sous un châssis, que quand on la tient en pot. (*Bosc.*)

VENANE. *VENANA.*

Arbre de Madagascar, qui seul constitue dans la pentandrie monogynie, un genre dont on voit la figure pl. 131 des *Illustrations des genres* de Lamarck.

Cet arbre ne se cultivant pas dans nos jardins, je n'en dirai rien de plus. (*Bosc.*)

VENDANGE : opération de couper les grappes de raisin destinées à faire le VIN. *Voyez* ce mot.

J'entrerai dans tous les détails relatifs à la Vendange, au mot VIGNE dans le *Dictionnaire des Arbres & Arbustes*, faisant suite à celui-ci. (*Bosc.*)

VENDANGEOIR : bâtiment destiné à recevoir les raisins après qu'ils ont été séparés de la vigne, ainsi qu'à faire toutes les opérations nécessaires à la fabrication du vin.

Dans les petits vignobles, c'est une simple pièce du manoir, pièce dont le pressoir occupe la plus grande partie, & les cuves le reste.

Dans les grands vignobles, ce sont plusieurs bâtimens qui se touchent & communiquent entre eux & avec les caves, le principal desquels renferme le PRESSOIR. *Voyez* ce mot.

Les autres pièces sont destinées à recevoir à demeure les cuves, & temporairement les tonneaux vides & autres ustensiles. Ces dernières servent aussi à renfermer les tonneaux qu'on vient de remplir de moût, jusqu'à ce que la fermentation tumultueuse de ce moût soit terminée, après quoi on les descend à la CAVE. *Voyez* ce mot & celui FERMENTATION.

Comme toutes les opérations de la fabrication du vin sont dangereuses, à raison de l'immense dégagement de gaz acide carbonique qui les accompagne, il faut que toutes les pièces des Vendangeoirs soient grandes & aérées. Ainsi elles auront beaucoup de fenêtres fermées seulement avec des volets, & qu'on pourra ouvrir selon l'occurrence. *Voyez* GAZ.

J'entrerai dans de plus grands détails au sujet des Vendangeoirs, à la suite du mot VIGNE, dans le *Dictionnaire des Arbres & Arbustes.* (*Bosc.*)

VENDLANDE. *WENDLANDIA.*

Arbrisseau grimpant de la Caroline, qui seul constitue un genre dans l'hexandrie hexagynie.

Cet arbrisseau ne se cultive pas dans les jardins d'Europe. (*Bosc.*)

VENIN : liqueur que quelques animaux sécrètent & peuvent introduire par divers organes dans le corps d'autres animaux, qui cause à ces derniers ou la mort ou des douleurs plus ou moins aiguës.

Le Venin a été donné à ces animaux, ou comme moyen de se procurer plus certainement leur subsistance, ou comme arme défensive.

Ce sont les VIPÈRES qui, en Europe, sont pourvues du Venin le plus dangereux pour l'homme. *Voyez* leur article.

Quelques ARAIGNÉES, les SCORPIONS, les

GUÊPES & les ABEILLES ne caufent la mort qu'autant que, par la multiplicité de leurs morfures ou de leurs piqûres, elles ont introduit dans le fang une quantité confidérable de Venin, ce qui doit rarement arriver.

Quelques perfonnes mettent la falive des animaux enragés au nombre des Venins; mais comme cette falive ne prend pas, par le fait de la contagion; un afpect particulier, elle femble devoir être diftinguée. *Voyez* RAGE. (*Bosc.*)

VENT. On nomme ainfi toute agitation naturelle de l'air. *Voyez* le *Dictionnaire de Phyfique.*

L'influence des Vents eft très-puiffante fur la végétation; ainfi ils doivent être l'objet de l'attention conftante des cultivateurs.

L'homme n'a nul moyen d'arrêter le fouffle des Vents, mais il peut diminuer leurs effets nuifibles par des ABRIS naturels ou artificiels. *Voyez* ce mot.

Si les Vents font quelquefois nuifibles; ils font toujours utiles, en décompofant les MIASMES nuifibles, en rendant l'air homogène par toute la terre, en tranfportant au loin les NUAGES, en donnant lieu à la PLUIE. *Voyez* ces mots.

On diftingue, d'après leur direction, trente-deux fortes de Vents par des noms particuliers; mais pour les befoins des agriculteurs, il fuffit d'en connoître la moitié & même le quart. Les quatre principaux font ceux de l'eft ou du levant, du fud ou du midi, de l'oueft ou du couchant, du nord ou du feptentrion. Les quatre intermédiaires font le fud-eft, entre l'eft & le fud; le fud-oueft, entre le fud & l'oueft; le nord-oueft & le nord-eft. On divife de même l'intervalle entre l'eft & le fud-eft, entre le fud-eft & le fud, &c.

Il eft dans chaque pays des Vents qui règnent plus fouvent ou plus long-temps que les autres, qui amènent la fécherefle ou la pluie. Ces effets font dus à l'influence qu'exercent, fur eux, les hautes MONTAGNES (*voyez* ce mot); ainfi, dans le climat de Paris, le Vent du fud-oueft eft le plus fréquent, le plus durable & le plus pluvieux, à raifon de la fituation des Alpes. Par la même caufe, le Vent du nord-eft y eft le plus rare, le moins durable & le plus fec. C'eft tout le contraire en Italie. *Voyez* NUAGE & PLUIE.

C'eft du Nord que vient le Vent le plus froid pour toute l'Europe; cependant ceux qui defcendent des Alpes, des Pyrénées & autres montagnes couvertes de neige, le font fouvent autant. *Voyez* NORD, FROID, GELÉE & NEIGE.

Cependant Linnæus a obfervé qu'en Laponie, c'étoit le Vent du nord qui amenoit le dégel. Il n'eft pas poffible d'expliquer ce fait.

Le froid retardant toute végétation, un des foins que doivent prendre les cultivateurs, c'eft de garantir les objets de leurs cultures des Vents du nord, & c'eft le but des ABRIS, foit naturels, foit artificiels, dont j'ai déjà parlé. *Voyez* MIDI & NORD.

Chaque matin le foleil, en dilatant l'air devant lui, fait naître un petit Vent frais, qui eft d'autant plus fenfible, que la faifon ou le climat eft plus chaud, & qui s'affoiblit à mefure que cet aftre s'élève fur l'horizon. Les cultivateurs des plantes en SERRE, fous BACHE ou fous CHASSIS, doivent donc attendre, pour leur donner de l'air, qu'il foit devenu chaud. C'eft vers dix heures dans le climat de Paris.

On a remarqué que le Vent qui fouffle le jour de l'équinoxe règne fouvent jufqu'à l'équinoxe fuivant.

Il eft des Vents qui, contenant fort peu d'eau en diffolution, font difpofés à abforber toute celle qu'ils trouvent fur leur paffage. Les principaux, comme je l'ai obfervé plus haut, font, pour le climat de Paris, d'abord celui du nord-eft, & enfuite ceux voifins du nord & de l'eft. *Voyez* HALE & ROUX-VENTS.

On attribue aux roux-vents des phénomènes qui n'ont aucun rapport avec eux, tels que la chute des feuilles des arbres fruitiers en mai, chute due à la larve du CHARANÇON OBLONG, tels que le deffechement de beaucoup de feuilles dans les terrains SABLONNEUX, deffechement dû tantôt à la SÉCHERESSE, tantôt aux larves du HANNETON. *Voyez* ces mots.

Une autre forte de Vents deffechans eft due à la chaleur. On l'appelle *miftral* dans le midi de la France; *firroco* en Italie; *femoun* en Afrique. Il eft très-dangereux pour l'homme & les animaux, en ce qu'il les ASPHYXIE. (*Voyez* ce mot.) Comme il eft généralement de peu de durée, les uns & les autres échappent à leur maligne influence, en collant leur bouche fur la terre.

Les Vents furchargés de molécules aqueufes font également nuifibles à l'agriculture, en amenant des maladies parmi les animaux domeftiques, en empêchant la fécondation des fleurs, en retardant la maturité des fruits, &c. *Voyez* HUMIDITÉ.

L'action directe des Vents caufe très-fréquemment de grandes pertes aux cultivateurs; par exemple, ils couchent les feigles, les fromens, les haricots, les pois, &c., arrachent les arbres fruitiers, les maïs, les forghos, les colzas, &c.; ils abattent les fruits, renverfent les maifons, font déborder les rivières, &c. *Voyez* ORAGE, OURAGAN, TROMBE.

Un arbre renverfé par le Vent peut quelquefois être relevé au moyen de cordes & de poulies attachées à un arbre voifin, après avoir creufé, du côté où fes racines font forties de terre, un trou affez grand pour les recevoir fans gêne. Après qu'il eft remis en place, on fubftitue de la meilleure terre à celle qui a été tirée du trou, afinde déterminer une plus vigoureufe pouffe de racines, & on taille l'arbre fort court dans le même but. (*Voyez* TAILLE.) Pour plus de fûreté on attache,

pendant

pendant deux ou trois ans, la tige de cet arbre à de forts pieux ou aux arbres voisins.

On se procure la connoissance de la direction des Vents au moyen des GIROUETTES (*voyez* ce mot); mais la plupart des cultivateurs la jugent fort bien par la marche des nuages, ou en élevant en l'air un de leurs doigts mouillé, doigt qui ressent une impression de froid par l'évaporation qui a lieu du côté où vient le Vent. *Voyez* EVAPORATION & FROID.

Mesurer la force des Vents peut être bon dans quelques cas, mais cette opération n'est jamais nécessaire pour les travaux de l'agriculture. *Voyez* ARBRE EN PLEIN-VENT, PLEIN-VENT. (*Bosc.*)

VENTAISON, BLÉ VENTÉ : synonyme de RETRAIT. *Voyez* ce mot.

On ne peut douter que les Vents froids & pluvieux soient souvent la cause du défaut de fécondation des céréales; ainsi ce mot n'est pas très-impropre. *Voyez* FÉCONDATION & COULURE. (*Bosc.*)

VENTENATE. *VENTENATIA.*

Arbre d'Afrique, qui a servi à Palissot de Beauvois pour établir un genre dans la polyandrie monogynie & dans la famille des *Tiliacées.*

Nous ne le cultivons pas dans nos jardins.

Cavanilles avoit donné le même nom à un genre qui a été réuni aux STYPHÉLIES, & Kœler à un autre genre établi aux dépens des BROMES & des AVOINES. (*Bosc.*)

VENTILAGO. *VENTILAGO.*

Genre de plantes de la pentandrie monogynie & de la famille des *Nerpruns,* qui réunit deux espèces ni l'une ni l'autre cultivées dans nos jardins.

Espèces.

1. Le VENTILAGO de Madras.
Ventilago maderaspatana. Roxb. ♄ Des Indes.
2. Le VENTILAGO à feuilles dentées.
Ventilago denticulata. Willd. ♄ Des Indes.
(*Bosc.*)

VENTILATEUR. Notre illustre Duhamel a donné ce nom à une machine ayant pour objet de garantir les blés des ravages des CHARANÇONS. *Voyez* ce mot.

Cette machine consiste en une grande caisse ayant un double fond en treillage, sur lequel un canevas est fixé. On la remplit de blé, au travers duquel on fait passer, au moyen d'un gros soufflet, un fort courant d'air. Les charançons, auxquels le mouvement & le froid que produit ce courant d'air ne plaisent pas, abandonnent le blé; mais comme ils y reviennent ensuite, c'est toujours à recommencer.

Nulle part on ne fait usage du Ventilateur, à raison de la dépense de son acquisition, de son pé-

Agriculture. Tome VI.

nible service & de l'insuffisance de ses résultats. On préfère jeter en l'air le blé à la pelle, ce qui remplit à peu près le même but, ou le déposer dans des sacs, comme l'a conseillé Parmentier. *Voyez* FROMENT. (*Bosc.*)

VENTOUSE : nom donné par Roger Schabol à une pratique qu'il croyoit propre à affoiblir un espalier trop vigoureux, & qui consistoit à laisser une branche sans la tailler.

Cette pratique n'est point usitée. On préfère, dans le cas cité, ou tailler long ou incliner, même courber les branches. *Voyez* TAILLE. (*Bosc.*)

VENTRE : cavité postérieure & inférieure du corps des quadrupèdes, où se trouvent placés les organes de la digestion & de la génération.

Le Ventre doit être pris en considération dans le cheval.

Ainsi, lorsqu'il a peu d'ampleur, il indique un animal sobre & ardent, mais de peu de tenue dans le travail, & avec des dispositions à la POUSSE. *Voyez* ce mot & celui EFFLANQUÉ.

Ainsi, lorsqu'il a beaucoup de volume, il annonce un grand mangeur; des mouvemens lents, une disposition aux HERNIES. *Voyez* ce mot.

Les principales des maladies propres au bas-Ventre sont les INDIGESTIONS, les SUPPRESSIONS & les RÉTENTIONS D'URINE, l'inflammation des REINS & des INTESTINS, l'ENGORGEMENT de la RATE, les COLIQUES, les TRANCHÉES, les VENTS, la DIARRHÉE. *Voyez* ces mots. (*Bosc.*)

VENTS : bruit occasionné par la sortie des gaz qui se sont formés dans l'estomac & dans les intestins des animaux domestiques. Dans le premier cas, on les appelle vulgairement ROTS, & dans le second, PETS.

Quelquefois les Vents occasionnent des COLIQUES violentes. *Voyez* ce mot.

Il n'y a pas de remèdes à employer contre les Vents. La nature doit être laissée à son action. (*Bosc.*)

VENTURES : nom qui se donne, dans quelques lieux, aux menues PAILLES. *Voyez* ce mot & celui VANNAGE.

VÉNUS ATTRAPE-MOUCHE. *Voyez* DIONÉE.

VER A SOIE : larve du bombice du mûrier, laquelle file la soie dont on fait un si grand emploi dans toutes les parties policées de l'Univers, pour la fabrication des sortes de tissus appelés *étoffes de soie;* tissus remarquables par leur éclat & leur légèreté.

C'est de la Chine que nous est venu ce précieux insecte. Il a été d'abord apporté à Constantinople sous le règne de Justinien, & ensuite introduit en France au retour de la dernière croisade.

Aujourd'hui il fait la richesse d'une partie de nos départemens méridionaux, & est par conséquent dans le cas d'être ici l'objet d'un article fort étendu; mais comme son éducation ne peut être que le résultat de la culture du mûrier, & que, d'après le plan arrêté dès l'origine de l'entreprise de l'*Encyclopédie par ordre des matières*, la culture de cet arbre ne doit être décrite que dans le *Dictionnaire des Arbres & Arbustes*, c'est là, à la fin de l'article MURIER, que je le traiterai, & c'est là, en conséquence, que je renvoie le lecteur. (*Bosc.*)

VER : synonyme de VERRAT.

VER BLANC : larve du HANNETON.

VER BLANC DES COUCHES. C'est la larve du SCARABÉE NASICORNE. *Voyez* ce mot.

Cette larve ressemble beaucoup, à sa grosseur près, qui est double, à celle du hanneton, mais elle n'est pas nuisible comme elle aux racines des plantes, attendu qu'elle ne se nourrit que d'HUMUS. *Voyez* ce mot. (*Bosc.*)

VER BLANC DU TERREAU : petits Vers blancs & longs qui se voient souvent en grande abondance dans le terreau, & qui causent de grands dommages aux semis, en rongeant les racines des plantes qui les composent, en creusant autour d'elles des galeries qui occasionnent leur dessèchement. C'est la larve de la TIPULE DES POTAGERS. *Voyez* ce mot.

On garantit les fleurs de cette larve en mettant une poignée de CHARBON en poudre sur leurs RACINES. *Voyez* ces mots.

VER COQUIN : chenille de la PYRALE DE LA VIGNE. *Voyez* ce mot.

VER DU FROMAGE : larve d'une MOUCHE.

VER DES INTESTINS. *Voyez* ŒSTRE & TÉNIA.

VER DU NEZ DES MOUTONS. *Voyez* ŒSTRE.

VER DES NOISETTES : larve du CHARANÇON DES NOISETTES.

VER DES OLIVES : larve d'une MOUCHE.

VER SOLITAIRE. *Voyez* TÉNIA.

VER DE TERRE : nom vulgaire du LOMBRIC. *Voyez* ce mot.

VER DU TRÈFLE. C'est la larve de la CHRISOMÈLE OBSCURE. *Voyez* ce mot dans le *Dictionnaire des Insectes.*

VER DES TRUFFES : larve d'une tipule & d'une mouche qui vivent aux dépens des TRUFFES. *Voyez* ce mot.

VER DES TUMEURS DES BÊTES A CORNE. C'est la larve d'un ŒSTRE. *Voyez* ce mot.

VER TURC. C'est la larve du HANNETON. *Voyez* ce mot.

VER DU VINAIGRE : larve d'une MOUCHE.

VERAMIER. *PODOLEPIS.*

Plante herbacée de la Nouvelle-Hollande, que Labillardière a fait servir à l'établissement d'un genre dans la syngénésie superflue & dans la famille des *Corymbifères*. Elle est figurée pl. 208 de l'ouvrage de ce botaniste sur les plantes de cette contrée. Nous ne la cultivons pas en Europe. (*Bosc.*)

VERBESINE. *VERBESINA.*

Genre de plantes de la syngénésie superflue & de la famille des *Corymbifères*, dans lequel se rangent vingt-une espèces, dont sept se cultivent dans nos écoles de botanique. Il est figuré pl. 683 des *Illustrations des genres* de Lamarck.

Observations.

Les genres LAVENIE & SYNEDRELLE ont été établis aux dépens de celui-ci, qui d'ailleurs est fort peu naturel, & a par conséquent fourni des espèces à d'autres, c'est-à-dire, à ceux BIDENT, SPILANT, COREOPE, SYGESBECQUE. *Voyez* ces mots.

Espèces.

1. La VERBESINE ailée.
Verbesina alata. Linn. ♃ De l'Amérique méridionale.

2. La VERBESINE de la Chine.
Verbesina chinensis. Linn. ♄ De la Chine.

3. La VERBESINE effilée.
Verbesina virgata. Cav. ♃ De l'Amérique méridionale.

4. La VERBESINE mutique.
Verbesina mutica. Linn. ☉ De l'Amérique méridionale.

5. La VERBESINE bidentée.
Verbesina boswellia. Linn. ☉ Des Indes.

6. La VERBESINE de Virginie.
Verbesina virginica. Linn. De l'Amérique septentrionale.

7. La VERBESINE paniculée.
Verbesina paniculata. Poir. De l'Amérique septentrionale.

8. La VERBESINE géante.
Verbesina gigantea. Jacq. ♄ De la Jamaïque.

9. La VERBESINE pinnatifide.
Verbesina pinnatifida. Cavan. ♃ Du Mexique.

10. La VERBESINE à feuilles de céanotte.
Verbesina ceanottifolia. Willd. Du Mexique.

11. La VERBESINE biflore.
Verbesina biflora. Linn. Des Indes.

12. La VERBESINE à fleurs de souci.
Verbesina calendulacea. Linn. De Ceylan.

13. La VERBESINE dentée en scie.
Verbesina serrata. Cav. ♄ De l'Amérique méridionale.

14. La VERBESINE délicate.
Verbesina pusilla. Poir. De l'Amérique méridionale.

15. La VERBESINE à feuilles de houx.
Verbesina ilicifolia. Poir. De Saint-Domingue.

16. La VERBESINE à feuilles d'arroche.
Verbesina atriplicifolia. Poir. ♄ De.....

17. La VERBESINE à fleurs opposées.
Verbesina oppositiflora. Poir. De Cayenne.

18. La VERBESINE lancéolée.
Verbefina lanceolata. Poir. De.....
19. La VERBESINE dichotome.
Verbefina dichotoma. Murr. ☉ Des Indes.
20. La VERBESINE ligneufe.
Verbefina fruticofa. Linn. ♄ De l'Amérique méridionale.
21. La VERBESINE ufuelle.
Verbefina fativa. Curt. ☉ Des Indes.

Culture.

Les graines de la première efpèce fe fèment fur couche nue, dans des pots remplis de terre à demi confiftante. Le plant, lorfqu'il a acquis deux à trois pouces de haut, fe repique dans d'autres pots qu'on remet fur couche ou en pleine terre, contre un mur expofé au midi. Les uns & les autres fleuriffent la même année, & donnent de bonnes graines. Ceux en pots fe rentrent dans la ferre chaude aux approches de l'hiver; ces derniers fubfiftent ordinairement trois à quatre ans.

La culture des troifième & neuvième efpèces ne diffère de celle que je viens d'indiquer, qu'en ce que leurs graines mûriffent plus difficilement en pleine terre.

Les treizième, feizième & vingtième efpèces demandent encore plus de chaleur. Rarement elles donnent de bonnes graines, mais on y fupplée par le moyen des boutures faites dans des pots fur couches & fous châffis.

La vingt-unième étant annuelle, fe fème dans un pot fur couche nue, & fe repique contre un mur expofé au midi; elle fe cultive en grand dans fon pays natal pour tirer de l'huile de fes graines.

Les feuilles de la cinquième, qui ont l'odeur du fenouil, fe mangent cuites ou crues. (*Bosc.*)

VERBI. CALOTHAMNUS.

Arbriffeau de la Nouvelle-Hollande, qui feul conftitue un genre dans l'icofandrie monogynie & dans la famille des *Myrtes.* Il eft figuré pl. 164 de l'ouvrage fur les plantes de ce pays par Labillardière. On ne le cultive pas en Europe; ainfi je n'ai rien à en dire de plus. (*Bosc.*)

VERCHÈRE : nom de la JACHÈRE dans quelques lieux.

VERDEAU ou VERDBAU : variété de POIRIER à CIDRE. *Voyez* ces mots.

VERDEAU. Les cultivateurs de Montreuil donnent ce nom à une petite chenille verte qui caufe quelquefois beaucoup de mal à leurs pêchers. Je ne fais quel eft l'infecte parfait qu'elle donne. *Voyez* PÊCHER. (*Bosc.*)

VERDURE. On emploie ce mot lorfqu'on veut parler de l'effet que produit fur les fens la vue des pâturages, des prés, des céréales non épiées, des bois, &c.

Toutes les fois que la Verdure eft en contrafte

avec une autre couleur, elle reffort davantage; voilà pourquoi les payfages font plus pittorefques en automne, lorfque les feuilles commencent à s'altérer; voilà pourquoi le HÊTRE POURPRE, l'OLIVIER DE BOHÊME, l'ARGOUSIER, & autres arbres dont les feuilles ne font pas vertes, fe placent avec tant d'avantage dans les JARDINS PAYSAGERS. *Voyez* ce mot. (*Bosc.*)

VERDURE. On appelle ainfi, dans quelques lieux, les plantes potagères dont on mange les feuilles, comme l'OSEILLE, l'EPINARD, le CHOU, le CERFEUIL, le PERSIL, &c. *Voyez* ces mots.

VERDURE. Les NOURRISSEURS de VACHES à lait donnent ce nom aux HERBES fraiches dont ils fubfiftent leurs animaux à l'ETABLE. *Voyez* ces mots.

VERDURE D'HIVER : nom vulgaire de la PYRALE.

VERÉA. VEREA.

Genre de plantes établi aux dépens des COTYLETS. Il renferme une demi-douzaine d'efpèces, dont deux feules fe cultivent dans nos jardins, & ont été mentionnées fous les noms de COTYLET LACINIÉ & de COTYLET PINNÉ, à l'article de ce genre, auquel je renvoie le lecteur.

Le genre dont il eft ici queftion s'appelle auffi CALANCHOÉ, & ce dernier nom paroît devoir prévaloir. (*Bosc.*)

VERETTE. Quelques cultivateurs appellent ainfi le CLAVEAU. (*Bosc.*)

VERGE-D'OR. SOLIDAGO.

Genre de plantes de la fyngénéfie fuperflue & de la famille des *Corymbifères*, dans lequel fe trouvent placées cinquante-deux efpèces, dont une eft fort commune dans nos bois, & beaucoup fe cultivent dans nos jardins, à raifon de la beauté de leur afpect lorfqu'elles font en fleurs. Il eft figuré pl. 285 des *Illuftrations des genres* de Lamarck.

Efpèces.

1. La VERGE-D'OR du Canada.
Solidago canadenfis. Linn. ♃ De l'Amérique feptentrionale.
2. La VERGE-D'OR à hautes tiges.
Solidago altiffima. Linn. ♃ De l'Amérique feptentrionale.
3. La VERGE-D'OR élevée.
Solidago procera. Ait. ♃ De l'Amérique feptentrionale.
4. La VERGE-D'OR tardive.
Solidago ferotina. Ait. ♃ De l'Amérique feptentrionale.
5. La VERGE-D'OR pileufe.
Solidago pilofa. Ait. ♃ De l'Amérique feptentrionale.

6. La VERGE-D'OR ciliée.
Solidago ciliaris. Willd. ♃ De l'Amér que septentrionale.

7. La VERGE-D'OR rude.
Solidago aspera. Ait. ♃ De l'Amérique septentrionale.

8. La VERGE-D'OR à feuilles réfléchies.
Solidago reflexa. Ait. ♃ De l'Amérique septentrionale.

9. La VERGE-D'OR penchée.
Solidago nutans. Desf. ♃ De l'Amérique septentrionale.

10. La VERGE-D'OR à fleurs latérales.
Solidago lateriflora. Linn. ♃ De l'Amérique septentrionale.

11. La VERGE-D'OR ridée.
Solidago rugosa. Mill. ♃ De l'Amérique septentrionale.

12. La VERGE-D'OR scabre.
Solidago scabra. Willd. ♃ De l'Amérique septentrionale.

13. La VERGE-D'OR des forêts.
Solidago nemoralis. Ait. ♃ De l'Amérique septentrionale.

14. La VERGE-D'OR étalée.
Solidago patula. Willd. ♃ De l'Amérique septentrionale.

15. La VERGE-D'OR à feuilles d'orme.
Solidago ulmifolia. Willd. ♃ De l'Amérique septentrionale.

16. La VERGE-D'OR à fines dentelures.
Solidago arguta. Ait. ♃ De l'Amérique septentrionale.

17. La VERGE-D'OR jonciforme.
Solidago juncea. Ait. ♃ De l'Amérique septentrionale.

18. La VERGE-D'OR elliptique.
Solidago elliptica. Ait. ♃ De l'Amérique septentrionale.

19. La VERGE-D'OR toujours verte.
Solidago sempervirens. Linn. ♃ De l'Amérique septentrionale.

20. La VERGE-D'OR à feuilles renversées.
Solidago retrorsa. Mich. ♃ De l'Amérique septentrionale.

21. La VERGE-D'OR à grappes serrées.
Solidago conferta. Poir. ♃ De l'Amérique septentrionale.

22. La VERGE-D'OR odorante.
Solidago odora. Ait. ♃ De l'Amérique septentrionale.

23. La VERGE-D'OR à deux couleurs.
Solidago bicolor. Linn. ♃ De l'Amérique septentrionale.

24. La VERGE-D'OR à feuilles pétiolées.
Solidago petiolaris. Ait. ♃ De l'Amérique septentrionale.

25. La VERGE-D'OR roide.
Solidago stricta. Ait. ♃ De l'Amérique septentrionale.

26. La VERGE-D'OR lancéolée.
Solidago lanceolata. Ait. ♃ De l'Amérique septentrionale.

27. La VERGE-D'OR bleuâtre.
Solidago caesia. Linn. ♃ De l'Amérique septentrionale.

28. La VERGE-D'OR du Mexique.
Solidago mexicana. Linn. ♃ De l'Amérique septentrionale.

29. La VERGE-D'OR hispide.
Solidago hispida. Willd. ♃ De l'Amérique septentrionale.

30. La VERGE-D'OR à tige lisse.
Solidago levigata. Ait. ♃ De l'Amérique septentrionale.

31. La VERGE-D'OR osier.
Solidago viminea. Ait. ♃ De l'Amérique septentrionale.

32. La VERGE-D'OR tortueuse.
Solidago flexicaulis. Linn. ♃ De l'Amérique septentrionale.

33. La VERGE-D'OR à larges feuilles.
Solidago latifolia. Linn. ♃ De l'Amérique septentrionale.

34. La VERGE-D'OR douteuse.
Solidago ambigua. Ait. ♃ De l'Amérique septentrionale.

35. La VERGE-D'OR commune.
Solidago virga aurea. Linn. ♃ Indigène.

36. La VERGE-D'OR des rochers.
Solidago alpestris. Willd. ♃ De l'Allemagne.

37. La VERGE-D'OR des montagnes.
Solidago montana. Poir. ♃ Des Alpes.

38. La VERGE-D'OR de Galles.
Solidago cambrica. Hudf. ♃ De l'Angleterre.

39. La VERGE-D'OR à plusieurs rayons.
Solidago multiradiata. Ait. ♃ De l'Amérique septentrionale.

40. La VERGE-D'OR à tige basse.
Solidago minuta. Linn. ♃ Des Alpes.

41. La VERGE-D'OR à feuilles dures.
Solidago rigida. Linn. ♃ De l'Amérique septentrionale.

42. La VERGE-D'OR de Noveboraco.
Solidago novaboracensis. Linn. ♃ De l'Amérique septentrionale.

43. La VERGE-D'OR à tige grêle.
Solidago gracilis. Poir. ♃ De.....

44. La VERGE-D'OR livide.
Solidago livida. Willd. ♃ De l'Amérique septentrionale.

45. La VERGE-D'OR hérissée.
Solidago hirta. Willd. ♃ De l'Amérique septentrionale.

46. La VERGE-D'OR à feuilles de gremil.
Solidago lithospermifolia. Willd. ♃ De l'Amérique septentrionale.

47. La VERGE-D'OR agglomérée.
Solidago glomerata. Mich. ♃ De l'Amérique septentrionale.

48. La VERGE-D'OR effilée.

Solidago virgata. Mich. ♃ De l'Amérique septentrionale.

49. La VERGE-D'OR bâtarde.

Solidago spuria. Forst. ♄ De l'île Sainte-Hélène.

50. La VERGE-D'OR en arbre.

Solidago arborescens. Forst. ♄ De la Nouvelle-Zélande.

51. La VERGE-D'OR à fleurs blanches.

Solidago leucodendron. Forst. ♄ De l'île Sainte-Hélène.

52. La VERGE-D'OR à fleurons rares.

Solidago pauciflosculosa. Mich. ♄ De la Caroline.

Culture.

Nous possédons dans nos écoles de botanique les espèces inscrites sous les nᵒˢ. 1, 2, 3, 4, 5, 7, 8, 9, 10, 12, 13, 16, 17, 18, 19, 21, 23, 24, 25, 26, 27, 28, 30, 31, 32, 33, 34, 35, 38, 39, 40, 41, 43, 44, 45 & 46. Toutes se contentent de la pleine terre dans le climat de Paris, & s'accommodent de tous les terrains, quoiqu'elles prospèrent mieux dans ceux qui sont fertiles. On les multiplie de graines semées en place, & par déchirement des vieux pieds en hiver. Ce dernier mode est le plus employé, comme étant aussi facile que certain, & donnant des produits susceptibles de jouissance dès la première année. Une fois en place, leurs pieds ne demandent d'autres soins que des binages de propreté, le retranchement des accrus au printemps, & l'enlèvement des tiges au commencement de l'hiver. Pour produire tout l'effet possible, il faut que leurs touffes ne soient ni trop fortes ni trop foibles. Parmi elles il en est un certain nombre qu'on multiplie de préférence dans les parterres & dans les jardins paysagers, comme plus belles & plus rustiques que les autres : ce sont principalement celles des nᵒˢ. 1, 2, 3, 4, 19, 21, 32, 33. On les place contre les murs des terrasses, dans l'intervalle des buissons des derniers rangs des massifs, sur le bord des eaux, le long des allées, &c.

La floraison des Verges-d'or ayant généralement lieu fort tard, il est rare que leurs graines arrivent à complète maturité à Paris & plus au nord. Ces graines doivent être mises de suite en terre, car elles perdent très-rapidement leur faculté germinative. Fort peu de celles, en grand nombre, que j'avois rapportées d'Amérique, ont levé dans les jardins de Paris.

Les tiges de toutes les Verges-d'or, & principalement de la commune, ordinairement si abondante dans les taillis en bon fonds, peuvent être employées à chauffer le four, à fabriquer de la potasse & à augmenter la masse des fumiers. On pourroit même les cultiver avantageusement en grand pour ces objets. (*Bosc.*)

VERGE A BERGER. *Voyez* THLASPI BOURSE A BERGER.

VERGE DE JACOB : nom jardinier de l'ASPHODÈLE JAUNE.

VERGER : lieu planté en arbres fruitiers en plein vent & enclos de mur, de haies ou au moins de fossés. *Voyez* JARDIN.

Autrefois, tous les propriétaires aisés plantoient un Verger dans le voisinage de leur manoir ; mais aujourd'hui la mode veut qu'on leur préfère un jardin garni d'espaliers, de pyramides, de nains, &c.

S'ils ne font attention qu'à leur intérêt individuel, les propriétaires actuels peuvent avoir raison ; car il est de fait que les arbres en espalier, en quenouille & en nain, donnent plus tôt des fruits, plus certainement des fruits & de plus beaux fruits que ceux en plein vent ; cependant quand on considère que ces derniers subsistent pendant des siècles, ne demandent presqu'aucune dépense d'entretien annuel, & fournissent, tous les deux ou trois ans, des charretées de fruits, on ne peut se refuser de reconnoître qu'il est de l'intérêt général de la société de les voir se multiplier. *Voyez* au mot PLEIN-VENT.

Le voisinage de la maison est une condition essentielle à la formation d'un Verger, à raison de la nécessité de pouvoir veiller sur les fruits à l'époque de leur maturité ; ainsi on ne peut pas toujours lui donner, & la meilleure exposition, & le meilleur sol.

Sous le premier rapport, c'est une côte fort légèrement inclinée au midi, ou à l'est, qui, dans le climat de Paris, doit être préférée pour tous les arbres, surtout pour ceux à noyaux ; les poiriers d'hiver & la plupart des pommiers prospèrent cependant au nord & à l'ouest.

Sous le second rapport on doit rechercher une terre franche, profonde, ni trop humide ni trop sèche, terre qui sera défoncée à trois pieds de profondeur.

La disposition des arbres dans le Verger sera toujours en quinconce ou en ligne, & leur écartement d'autant plus considérable qu'ils doivent devenir plus grands. J'ai indiqué la quotité de cet écartement à l'article de chacune des espèces qu'on est dans l'usage d'y mettre. La disposition en quinconce convient le mieux lorsque les arbres sont d'une même espèce, c'est-à-dire, qu'ils étendent également leurs racines & leurs branches. Celle en ligne est préférable dans le cas contraire, parce qu'on peut espacer davantage les lignes où sont les noyers, les cerisiers, & rapprocher celles qui n'offrent que des pêchers, des abricotiers, des amandiers.

Généralement il vaut mieux planter trop écarté que trop rapproché, car les arbres donnent d'autant plus de fruit, & du fruit d'autant meilleur, qu'ils sont plus exposés à la lumière & même au soleil.

Lorsqu'on ne peut pas faire la dépense du défoncement complet de la terre du Verger (on doit toujours le defirer), on fe contente de défoncer, dans la longueur des allées, des TRANCHÉES de fix pieds de large (*voyez* ce mot), même, ce qui eft le pire, de faire des trous de quatre pieds en tous fens. *Voyez* PLANTATION.

Il s'offre ici deux queftions :

La première, s'il vaut mieux planter la même efpèce dans toute la ligne, ou alterner, a été fort débattue. Quoique je ne me diffimule pas que les cultivateurs qui placent un arbre à noyau entre deux arbres à pépin aient à redouter quelques inconvéniens., je crois leur pratique préférable; car elle jouit des avantages des plantations perpétuelles de M. Raft-Maüpas, avantages que j'ai développés au mot PLANTATION.

La feconde, s'il vaut mieux planter les arbres greffés jeunes dans la pépinière, que d'y planter des fauvageons déjà forts, pour les greffer deux ou trois ans après. J'ai difcuté le pour & le contre au mot GREFFE.

Une attention fort importante à la beauté des arbres des Vergers, dont je fuppofe le tronc auffi droit que poffible, c'eft la forme de leur tête. Je penfe donc qu'il faut arrêter la croiffance des branches latérales les plus vigoureufes en les taillant au niveau des autres, & faire prédominer la branche terminale, la flèche, en la redreffant au moyen d'un tuteur fi elle eft irrégulière, & en la débarraffant de fes rivales fi elle en a. *Voyez* TAILLE A CROCHET.

Après leur plantation, les arbres des Vergers demandent impérieufement pendant au moins quelques années, & autant que poffible pendant toute leur vie, au moins de loin en loin, des labours à leur pied, non des labours comme on les fait généralement, de deux pieds carrés au plus, mais d'autant plus étendus que l'arbre eft plus grand, c'eft-à-dire, d'un diamètre égal à celui de la tête de l'arbre, les racines s'étendant en terre autant que les branches en l'air, & l'action des premières n'ayant lieu qu'à leurs extrémités. *Voyez* RACINE & LABOUR.

Les autres foins à donner aux arbres des Vergers étant d'arrêter l'accroiffement de leurs GOURMANDS, de les débarraffer de leurs BRANCHES CHIFFONES, de leur BOIS MORT, des GUIS qui les fucent, des LICHENS & des MOUSSES qui les déparent, on doit les vifiter au moins tous les trois ans, & opérer d'après les befoins de chacun d'eux.

L'écorce des arbres fruitiers, furtout celle des cerifiers, met obftacle à leur groffiffement. Dans les terrains fecs, il eft fouvent avantageux de la fendre du côté du nord dans toute la longueur du tronc. *Voyez* ECORCE & CERISIER.

L'époque de la mife à fruit des arbres des Vergers eft généralement beaucoup plus reculée que celle de ceux qui font foumis à la taille. Tel poi-

rier n'arrive à ce point qu'à quinze & vingt ans : c'eft un des plus grands inconvéniens, comme je l'ai obfervé plus haut, de cette forte de difpofition. Il eft moins marqué dans les mauvais terrains & fur les variétés les plus perfectionnées. On l'affoiblit par la fection des principales RACINES, par le tranfport de mauvaife terre autour des racines, par l'INCISION ANNULAIRE des branches, & furtout par leur COURBURE. *Voyez* ces mots.

La vigueur des arbres des Vergers eft ranimée par des engrais confommés, mêlés avec la terre qui recouvre leurs racines, & par le rapprochement de leurs groffes branches. *Voyez* ENGRAIS & RAJEUNISSEMENT.

Le fol des Vergers eft généralement mis en pâturage, où on laiffe vaguer les poulains & les veaux, & même quelquefois les vaches laitières. Il faut de loin en loin le labourer, le fumer & y cultiver pendant quelques années des CÉRÉALES & des plantes qui demandent des binages, d'été, comme pommes de terre, haricots, mais, raves, & des plantes étouffantes, comme pois gris, vefce, & des prairies artificielles, cela ranimant fa force végétative & profitant beaucoup aux arbres.

Ce que j'aurois de plus à dire fur les Vergers fe trouvera, je le répète, aux articles JARDIN, ARBRE FRUITIER, PLEIN-VENT, PLANTATION, GREFFE, TAILLE, RAJEUNISSEMENT, & autres dont on trouvera l'indication dans ceux-ci. (BOSC.)

VERGEROLLE. *Erigeron.*

Genre de plantes de la fyngénéfie fuperflue & de la famille des *Corymbifères*, qui réunit cinquante-une efpèces, dont plufieurs fe cultivent dans nos écoles de botanique. Il eft figuré pl. 631 des *Illuftrations des genres* de Lamarck.

Obfervations.

Ce genre fe rapproche beaucoup des CONYZES & des INULES; auffi plufieurs de fes efpèces leur ont-elles été réunies par quelques botaniftes. *Voyez* ces mots.

Efpèces.

1. La VERGEROLLE à odeur forte, vulgairement *herbe aux punaifes.*
Erigeron graveolens. Linn. ☉ Du midi de la France.

2. La VERGEROLLE vifqueufe.
Erigeron vifcofum. Linn. ♃ Du midi de la France.

3. La VERGEROLLE glutineufe.
Erigeron glutinofum. Linn. ♃ Du midi de la France.

4. La VERGEROLLE à longues feuilles.
Erigeron longifolium. Poir. ♃ De l'Amérique feptentrionale.

5. La VERGEROLLE de Caroline.
Erigeron carolinianum. Linn. ♃ De l'Amérique septentrionale.

6. La VERGEROLLE de Sicile.
Erigeron ficulum. Linn. ☉ Du midi de l'Europe.

7. La VERGEROLLE fétide.
Erigeron fetidum. Linn. ♃ De l'Afrique.

8. La VERGEROLLE blanchâtre.
Erigeron canefcens. Willd. ♃ De.....

9. La VERGEROLLE d'Égypte.
Erigeron ægyptiacum. Linn. ☉ De l'Égypte.

10. La VERGEROLLE nerveufe.
Erigeron nervofum. Willd. ♃ De l'Amérique septentrionale.

11. La VERGEROLLE de la Jamaïque.
Erigeron jamaicenfis. Linn. ☉ De Saint-Domingue.

12. La VERGEROLLE de Canada.
Erigeron canadenfe. Linn. ☉ De l'Amérique septentrionale.

13. La VERGEROLLE diffufe.
Erigeron divaricatum. Mich. ☉ De l'Amérique septentrionale.

14. La VERGEROLLE à feuilles d'hyffope.
Erigeron hyffopifolium. Mich. De l'Amérique septentrionale.

15. La VERGEROLLE à feuilles de lin.
Erigeron linifolium. Willd. ☉ De.....

16. La VERGEROLLE de Sumatra.
Erigeron fumatrenfe. Retz. Des Indes.

17. La VERGEROLLE foyeufe.
Erigeron fericeum. Retz. Des Indes.

18. La VERGEROLLE fluette.
Erigeron ftrigofum. Willd. De l'Amérique septentrionale.

19. La VERGEROLLE hétérophylle.
Erigeron heterophyllum. Willd. De l'Amérique septentrionale.

20. La VERGEROLLE du Japon.
Erigeron japonicum. Thunb. ☉ Du Japon.

21. La VERGEROLLE rude.
Erigeron fcabrum. Thunb. Du Cap de Bonne-Efpérance.

22. La VERGEROLLE des ruiffeaux.
Erigeron rivulare. Swartz. ☉ De la Jamaïque.

23. La VERGEROLLE de Philadelphie.
Erigeron philadelphium. Linn. ♃ De l'Amérique septentrionale.

24. La VERGEROLLE à aigrette rouge.
Erigeron pappocroma. Labill. De la Nouvelle-Hollande.

25. La VERGEROLLE à fleurs purpurines.
Erigeron purpureum. Ait. ♃ De l'Amérique septentrionale.

26. La VERGEROLLE à feuilles de paquerette.
Erigeron bellidifolium. Willd. ♃ De l'Amérique septentrionale.

27. La VERGEROLLE glanduleufe.
Erigeron glandulofum. Walt. ♃ De l'Amérique septentrionale.

28. La VERGEROLLE âcre.
Erigeron acre. Linn. ☉ Indigène.

29. La VERGEROLLE à feuilles contournées.
Erigeron contortum. Poir. ☉ De.....

30. La VERGEROLLE des Alpes.
Erigeron alpinum. Linn. ♃ Des Alpes.

31. La VERGEROLLE de Villars.
Erigeron Villarfii. Bell. ♃ Du midi de la France.

32. La VERGEROLLE à feuilles de gramen.
Erigeron gramineum. Linn. ♃ De la Sibérie.

33. La VERGEROLLE à feuilles de pin.
Erigeron pinifolium. Poir. De l'Amérique méridionale.

34. La VERGEROLLE de la Chine.
Erigeron chinenfe. Jacq. ☉ De la Chine.

35. La VERGEROLLE de Buenos-Ayres.
Erigeron bonarienfe. Linn. ☉ De l'Amérique méridionale.

36. La VERGEROLLE à feuilles d'épervière.
Erigeron hieracifolium. Poir. De l'Amérique méridionale.

37. La VERGEROLLE à feuilles de chêne.
Erigeron quercifolium. Lam. De l'Amérique septentrionale.

38. La VERGEROLLE à tige nue.
Erigeron nudicaule. Mich. De l'Amérique septentrionale.

39. La VERGEROLLE camphrée.
Erigeron camphoratum. Linn. ☉ De l'Amérique septentrionale.

40. La VERGEROLLE grimpante.
Erigeron fcandens. Thunb. Du Japon.

41. La VERGEROLLE à feuilles obliques.
Erigeron obliquum. Linn. ☉ Des Indes.

42. La VERGEROLLE à feuilles blanches.
Erigeron incanum. Vahl. ♄ De l'Arabie.

43. La VERGEROLLE à feuilles décurrentes.
Erigeron decurrens. Vahl. ♄ De l'Arabie.

44. La VERGEROLLE ailée.
Erigeron pinnatum. Thunb. Du Cap de Bonne-Efpérance.

45. La VERGEROLLE hériffée.
Erigeron hirtum. Thunb. Du Cap de Bonne-Efpérance.

46. La VERGEROLLE à feuilles fendues.
Erigeron incifum. Thunb. Du Cap de Bonne-Efpérance.

47. La VERGEROLLE pinnatifide.
Erigeron pinnatifidum. Thunb. Du Cap de Bonne-Efpérance.

48. La VERGEROLLE velue.
Erigeron pilofum. Walt. De l'Amérique septentrionale.

49. La VERGEROLLE écailleufe.
Erigeron fquarrofum. Walt. De l'Amérique septentrionale.

50. La VERGEROLLE à fleurs en cime.
Erigeron cymofum. Walt. De l'Amérique septentrionale.

51. La VERGEROLLE à feuilles de dauphinelle. *Erigeron delphinifolium*. Willd. ♂ De l'Amérique méridionale.

Culture.

Nous cultivons dans les écoles de botanique les espèces des n°s. 1, 2, 4, 5, 6, 7, 9, 12, 15, 23, 25, 28, 30, 31, 34 & 51. Toutes aiment un terrain fec & une expofition chaude. Parmi elles, il en eft d'annuelles & de vivaces. Les premières fe fèment, auffitôt que leurs graines font cueillies, ou en place ou dans des pots remplis de terre à demi confiftante, qu'on plonge dans une couche nue, & leur plant ne demande qu'à être éclairci & farclé au befoin; les fecondes fe fèment de même, & lorfqu'on en poffède des pieds, on peut les multiplier encore par le déchirement de leurs racines en hiver. Ce font des plantes de peu d'agrément, excepté la première & la feconde, qu'on peut placer dans les jardins payfagers, fur les rochers, autour des fabriques. Il n'eft pas vrai que la première jouiffe de la propriété de chaffer les punaifes.

La Vergerolle du Canada eft devenue fi commune dans les environs des grandes villes & des ports de mer, qu'elle peut être aujourd'hui confidérée comme indigène. Cette grande multiplication tire fon origine de l'emploi qu'on en faifoit autrefois en Canada, où elle eft également très-commune, pour emballer les peaux de caftor qu'on envoyoit en France.

La Vergerolle âcre eft exceffivement commune dans certains terrains fablonneux & incultes. Là on doit l'arracher pendant qu'elle eft en fleur, pour en retirer de la potaffe en la brûlant, ou pour augmenter la maffe des fumiers.

Les beftiaux ne mangent aucune des Vergerolles. (*Bosc.*)

VERGE SANGUINE : nom vulgaire du CORNOUILLER SANGUIN.

VERGLAS : glace qui fe forme fur la furface de la terre, par fuite de fa plus baffe température, au moment même de la chute de la pluie.

Le Verglas caufe fouvent aux hommes & aux animaux domeftiques des chutes fuivies d'accidens plus ou moins graves, furtout fur les routes pavées, dans les cours bien unies, &c.; auffi pendant fa durée, qui eft ordinairement courte, faut-il fortir le moins poffible, & laiffer les beftiaux à couvert. *Voyez* GELÉE, GLACE, GIVRE. (*Bosc.*)

VERGNE : ancien nom de l'AUNE. *Voyez* ce mot.

VERINAIRE. L'EUPHORBE CHARACIAS s'appelle ainfi dans le département des Pyrénées-Orientales. (*Bosc.*)

VERINE : qualité de TABAC préparé. *Voyez* ce mot.

VERJUS : variété de raifin qui mûrit difficilement dans le climat de Paris. *Voyez* VIGNE dans le *Dictionnaire des Arbres & Arbuftes*.

VERMICEL ou VERMICHEL : pâte difpofée en forme de vers, dont on fait ufage en place de pain dans les potages, & que le luxe recherche beaucoup en ce moment.

C'eft d'Italie que nous eft d'abord venu le Vermicel; aujourd'hui on en fabrique dans la plus grande partie de l'Europe; mais celui du midi eft toujours préférable à celui du nord, à raifon de la meilleure qualité du blé dont il provient.

La fabrication du Vermicel eft très-facile, attendu qu'il ne s'agit que de pétrir du gruau (*voyez* ce mot & celui SEMOULE) avec la plus petite quantité poffible d'eau, au moyen d'un long levier, fixé par un de fes bouts, & fur l'autre bout duquel un homme faute pour malaxer la pâte placée fous fon milieu, pâte qui devient fi dure que le pouce ne peut y pénétrer. Après quelques heures de repos, cette pâte eft placée fous une preffe inférieurement garnie d'une forte plaque de cuivre percée de trous, & eft chaffée à travers ces trous : à mefure qu'elle paffe, on la coupe à trois à quatre pouces de long, on l'enlève, on la recourbe & on la met fécher fur des cadres.

Toujours on met un peu de fel dans la pâte deftinée à faire du Vermicel, & fouvent on y ajoute du fafran.

Comme pâte très-compacte, le Vermicel, lorfqu'il eft placé dans un lieu fec, fe conferve mieux que la farine; auffi convient-il pour les provifions de précaution, pour les voyages de long cours. Les cultivateurs agiront toujours prudemment en en ayant un certain nombre de livres qu'ils confommeront en potages dans leurs convalefcences, ou en régal dans les jours de fêtes.

Il n'y a de différence que la groffeur & la forme entre le Vermicel & le MACARONI, le KAGNE, le LAZAGNE, le PATRE, &c. (*Bosc.*)

VERMICULAIRE. *VERMICULARIA*.

Genre de champignons qui a beaucoup de rapports avec les SCLÉROCARPES, mais qui n'intéreffe en rien les cultivateurs, & dont, en conféquence, je ne crois pas devoir énumérer les efpèces. (*Bosc.*)

VERMICULAIRE BRULANTE : nom vulgaire d'un ORPIN. *Voyez* ce mot.

VERMINE : nom commun à tous les infectes qui s'attachent à l'homme & aux animaux domeftiques.

Quelques cultivateurs l'étendent même à tous les animaux qui nuifent à leurs récoltes ou aux produits de ces récoltes, même aux SOURIS, MULOTS, &c.

La fignification de ce mot eft donc trop vague; auffi ne l'emploie-t-on plus dans le langage des villes. *Voyez* POU, PUCE & TIQUE. (*Bosc.*)

VERMINIÈRE.

VERMINIÈRE : fosse creusée dans le voisinage d'une exploitation rurale, le plus souvent même dans la cour, & remplie de crotin de cheval mêlé avec la chair des animaux qui meurent, ou les débris de ceux qu'on mange, dans l'intention d'y faire naître des larves de mouches & autres insectes, pour les faire manger aux poules, aux dindons, aux canards, & pour en nourrir les poissons des étangs & des viviers.

Il est très-rare de voir des Verminières en France, mais on dit qu'elles sont assez communes en Allemagne & en Angleterre. Les avantages qu'on en retire, surtout pour la nourriture de la jeune volaille, sont incontestables ; elles n'ont d'autres inconvéniens que la mauvaise odeur qui s'en exhale, mauvaise odeur du reste supportable, qui n'est nullement dangereuse, & dont on peut rendre les effets nuls en les plaçant dans un lieu peu fréquenté.

Toute Verminière doit être renfermée dans une enceinte où les poules & autres volailles ne puissent pas pénétrer, ou être recouverte de fagots d'épines. C'est ce dernier moyen qu'on emploie le plus ordinairement, comme le plus économique & le plus facile à mettre partout à exécution.

Il ne faut pas donner plus d'un pied de profondeur à la Verminière, & on doit en faire plusieurs petites plutôt qu'une grande, parce que quand l'une commence à se vider, on remplit l'autre. On trouve souvent dans les campagnes des animaux morts, & lorsqu'on n'en a pas, les issues des boucheries, le sang de bœuf, &c. sont à si bon marché, qu'on ne doit pas craindre de les acheter.

On distribue les vers des Verminières aux volailles & aux poissons, en enlevant une partie plus ou moins considérable de son étendue avec une pelle, & en la jetant dans la basse-cour ou dans l'eau.

C'est pendant l'été & l'automne que les Verminières sont le plus productives. Quelquefois, depuis la croûte de la surface jusqu'au fond, ce n'est qu'une masse de vers, c'est-à-dire que les larves des mouches y dominent sur la terre, la paille, les débris de viande, &c. Voyez VOLAILLE, POULE, DINDON, CANARD, OIE, ÉTANG, VIVIER.

Les œufs des poules qui ne vivent que de vers, ont le jaune noirâtre & de mauvais goût ; ainsi il ne faut pas en donner à celles qui sont destinées à en fournir pour l'usage de la table. (Bosc.)

VERMOULURE : Tantôt ce mot indique les trous que les larves des insectes font dans le bois ; tantôt la poussière qui résulte du percement de ces trous par les larves en question.

Le nombre des insectes qui vivent aux dépens des bois mourans ou morts est fort considérable. Ceux que les cultivateurs font le plus dans le cas de redouter, appartiennent aux genres ANTRIBE, SY-

NODENDRE, APATE, IPS, LICTE, BOSTRICHE, VRILLETTE, SPONDYLE, LYMEXYLON, CAPRICORNE, SAPERDE, LAMIE, LEPTURE, CALLIDIE, RHAGION, SIREX, ABEILLE, ANDRÈNE, SÉSIE, HÉPIALE, COSSUS, BOMBICE, TEIGNE & ALUCITE. Voyez le Dictionnaire des Insectes.

Plus les arbres avoient de sève au moment de la coupe, & plus ils sont susceptibles d'être recherchés par les insectes. De-là l'utilité de la coupe d'hiver.

Les bois durs sont moins dans le cas d'être attaqués par les insectes que les bois mous. Il en est qu'ils n'attaquent jamais, à raison de leur amertume ou autres qualités. L'aubier, comme plus tendre, est toujours plus tôt attaqué que le cœur.

Ce sont surtout les poutres des maisons rurales, les pressoirs, les cuves & autres objets du même genre qui sont exposés à être attaqués par les vers, & qu'à raison de la dépense de leur renouvellement, il est le plus important de soustraire à leurs atteintes.

Mettre les bois dans l'eau de mer pendant quelques mois, les exposer à la fumée pendant le même espace de temps, sont des moyens assurés de les empêcher d'être rongés par les vers. Une dissolution d'alun produit encore mieux cet effet.

Les larves des VRILLETES rongent le plus souvent les bois des meubles, Voyez ce mot.

Combien est-il commun de voir des armoires, des tables, des lits & autres meubles des cultivateurs se briser au moindre effort, parce qu'ils sont complétement vermoulus !

On garantit les meubles des ravages des vrilletes en les peignant à l'HUILE, & encore mieux en les VERNISSANT & GOUDRONNANT (voy. ces mots) ; ainsi je voudrois que non-seulement les meubles des cultivateurs, mais encore leurs voitures, leurs charrues & autres ustensiles fussent PEINTS ou GOUDRONNÉS. Voyez ces mots. (Bosc.)

VERNE : nom ancien de l'AUNE. Voyez ce mot dans le Dictionnaire des Arbres & Arbustes.

VERNICIER. *Vernicia.*

Grand arbre de la Chine, qui a quelques rapports avec les mancenilliers, & qui fournit un des vernis de la Chine. Nous ne le cultivons pas en Europe. (Voyez AUGIER.)

Cet arbre constitue un genre dans la monœcie monadelphie. (Bosc.)

VERNIS DU CANADA. C'est le SUMAC RADICANT. Voyez ce mot.

VERNIS DE LA CHINE. Voyez le mot AUGIER.

VERNIS DU JAPON. Voyez AYLANTE & LANGIT.

VERNIX : nom du TUYA A LA SANDARAQUE.

VERNONIE. *Vernonia.*

Genre de plantes de la syngénésie égale &

E e e e

de la famille des *Corymbifères*, qui raffemble dix efpèces, dont deux fe cultivent dans nos écoles de botanique.

Obfervations.

Ce genre a été établi aux dépens des SAR-RÈTES, des CONYZES & des CHYSOCOMES. Le genre LIATRIX lui a été réuni par quelques botaniftes. *Voyez* ces mots.

Efpèces.

1. La VERNONIE de Noveboraco.
Vernonia noveboracenfis. Willd. ♃ De l'Amérique feptentrionale.

2. La VERNONIE à haute tige.
Vernonia prealta. Willd. ♃ De l'Amérique feptentriona le.

3. La VERNONIE glauque.
Vernonia glauca. Willd. ♃ De l'Amérique feptentrionale.

4. La VERNONIE à tige nue.
Vernonia oligophylla. Mich. ♃ De l'Amérique feptentrionale.

5. La VERNONIE à feuilles étroites.
Vernonia angustifolia. Mich. ♃ De l'Amérique feptentrionale.

6. La VERNONIE fafciculée.
Vernonia fafciculata. Mich. ♃ De l'Amérique feptentrionale.

7. La VERNONIE étalée.
Vernonia divaricata. Swartz. ♃ De la Jamaïque.

8. La VERNONIE en arbre.
Vernonia arborefcens. Swartz. ♄ De la Jamaïque.

9. La VERNONIE à tiges roides.
Vernonia rigida. Swartz. ♄ De la Jamaïque.

10. La VERNONIE frutefcente.
Vernonia frutefcens. Swartz. ♄ De la Jamaïque.

Culture.

Les deux premières efpèces font celles qui fe cultivent en Europe. Ce font des plantes de peu d'agrément, mais d'une grandeur remarquable, & qu'on doit en conféquence placer le long des allées, fur le bord des lacs ou des rivières, dans les jardins payfagers. Elles demandent une terre fertile & une expofition ombragée. On les multiplie de graines qui mûriffent affez bien dans nos climats lorfque l'automne a été chaude, & par déchirement des vieux pieds.

Les graines fe fèment auffitôt qu'elles font recueillies, foit en pleine terre, à l'expofition du levant, foit dans des terrines qu'on rentre dans l'orangerie, & qu'au printemps fuivant on place fur une couche nue. Le plant levé s'éclaircit, fe farcle au befoin, & l'année fuivante fe met en place.

Le déchirement des vieux pieds s'effectue au

printemps; il ne réuffit pas toujours. On doit donc ne l'exécuter que fur les fortes touffes.

Les foins à donner aux Vernonies en place fe bornent à des farclages de propreté & au retranchement des tiges au commencement de l'hiver. Souvent ces tiges font frappées de la gelée avant leur deffèchement. Quelquefois les racines mêmes périffent dans les hivers rudes. Il eft donc prudent d'en tenir quelques pieds en pot, & de couvrir de fougère ou de feuilles fèches ceux qui font en pleine terre. (*Bosc.*)

VÉROLE (Petite) des moutons. *Voyez* CLAVEAU.

VERONI. BORONIA.

Genre de plantes de l'octandrie monogynie & de la famille des *Rutacées*, dans lequel fe rangent quatre efpèces, dont une eft cultivée dans nos jardins. Il eft figuré pl. 125 & fuivantes de l'ouvrage de Labillardière fur les plantes de la Nouvelle-Hollande.

Efpèces.

1. Le VERONI pileux.
Boronia pilofa. Labill. ♄ De la Nouvelle-Hollande.

2. Le VERONI à quatre étamines.
Boronia tetrandra. Labill. ♄ De la Nouvelle-Hollande.

3. Le VERONI à filamens glabres.
Boronia pilonema. Labill. ♄ De la Nouvelle-Hollande.

4. Le VERONI à feuilles ailées.
Boronia pinnata. Vent. ♄ De la Nouvelle-Hollande.

Culture.

La dernière efpèce eft celle que nous cultivons. Ses fleurs font odorantes & d'une belle couleur rouge. On la tient dans un pot rempli de terre de bruyère mêlée avec un tiers de terre franche, & on la rentre dans l'orangerie pendant l'hiver. Elle fe multiplie de graines qui mûriffent affez bien dans nos climats, graines qu'on fème au printemps dans des pots fur couche nue, & dont le plant fe repique l'année fuivante dans d'autres pots; au refte, cette plante eft encore rare, & fa culture n'eft pas bien affurée. (*Bosc.*)

VÉRONIQUE. VERONICA.

Genre de plantes de la diandrie monogynie & de la famille des *Pédiculaires*, dans lequel fe réuniffent quatre-vingt-une efpèces, dont quelques-unes font très-communes dans nos campagnes, & dont grand nombre fe cultivent dans nos écoles de botanique. Il eft figuré pl. 13 des *Illuftrations des genres* de Lamarck.

Le genre HELÉE de Juffieu a été établi aux dépens de celui-ci.

Efpèces.

Véroniques à fleurs en grappes ou en épis terminaux.

1. La VÉRONIQUE de Sibérie.
Veronica fibirica. Linn. De la Sibérie.
2. La VÉRONIQUE de Virginie.
Veronica virginica. Linn. De l'Amérique feptentrionale.
3. La VÉRONIQUE feuillée.
Veronica foliofa. Kitaib. De la Hongrie.
4. La VÉRONIQUE crénelée.
Veronica crenulata. Hoff. De.....
5. La VÉRONIQUE maritime.
Veronica maritima. Linn. Des côtes de l'Océan.
6. La VÉRONIQUE bâtarde.
Veronica fpuria. Linn. Du midi de l'Europe.
7. La VÉRONIQUE paniculée.
Veronica paniculata. Linn. De la Tartarie.
8. La VÉRONIQUE plissée.
Veronica complicata. Hoff. De l'eft de l'Europe.
9. La VÉRONIQUE en épi.
Veronica fpicata. Linn. Indigène.
10. La VÉRONIQUE à longues feuilles.
Veronica longifolia. Linn. Du nord de l'Europe.
11. La VÉRONIQUE à dentelures égales.
Veronica arguta. Schrad. De.....
12. La VÉRONIQUE du Midi.
Veronica auftralis. Schrad. Du midi de l'Europe.
13. La VÉRONIQUE moyenne.
Veronica media. Schrad. Du nord de l'Europe.
14. La VÉRONIQUE blanche.
Veronica incana. Linn. Du nord de l'Europe.
15. La VÉRONIQUE négligée.
Veronica neglecta. Vahl. De la Sibérie.
16. La VÉRONIQUE hybride.
Veronica hybrida. Linn. Du midi de l'Europe.
17. La VÉRONIQUE de Pona.
Veronica Pona. Gouan. Des Pyrénées.
18. La VÉRONIQUE velue.
Veronica villofa. Schrad. De.....
19. La VÉRONIQUE ailée.
Veronica pinnata. Linn. De la Sibérie.
20. La VÉRONIQUE incifée.
Veronica incifa. Ait. De la Sibérie.
21. La VÉRONIQUE laciniée.
Veronica laciniata. Ait. De la Sibérie.
22. La VÉRONIQUE fruticuleufe.
Veronica fruticulofa. Linn. Des Alpes.
23. La VÉRONIQUE des rochers.
Veronica faxatilis. Linn. Des Alpes.
24. La VÉRONIQUE nummulaire.
Veronica nummularia. Gouan. Des Alpes.
25. La VÉRONIQUE des Alpes.
Veronica alpina. Linn. Des Alpes.

26. La VÉRONIQUE à feuilles de ferpolet.
Veronica ferpillifolia. Linn. Indigène.
27. La VÉRONIQUE fluette.
Veronica tenella. Allion. Des Alpes.
28. La VÉRONIQUE à feuilles de télèphe.
Veronica telephifolia. Vahl. De l'Orient.
29. La VÉRONIQUE des décombres.
Veronica ruderalis. Vahl. Du Pérou.
30. La VÉRONIQUE à feuilles de gentiane.
Veronica gentianoides. Vahl. Du Pérou.
31. La VÉRONIQUE bleue.
Veronica amethyftina. Willd. De.....
32. La VÉRONIQUE élevée.
Veronica elatior. Loch. Du midi de l'Europe.

Véroniques à fleurs en grappes ou en épis latéraux.

33. La VÉRONIQUE beccabunga.
Veronica beccabunga. Linn. Indigène.
34. La VÉRONIQUE de Caroline.
Veronica caroliniana. Poir. de la Caroline.
35. La VÉRONIQUE mouron.
Veronica anagallis. Linn. Indigène.
36. La VÉRONIQUE à écuffon.
Veronica fcutella. Linn. Indigène.
37. La VÉRONIQUE de montagne.
Veronica montana. Linn. Indigène.
38. La VÉRONIQUE d'Allioni.
Veronica Allionii. Willd. Des Alpes.
39. La VÉRONIQUE officinale, vulgairement *véronique mâle & thé d'Europe.*
Veronica officinalis. Linn. Indigène.
40. La VÉRONIQUE de Tournefort.
Veronica Tournefortii. Vill. Des Alpes.
41. La VÉRONIQUE pectinée.
Veronica pectinata. Linn. Du Levant.
42. La VÉRONIQUE à petites feuilles.
Veronica parvifolia. Vahl. Du Levant.
43. La VÉRONIQUE couleur de rofe.
Veronica rofea. Deft. De la Barbarie.
44. La VÉRONIQUE petit chêne.
Veronica chamædrys. Linn. Indigène.
45. La VÉRONIQUE à feuilles de mélisse.
Veronica meliffifolia. Poir. De.....
46. La VÉRONIQUE de la Nouvelle-Hollande.
Veronica Novæ Hollandiæ. Poir. De la Nouvelle-Hollande.
47. La VÉRONIQUE pédonculée.
Veronica pedunculata. Marfch. Du Levant.
48. La VÉRONIQUE d'Orient.
Veronica orientalis. Lam. Du Levant.
49. La VÉRONIQUE d'Autriche.
Veronica auftriaca. Linn. De l'eft de l'Europe.
50. La VÉRONIQUE multifide.
Veronica multifida. Linn. De la Sibérie.
51. La VÉRONIQUE teucriette.
Veronica teucrium. Linn. Indigène.
52. La VÉRONIQUE à larges feuilles.
Veronica latifolia. Linn. De l'eft de l'Europe.

53. La Véronique couchée.
Veronica proftrata. Linn. ♃ Indigène.
54. La Véronique pileufe.
Veronica pilofa. Willd. ♃ De l'eſt de l'Europe.
55. La Véronique à feuilles d'ortie.
Veronica urticæfolia. Linn. ♃ Du midi de la France.
56. La Véronique à feuilles de faule.
Veronica falicifolia. Vahl. ♄ De la Nouvelle-Zélande.
57. La Véronique des Cataractes.
Veronica Cataracta. Forſt. ♄ De la Nouvelle-Zélande.
58. La Véronique de Michaux.
Veronica Michauxii. Lam. De l'Orient.
59. La Véronique en croix.
Veronica decuſſata. Lam. ♄ Du détroit de Magellan.
60. La Véronique à feuilles elliptiques.
Veronica elliptica. Forſt. ♄ De la Nouvelle-Zélande.
61. La Véronique à pédoncule nu.
Veronica aphylla. Linn. ♃ Des Alpes.
62. La Véronique à petites fleurs.
Veronica parviflora. Vahl. ♄ De la Nouvelle-Zélande.
63. La Véronique à gros fruits.
Veronica macrocarpa. Vahl. ♄ De la Nouvelle-Zélande.
64. La Véronique à gros épillet.
Veronica macroſtachya. Vahl. ♄ Du Levant.
65. La Véronique de Labillardière.
Veronica Billardieri. Vahl. ♄ Du Levant.

Véroniques à fleurs folitaires & axillaires.

66. La Véronique printanière.
Veronica verna. Linn. ☉ Indigène.
67. La Véronique à feuilles d'ivette.
Veronica chamæpithoïdes. Lam. ☉ Indigène.
68. La Véronique à trois lobes.
Veronica triphyllos. Linn. ☉ Indigène.
69. La Véronique à feuilles de lierre.
Veronica hederæfolia. Linn. ☉ Indigène.
70. La Véronique à feuilles de cymbalaire.
Veronica cymbalariæfolia. Vahl. ☉ De l'Orient.
71. La Véronique pélerine.
Veronica peregrina. Linn. ☉ Indigène.
72. La Véronique fans pétales.
Veronica apetala. Bofc. ☉ De l'Amérique feptentrionale.
73. La Véronique filiforme.
Veronica filiformis. Smith. ☉ Du Levant.
74. La Véronique à feuilles rondes.
Veronica rotundifolia. Ruiz & Pav. Du Pérou.
75. La Véronique à deux lobes.
Veronica biloba. Linn. ☉ Du Levant.
76. La Véronique précoce.
Veronica præcox. Allion. ☉ Indigène.

77. La Véronique à feuilles de thym.
Veronica acinifolia. Linn. ☉ Indigène.
78. La Véronique des champs.
Veronica arvenſis. Linn. ☉ Indigène.
79. La Véronique agreſte.
Veronica agreſtis. Linn. ☉ Indigène.
80. La Véronique de Perfe.
Veronica perfica. Poir. ☉ De la Perfe.
81. La Véronique folière.
Veronica foliera. Dum.-Courf. De.....

Culture.

Les efpèces qui fe cultivent dans nos jardins font celles des n°ᵒˢ. 1, 2, 3, 5, 6, 7, 9, 10, 14, 16, 19, 20, 21, 22, 25, 26, 30, 31, 32, 33, 35, 36, 37, 39, 44, 45, 46, 48, 49, 50, 51, 52, 53, 59, 64, 66, 67, 68, 69, 71, 72, 76, 77, 78, 79, 80 & 81. Parmi elles il n'y a que les 30ᵉ. & 59ᵉ. qui foient effentiellement d'orangerie; mais il eſt prudent d'y tenir quelques pieds de celles qui font originaires du Levant & des Alpes, parce qu'elles peuvent être frappées par les fortes gelées de l'hiver. La première, qui eſt herbacée, fe multiplie par graines & par déchirement des vieux pieds; la feconde, prefqu'exclufivement de boutures. Elles ne font point délicates, & ne demandent que les foins ordinaires aux plantes de leur température.

Toutes les autres fe fèment en place dans les écoles de botanique, s'éclairciffent & fe farclent au befoin. Quoiqu'il y en ait des terrains arides & des terrains aquatiques, elles s'accommodent toutes affez bien de ceux des jardins. Les vivaces, une fois acquifes, fe multiplient de plus par le déchirement des vieux pieds pendant l'hiver; c'eſt même à ce dernier mode qu'on s'en tient pour l'ordinaire, un petit nombre de pieds étant fuffifant pour les befoins de l'étude & pour affurer la confervation de l'efpèce.

Parmi ces efpèces, il en eſt quelques-unes qui font affez belles, lorfqu'elles font en fleur, pour mériter une place dans les parterres & les jardins payfagers. Je citerai particulièrement les 1ʳᵉ., 2ᵉ., 5ᵉ., 9ᵉ., 10ᵉ., 14ᵉ., 19ᵉ., 20ᵉ., 21ᵉ. Une fois plantées, elles ne demandent que des binages de propreté. C'eſt fur le bord des allées, entre les derniers rangs des maffifs, contre les fabriques, qu'elles produifent le plus d'effet. Tout terrain & toute expofition leur conviennent.

Des efpèces indigènes je dois citer les 1ʳᵉ., 2ᵉ., 26ᵉ. & 44ᵉ., qui croiffent abondamment dans les bois en terrain fablonneux, & que les moutons aiment beaucoup; là 33ᵉ., qui furabonde quelquefois dans les ruiffeaux & les foffes dont l'eau n'eſt pas fufceptible de fe corrompre. Tous les beftiaux l'aiment beaucoup. On la mange en certains pays foit en falade, foit cuite & affaifonnée de diverfes manières, quoique fa faveur ne foit pas agreable. On doit la couper deux ou trois fois par faifon, ou pour la donner aux beftiaux , ou pour l'employer à augmenter la maffe des fumiers. Quelques pieds placés fur le bord des eaux, dans les jardins payfagers, augmentent leur agrément, à raifon de leur feuillage & de leurs fleurs. Il en eft de même de la 35e., mais à un moindre degré. Les 76e., 77e., 78e. & 79e. fe voient au premier printemps dans les champs en friche, & les beftiaux, furtout les moutons, les recherchent avec paffion ; on devroit les femer, quoique de très-petite ftature, pour être pâturées par ces beftiaux à la fin de l'hiver, époque où les nourritures vertes font fi utiles à leur fanté, & où les nourritures féches font fouvent fort rares. (*Bosc.*)

VERRAT : mâle de la TRUIE. *Voy.* COCHON.

VERRÉE. *Verrea.*

Genre de plantes de l'octandrie tétragynie, qui contient deux efpèces, toutes deux cultivées en Europe.

Efpèces.

1. La VERRÉE à feuilles crénelées.
Verrea crenata. Andr. ♄ De Sierra-Leone.
2. La VERRÉE à fleurs pointues.
Verrea acutiflora. Dum.-Courf. ♄ De Sierra-Leone.

Culture.

Ces deux plantes exigent la ferre chaude. On les multiplie de boutures faites fur couche & fous châffis. Du refte, les foins qu'elles demandent font ceux qu'on donne aux cotylédons exotiques, avec lefquels elles ont de grands rapports, puifqu'elles ont fait partie de leur genre. On les a réunies aux CALANCHOES. (*Bosc.*)

VERS. L'acception de ce mot eft fort étendue : tantôt on l'applique à tous les animaux longs & mous, comme aux chenilles & autres larves des infectes, ainfi qu'à tous les zoophytes & aux véritables Vers ; tantôt on la reftreint aux véritables Vers, parmi lefquels le Ver de terre ou lombric, & les Vers inteftinaux font les plus dans le cas d'intéreffer les cultivateurs.

J'ai indiqué aux articles des infectes ceux dont les larves font dans le cas de nuire aux cultivateurs ; j'y renvoie le lecteur, ainfi qu'aux mots CHENILLES, LARVES & VERMOULURE.

Les principaux des Vers inteftinaux qui nuifent aux hommes & aux animaux domeftiques appartiennent aux genres TENIA, HYDATIDE, ECHYNORINQUE, FASCIOLE, STRONGLE, ASCARIDE, CRINON & FILAIRE. *Voyez* ces mots.

Tout ce qu'il eft important aux cultivateurs de favoir relativement aux Vers proprement dits, ou

Vers de terre, fe trouve mentionné aux mots LOMBRIC & ACHEE. (*Bosc.*)

VERSAINE : nom de la JACHÈRE dans quelques lieux.

VERSÉE (Terre). On appelle ainfi en Flandre le premier labour des terres à froment, labour qui fe fait avec une charrue particulière. *Voyez* LABOUR. (*Bosc.*)

VERSÉS (Blés) : blés que le vent ou la pluie a renverfés, & qui, ne pouvant plus fe relever, font expofés, 1°. à ne plus prendre d'accroiffement, c'eft-à-dire, à fournir un grain retrait ; 2°. à ne plus donner qu'un mauvais grain, parce qu'il a germé & même pourri dans l'épi ; 3°. à donner moins de grain, parce qu'une partie a été égrenée ou mangée par les quadrupèdes rongeurs & les oifeaux granivores.

Il eft des variétés de froment qui, à raifon de la foibleffe de leur chaume & de la groffeur de leur épi, font plus fufceptibles de verfer que les autres. *Voyez* FROMENT.

Toutes les variétés de froment font plus fujettes à verfer dans les bonnes terres ou dans les terres trop fumées que dans toutes autres, parce que leur épi y eft plus garni de grains.

Quand on confidère l'immenfe quantité de grain qui eft perdue chaque année en France par l'effet du verfement des blés, quantité qu'on peut évaluer à plus d'un milion de fetiers, on fe demande comment les cultivateurs ne font pas tous leurs efforts pour la diminuer.

Certainement il eft des ouragans qui font d'une telle force, que, quelque foin qu'on ait pris, ils font verfer tous les blés d'un canton, mais auffi il eft des blés qui verfent à la fuite du plus foible vent, de la pluie la moins battante ; c'eft pour ceux-là que je voudrois que les cultivateurs fuffent prévoyans.

Or, ils peuvent les empêcher de verfer ; 1°. en épuifant la terre, fi elle eft trop fertile, par plufieurs cultures fucceffives de froment, ou en diminuant l'effet de cette fertilité par de mauvais labours ; 2°. en ne la fumant pas avec excès fi elle a befoin de l'être ; 3°. en choififfant les variétés à chaume fort & à épi grêle ; 4°. en femant clair. La feconde & la quatrième caufe font les plus communes, & celles qu'il eft le plus facile de prévenir.

J'invite donc les cultivateurs à ne jamais fumer que jufte autant qu'il faut, & à toujours femer plutôt clair que ferré, puifqu'outre le bénéfice d'éviter le verfement, il y a économie de fumier & de femence. *Voyez* ENGRAIS, FUMIER & SEMIS.

Les AVOINES verfent autant & même plus que les fromens. Les SEIGLES réfiftent un peu davantage. Il eft rare que les ORGES verfent. *Voyez* ces mots. (*Bosc.*)

VERSOIR : fynonyme d'OREILLE dans la CHARRUE. *Voyez* ces mots.

C'eſt de la forme & de la grandeur du Verſoir que dépend en grande partie la bonté d'une charrue ; & comme les charrons n'ont aucun principe pour la tailler, l'illuſtre Jefferſon, préſident des Etats-Unis de l'Amérique, a cherché & a trouvé une méthode graphique qui les fait toutes ſortir exactement ſemblables des mains de l'ouvrier. (*Bosc.*)

VERT (*Beſtiaux au*). L'herbe verte eſt la nourriture habituelle, même pendant l'hiver, des animaux pâturans ; ainſi nos chevaux, nos ânes, nos mulets, nos bœufs, nos vaches, nos moutons, nos chèvres devroient être abandonnés un certain temps chaque jour dans les prés, les champs, les bois, pour y chercher cette nourriture ; & c'eſt ce qui a encore lieu dans les pays de montagnes & autres, où la culture eſt peu perfectionnée, & où on ne ſait pas calculer la perte de temps & de force de ceux de ces animaux qui ſont appelés à aider aux travaux des cultivateurs.

Mais l'expérience a appris que l'herbe verte contenant beaucoup d'eau de végétation, n'étant pas, excepté pendant le mois de juin, arrivée au degré de maturité néceſſaire, charge davantage l'eſtomac & nourrit moins que l'herbe ſèche, & encore moins que les grains ; en conſéquence on a été déterminé à nourrir excluſivement avec de l'HERBE ſèche, c'eſt-à-dire, du FOIN & du FOURRAGE, ainſi qu'avec des GRAINES, les CHEVAUX, les ÂNES, les MULETS & les BŒUFS qui travaillent beaucoup. *Voyez* ces mots.

Par ce moyen on a toujours ces animaux ſous la main ; ils ſe ſubſtantent beaucoup plus promptement & plus complétement, avantages immenſes, attendu qu'ils ſe renouvellent chaque jour au moins deux fois ; que même les chevaux & les mulets qui mangent beaucoup ou d'avoine, ou d'orge, ou de maïs, ne ſe ſubſtantent que pendant la nuit.

Ajoutez à cela que beaucoup de propriétaires de chevaux & de mulets, ſurtout dans les villes & ſur les routes, ne ſont pas propriétaires de pâturages, & pourroient fort difficilement en trouver à louer momentanément.

Il eſt des cantons, & ils ſont en grand nombre, où on nourrit au ſec les beſtiaux pendant tout l'hiver, & où on les laiſſe pâturer pendant tout l'été.

Cependant, comme tout ce qui eſt hors de la nature a des inconvéniens, il eſt quelquefois utile, même néceſſaire, de mettre au Vert les beſtiaux ainſi nourris, ſurtout au printemps.

Il eſt deux manières de mettre les beſtiaux au Vert : celle qui conſiſte à les conduire dans les prés, les champs, les bois ; celle de leur apporter l'herbe coupée dans l'écurie ou dans l'étable. *Voyez* NOURRITURE A L'ÉTABLE.

La première de ces manières eſt plus avantageuſe à la ſanté & au bonheur des beſtiaux, mais

ne peut guère ſe pratiquer dans les villes ; la ſeconde eſt plus économique.

Comme tous les beſtiaux aiment beaucoup mieux l'herbe verte que l'herbe ſèche, & que toute tranſition trop bruſque dans le régime peut devenir nuiſible, il eſt prudent de ne pas les mettre de ſuite au milieu des pâturages, ſurtout des prairies artificielles de trèfle & de luzerne, ainſi que de ne pas leur donner d'abord uniquement de l'herbe verte à l'écurie ou à l'étable, mais de les laiſſer pâturer d'abord ſeulement une heure dans des lieux peu abondans, de ne leur donner qu'une fois, & peu, de l'herbe coupée, & d'augmenter progreſſivement le temps ou la quantité.

Les plantes qu'on donne le plus ſouvent aux beſtiaux qu'on nourrit au Vert à l'écurie ou à l'étable, ſont le FOIN, le TRÈFLE, la LUZERNE, le SAINFOIN, le SEIGLE, le FROMENT, l'ORGE, l'AVOINE, le MAÏS, la PIMPRENELLE, la VESCE, la GESSE, les POIS, les FEUILLES des arbres.

Cretté de Palluel a reconnu que la CHICORÉE SAUVAGE produiſoit des effets très-avantageux, étant donnée en Vert aux beſtiaux.

Dans certains pays on ſaigne les beſtiaux avant de les mettre au Vert, ce qui eſt au moins inutile quand on ne veut pas les engraiſſer. *Voy.* SAIGNÉE & ENGRAIS.

Ce ſont les femelles pleines qui doivent être miſes au Vert le plus tôt & le plus long-temps, & au contraire les bêtes qui travaillent le plus.

Les cas les plus ordinaires où il convient de mettre les chevaux au Vert, ſont leur amaigriſſement progreſſif ſans cauſes apparentes, leur état permanent de conſtipation, leur dégoût habituel.

Les chevaux, les mulets & les bœufs qui ſont au Vert, s'affoibliſſant néceſſairement, & ce d'autant plus que l'herbe eſt plus jeune, ne doivent pas être aſſujettis à des travaux auſſi forts ni auſſi longs : ſouvent même ils ſont atteints de coliques & de diarrhées.

D'après l'expreſſion uſitée dans quelques cantons où on élève des poulains, *l'herbe rend amoureux*, il paroît que les étalons doivent être laiſſés au Vert au moins pendant tout l'été.

Les avantages du Vert ſe font plus ſentir ſur les jeunes animaux que ſur les vieux. (*Bosc.*)

VERTICILLAIRE. *VERTICILLARIA.*

Arbre du Pérou, qui ſeul forme un genre dans la polyandrie monogynie.

On ne cultive pas cet arbre dans les jardins d'Europe. (*Bosc.*)

VERTIGE ou VERTIGO. On diſtingue, dans la médecine vétérinaire, deux ſortes de Vertiges, l'un eſſentiel & l'autre ſymptomatique. *Voyez* le *Dictionnaire de Médecine.*

On reconnoît qu'un cheval eſt attaqué du Vertige, lorſqu'il porte alternativement ſa tête haute ou ſa tête baſſe ; qu'il l'appuie contre la muraille, ſur le râtelier, l'auge, d'où l'expreſſion vulgaire pousser au râtelier, à l'auge; qu'il s'avance & se recule sans sujet apparent; qu'il tremble, chancèle, tombe lorsqu'on veut le faire marcher.

Les causes du Vertige essentiel sont l'inflammation des membranes du cervéau, l'engorgement de ses vaisseaux produit par une maladie, un coup, une chute, &c. Sa guérison s'opère par des SAIGNÉES, par des SÉTONS, par des breuvages antispasmodiques, par des nouets d'assa fœtida dans la bouche, &c.

Les causes du Vertige symptomatique sont l'INFLAMMATION du BAS-VENTRE, les INDIGESTIONS graves, les RÉTENTIONS & les SUPPRESSIONS D'URINE. On le combat par la guérison des maladies qui l'occasionnent. Voyez les mots ci-dessus.

On croit, dans quelques parties de l'Angleterre, qu'un bouc mis dans une écurie, empêche le Vertige de se déclarer sur les chevaux qui y logent. Il est probable que c'est un préjugé; cependant l'odeur forte du bouc peut avoir de l'action sur une maladie aussi nerveuse que celle en question.

Dans les MOUTONS, le Vertige s'appelle TOURNIS. Il est le plus souvent dû à l'abondance des ŒSTRES dans les sinus frontaux, ou des HYDATIDES dans le cerveau. Voyez ces mots.

Dans l'homme, il est fréquemment produit par un COUP DE SOLEIL; mais il ne paroît pas que cette cause soit commune dans les animaux. Voyez INFLAMMATION. (Bosc.)

VERTU DES PLANTES : synonyme de propriété médicinale des plantes.

Il n'est pas permis de douter de l'efficacité de quelques plantes dans la guérison des animaux domestiques; mais l'expérience prouve qu'on a beaucoup amplifié le nombre de celles dont on doit faire usage.

Aujourd'hui que la médecine vétérinaire, comme la médecine humaine, s'appuie sur le raisonnement, on a mis de côté beaucoup de plantes qui ci-devant passoient pour avoir des Vertus merveilleuses; aussi, dans les articles qui ont rapport à la guérison des animaux domestiques, ai-je évité de les mentionner nominativement.

On doit à Decandolle la meilleure dissertation qui ait encore été publiée sur les Vertus des plantes, & il ne les considère que collectivement, c'est-à-dire, par famille. (Bosc.)

VERULAME. *VERULAMIA.*

Arbrisseau d'Afrique, qui seul constitue un genre dans la tétrandrie monogynie & dans la famille des *Rubiacées.*

Nous ne le cultivons pas dans nos jardins. (Bosc.)

VERVEINE. *VERBENA.*

Genre de plantes de la didynamie angiospermie

& de la famille des *Gatiliers,* qui rassemble seize espèces, dont dix se cultivent dans nos écoles de botanique. Il est figuré pl. 375 des *Illustrations des genres* de Lamarck.

Observations.

On a séparé de ce genre plusieurs espèces, pour en former ceux appelés ZAPANE, PRIVA, LIPPI, TAMONÉE & STACHYTARPÈTE. Voyez ces mots.

Espèces.

1. La VERVEINE officinale.
Verbena officinalis. Linn. ♃ Indigène.
2. La VERVEINE couchée.
Verbena supina. Linn. ☉ Du midi de la France.
3. La VERVEINE cunéiforme.
Verbena cuneiformis. Ruiz & Pav. Du Pérou.
4. La VERVEINE hastée.
Verbena hastata. Linn. ♃ De l'Amérique septentrionale.
5. La VERVEINE bâtarde.
Verbena spuria. Linn. ♃ De l'Amérique septentrionale.
6. La VERVEINE érinoïde.
Verbena erinoides. Lam. Du Pérou.
7. La VERVEINE à bouquet.
Verbena aubletia. Linn. ♂ De l'Amérique septentrionale.
8. La VERVEINE paniculée.
Verbena paniculata. Lam. ♃ De l'Amérique septentrionale.
9. La VERVEINE de Caroline.
Verbena caroliniana. Linn. ♃ De l'Amérique septentrionale.
10. La VERVEINE à feuilles étroites.
Verbena angustifolia. Mich. De l'Amérique septentrionale.
11. La VERVEINE à tiges droites.
Verbena stricta. Vent. ♃ De l'Amérique septentrionale.
12. La VERVEINE de Buenos-Ayres.
Verbena bonariensis. Linn. ♂ De l'Amérique méridionale.
13. La VERVEINE diffuse.
Verbena diffusa. Poir. ♄ De l'Amérique septentrionale.
14. La VERVEINE en massue.
Verbena clavata. Ruiz & Pav. ♄ Du Pérou.
15. La VERVEINE hispide.
Verbena hispida. Ruiz & Pav. Du Pérou.
16. La VERVEINE à trois feuilles, vulgairement verveine à odeur de citron.
Verbena triphylla. Lhérit. ♄ De l'Amérique méridionale.

Culture.

Les espèces des n.os 1, 2, 3, 4, 6, 7, 8, 9, 11, 12, 13 & 16, sont celles qui se voient dans nos écoles de botanique. Toutes, excepté la douzième & la feizième, fe contentent de la pleine terre & de toute efpèce de terre. On les multiplie par graines femées en place, & les vivaces, lorf-qu'on les poffède, par le déchirement des vieux pieds. La douzième fe fème dans un pot qu'on place fur couche nue au printemps, & qu'on rentre dans l'orangerie aux approches de l'hiver. La fep-tième, qui eft la plus belle, fe cultive auffi quel-quefois en pot pour l'ornement.

Mais c'eft là feizième qui eft la plus intéref-fante à multiplier, à raifon de l'odeur fuave de fes feuilles & de l'élégance de fon port. Aujourd'hui elle eft l'objet d'un commerce de quelqu'impor-tance à Paris & autres grandes villes. On la tient en pot ou en caiffe remplie de terre franche mêlée avec un fixième de terreau de couche ou de terre de bruyère, pour pouvoir la rentrer dans l'oran-gerie aux approches des froids. Sa reproduction a lieu par marcottes & par boutures, fes graines ne venant jamais à bien dans nos climats.

Pour faire abondamment & promptement des marcottes, les pépiniériftes placent quelques pieds de cette efpèce en pleine terre dans des baches ou fous des châffis, & en couchent les pouffes, avant qu'elles foient complétement AOUTÉES c'eft-à-dire, en juillet. Ces pouffes prennent de fuite racines, & peuvent s'enlever au printemps fuivant.

Afin d'affurer la réuffite des boutures, on les fait au moment où le pied entre en végétation, c'eft-à-dire, en mars ou en avril, & on les place dans des pots fur couche à châffis.

Les pieds provenans de ces deux modes de mul-tiplication, fe traitent de fuite comme les vieux, c'eft-à-dire, qu'on les place pendant l'été contre un mur expofé au midi, & qu'on leur donne de fréquens arrofemens.

Généralement on les difpofe, par la taille, de manière à former une tête à deux ou trois points de terre, tête qu'on rabat tous les trois ou quatre ans, pour lui faire pouffer de nouvelles branches, car les anciennes ceffent bientôt de donner de larges feuilles & de gros épis de fleurs. Ceux qu'on laiffe en touffes gagnent également à être rabattus.

Il eft néceffaire de donner de la nouvelle terre tous les ans, en automne, à cet arbufte; car il confomme beaucoup.

La Verveine officinale eft très-multipliée au-tour des villages, fur les routes, dans tous les lieux incultes où la terre eft fertile; elle a joui d'une grande célébrité, comme propre aux enchan-temens & à la guérifon de beaucoup de maladies. Les vrais fervices qu'on peut en retirer, c'eft de l'employer à augmenter la maffe des fumiers, à chauffer le four ou à fabriquer de la potaffe. Les beftiaux n'y touchent pas. Ainfi il faudroit l'arra-cher, ne fût-ce que pour favorifer la croiffance des plantes qu'ils recherchent. (*Bosc.*)

VERVEINE PUANTE. C'eft le PETIVÈRE.

VERVEINE DE SAINT-DOMINGUE : efpèce d'HÉLIOTROPE.

VERVUE : fynonyme de GOUTTIÈRE des AR-BRES. *Voyez* ces deux mots.

VESCE. *VICIA.*

Genre de plantes de la diadelphie décandrie & de la famille des *Légumineufes,* qui comprend quarante-quatre efpèces, dont dix-huit fe voient dans nos écoles de botanique, & dont une eft l'objet d'une culture de grande importance, à rai-fon de fes graines & de fes fanes, qui font emloyées à la nourriture des animaux domeftiques. Il eft fi-guré pl. 634 des *Illuftrations des genres* de Lamarck.

Obfervations.

La fève fait partie de ce genre dans les écrits de la plupart des botaniftes, mais elle eft diftinguée par les agriculteurs : ainfi il a en été traité féparé-ment. *Voyez* FÉVE.

Efpèces.

1. La VESCE pififorme.
Vicia pififormis. Linn. ♃ Du midi de la France.
2. La VESCE des buiffons.
Vicia dumetorum. Linn. ♃ Du midi de la France.
3. La VESCE de Caroline.
Vicia caroliniana. Walt. ♃ De l'Amérique fep-tentrionale.
4. La VESCE de Bithynie.
Vicia pontica. Willd. ♃ De l'Orient.
5. La VESCE des bois.
Vicia fylvatica. Linn. ♃ Du midi de la France.
6. La VESCE d'Amérique.
Vicia americana. Willd. ♃ De l'Amérique fep-tentrionale.
7. La VESCE panachée.
Vicia variegata. Willd. ♃ Du Levant.
8. La VESCE brun-pourpre.
Vicia atropurpurea. Desfont. ⊙ Du midi de la France.
9. La VESCE velue.
Vicia villofa. Roth. ⊙ De l'eft de l'Europe.
10. La VESCE de Bengale.
Vicia bengalenfis. Linn. ⊙ Des Indes.
11. La VESCE de Gérard.
Vicia Gerardi. Willd. ♃ Du midi de la France.
12. La VESCE à fleurs nombreufes.
Vicia cracca. Linn. ♃ Indigène.
13. La VESCE à folioles nombreufes.
Vicia polyphylla. Desf. ♃ De la Barbarie.
14. La VESCE à feuilles étroites.
Vicia tenuifolia. Roth. ♃ De l'eft de l'Europe.
15. La VESCE à longues folioles.
Vicia longifolia. Poir. ♃ Du Levant.
16. La VESCE à feuilles de fainfoin.
Vicia onobrychioides. Linn. ⊙ Du midi de la France.
17. La VESCE à tige haute.
Vicia altiffima. Desf. ♃ De la Barbarie.

18. La

18. La Vesce bifannuelle.
Vicia biennis. Linn. ♂ De la Sibérie.
19. La Vesce à petites fleurs.
Vicia parviflora. Mich. De l'Amérique feptentrionale.

20. La Vesce de Niffole.
Vicia niffoliana. Linn. ☉ Du Levant.
21. La Vesce blanchâtre.
Vicia canefcens. Labill. ☉ Du Levant.
22. La Vesce du Cap.
Vicia capenfis. Berg. ♃ Du Cap de Bonne-Efpérauce.
23. La Vesce à gouffes tranfparentes.
Vicia pellucida. Jacq. Du Cap de Bonne-Efpérance.

24. La Vesce orobe.
Vicia oroboides. Jacq. ♃ De l'eft de l'Europe.
25. La Vesce ligneufe.
Vicia fruticofa. Cavan. ♄ Du Pérou.
26. La Vesce à deux fleurs.
Vicia biflora. Desf. De la Barbarie.
27. La Vesce éperonnée.
Vicia calcarata. Desf. De la Barbarie.
28. La Vesce cultivée.
Vicia fativa. Linn. ☉ Du midi de l'Europe.
29. La Vesce à femences globuleufes.
Vicia globofa. Retz. De.....
30. La Vesce à folioles nombreufes.
Vicia polyphylla. Desf. De la Barbarie.
31. La Vesce printanière.
Vicia lathyroides. Linn. ☉ Indigène.
32. La Vesce des Pyrénées.
Vicia pyrenaica. Pourr. ☉ Des Pyrénées.
33. La Vesce à double fruit.
Vicia amphicarpa. Willd. ☉ Du midi de la France.

34. La Vesce naine.
Vicia pufilla. Willd. ☉ De l'Amérique feptentrionale.

35. La Vesce jaune.
Vicia lutea. Linn. ☉ Du midi de la France.
36. La Vesce hybride.
Vicia hybrida. Linn. ☉ Du midi de la France.
37. La Vesce hériffée.
Vicia hirta. Balb. ☉ Du midi de la France.
38. La Vesce de Hongrie.
Vicia pannonica. Jacq. ☉ De l'eft de l'Europe.
39. La Vesce gabre.
Vicia lævigata. Smith. ♃ De l'Angleterre.
40. La Vesce d'un jaune-fale.
Vicia fordida. Willd. ☉ De l'eft de l'Europe.
41. La Vesce voyageufe.
Vicia peregrina. Linn. ☉ Du midi de la France.
42. La Vesce des haies.
Vicia fepium. Linn. ♃ Indigène.
43. La Vesce à fruits aplatis.
Vicia platycarpos. Roth. ☉ De l'Egypte.
44. La Vesce à fruits rouges.
Vicia megalofperma. Willd. ☉ De l'eft de l'Europe.

Agriculture. Tome VI.

45. La Vesce à feuilles de lin.
Vicia linifolia. Bofc. ☉ De l'eft de la France.

Culture.

Ce font les efpèces des nᵒˢ. 1, 2, 4, 5, 8, 10, 11, 16, 17, 19, 24, 27, 28, 30, 34, 41, 42 & 44 qui fe cultivent dans nos écoles de botanique. Toutes fe contentent de la pleine terre & n'exigent point de foins difficiles. On les fème en place au printemps, on éclaircit leur plant, on leur fournit de petites rames lorfqu'on veut qu'elles fe développent convenablement, & on leur donne un ou deux binages de propreté. Les vivaces font dans le cas de refter quatre ou cinq ans dans le même lieu, pour peu que la terre foit fertile, & on peut prolonger leur exiftence indéfiniment, en les divifant par le déchirement de leurs racines en hiver, & en les changeant de place. Parmi elles je dois particulièrement citer la 12ᵉ., foit fous le rapport de la beauté lorfqu'elle eft en fleur, foit fous le rapport de fon utilité pour la nourriture des volailles & des beftiaux. On doit la placer auprès des derniers buiffons des maffifs, fur lefquels elle portera fes nombreufes tiges garnies de leurs épis de fleurs. Je fuis furpris qu'on ne la cultive pas en grand, car elle femble devoir fournir plus de fanes & de graines que la Vefce cultivée, & elle a de plus l'avantage d'être vivace. Je l'ai vue autrefois très-abondante dans les champs à jachère triennale des montagnes de la ci-devant Bourgogne, où on la regarde comme plus utile que nuifible, quoiqu'elle caufe une diminution notable dans la récolte du feigle ou du froment, parce qu'elle augmente l'appétence de la paille pour les beftiaux, & forme, après la moiffon, un bon pâturage. Aujourd'hui les perfectionnemens apportés à la culture, & l'établiffement des PRAIRIES TEMPORAIRES & des PRAIRIES ARTIFICIELLES l'en font difparoître. (*Voyez* ces mots.) Il eft des prés naturels où elle eft auffi très-multipliée, & où de même elle nuit plus aux produits des céréales qui les compofent, qu'elle n'eft avantageufe par elle-même. C'eft le VESCERON, le JARDEAU de quelques cantons.

Ce que je viens de dire de cette efpèce s'applique à celle du nᵒ. 2, & même avec plus d'avantage, puifque fes folioles font plus larges; mais elle eft rare dans le climat de Paris.

Thouin a propofé la culture en grand de l'efpèce du nᵒ. 17, comme devant fournir, dès les premiers jours du printemps, un fourrage extrêmement abondant & d'excellente qualité. Je ne puis que me ranger de fon avis.

Yvart a auffi préconifé la Vefce pififorme comme très-propre à fuppléer la fuivante, & fes avantages ont été conftatés par lui de manière à ne laiffer aucun doute.

C'eft l'efpèce du nᵒ. 28 qu'on cultive en grand

Ffff

dans presque toute l'Europe. Il en fera queftion plus bas.

L'efpèce n°. 31, quoique petite, fe fait remarquer, parce qu'elle croît dans les plus mauvais pâturages, & qu'elle pouffe au premier printemps; de forte qu'elle fournit, principalement aux moutons, une nourriture abondante & excellente. Les cultivateurs de la Sologne feroient fréquemment dans le cas de perdre beaucoup de bêtes par le défaut de fourrages fecs, à la fin de l'hiver, fi elle n'y fuppléoit pas.

On a cité la Vefce du n°. 35 comme cultivée en Italie & dans le Levant. J'ai vu, par des effais faits à Verfailles, qu'elle mérite en effet des éloges; elle peut donner jufqu'à trois coupes dans un été, & encore fournir un pâturage, ou être enterrée pour engrais.

L'efpèce n°. 45 croît dans les champs de céréales, & y offre, ainfi que je l'ai obfervé, les mêmes avantages & les mêmes inconvéniens que celle du n°. 1er., excepté qu'elle eft annuelle.

Il ne paroît pas que les Anciens connuffent les avantages de la VESCE CULTIVÉE, où Vefce proprement dire, appelée pelotte & barbotte dans quelques-uns de nos départemens. Olivier de Serres eft le premier auteur qui ait fait fentir toute fon importance fous le rapport de fa graine, ainfi que fous celui de fon fourrage, & ce n'eft que depuis lui qu'on a appris combien elle pouvoit être utile pour nettoyer les champs des mauvaifes herbes, & favorifer l'établiffement des affolemens.

Au nombre des avantages de la culture de la Vefce, il faut mettre, & même au premier rang, la poffibilité de lui faire remplacer l'improductive jachère, c'eft-à-dire, de donner une récolte en peu de mois fur un champ volontairement deftiné à la ftérilité pendant une année entière. On verra plus bas que cette récolte, loin de nuire aux céréales qui doivent lui être fubftituées, augmente toujours leurs produits. Voyez ASSOLEMENT.

Arthur Young cite un fermier anglais qui, dans l'année de jachère, fit une récolte de Vefce d'hiver, & fema enfuite du farrafin qu'il enterra pour engrais. Voyez RÉCOLTE ENTERRÉE.

Pourquoi ne fait-on pas de même partout où cela eft poffible?

Il exifte plufieurs variétés de Vefce, variétés relatives à la largeur des feuilles, à la hauteur des tiges, mais elles font imparfaitement déterminées; les deux plus connues des cultivateurs font celle dont la graine eft grifâtre, & celle dont la graine eft noirâtre. La première eft celle qu'il eft le plus avantageux de femer avant l'hiver, & la feconde celle qu'il eft le plus avantageux de femer après. On peut cependant les fuppléer lorfqu'on n'a que l'une des deux, & ce fans grands inconvéniens, quoiqu'il ait été reconnu que la fane de la Vefce d'hiver eft inférieure à celle de la Vefce d'été pour la nourriture des beftiaux.

En Angleterre, on regarde les Vefces d'hiver & d'été comme deux efpèces diftinctes, & il eft poffible que cela foit; mais certainement celles que nous cultivons en France fous ces noms, ne font que de légères variétés.

Excepté les terres très-humides & très-fèches, la Vefce profpère dans toutes celles où on la fème, lorfqu'elles ont d'ailleurs été convenablement difpofées; elle réuffit même dans les premières lorfque la faifon, hiver ou été, a été fèche, & dans les fecondes lorfque l'été eft pluvieux. En général, c'eft dans ces dernières qu'on doit plus particulièrement femer celle d'hiver. Ce font les bonnes terres expofées au midi, principalement quand elles font calcaires, qui lui font les plus favorables.

Quand on confidère la culture de la Vefce comme moyen de nettoyer les terres, on doit la femer après des récoltes qui ont exigé des binages d'été, comme le maïs, les haricots, les pommes de terre, &c. Elle profite fort bien après les récoltes de céréales. Autant que poffible, on doit éviter de la faire fuccéder à des cultures de légumineufes & de les en faire fuivre.

Il eft rare qu'on donne des engrais aux terres deftinées à recevoir de la Vefce; au contraire on la fait fréquemment fervir à fuppléer au fumier. Quelquefois, & cette pratique eft dans le cas d'être approuvée, on la fème après un marnage.

On donne deux labours aux terres fortes qui font deftinées à porter de la Vefce: un feul fuffit dans celles qui font légères. On peut fe contenter d'un binage avec la houe à cheval, même d'un ratiffage à la herfe de fer, dans ces dernières terres, lorfqu'on veut femer la Vefce pour l'enterrer en vert, comme je le dirai plus bas.

La quantité moyenne de graine de Vefce d'hiver à employer par arpent eft cent cinquante livres, un peu plus dans les terres fortes humides, un peu moins dans les bonnes terres légères & bien expofées, encore moins lorfqu'on la fème avec du feigle, avec de l'avoine, avec des fèves de marais, du farrafin, &c.

On doit femer la Vefce plus épais quand on ne la cultive pas pour la graine. Celle d'hiver doit être plus claire que celle d'été.

La Vefce d'hiver, femée trop tôt ou femée trop tard, rifque également de périr fi l'hiver eft long & pluvieux. Le mois de novembre eft l'époque que l'expérience a prouvée être la plus favorable, le commencement dans le midi, le milieu dans le climat de Paris, & la fin plus au nord.

Les Vefces d'hiver rendent un tiers plus en graines que les Vefces du printemps, & elles fourniffent un fourrage abondant à une époque où les pâtures font généralement rares; c'eft ce qui détermine prefque partout à en femer, car d'ailleurs elles manquent fouvent en tout ou en partie, comme je l'ai déjà annoncé. Dans le cas de non-réuffite, on doit leur fubftituer celle du printemps mêlée d'avoine ou de féves de marais, ou de farrafin, & ce fur un feul herfage, atten iu qu'il arrive fouvent qu'une partie des premières graines, furtout dans les terres froides, ne germent que dans cette faifon, & que, par ce moyen, elles ne font pas perdues.

J'ai vu un champ de Vefce d'hiver qui, au printemps, fembloit ne pas mériter d'être confervé, tant il avoit fouffert de l'alternative des pluies & des gelées, être rétabli en le fauchant à trois pouces de terre, cette opération ayant déterminé la ramification des tiges, & augmenté par conféquent leurs produits.

Ce qui me fait infifter fur le mélange, au printemps, de la graine de Vefce avec l'avoine, les féves de marais, le farrafin, &c., c'eft que la plante à laquelle elle doit donner naiffance, grimpant fur les tiges des efpèces ci-deffus, profitera davantage & tiendra moins de place que fi elle étoit étalée fur la terre. Voyez MÉLANGE.

Les vefces d'été fe fèment généralement en mars; on fe contente de cent livres de graines par arpent, terme moyen. Ce font exclufivement elles qu'on fait accompagner d'avoine, de féves de marais & de farrafin; elles ne manquent que dans le cas où le printemps feroit exceffivement fec ou exceffivement pluvieux. Leur germination s'opère en peu de jours, & il s'en perd par conféquent beaucoup moins que de celle de la Vefce d'hiver, foit par les ravages des pigeons, des corbeaux, des pies & autres oifeaux, foit par ceux des rats, des campagnols, des mulots, des fouris & autres rongeurs.

La crainte de ces ravages, la néceffité d'abriter la graine du hâle, & de rendre la furface du fol auffi unie que poffible, doivent engager les cultivateurs à donner au moins deux herfages & un roulage à la Vefce, foit d'hiver, foit d'été.

En général, on peut femer la Vefce à toutes les époques de l'année, les gelées & le fort de l'été feuls exceptés, ce qui la rend précieufe pour un cultivateur intelligent, qui, par fon moyen, peut toujours tenir fes terres employées.

Les cultivateurs anglais qui ont préconifé la culture par rangées pour tous les objets de leurs récoltes, l'ont auffi appliquée à la Vefce; mais comme on ne peut la biner qu'une fois, & que la plus grande vigueur des tiges ne compenfe pas leur moindre nombre, ils y ont renoncé. D'ailleurs, deux des principaux avantages de la Vefce font rendus nuls par ce mode de culture, favoir, celui d'étouffer les mauvaifes herbes vivaces & annuelles qui croiffent dans le champ, & celui de conferver à la furface du fol une humidité permanente qui favorife beaucoup l'action des gaz. Cependant cette pratique peut être fuivie lorfqu'on ne cultive cette plante que pour la graine.

Un charançon & une altife vivent aux dépens des feuilles de la Vefce, & font quelquefois fi multipliés, qu'ils nuifent aux produits de fa ré-colte; elle eft de plus très-fujette aux pucerons, qui s'oppofent à fa croiffance & en dégoûtent les beftiaux. Le feul moyen de diminuer leurs ravages, c'eft de faupoudrer les feuilles de la Vefce pendant la rofée, ou après la pluie, avec de la cendre ou de la chaux, ou du plâtre en poudre. Outre l'effet defiré, ces moyens, furtout le dernier, activent la végétation de la plante & augmentent fes produits. Voyez PLATRE.

La CUSCUTE attaque auffi la Vefce. Voyez fon article.

La coupe de la Vefce a lieu à différentes époques de fa végétation, & ces époques font indiquées par l'objet qu'on fe propofe; ainfi, fi on veut la faire fervir (celle d'hiver) à la nourriture des brebis à la bergerie, des vaches à l'étable, on commence à la couper dès qu'elle fera en fleur, & on continuera jufqu'à la maturité de fa graine. Si c'eft pour fuppléer au manque d'engrais, on l'enterrera lorfque fes premières fleurs feront tombées; fi c'eft pour la deffécher (celle d'été) afin d'augmenter la maffe des fourrages deftinés à la nourriture des beftiaux pendant l'hiver, on la coupera lorfque les premières gouffes feront arrivées à complete maturité; enfin, fi c'eft fur la graine qu'on fpécule (foit celle d'hiver, foit celle d'été); on attendra que la moitié ou les deux tiers des gouffes foient mûres.

Fauchée pendant la force de la floraifon, la Vefce repouffe, & donne un mois plus tard, ou un pâturage de quelque importance, ou un moyen d'engrais en l'enterrant.

Il eft auffi fouvent des cas où on fait pâturer les Vefces fur pied, principalement les Vefces d'hiver, foit pour augmenter le lait des brebis portières, des vaches qui nourriffent, foit pour fortifier les poulains, les veaux, &c. Cette méthode eft même générale en Angleterre, tant on la regarde comme avantageufe, foit fous le rapport des animaux, foit fous celui de l'amélioration de la terre. Il me femble, en effet, qu'elle jouit de nombreux avantages, & qu'elle doit être préférée toutes les fois, furtout, que le champ où fe trouve la Vefce eft fort éloigné de la maifon.

Un autre emploi très-fréquent, principalement des Vefces d'été, c'eft leur enfouiffement pour engrais lorfqu'elles font en fleur; cette plante, par la rapidité de fa croiffance, le nombre de fes feuilles, y étant plus propre que beaucoup d'autres. On recommande généralement de faire cette opération lorfqu'elles entrent en fleur, & on y eft fouvent forcé par la néceffité de commencer de bonne heure les labours pour le feigle ou le froment; mais la confidération que la graine pourrie eft le meilleur engrais après celui pro iuit par les animaux, doit engager à retarder jufqu'au moment où les premières gouffes commencent à noircir; on y gagne de plus une plus grande abondance de fanes. Dans ce cas il vaut mieux couper la Vefce pour l'enfouir avec le pied dans les fillons, que de rifquer que fes tiges embarraffent à chaque inftant la marche de la charrue, & empêchent de l'enfouir avec égalité.

La coupe de la Vefce a le plus généralement lieu à la faux, de la manière qu'on appelle *en dedans*, c'eft-à-dire, que le bout du manche de cet inftrument ne fort pas du plan du corps du faucheur. Il eft cependant beaucoup de lieux, furtout lorfqu'on a la graine pour objet, où, pour éviter la perte de cette graine, on la coupe au moyen de la faucille, & même on l'arrache. Il m'eft difficile de donner ici des indications propres à faire préférer une méthode plutôt qu'une autre, parce que ce font prefque toujours des confidérations de convenance qui déterminent le choix. Je dirai feulement que, dans ces derniers cas, il faut faire l'opération avant la chute de la rofée, & emporter de fuite la Vefce dans la grange, au moyen de grands chariots garnis de toile, afin que la defficcation des tiges n'ait pas lieu fur le terrain, cette defficcation étant immanquablement fuivie de l'ouverture des gouffes avec élafticité, & par conféquent de la difperfion des grains.

Il n'eft pas rare, lorfque le terrain eft convenable & que les circonftances font favorables, de récolter cinq à fix cents bottes de Vefce dans un arpent, ce qui doit être regardé comme un produit fort avantageux.

Les graines étant plus nourriffantes que les tiges & les feuilles, il n'y a pas de doute que, toute abftraction faite de convenance locale, le pâturage ou la coupe de la Vefce, dont la moitié des gouffes font mûres, ne foit la plus profitable. En cet état les Vefces, foit en vert, foit en fec, font très-propres à redonner de la force aux animaux épuifés, & à engraiffer ceux qu'on veut tuer. On les appelle alors la *dragée*, la *merlade* dans quelques lieux.

Cette Vefce defféchée, étant légèrement battue, donne une portion de graine qui peut être employée à la nourriture des beftiaux & des volailles, mais qu'on ne doit pas faire fervir à l'enfemencement, parce que n'ayant pas acquis toute la maturité néceffaire, elle donneroit de foibles productions. *Voyez* GRAINE.

La defficcation des fanes de la Vefce, furtout de celle d'été, n'eft pas très-rapide, & les opérations propres à l'accélérer occafionnent toujours une perte de graine. Pour éviter ce dernier inconvénient, & en même temps celui qui feroit la fuite de l'altération de la fane par la moififfure, fi elle n'étoit pas levée entièrement fèche, on la ftratifie avec de la paille d'avoine, à laquelle cette fane communique fa faveur & fon odeur. On peut auffi prévenir fa moififfure, en mettant une ou deux couches de fagots d'épine dans la maffe totale. *Voyez* PRAIRIE, TRÈFLE & LUZERNE.

Le bottelage de la Vefce d'hiver s'exécute fouvent fur le champ même, parce que fa récolte a lieu à une époque où fa defficcation complète peut facilement s'opérer; alors on la tranfporte & on l'accumule dans les greniers fans craindre les inconvéniens précités.

Lorfqu'on fauche la Vefce, à l'époque où les deux tiers ou les trois quarts des graines font mûres, la fane a perdu la plus grande partie de fes principes nutritifs, & n'eft plus bonne qu'à faire de la litière aux vaches & aux moutons, qui s'amufent à rechercher les extrémités encore favoureufes des tiges, lorfqu'ils fe font repus de leur nourriture ordinaire.

Quelque mûre que foit la Vefce qu'on a réfervée pour la graine, il eft avantageux de la battre d'abord légèrement, afin de mettre à part, pour la femence, comme la plus propre à donner des productions vigoureufes, celle qui tombera la première, laquelle eft toujours celle qui eft arrivée au degré de maturité.

La graine de Vefce, après avoir été battue, vannée & criblée, s'étend pendant un mois fur le fol du grenier, & fe retourne à la pelle une ou deux fois par femaine, après quoi elle eft affez fèche pour être confervée, foit dans des facs, foit dans des tonneaux défoncés par un bout. L'important, c'eft de la mettre à l'abri des attaques des rats & des fouris, qui en font très-friands; elle fe conferve plufieurs années propre à la nourriture des beftiaux; mais pour la graine, il faut toujours choifir celle de la dernière récolte, & la plus groffe & la plus lourde.

Quelqu'excellente que foit la Vefce, elle ne doit pas être donnée aux animaux fans ménagement. On a remarqué qu'elle faifoit quelquefois d'abord maigrir ceux d'entr'eux qui n'y étoient pas accoutumés, & qu'elle convenoit mieux aux vieux qu'aux jeunes. La leur offrir lorfqu'elle eft verte, en petite quantité à la fois, & après la chute de la rofée, eft recommandé par une pratique éclairée. La mêler avec de la paille lorfqu'elle eft fèche, eft d'un ufage général, furtout pour les moutons.

Il en eft de même de la graine; on doit la ménager aux dindons & aux poules; les pigeons feuls n'en font jamais incommodés. On appelle *cochons brûlés* ceux de ces animaux qui font malades pour en avoir trop mangé. Il paroît que c'eft l'excès de fes principes nutritifs qui eft la caufe du danger de fon ufage, foit en furabondance, foit pendant long-temps.

Faire tremper dans l'eau, & encore mieux faire cuire la graine de Vefce avant de la donner aux beftiaux, eft un moyen certain de les faire engraiffer plus vîte. J'en ai vu fouvent la preuve.

On a fréquemment tenté de faire entrer de la graine de Vefce dans le pain, mais on n'a jamais obtenu qu'un aliment de mauvais goût & d'une digeftion difficile. *Voyez* PAIN. (*Bosc.*)

VESCE A GRAINE BLANCHE, VESCE DU CANADA. C'eft la VESCE PISIFORME.

VESCERON. *Voyez* VESCE A ÉPI.

VÉSICAIRE. *Vesicaria.*

Genre de plantes établi aux dépens des ALYS-SONS. (*Voyez* ce mot.) Il est figuré pl. 559 des *Illustrations des genres* de Lamarck.

Espèces.

1. La VÉSICAIRE sinuée.
Vesicaria sinuata. Willd. ☉ Du midi de l'Europe.

2. La VÉSICAIRE de Crète.
Vesicaria cretica. Willd. ♃ Du midi de l'Europe.

3. La VÉSICAIRE de Hongrie.
Vesicaria gemonense. Willd. ♃ De l'est de l'Europe.

4. La VÉSICAIRE à fruits velus.
Vesicaria dasycarpa. Willd. De Sibérie.

5. La VÉSICAIRE renflée.
Vesicaria utriculata. Willd. ♃ Du midi de la France.

6. La VÉSICAIRE réticulée.
Vesicaria reticulata. Poir. ♃ Du Levant.

7. La VÉSICAIRE à feuilles deltoïdes.
Vesicaria deltoidea. Willd. ♃ De l'Orient.

8. La VÉSICAIRE sans dents.
Vesicaria edentata. Poir. De.....

9. La VÉSICAIRE lanugineuse.
Vesicaria lanuginosa. Poir. De l'Espagne.

Culture.

Les espèces nos. 1, 2, 5, 7 & 8 se cultivent dans nos écoles de botanique. Toutes se sèment dans des pots remplis de terre à demi consistante, qu'on place sur une couche nue. Le plant de la première peut se repiquer en pleine terre à une exposition chaude ; les autres le seront dans d'autres pots, pour pouvoir les rentrer dans l'orangerie pendant l'hiver, quoiqu'elles puissent quelquefois passer cette saison à l'air. On multiplie aussi les frutescentes de boutures faites sous châssis, & les herbacées vivaces par le déchirement des vieux pieds. Ce sont des plantes de peu d'agrément, & qui n'intéressent que les botanistes. (*Bosc.*)

VESIGNON : maladie du jarret du cheval, qui est constituée par une tumeur molle, indolente, plus ou moins grosse, le plus souvent placée à la face externe, quelquefois à la face interne, & même aux deux faces en même temps. Elle est due tantôt à des contusions, tantôt à des distensions produites par des efforts.

Tout arrêt trop prompt, tout travail trop violent ou trop continu peut donner lieu à des Vesignons. La position prolongée des chevaux sur un plan incliné produit le même effet, ainsi que l'a observé M. Desplats.

Les petits Vesignons disparoissent dans la flexion du jarret.

Les chevaux porteurs de Vesignons sont très-

dépréciés au moment de leur vente, mais ils n'en sont pas moins propres à tous les services, comme on le voit journellement ; aussi beaucoup de rouliers, de fermiers, ne se mettent-ils pas en peine de les faire disparoître.

Lorsqu'un Vesignon est récent, on peut espérer qu'il se guérira par le repos de l'animal, surtout s'il est mis à l'herbe, en liberté.

Lorsqu'on ne peut employer ce moyen, on fait usage des frictions répétées d'eau-de-vie camphrée, d'essence de térébenthine, de teinture de cantharides, d'ammoniaque uni à l'huile d'olive, d'un emplâtre de cantharides, & enfin du FEU. *Voyez* ce mot. (*Bosc.*)

VESSE-LOUP. *Lycoperdon.*

Genre de plantes de la famille des *Champignons*, qui renferme un grand nombre d'espèces, dont plusieurs sont fréquemment remarquées par les cultivateurs, mais dont on ne peut cultiver aucune. Il est figuré pl. 887 des *Illustrations des genres* de Lamarck.

Observations.

Ce genre a été divisé en six autres, savoir, TULOSTOME, BOVISTE, GEASTRE, SCLÉRODERME, BATARREE & CARPOBOLE, genres qui serviront de division dans l'exposition suivante des espèces ; le genre LYCOGALE est dans le même cas. Les SPHÉROCARPES, les SCLÉROTES, les TRUFFES, les CAPILLINES, en ont fait partie. Mon genre UPERHIZE s'en rapproche beaucoup. *Voyez* ces mots.

Espèces.

Vesses-loup.

1. La VESSE-LOUP géante.
Lycoperdon giganteum. Pers. ☉ Indigène.

2. La VESSE-LOUP protée.
Lycoperdon proteus. Bull. ☉ Indigène.

3. La VESSE-LOUP matras.
Lycoperdon excipuliforme. Pers. ☉ Indigène.

4. La VESSE-LOUP en forme d'outre.
Lycoperdon utriforme. Bull. ☉ Indigène.

5. La VESSE-LOUP mamelonnée.
Lycoperdon mammaforme. Pers. ☉ Indigène.

6. La VESSE-LOUP cotonneuse.
Lycoperdon grossypinum. Bull. ☉ Indigène.

7. La VESSE-LOUP cuir.
Lycoperdon corium. Dec. ☉ Indigène.

8. La VESSE-LOUP brune.
Lycoperdon umbrinum. Pers. ☉ De l'Allemagne.

9. La VESSE-LOUP des chênes.
Lycoperdon quercinum. Pers. ☉ De l'Allemagne.

10. La VESSE-LOUP blanche.
Lycoperdon candidum. Pers. ☉ De l'Allemagne.

11. La Vesse-loup hérisson.
Lycoperdon echinatum. Perf. ☉ De l'Allemagne.
12. La Vesse-loup molle.
Lycoperdon molle. Perf. ☉ De l'Allemagne.
13. La Vesse-loup ciselée.
Lycoperdon calatum. Bull. ☉ Indigène.
14. La Vesse-loup aplatie.
Lycoperdon complanatum. Desf. ☉ De la Barbarie.
15. La Vesse-loup cyathiforme.
Lycoperdon cyathiforme. Bofc. ☉ De la Caroline.
16. La Vesse-loup épidendre.
Lycoperdon epidendrum. Linn. ☉ Indigène.

Boviftes.

17. La Vesse-loup ardoisée.
Lycoperdon ardofiaceum. Bull. ☉ Indigène.
18. La Vesse-loup pygmée.
Lycoperdon pufillum. Batf. ☉ De l'Allemagne.
19. La Vesse-loup pulvérulente.
Lycoperdon furfuraceum. Gmel. ☉ De l'Allemagne.
20. La Vesse-loup noirâtre.
Lycoperdon nigrefcens. Poir. ☉ De l'Allemagne.

Geaftres.

21. La Vesse-loup hygrométrique.
Lycoperdon hygrometricum. Dec. ☉ Indigène.
22. La Vesse-loup roussâtre.
Lycoperdon rufefcens. Decand. ☉ Indigène.
23. La Vesse-loup couronnée.
Lycoperdon coronatum. Poir. ☉ Indigène.
24. La Vesse-loup ftriée.
Lycoperdon ftriatum. Poir. ☉ Indigène.
25. La Vesse-loup pectinée.
Lycoperdon pectinatum. Poir. ☉ De l'Allemagne.
26. La Vesse-loup en quenouille.
Lycoperdon coliforme. Dickf. ☉ De l'Allemagne.
27. La Vesse-loup hétérogène.
Lycoperdon heterogeneum. Bofc. ☉ De la Caroline.
28. La Vesse-loup quadrifide.
Lycoperdon quadrifidum. Decand. ☉ Indigène.

Carpoboles.

29. La Vesse-loup carpobole.
Lycoperdon carpobolus. Linn. ☉ De l'Allemagne.

Batarrées.

30. La Vesse-loup phallus.
Lycoperdon phalloides. Dickf. ☉ De l'Angleterre.

Tuloftomes.

31. La Vesse-loup pédonculée.
Lycoperdon pedunculatum. Linn. ☉ Indigène.

32. La Vesse-loup écailleufe.
Lycoperdon fquamofum. Gmel. ☉ Indigène.

Scléroderms.

33. La Vesse-loup piftillaire.
Lycoperdon piftillare. Linn. ☉ Des Indes.
34. La Vesse-loup axifère.
Lycoperdon axatum. Bofc. ☉ Du Sénégal.
35. La Vesse-loup tranfverfaire.
Lycoperdon tranfverfarium. Bofc. ☉ De la Caroline.
36. La Vesse-loup maffue d'Hercule.
Lycoperdon herculeum. Pall. ☉ De la Sibérie.
37. La Vesse-loup aux cancers.
Lycoperdon carcinomale. Thunb. ☉ Du Cap de Bonne-Efpérance.
38. La Vesse-loup des teinturiers.
Lycoperdon tinctorium. Poir. ☉ De l'Italie.
39. La Vesse-loup orangée.
Lycoperdon aurantium. Linn. ☉ Indigène.
40. La Vesse-loup à verrues.
Lycoperdon verrucofum. Bull. ☉ Indigène.
41. La Vesse-loup fans racines.
Lycoperdon ahizon. Scop. ☉ De l'Italie.
42. La Vesse-loup couleur de citron.
Lycoperdon citrinum. Bott. ☉ De l'Angleterre.
43. La Vesse-loup jaune-pâle.
Lycoperdon fpadiceum. Scheff. ☉ De l'Allemagne.
44. La Vesse-loup oignon.
Lycoperdon cepa. Vahl. ☉ Indigène.
45. La Vesse-loup à racines rameufes.
Lycoperdon polyhizum. Gmel. ☉ De l'Allemagne.
46. La Vesse-loup des cerfs.
Lycoperdon cervinum. Linn. ☉ De l'Allemagne.

Les Veffes-loup fervent à faire de l'amadou, à arrêter les hémorragies & à deffécher les ulcères : leur pouffière prife intérieurement eft un dangereux poifon.

VESTERINGIE. *Westeringia.*

Arbufte de la Nouvelle-Hollande, qui feul forme un genre dans la didynamie gymnofpermie & dans la famille des *Labiées.*

Nous cultivons cet arbufte dans nos jardins. Il n'eft point délicat ; ainfi toute terre lui eft bonne, quoiqu'il profpère mieux dans celle de bruyère ; ainfi le plus fimple abri lui fuffit pendant l'hiver. Probablement il peut paffer les hivers en pleine terre dans les parties méridionales de la France. On le multiplie avec la plus grande facilité, & de graines qui mûriffent fort bien dans nos orangeries, & de marcottes & de boutures.

Les premières fe fèment au printemps, dans des pots fur couche nue, & le plant qui provient de ce femis fe repique dans d'autres pots au printemps fuivant.

Les fecondes s'exécutent en tout temps, & prennent racines dans l'année.

Les troifièmes fe font à la fin du printemps, & s'enracinent de fuite. On les repique, comme le plant, au printemps fuivant. (*Bosc.*)

VETEROLLE. *Pomaderris.*

Genre de plantes de la pentandrie monogynie & de la famille des *Nerpruns*, dans lequel fe rangent trois efpèces, dont deux fe cultivent dans nos orangeries.

Obfervations.

Ce genre a de grands rapports avec les CÉA-NOTES, & même une de fes efpèces, la dernière, a été placée parmi eux.

Efpèces.

1. La VETEROLLE à feuilles elliptiques.
Pomaderris elliptica. Labill. ♄ De la Nouvelle-Hollande.

2. La VETEROLLE apétale.
Pomaderris apetala. Linn. ♄ De la Nouvelle-Hollande.

3. La VETEROLLE à deux couleurs.
Pomaderris difcolor. Poir. ♄ De la Nouvelle-Hollande.

Culture.

Les deux dernières efpèces font celles que nous cultivons. Il leur faut la terre de bruyère, des arrofemens fréquens pendant l'été, & l'orangerie pendant l'hiver. On les multiplie par MARCOTTES & par BOUTURES. (*Voyez* ces mots.) Elles font encore fort rares. (*Bosc.*)

VEULE : ancien nom qui eft fynonyme de foible. Ainfi un bœuf qui travaille peu eft Veule ; une plante dont la tige ne fe foutient pas, l'eft encore.

- L'organifation eft le plus fouvent la caufe de cet état, & il n'eft par conféquent pas poffible d'y apporter remède. (*Bosc.*)

VIALAT : nom donné par Poiret au genre appelé PODOSPERME par Labillardière.

VIAMONE. *Prostantera.*

Arbriffeau de la Nouvelle-Hollande, pour lequel Labillardière a établi un genre dans la didynamie gymnofpermie & dans la famille des *Labiées.* Nous ne le poffédons pas dans nos jardins. (*Bosc.*)

VIANDE : nom vulgaire des mufcles & autres parties molles des animaux, mais qui cependant s'applique plus particulièrement aux mufcles & autres parties molles des animaux dont l'homme eft dans l'ufage de fe nourrir.

Rarement on dit Viande de poiffon, Viande d'écreviffe, &c.

Le proverbe dit, *la Viande nourrit la Viande* ; & en effet, les perfonnes qui en mangent, font plus fortes au phyfique & au moral, que celles qui ne vivent que de végétaux ; on les accufe même de férocité.

On appelle *carnivores* les hommes & les animaux qui vivent exclufivement de Viande.

Brouffonnet, en comparant les formes des dents entr'elles, a conclu que l'homme ne devoit faire entrer qu'un huitième de Viande dans fa nourriture, & c'eft à peu près ce qui a lieu en France ; mais les peuples du Midi en confomment moins, & les peuples du Nord plus qu'il n'eft indiqué par cette confidération.

On diftingue la Viande en Viande de boucherie, c'eft-à-dire, de bœuf, de veau, de mouton, de cochon ; en Viande de volaille, comme chapon, poule, coq d'Inde, oie, canard, pigeon, &c., & en Viande de gibier, foit quadrupèdes, foit volatils.

La grande confommation de Viande que fait l'homme dans toutes les parties du Monde, & principalement en Europe, doit la rendre un objet de première importance dans l'économie domeftique ; auffi donne-t-elle lieu à un commerce immenfe de beftiaux, c'eft-à-dire, de BŒUFS, de MOUTONS, de COCHONS & de VOLAILLES, animaux dont la Viande eft préférée à toutes les autres. *Voyez* ces mots.

Comme la Viande fe conferve peu, furtout pendant l'été, on a été déterminé partout où la population eft dans le cas de le comporter, de tuer les animaux à mefure de la confommation, & de la vendre par petite partie. On appelle *bouchers* ceux qui en font le commerce.

L'état de boucher, quelque fimple qu'il paroiffe au premier coup d'œil, eft foumis à des règles qu'on ne viole pas fans inconvéniens, & qui exigent un apprentiffage. Je devrois entrer ici dans quelques détails fur ces règles ; mais elles font développées dans le *Dictionnaire des Arts*, faifant partie de l'*Encyclopédie méthodique*, Dictionnaire auquel je renvoie ceux qui voudront avoir des renfeignemens fur la manière de tuer les animaux & de les dépecer.

L'art d'apprêter les Viandes, c'eft-à-dire, celui du cuifinier, feroit également dans le cas de faire partie de cet article, s'il n'étoit déjà pas décrit dans le *Dictionnaire d'Economie domeftique*, faifant partie du même ouvrage.

Ainfi que je l'ai obfervé plus haut, la Viande fe décompofe d'autant plus promptement que l'air eft en même temps plus chaud & plus humide, & dans cet état elle infpire de la répugnance à la plupart des hommes ; auffi s'en perd-il chaque jour d'immenfes quantités. De tout temps on a donc dû chercher des moyens de prolonger fa confervation, & on en a trouvé qui, quoiqu'accompagnés de quelques inconvéniens, rempliffent affez bien le but. Je vais les paffer en revue.

Dans les pays froids, la gelée, & dans les pays fecs & chauds, la defficcation au foleil, font les deux moyens les plus fimples de conferver les Viandes, & ceux qu'en conféquence on a dû employer les premiers.

La gelée eft un fi bon moyen, que la chair des rhinocéros & des éléphans, qui ont été enterrés à la furface de la terre fur les côtes de la Mer-Glaciale, lors de la dernière cataftrophe qui a changé l'axe de notre globe, eft encore bonne à être mangée, comme le prouvent ceux de ces animaux qui ont été découverts dans ces derniers temps, & dont les têtes fe voient dans le Cabinet d'hiftoire naturelle de Saint-Pétersbourg, quoique cette cataftrophe doive avoir eu lieu bien des centaines de milliers d'années avant l'ère vulgaire, fi on en juge d'après les obfervations géologiques.

Aujourd'hui les peuples voifins de cette même côte, & ceux de la côte d'Amérique correfpondante, font geler la Viande & le poiffon qu'ils doivent confommer pendant l'hiver, qui chez eux eft de fix mois confécutifs, & s'en trouvent bien. Ce moyen eft également praticable fur les points les plus élevés des montagnes des Alpes, de la Suiffe & autres.

Dans les déferts de l'Afie, de l'Afrique & de l'Amérique, où la population eft trop écartée pour pouvoir confommer avant fon altération la Viande des gros animaux, on coupe cette Viande en tranches minces & on l'expofe au foleil, où elle fe deffèche rapidement & de manière à pouvoir être confervée des années entières, pourvu qu'elle ne foit pas dépofée dans un lieu humide.

La Viande gelée eft auffi bonne que la Viande fraîche; mais la Viande féchée au foleil n'eft jamais auffi agréable au goût, & fe prête moins bien aux affaifonnemens; auffi les peuples agriculteurs, un peu accoutumés aux jouiffances du luxe, la repouffent-ils, quoiqu'elle foit auffi nourriffante.

Dans les pays tempérés, où on ne peut pas deffécher la Viande à la chaleur du foleil, on l'amène au point d'être confervée par le moyen des étuves; mais ce mode, qui l'altère encore plus, n'eft pas toujours fuffifant. En conféquence on eft obligé, pour y fuppléer, d'avoir recours au fel & à la fumée. *Voyez* SEL & FUMÉE.

Ayant donné au mot SALAISON, les indications néceffaires aux cultivateurs pour mettre ces modes de confervation en pratique, je vais paffer à ceux moins importans dont je n'ai pas encore parlé.

La Viande crue, ou mieux, légèrement cuite & coupée en morceaux peu épais & peu larges, fe conferve fort bien dans la graiffe, l'axonge principalement, le beurre & l'huile, lorfque ces objets n'ont pas déjà un commencement de rancidité: du fel & des épices augmentent encore la fécurité. Les fauvages du Canada ont trouvé de plus, par une longue expérience, que lorfque la

Viande étoit pilée, elle prenoit mieux la graiffe, ce qui eft parfaitement en concordance avec la théorie. Du *pemican*, c'eft le nom de cette préparation, enfoui dans la terre, s'eft confervé trois ans auffi bon que frais.

Les acides ont auffi la propriété de conferver les Viandes pendant quelques mois; mais il n'y a guère que celui du vinaigre dont on faffe ufage. Dans ce mode, comme dans le précédent, une demi-cuiffon préalable eft avantageufe. On doit employer le vinaigre le plus fort, le faler & en couvrir plus que complétement les morceaux de Viande, empilés fans être preffés. Renouveler le vinaigre une & même deux fois, eft très-utile au fuccès de l'opération.

Le petit-lait, & encore mieux le lait caillé, jouiffent auffi de la faculté de conferver les Viandes, faculté qui n'eft pas affez connue dans les campagnes, où on perd beaucoup de Viande pendant les chaleurs. J'infifte d'autant plus fur ce mode, que le petit-lait ou le lait caillé peut, après avoir fervi à cet ufage, être propre comme auparavant, & même mieux qu'auparavant, à la nourriture des cochons.

Je ne parlerai pas de la confervation des Viandes dans l'alcool, quelle que foit fa certitude, parce que l'alcool eft trop cher pour l'employer à cet objet, & que, quoi qu'on en ait dit, les Viandes qui ont féjourné dans l'alcool perdent une partie de leurs principes nutritifs, & prennent un goût défagréable.

Pour retarder l'altération de la Viande, on fe contente généralement en France de la fufpendre, ou dans un endroit frais & obfcur, comme l'entrée d'une glacière, d'une cave, ou dans un lieu fec & aéré, comme une chambre dont la fenêtre eft garnie d'un canevas, ou dans laquelle fe trouve une cage garnie en canevas. Ce canevas eft deftiné à empêcher que les mouches puiffent venir dépofer leurs œufs fur la viande, attendu que de ces œufs naiffent des larves qui vivent de la fanie de la Viande corrompue, & accélèrent fa corruption.

Toute Viande fraîche qui eft renfermée dans un lieu où l'air ne fe renouvelle pas, prend un goût défagréable, qu'il n'eft plus poffible de faire difparoître: c'eft ce que ne favent pas affez nos ménagères. Il ne faut donc jamais l'enfermer dans des boîtes, des tiroirs, l'envelopper de papier, de linges épais & à plufieurs doubles.

L'action de l'air étant indifpenfable à la réaction des principes de la Viande fur elle-même, la mettre dans un lieu privé d'air eft un moyen de la conferver; cependant comme c'eft pour la manger qu'on la conferve prefque toujours, & que, dans ce cas, elle perd toute fa bonté, on ne fait jamais ufage de ce moyen.

Cependant, c'eft d'après ce principe que M. Darcet a trouvé celui d'opérer fa defficcation en tous pays & en toutes faifons. Honneurs lui foient rendus

pour

pour cette découverte, qui peut avoir des réfultats de première importance pour les nations commerçantes. Elle confifte à faire tremper la Viande, coupée en lanières de deux ou trois pouces d'épaiffeur, dans une diffolution chaude de gélatine, & à la fufpendre à un courant d'air frais, comme dans une galerie, au milieu d'un grenier ou dans une étuve. La couche de gélatine fe condenfe par le refroidiffement, fe deffèche rapidement & empêche la décompofition de la Viande, qui ellemême fe deffèche à travers la gélatine. Dès qu'on s'apperçoit que les morceaux fe font affez racornis pour faire craindre une feule fente dans la couche de gélatine, on les plonge de nouveau dans une diffolution de cette fubftance. Il faut quelquefois un mois pour opérer la defficcation complète de la Viande à l'air libre, mais en deux jours elle peut être complétée dans une étuve. Nul autre mode de confervation ne peut être comparé à célui-ci pour la certitude du fuccès & la bonté des réfultats, ainfi que j'ai été à portée d'en juger.

La gélatine étant devenue à très-bon marché depuis que le même M. Darcet a trouvé le moyen de la retirer en grand des os de bœuf & de mouton, il devroit y avoir dans toutes les maifons rurales ifolées où on fait une confommation journalière de Viande, une chaudière où il s'en trouve en diffolution, pour l'y tremper auffitôt qu'elle a été apportée de la boucherie, & de fuite la fufpendre.

Il y a déjà long-temps qu'on fait que la Viande enterrée dans la TERRE VÉGÉTALE, dans du CHARBON réduit en poudre, fe conferve plus longtemps qu'autre part; mais ce n'eft que depuis quelques années qu'on connoît la théorie de ce fait. Envelopper de la Viande fraîche, qu'on ne doit manger que dans deux ou trois jours, & dont on craint l'altération, dans un linge très-clair, & la placer dans une de ces fituations, eft donc un moyen que les cultivateurs devroient employer plus fouvent pour s'éviter les pertes auxquelles leur fituation ifolée, qui néceffite de plus fortes provifions, les expofe fouvent. Le TERREAU de couche eft préférable lorfqu'il a perdu tout goût de fumier, c'eftà-dire, qu'il a deux ans de fabrication, parce qu'il contient plus de carbone. Il en eft de même de la TOURBE. Voyez ces mots.

La Viande cuite fe confervant plus long-temps que celle qui eft crue, on fe met en pofition de garder quelques jours de plus celle qu'on ne peut confommer de fuite, en la faifant cuire à moitié & en la dépofant dans un lieu fec & aéré. J'ai vu prolonger de quinze jours la confervation de gigots de mouton, en les mettant ainfi deux ou trois fois devant le feu.

Les jours d'orage font les plus défavorables à la confervation de la Viande; après eux ce font ceux qui font humides & chauds.

Lorfque la Viande eft arrivée à un degré d'altération telle qu'elle ne peut plus être employée à *Agriculture.* Tome VI.

la nourriture de l'homme, on peut encore s'en fervir pour celle des chiens, des chats, des cochons & des volailles. On peut auffi l'employer dans une VERMINIÈRE. Voyez ce mot.

C'eft le plus excellent des engrais que la Viande pourrie : de forte qu'elle peut être utilifée fous ce rapport, foit en l'enterrant au pied des arbres fruitiers qui font languiffans, foit en l'enterrant dans le fumier pour en augmenter la fertilité. Voyez ENGRAIS & CHAROGNE.

Lorfque la Viande a éprouvé un commencement d'altération, il eft poffible de lui enlever fon mauvais goût en la faifant bouillir avec du charbon concaffé, & en jetant l'eau dans laquelle elle aura bouilli; alors elle devient mangeable, mais ne reprend jamais fa bonté première. (*Bosc.*)

VIBORGIE. *WIBORGIA.*

Genre de plantes de la diadelphie décandrie & de la famille des *Légumineufes*, qui raffemble trois efpèces, dont aucune n'eft cultivée dans nos écoles de botanique.

Ce même nom avoit été donné à un autre genre ici appelé VIGOLINE. Voyez ce mot.

Efpèces.

1. La VIBORGIE à feuilles en cœur. *Wiborgia cordata.* Thunb. ♄ Du Cap de Bonne-Efpérance.

2. La VIBORGIE brune. *Wiborgia fufca.* Thunb. ♄ Du Cap de Bonne-Efpérance.

3. La VIBORGIE foyeufe. *Wiborgia fericea.* Thunb. ♄ Du Cap de Bonne-Efpérance. (*Bosc.*)

VIDANGE : nom des EXCRÉMENS de l'homme réunis dans les LATRINES. Voyez ces mots & celui AMENDEMENT.

Comme la Vidange eft le plus excellent de tous les ENGRAIS, à raifon de la furabondance de CARBONE qu'il contient, les cultivateurs de toute la France, à l'imitation de ceux des environs de Lille, des environs de Grenoble, &c., ne devroient pas en perdre la plus petite partie.

A Paris on fait deffécher les excrémens, & on les vend fous le nom de POUDRETTE. Voyez ce mot. (*Bosc.*)

VIEUSSEUXIE. *VIEUSSEUXIA.*

Genre de plantes de la monadelphie triandrie & de la famille des *Iridées*, établi aux dépens des iris, & renfermant fept efpèces, dont deux fe cultivent dans nos écoles de botanique. Comme la culture de ces deux efpèces a été indiquée au mot IRIS, je n'en dirai rien ici. (*Bosc.*)

VIGNE. *VITIS.*

Genre de plantes de la pentandrie monogynie & de la famille de fon nom, qui contient une vingtaine d'efpèces, dont une eft l'objet d'une très-importante culture pour la France. Il en fera fort longuement queftion dans le *Diĉtionnaire des Arbres & Arbuftes.* (Bosc.)

VIGNE BLANCHE : nom vulgaire de la BRYONE.

VIGNE ÉLÉPHANTE. C'eft l'ACHIT.

VIGNE MALGACHE : efpèce de BUDLÈGE.

VIGNE NOIRE SAUVAGE. *Voye*ʒ au mot TA-MIER.

VIGNE DU NORD. On a donné ce nom au HOU-BLON.

VIGNE DE SALOMON : nom vulgaire de la CLÉMATITE.

VIGNE VIERGE. Tantôt ç'eft la VIGNE de ce nom, tantôt la MORELLE DOUCE-AMÈRE.

VIGNETTE. On appelle quelquefois ainfi la SPIRÉE ULMAIRE & la CLÉMATITE.

VIGNEUX : variété barbue de froment qui fe cultive aux environs de Nantes. La farine que fournit fa graine eft préférée pour la pâtifferie, comme donnant une pâte plus liante. (Bosc.)

VIGNOBLE : lieu plus ou moins étendu, planté en VIGNE. *Voye*ʒ ce mot dans le *Diĉtionnaire des Arbres & Arbuftes.*

La plupart des Vignobles font fur des coteaux expofés au midi ou au levant, & dans des terres peu propres à d'autres cultures que celle de la Vigne ; cependant il y en a beaucoup en plaine dans le midi, & quelques-unes à l'oueft & même au nord, dans les parties feptentrionales de la France.

On dit généralement, & avec fondement, que les Vignobles doivent être dans un terrain fec, léger & peu fertile, quoique quelques-uns des plus eftimés fe trouvent dans les circonftances oppofées.

Les Vignobles font extrêmement nombreux en France ; ils peuvent être rangés en trois claffes : ceux du midi, dont le vin eft fort chargé d'alcool ; ceux du centre, qui fe font remarquer par l'agréable odeur (bouquet) du vin qu'ils fourniffent, & ceux du nord, très-chargés de tartre, & par-là plus propres à être long-temps gardés.

J'entrerai dans des détails fort étendus fur les différentes fortes de Vignobles, à l'article précité ; ainfi je fuis difpenfé d'alonger davantage celui-ci. (Bosc.)

VIGOLINE. *VIGOLINA.*

Plante annuelle du Pérou, fort voifine du SPI-LANTE ; qui feule conftitue un genre dans la fyngénéfie égale & de la famille des *Corymbifères.*

On dit cette plante cultivée en Europe, mais ce n'eft pas dans les jardins de Paris. Je ne connois pas le mode de fa culture.

VILLARSIE. *VILLARSIA.*

Genre de plantes de la pentandrie digynie & de la famille des *Gentianées,* dans lequel on trouve quatre efpèces, dont une eft indigène, & une autre cultivée dans les jardins de botanique. Il eft figuré pl. 9 du *Choix des plantes* de VENTÉNAT.

Obfervations.

Les efpèces de ce genre faifoient partie du genre MENYANTHE ; mais Walter ayant remarqué que les caraĉtères de l'une d'elles en autorifoient la féparation, il en a formé un nouveau, ce que j'ai confirmé en figurant cette efpèce dans le n°. 16 du *Bulletin de la Société philomatique.*

Efpèces.

1. La VILLARSIE nymphoïde. *Villarfia nymphoides.* Vent. ♃ Indigène.

2. La VILLARSIE à feuilles ovales. *Villarfia ovata.* Vent. ♃ Des Indes.

3. La VILLARSIE indienne. *Villarfia indica.* Vent. ♃ Des Indes.

4. La VILLARSIE lacuneufe. *Villarfia lacunofa.* Bofc. ♃ De la Caroline.

Culture.

La première efpèce croît dans les étangs, dans les rivières dont le cours eft lent & le fond vafeux. On la voit communément dans la Seine ; fes feuilles & fes fleurs flottent fur l'eau. Elle eft propre, par fes agrémens, à être employée à l'ornement des eaux des jardins payfagers ; feulement il ne faut pas trop l'y multiplier. C'eft par le tranfport de pieds arrachés dans les étangs ou les rivières qu'on l'introduit foit dans ces jardins, foit dans ceux de botanique. Une fois plantée, elle ne demande plus aucun foin. On pourroit auffi la multiplier par le moyen de fes graines qui font abondantes, mais alors il faudroit les femer le jour même de leur récolte, parce qu'elles s'altèrent par la defficcation.

La feconde efpèce a été cultivée chez Cels. Il la tenoit dans un pot dont le fond trempoit dans une terrine à moitié remplie d'eau, & la rentroit dans l'orangerie aux approches des froids.

J'avois rapporté beaucoup de graines de la quatrième, mais par le motif indiqué plus haut, elles n'ont pas levé. (Bosc.)

VILLDENOWE. *WILLDENOWIA.*

Genre de plantes de la dioecie triandrie & de la famille des *Jones,* qui contient trois efpèces, dont aucune n'eft cultivée dans nos jardins. Il eft extrêmement voifin des RESTIO. *Voye*ʒ ce mot.

Espèces.

1. La VILLDENOWE ſtriée.
Willdenowia ſtriata. Thunb. ♃ Du Cap de
Bonne-Eſpérance.
2. La VILLDENOWE cylindrique.
Willdenowia teres. Thunb. ♃ Du Cap de
Bonne-Eſpérance.
3. La VILLDENOWE comprimée.
Willdenowia compreſſa. Thunb. ♃ Du Cap de
Bonne-Eſpérance.
On a auſſi donné ce nom à la SCHLECHTENDA-
LIE. *Voyez* ce mot. (*Bosc.*)

VILLICHE. *WILLICHIA.*

Plante rampante du Mexique, qui ſeule conſti-
tue un genre dans la triandrie monogynie.
Elle ne ſe cultive pas dans les jardins d'Europe.
(*Bosc.*)

VIMINAIRE. *VIMINARIA.*

Genre établi pour placer la PULTENÉE JONC,
qui n'a pas les caractères des autres. Il a auſſi été
appelé DAVIÉSIE.
J'ai indiqué ſa culture au mot PULTENÉE. (*Bosc.*)
VIN : liqueur produite par la fermentation du
jus des grains de RAISIN. *Voyez* ce mot.
L'importance dont eſt le Vin dans le commerce
de la France, devroit rendre cet article d'une très-
grande étendue ; mais comme ſa fabrication eſt
la ſuite de la culture de la VIGNE, je préfère en
développer les principes théoriques & pratiques à
celui qui lui ſera conſacré dans le *Dictionnaire des
Arbres & Arbuſtes*, auquel je renvoie en conſéquence le lecteur. (*Bosc.*)
VINAIGRE : produit de la fermentation acé-
teuſe du VIN.
Tantôt le Vinaigre eſt le réſultat de l'altération
ſpontanée du vin, tantôt il eſt le produit de l'art.
Les vins qui tournent à l'acide, & qu'on appelle
biſaigres, perdant par cela même une partie de
leur valeur comme boiſſon, ſont de préférence
achetés par les fabricans de Vinaigre ; cependant
on en fait fréquemment avec des vins non altérés,
ſurtout avec les BASSIÈRES & les LIES. *Voyez* ces
mots.
Pour transformer du vin en Vinaigre, il ſuffit
de l'expoſer à l'air. On accélère l'opération, lorſqu'on mêle du Vinaigre avec ce vin.
C'eſt dans des tonneaux aux deux tiers pleins,
& dont la bonde eſt beaucoup élargie, placés les
uns ſur les autres, dans une chambre dont on
peut élever la température au moyen d'un poêle,
qu'on fabrique le Vinaigre en grand.
C'eſt dans un baril débondé & aux deux tiers
plein, placé près de la cheminée ou du four, baril dans lequel on verſe une bouteille de vin dès
qu'on en a tiré une bouteille de Vinaigre, qu'on

fabrique le Vinaigre en petit. Cette manière, fort
en uſage autrefois, tombe chaque jour de plus en
plus en déſuétude. En effet il vaut mieux, ſous les
rapports de l'économie, acheter le Vinaigre tout
fait, à raiſon de ce que les fabricans le font,
comme je l'ai déjà annoncé, avec des vins altérés,
& par conſéquent d'un plus bas prix.
Le Vinaigre s'améliore lorſqu'on le garde dans
des vaiſſeaux bien fermés & placés dans un lieu
frais.
Il y a des Vinaigres rouges & des Vinaigres
blancs, ſelon le vin avec lequel ils ont été faits.
Le bon Vinaigre eſt d'une médiocre acidité,
d'un montant agréable, d'une tranſparence parfaite. Il s'y forme ſouvent des flocons, dus à la
matière extractive qu'il contient, flocons qu'on
en doit ſéparer dès qu'on les aperçoit.
On concentre le Vinaigre en l'expoſant pendant l'hiver à la gelée, qui ſe porte ſur ſa partie
aqueuſe, partie dont on le débarraſſe en jetant
les glaçons.
Il eſt aſſez généralement d'uſage de mettre des
plantes aromatiques, principalement des feuilles
d'eſtragon ou des fleurs de ſureau dans le Vinaigre,
mais cela l'affoiblit néceſſairement.
L'emploi du Vinaigre eſt fort étendu dans l'économie domeſtique & dans la médecine vétérinaire.
Une ménagère ſoigneuſe doit toujours en avoir
en grande proviſion. C'eſt en effet l'aſſaiſonnement
principal des ſalades. Il entre comme condiment
dans une infinité de mets. On ne peut en faire trop
d'uſage, principalement pendant les chaleurs. Que
de moiſſonneurs ſeroient conſervés chaque année à la culture, ſi tous buvoient de l'eau acidulée par ſon intermède, ſi on en mettoit dans tous
leurs alimens ! Je ne puis trop ſtimuler les fermiers
à cet égard.
On confit au Vinaigre des CORNICHONS, des
CAPRES, les boutons de CAPUCINE, de GENÊT,
de feuilles de BACCILE, &c., pour les garder plus
long-temps & les faire entrer dans les aſſaiſonne-
mens. *Voyez* ces mots.
Il ſe fabrique avec du Vinaigre & du ſucre un
ſirop qui s'édulcore avec du ſuc de framboiſe,
& qui joint à toutes les propriétés que je viens
d'énumérer, celle d'être extrêmement agréable au
goût.
J'ai indiqué aux articles des maladies des beſtiaux, celles où le Vinaigre doit être employé ;
ainſi je n'en parlerai pas ici.
Outre ſon utilité, pris à l'intérieur ou appliqué
à l'extérieur, le Vinaigre a encore celle d'être
excitant de la membrane pituitaire & autres. En
conſéquence il ranime, en reſpirant ſon odeur,
dans les cas de ſyncope, d'aſphyxie, &c. : on
prétend même que ſon odeur empêche la propagation de la contagion de la peſte ; de-là les fu-
migations de Vinaigre dans les lieux ſuſpects, le
lavage dans le Vinaigre des objets qui ont ſervi
aux peſtiférés, des parties du corps les plus

exposées; de-là le Vinaigre radical & le Vinaigre des quatre-voleurs.

Le Vinaigre radical est un Vinaigre aussi concentré que possible, qui agit par conséquent plus énergiquement que celui du commerce. On l'obtient par la distillation à feu nu de l'acétate de cuivre, ou mieux comme fournissant une liqueur innocente; par la distillation également à feu nu, d'une partie d'acétate de potasse mêlée avec une portion de sulfate de potasse.

Le Vinaigre des quatre-voleurs est un Vinaigre concentré par la gelée, dans lequel on a fait infuser, pendant un mois, des feuilles de la grande & de la petite absinthe, du romarin, de la sauge, de la menthe, de la rue, des fleurs de lavande, de l'ail, de l'acorus, de la canelle, de la muscade, & enfin du camphre.

Ce n'est pas seulement du vin qu'on retire le Vinaigre, mais du POIRÉ, du CIDRE, de la BIÈRE, de l'HYDROMEL, du LAIT, & enfin du BOIS.

Pour obtenir le Vinaigre du bois, on le distille dans de grandes cornues de terre : le résultat se purifie ensuite par une nouvelle distillation. Ce Vinaigre, ou plutôt cet acide acéteux, est moins agréable au goût que celui de vin bien choisi, parce qu'il est trop actif; mais il peut le suppléer avantageusement dans un grand nombre de cas, & surtout dans la médecine vétérinaire & les arts. Il doit être au plus bas prix, & aussi abondant qu'on peut le désirer. C'est le hêtre qui en fournit le plus. (Bosc.)

VINAIGRIER. On appelle ainsi le SUMAC GLABRE dans le Canada. Voyez ce mot.

VINCEROLE. BORYA.

Plante de la Nouvelle-Hollande, dont Labillardière forme un genre dans l'hexandrie monogynie & dans la famille des Joncs.

Elle ne se voit dans aucun jardin en Europe.

Le nom de borie a été donné par Willdenow à un autre genre de la diœcie diandrie & de la famille des Euphorbes, que Michaux avoit réuni aux Adélies, & qui renferme quatre espèces, dont la moitié se cultive en pleine terre dans nos jardins, seront mentionnées dans le Dictionnaire des Arbres & Arbustes. (Bosc.)

VINÉE. Ce mot a deux acceptions dans l'agriculture française.

Dans quelques cantons, c'est un vin fort léger & de peu de garde, formé après son pressurage, avec le marc, sur lequel on verse de l'eau, & qu'on remet dans la cuve pendant quelques jours.

Dans d'autres cantons, c'est le lieu du vendangeoir où sont placées les cuves, & où on laisse le vin après qu'il a été entonné, jusqu'à ce qu'il ait terminé sa fermentation tumultueuse. Voy. VIGNE dans le Dictionnaire des Arbres & Arbustes. (Bosc.)

VINÈRE. La PERVENCHE porte ce nom aux environs de Boulogne.

VINETIER ou ÉPINE-VINETTE. BERBERIS.

Genre de plantes de l'hexandrie monogynie & de la famille de son nom, dans lequel se rangent dix-huit espèces, dont l'une, qui est indigène, est l'objet d'une culture de quelqu'étendue dans nos jardins. Il est figuré pl. 253 des Illustrations des genres de Lamarck.

J'en parlerai en détail dans le Dictionnaire des Arbres & Arbustes. (Bosc.)

VINEUX. On appelle ainsi, dans quelques vignobles, les sarmens non taillés qu'on courbe pour leur faire porter plus de raisins. Voy. COURBURE, ARC, SAUTERELLE & VIGNE. (Bosc.)

VINTERANE. WINTERANIA.

Arbre des parties froides de l'Amérique méridionale, qui seul constitue un genre dans la dodécandrie monogynie & dans la famille des Azédadarachs, qui est figuré pl. 399 des Illustrations des genres de Lamarck.

L'écorce de cet arbre est aromatique, & s'emploie dans les cuisines sous le nom de canelle blanche, qu'il faut distinguer de l'écorce de Winter, qui appartient à un drymis. Elle est l'objet d'un commerce de quelqu'importance, surtout en Angleterre.

Nous cultivons dans nos serres le Vinterane-canelle, mais il y est rare, ne produisant pas de graines, sa multiplication étant difficile par marcottes, & ses boutures ne prenant pas racines. Il lui faut une terre consistante & des arrosemens fréquens quand il pousse. (Bosc.)

VINULE. LOMANDRA.

Genre de plantes de l'hexandrie monogynie & de la famille des Joncs, qui réunit deux espèces qui se cultivent dans nos écoles de botanique.

Espèces.

1. La VINULE à longues feuilles.
Lomandra longifolia Labill. ♃ De la Nouvelle-Hollande.

2. La VINULE à feuilles roides.
Lomandra rigida. Labill. ♃ De la Nouvelle-Hollande.

Culture.

Ces deux plantes veulent la terre de bruyère & l'orangerie pendant l'hiver. On les multiplie par graines & par déchirement des vieux pieds. Ce sont des plantes de nul intérêt sous le rapport de l'aspect, & qui ne sont recherchées que des botanistes. (Bosc.)

VIOLET. On appelle ainsi, dans le département de la Haute-Saône, la maladie des COCHONS, qu'on nomme ailleurs SOIE. Voyez ces mots.

VIOLETTE. *Viola.*

Genre de plantes de la fyngénéfie polygamie & de la famille de fon nom, qui réunit foixante-douze efpèces, dont plufieurs font très-communes dans nos bois & nos champs ; & dont un grand nombre fe cultivent dans nos écoles de botanique. Il eſt figuré pl. 725 des *Illuſtrations des genres* de Lamarck.

Obſervations.

Ventenat a féparé plufieurs efpèces de ce genre pour former celui JONIDION, dont il fera queſtion plus bas, c'eſt-à-dire, à la fuite des véritables Violettes.

Eſpèces.

1. La VIOLETTE découpée.
Viola pinnata. Linn. ♃ Des Alpes.
2. La VIOLETTE à feuilles digitées.
Viola pedata. Linn. ♃ De l'Amérique feptentrionale.
3. La VIOLETTE palmée. -
Viola palmata. Linn. ♃ De l'Amérique feptentrionale.
4. La VIOLETTE velue.
Viola villoſa, Walt. ♃ De l'Amérique feptentrionale.
5. La VIOLETTE des marais.
Viola paluſtris. Linn. ♃ Indigène.
6. La VIOLETTE à feuilles en cœur.
Viola cordata. Walt. ♃ De l'Amérique feptentrionale.
7. La VIOLETTE oblique.
Viola obliqua. Ait. ♃ De l'Amérique feptentrionale.
8. La VIOLETTE à feuilles concaves.
Viola cucullata. Ait. ♃ De l'Amérique feptentrionale.
9. La VIOLETTE à feuilles rondes.
Viola rotundifolia. Mich. ♃ De l'Amérique feptentrionale.
10. La VIOLETTE hériſſée.
Viola hirta. Linn. ♃ Indigène.
11. La VIOLETTE à petites feuilles.
Viola microphyllos. Poir. ♃ Du détroit de Magellan.
12. La VIOLETTE à feuilles de lierre.
Viola hederacea. Labill. ♃ De la Nouvelle-Hollande.
13. La VIOLETTE fagittée.
Viola fagittata. Ait. ♃ De l'Amérique feptentrionale.
14. La VIOLETTE des Philippines.
Viola philippica. Cavan. ♃ Des Philippines.
15. La VIOLETTE des Alpes.
Viola alpina. Linn. ♃ Des Alpes.
16. La VIOLETTE à feuilles de primevère.
Viola primulifolia. Linn. ♃ De la Sibérie.

17. La VIOLETTE à feuilles lancéolées.
Viola lanceolata. Linn. ♃ De l'Amérique feptentrionale.
18. La VIOLETTE pygmée.
Viola pygmæa. Juſſ. ♃ Du Pérou.
19. La VIOLETTE des Pyrénées.
Viola pyrenaica. Ram. ♃ Des Pyrénées.
20. La VIOLETTE odorante.
Viola odorata. Linn. ♃ Indigène.
21. La VIOLETTE fororienne.
Viola fororia, Willd. ♃ De l'Amérique feptentrionale.
22. La VIOLETTE à une fleur.
Viola uniflora. Linn. ♃ De la Sibérie.
23. La VIOLETTE de Magellan.
Viola magellanica. Forſt. ♃ Du détroit de Magellan.
24. La VIOLETTE à deux fleurs.
Viola biflora. Linn. ♃ Des Alpes.
25. La VIOLETTE nummulaire.
Viola nummularifolia, Allion. ♃ Des Alpes.
26. La VIOLETTE des fables.
Viola arenaria, Decand. ♃ Des Alpes.
27. La VIOLETTE du Mont-Cenis.
Viola cenifia. Linn. ♃ Des Alpes.
28. La VIOLETTE de Penſylvanie.
Viola penſylvanica. Mich. ♃ De l'Amérique feptentrionale.
29. La VIOLETTE apétalée.
Viola mirabilis. Linn. ♃ Des Alpes.
30. La VIOLETTE du Canada.
Viola canadenſis. Linn. ♃ De l'Amérique feptentrionale.
31. La VIOLETTE en fer de lance.
Viola lancea. Thor. ♃ Du midi de la France.
32. La VIOLETTE haſtée.
Viola haſtata. Mich. ♃ De l'Amérique feptentrionale.
33. La VIOLETTE à feuilles de pyrole.
Viola pyrolæfolia. Poir. ♃ De l'Amérique méridionale.
34. La VIOLETTE de chien.
Viola canina. Linn. ♃ Indigène.
35. La VIOLETTE ſtriée.
Viola ſtriata. Ait. ♃ De l'Amérique feptentrionale.
36. La VIOLETTE pubefcente.
Viola pubeſcens. Ait. ♃ De l'Amérique feptentrionale.
37. La VIOLETTE à tige foible.
Viola debilis. Mich. ♃ De l'Amérique feptentrionale.
38. La VIOLETTE rougeâtre.
Viola rubella, Cavan. ♃ De l'Amérique feptentrionale.
39. La VIOLETTE ſtipulaire.
Viola ſtipularis, Cavan. ♃ De l'Amérique feptentrionale.

40. La VIOLETTE à feuilles de perficaire. *Viola perficariæfolia.* Swartz. ♃ De l'Amérique méridionale.

41. La VIOLETTE des Vaudois. *Viola valderia.* Allion. ♃ Des Alpes.

42. La VIOLETTE des montagnes. *Viola montana.* Willd. ♃ Des Alpes.

43. La VIOLETTE couché. *Viola decumbens.* Linn. ♃ Du Cap de Bonne-Efpérance.

44. La VIOLETTE arbufte. *Viola arborefcens.* Linn. ♄ Du midi de l'Europe.

45. La VIOLETTE à feuilles de giroflée. *Viola cheiranthifolia.* Bonpl. ♃ Du pic de Ténériffe.

46. La VIOLETTE-penfée. *Viola tricolor.* Linn. ⊙ Indigène.

47. La VIOLETTE de Rouen. *Viola rothomagenfis.* Decand. ♃ Indigène.

48. La VIOLETTE jaune. *Viola lutea.* Hud. ♃ Des Alpes.

49. La VIOLETTE à longs éperons. *Viola calcarata.* Linn. ♃ Des Alpes.

50. La VIOLETTE cornue. *Viola cornuta.* Linn. ♃ Des Alpes.

51. La VIOLETTE de Ruppius. *Viola Ruppii.* Allion. ♃ Des Alpes.

52. La VIOLETTE à deux étamines. *Viola diandra.* Linn. De.....

53. La VIOLETTE à fleurs vertes. *Viola concolor.* Forft. ♃ De l'Amérique feptentrionale.

54. La VIOLETTE à longs pédoncules. *Viola elongata.* Poir. De.....

55. La VIOLETTE fluette. *Viola tenella.* Poir. De la Syrie.

Jonidions.

56. La VIOLETTE en fabot. *Viola calceolaria.* Linn. ♃ De l'Amérique méridionale.

57. La VIOLETTE émétique. *Viola ipecacuanha.* Linn. ♄ De l'Amérique méridionale.

58. La VIOLETTE à feuilles de buis. *Viola buxifolia.* Vent. ♃ De Madagafcar.

59. La VIOLETTE du Cap. *Viola capenfis.* Thunb. ♄ Du Cap de Bonne-Efpérance.

60. La VIOLETTE hétérophylle. *Viola heterophylla.* Vent. De la Chine.

61. La VIOLETTE à neuf femences. *Viola enneafperma.* Linn. Des Indes.

62. La VIOLETTE à petites fleurs. *Viola parviflora.* Linn. ♃ De l'Amérique méridionale.

63. La VIOLETTE à feuilles de lin. *Viola linifolia.* Juff. De Madagafcar.

64. La VIOLETTE à tige ligneufe. *Viola fuffruticofa.* Linn. ♄ Des Indes.

65. La VIOLETTE glutineufe. *Viola glutinofa.* Vent. De l'Amérique méridionale.

66. La VIOLETTE à feuilles de polygala. *Viola polygalæfolia.* Vent. ♃ De l'Amérique méridionale.

67. La VIOLETTE à feuilles linéaires. *Viola lineariæfolia.* Poir. De.....

68. La VIOLETTE roide. *Viola ftricta.* Vent. De Saint-Domingue.

69. La VIOLETTE grimpante. *Viola hybanthus.* Linn. ♄ De l'Amérique méridionale.

70. La VIOLETTE à longues feuilles. *Viola longifolia.* Poir. ♄ De l'Amérique méridionale.

71. La VIOLETTE à feuilles de théfium. *Viola thefiifolia.* Juff. Du Sénégal.

72. La VIOLETTE fubéreufe. *Viola fuberofa.* Dum.-Courf. ♄ De.....

Culture.

Nous cultivons dans nos jardins les efpèces n°s. 1, 2, 3, 5, 7, 8, 10, 13, 15, 16, 17, 20, 21, 22, 24, 28, 29, 30, 32, 34, 35, 36, 41, 42, 44, 46, 47, 48, 49, 50, 53, 66 & 72. Excepté celles des n°s 44, 66 & 72, toutes fe contentent de pleine terre & de toutes les expofitions, quoique généralement elles préfèrent une demi-ombre à un foleil vif. On les multiplie & de graines, dont la plupart donnent affez fouvent, & par déchirement des vieux pieds.

Les trois efpèces exceptées exigent une bonne terre, l'orangerie en hiver, & de la chaleur en été. On les multiplie de boutures.

Parmi celles de pleine terre, il en eft deux dont la culture eft générale dans les jardins; c'eft la Violette odorante & la Violette-penfée.

La première, fi recherchée par la précocité & la bonne odeur de fes fleurs, offre beaucoup de variétés de couleur, de grandeur, de doublement & d'époques de floraifon; ainfi, il y a la blanche, la bleuâtre, la panachée, celle à plus grandes & à plus petites fleurs, celle très-double violette, très-double blanche, très-double bleu-clair, appelée *Violette de Parme*; celle à floraifon très-précoce, celle toujours en fleur, &c. On ne peut trop multiplier ces variétés dans toutes les efpèces de jardins, foit en bordures, foit en touffes, foit difperfées dans les gazons, autour des rochers, des fabriques, &c.

Comme elle pouffe des COULANS (*voyez* ce mot) après fa floraifon, elle fe propage avec la plus grande rapidité; auffi, dans les parterres, eft-on obligé de la reftreindre tous les hivers. La très-double a joui autrefois d'une grande faveur; mais comme elle donne peu de fleurs, on la recherche moins aujourd'hui ; on préfère la femi-double bleu-clair, c'eſt-à-dire, la *Violette de Parme*. Celle qui, après elle, ſe cultive le plus dans les environs de Paris, eſt celle toujours en fleur, parce qu'elle fournit plus de fleurs au printemps qu'aucune autre, & en offre quelques-unes pendant toute l'année, même ſous la neige. Les blanches ayant peu d'odeur, doivent être moins multipliées ; cependant il eſt bon d'en avoir quelques pieds pour faire contraſte.

Toutes les variétés, lorſqu'on gêne leur tendance à s'étendre par le moyen de leurs coulans, épuiſent promptement la terre où elles ſe trouvent ; ainſi il faut, tous les trois ou quatre ans, les relever pour les replanter ailleurs, ou pour leur donner de la nouvelle terre : c'eſt faute de connoître cette néceſſité, qu'on eſt ſurpris de voir périr les bordures & les touffes des parterres ſans cauſes apparentes.

Une terre trop fumée ou trop humide eſt nuiſible aux Violettes, en ce qu'elle diminue & leur odeur & le nombre de leurs fleurs.

On emploie beaucoup les fleurs de la Violette en médecine & dans la parfumerie ; auſſi la cultive-t-on pour ce ſeul objet aux environs de Paris.

Dans la ci-devant Provence on fait fréquemment entrer les fleurs de Violette dans la compoſition des gâteaux, & en conſéquence on cultive en grand, pour la vente, les variétés doubles, bleue & purpurine, aux environs d'Hyères.

La Violette-penſée n'a point d'odeur, mais le contraſte & l'éclat de ſes couleurs la font rechercher pour l'ornement des parterres. On en cultive pluſieurs variétés bien ſupérieures au type de l'eſpèce ; la plus belle eſt celle à grandes fleurs, dite *petite romaine*, & enſuite celle panachée ; comme elle eſt annuelle, il faut la ſemer tous les ans, ou mieux réſerver les pieds qui lèvent naturellement à la ſuite de la diſſémination ſpontanée de ſes graines, car elle perd à être repiquée. Quelques jardiniers, pour en avoir de plus précoces, en ſèment la graine en automne, dans des pots qu'ils placent au premier printemps ſur une couche nue. Ce ſont les pieds ainſi produits qui donnent les plus belles fleurs ; la petite romaine ſe traite preſque toujours ainſi.

Cette variété a beſoin d'une bonne terre pour acquérir toute l'amplitude dont elle eſt ſuſceptible, & de la préſence du ſoleil pour développer tout le brillant de ſes couleurs. En l'empêchant de porter graines, on peut prolonger ſa durée juſqu'à la fin de la ſeconde année ; mais ſes fleurs, cette ſeconde année, ſont bien moins belles : en conſéquence on cherche rarement à la conſerver.

La Violette de Rouen, qui eſt vivace, quoique moins belle que les plus chétives variétés cultivées de penſée, peut lui être ſubſtituée dans beaucoup de cas. J'en ai fait des bordures d'un très-bel effet.

Les beſtiaux mangent les feuilles des Violettes ſans les rechercher. (*Bosc.*)

VIOLETTE GIROFLÉE. *Voyez* GIROFLÉE.

VIOLETTE MARINE. C'eſt la CAMPANULE A GROSSES FLEURS.

VIOLETTE DES SORCIERS. On donne ce nom à la PERVENCHE PETITE.

VIOLIER BLANC. *Voyez* GIROFLÉE BLANCHE.

VIOLIER D'HIVER : nom vulgaire de la GALANTHINE. *Voyez* ce mot.

VIORNE. *Viburnum.*

Genre de plantes de la pentandrie trigynie & de la famille des *Chevre-feuilles*, dans lequel ſe rangent vingt arbuſtes tous ſuſceptibles d'être cultivés en pleine terre dans nos climats, & dont deux ſont très-multipliés dans nos bois. Il eſt figuré pl. 211 des *Illuſtrations des genres* de Lamarck. J'en parlerai dans le *Dictionnaire des Arbres & Arbuſtes*. (*Bosc.*)

VIORNE DES PAUVRES. C'eſt la CLÉMATITE.

VIOULTE. *Erythronium.*

Genre de plantes de l'hexandrie monogynie & de la famille des *Liliacées*, qui contient trois eſpèces, dont deux ſe cultivent dans nos écoles de botanique. Il eſt figuré pl. 244 des *Illuſtrations des genres* de Lamarck.

Eſpèces.

1. La VIOULTE à feuilles ovales. *Erythronium dens canis*, Linn. ♃ Des Alpes.

2. La VIOULTE à longues feuilles. *Erythronium longifolium*. Mill. ♃ Des Alpes.

3. La VIOULTE d'Amérique. *Erythronium americanum*. Curt. ♃ De l'Amérique ſeptentrionale.

Culture.

La première & la dernière ſont celles que nous cultivons ; ce ſont des plantes d'une agréable aſpect quand elles ſont en fleur, & elles y entrent dès le commencement du printemps. On doit en conſéquence les multiplier autour des fabriques & des rochers dans les jardins payſagers ; elles demandent une terre un peu fraîche & une expoſition abritée. Leur multiplication a lieu par la ſéparation de leurs caïeux à la fin de l'été, époque où elle a perdu ſes feuilles, & par leur tranſplantation immédiate. Aucun froid ne leur eſt nuiſible. (*Bosc.*)

VIPÈRE. *Vipera.*

Genre de reptile de la claſſe des ſerpens, dont il

y a trois espèces en France qui devroient être connues des cultivateurs, à raison des dangers qu'il y a à se laisser mordre par elles. *Voyez* le *Dictionnaire des Reptiles.*

Ce n'est que lorsqu'elle y est forcée par l'instinct de sa défense, que la Vipère mord l'homme ; mais comme elle ne juge pas l'intention, elle mord également la jambe de celui qui marche dessus sa queue sans le savoir, & le bras de celui qui veut la saisir par la tête pour la tuer.

Les suites de la morsure de la Vipère sont l'enflure de la partie, ensuite de tout le membre, de tout le corps ; des douleurs atroces dans les articulations, la sphacellation de la plaie & des parties voisines, & quelquefois la gangrène & la mort.

La morsure des Vipères est plus dangereuse pendant les chaleurs, & dans les pays chauds, sur les sujets très-jeunes ou très-vieux ; celle d'une Vipère qui n'a pas mordu depuis plusieurs jours menace plus la vie que celle d'une Vipère qui a mordu le matin.

J'ai quelques motifs de croire que la morsure des Vipères fait plus souvent périr en occasionnant l'enflure de la gorge, c'est-à-dire par asphyxie, que par l'effet même du venin, & je me fonde sur ce que celles aux extrémités sont plus rarement suivies de la mort que celles au tronc.

Les moyens les plus certains de diminuer les résultats de la morsure des Vipères, sont de brûler la plaie immédiatement après, soit avec un fer rouge, soit avec la pierre à cautère, la pierre infernale & autres caustiques actifs, de la bassiner avec de l'AMMONIAQUE affoibli, avec des décoctions sudorifiques ; & lorsque la sphacellation s'en est emparée, de la bassiner avec de la teinture de quinquina, de camphre & autres antiseptiques ; de faire prendre à l'intérieur les mêmes remèdes, & de continuer jusqu'à diminution de l'enflure.

La chair des Vipères est fréquemment employée en médecine, ce qui les rend l'objet d'un petit commerce pour quelques cantons de la France. Malgré cela, les cultivateurs doivent tuer toutes celles qui leur tombent sous la main. (*Bosc.*)

VIPÉRINE. *Echium.*

Genre de plantes de la pentandrie monogynie & de la famille des *Borraginées*, dans lequel se placent quarante-quatre espèces, dont une est très-commune dans nos campagnes, & vingt-une se cultivent dans nos écoles de botanique. Il est figuré pl. 94 des *Illustrations des genres* de Lamarck.

Espèces.

1. La VIPÉRINE ligneuse.
Echium fruticosum. Linn. ♄ Du Cap de Bonne-Espérance.

2. La VIPÉRINE géante.
Echium giganteum. Linn. ♄ De l'île de Ténériffe.

3. La VIPÉRINE blanchâtre.
Echium candidum. Linn. ♄ De l'île de Madère.

4. La VIPÉRINE douce.
Echium molle. Poir. ♄ Des Canaries.

5. La VIPÉRINE à long tube.
Echium tubiferum. Vent. ♄ Du Cap de Bonne-Espérance.

6. La VIPÉRINE à tige droite.
Echium strictum. Linn. ♄ De l'île de Ténériffe.

7. La VIPÉRINE féroce.
Echium ferox. Andr. ♄ Du Cap de Bonne-Espérance.

8. La VIPÉRINE aiguillonnée.
Echium aculeatum. Poir. ♄ Des Canaries.

9. La VIPÉRINE à feuilles glabres.
Echium glabrum. Vahl. ♄ Du Cap de Bonne-Espérance.

10. La VIPÉRINE à feuilles de romarin.
Echium rosmarinifolium. Vahl. ♄ Du Cap de Bonne-Espérance.

11. La VIPÉRINE argentée.
Echium argenteum. Linn. ♄ Du Cap de Bonne-Espérance.

12. La VIPÉRINE soyeuse.
Echium sericeum. Vahl. ♄ De l'Egypte.

13. La VIPÉRINE à poils rudes.
Echium setosum. Vahl. ♄ De l'Egypte.

14. La VIPÉRINE en tête.
Echium capitatum. Linn. ♄ Du Cap de Bonne-Espérance.

15. La VIPÉRINE à feuilles glauques.
Echium glaucophyllum. Jacq. ♄ Du Cap de Bonne-Espérance.

16. La VIPÉRINE à feuilles ovales.
Echium ovatum. Poir. ♄ De l'Allemagne.

17. La VIPÉRINE commune.
Echium vulgare. Linn. ♂ Indigène.

18. La VIPÉRINE rouge.
Echium rubrum. Jacq. ☉ De l'Allemagne.

19. La VIPÉRINE à tige basse.
Echium humile. Desf. De la Barbarie.

20. La VIPÉRINE âpre.
Echium asperrimum. Lam. ♂ Du midi de la France.

21. La VIPÉRINE alongée.
Echium elongatum. Lam. De.....

22. La VIPÉRINE à fleurs jaunes.
Echium flavum. Desf. ♂ De la Barbarie.

23. La VIPÉRINE agglomérée.
Echium glomeratum. Poir. Du Levant.

24. La VIPÉRINE en thyrse.
Echium thyrsoideum. Juss. De.....

25. La VIPÉRINE à gros épis.
Echium spicatum. Linn. Du Cap de Bonne-Espérance.

26. La VIPÉRINE de Crète.
Echium creticum. Linn. ☉ De l'Orient.

27. La VIPÉRINE à feuilles de plantain.
Echium plantagineum. Linn. ☉ Du midi de l'Europe.

28. La

28. La Vipérine violette.

Echium violaceum. Linn. ☉ Du midi de la France.

29. La Vipérine auftrale.

Echium auftrale. Lam. ☉ Du midi de l'Europe.

30. La Vipérine à grandes fleurs.

Echium grandiflorum. Desf. ☉ De laBarbarie.

31. La Vipérine d'Orient.

Echium orientale. Linn. ☉ Du Levant.

32. La Vipérine maritime.

Echium maritimum. Willd. ☉ Du midi de l'Europe.

33. La Vipérine de Portugal.

Echium lufitanicum. ♃ Linn. Du midi de l'Europe.

34. La Vipérine à petites fleurs.

Echium parviflorum. Roth. ☉ De.....

35. La Vipérine de Buenos-Ayres.

Echium bonarienfe. Poir. De l'Amérique méridionale.

36. La Vipérine liffe.

Echium lævigatum. Linn. ♄ Du Cap de Bonne-Efpérance.

37. La Vipérine trichotome.

Echium trichotomum. Thunb. ♄ Du Cap de Bonne-Efpérance.

38. La Vipérine hifpide.

Echium hifpidum. Thunb. ♄ Du Cap de Bonne-Efpérance.

39. La Vipérine paniculée.

Echium paniculatum. Thunb. ♄ Du Cap de Bonne-Efpérance.

40. La Vipérine trigone.

Echium trigonum. Thunb. ♄ Du Cap de Bonne-Efpérance.

41. La Vipérine blanche.

Echium incanum. Thunb. ♄ Du Cap de Bonne-Efpérance.

42. La Vipérine caudée.

Echium caudatum. Thunb. ♄ Du Cap de Bonne-Efpérance.

43. La Vipérine de Ruffie.

Echium rufficum. Gmel. De la Ruffie.

44. La Vipérine d'Italie.

Echium pyrenaicum. Linn. ♃ Du midi de la France.

Culture.

Nous cultivons dans nos écoles de botanique les efpèces des nᵒˢ. 1, 2, 3, 5, 6, 7, 11, 14, 15, 17, 20, 26, 27, 28, 29, 30, 31, 33, 34, 36 & 44.

Les efpèces frutefcentes exigent toutes l'orangerie, ainfi qu'une terre confiftante & fertile, qu'on renouvelle en partie tous les ans. On leur donne de fréquens arrofemens en été & de très-rares en hiver. Leur multiplication s'exécute par boutures faites dans des pots fur couche & fous châffis, boutures qui réuffiffent affez ordinairement, & par le femis de leurs graines, dont elles donnent prefque toujours, dans des pots fur

Agriculture. Tome VI.

couche nue. Le plant fe repique au printemps de la feconde année, feul à feul dans d'autres pots, & fe traite comme les vieux pieds.

Les efpèces vivaces peuvent être tenues en plein air, dans une terre fèche & à une expofition chaude ; mais comme elles craignent les fortes gelées, il eft bon d'en conferver quelques pieds en pot, pour pouvoir auffi les rentrer dans l'orangerie.

Les efpèces bifannuelles & annuelles fe fèment en place, ne demandent qu'une terre fèche & légère, & d'autres foins que ceux de propreté.

Toutes les Vipérines font très-remarquables quand elles font en fleur. La commune eft cependant la feule dans le cas d'être introduite dans les jardins payfagers, où elle fe place fur les tertres, au milieu des gazons, dans les parties les plus arides & les plus brûlées par le foleil. Comme elle eft extrêmement commune dans certains cantons, & que les beftiaux n'y touchent les cultivateurs doivent la couper, foit pour augmenter leurs fumiers, foit pour chauffer le four, foit pour fabriquer de la potaffe. Les abeilles trouvent dans fes fleurs une abondante récolte de miel. (*Bosc.*)

Vipérine de Virginie. C'eft l'Aristoloche serpentaire. *Voyez* ce mot.

VIRAGINE. *Schænodon.*

Plante de la Nouvelle-Hollande, qui feule, felon Labillardière, conftitue un genre dans la diœcie triandrie & dans la famille des *Joncs*.

Elle ne fe cultive pas dans nos jardins. (*Bosc.*)

VIRECTE. *Virecta.*

Plante annuelle, originaire de l'Amérique méridionale, qui feule forme un genre dans la pentandrie monogynie & dans la famille des *Rubiacées*. On l'a réunie aux Rondeleties. *Voyez* ce mot.

Cette plante ne fe cultive pas dans les jardins d'Europe. (*Bosc.*)

VIRÉE. *Virea.*

Genre de plantes qui fépare le Liondent écailleux des autres. Il a été queftion de cette efpèce au mot Liondent. (*Bosc.*)

VIRGILIE. *Virgilia.*

Genre de plantes établi par Lamarck, pour placer quelques efpèces de Sophores & de Podalyries qui diffèrent un peu des autres par les caractères de leur fructification. Il eft figuré pl. 326 des *Illuftrations des genres* de ce botanifte.

Efpèces.

1. La VIRGILIE du Cap.
Virgilia capenfis. Lam. ♄ Du Cap de Bonne-Efpérance.

2. La VIRGILIE à fleurs jaunes.
Virgilia aurea. Lam. ♄ De l'Abyffinie.

3. La VIRGILIE à fleurs unilatérales.
Virgilia fecundiflora. Cavan. ♄ De l'Amérique méridionale.

4. La VIRGILIE argentée.
Virgilia argentea. ♄ De la Sibérie.

5. La VIRGILIE géniftoïde.
Virgilia geniftoides. Lam. ♄ Du Cap de Bonne-Efpérance.

Culture.

La feconde, la troifième & la cinquième de ces efpèces fe cultivent dans nos orangeries. Les foins qu'on leur donne ne diffèrent pas de ceux qu'exigent les SOPHORES de cette température. Je renvoie, en conféquence, à leur article.

Un arbre apporté de l'Amérique feptentrionale par Michaux fils, & qui n'a pas encore été décrit, eſt rangé parmi les Virgilies par les pépiniériſtes des environs de Paris. J'en ai fait mention à l'article des ROBINIERS. *Voyez* ce mot.

On a auffi donné ce nom à la GAILLARDIENNE. *Voyez* ce mot dans le *Dictionnaire des Arbres & Arbuſtes.* (*Bosc.*)

VIRGULAIRE. *VIRGULARIA.*

Genre de plantes de la didynamie angiofpermie, qui réunit deux arbriffeaux du Pérou qui ne fe cultivent pas dans nos jardins, & fur lefquels je n'ai par conféquent rien à dire de plus. (*Bosc.*)

VIROLE. *VIROLA.*

Genre établi par Aublet, mais depuis réuni aux MUSCADIERS. *Voyez* ce mot.

VISENIE. *WISENIA.*

Genre de plantes qui a été réuni aux MÉLOCHIES. *Voyez* ce mot.

VISMIE. *VISMIA.*

Genre de plantes établi pour placer les MILLEPERTUIS qui ont une baie pour fruit. *Voy.* ce mot. Ce genre n'a pas été adopté par la plupart des botaniſtes. (*Bosc.*)

VISNAGE ; nom fpécifique d'un AMMI. *Voyez* ce mot.

V. THERINGE. *WITHERINGIA.*

Plante vivace de l'Amérique méridionale, qui

feule conſtitue un genre dans la tétrandrie monogynie & dans la famille des *Solanées,* figuré pl. 82 des *Illuſtrations des genres* de Lamarck.

Cette plante fe cultive dans nos jardins ; elle demande une terre confiſtante & la ferre chaude. On la multiplie de boutures faites fur couche & fous châffis. (*Bosc.*)

VITEL. Lamarck a ainfi appelé le GATILIER.

VITMANNE. *VITMANNIA.*

Arbre des Indes fort voifin des NIOTTES, & qui, felon Vahl, forme un genre particulier dans l'octandrie monogynie.

Il ne fe cultive pas dans nos jardins.

Ce même nom a été auffi donné aux genres CALIMÈNE & OXYBAPHE, depuis réunis. *Voyez* ce dernier mot. (*Bosc.*)

VITRÉ. On défigne par ce nom, dans le département du Calvados, les céréales dont les grains font en partie avortés, & dont beaucoup de bâles font en conféquence à demi tranfparentes. *Voyez* FÉCONDATION, COULURE, RETRAIT, SEIGLE & FROMENT. (*Bosc.*)

VITRIOL. On appeloit ainfi, dans le langage de l'ancienne chimie, & l'acide fulfurique, & les fels qu'il forme avec différentes bafes, principalement avec le fer & le cuivre.

Les arts & la médecine vétérinaire font un fréquent ufage des Vitriols. Celui de fer eſt la bafe de l'ENCRE à écrire ; celui de cuivre eſt un CAUSTIQUE. (*Bosc.*)

VITSÈNE. *VITSENIA.*

Deux plantes vivaces portent ce nom ; elles donnent lieu à la formation d'un genre dans la triandrie monogynie & dans la famille des *Iridées,* genre qui fe rapproche beaucoup des IXIES, des MORÉES, des ANTHOLIZES, des GALAXIES, & qui eſt figuré pl. 30 des *Illuſtrations des genres* de Lamarck.

Efpèces.

1. La VITSÈNE maure.
Vitfenia maura. Willd. ♃ Du Cap de Bonne-Efpérance.

2. La VITSÈNE en corymbe.
Vitfenia corymbofa. Curt. ♃ Du Cap de Bonne-Efpérance.

Culture.

La culture de ces deux efpèces ne diffère pas de celle des ixies du Cap de Bonne-Efpérance. L'*ixie diſtique,* mentionnée à leur article, eſt la même plante que la *Vitsène marine.* (*Bosc.*)

VITTARIE. *WITTARIA.*

Genre de plantes de la famille des *Fougères*, établi aux dépens des PTÉRIDES de Linnæus. (*Voyez* ce mot.) Il renferme huit espèces, dont aucune n'est cultivée dans nos jardins.

Espèces.

1. La VITTARIE linéaire.
Wittaria lineata. Swartz. ♃ De la Jamaïque.
2. La VITTARIE à feuilles d'isoète.
Wittaria isœtifolia. Bory St.-Vinc. ♃ De l'Ile-Bourbon. :
3. La VITTARIE filiforme.
Wittaria filiformis. Swartz. ♃ Du Pérou.
4. La VITTARIE alongée.
Wittaria elongata. Swartz. ♃ Des Indes.
5. La VITTARIE à feuilles de zostère.
Wittaria zosteræfolia. Willd. ♃ De l'Ile-Bourbon.
6. La VITTARIE en sabre.
Wittaria ensiformis. Swartz. ♃ De l'Ile-de-France.
7. La VITTARIE à feuilles de plantain.
Wittaria plantaginea. Bory St.-Vincent. ♃ De l'Ile-Bourbon.
8. La VITTARIE à feuilles lancéolées.
Wittaria lanceolata. Swartz. ♃ De la Jamaïque.
(*Bosc.*)

VIVACE. Une plante vivace est celle qui subsiste plus de deux ans. *Voyez* PLANTE.

Il est des plantes qui sont vivaces dans les pays chauds, & qui deviennent annuelles dans nos jardins, parce qu'elles ne peuvent résister aux gelées de nos hivers. *Voyez* ANNUEL.

C'est ce qui a déterminé Decandolle à substituer à cette dénomination celle de polycarpique (portant du fruit plusieurs fois), quoiqu'elle ne soit pas plus rigoureusement exacte.

On distingue deux ordres de plantes vivaces ; savoir, celles qui perdent leurs tiges tous les hivers, & celles qui les conservent. Les premières portent le nom de PLANTES HERBACÉES VIVACES. Presque toutes ces dernières ont les tiges plus ou moins ligneuses, & se rangent parmi les ARBRISSEAUX, les ARBUSTES & les ARBRES. *Voyez* ces mots.

Les plantes vivaces herbacées se multiplient ordinairement par GRAINES & par déchirement des vieux pieds, rarement de MARCOTTES & de BOUTURES.

Les plantes ligneuses se multiplient le plus souvent de toutes ces trois manières à la fois, & de plus par RACINES & par GREFFE. *Voyez* tous ces mots.

Les premières fleurissent généralement la seconde ou la troisième année après leur semis. Il s'écoule souvent dix, quinze, vingt ans, & quelquefois un siècle (un palmier est dans ce cas), avant que les secondes fructifient.

Certaines plantes, appelées généralement *vi-vaces*, peuvent cependant être regardées comme annuelles, puisque toutes leurs tiges qui ont fleuri, meurent. Cela se remarque principalement dans les MENTHES, les VERGES-D'OR, les TULIPES, les ORCHIS, &c.

Il est difficile de prononcer relativement à la prééminence des plantes annuelles sur les plantes vivaces, relativement à leur utilité pour l'homme, vu que les CÉRÉALES font partie des premières. *Voyez* ce mot. (*Bosc.*)

VIVE JAUGE : opération qui consiste à enlever la terre épuisée ou de mauvaise nature, qui recouvre les racines des arbres, pour la remplacer par de la terre neuve ou des engrais plus ou moins décomposés. *Voyez* JAUGE & ARBRE FRUITIER.

On pratique peu aujourd'hui l'opération dont il est ici question, parce qu'elle est coûteuse, & non-seulement ne remplit pas toujours son objet, mais même quelquefois cause la mort de l'arbre.

Quelquefois on recouvre de suite la Vive jauge, quelquefois on la laisse exposée à l'air un temps plus ou moins considérable, une partie de l'hiver, par exemple.

Mettre du fumier & autres engrais dans une Vive jauge, est surtout fort dangereux.

Lorsqu'un arbre n'est pas trop gros, il vaut toujours mieux le transplanter dans un autre local où la terre est meilleure, que de lui donner une Vive jauge.

On pratique aussi la Vive jauge sur les plants d'asperge dont on veut ranimer la vigueur, mais pas avec plus d'avantage que sur les arbres, à raison de ce que cette plante tend à se rapprocher chaque année de la surface du sol, & qu'on risque de casser ses bourgeons en enlevant la terre qui les recouvre. *Voyez* ASPERGE. (*Bosc.*)

VIVIER : pièce d'eau de petite étendue, & facile à surveiller, dans laquelle on dépose le poisson provenant de la pêche des rivières & des étangs, afin de le trouver sous sa main au moment du besoin.

Nos pères, qui habitoient presque toujours sur leurs propriétés, avoient des Viviers ; mais aujourd'hui qu'on ne va plus à la campagne que pendant quelques jours, qu'on n'y tient plus table, ils sont devenus fort rares.

Il n'y a pas d'autre différence entre un Vivier & un CANAL, un ETANG, une MARE, que la grandeur & l'objet en vue ; ainsi je renvoie à ces articles pour les moyens d'établissement. Je dirai seulement qu'un Vivier doit être dans un enclos, ou très-près de la maison, autant que possible exposé au soleil du levant ou du midi, assez profond pour que les gelées ne puissent pas atteindre jusqu'au poisson, & formé par une eau courante, autre que celle d'une fontaine.

Comme le poisson qu'on place dans le Vivier est déjà gros, & le plus souvent trop nombreux pour l'espace, il convient de le nourrir avec les

reftes de la cuifine, foit en viande, foit en légumes cuits, en pain, en orge, pois, vefce, &c.
Y conduire les eaux des laviers & des fumiers n'eft
pas avantageux fous le rapport de la bonté & de
la confervation du poiffon.

Pendant l'hiver on caffera la glace des Viviers
pour donner au poiffon un air refpirable, & pour
pouvoir lui fournir de la nourriture.

On prend le poiffon dans les Viviers avec la
trouble ou avec l'épervier.

Les poiffons voraces, comme le brochet & la
truite, doivent être placés dans des Viviers féparés, ou dans une féparation à clair-voie du Vivier qui contient les carpes, les tanches, les an-
guilles. On les nourrit, foit avec du poiffon blanc
apporté à cet effet, foit avec l'alvin des étangs
fupérieurs, alvin qui defcend toujours en affez
grande quantité.

Dans les grandes villes fituées fur des rivières,
on conferve le poiffon dans de grands coffres percés de trous & plongés dans l'eau de la rivière, ou
dans des bateaux dont, au moyen de féparations en
planches, les deux extrémités n'ont pas de communication avec la rivière, & dont le milieu
forme un coffre analogue au précédent. *Voyez*
POISSON. (*Bosc.*)

VIVROGNE : fynonyme de NOIR MUSEAU.

VOADOUROU & VOAFONTSI : nom du
RAVENALA. *Voyez* ce mot.

VOAMÈNES : nom madagaffe du CONDORI.

VOCHY. *Cucullaria.*

Genre de plantes de la monandrie monogynie,
qui renferme deux efpèces ni l'une ni l'autre cultivées dans nos jardins. Il eft figuré pl. 11 des *Illuftrations des genres* de Lamarck.

Efpèces.

1. Le VOCHY de la Guiane.
Cucullaria excelfa. Willd. ♄ De Cayenne.
2. Le VOCHY à grappes.
Cucullaria racemofa. Poir ♄ De Cayenne.
(*Bosc.*)

VOGÈLE. *Vogelia.*

Genre de plantes depuis appelé TRIPTERELLE.
Voyez ce mot.

VOHIRIE. *Voyez* VOYÈRE.

VOICHIVE. On appelle ainfi, dans le département des Ardennes, la partie de la grange où fe
dépofent les grains. *Voyez* GRANGE.

VOIGLIE : fynonyme de ROTHE. *Voyez* ce
mot.

VOIRANE : arbre de la Guiane dont on ne
connoît que les fruits, & qu'on croit fe rapprocher des ORNITHROPHES. Il ne fe cultive pas en
Europe. (*Bosc.*)

VOIRIE : lieu où on dépofe les cadavres des
chevaux, ou autres animaux domeftiques morts
de maladie. *Voyez* POURRITURE.

Il eft beaucoup de lieux où une Voirie exifte par
l'effet de la loi ; mais prefque partout les animaux
morts font jetés le long des routes, au milieu des
décombres.

Les amis de la profpérité agricole de leur patrie
blâment ces deux modes, parce que la chair étant
l'engrais le plus puiffant, en perdre la plus petite
parcelle eft un délit contre cette profpérité, &
que, dans le premier cas, rarement on enlève le terreau produit par la décompofition, & que, dans le
fecond, à ce même inconvénient il faut joindre
celui du défagrément de l'afpect, de la mauvaife odeur, & même quelquefois celui de l'in-
falubrité.

Dans le voifinage des grandes villes, où une
Voirie eft plus indifpenfable, je voudrois que la
terre en fût enlevée tous les ans de l'épaiffeur
d'un pied, pour être répandue fur les champs
voifins comme engrais, & qu'on en apportât de
nouvelle, avec laquelle on couvriroit les cadavres
des chevaux & autres animaux immédiatement
après les avoir écorchés, car c'eft le feul moyen
de fixer les principes volatils qui entrent dans leur
compofition, & qui en font la partie la plus active.
Voyez ENGRAIS, FUMIER & POURRITURE.

Partout ailleurs il faudroit que tous les animaux morts fuffent enterrés de fuite, prefqu'à
fleur de terre, excepté ceux qui font morts d'épizootie, la morve y comprife, qui doivent l'être
au moins à fix pieds de profondeur. (*Bosc.*)

VOITURE : machine deftinée à faciliter les
tranfports, & qui eft effentiellement compofée
d'un cadre terminé d'un côté par un timon ou un
brancard, fupporté par un ou deux effieux, à chacune des extrémités duquel tourne une roue.

Lorfqu'une Voiture n'a pas de roues, c'eft un
TRAINEAU.

Il y a un grand nombre de fortes de Voitures,
dont plufieurs ont des noms particuliers. Ainfi, une
Voiture qui n'eft compofée que de deux longues
pièces de bois deftinées à recevoir des pièces de
vin qu'on y fait monter par le moyen d'un treuil,
s'appelle un HAQUET ; ainfi, une Voiture à clair-
voie, d'une longueur confidérable, & deftinée
principalement à tranfporter les céréales & les
fourrages des champs dans la grange ou au marché, les marchandifes au loin, s'appelle un CHAR
ou un CHARIOT, felon fa forme & fa deftination ;
ainfi, une Voiture également à clair-voie, guère
plus longue que large, qui fert à tranfporter les légumes, les pierres, le bois, &c., fe nomme une
CHARETTE, & lorfqu'elle eft plus petite, une CA-
RIOLE ; ainfi, une Voiture de la grandeur de cette
dernière, ou plus petite, lorfqu'elle eft garnie de
planches dans fon fond & fur les côtés, prend la
dénomination de TOMBEREAU, de BENNE, de
CAMION.

Dans l'impoſſibilité de décrire l'immenſe quantité de ſortes de Voitures qui exiſtent, chaque
canton en ayant une ou pluſieurs qui diffèrent par
leurs dimenſions, leurs formes, l'eſpèce de bois
qui les compoſe, je me contenterai de préſenter
au lecteur quelques conſidérations générales ſur
les principes de leur conſtruction, leur emploi,
& les moyens d'aſſurer leur conſervation.

Quelques Voitures de petites dimenſions ſont
traînées par des hommes, au moyen de bretelles,
ou par des chiens ; mais ce ſont généralement des
CHEVAUX, ou des MULETS, ou des ANES, ou
des BŒUFS, ou des VACHES, qu'on y attèle.
Voyez ces mots.

Les avantages des Voitures ſont tels, qu'il ſeroit aujourd'hui impoſſible de s'en paſſer en Europe, & autres pays où l'agriculture & les arts
ont fait quelques progrès. En effet, un ſeul cheval
traîne, par leur moyen, en faiſant une lieue à
l'heure, ce que trois chevaux ou dix à douze
hommes ne pourroient pas porter.

Les Voitures, comme je l'ai obſervé plus haut,
ſont généralement à deux ou à quatre roues ;
celles à trois roues ne ſont guère connues qu'en
Angleterre.

La théorie ne reconnoît qu'un ſeul frottement
dans les Voitures en marche, c'eſt celui des roues
autour de l'eſſieu, frottement qu'on diminue au
moyen des corps gras, ou lorſque l'eſſieu eſt en
fer, en mettant une boîte de cuivre dans le moyeu ;
mais dans la pratique, à raiſon de l'inégalité des
routes pavées, & des ornières qui s'établiſſent ſur
celles qui ne le ſont pas, il y en a deux autres
de va-&-vient ſur le pavé & contre les parois des
ornières.

De hautes roues favoriſent le roulage, parce
qu'elles font plus de chemin à chaque tour ſur
l'eſſieu, mais leur hauteur ne peut pas dépaſſer
de beaucoup celle du poitrail des chevaux.

Une partie du fardeau eſt ſupportée par le cheval
dans les voitures à deux roues, & lorſqu'une
de ſes roues tombe dans une fondrière, il eſt fort
difficile de l'en retirer ; c'eſt ce qui rend ces Voitures bien plus fatigantes dans les mauvais chemins ; cependant beaucoup de cultivateurs les
préfèrent.

L'égalité des roues dans les Voitures qui en ont
quatre, eſt une condition avantageuſe ; cependant
on eſt preſque toujours forcé de la négliger, parce
que la petiteſſe des roues antérieures favoriſe l'action de détourner, & donne plus de ſécurité contre le verſement.

Les deux conditions les plus importantes à
obſerver dans la conſtruction des Voitures, ſont
qu'elles ſoient en même temps & les plus légères & les plus ſolides poſſible. C'eſt du choix
du bois, de ſa bonne qualité & de ſa parfaite deſſiccation, que dépend l'obtention de ces deux conditions. En France, le bois d'orme, crû iſolément
dans les lieux ſecs, eſt préférable à tous les autres,

parce qu'il eſt en même temps léger & tenace :
on conſtruit cependant auſſi des voitures entières
en chêne & en hêtre. Quelquefois ces trois ſortes
de bois entrent dans la compoſition d'une même
Voiture. Les tombereaux doivent être, autant que
poſſible, garnis en planches de ſapin ou de peuplier, bois les plus légers que nous poſſédions. *Voy.*
BOIS dans le *Dictionnaire des Arbres & Arbuſtes*.

Ainſi que je l'ai déjà annoncé, les Voitures ſont
à limons, ou à timon.

Les premiers ſont la prolongation de deux morceaux de bois qui forment les deux plus longs
côtés de la Voiture. On attèle un cheval entre
les deux branches du limon, qu'on appelle *brancards* dans les Voitures de luxe, & les autres à
côté, ou les uns devant les autres, ſelon la ſorte de
Voiture.

Il eſt extrêmement rare en France qu'on attèle
des bœufs à des Voitures à limons.

Le ſecond eſt une longue pièce de bois ſolidement enchâſſée dans celle qui forme le côté
antérieur de la Voiture, ou mieux entre cette
pièce & l'eſſieu des roues de devant. On y attache
de chaque côté un cheval, qu'on appelle *les ti-
moniers*, & les autres devant.

Il peut donc n'y avoir qu'un ſeul cheval à une
Voiture à limons, tandis qu'il doit néceſſairement
y en avoir deux à une Voiture à timon.

L'expérience a prouvé que deux Voitures à un
ſeul cheval pouvoient porter autant qu'une Voiture à trois chevaux, & ainſi de ſuite ; parce que
les chevaux tirent d'autant moins fort qu'ils ſont
en plus grand nombre, à raiſon de la moindre vigueur ou de la plus grande pareſſe de certains
d'entr'eux ; mais auſſi un ſeul cheval ne peut pas
travailler auſſi activement, ou auſſi long-temps
qu'un attelage.

Un cultivateur aiſé ne peut ſe diſpenſer d'avoir
au moins un char, une charrette & un tombereau,
& il ſeroit bon qu'il en eût une couple, pour que
l'une pût ſervir lorſque l'autre eſt en réparation ;
mais le défaut de place ou une fauſſe économie
font qu'on s'en diſpenſe le plus ſouvent.

Dans les pays où les cultivateurs ſont plus inſtruits qu'ils le ſont généralement en France, toutes
les Voitures ſont peintes à l'huile une fois par an,
& placées ſous un hangar dès qu'on ceſſe d'en
faire uſage. Par ces deux précautions elles durent
dix fois davantage, & économiſent par conſéquent
beaucoup d'argent. Je fais des vœux pour que mes
compatriotes ſentent enfin les avantages de l'ordre
appliqué à l'économie rurale.

J'ai dit plus haut que le frottement des
roues s'effectuoit principalement dans les ornières : or, il ſe fait d'autant moins d'ornières
que les chemins ſont plus ſolidement conſtruits,
que les Voitures ſont moins chargées, & les jantes
des roues plus larges. Les Anglais, qui ſont plus
diſpoſés que nous à cette économie dont je viens
de parler, ont depuis long-temps émis des règle-

mens pour forcer les rouliers à mettre à leurs Voitures des roues à jantes d'autant plus larges, que ces Voitures font plus chargées. On n'a pas tardé à reconnoître les immenfes avantages de ces réglemens, non-feulement fous le rapport de la confervation des chemins, mais encore fous celui de l'accélération & de l'économie des tranf-ports. Aujourd'hui ces réglemens exiftent en France, & il eft à defirer que les cultivateurs, qui n'y font pas foumis comme les rouliers, fe convainquent que fi des roues à jantes de fix à huit pouces de large coûtent plus cher que des roues à jantes de deux à trois pouces, on en eft amplement dédommagé par leur plus longue durée, leur plus facile fervice, la confervation des chevaux, &c. (Bosc.)

VOLAILLE : nom collectif de tous les oifeaux qu'on élève dans les baffes-cours pour profiter de leur chair ou de leurs œufs.

Les feules Volailles communes en France, & même dans tout le Monde, font la POULE, le DINDE, l'OIE, les CANARDS commun & muf-qué, la PINTADE, le PAON & le PIGEON; on pourroit encore y ajouter le FAISAN. Voyez tous ces mots.

Il a été fait d'inutiles efforts pour rendre domef-tiques en Europe & l'OUTARDE & le COQ DE BRUYÈRE, deux oifeaux dont la groffeur & l'ex-cellence de la chair devoient faire defirer l'acqui-fition.

On ne peut trop recommander aux cultivateurs la multiplication des Volailles, puifqu'elles aug-mentent la maffe des fubfiftances & des revenus, deux des principaux objets qu'ils doivent avoir en vue.

Comme je fuis entré, à l'article de chaque Vo-laille, dans les détails convenables, je dois clorre celui-ci. (Bosc.)

VOLANDEAU : nom vulgaire du MIRIOFLE. Voyez ce mot.

VOLANT. La FAUCILLE porte ce nom aux en-virons de Genève.

VOLCAN. Les Volcans n'intéreffent les agri-culteurs que par les ravages qu'ils peuvent porter dans leurs propriétés; mais les produits des an-ciennes déjections volcaniques font dans le cas d'être pris par eux en confidération, puifqu'ils font quelquefois fertiles à un haut degré. J'en ai en conféquence dit quelques mots à l'article TERRE VOLCANIQUE, article auquel je renvoie le lecteur. (Bosc.)

VOLÉE (Semis à la). On donne ce nom à la difperfion artificielle & irrégulière des graines qu'on tient dans la main, par le mouvement bruf-que du bras du dehors en dedans. Voyez SEMIS.

Cette manière de femer eft la plus conforme à la nature & la plus expéditive; auffi eft-ce elle qu'on emploie le plus habituellement, mais elle eft cependant fujette au grave inconvénient de placer les graines à des diftances inégales, & d'en faire perdre beaucoup. Voy. SÉMINATION & SEMOIR. (Bosc.)

VOLETTE : petite claie d'ofier qui fert à faire égoutter les FROMAGES. Voyez ce mot.

VOLIÈRE : enceinte formée en tout ou en par-tie de grillages, & deftinée à contenir des oifeaux, foit pour l'amufement, foit pour le profit.

Quoique les cultivateurs aifés, furtout lorfqu'ils ont une jeune femme & de grandes filles, pof-fèdent des Volières de la première forte, je ne parlerai que de celles de la feconde.

C'eft principalement pour les plus groffes & les plus fécondes variétés de PIGEONS qu'on conf-truit des Volières. Voyez ce mot & ceux Co-LOMBIER & FUIE.

Cependant on en voit fouvent où on détient des POULES & des FAISANS communs, ou des faifans doré & argenté. Voyez ces mots.

La pofition d'une Volière doit être au levant ou au midi. Il faut l'éloigner des fumiers, des eaux croupiffantes, des lieux de grand paffage ou de grand bruit. Tantôt c'eft avec du fil de fer qu'elle eft grillée, tantôt avec des baguettes de bois croi-fées. On peut lui donner toutes les formes & les grandeurs poffibles; cependant, généralement elles font parallélogramiques & de moyennes dimen-fions. Il y a de l'avantage à les accoler à un mur & à les recouvrir en partie d'un toit en tuiles, en ardoifes ou en planches. Ce feroit un grand avan-tage que d'y faire paffer un filet d'eau courante, & à fon défaut on ne peut fe difpenfer de placer dans un coin un ou deux vafes qu'on remplira d'eau tous les deux ou trois jours in été, & tou-tes les femaines en hiver. Une bouteille pleine d'eau, renverfée dans un vafe peu profond, di-minue cet embarras, en ce que l'eau coule à me-fure du befoin & ne fe corrompt que dans les grandes chaleurs.

Le manger des oifeaux renfermés dans une Vo-lière peut fe jeter par terre, mais il eft plus con-venable de le mettre dans une caiffe de bois, ou encore mieux dans une trémie, d'où il ne tombe qu'à mefure de fa confommation. Par ce moyen, il n'y en a pas de perdu ou de fali par les excré-mens des volailles.

Quelquefois une Volière eft placée devant une chambre baffe ou haute, avec laquelle elle com-munique par le moyen d'une large ouverture; alors elle peut être de plus petites dimenfions.

Le fil de fer ou les baguettes de bois dont les Volières font conftruites, doivent être peintes à l'huile pour affurer leur confervation pendant un plus long efpace de temps. Il fera même bon de renouveler cette opération tous les trois ou qua-tre ans.

Le dedans d'une Volière doit être pourvu de paniers garnis de paille en nombre proportionné à celui des femelles : ces paniers feront élevés le plus poffible fi ce font des pigeons qui doivent y pondre, & à peu de diftance de terre s'ils font destinés à des poules ou à des faisandes. Il y aura de plus deux ou trois rangs de planches dans son pourtour, dans le premier cas, pour que les pigeons puissent s'y promener & dormir.

Il est des Volières à pigeon dont ces oiseaux ont la liberté de sortir lorsqu'il fait beau temps, & qui offrent, en conséquence, une petite ouverture accompagnée d'une planche saillante en dedans & en dehors, vers leur partie la plus élevée.

Le sol d'une Volière doit être entretenu dans un état de propreté permanente. Ainsi, au moins une fois par semaine, on en enlèvera les ordures, & on y mettra, ou de la terre, ou du sable, ou de la paille.

Les oiseaux renfermés dans une Volière, ayant peu d'espace à parcourir, deviennent toujours la proie des belettes & encore plus des fouines, des martes, des putois, qui peuvent s'y introduire. Il faut donc veiller à ce que le treillage soit toujours en bon état, & que la porte soit fermée tous les soirs. (Bosc.)

VOLIGES : planches d'un bois léger, & d'un demi-pouce au plus d'épaisseur, dont on fait un fréquent emploi dans les exploitations rurales, & dont chaque cultivateur doit toujours avoir une provision.

C'est de saule ou de peuplier qu'on fait les Voliges; celles de peuplier d'Italie sont les plus légères. Voyez PLANCHE. (Bosc.)

VOLKAMIER. *Volkameria.*

Genre de plantes de la didynamie angiospermie & de la famille des *Gatiliers*, qui rassemble quinze espèces, dont dix se cultivent dans nos serres. Il est figuré pl. 544 des *Illustrations des genres* de Lamarck.

Observations.

Ce genre se rapproche tant des PÉRAGUS, qu'il est souvent difficile de décider auquel des deux telle espèce appartient.

Espèces.

1. Le VOLKAMIER à aiguillons.
Volkameria aculeata. Linn. ♄ De la Jamaïque.
2. Le VOLKAMIER hétérophylle.
Volkameria heterophylla. Vent. ♄ De l'Ile-de-France.
3. Le VOLKAMIER à feuilles étroites.
Volkameria angustifolia. Poir. ♄ De la Jamaïque.
4. Le VOLKAMIER sans épines.
Volkameria inermis. Linn. ♄ Des Indes.
5. Le VOLKAMIER de Commerson.
Volkameria Commersonii. Poir. ♄ Des îles Philippine.
6. Le VOLKAMIER à feuilles de troène.
Volkameria ligustrina. Jacq. ♄ De l'Ile-de-France.

7. Le VOLKAMIER du Japon.
Volkameria japonica. Thunb. ♄ Du Japon.
8. Le VOLKAMIER de Kœmpfer.
Volkameria Kœmpferii. Willd. ♄ Du Japon.
9. Le VOLKAMIER à feuilles dentées.
Volkameria serrata. Linn. ♄ Des Indes.
10. Le VOLKAMIER tomenteux.
Volkameria tomentosa. Vent. ♄ De.....
11. Le VOLKAMIER odorant.
Volkameria fragrans. Vent. ♄ De Java.
12. Le VOLKAMIER épineux.
Volkameria spinosa. Poir. ♄ Du Pérou.
13. Le VOLKAMIER capité.
Volkameria capitata. Willd. ♄ De la Guinée.
14. Le VOLKAMIER grimpant.
Volkameria scandens. Linn. ♄ De Ceylan.
15. Le VOLKAMIER à feuilles de buis.
Volkameria buxifolia. Willd. ♄ De.....

Culture.

Les espèces des n°s. 1, 2, 3, 4, 6, 8, 10, 11, 12 & 15, sont celles qui se cultivent dans nos écoles de botanique; elles demandent la serre chaude, ou au moins la serre tempérée, & lorsqu'on les place dans cette dernière, il faut les mettre au printemps dans une bache ou sous un châssis, pour ranimer & avancer leur végétation, après quoi on peut les laisser à l'air pendant tout l'été, dans une situation abritée. Leur terre doit être consistante, fertile, renouvelée en partie tous les ans, & arrosée fréquemment pendant les chaleurs de l'été. La plupart fleurissent pendant une partie de l'année, & se font remarquer par la couleur & le nombre de leurs fleurs. On les multiplie par le semis de leurs graines, dont plusieurs donnent annuellement, par boutures faites sur couche & sous châssis, & par rejetons qui sortent fréquemment de leurs racines.

La onzième espèce, que les jardiniers appellent peut-être avec raison, à cause de son port fort différent de celui des autres, PERAGU ODORANT, *clerodendron fragrans*, offre une variété à fleurs doubles, que son excellente odeur & sa facile multiplication ont rendue fort commune dans les jardins des environs de Paris. Elle est l'objet d'un commerce de quelqu'importance : c'est sous châssis qu'on la multiplie le plus avantageusement. On doit lui donner de la terre nouvelle que lorsque les racines ont rempli tout le pot, parce que ses fleurs deviennent simples lorsqu'elle pousse avec trop de vigueur. (Bosc.)

VOLUTELLE. *Volutella.*

Genre établi par Forskal. C'est le même que celui appelé CASSITE par Linnæus. Il y a lieu de croire que le CALLODION de Loureiro n'en diffère pas non plus, Tood a donné le même nom à un genre de champignons fait, aux dépens des PEZISES. *Voyez* ce mot. (*Bosc.*)

VOMIER. *ERIOSTEMON.*

Arbre de la Nouvelle-Hollande, qui feul, felon Labillardière, conftitue un genre dans la décandrie monogynie & dans la famille des *Rutacées.*
Il ne fe cultive-pas en Europe. (*Bosc.*)

VOMIQUE. *STRYCHNOS.*

Genre de plantes de la pentandrie monogynie & de la famille des *Apocinées,* dans lequel fe rangent fept efpèces, dont deux fe cultivent dans nos ferres. Il eft figuré pl. 119 des *Illuftrations des genres* de Lamarck.

Obfervations.

Le genre IGNATIE fe rapproche beaucoup de celui-ci.

Efpèces.

1. La VOMIQUE officinale.
Strychnos nux-vomica. Linn. ♄ Des Indes.
2. La VOMIQUE potatoire.
Strychnos potatorum. Linn. ♄ Des Indes.
3. La VOMIQUE bois de couleuvre.
Strychnos colubrina. Linn. ♄ Des Indes.
4. La VOMIQUE de Madagafcar.
Strychnos madagafcarienfis. Poir. ♄ De Madagafcar.
5. La VOMIQUE épineufe, vulgairement *arbre à favonette.*
Strychnos fpinofa. Lam. ♄ De Madagafcar.
6. La VOMIQUE de Saint-Ignace, vulgairement *fève de Saint-Ignace.*
Strychnos Ignatii. Lam. ♄ Des Indes.
7. La VOMIQUE branchue.
Strychnos brachiata. Ruiz & Pav. ♄ Du Pérou.

Culture.

Les deux premières efpèces fe cultivent en Europe, mais elles y font très-rares; elles demandent la ferre chaude toute l'année; elles fe multiplient de boutures & de marcottes.
C'eft de la première que proviennent les amandes appelées *noix vomiques* dans le commerce, amandes qu'on emploie pour empoifonner les loups, les renards, les fouines, les rats & les fouris, ainfi que pour prendre les poiffons. Ce poifon agit furtout avec une incroyable rapidité lorfqu'il eft introduit dans le fang.
La feconde a des fleurs très-odorantes. On fait généralement, dans l'Inde, ufage de fes amandes, qui font amères, pour rendre potables les eaux impures.

La pulpe & les fruits de la cinquième fe mangent dans fon pays natal & l'Ile-de-France.
Les amandes de la troifième & de la fixième ont joui d'une grande réputation médicale.
Les cerfs recherchent avec avidité les fruits de la dernière.
Il femble que l'emploi de ces femences doit être dangereux entre des mains non exercées, mais l'expérience prouve que cela n'eft pas. (*Bosc.*)
VONTACA : grand arbre des Indes, dont les fleurs font odorantes & les fruits bons à manger. On ignore à quel genre il appartient. (*Bosc.*)

VOO. *Woo.*

Arbre des Indes dont l'écorce fert aux mêmes ufages que celui du PAPYRIER, *brouffonnetia papyrifera.*
On ignore à quel genre il appartient. (*Bosc.*)

VOODFORDIE. *WOODFORDIA.*

Arbriffeau des Indes qui faifoit jadis partie des SALICAIRES (*voyez* ce mot), mais qui aujourd'hui conftitue feul un genre.
Cet arbriffeau fe cultive dans nos ferres, mais je n'ai pas eu occafion de l'y voir, & j'ignore quelle eft la culture qui lui convient. (*Bosc.*)

VOODWARDIE. *VOODWARDIA.*

Genre de plantes de la famille des *Fougères,* nouvellement établi pour placer quelques BLECHNONS & une ONOCLÉE, qui diffèrent des autres par leur fructification. Il renferme fept efpèces, dont aucune n'eft cultivée en Europe.

Efpèces.

1. La VOODWADIE onoclée.
Voodwardia onocleoides. Willd. ♃ De l'Amérique feptentrionale.
2. La VOODWARDIE à queue.
Voodwardia caudata. Cavan. ♃ De la Nouvelle-Hollande.
3. La VOODWARDIE du Japon.
Voodwardia japonica. Swartz. ♃ Du Japon.
4. La VOODWARDIE radicante.
Voodwardia radicans. Willd. ♃ De l'Italie.
5. La VOODWARDIE de Virginie.
Voodwardia virginica. Swartz. ♃ De l'Amérique feptentrionale.
6. La VOODWARDIE orientale.
Voodwardia orientalis. Swartz. ♃ Du Japon.
7. La VOODWARDIE irrégulière.
Voodwardia difpar. Willd. De la Martinique.
(*Bosc.*)

VORACES (Plantes) : nom commun à toutes les plantes utiles ou inutiles, auxquelles la vigueur de leur végétation & l'abondance de leurs graines font

font promptement épuifer le terrain où elles fe trouvent.

Un ASSOLEMENT bien combiné, joint à des ENGRAIS & à des AMENDEMENS, contre-balance les effets des plantes voraces utiles. *Voyez* ces mots.

Des SARCLAGES rigoureux mettent obftacle à la multiplication des plantes voraces inutiles, c'eft-à-dire, des MAUVAISES HERBES. *Voyez* ces mots.

Quelquefois on attribue à la voracité des plantes ce qui n'eft que l'effet de leur OMBRE. *Voyez* ce mot. (*Bosc.*)

VORDRE : nom du SAULE MARSEAU dans la ci-devant Champagne.

VORME. WORMIA.

Genre de plantes de la polyandrie pentagynie, établi dans les *Acta danica*, mais qui depuis a été réuni aux DILLENIES. *Voyez* ce mot. (*Bosc.*)

VOSAKAN : nom vulgaire d'un HÉLIANTHE.

VOTOMITE. GLOSSOMA.

Arbriffeau de Cayenne, qui feul conftitue un genre dans la tétrandrie monogynie & dans la famille des *Nerpruns*. C'eft le PALETUVIER des montagnes de quelques auteurs.

Il ne fe cultive pas en Europe. (*Bosc.*)

VOTOMOS. C'eft le PISTACHIER DE CHIO.

VOUAPA. *Voyez* MACROLOBE.

VOUÈDE : un des noms du PASTEL. *Voyez* ce mot.

VOUERAS. Les cultivateurs de la ci-devant Picardie appellent ainfi un mélange de POIS, de VESCE, de LENTILLES & de SEIGLE, qu'ils fèment après deux labours, fur les terres qui ont porté de l'avoine, c'eft-à-dire, fur les jachères. *Voyez* PRAIRIE TEMPORAIRE & MELANGE. (*Bosc.*)

VOULOU. Poiret a donné ce nom aux BAMBOUX. *Voyez* ce mot.

VOYARIER. VOYARA.

Arbre de Cayenne, dont les parties de la fleur ne font point connues. Il doit cependant conftituer un genre, fi on en juge par le fruit. Nous ne le cultivons pas en Europe. (*Bosc.*)

VOYÈRE. VOHIRIA.

Genre de plantes de la pentandrie monogynie & de la famille des *Gentianes*, qui réunit trois efpè-

Agriculture. Tome VI.

ces, dont aucune n'eft cultivée dans nos jardins. Schreber l'a appelé LITA. Il eft figuré pl. 109 des *Illuftrations des genres* de Lamarck.

Efpèces.

1. La VOYÈRE incarnate.
Vohiria rofea. Aubl. ♃ De Cayenne.

2. La VOYÈRE bleue.
Vohiria cærulea. Aubl. ♃ De Cayenne.

3. La VOYÈRE à fleurs courtes.
Vohiria breviflora. Lam. De Cayenne. (*Bosc.*)

VREILLE : fynonyme du LISERON DES CHAMPS.

VRESANNE. On appelle ainfi la longueur d'un champ dans le département des Deux-Sèvres.

VRESON : charrue à une feule oreille, fituée à gauche, ufitée dans le département des Deux-Sèvres. *Voyez* CHARRUE.

VRILLÉE COMMUNE : nom vulgaire du LISERON DES CHAMPS.

VRILLES : filamens fimples, doubles, multiples, qui naiffent aux extrémités des rameaux, à l'aiffelle des feuilles, à l'oppofite des feuilles, &c., de certaines plantes, & qui les aident à s'accrocher aux branches des arbres fur lefquels il eft de leur nature de grimper. *Voyez* VIGNE, VESCE & GESSE. (*Bosc.*)

VRILLETTE. ANOBIUM.

Genre d'infectes dont les larves de toutes les efpèces vivent dans le bois fec, & qui détruifent les poutres, les meubles, &c., des maifons des cultivateurs. *Voyez* le *Dictionnaire des Infectes.*

On trouve fréquemment les Vrillettes à l'état parfait dans les maifons, pendant les mois de juin & de juillet, & elles doivent être écrafées fans rémiffion.

Pour garantir les poutres & les meubles des Vrillettes, il faut recouvrir les premières de plâtre ou de chaux, & les feconds d'une couche de peinture à l'huile. *Voyez* VERMOULURE. (*Bosc.*)

VROGNE. Les cultivateurs des environs de Boulogne donnent ce nom à l'ARMOISE AURONE.

VRONCELLE. C'eft le LISERON DES CHAMPS dans le Boulonnois.

VUDEON : nom des VEAUX en provençal.

VUIDANGE. *Voyez* VIDANGE.

VULFEN. WULFENIA.

Plante vivace des montagnes de l'Allemagne, fort voifine des PÆDEROTES (*voyez* ce mot), mais que quelques botaniftes regardent comme devant former un genre dans la diandrie monogynie & dans la famille des *Perfonnées*. .

Cette plante eft cultivée dans les écoles de botanique de l'Allemagne ; elle demande une terre argileufe & des arrofemens abondans. On la multiplie par graines qu'il faut femer de fuite, & par déchirement des vieux pieds. Il paroît qu'il eft difficile de la conferver long-temps, quelque foin qu'on en prenne. (*Bosc.*)

VULNÉRAIRE : efpèce d'ANTHYLLIDE.

VULNÉRAIRE SUISSE : mélange de plufieurs efpèces de plantes des hautes Alpes, qu'on regarde, pris en infufion, comme fouverain contre les contufions & les bleffures. On l'appelle auffi *faltranck*. (*Bosc.*)

VULPIN. ALOPECURUS.

Genre de plantes de la triandrie digynie & de la famille des *Graminées*, dans lequel fe rangent vingt-quatre efpèces, la plupart très-propres à entrer dans la compofition des prairies naturelles, & dont neuf fe cultivent dans les écoles de botanique. Il eft figuré pl. 42 des *Illuftrations des genres* de Lamarck.

Efpèces.

1. Le VULPIN des prés.
Alopecurus pratenfis. Linn. ♃ Indigène.

2. Le VULPIN foyeux.
Alopecurus fericeus. Gærtn. ♃ De l'Allemagne.

3. Le VULPIN des champs.
Alopecurus agreftis. Linn. ☉ Indigène.

4. Le VULPIN géniculé.
Alopecurus geniculatus. Linn. ♃ Indigène.

5. Le VULPIN bulbeux.
Alopecurus bulbofus. ♃ Indigène.

6. Le VULPIN à gros épis.
Alopecurus macroftachyos. Poir. ♃ De la Barbarie.

7. Le VULPIN à feuilles de rofeau.
Alopecurus arundinaceus. Poir. ♃ De.....

8. Le VULPIN de Magellan.
Alopecurus magellanicus. Lam. Du détroit de Magellan.

9. Le VULPIN rameux.
Alopecurus ramofus. Poir. ♃ De l'Amérique feptentrionale.

10. Le VULPIN à courtes arêtes.
Alopecurus ariftatus. Mich. ♃ De l'Amérique feptentrionale.

11. Le VULPIN en tête.
Alopecurus capitatus. Lam. ♃ Des Alpes.

12. Le VULPIN à feuilles velues.
Alopecurus villofus. Poir. Des Alpes.

13. Le VULPIN à gaînes.
Alopecurus vaginatus. Pall. De la Barbarie.

14. Le VULPIN des Indes.
Alopecurus indicus. Linn. ☉ Des Indes.

15. Le VULPIN de Montpellier.
Alopecurus monfpelienfis. ☉ Du midi de la France.

16. Le VULPIN maritime.
Alopecurus maritimus. Willd. Des bords de la mer.

17. Le VULPIN fafciculé.
Alopecurus fafciculatus. Willd. De l'Efpagne.

18. Le VULPIN du Cap.
Alopecurus capenfis. Thunb. Du Cap de Bonne-Efpérance.

19. Le VULPIN échiné.
Alopecurus echinatus. Thunb. Du Cap de Bonne-Efpérance.

20. Le VULPIN de la Caroline.
Alopecurus carolinianus. Walt. De la Caroline.

21. Le VULPIN à queue.
Alopecurus caudatus. Thunb. Du Cap de Bonne-Efpérance.

22. Le VULPIN ovale.
Alopecurus ovatus. Forft. Des îles de la mer du Sud.

23. Le VULPIN aggloméré.
Alopecurus glomeratus. Willd. ♃ De l'Amérique feptentrionale.

24. Le VULPIN à demi épié.
Alopecurus fubfpicatus. Willd. ☉ De l'Efpagne.

Culture.

Nous cultivons dans les écoles de botanique les efpèces des nos. 1, 3, 4, 5, 7, 14, 15 & 23. La quatorzième eft la feule qui demande à être femée fur couche, & à être rentrée dans la ferre pour que fes graines puiffent arriver à maturité. Toutes les autres fe fement en place. Les vivaces une fois obtenues, peuvent fe conferver plufieurs années fans autres foins que des binages de propreté. La quatrième veut des arrofemens fréquens.

Parmi ces efpèces, il en eft quatre qui intéreffent plus particulièrement les cultivateurs proprement dits : ce font les Vulpins des prés, géniculé, bulbeux & agrefte.

Tous font extrêmement du goût des beftiaux.

Le premier croît dans les prairies humides, où il s'élève d'un à deux pieds. Quoique moins profitable que plufieurs autres graminées, on doit, d'après les expériences d'Anderfon, ne pas négliger de le femer dans les prairies baffes qui en font dépourvues, attendu qu'il y eft très-précoce & peut y fournir deux coupes.

Le fecond fe rencontre dans les marais, les fondrières, fur le bord des étangs & des foffés : fa végétation eft très-précoce. J'ai fouvent défiré

qu'on le femât dans les terrains qui lui conviennent, & qui fouvent font dépourvus de végétation
ou couverts de plantes inutiles.

Le troifième fe trouve avec le précédent & partage fes bonnes qualités; il améliore la paille avec
laquelle il fe trouve mêlé, & augmente la bonté
du pâturage des chaumes. De plus, les cochons
font extrêmement friands de fes racines.

Le quatrième eft inférieur en grandeur à ceux
que je viens d'indiquer ; mais l'excellence du pâturage qu'il fournit aux moutons, doit faire defirer qu'on le fème dans les terrains de mauvaife
nature qu'on eft réfolu de laiffer plufieurs années
de fuite en JACHÈRE. *Voyez* ce mot. (*Bosc.*)

VURMBÉE. *Wurmbea.*

Plante vivace du Cap de Bonne-Efpérance, qui
feule conftitue un genre dans l'hexandrie trigynie
& dans la famille des *Joncs*, fort voifin des MÉ-
LANTHES. *Voyez* ce mot.

Cette plante, qui eft figurée pl. 270 des *Illuftrations des genres* de Lamarck, fe cultive dans
nos écoles de botanique : elle demande la terre de
bruyère & l'orangerie ; elle fe multiplie par graines
tirées de fon pays natal & par déchirement des
vieux pieds, déchirement qui ne réuffit pas toujours. (*Bosc.*)

XANTHORRHOÉ. *Xanthorrhoea.*

PLANTE frutefcente de la Nouvelle-Hollande, formant feule un genre dans l'hexandrie monogynie & dans la famille des *Afphodèles.*

Cette plante laiffe fluer une réfine rouge analogue à celle du fang de dragon.

On ne la cultive pas dans les jardins en Europe. (*Bosc.*)

XANTOLINE : altération du mot SANTOLINE.

XÉROPHYLLE. *Xerophyllum.*

Plante de l'Amérique feptentrionale, qui faifoit partie des *Hélonias* de Linnæus, mais que Michaux croit dans le cas de former un genre particulier ; c'eft l'HÉLONIAS ASPHODÉLOIDE de ce Dictionnaire. *Voyez* ce mot. (*Bosc.*)

XÉROPHYTE. *Xerophyta.*

Arbufte de Madagafcar, figuré pl. 225 des *Illuftrations des genres* de Lamarck, & formant feul un genre dans l'hexandrie monogynie & dans la famille des *Broméloïdes.*

Il ne fe cultive pas en Europe. (*Bosc.*)

XILO-ALOÈS. C'eft le *bois d'aloès. Voy.* AGALLOCHE.

XILOBALSAME. On donne ce nom aux petites branches de l'arbre qui donne le baume de Judée. *Voyez* BALSAMIER.

XILOPE. *Voyez* XYLOPE.

XIMENÈSE. *Ximenesia.*

Plante annuelle de la fyngénéfie fuperflue & de la famille des *Corymbifères*, qui forme genre, & qui fe cultive en pleine terre dans nos jardins.

Les graines de cette plante fe fèment, ou en pot, fur couche nue, ou en place, dans une expofition chaude. On éclaircit, farcle & arrofe au befoin le plant qu'elles ont produit. Elle eft d'un affez bel effet pour mériter d'être introduite dans les parterres. (*Bosc.*)

XIMENIE. *Ximenia.*

Genre de plantes de l'octandrie monogynie & de la famille des *Orangers*, qui raffemble quatre efpèces, dont aucune n'eft cultivée dans nos jardins. Il eft figuré pl. 297 des *Illuftrations des genres* de Lamarck.

Efpèces.

1. La XIMENIE d'Amérique.
Ximenia americana. Linn. ♄ De Cayenne.
2. La XIMENIE fans épines.
Ximenia inermis. Linn. ♄ De la Jamaïque.
3. La XIMENIE à longues épines.
Ximenia ferox. Poir. ♄ De Saint-Domingue.
4. La XIMENIE à feuilles elliptiques.
Ximenia elliptica. Forft. ♄ De la Nouvelle-Calédonie. (*Bosc.*)

XUARÈZE. *Xuareza.*

Arbriffeau du Pérou, fort voifin des CAPRAIRES, mais qui forme genre dans la pentandrie monogynie. Nous ne le poffédons pas dans les jardins en Europe. (*Bosc.*)

XYLOMA. *Xyloma.*

Genre de champignon parafite, très-multiplié fur les feuilles des arbres qui font languiffans, & concourant puiffamment à augmenter leur état de foibleffe. Il renferme feize efpèces, dont les deux que je dois principalement citer font celle de l'érable & celle du peuplier, toutes deux noires, & couvrant quelquefois la plus grande partie des feuilles de ces arbres. *Voyez* ERABLE & PEUPLIER.

Il n'y a point de moyen, au refte, de s'oppofer à la multiplication de ces champignons, dont le mode de végétation n'eft pas encore bien connu. *Voyez* CHARBON & CARIE. (*Bosc.*)

XYLOBALSAMUM : nom des branches du BALSAMIER.

XYLOMÈLE. *Xylomelum.*

Genre de plantes établi aux dépens des PROTÉES, mais qui n'a pas été adopté par la plupart des botaniftes.

Nous cultivons le XYLOMÈLE PYRIFORME, qui a été auffi placé parmi les HAKEES & les CONCHIONS. (*Bosc.*)

XYLOPE. *Xylopia.*

Genre de plantes de la polyandrie polyginie & de la famille des *Glyptofpermes*, voifin des UNONES, & figuré pl. 495 des *Illuftrations des genres* de Lamarck. Il renferme cinq efpèces, dont aucune n'eft cultivée dans nos écoles de botanique.

Espèces.

1. La XYLOPE à fruits hériſſés.
Xylopia muricata. Linn. ♄ De la Jamaïque.
2. La XYLOPE aibriſſeau.
Xylopia frutescens. Aubl. ♄ De Cayenne.
3. La XYLOPE à feuilles glabres.
Xylopia glabra. Linn. ♄ De la Jamaïque.
4. La XYLOPE ſoyeuſe.
Xylopia ſericea. Poir. ♄ De l'Amérique méri-
dionale.
5. La XYLOPE ondulée.
Xylopia undulata. Pal.-Beauv. ♄ De l'Afrique.
(*Bosc.*)

XYLOPHYLLE. *XYLOPHYLLA.*

Genre de plantes de la polygamie tétrandrie &
de la famille des *Euphorbes*, qui réunit neuf eſpèces, dont trois ſont cultivées dans nos ſerres. Il
eſt figuré pl. 855 des *Illuſtrations des genres* de Lamarck.

Obſervations.

Ce genre ſe rapproche beaucoup des PHYL-
LANTHES. *Voyez* ce mot.

Espèces.

1. Le XYLOPHYLLE à larges feuilles.
Xylophylla latifolia. Linn. ♄ De l'Amérique
méridionale.
2. Le XYLOPHYLLE à longues feuilles.
Xylophylla longifolia. Linn. ♄ Des Indes.
3. Le XYLOPHYLLE arbriſſeau.
Xylophylla arbuſcula. Swartz. ♄ De la Jamaïque.
4. Le XYLOPHYLLE en faucille.
Xylophylla falcata. Swartz. ♄ Des îles Bahama.
5. Le XYLOPHYLLE à feuilles étroites.
Xylophylla anguſtifolia. Swartz. ♄ De la Jamaïque.
6. Le XYLOPHYLLE à feuilles linéaires.
Xylophylla linearia. Swartz. ♄ De la Jamaïque.
7. Le XYLOPHYLLE alongé.
Xylophylla elongata. Jacq. ♄ Des Indes.
8. Le XYLOPHYLLE des montagnes.
Xylophylla montana. Swartz. ♄ De la Jamaïque.
9. Le XYLOPHYLLE à fleurs axillaires.
Xylophylla ramiflora. Ait. ♄ De la Sibérie.

Culture.

Nous cultivons les 1ʳᵉ., 4ᵉ. & 9ᵉ. eſpèces. La
1ʳᵉ. & la 4ᵉ. ſont des arbuſtes très-élégans quand
ils ſont en fleurs, & ils y ſont une grande partie
de l'année. Ils exigent la ſerre chaude, mais peuvent paſſer en plein air les trois mois les plus
chauds de l'été. La 4ᵉ. a donné pluſieurs variétés
remarquables. On les plante dans des pots remplis de terre de bruyère, qu'on renouvelle en

partie tous les ans, & on les arroſe abondamment
pendant l'été. On les multiplie très-facilement de
graines, dont elles donnent preſque tous les ans,
graines qui ſe ſèment dans des pots ſur couche à
châſſis, & qui donnent des plants qu'on peut
repiquer dès le printemps ſuivant dans d'autres
pots. Les boutures ſont auſſi pour elles un moyen
de reproduction certain, mais quelquefois un peu
lent. On l'exécute ſur couche & ſous châſſis.
La 9ᵉ. eſpèce eſt de pleine terre; elle demande
une terre légère & une expoſition ombragée. On
la multiplie de graines ſemées en place & par
marcottes. (*Bosc.*)

XYLOSME. *XYLOSMA.*

Genre de plantes de la diœcie polyandrie, fi-
guré pl. 827 des *Illuſtrations des genres* de Lamarck.
Il renferme deux eſpèces, le XYLOSME ODO-
RANT & le XYLOSME A FEUILLES ORBICU-
LAIRES, qui ont été réunies aux MIROSPERMES,
que nous ne cultivons pas dans nos jardins. (*Bosc.*)

XYLOSTEON : nom ſpécifique d'un chèvre-
feuille & d'un genre inſtitué ſur un CHÈVRE-
FEUILLE. *Voyez* ce mot.

XYLOSTOME. *XYLOSTOMA.*

Genre de la famille des *Champignons*, qui renferme des croûtes fongueuſes aſſez rares, & qui
n'intéreſſent en rien les cultivateurs. *Voyez* CHAM-
PIGNON. (*Bosc.*)

XYPHALIER. *ANTHEROSPERMA.*

Arbre de la Nouvelle-Hollande qui conſtitue
un genre dans la monœcie monadelphie & dans
la famille des *Renonculées*, figuré pl. 224 de l'ouvrage ſur les plantes de ce pays, par Labillardière.
Nous ne le cultivons pas dans nos jardins.
(*Bosc.*)

XYPHION : eſpèce d'IRIS.

XYRIS. *XYRIS.*

Genre de plantes de la triandrie monogynie &
de la famille des *Joncs*, renfermant treize eſpèces,
dont une ſe cultive dans nos jardins. Sa figure ſe
voit pl. 36 des *Illuſtrations des genres* de Lamarck.

Espèces.

1. Le XYRIS de l'Inde.
Xyris indica. Linn. ♃ Des Indes.
2. Le XYRIS pubeſcent.
Xyris pubeſcens. Poir. ♃ Des Antilles.
3. Le XYRIS à groſſe tête.
Xyris macrocephala. Vahl. ♃ De Cayenne.

4. Le Xyris à tige plate.
Xyris platicaulis. Poir. ♃ De Madagaſcar.
5. Le Xyris gladié.
Xyris anceps. Lam. ♃ Des Indes.
6. Le Xyris d'Amérique.
Xyris americana. Aubl. ♃ De Cayenne.
7. Le Xyris de la Caroline.
Xyris caroliniana. Lam. ♃ De l'Amérique ſeptentrionale.
8. Le Xyris à feuilles courtes.
Xyris brevifolia. Mich. ♃ De l'Amérique ſeptentrionale.
9. Le Xyris du Cap.
Xyris capenſis. Thunb. ♃ Du Cap de Bonne-Eſpérance.
10. Le Xyris pauciflore.
Xyris pauciflora. Willd. ♃ Des Indes.
11. Le Xyris fubulé.
Xyris ſubulata. Ruiz & Pav. ♃ Du Pérou.

12. Le Xyris operculé.
Xyris operculata. Labill. ♃ De la Nouvelle-Hollande.
13. Le Xyris filiforme.
Xyris filiformis. Lam. ♃ De l'Afrique.

Culture.

La 12ᵉ. eſt celle que nous cultivons ; il lui faut la terre de bruyère , l'orangerie & des arroſemens abondans en été. On la multiplie ſeulement par le déchirement des vieux pieds, déchirement qui a lieu en automne : du moins je ne crois pas qu'elle donne des graines en Europe. (*Bosc.*)

XYSTRIS. *Xystris.*

Genre de plantes établi par Schreber dans la pentandrie monogynie , mais dont les eſpèces n'ont pas été indiquées. (*Bosc.*)

YEUSE : efpèce de CHÊNE. *Voyez* ce mot.

YEUX. Les cultivateurs donnent généralement ce nom aux jeunes BOUTONS à bois des branches des arbres, boutons que, par l'opération de la GREFFE, ils transportent fur un autre arbre dont ils veulent changer la nature.

Quelques phyfiologiftes appellent ce petit bouton *gemma*, & lorfqu'il eft devenu gros, c'eft-à-dire, après la chute des feuilles, *bourgeon*; mais les agriculteurs donnent le nom de BOURGEON à ce même bouton développé & pouffant des feuilles. J'ai dû fuivre l'opinion des cultivateurs dans un ouvrage qui leur eft confacré. *Voyez* tous ces mots. (*Bosc.*).

YEUX DE PEUPLE. Ce font les boutons de PEUPLIER dont on fait ufage en médecine.

YUCCA. *Yucca.*

Genre de plantes de l'hexandrie monogynie & de la famille des *Liliacées*, qui réunit cinq efpèces qui toutes fe cultivent dans nos écoles de botanique. Il eft figuré pl. 243 des *Illuftrations des genres* de Lamarck.

Efpèces.

1. Le YUCCA à feuilles entières.
Yucca gloriofa. Linn. ♄ De l'Amérique feptentrionale.

2. Le YUCCA à feuilles d'aloès.
Yucca aloifolia. Linn. ♄ De l'Amérique feptentrionale.

3. Le YUCCA à larges feuilles.
Yucca draconis. Linn. ♄ De l'Amérique feptentrionale.

4. Le YUCCA filamenteux.
Yucca filamentofa. Linn. ♄ De l'Amérique feptentrionale.

5. Le YUCCA de Bofc.
Yucca Bofcii. Desf. ♄ Du Bréfil.

Culture.

Tous les Yuccas font des plantes remarquables & très-belles lorfquelles font en fleurs.

La première & la quatrième efpèce peuvent être plantées en pleine terre dans le climat de Paris, mais on rifque de les perdre dans les hivers très-rigoureux qui arrivent de loin en loin. Elles fleuriffent tous les ans ainfi plantées dans la terre de bruyère, à l'expofition du couchant, dans les pépinières de Verfailles : on couvre chaque hiver leurs pieds avec de la fougère. Leur multiplication a lieu, au défaut de graines qui ne nouent pas dans nos climats, par des rejetons qui pouffent du collet de leurs racines, quelquefois même fur leur tige, après leur floraifon, rejetons qu'on plante dans un pot fur couche à châflis, pour augmenter leurs racines lorfqu'ils en ont, & en faire pouffer lorfqu'ils n'en ont pas. On ne les met en pleine terre qu'à leur feconde ou leur troifième année.

Les feconde & troifième, comme plus délicates, demandent l'orangerie. On doit renouveler leur terre en partie tous les ans, & augmenter la largeur des pots dans lefquels elles font plantées; elles parviennent à une hauteur de quinze à vingt pieds & plus.

La dernière exige l'orangerie; elle n'a pas encore fleuri à Paris, quoiqu'il y ait dix ans que je l'ai apportée d'Italie; elle eft beaucoup plus élégante que les autres. On la multiplie par œilletons qu'on a fait naître en enfonçant un fer rouge dans fon cœur, jufqu'au-deffous du collet de fes racines : cette opération pourroit être employée avec fuccès dans un grand nombre de cas, mais elle eft à peine connue en France. Du refte, fa culture eft la même que celle des efpèces d'orangerie.

J'ai obfervé les quatre premières efpèces dans leur pays natal; toutes, mais principalement la feconde, font employées à former des haies d'une grande défenfe & d'un fuperbe effet lorfqu'elles font en fleurs. Pour les former on couche des pieds coupés en tronçons, les plus longs poffible, fur trois rangs écartés d'un demi-pied environ, & on les recouvre de trois à quatre pouces de terre. Il naît des œilletons le long de ces troncs, qui deviennent des tiges, & qui oppofent aux animaux, & même aux hommes, une barrière qu'il n'eft pas facile de furmonter.

Les baies du Yucca peuvent fe manger. (*Bosc.*)

YVRAIE. *Voyez* IVRAIE.

ZACINTHE. *Zacintha.*

GENRE de plantes établi aux dépens des LAMPSANES. *Voyez* ce mot.

Ce genre ne renferme qu'une espèce, qui a été réunie aux RHAGADIOLES par quelques botanistes; c'est la ZACINTHE VERRUQUEUSE, originaire du midi de l'Europe & annuelle. On la voit dans quelques jardins de botanique, où sa culture se borne à semer ses graines dans des pots, sur couche nue, & à repiquer les jeunes plants, lorsqu'ils ont deux pouces de haut, dans une terre légère & abritée des vents froids. (*Bosc.*)

ZAGA : arbre d'Amboine, figuré par Rumphius, vol. 3, pl. 110, mais dont les caractères génériques ne sont pas encore entièrement connus. On fait des colliers avec ses semences, qui sont d'un beau rouge. Il ne se cultive pas en Europe. (*Bosc.*)

ZALA : genre de Loureiro, qui est le même que le PISTIA.

ZALUZANIE. *Zaluzania.*

Genre établi pour placer quelques CAMOMILLES. Il n'a pas été adopté. (*Bosc.*)

ZAMIE. *Zamia.*

Genre de plantes de la diœcie polyandrie & de la famille des *Palmiers*, qui réunit onze espèces qui se cultivent presque toutes en Europe. Il est figuré pl. 892 des *Illustrations des genres* de Lamarck.

Observations.

Ce genre se rapproche beaucoup de celui des CYCAS. *Voyez* ce mot.

Espèces.

1. La ZAMIE naine.
Zamia pumila. Linn. ♄ De l'Amérique septentrionale.

2. La ZAMIE furfuracée.
Zamia furfuracea. Ait. ♄ De l'Amérique méridionale.

3. La ZAMIE piquante.
Zamia pungens. Ait. ♄ De l'Egypte.

4. La ZAMIE des Hottentots.
Zamia cycadis. Linn. ♄ Du Cap de Bonne-Espérance.

5. La ZAMIE à feuilles entières.
Zamia integrifolia. Ait. ♄ De Saint-Domingue.

6. La ZAMIE à feuilles étroites.
Zamia angustifolia. Jacq. ♄ Des îles de Bahama.

7. La ZAMIE à dents aiguës.
Zamia horrida. Jacq. ♄ Du Cap de Bonne-Espérance.

8. La ZAMIE lanugineuse.
Zamia lanuginosa. Jacq. ♄ Du Cap de Bonne-Espérance.

9. La ZAMIE à longues feuilles.
Zamia longifolia. Jacq. ♄ Du Cap de Bonne-Espérance.

10. La ZAMIE moyenne.
Zamia media. Willd. ♄ Des Indes.

11. La ZAMIE à feuilles de cycas.
Zamia cycadifolia. Willd. ♄ Du Cap de Bonne-Espérance.

Culture.

La huitième espèce est la seule qui ne se voit pas dans les jardins d'Europe.

Toutes demandent la serre chaude, une terre substantielle & des arrosemens fréquens en été.

La première est, je crois, la seule qui donne de bonnes graines dans le climat de Paris. Ces graines se sèment dans un pot qu'on place sur une couche à châssis, & lèvent ordinairement en peu de temps. On en repique le plant au printemps suivant dans d'autres pots, après quoi on le traite comme les vieux pieds.

Toutes les Zamies poussent des rejetons du collet de leurs racines, plus ou moins, selon les espèces & les années. On éclate ces rejetons au printemps, & on les place dans des pots sur couche à châssis. Leur reprise est assez certaine lorsqu'ils ont suffisamment de chaleur. L'année suivante ils se traitent comme les vieux pieds.

Les fruits des Zamies se mangent cuits sous la cendre ou dans l'eau, comme les châtaignes. J'ai goûté de ceux de la première dans son pays natal, & je n'ai pas beaucoup regretté qu'on ne puisse la cultiver en pleine terre dans nos climats.

Au reste, cette espèce se contente de l'orangerie; seulement elle n'y fleurit jamais. (*Bosc.*)

ZANICHELLE. *Zanichella.*

Genre de plantes de la monœcie monandrie & de la famille des *Fluviales*, figuré pl. 741 des *Illustrations des genres* de Lamarck, & renfermant trois espèces, dont une est assez commune dans nos marais.

Espèces.

Especes.

1. La ZANICHELLE des marais.
Zanichella palustris. Linn. ⊙ Indigène.
2. La ZANICHELLE dentée.
Zanichella dentata. Willd. ⊙ De l'Italie.
3. La ZANICHELLE tubéreuse.
Zanichella tuberosa. Lour. ♃ De la Cochinchine.

Culture.

Il est difficile de cultiver la Zanichelle des marais ; mais quand on veut en avoir dans un jardin, il suffit d'en arracher des pieds au milieu de l'été, & de les mettre dans un bassin. Ces pieds continuent de végéter & amènent à maturité suffisamment de graines pour en peupler le bassin ; qui doit n'avoir qu'un pied au plus d'eau, & que cette eau puisse être renouvelée de temps en temps. (*Bosc.*)

ZANONE. ZANONIA.

Plante grimpante de l'Inde, figurée pl. 816 des *Illustrations des genres* de Lamarck, & formant seule un genre dans la diœcie pentrandrie.
Comme elle ne se cultive pas dans nos jardins, je n'en dirai rien de plus. (*Bosc.*)

ZANTHORHIZE. ZANTHORHIZA.

Arbrisseau de l'Amérique septentrionale, qui seul forme un genre dans la pentandrie monogynie & dans la famille des *Renonculacées*.
Il se cultive en pleine terre dans nos jardins ; ainsi je remets à en parler dans le *Dictionnaire des Arbres & Arbustes.* (*Bosc.*)

ZAPANE. ZAPANIA.

Genre établi aux dépens des VERVEINES. (*Voyez* ce mot.) Il est figuré pl. 17 des *Illustrations des genres* de Lamarck, & renferme neuf espèces, dont deux se cultivent dans nos écoles de botanique.

Observations.

Quelques botanistes ont réuni ce genre à celui des STACHITARPÈTES ; d'autres, au contraire, y ont porté des espèces des genres VERVEINE, PRIVA, ALOÉSYE, CHINIE & TAMONE. *Voyez* ces mots.

Especes.

1. La ZAPANE nodiflore.
Zapania nodiflora. Lam. ⊙ Des pays intertropicaux.
2. La ZAPANE à globules.
Zapania globulifera. Willd. ♄ De l'Amérique méridionale.
Agriculture. Tome VI.

3. La ZAPANE de Java.
Zapania javanica. Lam. ⊙ Des Indes.
4. La ZAPANE à feuilles de flœchas.
Zapania stachadifolia. Poir. ♄ De l'Amérique méridionale.
5. La ZAPANE de Cayenne.
Zapania cayenensis. Vahl. ♄ De Cayenne.
6. La ZAPANE à longues bractées.
Zapania bracteosa. Poir. De l'Amérique septentrionale.
7. La ZAPANE à corymbes.
Zapania corymbosa. Ruiz & Pav. Du Chili.
8. La ZAPANE d'Arabie.
Zapania arabica. Poir. ♄ De l'Arabie.
9. La ZAPANE élancée.
Zapania virgata. Ruiz & Pav. ♄ Du Pérou.

Culture.

La première de ces espèces se trouve dans toutes les parties chaudes de l'Europe, de l'Asie, de l'Afrique & de l'Amérique. J'en ai observé d'immenses quantités dans les bois marécageux de la Caroline, où elle couvre seule des espaces considérables. On la cultive dans nos écoles de botanique ; elle y demande l'orangerie pendant l'hiver & des arrosemens abondans pendant l'été. On la multiplie par graines, dont elle donne assez souvent, par déchirement des vieux pieds, par marcottes & par boutures faites sur couche & sous châssis. Elle n'est d'aucun agrément.
La seconde de ces espèces est un arbuste dont les feuilles froissées exhalent une odeur très-forte, qui ne plaît pas à tout le monde ; elle demande la serre chaude. On la multiplie de boutures qui reprennent assez facilement lorsqu'elles sont faites avec les soins convenables. (*Bosc.*)
ZAROLLE. Poiret a donné ce nom aux GOODÉNIES. *Voyez* ce mot.

ZÉDOAIRE. KÆMPFERIA.

Genre de plantes de la monandrie monogynie & de la famille des *Drymyrrhizées*, dans lequel se rangent trois espèces, dont deux se cultivent dans nos serres. Il se trouve figuré pl. 1 des *Illustrations des genres* de Lamarck.

Especes.

1. La ZÉDOAIRE galanga.
Kæmpferia galanga. Linn. ♃ Des Indes.
2. La ZÉDOAIRE à grandes feuilles.
Kæmpferia longa. Poir. ♃ Des Indes.
3. La ZÉDOAIRE arrondie.
Kæmpferia rotunda. Linn. ♃ Des Indes.

Culture.

Les deux premières espèces sont celles qui se
Kkkk

cultivent en Europe; elles exigent la ferre chaude toute l'année. Une terre à demi confiftante eft celle qui leur convient le mieux. On leur donne de fréquens arrofemens pendant l'été. Leur multiplication a lieu par la féparation des rejetons qu'elles pouffent du collet de leurs racines, rejetons qui, placés dans des pots fur une couche à châffis, ne tardent pas à reprendre, & deviennent des pieds faits dès l'année fuivante.

Les racines de ces plantes font odorantes & âcres. Il s'en fait un fréquent ufage en médecine. On en retire une huile effentielle, une eau diftillée. Elles fe mangent, dans leur pays natal, après avoir été confites au fucre. (*Bosc.*)

ZELARI. Poiret a donné ce nom au genre appelé GAHNIE par Forfter. *Voyez* ce mot.

ZENALE : nom donné par Poiret au genre HALORAGIS de Linnæus.

ZENARRHÈNE. *Cenarrhenes.*

Arbre de la Nouvelle-Hollande qui feul conftitue un genre dans la tétrandrie-monogynie & dans la famille des *Lauriers*. Il eft figuré pl. 50 de l'ouvrage fur les plantes de ce pays, publié par Labillardière. On ne le cultive pas en Europe. (*Bosc.*)

ZERAMI. *Phillanthus.*

Arbriffeau de la Nouvelle-Hollande que Labillardière a établi en titre de genre, & figuré pl. 149 de fon ouvrage fur les plantes de ce pays. Il eft de l'icofandrie monogynie & de la famille des *Myrtes*. On ne le cultive pas dans les jardins d'Europe. (*Bosc.*)

ZERUMBETH. *Zerumbetha.*

Plante vivace originaire des Indes, qui feule conftitue un genre dans la monandrie monogynie & dans la famille des *Balifiers*.

Cette plante fe cultive dans quelques jardins d'Europe. Sa culture ne diffère pas de celle des AMOMES, dont une efpèce porte le même nom. *Voyez* ce mot. (*Bosc.*)

ZEUGITE. *Zeugites.*

Nom donné à un genre qui n'eft autre que celui APLUDA. *Voyez* ce mot. (*Bosc.*)

ZIERIE. *Zieria.*

Genre de plantes de la tétrandrie monogynie & de la famille des *Rutacées*, renfermant une feule efpèce. C'eft un arbriffeau de la Nouvelle-Hollande qui fe cultive dans quelques jardins de Paris, mais qui y eft encore fort rare. On le tient dans la terre de bruyère & dans l'orangerie. J'ignore s'il fe multiplie de boutures. L'ayant vu en pleine fleur, je fuppofe qu'il doit donner des graines. (*Bosc.*)

ZIGADÈNE. *Zigadenus.*

Plante vivace de l'Amérique feptentrionale, qui

feule conftitue un genre voifin des MÉLANTHES. *Voyez* ce mot.

Cette plante ne fe cultive pas dans les jardins d'Europe. (*Bosc.*)

ZINNIA. *Zinnia.*

Genre de plantes de la fyngénéfie fuperflue & de la famille des *Corymbifères*, qui raffemble cinq efpèces qui toutes fe cultivent dans nos écoles de botanique, & dont deux ornent très-fréquemment nos parterres. Il eft figuré pl. 685 des *Illuftrations des genres* de Lamarck.

Efpèces.

1. La ZINNIA à fleurs rares.
Zinnia pauciflora. Linn. ⊙ Du Pérou.
2. La ZINNIA à fleurs nombreufes.
Zinnia multiflora. Linn. ⊙ De la Louifiane.
3. La ZINNIA à fleurs verticillées.
Zinnia verticillata. Andr. ⊙ Du Mexique.
4. La ZINNIA élégante.
Zinnia elegans. Jacq. ⊙ Du Mexique.
5. La ZINNIA roulée.
Zinnia revoluta. Cavan. ⊙ Du Mexique.

Culture.

Les deux premières font celles qui fe cultivent dans les parterres, & elles ne doivent cet avantage qu'à l'ancienneté de leur importation en Europe, car les deux dernières font beaucoup plus belles.

Une terre légère & fertile, une expofition méridienne & des arrofemens abondans pendant les chaleurs ou les féchereffes, font indifpenfables lorfqu'on veut voir ces plantes arriver à toute la plénitude de leur beauté.

On place la première efpèce au milieu des plates-bandes des parterres, & la feconde fur les côtés.

Toutes fe multiplient de graines qu'on fème au printemps fur couche nue ou dans des pots plongés dans cette forte de couche. Lorfque le plant provenu de ces graines a acquis cinq à fix feuilles, on le repique en place, on l'ombre & on l'arrofe fortement.

Les fleurs des Zinnias fe fuccèdent jufqu'aux gelées. Il eft bon de tenir en pot quelques pieds des trois dernières efpèces pour pouvoir les rentrer dans l'orangerie avant les froids, car leurs graines n'arrivent pas à complète maturité lorfque l'automne eft pluvieufe & les gelées hâtives. (*Bosc.*)

ZIZANIE. *Zizania.*

Genre de plantes de la monœcie hexandrie & de la famille des *Graminées*, dans lequel fe placent fix efpèces, dont deux ont été cultivées dans nos jardins, mais n'y ont pas amené leurs graines à maturité. Il eft figuré pl. 768 des *Illuftrations des genres* de Lamarck.

Espèces.

1. La Zizanie aquatique.
Zizania aquatica. Linn. ⊙ De l'Amérique septentrionale.

2. Zizanie miliacée.
Zizania miliacea. Mich. ⊙ De l'Amérique septentrionale.

3. La Zizanie des marais.
Zizania palustris. Linn. ⊙. De l'Amérique septentrionale.

4. La Zizanie en massue.
Zizania clavulosa. Mich. ⊙ De l'Amérique septentrionale.

5. La Zizanie flottante.
Zizania fluitans. Mich. ⊙ De l'Amérique septentrionale.

6. La Zizanie terrestre.
Zizania terrestris. Linn. Des Indes.

Culture.

La Zizanie aquatique & la Zizanie en massue font celles dont j'avois apporté des graines qui ont levé en France. Je les ai observées dans leur pays natal, où elles croissent en abondance dans les eaux stagnantes très-vaseuses, & s'y élèvent à plusieurs pieds. On les avoit semées dans des pots remplis de terre de bruyère, enfoncés dans une couche nue. Ces pots, lorsque le plant a été levé, ont été mis dans d'autres pots à moitié pleins d'eau, qu'on renouveloit toutes les semaines ; mais la chaleur de l'année n'a pas été assez forte, & les fleurs de ces deux plantes se sont à peine développées. C'est en Italie ou en Espagne qu'il faudroit les introduire. Toutes deux donnent des graines, celle de la quatrième presque de la grosseur & de la longueur de l'avoine, qu'on dit un excellent manger, & qu'on mange dans quelques parties de l'Amérique sous le nom de riz sauvage, riz du Canada. Je n'ai pas pu en goûter, parce que les oiseaux en sont si friands, qu'ils en laissent peu arriver à maturité.

La Zizanie flottante couvre quelquefois entièrement les eaux stagnantes de la Caroline. Tous les bestiaux en sont extrêmement friands, & s'exposent souvent à périr pour s'en régaler. (Bosc.)

Zizanie. On donne ce nom à l'Ivraie dans quelques lieux.

ZIZIPHORE. Ziziphora.

Genre de plantes de la diandrie monogynie & de la famille des Labiées, figuré pl. 18 des Illustrations des genres de Lamarck, & renfermant huit espèces, dont six se cultivent dans nos jardins.

Espèces.

1. Le Ziziphore à fleurs en tête.
Ziziphora capitata. Linn. ⊙. De l'Orient.

2. Le Ziziphore d'Espagne.
Ziziphora hispanica. Linn. ⊙ De l'Espagne.

3. Le Ziziphore en épi.
Ziziphora spicata. Cavan. ⊙ De l'Espagne.

4. Le Ziziphore à feuilles axillaires.
Ziziphora tenuior. Linn. ⊙ De la Barbarie.

5. Le Ziziphore de Tauride.
Ziziphora taurica. Willd. ⊙ De la Crimée.

6. Le Ziziphore odorant.
Ziziphora serpillacea. Curt. ♃ Du Caucase.

7. Le Ziziphore à tête velue.
Ziziphora pouschkini. Curt. ♃ Du Caucase.

8. Le Ziziphore à feuilles de thym.
Ziziphora acinoides. Linn. ♃ De la Sibérie.

Culture.

Les 1re., 4e., 5e., 6e., 7e. & 8e. se cultivent dans nos jardins. Leurs graines se sèment ou dans des pots remplis de terre de bruyère placés sur couche nue, ou en place dans une terre légère & à une exposition méridienne. Elles ne demandent qu'à être éclaircies & sarclées. Les vivaces peuvent ensuite se multiplier par le déchirement des vieux pieds. (Bosc.)

ZOACANTHE. Exoacantha.

Plante bisannuelle découverte en Syrie par Labillardière, & qui seule constitue un genre dans la pentandrie digynie & dans la famille des Ombellifères.

Cette plante ne se cultive pas dans nos jardins. (Bosc.)

ZŒGÉE. Zœgea.

Plante annuelle d'Orient, qui a été cultivée dans les jardins de Paris, & qui seule constitue dans la syngénésie frustranée & dans la famille des Corymbyfères, un genre si voisin de celui des Centaurées, que Lamarck l'y a joint. Voyez ce mot. (Bosc.)

ZONATE. Calorophus.

Plante de la Nouvelle-Hollande, qui, selon Labillardière, forme seule un genre dans la diœcie triandrie & dans la famille des Joncs, fort voisin des Restio. Voyez ce mot.

Nous ne possédons pas cette plante dans nos jardins. (Bosc.)

ZONE. Relativement à l'aspect qu'elle présente au soleil, la terre se divise en sections, qu'on rétrécit ou élargit à volonté, mais qui font toujours censées en faire le tour : ce font les Zones des agriculteurs. On les appelle autrement Climats.

Les géographes ne divisent la terre qu'en cinq Zones : la Zone équinoxiale, qui est entre les deux tropiques ; les deux Zones tempérées, qui s'étendent des tropiques aux cercles polaires, & les deux Zones glaciales, qui s'étendent des cercles polaires aux pôles. (Bosc.)

ZORILLE. GOMPHOLOBIUM.

Genre de plantes de la décandrie mongynie & de la famille des *Légumineuses*, qui rassemble six espèces, dont trois se cultivent dans nos écoles de botanique.

Espèces.

1. La ZORILLE à larges feuilles.
Gompholobium latifolium. Labill. ♄ De la Nouvelle-Hollande.
2. La ZORILLE tomenteuse.
Gompholobium tomentosum. Labillard. ♄ De la Nouvelle-Hollande.
3. La ZORILLE à feuilles elliptiques.
Gompholobium ellipticum. Labill. ♄ De la Nouvelle-Hollande.
4. La ZORILLE épineuse.
Gompholobium spinosum. Labill. ♄ De la Nouvelle-Hollande.
5. La ZORILLE à feuilles de psoralée.
Gompholobium psoralæfolium. Dum.-Courf. ♄ De la Nouvelle-Hollande.
6. La ZORILLE à feuilles obtuses.
Gompholobium obtusum. Dum.-Courf. ♄ De la Nouvelle-Hollande.

Culture.

Les trois dernières espèces sont celles qui se cultivent dans nos jardins ; elles demandent la terre de bruyère & l'orangerie. On les multiplie de graines tirées de leur pays natal, ou nées chez nous, graines qui se sèment au printemps dans des pots, sur une couche à châssis. Le plant qui en provient se repique l'année suivante, & se traite ensuite comme les vieux pieds.

Les soins qu'exigent ces vieux pieds se bornent à les placer à l'ombre & à les arroser fréquemment pendant les chaleurs de l'été, à leur donner de la nouvelle terre tous les ans, en automne, & à les rentrer dans l'orangerie, ou même dans la serre tempérée aux approches des froids. (*Bosc.*)

ZORNIE. ZORNIA.

Genre de plantes établi aux dépens des SAINFOINS, & qui renferme sept espèces, dont une seule se cultive dans nos écoles de botanique.

Espèces.

1. La ZORNIE à quatre feuilles.
Zornia quadriphylla. Mich. ⚥ De la Caroline.
2. La ZORNIE du Cap.
Zornia capensis. Thunb. Du Cap de Bonne-Espérance.
3. La ZORNIE très-belle.
Zornia pulchella. Perf. ♄ Des Indes.
4. La ZORNIE élégante.
Zornia elegans. Perf. De la Cochinchine.

5. La ZORNIE à deux feuilles.
Zornia diphylla. Perf. ⊙ Des Indes.
6. La ZORNIE de Ceylan.
Zornia zeylonensis. Perf. De Ceylan.
7. La ZORNIE conifère.
Zornia strobilifera. Perf. ♄ Des Indes.

Culture.

J'ai apporté des graines de la première espèce, & elles ont produit des pieds qui ont subsisté pendant plusieurs années au Jardin du Muséum, mais qui n'ayant pas fructifié, en ont enfin disparu. On les avoit semées dans des pots remplis de terre de bruyère, & le plant qui en avoit résulté fut repiqué dans d'autres pots pour pouvoir être rentré dans l'orangerie pendant l'hiver.

Les bestiaux aiment cette plante avec passion. (*Bosc.*)

ZOSTÈRE. ZOSTERA.

Genre de plantes de la monœcie dodécandrie & de la famille des *Aroïdes*, qui est constitué par trois espèces, toutes incultivables. Il est figuré pl. 737 des *Illustrations des genres* de Lamarck.

Espèces.

1. La ZOSTÈRE marine, vulgairement *algue marine*.
Zostera marina. Linn. ⚥ De la mer Méditerranée.
2. La ZOSTÈRE de la Méditerranée.
Zostera mediterranea. Decand. ⚥ De la mer Méditerranée.
3. La ZOSTÈRE stipulacée.
Zostera stipulacea. Forsk. De la Mer-Rouge.
4. La ZOSTÈRE ciliée.
Zostera ciliata. Forsk. ⚥ De la Mer-Rouge.
5. La ZOSTÈRE à une seule nervure.
Zostera uninervia. Forsk. ⚥ De la Mer-Rouge.

Culture.

Ce qui empêche de cultiver ces plantes qui vivent toutes dans la profondeur des mers, c'est qu'il leur faut de l'eau de mer pure, & que, lorsqu'on met de cette eau dans un bassin, elle s'altère en peu de jours.

On emploie les feuilles des Zostères de la Méditerranée pour l'engrais des terres & l'emballage des objets fragiles. Une partie est détachée par les flots & portée sur les rivages; une partie est arrachée au moyen d'un râteau de fer à long manche. *Voyez* ALGUE. (*Bosc.*)

ZUCCAGNI. ZUCCAGNIA.

Arbrisseau de la Cochinchine qui a quelques rapports avec le CAMPÊCHE, & qui seul forme un genre dans la décandrie monogynie & dans la famille des *Légumineuses*.

Il ne se cultive pas dans nos jardins. (*Bosc.*)

TABLE DES NOMS LATINS

CONTENUS DANS LE DICTIONNAIRE D'AGRICULTURE.

Nota. Les chiffres romains indiquent les tomes, & les chiffres arabes, les pages.

A

LIII

FIN DE LA TABLE DES NOMS LATINS.

135   28   11

www.ingramcontent.com/pod-product-compliance
Lightning Source LLC
Chambersburg PA
CBHW031450210326
41599CB00016B/2175